# 炼钢常用图表数据手册

## （第 2 版）

陈家祥　编著

北　京

冶 金 工 业 出 版 社

2010

# 内 容 提 要

本书收录了炼钢过程中的常用数据,可为指导炼钢生产提供帮助。全书共计有插图1759幅,表格471个,内容包括:物质的基本性质,元素的结构和相图,常见化合物的结晶结构和相图,熔渣的物理性质,固态铁、钢的物理性质,固态铁、钢的化学性质,钢的热处理性质和力学性能,金属熔体的物理性质,炼钢反应的物化性质,元素在铁液中的溶解、活度和元素在钢、渣间的反应,冶金反应的动力学,元素对钢性质的影响和质量的评定,常用炼钢材料的性质和中外钢号对照和相关附录。

本书可供冶金行业的工程技术人员、生产人员、科研人员、教学人员、管理人员参考。

## 图书在版编目(CIP)数据

炼钢常用图表数据手册/陈家祥编著. —2版. —北京:
冶金工业出版社,2010.1
ISBN 978-7-5024-4774-8

Ⅰ.①炼…  Ⅱ.①陈…  Ⅲ.①炼钢—技术手册
Ⅳ.①TF7-62

中国版本图书馆 CIP 数据核字(2009)第 216413 号

出 版 人  曹胜利
地    址  北京北河沿大街嵩祝院北巷 39 号,邮编 100009
电    话  (010)64027926  电子信箱  postmaster@ cnmip. com. cn
责任编辑  刘小峰  美术编辑  李 新  版式设计  葛新霞
责任校对  刘 倩  责任印制  牛晓波
ISBN 978-7-5024-4774-8
北京兴华印刷厂印刷;冶金工业出版社发行;各地新华书店经销
1984 年 11 月第 1 版,2010 年 1 月第 2 版,2010 年 1 月第 2 次印刷
787 mm×1092 mm  1/16;68.75 印张;1896 千字;1048 页;5001-7000 册
249.00 元

冶金工业出版社发行部  电话:(010)64044283  传真:(010)64027893
冶金书店  地址:北京东四西大街 46 号(100711)  电话:(010)65289081
(本书如有印装质量问题,本社发行部负责退换)

# 第2版前言

炼钢冶金涉及冶金物理化学、金相学和矿相岩相学等理论,也涉及金属材料、铁合金、耐火材料等学科,有关钢铁冶金生产、科研、教学和设计需要的数据繁杂,由于缺乏系统归纳在应用时甚感缺乏。为此,收集了以往发表过的比较经典的资料、数据,以炼钢生产需要为主进行整理、分析、综合,去粗取精,编写成本手册。本手册的主要特点是内容比较全面、图表数据比较系统、实用性强、使用方便,对钢铁冶金生产、科研人员在扩展思路、提高分析和解决问题的能力、节省查询时间、提高工作效率等方面无疑是有益的。在我国从钢铁大国走向钢铁强国的进程中,相信手册中的这些基础数据能够发挥出一定的作用。

本手册对1984年由冶金工业出版社出版的《炼钢常用图表数据手册》(第1版)进行了修订。手册第1版以20世纪80年代前的资料为背景,围绕炼钢生产、科研需要收集整理数据,为炼钢"数据库"提供了基本参数。"手册的章节分类编排比较合理、条理清晰,手册中有各种简化的图解和计算实例,便于快速计算和正确运用,编排中考虑到基本原理与数据之间的内在联系,为从理论上分析研究钢铁冶金科研中的问题有所帮助",因此,手册第1版通过了由邵象华、杜挺、邓开文、陶少杰、康文德、邹孝叔、徐鹿鸣、严友梅等专家组成的鉴定小组的鉴定。

手册第1版中有插图1200余幅,表格200余个;手册第2版中共计插图1759幅,表格471个。在保持第1版特点的基础上,第2版的数据内容极大丰富,数据编排更加系统,对近年来发表的科研数据的选用努力做到精益求精。在炼钢实验、生产、科研实践中,科研工作者得到许多宝贵的数据、资料,整理并按炼钢规律分析运用这些成果,将使这些成果在生产和科研中发挥出更大的作用。

在数据、资料的选取方面,有些数据、资料可能发表得比较早,但得到了国际公认并一直为炼钢界所使用,所以本手册尽量尊重这些原始数据、经典数据。修订时新增加的数据、资料,多数经过编者实验验证或使用后认为具有一定的参考价值。手册中也编入了一些编者使用这些数据、资料的案例。希望读者在使用本手册的数据、资料时,紧密结合自己所在炼钢厂的实际情况,灵活加以运用。

手册中编排的数据试图做到由浅入深,有明确的数量关系,为更准确地利用好手册中的图表数据,修订时在有些章节加入了必要的分析和叙述。

炼钢生产过程是比较复杂的,由于温度、压力、组分不均匀,分析实际炼钢生产过程十分困难。手册中所列的热力学数据多为标准状态,即某一温度、某一压力、起始浓度为1时反应的状态,所以使用时应根据具体情况来分析使用。

手册中收集了炼钢常见的气体、元素、化合物、炉渣、耐火材料、铁合金等的性质,合金、钢和化合物的相图,元素对铁和钢的物化性质、力学性能、热处理和工艺性能的影响,钢的断面、冷却条件对钢的组织等的影响,这些对分析钢质和制定工艺制度都有参考价值。

手册中选编了各种炉渣的物性和温度变化的关系;钢和合金的物性和温度变化的关系,钢的凝固速度对结晶组织、夹杂物、力学性能的影响,这些对分析钢质、制定合理的温度制度至关重要。

手册编入了近年来的一些科研数据,如冶金熔体的分子离子共存理论,钢液吸氧、吸氮的传质系数,钢液中氢、氮、氧的扩散系数和成分关系的计算式,钢中氢、氮在合金钢中溶解度的加和性计算式等,收集了近年来冶金行业中使用的碱土和稀土元素及其化合物的相图,这些对洁净钢的生产、新钢种的开发等应能提供些方便。

手册中全部采用法定计量单位,以利于数据的比较,同时收入了必要的单位换算表。

在完成手册编写工作的同时,编者向本书所引用文献的作者表示衷心的敬意和感谢,是他们付出的辛勤劳动和宝贵研究成果,使炼钢生产变得有理可据。手册的编写得到了冶金工业出版社领导和编辑的支持,在此一并表示感谢。

由于本手册涉及面较广,再者由于编者经验、知识的不足,有些内容还不够充实,不足之处请读者批评指正。

陈家祥

2008 年 9 月

# 第 1 版前言

为适应钢铁生产、科研和教学的需要,编写了《炼钢常用图表数据手册》。

全书共分七章。包括物质的基本性质;元素和化合物相图;熔渣的物理性质;元素含量和固态铁、钢的物化及工艺性质的关系;金属熔体的物理性质;炼钢反应的物化性质及常用图表;常用数表、单位换算表及钢号对照表等内容。全书计有表格 200 余个,图 1200 余幅。

本书特点是系统地收集整理了纯物质和钢、渣的资料和数据,按专题内容编排,保持了数据的完整性。本书使用大量图表反映了钢、渣和气体等的物化性质及在炼钢工艺中变化的规律性,为综合分析各冶金因素,简化冶金计算,收集了必要的图解,因而适用性强。

本书适于从事炼钢生产的科技人员和大专院校炼钢专业师生参考。

在编写过程中,承蒙赵玉祥同志对全书提出了宝贵的意见,在此表示感谢。

由于编者经验不足,书中遗漏和欠缺之处在所难免,有待今后陆续补充、更正,恳切地希望读者批评指正。

# 总　目　录

# 内 容 检 索

# 第一章 物质的基本性质

## 第一节 元素的基本性质

**一、元素周期表**（表 1-1-1）

表 1-1-1 元素周期表

注:
1. 括号内的数是放射性元素最稳定的同位素的质量数。
2. 相对原子质量根据 1995 年国际原子量表, 以 $^{12}C=12$ 为基础。
3. 元素中文名称参见元素物理化学性质表。

（示意说明）
原子序数 ——— 26
元素符号 ——— Fe  $^{+2}_{+3}$
相对原子质量 ——— 55.845
电子分布 ——— -8-14-2

氧化价
电子分布

金属 / 非金属

过渡族元素

镧系

锕系

电子轨道: K, K-L, K-L-M, -L-M-N, -M-N-O, -N-O-P, -O-P, -N-O-P, -O-P-O

| I_A | II_A | III_B | IV_B | V_B | VI_B | VII_B | VIII | | | I_B | II_B | III_A | IV_A | V_A | VI_A | VII_A | O |
|---|---|---|---|---|---|---|---|---|---|---|---|---|---|---|---|---|---|
| 1 H +1 -1 1.0079 1 | | | | | | | | | | | | | | | | | 2 He 0 4.0026 2 |
| 3 Li +1 6.941 2-1 | 4 Be +2 9.0122 2-2 | | | | | | | | | | | 5 B +3 10.811 2-3 | 6 C +2 +4 -4 12.011 2-4 | 7 N +1 +2 +3 +4 +5 -1 -3 14.007 2-5 | 8 O -2 15.999 2-6 | 9 F -1 18.998 2-7 | 10 Ne 0 20.180 2-8 |
| 11 Na +1 22.990 2-8-1 | 12 Mg +2 24.305 2-8-2 | | | | | | | | | | | 13 Al +3 26.982 2-8-3 | 14 Si +2 +4 -4 28.086 2-8-4 | 15 P +3 +5 -3 30.974 2-8-5 | 16 S +4 +6 -2 32.066 2-8-6 | 17 Cl +1 +5 +7 -1 35.453 2-8-7 | 18 Ar 0 39.948 2-8-8 |
| 19 K +1 39.098 -8-8-1 | 20 Ca +2 40.078 -8-8-2 | 21 Sc +3 44.956 -8-9-2 | 22 Ti +2 +3 +4 47.867 -8-10-2 | 23 V +2 +3 +4 +5 50.942 -8-11-2 | 24 Cr +2 +3 +6 51.996 -8-13-1 | 25 Mn +2 +3 +4 +7 54.938 -8-13-2 | 26 Fe +2 +3 55.845 -8-14-2 | 27 Co +2 +3 58.933 -8-15-2 | 28 Ni +2 +3 58.693 -8-16-2 | 29 Cu +1 +2 63.546 -8-18-1 | 30 Zn +2 65.39 -8-18-2 | 31 Ga +3 69.723 -8-18-3 | 32 Ge +2 +4 72.61 -8-18-4 | 33 As +3 +5 -3 74.922 -8-18-5 | 34 Se +4 +6 -2 78.96 -8-18-6 | 35 Br +1 +5 -1 79.904 -8-18-7 | 36 Kr 0 83.80 -8-18-8 |
| 37 Rb +1 85.468 -18-8-1 | 38 Sr +2 87.62 -18-8-2 | 39 Y +3 88.906 -18-9-2 | 40 Zr +4 91.224 -18-10-2 | 41 Nb +3 +5 92.906 -18-12-1 | 42 Mo +6 95.94 -18-13-1 | 43 Tc +4 +6 +7 97.907 -18-13-2 | 44 Ru +3 +4 101.07 -18-15-1 | 45 Rh +3 102.91 -18-16-1 | 46 Pd +2 +4 106.42 -18-18-0 | 47 Ag +1 107.87 -18-18-1 | 48 Cd +2 112.41 -18-18-2 | 49 In +3 114.82 -18-18-3 | 50 Sn +2 +4 118.71 -18-18-4 | 51 Sb +3 +5 -3 121.76 -18-18-5 | 52 Te +4 +6 -2 127.60 -18-18-6 | 53 I +1 +5 +7 -1 126.90 -18-18-7 | 54 Xe 0 131.29 -18-18-8 |
| 55 Cs +1 132.91 -18-8-1 | 56 Ba +2 137.33 -18-8-2 | 57* La +3 138.91 -18-9-2 | 72 Hf +4 178.5 -32-10-2 | 73 Ta +5 180.95 -32-11-2 | 74 W +6 183.84 -32-12-2 | 75 Re +4 +6 +7 186.21 -32-13-2 | 76 Os +4 +6 +8 190.23 -32-14-2 | 77 Ir +3 +4 192.22 -32-15-2 | 78 Pt +2 +4 195.08 -32-16-2 | 79 Au +1 +3 196.97 -32-18-1 | 80 Hg +1 +2 200.59 -32-18-2 | 81 Tl +1 +3 204.38 -32-18-3 | 82 Pb +2 +4 207.2 -32-18-4 | 83 Bi +3 +5 208.98 -32-18-5 | 84 Po +2 +4 208.98 -32-18-6 | 85 At 209.99 -32-18-7 | 86 Rn 222.02 -32-18-8 |
| 87 Fr +1 223.02 -18-8-1 | 88 Ra +2 226.03 -18-8-2 | 89** Ac +3 227.03 -18-9-2 | 104 Rf +4 261.11 -32-10-2 | 105 Ha 262.11 -32-11-2 | 106 Sg 263.12 -32-12-2 | 107 Bh 264.12 | 108 Hs 265.13 | 109 Mt 268 | | | | | | | | | |

镧系:

| 58 Ce +3 +4 140.12 -20-8-2 | 59 Pr +3 140.91 -21-8-2 | 60 Nd +3 144.24 -22-8-2 | 61 Pm +3 144.91 -23-8-2 | 62 Sm +2 +3 150.36 -24-8-2 | 63 Eu +2 +3 151.96 -25-8-2 | 64 Gd +3 157.25 -25-9-2 | 65 Tb +3 +4 158.93 -27-8-2 | 66 Dy +3 162.50 -28-8-2 | 67 Ho +3 164.93 -29-8-2 | 68 Er +3 167.26 -30-8-2 | 69 Tm +3 168.93 -31-8-2 | 70 Yb +2 +3 173.04 -32-8-2 | 71 Lu +3 174.97 -32-9-2 |

锕系:

| 90 Th +4 232.04 -18-10-2 | 91 Pa +5 +4 231.04 -20-9-2 | 92 U +3 +4 +5 +6 238.03 -21-9-2 | 93 Np +3 +4 +5 +6 237.05 -22-9-2 | 94 Pu +3 +4 +5 +6 244.06 -24-8-2 | 95 Am +3 +4 +5 +6 243.06 -25-8-2 | 96 Cm +3 247.07 -25-9-2 | 97 Bk +3 +4 247.07 -27-8-2 | 98 Cf +3 +4 251.08 -28-8-2 | 99 Es +3 252.08 -29-8-2 | 100 Fm +3 257.10 -30-8-2 | 101 Md +2 +3 258.10 -31-8-2 | 102 No +2 +3 259.10 -32-8-2 | 103 Lr +3 262.11 -32-9-2 |

## 二、元素的电子排布(表 1 - 1 - 2)[1]

表 1 - 1 - 2

| 原子序数 | 元素符号 | 电子层 | | | | | | | | | | | | | | | | | | |
|---|---|---|---|---|---|---|---|---|---|---|---|---|---|---|---|---|---|---|---|
| | | 1 | 2 | | 3 | | | 4 | | | | 5 | | | | 6 | | | 7 |
| | | 电子亚层 | | | | | | | | | | | | | | | | | |
| | | $s$ | $s$ | $p$ | $s$ | $p$ | $d$ | $s$ | $p$ | $d$ | $f$ | $s$ | $p$ | $d$ | $f$ | $s$ | $p$ | $d$ | $s$ |
| 1 | H | 1 | | | | | | | | | | | | | | | | | |
| 2 | He | 2 | | | | | | | | | | | | | | | | | |
| 3 | Li | 2 | 1 | | | | | | | | | | | | | | | | |
| 4 | Be | 2 | 2 | | | | | | | | | | | | | | | | |
| 5 | B | 2 | 2 | 1 | | | | | | | | | | | | | | | |
| 6 | C | 2 | 2 | 2 | | | | | | | | | | | | | | | |
| 7 | N | 2 | 2 | 3 | | | | | | | | | | | | | | | |
| 8 | O | 2 | 2 | 4 | | | | | | | | | | | | | | | |
| 9 | F | 2 | 2 | 5 | | | | | | | | | | | | | | | |
| 10 | Ne | 2 | 2 | 6 | | | | | | | | | | | | | | | |
| 11 | Na | 2 | 2 | 6 | 1 | | | | | | | | | | | | | | |
| 12 | Mg | 2 | 2 | 6 | 2 | | | | | | | | | | | | | | |
| 13 | Al | 2 | 2 | 6 | 2 | 1 | | | | | | | | | | | | | |
| 14 | Si | 2 | 2 | 6 | 2 | 2 | | | | | | | | | | | | | |
| 15 | P | 2 | 2 | 6 | 2 | 3 | | | | | | | | | | | | | |
| 16 | S | 2 | 2 | 6 | 2 | 4 | | | | | | | | | | | | | |
| 17 | Cl | 2 | 2 | 6 | 2 | 5 | | | | | | | | | | | | | |
| 18 | Ar | 2 | 2 | 6 | 2 | 6 | | | | | | | | | | | | | |
| 19 | K | 2 | 2 | 6 | 2 | 6 | | 1 | | | | | | | | | | | |
| 20 | Ca | 2 | 2 | 6 | 2 | 6 | | 2 | | | | | | | | | | | |
| 21 | Sc | 2 | 2 | 6 | 2 | 6 | 1 | 2 | | | | | | | | | | | |
| 22 | Ti | 2 | 2 | 6 | 2 | 6 | 2 | 2 | | | | | | | | | | | |
| 23 | V | 2 | 2 | 6 | 2 | 6 | 3 | 2 | | | | | | | | | | | |
| 24 | Cr | 2 | 2 | 6 | 2 | 6 | 5 | 1 | | | | | | | | | | | |
| 25 | Mn | 2 | 2 | 6 | 2 | 6 | 5 | 2 | | | | | | | | | | | |
| 26 | Fe | 2 | 2 | 6 | 2 | 6 | 6 | 2 | | | | | | | | | | | |
| 27 | Co | 2 | 2 | 6 | 2 | 6 | 7 | 2 | | | | | | | | | | | |
| 28 | Ni | 2 | 2 | 6 | 2 | 6 | 8 | 2 | | | | | | | | | | | |
| 29 | Cu | 2 | 2 | 6 | 2 | 6 | 10 | 1 | | | | | | | | | | | |
| 30 | Zn | 2 | 2 | 6 | 2 | 6 | 10 | 2 | | | | | | | | | | | |
| 31 | Ga | 2 | 2 | 6 | 2 | 6 | 10 | 2 | 1 | | | | | | | | | | |
| 32 | Ge | 2 | 2 | 6 | 2 | 6 | 10 | 2 | 2 | | | | | | | | | | |
| 33 | As | 2 | 2 | 6 | 2 | 6 | 10 | 2 | 3 | | | | | | | | | | |
| 34 | Se | 2 | 2 | 6 | 2 | 6 | 10 | 2 | 4 | | | | | | | | | | |
| 35 | Br | 2 | 2 | 6 | 2 | 6 | 10 | 2 | 5 | | | | | | | | | | |

| 原子序数 | 元素符号 | 电子层 1 | 电子层 2 | | 电子层 3 | | | 电子层 4 | | | | 电子层 5 | | | | 电子层 6 | | | 电子层 7 |
|---|---|---|---|---|---|---|---|---|---|---|---|---|---|---|---|---|---|---|---|
| | | s | s | p | s | p | d | s | p | d | f | s | p | d | f | s | p | d | s |
| 36 | Kr | 2 | 2 | 6 | 2 | 6 | 10 | 2 | 6 | | | | | | | | | | |
| 37 | Rb | 2 | 2 | 6 | 2 | 6 | 10 | 2 | 6 | | | 1 | | | | | | | |
| 38 | Sr | 2 | 2 | 6 | 2 | 6 | 10 | 2 | 6 | | | 2 | | | | | | | |
| 39 | Y | 2 | 2 | 6 | 2 | 6 | 10 | 2 | 6 | 1 | | 2 | | | | | | | |
| 40 | Zr | 2 | 2 | 6 | 2 | 6 | 10 | 2 | 6 | 2 | | 2 | | | | | | | |
| 41 | Nb | 2 | 2 | 6 | 2 | 6 | 10 | 2 | 6 | 4 | | 1 | | | | | | | |
| 42 | Mo | 2 | 2 | 6 | 2 | 6 | 10 | 2 | 6 | 5 | | 1 | | | | | | | |
| 43 | Tc | 2 | 2 | 6 | 2 | 6 | 10 | 2 | 6 | 5 | | 2 | | | | | | | |
| 44 | Ru | 2 | 2 | 6 | 2 | 6 | 10 | 2 | 6 | 7 | | 1 | | | | | | | |
| 45 | Rh | 2 | 2 | 6 | 2 | 6 | 10 | 2 | 6 | 8 | | 1 | | | | | | | |
| 46 | Pd | 2 | 2 | 6 | 2 | 6 | 10 | 2 | 6 | 10 | | 0 | | | | | | | |
| 47 | Ag | 2 | 2 | 6 | 2 | 6 | 10 | 2 | 6 | 10 | | 1 | | | | | | | |
| 48 | Cd | 2 | 2 | 6 | 2 | 6 | 10 | 2 | 6 | 10 | | 2 | | | | | | | |
| 49 | In | 2 | 2 | 6 | 2 | 6 | 10 | 2 | 6 | 10 | | 2 | 1 | | | | | | |
| 50 | Sn | 2 | 2 | 6 | 2 | 6 | 10 | 2 | 6 | 10 | | 2 | 2 | | | | | | |
| 51 | Sb | 2 | 2 | 6 | 2 | 6 | 10 | 2 | 6 | 10 | | 2 | 3 | | | | | | |
| 52 | Te | 2 | 2 | 6 | 2 | 6 | 10 | 2 | 6 | 10 | | 2 | 4 | | | | | | |
| 53 | I | 2 | 2 | 6 | 2 | 6 | 10 | 2 | 6 | 10 | | 2 | 5 | | | | | | |
| 54 | Xe | 2 | 2 | 6 | 2 | 6 | 10 | 2 | 6 | 10 | | 2 | 6 | | | | | | |
| 55 | Cs | 2 | 2 | 6 | 2 | 6 | 10 | 2 | 6 | 10 | | 2 | 6 | | | 1 | | | |
| 56 | Ba | 2 | 2 | 6 | 2 | 6 | 10 | 2 | 6 | 10 | | 2 | 6 | | | 2 | | | |
| 57 | La | 2 | 2 | 6 | 2 | 6 | 10 | 2 | 6 | 10 | | 2 | 6 | 1 | | 2 | | | |
| 58 | Ce | 2 | 2 | 6 | 2 | 6 | 10 | 2 | 6 | 10 | 1 | 2 | 6 | 1 | | 2 | | | |
| 59 | Pr | 2 | 2 | 6 | 2 | 6 | 10 | 2 | 6 | 10 | 3 | 2 | 6 | | | 2 | | | |
| 60 | Nd | 2 | 2 | 6 | 2 | 6 | 10 | 2 | 6 | 10 | 4 | 2 | 6 | | | 2 | | | |
| 61 | Pm | 2 | 2 | 6 | 2 | 6 | 10 | 2 | 6 | 10 | 5 | 2 | 6 | | | 2 | | | |
| 62 | Sm | 2 | 2 | 6 | 2 | 6 | 10 | 2 | 6 | 10 | 6 | 2 | 6 | | | 2 | | | |
| 63 | Eu | 2 | 2 | 6 | 2 | 6 | 10 | 2 | 6 | 10 | 7 | 2 | 6 | | | 2 | | | |
| 64 | Gd | 2 | 2 | 6 | 2 | 6 | 10 | 2 | 6 | 10 | 7 | 2 | 6 | 1 | | 2 | | | |
| 65 | Tb | 2 | 2 | 6 | 2 | 6 | 10 | 2 | 6 | 10 | 9 | 2 | 6 | | | 2 | | | |
| 66 | Dy | 2 | 2 | 6 | 2 | 6 | 10 | 2 | 6 | 10 | 10 | 2 | 6 | | | 2 | | | |
| 67 | Ho | 2 | 2 | 6 | 2 | 6 | 10 | 2 | 6 | 10 | 11 | 2 | 6 | | | 2 | | | |
| 68 | Er | 2 | 2 | 6 | 2 | 6 | 10 | 2 | 6 | 10 | 12 | 2 | 6 | | | 2 | | | |

续表 1-1-2

| 原子序数 | 元素符号 | 电子层 | | | | | | | | | | | | | | | | | |
|---|---|---|---|---|---|---|---|---|---|---|---|---|---|---|---|---|---|---|---|
| | | 1 | 2 | | 3 | | | 4 | | | | 5 | | | | 6 | | | 7 |
| | | 电子亚层 | | | | | | | | | | | | | | | | | |
| | | s | s | p | s | p | d | s | p | d | f | s | p | d | f | s | p | d | s |
| 69 | Tu | 2 | 2 | 6 | 2 | 6 | 10 | 2 | 6 | 10 | 13 | 2 | 6 | | | 2 | | | |
| 70 | Yb | 2 | 2 | 6 | 2 | 6 | 10 | 2 | 6 | 10 | 14 | 2 | 6 | | | 2 | | | |
| 71 | Lu | 2 | 2 | 6 | 2 | 6 | 10 | 2 | 6 | 10 | 14 | 2 | 6 | 1 | | 2 | | | |
| 72 | Hf | 2 | 2 | 6 | 2 | 6 | 10 | 2 | 6 | 10 | 14 | 2 | 6 | 2 | | 2 | | | |
| 73 | Ta | 2 | 2 | 6 | 2 | 6 | 10 | 2 | 6 | 10 | 14 | 2 | 6 | 3 | | 2 | | | |
| 74 | W | 2 | 2 | 6 | 2 | 6 | 10 | 2 | 6 | 10 | 14 | 2 | 6 | 4 | | 2 | | | |
| 75 | Re | 2 | 2 | 6 | 2 | 6 | 10 | 2 | 6 | 10 | 14 | 2 | 6 | 5 | | 2 | | | |
| 76 | Os | 2 | 2 | 6 | 2 | 6 | 10 | 2 | 6 | 10 | 14 | 2 | 6 | 6 | | 2 | | | |
| 77 | Ir | 2 | 2 | 6 | 2 | 6 | 10 | 2 | 6 | 10 | 14 | 2 | 6 | 7 | | 2 | | | |
| 78 | Pt | 2 | 2 | 6 | 2 | 6 | 10 | 2 | 6 | 10 | 14 | 2 | 6 | 9 | | 1 | | | |
| 79 | Au | 2 | 2 | 6 | 2 | 6 | 10 | 2 | 6 | 10 | 14 | 2 | 6 | 10 | | 1 | | | |
| 80 | Hg | 2 | 2 | 6 | 2 | 6 | 10 | 2 | 6 | 10 | 14 | 2 | 6 | 10 | | 2 | | | |
| 81 | Tl | 2 | 2 | 6 | 2 | 6 | 10 | 2 | 6 | 10 | 14 | 2 | 6 | 10 | | 2 | 1 | | |
| 82 | Pb | 2 | 2 | 6 | 2 | 6 | 10 | 2 | 6 | 10 | 14 | 2 | 6 | 10 | | 2 | 2 | | |
| 83 | Bi | 2 | 2 | 6 | 2 | 6 | 10 | 2 | 6 | 10 | 14 | 2 | 6 | 10 | | 2 | 3 | | |
| 84 | Po | 2 | 2 | 6 | 2 | 6 | 10 | 2 | 6 | 10 | 14 | 2 | 6 | 10 | | 2 | 4 | | |
| 85 | At | 2 | 2 | 6 | 2 | 6 | 10 | 2 | 6 | 10 | 14 | 2 | 6 | 10 | | 2 | 5 | | |
| 86 | Rn | 2 | 2 | 6 | 2 | 6 | 10 | 2 | 6 | 10 | 14 | 2 | 6 | 10 | | 2 | 6 | | |
| 87 | Fr | 2 | 2 | 6 | 2 | 6 | 10 | 2 | 6 | 10 | 14 | 2 | 6 | 10 | | 2 | 6 | | 1 |
| 88 | Ra | 2 | 2 | 6 | 2 | 6 | 10 | 2 | 6 | 10 | 14 | 2 | 6 | 10 | | 2 | 6 | | 2 |
| 89 | Ac | 2 | 2 | 6 | 2 | 6 | 10 | 2 | 6 | 10 | 14 | 2 | 6 | 10 | | 2 | 6 | 1 | 2 |
| 90 | Th | 2 | 2 | 6 | 2 | 6 | 10 | 2 | 6 | 10 | 14 | 2 | 6 | 10 | | 2 | 6 | 2 | 2 |
| 91 | Pa | 2 | 2 | 6 | 2 | 6 | 10 | 2 | 6 | 10 | 14 | 2 | 6 | 10 | 2 | 2 | 6 | 1 | 2 |
| 92 | U | 2 | 2 | 6 | 2 | 6 | 10 | 2 | 6 | 10 | 14 | 2 | 6 | 10 | 3 | 2 | 6 | 1 | 2 |
| 93 | Np | 2 | 2 | 6 | 2 | 6 | 10 | 2 | 6 | 10 | 14 | 2 | 6 | 10 | 4 | 2 | 6 | 1 | 2 |
| 94 | Pu | 2 | 2 | 6 | 2 | 6 | 10 | 2 | 6 | 10 | 14 | 2 | 6 | 10 | 6 | 2 | 6 | | 2 |
| 95 | Am | 2 | 2 | 6 | 2 | 6 | 10 | 2 | 6 | 10 | 14 | 2 | 6 | 10 | 7 | 2 | 6 | | 2 |
| 96 | Cm | 2 | 2 | 6 | 2 | 6 | 10 | 2 | 6 | 10 | 14 | 2 | 6 | 10 | 7 | 2 | 6 | 1 | 2 |
| 97 | Bk | 2 | 2 | 6 | 2 | 6 | 10 | 2 | 6 | 10 | 14 | 2 | 6 | 10 | 9 | 2 | 6 | | 2 |
| 98 | Cf | 2 | 2 | 6 | 2 | 6 | 10 | 2 | 6 | 10 | 14 | 2 | 6 | 10 | 10 | 2 | 6 | | 2 |
| 99 | Es | 2 | 2 | 6 | 2 | 6 | 10 | 2 | 6 | 10 | 14 | 2 | 6 | 10 | 11 | 2 | 6 | | 2 |
| 100 | Fm | 2 | 2 | 6 | 2 | 6 | 10 | 2 | 6 | 10 | 14 | 2 | 6 | 10 | 12 | 2 | 6 | | 2 |
| 101 | Md | 2 | 2 | 6 | 2 | 6 | 10 | 2 | 6 | 10 | 14 | 2 | 6 | 10 | 13 | 2 | 6 | | 2 |
| 102 | No | 2 | 2 | 6 | 2 | 6 | 10 | 2 | 6 | 10 | 14 | 2 | 6 | 10 | 14 | 2 | 6 | | 2 |
| 103 | Lr | 2 | 2 | 6 | 2 | 6 | 10 | 2 | 6 | 10 | 14 | 2 | 6 | 10 | 14 | 2 | 6 | 1 | 2 |

## 三、元素的分类

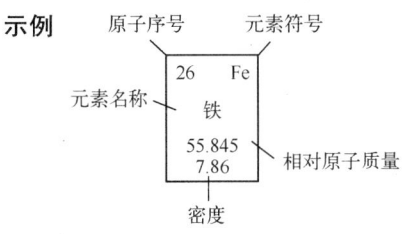

**示例**　原子序号　　元素符号

元素名称　　26　Fe

铁

55.845
7.86　　相对原子质量

密度

注:1. 表内所列原子量采用 1995 年国际相对原子质量,以碳 12 等于 12 为基准。加括号的数字是寿命最长的放射性同位素的质量数。

2. 表中硒、碲也可列为稀有分散金属元素;铼也可列为稀有高熔点金属元素。

### (一) 金属元素

#### 1. 黑色金属元素

| 24 Cr | 25 Mn | 26 Fe |
|---|---|---|
| 铬 | 锰 | 铁 |
| 51.996 | 54.938 | 55.845 |
| 7.18 ~ 7.20 | 7.74 | 7.86 |

#### 2. 有色金属元素

##### (1) 有色轻金属元素

| 11 Na | 12 Mg | 13 Al | 19 K | 20 Ca | 38 Sr | 56 Ba |
|---|---|---|---|---|---|---|
| 钠 | 镁 | 铝 | 钾 | 钙 | 锶 | 钡 |
| 22.990 | 24.305 | 26.982 | 39.098 | 40.078 | 87.62 | 137.33 |
| 0.97 | 1.74 | 2.702 | 0.86 | 1.54 | 2.60 | 3.5 |

##### (2) 有色重金属元素

| 27 Co | 28 Ni | 29 Cu | 30 Zn | 48 Cd | 50 Sn | 51 Sb | 80 Hg | 82 Pb | 83 Bi |
|---|---|---|---|---|---|---|---|---|---|
| 钴 | 镍 | 铜 | 锌 | 镉 | 锡 | 锑 | 汞 | 铅 | 铋 |
| 58.933 | 58.693 | 63.546 | 65.39 | 112.41 | 118.71 | 121.76 | 200.59 | 207.2 | 208.98 |
| 8.9 | 8.9 | 8.92 | 7.14 | 8.642 | 7.29 | 6.69 | 14.2 (-38.8℃) | 11.34 | 9.8 |

#### 3. 贵金属元素

| 44 Ru | 45 Rh | 46 Pd | 47 Ag | 76 Os | 77 Ir | 78 Pt | 79 Au |
|---|---|---|---|---|---|---|---|
| 钌 | 铑 | 钯 | 银 | 锇 | 铱 | 铂 | 金 |
| 101.07 | 102.91 | 106.42 | 107.87 | 190.23 | 192.22 | 195.08 | 196.97 |
| 12.30 | 12.4 | 11.40 | 10.5 | 22.480 | 22.4 | 21.45 | 19.3 |

4. 稀有金属元素

（1）稀有轻金属元素

| | | | | |
|---|---|---|---|---|
| 3 Li | 4 Be | 22 Ti | 37 Rb | 55 Ce |
| 锂 | 铍 | 钛 | 铷 | 铯 |
| 6.941 | 9.0122 | 47.867 | 85.468 | 132.91 |
| 0.534 | 1.85 | 4.5 | 1.53 | 1.8785 |

（2）稀有高熔点金属元素

| | | | | | | |
|---|---|---|---|---|---|---|
| 23 V | 40 Zr | 41 Nb | 42 Mo | 72 Hf | 73 Ta | 74 W |
| 钒 | 锆 | 铌 | 钼 | 铪 | 钽 | 钨 |
| 50.942 | 91.224 | 92.906 | 95.94 | 178.49 | 180.95 | 183.84 |
| 5.96 | 6.5 | 8.57 | 10.22 | 13.31 | 16.6 | 19.35 |

（3）稀有放射性金属元素

1）天然放射性金属元素：

| | | | | | |
|---|---|---|---|---|---|
| 84 Po | 88 Ra | 89 Ac | 90 Th | 91 Pa | 92 U |
| 钋 | 镭 | 锕 | 钍 | 镤 | 铀 |
| 208.98 | 226.03 | 227.03 | 232.04 | 231.04 | 238.03 |
| 9.32 | 5.0 | 10.07 | 11.7 | 15.37 | 19.1 |

2）人造放射性金属元素：

| | | | | | | |
|---|---|---|---|---|---|---|
| 43 Tc | 61 Pm | 87 Fr | 93 Np | 94 Pu | 95 Am | 96 Cm |
| 锝 | 钷 | 钫 | 镎 | 钚 | 镅 | 锔 |
| 97.907 | 144.91 | 223.02 | 237.05 | 244.06 | 243.06 | 247.07 |
| 11.46 | | | 20.25 | 19.84 | 11.7 | |
| 97 Bk | 98 Cf | 99 Es | 100 Fm | 101 Md | 102 No | 103 Lr |
| 锫 | 锎 | 锿 | 镄 | 钔 | 锘 | 铹 |
| 247.07 | 251.08 | 252.08 | 257.10 | 258.10 | 259.10 | 262.11 |

（4）稀土金属元素：

| | | | | | | | |
|---|---|---|---|---|---|---|---|
| 21 Sc | 39 Y | 57 La | 58 Ce | 59 Pr | 60 Nd | 62 Sm | 63 Eu |
| 钪 | 钇 | 镧 | 铈 | 镨 | 钕 | 钐 | 铕 |
| 44.956 | 88.906 | 138.91 | 140.12 | 140.91 | 144.24 | 150.36 | 151.96 |
| 2.99 | 4.34 | 6.17 | 6.78 | 6.782 | 7.004 | 7.536 | 5.244 |

| 64 Gd | 65 Tb | 66 Dy | 67 Ho | 68 Er | 69 Tm | 70 Yb | 71 Lu |
|---|---|---|---|---|---|---|---|
| 钆 | 铽 | 镝 | 钬 | 铒 | 铥 | 镱 | 镥 |
| 157.25 | 158.93 | 162.50 | 164.93 | 167.26 | 168.93 | 173.04 | 174.97 |
| 7.948 | 8.272 | 8.556 | 8.803 | 9.164 | 9.322 | 6.977 | 9.842 |

（5）稀有分散金属元素：

| 31 Ga | 32 Ge | 49 In | 75 Re | 81 Tl |
|---|---|---|---|---|
| 镓 | 锗 | 铟 | 铼 | 铊 |
| 69.723 | 72.61 | 114.82 | 186.21 | 204.38 |
| 5.904 | 5.35 | 7.31 | 20.53 | 11.85 |

（二）半金属元素

| 5 B | 14 Si | 33 As | 34 Se | 52 Te |
|---|---|---|---|---|
| 硼 | 硅 | 砷 | 硒 | 碲 |
| 10.811 | 28.086 | 74.922 | 78.96 | 127.60 |
| 2.34 | 2.33 | 5.73 | 4.82 | 6.00 |

（三）非金属元素

1. 固体元素（常温下）

| 6 C | 15 P | 16 S | 35 Br | 53 I | 85 At |
|---|---|---|---|---|---|
| 碳 | 磷 | 硫 | 溴 | 碘 | 砹 |
| 12.011 | 30.974 | 32.066 | 79.904 | 126.90 | 209.99 |
| 2.25 | 2.34 | 2.07 | 4.2 | 4.93 |  |
|  |  |  | （−273℃） |  |  |

2. 气体元素

| 1 H | 2 He | 7 N | 8 O | 9 F | 10 Ne |
|---|---|---|---|---|---|
| 氢 | 氦 | 氮 | 氧 | 氟 | 氖 |
| 1.0079 | 4.0026 | 14.007 | 15.999 | 18.998 | 20.180 |
| 0.076 |  | 1.3 | 1.03 | 1.5 | 1.20 |
| （−260℃） |  | （−260℃） | （−253℃） | （−253℃） | （−245℃） |

| 17 Cl | 18 Ar | 36 Kr | 54 Xe | 86 Rn |
|---|---|---|---|---|
| 氯 | 氩 | 氪 | 氙 | 氡 |
| 35.453 | 39.948 | 83.80 | 131.29 | 222.02 |
| 2.2 | 1.65 | 3.4 |  | 9.73 |
| （−273℃） | （−233℃） | （−273℃） |  |  |

## 四、部分元素的晶格结构(表 1 - 1 - 3)[2]

| 原子序数 | 化学符号 | 名 称 | 自由原子中电子的分布 | 晶格点阵的类型 | 配 位 数(基本晶胞中的原子数) |
|---|---|---|---|---|---|
| 11 | Na | 钠 | 2,8,1 | 体心立方 | 8 |
| 19 | K | 钾 | 2,8,8,1 | 体心立方 | 8 |
| 29 | Cu | 铜 | 2,8,18,1 | 面心立方 | 12 |
| 47 | Ag | 银 | 2,8,18,18,1 | 面心立方 | 12 |
| 4 | Be | 铍 | 2,2 | 密集六角 | 6.6 |
| 12 | Mg | 镁 | 2,8,2 | 密集六角 | 6.6 |
| 20 | Ca | 钙 | 2,8,8,2 | α—面心立方,β—体心立方(300~450℃时) | 12 |
| | | | | γ—密集六角(450℃时) | 6.6 |
| 30 | Zn | 锌 | 2,8,18,2 | 密集六角 | 6.6 |
| 80 | Hg | 汞 | 2,8,18,32,18,2 | 三角晶系,简单三角晶系 | 6 |
| 5 | B | 硼 | 2,3 | α—四角体 | 8.93 |
| | | | | β—三角晶系 | 10.13 |
| 13 | Al | 铝 | 2,8,3 | 面心立方 | 12 |
| 22 | Ti | 钛 | 2,8,10,2(大于882℃) | α—密集六角 | 6.6 |
| | | | | β—体心立方 | 8 |
| 40 | Zr | 锆 | 2,8,18,18,2(867℃时的数据) | α—密集六角 | 6.6 |
| | | | | β—体心立方 | 8 |
| 6 | C | 碳 | 2,4 | 金刚石型 | 4 |
| | | | | 石墨 | 3(晶胞中有 4 个原子) |
| 14 | Si | 硅 | 2,8,4 | 金刚石型 | 4 |
| 23 | V | 钒 | 2,8,11,2 | 体心立方 | 8 |
| 41 | Nb | 铌 | 2,8,18,12,1 | 体心立方 | 8 |
| 24 | Cr | 铬 | 2,8,13,1 | 体心立方 | 8 |
| 42 | Mo | 钼 | 2,8,18,13,1 | 体心立方 | 8 |
| 74 | W | 钨 | 2,8,18,32,12,2 | α—体心立方 | 8 |
| | | | | β—复杂立方 | 8 |
| 25 | Mn | 锰 | 2,8,13,2 | α—复杂立方 | (晶胞中有 58 个原子) |
| | | | | β—复杂立方 | 12(晶胞中有 20 个原子) |
| 26 | Fe | 铁 | 2,8,14,2 | α—体心立方 | 8 |
| | | | | γ—面心立方 | 12 |
| 27 | Co | 钴 | 2,8,15,2 | α—密集六角 | 6.6 |
| | | | | β—面心立方(420℃时) | 12 |
| 28 | Ni | 镍 | 2,8,15,2 | α—密集六角 | |
| | | | | β—面心立方 | 12 |

注:1. 配位数表明每个原子的最邻近原子的数目,对某些结构来说,指出第 1 级和第 2 级最近的原子数目;对复杂结构来
 2. 表中所示晶格结构和点阵参数是温度为 18~25℃时的资料,对于在室温下处于液体和气体的元素是它们在凝固温
 3. 表中指出配位数为 12 时的原子直径,在由配位数 8 变为 12 的情况下,曾将直径乘以 1.03;
 4. 表中给出完全离子化状态时的离子直径,也就是在去掉所有外电子壳层的电子时的直径。在没有这样的数据时,则
  方法得到的;
 5. 石墨是在基本晶胞中具有 4 个原子的六角系点阵,但不是密排点阵,因而它具有层状结构。

表 1 - 1 - 3

| 原子点阵常数/nm | | | 原子间距离/nm | | 直径/nm | |
| --- | --- | --- | --- | --- | --- | --- |
| $a$ | $c$ | $c/a$ | $d_1$ | $d_2$ | 原子（配位数为12） | 离子 |
| 0.4291 | | | 0.3715 | | 0.3838 | 0.1964 |
| 0.5344 | | | 0.4627 | | 0.4770 | 0.2665 |
| 0.3615 | | | 0.2556 | | 0.2556 | (0.1924) |
| 0.4086 | | | 0.2889 | | 0.2891 | (0.2264) |
| 0.2286 | 0.3584 | 1.5682 | 0.2226 | 0.2286 | 0.2254 | 0.0681 |
| 0.3209 | 0.5211 | 1.6235 | 0.3197 | 0.3209 | 0.3206 | 0.1563 |
| 0.5571 | | | 0.3938 | | 0.3938 | 0.2124 |
| 0.3988 | 0.6533 | 1.638 | 0.3988 | 0.3998 | 0.3988 | |
| 0.2665 | 0.4947 | 1.8563 | 0.2665 | 0.2913 | 0.2754 | 0.1663 |
| 0.3005（-46℃时） | | 70°32′ | 0.3005 | | 0.3106 | 0.2244 |
| 0.5070 1.7896 | 0.0568 b = 0.8948 | | | | 0.1784 | (0.0401) |
| 0.4050 | | | 0.2863 | | 0.2806～0.2866 | 0.1142 |
| 0.2950 | 0.4683 | 1.5873 | 0.2896 | 0.2950 | 0.2936 | 0.1282 |
| 0.3327 | | | 0.2881 | | 0.2966 | |
| 0.3328 | 0.5139 | 1.592 | 0.3174 | 0.3228 | 0.3196 | 0.1744 |
| 0.3617 | | | 0.3132 | | | |
| 0.3567 | | | 0.1547 | | 0.1543 | (0.0301) |
| 0.2461 | 0.6704 | 2.73 | 0.1423 | 0.2465 | | |
| 0.5431 | | | 0.2352 | | 0.2675 | 0.0782 |
| 0.3040 | | | 0.2633 | | 0.2715 | |
| 0.3301 | | | 0.2858 | | 0.2946 | |
| 0.2884 | | | 0.2498 | | 0.2575 | |
| 0.3147 | | | 0.2725 | | 0.2806 | |
| 0.3165 | | | 0.2741 | | 0.2826 | |
| 0.2858 0.5877 | 0.4955 | a:b:c = 1:2.056:1.734 | 0.2766 | 0.2856 | 0.2746 | |
| 0.8912 0.6314 | | | | | 0.2585 | |
| 0.2866 0.3656（950℃时） | | | 0.2482 0.2585（950℃时） | | 0.2545 0.2525 | |
| 0.2507 0.2542 | 0.4619 | 1.623 | 0.2497 0.2506 | 0.2507 | 0.2505 0.2505 | |
| 0.2495 0.3524 | 0.4088 | 1.64 | 0.2495 0.2491 | 0.2495 | 0.2495 0.2492 | |

说,用基本晶胞中的原子数替代配位数;

度时的结晶构造;对于有不同变体和同素异形的元素,表中示有这些变体的结晶构造;

在表中列入离子直径并表示出离子电荷的符号和大小。在圆括弧中表示了由半理论方法得到的原子直径值,其余值是由经验

## 五、部分元素的物理性质(表1-1-4)[2]

| 原子序数 | 化学符号 | 名称 | 体积性能 | | | | 热性能 | | | | | |
|---|---|---|---|---|---|---|---|---|---|---|---|---|
| | | | 20℃时的原子体积 /cm³·mol⁻¹ (大气压) | 20℃时的密度 /g·cm⁻³ | 在 $t_{熔化}$ 时液态的密度 /g·cm⁻³ | 结晶时的收缩率 /% | 熔化温度(或转变温度) /℃ | 汽化温度 /℃ | 熔化热 /J·g⁻¹ | 汽化热 /J·g⁻¹ | 20℃时的比热容 /J·(kg·K)⁻¹ | 20℃时的热导率 /W·(m·K)⁻¹ |
| 1 | H | 氢 | 液态 14.2 / 固态 12.5 | 0.08987 / 0.0808 | 0.0708 | | -259.18 | -252.7 | 58.6 | 452.2 | 14444.5 | |
| 29 | Cu | 铜 | 7.21 | 8.92 | 8.3 | 4.10 | 1083.2 | 2300 | 211.9 | 4713.9 | 385.2 | 1649.6 |
| 47 | Ag | 银 | 10.28 | 10.49 | 9.4 | 4.5 | 960.5 | 1950 | 101.7 | 2327.9 | 234.46 | 1708.2 |
| 4 | Be | 铍 | 4.877 | 1.816 | | | 1284 | 2970 | 1088.6 | 18924.3 | 2126.9 | 164.1 |
| 20 | Ca | 钙 | 26.1 | 1.55 | | | 850 | 1240 | | 4899 | 649 | |
| 12 | Mg | 镁 | 14.0 | 1.74 | 1.57 | 4.2 | 651 | 1110 | 293 | 10777 | 1017.4 | 154.91 |
| 30 | Zn | 锌 | 9.17 | 7.14 | 6.70 | 6.5 | 419.45 | 907 | 100.9 | 1779.4 | 387.7 | 112.2 |
| 80 | Hg | 汞 | 14.8 | 液态的 13.546 / 固态的 14.19 | | | -38.87 | 356.90 | 11.68 | 296.4 | 139.4 | 6.196 |
| 5 | B | 硼 | 4.63 | 2.84 | | | 2300 | 2550 | 1109.5 | | 1285.77 | |
| 13 | Al | 铝 | 10.00 | 2.702 | 2.38 | 6.6 | 660.2 | 2500 | 389.4 | 9328.2 | 896 | 143.44 |
| 6 | C | 碳 | 5.41 | 金刚石 3.514 / 石墨 2.216 / 非晶体 1.2218~1.919 | | | 3600 | 4200 | | 16065 | 金刚石 472.27 / 石墨 685.4 | 金刚石 138.2 / 石墨 419 |
| 14 | Si | 硅 | 12.07 | 2.3283 非晶体2 | | | 1440 | 2630 | | 5284 | 703.4 | 83.7 |
| 82 | Pb | 铅 | 18.3 | 11.337 | 10.30 | 3.5 | 327.4 | 1750 | 26.46 | 850 | 129.37 | 35.59 |
| 22 | Ti | 钛 | 10.7 | 4.50 | | | 1660 (885/α→β) | 3262 | 376.8 | | 473.1 | 15.07 |
| 40 | Zr | 锆 | 14.2 | 6.52 | | 7.5 | 1860 (867/α→β) | >2900 | 251.2 | | 276.33 | |
| 72 | Hf | 铪 | 13.43 | 13.31 | | | 2230 (1690~1800/α→β) | >3200 | | | 138.16 | |
| 23 | V | 钒 | 9.1 | 5.96 | | | 1700 | 3000 | 334.9 | | 502.4 | 30.98 |

表 1 - 1 - 4

| 电 磁 性 能 | | | | | | | 力 学 性 能 | | |
|---|---|---|---|---|---|---|---|---|---|
| 线膨胀系数 $\alpha_{20℃}$ /℃$^{-1}$ | 电阻率 $\rho$ /Ω·cm | 电阻率的温度系数 $\alpha_0$（在0℃时） | 18℃时的单位磁化率 $\chi_{18℃}$ /cm³·g$^{-1}$ | 显示超导电性的温度 /K | 在0~100℃范围内对铂的热电动势/mV | 离子化能量 /kJ·mol$^{-1}$ | 可压缩性 $\chi$ /0.1 MPa$^{-1}$ | 标准弹性模量 $E$/GPa | 硬度 HB（HV） |
| | | | $-1.97 \times 10^{-6}$ | | | 1306 | | | |
| $16.5 \times 10^{-6}$ | $1.55 \times 10^{-6}$ | $4.33 \times 10^{-3}$ | $-0.086 \times 10^{-6}$ | | $+0.74$ | 741 | $0.76 \times 10^{-5}$ | 112.5 | 35 |
| $18.9 \times 10^{-6}$ | $1.50 \times 10^{-6}$ | $4.10 \times 10^{-3}$ | $-0.20 \times 10^{-6}$ | | $+0.74$ | 727 | $1.02 \times 10^{-5}$ | 72.4 | 25 |
| $12.23 \times 10^{-6}$ | $6.6 \times 10^{-6}$ | $6.67 \times 10^{-3}$ | $-1.00 \times 10^{-6}$ | 11.2 | | 895 | | 299.0 | 140 |
| $25.0 \times 10^{-6}$ | $4.6 \times 10^{-6}$ | $3.33 \times 10^{-3}$ | $+1.10 \times 10^{-6}$ | | | 587 | $5.8 \times 10^{-5}$ | 26.0 | 30~42 |
| $25.7 \times 10^{-6}$ | $4.6 \times 10^{-6}$ | $3.90 \times 10^{-3}$ | $+0.55 \times 10^{-6}$ | | $+0.41$ | 734 | $2.9 \times 10^{-5}$ | 43.6 | 25~30 |
| $32.5 \times 10^{-6}$ | $6 \times 10^{-6}$ | $4.17 \times 10^{-3}$ | $-0.157 \times 10^{-6}$ | 0.79 | $+0.76$ | 903 | $1.7 \times 10^{-5}$ | 130.0 | 30~42 |
| $41 \times 10^{-6}$ | $21.3 \times 10^{-6}$ | $0.92 \times 10^{-3}$ | $-0.168 \times 10^{-6}$ | 4.12 | | 1001 | | | |
| $8.0 \times 10^{-6}$ | 0.775（27℃） $4 \times 10^{-6}$（600℃） | | $-0.7 \times 10^{-6}$ | | | 796 | $0.3 \times 10^{-5}$ | | 2700~3000（根据克努普） |
| $23.1 \times 10^{-6}$ | $2.62 \times 10^{-6}$ | $4.26 \times 10^{-3}$ | $+0.65 \times 10^{-6}$ | 1.14 | | 575 | $1.49 \times 10^{-5}$ | 72 | 16~35 |
| 金刚石 $0.562 \times 10^{-6}$ 石墨 $6.6 \times 10^{-6}$ | 金刚石 $5 \times 10^{14}$ 石墨 $1400 \times 10^{-6}$ | $(0.2 \sim 0.8) \times 10^{-3}$ | $-0.49 \times 10^{-6}$ | | | 1081 | | | 10600 |
| $4.15 \times 10^{-6}$ | 0.085 | $(-1.8 \sim +1.7) \times 10^{-3}$ | $-0.13 \times 10^{-6}$ | | | 781 | $0.325 \times 10^{-5}$ | 44.5 | |
| $28.1 \times 10^{-6}$ | $21.9 \times 10^{-6}$ | $4.2 \times 10^{-3}$ | $-0.12 \times 10^{-6}$ | 7.26 | $+0.43$ | 712 | $2.36 \times 10^{-5}$ | 17.0 | 3.8~4.2 |
| $7.14 \times 10^{-6}$ | $47.5 \times 10^{-6}$ | $3.3 \times 10^{-3}$ | $+1.25 \times 10^{-6}$ | 1.77 | | 657 | $0.797 \times 10^{-5}$ | 112.0 | 80~100（碘系） |
| $6.3 \times 10^{-6}$ | $41.0 \times 10^{-6}$ | $4.4 \times 10^{-3}$ | $-0.45 \times 10^{-6}$ | ~0.7 | | 669 | $1.1 \times 10^{-5}$ | 84.0 | 80~124 |
| $5.9 \times 10^{-6}$ | $30.0 \times 10^{-6}$ | $4.4 \times 10^{-3}$ | | 0.3 | | | $0.901 \times 10^{-5}$ | 79.79 | |
| $8.3 \times 10^{-6}$ | $26 \times 10^{-6}$ | $3.58 \times 10^{-3}$ | $+1.4 \times 10^{-6}$ | 4.3 | | 652 | $0.609 \times 10^{-5}$ | 150.0 | 264 退火的 |

| 原子序数 | 化学符号 | 名称 | 体积性能 | | | | 热性能 | | | | | |
|---|---|---|---|---|---|---|---|---|---|---|---|---|
| | | | 20℃时的原子体积/cm³·mol⁻¹（大气压） | 20℃时的密度/g·cm⁻³ | 在$t_{熔化}$时液态的密度/g·cm⁻³ | 结晶时的收缩率/% | 熔化温度（或转变温度）/℃ | 汽化温度/℃ | 熔化热/J·g⁻¹ | 汽化热/J·g⁻¹ | 20℃时的比热容/J·(kg·K)⁻¹ | 20℃时的热导率/W·(m·K)⁻¹ |
| 41 | Nb | 铌 | 1.08 | 8.5 | | | 2450 | 3700 | | | 270 | |
| 73 | Ta | 钽 | 10.9 | 16.6 | | | 2996 | 6093 | 155 | | 138.2 | 54.43 |
| 7 | N | 氮 | 17.3 固态13.65 | 1.2506 1.026 | 0.88 | | -209.86 | -195.8 | 2505 | 200.1 | 1034.1 | 0.03767 |
| 15 | P | 磷 | 17.0 | 白1.83 红2.20 黑2.59 | 1.745 | | 44.1 (4.3MPa) | 280.5 | 21.1 | 1201.6 | 741.1 | |
| 33 | As | 砷 | 13.1 | α5.727 β4.7 γ2.0 | | | 814 (3.6MPa) | 615 (升华) | | | 302.3 | |
| 24 | Cr | 铬 | 7.2 | 7.14 | | | 1850~1855 | 2469 | 132.9 | 4207.7 | 443.8 | 67 |
| 42 | Mo | 钼 | 9.41 | 10.2 | | | 2625 | 4800 | 209~251 | 5602 | 270.9 | 144.9 |
| 74 | W | 钨 | 9.63 | 19.3 | | | 3410±20 | 5500 | 191.3 | 4006.7 | 135.2 | 19.93 |
| 8 | O | 氧 | 固态11.2 液态14.03 | 1.42897（气体）固1.426 | 1.14 | | -218.4 | -183 | 13.9 | 213.1 | 914.4 | 0.02466 |
| 16 | S | 硫 | 15.5 | 菱面体2.06 单斜体1.92 | 1.808 | | 112.8 | 444.6 | 菱面体39.2 单斜体43.54 | 1511.4 | 741.1 | 0.2637 |
| 25 | Mn | 锰 | α7.4 β7.6 | α7.16 β7.24 γ7.21 | | | 1244 727.2(α→β) 1101.2(β→α) | 2150 | 268 | 3810 | 481.5 | 4.982 (-190℃) |
| 26 | Fe | 铁 | 7.10 | 7.86 | 6.9 | 3.06 | 1539 | 2880 | 272.1 | 6677.9 | 452.2 | 83.74 |
| 27 | Co | 钴 | α6.77 β6.81 | 8.9 8.7 | | | 1480 | 3135 | 244.4 | 5192 | 452.2 | 71.18 |
| 28 | Ni | 镍 | 6.59 | 8.90 | | | 1455 | 3080 | 308.1 | 5862 | 445.9 | 82.9 |
| 45 | Rh | 铑 | 8.29 | 12.45 | | | 1966 | 4000~4500 | | | 252.9 | 89.18 |
| 77 | Ir | 铱 | 8.53 | 22.42 | | | 2454 | 4800 | | | 129.4 | 59.0 |
| 78 | Pt | 铂 | 9.10 | 21.45 | 19.0 | | 1773.5 | 2300 | 113.4 | 2403 | 132.7 | 69.92 |
| 18 | Ar | 氩 | 固态24.2 液态28.6 | 1.6626 固态1.65 | 1.402 | | -189.2 | -185.7 | 28.1 | 157.4 | 524.2 | 170 |

注：1. 对于气体即列出气体密度，用标准条件下（20℃，0.1 MPa）的 g/L 表示，还列出其液态和固态的密度；

　　2. 离子化能量（kJ/mol）等于电离电动势（V）乘以23.06。

| 电 磁 性 能 | | | | | | | 力 学 性 能 | | |
|---|---|---|---|---|---|---|---|---|---|
| 线膨胀系数 $\alpha_{20℃}$ /℃$^{-1}$ | 电阻率 $\rho$ /Ω·cm | 电阻率的温度系数 $\alpha_0$ (在0℃时) | 18℃时的单位磁化率 $\chi_{18℃}$ /cm$^3$·g$^{-1}$ | 显示超导电性的温度 /K | 在0~100℃范围内对铂的热电动势/mV | 离子化能量 /kJ·mol$^{-1}$ | 可压缩性 $\chi$ /0.1 MPa$^{-1}$ | 标准弹性模量 $E$/GPa | 硬度 HB (HV) |
| $7.2 \times 10^{-6}$ | $13.1 \times 10^{-6}$ | $3.95 \times 10^{-3}$ | $+1.5 \times 10^{-6}$ | 9.22 | | | $0.570 \times 10^{-6}$ | 160 | 75 形变的 45~125 |
| $6.5 \times 10^{-6}$ | $12.41 \times 10^{-6}$ | $3.47 \times 10^{-3}$ | $+0.87 \times 10^{-6}$ $-0.8 \times 10^{-6}$ | 4.38 | | 1396 | $0.479 \times 10^{-6}$ | 192 | |
| $125 \times 10^{-6}$ | $1 \times 10^{5}$ | $45.6 \times 10^{-3}$ | $0.90 \times 10^{-6}$ | | | 1061 | | | |
| $4.7 \times 10^{-6}$ | $35.0 \times 10^{-6}$ | $3.9 \times 10^{-3}$ | $-0.31 \times 10^{-6}$ | | | 1012.8 | $4.7 \times 10^{-6}$ | 7.9 | 147 |
| $6.2 \times 10^{-6}$ | $12.9 \times 10^{-6}$ | $2.5 \times 10^{-3}$ | $+1.62 \times 10^{-6}$ | 16.2 | | 650.2 | $0.9 \times 10^{-6}$ | 253~260 | 70~130 |
| $4.9 \times 10^{-6}$ | $5.17 \times 10^{-6}$ | $4.33 \times 10^{-3}$ | $+1.45 \times 10^{-6}$ | | | 657 | $0.347 \times 10^{-6}$ | 332.5 | 140~185 |
| $4.3 \times 10^{-6}$ | $5.03 \times 10^{-6}$ | $4.83 \times 10^{-3}$ | $+1.12 \times 10^{-6}$ | | | 781 | $0.293 \times 10^{-6}$ | 352 | 260~350 |
| $2000 \times 10^{-6}$ ($-183℃$) | | | $+106.2 \times 10^{-6}$ | | | 1307 | | | |
| $67.48 \times 10^{-6}$ | $1.9 \times 10^{11}$ | | $0.49 \times 10^{-6}$ | | | 994.4 | $12.6 \times 10^{-6}$ | | |
| $\alpha 22.1 \times 10^{-6}$ $\beta 24.9 \times 10^{-6}$ $\gamma 14.8 \times 10^{-6}$ | $\alpha 71 \times 10^{-6}$ $\beta 91 \times 10^{-6}$ $\gamma 23 \times 10^{-6}$ | $1.7 \times 10^{-3}$ | $+11.8 \times 10^{-6}$ | | | 713.9 | $0.84 \times 10^{-6}$ | 201.6 | 210 |
| $11.5 \times 10^{-6}$ | $10.0 \times 10^{-6}$ | $6.6 \times 10^{-3}$ | （铁磁材料） | | $+1.98$ | 755.3 | $0.587 \times 10^{-6}$ | 210 | 60~70 |
| $12.5 \times 10^{-6}$ | $5.06 \times 10^{-6}$ | $6.6 \times 10^{-3}$ | （铁磁材料） | | $-1.79$ | 819.8 | $0.539 \times 10^{-6}$ | 204 | 48~132 |
| $14.0 \times 10^{-6}$ | | | | | | | | | |
| $13.5 \times 10^{-6}$ | $7.24 \times 10^{-6}$ | $6.7 \times 10^{-3}$ | （铁磁材料） | | $-1.54$ | 734 | $0.529 \times 10^{-6}$ | 220 | 60~80 |
| $8.5 \times 10^{-6}$ | $6.02 \times 10^{-6}$ | $4.35 \times 10^{-3}$ | $+1.11 \times 10^{-6}$ | | $+0.70$ | 742.7 | $0.301 \times 10^{-6}$ | 280 | 100~135 |
| $6.58 \times 10^{-6}$ | $11.6 \times 10^{-6}$ | $4.1 \times 10^{-3}$ | $+0.15 \times 10^{-6}$ | | $+0.65$ | | $0.30 \times 10^{-6}$ | 52 | 170 |
| $8.9 \times 10^{-6}$ | | $3.92 \times 10^{-3}$ | $+1.1 \times 10^{-6}$ $-0.45 \times 10^{-6}$ | | | 856.6 1513.5 | $0.36 \times 10^{-6}$ | 170 | 40~50 |

## 六、稀土元素的物理性质(表 1 - 1 - 5)[3]

| 性 能 项 目 | 钇<br>Y | 镧<br>La | 铈<br>Ce | 镨<br>Pr | 钕<br>Nd | 钐<br>Sm |
|---|---|---|---|---|---|---|
| 原子序数 | 39 | 57 | 58 | 59 | 60 | 62 |
| 原子量 | 88.905 | 138.91 | 140.12 | 140.907 | 144.24 | 150.35 |
| 密度 $\rho$(20℃)/g·cm$^{-3}$ | 4.475 | 6.18 | 6.90 | 6.77 | 7.00 | 7.53 |
| 熔点/℃ | 1509 | 920 | 804 | 935 | 1024 | 1052 |
| 沸点/℃ | 3200 | 3470 | 3468 | 3020 | 3180 | 1630 |
| 晶型 | 密集六角 | ① | ② | 密集六角 | 密集六角 | 菱形 |
| 点阵参数(室温或20℃)/nm | $a=0.3670$<br>$c=0.5826$ | ① | ② | $a=0.3669$<br>$c=0.5920$ | $a=0.3657$<br>$c=0.5902$ | $a=0.9014$<br>$\alpha=23°13'$ |
| 比热容(20℃)/J·(kg·K)$^{-1}$ | 297.3 | 201 | 175.8 | 188.4 | 188.4 | 175.8 |
| 熔解热/J·g$^{-1}$ | 192.6 | 72.43 | 35.59 | 49.0 | 49.32 | 72.4 |
| 汽化热/J·g$^{-1}$ | 4425.4 | 2801 | 2751 | 2763.3 | 196.8 | 128.1 |
| 原子半径(配位数12时)/nm | 0.181 | 0.186 | 0.182 | 0.182 | 0.182 | 0.20 |
| 摩尔体积/cm$^3$·mol$^{-1}$ | 19.7 | 22.43<br>22.48 | 20.7<br>20.58 | 20.79 | 20.60 | 20.0 |
| 热导率 $\lambda$/W·(m·K)$^{-1}$ | 14.65 | 13.816 | 10.88 | 11.72 | 12.98 | |
| 线膨胀系数 $\alpha$(0~100℃)/℃$^{-1}$ | | $5.1×10^{-6}$ | $8.0×10^{-6}$ | $5.4×10^{-6}$ | $7.4×10^{-6}$ | |
| 电阻率 $\rho$(0℃)/Ω·cm | | 56.8(20℃) | 75.3(25℃) | 68(25℃) | 64.3(25℃) | 88.0 |
| 电阻温度系数/℃$^{-1}$ | | $2.18×10^{-3}$ | $0.87×10^{-3}$ | $1.71×10^{-3}$ | $1.64×10^{-3}$ | $1.48×10^{-3}$ |
| 磁化率 $\chi$(18℃)/cm$^3$·g$^{-1}$ | $+5.3×10^{-6}$ | $+1.04×10^{-6}$ | $+17.5×10^{-6}$ | $+25×10^{-6}$ | $+36×10^{-6}$ | |
| 弹性模量 $E$/GPa | 67.60 | 38.20~39.20 | 30.60 | 35.90 | 38.65 | 34.75 |
| 切变弹性模量 $G$/GPa | 26.73 | 15.2 | 12.25 | 13.78 | 14.80 | 12.86 |
| 泊松比 | 0.265 | 0.288 | 0.248 | 0.305 | 0.306 | 0.352 |
| 压缩系数(室温,0.1 MPa) | $2.96×10^{-6}$ | $4.06×10^{-6}$ | $3.87×10^{-6}$ | $3.67×10^{-6}$ | $3.19×10^{-6}$ | $3.71×10^{-6}$ |
| 离子半径/nm | 0.106 | 0.122 | 0.118 | 0.116 | 0.115 | 0.113 |
| 原子价 | +3 | +3 | +3(+4) | +3(+4) | +3 | (+2)+3 |
| 电极电势/V | 2.37 | 2.52 | 2.48 | 2.47 | 2.44 | 2.41 |
| 热中子吸收截面/b($10^{-28}$m$^2$) | 1.38±0.14 | 8.9±0.3 | 0.70±0.08 | 11.2±0.6 | 46±2 | 5500±200 |
| 地壳丰度/% | $105×10^{-5}$ | $35×10^{-5}$ | $155×10^{-5}$ | $25×10^{-5}$ | $90×10^{-5}$ | $35×10^{-5}$ |

① La 有 $\alpha$ 和 $\beta$(>330℃)两种晶型;$\alpha$ 为密集六角型,$a=0.3754$ nm,$c=0.6063$ nm,$\beta$ 为面心立方型:$a=0.5296$ nm。

② Ce 有 $\alpha$ 和 $\beta$ 两种晶型;$\alpha$ 为面心立方型,$a=0.5143$ nm;$\beta$ 为密集六角型,$a=0.365$ nm,$c=0.596$ nm。

表 1－1－5

| 铕 Eu | 钆 Gd | 铽 Tb | 镝 Dy | 钬 Ho | 铒 Er | 铥 Tm | 镱 Yb | 镥 Lu |
|---|---|---|---|---|---|---|---|---|
| 63 | 64 | 65 | 66 | 67 | 68 | 69 | 70 | 71 |
| 151.96 | 157.25 | 158.924 | 162.50 | 164.930 | 167.26 | 168.934 | 173.04 | 174.97 |
| 5.30 | 7.87 | 8.267 | 8.56 | 8.8 | 9.16 | 9.325 | 6.966 | 9.74 |
| 830 | 1312 | 1356 | 1407 | 1461 | 1500 | 1545 | 824 | 1730 |
| 1430 | 2700 | 2530 | 2300 | 2300 | 2600 | 1700 | 1530 | 1930 |
| 体心立方 | 密集六角 | 密集六角 | 密集六角 | 密集六角 | 密集六角 | 密集六角 | 面心立方 | 密集六角 |
| $a=0.4587$ | $a=0.3639$ $c=0.5789$ | $a=0.3606$ $c=0.5708$ | $c=0.3600$ $c=0.5666$ | $a=0.3583$ $c=0.5629$ | $a=0.3546$ $c=0.5603$ | $a=0.3544$ $c=0.5573$ | $a=0.5492$ | $a=0.3516$ $a=0.5570$ |
| 163.3 | 240.3 | 184.2 | 171.7 | 163.3 | 167.5 | 154.1 | 146.5 | 154.9 |
| 69.1 | 89.4 | 102.7 | 105.5 | 104.3 | 102.6 | 109.02 | 52.21 | 110.1 |
| 1101.1 | 1942.6 | 1846.4 | 1725 | 1729 | 1675 | 1264.4 | 774.5 | 1796.1 |
| 0.204 | 0.179 | 0.177 | 0.177 | 0.195 | 0.175 | 0.174 | 0.193 | 0.174 |
| 29.00 | 19.79 | 19.11 | 18.97 | 18.65 | 18.29 | 18.12 | 24.75 | 17.96 |
| | 8.79 | | 10.05 | | 9.63 | | | |
| | $(0.0\sim10.0)\times10^{-6}$ | | $7.7\times10^{-6}$ | | $10.0\times10^{-6}$ | | $25\times10^{-6}$ | |
| 81.3 | 134.5 | | 56.0 | 87.0 | 107 | 79.0 | 30.3 | 79.0 |
| $4.30\times10^{-3}$ | $1.76\times10^{-3}$ | | $1.19\times10^{-3}$ | $1.71\times10^{-3}$ | $2.01\times10^{-3}$ | $1.95\times10^{-3}$ | $1.30\times10^{-3}$ | $2.40\times10^{-3}$ |
| | 铁磁性 | | 铁磁性 | | 低温时为铁磁性 | | | |
| | 57.3 | 34.75 | 64.35 | 68.40 | 74.75 | | 18.15 | |
| | 22.77 | 23.27 | 25.92 | 27.24 | 30.20 | | 7.14 | |
| | 0.259 | 0.261 | 0.243 | 0.255 | 0.238 | | 0.284 | |
| $6.99\times10^{-6}$ | $2.58\times10^{-6}$ | $2.45\times10^{-6}$ | $2.74\times10^{-6}$ | $2.66\times10^{-6}$ | $2.63\times10^{-6}$ | $2.72\times10^{-6}$ | $8.00\times10^{-6}$ | $2.32\times10^{-6}$ |
| 0.113 | 0.111 | 0.109 | 0.107 | 0.105 | 0.104 | 0.104 | 0.100 | 0.099 |
| (+2) +3 | +3 | +3(+4) | +3 | +3 | +3 | +3 | (+2) +3 | +3 |
| 2.41 | 2.40 | 2.39 | 2.35 | 2.32 | 2.30 | 2.28 | 2.27 | 2.25 |
| 4600 ± 400 | 46000 ± 2000 | 44 ± 4 | 1100 ± 150 | 64 ± 3 | 166 ± 16 | 118 ± 6 | 36 ± 4 | 108 ± 5 |
| $1\times10^{-5}$ | $35\times10^{-5}$ | $5\times10^{-5}$ | $35\times10^{-5}$ | $5\times10^{-5}$ | $30\times10^{-5}$ | $5\times10^{-5}$ | $35\times10^{-5}$ | $5\times10^{-5}$ |

## 七、元素的原子半径(nm)(表 1-1-6)[4]

表 1-1-6

| 周期 \ 族 | I | II | III | IV | V | VI | VII | VIII | | |
|---|---|---|---|---|---|---|---|---|---|---|
| 1 | H 0.046 | | | | | | | He 0.122 | | |
| 2 | Li 0.155 | Be 0.113 | B 0.091 | C (0.077) | N (0.070) | O (0.066) | F (0.071) | Ne 0.160 | | |
| 3 | Na 0.189 | Mg 0.160 | Al 0.143 | Si (0.117) | P (0.104) | S (0.104) | Cl (0.099) | Ar (0.192) | | |
| 4 | K 0.236 | Ca 0.197 | Sc 0.164 | Ti 0.146 | V 0.134 | Cr 0.127 | Mn 0.130 | Fe 0.126 | Co 0.125 | Ni 0.124 |
| 5 | Pb 0.248 | Sr 0.215 | Y 0.181 | Zr 0.160 | Nb 0.145 | Mo 0.139 | Tc 0.136 | Xe 0.218 | | |
| 6 | Cs 0.268 | Ba 0.221 | La 0.187 | Hf 0.159 | Ta 0.146 | W 0.140 | Re 0.137 | | | |
| | Au 0.144 | Hg 0.160 | Tl 0.171 | Pb 0.175 | Bi 0.182 | | | | | |

注:( )中数字表示共价键形式存在时的半径,无括号的数值为金属型原子半径。

## 八、元素的离子半径(nm)(表 1-1-7)[4]

表 1-1-7

| -3 | -2 | -1 | 0 | +1 | +2 | +3 | +4 | +5 | +6 | +7 |
|---|---|---|---|---|---|---|---|---|---|---|
| | | H 0.136 | He 0.122 | Li 0.068 | Be 0.034 | B 0.023 | C 0.020 | N 0.015 | O 0.009 | F 0.007 |
| N 0.148 | O 0.136 | F 0.133 | Ne 0.160 | Na 0.098 | Mg 0.074 | Al 0.057 | Si 0.039 | P 0.035 | S 0.029 | Cl 0.026 |
| P 0.186 | S 0.182 | Cl 0.181 | Ar 0.192 | K 0.133 | Ca 0.104 | Se 0.083 | Ti 0.064 | V 0.040 | Cr 0.035 | Mn (0.046) |
| | | | | Cu 0.098 | Zn 0.074 | Ga 0.062 | Ge 0.044 | As (0.074) | Se 0.035 | Br (0.039) |
| Sn 0.222 | Se 0.193 | Br 0.196 | Kr 0.198 | Rb 0.149 | Sr 0.120 | Y 0.097 | Zr 0.082 | Nb 0.066 | Mo 0.065 | Tc 0.057 |
| | | | | Ag 0.113 | Cd 0.099 | In 0.092 | Sn 0.067 | Sb 0.062 | Te 0.056 | I (0.050) |
| Sb 0.245 | Te 0.211 | I 0.220 | Xe 0.218 | Cs 0.165 | Ba 0.138 | La 0.090 | Hf 0.082 | Ta (0.066) | W 0.065 | Re 0.057 |
| | | | | Au 0.137 | Hg 0.112 | Tl 0.105 | Pb 0.076 | Bi 0.074 | Po 0.056 | At 0.051 |

注:( )中的数值表示理论值。

## 九、过渡元素和常见元素的离子半径(nm)(表 1-1-8)[4]

表 1-1-8

| 价 | Ti | V | Cr | Mn | Fe | Co | Ni | Cu | Nb | Mo | Tc | La | Ce | Pr | Nd | Ta | W |
|---|---|---|---|---|---|---|---|---|---|---|---|---|---|---|---|---|---|
| +2 | 0.078 | 0.072 | 0.083 | 0.091 | 0.080 | 0.078 | 0.074 | 0.080 | | 0.095 | | | | | | | |
| +3 | 0.069 | 0.067 | 0.064 | 0.070 | 0.067 | 0.064 | 0.059 | | | | | 0.104 | 0.102 | 0.100 | 0.099 | | |
| +4 | 0.064 | 0.061 | | 0.052 | | | | | 0.067 | 0.068 | 0.072 | 0.090 | 0.088 | 0.091 | | 0.077 | 0.068 |
| +5 | | 0.040 | | | | | | | 0.066 | | | | | | | 0.066 | |
| +6 | | | 0.035 | | | | | | | 0.065 | 0.059 | | | | | | 0.065 |
| +7 | | | | 0.046 | | | | | | | | | | | | | |

注:复合阴离子半径,nm:$OH^-$ 0.153,$CN^-$ 0.192,$NO_3^-$ 0.198,$ClO_4^-$ 0.236。

## 十、阳离子半径和离子间静电引力 *I* 值(表 1 - 1 -9)[4]

表 1 - 1 - 9

| 氧 化 物 | 阳 离 子 | 离子半径/nm | 配 位 数 | $I = \dfrac{2z^+}{a^2}$ |
|---|---|---|---|---|
| $K_2O$ | $K^+$ | 0.133 | 6 | 0.27 |
| $Na_2O$ | $Na^+$ | 0.095 | 6 | 0.36 |
| $Li_2O$ | $Li^+$ | 0.050 | 6 | 0.50 |
| $BaO$ | $Ba^{2+}$ | 0.135 | 6 | 0.53 |
| $SrO$ | $Sr^{2+}$ | 0.113 | 6 | 0.63 |
| $CaO$ | $Ca^{2+}$ | 0.104 | 6 | 0.70 |
| $MnO$ | $Mn^{2+}$ | 0.080 | 6 | 0.83 |
| $FeO$ | $Fe^{2+}$ | 0.075 | 6 | 0.87 |
| $NiO$ | $Ni^{2+}$ | 0.074 | 6 | 0.91 |
| $MgO$ | $Mg^{2+}$ | 0.065 | 6 | 0.95 |
| $ThO$ | $Th^{4+}$ | | 8 | 0.98 |
| $ZnO$ | $Zn^{2+}$ | | 4 | 1.00 |
| $BeO$ | $Be^{2+}$ | 0.031 | 4 | 1.37 |
| $Cr_2O_3$ | $Cr^{3+}$ | 0.064 | 6 | 1.44 |
| $Fe_2O_3$ | $Fe^{3+}$ | 0.060 | 6 | 1.50 |
| $ZrO_2$ | $Zr^{4+}$ | | 8 | 1.53 |
| $Al_2O_3$ | $Al^{3+}$ | 0.050 | 6 | 1.66 |
| $TiO_2$ | $Ti^{4+}$ | 0.068 | 6 | 1.85 |
| $SiO_2$ | $Si^{4+}$ | 0.041 | 4 | 2.44 |
| $V_2O_5$ | $V^{5+}$ | | | 3.23 |
| $P_2O_5$ | $P^{5+}$ | | 5 | 3.31 |

注:*I* 为离子间静电引力;$z^+$ 为阳离子的价数;*a* 为阴、阳离子半径之和。

如计算 $K_2O$ 的 *I* 值,$O^{2-}$ 的半径为 0.136 nm,$K^+$ 的离子半径为 0.133 nm,$K$ 的价数为 1,则 $I = 2/(1.36+1.33)^2 = 0.27$。

## 十一、元素的电负性与周期性的关系(表 1 - 1 -10)[4]

表 1 - 1 - 10

| 周期 \ 族 | I | II | III | IV | V | VI | VII | VIII |
|---|---|---|---|---|---|---|---|---|
| 1 | H<br>2.15 | | | | | | | He |
| 2 | Li<br>1.0 | Be<br>1.5 | B<br>2.0 | C<br>2.5 | N<br>3.0 | O<br>3.5 | F<br>4.0 | Ne |
| 3 | Na<br>0.9 | Mg<br>1.2 | Al<br>1.5 | Si<br>1.8 | P<br>2.1 | S<br>2.5 | Cl<br>3.0 | Ar |
| 4 | K<br>0.8 | Ca<br>1.0 | Sc<br>1.3 | Ti<br>1.5 | V<br>1.6 | Cr<br>1.6 | Mn<br>1.5 | Fe 1.8　Co 1.7　Ni 1.8 |
| | Cu<br>1.9 | Zn<br>1.6 | Ga<br>1.6 | Ge<br>1.0 | As<br>2.0 | Se<br>2.4 | Br<br>2.9 | Kr |

| 族<br>周期 | I | II | III | IV | V | VI | VII | VIII |
|---|---|---|---|---|---|---|---|---|
| 5 | Rb<br>0.8 | Sr<br>1.0 | Y<br>1.2 | Zr<br>1.4 | Nb<br>1.6 | Mo<br>1.8 | Tc<br>1.9 | |
| | Ag<br>1.9 | Cd<br>1.7 | In<br>1.7 | Sn<br>1.8 | Sb<br>1.9 | Te<br>2.1 | I<br>2.5 | Xe |
| 6 | Cs<br>0.7 | Ba<br>0.9 | La<br>1.1 | Hf<br>1.3 | Ta<br>1.5 | W<br>1.7 | Re<br>1.9 | |
| | Au<br>2.4 | Hg<br>1.9 | Tl<br>1.8 | Pb<br>1.8 | Bi<br>1.9 | Po<br>2.0 | At<br>2.2 | Em |

元素的电负性 = 元素的电负性绝对值/锂原子的电负性

化合物中离子结合分数由各元素间电负性的差值决定,离子键结合的百分数 $P(\%)$ 可用下述经验式决定:

$$P = 16(X_A - X_B) + 3.5(X_A - X_B)^2$$

式中,$X_A$、$X_B$ 表示 A、B 二元素的电负性,$(X_A > X_B)$,$X$ 值见表 1 - 1 - 10。

由上式计算出的 $P$ 如下:

| 化合物 | $CaF_2$ | $Na_2O$ | CaO | MgO | MnO | $Al_2O_3$ | $TiO_2$ | FeO | $Fe_2O_3$ | $SiO_2$ | $P_2O_5$ | CaS | MgS | MnS | FeS |
|---|---|---|---|---|---|---|---|---|---|---|---|---|---|---|---|
| $P/\%$ | 80 | 69 | 62 | 55 | 46 | 46 | 43 | 40 | 37 | 37 | 29 | 32 | 27 | 20 | 13 |

# 第二节　常见金属的物理性质和温度的关系

## 一、常用元素的蒸气压和温度的关系(图 1 - 2 - 1)[5]

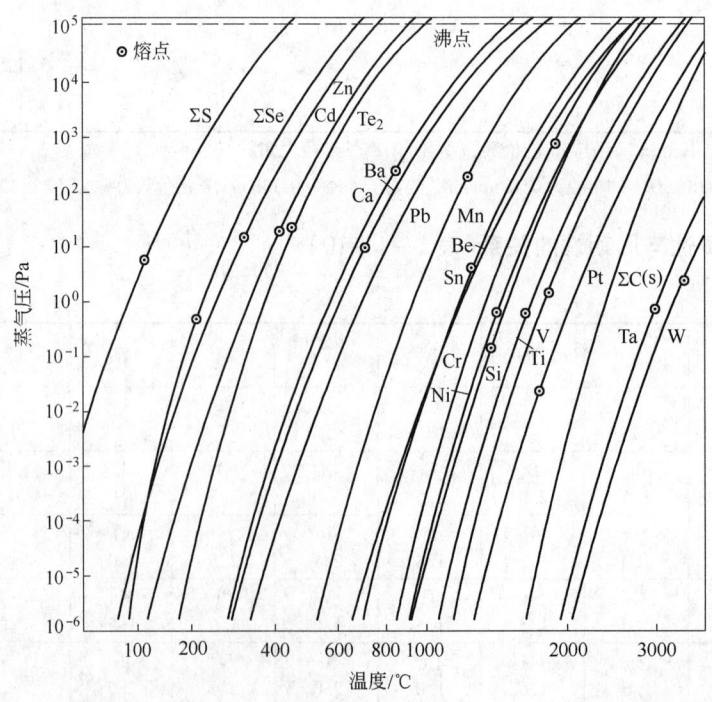

*a*

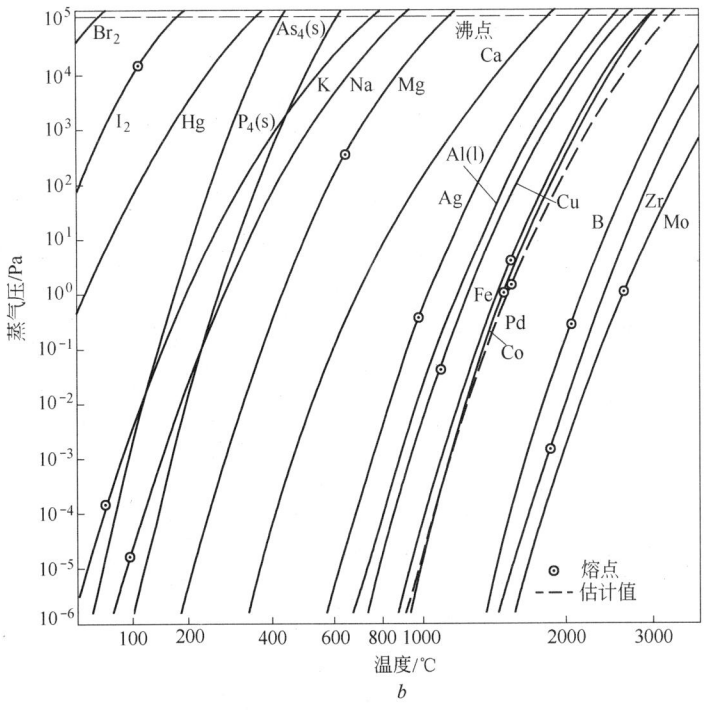

图 1 - 2 - 1

## 二、元素的密度和温度的关系(图 1 - 2 - 2)[5,6]

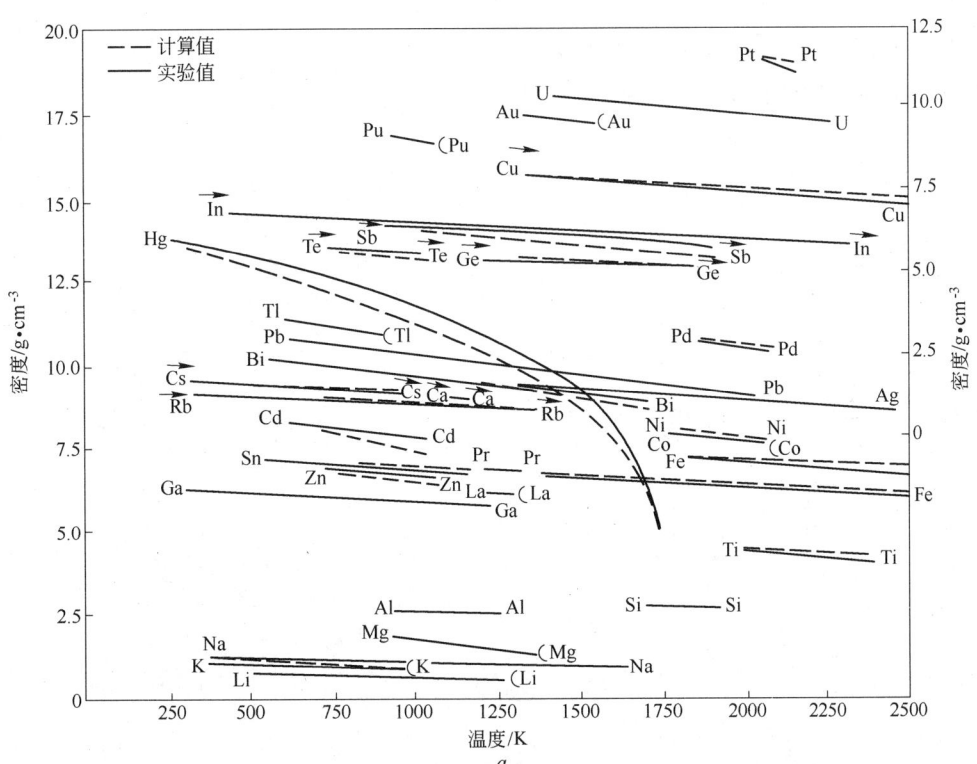

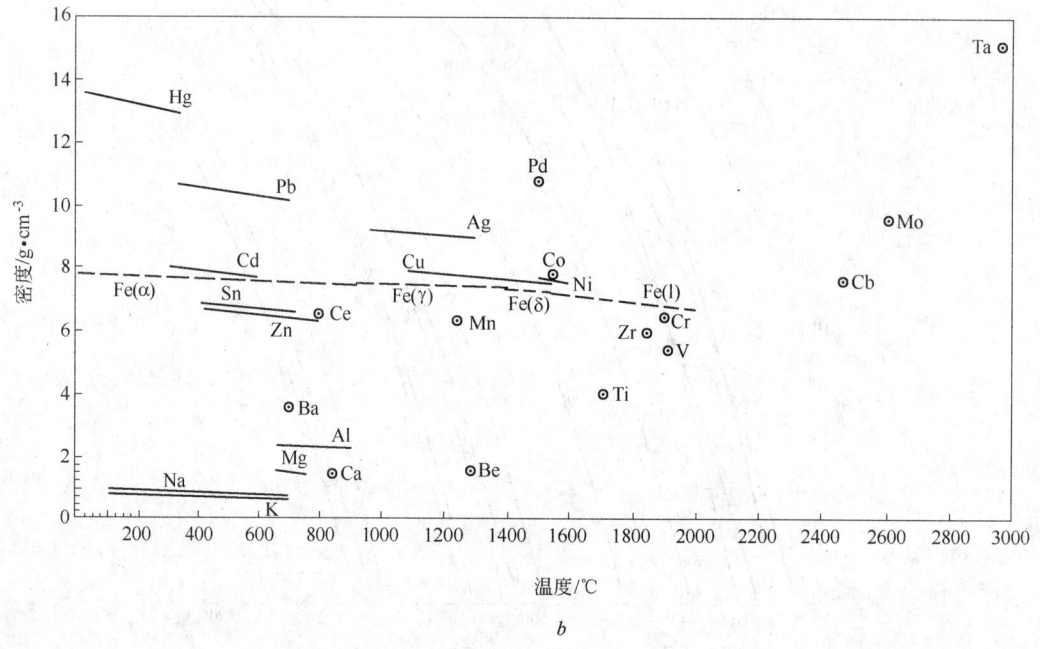

图 1 – 2 – 2

## 三、常见金属的线膨胀率和温度的关系(图 1 – 2 – 3)[7]

## 四、一些金属黏度和温度的关系(图 1 – 2 – 4)[8]

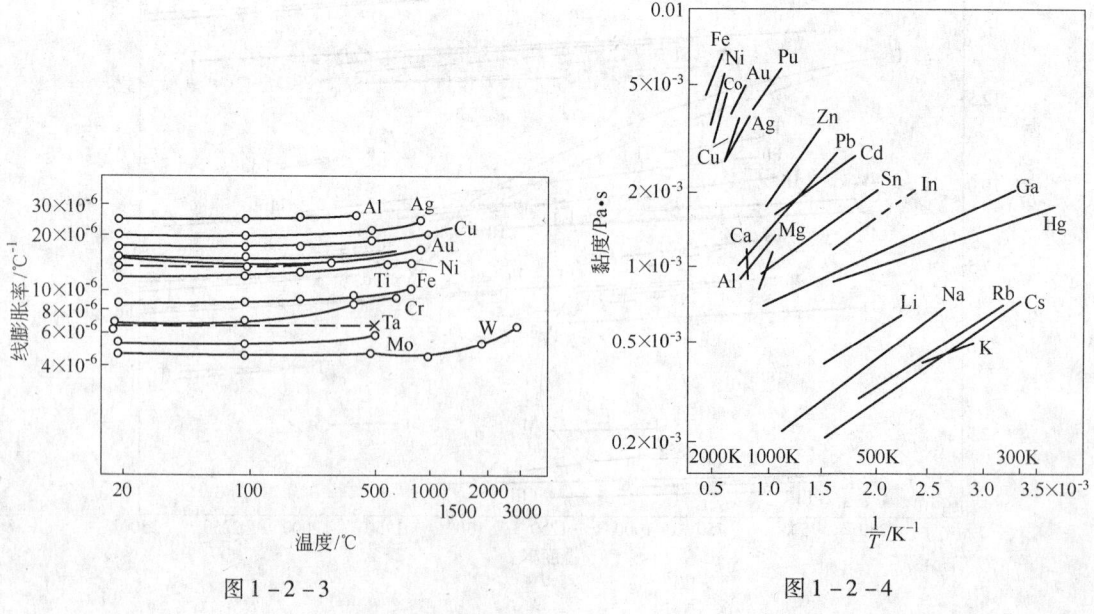

图 1 – 2 – 3                                  图 1 – 2 – 4

## 五、金属的表面张力

纯金属在其熔点下的表面张力和温度变化系数(表1-2-1)[9]

表1-2-1

| 元　素 | $\sigma$ /N·m$^{-1}$ | $-\,d\sigma/dT$ /N·m$^{-1}$·K$^{-1}$ | 元　素 | $\sigma$ /N·m$^{-1}$ | $-\,d\sigma/dT$ /N·m$^{-1}$·K$^{-1}$ |
|---|---|---|---|---|---|
| Ag | 0.903 | $0.16 \times 10^{-3}$ | Na | 0.191 | $0.10 \times 10^{-3}$ |
| Al | 0.914 | $0.35 \times 10^{-3}$ | Nb | 1.900 | $0.24 \times 10^{-3}$ |
| Au | 1.140 | $0.52 \times 10^{-3}$ | Nd | 0.689 | $0.09 \times 10^{-3}$ |
| B | 1.070 | | Ni | 1.778 | $0.38 \times 10^{-3}$ |
| Ba | 0.277 | $0.08 \times 10^{-3}$ | Os | 2.500 | |
| Be | 1.390 | | Pb | 0.468 | $0.13 \times 10^{-3}$ |
| Bi | 0.378 | $0.07 \times 10^{-3}$ | Pd | 1.500 | |
| Ca | 0.838 | $0.10 \times 10^{-3}$ | Pt | 1.800 | |
| Cd | 0.570 | $0.26 \times 10^{-3}$ | Pu | 0.550 | |
| Ce | 0.740 | $0.33 \times 10^{-3}$ | Rb | 0.085 | $0.06 \times 10^{-3}$ |
| Co | 1.873 | $0.49 \times 10^{-3}$ | Re | 2.700 | |
| Cr | 1.700 | $0.32 \times 10^{-3}$ | Rh | 2.000 | |
| Cs | 0.070 | $0.06 \times 10^{-3}$ | Ru | 2.250 | |
| Cu | 1.360 | $0.21 \times 10^{-3}$ | Sb | 0.367 | $0.05 \times 10^{-3}$ |
| Fe | 1.872 | $0.49 \times 10^{-3}$ | Se | 0.106 | $0.10 \times 10^{-3}$ |
| Ga | 0.718 | $0.10 \times 10^{-3}$ | Si | 0.865 | |
| Gd | 0.810 | | Sn | 0.544 | $0.07 \times 10^{-3}$ |
| Ge | 0.621 | $0.26 \times 10^{-3}$ | Sr | 0.303 | $0.10 \times 10^{-3}$ |
| Hf | 1.630 | | Ta | 2.150 | |
| Hg | 0.498 | $0.20 \times 10^{-3}$ | Te | 0.180 | $0.06 \times 10^{-3}$ |
| In | 0.556 | $0.09 \times 10^{-3}$ | Th | 0.978 | |
| Ir | 2.250 | | Ti | 1.650 | |
| K | 0.115 | $0.08 \times 10^{-3}$ | Tl | 0.464 | $0.08 \times 10^{-3}$ |
| La | 0.720 | $0.32 \times 10^{-3}$ | U | 1.550 | $0.14 \times 10^{-3}$ |
| Li | 0.398 | $0.14 \times 10^{-3}$ | V | 1.950 | $0.31 \times 10^{-3}$ |
| Mg | 0.559 | $0.35 \times 10^{-3}$ | W | 2.500 | |
| Mn | 1.090 | $0.20 \times 10^{-3}$ | Zn | 0.782 | $0.17 \times 10^{-3}$ |
| Mo | 2.250 | | Zr | 1.480 | |

液态金属的表面张力和温度的关系(图1-2-5)[5,10]

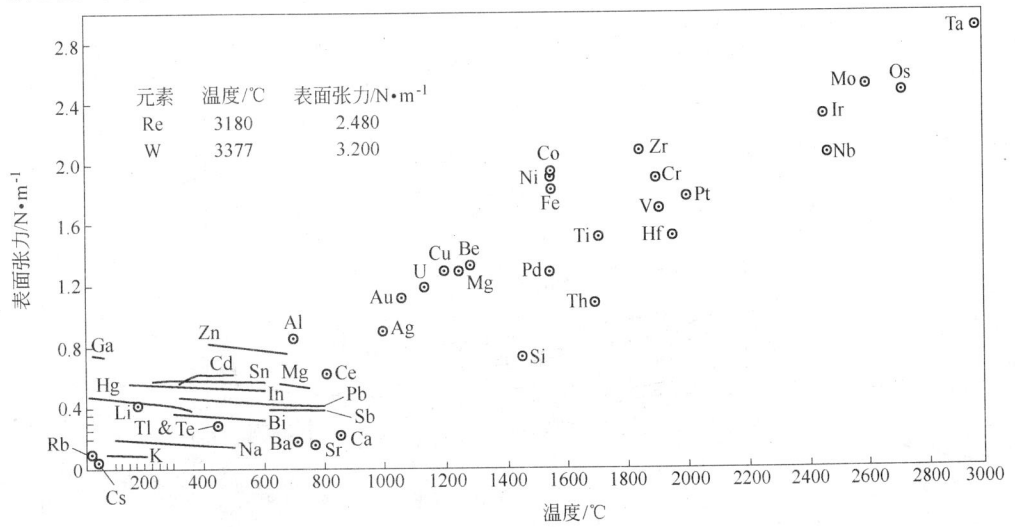

*a*

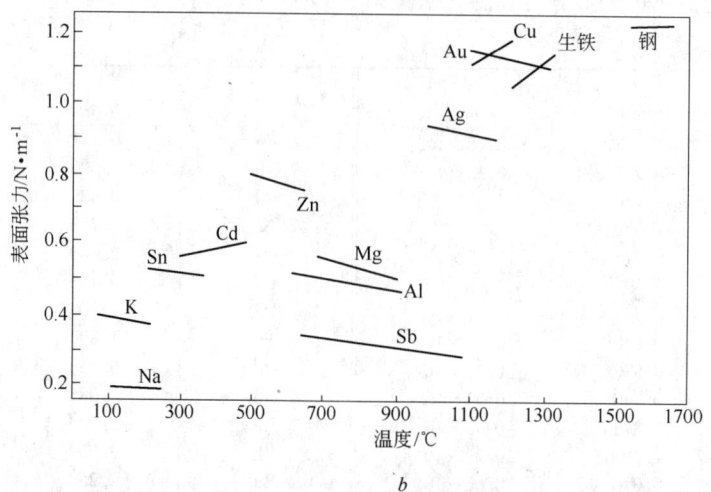

*b*

图 1 - 2 - 5

## 六、金属的热导率和温度的关系(图 1 - 2 - 6)[11]

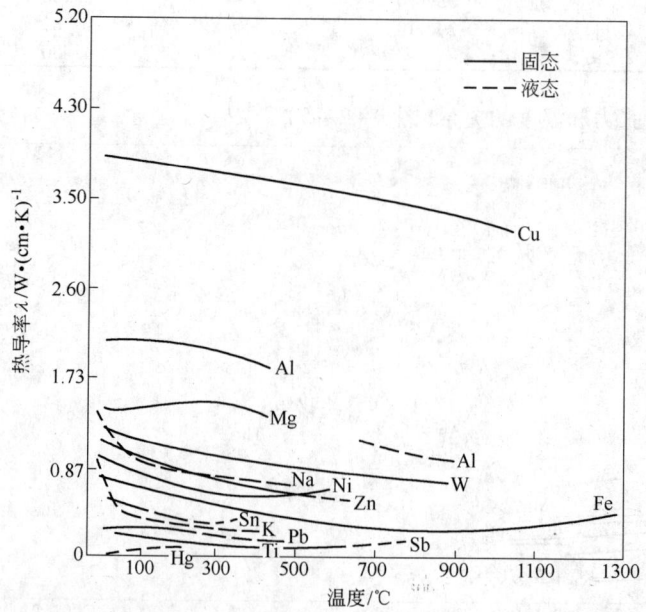

图 1 - 2 - 6

## 七、金属、合金的比热容和温度的关系（图1-2-7）[10]

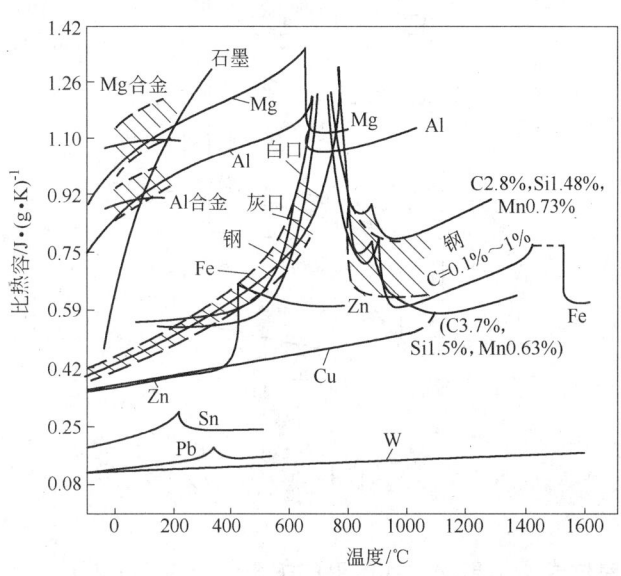

图1-2-7

## 八、元素的电阻率和温度的关系（图1-2-8）[5,12]

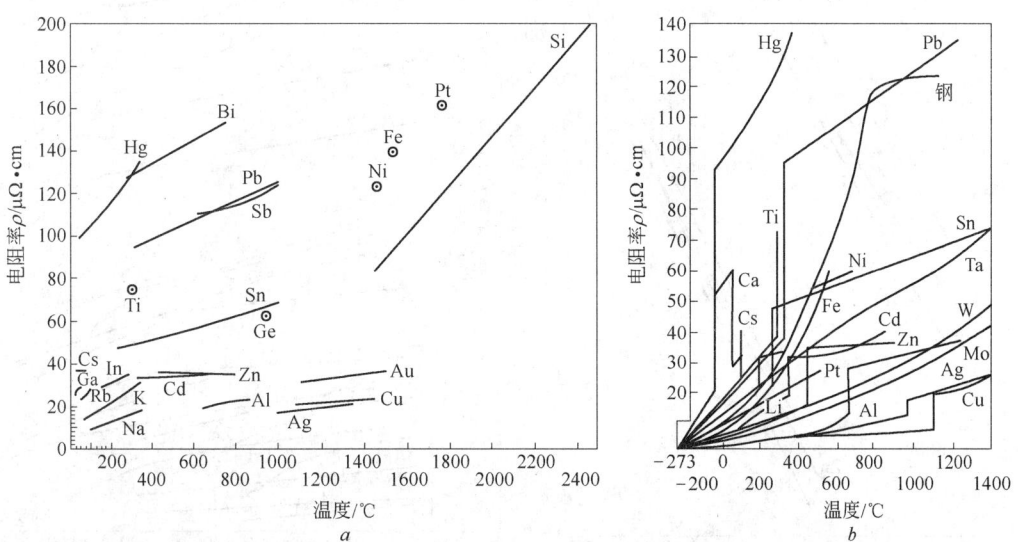

图1-2-8

## 九、一些金属的分光放射率和温度的关系(图1-2-9)[1]

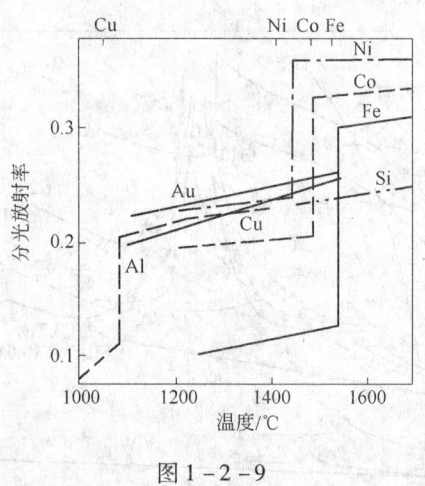

图1-2-9

## 十、难熔金属和材料单位表面辐射功率和温度的关系(图1-2-10)[10]

## 十一、金属的弹性模量和温度的关系(图1-2-11)[11]

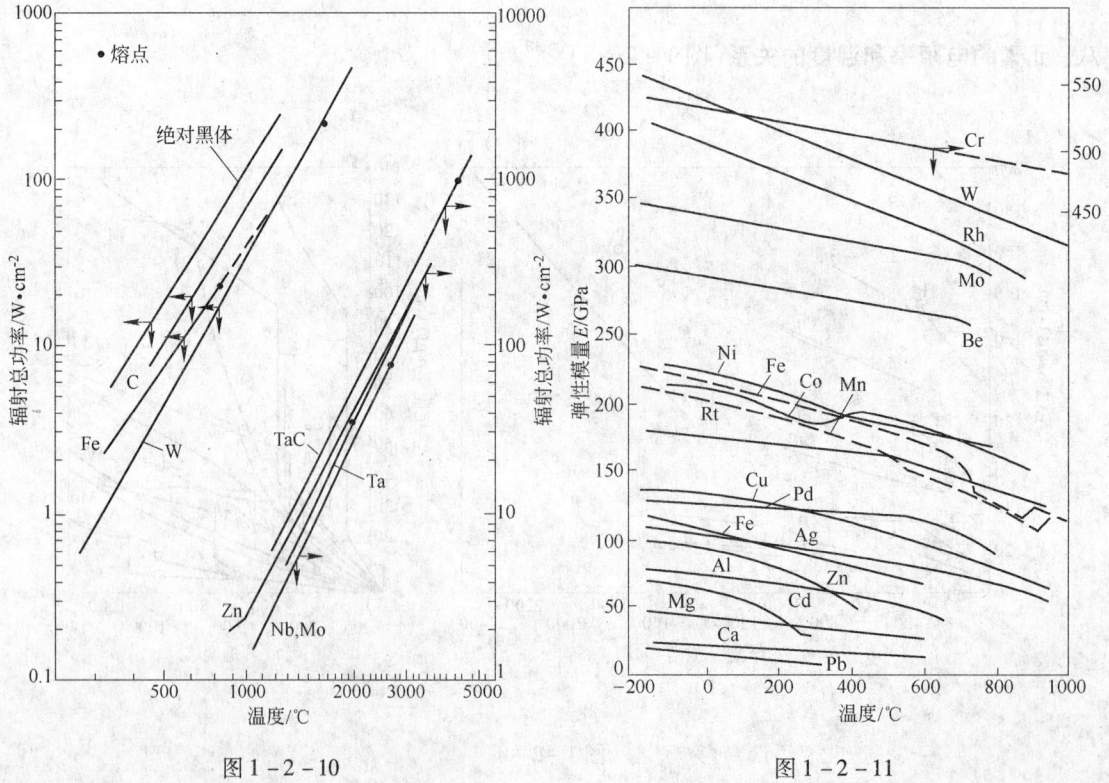

图1-2-10                                图1-2-11

# 第三节　气体的物化性质和温度的关系

## 一、常用气体的物理参数表(0.1013 MPa)(表1-3-1)[13]

表1-3-1

| 温度<br>$t/℃$ | 密度 $\rho$<br>$/kg·m^{-3}$ | 焓<br>$\Delta H$<br>$/kJ·m^{-3}$ | 比热容<br>$c_p$<br>$/kJ·(kg·℃)^{-1}$ | 绝热<br>指数<br>$\kappa = \frac{c_p}{c_V}$ | 热导率<br>$\lambda$<br>$/W·(m·℃)^{-1}$ | 导温系数<br>$\alpha$<br>$/m^2·h^{-1}$ | 动力黏度<br>$\mu$<br>$/Pa·s$ | 运动黏度<br>$\nu$<br>$/m^2·s^{-1}$ | 普朗<br>特数<br>$Pr$ |
|---|---|---|---|---|---|---|---|---|---|
| \multicolumn{10}{c}{空　气} |
| 0 | 1.293 | 0 | 1.005 | 1.402 | $24.37 \times 10^{-3}$ | $6.76 \times 10^{-2}$ | $1.75 \times 10^{-4}$ | $13.3 \times 10^{-6}$ | 0.707 |
| 100 | 0.946 | 130.18 | 1.009 | 1.397 | $32.02 \times 10^{-3}$ | $12.1 \times 10^{-2}$ | $2.23 \times 10^{-4}$ | $23.0 \times 10^{-6}$ | 0.688 |
| 200 | 0.747 | 261.20 | 1.026 | 1.390 | $39.22 \times 10^{-3}$ | $18.4 \times 10^{-2}$ | $2.65 \times 10^{-4}$ | $34.8 \times 10^{-6}$ | 0.680 |
| 300 | 0.616 | 394.32 | 1.047 | 1.378 | $49.95 \times 10^{-3}$ | $25.7 \times 10^{-2}$ | $3.03 \times 10^{-4}$ | $48.2 \times 10^{-6}$ | 0.674 |
| 400 | 0.524 | 530.78 | 1.067 | 1.366 | $51.98 \times 10^{-3}$ | $33.5 \times 10^{-2}$ | $3.37 \times 10^{-4}$ | $63.0 \times 10^{-6}$ | 0.678 |
| 500 | 0.456 | 671.85 | 1.093 | 1.357 | $57.32 \times 10^{-3}$ | $41.5 \times 10^{-2}$ | $3.69 \times 10^{-4}$ | $79.3 \times 10^{-6}$ | 0.687 |
| 600 | 0.404 | 813.76 | 1.113 | 1.345 | $62.19 \times 10^{-3}$ | $49.9 \times 10^{-2}$ | $3.99 \times 10^{-4}$ | $96.8 \times 10^{-6}$ | 0.699 |
| 700 | 0.363 | 958.18 | 1.134 | 1.337 | $66.95 \times 10^{-3}$ | $58.7 \times 10^{-2}$ | $4.26 \times 10^{-4}$ | $115 \times 10^{-6}$ | 0.706 |
| 800 | 0.328 | 1105.10 | 1.155 | 1.330 | $71.59 \times 10^{-3}$ | $68.2 \times 10^{-2}$ | $4.52 \times 10^{-4}$ | $135 \times 10^{-6}$ | 0.713 |
| 900 | 0.301 | 1258.31 | 1.172 | 1.325 | $76.12 \times 10^{-3}$ | $77.8 \times 10^{-2}$ | $4.76 \times 10^{-4}$ | $155 \times 10^{-6}$ | 0.717 |
| 1000 | 0.276 | 1410.68 | 1.185 | 1.320 | $80.52 \times 10^{-3}$ | $88.8 \times 10^{-2}$ | $5.00 \times 10^{-4}$ | $178 \times 10^{-6}$ | 0.720 |
| \multicolumn{10}{c}{水　蒸　气　$H_2O$} |
| 0 | 0.804 | 0 |  |  |  |  | $0.84 \times 10^{-4}$ | $10.24 \times 10^{-6}$ |  |
| 100 | 0.588 | 150.7 | 2.101 | 1.28 | $23.67 \times 10^{-3}$ | $6.92 \times 10^{-2}$ | $1.22 \times 10^{-4}$ | $19.4 \times 10^{-6}$ | 1.06 |
| 200 | 0.464 | 304.74 | 1.976 | 1.30 | $33.42 \times 10^{-3}$ | $13.2 \times 10^{-2}$ | $1.62 \times 10^{-4}$ | $30.6 \times 10^{-6}$ | 0.94 |
| 300 | 0.384 | 457.95 | 2.013 | 1.29 | $44.09 \times 10^{-3}$ | $20.6 \times 10^{-2}$ | $2.04 \times 10^{-4}$ | $44.3 \times 10^{-6}$ | 0.91 |
| 400 | 0.326 | 630.41 | 2.072 | 1.28 | $55.81 \times 10^{-3}$ | $29.8 \times 10^{-2}$ | $2.48 \times 10^{-4}$ | $60.5 \times 10^{-6}$ | 0.90 |
| 500 | 0.284 | 795.34 | 2.135 | 1.27 | $68.23 \times 10^{-3}$ | $40.6 \times 10^{-2}$ | $2.92 \times 10^{-4}$ | $78.8 \times 10^{-6}$ | 0.90 |
| 600 | 0.252 | 969.48 | 2.206 | 1.26 | $81.57 \times 10^{-3}$ | $53.1 \times 10^{-2}$ | $3.38 \times 10^{-4}$ | $99.8 \times 10^{-6}$ | 0.89 |
| 700 | 0.226 | 1148.64 | 2.273 | 1.25 | $95.38 \times 10^{-3}$ | $67.0 \times 10^{-2}$ | $3.86 \times 10^{-4}$ | $122 \times 10^{-6}$ | 0.90 |
| 800 | 0.204 | 1332.82 | 2.344 | 1.25 | $110.00 \times 10^{-3}$ | $82.9 \times 10^{-2}$ | $4.34 \times 10^{-4}$ | $147 \times 10^{-6}$ | 0.91 |
| 900 | 0.187 | 1525.8 | 2.415 | 1.24 | $124.15 \times 10^{-3}$ | $99.3 \times 10^{-2}$ | $4.84 \times 10^{-4}$ | $174 \times 10^{-6}$ | 0.92 |
| 1000 | 0.172 | 1724.63 | 2.482 | 1.23 | $140.4 \times 10^{-3}$ | $119 \times 10^{-2}$ | $5.34 \times 10^{-4}$ | $204 \times 10^{-6}$ | 0.92 |
| \multicolumn{10}{c}{氮　气　$N_2$} |
| 0 | 1.250 | 0 | 1.0301 | 1.402 | $24.25 \times 10^{-3}$ | $6.89 \times 10^{-2}$ | $1.70 \times 10^{-4}$ | $13.3 \times 10^{-6}$ | 0.705 |
| 100 | 0.916 | 129.77 | 1.0335 | 1.400 | $31.44 \times 10^{-3}$ | $11.6 \times 10^{-2}$ | $2.11 \times 10^{-4}$ | $22.5 \times 10^{-6}$ | 0.678 |
| 200 | 0.723 | 259.53 | 1.0427 | 1.394 | $38.41 \times 10^{-3}$ | $18.3 \times 10^{-2}$ | $2.47 \times 10^{-4}$ | $33.6 \times 10^{-6}$ | 0.656 |
| 300 | 0.597 | 391.81 | 1.0599 | 1.385 | $44.79 \times 10^{-3}$ | $25.5 \times 10^{-2}$ | $2.82 \times 10^{-4}$ | $46.4 \times 10^{-6}$ | 0.652 |
| 400 | 0.508 | 525.76 | 1.0817 | 1.375 | $50.59 \times 10^{-3}$ | $33.3 \times 10^{-2}$ | $3.15 \times 10^{-4}$ | $60.9 \times 10^{-6}$ | 0.659 |
| 500 | 0.442 | 663.48 | 1.1055 | 1.364 | $46.41 \times 10^{-3}$ | $41.1 \times 10^{-2}$ | $3.46 \times 10^{-4}$ | $76.9 \times 10^{-6}$ | 0.672 |
| 600 | 0.392 | 803.71 | 1.1290 | 1.355 | $60.22 \times 10^{-3}$ | $49.1 \times 10^{-2}$ | $3.76 \times 10^{-4}$ | $94.3 \times 10^{-6}$ | 0.689 |
| 700 | 0.352 | 964.45 | 1.1507 | 1.345 | $64.05 \times 10^{-3}$ | $57.0 \times 10^{-2}$ | $4.04 \times 10^{-4}$ | $113 \times 10^{-6}$ | 0.710 |
| 800 | 0.318 | 1091.70 | 1.1704 | 1.337 | $67.30 \times 10^{-3}$ | $65.4 \times 10^{-2}$ | $4.31 \times 10^{-4}$ | $133 \times 10^{-6}$ | 0.734 |
| 900 | 0.291 | 1239.47 | 1.1880 | 1.331 | $69.97 \times 10^{-3}$ | $73.1 \times 10^{-2}$ | $4.59 \times 10^{-4}$ | $154 \times 10^{-6}$ | 0.762 |
| 1000 | 0.268 | 1389.75 | 1.2031 | 1.323 | $72.17 \times 10^{-3}$ | $80.2 \times 10^{-2}$ | $4.84 \times 10^{-4}$ | $177 \times 10^{-6}$ | 0.795 |
| \multicolumn{10}{c}{氧　气　$O_2$} |
| 0 | 1.429 | 0 | 0.9146 | 1.399 | $24.6 \times 10^{-3}$ | $6.80 \times 10^{-2}$ | $1.98 \times 10^{-4}$ | $13.6 \times 10^{-6}$ | 0.720 |
| 100 | 1.05 | 131.86 | 0.9335 | 1.385 | $32.84 \times 10^{-3}$ | $12.1 \times 10^{-2}$ | $2.46 \times 10^{-4}$ | $23.1 \times 10^{-6}$ | 0.686 |

| 温度 $t/℃$ | 密度 $\rho$ /kg·m⁻³ | 焓 $\Delta H$ /kJ·m⁻³ | 比热容 $c_p$ /kJ·(kg·℃)⁻¹ | 绝热指数 $\kappa = \dfrac{c_p}{c_V}$ | 热导率 $\lambda$ /W·(m·℃)⁻¹ | 导温系数 $\alpha$ /m²·h⁻¹ | 动力黏度 $\mu$ /Pa·s | 运动黏度 $\nu$ /m²·s⁻¹ | 普朗特数 $Pr$ |
|---|---|---|---|---|---|---|---|---|---|
| 200 | 0.826 | 267.07 | 0.9628 | 1.370 | $40.61 \times 10^{-3}$ | $15.6 \times 10^{-2}$ | $2.91 \times 10^{-4}$ | $34.6 \times 10^{-6}$ | 0.674 |
| 300 | 0.682 | 406.88 | 0.9946 | 1.353 | $47.92 \times 10^{-3}$ | $25.4 \times 10^{-2}$ | $3.31 \times 10^{-4}$ | $47.8 \times 10^{-6}$ | 0.673 |
| 400 | 0.580 | 550.88 | 1.0235 | 1.340 | $54.88 \times 10^{-3}$ | $33.3 \times 10^{-2}$ | $3.70 \times 10^{-4}$ | $62.8 \times 10^{-6}$ | 0.675 |
| 500 | 0.504 | 699.06 | 1.0482 | 1.364 | $61.38 \times 10^{-3}$ | $42.0 \times 10^{-2}$ | $4.08 \times 10^{-4}$ | $79.6 \times 10^{-6}$ | 0.682 |
| 600 | 0.447 | 848.92 | 1.0687 | 1.321 | $67.3 \times 10^{-3}$ | $50.8 \times 10^{-2}$ | $4.44 \times 10^{-4}$ | $97.8 \times 10^{-6}$ | 0.689 |
| 700 | 0.402 | 1005.06 | 1.0854 | 1.314 | $72.63 \times 10^{-3}$ | $60.0 \times 10^{-2}$ | $4.79 \times 10^{-4}$ | $117 \times 10^{-6}$ | 0.700 |
| 800 | 0.363 | 1158.68 | 1.0997 | 1.307 | $77.81 \times 10^{-3}$ | $70.0 \times 10^{-2}$ | $5.12 \times 10^{-4}$ | $138 \times 10^{-6}$ | 0.710 |
| 900 | 0.333 | 1318.59 | 1.1118 | 1.304 | $81.80 \times 10^{-3}$ | $79.7 \times 10^{-2}$ | $5.45 \times 10^{-4}$ | $161 \times 10^{-6}$ | 0.725 |
| 1000 | 0.306 | 1477.66 | 1.1227 | 1.300 | $85.63 \times 10^{-3}$ | $90.0 \times 10^{-2}$ | $5.76 \times 10^{-4}$ | $184 \times 10^{-6}$ | 0.738 |

氢 气 H₂

| 温度 $t/℃$ | 密度 $\rho$ /kg·m⁻³ | 焓 $\Delta H$ /kJ·m⁻³ | 比热容 $c_p$ /kJ·(kg·℃)⁻¹ | 绝热指数 $\kappa = \dfrac{c_p}{c_V}$ | 热导率 $\lambda$ /W·(m·℃)⁻¹ | 导温系数 $\alpha$ /m²·h⁻¹ | 动力黏度 $\mu$ /Pa·s | 运动黏度 $\nu$ /m²·s⁻¹ | 普朗特数 $Pr$ |
|---|---|---|---|---|---|---|---|---|---|
| 0 | 0.0899 | 0 | 14.1922 | 1.410 | $171.72 \times 10^{-3}$ | $48.6 \times 10^{-2}$ | $0.852 \times 10^{-4}$ | $93.0 \times 10^{-6}$ | 0.688 |
| 100 | 0.0657 | 128.93 | 14.4455 | 1.398 | $219.29 \times 10^{-3}$ | $83.4 \times 10^{-2}$ | $1.05 \times 10^{-4}$ | $157 \times 10^{-6}$ | 0.677 |
| 200 | 0.0519 | 259.53 | 14.5016 | 1.396 | $263.39 \times 10^{-3}$ | $126 \times 10^{-2}$ | $1.23 \times 10^{-4}$ | $233 \times 10^{-6}$ | 0.666 |
| 300 | 0.0428 | 399.3 | 14.5304 | 1.395 | $306.32 \times 10^{-3}$ | $178 \times 10^{-2}$ | $1.41 \times 10^{-4}$ | $323 \times 10^{-6}$ | 0.655 |
| 400 | 0.0364 | 520.74 | 14.5781 | 1.394 | $346.93 \times 10^{-3}$ | $236 \times 10^{-2}$ | $1.57 \times 10^{-4}$ | $423 \times 10^{-6}$ | 0.644 |
| 500 | 0.0317 | 653.02 | 14.6594 | 1.390 | $386.38 \times 10^{-3}$ | $300 \times 10^{-2}$ | $1.72 \times 10^{-4}$ | $534 \times 10^{-6}$ | 0.640 |
| 600 | 0.0281 | 786.13 | 14.7757 | 1.387 | $425.83 \times 10^{-3}$ | $370 \times 10^{-2}$ | $1.87 \times 10^{-4}$ | $656 \times 10^{-6}$ | 0.635 |
| 700 | 0.0252 | 920.8 | 14.9273 | 1.381 | $461.8 \times 10^{-3}$ | $443 \times 10^{-2}$ | $2.01 \times 10^{-4}$ | $785 \times 10^{-6}$ | 0.637 |
| 800 | 0.0228 | 1054.87 | 15.1119 | 1.375 | $498.93 \times 10^{-3}$ | $523 \times 10^{-2}$ | $2.15 \times 10^{-4}$ | $924 \times 10^{-6}$ | 0.638 |
| 900 | 0.0209 | 1190.5 | 15.3090 | 1.369 | $534.9 \times 10^{-3}$ | $603 \times 10^{-2}$ | $2.28 \times 10^{-4}$ | $1070 \times 10^{-6}$ | 0.640 |
| 1000 | 0.0192 | 1331.15 | 15.5145 | 1.361 | $569.71 \times 10^{-3}$ | $688 \times 10^{-2}$ | $2.42 \times 10^{-4}$ | $1230 \times 10^{-6}$ | 0.644 |

一 氧 化 碳 CO

| 温度 $t/℃$ | 密度 $\rho$ /kg·m⁻³ | 焓 $\Delta H$ /kJ·m⁻³ | 比热容 $c_p$ /kJ·(kg·℃)⁻¹ | 绝热指数 $\kappa = \dfrac{c_p}{c_V}$ | 热导率 $\lambda$ /W·(m·℃)⁻¹ | 导温系数 $\alpha$ /m²·h⁻¹ | 动力黏度 $\mu$ /Pa·s | 运动黏度 $\nu$ /m²·s⁻¹ | 普朗特数 $Pr$ |
|---|---|---|---|---|---|---|---|---|---|
| 0 | 1.250 | 0 | 1.0394 | 1.400 | $23.21 \times 10^{-3}$ | $6.46 \times 10^{-2}$ | $1.69 \times 10^{-4}$ | $13.3 \times 10^{-6}$ | 0.740 |
| 100 | 0.916 | 130.18 | 1.0444 | 1.397 | $30.05 \times 10^{-3}$ | $11.3 \times 10^{-2}$ | $2.11 \times 10^{-4}$ | $22.6 \times 10^{-6}$ | 0.718 |
| 200 | 0.723 | 261.2 | 1.0582 | 1.389 | $36.43 \times 10^{-3}$ | $17.9 \times 10^{-2}$ | $2.49 \times 10^{-4}$ | $33.9 \times 10^{-6}$ | 0.708 |
| 300 | 0.596 | 394.32 | 1.0800 | 1.379 | $42.47 \times 10^{-3}$ | $23.8 \times 10^{-2}$ | $2.85 \times 10^{-4}$ | $47.0 \times 10^{-6}$ | 0.709 |
| 400 | 0.508 | 530.78 | 1.1055 | 1.367 | $48.38 \times 10^{-3}$ | $31.1 \times 10^{-2}$ | $3.18 \times 10^{-4}$ | $61.5 \times 10^{-6}$ | 0.711 |
| 500 | 0.442 | 671.85 | 1.1319 | 1.354 | $53.95 \times 10^{-3}$ | $38.9 \times 10^{-2}$ | $3.51 \times 10^{-4}$ | $78.0 \times 10^{-6}$ | 0.720 |
| 600 | 0.392 | 813.76 | 1.1566 | 1.344 | $59.52 \times 10^{-3}$ | $47.4 \times 10^{-2}$ | $3.81 \times 10^{-4}$ | $96.0 \times 10^{-6}$ | 0.727 |
| 700 | 0.351 | 961.10 | 1.1788 | 1.335 | $64.86 \times 10^{-3}$ | $56.6 \times 10^{-2}$ | $4.12 \times 10^{-4}$ | $115 \times 10^{-6}$ | 0.738 |
| 800 | 0.317 | 1108.45 | 1.1985 | 1.329 | $69.97 \times 10^{-3}$ | $66.7 \times 10^{-2}$ | $4.41 \times 10^{-4}$ | $135 \times 10^{-6}$ | 0 |
| 900 | 0.291 | 1258.31 | 1.2156 | 1.321 | $75.30 \times 10^{-3}$ | $76.8 \times 10^{-2}$ | $4.69 \times 10^{-4}$ | $157 \times 10^{-6}$ | 0.740 |
| 1000 | 0.268 | 1410.68 | 1.2302 | 1.317 | $80.41 \times 10^{-3}$ | $88.1 \times 10^{-2}$ | $4.97 \times 10^{-4}$ | $180 \times 10^{-6}$ | 0.744 |

二 氧 化 碳 CO₂

| 温度 $t/℃$ | 密度 $\rho$ /kg·m⁻³ | 焓 $\Delta H$ /kJ·m⁻³ | 比热容 $c_p$ /kJ·(kg·℃)⁻¹ | 绝热指数 $\kappa = \dfrac{c_p}{c_V}$ | 热导率 $\lambda$ /W·(m·℃)⁻¹ | 导温系数 $\alpha$ /m²·h⁻¹ | 动力黏度 $\mu$ /Pa·s | 运动黏度 $\nu$ /m²·s⁻¹ | 普朗特数 $Pr$ |
|---|---|---|---|---|---|---|---|---|---|
| 0 | 1.9768 | 0 | 0.8146 | 1.301 | $14.62 \times 10^{-3}$ | $3.28 \times 10^{-2}$ | $1.43 \times 10^{-4}$ | $7.09 \times 10^{-6}$ | 0.780 |
| 100 | 1.447 | 168.95 | 0.9134 | 1.260 | $22.74 \times 10^{-3}$ | $6.21 \times 10^{-2}$ | $1.86 \times 10^{-4}$ | $12.6 \times 10^{-6}$ | 0.733 |
| 200 | 1.143 | 387.48 | 0.9925 | 1.235 | $30.86 \times 10^{-3}$ | $9.83 \times 10^{-2}$ | $2.28 \times 10^{-4}$ | $19.2 \times 10^{-6}$ | 0.715 |
| 300 | 0.944 | 558.83 | 1.0565 | 1.217 | $38.99 \times 10^{-3}$ | $14.1 \times 10^{-2}$ | $2.69 \times 10^{-4}$ | $27.3 \times 10^{-6}$ | 0.712 |
| 400 | 0.802 | 771.9 | 1.1101 | 1.205 | $47.11 \times 10^{-3}$ | $19.1 \times 10^{-2}$ | $3.08 \times 10^{-4}$ | $36.7 \times 10^{-6}$ | 0.709 |
| 500 | 0.698 | 994.18 | 1.1545 | 1.195 | $54.77 \times 10^{-3}$ | $24.6 \times 10^{-2}$ | $3.46 \times 10^{-4}$ | $47.2 \times 10^{-6}$ | 0.713 |
| 600 | 0.618 | 1225.66 | 1.1918 | 1.188 | $61.96 \times 10^{-3}$ | $30.8 \times 10^{-2}$ | $3.84 \times 10^{-4}$ | $58.3 \times 10^{-6}$ | 0.723 |
| 700 | 0.555 | 1462.17 | 1.2227 | 1.180 | $68.69 \times 10^{-3}$ | $36.6 \times 10^{-2}$ | $4.19 \times 10^{-4}$ | $71.4 \times 10^{-6}$ | 0.730 |
| 800 | 0.502 | 1677.75 | 1.2491 | 1.177 | $74.96 \times 10^{-3}$ | $43.2 \times 10^{-2}$ | $4.55 \times 10^{-4}$ | $85.3 \times 10^{-6}$ | 0.741 |
| 900 | 0.460 | 1951.51 | 1.2713 | 1.174 | $80.76 \times 10^{-3}$ | $49.9 \times 10^{-2}$ | $4.91 \times 10^{-4}$ | $100 \times 10^{-6}$ | 0.757 |
| 1000 | 0.423 | 2201.84 | 1.2897 | 1.171 | $86.90 \times 10^{-3}$ | $56.9 \times 10^{-2}$ | $5.25 \times 10^{-4}$ | $116 \times 10^{-6}$ | 0.770 |

二、燃烧用气体的性质（表 1 - 3 - 2）[14]

表 1 - 3 - 2

| 燃烧用的气体 | 分子量 | 密度/g·cm⁻³ | 分子体积/m³·mol⁻¹ | 临界温度/℃ | 临界压力/MPa | 燃烧热/kJ·m⁻³ | 与空气混合燃烧的界限/% 最低 | 最高 | 与空气混合着火温度/℃ | 黏度系数(0℃) μ₀/Pa·s | C值常数① 数值 | 温度范围/℃ | m② |
|---|---|---|---|---|---|---|---|---|---|---|---|---|---|
| $H_2$ | 2.0156 | 0.08987 | 22.43 | -239.9 | 1.28 | 10760 | 4.1 | 7.4 | 530~590 | $8.66\times10^{-6}$ | 86 / 105 / 234 | 100~280 / 200~250 / 713~822 | 0.678 |
| $O_2$ | 32.00 | 1.42895 | 22.39 | -118.8 | 4.97 | | | | 290~487 | $19.8\times10^{-6}$ | 125 | 16~530 | 0.693 |
| $H_2S$ | 34.08 | 1.5392 | 22.14 | 100.4 | 8.9 | 23383 | 4.5 | 45 | | | | | |
| $SO_2$ | 64.06 | 2.9263 | 21.89 | 157.3 | 7.78 | | | | | $12.0\times10^{-6}$ | 306 | 300~825 | 0.912 |
| $N_2$ | 28.016 | 1.2505 | 22.40 | -147.1 | 3.35 | | | | | $17.08\times10^{-6}$ | 103.9 | 25~280 | 0.68 |
| 干空气 | 28.96 | 1.2928 | 22.40 | -140.7 | 3.72 | | | | | $17.56\times10^{-6}$ | 111 | 16~825 | 0.683 |
| $CO$ | 28.01 | 1.250 | 22.40 | -140.2 | 3.42 | 12749 | 12.5 | 75 | 610~658 | $16.87\times10^{-6}$ | 101.2 | 22~277 | 0.695 |
| $CO_2$ | 44.01 | 0.9768 | 22.26 | 31.0 | 7.3 | | | | | $14.1\times10^{-6}$ | 254  213 | 25~280 | 0.82 |
| $CH_4$ | 16.04 | 0.7168 | 22.36 | -82.5 | 4.57 | 36132 | 5.4 | 13.9 | 654~790 | $10.57\times10^{-6}$ | 162 | 20~500 | 0.76 |
| $C_2H_6$ | 30.07 | 1.356 | 22.16 | 35.0 | 4.9 | 63556 | 3.1 | 12.5 | 530~594 | $9.8\times10^{-6}$ | 252 | 20~250 | |
| $C_3H_8$ | 40.90 | 2.0037 | 22.00 | 96.8 | 4.2 | 90686 | 2.4 | 9.5 | 530~580 | | | | |
| $C_4H_{10}$ | 58.12 | 2.703 | 20.15 | 152.0 | 3.45 | 118407 | 1.7 | 8.4 | 490~569 | | | | |
| $C_5H_{12}$ | 72.14 | 3.457 | 20.87 | -135.5 | 19.7 | 145776 | | | 540~550 | | | | |
| $C_2H_4$ | 28.05 | 1.2605 | 22.24 | 9.5 | 5.07 | 60625 | 3.0 | 28.6 | | | | | |
| $C_3H_6$ | 42.08 | 1.915 | 21.94 | 92 | 4.53 | 87336 | 2.4 | 10.3 | | | | | |
| $C_4H_8$ | 56.10 | | | 144 | | 113713 | 1.7 | 9.0 | | | | | |
| $H_2O$ | 18.0156 | 0.768 | 23.45 | 374.15 | 21.75 | | | | | | | | |
| $C_2H_2$ | 26.036 | 1.162 | | 36 | 6.16 | 56450 | 2.5 | 78 | 335~500 | | | | |
| $C_6H_6$ | 78.046 | 3.482 | | 288 | 4.79 | 145994 | 1.4 | 6.7 | 720~770 | | | | |
| 高炉煤气 | CO2.8% | $H_2$2.7 | $CH_4$0.3 | $H_2S$0.3 | $C_nH_m$1.9 | | 35.0 | 75.0 | 530 | $8.34\times10^{-6}$ | 673 | 100~350 | 1.20 |
| 焦炉煤气 | CO6.8% | $H_2$57.5 | $CH_4$22.5 | 110.4 | | | 7 | 21 | 300~500 | $13.6\times10^{-6}$ | | | |
| 发生炉煤气 | | | | | | | 20.7 | 13.7 | 530~750 | | | | |
| 城市煤气 | | | | | | | 5.3 | 31 | 560~750 | | | | |
| 天然气 | | | $CH_4$ 75%~98% | | | | 4.5 | 13.5 | 530 | $10.4\times10^{-6}$ | | | |

① $\mu_t = \mu_0 \dfrac{(273+C)}{(T+C)} \times \dfrac{T^{1.5}}{4510}$;

② $\mu = \mu_0 \left(\dfrac{T}{T_0}\right)^m$。

三、气体的比热容、焓和热导率（表1-3-3）[15]

表1-3-3

| 燃烧过程中的气体 | 真实比热容/kJ·(m³·K)⁻¹ 温度/℃ | | | | | | | | | | | | | 真实焓/kJ·m⁻³ 温度/℃ | | | | | | |
|---|---|---|---|---|---|---|---|---|---|---|---|---|---|---|---|---|---|---|---|---|
| | 0 | 100 | 300 | 500 | 700 | 900 | 1100 | 1300 | 1500 | 1700 | 1900 | 2100 | 2300 | 0 | 100 | 200 | 300 | 400 | 500 | 700 |
| $H_2$ | 1.277 | 1.300 | 1.307 | 1.319 | 1.343 | 1.377 | 1.415 | 1.454 | 1.490 | 1.522 | 1.551 | 1.576 | 1.60 | 0 | 129.08 | 295.4 | 389.7 | 520.8 | 652.3 | 919 |
| $O_2$ | 1.306 | 1.333 | 1.420 | 1.497 | 1.550 | 1.588 | 1.616 | 1.640 | 1.661 | 1.683 | 1.703 | 1.724 | 1.743 | 0 | 131.76 | 267 | 406.8 | 551 | 699 | 1044 |
| $N_2$ | 1.295 | 1.260 | 1.332 | 1.3892 | 1.446 | 1.493 | 1.529 | 1.557 | 1.578 | 1.595 | 1.609 | 1.620 | 1.629 | 0 | 129.6 | 260 | 392 | 526.7 | 664 | 947.5 |
| 干燥空气 | 1.297 | 1.306 | 1.350 | 1.412 | 1.468 | 1.513 | 1.532 | 1.562 | 1.586 | 1.605 | 1.622 | 1.635 | 1.648 | 0 | 130.04 | 261.4 | 395.2 | 531.7 | 671.5 | 959.6 |
| CO | 1.299 | 1.305 | 1.350 | 1.415 | 1.473 | 1.519 | 1.554 | 1.580 | 1.600 | 1.615 | 1.627 | 1.637 | 1.646 | 0 | 130.17 | 261.4 | 395 | 531.7 | 671.5 | 960.5 |
| $CO_2$ | 1.600 | 1.793 | 2.075 | 2.267 | 2.402 | 2.496 | 2.564 | 2.614 | 2.651 | 2.678 | 2.698 | 2.713 | 2.722 | 0 | 170.03 | 357.5 | 567.3 | 772 | 994.4 | 1462 |
| $CH_4$ | 1.550 | 1.753 | 2.273 | 2.760 | 3.177 | 3.487 | 3.740 | | | | | | | 0 | 164.20 | 351.8 | 565.6 | 806.4 | 1070 | 1643 |
| $C_2H_6$ | 2.210 | 2.774 | 3.829 | 4.720 | 5.396 | 5.887 | 6.295 | | | | | | | 0 | 249.5 | 554.8 | 913.1 | 1323.4 | 1776 | 2791 |
| $C_3H_8$ | 3.048 | 3.967 | 5.576 | | 7.703 | 8.361 | 8.904 | | | | | | | 0 | 351 | 793 | 1310 | 1903.7 | 2547 | 4006 |
| $C_4H_{10}$ | 4.128 | 5.256 | 7.297 | 8.826 | 9.990 | 10.802 | 11.324 | | | | | | | 0 | 470.6 | 1051.3 | 1731.7 | 2506.6 | 3144 | 5238 |
| $C_5H_{12}$ | 5.127 | 6.517 | 9.010 | 10.869 | 12.268 | 13.242 | 14.063 | | | | | | | 0 | 583.64 | 1303 | 2139 | 3096 | 4128 | 6460 |
| $C_2H_4$ | 1.827 | 2.286 | 3.10 | 3.702 | 4.162 | 4.511 | 4.782 | | | | | | | 0 | 168.52 | 456.4 | 745.2 | 1074 | 1428 | 2219 |
| $C_3H_6$ | 2.677 | 3.379 | 4.649 | 5.617 | 6.349 | 6.904 | 7.326 | | | | | | | 0 | 304.8 | 675.7 | 1111.6 | 1681 | 2142 | 3344 |
| $C_2H_2$ | 1.870 | 2.173 | 2.525 | 2.760 | 2.949 | 3.107 | 3.236 | | | | | | | 0 | 203 | 433 | 678.3 | 937.4 | 1208 | 1780 |
| $H_2O$ | 1.494 | 1.519 | 1.608 | 1.713 | 1.827 | 1.941 | 2.046 | 2.137 | 2.214 | 2.281 | 2.337 | 2.384 | 2.425 | 0 | 150.51 | 302.4 | 462.6 | 626.3 | 795 | 1149 |

续表 1-3-3

**真实焓/kJ·m⁻³（温度/℃）**

| 燃烧过程中的气体 | 800 | 900 | 1100 | 1200 | 1400 | 1600 | 1800 | 2000 | 2200 | 2400 | 2600 | 2800 | 3000 |
|---|---|---|---|---|---|---|---|---|---|---|---|---|---|
| $H_2$ | 1053 | 1190 | 1470 | 1162 | 1903 | 2201 | 2505 | 2815 | 3130 | 3450 | 3774 | | |
| $O_2$ | 1160 | 1318 | 1638 | 1801 | 2128 | 2461 | 2798 | 3138 | 3483 | 3831 | 4183 | | |
| $N_2$ | 1094 | 1242 | 1544 | 1697 | 2009 | 2325 | 2644 | 2965 | 3289 | 3615 | | | |
| 干燥空气 | 1107 | 1258 | 1564 | 1719 | 2034 | 2353 | 2676 | 3002 | 3335 | 3661 | | | |
| $CO$ | 1109 | 1260 | 1567 | 1723 | 2002 | 2359 | 2682 | 3008 | 3335 | 3667 | | | |
| $CO_2$ | 1705 | 1952 | 2458 | 2716 | 3239 | 3769 | 4304 | 4844 | 5388 | 5929 | | | |
| $CH_4$ | 1995 | 2342 | 3065 | 3394 | | | | | | | | | |
| $C_2H_6$ | 3345 | 3926 | 5154 | 5790 | | | | | | | | | |
| $C_3H_8$ | 4790 | 5606 | 7344 | 8256 | | | | | | | | | |
| $C_4H_{10}$ | 6247 | 7302 | 9546 | 10727 | | | | | | | | | |
| $C_5H_{12}$ | 7700 | 8993 | 11748 | 13197 | | | | | | | | | |
| $C_2H_4$ | 2646.5 | 3088 | 4021 | 4501 | | | | | | | | | |
| $C_3H_6$ | 3993 | 4672 | 6092 | 6837 | | | | | | | | | |
| $C_2H_2$ | 2080 | 2387 | 3022 | 3348 | | | | | | | | | |
| $H_2O$ | 1334.3 | 1526 | 1295 | 2132 | 2559 | 3002 | 3459 | 3926 | 4402 | 4887 | 5380 | | |

**热导率 λ/W·(m·K)⁻¹（温度/℃）**

| 燃烧过程中的气体 | 0 | 200 | 400 | 600 | 800 | 1000 | 1200 |
|---|---|---|---|---|---|---|---|
| $H_2$ | $174.5 \times 10^{-3}$ | $258.2 \times 10^{-3}$ | $342 \times 10^{-3}$ | $425.6 \times 10^{-3}$ | $509.4 \times 10^{-3}$ | $593 \times 10^{-3}$ | $677 \times 10^{-3}$ |
| $O_2$ | $25 \times 10^{-3}$ | $40 \times 10^{-3}$ | $54.3 \times 10^{-3}$ | $67.1 \times 10^{-3}$ | $78.7 \times 10^{-3}$ | $88.8 \times 10^{-3}$ | $98.4 \times 10^{-3}$ |
| $N_2$ | $24.9 \times 10^{-3}$ | $37.6 \times 10^{-3}$ | $49.3 \times 10^{-3}$ | $60.9 \times 10^{-3}$ | $71.7 \times 10^{-3}$ | $81.7 \times 10^{-3}$ | $90.9 \times 10^{-3}$ |
| 干燥空气 | $24.8 \times 10^{-3}$ | $38.3 \times 10^{-3}$ | $50.5 \times 10^{-3}$ | $61.9 \times 10^{-3}$ | $72.4 \times 10^{-3}$ | $82 \times 10^{-3}$ | $90.8 \times 10^{-3}$ |
| $CO$ | | | | | | | |
| $CO_2$ | $14.4 \times 10^{-3}$ | $31.1 \times 10^{-3}$ | $47.5 \times 10^{-3}$ | $62.9 \times 10^{-3}$ | $76.9 \times 10^{-3}$ | $89.7 \times 10^{-3}$ | $101.3 \times 10^{-3}$ |
| $CH_4$ | $30.7 \times 10^{-3}$ | $63.7 \times 10^{-3}$ | $95 \times 10^{-3}$ | $144.2 \times 10^{-3}$ | | | |
| $C_2H_6$ | $19 \times 10^{-3}$ | $47.5 \times 10^{-3}$ | $85.5 \times 10^{-3}$ | $132.6 \times 10^{-3}$ | | | |
| $C_3H_8$ | $15.2 \times 10^{-3}$ | $40.1 \times 10^{-3}$ | $74.8 \times 10^{-3}$ | $119 \times 10^{-3}$ | | | |
| $C_4H_{10}$ | $13.3 \times 10^{-3}$ | $36.5 \times 10^{-3}$ | $69.8 \times 10^{-3}$ | $113 \times 10^{-3}$ | | | |
| $C_5H_{12}$ | $12.3 \times 10^{-3}$ | $34.1 \times 10^{-3}$ | $65.5 \times 10^{-3}$ | $106 \times 10^{-3}$ | | | |
| $C_2H_4$ | | | | | | | |
| $C_3H_6$ | | | | | | | |
| $C_2H_2$ | | | | | | | |
| $H_2O$ | $16.2 \times 10^{-3}$ | $33.7 \times 10^{-3}$ | $57.1 \times 10^{-3}$ | $83.9 \times 10^{-3}$ | $114.1 \times 10^{-3}$ | $146.7 \times 10^{-3}$ | $180.3 \times 10^{-3}$ |

## 四、各种气体燃料组成及发热值(表 1 - 3 - 4)[16]

表 1 - 3 - 4

| 种　类 | | 煤气平均成分(质量分数)/% | | | | | | | 低发热量 /kJ·m$^{-3}$ |
|---|---|---|---|---|---|---|---|---|---|
| | | $CO_2 + H_2S$ | $O_2$ | CO | $H_2$ | $CH_4$ | $C_mH_n$ | $N_2$ | |
| 高发热值煤气 | 天然气 | 0.1 ~ 2 | | | 0 ~ 2 | 85 ~ 97 | 0.1 ~ 0.4 | 1.2 ~ 4 | 33488 ~ 38511 |
| | 乙炔气 | 0.05 ~ 0.08 | | | 微 | 微 | 97 ~ 99 | | 46046 ~ 58604 |
| | 半焦化煤气 | 12 ~ 15 | 0.2 ~ 0.3 | 7 ~ 12 | 6 ~ 12 | 45 ~ 62 | 5 ~ 8 | 2 ~ 10 | 22186 ~ 29302 |
| | 重油裂化气 | 6.9 | 1.5 | 8 | 36 | 27.4 | 16.7 | 3.5 | 25844 |
| | 焦炉煤气 | 2 ~ 3 | 0.7 ~ 1.2 | 4 ~ 8 | 53 ~ 60 | 19 ~ 25 | 1.6 ~ 2.3 | 7 ~ 13 | 15488 ~ 16744 |
| 中发热值煤气 | 双重水煤气 | 10 ~ 20 | 0.1 ~ 0.2 | 22 ~ 32 | 42 ~ 50 | 6 ~ 9 | 0.5 ~ 1.0 | 2 ~ 5 | 11302 ~ 11721 |
| | 水煤气 | 5 ~ 7 | 0.1 ~ 0.2 | 35 ~ 40 | 47 ~ 52 | 0.3 ~ 0.6 | | 2 ~ 6 | 10046 ~ 10465 |
| | 高炉和焦炉混合煤气 | 7 ~ 8 | 0.3 ~ 0.4 | 17 ~ 19 | 21 ~ 27 | 9 ~ 12 | 0.7 ~ 1.0 | 33 ~ 39 | 8581 ~ 10278 |
| | 蒸汽—富氧煤气 | 16 ~ 26 | 0.2 ~ 0.3 | 27 ~ 41 | 34 ~ 43 | 2 ~ 5 | | 1 ~ 2 | 9209 ~ 10256 |
| 低发热值煤气 | 空气发生炉煤气 | 0.5 ~ 1.5 | | 32 ~ 33 | 0.5 ~ 0.9 | | | 64 ~ 66 | 4144 ~ 4312 |
| | 高炉煤气 | 9 ~ 15.5 | | 25 ~ 31 | 2 ~ 3 | 0.3 ~ 0.5 | | 55 ~ 58 | 3558 ~ 4605 |
| | 地下气化煤气 | 16 ~ 22 | | 5 ~ 10 | 17 ~ 25 | 0.8 ~ 1.1 | | 47 ~ 53 | 3098 ~ 4102 |
| | 蒸汽—空气发生炉煤气 | 5 ~ 7 | 0.1 ~ 0.3 | 24 ~ 30 | 12 ~ 15 | 0.5 ~ 3 | 0.2 ~ 0.4 | 46 ~ 55 | 4814 ~ 6488 |

## 五、各种温度下气体在水中的溶解度(表 1 - 3 - 5)[17]

表 1 - 3 - 5

| 气　体 | 溶解度 | 温度/℃ | | | | | | | | | | | |
|---|---|---|---|---|---|---|---|---|---|---|---|---|---|
| | | 0 | 5 | 10 | 15 | 20 | 25 | 30 | 40 | 50 | 60 | 80 | 100 |
| 氢 | $\alpha$ | 0.0215 | 0.0204 | 0.0195 | 0.0188 | 0.0182 | 0.0175 | 0.0170 | 0.0164 | 0.0161 | 0.0160 | 0.0160 | |
| 氦 | $\alpha$ | 0.0097 | | 0.0099 | | 0.0099 | | 0.0100 | 0.0102 | 0.0107 | | | |
| 氮① | $\alpha$ | 0.0235 | 0.0209 | 0.0186 | 0.0168 | 0.0154 | 0.0143 | 0.0134 | 0.0118 | 0.0109 | 0.0102 | 0.0096 | 0.0095 |
| 氧 | $\alpha$ | 0.0489 | 0.0429 | 0.0380 | 0.0341 | 0.0310 | 0.0283 | 0.0261 | 0.0231 | 0.0209 | 0.0195 | 0.0176 | 0.0172 |
| 氯 | $l$ | 4.610 | | 3.148 | 2.680 | 2.299 | 2.019 | 1.799 | 1.438 | 1.225 | 1.023 | 0.683 | 0.000 |
| | $q$ | | 0.997 | 0.849 | 0.729 | 0.641 | 0.572 | 0.459 | 0.392 | 0.329 | 0.223 | 0.000 | |
| 溴 | $\alpha$ | 60.5 | 43.3 | 35.1 | 27.0 | 21.3 | 17.0 | 13.8 | 9.4 | 6.5 | 4.9 | 3.0 | |
| | $q$ | 42.9 | 30.6 | 24.8 | | 14.9 | | | 6.3 | 4.1 | 2.9 | 1.2 | |
| 一氧化碳 | $\alpha$ | 0.0354 | 0.0315 | 0.0282 | 0.0254 | 0.0232 | 0.0214 | 0.0200 | 0.0177 | 0.0161 | 0.0149 | 0.0143 | 0.0141 |
| 二氧化碳 | $\alpha$ | 1.713 | 1.424 | 1.194 | 1.019 | 0.878 | 0.759 | 0.665 | 0.530 | 0.436 | 0.359 | | |
| | $q$ | 0.335 | 0.277 | 0.232 | 0.197 | 0.169 | 0.145 | 0.126 | 0.097 | 0.076 | 0.058 | | |
| 一氧化二氮 | $\alpha$ | | 1.048 | 0.878 | 0.738 | 0.629 | 0.544 | | | | | | |
| 一氧化氮 | $\alpha$ | 0.0738 | 0.0646 | 0.0571 | 0.0515 | 0.0471 | 0.0432 | 0.0400 | 0.0351 | 0.0315 | 0.0295 | 0.0270 | 0.0263 |
| 氯化氢 | $l$ | 507 | 491 | 474 | 459 | 442 | 426 | 412 | 386 | 362 | 339 | | |
| 硫化氢 | $\alpha$ | 4.670 | 3.977 | 3.399 | 2.945 | 2.582 | 2.282 | 2.037 | 1.660 | 1.392 | 1.190 | 0.917 | 0.81 |
| | $q$ | 0.707 | 0.600 | 0.511 | 0.441 | 0.385 | 0.338 | 0.298 | 0.286 | 0.188 | 0.148 | 0.077 | 0.00 |
| 二氧化硫 | $l$ | 79.79 | 67.48 | 56.65 | 47.28 | 39.37 | 32.79 | 27.16 | 18.77 | | | | |
| | $q$ | 22.83 | 19.31 | 16.21 | 13.54 | 11.28 | 9.41 | 7.80 | 6.47 | | | | |
| | | 1047 | 947 | 857 | 775 | 702 | 639 | 586 | | | | | |

| 气　体 | 溶解度 | 温度/℃ | | | | | | | | | | | |
|---|---|---|---|---|---|---|---|---|---|---|---|---|---|
| | | 0 | 5 | 10 | 15 | 20 | 25 | 30 | 40 | 50 | 60 | 80 | 100 |
| 氨 | $\alpha$ | 1176 | (4℃) 79.6 | (8℃) 72.0 | (12℃) 65.1 | (16℃) 58.7 | (20℃) 53.1 | (24℃) 48.2 | (28℃) 44.0 | | | | |
| | $q$ | 89.5 | (4℃) | (8℃) | (12℃) | (16℃) | (20℃) | (24℃) | (28℃) | | | | |
| 甲烷 | $\alpha$ | 0.0556 | 0.0480 | 0.0418 | 0.0369 | 0.0331 | 0.0301 | 0.0276 | 0.0237 | 0.0213 | 0.0195 | 0.0177 | 0.0170 |
| 乙烷 | $\alpha$ | 0.0987 | 0.0803 | 0.0656 | 0.0550 | 0.0472 | 0.0410 | 0.0362 | 0.0291 | 0.0246 | 0.0218 | 0.0183 | 0.0172 |
| 乙烯 | $\alpha$ | 0.226 | 0.191 | 0.162 | 0.139 | 0.122 | 0.108 | 0.098 | | | | | |
| 乙炔 | $\alpha$ | 1.73 | 1.49 | 1.31 | 1.15 | 1.03 | 0.93 | 0.84 | | | | | |

注：$\alpha$ 指在气体分压等于 0.1 MPa 时，被 1 体积水所吸收的气体体积数(标准)；

l 指气体在总压力(气体及水蒸气)等于 0.1 MPa 溶解于 1 体积水中的体积数；

q 指气体在总压力(气体及水蒸气)等于 0.1 MPa 时溶解于 100 g 水中的气体克数；

① 氨 + 1.185% 氩。

## 六、不同温度下空气中饱和的水含量(表 1 – 3 –6)[13]

表 1 - 3 - 6

| 温度/℃ | 饱和蒸气压力 $p_t$ /Pa | 含水蒸气量 | | | | 温度/℃ | 饱和蒸气压力 $p_t$ /Pa | 含水蒸气量 | | | |
|---|---|---|---|---|---|---|---|---|---|---|---|
| | | g·m⁻³ | | %(体积分数) | | | | g·m⁻³ | | %(体积分数) | |
| | | 对干气体 | 对湿气体 | 对干气体 | 对湿气体 | | | 对干气体 | 对湿气体 | 对干气体 | 对湿气体 |
| -20 | 102.7 | 0.8233 | 0.8145 | 0.1024 | 0.1013 | 10 | 1227.9 | 9.894 | 9.744 | 1.227 | 1.212 |
| -19 | 113.3 | 0.9053 | 0.8989 | 0.1126 | 0.1118 | 11 | 1311.9 | 10.58 | 10.41 | 1.312 | 1.295 |
| -18 | 125.3 | 1.000 | 0.9945 | 0.1245 | 0.1237 | 12 | 1402.5 | 11.29 | 11.13 | 1.404 | 1.384 |
| -17 | 137.3 | 1.091 | 1.089 | 0.1357 | 0.1355 | 13 | 1497.2 | 12.06 | 11.88 | 1.500 | 1.478 |
| -16 | 150.7 | 1.197 | 1.195 | 0.1489 | 0.1486 | 14 | 1598.5 | 12.89 | 12.69 | 1.603 | 1.578 |
| -15 | 165.3 | 1.318 | 1.311 | 0.1634 | 0.1631 | 15 | 1705.2 | 13.68 | 13.53 | 1.712 | 1.683 |
| -14 | 181.3 | 1.442 | 1.439 | 0.1793 | 0.1790 | 16 | 1817.2 | 14.68 | 14.42 | 1.826 | 1.794 |
| -13 | 198.6 | 1.579 | 1.577 | 0.1964 | 0.1961 | 17 | 1937.2 | 15.67 | 15.37 | 1.949 | 1.912 |
| -12 | 217.3 | 1.728 | 1.725 | 0.2149 | 0.2145 | 18 | 2063.8 | 16.72 | 16.38 | 2.079 | 2.037 |
| -11 | 237.3 | 1.888 | 1.883 | 0.2348 | 0.2342 | 19 | 2197.1 | 17.82 | 17.44 | 2.217 | 2.169 |
| -10 | 260.0 | 2.068 | 2.063 | 0.2572 | 0.2566 | 20 | 2337.1 | 18.98 | 18.55 | 2.361 | 2.307 |
| -9 | 284.0 | 2.260 | 2.254 | 0.2811 | 0.2803 | 21 | 2486.4 | 20.23 | 19.73 | 2.516 | 2.454 |
| -8 | 309.3 | 2.462 | 2.454 | 0.3062 | 0.3052 | 22 | 2643.8 | 21.54 | 20.98 | 2.679 | 2.610 |
| -7 | 337.3 | 2.685 | 2.677 | 0.3340 | 0.3329 | 23 | 2809.1 | 22.92 | 22.30 | 2.851 | 2.773 |
| -6 | 368.0 | 2.931 | 2.920 | 0.3645 | 0.3632 | 24 | 2983.7 | 24.39 | 23.68 | 3.034 | 2.945 |
| -5 | 401.3 | 3.197 | 3.185 | 0.3976 | 0.3961 | 25 | 3167.7 | 25.95 | 25.14 | 3.227 | 3.127 |
| -4 | 437.3 | 3.485 | 3.470 | 0.4334 | 0.4316 | 26 | 3361.0 | 27.59 | 26.68 | 3.431 | 3.318 |
| -3 | 476.0 | 3.795 | 3.776 | 0.4720 | 0.4697 | 27 | 3565.0 | 29.32 | 28.29 | 3.647 | 3.519 |
| -2 | 517.3 | 4.125 | 4.104 | 0.5131 | 0.5105 | 28 | 3778.7 | 31.16 | 30.00 | 3.875 | 3.731 |
| -1 | 562.6 | 4.490 | 4.465 | 0.5584 | 0.5553 | 29 | 4005.0 | 33.08 | 31.78 | 4.115 | 3.953 |
| 0 | 610.6 | 4.875 | 4.845 | 0.6063 | 0.6026 | 30 | 4242.0 | 35.13 | 33.66 | 4.370 | 4.186 |
| 1 | 657.3 | 5.249 | 5.216 | 0.6529 | 0.6487 | 31 | 4493.0 | 37.31 | 35.66 | 4.640 | 4.435 |
| 2 | 705.3 | 5.635 | 5.597 | 0.7009 | 0.6961 | 32 | 4754.3 | 39.58 | 37.73 | 4.923 | 4.693 |
| 3 | 758.6 | 6.065 | 6.020 | 0.7543 | 0.7487 | 33 | 5030.2 | 42.00 | 39.92 | 5.224 | 4.965 |
| 4 | 813.3 | 6.505 | 6.453 | 0.8091 | 0.8026 | 34 | 5320.0 | 44.55 | 42.22 | 5.541 | 5.251 |
| 5 | 872.0 | 6.979 | 6.918 | 0.8680 | 0.8605 | 35 | 5624.0 | 47.24 | 44.63 | 5.876 | 5.551 |
| 6 | 934.6 | 7.485 | 7.416 | 0.9310 | 0.9224 | 36 | 5941.0 | 50.07 | 47.15 | 6.228 | 5.864 |
| 7 | 1001.2 | 8.024 | 7.945 | 0.9980 | 0.9882 | 37 | 6275.5 | 53.08 | 49.80 | 6.602 | 6.194 |
| 8 | 1073.2 | 8.611 | 8.514 | 1.071 | 1.059 | 38 | 6625.0 | 56.28 | 52.57 | 6.996 | 6.539 |
| 9 | 1147.9 | 9.214 | 9.109 | 1.146 | 1.133 | 39 | 6991.0 | 59.58 | 55.48 | 7.411 | 6.901 |

续表 1-3-6

| 温度/℃ | 饱和蒸气压力 $p_t$ /Pa | g·m⁻³ 对干气体 | g·m⁻³ 对湿气体 | % 对干气体 | % 对湿气体 | 温度/℃ | 饱和蒸气压力 $p_t$ /Pa | g·m⁻³ 对干气体 | g·m⁻³ 对湿气体 | % 对干气体 | % 对湿气体 |
|---|---|---|---|---|---|---|---|---|---|---|---|
| 40 | 7375 | 63.11 | 58.52 | 7.850 | 7.279 | 70 | 31157 | 357.0 | 247.3 | 44.40 | 30.75 |
| 41 | 7778 | 66.85 | 61.72 | 8.315 | 7.676 | 71 | 32517 | 380.0 | 258.1 | 47.26 | 32.10 |
| 42 | 8199 | 70.79 | 65.06 | 8.805 | 8.092 | 72 | 33943 | 405.1 | 269.4 | 50.38 | 33.51 |
| 43 | 8639 | 74.94 | 68.55 | 9.321 | 8.526 | 73 | 35424 | 432.1 | 281.2 | 53.75 | 34.97 |
| 44 | 9100 | 79.34 | 72.22 | 9.868 | 8.982 | 74 | 36957 | 461.7 | 293.3 | 57.42 | 36.48 |
| 45 | 9583 | 84.02 | 76.04 | 10.45 | 9.458 | 75 | 38543 | 493.6 | 305.9 | 61.39 | 38.05 |
| 46 | 10086 | 88.84 | 80.03 | 11.05 | 9.954 | 76 | 40183 | 528.4 | 318.9 | 65.72 | 39.66 |
| 47 | 10612 | 94.07 | 84.18 | 11.70 | 10.47 | 77 | 41876 | 566.3 | 332.4 | 70.44 | 41.34 |
| 48 | 11160 | 99.54 | 88.52 | 12.38 | 11.01 | 78 | 43636 | 608.1 | 346.3 | 75.64 | 43.07 |
| 49 | 11735 | 105.3 | 93.10 | 13.10 | 11.58 | 79 | 45462 | 654.3 | 360.8 | 81.38 | 44.88 |
| 50 | 12334 | 111.4 | 97.85 | 13.86 | 12.17 | 80 | 47343 | 705.1 | 376.0 | 87.70 | 46.77 |
| 51 | 12959 | 117.9 | 102.8 | 14.67 | 12.79 | 81 | 49289 | 761.5 | 391.1 | 94.72 | 48.65 |
| 52 | 13612 | 124.8 | 108.0 | 15.52 | 13.43 | 82 | 51316 | 824.9 | 407.2 | 102.6 | 50.65 |
| 53 | 14292 | 132.0 | 113.4 | 16.42 | 14.11 | 83 | 53409 | 896.5 | 423.9 | 111.5 | 52.72 |
| 54 | 14998 | 139.7 | 119.0 | 17.37 | 14.80 | 84 | 55569 | 982.5 | 441.0 | 122.2 | 54.85 |
| 55 | 15732 | 147.8 | 124.9 | 18.38 | 15.53 | 85 | 57808 | 1068 | 458.8 | 132.8 | 57.06 |
| 56 | 16505 | 156.5 | 131.1 | 19.46 | 16.29 | 86 | 60115 | 1173 | 477.1 | 145.9 | 59.34 |
| 57 | 17305 | 165.6 | 137.3 | 20.60 | 17.08 | 87 | 62488 | 1294 | 495.9 | 160.9 | 61.68 |
| 58 | 18145 | 175.4 | 144.0 | 21.81 | 17.91 | 88 | 64941 | 1435 | 515.4 | 178.5 | 64.10 |
| 59 | 19011 | 185.7 | 150.8 | 23.10 | 18.76 | 89 | 67474 | 1602 | 535.5 | 199.3 | 66.60 |
| 60 | 19918 | 196.7 | 158.1 | 24.47 | 19.66 | 90 | 70101 | 1805 | 556.4 | 224.5 | 69.20 |
| 61 | 20852 | 208.3 | 165.5 | 25.91 | 20.58 | 91 | 72807 | 2057 | 577.8 | 255.9 | 71.87 |
| 62 | 21838 | 220.9 | 173.3 | 27.47 | 21.55 | 92 | 75594 | 2362 | 600.0 | 293.8 | 74.62 |
| 63 | 22851 | 234.1 | 181.3 | 29.12 | 22.55 | 93 | 73473 | 2761 | 622.8 | 343.4 | 77.46 |
| 64 | 23905 | 248.3 | 189.7 | 30.88 | 23.59 | 94 | 81446 | 3294 | 646.3 | 409.7 | 80.39 |
| 65 | 24998 | 263.3 | 198.3 | 32.75 | 24.67 | 95 | 84513 | 4042 | 670.7 | 502.7 | 83.42 |
| 66 | 26144 | 279.6 | 207.4 | 34.78 | 25.80 | 96 | 87673 | 5162 | 695.8 | 642.2 | 86.54 |
| 67 | 27331 | 297.0 | 216.8 | 36.94 | 26.97 | 97 | 90939 | 7040 | 721.7 | 875.6 | 89.76 |
| 68 | 28558 | 315.6 | 226.6 | 39.25 | 28.18 | 98 | 94299 | 10790 | 743.4 | 1342 | 93.08 |
| 69 | 29824 | 335.3 | 236.6 | 41.71 | 29.43 | 99 | 97752 | 21981 | 775.8 | 2734 | 96.49 |
| | | | | | | 100 | 101325 | ∞ | 804.0 | ∞ | 100.0 |

空气的湿度用两种方法表示：

（1）绝对湿度：单位体积空气中水蒸气的质量，通常以 g/m³ 表示；但也可用存在于空气中的水蒸气压力的大小（Pa）表示。

这两种表示方法可用下式进行换算：
$$p = 125.99(1 + 0.00367t)g_水$$
式中 $p$——温度 $t$ 时空气中水蒸气压力，Pa；

$t$——空气的温度，℃；

$g_水$——温度 $t$ 时空气的绝对湿度，g/m³。

（2）相对湿度：单位体积空气中所含水蒸气的质量或压力，与同一温度时，可能存在于该体积内的饱和水蒸气重量或压力之比。相对湿度以 $\phi$（%）表示：
$$\phi = \frac{p}{p_t} \times 100\% = \frac{g_水}{g_水^t} \times 100\%$$

式中 $p_t$——温度 $t$ 时的饱和水蒸气压力,Pa(查表 $1-3-6$);

　　　$g^t_水$——温度 $t$ 时的饱和水蒸气含量,g/m³(查表 $1-3-6$ 的湿气体含水蒸气量,注意表中以(标态)g/m³ 表示,需换成 g/m³)。

## 七、干燥剂上平衡的水分量(表 $1-3-7$)

表 $1-3-7$

| 干 燥 剂 | 空气中残存的水分(25℃,相对于空气)/mg·L⁻¹ | 到达的露点/℃ |
|---|---|---|
| $P_2O_5$ | $2\times10^{-5}$ | $-90$ |
| $Mg(ClO_4)_2$ | $5\times10^{-4}$ | $-83$ |
| $Mg(ClO_4)_2\cdot3H_2O$ | $2\times10^{-3}$ | $-75$ |
| KOH(熔融) | $2\times10^{-3}$ | $-75$ |
| $Al_2O_3$ | $3\times10^{-3}$ | $-72.5$ |
| $H_2SO_4$ | $3\times10^{-3}$ | $-72.5$ |
| $CaSO_4$ | $4\times10^{-3}$ | $-70.6$ |
| MgO | $1.6\times10^{-2}$ | $-66.3$ |
| $CaBr_2$(25℃) | $1.4\times10^{-1}$ | $-42.1$ |
| NaOH(熔融) | $1.6\times10^{-1}$ | $-40.5$ |
| CaO | $2\times10^{-1}$ | $-38.5$ |
| $CaCl_2$ | $(1.4\sim2.5)\times10^{-1}$ | $-42.1\sim-36.3$ |
| $H_2SO_4$(95.1%) | $3\times10^{-1}$ | $-34$ |
| $ZnCl_2$ | $8\times10^{-1}$ | $-23.2$ |
| $CuSO_4$ | $1.4$ | $-16.6$ |

## 八、不同海拔高度下的大气压和空气密度(10℃)(表 $1-3-8$)

表 $1-3-8$

| 海拔高度/m | 气压计压力/MPa | 空气密度/kg·m⁻³ | 海拔高度/m | 气压计压力/MPa | 空气密度/kg·m⁻³ |
|---|---|---|---|---|---|
| 0 | 0.1013 | 1.293 | 1600 | 0.0833 | 1.063 |
| 200 | 0.09865 | 1.259 | 1800 | 0.0813 | 1.038 |
| 400 | 0.0967 | 1.233 | 2000 | 0.0793 | 1.012 |
| 600 | 0.0947 | 1.208 | 2200 | 0.0773 | 0.987 |
| 800 | 0.0920 | 1.174 | 2400 | 0.0753 | 0.961 |
| 1000 | 0.0900 | 1.148 | 2600 | 0.0740 | 0.944 |
| 1200 | 0.0873 | 1.114 | 2800 | 0.0720 | 0.919 |
| 1400 | 0.0853 | 1.089 | 3000 | 0.0700 | 0.893 |

## 九、一些混合气体的爆炸极限(表 $1-3-9$)[17]

表 $1-3-9$

| 气体名称 | 气体成分/% | | | | | | 爆炸极限(在空气中)/% | |
|---|---|---|---|---|---|---|---|---|
| | $CO_2$ | $O_2$ | CO | $H_2$ | $CH_4$ | $N_2$ | 下限 | 上限 |
| 水煤气 | 6.2 | 0.3 | 39.2 | 49.2 | 2.3 | 3.0 | 6.9 | 69.5 |
| 高炉煤气 | $9\sim12$ | $0.2\sim0.4$ | $26\sim30$ | $1.5\sim3.0$ | $0.2\sim0.5$ | $55\sim60$ | $40\sim50$ | $60\sim70$ |
| 半水煤气 | 7.0 | 0.2 | 32.0 | 40.0 | 0.8 | 20.0 | 8.1 | 70.5 |
| 焦炉煤气 | $1.5\sim3$ | $0.3\sim0.8$ | $5\sim8$ | $55\sim60$ | $23\sim27$ | $3\sim7$ | 6.0 | 30.0 |
| 发生炉煤气 | 6.2 | 0 | 27.3 | 12.4 | 0.7 | 53.4 | 20.3 | 73.7 |

## 十、各种气体在氧气中的爆炸极限(可燃性极限)(表1-3-10)[17]

表1-3-10

| 化合物 | 化学式 | 可燃性极限/% | | 化合物 | 化学式 | 可燃性极限/% | |
|---|---|---|---|---|---|---|---|
| | | 下限 | 上限 | | | 下限 | 上限 |
| 氢 | $H_2$ | 4.65 | 93.9 | 丙烯 | $C_3H_6$ | 2.10 | 52.8 |
| 氘 | $D_2$ | 5.00 | 95.0 | 环丙烷 | $C_3H_6$ | 2.45 | 63.1 |
| 一氧化碳 | CO | 15.50 | 93.9 | 氨 | $NH_3$ | 13.50 | 79.0 |
| 甲烷 | $CH_4$ | 5.40 | 59.2 | 乙醚 | $C_4H_{10}O$ | 2.10 | 82.0 |
| 乙烷 | $C_2H_6$ | 4.10 | 50.5 | 二乙烯醚 | $C_4H_6O$ | 1.85 | 85.5 |
| 乙烯 | $C_2H_4$ | 2.90 | 79.9 | | | | |

## 十一、可燃气体的爆炸极限和空气中允许浓度(表1-3-11和表1-3-12)[17]

表1-3-11

| 名　称 | 爆炸浓度极限 | | | | | 空气中最大允许浓度/mg·L$^{-1}$ |
|---|---|---|---|---|---|---|
| | 按体积计/% | | 按质量计/mg·L$^{-1}$ | | | |
| | 下限 | 上限 | 下限 | 上限 | 下限时CO浓度 | |
| 高炉煤气 | 46 | 68 | 414 | 612 | 175 | |
| 焦炉煤气 | 6 | 30 | | | 2.28 | |
| 发生炉煤气 | 20.7 | 73.7 | | | 65 | |
| 混合煤气 | 40~50 | 60~70 | | | 88 | |
| 城市煤气 | 5.3 | 31.0 | 22.3 | 130.2 | | |
| 水煤气 | 6~9 | 55~70 | 30~45 | 215~350 | | |
| 天然气 | 4.8 | 13.5 | 24.0 | 67.5 | | |
| 氨 | 16.0 | 27.0 | 11.2 | 187.7 | | 0.03 |
| 氢 | 4.1 | 75.0 | 3.4 | 61.5 | | |
| 一氧化碳 | 12.8 | 75.0 | 146.5 | 585.0 | | 0.03 |
| 二氧化碳 | | | | | | 0.015 |
| 硫化氢 | 4.3 | 45.5 | 59.9 | 633.0 | | 0.01 |
| 二氧化硫 | | | | | | 0.02 |
| 乙炔 | 2.6 | 80.0 | 27.6 | 850.0 | | 0.5 |
| 甲烷 | 5.0 | 15.0 | 32.7 | 98.0 | | |
| 酚 | | | | | | 0.005 |

气体和蒸气爆炸浓度极限

表1-3-12

| 物质名称 | 相对于空气的密度 | 闪点/℃ | 在空气中爆炸浓度极限 | | | |
|---|---|---|---|---|---|---|
| | | | 按体积计/% | | 按质量浓度计/mg·m$^{-3}$ | |
| | | | 上限 | 下限 | 上限 | 下限 |
| 甲烷 | 0.55 | | 2.50 | 15.4 | 0.0167 | 0.103 |
| 乙烷 | 1.04 | | 2.50 | 15.4 | 0.0312 | 0.187 |
| 丙烷 | 1.52 | | 2.00 | 9.5 | 0.0366 | 0.174 |
| 丁烷 | 2.01 | | 1.55 | 8.50 | 0.0374 | 0.202 |
| 乙烯 | 0.97 | | 2.75 | 35.0 | 0.0350 | 0.406 |
| 丙烯 | 1.41 | | 2.00 | 11.1 | 0.0348 | 0.169 |
| 丁烯 | 1.93 | | 1.70 | 9.0 | 0.0395 | 0.209 |
| 苯 | 2.72 | -15~+10 | 1.30 | 9.5 | 0.0420 | 0.308 |
| 萘 | 4.49 | +80 | 0.44 | | 0.0235 | |
| 甲醇 | 1.11 | -1~+32 | 3.50 | 38.5 | 0.0462 | 0.512 |
| 乙醇 | 1.59 | +9~+32 | 2.60 | 19.0 | 0.0500 | 0.363 |

## 十二、纯气体产生弧光时电流和电压降的关系(图 1 – 3 – 1)[18]

## 十三、一些气体的热解离度和温度的关系

$CO_2$ 的相平衡状态图(图 1 – 3 – 2)[19]

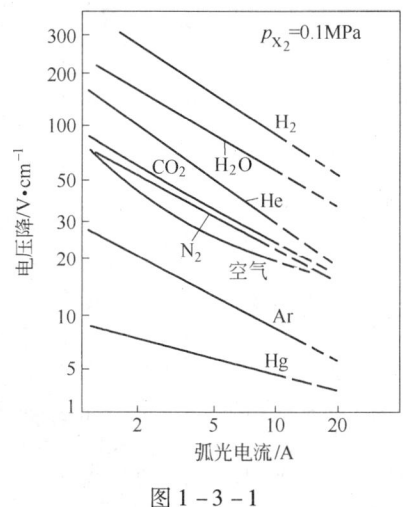

图 1 – 3 – 1

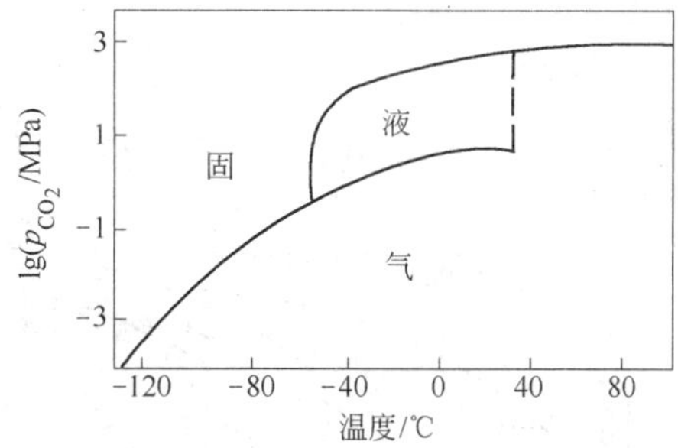

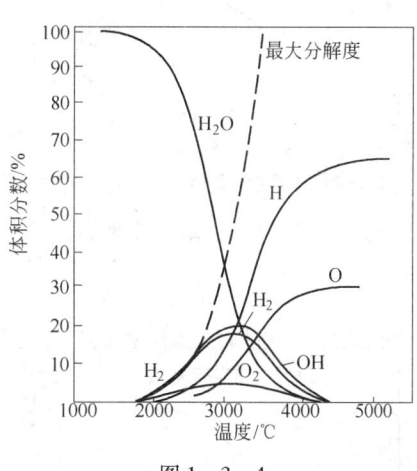

图 1 – 3 – 2

$CO_2$ 的分解和温度的关系(图 1 – 3 – 3)[19]

$H_2O$ 的分解和温度的关系(图 1 – 3 – 4)[19]

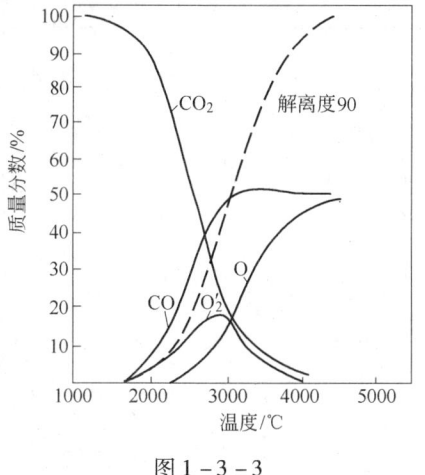

图 1 – 3 – 3

图 1 – 3 – 4

常见气体的解离度和温度的关系(图 1 – 3 – 5)[20]

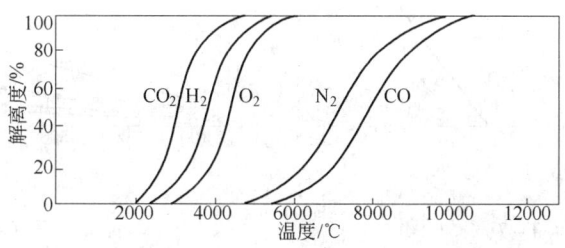

图 1 – 3 – 5

**十四、各种金属中氢的溶解度和温度的关系**（图 1 – 3 – 6）[21]

**十五、稀土元素中氢的溶解度**（[H],cm³/g,0.1 MPa）**和温度的关系**（表 1 – 3 – 13）[23]

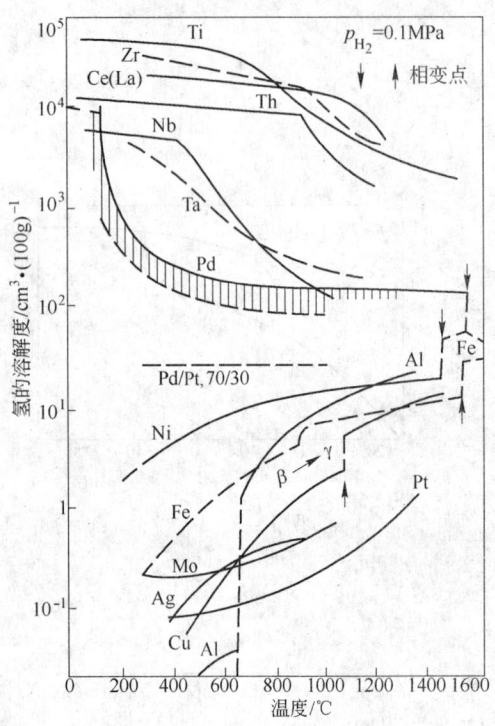

图 1 – 3 – 6

表 1 – 3 – 13

| 温度/℃ | Fe | La | Ce | Pr |
|---|---|---|---|---|
| 1600 | | | | |
| 1537 | 0.267（液体） | | | |
| 1537 | 0.134（固体） | | | |
| 1204 | 0.079 | | 55 | |
| 1093 | 0.054 | 113 | 113 | 125 |
| 927 | 0.045 | 132 | 130 | 138 |
| 899 | 0.030 | 135 | 133 | 140 |
| 802 | 0.022 | 146 | 144 | 147 |
| 399 | 0.003 | 190 | 181 | 179 |
| 20 | | 230 | 218 | |

**十六、纯金属中氮的溶解度和温度的关系**（图 1 – 3 – 7）[22]

**十七、常见气体的热导率和温度的关系**（图 1 – 3 – 8）[24]

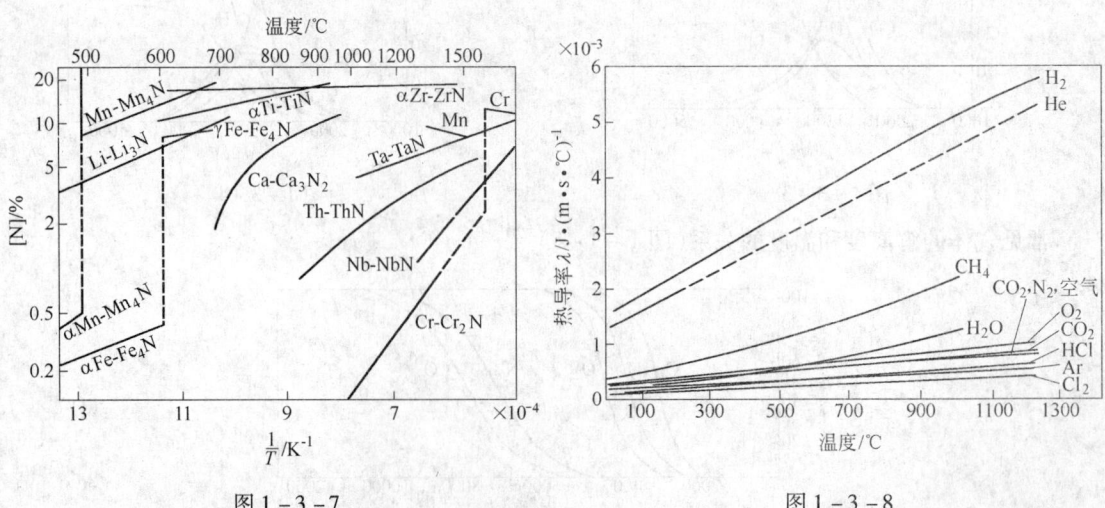

图 1 – 3 – 7　　　　　　　　　　　　　　　　图 1 – 3 – 8

（图中粗黑实线为液体状态金属与其氮化物相平衡）

## 十八、气体的蒸气压和温度的关系(图1-3-9)[25]

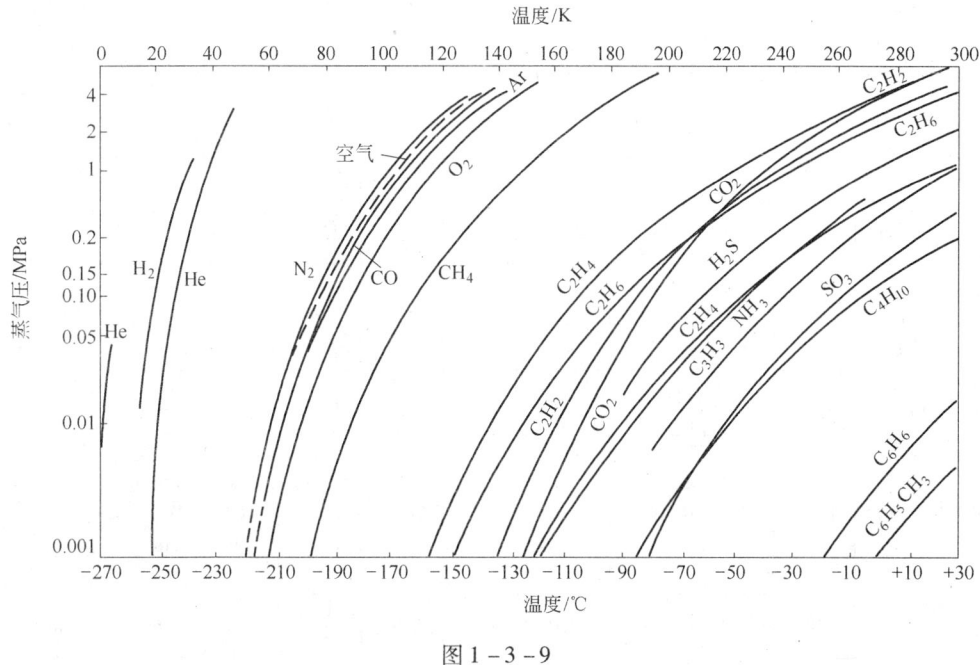

图1-3-9

## 十九、常见气体的黏度和温度的关系(图1-3-10)[24]

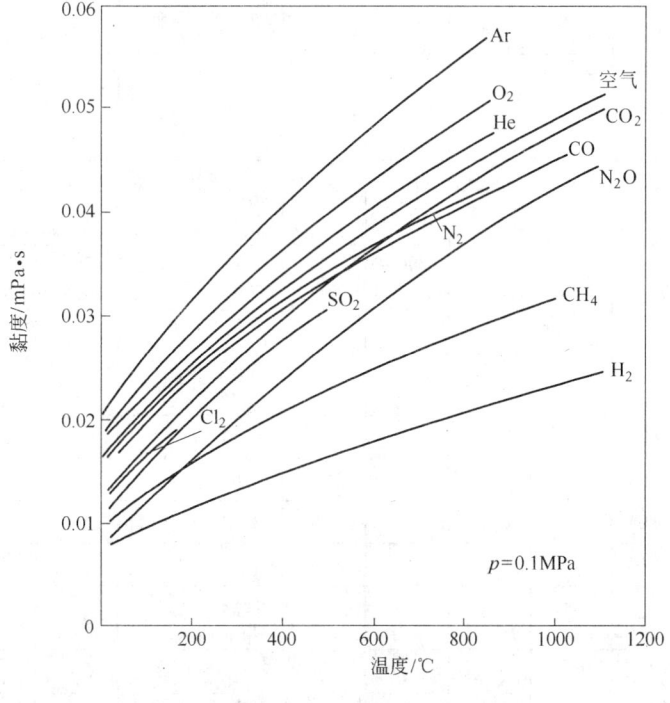

图1-3-10

# 第四节 常见化

## 一、常见氧化物的性质（综合各文献的数据）（表 1-4-1）

| 性质 ＼ 常见氧化物 | BeO | B$_2$O$_3$ | Al$_2$O$_3$ | SiO$_2$ | P$_2$O$_5$ | TiO$_2$ | V$_2$O$_3$ | Cr$_2$O$_3$ | MnO | FeO | Fe$_2$O$_3$ |
|---|---|---|---|---|---|---|---|---|---|---|---|
| 摩尔质量/kg·mol$^{-1}$ | 50.2 | 69.64 | 101.92 | 60.06 | 141.95 | 79.9 | 149.9 | 152.02 | 70.93 | 72 | 159.7 |
| 分子中氧的质量分数/% | 64 | 69 | 47 | 52.75 | 56.25 | 40 | 32.1 | 31.6 | 22.7 | 22.2 | 31 |
| 1 mol 氧化物含元素的分数 $\frac{xE}{E_xO_y}$ | | | 0.529 | 0.467 | 0.437 | 0.6 | 0.68 | 0.684 | 0.774 | 0.778 | 0.7 |
| 元素在地壳中的含量/% | 0.47 | | 7 | 25.8 | | 0.46 | 0.038 | 0.062 | 0.1 | | |
| 其他类型的氧化物 | BeO$_2$ | | Al$_8$O$_9$ Al$_2$O AlO | SiO | | Ti$_2$O$_3$ Ti$_3$O$_5$ TiO | V$_2$O$_2$ V$_2$O$_4$ V$_2$O$_5$ | CrO CrO$_3$ CrO$_2$ | Mn$_3$O$_4$ Mn$_2$O$_3$ Mn$_2$O$_7$ MnO$_2$ MnO$_3$ | | |
| 氧化气氛中最高的使用温度/℃ | 2400 | | 1950 | 1680 | | 2500 | | | | | |
| 软化点（加压0.2 MPa）/℃ | 2000 | | 1800 | $\frac{Al_2O_3}{SiO_2}=\frac{72}{28}$ 为 1650 | | | | | | | |
| 莫氏硬度 | 9 | | 9 | 6~7 | | 5.5~6 | | | 5~6 | | |
| 颜色（氧化物） | 白 | | 白 | 无色 | | V$_2$O$_5$ 黄 | 黑 | 绿 | 灰,无定形 | 黑 | 红,无定形 |
| 氧化物和元素的体积比 $\frac{V_{E_xO_y}}{V_{E_x}}$ | 1.67 | 4.04 | 1.27 斜方 1.31 | 1.94 2.34 | | 1.8, 1.76, 1.95 | 1.77 | 2.02 | 1.71 | 1.77 | 2.14 |
| 线(热)膨胀率 $\alpha$/℃$^{-1}$ | 95×10$^{-7}$ | | 80×10$^{-7}$ | 30×10$^{-7}$ | 玻璃 5×10$^{-7}$ | (70~80)×10$^{-7}$ | | 96×10$^{-7}$ | 1.41×10$^{-7}$ | | |
| （温度范围） | (20~1400℃) | | (20~1580℃) | (300~1100℃) | (20~1250℃) | (20~600℃) | | (20~1400℃) | (0~700℃) | | |
| 理论密度 /g·cm$^{-3}$ | 3.01 | | 3.97 | | Mg$_2$SiO$_4$ 3.2 | 4.26 | | | | | |
| 氧化物的热导率 /W·(m·K)$^{-1}$　100℃ | 219.66 | | 30.25 | | 5.38 | 6.53 | | | | | |
| 600℃ | 46.86 | | 9.12 | | 2.98 | 3.61 | | | | | |
| 1000℃ | 20.29 | | 6.15 | | 2.44 | 3.30 | | | | | |
| 1400℃ | 16.36 | | 5.48 | | 2.31 | | | | | | |
| 氧化物的电阻系数　导电性质 | 非导 | | 非导 | 石英 非导 | | 金红石 剩半 | 金导 | 缺半 | 缺半 | | |
| $\frac{\Omega \cdot cm}{t/℃}$ | $\frac{4×10^8}{600}$ | | $\frac{1×10^{16}}{14}$ | $\frac{2×10^{16}}{20}$ | | $\frac{3×10^7}{500}$ | $\frac{5.5×10^{-3}}{20}$ | $\frac{1.3×10^3}{350}$ | $\frac{1×10^3}{20}$ | | |

# 合物的性质

表 1 - 4 - 1

| CoO | NiO | Cu$_2$O | ZrO$_2$ | Nb$_2$O$_3$ | MoO$_2$ | Ta$_2$O$_5$ | WO$_2$ | CeO$_2$ | MgO | Na$_2$O | CaO | 备　注 |
|---|---|---|---|---|---|---|---|---|---|---|---|---|
| 74.94 | 74.69 | 143.08 | 123.22 | 233.82 | 127.95 | 441.76 | 215.9 | 172.13 | 40.32 | 61.994 | 56.08 | |
| 21.52 | 21.42 | 11.2 | 25.95 | 20.58 | 25 | 18.1 | 14.9 | 18.6 | 39.7 | 25.8 | 28.5 | |
| 0.7864 | 0.786 | $\dfrac{Cu}{CuO}$ 0.799 | | | | | | | | | | |
| 0.001 | 0.02 | | 0.017 | 0.002 | | 0.001 | | | 2.24 | | 3.47 | |
| Co$_2$O$_3$ Co$_3$O$_4$ | Ni$_3$O$_4$ Ni$_2$O$_3$ NiO$_2$ | CaO | ZnO$_3$ | NbO Nb$_2$O$_5$ NbO$_2$ | | TaO$_2$ | | Ce$_2$O$_3$ | MgO$_2$ | | CaO$_2$ | |
| | | | 2300 | | | ThO$_2$ 2500 | | | 2400 | | 2400 | |
| | | | 2000 | | | ThO$_2$ 2000 | | | 2000 | | | $\dfrac{MgO}{Al_2O}=\dfrac{28.2}{71.8}$ 为1850℃ |
| | 5.5 | | 6.5 | 6.5 | | | | 6 | 6 | | 4.5 | |
| 灰绿,棕 | 灰 | | | Nb$_2$O$_5$ 白 | 棕 | | 褐 | | 白 | | 无色 | MoO$_3$ 白色 Cr$_2$O$_3$ 红色 |
| 1.75 | 1.52 | 1.67 | 1.6 | NbO 1.57 | 2.18 | Ta$_2$O$_2$ 2.46 | 1.86 | 1.15 | 0.79 | 0.59 | 0.63 | |
| | | | 55×10$^{-7}$ | | | | (85+0.35$t$)×10$^{-7}$ | | 140×10$^{-7}$ | | 136×10$^{-7}$ | |
| | | | (20~1200℃) | | | | (0~1000℃) | | (20~1400℃) | | (20~1200℃) | |
| | 6.8 | | 6.1 | ZrSiO$_4$ 4.56 | 3.15 | | | 3.58 | Mg Al$_2$O$_4$ 3.54 | | 3.32 | 在理论密度时材料的气孔率=0; |
| | 12.38 | | 1.95 | Al$_6$Si$_2$O$_{13}$ 6.11 | | | | | 35.98 | 14.94 | 15.23 | （　）内数字是外推求得的; |
| | 5.69 | | 2.10 | 4.64 | 4.31 | | | | 11.51 | 8.12 | 8.28 | 材料的热导率随气孔率的增加而降低 |
| | 4.48 | | 2.29 | 4.09 | 3.97 | | | | 6.99 | 5.77 | 7.78 | |
| | | | 2.44 | 3.83 | 3.87 | | | | 6.02 | | | |
| 缺半 | 缺半 | | 非导 | 金导 | | 剩半 | SnO$_2$ 剩半 | 非导 | 非导 | ZnO 剩半 | | 非导—非导体; 半导—半导体; 金导—金属型导体; |
| $\dfrac{10^8\sim10^2}{300}$ | $\dfrac{6.7\times10^3}{600}$ | | $\dfrac{1\times10^6}{385}$ | $\dfrac{8.6\times10^{-2}}{20}$ | | $\dfrac{1\times10^5\sim1\times10^{11}}{20}$ | $\dfrac{4\times10^6}{20}$ | $\dfrac{6.5\times10^4}{800}$ | $\dfrac{2\times10^8}{850}$ | $\dfrac{6.7\times10^3}{800}$ | $\dfrac{7.3\times10^8}{760}$ | |

| 常见氧化物 \ 性质 | | BeO | B₂O₃ | Al₂O₃ | SiO₂ | P₂O₅ | TiO₂ | V₂O₃ | Cr₂O₃ | MnO | FeO | Fe₂O₃ |
|---|---|---|---|---|---|---|---|---|---|---|---|---|
| 氧化物的电阻系数 | $\Omega\cdot cm$ / $t/℃$ | $\dfrac{3.5\times10^{10}}{1600}$ | | $\dfrac{3.5\times10^{8}}{800}$ | $\dfrac{1\times10^{4}}{1300}$ | | $\dfrac{1.2\times10^{4}}{800}$ | $\dfrac{1.75\times10^{-3}}{1967}$ | $\dfrac{2.3\times10^{1}}{1200}$ | | | |
| | | $\dfrac{8\times10^{8}}{2100}$ | | $\dfrac{1\times10^{6}}{1100}$ | | | $\dfrac{8.5\times10^{4}}{1200}$ | | | | | |
| 氧化物的黏度 | $Pa\cdot s$ / $t/℃$ | | | $\dfrac{约0.05}{2100}$ | $\dfrac{1.5\times10^{-6}}{1942}$ | | | | | | $\dfrac{0.03}{1400}$ | |
| 氧化物的蒸气压力和温度(K)的关系 | 0.00133Pa | 1797 | (887) | 1403 | 1216 | SiO 823 | $\lg p_{P_2O_5}=\dfrac{-3494}{T}+5.73$　725~761K(0.1MPa) | | | | | |
| | 0.0133Pa | 1934 | 972 | 1513 | 1362 | 900 | $\lg p_{TiO_2}=\dfrac{-29945}{T}+8.612$　298~2113K(0.1MPa) | | | | | |
| | 0.133Pa | 2092 | 1071 | 1633 | 1541 | 989 | $p_{Cr_2O_3}=10^{-6}$MPa/1993K　$10^{-8}$MPa/1723K | | | | | |
| | 1.33Pa | 2273 | 1186 | 1782 | 1764 | 1092 | $\lg p_{NiO}=\dfrac{-25586}{T}-7.67\times10^{-4}T+7.21\times10^{-8}T^2$(0.1MPa) | | | | | |
| | 13.3Pa | 2484 | 1324 | 1949 | 2049 | 1214 | $\lg p_{ZrO_2}=\dfrac{-37421}{T}+8.306$,2200~2500K(0.1MPa) | | | | | |
| | 133Pa | 2734 | 1489 | 2145 | 2406 | 1360 | | | | | | |
| | 1333Pa | | 1694 | 2380 | | | | | | | | |
| | 0.1MPa | | | 2977 | | | | | | | | |
| 氧化的结晶结构和晶包中的原子数及配位数 | 晶型 | ZnS | | 六方 | 立方 | | TiO₂ | | 六方 | NaCl | NaCl | |
| | 原子数 | 2 | | | 24 | | 2 | | | | | 2 |
| | 配位数 | 4,ZnS₄ 4,SZn₄ | | | 4,SiO₄ 2,OSi₂ | | 6,TiO₆ 3,OTi₃ | | | 6 | 6 | |
| 氧化物的晶格常数 | $a/nm$ | 0.2695 | 1.004 | 0.4758 | 正方 0.4973 | | 0.460 | 0.543 | 0.4954 | 0.444 | 0.429 | |
| | $c/nm$ | 0.439 | | 1.2991 | 0.695 | | 0.294 | | 1.3584 | | | |
| | $\dfrac{c}{a}$ | 1.63 | | | | | 0.64 | 53°53′ | | | | |
| 1000K时氧化物的分解压力/MPa | | 4.9×10⁻⁵⁴ | 2.3×10⁻³⁷ | 5×10⁻⁴⁹ | 6×10⁻⁴⁰ | | 1.3×10⁻⁴¹ | | 3.3×10⁻³² | 3×10⁻³⁴ | 1.2×10⁻²² | |
| 1873K时氧化物的分解压力 $p_{O_2}$/MPa | | $10^{-24.6}$ | | $10^{-11.5}$ | $10^{-16.16}$ | | $10^{-18}$ | $V_2O_5$ $10^{-15.4}$ | $10^{-13.1}$ | $10^{-14.48}$ | $10^{-9.24}$ | $10^{-7.52}$ |
| 生成氧化物的 $\Delta G^{\ominus}_{298}$/kJ·mol⁻¹ | | -290.8 | -201.5 | -262.8 | -201.3 | | -214.56 | -205.02 | -172.7 | -182.34 | -122.17 | -124.9 |
| $E_xO_y+yC=xE+yCO$,$p_{CO}=0.1$MPa 时的平衡温度/℃ | | | 1500 | 2000 | 1540 | 740 | 1640 | 1500 | 1230 | 1430 | 720 | |

续表 1-4-1

| CoO | NiO | Cu₂O | ZrO₂ | Nb₂O₃ | MoO₂ | Ta₂O₅ | WO₂ | CeO₂ | MgO | Na₂O | CaO | 备注 |
|---|---|---|---|---|---|---|---|---|---|---|---|---|
| $\frac{24}{1250}$ | | $\frac{3.6\times10^2}{1200}$ | | | | | $\frac{60}{1200}$ | $\frac{3.4\times10^2}{1200}$ | $\frac{4.5\times10^2}{2100}$ | $\frac{5}{1350}$ | $\frac{9.6\times10^2}{1500}$ | 剩半—剩余半导体； |
| | | | $\frac{1}{2000}$ | | | | | | | | | 缺半—缺陷半导体 |
| | | | | | | | | | | | <0.05 约熔点 | 稀渣0.002,中等黏度的炉渣0.02 |
| | | | | | MoO₃ 307 | PbO 563 | WO₃ 915 | CaF₂ 995 | 1234 | NaCl 384 | (582) | |
| | | | | | 354 | 616 | 969 | 1081 | 1322 | 439 | 1717 | |
| | | | | | 409 | 677 | 1028 | 1179 | 1421 | 504 | 1873 | |
| 1438~1566K 大气压 | | | | | 476 | 747 | 1094 | 1293 | 1533 | 583 | 2055 | |
| | | | | | 557 | 829 | 1166 | 1426 | 1660 | 679 | 2271 | |
| | | | | | 657 | 924 | 1246 | 1585 | 1808 | 799 | 2531 | |
| | | | | | 786 | 1085 | 1355 | 1775 | | 954 | | |
| | | | | | 1151 | 1472 | | | | | | |
| NaCl | NaCl | Cu₂O | CaF₂ | | TiO₂ | | TiO₂ | CaF₂ | NaCl | CaF₂ | NaCl | |
| | | 2 | 4 | | 2 | | 2 | 4 | | 4 | | |
| 6 | 6 | 4,OCu₄ 2,CuO₂ | 8 4 | | 6 3 | | 6 3 | 8 4 | 6 | 8 4 | 6 | |
| 0.426 | 0.420 | 0.426 | 0.508 单斜 0.5143 | | 0.487 | | 0.487 | 0.541 | 0.421 | 0.556 | 0.481 | |
| | | | 0.5311 | | 0.278 | | 0.278 | | | | | |
| | | | 5.204 | | 0.57 | | 0.57 | | | | | |
| $7\times10^{-19}$ | $2\times10^{-17}$ | $1.1\times10^{-5}$ | | | $5.7\times10^{-23}$ | | $1\times10^{-22}$ | | $3.4\times10^{-53}$ | | $2.7\times10^{-57}$ | |
| | $10^{-4.73}$ | | | | $10^{-8.28}$ | | | | $10^{-20.35}$ | | $10^{-25.2}$ | |
| -108.2 | -107 | -71.13 | -257.36 | | -127.2 | | -125.52 | | -236.9 | -192.8 | -301.25 | |
| 500 | 420 | 80 | -2200 | | 750 | | 740 | 1800 | 1850 | 980 | 2150 | |

| 常见氧化物 / 性质 | BeO | B₂O₃ | Al₂O₃ | SiO₂ | P₂O₅ | TiO₂ | V₂O₃ | Cr₂O₃ | MnO | FeO | Fe₂O₃ |
|---|---|---|---|---|---|---|---|---|---|---|---|
| 向 CaO 中加入 1%$E_xO_y$ 降低其熔点/℃(适宜) | | −40 (<20) | −16.7 (<50) | −17.1 (<38) | | −24 (<33) | | −50 (<20) | | −20 (<60) | −11 (<40) |
| $E_xO_y$ 和 $Al_2O_3$ 形成的最低温度/℃ | 1900 | | 2050 | 1545 | | 1720 | | | | | |
| $E_xO_y$ 和 CaO 形成的最低温度/℃ | | | | 1440 | | 1420 | | | | | |
| $E_xO_y$ 和 MgO　形成的最低温度/℃(液相) | | | | 1540 | | 1600 | | | | | |
| $E_xO_y$ 和 $SiO_2$ | | | | 1710 | | 1540 | | | | | |
| $E_xO_y$ 和 BeO | 2530 | | 1900 | 1670 | | 1700 | | | | | |
| $E_xO_y$ 和耐火材料开始作用温度/℃　黏土砖 | | | $Al_2O_3$ 90% >1700 | 1500 | | | | 铬砖 1600 | | | |
| 镁砖 | | | | 1600 | | | | 1600 | | | |
| 70% $Al_2O_3$ 砖 | | | | 1600 | | | | 1600 | | | |
| 90% $Al_2O_3$ 砖 | | | | 1650 | | | | 1650 | | | |
| 在真空下 W 和 $E_xO_y$ 的作用温度/℃ | 2100 | | >2000 | 1600 | | | | | | | |
| 在真空下 Mo 和 $E_xO_y$ 的作用温度/℃ | 1900 | | 2000 | 1500 | | | | | | | |
| 在真空下 C 和 $E_xO_y$ 的作用温度/℃ | 约1400 | | 1230 | | | | | | 730 | 约220 | |
| $E_xO_y$ 在电弧温度下明显的挥发温度/℃ | 2400 | | 1750 | 1800 | | | | | | | |
| 在 1000℃ 时 $E_xO_y$ 在 $Na_3AlF_6$ 中的溶解度/% (纯,重量比) | 8.95 | 无限 | 19.71 | 8.82 | | 4.87 | $V_2O_5$ 0.95 | 0.13 | $Mn_3O_4$ 2.19 | | 0.18 |
| (纯+5% $Al_2O_3$,重量比) | 6.43 | 无限 | | | | 4.15 | | 0.21 | 0.05 | 1.22 | 0.003 |
| 氧化物密度/g·cm⁻³ | 3.03 | 1.84 | 3.97 | 2.32 | 2.39 | 4.24 | 4.87 | 5.21 | 5.4 | 5.9 | $Fe_3O_4$ 5.15 |
| 炉渣的组成(加和式)/%(质量分数) | | | 3.68 | 2.2~2.5 | | | | 5 | 5.1 | 5.9 | 5~5.4 |
| $E_xO_y$ 和酸性渣表面张力系数 $F_i$ | BaO 366 | | 640 | 285 | | 380 | | | 653 | 584 | |
| $E_xO_y$ 的 $C_p$ /kJ·kg⁻¹ | BaO 2.72×10⁻³ | 8.79×10⁻³ | 8.16×10⁻³ | 7.11×10⁻³ | $C_p = C_{p1}w_1 + C_{p2}w_2 + \cdots,$ (w—质量分数), | | | | | | |
| $E_xO_y$ 的热导率 /W·(m·℃)⁻¹ | BaO 3.14 | 15.12 | 10.7 | 8.722 | $\lambda \times 10^{-2} = \lambda_1 w_1 + \lambda_2 w_2 + \cdots,$ (w—质量分数), | | | | | | |
| $E_xO_y$ 的吸水性(和 $H_2O$ 平衡时,水相对于空气)/mg·L⁻¹(露点) | | | | | 2×10⁻⁵ (−90) | | | | | | |

续表 1 - 4 - 1

| $CoO$ | $NiO$ | $Cu_2O$ | $ZrO_2$ | $Nb_2O_3$ | $MoO_2$ | $Ta_2O_5$ | $WO_2$ | $CeO_2$ | $MgO$ | $Na_2O$ | $CaO$ | 备　注 |
|---|---|---|---|---|---|---|---|---|---|---|---|---|
|  |  |  | -6 (<40) |  |  |  |  | $CaF_2$ -11 (<20) | -7.15 (<20) | $CaC_2$ -10 (<20) | 熔点 2600 | 在二元组成的条件下适宜的百分数(重量) |
|  |  |  | 1700 |  |  |  | $ThO_2$ 1750 | 1750 | 1930 |  | 1400 |  |
|  |  |  | 2200 |  |  |  |  | 2000 | 2300 |  | 2570 |  |
|  |  |  | 1500 |  |  |  |  | 2200 | 2800 |  |  |  |
|  |  |  | 1675 |  |  |  |  |  |  |  |  |  |
|  |  |  | 2000 |  |  |  |  | 1950 | 1800 |  | 1500 |  |
|  |  |  |  |  |  |  |  |  | 1400 |  |  |  |
|  |  |  |  |  |  |  |  |  | 1700 | 1500 |  |  |
|  |  |  |  |  |  |  |  |  | 1500 |  |  |  |
|  |  |  |  |  |  |  |  |  | 1600 |  |  |  |
|  |  |  | 2100 |  |  |  |  |  | 2000 |  |  |  |
|  |  |  | 2150 |  |  |  |  |  | 2000 |  |  |  |
| 180 | 180 |  | 约 1300 |  |  | 800 |  | 约 1080 |  |  | 1460 | 在压力为 0.1Pa 时 |
|  |  |  |  |  |  |  |  | 1875 | 1900 |  | 1700 |  |
| $Co_3O_4$ 0.24 | 0.32 | $CuO$ 1.13 |  |  |  |  | $W_2O_3$ 87.72 |  | 11.65 | >23 | 13.42 | 在纯 $Na_3AlF_6$ 中 |
| 0.14 | 0.18 | 0.68 |  |  |  |  | 86.14 |  | 7.02 |  |  | 在 $Na_3AlF_6$ + 5%$Al_2O_3$ 中 |
| 6.46 | 6.8 |  | 5.56 | $Nb_2O_5$ 4.47 | $MoO_3$ 4.5 | 8.02 | 12.11 | 7.13 | 3.58 | 2.27 | 3.32 |  |
| $FeS$ 4.0 | $MnS$ 4.04 |  |  |  |  | $PbO$ 9.21 |  |  | 3.65 | 2.27 | 3.4 | =3.68$Al_2O_3$% +… |
| $\sigma_{1400} = \Sigma F_i x_i (x_i$—摩尔分数$)$ |  |  |  | $ZrO_2$ 470 | $PbO$ 140 | $K_2O$ 156 | $ZnO$ 540 |  |  | 297 | 614 | 在 1400℃ 时有加和性,浓度为摩尔分数 |
| $C_{pi} = C_p(1 + 0.00039t)$ kJ/kg |  |  |  | $Sb_2O_3$ 5.02×10⁻³ | $As_2O_3$ 5.23×10⁻³ | $PbO$ 10.63×10⁻³ | $K_2O$ 10.67×10⁻³ | $ZnO$ 4.35×10⁻³ |  | 10.68×10⁻³ | 6.28×10⁻³ | 可以计算玻璃热容 |
| $\lambda_i = \lambda(1 + 0.0009t)$ W/(m·℃) |  |  |  | $Sb_2O_3$ 6.251 | $As_2O_3$ 7.0 | $PbO$ 5.35 | $K_2O$ 5.81 | $ZnO$ 7.0 |  | 12.8 | 11.63 | 可以计算玻璃的热导率 |
|  |  | $CuSO_4$ 1.4 (-16.6) | $H_2SO_4$ 3×10⁻³ (-72.5) |  | $KOH$ 2×10⁻³ (-75) |  | $NaOH$ | 0.16 (-40.5) | 8×10⁻³ (-66.3) | $CaCl_2$ 0.14~0.25 | 0.2 (-38.5) | $CaCl_2$ 0.14~0.25(-42.1~36.5) |

## 二、常见碳化物的性质（表 1 – 4 – 2）[26,27]

| 性质 ＼ 常见碳化物 | CaC$_2$ | C$_{石墨}$ | Cr$_{23}$C$_6$ | Cr$_7$C$_3$ | Cr$_3$C$_2$ | Fe$_3$C | Mn$_3$C | Mo$_2$C | MoC | NbC | SiC$_{(\beta)}$ | Al$_4$C$_3$ |
|---|---|---|---|---|---|---|---|---|---|---|---|---|
| 摩尔质量 /kg·mol$^{-1}$ | 64.1 | 12.01 | 1268.3 | 400.1 | 180.05 | 179.56 | 176.88 | 204.81 | 107.96 | 104.92 | 40.1 | 143.96 |
| 分子中碳的质量分数/% | 37.4 | 100 | 5.68 | 9 | 13.3 | 6.67 | 6.8 | 5.85 | 11.12 | 11.45 | 约30 | 25.03 |
| 密度/g·cm$^{-3}$ | (2.22) 2.04 | 2.26 | 6.97 | 6.92 | 6.68 | (7.4) (7.67) | 6.89 | 8.9 | 8.5 | 7.82 | 3.21 | 2.36 |
| 莫氏硬度 | | | | | | | | 7~9 | | 9~10 | 9.2 | |
| 显微硬度 (室温) HV | | | 1000 | 1450 | 1300 | 1340 | (FeMn)$_3$C 1605 | 1800 | | 2400 | | |
| 熔点/℃ | 2300 | | 1550 | 1665 | 1890 | 1650 | 1520 | 2687 | 2692 | 3500 | >2700 | |
| 沸点/℃ | | 3540 挥发 | | | 3800 | | | | | 4300 | | |
| 颜色 | 淡灰 | 银灰黑 | | 银灰 | 灰 | 灰 | | 灰 | | 灰 | 青紫 | 淡绿黑 |
| 20℃的电阻率 /Ω·cm | | 0.00102 | 127× 10$^{-6}$ | 107× 10$^{-6}$ | 75× 10$^{-6}$ | | | | | 7.4× 10$^{-5}$ | 107~ 200 | |
| 电阻的温度系数 $\alpha_p$/℃$^{-1}$ | | | 1.72× 10$^{-3}$ | 1.06× 10$^{-3}$ | 2.33× 10$^{-3}$ | | | | | | | |
| 热导率(25~625℃) /W·(cm·K)$^{-1}$ | | 1.297 | 0.183 | 0.236 | 0.192 | | | | | 0.142 | 0.418 | |
| 线膨胀系数 $\alpha$ /℃$^{-1}$ | | | | | | | | | | | 4.7× 10$^{-6}$ | |
| 空气中激烈氧化的温度/℃ | | | | | | | | 500~ 800 | | 1100~ 1400 | | |
| 在酸中溶解 | | | 不溶于 王水 | 不溶于 王水 | 溶于 HCl | | 溶于 稀酸 | | 溶于 HF HNO$_3$ | 溶于 HF + HNO$_3$ | | |
| **晶格构造** 晶格类型 | AB$_2$ 离子型 | | 面立 | 三方 | 斜方 | 斜方 | 斜方 | 六方 | 六方 | 面立 | 面立 ZnS 型 | |
| $a$/nm | 0.388 | | 1.0638 | 1.398 | 0.282 | 0.451 | 0.508 | 0.300 | 0.29 | 0.4458 | 0.4435 (0.30817) | |
| $c$/nm | 0.648 | | | 0.453 | 1.147 | 0.673 | 0.453 | 0.472 | 0.277 | | (0.504) | |
| $c/a$ | 1.67 | | | | $b$: 0.553 | $b$: 0.508 | $b$: 0.6712 | | | | | |
| **热力学数据** $\Delta H^{\ominus}_{298}$ /kJ·mol$^{-1}$ | -58.97 | | -411.7 | -177.82 | -87.86 | 20.92 | -96.23 | -17.66 | -8.368 | -125.52 | -111.7 | -167 |
| $\Delta G^{\ominus}_{298}$ /kJ·mol$^{-1}$ | -13.64 | | -419.24 | -183.26 | -88.7 | 14.64 | -96.93 | -20.62 | -8.368 | -123.85 | -109.2 | -159.4 |
| $\Delta S^{\ominus}_{298}$/kJ· (mol·K)$^{-1}$ | 47.7 | | 251 | 18.41 | 2.93 | 20.92 | 1.673 | 8.786 | 0 | -5.858 | -8.37 | -25.1 |

表 1 - 4 - 2

| TiC | W₂C(β) | WC | VC | V₄C₃ | ZrC | Be₂C | TaC | Ta₂C | Cr₂₁M₂C | M₆C | M'₆C | 备注 |
|---|---|---|---|---|---|---|---|---|---|---|---|---|
| 59.91 | 379.73 | 195.87 | 62.93 | 239.768 | 103.23 | 30.035 | 192.96 | 373.91 | | | | |
| 约20 | 3.16 | 6.14 | 19.1 | 15.05 | 11.6 | 39.7 | 6.2 | 3.21 | | | | |
| 4.25 | 17.2 | (15.7) 15.5 | 5.36 | | (6.9) 6.7 | 2.42 | 14.05~ 14.53 | | B₄C 2.51 | Hf 12.20 | | |
| 8~9 | 9~10 | 9⁺ | 9~10 | | 8~9 | 9⁺ | | | | | | |
| 3200 | 3000 | 2400 | 2800 | | 2600 | | 1800 | | (CrFe)₂₃C₆ 1520 | Fe₃Mo₃C 1350 | Fe₃Mo₂C 1070 | |
| 3140 | 2857 | 2867 | 2830 | | 3530 | >2150 分解 | 3870 ±150 | 3400 | 约1520 | 约1400 | 约1400 | |
| 4300 | 6000 | 6000 | 3900 | | 5100 | | | | | | | |
| 灰 | 灰绿 | 灰 | 银灰 | | | | | | | | | |
| $1.05 \times 10^{-4}$ | $8.1 \times 10^{-5}$ | $1.2 \times 10^{-5}$ | $1.56 \times 10^{-4}$ | | $6.34 \times 10^{-5}$ | 1.1 | | | | | | |
| $1.35 \times 10^{-3}$ | | | $1.77 \times 10^{-3}$ | | | | | | | | | |
| 0.172 | | | 0.246 | | 0.205 | 0.209 | | | | | | |
| $7.4 \times 10^{-6}$ | $6.0 \times 10^{-6}$ | $6.2 \times 10^{-6}$ | | | $6.7 \times 10^{-6}$ | $10.5 \times 10^{-6}$ | $8.2 \times 10^{-6}$ | | | | | 25~ 800℃ |
| 1100~ 1400 | | 500~ 800 | 800~ 1100 | | 1100~ 1400 | | | | | | | |
| 溶于 HNO₃ | 稍溶于 HCl | 溶于 F₂ | 溶于 HNO₃ | | 溶于 HF, HNO₃ | | | | | | | |
| 面立 | 六方 | 六方 | 面立 | 面立 | 面立 | 立方 | 面立 | 六方 | 面立 | 面立 | 面立 | |
| 0.432 | 0.299 | 0.29 | 0.416 | 0.832 | 0.4685 | 0.434 | 0.4445 | 0.3091 | 1.06~ 1.07 | 1.1~ 1.25 | 1.08~ 1.09 | |
| | 0.471 | 0.283 | | | | | | 0.492 | | | | |
| | | | | | | | | | | | | |
| -239.74 | -62.76 | -35.187 | -117.15 | | -188.28 | | -161.08 | | | | | |
| -236.4 | -60.67 | -37.03 | -115.06 | | -148.53 | | -159.41 | | | | | |
| -10.88 | 20.92 | 6.276 | -6.694 | | -133.49 | | -5.44 | | | | | |

其他几种碳化物数据（表1-4-3）。

| 碳 化 物 | 结 晶 构 造 | 晶格常数 $a$/nm |
|---|---|---|
| $B_4C$ | 菱面体 | 0.519 |
| UC | NaCl 型 | 0.4951 |
| HfC | NaCl 型 | 0.464 |
| ThC | NaCl 型 | 0.534 |

## 三、常见硫化物的性质（综合数据）（表1-4-4）

| 性质 ＼ 常见硫化物 | BeS | BS | SiS₂ | CaS | MgS | CrS | MnS | VS | TiS | FeS | CoS |
|---|---|---|---|---|---|---|---|---|---|---|---|
| 相对分子质量 | 41.08 | 42.89 | 92.2 | 72.15 | 56.39 | 84.06 | 87.01 | 83.54 | 79.97 | 87.02 | 60.08 |
| 分子中硫质量分数/% | 78 | 74.75 | 34.77 | 44.3 | 56.7 | 38.14 | 36.7 | 38.37 | 40 | 36.7 | 53.3 |
| 密度/g·cm⁻³ | 2.47 2.36 | | | 2.61 2.8 | 2.68 2.85 | 4.1 | 4.02 | 4.0 4.4 | 4.05 | 4.84 | |
| 熔点/℃ | | | 约1000 | | >2000 | 1550 | 1620 | 1800~2000 | 2000~2100 | 1193 | 1100 |
| 沸点/℃ | | | 940 | 2500 升华 | | | 1375 明显挥发 | | | | |
| 电阻率/Ω·cm | | | | | 绝缘 | | | | | | |
| 平均线膨胀系数 $\alpha$ /℃⁻¹ | | | | $14.7 \times 10^{-6}$ | | | $18.1 \times 10^{-6}$ | | | | |
| 1000K 时化合物 的分解压力 $p_{S2}$/Pa | | | | $5.1 \times 10^{-41}$ | $3.0 \times 10^{-29}$ | | $6.1 \times 10^{-17}$ | | | $5.1 \times 10^{-6}$ | $6.7 \times 10^{-4}$ |
| 热力学数据（生成化合物时） $\Delta H_{298}^{\ominus}$ /kJ·mol⁻¹ | -247.1 | | | -539.32 | -418 | | -287.44 | -188.28 | -217.57 | -95.81 | -93.3 |
| $\Delta S_{298}^{\ominus}$ /J·(mol·K)⁻¹ | -99.16 | | | -99.16 | -104.6 | | -79.91 | 60.67 | 54.35 | 67.36 | 63.6 |
| $\Delta G_{298}^{\ominus}$ /kJ·mol⁻¹ | -271.96 | | | -510.03 | -387 | | | | | | |
| 结晶构造 结晶类型 | ZnS | | | NaCl | NaCl | | | 六角 | | | |
| $a$/nm | 0.487 | | | 0.5684 | 0.5191 | 0.338 | | 0.334 | | 0.345 | 0.338 |
| $c$/nm | | | | | | 0.578 | | 0.579 | | 0.578 | 0.516 |
| $c/a$ | | | | | | 1.67 | | | | 1.71 | 1.53 |
| 颜　色 | 白 | | | 白 | | | | 黑 | 暗棕 | | |

其他几种硫化物数据（表1-4-5）

| 硫 化 物 | 结 晶 类 型 | 晶格常数/nm |
|---|---|---|
| BsS | NaCl | 0.638 |
| HfS ThS | NaCl | |
| La₂S₃ | 立方 | 0.8723 |
| US | NaCl | 0.548 |
| US₂ | | |
| Y₂S₃ | | |
| SrS | NaCl | 0.6008 |

表 1-4-3

| 密度/g·cm⁻³ | 熔点/℃ | 显微硬度(HV) |
|---|---|---|
| 2.51 | 2400 | 2500 |
| 13.63 | 2250 | |
| 12.70 | 3890 | |
| 10.65 | 2625 | |

表 1-4-4

| TaS | CeS | ZrS | S | Cu₂S | MoS₂ | Ce₂S₃ | Ce₃S₄ | NiS | Al₂S₃ | Na₂S | NbS | 备注 |
|---|---|---|---|---|---|---|---|---|---|---|---|---|
| 213 | 172.2 | 123.3 | 32.066 | 159.14 | 160.02 | 247.18 | 354.74 | 90.78 | 150.14 | 78.05 | 124.97 | |
| 15.05 | 18.5 | 26.01 | 100 | 20.15 | 40.07 | 38.91 | 36.15 | 35.2 | 64.06 | 41.08 | 25.65 | |
| 9.2 | 5.93 | | | | | 5.19 | 5.3 | 5.45 | | | | 上为 $x$ 线测量,下为一般测量 |
| | 2450 ±100 | 2050 -2150 | | 1130 | 1185 | 1890 ±50 | 2050 ±75 | >800 | 1000 | 950 | | |
| | 1700 $p_{S_2}=10^{-2}$Pa | | | | | 1900 $10^2$Pa | 1840 $10^2$Pa | | | | | |
| | 90× $10^{-6}$ | | | | | >1000 | 400× $10^{-6}$ | | | | | |
| | | | | | | | | | | | | CaS 适于 0~850℃, MnS 适于 0~700℃ |
| | | | | 1.6× $10^{-5}$ | 1.6× $10^{-4}$ | | | | 3.0× $10^{-10}$ | | | |
| | -530.95 | | 64.9 | | -159.62 | -465.7 | -485.34 | -85.35 | | 435.14 | | |
| | | -81.92 | | | -69.66 | | | | 60.07 | | | S 为气态时 $1/2S_2$ |
| | | | -40.5 | | | | | | | | | |
| | | | | | | 立方 | | | | | | |
| | | | | | 0.315 | 0.86348 | 0.8623 | | | | | |
| | | | | | 1.23 | | | | | | | |
| | 黄铜 | | | | | 红 | 黑 | | | | | |

表 1-4-5

| 密度/g·cm⁻³ | 熔点/℃ | 颜色 |
|---|---|---|
| 4.25 | >2000 | 白 |
| 5.10 | 2100~2200 | |
| 9.57 | >2200 | |
| | 2100~2150 | 黄 |
| 10.87 | >2000 | 灰色金属状 |
| 7.9 | 1850 | 黑 |
| 3.82 | 1900 | 黄 |
| 3.64 | >2000 | 白 |

## 四、常见氮化物的性质(表1-4-6)[26,27]

| 性质 \ 氮化物 | AlN | BN | $Ca_3N_2$ | $Mg_3N_2$ | $Mn_5N_2$ | CrN | $Si_3N_4$ | VN | TiN | $Ba_3N_2$ |
|---|---|---|---|---|---|---|---|---|---|---|
| 分子量 | 40.988 | 24.828 | 148.26 | 100.98 | 302.72 | 60.02 | 140.3 | 64.96 | 61.91 | 440 |
| 分子中氮的质量分数/% | 34.18 | 56.42 | 18.9 | 27.8 | 9.26 | 21.22 | 39.48 | 21.57 | 22.63 | 6.364 |
| 密度/g·cm$^{-3}$ | 3.1 | 2.34 | 2.23 |  |  | 5.8~6.1 |  | 6.102 | 5.43 |  |
| 熔点/℃ | 2230 |  | 1195 |  |  |  | 1810(分解) | 2030 | 2950 |  |
| 沸点/℃ | 1850(升华) | 3000(升华) |  |  | 1000(分解) | 1500(分解) | 1900(分解) | 1200(分解) | 1500(分解) |  |
| 比热容/kJ·(mol·K)$^{-1}$ | 0.82 |  |  |  |  | · |  | 56.7 | 49.83 |  |
| 电阻率/Ω·cm |  |  |  |  |  | $640\times10^{-6}$ 20℃ | $85\times10^{-6}$ 20℃ | $200\times10^{-6}$ 20℃ | $21.7\times10^{-6}$ 20℃ |  |
| 热导率/W·(cm·K)$^{-1}$ |  |  |  |  |  | $125.6\times10^{-3}$ |  | $113\times10^{-3}$ | $192.6\times10^{-3}$ |  |
| 电阻温度系数/℃$^{-1}$ |  |  |  |  |  | $3.54\times10^{-3}$ |  | $0.07\times10^{-3}$ | $0.44\times10^{-3}$ |  |
| 线膨胀系数 α/℃$^{-1}$ | $5.54\times10^{-6}$ (25~1000℃) | $13.3\times10^{-6}$ (25~1000℃) |  |  |  |  |  | $70\times10^{-6}$ | $440\times10^{-6}$ |  |
| 莫氏硬度 |  |  |  |  |  |  |  | >9 | 8 |  |
| 显微硬度 |  |  |  |  |  |  |  |  | 2180 |  |
| 在下列压力下氮化物的分解温度/℃ ($p_{N_2}$/Pa = 0.133) | 1187 |  | 1000 | 1260 |  | 553 | 1060 | 933 | 2331 |  |
| 在下列压力下氮化物的分解温度/℃ ($p_{N_2}$/Pa = 13.33) | 1374 |  | 1147 | 1472 |  | 646 | 1282 | 1127 | 2540 |  |
| 在下列压力下氮化物的分解温度/℃ ($p_{N_2}$/Pa = 133.3) | 1590 |  | 1350 | 1600 | 890 | 716 | 1230 | 1250 | 2689 |  |
| 在下列压力下氮化物的分解温度/℃ ($p_{N_2}$/Pa = 101325) | 2040 |  | 1780 | 2100 | 1300 |  | 1640 | 1760 | 3100 |  |
| 生成氮化物的热力学数据 $\Delta G^{\ominus}_{298}$/kJ·mol$^{-1}$ | -235.56 | -124.26 | -390.0 | -402.5 | -322.17 | -85.77 | -161.92 | -144.34 | -307.94 | -97.95 |
| $\Delta H^{\ominus}_{298}$/kJ·mol$^{-1}$ | -267.78 | -140.16 | -452.7 | -230.54 | -241.8 | -118 | -118 | -170.71 | -336.4 | -379.07 |
| $\Delta S^{\ominus}_{298}$/kJ·(mol·K)$^{-1}$ | -107.95 | -54 | -210.0 | -98.7 | -152.3 |  | -85.35 | -87.86 | -95.39 | 240.16 |
| 晶格构造 结晶类型 | 六角晶系 | 六角晶系 |  |  |  |  | 正交晶系 | 立方(NaCl) | 立方 |  |
| a/nm | 0.811 | 0.251 |  |  |  | 0.4148 | 1.338 | 0.4134 | 0.424 |  |
| c/nm | 0.498 | 0.670 |  |  |  |  | 0.774 |  |  |  |
| c/a |  |  |  |  |  |  |  |  |  |  |

表1-4-6

| NbN | TaN | ZrN | CeN | MoN | WN | W₂N | Be₃N₂ | Fe₄N | Mo₂N | LaN | HfN | ThN | Sr₃N₂ |
|---|---|---|---|---|---|---|---|---|---|---|---|---|---|
| 106.92 | 194.96 | 105.23 | 154.14 | 109.9 | 197.8 | 381.6 | 55 | 237.41 | 205.8 | 152.9 | 192.49 | 246.04 | 289.96 |
| 13.1 | 7.19 | 13.31 | 9.1 | 12.73 | 7.08 | 3.66 | 25.45 | 5.9 | 6.75 | 9.16 | 7.273 | 5.69 | 9.6565 |
| (8.4) 8.0 | 13.8 | 6.93 | 8.09 | 8.6 | 12.08~12.12 | | | | 8.04 | | | 11.5 | |
| 2030 | 2980 | 2980 | | | | 2750 | | | | | 3310 | 2360 | |
| 2000 (分解) | | | | | | | 672 (分解) | | | | | | |
| 43.56 | 54.81 | 46.44 | | | | | | | 37.57 | | | | |
| $\frac{200}{20℃}$ | $\frac{135}{20℃}$ | $\frac{13.6}{20℃}$ | | | | | | | | | | | |
| | | $\frac{138.16}{200℃}$ | | | | | | | | | | | |
| | 0.03 | | | | | | | | | | | | |
| | | | | | | | | | | | | | 适合温度 <1200℃ |
| 8 | >8 | 8~9 | | | | | | | | | | | |
| | 3236 | 1980 | | | | | | | · | | | | |
| 1491<br>1770<br>1946 | 1460<br>1746<br>1921 | 2046<br>2309<br>2670<br>3470 | 1756<br>2029<br>2190<br>2850 | | | 221<br>296<br>344 | 1704<br>2015<br>2230<br>3030 | | 209<br>283<br>320<br>500 | | | | |
| −221.75 | −218.4 | −3.56 | −295.4 | −43.095 | | | | 3.76 | −50.21 | −270.7 | −301.24 | | −322 |
| −246.86 | −243.1 | −343.92 | −326.35 | −69.45 | | | | −10.8 | −69.45 | −301.6 | −327.6 | | −385.93 |
| −83.68 | −83.26 | −97.07 | −104.6 | −878.6 | | | | −48.11 | | −104.6 | −92.05 | | −213.38 |
| 立方 (NaCl) | 六角 | 立方 | 面立 (NaCl) | | | | 立方 (Mn₂O₃) | | | NaCl 型 | NaCl 型 | | |
| 0.438~0.441 | 0.305 | 0.457 | 0.502 | | | | 0.815 | | 0.4155~0.416 | | 0.52 | | |
| | 0.495 | | | | | | | | | | | | |

## 五、常见氟化物和氯化物的性质(综合数据)(表1-4-7)

| 性质＼氟氯化物 | | CaF$_2$ | CuF$_2$ | PbF$_2$ | FeF$_2$ | NiF$_2$ | MnF$_2$ | NaF | KF | AlF | AlF$_3$ |
|---|---|---|---|---|---|---|---|---|---|---|---|
| 分子量 | | 78.08 | 101.54 | 144.4 | 93.84 | 96.7 | 92.93 | 41.99 | 58.1 | 54.98 | 84 |
| 分子中氟/氯的质量分数/% | | 48.66 | 37.42 | 26.31 | 40.5 | 39.3 | 40.84 | 45.25 | 52.7 | 34.55 | 67.87 |
| 熔点/℃ | | 1418 | (840) | | | | | 992 | 860 | | |
| 沸点/℃ | | 2457 | 1293 | | | | | 1704 | 1502 | | |
| 熔化热/kJ·mol$^{-1}$ | | 29.7 | | | | | | | | | |
| 蒸发热/kJ·mol$^{-1}$ | | 334.7 | | | | | | | | | |
| 热力学数据 | $\Delta H^{\ominus}_{298}$/kJ·mol$^{-1}$ | -1214.2 | -539.74 | -666.51 | -661.07 | -661.07 | -794.96 | -556.47 | -562.75 | -207.94 | -1380.72 |
| | $\Delta S^{\ominus}_{298}$/J·(mol·K)$^{-1}$ | -68.827 | -113.39 | -143.93 | | | -93.09 | -54.81 | -66.526 | -215.48 | -52.3 |
| 晶格构造 | | AB$_2$型离子 | | | TiO$_2$型 | TiO$_2$型 | TiO$_2$型 | NaCl型 | NaCl型 | | |
| 晶格常数 | $a$/nm | 0.546 | 0.542 | 0.594 | 0.468 | 0.472 | 0.488 | 0.463 | 0.543 | | |
| | $c$/nm | | | | 0.328 | 0.312 | 0.322 | | | | |
| | $c/a$ | | | | 0.70 | 0.66 | 0.68 | | | | |

## 六、常见硅化物的性质(表1-4-8)[26,27]

| 性质＼硅化物 | | Mg$_2$Si | CaSi | CaSi$_2$ | LaSi$_2$ | CeSi$_2$ | Mn$_3$Si | MnSi | MnSi$_2$ | Ti$_5$Si$_3$ | TiSi$_2$ | V$_3$Si | VSi$_2$ |
|---|---|---|---|---|---|---|---|---|---|---|---|---|---|
| 分子量 | | 76.69 | 68.16 | 96.24 | 195.11 | 128.66 | 192.89 | 83.02 | 111.1 | 319.69 | 103.25 | 180.9 | 107.1 |
| 分子中硅的质量分数/% | | 36.61 | 41.2 | 58.35 | 28.8 | 21.82 | 14.55 | 33.81 | 25.27 | 26.3 | 54.2 | 15.5 | 52.5 |
| 结构型式 | | 正方 | | 三方或六方 | 体心四方 | 体心四方 | 六方 | 正方 | 三方 | 六方 | 正菱面 | 正方 | 六方 |
| 晶格常数 | $a$/nm | 0.6351 | 0.392 | | 0.428 | 0.416 | 0.6912 | 0.4557 | 0.5524 | 0.7465 | 0.8252 | 0.4712 | 0.4571 |
| | $b$/nm | | 0.455 | | | | | | | | 0.4782 | | |
| | $c/a$ | | 1.0817 | | 1.377 | 1.384 | 0.4818 | | 1.7457 | 0.5162 | 0.854 | | 0.6372 |
| 密度/g·cm$^{-3}$ | | | | | 5.05 | 5.31 | | 5.88 | | 4.32 | 4.13 | 5.67 | 4.71 |
| 显微硬度/kg·mm$^{-2}$/($xg$) | | | | | | | | | | $\dfrac{986}{100g}$ | 618~870 | 1430~1560 | 1090 |
| 熔化温度/℃ | | | | | | | | | | 2120 | 1540 | 1730 | 1670 |
| 比热容/J·(g·K)$^{-1}$ | | | | | | | | | | | | | |
| 生成热/kJ·mol$^{-1}$ | | | | | | | | | | -941.4 | -234.3 | | |
| 电阻率(25℃)/Ω·cm | | | | | | | | | | | 123×10$^{-6}$ | | 9.5×10$^{-6}$ |
| 维氏硬度 | | | | | | | | | | | | | |

表 1 - 4 - 7

| MgF₂ | CaCl₂ | NaCl | KCl | CoCl₂ | FeCl₂ | MgCl₂ | MnCl₂ | NiCl₂ | CuCl | AlCl₃ | CCl₄ | SiF₄ |
|---|---|---|---|---|---|---|---|---|---|---|---|---|
| 62.3 | 119.06 | 58.44 | 74.54 | 94.39 | 126.75 | 95.21 | 125.8 | 129.6 | 98.99 | 133.34 | 153.81 | 104.1 |
| 60.99 | 46.94 | 60.67 | 47.56 | 37.56 | 55.94 | 74.47 | 56.35 | 54.71 | 35.81 | 79.77 | 92.2 | 73.02 |
| 1263 | 782 | 801 | 775 | | | 714 | (670) | | 430 | | −22.5 | |
| (2260) | (1900) | 1465 | 1407 | | | 1418 | 1190 | | (1490) | 180 | 75 | |
| | | | | | | | | | | | | |
| −1093.7 | −796.63 | −410.87 | −436.18 | −321.75 | −342.67 | −640.99 | −468.61 | | −136.4 | −696.22 | −148.53 | −1551.43 |
| −57.32 | −113.8 | −72.8 | −82.42 | −106.27 | −120.08 | −89.54 | −96.03 | | −87.86 | −154.39 | −215.48 | −284.51 |
| TiO₂型 | | NaCl | | CdCl₂ | CdCl₂ | CdCl₂ | CdCl₂ | CdCl₂ | ZnS | | | |
| 0.467 | 0.624 | 0.5639 | 0.629 | 0.617 | 0.621 | 0.623 | 0.621 | 0.614 | 0.542 | | | |
| 0.308 | 0.42 | | | α:36°2′ | α:33°33′ | α:33°36′ | α:34°55′ | α:33°36′ | | | | |
| 0.66 | 0.669 | | | | | | | | | | | |

表 1 - 4 - 8

| NbSi₂ | Ta₃Si | Ta₂Si | TaSi₂ | Cr₃Si | Cr₂Si | CrSi | CrSi₂ | Mo₃Si | Mo₃Si₂ | MoSi₂ | WSi₂ | Fe₃Si | FeSi | FeSi₂ |
|---|---|---|---|---|---|---|---|---|---|---|---|---|---|---|
| 149.06 | 389.97 | 446.13 | 237.1 | 184.07 | 132.07 | 80.08 | 108.16 | 315.76 | 343.86 | 152.06 | 239.96 | 195.6 | 83.92 | 12 |
| 37.7 | 7.2 | 19.4 | 11.84 | 15.26 | 21.26 | 35.05 | 51.9 | 9 | 16.33 | 36.9 | 23.4 | 14.34 | 33.5 | 50 |
| 六方 | 四方 | 六方 | 六方 | 正方 | 四方? | 正方 | 六方 | 正方 | | 四方 | 四方 | 立方 | 立方 | |
| 0.475 | 0.6157 | 0.7474 | 0.478 | 0.456 | | 0.4629 | 0.4431 | 0.489 | | 0.3206 | 0.3218 | 0.564 | 0.4489 | 0.2679 |
| | | | | | | | | | | | | | | c/a=1.911 |
| 0.6589 | 0.5219 | 0.5225 | 0.6564 | | | 0.6364 | | | | 0.7877 | 0.7896 | | | 0.5120 |
| 5.29 | 12.4 | | 8.83 | 6.52 | | 5.43 | 4.39 | 8.97 | 7.4 | 6.28 | 9.8 | | 6.09 | 4.75 |
| 1050/100g | | | 1560/100g | 1005 | | 1005 | 960~1160 | 1310/100g | 1170/100g | 1260/100g | 1070/100g | | | |
| 1950~2150 | 2460 | | 2200 | 1710±50 | | 1545±50 | 1550±20 | 2050±50 | 2100±50 | 2030±50 | 2165 | 1300 | 1410 | 1210(分解) |
| | | 0.1507 (0.036) 425~1550℃ | | | | | | | 0.385 (0.092) | 0.138 (425~1450℃) | | | | |
| −644.3 | | −209.2 | | | | | | | | −108.8 | | | −80.33 | |
| 6.3×10⁻⁶ | | 8.5×10⁻⁶ | 45.5×10⁻⁶ | | | 143×10⁻⁶ | <250×10⁻⁶ | | | 21.5×10⁻⁶ 22℃ | 3.34×10⁻⁶ | | | |
| 600~700 | 1200~1500 p=40kg | 1000~1200 p=40kg | 900~980 | 950~1050 | | 800~1100 | 1320~1550 | 1200~1320 | | 1320~1550 | | | | |

## 七、硬质材料中各相的力学性能(表 1 - 4 - 9)[28]

表 1 - 4 - 9

| 硬质相 | 硬度 HV | 强度/MPa | 热导率/W·(m·K)$^{-1}$ | 温度/℃ | 熔点/℃ | 稳定的温度范围/℃ |
|---|---|---|---|---|---|---|
| WC | 1780 | 44 | 196.8 | | 2720 | 至 2600 |
| SeB$_2$ | 1780 | 276 | | | 2250 | 至 2250 |
| NbN0.75 | 1780 | | 8 | 20 | | |
| B$_4$Si | 1830 ~ 2240 | | | | | 至 1370 |
| V$_3$N | 1900 | 102 | | | | |
| NbC | 1961 | 96 | 18.4 | 0 | 3480 | 至 3760 |
| TiN | 1994 | 137 | 19.3 | 20 | 3205 | 至 3205 |
| VC | 2094 | 58 | 39.4 | 0 | 2810 | |
| CrB$_2$ | 2100 | 80 | 22.4 | 20 | 2200 ± 50 | 至 2200 |
| Nb$_2$C | 2123 | 199 | | | | |
| NbB | 2195 | | | | 2280 | 至 2260 |
| ZrB$_2$ | 2252 | 22 | 24.3 | 23 | 3040 ± 100 | 至 3040 |
| V$_8$B$_2$ | 2280 | | | | 2070 | 至 2070 |
| Nb$_3$B$_2$ | 2290 | | | | 1950 | 至 1950 |
| Nb$_3$B$_4$ | 2290 | | | | 2900 | 至 2700 |
| GdB$_6$ | 2300 | | 19.5 | 80 | 2100 | |
| Mo$_2$B$_5$ | 2350 | | 26.8 | 20 | 2100 | 至 1600 |
| W$_2$B | 2420 | 120 | | | 2770 ± 80 | 至 2770 ± 80 |
| TiC | 2470 | | 36.4 | 20 | 3147 ± 50 | 至 3140 |
| B$_6$Si | 2470 ~ 2810 | | | | | |
| SmB$_6$ | 2500 | 300 | | | 2540 | 至 2540 |
| Mo$_2$B | 2500 | | | | 2140 | 至 2000 |
| TaB$_2$ | 2500 | 42 | 10.9 | | 3100 | 至 3100 |
| SiC | 2500 ~ 3340 | | 71.2 | 400 | 2827 | α-SiC2100 β-SiC2650 |
| NbB$_2$ | 2600 | | 16.7 | 23 | 3000 | 至 3000 |
| W$_2$B$_5$ | 2663 | 12 | 31.8 | 20 | 2300 ± 50 | 至 2300 |
| Be$_2$C | 2690 | | 51.5 | 150 | 2200 | 至 2100 |
| TiB | 2700 ~ 2800 | | | | | 680 ~ 1900 ± 50 |
| HiB$_2$ | 2900 | 500 | | | 3250 ± 100 | 至 3250 |
| HiC | 2913 | 300 | 29.3 | | 3890 | 至 3890 |
| ZrC | 2925 | 184 | 41.8 | 0 | 3530 | 至 3530 |
| Al$_2$O$_3$ | 2000 ~ 2540 | | | | 2047 | |
| Cr$_2$O$_3$ | 2940 | 194 | | | 2330 | |
| W$_2$C | 3000 | | 29.3 | | 2730 ± 15 | 至 2750 |
| TaB | 3130 | | | | 2430 | 至 2430 |
| TiB$_2$ | 3300 | | 24.3 | 23 | 2980 | 至 2980 |
| Si$_3$N$_4$ | 3337 | 120 | 17.2 | | 1900 | 至 1900 |
| SiC | 3340 | | 8.4 | | 2827 | |
| Ta$_3$B$_4$ | 3350 | | | | 2650 | 至 2650 |
| TiB$_2$ | 3370 | 60 | | | | |
| B | 3400 | | 1.3 | 20 ~ 80 | 2075 ± 50 | |
| WB | 3700 | | | | 2400 ± 100 | 至 2400 |
| ZrB$_2$ | 3500 ~ 3600 | | 24.3 | 23 | 3040 ± 100 | 至 3040 |
| Al$_2$B$_{12}$ | 3694 | 174 | | | | |
| B$_{12}$C | 4100 | 400 | | | | |
| B$_4$C | 4950 | | 121.4 | 100 | 2350 | 至 2200 |
|  | 4950 | | 92.1 | 300 | | |
|  | | | 64.9 | 700 | | |
|  | | | 48.1 | 500 | | |
| B$_2$Si | 5352 | 167 | | | | |
| B$_{13}$C$_2$ | 5600 ~ 5800 | | | | | |
| B$_4$C | 3560 ~ 6100 | | | | 1900 | 至 1200 |
| BN$_\beta$ | 5000 ~ 6000 | | | | | 至 1000 |
| C$_\beta$ | 6000 ~ 7000 | | | | | |
| BN$_{cφ}$ | 8000 ~ 9000 | | | | | 至 3000 |
| C$_{cφ}$ | 12000 | | | | | 至 900 |

## 八、常见有机化合物物理化学性质(表1-4-10)

表1-4-10

| 名　称 | 化学式 | 相对分子质量 | 密度/g·cm⁻³ | 熔点/℃ | 沸点/℃ | 物态 | 燃烧热/kJ·mol⁻¹ | 熔化比能/J·(kg·K)⁻¹ | 蒸发比能/J·(kg·K)⁻¹ | 闪点/℃ | 自燃点(在空气中)/℃ |
|---|---|---|---|---|---|---|---|---|---|---|---|
| 甲醇(木精) | $CH_3OH$ | 32.04 | 0.7915 | -97.8 | 64.65 | 液 | | | | 8 | 464 |
| 甲　苯 | $C_6H_5CH_3$ | 92.13 | 0.866 | -95 | 110.8 | 液 | 3.908 | | 361.9 | | 536 |
| 甲　烷 | $CH_4$ | 16.04 | 0.554(空) | -182.6 | -161.4 | 气 | 0.882 | 58.6 | 577.4 | | 537 |
| 甲酚(邻) | $CH_3C_6H_4OH$ | 108.13 | 1.048 | 30.8 | 190.8 | 固 | 3.680 | | | | |
| 甲酚(间) | $CH_3C_6H_4OH$ | 108.13 | 1.034 | 10.9 | 202.8 | 液 | 3.684 | | | | |
| 甲酚(对) | $CH_3C_6H_4OH$ | 108.13 | 1.035 | 35.6 | 202 | 固 | 3.682 | 110.0 | | | |
| 甲酰胺 | $HCONH_2$ | 48.05 | 1.1399 | 2.55 | 210 | 液 | | | | | |
| 乙二胺 | $H_2NCH_2CH_2NH_2$ | 60.10 | 0.9 | 8.5 | 117.2 | 液 | 1.894 | | | 33.9 | |
| 乙二醛 | $CHO \cdot CHO$ | 58.04 | 1.14 | 15 | 51 (776mm) | 液 | | | | | |
| 乙　烯 | $C_2H_4$ | 28.05 | 0.975(空) | -169 | -103.9 | 气 | 1.387 | 104.6 | | | 546 |
| 乙　烷 | $C_2H_6$ | 30.07 | 1.049(空) | -172 | -88.6 | 气 | 1.541 | 92.9 | 1079.5 | | 472 |
| 乙　酸(醋酸) | $CH_3COOH$ | 60.05 | 1.049 | 16.7 | 118.1 | 液 | 0.876 | 180.7 | 405.0 | 38.0 | 454 |
| 乙酸乙酯 | $CH_3COOC_2H_5$ | 88.10 | 0.901 | -82.4 | 77.1 | 液 | 2.246 | | 426.8 | | 400 |
| 乙　醇 | $C_2H_5OH$ | 46.07 | 0.789 | -112 | 78.4 | 液 | 1.371 | 104.2 | 853.5 | | 404 |
| 乙　醛 | $CH_3CHO$ | 44.05 | 0.783 | -123.5 | 20.2 | 液 | 1.167 | | 569.0 | | 156 |
| 二乙胺 | $(C_2H_5)_2NH$ | 73.14 | 0.712 | -38.9 | 55.5 | 液 | 3.000 | | 380.7 | -26.0 | 490 |
| 二苯甲酮 | $C_6H_5COC_6H_5$ | 182.21 | 1.083 | 48.5 | 305.4 | 固 | 6.512 | 98.3 | | | |
| 三乙醇胺 | $N(C_2H_4OH)_3$ | 149.19 | 1.1242 | 20.21 | 360 | 液 | | | | 179.44 | |
| 丙　烷 | $C_3H_8$ | 44.09 | 1.562(空) | -187.1 | -42.2 | 气 | 2.202 | | 410.0 | | 405 |
| 丙　酮 | $CH_3COCH_3$ | 58.08 | 0.792 | -94.6 | 56.5 | 液 | 1.786 | 118.8 | 520.9 | -18 | 465 |
| 丙　酸 | $C_2H_5COOH$ | 74.08 | 0.992 | -22 | 141.1 | 液 | 1.536 | | 413.4 | 23 | 370 |
| 丙　醇 | $C_2H_5CH_2OH$ | 60.09 | 0.804 | -127 | 97.8 | 液 | 2.010 | | 406.7 | | |
| 丁　醇 | $C_4H_9OH$ | 74.12 | 0.810 | -79.9 | 117 | 液 | 2.672 | 125.1 | 589.9 | 34 | 410 |
| 丁　酸 | $CH_3CH_2CH_2COOH$ | 88.10 | 0.964 | -4.7 | -163.6 | 液 | | | | | |
| 苯 | $C_6H_6$ | 78.1 | 0.879 | 5.4 | 80.1 | 液 | 3.273 | 125.9 | 394.6 | -11 | 540 |

续表 1 - 4 - 10

| 名　称 | 化学式 | 相对分子质量 | 密度/g·cm⁻³ | 熔点/℃ | 沸点/℃ | 物态 | 燃烧热/kJ·mol⁻¹ | 熔化比能/J·(kg·K)⁻¹ | 蒸发比能/J·(kg·K)⁻¹ | 闪点/℃ | 自燃点(在空气中)/℃ |
|---|---|---|---|---|---|---|---|---|---|---|---|
| 苯甲酸 | $C_6H_5COOH$ | 122.12 | 1.266 | 121.7 | 249.2 | 固 | 3.227 | 141.8 | | | |
| 苯甲醛 | $C_6H_5CHO$ | 106.12 | 1.046 | -26 | 179 | 液 | 3.520 | | 361.9 | 64 | 205 |
| 苯胺 | $C_6H_5NH_2$ | 93.12 | 1.022 | -6.2 | 184.4 | 液 | 3.396 | 87.9 | 433.9 | | 562 |
| 苯酚(石碳酸) | $C_6H_5OH$ | 94.11 | 1.071 | 42 | 181.4 | 固 | 3.064 | 121.3 | | 75 | |
| 戊烷 | $C_5H_{12}$ | 72.15 | 0.630 | -129.7 | 36.3 | 液 | 3.487 | 115.9 | | < -40 | 285 |
| 己烷 | $C_6H_{14}$ | 86.17 | 0.659 | -94 | 69 | 液 | 4.811 | 141.0 | 319.2 | | |
| 庚烷 | $CH_3(CH_2)_5CH_3$ | 100.20 | 0.684 | -90.6 | 98.4 | 液 | 0.460 | | | | |
| 辛烷 | $C_8H_{18}$ | 114.22 | 0.703 | -56.5 | 125.7 | 液 | 5.450 | 180.7 | 296.6 | 13 | 240 |
| 尿素 | $(NH_2)_2CO$ | 60.06 | 1.335 | 132.7 | 解 | 固 | 0.538 | | | | |
| 异硫氰化丙烯 | $C_3H_5N=CS$ | 99.15 | 1.013 | -80 | 152 | 液 | | | | | |
| 硫代氰酸 | $HCNS$ | 59.09 | | 5 | | 液 | | | | | |

注:燃烧热数值是化合物在20℃和0.1 MPa下燃烧,而其燃烧产物为液体水、气态二氧化碳和气态氮时的燃烧数值。物态是指该化合物在室温(20℃)条件下的存在形态。

## 九、氧化物及其他化合物的物性和温度的关系

### (一)蒸气压

氧化物的蒸气压和温度的关系(图 1 - 4 - 1)[21]

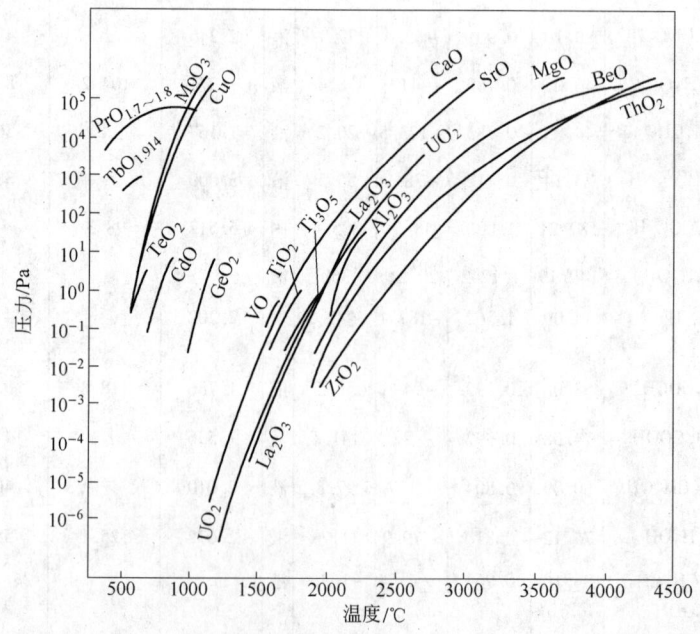

图 1 - 4 - 1

氧化物和硫化物的蒸气压与温度的关系(图1 - 4 - 2)[29]

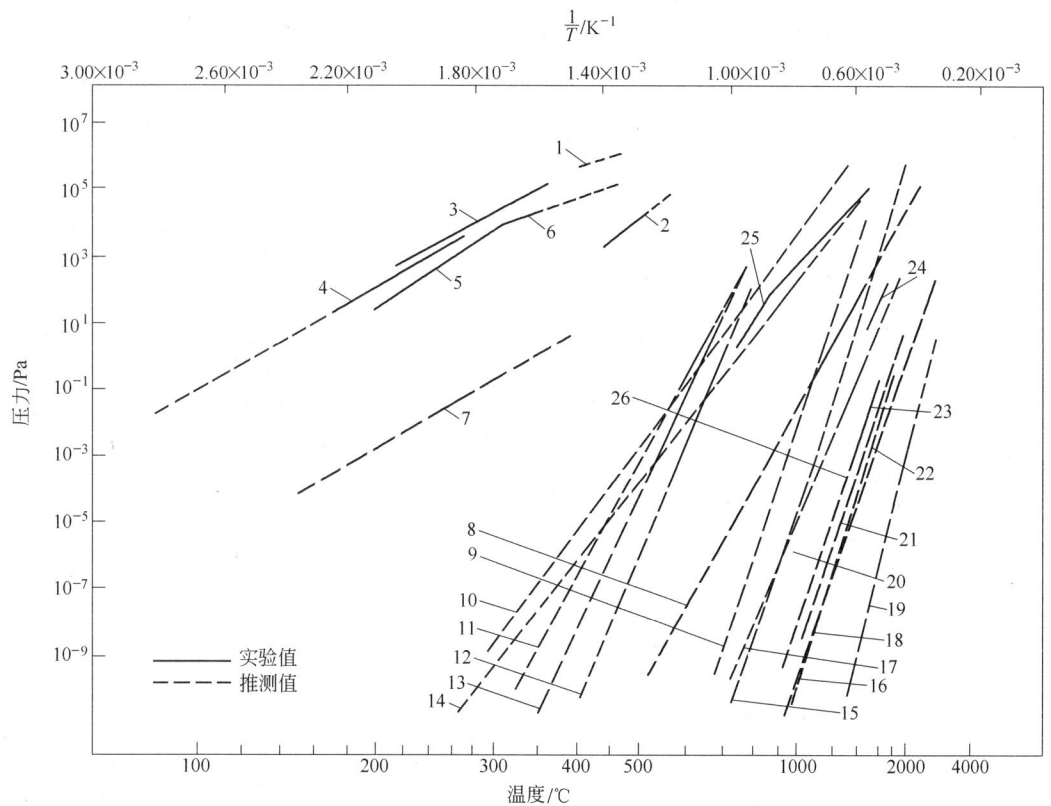

图1 - 4 - 2

1—$2P_2O_{5(液)} = (P_2O_5)_{气}$ ;2—$2P_2O_{5(介稳)} = (P_2O_5)_{2气}$ ;3—$2P_2O_{5(六边形)} = (P_2O_5)_{气}$ ;

4—$As_4O_{6(八边形)} = As_4O_{6(气)}$ ;5—$As_4O_6 = As_4O_{6气}$ ;6—$As_4O_{6(液)} = As_4O_{6(气)}$ ;

7—$HgS_{(固)} = HgS_{(气)}$ ;8—$B_2O_{3(液)} = B_2O_{3(气)}$ ;9—$3WO_{3(固)} = (WO_3)_{3(气)}$ ;

10—$Li_2O_{(固)} = Li_2O_{(气)}$ ;11—$3MoO_{3(固)} = (MoO_3)_{3(气)}$ ;12—$5MoO_{3(固)}$

$= (MoO_3)_{5(气)}$ ;13—$4MoO_{3(固)} = (MoO_3)_{4(气)}$ ;14—$CdO_{(固)} = CdO_{(气)}$ ;

15—$Na_2O_{(固)} = Na_2O_{(气)}$ ;16—$CaO_{(固)} = CaO_{(气)}$ ;17—$BaO_{(固)} =$

$BaO_{(气)}$ ;18—$TiO_{2(固)} = TiO_{2(气)}$ ;19—$ZrO_{2(固)} = ZrO_{2(气)}$ ;

20—$NiO_{(固)} = NiO_{(气)}$ ;21—$TiO_{(β)} = TiO_{(气)}$ ;22—$SiO_{2(固)} =$

$SiO_{2(气)}$ ;23—$VO_{(固)} = VO_{(气)}$ ;24—$MoO_{2(固)} = MoO_{2(气)}$

氯化物的蒸气压和温度的关系（图1-4-3）[29]

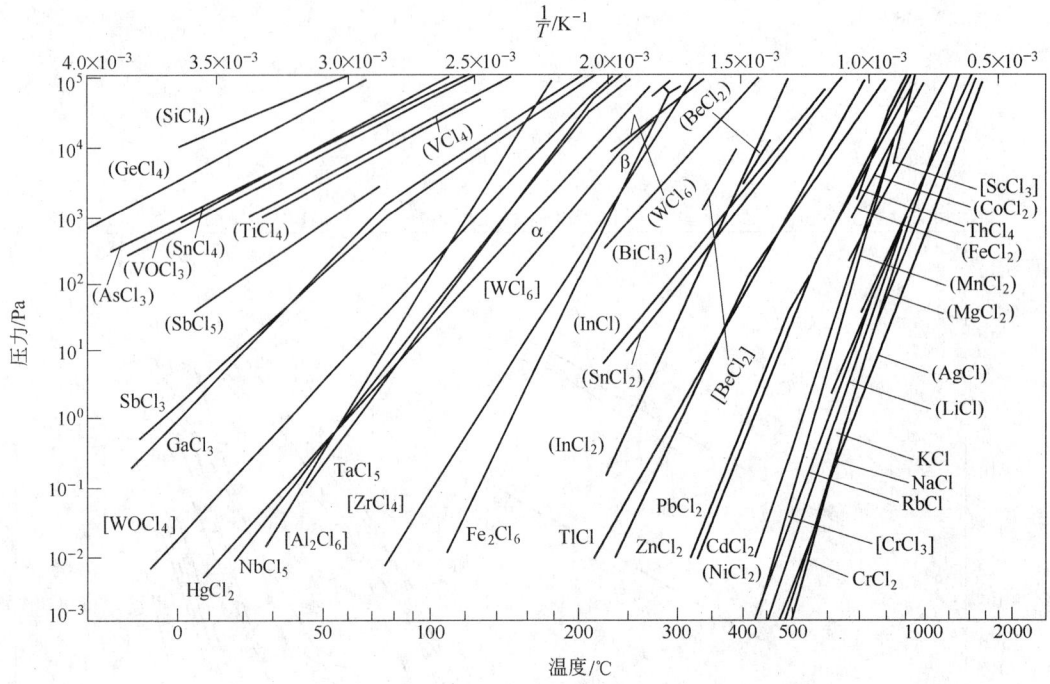

图 1 - 4 - 3

［　］表示物质为固态时的蒸气压；（　）表示物质为液态时的蒸气压；无括号的为固态或液态下的蒸气压

氟化物的蒸气压和温度的关系（图1-4-4）[29]

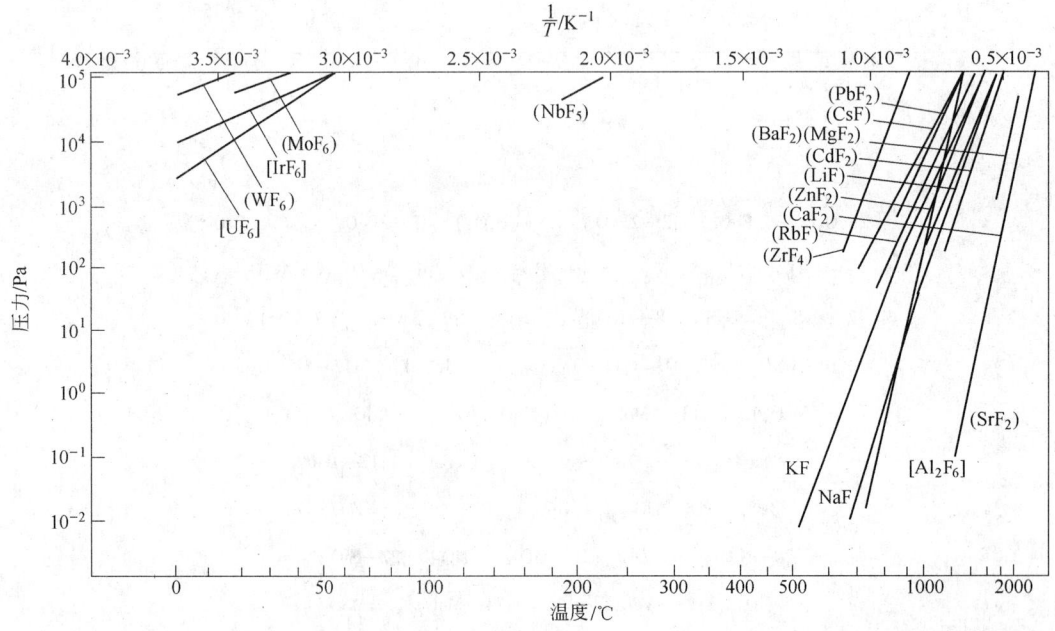

图 1 - 4 - 4

［　］表示物质为固态时的蒸气压；（　）表示物质为液态时的蒸气压；无括号的为固态或液态下的蒸气压

碳化物的蒸气压、蒸发速度和温度的关系(表 1 − 4 − 11)[30]  表 1 − 4 − 11

| 化合物 | 在下列蒸气压(Pa)下的温度/℃ | | | 在下列蒸发速度(g/(cm²·s))下的温度/℃ | | |
|---|---|---|---|---|---|---|
| | $10^{-5}$ | $10^{-1}$ | $10^{1}$ | $10^{-9}$ | $10^{-7}$ | $10^{-5}$ |
| SiC | 1710 | 1880 | 2080 | 1580 | 1730 | 1900 |
| TiC | 1850 | 2160 | 2560 | 1680 | 1930 | 2260 |
| ZrC | 2190 | 2540 | 3010 | 1920 | 2190 | 2550 |
| HfC | 2280 | 2650 | 3140 | 1990 | 2260 | 2640 |
| ThC | 2070 | 2400 | 2830 | | | |
| VC | 1690 | 1960 | 2370 | 1440 | 1660 | 1930 |
| NbC | 2130 | 2500 | 3300 | 1950 | 2190 | 2730 ~ 2870 |
| TaC | 2200 | 2930 | | 1940 | 2300 | 2930 |
| WC | 2120 | 2450 | 2890 | | | |

硼化物的蒸气压、蒸发速度和温度的关系(表 1 − 4 − 12)[30]  表 1 − 4 − 12

| 化合物 | 在下列蒸气压(Pa)下的温度/℃ | | | | 在下列蒸发速度(g/(cm²·s))下的温度/℃ | | |
|---|---|---|---|---|---|---|---|
| | $10^{-5}$ | $10^{-3}$ | $10^{-1}$ | $10^{1}$ | $10^{-9}$ | $10^{-7}$ | $10^{-5}$ |
| TiB₂ | 1530 | 1750 | 2080 | 2480 | 1530 | 1760 | 2080 |
| ZrB₂ | 1680 | 1930 | 2300 | 2730 | 1670 | 1930 | 2230 |
| TaB₂ | 1430 | 1680 | 1930 | 2830 | 1450 | 1660 | 1930 |
| Mo₂B | 1615 | 1860 | 2180 | 2600 | | | |

一些钙的化合物钙的蒸气压和温度的关系(图 1 − 4 − 5)[32]

Ca-Si、Ca-Al、Ca-Si-Al 的蒸气压($p_{Ca}$)和 $x_{Ca}$ 与温度的关系(图 1 − 4 − 6)

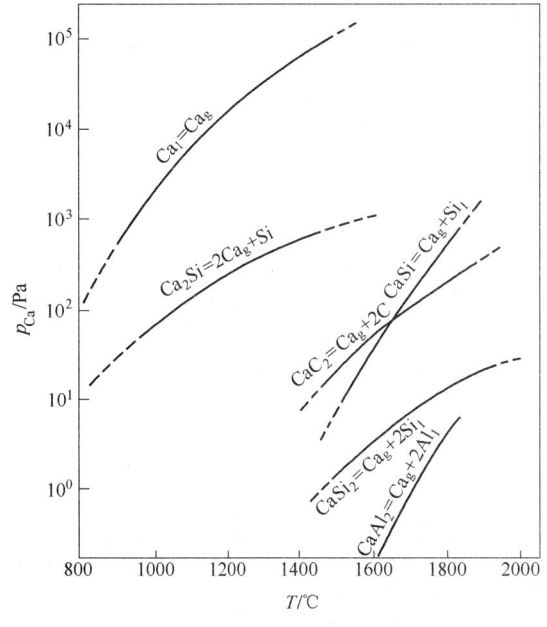

图 1 − 4 − 5

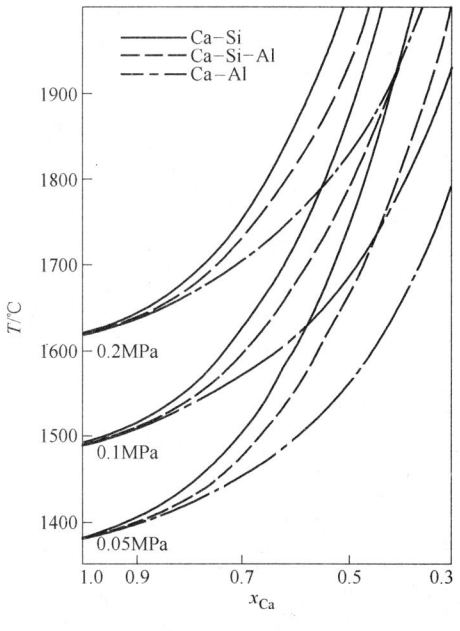

图 1 − 4 − 6

(Ca-Si-Al 中 $x_{Al} = x_{Si}$)

碱土金属和稀土金属的硅、铝化合物的物化性质(表1-4-13)[31]

表1-4-13

| 元素性质 | | | | | Si:熔点1408℃,沸点3280℃ | | | | | | Al:熔点660℃,沸点2450℃ | | | | | |
|---|---|---|---|---|---|---|---|---|---|---|---|---|---|---|---|---|
| 符号 | 熔点/℃ | 沸点/℃ | 1600℃时元素的蒸气压/Pa | 在1600℃Fe中的溶解度/% | 化合物 | 熔点/℃ | 含Si/% | E/Si | $\Delta G^\ominus_{298}$/kJ·mol⁻¹ | $\Delta H^\ominus_{298}$/kJ·mol⁻¹ | 化合物 | 熔点/℃ | 含Al/% | E/Al | $\Delta G^\ominus_{298}$/kJ·mol⁻¹ | $\Delta H^\ominus_{298}$/kJ·mol⁻¹ |
| Mg | 650 | 1105 | $1.88 \times 10^6$ | 约0.0560 | $Mg_2Si$ | 1102 | 36.55 | 1.735 | -76.7 | -79.2 | $Al_{12}Mg_{17}$ | 460 | 43.95 | 0.784 | | |
| Ca | 843 | 1485 | $1.82 \times 10^5$ | 0.0180~0.0310 | CaSi | 1324 | 41.17 | 1.428 | -151.7 | -150.72 | $CaAl_2$($CaAl_4$) | 1079 | 57.45 | 0.741 | -216.731(-218.405) | -217.3 |
| Sr | 769 | 1350 | $4.66 \times 10^5$ | 0.0280 | $SrSi_2$(SrSi) | 1150(1140) | 38.99 | 1.565 | -170.0 | -188.0 | $SrAl_4$ | 1040 | 55.21 | 0.811 | | |
| Ba | 729 | 1805(1700) | $3.65 \times 10^4$ | 0.0043 | $BaSi_2$ | 1180 | 27.67 | 2.45 | -378 | -759.9 | $BaAl_4$ | 1090 | 44.02 | 1.21 | -59.1 | -66.9(BaAl) |
| La | 920 | 3470 | 1.463 | 互溶 | $LaSi_2$ | | 28.73 | 2.48 | | | $Al_2La$ | 1405 | 27.99 | 2.572 | | -150.624 |
| Ce | 804 | 3468 | | 互溶 | $CeSi_2$ | 1620 | 28.556 | 2.502 | | -188.28 | $Al_2Ce$ | 1480 | 27.82 | 2.594 | | -175.728 |
| Fe | 1536 | 2860 | 10.13 | | $FeSi_2$ | 1210 | 50 | 1.0 | -75.36 FeSi | -80.4 FeSi | $FeAl_2$ | 1178 | 54 | 0.96 | | -81.46 |
| Mn | 1246 | 2060 | 8106 | 互溶 | MnSi | 1276 | 33.73 | 1.96 | -96.676 | -58.6 | $Al_{11}Mn_4$ | 约1000 | 57.45 | 0.74 | | |

Ca-Si 在 1600℃铁液中溶解时钙的蒸气压和 Ca-Si-Fe 系中的分层和成分的关系(图 1-4-7)。碱土金属的蒸气压和温度的关系(图 1-4-8)。

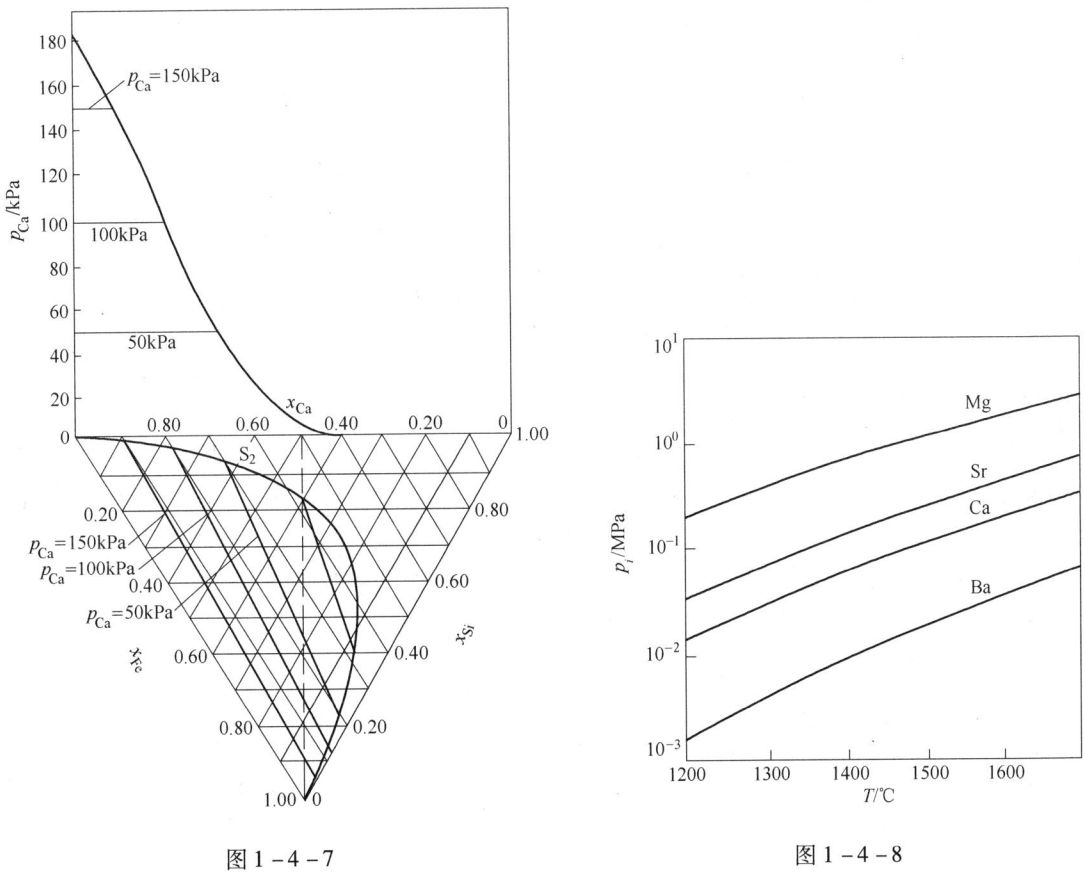

图 1-4-7　　　　　　　　　　图 1-4-8

## (二) 比热容和热导率

不同温度下氧化物的比热容 $c_p$ 和 0～$t$℃的平均比热容 $\bar{c}_p$(kJ/(kg·K))(表 1-4-14)[14]

表 1-4-14

| $t$/℃ | SiO$_2$ | | Al$_2$O$_3$ | | Fe$_2$O$_3$ | | FeO | | MgO | | MnO | | CaO | |
|---|---|---|---|---|---|---|---|---|---|---|---|---|---|---|
| | $c_p$ | $\bar{c}_p$ | $c_p$ | $\bar{c}_p$ | $c_p$ | $\bar{c}_p$ | $c_p$ | $\bar{c}_p$ | $c_p$ | $\bar{c}_p$ | $c_p$ | $\bar{c}_p$ | $c_p$ | $\bar{c}_p$ |
| 0 | 0.67 | 0.67 | 0.72 | 0.72 | 0.615 | 0.615 | 0.70 | 0.70 | 0.871 | 0.871 | 0.762 | 0.762 | 0.737 | 0.737 |
| 100 | 0.795 | 0.783 | 0.925 | 0.84 | 0.724 | 0.674 | 0.737 | 0.720 | 1.017 | 0.955 | 0.825 | 0.787 | 0.820 | 0.783 |
| 200 | 0.963 | 0.85 | 1.025 | 0.908 | 0.80 | 0.720 | 0.758 | 0.733 | 1.088 | 1.004 | 0.879 | 0.812 | 0.858 | 0.812 |
| 300 | 1.026 | 0.90 | 1.09 | 0.94 | 0.854 | 0.754 | 0.775 | 0.745 | 1.135 | 1.043 | 0.929 | 0.833 | 0.883 | 0.833 |
| 400 | 1.067 | 0.937 | 1.13 | 0.976 | 0.904 | 0.753 | 0.783 | 0.754 | 1.164 | 1.068 | 0.976 | 0.858 | 0.896 | 0.846 |
| 500 | 1.105 | 0.967 | 1.164 | 1.026 | 0.955 | 0.787 | 0.795 | 0.758 | 1.189 | 1.089 | 1.013 | 0.879 | 0.908 | 0.858 |

| $t/℃$ | $SiO_2$ | | $Al_2O_3$ | | $Fe_2O_3$ | | $FeO$ | | $MgO$ | | $MnO$ | | $CaO$ | |
|---|---|---|---|---|---|---|---|---|---|---|---|---|---|---|
| | $c_p$ | $\bar{c}_p$ | $c_p$ | $\bar{c}_p$ | $c_p$ | $\bar{c}_p$ | $c_p$ | $\bar{c}_p$ | $c_p$ | $\bar{c}_p$ | $c_p$ | $\bar{c}_p$ | $c_p$ | $\bar{c}_p$ |
| 600 | 1.134 | 0.992 | 1.193 | 1.051 | 1.00 | 0.816 | 0.808 | 0.766 | 1.206 | 1.110 | 1.047 | 0.900 | 0.921 | 0.867 |
| 700 | 1.16 | 1.013 | 1.220 | 1.076 | 1.047 | 0.866 | 0.816 | 0.774 | 1.227 | 1.122 | 1.076 | 0.917 | 0.929 | 0.875 |
| 800 | 1.19 | 1.034 | 1.24 | 1.093 | 1.090 | 0.892 | 0.825 | 0.778 | 1.243 | 1.139 | 1.097 | 0.942 | 0.938 | 0.883 |
| 900 | 1.193 | 1.05 | 1.26 | 1.109 | | | 0.837 | 0.783 | 1.256 | 1.151 | 1.114 | 0.946 | 0.946 | 0.892 |
| 1000 | 1.235 | 1.072 | 1.28 | 1.126 | | | | | 1.273 | 1.160 | 1.126 | 0.959 | 0.950 | 0.896 |
| 1100 | 1.260 | 1.08 | 1.30 | 1.143 | | | | | 1.285 | 1.130 | | | 0.959 | 0.900 |
| 1200 | 1.281 | 1.10 | 1.323 | 1.156 | | | | | 1.302 | 1.181 | | | 0.963 | 0.908 |
| 1300 | 1.302 | 1.114 | 1.34 | 1.168 | | | | | 1.314 | 1.193 | | | 0.971 | 0.912 |
| 1400 | 1.323 | 1.13 | 1.36 | 1.181 | | | | | 1.327 | 1.201 | | | 0.980 | 0.917 |
| 1500 | 1.343 | 1.143 | 1.38 | 1.193 | | | | | 1.340 | 1.210 | | | 0.984 | 0.921 |

氧化物的比热容和温度的关系(图 1 - 4 - 9)[21]

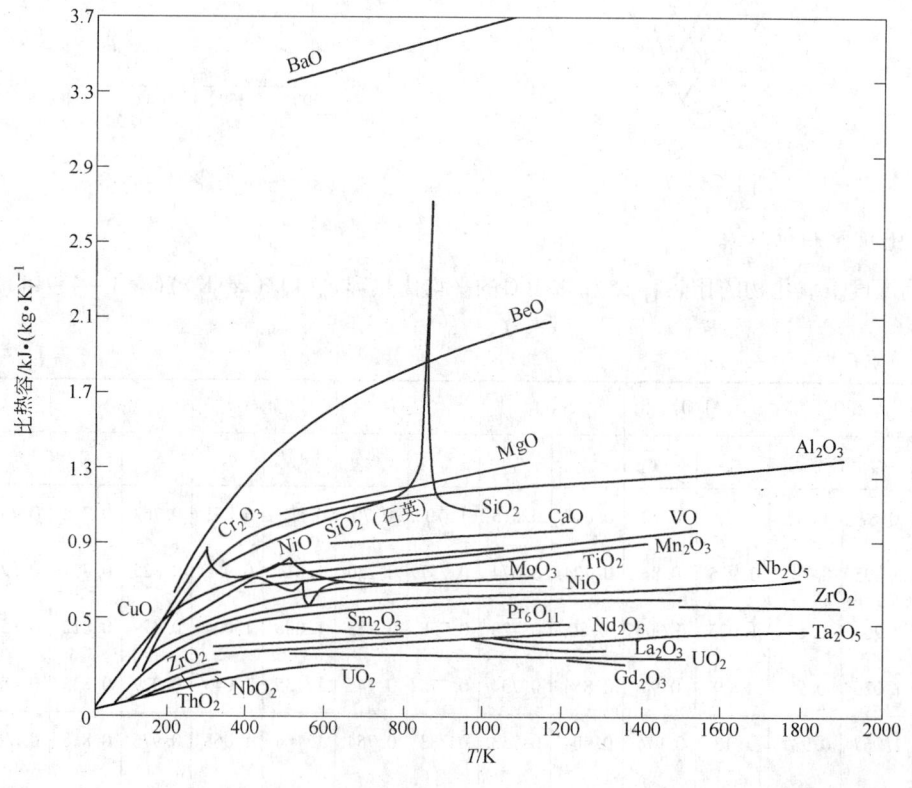

图 1 - 4 - 9

## 不同温度下金属氧化物的热导率(表1－4－15)[14,33]　　　　　表1－4－15

| 氧化物 | 密度/g·cm⁻³ | 孔隙度/% | 在下列温度(℃)下的热导率 λ/W·(m·K)⁻¹ | | | | | | | | | |
|---|---|---|---|---|---|---|---|---|---|---|---|---|
| | | | 100 | 200 | 400 | 600 | 800 | 1000 | 1200 | 1400 | 1600 | 1800 |
| CaO | | 0 | 15.23 | 11.08 | 9.2 | 8.26 | 8.0 | 7.8 | | | | |
| | 3.03 | 8.75 | 13.92 | 10.11 | 8.35 | 7.56 | 7.26 | 7.1 | | | | |
| MgO | | 0 | 35.85 | 28.2 | 16.5 | 11.5 | 8.5 | 7.0 | 6.1 | 6.0 | 8.0 | 9.45 |
| | 3.29~3.43 | 2.8~8.1 | 34.34 | 26.9 | 15.8 | 11.0 | 8.1 | 6.7 | 5.86 | 5.78 | 6.6 | 9.03 |

| 化合物 | 在下列温度(℃)下的热导率 λ/W·(m·K)⁻¹ | | | | | | | |
|---|---|---|---|---|---|---|---|---|
| | 0 | | 300 | | 500 | | 700 | |
| | 结晶状态 | 非结晶状态 | 结晶状态 | 非结晶状态 | 结晶状态 | 非结晶状态 | 结晶状态 | 非结晶状态 |
| SiO₂ | 8.95 | 1.38 | 4.98 | 1.72 | 4.27 | 2.0 | 3.85 | 2.26 |
| MgO | 41.8 | 0.95 | 20.0 | 1.22 | 13.4 | 1.51 | 7.61 | 1.88 |
| Al₂O₃ | 10.44 | 0.67 | 5.85 | | 5.01 | | 4.6 | |
| CaCO₃ | 4.78 | | | | | | | |
| CaO | | 0.48 | | | | | | |

## 氧化物的热导率和温度的关系(图1－4－10)[21]

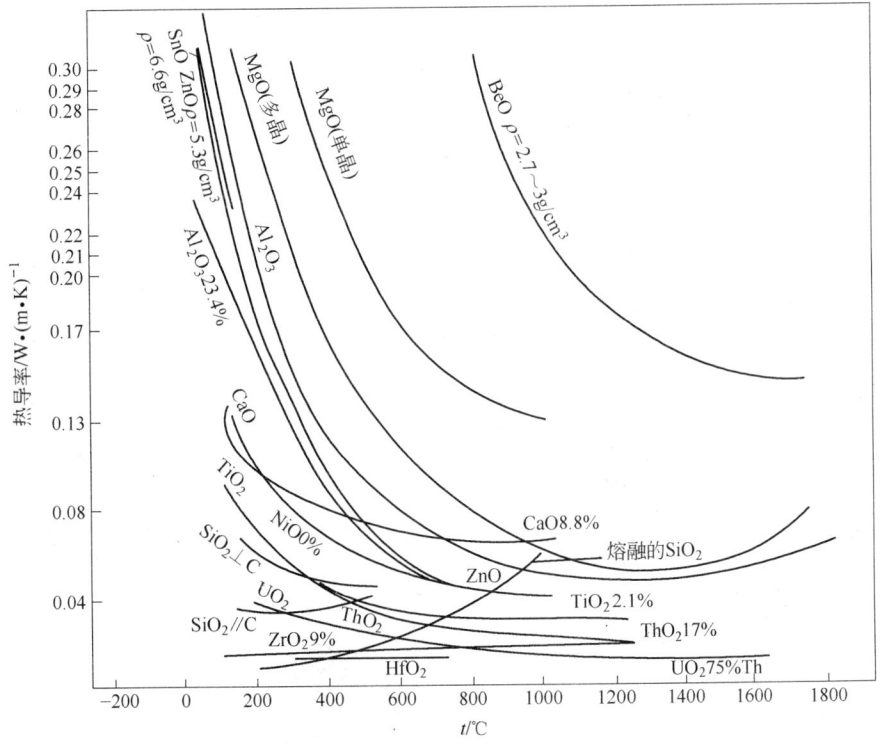

图1－4－10

图中,% 为孔隙度;ρ 为密度,g/cm³

$Al_2O_3$ 陶瓷的热导率和温度的关系(图 1 – 4 – 11)[21]

耐热材料的热导率和温度的关系(图 1 – 4 – 12)[21]

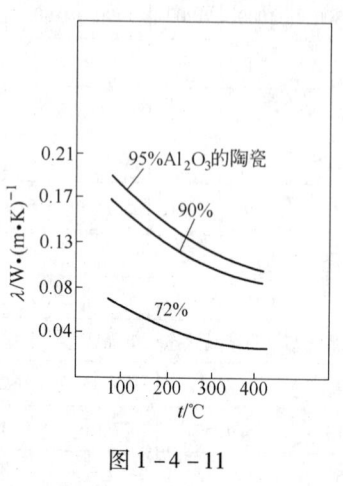

图 1 – 4 – 11

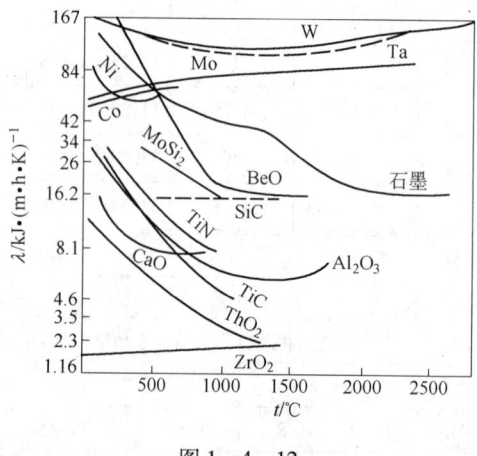

图 1 – 4 – 12

高温材料的热导率和温度的关系(图 1 – 4 – 13)[21]

（三）热膨胀率、电阻率、强度和其他

氧化物的热膨胀率和温度的关系(图 1 – 4 – 14)[21]

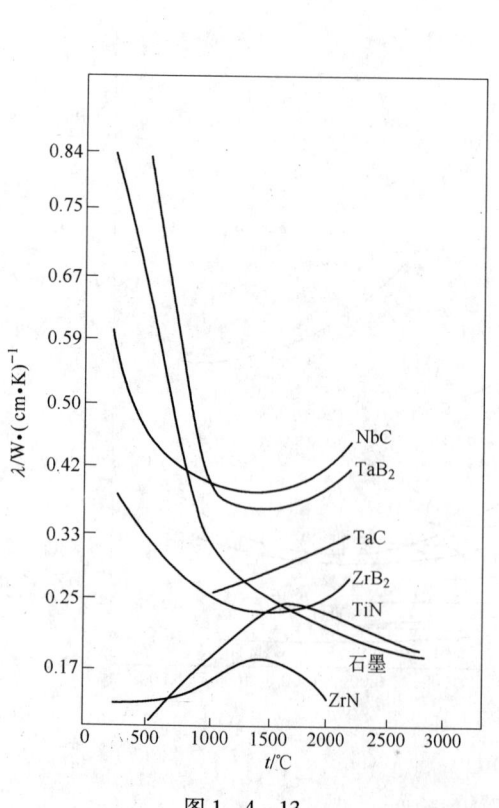

图 1 – 4 – 13

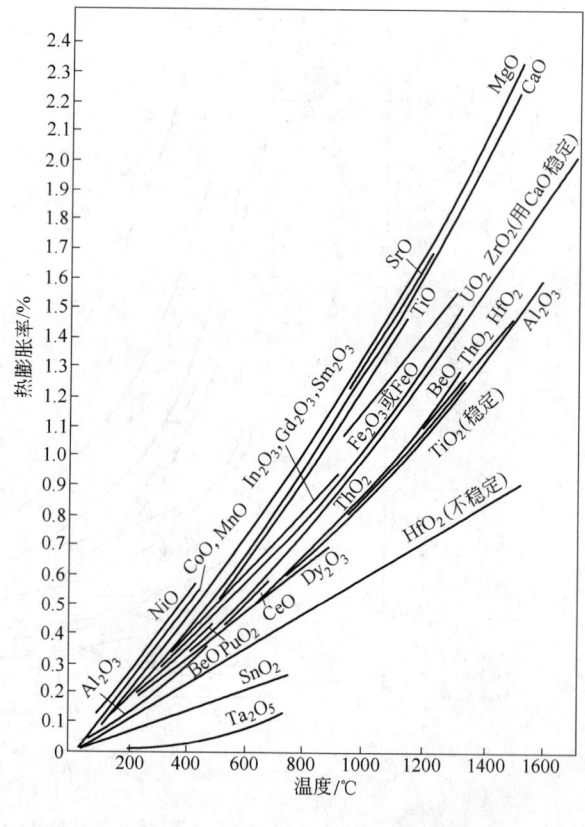

图 1 – 4 – 14

耐火氧化物的热膨胀率和温度的关系(图1-4-15)[26]

各种$SiO_2$晶型的热膨胀率和温度的关系(图1-4-16)[23]

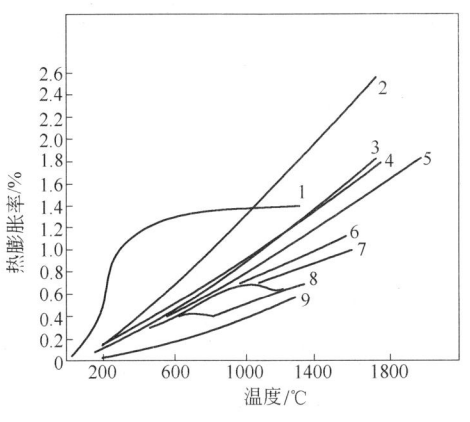

图1-4-15

1—$SiO_2$(与稳定程度有关);2—MgO;3—BeO;

4—$ThO_2$;5—$Al_2O_3$;6—$MgO \cdot Al_2O_3$ 尖晶石;

7—$3Al_2O_3 \cdot 2SiO_2$ 莫来石;8—$ZrO_2$ 稳定

化的(与晶型有关);9—$ZrO_2 \cdot SiO_2$ 锆英石

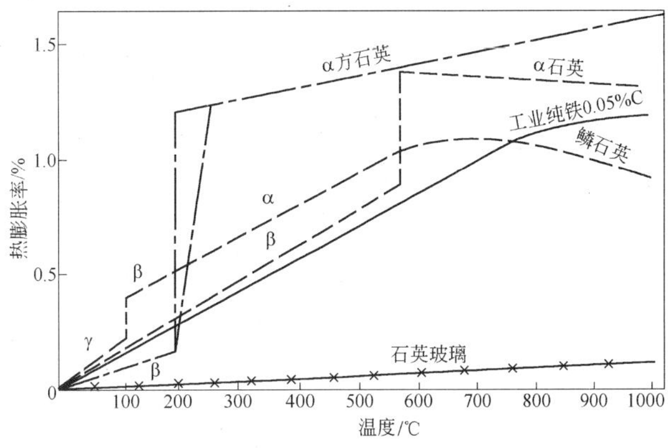

图1-4-16

氧化物的电阻率和温度的关系(图1-4-17)[21]

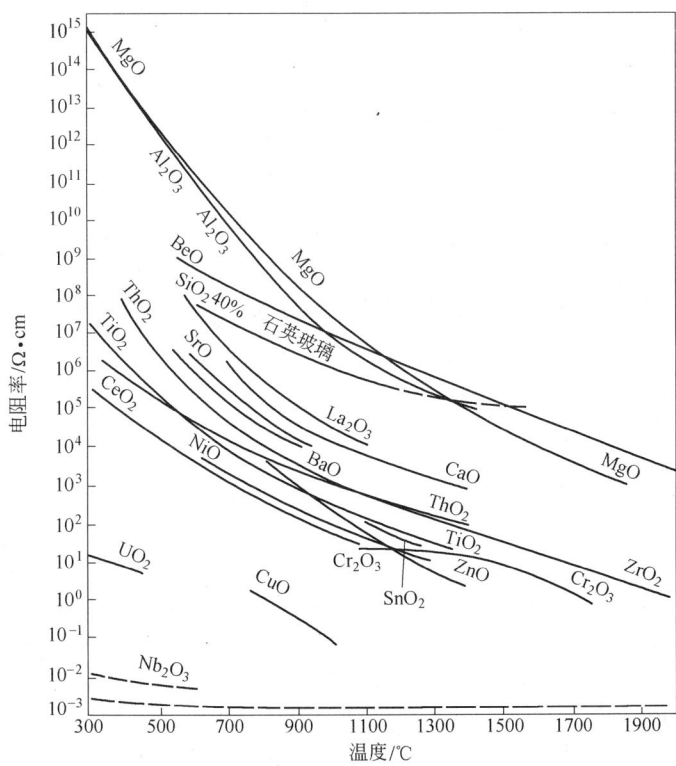

图1-4-17

氧化物的高温强度和温度的关系(图 1-4-18、图 1-4-19)[21]

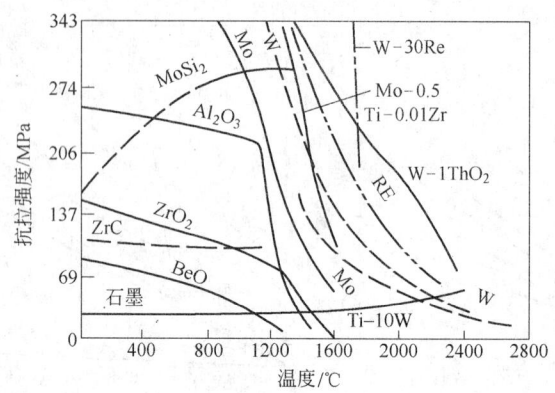

图 1-4-18

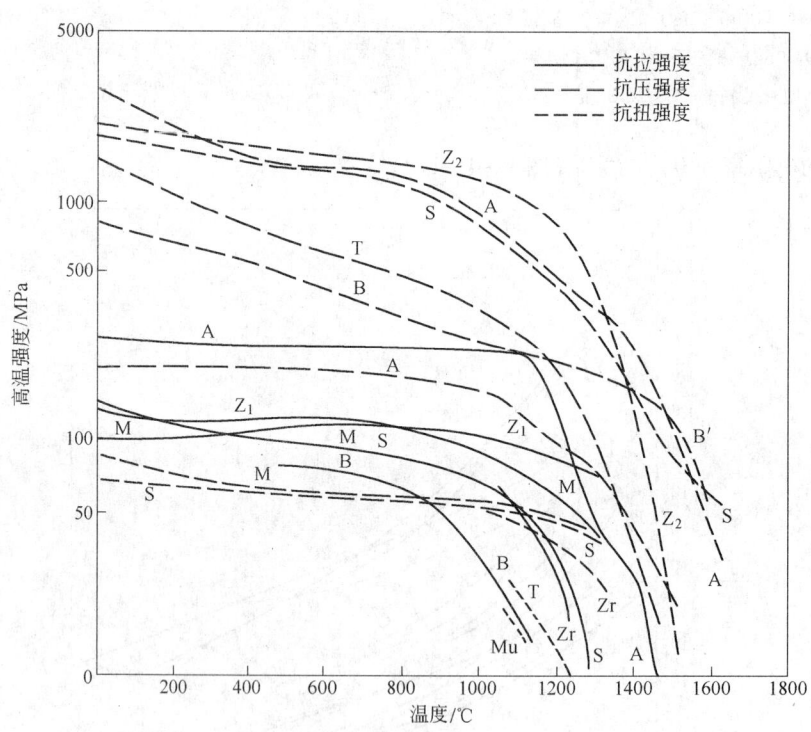

图 1-4-19

|  | 气孔率 |  | 气孔率 |
|---|---|---|---|
| A—$Al_2O_3$ | 0% | T—$ThO_2$ | 1.7% |
| B—BeO | 0% | $Z_1$—$ZrO_2$-4% CaO | |
| M—MgO | 12% | $Z_2$—MgO | |
| Mu—$3Al_2O_3 \cdot 2SiO_2$ | 0% | Zr—$ZrO_2 \cdot SiO_2$ | 2.5% |
| S—$MgO \cdot Al_2O_3$ | | | |

## （四）冶金常用化合物的熔点、沸点和密度

常见的氧化物、复杂氧化物及其他化合物的熔点和密度（综合数据）（表1-4-16）

表1-4-16

| 化 合 物 | 摩尔质量/kg·mol$^{-1}$ | 熔点/℃ | 密度/g·cm$^{-3}$(20℃) | 密度(g/cm$^3$)/$t$(℃) | 化 合 物 | 摩尔质量/kg·mol$^{-1}$ | 熔点/℃ | 密度/g·cm$^{-3}$(20℃) | 密度(g/cm$^3$)/$t$(℃) |
|---|---|---|---|---|---|---|---|---|---|
| $Al_2O_3$ | 101.9 | 2050 | 3.5 | 2.97/2030 | CeO | 156.1 | 2600 | 7.13 | |
| $Al_2O_3 \cdot SiO_2$ | 161.99 | 1487 | 3.05~3.2 | | $Ce_2O_3$ | 328.2 | 1692 | 6.86 | |
| $3Al_2O_3 \cdot 2SiO_2$ | 425.88 | 1850 | 3.16 | | $CeO_2$ | 172.1 | 2305 | 6.51 | |
| $Al_2O_3 \cdot P_2O_5$ | 243.84 | ~2000 | | | CeS | 172.16 | 2450 | 5.88 | |
| $Al_2O_3 \cdot TiO_2$ | 181.8 | 1860 | | | $Ce_3S_4$ | 548.54 | 2080±30 | 5.51 | |
| $Al_2O_3 \cdot 2TiO_2$ | 261.7 | 1895 | | | $Ce_2S_3$ | 376.38 | 1890 | 5.07 | |
| $B_2O_3$ | 69.6 | 450 | | 1.48/1200 | $Dy_2O_3$ | 373 | | 7.81 | |
| BaO | 153.4 | 1923 | 5.72 | | $Eu_2O_3$ | 352 | | 6.5~7.42 | |
| $BaO \cdot SiO_2$ | 213.49 | 1605 | | | $Er_2O_3$ | 382.6 | | 8.64 | |
| $BaO \cdot 6Al_2O_3$ | 764.8 | 1860 | 3.64 | | FeO | 71.85 | 1420 | 5.6(5.7) | 4.9/1400 |
| $BaO \cdot Al_2O_3 \cdot 2SiO_2$ | 375.48 | >1700 | 3.45 | | $Fe_2O_3$ | 159.7 | 1538 | 5.24(5.12) | |
| $BaO \cdot ZrO_2$ | 276.6 | 2700 | 6.26 | | FeS | 87.91 | 1199 | 4.84 | |
| BeO | 25 | 2570 | 3.03 | | $2FeO \cdot SiO_2$ | 203.79 | 1205 | 4.35 | 3.8/1380 |
| $BeO \cdot SiO_2$ | 85.09 | >1750 | 2.35 | | $FeO \cdot Cr_2O_3$ | 223.85 | 1770 | 5.09 | |
| $BeO \cdot SiO_2$ | 110.09 | >1750 | 2.99 | | $FeO \cdot SiO_2$ | 131.94 | 1550 | 3.50 | 3.2~3.25/1350~1400 |
| $BeO \cdot TiO_2$ | 154.9 | 1810 | | | $2(FeO \cdot MnO) \cdot SiO_2$ | | 1270 | 3.95~4.17 | |
| $BeO \cdot 2ZrO_2$ | 321.4 | 2535 | | | $FeO \cdot Al_2O_3$ | 173.75 | 1600 | | |
| CaO | 56.1 | 2570 | 3.40 | | $Cr_2O_3$ | 152.0 | 2275 | 5.21 | |
| $CaO \cdot Al_2O_3$ | 158.0 | 1600 | 2.98 | | CoO | 74.9 | 1935 | 6.47 | |
| $3CaO \cdot Al_2O_3$ | 270.2 | 1535 | 3.04 | | $CoO \cdot Al_2O_3$ | 176.8 | 1955 | 4.37 | |
| $12CaO \cdot 7Al_2O_3$ | 1386.5 | 1400~1455 | 2.83 | 2.75/1600 | $HfO_2$ | 210.6 | 2900 | 9.68 | |
| $CaO \cdot 2Al_2O_3$ | 259.9 | 2055 | 2.91 | | $Na_2O$ | 61.994 | 升 | 2.27 | |
| $CaO \cdot 6Al_2O_3$ | 667.5 | 1600 | 3.38 | | $Nd_2O_3$ | 336.4 | 2272±20 | 6.58 | |
| $CaO \cdot Al_2O_3 \cdot 2SiO_2$ | 279.8 | 1558 | | | $La_2O_3$ | 325.8 | 2350±40 | 6.51 | |
| $2CaO \cdot BaO \cdot 2SiO_2$ | 285.78 | 1340 | | | LaS | 170.96 | 2200 | 5.75 | |
| $BaO \cdot Al_2O_3$ | 255.3 | 1815 | 3.5 | | $La_2S_3$ | 373.98 | 2095±30 | 4.92 | |
| $3BaO \cdot Al_2O_3$ | 562.1 | 1625 | | | $LaS_2$· | 203.02 | 1650 | 4.83 | |
| $CaO \cdot Cr_2O_3$ | 208.1 | 2170 | 4.8 | | $Li_2O$ | 29.9 | 1270 | 2.01 | 1.54/1400 |
| $CaO \cdot CrO_3$ | 156.1 | 2160 | 3.22 | | MgO | 40.3 | 2800 | 3.58 | |
| $CaO \cdot TiO_2$ | 136.0 | 1980 | 4.1 | | $MgO \cdot Cr_2O_3$ | 192.3 | 2350 | 4.39 | |
| $3CaO \cdot 2TiO_2$ | 328.1 | 2135 | | | $MgO \cdot Al_2O_3$ | 142.2 | 2135 | 3.58 | |
| $CaO \cdot ZrO_2$ | 179.3 | 2345 | 4.78 | | $MgO \cdot Fe_2O_3$ | 200 | 1713 | 4.48 | |
| $CaO \cdot SiO_2$ | 116.19 | 1540 | 2.91 | 2.9/液 | $MgO \cdot La_2O_3$ | 366.1 | 2030 | | |
| $2CaO \cdot SiO_2$ | 172.29 | 2130 | 3.28 | 2.82/1500 | $MgO \cdot SiO_2$ | 100.39 | 1560 | | 2.525/1700 |

| 化 合 物 | 摩尔质量<br>/kg·mol$^{-1}$ | 熔点<br>/℃ | 密度<br>/g·cm$^{-3}$<br>(20℃) | 密度<br>(g/cm$^3$)<br>/$t$(℃) | 化 合 物 | 摩尔质量<br>/kg·mol$^{-1}$ | 熔点<br>/℃ | 密度<br>/g·cm$^{-3}$<br>(20℃) | 密度<br>(g/cm$^3$)<br>/$t$(℃) |
|---|---|---|---|---|---|---|---|---|---|
| $2MgO \cdot SiO_2$ | 140.69 | 1900 | 3.22 | | $UO_2$ | 270.1 | 2800 | 10.9 | |
| $2MgO \cdot TiO_2$ | 160.5 | 1735 | 3.52 | | $V_2O_5$ | 181.9 | 690 | 3.36 | |
| $3MgO \cdot TiO_2$ | 200.8 | 1830 | | | $Y_2O_3$ | 225.8 | 2410 | 5.05 | |
| $MgO \cdot 2TiO_2$ | 200.1 | 1670 | | | $ZnO$ | 81.4 | 1970 | 5.47 | |
| $MgO \cdot ZrO_2$ | 163.5 | 2150 | | | $ZnO \cdot Al_2O_3$ | 183.3 | 1950 | 4.58 | |
| $MnO$ | 70.9 | 1790 | 5.43 | | $ZnO \cdot ZrO_2 \cdot SiO_2$ | 264.69 | 2078 | | |
| $MnO \cdot SiO_2$ | 130.99 | 1270 | 3.72 | 3.0/<br>1400 | $ZrO_2$ | 123.2 | 2950 | 5.71 | |
| $2MnO \cdot SiO_2$ | 201.89 | 1327 | 3.95 ~<br>4.12 | 3.6/<br>1400 | $ZrO_2 \cdot SiO_2$ | 183.29 | 1676 | 4.6 | |
| $Na_2O$ | 61.98 | | 2.27 | | $PrS$ | 172.96 | 2230 | 6.03 | |
| $Na_2O \cdot SiO_2$ | 122.07 | 1088 | | | $Nd_2S_3$ | 384.58 | 2200 | | |
| $Na_2O \cdot SiO_2 \cdot Al_2O_3$ | 223.97 | 1560 | | | $LaC_2$ | 162.9 | 2500 | 5.35 | |
| $Li_2O \cdot SiO_2$ | 89.972 | 1170 | | | $Ce_2O_2S$ | 344.26 | 1950 | 6.00 | |
| $NiO \cdot Al_2O_3$ | 176.6 | 2020 | 4.45 | | $La_2O_2S$ | 341.86 | 1940 | 5.87 | |
| $K_2O$ | 94.2 | 881(分) | | 1.815/<br>1400 | $Pr_2O_2S$ | 345.86 | | 6.21 | |
| $K_2O \cdot Al_2O_3 \cdot 2SiO_2$ | 316.28 | 1800 | | | $Nd_2O_2S$ | 352.46 | 1990 | 6.46 | |
| $Nb_2O_5$ | 265.8 | 1520 | 4.47 | | $CaF_2$ | 78.08 | 1418 | 2.8 | |
| $NiO$ | 74.7 | 2090 | 6.66 | | $NaCl$ | 58.45 | 800 | 2.163 | |
| $PbO$ | 223.2 | 888 | 9.53 | | $CaCl_2$ | 110.99 | 777 | 2.152 | |
| $SiO_2$ | 60.09 | 1713 | 2.32 | 2.201/<br>1400 | $CaCO_3$ | 100.09 | 1314 | 2.6 ~<br>2.8 | |
| $SnO_2$ | 150.7 | 1900 | 6.95 | | $Na_3AlF_6$ | 210 | 977,<br>1010 | | |
| $SrO$ | 103.62 | 2490 | 4.7 | | $Na_2CO_3$ | 106.00 | 851 | 2.533 | |
| $SrO \cdot Al_2O_3$ | 205.52 | 2020 | | | $CaSO_4$ | 136.14 | 1450 | 2.96 | |
| $SrO \cdot P_2O_5$ | 245.56 | 1767 | 4.53 | | $BaSO_4$ | 233.42 | 1580<br>(分) | 4.499 | |
| $SrO \cdot ZrO_2$ | 226.82 | >2800 | 5.48 | | $BaCO_3$ | 197.37 | 1740 | 4.29 | |
| $SrO \cdot SiO_2$ | 163.71 | 1580 | | | $SiC$ | 40.07 | >2700 | 3.17 | |
| $2SrO \cdot SiO_2$ | 269.33 | 约1820 | | | | | | | |
| $Ta_2O_5$ | 441.9 | 1470 | 8.74 | | | | | | |
| $TaO_2$ | 264.1 | 3200 | 9.96 | | | | | | |
| $TiO_2$ | 79.9 | 1825 | 4.26 | | | | | | |
| $ThO_2 \cdot ZrO_2$ | 387.2 | >1700 | | | | | | | |

常见元素化合物的熔点和沸点（综合数据，℃）（表1-4-17）

表1-4-17

| 元素 熔点/沸点 | 氧化物 熔点/沸点 | 碳化物 | 氯化物 熔点/沸点 | 氟化物 熔点/沸点 | 硫化物 熔点/沸点 | 氮化物 熔点/沸点 | 硅化物 熔点/沸点 | 铝化物 熔点/沸点 | 碳酸盐 熔点 | 硫酸盐 熔点 |
|---|---|---|---|---|---|---|---|---|---|---|
| Mg 650/1108 | MgO 2850/— | MgC₂ — | MgCl₂ 714/1437 | MgF₂ 1270/— | MgS >2000/— | Mg₃N₂ 649/— | Mg₂Si 1102/— | Mg₁₇Al₁₂ 460/— | MgCO₃ 456(分) | MgSO₄ 1127 |
| Ca 850/1440 | CaO 2574/— | CaC₂ 2430 | CaCl₂ 777/>2000 | CaF₂ 1418/2475 | CaS 2500(升) | Ca₃N₂ 1195/— | CaSi 1324/— | CaAl₂ 1079/— | CaCO₃ | CaSO₄ 1450 |
| Sr 769/1640 | SrO 2430/— | SrC₂ 1477 | SrCl₂ 875/2027 | SrF₂ 902/2510 | SrS >2000/— | Sr₃N₂ 1030/— | SrSi₂ 1150/— | SrAl₄ 1040/— | SrCO₃ 924(转)1172(分) | SrSO₄ 1600 |
| Ba 729/1640 | BaO 1923/— | BaC₂ 2327 | BaCl₂ 962/1830 | BaF₂ 1280/2382 | BaS 2200/— | Ba₃N₂ | BaSi₂ 1180/— | BaAl₄ 1090/— | BaCO₃ (806分)1740 | BaSO₄ 1350 |
| Ce 804/3468 | Ce₂O₃ 1692/— | CeC₂ 2250 | CeCl₃ 848/1731 | CeF₂ 1437/— | CeS 2450/— | CeN 2480/— | CeSi₂ 1620/— | CeAl₂ 1480/— | | Ce₂(SO₄)₃ 1400~1500 |
| La 920/3470 | La₂O₃ 2310/— | LaC₂ 约2360 | LaCl₃ 870/— | LaF₃ 1493/— | LaS 2327 (La₂S₃)(2127) | LaN | LaSi₂ —/— | LaAl₂ 1424/— | | |
| Al 660/2500 | Al₂O₃ 2050/— | Al₄C₃ 2200 | AlCl₃ 1927/180(升) | AlF₃ 1927/1276 | Al₂S₃ 1100/— | AlN 2230/— | 互溶 | — | | Al₂(SO₄)₃ |
| Si 1412/3280 | SiO₂ 1710/— | SiC >2700 | SiCl₄ -68/57 | SiF₄ 气 | SiS₂ 1090/1130 | Si₃N₄ 1910(分) | — | 互溶 | | |
| Ti 1660/3285 | TiO₂ 1870/— | TiC 3140 | TiCl₄ -24/136 | TiF₄ —/286 | TiS 1927/— | TiN 2950/— | Ti₅Si₃ 2120/1760 TiSi 1760 | TiAl₃ (1340) | | |
| V 1902/3350 | V₂O₃ 2243/— | V₂C 2165 | VCl₅ -109/1480 | VF₂ 1327/2227 | | VN 2350/— | V₃Si 1935/1680 VSi₂ 1680 | | | |

冶金常用化合物的物化性质（综合数据）（表1-4-18）

表1-4-18

| 化合物 | CaF$_2$ | CaO | CaCl$_2$ | CaCO$_3$ | CaSO$_4$ | CaAl$_2$ | AlF$_3$ | Al$_2$O$_3$ | AlCl$_3$ | Na$_3$AlF$_6$ | Na$_2$O | NaF | NaCO$_3$ | NaCl | Na$_2$SiO$_4$ |
|---|---|---|---|---|---|---|---|---|---|---|---|---|---|---|---|
| 摩尔质量 /kg·mol$^{-1}$ | 78.08 | 56.08 | 110.90 | 100.09 | 136.14 | 94 | 84 | 102 | 133.34 | 210 | 61.99 | 42 | 106 | 58.45 | 122.05 |
| 1mol中元素的质量分数/% | 51.33-Ca 48.66-F | 71.4-Ca 28.5-O | 36.07-Ca 63.93-Cl$_2$ | 60-CO$_3$ 40-Ca | 29.38-Ca 70.62-SO$_4$ | 57.45-Al 42.55-Ca | 67.86-F 33.14-Al | 52.94-Al 47.06-O | 20.23 79.77 | 12.86-Al 32.85-Na 54.3-F | | 54.76-Na 45.24-F | | | |
| 熔点/℃ | 1418 | 2570 | 777 | 1314 | 1450 | 1079 | | 2050 | | 977, 1010 | | | 851 | 789,800 | 1088 |
| 沸点/℃ | 2475 | 3500 | (2000) | 825(分) | | | 1276 | 2977 | | | | | | 1413 (分) | |
| 密度/g·cm$^{-3}$ | 2.8 | 3.32 | 2.152 | 2.6~2.8 | 2.96 | | | 3.97 | | | 2.27 | | 2.533 | | |
| $-\Delta H_{298}^{\ominus}$ /kJ·mol$^{-1}$ | 1214.2 | 634.3 | 795.8 | 1207.1 | 1434.1 | 216.73 | 1510 | 1677.36 | 705.63 | 82.84 | 417.98 | 575.38 | 1130.77 | 411.1 | 1561.43 |
| $\Delta S_{298}^{\ominus}$ /kJ·(mol·K)$^{-1}$ | 68.83 | 39.75 | | 88.7 | | | 66.15 | | | | | | | | |
| 结晶类型 | AB$_2$ 离子型 | NaCl | 六方 TiO$_2$ (变形) | | 正交或 单斜 | | 菱形晶 | ZnS | 六方晶 | | | NaCl | | 立方 | |

# 参 考 文 献

[ 1 ] 日本鉄鋼協會. 溶鉄、溶滓の物性値便覽,溶鉄、溶滓部會報告,1972

[ 2 ] 古德错夫 H T. 金属学与热处理手册. 北京:冶金工业出版社,1961

[ 3 ] 合金钢手册,上册. 第一分册. 北京:冶金工业出版社,1973

[ 4 ] 曲英,主编. 炼钢学原理,第 2 版. 北京:冶金工业出版社,1994

[ 5 ] Elliot F. Thermochemistry. Volume Ⅰ, Ⅱ,1963

[ 6 ] Electric Furnace Proceedings,1971

[ 7 ] 眞空技術講座編委會. 眞空技術常用諸表. 東京日刊工業新聞社,1965

[ 8 ] Geiger G H et al. Transport Phenomema in Metallurgy. Addisonwesley,1973

[ 9 ] Turkdogan E T. Physical Chemistry of High Temperature Technology. Academic Press,1980

[10] Гуляев Б Б. Литейные Процессы Машгиз,1960

[11] Schack A. Industrial Heat Transfer. New York,1965

[12] 石田制一. 金屬實用便覽. 日刊新聞社,1956

[13] 重有色冶金炉设计参考资料. 北京:冶金工业出版社,1979

[14] Самарин А М. Сталеплавильное производство и,мегапургия м,1964

[15] 《炼钢设计参考资料》编委会. 炼钢设计参考资料(通用部分). 北京:冶金工业出版社,1972

[16] Самсонова Г В. Физико-Химическне свойства Элементов. Справочник,Киев,1965

[17] 陈家祥,主编. 连续铸钢手册. 北京:冶金工业出版社,1991

[18] 鉄と鋼,1960 年,46(7):348

[19] Новожилов Н М. Основы Металлургия Дуговой Сварки В Газах,Металлургия М,1979

[20] 二氧化碳保护焊. 北京:机械工业出版社,1962

[21] 今井男之進. 耐熱材料ハンドブック. 朝倉書店,1965

[22] Аверин В В,Азот В. Металлах,Металлургия М,1976

[23] 日本学術振興会. 鉄鋼と合金元素,上、下册. 製鋼第 19 委員会,1966

[24] Geiger G H,et al. Transport Phenomema in Metallurgy Addisonwesley,1973

[25] 盖彼林 И И. 气体混合物分离手册. 北京:高等教育出版社,1961

[26] 坎伯尔 J E. 高温技术. 北京:科学出版社,1961

[27] Самсонов Г В,ит. Тверэые Соеэцненця Тугоииавкцх Металлов,Металлурпя М,1957

[28] 陆朝忠. 编著. 提高标准件模具寿命的途径. 北京:机械工业出版社,1991

[29] Winker O. Vacuum Metallurgy. London New York,1971

[30] Бялобжеский А В,Высокотемпературная Коррозия И Залищита М,1977

[31] 陈家祥. 复合脱氧剂最佳成分的设计. 铁合金,2007,(1)

[32] 陈家祥. 硅铝钡钙包芯线的应用和成分的分析. 铁合金,2004,(1)

[33] Кауфман Б Н. Теплопровоэность строительных материальов,Машгиз М,1977

[34] Виноград М И. Включения В. Сталп и её свойства,Металлурпя М,1963

# 第二章 元素的结构和相图

## 第一节 元素的结构

### 一、元素结构

面心结构(图2-1-1)[1]

12面体 配位数12

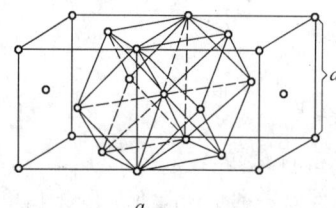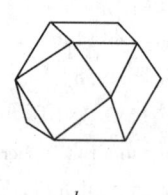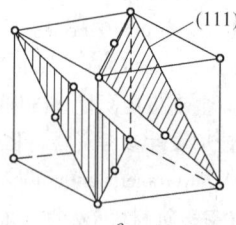

(111)

a        b        c

图2-1-1

| 元　素 | a/nm | 元　素 | a/nm | 元　素 | a/nm | 元　素 | a/nm |
|---|---|---|---|---|---|---|---|
| Ag | 0.4086 | βCo | 0.356 | γMn | 0.384 | Pt | 0.4926 |
| Al | 0.40495 | Cu | 0.36153 | Ni | 0.35239 | Rh | 0.38045 |
| Au | 0.40786 | γFe | 0.364 | Pb | 0.4940 | Sr | 0.608 |
| αCa | 0.5576 | Ir | 0.38391 | Pd | 0.3895 | Th | 0.509 |
| Ce | 0.515 | La | 0.530 | | | | |

体心结构(图2-1-2)[1]

a

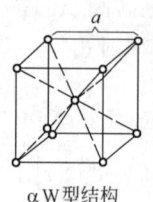

αW型结构

a

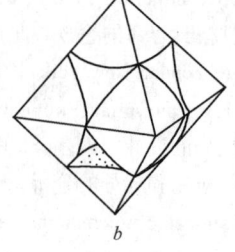

b

图2-1-2

| 元　素 | a/nm | 元　素 | a/nm | 元　素 | a/nm |
|---|---|---|---|---|---|
| αFe | 0.28665 | Nb | 0.3296 | K | 0.534 |
| Cr | 0.2885 | Ta | 0.3296 | Rb | 0.56 |
| V | 0.3039 | Li | 0.35 | Cs | 0.60 |
| Mo | 0.31473 | Na | 0.42 | αZr | 0.362 |
| αW | 0.3164 | Ba | 0.5020 | βTl | 0.388 |

Mg 型结构(图 2 - 1 - 3)[2]

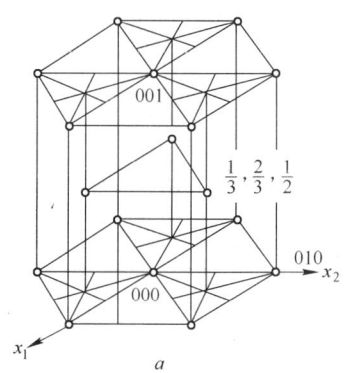 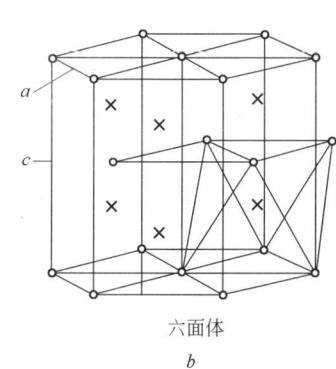 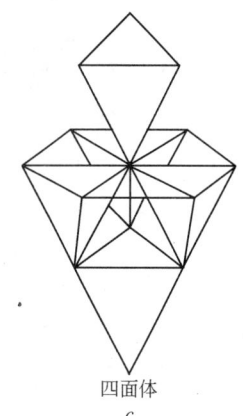

六面体　　　　　　四面体

$a$　　　　　　　　　$b$　　　　　　　　　$c$

图 2 - 1 - 3

| 元　素 | $a$/nm | $c$/nm | $c/a$ | 元　素 | $a$/nm | $c$/nm | $c/a$ | 元　素 | $a$/nm | $c$/nm | $c/a$ |
|---|---|---|---|---|---|---|---|---|---|---|---|
| Be | 2.286 | 0.3584 | 1.568 | αTl | 0.346 | 5.54 | 1.60 | αPr | 0.367 | 5.95 | 1.62 |
| Cs | 2.735 | 0.4316 | 1.578 | La | 0.376 | 6.05 | 1.61 | βCo | 0.2519 | 4.114 | 1.633 |
| αRu | 2.704 | 0.4280 | 1.583 | Nd | 0.366 | 5.89 | 1.61 | βCa | 0.399 | 6.54 | 1.64 |
| Y | 3.67 | 0.580 | 1.59 | αNi | 0.2665 | 4.29 | 1.61 | Zn | 0.26649 | 4.9469 | 1.8563 |
| αZr | 3.23 | 0.514 | 1.59 | αCe | 0.36 | 5.83 | 1.62 | Cd | 0.29791 | 5.6153 | 1.8859 |
| αTi | 2.96 | 0.474 | 1.60 | βCr | 0.2725 | 4.42 | 1.62 | Mg | 0.32095 | 5.21161 | 1.6239 |

白锡 βSn 结构(图 2 - 1 - 4)[1]

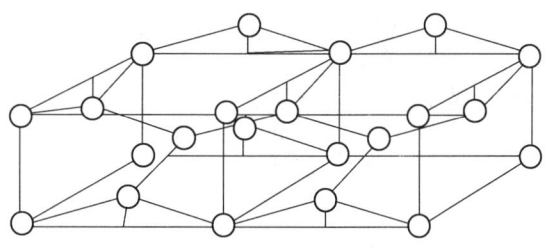

图 2 - 1 - 4

Se 结构(图 2 - 1 - 5)[1]

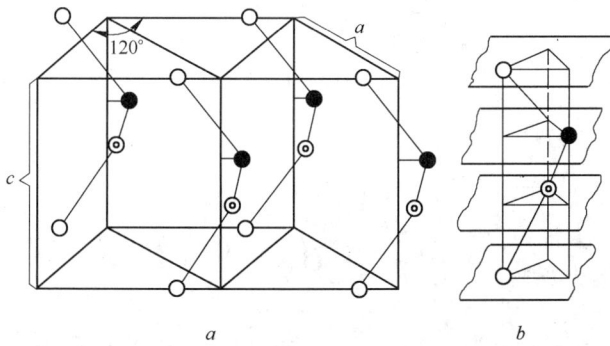

$a$　　　　　　　　　$b$

图 2 - 1 - 5

$a = 0.435$ nm;$c = 0.495$ nm;配位数 = 2;晶包中原子数为 3

金刚石结构(图 2 - 1 - 6)[1]

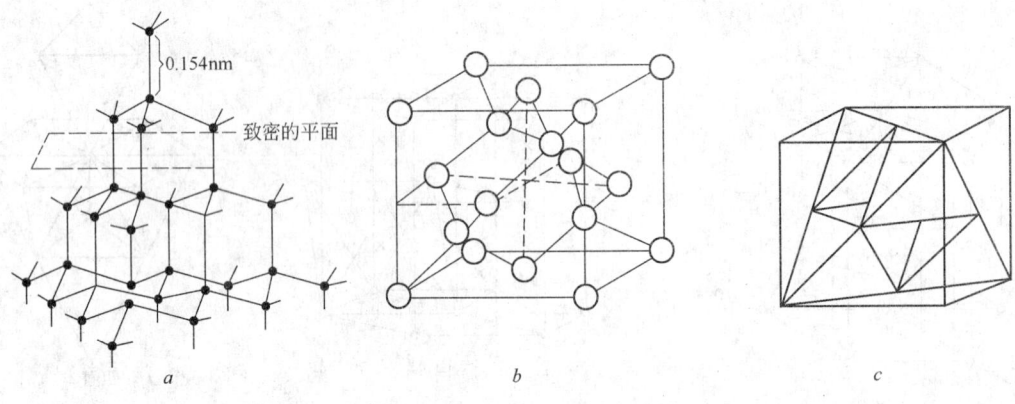

图 2 - 1 - 6

| 元　素 | C | Si | Ge | αSn |
|---|---|---|---|---|
| $a/\text{nm}$ | 0.3559 | 0.5419 | 0.565 | 0.646 |

注:原子中心的最小距离 $d_c = \dfrac{a\sqrt{3}}{4} = 0.4330a$。

CaSi 结构(图 2 - 1 - 7)[3]

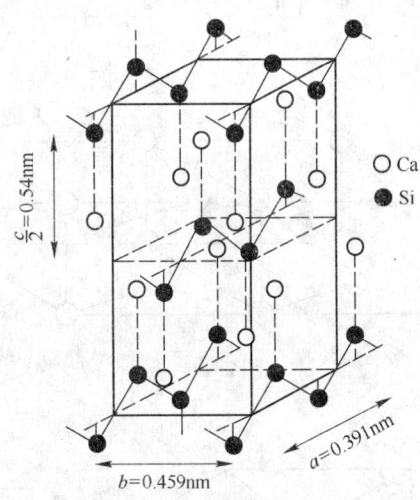

图 2 - 1 - 7

BaSi 结构(图 2 - 1 - 8)[3]

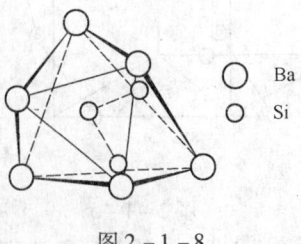

图 2 - 1 - 8

## 二、常见钢中相结构及其关系

渗碳体结晶结构(图2－1－9)[2]

$W_2C$ 结晶结构(图2－1－10)[4]

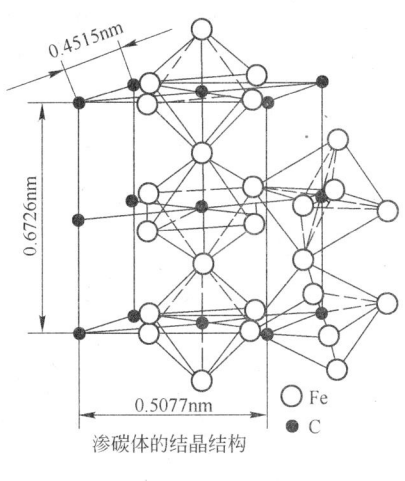

0.4515nm

0.6726nm

0.5077nm

○ Fe
● C

渗碳体的结晶结构

图2－1－9

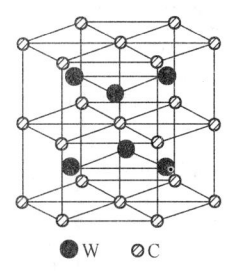

● W  ◎ C

图2－1－10

σ 相结构(图2－1－11)[4]

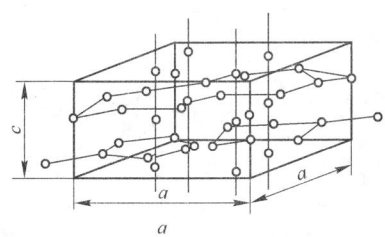

c

a

a

a

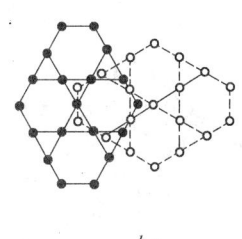

b

图2－1－11

铁的晶格关系(图2－1－12)[2]

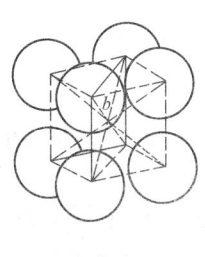

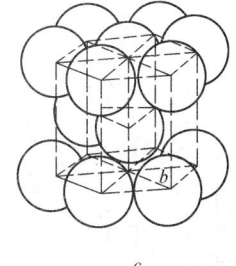

a

b

c

图2－1－12

a—体心立方晶格,晶格边长＝1.286 nm;b—面心立方晶格,
晶格边长＝1.356 nm;c—稠密六方格子;图中 b 为稠密面

面心立方晶格各晶面及方向(图2－1－13)[2]
体心立方晶格各晶面及方向(图2－1－14)[2]

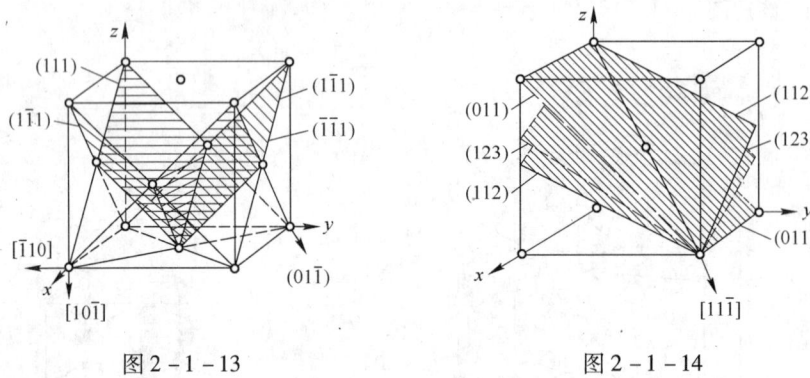

图2－1－13              图2－1－14

晶格中八面体和四面体的空间关系(图2－1－15)[2]

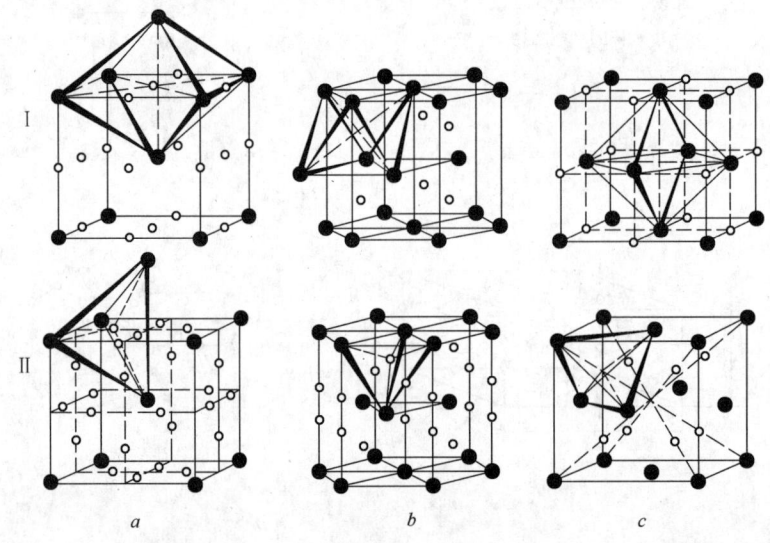

图2－1－15

Ⅰ—八面体格子间位置;Ⅱ—四面体格子间位置;a—体心晶格(bcc);
b—六角密集晶格(hcp);c—面心立方晶格(fcc)

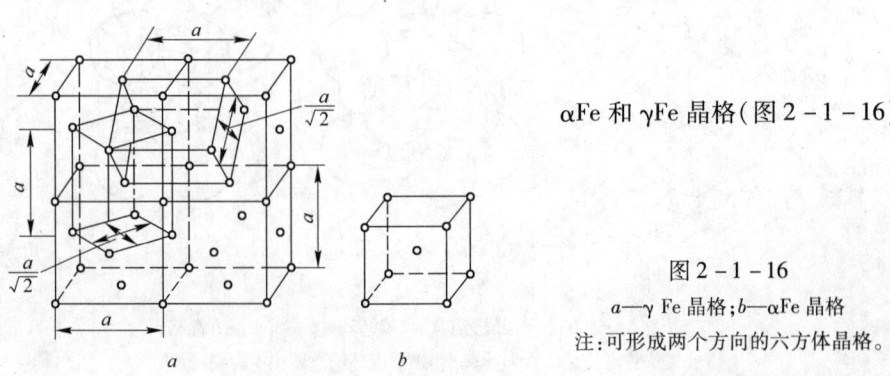

αFe 和 γFe 晶格(图2－1－16)

图2－1－16

a—γ Fe 晶格;b—αFe 晶格

注:可形成两个方向的六方体晶格。

# 第二节　二元相图

## 一、含 Fe 的相图

Fe-Al 相图(图 2 - 2 - 1、图 2 - 2 - 2)

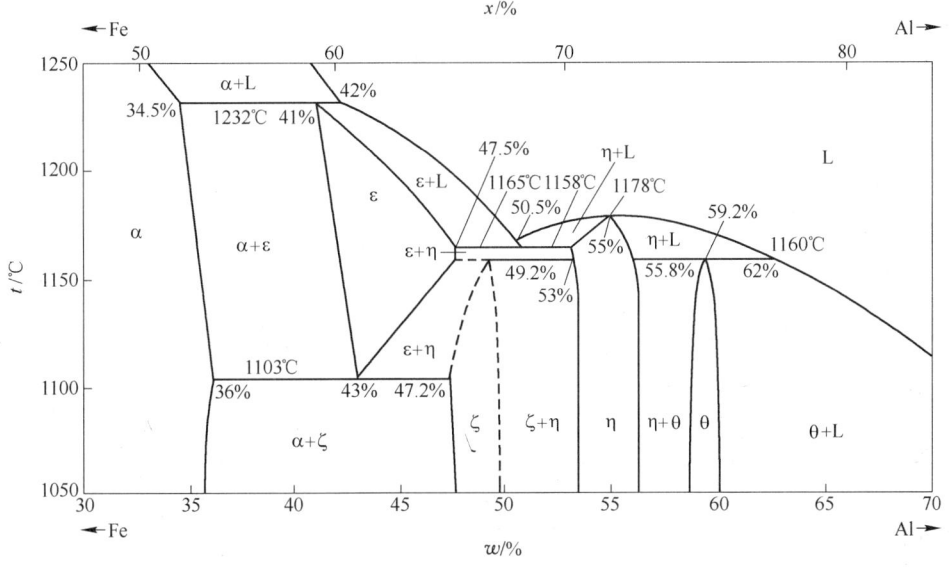

图 2 - 2 - 1

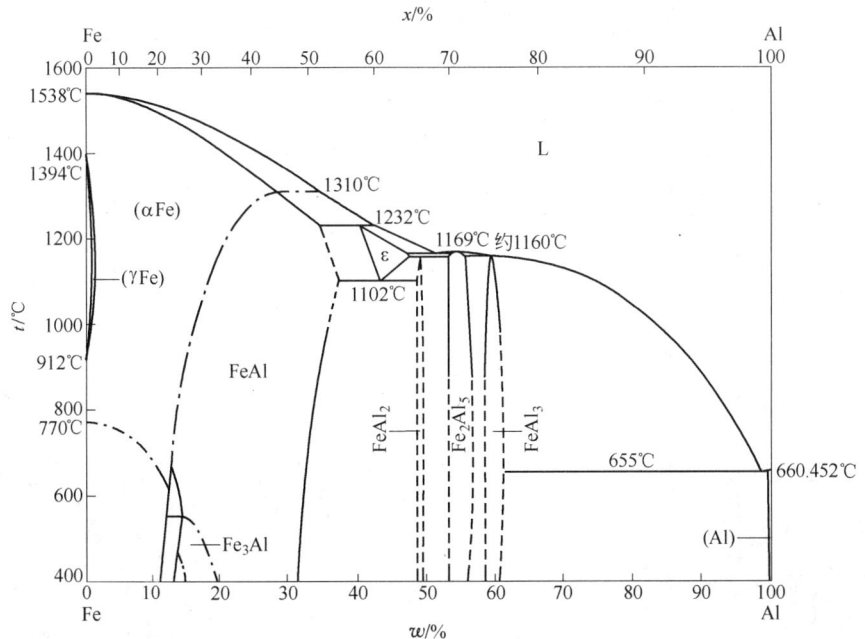

图 2 - 2 - 2

**Fe-As 相图（图 2 - 2 - 3）**

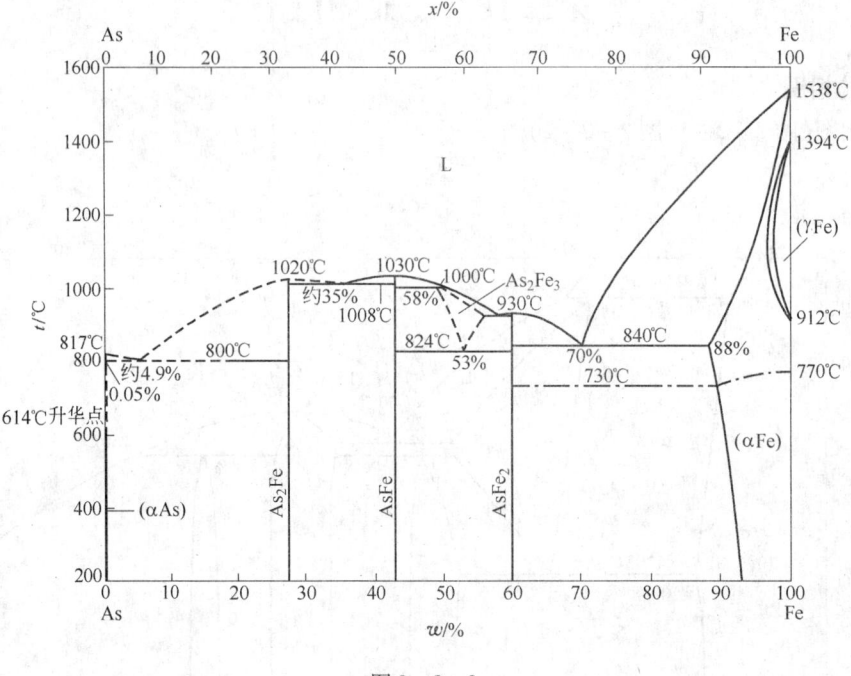

图 2 - 2 - 3

**Fe-B 相图（图 2 - 2 - 4、图 2 - 2 - 5）**

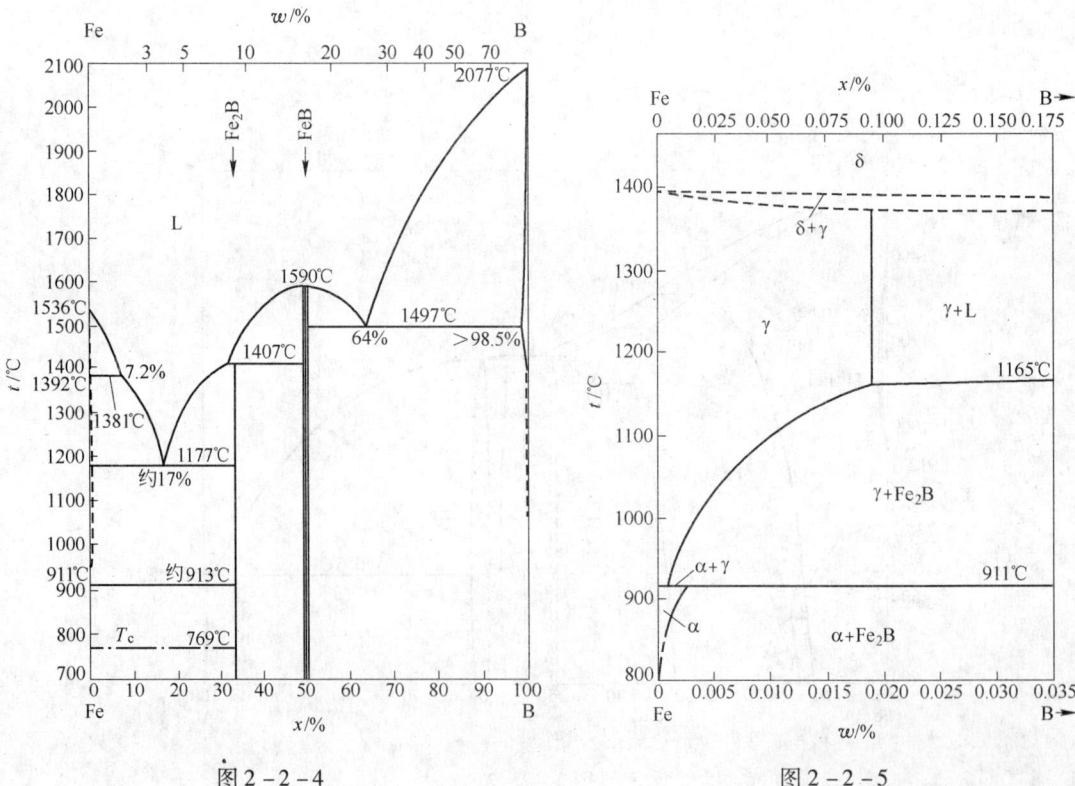

图 2 - 2 - 4                                              图 2 - 2 - 5

Fe-Ba 相图(图 2 - 2 - 6)

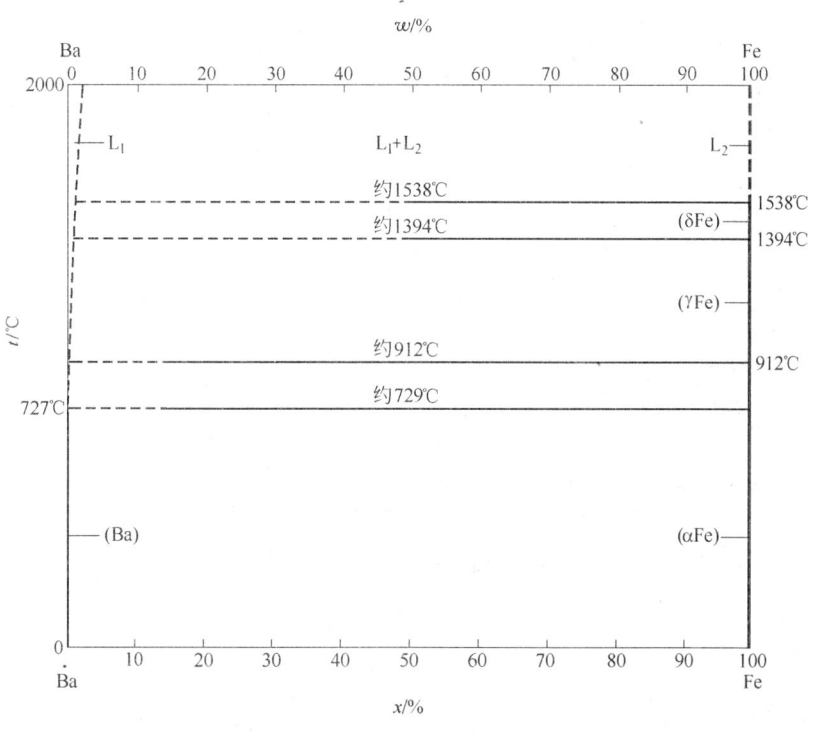

图 2 - 2 - 6

Fe-Ca 相图(图 2 - 2 - 7)
Fe-Ce 相图(图 2 - 2 - 8)

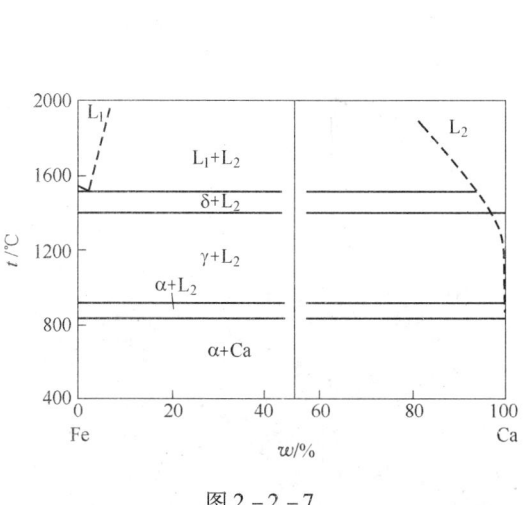

图 2 - 2 - 7

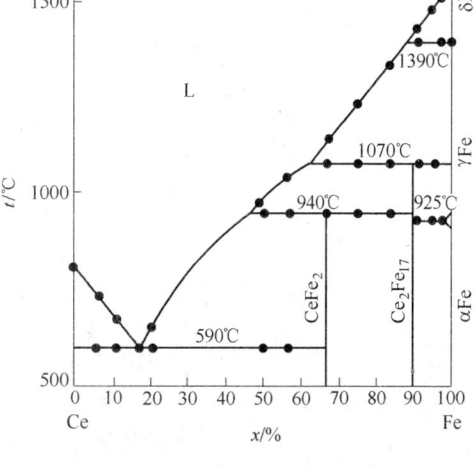

图 2 - 2 - 8

Fe-Cr 相图(图 2 - 2 - 9)

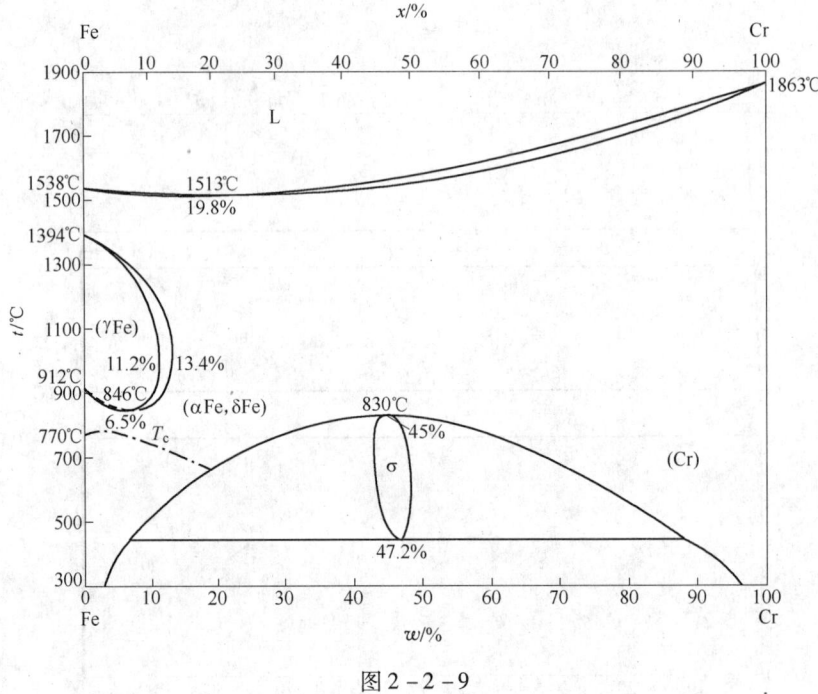

图 2 - 2 - 9

Fe-H 相图(图 2 - 2 - 10)

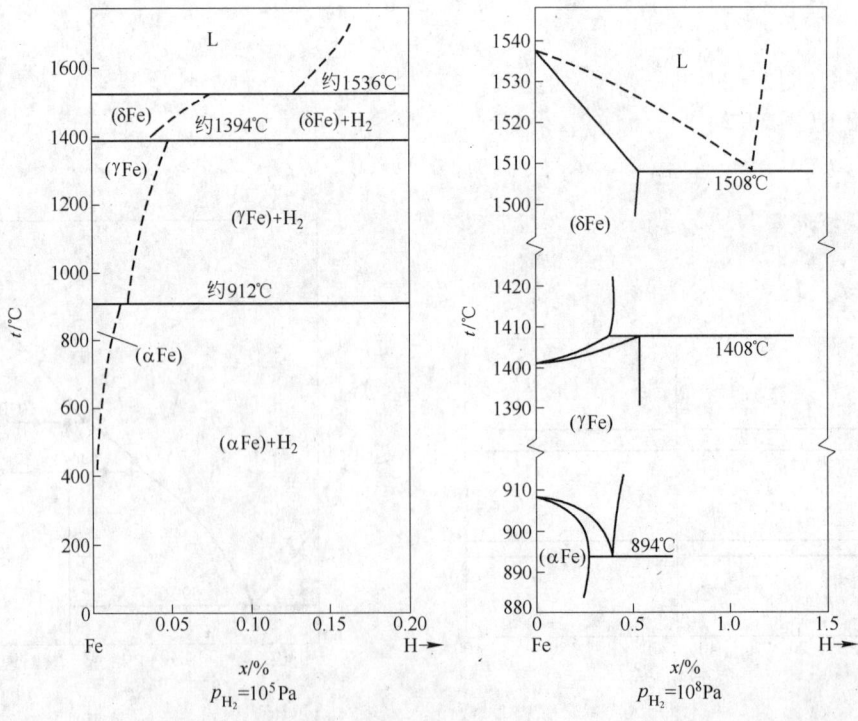

图 2 - 2 - 10

Fe-La 相图(图 2 - 2 - 11)[5]

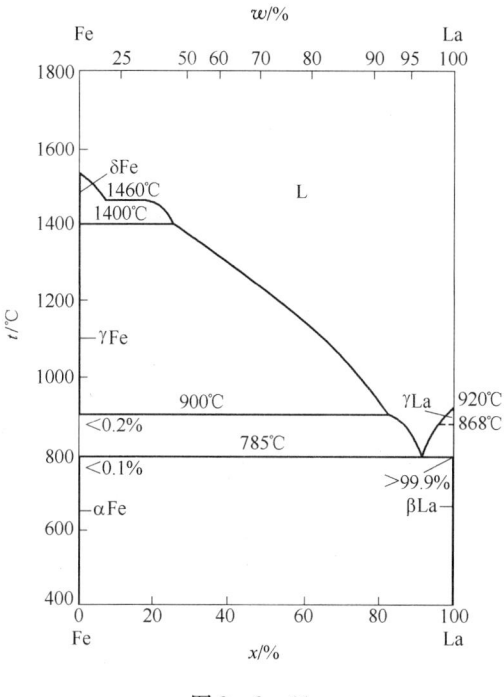

图 2 - 2 - 11

Fe-Mg 相图(图 2 - 2 - 12)

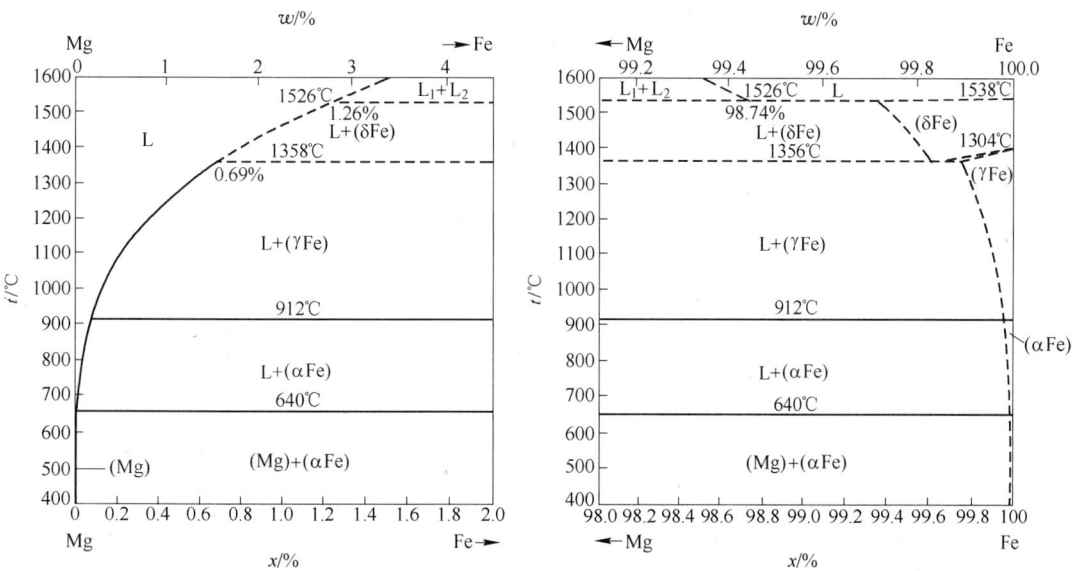

图 2 - 2 - 12

Fe-Mn 相图(图 2 - 2 - 13)

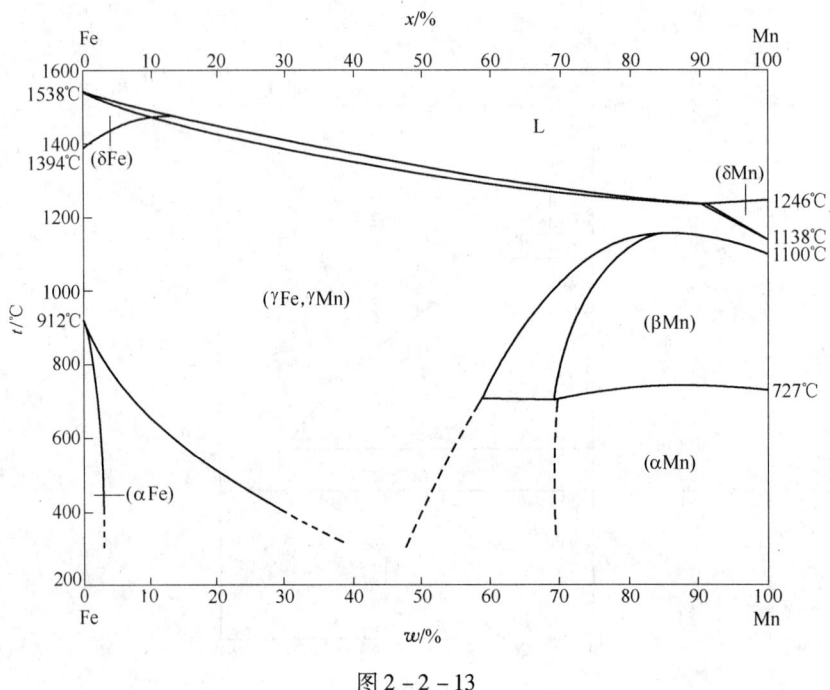

图 2 - 2 - 13

Fe-Mo 相图(图 2 - 2 - 14)

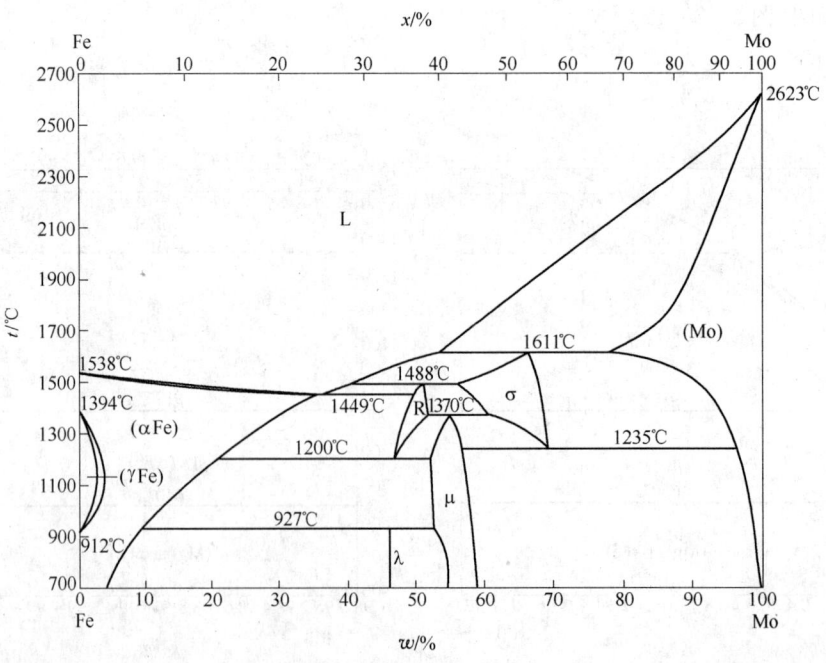

图 2 - 2 - 14

Fe-Nd 相图(图 2 − 2 − 15)[5]

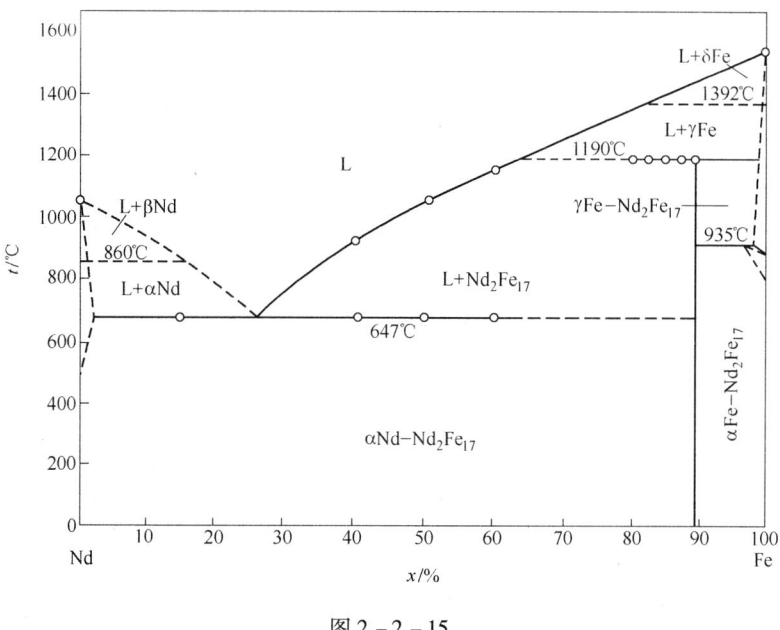

图 2 − 2 − 15

Fe-Ni 相图(图 2 − 2 − 16)

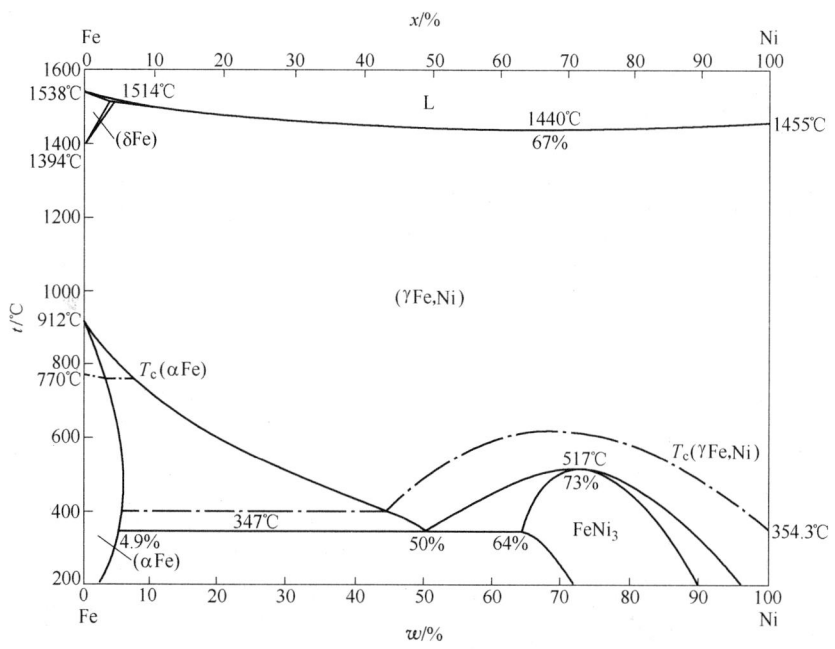

图 2 − 2 − 16

Fe-Pb 相图(图 2 - 2 - 17)

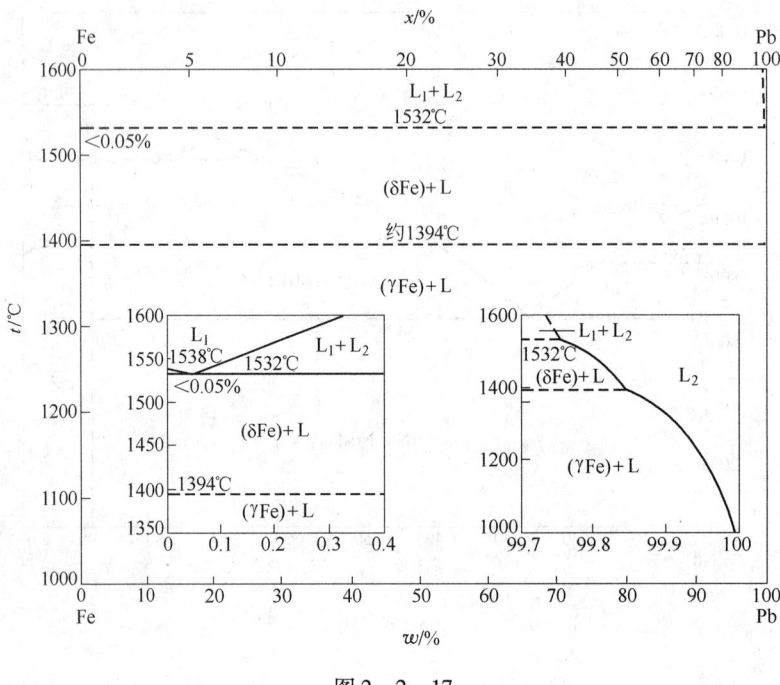

图 2 - 2 - 17

Fe-Pr 相图(图 2 - 2 - 18)

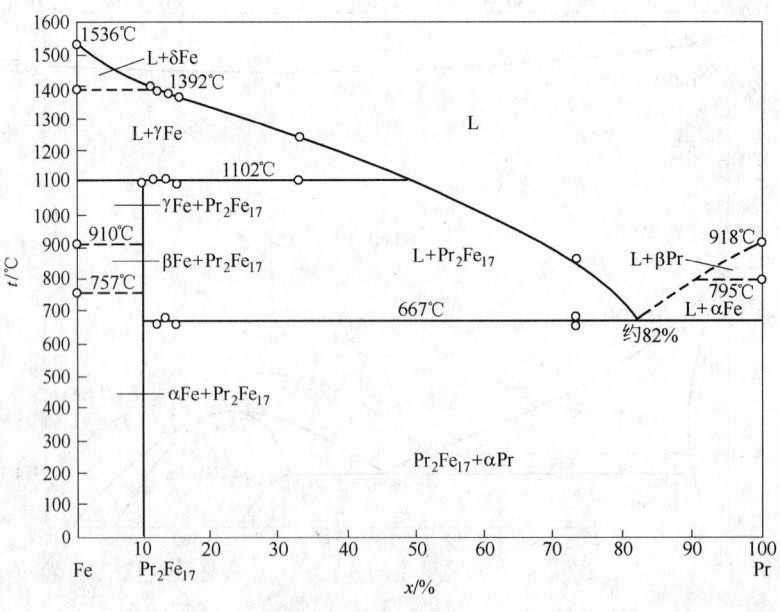

图 2 - 2 - 18

Fe-S 相图(图2-2-19)

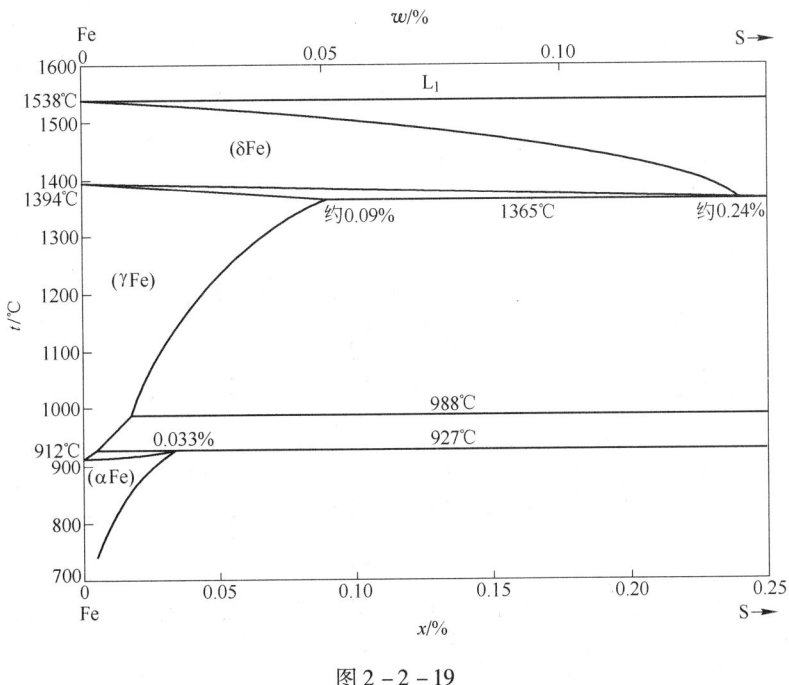

图2-2-19

Fe-Sb 相图(图2-2-20)

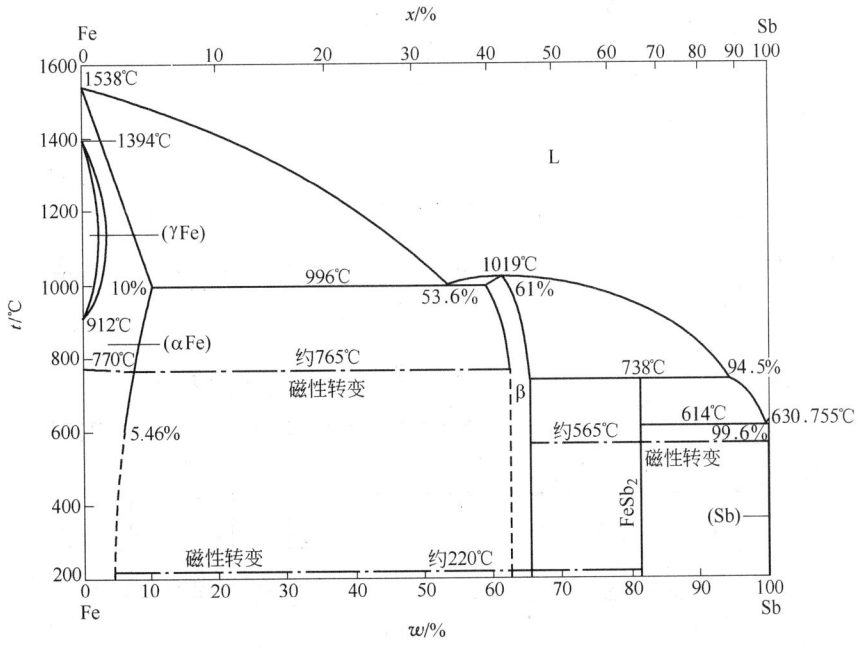

图2-2-20

Fe-Si 相图(图 2 – 2 – 21)

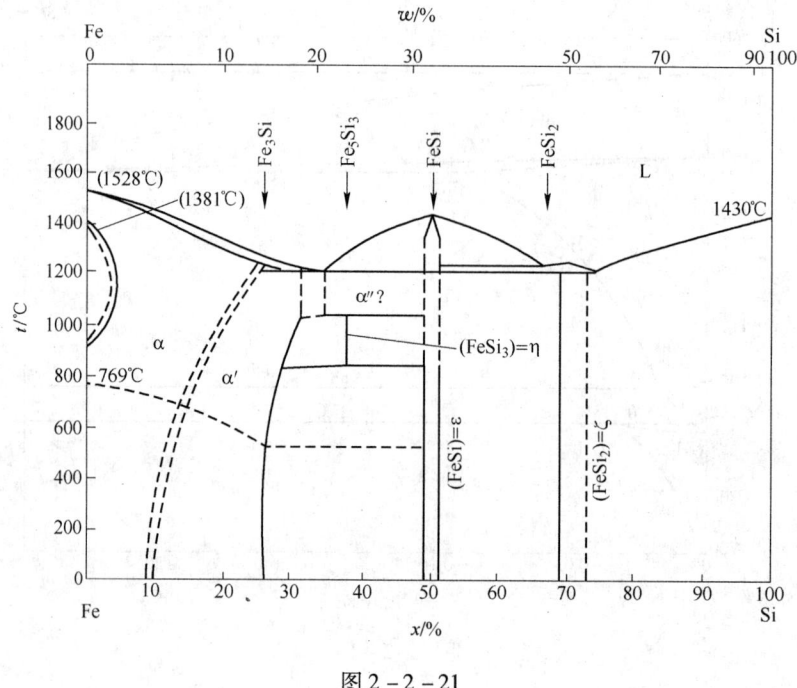

图 2 – 2 – 21

Fe-Sm 相图(图 2 – 2 – 22)

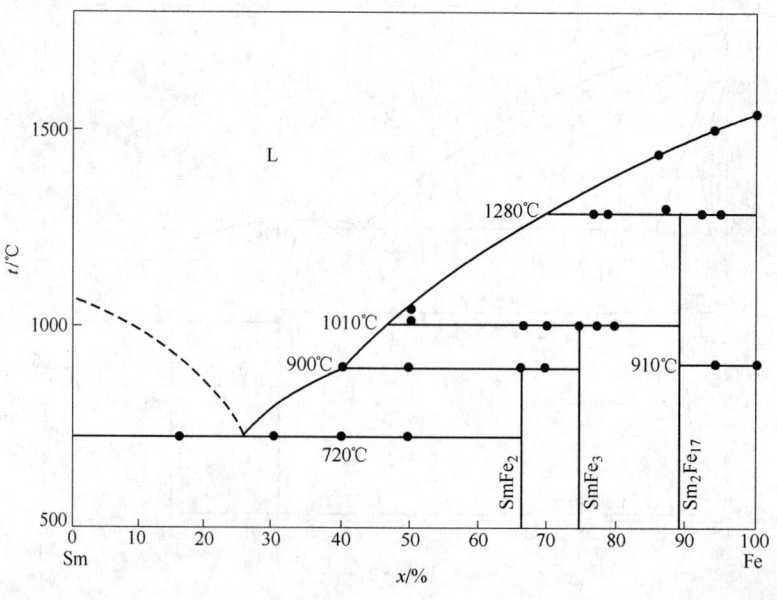

图 2 – 2 – 22

Fe-Sn 相图(图 2 - 2 - 23)

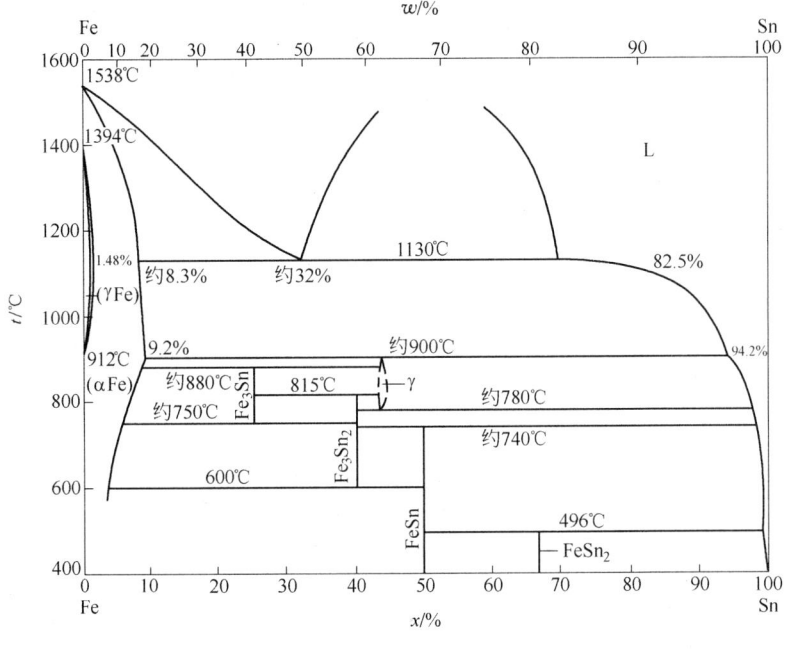

图 2 - 2 - 23

Fe-Ti 相图(图 2 - 2 - 24)

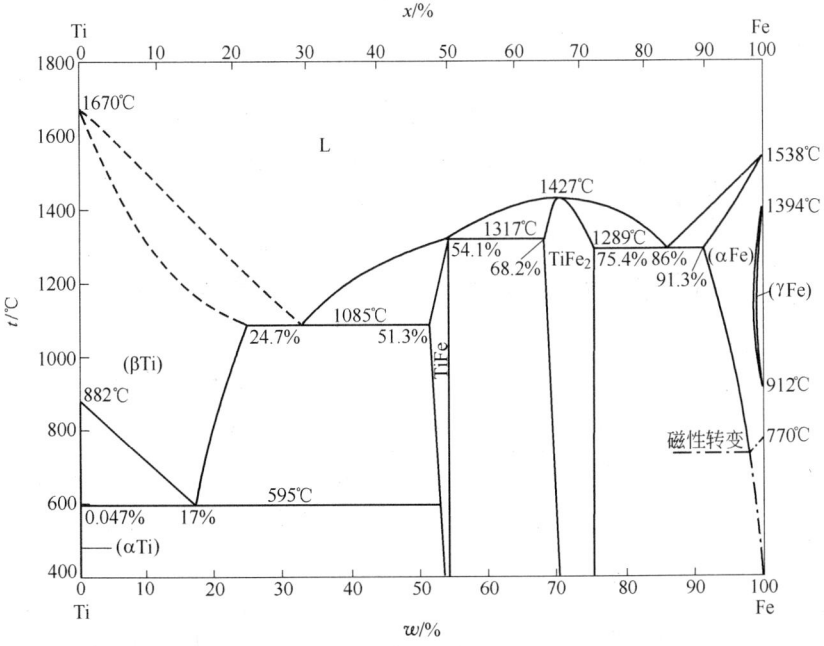

图 2 - 2 - 24

Fe-V 相图(图 2 – 2 – 25)

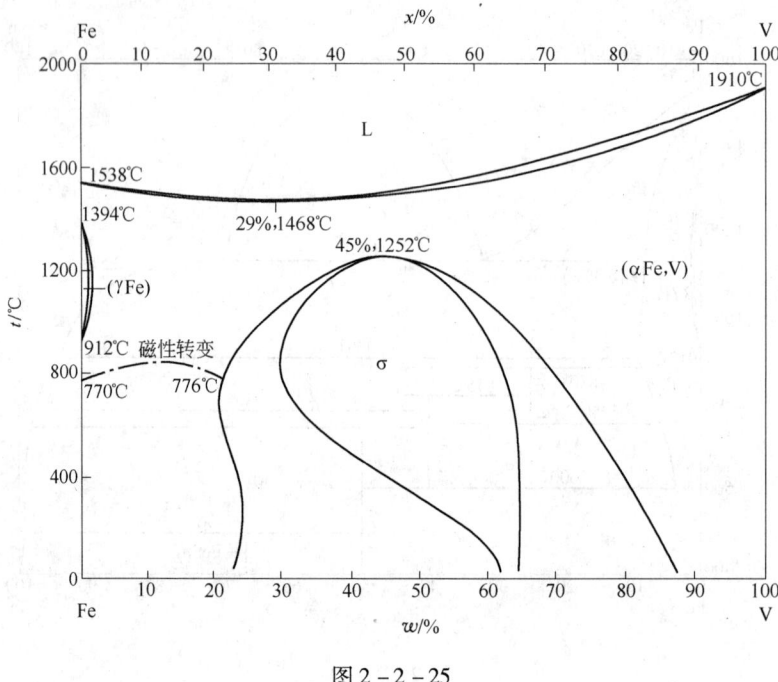

图 2 – 2 – 25

Fe-W 相图(图 2 – 2 – 26)

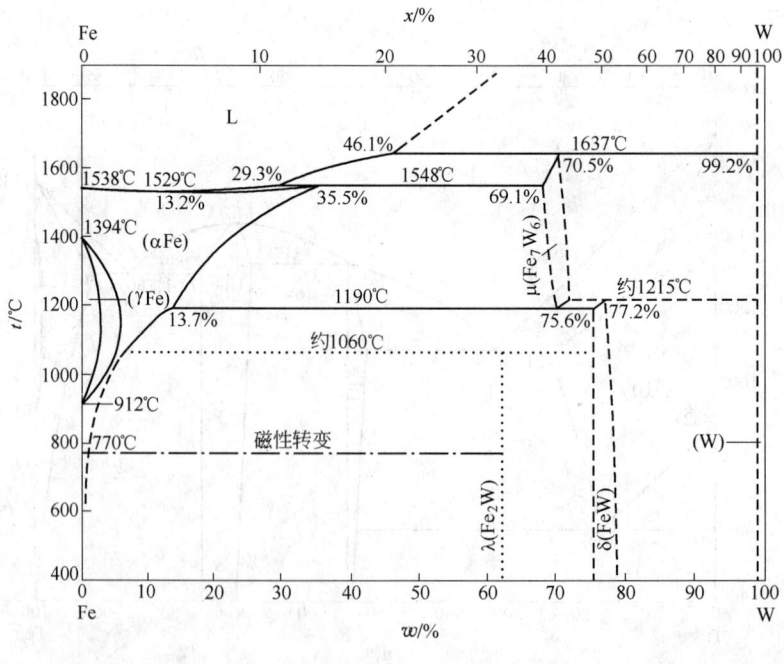

图 2 – 2 – 26

Fe-Zn 相图(图 2 - 2 - 27)

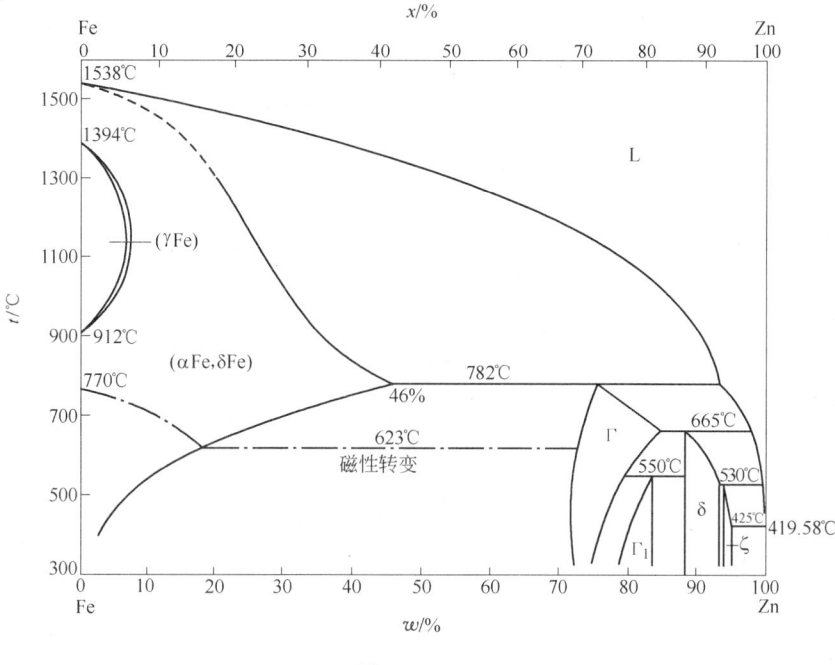

图 2 - 2 - 27

Fe-Zr 相图(图 2 - 2 - 28)

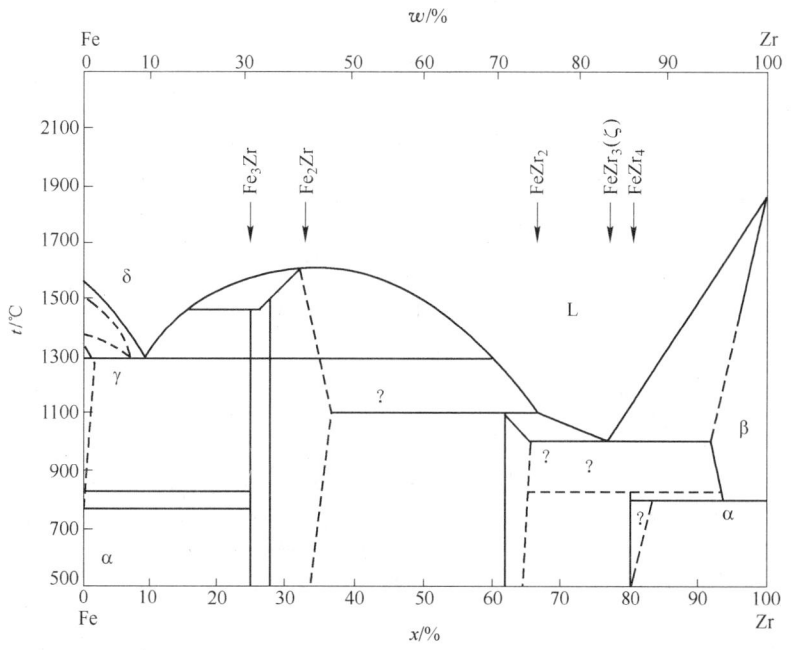

图 2 - 2 - 28

## 二、含 Al 的相图

Al-Ba 相图（图 2-2-29）

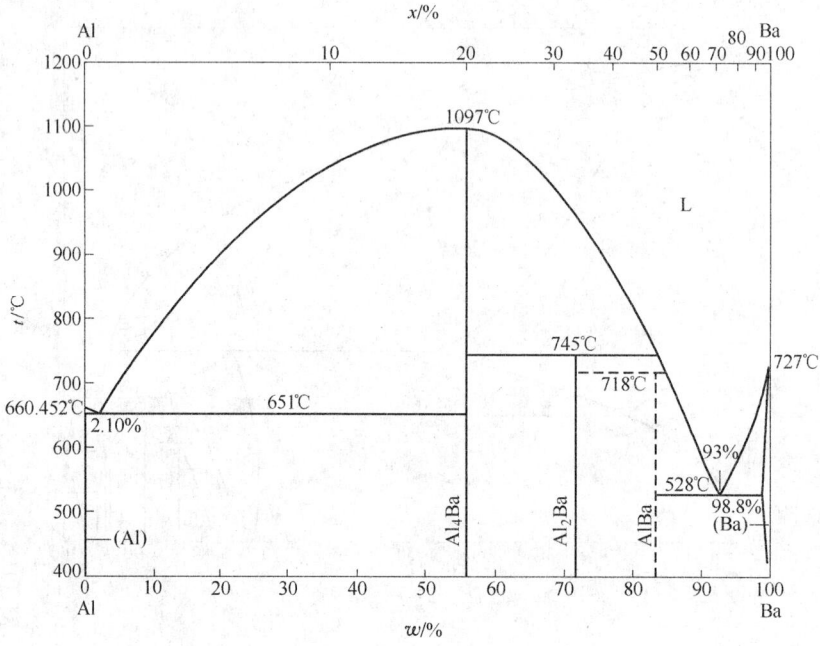

图 2-2-29

Al-Ca 相图（图 2-2-30）

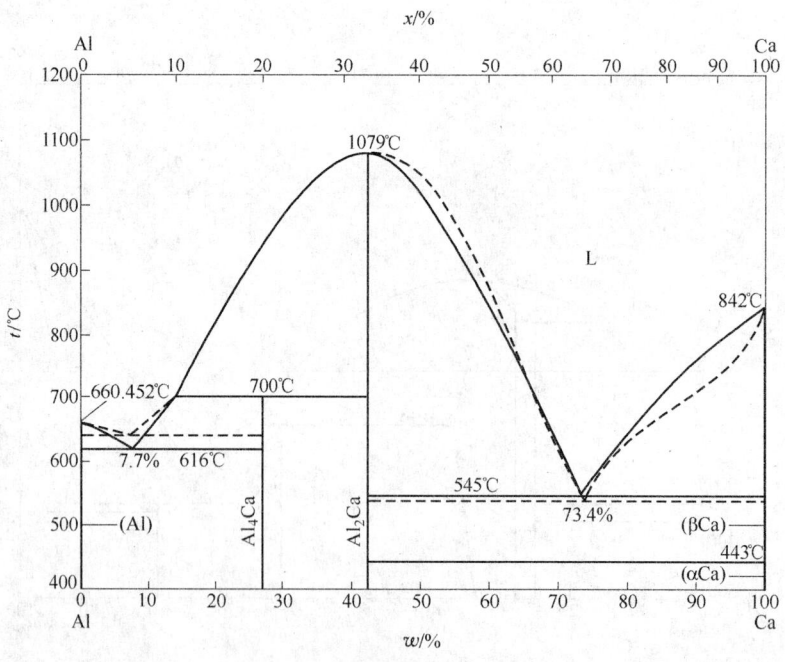

图 2-2-30

Al-Cr 相图(图 2 - 2 - 31)

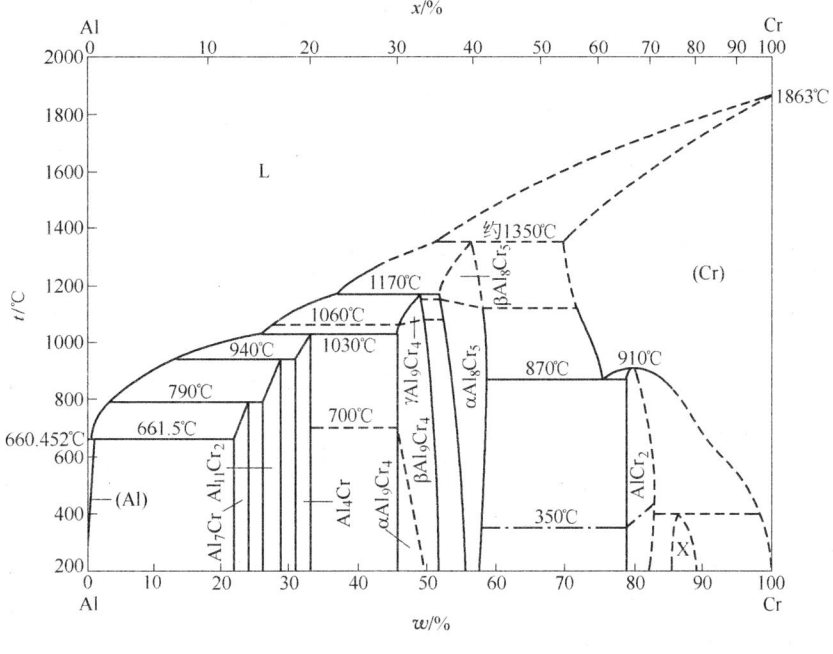

图 2 - 2 - 31

Al-Ce 相图(图 2 - 2 - 32)

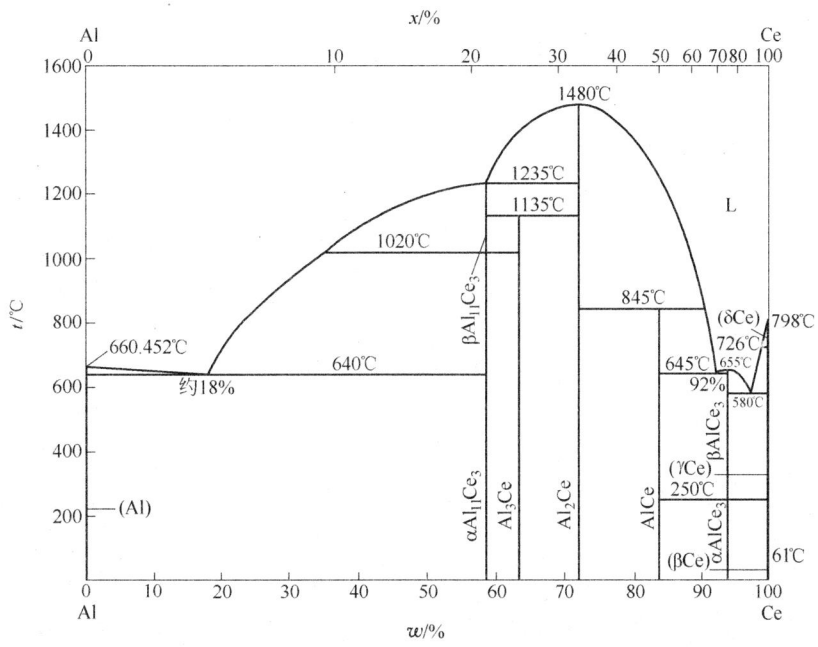

图 2 - 2 - 32

Al-La 相图(图 2 - 2 - 33)

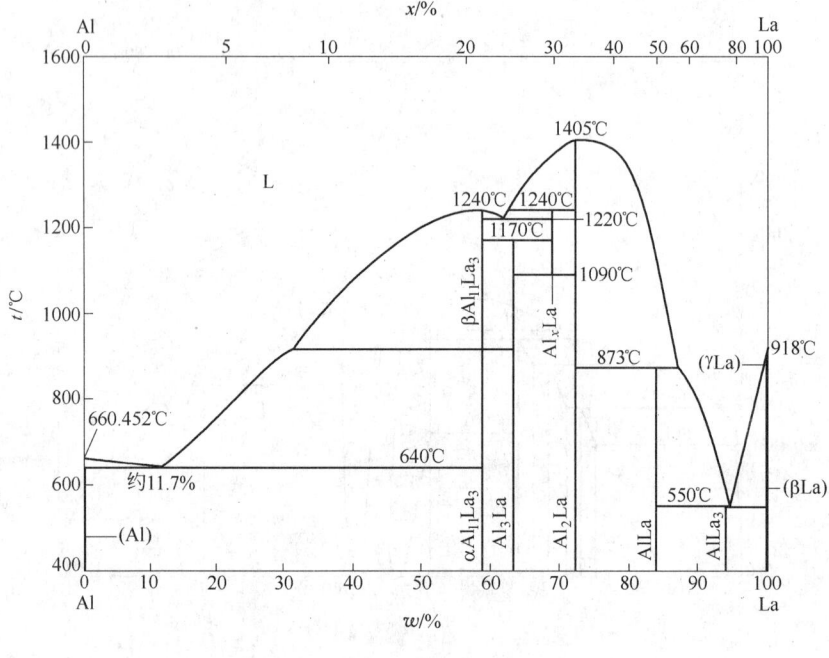

图 2 - 2 - 33

Al-Mg 相图(图 2 - 2 - 34)

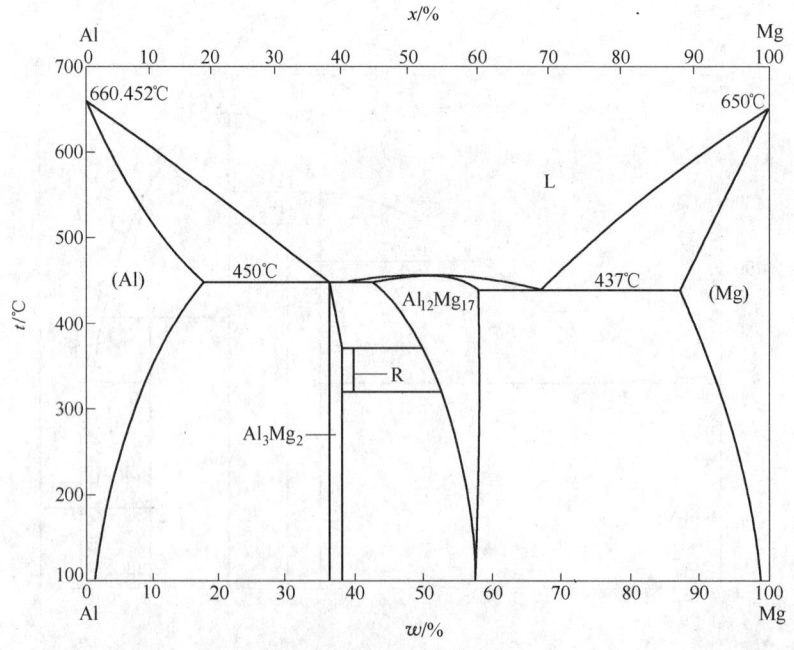

图 2 - 2 - 34

Al-Mn 相图(图 2 - 2 - 35)

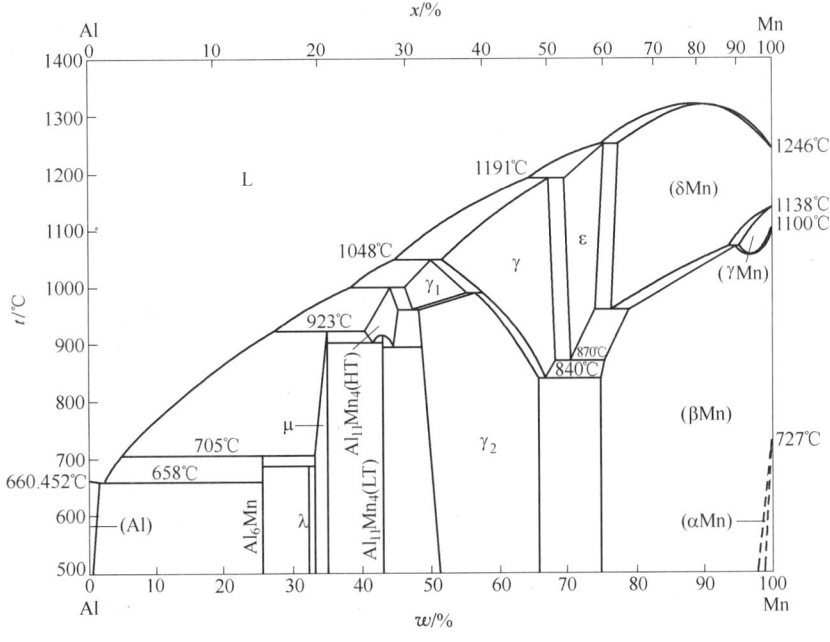

图 2 - 2 - 35

Al-Sr 相图(图 2 - 2 - 36)

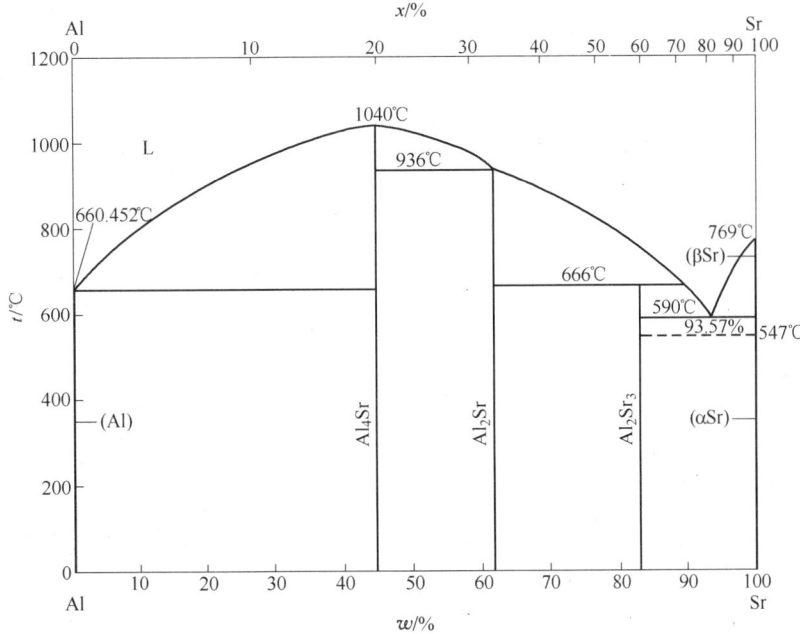

图 2 - 2 - 36

Al-Ti 相图(图 2 - 2 - 37)

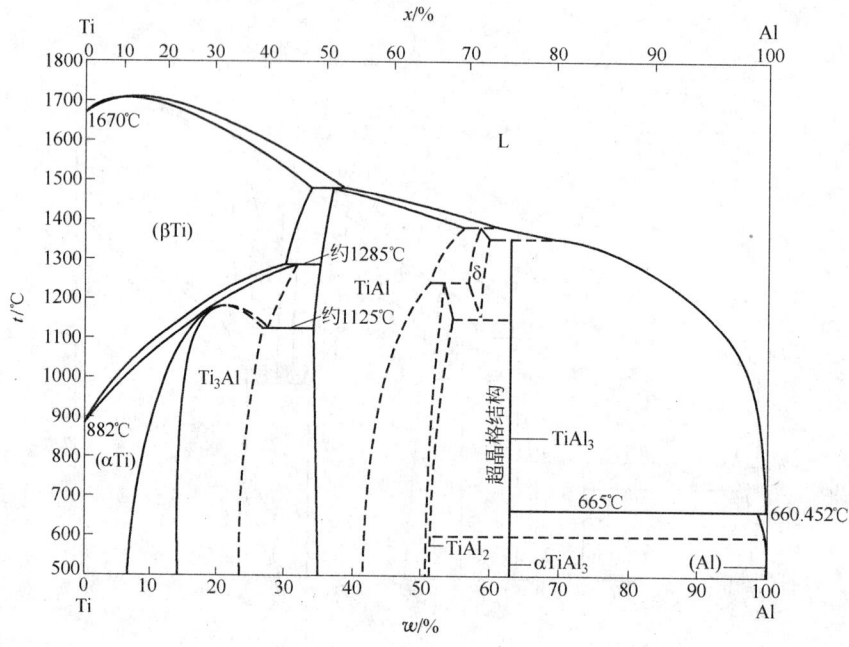

图 2 - 2 - 37

Al-V 相图(图 2 - 2 - 38)

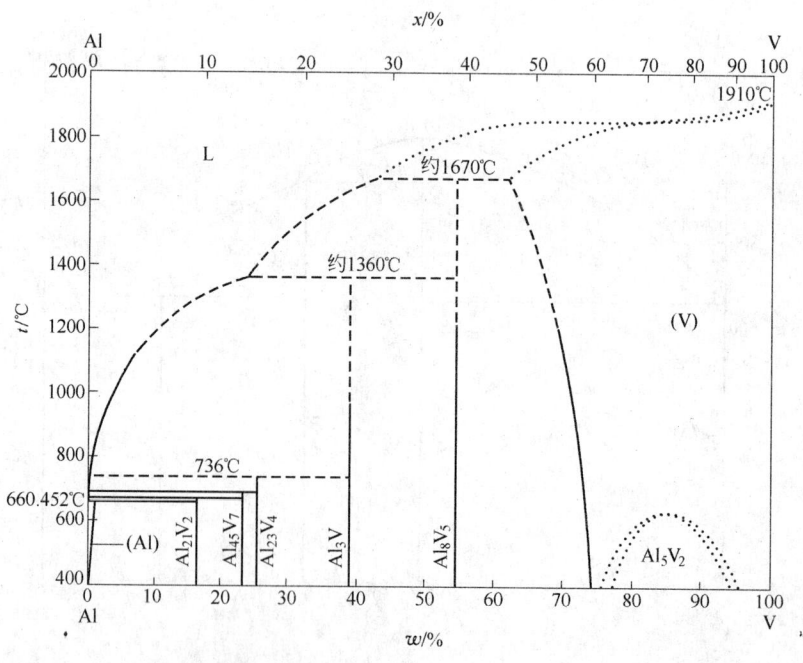

图 2 - 2 - 38

## 三、含 Ba 的相图

Ba-Cu 相图（图 2 - 2 - 39）

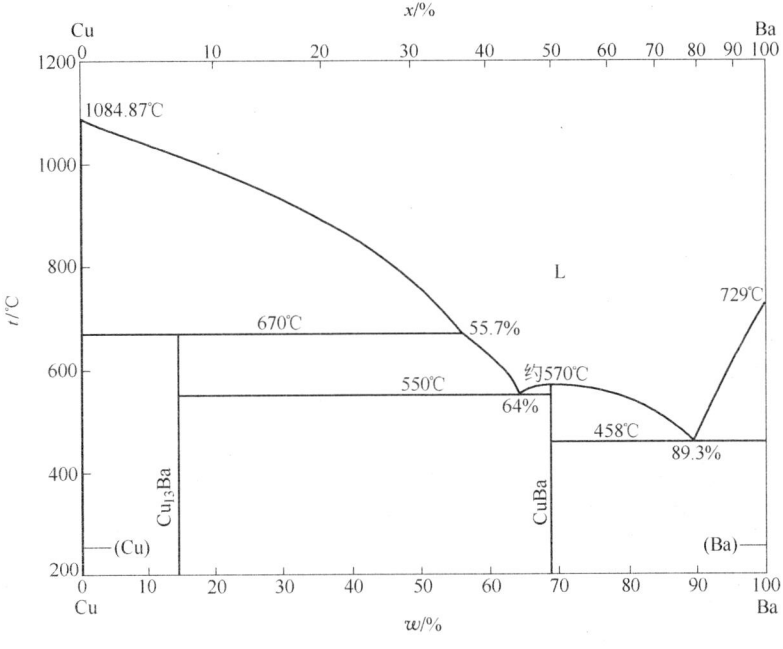

图 2 - 2 - 39

Ba-Mg 相图（图 2 - 2 - 40）

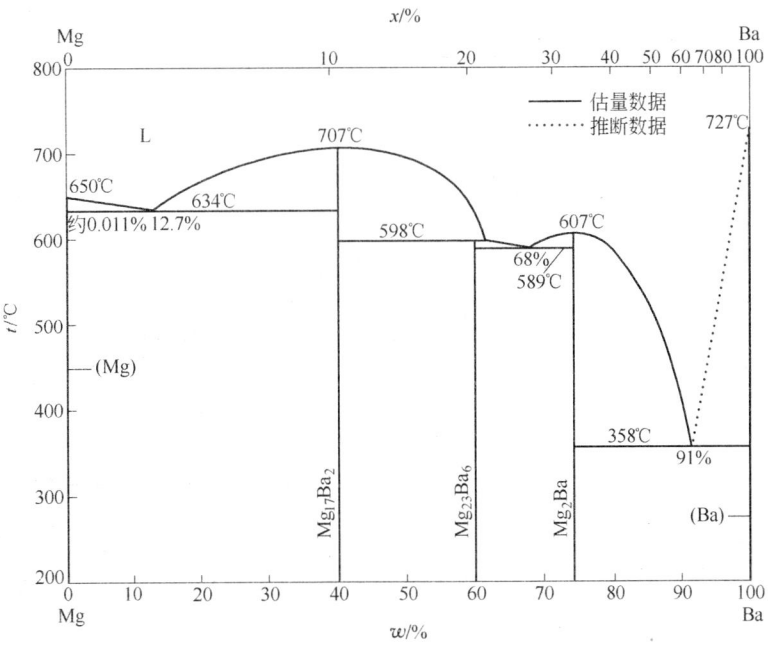

图 2 - 2 - 40

Ba-Mn 相图(图 2 - 2 - 41)

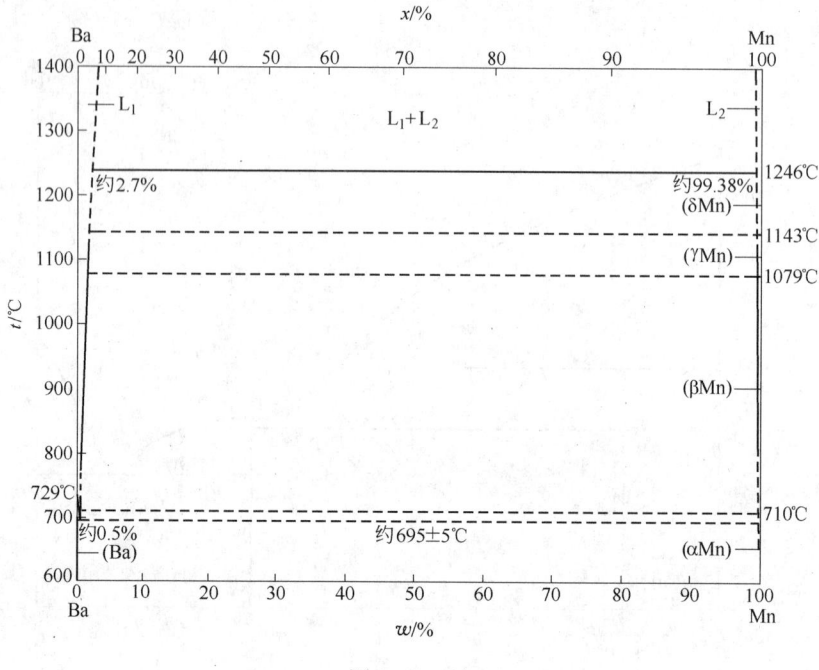

图 2 - 2 - 41

Ba-Pb 相图(图 2 - 2 - 42)

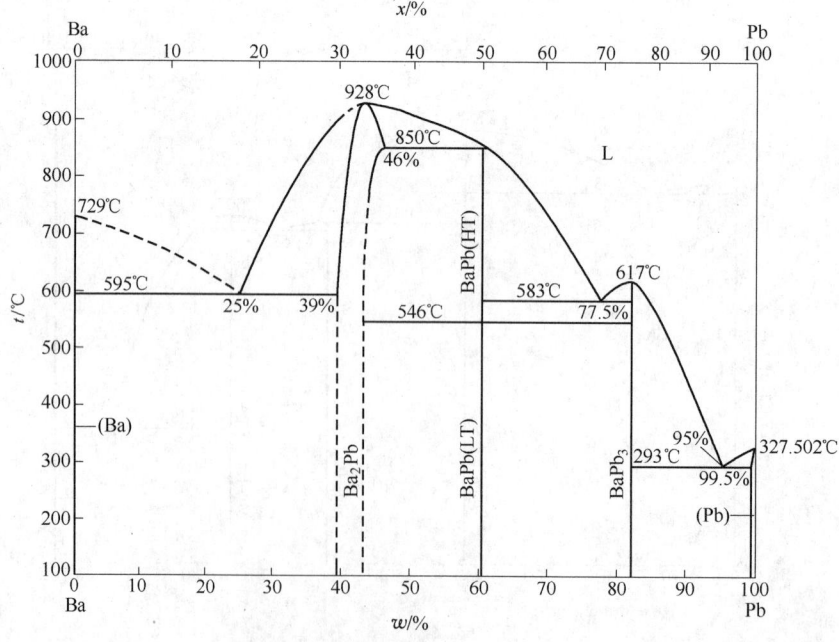

图 2 - 2 - 42

Ba-Se 相图(图 2 - 2 - 43)

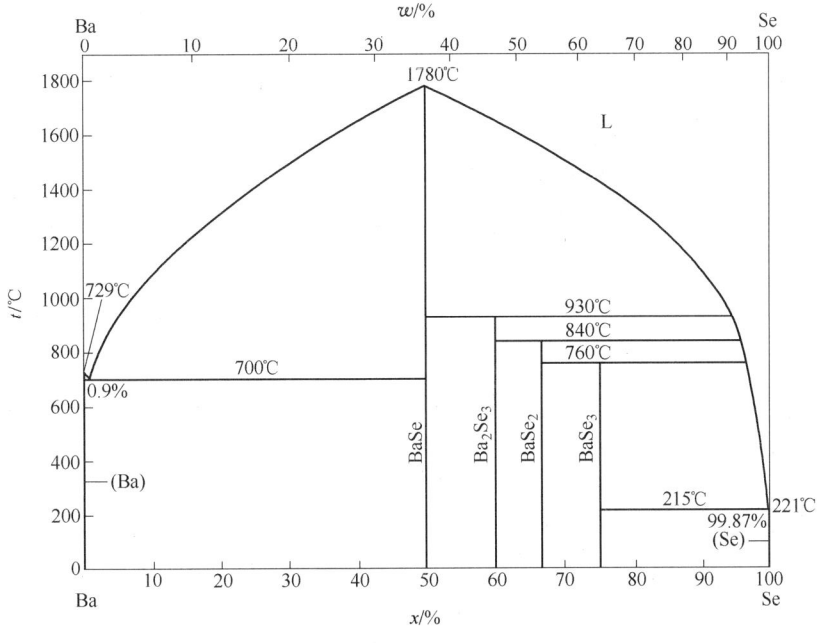

图 2 - 2 - 43

Ba-Sn 相图(图 2 - 2 - 44)

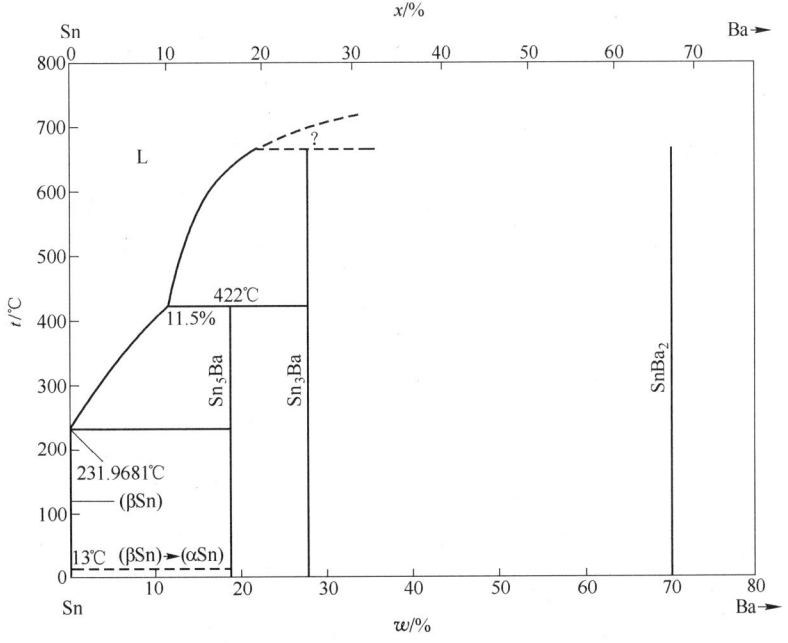

图 2 - 2 - 44

Ba-Sr 相图(图 2 - 2 - 45)

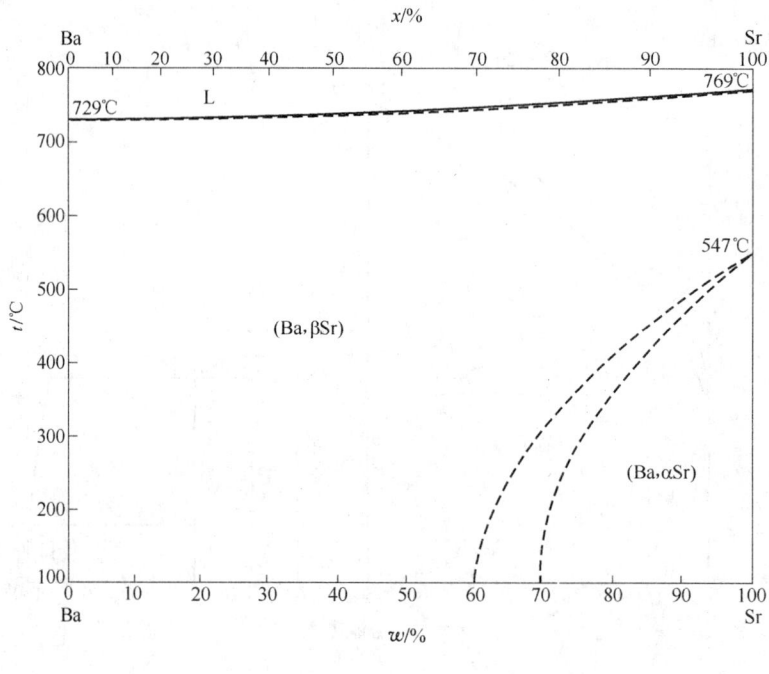

图 2 - 2 - 45

Ba-Ti 相图(图 2 - 2 - 46)

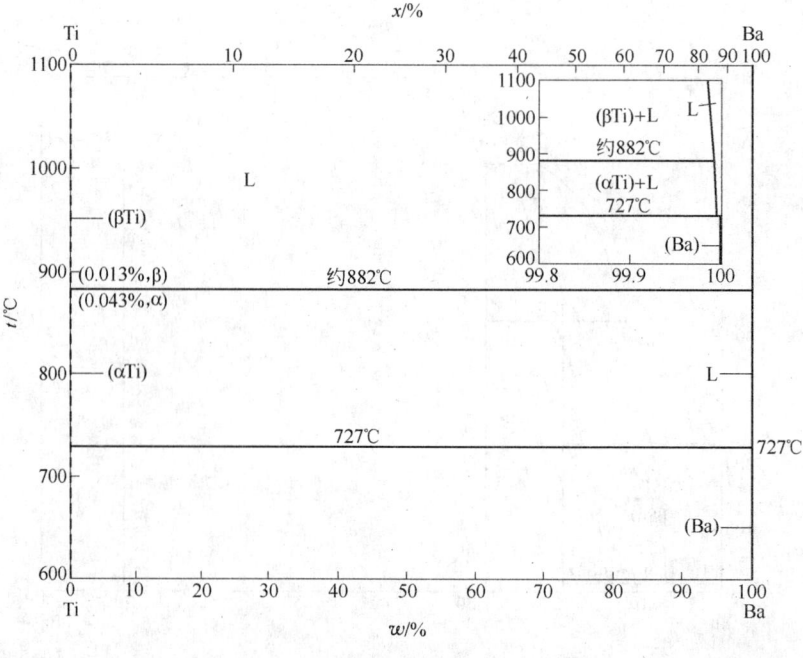

图 2 - 2 - 46

Ba-V 相图（图 2 - 2 - 47）

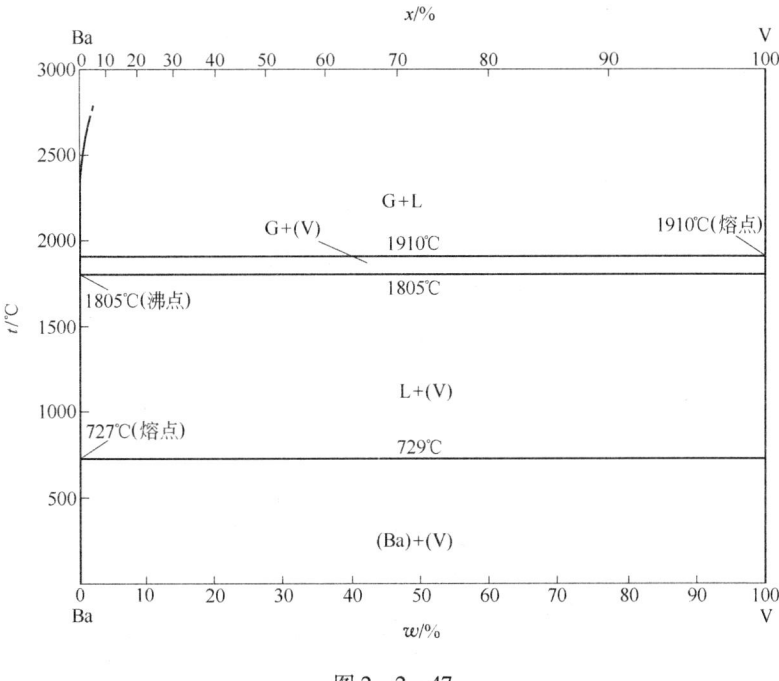

图 2 - 2 - 47

# 四、含 C 的相图

C-Al 相图（图 2 - 2 - 48）

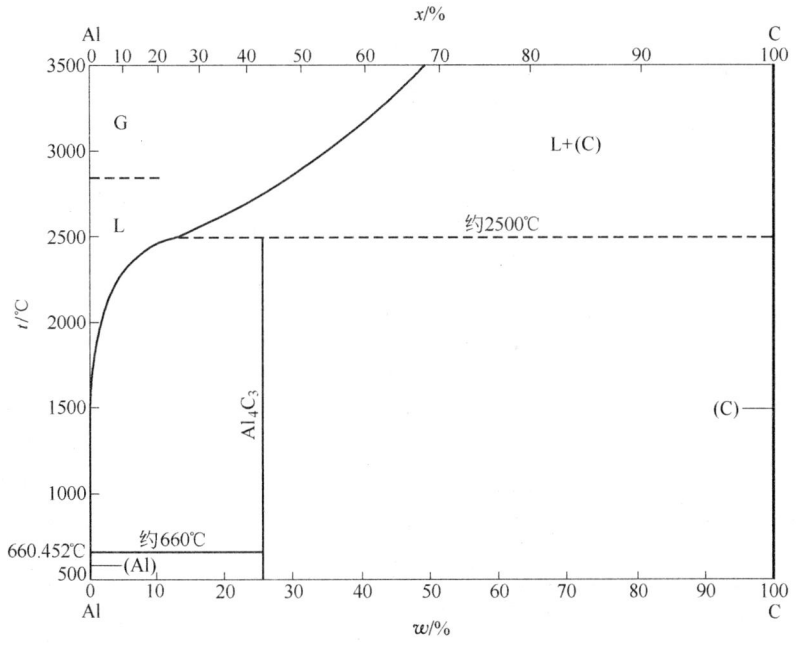

图 2 - 2 - 48

C-Ce 相图（图 2 - 2 - 49）

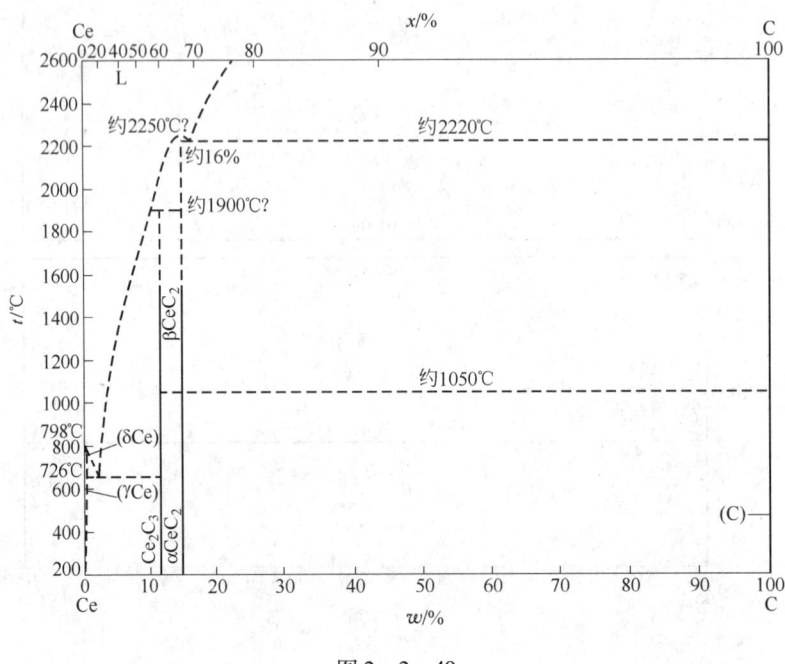

图 2 - 2 - 49

C-Cr 相图（图 2 - 2 - 50）

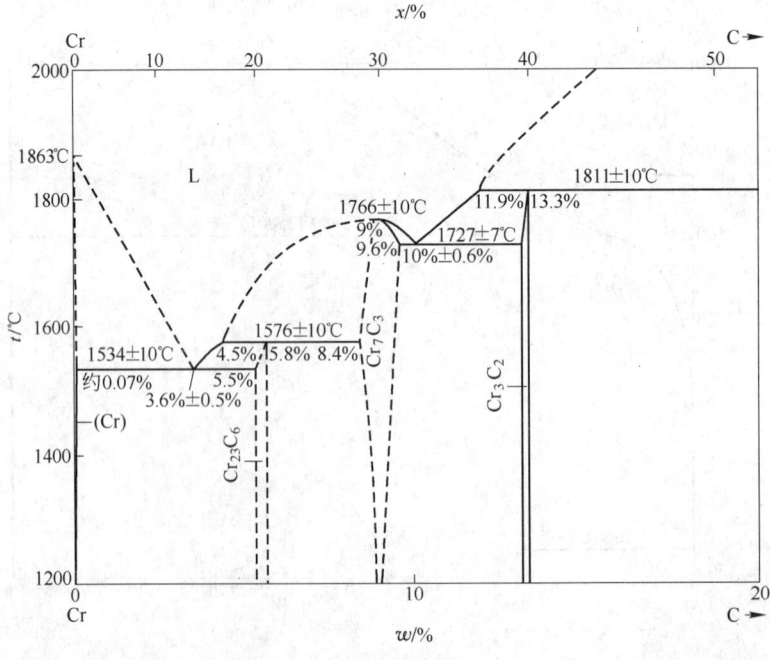

图 2 - 2 - 50

C-Fe 相图(图 2-2-51)

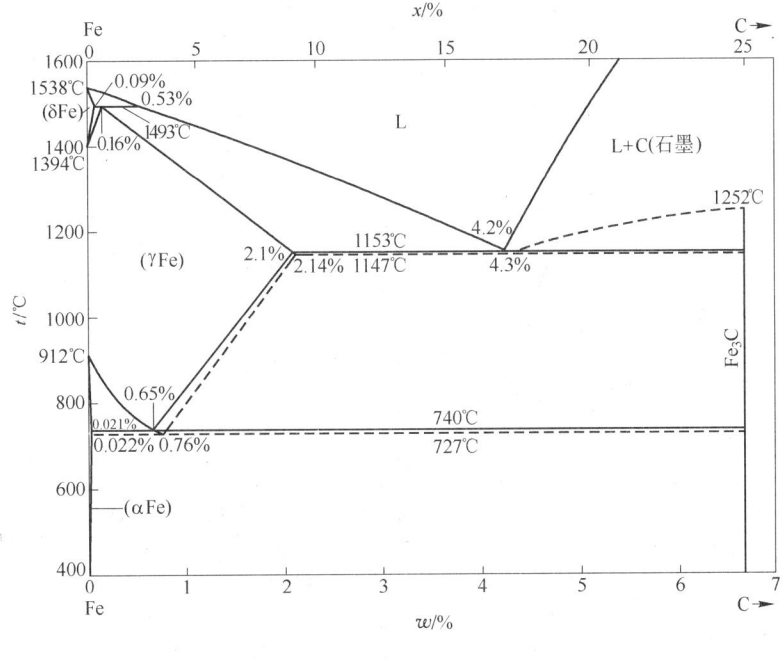

图 2-2-51

C-La 相图(图 2-2-52)

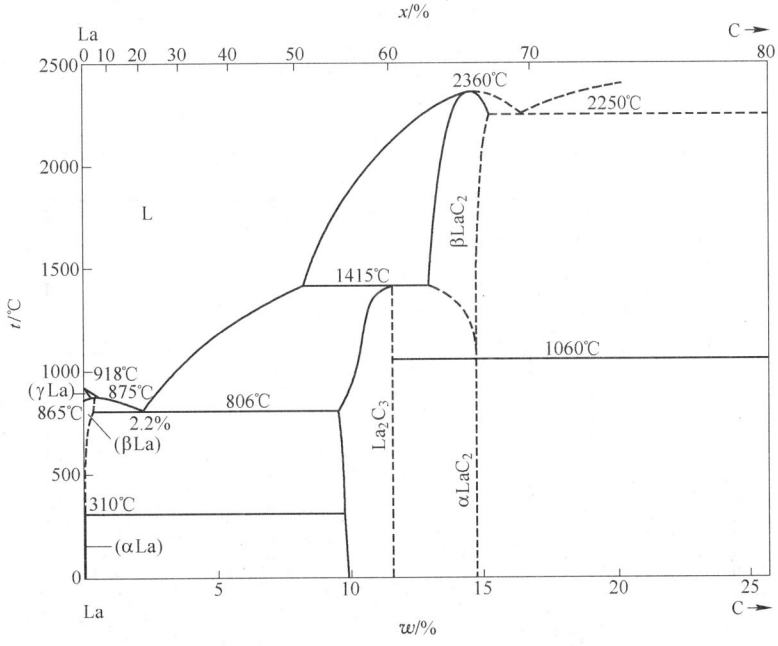

图 2-2-52

C-Mn 相图(图 2 - 2 - 53)

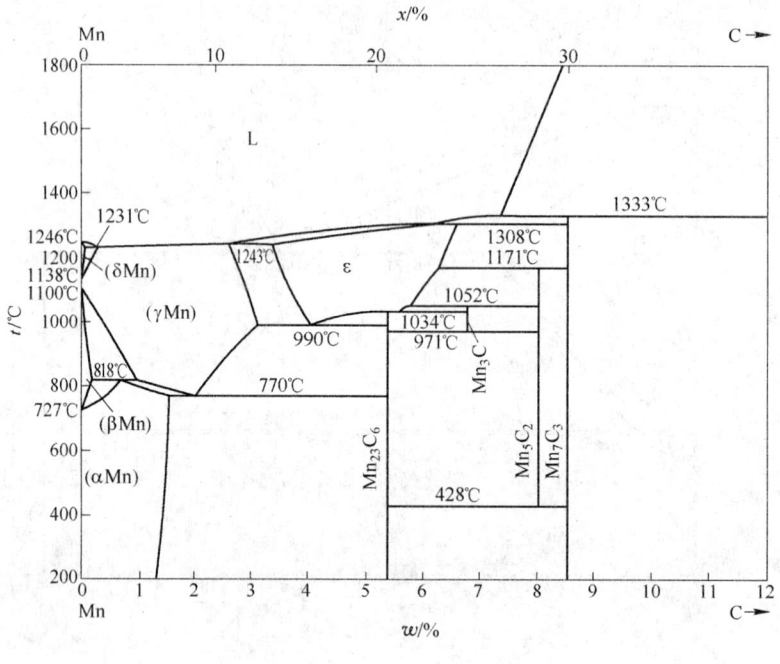

图 2 - 2 - 53

C-Si 相图(图 2 - 2 - 54)

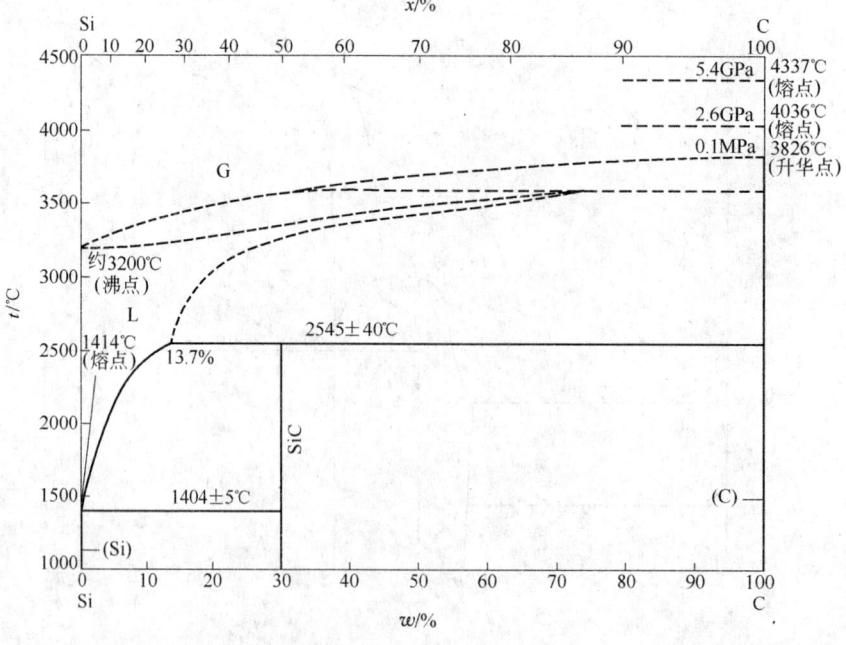

图 2 - 2 - 54

C-Ti 相图(图 2 - 2 - 55)

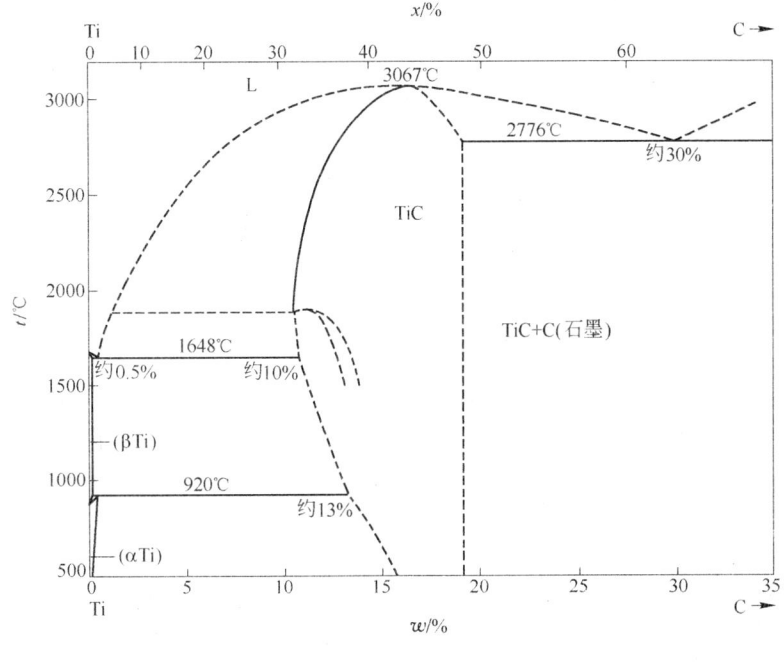

图 2 - 2 - 55

C-V 相图(图 2 - 2 - 56)

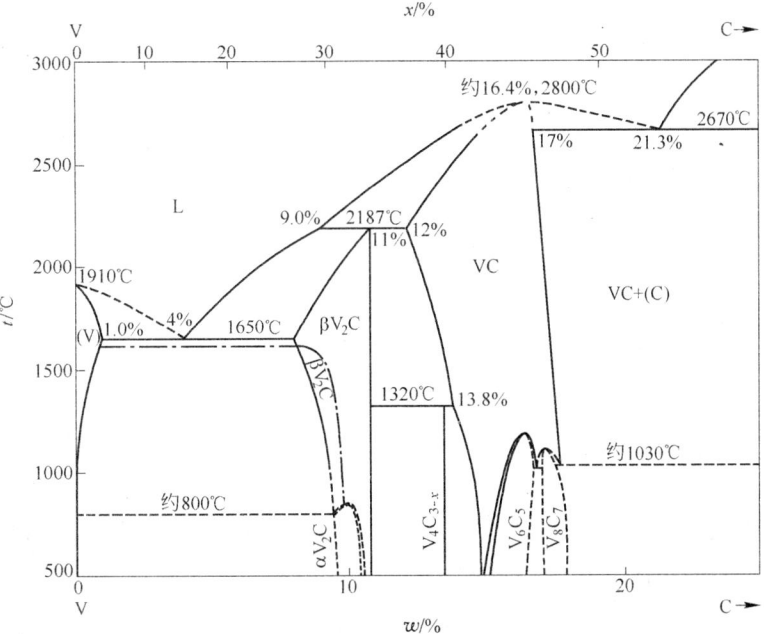

图 2 - 2 - 56

C-W 相图(图 2 − 2 − 57)

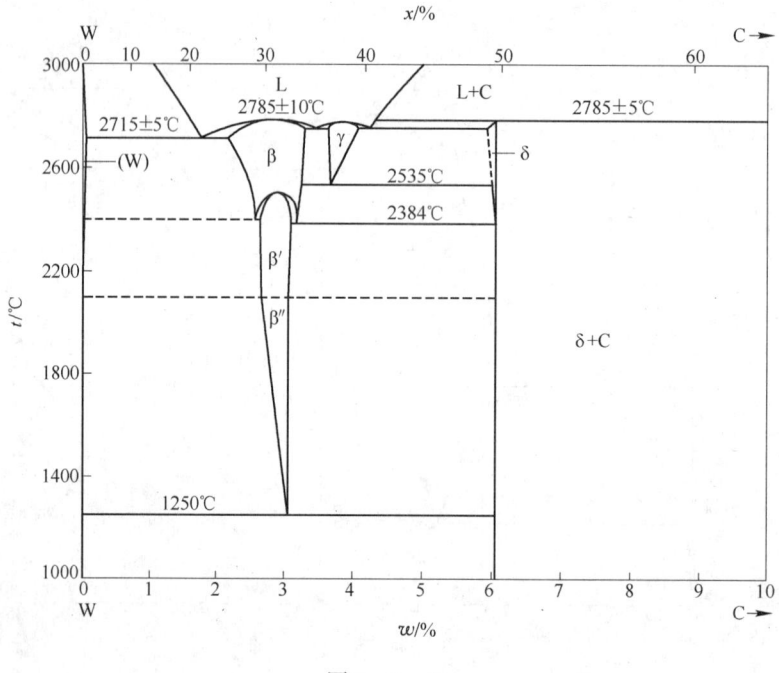

图 2 − 2 − 57

## 五、含 Ca 的相图

Ca-B 相图(图 2 − 2 − 58)

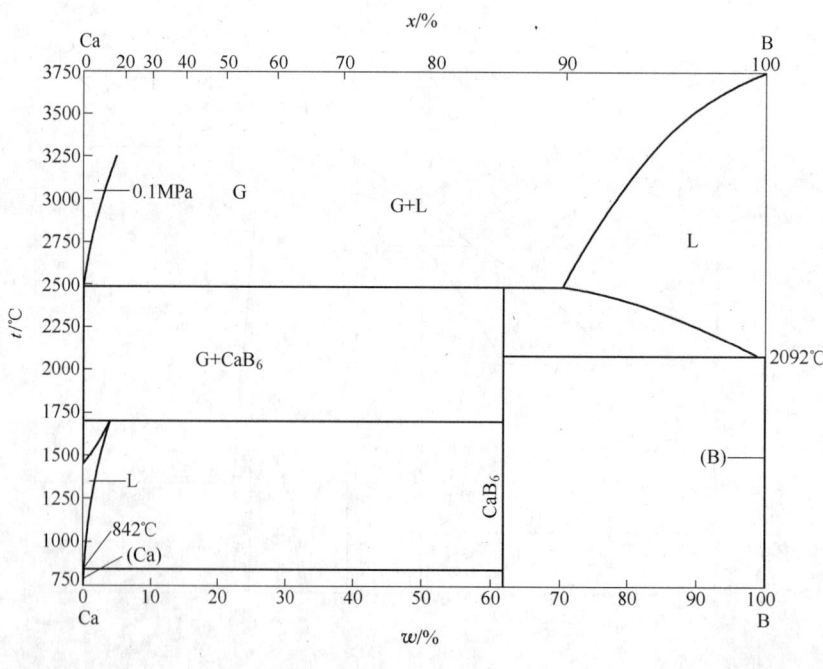

图 2 − 2 − 58

Ca-Ba 相图(图 2 - 2 - 59)

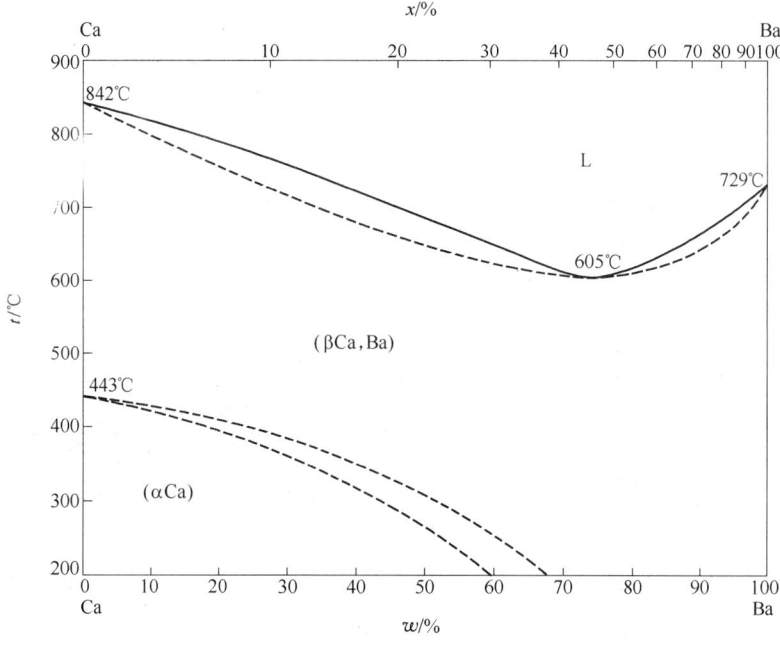

图 2 - 2 - 59

Ca-Ce 相图(图 2 - 2 - 60)

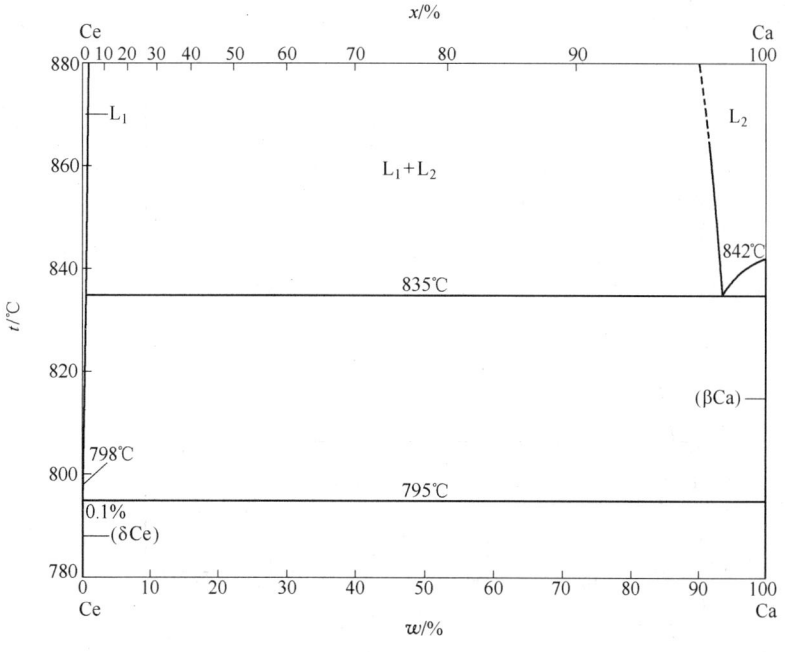

图 2 - 2 - 60

Ca-Cu 相图(图 2 – 2 – 61)

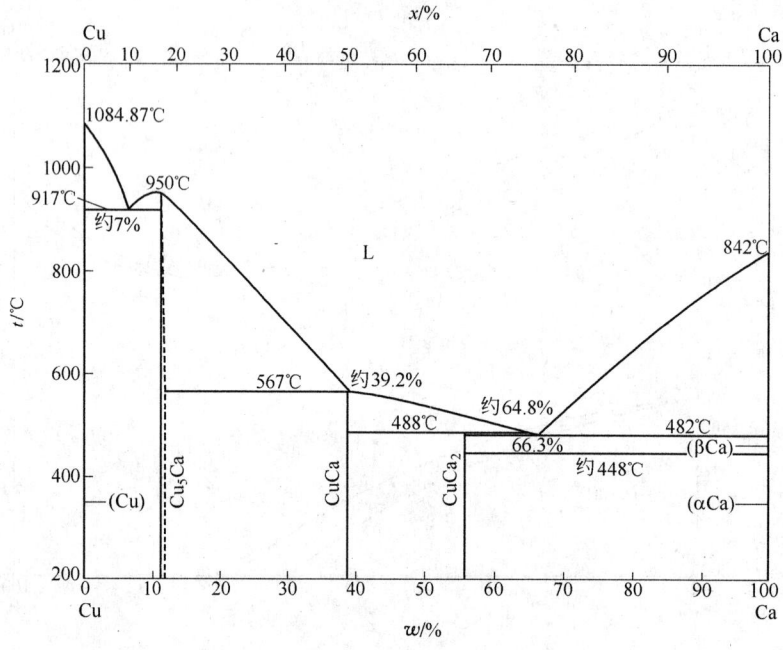

图 2 – 2 – 61

Ca-F 相图(图 2 – 2 – 62)

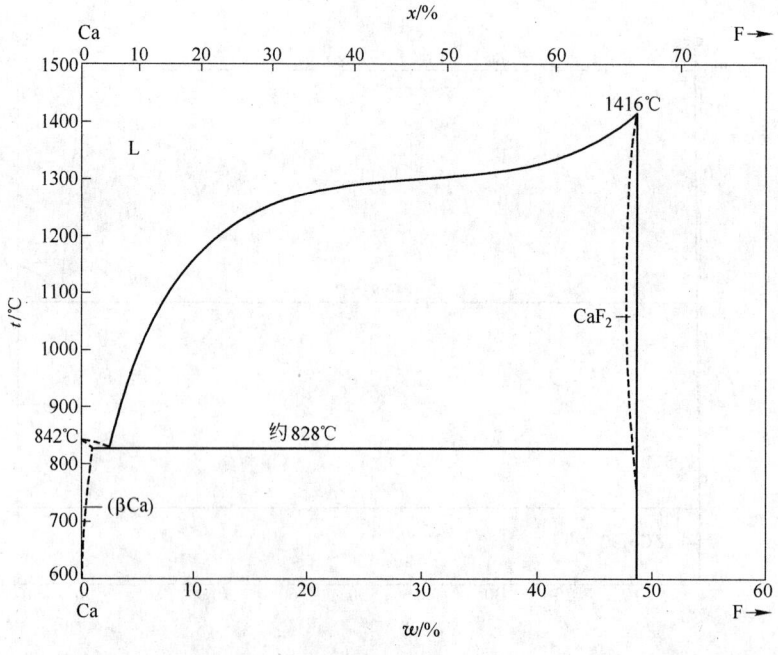

图 2 – 2 – 62

Ca-Mg 相图(图 2 - 2 - 63)

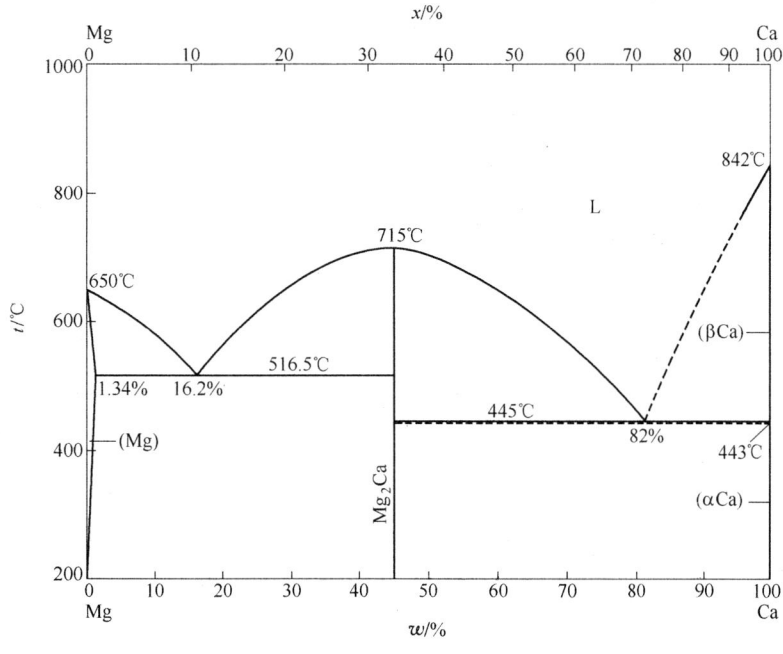

图 2 - 2 - 63

Ca-Mn 相图(图 2 - 2 - 64)

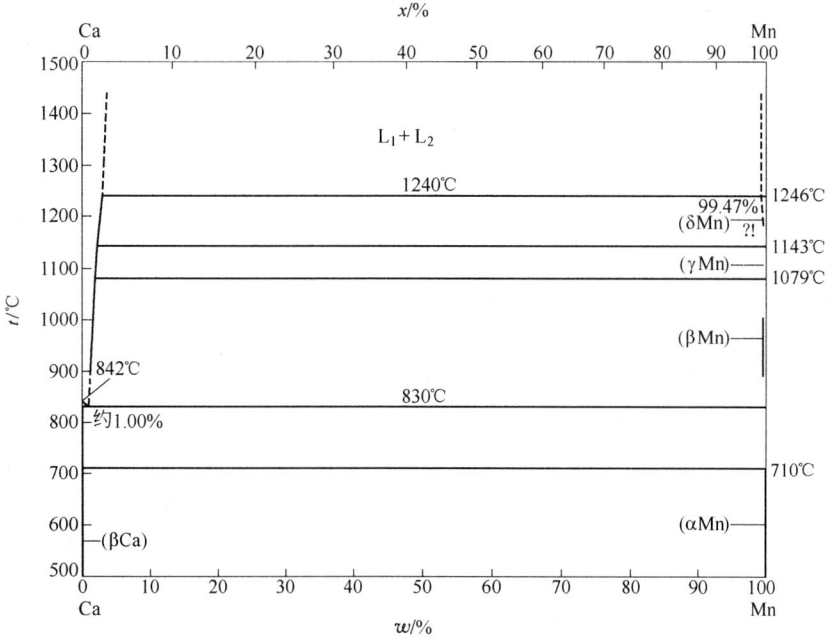

图 2 - 2 - 64

Ca-Pb 相图(图 2 - 2 - 65)

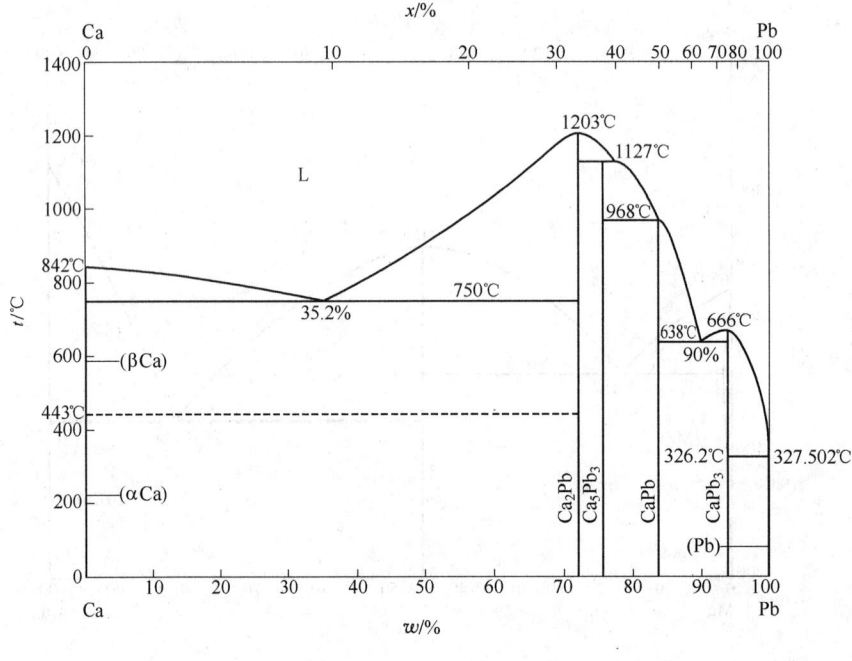

图 2 - 2 - 65

Ca-Sb 相图(图 2 - 2 - 66)

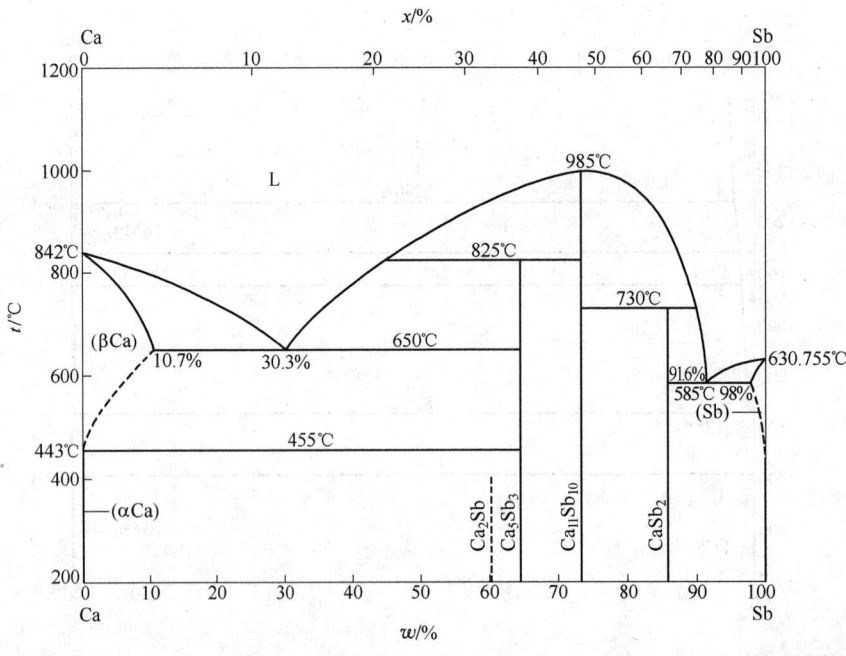

图 2 - 2 - 66

Ca-Si 相图(图 2 - 2 - 67)

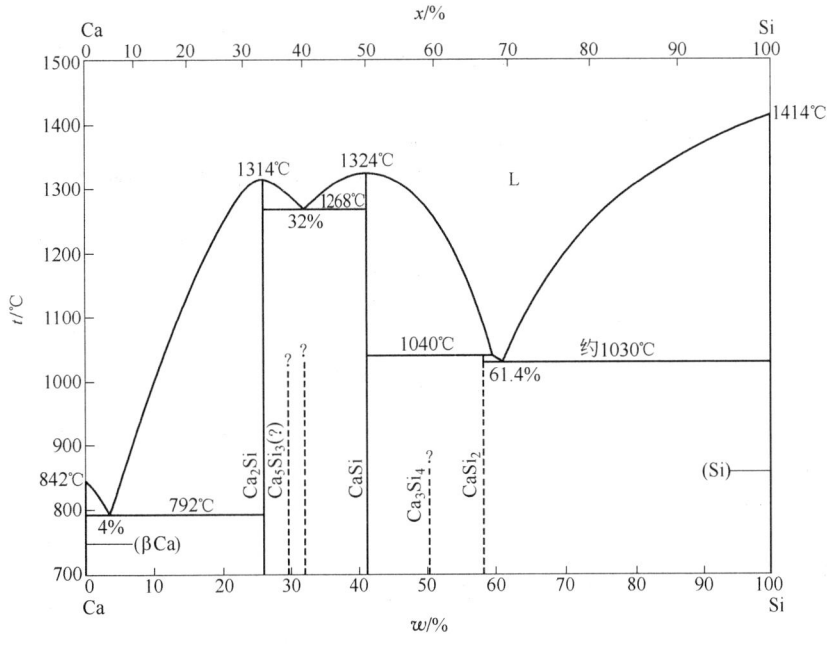

图 2 - 2 - 67

Ca-Sn 相图(图 2 - 2 - 68)

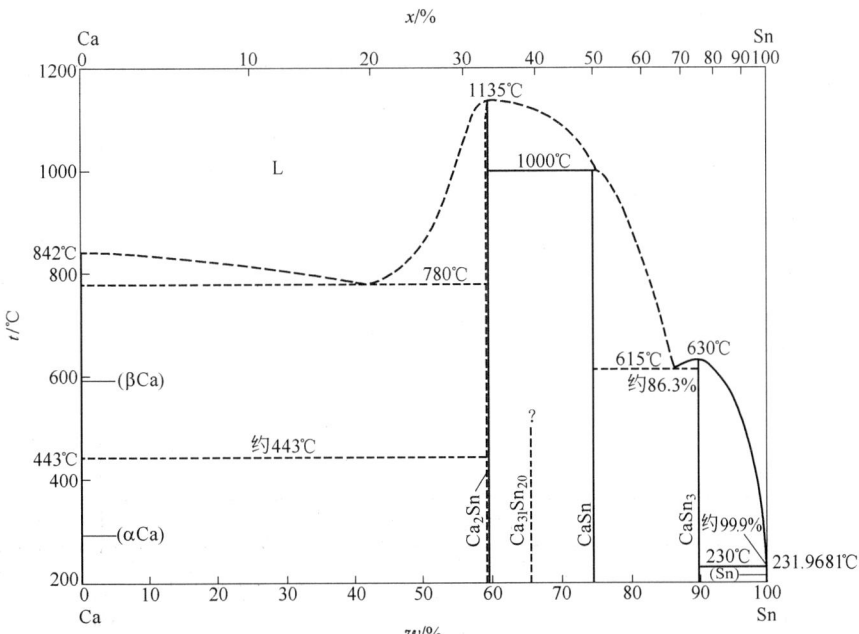

图 2 - 2 - 68

Ca-Sr 相图(图 2 - 2 - 69)

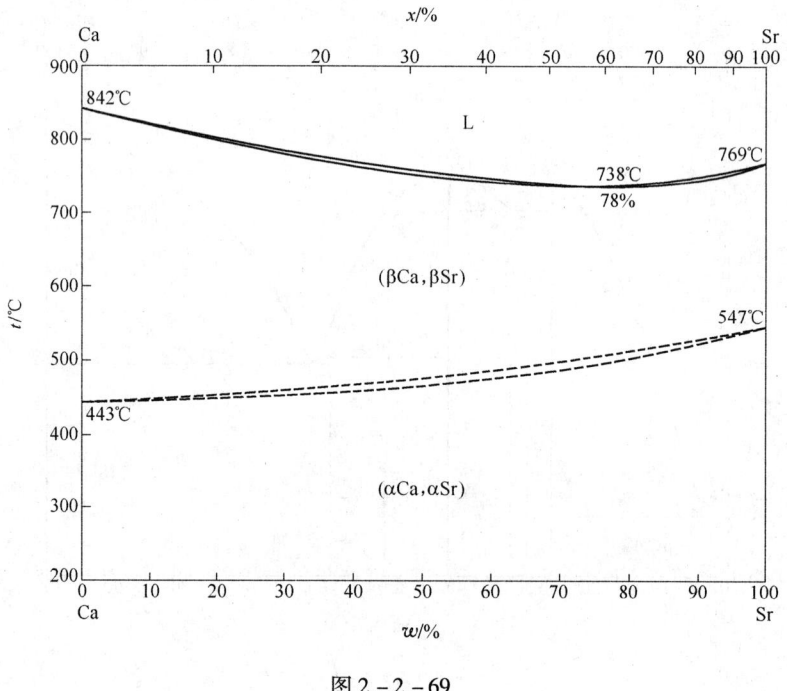

图 2 - 2 - 69

Ca-Ti 相图(图 2 - 2 - 70)

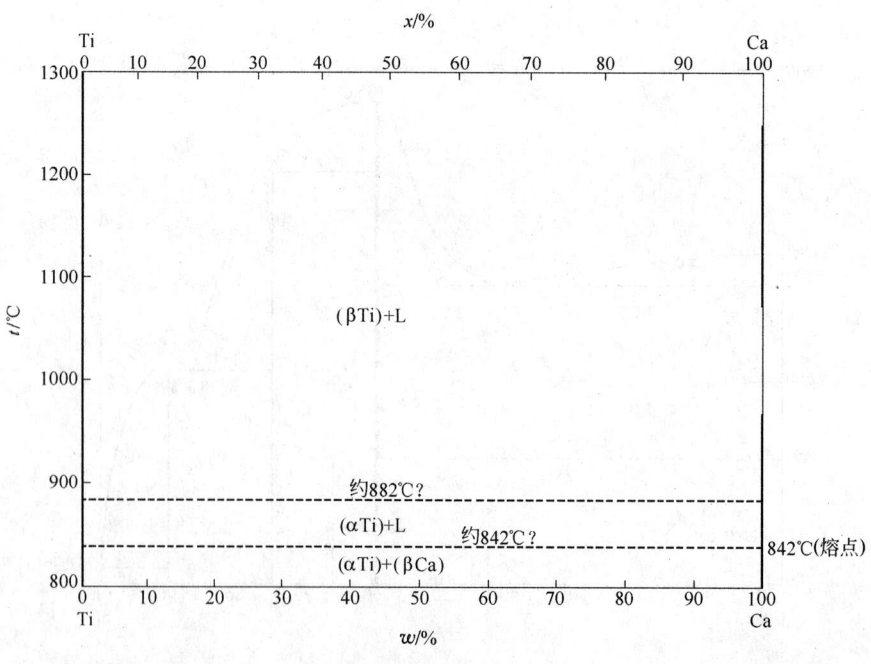

图 2 - 2 - 70

Ca-V 相图（图2-2-71）

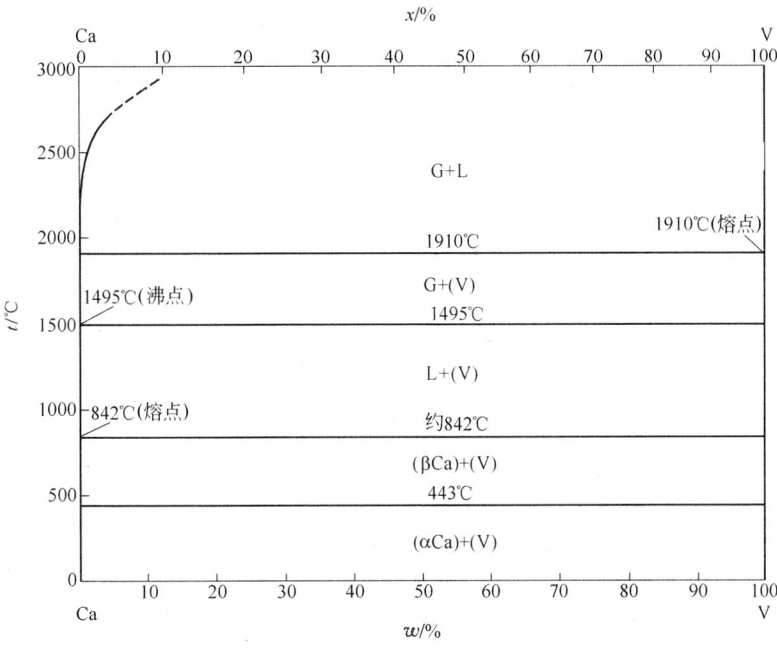

图 2-2-71

## 六、含 H 的相图

H-Ca 相图（图2-2-72）

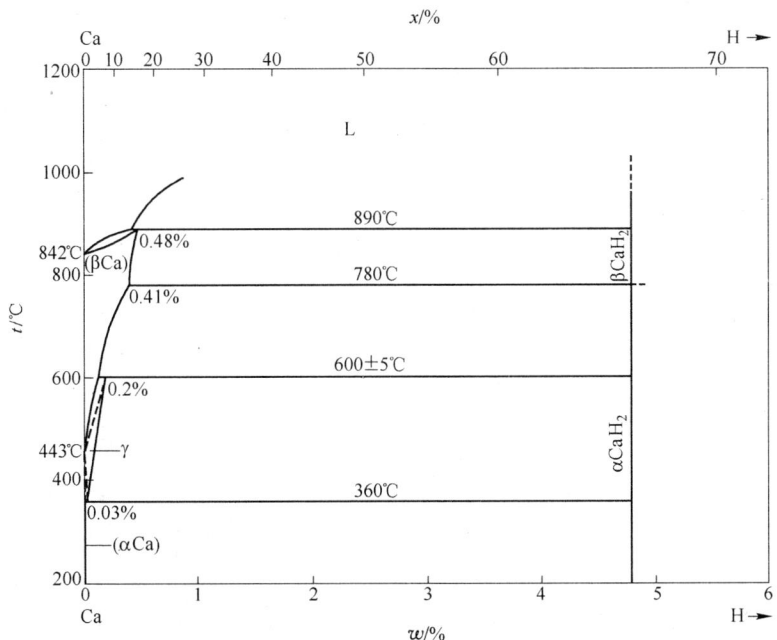

图 2-2-72

H-Ce 相图(图 2 - 2 - 73)

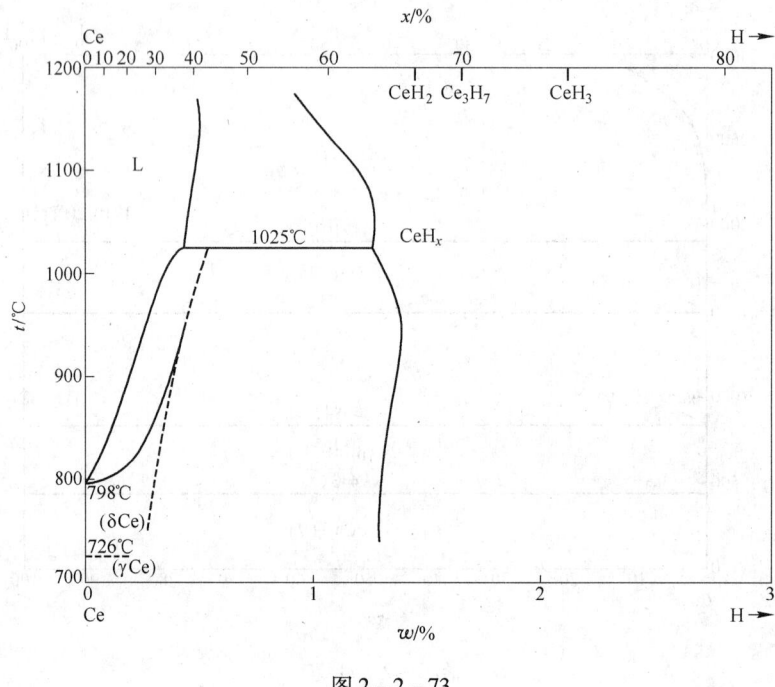

图 2 - 2 - 73

H-Ba 相图(图 2 - 2 - 74)

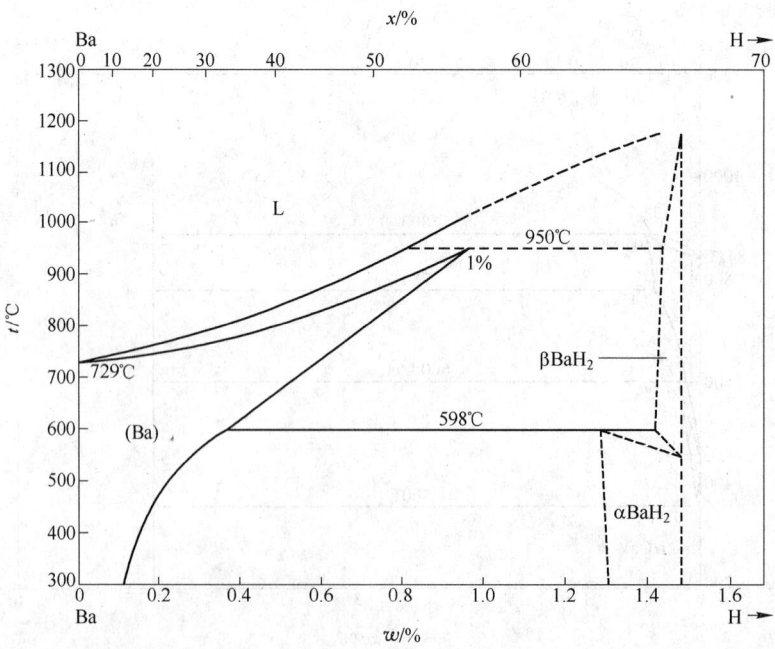

图 2 - 2 - 74

H-Cr 相图(图 2 - 2 - 75)

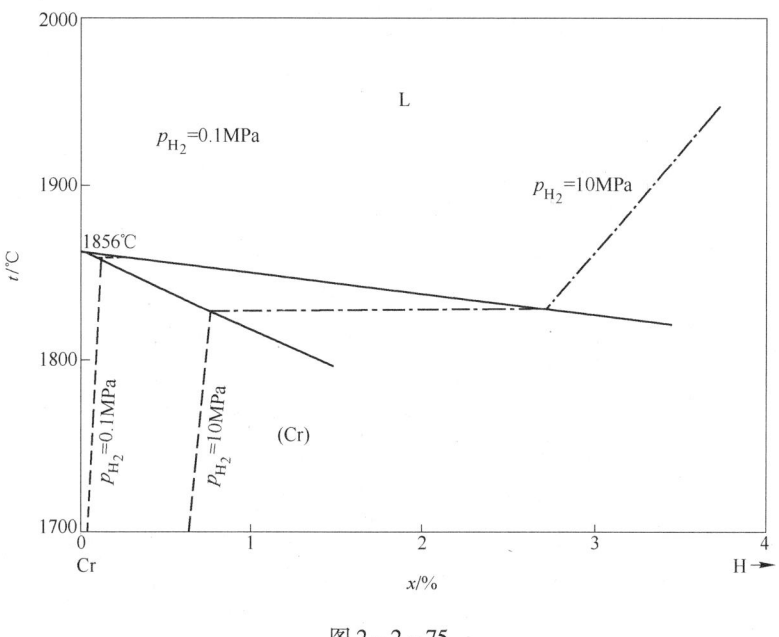

图 2 - 2 - 75

H-Ti 相图(图 2 - 2 - 76)

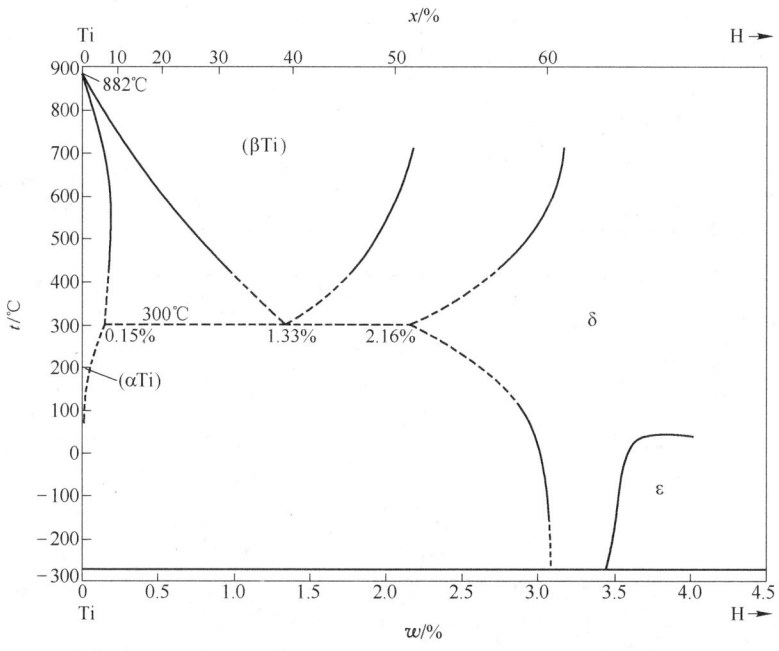

图 2 - 2 - 76

H-V 相图(图 2 - 2 - 77)

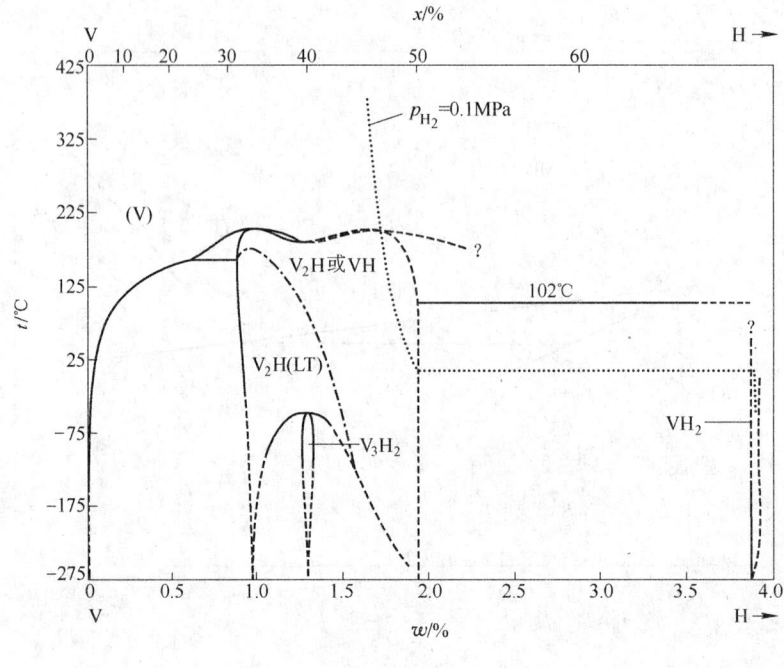

图 2 - 2 - 77

## 七、含 La 的相图

La-Ba 相图(图 2 - 2 - 78)

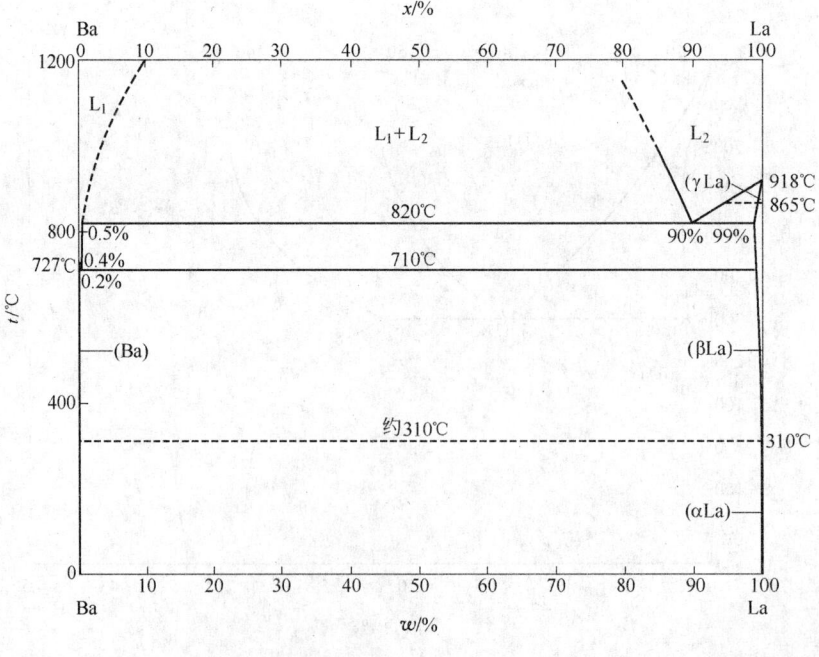

图 2 - 2 - 78

La-Ca 相图(图 2 - 2 - 79)

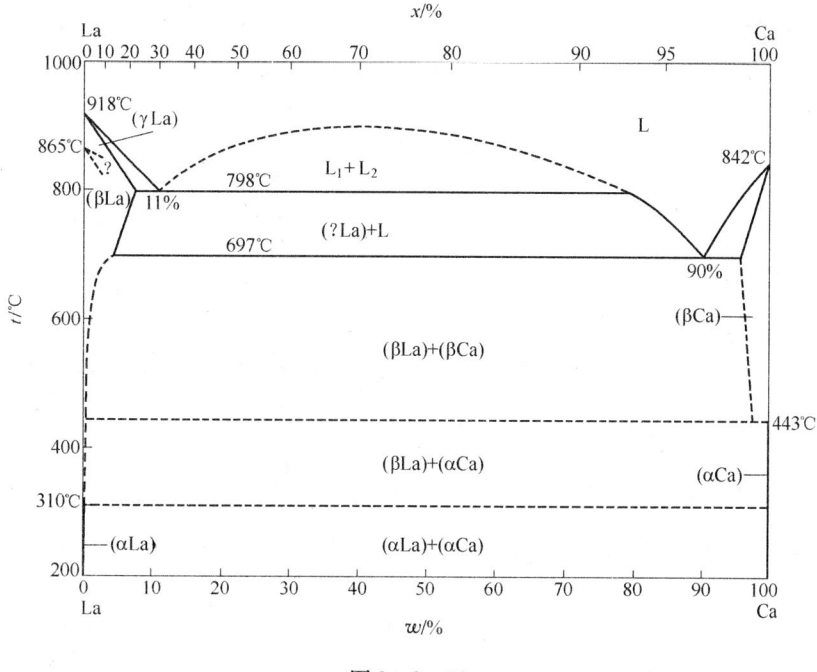

图 2 - 2 - 79

La-Ce 相图(图 2 - 2 - 80)

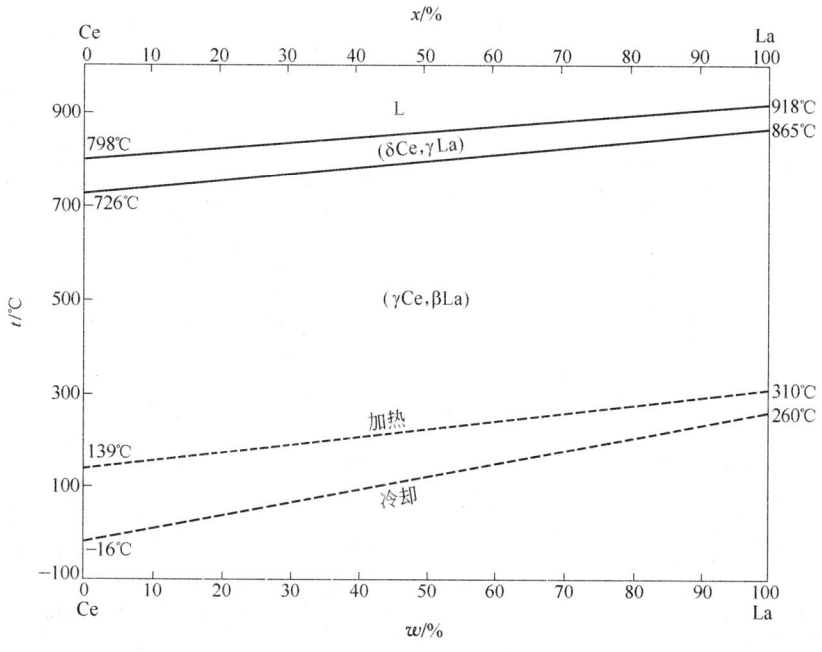

图 2 - 2 - 80

**La-Mg 相图(图 2 - 2 - 81)**

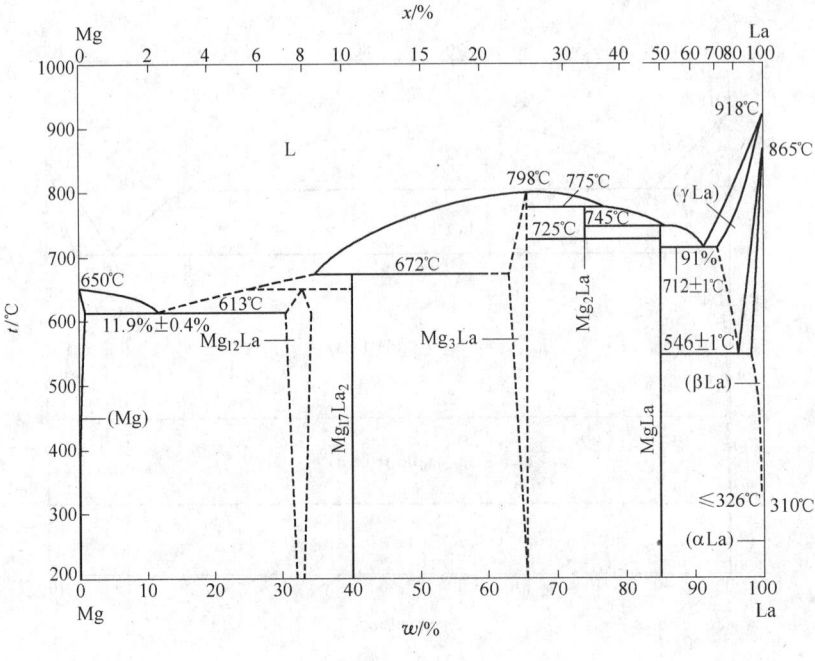

图 2 - 2 - 81

**La-Mn 相图(图 2 - 2 - 82)**

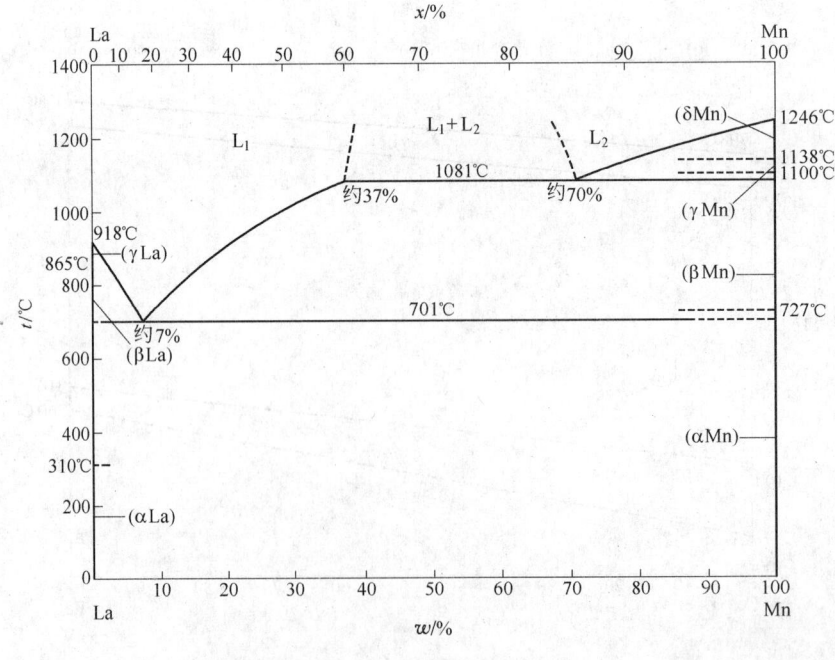

图 2 - 2 - 82

La-Pr 相图（图 2 - 2 - 83）

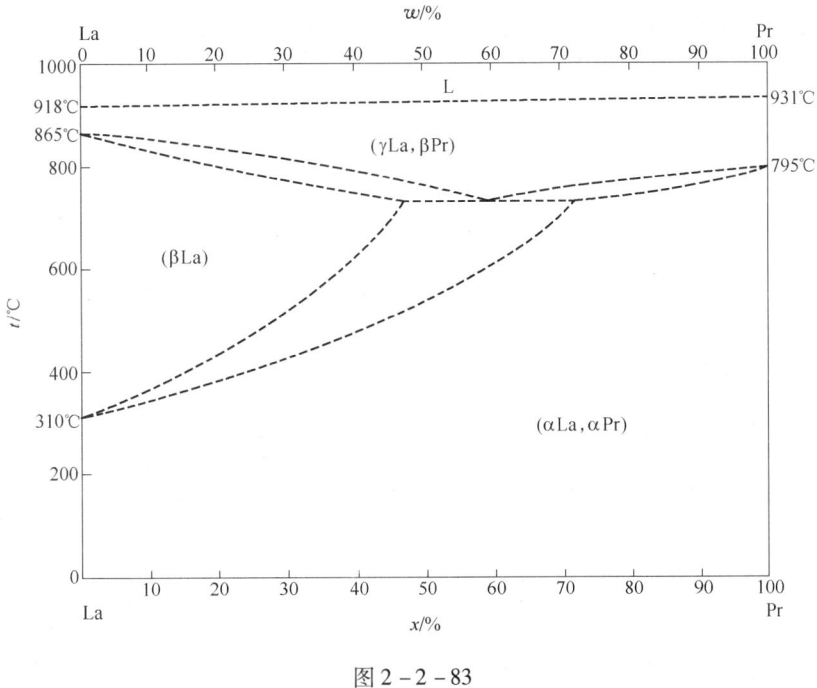

图 2 - 2 - 83

La-Ti 相图（图 2 - 2 - 84）

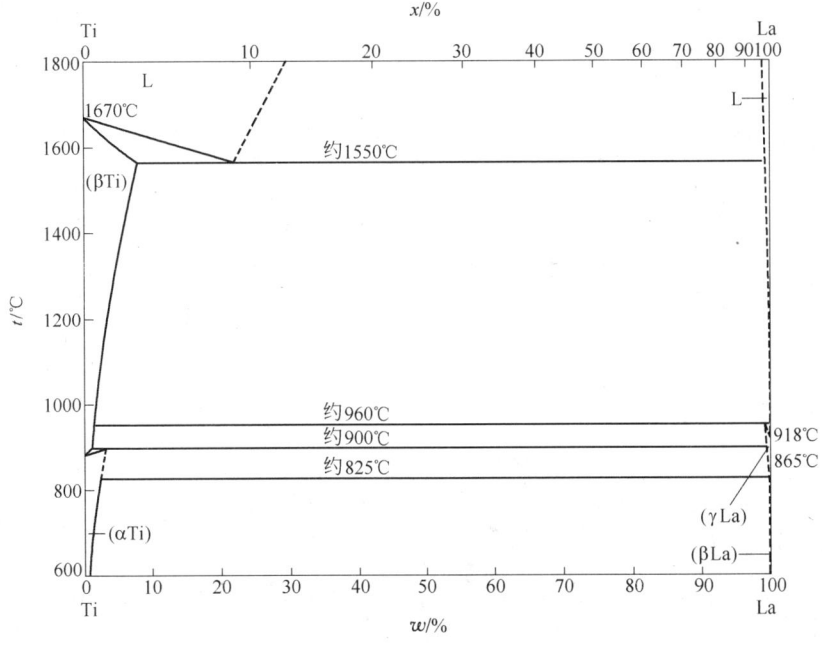

图 2 - 2 - 84

La-V 相图(图 2 - 2 - 85)

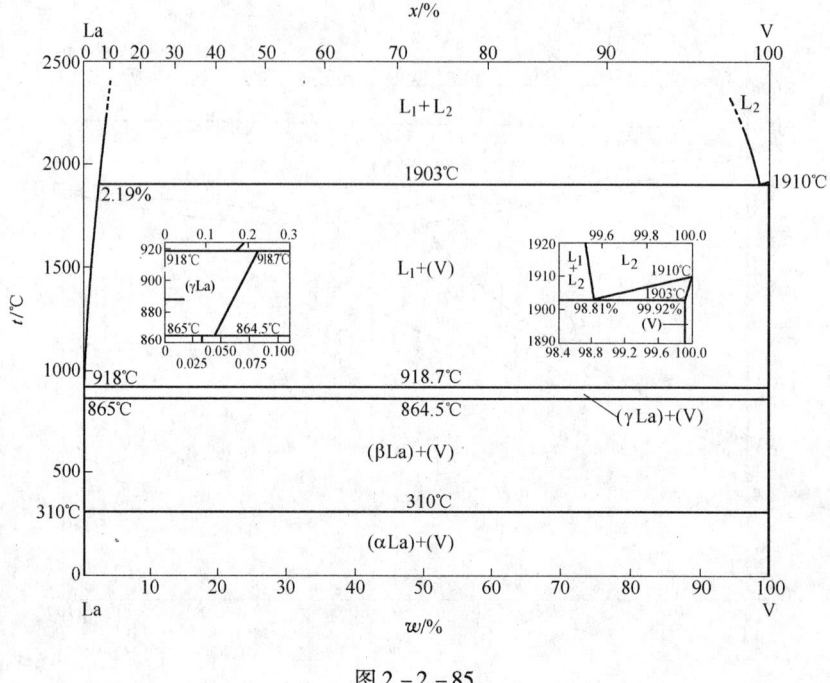

图 2 - 2 - 85

## 八、含 Mg 的相图

Mg-Mn 相图(图 2 - 2 - 86)

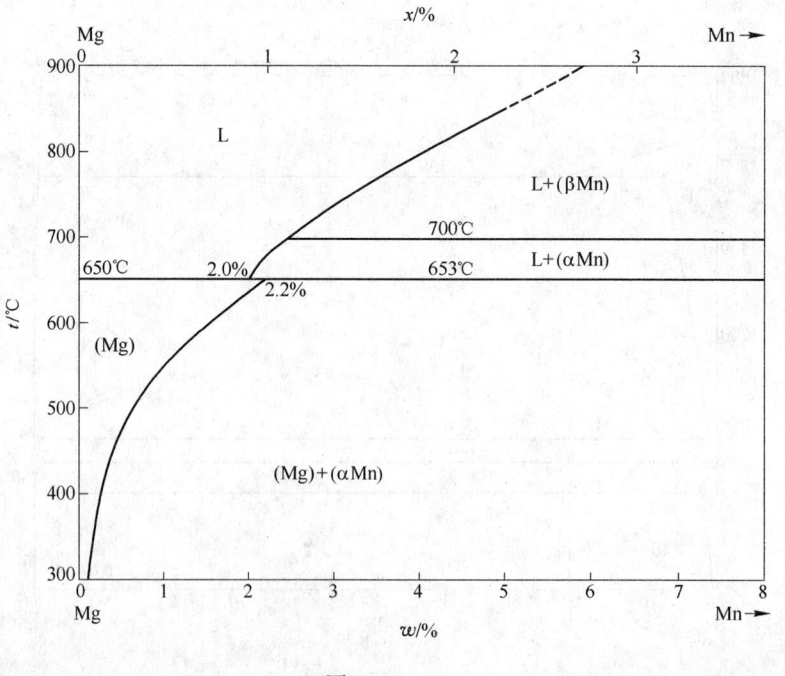

图 2 - 2 - 86

Mg-Sr 相图(图 2 - 2 - 87)

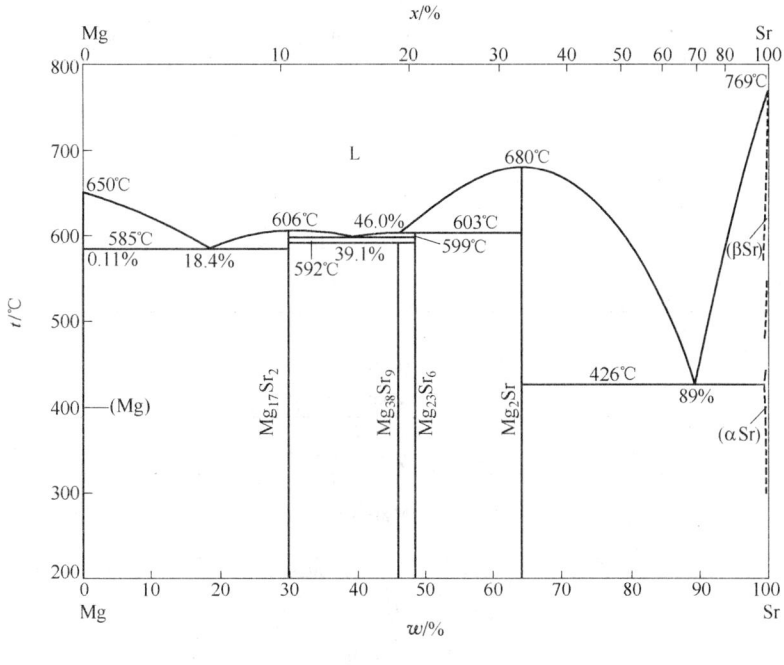

图 2 - 2 - 87

Mg-Ti 相图(图 2 - 2 - 88)

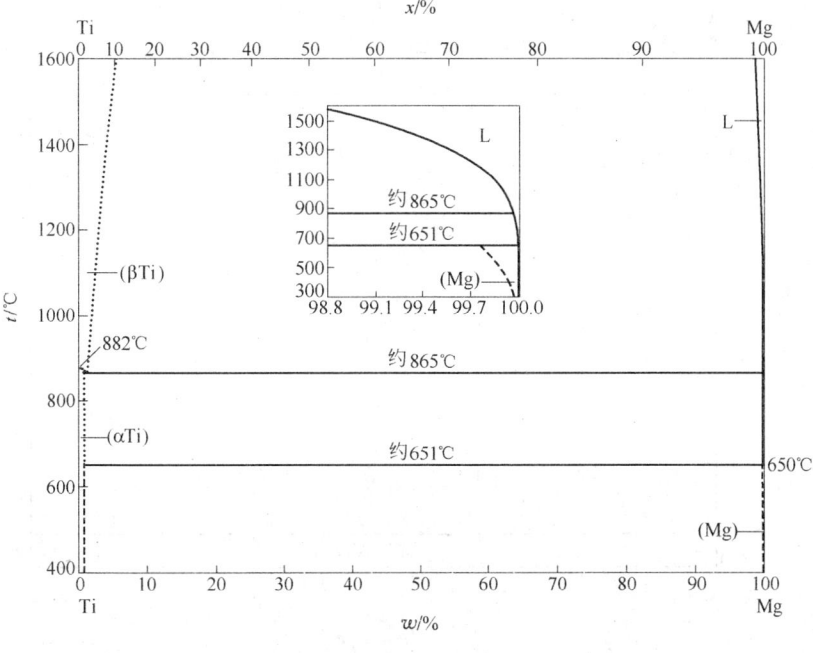

图 2 - 2 - 88

Mg-V 相图（图 2 - 2 - 89）

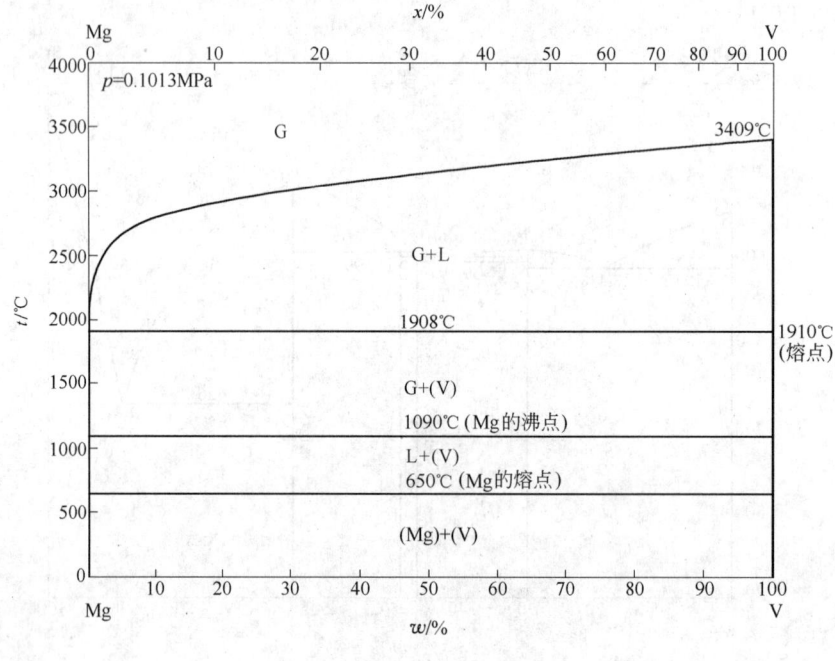

图 2 - 2 - 89

## 九、含 N 的相图

N-Al 相图（图 2 - 2 - 90）

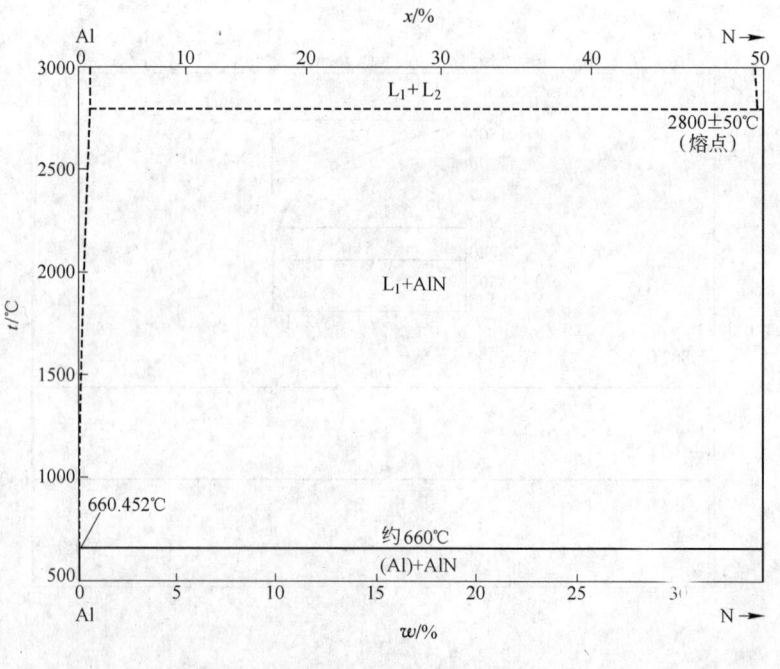

图 2 - 2 - 90

N-B 相图(图 2 - 2 - 91)

N-Ca 相图(图 2 - 2 - 92)

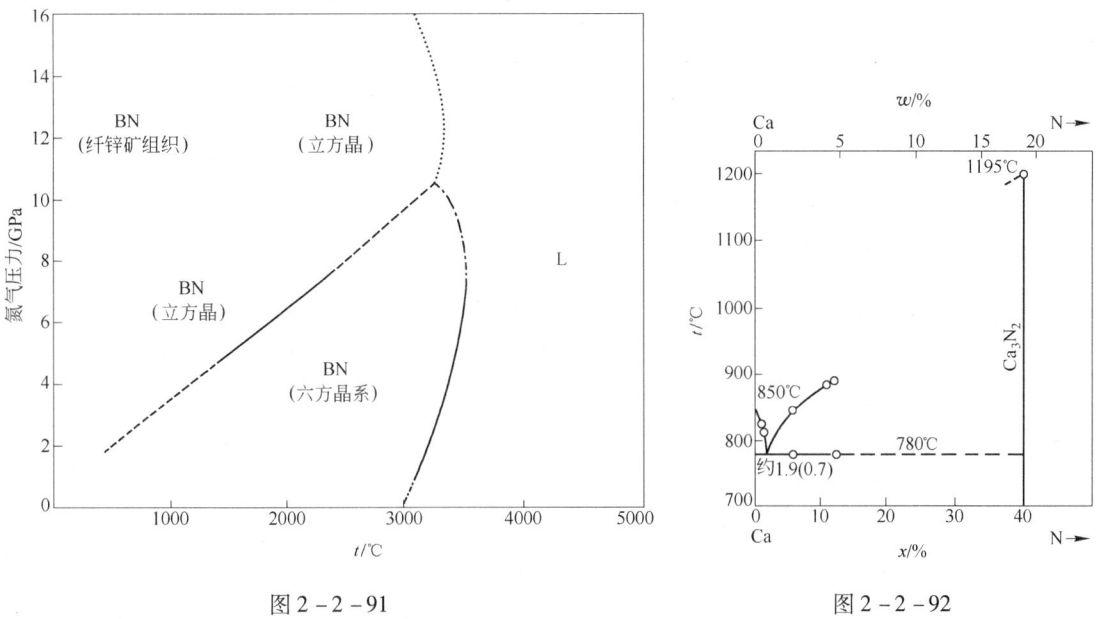

图 2 - 2 - 91 图 2 - 2 - 92

N-Ce 相图(图 2 - 2 - 93)

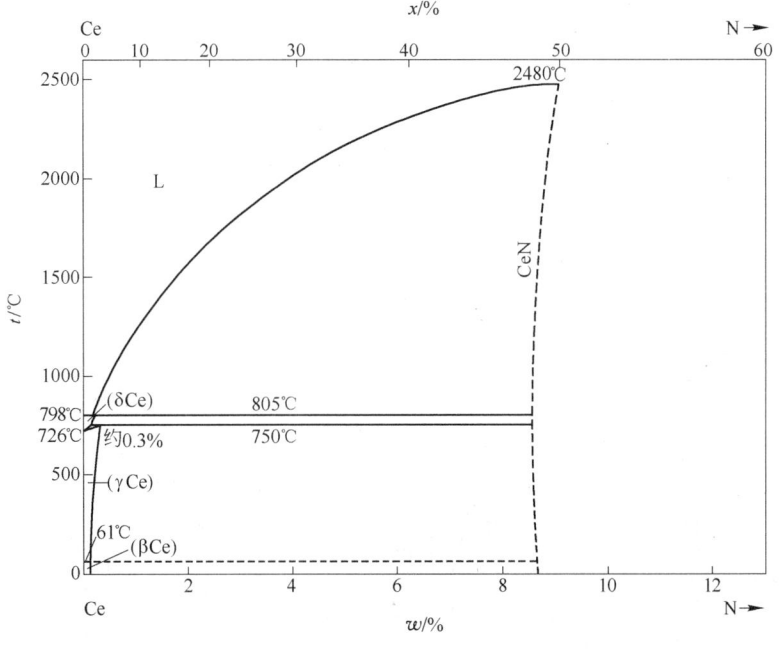

图 2 - 2 - 93

N-Mg 相图(图 2 - 2 - 94)

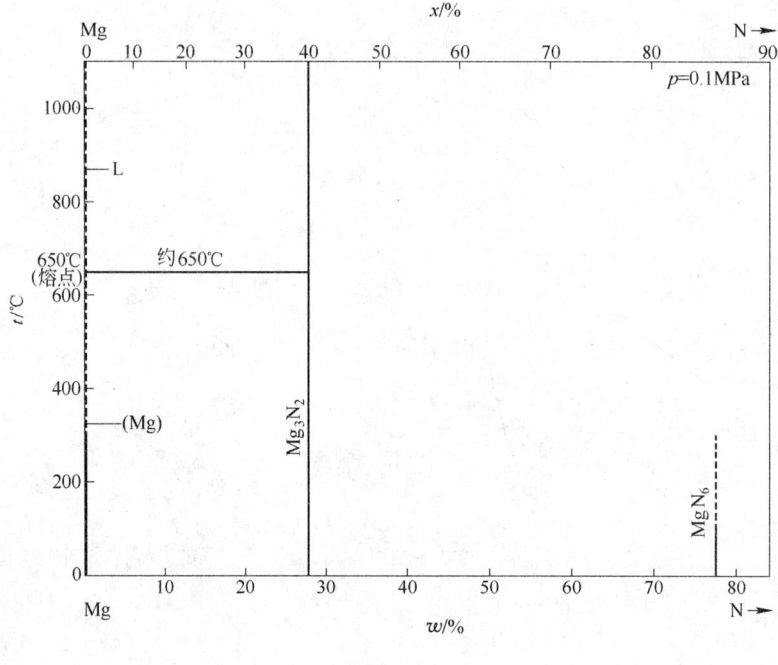

图 2 - 2 - 94

N-Mn 相图(图 2 - 2 - 95)

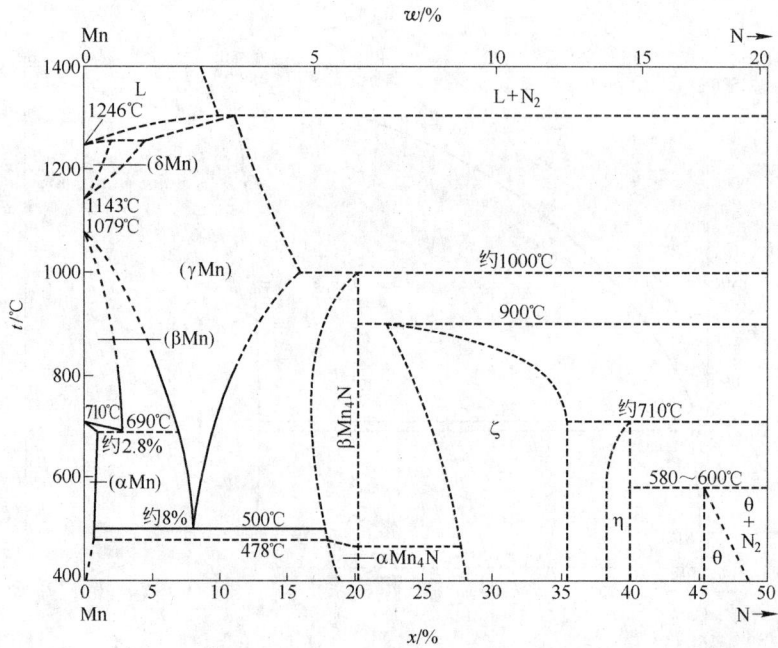

图 2 - 2 - 95

N-Fe 相图(图 2 - 2 - 96)

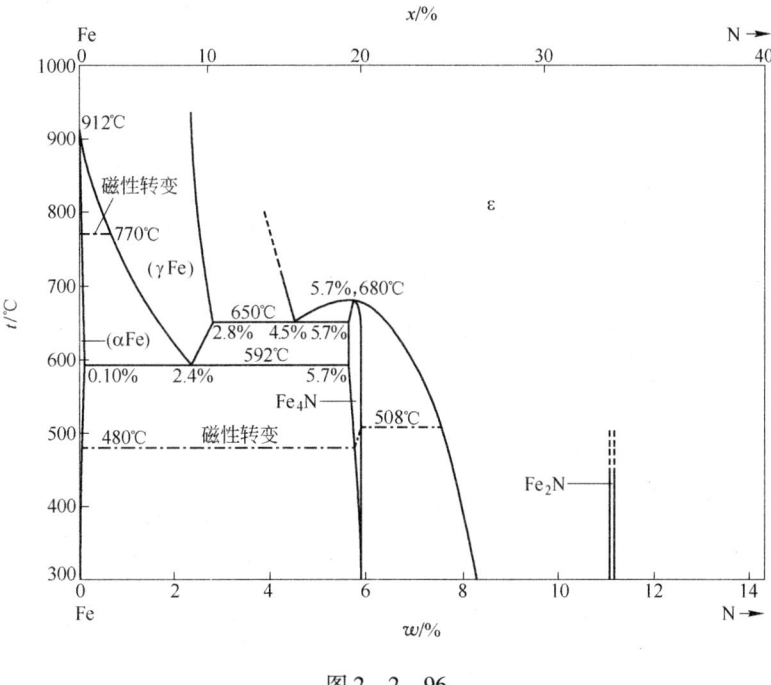

图 2 - 2 - 96

N-Si 相图(图 2 - 2 - 97)

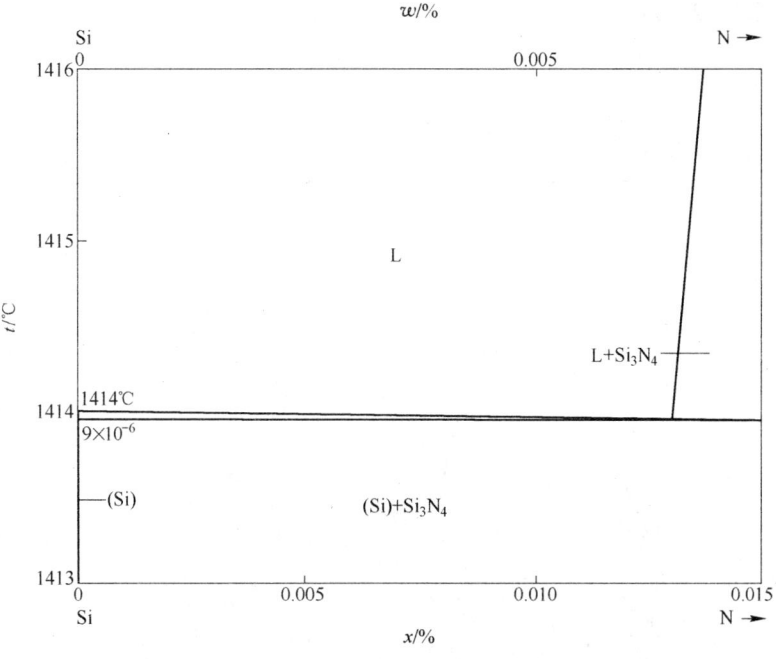

图 2 - 2 - 97

N-V 相图(图 2 - 2 - 98)

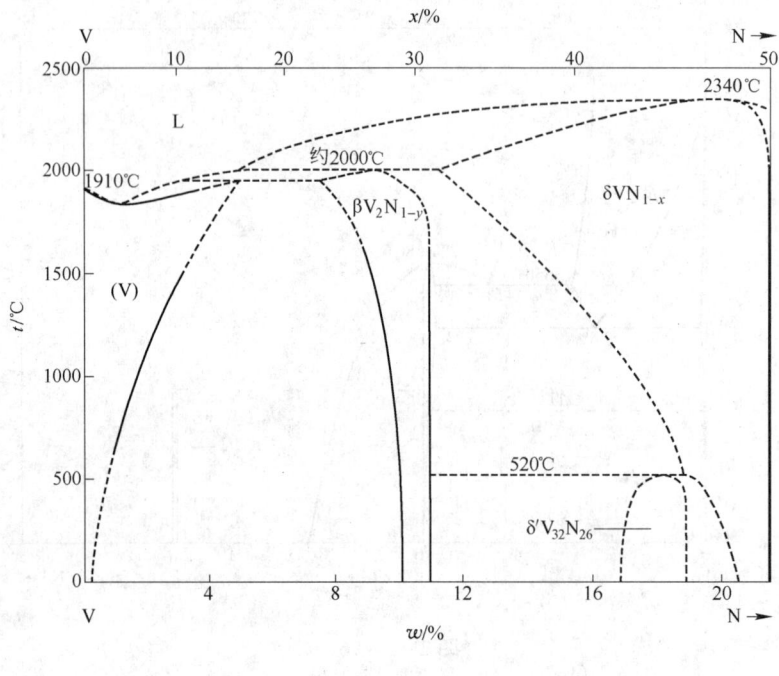

图 2 - 2 - 98

N-Ti 相图(图 2 - 2 - 99)

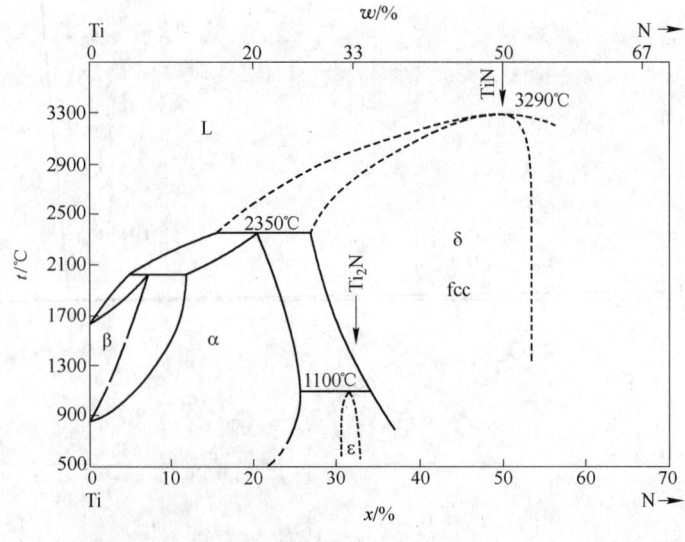

图 2 - 2 - 99

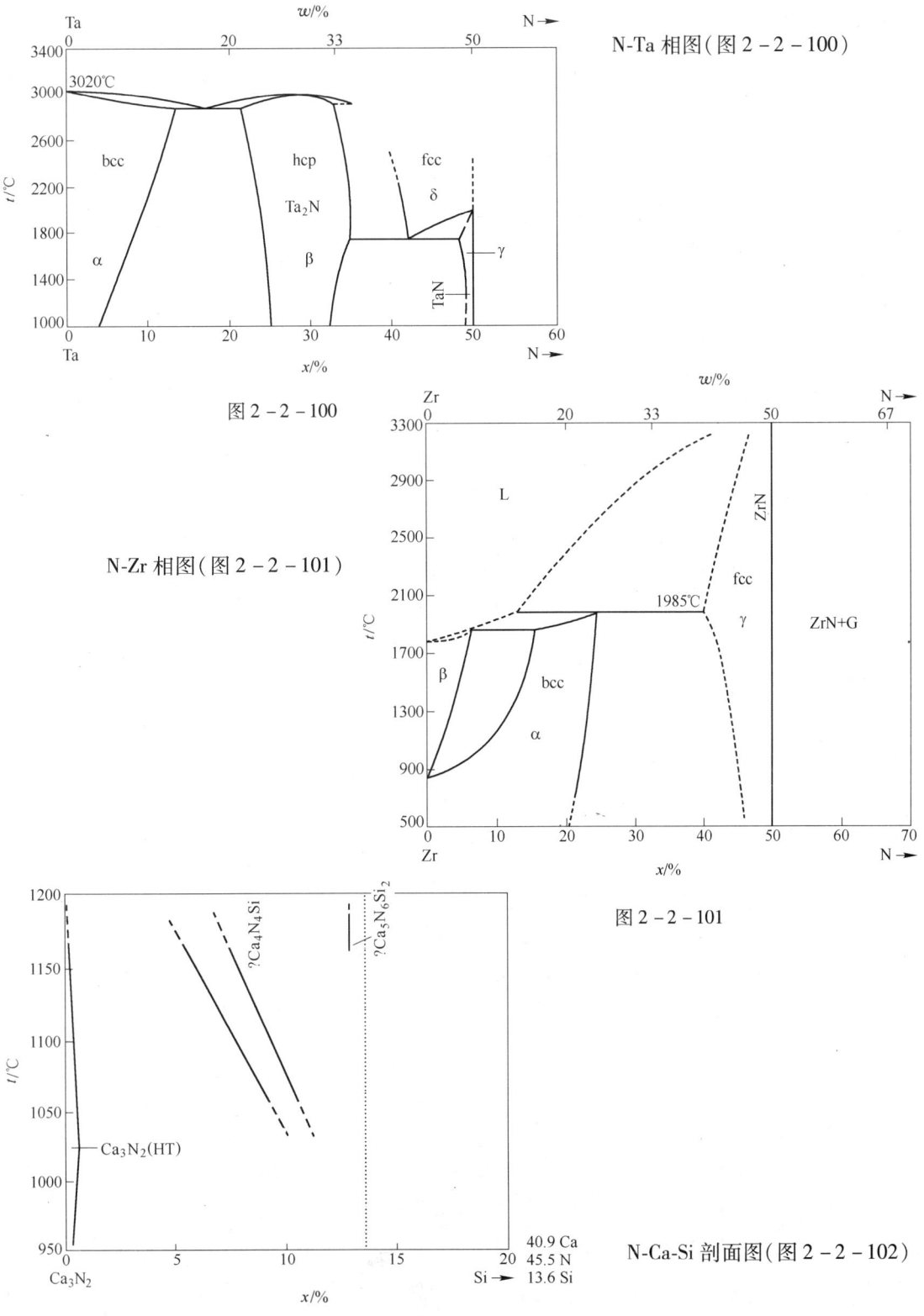

N-Ta 相图（图 2 - 2 - 100）

图 2 - 2 - 100

N-Zr 相图（图 2 - 2 - 101）

图 2 - 2 - 101

N-Ca-Si 剖面图（图 2 - 2 - 102）

图 2 - 2 - 102

## 十、含 O 的相图

O-Al 相图（图 2 – 2 – 103）

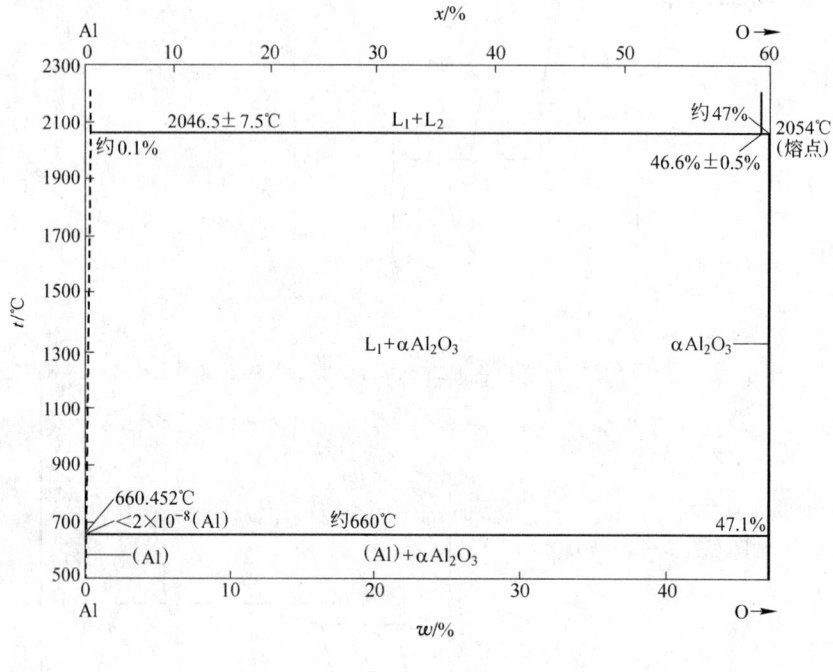

图 2 – 2 – 103

O-B 相图（图 2 – 2 – 104）

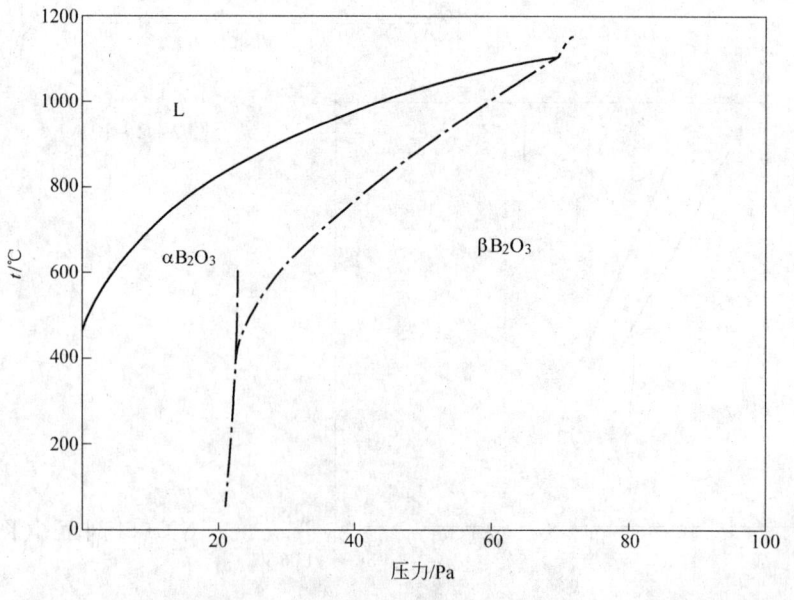

图 2 – 2 – 104

O-Ba 相图（图 2 - 2 - 105）

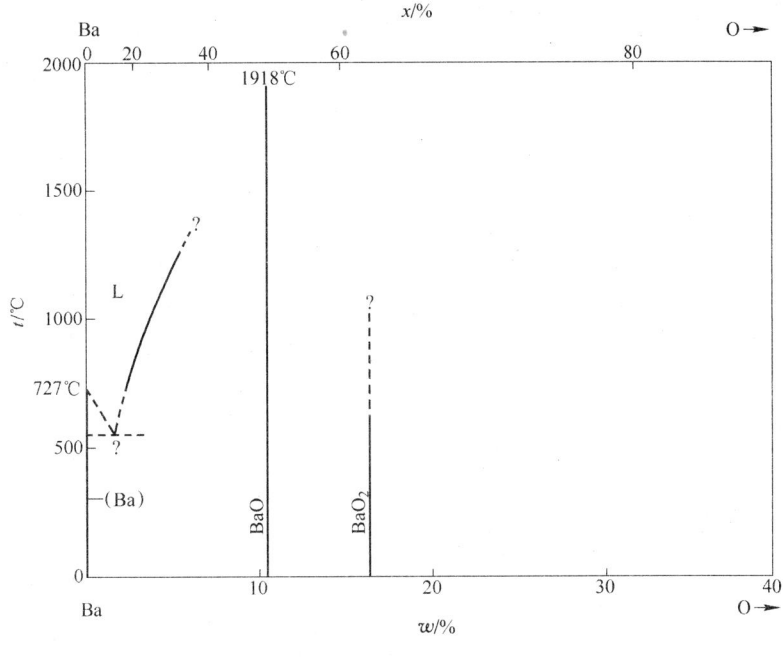

图 2 - 2 - 105

O-Ce 相图（图 2 - 2 - 106）

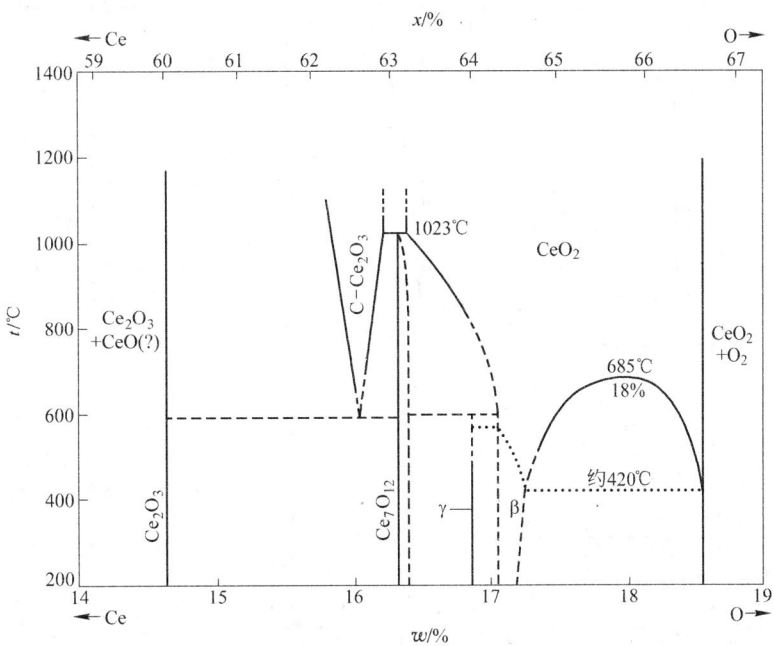

图 2 - 2 - 106

O-Cu 相图（图 2 - 2 - 107）

O-Cr 相图（图 2 - 2 - 108）

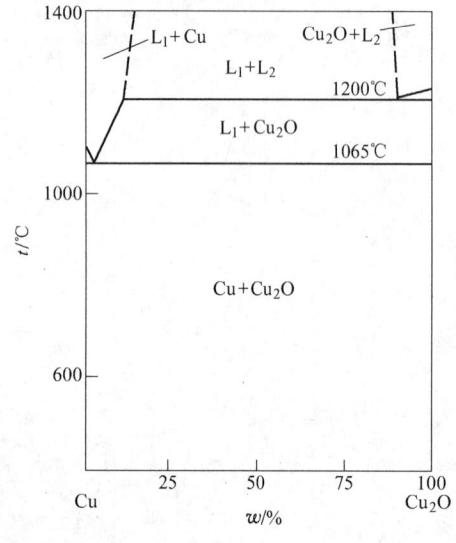

图 2 - 2 - 107

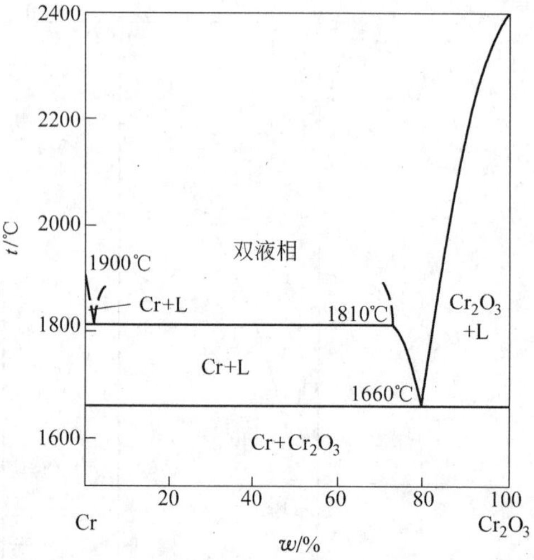

图 2 - 2 - 108

O-Fe 相图（图 2 - 2 - 109）

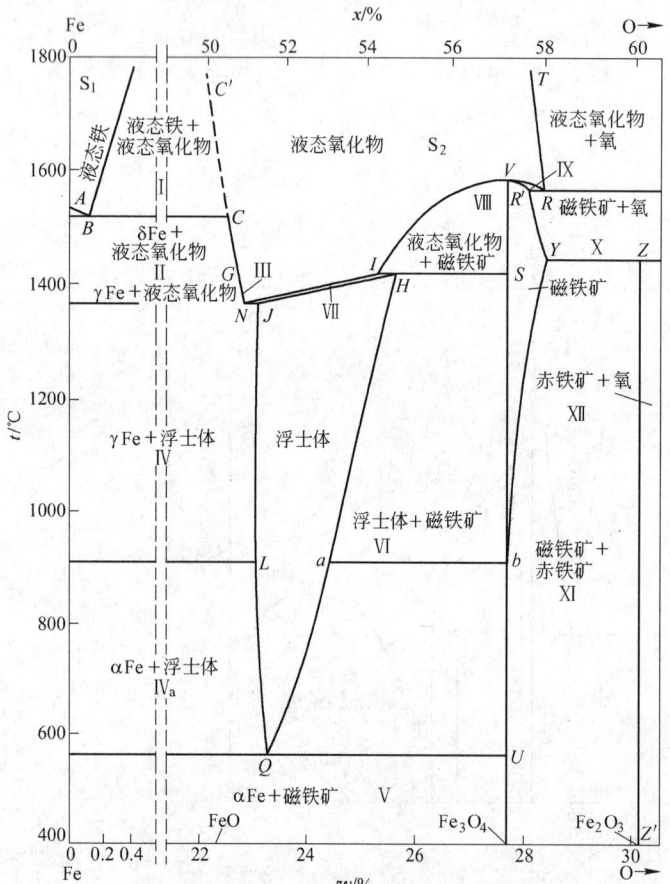

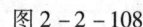

| 图中点 | 温度/℃ | [O]/% | $\dfrac{p_{CO_2}}{p_{CO}}$ | 图中点 | 温度/℃ | [O]/% | $\dfrac{p_{CO_2}}{p_{CO}}$ |
|---|---|---|---|---|---|---|---|
| A | 1536 | | | Q | 560 | 23.26 | 1.05 |
| B | 1528 | 0.16 | 0.209 | R | 1583 | 28.30 | |
| C | 1528 | 22.60 | 0.209 | R' | 1583 | 28.07 | |
| G | 1400[①] | 22.84 | 0.263 | S | 1424 | 27.64 | 16.2 |
| H | 1424 | 25.60 | 16.2 | V | 1597 | 27.64 | |
| I | 1424 | 25.31 | 16.2 | Y | 1457 | 28.36 | |
| J | 1371 | 23.16 | 0.282 | Z | 1457 | 30.04 | |
| L | 911[①] | 23.10 | 0.447 | Z' | | 30.06 | |
| N | 1371 | 22.91 | 0.282 | | | | |

① 指与纯铁平衡。

图 2 - 2 - 109

O-Mg 相图(图 2 - 2 - 110)

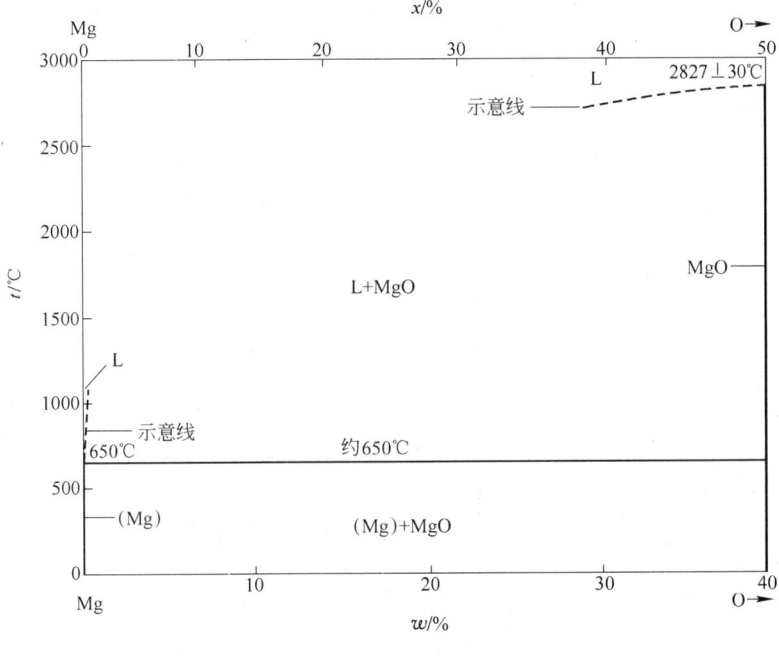

图 2 - 2 - 110

O-Mn 相图(图 2 - 2 - 111)

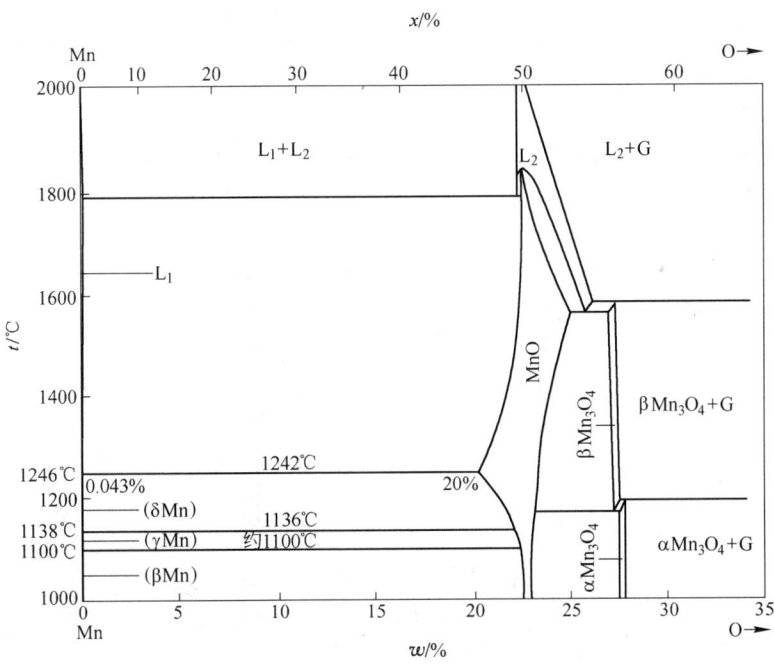

图 2 - 2 - 111

O-Na 相图（图 2 - 2 - 112）

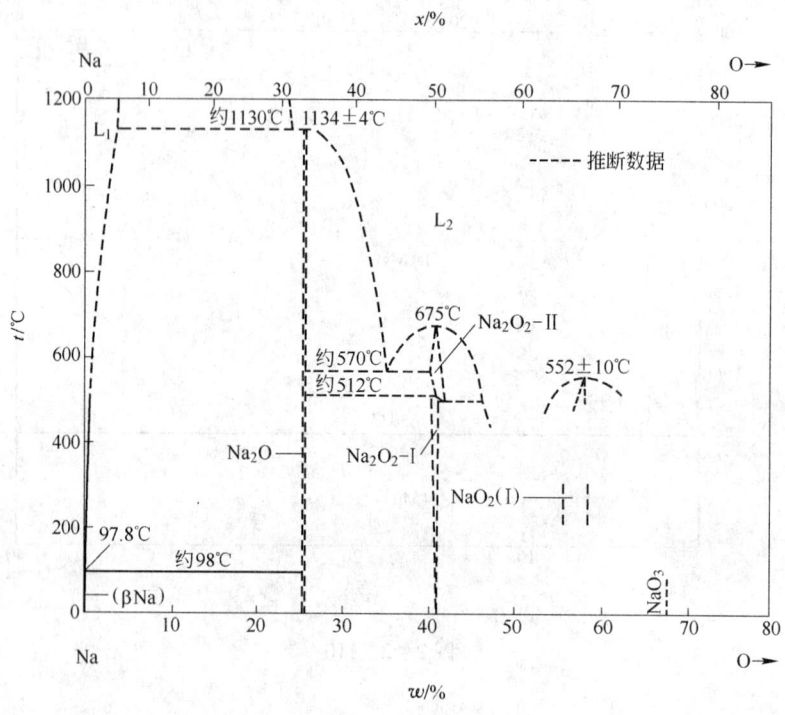

图 2 - 2 - 112

O-Ni 相图（图 2 - 2 - 113）

O-Pb 相图（图 2 - 2 - 114）

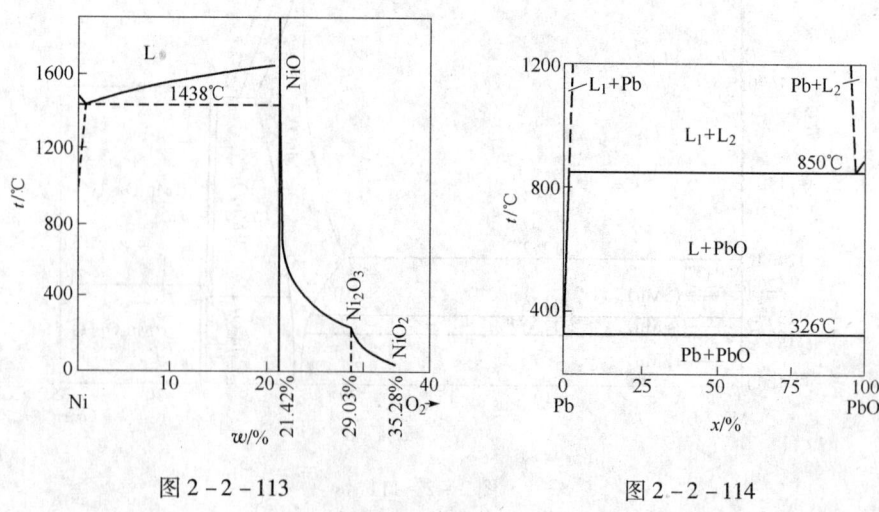

图 2 - 2 - 113              图 2 - 2 - 114

O-Si 相图(图2-2-115)

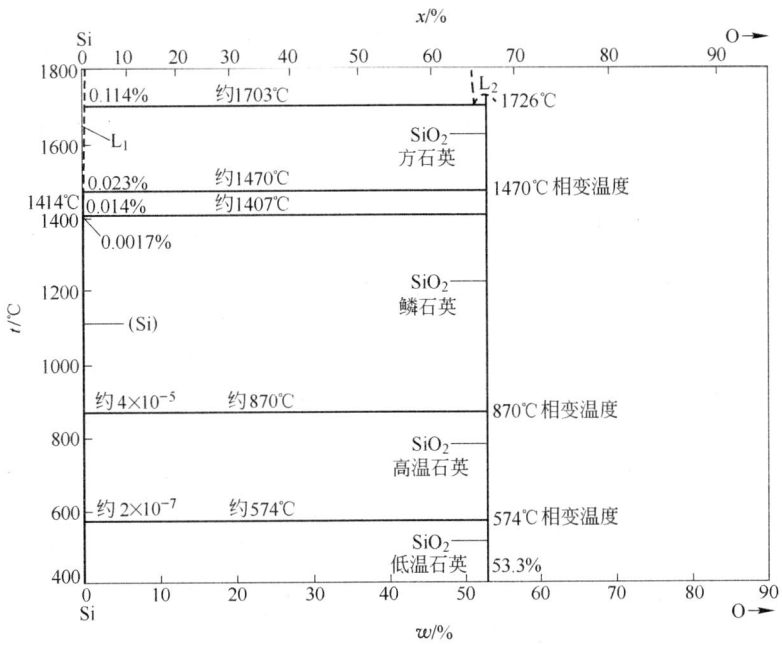

图2-2-115

O-Ti 相图(图2-2-116)

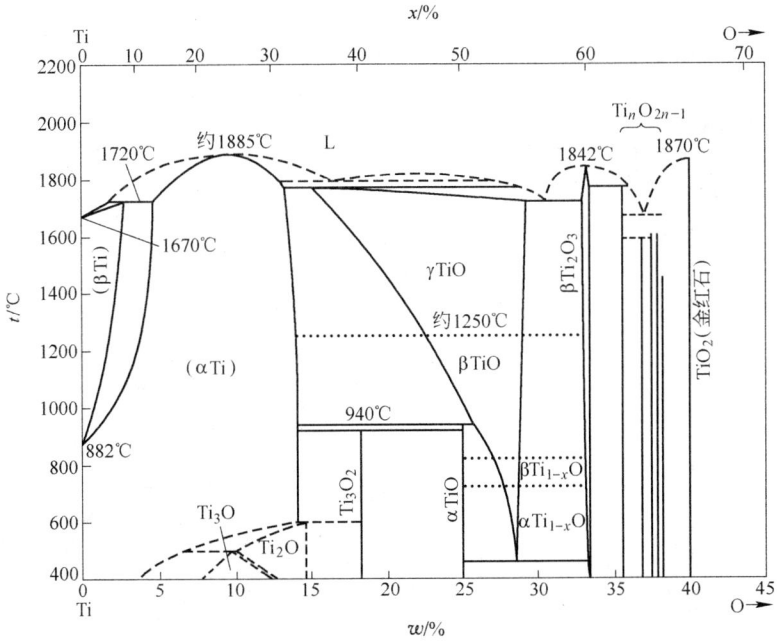

图2-2-116

O-V 相图(图 2 - 2 - 117)

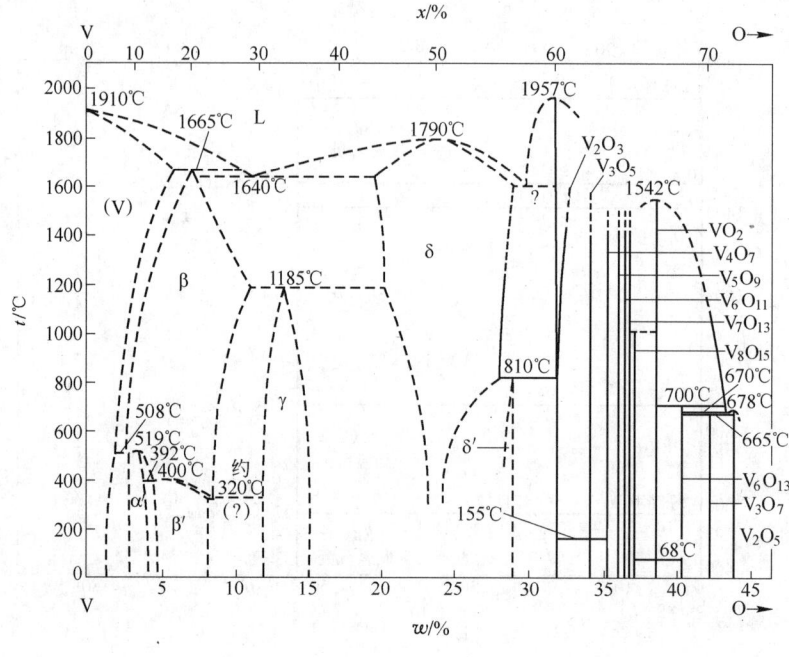

图 2 - 2 - 117

O-W 相图(图 2 - 2 - 118)

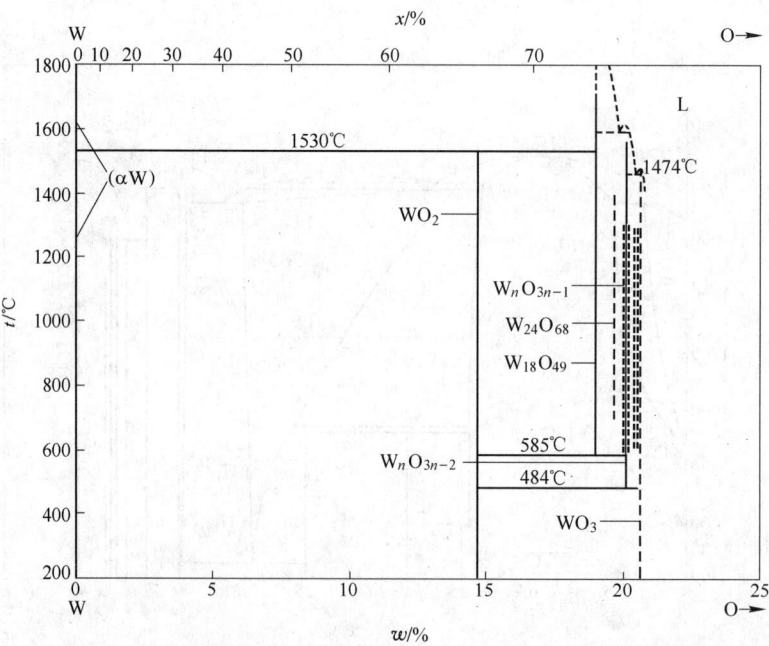

图 2 - 2 - 118

# 十一、含 P 的相图

P-Al 相图（图 2 - 2 - 119）

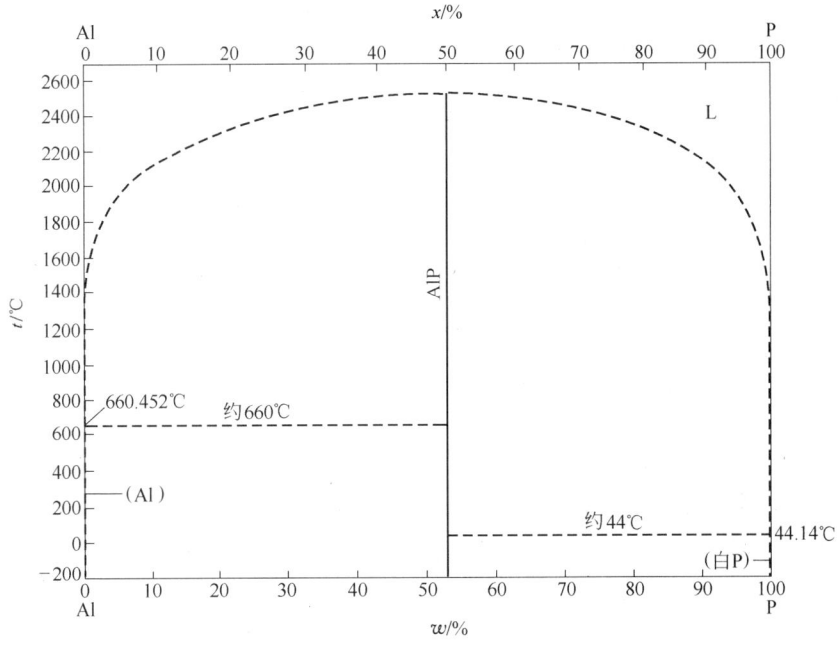

图 2 - 2 - 119

P-Ba 相图（图 2 - 2 - 120）

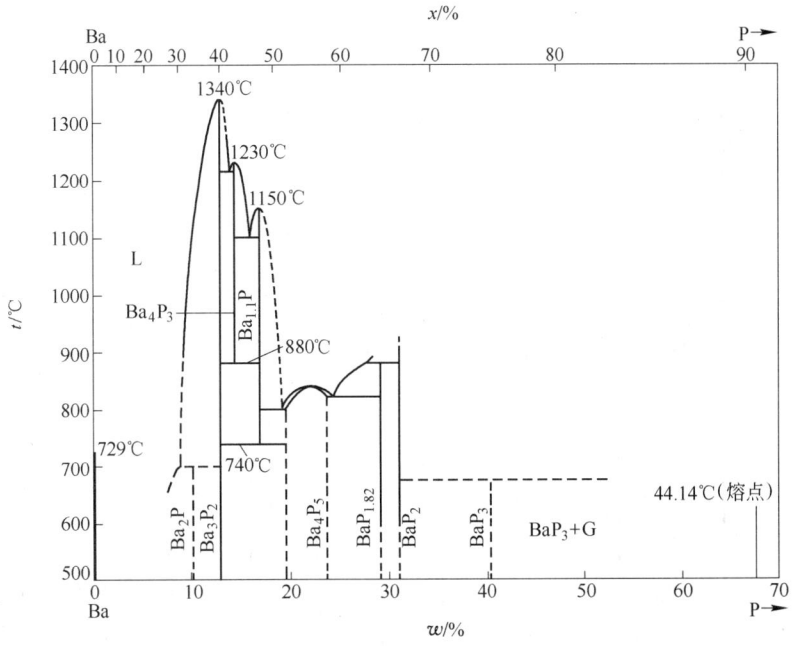

图 2 - 2 - 120

P-Cr 相图（图 2 - 2 - 121）

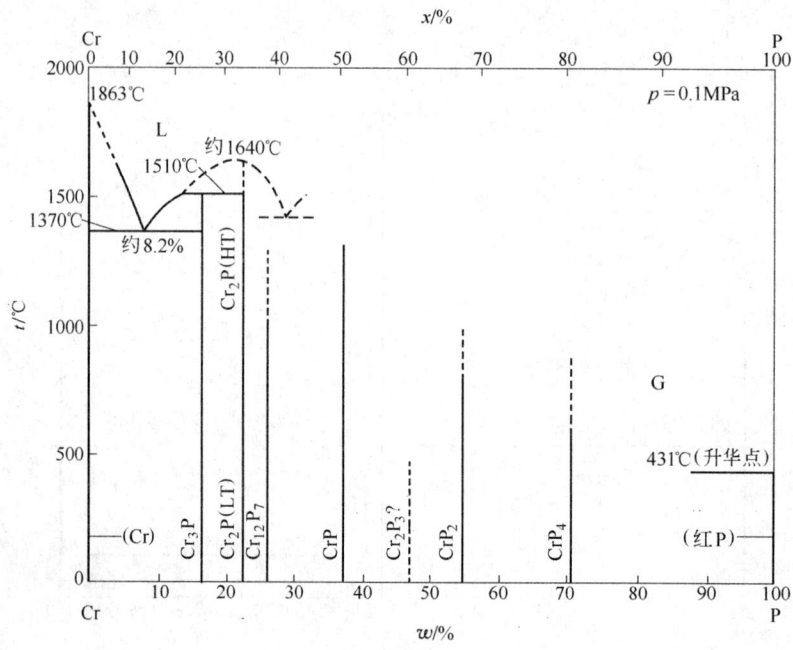

图 2 - 2 - 121

P-Fe 相图（图 2 - 2 - 122）

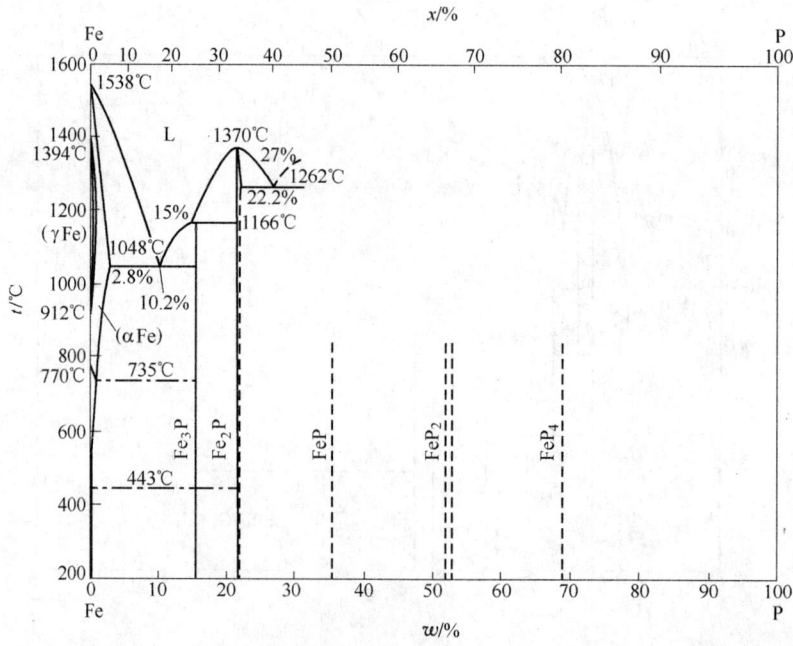

图 2 - 2 - 122

P-Mn 相图(图 2-2-123)

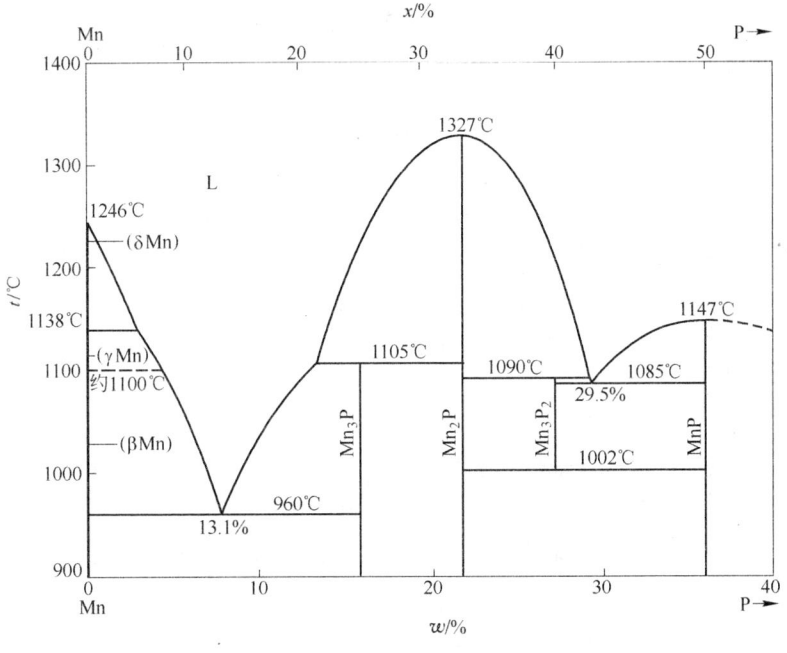

图 2-2-123

P-Si 相图(图 2-2-124)

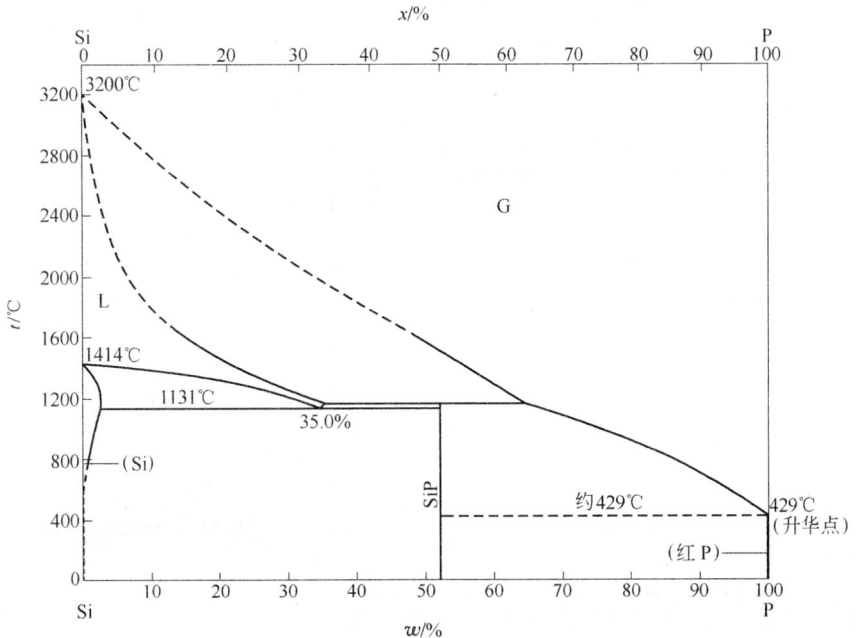

图 2-2-124

P-Ti 相图（图 2 - 2 - 125）

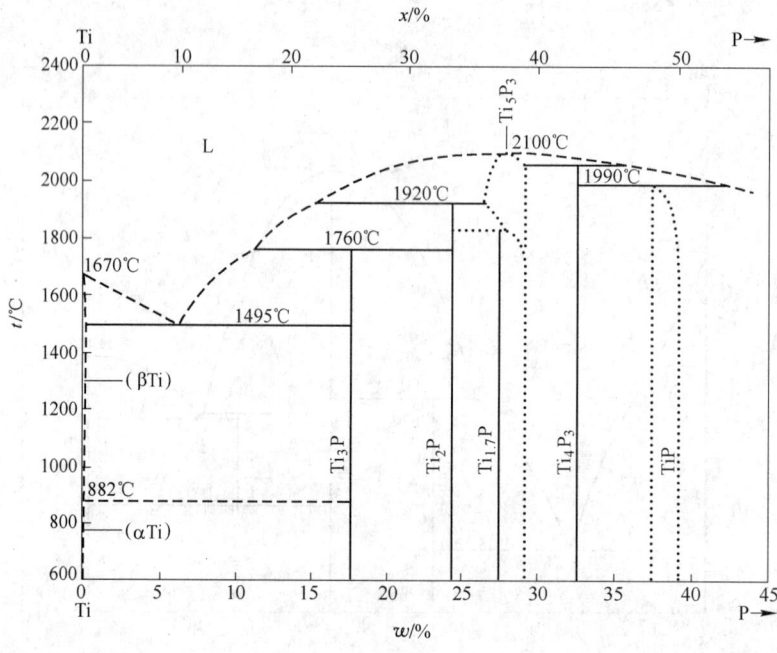

图 2 - 2 - 125

## 十二、含 S 的相图

S-Al 相图（图 2 - 2 - 126）

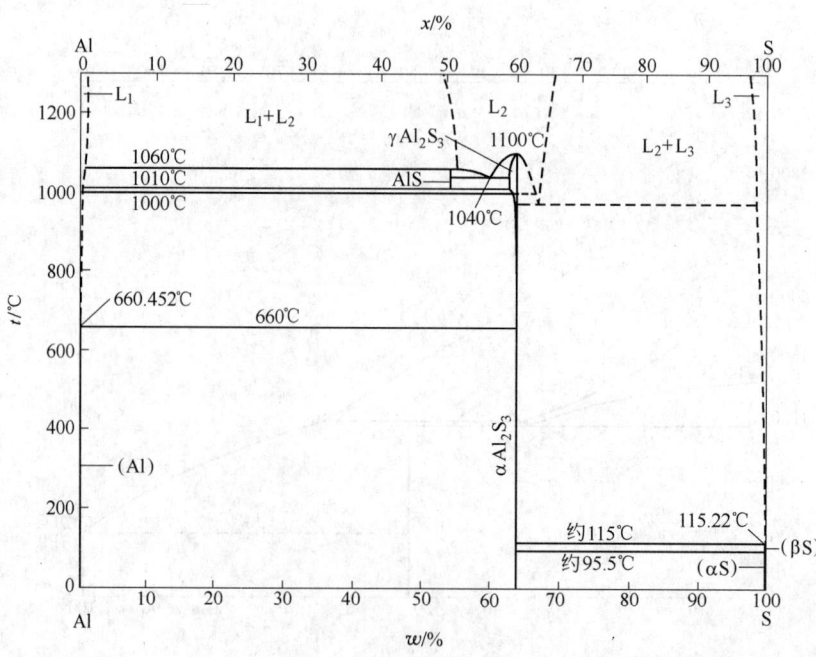

图 2 - 2 - 126

S-Ba 相图(图 2 - 2 - 127)

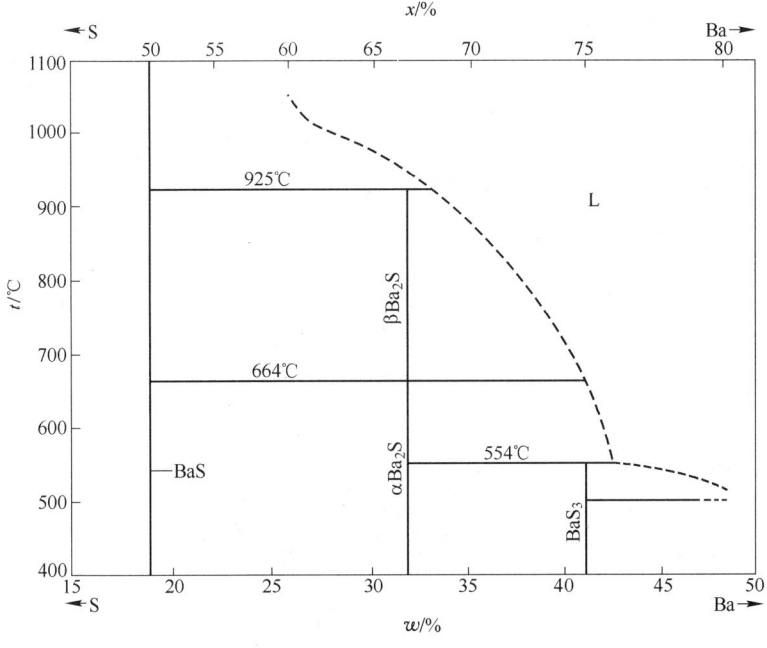

图 2 - 2 - 127

S-Ce 相图(图 2 - 2 - 128)

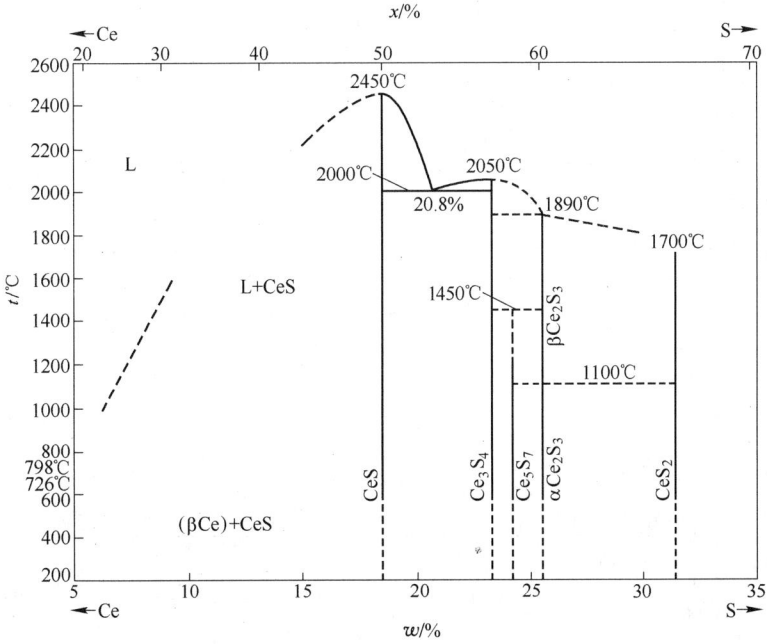

图 2 - 2 - 128

S-Cr 相图（图 2 - 2 - 129）

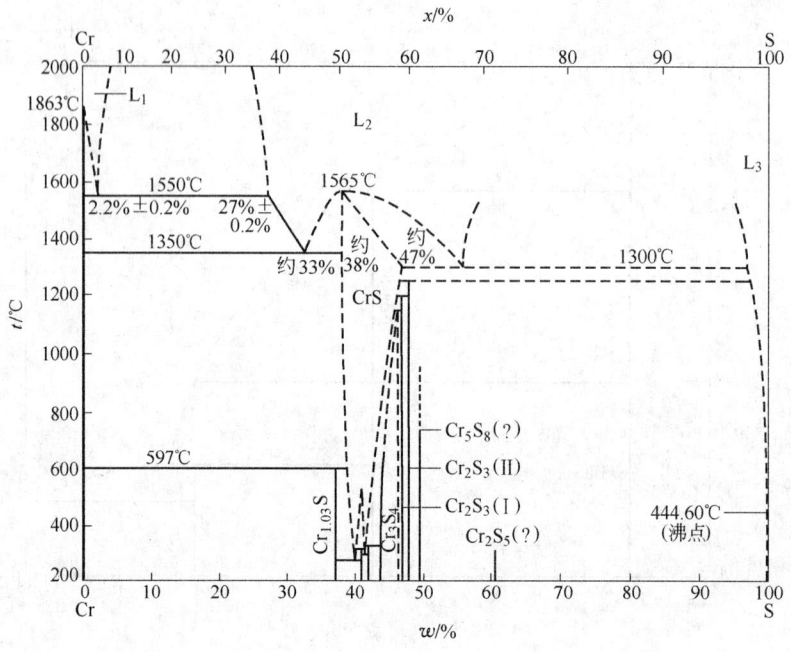

图 2 - 2 - 129

S-Mn 相图（图 2 - 2 - 130）

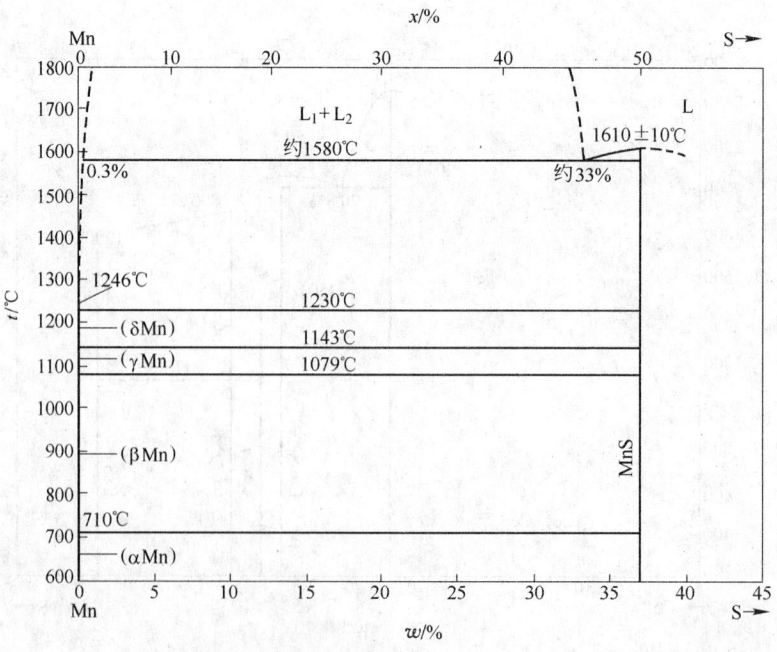

图 2 - 2 - 130

S-Si 相图（图 2 - 2 - 131）

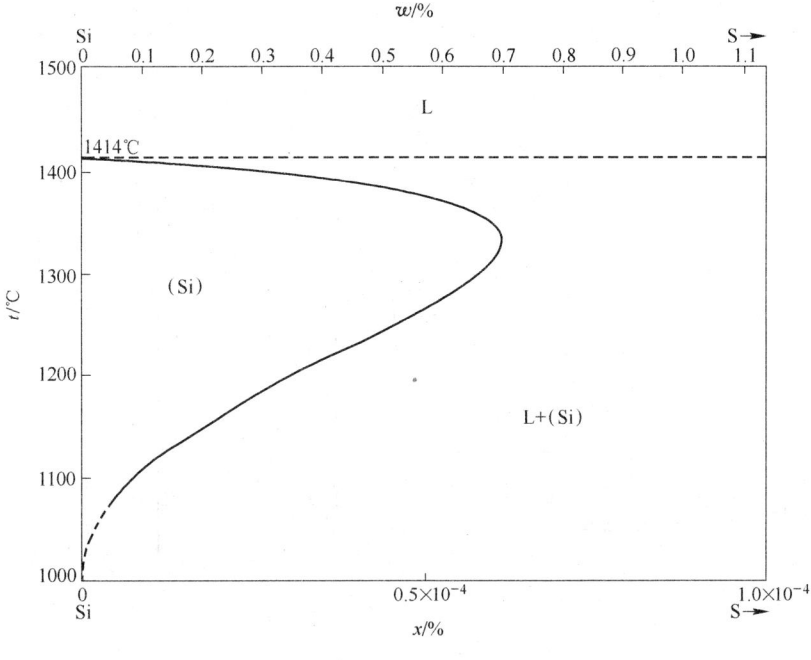

图 2 - 2 - 131

S-Ti 相图（图 2 - 2 - 132）

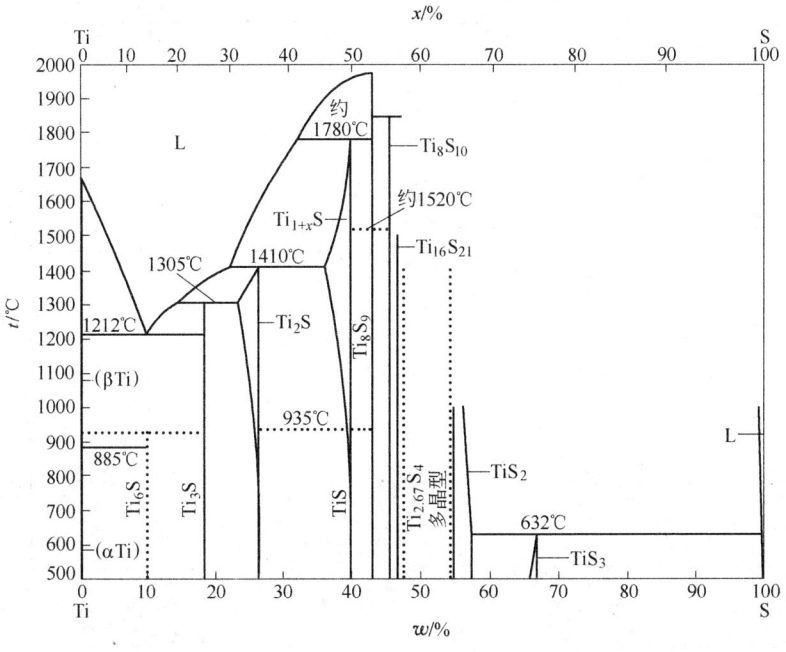

图 2 - 2 - 132

S-V 相图（图 2 - 2 - 133）

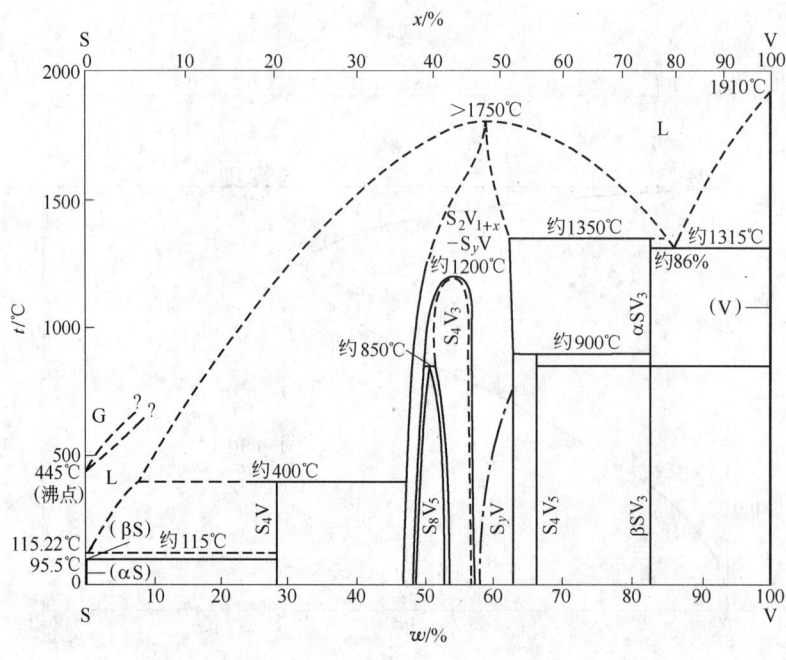

图 2 - 2 - 133

## 十三、含 Si 的相图

Si-Al 相图（图 2 - 2 - 134）

Si-Ba 相图（图 2 - 2 - 135）[11]

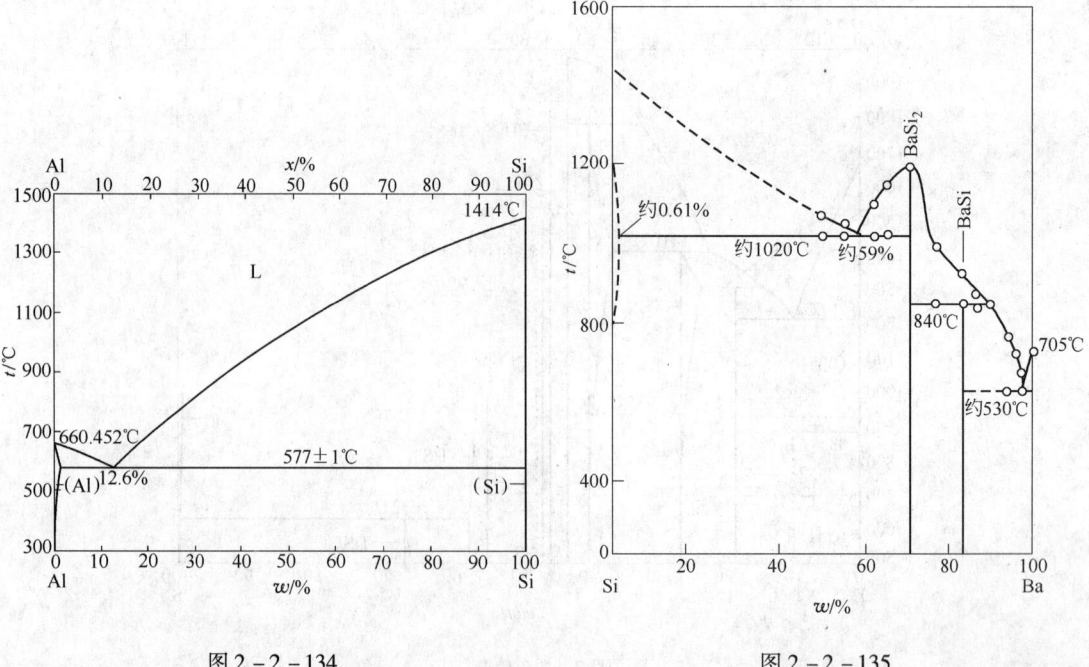

图 2 - 2 - 134　　　　　　　　　　　　图 2 - 2 - 135

Si-Ce 相图（图 2 - 2 - 136）

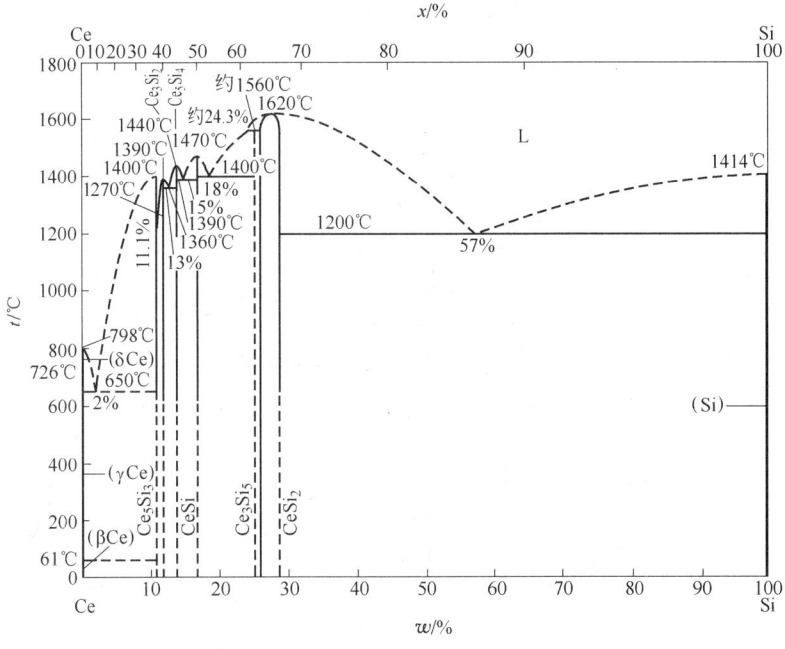

图 2 - 2 - 136

Si-Cr 相图（图 2 - 2 - 137）

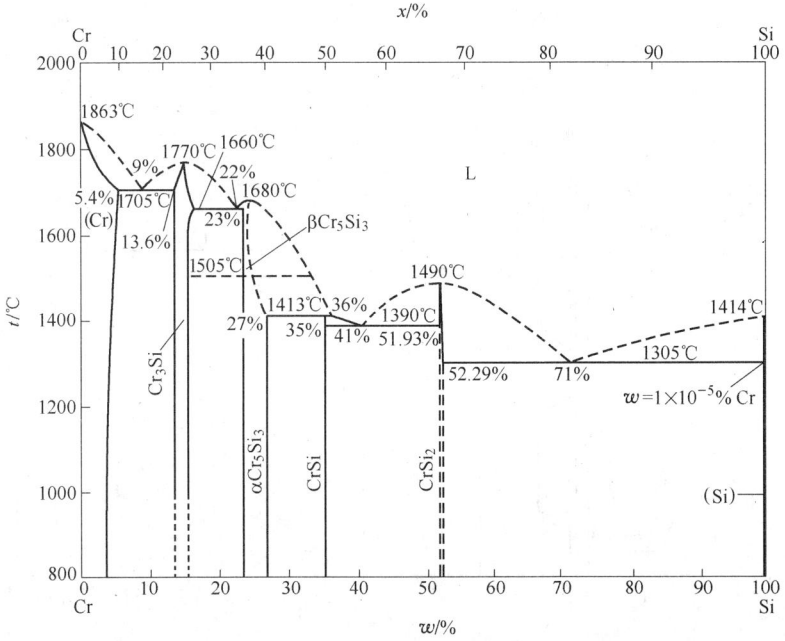

图 2 - 2 - 137

Si-Mo 相图(图 2 – 2 – 138)

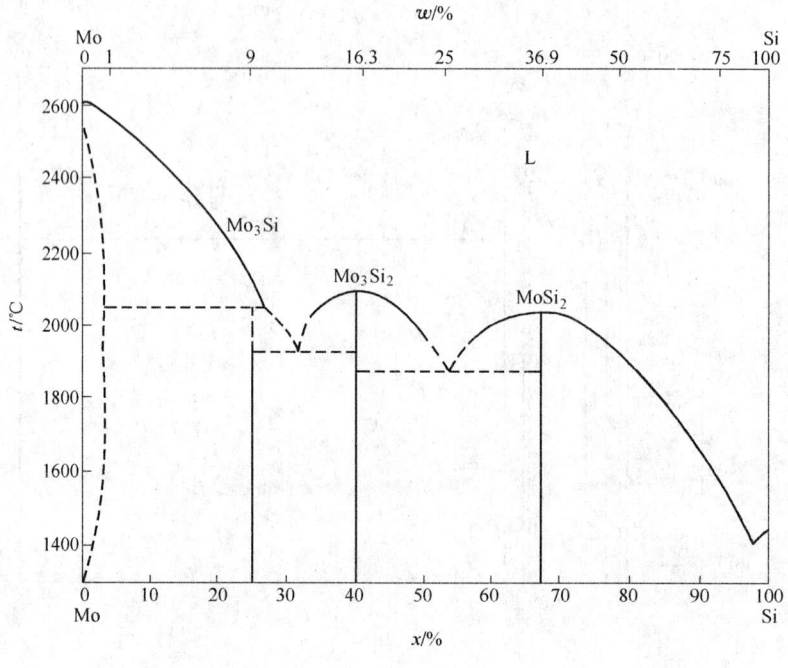

图 2 – 2 – 138

Si-Ni 相图(图 2 – 2 – 139)

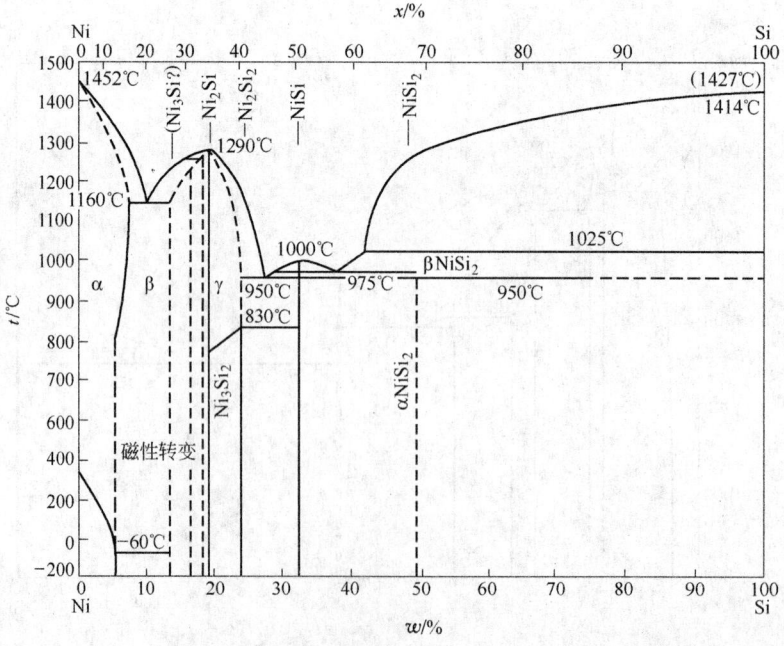

图 2 – 2 – 139

Si-Mn 相图（图 2 - 2 - 140）

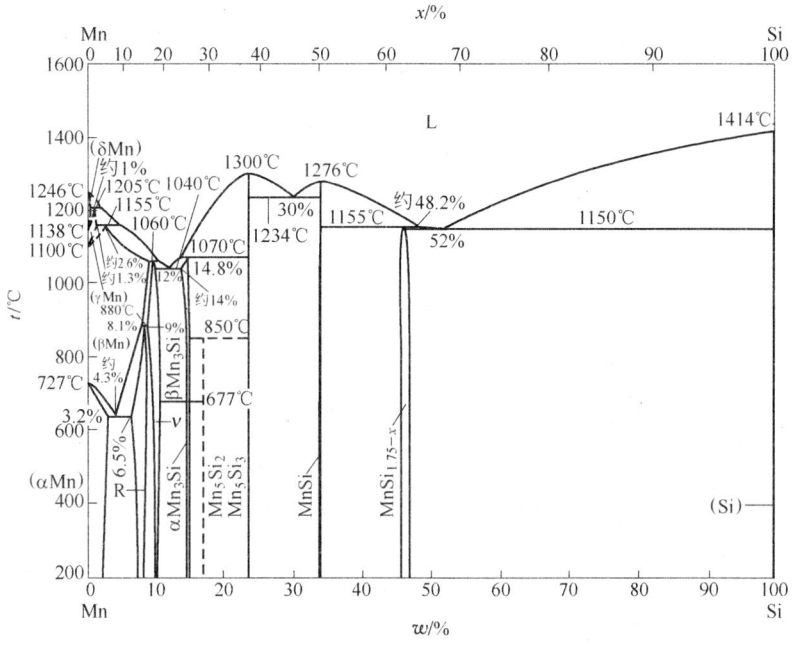

图 2 - 2 - 140

Si-Sr 相图（图 2 - 2 - 141）

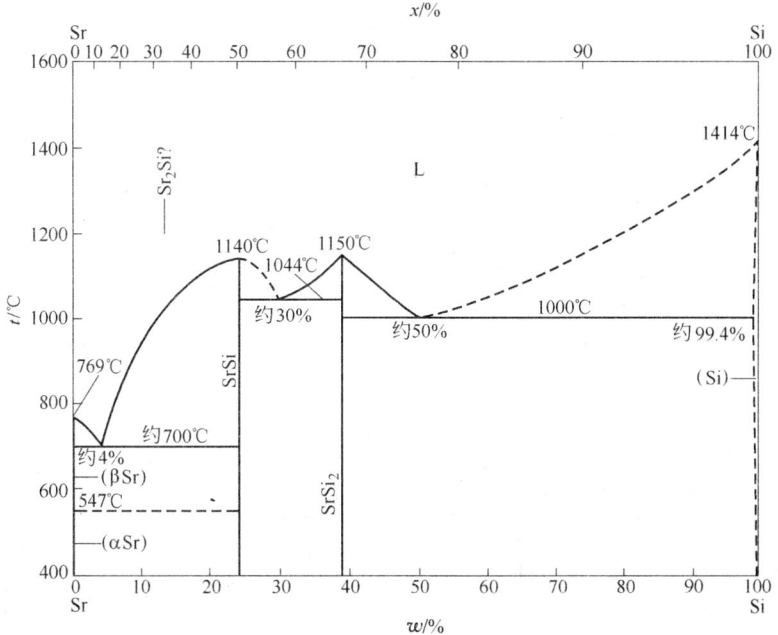

图 2 - 2 - 141

Si-V 相图（图 2 – 2 – 142）

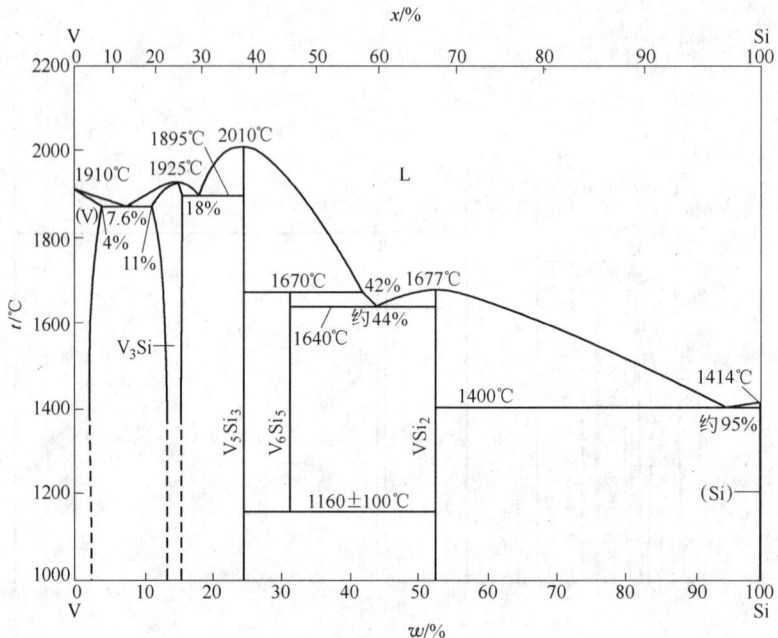

图 2 – 2 – 142

Si-Ti 相图（图 2 – 2 – 143）

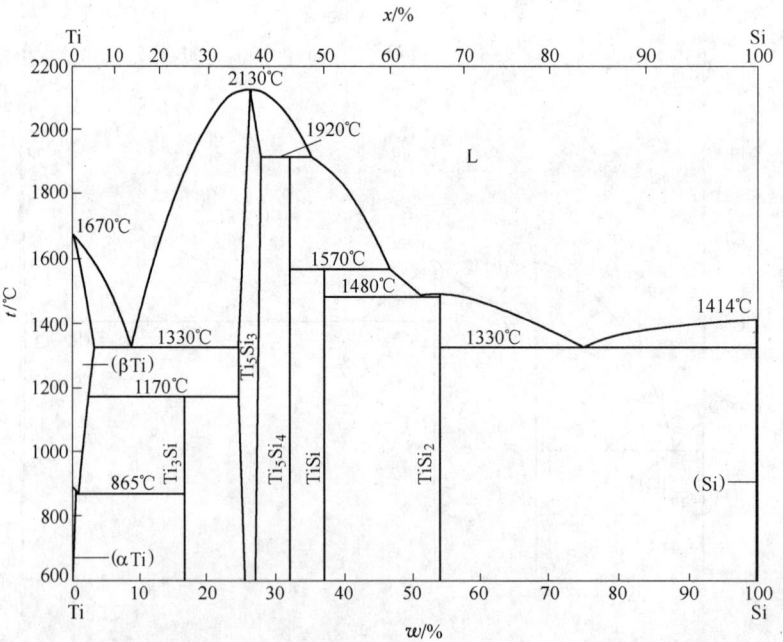

图 2 – 2 – 143

## 十四、含 Sr 的相图

Sr-Mn 相图(图 2 - 2 - 144)

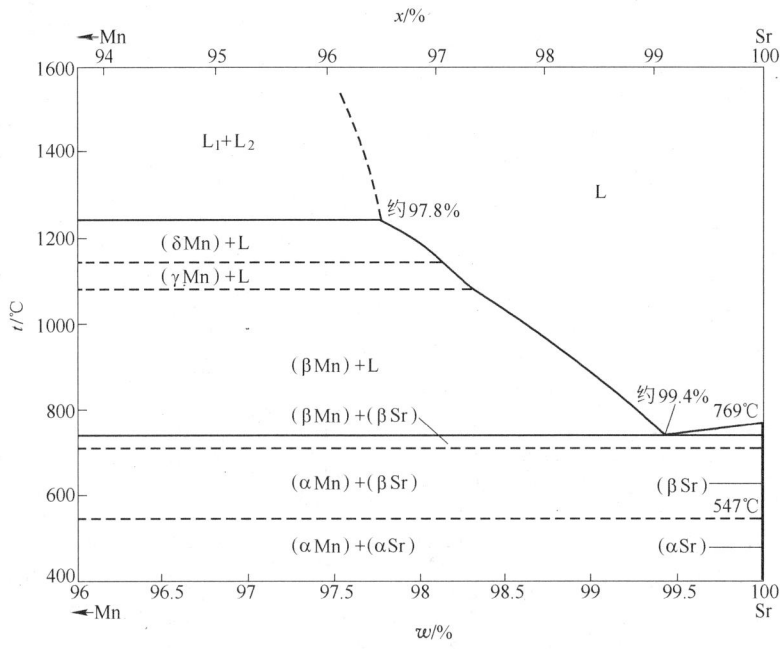

图 2 - 2 - 144

Sr-Sb 相图(图 2 - 2 - 145)

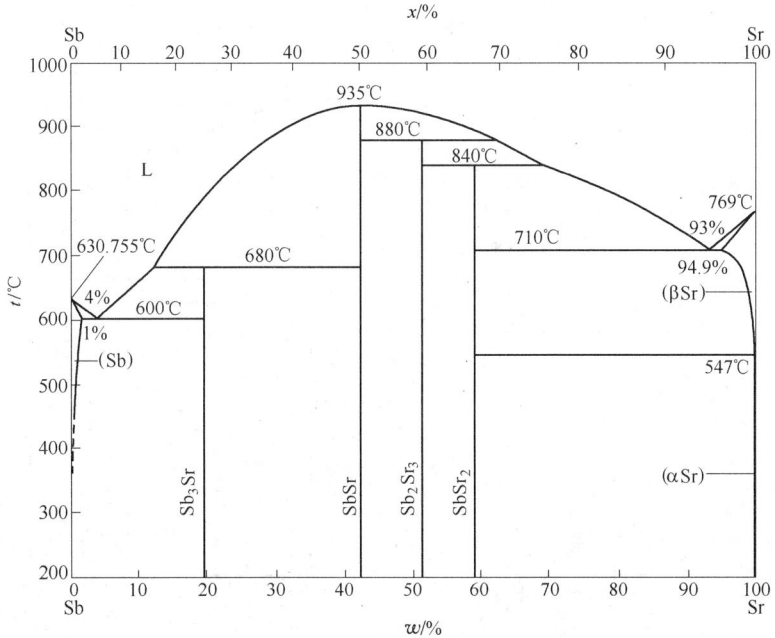

图 2 - 2 - 145

Sr-Sn 相图（图 2 – 2 – 146）

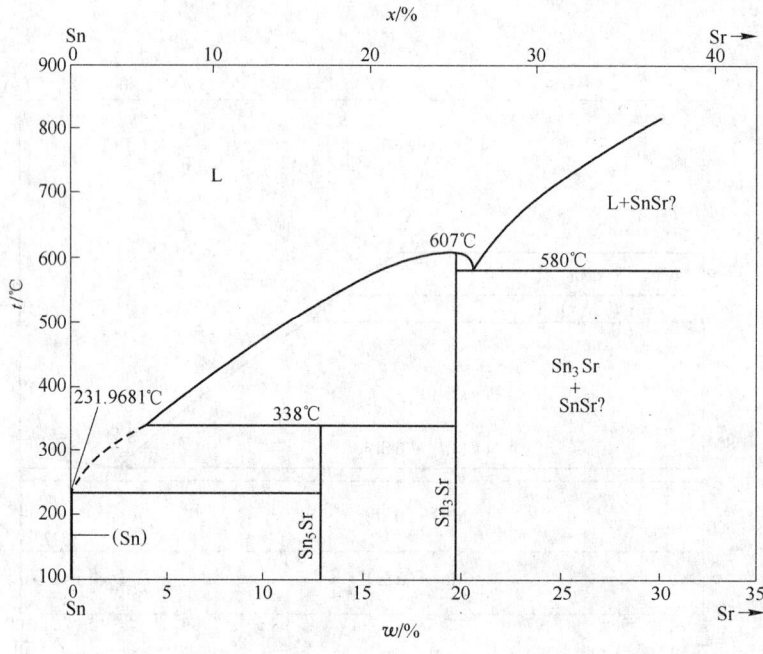

图 2 – 2 – 146

Sr-Te 相图（图 2 – 2 – 147）

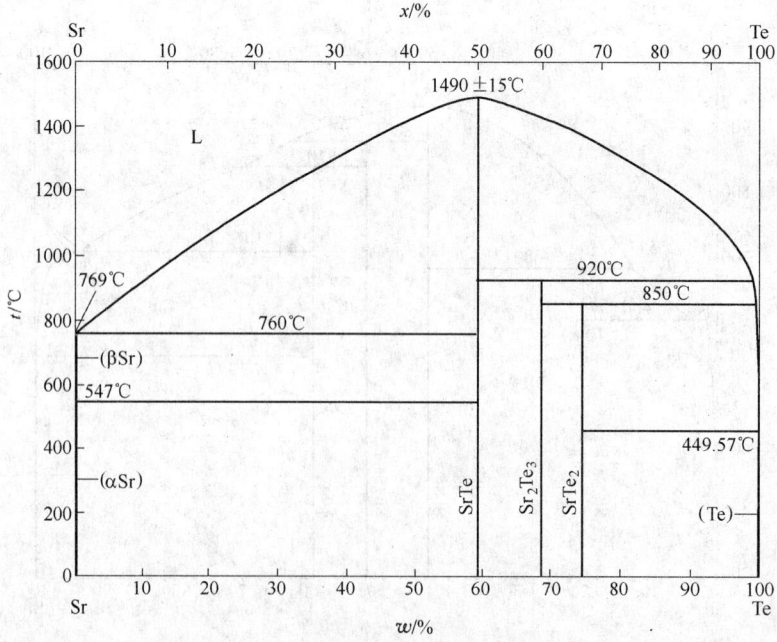

图 2 – 2 – 147

Sr-Ti 相图(图 2 - 2 - 148)

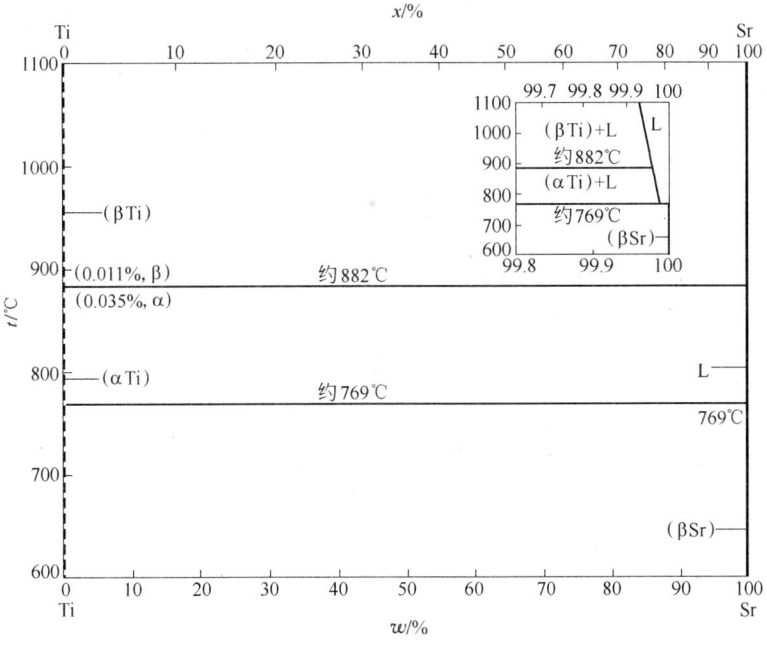

图 2 - 2 - 148

Sr-V 相图(图 2 - 2 - 149)

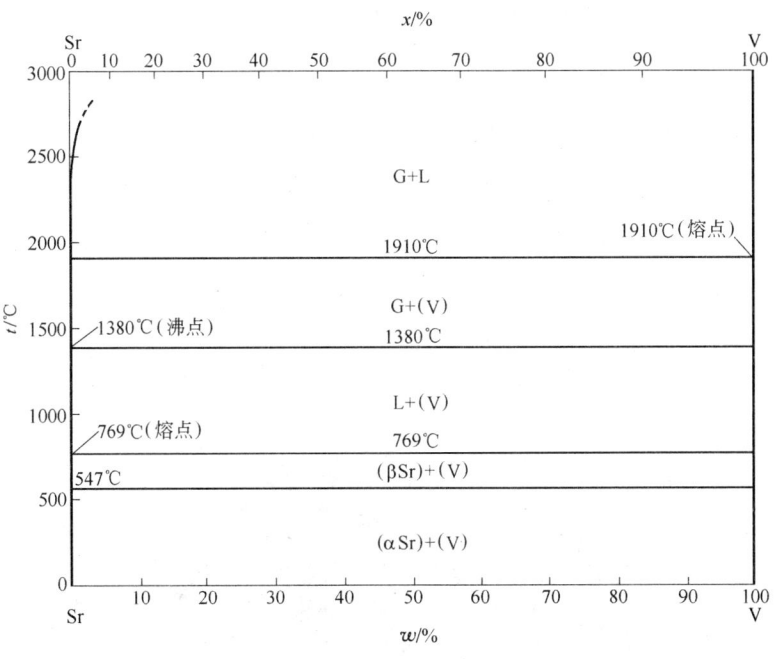

图 2 - 2 - 149

Sr-Zn 相图(图 2 – 2 – 150)

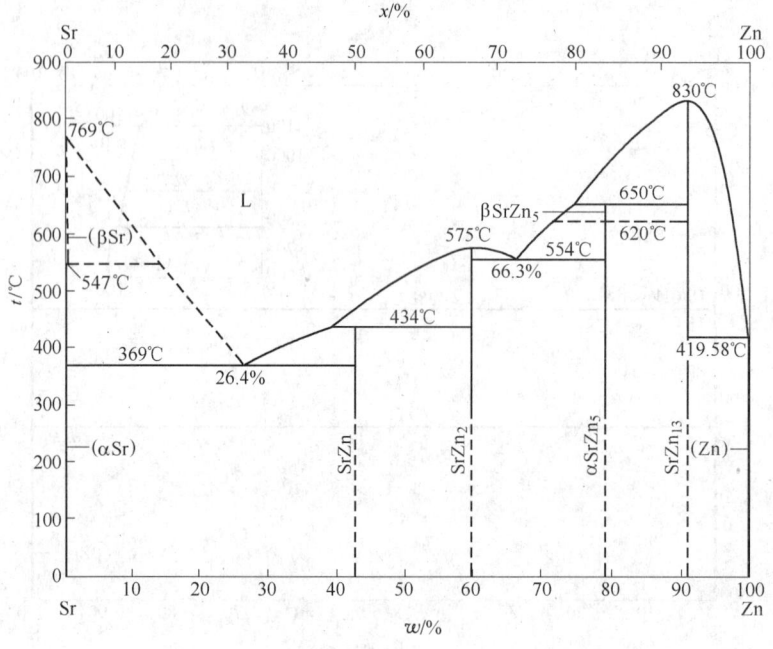

图 2 – 2 – 150

# 第三节　三元相图

## 一、Fe-C-E 三元相图

Fe-C-Al 相图(图 2 – 3 – 1)[10]

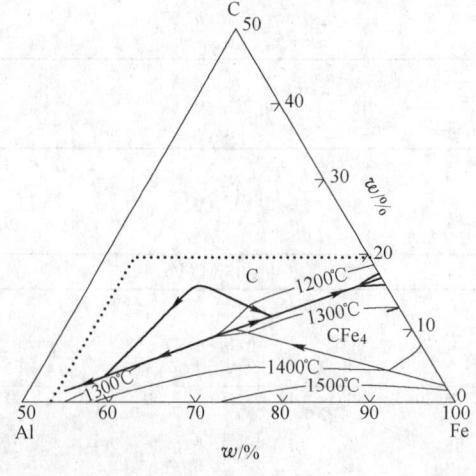

图 2 – 3 – 1

## Fe-C-Al 相图(图 2 - 3 - 2)[11]

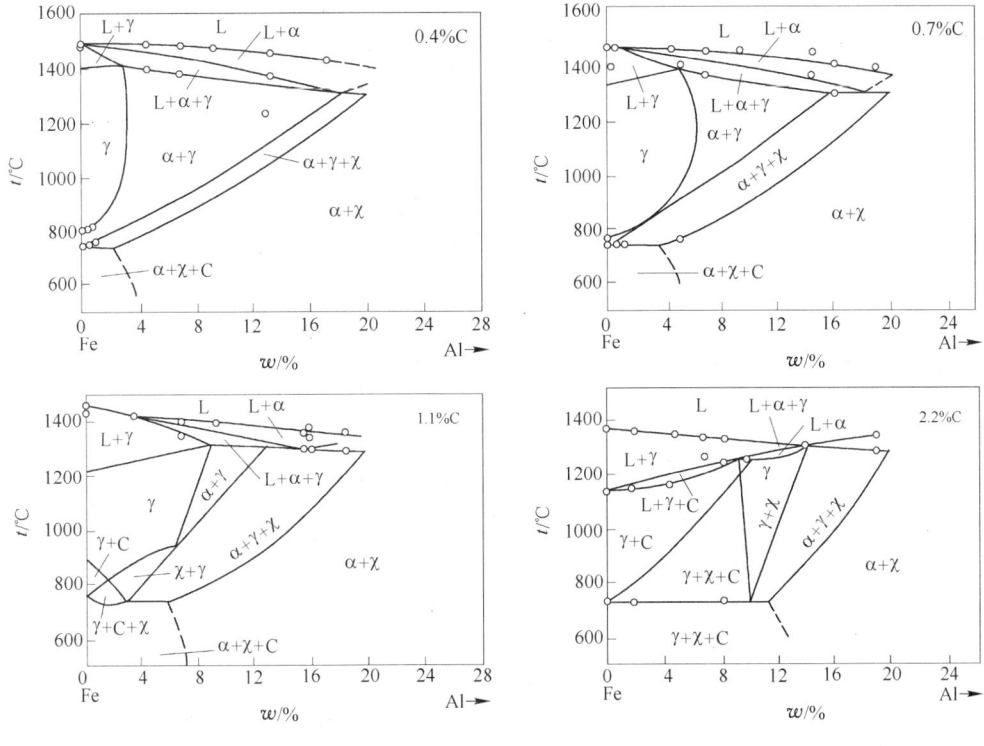

图 2 - 3 - 2

## Fe-C-Cr 相图(图 2 - 3 - 3)[13]

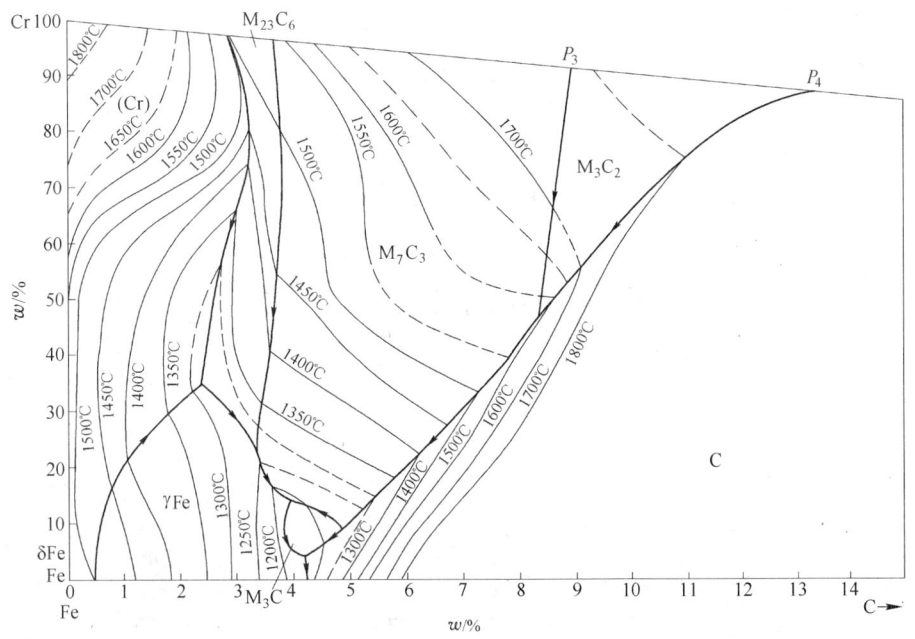

图 2 - 3 - 3

**Fe-C-Mn 相图（图 2 - 3 - 4）**

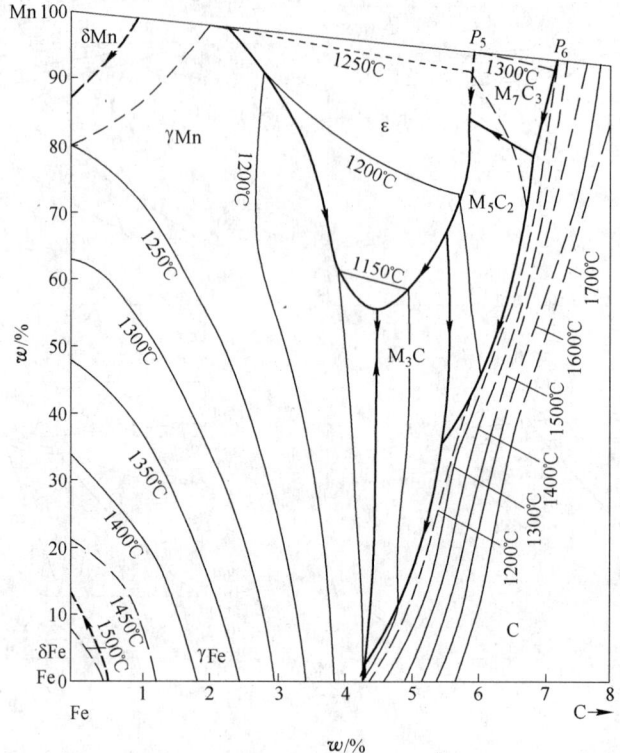

图 2 - 3 - 4

**Fe-C-P 相图（图 2 - 3 - 5）[10]**

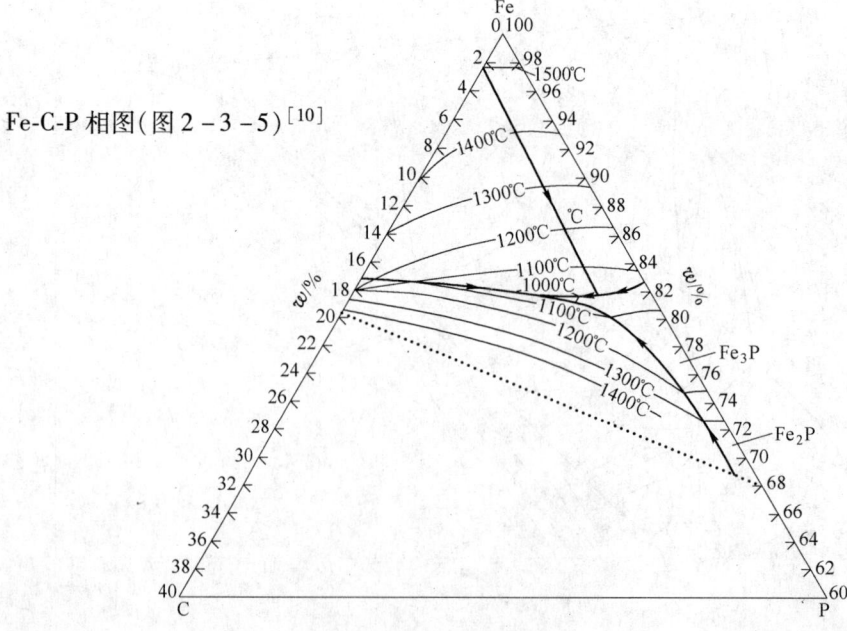

图 2 - 3 - 5

Fe-C-Sn 相图(图2-3-6)[10]

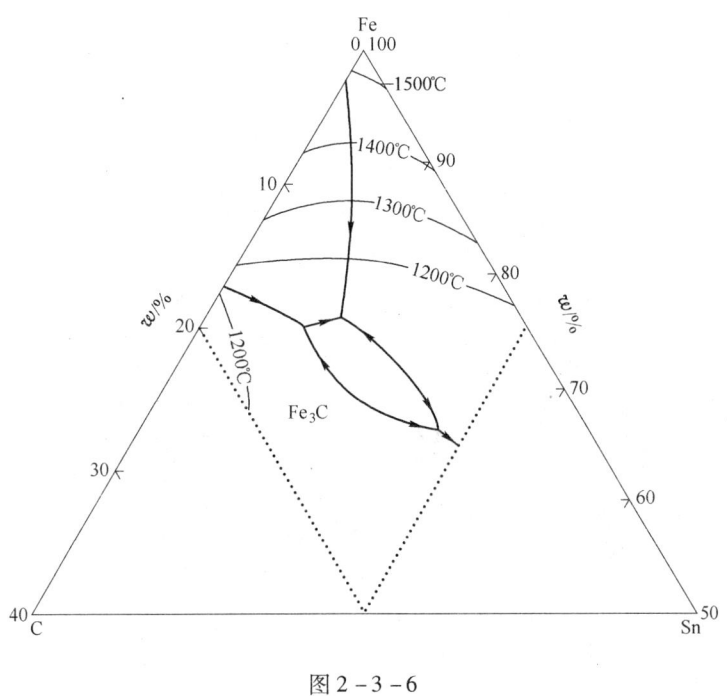

图2-3-6

Fe-C-Mo 相图(图2-3-7)

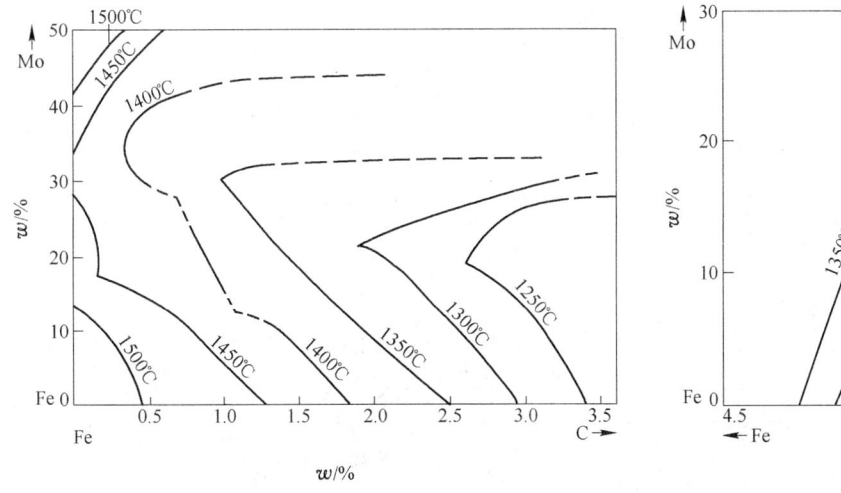

图2-3-7

Fe-C-Ti 相图(图 2 - 3 - 8)[10]

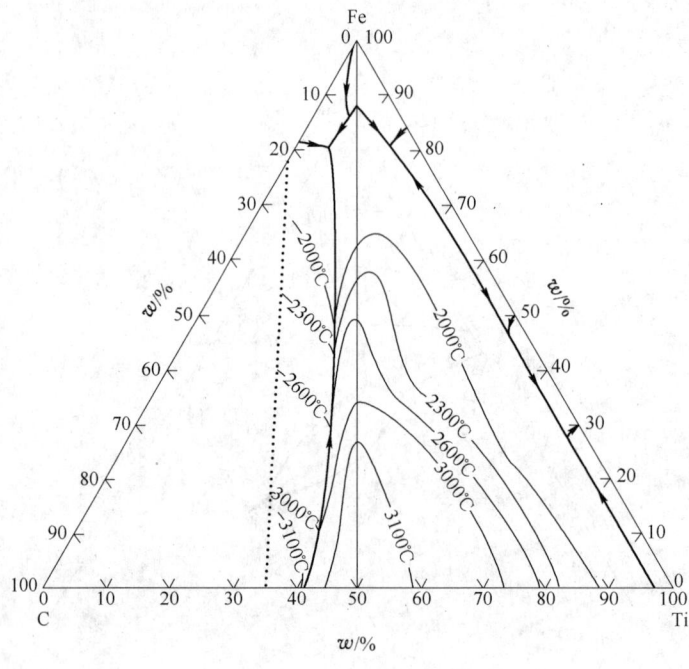

图 2 - 3 - 8

Fe-C-V 相图(图 2 - 3 - 9)[10]

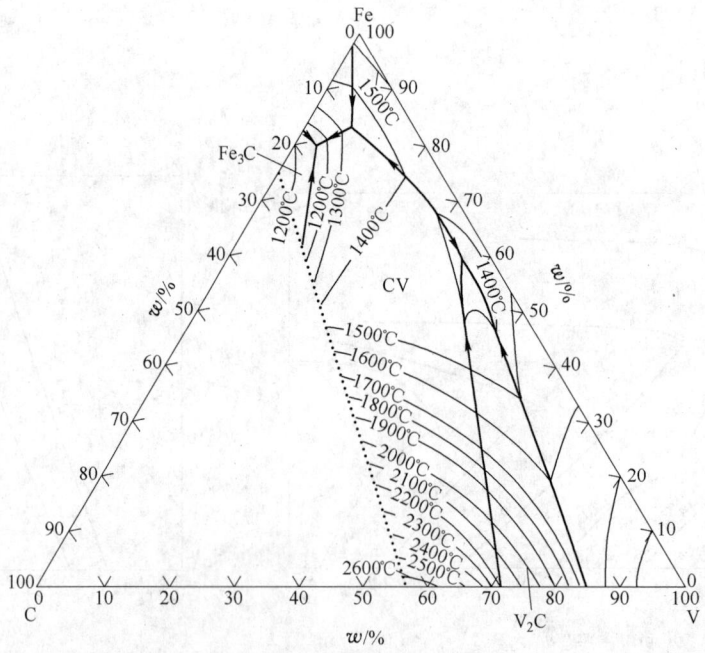

图 2 - 3 - 9

Fe-C-W 相图(图 2 - 3 - 10)[10,12]

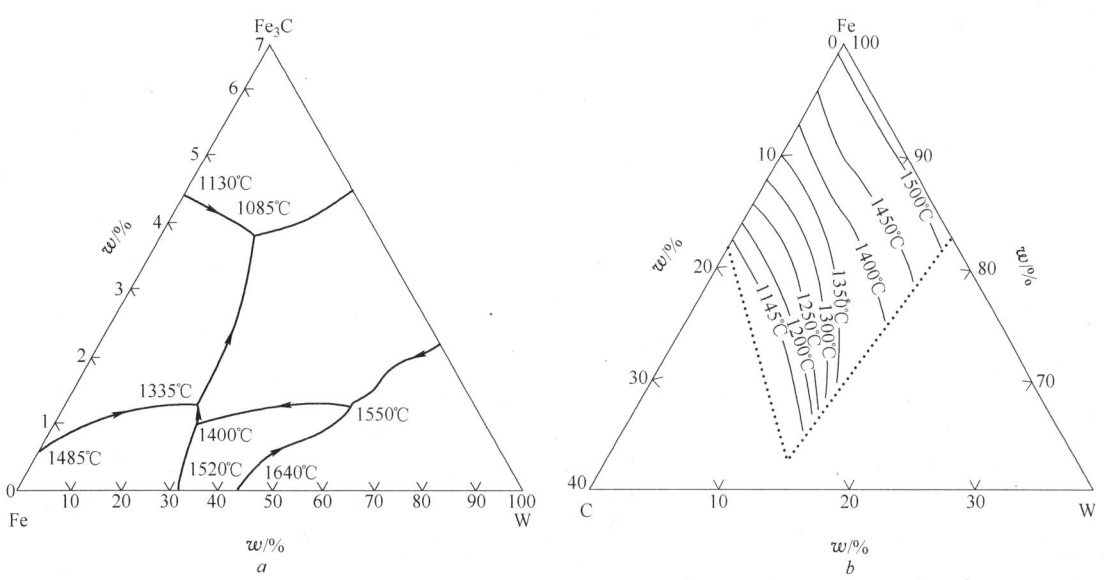

图 2 - 3 - 10

Fe-C-Zr 相图(图 2 - 3 - 11)[10]

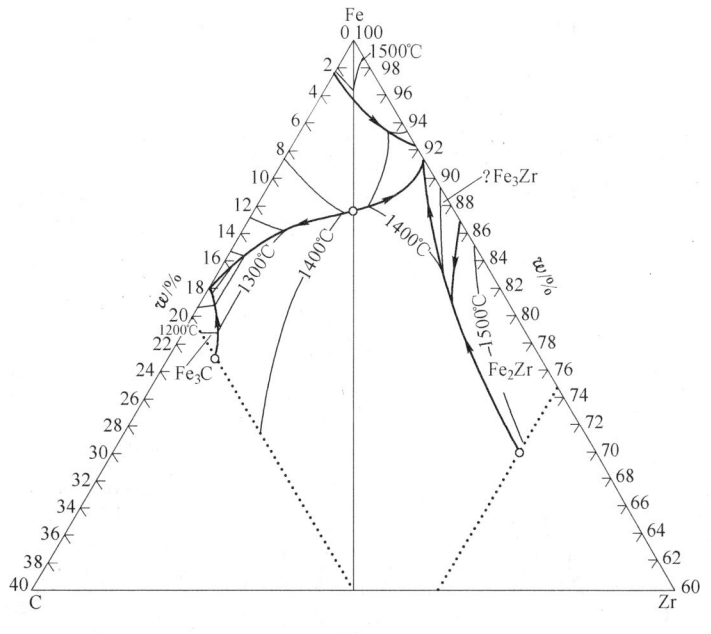

图 2 - 3 - 11

## 二、Fe-Si-E 三元相图

Fe-Si-Al 液相图(图 2 – 3 – 12)[10]

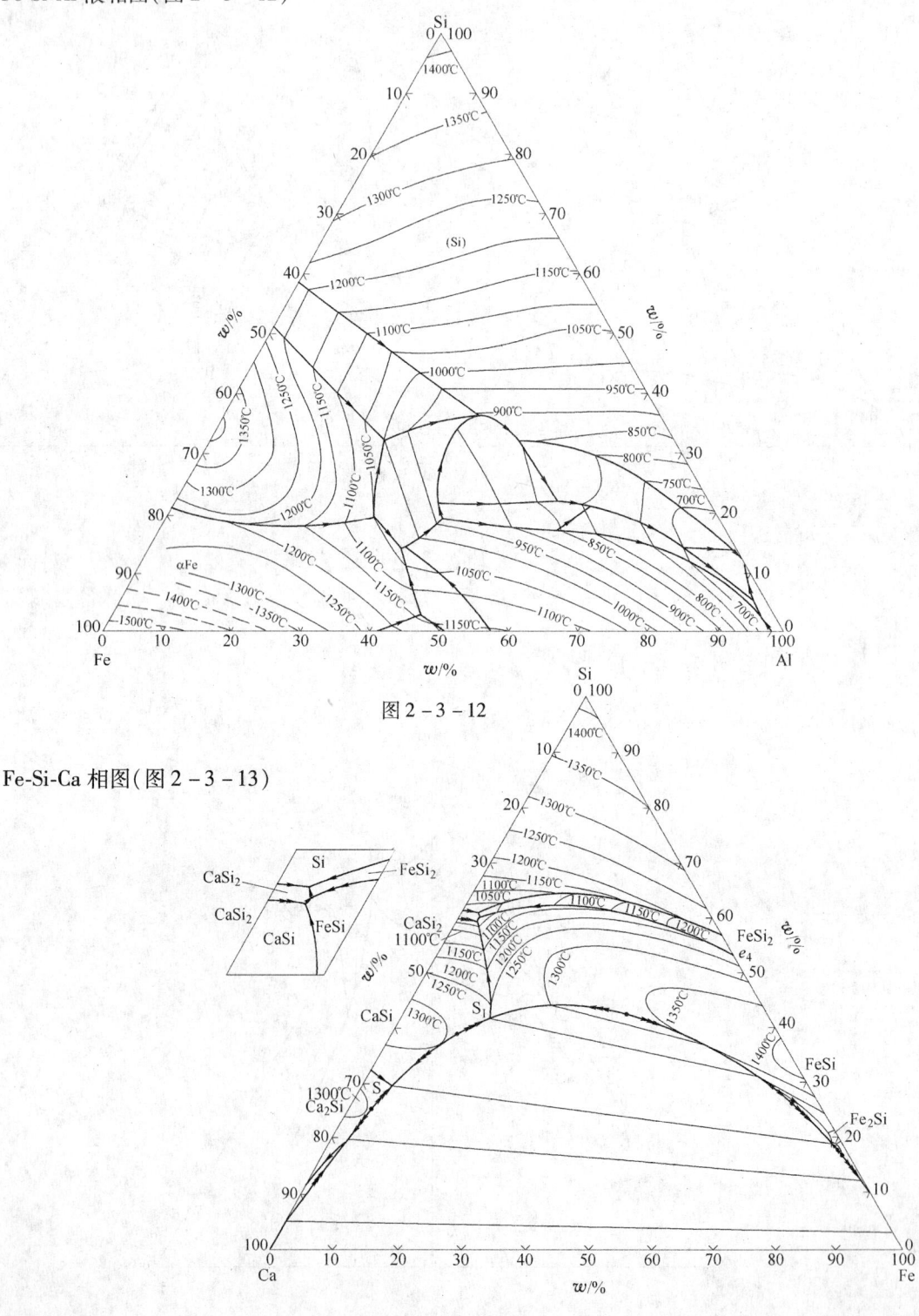

图 2 – 3 – 12

Fe-Si-Ca 相图(图 2 – 3 – 13)

图 2 – 3 – 13

Fe-Si-Mn 相图(图 2 - 3 - 14)[10]

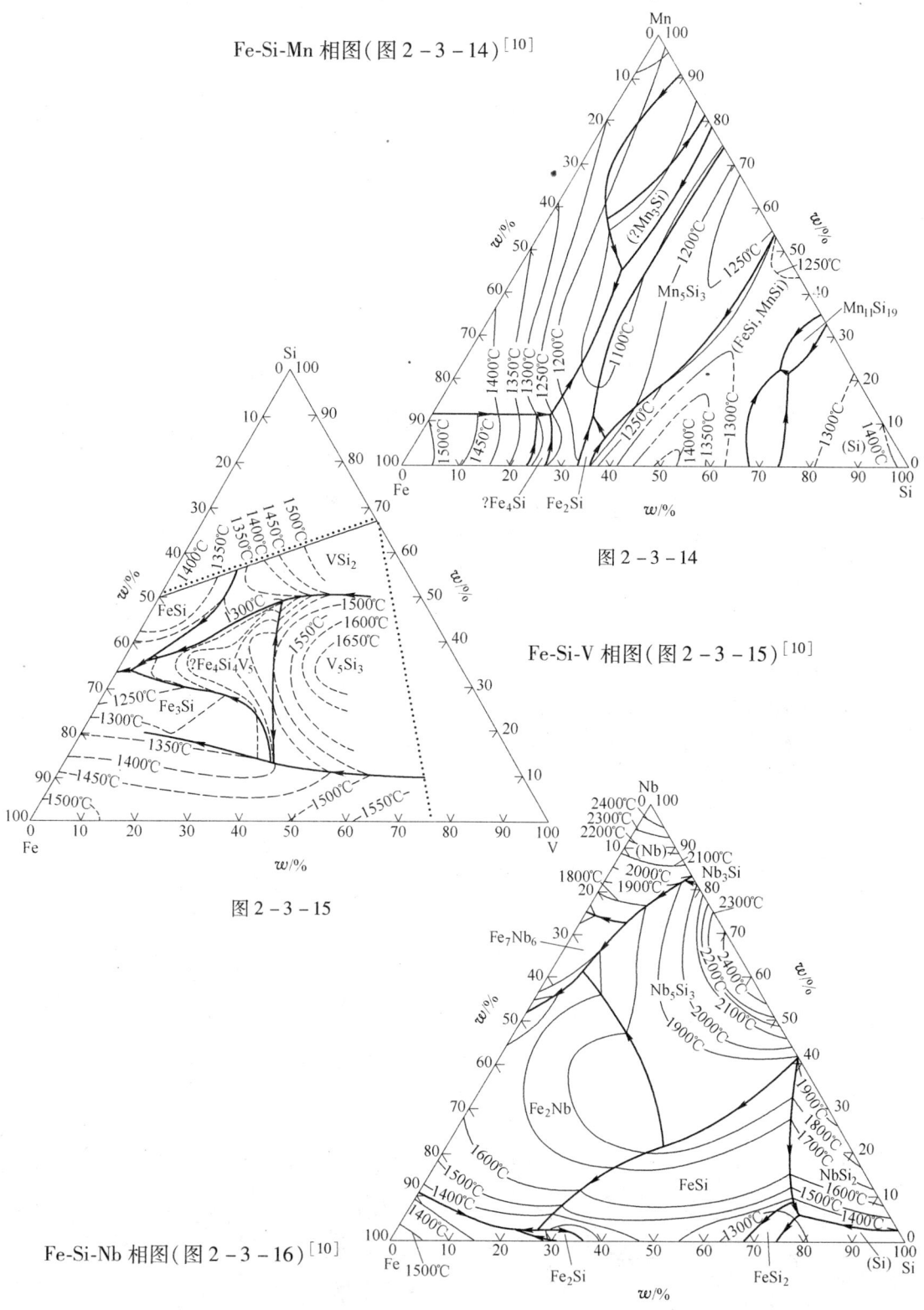

图 2 - 3 - 14

Fe-Si-V 相图(图 2 - 3 - 15)[10]

图 2 - 3 - 15

Fe-Si-Nb 相图(图 2 - 3 - 16)[10]

图 2 - 3 - 16

Fe-Si-Mg 相图(图 2 - 3 - 17)[3]

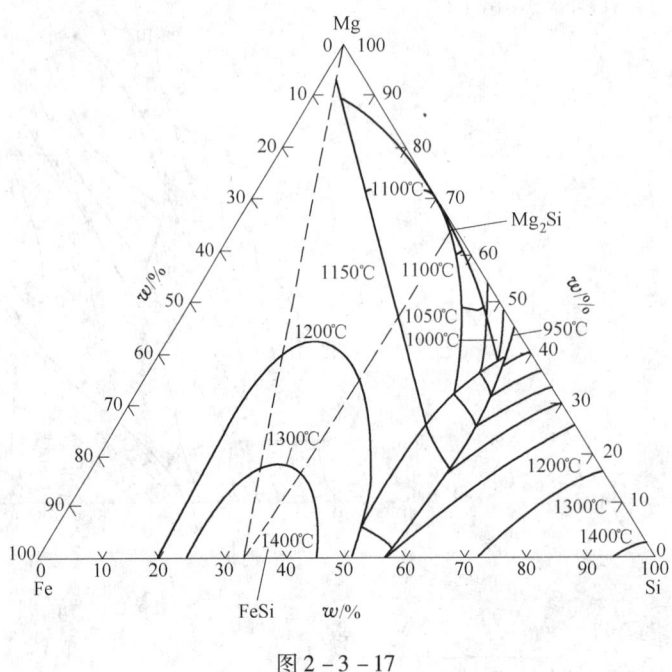

图 2 - 3 - 17

## 三、Fe-Al-E 三元相图

Fe-Al-Ca 相图(图 2 - 3 - 18)[10]

Fe-Al-Cr 液相图(图 2 - 3 - 19)[10]

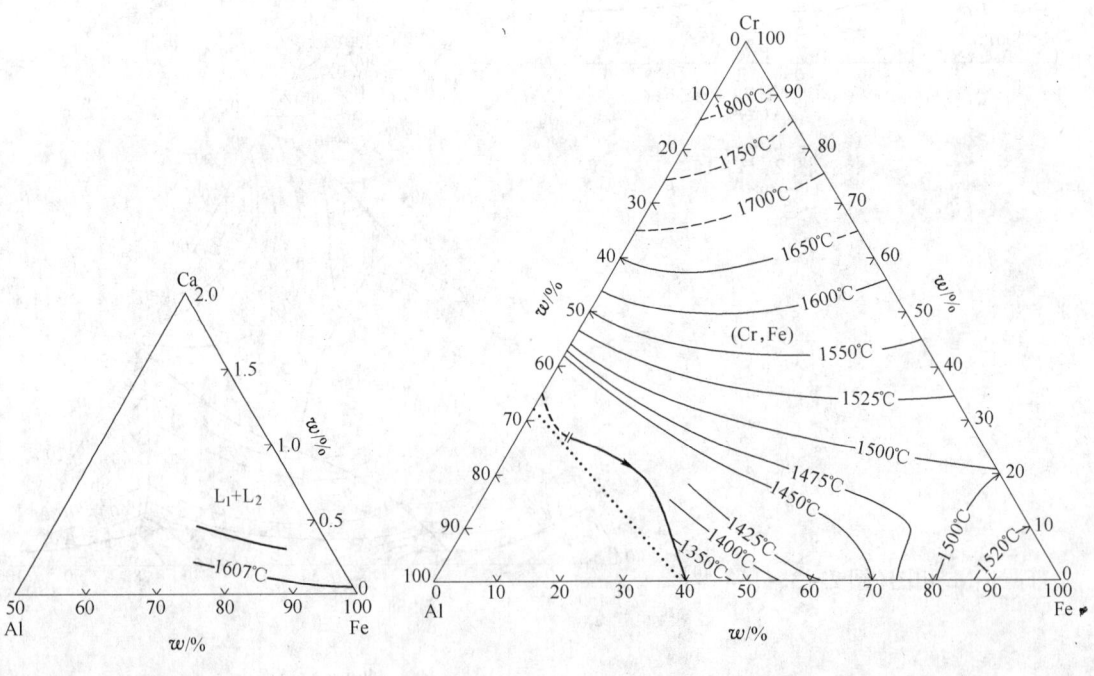

图 2 - 3 - 18　　　　　　　　　　图 2 - 3 - 19

Fe-Al-Cr 固相线图(图 2 – 3 – 20)[10]

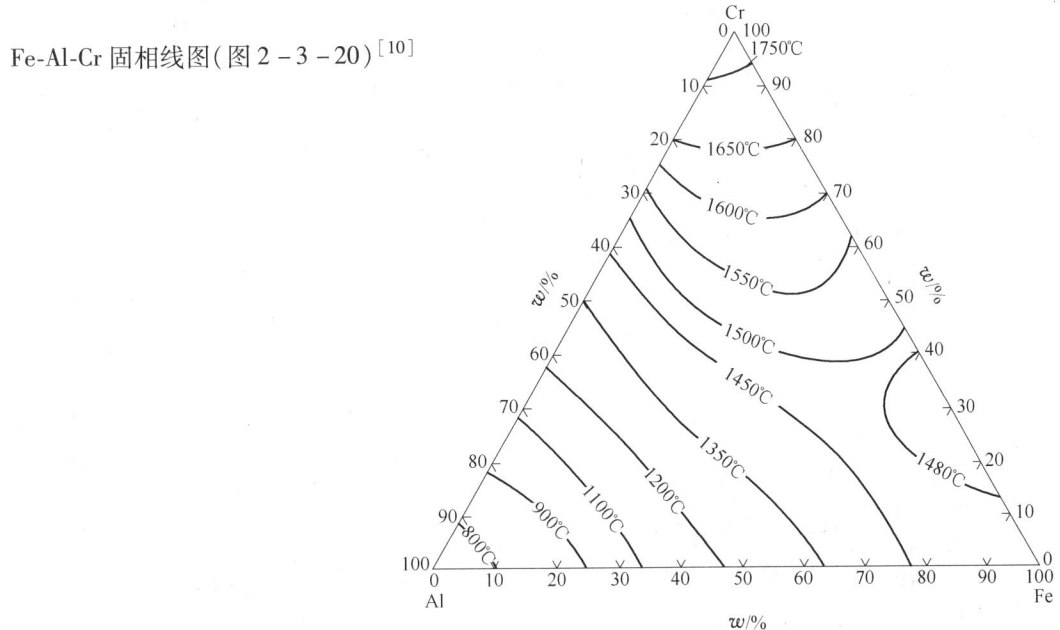

图 2 – 3 – 20

Fe-Al-Mn 相图(图 2 – 3 – 21)[10]

图 2 – 3 – 21

Fe-Al-Ni 相图(图 2 – 3 – 22)[14]

图 2 – 3 – 22

实线—固相线;虚线—液相线

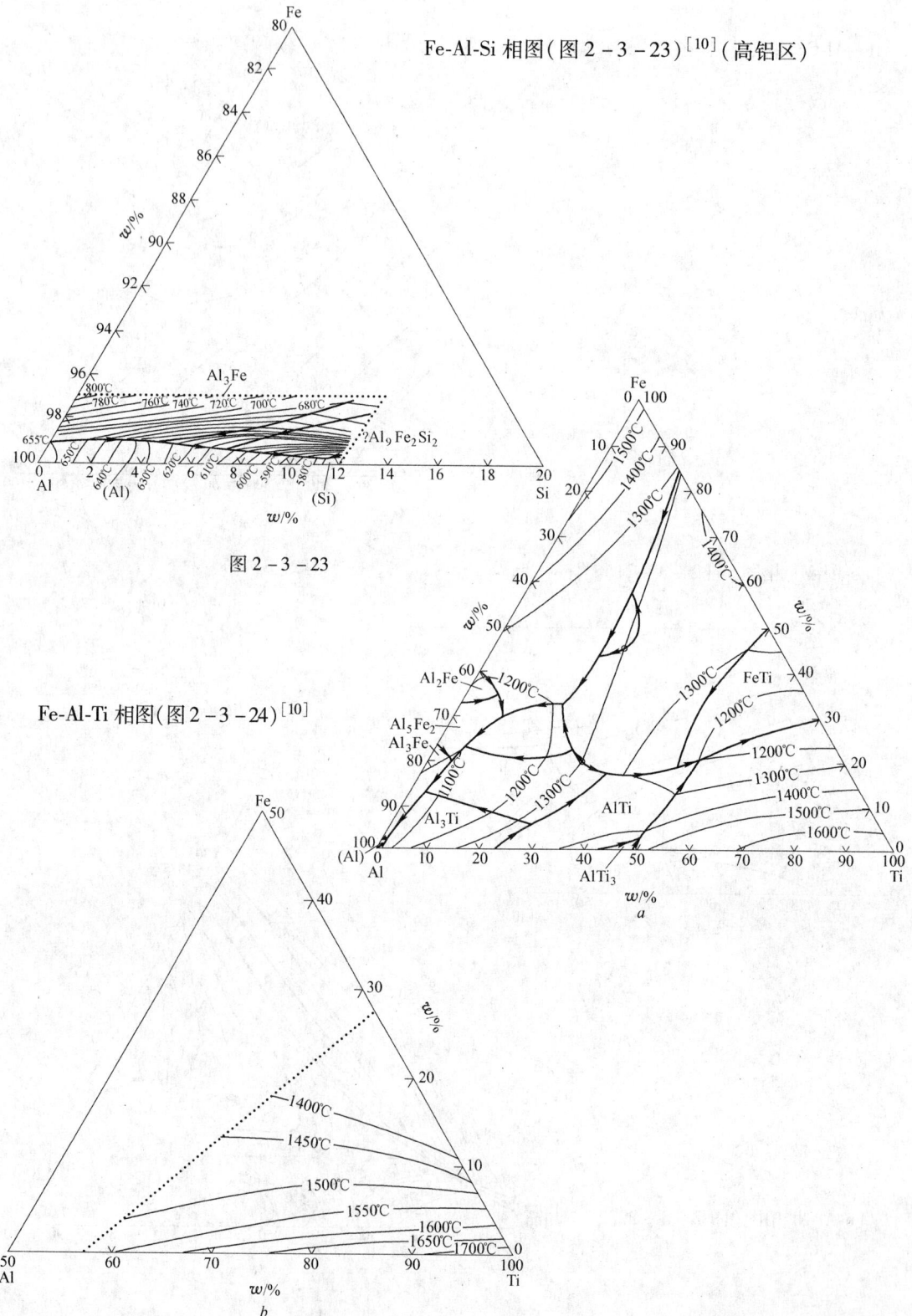

Fe-Al-Si 相图(图2-3-23)[10](高铝区)

图2-3-23

Fe-Al-Ti 相图(图2-3-24)[10]

图2-3-24

## 四、Al-Si-E 三元相图

Al-Si-C 相图（图 2 - 3 - 25）[10]

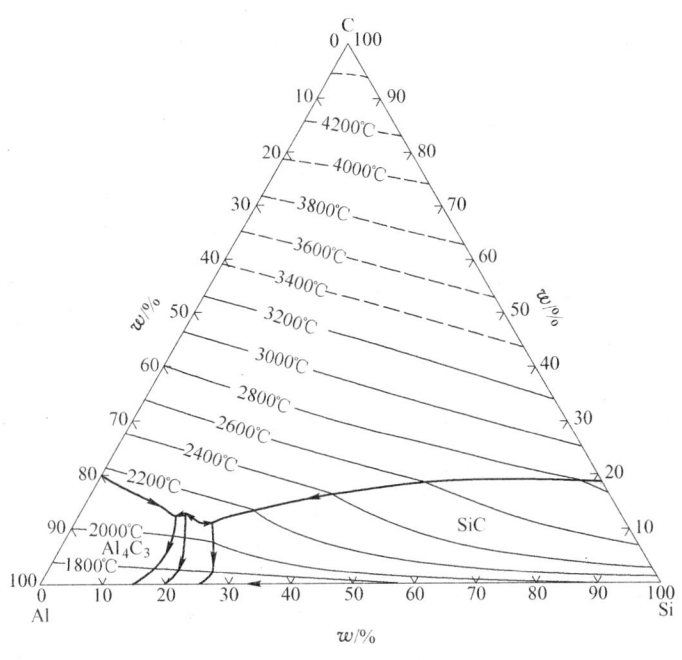

图 2 - 3 - 25

Al-Si-Ba 相图（图 2 - 3 - 26）[10]

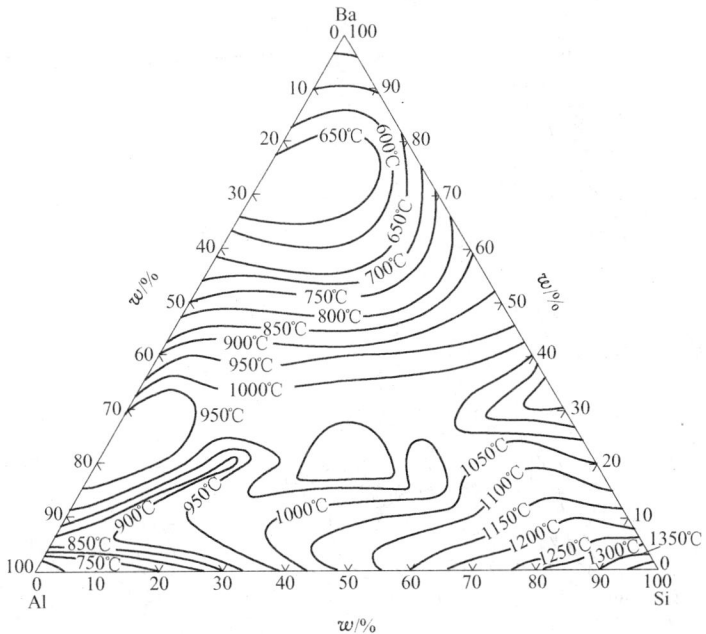

图 2 - 3 - 26

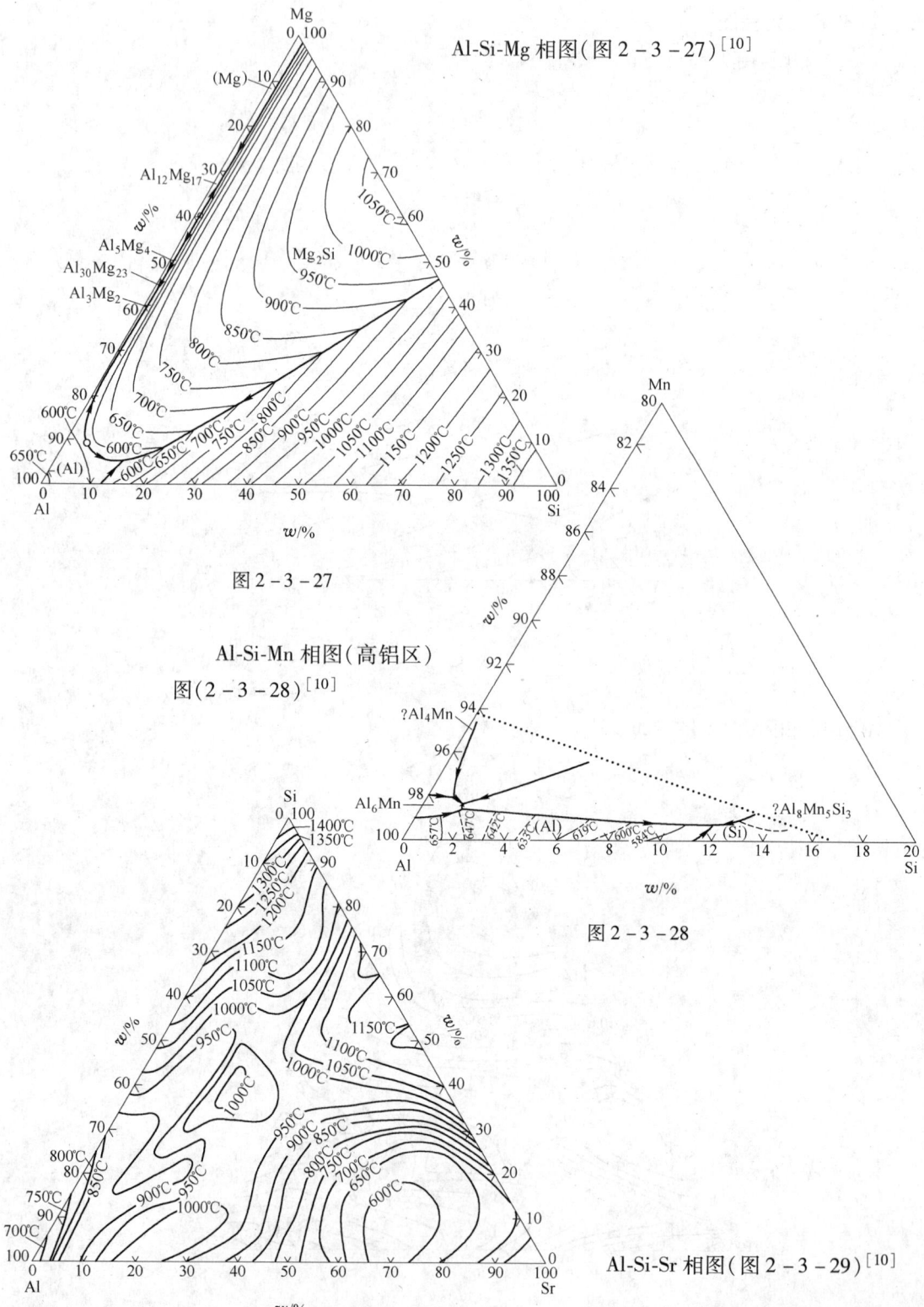

图 2 - 3 - 27

Al-Si-Mn 相图（高铝区）
图（2 - 3 - 28）[10]

图 2 - 3 - 28

图 2 - 3 - 29

## 五、其他三元相图

Si-Ca-Mn 相图(图 2 - 3 - 30)[3,10]

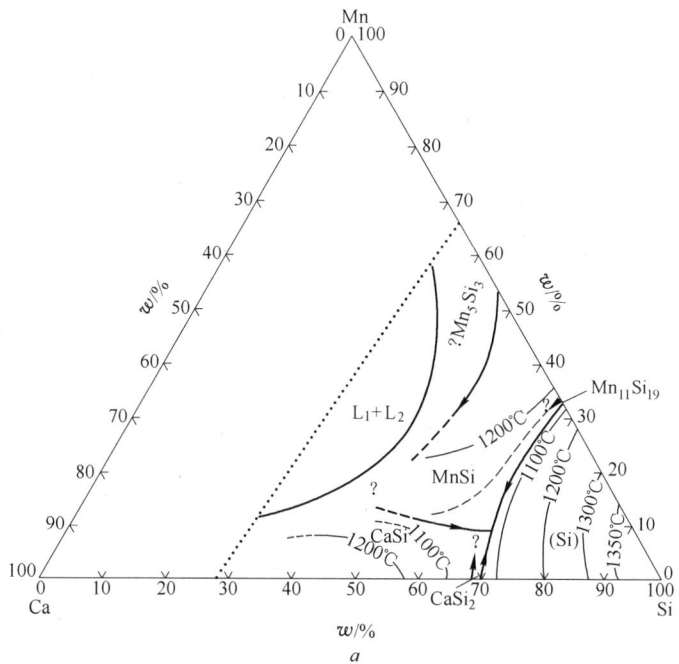

*a*

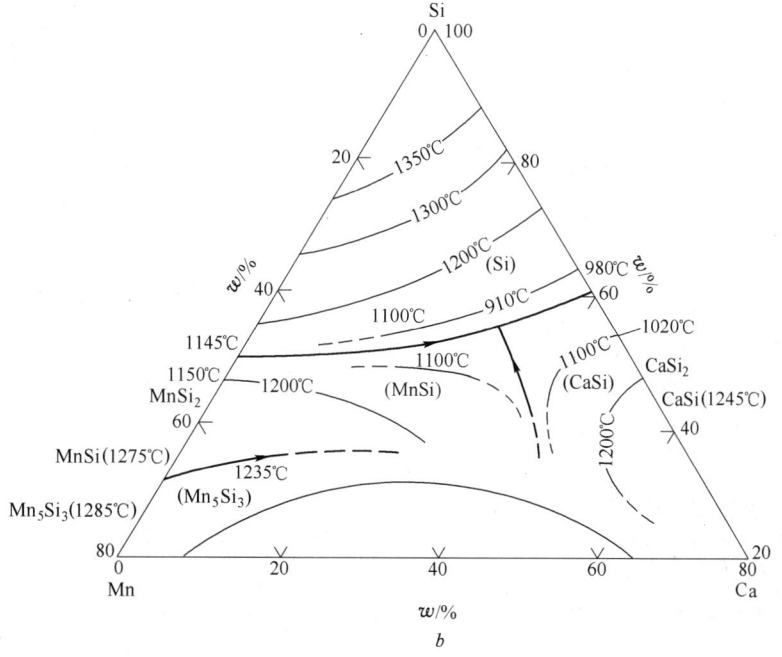

*b*

图 2 - 3 - 30

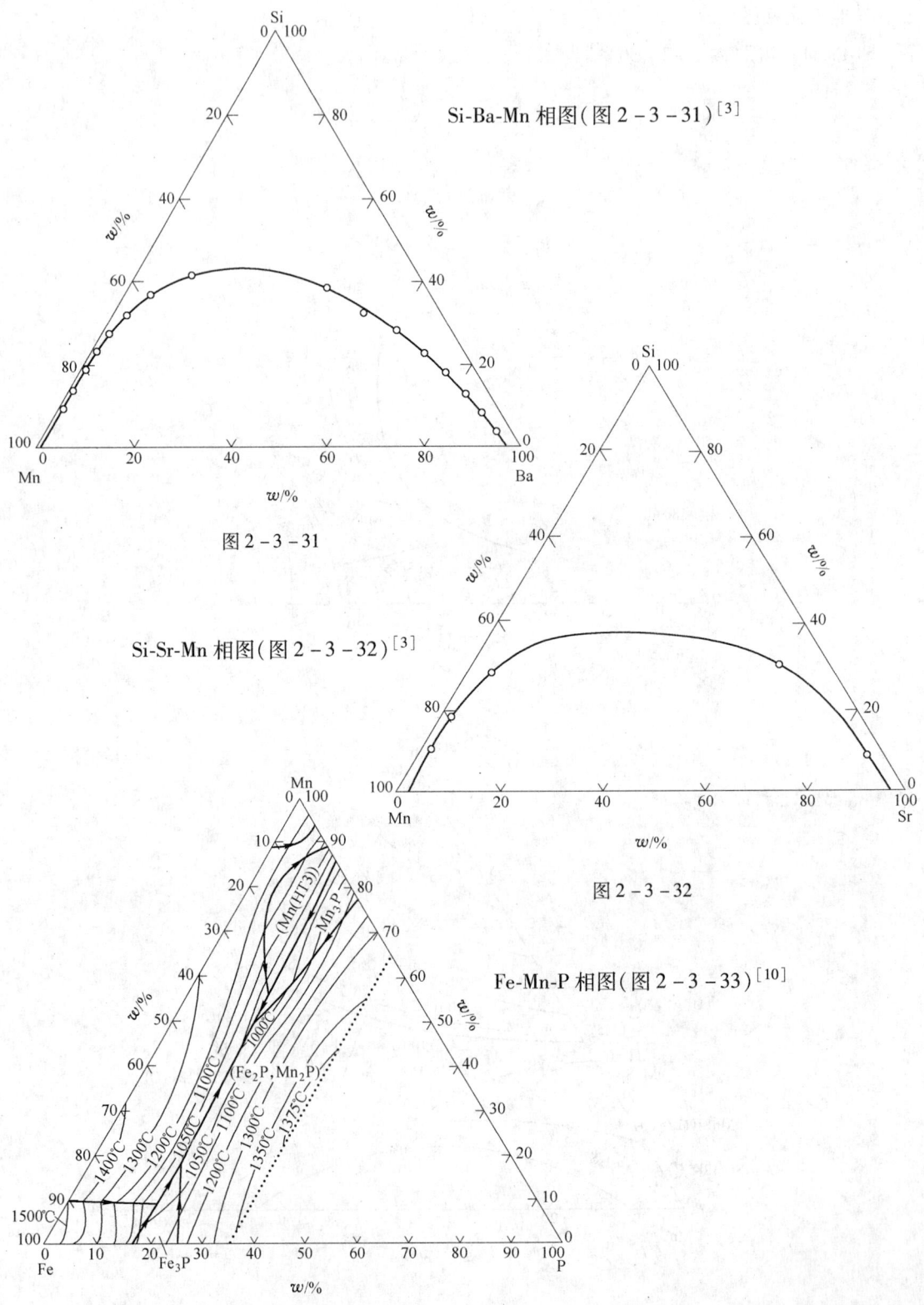

Si-Ba-Mn 相图 ( 图 2 – 3 – 31 ) [3]

图 2 – 3 – 31

Si-Sr-Mn 相图 ( 图 2 – 3 – 32 ) [3]

图 2 – 3 – 32

Fe-Mn-P 相图 ( 图 2 – 3 – 33 ) [10]

图 2 – 3 – 33

Fe-Cr-Ni 相图(图2-3-34)[11]

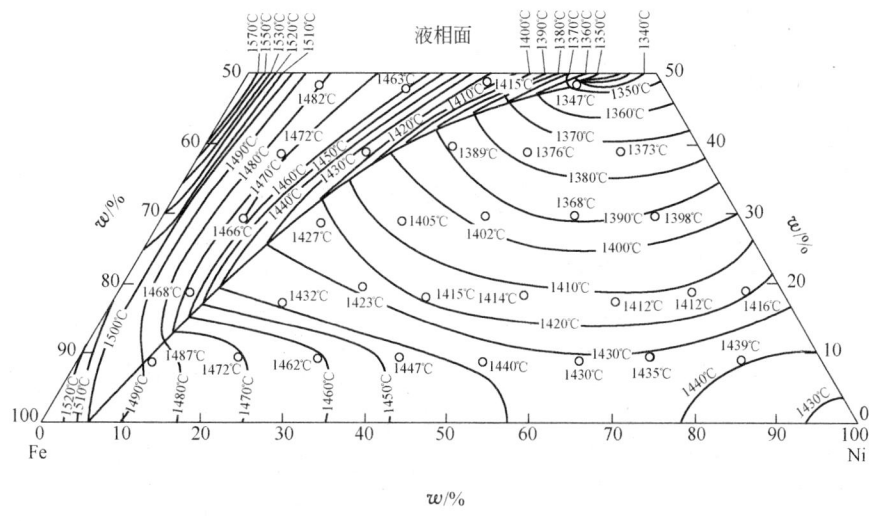

液相图

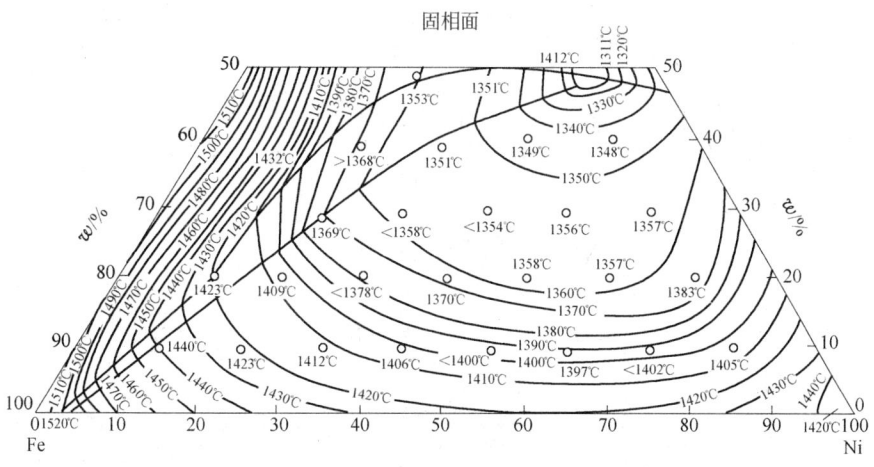

固相图

图2-3-34

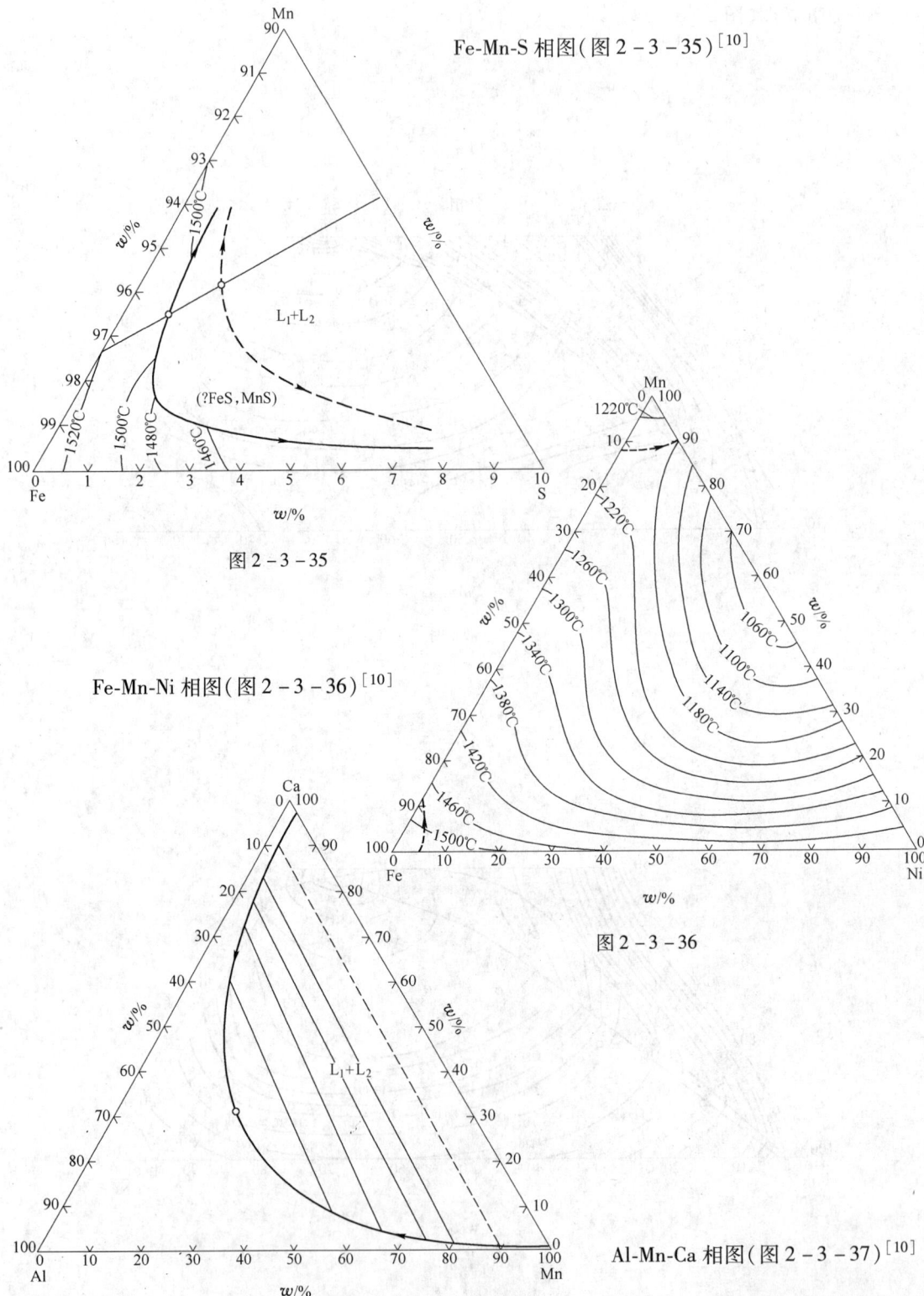

Fe-Mn-S 相图(图2-3-35)[10]

图2-3-35

Fe-Mn-Ni 相图(图2-3-36)[10]

图2-3-36

Al-Mn-Ca 相图(图2-3-37)[10]

图2-3-37

Al-Ba-Nd 相图(图 2 – 3 – 38)[10]

Al-Ba-Sr 相图(图 2 – 3 – 39)[10]

Al-Al$_2$O$_3$-Al$_4$C$_3$ 相图

(图 2 – 3 – 40)[15]

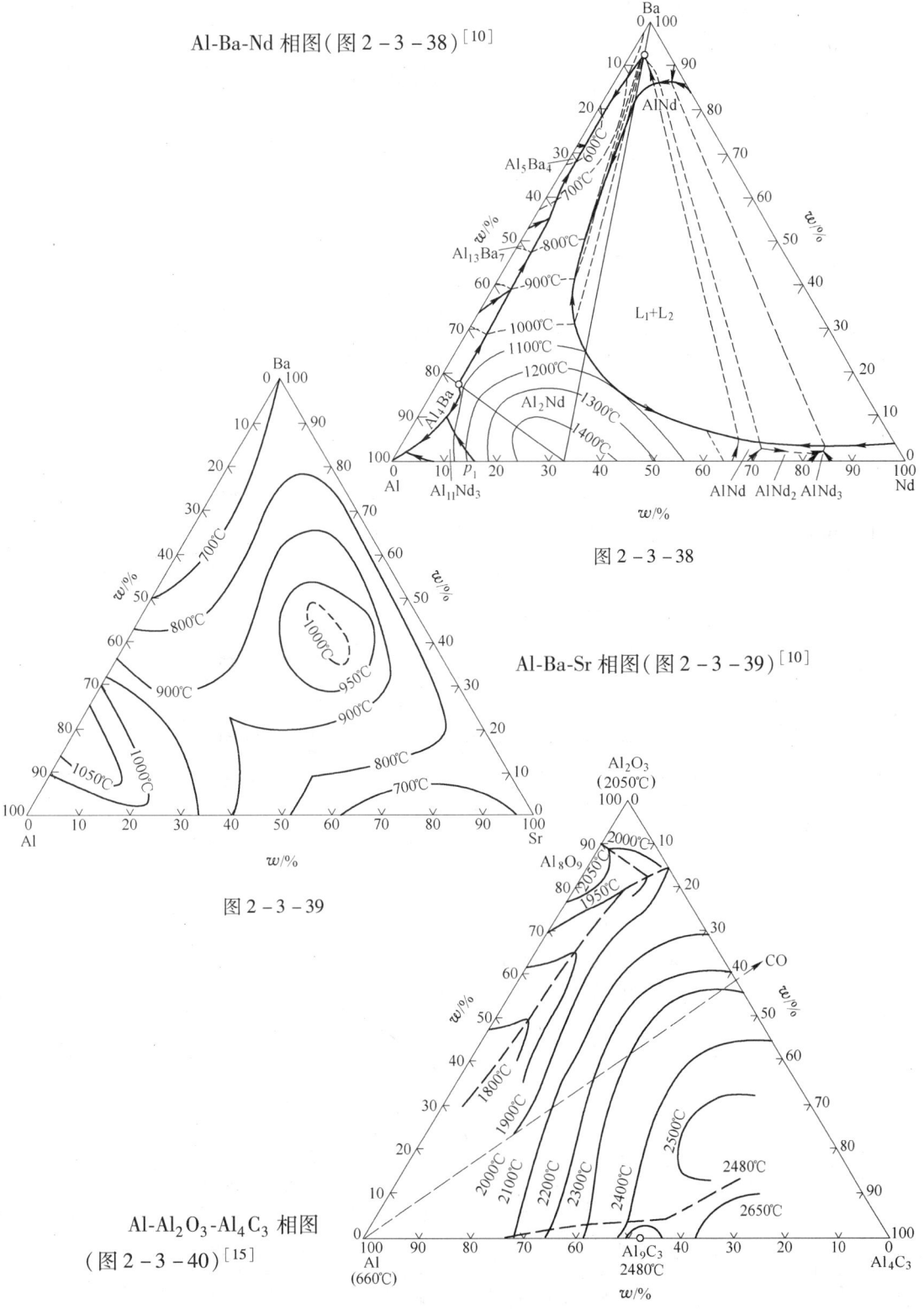

图 2 – 3 – 38

图 2 – 3 – 39

图 2 – 3 – 40

## 六、三元、四元等含量的截面图

Fe-Mn-C( $w_{Mn} = 2.5\%$ )截面图(图 2 – 3 – 41 )

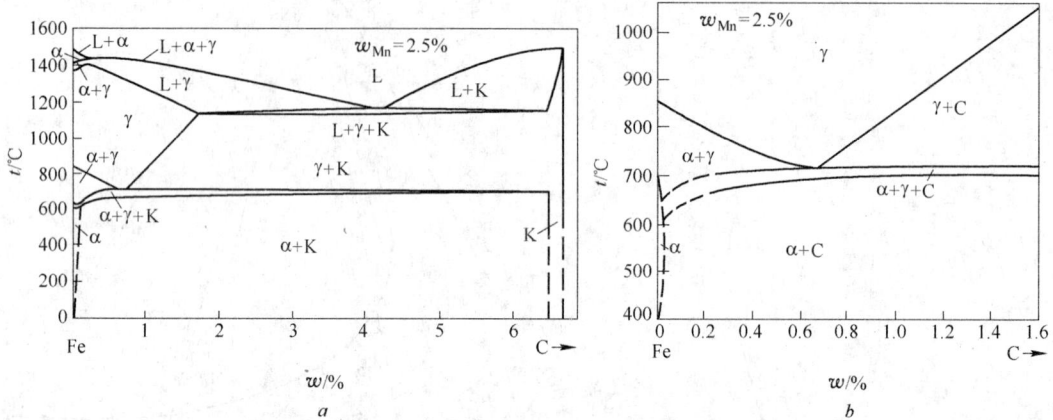

图 2 – 3 – 41

Fe-Mn-C( $w_{Mn} = 13\%$ )相图(图 2 – 3 – 42 )[16]

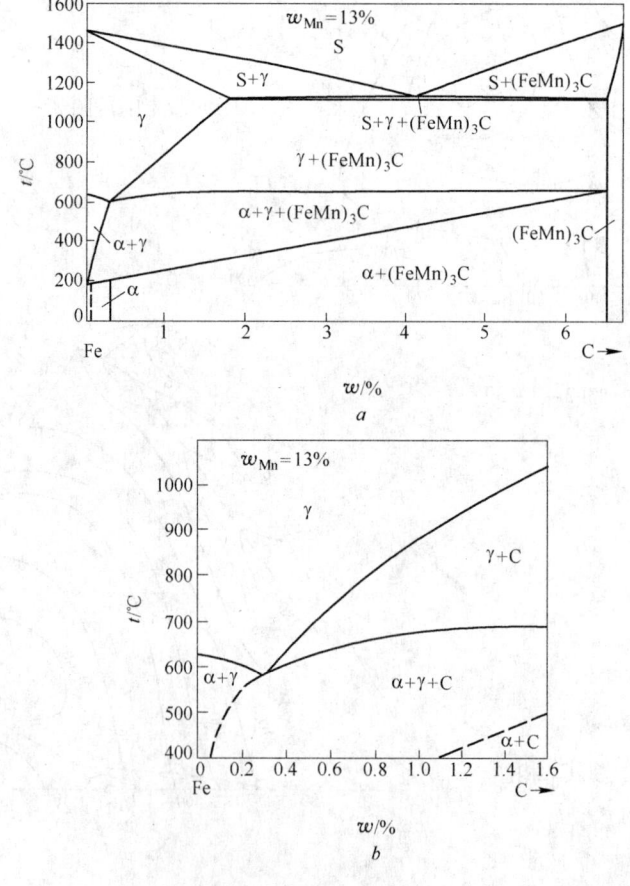

图 2 – 3 – 42

Fe-Cr-C( $w_{Cr}$ = 1.6%、2%、5%、13%、17%、25%)相图(图 2 - 3 - 43)[11]

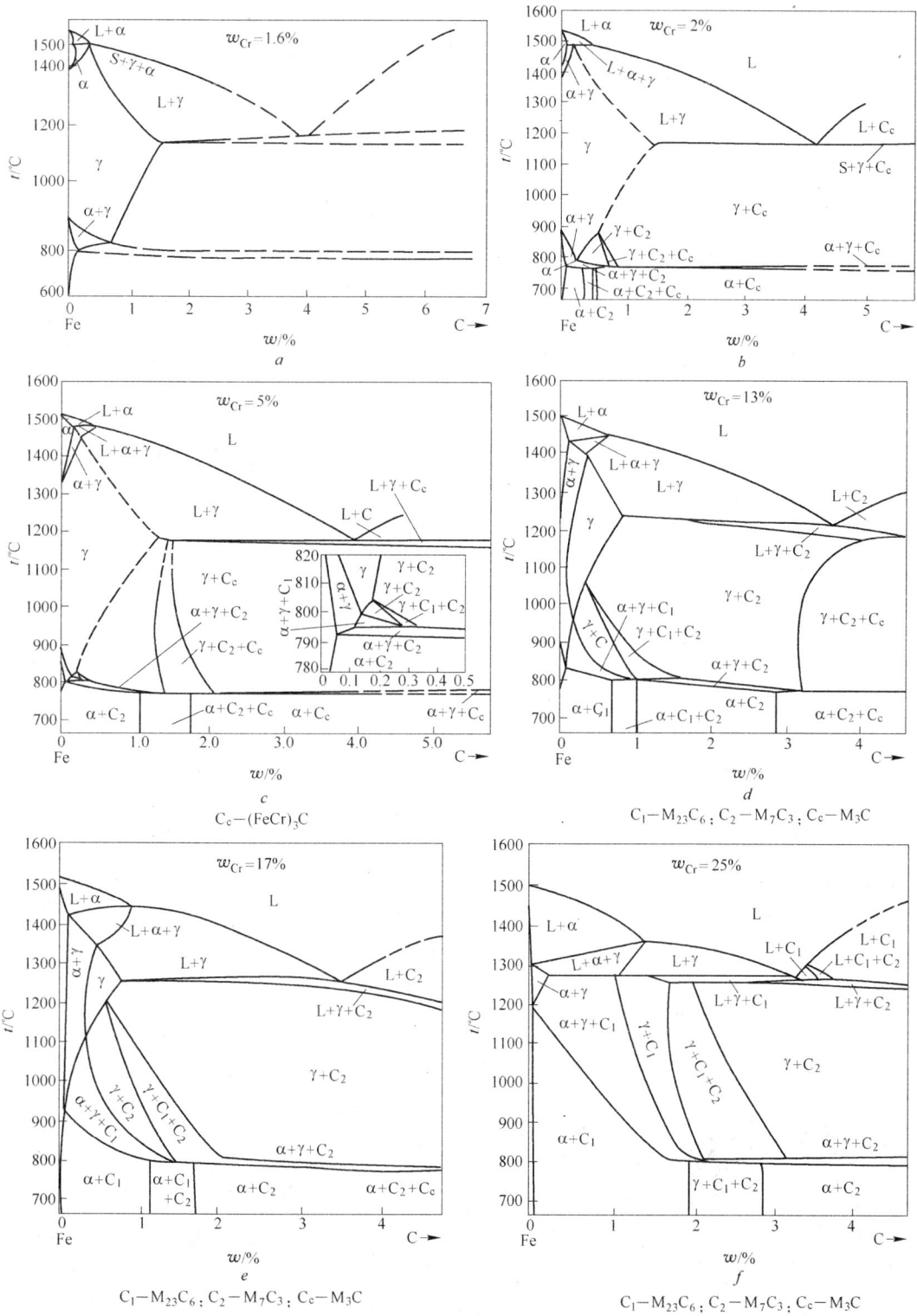

图 2 - 3 - 43

Fe-Mn-C($w_C = 1\%$)相图(图 2 – 3 – 44)[16]

高锰钢水韧后的组织和[C]、[Mn]含量的关系(图 2 – 3 – 45)[16]

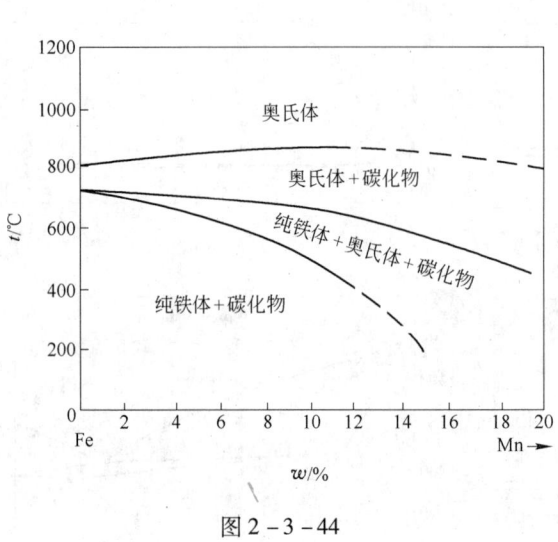
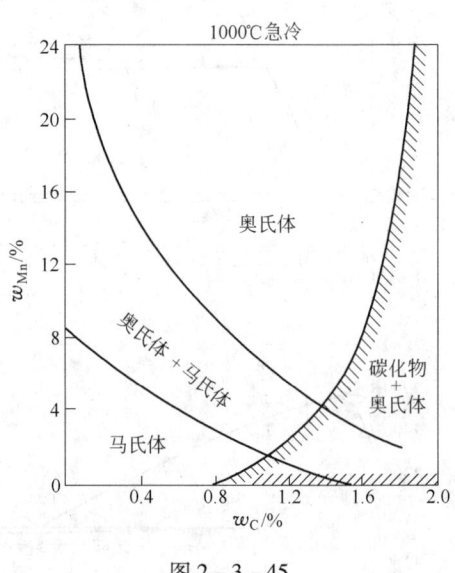

图 2 – 3 – 44                           图 2 – 3 – 45

Fe-Si-C 相图(图 2 – 3 – 46)[12]

Fe-Ti-C($w_{Ti} = 0.3\%$)的相图(图 2 – 3 – 47)[11]

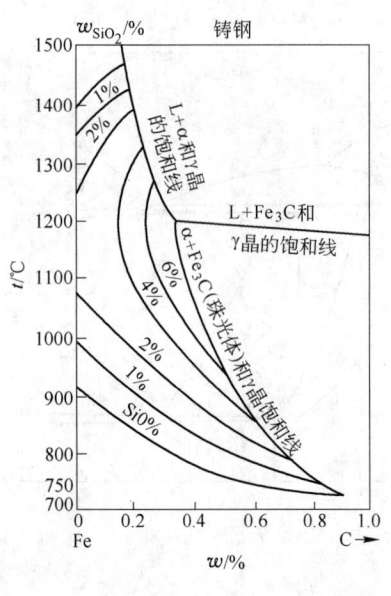
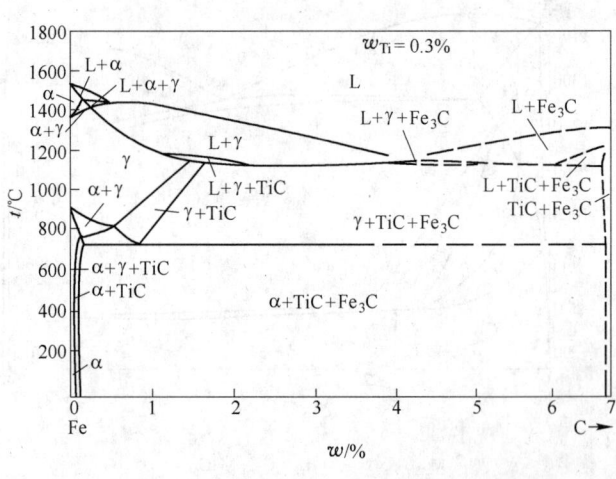

图 2 – 3 – 46                           图 2 – 3 – 47

Fe-V-C 截面图(图 2 - 3 - 48)[11]

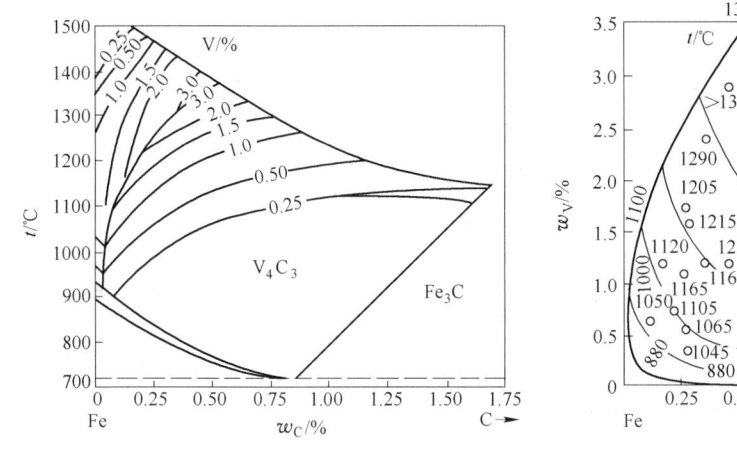
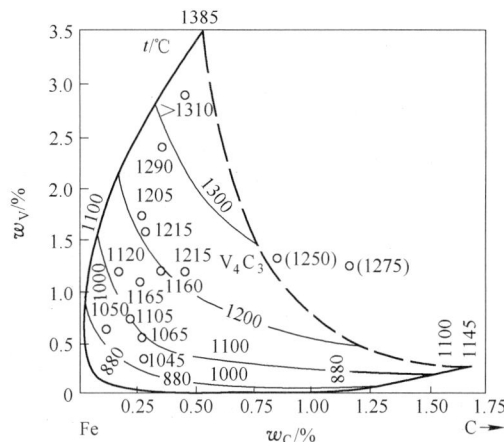

图 2 - 3 - 48

Fe-Cr-Ni-C($w_C = 0.1\%$)相图(图 2 - 3 - 49)[11]

Fe-Cr-Ni-C 相图($w_{Cr} = 18\%$,$w_{Ni} = 8\%$)(图 2 - 3 - 50)[17]

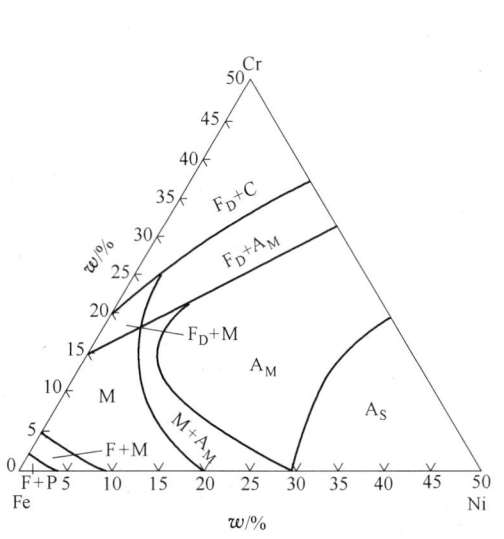

图 2 - 3 - 49

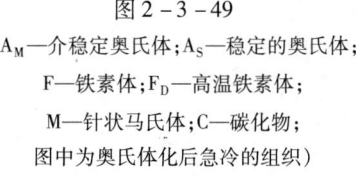

(A_M—介稳定奥氏体;A_S—稳定的奥氏体;

F—铁素体;F_D—高温铁素体;

M—针状马氏体;C—碳化物;

图中为奥氏体化后急冷的组织)

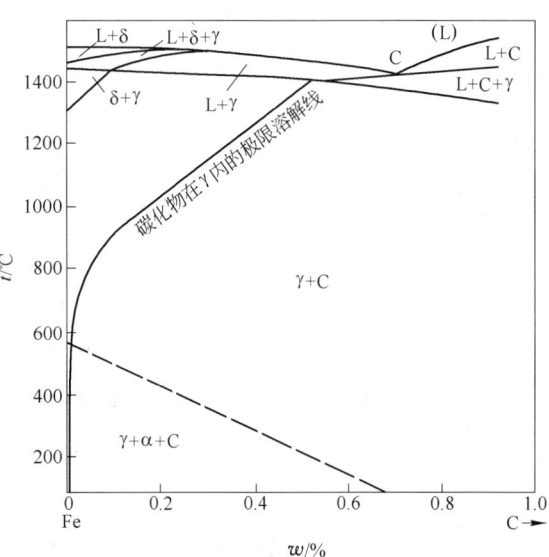

图 2 - 3 - 50

Fe-W-Cr-C 相图 ($w_W = 18\%$ , $w_{Cr} = 4\%$)(图 2 – 3 – 51)[12]

Fe-W-Cr-Mo-C 相图($w_W = 6\%$ , $w_{Cr} = 4\%$ , $w_{Mo} = 5\%$ , $w_V = 2\%$)(图 2 – 3 – 52)[18]

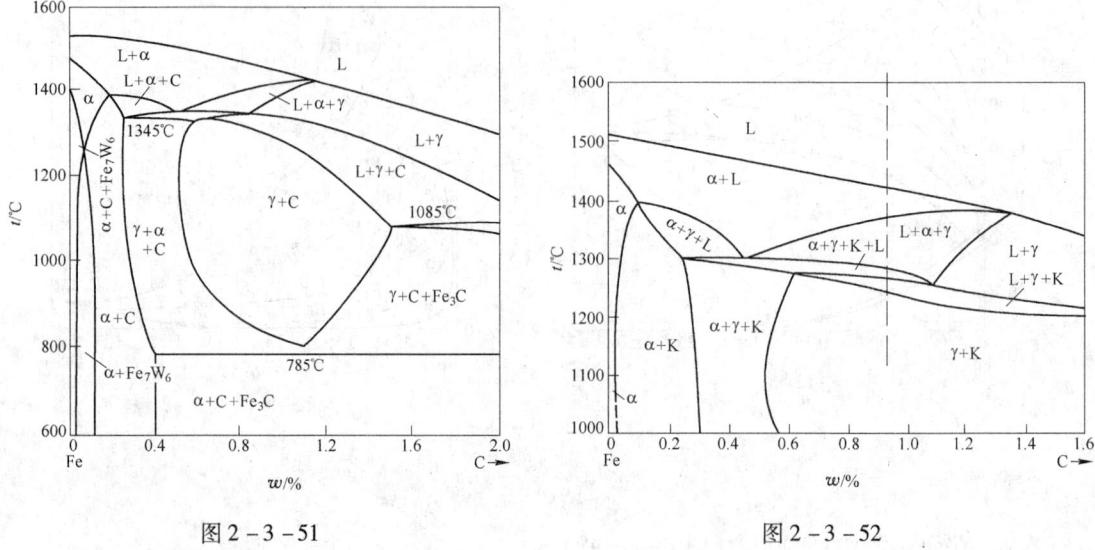

图 2 – 3 – 51　　　　　　　　　　　图 2 – 3 – 52

条件:奥氏体化温度急冷后的钢中相组织

Fe-Si-C($w_{Si} = 1\%$ 、2% 、3% 、4% 、6% 、8%)相图(图 2 – 3 – 53)[19]

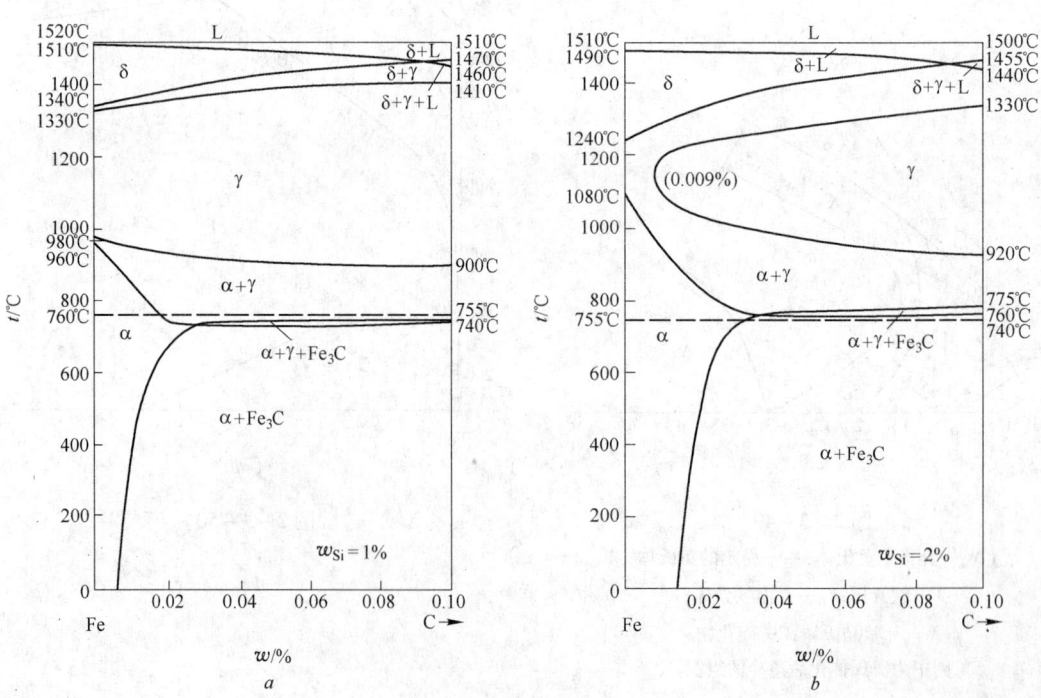

a　　　　　　　　　　　　　　b

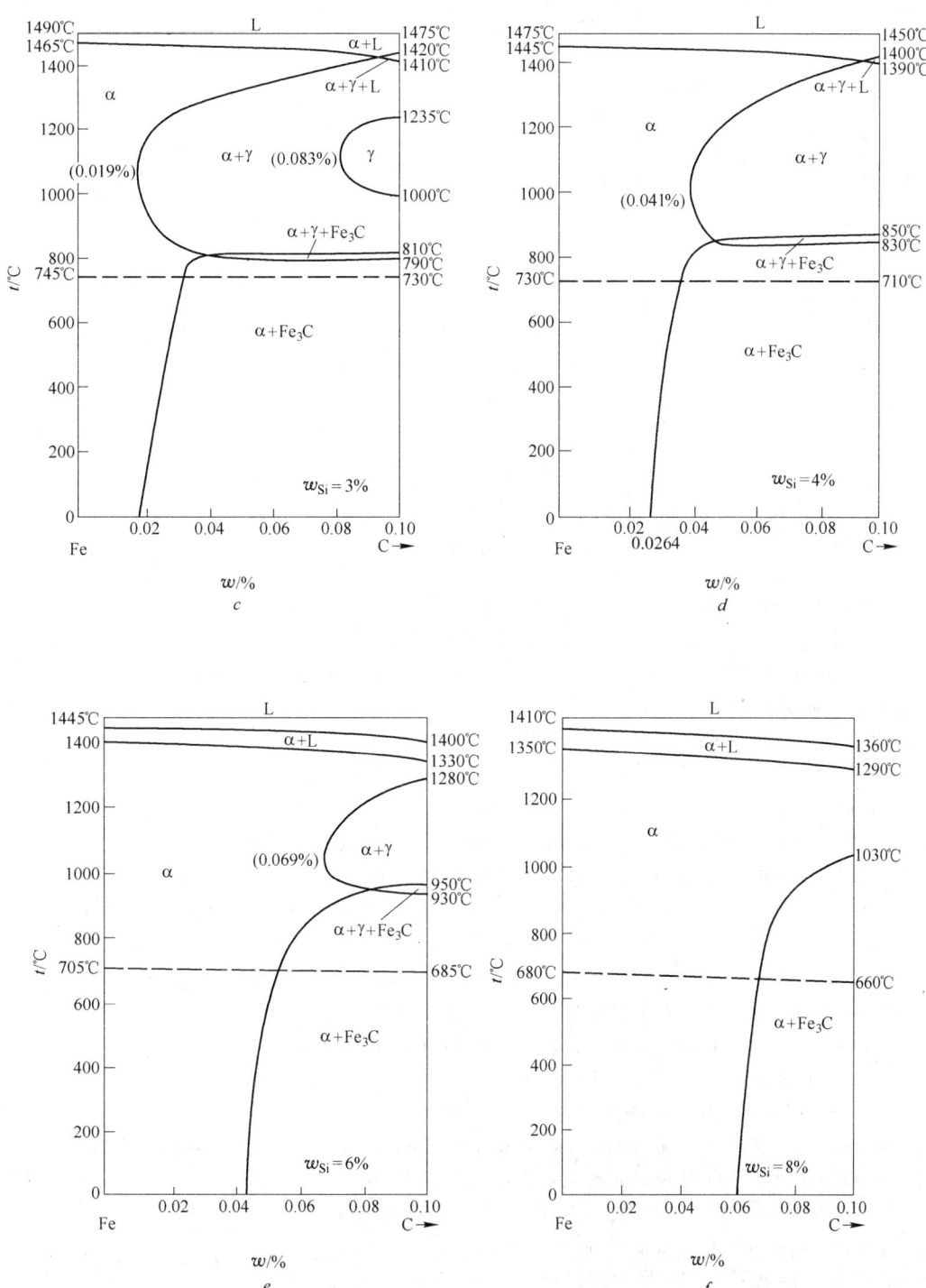

图 2 - 3 - 53

Fe-Si-C($w_C = 0.06\%$、$0.08\%$)相图(图 2 - 3 - 54)[19]

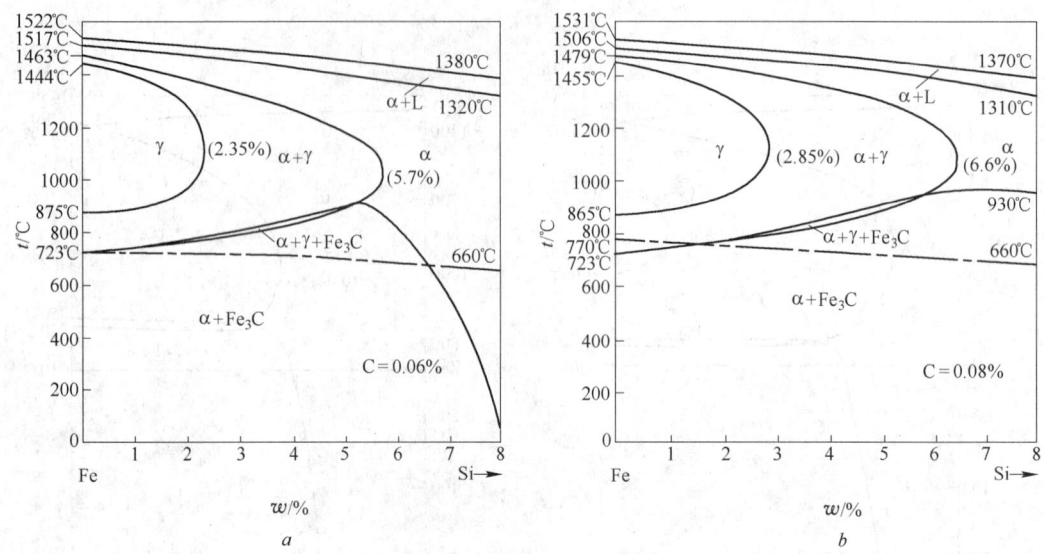

图 2 - 3 - 54

## 参 考 文 献

[1]　Пенкала Т. Очерке Кристаллохимии, Химия М,1974

[2]　長谷川正義,等. ステンレス鋼便覽,日刊工業新聞社,1973

[3]　Кожевников Г Н, Заико В П,ит. Электротермия лигатур щелочноземельных металлов с кремнием издатевство наука,1978

[4]　日本金属学会,编,金属データブック.東京丸善,1974

[5]　佘宗森,褚幼义,等编著. 钢中稀土. 北京:冶金工业出版社,1982.

[6]　Massaiski T B,Akamoto H. Binary Alloy Phase Diagrams,2nd Edition

[7]　长崎诚三,平林真,编著. 二元合金状态图集. 刘安生,译. 北京:冶金工业出版社,2004

[8]　Shunk F A. Constitution of Binary Alloys,second supplement. 1969

[9]　American Society for Metals. Metals Handbook,eighth edition,Vol. 8 Metallography Structure and Phase Diagrams. 1973

[10]　Villars P,Prince A, Okamoto H. HandBook of Ternary Alloy Phahe Diagrams. 1995:1 ~ 10volume

[11]　日本学術振興会. 鉄鋼と合金元素. 製鋼第 19 委员会,1966

[12]　Самарин А М. Сталеплавильное Производство I справочник,1964

[13]　Trans. Metallurgy. ,AIME,1962,224(1):148 ~ 159

[14]　凯斯 S L. 钢铁中的铝. 北京:中国工业出版社,1965

[15]　Щедровицкий Я С. Сложные Кремнистых Ферросплавы,Издательство ,Металлургия,1966

[16]　日本電気製鋼研究会. 特殊鋼便覽. 東京理工学社,1974

[17]　巴巴科夫 А А. 不锈钢及其耐蚀性. 北京:中国工业出版社,1963

[18]　A Guide to the Solidification of Steels. Jernkontoret,Stockholm,Sweden,1978

[19]　罗阳. Si-C-Fe 相图. 金属学报,1988,(3)

# 第三章　常见化合物的晶格结构和相图

## 第一节　化合物的晶格结构

### 一、AB 型离子结构[1]

NiAs 型(图 3 - 1 - 1)

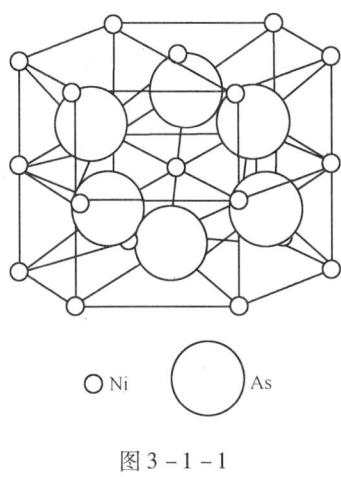

○ Ni　　　　○ As

图 3 - 1 - 1

配位数 =6( NiAs$_6$ , AsNi$_6$ )晶包中原子数 =2

| 化合物 | a/nm | c/nm | c/a | 化合物 | a/nm | c/nm | c/a |
|---|---|---|---|---|---|---|---|
| CoS | 0.338 | 0.516 | 1.53 | NiSb | 0.395 | 0.3135 | 1.30 |
| CrS | 0.346 | 0.578 | 1.67 | CoSe | 0.362 | 0.528 | 1.46 |
| FeS | 0.345 | 0.589 | 1.71 | CrSe | 0.369 | 0.605 | 1.64 |
| AuSn | 0.432 | 0.553 | 1.28 | FeSe | 0.365 | 0.599 | 1.64 |
| CuSn | 0.420 | 0.508 | 1.21 | $\rho$NiSe | 0.367 | 0.536 | 1.46 |
| FeSn | 0.365 | 0.599 | 1.64 | NiAs | 0.361 | 0.502 | 1.39 |
| NiSn | 0.409 | 0.519 | 1.27 | CoTe | 0.390 | 0.578 | 1.38 |
| CoSb | 0.388 | 0.519 | 1.84 | CrTe | 0.399 | 0.622 | 1.56 |
| CrSb | 0.412 | 0.548 | 1.33 | FeTe | 0.381 | 0.568 | 1.40 |
| MnSb | 0.413 | 0.573 | 1.40 | MnTe | 0.413 | 0.673 | 1.63 |
|  |  |  |  | NiTe | 0.397 | 0.536 | 1.35 |

ZnS 型(图 3 - 1 - 2)

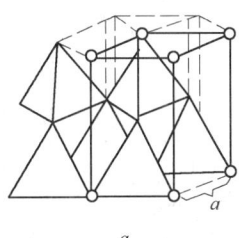
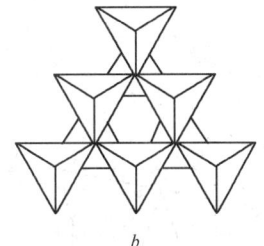

a　　　　　　　　　　　b

图 3 - 1 - 2

配位数 =4( ZnS$_4$ , SZn$_4$ )晶包中原子数 =2

| 化　合　物 | a/nm | c/nm | c/a | 化　合　物 | a/nm | c/nm | c/a |
|---|---|---|---|---|---|---|---|
| AlN | 0.3116 | 0.4985 | 1.6 | ZnO | 0.325 | 0.520 | 1.60 |
| BeO | 0.2695 | 0.439 | 1.63 | AgI | 0.459 | 0.753 | 1.64 |
| CdS | 0.414 | 0.671 | 1.62 | MgTe | 0.453 | 0.734 | 1.62 |
| ZnS | 0.382 | 0.6238 | 1.633 | $\gamma$MnSe | 0.413 | 0.673 | 1.63 |

PbO 型(图 3-1-3)

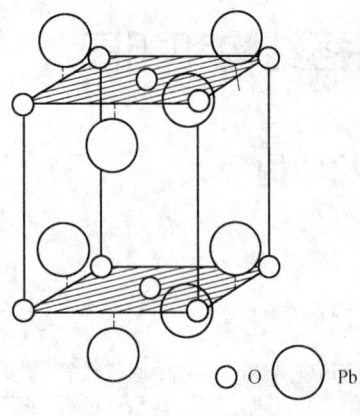

| 配位数 =4 | | | |
|---|---|---|---|
| 化　合　物 | $a$/nm | $c$/nm | $c/a$ |
| FeS | 0.378 | 0.556 | 1.47 |
| PbO | 0.397 | 0.500 | 1.26 |
| PdO | 0.3036 | 0.531 | 1.75 |
| SnO | 0.381 | 0.434 | 1.29 |
| LiOH | 0.356 | 0.403 | 0.64 |
| $PH_4I$ | 0.635 | 0.464 | 0.73 |

〇 O　　〇 Pb

图 3-1-3

BN 型(图 3-1-4)

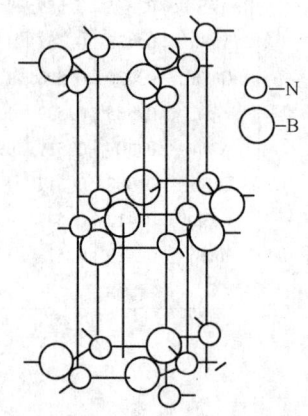

〇—N

〇—B

图 3-1-4

配位数 =3;晶包中原子数 =2

ZnS 型(图 3-1-5)

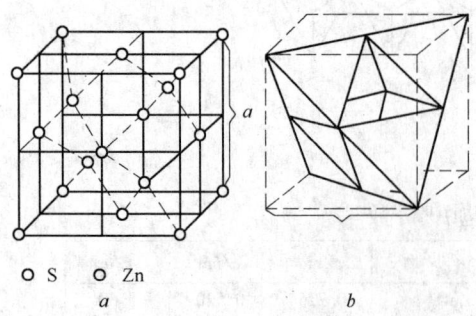

〇 S　　〇 Zn

$a$　　　　　$b$

图 3-1-5

| 配位数 =4 | | | |
|---|---|---|---|
| 化合物 | $a$/nm | 化合物 | $a$/nm |
| BeS | 0.487 | BaTe | 0.562 |
| CdS | 0.582 | CdTe | 0.647 |
| MgS | 0.585 | HgTe | 0.645 |
| ZnS | 0.543 | ZnTe | 0.610 |
| AgI | 0.648 | AlSb | 0.611 |
| CuI | 0.606 | CSi | 0.937 |
| BeSe | 0.514 | CuBr | 0.569 |
| CdSe | 0.605 | CuCl | 0.542 |
| MgSe | 0.608 | CuF | 0.426 |
| AlP | 0.543 | AlAs | 0.563 |

NaCl 型(图 3 - 1 - 6)

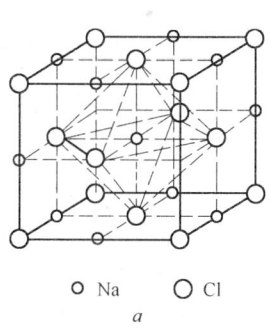 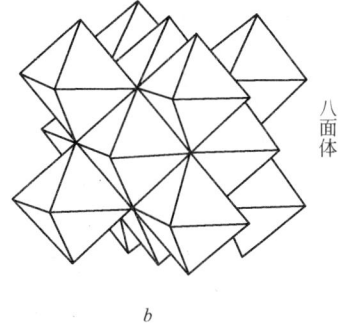

○ Na　○ Cl

*a*　　　*b*

八面体

图 3 - 1 - 6

配位数 = 6

| 化合物 | $a$/nm | 化合物 | $a$/nm | 化合物 | $a$/nm | 化合物 | $a$/nm | 化合物 | $a$/nm | 化合物 | $a$/nm |
|---|---|---|---|---|---|---|---|---|---|---|---|
| BaO | 0.553 | TiO | 0.425 | PbS | 0.592 | KCl | 0.629 | RbF | 0.564 | αMnSe | 0.546 |
| CaO | 0.481 | NbN | 0.441 | AgBr | 0.578 | LiCl | 0.514 | SnSb | 0.614 | PbSe | 0.615 |
| CdO | 0.470 | TiN | 0.424 | KBr | 0.660 | NaCl | 0.5639 | NbC | 0.446 | SrSe | 0.624 |
| CoO | 0.426 | VN | 0.414 | LiBr | 0.550 | RbCl | 0.655 | TaC | 0.446 | CaTe | 0.635 |
| FeO | 0.429 | ZrN | 0.464 | RbBr | 0.686 | AgF | 0.493 | TiC | 0.432 | PbTe | 0.645 |
| MgO | 0.421 | BaS | 0.638 | KI | 0.706 | CsF | 0.602 | VC | 0.416 | SnTe | 0.629 |
| MnO | 0.444 | CaS | 0.568 | NaI | 0.847 | KF | 0.534 | ZrC | 0.468 | SrTe | 0.666 |
| NiO | 0.420 | MgS | 0.520 | RbI | 0.734 | LiF | 0.403 | CaSe | 0.592 |  |  |
| SrO | 0.601 | MnS | 0.522 | AgCl | 0.555 | NaF | 0.534 | MgSe | 0.546 |  |  |

CsCl 型(图 3 - 1 - 7)

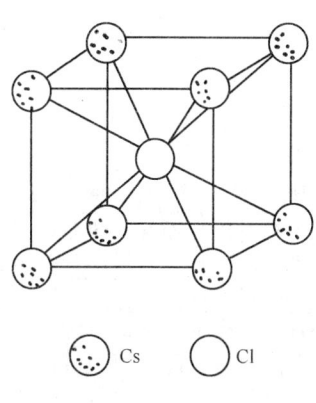

配位数 = 8

| 化合物 | $a$/nm | 化合物 | $a$/nm |
|---|---|---|---|
| CsCl | 0.412 | NiAl | 0.2865 |
| TlCl | 0.386 | AuZn | 0.31566 |
| CsBr | 0.430 | CuZn | 0.2946 |
| TlBr | 0.398 | CuBe | 0.2705 |
| CsI | 0.457 | PdBe | 0.2875 |
| TlI | 0.421 | LiHg | 0.330 |
| CaTl | 0.386 | MgHg | 0.345 |
| LiTl | 0.343 | CuPd | 0.2956 |
| MgTl | 0.364 | MgAu | 0.327 |
| CoAl | 0.2855 |  |  |

○ Cs　○ Cl

图 3 - 1 - 7

## 二、$AB_2$ 型离子结构[1]

$MoS_2$ 型(图 3-1-8)

$CdCl_2$ 型(图 3-1-9)

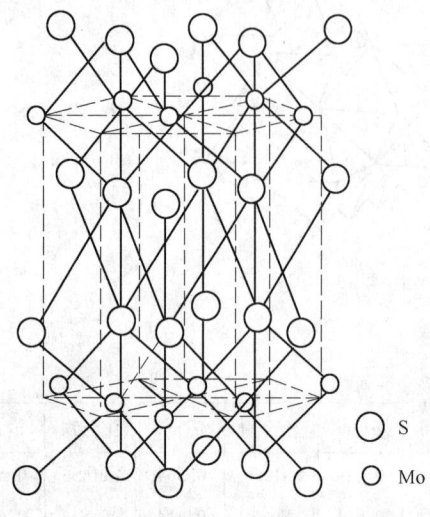

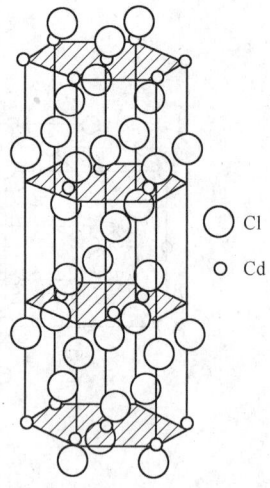

图 3-1-9

图 3-1-8

晶包中原子数 = 2

| 化合物 | $a/nm$ | $c/nm$ | $c/a$ |
|---|---|---|---|
| $MoS_2$ | 0.315 | 0.123 | 3.9 |
| $WS_2$ | 0.3154 | 0.12362 | 3.92 |
| $WSe_2$ | 0.329 | 0.1297 | 3.94 |

| 化合物 | $a/nm$ | $\alpha$ |
|---|---|---|
| $CdCl_2$ | 0.624 | 36°2′ |
| $CoCl_2$ | 0.617 | 33°16′ |
| $FeCl_2$ | 0.621 | 33°33′ |
| $MgCl_2$ | 0.623 | 33°36′ |
| $MnCl_2$ | 0.621 | 34°55′ |
| $NiCl_2$ | 0.614 | 33°36′ |
| $ZnCl_2$ | 0.632 | 34°48′ |
| $NiBr_2$ | 0.647 | 33°20′ |
| $NiI_2$ | 0.693 | 32°40′ |

$CdI_2$ 型(图 3-1-10)

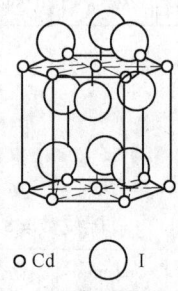

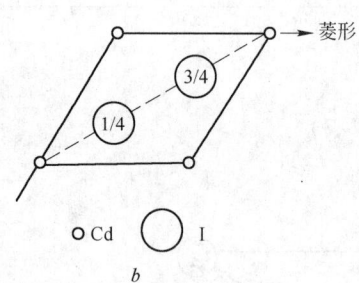

图 3-1-10

配位数 = 6/3($CdI_6$,$ICd_3$);晶包中原子数 = 1

| 化合物 | $SnS_2$ | $TiS_2$ | $ZrS_2$ | $Ca(OH)_2$ | $Cd(OH)_2$ | $Co(OH)_2$ | $Fe(OH)_2$ | $Mg(OH)_2$ | $Mn(OH)_2$ |
|---|---|---|---|---|---|---|---|---|---|
| $a/nm$ | 0.365 | 0.341 | 0.369 | 0.359 | 0.349 | 0.318 | 0.325 | 0.312 | 0.335 |
| $c/nm$ | 0.588 | 0.569 | 0.587 | 0.492 | 0.468 | 0.464 | 0.449 | 0.474 | 0.469 |
| $c/a$ | 1.61 | 1.67 | 1.59 | 1.37 | 1.34 | 1.46 | 1.38 | 1.52 | 1.40 |

| 化合物 | $Ni(OH)_2$ | $CuI_2$ | $CdI$ | $CoI_2$ | $FeI_2$ | $MgI_2$ | $MnI_2$ | $PbI_2$ |
|---|---|---|---|---|---|---|---|---|
| $a/nm$ | 3.13 | 4.49 | 4.25 | 3.97 | 4.05 | 4.15 | 4.17 | 4.55 |
| $c/nm$ | 4.67 | 6.96 | 6.84 | 6.67 | 6.76 | 6.89 | 6.84 | 6.87 |
| $c/a$ | 1.47 | 1.55 | 1.61 | 1.68 | 1.67 | 1.66 | 1.64 | 1.51 |

CaC₂型(图 3 – 1 – 11)

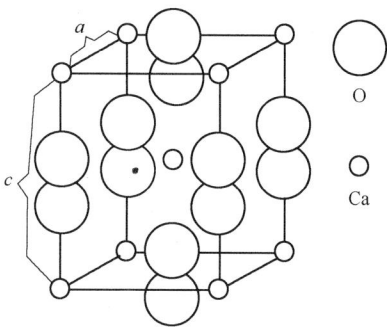

图 3 – 1 – 11

| 化 合 物 | $a/nm$ | $c/nm$ | $c/a$ | 化 合 物 | $a/nm$ | $c/nm$ | $c/a$ |
|---|---|---|---|---|---|---|---|
| $CaC_2$ | 0.388 | 0.648 | 1.67 | $BaO_2$ | 0.535 | 0.679 | 1.27 |
| $SrC_2$ | 0.412 | 0.672 | 1.63 | $CaO_2$ | 0.502 | 0.5612 | 1.118 |
| $LaC_2$ | 0.393 | 0.656 | 1.67 | $KO_2$ | 0.571 | 0.674 | 1.18 |
| $BaC_2$ | 0.440 | 0.704 | 1.60 | $RbO_2$ | 0.601 | 0.703 | 1.17 |
| | | | | $SrO_2$ | 0.503 | 0.659 | 1.31 |

TiO₂型(图 3 – 1 – 12)

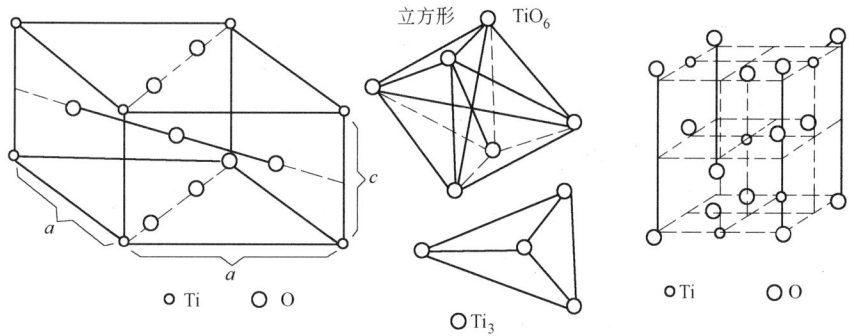

图 3 – 1 – 12

配位数 = 6/3(TiO₆,OTi₃);单位晶包内原子数 = 2

| 化合物 | $a/nm$ | $c/nm$ | $c/a$ | 化合物 | $a/nm$ | $c/nm$ | $c/a$ | 化合物 | $a/nm$ | $c/nm$ | $c/a$ |
|---|---|---|---|---|---|---|---|---|---|---|---|
| $CrO_2$ | 0.472 | 0.288 | 0.61 | $SnO_2$ | 0.473 | 0.317 | 0.67 | $FeF_2$ | 0.468 | 0.328 | 0.70 |
| $IrO_2$ | 0.450 | 0.315 | 0.70 | $TeO_2$ | 0.480 | 0.379 | 0.79 | $MnF_2$ | 0.488 | 0.332 | 0.68 |
| $MnO_2$ | 0.445 | 0.289 | 0.65 | $TiO_2$ | 0.460 | 0.294 | 0.64 | $NiF_2$ | 0.472 | 0.312 | 0.66 |
| $MoO_2$ | 0.487 | 0.278 | 0.57 | $VO_2$ | 0.455 | 0.287 | 0.63 | $PdF_2$ | 0.494 | 0.336 | 0.68 |
| $OsO_2$ | 0.452 | 0.326 | 0.70 | $WO_2$ | 0.487 | 0.278 | 0.57 | $ZnF_2$ | 0.493 | 0.312 | 0.66 |
| $PbO_2$ | 0.494 | 0.336 | 0.68 | $CaF_2$ | 0.470 | 0.320 | 0.68 | | | | |
| $RuO_2$ | 0.452 | 0.312 | 0.69 | $MgF_2$ | 0.467 | 0.308 | 0.66 | | | | |

CaF$_2$ 型(图3-1-13)

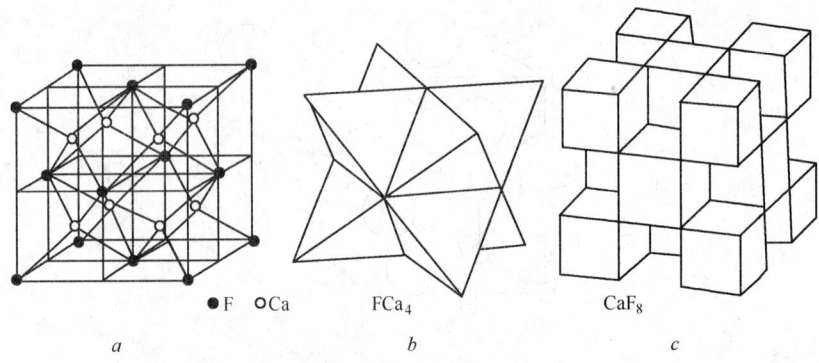

●F　○Ca　　　FCa$_4$　　　　CaF$_8$

a　　　　　　　b　　　　　　　c

图 3-1-13

配位数 = 8/4(CaF$_8$、FCa$_4$);晶包内原子数 = 4

$$d_{Ca-F}^{[8]} = \frac{a\sqrt{3}}{4};\ d_{F-Ca}^{[4]} = \frac{a\sqrt{3}}{4};\ d_{Ca-Ca}^{[12]} = \frac{a\sqrt{2}}{2};\ d_{F-F}^{[6]} = \frac{a}{2}$$

| 化合物 | a/nm | 化合物 | a/nm | 化合物 | a/nm | 化合物 | a/nm |
|---|---|---|---|---|---|---|---|
| K$_2$O | 0.645 | BaF$_2$ | 0.620 | Be$_2$C | 0.434 | Li$_2$Se | 0.601 |
| CeO$_2$ | 0.541 | CaF$_2$ | 0.546 | K$_2$S | 0.740 | Na$_2$Se | 0.682 |
| Li$_2$O | 0.463 | CdF$_2$ | 0.541 | Rb$_2$S | 0.766 | K$_2$Te | 0.817 |
| Na$_2$O | 0.556 | CuF$_2$ | 0.542 | Mg$_2$Si | 0.640 | Li$_2$Te | 0.651 |
| TaO$_2$ | 0.558 | MgF$_2$ | 0.555 | Mg$_2$Pb | 0.685 | Na$_2$Te | 0.732 |
| UO$_2$ | 0.548 | PbF$_2$ | 0.594 | AuAl$_2$ | 0.601 | SrCl$_2$ | 0.699 |
| ZrO$_2$ | 0.508 | SrF$_2$ | 0.579 | Mg$_2$Sn | 0.678 | | |
| PrO$_2$ | 0.557 | K$_2$Se | 0.7695 | | | | |

## 三、SiO$_2$ 型晶体结构

SiO$_2$ 的结晶形态(图3-1-14)[2]

$\beta$SiO$_2$ 离子型化合物(图3-1-15)[2]

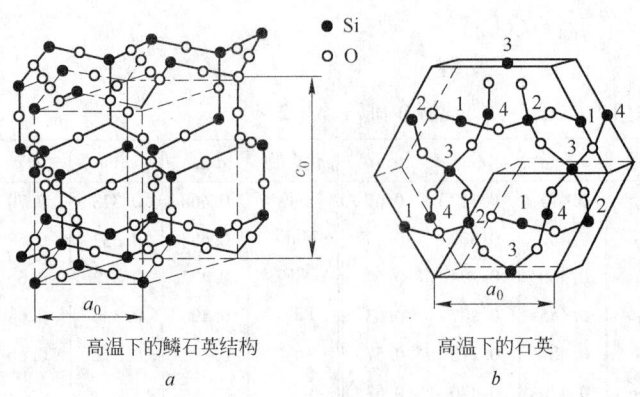

●Si　○O

高温下的鳞石英结构
a

高温下的石英
b

图 3-1-14

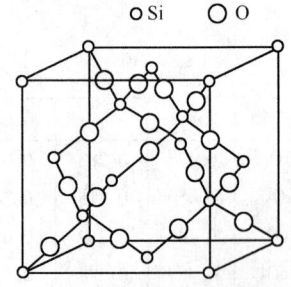

○Si　○O

图 3-1-15

在 1470~1720℃ 稳定;立方结构;
配位数 = 4/2(SiO$_4$、OSi$_2$)

$\alpha Al_2 O_3$ 型晶体结构(图 3-1-16)[1]

结晶态和熔融态中的 Si—O 四面体网格(图 3-1-17)

液态 $SiO_2$ 类似于 $SiO_2$ 晶体中的键形成一种由氧原子相连接的 $SiO_4$ 四面体网格,但液体 $SiO_2$ 中的网格是不规则的和扭曲的。

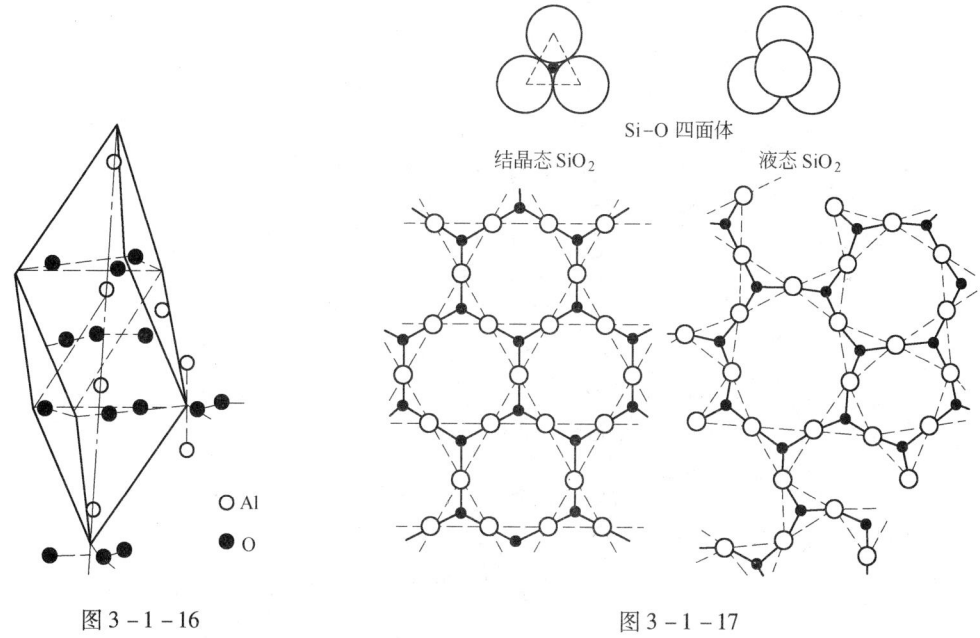

图 3-1-16

Si-O 四面体

结晶态 $SiO_2$        液态 $SiO_2$

图 3-1-17

液态硅酸盐中设想的络合阴离子(图 3-1-18)

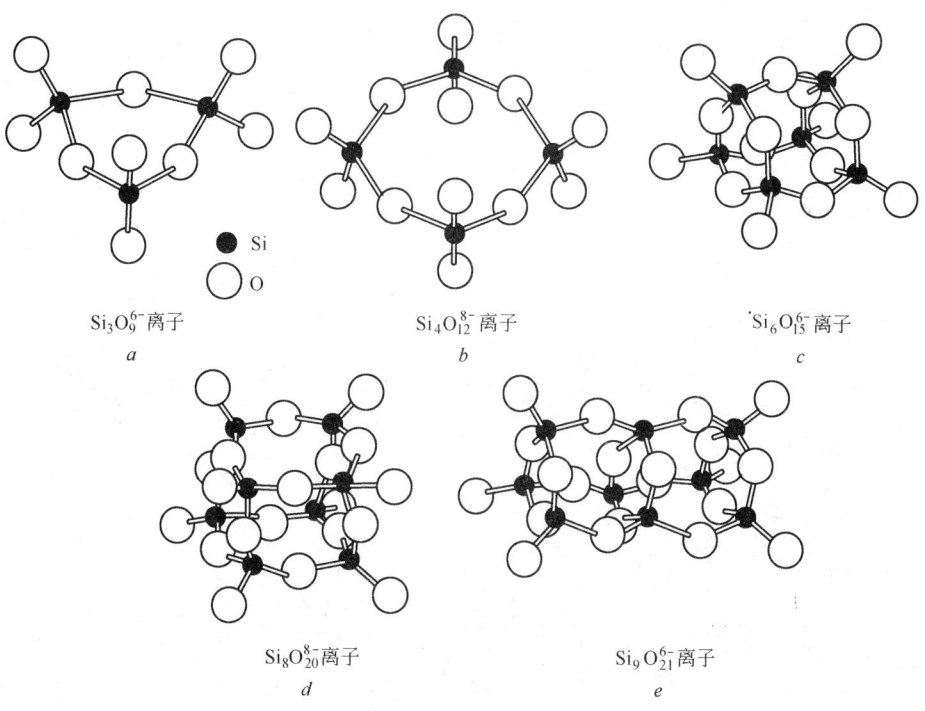

$Si_3 O_9^{6-}$ 离子
*a*

$Si_4 O_{12}^{8-}$ 离子
*b*

$Si_6 O_{15}^{6-}$ 离子
*c*

$Si_8 O_{20}^{8-}$ 离子
*d*

$Si_9 O_{21}^{6-}$ 离子
*e*

图 3-1-18

**四、泡林离子半径的比较图**(图 3 - 1 - 19)[3]

P. 海拉门科认为炉渣全部解离,阳离子如 $Ca^{2+}$、$Fe^{2+}$ 尺寸较小,可自由迁移;阴离子为 $O^{2-}$、$S^{2-}$、$F^-$、$Cl^-$ 等。络合阴离子是多电荷的 $Si^{4+}$、$P^{5+}$ 和 $Al^{3+}$ 等和尺寸较大的氧离子形成更稳定的四面体排列。

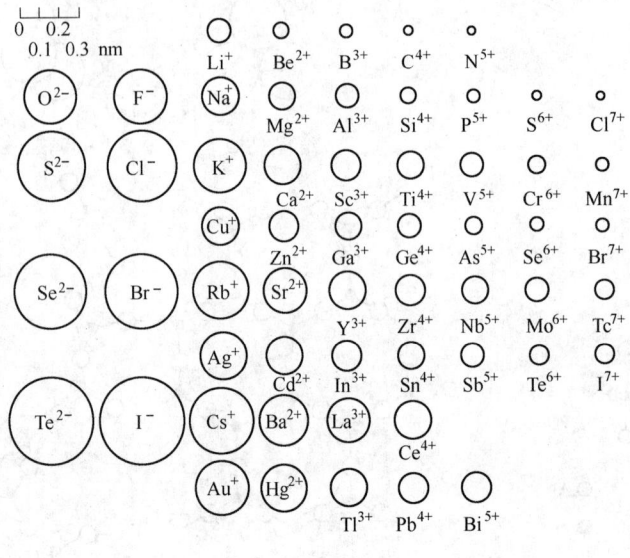

图 3 - 1 - 19

# 第二节　熔渣的组元和熔点

$E_xO_y$ 对 $Al_2O_3$ 熔点的影响(图 3 - 2 - 1)[2]

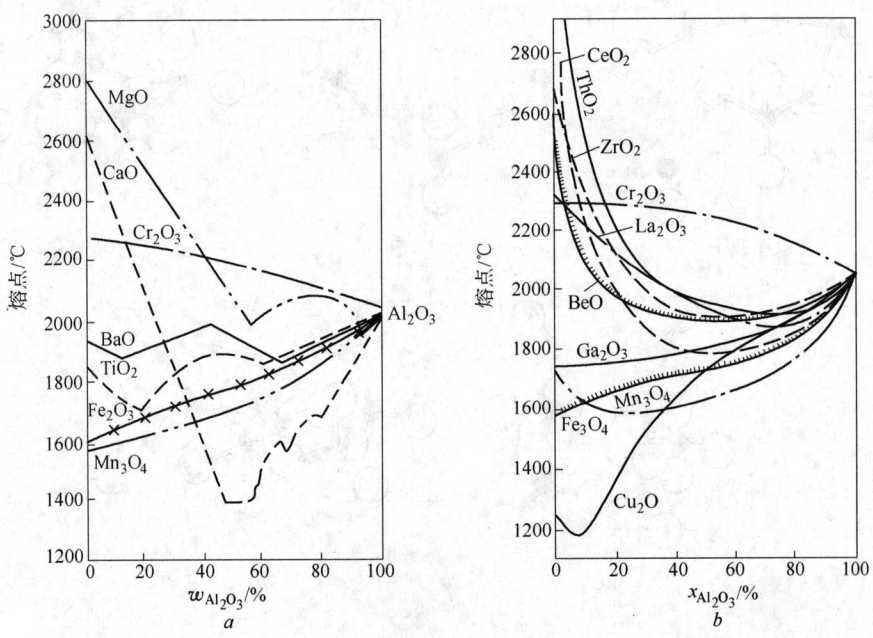

图 3 - 2 - 1

$E_xO_y$ 对 $Al_2O_3 \cdot 2SiO_2$ 熔点的影响（图 3 - 2 - 2）[4]

$E_xO_y$ 对 CaO 熔点的影响（图 3 - 2 - 3）

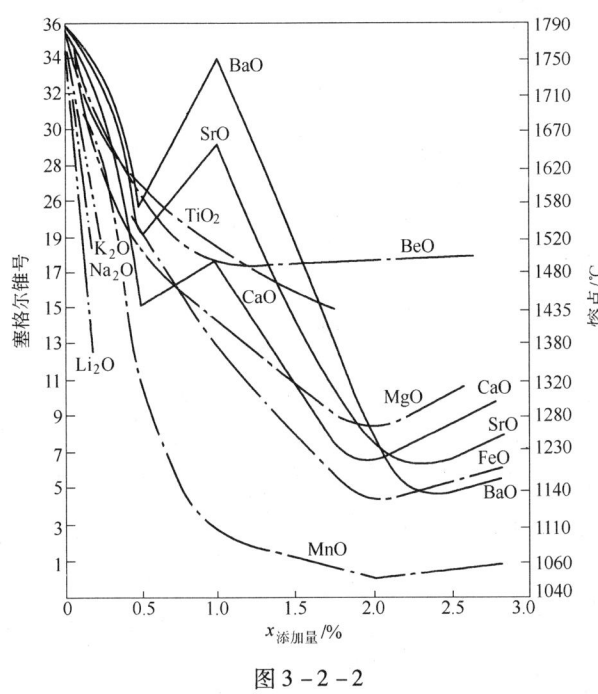

图 3 - 2 - 2

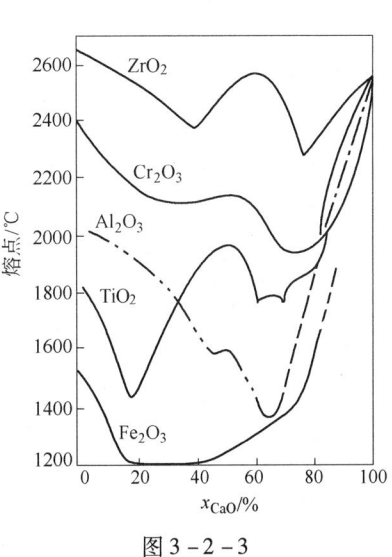

图 3 - 2 - 3

$E_xO_y$ 对 $2CaO \cdot SiO_2$ 熔点的影响（图 3 - 2 - 4）[5]

$CaF_2$ 含量对 $CaO - SiO_2 - Al_2O_3(w_{Al_2O_3} = 5\%)$ 熔点的影响（图 3 - 2 - 5）

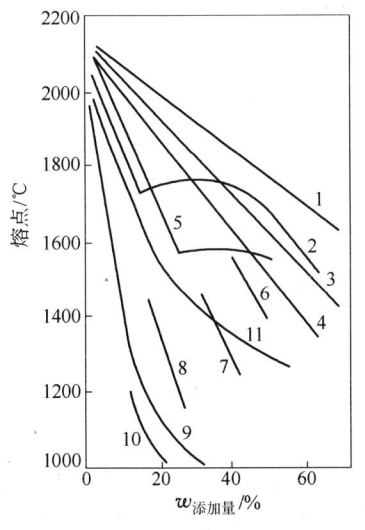

图 3 - 2 - 4

1—$2CaO \cdot Fe_2O_3$；2—$TiO_2$；3—$Fe_xO_y$；4—$Fe_2O_3$；
5—$Al_2O_3$；6—$3CaO \cdot B_2O_3$；7—$2CaO \cdot B_2O_3$；8—
$CaO \cdot B_2O_3$；9—$B_2O_3$；10—$2Li_2O \cdot SiO_2$；11—$CaF_2$

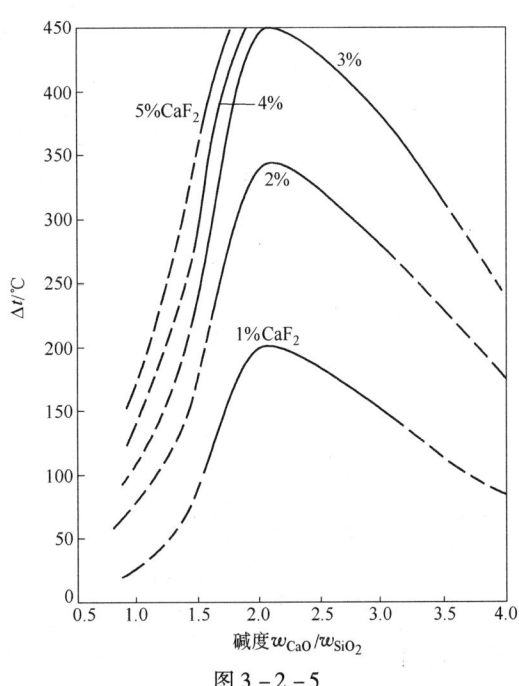

图 3 - 2 - 5

$E_xO_y$ 对 MgO 熔点的影响(图 3-2-6)[2]

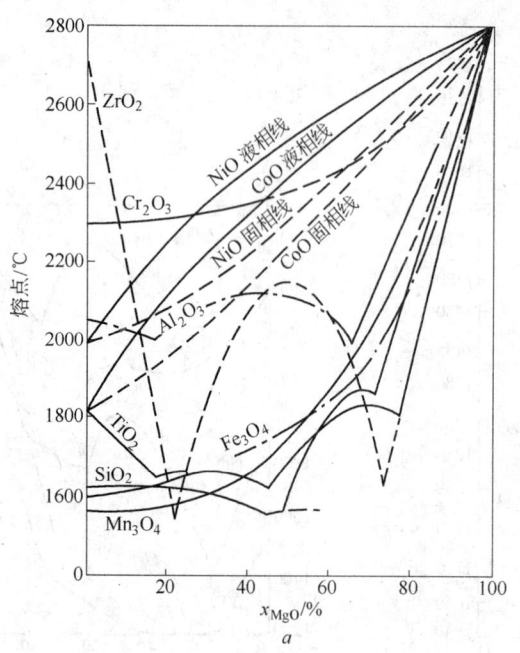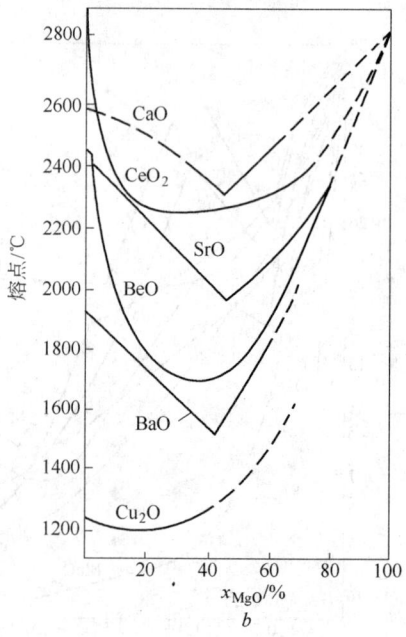

图 3-2-6

$E_xO_y$ 对 SiO₂ 熔点的影响(图 3-2-7)[2]

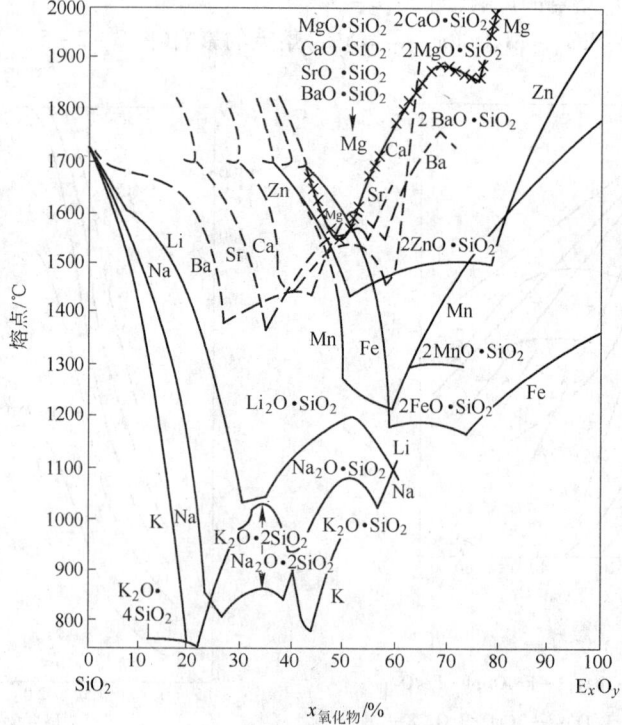

图 3-2-7

$E_xO_y$ 对 $ZrO_2$ 熔点的影响(图 3-2-8)

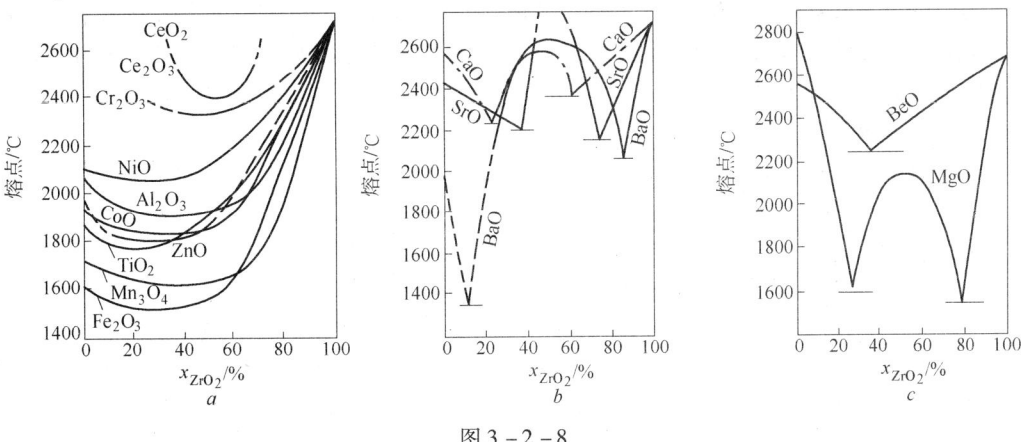

图 3-2-8

# 第三节　氧化物及其他化合物的相图[3~7]

**相律**　在给定的相平衡条件下,变量间的相互关系可用相律表示:

$$F = K + T + p - P$$

式中,$F$ 为自由度数;$K$ 为组元数;$T$ 为温度;$p$ 为压力;$P$ 为相数。

在 $n$ 个组元的多元系中,并非所有组元是独立变量,只有 $(n-1)$ 个组元的浓度能独立变化,通常是在恒压条件下固相、液相和气相之间的相平衡,此时不把压力 $p$ 看作变量(即 $p=0$),实际上只有温度 $T$ 和 $(n-1)$ 个浓度 $x_i$ 是变量,在二、三、四组元的相图中自由度和参量、相数的关系见表 3-3-1,此时相律的关系式为 $F = K - P + 1$。

**表 3-3-1　自由度数($F$)、物质组元数($K$)和相数($P$)之间关系 $F = K - P + 1$**
（压力 $p$ 为常数的相律）

| 系　统 | 参　量 | | 相　数（$P$） | | | | |
|---|---|---|---|---|---|---|---|
| | 常量 | 变量 | $F=0$ 点表示 | $F=1$ 线表示 | $F=2$ 面表示 | $F=3$ 三维空间表示 | $F=4$ 四维空间表示 |
| 二组元 | | $T, x_1$ | 3 | 2 | 1 | | |
| 三组元 | | $T, x_1, x_2$ | 4 | 3 | 2 | 1 | |
| | $T$ | $x_1, x_2$ | 3 | 2 | 1 | | |
| | $x_2$ | $T, x_1$ | 3 | 2 | 1 | | |
| | $x_2/x_3$ | $T, x_1$ | 3 | 2 | 1 | | |
| 四组元 | | $T, x_1, x_2, x_3$ | 5 | 4 | 3 | 2 | 1 |
| | $T$ | $x_1, x_2, x_3$ | 4 | 3 | 2 | 1 | |
| | $x_3$ | $T, x_1, x_2$ | 4 | 3 | 2 | 1 | |
| | $T, x_3$ | $x_1, x_2$ | 3 | 2 | 1 | | |

在二组元的相图中三相平衡用点表示;线表示两相平衡状态,如熔体与一个固相的平衡;而面则表示双变量的单相平衡状态,如液相或固相。可得到以下三种情况:

| 相数($P$) | 自由度($F$) | 系 | 状　况 |
|---|---|---|---|
| 3 | 0 | 无变数 | 三相共存反应(共晶、共析、包晶、包析等)用点表示 |
| 2 | 1 | 单变数 | 二相共存反应 |
| 1 | 2 | 二变数 | 单相平衡状态 |

三元系相图中,指定压力 $p$ 为常数,温度 $T$ 和三个组元的浓度($x_3 = 1 - x_1 - x_2$)中的两个浓度($x_1$,$x_2$)可以独立地变化,系统的单相状态(如均匀熔体)用空间表示,两相状态(如一个固相和饱和的熔体)用面表示,三相状态(两个固相和饱和的熔体)用线表示,四相平衡状态(如三个固相和其饱和的熔体)用点表示,参见表 3 - 3 - 1。

## 一、含 $Al_2O_3$ 的相图

### (一) 含 $Al_2O_3$ 的二元相图

$Al_2O_3$-$Al_4C_3$ 相图(图 3 - 3 - 1)[5]

$Al_2O_3$-$B_2O_3$ 相图(图 3 - 3 - 2)[7]

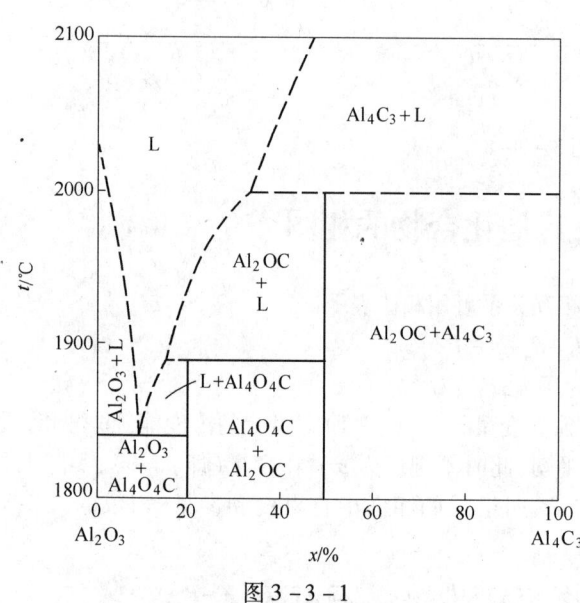

图 3 - 3 - 1

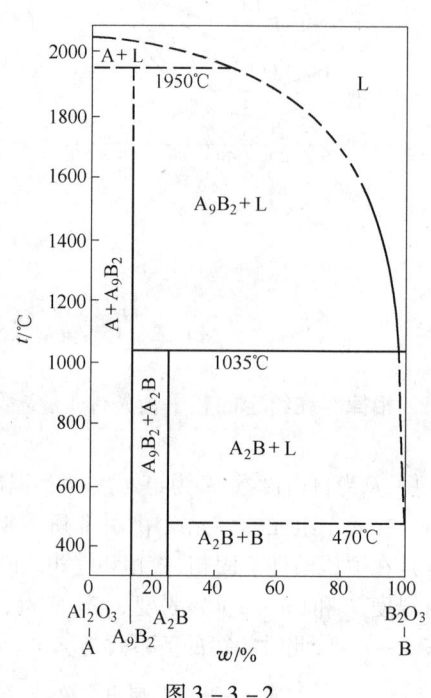

图 3 - 3 - 2

$Al_2O_3$-$BaO$ 相图(图 3 - 3 - 3)[6]

$Al_2O_3$-$BeO$ 相图(图 3 - 3 - 4)

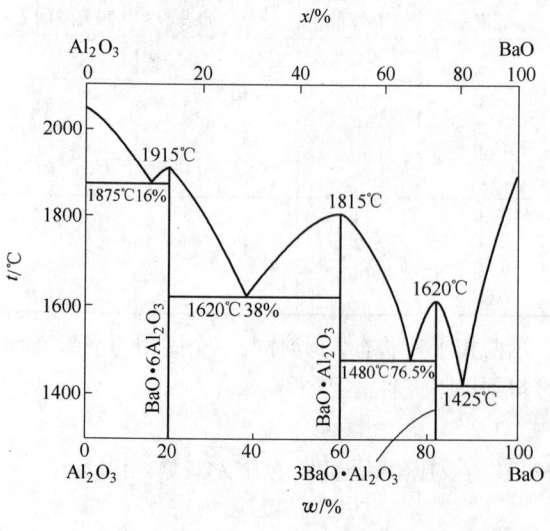

图 3 - 3 - 3

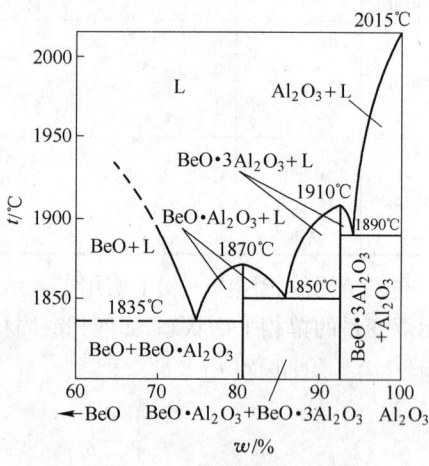

图 3 - 3 - 4

## $Al_2O_3$-CaO 相图(图 3 – 3 – 5)[3]

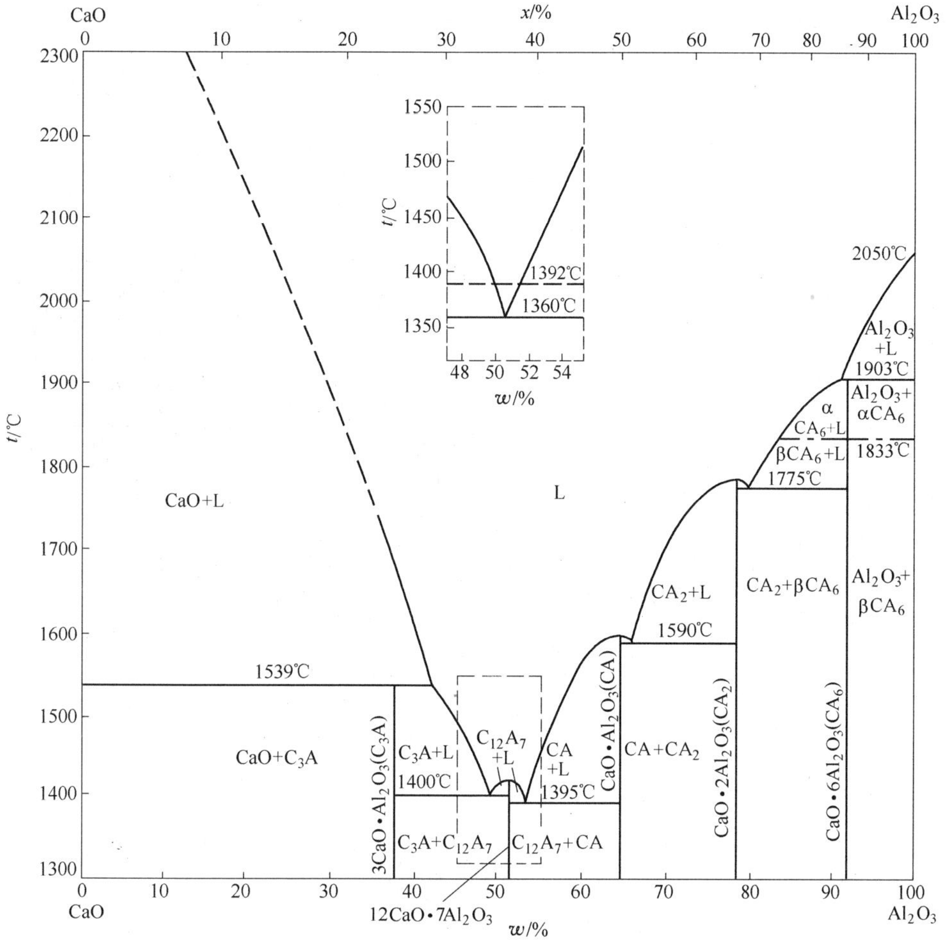

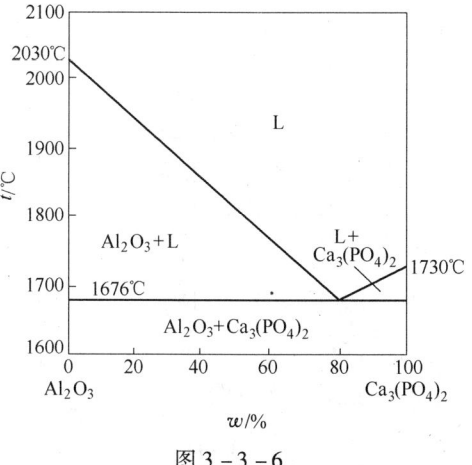

图 3 – 3 – 5

分区图表示干燥气氛中 $Al_2O_3$ 在 46% ~56% 之间液相线,无同分熔点,共晶点温度为 1360℃。

## $Al_2O_3$-3CaO·$P_2O_5$ 相图(图 3 – 3 – 6)[6]

## $Al_2O_3$-$Cr_2O_3$ 相图(图 3 – 3 – 7)[3]

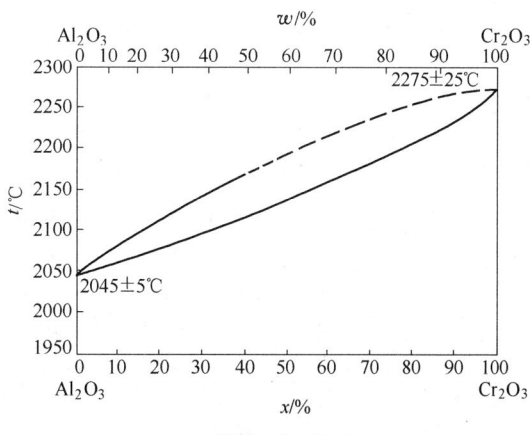

图 3 – 3 – 6　　　　　　　　　　　　图 3 – 3 – 7

$Al_2O_3$-FeO 相图(图 3 - 3 - 8)[7]

$Al_2O_3$-$Fe_2O_3$ 相图(图 3 - 3 - 9)[7]

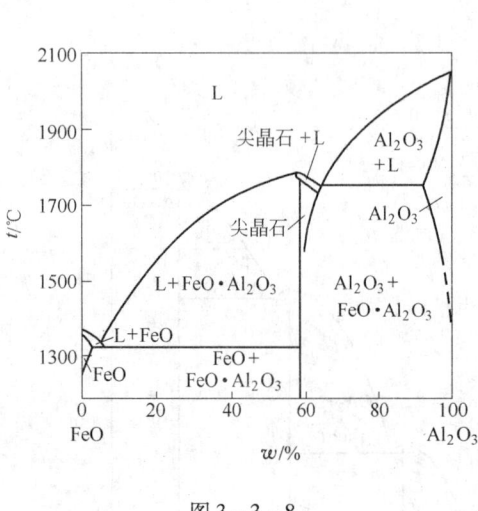

图 3 - 3 - 8

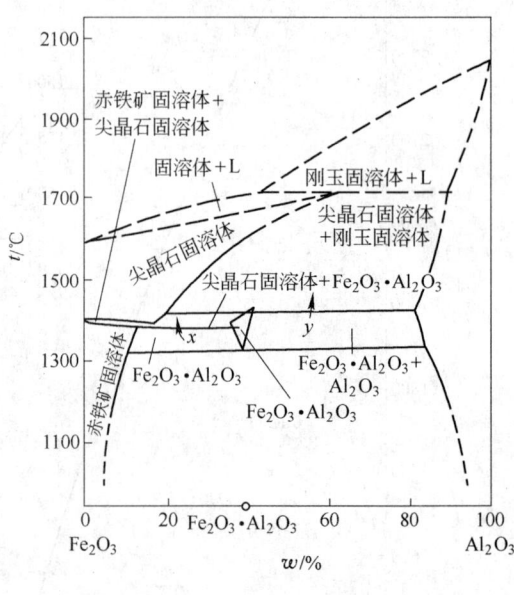

图 3 - 3 - 9

$Al_2O_3$-MgO 相图(图 3 - 3 - 10)[3]

$Al_2O_3$-MnO 相图(图 3 - 3 - 11)[3]

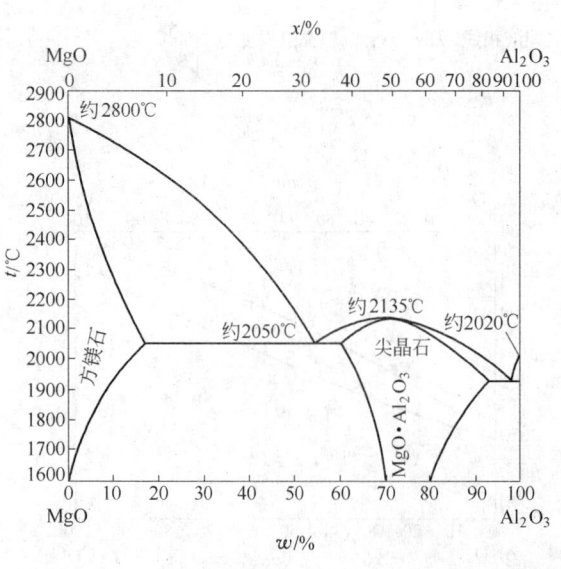

图 3 - 3 - 10

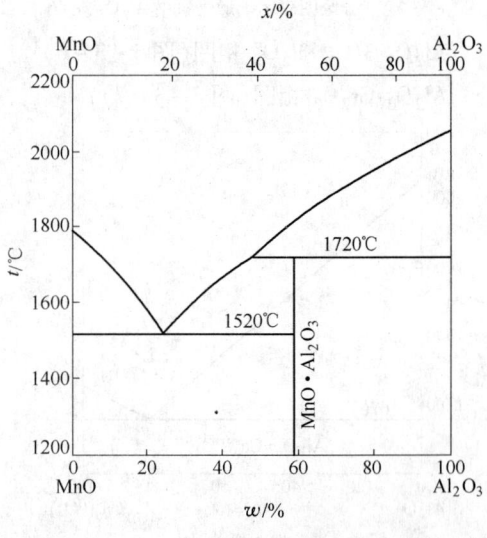

图 3 - 3 - 11

Al$_2$O$_3$-Na$_2$O 相图(图 3 – 3 – 12)[6]

Al$_2$O$_3$-Na$_3$AlF$_6$ 相图(图 3 – 3 – 13)[6]

Al$_2$O$_3$-SiO$_2$ 相图(图 3 – 3 – 14)[7]

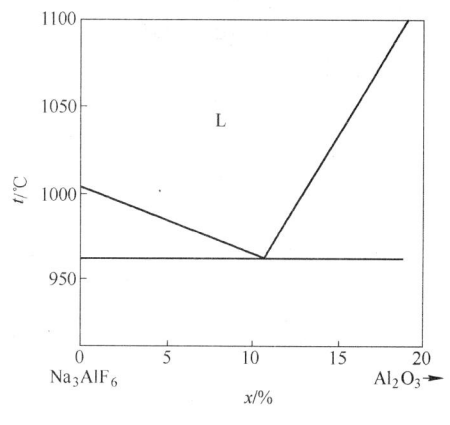

图 3 – 3 – 13

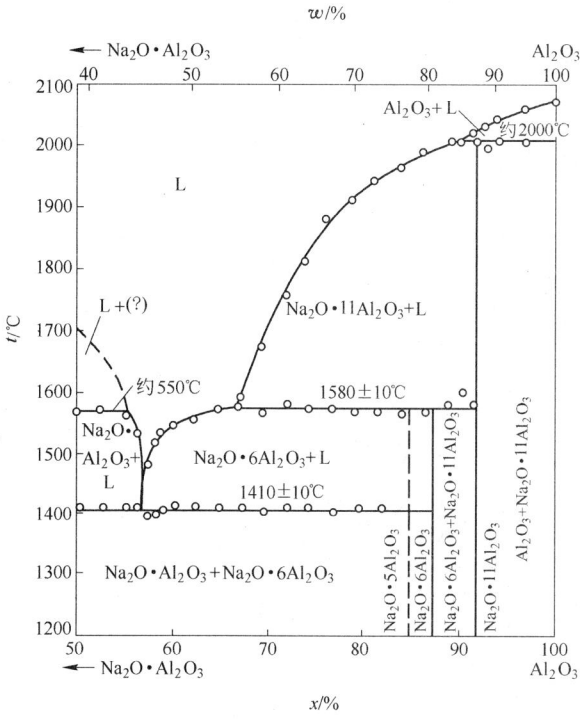

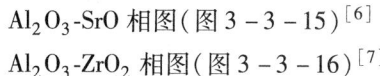

图 3 – 3 – 12

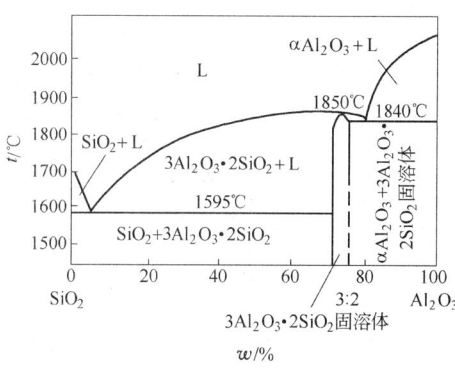

图 3 – 3 – 14

Al$_2$O$_3$-SrO 相图(图 3 – 3 – 15)[6]

Al$_2$O$_3$-ZrO$_2$ 相图(图 3 – 3 – 16)[7]

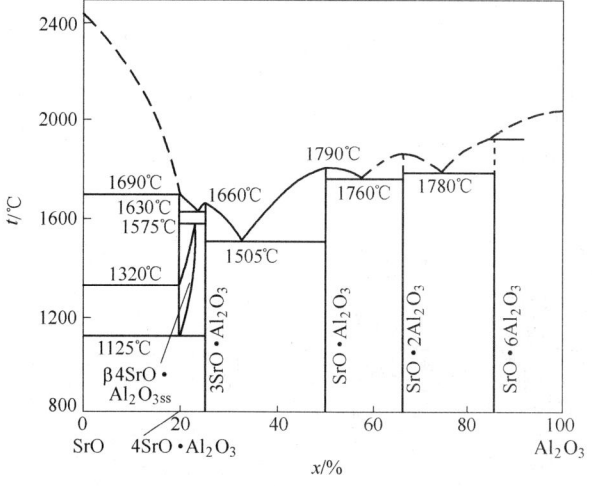

图 3 – 3 – 15

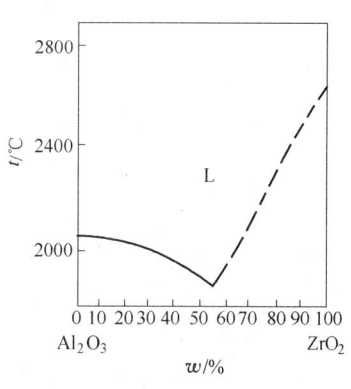

图 3 – 3 – 16

（二）含 $Al_2O_3$-CaO-$E_xO_y$ 的三元、四元相图

$Al_2O_3$-CaO-$CaF_2$ 相图（1600℃）（图 3－3－17）[8]

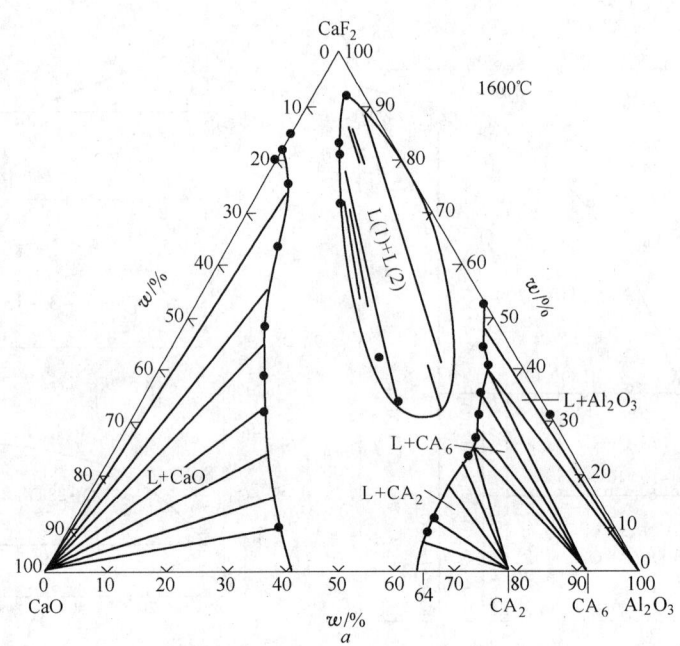

*a*

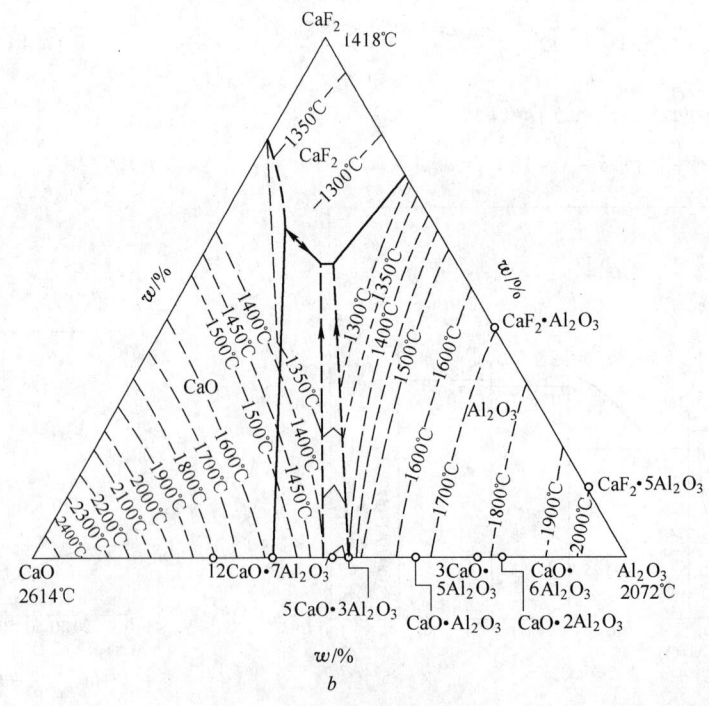

*b*

图 3－3－17

Al$_2$O$_3$-CaO-K$_2$O 相图
（图3－3－18）[6]

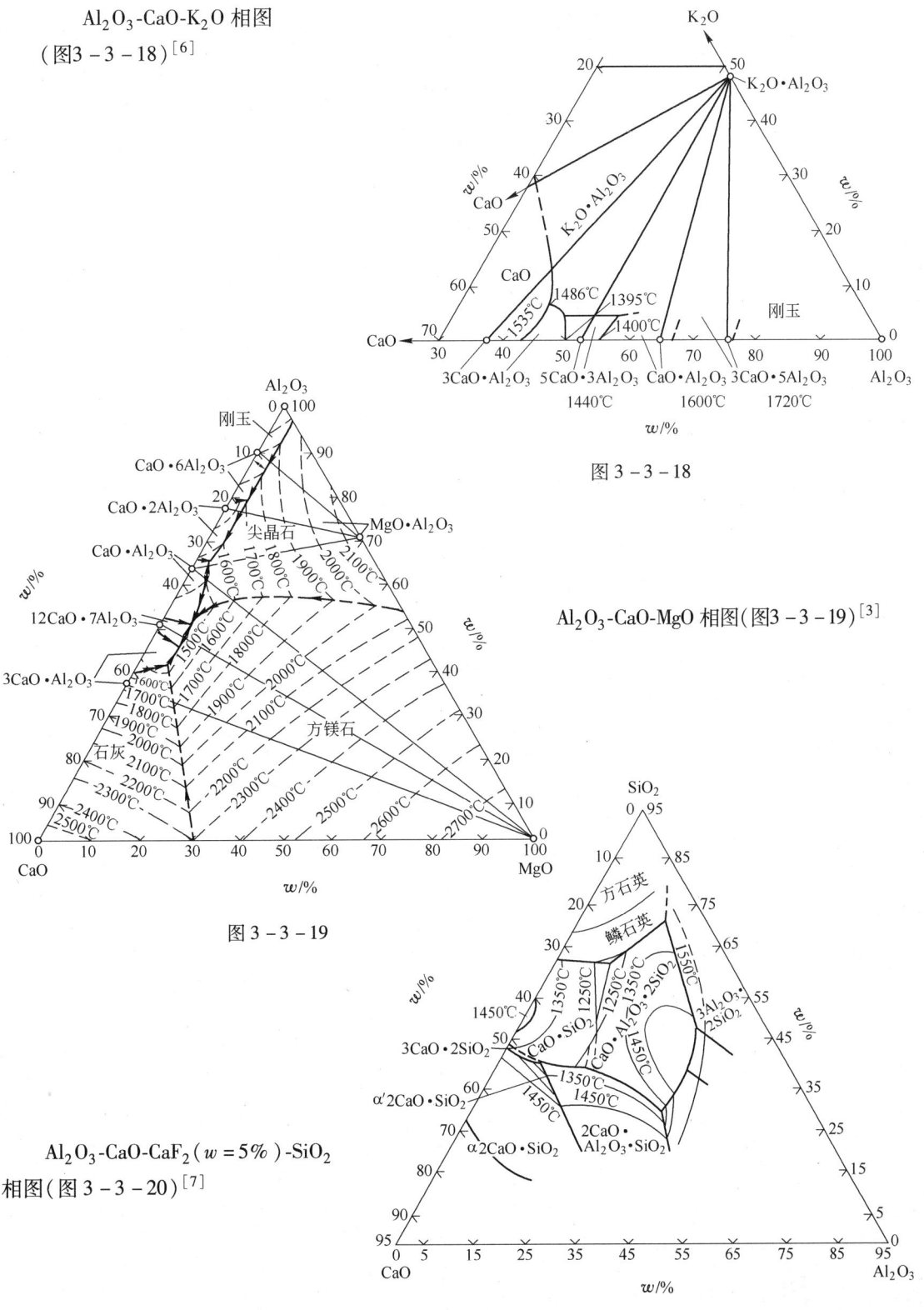

图 3 － 3 － 18

Al$_2$O$_3$-CaO-MgO 相图（图3－3－19）[3]

图 3 － 3 － 19

Al$_2$O$_3$-CaO-CaF$_2$（$w$ = 5%）-SiO$_2$
相图（图3－3－20）[7]

图 3 － 3 － 20

$Al_2O_3$-CaO-MgO-$SiO_2$($w=34\%$)相图(图3-3-21)[3]

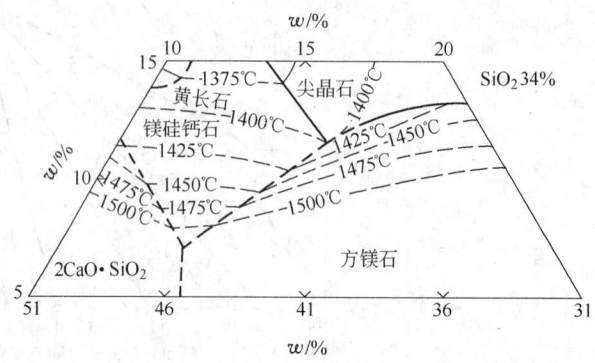

图3-3-21

$Al_2O_3$-CaO-MgO-$SiO_2$($w=35\%$)相图(图3-3-22)[3]

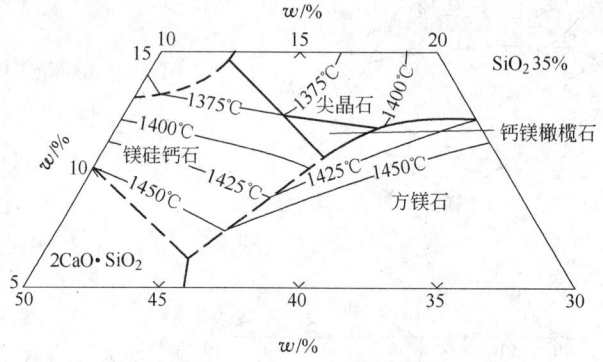

图3-3-22

$Al_2O_3$-CaO-MgO-$SiO_2$($w=36\%$)相图(图3-3-23)[3]

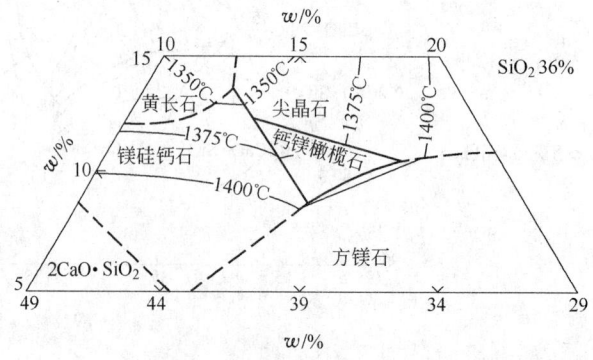

图3-3-23

## Al₂O₃-CaO-Na₂O 相图(图 3 – 3 – 24)[3]

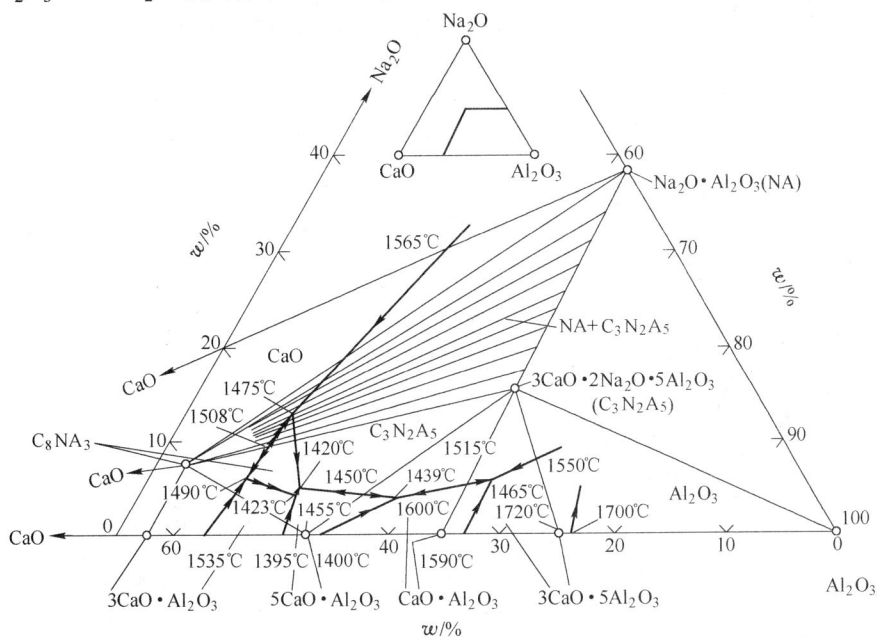

图 3 – 3 – 24

## Al₂O₃-CaO-SiO₂ 相图(图 3 – 3 – 25)[3]

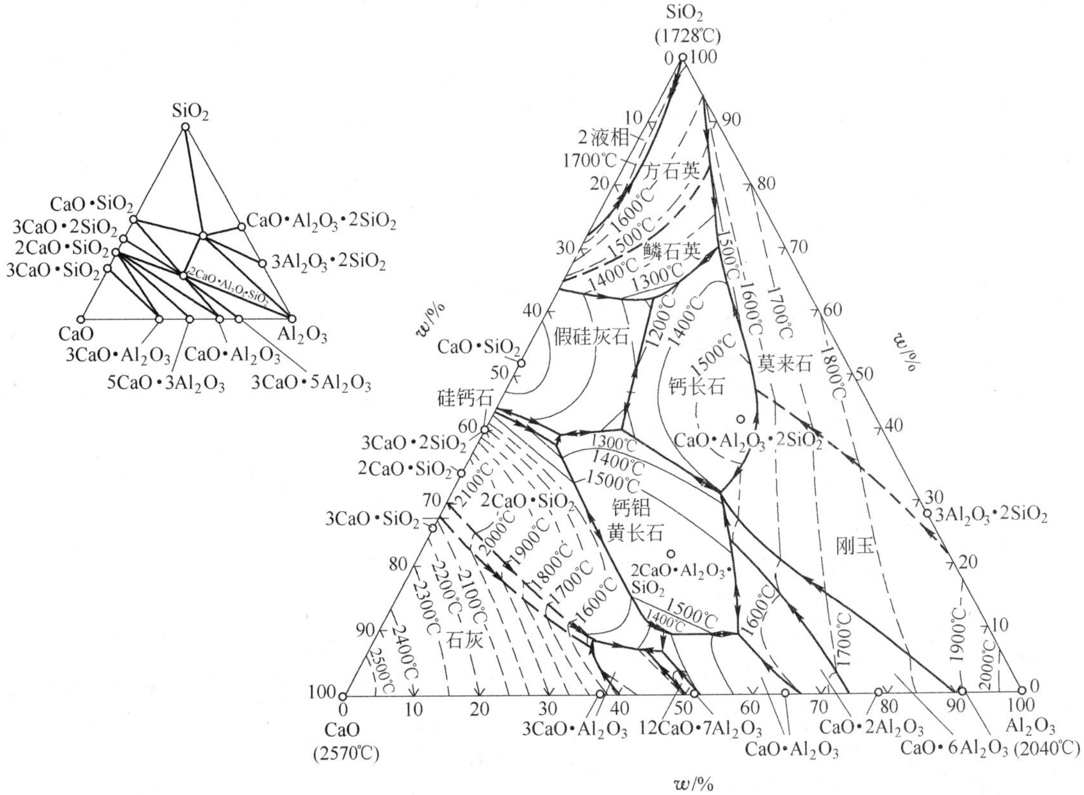

图 3 – 3 – 25

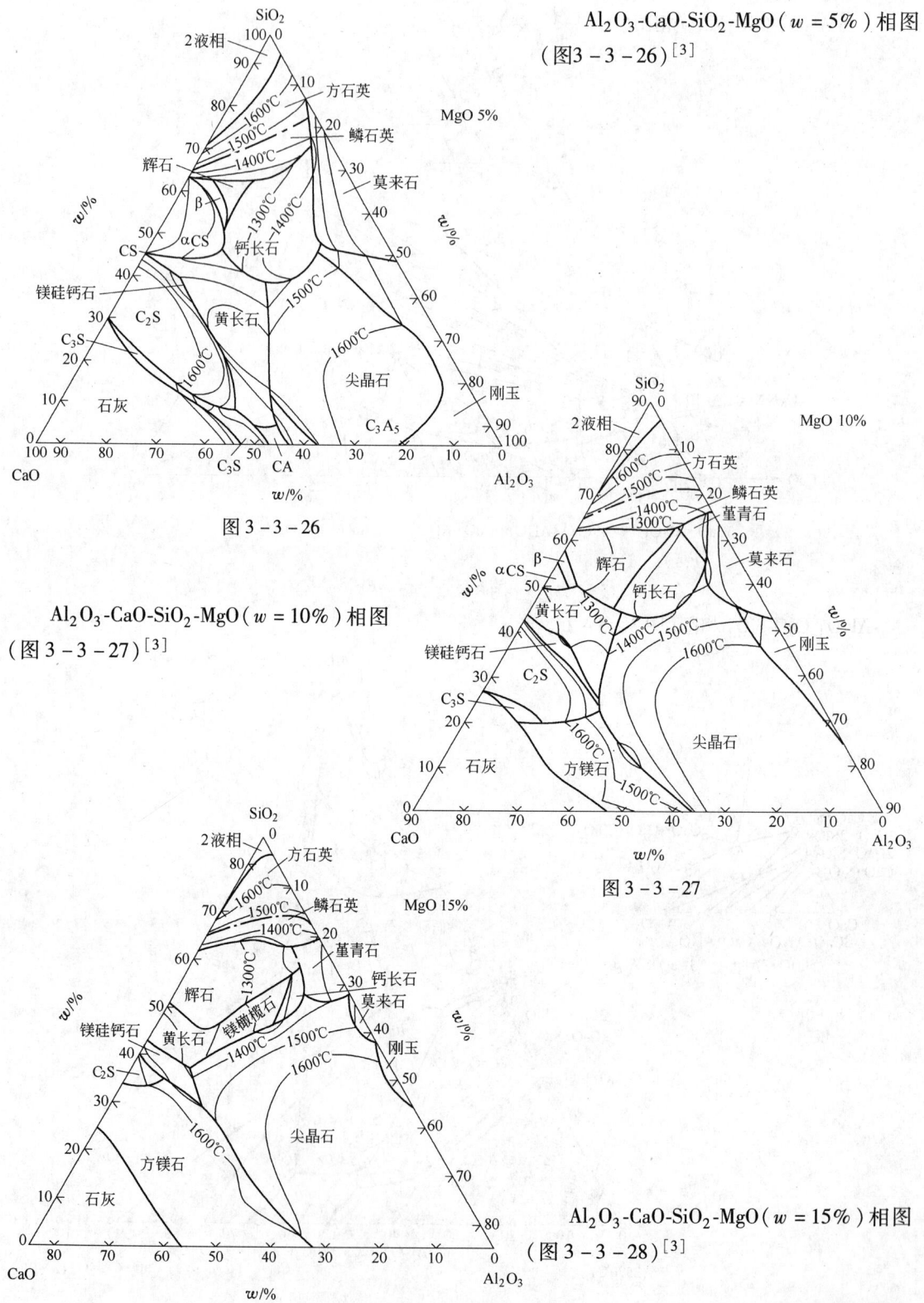

Al₂O₃-CaO-SiO₂-MgO（$w = 5\%$）相图
（图3 - 3 - 26）[3]

图 3 - 3 - 26

Al₂O₃-CaO-SiO₂-MgO（$w = 10\%$）相图
（图 3 - 3 - 27）[3]

图 3 - 3 - 27

Al₂O₃-CaO-SiO₂-MgO（$w = 15\%$）相图
（图 3 - 3 - 28）[3]

图 3 - 3 - 28

（三）含 $Al_2O_3$-$SiO_2$-$E_xO_y$ 的三元、四元相图

$Al_2O_3$-$SiO_2$-BeO 相图（图 3 - 3 - 29）[6]

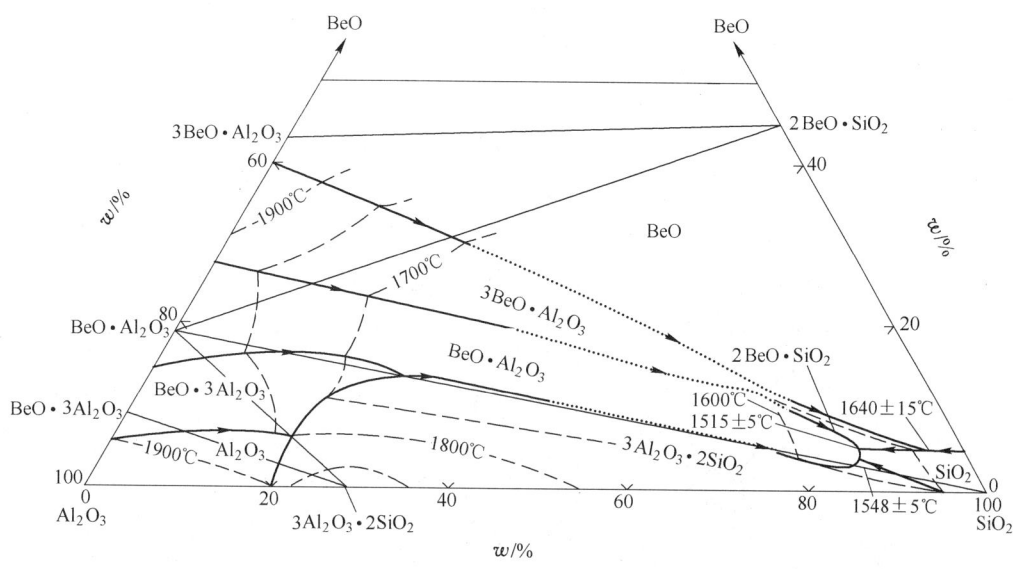

图 3 - 3 - 29

$Al_2O_3$-$SiO_2$-BaO 液相图（图 3 - 3 - 30）[6]

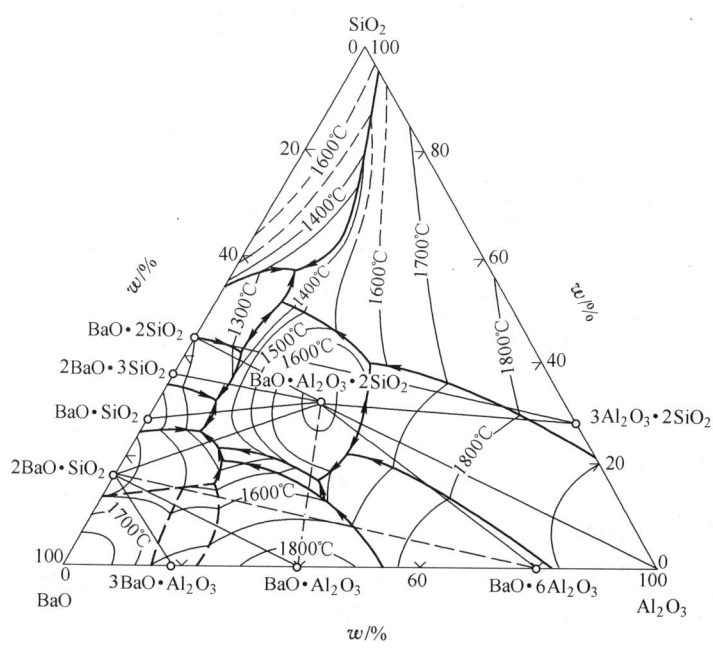

图 3 - 3 - 30

$Al_2O_3$-$SiO_2$-CaO 相图(图 3 - 3 - 31)[7]

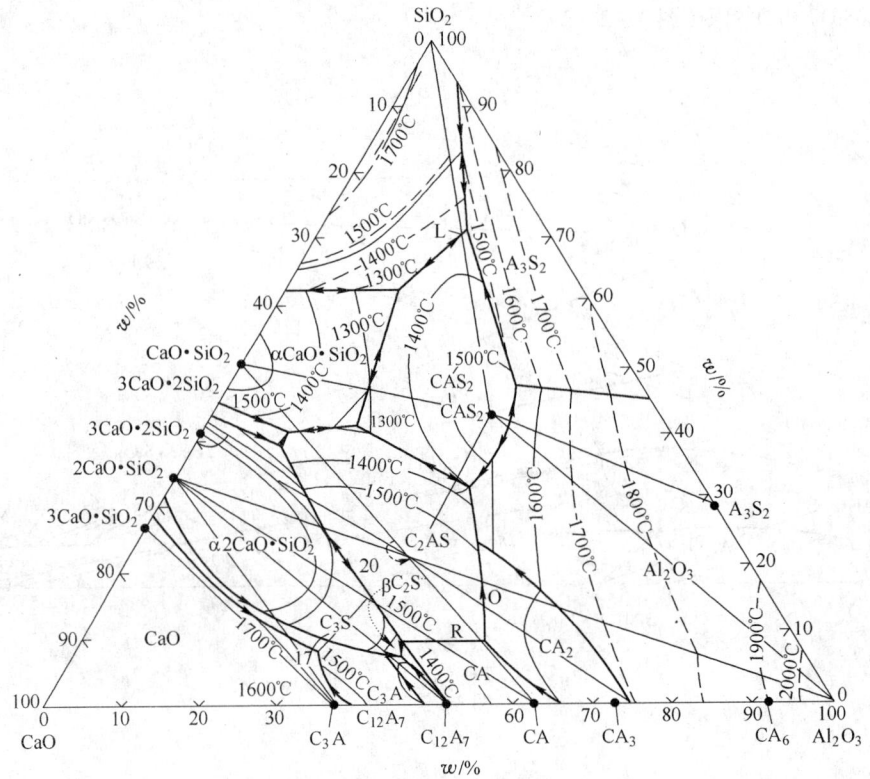

图 3 - 3 - 31

$Al_2O_3$-$SiO_2$-$Cr_2O_3$ 相图(图 3 - 3 - 32)[7]

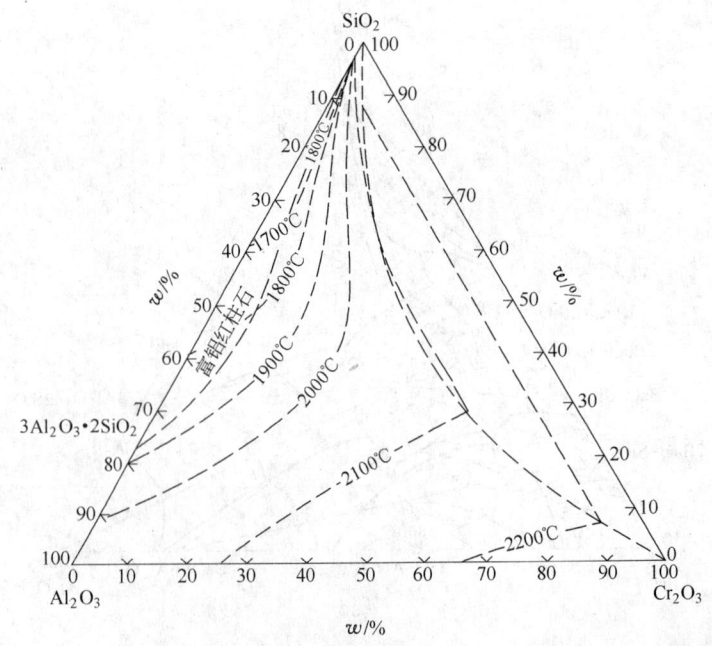

图 3 - 3 - 32

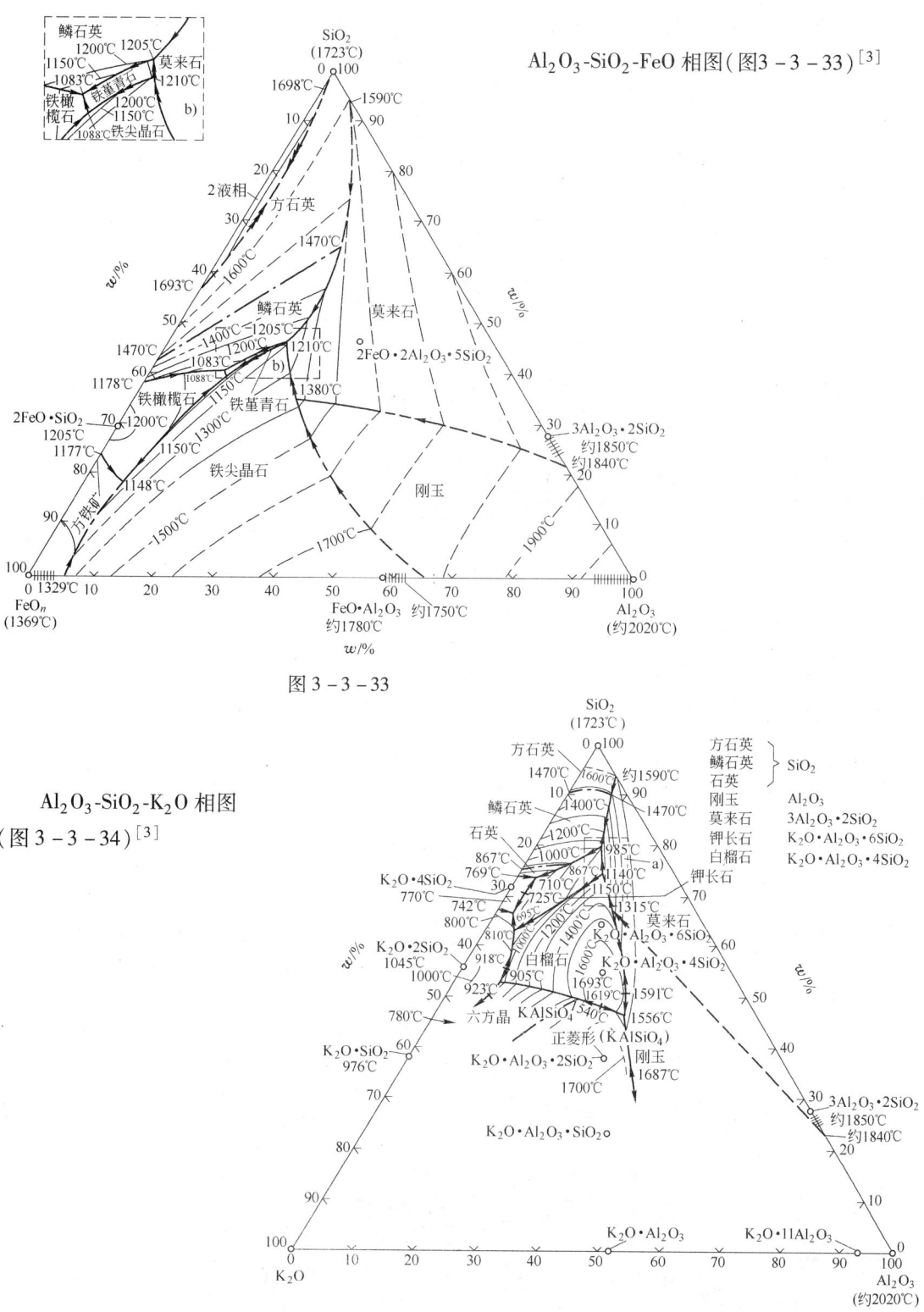

图 3 - 3 - 33

Al₂O₃-SiO₂-FeO 相图（图3 - 3 - 33）[3]

Al₂O₃-SiO₂-K₂O 相图
（图3 - 3 - 34）[3]

图 3 - 3 - 34

$Al_2O_3$-$SiO_2$-$Fe_3O_4$ 相图(图 3 - 3 - 35)[7]

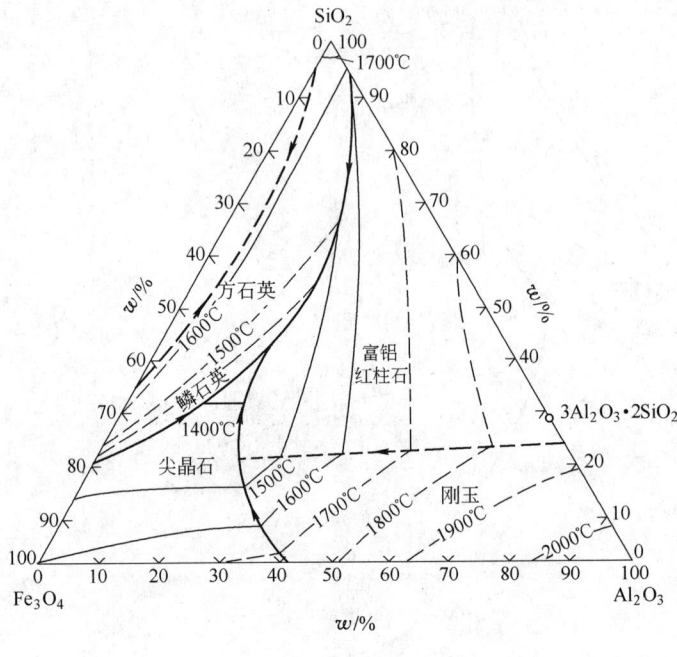

图 3 - 3 - 35

$Al_2O_3$-MnO-FeO 相图(图 3 - 3 - 36)[7]

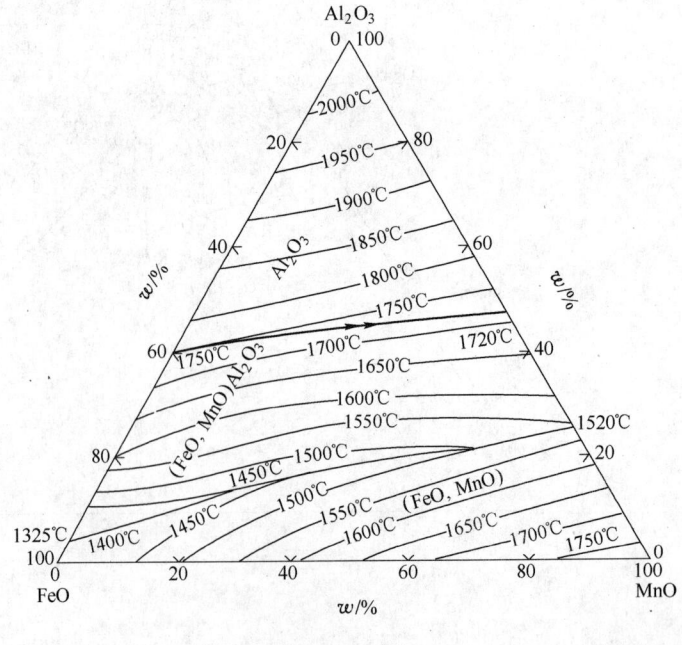

图 3 - 3 - 36

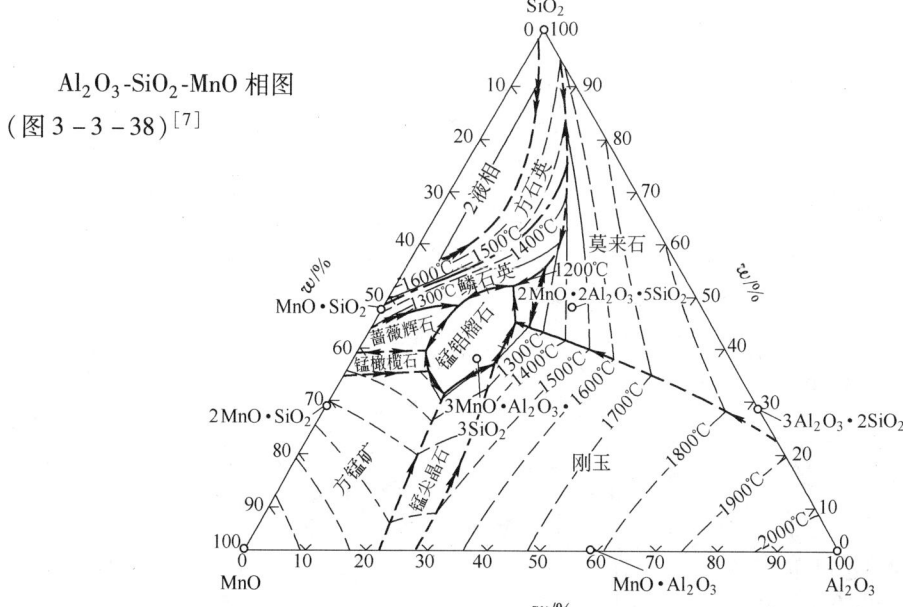

Al₂O₃-SiO₂-MgO 相图
(图 3 - 3 - 37)[3]

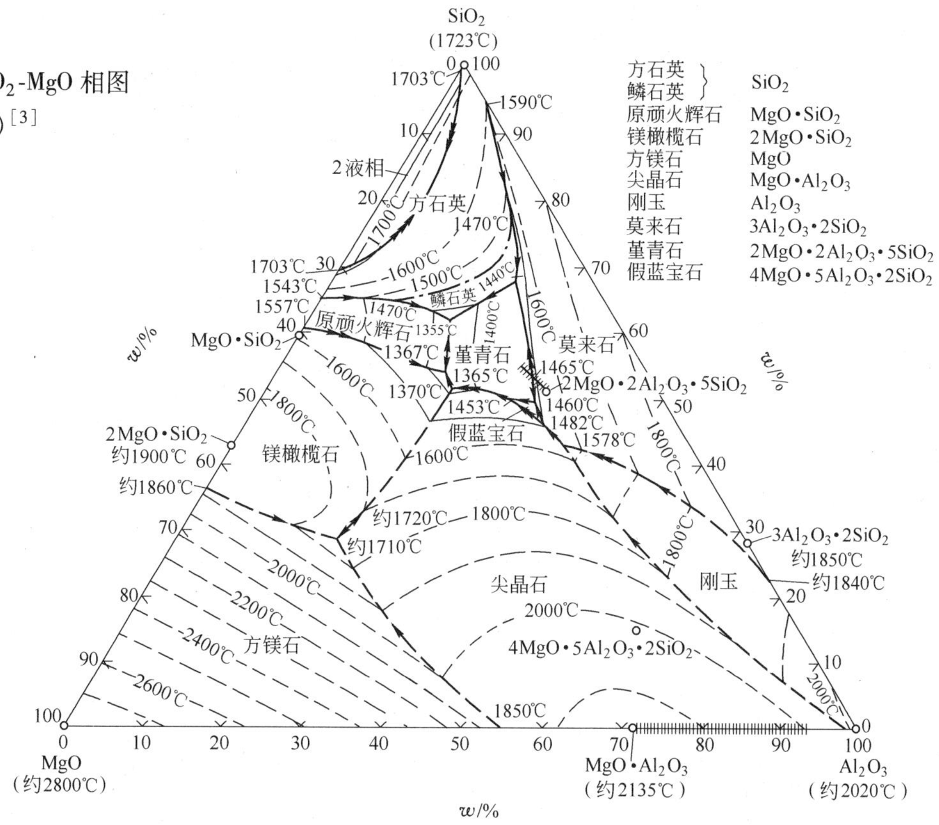

图 3 - 3 - 37

Al₂O₃-SiO₂-MnO 相图
(图 3 - 3 - 38)[7]

图 3 - 3 - 38

## Al$_2$O$_3$-SiO$_2$-Na$_2$O 相图(图 3 – 3 – 39)[3]

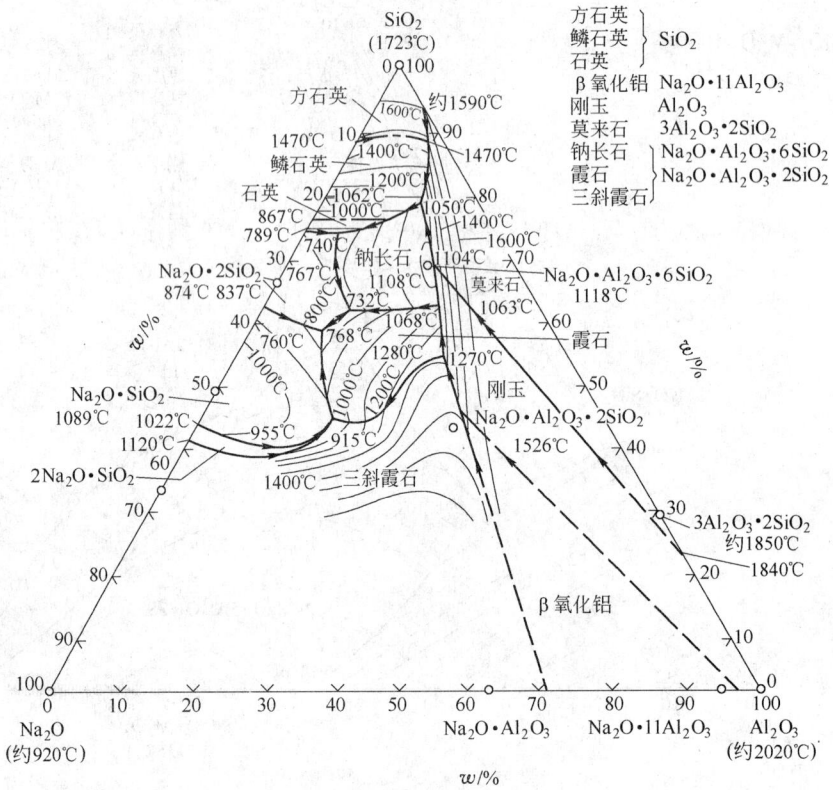

图 3 – 3 – 39

## Al$_2$O$_3$-SiO$_2$-TiO$_2$ 相图(图 3 – 3 – 40)[3]

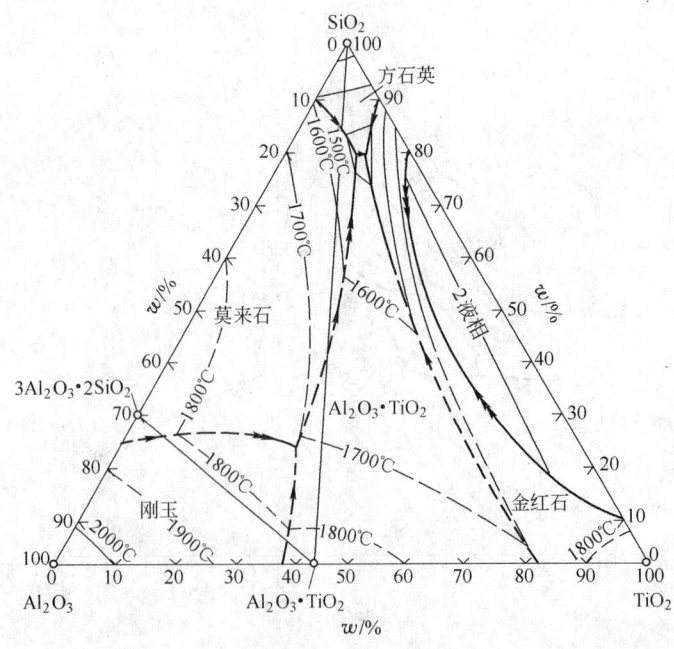

图 3 – 3 – 40

$Al_2O_3(w=10\%)$-$SiO_2$-$TiO_2$-$CaO$ 相图(图3-3-41)[3]

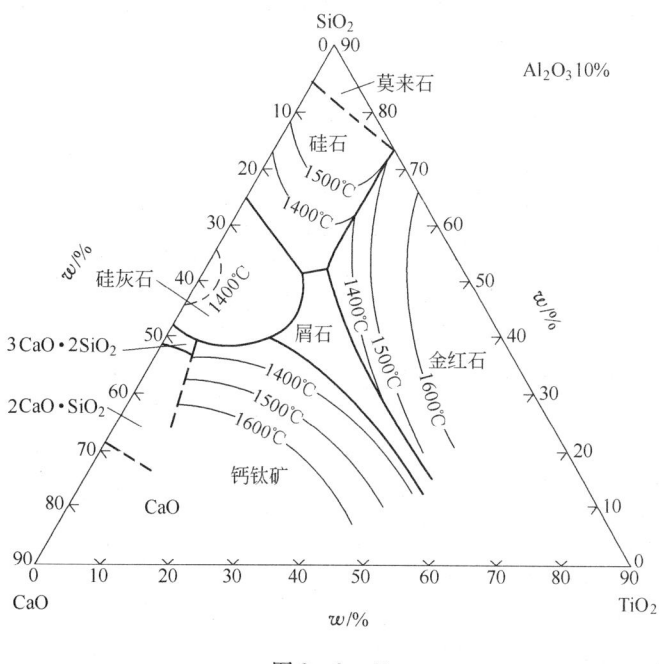

图3-3-41

## 二、含 $CaCl_2$ 的相图

$CaCl_2$-Ca 相图(图3-3-42)[6]

$CaCl_2$-Ca(OH)$_2$ 相图(图3-3-43)[6]

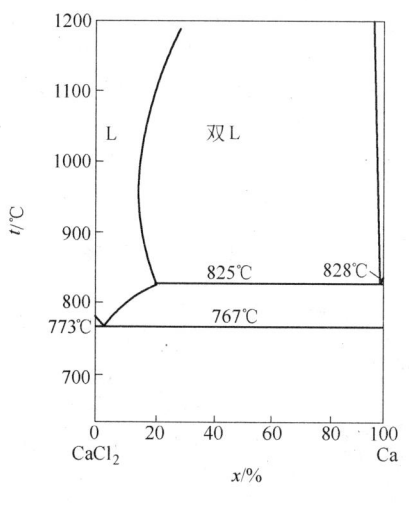

图3-3-42

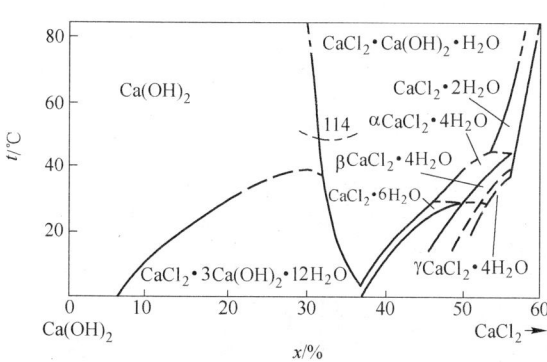

图3-3-43

CaCl₂-CaF₂ 相图(图 3 - 3 - 44)[6]

CaCl₂-CaO 相图(图 3 - 3 - 45)[6]

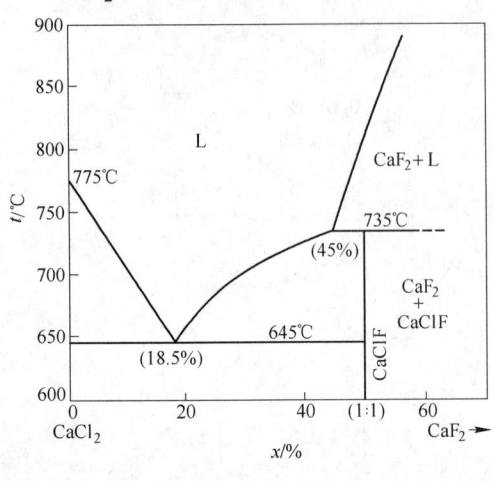

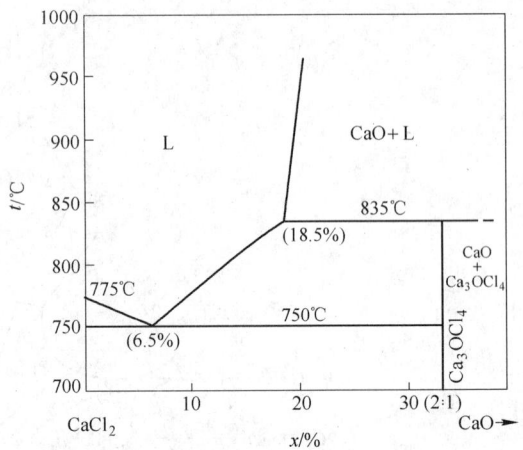

图 3 - 3 - 44

图 3 - 3 - 45

CaCl₂-NaCl 相图(图 3 - 3 - 46)[6]

CaCl₂-CaF₂-CaO 相图(图 3 - 3 - 47)[6]

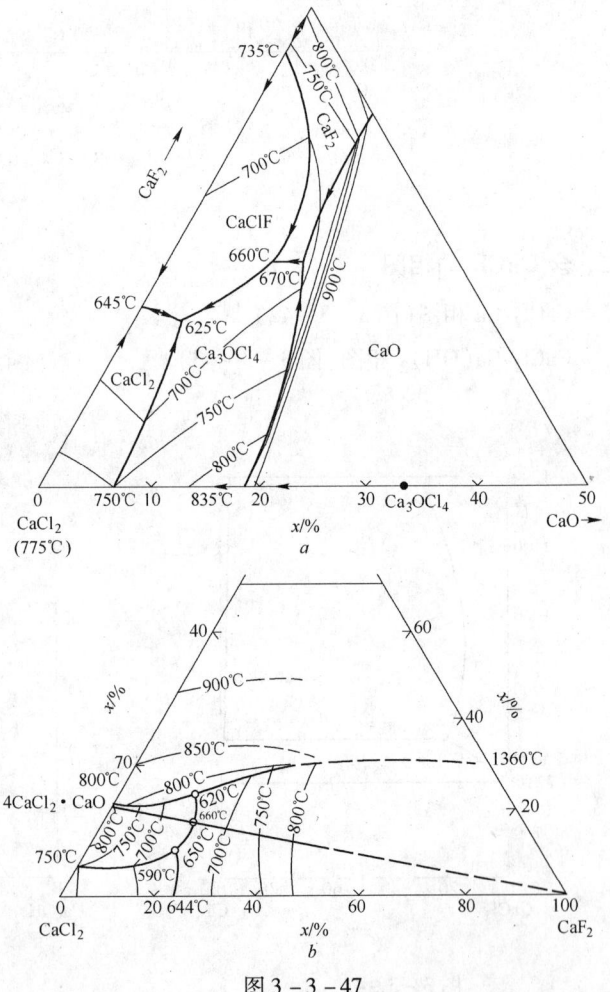

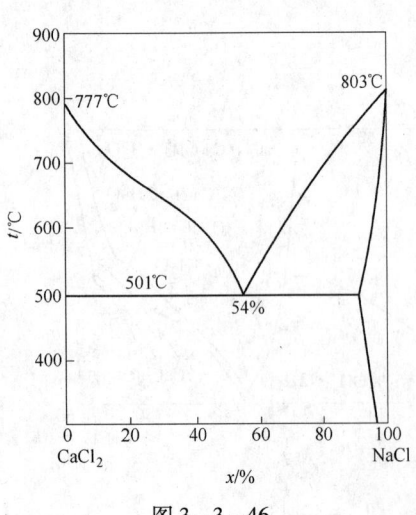

图 3 - 3 - 46

图 3 - 3 - 47

# 三、含 CaF₂ 的相图

## （一）含 CaF₂ 的二元相图

$CaF_2$-$Al_2O_3$ 相图（图 3 – 3 – 48）[6]

$CaF_2$-Ca 相图（图 3 – 3 – 49）[6]

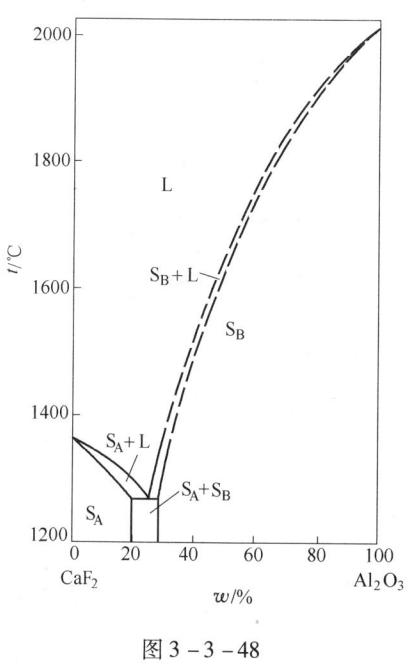

图 3 – 3 – 48

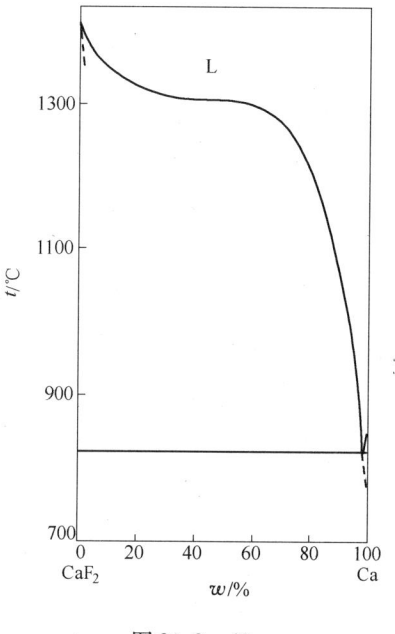

图 3 – 3 – 49

$CaF_2$-CaO 相图（图 3 – 3 – 50）[6]

$CaF_2$-$CaCO_3$ 相图（图 3 – 3 – 51）[6]

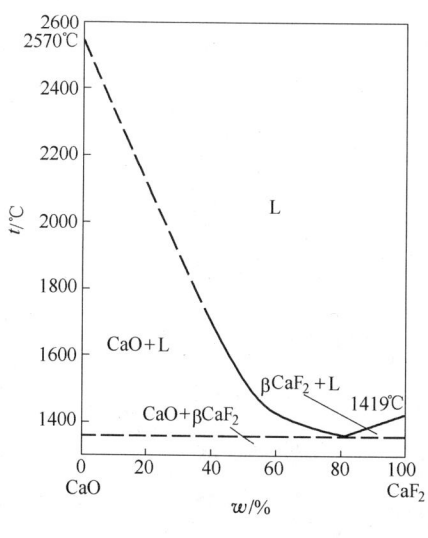

图 3 – 3 – 50

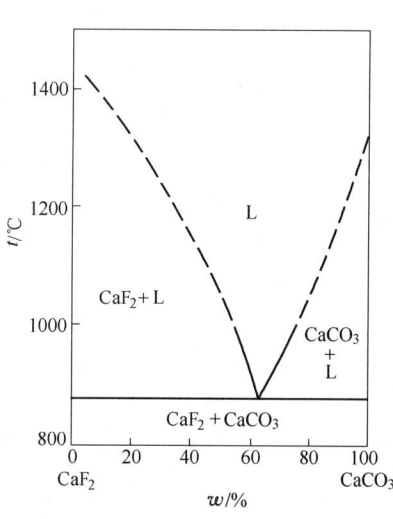

图 3 – 3 – 51

CaF$_2$-CaC$_2$ 相图(图3-3-52)[6]

CaF$_2$-CaSiO$_3$ 相图(图3-3-53)[6]

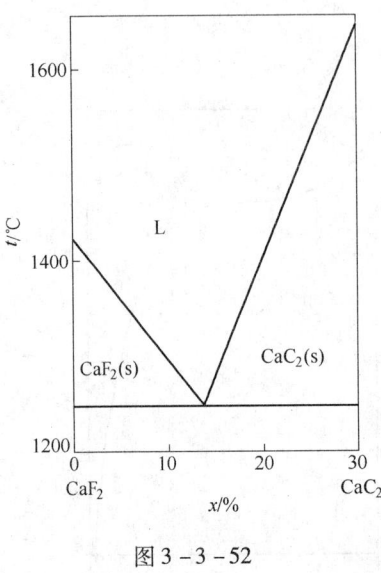

图3-3-52

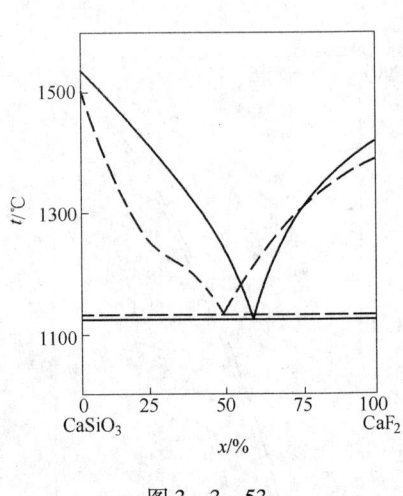

图3-3-53

CaF$_2$-3CaO·SiO$_2$ 液相图(图3-3-54)[6]

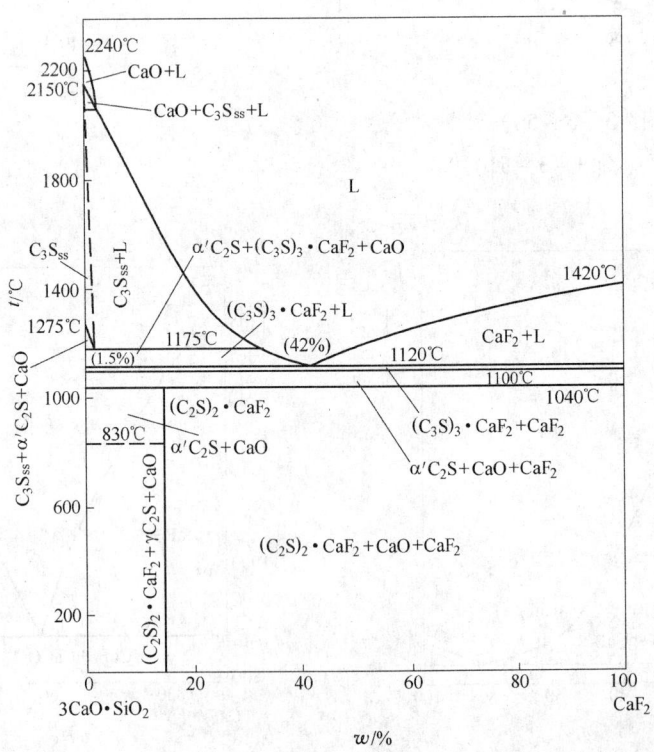

图3-3-54

$CaF_2$-$Ca_3(PO_4)_2$ 相图(图 3 - 3 - 55)

$CaF_2$-FeO 相图(图 3 - 3 - 56)[6]

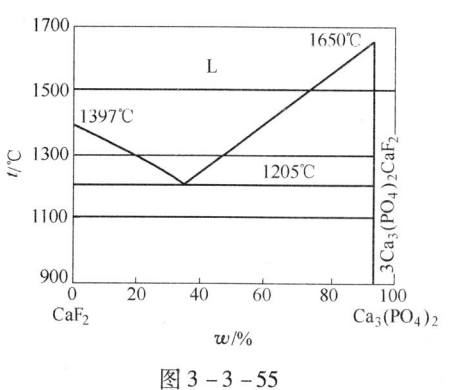

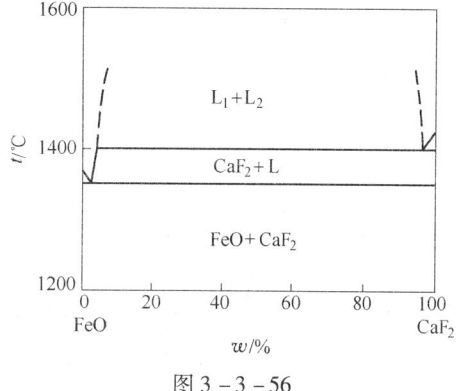

图 3 - 3 - 55

图 3 - 3 - 56

$CaF_2$-MgO 相图(图 3 - 3 - 57)[3]

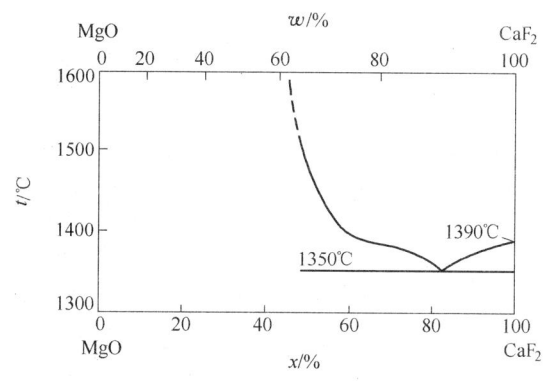

图 3 - 3 - 57

$CaF_2$-3NaF·$AlF_3$ 相图(图 3 - 3 - 58)[6]

$CaF_2$-$SiO_2$ 相图(图 3 - 3 - 59)[6]

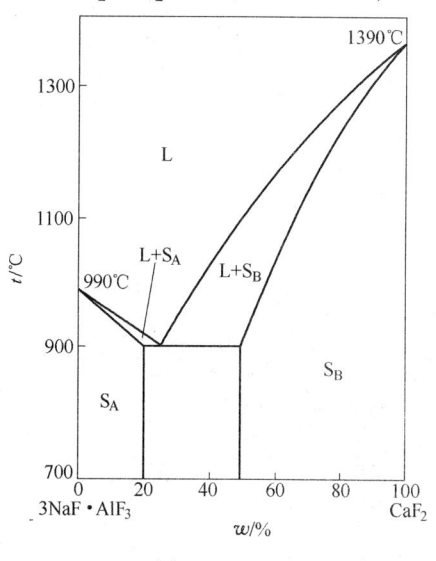

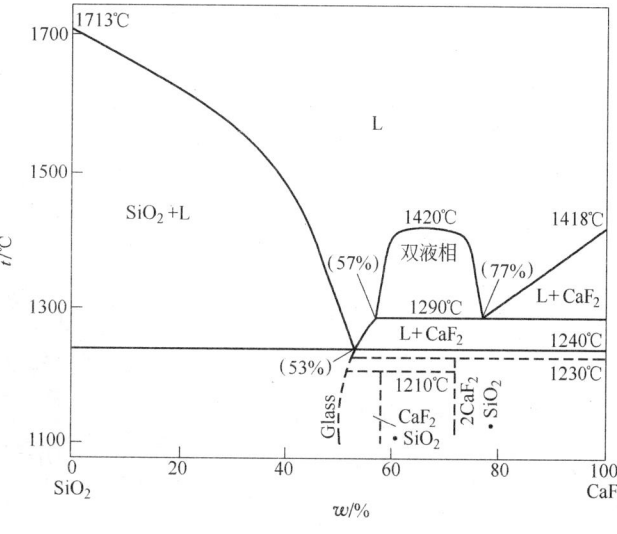

图 3 - 3 - 58

图 3 - 3 - 59

CaF$_2$-TiO$_2$ 相图(图 3 – 3 – 60)[6]

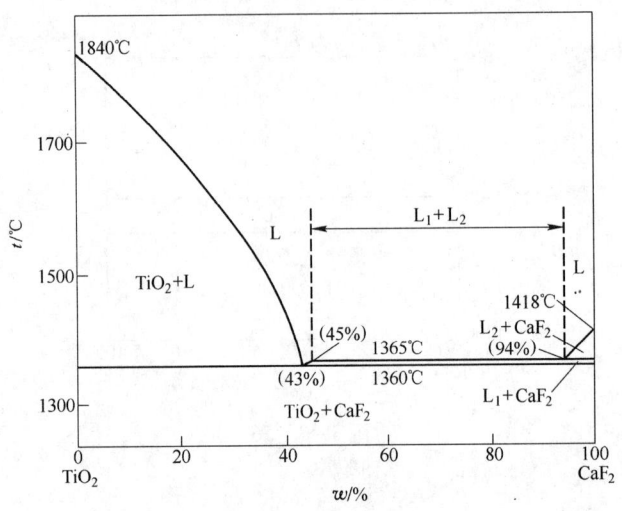

图 3 – 3 – 60

(二) 含 CaF$_2$ 的三元、四元相图

CaF$_2$-Al$_2$O$_3$-MgO 相图(图 3 – 3 – 61)[8]

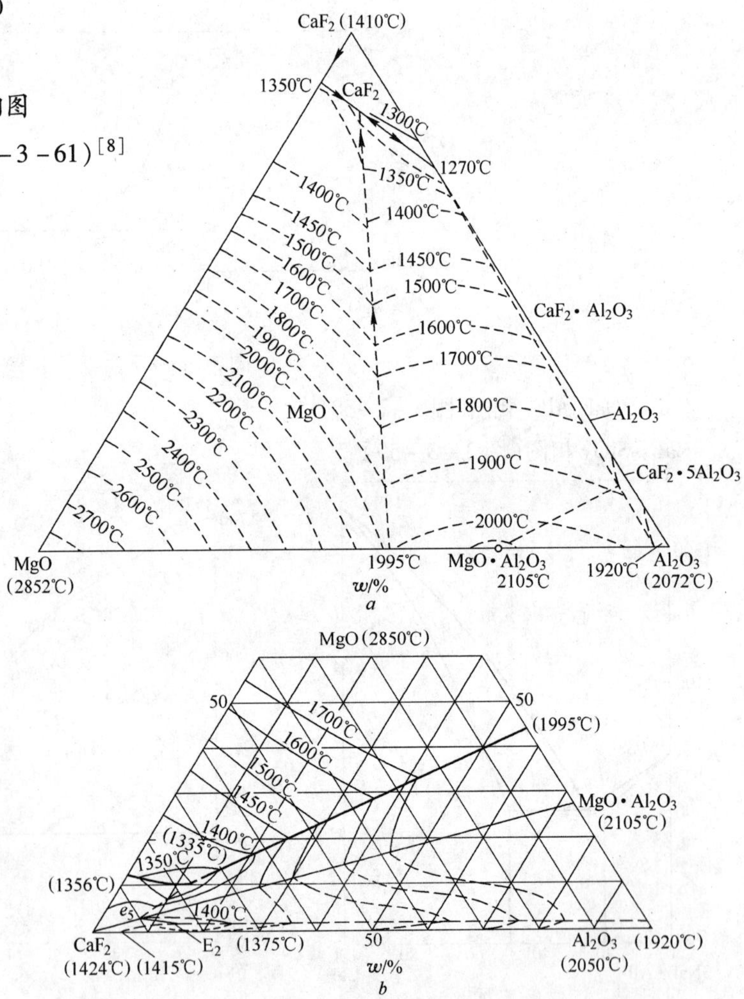

图 3 – 3 – 61

CaF$_2$-Al$_2$O$_3$-MnO 相图
（图 3 - 3 - 62）[1]

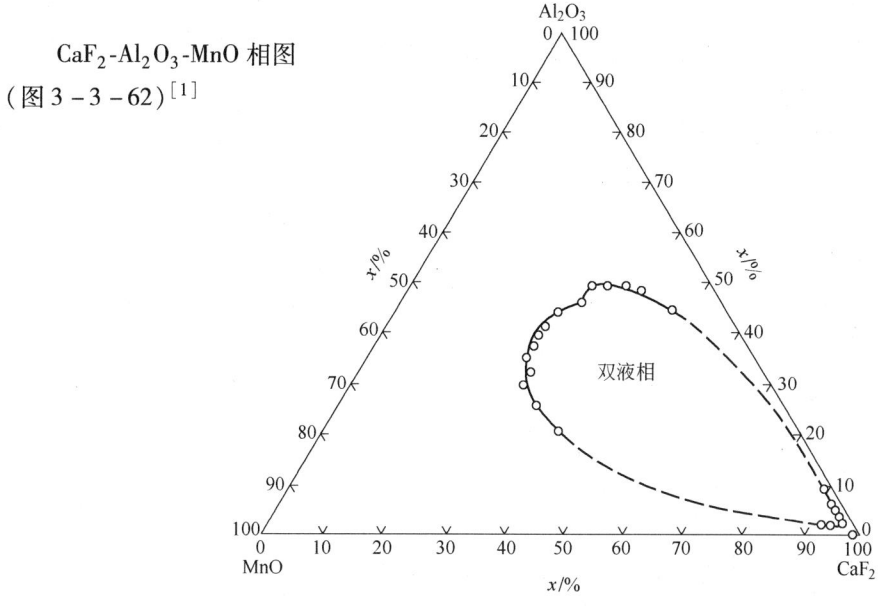

图 3 - 3 - 62

CaF$_2$-CaO-2CaO·SiO$_2$ 相图
（图 3 - 3 - 63）[5]

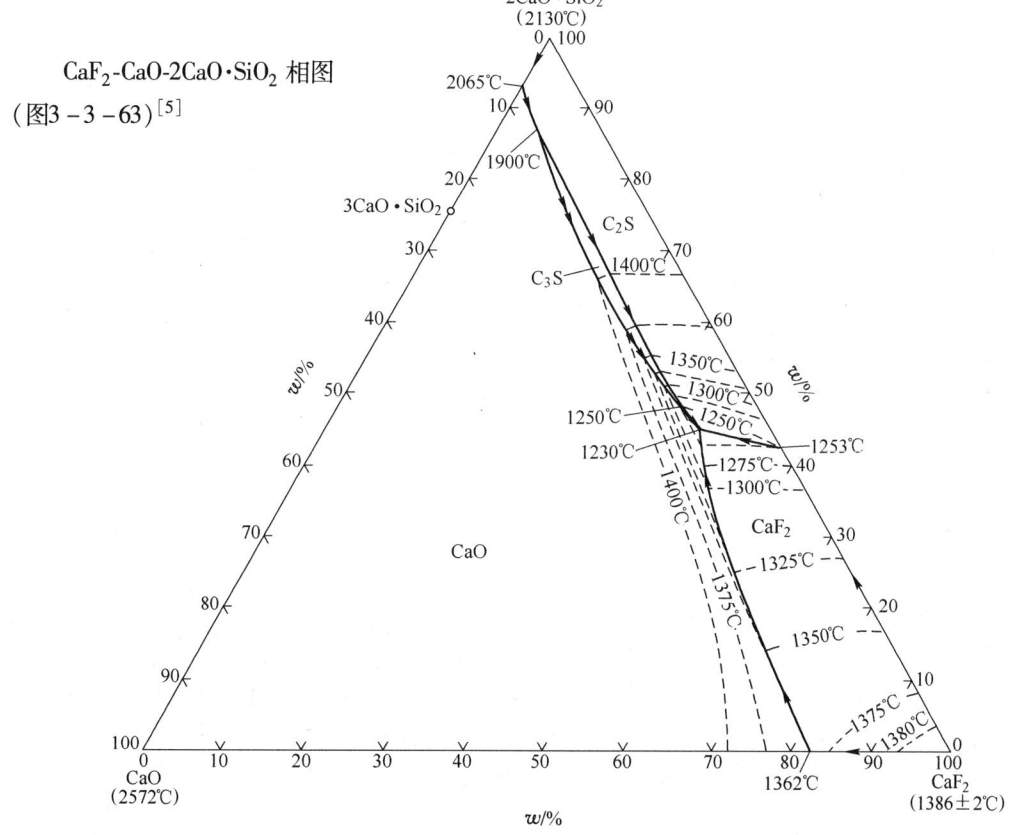

图 3 - 3 - 63

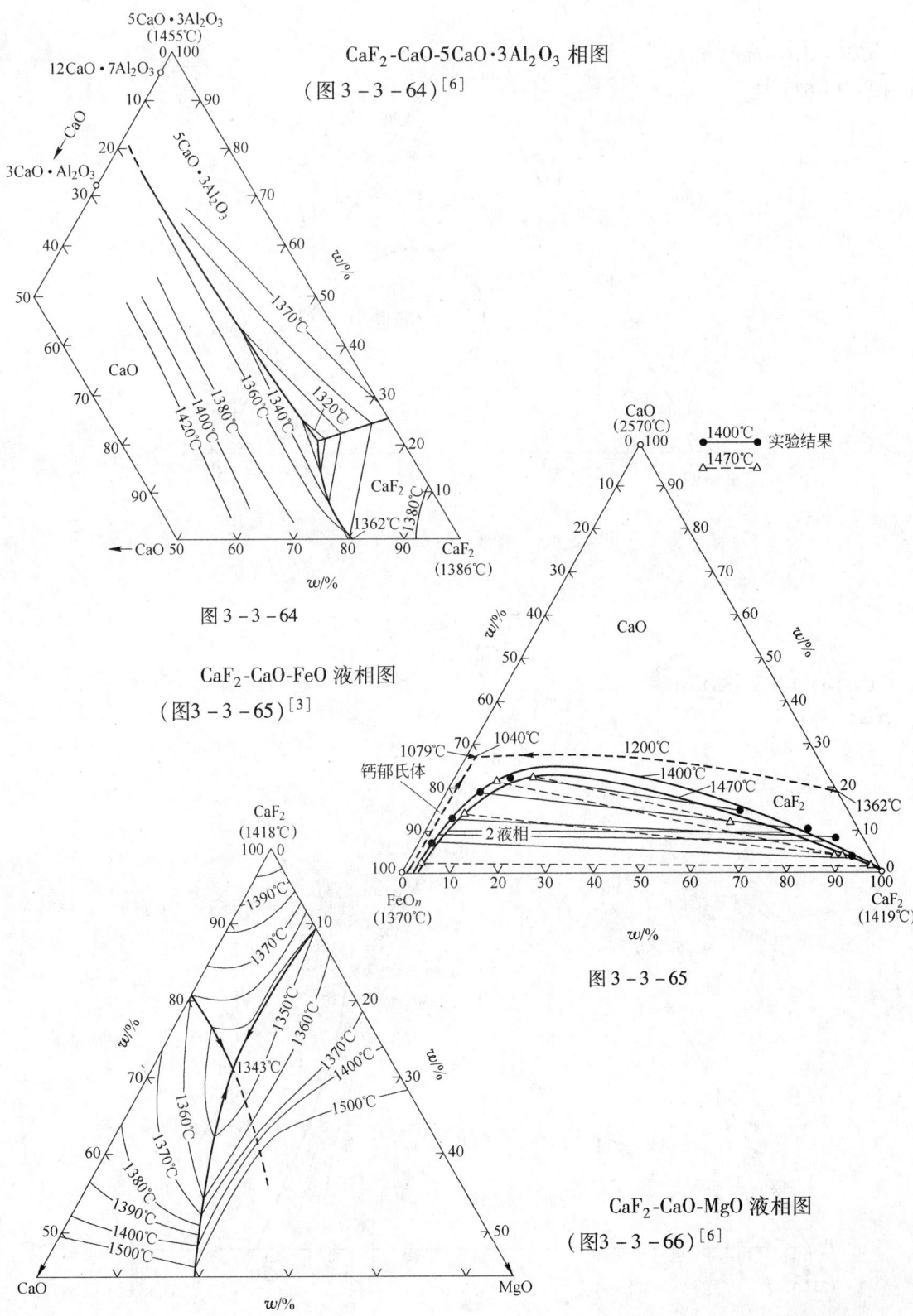

CaF$_2$-CaO-5CaO·3Al$_2$O$_3$ 相图
（图3 - 3 - 64）[6]

图 3 - 3 - 64

CaF$_2$-CaO-FeO 液相图
（图3 - 3 - 65）[3]

图 3 - 3 - 65

CaF$_2$-CaO-MgO 液相图
（图3 - 3 - 66）[6]

图 3 - 3 - 66

$CaF_2$-$CaO \cdot SiO_2$-$(FeO + Fe_2O_3)$液相图

（图3-3-67）[3]

$CaF_2$-$CaCO_3$-$Ca(OH)_2$ 相图

（图3-3-68）[6]

$CaF_2$-$SiO_2$-$MgO$ 相图（图3-3-69）[6]

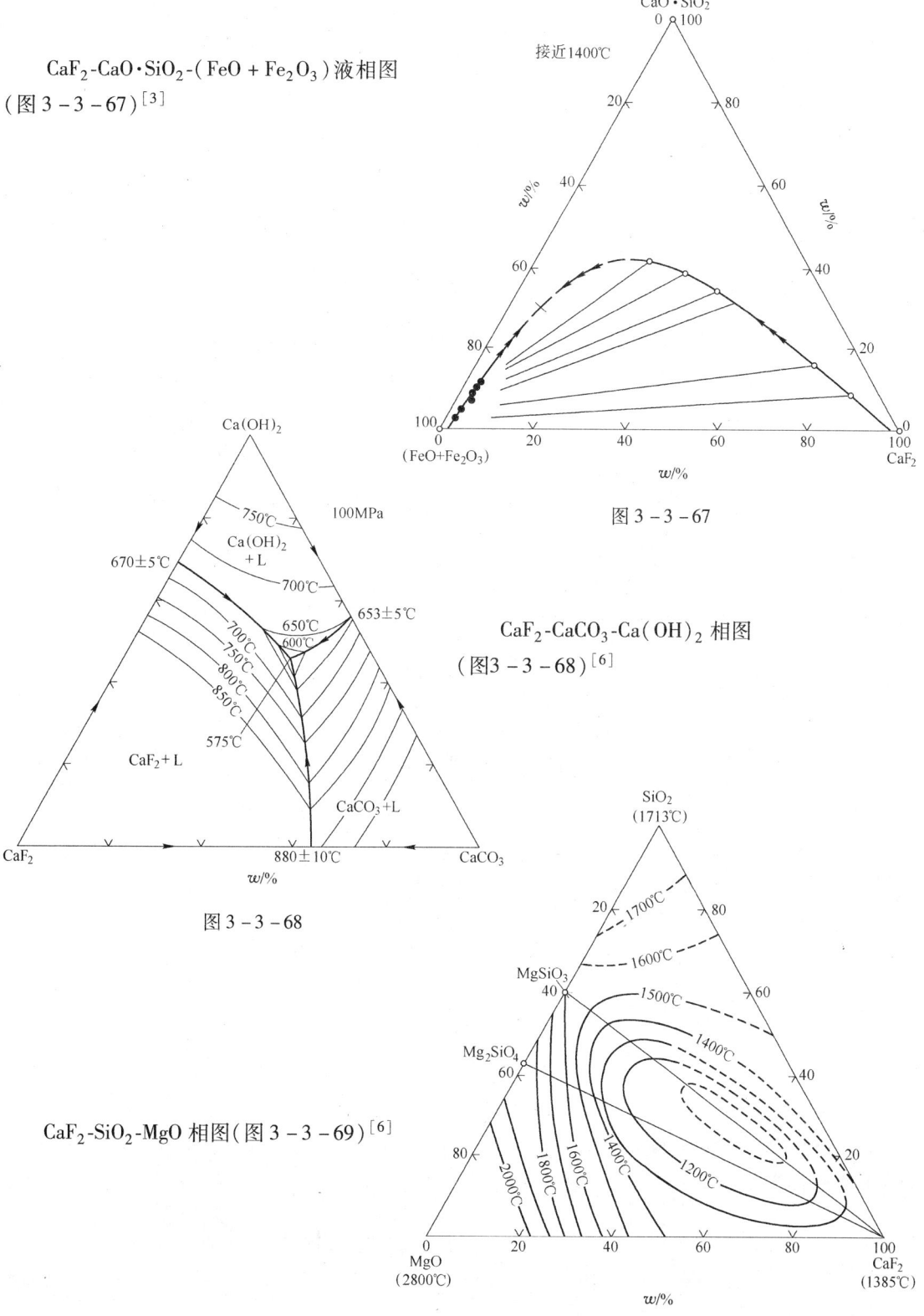

图3-3-67

图3-3-68

图3-3-69

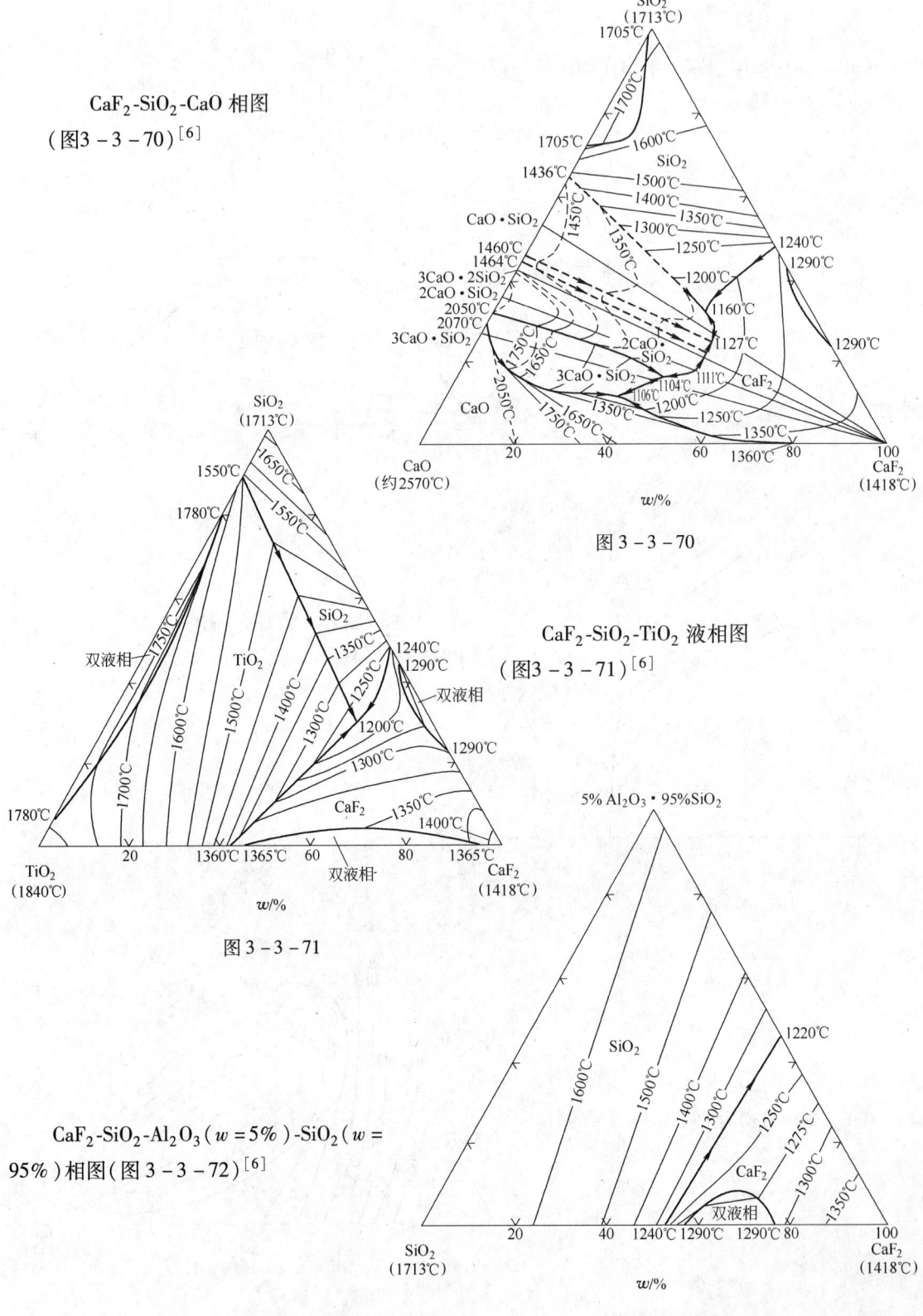

CaF$_2$-SiO$_2$-CaO 相图
（图3 – 3 – 70）[6]

图 3 – 3 – 70

CaF$_2$-SiO$_2$-TiO$_2$ 液相图
（图3 – 3 – 71）[6]

图 3 – 3 – 71

CaF$_2$-SiO$_2$-Al$_2$O$_3$（$w$=5%）-SiO$_2$（$w$=
95%）相图（图 3 – 3 – 72）[6]

图 3 – 3 – 72

$CaF_2$-$TiO_2$-$Al_2O_3$（$w = 20\%$）-$TiO_2$（$w = 80\%$）相图（图 3 - 3 - 73）[6]

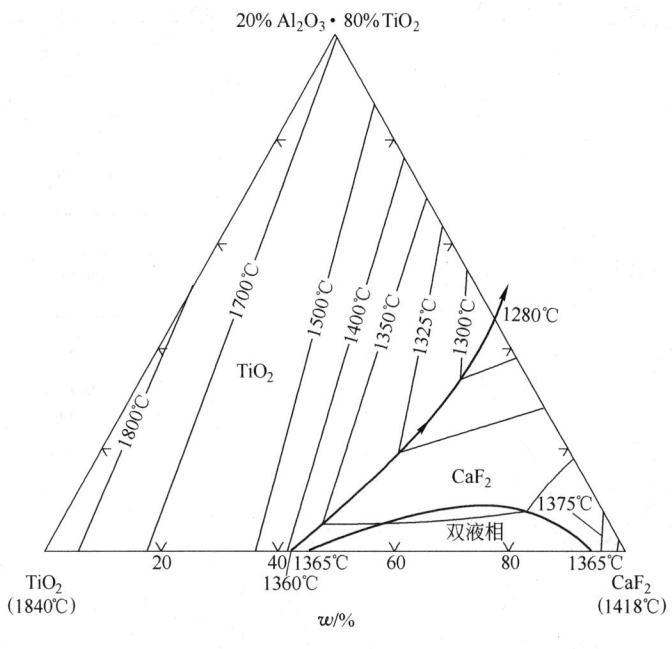

图 3 - 3 - 73

# 四、含 CaO 的相图

## （一）含 CaO 的二元相图

$CaO$-$B_2O_3$ 相图（图 3 - 3 - 74）[3]

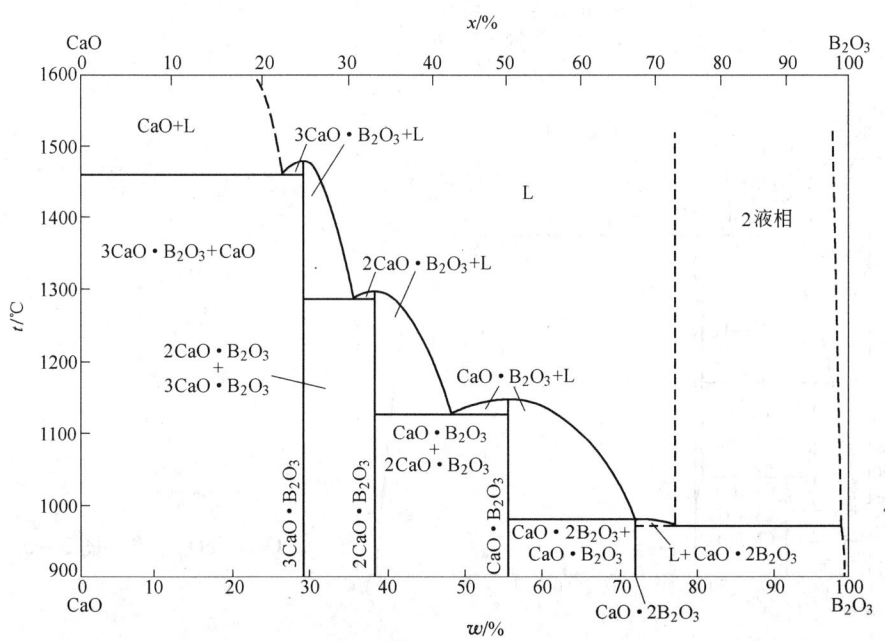

图 3 - 3 - 74

CaO-CaC$_2$ 相图(图 3-3-75)

CaO-Cr$_2$O$_3$ 相图(图 3-3-76)[3]

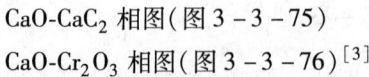

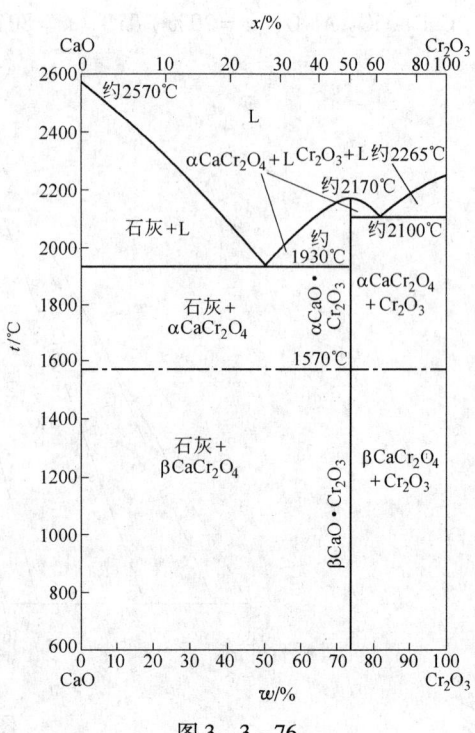

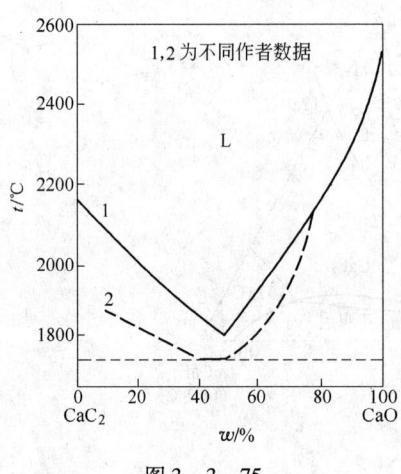

图 3-3-75

图 3-3-76

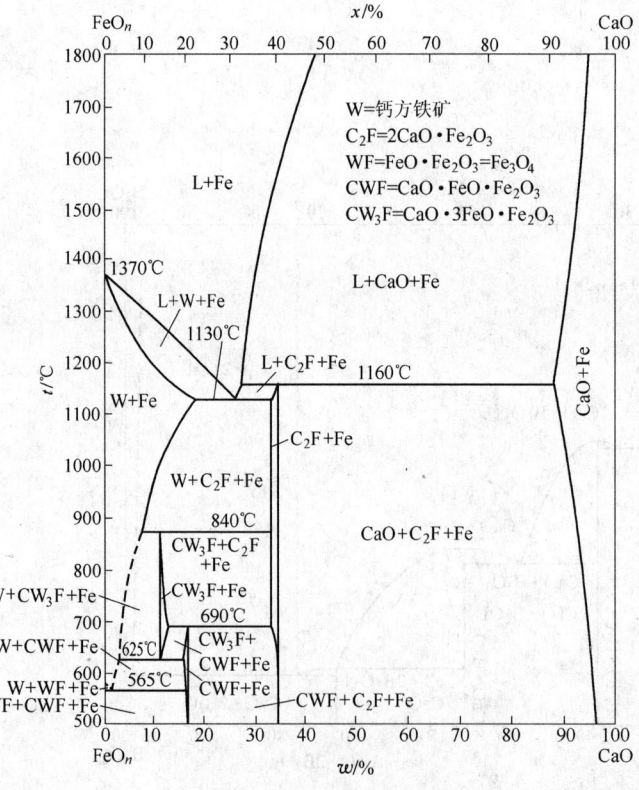

图 3-3-77

(FeO$_n$ ≈ FeO$_{1.0045}$)

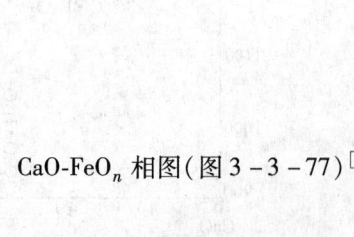

CaO-FeO$_n$ 相图(图 3-3-77)[3]

CaO-Fe₂O₃ 相图(图 3 – 3 – 78)[3]

CaO-MgO 相图(图 3 – 3 – 79)[7]

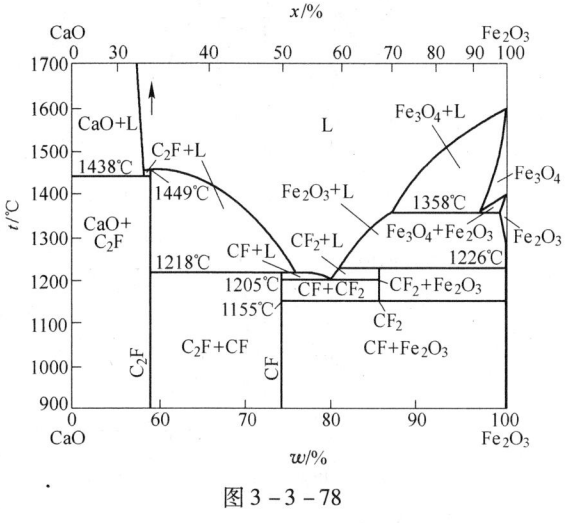

图 3 – 3 – 78

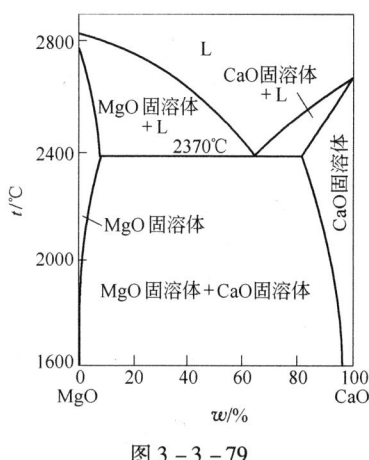

图 3 – 3 – 79

CaO-SiO₂ 相图(图 3 – 3 – 80)[3]

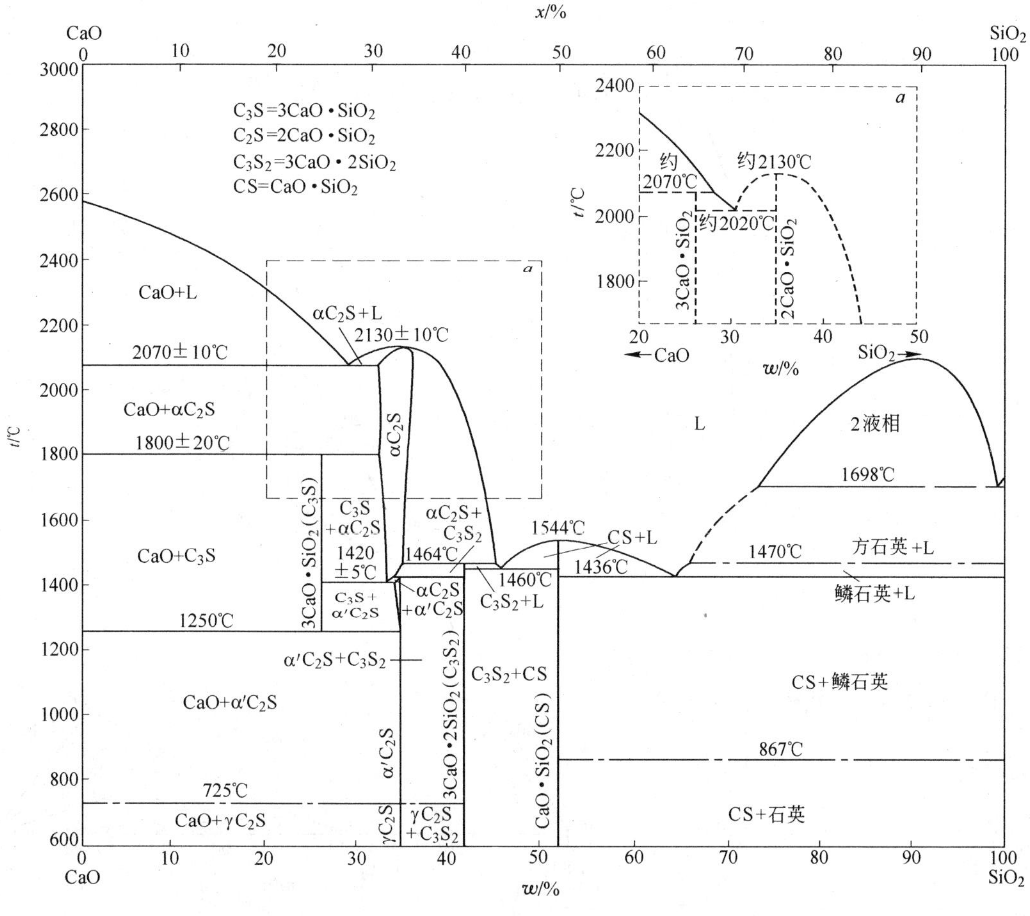

图 3 – 3 – 80

CaO-TiO$_2$ 相图
（图 3 – 3 – 81）[3]

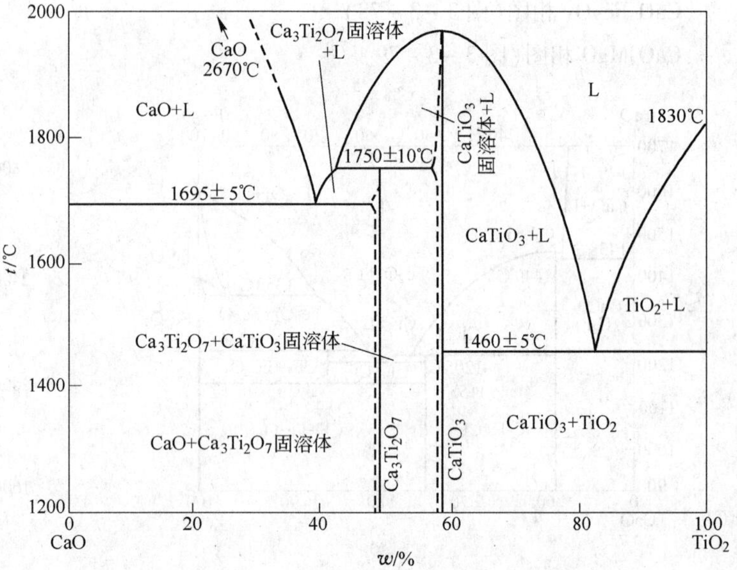

图 3 – 3 – 81

CaO-V$_2$O$_5$ 相图（图 3 – 3 – 82）[7]

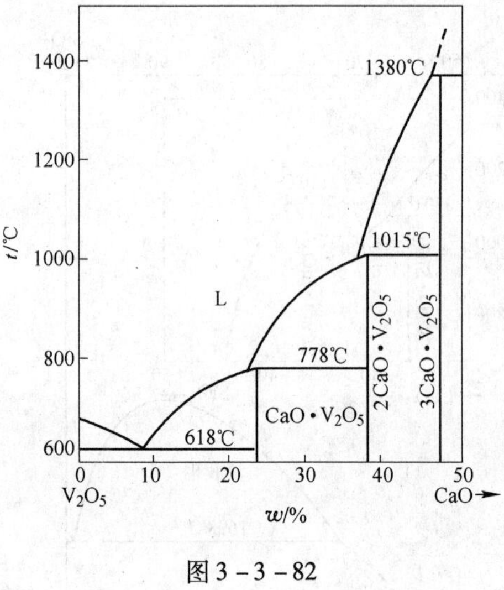

图 3 – 3 – 82

（二）含 CaO-FeO 的三元相图

CaO-FeO-B$_2$O$_3$ 相图（图3 – 3 – 83）[3]

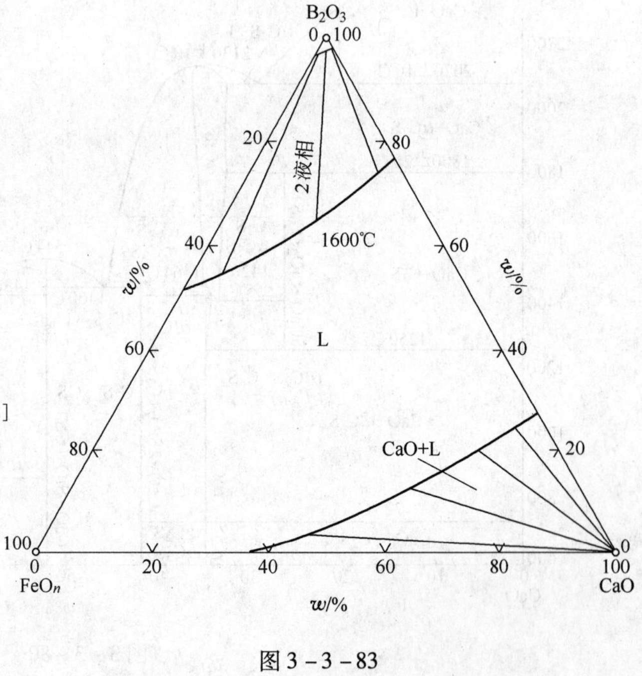

图 3 – 3 – 83

CaO-FeO-Fe$_2$O$_3$ 相图(图 3 - 3 - 84)[3]

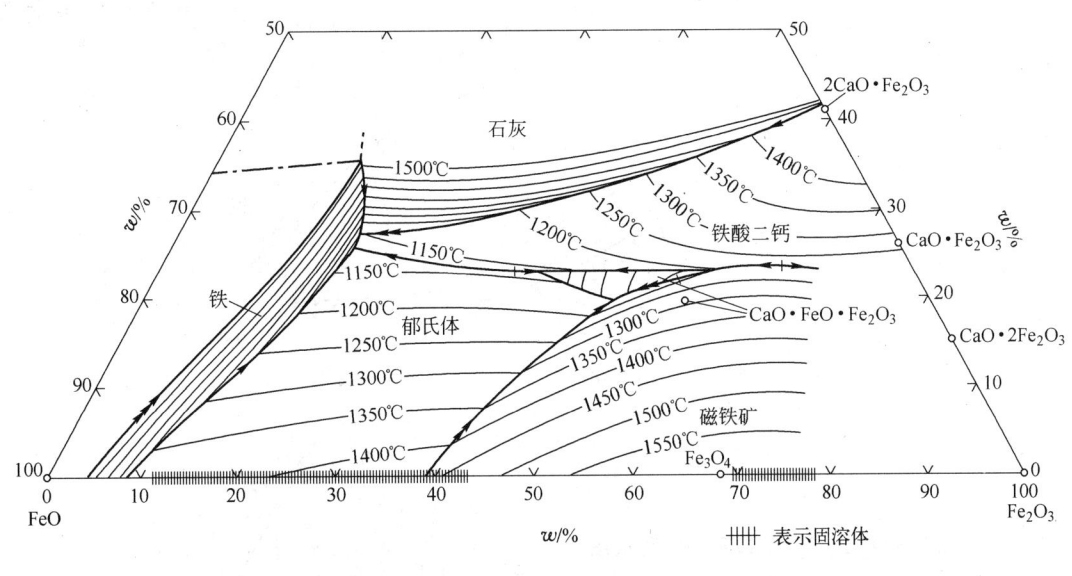

图 3 - 3 - 84

CaO-FeO-MnO 相图(图 3 - 3 - 85)[3]

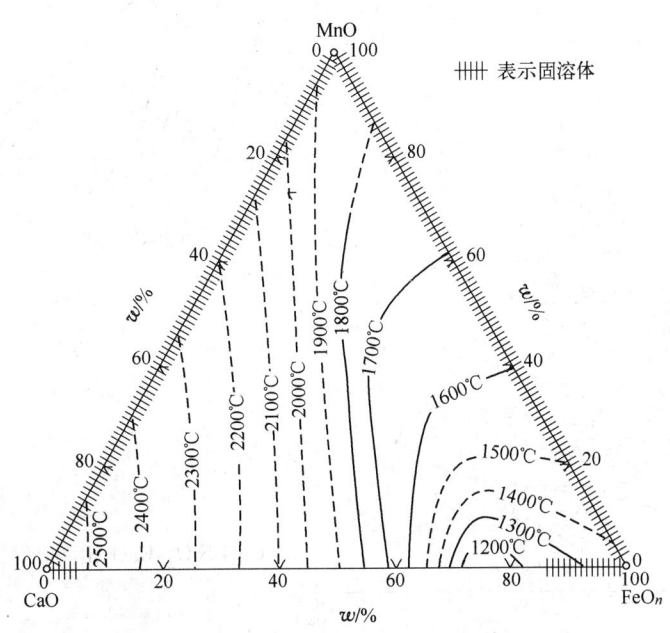

图 3 - 3 - 85

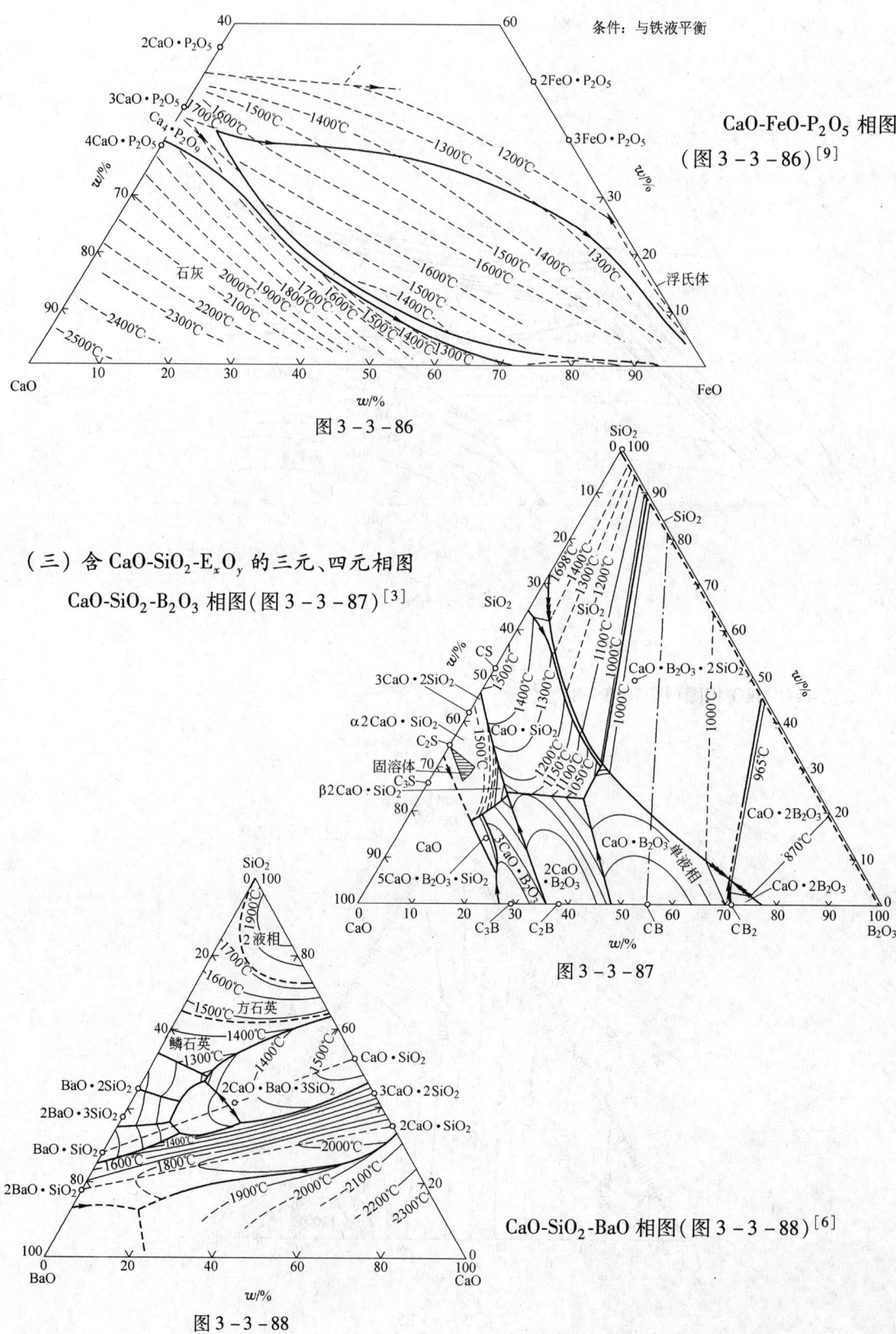

CaO-FeO-P₂O₅ 相图
（图 3 - 3 - 86）[9]

图 3 - 3 - 86

（三）含 CaO-SiO₂-EₓOᵧ 的三元、四元相图

CaO-SiO₂-B₂O₃ 相图（图 3 - 3 - 87）[3]

图 3 - 3 - 87

CaO-SiO₂-BaO 相图（图 3 - 3 - 88）[6]

图 3 - 3 - 88

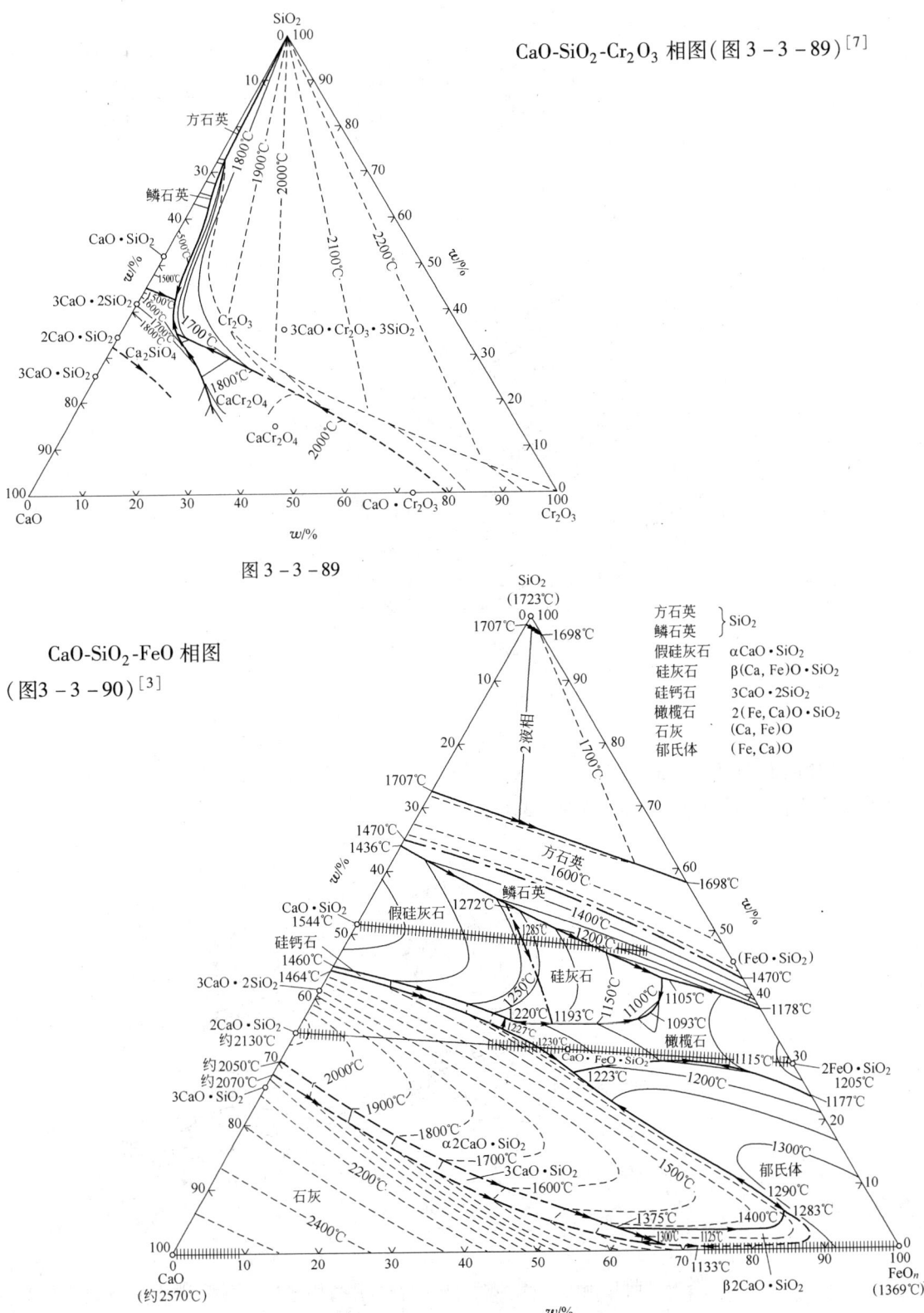

CaO-SiO₂-Cr₂O₃ 相图（图 3 - 3 - 89）[7]

图 3 - 3 - 89

CaO-SiO₂-FeO 相图

（图3 - 3 - 90）[3]

图 3 - 3 - 90

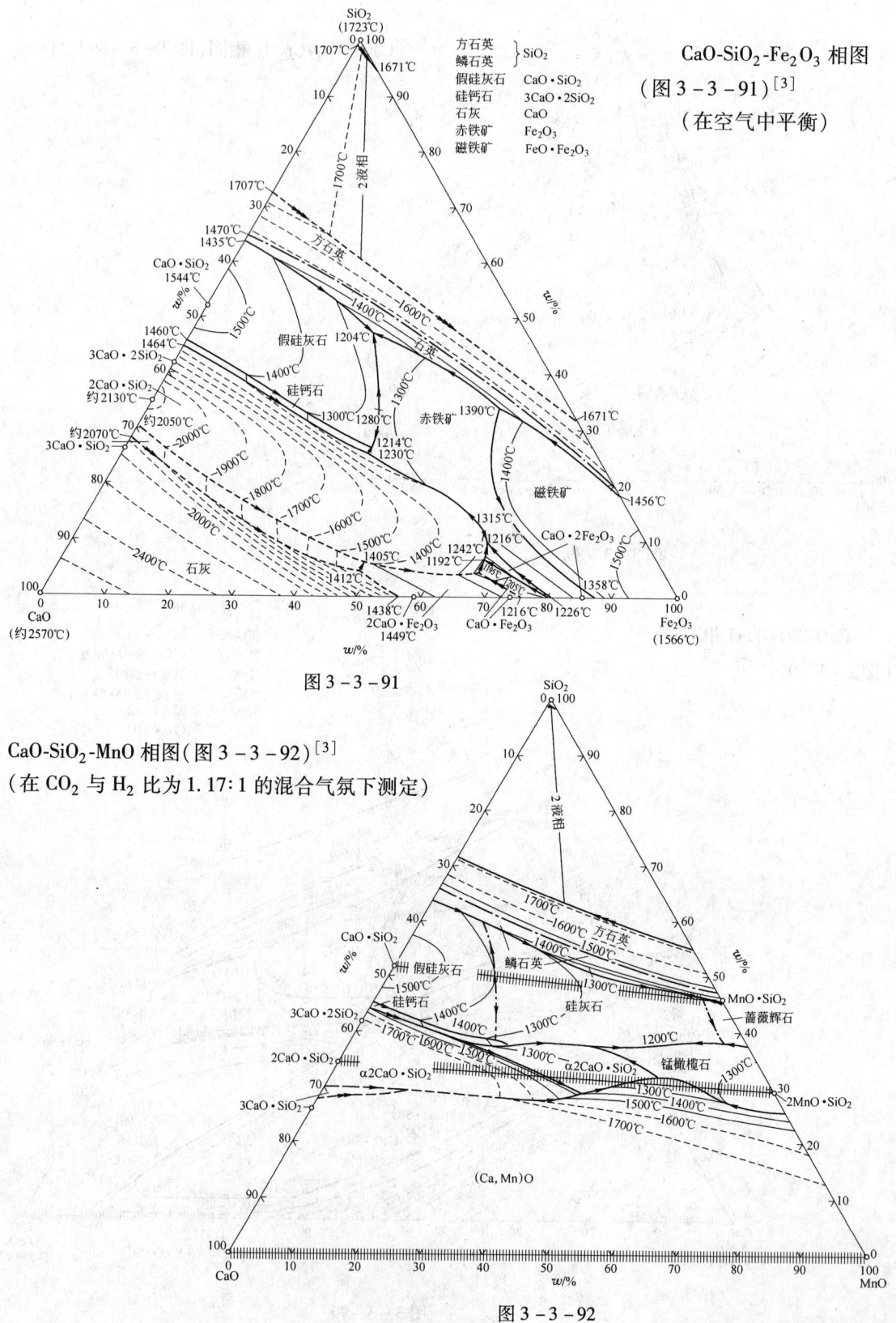

图 3 - 3 - 91

CaO-SiO₂-MnO 相图（图 3 - 3 - 92）[3]

（在 CO₂ 与 H₂ 比为 1.17∶1 的混合气氛下测定）

图 3 - 3 - 92

CaO-SiO₂-K₂O 相图
(图3－3－93)[3]

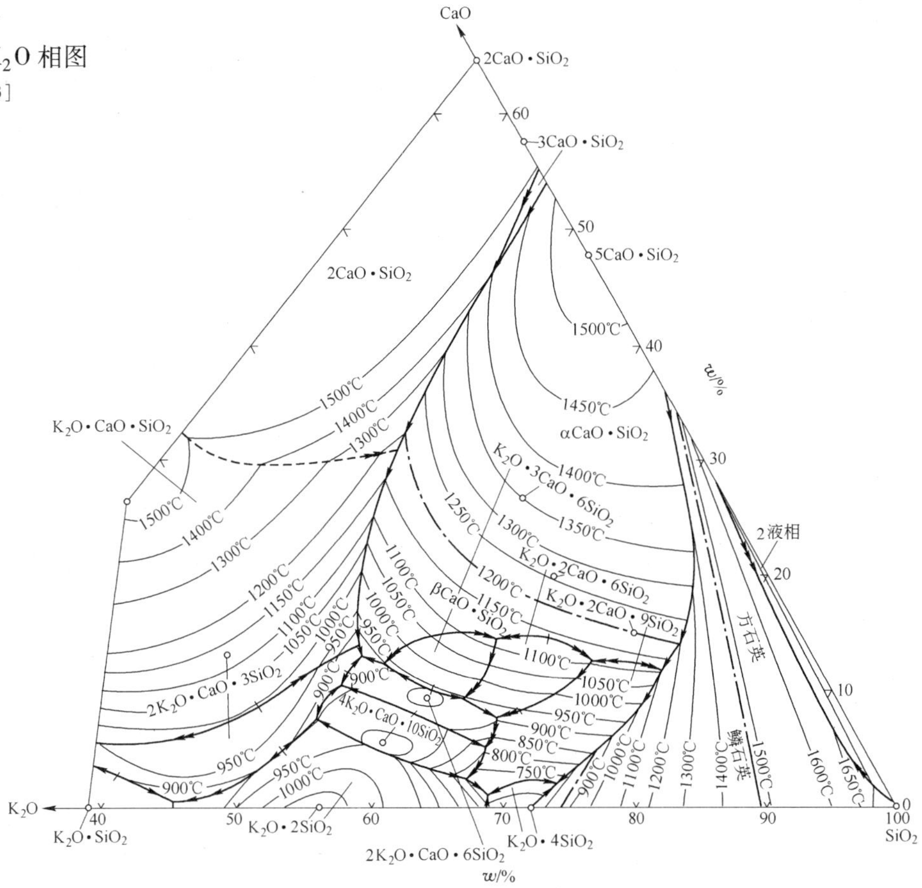

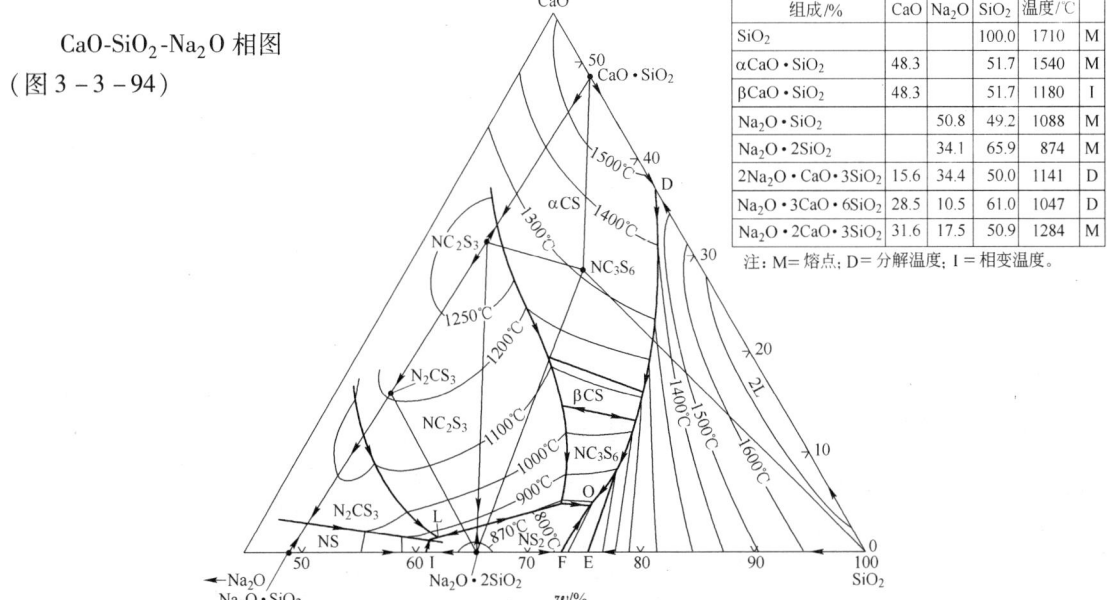

图 3－3－93

CaO-SiO₂-Na₂O 相图
(图3－3－94)

| 组成/% | CaO | Na₂O | SiO₂ | 温度/℃ | |
|---|---|---|---|---|---|
| SiO₂ | | | 100.0 | 1710 | M |
| αCaO·SiO₂ | 48.3 | | 51.7 | 1540 | M |
| βCaO·SiO₂ | 48.3 | | 51.7 | 1180 | I |
| Na₂O·SiO₂ | | 50.8 | 49.2 | 1088 | M |
| Na₂O·2SiO₂ | | 34.1 | 65.9 | 874 | M |
| 2Na₂O·CaO·3SiO₂ | 15.6 | 34.4 | 50.0 | 1141 | D |
| Na₂O·3CaO·6SiO₂ | 28.5 | 10.5 | 61.0 | 1047 | D |
| Na₂O·2CaO·3SiO₂ | 31.6 | 17.5 | 50.9 | 1284 | M |

注: M=熔点; D=分解温度; I=相变温度。

图 3－3－94

CaO-$SiO_2$-MgO 相图（图 3-3-95）[3]

图 3-3-95

CaO-$SiO_2$-MgO-$Al_2O_3$（$w=5\%$）相图（图 3-3-96）[10]

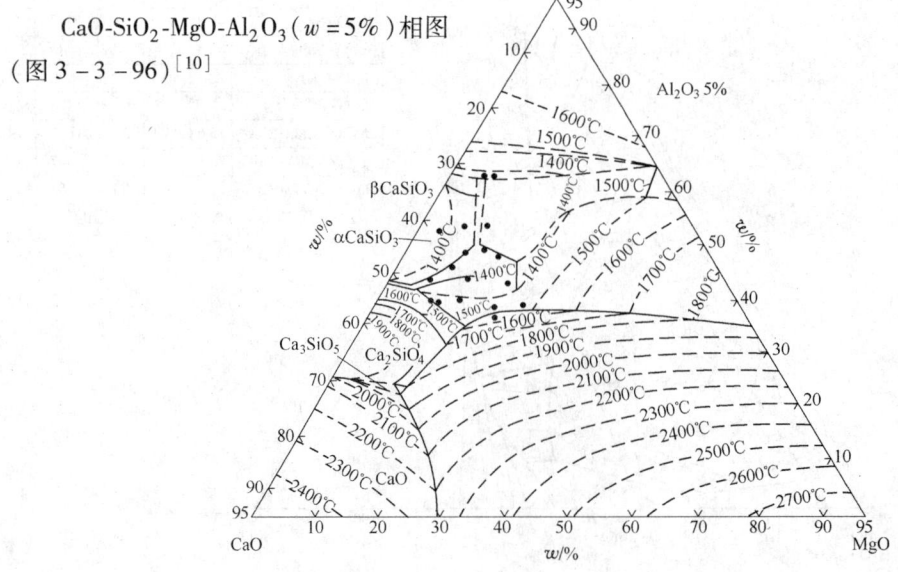

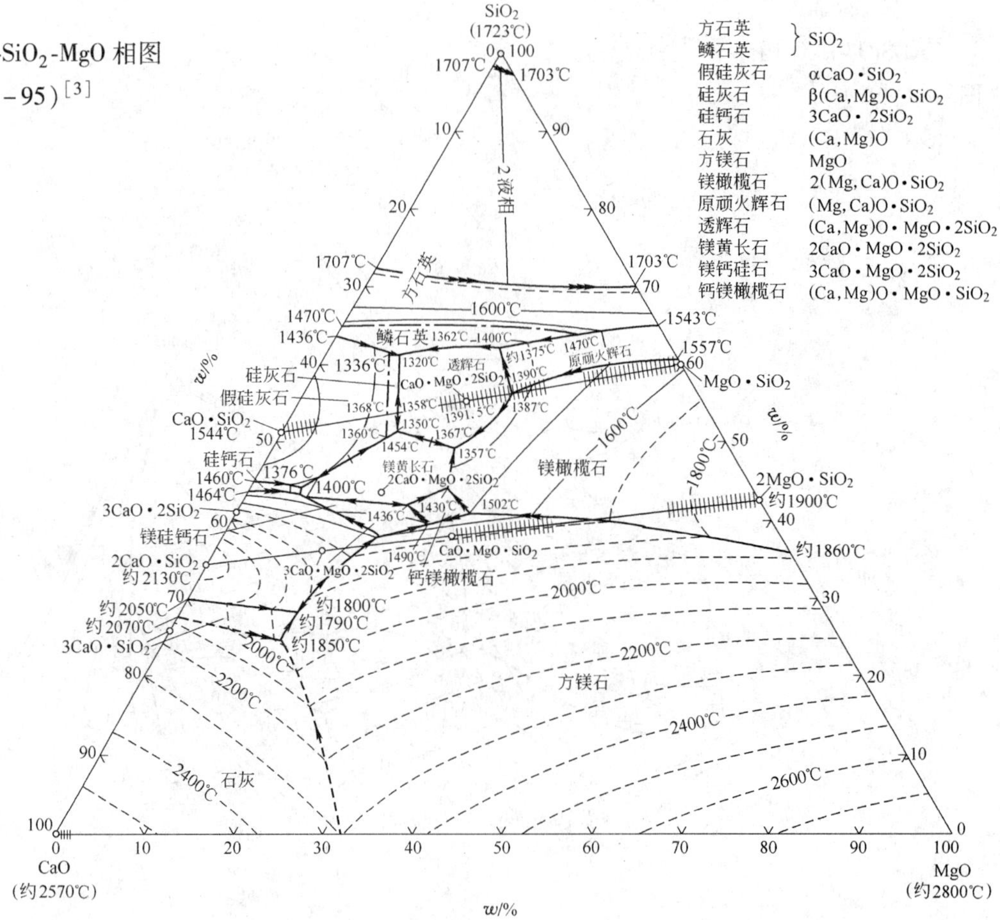

图 3-3-96

$CaO$-$SiO_2$-$MgO$-$Al_2O_3$($w = 10\%$)相图
（图3－3－97）[10]

$CaO$-$SiO_2$-$MgO$-$Al_2O_3$($w = 15\%$)相图
（图3－3－98）[10]

$CaO$-$SiO_2$-$MgO$-$Al_2O_3$($w = 20\%$)相图
（图3－3－99）[10]

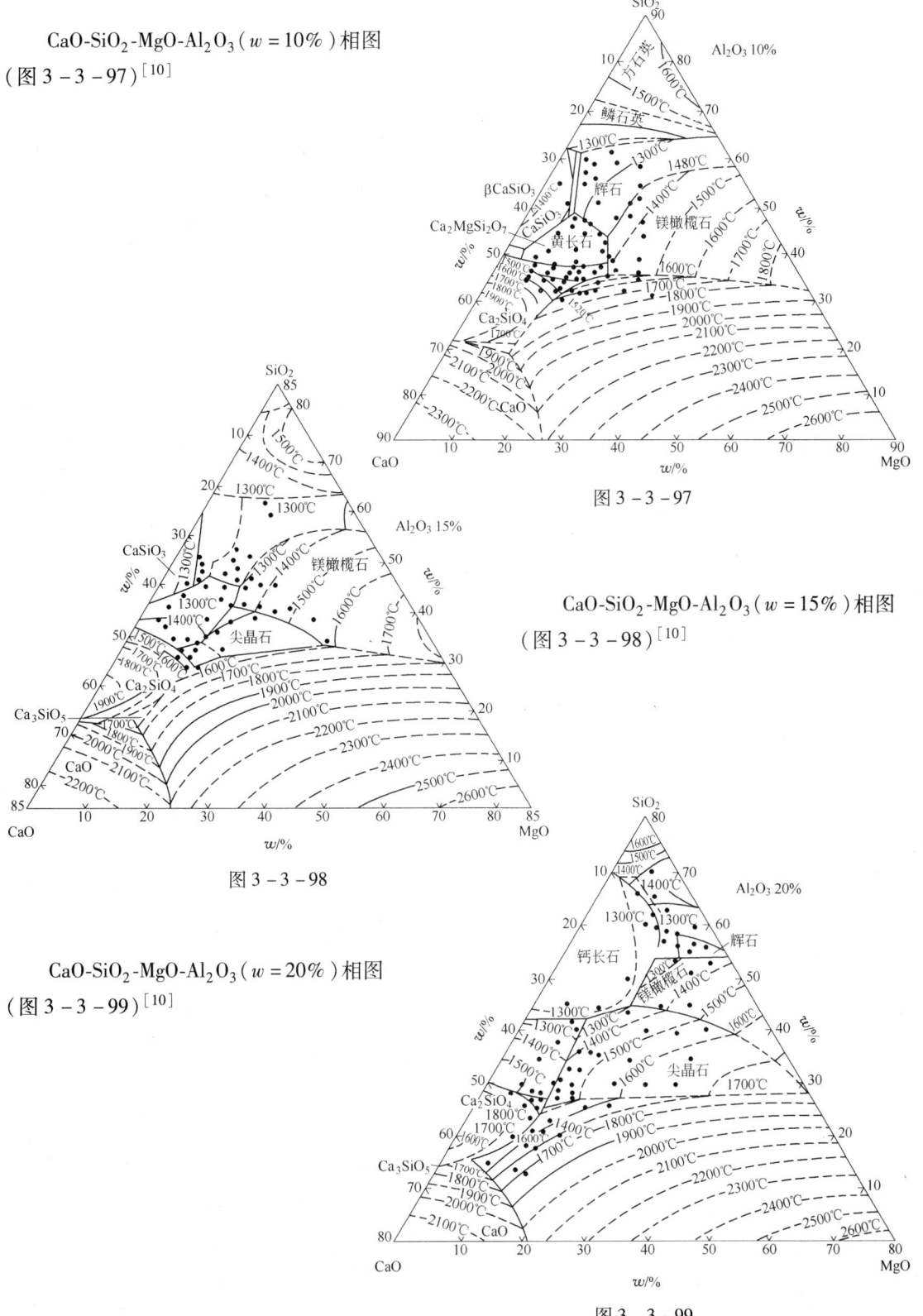

图3－3－97

图3－3－98

图3－3－99

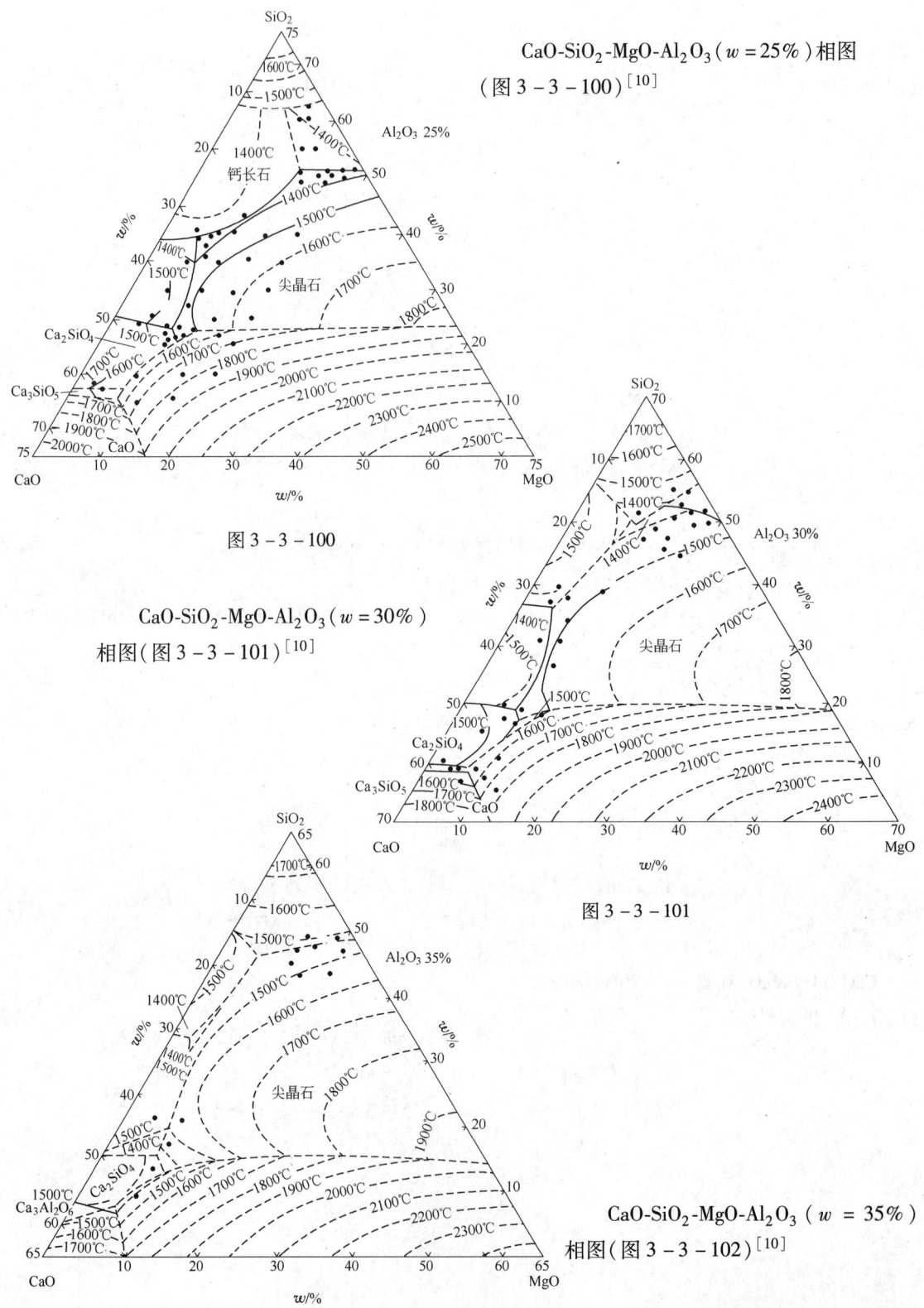

CaO-SiO$_2$-MgO-Al$_2$O$_3$ ($w=25\%$) 相图
(图 3-3-100)[10]

图 3-3-100

CaO-SiO$_2$-MgO-Al$_2$O$_3$ ($w=30\%$)
相图(图 3-3-101)[10]

图 3-3-101

CaO-SiO$_2$-MgO-Al$_2$O$_3$ ($w=35\%$)
相图(图 3-3-102)[10]

图 3-3-102

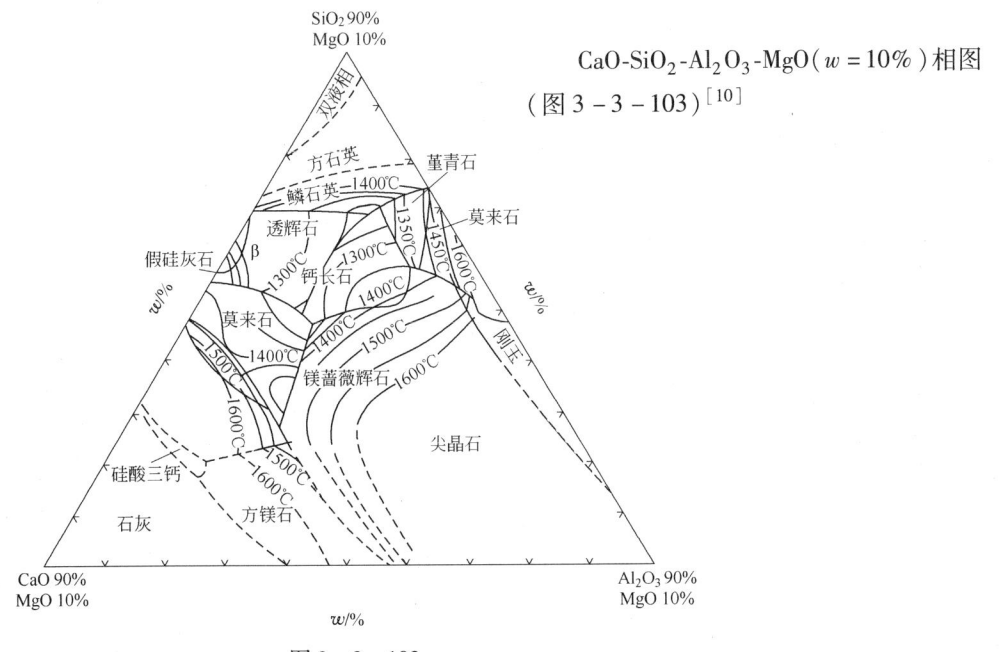

CaO-SiO$_2$-Al$_2$O$_3$-MgO($w$ = 10%)相图
(图 3 - 3 - 103)[10]

图 3 - 3 - 103

CaO-SiO$_2$-TiO$_2$ 相图
(图 3 - 3 - 104)[3]

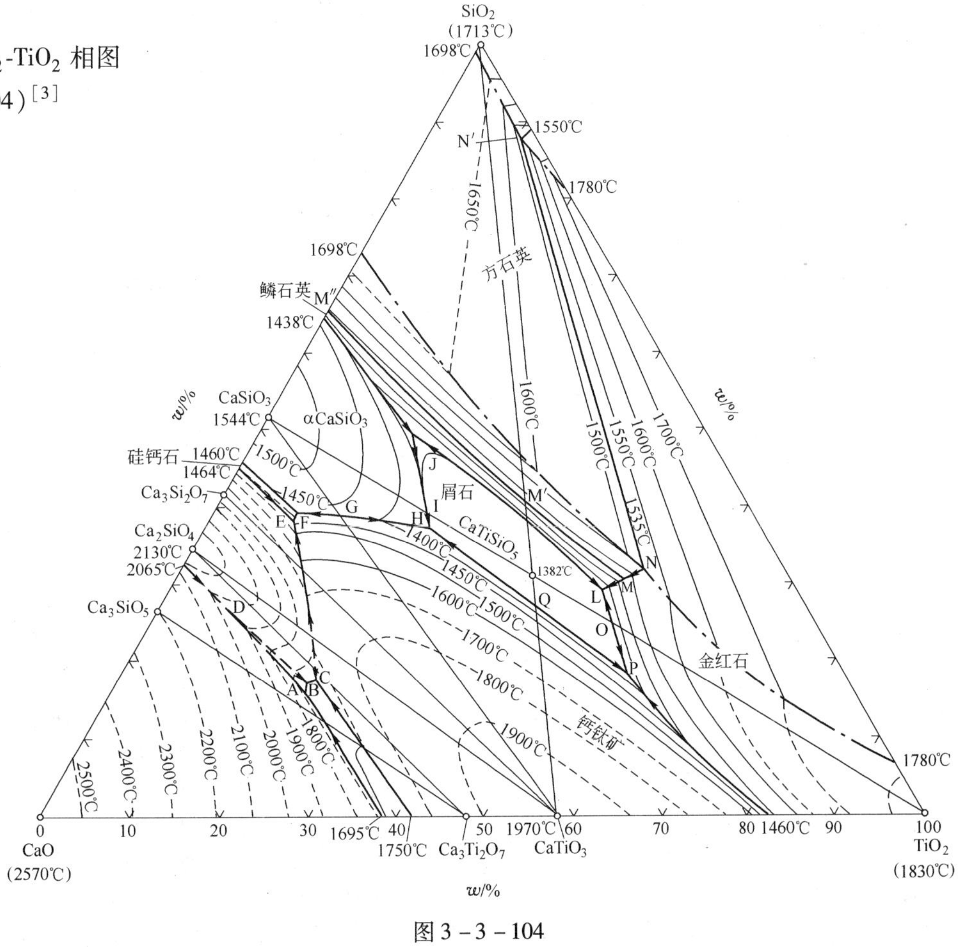

图 3 - 3 - 104

CaO-SiO$_2$-TiO$_2$-Al$_2$O$_3$($w=20\%$)相图(图3-3-105)[7]

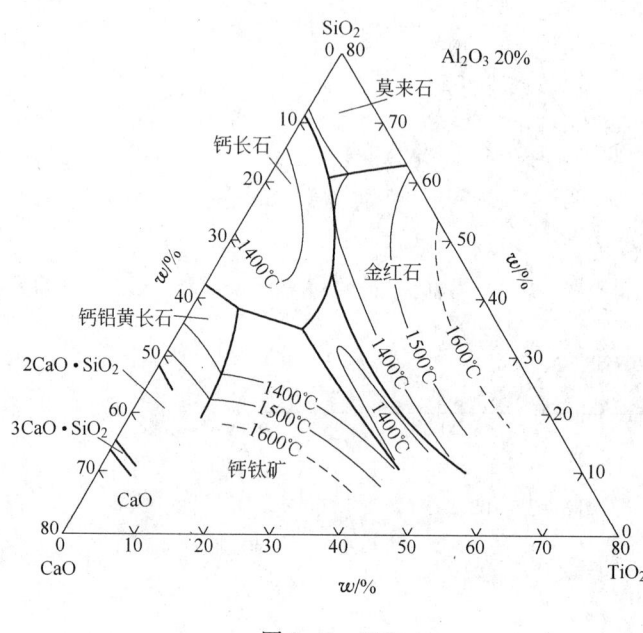

图3-3-105

CaO-SiO$_2$-TiO$_2$-Al$_2$O$_3$($w=10\%$)-MgO($w=10\%$)液相图(图3-3-106)[9]

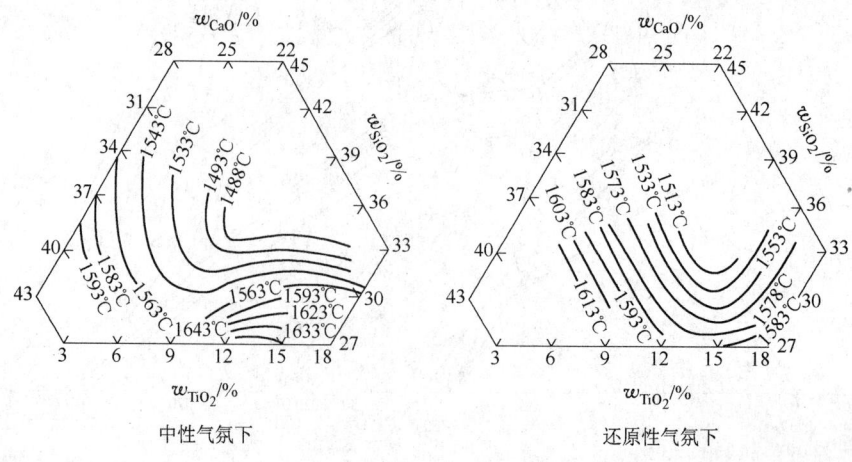

图3-3-106

## （四）含 CaO 的复合氧化物相图

### 1. 双复元氧化物相图[6]

$CaO \cdot SiO_2$-$CaO \cdot Al_2O_3$ 相图（图 3-3-107）

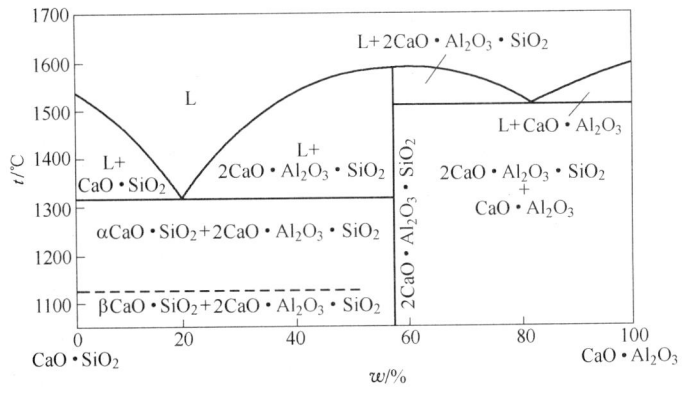

图 3-3-107

$CaO \cdot SiO_2$-$BaO \cdot SiO_2$ 相图（图 3-3-108）

$CaO \cdot Al_2O_3$-$MgO \cdot Al_2O_3$ 相图（图 3-3-109）

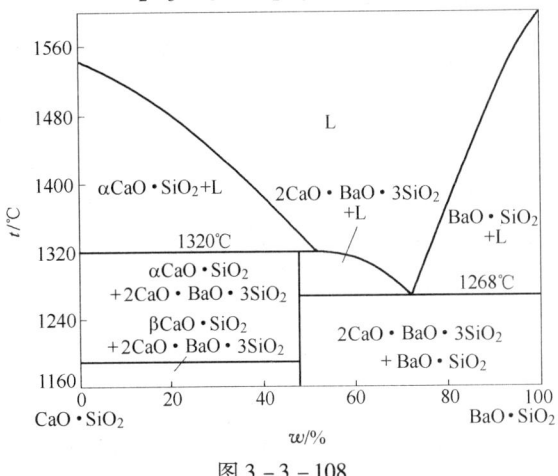

图 3-3-108

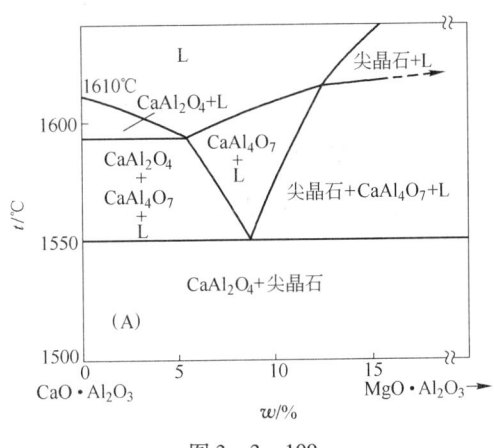

图 3-3-109

$CaO \cdot Al_2O_3$-$SrO \cdot Al_2O_3$ 相图（图 3-3-110）

$CaO \cdot SiO_2$-$SrO \cdot SiO_2$ 相图（图 3-3-111）

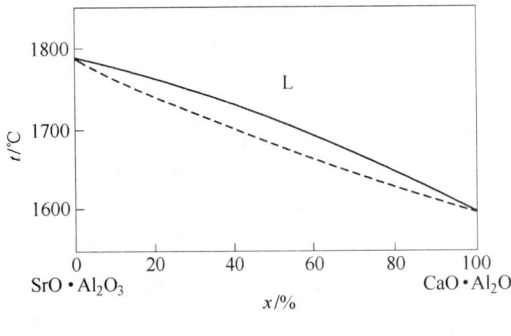

图 3-3-110

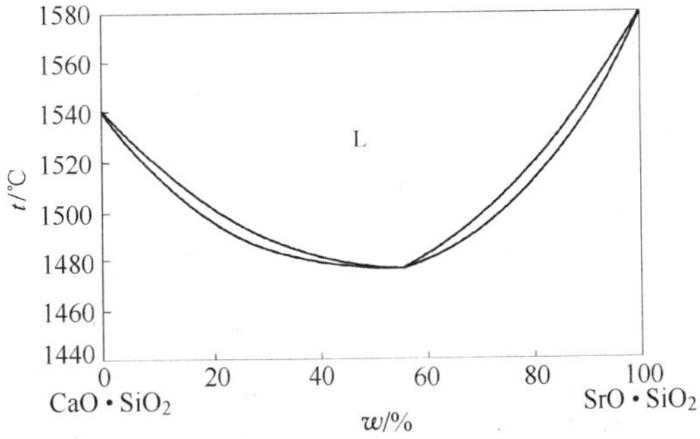

图 3-3-111

CaO·2Al₂O₃-MgO·Al₂O₃ 相图(图 3 – 3 – 112)

$CaO \cdot 2Al_2O_3$-$MgO \cdot Al_2O_3$ 相图(图 3 – 3 – 112)

$3CaO \cdot Al_2O_3$-$3SrO \cdot Al_2O_3$ 相图(图 3 – 3 – 113)

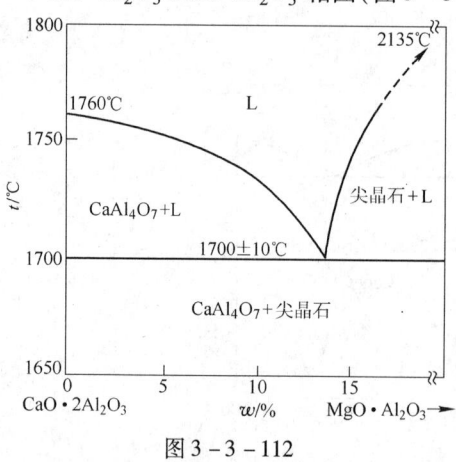

图 3 – 3 – 112

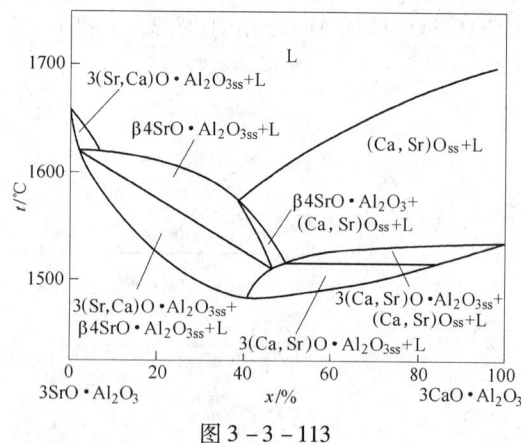

图 3 – 3 – 113

## 2. 多组元复合氧化物的相图

$CaO \cdot Al_2O_3 \cdot 2SiO_2$-$CaO \cdot SiO_2$ 相图(图 3 – 3 – 114)

$CaO \cdot MgO \cdot 2SiO_2$-$2CaO \cdot MgO \cdot 2SiO_2$ 相图(图 3 – 3 – 115)

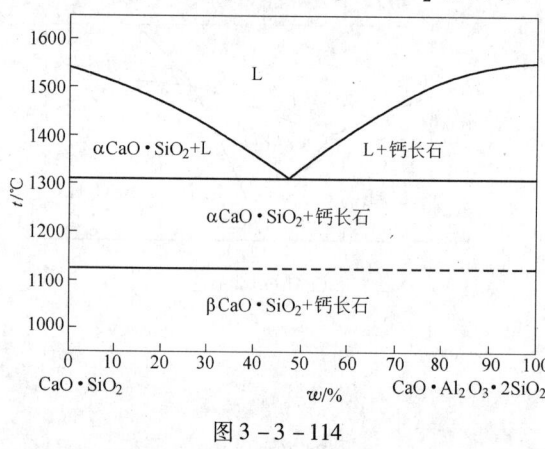

图 3 – 3 – 114

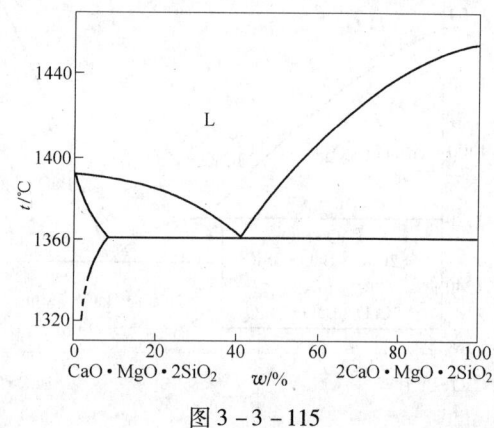

图 3 – 3 – 115

$2CaO \cdot Al_2O_3 \cdot SiO_2$-$CaO \cdot Al_2O_3 \cdot 2SiO_2$ 相图(图 3 – 3 – 116)

$3CaO \cdot MgO \cdot 2SiO_2$-$MgO \cdot Cr_2O_3$ 相图(图 3 – 3 – 117)

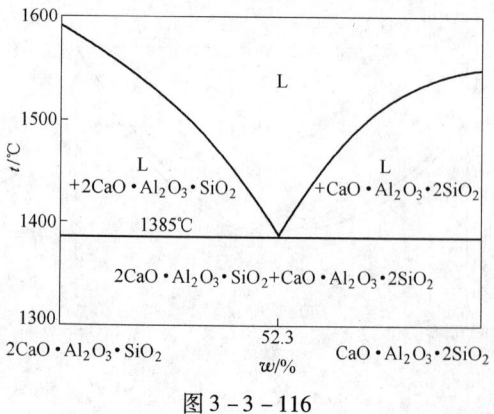

图 3 – 3 – 116

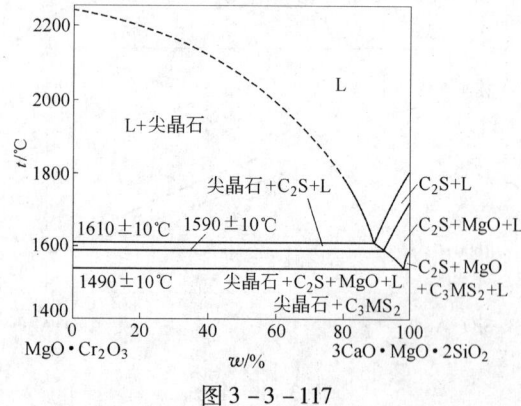

图 3 – 3 – 117

图 3 - 3 - 118

$3CaO \cdot MgO \cdot SiO_2 - MgO \cdot Al_2O_3$
相图（图 3 - 3 - 118）

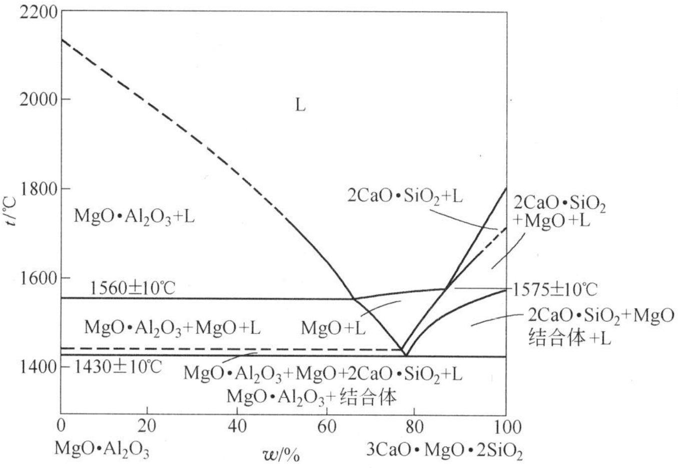

$CaO \cdot MgO \cdot SiO_2 - MgO \cdot Al_2O_3$ 相图
（图 3 - 3 - 119）

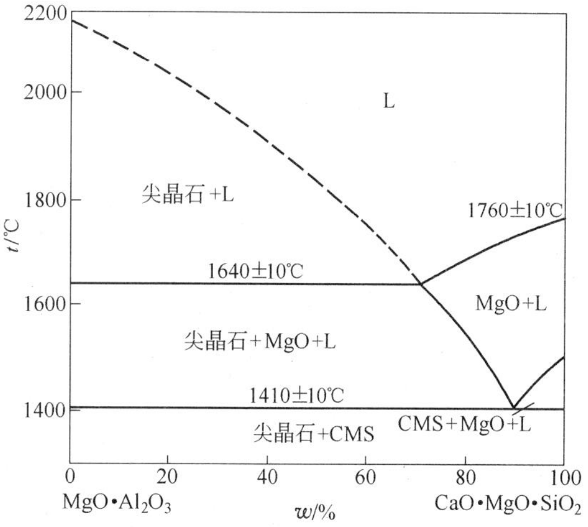

图 3 - 3 - 119

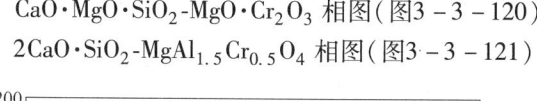

$CaO \cdot MgO \cdot SiO_2 - MgO \cdot Cr_2O_3$ 相图（图 3 - 3 - 120）
$2CaO \cdot SiO_2 - MgAl_{1.5}Cr_{0.5}O_4$ 相图（图 3 - 3 - 121）

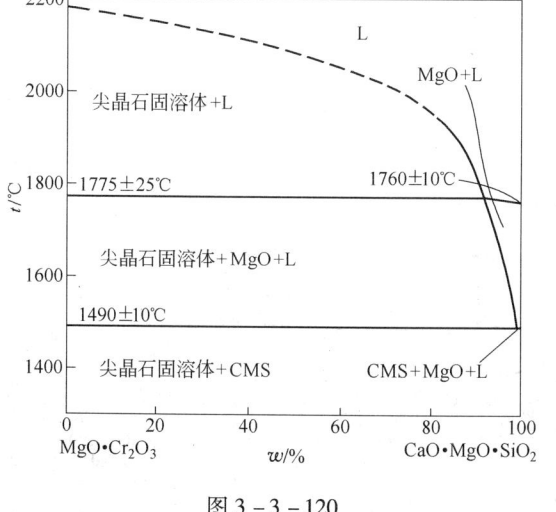

图 3 - 3 - 120

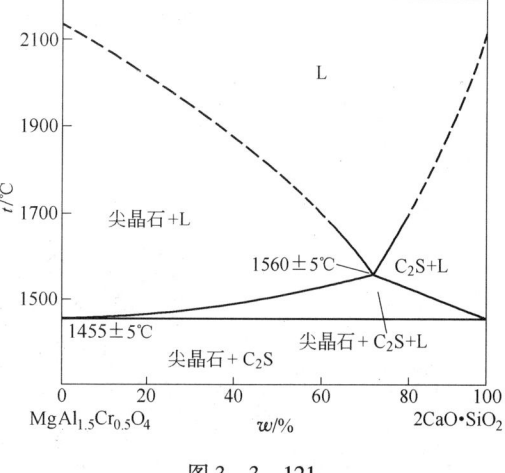

图 3 - 3 - 121

3. 复合氧化物三元相图

CaO·MgO·2SiO$_2$-CaO·Al$_2$O$_3$·2SiO$_2$-MnO·SiO$_2$

相图(图3－3－122)[6]

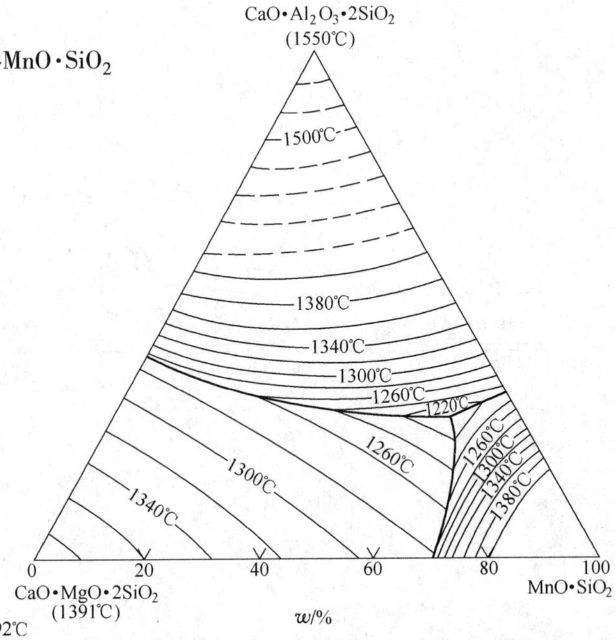

2CaO·SiO$_2$-2MgO·SiO$_2$-Al$_2$O$_3$ 相图
(图3－3－123)

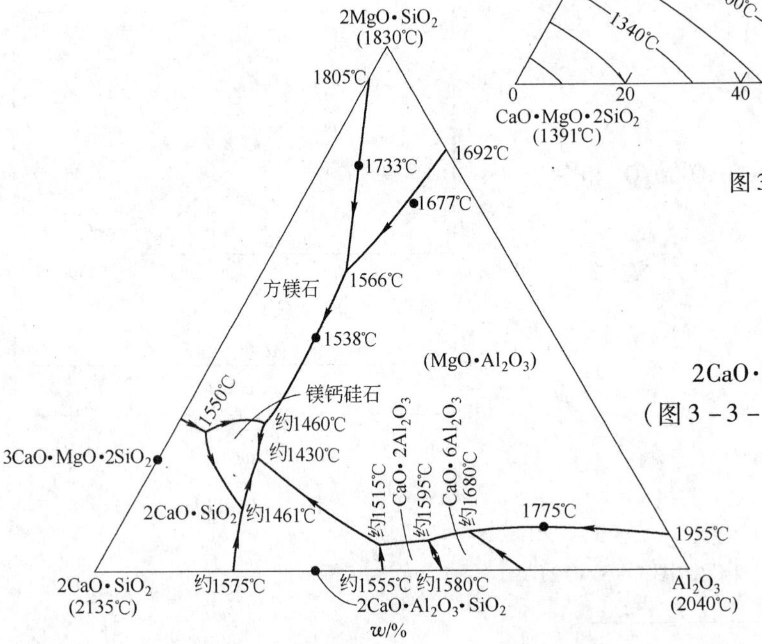

3CaO·MgO·2SiO$_2$-2CaO·
Al$_2$O$_3$·SiO$_2$-MgO·Al$_2$O$_3$ 相图
(图3－3－124)[6]

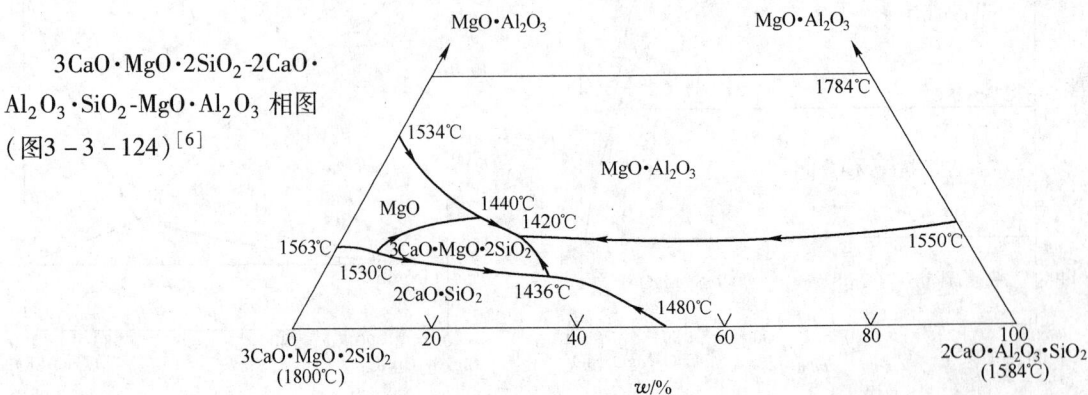

图 3 － 3 － 122

图 3 － 3 － 123

图 3 － 3 － 124

CaO·MgO·2SiO$_2$-2MgO·SiO$_2$-SiO$_2$ 相图
（图3-3-125）

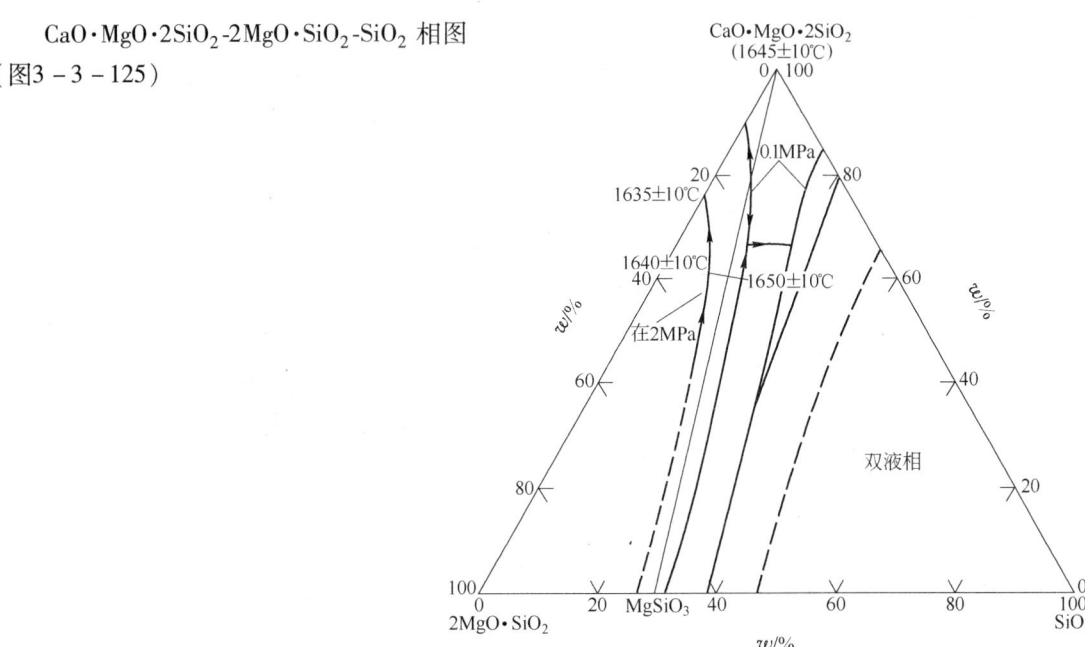

图 3-3-125

# 五、含 FeO$_n$ 的相图

## （一）含 FeO$_n$ 的二元相图

Fe-O 相图（图3-3-126）[3]

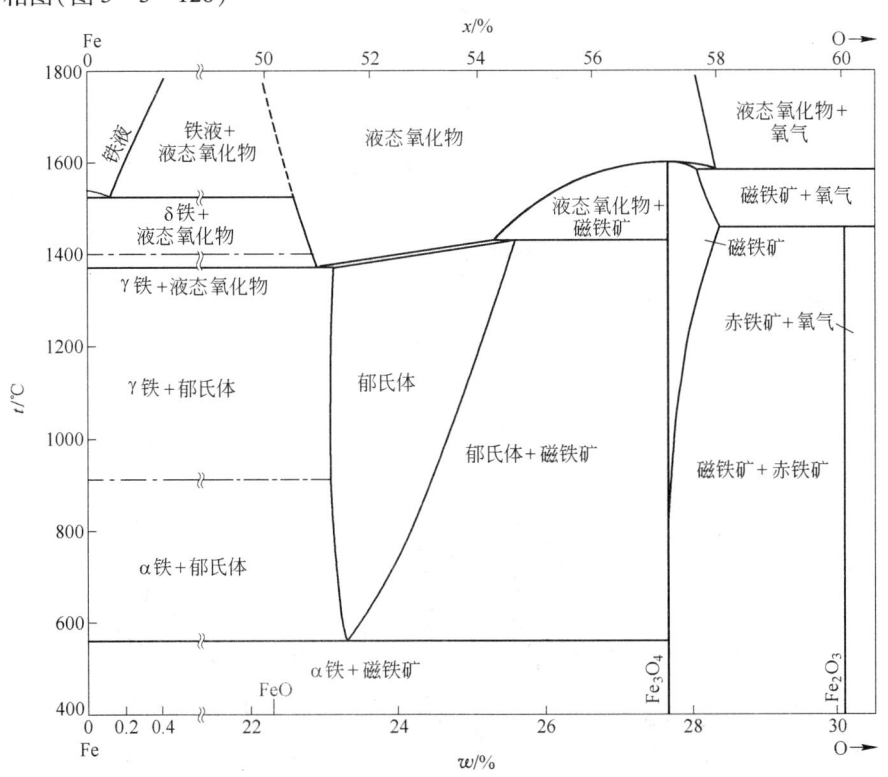

图 3-3-126

FeO-Fe₂O₃ 相图(图 3 – 3 – 127)[3]

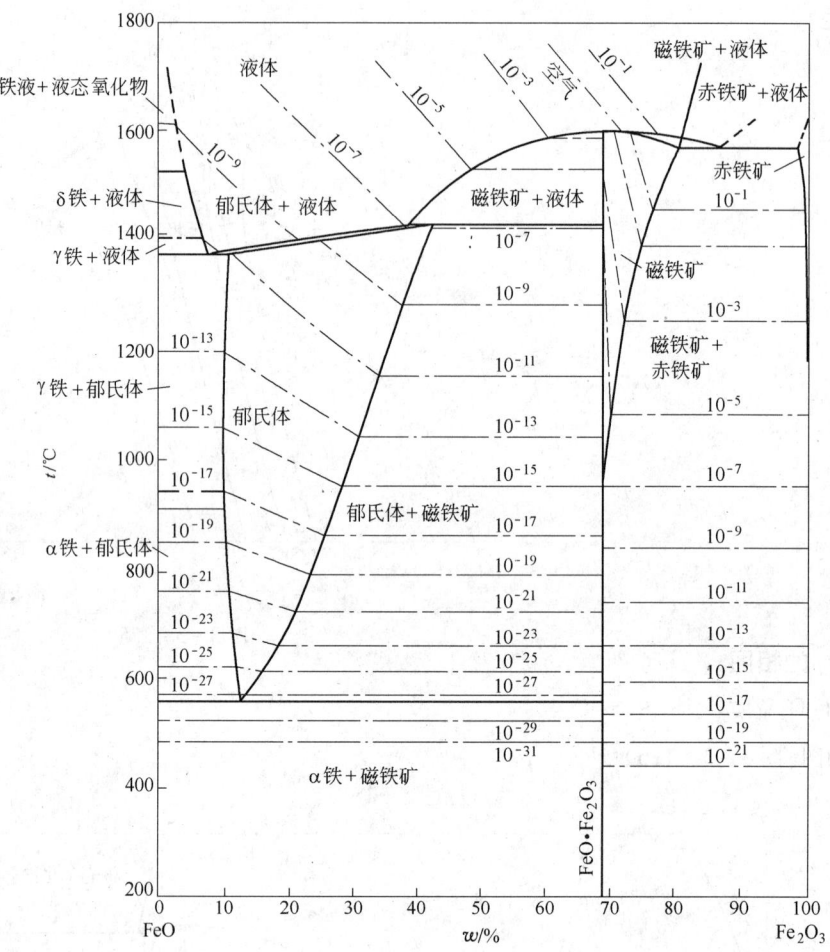

图 3 – 3 – 127

（图中数字单位为 MPa）

FeO-B₂O₃ 相图(图 3 – 3 – 128)[3]

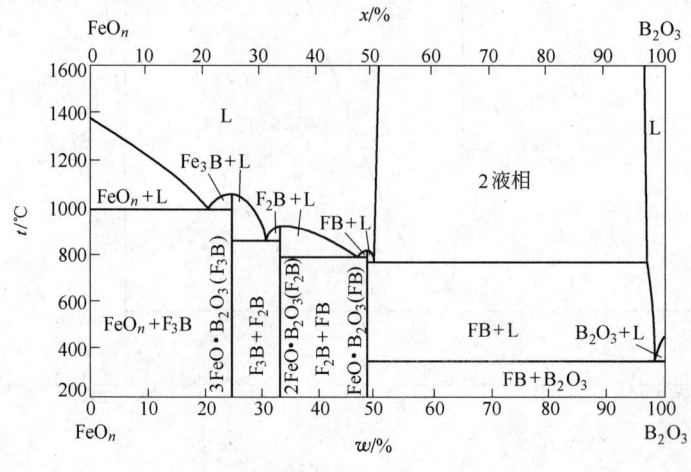

图 3 – 3 – 128

FeO-Cr$_2$O$_3$ 相图(图 3 - 3 - 129)[3]

FeO-MgO 相图(图 3 - 3 - 130)[3]

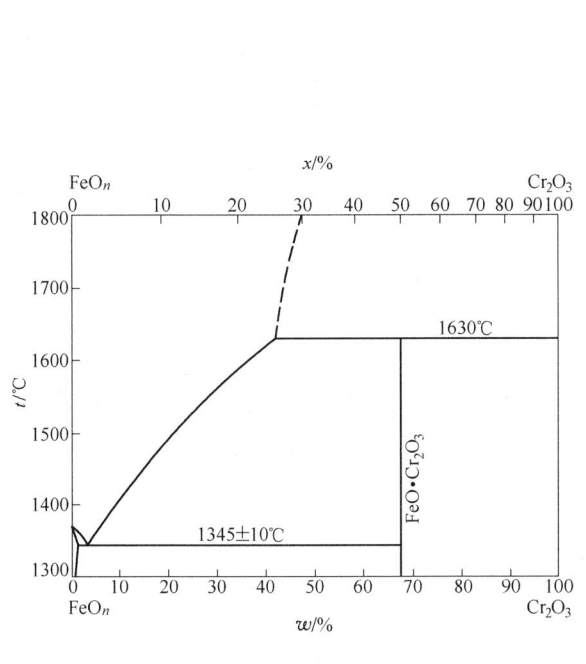

图 3 - 3 - 129

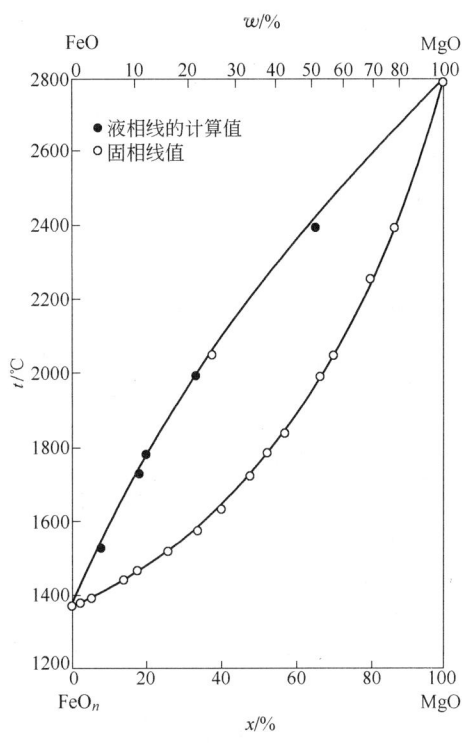

图 3 - 3 - 130

FeO-MnO 相图(图 3 - 3 - 131)[3]

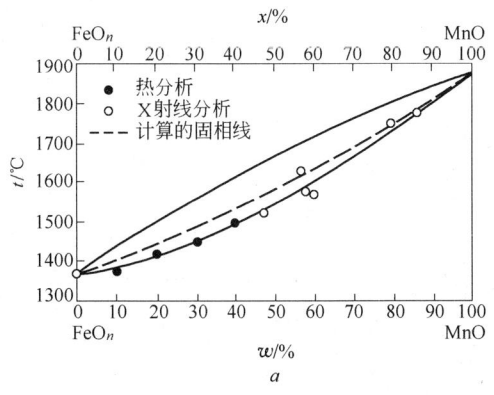

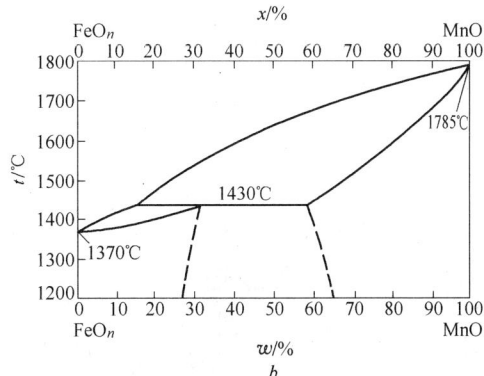

图 3 - 3 - 131

$Fe_2O_3$-$Na_2O$ 相图(图 3 - 3 - 132)[3]

$Fe_2O_3$-$Mn_2O_3$ 相图(图 3 - 3 - 133)[3]

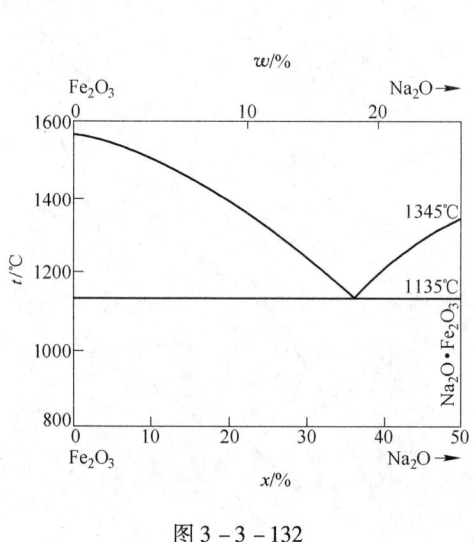

图 3 - 3 - 132

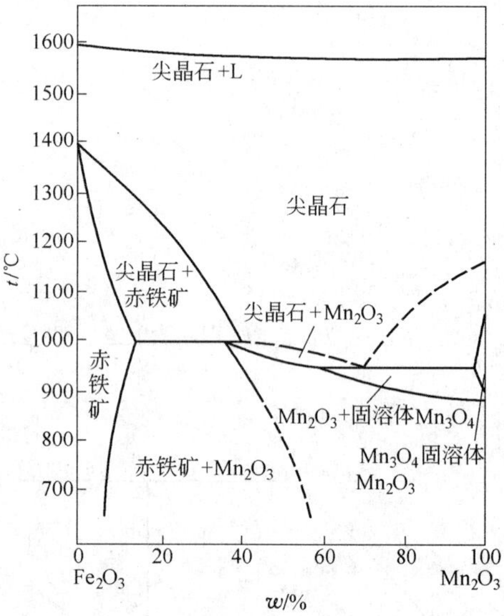

图 3 - 3 - 133

FeO-$SiO_2$ 相图(图 3 - 3 - 134)

FeO-$TiO_2$ 相图(图 3 - 3 - 135)[3]

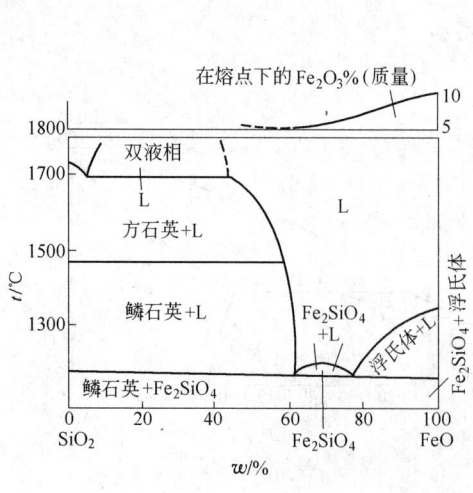

图 3 - 3 - 134

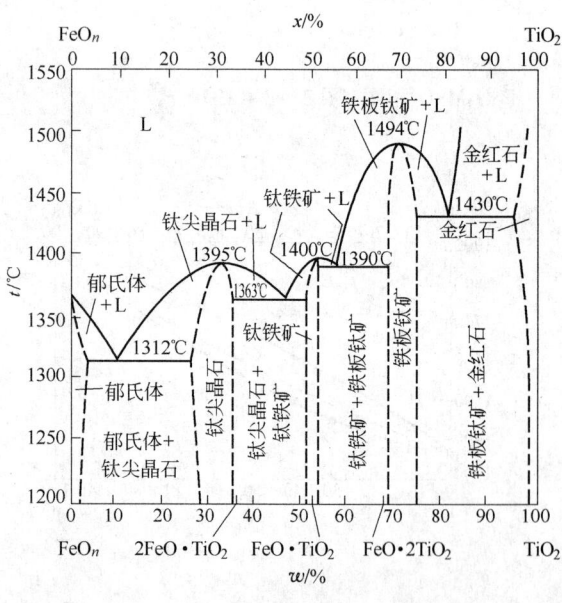

图 3 - 3 - 135

Fe₂O₃-V₂O₅ 相图（图 3 - 3 - 136）

$Fe_2O_3$-$V_2O_5$ 相图（图 3 - 3 - 136）

$FeO$-$ZrO_2$ 相图（图 3 - 3 - 137）

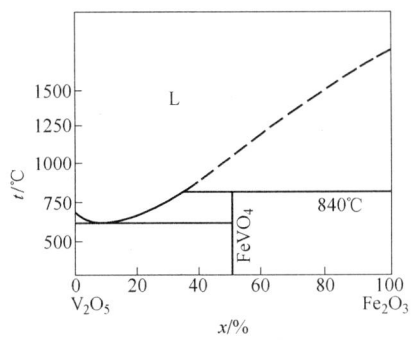

图 3 - 3 - 136

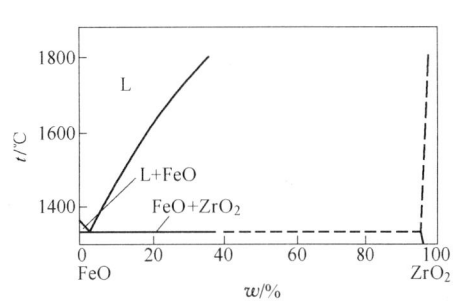

图 3 - 3 - 137

**（二）含 $FeO_n$ 的三元相图**

$FeO$-$MnO$-$Al_2O_3$ 相图（图 3 - 3 - 138）[3]

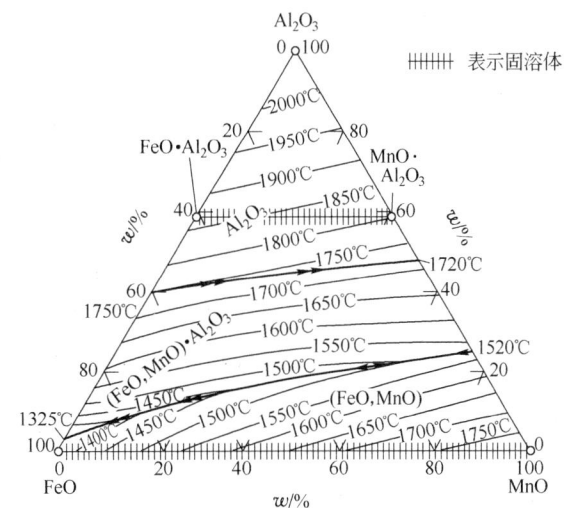

图 3 - 3 - 138

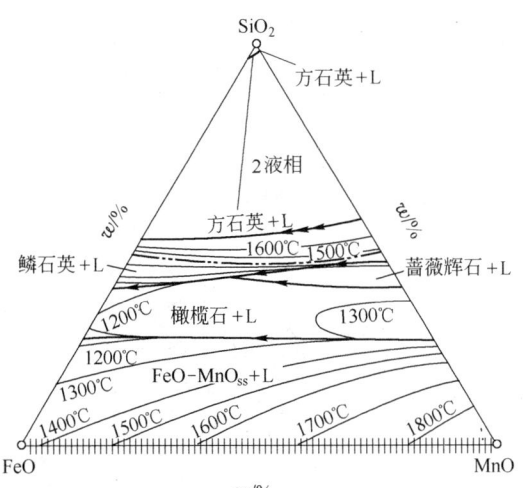

$FeO$-$MnO$-$SiO_2$ 相图（图 3 - 3 - 139）[3]

图 3 - 3 - 139

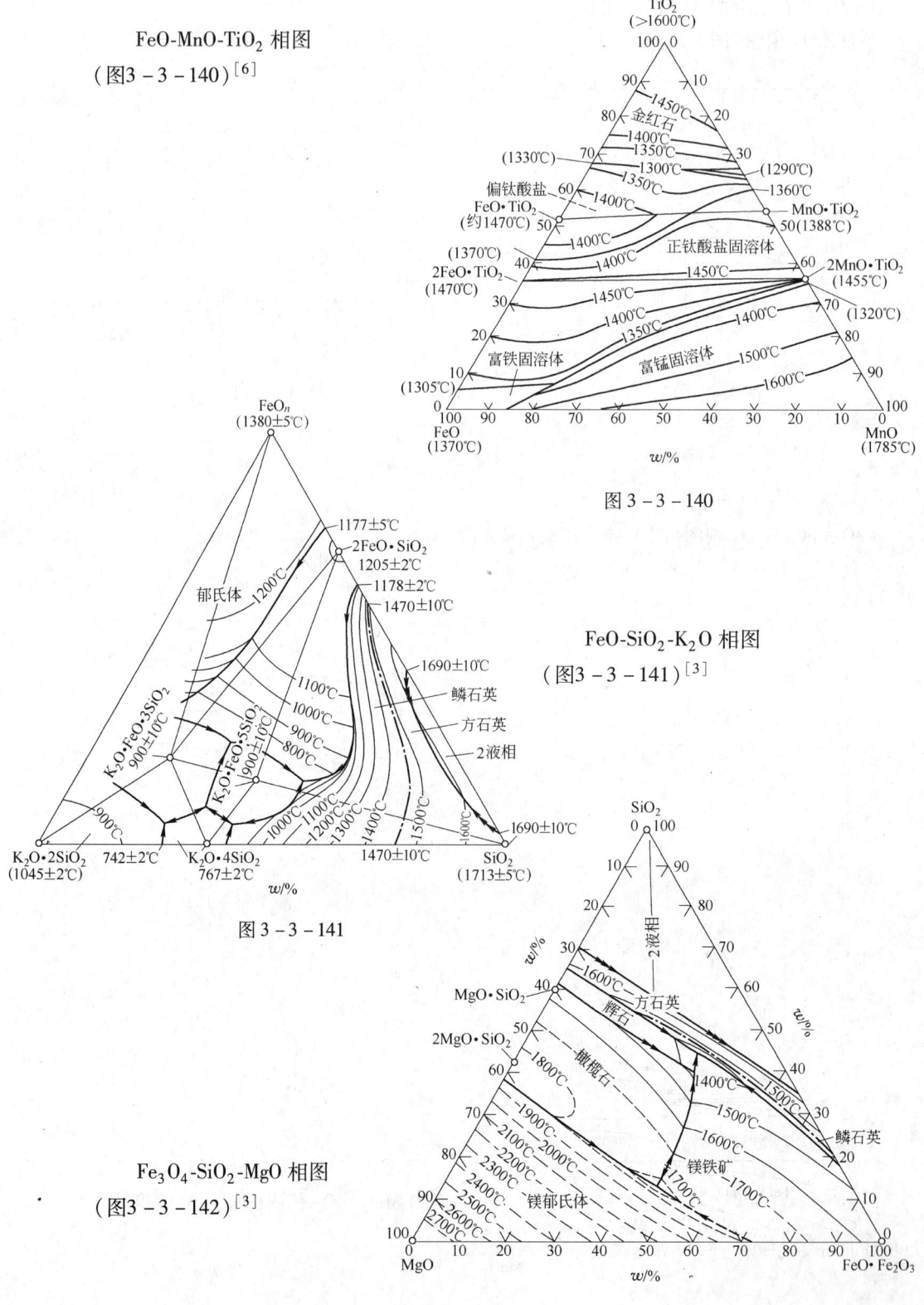

FeO-MnO-TiO₂ 相图
（图3 – 3 – 140）[6]

图 3 – 3 – 140

FeO-SiO₂-K₂O 相图
（图3 – 3 – 141）[3]

图 3 – 3 – 141

Fe₃O₄-SiO₂-MgO 相图
（图3 – 3 – 142）[3]

图 3 – 3 – 142

FeO-Na$_2$O-SiO$_2$ 相图(图 3 – 3 – 143)[3]

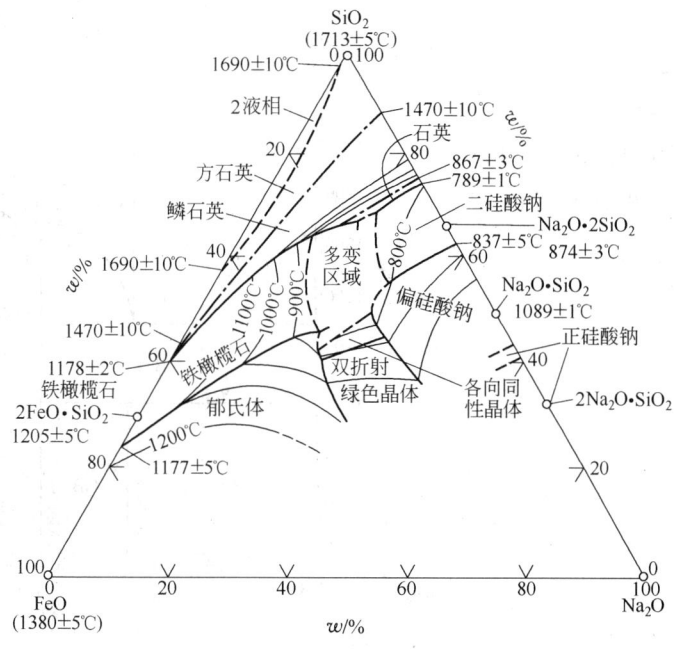

图 3 – 3 – 143

FeO-SiO$_2$-ZrO$_2$ 相图(图 3 – 3 – 144)[3]

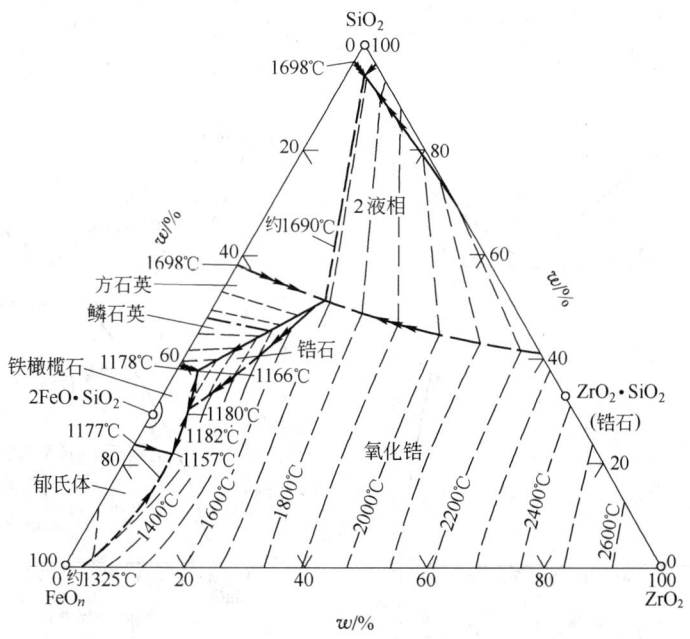

图 3 – 3 – 144

## 六、含 MgO 的相图

### （一）含 MgO 的二元相图

MgO-Al$_2$O$_3$ 相图（见图 3 – 3 – 10）[3]

MgO-B$_2$O$_3$ 相图（图 3 – 3 – 145）[3]

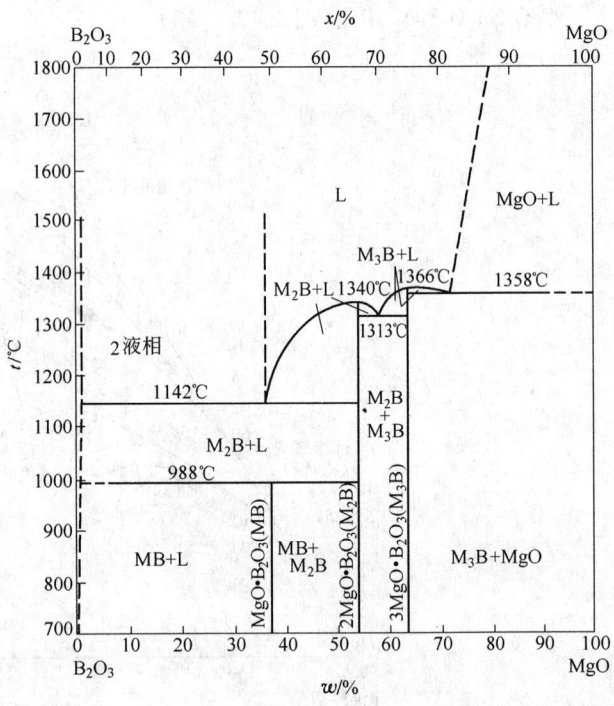

图 3 – 3 – 145

MgO-CaO 相图（图 3 – 3 – 146）[3]

MgO-Cr$_2$O$_3$ 相图（图 3 – 3 – 147）[3]

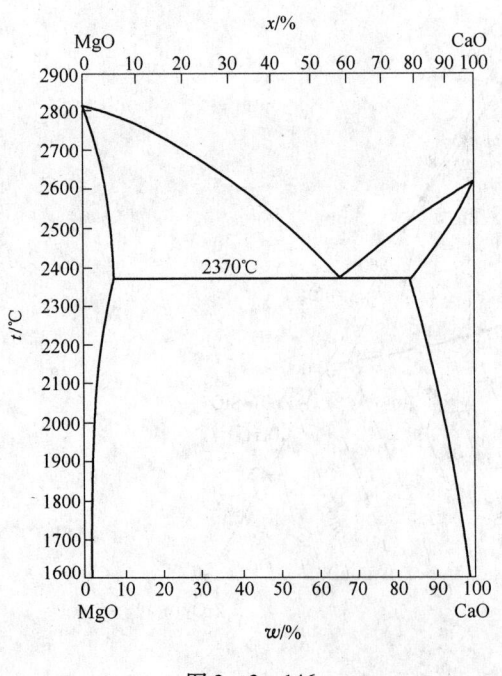

图 3 – 3 – 146

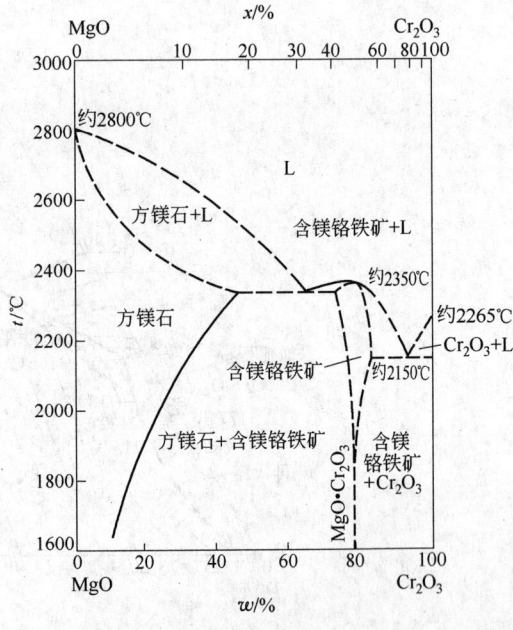

图 3 – 3 – 147

MgO-Fe$_2$O$_3$ 相图(图 3 - 3 - 148)[7]

MgO-MnO 相图(图 3 - 3 - 149)[7]

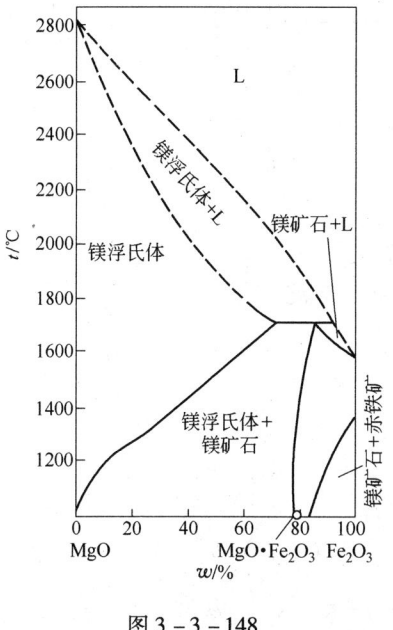

图 3 - 3 - 148

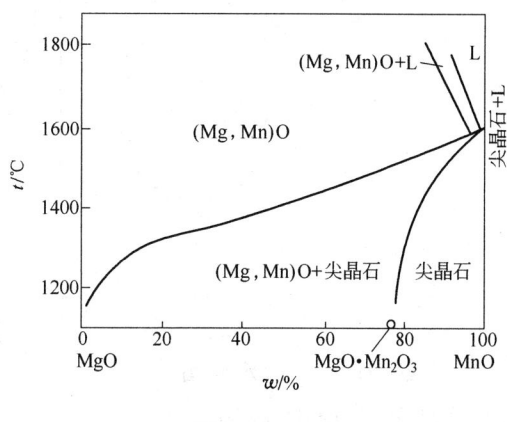

图 3 - 3 - 149

MgO-SiO$_2$ 相图(图 3 - 3 - 150)[3]

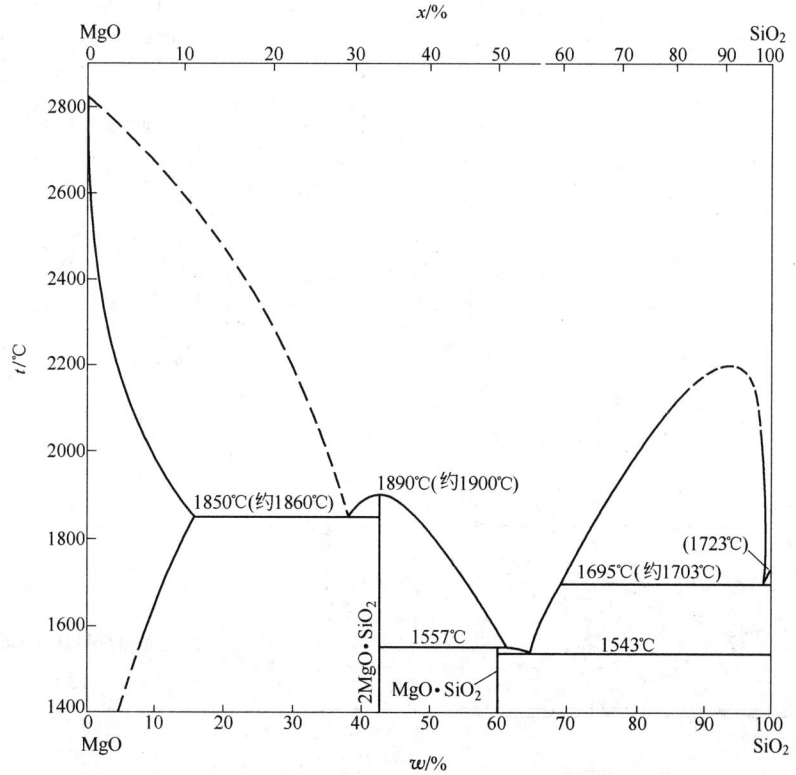

图 3 - 3 - 150

MgO-TiO$_2$ 相图（图 3 - 3 - 151）[6]

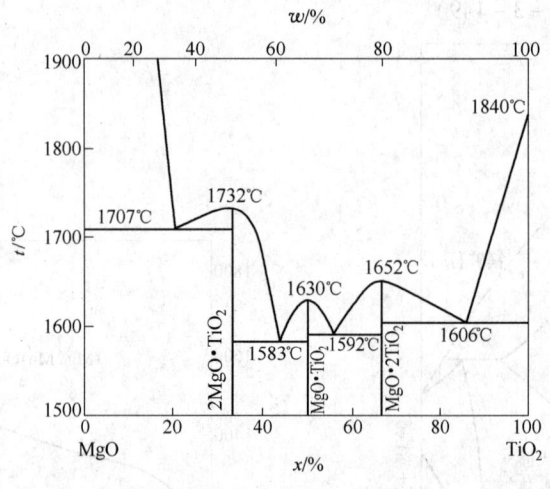

图 3 - 3 - 151

（二）含 MgO 的三元、四元相图

MgO-Al$_2$O$_3$-Cr$_2$O$_3$ 相图

（图 3 - 3 - 152）[3]

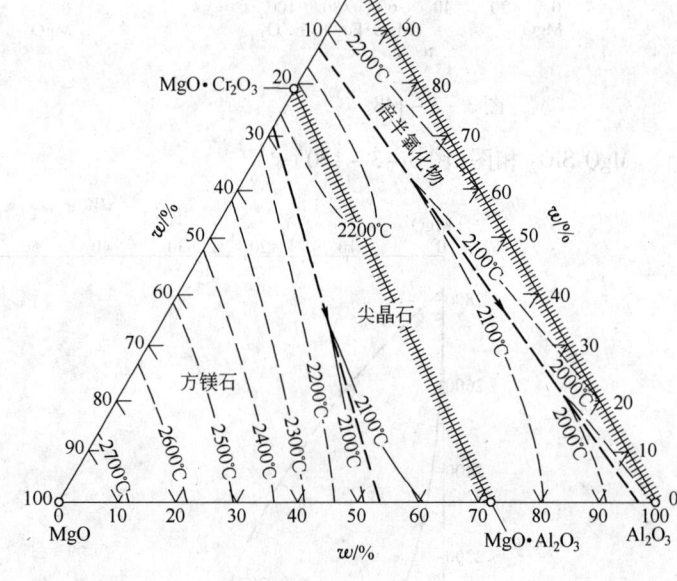

图 3 - 3 - 152

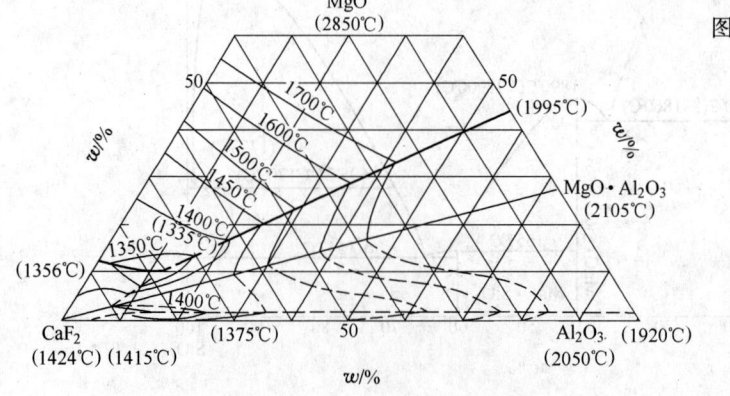

MgO-Al$_2$O$_3$-CaF$_2$ 相图

（图 3 - 3 - 153）

图 3 - 3 - 153

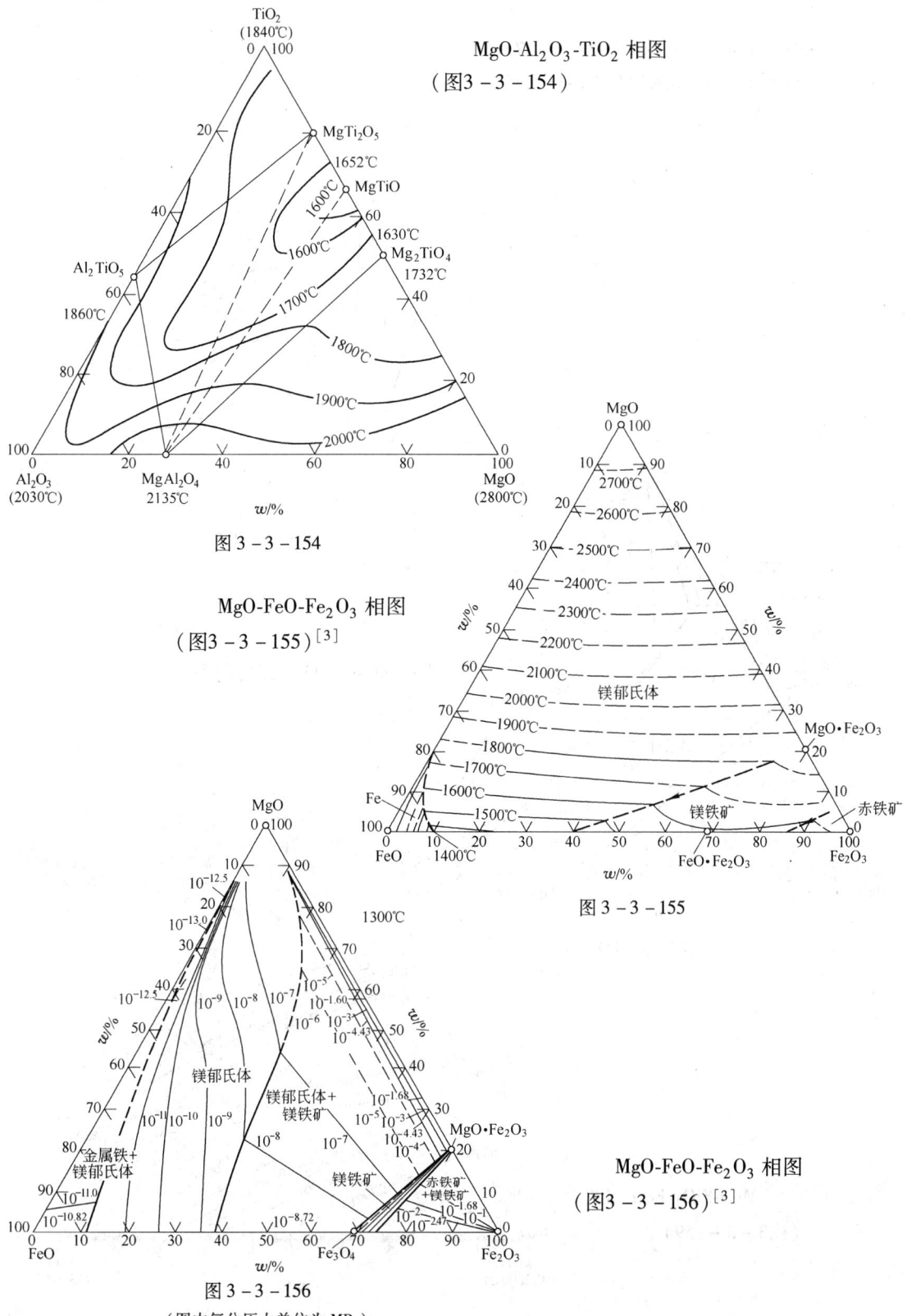

MgO-Al₂O₃-TiO₂ 相图
（图3－3－154）

图 3 – 3 – 154

MgO-FeO-Fe₂O₃ 相图
（图3－3－155）[3]

图 3 – 3 – 155

MgO-FeO-Fe₂O₃ 相图
（图3－3－156）[3]

图 3 – 3 – 156
（图中氧分压力单位为 MPa）

MgO-SiO$_2$-CaF$_2$ 相图（图3－3－157）[6]

MgO-SiO$_2$-CaO 相图（见图3－3－95）

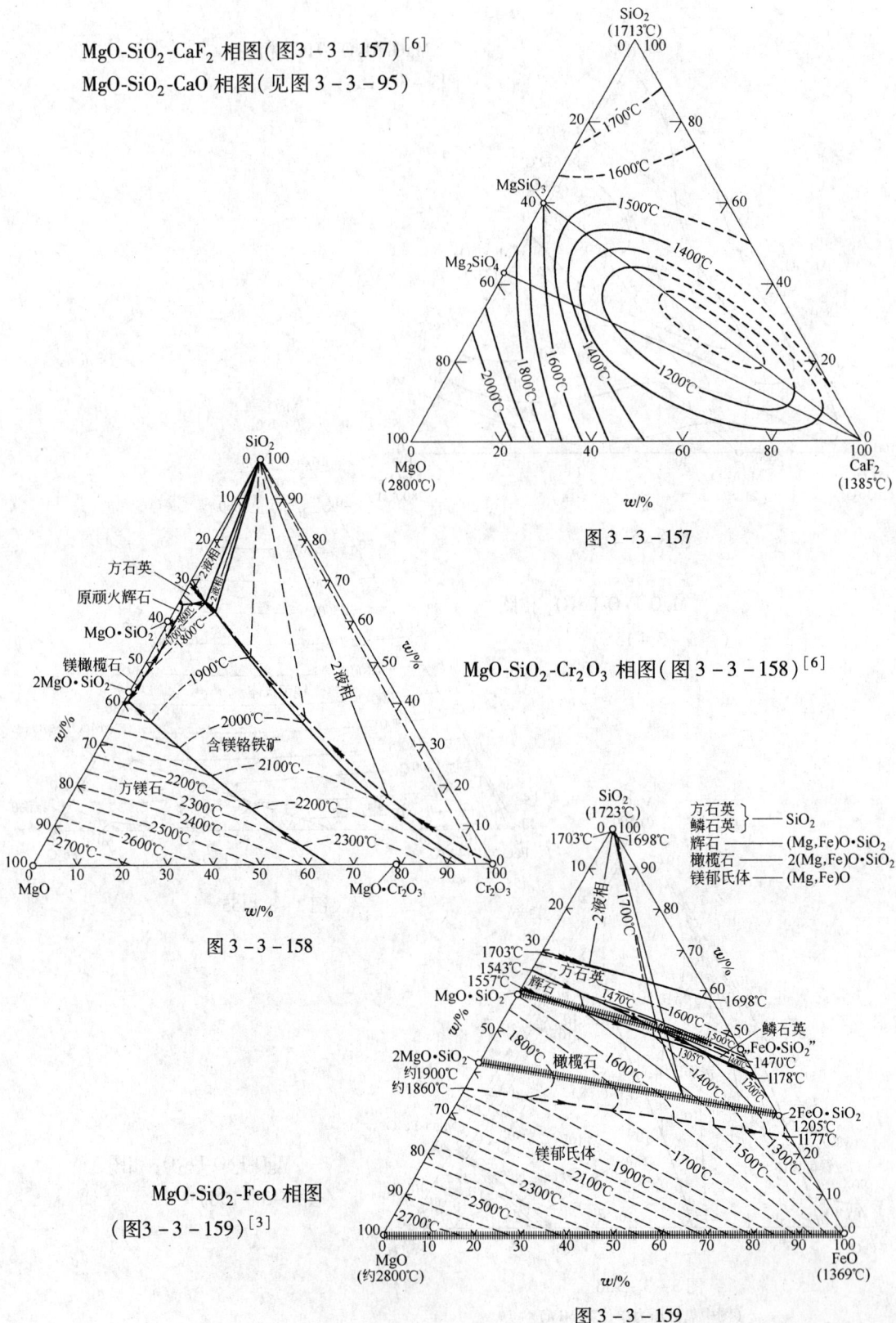

图 3－3－157

MgO-SiO$_2$-Cr$_2$O$_3$ 相图（图3－3－158）[6]

图 3－3－158

MgO-SiO$_2$-FeO 相图

（图3－3－159）[3]

图 3－3－159

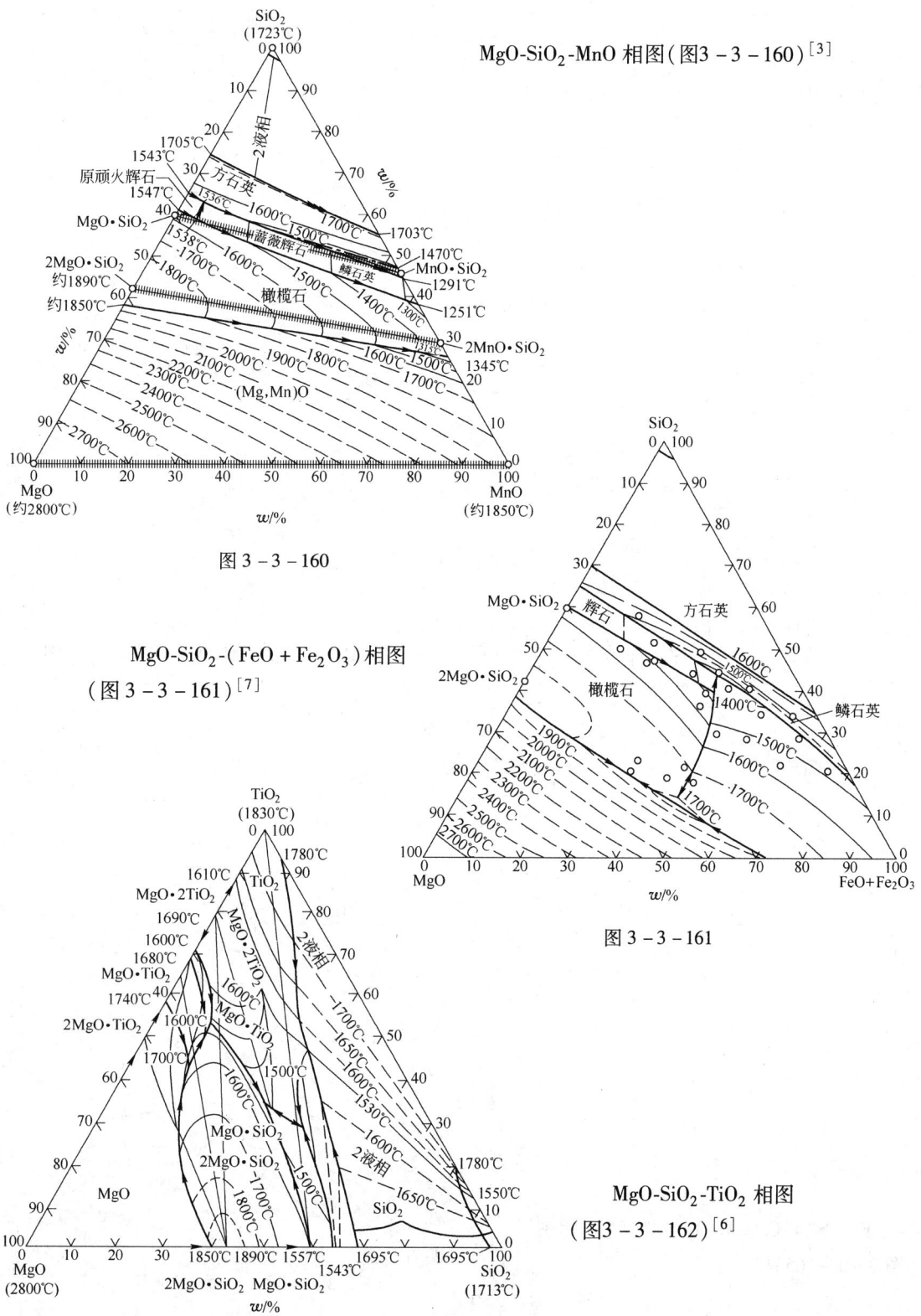

图 3 – 3 – 160

MgO-SiO$_2$-MnO 相图（图3 – 3 – 160）[3]

MgO-SiO$_2$-(FeO + Fe$_2$O$_3$) 相图
（图 3 – 3 – 161）[7]

图 3 – 3 – 161

MgO-SiO$_2$-TiO$_2$ 相图
（图3 – 3 – 162）[6]

图 3 – 3 – 162

MgO-SiO$_2$-CaO-Al$_2$O$_3$($w$ = 5%)相图
(图 3 - 3 - 163)[3]

MgO-SiO$_2$-CaO-Al$_2$O$_3$($w$ = 10%)相图
(图 3 - 3 - 164)[3]

MgO-SiO$_2$-CaO-Al$_2$O$_3$($w$ = 15%)相图
(图 3 - 3 - 165)[3]

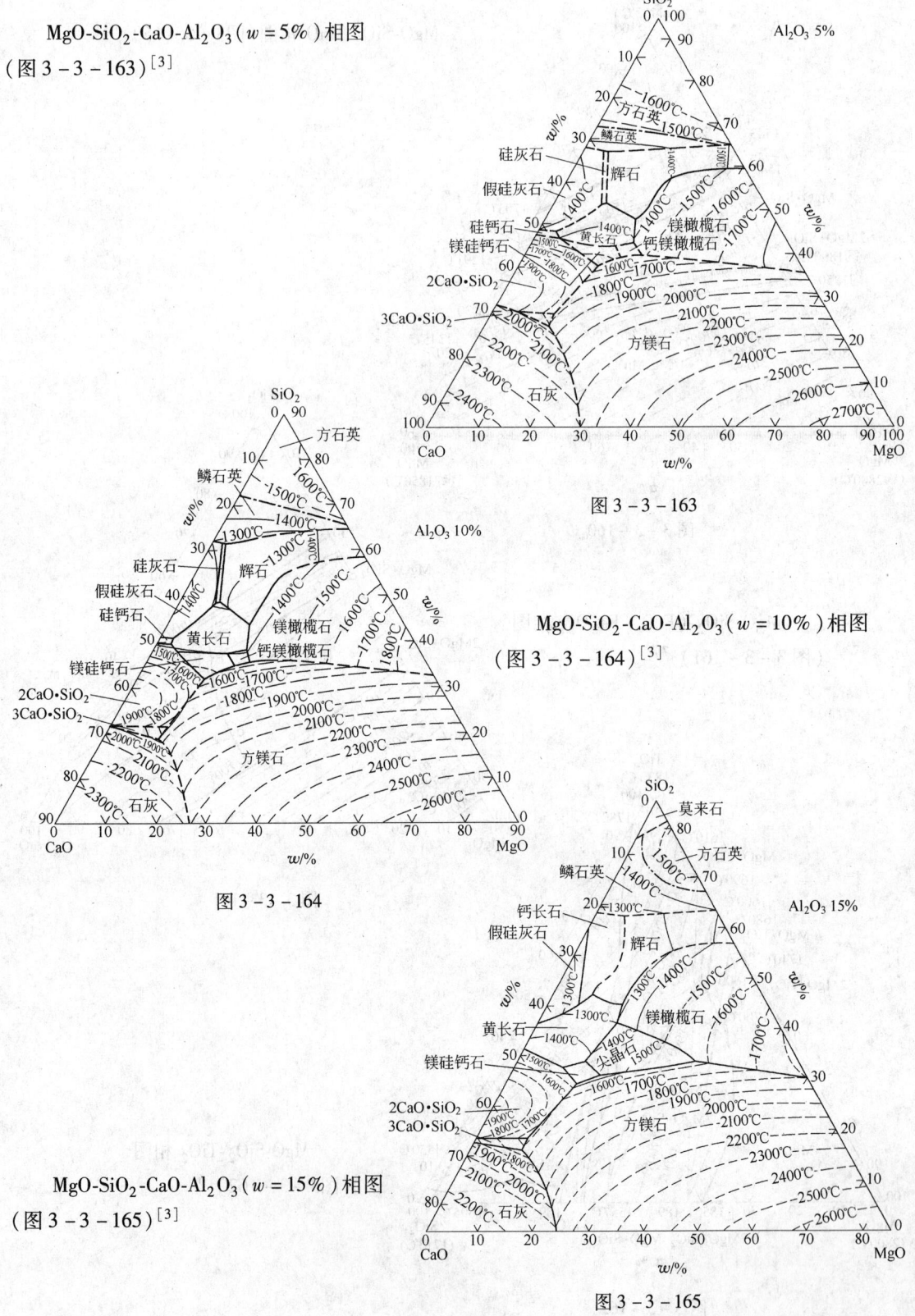

图 3 - 3 - 163

图 3 - 3 - 164

图 3 - 3 - 165

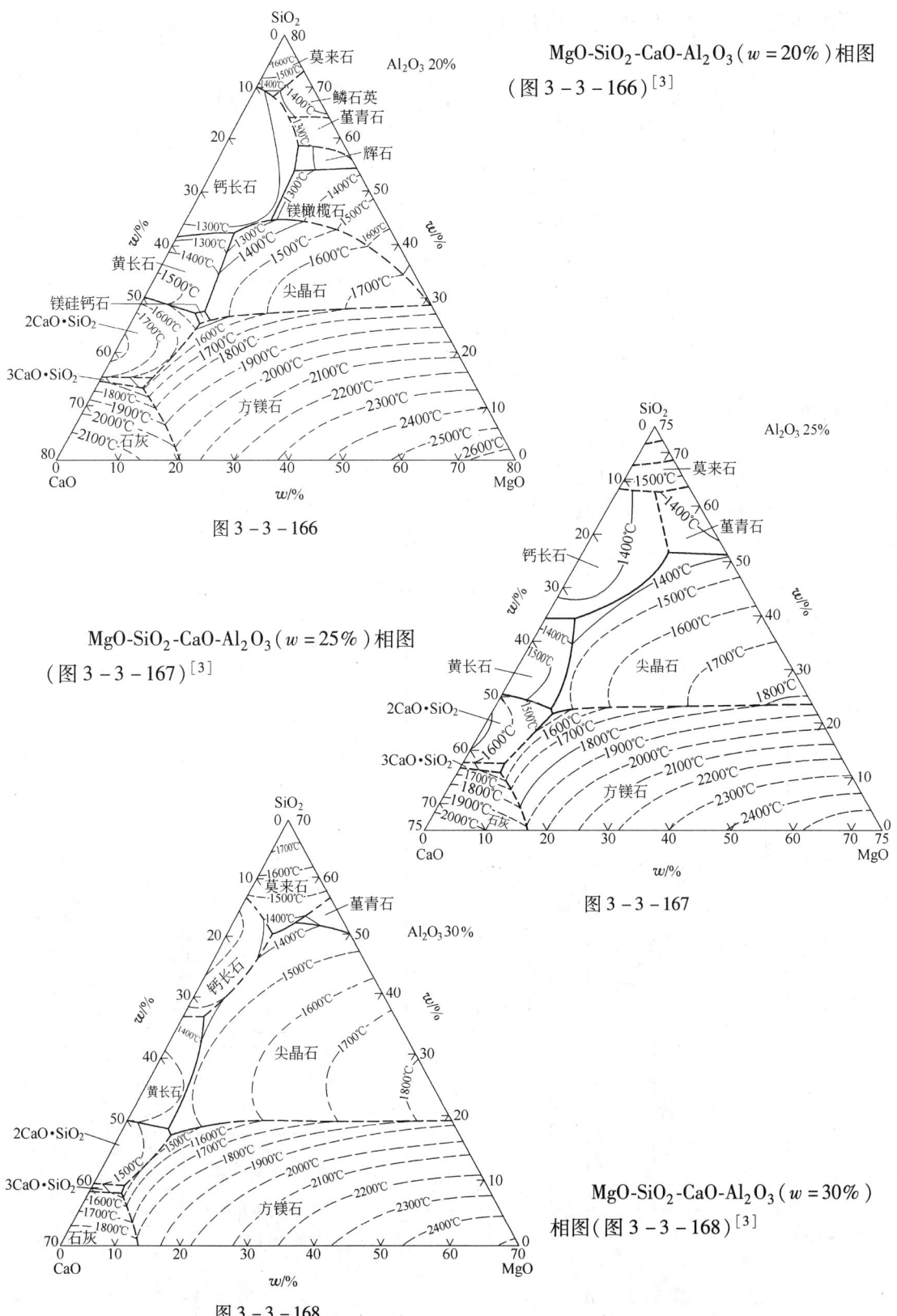

图 3 - 3 - 166

MgO-SiO$_2$-CaO-Al$_2$O$_3$（$w=20\%$）相图
（图 3 - 3 - 166）[3]

MgO-SiO$_2$-CaO-Al$_2$O$_3$（$w=25\%$）相图
（图 3 - 3 - 167）[3]

图 3 - 3 - 167

MgO-SiO$_2$-CaO-Al$_2$O$_3$（$w=30\%$）
相图（图 3 - 3 - 168）[3]

图 3 - 3 - 168

MgO-SiO$_2$($w=37\%$)-CaO-Al$_2$O$_3$ 相图(图 3-3-169)[3]

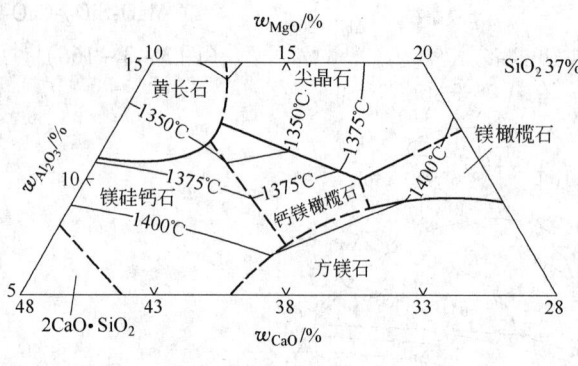

图 3-3-169

## 七、含 Na$_2$O 的相图

Na$_2$O-Al$_2$O$_3$ 相图(见图 3-3-12)

Na$_2$O-B$_2$O$_3$ 相图(图 3-3-170)[3]

Na$_2$O-MoO$_3$ 相图(图 3-3-171)[6]

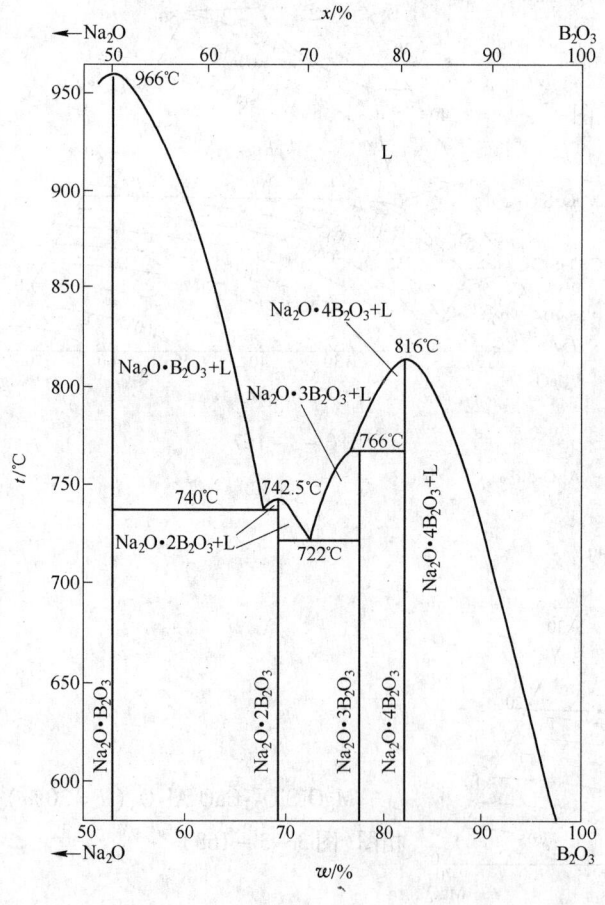

图 3-3-170

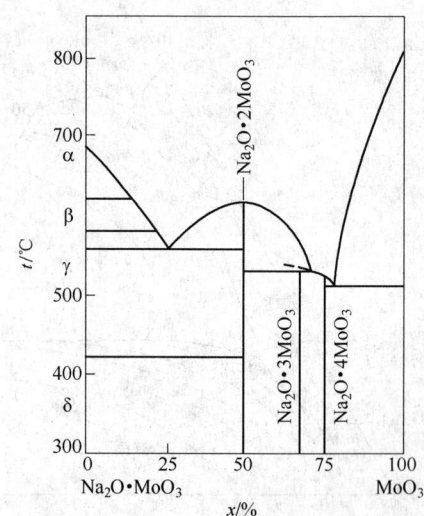

图 3-3-171

$Na_2O$-$Nb_2O_5$ 相图(图 3 - 3 - 172)[6]

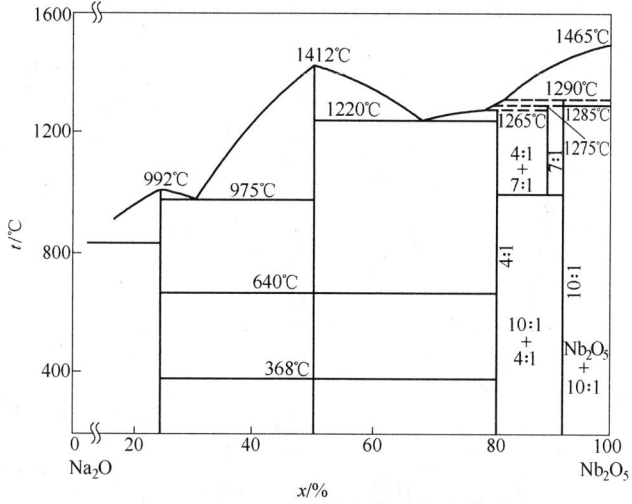

图 3 - 3 - 172

$Na_2O$-$SiO_2$ 相图(图 3 - 3 - 173)[6]

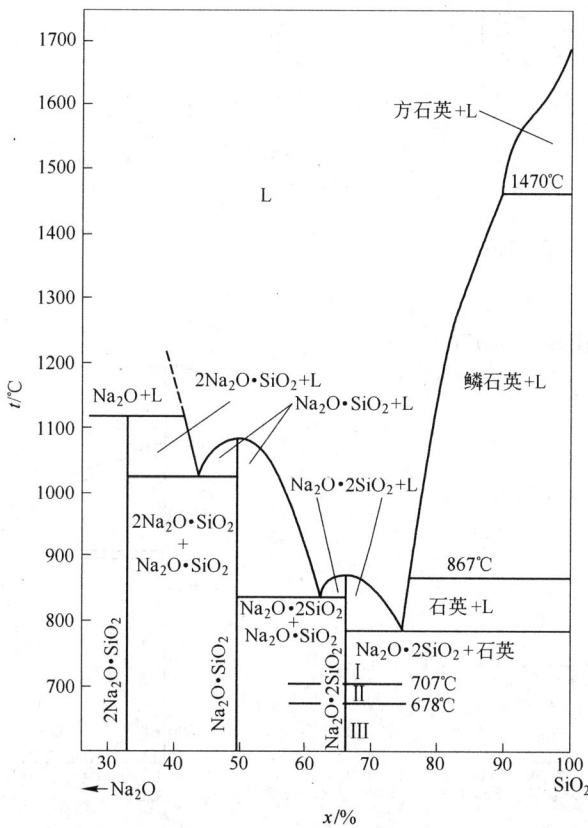

图 3 - 3 - 173

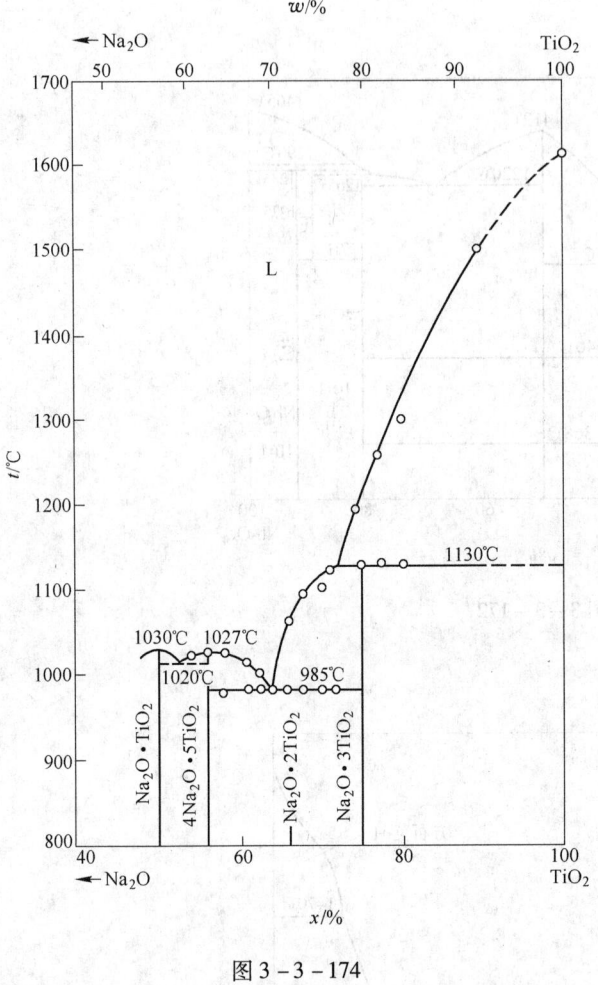

Na$_2$O-TiO$_2$ 相图(图 3 - 3 - 174)[3]

Na$_2$O-WO$_3$ 相图(图 3 - 3 - 175)[6]

图 3 - 3 - 174

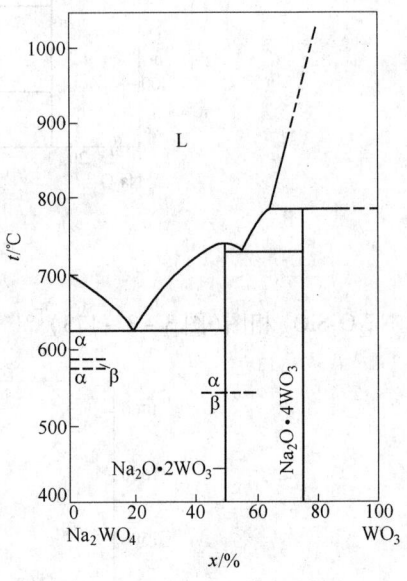

图 3 - 3 - 175

Na$_2$O-Fe$_2$O$_3$ 相图(图 3 - 3 - 176)[6]

Na$_2$CO$_3$-NaCl 相图(图 3 - 3 - 177)[6]

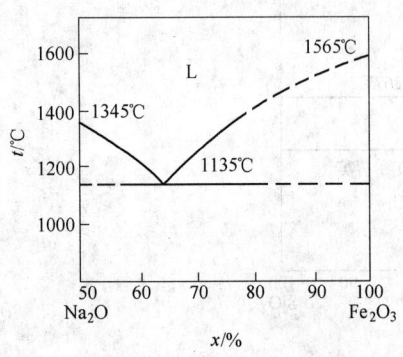

图 3 - 3 - 176

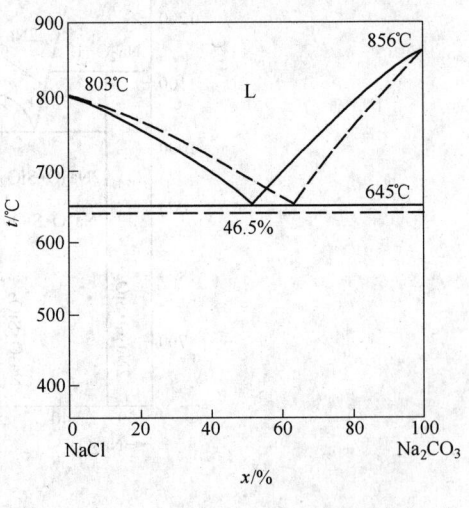

图 3 - 3 - 177

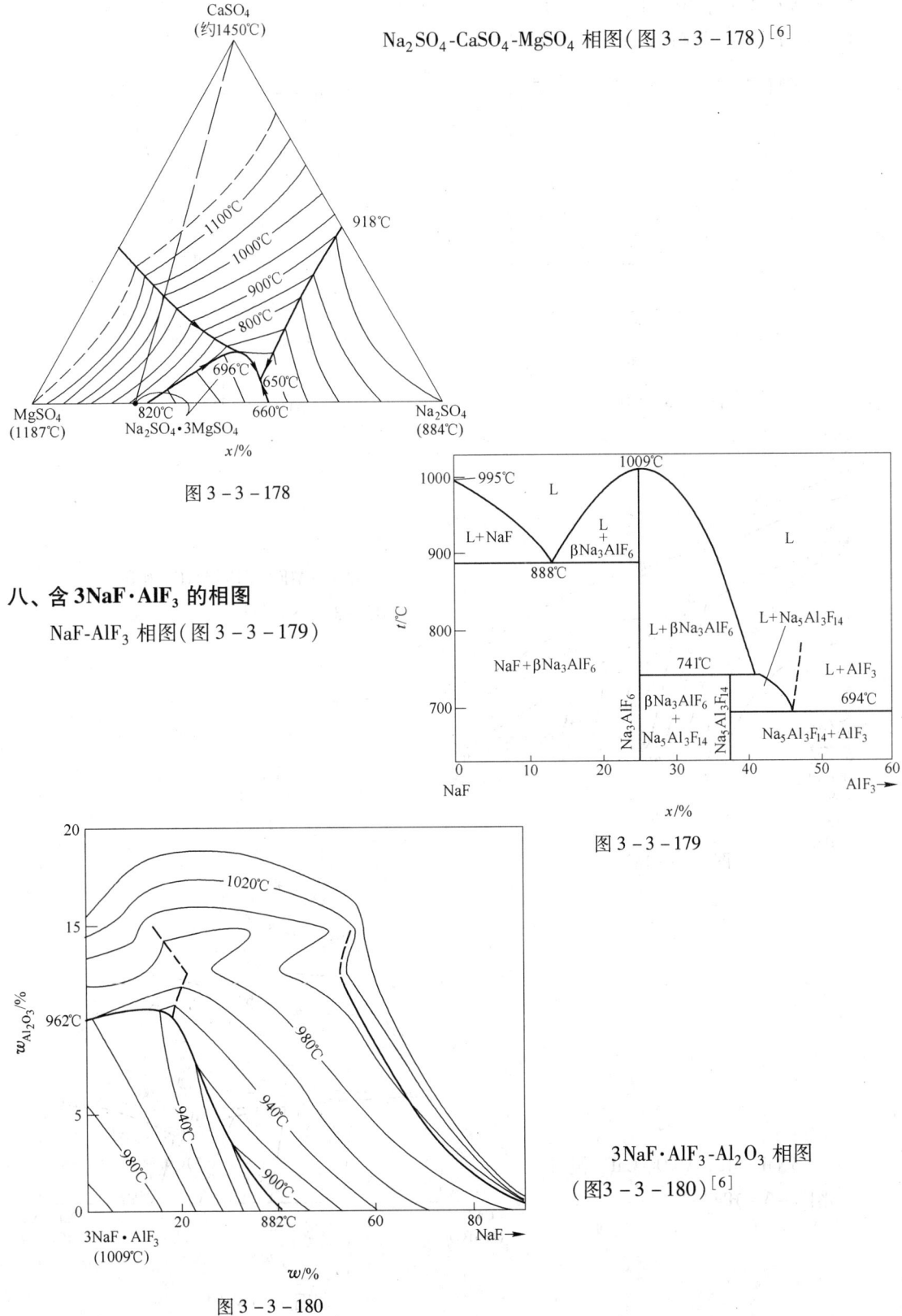

Na$_2$SO$_4$-CaSO$_4$-MgSO$_4$ 相图（图 3 – 3 – 178）[6]

图 3 – 3 – 178

## 八、含 3NaF·AlF$_3$ 的相图

NaF-AlF$_3$ 相图（图 3 – 3 – 179）

图 3 – 3 – 179

3NaF·AlF$_3$-Al$_2$O$_3$ 相图
（图 3 – 3 – 180）[6]

图 3 – 3 – 180

$3NaF \cdot AlF_3$-CaO 相图（图 3 - 3 - 181）[6]

$3NaF \cdot AlF_3$-MgO 相图（图 3 - 3 - 182）[6]

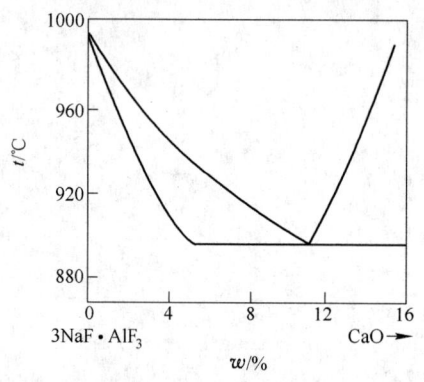

图 3 - 3 - 181

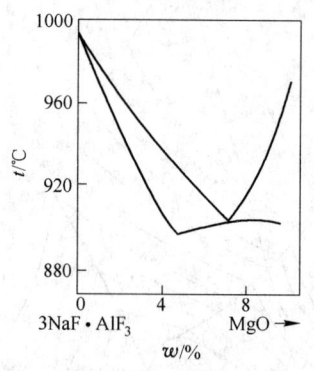

图 3 - 3 - 182

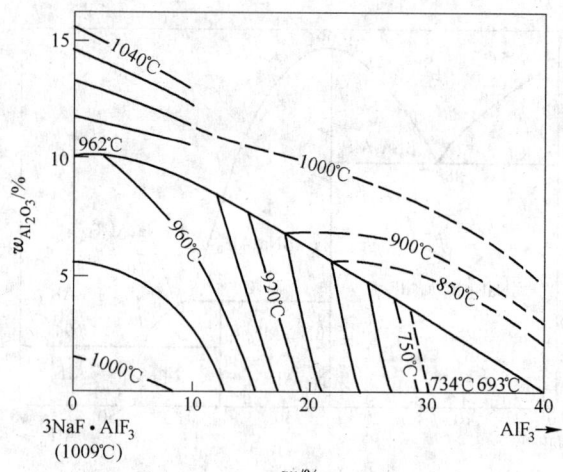

图 3 - 3 - 183

$3NaF \cdot AlF_3$-$AlF_3$-$Al_2O_3$ 相图

（图3 - 3 - 183）[6]

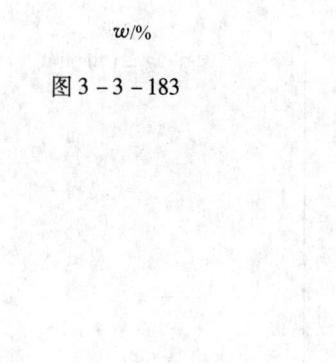

$3NaF \cdot AlF_3$-$Al_2O_3$-$CaF_2$ 相图

（图 3 - 3 - 184）[6]

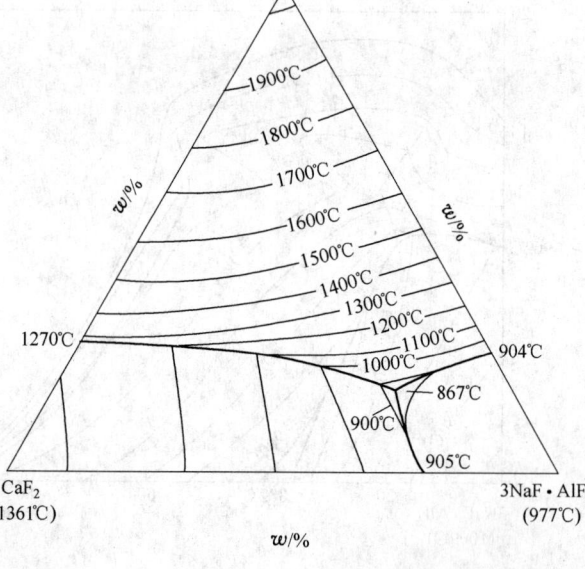

图 3 - 3 - 184

3NaF·AlF₃-CaF₂ 相图(图 3 – 3 – 185)[6]

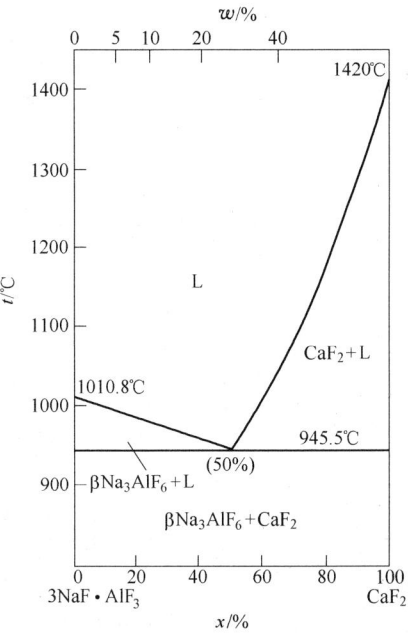

图 3 – 3 – 185

# 九、含 P₂O₅ 的相图

## (一) 含 P₂O₅ 的二元相图

P₂O₅-Al₂O₃ 相图(图 3 – 3 – 186)[6]

P₂O₅-BaO 相图(图 3 – 3 – 187)[6]

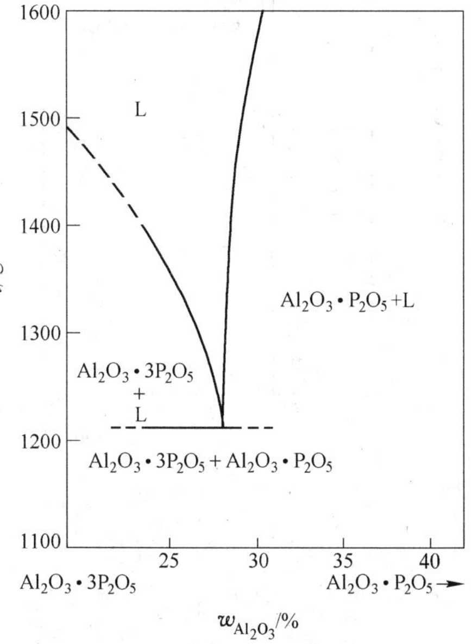

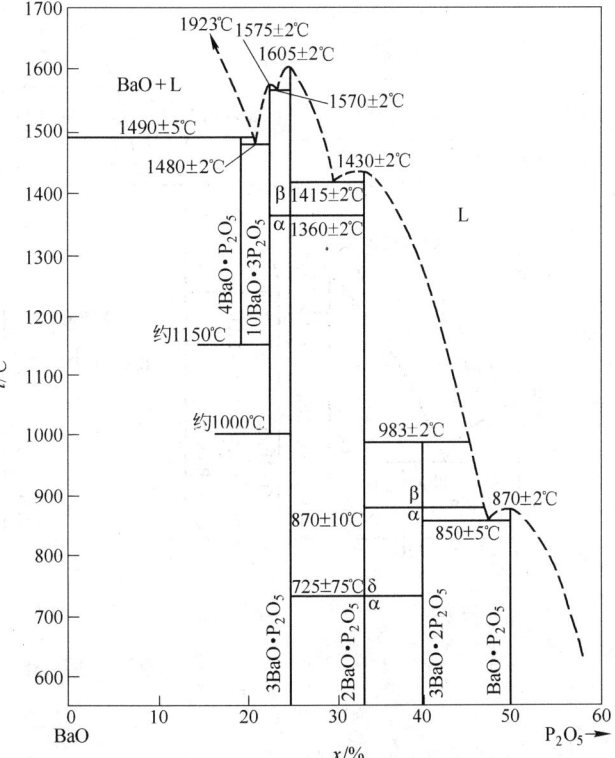

图 3 – 3 – 186

图 3 – 3 – 187

$P_2O_5$-CaO 相图(图 3 – 3 – 188)[6]

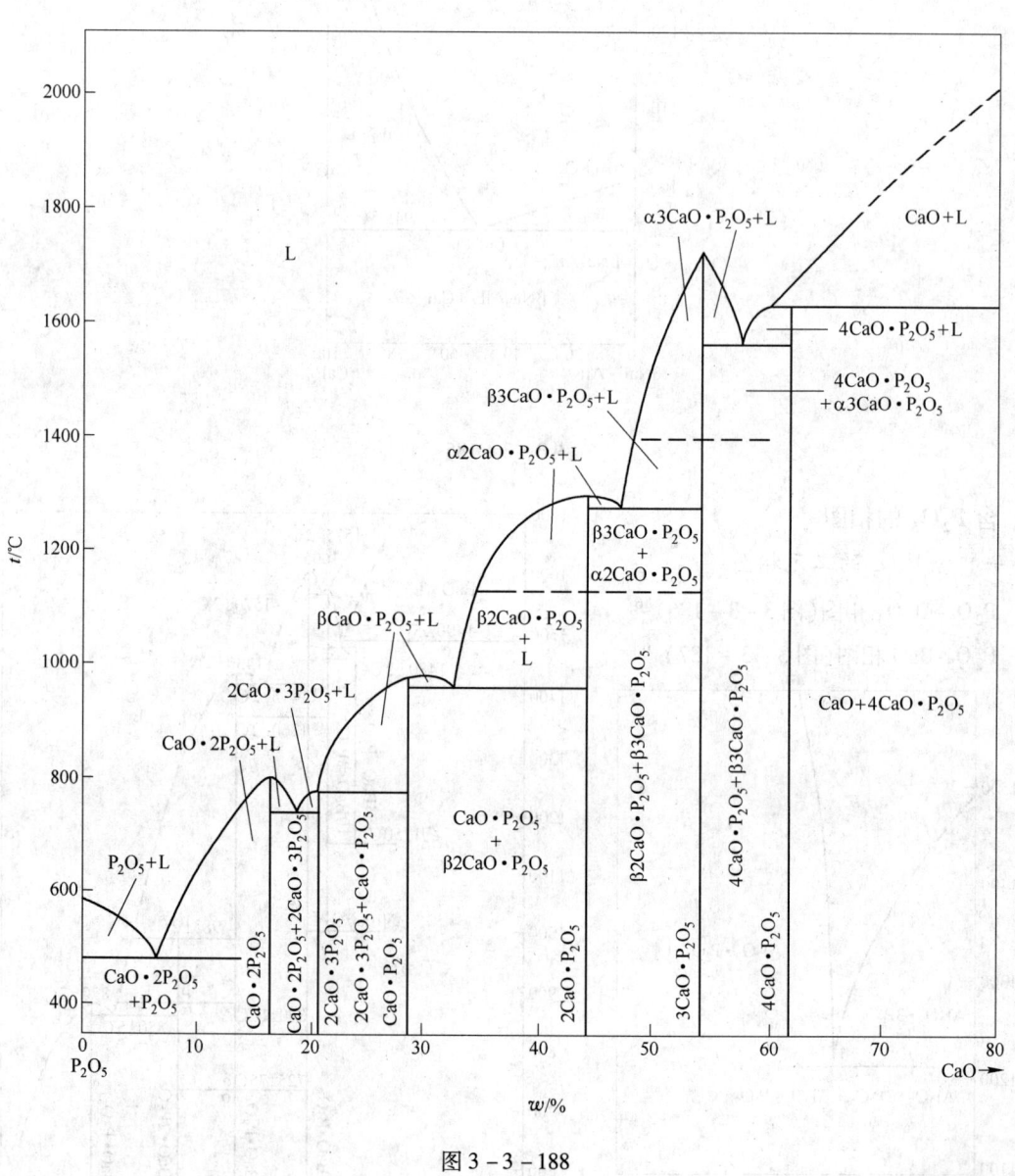

图 3 – 3 – 188

$P_2O_5$-FeO 相图(图 3 – 3 – 189)[3]

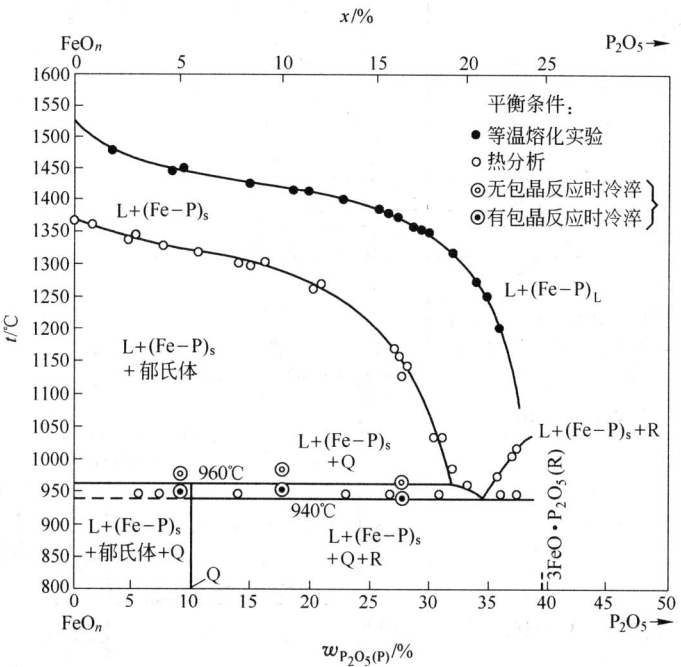

图 3 – 3 – 189

(Q—含 $P_2O_5$ 为 10% 的磷酸铁)

$P_2O_5$-$K_2O$ 相图(图 3 – 3 – 190)[3]

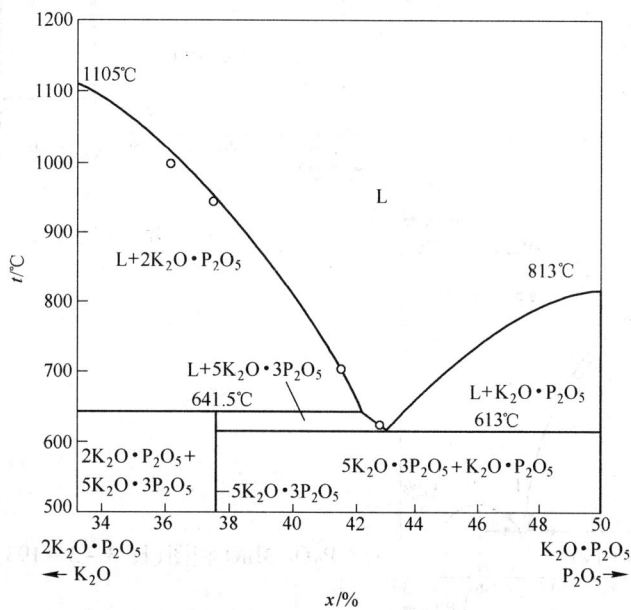

图 3 – 3 – 190

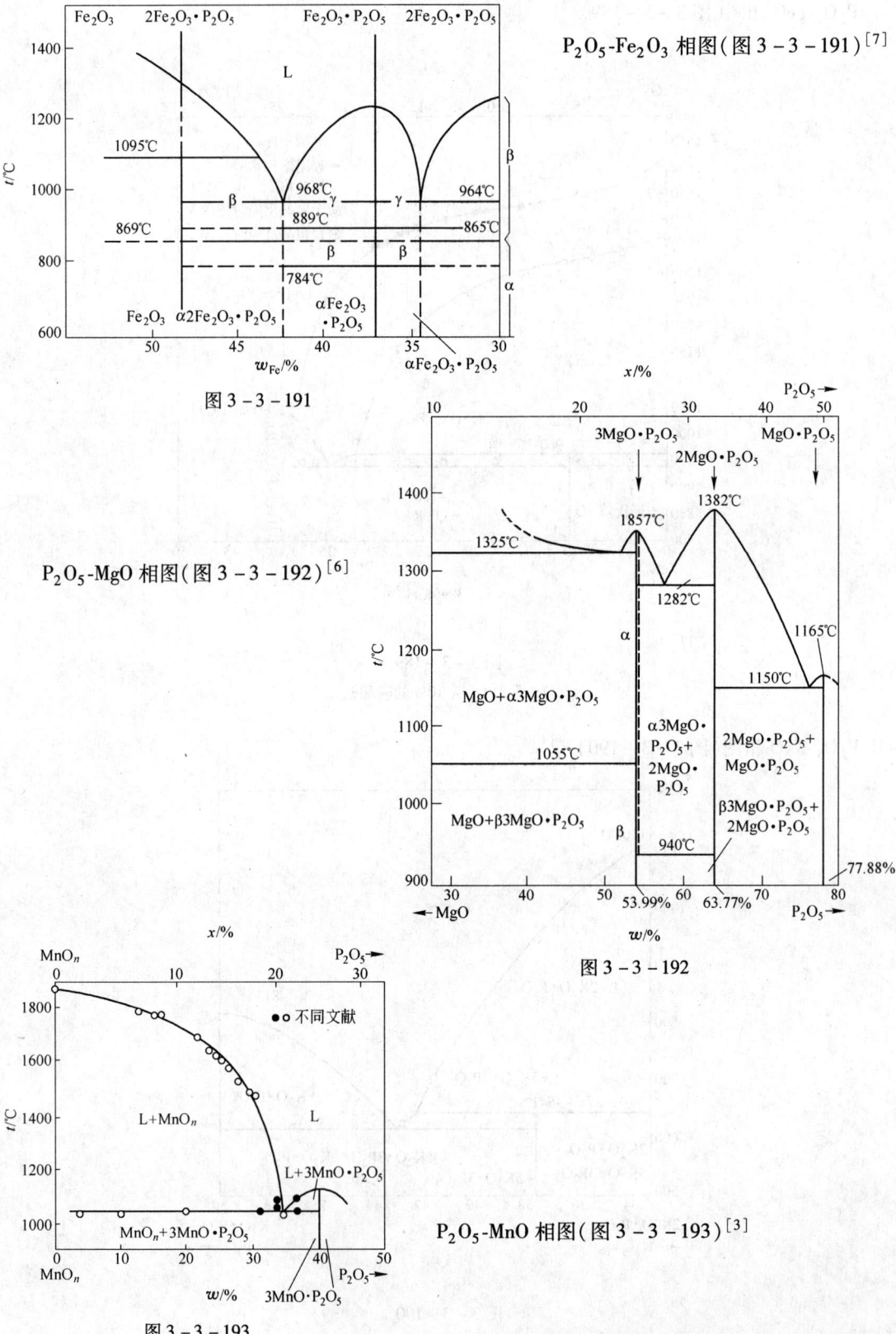

P₂O₅-Fe₂O₃ 相图（图 3 - 3 - 191）[7]

图 3 - 3 - 191

P₂O₅-MgO 相图（图 3 - 3 - 192）[6]

图 3 - 3 - 192

P₂O₅-MnO 相图（图 3 - 3 - 193）[3]

图 3 - 3 - 193

$P_2O_5$-$Na_2O$ 相图(图 3 – 3 – 194)[3]

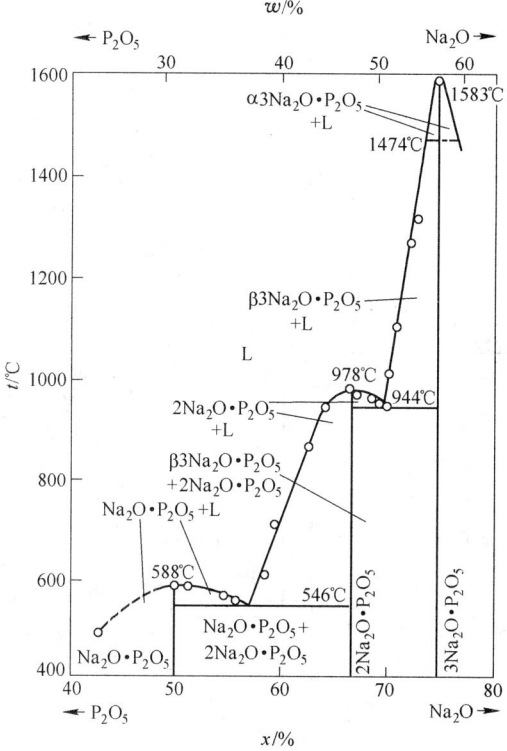

图 3 – 3 – 194

$P_2O_5$-$SiO_2$ 相图(图 3 – 3 – 195)[6]

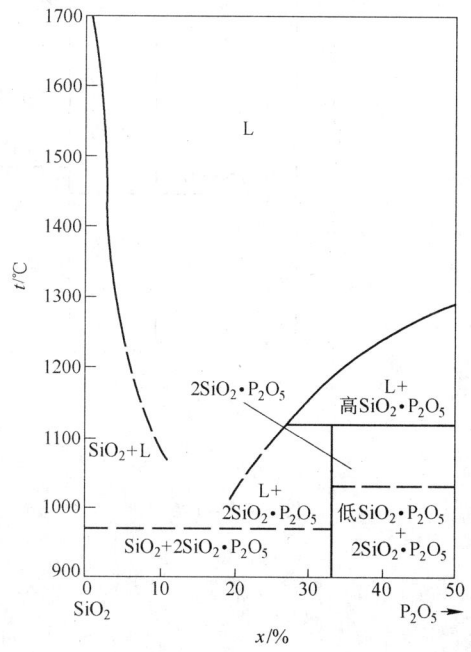

图 3 – 3 – 195

$P_2O_5$-SrO 相图(图 3 – 3 – 196)[6]

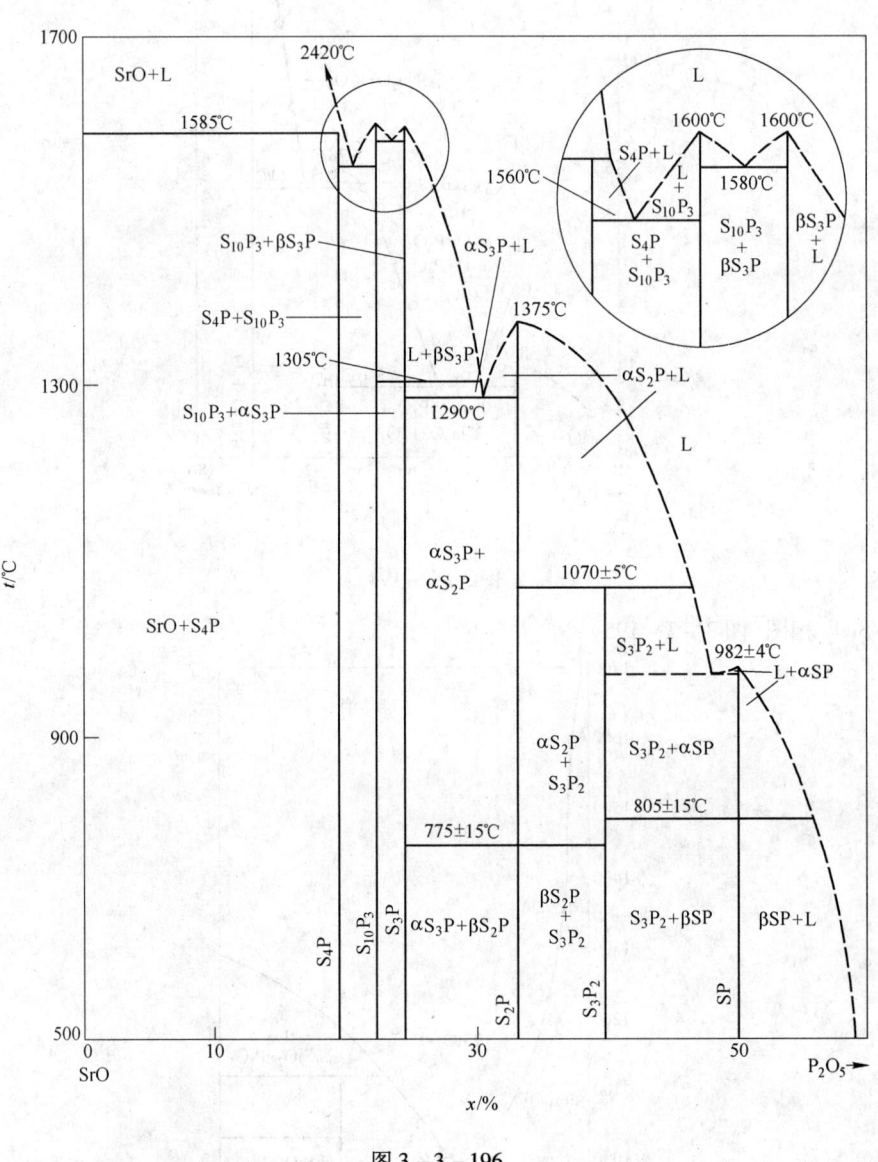

图 3 – 3 – 196

（二）含 $P_2O_5$ 的三元、四元相图

$P_2O_5$-CaO-$SiO_2$ 相图（图3－3－197）[3]

$P_2O_5$-CaO-$SiO_2$-FeO（ $w=10\%$ ）相图
（图3－3－198）[3]

$P_2O_5$-CaO-$SiO_2$-FeO（ $w=20\%$ ）相图
（图3－3－199）[3]

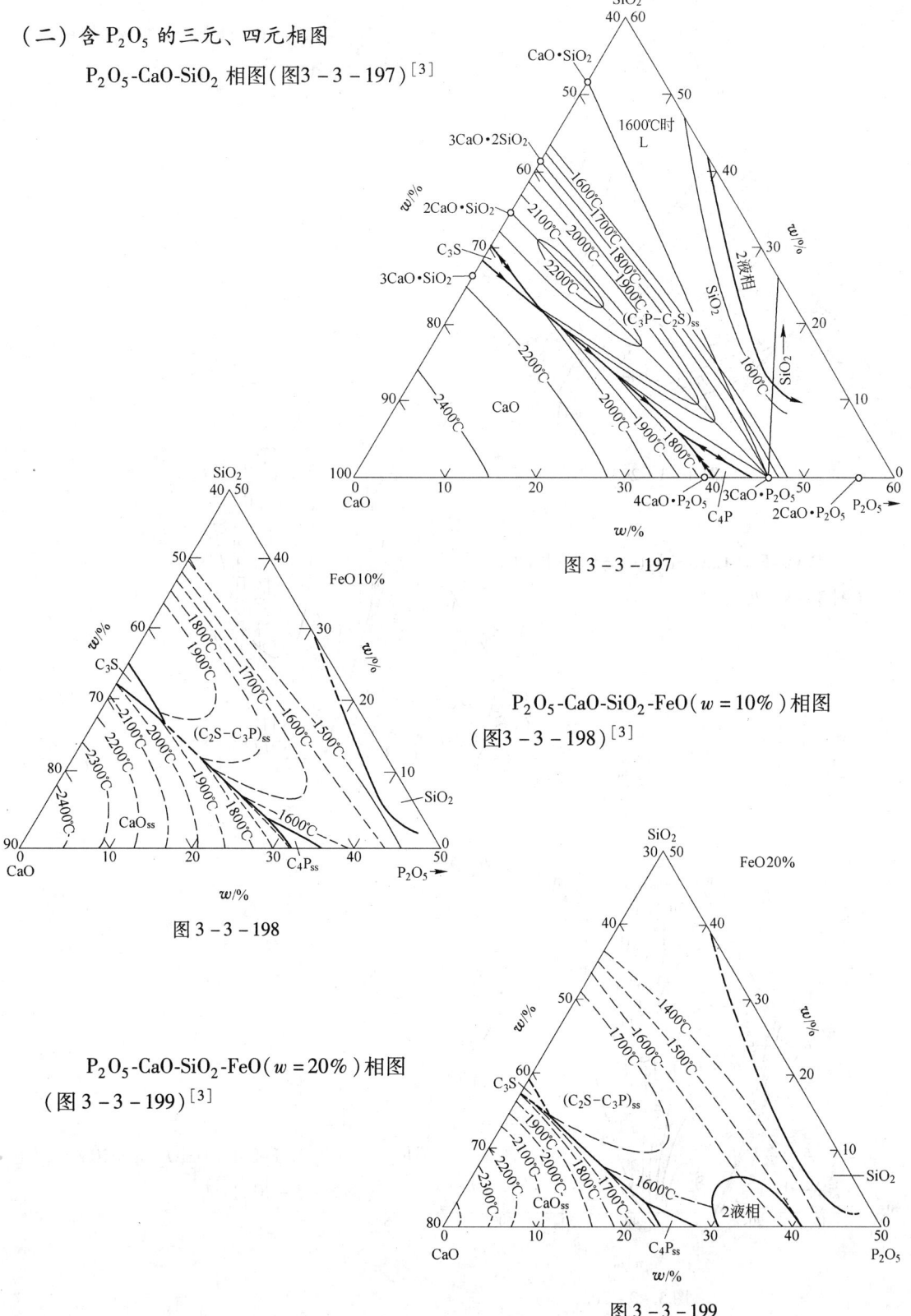

图 3－3－197

图 3－3－198

图 3－3－199

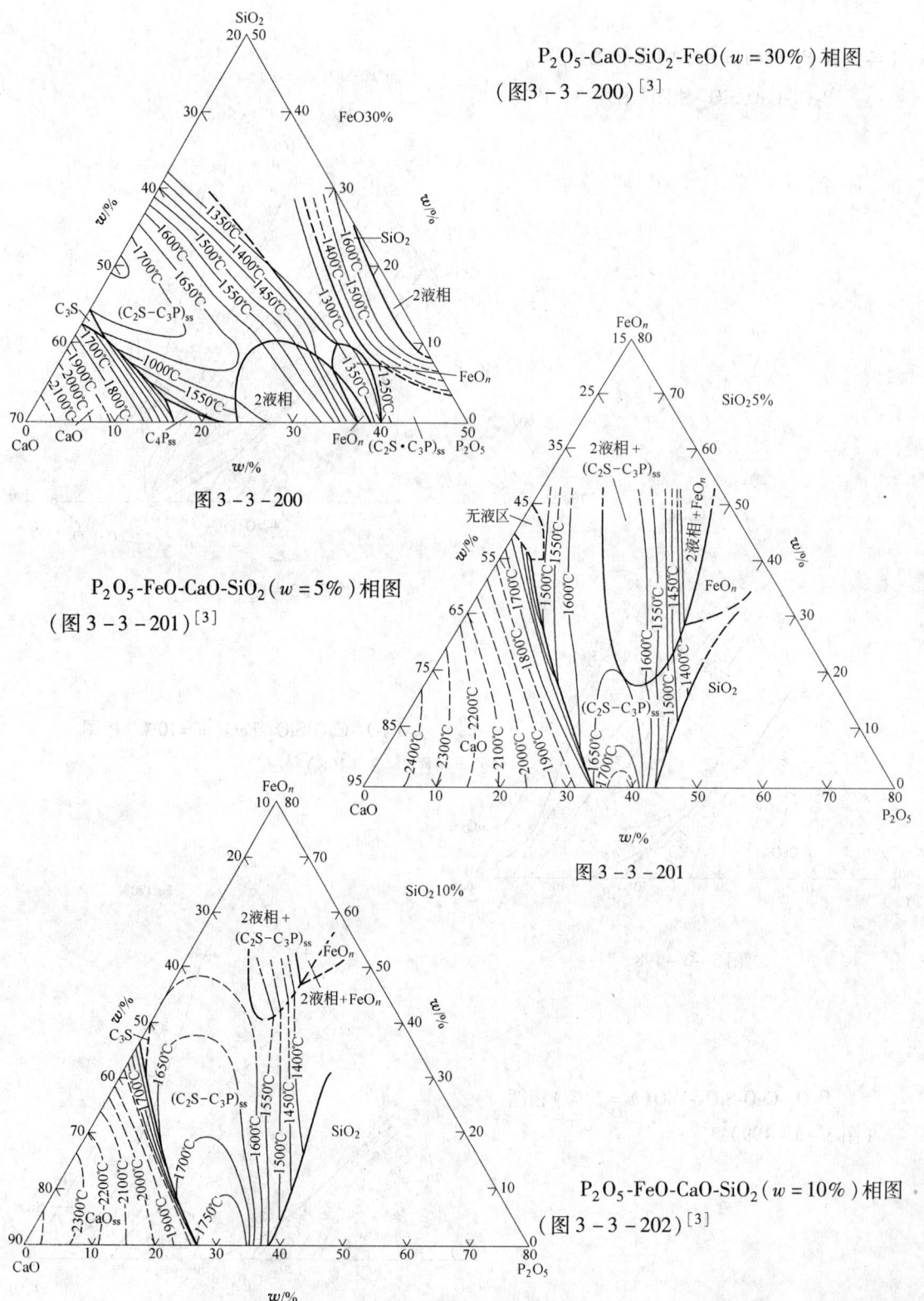

P₂O₅-CaO-SiO₂-FeO($w=30\%$)相图
（图3－3－200）[3]

图 3 － 3 － 200

P₂O₅-FeO-CaO-SiO₂($w=5\%$)相图
（图 3 － 3 － 201）[3]

图 3 － 3 － 201

P₂O₅-FeO-CaO-SiO₂($w=10\%$)相图
（图 3 － 3 － 202）[3]

图 3 － 3 － 202

P₂O₅-CaO-Al₂O₃ 相图
（图 3 - 3 - 203）[7]

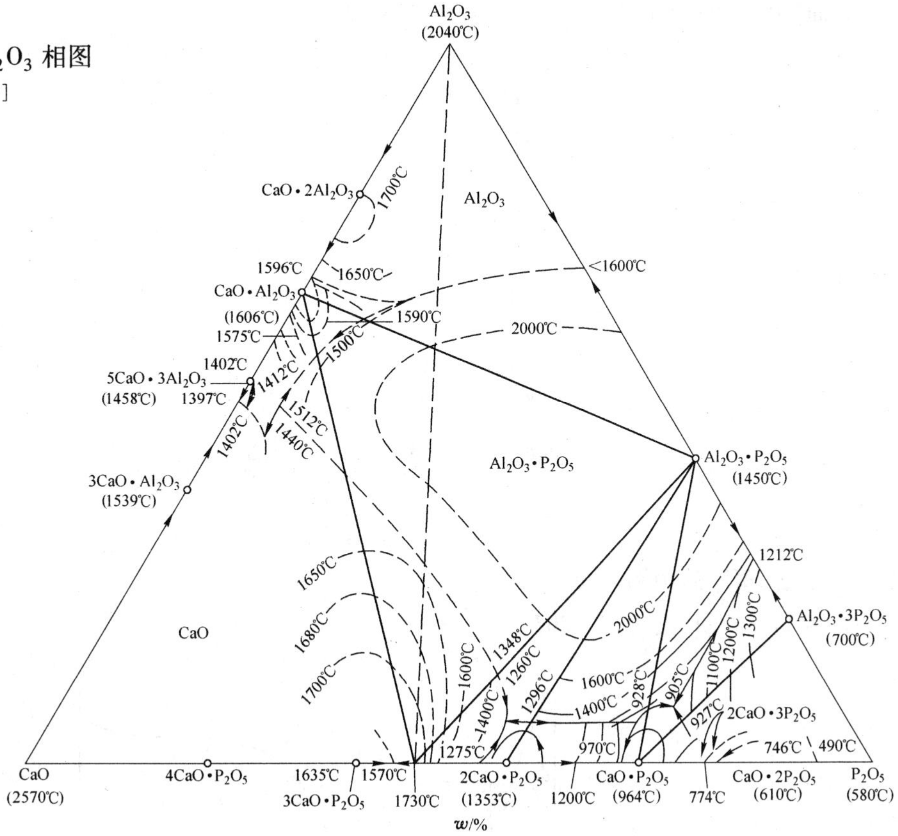

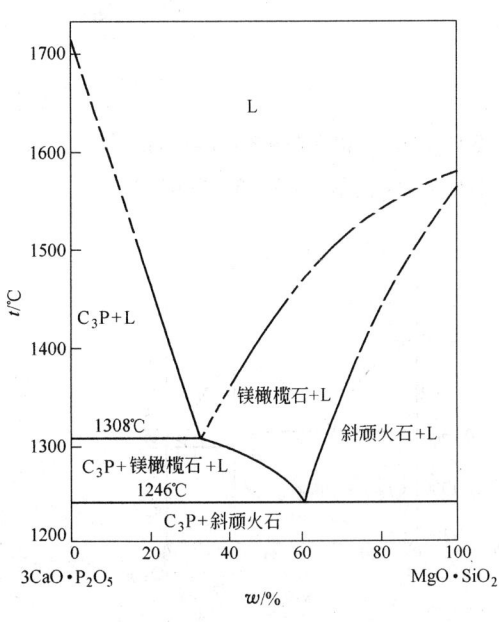

图 3 - 3 - 203

（三）复合 P₂O₅ 化合物的相图
2CaO·P₂O₅-Al₂O₃·P₂O₅ 相图（图 3 - 3 - 204）[6]
3CaO·P₂O₅-MgO·SiO₂ 相图（图 3 - 3 - 205）[3]

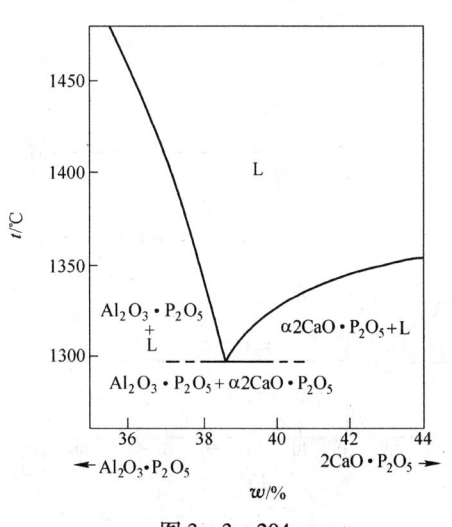

图 3 - 3 - 204

图 3 - 3 - 205

$3CaO \cdot P_2O_5$-$3SrO \cdot P_2O_5$ 相图(图$3-3-206$)[6]

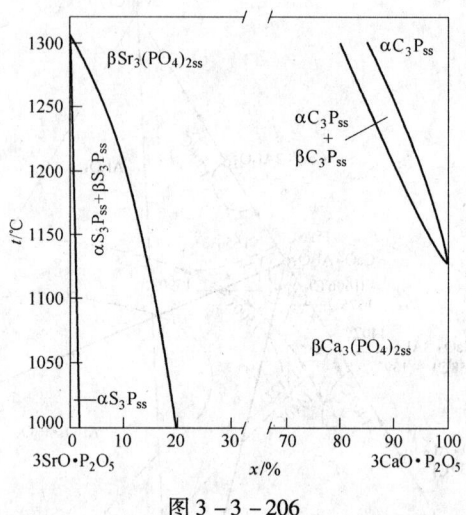

图 3 - 3 - 206

# 十、含 SiO₂ 的相图

$SiO_2$-$BaO$ 相图(图$3-3-207$)[6]

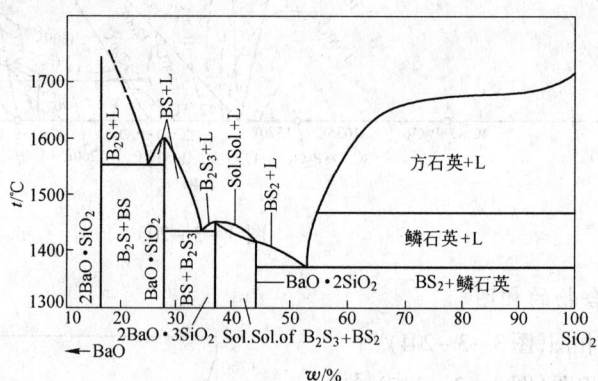

图 3 - 3 - 207

$SiO_2$-$Cr_2O_3$ 相图(图$3-3-208$)[7]

$SiO_2$-$FeO$ 相图(图$3-3-209$)[3]

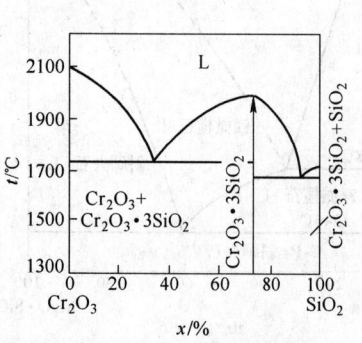

图 3 - 3 - 208

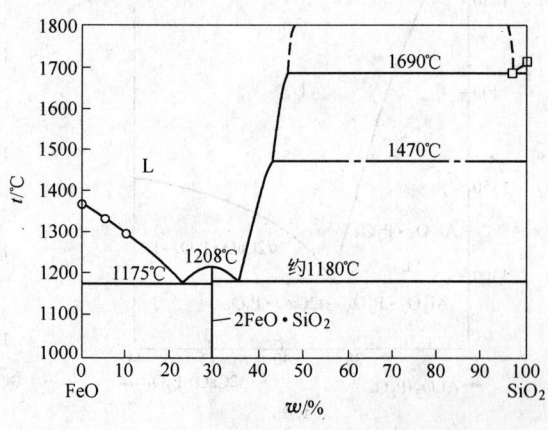

图 3 - 3 - 209

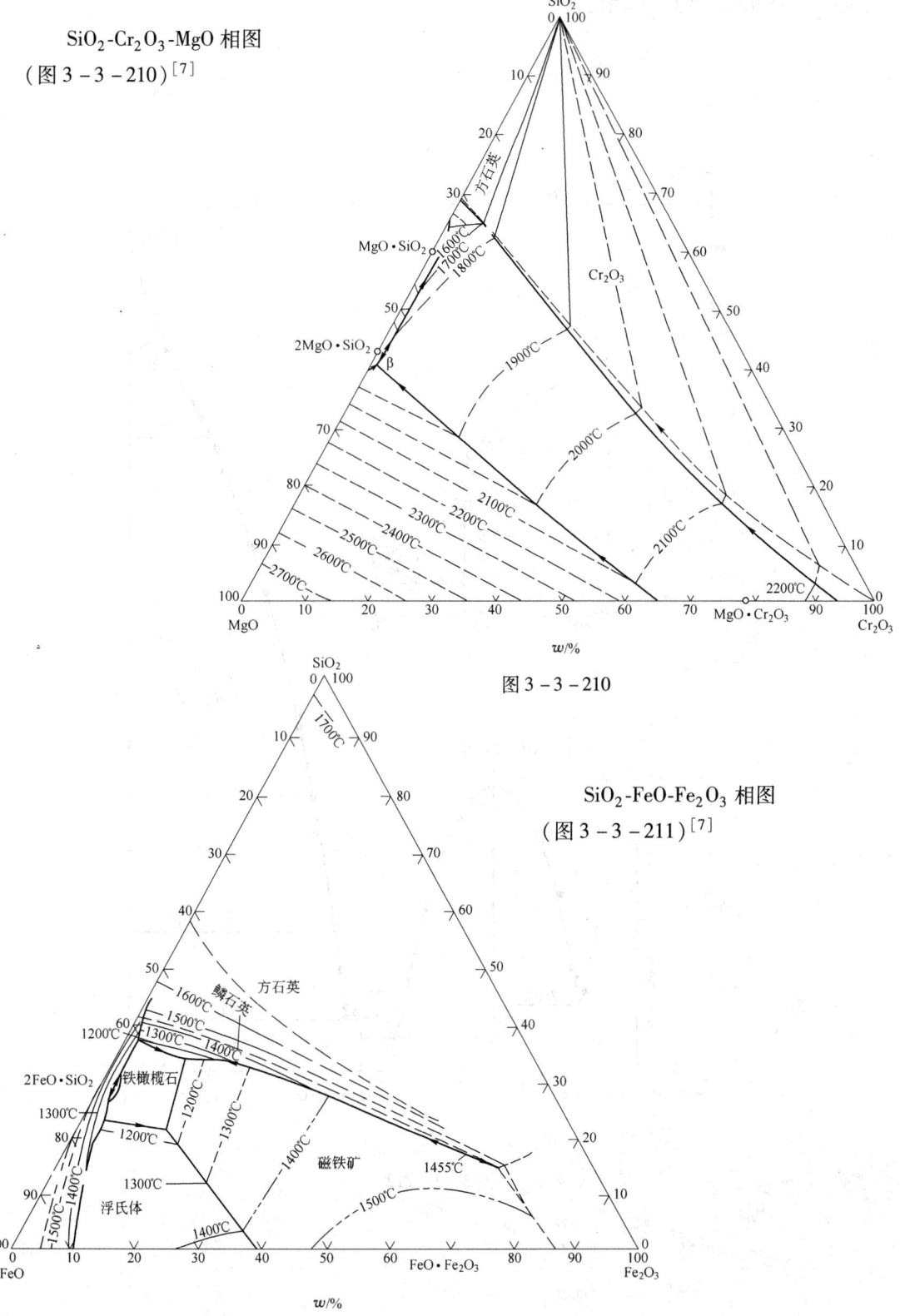

$SiO_2$-$Cr_2O_3$-$MgO$ 相图
（图 3 – 3 – 210）[7]

图 3 – 3 – 210

$SiO_2$-$FeO$-$Fe_2O_3$ 相图
（图 3 – 3 – 211）[7]

图 3 – 3 – 211

SiO$_2$-K$_2$O 相图(图 3 - 3 - 212)[3]

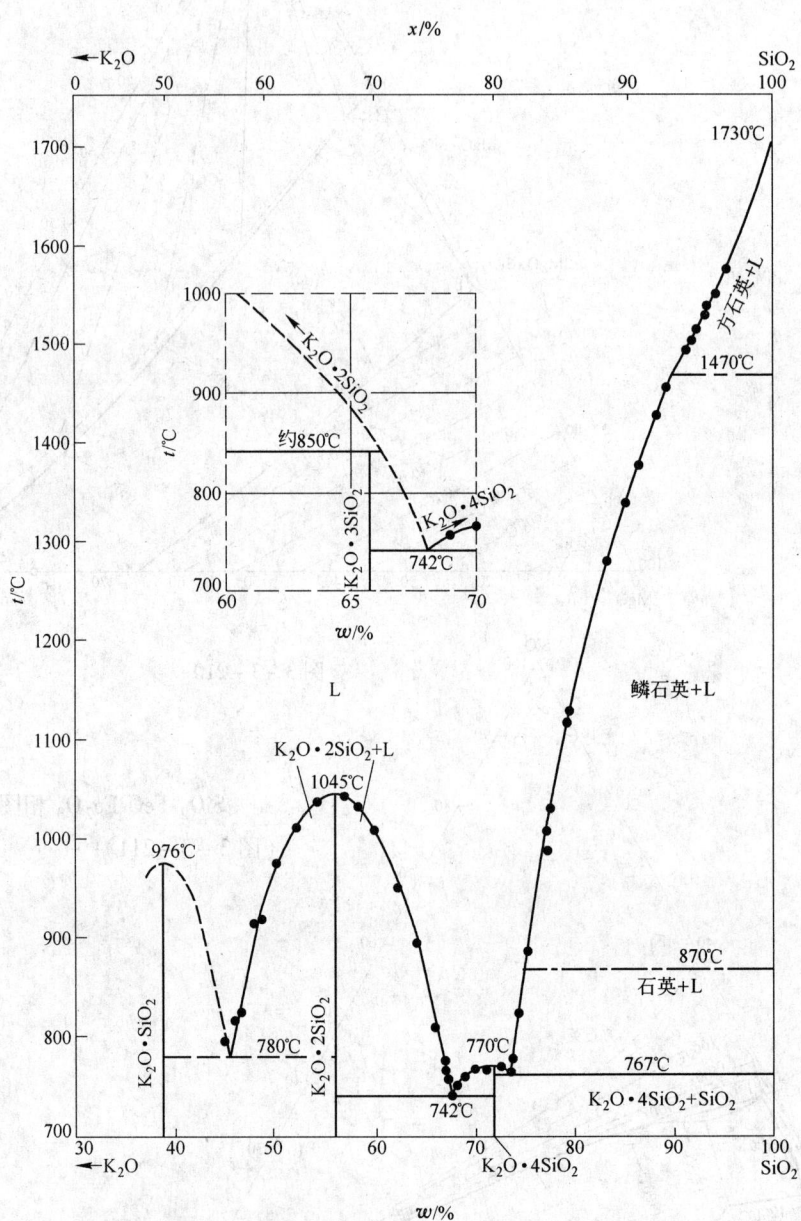

图 3 - 3 - 212

$SiO_2$-$La_2O_3$ 相图(图 3 - 3 - 213)[6]

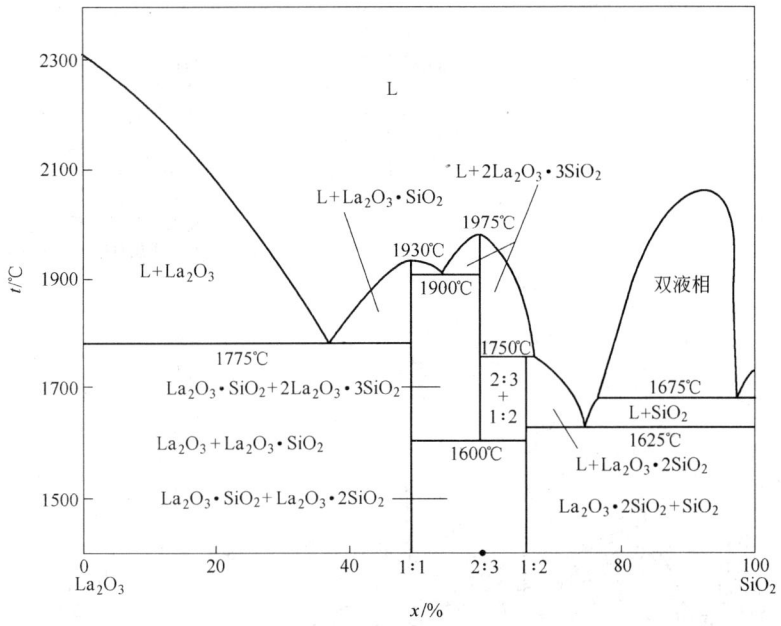

图 3 - 3 - 213

$SiO_2$-MnO 相图(图 3 - 3 - 214)[3]

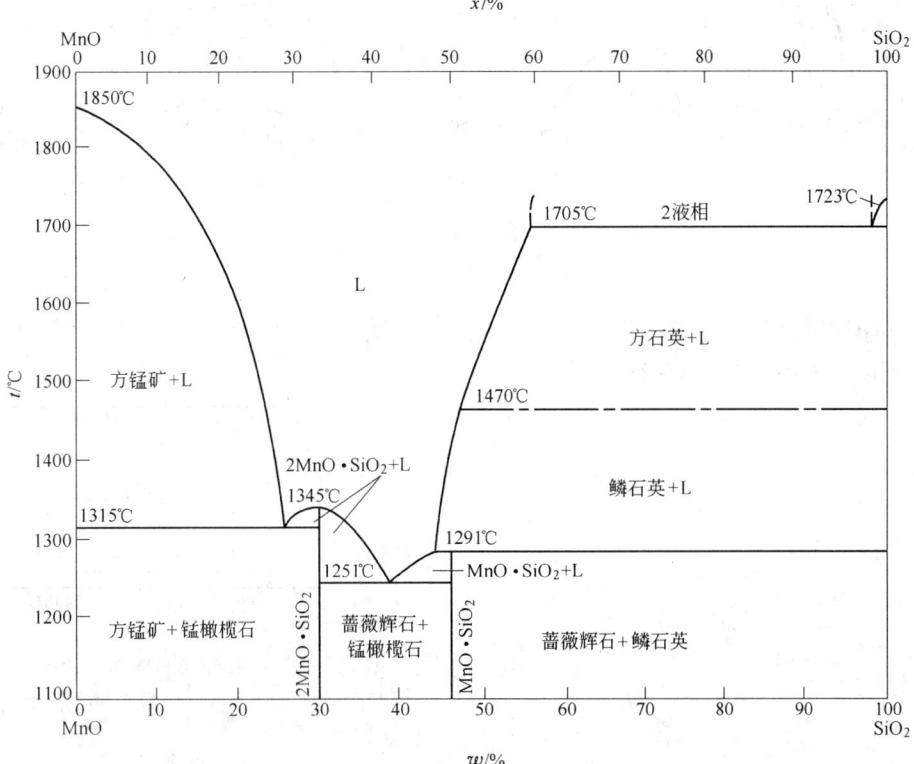

图 3 - 3 - 214

## SiO₂-FeO-Fe₂O₃ 相图(图 3 – 3 – 215)[7]

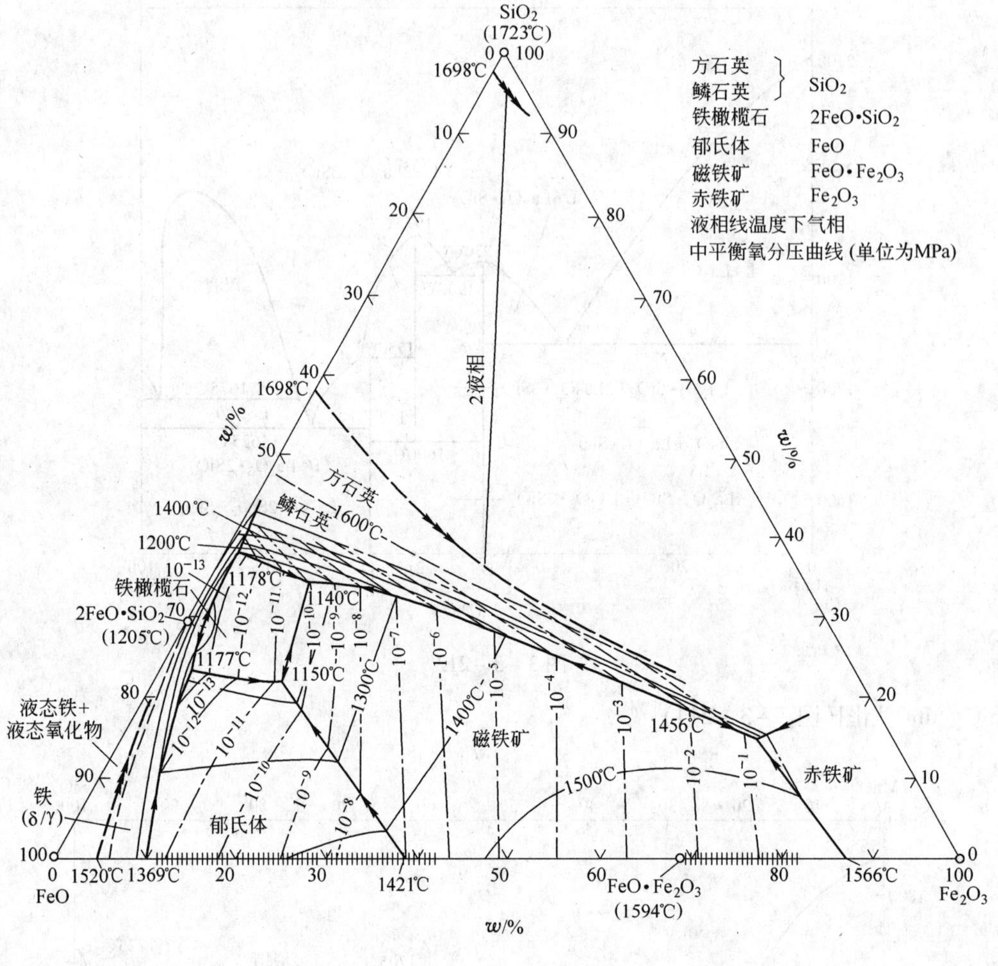

SiO₂
(1723℃)
0 0 100
1698℃

方石英
鳞石英 } SiO₂
铁橄榄石 2FeO·SiO₂
郁氏体 FeO
磁铁矿 FeO·Fe₂O₃
赤铁矿 Fe₂O₃
液相线温度下气相
中平衡氧分压曲线(单位为MPa)

10 90

20 80

30 70

40 60
1698℃

2液相

w/% 50 50 w/%

方石英
鳞石英 1600℃
1400℃ 40
1200℃
10⁻¹³
铁橄榄石
2FeO·SiO₂ 70
(1205℃)
1178℃
10⁻¹² 10⁻¹¹ 140℃ 30
10⁻¹⁰ 10⁻⁹ 10⁻⁸ 10⁻⁷ 10⁻⁶
1177℃
1150℃ 1300℃ 10⁻⁵ 10⁻⁴ 10⁻³
液态铁+ 1400℃ 磁铁矿 20
液态氧化物 1456℃
铁 10⁻¹¹ 10⁻¹⁰ 1500℃ 10⁻² 10⁻¹
(δ/γ) 90 10⁻⁹ 赤铁矿
郁氏体 10⁻⁸ 10
100 0
0 1520℃ 1369℃ 20 30 1421℃ 50 60 FeO·Fe₂O₃ 80 1566℃ 100
FeO (1594℃) Fe₂O₃
w/%

图 3 – 3 – 215

## SiO₂-Na₂O 相图(见图 3 – 3 – 173)
## SiO₂-Nb₂O₅ 相图(图 3 – 3 – 216)[6]

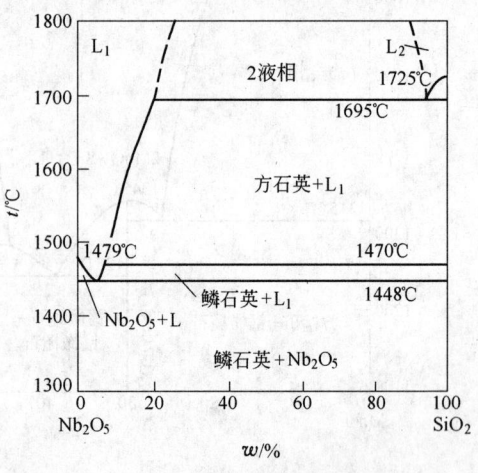

图 3 – 3 – 216

SiO$_2$-SrO 相图(图 3 − 3 − 217)[6]

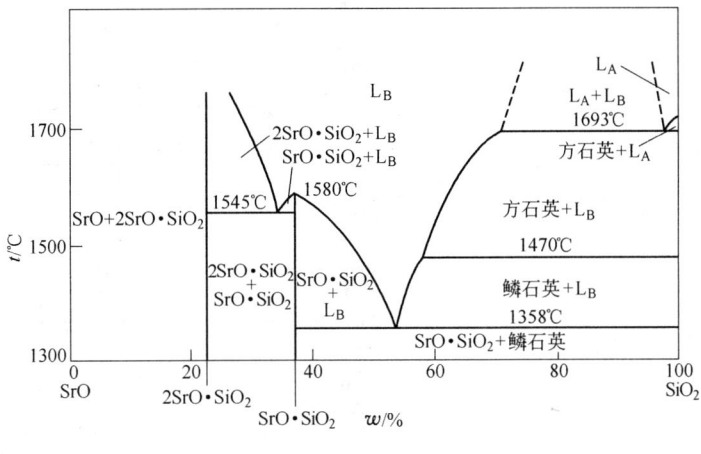

图 3 − 3 − 217

SiO$_2$-Cr$_2$O$_3$-Fe$_3$O$_4$ 相图(图 3 − 3 − 218)[7]

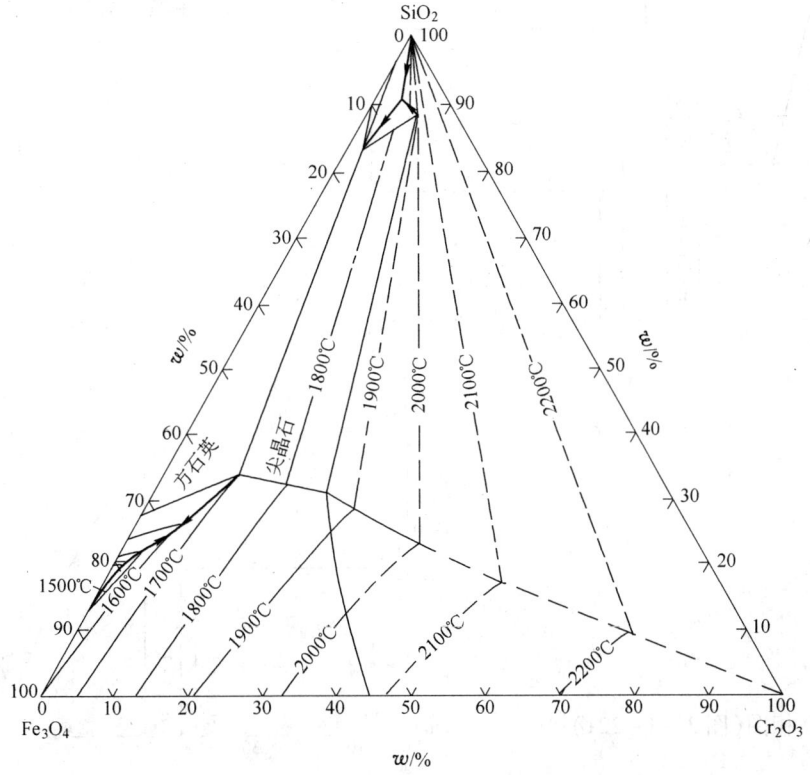

图 3 − 3 − 218

## 十一、含 $TiO_2$ 的相图

$TiO_2$-$Al_2O_3$ 相图(图 3-3-219)[3]

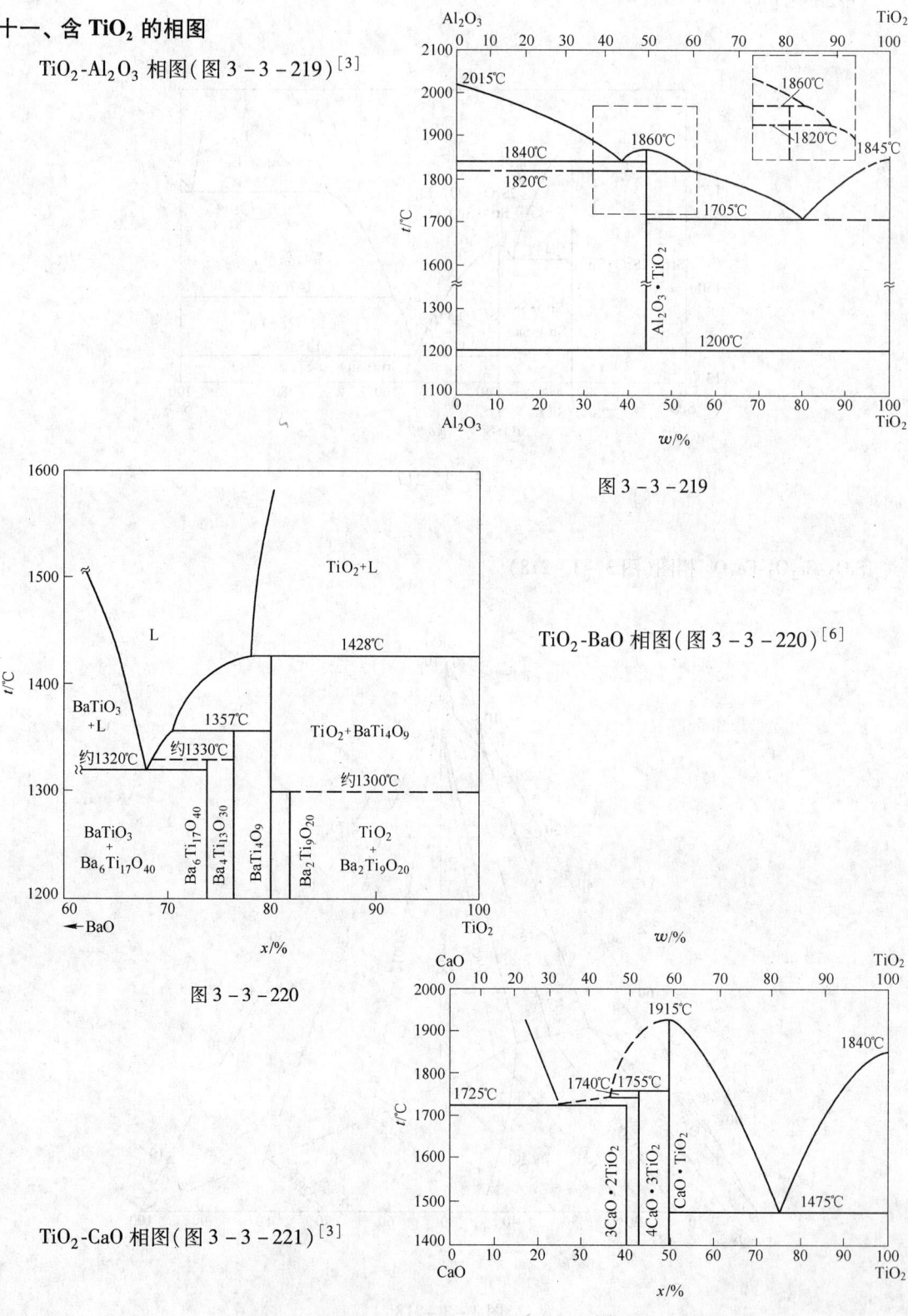

图 3-3-219

$TiO_2$-BaO 相图(图 3-3-220)[6]

图 3-3-220

$TiO_2$-CaO 相图(图 3-3-221)[3]

图 3-3-221

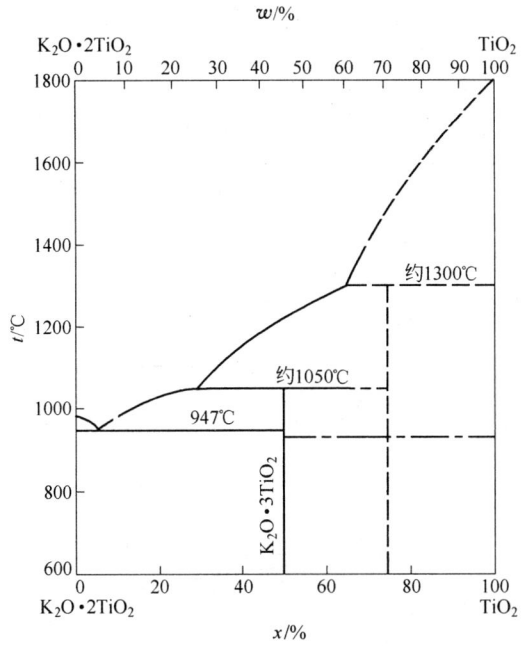

图 3 - 3 - 222

TiO$_2$-FeO 相图（见图 3 - 3 - 135）

TiO$_2$-K$_2$O 相图（图 3 - 3 - 222）[3]

TiO$_2$-MgO 相图（见图 3 - 3 - 151）

TiO$_2$-MnO 相图（图 3 - 3 - 223）[7]

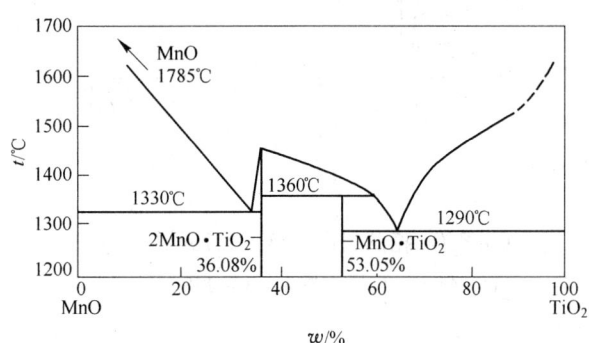

图 3 - 3 - 223

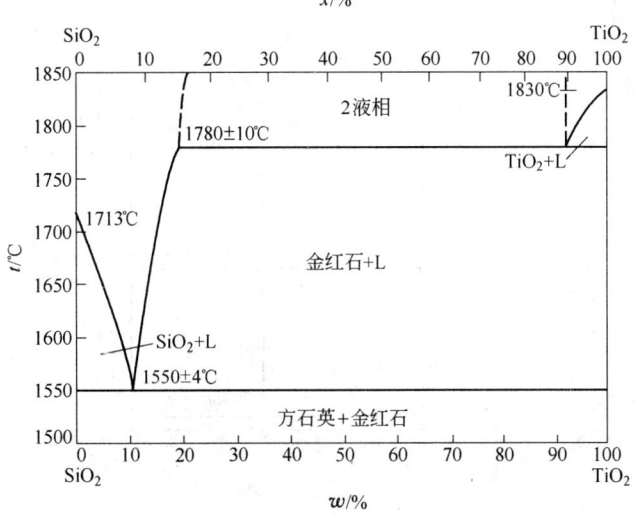

图 3 - 3 - 224

TiO$_2$-Na$_2$O 相图（见图 3 - 3 - 174）

TiO$_2$-SiO$_2$ 相图（图 3 - 3 - 224）[3]

## 十二、含稀土氧化物的相图

### （一）含 $CeO_2$ 的相图

$CeO_2$-$ZrO_2$ 相图（图 3 - 3 - 225）[6]

$CeO_2$-$3NaF \cdot AlF_3$ 相图（图 3 - 3 - 226）[6]

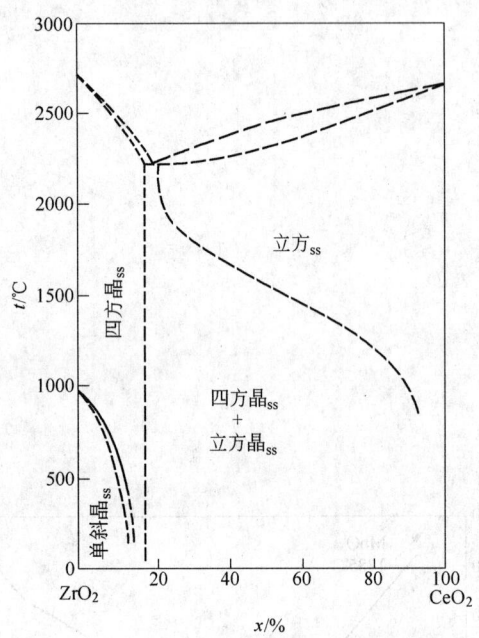

图 3 - 3 - 225

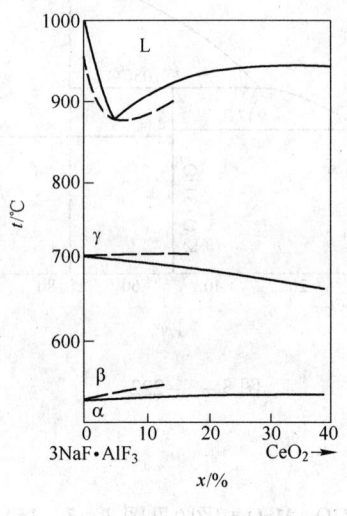

图 3 - 3 - 226

$CeO_2$-$E_xO_y$ 相图（图 3 - 3 - 227）[6]

$Ce_2O_3$-$Al_2O_3$ 相图（图 3 - 3 - 228）[6]

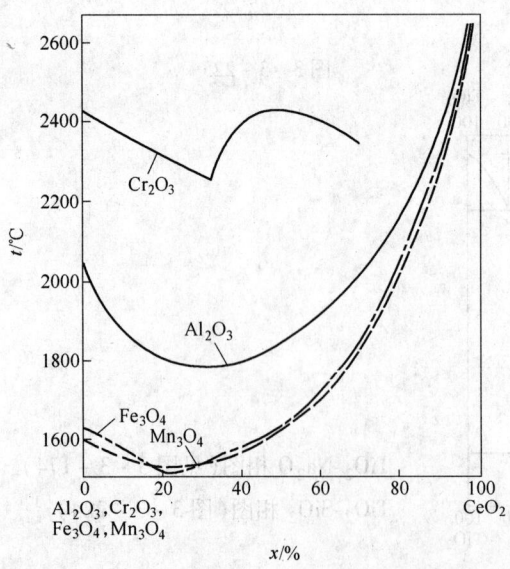

图 3 - 3 - 227

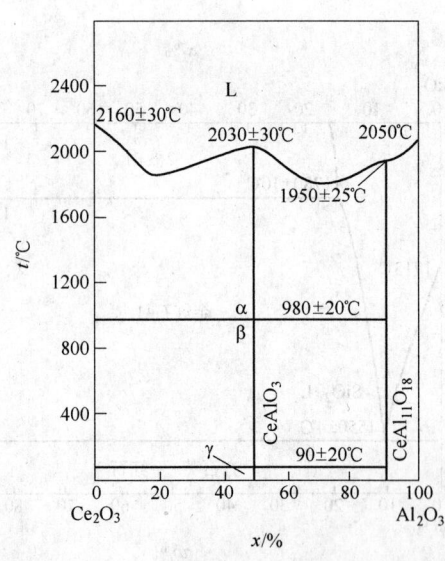

图 3 - 3 - 228

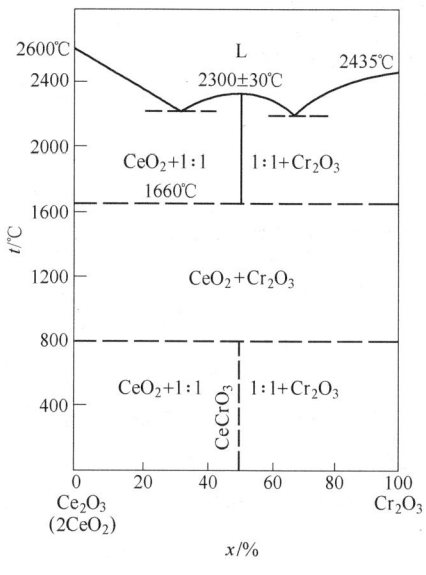

图 3 - 3 - 229

$Ce_2O_3$-$Cr_2O_3$ 相图（图 3 - 3 - 229）[6]

（二）含 $La_2O_3$ 的相图

$La_2O_3$-$Al_2O_3$ 相图（图 3 - 3 - 230）[6]

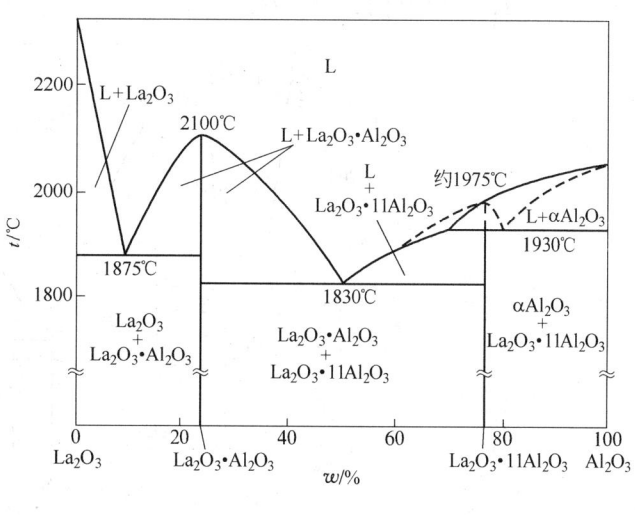

图 3 - 3 - 230

$La_2O_3$-$CaO$ 相图（图 3 - 3 - 231）[6]

$La_2O_3$-$Cr_2O_3$ 相图（图 3 - 3 - 232）[6]

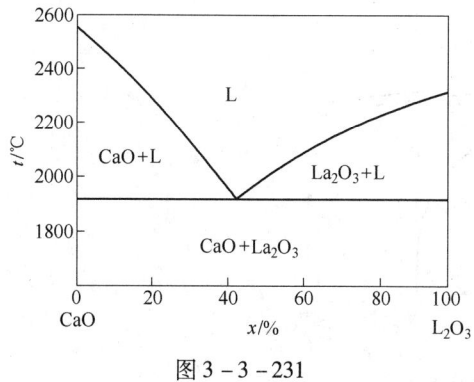

图 3 - 3 - 231

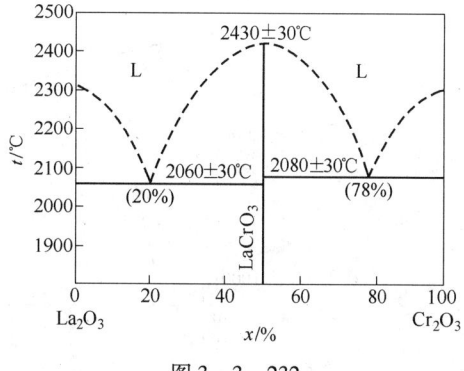

图 3 - 3 - 232

La$_2$O$_3$-Fe$_2$O$_3$ 相图(图 3 - 3 - 233)[6]

La$_2$O$_3$-HfO$_2$ 相图(图 3 - 3 - 234)[6]

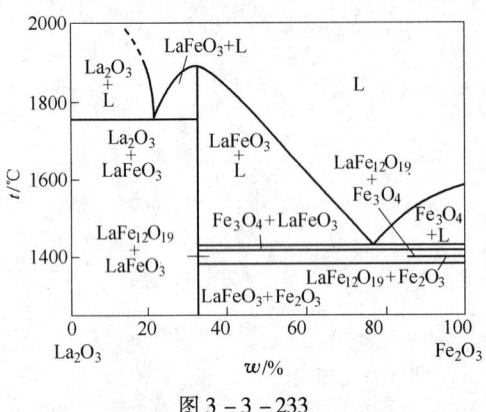
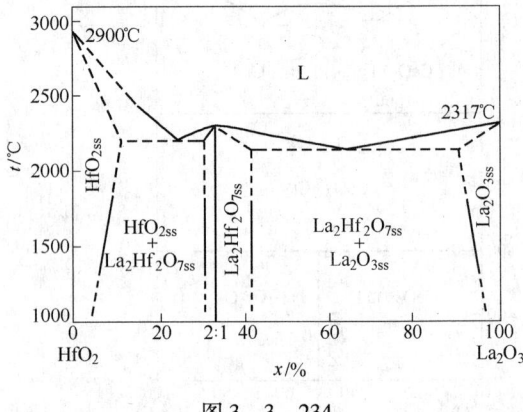

图 3 - 3 - 233                    图 3 - 3 - 234

La$_2$O$_3$-SiO$_2$ 相图(见图 3 - 3 - 213)

La$_2$O$_3$-TiO$_2$ 相图(图 3 - 3 - 235)[6]

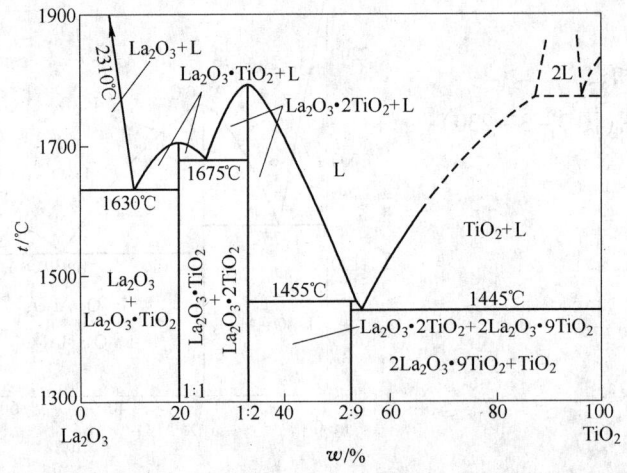

图 3 - 3 - 235

La$_2$O$_3$-ZrO$_2$ 相图(图 3 - 3 - 236)[6]

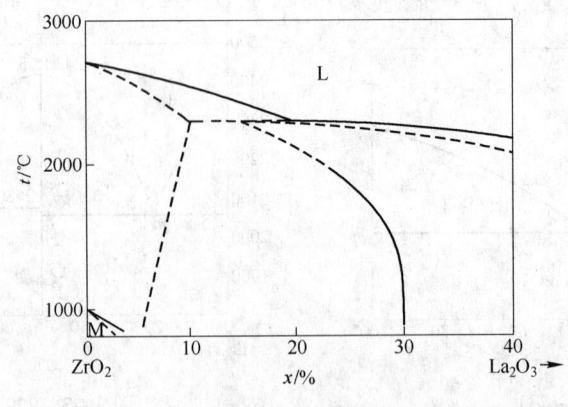

图 3 - 3 - 236

La_2O_3·3WO_3-CaO·WO_3 相图(图 3 - 3 - 237)[6]

MgO·Al_2O_3-LaAlO_3 相图(图 3 - 3 - 238)[6]

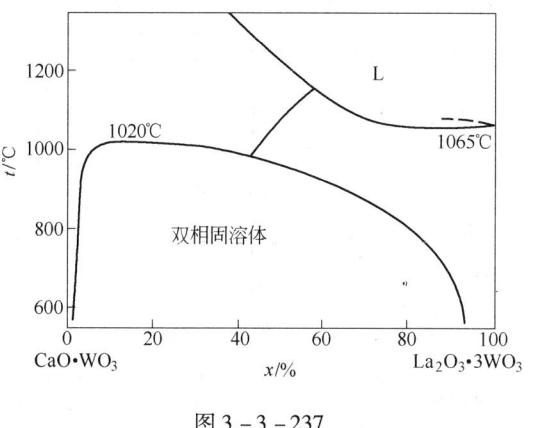

图 3 - 3 - 237

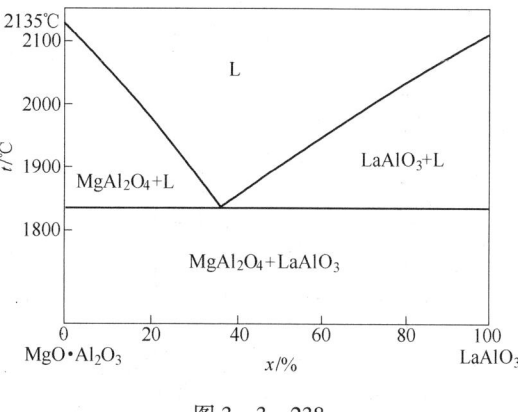

图 3 - 3 - 238

La_2O_3·SiO_2-Sm_2O_3·SiO_2 相图(图 3 - 3 - 239)[6]

La_2O_3·2SiO_2-Sm_2O_3·2SiO_2 相图(图 3 - 3 - 240)[6]

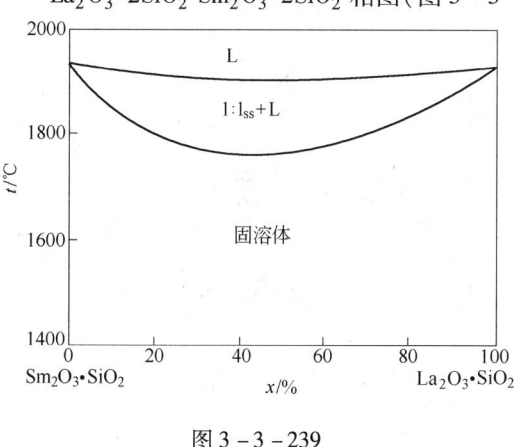

图 3 - 3 - 239

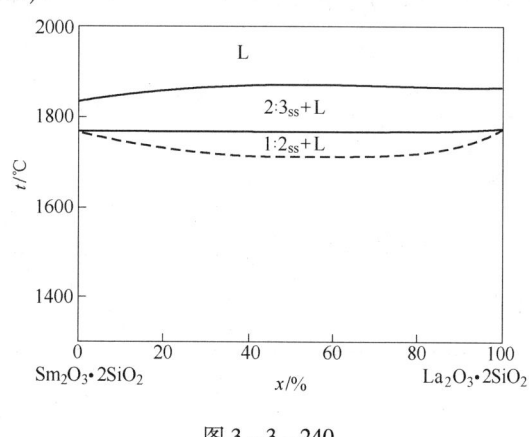

图 3 - 3 - 240

La_2O_3·SiO_2-Yb_2O_3·SiO_2 相图(图 3 - 3 - 241)[6]

La_2O_3·2SiO_2-Yb_2O_3·2SiO_2 相图(图 3 - 3 - 242)[6]

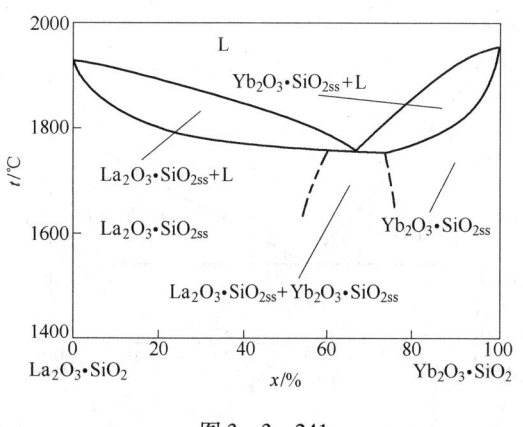
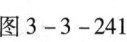

图 3 - 3 - 241

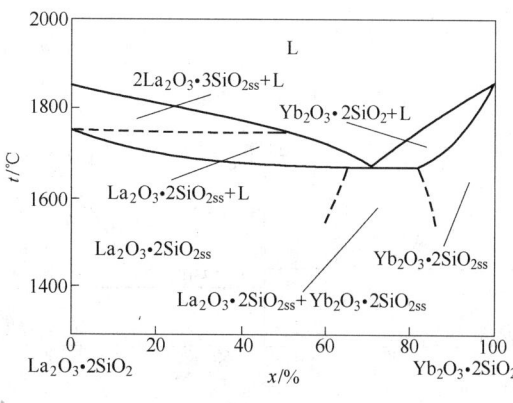

图 3 - 3 - 242

## （三）其他稀土氧化物的相图

$Sm_2O_3$-$Al_2O_3$ 相图（图 3-3-243）[6]；$Sm_2O_3$-$Cr_2O_3$ 相图（图 3-3-244）[6]

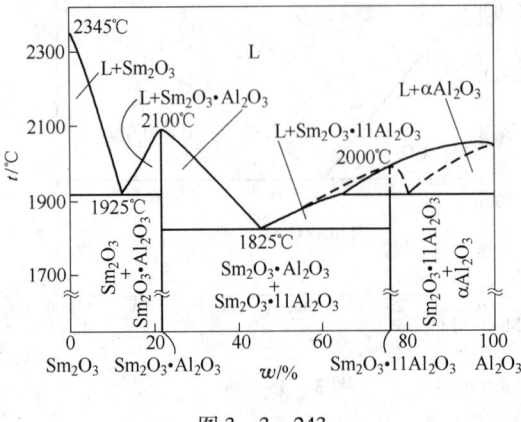 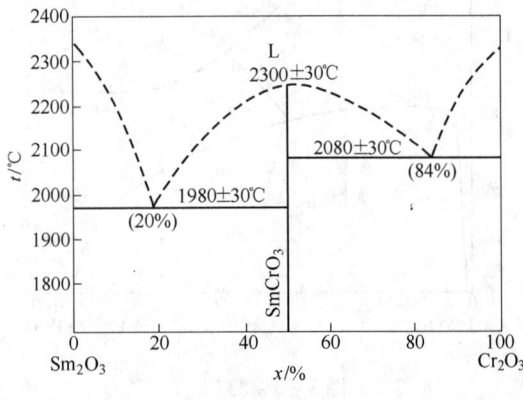

图 3-3-243　　　　　　　　　　　　图 3-3-244

$Sm_2O_3$-$Na_3AlF_6$ 相图（图 3-3-245）[6]；$Sm_2O_3 \cdot 3WO_3$-$CaO \cdot WO_3$ 相图（图 3-3-246）[6]

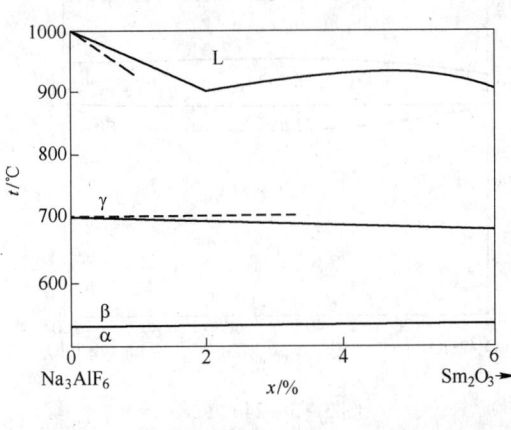 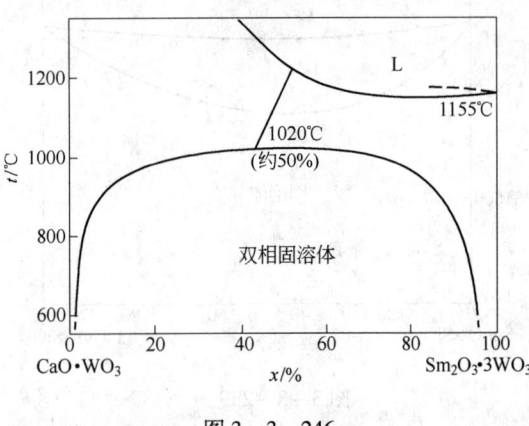

图 3-3-245　　　　　　　　　　　　图 3-3-246

$Nd_2O_3$-$Al_2O_3$ 相图（图 3-3-247）[6]；$NdAlO_3$-$MgO \cdot Al_2O_3$ 相图（图 3-3-248）[6]

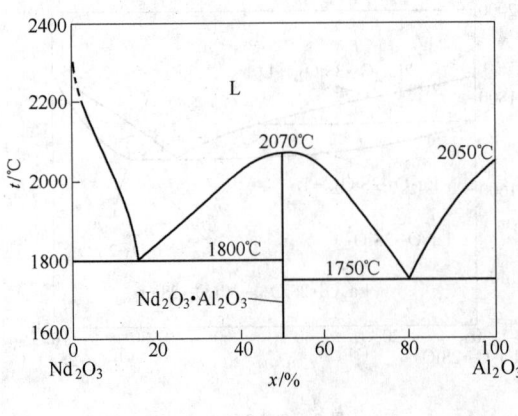 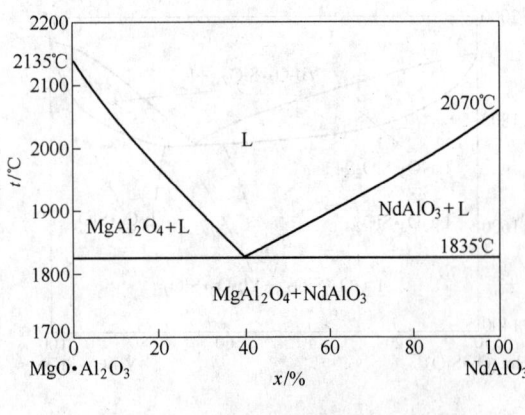

图 3-3-247　　　　　　　　　　　　图 3-3-248

$2Nd_2O_3 \cdot 3SiO_2$-$2CaO \cdot SiO_2$ 相图(图3-3-249)[6];$Nd_2O_3$-$3NaF \cdot AlF_3$ 相图(图3-3-250)[6]

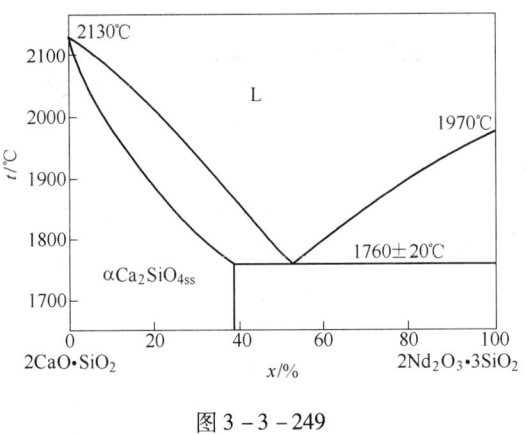 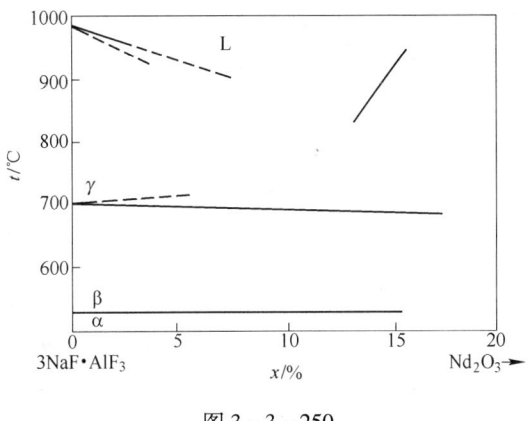

图3-3-249　　　　　　　　　　　图3-3-250

$Eu_2O_3$-$Al_2O_3$ 相图(图3-3-251)[6];$Eu_2O_3$-$Cr_2O_3$ 相图(图3-3-252)[6]

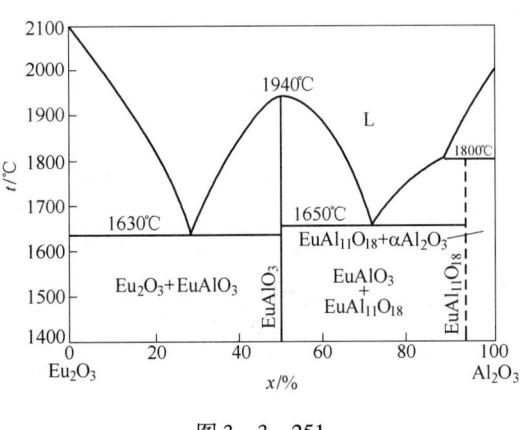 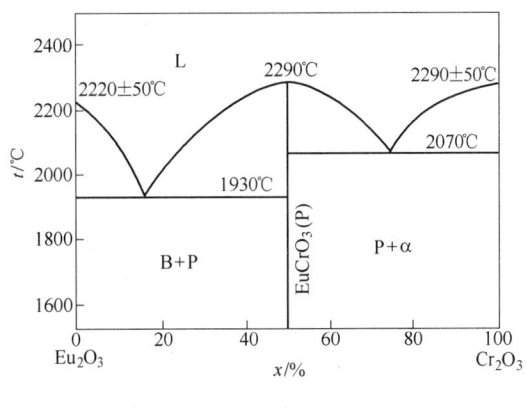

图3-3-251　　　　　　　　　　　图3-3-252

$Gd_2O_3$-$Al_2O_3$ 相图(图3-3-253)[6];$Gd_2O_3$-$Cr_2O_3$ 相图(图3-3-254)[6]

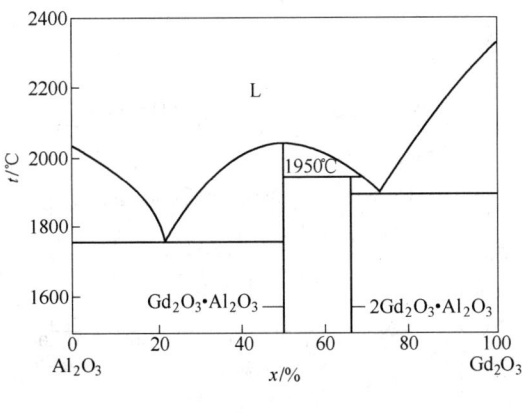 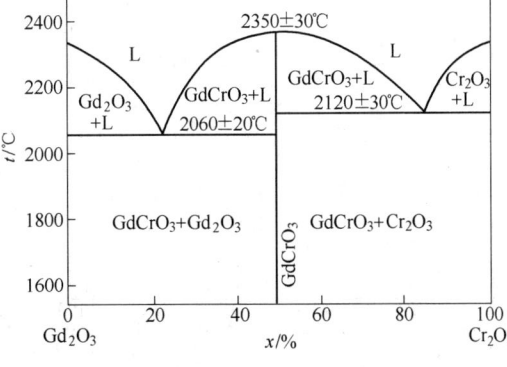

图3-3-253　　　　　　　　　　　图3-3-254

Gd$_2$O$_3$-ZrO$_2$ 相图（图 3 – 3 – 255）[6]；Y$_2$O$_3$-ZrO$_2$ 相图（图 3 – 3 – 256）[6]

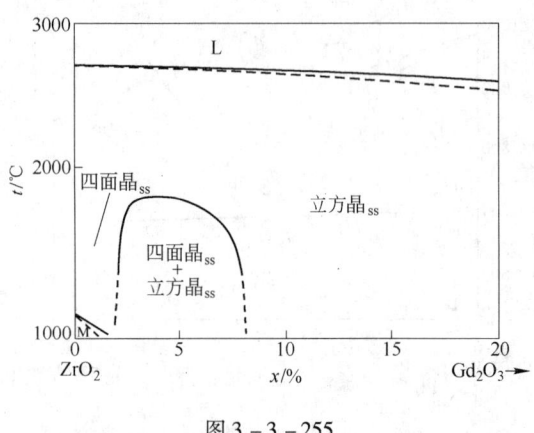

图 3 – 3 – 255

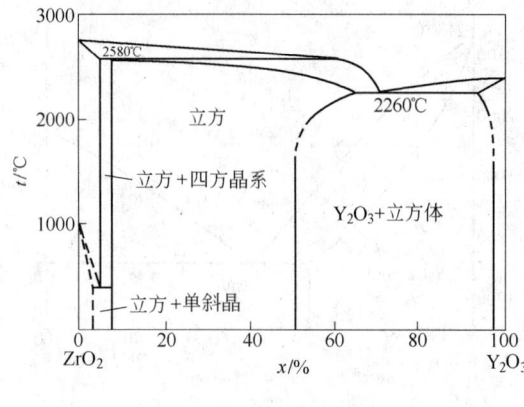

图 3 – 3 – 256

Y$_2$O$_3$·2SiO$_2$-La$_2$O$_3$·2SiO$_2$ 相图（图 3 – 3 – 257）[6]

2Y$_2$O$_3$·SiO$_2$-2CaO·SiO$_2$ 相图（图 3 – 3 – 258）[6]

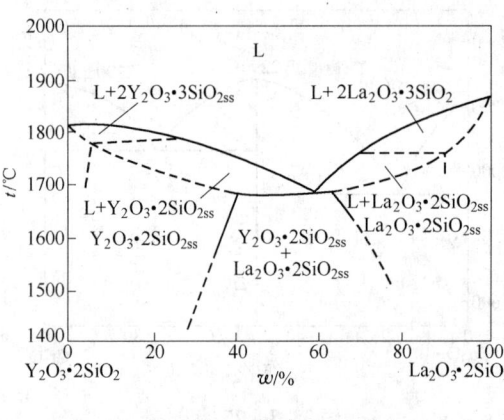

图 3 – 3 – 257

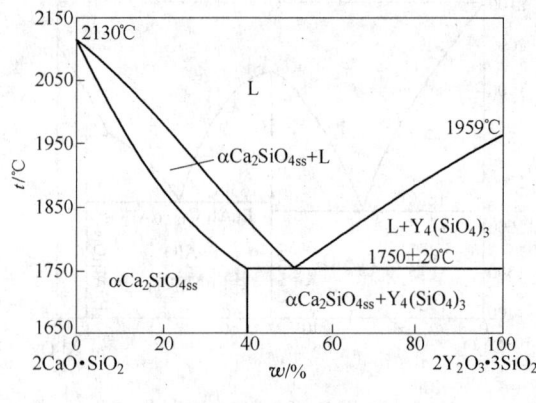

图 3 – 3 – 258

2Y$_2$O$_3$·3SiO$_2$-2Er$_2$O$_3$·3SiO$_2$ 相图（图 3 – 3 – 259）[6]

Y$_2$O$_3$·2SiO$_2$-Er$_2$O$_3$·2SiO$_2$ 相图（图 3 – 3 – 260）[6]

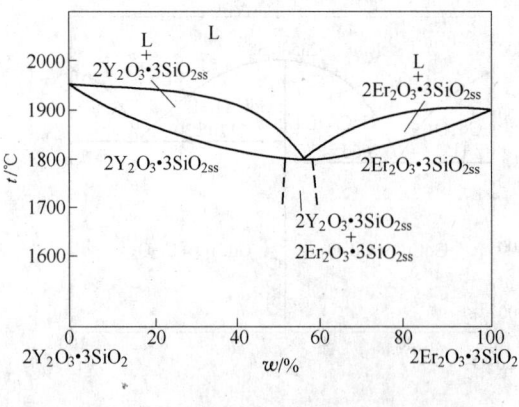

图 3 – 3 – 259

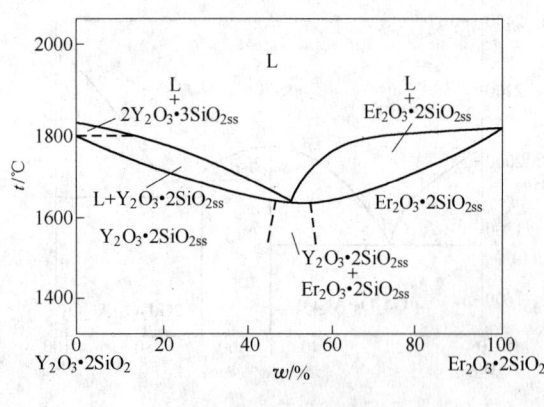

图 3 – 3 – 260

# 十三、含硫化物的相图

## （一）含 FeS 的相图

FeS-FeO 相图（图 3 - 3 - 261）[11] ；FeS-Fe$_3$O$_4$ 相图（图 3 - 3 - 262）[11]

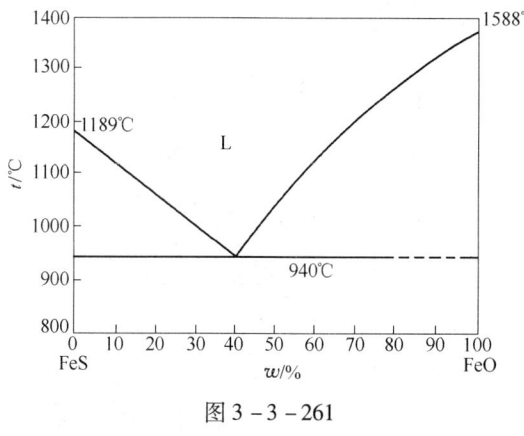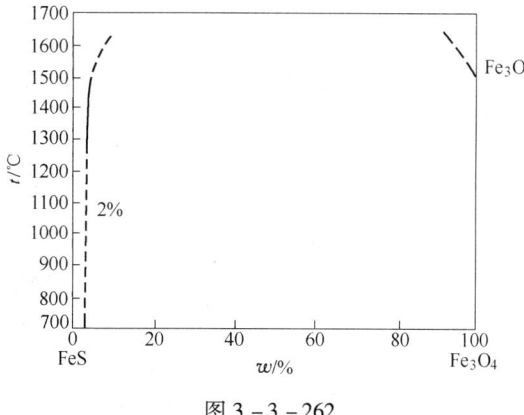

图 3 - 3 - 261　　　　　　　　　　图 3 - 3 - 262

FeS-MnS 相图（图 3 - 3 - 263）[11] ；FeS-2FeO·SiO$_2$ 相图（图 3 - 3 - 264）[11]

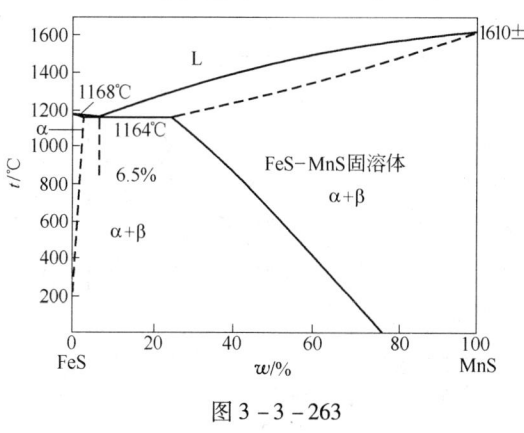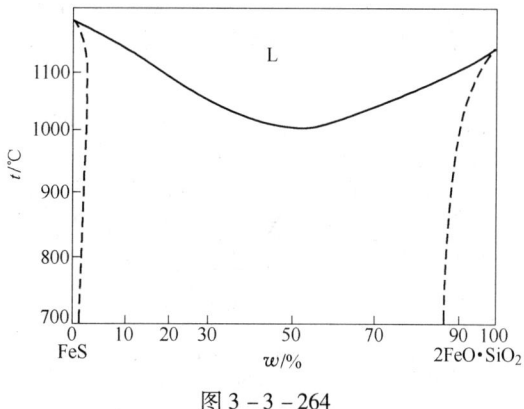

图 3 - 3 - 263　　　　　　　　　　图 3 - 3 - 264

FeS-FeO-MnS 相图（图 3 - 3 - 265）[6]

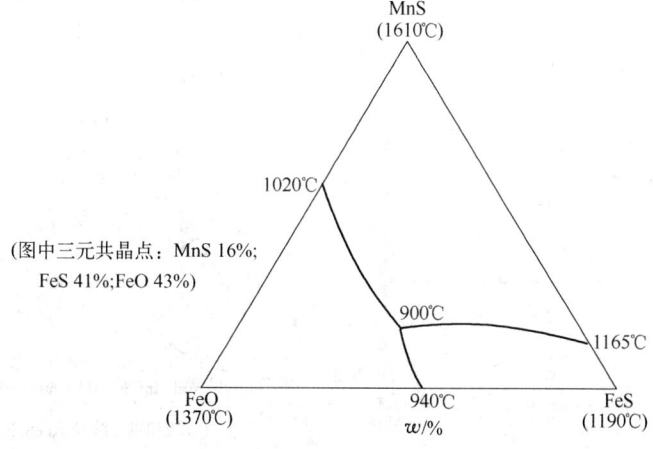

图 3 - 3 - 265

Fe-S-O 相图(图 3 - 3 - 266)[6]

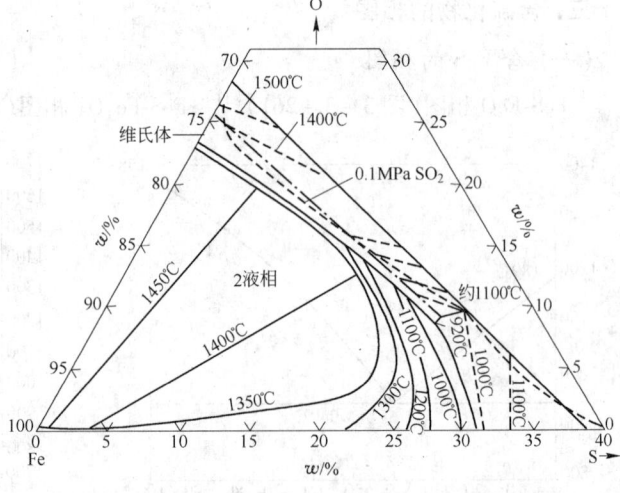

图 3 - 3 - 266

## (二) 含 MnS 的相图

MnS-MnO 相图(图 3 - 3 - 267)[12];MnS-2FeO·SiO$_2$ 相图(图 3 - 3 - 268)[11]

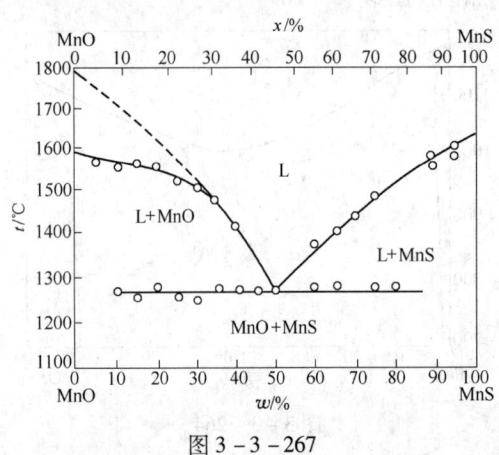

图 3 - 3 - 267

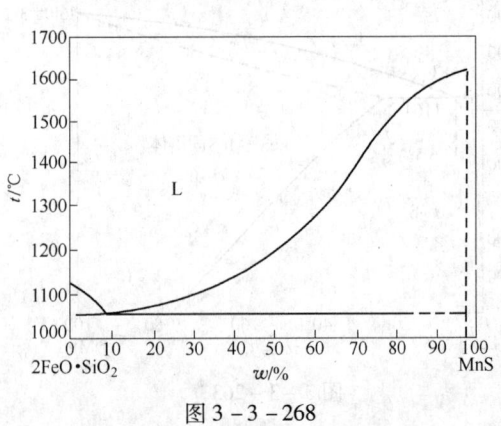

图 3 - 3 - 268

MnS-MnO·SiO$_2$ 相图(图 3 - 3 - 269)[11];MnS-MnO-FeO 相图(图 3 - 3 - 270)[3]

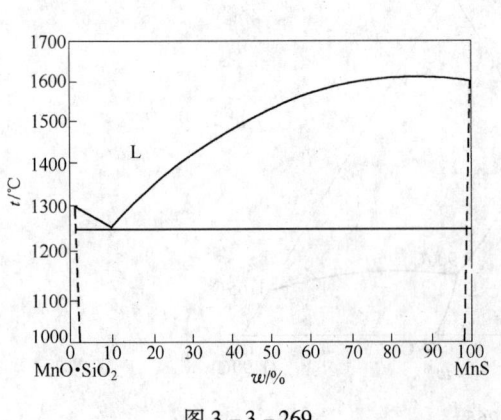

图 3 - 3 - 269

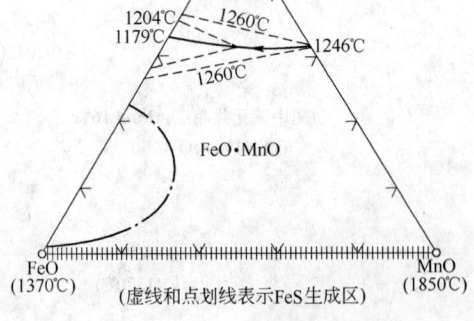

(虚线和点划线表示FeS生成区)

图 3 - 3 - 270

MnS-MnO·SiO₂-FeO 相图(图 3 - 3 - 271)[3]

MnS-2FeO·SiO₂-2MnO·SiO₂ 相图(图 3 - 3 - 272)[3]

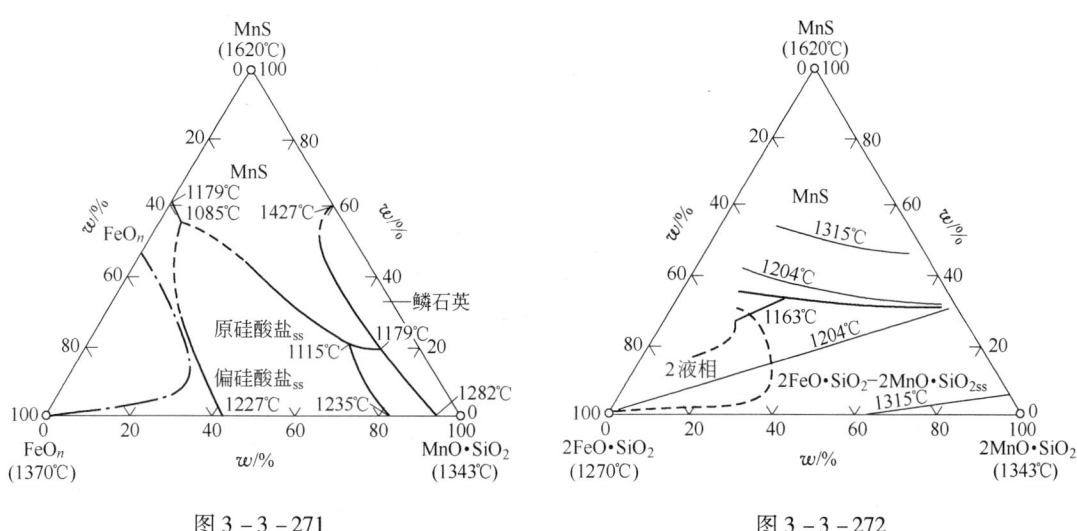

图 3 - 3 - 271　　　　　　　　　　　　图 3 - 3 - 272

(三) 含 CaS 的相图

CaS-FeO 相图(图 3 - 3 - 273)

CaS-CaO-Al₂O₃ 系中 1500℃时的 CaS 饱和线图(图 3 - 3 - 274)[7]

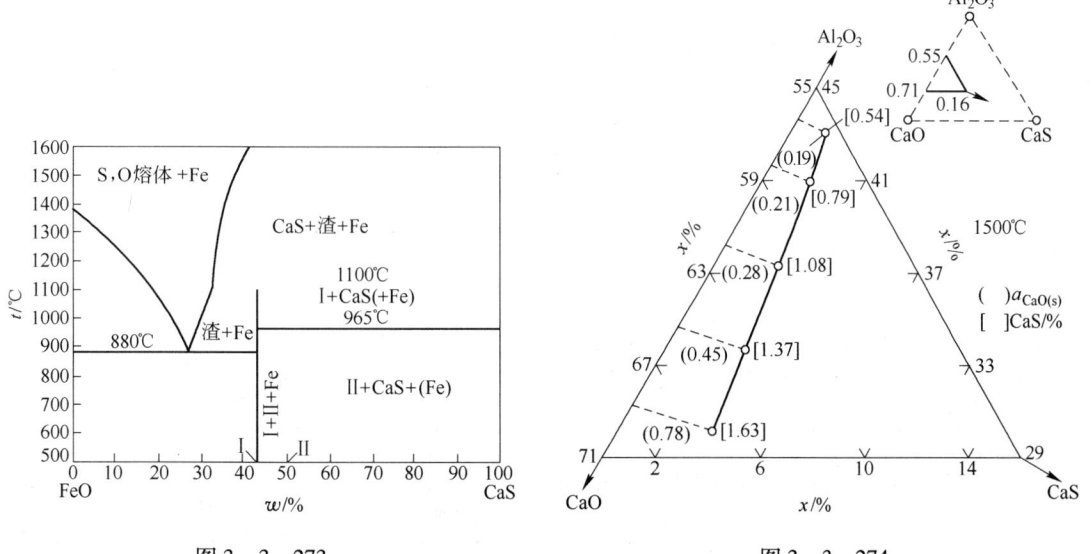

图 3 - 3 - 273　　　　　　　　　　　　图 3 - 3 - 274

CaS-MnS 相图(图 3 – 3 – 275)[13]

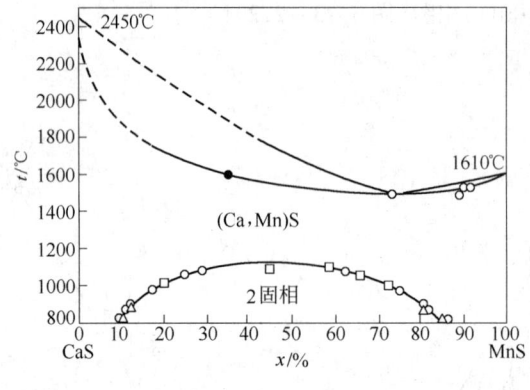

图 3 – 3 – 275

（四）Se、Te 的 Ca、Mn 化合物相图

CaSe-MnSe 相图(图 3 – 3 – 276)[13]

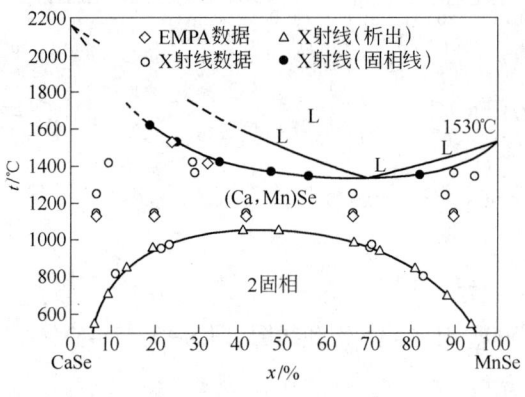

图 3 – 3 – 276

CaTe-MnTe 相图(图 3 – 3 – 277)[13]

CaSe-CaS-MnSe-MnS 相图示意图(图 3 – 3 – 278)[13]

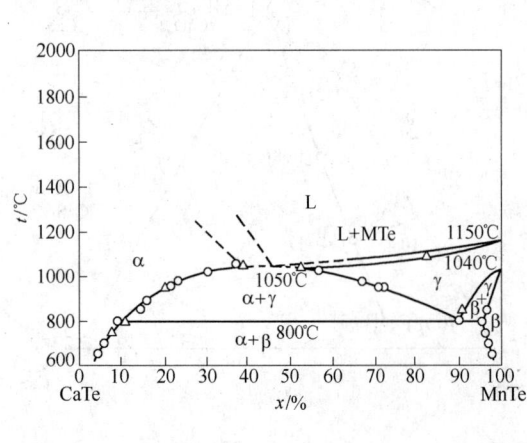

图 3 – 3 – 277

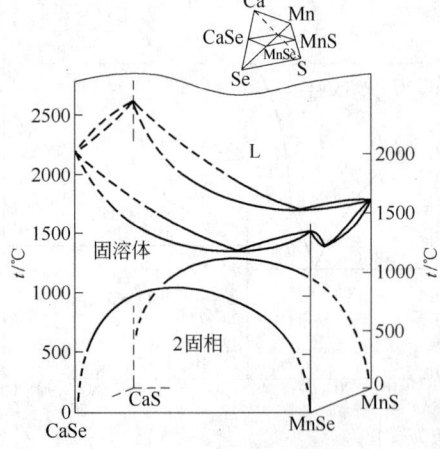

图 3 – 3 – 278

# 参 考 文 献

[1]  Пенкля Т. Очерке кристаллохимия. Химия М,1974

[2]  日本金属学会,编. 金属データプック. 改订第2版. 東京丸善,1984

[3]  德国钢铁工程师协会,编. 渣图集. 王俭,彭愶强,毛裕文,译. 北京:冶金工业出版社,1989

[4]  素木洋一. 硅酸盐手册. 北京:轻工业出版社,1984

[5]  特列怡柯夫 E B. 氧气转炉造渣制度. 北京:冶金工业出版社,1972

[6]  Phase Diagrams for Ceramists Supplement. Ernest M. Levin printed in U. S. A,1964,1969,1973

[7]  Торолов Н А ид. Диаграммо, состояния силиктных систем справочник. Наука Москва,1965

[8]  Новоселова А В. Методы исследвания Гелерогенных равновеснй. М Высцая щкола,1980

[9]  Владимиров В П. Сталъ, 1951,(6) 512~513

[10]  Куликов И С. Десулъфурация Чугуна. Металлургия М,1963

[11]  澤村宏. 理論鐵冶金學,基礎理論篇,下卷. 東京大雅堂,1958

[12]  Салли А. Марганец. Металлургиздат М. 1959

[13]  Roland Kiessling. Non-metallic Inclusions in Steel. London,1989

# 第四章 熔渣的物理性质

## 第一节 熔渣的密度

### 一、一元系

液态氧化物的密度(表4-1-1)[1]

表4-1-1

| 氧 化 物 | 分 子 量 | 温度/℃ | 密度$\rho$/g·cm$^{-3}$ | 比容$V$ /cm$^3$·g$^{-1}$ | 摩尔容积 $V$/cm$^3$·mol$^{-1}$ |
|---|---|---|---|---|---|
| $Al_2O_3$ | 101.96 | 2030 | 2.97 | 0.3367 | 34.33 |
| $B_2O_3$ | 69.64 | 1200 | 1.480 | 0.6756 | 47.05 |
| $GeO_2$ | 104.6 | 1400 | 3.29 | 0.3040 | 31.80 |
| $K_2O$ | 94.2 | 1400 | 1.815 | 0.5510 | 51.9±6.7 |
| $Li_2O$ | 29.88 | 1400 | 1.540 | 0.6493 | 19.4±2.5 |
| $SiO_2$① | 60.09 | 1400 | 2.201 | 0.4543 | 27.03±0.03 |
| FeO | 72 | 1400 | 4.9 | | |
| | 72 | 1450 | 4.35 | | |

① 非液态。

熔融氟化物的密度(g/cm$^3$)和温度的关系(表4-1-2)[2]

表4-1-2

| LiF | $\rho_t = 1.798 - 0.00044(t-850)$ | RbF | $\rho_t = 3.35 - 0.00097(t-700)$ |
|---|---|---|---|
| NaF | $\rho_t = 1.942 - 0.00056(t-1000)$ | $CaF_2$ | $\rho_t = 2.47 - 0.00052(t-1475)$ |
| KF | $\rho_t = 1.878 - 0.00067(t-900)$ | $MgF_2$ | $\rho_t = 2.58 - 0.00049(t-1270)$ |

$CaF_2$ 的密度和温度的关系(图4-1-1)[3]

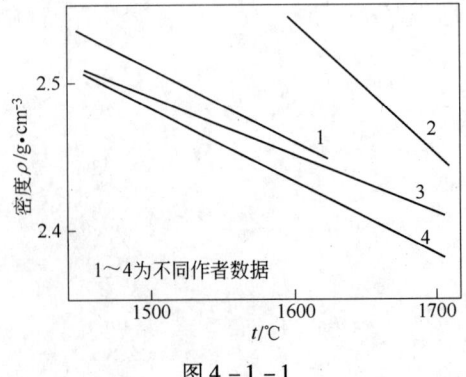

图4-1-1

## 二、二元系

$CaF_2$-$Al_2O_3$ 渣系的密度和温度的关系(图4-1-2)[3]

$CaF_2$-CaO 渣系的密度和温度的关系(图4-1-3)[3]

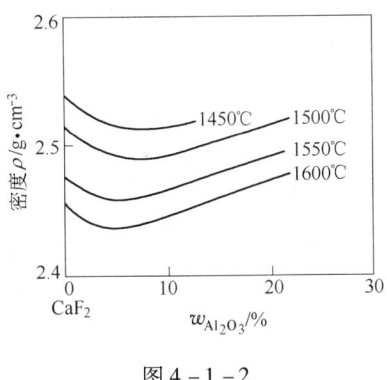

图4-1-2

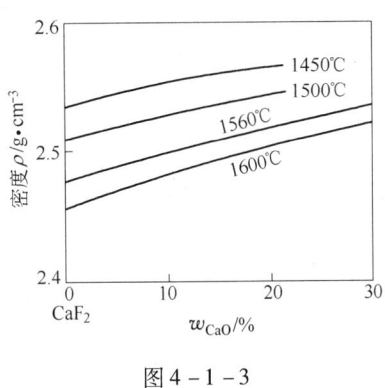

图4-1-3

$CaF_2$-$TiO_2$ 渣系的密度和温度的关系(图4-1-4)[4]

$CaF_2$-$E_xO_y$ 渣系的密度和成分的关系(1450℃)(图4-1-5)[3]

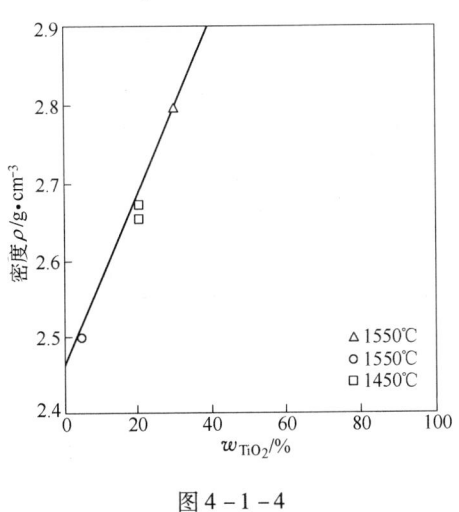

图4-1-4

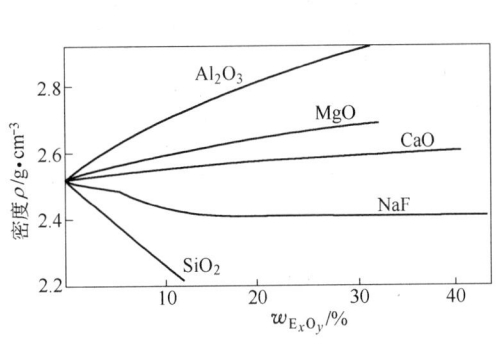

图4-1-5

### CaO-$Al_2O_3$ 熔体的密度(表4-1-3)[4]

CaO-$Al_2O_3$ 渣系摩尔体积和成分的关系(1600℃)(图4-1-6)[3]

表4-1-3

| 成分 w/% | | 温度/℃ | 密度/g·cm$^{-3}$ |
|---|---|---|---|
| CaO | $Al_2O_3$ | | |
| 54.5 | 45.5 | 1600 | 2.79 |
| 54.9 | 45.1 | 1600 | 2.76 |

注:最大泡压法测量。

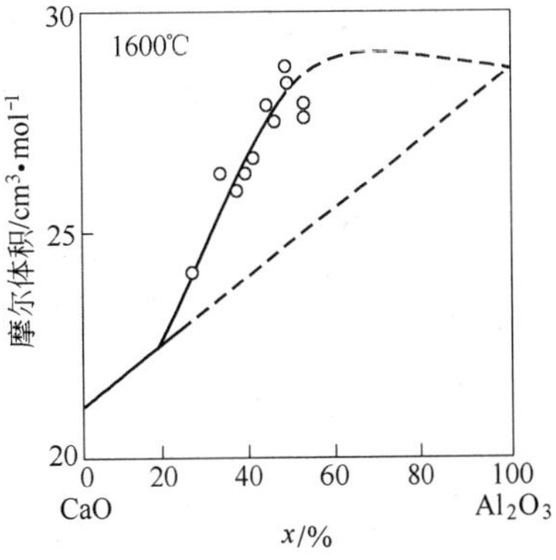

图4-1-6

CaO-FeO 渣系的密度和组成的关系（图 4 - 1 - 7）[4]

CaO-SiO$_2$ 渣系的密度和组成的关系（1700℃）（图 4 - 1 - 8）[4]

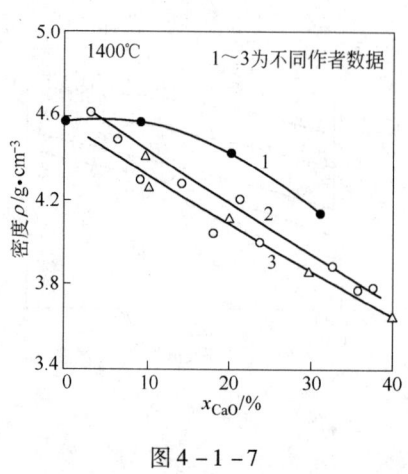

图 4 - 1 - 7

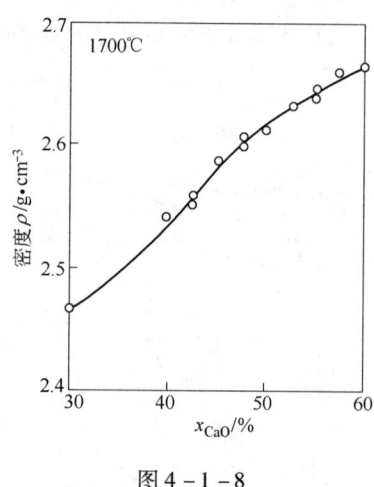

图 4 - 1 - 8

CaO-SiO$_2$ 渣系的密度和温度的关系（表 4 - 1 - 4）[4]

FeO-Fe$_2$O$_3$ 熔体的密度（表 4 - 1 - 5）[1]

表 4 - 1 - 4

| 成分 $w$/% | | 密度/g·cm$^{-3}$ | |
|---|---|---|---|
| CaO | SiO$_2$ | 未标温度 | 1500℃ |
| 37.4 | 62.6 | 2.746 | |
| 42.9 | 57.1 | 2.835 | |
| 48.3 | 51.7 | 2.898 | |
| 51.2 | 48.8 | 2.915 | |
| 55.8 | 44.2 | 2.953 | |
| 46.6 | 53.4 | | 2.62 |
| 50.0 | 50.0 | | 2.72 |
| 59.0 | 41.0 | | 2.80 |
| 62.0 | 38.0 | | 2.82 |

表 4 - 1 - 5

| 摩尔分数 $x$/% | | 密度/g·cm$^{-3}$ |
|---|---|---|
| FeO | Fe$_2$O$_3$ | |
| 96.3 | 3.7 | 4.56（1410℃） |
| 97.5 | 2.5 | 4.65（1440℃） |

注：最大泡压法测量。

FeO-SiO$_2$ 渣系的密度和温度的关系（图 4 - 1 - 9）[4]

MgO-SiO$_2$ 渣系的密度和组成的关系（1700℃）（图 4 - 1 - 10）[4]

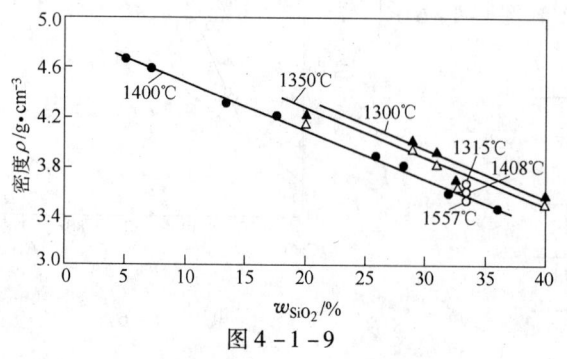

图 4 - 1 - 9

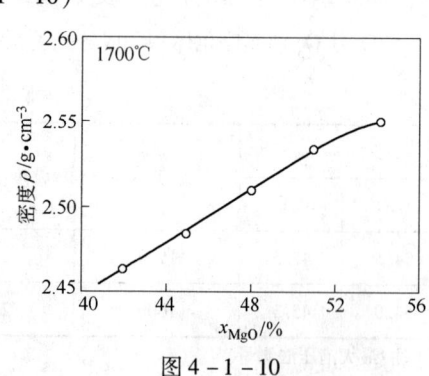

图 4 - 1 - 10

$MnO$-$SiO_2$ 熔体的密度和组成的关系(1400℃)(表 4 - 1 - 6)

$CaO$-$Al_2O_3$、$FeO$-$SiO_2$ 二元渣系的密度(表 4 - 1 - 7)[6]

表 4 - 1 - 6

| 成分 $w/\%$ [1] | | 密度/$g\cdot cm^{-3}$ |
|---|---|---|
| MnO | SiO_2 | |
| 58.0 | 37.8 | 3.15 |
| 63.5 | 32.1 | 3.34 |
| 66.7 | 28.2 | 3.46 |
| 72.6 | 23.5 | 3.75 |

[1] 其余为 FeO。最大压泡法测量。

表 4 - 1 - 7

| 组成/% | | | | 单 位 | 温度 /℃ | 密度 /$g\cdot cm^{-3}$ |
|---|---|---|---|---|---|---|
| CaO | Al_2O_3 | FeO | SiO_2 | | | |
| 45.5 | 54.5 | | | 质量分数 | 1600 | 2.79 |
| | | 20 | 80 | 摩尔分数 | 1400 | 4.2 |
| | | 60 | 40 | 摩尔分数 | 1400 | 3.75 |
| 30 | | | 70 | 摩尔分数 | 1700 | 2.47 |
| 50 | | | 50 | 摩尔分数 | 1700 | 2.02 |
| 60 | | | 40 | 摩尔分数 | 1700 | 2.66 |
| | | 90 | 10 | 摩尔分数 | 1400 | 4.50 |
| | | 60 | 40 | 摩尔分数 | 1400 | 3.55 |

$EO$-$SiO_2$ 渣系在1700℃时的密度(图 4 - 1 - 11)[5]

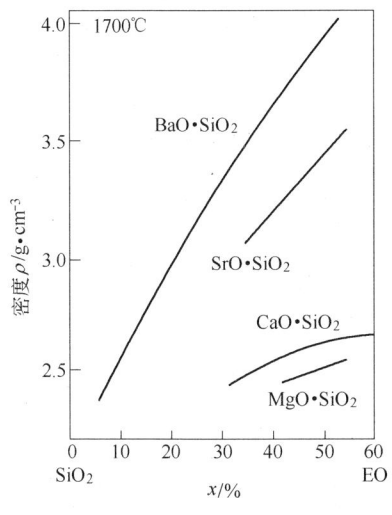

图 4 - 1 - 11

二元系摩尔体积的计算式($cm^3$/mol):

$$V_{1,2} = 1/\rho_{1,2} = x_1 M_1 V_1 + x_2 M_2 V_2$$

式中　$x_1, x_2$——组元的摩尔分数;

　　　$M_1, M_2$——组元的摩尔质量;

　　　$V_1, V_2$——组元的摩尔体积。

## 三、三元系

$CaO$-$Al_2O_3$-$CaF_2$ 渣系的密度(1450℃)(图 4 - 1 - 12)[7]

$CaO$-$Al_2O_3$-$CaF_2$ 渣系在1600℃时的密度$\left(\dfrac{CaO}{Al_2O_3}=1\right)$(图 4 - 1 - 13)[3]

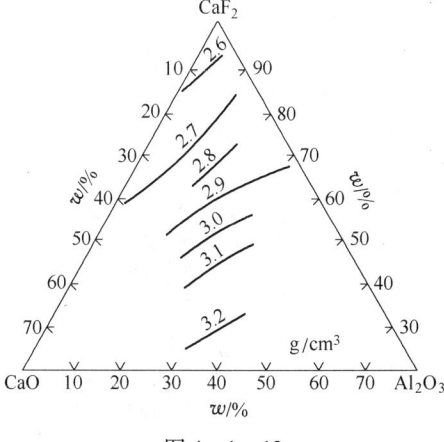

图 4 - 1 - 12

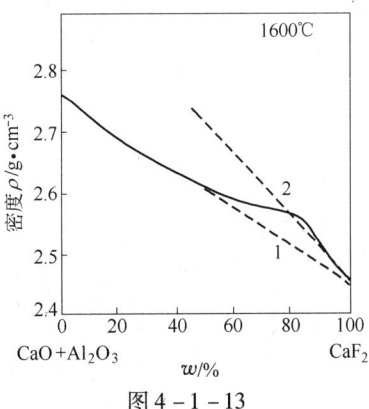

图 4 - 1 - 13

1—按分子体积加和规律计算二元混合;

2—按分子体积加和规律计算三元混合

CaO-Al$_2$O$_3$-CaF$_2$ 渣系在 1600℃时的摩尔体积(图 4 - 1 - 14)[3]

E$_x$O$_y$-Al$_2$O$_3$-CaF$_2$ 渣系的密度(CaF$_2$: Al$_2$O$_3$ = 7:3)(图 4 - 1 - 15)[3]

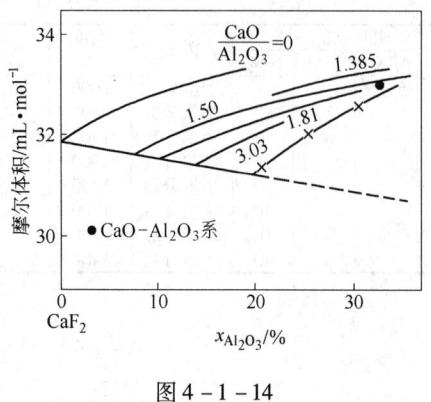

图 4 - 1 - 14

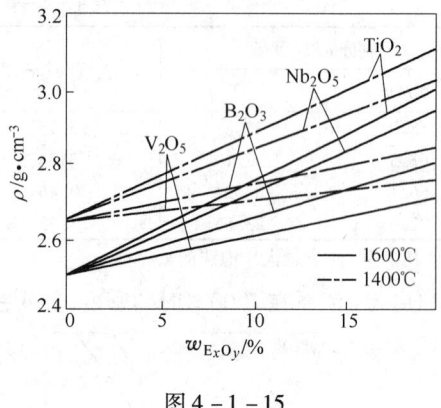

图 4 - 1 - 15

氟化物对 CaO-Al$_2$O$_3$ 渣系密度的影响(CaO/Al$_2$O$_3$ = 1,1550℃)(图 4 - 1 - 16)[2]

CaO-SiO$_2$-CaF$_2$ 渣系的密度(1600℃)(图 4 - 1 - 17)[8]

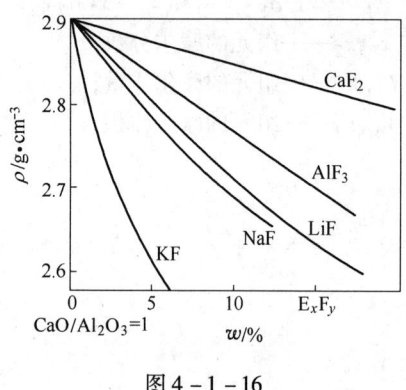

图 4 - 1 - 16

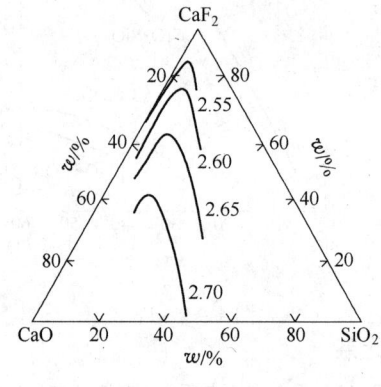

图 4 - 1 - 17

FeO-MnO-SiO$_2$ 渣系的密度(1410℃)(图 4 - 1 - 18)[1]

MnO-SiO$_2$-Al$_2$O$_3$ 渣系的密度(1570℃)(图 4 - 1 - 19)[9]

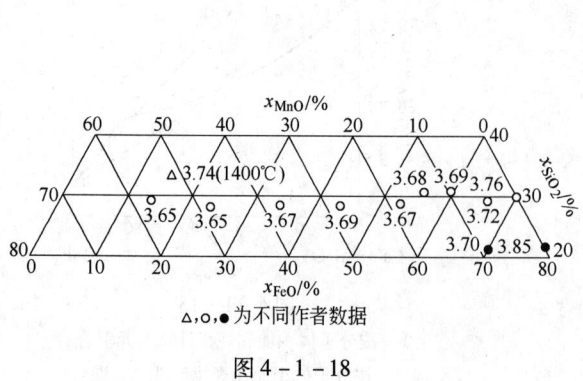

图 4 - 1 - 18

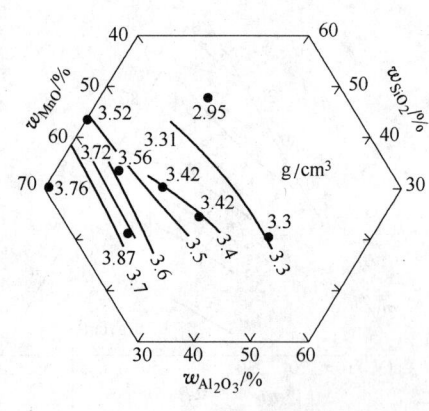

图 4 - 1 - 19

CaO-SiO$_2$-FeO 渣系的密度(1400℃)(图 4 - 1 - 20)[6]

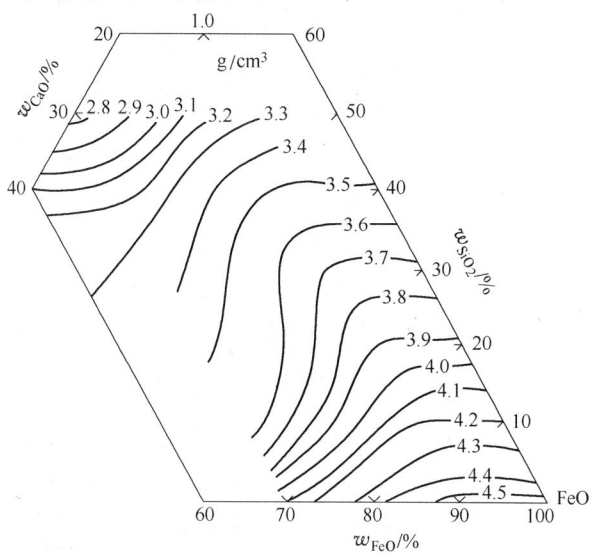

图 4 - 1 - 20

CaO-SiO$_2$-FeO 渣系在不同温度下的密度(表 4 - 1 - 8)[4]

表 4 - 1 - 8

| 成分 w/% | 温度/℃ | 密度/g·cm$^{-3}$ | 成分 w/% | 温度/℃ | 密度/g·cm$^{-3}$ |
|---|---|---|---|---|---|
| CaO:0<br>FeO:66.7<br>SiO$_2$:33.3 | 1270 | 3.66 | CaO:19.4<br>FeO:48.7<br>SiO$_2$:31.9 | 1391 | 3.21 |
| | 1315 | 3.65 | | 1423 | 3.26 |
| | 1366 | 3.58 | | 1469 | 3.27 |
| | 1408 | 3.60 | | 1517 | 3.27 |
| | 1466 | 3.58 | | 1547 | 3.27 |
| | 1509 | 3.59 | CaO:24.1<br>FeO:42.8<br>SiO$_2$:33.6 | 1308 | 3.16 |
| | 1557 | 3.57 | | 1354 | 3.17 |
| CaO:4.5<br>FeO:62.2<br>SiO$_2$:33.3 | 1279 | 3.58 | | 1410 | 3.19 |
| | 1324 | 3.56 | | 1463 | 3.20 |
| | 1374 | 3.57 | | 1503 | 3.21 |
| | 1426 | 3.53 | | 1550 | 3.25 |
| | 1438 | 3.53 | CaO:28.5<br>FeO:39.0<br>SiO$_2$:32.5 | 1282 | 3.18 |
| | 1483 | 3.50 | | 1295 | 3.12 |
| | 1515 | 3.50 | | 1323 | 3.18 |
| | 1552 | 3.53 | | 1360 | 3.17 |
| CaO:5.2<br>FeO:62.2<br>SiO$_2$:32.6 | 1253 | 3.55 | | 1412 | 3.16 |
| | 1301 | 3.55 | | 1456 | 3.16 |
| | 1364 | 3.56 | | 1509 | 3.15 |
| | 1425 | 3.55 | | 1553 | 3.15 |
| | 1472 | 3.48 | CaO:31.5<br>FeO:33.9<br>SiO$_2$:34.6 | 1264 | 3.30 |
| | 1513 | 3.48 | | 1305 | 3.10 |
| | 1560 | 3.47 | | 1358 | 3.10 |
| CaO:9.3<br>FeO:57.4<br>SiO$_2$:33.3 | 1270 | 3.47 | | 1410 | 3.09 |
| | 1310 | 3.46 | | 1450 | 3.09 |
| | 1367 | 3.45 | | 1526 | 3.10 |
| | 1413 | 3.43 | CaO:36.9<br>FeO:29.6<br>SiO$_2$:33.5 | 1290 | 3.06 |
| | 1463 | 3.41 | | 1346 | 3.14 |
| | 1514 | 3.37 | | 1382 | 3.12 |
| | 1555 | 3.35 | | 1419 | 3.11 |
| CaO:11.6<br>FeO:55.4<br>SiO$_2$:33.0 | 1260 | 3.49 | | 1478 | 3.02 |
| | 1310 | 3.49 | | 1551 | 3.08 |
| | 1360 | 3.50 | | 1553 | 3.00 |
| | 1412 | 3.47 | | | |
| | 1465 | 3.45 | | | |
| | 1512 | 3.45 | | | |
| | 1568 | 3.42 | | | |

注:测量方法为最大泡压法。

CaO·SiO$_2$-Al$_2$O$_3$渣系密度与温度的关系(表4-1-9)[4]

表4-1-9

| 成分 $w$/% | | | 密度/g·cm$^{-3}$ | | | | |
|---|---|---|---|---|---|---|---|
| CaO | Al$_2$O$_3$ | SiO$_2$ | 1350℃ | 1400℃ | 1450℃ | 1500℃ | 1550℃ |
| 35 | 5 | 60 | 2.531 | 2.526 | 2.520 | 2.513 | 2.507 |
| 35 | 10 | 55 | 2.545 | 2.537 | 2.530 | 2.524 | 2.517 |
| 35 | 15 | 50 | 2.554 | 2.546 | 2.539 | 2.532 | 2.525 |
| 35 | 18 | 47 | 2.559 | 2.550 | 2.545 | 2.540 | 2.533 |
| 35 | 19 | 46 | 2.562 | 2.553 | 2.547 | 2.542 | 2.534 |
| 35 | 20 | 45 | 2.563 | 2.555 | 2.549 | 2.543 | 2.537 |
| 40 | 5 | 55 | 2.566 | 2.559 | 2.550 | 2.543 | 2.535 |
| 40 | 10 | 50 | 2.573 | 2.565 | 2.559 | 2.552 | 2.543 |
| 40 | 13 | 47 | 2.586 | 2.577 | 2.570 | 2.562 | 2.555 |
| 40 | 14 | 46 | 2.588 | 2.581 | 2.573 | 2.565 | 2.558 |
| 40 | 15 | 45 | 2.591 | 2.584 | 2.576 | 2.567 | 2.561 |
| 40 | 20 | 40 | 2.604 | 2.596 | 2.589 | 2.581 | 2.574 |
| 45 | 5 | 50 | 2.609 | 2.601 | 2.594 | 2.587 | 2.580 |
| 45 | 6 | 49 | 2.610 | 2.603 | 2.595 | 2.588 | 2.580 |
| 45 | 8 | 47 | 2.613 | 2.605 | 2.599 | 2.591 | 2.584 |
| 45 | 9 | 46 | 2.614 | 2.606 | 2.601 | 2.593 | 2.585 |
| 45 | 10 | 45 | 2.615 | 2.609 | 2.602 | 2.594 | 2.587 |
| 45 | 15 | 40 | 2.624 | 2.616 | 2.608 | 2.601 | 2.594 |
| 45 | 20 | 35 | 2.628 | 2.620 | 2.614 | 2.607 | 2.600 |
| 50 | 5 | 45 | 2.647 | 2.640 | 2.632 | 2.624 | 2.617 |
| 50 | 10 | 40 | 2.657 | 2.650 | 2.643 | 2.635 | 2.627 |
| 50 | 15 | 35 | | | 2.656 | 2.648 | 2.640 |
| 50 | 20 | 30 | | | | 2.661 | 2.653 |
| 29.4 | 15.5 | 55.1 | 2.501 | 2.496 | 2.491 | 2.486 | 2.482 |
| 30.0 | 20.0 | 50.0 | 2.526 | 2.521 | 2.517 | 2.513 | 2.508 |
| 32.8 | 17.2 | 50.0 | 2.538 | 2.533 | 2.525 | 2.524 | 2.520 |
| 32.0 | 22.0 | 46.0 | 2.559 | 2.552 | 2.546 | 2.540 | 2.534 |
| 33.4 | 29.7 | 46.9 | 2.593 | 2.588 | 2.583 | 2.578 | 2.573 |
| 31.7 | 33.3 | 35.0 | 2.593 | 2.588 | 2.583 | 2.578 | |
| 35.2 | 18.5 | 46.3 | 2.564 | 2.559 | 2.554 | 2.549 | 2.544 |
| 36.8 | 19.3 | 43.9 | 2.575 | 2.574 | 2.569 | 2.564 | 2.559 |
| 35.2 | 25.9 | 38.9 | 2.590 | 2.585 | 2.586 | 2.575 | 2.570 |
| 38.0 | 20.0 | 42.0 | 2.592 | 2.586 | 2.580 | 2.573 | 2.567 |
| 40.0 | 19.4 | 40.6 | 2.604 | 2.598 | 2.591 | 2.584 | 2.578 |
| 41.6 | 11.4 | 47.0 | 2.600 | 2.593 | 2.580 | 2.580 | 2.574 |
| 42.6 | 11.4 | 46.0 | 2.605 | 2.597 | 2.590 | 2.584 | 2.578 |
| 43.6 | 11.4 | 45.0 | 2.609 | 2.602 | 2.595 | 2.583 | 2.582 |
| 45.3 | 17.6 | 37.1 | 2.627 | 2.620 | 2.613 | 2.606 | 2.598 |
| 43.6 | 18.2 | 38.2 | 2.620 | 2.613 | 2.606 | 2.598 | 2.591 |
| 41.9 | 18.7 | 39.4 | 2.614 | 2.606 | 2.599 | 2.592 | 2.584 |

## $Al_2O_3$-CaO-MgO 渣系的密度(表 4 – 1 – 10)[4]

表 4 – 1 – 10

| 成分 w/% | | | 密度/$g \cdot cm^{-3}$ | | | |
|---|---|---|---|---|---|---|
| $Al_2O_3$ | CaO | MgO | 1510℃ | 1600℃ | 1610℃ | 1625℃ |
| 57.4 | 36.2 | 6.4 | 3.0 | | | |
| 44.1 | 52.9 | 3.0 | | 2.79 | | |
| 42.8 | 51.2 | 6.0 | | 2.78 | | |
| 41.0 | 49.0 | 10.0 | | 2.79 | | |
| 38.7 | 46.3 | 15.0 | | 2.79 | | |
| 41.7 | 52.2 | 3.7 | | | 2.76 | |
| 50.2 | 40.2 | 9.5 | | | 2.75 | |
| 53.8 | 35.8 | 13.5 | | | | 2.73 |

## $Al_2O_3$-CaO-MgO-$SiO_2$ 渣系的密度(表 4 – 1 – 11)[4]

表 4 – 1 – 11

| 成分 w/% | | | | 密度/$g \cdot cm^{-3}$ | | | | | | 测量方法 |
|---|---|---|---|---|---|---|---|---|---|---|
| $Al_2O_3$ | CaO | MgO | $SiO_2$ | 1350℃ | 1400℃ | 1450℃ | 1500℃ | 1550℃ | 1600℃ | |
| 18.9 | 35.8 | 5.7 | 39.6 | 2.607 | 2.601 | 2.595 | 2.589 | 2.582 | | |
| 17.9 | 33.9 | 10.7 | 37.5 | 2.622 | 2.616 | 2.601 | 2.604 | 2.598 | | |
| 5 | 35 | 10 | 50 | 2.648 | 2.639 | 2.630 | 2.621 | 2.612 | | |
| 4.5 | 31.7 | 9 | 54.8 | 2.622 | 2.615 | 2.608 | 2.601 | 2.594 | | |
| 4 | 28.3 | 8.1 | 59.6 | 2.578 | 2.572 | 2.566 | 2.560 | 2.554 | | 阿基 |
| 3.5 | 25.0 | 7.4 | 64.1 | 2.548 | 2.542 | 2.536 | 2.530 | 2.524 | | 米得法 |
| 4.7 | 38.4 | 9.5 | 47.4 | 2.388 | 2.678 | 2.601 | 2.657 | 2.646 | | |
| 4.5 | 41.6 | 9 | 44.9 | 2.701 | 2.690 | 2.680 | 2.670 | 2.660 | | |
| 4.2 | 45.8 | 8.3 | 41.7 | 2.717 | 2.706 | 2.695 | 2.684 | 2.671 | | |
| 4.8 | 33.7 | 13.4 | 48.1 | 2.662 | 2.654 | 2.645 | 2.636 | 2.626 | | |
| 4.6 | 32.3 | 16.9 | 46.2 | 2.674 | 2.665 | 2.655 | 2.646 | 2.636 | | |
| 4.4 | 30.7 | 21.1 | 43.8 | 2.636 | 2.677 | 2.668 | 2.659 | 2.649 | | |
| 10.4 | 33.0 | 9.5 | 47.1 | 2.641 | 2.641 | 2.632 | 2.624 | 2.616 | | |
| 15.0 | 31.3 | 8.9 | 44.8 | 2.648 | 2.640 | 2.632 | 2.624 | 2.616 | | |
| 20.0 | 29.5 | 8.4 | 42.1 | 2.653 | 2.645 | 2.637 | 2.629 | 2.621 | | |
| 41.4 | 49.6 | 3.0 | 6.0 | | | | | | 2.74 | |
| 40.0 | 48.0 | 6.0 | 6.0 | | | | | | 2.76 | |
| 38.2 | 45.8 | 10.0 | 6.0 | | | | | | 2.75 | 最大泡 |
| 37.3 | 44.7 | 3.0 | 15.0 | | | | | | 2.72 | 压法 |
| 36.0 | 43.0 | 6.0 | 15.0 | | | | | | 2.72 | |
| 34.2 | 40.8 | 10.0 | 15.0 | | | | | | 2.73 | |

### 四、炼钢炉渣的密度

炼钢炉渣密度和(FeO)的关系(室温)(图4-1-21)[10]

炉渣的密度和渣中(FeO+Fe₂O₃+MnO)的关系(室温)(图4-1-22)[10]

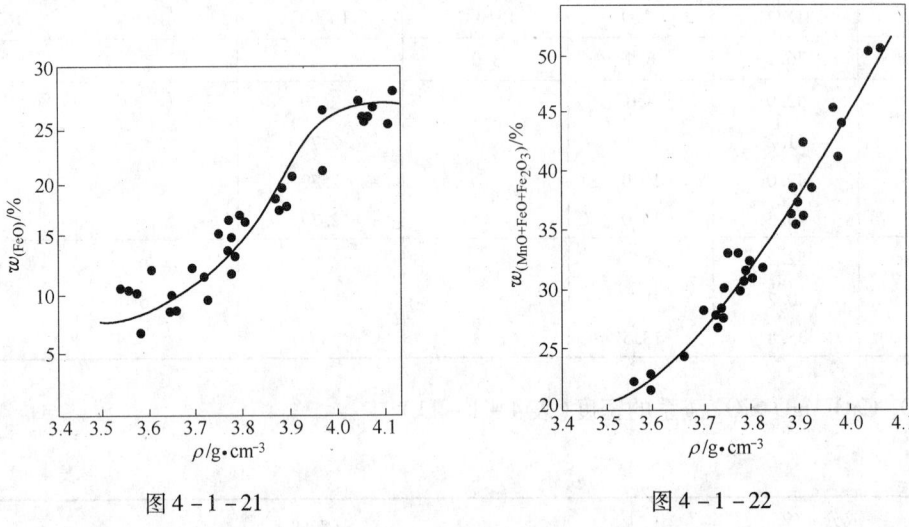

图 4 - 1 - 21　　　　　　　　　　图 4 - 1 - 22

炼钢炉渣的密度和渣中铁含量的关系(室温)(图4-1-23)[10]

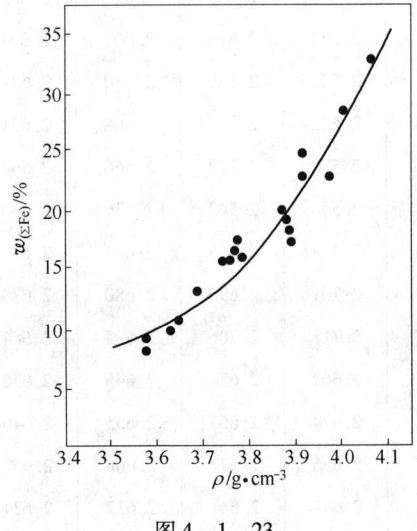

图 4 - 1 - 23

一些多元系熔体的密度(表4-1-12)[4]

表 4 - 1 - 12

| 成分 w/% | | | | | | | | | | | 其他成分 | 温度/℃ | 密度 /g·cm⁻³ | 测量方法 |
|---|---|---|---|---|---|---|---|---|---|---|---|---|---|---|
| CaF₂ | Al₂O₃ | CaO | FeO | Fe₂O₃ | K₂O | MgO | MnO | Na₂O | P₂O₅ | SiO₂ | | | | |
| 17.1 | 18.0 | 11.0 | 0.3 | 3.0 | 1.5 | 3.2 | 63 | 6.1 | 0.02 | 33.0 | 0.16 S | 1560 | 2.74 | 最大泡压法 |
| 11.6 | 9.2 | 10.5 | 0.8 | 3.1 | 0.4 | 3.3 | 12.9 | 20.0 | 0.02 | 38.0 | 0.2 S | 1560 | 2.70 | |

| 成分 w/% | | | | | | | | | | | 其他成分 | 温度/℃ | 密度/$\mathrm{g \cdot cm^{-3}}$ | 测量方法 |
|---|---|---|---|---|---|---|---|---|---|---|---|---|---|---|
| $CaF_2$ | $Al_2O_3$ | CaO | FeO | $Fe_2O_3$ | $K_2O$ | MgO | MnO | $Na_2O$ | $P_2O_5$ | $SiO_2$ | | | | |
| 13.6 | 12.0 | 11.0 | 1.19 | 0.1 | 0.4 | 1.8 | 10.0 | 9.2 | 0.02 | 40.6 | 0.18 S | 1560 | 2.67 | 最大泡压法 |
| 8.8 | 14.6 | 26.6 | 0.3 | 2.7 | 0.8 | 4.0 | 3.5 | 6.1 | 0.02 | 32.5 | 0.08 S | 1560 | 2.73 | |
| 28.68 | 20.55 | 6.27 | 1.28 | | | 4.68 | 9.22 | | | 24.36 | | 1140 | | 最大泡压法 |
| 31.90 | 12.34 | 8.50 | 2.46 | | | 9.04 | 9.20 | | | 24.36 | | 1120 | | |
| 31.99 | 17.81 | 9.62 | 1.48 | | | 5.31 | 7.22 | | | 25.70 | | 1110 | | |
| 32.65 | 5.62 | 20.35 | 2.21 | | | 6.32 | 2.81 | | | 25.25 | | 1110 | | |
| 23.22 | 14.60 | 13.93 | 2.46 | | | 4.34 | 6.22 | | | 33.00 | | 1115 | | |
| 26.57 | 13.92 | 13.07 | 2.92 | | | 5.21 | 6.92 | | | 30.55 | | 1110 | | |
| 52.2 | 23.00 | 19.6 | | | | 3.00 | | | 0.018P | 2.00 | 0.016 S | 1420 | 2.36 | 最大泡压法 |
| 20.2 | 15.8 | 14.3 | | | | 1.30 | 13.12 | | 0.028P | 35.2 | 0.034 S | 1420 | 3.10 | |
| 6.8 | 1.93 | 4.3 | | | | | 41.4 | | 0.074P | 43.8 | 0.036 S | 1480 | 2.70 | |
| 51.40 | 29.32 | 14.81 | 0.08 | 0.31 | | | 0.02 | | | 1.03 | | 1520 | | 静滴法 |
| 66.84 | 22.26 | 6.72 | 0.08 | 0.16 | | | 0.01 | | | 0.43 | | 1510 | | |
| 37.00 | 40.80 | 11.00 | 0.88 | 0.27 | | | 0.37 | | | 6.11 | | 1530 | | |
| 45.88 | 1.86 | 31.00 | 2.33 | 0.80 | | | 0.16 | | | 8.23 | | 1500 | | |
| 60.88 | 31.00 | 3.80 | 0.40 | | | | 0.02 | | | 0.51 | | 1500 | | |
| 42.30 | 31.80 | 21.81 | 0.16 | | | | 0.01 | | | 1.07 | | 1520 | | |
| 32.00 | 44.80 | 20.32 | 0.12 | 0.27 | | | 0.02 | | | 0.58 | | 1540 | | |
| 32.82 | 25.80 | 27.10 | 0.16 | 0.27 | | | 0.02 | | | 2.21 | | 1540 | | |
| 6.8 | 13.4 | 52.4 | 2.5 | | | 4.8 | 0.23 | 1.8 | | 18.0 | | 1600 | | 最大泡压法 |
| 2.3 | 14.6 | 56.6 | 1.9 | | | 5.59 | 0.22 | 2.69 | | 16.5 | | 1600 | | |
| 4.7 | 20.8 | 46.0 | 0.9 | | | 5.6 | 0.15 | 3.5 | | 18.5 | | 1600 | | |
| 2.8 | 22.9 | 55.6 | 1.8 | | | 1.56 | 0.31 | 1.8 | | 13.4 | $0.43 V_2O_5$; $3.05 TiO_2$ | 1600 | | |
| 2.4 | 17.7 | 45.4 | 1.7 | | | 4.4 | 0.7 | 1.0 | | 19.3 | $1.4 V_2O_5$; $6.1 TiO_2$ | 1600 | | |
| 1.35 | 15.8 | 42.3 | 3.1 | | | 3.81 | 2.57 | 1.7 | | 20.0 | $1.2 V_2O_5$; $2.3 TiO_2$ | 1600 | | |
| 2.1 | 23.7 | 52.0 | 2.1 | | | 0.9 | 1.5 | 1.6 | | 13.5 | $0.9 V_2O_5$; $1.7 TiO_2$ | 1600 | | |
| 7.0 | 34.3 | 46.9 | 0.1 | | | 1.3 | | 8.3 | | 1.0 | | 1600 | | |
| 27.5 | 10.3 | 21.7 | | | | 6.4 | | 10.4 | | 23.7 | | 1600 | | 最大泡压法 |
| 22.1 | 27.1 | 17.5 | | | | 5.4 | | 8.6 | | 19.3 | | 1600 | | |
| 21.0 | 28.6 | 16.7 | | | | 5.1 | 2.1 | 8.2 | | 18.3 | | 1600 | | |
| 20.2 | 27.4 | 15.8 | | | | 4.9 | 6.3 | 7.8 | | 17.6 | | 1600 | | |
| 19.3 | 26.2 | 15.3 | | | | 4.7 | 10.4 | 7.4 | | 16.7 | | 1600 | | |
| 27.5 | 10.3 | 0.4 | | | | 3.9 | | 10.4 | | 47.5 | | 1600 | | |
| 22.1 | 27.1 | 0.3 | | | | 3.2 | | 8.6 | | 38.7 | | 1600 | | |
| 21.0 | 28.7 | 0.3 | | | | 3.0 | 2.1 | 8.3 | | 36.6 | | 1600 | | |
| 20.2 | 27.3 | 0.3 | | | | 2.9 | 6.3 | 7.8 | | 35.2 | | 1600 | | |
| 19.3 | 26.2 | 0.3 | | | | 2.8 | 10.4 | 7.4 | | 33.6 | | 1600 | | |
| 29.8 | 30.0 | 6.8 | | 2.1 | 10.2 | | | | | 21.0 | | 1400 | 2.40 | 滴重法 |
| 14.1 | 39.0 | 36.8 | | 2.4 | 0.4 | | | | | 8.0 | | 1450 | 2.54 | |
| 21.2 | 40.8 | 17.8 | | 16.3 | | | | | | 3.3 | | 1420 | 2.73 | |
| 52.2 | 24.0 | 9.6 | | 3 | | | | | | 2 | | 1420 | 2.36 | |

### 五、炉渣密度的计算

电渣炉渣系组成和比容($cm^3/g$)关系式如下($25℃$)：

$$\rho_{25℃}^{-1} = V_{25℃} = 0.314(\%CaF_2) + 0.301(\%CaO) + 0.279(\%MgO) + 0.252(\%Al_2O_3)$$

式中，成分为质量分数。

电渣炉渣系的比容($cm^3/g$)和成分关系的计算公式：

$$\rho_{1400℃}^{-1} = 0.389(\%CaF_2) + 0.303(\%CaO) + 0.372(\%MgO) + 0.328(\%Al_2O_3)$$

式中，成分为质量分数。

室温下固态渣的密度($g/cm^3$)计算公式：

$$\rho_{渣} = 3.97(\%Al_2O_3) + 3.32(\%CaO) + 7.13(\%CeO_2) + 5.21(\%Cr_2O_3) + 3.5(\%MgO) +$$
$$5.4(\%MnO) + 2.27(\%Na_2O) + 5.2(\%Fe_2O_3) + 5.9(\%FeO) + 2.32(\%SiO_2) +$$
$$2.39(\%P_2O_5) + 4.24(\%TiO_2) + 4.87(\%V_2O_3) + 2.8(\%CaF_2) + 4.6(\%FeS)$$

式中，成分为质量分数。

$1400℃$时炼钢炉渣比容($cm^3/g$)的计算公式：

$$\rho_{1400℃}^{-1} = 0.45(\%SiO_2) + 0.286(\%CaO) + 0.204(\%FeO) + 0.35(\%Fe_2O_3) +$$
$$0.237(\%MnO) + 0.367(\%MgO) + 0.48(\%P_2O_5) + 0.402(\%Al_2O_3)$$

式中，成分为质量分数。

$$\rho_t = \rho_{1400℃} + 0.07\left(\frac{1400 - t}{1400}\right)$$

式中，$t$ 表示某一温度，℃。

## 第二节　熔渣的热性质

### 一、熔渣的热导率

熔渣的导热性对冶炼的热工制度有很大影响，但由于研究工作有很多困难，这方面的数据发表的不多。

硅酸铁二元渣系的热导率和成分、温度的关系：

$FeO$-$SiO_2$ 系的热导率（表 $4-2-1$）[11]

表 $4-2-1$

| 熔体成分 $w/\%$ | | 热导率/$kJ \cdot (m \cdot h \cdot K)^{-1}$ | | |
|---|---|---|---|---|
| FeO | SiO$_2$ | 1350℃ | 1500℃ | 2000℃ |
| 66.7 | 33.3 | 18.79 | 23.3 | 56.74 |
| 57.0 | 43.0 | 5.61 | 8.41 | 20.46 |
| 50.0 | 50.0 | 2.782 | 4.39 | 12.84 |

温度越高热导率越大。在电弧炉内高温区炉渣热导率大，对加热熔池有利。

在炼钢操作中，没有搅拌和对流的多元系炉渣的热导率 $\lambda$ 为 $8.34 \sim 12.55$ kJ/$(m \cdot h \cdot K)$，在渣层厚度 $d = 100 \sim 150$ mm 时，其热阻 $d/\lambda = 0.0096 \sim 0.0143$ $m^2 \cdot h \cdot K/kJ$。

炉渣在钢液中搅拌沸腾时的热导率和热阻数据：

炉渣的热导率和热阻($d = 0.1$ m 时)(表 $4 - 2 - 2$)

表 $4 - 2 - 2$

| 炉渣种类 | $\lambda / kJ \cdot (m \cdot h \cdot K)^{-1}$ | $\dfrac{d}{\lambda} / m^2 \cdot h \cdot K \cdot kJ^{-1}$ |
|---|---|---|
| 微流动的碱性泡沫渣 | $16.74 \sim 25.1$ | $0.00398 \sim 0.0059$ |
| 活跃的碱性沸腾渣 | $418.4 \sim 836.8$ | $0.00012 \sim 0.00024$ |
| 活跃的酸性沸腾渣 | $251 \sim 418.4$ | $0.00024 \sim 0.0004$ |

当渣层厚度 $d = 100 \sim 150$ mm 时,热阻值为 $d_渣 / \lambda_渣$。

沸腾炉渣的导热性比静止的高 $20 \sim 40$ 倍,在炼钢操作中已注意到并利用了炉渣的这种性质,如在沸腾时供给大的电功率或热功率等。无论是在平静的还是在沸腾的情况下熔渣的导热性比金属液低 $3 \sim 4$ 倍。电炉渣的上层温度比钢液高 $40 \sim 80$℃。

玻璃、釉、珐琅的热导率($kJ/(m \cdot s \cdot K)$)近似计算公式[12]:

$$\lambda_{25℃} = 1.26(\% SiO_2) + 2.62(\% Al_2O_3) + 1.55(\% B_2O_3) + 1.90(\% MgO) + 3.68(\% CaO) + 4.78(\% Na_2O) + 4.96(\% BaO) + 5.61(\% K_2O)$$

式中,成分为质量分数。上式适于 $B_2O_3 < 12\%$,计算结果精确度为 $\pm 10\%$。

不同温度下发热剂和绝热保护渣的热导率($W/(cm \cdot K)$)(表 $4 - 2 - 3$)[13]

表 $4 - 2 - 3$

| 原材料和保护渣 | 温度/℃ | | | | |
|---|---|---|---|---|---|
| | 0 | 400 | 500 | 700 | 1000 |
| 膨胀珍珠岩和蛭石 | $0.046 \sim 0.058$ | | $0.16 \sim 0.17$ | | $0.35 \sim 0.40$ |
| 蛭石 + 30% 石墨 | 0.12 | 0.15 | | 0.18 | |
| 烟道灰 + 15% 石墨 | $0.15 \sim 0.16$ | | $0.19 \sim 0.20$ | | $0.1 \sim 1.10$(烧结) |
| 绝热保护渣 | $0.19 \sim 0.21$ | | $0.29 \sim 0.32$ | | $1.4 \sim 1.5$(液体渣) |

不同温度下保护渣层的热导率($W/(m \cdot K)$)(表 $4 - 2 - 4$)[13]

表 $4 - 2 - 4$

| 保护渣 | 温度/℃ | | | | | | |
|---|---|---|---|---|---|---|---|
| | 400 | 600 | 800 | 1000 | 1100 | 1200 | 液体渣 |
| I | 0.24 | 0.25 | 0.26 | 0.34 | 0.40 | 0.51 | 1.45 |
| II | 0.40 | 0.41 | 0.46 | 0.58 | 0.71 | 0.95 | 1.97 |
| III | 0.79 | 0.82 | 0.86 | 0.92 | 1.05 | 1.34 | 2.21 |

保护渣 I、II、III 的成分组成为:

| 组 成 | 成分 $w/\%$ | | | | | | | | |
|---|---|---|---|---|---|---|---|---|---|
| | C | $SiO_2$ | CaO | $Al_2O_3$ | MgO | MnO | FeO | $Na_2O$ | F |
| I 原始渣 | 29.8 | 22.3 | 13.0 | 13.2 | 1.0 | 0.7 | 1.7 | 9.0 | 9.3 |
| II 原始渣 | 9.8 | 23.6 | 38.1 | 10.9 | 1.3 | 0.5 | 0.9 | 4.6 | 10.0 |
| III 原始渣 | | 26.3 | 42.4 | 12.1 | 1.45 | 0.56 | 1.0 | 5.1 | 11.1 |

在确定厚度的渣层中,热导率按下式计算:

$$\lambda_1 = q(\Delta h_n / \Delta t_n)$$

式中　$q$——流向渣层的热流密度,$W/m^2$;

　　$\Delta h_n$——渣层中热电偶之间的距离,m;

　　$\Delta t_n$——沿渣层温度的温度差。

$$q = \lambda / [\Delta h(t_1 - t_2)]$$

式中　$\lambda$——板的热导率,$W/(m \cdot K)$;

　　$\Delta h$——装在板上的热电偶 $t_1$ 和 $t_2$ 之间的距离,m;

　　$t_1, t_2$——热电偶指示的温度。

## 二、焓

$SiO_2$-$FeO$-$Fe_2O_3$ 系的焓(1473 K、1523 K)(表4-2-5)[14]

表4-2-5

| 成分 $w/\%$ | | | $\Delta H_{273}^T / J \cdot g^{-1}$ | |
|---|---|---|---|---|
| $SiO_2$ | $FeO$ | $Fe_3O_4$ | 1473 K | 1523 K |
| 29.4 | 67.0 | 3.6 | 1340 | 1360 |
| 26.2 | 62.8 | 11.1 | 1320 | 1410 |
| 24.8 | 59.5 | 15.7 | 1380 | 1425 |
| 23.2 | 55.6 | 21.2 | 1350 | 1455 |
| 21.9 | 52.6 | 25.6 | 1605 | 1550 |

$CaO$-$SiO_2$-$Al_2O_3$ 渣系等焓线(J/g)的等温曲线(条件是得到渣的良好流动性,其黏度为0.2~0.5 Pa·s时)(图4-2-1)[15]

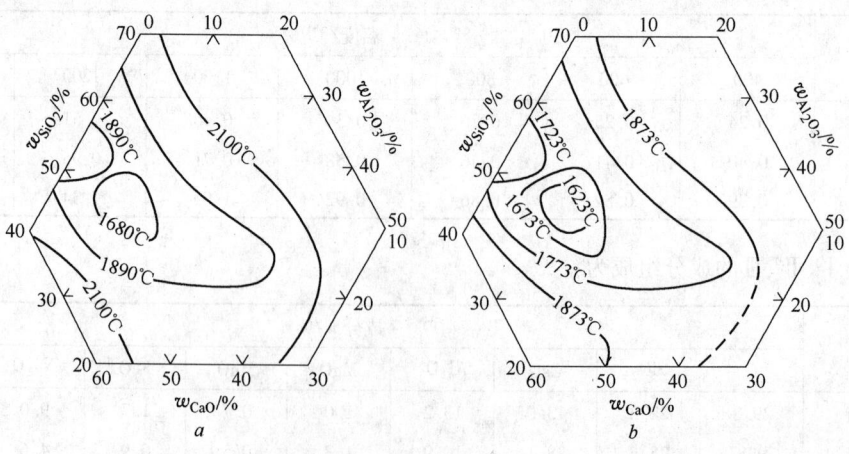

图4-2-1

CaO-SiO$_2$-FeO 系的焓（J/g）（1473 K、1523 K）（图 4 - 2 - 2）[18]

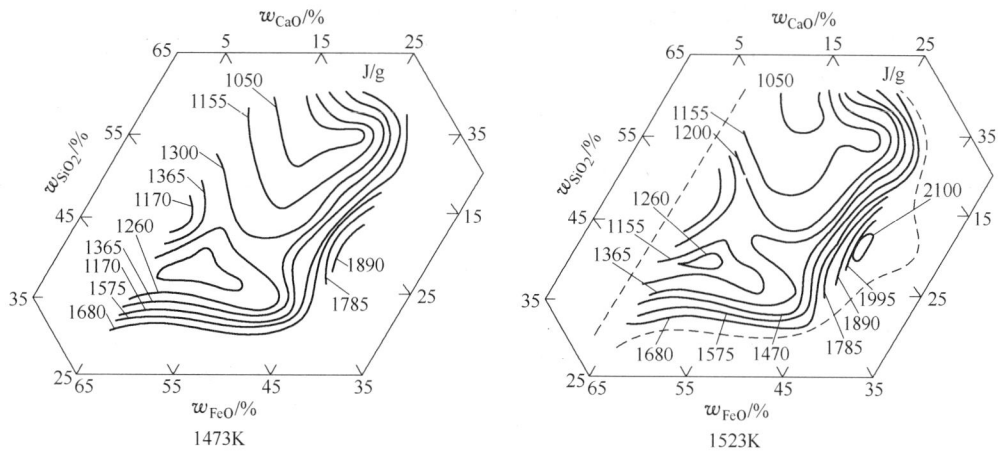

图 4 - 2 - 2

CaO-SiO$_2$-FeO-CaO 渣系的焓（973 K、1473 K、1523 K、1573 K）（表 4 - 2 - 6）[17]

表 4 - 2 - 6

| 成分 $w/\%$ | | | | $\Delta H_{273}^{T}/\mathrm{J \cdot g^{-1}}$ | | | |
|---|---|---|---|---|---|---|---|
| SiO$_2$ | FeO | CaO | Al$_2$O$_3$ | 973 K | 1573 K | 1473 K | 1523 K |
| 48.1 | 30.0 | 18.8 | 3.1 | 630 | 1250 | | |
| 45.0 | 28.2 | 18.3 | 8.7 | 650 | 1280 | | |
| 42.5 | 25.6 | 16.7 | 15.2 | 655 | 1320 | | |
| 46.9 | 23.6 | 23.6 | 6.0 | 640 | 1280 | | |
| 49.9 | 22.0 | 21.0 | 12.0 | 650 | 1305 | | |
| 41.9 | 22.3 | 20.6 | 15.2 | 670 | 1330 | | |
| 48.3 | 14.4 | 34.5 | 2.8 | 695 | 1310 | | |
| 47.2 | 13.9 | 33.0 | 5.9 | 665 | 1345 | | |
| 42.2 | 12.6 | 29.9 | 15.3 | 675 | 1385 | | |
| 30.6 | 37.0 | 22.0 | 10.4 | 630 | 1250 | | |
| 35.0 | 28.4 | 26.1 | 10.5 | 640 | 1275 | | |
| 31.0 | 28.2 | 30.0 | 10.0 | 635 | 1253 | | |
| 29.0 | 27.8 | 28.4 | 14.8 | 650 | 1290 | | |
| 50 | 30 | 10 | 10 | | | 1325 | 1430 |
| 50 | 25 | 15 | 10 | | | 1230 | 1380 |
| 50 | 20 | 20 | 10 | | | 1645 | 1815 |
| 45 | 30 | 15 | 10 | | | 1235 | 1310 |
| 45 | 30 | 10 | 15 | | | 1665 | 1735 |
| 45 | 30 | 10 | 15 | | | 1630 | 1735 |
| 45 | 30 | 15 | 10 | | | 1235 | 1310 |
| 40 | 45 | 5 | 10 | | | 2100 | 2215 |
| 30 | 45 | 10 | 15 | | | 1280 | 1350 |
| 40 | 50 | 5 | 5 | | | 1820 | 1910 |
| 30 | 55 | 5 | 10 | | | 1430 | 1510 |
| 35 | 55 | 5 | 5 | | | 1085 | 1210 |
| 45 | 30 | 15 | 10 | | | 1235 | 1310 |
| 40 | 50 | 5 | 5 | | | 1820 | 1910 |
| 30 | 45 | 10 | 15 | | | 1280 | 1350 |
| 35 | 50 | 10 | 5 | | | 960 | 1045 |

高炉炉渣焓$(J/g)^{[18]}$:

$$\Delta H = 1455 + 2.1(T - 1573) \qquad T = 1573 \sim 1723 \text{ K}$$
$$\Delta H = 1769 + 1.675(T - 1573) \qquad T > 1723 \text{ K}$$

不同渣的焓(表 4 - 2 - 7)$^{[1]}$

表 4 - 2 - 7

| 炉渣种类 | $t/℃$ | $\Delta H / J \cdot g^{-1}$ |
|---|---|---|
| 高炉炉渣 | 熔融温度 | 1673 ~ 2092 |
| 转炉炼钢炉渣 | 1600 | 1925 ~ 1967 |
|  | 1700 | 2030 ~ 2072 |
|  | 1800 | 2135 ~ 2197 |
| 电弧炉炉渣 | 熔融温度 | 2197 ~ 2343 |

酸性转炉氧化渣的焓(表 4 - 2 - 8)$^{[17]}$

表 4 - 2 - 8

| 成分 $w/\%$ | | | | | | $\Delta H_{273}^{T} / J \cdot g^{-1}$ | |
|---|---|---|---|---|---|---|---|
| $SiO_2$ | FeO | $Fe_2O_3$ | CaO | $Al_2O_3$ | MgO | 1473 K | 1573 K |
| 26.9 | 62.7 | 未测 | 1.1 | 5.7 | 0.1 | 1410 | 1455① |
| 26.9 | 57.7 | 未测 | 3.7 | 4.5 |  | 1430 |  |
| 18.6 | 57.3 | 未测 | 0.1 | (7.0ZnO) | 0.9 | 1275 | 1330 |
| 27.0 | 50.0 | 18.6 | 3.1 |  | 2.2 | 1460 | 1505① |
| 29.1 | 45.0 | 12.3 | 5.6 |  | 2.6 | 1480 |  |

① 为 1525 K 时的数据。

碱性氧化炉渣的焓和温度的关系(图 4 - 2 - 3)$^{[11]}$

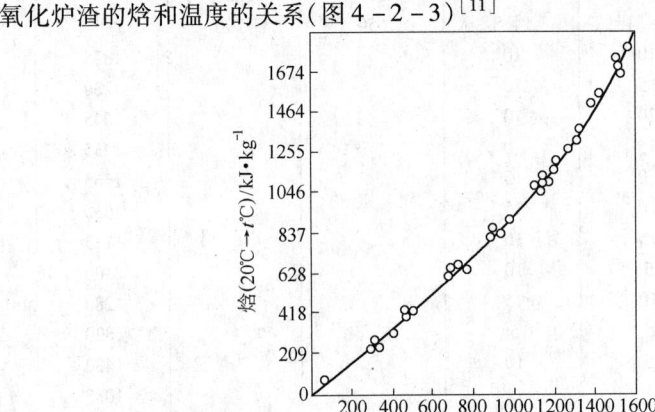

图 4 - 2 - 3

炉渣成分:CaO 35.7% ~ 49.1% ; $SiO_2$ 13% ~ 20% ; FeO 10.2% ~ 24.3%

一些渣中常见氧化物的相对焓($\Delta H_T^{\ominus}$)和温度的关系(图4－2－4)[19]

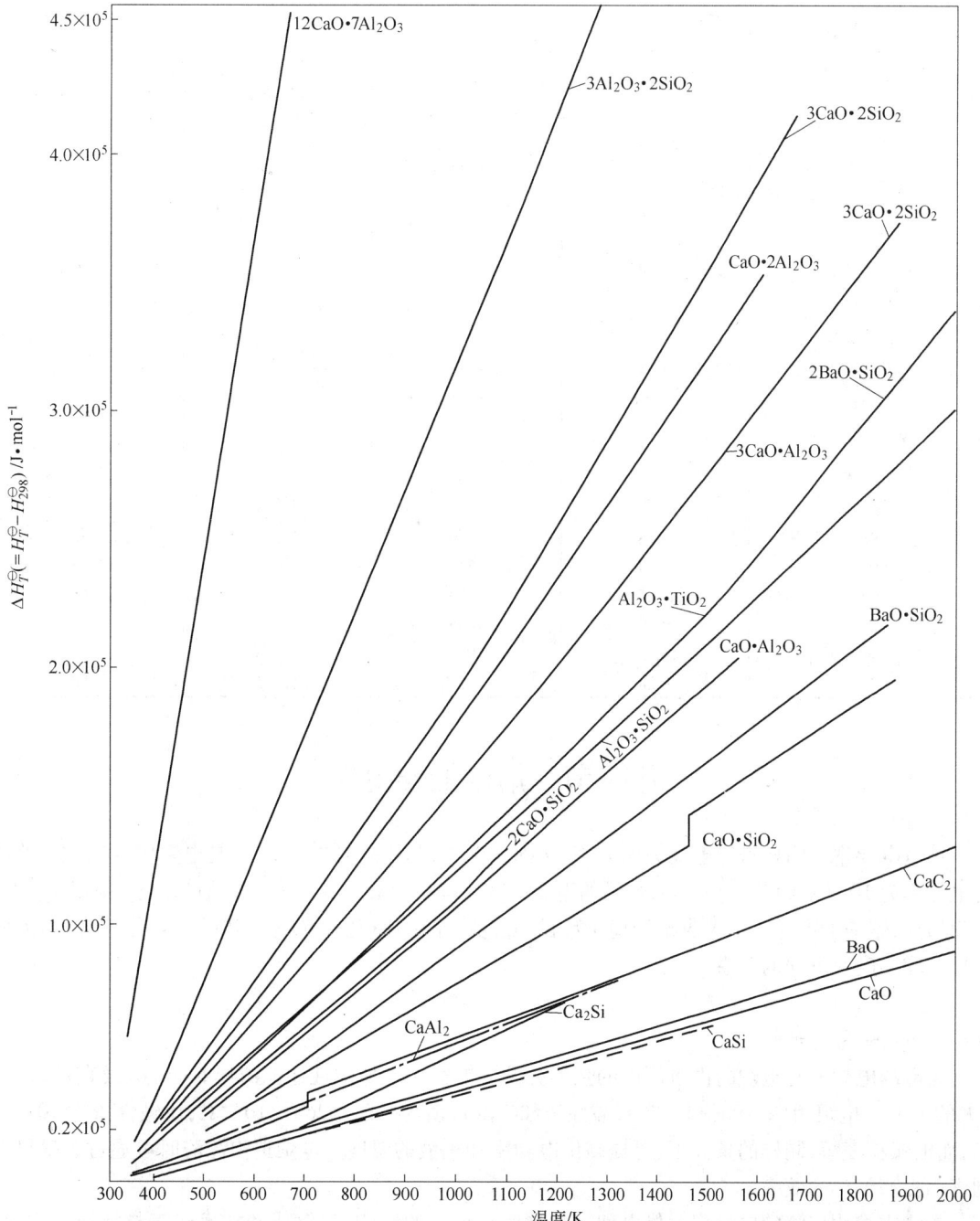

图4－2－4

冶金常见氧化物等物质的熔化热、蒸发热和熔点、沸点(表 4 - 2 - 9)

表 4 - 2 - 9

| 物　　质 | 熔化热/kJ·mol⁻¹ | 熔　点 | 蒸发热/kJ·mol⁻¹ | 沸　点 |
|---|---|---|---|---|
| $Al_2O_3$ | 108.8 | 2303 | 108.8 | 2303 |
| CaO | 79.48 | 2888 | 79.5 | 2888 |
| MnO | 54.38 | 2058 | | |
| $P_4O_{10}$ | 48.1 | 843 | 108.8 | 873 |
| $SiO_2$ | 9.58 | 1996 | | |
| $H_2O$ | 6.03 | 273 | 41.08 | 373 |
| $Na_2CO_3$ | 29.28 | 1123 | | |
| $K_2CO_3$ | 27.61 | 1171 | | |
| FeO | 24.05 | 1650 | | |
| $Fe_3O_4$ | 138.0 | 1870 | | |
| $2FeO·SiO_2$ | 92.0 | 1493 | | |
| $FeO·TiO_2$ | 90.8 | 1643 | | |
| $CaO·Fe_2O_3$ | 108.3 | 1513 | | |
| $2CaO·Fe_2O_3$ | 151.0 | 1753 | | |
| $CaO·SiO_2$ | 56.05 | 1813 | | |
| $MgO·SiO_2$ | 75.3 | 1850 | | |
| $2MgO·SiO_2$ | 71.1 | 2171 | | |
| Fe | 15.36 | 1809 | 350.0 | 3145 |
| Mg | 8.78 | 923 | 127.6 | 1378 |
| Mn | 13.38 | 1514 | 220.4 | 3333 |
| Ca | 8.66 | 1123 | | 1765 |
| Si | 50.2 | 1685 | | |
| Ti | 18.61 | 1933 | | |
| Zn | 7.28 | 692.5 | 114.2 | 1180 |

# 第三节　熔渣的导电性

　　熔渣电导率表明熔渣导电能力的大小,又称比电导,单位是 $\Omega^{-1}·cm^{-1}$,是电阻率的倒数。熔渣的电导率为 $10^{-1} \sim 10\ \Omega^{-1}·cm^{-1}$,金属的电导率为 $10^4 \sim 10^5\ \Omega^{-1}·cm^{-1}$。熔渣的电导率随温度的升高而增加,熔渣的电导率不仅决定于离子数目的多少,也取决于正、负离子间的相互作用力,熔渣的电导率和黏度有下列的关系:

$$\gamma^n \eta = 常数$$

式中,$n > 1$,$\gamma$ 为电导率。

　　熔渣的电导率对电炉的供电制度的热的分配影响很大。如碱性还原渣厚 5 cm,电极直径 50 cm(大的电炉),电阻为 $(2 \sim 9) \times 10^{-4}\ \Omega$,酸性渣和半酸性渣为 $(59 \sim 526) \times 10^{-4}\ \Omega$,比碱性渣大 $10 \sim 60$ 倍,而电弧长度短,同样的条件下,可提高供电功率和钢液的温度。电炉造泡沫渣时可通过改变供电制度而提高加热的效率。

　　电渣重熔用熔渣的电导率对供电和加热制度有很大的影响,对钢质和技术经济指标影响很大,常用氟化物渣系。1600℃时为 $1 \sim 3\ \Omega^{-1}·cm^{-1}$,2000℃时为 $3 \sim 5\ \Omega^{-1}·cm^{-1}$,工艺希望熔渣随温度提高电导率变化小。

# 一、一些氧化物在不同温度下的电导率(表 4 – 3 – 1)[20]

表 4 – 3 – 1

| 物　质 | 成分 $w/\%$ [①] | 电导率/$\Omega^{-1}\cdot cm^{-1}$ | | | | |
|---|---|---|---|---|---|---|
| | | 1300℃ | 1400℃ | 1450℃ | 1600℃ | 1700℃ |
| CaO | 100 | | | | | 3(外插) |
| MnO | 100 | | | | | 10(外插) |
| FeO | FeO92.8,$Fe_2O_3$5.58 | 9.25 | 7.85 | | | |
| $CaF_2$(94.1%) | (FeO)5.13 | 2.72 | 3.6 | | | |
| $CaF_2$-$Al_2O_3$ | 70:30 | | 1.6 | | | 4.0(2000℃) |
| CaO-$SiO_2$ | $x_{CaO}$0.25~0.44 | | | | | 0.2~0.9 |
| MnO-$SiO_2$ | $x_{MnO}$0.35~0.80 | 0.65~9.5 (1200℃) | | | | |
| $Al_2O_3$-$SiO_2$ | $x_{Al_2O_3}$0.01~0.08 | | | | | 0.006~0.004 |
| CaO-$Al_2O_3$-$SiO_2$ | 49.1:14.8:40.1 | | | 0.236 | 0.785 | |
| FeO-$SiO_2$ | $x_{FeO}$0.5~0.66 | | | 1.05~5.57 (1500℃) | | |
| NaCl | 100 | 3.82(950℃) | | | | |
| KCl | 100 | 2.38(900℃) | | | | |

① $x$ 表示摩尔分类。

由表看出,低价氧化铁的熔体具有高的电导率,并随着温度的升高而降低,这种熔体是属于电子导电和离子导电的混合导体。浮氏体($Fe_{0.95}O$)的结构是一种空位式固溶体,晶格中某些属于铁的结点是空着的,有部分 $Fe^{2+}$ 被 $Fe^{3+}$ 所取代,因此产生过剩电子,使它的熔体具有混合导体的性质。

# 二、一元渣系的电导率

$Al_2O_3$ 的电导率和温度的关系(表 4 – 3 – 2)[4]

表 4 – 3 – 2

| 温度/K | 2325 | 2425 | 2525 | 2625 | 2725 |
|---|---|---|---|---|---|
| 电导率/$\Omega^{-1}\cdot cm^{-1}$ | 0.71 | 0.850 | 0.97 | 1.09 | 1.21 |

$CaF_2$ 的电导率和温度的关系(图 4 – 3 – 1)[6]

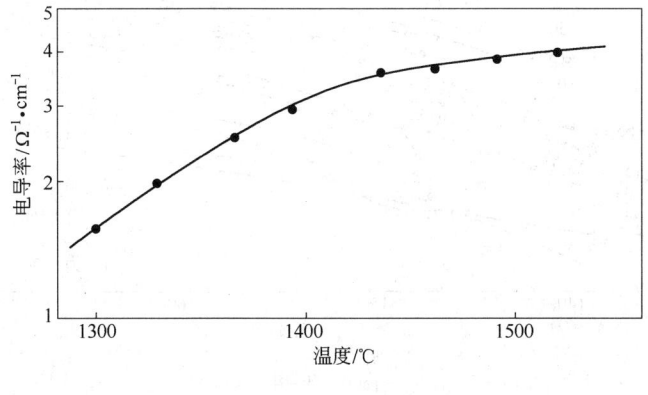

图 4 – 3 – 1

FeO 的电导率和温度的关系(图 4 - 3 - 2)[6]

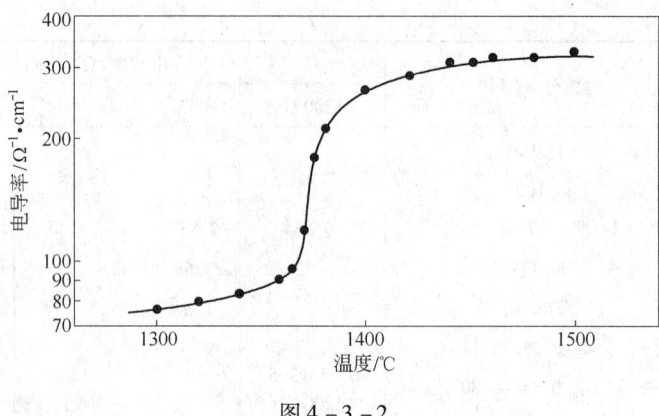

图 4 - 3 - 2

## 三、二元渣系的电导率和温度的关系

$SiO_2$-$Al_2O_3$ 的电导率和温度的关系(图 4 - 3 - 3)[6]

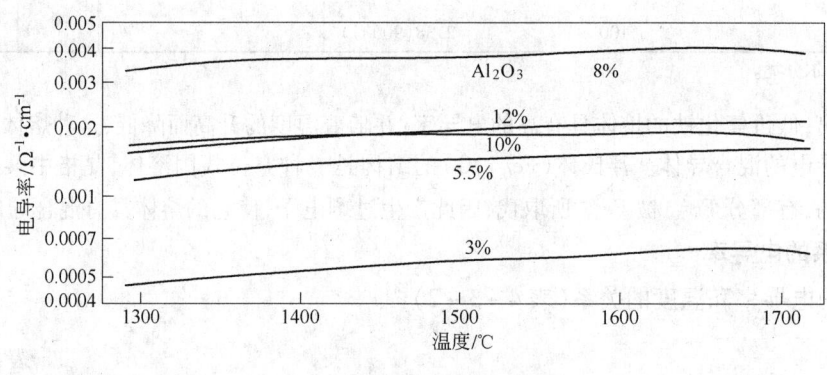

图 4 - 3 - 3

$SiO_2$-CaO 的电导率和温度的关系(图 4 - 3 - 4)[6]

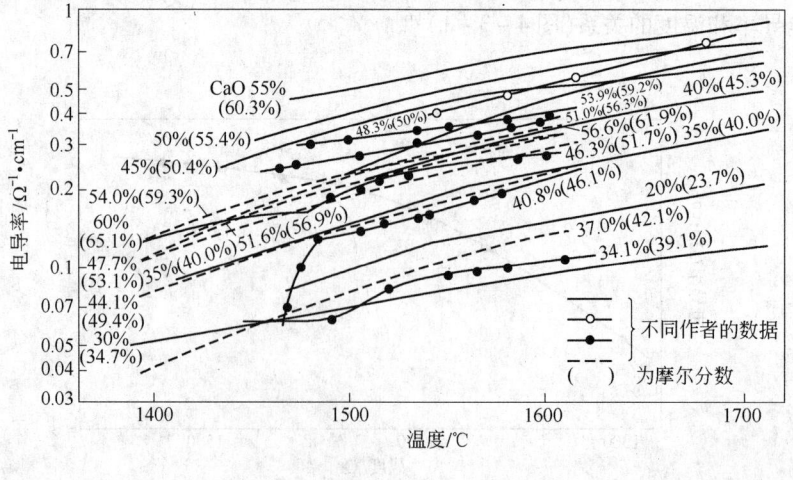

图 4 - 3 - 4

$SiO_2$-BaO 的电导率和温度的关系(图 4 – 3 – 5)[4]

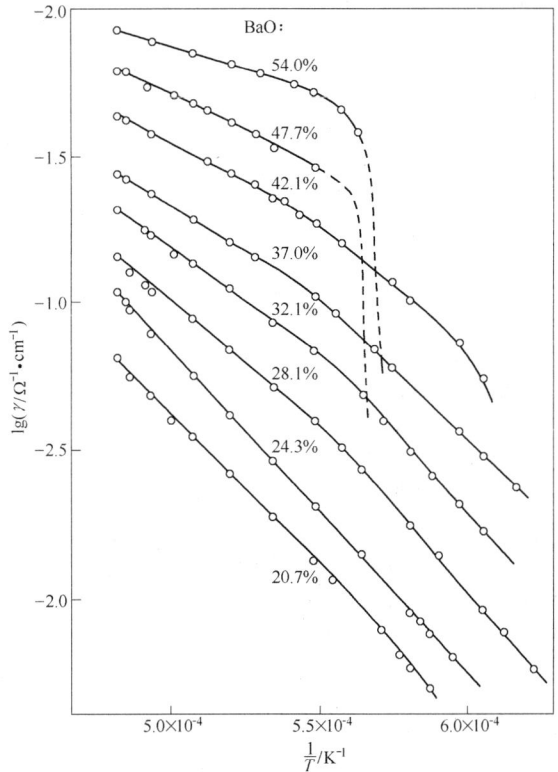

图 4 – 3 – 5

$SiO_2$-FeO 的电导率和温度的关系(图 4 – 3 – 6)[6]

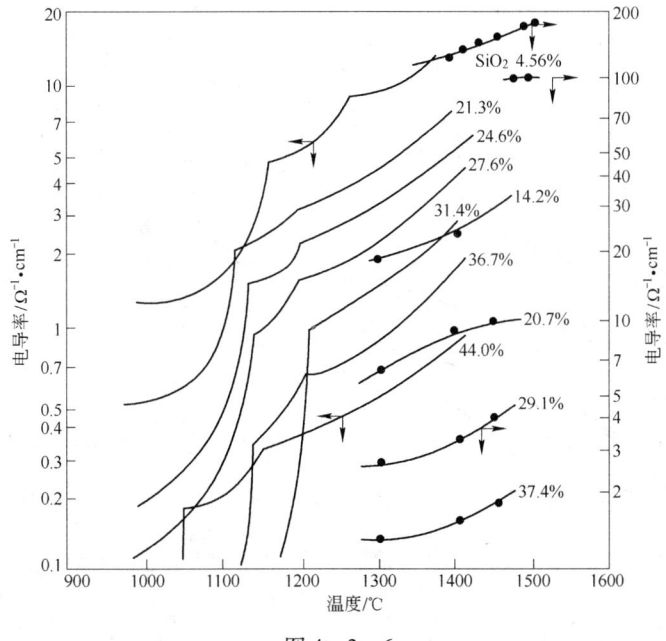

图 4 – 3 – 6

SiO$_2$-MgO 的电导率和温度的关系(图 4-3-7)[4]

SiO$_2$-MnO 的电导率和温度的关系(图 4-3-8)[4]

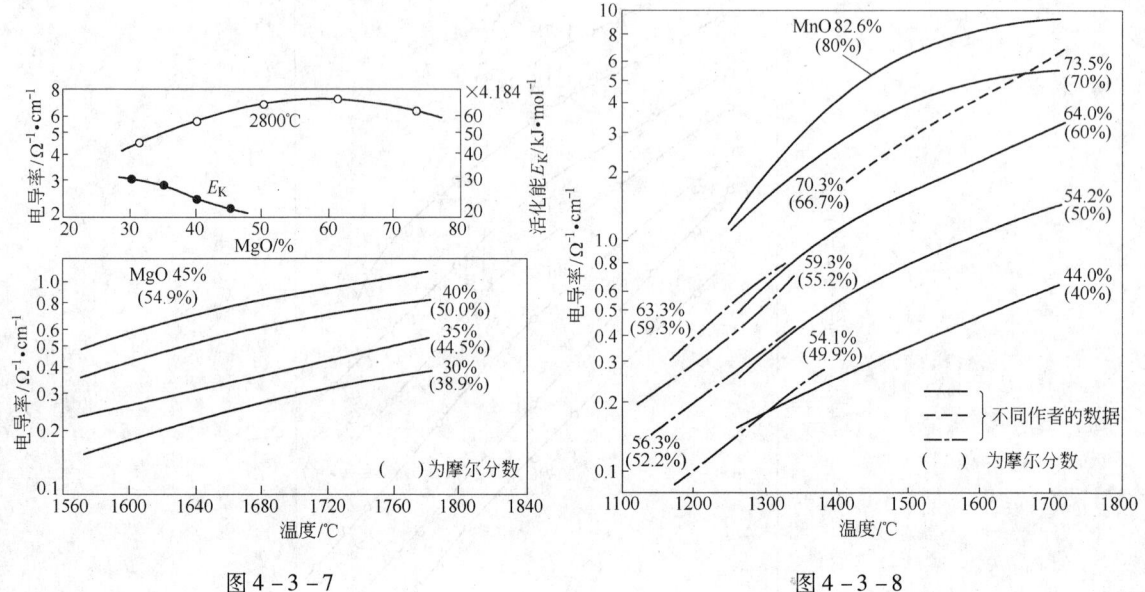

图 4-3-7                                        图 4-3-8

SiO$_2$-Na$_2$O 的电导率和温度的关系(图 4-3-9)[4]

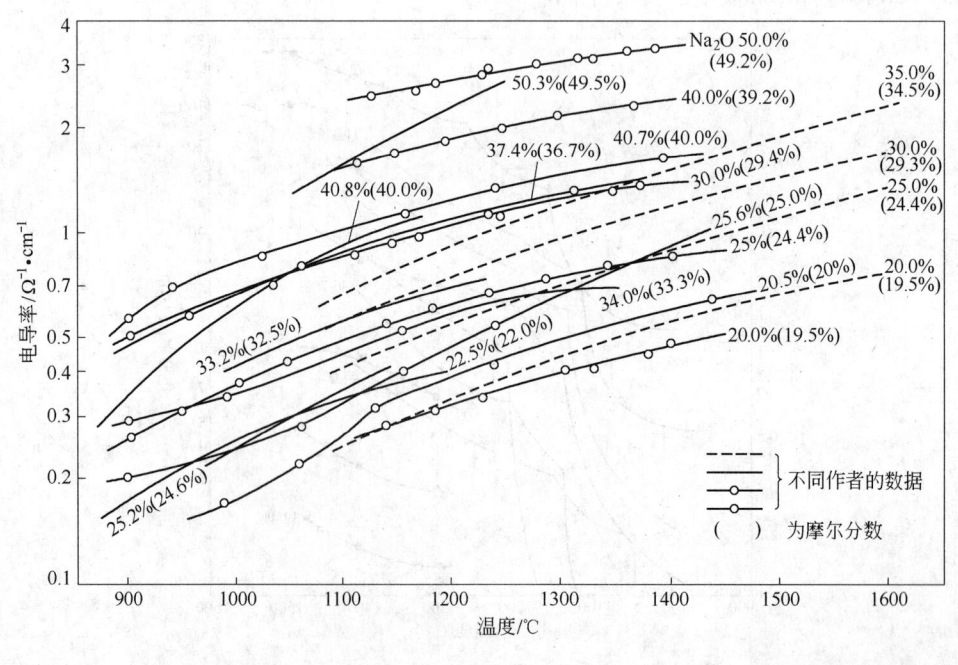

图 4-3-9

$SiO_2$-SrO 的电导率和温度的关系(图 4 – 3 – 10)[6]

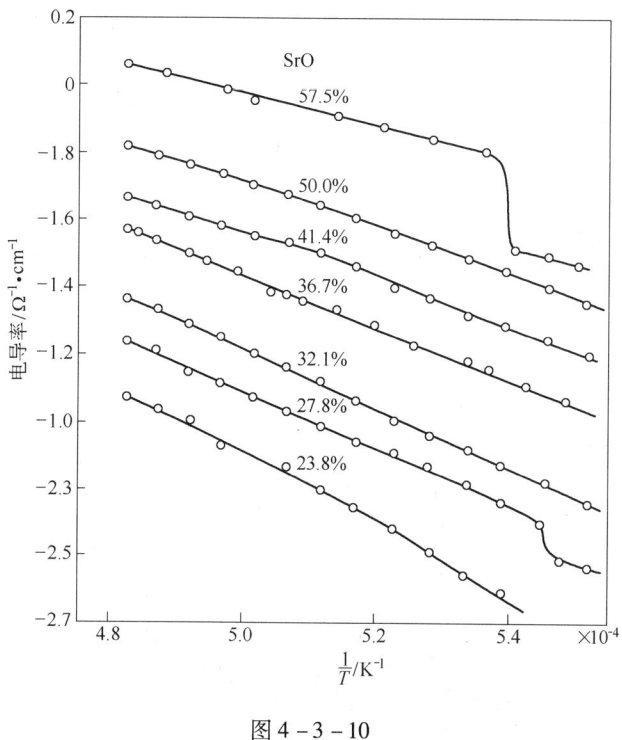

图 4 – 3 – 10

$CaF_2$-$Al_2O_3$ 的电导率和温度的关系(图 4 – 3 – 11)[21]

$CaF_2$-CaO 的电导率和温度的关系(图 4 – 3 – 12)[22]

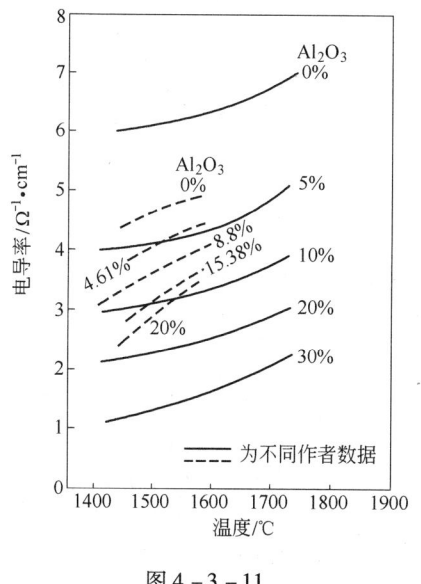

图 4 – 3 – 11

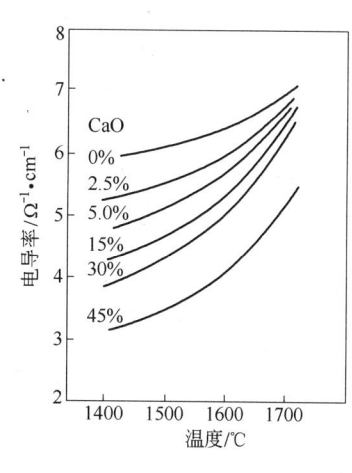

图 4 – 3 – 12

FeO-Al$_2$O$_3$ 的电导率和温度的关系(图 4 - 3 - 13)[6]

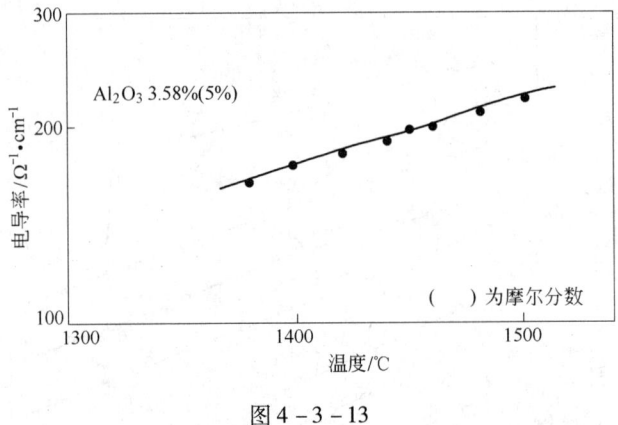

图 4 - 3 - 13

Fe$_2$O$_3$-CaO 的电导率和温度的关系(图 4 - 3 - 14)[6]

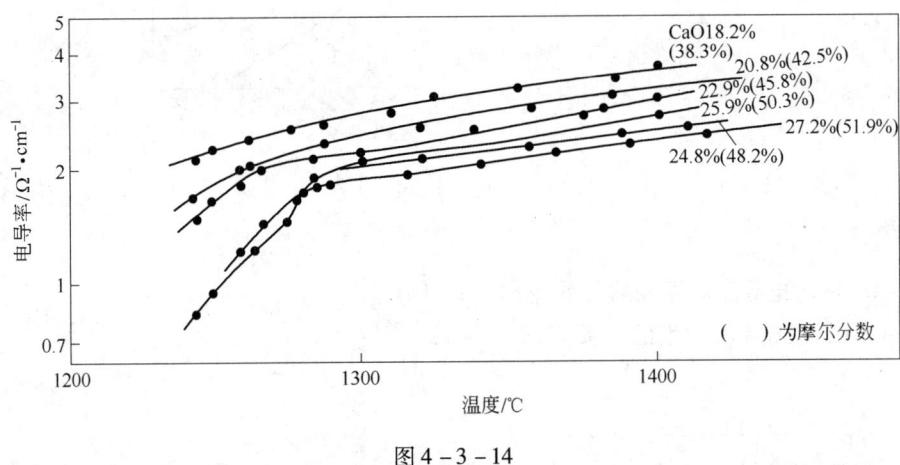

图 4 - 3 - 14

FeO-MnO 的电导率和温度的关系(图 4 - 3 - 15)[6]

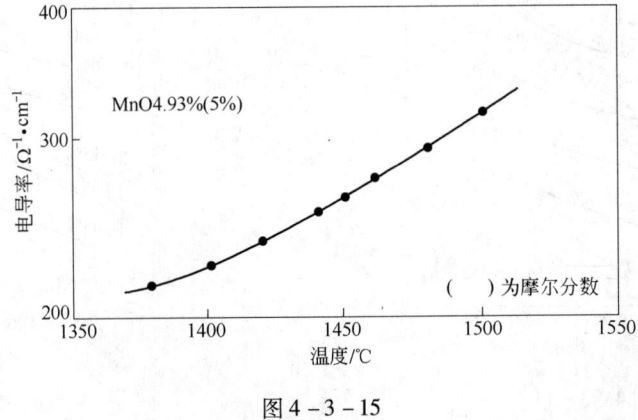

图 4 - 3 - 15

CaO-Al$_2$O$_3$ 的电导率和温度的关系(图 4－3－16)[6]

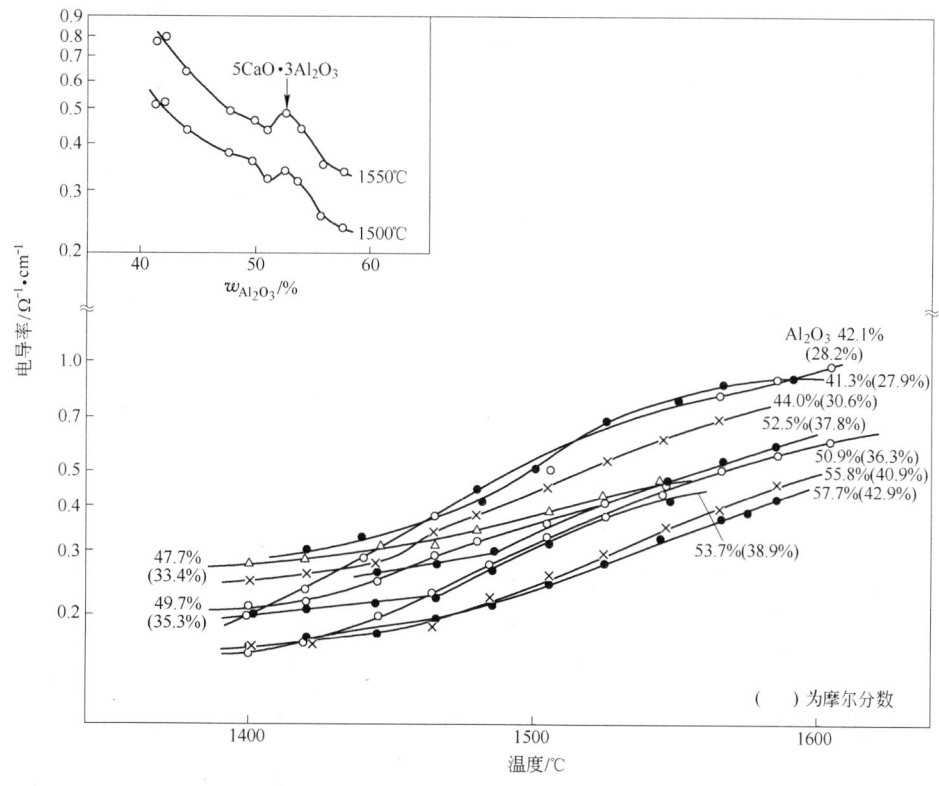

图 4－3－16

## 四、三元渣系的电导率

CaO-Al$_2$O$_3$-SiO$_2$ 的电导率(1600℃)(图 4－3－17)[23]

CaO-Fe$_2$O$_3$-SiO$_2$ 的电导率(1550℃)(图 4－3－18)[24]

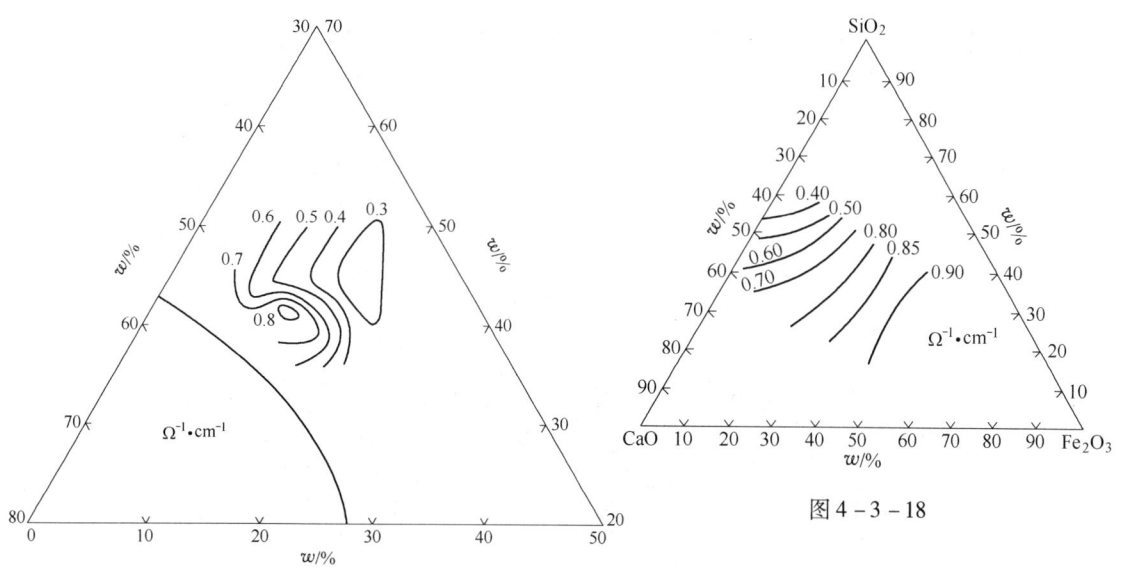

图 4－3－18

图 4－3－17

CaO-FeO-SiO$_2$ 的电导率和温度的关系(图 4-3-19)[6]

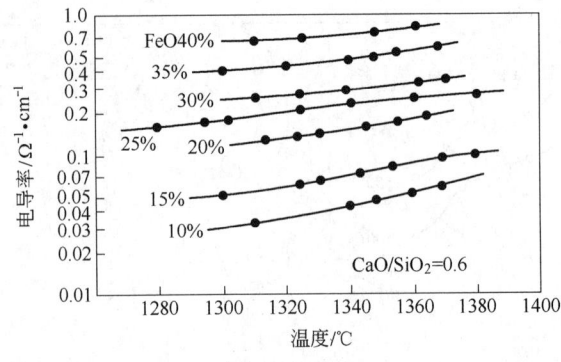

图 4-3-19

FeO-MnO-SiO$_2$ 的电导率(1350℃)(图 4-3-20)

Na$_2$O-Fe$_2$O$_3$-SiO$_2$ 的电导率(1400℃)(图4-3-21)[24]

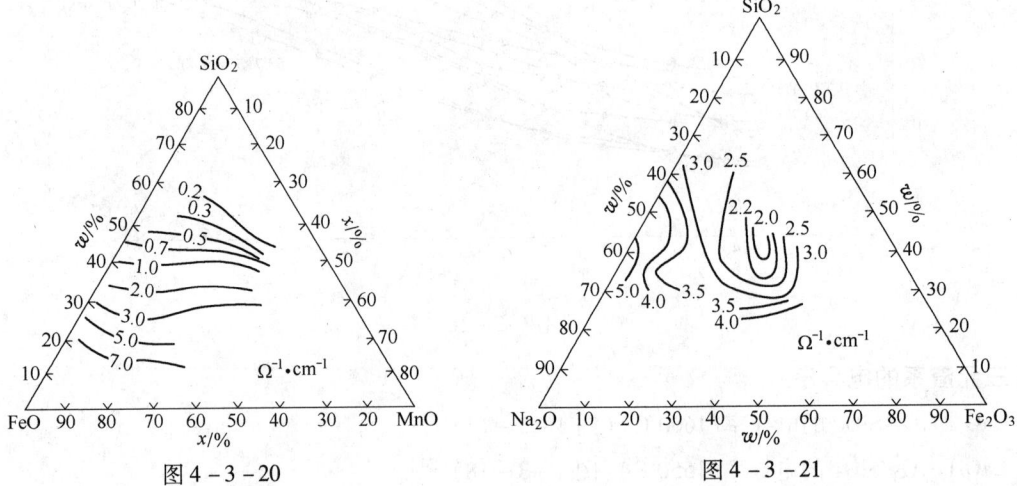

图 4-3-20　　　　　　　　　　图 4-3-21

CaO-Al$_2$O$_3$-CaF$_2$ 的电导率(1500℃、1600℃、1700℃、1800℃)(图 4-3-22)[25]

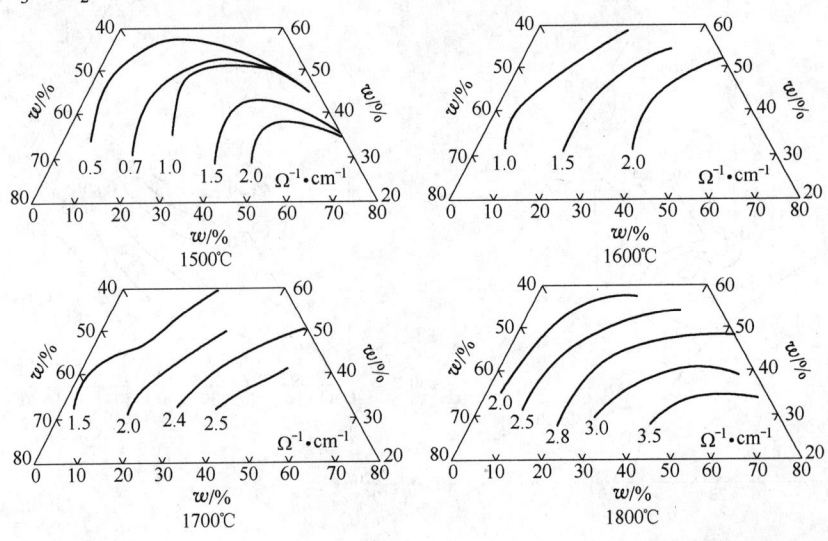

图 4-3-22

$CaO-Al_2O_3-CaF_2$ 的电导率和成分的关系 $\left(\dfrac{CaO}{Al_2O_3}=1,1500℃、1600℃、1700℃\right)$（图 4-3-23）[26]

$MgO-Al_2O_3-SiO_2$ 的电导率（1500℃）（图 4-3-24）[27]

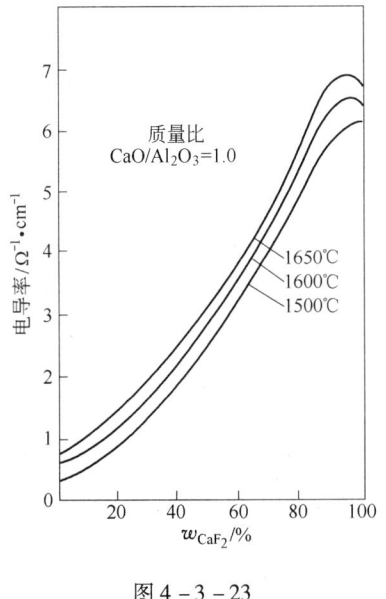

图 4-3-23

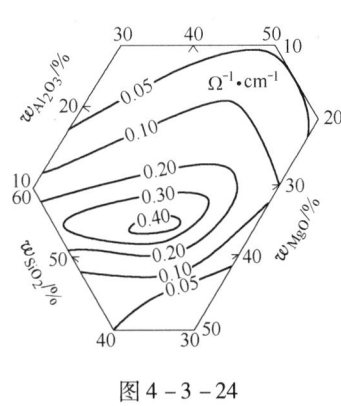

图 4-3-24

$Al_2O_3-CaO-SiO_2$ 熔体的电导率和温度的关系（表 4-3-3）[4]

表 4-3-3

| 渣号 | w/% | | | $\gamma/\Omega^{-1}\cdot cm^{-1}$ | | | | | lg$\gamma$ |
|---|---|---|---|---|---|---|---|---|---|
| | CaO | $Al_2O_3$ | $SiO_2$ | 1350℃ | 1400℃ | 1450℃ | 1500℃ | 1550℃ | |
| 1 | 35 | 5 | 60 | 0.035 | 0.051 | 0.071 | 0.095 | 0.119 | $\dfrac{-8182}{T}+3.649$ |
| 2 | 35 | 10 | 55 | 0.032 | 0.047 | 0.066 | 0.090 | 0.116 | $\dfrac{-8545}{T}+3.774$ |
| 3 | 35 | 15 | 50 | 0.034 | 0.049 | 0.070 | 0.094 | 0.118 | $\dfrac{-8576}{T}+3.809$ |
| 4 | 35 | 18 | 47 | 0.033 | 0.048 | 0.069 | 0.093 | 0.117 | $\dfrac{-8697}{T}+3.873$ |
| 5 | 35 | 19 | 46 | 0.036 | 0.052 | 0.072 | 0.097 | 0.123 | $\dfrac{-8212}{T}+3.619$ |
| 6 | 35 | 20 | 45 | 0.031 | 0.046 | 0.064 | 0.085 | 0.107 | $\dfrac{-8061}{T}+3.538$ |
| 7 | 40 | 5 | 55 | 0.053 | 0.076 | 0.166 | 0.145 | 0.186 | $\dfrac{-8485}{T}+3.946$ |
| 8 | 40 | 10 | 50 | 0.049 | 0.072 | 0.101 | 0.137 | 0.176 | $\dfrac{-8485}{T}+3.922$ |
| 9 | 40 | 13 | 47 | 0.048 | 0.071 | 0.099 | 0.135 | 0.174 | $\dfrac{-8458}{T}+3.900$ |
| 10 | 40 | 14 | 46 | 0.055 | 0.078 | 0.109 | 0.146 | 0.187 | $\dfrac{-8273}{T}+3.831$ |
| 11 | 40 | 15 | 45 | 0.052 | 0.075 | 0.105 | 0.144 | 0.185 | $\dfrac{-8576}{T}+3.994$ |
| 12 | 40 | 20 | 40 | 0.047 | 0.066 | 0.089 | 0.129 | 0.169 | $\dfrac{-8848}{T}+4.101$ |
| 13 | 45 | 5 | 50 | 0.082 | 0.166 | 0.159 | 0.207 | 0.260 | $\dfrac{-7636}{T}+3.622$ |
| 14 | 45 | 6 | 49 | 0.081 | 0.114 | 0.157 | 0.206 | 0.258 | $\dfrac{-7788}{T}+3.707$ |

| 渣号 | w/% | | | $\gamma/\Omega^{-1}\cdot cm^{-1}$ | | | | | lgγ |
|---|---|---|---|---|---|---|---|---|---|
| | CaO | Al$_2$O$_3$ | SiO$_2$ | 1350℃ | 1400℃ | 1450℃ | 1500℃ | 1550℃ | |
| 15 | 45 | 8 | 47 | 0.078 | 0.112 | 0.155 | 0.202 | 0.250 | $\frac{-7776}{T}+3.691$ |
| 16 | 45 | 9 | 46 | 0.085 | 0.118 | 0.163 | 0.214 | 0.272 | $\frac{-7848}{T}+3.757$ |
| 17 | 45 | 10 | 45 | 0.075 | 0.111 | 0.153 | 0.200 | 0.249 | $\frac{-7776}{T}+3.687$ |
| 18 | 45 | 15 | 40 | 0.081 | 0.113 | 0.156 | 0.203 | 0.252 | $\frac{-7697}{T}+3.654$ |
| 19 | 45 | 20 | 35 | 0.068 | 0.099 | 0.142 | 0.191 | 0.242 | $\frac{-8636}{T}+4.152$ |
| 20 | 50 | 5 | 45 | 0.090 | 0.128 | 0.188 | 0.254 | 0.349 | $\frac{-9030}{T}+4.955$ |
| 21 | 50 | 10 | 40 | 0.064 | 0.123 | 0.181 | 0.247 | 0.343 | $\frac{-9182}{T}+4.571$ |
| 22 | 50 | 15 | 35 | 0.089 | 0.126 | 0.185 | 0.253 | 0.347 | $\frac{-9152}{T}+4.565$ |
| 23 | 50 | 20 | 30 | | | 0.126 | 0.238 | 0.320 | $\frac{-8533}{T}+4.185$ |
| 24 | 43.6 | 11.4 | 45 | 0.063 | 0.089 | 0.128 | 0.167 | 0.215 | $\frac{-8303}{T}+3.906$ |
| 25 | 42.6 | 11.4 | 46 | 0.076 | 0.094 | 0.138 | 0.183 | 0.230 | $\frac{-8758}{T}+4.201$ |
| 26 | 41.6 | 11.4 | 47 | 0.066 | 0.092 | 0.131 | 0.175 | 0.226 | $\frac{-8455}{T}+4.012$ |
| 27 | 38.0 | 20.0 | 42.0 | 0.032 | 0.043 | 0.070 | 0.100 | 0.140 | $\frac{-9486}{T}+4.355$ |
| 28 | 45.3 | 17.6 | 37.1 | 0.050 | 0.074 | 0.106 | 0.150 | 0.201 | $\frac{-9199}{T}+4.365$ |
| 29 | 43.6 | 18.2 | 38.2 | 0.046 | 0.069 | 0.100 | 0.143 | 0.200 | $\frac{-9407}{T}+4.459$ |
| 30 | 41.9 | 18.7 | 39.4 | 0.040 | 0.060 | 0.089 | 0.129 | 0.182 | $\frac{-9703}{T}+4.581$ |
| 31 | 40.0 | 19.4 | 40.6 | 0.038 | 0.057 | 0.084 | 0.121 | 0.171 | $\frac{-9703}{T}+4.553$ |
| 32 | 36.8 | 19.3 | 43.9 | 0.031 | 0.045 | 0.066 | 0.094 | 0.132 | $\frac{-9407}{T}+4.279$ |
| 33 | 35.2 | 18.5 | 46.3 | 0.027 | 0.041 | 0.061 | 0.038 | 0.125 | $\frac{-9792}{T}+4.437$ |
| 34 | 32.8 | 17.2 | 50.0 | 0.022 | 0.033 | 0.050 | 0.073 | 0.104 | $\frac{-10000}{T}+4.501$ |
| 35 | 29.4 | 15.5 | 55.1 | 0.016 | 0.024 | 0.035 | 0.051 | 0.072 | $\frac{-9822}{T}+4.248$ |
| 36 | 35.2 | 25.9 | 38.9 | 0.024 | 0.037 | 0.056 | 0.083 | 0.121 | $\frac{-10415}{T}+4.725$ |
| 37 | 33.4 | 29.7 | 36.9 | 0.020 | 0.034 | 0.051 | 0.077 | 0.112 | $\frac{-10653}{T}+4.893$ |
| 38 | 31.7 | 33.3 | 35.0 | 0.019 | 0.030 | 0.046 | 0.069 | | $\frac{-10742}{T}+4.899$ |
| 39 | 30.0 | 37.0 | 33.0 | 0.017 | 0.027 | 0.042 | 0.063 | 0.093 | $\frac{-10890}{T}+4.941$ |
| 40 | 30.0 | 20.0 | 50.0 | 0.026 | 0.024 | 0.035 | 0.049 | 0.069 | $\frac{-9407}{T}+3.999$ |
| 41 | 45.0 | 13.0 | 42.0 | 0.062 | 0.091 | 0.130 | 0.182 | 0.251 | $\frac{-8961}{T}+4.315$ |
| 42 | 45.0 | 17.0 | 38.0 | 0.059 | 0.056 | 0.124 | 0.174 | 0.241 | $\frac{-9050}{T}+4.344$ |
| 43 | 32.0 | 22.0 | 46.0 | 0.018 | 0.027 | 0.040 | 0.057 | 0.081 | $\frac{-9703}{T}+4.329$ |
| 44 | 36.0 | 22.0 | 42.0 | 0.025 | 0.059 | 0.057 | 0.082 | 0.115 | $\frac{-9674}{T}+4.369$ |
| 45 | 40.0 | 22.0 | 38.0 | 0.038 | 0.056 | 0.080 | 0.214 | 0.157 | $\frac{-9140}{T}+4.210$ |

CaO-Al$_2$O$_3$-CaF$_2$ 熔体电导率与温度的关系(表4-3-4)[4]

表4-3-4

| $w_{CaF_2}$/% | $w_{CaO}$/% | $w_{Al_2O_3}$/% | $\gamma/\Omega^{-1}\cdot cm^{-1}$ |
|---|---|---|---|
| 90 | 5 | 5 | $\lg\gamma = -2063/T + 1.734$ |
| 80 | 15 | 5 | $\lg\gamma = -2500/T + 1.944$ |
| 80 | 10 | 10 | $\lg\gamma = -2938/T + 2.157$ |
| 75 | 15 | 10 | $\lg\gamma = -3125/T + 2.250$ |
| 70 | 20 | 10 | $\lg\gamma = -3313/T + 2.326$ |
| 70 | 10 | 20 | $\lg\gamma = -3438/T + 2.362$ |
| 60 | 20 | 20 | $\lg\gamma = -4375/T + 2.838$ |
| 50 | 25 | 25 | $\lg\gamma = -5000/T + 3.123$ |
| 40 | 30 | 30 | $\lg\gamma = -5887/T + 3.532$ |
| 30 | 35 | 35 | $\lg\gamma = -6750/T + 3.916$ |

## 五、多元渣系的电导率

CaO-MgO-Al$_2$O$_3$-SiO$_2$ 的电导率(Al$_2$O$_3$ = 5%,1450℃、1500℃、1550℃)(图4-3-25)[27]

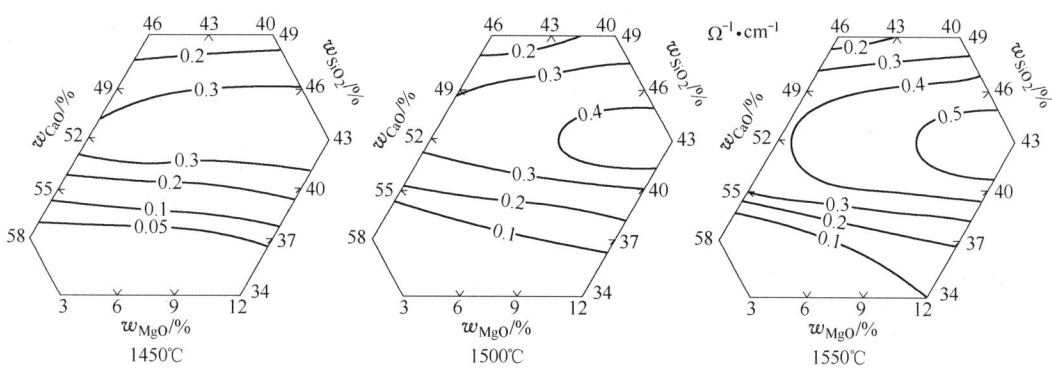

图4-3-25

CaO-MgO-SiO$_2$-Al$_2$O$_3$-CaF$_2$ 的电导率(Al$_2$O$_3$ = 5%、CaF$_2$ = 2%,1400℃、1500℃、1550℃)(图4-3-26)[27]

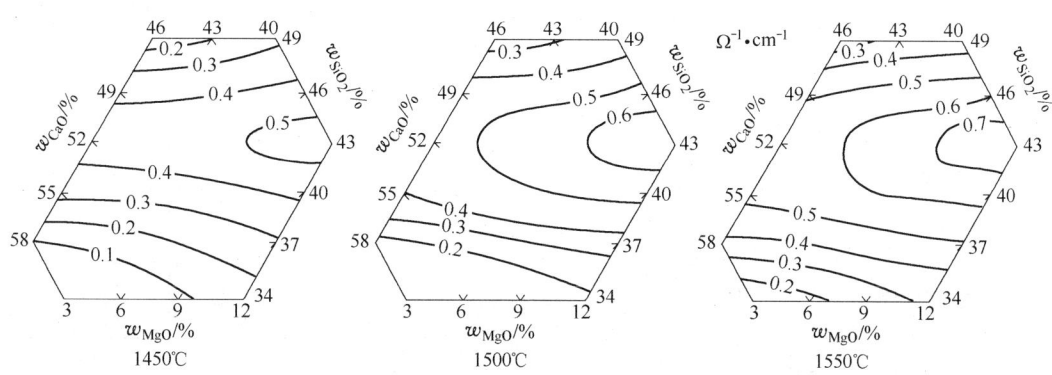

图4-3-26

CaO-MgO-SiO$_2$-Al$_2$O$_3$-CaF$_2$ 的电导率 ( Al$_2$O$_3$ = 10% , CaF$_2$ = 2% , 1450℃ 、1550℃ 、1600℃ )

( 图4 - 3 - 27 )[27]

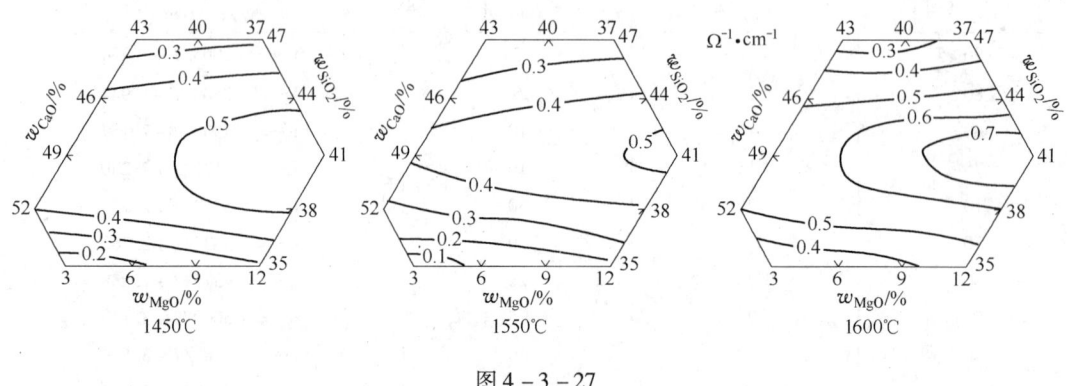

图 4 - 3 - 27

各种渣的电导率的比较( 图4 - 3 - 28 )[6]

电渣炉用渣系电导率和温度的关系( 图4 - 3 - 29 )[28]

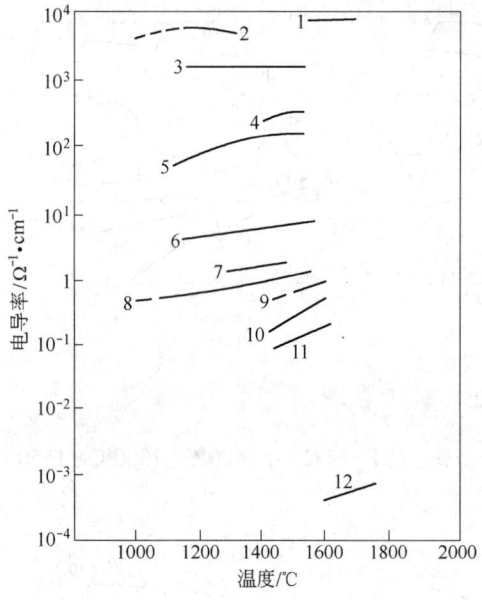

图 4 - 3 - 28

1—Fe; 2—Cu-Ni; 3—FeS; 4—FeO;

5—Cu$_2$S; 6—Li$_2$O-SiO$_2$( Li$_2$O 57.3% (摩尔) );

7—FeO-SiO$_2$( SiO$_2$44.8% (摩尔) );

8—Na$_2$O-SiO$_2$( Na$_2$O 22.4% (摩尔) );

9—CaO40.1% , SiO$_2$45% , Al$_2$O$_3$ 14.5% ;

10—CaO 40% , SiO$_2$ 80% ; 11—CaO 46.7% ,

SiO$_2$ 41.7% 。Al$_2$O$_3$ 11.6% ;

12—Al$_2$O$_3$-SiO$_2$( Al$_2$O$_3$ 3% )

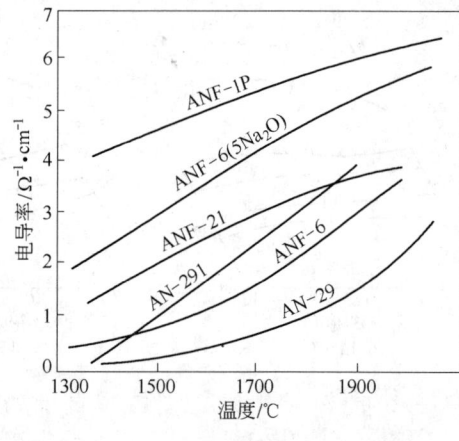

图 4 - 3 - 29

| 渣 系 | CaF$_2$/% | Al$_2$O$_3$/% | CaO/% | MgO/% | TiO$_2$/% |
|---|---|---|---|---|---|
| ANF-1P | 100 | | | | |
| ANF-6 | 70 | 30 | | | |
| ANF-21 | 50 | 25 | | | 25 |
| ANF-29 | | 55 | 45 | | |
| AN-291 | 18 | 40 | 25 | 17 | |

矿石、萤石和各种渣的电导率与温度的关系(表4-3-5)[29]

表4-3-5

| 测量后迅速冷却的炉渣成分 w/% | | | | 在下列温度下的电导率/$\Omega^{-1}\cdot cm^{-1}$ | | | | | |
|---|---|---|---|---|---|---|---|---|---|
| | | | | 1400℃ | 1300℃ | 1200℃ | 1100℃ | 1450℃ | 1600℃ |
| FeO92.8, Fe₂O₃5.58 | | | | 7.85 | 9.25 | 10.1 | 11.2 | | |
| CaF₂94.1, FeO5.13, Fe₂O₃0.77 | | | | 3.60 | 3.72 | 1.30 | 0.43 | | |
| SiO₂ | FeO | Fe₂O₃ | Fe | | | | | | |
| 4.5 | 86.5 | 5.60 | 1.57 | 6.3 | 6.3 | 6.4 | | | |
| 12.3 | 80.8 | 4.23 | 1.06 | 5.2 | 5.2 | 4.25 | 3.2 | | |
| 20.6 | 73.8 | 2.88 | 0.86 | 4.5 | 4.0 | 3.25 | 2.45 | | |
| 23.2 | 73.6 | 2.57 | 0.53 | 2.88 | 2.33 | 1.82 | 0.87 | | |
| 31.9 | 66.3 | 1.21 | 0.56 | 1.48 | 1.20 | 0.90 | 0.18 | | |
| 36.0 | 61.5 | 1.06 | 0.58 | 0.98 | 0.77 | 0.58 | 0.20 | | |
| SiO₂ | FeO | Fe₂O₃ | CaO | | | | | | |
| 58.2 | 7.47 | 0.76 | 33.6 | 0.076 | 0.035 | 0.0087 | 0.00083 | | |
| 49.6 | 17.40 | 0.38 | 32.2 | 0.116 | 0.065 | 0.024 | 0.0044 | | |
| 52.8 | 19.30 | 1.69 | 27.2 | 0.197 | 0.128 | 0.070 | 0.021 | | |
| 48.6 | 23.80 | 1.14 | 26.5 | 0.234 | 0.150 | 0.082 | 0.022 | | |
| 43.3 | 26.20 | 1.51 | 27.8 | 0.234 | 0.153 | 0.086 | 0.034 | | |
| 37.6 | 32.0 | 0.94 | 28.7 | 0.470 | 0.335 | 0.220 | 0.102 | | |
| 29.8 | 21.1 | 1.97 | 47.0 | 0.50 | 0.285 | 0.110 | 0.00037 | | |
| 26.7 | 27.7 | 3.63 | 41.8 | 0.86 | 0.577 | 0.280 | 0.011 | | |
| 23.7 | 31.3 | 6.67 | 38.8 | 1.06 | 0.990 | 0.595 | 0.052 | | |
| Al₂O₃ | FeO | Fe₂O₃ | CaO | | | | | | |
| 42.0 | 11.0 | 2.87 | 44.8 | 0.266 | 0.148 | 0.169 | 0.106 | | |
| 42.9 | 13.8 | 3.56 | 39.9 | 0.360 | 0.210 | 0.107 | 0.050 | | |
| 41.4 | 16.1 | 3.03 | 39.6 | 0.360 | 0.205 | 0.083 | 0.032 | | |
| 37.9 | 19.4 | 4.85 | 35.7 | 0.575 | 0.370 | 0.229 | 0.123 | | |
| 34.3 | 29.8 | 5.60 | 29.8 | 0.940 | 0.710 | 0.500 | 0.310 | | |
| SiO₂ | Fe总 | CaO | | | | | | | |
| 0.08 | 74.6 | 4.9 | | 6.3 | | | | | |
| 0.08 | 71.6 | 8.15 | | 4.5 | | | | | |
| 0.06 | 69.0 | 11.0 | | 7.85 | | | | | |
| 0.10 | 54.4 | 27.8 | | 5.25 | | | | | |
| 0.12 | 52.5 | 31.3 | | 4.5 | | | | | |
| CaO | Al₂O₃ | SiO₂ | | | | | | 0.188 | 0.637 |
| 49.1 | 14.8 | 36.1 | | | | | | 0.188 | 0.637 |
| 45.1 | 14.8 | 40.1 | | | | | | 0.236 | 0.785 |
| 40.1 | 14.8 | 45.1 | | | | | | 0.090 | 0.248 |
| 35.1 | 14.8 | 50.1 | | | | | | 0.101 | 0.288 |
| 50.0 | 5.0 | 45 | | | | | | 0.327 | 0.730 |
| 45.05 | 9.9 | 45 | | | | | | 0.146 | 0.469 |
| 35.15 | 19.7 | 45 | | | | | | 0.099 | 0.333 |
| 45 | 5.0 | 50.0 | | | | | | 0.350 | 0.671 |
| 45 | 9.9 | 45.05 | | | | | | | 0.469 |
| 45 | 14.8 | 40.1 | | | | | | 0.236 | |
| 45 | 19.2 | 31.15 | | | | | | 0.129 | 0.383 |

碱性氧化渣在1600℃时的电导率$(\Omega^{-1} \cdot cm^{-1})$近似计算公式：

$$\lg\gamma_{1600℃} = -0.032 - 0.054(Al_2O_3) - 0.569(SiO_2) - 0.062(P_2O_5) + 0.015(S) +$$
$$0.753(MnO) + 0.34(FeO) - 3.5(Fe_2O_3) - 0.13(MgO) - 0.145(CaO)$$

上式适用的质量范围：$Al_2O_3$ 5%~11%，$SiO_2$ 18%~25%，$P_2O_5$ 1%~3%，S 0.1%~0.3%，MnO 9%~16%，FeO 7%~14%，$Fe_2O_3$ 0.6%~3.5%，MgO 8%~13%，CaO 24%~40%。

# 第四节　熔渣的黏度

黏度对渣和金属的传质和传热影响很大，决定着钢渣间元素的反应速度和炉渣的传热能力。过黏的渣不易使反应顺利进行，过稀容易侵蚀耐火材料。实测熔渣的黏度是在均匀状态下测定的，实际炼钢炉中熔渣的温度和组成是不均匀的，常含有固态质点使黏度增大。

在熔体中出现某种稳定的化合物时，该组成处将有较高的黏度，$FeO$-$SiO_2$系中生成$2FeO \cdot SiO_2$处的黏度增高就是例证。对冶金生产而言，黏度的稳定性极为重要。稳定性指温度变化时黏度变化小，如三元的等黏度线靠得越近，表明稳定性小，所以此成分范围不宜选用。炼钢实用渣的黏度不仅决定于熔点，也决定于渣中组元存在的状态，如炉渣碱度为0.9时(酸性渣)渣中$SiO_2$以$SiO_4^{4-}$或更大的离子团存在，高温时的黏度比碱性渣的高(见图4-4-1)。

为充分利用炉渣的特点进行冶炼，许多冶金工作者和专家们测定了炉渣的黏度，便于在实践中分析、利用。

一些物质的黏度(表4-4-1)

熔渣的黏度和温度的关系(图4-4-1)[20]

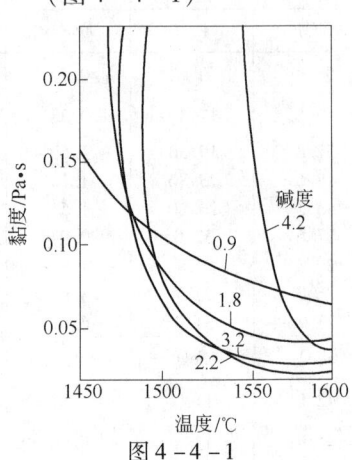

图4-4-1

表4-4-1

| 物　质 | 温度/℃ | 黏度/Pa·s | 物　质 | 温度/℃ | 黏度/Pa·s |
|---|---|---|---|---|---|
| 水 | 25 | 0.00089 | 生铁液 | 1425 | 0.0015 |
| 松节油 | 25 | 0.0016 | 钢　液 | 1595 | <0.0025 |
| 轻机器油 | 25 | 0.080 | 稀　渣 | 1595 | 0.002 |
| 甘　油 | 25 | 0.5 | 正常渣 | 1595 | 0.02~0.1 |
| 蓖麻子油 | 25 | 0.8 | 稠　渣 | 1595 | >0.2 |

渣的合适黏度在0.02~0.1 Pa·s之间，相当于轻机油的黏度。钢液的黏度在0.0025 Pa·s左右，相当于松节油的黏度。熔渣比金属熔液的黏度高10倍左右。炼钢操作中常用扒杆上粘的渣层厚度判断黏度是否正常，一般以3~4 mm为宜。

配保护渣时要使保护渣的熔融温度低于结晶器或模内钢水温度；保护渣应具有一合适的熔化速度；不仅需要配入一定数量的碳(12%~16%)，而且也和渣料的颗粒、种类和配比数量有关，熔融态的保护渣黏度要合适，并且稳定性大。应具有较低表面张力以保证快速吸收上浮的夹杂，以利于增大弯月面的半径。保护渣要有较好的铺展性，主要决定于粒子的质量和粒子与各相间的作用力。粒度小，有利于降低熔融温度，提高熔化速度和保温性能，但不利于铺展性。

## 一、一元化合物的黏度

纯氧化物的黏度(表 4 - 4 - 2)[3]

表 4 - 4 - 2

| 氧化物 | 温度/℃ | 黏度/Pa·s | 氧化物 | 温度/℃ | 黏度/Pa·s |
|---|---|---|---|---|---|
| $Al_2O_3$ | 2100 | 0.05 | CaO | 接近熔点的液态 CaO | <0.05 |
| $As_2O_3$ | 430 | $1 \times 10^4$ | FeO | 1400 | 0.03 |
| $B_2O_3$ | 500 | $1 \times 10^3$ | $SiO_2$ | 1942 | $1.5 \times 10^4$ |

$B_2O_3$ 熔体黏度与温度的关系(图 4 - 4 - 2)[4]

$CaF_2$ 熔体黏度与温度的关系(图 4 - 4 - 3)[4]

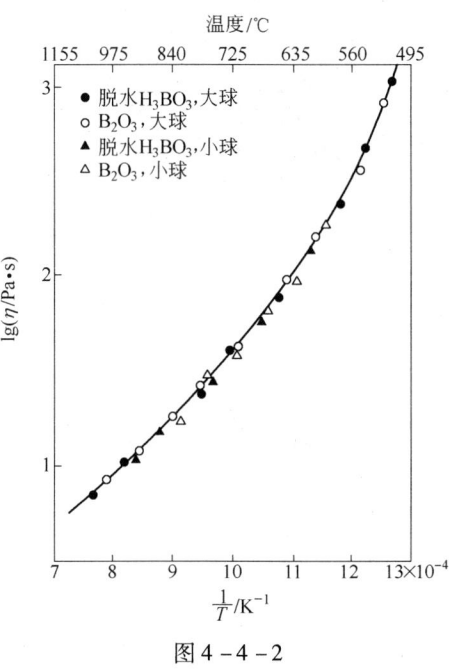

图 4 - 4 - 2

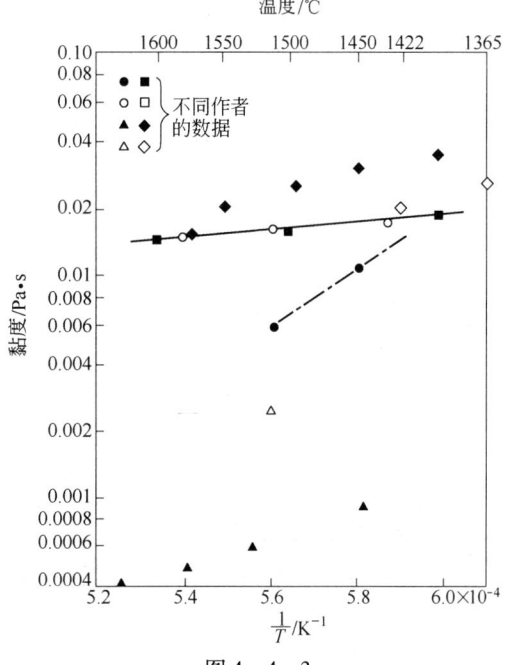

图 4 - 4 - 3

FeO 熔体黏度与温度的关系(图 4 - 4 - 4)[4]

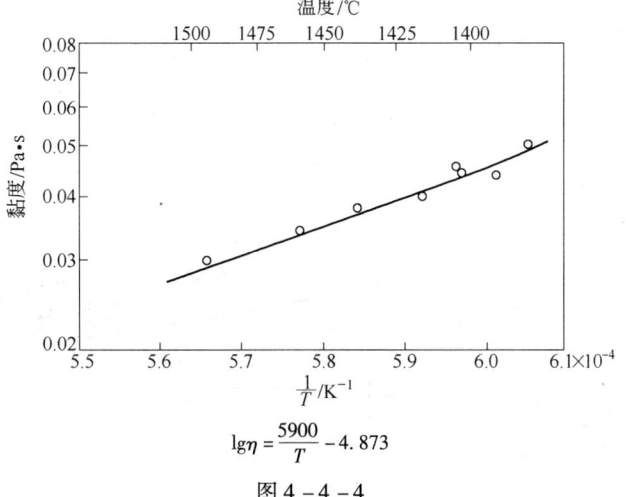

$$\lg\eta = \frac{5900}{T} - 4.873$$

图 4 - 4 - 4

SiO₂ 的黏度和温度的关系(图 4 - 4 - 5)[6]

熔融盐的黏度和温度的关系(图 4 - 4 - 6)[30]

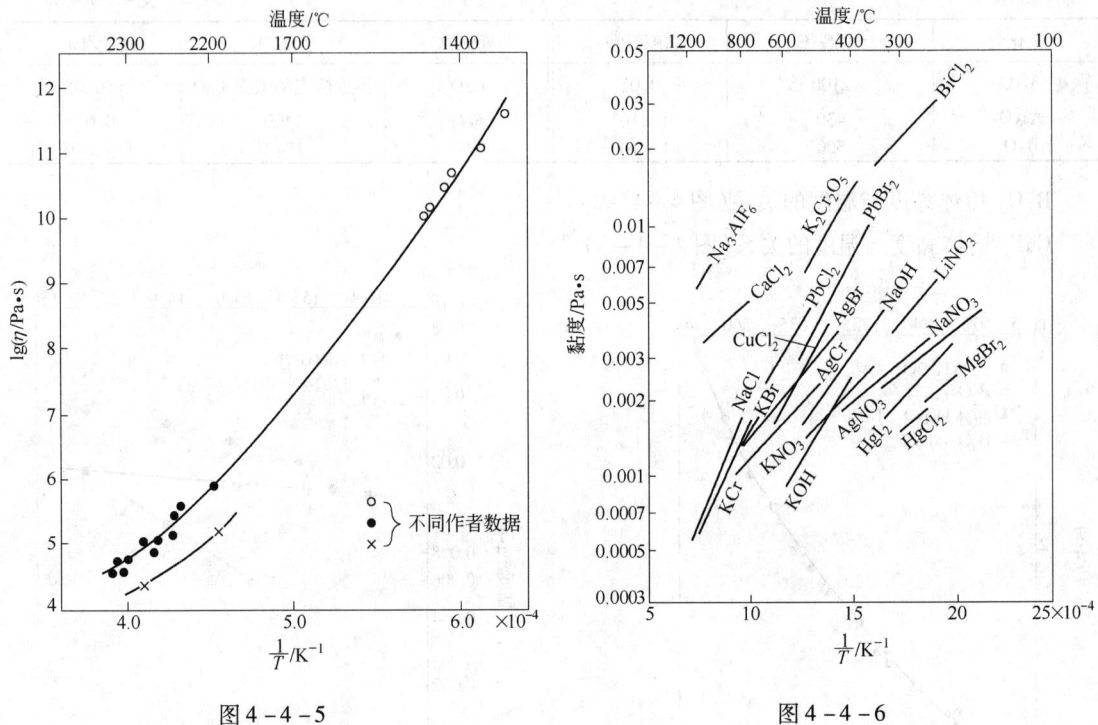

图 4 - 4 - 5　　　　　　　　　　　　　　图 4 - 4 - 6

## 二、二元化合物的黏度

CaO-SiO₂ 渣系的黏度和温度的关系(图 4 - 4 - 7)[4]

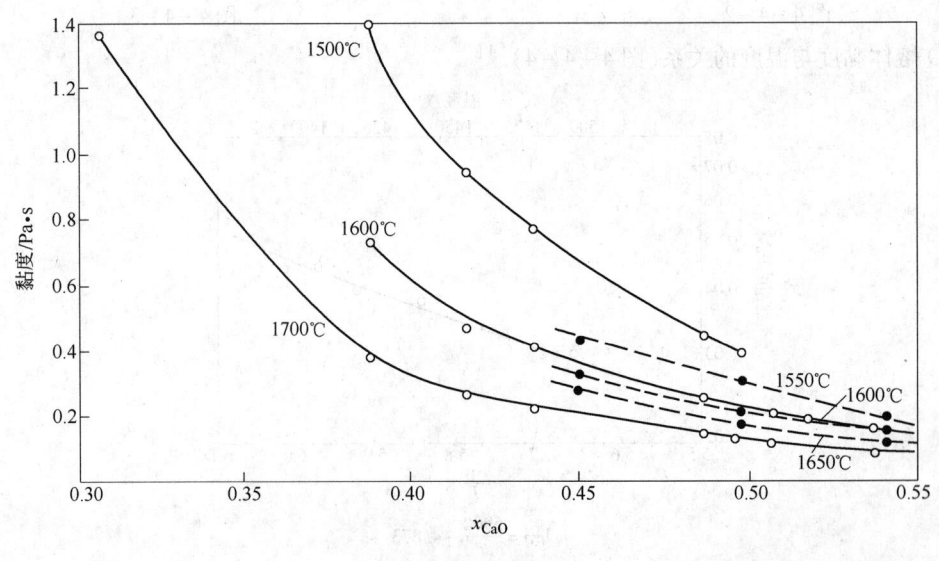

图 4 - 4 - 7

CaO-SiO$_2$ 渣系的黏度和温度的关系(图4-4-8)[29]

CaO-Al$_2$O$_3$ 渣系的黏度和温度的关系(图4-4-9)[1]

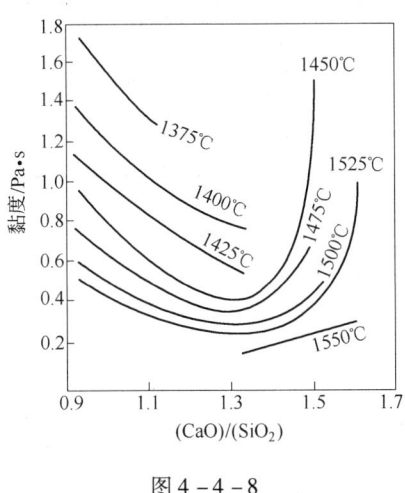

图 4-4-8

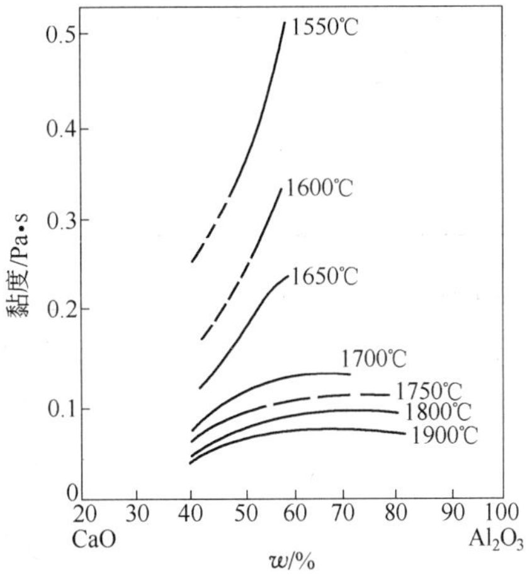

图 4-4-9

EO-SiO$_2$ 渣系的黏度和温度的关系(图4-4-10)[2]

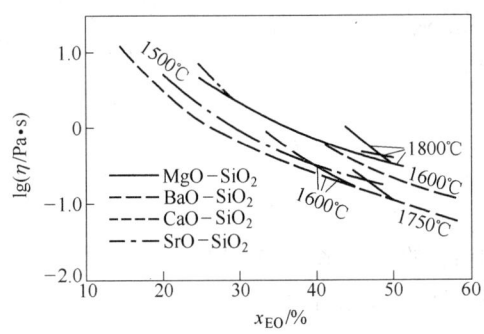

图 4-4-10

FeO-SiO$_2$ 渣系的黏度和温度的关系(表4-4-3)[4]

表4-4-3

| $w_{SiO_2}$/% | $x_{SiO_2}$/% | 黏度/Pa·s | | | | | |
|---|---|---|---|---|---|---|---|
| | | 1450℃ | 1400℃ | 1350℃ | 1300℃ | 1250℃ | 1200℃ |
| 7.6 | 9.0 | 0.01 | 0.02 | 0.03 | 0.04 | 0.04 | 1.19 |
| 17.7 | 20.5 | 0.02 | 0.03 | 0.04 | 0.04 | 0.05 | |
| 19.5 | 22.5 | | | 0.04 | 0.05 | | |
| 23.6 | 27.0 | | | 0.06 | 0.08 | | |
| 25.0 | 28.5 | 0.03 | 0.04 | 0.05 | 0.06 | 0.08 | 0.09 |
| 25.0 | 28.5 | | | 0.045 | 0.07 | 0.10 | 0.112 |
| 26.4 | 30.0 | | 0.07 | | 0.14 | | |
| 27.8 | 31.5 | 0.07 | 0.07 | 0.08 | 0.09 | 0.09 | |
| 29.4 | 33.2 | | | 0.18 | 0.21 | 0.25 | 0.64 |
| 30.0 | 33.9 | | | 0.13 | 0.195 | 0.24 | |
| 30.4 | 31.5 | 0.05 | 0.06 | 0.06 | 0.07 | 0.08 | 0.09 |
| 30.4 | 34.5 | | 0.04 | | 0.07 | | |
| 32.9 | 37.0 | 0.04 | 0.05 | 0.06 | 0.06 | 0.07 | 0.08 |
| 33.9 | 38.0 | 0.08 | 0.09 | 0.10 | 0.12 | 0.13 | 0.15 |

续表 4 – 4 – 3

| $w_{SiO_2}$/% | $x_{SiO_2}$/% | 黏度/Pa·s | | | | | |
|---|---|---|---|---|---|---|---|
| | | 1450℃ | 1400℃ | 1350℃ | 1300℃ | 1250℃ | 1200℃ |
| 34.8 | 39.0 | 0.09 | 0.10 | 0.11 | 0.11 | 0.12 | |
| 34.8 | 39.0 | | 0.10 | | 0.15 | | |
| 35.0 | 39.2 | | | 0.14 | 0.16 | 0.18 | 0.575 |
| 36.4 | 40.6 | | | | 0.11 | 0.19 | |
| 38.8 | 43.1 | | | 0.02 | 0.09 | 0.21 | 0.37 |
| 40.1 | 44.5 | 0.12 | 0.13 | 0.14 | 0.15 | 0.29 | 0.52 |

FeO-SiO$_2$ 渣系的黏度和温度的关系（图 4 – 4 – 11）[6]

MgO-SiO$_2$ 渣系的黏度和温度的关系（图 4 – 4 – 12）[6]

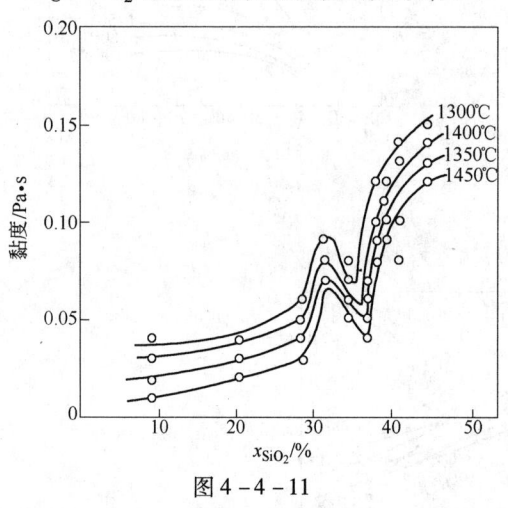

图 4 – 4 – 11

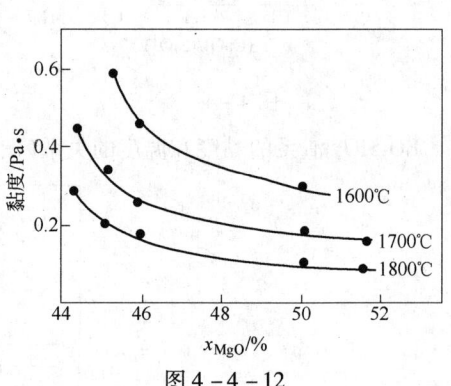

图 4 – 4 – 12

MnO-SiO$_2$ 渣系的黏度和温度的关系（图 4 – 4 – 13）[4]

CaO-Fe$_2$O$_3$ 渣系的黏度和温度的关系（图 4 – 4 – 14）[4]

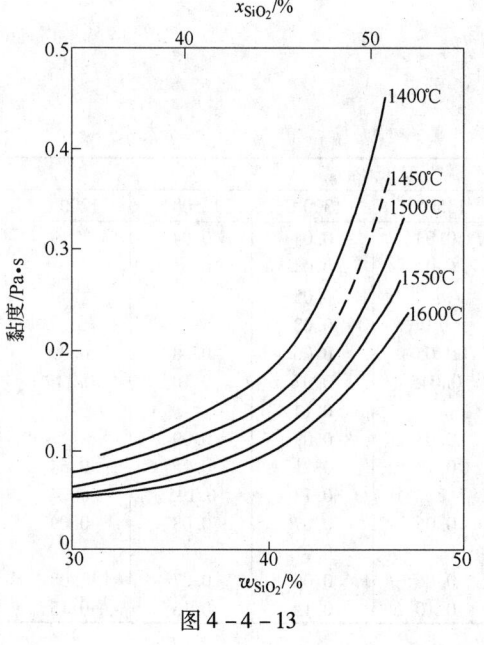

图 4 – 4 – 13

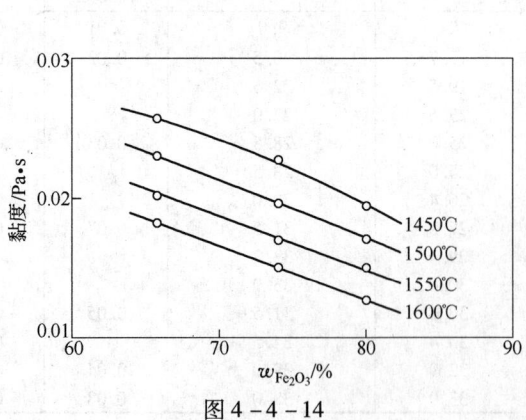

图 4 – 4 – 14

CaF$_2$-V$_2$O$_5$ 渣系的黏度和温度的关系(图4-4-15)[4]

CaF$_2$-Na$_3$AlF$_3$ 渣系的黏度和温度的关系(图4-4-16)[4]

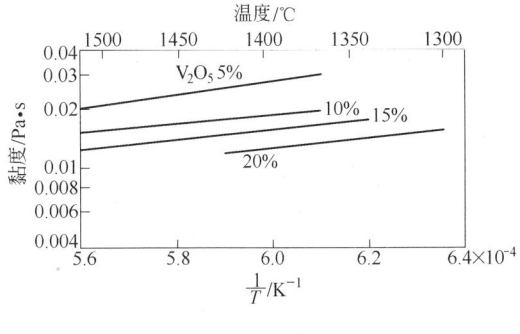

图 4 - 4 - 15

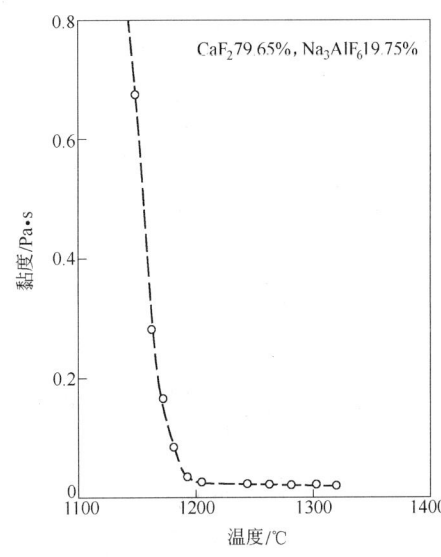

## 三、三元化合物的黏度

### (一) CaO-SiO$_2$-E$_x$O$_y$ 渣系的黏度

CaO-SiO$_2$-Al$_2$O$_3$ 渣系的黏度(1400℃、1500℃、1800℃、1900℃、2000℃)(图4-4-17)[1]

图 4 - 4 - 16

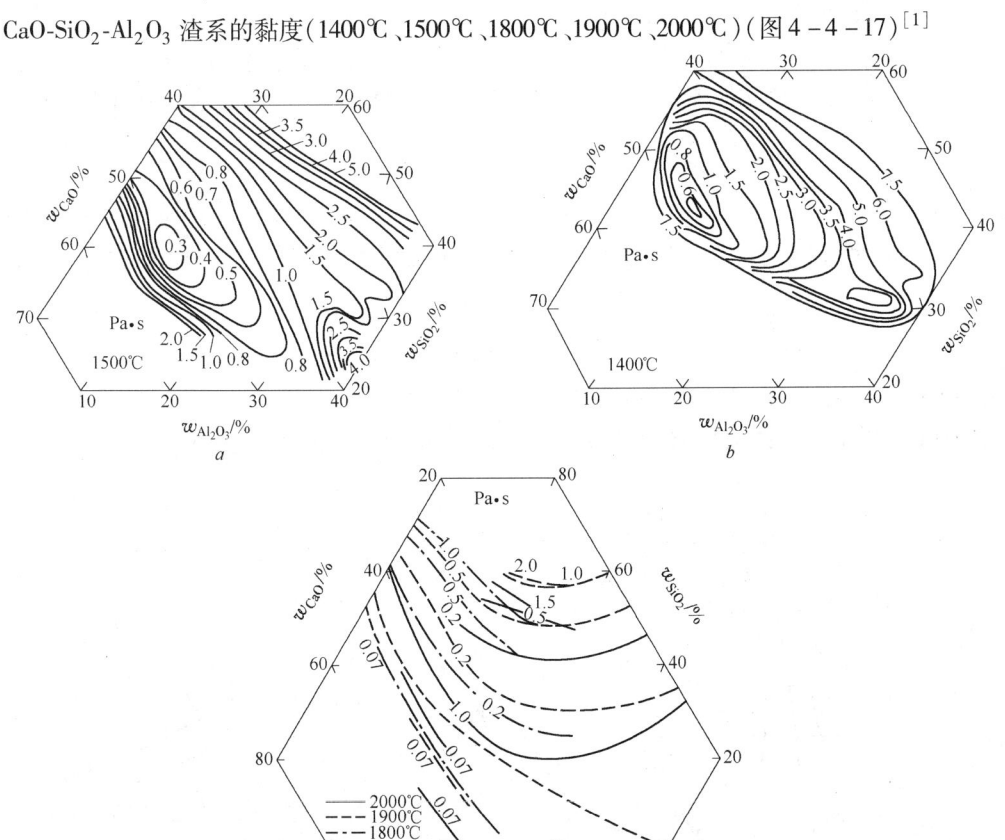

图 4 - 4 - 17

CaO-SiO$_2$-CaS 渣系在 1600℃ 时的黏度（图4 − 4 − 18）[4]

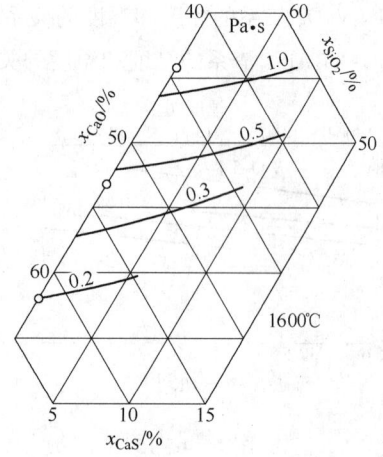

图 4 − 4 − 18

CaO-SiO$_2$-CaF$_2$ 渣系的黏度（1400℃、1600℃）（图4 − 4 − 19）

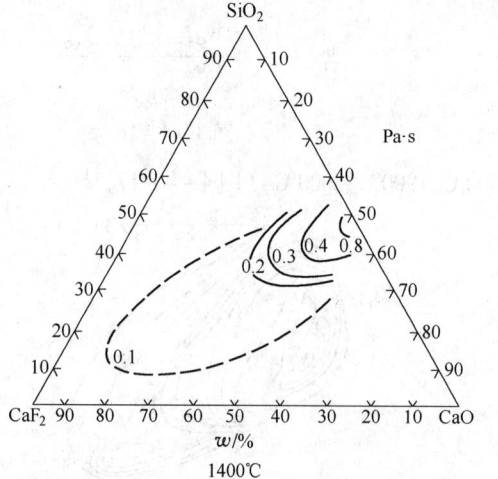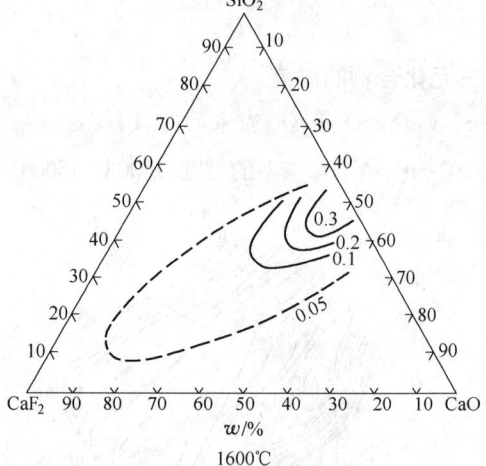

图 4 − 4 − 19

CaO-SiO$_2$-Cr$_2$O$_3$ 渣系的黏度（1550℃）（图4 − 4 − 20）[4]

CaO-SiO$_2$-EF$_2$（E：Ca，Mg，Ba）渣系的黏度（1500℃、1600℃）（图4 − 4 − 21）[6]

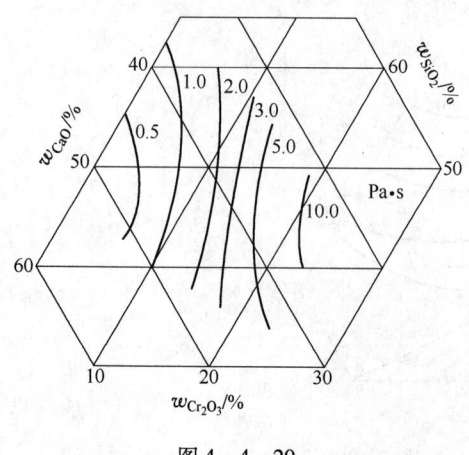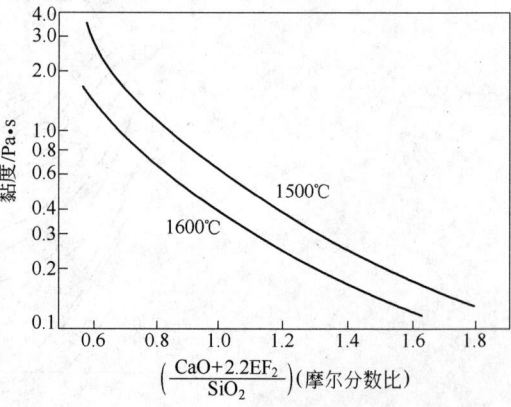

图 4 − 4 − 20                    图 4 − 4 − 21

$CaO$-$SiO_2$-$Al_2O_3$ 渣系中流动性好的温度(黏度为 0.3 Pa·s)(图 4 - 4 - 22)[13]

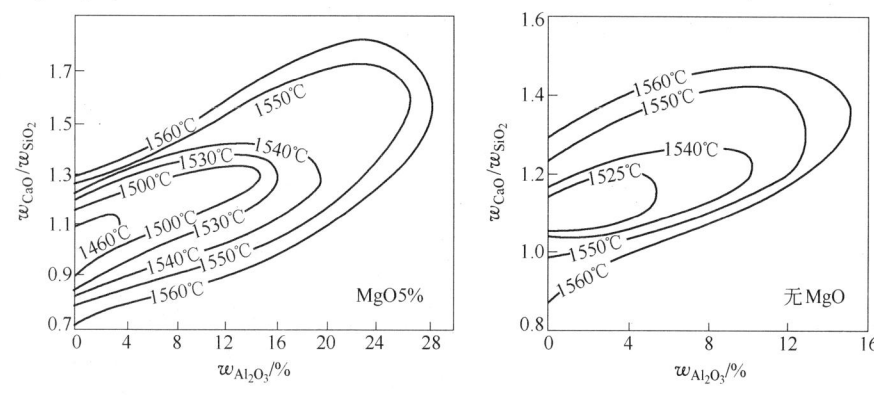

图 4 - 4 - 22

$CaO$-$SiO_2$-$FeO$ 渣系的黏度(1300℃、1350℃、1400℃)(图 4 - 4 - 23)[15]

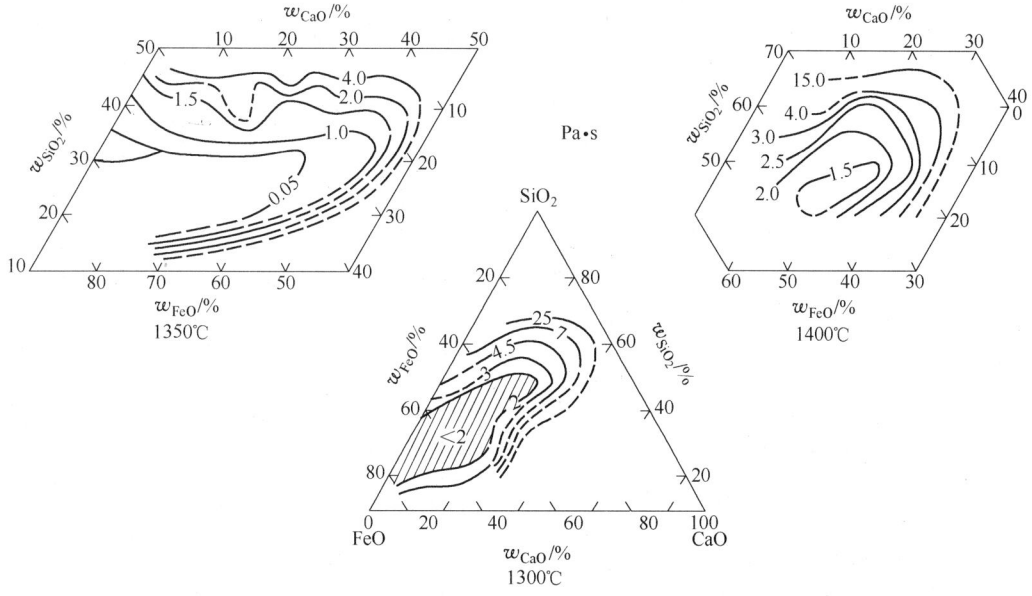

图 4 - 4 - 23

$CaO$-$SiO_2$-$MgO$ 渣系的黏度(1500℃)
(图4 - 4 - 24)[27]

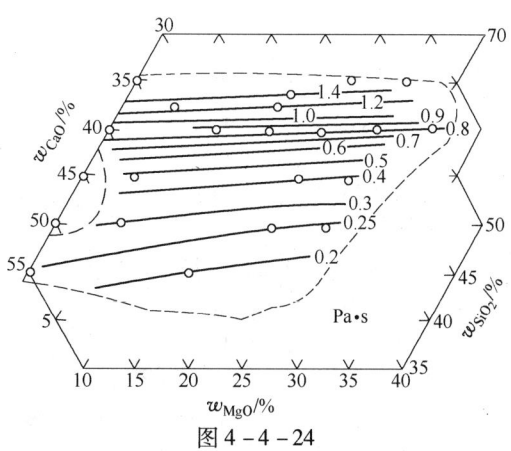

图 4 - 4 - 24

CaO-SiO$_2$-MnO 渣系的黏度和温度的关系（图 4 – 4 – 25）[4]

CaO-SiO$_2$-TiO$_2$ 渣系的黏度（1600℃）（图 4 – 4 – 26）[6]

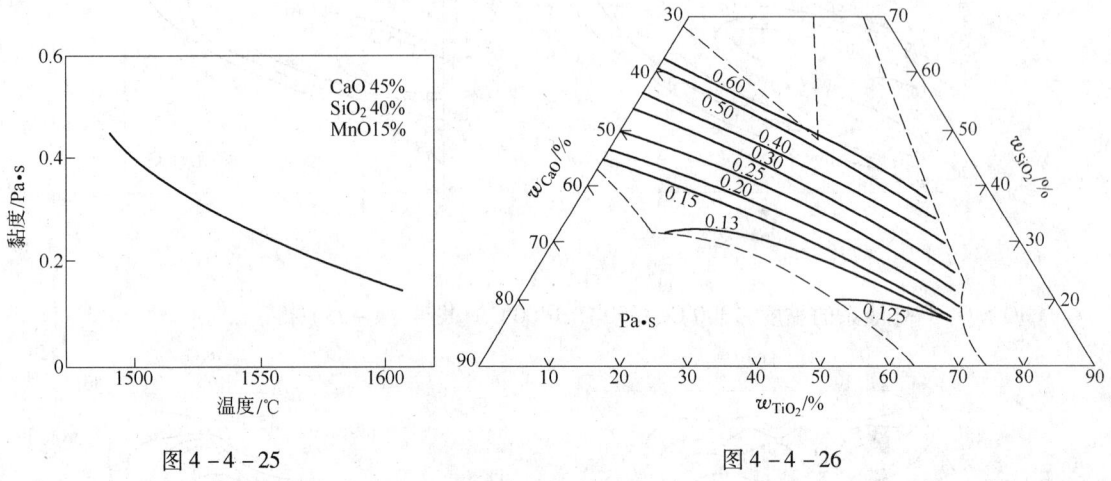

图 4 – 4 – 25　　　　　　　　　　　　　　　　图 4 – 4 – 26

## （二）CaO-Al$_2$O$_3$-E$_x$O$_y$ 渣系的黏度

CaO-Al$_2$O$_3$-CaF$_2$ 渣系的黏度（1500℃、1600℃、1700℃、1800℃）（图 4 – 4 – 27）[25]

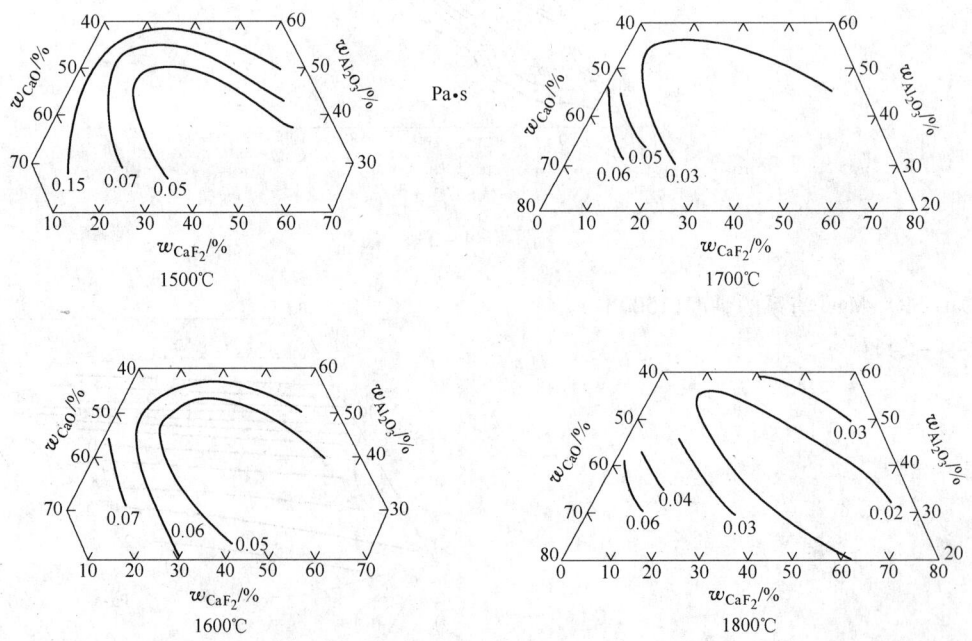

图 4 – 4 – 27

Al$_2$O$_3$-SiO$_2$-FeO 渣系的黏度和温度的关系(图4-4-28)[4]

Al$_2$O$_3$-SiO$_2$-MgO 渣系的黏度(1500℃)(图4-4-29)[27]

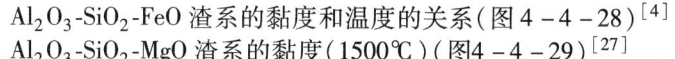

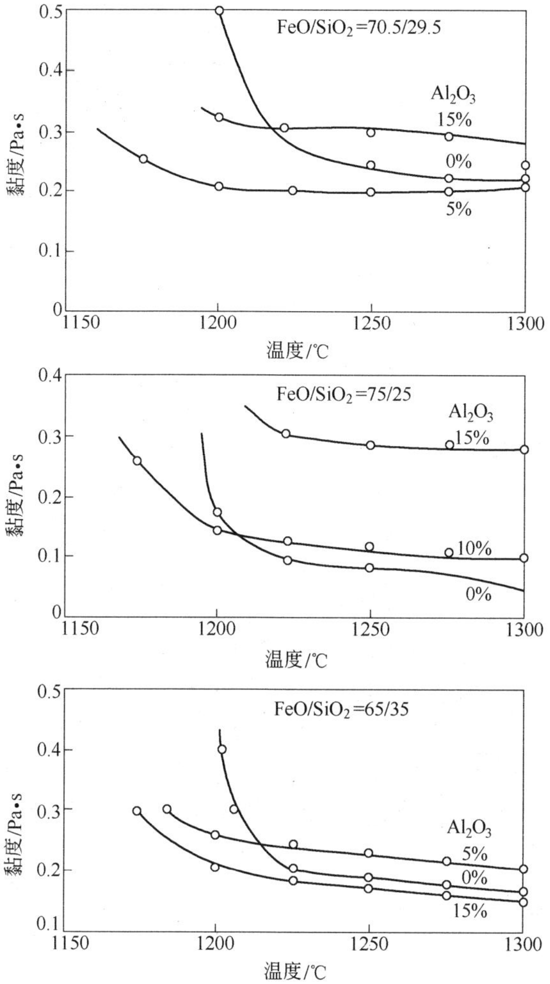

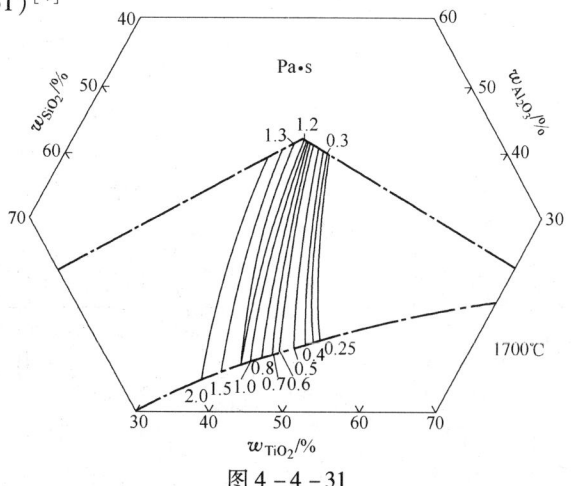

图 4-4-29

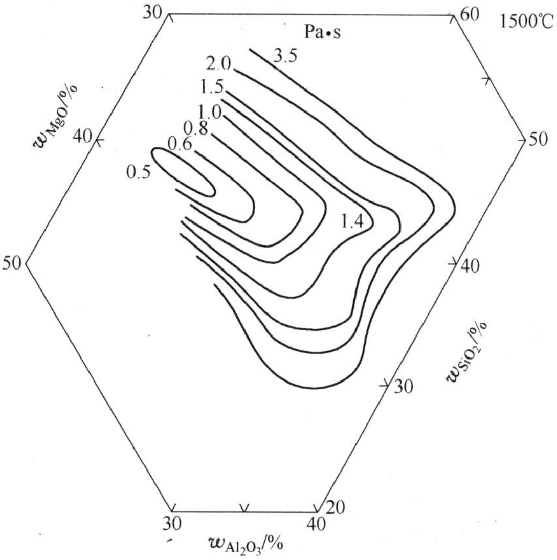

图 4-4-28

Al$_2$O$_3$-SiO$_2$-MnO 渣系的黏度(1500℃)(图4-4-30)[27]

Al$_2$O$_3$-SiO$_2$-TiO$_2$ 渣系的黏度(图4-4-31)[4]

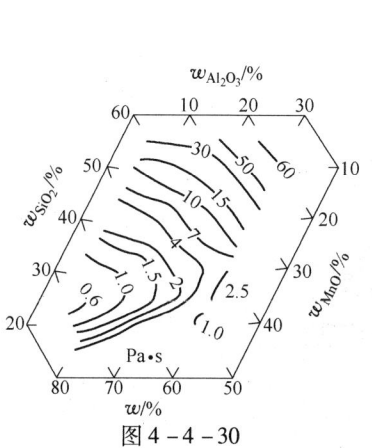

图 4-4-30

图 4-4-31

CaO-Al$_2$O$_3$-MgO 渣系的黏度和温度的关系(图 4 - 4 - 32)[4]

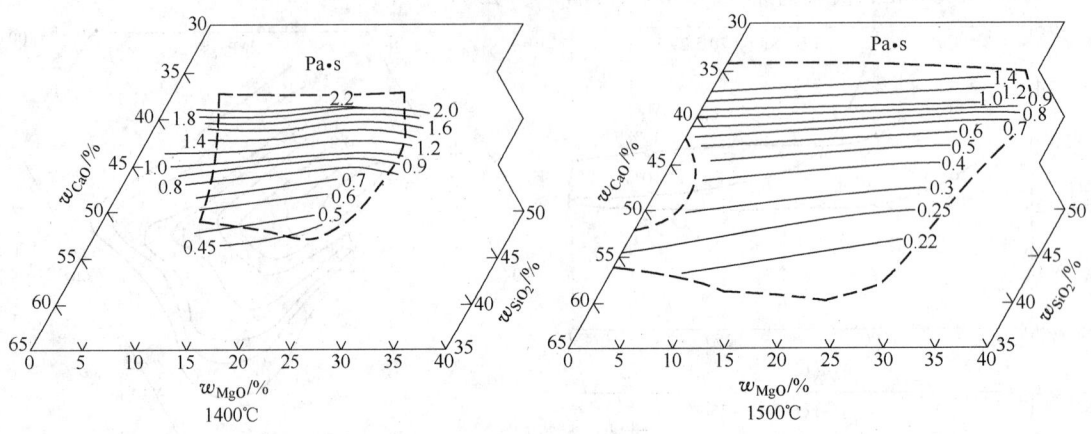

图 4 - 4 - 32

CaO-Al$_2$O$_3$-TiO$_2$ 渣系的黏度(图 4 - 4 - 33)[4]

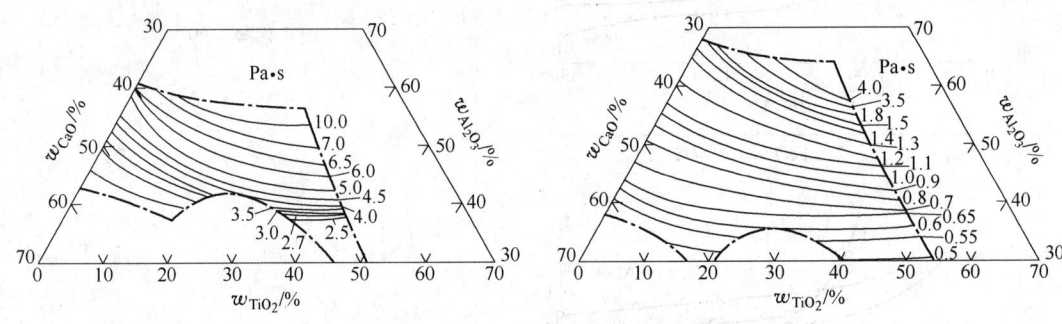

图 4 - 4 - 33

(三) Al$_2$O$_3$-SiO$_2$-E$_x$O$_y$ 渣系的黏度

Al$_2$O$_3$-SiO$_2$-FeO 渣系的黏度(1300℃)(图 4 - 4 - 34)[25]

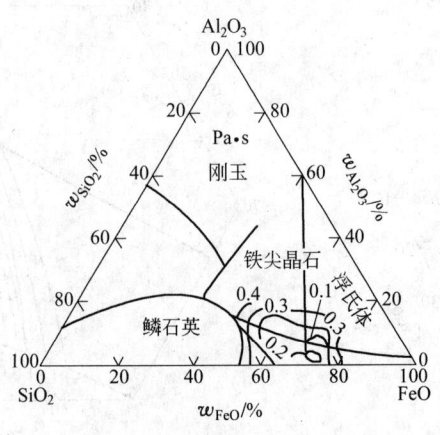

图 4 - 4 - 34

（四）其他

FeO-SiO$_2$-TiO$_2$ 渣系的黏度（1400℃）（图 4-4-35）[4]

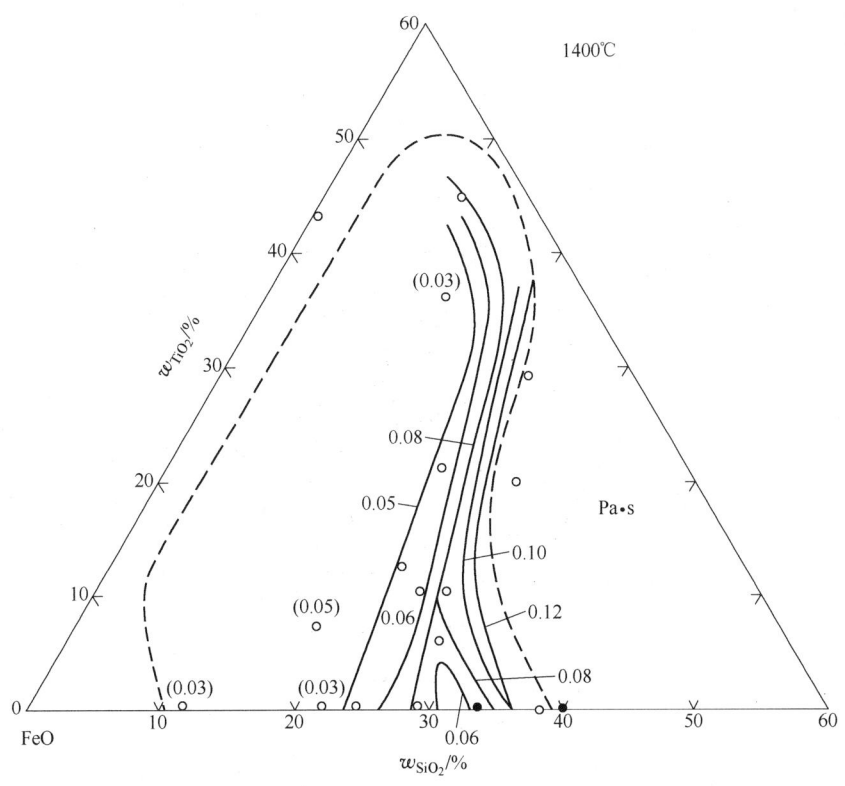

图 4-4-35

FeO-SiO$_2$-MnO 渣系在 1400℃时的黏度（图 4-4-36）[27]

CaO-Al$_2$O$_3$-SiO$_2$-MnO 渣系（MnO=10%）的黏度（1400℃）（图 4-4-37）[6]

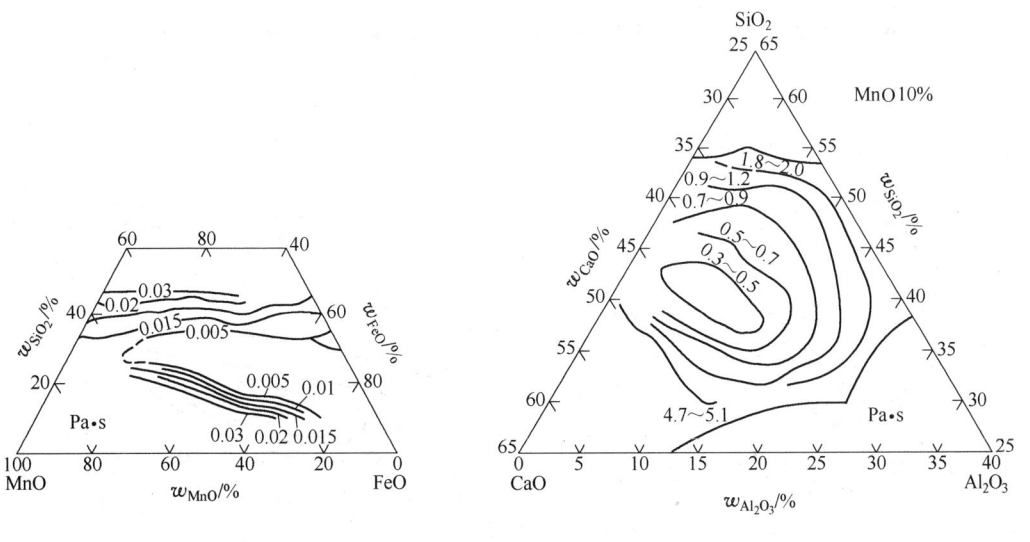

图 4-4-36                          图 4-4-37

CaO-Al$_2$O$_3$-SiO$_2$-MnO 渣系（Al$_2$O$_3$ = 6%）的黏度（1400℃）（图 4 - 4 - 38）[6]

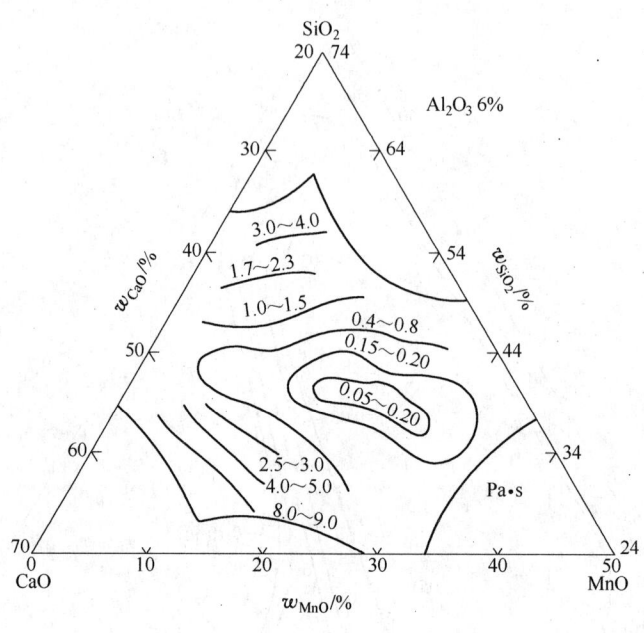

图 4 - 4 - 38

## 四、四元及多元渣的黏度

（一）CaO-MgO-SiO$_2$-Al$_2$O$_3$

CaO-MgO-SiO$_2$-Al$_2$O$_3$（Al$_2$O$_3$ = 5%）渣系的等黏度线（1500℃）（图 4 - 4 - 39）[27]

CaO-MgO-SiO$_2$-Al$_2$O$_3$（Al$_2$O$_3$ = 10%）渣系的等黏度线（1500℃）（图 4 - 4 - 40）[27]

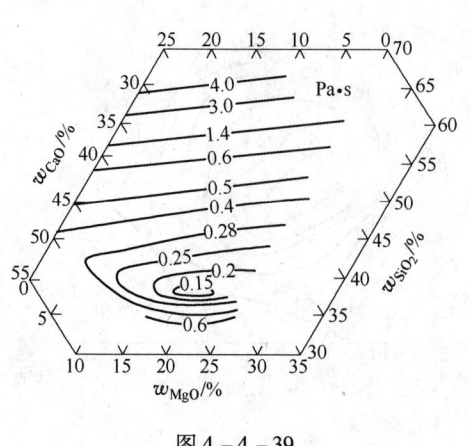

图 4 - 4 - 39

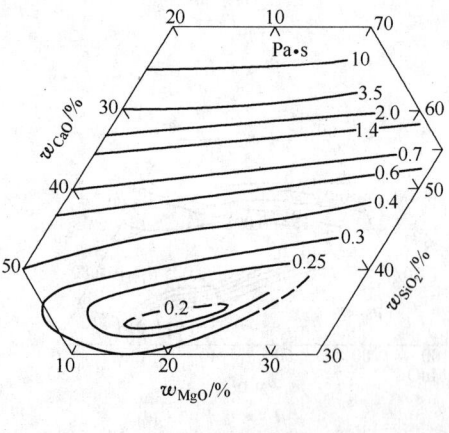

图 4 - 4 - 40

CaO-MgO-SiO$_2$-Al$_2$O$_3$（Al$_2$O$_3$ = 15%）渣系的
等黏度线（1500℃）（图 4 - 4 - 41）[27]

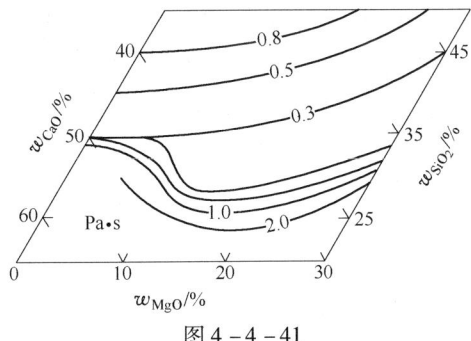

图 4 - 4 - 41

CaO-MgO-SiO$_2$-Al$_2$O$_3$（Al$_2$O$_3$ = 20%）渣系的等黏度线（1500℃）（图 4 - 4 - 42）[27]
CaO-MgO-SiO$_2$-Al$_2$O$_3$（Al$_2$O$_3$ = 25%）渣系的等黏度线（1500℃）（图 4 - 4 - 43）[27]

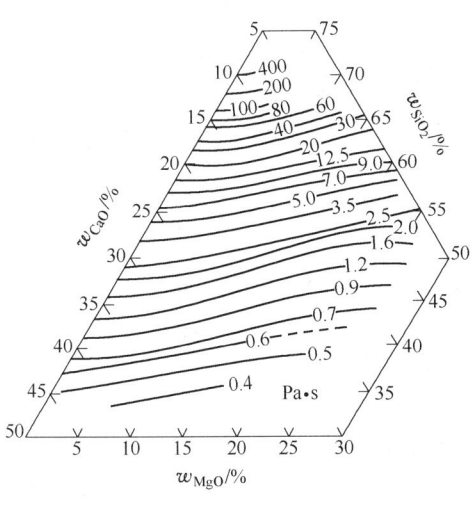

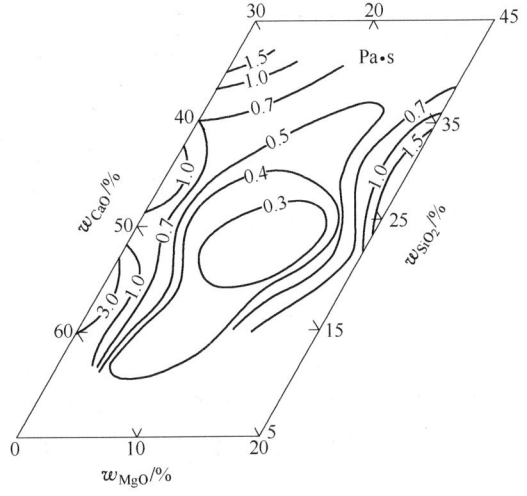

图 4 - 4 - 42

图 4 - 4 - 43

（二）CaO-Al$_2$O$_3$-SiO$_2$-E$_x$O$_y$

CaO-Al$_2$O$_3$-SiO$_2$-CaF$_2$（Al$_2$O$_3$ = 5%）渣系的黏度（1200℃）（图 4 - 4 - 44）[27]
CaO-Al$_2$O$_3$-SiO$_2$-CaF$_2$（Al$_2$O$_3$ = 15%）渣系的黏度（1500℃）（图 4 - 4 - 45）[27]

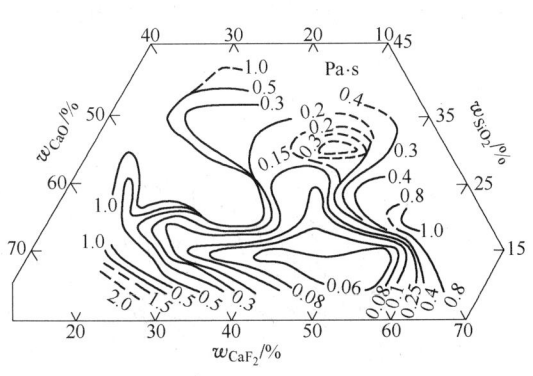

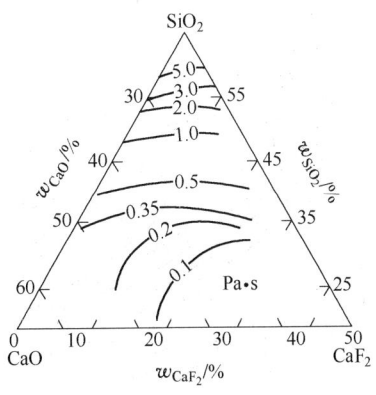

图 4 - 4 - 44

图 4 - 4 - 45

CaO-Al$_2$O$_3$-SiO$_2$-CaF$_2$ 渣系的黏度和温度的关系(图 4 - 4 - 46)[4]

CaO-Al$_2$O$_3$-SiO$_2$-FeO(Al$_2$O$_3$ = 5%)渣系的黏度(1300℃)(图 4 - 4 - 47)[6]

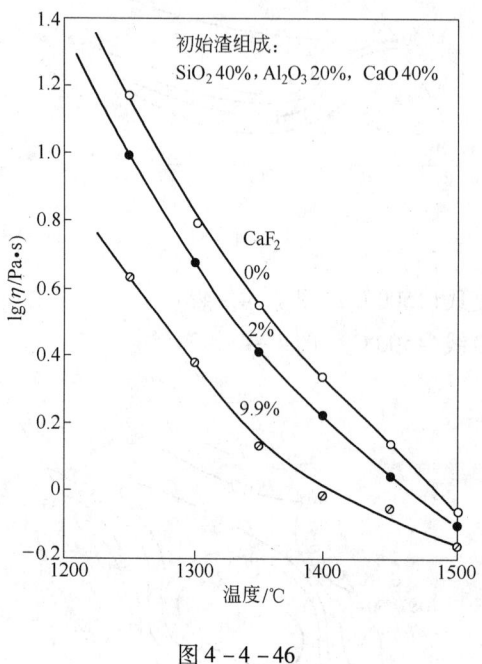

图 4 - 4 - 46

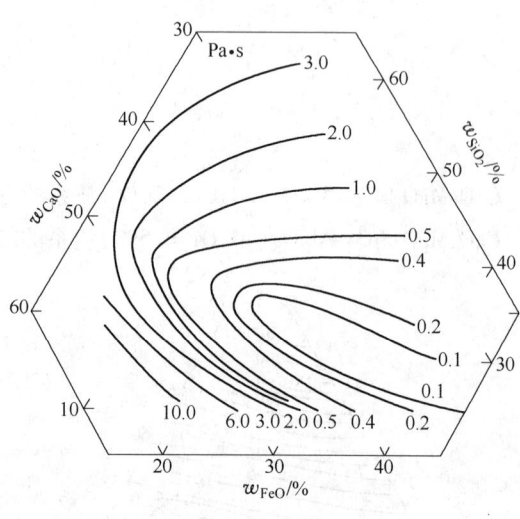

图 4 - 4 - 47

CaO-Al$_2$O$_3$-SiO$_2$-FeO(Al$_2$O$_3$ = 15%)渣系的黏度(1300℃)(图 4 - 4 - 48)[6]

CaO-Al$_2$O$_3$-SiO$_2$-K$_2$O(Al$_2$O$_3$ = 5%)渣系的黏度(1450℃)(图 4 - 4 - 49)[27]

CaO-Al$_2$O$_3$-SiO$_2$-K$_2$O(Al$_2$O$_3$ = 10%)渣系的黏度(1450℃)(图 4 - 4 - 50)[27]

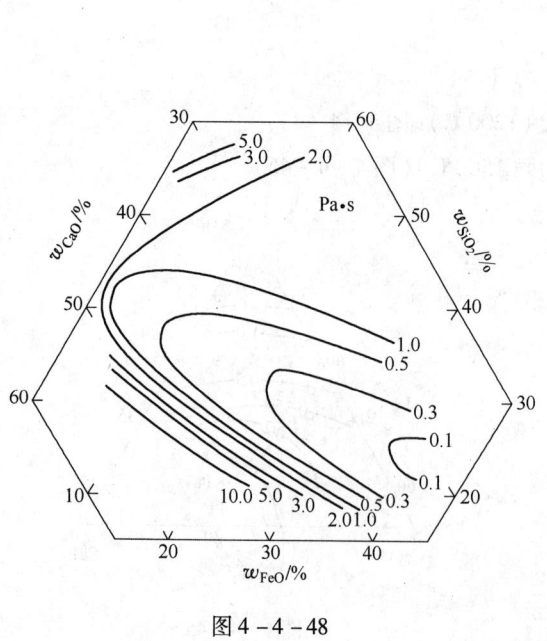

图 4 - 4 - 48

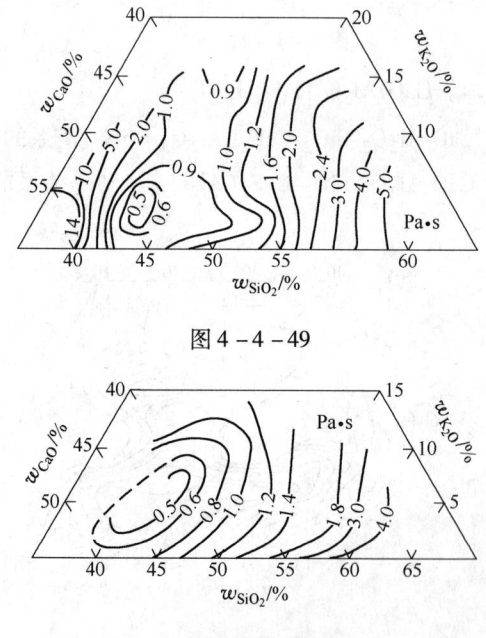

图 4 - 4 - 49

图 4 - 4 - 50

# （三）综合渣的黏度

CaO-Al$_2$O$_3$-SiO$_2$-MgO-CaF$_2$ 综合渣系的黏度和（MgO）、温度的关系（图4－4－51）[31]

氯化物和温度对综合渣系黏度的影响（图4－4－52）[31]

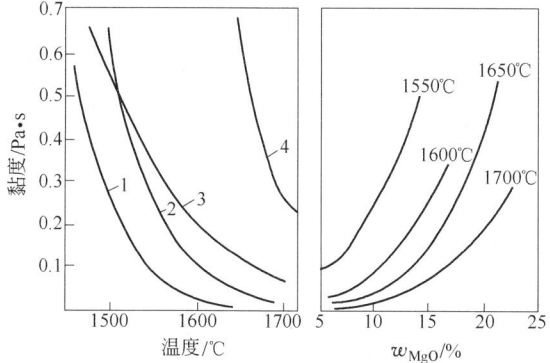

图 4 － 4 － 51

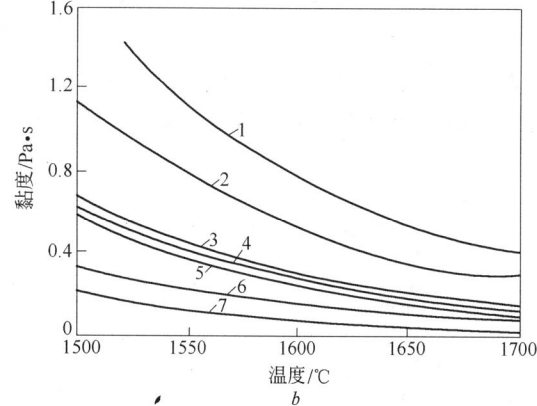

图 4 － 4 － 52

| 渣号 | 成分 w/% | | | | | CaO/SiO$_2$ | 熔点/℃ |
|---|---|---|---|---|---|---|---|
| | CaO | SiO$_2$ | MgO | Al$_2$O$_3$ | CaF$_2$ | | |
| 1 | 57.0 | 22.4 | 5.9 | 3.4 | 9.1 | 2.54 | 1305 |
| 2 | 52.5 | 22.6 | 11.5 | 4.0 | 8.6 | 2.32 | 1380 |
| 3 | 49.9 | 22.2 | 14.6 | 4.1 | 8.2 | 2.25 | 1430 |
| 4 | 46.9 | 21.2 | 19.4 | 4.0 | 7.7 | 2.21 | 1505 |

| 渣号 | 成分 w/% | | | | | | | 熔点/℃ |
|---|---|---|---|---|---|---|---|---|
| | CaO | SiO$_2$ | MgO | Al$_2$O$_3$ | CaF$_2$ | CaCl$_2$ | NaCl | |
| 1 | 50.6 | 22.1 | 17.0 | 6.0 | 3.3 | | 0.0 | |
| 2 | 49.3 | 21.5 | 16.6 | 5.8 | 3.2 | | 2.5 | |
| 3 | 48.2 | 21.0 | 16.1 | 5.7 | 3.0 | | 5.0 | |
| 4 | 49.1 | 21.8 | 17.3 | 4.0 | 5.3 | 1.6 | | 1480 |
| 5 | 48.4 | 21.6 | 14.9 | 3.7 | 5.4 | 3.2 | | 1360 |
| 6 | 47.8 | 21.4 | 15.3 | 3.7 | 5.7 | 5.2 | | 1290 |

CaO-Al$_2$O$_3$ 渣系中 SiO$_2$、MgO 含量和温度对黏度的影响（图4－4－53）[31,32]

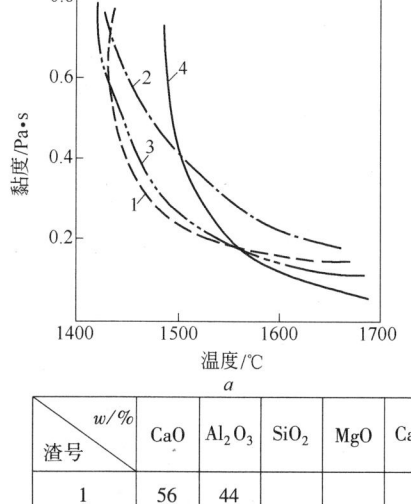

| 渣号 | w/% | CaO | Al$_2$O$_3$ | SiO$_2$ | MgO | CaF$_2$ |
|---|---|---|---|---|---|---|
| 1 | | 56 | 44 | | | |
| 2 | | 53 | 41 | 6 | | |
| 3 | | 53 | 41 | 6 | | |
| 4 | | 58 | 7 | 20 | 11 | 4 |

| 渣号 | w/% | CaO | Al$_2$O$_3$ | SiO$_2$ | MgO |
|---|---|---|---|---|---|
| 1 | | 24.9 | 50.3 | 24.8 | |
| 2 | | 36.9 | 49.45 | 10.88 | |
| 3 | | 49.78 | 49.16 | 0.31 | |
| 4 | | 49.65 | 38.15 | 10.61 | |
| 5 | | 49.80 | 29.18 | 20.36 | |
| 6 | | 39.0 | 26.0 | 26.0 | 6.0 |
| 7 | | 45.0 | 20.0 | 30.0 | 6.0 |

图 4 － 4 － 53

## 五、碱性炼钢炉渣

碱性氧化渣的黏度和温度、碱度的关系(图 4 - 4 - 54)[33]

碱性氧化渣的黏度和碱度、温度的关系(图 4 - 4 - 55)[33]

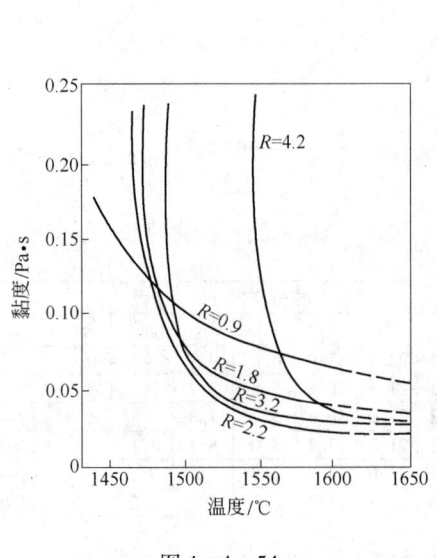

图 4 - 4 - 54

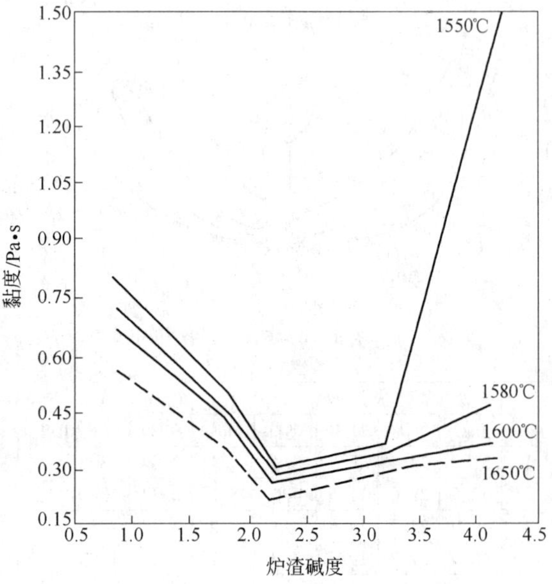

图 4 - 4 - 55

$CaC_2$ 对碱性电弧炉炉渣黏度的影响(图4 - 4 - 56)[34]

碱性电弧炉白渣的黏度和温度、碱度的关系(图 4 - 4 - 57)[35]

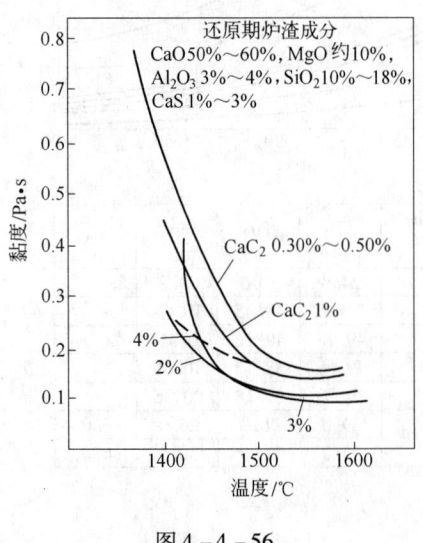

图 4 - 4 - 56

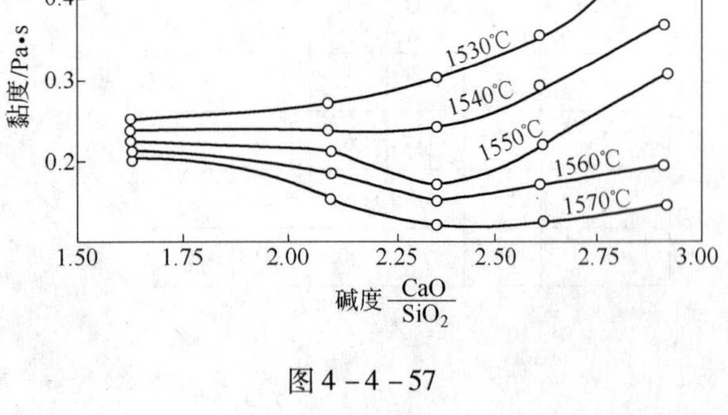

图 4 - 4 - 57

碱性还原性炉渣的黏度和温度的关系(图4-4-58)[32]

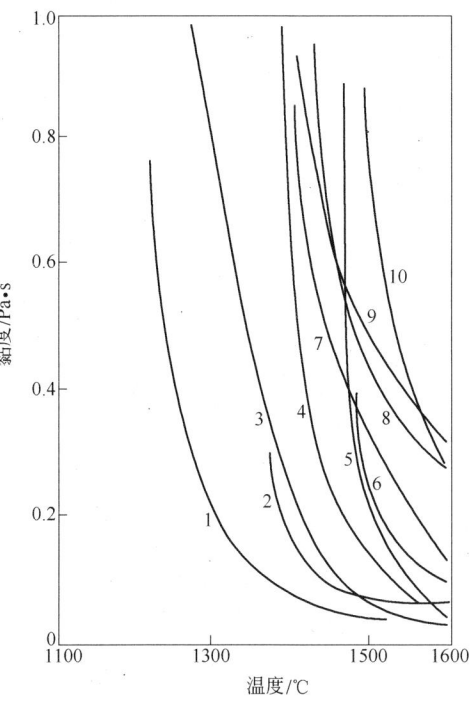

| 渣号 | 成分 w/% | | | | | | | | | |
|---|---|---|---|---|---|---|---|---|---|---|
| | SiO$_2$ | Al$_2$O$_3$ | FeO | CaO | MgO | MnO | P$_2$O$_5$ | S | CaC$_2$ | CaF$_2$ |
| 1 | 15.28 | 7.39 | 0.15 | 56 | 2.74 | 0.05 | 0.08 | 0.539 | 2 | 15.77 |
| 2 | 22.48 | 6.24 | 0.56 | 52.22 | 2.57 | 0.09 | 0.025 | 0.432 | 2 | 13.35[①] |
| 3 | 12.56 | 4.69 | 0.31 | 57.3 | 1.71 | 0.04 | 0.028 | 0.306 | 1 | 22 |
| 4 | 20.26 | 7.69 | 0.28 | 60.57 | 3.22 | 0.12 | 0.004 | 0.552 | 2 | 5.31 |
| 5 | 21.96 | 7.39 | 0.25 | 61.75 | 5.29 | 0.1 | 0.089 | 0.549 | | 2.62 |
| 6 | 20.4 | 7.76 | 0.23 | 62.18 | 3.05 | 0.09 | 0.057 | 0.573 | 2 | 3.66[①] |
| 7 | 17.92 | 6.89 | 0.28 | 59.36 | 2.96 | 0.09 | 0.043 | 0.46 | 2 | 10 |
| 8 | 17.04 | 34.16 | 0.33 | 44.91 | 2.47 | 0.05 | 0.032 | 0.64 | | |
| 9 | 18.72 | 8.03 | 0.10 | 60.77 | 2.63 | 0.04 | 0.007 | 0.472 | 2 | 7.23[①] |
| 10 | | 50.0 | | 50 | | | | | | |

① CaF$_2$/Na$_2$O = 1:2。

图 4-4-58

碱性还原性炉渣的黏度和(Cr$_2$O$_3$)、温度的关系(图4-4-59)[32]

碱性还原性炉渣的黏度和(MgO)、温度的关系(图4-4-60)[32]

碱性还原性炉渣的黏度和(TiO$_2$)、温度的关系(图4-4-61)[32]

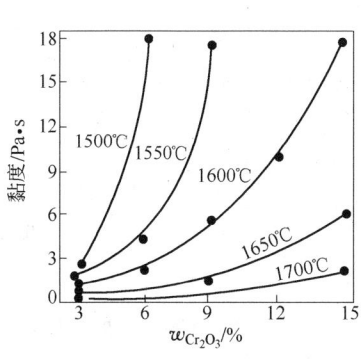

图 4-4-59

CaO 37%~59%；MgO 5%~12%；SiO$_2$ 6%~25%；

Al$_2$O$_3$ 5%~12%；FeO 0.1%~0.2%；

MnO 0.1%~0.4%；TiO$_2$ 0.1%~0.2%

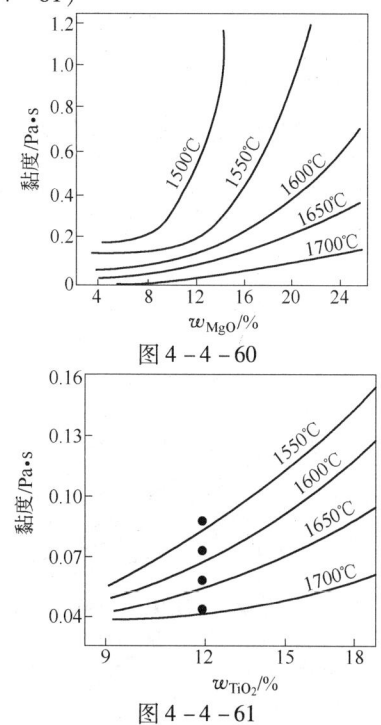

图 4-4-60

图 4-4-61

碱性还原性炉渣的黏度和($Al_2O_3$)、温度的关系(图4-4-62)[32]

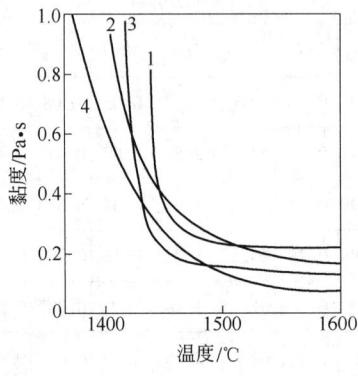

| 渣号 | $w_{Al_2O_3}$/% | $w_{CaO}$/% | $w_{MgO}$/% |
|------|------|------|------|
| 1 | 19.5 | 51.4 | 10.8 |
| 2 | 34.7 | 34.2 | 11.8 |
| 3 | 17.9 | 43.2 | 18.0 |
| 4 | 27.0 | 42.0 | 18.5 |

图4-4-62

碱性氧化渣1600℃时的黏度(Pa·s)和成分关系的近似计算式:

$$lg\eta_{1600℃} = 0.882 + 0.0455(Al_2O_3) - 0.509(SiO_2) + 1.17(P_2O_5) - 23.2(S)$$
$$- 0.0122(MnO) + 0.0165(FeO) - 0.0322(Fe_2O_3) - 0.0201(MgO)$$
$$+ 0.0178(CaO)$$

式中,组成含量为质量分数,适用范围如下(%):

| $Al_2O_3$ | $SiO_2$ | $P_2O_5$ | S | MnO | FeO | $Fe_2O_3$ | MgO | CaO |
|------|------|------|------|------|------|------|------|------|
| 5~11 | 18~25 | 1~3 | 0.1~0.3 | 9~16 | 7~14 | 0.6~3.5 | 8~13 | 24~40 |

## 六、酸性炉渣

酸性电炉炉渣的黏度和成分、温度的关系(图4-4-63)[32]

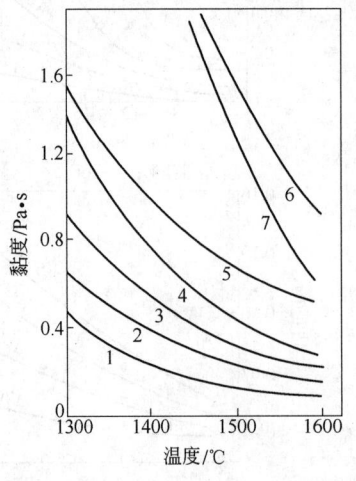

| 渣号 | 炉渣成分 $w$/% | | | | | 1600℃ 时的黏度 /Pa·s |
|------|------|------|------|------|------|------|
| | $SiO_2$ | CaO | FeO | MnO | $Al_2O_3$ | |
| 1 | 38.39 | 1.02 | 30.41 | 16.70 | 13.5 | 0.09 |
| 2 | 41.22 | 0.60 | 32.70 | 13.97 | 11.45 | 0.14 |
| 3 | 43.46 | 0.74 | 33.50 | 11.40 | 10.90 | 0.22 |
| 4 | 45.15 | 1.38 | 26.79 | 12.23 | 12.90 | 0.27 |
| 5 | 48.47 | 1.85 | 24.14 | 16.04 | 9.50 | 0.48 |
| 6 | 51.60 | 3.30 | 20.56 | 17.90 | 6.80 | 0.90 |
| 7 | 54.81 | 9.44 | 13.58 | 14.80 | 7.30 | 0.59 |

图4-4-63

高炉酸性渣的黏度和碱度、温度的关系(图 4 - 4 - 64)[36]

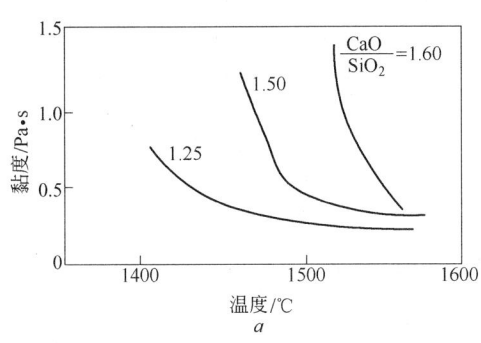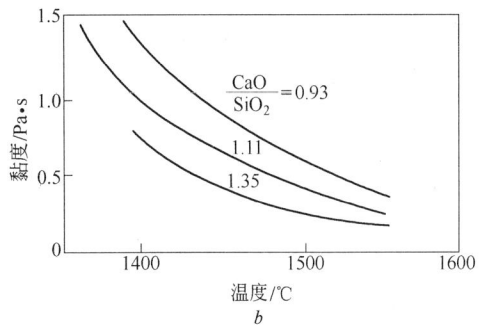

图 4 - 4 - 64

偏酸性渣的黏度和 $CaF_2$ 含量、温度的关系(图 4 - 4 - 65)[36]

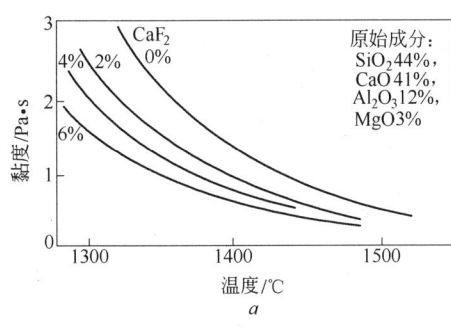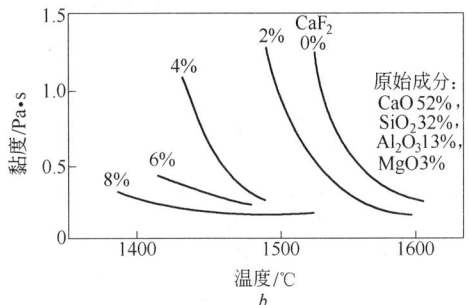

图 4 - 4 - 65

## 七、电渣炉用渣

电渣炉重熔渣系的黏度和温度的关系(图 4 - 4 - 66)[37]

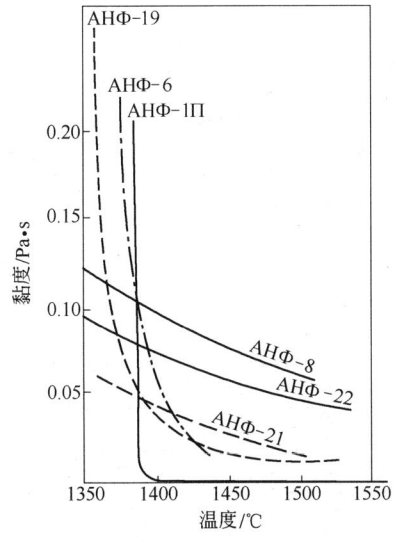

| 渣　系 | 成分 $w$/% | | | |
|---|---|---|---|---|
| | $CaF_2$ | $Al_2O_3$ | CaO | $E_xO_y$ |
| AHФ-1П | 95 | | 5 | |
| AHФ-6 | 70 | 30 | | |
| AHФ-8 | 60 | 20 | 20 | |
| AHФ-19 | 80 | | | $20ZrO_2$ |
| AHФ-21 | 50 | 25 | | $25TiO_2$ |

图 4 - 4 - 66

CaO-Al$_2$O$_3$-SiO$_2$-CaF$_2$ 渣的黏度和温度的关系（图 4 – 4 – 67）[32]

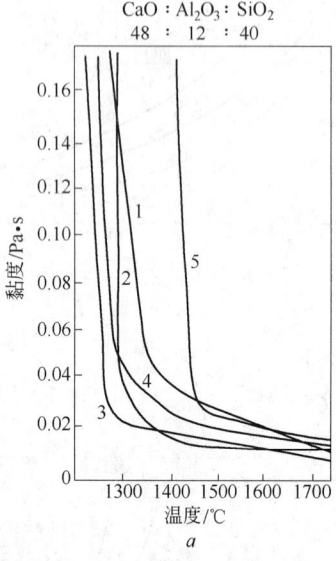

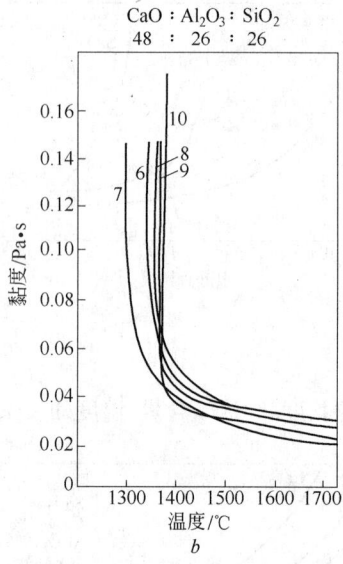

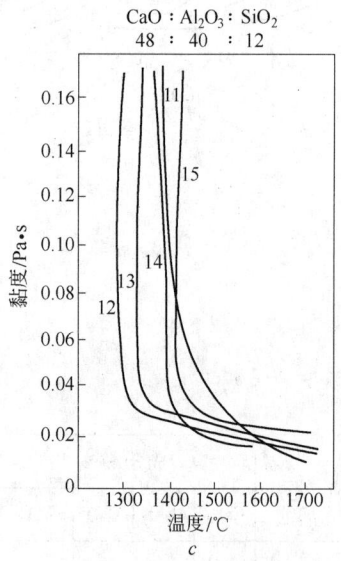

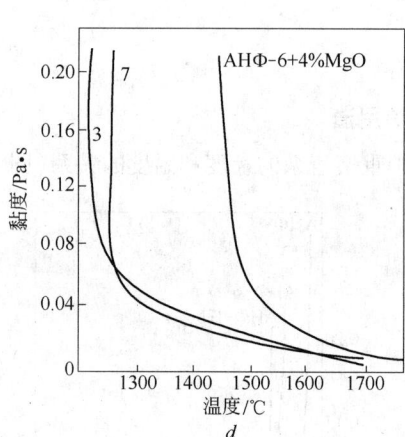

图 4 – 4 – 67

| $w_{CaF_2}$/% | 曲　线 | | |
|---|---|---|---|
| 30 | 1 | 6 | 11 |
| 40 | 2 | 7 | 12 |
| 50 | 3 | 8 | 13 |
| 60 | 4 | 9 | 14 |
| 70 | 5 | 10 | 15 |

## 八、保护浇铸用渣

不同渣系的黏度和温度的关系(图 4 - 4 - 68)[38]

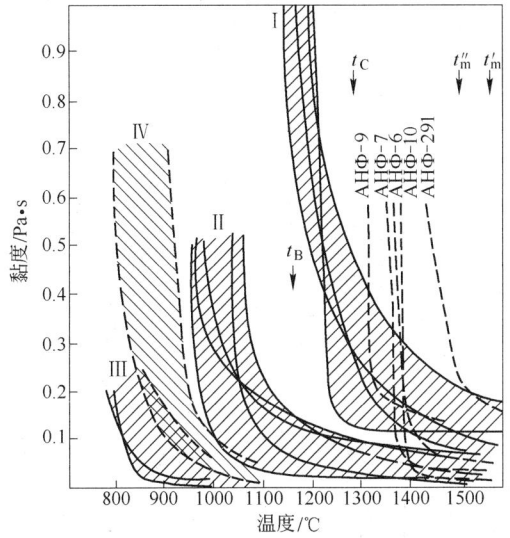

图 4 - 4 - 68

Ⅰ,Ⅱ—硅酸盐炉渣;Ⅲ—氟化物炉渣;Ⅳ—硼化物炉渣
$t_C$—形成间隙时凝固钢锭的表面温度;$t'_m$—在浇铸时钢的最高温度界线;
$t''_m$—在浇铸时钢的最低温度界线;$t_B$—覆盖炉渣的上表面温度

| 组 | 渣号 | 炉渣成分 $w/\%$ | | | | | | | | | | |
|---|---|---|---|---|---|---|---|---|---|---|---|---|
| | | $SiO_2$ | $CaO$ | $Al_2O_3$ | $MnO$ | $FeO$ | $MgO$ | $CaF_2$ | $NaF$ | $AlF_3$ | $Na_2O + K_2O$ | $B_2O_3$ |
| Ⅰ | 1-1 | 31.0 | 26.1 | 15.9 | 3.7 | 0.6 | 0.8 | 9.5 | | | 10 | |
| | 1-2 | 32.4 | 17.2 | 21.2 | 0.2 | 1.3 | 4.7 | 8.5 | | | 12.6 | |
| | 1-3 | 36.0 | 24.9 | 12.9 | 3.3 | 2.6 | 0.8 | 5.5 | | | 6.7 | |
| | 1-4 | 20.4 | 21.2 | 33.4 | 2.0 | 0.7 | 4.7 | 7.5 | | | 10.3 | |
| Ⅱ | 2-1 | 24.36 | 6.27 | 20.55 | 4.68 | 1.28 | | 28.96 | | | 9.22 | |
| | 2-2 | 24.36 | 8.5 | 12.34 | 9.04 | 2.46 | | 31.90 | | | 9.20 | |
| | 2-3 | 25.25 | 20.35 | 5.62 | 6.32 | 2.21 | | 32.65 | | | 2.81 | |
| | 2-4 | 30.35 | 16.17 | 13.76 | 4.59 | 3.07 | | 23.22 | | | 8.08 | |
| | 2-5 | 30.35 | 13.07 | 13.92 | 5.21 | 2.92 | | 26.57 | | | 6.92 | |
| Ⅲ | 3-1 | | | | | | | 20 | 64 | 16 | | |
| | 3-2 | | 20 | | | | | | 16 | 64 | | |
| | 3-3 | | 20 | | | | | 60 | 4 | 16 | | |
| Ⅳ | 4-1 | | | | | 0.5 | | 1.6 | | | 17.5 | 80.4 |
| | 4-2 | | | | | 0.5 | | 6.0 | | | 41.0 | 52.5 |

液渣保护浇铸用炉渣的黏度和温度的关系(图 4 - 4 - 69)[36]

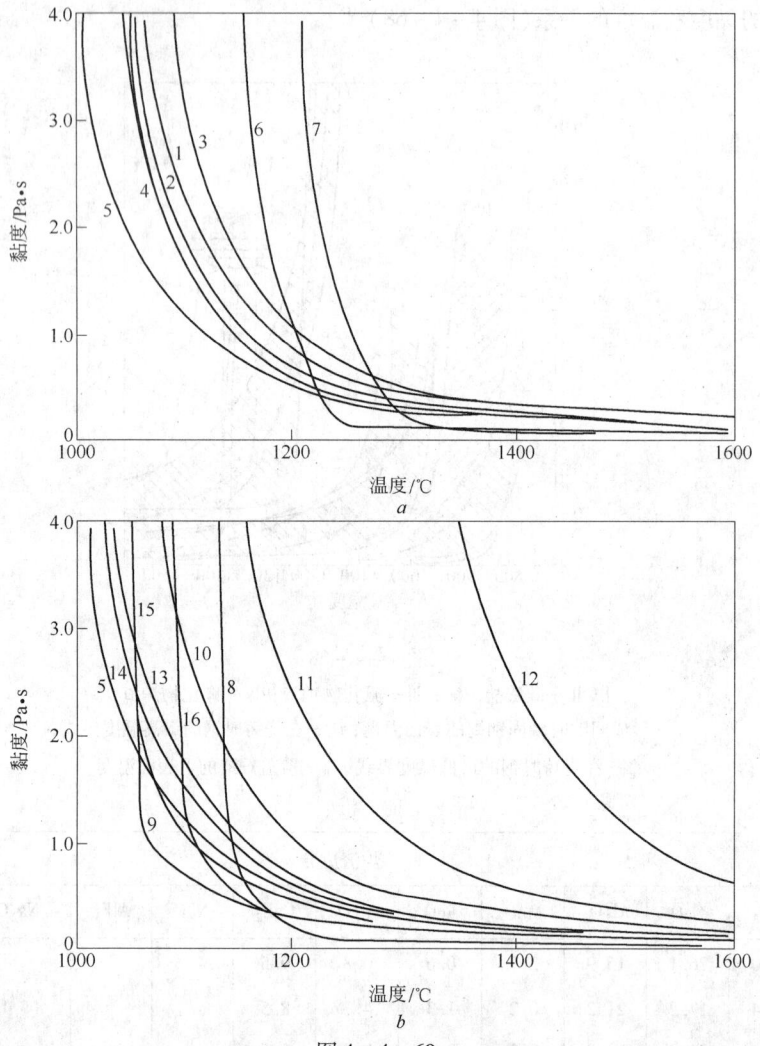

图 4 - 4 - 69

| 渣 号 | 成分 w/% | | | | | | | | | | | |
|---|---|---|---|---|---|---|---|---|---|---|---|---|
| | SiO$_2$ | Al$_2$O$_3$ | CaO | MgO | MnO | ΣFeO | Na$_2$O | F | $\frac{CaO}{SiO_2}$ | 软化温度/℃ | 液相温度/℃ | 熔化区间/℃ |
| 1 | 20.4 | 34.7 | 21.2 | 5.2 | 2 | 0.7 | 10.1 | 7.5 | 1.03 | 980 | 1440 | 460 |
| 2 | 32.4 | 21.2 | 17.2 | 4.7 | 0.2 | 1.3 | 12.6 | 8.5 | 0.53 | 980 | 1355 | 370 |
| 3 | 34.9 | 17.6 | 23.6 | 0.6 | 5.8 | 3 | 5.9 | 5.8 | 0.68 | 985 | 1466 | 475 |
| 4 | 36.8 | 12.9 | 24.9 | 0.6 | 5.3 | 2.6 | 6.3 | 5.58 | 0.68 | | 1300 | |
| 5 | 31.2 | 14.9 | 26.3 | 0.8 | 3.9 | 1.1 | 9.9 | 8.9 | 0.84 | 930 | 1290 | 300 |
| 6 | 19.1 | 14.9 | 29.1 | 1.4 | 9.1 | 3.0 | 1.5 | 20.2 | 1.52 | 970 | 1255 | 285 |
| 7 | 19.6 | 8.7 | 41.2 | 0.7 | 0.03 | 0.9 | | 21.2 | 2.10 | | 1355 | |
| 8 | 14.3 | 15.7 | 37 | 0.71 | 1.7 | 0.38 | 4.5 | 18.7 | 2.62 | 1035 | 1250 | 215 |
| 9 | 26.6 | 15.4 | 28.2 | 0.8 | 3.82 | 1.57 | 8.8 | 13.5 | 1.06 | 980 | 1260 | 285 |
| 10 | 34.7 | 17.0 | 23 | 0.75 | 3.8 | 1.41 | 10.6 | 8.1 | 0.66 | 875 | 1330 | 355 |
| 11 | 38.5 | 17.7 | 19.1 | 0.73 | 4.35 | 1.34 | 13.5 | 5.4 | 0.5 | 930 | 1390 | 460 |
| 12 | 52.3 | 16.6 | 7.64 | 1.0 | 5.03 | 4.13 | 12.8 | 0.5 | 0.15 | | 1460 | |
| 13 | 32.1 | 15.3 | 23.5 | 0.65 | 3.51 | 2.82 | 10.6 | 9.5 | 0.73 | 810 | 1275 | 465 |
| 14 | 31.2 | 16.0 | 24.2 | 0.45 | 3.67 | 1.07 | 10.8 | 9.4 | 0.78 | 830 | 1260 | 430 |
| 15 | 29.6 | 16.0 | 27.5 | 1.11 | 3.16 | 1.03 | 9.86 | 11.2 | 0.93 | 1015 | 1395 | 380 |
| 16 | 20.4 | 18.4 | 31.1 | 2.07 | 1.99 | 0.84 | 5.21 | 11.6 | 1.52 | 1020 | 1402 | 380 |

注:数字中组成之和不到100%,原因为:(1)分析不准;(2)Na$_2$O 及 F 分析误差。

精炼渣的黏度和温度的关系(图4-4-70)[31]

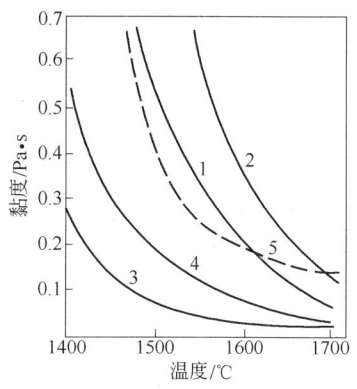

| 渣号 | 成分 w/% | | | | | | $\dfrac{CaO}{SiO_2}$ | 熔点/℃ | $\sigma_s$(1600℃) /mN·m |
|---|---|---|---|---|---|---|---|---|---|
| | CaO | SiO₂ | MgO | Al₂O₃ | CaF₂ | CaCl₂ | | | |
| 1 | 49.9 | 22.2 | 14.6 | 4.1 | 8.2 | | 2.2 | 1430 | 404 |
| 2 | 46.4 | 13.5 | 18.7 | 4.2 | 16.8 | | 2.4 | 1460 | 370 |
| 3 | 49 | 23.6 | 7.3 | 10.5 | 9.6 | | | 1295 | 262 |
| 4 | 37.8 | 21.4 | 15.3 | 5.7 | 5.7 | 5.2 | | 1290 | 265 |
| 5 | 55 | | | | 45 | | | | |

图4-4-70

保护渣常用基料的化学成分(表4-4-4)[39]
保护渣常用助熔剂的化学成分(表4-4-5)[39]
保护渣常用骨架材料的特性(表4-4-6)[39]

表4-4-4

| 名 称 | 化学成分/% | | | | | | |
|---|---|---|---|---|---|---|---|
| | SiO₂ | CaO | Al₂O₃ | MgO | MnO | Na₂O | Fe₂O₃ |
| 高炉渣 | 25~39 | 33~45 | 8~15 | 2~8 | 0.1~1.0 | | <1 |
| 电厂灰 | 45~60 | 2~5 | 10~20 | 1~4 | | 2~6 | TFe 3~8 |
| 钾土 | 60~65 | 1~2 | 13~15 | 5~7 | K₂O+Na₂O <13 | | 1~2 |
| 水泥熟料 | 19~22 | 60~65 | 5~7 | 1~4 | | | <6 |
| 白渣 | <18 | 45~55 | 18~22 | <9 | | | <2 |
| 硅灰石 | 约42 | 约46 | 约0.35 | 约0.70 | | | |
| 蛭石 | 约40 | 约7 | 约12 | 约14 | | 约1.50 | |
| 石英砂 | 约94 | 约1 | 约2.50 | 约0.12 | | | 约1.60 |

表4-4-5

| 名 称 | 化学成分/% | | | | | |
|---|---|---|---|---|---|---|
| | SiO₂ | Al | F | CaF₂ | Na₂O | B₂O₃ |
| 固体水玻璃 | 60.76 | | | | 26.71 | |
| 冰晶石 Na₃AlF₆ | <0.45 | 13.00 | 53.0 | | 31.0 | |
| 硼砂 | | | | | 34 | 66 |
| 苏打 | | | | | 约58 | |
| 萤石 | 14.5 | | 约75 | | | |

表4-4-6

| 类别 | 名称 | 特 性 | | | | |
|---|---|---|---|---|---|---|
| | | 含碳量 /% | 含氧量 /% | 着火点 /℃ | 粒度 /mm | 比表面积 /m²·g⁻¹ |
| 炭黑 | 中超炭黑 | 约100 | 1.5 | 434 | 20~25 | 110~140 |
| | 槽法炭黑 | 约100 | 2.5~3.5 | 376 | 24 | 95~115 |
| | 半补强炭黑 | 约100 | 0.41 | | 600~100 | 17~33 |
| | 灯黑 | 约100 | | | | |
| 石墨 | 南江石墨 | 32.8 | | | >500 | |
| | 电极石墨 | 76 | | | >500 | |

部分保护渣的主要组成及性能（表4-4-7）[39]

表4-4-7

| 渣名 | 化学成分/% | | | | | | | | 熔化温度范围/℃ | 熔化速度 | 黏度 | 使用情况（连铸断面/mm） | 适用钢种 |
|---|---|---|---|---|---|---|---|---|---|---|---|---|---|
| | SiO₂ | CaO | Al₂O₃ | Fe₂O₃ | MgO | Na₂O | F | C | | | | | |
| BZW-2 | 34.0 | 34.0 | ≤5.0 | <3.0 | <3.0 | 6.0 | 5.0 | 5.1 | 1030~1250 | 1400℃,20s | 1400℃,3.0Pa·s | 武钢第二炼钢厂（170~250）×（1000~1600）<br>安阳第二炼钢厂150×（750~1050）<br>首钢试验厂160×（190~260）<br>江西钢厂160×220<br>太钢第三炼钢厂140×1030 | 铝镇静钢,硅钢,船板钢低合金钢<br>硅钢,普碳钢,船板钢<br>硅钢<br>20管 |
| BZW-3 | 32.0 | 29.0 | 7.0 | <3.0 | <3.0 | 5.0 | 4.0 | 6.0 | 1080~1200 | 1400℃,30s | 1400℃,4.0Pa·s | 武钢第二炼钢厂（170~250）×（1000~1600）<br>安阳第二炼钢厂150×（750~1050）<br>邯钢总厂180×700 | 普碳钢,低合金钢<br>普碳钢,低合金钢<br>普碳钢,低合金钢 |
| GL-3 | 32.0 | 34.0 | ≤3.0 | <2.0 | <3.0 | 4.0 | 3.0 | 6.0 | 1070~1280 | 1350℃,34s | 1350℃,3.0Pa·s | 天津钢厂180×700<br>安阳第二炼钢厂150×（750~1050）<br>邯钢总厂180×700 | 普碳钢,低合金钢<br>普碳钢,低合金钢<br>普碳钢,低合金钢 |
| GL-5 | 31.0 | 28.0 | <5.0 | <5.0 | <3.0 | 8.0 | 5.0 | 5.0 | 960~1160 | 1350℃,27s | 1350℃,2.0Pa·s | 天津二钢（150~180）×（650~1200） | 普碳钢,低合金钢 |
| YGT-2 | 34.0 | 34.0 | 5.0 | <3.0 | <1.0 | 8.0 | 4.0 | 4.0 | 1020~1150 | 1300℃,22s | 1400℃,1.5Pa·s | 太钢第三炼钢厂140×（1030~1280） | 不锈钢 |
| GT-4 | 40.0 | 41.0 | <1.0 | <3.0 | <3.0 | 1 | 4.0 | 4.0 | 1380~1490 | | | 太钢第三炼钢厂 | 中间包用浇不锈钢 |
| W-4 | 31.5 | 31.8 | 6.0 | <3.0 | <3.0 | 8.5 | 4.5 | 5.0 | 1100~1150 | 1250℃,45s | 1300℃,3.5Pa·s | 武钢第二炼钢厂210×1050 | 高,低牌号无取向硅钢 |
| W-5 | 30.0 | 30.0 | 7.0 | <3.0 | <3.0 | 9.0 | 6.0 | 4.5 | 1100~1130 | 1250℃,40s | 1300℃,2.0Pa·s | 武钢第二炼钢厂210×1050 | 高,低牌号无取向硅钢 |
| H-1 | 40.0 | 34.0 | <3.0 | <3.0 | <3.0 | 8.5 | | | 1300~1350 | | | 武钢第二炼钢厂 | 中间包用高低牌号硅钢 |
| H₁ | 35.0 | 3.2 | 20.7 | 0.6 | 1.2 | 8.0 | | 8.5 | 1190~1421 | | | 邯钢总厂 | 中间包用普碳钢 |

续表 4－4－7

| 渣名 | 化学成分/% | | | | | | | | | | 主要物理性质 | | | | 使用情况（铸坯断面/mm） | 适用钢种 |
|---|---|---|---|---|---|---|---|---|---|---|---|---|---|---|---|---|
| | CaO | SiO$_2$ | Al$_2$O$_3$ | ΣFeO | MnO | MgO | B$_2$O$_3$ | Na$_2$O+K$_2$O | CaF$_2$ | CaO/SiO$_2$ | 熔点/℃ | 黏度(1300℃)/Pa·s | 表面张力(1300℃)/N·m$^{-1}$ | 堆密度/g·cm$^{-3}$ | | |
| TL-88 | 21.44 | 33.56 | 5.17 | | 6.24 | 3.89 | | 4.88 | 11.28 | 0.64 | 1068 | 1.5 | | 1.05 | 重钢三厂 179×259 | 29号电机硅钢 |
| TL-82 | 33.76 | 36.38 | 3.66 | 0.64 | 0.038 | 0.48 | | 12.42 | 7.59 | 0.93 | 1094 | 2.5 | 0.267 | 1.01 | 上钢一厂 150×(988~1158) | 普碳钢 3C 船用钢 |
| TL-91 | 32.30 | 33.46 | 3.87 | 0.98 | 0.06 | 1.85 | | 8.26 | 6.73 | 0.97 | 1114 | 2.4 | | | 成都无缝 160×160 | 20号10号 D4045号 |
| TL-92 | 30.51 | 33.90 | 3.95 | 2.23 | | 1.63 | | 7.40 | 7.94 | 0.90 | 1110 | 2.0 | | | 重钢六厂 610×110 | BY3 3C 16Mn |
| TL-91 | 28.22 | 37.05 | 2.88 | | 0.05 | 1.22 | | 8.99 | 8.61 | 0.76 | 1061 | 4.2 | 0.301 | 0.71 | | 60Si2Mn 55SiMnVB 30CrMnSiA 40Cr 20Cr 20CrMn-Ti |
| HL-03 | 18.30 | 32.70 | 6.60 | 2.87 | 2.0 | 3.30 | | 7.20 | 13.70 | 0.60 | 1035 | 4.6 | 0.432 | 0.82 | 重庆特殊钢厂 200×200 /200×200/200/200 /200×200/200/200 | |
| HL-04 | 13.30 | 19.18 | 5.51 | | | 3.61 | 6.60 | 15.75 | 22.38 | 0.69 | 935 | 1.0 | <0.32 | 0.61 | | 1Cr18Ni9 1Cr18Ni9Ti |
| HL-05 | 9.90 | 22.20 | 5.40 | | 0.70 | 0.30 | 11.50 | 14.50 | 19.80 | 0.56 | 886 | 0.9 | <0.35 | 0.87 | | |
| HL-06 | 25.15 | 35.28 | 6.60 | | | | 4.60 | 9.45 | 15.20 | 0.71 | 954 | 3.7 | | | | |
| Z-05 | 23.42 | 30.16 | 10.74 | | | 1.73 | | 1.26 | 7.46 | 0.78 | 1146 | 10.3 | | | 重钢三厂 170×250 /170×250 | 40Cr 45号 60Si2Mn 1Cr18Ni9Ti |
| Z-07 | 33.80 | 37.10 | 3.30 | | | | | 5.30 | 9.80 | 0.91 | 1140 | 7.2 | | | | |

保护渣的黏度计算公式[40]：

$CaO\text{-}SiO_2\text{-}Na_2O\text{-}CaF_2\text{-}Al_2O_3$ 多组元熔渣黏度经验式（P. V. Riboud）：

$$\eta = AT\exp(B/T)$$

其中：$A = \exp(-19.84 - 173(x_{CaO} + x_{MnO} + x_{MgO} + x_{FeO}) + 5.82x_{CaF_2}$
$\quad\quad\quad + 7.02(x_{Na_2O} + x_{K_2O}) - 35.76x_{Al_2O_3})$

$\quad B = 31140 - 23896(x_{CaO} + x_{MgO} + x_{MnO} + x_{FeO}) - 46356x_{CaF_2}$
$\quad\quad\quad - 39159(x_{Na_2O} + x_{K_2O}) + 68833x_{Al_2O_3}$

式中，$\eta$ 为黏度，$Pa \cdot s$；$T$ 为绝对温度，$K$；$x$ 为摩尔浓度；$A$，$B$ 为与组成有关的常数。

$CaO - SiO_2 - Al_2O_3 - CaF_2 - Na_2O - Li_2O$ 渣系黏度（$Pa \cdot s$）的计算式（中野武人）：

$$\ln\eta = \ln A + \frac{B}{T}$$

$\quad \ln A = 0.242(\% Al_2O_3) + 0.006(\% CaO) - 0.121(\% MgO)$
$\quad\quad\quad + 0.063(\% CaF_2) - 0.19(\% Na_2O) - 4.816$

$\quad\quad B = -92.59(\% SiO_2) + 286.186(\% Al_2O_3) - 165.63(\% CaO) - 413.65(\% CaF_2)$
$\quad\quad\quad - 455.10(\% Li_2O) + 29012.56$

# 第五节　熔渣的表面张力和界面张力

炼钢过程中，反应发生在渣—气、金属—气、渣—金属的相界面上，表面、界面张力是相界面的一个重要的热力学性质，它决定了生成单位面积消耗的功。

表面张力以 $N/m$ 表示，换算关系有 $1dyn/cm = 10^{-3}N/m$。表面能的单位是 $J/m^2$，数量换算关系有 $1erg/cm^2 = 10^{-3}N/m^2$。

在金属内有表面活性夹杂存在时，使析出新的组成变得容易（如金属内气泡长大、非金属夹杂物长大、结晶长大等）。经验证明，渣、钢等所有相界面间都互相吸引称为附着力（黏着力）；两相分离时所做的功叫附着功（黏附功），用 $W_{附}$ 或 $W_A$ 表示（如单位面积为 1 单位时）：

$$W_{附} = \sigma_{金—气} + \sigma_{渣—气} - \sigma_{金—渣}$$

式中，$\sigma_{金—气}$、$\sigma_{渣—气}$ 为金属、渣的表面张力；$\sigma_{金—渣}$ 为渣钢的界面张力。

$W_{附}$ 值越大表示钢、渣黏合（吸引）力大，分离困难，$W_{附} = 0$ 时为完全不相混的液体。渣和炉衬相接触时，力的平衡状态和关系式如下：

$$\cos\theta = (\sigma_{衬—气} - \sigma_{衬—渣})/\sigma_{渣—气}$$

当衬的材料为钢液时：

$$\cos\theta = (\sigma_{钢—气} - \sigma_{钢—渣})/\sigma_{渣—气}$$

$\theta = 180°$ 表示渣滴完全不湿润，$\theta = 0°$ 表示渣和衬、钢液完全湿润，$\theta = 0° \sim 90°$ 表示润湿很好。

当液态渣和炉衬接触时，如 $\theta < 90°$，渣易渗入耐火衬的孔洞，易产生侵蚀应调整炉渣组成，使 $\theta$ 增大，以大于 $90°$ 为宜。

耐火材料的气孔率在渣化过程中起着重要的作用，渣液渗入耐火材料中的深度（$x$），可用下式表示：

$$x^2 = \frac{\sigma_{渣—气}\cos\theta}{2\nu}r\tau$$

式中　$x$——渣液渗入深度，m；

$\sigma_{渣—气}$——渣液—气体相界面上的表面张力，$J/m^2$；

$\theta$——渣液对耐火材料的润湿角，(°)；

$r$——气孔半径，m；

$\nu$——渣液黏度，$kg/(m \cdot s)$；

$\tau$——耐火材料与渣液的接触时间，s。

实验测得 $CaO\text{-}Al_2O_3\text{-}SiO_2$ 渣和 [C] = 0.11% ~ 4.4% 的润湿角为 60° ~ 80°，碱性氧化渣在钢液面上的接触角为 10° ~ 30°，酸性渣($SiO_2 > 50\%$)在钢液面上的接触角近于零，炉渣很易在钢液面上铺开，保护钢液不与炉气直接接触，因此减少了钢液吸气。

碱性氧化渣中(FeO)越高，$\sigma_{渣—钢}$ 相间张力越小，氧的溶解反应越快。还原渣中 $CaC_2$ 增高时渣钢的界面张力愈小，(产生碳在钢液内的溶解反应)，当渣中($CaC_2$)增加到 3% 时，钢渣界面张力由原来的 1.2 N/m 降到 0.7 ~ 0.8 N/m。钢渣间有化学反应生成，钢渣不易分离，钢内易生成小夹杂物，使钢质降低。(如电炉钢渣混出时，渣中 $CaC_2$ 含量高时易产生此类现象。)

下面所列的表面张力、界面张力和组成、温度的数值关系是在实验条件下成分上接近平衡，或达到平衡时的数据。钢渣间反应的自由能负值越大，界面张力越低。随着反应的进行，界面张力逐渐增大，直到较稳定的物理状态为止。

## 一、熔渣的表面张力

### (一) 一元系的表面张力

一些化合物的表面张力(表 4 – 5 – 1)[27]

表 4 – 5 – 1

| 化 合 物 | 表面张力/$mN \cdot m^{-1}$ | 温度/K |
|---|---|---|
| FeO | 580 | 1673 ~ 1723 |
| $Al_2O_3$ | 580 ~ 590 | 2323 |
| $SiO_2$ | 400 | 2023 |
| | 307 | 2073 |
| $MnO \cdot SiO_2$ | 415 | 1843 |
| $CaO \cdot SiO_2$ | 400 | 1843 |
| $Na_2O \cdot SiO_2$ | 284 | 1673 |
| $2LiO \cdot SiO_2$ | 220 | 1173 |
| $CaCl_2$ | 145 | 1073 |
| $H_2O$ | 76 | 273 |
| $B_2O_{3(1)}$ | 95 | 1473 |
| $CeO_{2(s)}$ | 315 | 1673 |
| $K_2O_{(1)}$ | 286 | 1623 |
| $MgO_{(s)}$ | 314 | 1623 |
| $Mn_2O_{3(s)}$ | 310 | 1623 |

$B_2O_3$ 的表面张力和温度的关系(图 4 - 5 - 1)[4]

$CaF_2$ 的表面张力和温度的关系(图 4 - 5 - 2)[26]

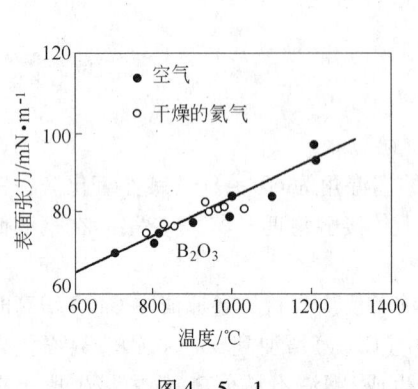

图 4 - 5 - 1

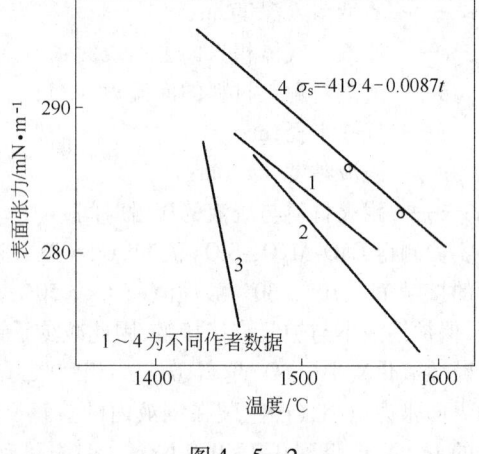

图 4 - 5 - 2

（二）二元系化合物的表面张力

$Al_2O_3$-CaO 渣系的表面张力和温度的关系(表 4 - 5 - 2)[4]

表 4 - 5 - 2

| 成分 x/% | | 测量温度/℃ | 表面张力/mN·m⁻¹ | |
|---|---|---|---|---|
| $Al_2O_3$ | CaO | | 测量值 | 计算值 |
| 27.9 | 72.1 | 1580 | 560 | 530 |
| 30.5 | 69.5 | 1560 | 590 | 531 |
| 32.7 | 67.3 | 1550 | 580 | 532 |
| 38.5 | 61.5 | 1480 | 610 | 573 |
| 41.5 | 58.5 | 1500 | 640 | 538 |
| 45.5 | 54.5 | 1560 | 680 | 542 |

$CaF_2$-$E_xO_y$ 渣系的表面张力(1400℃)(图 4 - 5 - 3)[41]

CaO-$SiO_2$ 渣系的表面张力和温度的关系(图 4 - 5 - 4)[4]

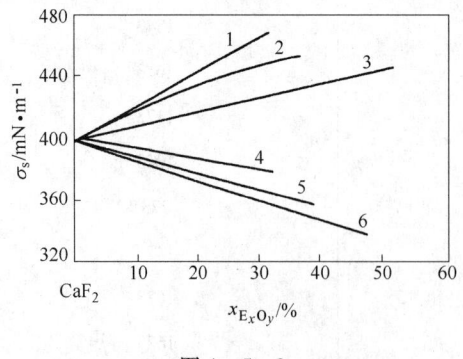

图 4 - 5 - 3

1—$Al_2O_3$；2—MgO；3—CaO；4—$ZrO_2$；

5—$TiO_2$；6—$SiO_2$

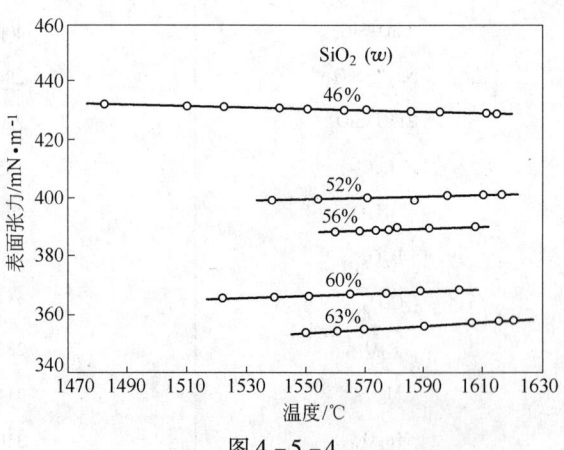

图 4 - 5 - 4

CaO-P₂O₅ 渣系的表面张力(1170℃、1825℃)(图4-5-5)[41]

FeO-$E_xO_y$ 渣系的表面张力(1400℃)(图4-5-6)[3]

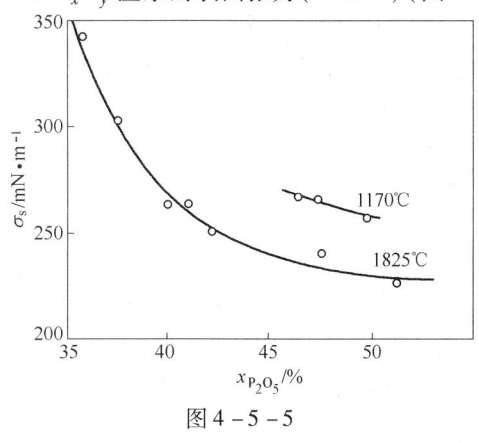

图4-5-5

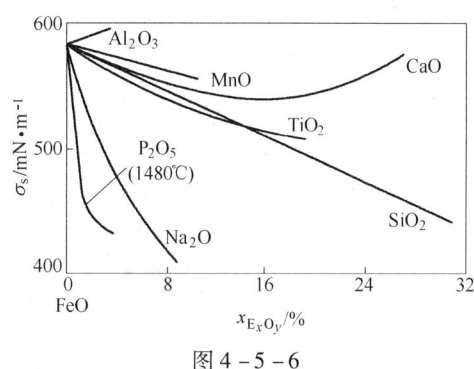

图4-5-6

SiO₂-$E_xO_y$ 渣系的表面张力(1570℃)(图4-5-7)[3]

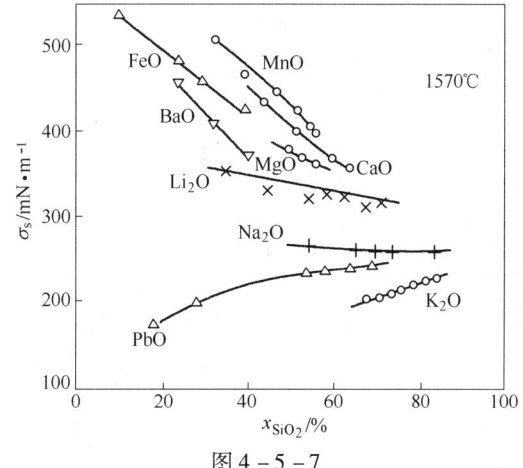

图4-5-7

（三）三元及多元化合物的表面张力

CaO-Al₂O₃$\left(\dfrac{CaO}{Al_2O_3}=\dfrac{56}{44}\right)$渣系的表面张力和($E_xO_y$)含量的关系(图4-5-8)[42]

CaO-Al₂O₃$\left(\dfrac{CaO}{Al_2O_3}=\dfrac{56}{44}\right)$渣系的表面张力和(S)、温度的关系(图4-5-9)[43]

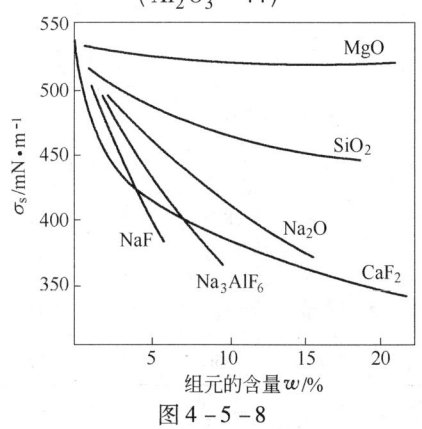

图4-5-8

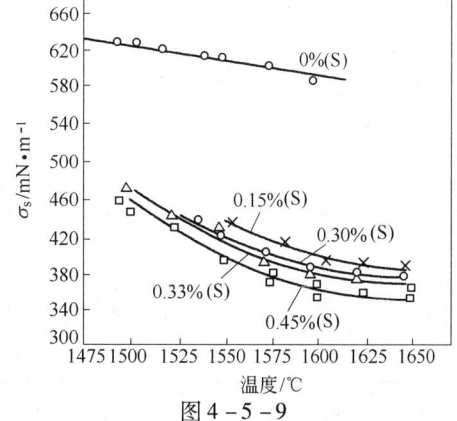

图4-5-9

CaO-Al$_2$O$_3$$\left(\dfrac{CaO}{Al_2O_3}=\dfrac{56}{44}\right)$渣系的表面张力和(MgO)、(SiO$_2$)含量及温度的关系(图4–5–10)[41]

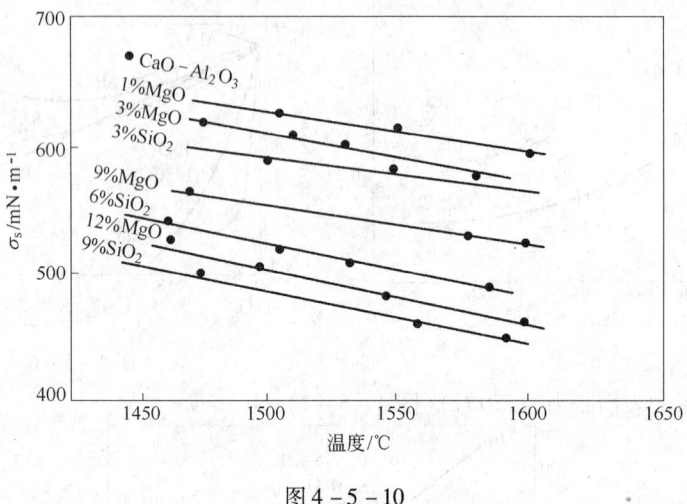

图4–5–10

CaO-Al$_2$O$_3$-CaF$_2$渣的表面张力(1550℃、1700℃)(图4–5–11)[25]

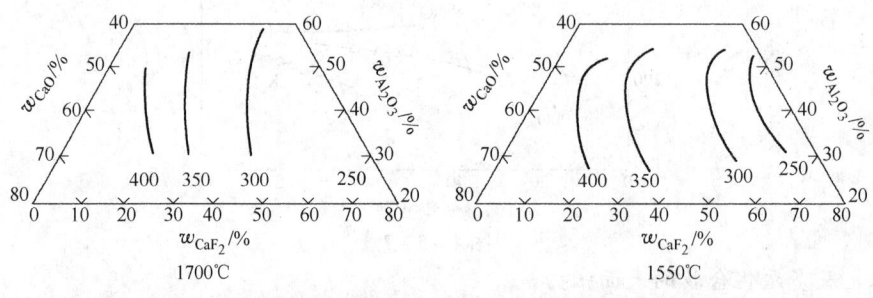

图4–5–11

CaO-Al$_2$O$_3$-SiO$_2$渣系的表面张力和气相成分的关系(表4–5–3)[26]

表4–5–3

| 渣　号 | 成分 $w$/% | | | $t$/℃ | 表面张力/mN·m$^{-1}$ | | | | | |
|---|---|---|---|---|---|---|---|---|---|---|
| | CaO | Al$_2$O$_3$ | SiO$_2$ | | Ar | H$_2$O | H$_2$ | N$_2$ | NH$_3$ | 汤马炉气氛 |
| 1 | 60 | 20 | 20 | 1550 | 550 | 410 | 440 | 825 | 335 | 415 |
| 2 | 40 | 20 | 40 | 1500 | 620 | 400 | 450 | 735 | 350 | 400 |
| 3 | 20 | 20 | 60 | 1500 | 475 | 320 | 345 | 735 | 147 | 325 |
| 4① | 54 | 43 | 3 | 1450 | 625 | 420 | 420 | 750 | 214 | 570 |

① 处理前炉渣的成分。

CaO-Al$_2$O$_3$-SiO$_2$ 渣系的表面张力(图 4 – 5 – 12)[4]

CaO-SiO$_2$-CaF$_2$ 渣系的表面张力(1600℃)(图 4 – 5 – 13)[45]

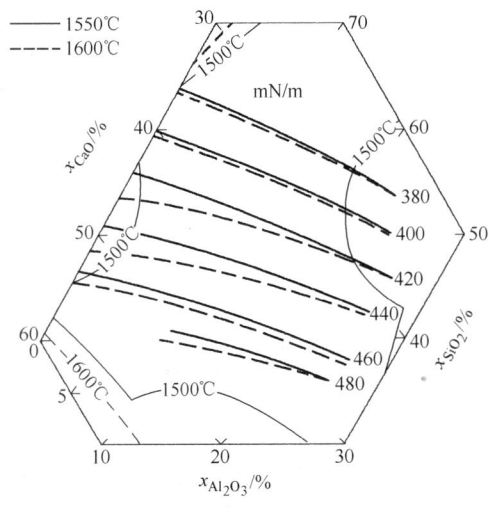

图 4 – 5 – 12

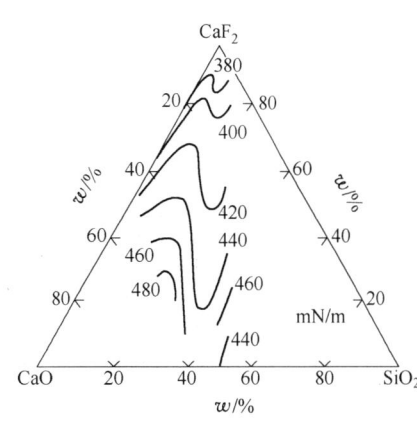

图 4 – 5 – 13

CaO-SiO$_2$-FeO 渣系的表面张力(1450℃)(图 4 – 5 – 14)[29]

FeO-MnO-SiO$_2$ 渣系的表面张力(1450℃)(图 4 – 5 – 15)[29]

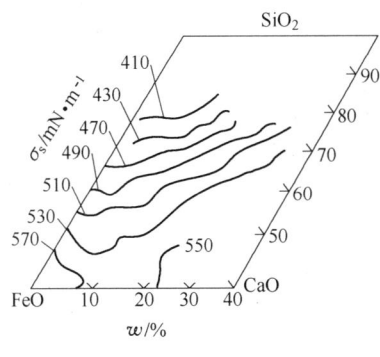

图 4 – 5 – 14

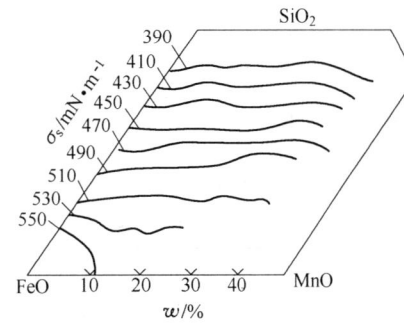

图 4 – 5 – 15

Al$_2$O$_3$-MnO-SiO$_2$ 渣系的表面张力
(1570℃)(图 4 – 5 – 16)[6]

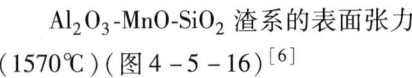

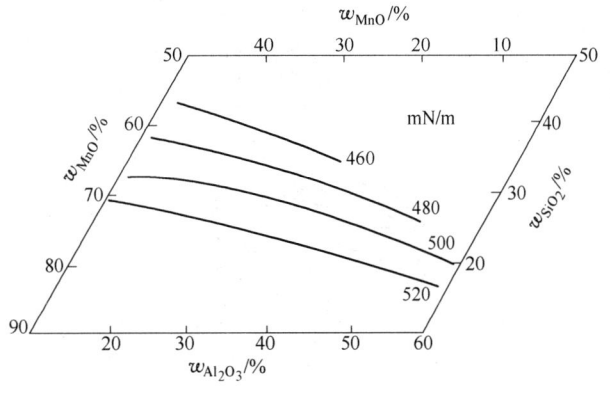

图 4 – 5 – 16

$E_xO_y$-$Al_2O_3$-$CaF_2$ 渣系的表面张力和($E_xO_y$)含量的关系(1400℃、1600℃)(图 4 - 5 - 17)[2]

$P_2O_5$ 对 CaO-SiO$_2$ 渣系 1570℃时表面张力的影响(表 4 - 5 - 4)[4]

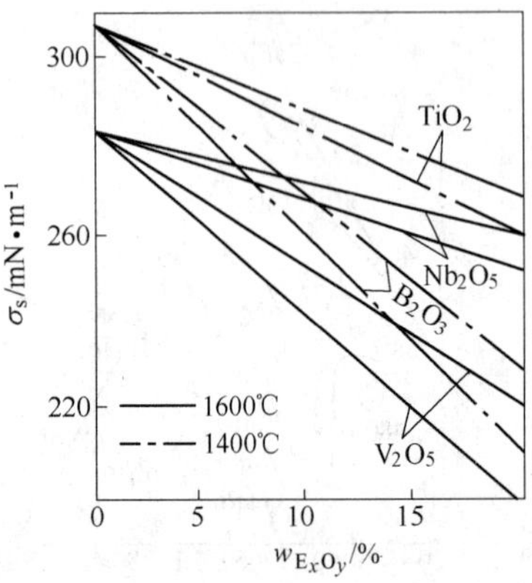

表 4 - 5 - 4

| $x_{CaO}$/% | CaO/SiO$_2$ | 加入的 P$_2$O$_5$ | | | |
|---|---|---|---|---|---|
| | | 0 | 0.4 | 1.1 | 1.8 |
| 33.5 | 0.54 | 389 | 387 | 378 | |
| 41.8 | 0.77 | 415 | 410 | 403 | 396 |
| 49.7 | 1.06 | 440 | 447 | 431 | 415 |
| | | 450 | 439 | 415 | 404 |
| 55.7 | 1.35 | 475 | | | |
| | | 475 | 470 | | |
| | | 475 | 475 | 407 | 447 |
| | | 477 | 471 | 454 | 437 |

注：表中值为表面张力，mN/m。

图 4 - 5 - 17

含 CaCl$_2$ 碱性渣的表面张力(表 4 - 5 - 5)

表 4 - 5 - 5

| 渣号 | 成分 w/% | | | | | | 液相温度/℃ | $\sigma_{渣}$/mN·m$^{-1}$ | | | | | |
|---|---|---|---|---|---|---|---|---|---|---|---|---|---|
| | CaO | SiO$_2$ | MgO | Al$_2$O$_3$ | CaF$_2$ | CaCl$_2$ | | 1450℃ | 1500℃ | 1550℃ | 1600℃ | 1650℃ | 1700℃ |
| 1 | 49.1 | 21.8 | 17.3 | 4.0 | 5.3 | 1.6 | 1480 | 535 | 515 | 491 | 460 | 435 | 415 |
| 2 | 48.4 | 21.6 | 14.9 | 3.7 | 5.4 | 3.2 | 1360 | 303 | 300 | 284 | 275 | 267 | 254 |
| 3 | 47.8 | 21.4 | 15.3 | 5.7 | 5.7 | 3.5 | 1290 | 320 | 303 | 286 | 265 | 248 | 239 |

CaO-MgO-SiO$_2$-Al$_2$O$_3$(5%)渣系的表面张力(1550℃、1600℃)(图 4 - 5 - 18)[27]

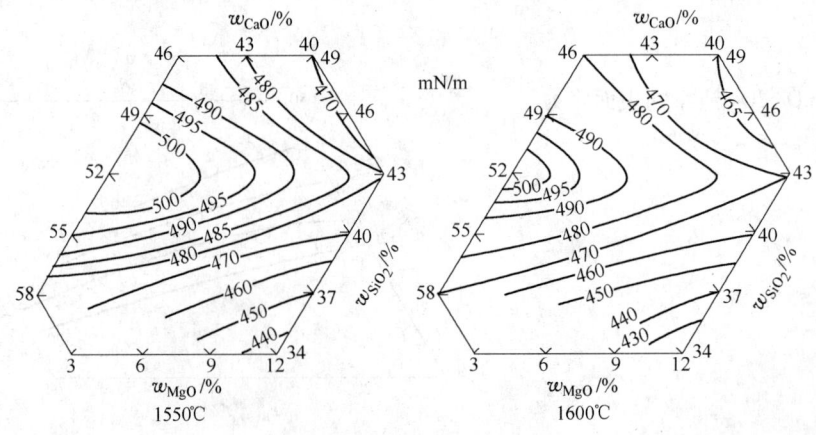

图 4 - 5 - 18

$Al_2O_3$-$CaF_2$-CaO-MgO-$SiO_2$ 熔渣的表面张力(表 4 – 5 – 6)[4]

表 4 – 5 – 6

| 成分 w/% | | | | | 温度/℃ | 表面张力 /mN·m$^{-1}$ | 方 法 |
|---|---|---|---|---|---|---|---|
| $CaF_2$ | $Al_2O_3$ | CaO | MgO | $SiO_2$ | | | |
| 52. 2 | 24. 0 | 19. 6 | 3 | 2 | 1420 | 378 | 滴重法 |
| 21. 2 | 40. 8 | 17. 8 | 16. 3 | 3. 2 | 1420 | 403 | 滴重法 |
| 52. 2 | 23 | 18. 6 | 3 | 2 | 1420 | 380 | 最大气泡法 |
| 56. 7 | 26. 02 | 10. 06 | 3. 12 | 3. 4 | 1420 | | 最大气泡法 |
| 52. 2 | 24. 0 | 19. 6 | 3 | 2 | 1420 | | 最大气泡法 |
| 5 | 20 | 5. 5 | 5 | 15. 0 | 1550 | 401 | 最大气泡法 |
| 5 | 20 | 5. 5 | 5 | 15. 0 | 1600 | 398 | 最大气泡法 |
| 5 | 20 | 5. 5 | 5 | 15. 0 | 1650 | 390 | 最大气泡法 |
| 5 | 20 | 5. 5 | 5 | 15. 0 | 1700 | 386 | 最大气泡法 |
| 60 | 10 | 10 | 10 | 10 | 1500 | 305 | 圆筒分离法 |
| 65 | 10 | 17 | 6 | 12 | 1490 | 340 | 静滴法 |
| 7. 0 | 5. 0 | 58. 0 | 10. 0 | 20. 0 | 1600 | 423 | 最大气泡法 |
| 6. 7 | 9. 5 | 55. 3 | 8. 5 | 19. 0 | 1600 | 415 | 最大气泡法 |
| 6. 4 | 13. 7 | 52. 7 | 9. 1 | 18. 2 | 1600 | 429 | 最大气泡法 |
| 6. 1 | 17. 4 | 50. 4 | 8. 7 | 17. 4 | 1600 | 423 | 最大气泡法 |
| 11. 5 | 4. 8 | 55. 3 | 9. 5 | 19. 0 | 1600 | 410 | 最大气泡法 |
| 13. 1 | 4. 7 | 54. 2 | 9. 3 | 18. 7 | 1600 | 400 | 最大气泡法 |
| 15. 5 | 4. 6 | 52. 7 | 9. 1 | 18. 2 | 1600 | 395 | 最大气泡法 |

$CaF_2$-$Al_2O_3$-CaO 为基的多元熔渣的表面张力(表 4 – 5 – 7)[4]

表 4 – 5 – 7

| 组成 w/% | | | | | | | | | 温度/℃ | 表面张力 /mN·m$^{-1}$ | 密度 /g·cm$^{-3}$ |
|---|---|---|---|---|---|---|---|---|---|---|---|
| $CaF_2$ | $Al_2O_3$ | CaO | MgO | MnO | $SiO_2$ | $B_2O_3$ | P | S | | | |
| 52. 2 | 23. 0 | 19. 6 | 3. 0 | | 2. 0 | | 0. 018 | 0. 016 | 1420 | 380 | 2. 30 |
| 20. 2 | 15. 8 | 14. 3 | 1. 3 | 13. 1 | 35. 2 | | 0. 020 | 0. 028 | 1420 | 330 | 3. 10 |
| | 12. 2 | 3. 8 | 2. 7 | 42. 1 | 38. 4 | 0. 4 | 0. 028 | 0. 034 | 1480 | 310 | 2. 90 |
| 6. 8 | 1. 9 | 4. 1 | 0 | 41. 4 | 43. 8 | | 0. 074 | 0. 035 | 1480 | 315 | 2. 70 |

$Al_2O_3$-$CaF_2$-CaO-$SiO_2$ 熔渣的表面张力和温度的关系(图 4 – 5 – 19)[4]

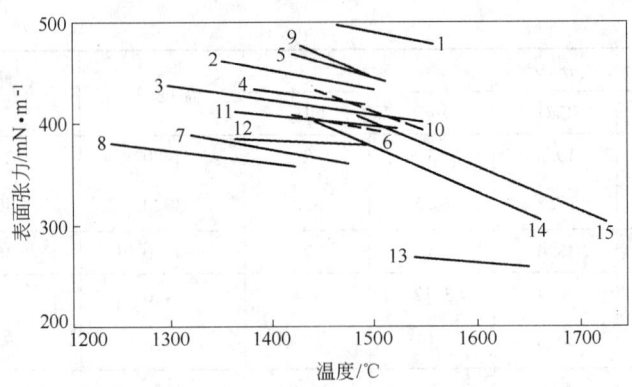

图 4 – 5 – 19

| 渣号 | 炉渣组成 w/% | | | | σ(mN/m)与温度的关系 |
|---|---|---|---|---|---|
| | $CaF_2$ | $Al_2O_3$ | CaO | SiO | |
| 1 | 5 | 20 | 45 | 30 | $835 - 0.2312t(1460 \sim 1535℃)$ |
| 2 | 10 | 20 | 42 | 28 | $735 - 0.2013t(1350 \sim 1498℃)$ |
| 3 | 15 | 10 | 45 | 30 | $624 - 0.1436t(1296 \sim 1548℃)$ |
| 4 | 20 | 5 | 45 | 30 | $604 - 0.1238t(1380 \sim 1490℃)$ |
| 5 | 5 | 25 | 50 | 20 | $917 - 0.3155t(1419 \sim 1512℃)$ |
| 6 | 10 | 20 | 50 | 20 | $672 - 0.1867t(1419 \sim 1507℃)$ |
| 7 | 15 | 15 | 50 | 20 | $623 - 0.1786t(1317 \sim 1479℃)$ |
| 8 | 20 | 10 | 50 | 20 | $536 - 0.1256t(1239 \sim 1423℃)$ |
| 9 | 5 | 45 | 40 | 10 | $1097 - 0.4348t(1427 \sim 1496℃)$ |
| 10 | 10 | 40 | 40 | 10 | $906 - 0.3292t(1440 \sim 1535℃)$ |
| 11 | 15 | 35 | 40 | 10 | $558 - 0.1085t(1365 \sim 1523℃)$ |
| 12 | 20 | 30 | 40 | 10 | $440 - 0.0470t(1357 \sim 1496℃)$ |
| 13 | 58.4 | 21.7 | 1.8 | 18.1 | $417 - 0.097t(1540 \sim 1650℃)$ |
| 14 | 75 | 17 | 1.8 | 2 | $1037 - 0.442t(1440 \sim 1660℃)$ |
| 15 | 59 | 34 | 2.9 | 1 | $1057 - 0.438t(1480 \sim 1730℃)$ |

$Al_2O_3$-$CaF_2$-CaO-$SiO_2$ 为基的五元以上渣系的表面张力(表 4 – 5 – 8)[4]

表 4 – 5 – 8

| 成分 w/% | | | | | | | | | | | | 温度 /℃ | 密度 /g·cm⁻³ | 表面张力 /mN·m⁻¹ |
|---|---|---|---|---|---|---|---|---|---|---|---|---|---|---|
| $CaF_2$ | $Al_2O_3$ | CaO | FeO | $Fe_2O_3$ | $K_2O$ | MgO | MnO | $Na_2O$ | $P_2O_5$ | $SiO_2$ | 其 他 组 元 | | | |
| 17.1 | 18.0 | 11.0 | 0.3 | 3.0 | 1.5 | 3.2 | 63 | 6.1 | 0.02 | 33.0 | 0.16S | 1560 | 2.74 | 250 |
| 11.6 | 9.2 | 10.5 | 0.8 | 3.1 | 0.4 | 3.3 | 12.9 | 20.0 | 0.02 | 38.0 | 0.2S | 1560 | 2.70 | 245 |
| 13.6 | 12.0 | 11.0 | 1.19 | 0.1 | 0.4 | 1.8 | 10.0 | 9.2 | 0.02 | 40.6 | 0.18S | 1560 | 2.67 | 240 |
| 8.8 | 14.6 | 26.6 | 0.3 | 2.7 | 0.8 | 4.0 | 3.5 | 6.1 | 0.02 | 32.5 | 0.08S | 1560 | 2.73 | 266 |

| CaF₂ | Al₂O₃ | CaO | FeO | Fe₂O₃ | K₂O | MgO | MnO | Na₂O | P₂O₅ | SiO₂ | 其他组元 | 温度/℃ | 密度/g·cm⁻³ | 表面张力/mN·m⁻¹ |
|---|---|---|---|---|---|---|---|---|---|---|---|---|---|---|
| 成分 w/% | | | | | | | | | | | | | | |
| 28.86 | 20.55 | 6.27 | 1.28 | | | | 4.68 | 9.22 | | 24.36 | | 1140 | | 237 |
| 31.90 | 12.34 | 8.59 | 2.46 | | | | 9.04 | 9.20 | | 21.36 | | 1120 | | 238 |
| 31.99 | 17.81 | 9.62 | 1.48 | | | | 5.31 | 7.22 | | 25.70 | | 1110 | | 232 |
| 32.65 | 5.62 | 20.35 | 2.21 | | | | 6.32 | 2.81 | | 25.25 | | 1110 | | 235 |
| 23.22 | 14.60 | 13.93 | 2.46 | | | | 4.34 | 6.22 | | 35.00 | | 1115 | | 232 |
| 26.57 | 13.92 | 13.07 | 2.92 | | | | 5.21 | 6.92 | | 30.55 | | 1110 | | 234 |
| 52.2 | 23.00 | 19.6 | | | 3.00 | | | | 0.018P | 2.00 | 0.016S | 1420 | 2.36 | 380 |
| 20.2 | 15.8 | 14.3 | | | | 1.30 | | 13.12 | 0.028P | 35.2 | 0.034S | 1420 | 3.10 | 330 |
| 6.8 | 1.93 | 4.3 | | | | | | 41.4 | 0.074P | 43.8 | 0.036S | 1480 | 2.70 | 315 |
| 51.40 | 29.32 | 14.81 | 0.08 | 0.31 | | 0.02 | | | | 1.03 | | 1520 | | 410 |
| 66.84 | 22.26 | 6.72 | 0.08 | 0.16 | | 0.01 | | | | 0.43 | | 1510 | | 368 |
| 37.00 | 40.80 | 11.00 | 0.88 | 0.27 | | 0.37 | | | | 6.11 | | 1530 | | 427 |
| 45.88 | 1.86 | 31.00 | 2.83 | 0.80 | | 0.16 | | | | 8.23 | | 1500 | | 394 |
| 60.88 | 31.00 | 3.80 | 0.40 | | | 0.02 | | | | 0.51 | | 1500 | | 389 |
| 42.30 | 31.80 | 21.81 | 0.16 | | | 0.01 | | | | 1.07 | | 1520 | | 436 |
| 32.00 | 44.80 | 20.32 | 0.12 | 0.27 | | 0.02 | | | | 0.58 | | 1540 | | 484 |
| 32.82 | 25.80 | 27.10 | 0.16 | 0.27 | | 0.02 | | | | 2.21 | | 1540 | | 437 |
| 6.8 | 13.4 | 52.4 | 2.5 | | | 4.8 | 0.23 | 1.8 | | 18.0 | | 1600 | | 524 |
| 2.3 | 14.6 | 56.6 | 1.9 | | | 5.59 | 0.22 | 2.69 | | 16.5 | | 1600 | | 596 |
| 4.7 | 20.8 | 46.0 | 0.9 | | | 5.6 | 0.15 | 3.5 | | 18.5 | | 1600 | | 500 |
| 2.8 | 22.9 | 55.6 | 1.8 | | | 1.56 | 0.31 | 1.8 | | 13.4 | 0.43V₂O₅;3.05TiO₂ | 1600 | | 530 |
| 2.4 | 17.7 | 45.4 | 1.7 | | | 4.4 | 0.7 | 1.0 | | 19.3 | 1.4V₂O₅;6.1TiO₂ | 1600 | | 655 |
| 1.35 | 15.8 | 42.3 | 3.1 | | | 3.81 | 2.57 | 1.7 | | 20.0 | 1.2V₂O₅;2.3TiO₂ | 1600 | | 688 |
| 2.1 | 23.7 | 52.0 | 2.1 | | | 0.9 | 1.5 | 1.6 | | 13.5 | 0.9V₂O₅;1.7TiO₂ | 1600 | | 600 |
| 7.0 | 34.3 | 46.9 | 0.1 | | | 1.3 | | 8.3 | | 1.0 | | 1600 | | 422 |
| 27.5 | 10.3 | 21.7 | | | | 6.4 | | 10.4 | | 23.7 | | 1600 | | 311 |
| 22.1 | 27.1 | 17.5 | | | | 5.4 | | 8.6 | | 19.3 | | 1600 | | 334 |
| 21.0 | 28.6 | 16.7 | | | | 5.1 | 2.1 | 8.2 | | 18.3 | | 1600 | | 334 |
| 20.2 | 27.4 | 15.8 | | | | 4.9 | 6.3 | 7.8 | | 17.6 | | 1600 | | 339 |
| 19.3 | 26.2 | 15.3 | | | | 4.7 | 10.4 | 7.4 | | 16.7 | | 1600 | | 346 |
| 27.5 | 10.3 | 0.4 | | | | 3.9 | | 10.4 | | 47.5 | | 1600 | | 258 |
| 22.1 | 27.1 | 0.3 | | | | 3.2 | | 8.6 | | 38.7 | | 1600 | | 289 |
| 21.0 | 28.7 | 0.3 | | | | 3.0 | 2.1 | 8.3 | | 36.6 | | 1600 | | 292 |
| 20.2 | 27.3 | 0.3 | | | | 2.9 | 6.3 | 7.8 | | 35.2 | | 1600 | | 298 |
| 19.3 | 26.2 | 0.3 | | | | 2.8 | 10.4 | 7.4 | | 33.6 | | 1600 | | 311 |
| 29.8 | 30.0 | 6.8 | | | 2.1 | 10.2 | | | | 21.0 | | 1400 | 2.40 | 375 |
| 14.1 | 39.0 | 37.8 | | | 2.1 | 0.4 | | | | 8.0 | | 1450 | 2.54 | 359 |
| 21.2 | 40.8 | 17.8 | | | | 16.3 | | | | 3.3 | | 1420 | 2.73 | 410 |
| 52.2 | 24.0 | 19.6 | | | 3 | | | | | 2 | | 1420 | 2.36 | 378 |

熔渣表面张力(mN/m)和成分关系的计算式(1400℃)[46]：

$$\sigma_{1400℃} = 156x_{K_2O} + 297x_{Na_2O} + 614x_{CaO} + 653x_{MnO} + 584x_{FeO} + 512x_{MgO} + 470x_{ZrO_2}$$
$$+ 640x_{Al_2O_3} + 380x_{TiO_2} + 285x_{SiO_2}$$

式中，$x_{E_xO_y}$表示渣的组成，单位为摩尔分数。渣的碱度高时$285x_{SiO_2}$项可用$181x_{SiO_2}$计算。

## 二、金属液和渣间的界面张力

CaO-Al$_2$O$_3$(50:50)、CaF$_2$-CaO-Al$_2$O$_3$(60:20:20)渣和Fe-Si系间的界面张力(1600℃)(图4-5-20)[3]

CaO-Al$_2$O$_3$(50:50)、CaF$_2$-CaO-Al$_2$O$_3$(60:20:20)渣和Fe-Mn系间的界面张力(1600℃)(图4-5-21)[3]

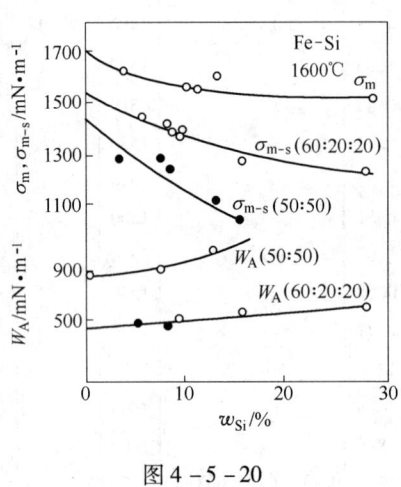

图4-5-20

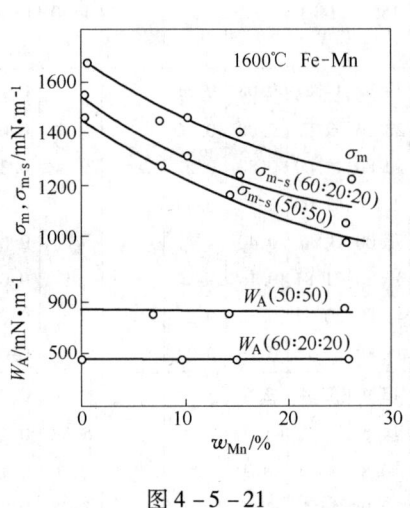

图4-5-21

CaO-Al$_2$O$_3$(50:50)、CaF$_2$-CaO-Al$_2$O$_3$(60:20:20)渣和Fe-Cr系间的界面张力(1600℃)(图4-5-22)[3]

含CaO56%、Al$_2$O$_3$44%的渣和GCr15、30CrMnSiA、40CrNiMoA的界面张力与温度的关系(图4-5-23)

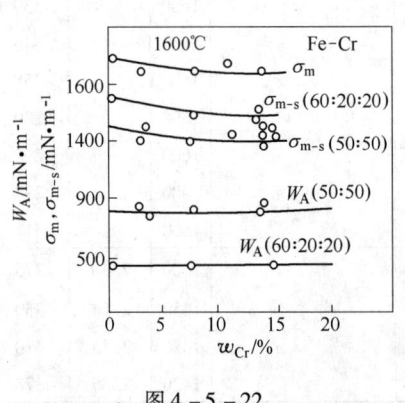

图4-5-22

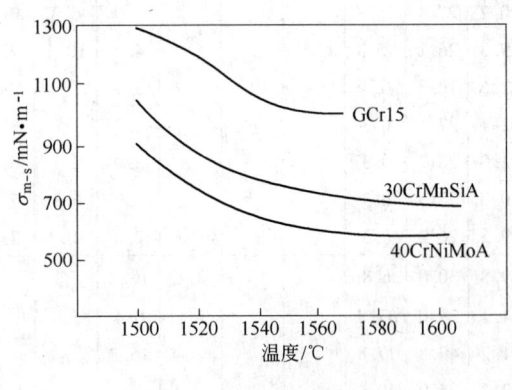

图4-5-23

$Al_2O_3$ 和 Fe-E 系的黏附功(1560℃)(图4－5－24)[47]

$SiO_2$-$E_xO_y$ 渣系和工业纯铁间的界面张力(1560℃)(图4－5－25)[29]

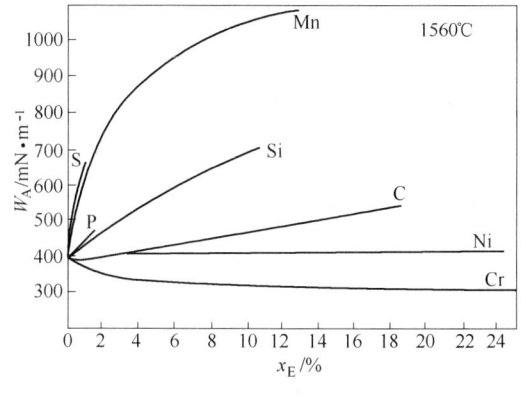

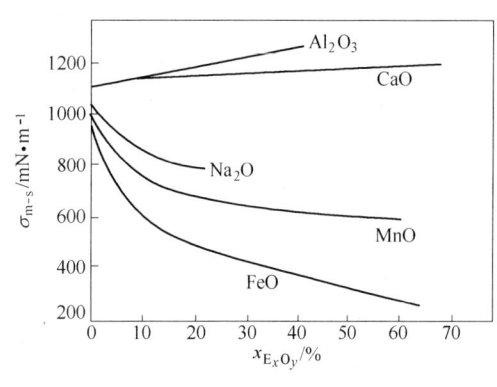

图 4 - 5 - 24

内聚功 $W_K = 2\sigma_钢$；黏附功 $W_A = \sigma_钢(1 + \cos\theta)$；

润湿角 $\theta$；$\cos\theta = \dfrac{2W_A - W_K}{W_K}$

图 4 - 5 - 25

CaO-$SiO_2$ 渣系与含碳4.3%的铁熔体间的界面张力(图4－5－26)[4]

$Al_2O_3$15%-CaO45%-$SiO_2$40%渣系与含碳4.3%的铁液间的界面张力(图4－5－27)[4]

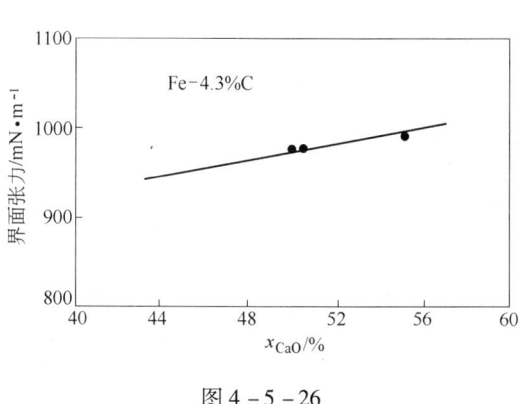

图 4 - 5 - 26

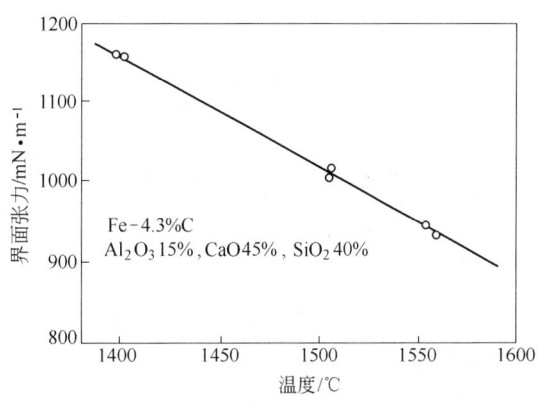

图 4 - 5 - 27

FeO-MnO 渣系和工业纯铁间的界面张力与 [O] 间的关系(图4－5－28)[48]

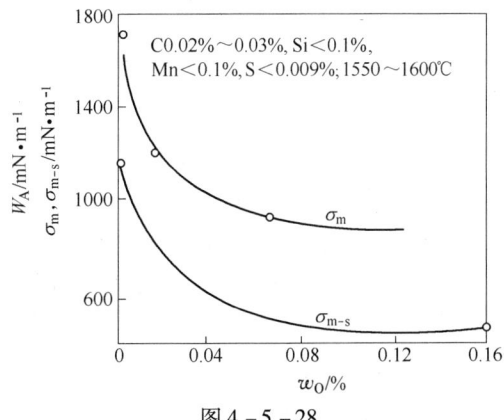

图 4 - 5 - 28

$CaF_2$-$E_xO_y$ 渣系和 10F 钢的界面张力与($E_xO_y$)含量的关系(1400℃)(图 4 - 5 - 29)[41]

$CaF_2$-$E_xO_y$ 渣系和高速钢的界面张力与($E_xO_y$)含量的关系(1400℃)(图 4 - 5 - 30)[41]

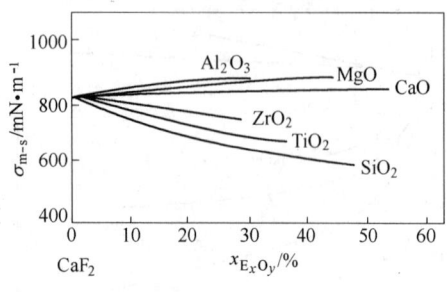

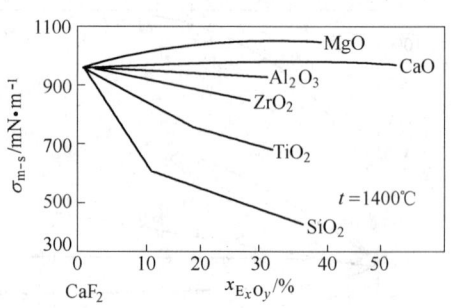

图 4 - 5 - 29

10F:C0.07%,Si0.01%,Mn0.55%,

S0.021%,P0.031%;

$\sigma_m = 1120mN/m$;$\sigma_{m-s} = 810mN/m$

图 4 - 5 - 30

高速钢:C 0.7%,Si 0.3%,Mn 1.55%,

Cr 2.75%,W 9.2%,V 0.5%;

$\sigma_m = 1240mN/m$;$\sigma_{CaF_2}^{1400} = 400mN/m$

$\sigma_{m-s} = 960mN/m$(纯 $CaF_2$)

纯铁和含氟渣系间的界面张力(1600℃)(表 4 - 5 - 9)[49]

表 4 - 5 - 9

| 渣 号 | 渣的主要组成 | $\sigma_s/mN \cdot m^{-1}$ | $\theta/(°)$ | $\sigma_{m-s}/mN \cdot m^{-1}$ |
|---|---|---|---|---|
| 1 | $CaF_2$ | 268 | 53 | 1680 |
| 2 | $CaF_2$-30% CaO | 315 | 54 | 1175 |
| 3 | $CaF_2$-30% $Al_2O_3$ | 320 | 56 | 1205 |

注:1—$CaF_2$ 96.46%,CaO 0.97%,$Al_2O_3$ 0.27%,$SiO_2$ 0.63%,Fe 0.04%;

2—$CaF_2$ 68.3%,CaO 30.84%,$Al_2O_3$ 0.32%,$SiO_2$ 0.43%,Fe 0.05%,MnO 0.15%;

3—$CaF_2$ 65.1%,CaO 3.11%,$Al_2O_3$ 0.32%,$SiO_2$ 0.71%,FeO 0.05%。

金属液成分:C 0.06%,Mn 0.1%,S 0.024%,P 0.017%,[O]0.011%。

$Al_2O_3$-MnO-$SiO_2$ 渣系在 1610℃ 时和

铁液间的界面张力(图 4 - 5 - 31)[4]

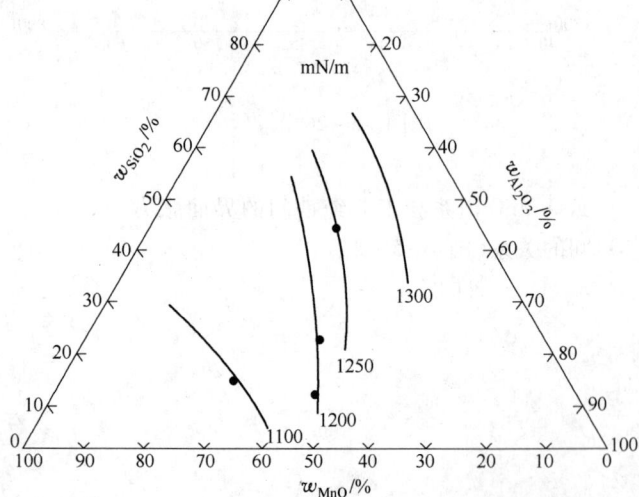

图 4 - 5 - 31

铁液成分:C 0.12% Si 0.1% Mn 0.3%(质量分数)

$Al_2O_3$-MnO-$SiO_2$ 渣系与铁液间的界面张力（1510～1540℃）（图4-5-32）[4]

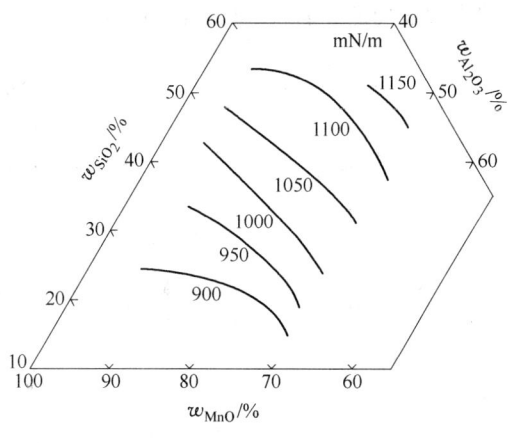

图 4 - 5 - 32

FeO-MnO 渣系中（FeO）含量和液态铁间的黏附功、润湿角的关系（图4-5-33）

$Al_2O_3$-CaO 渣系与含碳0.12%的铁液和 GCr6 钢、高速钢（Mo5%，Co5%）界面张力（图4-5-34）[4]

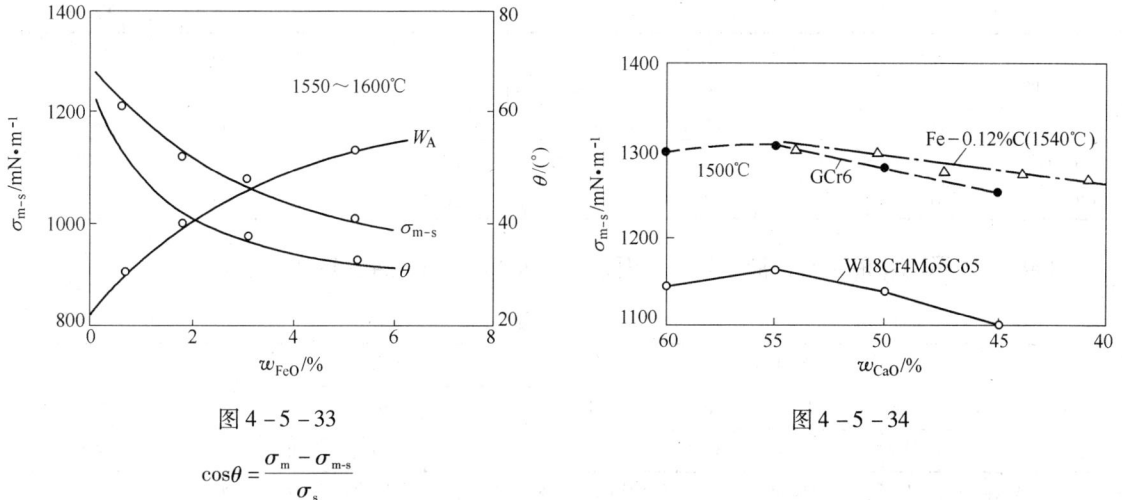

图 4 - 5 - 33

$$\cos\theta = \frac{\sigma_m - \sigma_{m\text{-}s}}{\sigma_s}$$

图 4 - 5 - 34

$Al_2O_3$-$CaF_2$-CaO 渣系与 GCr15 钢、高速钢的界面张力（图4-5-35）[4]

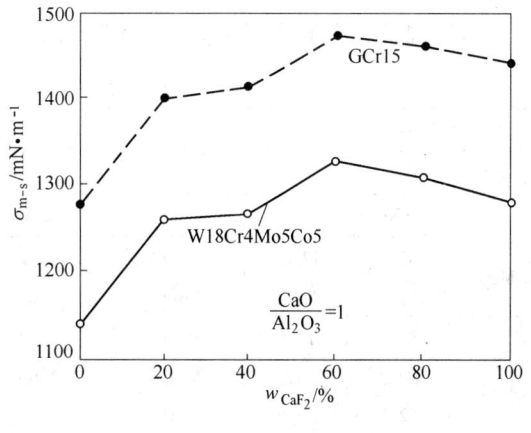

图 4 - 5 - 35

$Al_2O_3$-$CaF_2$ 渣系对轴承钢、高速钢界面张力的影响(图 4 – 5 – 36)[4]

$Al_2O_3$-CaO-$SiO_2$ 渣系与液态铁液间的界面张力(图 4 – 5 – 37)[4]

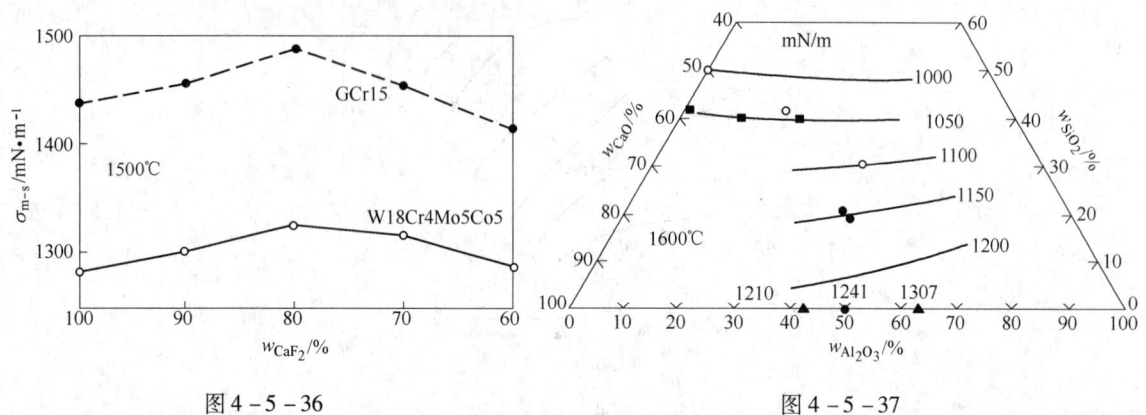

图 4 – 5 – 36               图 4 – 5 – 37

用 CaO≈55%、$Al_2O_3$≈44% 渣处理 GCr15、40CrNiMoA 后钢、渣中的硫含量和界面张力($\sigma_{m-s}$)、黏附功($W_A$)的关系(表 4 – 5 – 10)[32]

表 4 – 5 – 10

| 钢 种 | 处 理 前 | | | | 处 理 后 | | | |
|---|---|---|---|---|---|---|---|---|
| | $w_{[S]}$/% | $w_{(s)}$/% | $\sigma_{m-s}$ /mN·m⁻¹ | $W_A$ /mN·m⁻¹ | $w_{[S]}$/% | $w_{(S)}$/% | $\sigma_{m-s}$ /mN·m⁻¹ | $W_A$ /mN·m⁻¹ |
| GCr15 | 0.05 | 0 | 513 | 1200 | 0.008 | 0.15 | 1168 | 872 |
| 40CrNiMoA | 0.05 | 0 | 613 | 1200 | 0.011 | 0.26 | 1032 | 671 |

$CaF_2$-CaO-$Al_2O_3$ 渣系与铁液之间的界面张力(1560℃时)(表 4 – 5 – 11)[4]

表 4 – 5 – 11

| 组成 w/% | | | | | | | | 密度/g·cm⁻³ | | 温度/℃ | 界面张力 /mN·m⁻¹ |
|---|---|---|---|---|---|---|---|---|---|---|---|
| $Al_2O_3$ | $CaF_2$ | CaO | FeO | MgO | $SiO_2$ | P | S | 铁 | 渣 | | |
| 26.02 | 56.7 | 10.65 | 0.13 | 3.12 | 3.4 | 0.2 | 0.12 | 7.1 | 2.36 | 1560 | 1884 |

注:铁液成分:C 0.03%,Si 0.15%,Mn 0.14%,P 0.009%,S 0.026%,Ni 0.11%,Cr 0.09%,Cu 0.19%,N 0.0095%,$O_2$ 0.0047%。

$E_xO_y$-$CaF_2$ 渣系与含碳 0.07% 和 0.7% 的钢液间的界面张力(表 4 – 5 – 12)[4]

表 4 – 5 – 12

| 渣 系 | 组成 x/% | | 温度/℃ | 密度/g·cm⁻³ | 表面张力 /mN·m⁻¹ | 界面张力/mN·m⁻¹ | |
|---|---|---|---|---|---|---|---|
| | $CaF_2$ | 氧化物 | | | | 钢1① | 钢2② |
| $CaF_2$ | 100 | | 1400 | 2.40 | 400 | 810 | 960 |
| $CaF_2$-MgO | 82.2 | 17.80 | 1450 | 2.62 | 430 | 840 | 1040 |
| | 67.3 | 32.70 | 1500 | 2.68 | 450 | 850 | 1050 |
| $CaF_2$-CaO | 85.5 | 14.5 | 1450 | 2.52 | 410 | 840 | 970 |
| | 69.3 | 30.7 | 1480 | 2.60 | 420 | 830 | 960 |
| | 62.5 | 37.5 | 1500 | 2.62 | 430 | 830 | 970 |
| | 52.0 | 48.0 | 1500 | 2.65 | 440 | 840 | 970 |

续表 4 - 5 - 12

| 渣　系 | 组成 $x/\%$ | | 温度/℃ | 密度/g·cm$^{-3}$ | 表面张力 /mN·m$^{-1}$ | 界面张力/mN·m$^{-1}$ | |
|---|---|---|---|---|---|---|---|
| | CaF$_2$ | 氧化物 | | | | 钢1[①] | 钢2[②] |
| CaF$_2$-Al$_2$O$_3$ | 93.5 | 6.5 | 1450 | 2.60 | 410 | 830 | 980 |
| | 84.5 | 15.5 | 1500 | 2.75 | 430 | 850 | 950 |
| | 75.4 | 24.6 | 1500 | 2.90 | 450 | 830 | 910 |
| CaF$_2$-ZrO$_2$ | 93.5 | 6.5 | 1480 | 2.70 | 400 | 810 | 930 |
| | 86.3 | 13.7 | 1520 | 3.00 | 390 | 790 | 900 |
| | 78.6 | 21.4 | 1540 | 3.42 | 380 | 750 | 885 |
| CaF$_2$-SiO$_2$ | 87.3 | 12.7 | 1500 | 2.2 | 390 | 720 | 620 |
| | 75.4 | 24.6 | 1520 | 2.3 | 360 | 680 | 510 |
| | 64.3 | 35.7 | 1550 | 2.18 | 350 | 640 | 440 |
| CaF$_2$-TiO$_2$ | 90.2 | 9.8 | 1520 | 2.54 | 390 | 780 | 850 |
| | 80.5 | 19.5 | 1560 | 2.67 | 380 | 730 | 770 |
| | 70.6 | 29.4 | 1560 | 2.80 | 360 | 690 | 700 |

① 钢1：C 0.07%，Si 0.01%，Mn 0.55%，P 0.031%，S 0.021%；

② 钢2：C 0.7%，Si 0.3%，Mn 1.55%，Cr 2.75%，V 0.5%，W 9.2%。

含 CaCl$_2$ 的炉渣和 GCr15、20Cr2Ni4A 的界面张力（1600℃）（图 4 - 5 - 38）[31]

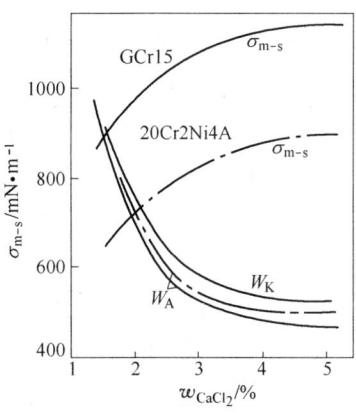

图 4 - 5 - 38

| 渣号 | 炉渣成分 $w/\%$ | | | | | | 熔点/℃ | $\sigma_s^{1600℃}$ /mN·m$^{-1}$ | $W_K^{1600℃}$ /mN·m$^{-2}$ | $W_A^{1600℃}$ /mN·m$^{-2}$ | $\sigma_{m-s}^{1600℃}$ /mN·m$^{-1}$ | |
|---|---|---|---|---|---|---|---|---|---|---|---|---|
| | CaO | SiO$_2$ | MgO | Al$_2$O$_3$ | CaF$_2$ | CaCl$_2$ | | | | | GCr15 | 20Cr2Ni4A |
| 1 | 49.1 | 21.8 | 17.3 | 4.0 | 5.3 | 1.6 | 1480 | 464 | 928 | 913 | 901 | 665 |
| 2 | 48.4 | 21.6 | 14.9 | 3.7 | 5.4 | 3.2 | 1360 | 275 | 550 | 521 | 1104 | 860 |
| 3 | 47.8 | 21.4 | 15.3 | 3.7 | 5.7 | 5.2 | 1290 | 266 | 532 | 486 | 1130 | 885 |

注：GCr15 表面张力 $\sigma_{m-s}^{1600℃}=1350$ mN/m；内聚功 $W_{K-m}=2700$ mN/m$^2$；

20Cr2Ni4A 表面张力 $\sigma_{m-s}^{1600℃}=1120$ mN/m；内聚功 $W_{K-m}=2240$ mN/m$^2$。

1560℃时铁与含 FeO 相界面处的界面张力(表 4 – 5 – 13)[50]

表 4 – 5 – 13

| 炉渣成分 w/% | | | | | | $\rho_渣$/kg·m$^{-3}$ | 界面张力/mN·m$^{-1}$ |
|---|---|---|---|---|---|---|---|
| FeO | Fe$_2$O$_3$ | CaO | SiO$_2$ | MgO | Al$_2$O$_3$ | | |
| 1.3 | 0.03 | 58.5 | 29.2 | 5.9 | 2.5 | 2700 | 1060 |
| 4.2 | 0.4 | 52.3 | 28.6 | 6.3 | 2.5 | 2780 | 860 |
| 6.2 | 0.9 | 52.4 | 30.1 | 7.4 | 2.5 | 2810 | 750 |
| 7.9 | 1.6 | 43.2 | 28.1 | 8.6 | 6.0 | 2860 | 710 |
| 12.5 | 2.1 | 40.9 | 28.8 | 12.4 | 2.5 | 2930 | 620 |
| 13.1 | 2.0 | 42.6 | 28.9 | 9.4 | 2.0 | 3000 | 590 |
| 20.8 | 3.3 | 32.0 | 26.5 | 13.0 | 2.5 | 3100 | 560 |
| 24.0 | 4.3 | 29.5 | 29.4 | 11.5 | 1.1 | 3230 | 490 |
| 37.2 | 8.0 | 12.0 | 21.3 | 17.3 | 3.2 | 3600 | 440 |
| 47.5 | 2.4 | 1.5 | 18.0 | 21.5 | 2.0 | 3670 | 390 |
| 56.1 | 6.0 | 1.0 | 16.9 | 18.3 | 1.4 | 3720 | 370 |
| 59.2 | 7.1 | 0.9 | 15.5 | 14.4 | 1.8 | 3800 | 360 |
| 62.9 | 5.6 | 2.1 | 12.4 | 12.5 | 1.2 | 3810 | 360 |
| 68.6 | 4.3 | | 17.9 | 9.2 | | 3900 | 260 |
| 85.5 | 9.2 | 2.3 | 0.5 | 3.4 | | 4800 | 180 |

电渣炉渣系 CaF$_2$: Al$_2$O$_3$ = 70:30 和 SiO$_2$·Al$_2$O$_3$ 夹杂物的界面张力:
$$\sigma_{SiO_2\text{-}AH\phi\text{-}6} = 90 \text{ mN/m}, \sigma_{Al_2O_3\text{-}AH\phi\text{-}6} = 625 \text{ mN/m}$$

氮化物和一些渣的润湿角及渣的表面张力(1530℃、1600℃)(表 4 – 5 – 14)

表 4 – 5 – 14

| 成分 w/% | | CaF$_2$ 60 | Al$_2$O$_3$ 25 | CaO 13 | SiO$_2$ 2 | CaF$_2$ 3 | Al$_2$O$_3$ 25 | CaO 40 | SiO$_2$ 22 | MgO 10 |
|---|---|---|---|---|---|---|---|---|---|---|
| 氮化物与实验温度/℃ | | $\theta$/(°) | $\sigma_渣$/mN·m$^{-1}$ | $W_A$/mN·m$^{-2}$ | | $\theta$/(°) | $\sigma_渣$/mN·m$^{-1}$ | | | $W_A$/mN·m$^{-1}$ |
| TiN | 1530 | 0 | 370 | 740 | | 0 | 682 | | | 1364 |
| | 1600 | 0 | 338 | 676 | | 0 | 718 | | | 1436 |
| BN | 1530 | 114 | 370 | 740 | | 135 | 682 | | | 1364 |
| | 1600 | 101.5 | 338 | 676 | | 98 | 718 | | | 1436 |
| AlN | 1530 | 0 | 370 | 740 | | 0 | 682 | | | 1364 |
| | 1600 | 0 | 338 | 676 | | 0 | 718 | | | 1436 |

| 成分 w/% | | CaF$_2$ 0 | Al$_2$O$_3$ 40 | CaO 54 | SiO$_2$ 3 | MgO 2 | TiO$_2$ 1 |
|---|---|---|---|---|---|---|---|
| 氮化物与实验温度/℃ | | $\theta$/(°) | | $\sigma_渣$/mN·m$^{-1}$ | | $W_A$/mN·m$^{-1}$ | |
| TiN | 1530 | 20 | | 578 | | 1140 | |
| | 1600 | 0 | | 511 | | 1022 | |
| BN | 1530 | 125 | | 578 | | 1140 | |
| | 1600 | 107 | | 511 | | 1022 | |
| AlN | 1530 | 0 | | 578 | | 1140 | |
| | 1600 | 0 | | 511 | | 1022 | |

高炉炼铁、氧气顶吹转炉炼钢及精炼过程中金属、炉渣的表面张力和界面张力（表4-5-15）[4]

表4-5-15

| 铁—渣系统 | 表面张力/mN·m⁻¹ | | 界面张力/mN·m⁻¹ |
|---|---|---|---|
| | 渣—气相 | 金属—气相 | 金属—炉渣 |
| 高炉铁 | | 1100 | |
| 高炉渣 | 450 | | 100 |
| 氧气顶吹转炉钢（C0.1%；S0.01%） | | 1600 | |
| 氧气顶吹转炉渣（FeO10%~20%） | 450 | | 800 |
| 酸性渣 | 450 | | 100 |

铁液中的组分对 $Al_2O_3$ 底板的润湿角的影响（图4-5-39）[51]

35号钢对耐火材料的润湿角 $\theta$、界面张力 $\sigma_{o-A}$ 和黏附功 $W_A$ 的数据（1550℃）（表4-5-16）

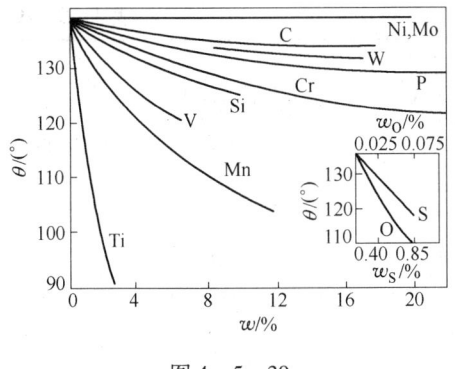

图4-5-39

表4-5-16

| 耐火材料 | $\theta$/(°) | $\sigma_{o-A}$/mN·m⁻¹ | $W_A$/mN·m⁻¹ |
|---|---|---|---|
| 铝碳硅质 | 126 | 1392 | 574 |
| 锆质 | 127 | 1326 | 528 |
| 高铝质 | 115 | 1392 | 804 |
| 刚玉 | 112 | 1466 | 917 |
| 铬镁尖晶石 | 110 | 1548 | 1019 |
| 纯锆质 | 110 | 1548 | 1019 |

35号钢和08F钢对耐火材料润湿的数据（在1550℃下保持40min）（表4-5-17）

表4-5-17

| 耐火材料 | 主要成分 w/% | 耐火制件 | 显气孔率/% | $\theta$/(°) | |
|---|---|---|---|---|---|
| | | | | 35号钢 | 08F |
| 铝碳硅质 | $27.86SiO_2 + 40.96Al_2O_3 + 25.21SiC$ | 水口砖 | 20.98 | 126 | |
| 锆质 | $36.26SiO_2 + 58.71ZrO_2$ | 水口砖 | 21.42 | 115 | 93 |
| 高铝 | $74.61Al_2O_3 + 20.92SiO_2$ | 砖 | 9.93 | 107 | 106 |
| 刚玉 | $98.45Al_2O_3$ | | 0.04 | 104 | 70 |
| 铬镁 | $9.15Cr_2O_3 + 71.55MgO$ | 砖 | 11.66 | 103 | 90 |
| 纯氧化锆 | $95.66ZrO_2$ | 熔铸样 | 0.50 | 92 | |
| 氧化镁 | $95.70MgO$ | 电熔镁砂 | 0.90 | 87 | 86 |
| 碳硅质 | $4.31SiO_2 + 84.12SiC + 8.02Si$ | | 30.30 | 55 | |
| 刚玉 | $98.45Al_2O_3$ | 水口砖 | 25.30 | 105 | 70 |
| 刚玉 | $98.45Al_2O_3$ | 水口砖 | 25.30 | 74 | |

熔渣和钢液的润湿角(表 4 - 5 - 18)

表 4 - 5 - 18

| 熔渣成分 $w$/% | 温度/℃ | 润湿角 $\theta$/(°) | 熔渣成分 $w$/% | 温度/℃ | 润湿角 $\theta$/(°) |
|---|---|---|---|---|---|
| CaO36% , $Al_2O_3$64% | 1600 | 65 | CaO40% , $Al_2O_3$40% , $SiO_2$20% | 1600 | 40 |
| CaO50% , $Al_2O_3$50% | 1600 | 58 | CaO50% , $SiO_2$50% | 1600 | 31 |
| CaO58% , $Al_2O_3$45% | 1600 | 54 | CaO5% , $CaF_2$95% | 1600 | 47 |
| CaO44% , $Al_2O_3$45% , $SiO_2$11% | 1600 | 43 | CaO11% , 余为 $CaF_2$ 、$Al_2O_3$ | 1600 | 36 |
| CaO33% , $Al_2O_3$33% , $SiO_2$33% | 1600 | 36 | CaO14% , $CaF_2$71% , $Al_2O_3$15% | 1600 | 28 |
| CaO26% , $Al_2O_3$26% , $SiO_2$49% | 1600 | 13 | CaO15% , $CaF_2$56% , $Al_2O_3$30% | 1600 | 34 |
| CaO58% , $SiO_2$42% | 1600 | 29 | CaO45% , $CaF_2$8% , $Al_2O_3$47% | 1600 | 41 |

双液相间的润湿角 $\theta$ 随 $SiO_2$ 含量的增加而减小。

保护渣层的用途及其在 1550℃ 的表面张力(表 4 - 5 - 19)[13]

表 4 - 5 - 19

| 获得熔渣的方法 | 渣号 | 成分/% | | | | | | $\sigma_{渣}$ /mN·m$^{-1}$ | 用　途 |
|---|---|---|---|---|---|---|---|---|---|
| | | CaO | $SiO_2$ | $Al_2O_3$ | F | $Na_2O$ | $TiO_2$ | | |
| 在专门炉中熔炼 | 1 | 40 | 34 | 0.8 | 22 | 7.5 | 0 | 204 | 浇铸 12X18H10T 型不锈钢 |
| | 2 | 49 | 30 | 1.0 | 16 | 4.5 | 0 | 209 | |
| | 3 | 40 | 1.5 | 26 | 15 | 3.0 | 14 | 223 | |
| | 4 | 30 | 2.0 | 27 | 18 | 6.5 | 16.5 | 232 | |
| | 5 | 45 | 15 | 18 | 20 | 3.0 | 0 | 250 | |
| 绝热型保护渣的熔渣 | 6,7 | 33 | 35 | 12 | 10 | 8 | 0 | 210 | 浇铸碳钢,低合金钢 |
| 无碳的保护渣 | 8 | 51 | 22 | 0.5 | 20 | 4.7 | 0 | 290 | |
| 发热剂的熔渣 | 9 | 39 | 38 | 1.0 | 11 | 9.7 | 0 | 300 | 浇铸碳钢 |
| | 10 | 46 | 34 | 1.0 | 10 | 8.7 | 0 | 300 | |

1552~1550℃ 时的金属和熔渣的表面张力以及相间张力(表 4 - 5 - 20)[18]

表 4 - 5 - 20

| 渣　号 | 润湿角/(°) | 表面张力/mN·m$^{-1}$ | | | 表面能/mN·m$^{-1}$ | | $L_{流}$ |
|---|---|---|---|---|---|---|---|
| | | $\sigma_{渣}$ | $\sigma_{金}$[①] | $\sigma_{金-渣}$ | $W_{附}$ | $W_{内}$ | |
| 1 | 37 | 204 | 1000 | 837 | 367 | 408 | -41 |
| 2 | 38 | 209 | 1000 | 837 | 372 | 418 | -46 |
| 3 | 8 | 223 | 1000 | 780 | 443 | 446 | -3 |
| 4 | 18 | 232 | 1000 | 779 | 434 | 464 | -30 |
| 5 | 27 | 250 | 1000 | 778 | 471 | 500 | -39 |
| 6,7 | 50 | 210 | 1400 | 1270 | 340 | 420 | -18 |
| 8 | 55 | 290 | 1215 | 1050 | 430 | 580 | -150 |
| 9 | 55 | 300 | 1215 | 1070 | 430 | 600 | -170 |
| 10 | 55 | 300 | 1215 | 1070 | 440 | 600 | -160 |

注：1~5 渣号用于 12Cr18Ni9Ti 钢;6、7 渣号用于 17Mn2SiVA 钢;8~10 渣号用于 15 号钢。

# 第六节　熔渣的挥发及其他化合物的力学性能

## 一、熔渣组元的挥发

组元的挥发使熔渣组成发生变化,影响熔渣的稳定性,有时也易使炉衬等材料产生侵蚀,常用的 $CaF_2$ 是有明显的作用。

### （一）二元系

$E_xO_y + CaF_2$ 反应的自由能(1800 K)和氟化物的熔点、沸点(表4-6-1)[2]

表4-6-1

| 生成的氟化物 | $\Delta G_{1800}^{\ominus ①}$/kJ·mol$^{-1}$(O) | 熔点/℃ | 沸点/℃ | 生成的氟化物 | $\Delta G_{1800}^{\ominus ①}$/kJ·mol$^{-1}$(O) | 熔点/℃ | 沸点/℃ |
|---|---|---|---|---|---|---|---|
| $BF_{3(气)}$ | 12.55 | 145 | 112 | $VF_3$ | 167.8 | 1400 | 1700 |
| $CF_{4(气)}$ | 430.1 | | | $VF_{4(气)}$ | 97.5 | | 600② |
| $MgF_{2(液)}$ | 18.24 | 1536 | 2500 | $VF_{5(气)}$ | 98 | 375 | 384 |
| $AlF_{3(气)}$ | 159.4 | | 1545② | $MnF_{2(液)}$ | 99.8 | 1129 | 2300 |
| $SiF_{4(气)}$ | 38.28 | | 178 | $MnF_{3(气)}$ | 144 | 1350 | 1600 |
| $TiF_2$ | 213.8 | | | $FeF_{2(液)}$ | 88.5 | 1375 | 2100 |
| $TiF_{3(气)}$ | 140.2 | 1500 | 1700 | $FeF_{3(气)}$ | 119 | 1300 | 1600 |
| $TiF_4$ | 104.6 | | | $NbF_5$ | 205 | | |
| $VF_2$ | 85.4 | | | | | | |

① 为升华温度;

② 反应的自由能,指如下反应: $CaF_2 + \frac{1}{y}E_xO_y = \frac{x}{y}EF_{\frac{2y}{x}} + CaO$ (如 $CaF_2 + \frac{1}{3}B_2O_3 = \frac{2}{3}BF_3 + CaO$),凝聚相活度等于1。

$E_xO_y$-$CaF_2$ 熔体的挥发度和($E_xO_y$)含量的关系(1400℃)(图4-6-1)[2]

### （二）三元系

$E_xO_y$-$Al_2O_3$-$CaF_2$ 熔体的挥发度和($E_xO_y$)含量的关系$\left(1400℃, \frac{CaF_2}{Al_2O_3} = \frac{7}{3}\right)$(图4-6-2)[2]

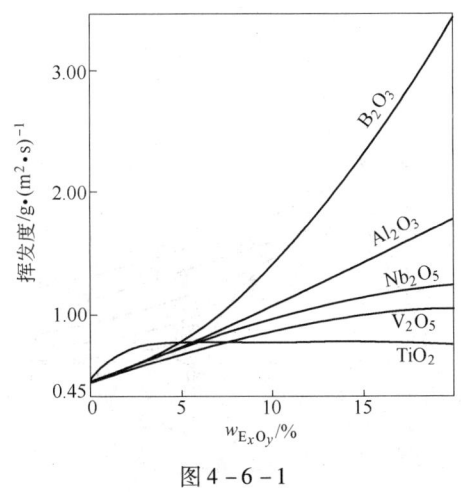

图4-6-1

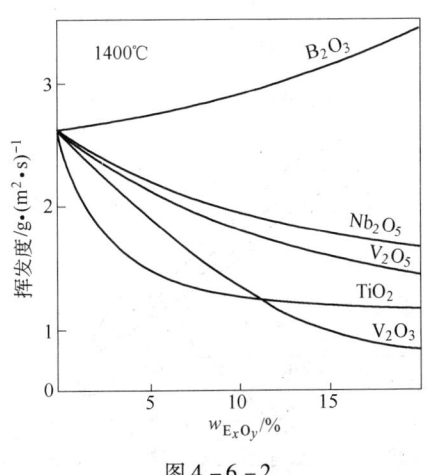

图4-6-2

$E_xO_y$-$Al_2O_3$-$CaF_2$ 熔体的质量损失和时间的关系(1400℃、1500℃)(图4-6-3)[2]

$Al_2O_3$-$SiO_2$ 渣和 $CaF_2$ 反应时温度对化学反应质量损失的影响(图4-6-4)[52]

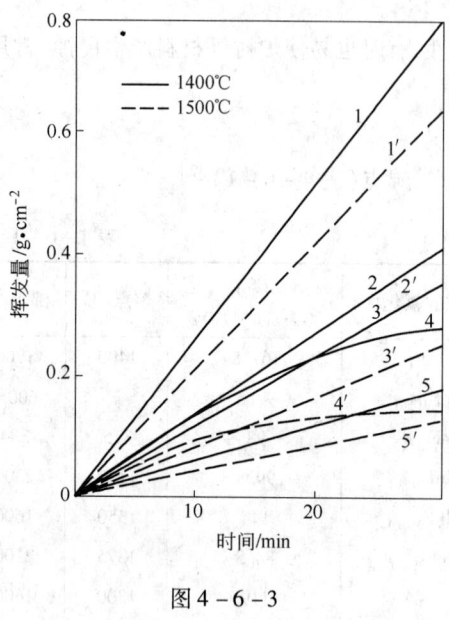

图4-6-3

1,1′—$B_2O_5$;2,2′—$Nb_2O_5$;3,3′—$V_2O_5$;
4,4′—$TiO_2$;5,5′—$V_2O_3$

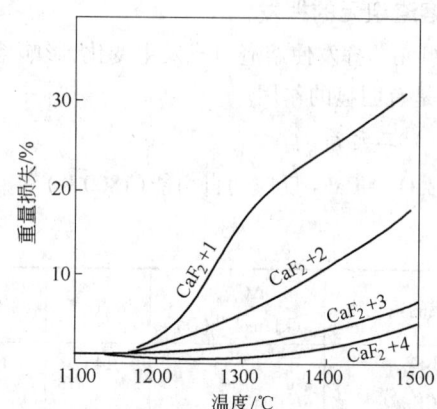

图4-6-4

| 成分 $w$/% 样号 | $SiO_2$ | $Al_2O_3$ | $TiO_2$ | $Fe_2O_3$ | $CaO$ |
|---|---|---|---|---|---|
| 1 | 95.36 | 1.5 | | 0.09 | 2.12 |
| 2 | 58.78 | 45.25 | 2.08 | 1.15 | 0.7 |
| 3 | 29.93 | 64.81 | 3.2 | 1.65 | 0.52 |
| 4 | 15.11 | 78.82 | 3.85 | 0.97 | 0.39 |

注:试样重20 g,保持1 h。

$CaO$-$SiO_2$-$CaF_2$ 系的 $SiF_4$ 气相压力(1450℃)(图4-6-5)[53]

$CaO$-$FeO$-$SiO_2$ 渣中 $MgO$ 的溶解度(1600℃)(图4-6-6)[53]

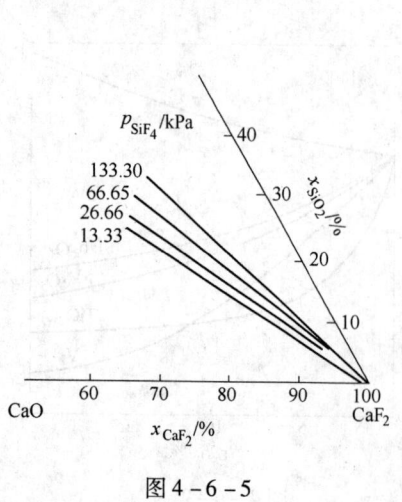

图4-6-5

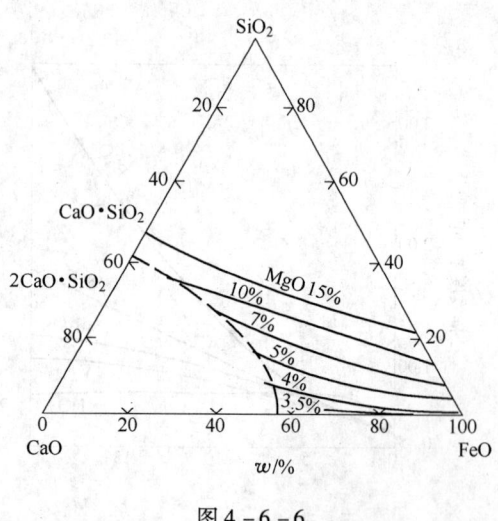

图4-6-6

## 二、熔渣及夹杂物的力学性能

电渣炉用炉渣的高温强度和温度的关系(图4-6-7)[54]

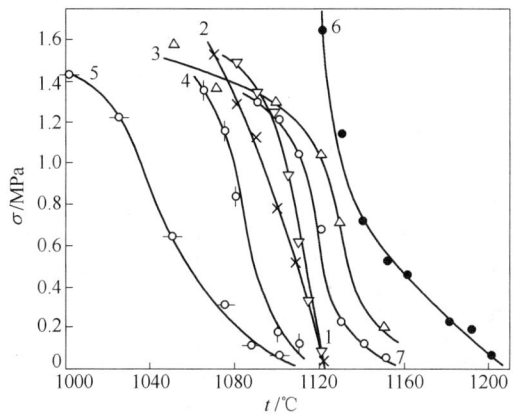

图4-6-7

极限强度 $\sigma$ = 最大拉力 $F$/试样截面积 $S$

试样直径 10 mm,长 50 mm

电渣炉用炉渣的伸长率和温度的关系(图4-6-8)[54]

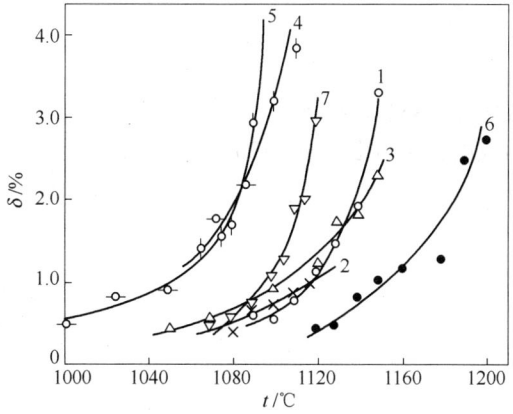

图4-6-8

| w/% | CaF$_2$ | CaO | Al$_2$O$_3$ | MgO | SiO$_2$ |
|---|---|---|---|---|---|
| 1 | 48 | 22 | 19 | 5 | 6 |
| 2 | 48 | 17 | 19 | 10 | 6 |
| 3 | 42 | 22 | 19 | 5 | 12 |
| 4 | 48 | 31 | 10 | 5 | 6 |
| 5 | 36 | 34 | 19 | 5 | 6 |
| 6 | 60 | 10 | 19 | 5 | 6 |
| 7 | 48 | 22 | 11 | 5 | 14 |

MnS-CaS 的硬度和温度的关系(图 4 – 6 – 9)[55]

CaS-MnS 的硬度和组成的关系(图 4 – 6 – 10)[55]

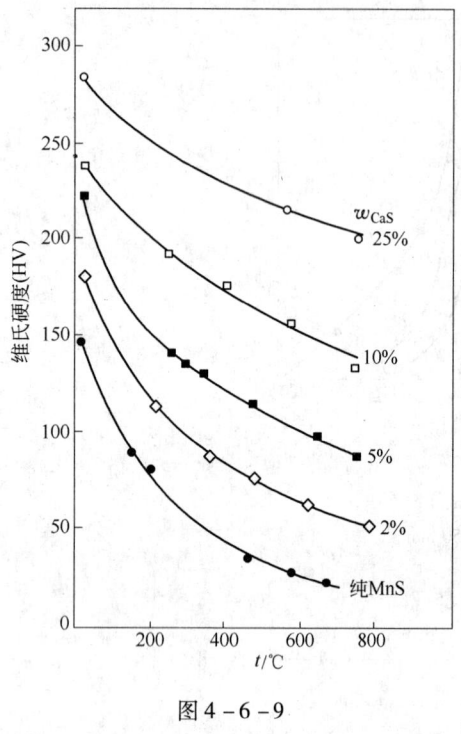

图 4 – 6 – 9

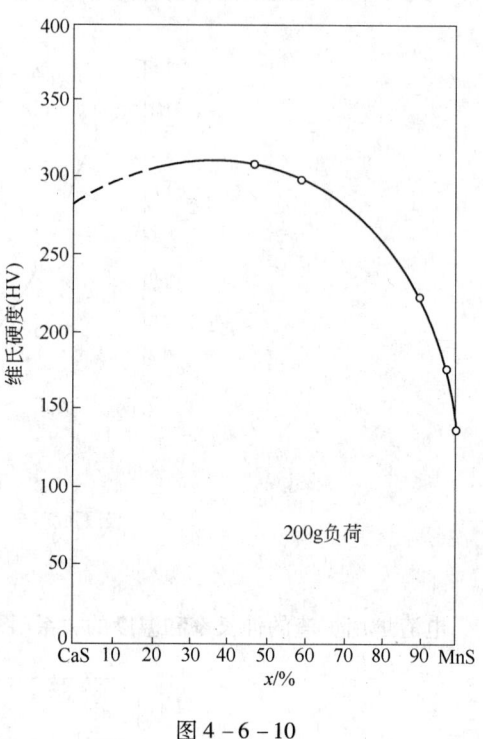

图 4 – 6 – 10

CaSe、MnSe 的硬度和温度的关系(图 4 – 6 – 11)[55]

CaSe、MnSe 的硬度和组成的关系(图 4 – 6 – 12)[55]

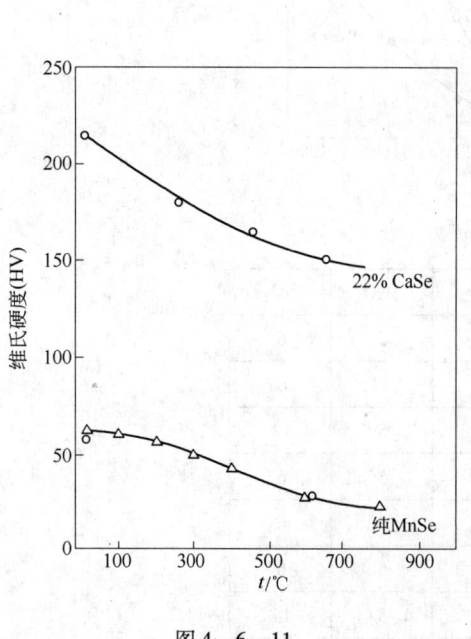

图 4 – 6 – 11

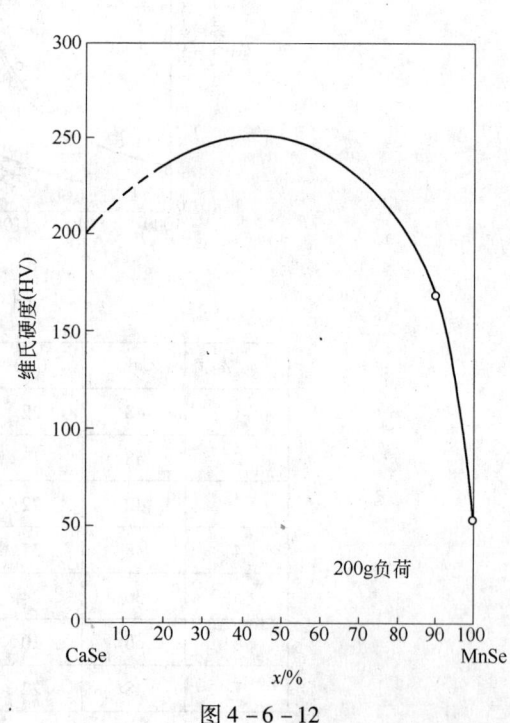

图 4 – 6 – 12

RE 和[O]/[S]对冲击功增量影响的示意图(图4-6-13)[54]

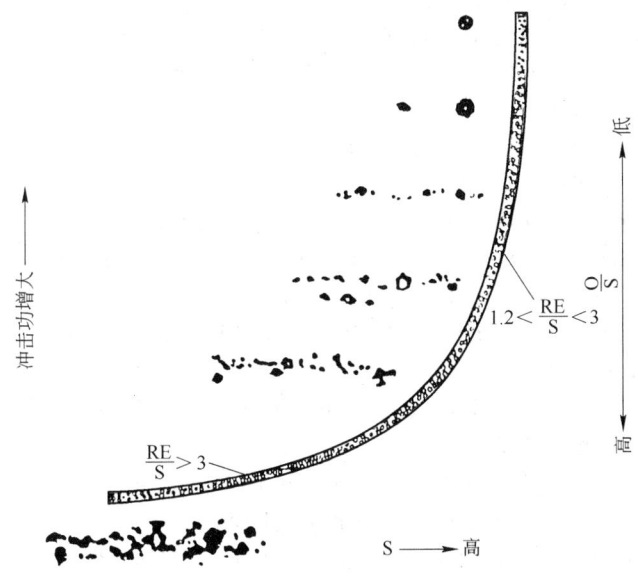

图 4 - 6 - 13

## 参 考 文 献

[1] Elliott F. Thermochemistry for Steelmaking,volume Ⅱ,1963

[2] Лепенский,Б М,ит. физический химия окисдных и окщфоторидных расплавов. Наука М,1977

[3] 荻野和巳,原茂太. 鉄と鋼,1977,(3):199

[4] 德国钢铁工程师协会,编. 渣图集. 王俭,等译. 北京:冶金工业出版社,1989

[5] ИЗВ А Н. СССР Металль,1968,(3):57

[6] 日本鉄鋼協会. 溶铁、溶滓の物性值便覽. 溶鉄、溶滓部会報告,1971

[7] Journal of Metals,1973,125(11)

[8] Илиси Г В,ид. физическая химия поверхности расплавов,1977

[9] 向井,坂野. 日本金属学会诗[31].1967.928

[10] 堀川一男. 鉄と鋼,1953,(2):149

[11] Самарин А М. Сталеплавильное производство том Ⅱ,1964

[12] 阿弗古斯契尼克 А И. 硅酸盐物理化学. 北京:科学出版社,1956

[13] 列伊杰斯 А В. 连续铸钢过程中的钢水保护. 朱文佳,译. 北京:冶金工业出版社,1991

[14] Владимиров В П. Вестник А. Н каз,СССР,1958,(4):111~114

[15] Воскобоиников В Г. Стлль,1951,(6):512~513

[16] Аветисян Х К. Цветные. Металль,1951,(1):46~47

[17] Онаев И А. Физико-Химические Свойства шлаков цветной металлургии. Металлург М,1972

[18] Павлов М А. Металлурия чугуна том Ⅱ,1949:347

[19] 叶大伦,胡建华,编著. 实用无机热力学数据手册,第 2 版. 北京:冶金工业出版社,2002

[20] 曲英,主编. 炼钢学原理,第 2 版. 北京:冶金工业出版社,1994

[21] 西山会议講座. 第 27,28 回,1974

[22] Mitchal A. Met. Trans.

[23] Sims E. Electric Furnace Steelmaking,volume Ⅱ,1964

［24］ 森永健次. 日本金属学会,1975,(12):1312

［25］ Ивуз. Черная Металлургия ,1970,(12):8

［26］ 荻野和巳,原茂太. 鉄と鋼,1977,(13):199

［27］ Андроив В Н,ид. Жидкие Мегаллы и шлаки. Металлургия М,1977

［28］ Latash Yu V.Electroslag Melting,1970

［29］ Самаркн А М. Сталеплавильное производство том I,1964

［30］ Geiget G H. Transport Phenomena in Metallurgy,1974

［31］ Соколов Г А. Внепечное рафинирование стали. Металлургия М,1977

［32］ Ершов Г С,ид. Взаимодействие фаз при плавке легированных сталей. Металлургия М,1973

［33］ Штентельйер С В. ИВУЗ Черная Металлургия,1958,(11)

［34］ Качественный Стали и ферросплавы,(ИНСТ-СГ-М),1938

［35］ Еднерал ф П. Сталь,1970,(12)

［36］ Condurier L. Fundamental of the Metallurgical Process,1979

［37］ 梅达瓦尔 Б И.电渣重熔,1963

［38］ Ефимов В А. Разливка и Кристаллизация стали металлургия,1976

［39］ 陈家祥,主编. 连续铸钢手册. 北京:冶金工业出版社,1995

［40］ 吴夜明,孙长悌,等.国外连铸保护渣十年的发展. 见:全国连铸学术年会论文集,1990

［41］ Porter W F. BOF Steelmaking,volume II ,1976

［42］ ИВУЗ. Черная Металлургия ,1965,(1):55~60;1967,(3)

［43］ Теория металлургических процессов сборник трудов циничм Вапуск,1965

［44］ Физико-химические основы металлургических процессов. сборник статей. наука М,1964

［45］ Борнаский И И. Физико-химические основы сталеплавильных процессовы. металлургия М,1974

［46］ 东北工学院,西安冶金学院. 冶金原理. 北京:中国工业出版社,1961

［47］ Попель С И,ид. Взаимодействие литейный формы и отливки. И А Н. СССР,1962

［48］ ИВУЗ. Черная Металлургия,1959,(7)

［49］ Волков С Е, ид. Неметалические включения и дефекты В электрошлаковом слитке. Металлургия М,1979

［50］ 包尔纳斯基 И И. 炼钢过程的物理化学基础. 宗联技, 译. 北京:冶金工业出版社,1981

［51］ 库德林 В А,等. 优质钢冶炼. 董学经,等译. 北京:冶金工业出版社,1987.

［52］ 硅酸盐,1960,(2):71

［53］ Chipman J,Fetters K. AIME,1941,145:95

［54］ 毛裕文,王俭,等. 抽锭式电渣炉渣系的选择. 见:魏寿昆八十寿辰论文集,北京:冶金工业出版社,1990

［55］ Kiessling. Non-metallic Inclusions in Steels,Part V. The Institute of Metals London,1989

# 第五章 固态铁、钢的物理性质

## 第一节 铁的物理性质

铁的晶格常数和温度的关系(图5-1-1)[1]

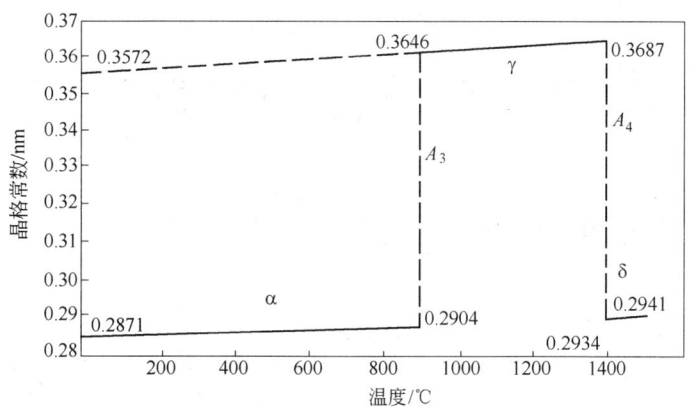

图5-1-1

铁的自扩散系数和温度的关系(图5-1-2)[1]

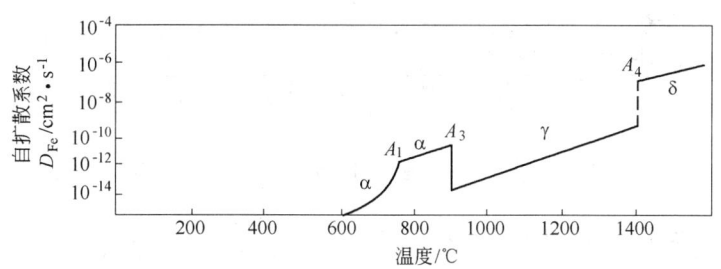

图5-1-2

铁的比容和温度的关系(图5-1-3)[2]

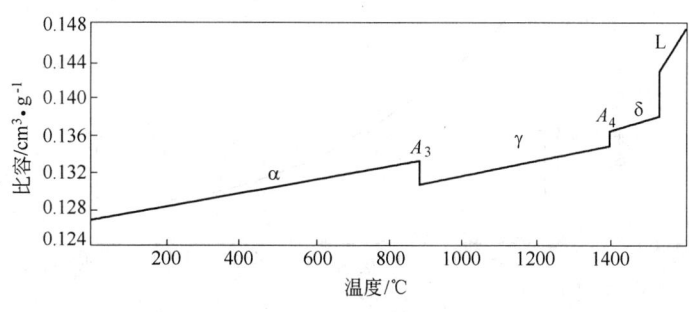

图5-1-3

铁的热容和温度的关系(图 5 - 1 - 4)[1]

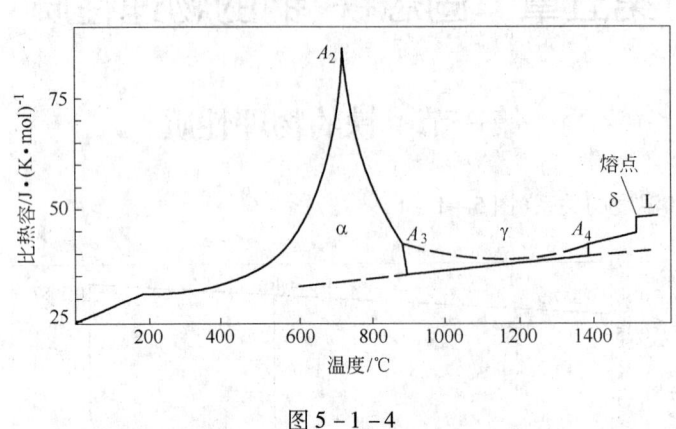

图 5 - 1 - 4

铁的焓和温度的关系(图 5 - 1 - 5)

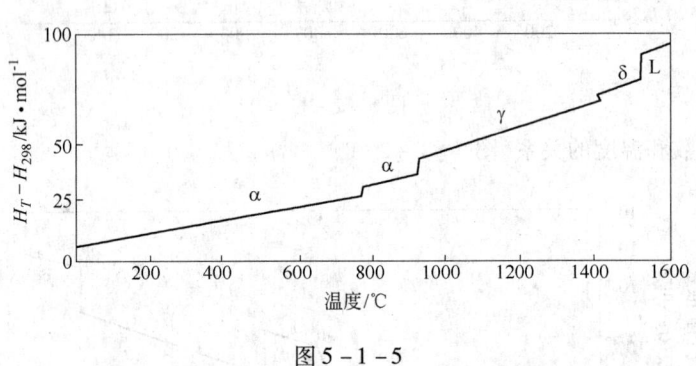

图 5 - 1 - 5

铁的热导率和温度的关系(图 5 - 1 - 6)[1]

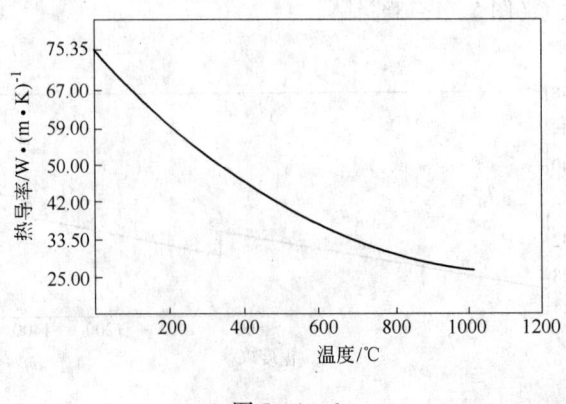

图 5 - 1 - 6

铁的电阻率和温度的关系(图5-1-7)

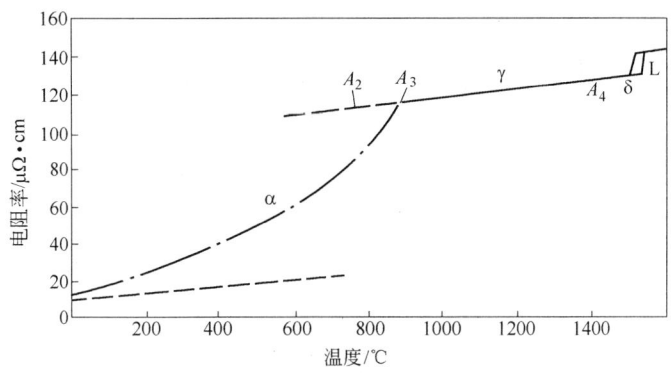

图5-1-7

铁的磁化率和温度的关系(图5-1-8)[1]

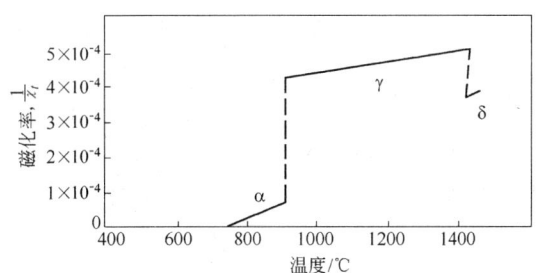

图5-1-8

纯铁密度和温度的关系(表5-1-1)[3]　　　　　　　　　　　　　　表5-1-1

| 温度范围/K | 相　名　称 | 实验公式/g·cm⁻³ | 偏　差 |
|---|---|---|---|
| 673～1183 | $\alpha,\beta$ | $\rho = 7.968 - 3.335 \times 10^{-3}T$ | ±0.013 |
| 1183～1673 | $\gamma$ | $\rho = 8.252 - 5.128 \times 10^{-3}T$ | ±0.013 |
| 1673～1812 | $\delta$ | $\rho = 8.063 - 4.242 \times 10^{-3}T$ | ±0.011 |
| 1812～1923 | 液相 | $\rho = 8.586 - 0.567 \times 10^{-3}T$ | ±0.016 |

纯铁的 $T-p$ 图(实线实验值)(图5-1-9)[6]

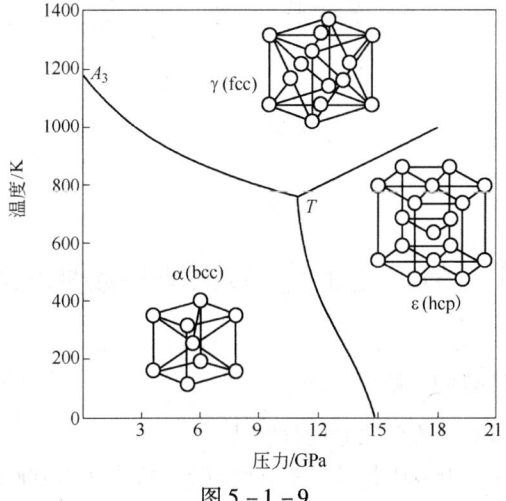

图5-1-9

铁中氮、氢溶解度和温度的关系（图 5 - 1 - 10）

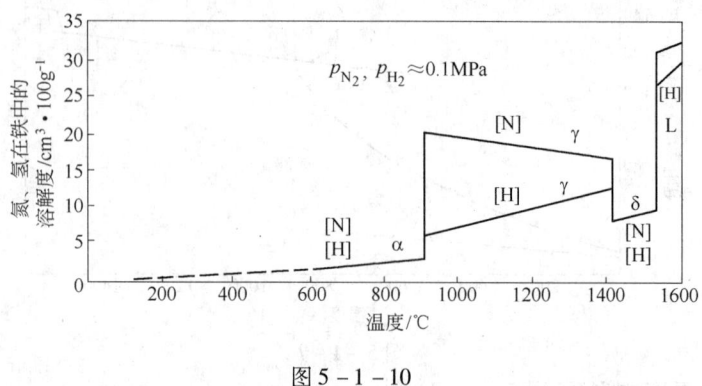

图 5 - 1 - 10

纯铁在 650～975℃ ，$p_{O_2}$ = 0.1 MPa 时氧化增重和时间的关系（图 5 - 1 - 11）[4]

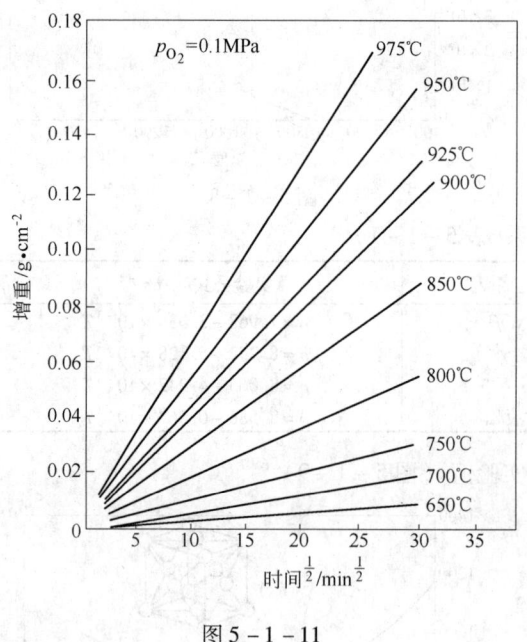

图 5 - 1 - 11

## 第二节    元素含量和钢的物理性质

### 一、元素含量对铁的晶格常数的影响

900℃时不锈钢的晶格常数和成分关系的计算式：

$$a_C \text{（nm）} = 0.36441 + 0.00001 \text{[Ni]} + 0.00005 \text{[Cr]} + 0.00023 \text{[V]} + 0.00024 \text{[Mo]}$$
$$+ 0.00034 \text{[Nb]}$$

元素含量对 αFe 晶格常数的影响(图 5 – 2 – 1)[5]

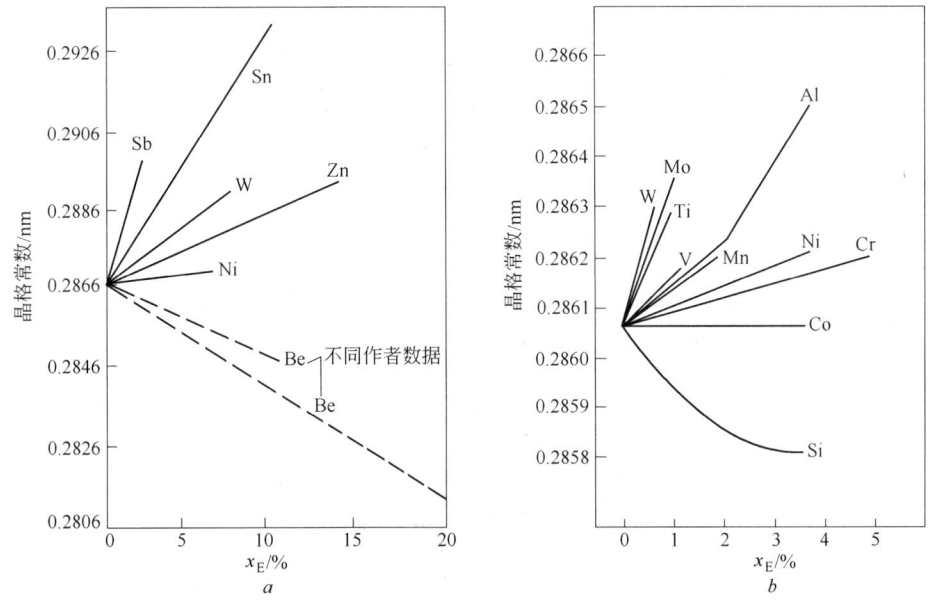

图 5 – 2 – 1

固溶元素对 αFe 晶格常数的影响(图 5 – 2 – 2)[6]

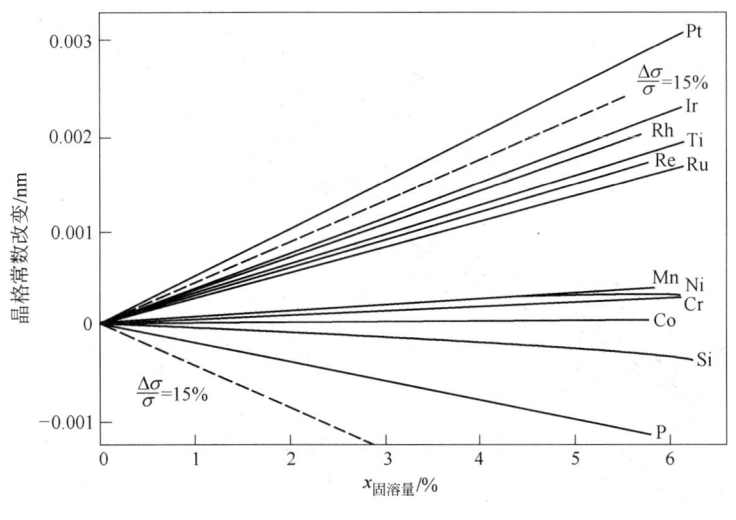

图 5 – 2 – 2

[C]对铁晶格常数的影响(图5-2-3)[7]

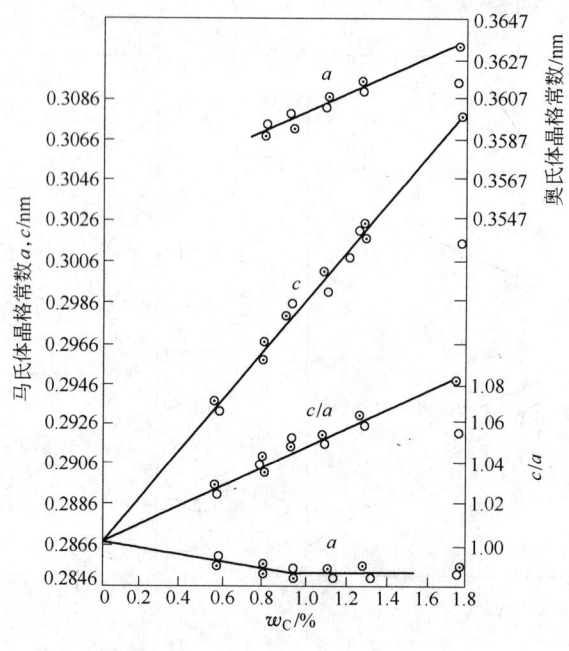

图5-2-3

[C]和温度对奥氏体晶格常数的影响(图5-2-4)[8]

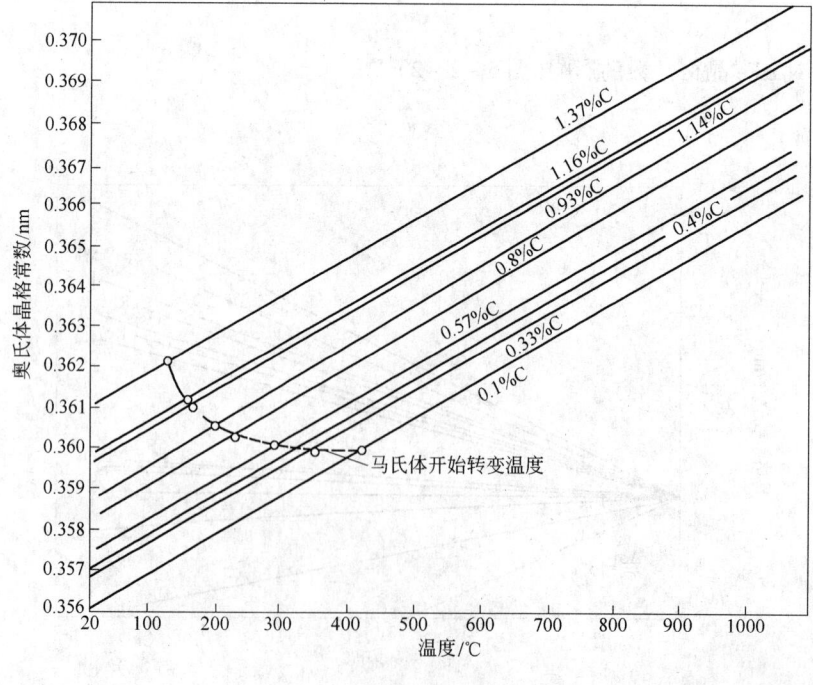

图5-2-4

## 二、[C]对 Fe-E 系和钢的密度及比容的关系

[C]对钢中各相($\gamma$,M,$\alpha$ + Fe$_3$C)比容的影响(图5 – 2 – 5)[9]

[C]和钢中相体积的状态和温度的关系(图5 – 2 – 6)[10]

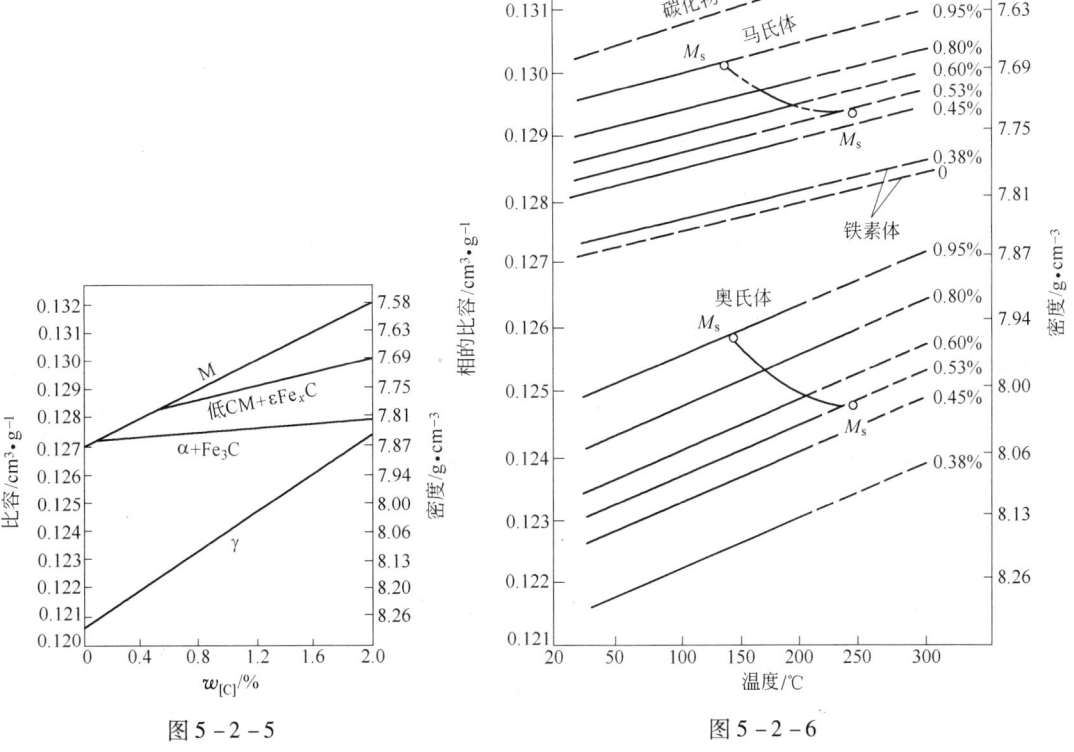

图5 – 2 – 5　　　　　　　　　　　图5 – 2 – 6

碳钢比容的数据及计算:

20℃时碳钢各相的比容(cm³/g):

| 铁素体 | 0.1271 |
|---|---|
| 奥氏体 | 0.1212 + 0.0022[C] |
| 马氏体 | 0.1271 + 0.00265[C] |
| 渗碳体 | 0.13 ± 0.001 |
| 珠光体 | 0.1271 + 0.0005[C] |
| 贝氏体 | 0.1271 + 0.0015[C] |

式中以1%(质量分数)为1单位。

碳钢比容 $v$(cm³/g)和[C]及 $t$(℃)的关系:

共析钢　　　$v^t = 0.12746 + 5.4507 \times 10^{-6}t$

亚共析钢　　$v^t = 0.12708 + 5.528 \times 10^{-6}t - 0.000459[C]$
　　　　　　　　$+ 0.0935 \times 10^{-6}t \times [C]$

过共析钢　　$v^t = 0.12681 + 5.5203 \times 10^{-6}t + 0.000476[C] - 0.099 \times 10^{-6}t \times [C]$

上式适用于退火状态,共析钢[C] = 0.83%,[C]以1%(质量分数)为1单位。

奥氏体转变成马氏体时比容(cm³/g)的变化:

$$\Delta v^t = 0.00426 + 0.46 \times 10^{-3}[C] - 4.11 \times 10^{-6} \times \Delta t(℃)$$

过冷度为:

$$\Delta t = t_{实际} - M_s$$

式中    $M_s$——马氏体开始转变温度,℃。

20℃合金钢密度($g/cm^3$)的计算式:

$$\rho = 7.86 - 0.155[Al] - 0.073[Si] - 0.043[P] - 0.04[C] - 0.0083[Cr]$$
$$- 0.0122[Mn] + 0.1[As] + 0.048[W] + 0.03[Cu] + 0.006[Co]$$
$$+ 0.002[Ni]$$

式中以1%为1单位。适用范围(质量分数):

$$[Al] \leqslant 6\%, [Si] \leqslant 6\%, [P] \leqslant 10\%, [Mn] \leqslant 20\%, [C] \leqslant 5\%,$$
$$[Cr] \leqslant 25\%, [As] \leqslant 0.15\%, [W] \leqslant 18\%, [Cu] \leqslant 1.5\%, [Co] \leqslant 1\%,$$
$$[Ni] \leqslant 18\%$$

碳钢组织转变引起的尺寸变化(表5-2-1)[11]

表5-2-1

| 组织转变 | 体积变化率/% $\dfrac{V - V_i}{V} \times 100\%$ | 尺寸变化率 $\dfrac{L - L_i}{L} \times 100\%$ |
|---|---|---|
| 球状渗碳体→奥氏体 | $-4.64 + 2.21[\%C]$ | $-0.0155 + 0.0074[\%C]$ |
| 奥氏体→马氏体 | $4.64 - 0.53[\%C]$ | $0.0155 - 0.0018[\%C]$ |
| 球状渗碳体→马氏体 | $1.68[\%C]$ | $0.0056[\%C]$ |
| 奥氏体→下贝氏体 | $4.64 - 1.43[\%C]$ | $0.0155 - 0.0048[\%C]$ |
| 球状渗碳体→下贝氏体 | $0.78[\%C]$ | $0.0026[\%C]$ |
| 奥氏体→铁素体 + 渗碳体 | $4.64 - 2.21[\%C]$ | $0.0155 - 0.0074[\%C]$ |
| 球状渗碳体→铁素体 + 渗碳体 | 0 | 0 |

注:%C表示组织中碳的质量分数。$V_i$,$L_i$ 变化后的长度,体积。

钢中各种组织组成物的比容(表5-2-2)[11]

表5-2-2

| 组成物 | 碳含量/% | 比容/$cm^3 \cdot g^{-1}$ | 组成物 | 碳含量/% | 比容/$cm^3 \cdot g^{-1}$ |
|---|---|---|---|---|---|
| 奥氏体 | 0～2 | $0.1212 + 0.0033[\%C]$ | 渗碳体 | $6.7 \pm 0.2$ | $0.130 \pm 0.001$ |
| 马氏体 | 0～2 | $0.1271 + 0.0025[\%C]$ | $\varepsilon$ 碳化物 | $8.6 \pm 6.7$ | $0.140 \pm 0.002$ |
| 铁素体 | 0～0.02 | 0.1271 | 珠光体 | | $0.1271 + 0.0005[\%C]$ |

马氏体转变时的体积变化(表5-2-3)

表5-2-3

| 碳含量/% | 马氏体的密度/$g \cdot cm^{-3}$ | 退火态的密度/$g \cdot cm^{-3}$ | 生成马氏体的体积变化/% | 碳含量/% | 马氏体的密度/$g \cdot cm^{-3}$ | 退火态的密度/$g \cdot cm^{-3}$ | 生成马氏体的体积变化/% |
|---|---|---|---|---|---|---|---|
| 0.1 | 7.918 | 7.927 | +0.113 | 0.85 | 7.808 | 7.905 | +1.227 |
| 0.3 | 7.889 | 7.921 | +0.401 | 1.00 | 7.778 | 7.901 | +1.557 |
| 0.6 | 7.840 | 7.913 | +0.923 | 1.30 | 7.706 | 7.892 | +2.576 |

退火状态钢的密度(室温下)(表5-2-4)[12]

表5-2-4

| 钢　号 | $\rho/\mathrm{g\cdot cm^{-3}}$ | 钢　号 | $\rho/\mathrm{g\cdot cm^{-3}}$ |
|---|---|---|---|
| 纯　铁 | 7.83 | Cr12 | 7.67 |
| 45 | 7.85 | Cr12Mo | 7.70 |
| T7 | 7.83 | 3Cr2W8 | 8.35 |
| T9 | 7.82 | W18Cr4V | 8.70 |
| T12 | 7.81 | W9Cr4V | 8.35 |
| GCr15 | 7.83 | Cr9Si2 | 7.65 |
| 12CrNi3A | 7.85 | 1Cr18Ni9 | 7.89 |
| 30CrMnSiA | 7.82 | 1Cr18Ni9Ti | 7.91 |
| 38CrMoAlA | 7.72 | Cr18Ni25Si2 | 7.84 |
| W | 7.81 | Cr23Ni13 | 7.80 |
| 1Cr13 | 7.74 | 4Cr14Ni14W2Mo | 7.97 |
| 2Cr13 | 7.72 | Cr15Ni60 | 8.20 |
| 3Cr13 | 7.70 | Cr20Ni80 | 8.35 |
| 4Cr13 | 7.68 | Cr13Al4 | 7.40 |
| Cr18 | 7.68 | 0Cr17Al5 | 6.95 |
| Cr17 | 7.70 | 0Cr25Al5 | 6.90 |
| Cr25 | 7.60 | 15CrA | 7.74 |
| Cr28 | 7.50 | | |

温度对金属密度的影响计算式:

$$\rho_t = \rho_0 \frac{1}{1+\beta t} = \rho_0 \frac{1}{1+3\alpha t}$$

式中　　$\rho_0, \rho_t$——金属在0℃和$t$℃下的密度;

　　　　$\alpha$——金属的线膨胀系数,m/(m·℃);

　　　　$\beta$——金属的体膨胀系数,$\beta = 3\alpha$,m³/(m³·℃);

[E]和铁的比容的关系(图5-2-7)

[E]和铸钢密度的关系(图5-2-8)[13]

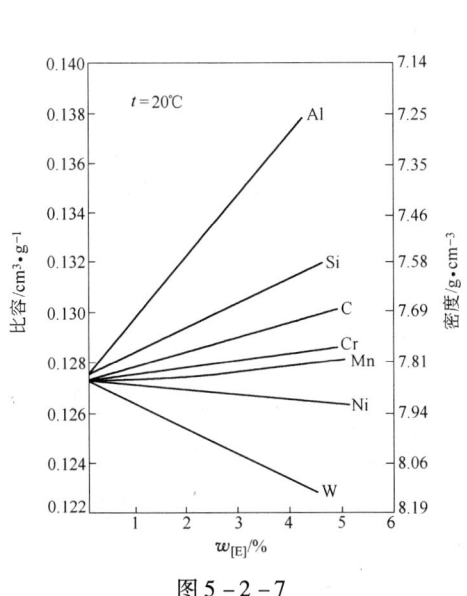

图5-2-7

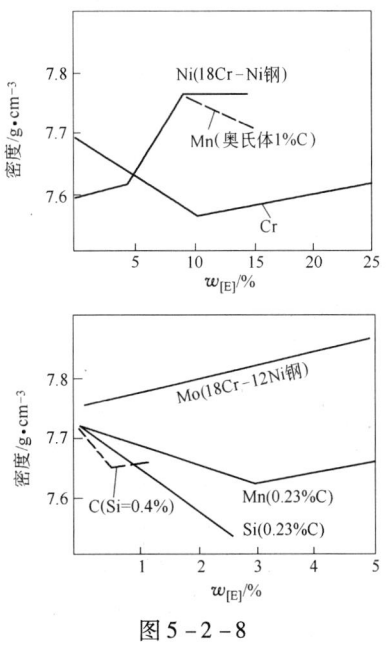

图5-2-8

一些金属、合金的密度与温度的关系(图5-2-9)[14]

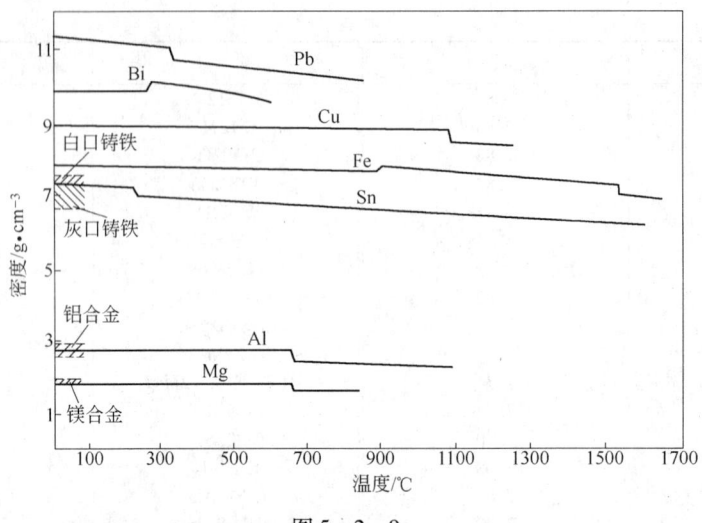

图5-2-9

## 三、元素含量对铁及钢的膨胀、收缩性质的影响

[E]对铁的平均线膨胀系数的影响(图5-2-10)[15]

[E]对铁的平均线膨胀系数差值的影响(图5-2-11)[15]

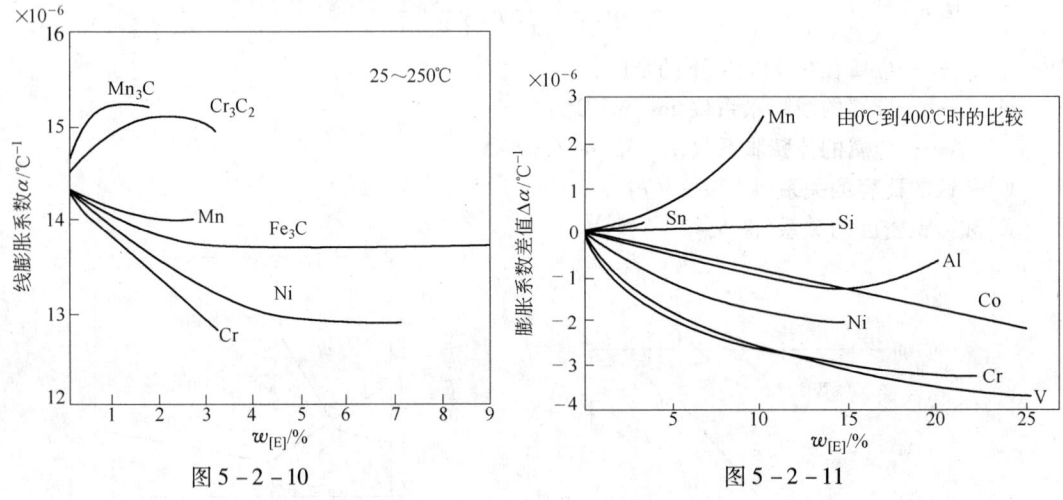

图5-2-10　　　　　　　　　　　　　　图5-2-11

[E]对铁的线膨胀的相对值的影响(图5-2-12)[16]

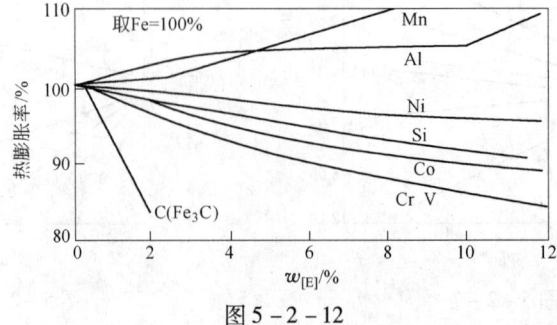

图5-2-12

碳钢及其他合金钢的线膨胀率和温度的关系(图 5 – 2 – 13)[10]

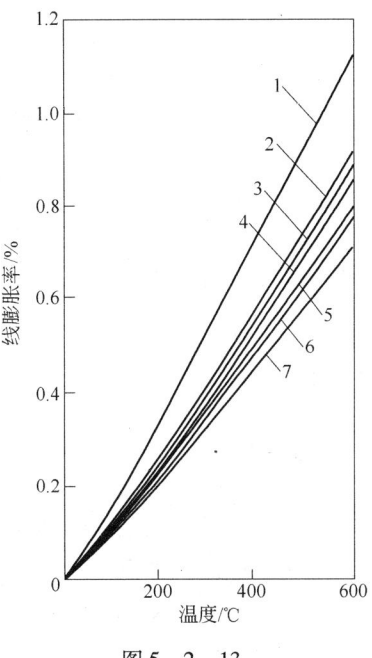

图 5 – 2 – 13

1—18Cr-8Ni;2—CrNi 钢;3—25 钢;4—30% Cr 钢;5—Ni – Cr 生铁;6—白口生铁;7—15% Cr 钢

碳钢凝固后的线收缩率和温度的关系(图 5 – 2 – 14)[13]

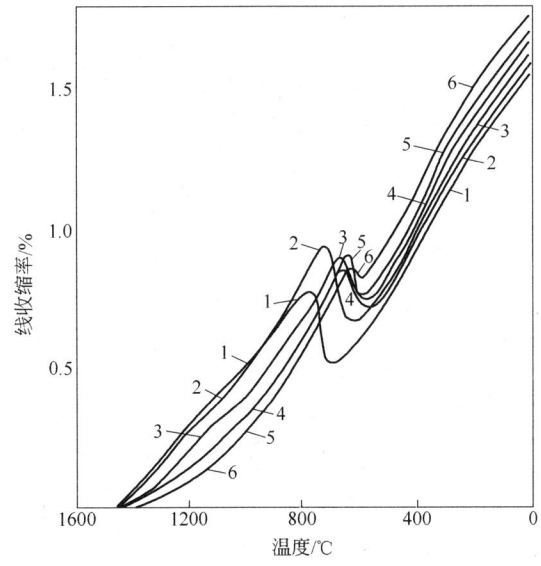

图 5 – 2 – 14

| 曲　线 | $w_{[C]}/\%$ | 曲　线 | $w_{[C]}/\%$ |
|---|---|---|---|
| 1 | 0.08 | 4 | 0.45 |
| 2 | 0.14 | 5 | 0.55 |
| 3 | 0.35 | 6 | 0.90 |

不锈钢的线膨胀系数和温度的关系(图 5 – 2 – 15)[17]

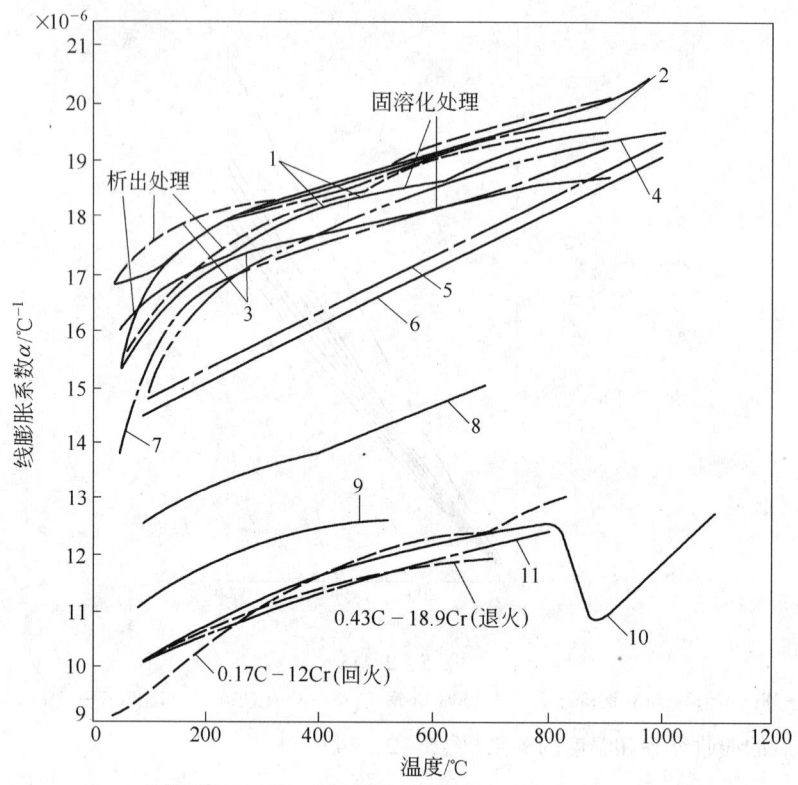

图 5 – 2 – 15

1—0. 06C-17. 4Cr-10. 55Ni-0. 38Ti;2—0. 02C-15Cr-15. 1Ni-3. 05Mo;3—0. 02C-11. 6Cr-16. 3Ni-0. 57Nb;
4—0. 08C-19Cr-8Ni(固溶化处理);5—17. 7Cr-9. 91Ni(退火);6—19. 72Cr-24. 74Ni(退火);7—0. 06C-
17. 4Cr-10. 55Ni-0. 38Ti(冷加工度 30%);8—0. 06C-0. 38Mn(退火);9—0. 068C-17. 45Cr-7. 18Ni-1. 1
Al(510℃,1 小时时效);10—0. 27C-13. 69Cr(回火);11—0. 09C-12Cr(退火)

[E]对铁的总固态收缩率的影响(图 5 – 2 – 16)[2]

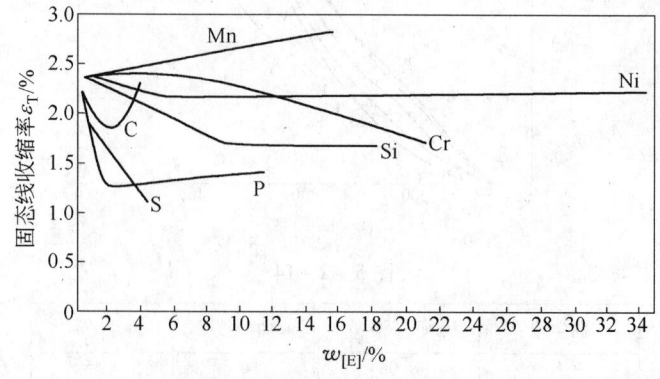

图 5 – 2 – 16

固态线收缩率 $\varepsilon_T$ 表示合金由凝固终了到 0℃时的线收缩(包括相变时的变化),固态金属总收缩 $\varepsilon_V = 3\varepsilon_T$。

高强度焊接铸钢凝固后的线收缩率和温度的关系（图 5 – 2 – 17）[18]

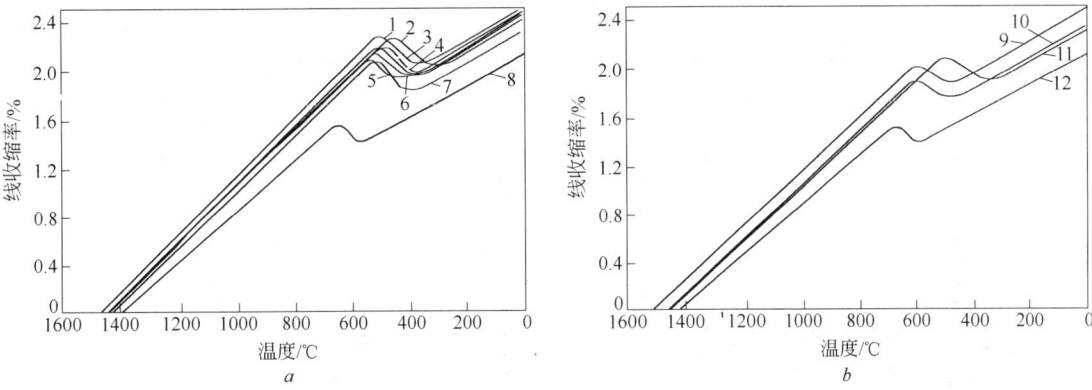

图 5 – 2 – 17

1—15Cr2MnSiNiMoV；2—15CrMnNi2MoV；3—15CrMnSiNiMoV；4—15Cr2
MnNiMoV；5—35；6—15CrNi3Mo；7—15Cr1NiMoV；8—15CrSiMnMoV
9—15CuMnNiV；10—12CuMnNi2V；11—15CuCrMnNi2MoV；12—35 钢

一些合金钢中 [E] 和凝固后的线收缩率的关系（图 5 – 2 – 18）[13]

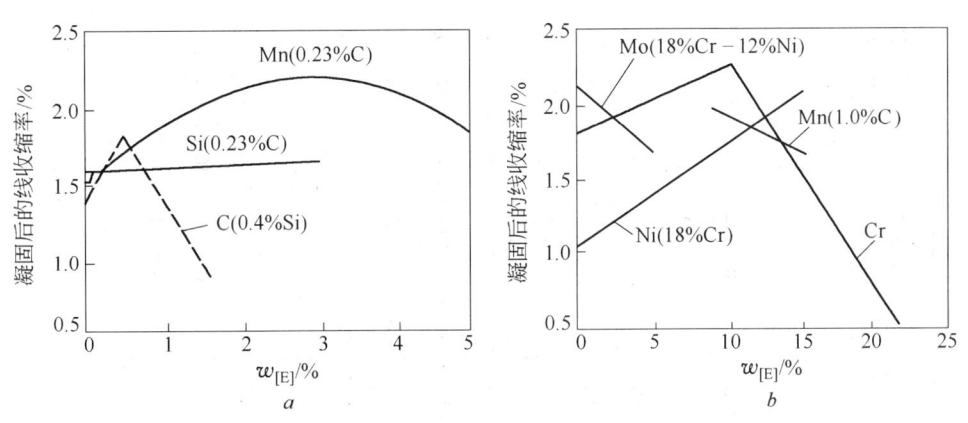

图 5 – 2 – 18

[E] 对 0.35% [C] 合金在 $\alpha \rightarrow \gamma$ 晶型转变时体积变化率的影响（图 5 – 2 – 19）[19]

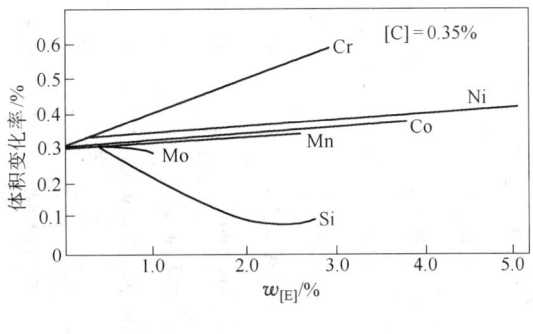

图 5 – 2 – 19

钢在加热时的线膨胀系数 α（表 5 - 2 - 5）[12]

表 5 - 2 - 5

| 钢　号 | 钢的状态（热处理） | 在下列温度（℃）时的平均线膨胀系数/℃⁻¹ | | | | | | | | | |
|---|---|---|---|---|---|---|---|---|---|---|---|
| | | 20~100 | 20~200 | 20~300 | 20~400 | 20~500 | 20~600 | 20~700 | 20~800 | 20~900 | 20~1000 |
| 08,10 | 轧　制 | $11.6\times10^{-6}$ | $12.5\times10^{-6}$ | $13.0\times10^{-6}$ | $13.6\times10^{-6}$ | $14.2\times10^{-6}$ | $14.6\times10^{-6}$ | $15.0\times10^{-6}$ | $14.6\times10^{-6}$ | $12.7\times10^{-6}$ | $13.3\times10^{-6}$ |
| 20,25 | 轧　制 | $11.1\times10^{-6}$ | $12.1\times10^{-6}$ | $12.6\times10^{-6}$ | $13.4\times10^{-6}$ | $13.9\times10^{-6}$ | $14.4\times10^{-6}$ | $14.8\times10^{-6}$ | $12.9\times10^{-6}$ | $12.5\times10^{-6}$ | $13.2\times10^{-6}$ |
| 30,35 | 轧　制 | $11.1\times10^{-6}$ | $11.9\times10^{-6}$ | $12.7\times10^{-6}$ | $13.4\times10^{-6}$ | $14.0\times10^{-6}$ | $14.4\times10^{-6}$ | $14.8\times10^{-6}$ | $11.3\times10^{-6}$ | $11.5\times10^{-6}$ | $13.1\times10^{-6}$ |
| 40,45 | 退　火 | $11.3\times10^{-6}$ | $12.0\times10^{-6}$ | $12.5\times10^{-6}$ | $13.3\times10^{-6}$ | $13.4\times10^{-6}$ | $14.4\times10^{-6}$ | $14.8\times10^{-6}$ | $11.7\times10^{-6}$ | $12.4\times10^{-6}$ | $13.2\times10^{-6}$ |
| 50,55 | 退　火 | $11.5\times10^{-6}$ | $12.2\times10^{-6}$ | $12.8\times10^{-6}$ | $13.3\times10^{-6}$ | $13.8\times10^{-6}$ | $14.3\times10^{-6}$ | $14.6\times10^{-6}$ | $12.2\times10^{-6}$ | $13.2\times10^{-6}$ | $14.2\times10^{-6}$ |
| 50Mn | 淬火和高温回火 | $11.6\times10^{-6}$ | $11.9\times10^{-6}$ | $13.0\times10^{-6}$ | $13.8\times10^{-6}$ | | $14.6\times10^{-6}$ | | | | |
| 50Mn2 | 淬火和高温回火 | $11.3\times10^{-6}$ | | $12.7\times10^{-6}$ | | | $14.7\times10^{-6}$ | | | | |
| 15CrA,20Cr | 退　火 | $11.4\times10^{-6}$ | $12.4\times10^{-6}$ | $12.9\times10^{-6}$ | $13.5\times10^{-6}$ | $13.8\times10^{-6}$ | $14.3\times10^{-6}$ | $14.7\times10^{-6}$ | | | |
| 30Cr,35Cr | 退　火 | $12.0\times10^{-6}$ | $12.3\times10^{-6}$ | $13.1\times10^{-6}$ | $13.7\times10^{-6}$ | $14.2\times10^{-6}$ | $14.6\times10^{-6}$ | $14.8\times10^{-6}$ | | | |
| 38Cr | 退　火 | $12.6\times10^{-6}$ | $12.6\times10^{-6}$ | $13.2\times10^{-6}$ | $13.5\times10^{-6}$ | $14.3\times10^{-6}$ | $14.6\times10^{-6}$ | $15.0\times10^{-6}$ | | | |
| 30CrMoA,35CrMoA | 退　火 | $11.7\times10^{-6}$ | $12.1\times10^{-6}$ | $12.6\times10^{-6}$ | $13.5\times10^{-6}$ | $14.0\times10^{-6}$ | | | | | |
| 15CrV | 退　火 | $12.2\times10^{-6}$ | $12.7\times10^{-6}$ | $13.3\times10^{-6}$ | $13.7\times10^{-6}$ | $14.1\times10^{-6}$ | $14.4\times10^{-6}$ | $14.6\times10^{-6}$ | | | |
| 40CrVA | 淬火620~630℃回火 | $11.3\times10^{-6}$ | | $13.0\times10^{-6}$ | | | $14.5\times10^{-6}$ | | | | |
| 50CrVA | 退　火 | $12.4\times10^{-6}$ | $12.8\times10^{-6}$ | $13.4\times10^{-6}$ | $13.9\times10^{-6}$ | $14.2\times10^{-6}$ | $14.5\times10^{-6}$ | | | | |
| 50CrVA | 淬火和650℃回火 | $12.3\times10^{-6}$ | $12.7\times10^{-6}$ | $13.4\times10^{-6}$ | $13.9\times10^{-6}$ | $14.3\times10^{-6}$ | $14.7\times10^{-6}$ | $14.8\times10^{-6}$ | | | |
| 30CrMnSiA | 淬火和200~400℃回火 | $11.0\times10^{-6}$ | | | | | | | | | |
| 30CrNi3A,37CrNi3A | 淬火和回火 | $11.8\times10^{-6}$ | | $12.8\times10^{-6}$ | | | | | | | |
| 20CrNi4VA | 高温回火 | $10.8\times10^{-6}$ | | $12.1\times10^{-6}$ | | | $13.3\times10^{-6}$ | | | | |
| 20CrNi4VA | 高温回火 | $10.9\times10^{-6}$ | | $12.9\times10^{-6}$ | | | $13.8\times10^{-6}$ | | | | |

| 钢号 | 钢的状态（热处理） | 在下列温度（℃）时的平均线膨胀系数/℃⁻¹ | | | | | | | | | |
|---|---|---|---|---|---|---|---|---|---|---|---|
| | | 20~100 | 20~200 | 20~300 | 20~400 | 20~500 | 20~600 | 20~700 | 20~800 | 20~900 | 20~1000 |
| T10 | 退火 | $11.5\times10^{-6}$ | $11.9\times10^{-6}$ | $12.5\times10^{-6}$ | $13.0\times10^{-6}$ | $13.4\times10^{-6}$ | $13.9\times10^{-6}$ | $14.3\times10^{-6}$ | $13.9\times10^{-6}$ | $15.4\times10^{-6}$ | $13.3\times10^{-6}$ |
| Cr12Mo | 退火 | $10.9\times10^{-6}$ | | | $11.4\times10^{-6}$ | | $12.2\times10^{-6}$ | | | | |
| Cr12 | 退火 | $10.0\times10^{-6}$ | | | | | | | | | |
| Cr9Si2 | 高温回火 | $11.4\times10^{-6}$ | $10.9\times10^{-6}$ | | | $13.6\times10^{-6}$ | $13.8\times10^{-6}$ | $13.9\times10^{-6}$ | $14.0\times10^{-6}$ | $13.7\times10^{-6}$ | |
| W18Cr4V | 退火 | $9.0\times10^{-6}$ | $9.8\times10^{-6}$ | | | $11.5\times10^{-6}$ | | | | | |
| 1Cr13,2Cr13 | 退火 | $10.9\times10^{-6}$ | $11.2\times10^{-6}$ | $11.5\times10^{-6}$ | $11.8\times10^{-6}$ | $12.2\times10^{-6}$ | $12.4\times10^{-6}$ | $12.6\times10^{-6}$ | $12.8\times10^{-6}$ | | |
| 3Cr13,4Cr13 | 退火 | $10.5\times10^{-6}$ | $10.9\times10^{-6}$ | $11.4\times10^{-6}$ | $11.8\times10^{-6}$ | $12.1\times10^{-6}$ | $12.2\times10^{-6}$ | $12.6\times10^{-6}$ | $12.0\times10^{-6}$ | | |
| 3Cr13,4Cr13 | 淬火 | $9.9\times10^{-6}$ | | | | | $11.2\times10^{-6}$ | | | | |
| Cr17 | 轧制 | $10.2\times10^{-6}$ | $10.7\times10^{-6}$ | $11.0\times10^{-6}$ | $11.2\times10^{-6}$ | $11.4\times10^{-6}$ | $11.6\times10^{-6}$ | $12.0\times10^{-6}$ | $12.2\times10^{-6}$ | $12.8\times10^{-6}$ | |
| Cr25 | 轧制 | $10.0\times10^{-6}$ | $10.4\times10^{-6}$ | $10.8\times10^{-6}$ | $11.0\times10^{-6}$ | $11.2\times10^{-6}$ | $11.4\times10^{-6}$ | $11.8\times10^{-6}$ | $12.7\times10^{-6}$ | $13.2\times10^{-6}$ | $16.0\times10^{-6}$ |
| 1Cr18Ni9,2Cr18Ni9 | 轧制 | $16.8\times10^{-6}$ | $17.3\times10^{-6}$ | $17.6\times10^{-6}$ | $18.0\times10^{-6}$ | $18.5\times10^{-6}$ | $19.2\times10^{-6}$ | $19.3\times10^{-6}$ | $18.9\times10^{-6}$ | $19.3\times10^{-6}$ | $19.8\times10^{-6}$ |
| 4Cr14Ni14W2Mo | 轧制 | $17.0\times10^{-6}$ | $17.3\times10^{-6}$ | | $18.5\times10^{-6}$ | | $18.2\times10^{-6}$ | | $18.1\times10^{-6}$ | $18.3\times10^{-6}$ | $20.0\times10^{-6}$ |
| Cr15Ni60 | 轧制 | $11.8\times10^{-6}$ | $12.8\times10^{-6}$ | $13.6\times10^{-6}$ | $14.5\times10^{-6}$ | $15.2\times10^{-6}$ | $16.0\times10^{-6}$ | $16.7\times10^{-6}$ | $17.4\times10^{-6}$ | $18.0\times10^{-6}$ | $18.5\times10^{-6}$ |
| Cr20Ni80 | 轧制 | $14.4\times10^{-6}$ | $15.1\times10^{-6}$ | $15.3\times10^{-6}$ | $15.5\times10^{-6}$ | $15.7\times10^{-6}$ | $16.5\times10^{-6}$ | $17.3\times10^{-6}$ | $18.6\times10^{-6}$ | $19.6\times10^{-6}$ | $20.0\times10^{-6}$ |
| Cr23Ni13 | 轧制 | $18.4\times10^{-6}$ | | | | | | | $16.7\times10^{-6}$ | | $20.6\times10^{-6}$ |
| | 轧制 | $16.0\times10^{-6}$ | | | | | $18.0\times10^{-6}$ | | | | $20.0\times10^{-6}$ |

注:在 $t_2 - t_1$ 间的平均膨胀系数关系式如下：

$$\alpha_{平均} = \frac{1}{L_1}\,\frac{L_2 - L_1}{t_2 - t_1}$$

式中，$L_2$、$L_1$ 为试样在温度 $t_2$ 和 $t_1$ 时的长度。

钢在加热时的真实热膨胀系数(表 5-2-6)

表 5-2-6

注：表中所有数值单位均为 $\times 10^{-6}$

| 钢号 | 钢的状态(热处理) | 在下列温度(℃)下真实热膨胀系数/℃⁻¹ | | | | | | | | | |
|---|---|---|---|---|---|---|---|---|---|---|---|
| | | 0 | 100 | 200 | 300 | 400 | 500 | 600 | 700 | 800 | 900 |
| 08,10 | 轧制 | 11.5 | 12.7 | 13.8 | 14.7 | 15.2 | 15.3 | 15.2 | 15.1 | 14.9 | 10.8 |
| 30,35,30Mn | 轧制 | | 12.6 | 13.9 | 14.6 | 15.0 | 15.5 | 15.6 | 14.8 | | |
| 50,55 | 轧制 | 11.7 | 12.4 | 13.2 | 14.1 | 15.0 | 15.7 | 16.0 | 16.0 | | 25.0 |
| T10,T12 | 退火 | 11.0 | 11.5 | 13.0 | 14.3 | 14.8 | 15.1 | 16.0 | 15.8 | 32.1 | 32.4 |
| T13 | 退火 | | 14.0 | 14.1 | 15.5 | 15.6 | 15.7 | 15.8 | 15.5 | 14.4 | 32.0 |
| 38CrA,40Cr | 淬火和回火 | | 11.6 | 12.4 | | | | | | | |
| 30CrMnNiA | 退火 | 11.9 | 11.8 | 12.1 | 13.0 | 13.4 | 13.8 | 14.0 | 14.3 | 11.4 | 12.3 |
| GCr9 | 退火 | | 13.0 | 13.9 | 14.6 | 15.0 | 15.2 | 15.2 | 15.0 | 21.0 | 28.0 |
| GCr15 | 退火 | | 14.0 | 15.1 | 15.5 | 15.6 | 15.7 | 15.8 | 15.5 | 14.4 | 21.5 |
| 5CrMo2Si | 高温回火 | | 12.3 | 13.8 | 14.4 | 15.4 | 16.1 | 10.1 | 14.0 | 21.5 | 0 |
| 3Cr2W8 | 轧制 | | 14.3 | 14.7 | 15.6 | 16.3 | 16.1 | 15.2 | 15.0 | 28 | |
| 2J64 | 轧制 | | 12.0 | 14.0 | 15.9 | 16.7 | 15.4 | 15.4 | 17.4 | 0 | 17.5 |
| 12CrNi3A | 高温回火 | | 12.2 | 13.2 | 13.4 | 14.3 | 15.1 | 14.8 | 15.3 | | |
| 12CrNi4A | 高温回火 | | 12.6 | 13.4 | 13.3 | 14.6 | 15.3 | 14.1 | 15.1 | | |
| 13Cr5A | 高温回火 | | 13.6 | 14.6 | 15.4 | 16.2 | 17.1 | 15.2 | 13.5 | | |
| 20CrNi4VA | 高温回火 | | 11.7 | 12.7 | 13.7 | 14.7 | 15.6 | 15.4 | 15.0 | | |
| 40CrNiMoA | 高温回火 | | | 13.9 | 14.6 | 15.4 | 15.9 | 15.4 | 14.0 | | 13.0 |
| 18CrNiWA | 空淬 | 14.5 | 14.5 | 14.4 | 14.3 | 14.3 | 14.0 | 0 | | 0 | |
| Cr12 | 退火 | | 8.4 | 10.6 | 12.4 | 13.6 | 14.4 | 14.3 | 14.0 | 16 | |
| 1Cr13,2Cr13 | 退火 | | 10.5 | 11.7 | 13.4 | 14.0 | 14.3 | 14.3 | 12.8 | 5.0 | |
| 1Cr13,2Cr13 | 正火 | | 11.2 | 12.6 | 13.7 | 14.1 | 14.3 | 14.3 | 14.0 | 11.0 | |
| 3Cr13,4Cr13 | 退火 | | 11.0 | 11.0 | 13.0 | 13.0 | 13.3 | 13.8 | 13.7 | 13.8 | 13.8 |
| Cr17 | 轧制 | | 10.5 | 11.0 | 11.7 | 12.3 | 12.5 | 12.8 | 13.4 | 16.7 | |
| Cr28 | 轧制 | | 10.6 | 11.2 | 11.8 | 13.4 | 13.0 | 13.7 | 15.2 | 10.8 | 28.0 |
| W18Cr4V | 退火 | 10.4 | 11.1 | 11.9 | 12.6 | 13.4 | 14.1 | 15.3 | 13.4 | 10.8 | 21.5 |
| W18Cr4V | 淬火 | | 9.5 | 12.0 | 13.0 | 11.0 | 11.5 | | 11.0 | 7.0 | |
| C9Si2 | 高温回火 | | 11.5 | 11.5 | 12.3 | 14.0 | 14.4 | 14.4 | 14.4 | 11.1 | 9.6 |
| C9Si2 | 正火 | | 12.7 | 12.7 | 13.7 | 14.3 | 14.3 | 14.2 | 14.0 | 14.0 | |
| 1Cr18Ni9 | 轧制 | 15.4 | 17.5 | 18.2 | 18.6 | 19.2 | 20.1 | 20.5 | 20.8 | 21.5 | 23.5 |
| Cr18Ni25Si2 | 轧制 | | 14.2 | 17.5 | 19.5 | 19.3 | 19.3 | 19.3 | 18.7 | 16.4 | |

注：温度 $t$ 时真实的线膨胀系数为 $\alpha = \dfrac{L-L_0}{L_0 t}$（式中，$L_0$——试样原长；$L$——经加热到 $t$℃ 时的试样长）。

物体在加热、冷却时的体积变化以体积膨胀系数 $B$ 来表征，$B$ 和真实线膨胀系数的关系 $B \approx 3\alpha$。

## 四、Fe-E 和钢的热导率

[E]对铁的热导率的影响(图 5 - 2 - 19)[16]

[C]和温度对钢的热导率的影响(图 5 - 2 - 20)

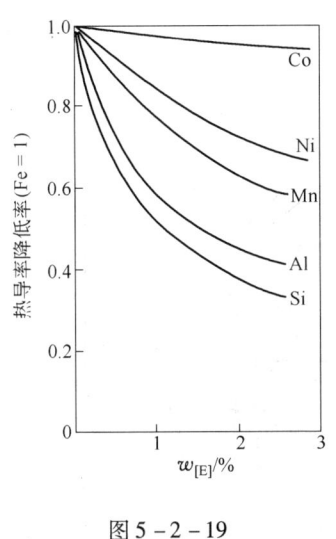

图 5 - 2 - 19

条件:室温

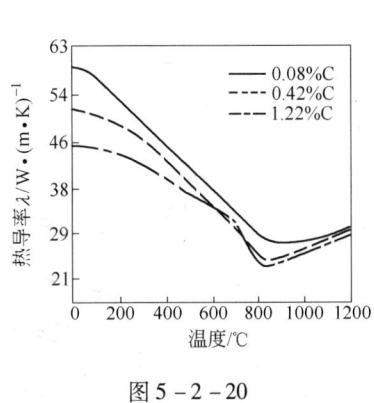

图 5 - 2 - 20

各种材料的热导率和温度的关系(图 5 - 2 - 21)[14]

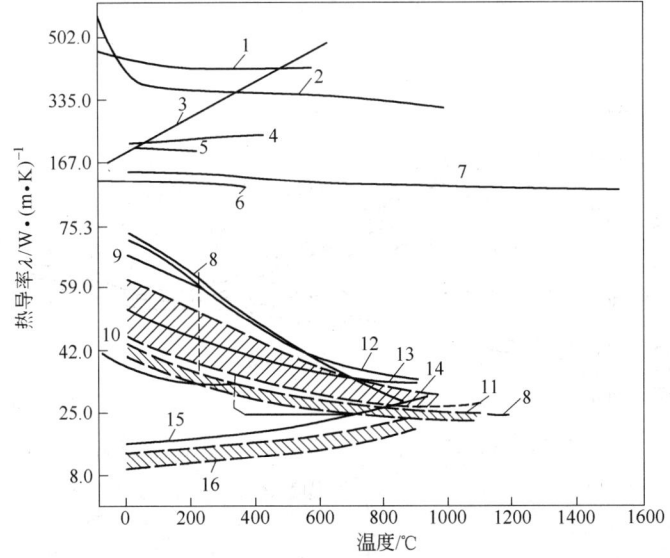

图 5 - 2 - 21

1—W;2—Ag;3—Cu;4—Al;5—Mg;6—Al 合金;7—Mo;8—Zn;9—镁合金;
10—Fe;11—碳钢(C0.1% ~0.8%);12—生铁[C3.5%(石墨)、Si2.1% 、Mn0.67%];
13—生铁(C2.5% Si2.8% ,Mn0.5%);14—Pb;15—高速钢;16—耐热钢

不锈钢的热导率、对流换热系数和温度的关系(图 5 – 2 – 22)[17]

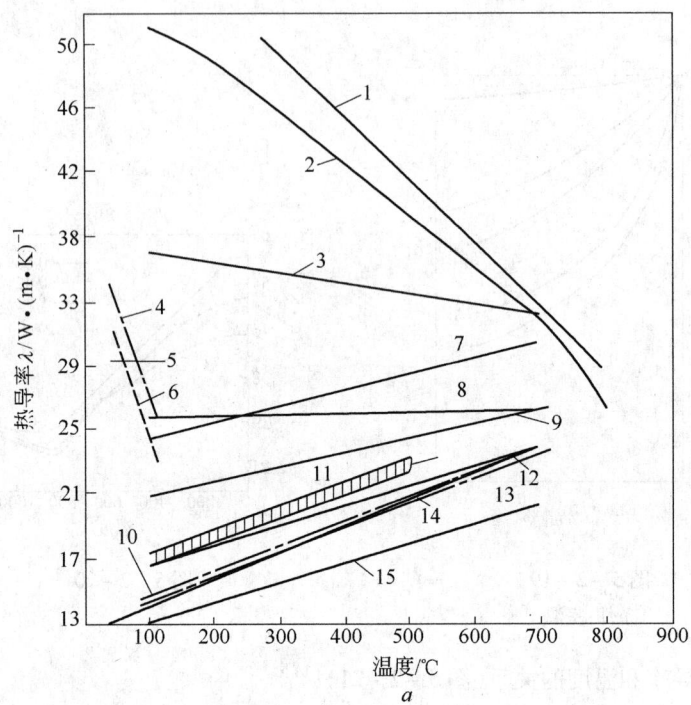

*a*

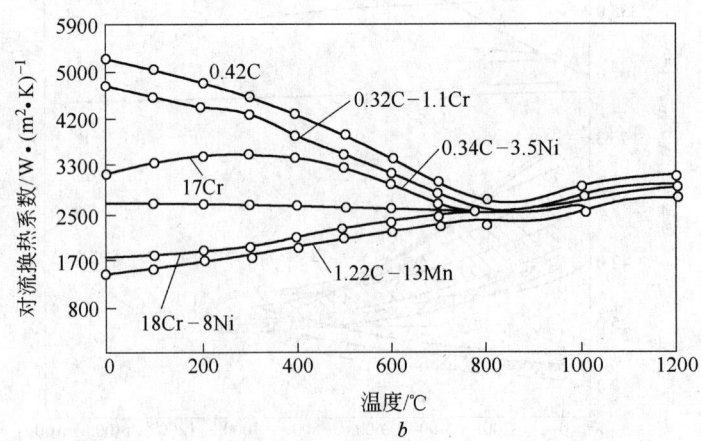

*b*

图 5 – 2 – 22

1—0.08% 碳钢;2—0.23% 碳钢;3—5Cr-0.5Mo;4—1C-17Cr;5—1C-17Cr;6—13Cr;7—12Cr;
8—17Cr;9—27Cr;10—17Cr-79Ni-2.5Al;11—17-7(时效);12—18Cr-8Ni;13—20Cr-
29Ni-2Mo-1Nb-3Cu;14—0.06C-20Cr-11Ni-2.6Mo;15—25Cr-20Ni

合金钢的热导率和温度的关系(图 5 - 2 - 23)[20]

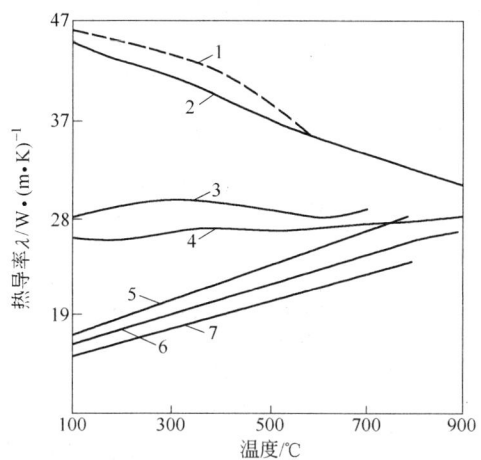

图 5 - 2 - 23

1—15CrV;2—12CrMo;3—4Cr13;4—2Cr13;5—1Cr18Ni9Ti;

6—1Cr14Ni14W2Mo;7—Mn21Cr15

钢在各种温度下的热导率(表 5 - 2 - 7)[12]

表 5 - 2 - 7

| 钢 号 | 钢的状态(热处理) | 在下列温度(℃)时的热导率/W·(m·℃)⁻¹ | | | | | | | | | | |
|---|---|---|---|---|---|---|---|---|---|---|---|---|
| | | 20 | 50 | 100 | 200 | 300 | 400 | 500 | 600 | 700 | 800 | 900 |
| 08,10 | 轧 制 | | | 0.70 | 0.65 | 0.60 | 0.50 | 0.45 | 0.40 | | | |
| 20 | 轧 制 | | 0.57 | | | 0.45 | | | | 0.40 | | |
| 40,45 | 轧 制 | | 0.50 | | | 0.45 | 0.41 | 0.38 | | | 0.34 | |
| 60,70,T7 | 退 火 | 0.46 | | 0.46 | | 0.41 | | | 0.33 | | | 0.29 |
| T9,T10 | 淬 火 | 0.35 | | | | | | | | | | |
| T9,T10 | 退 火 | 0.40 | | 0.44 | | 0.41 | | | 0.38 | | | 0.34 |
| T13 | 淬 火 | 0.29 | | | | | | | | | | |
| T13 | 退 火 | 0.38 | 0.38 | | 0.37 | 0.37 | 0.36 | 0.33 | 0.32 | | 0.29 | |
| 50Mn | 淬火和高温回火 | | | | 0.39 | 0.38 | 0.36 | | 0.34 | | | |
| 50Mn2 | 正 火 | | | 0.40 | 0.39 | 0.38 | 0.37 | 0.35 | | | | |
| 35Cr,38Cr,40Cr | 淬火和高温回火 | | | 0.46 | 0.42 | 0.39 | 0.36 | | | | | |
| 30CrMnSiA | 淬火和200~400℃回火 | 0.38 | | | | | | | | | | |
| 20Cr3 | 退 火 | 0.37 | | | | | | | | | | |
| GCr15,Cr | 退 火 | 0.40 | | | | | | | | | | |
| GCr15,Cr | 淬 火 | 0.37 | | | | | | | | | | |
| 40CrVA | 退 火 | | | 0.53 | 0.49 | 0.44 | 0.41 | 0.37 | | | | |
| 40CrNi | 高温回火 | 0.46 | | 0.45 | 0.43 | 0.41 | 0.39 | 0.37 | | | | |
| 12CrNi3A | 高温回火 | | 0.33 | | | | | 0.27 | | 0.23 | | 0.20 |
| 30CrNi3A | 高温回火 | 0.34 | | | | | | | | | | |
| 37CrNi3A | 高温回火 | | 0.34 | | | | | | | | | |
| 20CrNi4VA | 高温回火 | | 0.26 | | 0.34 | | | 0.30 | | | 0.25 | 0.25 |
| 18CrNiWA | 正 火 | | 0.29 | | 0.27 | | | 0.30 | | 0.25 | | 0.25 |
| 25CrNiWA | 高温回火 | | 0.29 | | 0.28 | | | 0.27 | | 0.24 | | 0.23 |
| 5CrNiMo,40CrNiMoA | 淬火和回火 | 0.32 | | | | | | | | | | |
| 5CrW2Si | 高温回火 | | 0.25 | | 0.33 | | | 0.31 | | | 0.27 | 0.25 |

续表 5 - 2 - 7

| 钢　号 | 钢的状态(热处理) | 在下列温度(℃)时的热导率/W·(m·℃)$^{-1}$ | | | | | | | | | | |
|---|---|---|---|---|---|---|---|---|---|---|---|---|
| | | 20 | 50 | 100 | 200 | 300 | 400 | 500 | 600 | 700 | 800 | 900 |
| 3Cr2W8 | 正火 | | | 0.20 | 0.22 | | | | | 0.24 | | 0.23 |
| Cr12 | 退火 | | 0.30 | | 0.33 | | | 0.28 | | 0.25 | | 0.23 |
| Cr12 | 空气淬火 | | | 0.20 | 0.22 | | | 0.27 | | | | 0.23 |
| 1Cr13,2Cr13 | 轧制 | 0.25 | | | | 0.23 | | | | 0.26 | | 0.28 |
| Cr25,Cr27 | 轧制 | | | 0.21 | 0.22 | 0.23 | 0.24 | 0.24 | | | | |
| Cr9Si2 | 高温回火 | | 0.16 | | 0.19 | | | 0.20 | | | | |
| Cr9Si2 | 正火 | | | 0.17 | | 0.20 | | | 0.22 | | 0.22 | 0.24 |
| W18Cr4V | 退火 | 0.27 | | | 0.26 | | | 0.26 | | 0.25 | | 0.25 |
| W18Cr4V | 空气淬火 | | 0.21 | 0.22 | 0.24 | | | 0.26 | | 0.24 | | 0.26 |
| W18Cr4V | 油中淬火 | | | 0.18 | 0.19 | 0.20 | 0.21 | | | 0.24 | | |
| W18Cr4VCo5 | 油中淬火 | | | 0.17 | 0.17 | 0.18 | 0.19 | 0.19 | 0.21 | 0.24 | 0.27 | 0.28 |
| 1Cr18Ni9 | 轧制 | | 0.16 | 0.17 | 0.18 | 0.19 | 0.20 | 0.22 | 0.23 | 0.23 | | 0.26 |
| 1Cr18Ni9Ti | 轧制 | | | 0.16 | 0.18 | 0.19 | 0.20 | 0.22 | | | | |
| Cr18Ni25Si2 | 轧制 | | | 0.16 | 0.18 | | | | 0.25 | 0.28 | | 0.38 |
| 4Cr14Ni14W2Mo | 轧制 | 0.19 | | | | | | | | | | |
| | 轧制 | | | 0.15 | 0.16 | 0.17 | 0.18 | 0.19 | | | | |

注:热导率 $\lambda$ 为 1 cm 长度上当温度梯度为 1℃时在 1 s 内通过 1 $cm^2$ 面积的热量,表示如下:

$$Q=\lambda F\frac{t_1-t_2}{L}\tau$$

式中,$Q$ 为热量,J;$F$ 为截面积,$m^2$;$\tau$ 为时间,s;$t_1-t_2$ 为温度差,℃;$L$ 为长度,m。热导率为:

$$\lambda=Q\frac{L}{t_1-t_2}\frac{1}{F}\frac{1}{\tau}$$

钢的热导率计算公式:

(1) 碳钢热导率(W/(m·℃))的计算公式[21]:

$$\lambda_0=69.78-10.12C-16.75Mn-33.73Si$$

适用范围(质量分数):C<1.5%;Mn<0.5%;Si<0.5%。求出 $\lambda_0$ 后查表 5-2-8 计算不同温度下的 $\lambda_t$ 值。如计算出 $\lambda_0=52.34$W/(m·℃),$\lambda_{800}=0.68\times45=35.59$W/(m·℃)。

表 5-2-8

| 温度/℃ | $\lambda_t$/W·(m·℃)$^{-1}$ | |
|---|---|---|
| | $\lambda_0>6.52$ | $\lambda_0<46.52$ |
| 0 | $\lambda_0$ | $\lambda_0$ |
| 200 | $0.95\lambda_0$ | $(1.07-0.0037\lambda_0)\lambda_0$ |
| 400 | $0.85\lambda_0$ | $(1.22-0.0116\lambda_0)\lambda_0$ |
| 600 | $0.75\lambda_0$ | $(1.36-0.0198\lambda_0)\lambda_0$ |
| 800 | $0.68\lambda_0$ | $(1.46-0.0241\lambda_0)\lambda_0$ |
| 1000 | $0.68\lambda_0$ | $(1.46-0.0241\lambda_0)\lambda_0$ |
| 1200 | $0.73\lambda_0$ | $(1.37-0.0198\lambda_0)\lambda_0$ |

(2) 普通合金钢的热导率($\lambda$)随温度和成分的变化计算式:

钢组织为铁素体时:

$\lambda=418.71/[5.5+0.1\partial^2+0.35\partial+2.2\%C(1-0.112\partial)+4.5Si\%(1-0.125\partial)+1.9Mn\%(1-0.1125\partial)+0.64Cr\%(1-0.1\partial)+0.9Ni\%(1-0.125\partial)]\cdots$

式中,$\partial=\frac{t/℃}{100}$,仅在铁素体转变成奥氏体相变点以前适用,当超过奥氏体相变点以上温度可用下式:

$$\lambda=\lambda_n+\frac{29.08-\lambda_n}{1200-\theta_n}(\theta_1-\theta_n)$$

Cr-Ni 奥氏体不锈钢的热导率计算式[21]：

$$\sigma = \frac{C}{12} + \frac{Si}{28} + \frac{Mn}{55} + \frac{Cr}{52} + \frac{Ni}{59} + \frac{W}{184}$$
$$+ \frac{Nb}{93} + \frac{Mo}{96} + \cdots$$

式中　C、Si、Mn···——钢内含各该元素的质量分数，%；

　　　12、28、55···——对应元素的原子量。

计算出成分因子 $\sigma$ 后查表 5 - 2 - 9 可得不同温度下的 $\lambda_t$ 值。

表 5 - 2 - 9

| $\sigma$ | 热导率/W·(m·℃) $^{-1}$ | | | | | | | | |
|---|---|---|---|---|---|---|---|---|---|
| | 100℃ | 200℃ | 300℃ | 400℃ | 500℃ | 600℃ | 700℃ | 800℃ | 900℃ |
| 0.50 | 16.63 | 17.91 | 19.19 | 20.59 | 21.87 | 23.15 | 24.42 | 25.7 | 26.98 |
| 0.55 | 16.28 | 17.56 | 18.96 | 20.24 | 21.63 | 22.91 | 24.31 | 25.7 | 26.98 |
| 0.60 | 15.7 | 17.1 | 18.61 | 20.0 | 21.4 | 22.8 | 24.19 | 22.59 | 26.98 |
| 0.65 | 15.12 | 16.52 | 18.14 | 19.54 | 21.17 | 22.56 | 24.08 | 25.47 | 26.98 |
| 0.70 | 14.65 | 16.28 | 17.79 | 19.31 | 20.94 | 22.45 | 23.96 | 25.47 | 26.98 |
| 0.75 | 14.19 | 15.82 | 17.45 | 19.07 | 20.59 | 22.21 | 23.84 | 25.47 | 26.98 |
| 0.80 | 13.72 | 15.35 | 16.98 | 18.73 | 20.35 | 22.10 | 23.73 | 25.47 | 26.98 |

注：铬锰奥氏体钢的热导率大约比表内所列数据低 10%。

钢在不同温度下的热性质( 表 5 - 2 - 10 )[21]

表 5 - 2 - 10

| 序号 | 材　质 | 温　度 | | 比热容 /J·(kg·K) $^{-1}$ | 焓 /kJ·kg $^{-1}$ | 热导率 /W·(m·K) $^{-1}$ | 密度 $\rho$ /kg·m $^{-3}$ 及其他 |
|---|---|---|---|---|---|---|---|
| | | K | ℃ | | | | |
| 1 | 纯铁 | 298 | 25 | 448 | 0 | 80.5 | |
| | | 373 | 100 | 477 | 35.1 | 72.1 | |
| | | 473 | 200 | 519 | 84.9 | 63.5 | |
| | | 573 | 300 | 561 | 150.2 | 56.5 | |
| | | 673 | 400 | 607 | 197.1 | 50.3 | |
| | | 773 | 500 | 661 | 260.7 | 44.7 | |
| | | 873 | 600 | 741 | 331.0 | 39.4 | |
| | | 973 | 700 | 904 | 413.0 | 34.0 | |
| | | 1042 | 769 | 1498 | 483.3 | 31.0 | |
| | | 1073 | 800 | 962 | 509.6 | 29.6 | $\rho = \begin{cases} 7.88(20℃) \\ 7.3(1500℃) \\ 7.0(1600℃) \end{cases}$ |
| | | 1184 | 911($\alpha$) | 741 | 601.7 | 29.9 | $L = 247 \sim 272$ kJ/kg |
| | | 1184 | 911($\gamma$) | 607 | 617.6 | 27.9 | 取 $L = 247$ kJ/kg |
| | | 1273 | 1000 | 619 | 671.1 | 29.5 | |
| | | 1373 | 1100 | 636 | 735.1 | 30.6 | |
| | | 1473 | 1200 | 649 | 798.3 | 31.5 | |
| | | 1573 | 1300 | 665 | 865.3 | 32.4 | |
| | | 1665 | 1392($\gamma$) | 678 | 926.8 | | |
| | | 1665 | 1392($\delta$) | 736 | 941.8 | (33.3) | |
| | | 1773 | 1500 | 753 | 1022.6 | (34.3) | |
| | | 1809 | 1536($\delta$) | 761 | 1049.8 | (34.6) | |
| | | 1809 | 1536(I) | 824 | 1297.0 | (40.3) | |
| | | 1873 | 1600 | 824 | 1349.8 | (41.1) | |
| | | 1973 | 1700 | 824 | 1431.8 | (42.3) | |

| 序号 | 材　质 | 温　度 | | 比热容 /J·(kg·K)$^{-1}$ | 焓 /kJ·kg$^{-1}$ | 热导率 /W·(m·K)$^{-1}$ | 密度 $\rho$ /kg·m$^{-3}$ 及其他 |
|---|---|---|---|---|---|---|---|
| | | K | ℃ | | | | |
| 2 | 镇静钢 (0.08%C) | 273 | 0 | 469 | 0 | 59.4 | $\rho$=7.86(15℃) 0.08C,0.08Si, 0.31Mn,0.05S 0.029P,0.045Cr 比热容为50℃以下 平均值 |
| | | 373 | 100 | 485 | 47.7 | 57.8 | |
| | | 473 | 200 | 519 | 98.7 | 53.6 | |
| | | 573 | 300 | 552 | 153.6 | 49.4 | |
| | | 673 | 400 | 594 | 211.7 | 44.7 | |
| | | 773 | 500 | 661 | 276.1 | 40.2 | |
| | | 873 | 600 | 745 | 348.1 | 36.0 | |
| | | 973 | 700 | 854 | 430.1 | 31.8 | |
| | | 1023 | 750 | 1138 | 487.0 | 29.7 | |
| | | 1073 | 800 | 962 | 535.1 | 28.5 | |
| | | 1173 | 900 | 812 | 618.8 | 26.7 | |
| | | 1273 | 1000 | 653 | 684.1 | 27.7 | |
| | | 1373 | 1100 | 661 | 750.2 | 30.0 | |
| | | 1473 | 1200 | 661 | 816.3 | 29.7 | |
| | | 1573 | 1300 | 669 | 882.8 | | |
| 3 | 软钢 (0.23%C) | 273 | 0 | 469 | 0 | 51.8 | $\rho$=7.86(15℃) 0.23C,0.11Si, 0.63Mn,0.034S, 0.034P,0.07Ni 比热容为50℃以下 平均值 |
| | | 373 | 100 | 485 | 47.7 | 51.0 | |
| | | 473 | 200 | 519 | 98.7 | 48.6 | |
| | | 573 | 300 | 552 | 153.1 | 44.4 | |
| | | 673 | 400 | 594 | 211.7 | 42.6 | |
| | | 773 | 500 | 661 | 276.1 | 39.3 | |
| | | 873 | 600 | 745 | 348.5 | 35.6 | |
| | | 973 | 700 | 845 | 430.1 | 31.8 | |
| | | 1023 | 750 | 1431 | 501.7 | 28.5 | |
| | | 1073 | 800 | 954 | 549.4 | 25.9 | |
| | | 1173 | 900 | 644 | 618.4 | 26.4 | |
| | | 1273 | 1000 | 644 | 683.2 | 27.2 | |
| | | 1373 | 1100 | 644 | 748.1 | 28.5 | |
| | | 1473 | 1200 | 661 | 814.2 | 29.7 | |
| | | 1573 | 1300 | 686 | 882.4 | | |
| 4 | 机械构 造用碳 素钢 S35C (0.34%C) | 298 | 25 | 464 | | 43.1 | |
| | | 373 | 100 | 494 | | 41.6 | |
| | | 473 | 200 | 523 | | 39.5 | |
| | | 573 | 300 | 544 | | 36.7 | |
| | | 673 | 400 | 561 | | 33.0 | |
| | | 773 | 500 | 582 | | 28.9 | |
| | | 873 | 600 | 657 | | 24.6 | |
| | | 973 | 700 | 979 | | 29.7 | |
| | | 1073 | 800 | 1192 | | 32.6 | |
| | | 1173 | 900 | 996 | | 23.6 | |
| 5 | 中碳钢 (40) (0.4%C) | 273 | 0 | 469 | 0 | 51.8 | $\rho$=7.85(15℃) 0.415C,0.11Si, 0.643Mn,0.029S, 0.031P,0.063Ni 比热容为50℃以下 的平均值 |
| | | 373 | 100 | 485 | 47.7 | 50.7 | |
| | | 473 | 200 | 510 | 98.3 | 48.1 | |
| | | 573 | 300 | 552 | 110.5 | 45.6 | |
| | | 673 | 400 | 586 | 210.0 | 41.8 | |
| | | 773 | 500 | 653 | 273.2 | 38.1 | |
| | | 873 | 600 | 711 | 343.1 | 33.9 | |
| | | 973 | 700 | 770 | 418.0 | 30.1 | |
| | | 1023 | 750 | 1582 | 497.1 | 27.2 | |
| | | 1073 | 800 | 619 | 528.0 | 24.6 | |
| | | 1173 | 900 | 544 | 580.7 | 25.6 | |
| | | 1273 | 1000 | 619 | 643.1 | 26.7 | |
| | | 1373 | 1100 | 628 | 706.3 | 28.0 | |
| | | 1473 | 1200 | 653 | 771.1 | 29.7 | |
| | | 1573 | 1300 | 686 | 838.9 | 31.6 | |

| 序号 | 材　质 | 温　度 | | 比热容 /J·(kg·K)⁻¹ | 焓 /kJ·kg⁻¹ | 热导率 /W·(m·K)⁻¹ | 密度 ρ /kg·m⁻³ 及其他 |
|---|---|---|---|---|---|---|---|
| | | K | ℃ | | | | |
| 6 | 0.8% 碳素钢（共析钢）（T8A） | 273 | 0 | 452 | 0 | 49.8 | ρ = 7.85 (15℃) 0.80C, 0.13Si, 0.32Mn, 0.009S, 0.008P, 0.11Cr, 0.13Ni 比热容为 50℃ 以下的平均值 |
| | | 373 | 100 | 485 | 46.9 | 48.1 | |
| | | 473 | 200 | 536 | 99.6 | 45.2 | |
| | | 573 | 300 | 569 | 155.2 | 41.4 | |
| | | 673 | 400 | 662 | 214.6 | 38.1 | |
| | | 773 | 500 | 669 | 279.5 | 35.3 | |
| | | 873 | 600 | 711 | 349.8 | 32.8 | |
| | | 973 | 700 | 770 | 424.7 | 30.3 | |
| | | 1023 | 750 | 2075 | 528.4 | 26.7 | |
| | | 1073 | 800 | 611 | 559.0 | 24.3 | |
| | | 1173 | 900 | 619 | 623.0 | 25.5 | |
| | | 1273 | 1000 | 636 | 685.8 | 26.8 | |
| | | 1373 | 1100 | 653 | 750.2 | 28.4 | |
| | | 1473 | 1200 | 669 | 816.7 | 30.1 | |
| | | 1573 | 1300 | 678 | 884.5 | | |
| 7 | 1.2% 碳素工具钢（T12A） | 273 | 0 | 452 | 0 | 45.2 | ρ = 7.83 (15℃) 1.22C, 0.16Si, 0.35Mn, 0.015S, 0.009P, 0.11Cr, 0.13Ni 比热容为 50℃ 以下的平均值 |
| | | 373 | 100 | 485 | 46.9 | 44.7 | |
| | | 473 | 200 | 544 | 100.0 | 42.6 | |
| | | 573 | 300 | 561 | 155.2 | 40.2 | |
| | | 673 | 400 | 594 | 213.8 | 37.2 | |
| | | 773 | 500 | 636 | 276.6 | 34.7 | |
| | | 873 | 600 | 695 | 344.3 | 31.8 | |
| | | 973 | 700 | 820 | 422.6 | 28.5 | |
| | | 1023 | 750 | 2084 | 526.8 | 27.2 | |
| | | 1073 | 800 | 653 | 559.4 | 23.8 | |
| | | 1173 | 900 | 619 | 623.0 | 24.6 | |
| | | 1273 | 1000 | 619 | 685.3 | 25.9 | |
| | | 1373 | 1100 | 636 | 749.4 | 27.2 | |
| | | 1473 | 1200 | 653 | 814.6 | 28.5 | |
| | | 1573 | 1300 | 669 | 881.6 | 29.4 | |
| 8 | 1.5% Mn 钢（15Mn） | 273 | 0 | 460 | 0 | 46.0 | ρ = 7.85 (15℃) 0.23C, 0.12Si, 1.51Mn, 0.038S, 0.037P, 0.06Cr, 0.04Ni, 0.1Cu 比热容为 50℃ 以下的平均值 |
| | | 373 | 100 | 477 | 46.9 | 46.5 | |
| | | 473 | 200 | 510 | 97.1 | 44.7 | |
| | | 573 | 300 | 544 | 150.6 | 43.1 | |
| | | 673 | 400 | 594 | 208.4 | 40.2 | |
| | | 773 | 500 | 653 | 271.5 | 37.2 | |
| | | 873 | 600 | 745 | 343.5 | 34.3 | |
| | | 973 | 700 | 837 | 423.8 | 31.4 | |
| | | 1023 | 750 | 1456 | 496.6 | 30.6 | |
| | | 1073 | 800 | 820 | 537.6 | 29.7 | |
| | | 1173 | 900 | 536 | 592.0 | 26.7 | |
| | | 1273 | 1000 | 602 | 651.4 | 27.2 | |
| | | 1373 | 1100 | 619 | 712.5 | 28.5 | |
| | | 1473 | 1200 | 636 | 775.3 | 29.7 | |
| | | 1573 | 1300 | 644 | 839.3 | 30.7 | |

| 序号 | 材　质 | 温　　度 | | 比热容 /J·(kg·K)⁻¹ | 焓 /kJ·kg⁻¹ | 热导率 /W·(m·K)⁻¹ | 密度 ρ /kg·m⁻³ 及其他 |
|---|---|---|---|---|---|---|---|
| | | K | ℃ | | | | |
| 9 | 2%Si 钢 | 273 | 0 | 502 | 0 | 25.1 | ρ = 7.73(15℃) 0.485C,1.98Si, 0.9Mn,0.047S, 0.044P,0.04Cr, 0.156Ni,0.637Cu 　比热容为50℃以 下的平均值 |
| | | 373 | 100 | 502 | 50.2 | 28.5 | |
| | | 473 | 200 | 527 | 101.7 | 30.1 | |
| | | 573 | 300 | 552 | 156.5 | 30.9 | |
| | | 673 | 400 | 602 | 215.5 | 30.9 | |
| | | 773 | 500 | 669 | 280.3 | 30.9 | |
| | | 873 | 600 | 753 | 353.1 | 30.1 | |
| | | 973 | 700 | 828 | 433.5 | 28.0 | |
| | | 1073 | 800 | 1364 | 546.8 | 25.1 | |
| | | 1173 | 900 | 628 | 608.8 | 25.6 | |
| | | 1273 | 1000 | 636 | 672.0 | 26.4 | |
| | | 1373 | 1100 | 653 | 736.8 | 27.7 | |
| | | 1473 | 1200 | 669 | 803.3 | 29.3 | |
| | | 1573 | 1300 | 686 | 871.5 | 30.9 | |
| 10 | 1%Cr 钢 (35Cr) | 293 | 20 | (477) | 0 | | ρ = 7.84(15℃) 凝固潜热 L = 251.04kJ/kg 0.315C,0.2Si 0.69Mn,0.036S 0.039P,1.09Cr 0.073Ni,0.012Mo |
| | | 473 | 200 | (519) | (100.0) | 44.4 | |
| | | 673 | 400 | (594) | (213.0) | 38.5 | |
| | | 773 | 500 | (661) | (277.0) | 35.6 | |
| | | 873 | 600 | 747 | 348.5 | 31.8 | |
| | | 973 | 700 | 875 | 429.3 | 28.8 | |
| | | 1033 | 760 | 2764 | | | |
| | | 1073 | 800 | 863 | 551.0 | 25.9 | |
| | | 1173 | 900 | 580 | 607.9 | 26.7 | |
| | | 1273 | 1000 | 594 | 669.9 | 28.0 | |
| | | 1373 | 1100 | 599 | 728 | 28.8 | |
| | | 1473 | 1200 | 610 | 791 | 30.1 | |
| | | 1573 | 1300 | 633 | 854 | | |
| | | 1673 | 1400(s) | 699 | 920 | | |
| | | 1693 | 1420(s+1) | 730 | 933 | | |
| | | 1703 | 1430 | 1367 | 946 | | |
| | | 1713 | 1440 | 1717 | 962 | | |
| | | 1733 | 1460 | 2610 | 1008 | | |
| | | 1753 | 1480 | 8882 | 1138 | | |
| | | 1773 | 1500 | 4826 | 1243 | | |
| | | 1783 | 1510 | 1060 | 1251 | | |
| | | 1793 | 1520(1) | 856 | 1264 | | |
| | | 1873 | 1600 | 856 | 1331 | | |
| 11 | 不锈钢 (AISI304) (18-8) | 273 | 0 | 494 | 0 | 14.7 | 18~20Cr,8~12Ni Mn<2%, Si<1% C<0.08% AISI347 (18Cr11Ni) 的热导率约小于3% |
| | | 373 | 100 | 510 | 50.2 | 16.6 | |
| | | 473 | 200 | 536 | 103.3 | 18.0 | |
| | | 573 | 300 | 552 | 157.7 | 19.4 | |
| | | 673 | 400 | 569 | 213.8 | 20.8 | |
| | | 773 | 500 | 594 | 272.8 | 22.1 | |
| | | 873 | 600 | 653 | 336.8 | 23.5 | |
| | | 973 | 700 | 628 | 399.6 | 24.9 | |
| | | 1073 | 800 | 644 | 462.8 | 26.3 | |
| | | 1173 | 900 | 644 | 527.2 | 27.7 | |
| | | 1273 | 1000 | 653 | 592.0 | 29.1 | |
| | | 1373 | 1100 | 661 | 657.7 | 30.5 | |
| | | 1473 | 1200 | 669 | 724.7 | 31.9 | |
| | | 1573 | 1300 | 678 | 792.4 | 33.3 | |
| | | 1673 | 1400 | | | 34.8 | |

续表 5 - 2 - 10

| 序号 | 材 质 | 温　度 | | 比热容 | 焓 | 热导率 | 密度 $\rho$ /kg·m$^{-3}$ |
|------|------|---|---|--------|-----|--------|------|
| | | K | ℃ | /J·(kg·K)$^{-1}$ | /kJ·kg$^{-1}$ | /W·(m·K)$^{-1}$ | 及其他 |
| 12 | 不锈钢<br>(AISI420)<br>(3Cr13) | 293 | 20 | 477 | (9.6) | 22.0 | $\rho = \begin{cases} 7.7(15℃) \\ 7.0(1550℃) \end{cases}$<br>13.1Cr,0.5Ni<br>0.48Mn,0.41Si<br>0.3C,0.12Cu<br>0.06Mo,0.02P<br>0.011S<br>　比热容误差 <3%<br>热导率误差 <5% |
| | | 373 | 100 | 485 | (48.1) | 22.4 | |
| | | 473 | 200 | 498 | (97.1) | 22.9 | |
| | | 573 | 300 | 536 | (149.0) | 23.5 | |
| | | 673 | 400 | 611 | (206.3) | 24.2 | |
| | | 773 | 500 | 678 | (270.7) | 24.6 | |
| | | 873 | 600 | 749 | (341.8) | 25.3 | |
| | | 973 | 700 | 820 | (418.4) | 26.3 | |
| | | 1073 | 800 | 895 | (506) | 26.6 | |
| | | 1149 | 876 | 950 | (577) | 26.9 | |
| | | 1173 | 900 | 569 | (594) | 27.0 | |
| | | 1273 | 1000 | 569 | (653) | 28.1 | |
| | | 1373 | 1100 | 569 | (707) | 28.8 | |
| | | 1473 | 1200 | 569 | (766) | 29.0 | |
| | | 1573 | 1300 | 569 | (820) | 29.7 | |

铸铁及铜合金在不同温度下的热性质(表 5 - 2 - 11)[21]

表 5 - 2 - 11

| 金　属 | 温　度 | | 比热容 | 热导率 | 密度 $\rho$/kg·m$^{-3}$<br>液相线,固相线<br>温度/K |
|--------|---|---|--------|--------|------|
| | K | ℃ | /kJ·(kg·K)$^{-1}$ | /W·(m·K)$^{-1}$ | |
| 过共晶灰口铸铁 | 293 | 20 | (0.536) | 65.4 | $\rho = 7.0(288K)$<br>比热容为普通<br>铸铁 |
| | 473 | 200 | (0.561) | 52.0 | |
| | 673 | 400 | (0.586) | 39.5 | |
| | 1073 | 800 | (0.703) | 30.0 | |
| | 1273 | 900 | (0.723) | 22.3 | |
| 共晶灰口铸铁 | 293 | 20 | | 77.7 | |
| | 473 | 200 | | 59.0 | |
| | 673 | 400 | | 43.7 | |
| | 1073 | 800 | | 29.4 | |
| | 1273 | 1000 | | 15.0 | |
| 球墨铸铁 | 293 | 20 | | 42.3 | $\rho = 7.1(288K)$ |
| | 473 | 200 | | 36.5 | |
| | 673 | 400 | 0.5 | 30.0 | |
| | 1073 | 800 | | 21.2 | |
| | 1273 | 1000 | | 17.0 | |
| 白口铸铁 | 293 | 20 | | 18.7 | $\rho = 7.5 \sim 7.8$<br>(288K) |
| | 473 | 200 | | 21.4 | |
| | 673 | 400 | | 22.3 | |
| | 1073 | 800 | | 19.6 | |
| | 1273 | 1000 | | 20.1 | |
| 纯　铜 | 293 | 20 | 0.385 | 399 | $\rho = 8.92$<br>$T_s = T_L = 1356$ |
| | 473 | 200 | 0.403 | 390 | |
| | 873 | 600 | 0.443 | 366 | |
| | 1273 | 1000 | 0.483 | 336 | |
| 90% Cu - 10% Al | 293 | 20 | 0.440 | 50.9 | $T_s = 1303$<br>$T_L = 1315$ |
| | 473 | 200 | 0.464 | 65.4 | |
| | 873 | 600 | 0.517 | 97.6 | |
| | 1273 | 1000 | 0.570 | 130 | |

## 五、Fe-E 系和钢的导电性

铁中元素含量和电阻率的关系(图 5 - 2 - 25)[19]

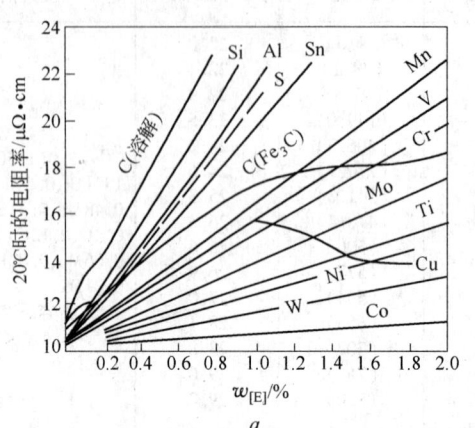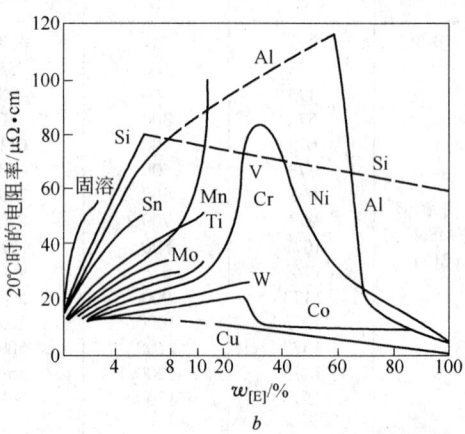

$$a \qquad\qquad b$$

图 5 - 2 - 25

[E]对铁的电阻率的影响(图 5 - 2 - 26)[22]
[C]对铁的电阻率的影响(图 5 - 2 - 27)[23]

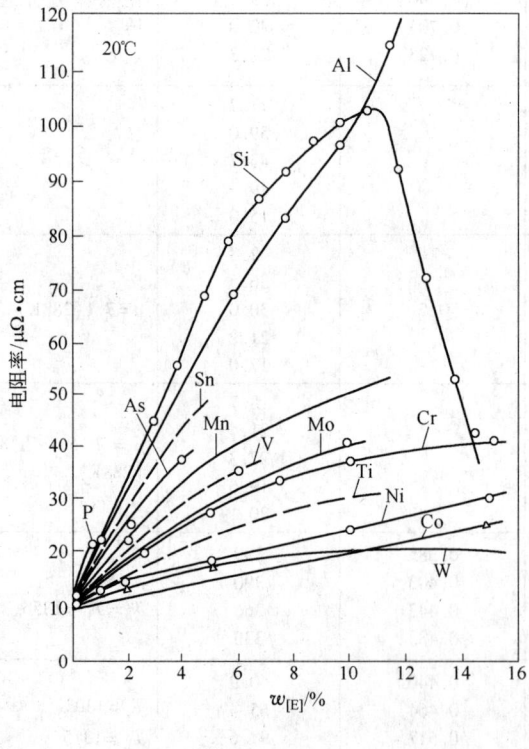

图 5 - 2 - 26

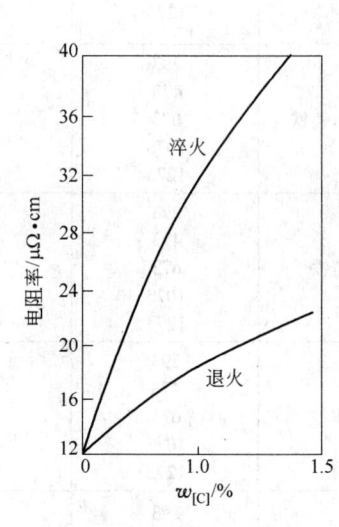

图 5 - 2 - 27

$1\ \Omega\cdot mm^2/m = 10^{-6}\ \Omega\cdot m^2/m = 10^{-6}\ \Omega\cdot m$
$= 10^{-4}\ \Omega\cdot cm = 100\ \mu\Omega\cdot cm$

不锈钢的电阻率和温度的关系(图 5 - 2 - 28)[17]

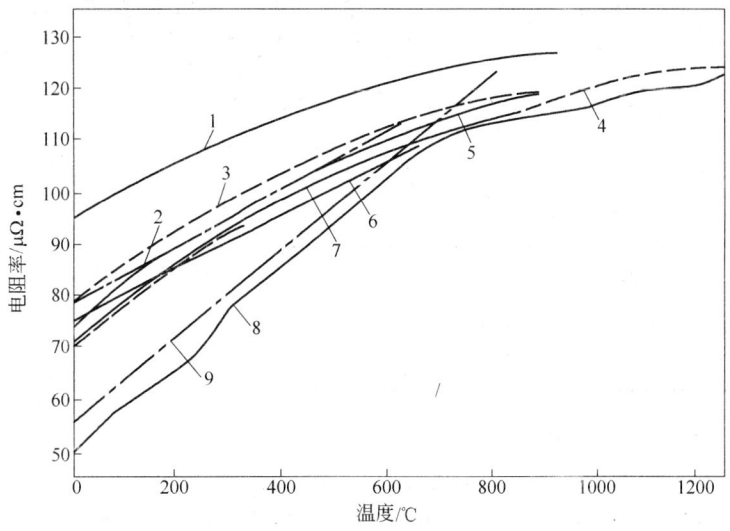

图 5 - 2 - 28

1—0.02C - 12Cr - 16Ni - 0.57Nb 固溶处理;2—0.12C - 16.6Cr - 4.4Ni - 2.9Mo - 0.104N
(454℃,3 小时时效);3—0.02C - 15Cr - 15Ni - 3Mo(固溶处理);4—0.08C -
19.1Cr - 8.11Ni(固溶处理);5—0.1C - 14Cr - 16Ni(固溶处理);6—0.129C - 15.58Cr -
4.45Ni - 2.65Mo - 0.102N(454℃,3 小时时效);7—0.06C - 17.4Cr - 10.6Ni -
0.38Ti(固溶处理);8—0.13C - 12.95Cr(退火);9—0.27C - 13.65Cr(淬火、回火)

钢及合金钢的电阻率和温度的关系(表 5 - 2 - 12)[24]

表 5 - 2 - 12

| 钢　号 | 钢的状态(热处理) | 在下列温度(℃)时的电阻率 $\rho/\Omega \cdot mm^2 \cdot m^{-1}$ | | | | | | | | | | |
|---|---|---|---|---|---|---|---|---|---|---|---|---|
| | | 20 | 100 | 200 | 300 | 400 | 500 | 600 | 700 | 800 | 900 | 1000 |
| 08,10 | 轧　制 | 0.10 | | | | | | | | | | |
| T7 | 退　火 | 0.13 | | | | | | | | | | |
| T8,T9 | 退　火 | 0.14 | | | | | | | | | | |
| T13 | 退　火 | 0.20 | | 0.37 | | | 0.70 | | | 1.1 | 1.2 | |
| GCr15Cr | 退　火 | | 0.39 | 0.47 | 0.52 | | | | | | | |
| 18CrNiWA | 空　淬 | | 0.45 | 0.54 | | | 0.79 | | | 1.1 | 1.16 | |
| 18CrNiWA | 轧　制 | | | 0.50 | | | 0.80 | | | 1.1 | 1.15 | |
| 25CrNiWA | 轧　制 | 0.22 | | 0.45 | | 0.70 | | | | 1.1 | 1.17 | |
| 20CrNi4VA | 轧　制 | | 0.39 | 0.47 | | | 0.72 | | | | 1.18 | |
| 5CrW2Si | 高温回火 | 0.30 | | 0.42 | | | 0.69 | | | 1.08 | 1.15 | |
| 3Cr2W8 | 正　火 | | 0.51 | 0.60 | | | | | | 1.08 | 1.19 | |
| 3Cr2W8 | 轧　制 | 0.50 | | 0.60 | | | 0.80 | | 1.0 | | 1.19 | |
| Cr9Si2 | 高温回火 | | 0.88 | 0.92 | | | 1.04 | | | | | |
| Cr9Si2 | 正　火 | | 0.88 | 0.92 | | | | 1.05 | | 1.18 | 1.23 | |
| W18Cr4V | 退　火 | 0.42 | | 0.53 | | | 0.77 | | 1.02 | | 1.17 | |
| Cr12 | 退　火 | 0.31 | | 0.43 | | | 0.72 | | 1.03 | | 1.18 | |
| 1Cr13,2Cr13 | 退　火 | 0.51 | 0.62 | 0.70 | 0.78 | 0.86 | 0.94 | 1.10 | 1.09 | 1.11 | 1.13 | 1.16 |
| 3Cr13,4Cr13 | 退　火 | 0.46 | 0.53 | 0.61 | 0.70 | 0.78 | 0.87 | 0.95 | 1.04 | 1.07 | 1.09 | 1.11 |
| Cr17 | 轧　制 | 0.56 | 0.61 | 0.68 | 0.77 | 0.85 | 0.95 | 1.03 | 1.11 | 1.15 | 1.16 | 1.19 |

| 钢　号 | 钢的状态(热处理) | 在下列温度(℃)时的电阻率 $\rho/\Omega\cdot mm^2\cdot m^{-1}$ | | | | | | | | | | |
|---|---|---|---|---|---|---|---|---|---|---|---|---|
| | | 20 | 100 | 200 | 300 | 400 | 500 | 600 | 700 | 800 | 900 | 1000 |
| Cr25,Cr27,Cr28,1Cr18Ni9 | 轧　制 | 0.85 | 0.87 | 0.92 | 0.97 | 1.03 | 1.09 | 1.14 | 1.17 | 1.19 | 1.20 | 1.21 |
| 2Cr18Ni9,1Cr18Ni9Ti | 轧　制 | 0.66 | 0.73 | 0.80 | 0.86 | 0.91 | 0.95 | 0.99 | 1.02 | 1.05 | 1.08 | 1.10 |
| Cr23Ni13 | 轧　制 | 0.86 | | | | | | | | | | |
| Cr18Ni15Si2 | 轧　制 | 1.0 | 1.0 | 1.03 | | | | 1.10 | 1.18 | | | |
| Cr15Ni60 | 轧　制 | 1.07 | 1.10 | 1.14 | 1.16 | 1.17 | 1.18 | 1.19 | 1.20 | 1.21 | 1.22 | 1.23 |
| Cr20Ni80 | 轧　制 | 1.10 | 1.12 | 1.15 | 1.17 | 1.18 | 1.18 | 1.17 | 1.16 | 1.17 | 1.17 | 1.18 |

注:电阻率(电阻系数、比电阻)$\rho$ 为 1 m 长和横截面积为 1 $mm^2$ 时导体具有的电阻欧姆数。$1\Omega\cdot mm^2/m = 10^{-4}\ \Omega\cdot cm$。

碳钢在各种温度下的电阻率($\Omega\cdot mm^2/m$)(表 5-2-13)[24]

表 5-2-13

| 温度/℃ | 08F | 08 | 20 | 40 | T8 | T12 |
|---|---|---|---|---|---|---|
| 0 | 0.120 | 0.130 | 0.159 | 0.160 | 0.170 | 0.180 |
| 20 | 0.130 | 0.142 | 0.169 | 0.171 | 0.180 | 0.196 |
| 50 | 0.147 | 0.159 | 0.187 | 0.189 | 0.198 | 0.216 |
| 100 | 0.178 | 0.190 | 0.219 | 0.221 | 0.232 | 0.252 |
| 150 | 0.213 | 0.224 | 0.254 | 0.257 | 0.268 | 0.290 |
| 200 | 0.252 | 0.263 | 0.292 | 0.296 | 0.308 | 0.333 |
| 250 | 0.295 | 0.303 | 0.334 | 0.339 | 0.351 | 0.379 |
| 300 | 0.341 | 0.352 | 0.381 | 0.387 | 0.398 | 0.430 |
| 350 | 0.393 | 0.402 | 0.432 | 0.438 | 0.450 | 0.483 |
| 400 | 0.448 | 0.458 | 0.487 | 0.493 | 0.505 | 0.540 |
| 450 | 0.509 | 0.518 | 0.546 | 0.553 | 0.565 | 0.601 |
| 500 | 0.575 | 0.584 | 0.601 | 0.619 | 0.628 | 0.665 |
| 550 | 0.648 | 0.657 | 0.682 | 0.689 | 0.699 | 0.734 |
| 600 | 0.725 | 0.734 | 0.758 | 0.766 | 0.772 | 0.802 |
| 650 | 0.807 | 0.816 | 0.837 | 0.844 | 0.852 | 0.878 |
| 700 | 0.898 | 0.905 | 0.925 | 0.932 | 0.935 | 0.964 |
| 750 | 1.003 | 1.011 | 1.050 | 1.079 | 1.105 | 1.130 |
| 800 | 1.073 | 1.081 | 1.094 | 1.111 | 1.129 | 1.152 |
| 850 | 1.104 | 1.111 | 1.118 | 1.131 | 1.148 | 1.176 |
| 900 | 1.124 | 1.130 | 1.136 | 1.149 | 1.164 | 1.196 |
| 950 | 1.142 | 1.148 | 1.152 | 1.166 | 1.178 | 1.212 |
| 1000 | 1.160 | 1.165 | 1.167 | 1.179 | 1.191 | 1.226 |
| 1050 | 1.175 | 1.179 | 1.181 | 1.193 | 1.204 | 1.238 |
| 1100 | 1.189 | 1.193 | 1.194 | 1.207 | 1.214 | 1.249 |
| 1150 | 1.203 | 1.207 | 1.207 | 1.220 | 1.223 | 1.260 |
| 1200 | 1.217 | 1.220 | 1.219 | 1.230 | 1.231 | 1.271 |
| 1250 | 1.230 | 1.230 | 1.229 | 1.240 | 1.238 | 1.282 |
| 1300 | 1.241 | 1.244 | 1.239 | | 1.246 | 1.287 |
| 1350 | 1.252 | 1.253 | 1.251 | | 1.250 | 1.295 |

## 六、Fe-E 系和钢的导磁性

磁导率为物质的磁通量密度 $B$ 和磁场强度 $H$ 之比,即:

$$\mu = \frac{B}{H}$$

真空下的磁导率为 $\mu_0$,一种特定物质的磁导率对于真空中的磁导率 $\mu_0$ 之比称为该物质的相对磁导率 $\mu_r$,它是一个无量纲量。一个物质的磁化率 $\chi_m$ 为 $\chi_m = \mu_r - 1$。

物质的磁性可分为：

顺磁质，$0 < \chi_m < 1$，在强磁场中 $\chi_m$ 约为 $10^{-3} \sim 10^{-6}$

抗磁质，$-1 < \chi_m < 0$，$\chi_m$ 为负值，约为 $-10^{-5} \sim -10^{-6}$

铁磁质和亚铁磁质，$\chi_m > 0$，数值较大约为 $10^2 \sim 10^6$，铁、钴、镍及其合金是铁磁质。

[E]对磁导率的影响(图5-2-29)[25]

[E]对矫顽力的影响(图5-2-30)[25]

[E]对居里点的影响(图5-2-31)[26]

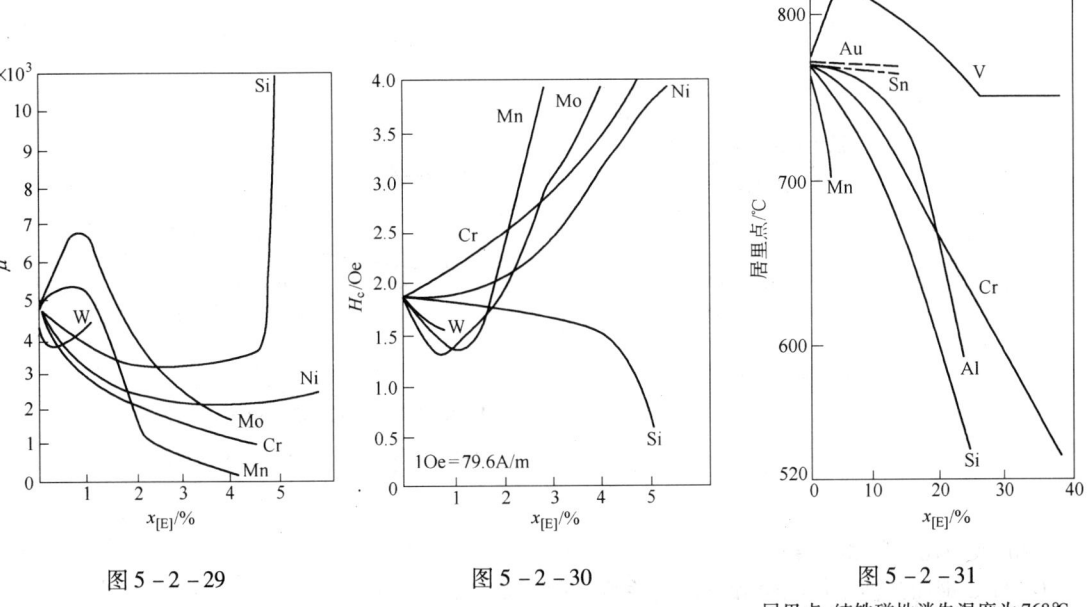

图5-2-29　　　　　　　　　图5-2-30　　　　　　　　　图5-2-31

居里点：纯铁磁性消失温度为768℃

[E]对饱和磁化强度的影响(图5-2-32)[2]

[C]对淬火、退火状态下的最大磁导率 $H_c$、$4\pi J_s$ 的影响(图5-2-33)[23]

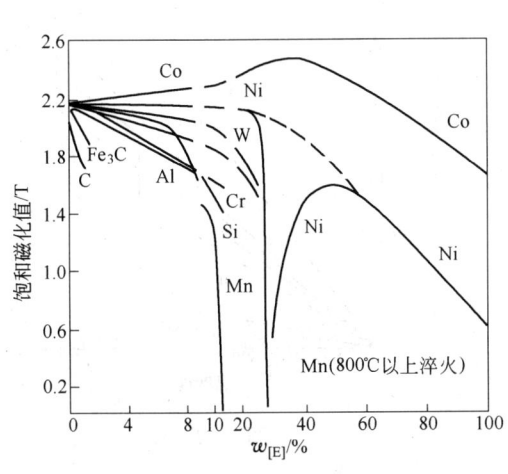

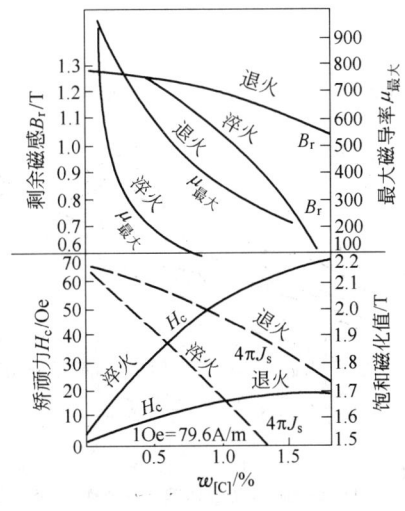

图5-2-32　　　　　　　　　　　　　　图5-2-33

[E]对剩余磁感应强度的影响(图5-2-34)[25]

## 七、钢的热容(比热)和焓

[C]对钢的相变热的影响(图5-2-35)[15]

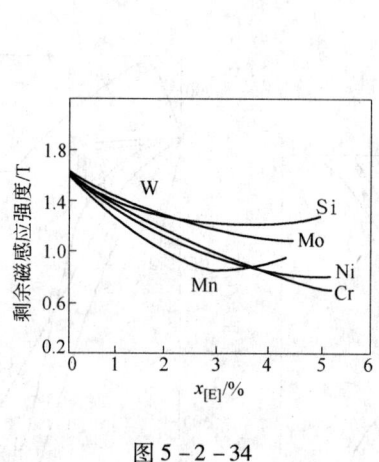

图5-2-34

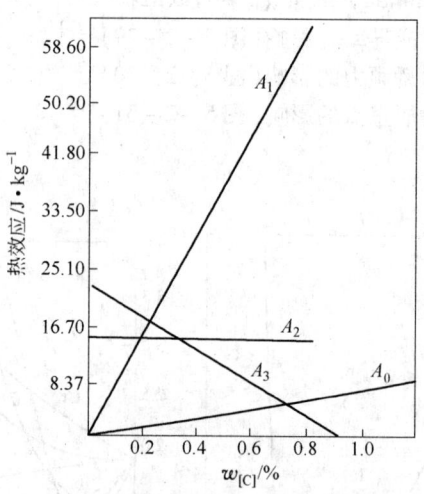

图5-2-35

$A_0$—210℃$Fe_3C$磁性消失;$A_1$—珠光体
723℃转变;$A_2$—磁性转变;$A_3$—转变

钢的平均比热容和温度的关系(图5-2-36)[20]

0.3%C钢和其他金属的焓和温度的关系(图5-2-37)

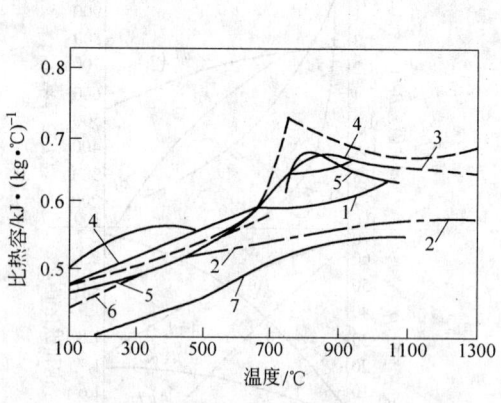

图5-2-36

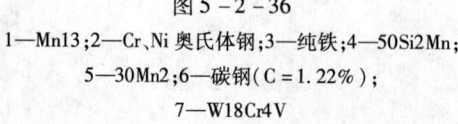

1—Mn13;2—Cr、Ni奥氏体钢;3—纯铁;4—50Si2Mn;

5—30Mn2;6—碳钢(C=1.22%);

7—W18Cr4V

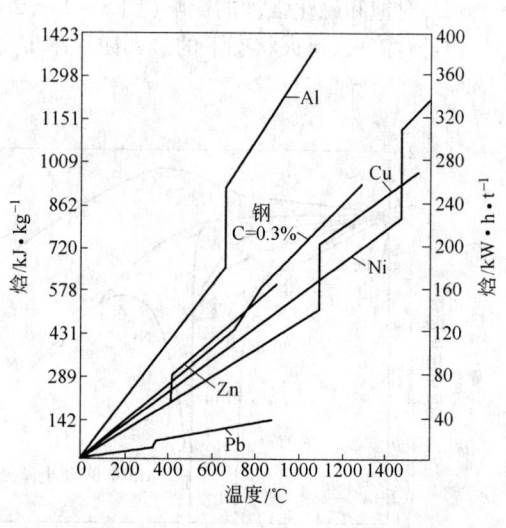

图5-2-37

纯铁、钢、生铁、碱性渣的焓与温度的关系(图5-2-38)

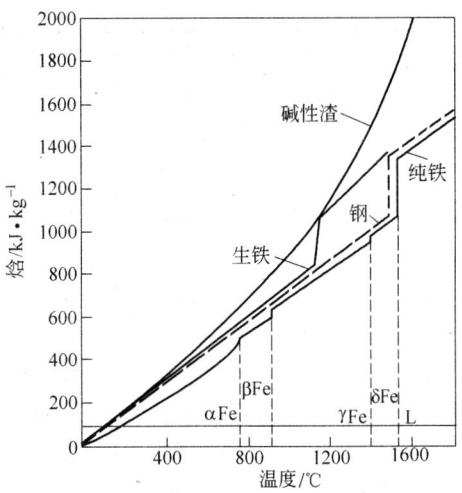

图5-2-38

碳素钢的焓(kJ/kg)和温度的关系(表5-2-14)[24]

表5-2-14

| 温度/℃ | 纯　铁 | 08F | 08 | 20 | 40 | T8 | T12 |
|---|---|---|---|---|---|---|---|
| 100 | 46.88 | 48.55 | 48.55 | 48.55 | 48.55 | 48.55 | 46.88 |
| 150 | 71.57 | 74.08 | 74.08 | 74.08 | 74.08 | 75.34 | 75.34 |
| 200 | 97.94 | 100.45 | 100.45 | 100.45 | 100.45 | 102.96 | 102.96 |
| 250 | 124.52 | 127.66 | 127.66 | 127.66 | 127.66 | 130.8 | 130.8 |
| 300 | 153.19 | 155.7 | 155.7 | 155.7 | 155.7 | 159.47 | 159.47 |
| 350 | 181.65 | 184.58 | 184.58 | 184.58 | 184.58 | 188.98 | 188.98 |
| 400 | 210.95 | 214.3 | 215.97 | 215.97 | 215.97 | 219.32 | 217.65 |
| 450 | 241.08 | 246.74 | 246.74 | 246.74 | 246.74 | 246.74 | 246.74 |
| 500 | 276.24 | 280.43 | 280.43 | 280.43 | 287.34 | 284.61 | 282.52 |
| 550 | 308.47 | 307.84 | 317.68 | 307 | 313.08 | 319.98 | 317.68 |
| 600 | 346.56 | 354.09 | 354.09 | 354.09 | 351.58 | 356.6 | 351.58 |
| 650 | 386.32 | 397.2 | 394.48 | 394.48 | 388.83 | 391.76 | 389.04 |
| 700 | 430.69 | 439.48 | 439.48 | 439.48 | 433.62 | 433.62 | 430.69 |
| 750 | 480.29 | 483.43 | 495.98 | 502.26 | 527.37 | 543.07 | 539.93 |
| 800 | 525.7 | 542.44 | 545.79 | 562.53 | 527.58 | 527.58 | 527.58 |
| 850 | 565.67 | 579.9 | 590.57 | 597.69 | 601.04 | 604.8 | 604.8 |
| 900 | 598.95 | 625.31 | 632.85 | 632.85 | 632.85 | 636.61 | 636.61 |
| 950 | 647.92 | 656.08 | 664.03 | 664.03 | 664.08 | 668 | 668 |
| 1000 | 678.05 | 690.61 | 694.79 | 694.79 | 694.79 | 698.98 | 698.98 |
| 1050 | 703.16 | 725.14 | 729.53 | 725.14 | 725.14 | 729.53 | 729.53 |
| 1100 | 732.04 | 759.67 | 764.27 | 759.67 | 755.06 | 764.27 | 764.27 |
| 1150 | 769.5 | 789.4 | 794.2 | 794.2 | 789.4 | 794.2 | 794.2 |
| 1200 | 789.4 | 823.7 | 828.73 | 823.7 | 818.68 | 828.3 | 828.3 |
| 1250 | 826.64 | 858.03 | 863.26 | 858.03 | 853 | 863.26 | 863.26 |
| 1300 | 859.7 | 908.67 | 892.35 | 892.35 | 866.9 | 897.79 | 892.35 |

碳素钢的平均比热容($kJ/(kg·℃)$)和温度的关系(由50℃到$t$℃)(表5-2-15)

表5-2-15

| 温度/℃ | 纯　铁 | 08F | 08 | 20 | 40 | T8 | T12 |
|---|---|---|---|---|---|---|---|
| 100 | 0.469 | 0.486 | 0.486 | 0.486 | 0.477 | 0.486 | 0.486 |
| 150 | 0.477 | 0.494 | 0.494 | 0.494 | 0.494 | 0.502 | 0.502 |
| 200 | 0.450 | 0.502 | 0.502 | 0.502 | 0.502 | 0.515 | 0.515 |
| 250 | 0.498 | 0.510 | 0.510 | 0.510 | 0.510 | 0.523 | 0.523 |
| 300 | 0.510 | 0.519 | 0.519 | 0.519 | 0.519 | 0.532 | 0.532 |
| 350 | 0.519 | 0.527 | 0.527 | 0.527 | 0.527 | 0.54 | 0.54 |
| 400 | 0.527 | 0.536 | 0.54 | 0.54 | 0.54 | 0.548 | 0.544 |
| 450 | 0.536 | 0.548 | 0.548 | 0.548 | 0.548 | 0.557 | 0.557 |
| 500 | 0.552 | 0.561 | 0.561 | 0.561 | 0.557 | 0.569 | 0.569 |
| 550 | 0.561 | 0.573 | 0.578 | 0.573 | 0.569 | 0.582 | 0.578 |
| 600 | 0.578 | 0.59 | 0.59 | 0.59 | 0.586 | 0.594 | 0.586 |
| 650 | 0.594 | 0.611 | 0.607 | 0.607 | 0.599 | 0.603 | 0.577 |
| 700 | 0.615 | 0.628 | 0.628 | 0.628 | 0.619 | 0.619 | 0.615 |
| 750 | 0.64 | 0.645 | 0.661 | 0.67 | 0.703 | 0.724 | 0.72 |
| 800 | 0.657 | 0.678 | 0.682 | 0.703 | 0.716 | 0.716 | 0.716 |
| 850 | 0.665 | 0.682 | 0.695 | 0.703 | 0.707 | 0.712 | 0.712 |
| 900 | 0.665 | 0.695 | 0.703 | 0.703 | 0.703 | 0.707 | 0.707 |
| 950 | 0.682 | 0.69 | 0.70 | 0.70 | 0.70 | 0.703 | 0.703 |
| 1000 | 0.678 | 0.69 | 0.695 | 0.695 | 0.695 | 0.70 | 0.70 |
| 1050 | 0.67 | 0.69 | 0.695 | 0.69 | 0.69 | 0.695 | 0.695 |
| 1100 | 0.665 | 0.69 | 0.695 | 0.69 | 0.686 | 0.695 | 0.695 |
| 1150 | 0.665 | 0.686 | 0.69 | 0.69 | 0.686 | 0.69 | 0.69 |
| 1200 | 0.665 | 0.686 | 0.69 | 0.686 | 0.682 | 0.69 | 0.69 |
| 1250 | 0.661 | 0.686 | 0.69 | 0.686 | 0.682 | 0.69 | 0.69 |
| 1300 | 0.661 | 0.70 | 0.686 | 0.686 | 0.682 | 0.69 | 0.686 |

## 八、[E]和钢的相变温度和相变热

纯铁的相变温度、相变热(表5-2-16)

表5-2-16

| 相变温度/℃ | | 磁 $Fe_\alpha$ $\dfrac{A_{C2}768}{A_{r2}768}$ | $Fe_\beta$ | $\dfrac{A_{C3}906}{A_{r3}898}$ | $Fe_\gamma$ | $\dfrac{A_{C4}1401}{A_{r4}1390}$ | $Fe_\delta$ | $\dfrac{1535}{1535}$ | $Fe_L$ | $\dfrac{2750}{2750}$ | $Fe_g$ |
|---|---|---|---|---|---|---|---|---|---|---|---|
| 相变热 $\Delta H$ | J/mol | 2761 | | 920 | | 1171.5 | | 15272 | | 352292 | |
| | J/g | 49.48 | | 16.55 | | 20.99 | | 273.7 | | 6313.5 | |
| 焓 $\Delta H$ | J/mol (相变温度/K) | 27306 (1042K) | | 33548 (1184K) | | 53109 (1665K) | | 72941 (1809K) | | 483542 (2862K) | |
| | J/g | 489.35 | | 601.22 | | 951.77 | | 1307.18 | | 8665.63 | |

注:Fe的摩尔质量为55.8。

合金元素对共析温度 $A_1$ 和共析碳的影响(图 5 - 2 - 39)[23]

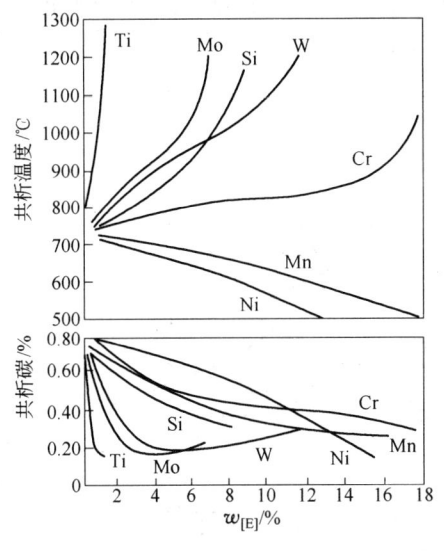

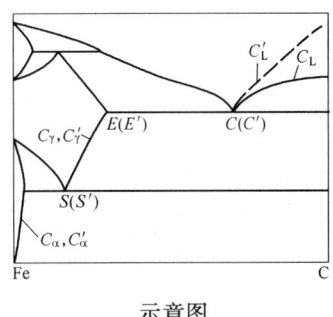

示意图

图 5 - 2 - 39

加入1%[E]对 Fe-Fe₃C、Fe-C 相图中临界温度 $S$、$E$、$C$($S'$、$E'$、$C'$)的影响

　　Fe-Fe₃C 系为 $S$、$E$、$C$ 符号;Fe-C 系为 $S'$、$E'$、$C'$ 符号

Fe-Fe₃C 系相图(表 5 - 2 - 17)

表 5 - 2 - 17

| 温度变化/℃ | 加入 $w_{[E]}$ = 1% | | | | | | | | | | |
|---|---|---|---|---|---|---|---|---|---|---|---|
| | Si | Al | Mn | Cr | Ni | Cu | V | W | Mo | P | S |
| $E$ 点 | - 10 ~ - 15 | - 14 | + 3.2 | + 7.3 | - 4.8 | - 2 | + 6 ~ + 8 | — | — | - 180 | — |
| $C$ 点(共晶) | - 10 ~ - 15 | - 15 | + 3.0 | + 7.0 | - 6.0 | - 2.3 | + 6 ~ + 8 | — | — | - 37 | — |
| $S$ 点(共析) | + 8 | + 10 | - 9.5 | + 15 | - 20 | 0 | + 15 | + | + | + | — |

注:$E$、$C$、$S$ 为 Fe-Fe₃C 系相图(见上方示意图)中的相变温度;" - "表示减小," + "表示增加。

Fe-C 系相图(表 5 - 2 - 18)

表 5 - 2 - 18

| 温度变化/℃ | 加入 $w_{[E]}$ = 1% | | | | | | | | | | |
|---|---|---|---|---|---|---|---|---|---|---|---|
| | Si | Al | Mn | Cr | Ni | Cu | V | W | Mo | P | S |
| $E'$ 点 | + 2.5 | + 8 | - 2 | — | + 4 | + 5.2 | - | - | - | - 180 | - |
| $C'$ 点(共晶) | + 4 | + 8 | - 2 | — | + 4 | + 5 | - | - | - | - 30 | - |
| $S'$ 点(共析) | + 20 ~ + 30 | + 10 | - 35 | + 8 | - 30 | - 10 | + | + | + | + 6 | - |

注:" - "表示减小," + "表示增加。

Fe-Fe₃C、Fe-C 相图各相中[C]的溶解度和温度的关系式(表 5 - 2 - 19)

表 5 - 2 - 19

| Fe-Fe₃C 系相图 | Fe-C 系相图 |
|---|---|
| 液相中 $w_{C_L} = 4.34 + 0.1874(t - 1150) - 200\ln(t/1150)$ | $w_{C'_L} = 1.35 + 2.5 \times 10^{-3} t$ |
| 奥氏体中 $w_{C_\gamma} = - 0.628 + 1.222 \times 10^{-3} t + 1.045 \times 10^{-6} t^2$ | $w_{C'_\gamma} = - 0.435 + 0.355 \times 10^{-3} t + 1.61 \times 10^{-6} t^2$ |
| 铁素体 $w_{C_\alpha} = 1.8 \times 10^{-3} \exp[ - 10980/(t + 273)]$ | $w_{C'_\alpha} = 2.46 \times 10^{-3} \exp[ - 11460/(t + 273)]$ |

[E]对 Fe-Fe₃C 相图中 $E$ 点、$S$ 点的碳含量(质量分数/%)的影响：

$$[C]_{E点} = 2.03 - 0.11[Si] - 0.3[P] + 0.04([Mn] - 1.7[Si]) - 0.09[Ni] - 0.07[Cr]$$

$$[C]_{S点} = 0.8 - 0.11[Si] - 0.15([Ni] + [Cr] + [Mn] - 1.7[S])$$

$[C]_{E点}$ 为奥氏体最大溶解碳量；$[C]_{S点}$ 为共析碳量。

含 0.35%C 碳钢的 $A_{C3}$ 点和[E]的关系(图 5-2-40)[19]

[E]和 $(M_s \sim M_f)$ 的关系(图 5-2-41)[27]

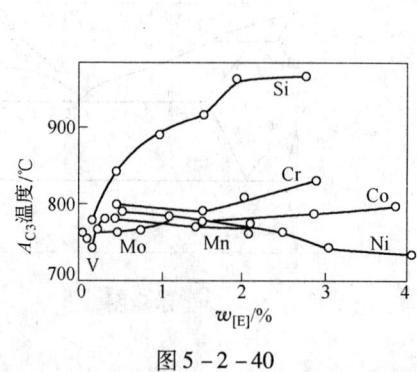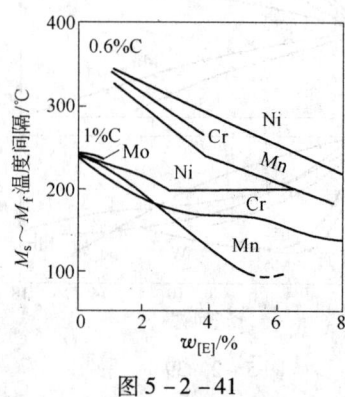

图 5-2-40　　　　　　　　　　　图 5-2-41

[C]对碳钢的马氏体转变开始温度 $(M_s)$、终了温度 $(M_f)$ 和残余奥氏体的影响(图 5-2-42)[28]

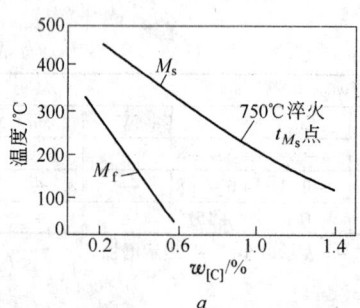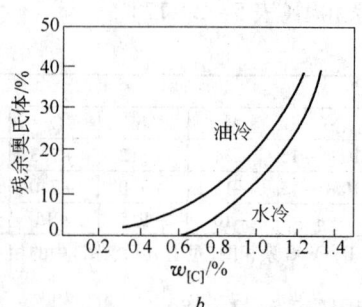

图 5-2-42

[E]对不同碳含量钢的 $M_s$ 点的影响(图 5-2-43)[27]

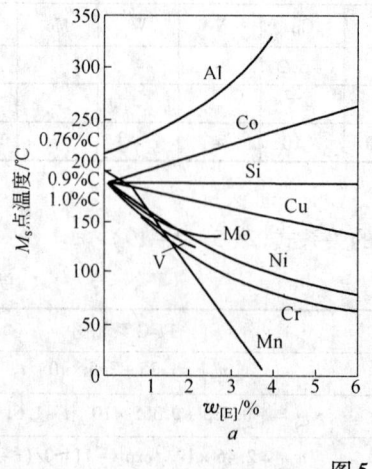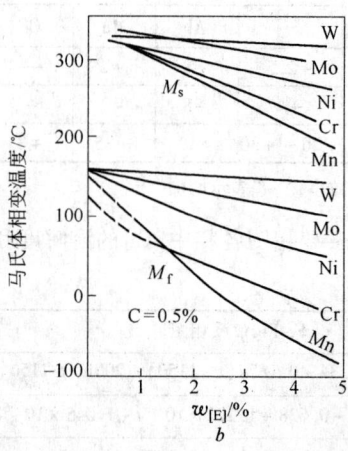

图 5-2-43

[E]和相变温度的近似计算公式及数据

（1）$A_{C1}$点（℃）的计算公式：

$A_{C1} = 751 - 16.3[C] - 27.5[Mn] + 34.9[Si] + 12.7[Cr] - 15.9[Ni] + 3.4[Mo] - 5.5[Cu]$

适于[C]为0.1%～0.55%的低合金结构钢。

$A_{C1} = 751 - 26.6[C] - 11.6[Mn] + 17.6[Si] + 24.1[Cr] - 39.7[V] - 23[Ni] - 169[Al] - 5.7[Ti] + 22.5[Mo] + 31.9[Zr] - 895[B] - 22.9[Cu] + 223[Nb]$

适于[C]为0.07%～0.22%的低合金结构钢。

（2）$A_{C3}$点（℃）的计算公式：

$A_{C3} = 910 - 222[C] - 28[Mn] + 28[Si] + 278[P] + 33[V] - 22[Ni] + 28[W] + 72[Mo]$

$A_{C3} = 910 - 230[C] - 30[Mn] + 44.7[Si] + 700[P] - 11[Cr] + 104[V] - 15.2[Ni] + 13.1[W] + 400[Ti + Al] + 31.5[Mo] - 20[Cu] + 3315[Ce] + 120[As]$

适于[C]为0.08%～0.59%的低合金结构钢

$A_{C3} = 937.2 - 476.5[C] + 56[Si] - 19.7[Mn] - 16.3[Cu] - 26.6[Ni] - 4.9[Cr] + 38.1[Mo] + 124.8[V] + 136.3[Ti] + 35[Zr] - 19.1[Nb] + 198.4[Al] + 3315[B]$

适于 C = 0.07%～0.22%，Si = 0.14%～1.28%，Mn = 0.35%～1.72%，Cu = 0.08%～1.08%，Ni = 0.03%～3.18%，Cr = 0.08%～1.64%，Mo < 0.6%，V < 0.35%，Ti < 0.18%，Zr < 0.27%，Nb < 0.06%，Al < 0.036%，B < 0.0043%（质量分数）。

$A_{C3} = 854 - 180[C] - 14[Mn] + 44[Si] - 1.7[Cr] - 17.8[Ni]$

适于 C = 0.3%～0.6%，Si≤1%，Mn≤2%，Cr≤1.5%，Ni≤3.5%（质量分数）。

（3）$A_{r3}$点（℃）的计算式[75]：

$$A_{r3} = 910 - 310[C] - 80[Mn] - 20[Cu] - 15[Cr] - 55[Ni] - 80[Mo]$$

（4）$A_4$点计算公式（以 Fe-E 相图中元素对 $A_4$ 影响为基础，计算出的 $A_4$ 点的加和式）：

δ和δ+γ相区的界线温度（℃）：

$A_4 = 1410 + 111.5[C] + 76[Mn] - 32.5[Si] - 440[P] - 8.8[Cr] - 67[V] + 36[Ni] + 62[Co] - 50[Al] - 240[Ti] - 13.6[W] - 80[Mo] + 13.5[Cu]$

适于 C < 0.08%，Mn < 1.5%，Si < 1.8%，P < 0.15%，Cr < 8%，V < 0.6%，Ni < 3.4%，Co < 17.3%，Al < 0.6%，Ti < 0.5%，W < 4.0%，Mo < 1.4%，Cu < 6.0%（质量分数）。

γ和（γ+δ）相区间的界线温度（℃）：

$A_4 = 1410 + 510[C] + 19[Mn] + 27[Ni] + 10.8[Cu] - 47.5[Si] - 157[P] - 8.8[Cr] - 80[V] - 156.1[Co] - 166[Al] - 292[Ti] - 45[W] - 80[Mo]$

适于 C < 0.18%，Mn < 9%，Ni < 4.5%，Cu < 7.5%，Si < 1.5%，P < 0.25%，Cr < 8%，V < 0.4%，Co < 19.1%，Al < 0.4%，Ti < 0.4%，W < 1.2%，Mo < 1.4%（质量分数）。

（5）$M_s$点（马氏体开始形成温度，℃）计算公式：

$$M_s = 520 - 320[C] - 50[Mn] - 30[Cr] - 20[Mo + Ni] - 5[Si + Cu]$$

适于[C] = 0.2% ~ 0.8%的低合金结构钢。

$$M_s = 512 - 453[C] - 16.9[Ni] + 15[Cr] - 9.5[Mo] + 217[C]^2 - 71.5[C][Mn] - 67.6[C][Cr]$$

适于低合金结构钢。

$$M_s^0 = 550 - 361[C] - 39[Mn] - 20[Cr] - 17[Ni] - 5[Mo + W] - 35[V] - 10[Cu] - 0[Si]$$

适于低合金结构钢。

形成马氏体为10%、50%、90%、100%的温度($M_{10}^0$、$M_{50}^0$、$M_{90}^0$、$M_{100}^0$，℃)约为：

$$M_{10}^0 = M_s^0 - 10(\pm 3℃); M_{50}^0 = M_s^0 - 47(\pm 9℃)$$

$$M_{90}^0 = M_s^0 - 108(\pm 12℃); M_{100}^0 = M_s^0 - 215(\pm 15℃)$$

贝氏体相变开始温度$B_s$(℃)和终了温度$B_f$(℃)和合金元素含量的计算经验式：

$$B_s = 830 - 270[C] - 90[Mn] - 37[Ni] - 70[Cr] - 83[Mo]$$

$$B_{50\%} = B_s - 60$$

$$B_f = B_s - 120$$

适于C = 0.1% ~ 0.5%，Mn = 0.2% ~ 1.7%，Ni≤5.0%，Cr≤3.5%，Mo≤1.0%(质量分数)的低合金钢。以1%为1单位，即0.1%的碳代入0.1。

90%预测的温度 ±25℃。

不锈钢$M_s$(℃)的计算式：

$$M_s = 5/9\{75(14.6 - [Cr]) + 10(8.9 - [Ni]) + 60(1.33 - [Mn]) + 50(0.47 - [S]) + 3000$$

$$(0.068 - [C] - [N]) - 32\}$$

上述计算式可预测$M_s$值，但受奥氏体化温度等因素的影响。

中碳钢$M_s$计算式[76]：

$$M_s = 520 - 320[C] - 45[Mn] - 30[Cr] - 20[Ni] + [Mo] + [Cu] - 5[Si]$$

式中，[E]含量以1%为1单位计(质量分数)。

马氏体时效不锈钢的$M_s$(℃)计算式：

$$M_s = 550 - 330[C] - 35[Mn] - 17[Ni] - 12[Cr] - 21[Mo] - 10[Cu] - 5[W] - 10[Si] - 0[Ti] + 10[Co] + 30[Al]$$

实验计算式在 ±20℃之间，平均误差为11.2℃。

加热温度和相变温度的计算式：

淬火温度(℃)计算式：

$t = A_{C3} + (30 ~ 70)$          亚共析钢

$t = A_{C1} + (30 ~ 70)$          共析钢、过共析钢

正火温度(℃)计算式：

$t = A_{C3} + (100 ~ 150)$       亚共析钢

$t = A_{C1} + (50 ~ 100)$         共析钢

$$t = A_{Cm} + (30 \sim 50)$$

完全退火加热温度(℃)计算式(完全退火的目的是细化组织,降低硬度,提高塑性便于加工):

$$t = A_{C3} + (20 \sim 50)$$

[E]对工业纯铁的再结晶温度的影响(图5-2-44)[29]

[E]对钢的再结晶温度的影响(图5-2-45)[19]

[E]与0.1%C的软钢完全软化温度的关系(图5-2-46)[19]

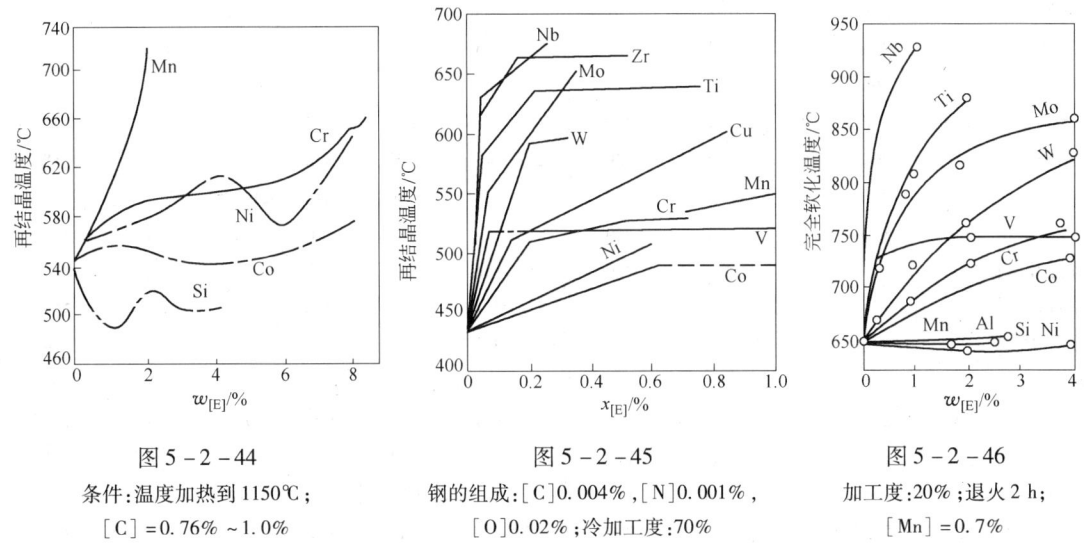

图5-2-44

条件:温度加热到1150℃;
[C] = 0.76% ~ 1.0%

图5-2-45

钢的组成:[C]0.004%,[N]0.001%,
[O]0.02%;冷加工度:70%

图5-2-46

加工度:20%;退火2 h;
[Mn] = 0.7%

常用钢号加热冷却时的相变温度(℃)和退火硬度(表5-2-20)[30]

表5-2-20

| 钢号 | $A_{C1}$ | $A_{C3}$ ($A_{Cm}$) | $A_{r3}$ | $A_{r1}$ | HB≤ | 钢号 | $A_{C1}$ | $A_{C3}$ ($A_{Cm}$) | $A_{r3}$ | $A_{r1}$ | HB≤ |
|---|---|---|---|---|---|---|---|---|---|---|---|
| 10 | 724 | 876 | 850 | 682 | | 35Mn | | | | | 197 |
| 15 | 735 | 863 | 840 | 685 | | 40Mn | 726 | 790 | 768 | 689 | 207 |
| 20 | 735 | 855 | 835 | 680 | | 45Mn | | | | | 217 |
| 25 | 735 | 840 | 824 | 680 | | 50Mn | 720 | 760 | | 660 | 217 |
| 30 | 732 | 813 | 796 | 677 | | 60Mn | 727 | 765 | 741 | 689 | 229 |
| 35 | 724 | 802 | 774 | 680 | | 65Mn | 726 | 765 | 741 | 689 | 229 |
| 40 | 724 | 790 | 760 | 680 | 187 | 70Mn | 721 | 740 | | 670 | 229 |
| 45 | 724 | 780 | 751 | 682 | 197 | 10Mn2 | 720 | 830 | 710 | 620 | 179 |
| 50 | 725 | 760 | 720 | 690 | 207 | 15Mn2 | | | | | 179 |
| 55 | 727 | 774 | 755 | 690 | 217 | 40CrV | 755 | 790 | 745 | 700 | 241 |
| 60 | 727 | 766 | 743 | 690 | 229 | 45CrV | | | | | 255 |
| 65 | 727 | 752 | 730 | 696 | 229 | 50CrV | 752 | 788 | 746 | 688 | 255 |
| 70 | 730 | 743 | 727 | 693 | 229 | 20CrMnTi | 740 | 825 | 730 | 650 | 217 |
| 75 | 725 | 735 | | 690 | 241 | 30CrMnTi | 765 | 790 | 740 | 660 | 229 |
| 80 | 725 | | | 690 | 241 | 16Mo | 735 | 875 ~ 900 | 830 | 610 | 179 |
| 85 | 723 | 737 | 695 | 690 | 255 | 12CrMo | 720 | 880 | 790 | 695 | 179 |
| 15Mn | 735 | 863 | 840 | 685 | | 15CrMo | 745 | 845 | | | 179 |
| 20Mn | 735 | 854 | 835 | 682 | | 20CrMo | 743 | 818 | 746 | 504 | 197 |
| 30Mn | 734 | 812 | 796 | 675 | 187 | 30CrMo | 757 | 807 | 763 | 693 | 229 |

续表 5 – 2 – 20

| 钢 号 | $A_{C1}$ | $A_{C3}$ ($A_{Cm}$) | $A_{r3}$ | $A_{r1}$ | HB≤ | 钢 号 | $A_{C1}$ | $A_{C3}$ ($A_{Cm}$) | $A_{r3}$ | $A_{r1}$ | HB≤ |
|---|---|---|---|---|---|---|---|---|---|---|---|
| 35CrMo | 755 | 800 | 750 | 695 | 229 | 55Si2Mn | 775 | 840 | | | |
| 42CrMo | 730 | 780 | | | 217 | 60Si2Mn | 755 | 810 | 770 | 700 | |
| 15CrMnMo | 710 | 830 | 740 | 620 | 197 | 50CrMn | 750 | 775 | | | |
| 20Mn2 | 725 | 840 | (740) | (610) | 187 | 50CrMnV | 750 | 787 | 745 | 686 | |
| 30Mn2 | 718 | 804 | 727 | 627 | 207 | 20CrMnMo | 710 | 830 | 740 | 620 | 217 |
| 35Mn2 | 713 | 793 | 710 | 630 | 207 | 40CrMnMo | 735 | 780 | | 680 | 217 |
| 40Mn2 | 713 | 766 | 704 | 627 | 217 | 12CrMoV | | | | | 241 |
| 45Mn2 | 715 | 770 | 720 | 640 | 217 | 12Cr1MoV | 820 | 945 | | | 179 |
| 50Mn2 | 710 | 760 | 680 | 596 | 229 | 24CrMoV | 790 | 840 | 790 | 680 | 255 |
| 27SiMn | | 880 | 750 | | 217 | 25Cr2MoV | 760 | 840 | 760~780 | 680~690 | 241 |
| 35SiMn | 750 | 830 | | 645 | 229 | 25Cr2Mo1V | 780 | 870 | 790 | 700 | 241 |
| 42SiMn | | | | | 229 | 35CrMoV | 755 | 835 | | 600 | 241 |
| 20MnV | | | | | 187 | 38CrMoAl | 800 | 940 | | 730 | 229 |
| 25Mn2V | | (840) | | | 207 | 18Cr3MoWV | | | | | 229 |
| 42Mn2V | 725 | 770 | | | 217 | 20Cr3MoWV | | | | | 229 |
| 15Cr | 735 | 870 | | 720 | 179 | 20CrNi | 733 | 804 | 790 | 666 | 197 |
| 20Cr | 766 | 838 | 799 | 702 | 179 | 40CrNi | 731 | 769 | 702 | 660 | 241 |
| 30Cr | 740 | 815 | | 670 | 187 | 12CrNi2 | 732 | 794 | 763 | 671 | 207 |
| 40Cr | 743 | 782 | 730 | 693 | 207 | 12CrNi3 | 715 | 830 | | 670 | 217 |
| 45Cr | 721 | 771 | 693 | 660 | 217 | 12Cr2Ni4 | 720 | 780 | 660 | 575 | 269 |
| 50Cr | 721 | 771 | 692 | 660 | 229 | 20Cr2Ni4 | 720 | 780 | 660 | 575 | 269 |
| 38CrSi | 763 | 810 | 755 | 680 | 255 | 18Cr2Ni4W | 700 | 810 | | 350 | 269 |
| 40CrSi | 755 | 850 | | | 255 | 40CrNiMo | 732 | 774 | 469 | | 269 |
| 15CrMn | 750 | 845 | | | 179 | Cr2 | 745 | 900 | | 700 | 229~179[1] |
| 20CrMn | 765 | 838 | 798 | 700 | 187 | Cr | 730 | 887 | 721 | 690 | 229~179[1] |
| 40CrMn | | | | | 229 | Cr06 | 725~750 | | | 690~710 | 241~187[1] |
| 20CrMnSi | 755 | 840 | | 690 | 207 | 9Cr2 | 745 | 860 | | 700 | 217~179 |
| 20CrMnSi | 750 | 835 | | 680 | 217 | 8Cr3 | 770 | 960 | | 700 | 255~207 |
| 30CrMnSi | 700 | 830 | 705 | 670 | 229 | 7Cr3 | 770 | 950 | | 730 | 229~187 |
| 35CrMnSi | | | | | 229 | Cr12 | 800 | | | 760 | 269~217 |
| 20CrV | 768 | 840 | 704 | 702 | 197 | CrMn | 740 | 980 | | 700 | 241~197 |
| 20Cr2B | 730 | 853 | 736 | 613 | 187 | 5CrMnMo | 710 | 760 | | 650 | 241~197 |
| 20MnTiB | (720) | 843 | 795 | 625 | 187 | Cr6WV | 815 | | | 625 | 235[1] |
| 20MnVB | 720 | 840 | 770 | 635 | 207 | CrW5 | 760 | | | 725 | 285~229 |
| 20SiMnVB | 726 | 866 | 779 | 699 | 207 | 3Cr2W8V | 820~830 | 1100 | | 790 | 255~207 |
| 40B | 730 | 790 | 727 | 690 | 207 | CrWMn | 750 | 940 | | 710 | 255~207 |
| 45B | 725 | 770 | 720 | 690 | 217 | 9CrWMn | 750 | 900 | | 710 | 241~197 |
| 40MnB | 730 | 780 | 700 | 650 | 207 | 4CrW2Si | 770 | | | 735 | 217~179 |
| 45MnB | | 770 | | | 217 | 5CrW2Si | 770 | | | 725 | 255~207 |
| 40MnVB | 730 | 774 | 681 | 639 | 207 | 6CrW2Si | 770 | | | 725 | 285~229 |

续表 5 - 2 - 20

| 钢　号 | $A_{C1}$ | $A_{C3}$ ($A_{Cm}$) | $A_{r3}$ | $A_{r1}$ | HB≤ | 钢　号 | $A_{C1}$ | $A_{C3}$ ($A_{Cm}$) | $A_{r3}$ | $A_{r1}$ | HB≤ |
|---|---|---|---|---|---|---|---|---|---|---|---|
| GCr6 | 725~750 | | | 690~710 | 207~170 | 9SiCr | 770 | 870 | | 730 | 214~197[①] |
| GCr9 | 730 | 887 | 721 | 690 | 207~170 | Cr12MoV | 810 | 1200 | | 760 | 255~207 |
| GCr9SiMn | 738 | 775 | 724 | 700 | 217~179 | 8CrV | 74 | | | 700 | 207~170 |
| GCr15 | 745 | 900 | | 700 | 207~170 | 5CrWMn | 750 | 820 | | 710 | 217~179 |
| GCr15SiMn | 770 | 872 | | 708 | 217~179 | 5CrNiMo | 710 | 770 | | 680 | 211~197 |
| T7 | 730 | 770 | | 700 | 187 | W | 740 | 820 | | 710 | 229~187 |
| T8 | 730 | | | 700 | 187 | V | | | | | 217~179 |
| T9 | 730 | | | 700 | 192 | W12Cr4V4Mo | | | | | 262 |
| T10 | 730 | 800 | | 700 | 197 | W18Cr4V | 820 | 1130 | | 760 | 255~207 |
| T11 | 730 | 810 | | 700 | 207 | W9Cr4V2 | 810 | | | 760 | 255~207 |
| T12 | 730 | 820 | | 700 | 207 | W9Cr4V | | | | | 255~207 |
| T13 | 730 | 830 | | 700 | 217 | 1Cr13 | 730 | 850 | 820 | 700 | 187~121 |
| 9Mn2 | | | | | 229[①] | 2Cr13 | 820 | 950 | | 780 | 197~126 |
| 9Mn2V | | | | | 229[①] | 3Cr13 | 820 | | | 780 | 207~131 |
| MnCrWV | | | | | 223[①] | 4Cr13 | 820 | 1100 | | | 229~143 |
| MnSi | 760 | 865 | | 708 | 229~187[①] | 9Cr18 | 830 | | | 810 | 255 |
| 5SiMnMoV | 746 | 788 | | | 217[①] | 4Cr9Si2 | 900 | 970 | 870 | 810 | |
| 6SiCr | 745 | 770 | | 710 | 229[①] | 4Cr10Si2Mo | 850 | 950 | 845 | 700 | |

① 该硬度为参考值。

# 第三节　不锈钢的组织和成分的关系

Cr-Mn-Ni 不锈钢中元素含量对 1075℃冷却后组织的影响(图 5 - 3 - 1)[31]

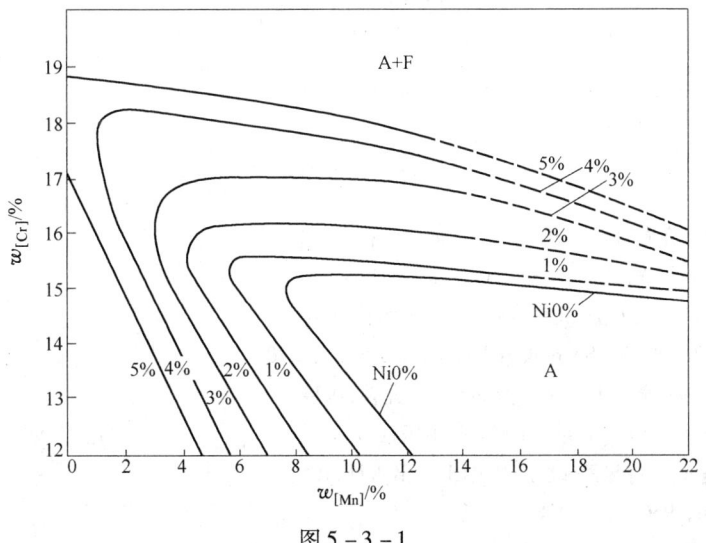

图 5 - 3 - 1

焊接后的不锈钢相组织和成分的关系（图 5 - 3 - 2）[31]

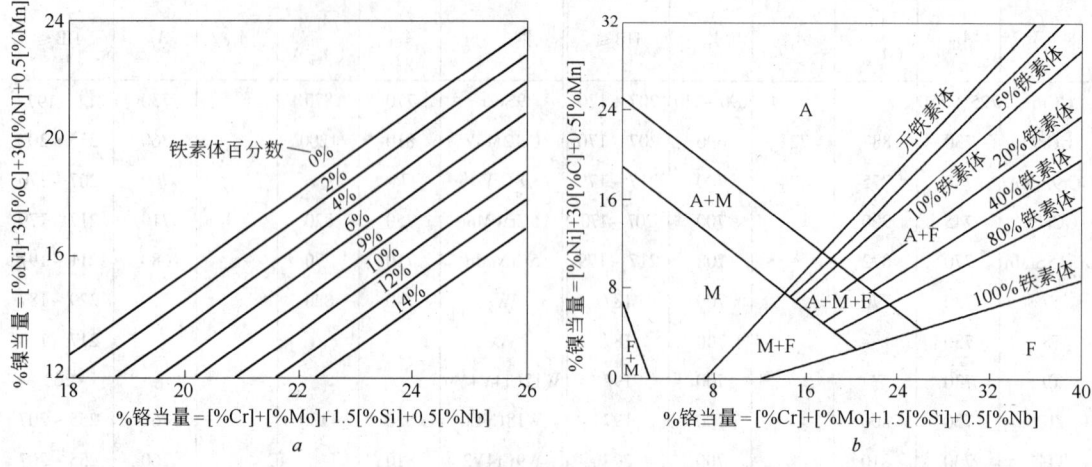

图 5 - 3 - 2

用此图可以推断元素含量对产生铁素体的影响，可以调整成分对 αFe 产生的控制，减少奥氏体不锈钢 α 相评级。图中，M 表示马氏体，A 为奥氏体，F 为铁素体。

热轧温度 1150℃时的不锈钢的组织和成分的关系（图 5 - 3 - 3）

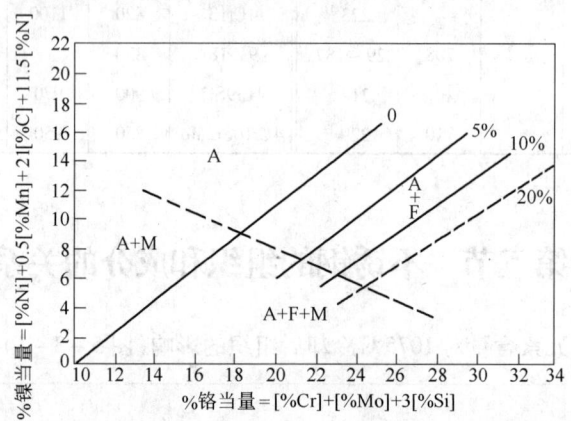

图 5 - 3 - 3

## 参 考 文 献

［1］　日本電気製鋼研究會,特殊鋼便覽.東京理工学社,1974

［2］　何荫椿,等译.铸钢学.北京:冶金工业出版社,1964

［3］　金属物理性能及测试方法.北京:冶金工业出版社,1987

［4］　McGannan E. The Making Shaping and Treating of Steel,1970

［5］　日本金属学会,编.金属データブック.東京丸善,1974

［6］　石霖,编著.合金热力学.北京:机械工业出版社,1992

［7］　扎依莫夫斯基 A C.特殊钢.北京:中国工业出版社,1965

［8］　Stahl und Esien,1956,(6):1428

［9］　[日]热处理,1971

［10］ Н. Д. В. Ш. Металлургия,1959,(2)

［11］ 吉田亨,等著. 预防热处理废品的措施. 北京:机械工业出版社,1979

［12］ 多罗宁 B M. 碳素钢和合金钢的热处理. 北京:冶金工业出版社,1960

［13］ Charles W,Steel Casting Handbook. 1970

［14］ Гуляев. Б. Б. Литейные процессы машгиз,1960

［15］ 李夫舍茨 Б Г. 金属与合金的物理性质. 北京:冶金工业出版社,1959

［16］ 日本铸物協会. 铸物便覽(改订三版). 東京丸善,1973

［17］ 長谷川正義,ステンレス鋼便覽,日刊工業新聞社,1973

［18］ Гуряев Б Б. Механические своиства литого металла. машгиз,1963

［19］ 日本学術振興会. 鉄鋼と合金元素,上、下册. 製鋼第 19 委員会,1966

［20］ Самарин А М Сталеплавильное производство,том Ⅱ ,1964

［21］ 重有色冶金炉设计参考资料. 北京:冶金工业出版社,1979

［22］ 合金钢手册. 北京:冶金工业出版社,1974

［23］ 古德错夫 H T. 金属学与热处理手册. 北京:冶金工业出版社,1961

［24］ 钢铁厂工业炉设计参考资料,上册. 北京:冶金工业出版社,1979

［25］ 苏联机械百科全书. 第二部分. 机械制造材料. 北京:机械工业出版社,1957

［26］ 新製金屬講座,材料篇. 電氣電磁材料. 日本金屬學會誌,1954

［27］ 伏罗比耶夫. 钢在零下温度的热处理. 北京:机械工业出版社,1958

［28］ ［日］鋼鉄便覽,鉄鋼協会,1954

［29］ 金属缺陷和金属强度,下册. 北京:科学技术出版社,1960

［30］ 500 轧钢车间技术操作规程(内部资料)

［31］ ［美］唐纳德等,主编. 不锈钢手册. 顾守仁,等译. 北京:机械工业出版社,1987

# 第六章　固态铁、钢的化学性质

## 第一节　铁钢中[E]的化学性质

### 一、[E]在铁中的溶解度

合金元素在 αFe 和 γFe 中的最大溶解度(表6-1-1)

表6-1-1

| 元素 | 在 αFe 中 | | 在 γFe 中 | | 元素 | 在 αFe 中 | | 在 γFe 中 | |
|---|---|---|---|---|---|---|---|---|---|
| | 温度/℃ | 溶解度 w/% | 温度/℃ | 溶解度 w/% | | 温度/℃ | 溶解度 w/% | 温度/℃ | 溶解度 w/% |
| Al | 1094 | 36 | 1150 | 0.625 | Ni | 约415 | 7 | | 无限 |
| As | 841 | 11.0 | 1150 | 1.5 | O | 910 | 0.03 | 910~1390 | 0.002~0.003 |
| B | 913 | 0.002 | 1161 | 0.021 | P | 1049 | 2.55 | 1152 | 0.3 |
| Be | 1165 | 7.4 | 1100 | 0.2 | Pd | 816 | 6.1 | | 无限 |
| C | 727 | 0.0218 | 1148 | 2.11 | Pt | <600 | >20 | | 无限 |
| Co | 600 | 76 | | 无限 | Pu | 908 | 约1.6 | 1021 | 3.7 |
| Cr | | 无限 | 约1050 | 12 | S | 914 | 0.020 | 1370 | 0.065 |
| Cu | 851 | 2.1 | 1096 | 约9.5 | Sb | 1003 | 约34 | 1154 | 2.5 |
| Ge | <1250 | 25 | 1150 | 约4 | Si | 1275 | 13 | 约1150 | 约2 |
| Hf | 937±5 | 0.002 | 1332±5 | 1.61 | Sn | 751 | 约17.9 | 约1100 | 约1.5 |
| In | 920 | 约0.9 | 1350 | 0.4 | Ta | 973±3 | 1.92 | 1241±3 | 1.6 |
| Ir | <400 | >23 | | 无限 | Ti | 1291 | 9 | 1150 | 0.71 |
| Mn | <300 | >3 | | 无限 | V | | 无限 | 1120 | 1.4 |
| Mo | 1450 | 37.5 | 约1150 | 约4 | W | 1554±6 | 35.5 | 1150 | 约4 |
| N | 590 | 0.1 | 650 | 2.8 | Zn | 783 | 46 | 约1100 | 8 |
| Nb | 989 | 1.8 | 1220 | 2.6 | Zr | 926 | 0.8 | 1308 | 约2 |

[E]在 αFe 或 δFe 中的溶解度和温度的关系(图6-1-1)

元素在奥氏体铁中的溶解度和温度的关系(图6-1-2)

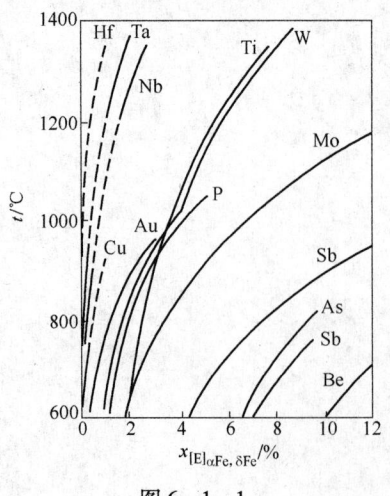

图6-1-1

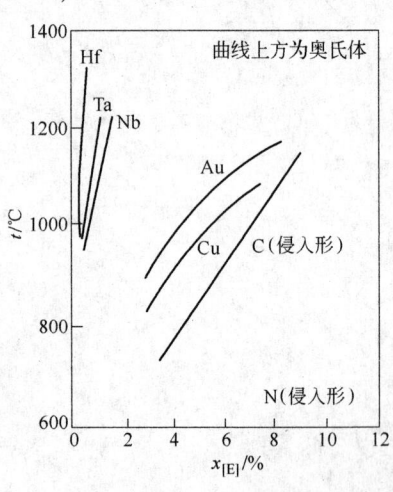

图6-1-2

氧在奥氏体铁中的溶解度和温度的关系(图6-1-3)

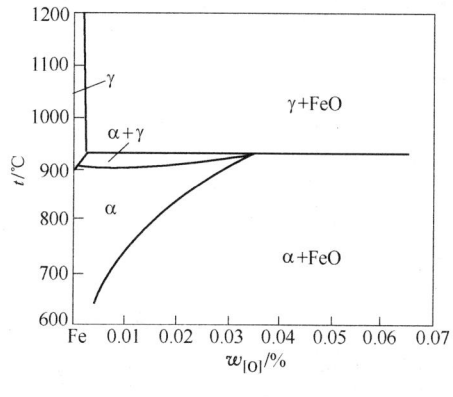

图6-1-3

## 二、碳在铁中的溶解

不同温度下[C]和碳活度的关系(图6-1-4)[1]

奥氏体中的[C]和温度对碳活度的影响(图6-1-5)[17]

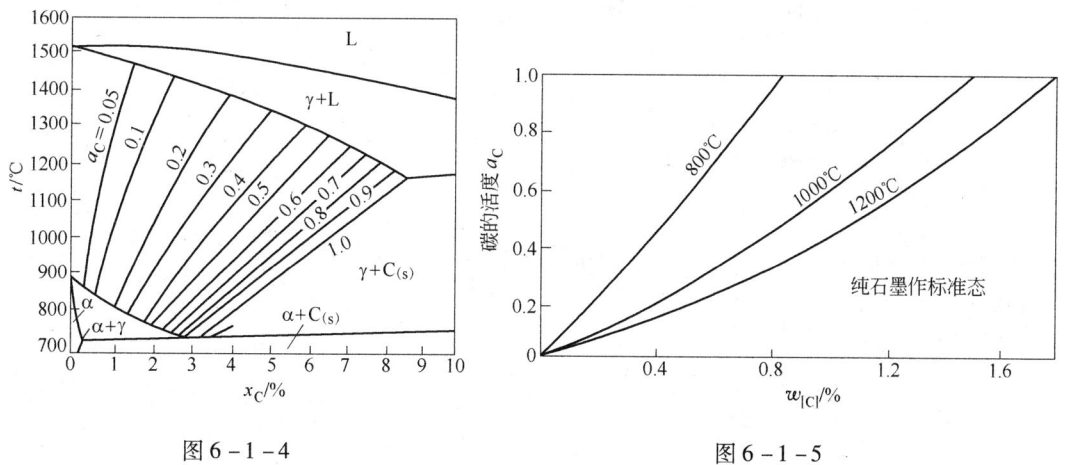

图6-1-4　　　　　　　　　　　　　　图6-1-5

Fe-Ni-C系[C]和奥氏体中碳活度的关系(1000℃)(图6-1-6)[1]

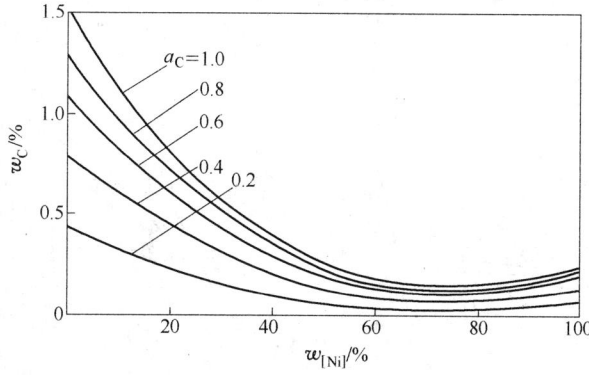

图6-1-6

[E]对[C]的溶解度的影响(图6-1-7)[2]

[E]对碳的活度系数的影响(图6-1-8)[3]

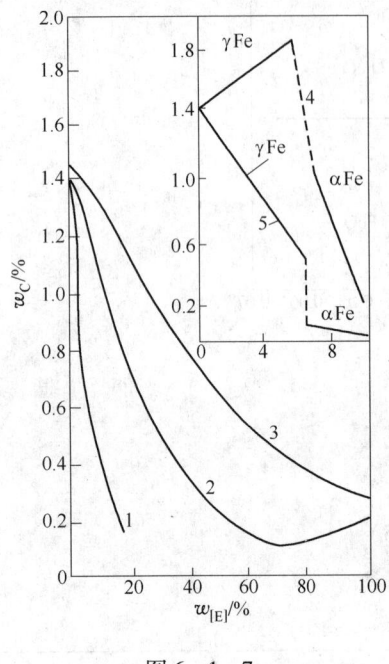

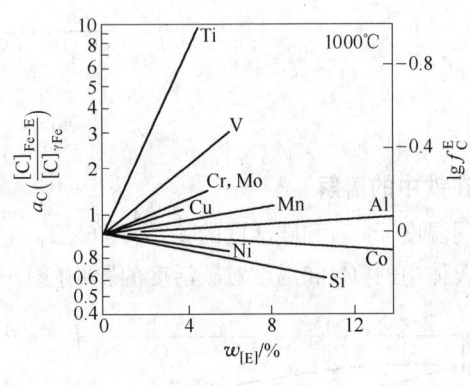

图6-1-7

1—W;2—Ni;3—Co;4—Al;5—Si

[C]为最大的溶解度,$t=1000℃$

图6-1-8

元素在碳化物相中的分配(C0.4%,$t=700℃$)(图6-1-9)[4]

[E]对碳化物相中[E]含量的影响(图6-1-10)[5]

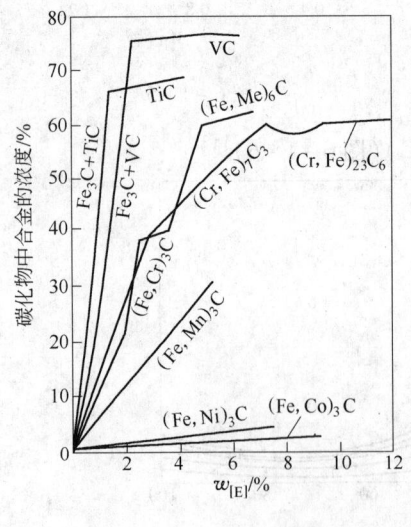

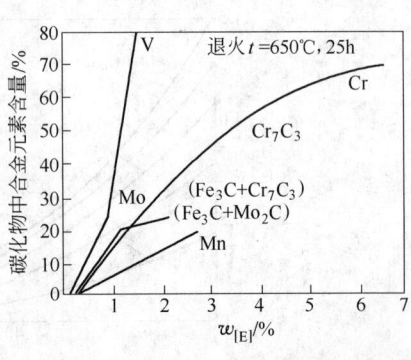

图6-1-9

图6-1-10

各种元素对 γFe 中碳活度以及渗碳气体成分的影响(适用于 800～1100℃)(图6-1-11)[6]

合金元素对碳在 αFe 中溶解度的影响(700℃)(图6-1-12)[6]

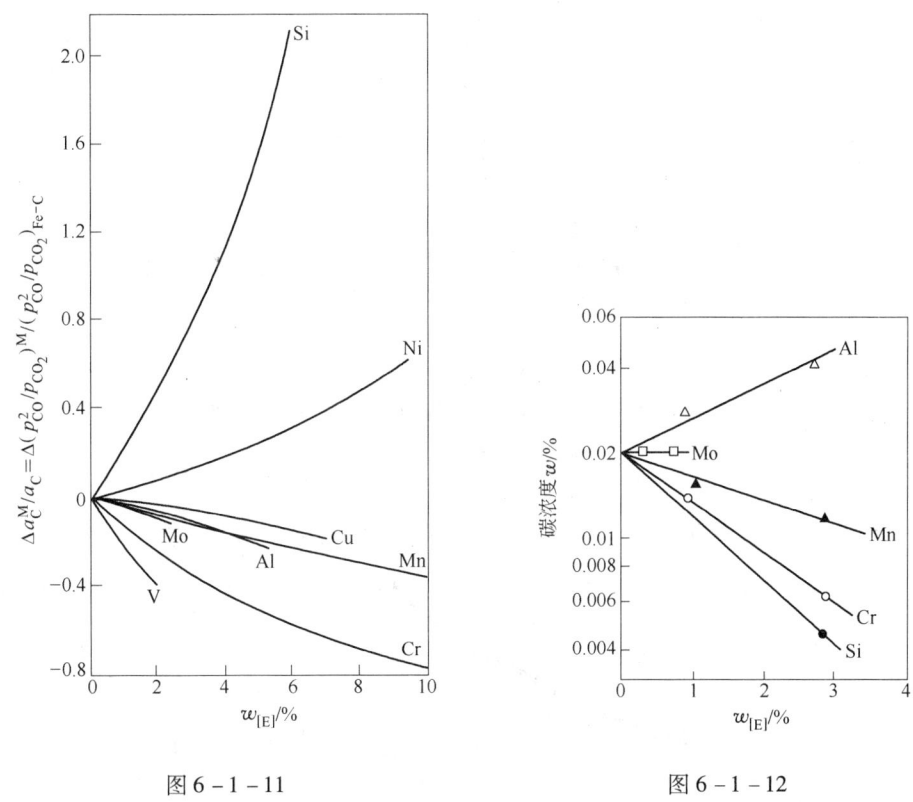

图6-1-11　　　　　　　　　　　　图6-1-12

Cr 对 Fe-C 合金碳活度及气体成分的影响(图6-1-13)[6]

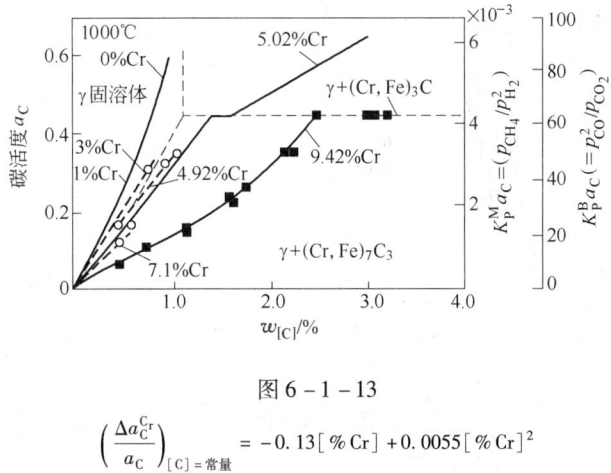

图6-1-13

$$\left(\frac{\Delta a_C^{Cr}}{a_C}\right)_{[C]=常量} = -0.13[\%Cr] + 0.0055[\%Cr]^2$$

Mn 对 Fe-C 合金碳活度及气体成分的影响(图 6 − 1 − 14)[6]

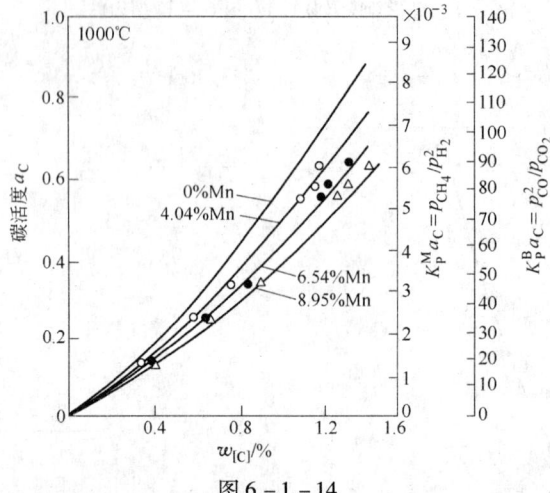

图 6 − 1 − 14

Mo 对 Fe(γ)-C 合金碳活度及相应气体成分的影响(图 6 − 1 − 15)[6]

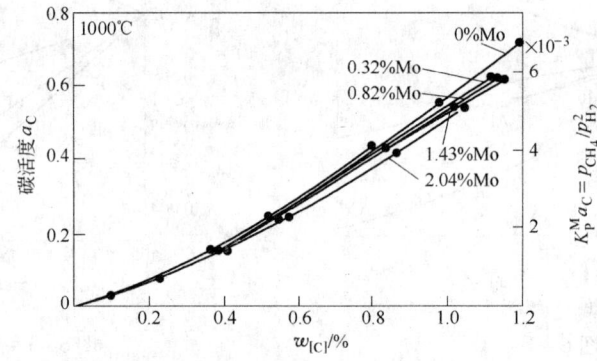

图 6 − 1 − 15

$$\left(\frac{\Delta a_C^{Mo}}{a_C}\right)_{[C]=常量} = -0.025[\%Mo] - 0.01[\%Mo]^2$$

V 对 Fe(γ)-C 合金碳活度及相应气体成分的影响(图 6 − 1 − 16)[6]

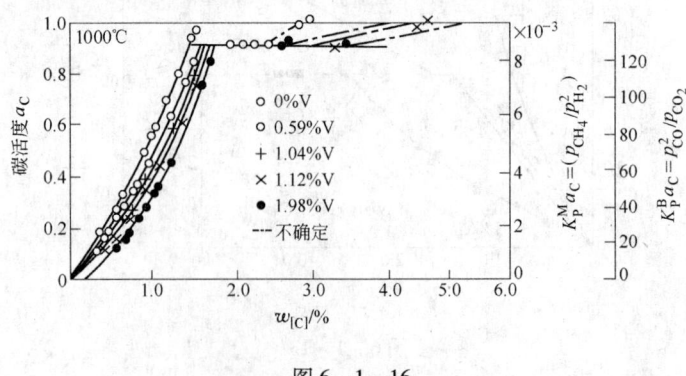

图 6 − 1 − 16

$$\left(\frac{\Delta a_C^V}{a_C}\right)_{[C]=常量} = -0.22[\%V] + 0.01[\%V]^2$$

Ni 对 Fe-C 合金碳活度及气体成分的影响(图 6 - 1 - 17)[6]

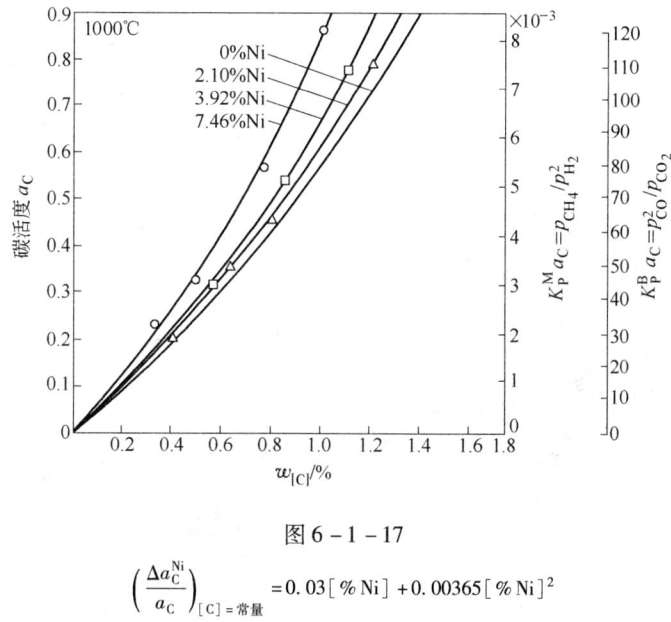

图 6 - 1 - 17

$$\left(\frac{\Delta a_C^{Ni}}{a_C}\right)_{[C]=常量} = 0.03[\%Ni] + 0.00365[\%Ni]^2$$

Si 对 Fe-C 合金碳活度及气体成分的影响(图 6 - 1 - 18)[6]

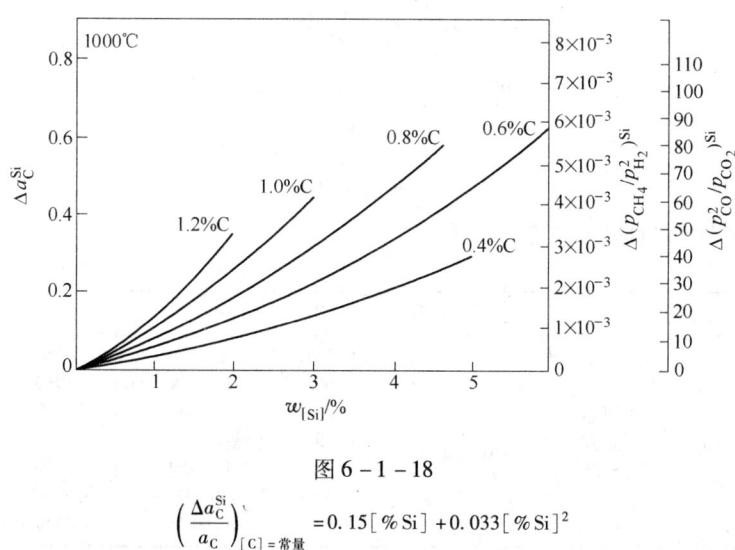

图 6 - 1 - 18

$$\left(\frac{\Delta a_C^{Si}}{a_C}\right)_{[C]=常量} = 0.15[\%Si] + 0.033[\%Si]^2$$

$[E]$（Mo、Si、Ti、Mn、Cr）对 Fe-Fe$_3$C 相图中 $\gamma$ 区的影响（$[C]$ 为最大溶解度；$t = 1000℃$）（图 6 - 1 - 19）

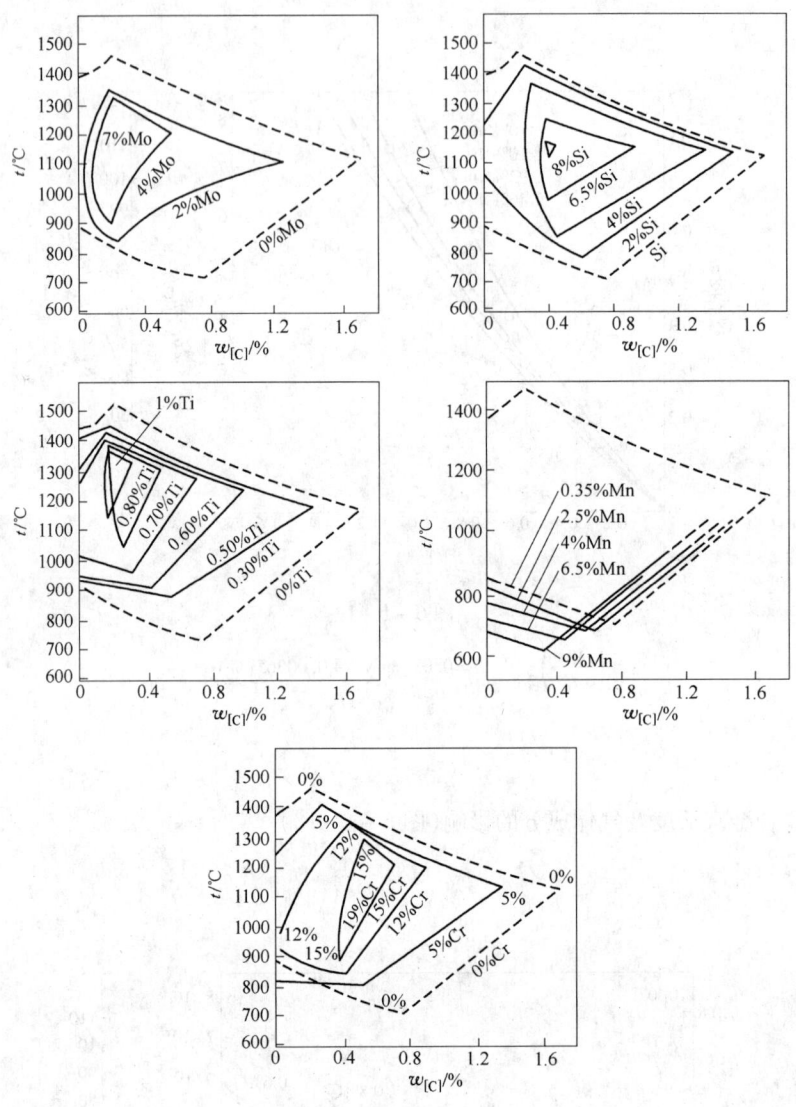

图 6 - 1 - 19

钢中碳化物的结构与性质（表 6 - 1 - 2）

表 6 - 1 - 2

| 碳 化 物 | 结构类型 | 结　构 | 晶胞中的原子数 | $r_C/r_M$[①] | 点阵常数/nm | 熔点/℃ | 硬度（HV） |
|---|---|---|---|---|---|---|---|
| TiC |  |  |  | 0.53 | 0.4329 | 3150 | 2850 |
| TaC |  |  |  | 0.54 | 0.4459 | 3983 | 1550 |
| HfC |  |  |  | 0.49 | 0.4469 | 3830 |  |
| ZrC | NaCl | 面心立方（有序） | 8（4Me + 4C） | 0.49 | 0.4679 | 3427 ± 20 | 2840 |
| ThC |  |  |  | 0.43 | 0.5350 | 2500 |  |
| NbC |  |  |  | 0.54 | 0.4436 ~ 0.4466 | 3600 ± 50 | 2050 |
| VC |  |  |  | 0.59 | 0.4178 | 2650 | 2010 |

续表 6 - 1 - 2

| 碳 化 物 | 结构类型 | 结 构 | 晶胞中的原子数 | $r_C/r_M^{①}$ | 点阵常数/nm | 熔点/℃ | 硬度(HV) |
|---|---|---|---|---|---|---|---|
| $Mo_2C$ | | | | 0.58 | 0.3016;0.4750 | 2400 | 1480 |
| $Ta_2C$ | $\varepsilon$-$Fe_3N$ | 密排 六方 | 3 (2Me + C) | 0.54 | 0.3096;0.4940 | 约 3330 | |
| $V_2C$ | | | | 0.59 | | 2180 | |
| $\beta'W_2C$ | | | | 0.56 | 0.2996;0.4720 | 2785 ± 10 | |
| $Cr_{23}C_6$ | | | | 0.62 | 1.0661 | 1577 | 1000 ~ 1520 |
| $Mn_{23}C_6$ | $Cr_{23}C_6$ | 复杂 面心 立方 | 116 (92Me + 24C) | 0.69 | | 1010 | |
| $Fe_{21}W_2C_6$ | | | | | | | |
| $Fe_2Mo_2C_6$ | | | | | 1.0521 | | |
| $\gamma MoC$ | | 简单 六方 | 2 (1Me + 1C) | 0.58 | 0.2898;0.2809 | 2550 | |
| WC | WC | | | 0.56 | 0.2900;0.2828 | 2785 ± 5 | 1730 |

① $r_C$, $r_M$ 为碳原子和金属元素原子的半径。

## 三、氮在固态铁中的溶解和[E]的关系

[E][C]积和温度的关系(图 6 - 1 - 20)

固态铁中[E]和[N]含量的关系(910℃)(图 6 - 1 - 21)[3]

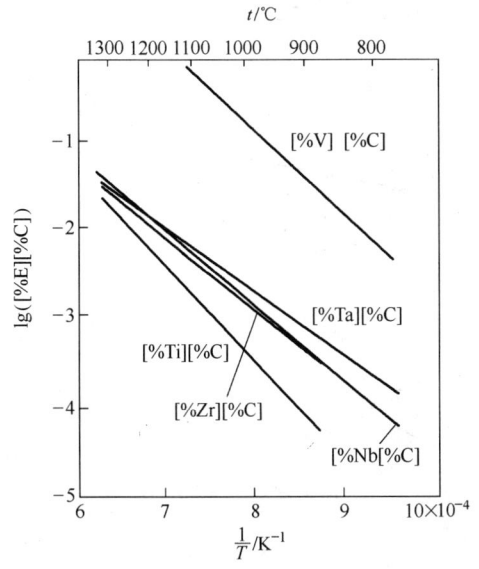

图 6 - 1 - 20

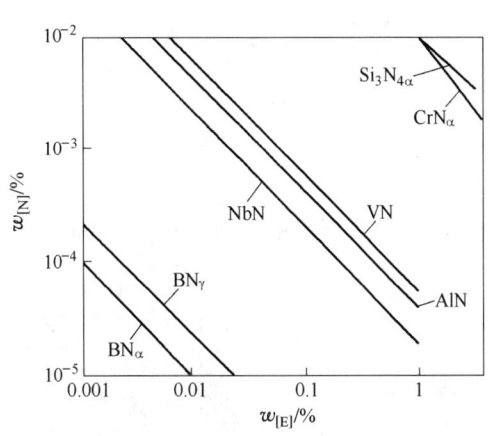

图 6 - 1 - 21

固态铁中[E][N]积和[E][C]积与温度的关系(图 6 – 1 – 22)[6]

固态铁中[E][N]积和温度的关系(图 6 – 1 – 23)[3]

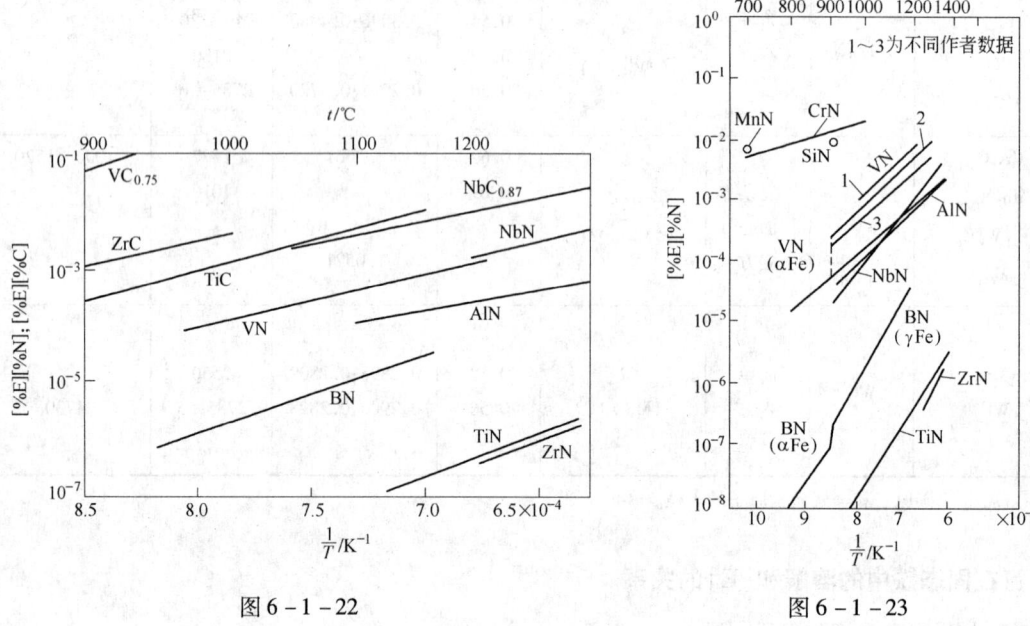

图 6 – 1 – 22　　　　　　　　　　　　图 6 – 1 – 23

[Cr]对[N]的溶解度的影响($p_{N_2}$ = 0. 1 MPa)(图 6 – 1 – 24)[7]

[Si]对[N]的活度和溶解度的影响($p_{N_2}$ = 0. 1 MPa)(图 6 – 1 – 25)[8]

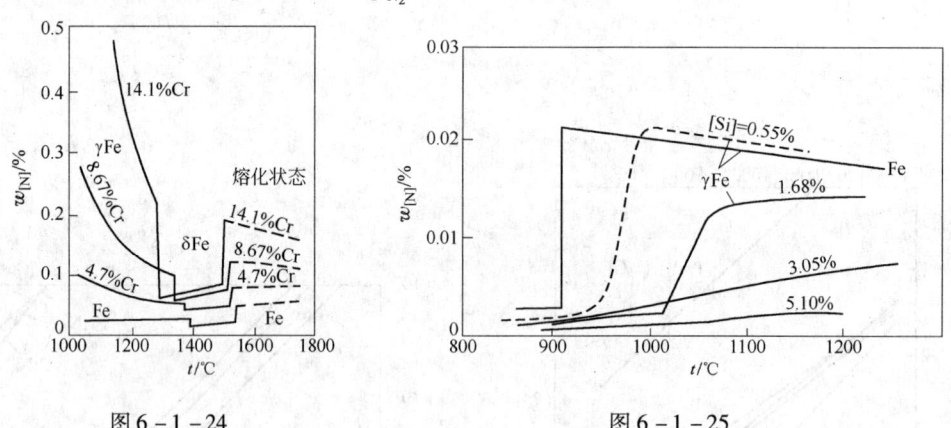

图 6 – 1 – 24　　　　　　　　　　　　图 6 – 1 – 25

[V]对[N]的活度的影响(图 6 – 1 – 26)[2]

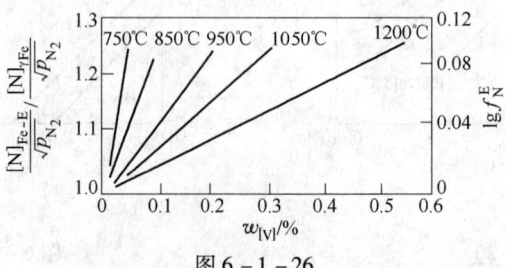

图 6 – 1 – 26

[E]对[N]的活度和活度系数的影响(1200℃)(图6-1-27)[39,52]

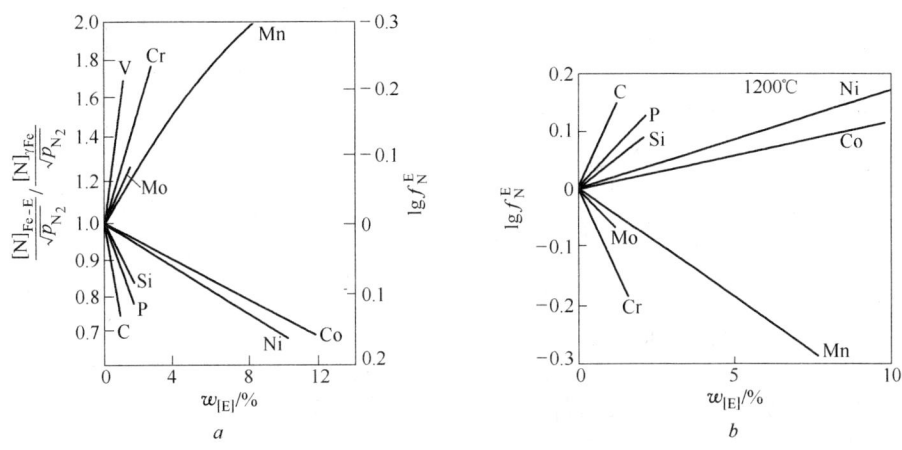

图6-1-27

[Mn]、[Ni]对[N]的溶解度的影响(在奥氏体铁中)(图6-1-28)[2]

[Si]和温度对[N]的溶解度的影响(图6-1-29)[2,10]

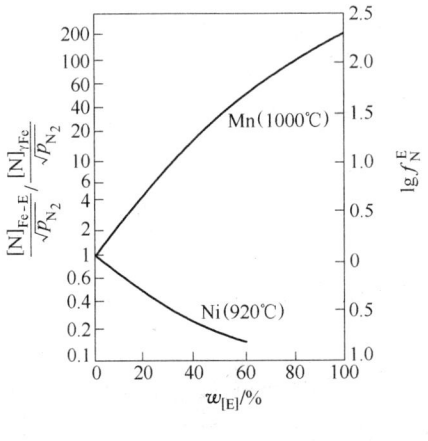

图6-1-28

图6-1-29

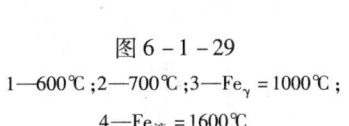

1—600℃;2—700℃;3—Fe$_\gamma$=1000℃;

4—Fe$_液$=1600℃

1200℃和1600℃氮的活度系数值的比较(图 6 – 1 – 30)[11]

$e_N^E$ 和温度的关系(图 6 – 1 – 31)[8]

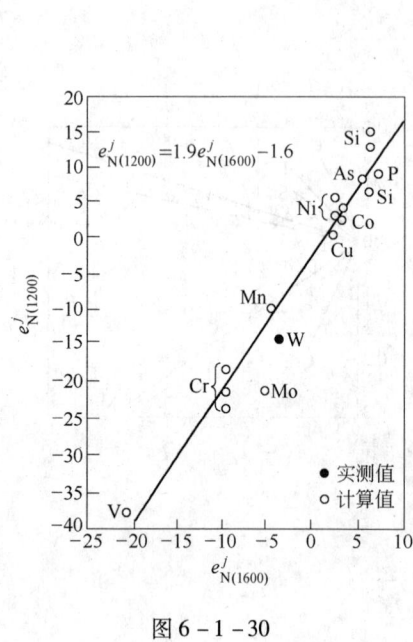

图 6 – 1 – 30

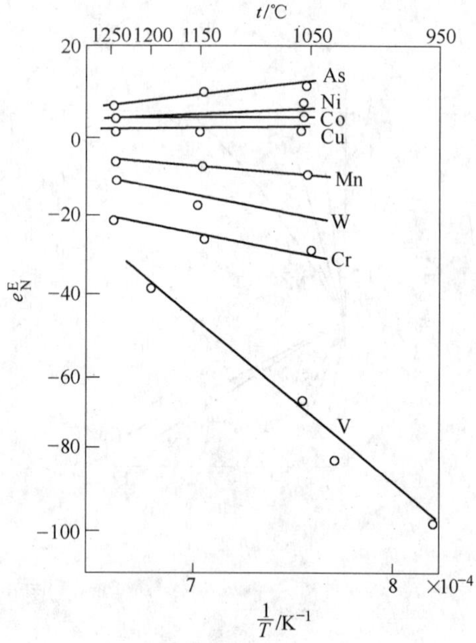

图 6 – 1 – 31

## 四、[E]对铁中氢的溶解度的影响($p_{H_2} = 0.1$ MPa)

[C]和氢的溶解度的关系(图 6 – 1 – 32)[12]

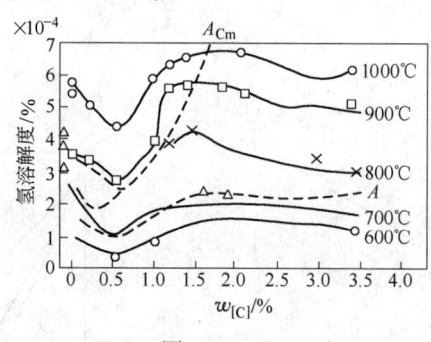

图 6 – 1 – 32

氢在 Fe-Cr 中的溶解度(图 6 – 1 – 33)

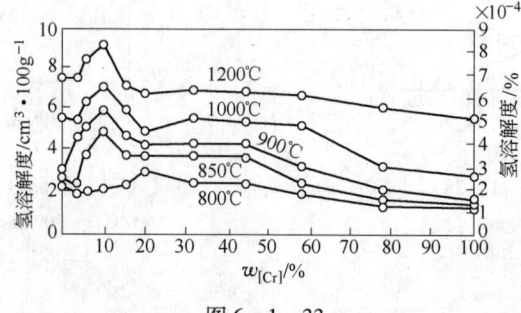

图 6 – 1 – 33

氢在 Fe-Mo 中的溶解度(图 6-1-34)

Ni、Cr、Fe-Ni 中氢的溶解度(图 6-1-35)[12]

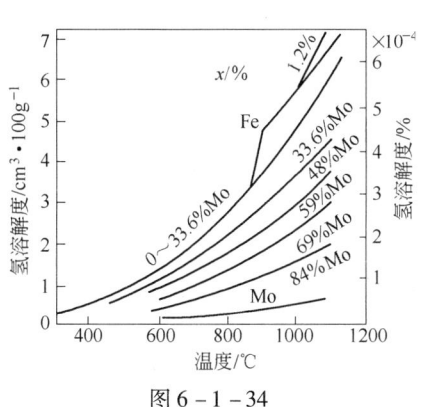

图 6-1-34

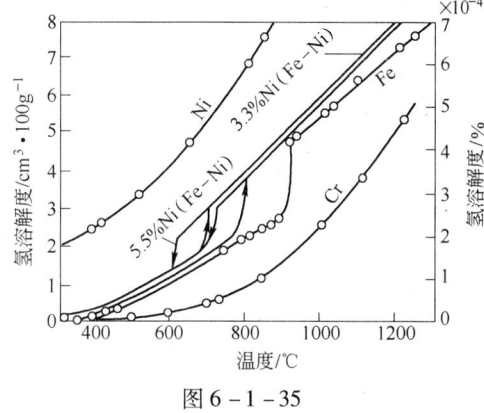

图 6-1-35

[Si]和温度对氢的溶解度的影响(图 6-1-36)

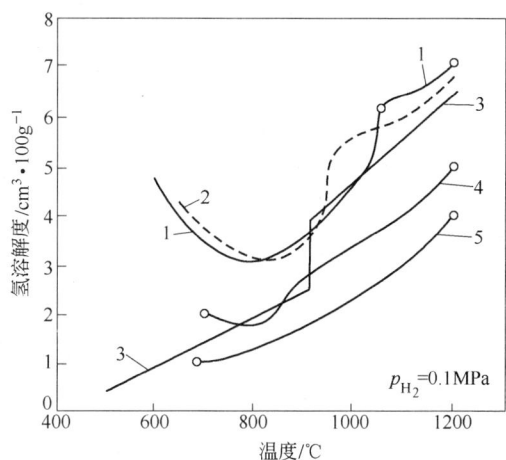

图 6-1-36

1—1.68%Si;2—0.65%Si;3—纯铁;4—3.05%Si;5—5.1%Si

氢在 Fe-V 中的溶解度(图 6-1-37)

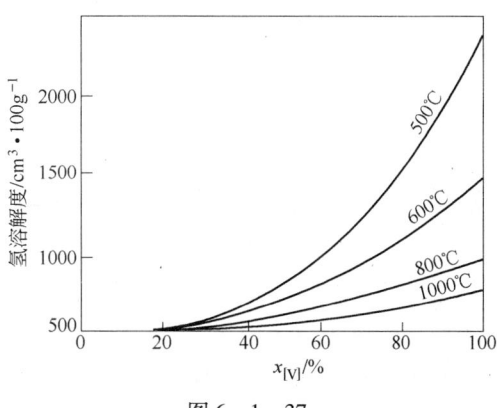

图 6-1-37

氢在18-8钢中的溶解度和氢分压、温度的关系(图6–1–38)[7]

## 五、钢中的[S]和[E]的反应

软钢中硫化物相内合金含量的分配(图6–1–39)

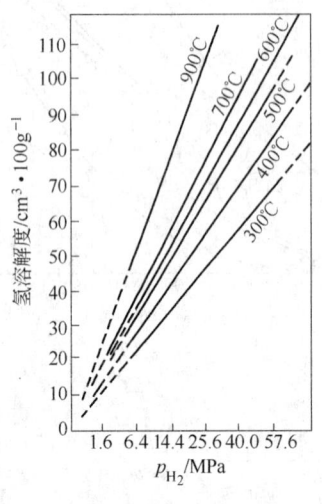

图6–1–38

$$[H] = 4.55\exp\left(\frac{-3800 \pm 960}{2RT}\right)\sqrt{p_{H_2}}$$

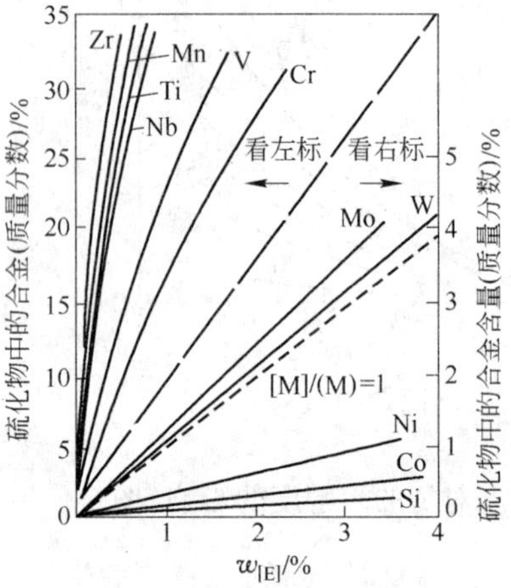

图6–1–39

条件:[S] = 0.5%

纯铁中$\dfrac{[E]}{[S]}$对硫化物中[E]的影响(图6–1–40)[13]

[Cr] = 13%的钢中$\dfrac{[E]}{[S]}$对硫化物中合金元素含量的影响(图6–1–41)[13]

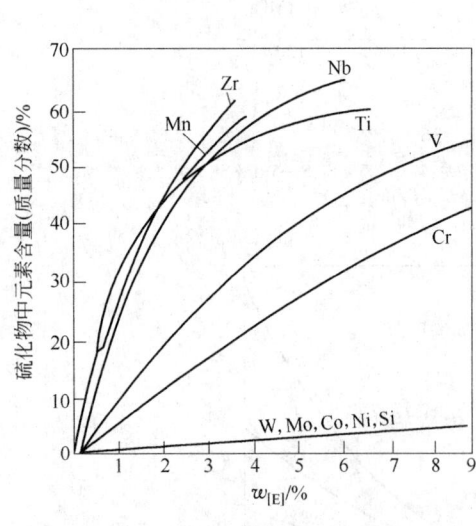

图6–1–40

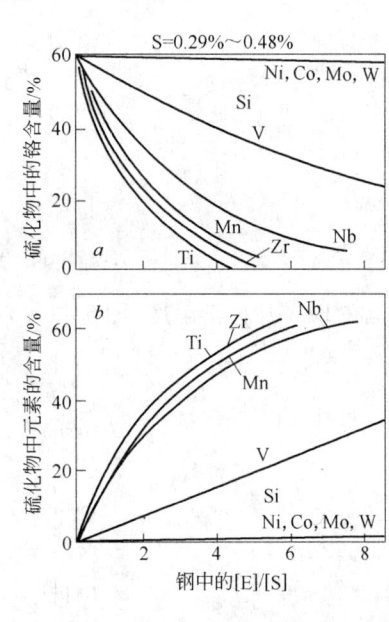

图6–1–41

[E]—在钢中元素的百分数;[S]—钢中硫的百分数;

[S] > 0.3%,一般为0.4% ~ 0.5%;用金相法和X光在低温下测定

18-8 系不锈钢中 $\dfrac{[E]}{[S]}$ 对硫化物中合金元素含量的影响(图6-1-42)[13]

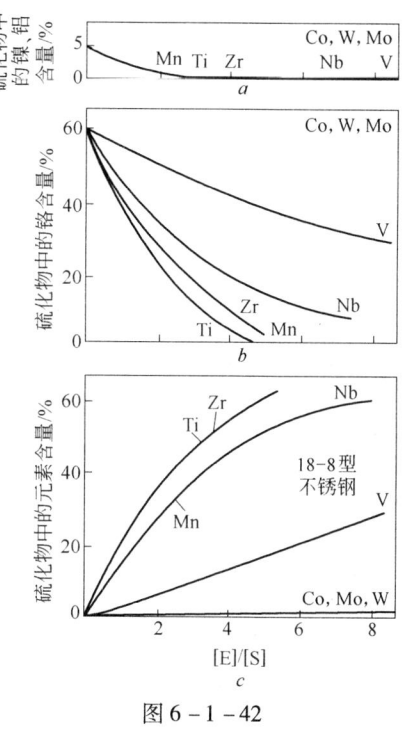

图 6-1-42

# 第二节　铁及钢的氧化、元素溶解的反应

## 一、温度、氧化性气氛对铁及钢的氧化性质的影响[14]

$CO_2$ 中氧化增量和温度、时间的关系(图6-2-1)

$H_2O$ 中氧化增量和温度、时间的关系(图6-2-2)

$SO_2$ 中氧化增量和温度、时间的关系(图6-2-3)

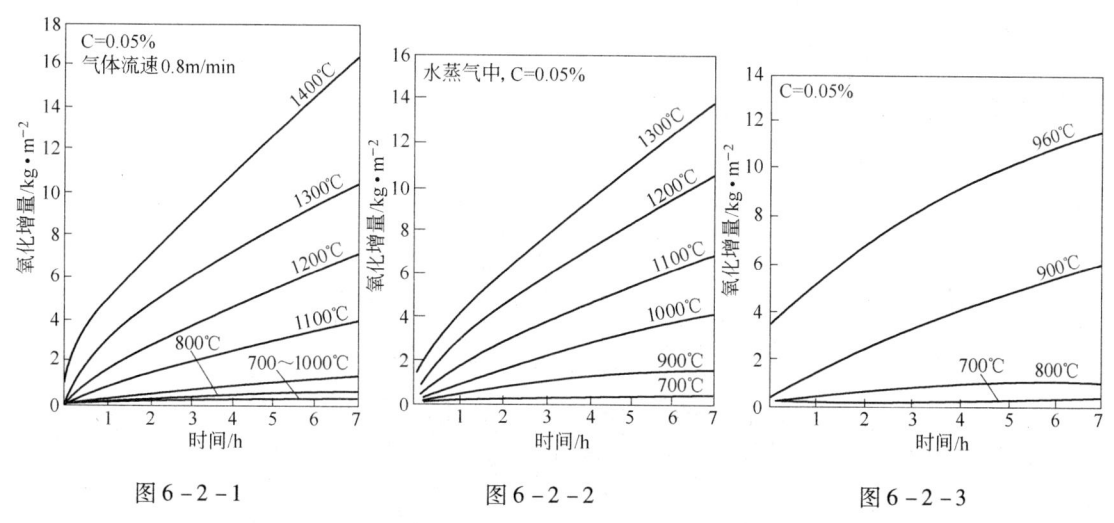

图 6-2-1　　　　　　　　图 6-2-2　　　　　　　　图 6-2-3

$O_2$ 中氧化增量和温度、时间的关系(图 6-2-4)

空气中氧化增量和温度、时间的关系(图 6-2-5)

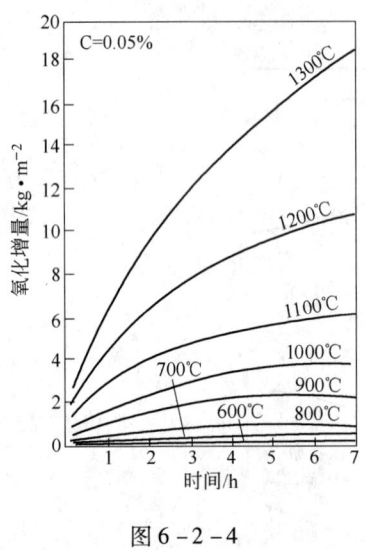

图 6-2-4

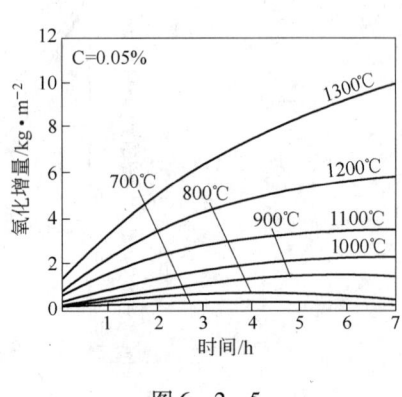

图 6-2-5

$O_2$ 中氧化层结构和温度的关系(图 6-2-6)

空气中加热阿姆克铁的氧化层结构(1200℃)(图 6-2-7)

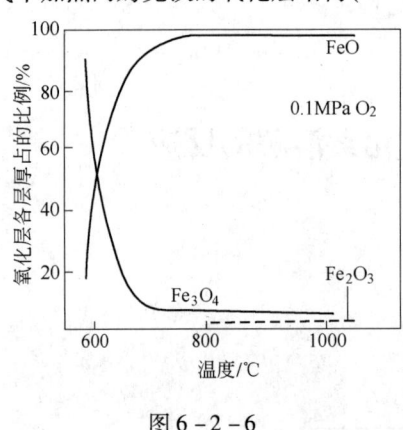

图 6-2-6

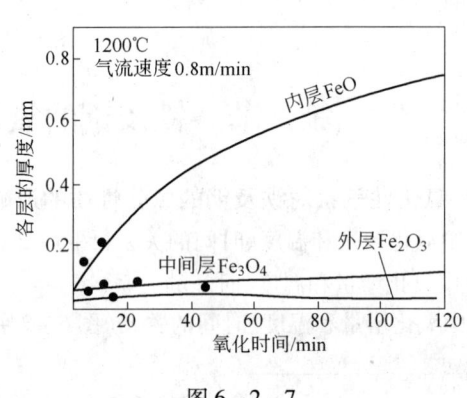

图 6-2-7

不同氧化气氛下阿姆克铁氧化成 FeO 时氧化层厚度和时间的关系(图 6-2-8)

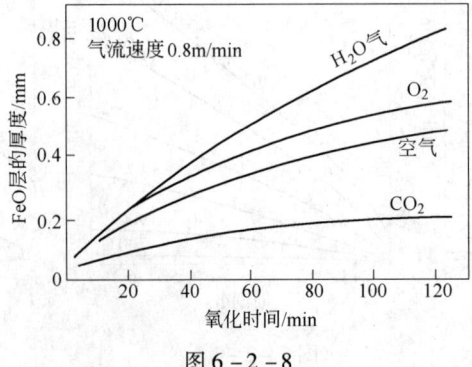

图 6-2-8

空气中纯铁氧化增量和时间、温度的关系（图6-2-9）

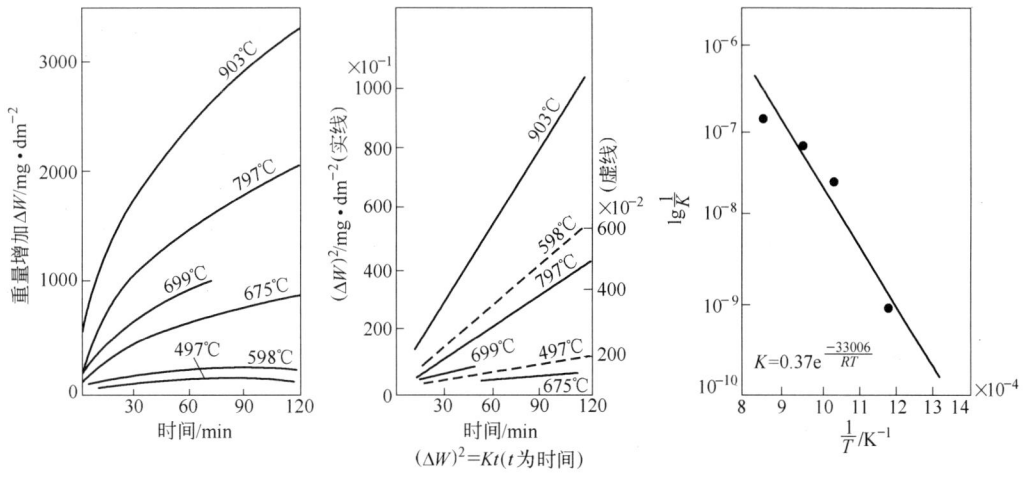

图6-2-9

[C]和温度对钢在空气中氧化增量的影响（图6-2-10）[15]

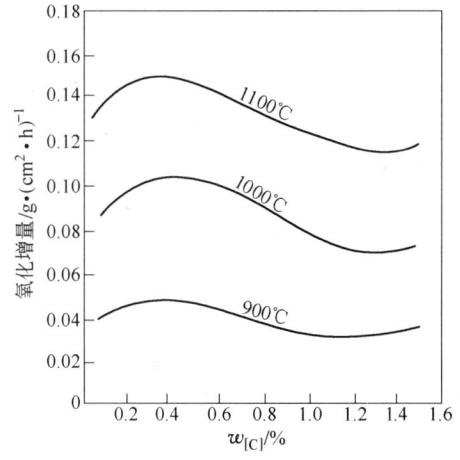

图6-2-10

氧化气氛对碳钢氧化深度的影响（图6-2-11）[16]

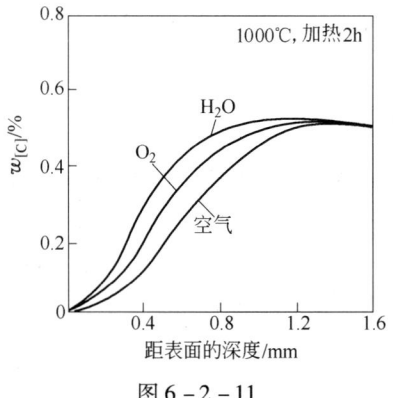

图6-2-11

［E］对钢的氧化侵蚀深度的影响（图 6 – 2 – 12）

铁中元素含量对其氧化性能的影响（图 6 – 2 – 13）[15]

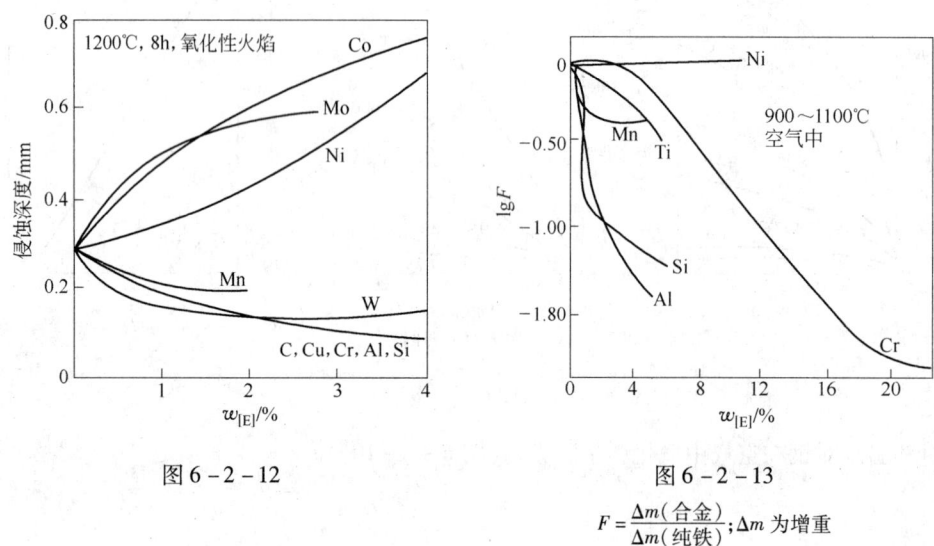

图 6 – 2 – 12

图 6 – 2 – 13

$$F = \frac{\Delta m(\text{合金})}{\Delta m(\text{纯铁})}; \Delta m \ \text{为增重}$$

T8 钢（C = 0.85%）在空气中加热时脱碳与加热温度的关系（图 6 – 2 – 14）

低合金钢在空气中加热时的脱碳层与保温时间、温度的关系（图 6 – 2 – 15）

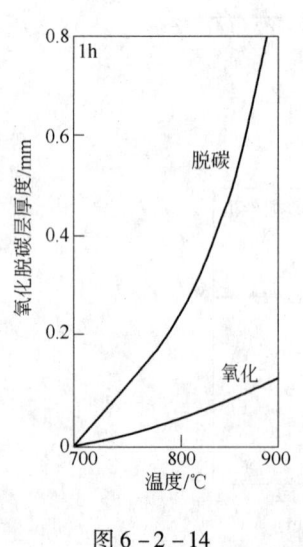
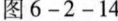

图 6 – 2 – 14

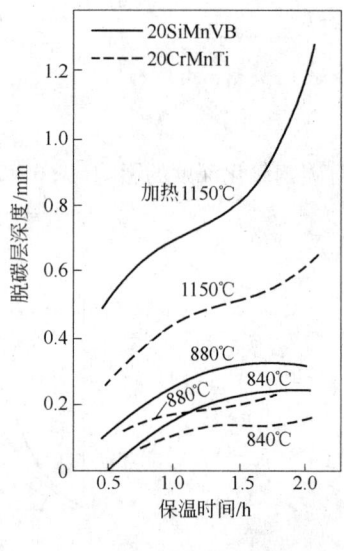

图 6 – 2 – 15

低碳合金钢空气中加热的氧化失重和温度、时间的关系（图 6 - 2 - 16）

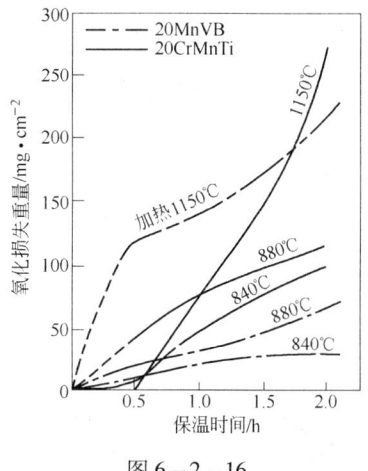

图 6 - 2 - 16

Fe-O 系中 $\dfrac{p_{H_2O}}{p_{H_2}}$ 平衡比值和温度的关系（$p_{H_2O} + p_{H_2} = 0.1$ MPa）（图 6 - 2 - 17）[10]

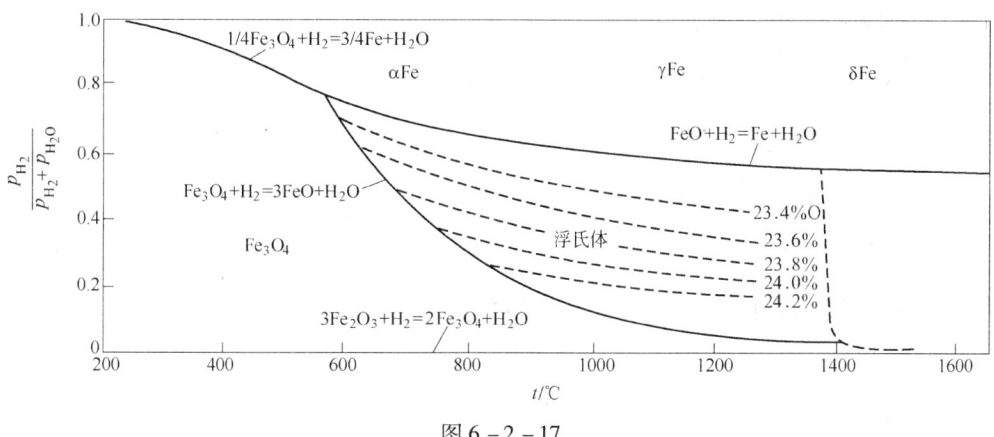

图 6 - 2 - 17

Fe-O 系中 $\dfrac{p_{CO}}{p_{CO} + p_{CO_2}}$ 的平衡比值和温度的关系（$p_{CO} + p_{CO_2} = 0.1$ MPa）（图 6 - 2 - 18）[10]

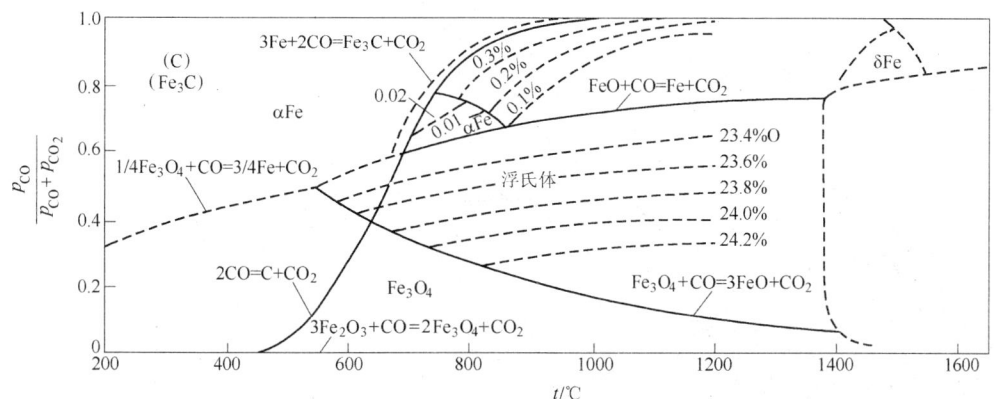

图 6 - 2 - 18

## 二、气相和钢中[C]的反应

$H_2$-$CH_4$ 气氛、温度和[C]的平衡关系(图 6 – 2 – 19)[17]

CO-$CO_2$ 气氛、温度和[C]的平衡关系(CO + $CO_2$ = 100%)(图 6 – 2 – 20)[18]

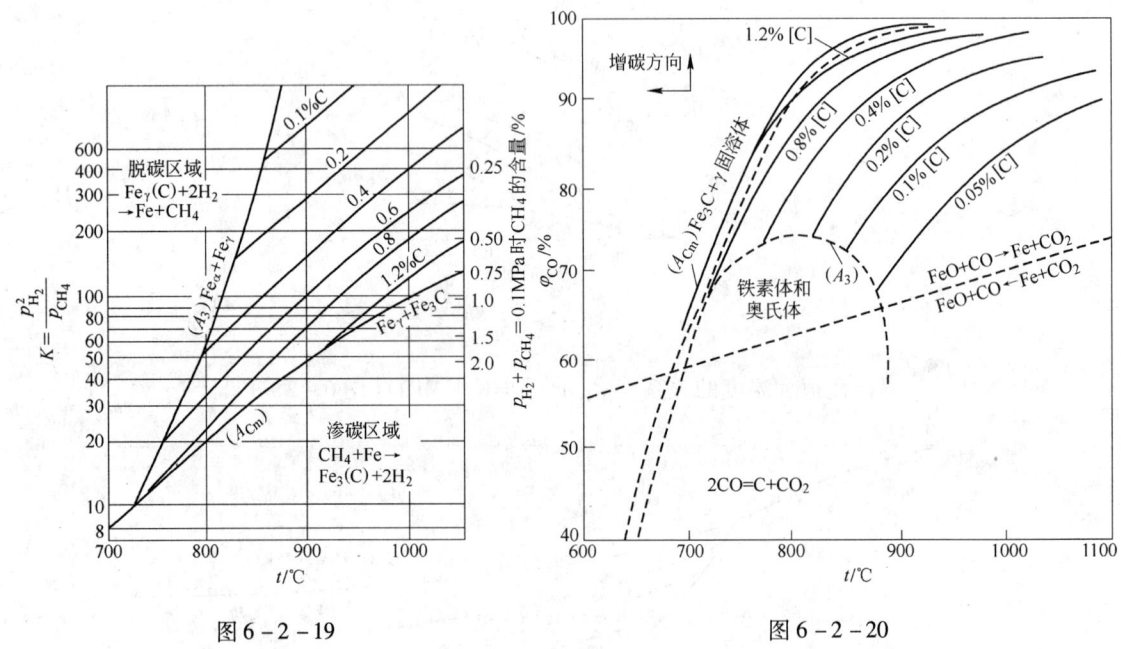

图 6 – 2 – 19                                     图 6 – 2 – 20

$H_2$-CO-$H_2$O 气氛、温度和[C]的平衡关系(图 6 – 2 – 21)

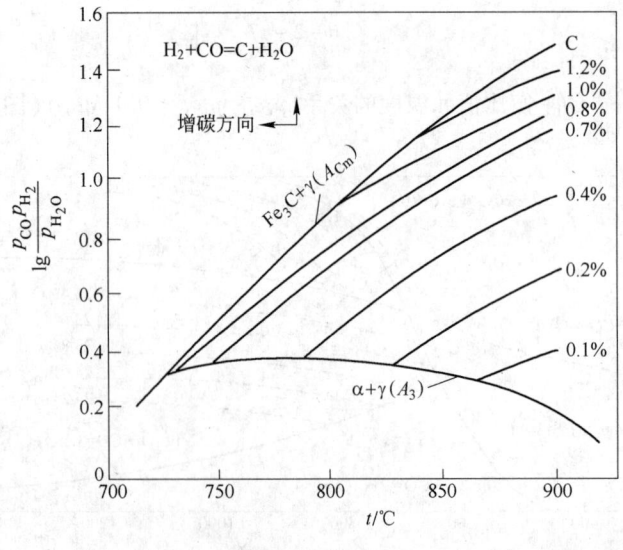

图 6 – 2 – 21

CO-CO$_2$-H$_2$-CH$_4$ 气氛、温度和 [C] 的平衡关系（图 6 - 2 - 22）[17]

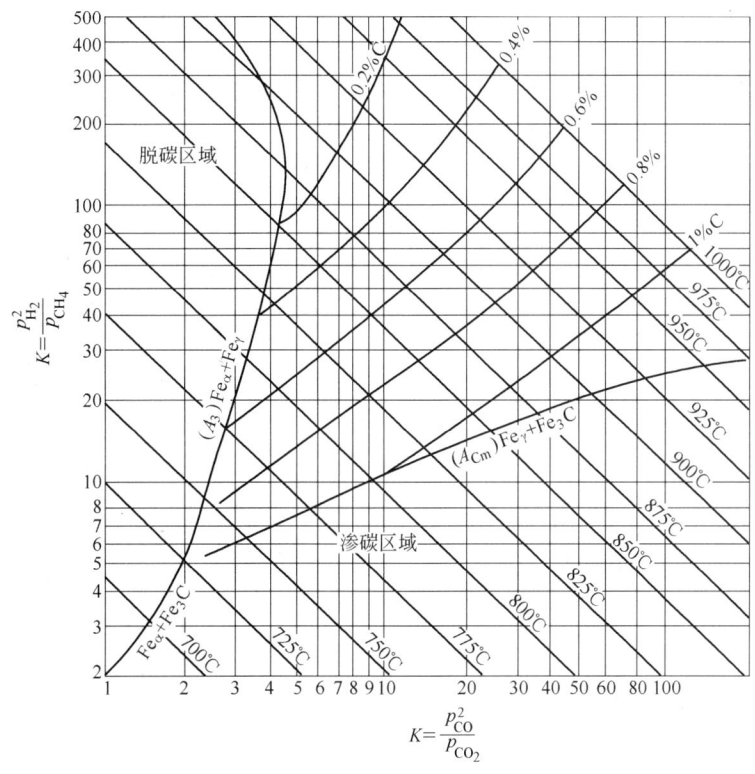

图 6 - 2 - 22

实用钢种和吸热型气氛的露点和热处理温度的关系（图 6 - 2 - 23）[19]

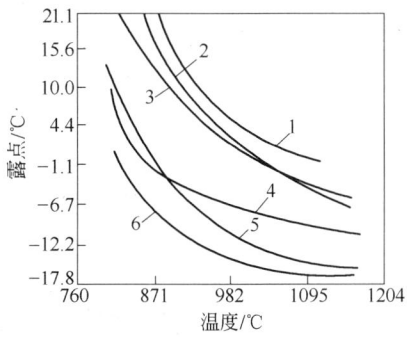

图 6 - 2 - 23

1—0.3% C；2—0.4% C；3—0.4% C，1.2% Ni，
0.6% Cr；4—0.9% C；5—1% C、0.3% Mn，
1.4% Cr；6—1.2% C

露点和钢的碳位平衡关系(图6-2-24)

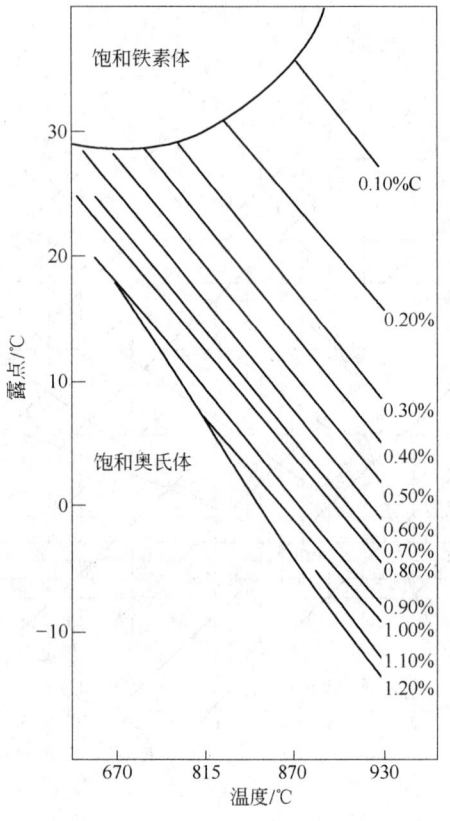

图 6-2-24

　　由图可知,在热处理温度选定的情况下,不同含碳量的钢采用不同的露点。如[C]=0.4%～0.5%,在843～899℃加热,露点为7～11.7℃;含[C]=0.9%～1.0%,788～843℃加热,露点为6.7～8.3℃。通过露点的控制可达到既不增碳,又不脱碳的目的。露点即混合气体中的水蒸气开始凝集成水的温度,露点越高,气相中水气越多。

## 三、[E]对钢在酸中溶解的影响

　　[C]对钢在5%硝酸、硫酸、盐酸溶液中腐蚀量的影响(图6-2.-25)

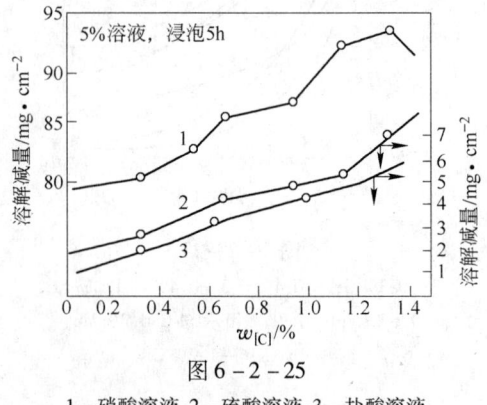

图 6-2-25

1—硝酸溶液;2—硫酸溶液;3—盐酸溶液

[E]对钢在 10% HCl、10% HNO$_3$、10% H$_2$SO$_4$ 中(25℃)溶解减量的影响(图 6 - 2 - 26)[20]

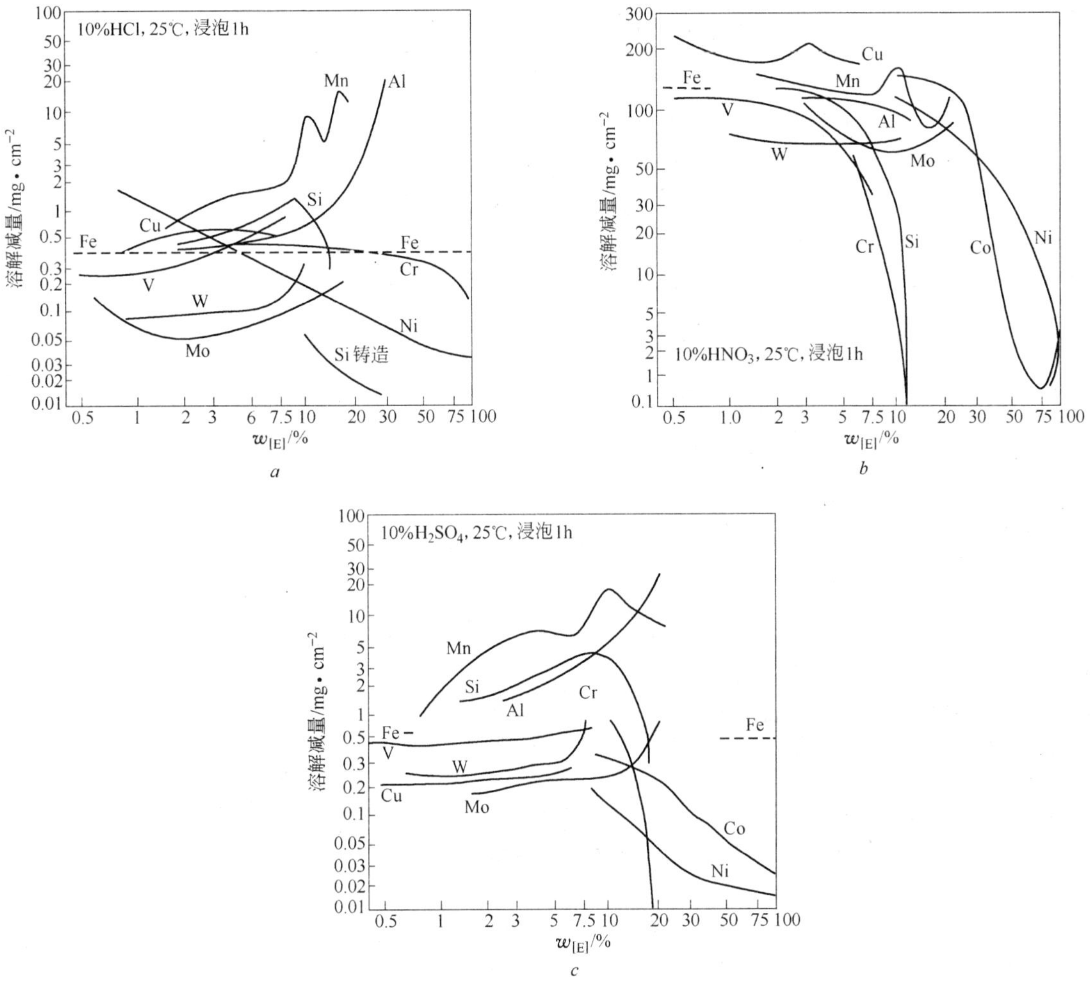

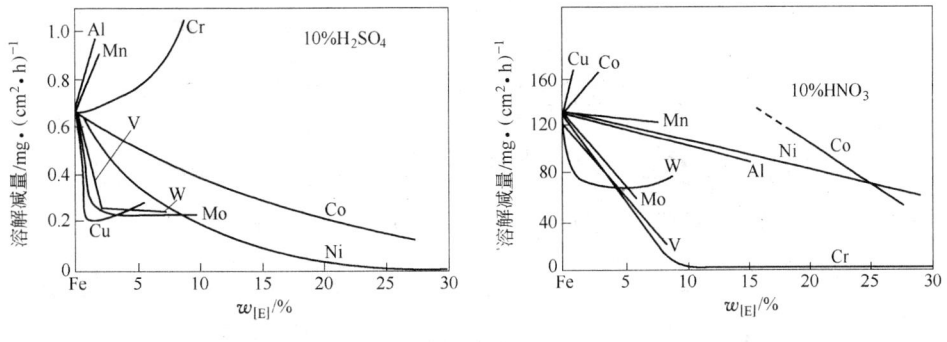

图 6 - 2 - 26

[E]对钢在 10% H$_2$SO$_4$、10% HNO$_3$ 中(25℃)溶解减量的影响(图 6 - 2 - 27)[21]

图 6 - 2 - 27

## 四、元素含量和化学热处理的影响

[E]对渗碳层中碳含量的影响(图6-2-28)[9]

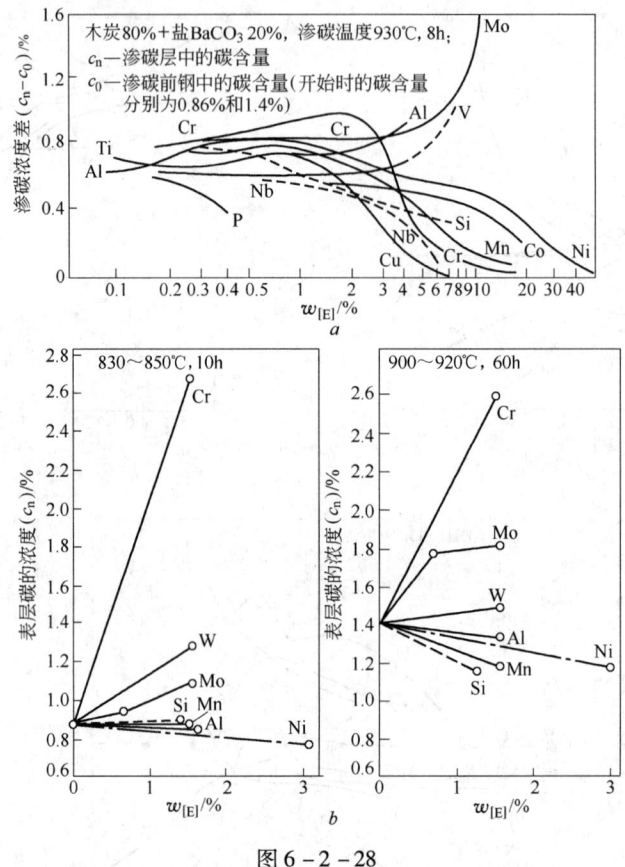

图6-2-28

[E]和温度对渗碳层深度的影响(图6-2-29)[9]

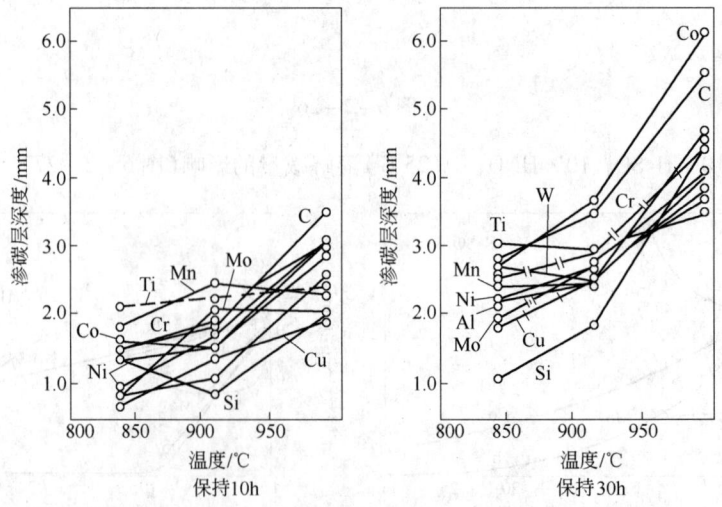

图6-2-29

(固体渗碳;钢中原始含碳量为0.2%;合金元素含量为3%)

[E]对铝化层深度的影响(图6-2-30)[9]

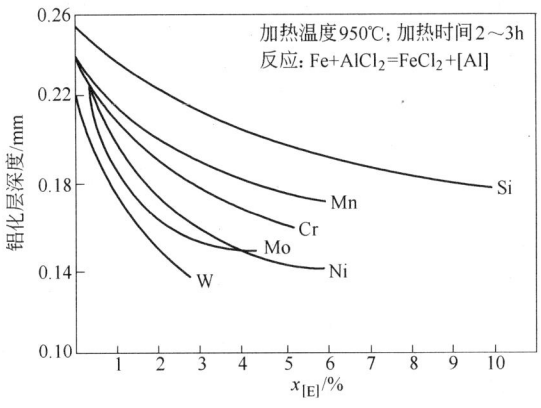

图6-2-30

[E]对氮化层深度和硬度的影响(图6-2-31)[9]

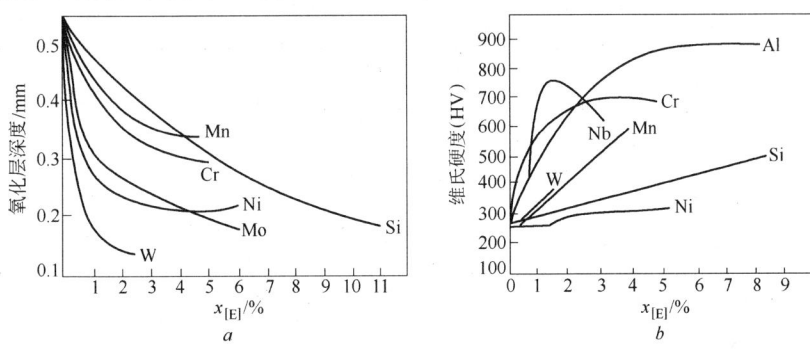

图6-2-31

(加热550℃,保持24 h)

[E]对铬化层深度的影响(图6-2-32)[9]

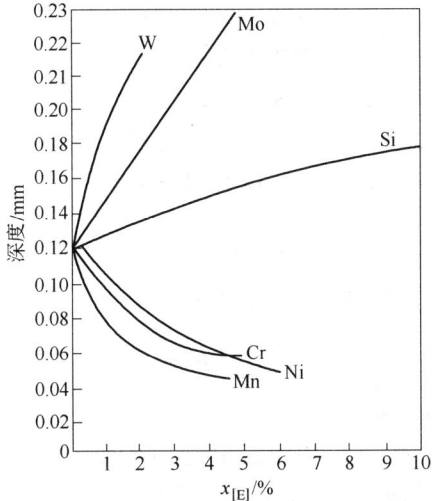

图6-2-32

(温度1100℃,含CrCl₂15%～20%的氯盐,保持15～20 h)

［E］对渗铅层厚度的影响（图 6－2－33）[9]

［E］对硼化层深度的影响（图 6－2－34）[9]

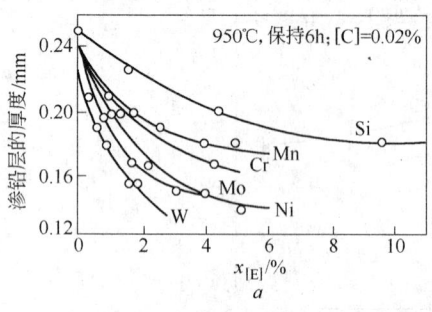

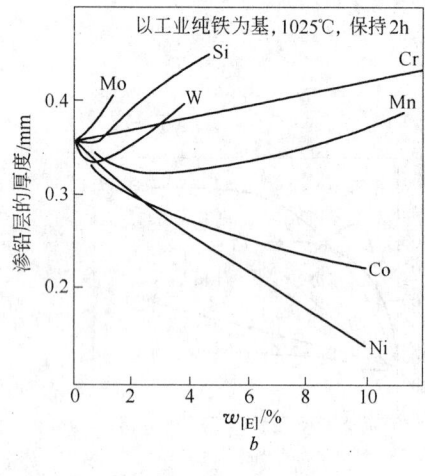

图 6－2－33                    图 6－2－34

渗碳钢的渗碳量和合金元素含量的关系估算式[22]：

渗碳钢的平衡碳浓度 $=f_C$（校正系数）× 钢的原始碳浓度

$$\lg f_C = 0.055[\text{Si}] - 0.013[\text{Mn}] - 0.04[\text{Cr}] + 0.014[\text{Ni}] - 0.013[\text{Mo}]$$

渗碳层深度 $S$ 和渗碳时间（$t$）存在着抛物线的关系[23]：

$$S = A\sqrt{t} - S_C$$

式中，$A$ 为反应渗碳速度的大小，和合金元素的含量有关；$t$ 的单位为 h；$S$ 的单位为 mm。

$\ln A = -1.5139 + 0.8414[\text{C}] + 0.0348[\text{Cr}] + 0.0468[\text{Mn}] + 0.0407[\text{Mo}] + 0.0047[\text{W}] - 0.0317[\text{Ni}] + 0.6722C_p$

式中，［E］为钢中元素的质量分数；$C_p$ 为炉气碳势。

上式由多元回归低碳钢及 Cr、Ni、Mo、W 钢的实验获得。

## 参 考 文 献

［1］ 沢村宏. 鉄鋼化学热力学. 東京诚文堂，1972

［2］ Фром С, и д. Газы и углерод в металлах. металлургия м，1980

［3］ Аверин В В. Азот В металлах. металлургия м，1976

［4］ 日本金属学会，编. 金属便覧，第三版. 東京丸善，1971

［5］ Бокщтейи С З. Структура и механические свойства легированной стали，1959

［6］ 石霖，编著. 合金热力学. 北京：机械工业出版社，1992

[7] 長谷川正義.ステンレス鋼便覽.工業新聞社,1973
[8] 盛利贞,瀨英尔.日本金属学会誌,1963～1965,27～29
[9] Минкевич Н А. Химико-термическая обработка металлов и сплавов. Металлургия м,1965
[10] Elliott F. Thermochemistry for Steelmaking, volume Ⅱ, London, 1963
[11] 盛利贞.日本金属学会志,1968,32:949
[12] 鉄鋼と合金元素,上、下册,日本学術振興会,1966
[13] 日本金属学会志,1961:25:5
[14] 日本金属学会,日本鋼鉄協会.鋼鉄材料便覽.丸善株式会社,1967
[15] Kubashiwski O. Oxdition of Metals and Alloys. London, 1962
[16] 许冶同,钢铁材料学,上册.北京:商务印书馆,1955
[17] 茹克 П Н.金属的腐蚀及保护计算方法.北京:人民教育出版社,1960
[18] Journal of Iron and Steel Inst., 1930, (1): 354
[19] 日本金属学会,编.金属データプック,1974
[20] 河上益夫.金属材料理工学.東京工大,東京硕学書房,1952
[21] 岩獭庆三.新製合金講座,材料篇.耐熱耐蚀合金.東京丸善社,1954
[22] Meta, h Technology, 1974, 1: 397～405
[23] 吴兴文,等.合金元素对渗碳速度因子影响的研究.金属热处理,1990,(11)

# 第七章　钢的热处理性质和力学性能

## 第一节　钢的热处理性质

常用术语:

(1) 临界冷却速度:保证过冷奥氏体不产生珠光体、贝氏体转变的最小速度。

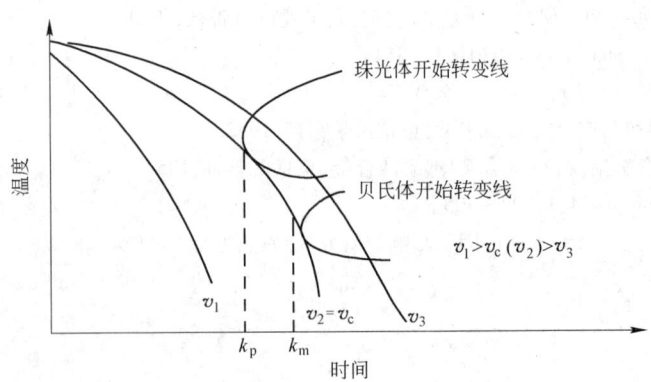

$v_2$ 即 $v_c$ 为临界冷却速度。艾尔迪斯(G. T. Eldis)分析了过冷奥氏体转变图(150 个)的数据[1],得到 $\lg(k_p/s) = 1.259[C] + 1.231[Mn] + 2.339[Mo] + 0.445[Cr] + 0.484[Ni] - 0.711$。最小显著水平 $= 0.001$,多元相关系数 $= 0.854$,标准差 $= 0.506$,从分析的 126 个转变图中得到:

$\lg(k_m/s) = 1.094[C] + 0.321[Si] + 1.407[Mn] + 1.772[Mo] + 1.050[Cr] + 0.632[Ni] - 1.849$

最小显著水平 $= 0.026$,多元相关系数 $= 0.898$,标准差 $= 0.468$。方程适用钢的成分(质量分数)范围为:

$[C] = 0.09\% \sim 0.81\%$,$[Si] = 0.02\% \sim 1.49\%$,$[Mn] = 0.35\% \sim 1.79\%$,$[Mo] = 0 \sim 0.92\%$,$[Cr] = 0 \sim 1.55\%$,$[Ni] = 0 \sim 4.56\%$。

临界冷却时间往往用来评估钢的可焊性,焊缝的热影响区的开裂倾向同钢的淬透性有密切关系。

(2) 临界淬透性直径:钢在某种介质(空气、油、水、油)中淬火后,心部被淬透(指淬成 50% 马氏体)时的最大直径,用 $D_0$ 表示。临界直径越大,说明淬透性越好。半马氏体层(由 50% 马氏体和 50% 的其他组织)的硬度称"临界硬度",淬火硬度不仅决定于马氏体的百分含量及其碳含量,也取决于其他合金元素的种类和含量。通常定 50% 马氏体的硬度为临界硬度时测量的硬度有明显的变化,故常以此硬度界定其淬透直径(深度)。

## 一、元素含量对钢的热处理性质的影响

碳钢中 [C] 和晶粒度对临界冷却速度的影响(图 7 - 1 - 1)[2]

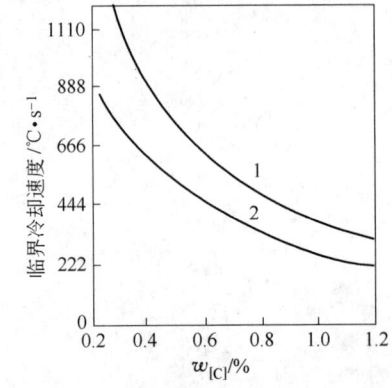

图 7 - 1 - 1

1—925℃淬火晶粒度 4 级;2—980℃淬火晶粒度 2 级

[E]对 C 0.3% 结构钢的临界冷却速度的影响（图 7 - 1 - 2）[3]

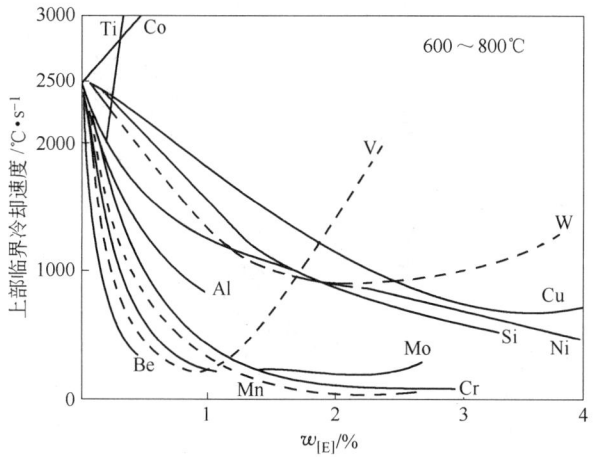

| 合金元素<br>加入量<br>/% | Mn1~2 | Si1~1.5 | Ni2~5 | Cr0.6~1.2 |
|---|---|---|---|---|
| 临界冷<br>却速度<br>/℃·s⁻¹ | 350~50 | 1500~1000 | 900~300 | 800~300 |
| 合金元素<br>加入量<br>/% | W0.5~1.0 | | Mo0.2~0.4 | V0.1~0.2 |
| 临界冷<br>却速度<br>/℃·s⁻¹ | 800~300 | | 1300~700 | 1500~1000 |

图 7 - 1 - 2

[E]对 C 1% 钢的临界冷却速度的影响（图 7 - 1 - 3）[4]

[E]对 C 1% 钢珠光体转变时奥氏体最小稳定时间的影响（图 7 - 1 - 4）[4]

[E]对 C 1% 钢的水淬理想临界直径的影响（图 7 - 1 - 5）[4]

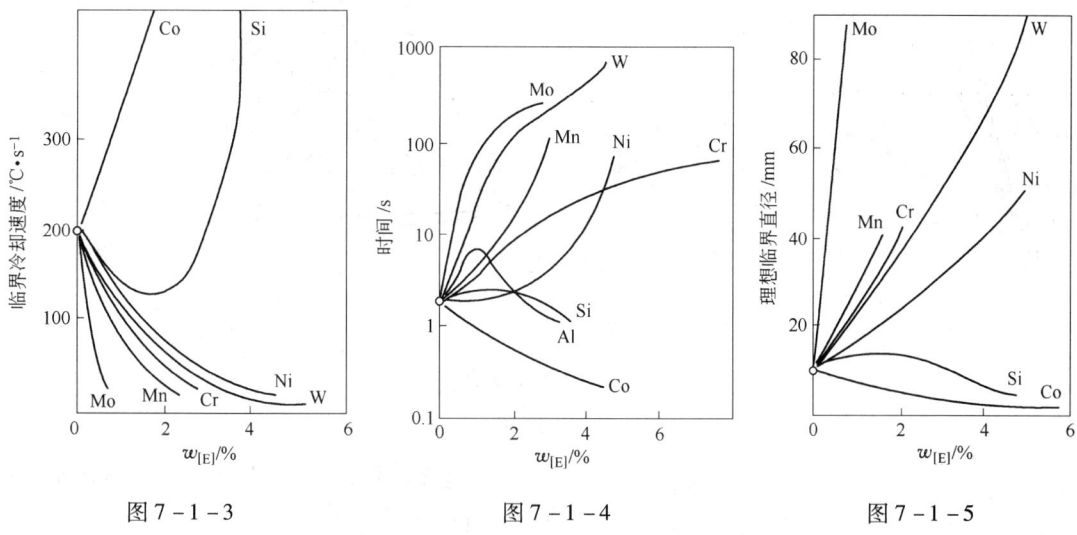

图 7 - 1 - 3      图 7 - 1 - 4      图 7 - 1 - 5

[E]对退火状态下高碳钢的淬透性倍数的影响（图 7 - 1 - 6）[5]

调质钢由化学成分与晶粒度用相乘法计算淬透性：

（1）首先由碳含量和晶粒度求出基本淬透性 $D_{IB}$（图 7 - 1 - 7）。

（2）再求出[E]时的淬透性系数 $f_E$。

（3）由下式求出钢的淬透性 $D_I$：

$$D_I = D_{IB} f_{Mn} f_{Si} f_{Cr} f_{Mo} f_{Ni} \cdots$$

$D_{IB}$、$f_E$ 在图 7 - 1 - 7、图 7 - 1 - 8 中查出计算误差不大于 15%。

如：[C] = 0.4%，实际晶粒度为 8 级；Cr 0.5%，Mn 0.9%，Mo 0.2%，Si 0.25%，Ni 0.55%，P 0.02%，S 0.02% 时：$D_I = 5.0 \times 2.2 \times 5.2 \times 1.6 \times 1.2 \times 1.05 \times 0.98 = 113$ mm。

[C]和晶粒度对理想直径的影响(图7-1-7)[5]

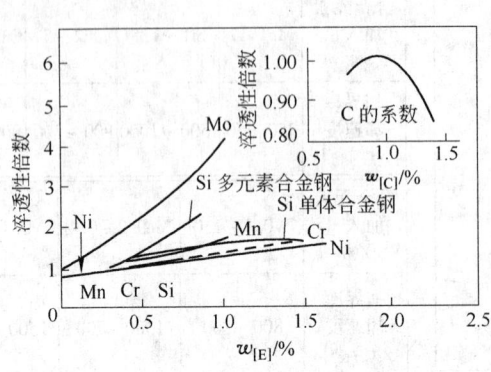

图7-1-6

(原始成分:C1.0%;Mn0.25%;Ni0.25%;Cr0.25%)

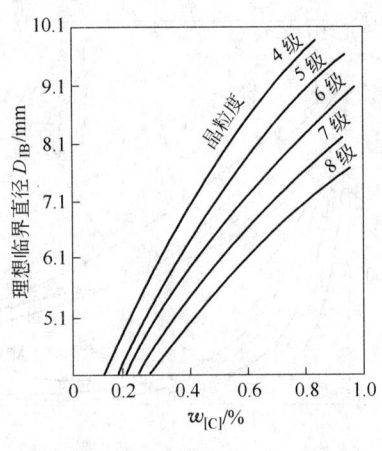

图7-1-7

[E]对淬透性系数的影响(图7-1-8)[1,5]

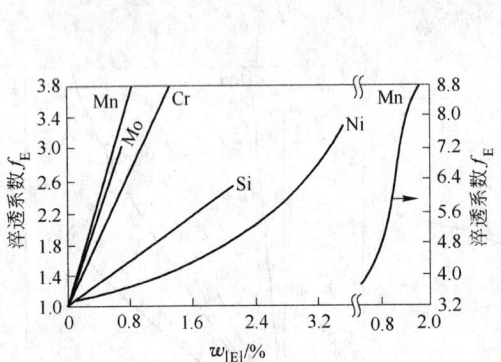

a

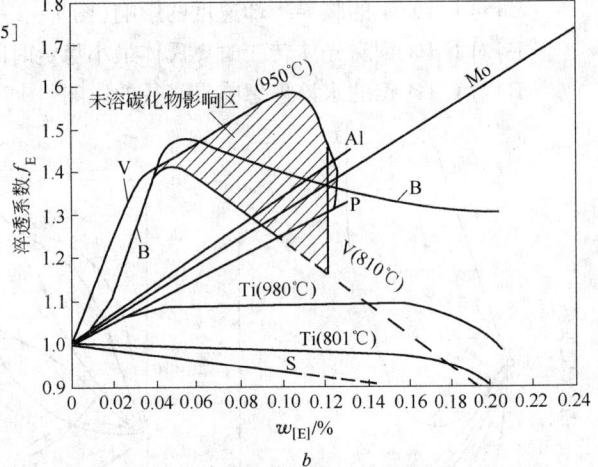

b

图7-1-8

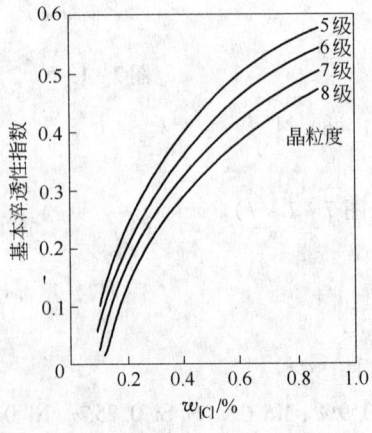

图7-1-9

[E]和钢的淬透性直径的关系(用加和法求理想直径)(图7-1-9~图7-1-13、表7-1-1)[6]

[C]和晶粒度对基本淬透性指数的影响(图7-1-9)

［E］和淬透性指数的关系（图7-1-10）

淬透性指数与淬透直径的关系（图7-1-11）

试样中心为50%的马氏体淬透直径和不同心部马氏体含量的直径关系（图7-1-12）

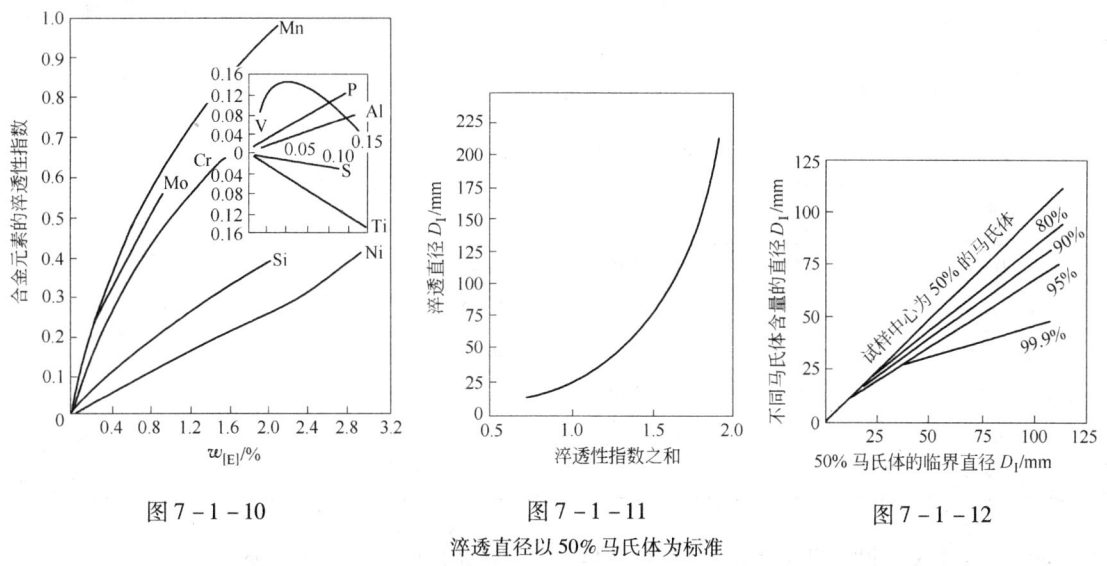

图7-1-10　　　　　　　　　图7-1-11　　　　　　　　　图7-1-12
　　　　　　　　　　　　淬透直径以50%马氏体为标准

淬透性直径与采用具体的冷却强度和实际淬透直径的关系（图7-1-13）

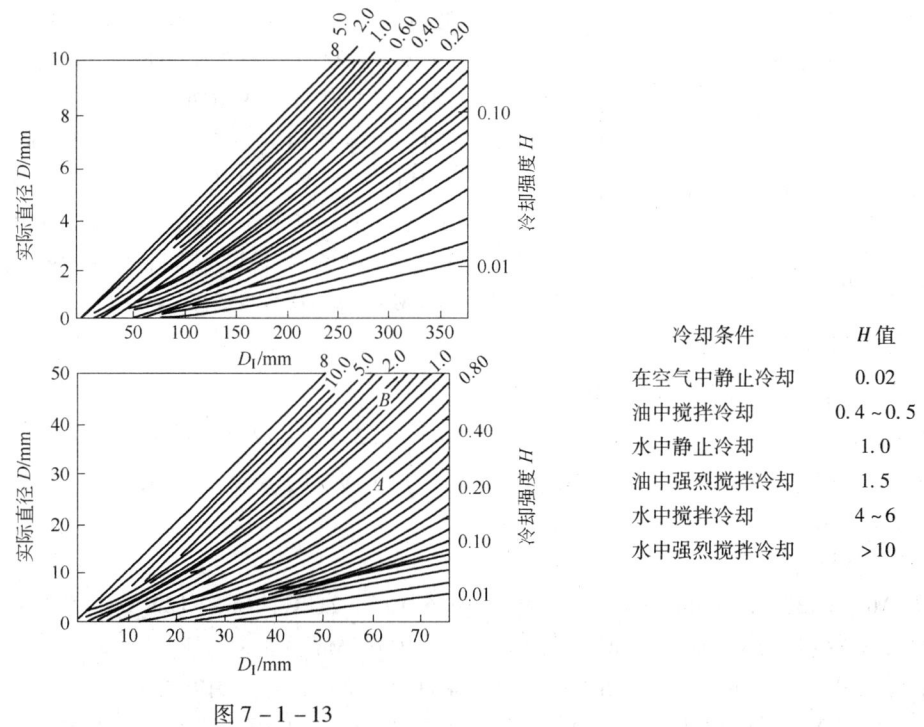

图7-1-13

| 冷却条件 | $H$值 |
| --- | --- |
| 在空气中静止冷却 | 0.02 |
| 油中搅拌冷却 | 0.4~0.5 |
| 水中静止冷却 | 1.0 |
| 油中强烈搅拌冷却 | 1.5 |
| 水中搅拌冷却 | 4~6 |
| 水中强烈搅拌冷却 | >10 |

使用实例：钢成分 C0.4%，Cr0.5%，Mn0.9%，Mo0.2%，Si0.25%，Ni0.55%，P0.02%，S0.02%，实际晶粒度8级。

从图 7 - 1 - 9 查出[C]晶粒度为 8 级的淬透性指数为 0.28,从图 7 - 1 - 10 查出其他合金元素的淬透性指数和为 1.33,总和为 1.61,从图 7 - 1 - 11 中查出淬透性直径为 100 mm（中心得到 50% 的马氏体）。如中心处得到 90% 马氏体,则直径约为 75 mm（查图 7 - 1 - 12）;如果此种钢在油中搅拌冷却只能得到 50 mm 的实际直径($D$),冷却强度 $H$ = 0.4（见图 7 - 1 - 13）。

各种淬火介质的 $H$ 值(表 7 - 1 - 1)[1]

表 7 - 1 - 1

| 介质搅动 | 代表性流速 /m·min⁻¹ | 代表性 H 值 | | | |
|---|---|---|---|---|---|
| | | 空 气 | 矿物油 | 水 | 盐 水 |
| 无搅动 | 0 | 0.02 | 0.20 ~ 0.30 | 0.9 ~ 1.0 | 2.0 |
| 轻微搅动 | 15 | | 0.30 ~ 0.35 | 1.0 ~ 1.1 | 2 ~ 2.2 |
| 适当搅动 | 30 | | 0.35 ~ 0.40 | 1.2 ~ 1.3 | |
| 良好搅动 | 61 | 0.05 | 0.40 ~ 0.60 | 1.4 ~ 1.5 | |
| 强烈搅动 | 230 | | 0.60 ~ 0.80 | 1.6 ~ 2.0 | 4.0 |
| 激烈搅动 | | | 0.80 ~ 1.10 | 4 | 5 |

水淬 $D_I$-碳含量和淬裂的关系(图 7 - 1 - 14)[7]。碳含量低的发生淬裂少。

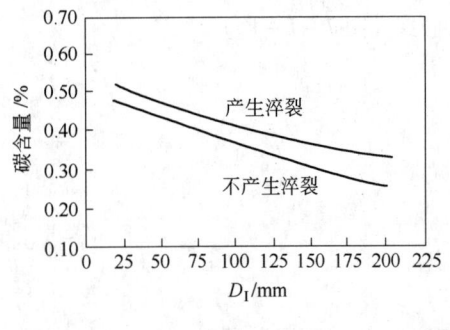

图 7 - 1 - 14

末端淬火末端不同距离硬度值和[E]的关系:

线性计算式(HRC)[7]:

$$J_1 = 52[C] + 1.4[Cr] + 1.9[Mn] + HRC33$$
$$J_6 = 89[C] + 23[Cr] + 7.4[Ni] + 24[Mn] + 34[Mo] + 4.5[Si] - HRC30$$
$$J_{22} = 74[C] + 18[Cr] + 5.2[Ni] + 33[Mo] + 16[Mn] + 21[V] - HRC29$$

适用的钢种[C] = 0.1% ~ 0.64%,[Si] = 0.15% ~ 1.95%,[Mn] = 0.45% ~ 1.75%,[Ni] = 0 ~ 5%,[Cr] = 0 ~ 1.55%,[Mo] = 0 ~ 0.52%,[V] = 0 ~ 0.2%。

非线性模型方程计算式[7]:

$$J_1 = 60\sqrt{C} + 1.6[Cr] + 1.5[Mn] + HRC16$$
$$J_6 = 100\sqrt{C} + 7.5[Ni] + 22[Cr] + 22[Mn] + 33[Mo] + 6.2[Si] + 22[V] - HRC56$$
$$J_{22} = 85\sqrt{C} + 19[Cr] + 5.7[Ni] + 34[Mo] + 16[Mn] + 25[V] + 2.1[Si] - HRC53$$

适用钢种[C] = 0.1% ~ 0.6%。

相互作用模型计算式[8]:

$$J_6 = 7.6[Mn] + 138[C]^2[Mn] - 98[C]^3[Mn] + 4.6[Cr] + 21[C][Cr] + 129[C]^2[Cr] - 173[C]^3[Cr] + 9.6[Mo] + 214[C]^2[Mo] - 195[C]^3[Mo] + 5.3[Ni] - 36[Ni][C] + 214[Ni][C]^2 - 265[C]^3[Ni] + 11[V] + 7.6[Si] + HRC5.5$$

$$J_{22} = 148[C]^2[Mn] - 98[C]^3[Mn] + 11[Cr] + 101[C]^2[Cr] - 139[C]^3[Cr] + 14[Mo] + 238[C]^2[Mo] - 374[C]^3[Mo] + 2.9[Ni] + 50[C]^3[Ni] + HRC1$$

以上各式中,$J_x$ 的 $x$ 为角码,单位为 1/16 in($x$ = 1,距离到顶端约 1.6 mm);$J_x$ 的单位为 HRC。

各国端淬试验标准主要技术参数（表7－1－2）[1]

表7－1－2

| 参　数 | 美　国 | 美　国 | 英　国 | 德　国 | 日　本 | 前苏联 | 中　国 |
|---|---|---|---|---|---|---|---|
| | ASTM | SAE | BS | DIN | JIS | ГОСТ | GB |
| 试样直径×长度 | 1×4(in) | 1×4(in) | 1×4(in) | 25×100(mm) | 25×100(mm) | 25×100(mm) | 25×100(mm) |
| 淬火温度 | 适当 | 指定 | 适当 | 水淬温度中间值 | 指定 | 指定 | 按产品标准或协议 |
| 升温时间/min | 30~40 | | 30~45 | 30~40 | 30~40 | | |
| 保温时间/min | 20 | 30 | 20 | 20 | 20 | 20~30 | 30±5 |
| 试样出炉到开始淬火的最长时间/s | <5 | <5 | | <5 | | <5 | <5 |
| 喷水口直径 | 1/2 in | 1/2 in | 1/2 in | 12±1 mm | 12±1 mm | 12.5 mm | 12.5±0.5 mm |
| 喷水口至水冷端距离 | 1/2 in | 1/2 in | 1/2 in | 12±1 mm | 12±1 mm | 12.5 mm | 12.5±0.5 mm |
| 水射流的自然高度 | $2\frac{1}{2}$ in | $2\frac{1}{2}$ in | $2\frac{1}{2}$ in ±1/2 in | 65±10 mm | 65±10 mm | 65 mm | 65±5 mm |
| 水　温 | 40~85℉ | 40~85℉ | 5~25℃ | 5~30℃ | | | 10~30℃ |
| 水冷时间/min | >10 | >10 | >10 | >10 | >10 | >10 | >10 |
| 测定硬度用平台的磨削深度 | 0.015 in | 0.015 in | 0.020~0.050 in | 0.4 mm | 0.4 mm | 0.2~0.5mm | 0.4~0.5 mm |

注:1 in=25.4 mm; $t_℃=\frac{5}{9}t_℉-32$。

## 二、[E]对残余奥氏体、石墨化的影响

[C]和淬火后残余奥氏体数量的关系（图7－1－15）

[E]对淬火后残余奥氏体的影响（图7－1－16）[9]

碳含量、淬火温度与冷却速度对残余奥氏体量的影响（图7－1－17）

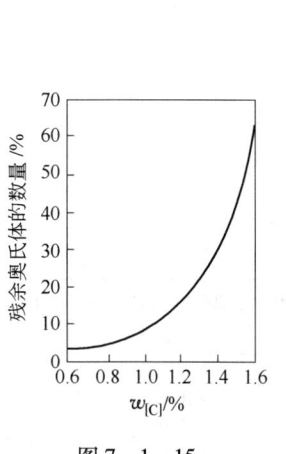

图7－1－15

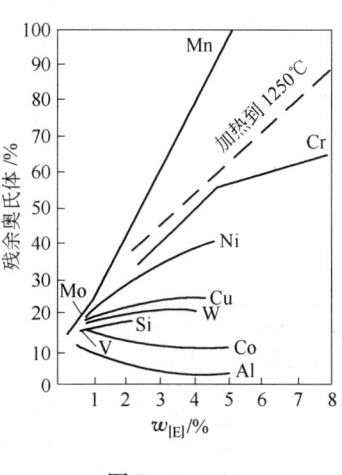

图7－1－16

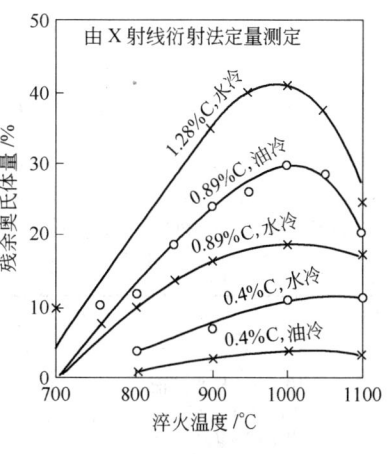

图7－1－17

[E]对石墨钢形成石墨的影响(图7-1-18)[9]

[E]和石墨化的关系(图7-1-19)[9]

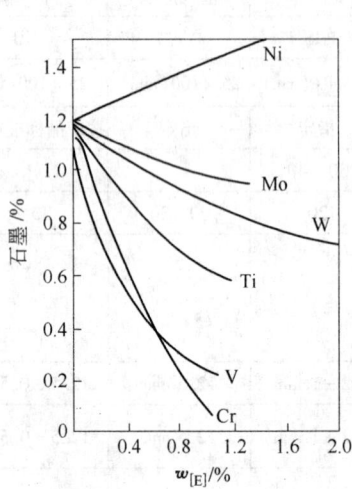

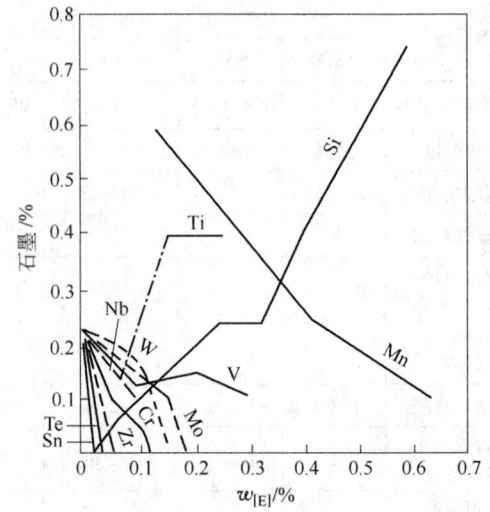

图7-1-18

条件:[Si]=1%,[C]=1.5%;950℃退火1 h

图7-1-19

条件:C1.0%、Si≈0.25%,Mn≈0.45%,Cr<0.02%;
冷拔加工度35.4%后650℃下退火100 h

[E]对感应淬火淬透性和端淬淬透性的影响(图7-1-20)[1]

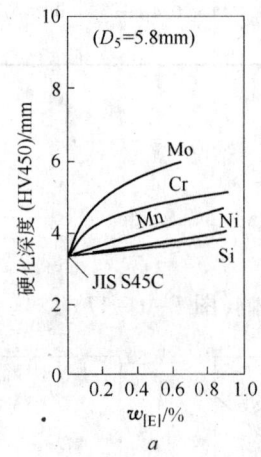

a

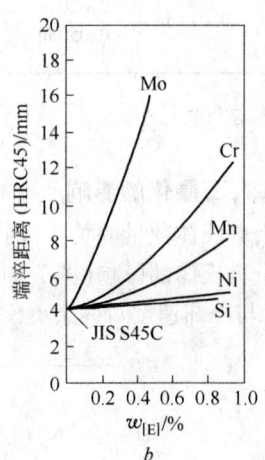

b

图7-1-20

各种冷却介质的相对冷却速度(表7-1-3)[1]

表7-1-3

| 淬火介质 | 从717℃至550℃的冷却速度同18℃水的冷却速度之比① | 从300℃至200℃的冷却速度同18℃水的冷却速度之比② |
|---|---|---|
| 10% NaOH 水溶液 | 2.06 | 1.26 |
| 10% NaCl 水溶液 | 1.96 | 1.05 |
| 10% Na₂CO₃ 水 | 1.38 | 1.00 |
| 10% H₂SO₄ | 1.22 | 1.35 |

| 淬火介质 | 从717℃至550℃的冷却速度同18℃水的冷却速度之比[①] | 从300℃至200℃的冷却速度同18℃水的冷却速度之比[②] |
|---|---|---|
| 0℃水 | 1.06 | 1.08 |
| 18℃水 | 1.00 | 1.00 |
| 水银 | 0.78 | 0.50 |
| 180℃30%Sn70%Cd | 0.77 | 0.11 |
| 25℃水 | 0.72 | 1.01 |
| 菜籽油 | 0.30 | 0.08 |
| 甘油 | 0.20 | 0.702 |
| Lupex 轻油 | 0.18 | 0.22 |
| 50℃水 | 0.17 | 0.81 |
| 肥皂水 | 0.077 | 0.92 |
| 铁板 | 0.061 | 0.027 |
| 四氯化碳 | 0.055 | 0.176 |
| 100℃水 | 0.044 | 0.86 |
| 液态空气 | 0.039 | 0.02 |
| 空气 | 0.028 | 0.014 |

① 18℃水中4 mm镍铬合金球心部冷却速度为1810℃/s；

② 18℃水中4 mm镍铬合金球心部冷却速度为740℃/s。

# 第二节　元素含量和钢的力学性能

## 一、[E]对铁、钢硬度的影响

[C]对钢中各组织硬度的影响(图7-2-1)

[E]对铁素体固溶强化的影响(图7-2-2)[2]

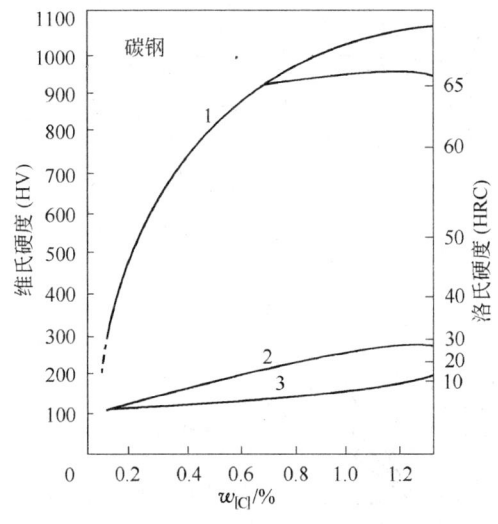

图 7 - 2 - 1

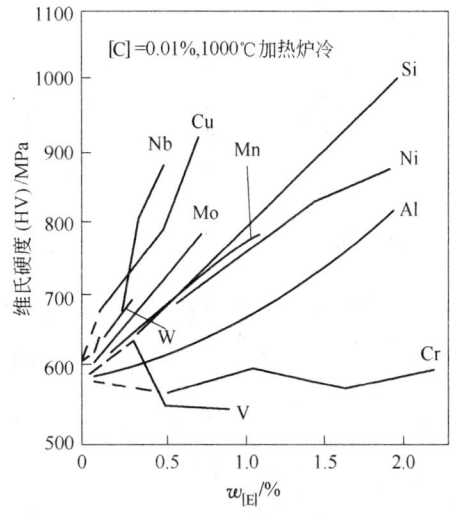

图 7 - 2 - 2

1—淬火后马氏体组织；2—空冷后珠光体组织(轧后正常空冷)；

3—球状碳化物组织(粗大)(工业上可能获得最低硬度)

[C]对碳钢的高温硬度的影响(图7-2-3)[10]

[E]和铁的常温硬度的关系(图7-2-4)[8]

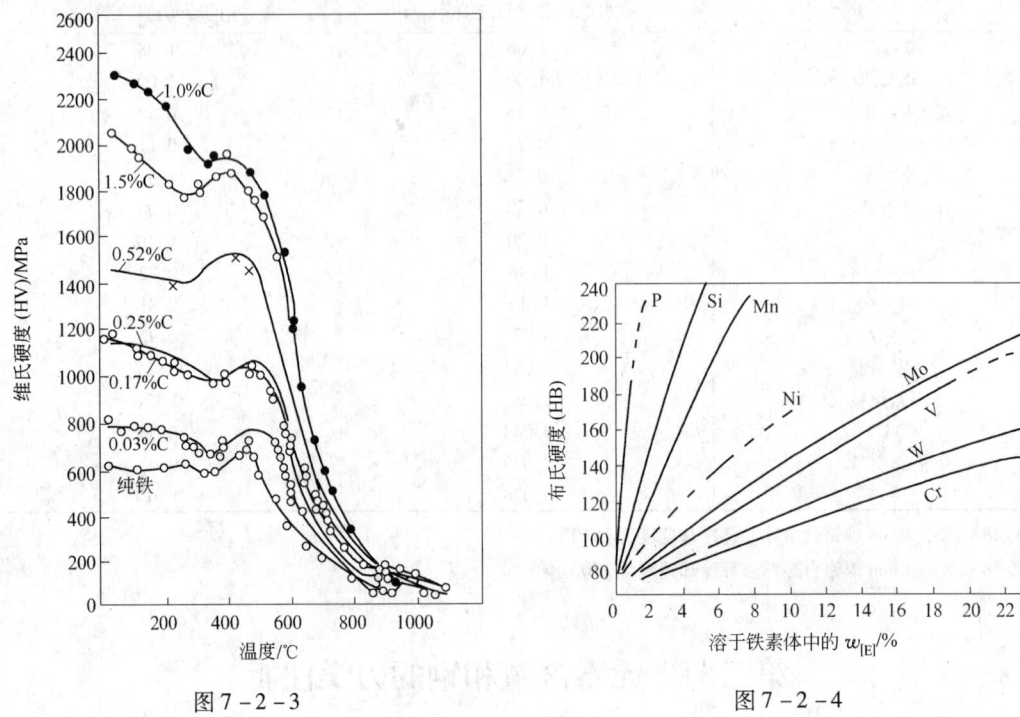

图7-2-3

图7-2-4

需要的回火硬度和确保淬火后得到的硬度的[C]及马氏体数量图解(图7-2-5)[11]

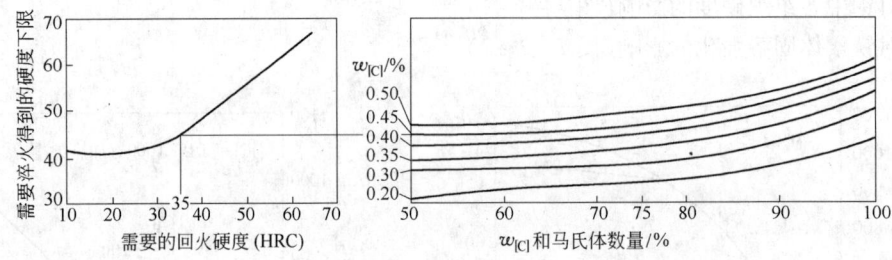

图7-2-5

[C]对不同热处理条件下钢的硬度的影响(图7-2-6)[12]

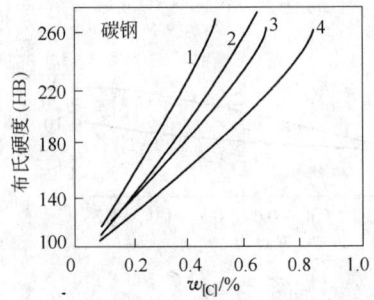

图7-2-6

1—水淬火+650℃回火;2—正火;3—正火+650℃退火;4—退火

［E］对焊接后母材硬度增加值的影响（图 7 - 2 - 7）[13]

［E］对正火、调质铁素体硬度的影响（图 7 - 2 - 8）[14]

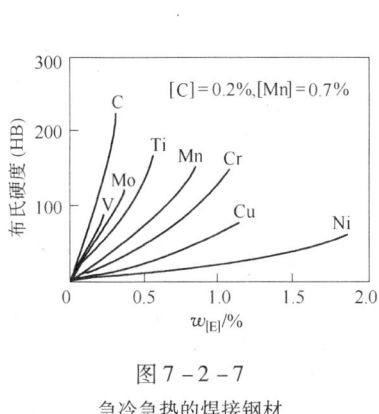

图 7 - 2 - 7

急冷急热的焊接钢材

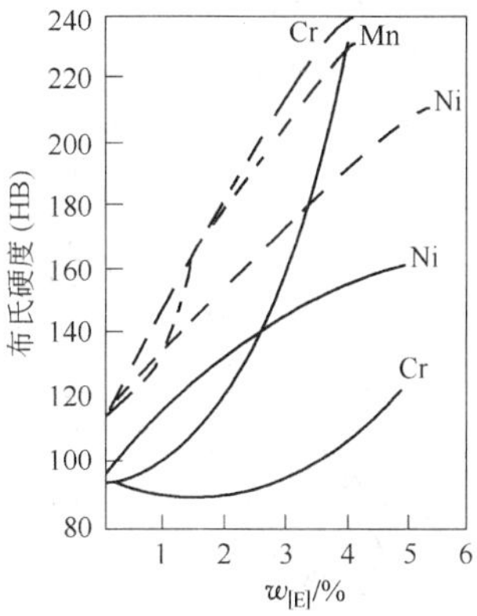

图 7 - 2 - 8

虚线—正火；实线—调质

合金钢的回火硬度和其他力学性能的关系（表 7 - 2 - 1）

表 7 - 2 - 1

| HRC | HB | $\sigma_b$/MPa | $\sigma_s$/MPa | $\delta$/% | $\psi$/% | $(20℃)A_K$/J |
|---|---|---|---|---|---|---|
| 14 | 197 | 637.4 ~ 706.0 | 473.6 ~ 534.4 | 22 ~ 28 | 60 ~ 68 | 108.3 ~ 176.5 |
| 16 | 207 | 672.7 ~ 740.4 | 500.1 ~ 578.6 | 21.5 ~ 27.5 | 59 ~ 67 | 111.4 ~ 167.1 |
| 18 | 217 | 706.0 ~ 784.5 | 521.7 ~ 617.8 | 21 ~ 27.5 | 58 ~ 66 | 105.9 ~ 160.8 |
| 20 | 223 | 725.6 ~ 804.1 | 541.3 ~ 637.4 | 20.5 ~ 26.3 | 57.5 ~ 65.5 | 94.9 ~ 156.9 |
| 22 | 235 | 766.8 ~ 853.1 | 583.5 ~ 681.5 | 20 ~ 25.5 | 56.5 ~ 64.5 | 87.9 ~ 149.1 |
| 24 | 248 | 809.0 ~ 902.2 | 630.5 ~ 735.5 | 19.5 ~ 24.5 | 55 ~ 63 | 81.6 ~ 139.6 |
| 26 | 262 | 848.2 ~ 946.3 | 669.7 ~ 769.8 | 18.5 ~ 24 | 54 ~ 61.5 | 74.5 ~ 132.6 |
| 28 | 277 | 902.2 ~ 1000.2 | 735.5 ~ 838.4 | 18 ~ 22.5 | 52 ~ 60 | 65.1 ~ 126.3 |
| 30 | 293 | 946.3 ~ 1059.0 | 799.2 ~ 897.2 | 17 ~ 22 | 51 ~ 59 | 58.1 ~ 111.4 |
| 32 | 311 | 1000.2 ~ 1122.8 | 858.0 ~ 965.9 | 16 ~ 20.5 | 49 ~ 57 | 50.2 ~ 102.0 |
| 34 | 321 | 1034.5 ~ 1166.9 | 897.2 ~ 1000.2 | 15.5 ~ 20 | 48 ~ 56 | 43.1 ~ 95.7 |
| 36 | 341 | 1098.3 ~ 1235.6 | 965.9 ~ 1078.7 | 14.5 ~ 18.5 | 46 ~ 54 | 35.3 ~ 83.9 |
| 38 | 363 | 1176.7 ~ 1323.8 | 1049.2 ~ 1166.9 | 13.5 ~ 17 | 43.5 ~ 51.5 | 24.3 ~ 70.6 |
| 40 | 379 | 1225.8 ~ 1375.8 | 1117.9 ~ 1225.8 | 12.5 ~ 16 | 42 ~ 50 | 16.2 ~ 58.2 |
| 42 | 401 | 1294.4 ~ 1519.9 | 1206.1 ~ 1265.0 | 11 ~ 15 | 40 ~ 49 | 43.1 |

条件：完全淬火后回火；$w_{[C]}$ > 0.3% 估量准确；$w_{[C]}$ < 0.1% 时 $\sigma_b$、$\sigma_s$ 低些。

回火合金钢的硬度计算式（用图 7 - 2 - 9 铁碳合金回火马氏体的硬度和图 7 - 2 - 10 合金元素对 480℃回火 1 h 马氏体硬度的影响中的数据）[15]：

$$HV = HV[C] + \Delta HV[Mn] + \Delta HV[P] + \Delta HV[Si] + \Delta HV[Ni]$$
$$+ \Delta HV[Cr] + \Delta HV[Mo] + \Delta HV[V]$$

Fe-C 合金在 927℃下用盐水淬火，得到 100% 马氏体，再在 149 ~ 704℃温度范围回火 1 h，测定其硬度。

中碳钢的调质硬度计算式[15]

$$HV = 235C_{eq} - 43.0 \lg D(mm) - 3.46GSN + 99.4$$

碳当量（$C_{eq}$）可用下式计算：

$$C_{eq} = C + 0.167[Si] + 0.223[Mn] + 0.068[Ni] + 0.25[Cr] + 1.804[V] + 3.162[N]$$

钢中钒、氮对硬度影响最大。

非调质钢的硬度回归计算式[15]：

$$d_{HB}(压痕直径) = 5.42 - 1.74[C] - 0.11[Si] - 0.51[Mn] - 2.54[V] - 2.21[N]$$

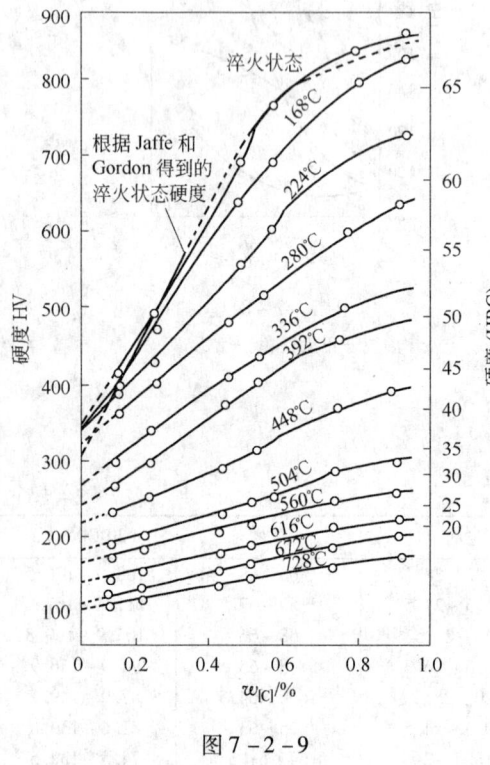

图 7 - 2 - 9

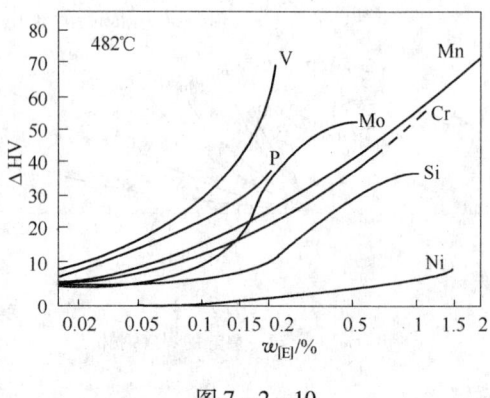

图 7 - 2 - 10

普通铸钢的[C]对不同摩擦条件下
磨耗量的影响（图 7 - 2 - 11）[12]

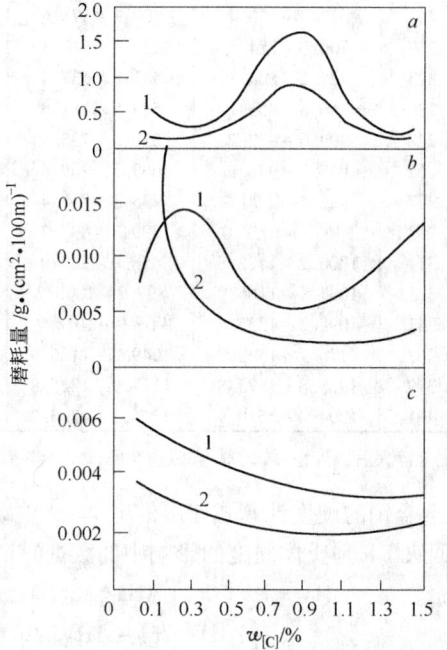

图 7 - 2 - 11

a—摩擦速度为 0.05 m/s;1—压力为 60.0 MPa;2—压力为 29.0 MPa;
b—摩擦速度为 0.2 m/s;1—压力为 2.9 MPa;2—压力为 1.59 MPa;
c—摩擦速度为 1.0 m/s;1—压力为 6.0 MPa;2—压力为 4.9 MPa

## 二、[E]对铁、钢强度的影响

[E]对正火、调质铁素体抗拉强度的影响(图7-2-12)[14]

[E]对铁素体抗拉强度的影响(图7-2-13)[13,16]

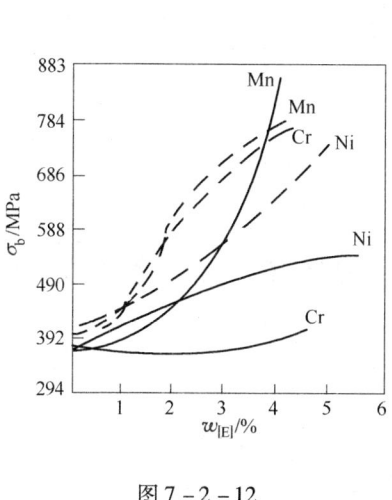

图7-2-12

实线—正火铁素体;虚线—调质

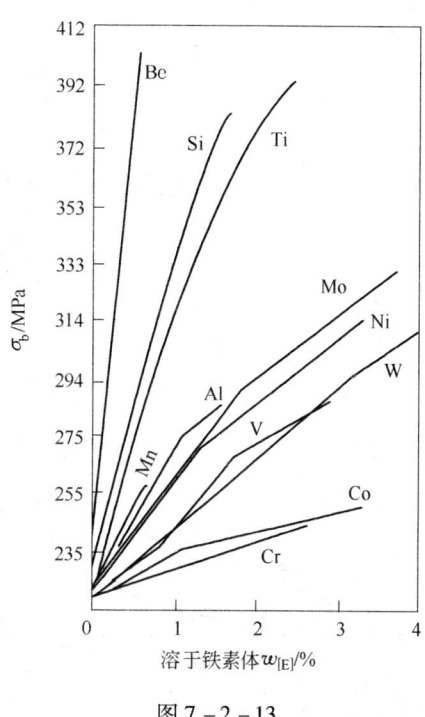

图7-2-13

[C]对珠光体、马氏体组织强度的影响(图7-2-14)

[E]对铁素体屈服强度($\sigma_s$)的影响(图7-2-15)[16]

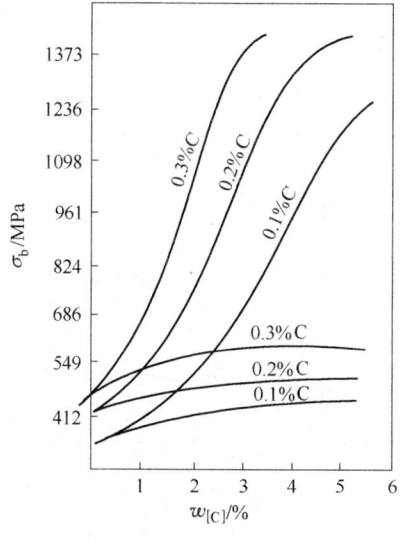

图7-2-14

下三线—珠光体;上三线—马氏体

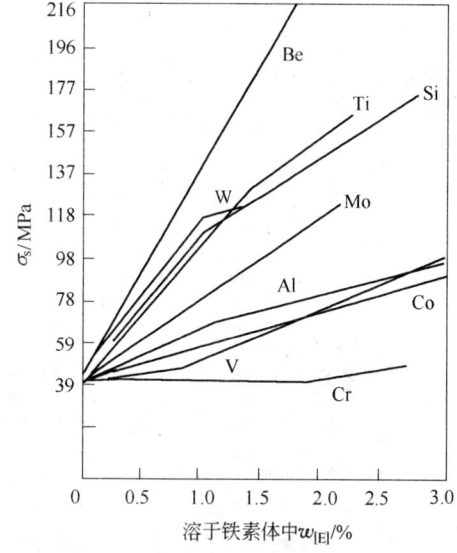

图7-2-15

［E］和奥氏体固溶处理后的屈服强度的关系(图 7 - 2 - 16)[17]

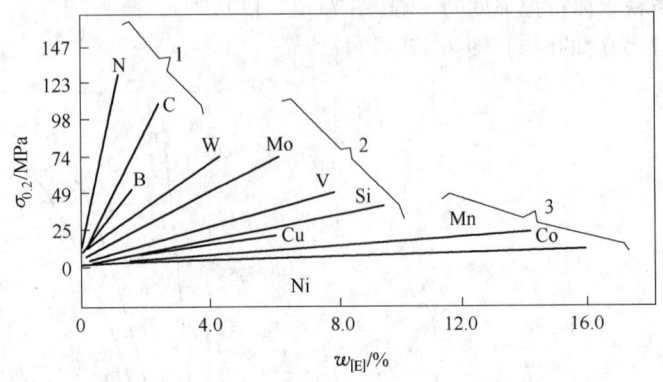

图 7 - 2 - 16

1—间隙固溶元素;2—置换固溶铁素体形成元素;3—置换固溶奥氏体形成元素

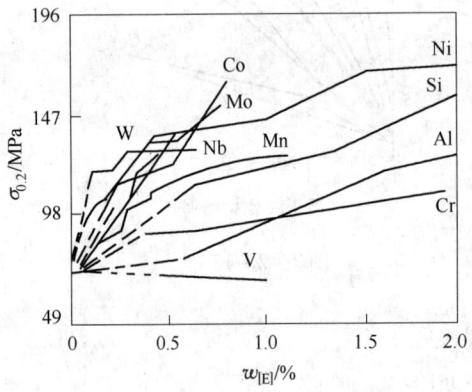

图 7 - 2 - 17

［C］=0.01% ;1000℃ ;炉冷

［E］对屈服强度的影响(图 7 - 2 - 17)[13]

［E］对铁素体下屈服强度的影响(图 7 - 2 - 18)[14]

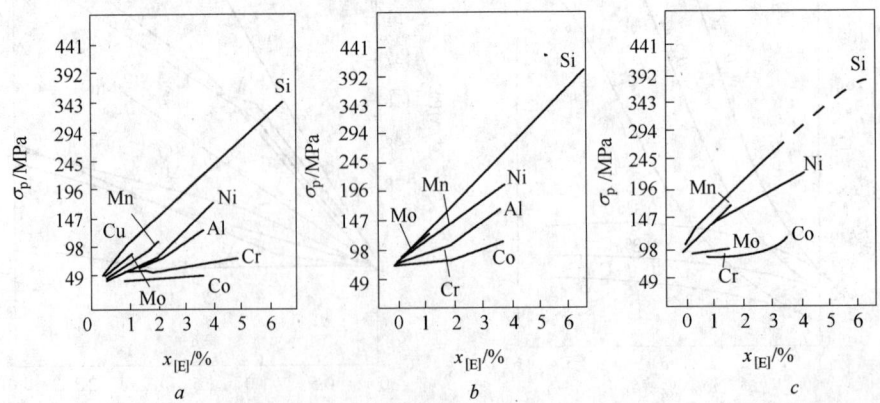

图 7 - 2 - 18

a—晶粒度 0 级;b—晶粒度 3 级;c—晶粒度 4 ~ 5 级

［C］对碳钢的高温抗拉强度的影响（图 7-2-19）[10]

合金元素对 αFe 屈服强度的影响（图 7-2-20）[17]

第二相对钢材总塑性的影响（图 7-2-21）

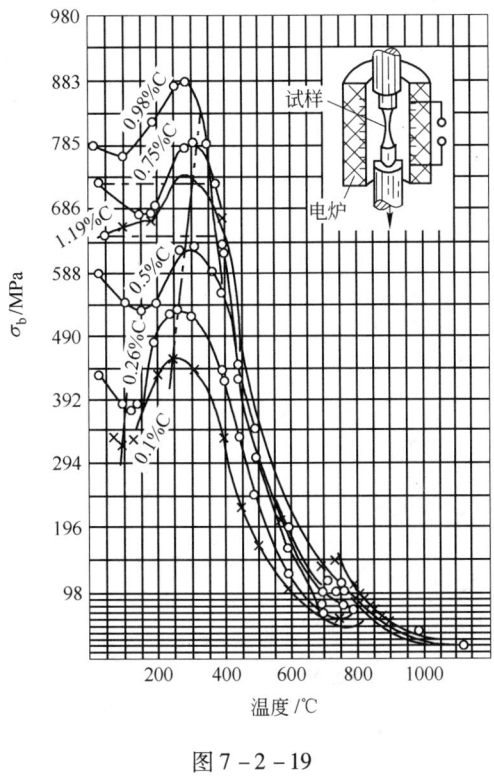

图 7-2-19

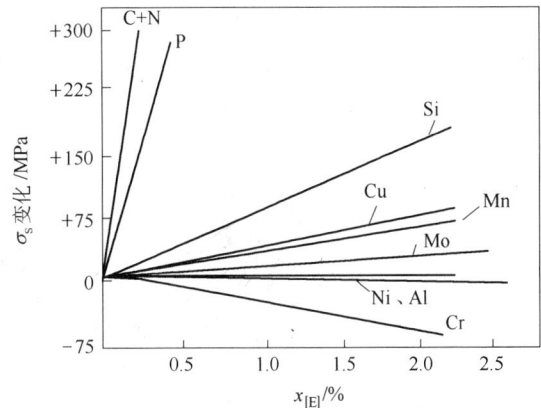

图 7-2-20

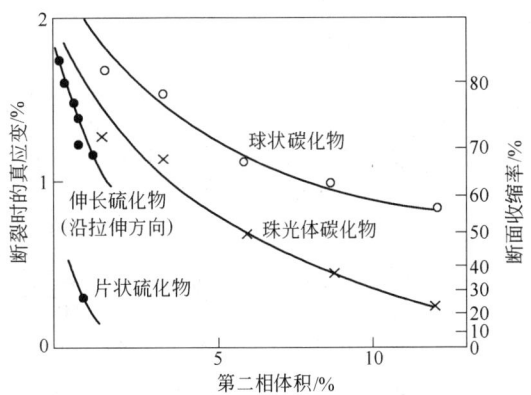

图 7-2-21

固溶元素对 αFe 切变模量的影响（图 7-2-22）[17]

固溶元素对 αFe 弹性模量的影响（图 7-2-23）[17]

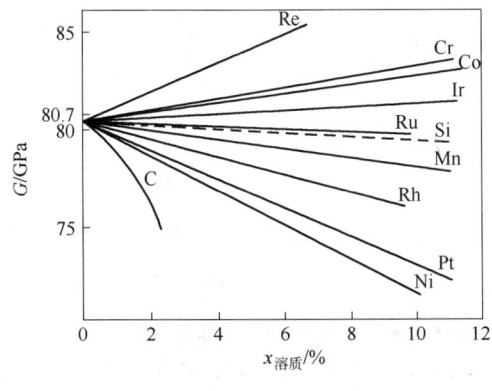

图 7-2-22

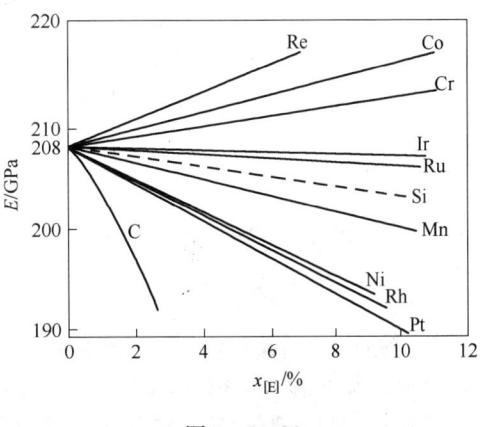

图 7-2-23

碳锰钢中[C]、[Mn]和抗拉强度的关系(图7-2-24)[18]

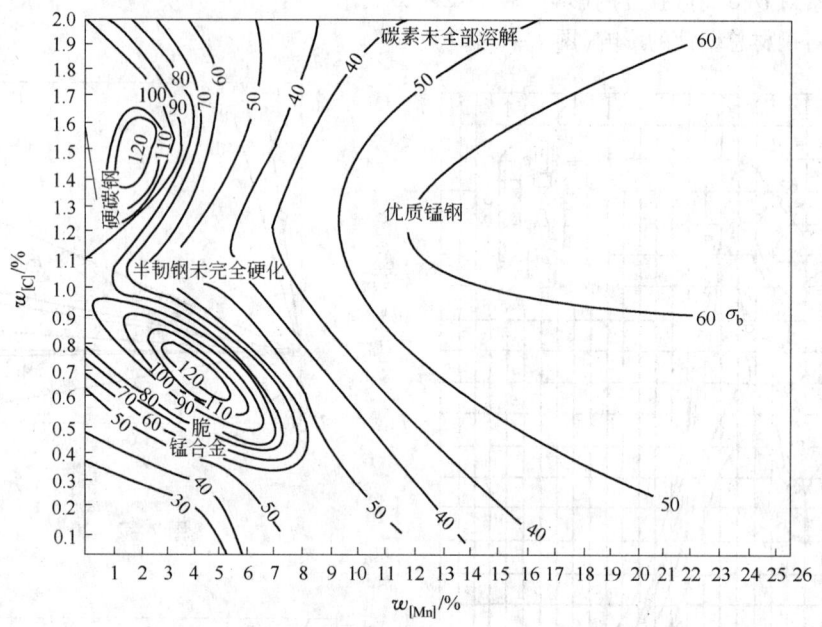

图7-2-24

1000℃,水韧处理;图中数字单位为$t/in^2$,$1t/in^2 = 6.89$ MPa

正火状态下碳素钢和低合金钢的抗拉强度的估算图(图7-2-25)[6]

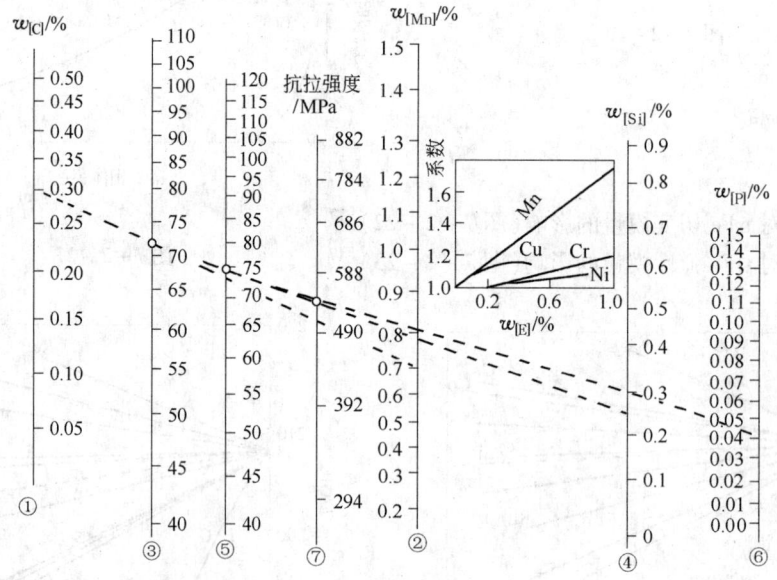

图7-2-25

例:C0.3%、Mn0.7%、Si0.25%、P0.04%,求$\sigma_b$。连接C0.3%于坐标①和Mn0.7%于坐标②交于③得72,连接Si0.25%于坐标④-③交于坐标⑤得点75,连接P0.04%于坐标⑥交于⑦得到抗拉强度为539 MPa。如还有合金元素,可乘上由各含量得出的系数,即可得低合金钢的$\sigma_b$值。

［E］对铁的反复弯曲强度的影响(图 7 - 2 - 26)

［E］对铁素体蠕变强度的影响(图 7 - 2 - 27)[13]

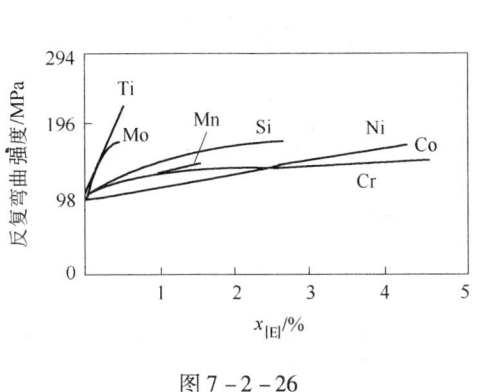

图 7 - 2 - 26

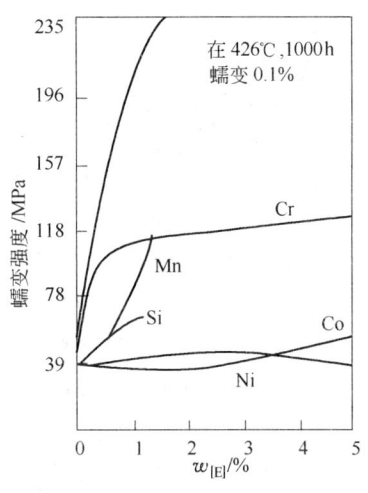

图 7 - 2 - 27

［C］=0.02%、［Mn］=0.03%、

［Si］=0.03%、［H］=0.01%、［S］=0.013%

［E］和疲劳强度的关系(图 7 - 2 - 28)[13]

［E］对 C0.1% 钢的抗氢作用的影响(图 7 - 2 - 29)[13]

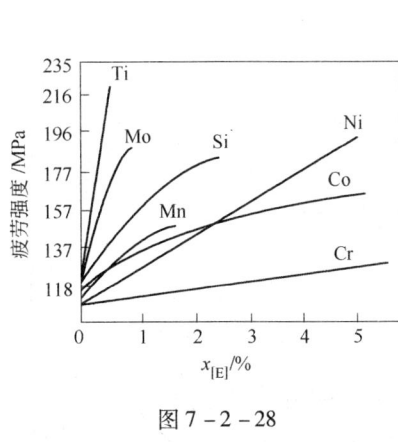

图 7 - 2 - 28

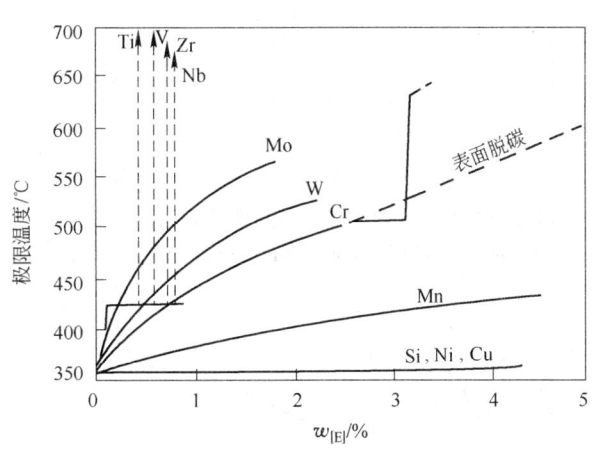

图 7 - 2 - 29

氢压力 30 MPa;100 h;$H_2$ 与［C］生成 $CH_4$ 使晶间侵蚀而破坏;

Ti、V、Zr、Nb 等能形成稳定碳化物的元素可防止脱碳

## 三、［E］对铁、钢韧性和塑性的影响

［E］对铁素体的冲击韧性的影响(图 7 - 2 - 30)[14]

［E］对调质状态钢的冲击韧性的影响(图 7 - 2 - 31)[14]

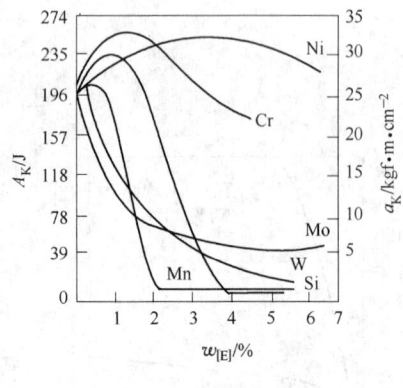

图 7 - 2 - 30

970℃淬火和550℃回火;6 mm × 6 mm 试样

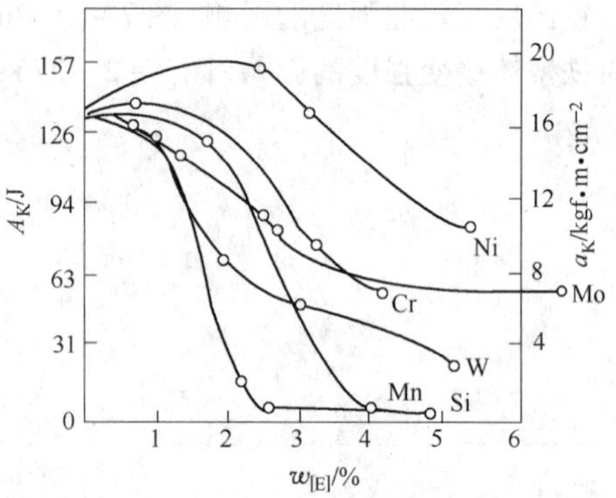

[C] = 0.02% ,[Si] = 0.2% ,[Mn] = 0.1% ,淬火状态

图 7 - 2 - 31

[E]对正火状态下钢的脆性转变温度的影响(图 7 - 2 - 32)[14]

[C]对不同热处理条件下钢的冲击韧性的影响(图 7 - 2 - 33)[12]

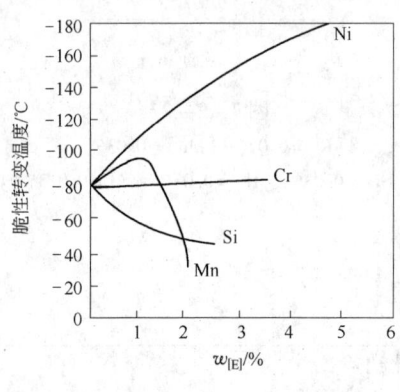

图 7 - 2 - 32

[C] = 0.08% ~ 0.11%;正火状态

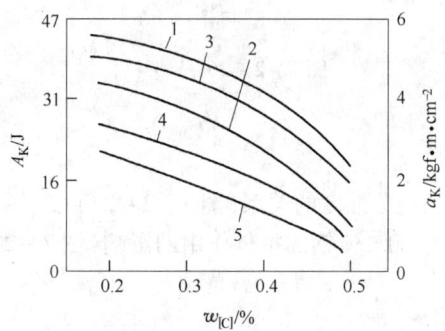

图 7 - 2 - 33

1—水淬火 + 650℃ 回火;2—正火;3—正火 + 650℃
回火;4—退火;5—铸造状态

[E]对钢的脆性转变温度的影响(高[E]区)(图 7 - 2 - 34)[13]

[E]对钢的脆性转变温度的影响(低[E]区)(图 7 - 2 - 35)[13]

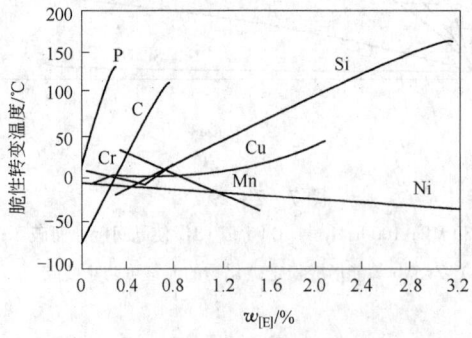

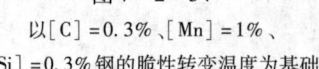

图 7 - 2 - 34

以[C] = 0.3% 、[Mn] = 1% 、

[Si] = 0.3%钢的脆性转变温度为基础

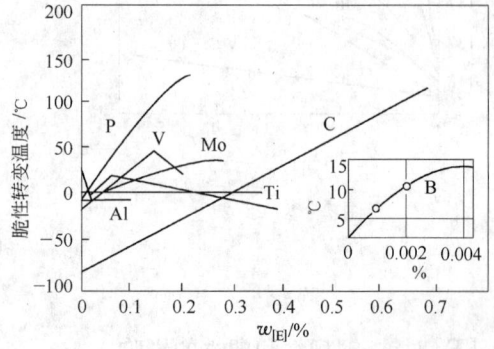

图 7 - 2 - 35

以[C] = 0.3% 、[Mn] = 1% 、

[Si] = 0.3%钢的脆性转变温度为标准测定

[E]对平衡状态下低碳钢的冲击韧性的影响(图7-2-36)[14]

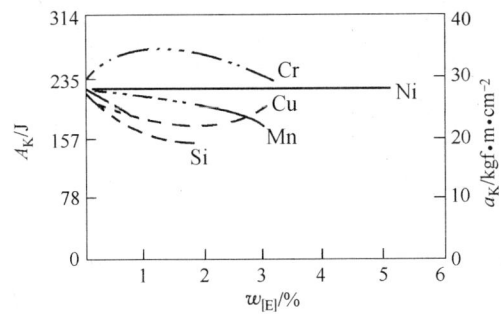

图7-2-36

[C]=0.03%~0.11%

[E]对平衡状态下低碳钢的伸长率的影响(图7-2-37)[14]

[E]对铁的伸长率的影响(图7-2-38)[14]

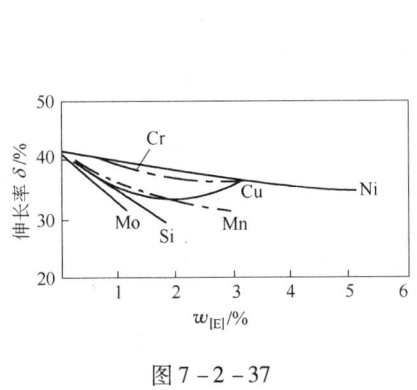

图7-2-37

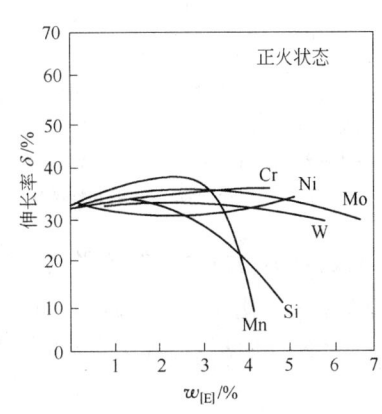

图7-2-38

[C]=0.02%;[Si]=0.2%;[Mn]=0.1%

[E]对铁的断面收缩率的影响(图7-2-39)[14]

[C]对不同热处理条件下的断面收缩率、伸长率的影响(图7-2-40)[12]

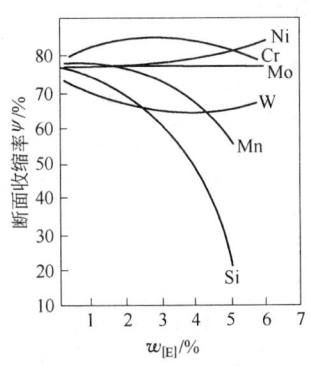

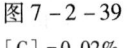

图7-2-39

[C]=0.02%

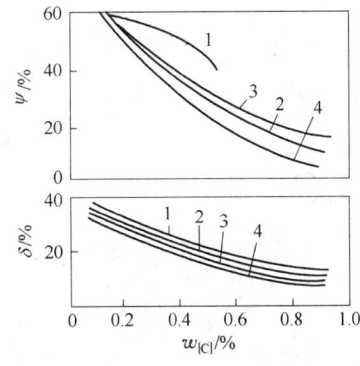

图7-2-40

1—水淬火+650℃回火;2—正火;3—正火+650℃回火;4—退火

碳、锰含量和碳、锰钢伸长率的关系（图7-2-41）[18]

［E］=1%时铁在真空中的蠕变伸长率和时间的关系（图7-2-42）[13]

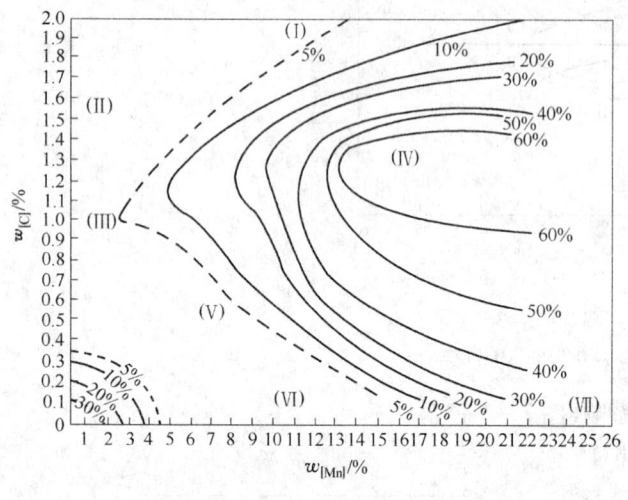

图7-2-41

（1000℃,水韧处理）（Ⅰ）—因碳素未全部溶解致使韧性降低；

（Ⅱ）—碳硬钢脆；（Ⅲ）—半韧钢未完全硬化（正火）；

（Ⅳ）—优质锰钢；（Ⅴ）—脆锰合金；（Ⅵ）—低碳锰

钢脆性区；（Ⅶ）—低碳高锰钢韧性区域

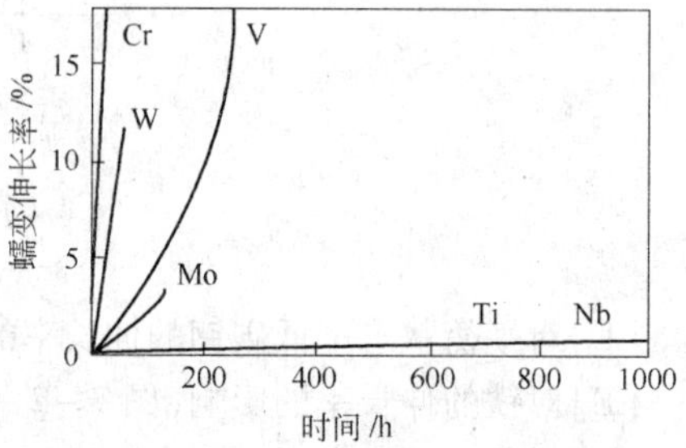

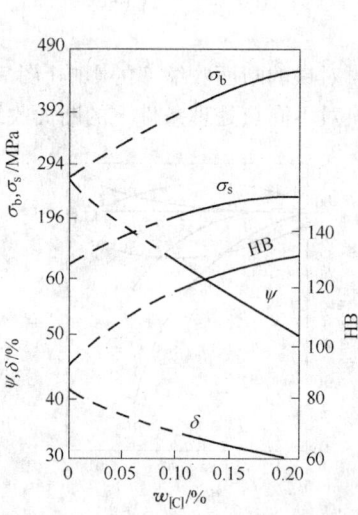

图7-2-42

650℃;30.4 MPa

## 四、［C］和热处理对钢的力学性能的影响

空冷轧、锻碳钢材的力学性能和碳含量的关系（图7-2-43）[19]

低碳铸钢退火后的力学性能和碳含量的关系（图7-2-44）[12]

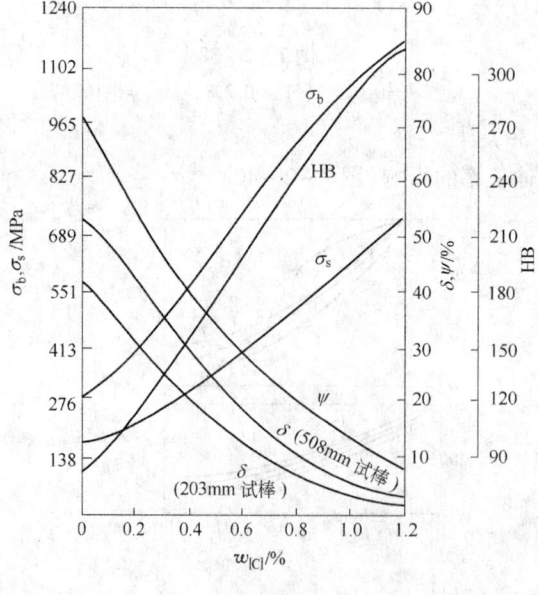

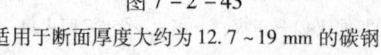

图7-2-43

适用于断面厚度大约为12.7~19 mm 的碳钢

图7-2-44

中碳铸钢热处理后的力学性能和碳含量的关系(图 7 - 2 - 45)[12]

高碳铸钢退火后的力学性能和碳含量的关系(图 7 - 2 - 46)[12]

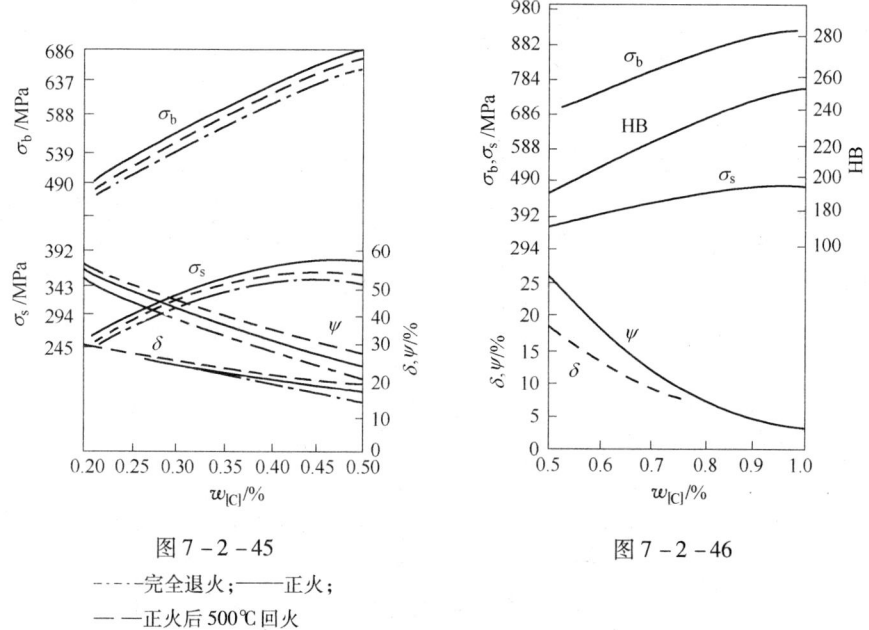

图 7 - 2 - 45

-----完全退火;——正火;

— —正火后 500℃回火

图 7 - 2 - 46

淬火中碳钢的力学性能和碳含量的关系(图 7 - 2 - 47)[20]

油淬火中碳钢的力学性能和碳含量的关系(图 7 - 2 - 48)[20]

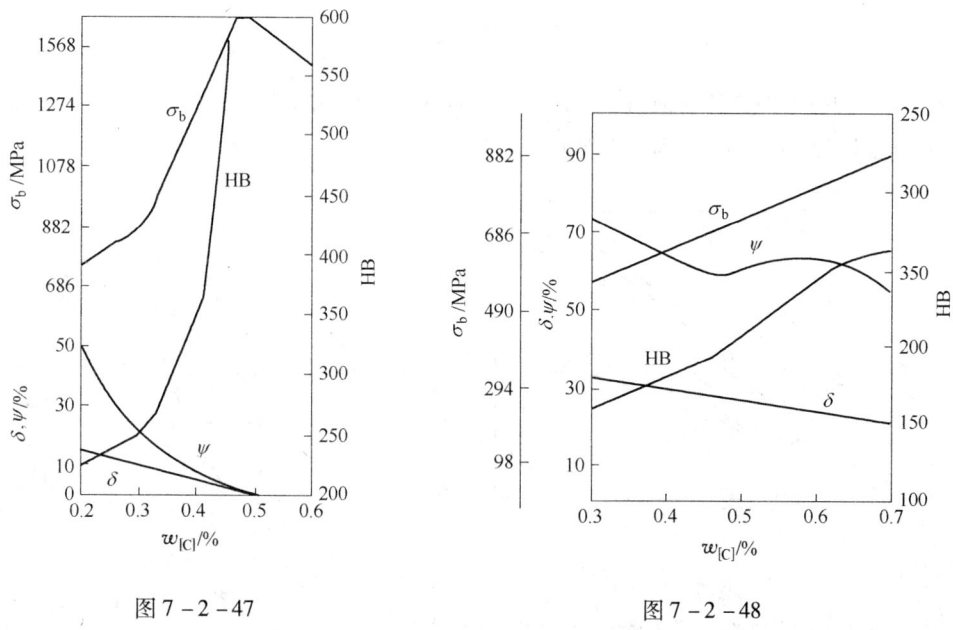

图 7 - 2 - 47

图 7 - 2 - 48

回火中碳钢力学性能和碳含量的关系(图 7 – 2 – 49)[20]
退火碳钢力学性能和碳含量的关系(图 7 – 2 – 50)[20]

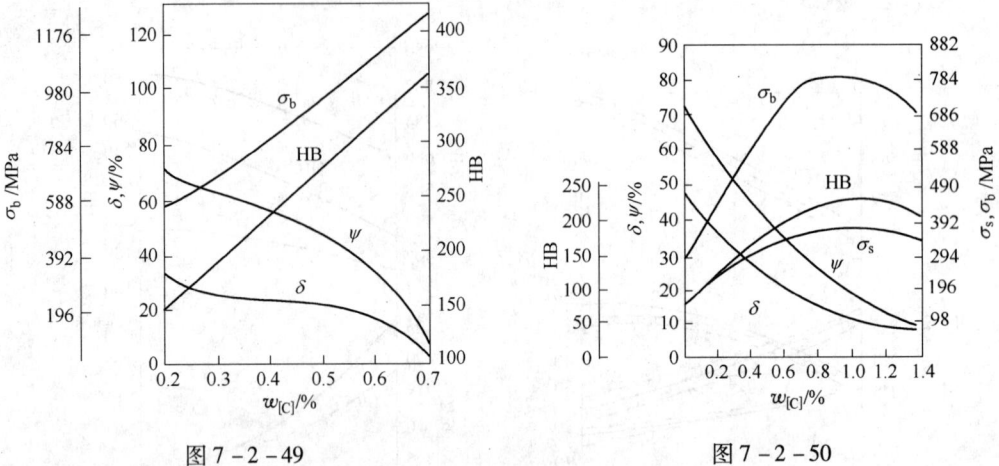

图 7 – 2 – 49　　　　　　　　　　　　图 7 – 2 – 50

低碳钢退火、正火、淬火力学性能和碳含量的关系(图 7 – 2 – 51)[20]

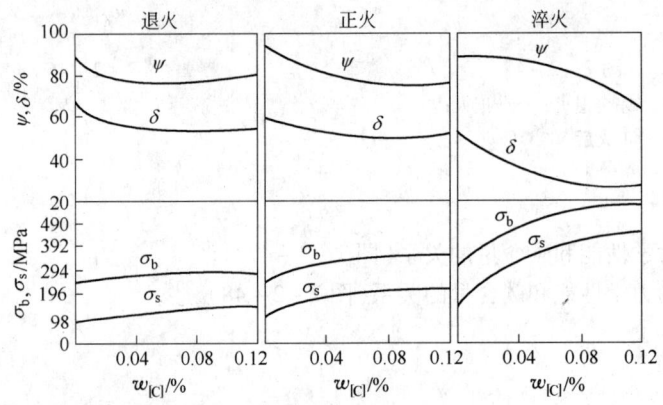

图 7 – 2 – 51

碳含量对不同热处理条件下钢的 $\sigma_b$、$\sigma_降$ 的影响(图 7 – 2 – 52)[12]
[E]对高锰钢(Mn13%)屈服强度的影响(图 7 – 2 – 53)[21]

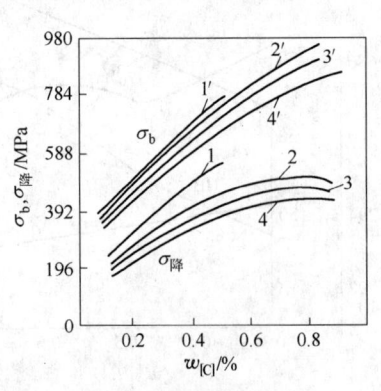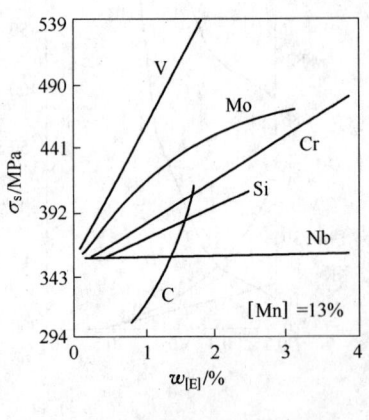

图 7 – 2 – 52　　　　　　　　　　　　图 7 – 2 – 53

1—水淬火 + 650℃回火;2—正火;3—正火 + 650℃;4—退火

## 五、一些钢种中元素含量对力学性能的影响

40CrNiMoA(图 7 - 2 - 54)[22]

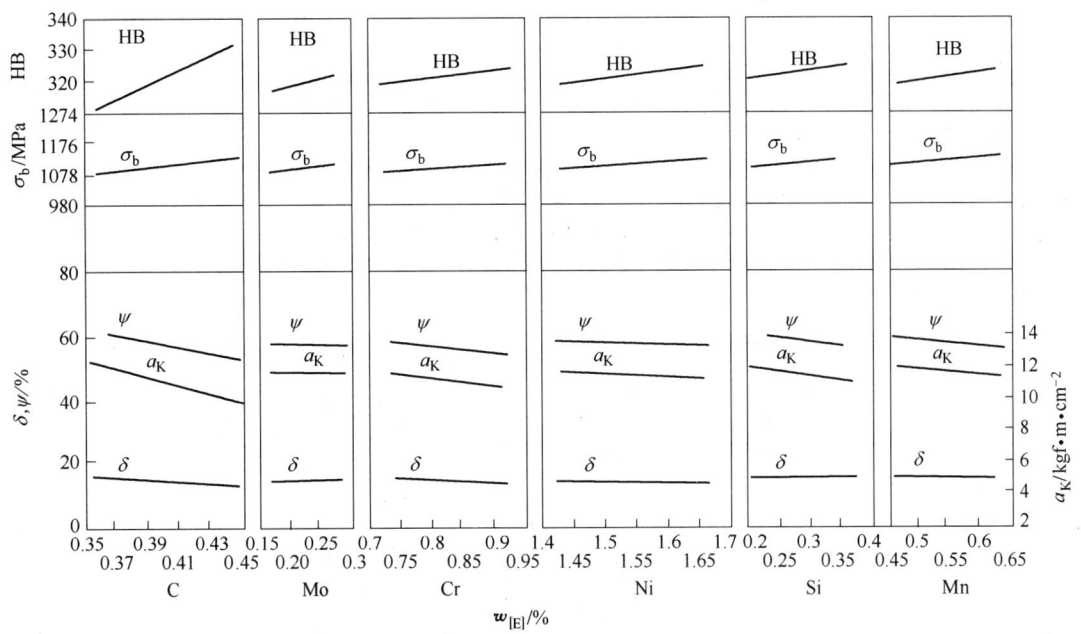

图 7 - 2 - 54

坯件直径 16 mm,850℃油淬,595℃空气中冷却

12CrNi3A(图 7 - 2 - 55)[22]

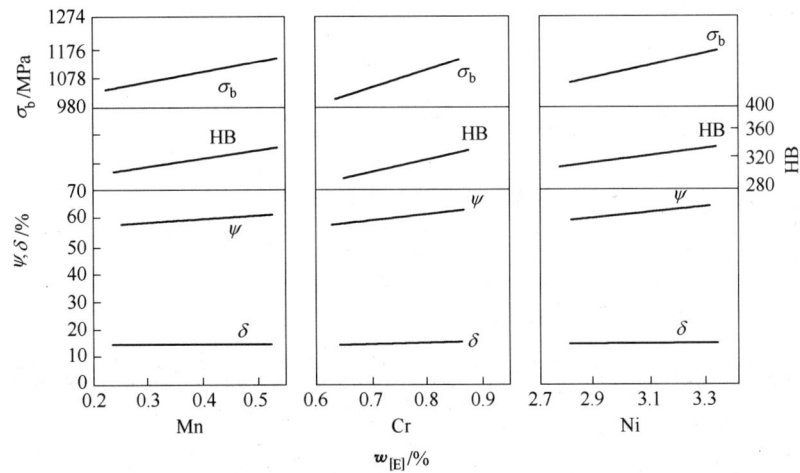

图 7 - 2 - 55

两次淬火:自 860℃油淬,自 780℃油淬;在 170℃下回火 3 h

30CrMnSiA(图 7 - 2 - 56)[22]

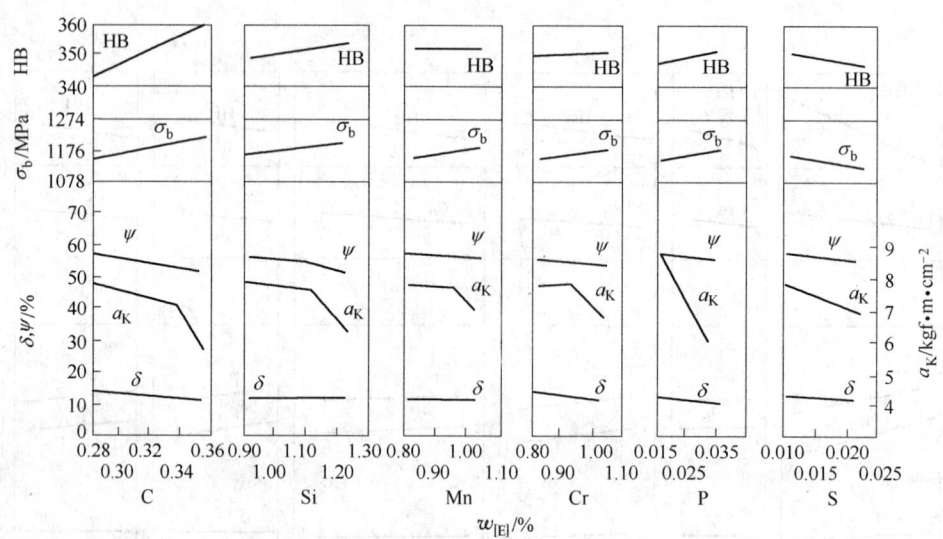

图 7 - 2 - 56

880℃油淬,在 510℃回火

38CrA(图 7 - 2 - 57)[22]

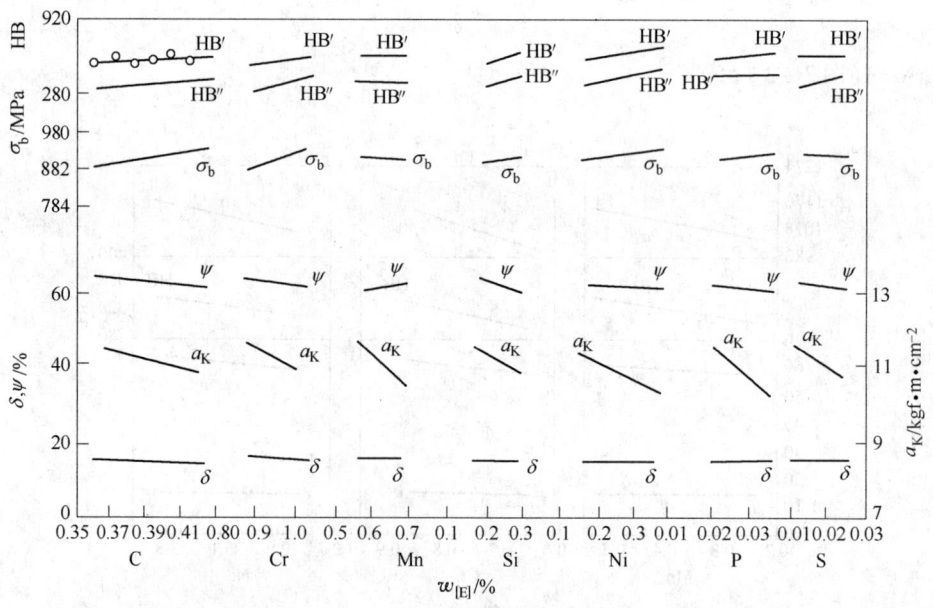

图 7 - 2 - 57

试样直径 25 mm 的坯件,在 860℃油淬火,回火后在油中冷却,HB′—直径 25 mm

试样表面的硬度;HB″—自坯件中心部切下制成的截面为 10 mm × 10 mm 的冲击值试样的表面硬度

35CrMoAlA（图 7 - 2 - 58）[22]

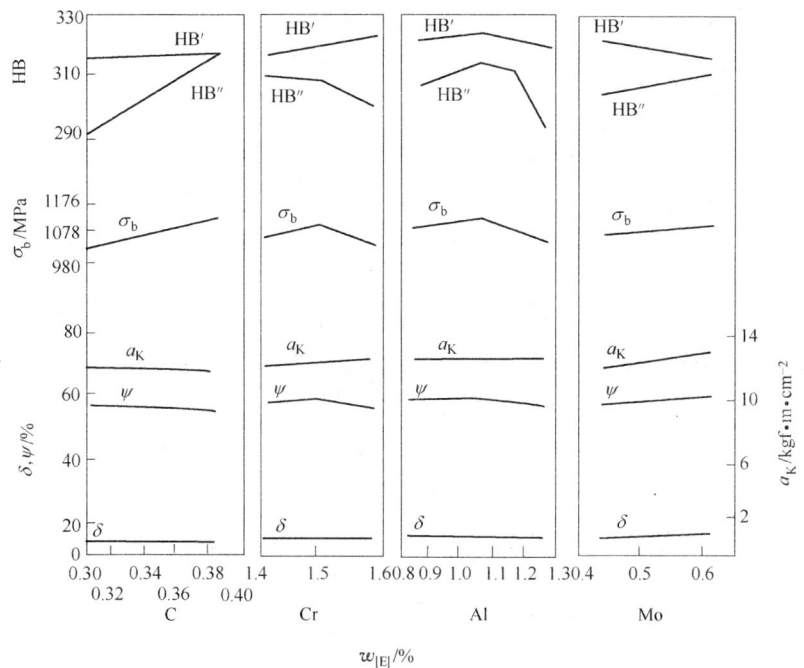

图 7 - 2 - 58

截面 40 mm × 40 mm 的坯件,从 950℃水平淬火,650℃回火后,在油中冷却,HB'—40 mm × 40 mm

坯件的表面硬度;HB″—由内心切下制成 10 mm × 10 mm 试样的表面硬度

1Cr13、2Cr13（图 7 - 2 - 59）[22]

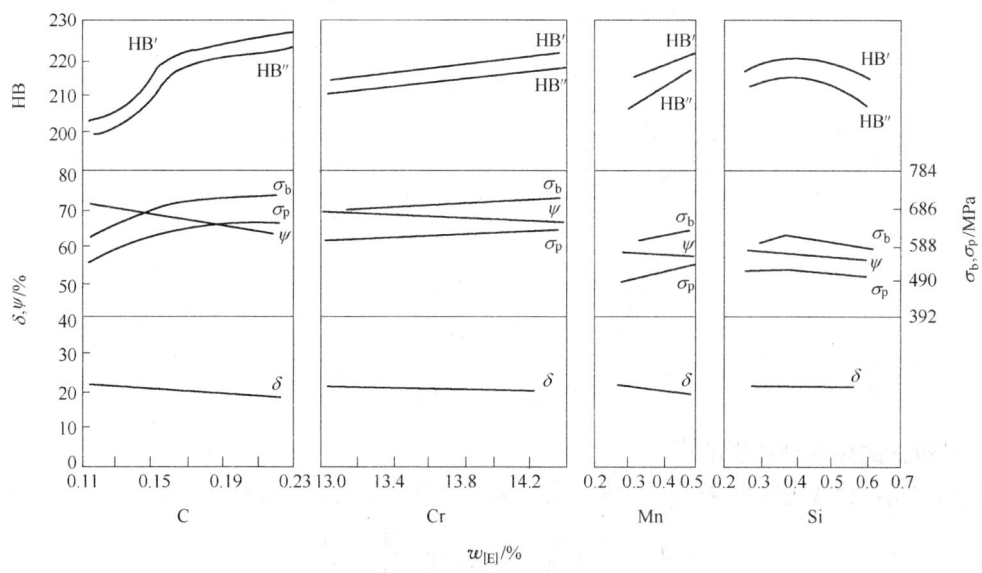

图 7 - 2 - 59

1050℃油淬;750℃回火;HB'—坯件直径 25 mm 表面的硬度;HB″—由坯件中心处

切下制成的截面为 10 mm × 10 mm 的冲击试样的表面硬度

Cr27(图 7 - 2 - 60)[22]

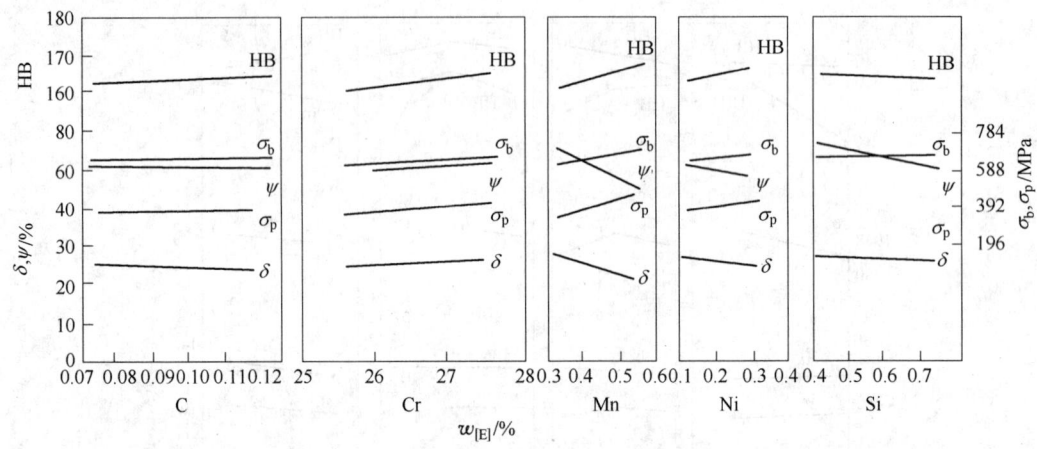

图 7 - 2 - 60

Mn13(图 7 - 2 - 61)[21]

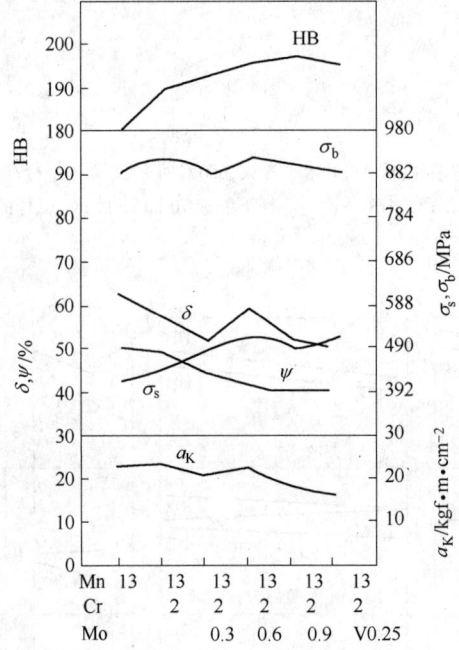

图 7 - 2 - 61　水韧处理

## 六、[E]对钢的焊接性的影响[15,23]

钢的焊接性通常用碳当量($C_E$)衡量。合金元素含量和碳当量的关系计算式为：

$$C_E = C + \frac{Mn}{6} + \frac{Ni}{20} + \frac{Cr}{10} + \frac{Mo}{10} + \frac{Cu}{40}$$

$C_E < 0.4\%$ 时可在室温下焊接；$C_E > 0.4\%$ 时需采取预热等措施。

要求更严格的船用钢的 $C_E$ 可用下式计算：

$$C_E = C + \frac{Mn}{6} + Cu + Ni/5 + (Cr + Mo + V)/5$$

潜艇用钢的焊接性用下式计算：

$$C_E = C + \frac{Mn}{6} + \frac{Si}{24} + \frac{Ni}{40} + \frac{Cr}{5} + \frac{Mo}{4} + \frac{V}{14}$$

还有一种开裂敏感性参数($P_{cm}$)，其值越小，表示焊后开裂敏感性越小：

$$P_{cm} = C + \frac{Si}{30} + \frac{Mn}{20} + \frac{Cu}{20} + \frac{Ni}{60} + \frac{Cr}{20} + \frac{Mo}{15} + \frac{V}{3} + \frac{Nb}{2} + 23B^*$$

式中，$B^* = B + \frac{10.8}{14.1}\left(N - \frac{Ti}{3.4}\right)$。当 $N \leqslant \frac{1}{3.4}Ti$ 时，$B^* = B$。

此式适于低碳 Mn 为 1% ~2% 时的微合金化钢。

## 七、[E]和组织对钢的力学性能的计算式

单相钢成分、组织与其力学性能的定量关系计算式(表 7－2－2)[15]

表 7－2－2

| 组 织 | 定量关系式 |
|---|---|
| 铁素体 | $\sigma_s = 15.4 \times [3.5 + 2.1Mn + 5.4Si + 23N_f^{-1/2} + 1.13d_F^{-1/2}]$<br>$\delta_u = 0.28 - 0.2C - 0.25Mn - 0.044Si - 0.039Sn - 1.2N_f = 5/[10 + d_F^{-1/2}]$ |
| 珠光体 | $\sigma_s = 139 + 46.4S_0^{-1}$<br>$\sigma_s = -85.9 + 262S_0^{-1/2}$ |
| 贝氏体 | $\sigma_s = 15.4 \times [-12.6 + 1.13d_B^{-1/2} + 0.98n_P^{1/4}]$<br>$\sigma_s = 30 + 1900(C + N_f)^{1/2} + 1.22 \times 10^{-4}l_1^{-1}$<br>$\sigma_b = 15.4 \times [16 + 125C + 15(Mn + Cr) + 12Mo + 6W + 8Ni + 4Cu + 25(V + Ti)]$ |
| 马氏体(回火) | $\sigma_s = 158 + 3.51 \times 10^{-2}\lambda^{-1} + 1.68l^{-1/2}$<br>$\sigma_s = 550 + 1.23 \times 10^{-1}\overline{W}^{-1} + 4.13 \times 10^{-2}\lambda_P^{-1}$ |

注：$\sigma_s$—屈服强度，MPa；$\sigma_b$—抗拉强度，MPa；$\delta_u$—均匀伸长率；$N_f$—溶解氮，质量分数，%；$d_F$—铁素体晶粒直径 mm；$S_0$—片层间距，μm；$d_B$—贝氏体铁素体晶粒尺寸，mm；$n_P$—碳化物粒子数，1/mm²；$l_1$—片层宽度，m；$\lambda$—碳化物粒子间距，cm；$l$—铁素体平均自由程，cm；$\overline{W}$—马氏体团平均尺寸，mm；$\lambda_P$—平均片层间距，mm；各合金元素含量为质量分数。

热轧或正火的合金钢板强度(MPa)和成分关系计算式[15]：

$$\sigma_s = 9.8\{12.4 + 28C + 8.3Mn + 5.6Si + 5.5Cr + 4.5Ni + 8Cu + 36V + 77Ti + 55P + [3.0 - 0.2(h - 5)]\}$$

$$\sigma_b = 9.8\{23.0 + 70C + 8Mn + 9.2Si + 7.4Cr + 3.4Ni + 5.7Cu + 32V + 54Ti + 46P + [2.1 - 0.14(h - 5)]\}$$

式中，以上合金元素均为质量分数；$h$ 为钢板厚度，mm。

适用的钢板厚度范围为 5 ~20 mm，各元素含量不超过以下范围：

| 元素 | C | Mn | Si | Cr | Ni | Cu | V | Ti | P |
|---|---|---|---|---|---|---|---|---|---|
| 质量分数/% | 0.2 | 1.6 | 1.0 | 1.3 | 1.0 | 0.8 | 0.15 | 0.05 | 0.15 |

普通钢和低合金钢正火后的力学性能和成分关系计算式[24]：

热轧钢 $\sigma_b = 264.6 + 548.8C_m$

锻钢 $\sigma_b = 264.6 + 490C_m$

铸钢 $\sigma_b = 264.6 + 470.4C_m$

$$C_m = [1 + 0.5(C - 0.2)]C + 0.15[Si] + [0.125 + 0.25(C + 0.2)]Mn + [1.25 - 0.5(C - 0.2)]P + 0.2Cr + 0.1Ni$$

式中，$C_m$ 为碳势总和；C、Si、Mn、Cr、Ni…为溶于钢中的元素的质量分数，以 1% 为 1 单位。

复相钢的力学性能和成分、参数的回归计算式(表 7－2－3)[15]

表 7 – 2 – 3

| 钢 种 | 成分、组织与性能的关系式 |
|---|---|
| 普碳钢 | $\sigma_s = 52.9 f_F + (372.4 + 92.1Mn) f_P + 70.6Si + 25.5 f_F d_F (mm)^{-1/2}$<br><br>$(f_F > 50\%)$<br><br>$\sigma_s = f_F [132 + 11.8 d_F (m)^{-1/2}] + (1 - f_F)[408 + 92.2Mn + 0.400 S_0 (m)^{-1/2}] + 79.7SiP$<br><br>$\sigma_b = f_F [197 + 15.9 d_F (m)^{-1/2}] + (1 - f_F)[592 + 0.791 S_0 (m)^{-1/2}] + 500Si$<br><br>$(f_F < 50\%)$<br><br>$\sigma_s = f_F^{-1/3}[136 + 58.5Mn + 13.2 d_F (m)^{-1/2}] + (1 - f_F^{-\frac{1}{3}})[8.76 + 8.00 S_0 (m)^{-1/2}] + 63.1Si$<br><br>$\sigma_b = f_F^{1/3}[197 + 19.7 d_F (m)^{-1/2}] + (1 - f_F^{-1/3})[421 + 9.19 S_0 (m)^{-1/2}] + 150Si$ |
| 简单铁素体—珠光体钢 | $\sigma_s = 88 + 37Mn + 83Si + 2918N_{自由} + 15.1 d (mm)^{-\frac{1}{2}}$ |
| 中高碳铁素体—珠光体钢,正火 | $\sigma_s = 15.4 \{ f_F^{1/3}(2.3 + 3.8Mn + 1.13 d_F (mm)^{-1/2}) + (1 - f_F^{-1/2})[11.6 + 0.25 S_0 (mm)^{1/2}] + 4.1Si + 27.6N_f^{1/3} \}$<br><br>$\sigma_b = 15.4 \{ f_F^{1/3}[16 + 74.2N_f^{1/2} + 1.18 d_F (mm)^{-1/2}] + (1 - f_F^{1/3})[46.7 + 0.23 S_0 (mm)^{-1/2}] + 6.3Si \}$ |
| 碳锰钢 | $\sigma_s = 9.8[-7.96 + 0.104K + 11.9 f_P^{1/2} + 8.45 f_B^{1/2} + 2.60 f_M + 1.99 \bar{d} (\mu m)^{-1/2}]$<br><br>$\sigma_b = 9.8[4.65 + 0.157H_F f_F + 0.246H_P f_P + 0.222H_B f_B + 44.03 f_M + 1.99 \bar{d} (\mu m)^{-1/2}]$<br><br>$\delta_u = 35.6 - 0.057H_F f_F - 0.105H_P f_P - 0.115H_B f_B - 0.055H_M f_M - 0.351 \bar{d} (\mu m)^{-1/2} + 0.571h$<br><br>$\delta_总 = 68.4 - 0.112H_F f_F - 0.212H_P f_P - 0.072H_B f_B - 28.08 f_M^{1/2} - 28.9 f_F f_B - 1.13 \bar{d} (\mu m)^{-1/2} + 0.449h$ |
| 碳锰钢 | $\sigma_b = 3.04HV$<br><br>$HV = f_F [361 + 50Si + 2.55 d_F (mm)^{-1/2} - 0.357 T_F (℃)] + f_P H_P + f_B [508 + 50Si - 0.588 T_B (℃)]$ |
| 中碳非调质钢 | $\sigma_s = 9.8(12.46 + 0.1736H + 3.215Mn + 60.71V - 7.326D + 0.484GSN)$<br><br>$\sigma_b = 9.8(4.49 + 0.2630H + 37.50C)$ |
| 共析碳钢 | $\sigma_s = 6.89[0.316 S_0 (cm)^{-1/2} - 0.0579 d_P (cm)^{-1/2} - 0.417 d_\gamma (cm)^{-1/2} + 7.58]$<br><br>$\psi = 0.124 S_0 (cm)^{-1/2} + 0.266 d_P (cm)^{-1/2} + 1.85 d_\gamma (cm)^{-1/2} - 47.1$ |

注:$d_F$—铁素体晶粒直径;$d_P$—珠光体团尺寸;$d_\gamma$—奥氏体晶粒尺寸;$S_0$—片层间距;HV—维氏硬度;$f$—体积分数;$d$—晶粒尺寸;$\psi$—面缩率;$h$—样品厚度,mm;$D$—钢材直径,mm;GSN—奥氏体晶粒级别;$T_F$,$T_B$—铁素体及贝氏体平均相变温度;F—铁素体;P—珠光体;B—贝氏体;M—马氏体;H—维氏硬度;$\sigma_s$,$\sigma_b$ 的单位为 MPa;$\delta_u$,$\delta_总$ 的单位为 %;C,Si,Mn,V,N 自由的单位为质量百分数。

钢的力学性能和成分及工艺参数的回归计算式[25]:

(1) 抗拉强度(MPa):

$$\begin{aligned}
\sigma_b = &\ 443 + 3058[C] - 229[Mn] + 267[Si] + 412[Cr] + 184[Mo] \\
&+ 22.7[Ni] - 941[Ti] - 441[Nb] + 39.2[Cu] - 235[CrSi] \\
&- 35.2[MnNi] + 323[CrV] + (137 - 3.8[Mo] \\
&+ 0.503[Ni] + 1.87[Ti] - 1.36[W])(t_q - A_{C3}) \\
&+ 170[Mn]^2 - 68.3[Cr]^2 - 1113[V]^2 - 0.0161(t_q - A_{C3})^2
\end{aligned}$$

$$R = 0.88; \sqrt{d_0} = 108$$

(2) 屈服强度(MPa):

$$\begin{aligned}
\sigma_s = &\ 321 + 2835[C] - 62.1[Mn] + 218[Si] + 68.5[Ni] - 2620[V] \\
&- 718[Ti] - 750[Nb] + 207[W] - 229[SiCr] + 471[SiMo] \\
&+ 1300[MnV] - 1603[MoV] + (1.25 - 3.43[Mo] \\
&+ 0.365[Ni] + 24[Ti] - 1.52[W])(t_q - A_{C3}) - 150[Cr]^2 \\
&- 16.2[Ni]^2 - 951[V]^2 - 0.0419(t_q - A_{C3})^2
\end{aligned}$$

$$R = 0.86; \sqrt{d_0} = 129$$

（3）伸长率（%）：

$$\delta = 12.5 - 40.4[C] + 15[Mn] - 0.053[Si] + 1.89[V] + 10.7[Ti] + 4.08[W]$$
$$- 2.49[Cu] - 4.07[MnCr] + 19.6[Mn][Mo] - 1.49[Cr][Ni] + 6.66[Mo][Ni]$$
$$+ (0.095 + 0.309[C] - 0.0255[Mn] - 0.374[Ti])(t_q - A_{C3})$$
$$- 4.81[Mn]^2 + 1.49[Cr]^2 - 12.8[V]^2 + 0.000115(t_q - A_{C3})^2$$
$$R = 0.79; \sqrt{d_0} = 2.13$$

（4）面缩率（%）：

$$\psi = 59.5 + 0.58[Mn] - 15.3[Si] + 2.55[Mo] + 2.03[Ni] + 23.6[Nb]$$
$$- 4.36[W] + 23.1[CMn] - 16.6[CCr] - 32.8[MnV] + (0.534[C]$$
$$- 0.407[Mn] - 0.0468[Cr] - 0.0985[Mo] - 0.0195[Ni] + 0.0987[W])$$
$$(t_q - A_{C3}) - 231[C]^2 + 8.82[Si]^2 + 3.0[Cr]^2 + 96.54[V]$$
$$R = 0.77; \sqrt{d_0} = 5.16$$

（5）冲击韧性（J/cm²）：

$$a_K = 85 + 69.4[Mn] + 1.51[Cr] - 167[Mo] - 961[V] + 25.5[Nb]$$
$$- 9.13[W] - 195[C][Mn] + 12.7[Mn][Ni] + (-142 + 0.48[C]$$
$$+ 0.321[V] + 0.917[Ti] + 0.187[W])(t_q - A_{C3})$$
$$- 358[C]^2 - 10.2[Mn]^2 + 9.6[Si]^2 + 551[Mo]^2$$
$$R = 0.79; \sqrt{d_0} = 9.8$$

以上诸式中，各合金元素为质量分数；$t_q$ 为淬火温度，℃；$R$ 为复相关系数；$d_0$ 为残差。

适用成分范围为（质量分数，%）：C0.1～0.3；Mn0.5～2；Si0.2～1.5；Cr0～2；Ni0～4；Mo 0～0.6；W0～1；V0～0.6；Ti0～0.1；Nb0～0.4；Cu0～2。

条件：$A_{C3}$ 点上、下淬火150～200℃温度范围回火。

热处理钢的硬度预测计算公式[22,26]：

（1）淬火马氏体硬度和元素含量的关系（线性）：

$$HV_M = 127 + 949[C] + 27[Si] + 11[Mn] + 8[Ni] + 10[Cr] + 21lgv_r$$

式中，$v_r$ 为冷却速度，℃/s；[C]、[Mn]、[Si]…为元素的质量分数。

（通过62炉工业用钢、103次试验获得的，Mo、V被证明没有影响，计算的散布2S达26HV。）

（2）淬火贝氏体的硬度和元素含量的关系：

$$HV_B = 323 + 185[C] + 330[Si] + 153[Mn] + 65[Ni] + 144[Cr] + 191[Mo]$$
$$+ lgv_r(89 + 53[C] - 55[Si] - 22[Mn] - 10[Ni] - 20[Cr] - 33[Mo])$$

（通过75种工业用钢、107次试验获得的，V对贝氏体没有硬化效果。2S为20HV。）

（3）淬火对铁素体—珠光体的硬度的影响：

$$HV_{F-P} = 42 + 223[C] + 53[Si] + 30[Mn] + 12.6[Ni] + 7[Cr]$$
$$+ 19[Mo] + lgv_r(10 - 19[Si] + 4[Ni] + 8[Cr] + 130[V])$$

（通过40种工业用钢、107次试验获得的，公式的2S只有13HV。）

（4）回火马氏体的硬度和[E]的关系：

$$HV_{M'} = -74 - 434[C] - 368[Si] + 15[Mn] + 37[Ni] + 17[Cr]$$
$$- 335[Mo] - 2235[V] + \frac{103}{P_0}(260 + 616[C] + 321[Si] - 2[Mn]$$
$$- 36[Ni] - 11[Cr] + 352[Mo] + 2345[V])$$

（通过 68 个工业用钢、508 个试验点获得的，$2S \leqslant 20$HV（不含钒），$\leqslant 25$HV（含钒的钢种）。）

（5）回火贝氏体的硬度和[E]的关系：

$$HV_{B'} = 262 + 163[C] - 349[Si] - 64[Mn] - 6[Ni] - 186[Cr] - 458[Mo] - 857[V]$$
$$+ \frac{103}{P_0}(-149 + 43[C] + 336[Si] + 79[Mn] + 16[Ni] + 196[Cr] + 498Mo + 1094[V])$$

（通过 42 个工业用钢、436 个试验获得的，$2S$ 约为 18HV。）

$HV_{M'}$、$HV_{B'}$ 中的 $P_0$ 为回火等效参数。$P_0$ 是回火温度和时间的函数：

$$P_0 = \left( \frac{1}{T} - \frac{R}{\Delta H} \cdot \ln \frac{t}{t_0} \right)^{-1}$$

式中，$T$ 为处理温度，K；$R$ 为理想气体常数；$\Delta H$ 为过程的激活能，含 Mo 超过 0.04% 的钢的回火过程可取 $\Delta H = 418.4$ kJ/mol；$t$ 为时间，h；$t_0$ 为时间，取 1 h。

冷锻用碳钢和合金钢线材的抗拉强度（MPa）和元素含量的关系（线性回归式）[26]：

$$\sigma_b = 98 + 754\left([C] + \frac{[Si]}{6} + \frac{[Mn]}{4} + \frac{[Cr]}{4} + \frac{[Mo]}{12}\right) - 25.48[B] \quad 条件：缓冷 0.1℃/s。$$

$$\sigma_b = 284.2 + 980\left([C] + \frac{[Si]}{9} + \frac{[Mn]}{7} + \frac{[Cr]}{4.5} + \frac{[Mo]}{2}\right) + 44.1[B] \quad 条件：淬火回火后。$$

上两式的[Si]、[C]、[Cr]、[Mn]、[Mo]为质量分数，若含硼则[B]代入 1，无硼代入零。

武钢对 09CuPCrNi 耐候钢力学性能统计的回归计算式[15]：

$$\sigma_s(\text{MPa}) = 9.8 \times (44.4 + 17.59[C] + 8.53[Si] + 8.47[Mn] - 4.07[P] + 80.1[S]$$
$$- 13.67[Cu] + 7.18[Ni] + 8.5[Cr] + 0.15h - 5.4T_F - 2.42T_C)$$

$$\sigma_b(\text{MPa}) = 9.8 \times (59 + 50.6[C] + 10.7[Si] + 5.1[Mn] + 28.7[P] + 75.8[S]$$
$$- 6.2[Cu] + 4.9[Ni] + 12.46[Cr] + 0.23h - 0.16T_F - 1.95T_C)$$

$$\delta_5(\%) = 51.84 - 26.18[C] - 7.22[Si] + 8.2[Mn] + 11.36[P] - 42.6[S]$$
$$- 12.87[Cu] + 11.65[Ni] - 10.55[Cr] - 1.19h - 1.17T_F + 1.57T_C$$

式中，$h$ 为板厚；$T_F$ 为终轧温度 $F_T$；$T_C$ 为卷取温度。

齐钢生产的非调质钢强度和成分关系的回归计算式：

$$\sigma_s(\text{MPa}) = 8.47 + 29.16[C] + 10.13[Si] + 22.58[Mn] + 134.24[V] + 256.18[N]$$
$$\sigma_b(\text{MPa}) = 14.14 + 89.95[C] + 22.15[Mn] + 118.08[V] + 160.77[N]$$

包钢生产的重轨钢力学性能和成分关系的回归计算式[15]：

$$\sigma_b(\text{MPa}) = 9.8 \times (41.79 + 0.537[C] + 0.075[Mn] + 0.218[Si] + 1.199[P] + 0.12[S])$$
$$\delta_5(\%) = 29.52 - 0.212[C] - 0.017[Mn] + 0.007[Si] - 0.46[P] + 0.056[S]$$

鞍钢低碳钢材的力学性能和成分关系回归计算式[15]：

$$\sigma_b(\text{MPa}) = 271.16 + 288.2[C] + 281.94[Mn] - 5242.16[Al]$$
$$R = 0.6845, R^2 = 0.4685, 信度水平 \alpha = 0.0001$$

$$\sigma_s(\text{MPa}) = 214.8 + 285.10[Si] + 1932.07[As]$$
$$R = 0.574, R^2 = 0.3298, 信度水平 \alpha = 0.0001$$

$$\delta(\%) = 36.04 - 34.81[C] + 652.37[V] - 664.07[Ti]$$
$$R = 0.6492, R^2 = 0.4208, 信度水平 \alpha = 0.0001$$

$$\psi(\%) = 80.56 - 46.39[C] - 19.96[Mn] + 860.0[Al]$$
$$R = 0.7171, R^2 = 0.5140, 信度水平 \alpha = 0.0001$$

$$A_{K(20℃)}(\text{J}) = 125.84 - 202.64[C] + 2888.06[Al] + 29072.18[Sb]$$

$$R = 0.5170, R^2 = 0.2677, 信度水平\ \alpha = 0.0069$$

$$A_{K(-20℃)}(J) = 13.37 + 92.88[Mn] - 938.15[S]$$

$$R = 0.5530, R^2 = 0.3053, 信度水平\ \alpha = 0.002$$

鞍钢重轨钢化学成分和力学性能的关系[15]:

$$\sigma_b(MPa) = 429.95 + 569.17[Si] - 4689.84[S] + 28403.22[Ti] + 89631.78[Sb] + 688.45d^{1/2}$$

$$R = 0.6161, 信度水平\ \alpha = 0.0010$$

$$\sigma_s(MPa) = 98.17 - 1208.68[P] + 36534.95[V] + 53837.79[Sb] + 19140[Ti]$$

$$R = 0.6510, 信度水平\ \alpha = 0.0001$$

$$\delta(\%) = 39.94 - 31.71[C] - 2471.36[Sb]$$

$$R = 0.4164, 信度水平\ \alpha = 0.0114$$

$$\psi(\%) = 51.82 - 54.93[C] - 93.34[Si] + 37.38[Mn] - 221.06[P] + 544.05[S]$$
$$- 283.55[Ti] - 1172.96[Sb] + 82.57d^{-1/2}$$

$$R = 0.7121, 信度水平\ \alpha = 0.0009$$

$$A_{K(20℃)}(J) = 27.73 - 28.75[C] + 246.17[Al]$$

$$R = 0.5632, 信度水平\ \alpha = 0.0001$$

$$A_{K(-20℃)}(J) = 5.92 - 53.94[P]$$

$$R = 0.3500, 信度水平\ \alpha = 0.0128$$

## 八、强度、硬度的表示和换算

强度的表示和意义(表7-2-4)[36]

表7-2-4

| 名 称 | 符 号 | 表 达 式 | 单 位 | 说 明 |
|---|---|---|---|---|
| 抗拉强度或强度极限 | $\sigma_b$ | $\sigma_b = P_b/F_0$ <br> $P_b$—试样断裂前承受的最大载荷 <br> $F_0$—试样原始截面积 | MPa | |
| 真实断裂强度 | $S_b$ | $S_b = P_b/F_i$ <br> $F_i$—最大载荷时所对应的当时截面积 | MPa | $\sigma_b$ 与 $S_b$ 都表征金属材料对最大均匀塑性变形抗力 |
| 真实断裂强度 | $S_K$ | $S_K = P_K/F_K$ <br> $P_K$—最终拉伸载荷 <br> $F_K$—试样最终截面积 | MPa | 当 $S_K = S_b = \sigma_b$ 时,断口齐平,断裂前不发生塑性变形或很小而无颈缩; <br> $S_K \approx S_b$ 时为混合断口而无颈缩; <br> 若断裂时形成颈缩及其他斜断、滑断现象,则 $S_K$ 反映切断抗力的大小; <br> $S_K$ 误差较大,故实际应用不多 |
| 变形抗力(真应力) | $\sigma$ | $\sigma = P_i/F_i$ <br> $P_i$—当时的拉伸力 <br> $F_i$—当时的截面积 | MPa <br> N <br> mm² | |
| 应变或工程应变 | $\varepsilon$ <br><br> $\phi$ | $\varepsilon = (L - L_0)/L_0$ <br> $L_0$—试样原始标距长度 <br> $L$—试样在载荷作用下的标距长度 <br> $\phi = (F_0 - F)/F$ <br> $F_0$—试样原始标距面积 <br> $F$—试样在载荷作用下的面积 | m 或 mm <br> m 或 mm <br><br> m² 或 mm² <br> m² 或 mm² | |

| 名　称 | 符号 | 表达式 | 单位 | 说　明 |
|---|---|---|---|---|
| 真应变 | $\bar{\varepsilon}$<br><br>$\varphi_e$ | $\bar{\varepsilon} = \ln \dfrac{L}{L_0}$<br><br>$\varphi_e = \ln \dfrac{F}{F_0}$ | | 真应变具有可加性,即在小等级变形时可以把它加在一起;当 $\varepsilon < 0.1$ 时,则 $\bar{\varepsilon} = \varepsilon$。当大变形时,则 $\bar{\varepsilon} > \varepsilon$ |
| 真应变与工程应变的关系 | | $\bar{\varepsilon} = \ln(1 + \varepsilon)$<br>$\varphi_e = \ln(1 - \varphi)$ | | |
| 变形速度 | $v_{变形}$ | $v_{变形} = dh/dt$ | m/s 或 mm/s | |
| 应变速度 | $\dot{\varepsilon}$ | $\dot{\varepsilon} = d\varepsilon/dt = v_{变形}/h$ | $s^{-1}$ | |
| 伸长率(延伸率) | $\delta(\delta_K)$ | $\delta_K = (L_K - L_0)/L_0 \times 100\%$<br>$L_K$—试样断裂后的标距长度,mm | % | |
| 断面收缩率(面缩率) | $\psi(\psi_K)$ | $\psi_K = \dfrac{F_0 - F_K}{F_0} \times 100\%$<br>$F_K$—试样断裂后最小截面积 | $mm^2$ | |
| 疲　劳 | | | | 金属材料在极限强度以下,长期承受交变负荷(即大小、方向反复变化的载荷)的作用,在不发生显著塑性变形情况下而突然断裂的现象,称为疲劳 |
| 疲劳极限(或极限疲劳强度) | $\sigma_{-1}$<br>$\sigma_{-1n}$ | 按试验测绘出来的 $\sigma - N$(即应力—循环次数)曲线图表来确定 | MPa | 金属材料在交变负荷的作用下,经过无数次应力循环而不致引起断裂的最大循环应力,称为疲劳极限(或称极限疲劳强度)<br>$\sigma_{-1}$ 表示光滑试样的对称弯曲疲劳极限<br>$\sigma_{-1n}$ 表示缺口试样的对称弯曲疲劳极限<br>按我国国标,一般钢铁材料采用 $10^7$ 循环次数而不断裂的最大应力来确定其疲劳极限;对于有色金属,则规定应力循环次数在 $10^8$ 或更多周次,才能确定其疲劳极限 |
| 蠕变强度 | $\dfrac{\sigma_{变形量}/\%}{时间/h}$ | 按试验结果绘制的"蠕变曲线"坐标图和由此而绘制的其他设计上所要求的曲线,利用外推或内插法即可获得在规定条件下的蠕变强度和所需要的其他设计数据 | MPa | 金属在高温环境下,即使所受应力小于屈服点,也会随着时间的增长而缓慢地产生永久变形,这种现象叫做蠕变。在一定的温度下,经一定时间,金属的蠕变速度仍不超过规定的数值,此时所能承受的最大应力称为蠕变强度或蠕变极限 |
| 抗压强度极限 | $\sigma_{bc}$ 或 $\sigma_y$ | $\sigma_y = \dfrac{P_y}{F}$<br>$P_y$—最大压力,N<br>$F$—试样横截面积,$mm^2$ | $N/mm^2$ | 指外力是压力时的强度极限,压缩试验主要适用于低塑性材料,如铸铁、木材、塑料等 |
| 抗剪强度极限 | $\tau$ | $\tau \approx \dfrac{P_r}{F}$<br>$P_r$—最大剪切力,N<br>$F$—试样横截面积,$mm^2$ | $N/mm^2$ | 指外力是剪切力时的强度极限 |
| 抗扭强度极限 | $\tau_b$ | $\tau_b \approx \dfrac{3M_b}{4W_p}$(适用于钢材)<br>$\tau_b \approx M_b/W_p$(适用于铸铁)<br>$M_b$—扭转力矩,$N \cdot mm$<br>$W_p$—扭转时试样截面的断面系数 | $N/mm^2$(MPa) | 指外力是扭转力时的强度极限 |

| 名　称 | 符　号 | 表 达 式 | 单　位 | 说　明 |
|---|---|---|---|---|
| 正弹性模量（杨氏模量） | $E$ | $E = \sigma/\varepsilon$ | | 拉应力与应变成正比关系,表示金属材料对金属变形的抗力 |
| 切弹性模量 | $G$ | $G = \tau/r$ | | 切应力与切应变成正比关系 |

## 不同硬度的表示和意义（表 7 - 2 - 5）

表 7 - 2 - 5

| 名　称 | | 符　号 | 表 达 式 | 单　位 | 说　明 |
|---|---|---|---|---|---|
| 维氏硬度 | | HV | $HV = P/F = 1.8544 P/d^2$<br><br>$P$—压头上的载荷<br>$F$—压痕表面积<br>$d$—压痕对角线长度 | $N/mm^2$<br>MPa<br>N<br>$mm^2$<br>mm | 用 49.0 ~ 1176.0N 以内的载荷,将顶角为 136° 的金刚石四方角锥体压头压入金属的表面,其压痕面积除载荷所得之商,即为维氏硬度值,HV 只适用于测定很薄（0.3 ~ 0.5 mm）的金属材料,或厚度为 0.03 ~ 0.05 mm 的零件表面硬化层（如镀铬、渗碳、氮化、碳氮共渗层等）的硬度 |
| 肖氏硬度 | | HS | 按仪器刻度尺上的刻度（140 格）表示 | 回跳高度 h | 利用一定重量（2.5 g）的钢球或金刚石球,自一定的高度（一般为 254 mm）落下,撞击金属后,球又回跳到某一高度 h,此高度为肖氏硬度值,其优点在金属表面上不留下伤痕,故适用于测定表面光滑的一些精密量具或精密零件,也常用来测定大型零件 |
| 布氏硬度 | | HB | $HB = \dfrac{P}{F} = \dfrac{2P}{\pi D(D - \sqrt{D^2 - d^2})}$<br><br>$P$—钢球上的载荷<br>$F$—压痕表面积<br>$D$—钢球直径<br>$d$—压痕直径 | $N/mm^2$<br>或 MPa<br>N<br>$mm^2$<br>mm<br>mm | 用淬硬小钢球（$\phi$10 mm 或 $\phi$2.5 mm、$\phi$5 mm）压入金属表面,以其压痕面积加在钢球上的载荷（一般为 3000 kg、1000 kg、750 kg、250 kg、187.5 kg、62.5 kg 或 15.6 kg）。所得之商,即为金属的布氏硬度数值,布氏硬度只适用于测定硬度值在 HB < 450 的金属材料。因过硬的材料会使钢球受压变形测出的硬度值不准确 |
| 洛氏硬度 | C 级 | HRC | | | 用 150 kg 载荷,将顶角为 120° 的圆锥形金刚石的压头,压入金属的表面,取其压痕的深度来计算硬度的大小,即为金属的 HRC 硬度,HRC 用来测量 HB = 230 ~ 700 的金属材料,主要用于测定淬火钢及较硬的金属材料 |
| | A 级 | HRA | $HR = K - \dfrac{\overline{bd}}{0.002}$<br><br>$K$—常数,HRC 及 HRA 的 $K = 100$,HRB 的 $K = 130$<br>$\overline{bd}$—压痕深度<br>0.002—试验刻度盘上每一小格所代表的压痕深度（mm）,每一小格即表示洛氏硬度一度 | | 指用 60 kg 载荷和顶角为 120° 的圆锥形金刚石的压头所测定出来的硬度,一般用来测定硬度很高或硬而薄的金属材料,如碳化物、硬质合金或表面处理过的零件 |
| | B 级 | HRB | | | 指用 100 kg 载荷和直径为 1.59 mm（即 1/16in）的淬硬钢球所测得的硬度。主要用于测定 HB = 60 ~ 230 这一类较软的金属材料,如软钢、退火钢、铜、铝等 |

## 力学性能间的换算

## 硬度与强度之间的经验公式（表 7 - 2 - 6）[37]

表 7 - 2 - 6

| 合金种类 | 经 验 公 式 | 备 注 |
|---|---|---|
| 未淬硬钢 | $\sigma_b = 0.362HB$ <br> $\sigma_b = 0.345HB$ <br> $\sigma_b = 2.64 \times 10^3/130 - HRB$ <br> $\sigma_b = 2.51 \times 10^3/130 - HRB$ | HB < 175 <br> HB > 175 <br> HB < 90 <br> HRB > 90 |
| 淬 硬 钢 | $\sigma_b = 1/3HB = 2.1HS = 3.2HRC$ <br> $\sigma_{bb} = 1/2\sigma_b$ | |
| 碳 钢 | $\sigma_b = 0.36HB($低碳$)$ <br> $\sigma_b = 0.34HB($高碳$)$ | |
| 铸 钢 | $\sigma_b = 0.3 \sim 0.4HB$ <br> $\sigma_b = 8.61 \times 10^3/100 - HRC$ <br> $\sigma_b = (0.354 - 0.79B)HV$ | HRC > 40 <br> $B = S\sqrt{2}/D$ <br> S—压痕边长 <br> D—压痕对角线长 |
| 调质合金钢 | $\sigma_b = 0.325HB$ | |
| 灰口铸铁 | $\sigma_b = \dfrac{HB - 40}{6}$ | |
| 正火球墨铸铁 | $\sigma_b = 0.30HB$ | |
| 有色金属 | $\sigma_b = C \times HB$ <br> 纯铝 $C = 0.27$,铅 $C = 0.29$ <br> 锡 $C = 0.29$,纯铜 $C = 0.55$ <br> 硬铝 $C = 0.36$ <br> 黄铜 $C = 0.35$ <br> 铸铝 $C = 0.362$ | 未经热处理 |

疲劳强度与静强度之间的经验公式(表 7 - 2 - 7)[37]

表 7 - 2 - 7

| 合金种类 | 经 验 公 式 | 备 注 |
|---|---|---|
| 碳钢合金钢 <br> 钢 <br> 钢 <br> 钢 <br> 钢 | $\sigma_{-1} = (0.49 \pm 0.13)\sigma_b$ <br> $\sigma_{-1} = (0.285 \pm 0.075)(\sigma_b + \sigma_s)$ <br> $\sigma_{-1} = (0.25 \pm 0.06)(\sigma_b + \sigma_s) + 5$ <br> $\sigma_{-1p} = \sigma_{-1}/1.5 \pm 0.5$ <br> $\tau_{-1} = (0.58 \pm 0.12)\sigma_{-1}$ | 奥金格公式 |
| 钢 <br> 钢 <br> 有色金属 | $\sigma_{-1} = 0.25S_k + 4.3$ <br> $\sigma_{-1} = 0.35\sigma_b + 12.2$ <br> $\sigma_{-1} = 0.19S_k + 2$ | 茹科夫公式 |
| 钢 | $\sigma_{-1} = 0.7\sigma_b - 0.0048\sigma_b^2$ | 莫尔公式 |
| 高强度钢 | $\sigma_{-1} = 0.25\sigma_b(1 + 1.35\psi)$ | 马尔柯维奇公式 |
| 钢 <br> 铸铁 <br> 钢料及轻合金 <br> 铸铁 <br> 钢 | $\sigma_{-1p} = 0.85\sigma_{-1}$ <br> $\sigma_{-1P} = 0.65\sigma_{-1}$ <br> $\tau_{-1} = 0.55\sigma_{-1}$ <br> $\tau_{-1} = 0.86\sigma_{-1}$ <br> $S_k = \sigma_b(1 + 1.35\psi)$ | 弗里德曼公式 |

注:$\sigma_{-1p}$—对称循环拉压疲劳强度;$\sigma_b$—抗拉强度;$\tau_{-1}$—对称循环扭转疲劳强度;$\sigma_s$—屈服强度;$S_k$—真实断裂强度; <br> 　　$\psi$—断面收缩率,% ;$\sigma_{-1}$—光滑试样的对称弯曲疲劳强度。

许可剪应力与抗拉强度之间的关系(表7-2-8)[37]

表7-2-8

| 合金种类 | 经验公式 | 备注 |
|---|---|---|
| 生铁与铸铝 | $\tau_b = (0.8 \sim 1.0)\sigma_b$ | |
| 变形铝合金 | $\tau_b = (0.55 \sim 0.6)\sigma_b$ | |
| 退火钢及碳钢 | $\tau_b = 0.7\sigma_b$ | 碳钢 $\sigma_b \approx 686.5$ MPa |
| 中等强度钢材 | $\tau_b = (0.63 \sim 0.65)\sigma_b$ | $\sigma_b = 785 \sim 1177$ MPa |
| 高强度钢材 | $\tau_b = 0.6\sigma_b$ | $\sigma_b > 1177$ MPa |
| 变形镁合金 | $\tau_b = (0.55 \sim 0.6)\sigma_b$ | |
| 铸造镁合金 | $\tau_b = (0.55 \sim 1.0)\sigma_b$ | |
| 未经热处理镁铸件 | $\tau_b = (0.8 \sim 1.0)\sigma_b$ | $\sigma_b < 117.7$ MPa |

硬度之间的换算公式：

HB = 200 ~ 600 时：$HRC \approx \dfrac{1}{10}HB$

HB < 450 时：$HB \approx HV, HS = \dfrac{1}{6}HB$

低碳钢的硬度和抗拉强度换算对照表(表7-2-9)[37]

表7-2-9

| 硬度 | | | | | | | 抗拉强度 /MPa |
|---|---|---|---|---|---|---|---|
| 洛 氏 | 表面洛氏 | | | 维 氏 | 布 氏 | | |
| HRB | HR15T | HR30T | HR45T | HV | HB10D2 | $d10$<br>$2d5$<br>$4d2.5$ mm | |
| 100.0 | 91.5 | 81.7 | 71.7 | 233 | | | 787.42 |
| 99.5 | 91.3 | 81.4 | 71.2 | 230 | | | 777.6 |
| 99.0 | 91.2 | 81.0 | 70.7 | 227 | | | 767.8 |
| 98.5 | 91.1 | 80.7 | 70.2 | 225 | | | 758.0 |
| 98.0 | 90.9 | 80.4 | 69.6 | 222 | | | 748.2 |
| 97.5 | 90.8 | 80.1 | 69.1 | 219 | | | 739.4 |
| 97.0 | 90.6 | 79.8 | 68.6 | 216 | | | 729.6 |
| 96.5 | 90.5 | 79.4 | 68.1 | 214 | | | 720.7 |
| 96.0 | 90.4 | 79.1 | 67.6 | 211 | | | 711.9 |
| 95.5 | 90.2 | 78.8 | 67.1 | 208 | | | 703.1 |
| 95.0 | 90.1 | 78.5 | 66.5 | 206 | | | 694.3 |
| 94.5 | 89.9 | 78.2 | 66.0 | 203 | | | 686.4 |
| 94.0 | 89.8 | 77.8 | 65.5 | 201 | | | 677.6 |
| 93.5 | 89.7 | 77.5 | 65.0 | 199 | | | 669.7 |
| 93.0 | 89.5 | 77.2 | 64.5 | 196 | | | 661.9 |
| 92.5 | 89.4 | 76.9 | 64.0 | 194 | | | 654.1 |
| 92.0 | 89.3 | 76.6 | 63.4 | 191 | | | 646.2 |
| 91.5 | 89.1 | 76.2 | 62.9 | 189 | | | 638.4 |
| 91.0 | 89.0 | 75.9 | 62.4 | 187 | | | 631.5 |
| 90.5 | 88.8 | 75.6 | 61.9 | 185 | | | 623.7 |
| 90.0 | 88.7 | 75.3 | 61.4 | 183 | | | 616.8 |
| 89.5 | 88.6 | 75.0 | 60.9 | 180 | | | 609.0 |
| 89.0 | 88.4 | 74.6 | 60.3 | 178 | | | 602.1 |
| 88.5 | 88.3 | 74.3 | 59.8 | 176 | | | 595.2 |

| 硬　度 | | | | | | | 抗拉强度 /MPa |
| 洛　氏 | 表　面　洛　氏 | | | 维　氏 | 布　氏 | | |
| HRB | HR15T | HR30T | HR45T | HV | HB10D2 | d10 2d5 4d2.5 mm | |
|---|---|---|---|---|---|---|---|
| 88.0 | 88.1 | 74.0 | 59.3 | 174 | | | 589.3 |
| 87.5 | 88.0 | 73.7 | 58.8 | 172 | | | 582.5 |
| 87.0 | 87.9 | 73.4 | 58.3 | 170 | | | 575.6 |
| 86.5 | 87.7 | 73.0 | 57.8 | 168 | | | 569.7 |
| 86.0 | 87.6 | 72.7 | 57.2 | 166 | | | 563.8 |
| 85.5 | 87.5 | 72.4 | 56.7 | 165 | | | 557.0 |
| 85.0 | 87.3 | 72.1 | 56.2 | 163 | | | 551.1 |
| 84.5 | 87.2 | 71.8 | 55.7 | 161 | | | 545.2 |
| 84.0 | 87.0 | 71.4 | 55.2 | 159 | | | 539.3 |
| 83.5 | 86.9 | 71.1 | 54.7 | 157 | | | 534.4 |
| 83.0 | 86.8 | 70.8 | 54.1 | 156 | | | 528.5 |
| 82.5 | 86.6 | 70.5 | 53.6 | 154 | 140 | 2.98 | 523.6 |
| 82.0 | 86.5 | 70.2 | 53.1 | 152 | 138 | 3.00 | 517.8 |
| 81.5 | 86.3 | 69.8 | 52.6 | 151 | 137 | 3.01 | 512.9 |
| 81.0 | 86.2 | 69.5 | 52.1 | 149 | 136 | 3.02 | 508.0 |
| 80.5 | 86.1 | 69.2 | 51.6 | 148 | 134 | 3.05 | 503.0 |
| 80.0 | 85.9 | 68.9 | 51.0 | 146 | 133 | 3.06 | 498.1 |
| 79.5 | 85.8 | 68.5 | 50.5 | 145 | 132 | 3.07 | 493.2 |
| 79.0 | 85.7 | 68.2 | 50.0 | 143 | 130 | 3.09 | 488.3 |
| 78.5 | 85.5 | 67.9 | 49.5 | 142 | 129 | 3.10 | 484.4 |
| 78.0 | 85.4 | 67.0 | 49.0 | 140 | 128 | 3.11 | 479.5 |
| 77.5 | 85.2 | 67.3 | 48.5 | 139 | 127 | 3.13 | 475.6 |
| 77.0 | 85.1 | 67.0 | 47.9 | 138 | 126 | 3.14 | 470.7 |
| 76.5 | 85.0 | 66.6 | 47.4 | 136 | 125 | 3.15 | 466.8 |
| 76.0 | 84.8 | 66.3 | 46.9 | 135 | 124 | 3.16 | 462.8 |
| 75.5 | 84.7 | 66.0 | 46.4 | 134 | 123 | 3.18 | 458.9 |
| 75.0 | 84.5 | 65.7 | 45.9 | 132 | 122 | 3.19 | 455.0 |
| 74.5 | 84.4 | 65.4 | 45.4 | 131 | 121 | 3.20 | 451.1 |
| 74.0 | 84.3 | 65.1 | 44.8 | 130 | 120 | 3.21 | 447.2 |
| 73.5 | 84.1 | 64.7 | 44.3 | 129 | 119 | 3.23 | 443.2 |
| 73.0 | 84.0 | 64.4 | 43.8 | 128 | 118 | 3.24 | 440.3 |
| 72.5 | 83.9 | 64.1 | 43.3 | 126 | 117 | 3.25 | 436.4 |
| 72.0 | 83.7 | 63.8 | 42.8 | 125 | 116 | 3.27 | 433.4 |
| 71.5 | 83.6 | 63.5 | 42.3 | 124 | 115 | 3.28 | 430.5 |
| 71.0 | 83.4 | 63.1 | 41.7 | 123 | 115 | 3.29 | 426.6 |
| 70.5 | 83.3 | 62.8 | 41.2 | 122 | 114 | 3.30 | 423.6 |
| 70.0 | 83.2 | 62.5 | 40.7 | 121 | 113 | 3.31 | 420.7 |
| 69.5 | 83.0 | 62.2 | 40.2 | 120 | 112 | 3.32 | 417.7 |
| 69.0 | 82.9 | 61.9 | 39.7 | 119 | 112 | 3.33 | 414.8 |
| 68.5 | 82.7 | 61.5 | 39.2 | 118 | 111 | 3.34 | 411.9 |
| 68.0 | 82.6 | 61.2 | 38.6 | 117 | 110 | 3.35 | 409.3 |
| 67.5 | 82.5 | 60.9 | 38.1 | 116 | 110 | 3.36 | 406.9 |
| 67.0 | 82.3 | 60.6 | 37.6 | 115 | 109 | 3.37 | 405.0 |
| 66.5 | 82.2 | 60.3 | 37.1 | 115 | 108 | 3.38 | 402.0 |

| 硬 度 | | | | | | | 抗拉强度 /MPa |
|---|---|---|---|---|---|---|---|
| 洛 氏 | 表 面 洛 氏 | | | 维 氏 | 布 氏 | | |
| HRB | HR15T | HR30T | HR45T | HV | HB10D2 | d10 2d5 4d2.5 mm | |
| 66.0 | 82.1 | 59.9 | 36.6 | 114 | 108 | 3.39 | 399.1 |
| 65.5 | 81.9 | 59.6 | 36.1 | 113 | 107 | 3.40 | 397.1 |
| 65.0 | 81.8 | 59.3 | 35.5 | 112 | 107 | 3.40 | 395.2 |
| 64.5 | 81.6 | 59.0 | 35.0 | 111 | 106 | 3.41 | 392.2 |
| 64.0 | 81.5 | 58.7 | 34.5 | 110 | 106 | 3.42 | 390.3 |
| 63.5 | 81.4 | 58.3 | 34.0 | 110 | 105 | 3.43 | 388.3 |
| 63.0 | 81.2 | 58.0 | 33.5 | 109 | 105 | 3.43 | 386.4 |
| 62.5 | 81.1 | 57.7 | 32.9 | 108 | 104 | 3.44 | 384.4 |
| 62.0 | 80.9 | 57.4 | 32.4 | 108 | 104 | 3.45 | 382.4 |
| 61.5 | 80.8 | 57.1 | 31.9 | 107 | 103 | 3.46 | 380.5 |
| 61.0 | 80.7 | 56.7 | 31.4 | 106 | 103 | 3.46 | 378.5 |
| 60.5 | 80.5 | 56.4 | 30.9 | 105 | 102 | 3.47 | 377.5 |
| 60.0 | 80.4 | 56.1 | 30.4 | 105 | 102 | 3.48 | 375.6 |

## 10 倍标距 $\left(\dfrac{l_0}{d_0}\right)$ 的 $\delta$、$\psi$ 和 5 倍标距的 $\delta$ 的关系(表 7 - 2 - 10)[38]

表 7 - 2 - 10

| $\psi_{10}$/% | 10 | 15 | 20 | 25 | 30 | 35 | 40 | 45 | 50 | 60 | 70 | 90 |
|---|---|---|---|---|---|---|---|---|---|---|---|---|
| $\delta_{10}$/% | $\delta_5$/% | | | | | | | | | | | |
| 8 | 8.4 | 9.3 | 10.1 | 10.8 | 11.4 | 12 | 12.5 | 12.9 | 13.1 | 13.8 | 14.3 | |
| 9 | 9.2 | 10.2 | 11 | 11.7 | 12.3 | 12.9 | 13.5 | 13.9 | 14.4 | 14.9 | 15.3 | 15.6 |
| 10 | 10.2 | 11 | 11.8 | 12.6 | 13.3 | 14 | 14.5 | 15 | 15.4 | 16 | 16.4 | 16.7 |
| 11 | 11 | 11.9 | 12.8 | 13.6 | 14.2 | 14.9 | 15.5 | 16 | 16.4 | 17 | 17.5 | 17.7 |
| 12 | | 12.7 | 13.7 | 14.5 | 15.2 | 15.9 | 16.5 | 17 | 17.4 | 18.1 | 18.6 | 18.8 |
| 13 | | 13.6 | 14.6 | 15.4 | 16.1 | 16.9 | 17.5 | 18 | 18.5 | 19.1 | 19.7 | 19.9 |
| 14 | | 14.4 | 15.6 | 16.4 | 17.1 | 17.9 | 18.5 | 19 | 19.5 | 20.1 | 20.7 | 20.9 |
| 15 | | 15.3 | 16.3 | 17.3 | 18.1 | 18.8 | 19.5 | 20 | 20.5 | 21.2 | 21.7 | 22 |
| 16 | | 16.2 | 17 | 18.2 | 19 | 19.8 | 20.5 | 21 | 21.5 | 22 | 22.8 | 23.1 |
| 17 | | 17.1 | 18.1 | 19.1 | 19.9 | 20.7 | 21.5 | 22 | 22.5 | 23.3 | 23.9 | 24.1 |
| 18 | | | 19 | 20 | 20.9 | 21.7 | 22.5 | 23 | 23.5 | 24.3 | 24.9 | 25.2 |
| 19 | | | 19.9 | 20.9 | 21.8 | 22.7 | 23.4 | 24 | 24.5 | 25.4 | 26 | 26.3 |
| 20 | | | 20.7 | 21.8 | 22.7 | 23.6 | 24.3 | 24.9 | 25.5 | 26.4 | 27 | 27.3 |
| 21 | | | 21.6 | 22.7 | 23.6 | 24.5 | 25.3 | 25.9 | 26.5 | 27.4 | 28.1 | 28.4 |
| 22 | | | 22.5 | 23.6 | 24.5 | 25.5 | 26.3 | 26.9 | 27.5 | 28.5 | 29.1 | 29.5 |
| 23 | | | 23.3 | 24.5 | 25.5 | 26.3 | 27.3 | 27.9 | 28.5 | 29.5 | 30.2 | 30.5 |
| 24 | | | 24.2 | 25.4 | 26.3 | 27.3 | 28.2 | 28.9 | 29.5 | 30.5 | 31.2 | 31.6 |
| 25 | | | 25 | 26.2 | 27.2 | 28.2 | 29.1 | 29.9 | 30.5 | 31.5 | 32.2 | 32.6 |
| 26 | | | | 27.1 | 28.1 | 29.1 | 30.1 | 30.9 | 31.5 | 32.5 | 33.3 | 33.7 |
| 27 | | | | 27.9 | 29.1 | 30.1 | 31.1 | 31.9 | 32.5 | 33.5 | 34.3 | 34.8 |
| 28 | | | | 28.8 | 30 | 31 | 32 | 32.9 | 33.5 | 34.6 | 35.4 | 35.8 |
| 29 | | | | 29.7 | 30.9 | 31.9 | 33 | 33.8 | 34.5 | 35.6 | 36.4 | 36.9 |
| 30 | | | | 30.5 | 31.7 | 32.8 | 33.8 | 34.7 | 35.5 | 36.6 | 37.4 | 37.9 |

续表 7 - 2 - 10

| $\psi_{10}/\%$ | 10 | 15 | 20 | 25 | 30 | 35 | 40 | 45 | 50 | 60 | 70 | 90 |
|---|---|---|---|---|---|---|---|---|---|---|---|---|
| $\delta_{10}/\%$ | | | | | | $\delta_5/\%$ | | | | | | |
| 31 | | | | 31.3 | 32.7 | 33.8 | 34.8 | 35.7 | 36.5 | 37.7 | 38.5 | 39 |
| 32 | | | | 32.2 | 33.5 | 34.7 | 35.7 | 36.7 | 37.5 | 38.7 | 39.5 | 40.1 |
| 33 | | | | 30 | 34.4 | 35.5 | 36.7 | 37.6 | 38.5 | 39.7 | 40.5 | 41.1 |
| 34 | | | | | 35.3 | 36.5 | 37.6 | 38.5 | 39.5 | 40.7 | 41.6 | 42.2 |
| 35 | | | | | 36.1 | 37.3 | 38.5 | 39.5 | 40.4 | 41.7 | 42.6 | 43.3 |
| 36 | | | | | 37 | 38.2 | 39.4 | 40.4 | 41.4 | 42.7 | 43.6 | 44.4 |
| 37 | | | | | 37.9 | 39.1 | 40.3 | 41.4 | 42.4 | 43.7 | 44.6 | 45.4 |
| 38 | | | | | 38.7 | 40.1 | 41.3 | 42.3 | 43.4 | 44.7 | 45.7 | 46.4 |
| 39 | | | | | 39.6 | 40.9 | 42.2 | 43.3 | 44.4 | 45.7 | 46.8 | 47.5 |
| 40 | | | | | 40.5 | 41.9 | 43.1 | 44.3 | 45.3 | 46.8 | 47.8 | 48.5 |
| 41 | | | | | 41.3 | 42.7 | 44.1 | 45.2 | 46.3 | 47.8 | 48.9 | 49.6 |
| 42 | | | | | 42.2 | 43.6 | 45 | 46.1 | 47.3 | 48.8 | 49.9 | 50.7 |
| 43 | | | | | | 44.5 | 45.9 | 47.1 | 48.2 | 49.8 | 50.9 | 51.7 |
| 44 | | | | | | 45.4 | 46.8 | 48 | 49.2 | 50.8 | 51.9 | 52.8 |
| 45 | | | | | | 46.3 | 47.7 | 49 | 50.2 | 51.8 | 53 | 53.8 |
| 46 | | | | | | 47.2 | 48.5 | 49.9 | 51.1 | 52.8 | 54 | 54.9 |
| 47 | | | | | | 48 | 49.4 | 50.8 | 52 | 53.8 | 55 | 55.9 |
| 48 | | | | | | 48.9 | 50.4 | 51.1 | 53 | 54.8 | 56.1 | 57 |
| 49 | | | | | | 49.7 | 51.3 | 52.7 | 53.9 | 55.8 | 57.1 | 58.1 |
| 50 | | | | | | 50.6 | 52.1 | 53.6 | 54.9 | 56.9 | 58.2 | 59.1 |

注:如 10 倍标距的拉伸试样,测试得 $\delta_{10}=20\%$, $\psi_{10}=60\%$ 查表中为 264 即 $\delta_5$ 等于 26.4%。

## 不同试样标距倍数$\left(\dfrac{l_0}{d_0}\right)$与伸长率 $\delta$ 对照表(表 7 - 2 - 11)[38]

表 7 - 2 - 11

| $\dfrac{l_0}{d_0}$ | | | | | $\delta/\%$ | | | | | | |
|---|---|---|---|---|---|---|---|---|---|---|---|
| 10 | 8 | 9 | 10 | 11 | 12 | 13 | 14 | 15 | 16 | 17 | 18 |
| 8 | 8 | 9 | 10.5 | 11.5 | 12.5 | 13.5 | 14.5 | 15.5 | 16.5 | 17.5 | 18.5 |
| 7.25 | 8.5 | 9.5 | 10.5 | 11.5 | 12.5 | 13.5 | 15.0 | 16.0 | 17 | 18 | 19 |
| 5 | 10 | 11 | 12 | 13 | 14 | 16 | 17 | 18 | 19 | 20 | 22 |
| 4 | 10.5 | 11.5 | 13 | 14.5 | 14.5 | 17 | 18 | 19.5 | 21 | 22 | 23.5 |
| 3.77 | 10.5 | 12 | 13.5 | 14.5 | 14.5 | 17.5 | 18.5 | 20 | 21.5 | 22.5 | 24 |
| 3.58 | 11 | 12.5 | 13.5 | 15 | 15 | 18 | 19 | 20.5 | 22 | 23.5 | 25 |
| 2.5 | 12.5 | 13.5 | 14.5 | 15.5 | 15.5 | 20 | 21 | 22 | 23 | 24 | 27.5 |

| $\dfrac{l_0}{d_0}$ | | | | | $\delta/\%$ | | | | | | 备　注 |
|---|---|---|---|---|---|---|---|---|---|---|---|
| 10 | 19 | 20 | 21 | 22 | 23 | 24 | 25 | 26 | 27 | 28 | 我国用 |
| 8 | 19.5 | 20.5 | 22 | 23 | 24 | 25 | 26 | 27 | 28 | 29 | |
| 7.25 | 20 | 21.5 | 22.5 | 23.5 | 24.5 | 25.5 | 26.5 | 27.5 | 29 | 30 | |
| 5 | 23 | 24 | 25 | 26 | 27 | 28 | 30 | 31 | 32 | 33 | 我国用 |
| 4 | 25 | 26 | 27.5 | 29 | 30 | 31.5 | 33 | 34 | 35.5 | 36.5 | 美国、 |
| 3.77 | 25.5 | 26.5 | 28 | 29.5 | 31 | 32 | 33.5 | 35 | 36 | 37.5 | 意大利用 |
| 3.58 | 26 | 27.5 | 29 | 30.5 | 31.5 | 33 | 34.5 | 36 | 37 | 38.5 | |
| 2.5 | 28.5 | 29.5 | 30.5 | 31 | 32.5 | 33.5 | 36.5 | 37.5 | 38.5 | 39.5 | |

注:如 10 倍标距试样为 19,即 $\delta=19\%$,那么相应的 8 倍标距的 $\delta=19.5\%$,7.25 倍标距的 $\delta=20.0\%$;5 倍标距的 $\delta=23\%$。

# 第三节　钢的加热工艺参数对奥氏体组织和晶粒度的影响(TTA-r、TTA-Gs)[39~41]

共析钢的奥氏体化转变(图7-3-1)共析碳钢的奥氏体转变速度与奥氏体化温度的关系,即加热过程的等温转变曲线。温度越高,奥氏体化完成得就越快。奥氏体转变的速度还因加热前的组织和状态不同而不同,受合金含量的影响。

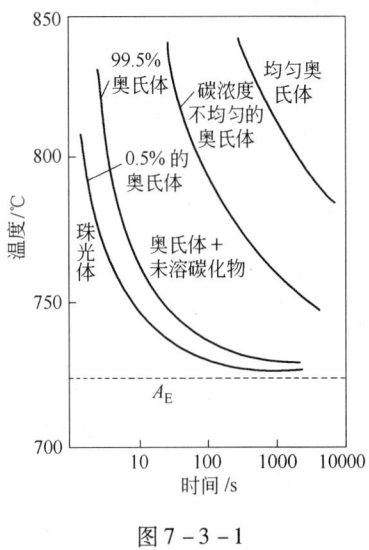

图7-3-1

**一、钢的加热工艺参数**(温度、时间、加热速度)**对奥氏体组织和晶粒度的影响**(TTA-r、TTA-Gs)

15号钢:C0.13%,Si0.32%,Mn0.48%,P0.01%,S0.024%,Al0.006%,连续加热(图7-3-2、图7-3-3)

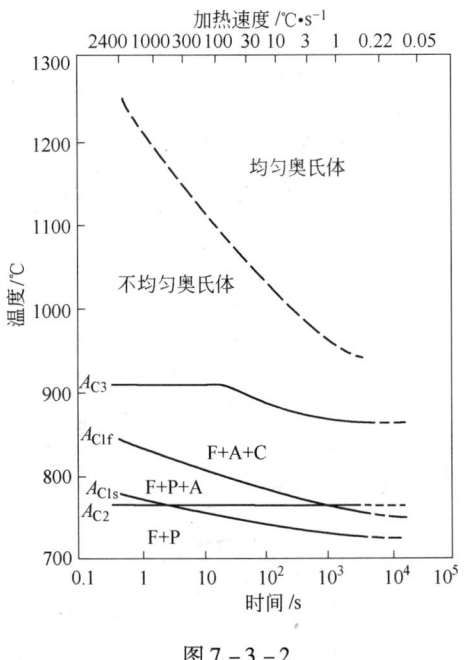

图7-3-2

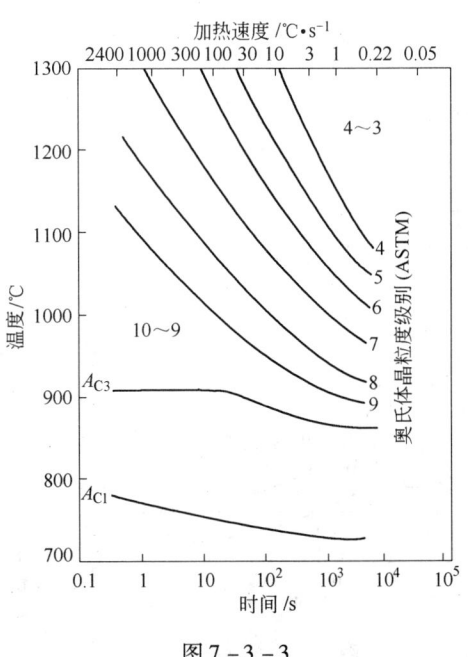

图7-3-3

30 号钢：C0. 31%，SiO. 29%，Mn0. 52%，P0. 023%，S0. 023%，Al0. 005%，Cr0. 13%，Ni0. 06%，V0. 01%（图 7 - 3 - 4、图 7 - 3 - 5）

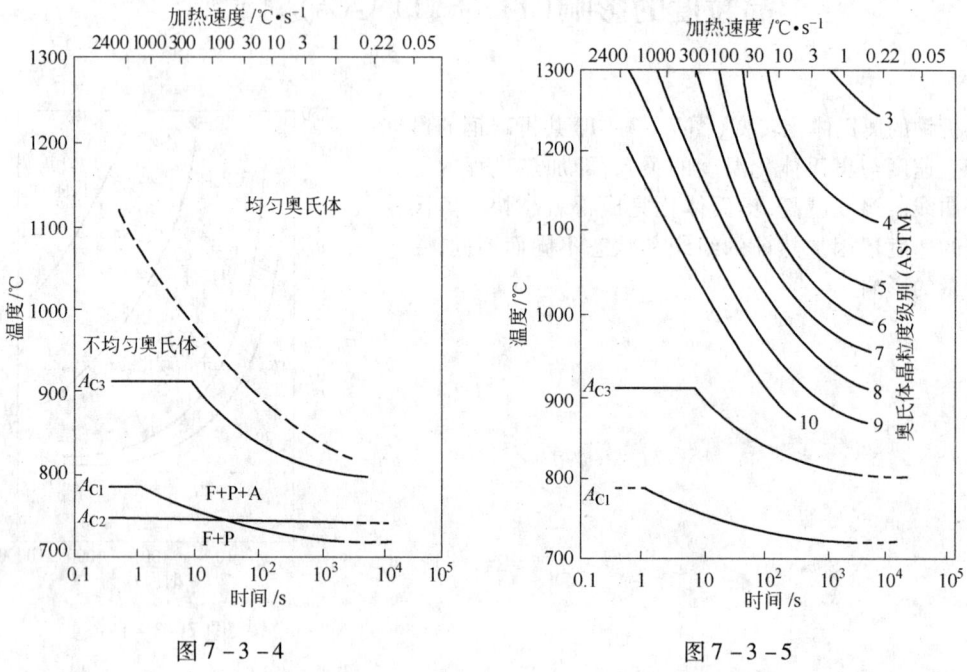

图 7 - 3 - 4                  图 7 - 3 - 5

45 号 钢：C0. 49%，SiO. 26%，Mn0. 74%，P0. 005%，S0. 018%，Al0. 014%，Cr0. 16%，V0. 01%（图 7 - 3 - 6、图 7 - 3 - 7）

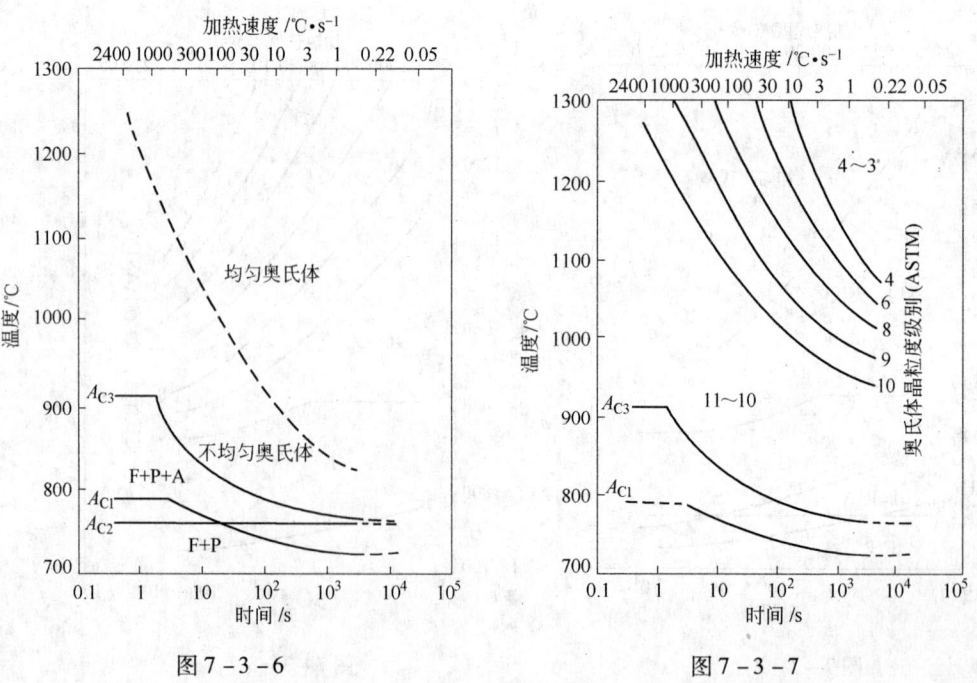

图 7 - 3 - 6                  图 7 - 3 - 7

50 号钢:C0.51%,SiO.34%,Mn0.53%,P0.016%,S0.029%,Al0.008%(图 7 - 3 - 8、图 7 - 3 - 9)

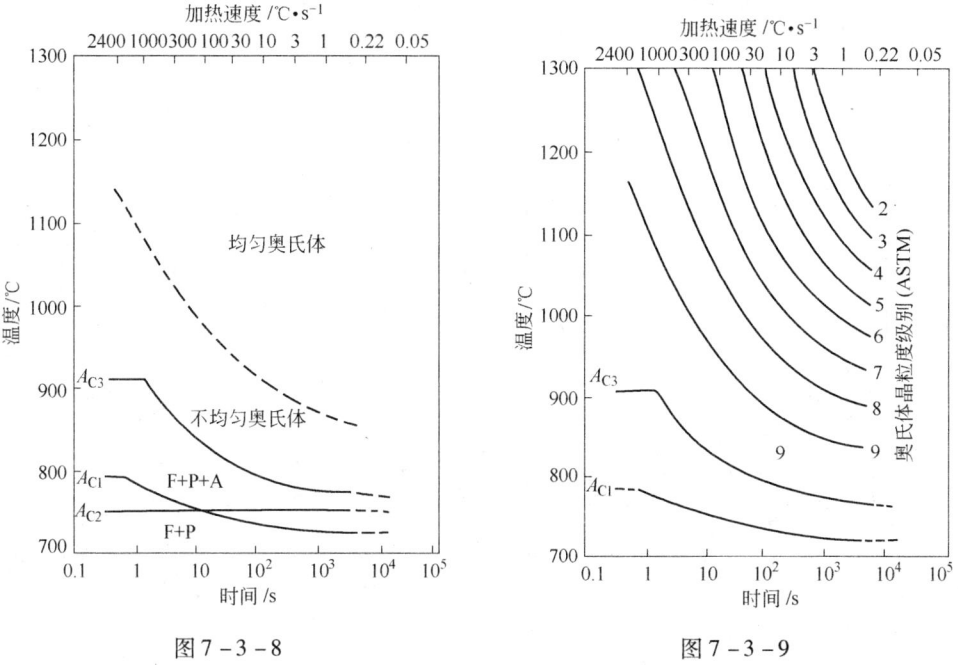

图 7 - 3 - 8

图 7 - 3 - 9

35SiMn 钢:C0.36%,Si1.2%,Mn1.21%,P0.017%,S0.007%,Al0.034%,Cr0.24%,V0.03%,Mo0.03%(图 7 - 3 - 10、图 7 - 3 - 11)

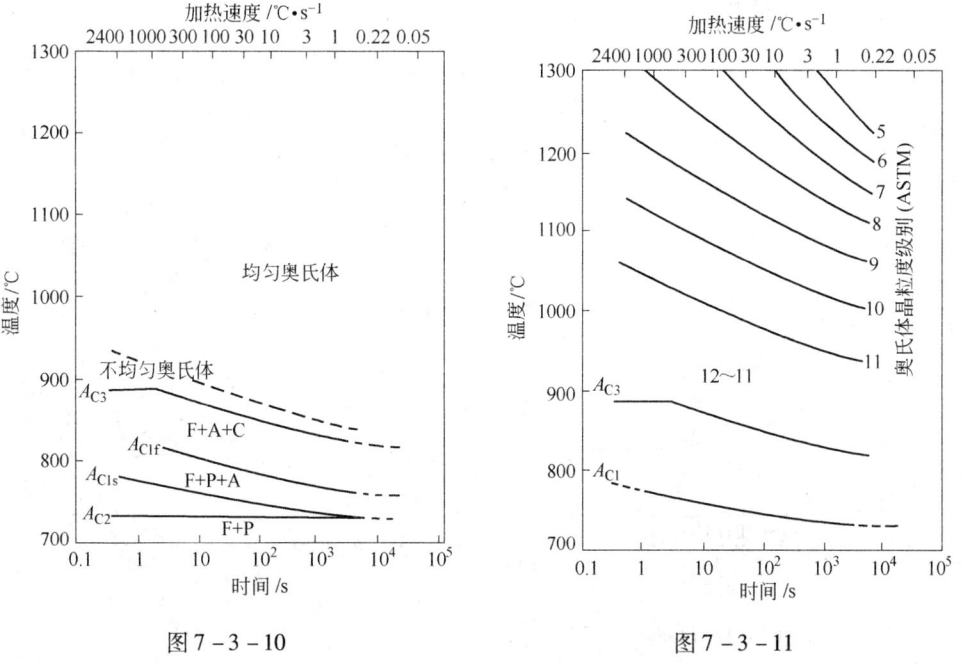

图 7 - 3 - 10

图 7 - 3 - 11

40Cr 钢：C0.4%，Si0.22%，Mn0.57%，P0.025%，S0.028%，Al0.02%，Cr0.95%，Mo0.04%（图 7 - 3 - 12、图 7 - 3 - 13）

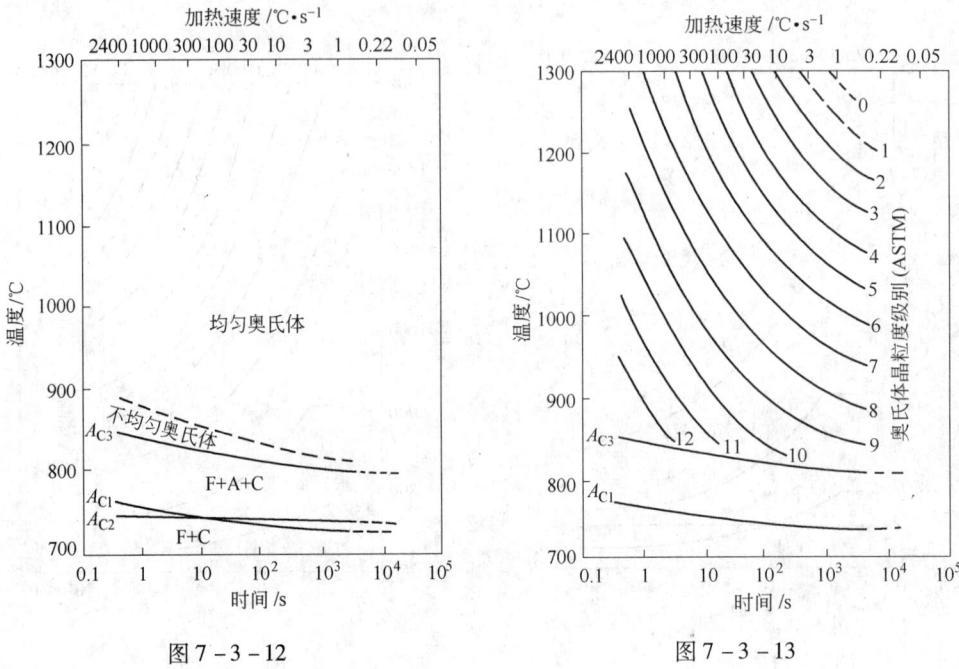

图 7 - 3 - 12　　　　　　　　　　　　图 7 - 3 - 13

20CrMn 钢：C0.20%，Si0.19%，Mn1.19%，P0.01%，S0.032%，Al0.009%，Cr1.22%，Ni0.3%（图 7 - 3 - 14、图 7 - 3 - 15）

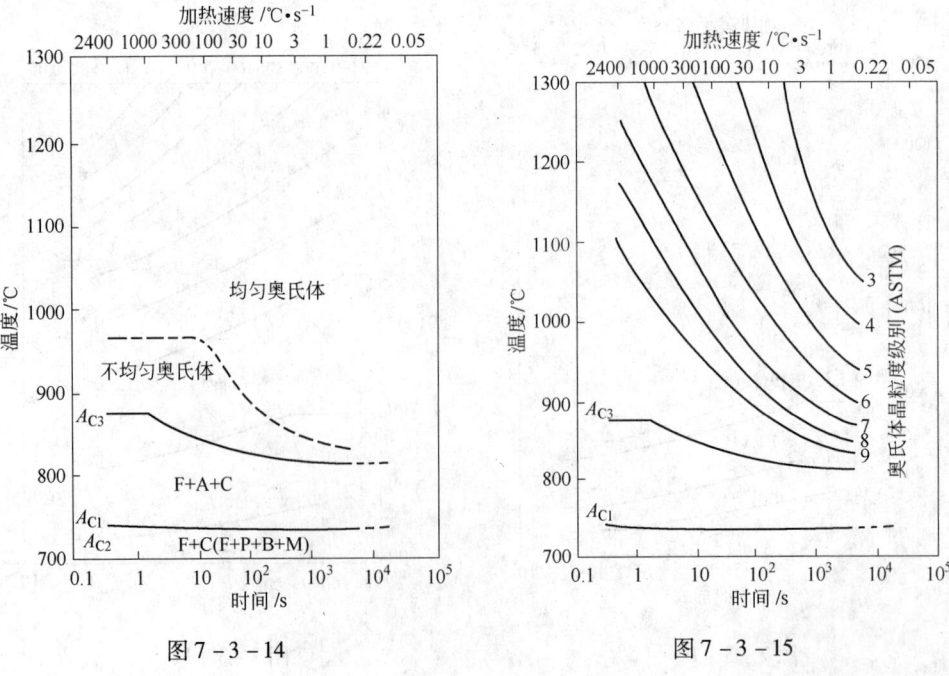

图 7 - 3 - 14　　　　　　　　　　　　图 7 - 3 - 15

35CrMo 钢：C0.34%，SiO.34%，Mn0.65%，P0.017%，S0.016%，Al0.008%，Cr1.07%，Mo0.17%（图7-3-16、图7-3-17）

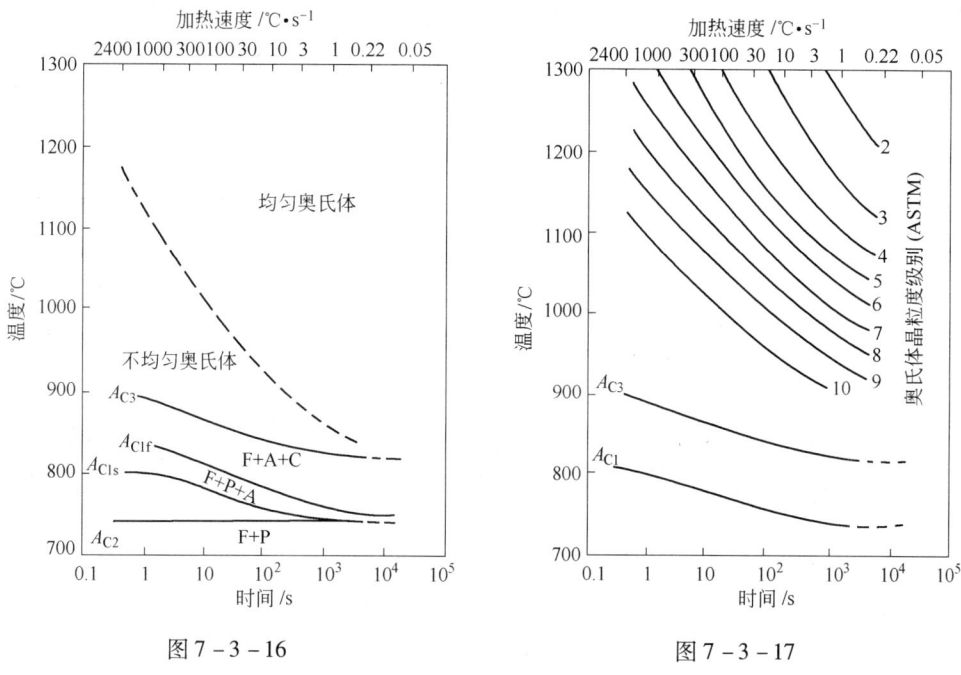

图7-3-16　　　　　　　　　　　　　图7-3-17

40CrMo 钢：C0.37%，Si 0.30%，Mn0.64%，P0.01%，S0.011%，Al0.003%，Cr1.06%，Ni0.03%，Mo0.21%（图7-3-18、图7-3-19）

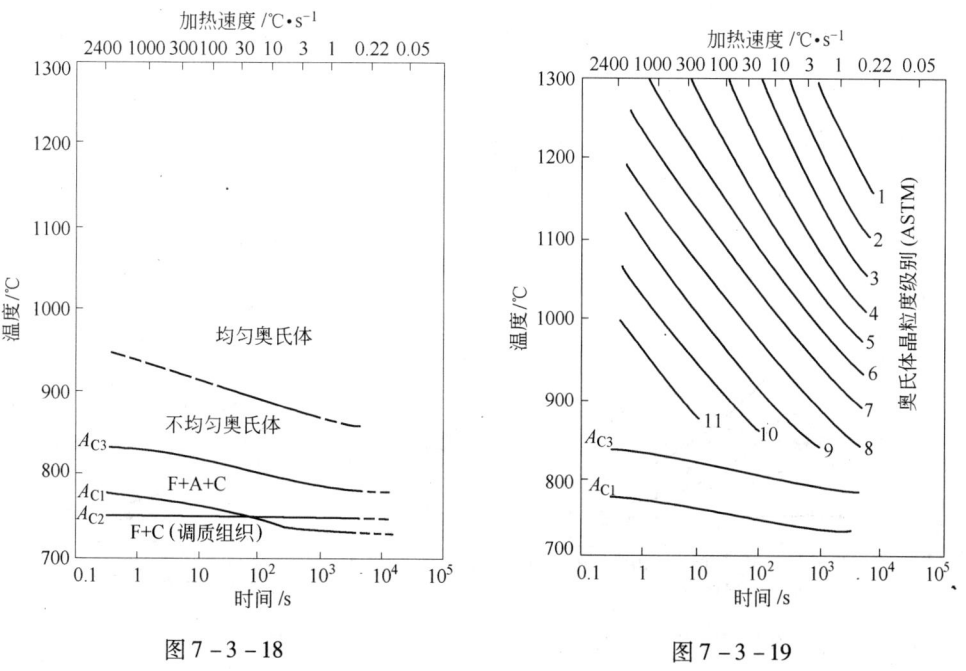

图7-3-18　　　　　　　　　　　　　图7-3-19

GCr15 钢：C1. 0% ,SiO. 22% ,MnO. 34% ,PO. 027% ,SO. 009% ,Crl. 52% ,NiO. 18%（图 7 – 3 – 20、图 7 – 3 – 21）

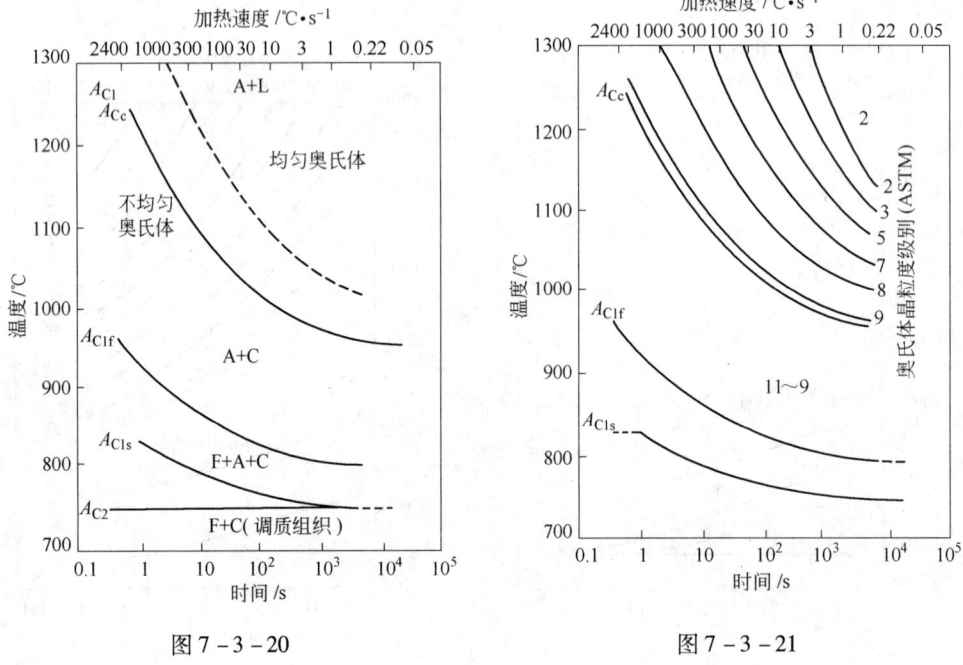

图 7 – 3 – 20                              图 7 – 3 – 21

T7 钢：CO. 72% ,SiO. 22% ,MnO. 33% ,PO. 009% ,SO. 006% ,Al0. 008% ,Cr0. 08% ,Mo0. 02%（图 7 – 3 – 22、图 7 – 3 – 23）

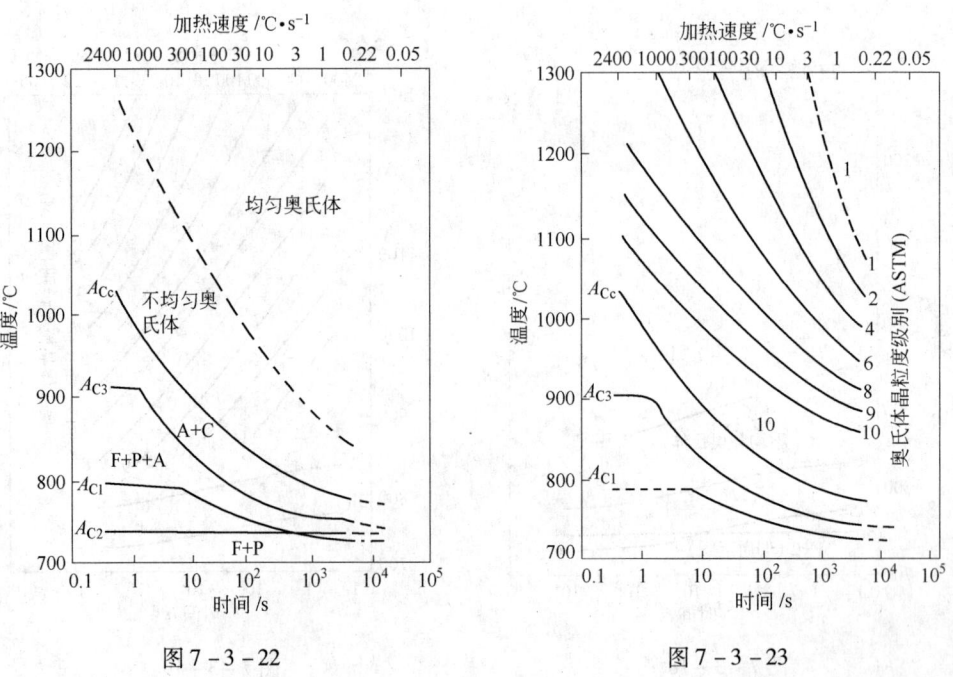

图 7 – 3 – 22                              图 7 – 3 – 23

T10 钢：C1.02%，Si0.15%，Mn0.19%，P0.007%，S0.009%（图 7-3-24、图 7-3-25）

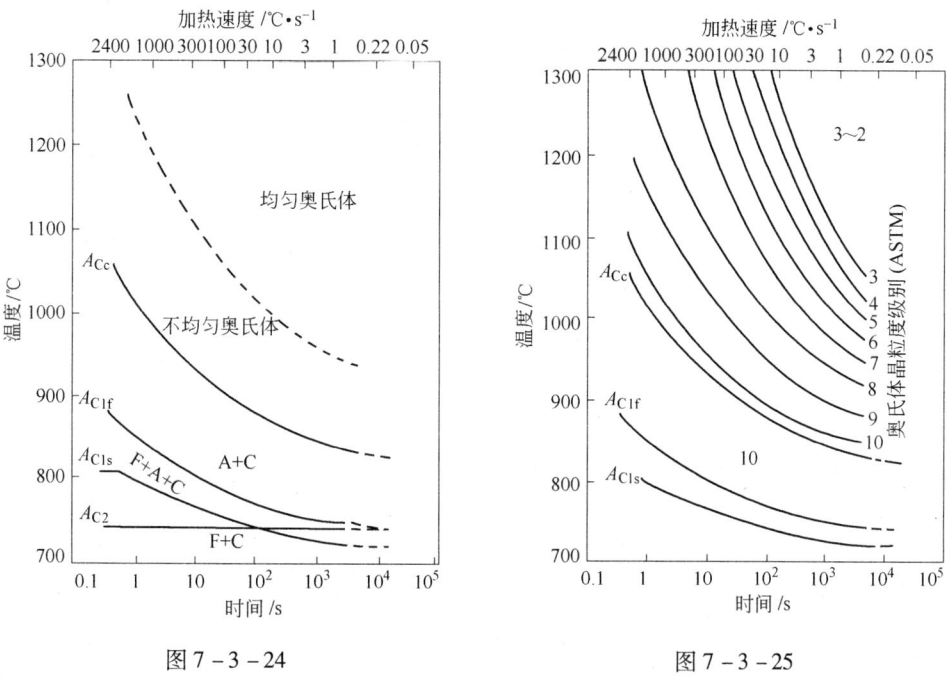

图 7-3-24

图 7-3-25

CrWMn 钢：C1.06%，Si0.22%，Mn1.03%，P0.014%，S0.005%，Cr1.03%，W1.14%（图 7-3-26、图 7-3-27）

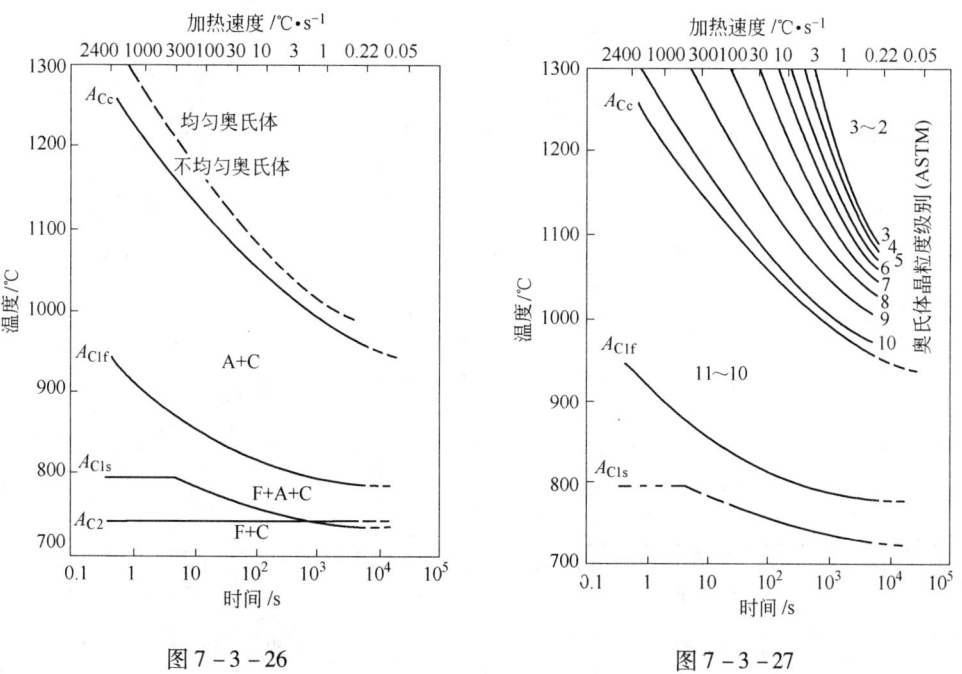

图 7-3-26

图 7-3-27

4Cr5MoVSi 钢：C0.40%，Si1.06%，Mn0.38%，P0.011%，S0.005%，Cr5.12%，V0.52%，Mo1.39%（图 7－3－28、图 7－3－29）

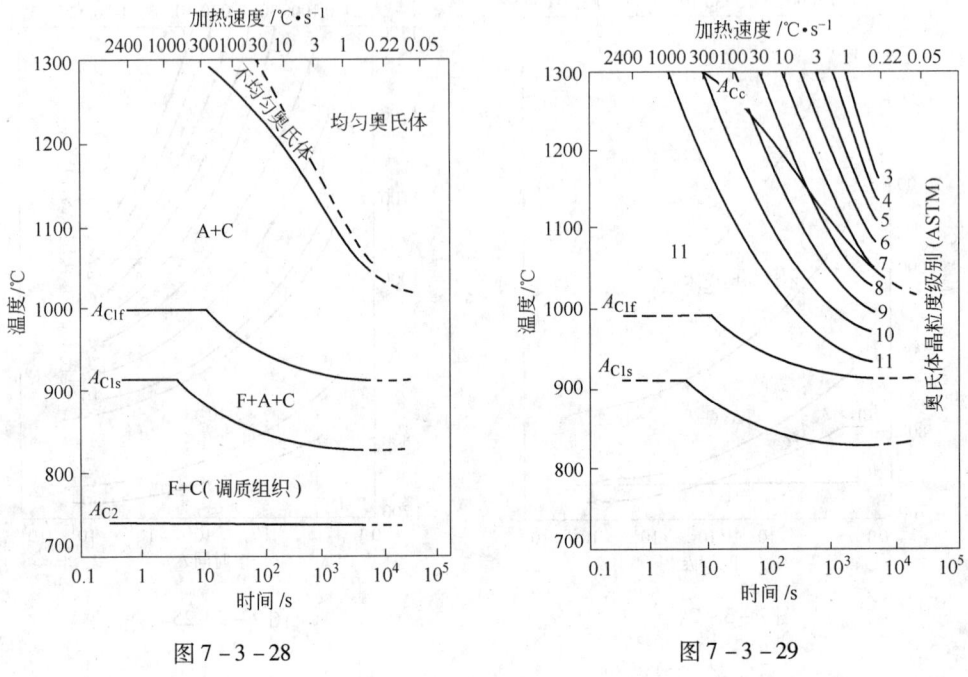

图 7－3－28                                图 7－3－29

2Cr13 钢：C0.17%，Si0.42%，Mn0.43%，P0.023%，S0.019%，Cr13.6%（图 7－3－30、图 7－3－31）

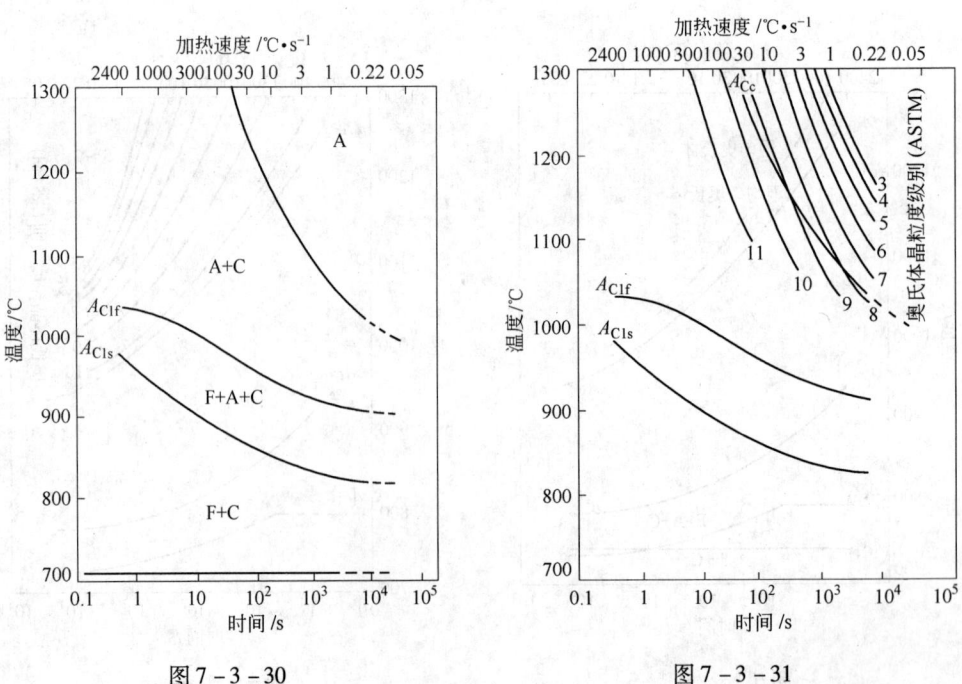

图 7－3－30                                图 7－3－31

4Cr13 钢：C0.46%，Si0.42%，Mn0.54%，P0.033%，S0.016%，Cr12.7%，Ni0.34%，Mo0.05%（图7-3-32、图7-3-33）

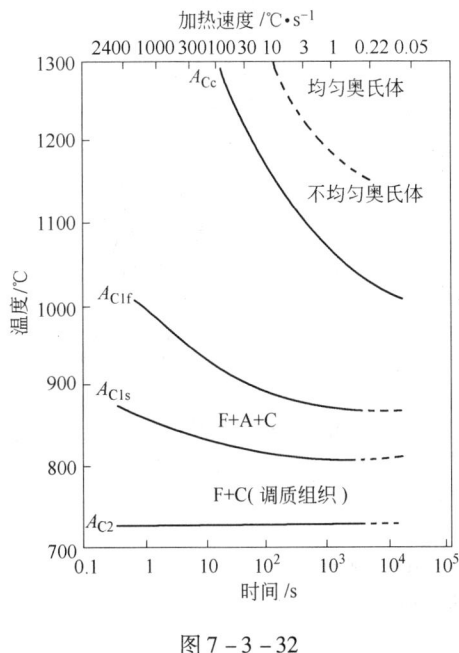

图7-3-32

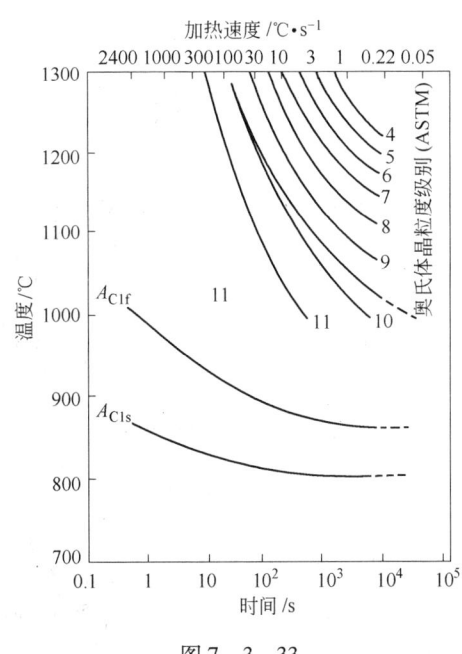

图7-3-33

## 二、钢的连续冷却转变曲线(CCT)

CCT 图中符号代表的组织、相变温度等：

| | | | | | |
|---|---|---|---|---|---|
| 奥氏体 | A | 铁素体 | F | 珠光体 | P |
| 贝氏体 | B | 马氏体 | M | 碳化物 | K |
| 渗碳体 | C,K | 残留奥氏体 | RA | | |
| 体心立方 | bcc | 面心立方 | fcc | 密排六方 | hcp |
| 马氏体开始转变温度 | $M_s$ | 马氏体转变终了温度 | $M_f$ | | |

$A_1(A_{C1})$　　　　　　在平衡状态下铁素体、奥氏体、渗碳体的共存温度(一般所说的下临界点)。

$A_2$　　　　　　　　　在平衡状态下无磁性转变温度。

$A_3(A_{C3})$　　　　　　在平衡状态下亚共析钢奥氏体和铁素体共存的最高温度(一般所说为上临界点)。

$A_4(A_{C4})$　　　　　　在平衡状态下δ相和奥氏体共存的最低温度。

$A_{Cm}$　　　　　　　　在平衡状态下过共析钢奥氏体和渗碳体或碳化物的共存温度(即上临界点)。

$A_{C1},A_{C3},A_{C4},A_{Ccm}$　即加热时相变的转变温度,加热速度越快,转变温度就越高。

$A_{r1},A_{r3},A_{r4},A_{rcm}$　　即冷却时相变的转变温度,冷却速度越快,转变温度就越低。当超过一定的冷却速度时(临界冷却速度),它们将完全消失。

棒料直径空冷的表面、中心温度的影响(小断面)(图7－3－34)[42]

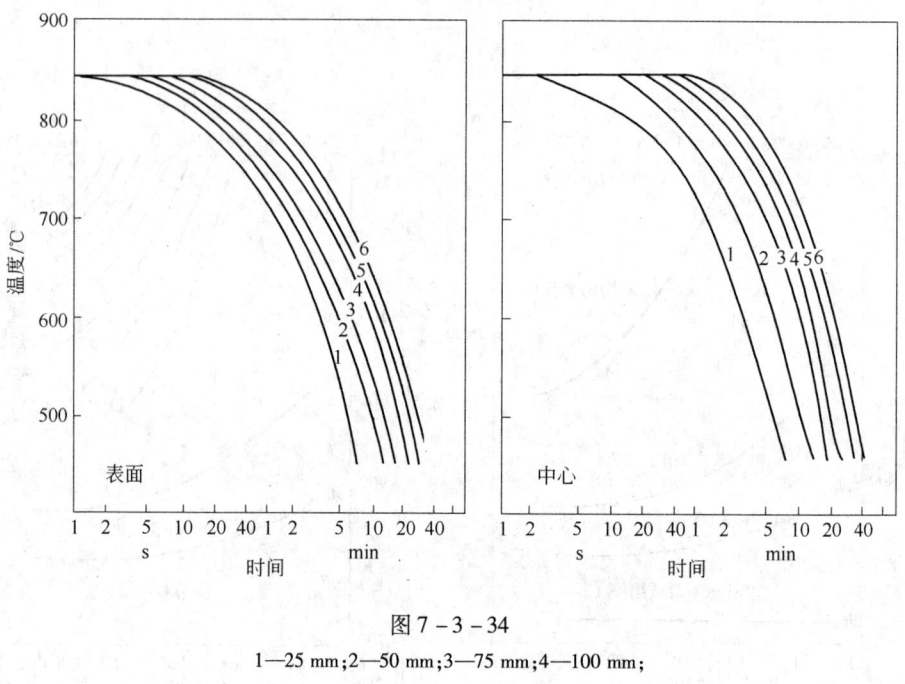

图 7 - 3 - 34
1—25 mm;2—50 mm;3—75 mm;4—100 mm;
5—125 mm;6—150 mm

不同直径工件中心从 800℃ 冷却(油冷、水冷、空冷)到不同温度时的冷却时间
(图7－3－35)[1]

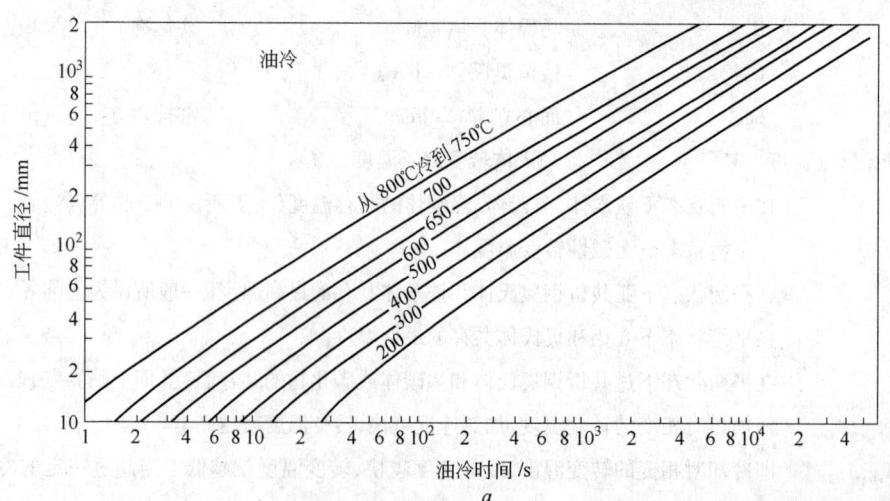

*a*

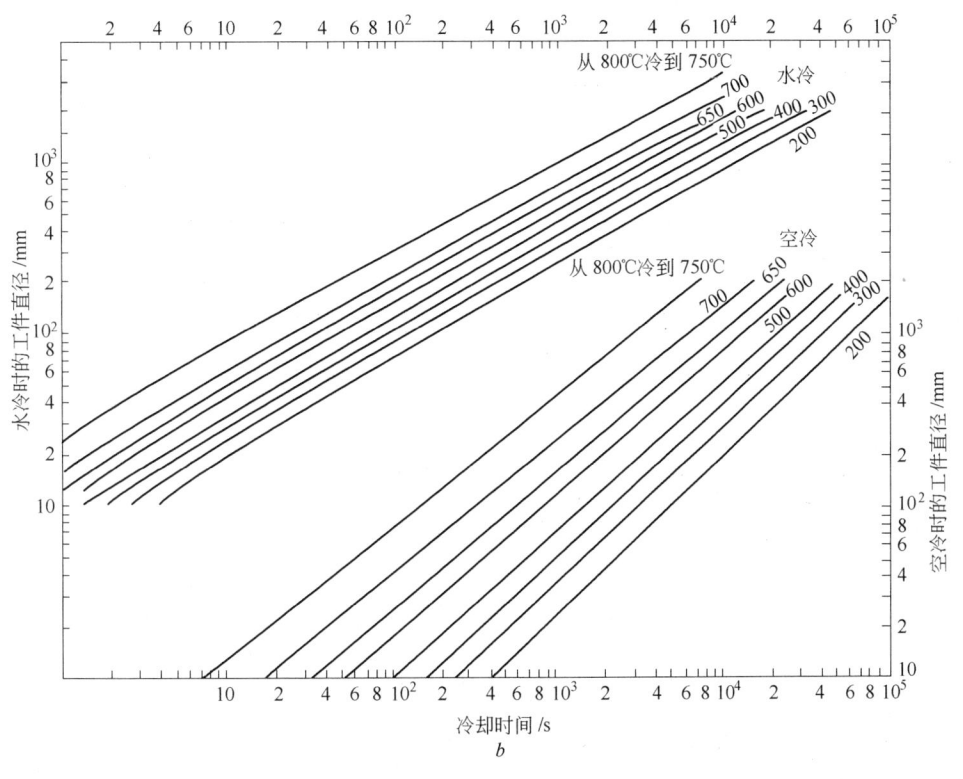

图 7 - 3 - 35

圆棒工件表面和中心的冷却曲线(图 7 - 3 - 36)[12]

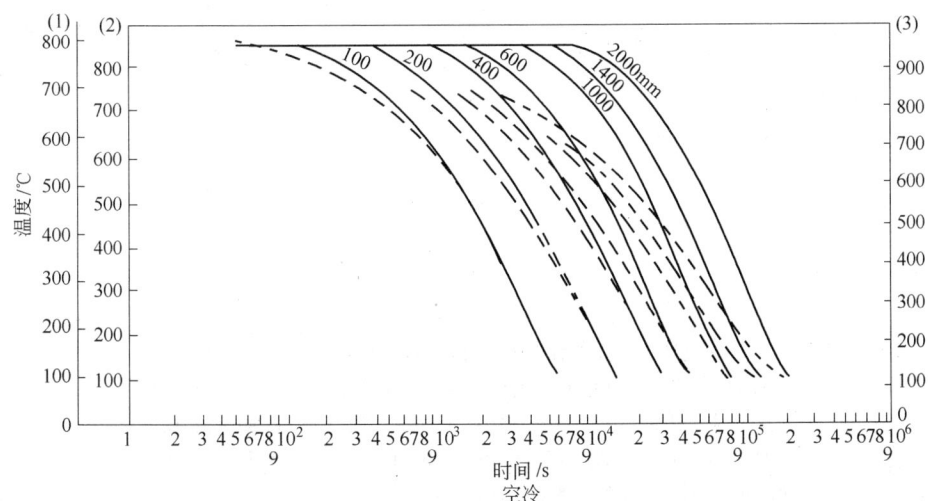

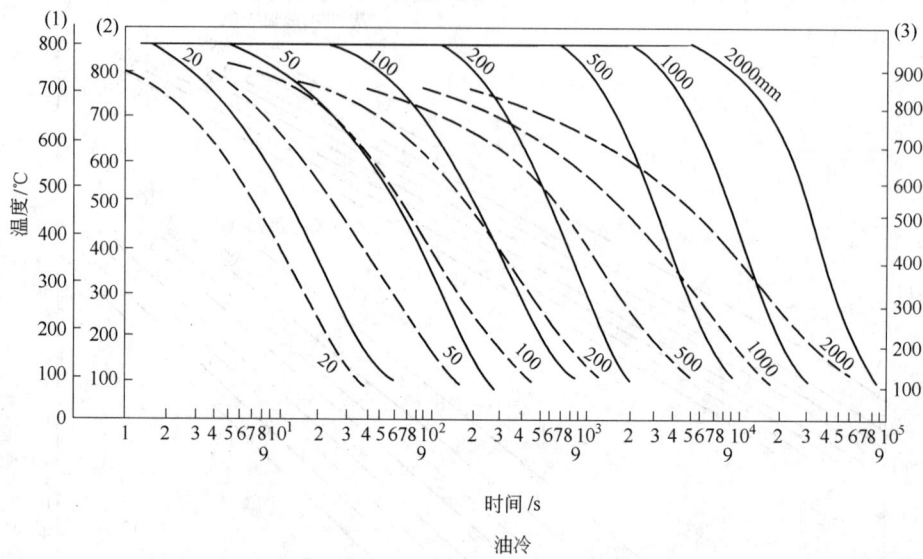

油冷

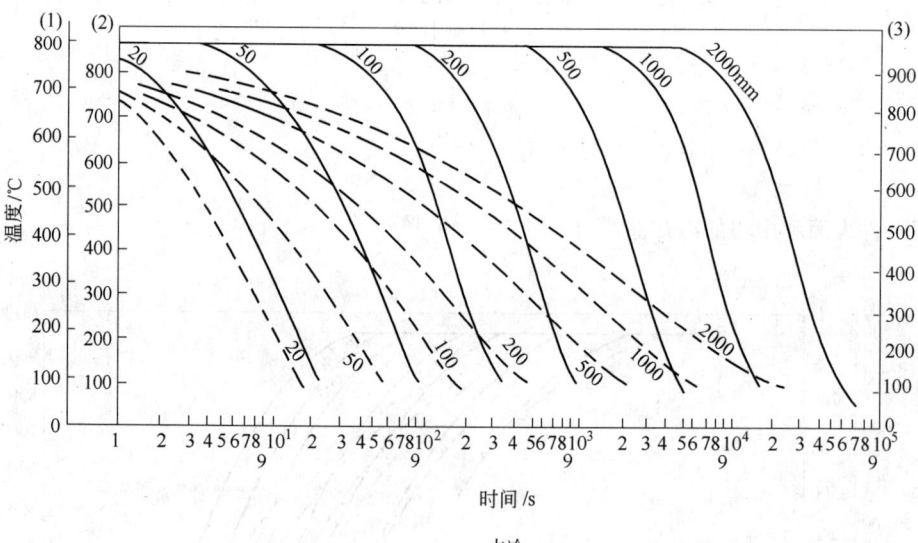

水冷

图 7 - 3 - 36

计算值经实测修正后作出,实线表示工件中心,虚线表示工件
表面,用此图中工件中心温度的变化(时间—温度)和连续冷却曲
线(时间—温度)变化,可确定实际钢件中何时变成何种组织和硬
度值。大断面的钢件、钢锭、钢坯可用此确定退火、回火制度,以防
钢件的开裂,以此还可确定合适的热处理制度。

10 号钢的连续冷却转变曲线(图 7 – 3 – 37)[22]

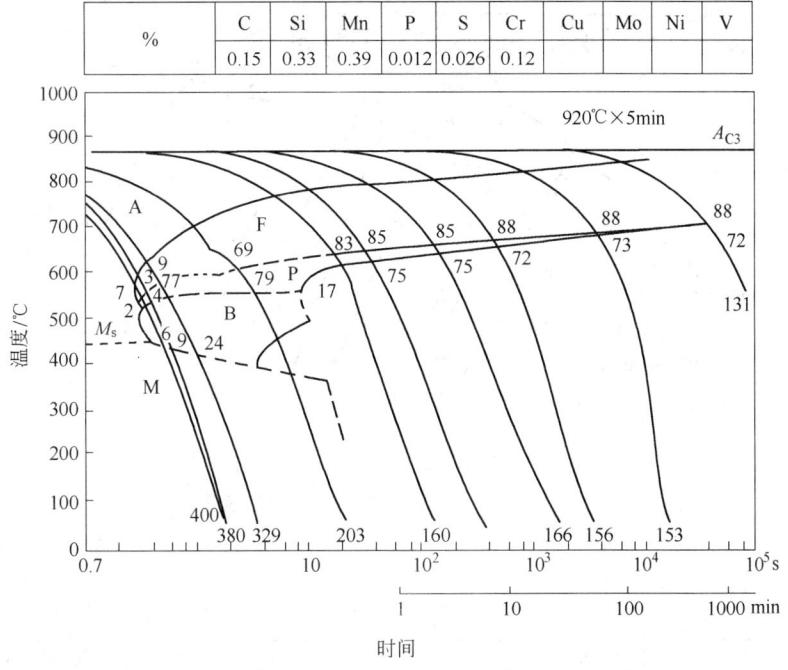

| % | C | Si | Mn | P | S | Cr | Cu | Mo | Ni | V |
|---|---|---|---|---|---|---|---|---|---|---|
| | 0.15 | 0.33 | 0.39 | 0.012 | 0.026 | 0.12 | | | | |

图 7 – 3 – 37

30 号钢的连续冷却转变曲线(图 7 – 3 – 38)[22]

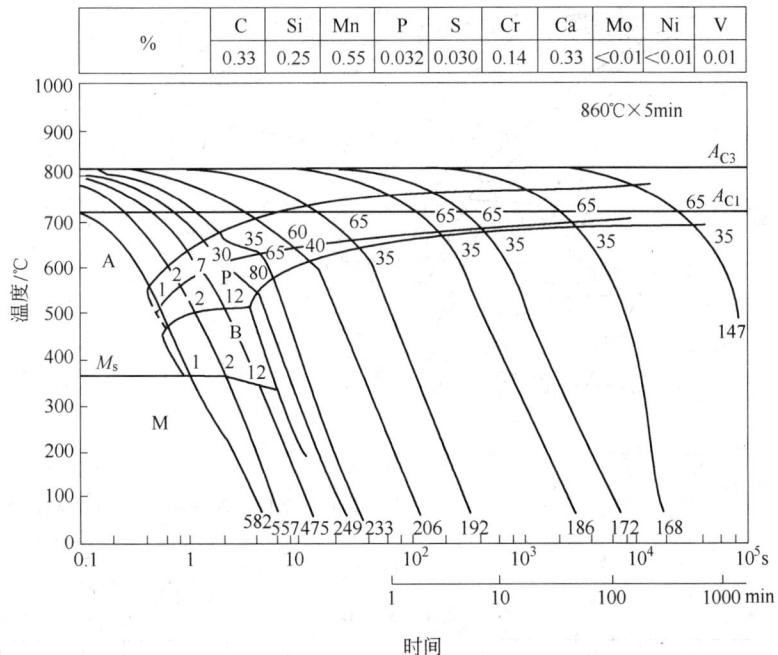

| % | C | Si | Mn | P | S | Cr | Ca | Mo | Ni | V |
|---|---|---|---|---|---|---|---|---|---|---|
| | 0.33 | 0.25 | 0.55 | 0.032 | 0.030 | 0.14 | 0.33 | <0.01 | <0.01 | 0.01 |

图 7 – 3 – 38

40 号钢的连续冷却转变曲线(图 7-3-39)

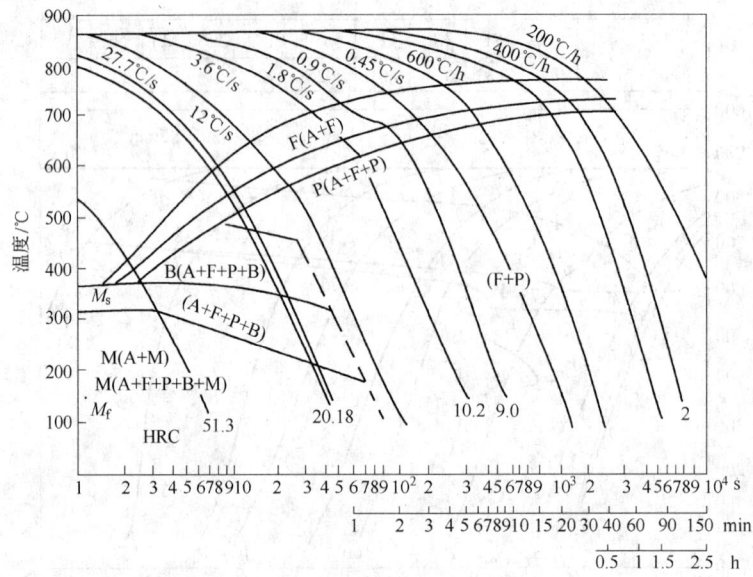

图 7-3-39

| C | Si | Mn | P | S | Cu | Ni | Cr | Mo |
|------|------|------|-------|-------|------|------|------|----|
| 0.41 | 0.27 | 0.60 | 0.024 | 0.012 | 0.10 | 0.04 | 0.07 | |

注:奥氏体化温度 850℃×10 min。

40Mn 钢的连续冷却转变曲线(图 7-3-40)

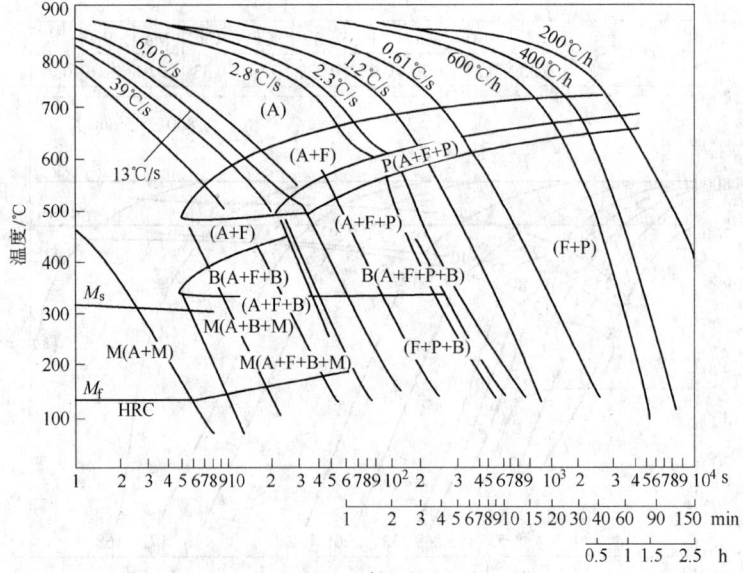

图 7-3-40

| C | Si | Mn | P | S | Cu | Ni | Cr | Mo |
|-----|------|------|-------|-------|------|------|------|----|
| 0.4 | 0.17 | 1.42 | 0.026 | 0.017 | 0.14 | 0.05 | 0.06 | |

注:奥氏体化温度 860℃×10 min。

## 45 号钢的连续冷却转变曲线(图 7 - 3 - 41)

| % | C | Si | Mn | P | S | Cr | Cu | Mo | Ni | V |
|---|---|---|---|---|---|---|---|---|---|---|
| | 0.44 | 0.22 | 0.66 | 0.022 | 0.029 | 0.15 | | | | 0.02 |

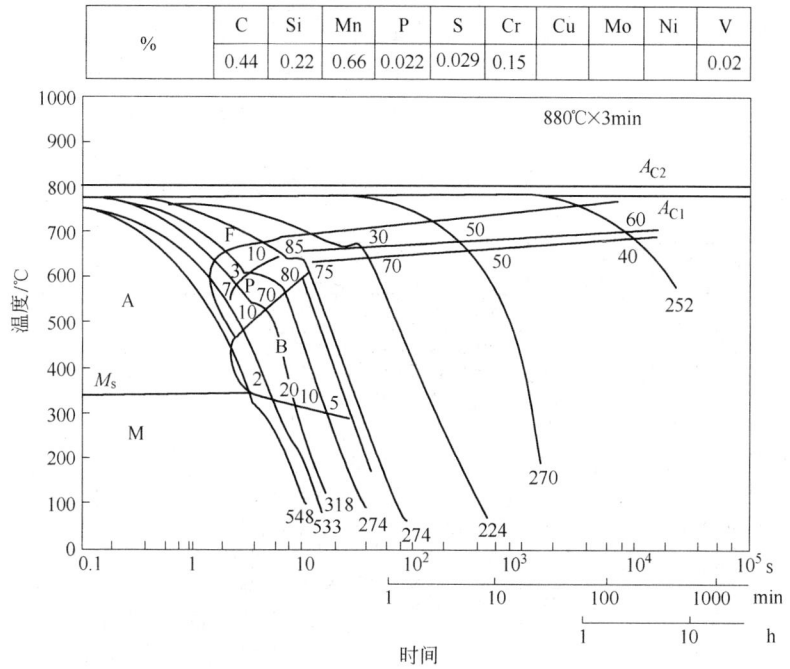

图 7 - 3 - 41

## 75 号钢的连续冷却转变曲线(图 7 - 3 - 42)

| % | C | Si | Mn | P | S | Cu | Cr | Mo | Ni | N₂ |
|---|---|---|---|---|---|---|---|---|---|---|
| | 0.76 | 0.23 | 0.63 | 0.028 | 0.088 | 0.75 | | | | 0.005 |

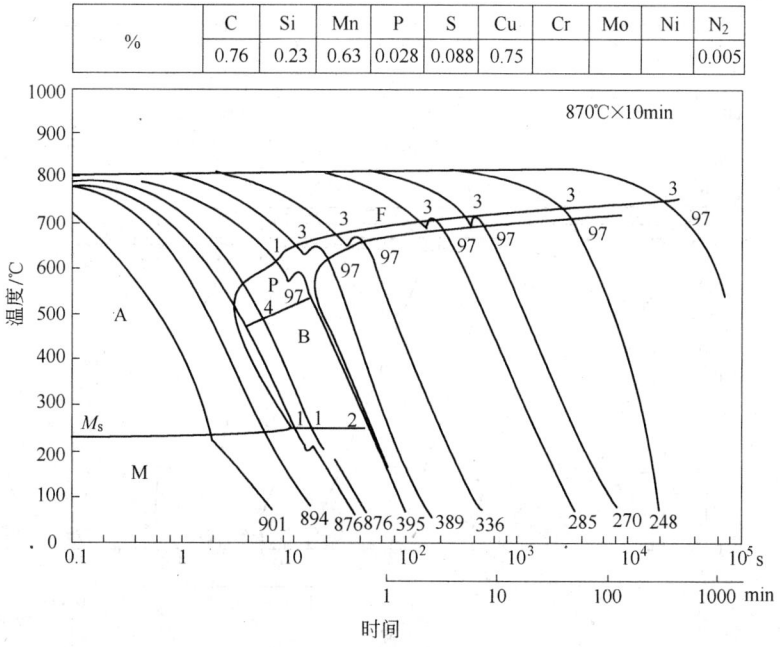

图 7 - 3 - 42

T8 钢的连续冷却转变曲线(图 7 - 3 - 43)

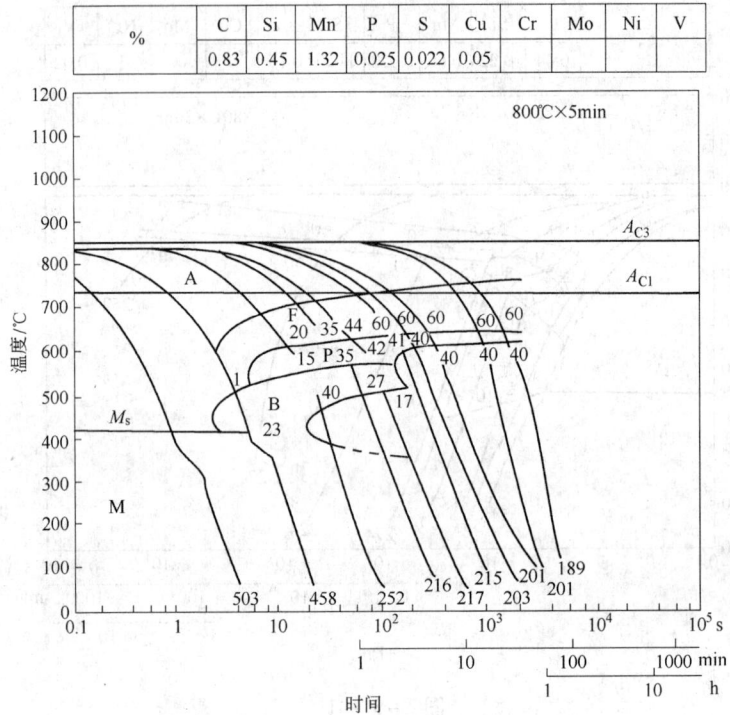

| % | C | Si | Mn | P | S | Cu | Cr | Mo | Ni | V |
|---|---|---|---|---|---|---|---|---|---|---|
| | 0.83 | 0.45 | 1.32 | 0.025 | 0.022 | 0.05 | | | | |

图 7 - 3 - 43

T10 钢的连续冷却转变曲线(图 7 - 3 - 44)

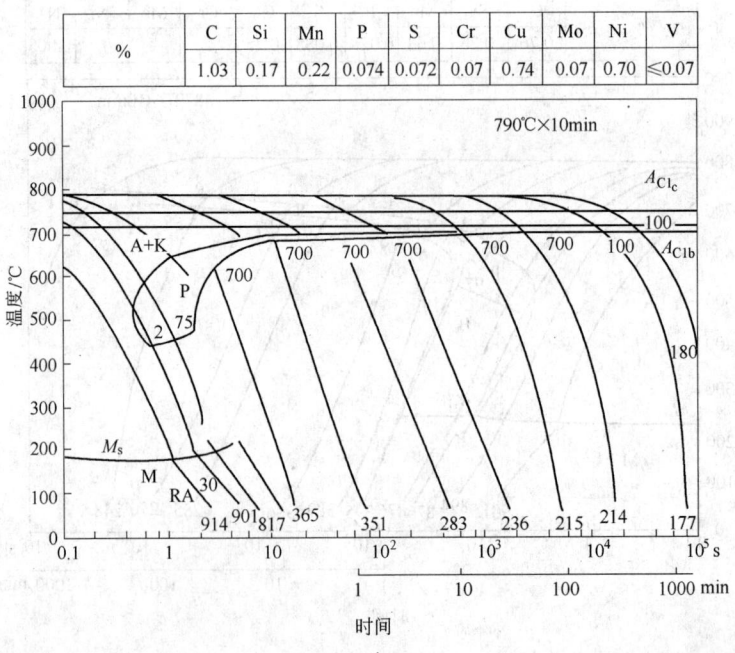

| % | C | Si | Mn | P | S | Cr | Cu | Mo | Ni | V |
|---|---|---|---|---|---|---|---|---|---|---|
| | 1.03 | 0.17 | 0.22 | 0.074 | 0.072 | 0.07 | 0.74 | 0.07 | 0.70 | ≤0.07 |

图 7 - 3 - 44

20Mn 钢成分上、下限对奥氏体连续冷却曲线的影响（图 7 – 3 – 45）

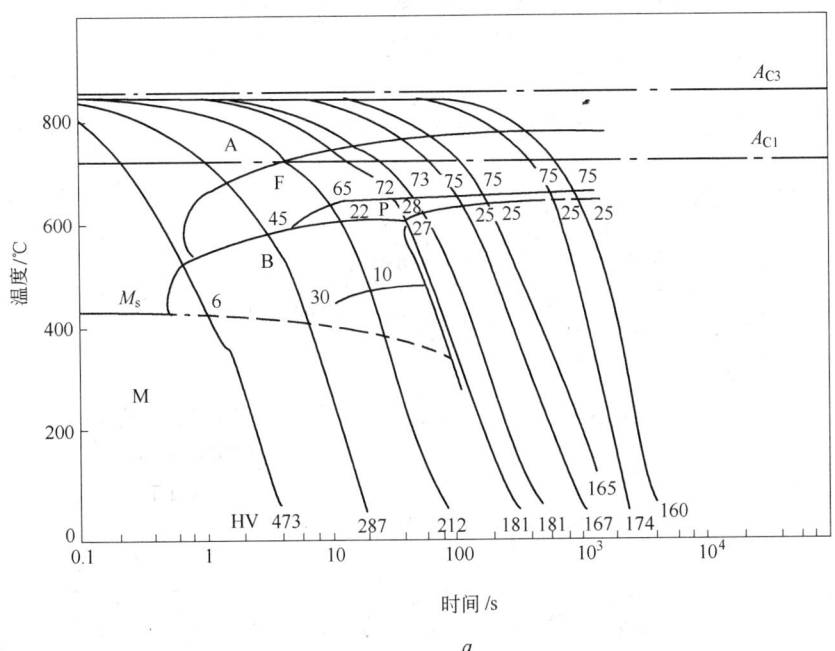

图 7 – 3 – 45

奥氏体化温度 900℃；时间 3 min；a—[C] = 0.14% , [Mn] = 0.8% ；b—[C] = 0.23% , [Mn] = 0.53%

20Cr 钢的连续冷却转变曲线(图 7 – 3 – 46)

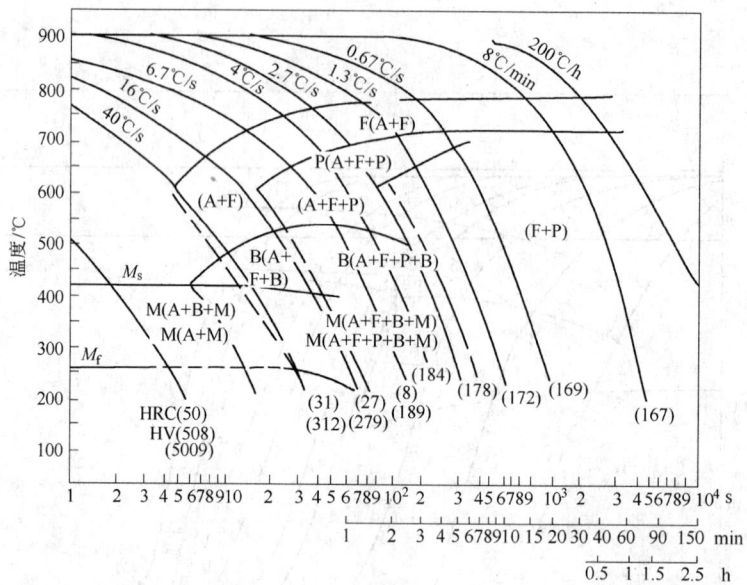

图 7 – 3 – 46

| C | Si | Mn | P | S | Cu | Ni | Cr | Mo |
|------|------|------|-------|-------|------|------|------|------|
| 0.20 | 0.32 | 0.67 | 0.019 | 0.012 | 0.11 | 0.16 | 1.02 | |

注:奥氏体化温度 900℃ ×10 min。

40Cr 钢的连续冷却转变曲线(图 7 – 3 – 47)

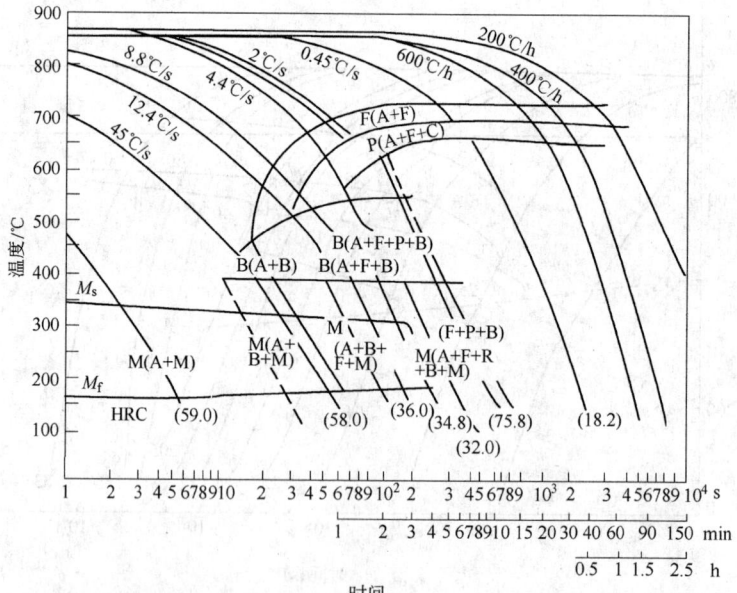

图 7 – 3 – 47

| C | Si | Mn | P | S | Cu | Ni | Cr | Mo |
|------|------|------|-------|-------|------|------|------|------|
| 0.42 | 0.20 | 0.69 | 0.019 | 0.013 | 0.18 | 0.09 | 0.98 | |

注:奥氏体化温度 860℃ ×10 min。

12CrNi2 钢在不同奥氏体温度下的连续冷却转变曲线（图 7 - 3 - 48 ）

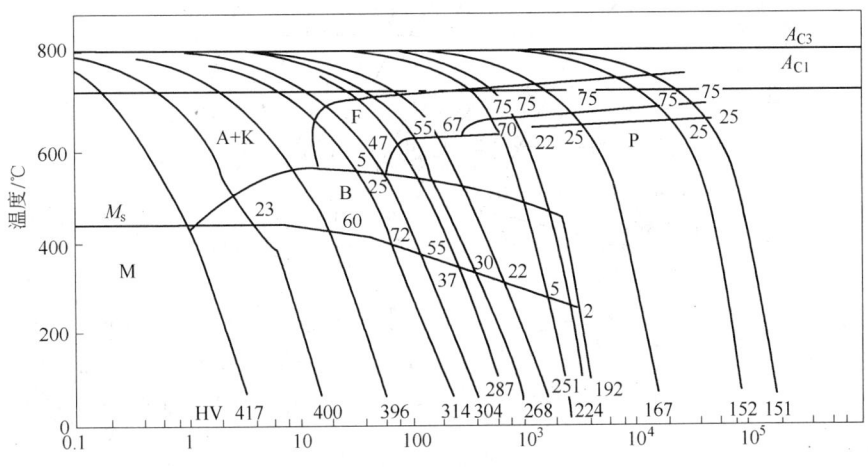

奥氏体化温度 870℃ 保持时间 3 min

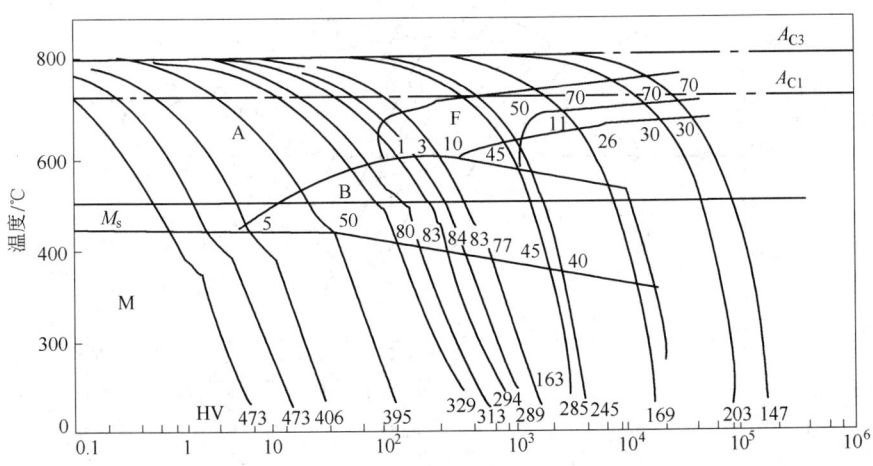

奥氏体化温度 1050℃ 保持时间 3 min

图 7 - 3 - 48

42CrMo 钢的连续冷却转变曲线(图 7 - 3 - 49)

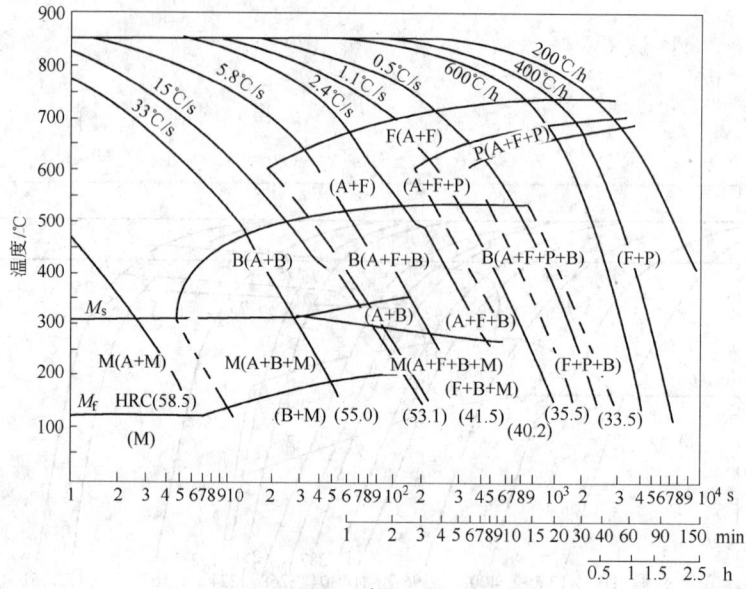

图 7 - 3 - 49

| C | Si | Mn | P | S | Cu | Ni | Cr | Mo |
|------|------|------|-------|-------|------|------|------|------|
| 0.42 | 0.34 | 0.69 | 0.016 | 0.010 | 0.14 | 0.07 | 1.02 | 0.19 |

注:奥氏体化温度 860℃ × 10 min。

20CrNiMo 钢的连续冷却转变曲线(图 7 - 3 - 50)

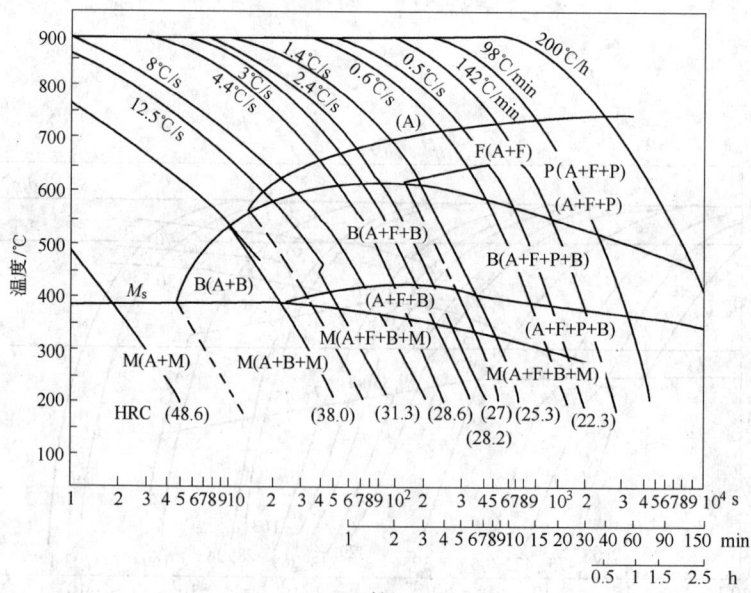

图 7 - 3 - 50

| C | Si | Mn | P | S | Cu | Ni | Cr | Mo |
|------|------|------|-------|-------|------|------|------|------|
| 0.20 | 0.23 | 0.55 | 0.013 | 0.012 | 0.15 | 1.81 | 0.47 | 0.26 |

注:奥氏体化温度 900℃ × 10 min。

40CrNiMo 钢的连续冷却转变曲线(图 7-3-51)

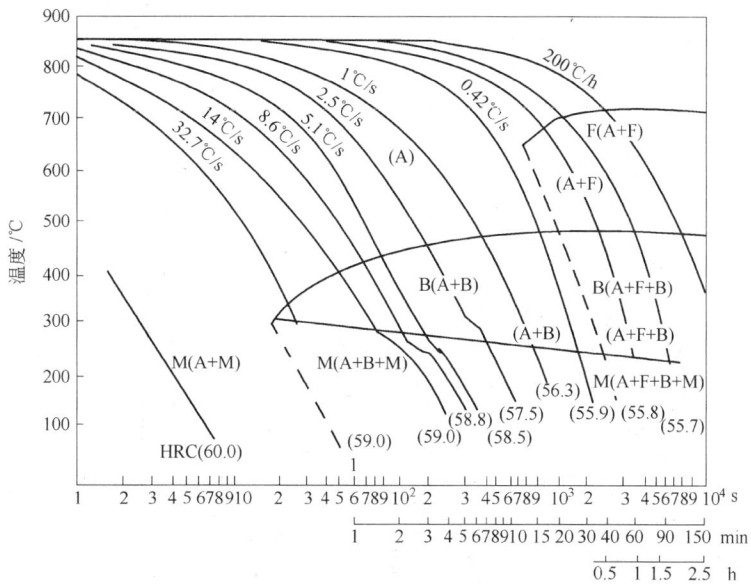

图 7-3-51

| C | Si | Mn | P | S | Cu | Ni | Cr | Mo |
|------|------|------|-------|-------|------|------|------|------|
| 0.42 | 0.24 | 0.77 | 0.019 | 0.012 | 0.17 | 1.76 | 0.81 | 0.21 |

注:奥氏体化温度 860℃ ×10 min。

20CrNi2Mo 钢的连续冷却转变曲线(图 7-3-52)

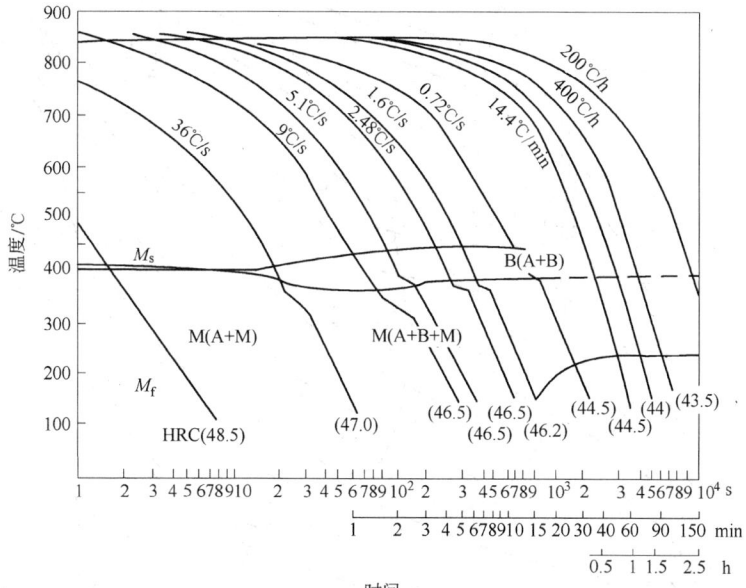

图 7-3-52

| C | Si | Mn | P | S | Cu | Ni | Cr | Mo |
|------|------|------|------|-------|------|------|------|------|
| 0.20 | 0.29 | 0.89 | 0.21 | 0.008 | 0.13 | 2.85 | 1.51 | 0.43 |

注:奥氏体化温度 860℃ ×10 min。

GCr15 钢的连续冷却转变曲线（图 7 - 3 - 53）
GCr15SiMn 钢的连续冷却转变曲线（图 7 - 3 - 54）

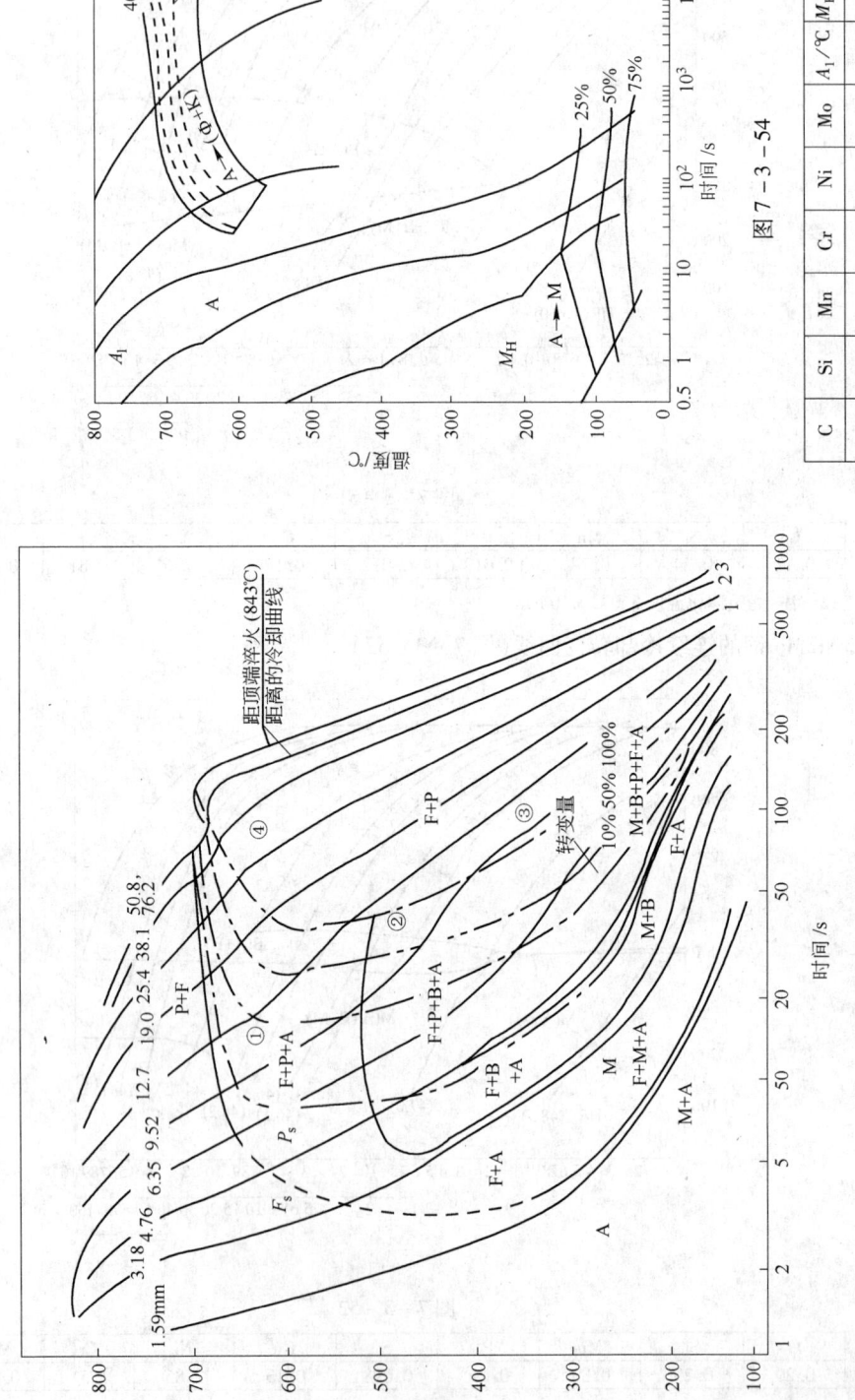

图 7 - 3 - 54

图 7 - 3 - 53

| C | Si | Mn | Cr | Ni | Mo | $A_1$/℃ | $M_H$/℃ | $T_H$/℃ |
|---|---|---|---|---|---|---|---|---|
| 0.99 | 0.55 | 1.0 | 1.45 | | | 740 | 200 | 850 |

条件：C1.06%、Mn0.33%、Si0.32%、Cr1.44%、奥氏体化温度 843℃；$A_{c3}$ = 782℃；$A_{c1}$ = 754℃

**Cr12 钢的连续冷却转变曲线**(图 7 - 3 - 55)

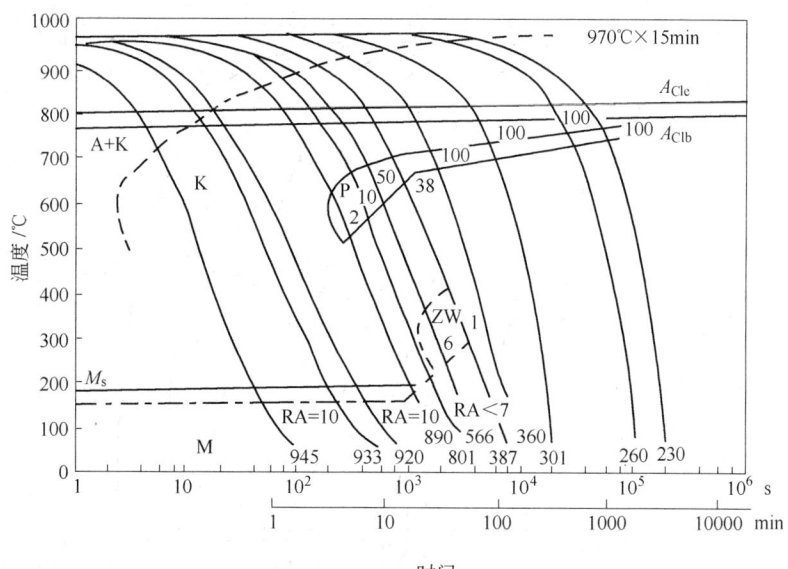

图 7 - 3 - 55

| % | C | Si | Mn | P | S | Cr | Cu | Mo | Ni | V |
|---|---|----|----|---|---|----|----|----|----|---|
| | 2.08 | 0.28 | 0.39 | 0.077 | 0.012 | 11.46 | 0.75 | 0.02 | 0.31 | 0.04 |

**4Cr13 钢的连续冷却转变曲线**(图 7 - 3 - 56)

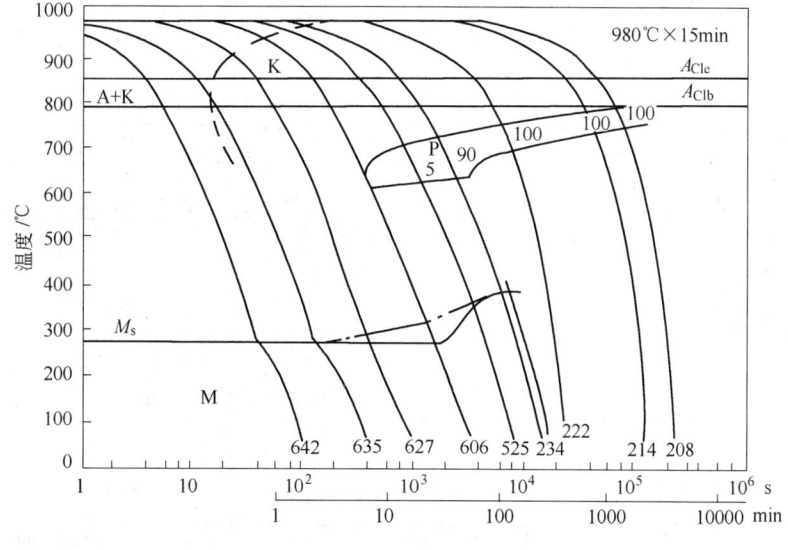

图 7 - 3 - 56

| % | C | Si | Mn | P | S | Cr | Cu | Mo | Ni | V |
|---|---|----|----|---|---|----|----|-------|----|---|
| | 0.44 | 0.30 | 0.20 | 0.025 | 0.070 | 13.12 | 0.09 | <0.01 | 0.37 | 0.02 |

Mn13 钢的连续冷却转变曲线（图 7 - 3 - 57）

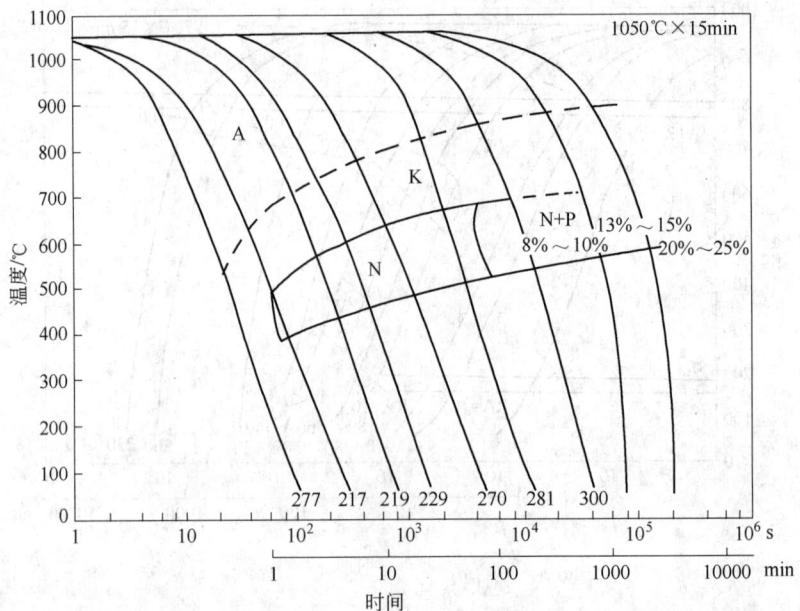

图 7 - 3 - 57

| % | C | Si | Mn | P | S | Cr | Cu | Mo | Ni | V |
|---|---|---|---|---|---|---|---|---|---|---|
| | 1. 29 | | 13. 3 | | | 0. 09 | | | | |

W18Cr4V 钢的等温转变曲线（图 7 - 3 - 58）

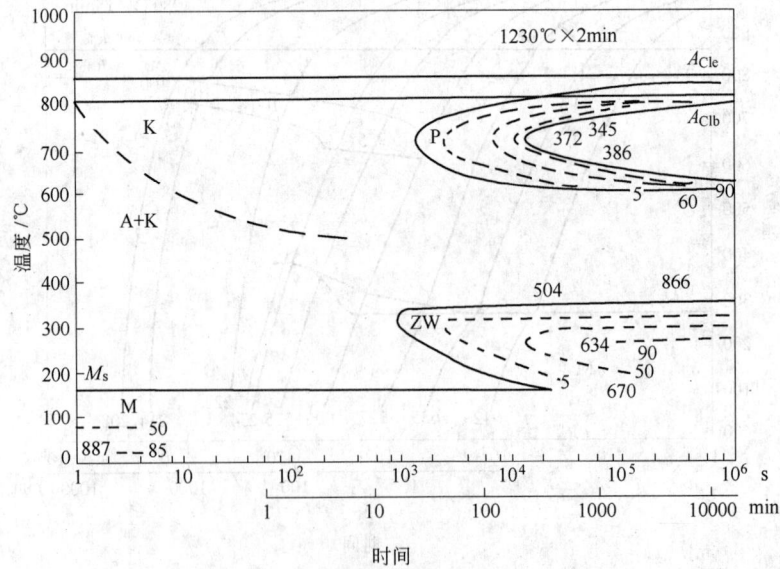

图 7 - 3 - 58

| % | C | Si | Mn | P | S | Cr | Mo | Ni | V | W |
|---|---|---|---|---|---|---|---|---|---|---|
| | 0. 81 | 0. 15 | 0. 33 | 0. 024 | 0. 003 | 3. 77 | 0. 44 | 0. 12 | 1. 07 | 18. 25 |

12Mn2SiCrB 钢的等温转变曲线（图 7 – 3 – 59）

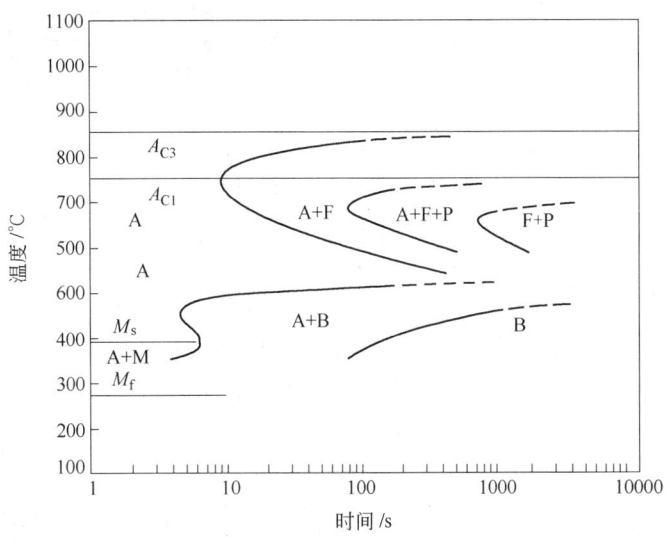

图 7 – 3 – 59

| C | Si | Mn | Cr | B | S | P | Ti | $T_A/℃$ | $A_{C1}/℃$ | $A_{C3}/℃$ | $M_s/℃$ | $M_f/℃$ |
|---|---|---|---|---|---|---|---|---|---|---|---|---|
| 0.13 | 0.70 | 1.87 | 0.98 | 0.0018 | 0.010 | 0.024 | 0.073 | 920 | 752 | 852 | 388 | 272 |

该成分为贝氏体抽油杆钢的等温转变曲线。$\phi$18 mm 轧后空冷保温可得到贝氏体组织，可免除再热处理工序。

### 三、钢的连续冷却转变曲线（以直径、冷却条件为基本参数）（图 7 – 3 – 60 ~ 图 7 – 3 – 109）[43]

使用说明（以 40 号钢为例）：

（1）$t > A_{C3}$ 时，钢组织为奥氏体（A），在此温度条件热送时不产生组织应变裂纹。

（2）$t = A_{C1} \sim A_{C3}$ 时，钢析出铁素体（F）。

（3）$t < A_{C1}$ 时，在空冷、圆棒直径 $d$ 为 15 mm、棒中心冷却到580℃的条件下（见图中 x 点），钢组织有 50% 铁素体和 50% 珠光体；若 $d > 15$ mm，将得到组织应力小的铁素体 + 珠光体组织。

（4）空冷时，圆棒直径 $d = 1$ mm，棒中心奥氏体全部生成贝氏体（B）；当 $d = 0.5$ mm，空冷到 300℃时将有 90% 的奥氏体转变为贝氏体，继续冷却到 280℃，又有 10% 的奥氏体转变成马氏体（M）。

（5）不同直径的钢材，在油、水中冷却时，得到的各组织比例可从油冷、水冷的横坐标作垂线分析得出。

（6）冷却时，为了得到组织应力最小，不会导致生成裂纹，应使钢坯、钢材缓冷。可用砂冷、坑冷、炉中退火等，使钢的冷却速度小于 250℃/min（由图中 x 点处做垂直线交于 750℃时的冷却速度横坐标可得 250℃/min）时，即可得钢组织全部为铁素体 + 珠光体。

（7）钢在不同冷却制度下冷却时得到的硬度值（HV）可从图中查得。其他钢种的组织成分比例和冷却条件的关系可用上述分析方法查得。应用时应注意原始组织、化学成分、奥氏体化温度、保温时间等，此种图不适用于高频淬火及火焰淬火，也不适用于焊接情况。

图中符号说明：A—奥氏体；F—铁素体；P—珠光体；B—贝氏体；M—马氏体；K—碳化物；C—渗碳体；AT—奥氏体化温度。

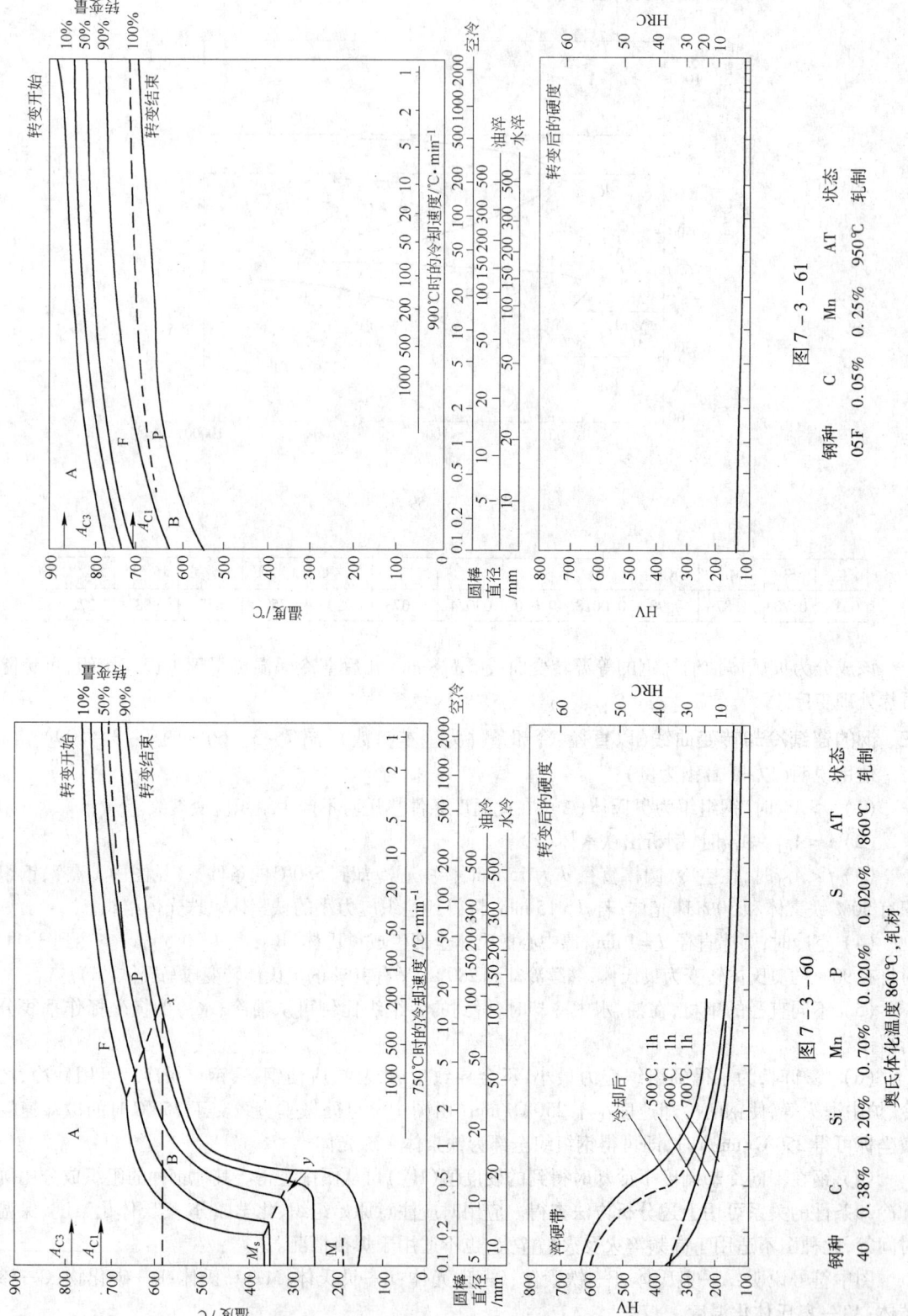

图 7 - 3 - 61

| 钢种 | C | Mn | AT | 状态 |
| 05F | 0.05% | 0.25% | 950℃ | 轧制 |

图 7 - 3 - 60

| 钢种 | C | Si | Mn | P | S | AT | 状态 |
| 40 | 0.38% | 0.20% | 0.70% | 0.020% | 0.020% | 860℃ | 轧制 |

奥氏体化温度 860℃,轧材

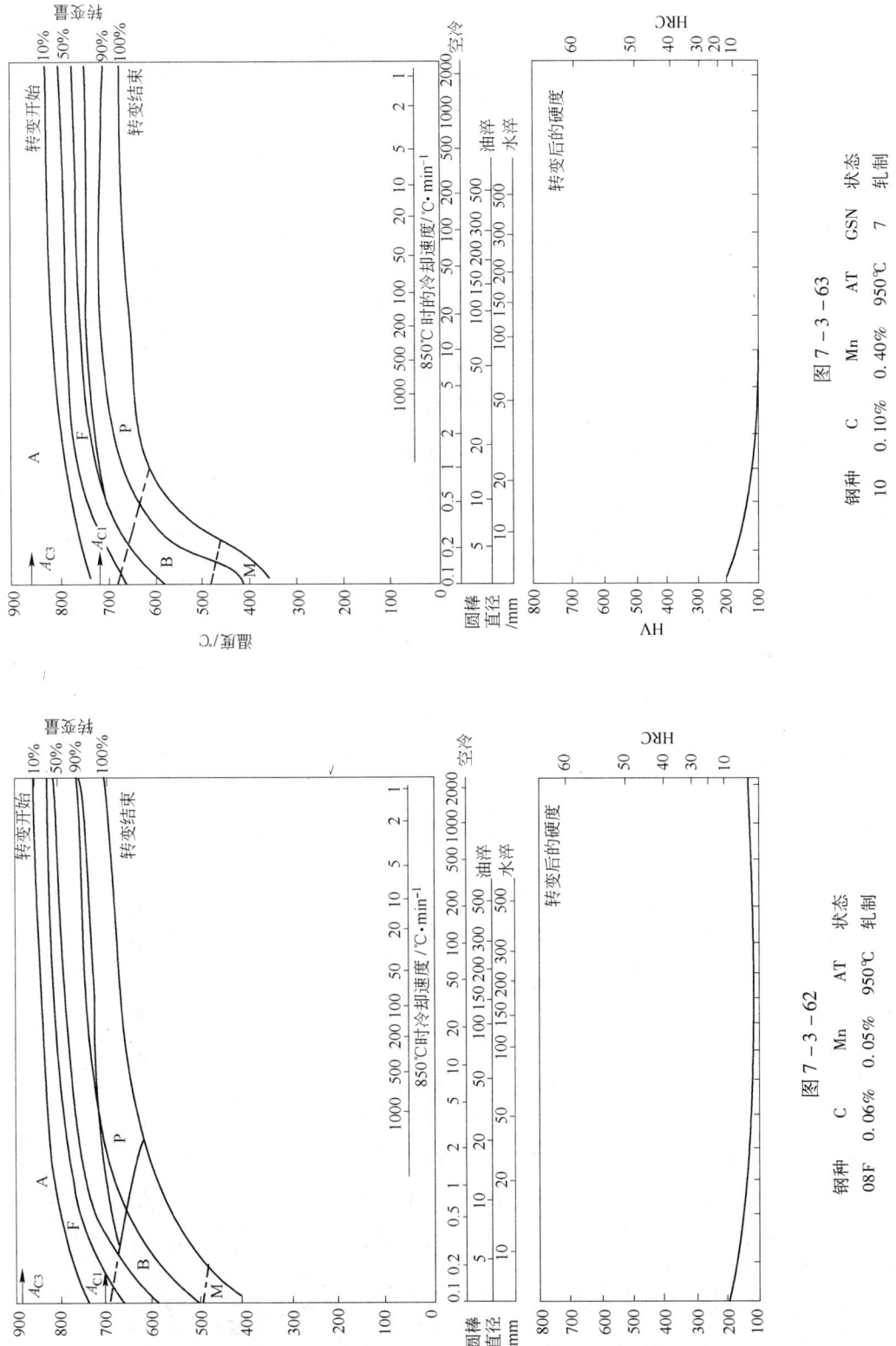

| 钢种 | C | Mn | AT | GSN | 状态 |
|---|---|---|---|---|---|
| 10 | 0.10% | 0.40% | 950℃ | 7 | 轧制 |

图 7 - 3 - 63

| 钢种 | C | Mn | AT | 状态 |
|---|---|---|---|---|
| 08F | 0.06% | 0.05% | 950℃ | 轧制 |

图 7 - 3 - 62

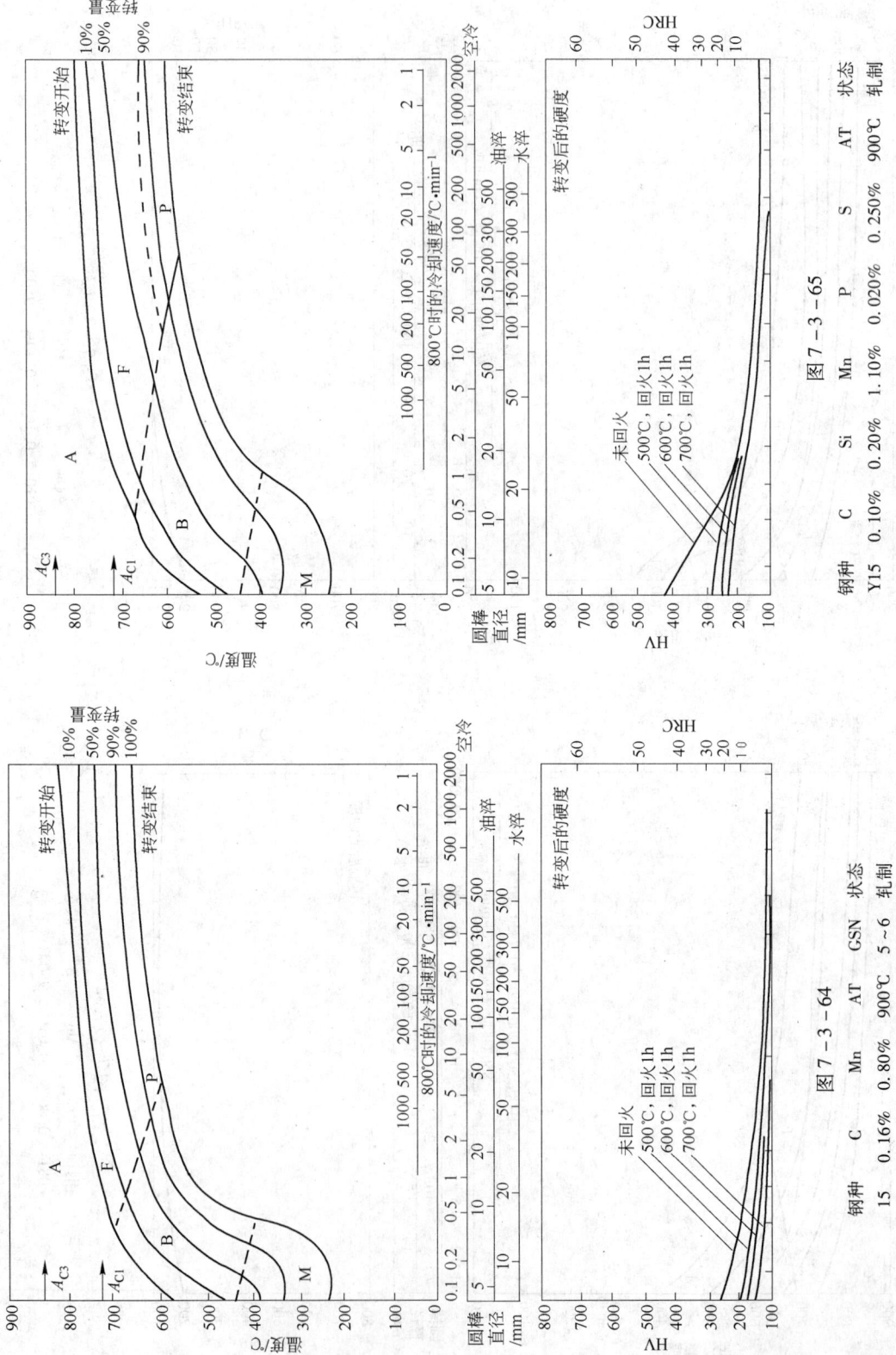

图 7 - 3 - 65

| 钢种 | C | Si | Mn | P | S | AT | 状态 |
|------|------|------|------|------|------|------|------|
| Y15 | 0.10% | 0.20% | 1.10% | 0.020% | 0.250% | 900℃ | 轧制 |

图 7 - 3 - 64

| 钢种 | C | Mn | AT | GSN | 状态 |
|------|------|------|------|------|------|
| 15 | 0.16% | 0.80% | 900℃ | 5~6 | 轧制 |

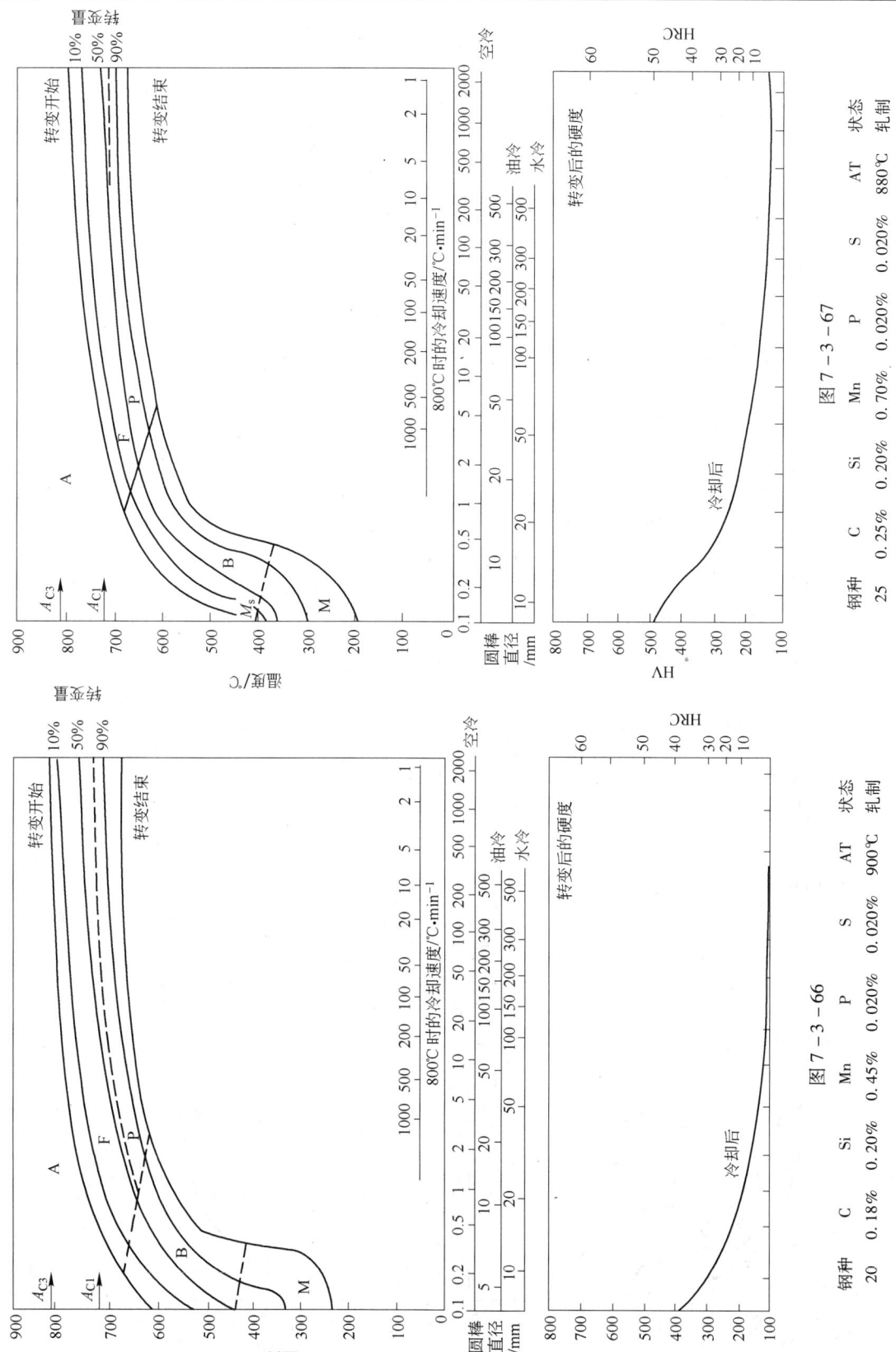

图 7 - 3 - 67

| 钢种 | C | Si | Mn | P | S | AT | 状态 |
|---|---|---|---|---|---|---|---|
| 25 | 0.25% | 0.20% | 0.70% | 0.020% | 0.020% | 880℃ | 轧制 |

图 7 - 3 - 66

| 钢种 | C | Si | Mn | P | S | AT | 状态 |
|---|---|---|---|---|---|---|---|
| 20 | 0.18% | 0.20% | 0.45% | 0.020% | 0.020% | 900℃ | 轧制 |

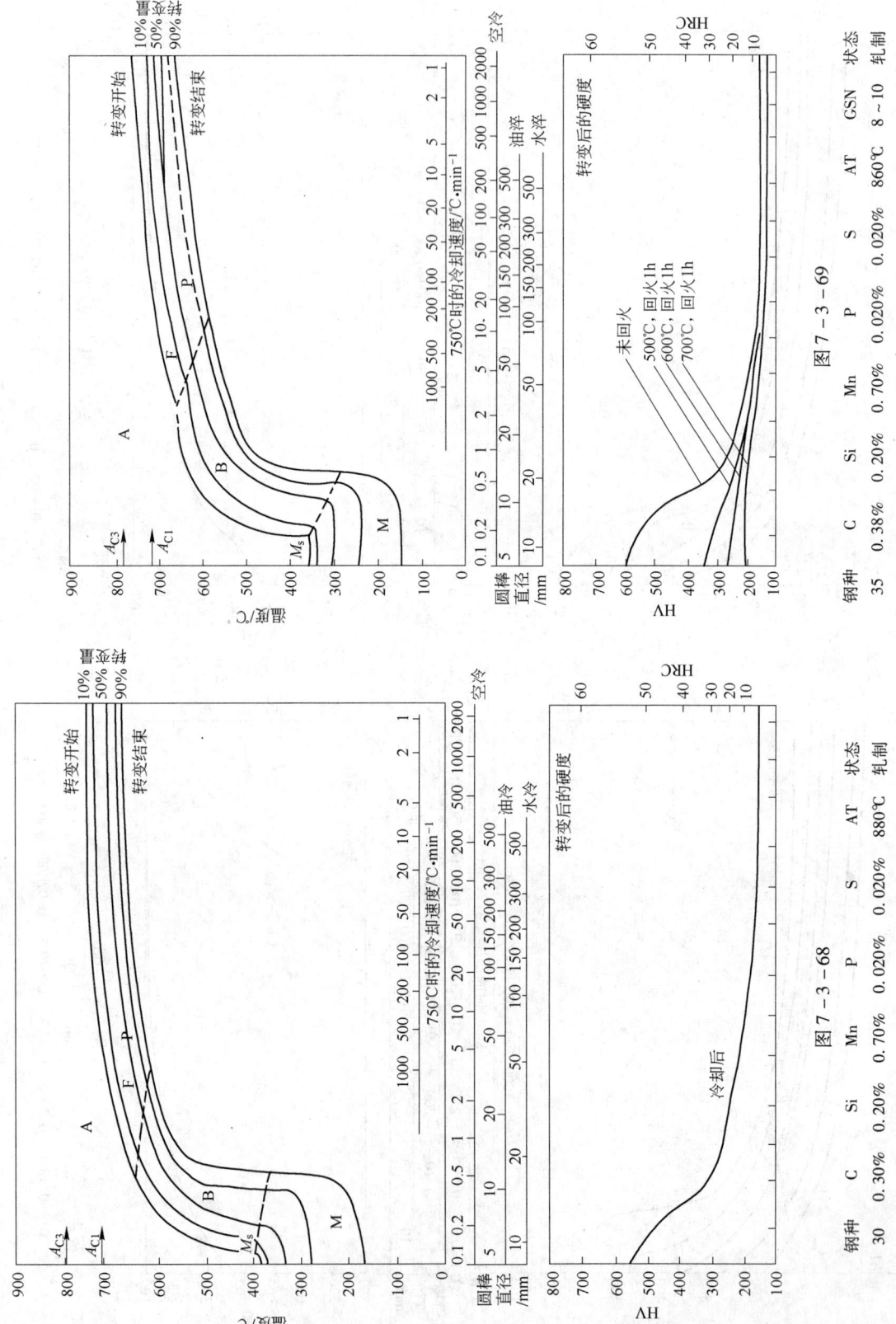

图 7-3-69

| 钢种 | C | Si | Mn | P | S | AT | GSN | 状态 |
|------|------|------|------|------|------|------|------|------|
| 35 | 0.38% | 0.20% | 0.70% | 0.020% | 0.020% | 860℃ | 8～10 | 轧制 |

图 7-3-68

| 钢种 | C | Si | Mn | P | S | AT | 状态 |
|------|------|------|------|------|------|------|------|
| 30 | 0.30% | 0.20% | 0.70% | 0.020% | 0.020% | 880℃ | 轧制 |

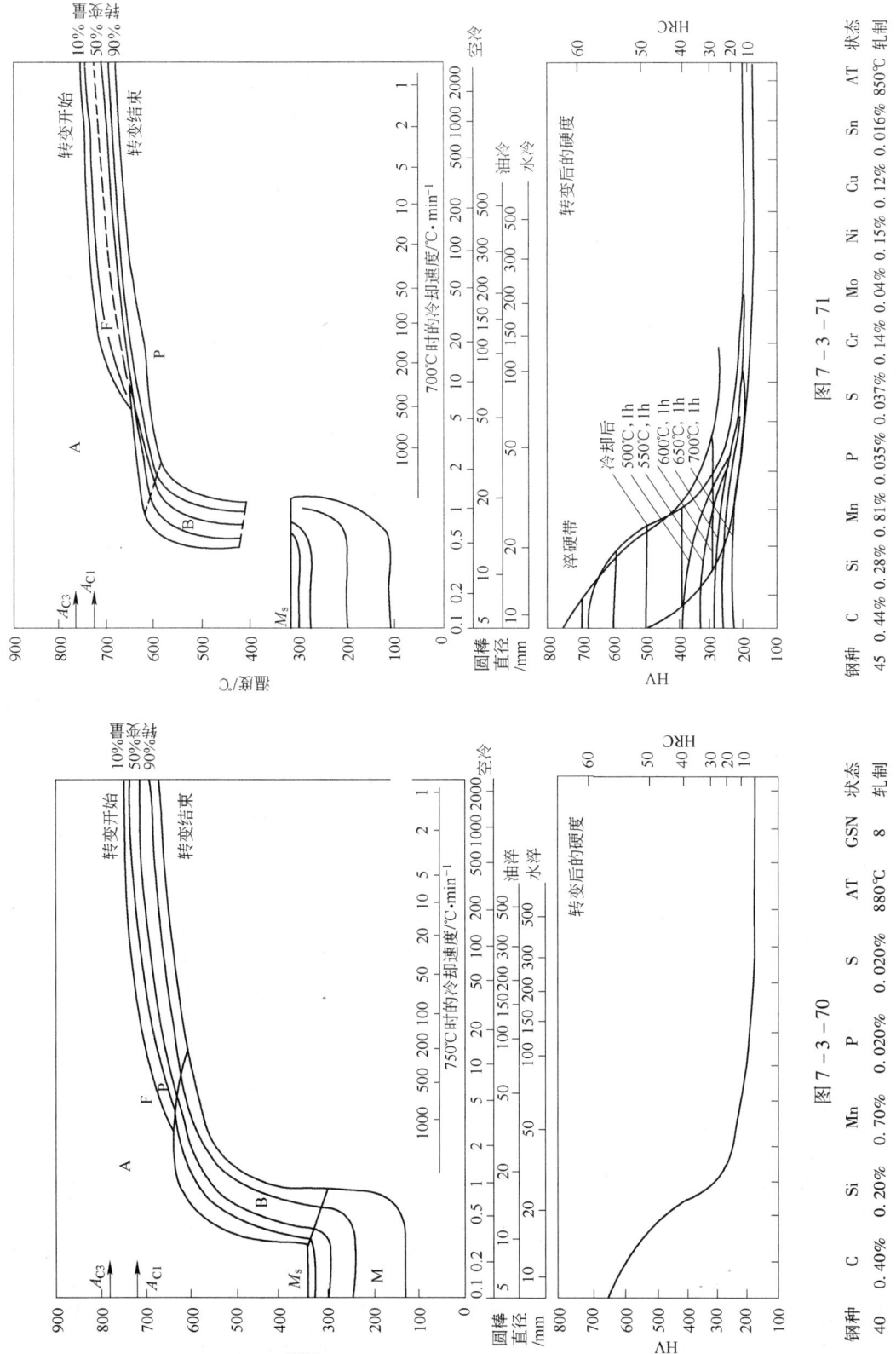

图 7-3-71

| 钢种 | C | Si | Mn | P | S | Cr | Mo | Ni | Cu | Sn | 状态 |
|---|---|---|---|---|---|---|---|---|---|---|---|
| 45 | 0.44% | 0.28% | 0.81% | 0.035% | 0.037% | 0.14% | 0.04% | 0.15% | 0.12% | 0.016% | AT 850℃ 轧制 |

图 7-3-70

| 钢种 | C | Si | Mn | P | S | AT | GSN | 状态 |
|---|---|---|---|---|---|---|---|---|
| 40 | 0.40% | 0.20% | 0.70% | 0.020% | 0.020% | 880℃ | 8 | 轧制 |

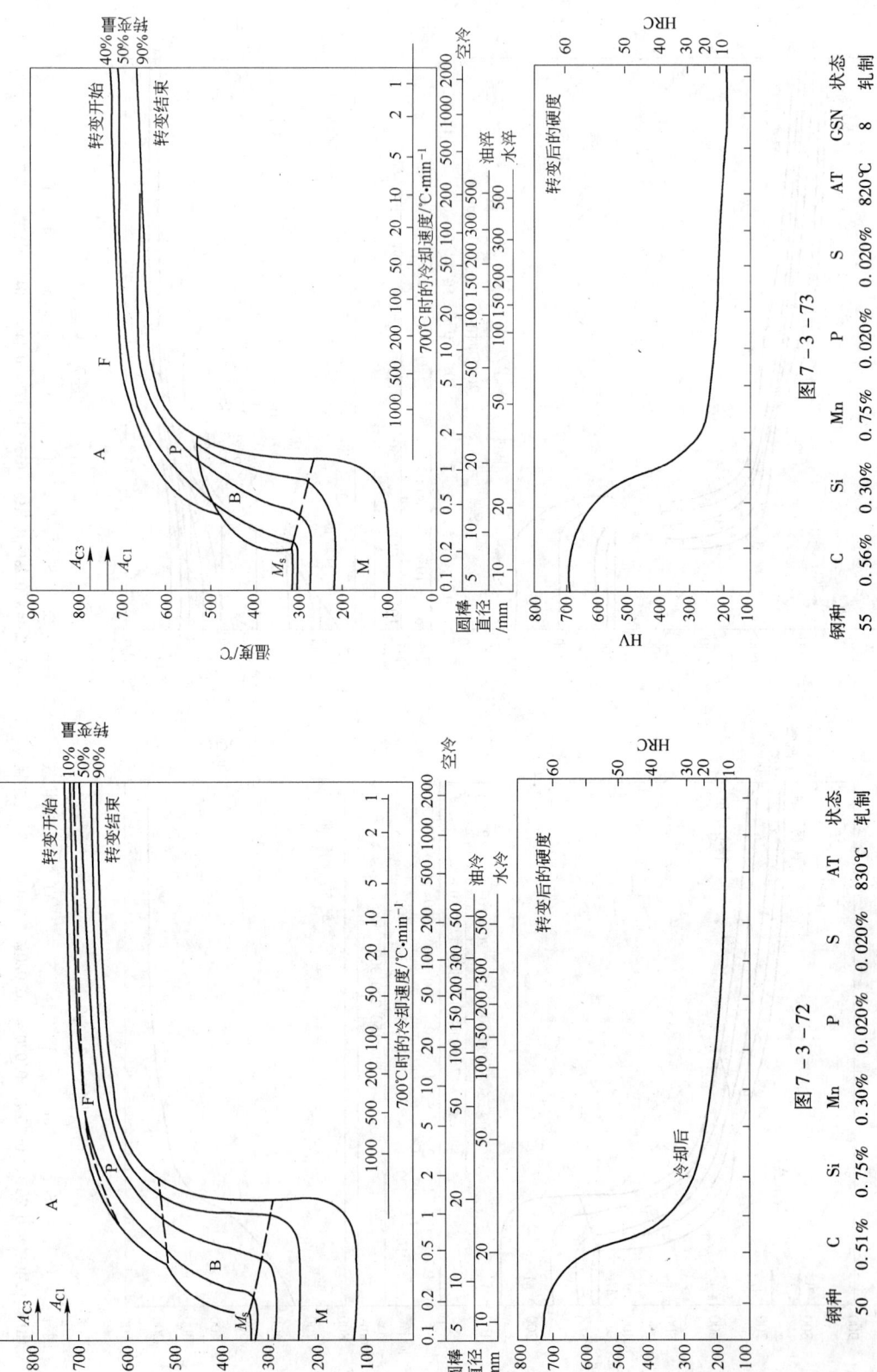

图 7 - 3 - 73

| 钢种 | C | Si | Mn | P | S | AT | GSN | 状态 |
|---|---|---|---|---|---|---|---|---|
| 55 | 0.56% | 0.30% | 0.75% | 0.020% | 0.020% | 820℃ | 8 | 轧制 |

图 7 - 3 - 72

| 钢种 | C | Si | Mn | P | S | AT | 状态 |
|---|---|---|---|---|---|---|---|
| 50 | 0.51% | 0.75% | 0.30% | 0.020% | 0.020% | 830℃ | 轧制 |

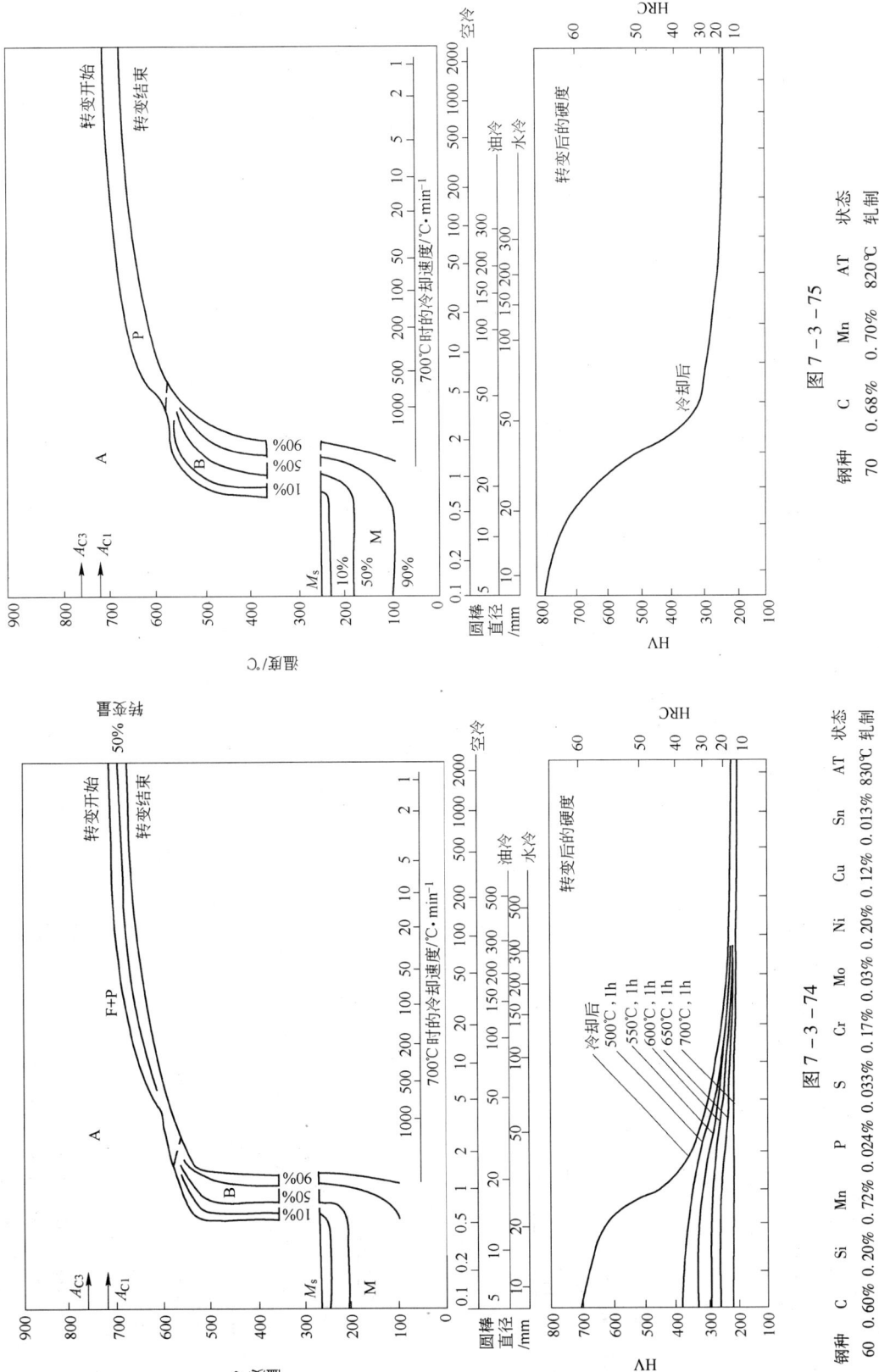

图 7 - 3 - 75

| 钢种 | C | Mn | AT | 状态 |
|------|------|------|------|------|
| 70 | 0.68% | 0.70% | 820℃ | 轧制 |

图 7 - 3 - 74

| 钢种 | C | Si | Mn | P | S | Cr | Mo | Ni | Cu | Sn | AT | 状态 |
|------|------|------|------|------|------|------|------|------|------|------|------|------|
| 60 | 0.60% | 0.20% | 0.72% | 0.024% | 0.033% | 0.17% | 0.03% | 0.20% | 0.12% | 0.013% | 830℃ | 轧制 |

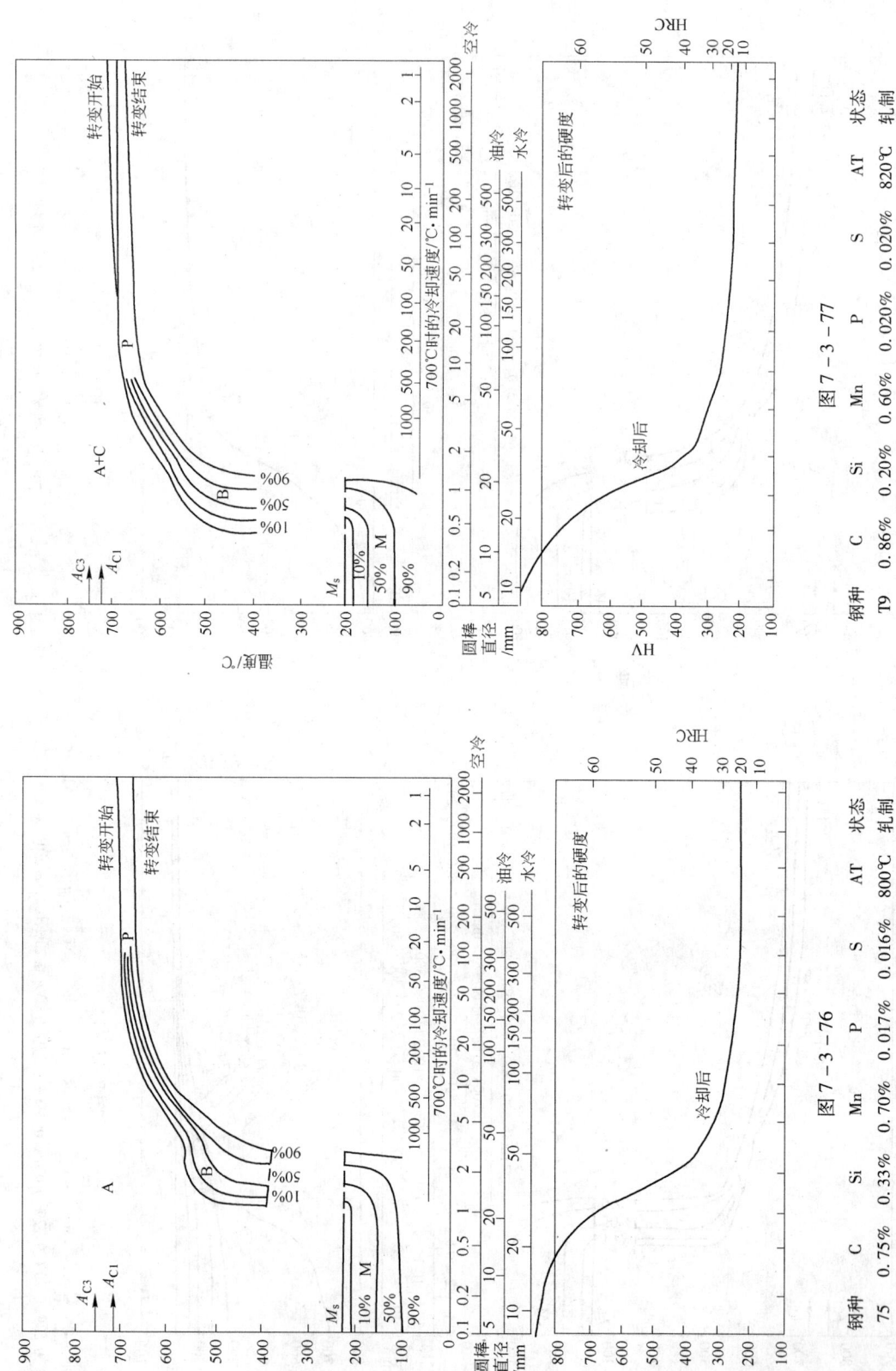

图 7 - 3 - 77

| 钢种 | C | Si | Mn | P | S | 状态 | AT |
|---|---|---|---|---|---|---|---|
| T9 | 0.86% | 0.20% | 0.60% | 0.020% | 0.020% | 轧制 | 820℃ |

图 7 - 3 - 76

| 钢种 | C | Si | Mn | P | S | 状态 | AT |
|---|---|---|---|---|---|---|---|
| 75 | 0.75% | 0.33% | 0.70% | 0.017% | 0.016% | 轧制 | 800℃ |

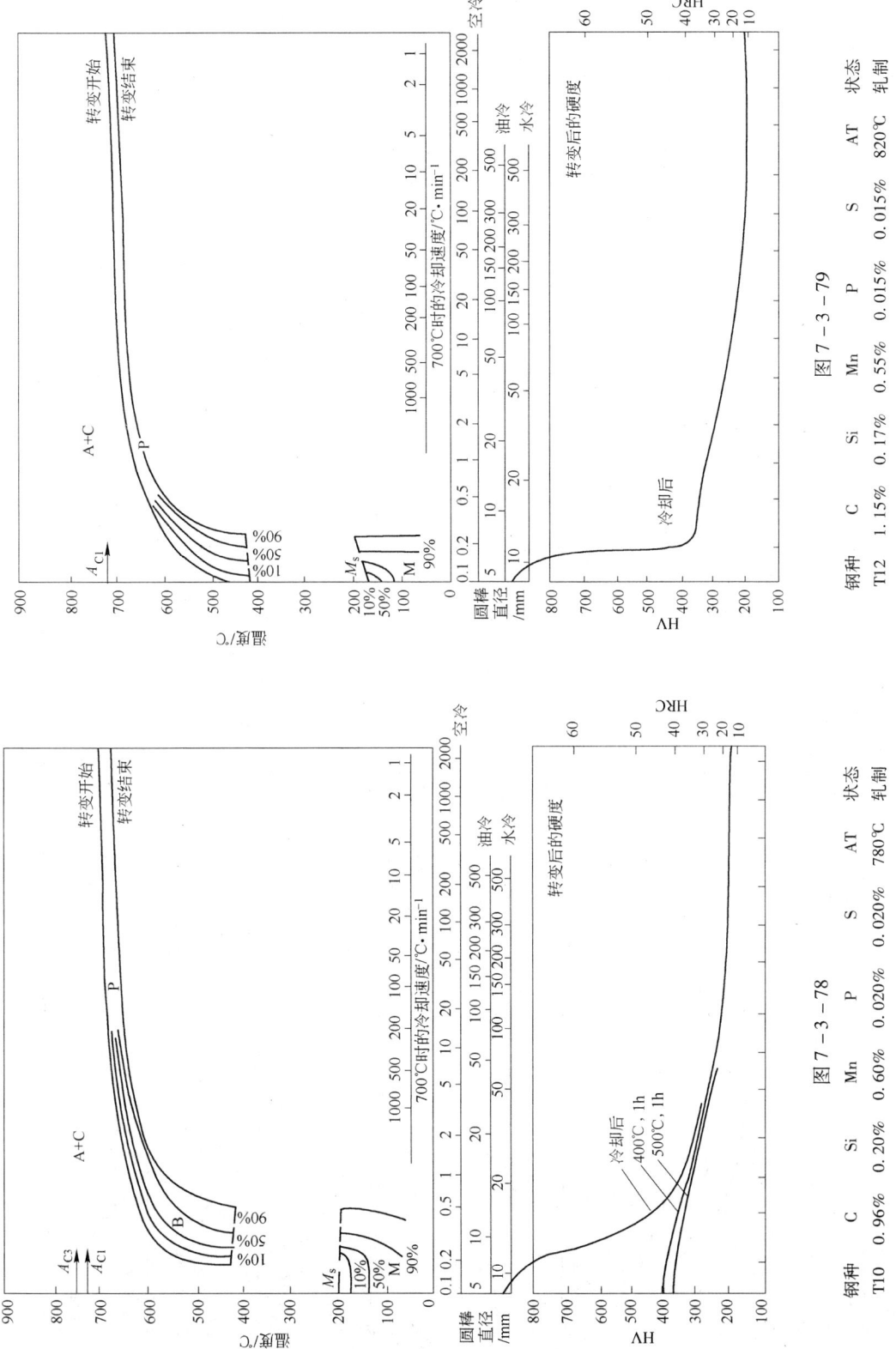

图 7 - 3 - 79

| 钢种 | C | Si | Mn | P | S | AT | 状态 |
|---|---|---|---|---|---|---|---|
| T12 | 1.15% | 0.17% | 0.55% | 0.015% | 0.015% | 820℃ | 轧制 |

图 7 - 3 - 78

| 钢种 | C | Si | Mn | P | S | AT | 状态 |
|---|---|---|---|---|---|---|---|
| T10 | 0.96% | 0.20% | 0.60% | 0.020% | 0.020% | 780℃ | 轧制 |

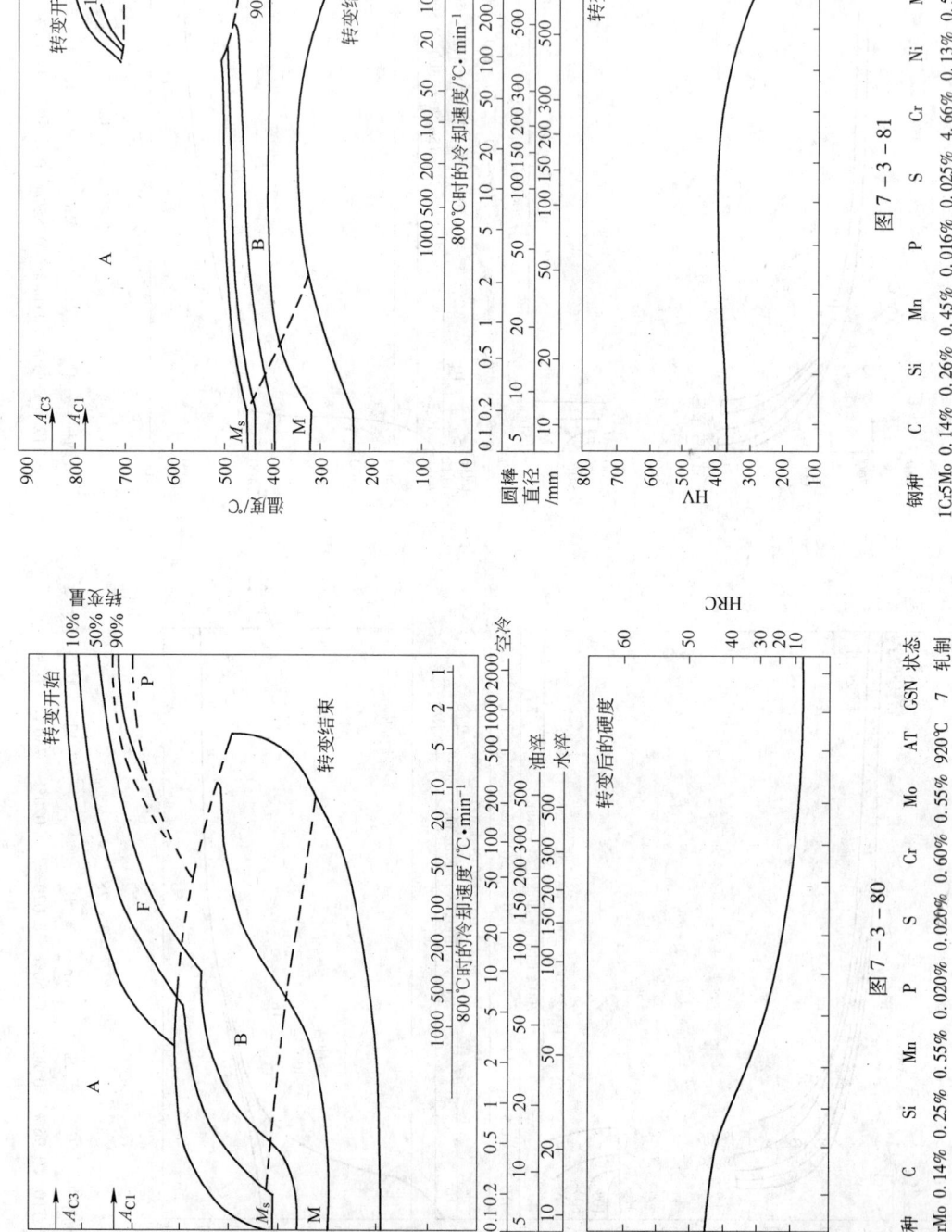

图 7 - 3 - 81

| 钢种 | C | Si | Mn | P | S | Cr | Ni | Mo | AT | GSN | 状态 |
|---|---|---|---|---|---|---|---|---|---|---|---|
| 1Cr5Mo | 0.14% | 0.26% | 0.45% | 0.016% | 0.025% | 4.66% | 0.13% | 0.56% | 920℃ | 8～9 | 轧制 |

图 7 - 3 - 80

| 钢种 | C | Si | Mn | P | S | Cr | Mo | AT | GSN | 状态 |
|---|---|---|---|---|---|---|---|---|---|---|
| 12CrMo | 0.14% | 0.25% | 0.55% | 0.020% | 0.020% | 0.60% | 0.55% | 920℃ | 7 | 轧制 |

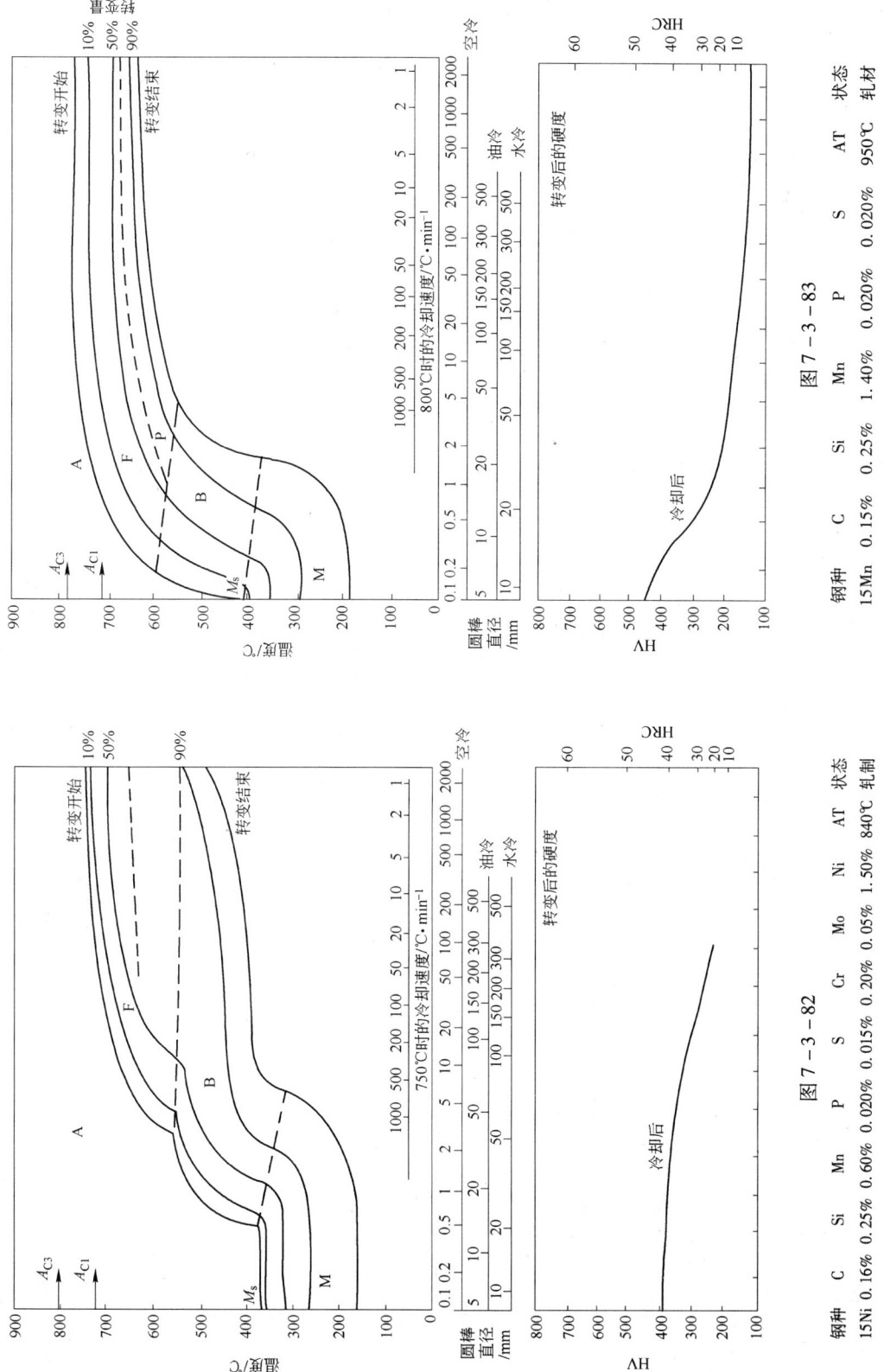

图 7 – 3 – 83

| 钢种 | C | Si | Mn | P | S | Ni | AT | 状态 |
|---|---|---|---|---|---|---|---|---|
| 15Mn | 0.15% | 0.25% | 1.40% | 0.020% | 0.020% | | 950℃ | 轧材 |

图 7 – 3 – 82

| 钢种 | C | Si | Mn | P | S | Cr | Mo | Ni | AT | 状态 |
|---|---|---|---|---|---|---|---|---|---|---|
| 15Ni | 0.16% | 0.25% | 0.60% | 0.020% | 0.015% | 0.20% | 0.05% | 1.50% | 840℃ | 轧制 |

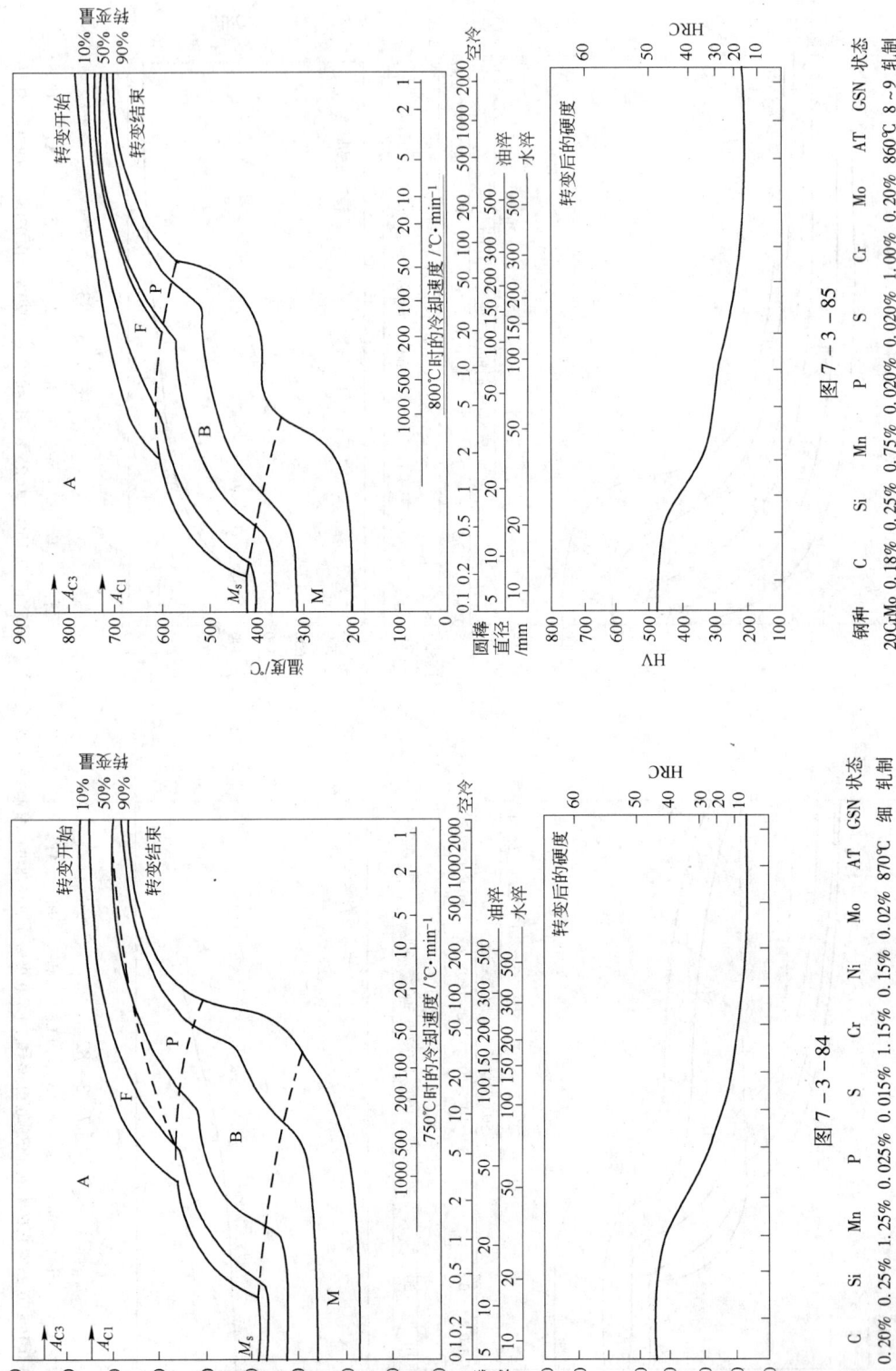

图 7 – 3 – 85

| 钢种 | C | Si | Mn | P | S | Cr | Mo | GSN | 状态 |
|---|---|---|---|---|---|---|---|---|---|
| 20CrMo | 0.18% | 0.25% | 0.75% | 0.020% | 0.020% | 1.00% | 0.20% | AT 8~9 | 轧制 |

860℃

图 7 – 3 – 84

| 钢种 | C | Si | Mn | P | S | Cr | Ni | Mo | GSN | 状态 |
|---|---|---|---|---|---|---|---|---|---|---|
| 20CrMn | 0.20% | 0.25% | 1.25% | 0.025% | 0.015% | 1.15% | 0.15% | 0.02% | AT 细 | 轧制 |

870℃

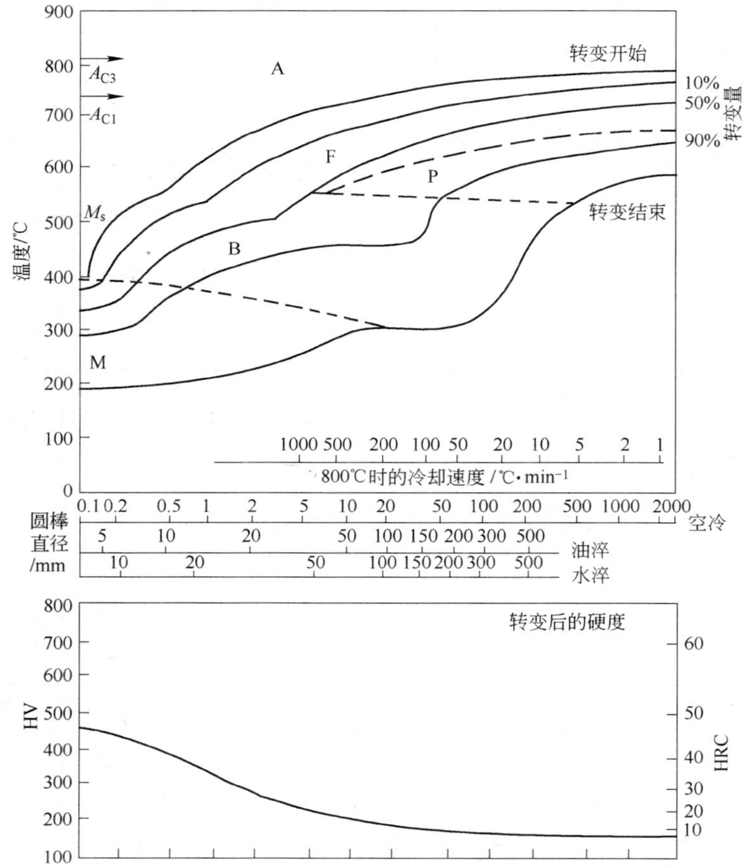


图 7-3-86

| 钢种 | C | Si | Mn | P | S | Cr | Ni | Mo | AT | GSN | 状态 |
|---|---|---|---|---|---|---|---|---|---|---|---|
| 20CrNiMo | 0.24% | 0.20% | 0.80% | 0.020% | 0.020% | 0.50% | 0.55% | 0.20% | 830℃ | 8~9 | 轧制 |

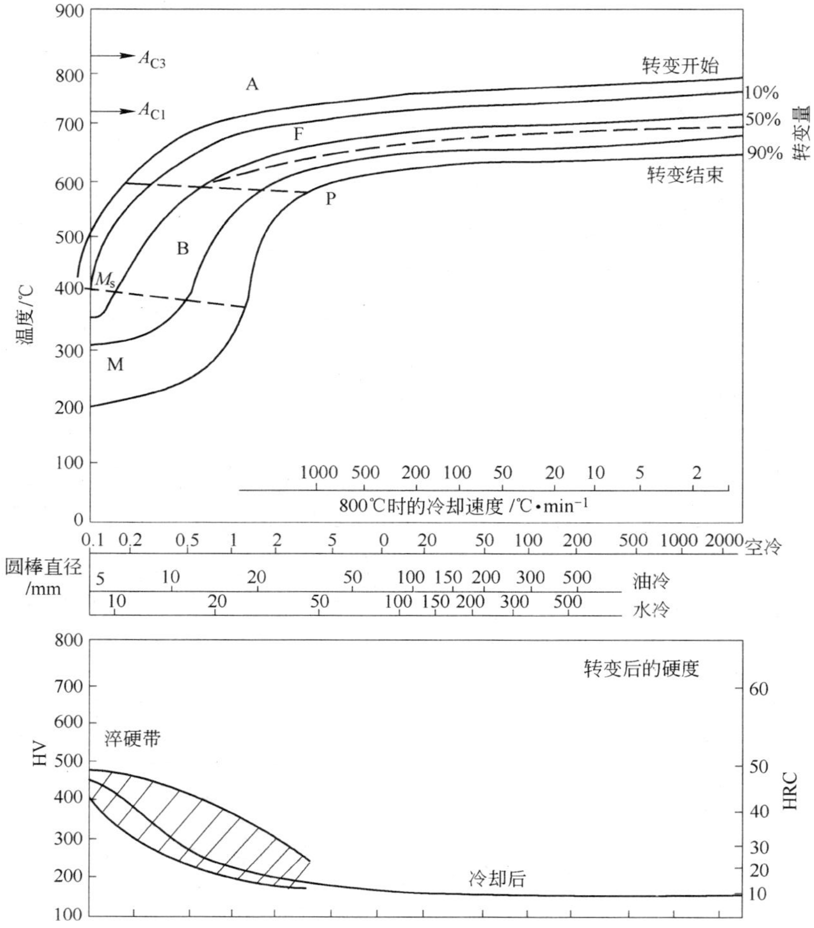


图 7-3-87

| 钢种 | C | Si | Mn | P | S | AT | 状态 |
|---|---|---|---|---|---|---|---|
| 20Mn | 0.19% | 0.20% | 1.20% | 0.020% | 0.020% | 370℃ | 轧制 |

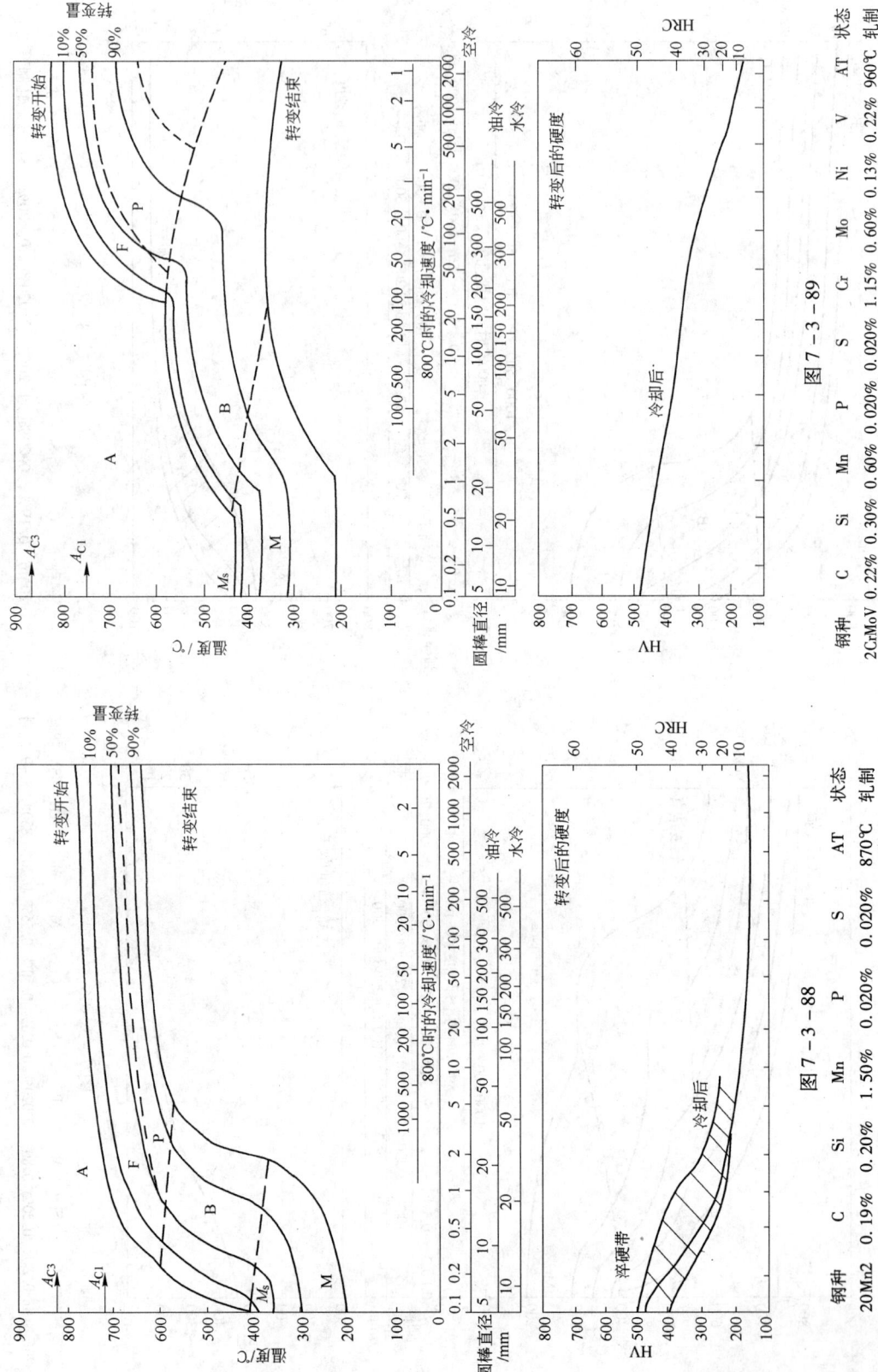

图 7 - 3 - 89

| 钢种 | C | Si | Mn | P | S | Cr | Mo | Ni | V | 状态 |
|---|---|---|---|---|---|---|---|---|---|---|
| 2CrMoV | 0.22% | 0.30% | 0.60% | 0.020% | 0.020% | 1.15% | 0.60% | 0.13% | 0.22% | AT 960℃ 轧制 |

图 7 - 3 - 88

| 钢种 | C | Si | Mn | P | S | | 状态 |
|---|---|---|---|---|---|---|---|
| 20Mn2 | 0.19% | 0.20% | 1.50% | 0.020% | 0.020% | | AT 870℃ 轧制 |

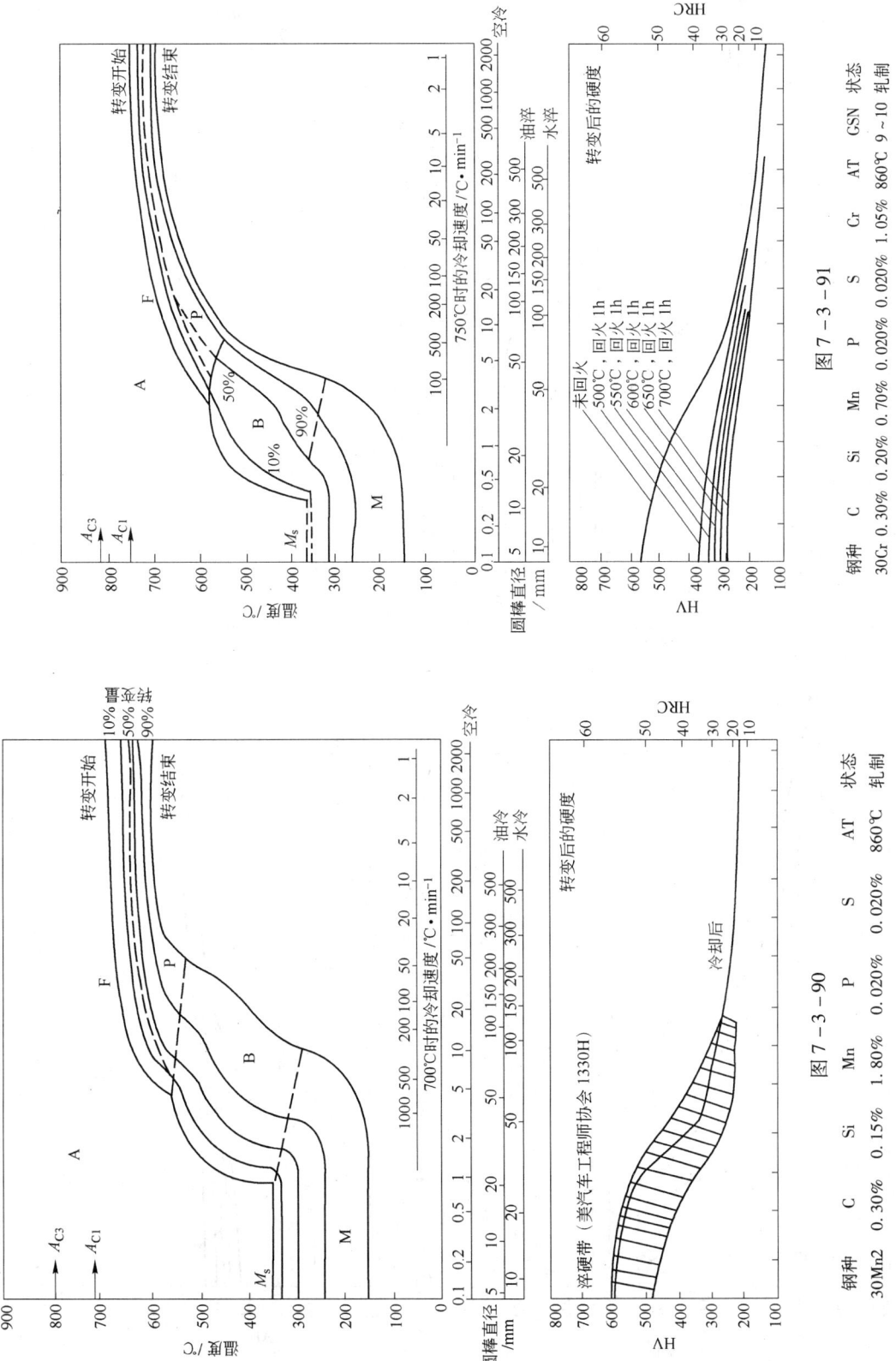

图 7-3-91

| 钢种 | C | Si | Mn | P | S | Cr | AT | GSN | 状态 |
|---|---|---|---|---|---|---|---|---|---|
| 30Cr | 0.30% | 0.20% | 0.70% | 0.020% | 0.020% | 1.05% | 860℃ | 9~10 | 轧制 |

图 7-3-90

| 钢种 | C | Si | Mn | P | S | AT | 状态 |
|---|---|---|---|---|---|---|---|
| 30Mn2 | 0.30% | 0.15% | 1.80% | 0.020% | 0.020% | 860℃ | 轧制 |

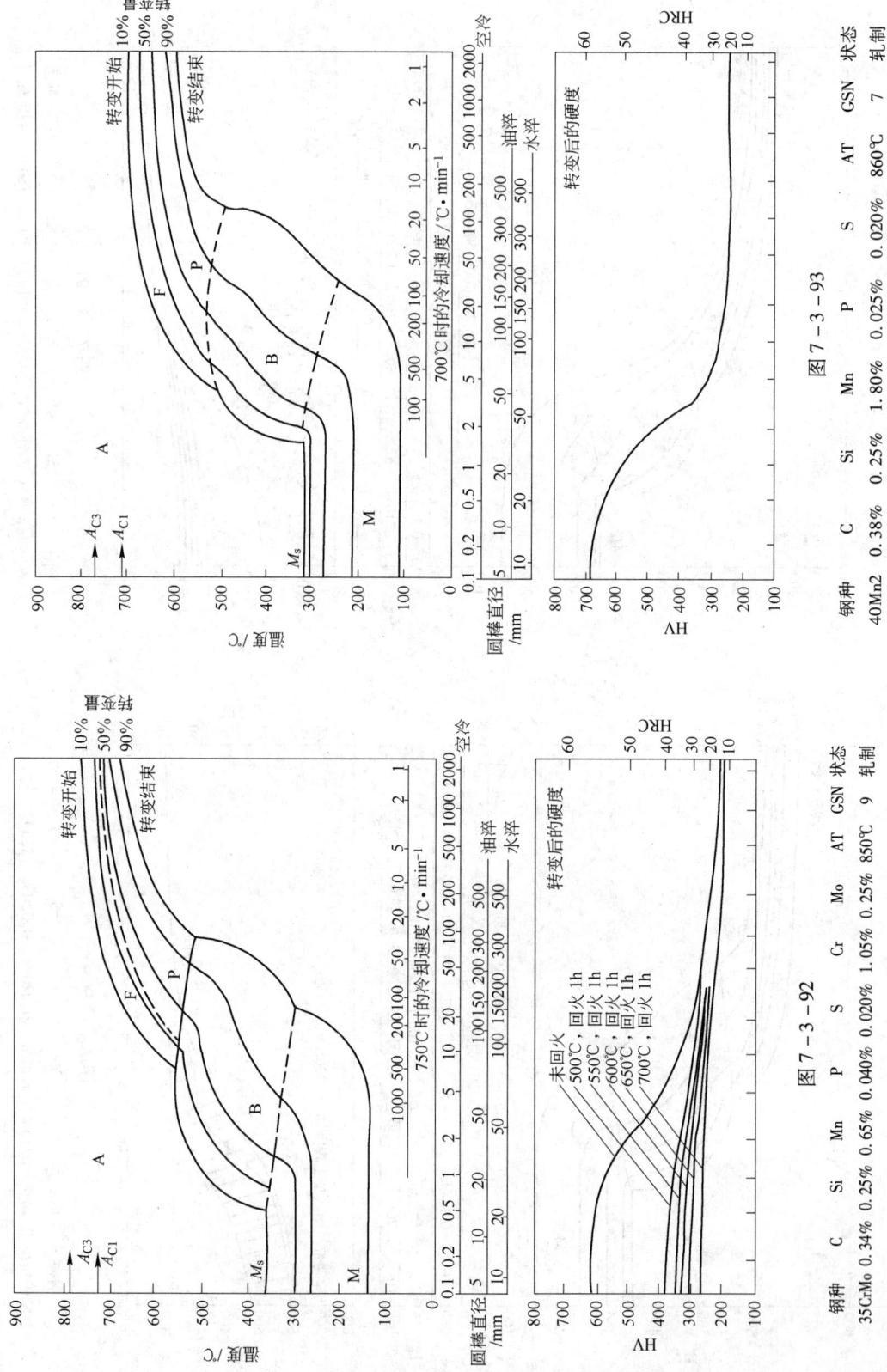

图 7-3-93

| 钢种 | C | Si | Mn | P | S | AT | GSN | 状态 |
|------|-----|------|------|--------|--------|------|-----|------|
| 40Mn2 | 0.38% | 0.25% | 1.80% | 0.025% | 0.020% | 860℃ | 7 | 轧制 |

图 7-3-92

| 钢种 | C | Si | Mn | S | P | Cr | Mo | AT | GSN | 状态 |
|------|------|------|------|--------|--------|-------|-------|------|-----|------|
| 35CrMo | 0.34% | 0.25% | 0.65% | 0.040% | 0.020% | 1.05% | 0.25% | 850℃ | 9 | 轧制 |

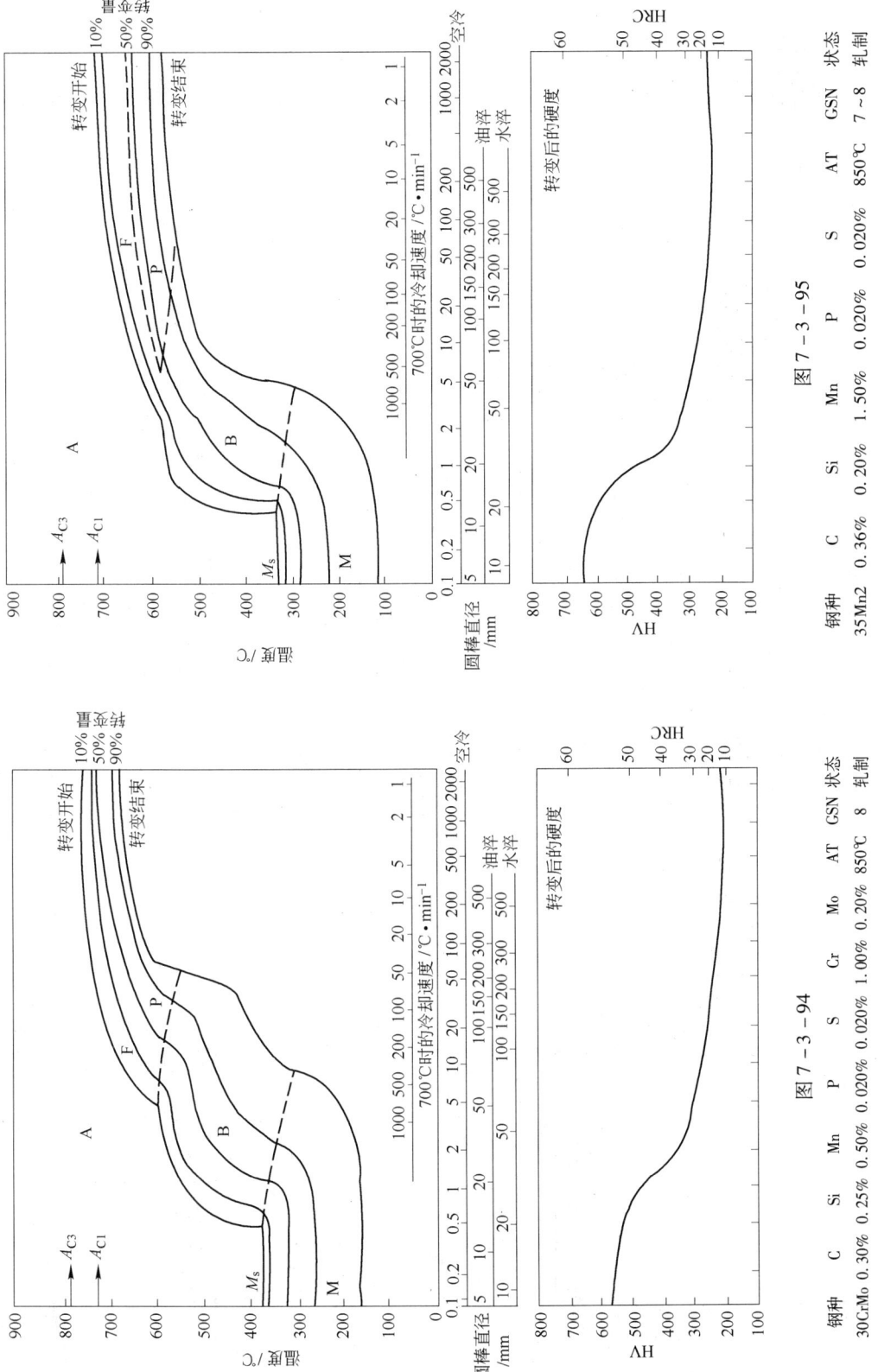

图 7 - 3 - 95

| 钢种 | C | Si | Mn | P | S | AT | GSN | 状态 |
|---|---|---|---|---|---|---|---|---|
| 35Mn2 | 0.36% | 0.20% | 1.50% | 0.020% | 0.020% | 850℃ | 7～8 | 轧制 |

图 7 - 3 - 94

| 钢种 | C | Si | Mn | P | S | Cr | Mo | AT | GSN | 状态 |
|---|---|---|---|---|---|---|---|---|---|---|
| 30CrMo | 0.30% | 0.25% | 0.50% | 0.020% | 0.020% | 1.00% | 0.20% | 850℃ | 8 | 轧制 |

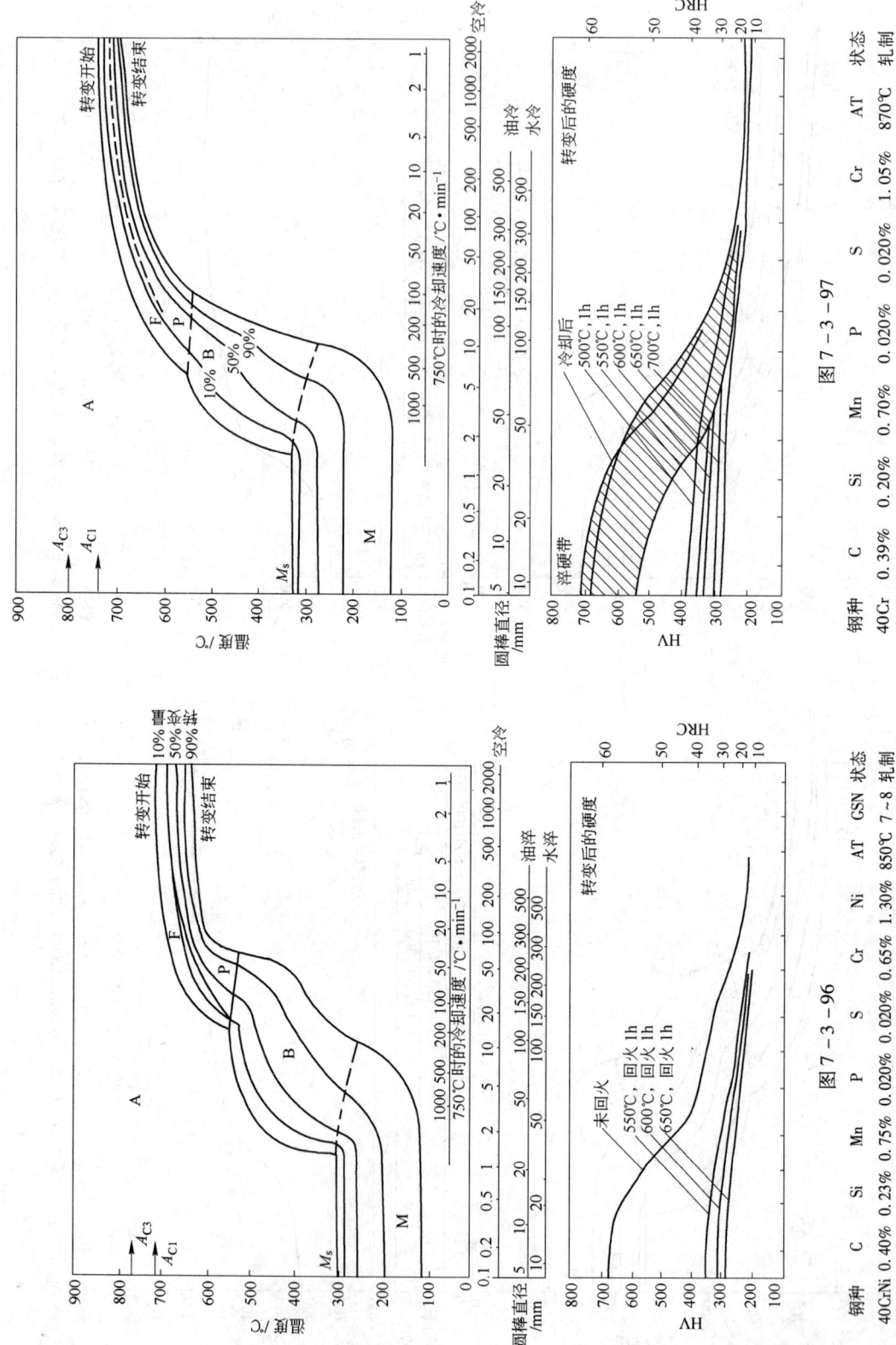

图 7 - 3 - 97

| 钢种 | C | Si | Mn | P | S | Cr | AT | 状态 |
|---|---|---|---|---|---|---|---|---|
| 40Cr | 0.39% | 0.20% | 0.70% | 0.020% | 0.020% | 1.05% | 870℃ | 轧制 |

图 7 - 3 - 96

| 钢种 | C | Si | Mn | P | S | Cr | Ni | AT | GSN | 状态 |
|---|---|---|---|---|---|---|---|---|---|---|
| 40CrNi | 0.40% | 0.23% | 0.75% | 0.020% | 0.020% | 0.65% | 1.30% | 850℃ | 7~8 | 轧制 |

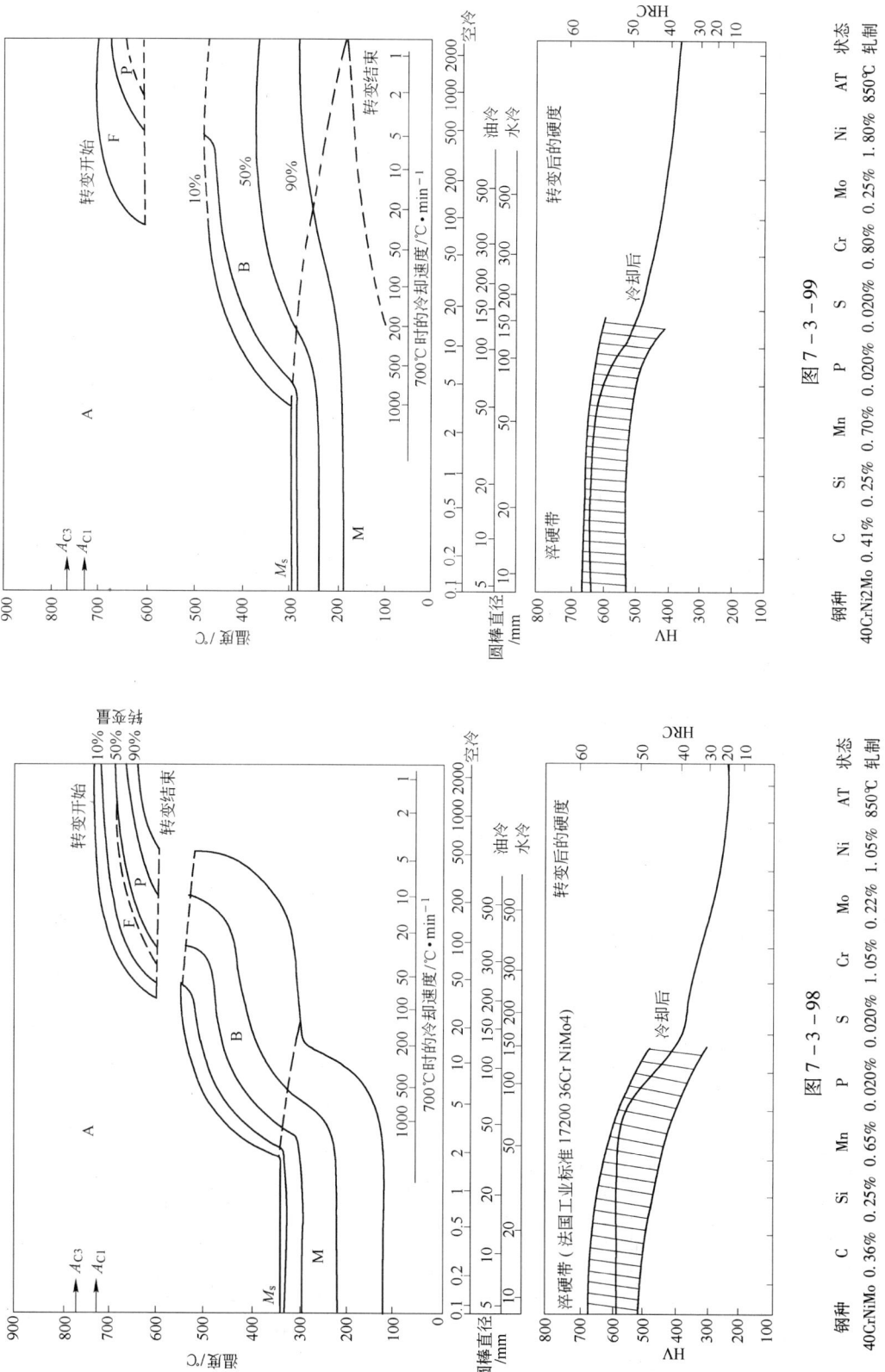

图 7 - 3 - 99

| 钢种 | C | Si | Mn | P | S | Cr | Mo | Ni | AT | 状态 |
|---|---|---|---|---|---|---|---|---|---|---|
| 40CrNi2Mo | 0.41% | 0.25% | 0.70% | 0.020% | 0.020% | 0.80% | 0.25% | 1.80% | 850℃ | 轧制 |

图 7 - 3 - 98

| 钢种 | C | Si | Mn | P | S | Cr | Mo | Ni | AT | 状态 |
|---|---|---|---|---|---|---|---|---|---|---|
| 40CrNiMo (法国工业标准 17200 36Cr NiMo4) | 0.36% | 0.25% | 0.65% | 0.020% | 0.020% | 1.05% | 0.22% | 1.05% | 850℃ | 轧制 |

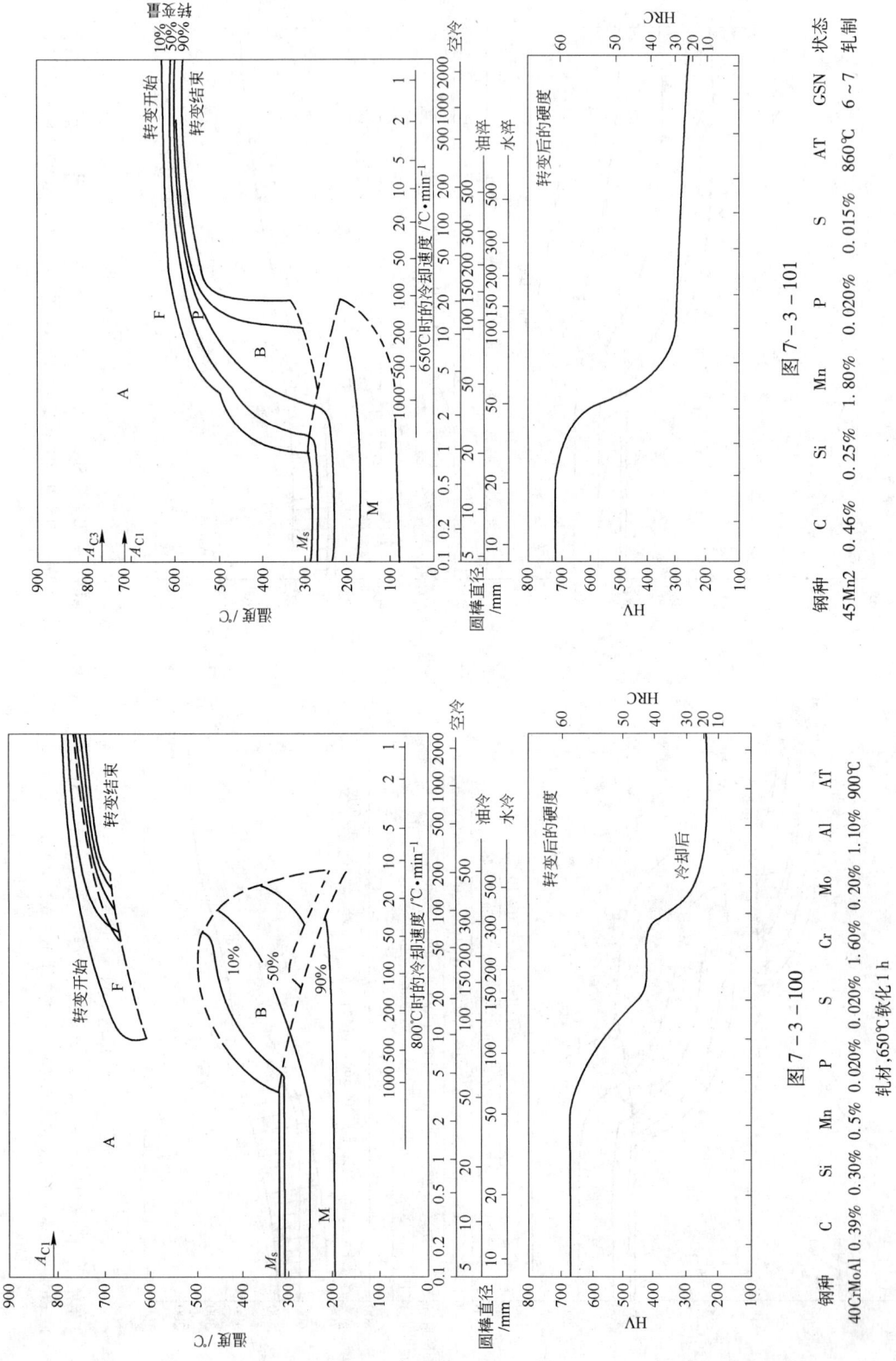

图 7 – 3 – 101

| 钢种 | C | Si | Mn | P | S | AT | GSN | 状态 |
|------|------|------|------|------|------|------|------|------|
| 45Mn2 | 0.46% | 0.25% | 1.80% | 0.020% | 0.015% | 860℃ | 6~7 | 轧制 |

图 7 – 3 – 100

| 钢种 | C | Si | Mn | P | S | Cr | Mo | Al | AT |
|------|------|------|------|------|------|------|------|------|------|
| 40CrMoAl | 0.39% | 0.30% | 0.5% | 0.020% | 0.020% | 1.60% | 0.20% | 1.10% | 900℃ |

轧材,650℃软化1 h

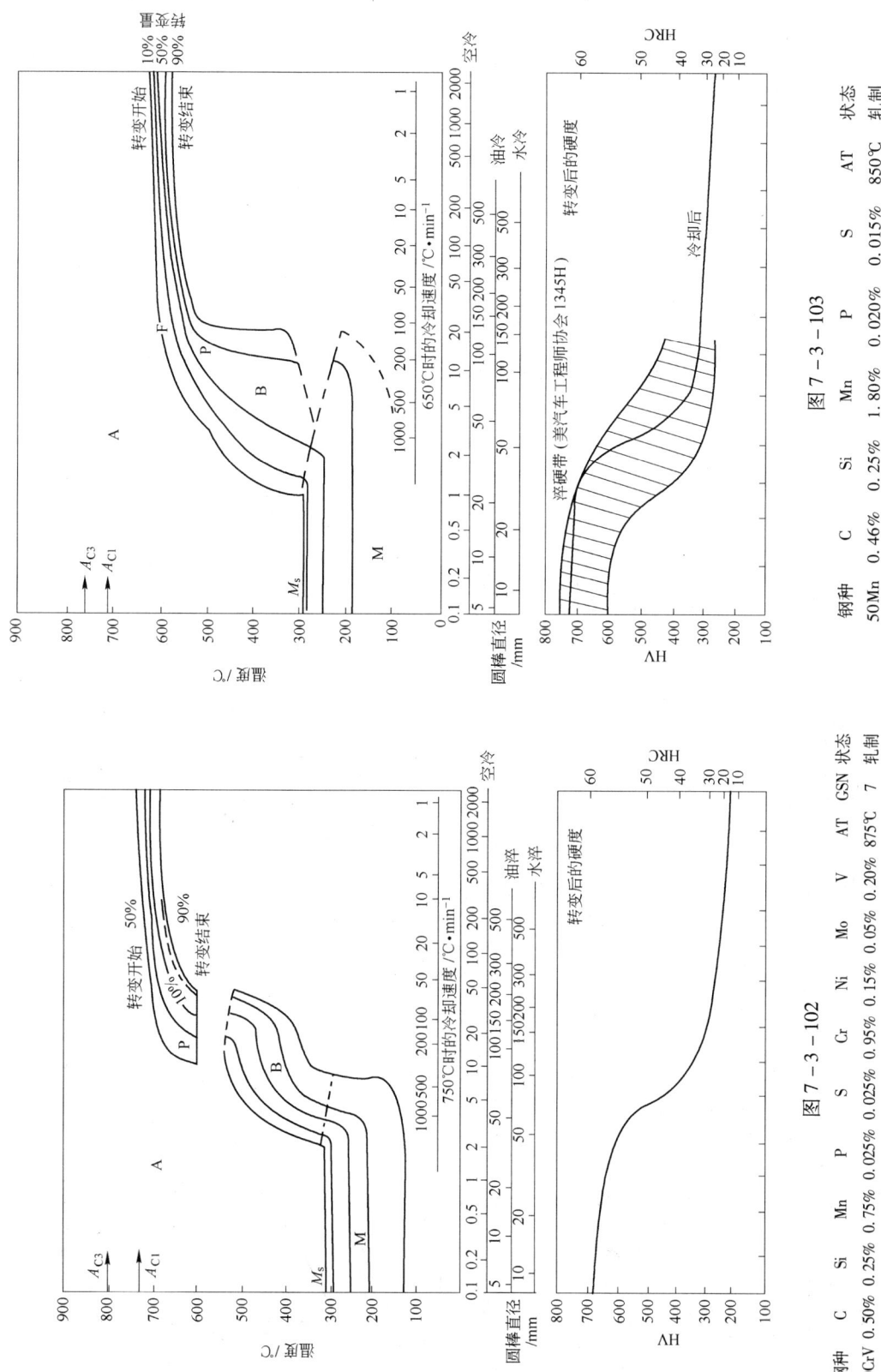

图 7 - 3 - 103

| 钢种 | C | Si | Mn | P | S | 状态 | AT |
|---|---|---|---|---|---|---|---|
| 50Mn | 0.46% | 0.25% | 1.80% | 0.020% | 0.015% | 轧制 | 850℃ |

图 7 - 3 - 102

| 钢种 | C | Si | Mn | P | S | Cr | Ni | Mo | V | 状态 | AT | GSN |
|---|---|---|---|---|---|---|---|---|---|---|---|---|
| 50CrV | 0.50% | 0.25% | 0.75% | 0.025% | 0.025% | 0.95% | 0.15% | 0.05% | 0.20% | 轧制 | 875℃ | 7 |

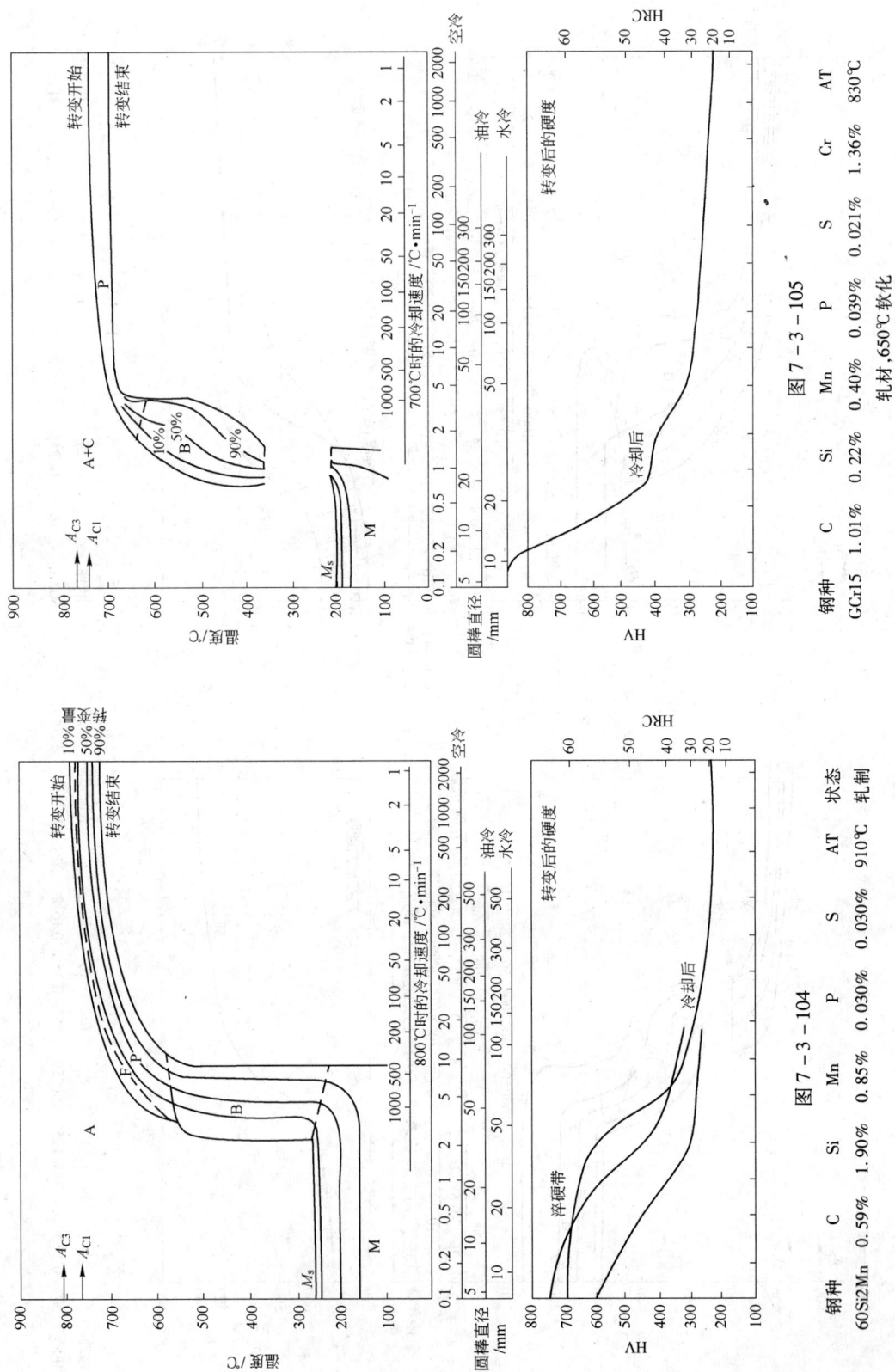

图 7 - 3 - 105

| 钢种 | C | Si | Mn | P | S | Cr | AT |
|---|---|---|---|---|---|---|---|
| GCr15 | 1.01% | 0.22% | 0.40% | 0.039% | 0.021% | 1.36% | 830℃ |

轧材,650℃软化

图 7 - 3 - 104

| 钢种 | C | Si | Mn | P | S | AT | 状态 |
|---|---|---|---|---|---|---|---|
| 60Si2Mn | 0.59% | 1.90% | 0.85% | 0.030% | 0.030% | 910℃ | 轧制 |

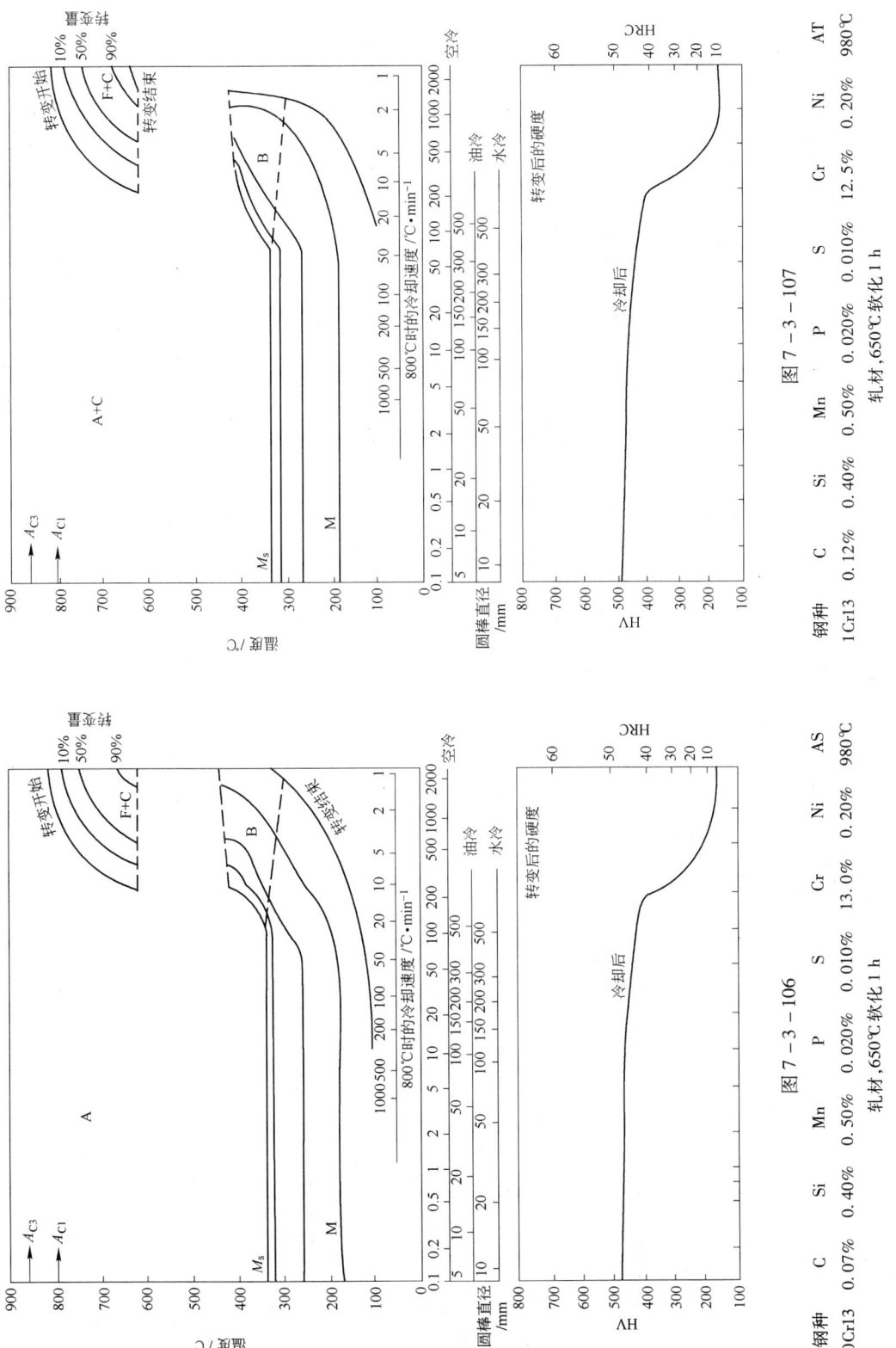

图 7 - 3 - 107

| 钢种 | C | Si | Mn | P | S | Cr | Ni | AT |
|---|---|---|---|---|---|---|---|---|
| 1Cr13 | 0.12% | 0.40% | 0.50% | 0.020% | 0.010% | 12.5% | 0.20% | 980℃ |

轧材，650℃软化 1 h

图 7 - 3 - 106

| 钢种 | C | Si | Mn | P | S | Cr | Ni | AS |
|---|---|---|---|---|---|---|---|---|
| 0Cr13 | 0.07% | 0.40% | 0.50% | 0.020% | 0.010% | 13.0% | 0.20% | 980℃ |

轧材，650℃软化 1 h

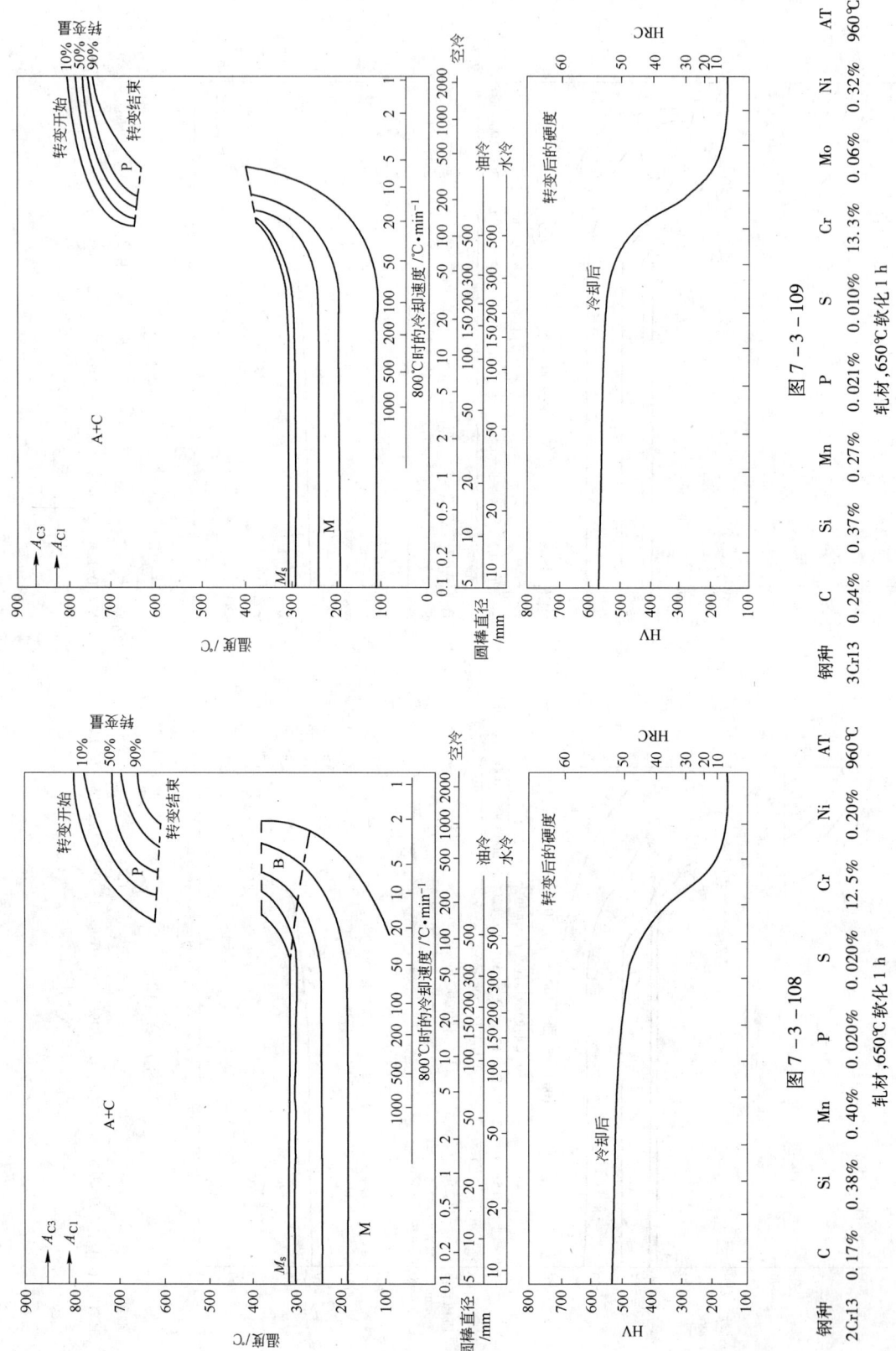

图 7 - 3 - 109

| 钢种 | C | Si | Mn | P | S | Cr | Mo | Ni | AT |
|------|------|------|------|------|------|------|------|------|------|
| 3Cr13 | 0.24% | 0.37% | 0.27% | 0.021% | 0.010% | 13.3% | 0.06% | 0.32% | 960℃ |

轧材,650℃软化 1 h

图 7 - 3 - 108

| 钢种 | C | Si | Mn | P | S | Cr | Ni | AT |
|------|------|------|------|------|------|------|------|------|
| 2Cr13 | 0.17% | 0.38% | 0.40% | 0.020% | 0.020% | 12.5% | 0.20% | 960℃ |

轧材,650℃软化 1 h

# 参 考 文 献

[1] 吴季恂,周光裕,等编.钢的淬透性应用技术.北京:机械工业出版社,1994

[2] [日]鋼鉄便覽.鉄鋼協会,1954

[3] 石田制一.实用金属便览.日刊新聞社,1956

[4] Борро Ю Г. Легированные Чугуны. Металлургия М,1976

[5] 鉄鋼と合金元素,上、下册.日本学術振興会,1966

[6] 日本金属学会.金属データブック,1974

[7] 大和久重雄,著.淬透性(测定方法和应用).赵之昌,等译.北京:新时代出版社,1984

[8] 黎樵燊,编译.国外热处理技术.北京:冶金工业出版社,1981

[9] 扎依莫夫斯基 A C.特殊钢.北京:中国工业出版社,1965

[10] 洛静斯基 M Г.高温金相学.北京:科学出版社,1964

[11] 日本金属学会,日本鉄鋼協会.鋼鉄材料便覽.丸善株式会社,1967

[12] 日本铸物協会.铸物便覽(改訂三版).東京丸善,1973

[13] 古德错夫 H T.金属学与热处理手册.北京:中国工业出版社,1961

[14] 捷列 B A.合金结构钢.北京:中国工业出版社,1960

[15] 余宗森,袁泽喜,李士琦,等编著.钢的成分残留元素及其性能的定量关系.北京:冶金工业出版社,2001

[16] 合金钢手册.北京:冶金工业出版社,1974

[17] 石霖,编著.合金热力学.北京:机械工业出版社,1992

[18] 林范.高锰钢.北京:中国工业出版社,1960

[19] 贝茵 E C.钢中的合金元素.北京:中国工业出版社,1965

[20] [日]鉄鋼の性能と利用法.1974

[21] 日本電氣製鋼研究会.特殊鋼便覽.東京理工学社,1974

[22] 多罗宁 B M.碳素钢和合金钢的热处理.北京:中国工业出版社,1960

[23] 工程材料手册.北京:科学出版社,2004

[24] Thelning K E. Steel and Treatments Botors Handbook. 1974

[25] Vinkur B B. HSLA Steels'95 Conf. Proc. ,Ed. by Liu Guoxun,et al. China Scie. Tech. Press,1995:299

[26] Maynicer P h,Manager B J, Manayer J D. Reusot-Loire System for the Prediction of the Mechanical Properties of Low Alloy Steel Products. 1978:518

[27] 陈家祥,主编.连续铸钢手册.北京:冶金工业出版社,1991

[28] 荆秀芝,等.金属材料应用手册.西安:陕西科学技术出版社,1989

[30] 姚启均.金属机械性能试验常用数据手册.北京:机械工业出版社,1973

[31] Alkin S M. Allas of Continuous Cooling Transformation and Diagrams for Engineering Steel. British Steel Corporation,1978

[32] A S M. Atlas of Isothermal Transformation Diagrams. 1972

[33] 林慧国,等.钢的奥氏体转变曲线——原理测试与应用.北京:机械工业出版社,1988

[34] [日]吉田享,等著.预防热处理废品的措施.北京:机械工业出版社,1979

[35] 康大锼,等编译.工程用钢的组织转变与性能手册.北京:机械工业出版社,1992

# 第八章  金属熔体的物理性质

## 第一节  钢、铁熔体的物理性质

### 一、元素含量、冷却速度、压力对熔点的影响

钢熔点(℃)的近似计算式[1]：

$$t_{熔} = 1538 - \sum (\Delta t w)$$

式中    1538——纯铁的熔点,℃；

$\Delta t$——某种元素含量为1%(质量分数)时熔点降低值,℃；

$w$——该元素含量(质量分数),以1%为1单位,如含量为0.5%就代入0.5。

| 元素 | C | P | S | Ti | Si | Cu | Mn | Ni | Al | V | Mo | Cr | Co | W | H | N | B | O | Ce |
|------|----|----|----|----|----|----|----|----|----|----|----|----|----|----|----|----|----|----|----|
| $\Delta t$/℃ | 65 | 30 | 25 | 20 | 8 | 7 | 5 | 4 | 3 | 2 | 2 | 1.5 | 1.5 | 1 | 1300 | 90 | 80 | 80 | 5 |
| 适用范围/%,≤ | 1 | 0.07 | 0.08 | 5 | 3 | 2 | 1.5 | 9 | 1 | 1 | 0.3 | 18 | 9 | 18 | 0.003 | 0.003 | 0.01 | 0.17 | 0.3 |

钢的液相线和成分关系的计算式(表8-1-1)[2]

表8-1-1

| 钢  种 | 计 算 公 式 | 准确度 | 备  注 |
|--------|-------------|--------|--------|
| 各钢种 | 1. $1539 - (70[C] + 8[Si] + 5[Mn] + 30[P] + 25[S] + [Cu] + 4[Ni] + 1.5[Cr])$ | $+5 \sim 15℃$ | |
| | 2. $1534 - (73[C] + 12[Si] + 3[Mn] + 28[P] + 30[S] + 7[Cu] + 3.5[Ni] + [Cr] + 3[Al])$ | $-1 \sim 6℃$ | |
| | 3. $1536 - (90[C] + 6.2[Si] + 1.7[Mn] + 28[P] + 40[S] + 2.6[Cu] + 2.9[Ni] + 1.8[Cr] + 5.1[Al])$ | | $[C] < 0.6\%$ |
| 碳素钢 | 1. $1538 - (f[C] + 13[Si] + 4.8[Mn] + 1.5[Cr] + 3.1[Ni])$<br>$f[C] = 55[C] + 80[C]^2, [C] < 0.5\%$<br>$f[C] = 44 - 21[C] + 52[C]^2, [C] = 0.5\% \sim 1.2\%$ | $\pm 3℃$ | $[C] < 0.5\%$ |
| | 2. $1536 - (78[C] + 7.6[Si] + 4.9[Mn] + 34.4[P] + 38[S] + 4.7[Cu] + 3.1[Ni] + 1.3[Cr] + 3.6[Al])$ | $\pm 4℃$ | |
| 主要适于特殊钢 | 1. $1534 - (91[C] + 21[Si] + 3.5[Mn] + 4[Ni] + 0.65[Cr] + 3[Mo])$ | 良好 | 回归式 |
| | 2. $1536 - (100.3[C] - 22.4[C]^2 - 0.61 + 13.55[Si] - 0.64[Si]^2 + 5.82[Mn] + 0.3[Mn]^2 + 0.2[Cu] + 4.18[Ni] + 0.01[Ni]^2 + 1.59[Cr] - 0.007[Cr]^2)$ | $\pm 2℃$ | 回归式 |
| | 3. $1536 - (0.1 + 83.9[C] + 10[C]^2 + 12.6[Si] + 5.4[Mn] + 4.6[Cu] + 5.1[Ni] + 1.5[Cr] - 33[Mo] - 0[W] - 30[P] - 37[S] - 9.5[Nb])$ | 良好 | $[C] < 0.51\%$ |

[E]对铁的完全凝固温度(℃)的影响：

$$t_{固} = 1538 - \sum (\Delta t w)$$

式中    1538——铁的熔点,℃；

$\Delta t$——铁中某种元素含量为1%(质量分数)时凝固温度的降低值,℃；

$w$——某元素的质量分数,以1%为单位。

| 元素 | C | Mn | Si | P | S | Cr | V | Ni | Al | W | Ti | Mo | Nb | O |
|---|---|---|---|---|---|---|---|---|---|---|---|---|---|---|
| $\Delta t/℃$ | 175 | 30 | 20 | 280 | 575 | 6.5 | 4 | 4.75 | 7.5 | 2.5 | 40 | 5 | 60 | 160 |

适于合金结构钢。

合金结构钢外其他钢的固相线(℃)计算式[2]：

(1) $t_{固}$ = Fe-C 系的熔点(℃) − (20.5[Si] + 6.5[Mn] + 500[P] + 700[S] + 2[Cr] + 11.5[Ni] + 5.5[Al])

(2) $t_{固}$ = Fe-C 系的熔点(℃) − (7.6[Si] + 4.9[Mn] + 34.4[P] + 3.8[S] + 3.1[Ni] + 1.3[Cr] + 3.6[Al])

(3) $t_{固}$ = 1536 − (415.3[C] + 12.3[Si] + 6.8[Mn] + 124.5[P] + 183.9[S] + 4.3[Ni] + 1.4[Cr] + 4.1[Al])

式中, [E] 为质量分数, 为 1% 为单位。

镍基合金熔点(℃, 液相线)计算的经验公式：

$t_{熔}$ = 1453 − 61.7[C] − 13.2[Si] − 3.6[Mn] − 32.3[S] − 35[P] − 1.6[Cr] − 5[Al] − 11.1[Ti] − 0[Co] − 6.8[Nb] − 2.7[W] − 1.0[Mo] − 0.6[V] − 0.75[Fe] − 2.1[Cu] − 66.5[B] − 5.3[Zr] − 62.5[O] − 2.7[Mg] − 5.9[Ce]

成分适用范围：

| 元　素 | C | Si | Mn | S | P | Cr | Al | Ti | Co | Nb | W | Mo | V | Fe | Cu | B | Zr | O | Mg | Ce |
|---|---|---|---|---|---|---|---|---|---|---|---|---|---|---|---|---|---|---|---|---|
| 范围 $w/\%,\leqslant$ | 2.22 | 2.5 | 2.2 | 1.2 | 0.5 | 27.5 | 5 | 7.5 | 50 | 15 | 10 | 13 | 8.7 | 20 | 2.85 | 2 | 10 | 0.24 | 5.5 | 2.2 |

用此式计算误差 ≤9℃。

钴基合金熔点(℃, 液相线)计算的经验公式[3]：

$t_{熔}$ = 1494 − 66.8[C] − 16.7[Si] − 6.25[Mn] − 8.3[Ce] − 2.17[Cr] − 0[W] − 1.25[Mo] − 18.8[Zr] − 3.75[V] − 10[Ti] − 10[Al] − 8.7[La] − 1.87[Fe] − 0.45[Ni] − 3.3[Cu] − 191.3[O] − 41.1[P] − 35[S] − 11[Mg] − 12.7[Nb] − 40[B]

成分适用范围：

| 元　素 | C | Si | Mn | Cr | W | Mo | V | Ti | Al | Fe | Ni | Cu | P | S | Mg | B | Nb | O | La | Zr | Ce |
|---|---|---|---|---|---|---|---|---|---|---|---|---|---|---|---|---|---|---|---|---|---|
| 范围 $w/\%,\leqslant$ | 2.68 | 2.0 | 5 | 30 | 20 | 15 | 5 | 5 | 5 | 20 | 任意 | 1 | 0.1 | 0.1 | 0.1 | 0.1 | 10 | 0.23 | 1 | 1 | 1 |

计算值和发表资料误差 <10℃。

铸铁的熔点和成分的关系(图 8 − 1 − 1)[4,5]

铸铁的化学成分、浇铸温度对其流动性的影响(图 8 − 1 − 2)[4,5]

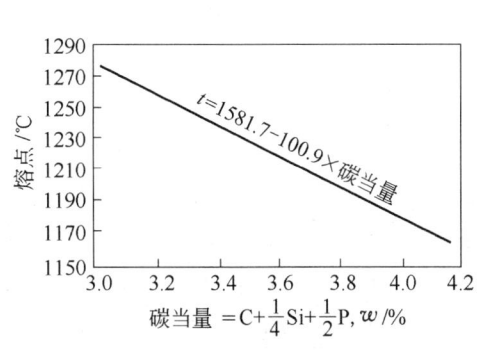

图 8 − 1 − 1

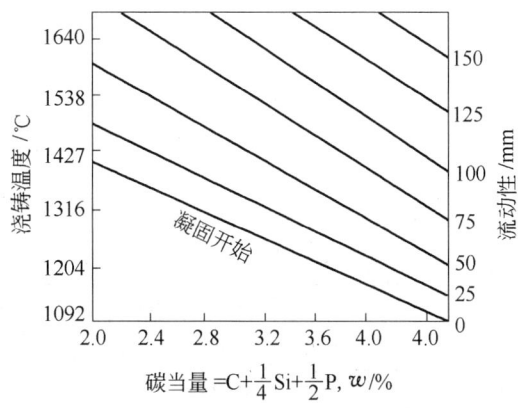

图 8 − 1 − 2

碳钢的[C]、冷却速度和液相、固相、包晶区温度的关系(图8-1-3)[6]

低合金钢的[C]和冷却速度与液相、固相、包晶区温度的关系(图8-1-4)[6]

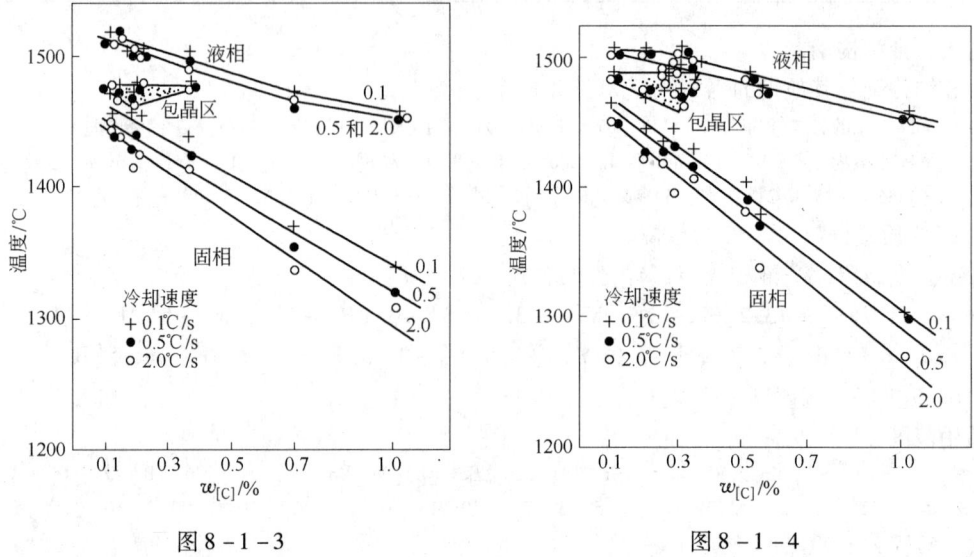

图8-1-3　　　　　　　　　　　　　　　　图8-1-4

5%Cr钢中的[C]和冷却速度与液相、固相、包晶区温度的关系(图8-1-5)[6]

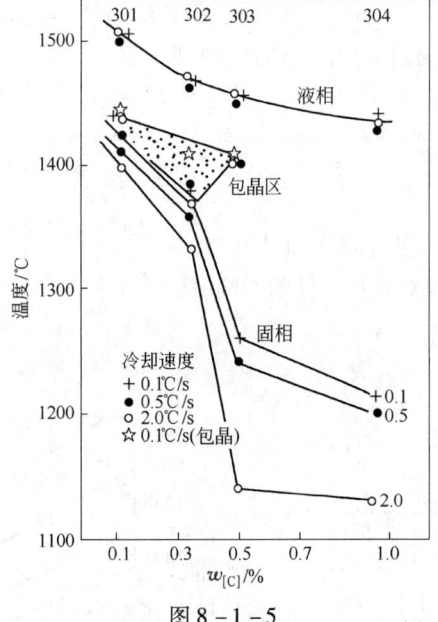

图8-1-5

| 成分 | C | Si | Mn | P | S | Cr | Ni | Mo | V | Al全 | N |
|------|------|------|------|------|------|-----|------|------|------|-------|-------|
| 301 | 0.13 | 0.36 | 0.37 | 0.003 | 0.007 | 5.0 | 0.01 | 0.58 | 0.01 | 0.009 | 0.006 |
| 302 | 0.35 | 1.03 | 0.46 | 0.020 | 0.007 | 5.2 | 0.23 | 1.34 | 1.0 | 0.013 | 0.026 |
| 303 | 0.50 | 1.00 | 0.48 | 0.025 | 0.010 | 5.1 | 0.18 | 1.36 | 1.20 | 0.013 | 0.036 |
| 304 | 0.96 | 0.29 | 0.67 | 0.020 | 0.015 | 5.2 | 0.13 | 1.19 | 0.05 | 0.014 | 0.024 |

13%Cr钢中的[C]和冷却速度与液相、固相、包晶区温度的关系(图8-1-6)[6]

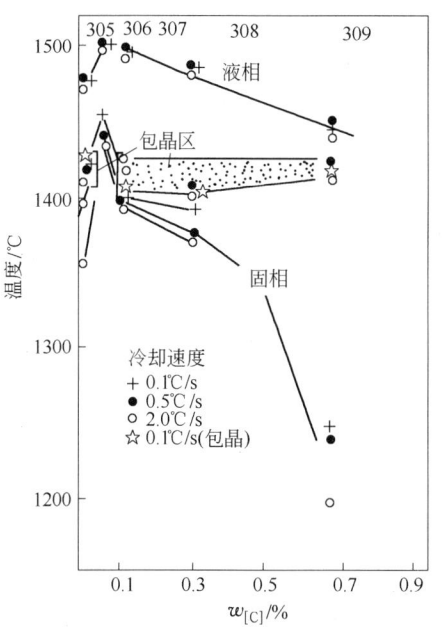

| 成分 | C | Si | Mn | P | S | Cr | Ni | Mo | Al全 | N |
|------|------|------|------|-------|-------|------|------|------|-------|-------|
| 305 | 0.04 | 0.54 | 0.61 | 0.010 | 0.009 | 13.4 | 5.5 | 0.07 | 0.019 | 0.032 |
| 306 | 0.07 | 0.54 | 0.48 | 0.020 | 0.006 | 12.9 | 0.17 | 0.02 | 0.026 | 0.039 |
| 307 | 0.14 | 0.19 | 0.68 | 0.009 | 0.014 | 12.0 | 1.20 | 0.01 | 0.001 | 0.040 |
| 308 | 0.32 | 0.15 | 0.30 | 0.009 | 0.006 | 13.9 | 0.16 | 0.01 | 0.003 | 0.013 |
| 309 | 0.69 | 0.43 | 0.64 | 0.014 | 0.005 | 13.1 | 0.20 | 0.07 | 0.002 | 0.025 |

图8-1-6

碳钢、低合金钢、铬钢的凝固范围和冷却速度的关系(图8-1-7)[6]

不锈钢、耐热钢的合金含量和冷却速度与液、固相温度的关系(图8-1-8)[6]

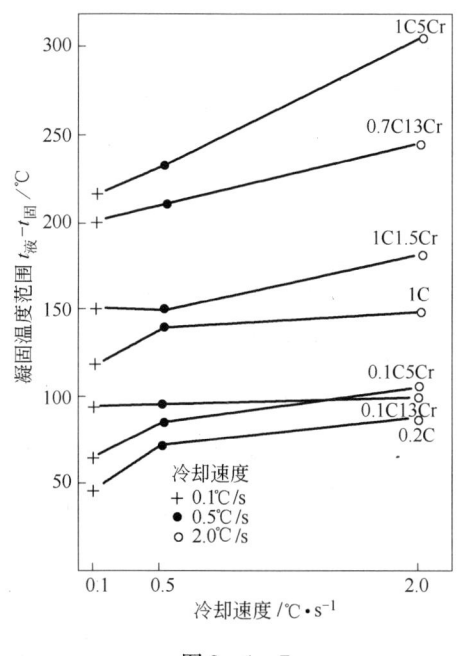

图8-1-7

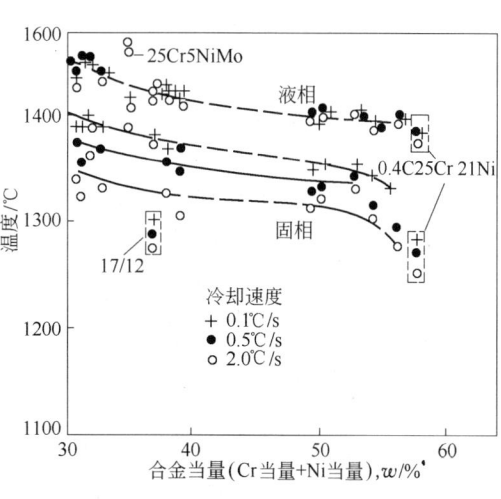

图8-1-8

压力对铁和铁碳合金相变温度的影响(图 8 - 1 - 9)[7]

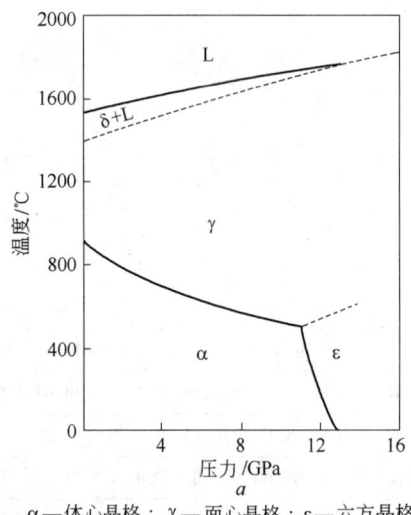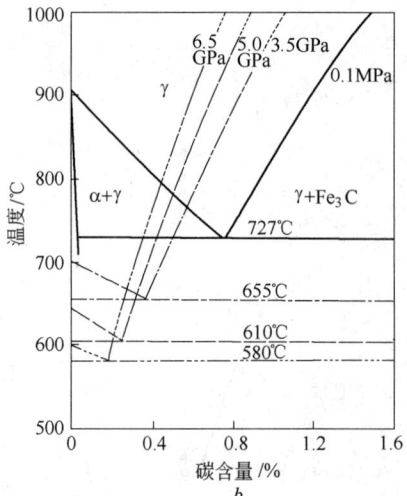

α—体心晶格；γ—面心晶格；ε—六方晶格

图 8 - 1 - 9

压力对铁及 0.2%C、0.4%C 的铁碳合金熔点的影响(图 8 - 1 - 10)[8]

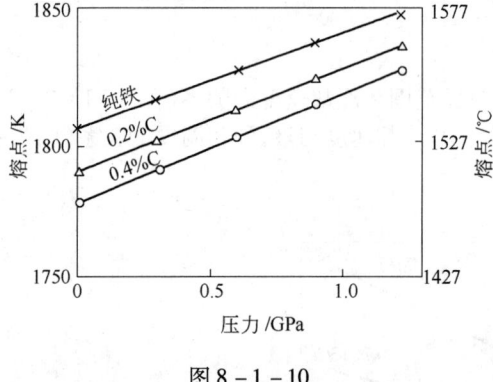

图 8 - 1 - 10

## 二、钢、铁熔体的热性质

钢和生铁的热容(表 8 - 1 - 2)[9,10]

表 8 - 1 - 2

| 材　料 | 成分,w/% | 熔点/℃ | 热　容 | |
|---|---|---|---|---|
| | | | t/℃ | J/(kg·℃) |
| 生　铁 | 1.6C | 1420 | 1420 | 653.172 |
| | 3.7C,1.5Si,0.06Mn | 1200 | 1200 | 674.107 |
| | 4.2C,4.5Si,0.7Mn | 1150 | 1150 | 732.725 |
| 钢 | 0.03C | 1510 | 1510 | 703.416 |
| | | | 1600 | 795.53 ~ 837.4 |
| | 0.8C | 1485 | 1495 | 686.668 |
| | | | 1600 | 795.53 ~ 837.4 |

Fe-C 合金的热容(表 8 - 1 - 3)[10]

表 8 - 1 - 3

| [C]/% | 温度范围/℃ | $c_p^{固}$/kJ·(kg·℃)$^{-1}$ | $c_p^{液}$/kJ·(kg·℃)$^{-1}$ | $c_p^{液}/c_p^{固}$ |
|---|---|---|---|---|
| | 1600~1700 | 0.4187 | 0.8374 | 2.00 |
| 0.55 | 1500~1800 | 1.202 | 1.884 | 1.57 |
| 1.25 | 1500~1800 | 1.1723 | 1.4654 | 1.25 |
| 2.44 | 1350~1750 | 1.50 | 1.7291 | 1.16 |
| 3.18 | 1300~1800 | 1.382 | 1.696 | 1.23 |
| 3.90 | 1250~1800 | 1.382 | 1.675 | 1.21 |
| 4.08 | 1250~1750 | 1.394 | 2.110 | 1.53 |

纯铁和生铁的焓与温度的关系(图 8 - 1 - 11)[11]

碳钢在 1300~1500℃ 结晶时的焓(图 8 - 1 - 12)[12]

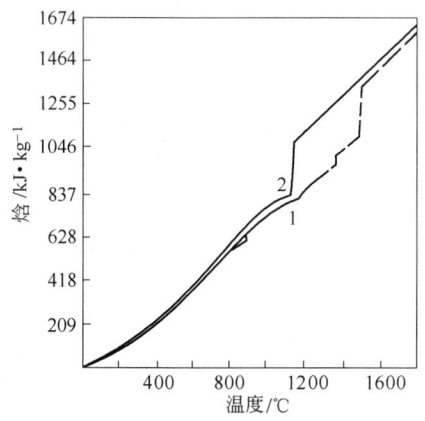

图 8 - 1 - 11

1—纯铁;2—生铁,C4.23%,Si1.48%,

Mn0.73%,P0.12%,S0.023%

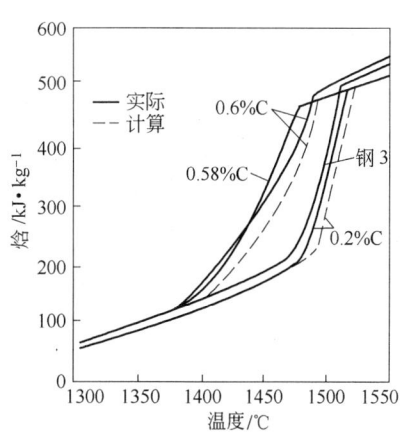

图 8 - 1 - 12

常见钢号的潜热(表 8 - 1 - 4)[8]

表 8 - 1 - 4

| 钢 号 | 成分/% | | | | | | | | 潜热/kJ·kg$^{-1}$ |
|---|---|---|---|---|---|---|---|---|---|
| | C | Si | Mn | Cr | Ni | Cu | Ti | Mo | |
| T8A | 0.80 | 0.22 | 0.2 | 0.1 | 0.1 | 0.1 | | | 230 |
| T10A | 1.00 | 0.20 | 0.2 | 0.1 | 0.1 | 0.1 | | | 213.4 |
| 40CrNiMoA | 0.4 | 0.27 | 0.6 | 0.7 | 1.4 | | | 0.2 | 257.3 |
| 40 | 0.4 | 0.25 | 0.6 | 0.2 | 0.1 | | | | 267 |
| 20Cr | 0.2 | 0.20 | 0.6 | 0.8 | 0.2 | 0.2 | | | 284 |
| 40Cr | 0.4 | 0.27 | 0.6 | 0.85 | 0.2 | 0.1 | | | 259 |
| 20CrNiMo | 0.17 | 0.27 | 0.4 | 1.5 | 4.3 | | | 0.35 | 272 |
| 38CrSi | 0.40 | 1.15 | 0.45 | 1.45 | 0.1 | 0.1 | | | 280 |
| 35CrMnSiA | 0.35 | 1.25 | 0.95 | 1.25 | 0.1 | 0.1 | | | 239 |
| 30CrMnTi | 0.28 | 0.27 | 0.95 | 1.15 | 0.1 | 0.1 | 0.09 | | 272 |
| 1Cr18N9Ti | 0.10 | 0.50 | 1.00 | 19.0 | 10 | | 0.5 | | 251 |
| Fe-C 合金 | 2.0 | | | | | | | | 138 |

高温下一些钢号的焓(表 8 - 1 - 5)[12]

表 8 - 1 - 5

| 钢　号 | 成分/% | | | | | | | 液相温度/℃④ | 固相温度/℃④ | 结晶温度范围/℃④ | 结晶时的焓/kJ·kg⁻¹ | 单位熔化热/kJ·kg⁻¹ |
|---|---|---|---|---|---|---|---|---|---|---|---|---|
| | C | Mn | Si | Cr | Ni | S | P | | | | | |
| 09Mn2Si | 0.10 | 1.45 | 0.77 | 0.16 | 0.10 | 0.03 | 0.028 | 1512 / 1527 | 1478 / 1494 | 34 / 33 | 314 | 280 |
| 钢3 | 0.19 | 0.45 | 0.20 | 0.08 | 0.12 | 0.03 | 0.021 | 1508 / 1518 | 1465 / 1482 | 43 / 36 | 310 | 276 |
| 18CrMnTi | 0.19 | 0.93 | 0.29 | 1.20 | 0.06 | 0.026 | 0.017 | 1502 / 1518 | 1457 / 1482 | 45 / 36 | 306 | 280 |
| 35 | 0.38 | 0.65 | 0.24 | 0.14 | 0.07 | 0.028 | 0.014 | 1440 / 1506 | 1420 / 1438 | 70 / 68 | 318 | 272 |
| 40Cr | 0.42 | 0.63 | 0.25 | 0.95 | 0.09 | 0.025 | 0.015 | 1486 / 1504 | 1409 / 1429 | 77 / 75 | 334 | 284 |
| 40B① | 0.43 | 0.58 | 0.32 | 0.07 | 0.10 | 0.031 | 0.027 | 1488 / 1503 | 1412 / 1429 | 76 / 75 | 326 | 268 |
| 45 | 0.47 | 0.69 | 0.31 | | 0.06 | 0.021 | 0.017 | 1485 / 1500 | 1403 / 1421 | 82 / 79 | 330 | 272 |
| 50Mn | 0.54 | 0.92 | 0.26 | 0.09 | 0.12 | 0.025 | 0.017 | 1479 / 1498 | 1388 / 1410 | 91 / 88 | 314 | 268 |
| 30CrMnSiA | 0.31 | 1.00 | 1.10 | 0.95 | 0.11 | 0.018 | 0.014 | 1484 / 1512 | 1416 / 1460 | 68 / 52 | 314 | 264 |
| 60Si2 | 0.59 | 0.84 | 1.92 | 0.17 | 0.08 | 0.023 | 0.015 | 1451 / 1492 | 1342 / 1390 | 109 / 104 | 330 | 259 |
| 58пп | 0.59 | 0.16 | 0.23 | 0.08 | 0.10 | 0.02 | 0.014 | 1480 / 1492 | 1375 / 1388 | 105 / 102 | 343 | 268 |
| 轨道钢② | 0.74 | 0.83 | 0.18 | 0.05 | 0.07 | 0.029 | 0.018 | 1468 / 1480 | 1334 / 1348 | 134 / 132 | 376 | 280 |
| W18Cr4V③ | 0.77 | 0.31 | 0.19 | 4.20 | 0.15 | 0.019 | 0.012 | 1454 / 1478 | 1308 / 1340 | 153 / 138 | 347 | 242 |

① B0.003%;② As0.13%;③ W18.1%,V1.32%,Mo0.39%;④ 分子—实验数据,分母—由相图查得数据。

18CrNiWA 的焓和温度的关系(图 8 - 1 - 13)[13]

奥氏体基钢的焓和温度的关系(图 8 - 1 - 14)[13]

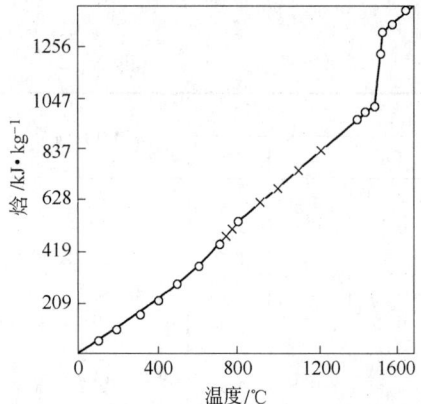

图 8 - 1 - 13

成分(质量分数):0.15%C,0.34%Si,
0.024%P,0.013%S,0.33%Mn,1.47%
Cr,4.15%Ni,0.14%Cu,0.95%W

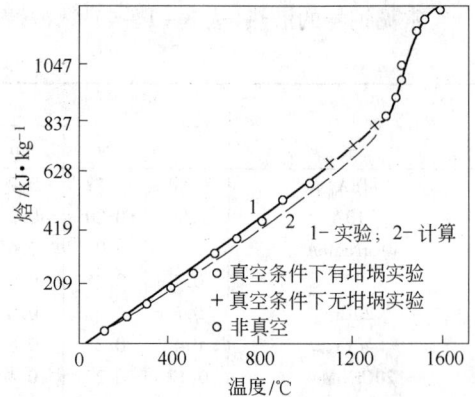

图 8 - 1 - 14

成分(质量分数):0.32%C,0.49%Si,19%Cr,
8.96%Ni,1.38%Mo,0.42%Ti,1.38%W,0.4%
Nb,0.018%P,0.023%S

30 号钢、1Cr18Ni9Ti 钢的热导率和温度的关系(图 8 - 1 - 15)[8]

## 三、钢、铁熔体的体积性质

纯铁的密度和温度的关系(图 8 - 1 - 16)[14,15]

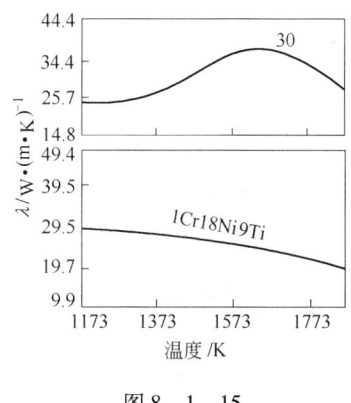

图 8 - 1 - 15

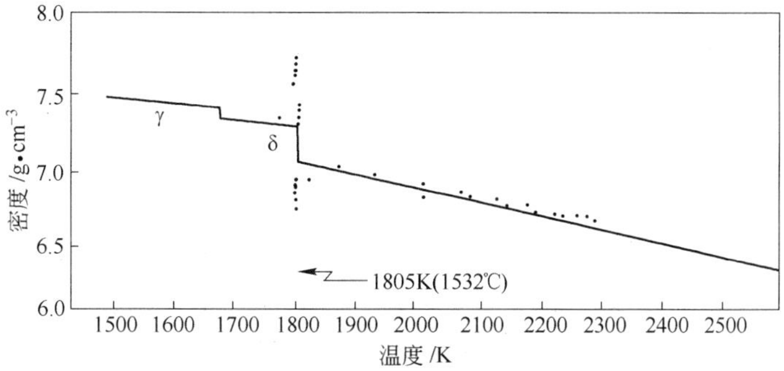

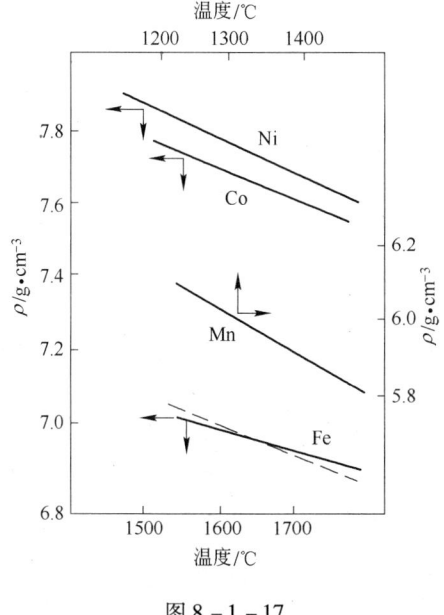

图 8 - 1 - 16

铁的液相密度 $\rho = 8.523 - 8.358 \times 10^{-4} T$ ( $\pm 0.009$ g/cm$^3$ )

Ni、Co、Mn、Fe 的密度和温度的关系(图 8 - 1 - 17)
铁碳合金的密度和[C]、温度的关系(图 8 - 1 - 18)[8]

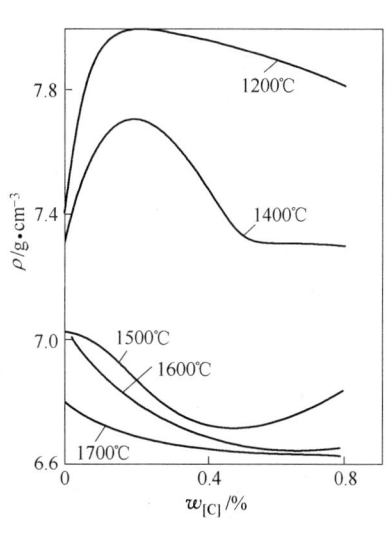

图 8 - 1 - 17

图 8 - 1 - 18

生铁的密度和温度的关系(图8-1-19)[16]

Fe-Cr-Ni 在1550℃时的密度(图8-1-20)[15]

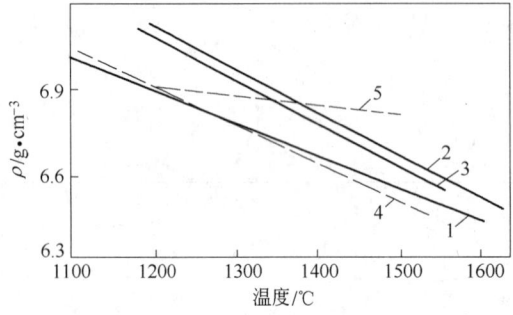

图 8 - 1 - 19

| 图例 | C | Si | Mn | P | S |
|---|---|---|---|---|---|
| 1 | 3.52 | 2.55 | 0.5 | 0.68 | 0.039 |
| 2 | 3.56 | 2.76 | 0.56 | 0.085 | 0.036 |
| 3 | 3.44 | 2.56 | 0.22 | 0.11 | 0.006 |
| 4 | 3.32 | 2.76 | 0.56 | 0.492 | 0.126 |
| 5 | 3.27 | 2.3 | 0.50 | 0.91 | 0.11 |

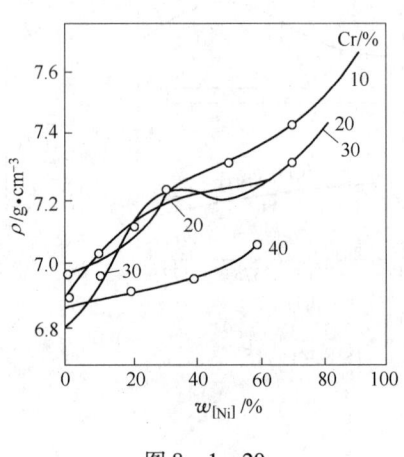

图 8 - 1 - 20

液态铁碳合金的密度和比容(表8-1-6)[17]

表 8 - 1 - 6

| [C]/% | $t_{熔}$/℃ | 比容(熔点时) /cm³·g⁻¹ | 比容(1600℃) /cm³·g⁻¹ | 升温100℃时比容的变化 /cm³·g⁻¹ | 密度(1600℃) /g·cm⁻³ |
|---|---|---|---|---|---|
| 0.0 | 1537 | 0.1397 | 0.1397 | 0.002 | 7.158 |
| 0.1 | 1514 | 0.1399 | 0.1416 | 0.0021 | 7.061 |
| 0.2 | 1503 | 0.1407 | 0.1428 | 0.0021 | 7.003 |
| 0.3 | 1494 | 0.1412 | 0.1436 | 0.0022 | 6.963 |
| 0.4 | 1486 | 0.1416 | 0.1441 | 0.0022 | 6.939 |
| 0.5 | 1480 | 0.1419 | 0.1445 | 0.0023 | 6.920 |
| 0.6 | 1477 | 0.1421 | 0.1448 | 0.0023 | 6.905 |
| 0.7 | 1474 | 0.1423 | 0.1451 | 0.0023 | 6.891 |
| 0.8 | 1469 | 0.1424 | 0.1454 | 0.0024 | 6.877 |
| 0.9 | 1464 | 0.1435 | 0.1457 | 0.0024 | 6.863 |
| 1.0 | 1458 | 0.1425 | 0.1461 | 0.0025 | 6.844 |
| 1.5 | 1422 | 0.1423 | 0.1471 | 0.0028 | 6.798 |
| 2.0 | 1382 | 0.1421 | 0.1487 | 0.0030 | 6.725 |
| 2.5 | 1341 | 0.1417 | 0.1501 | 0.0033 | 6.662 |
| 3.0 | 1290 | 0.1413 | 0.1518 | 0.0035 | 6.587 |
| 3.5 | 1232 | 0.1409 | 0.1539 | 0.0037 | 5.499 |
| 4.0 | 1170 | 0.1403 | 0.1566 | 0.0038 | 6.385 |
| 4.4 | 1190 | 0.1430 | 0.1587 | 0.0038 | 6.301 |

铁碳合金的比容和温度、[C]的关系(图 8-1-21)[18]

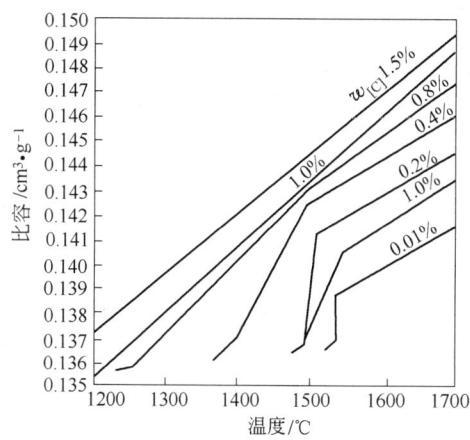

图 8-1-21
图中折点为开始凝固温度、尾部变平的线为凝固终了,[C]高时凝固区间大

[E]对铁液的比容和密度的影响(表 8-1-7)[17]

表 8-1-7

| 元素种类 | 元素含量 $w/\%$ | 熔点 $/℃$ | 比容(熔点时) $/cm^3 \cdot g^{-1}$ | 比容(1600℃) $/cm^3 \cdot g^{-1}$ | 升温100℃时比容的变化 $/cm^3 \cdot g^{-1}$ | 密度 $/g \cdot cm^{-3}$ | 在1600℃加入1%时比容的变化$/g \cdot cm^{-3}$ |
|---|---|---|---|---|---|---|---|
| Mn | 8.5 | 1472 | 0.1364 | 0.1404 | 0.0031 | 7.122 | 0.00007 |
|  | 18.4 | 1432 | 0.1371 | 0.1409 | 0.0022 | 7.097 |  |
| P | 4.32 | 1367 | 0.1363 | 0.1438 | 0.0032 | 6.953 | 0.00095 |
|  | 5.35 | 1350 | 0.1367 | 0.1448 | 0.0032 | 6.906 |  |
| Si | 3.60 | 1485 | 0.1415 | 0.1448 | 0.0029 | 6.920 | 0.00145 |
|  | 9.05 | 1402 | 0.1468 | 0.1532 | 0.0032 | 6.527 |  |
|  | 9.67 | 1398 | 0.1472 | 0.1536 | 0.0032 | 6.510 |  |
|  | 10.03 | 1392 | 0.1479 | 0.1545 | 0.0033 | 6.473 |  |
| Al | 1.15 | 1533 | 0.1410 | 0.1422 | 0.0018 | 7.032 | 0.00215 |
| Cr | 13.7 | 1492 | 0.1387 | 0.1420 | 0.0018 | 7.042 | 0.00017 |
| W | 2.01 | 1537 | 0.1367 | 0.1379 | 0.0019 | 7.251 | 0.0009 |

Fe-C 熔体的比容和[C]及温度的关系(图 8-1-22)

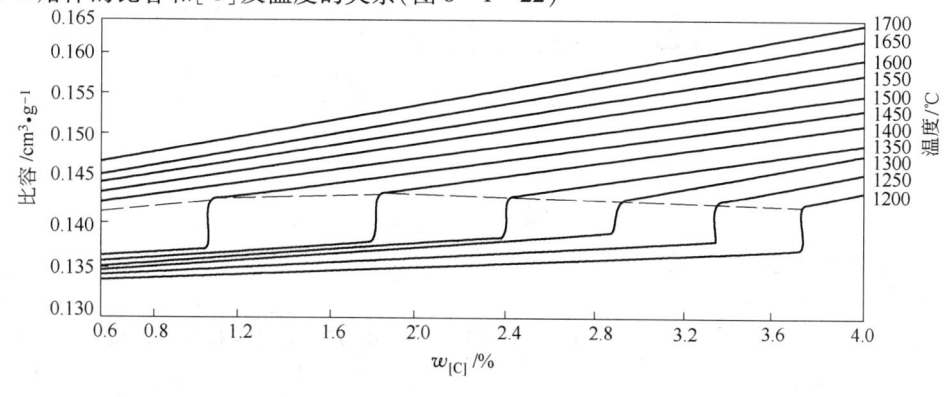

图 8-1-22
虚线为液相线

［E］对铁和铁液密度的影响（图 8 - 1 - 23）[19,20]

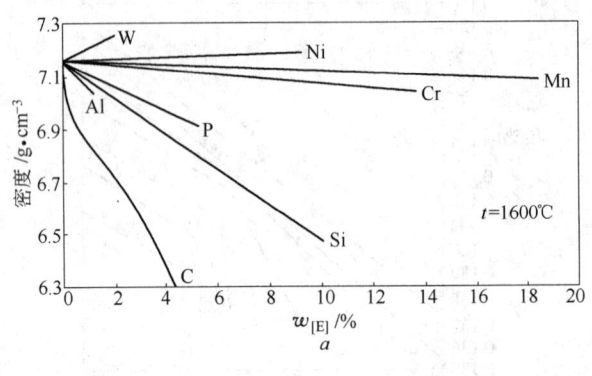

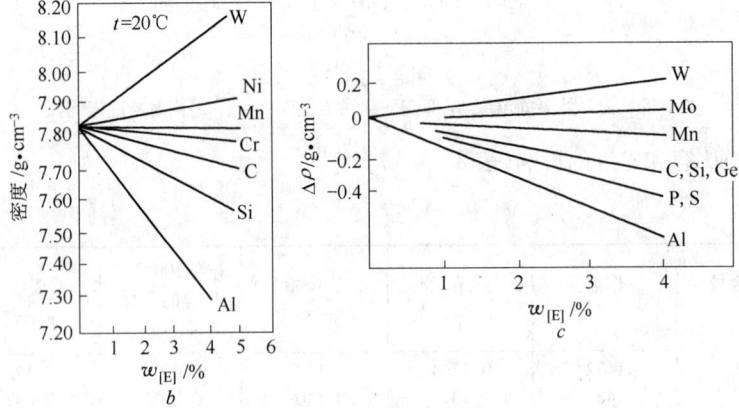

图 8 - 1 - 23

［E］对铁和铁液比容的影响（图 8 - 1 - 24）[21]

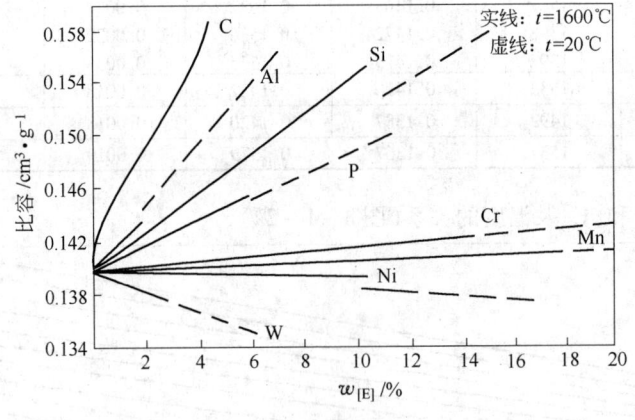

图 8 - 1 - 24

钢液密度和比容的计算公式

1600℃时钢液密度（g/cm³）：

$$\rho_{1600℃} = 7.14 - 0.21[C] - 0.164[Al] - 0.06[Si] - 0.055[Cr] - 0.0075[Mn] + 0.043[W] + 0.006[Ni]$$

适用范围：［C］< 1.7%，其他均 < 18%（质量分数）。

式中含量均以 1%（质量分数）作 1 单位，0.7% 代入 0.7。以下同。

任一温度下的比容（液态）$v_t$（$cm^3/g$）：

$$v_t = 0.1103 + 2.1 \times 10^{-5}t + (1.8[C] + 1.36[Si] + 0.08[Mn] + 0.93[P] + 2.04[S]$$
$$- 0.06[Ni] + 0.18[Cr] - 0.29[Mo] + 0.35[V]) \times 10^{-3}$$

钢液刚开始凝固时液相的比容（液相线的比容，$cm^3/g$）：

$$v_0 = 0.1426 + (1.22[Si] + 0.04[Mn] + 0.34[P] + 1.2[S] + 0.14[Cr]$$
$$+ 0.32[V] - 0.09[C] - 0.12[Ni] - 0.32[Mo]) \times 10^{-3}$$

以固相线体积为 100% 时碳钢熔化后，体积增大率和温度的关系（图 8 - 1 - 25）[18]

注温、[C] 和体积收缩的关系（以该注温下的体积为 100% 计）（图 8 - 1 - 26）[18]

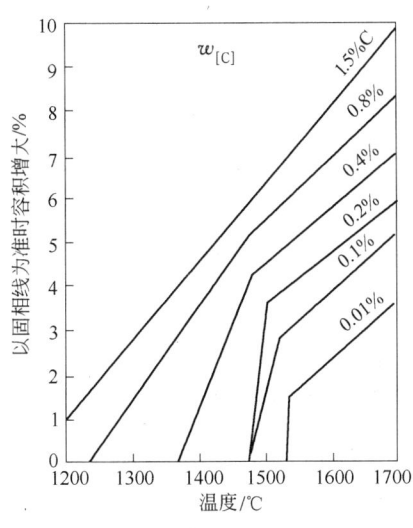

图 8 - 1 - 25

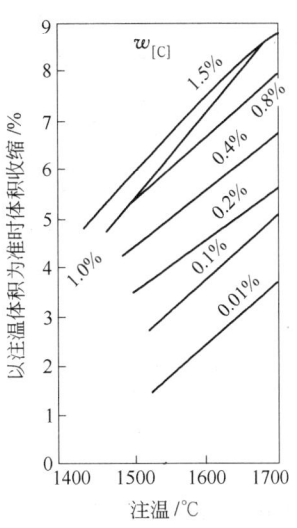

图 8 - 1 - 26

不同钢号钢锭的收缩值（表 8 - 1 - 8）[8]

表 8 - 1 - 8

| 钢　号 | $\varepsilon_L$/% | $\varepsilon_V$/% |
|---|---|---|
| 30 | 2.2 | 4.1 |
| 45 | 2.2 | 5.0 |
| 70 | 2.2 | 5.4 |
| 30CrMo | 2.3 | 4.5 |
| 30CrMnSi | 2.2 | 4.5 |
| 30CrSi | 2.3 | 4.5 |
| 15Cr1Mo1V | 2.2 | 4.8 |
| 35CrNi2W | 2.2 | 5.4 |
| Mn13 | 2.7 | 6.9 |
| Cr18Ni9 | 2.8 | 4.0 |
| 1Cr12WNiMoV | 2.3 | 4.4 |
| 20Cr13Ni | 2.3 | 4.9 |
| 0Cr18Ni3Mn3 | 2.7 | 4.7 |
| 0Cr12H | 2.3 | 4.6 |
| Cr25Ni2 | 2.2 | 5.6 |

注：$\varepsilon_L = \dfrac{L_模 - L_锭}{L_锭} \times 100\%$，$L_模$ 为锭模长；$L_锭$ 为凝固后钢锭长；

$\varepsilon_V = \dfrac{V_模 - V_锭}{V_锭} \times 100\%$，$V_模$ 为锭模的体积；$V_锭$ 为在常温下钢锭的体积。

不同钢号的钢锭沿高度上的纵向收缩和凝固时间的关系(图 8 – 1 – 27)[20]

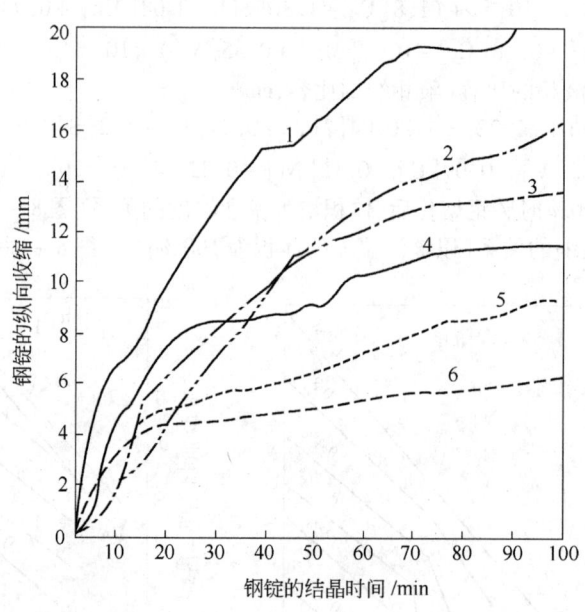

图 8 – 1 – 27

条件:锭重 6 t,注速 0. 37 ~ 0. 8 m/min(上升)

1—20;2—10;3—40Cr;4—18CrMnTi;

5—45Mn2;6—65Mn

### 四、钢、铁熔体的导电性和导磁性

（一）导电性

纯铁和一些金属在熔化前后电阻率的变化(图 8 – 1 – 28)[22,23]

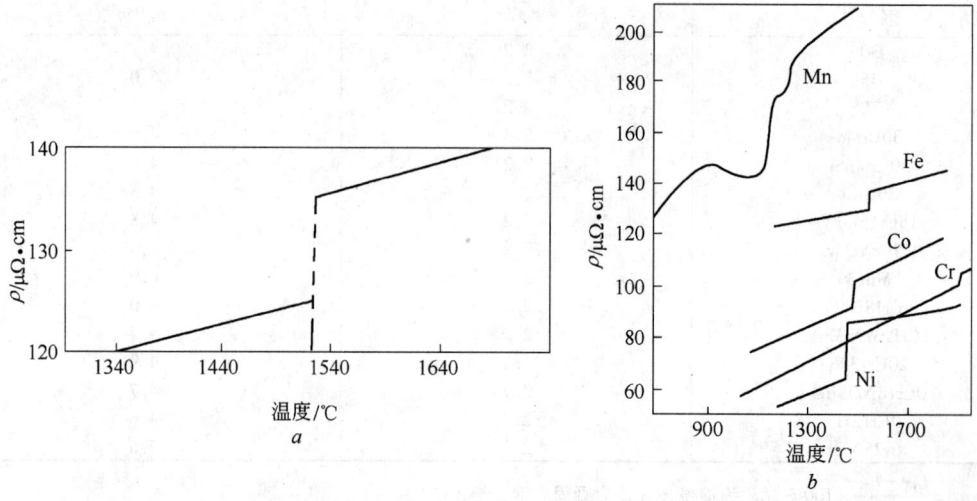

图 8 – 1 – 28

铁液中元素的含量和电阻率的关系(图 8 - 1 - 29)[22]

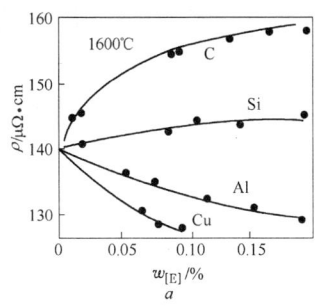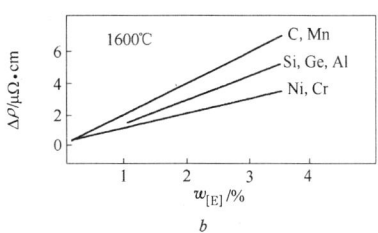

图 8 - 1 - 29

铁的电阻率和[C]、温度的关系(图 8 - 1 - 30)[24]

液态 Fe-C 合金的电阻率和温度的关系(图 8 - 1 - 31)[25]

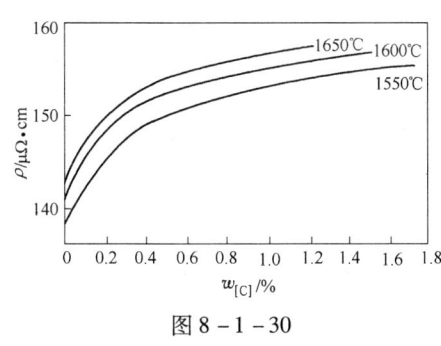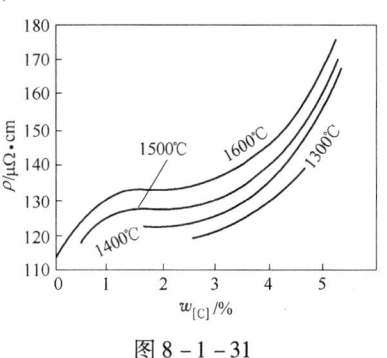

图 8 - 1 - 30　　　　　　　　　　　　图 8 - 1 - 31

碳钢的电阻率和温度的关系(图 8 - 1 - 32)[26]

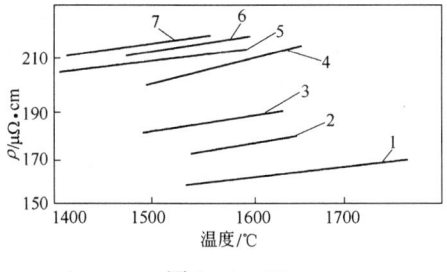

| 曲线 | $w_{[C]}$/% | $w_{[O]}$/% |
|---|---|---|
| 1 | 0.048 | 0.004 |
| 2 | 0.12 | 0.004 |
| 3 | 0.25 | 0.002 |
| 4 | 0.65 | 0.002 |
| 5 | 0.80 | 0.002 |
| 6 | 0.88 | 0.003 |
| 7 | 1.27 | 0.003 |

图 8 - 1 - 32

原始成分,$w$/% ;0. 0130C;0. 19Mn;0. 2Si;

0. 054S;0. 011P;0. 12Cr;0. 26Ni;0. 33Cu

铁氧、铁碳、生铁的电阻率(表 8 - 1 - 9)[26]

表 8 - 1 - 9

| 成分,$w$/% | $t$/℃ | $\rho$/μΩ·m |
|---|---|---|
| Fe,O 0.1 | 1580 | 141.2 ~ 141.5 |
| Fe,C 0.1 | 1580 ~ 1620 | 140 ~ 185 |
| Fe,C 0.2 ~ 0.4 | 1500 ~ 1700 | 145 ~ 146 |
| Fe,C 2 | 1500 ~ 1700 | 160 ~ 162 |
| Fe,C 0.13 | 1535 ~ 1650 | $135.1[1 + 2.88 \times 10^{-4}(t - 1535)]$ |
| Fe,C 0.33 | 1525 ~ 1650 | $147.4[1 + 3.2 \times 10^{-4}(t - 1525)]$ |
| Fe,C 0.38 | 1513 ~ 1650 | $145.8[1 + 3.3 \times 10^{-4}(t - 1513)]$ |
| Fe,C 0.78 | 1483 ~ 1650 | $148.4[1 + 3.64 \times 10^{-4}(t - 1483)]$ |
| Fe,C 1.26 | 1443 ~ 1650 | $146.4[1 + 4.11 \times 10^{-4}(t - 1443)]$ |

续表 8 - 1 - 9

| 成分,w/% | t/℃ | ρ/μΩ·m |
|---|---|---|
| Fe,C1.19 | 1450<br>1550 | 150.1<br>153.3 |
| Fe,C 3.7,Si 1.5,Mn 0.6 | 1400 | 148.2 |
| Fe,C 3.3,Si 2.0,Mn 0.6,Cr 0.35,S 0.13 | 1310 ~ 1650 | 182 ~ 194 |
| Fe,C 3.42 ~ 3.53,Si 2.12 ~ 2.16,Mn 0.2 ~ 0.4,S 0.01 ~ 0.03,P 0.03 | 1150 ~ 1700 | 143 ~ 160 |

铁镍的电阻率和温度的关系(图 8 - 1 - 33)[27]

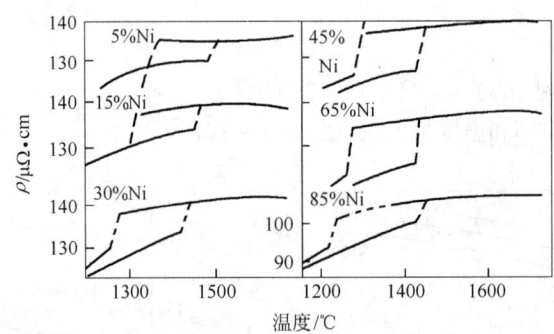

图 8 - 1 - 33

液态不锈钢的电阻率和温度的关系(表 8 - 1 - 10)[28]

表 8 - 1 - 10

| 成分,w/% | | | | | | 密度 ρ/g·cm⁻³ | | 电阻率 ρ/μΩ·cm | |
|---|---|---|---|---|---|---|---|---|---|
| C | Si | Mn | Ni | Cr | Mo | a | b | a | b |
| 0.06 | 0.14 | 0.97 | 10.28 | 18.42 | | 9.33 | $1.523 \times 10^{-3}$ | 59.7 | 0.0521 |
| | | | 19.80 | 25.06 | | 8.56 | $0.988 \times 10^{-3}$ | 93.0 | 0.0294 |
| | | | 12.06 | 16.03 | 2.55 | 9.41 | $1.550 \times 10^{-3}$ | 55.2 | 0.0564 |
| | | | 13.14 | | | 9.06 | $1.323 \times 10^{-3}$ | 89.7 | 0.0297 |
| 0.06 | 0.50 | 0.44 | 0.13 | 16.53 | | 8.85 | $1.106 \times 10^{-3}$ | 78.0 | 0.0353 |

注:密度 $\rho = a - bt(℃)$,电阻系数 $\rho = a + bt(℃)$。

## (二) 导磁性

纯铁的磁导率和温度的关系(图 8 - 1 - 34)[29]

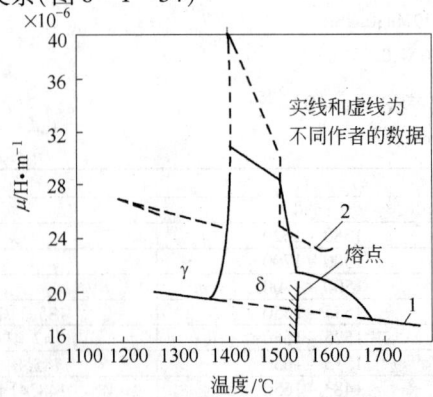

图 8 - 1 - 34

铁碳合金的导磁性(表8-1-11)[30]

表8-1-11

| $t/℃$ | $\mu/H\cdot m^{-1}$ | $t/℃$ | $\mu/H\cdot m^{-1}$ | $t/℃$ | $\mu/H\cdot m^{-1}$ |
|---|---|---|---|---|---|
| C0.41% | | C1.19% | | C2.90% | |
| 1080 | $22.8\times10^{-6}$ | 1550 | $21.2\times10^{-6}$ | 1490 | $17.5\times10^{-6}$ |
| 1170 | $23.8\times10^{-6}$ | 1580 | $21.0\times10^{-6}$ | 1510 | $17.4\times10^{-6}$ |
| 1220 | $22.0\times10^{-6}$ | 1600 | $21.3\times10^{-6}$ | 1625 | $16.0\times10^{-6}$ |
| 1250 | $22.0\times10^{-6}$ | 1630 | $21.0\times10^{-6}$ | 1700 | $15.0\times10^{-6}$ |
| 1275 | $22.3\times10^{-6}$ | 1700 | $20.6\times10^{-6}$ | C3.64% | |
| 1320 | $21.8\times10^{-6}$ | C1.50% | | 1080 | $31.4\times10^{-6}$ |
| 1340 | $21.0\times10^{-6}$ | 1160 | $25.5\times10^{-6}$ | 1100 | $29.4\times10^{-6}$ |
| 1370 | $21.5\times10^{-6}$ | 1230 | $24.3\times10^{-6}$ | 1220 | $26.5\times10^{-6}$ |
| 1400 | $22.5\times10^{-6}$ | 1260 | $23.8\times10^{-6}$ | 1270 | $25.2\times10^{-6}$ |
| 1450 | $21.5\times10^{-6}$ | 1300 | $23.9\times10^{-6}$ | 1350 | $25.0\times10^{-6}$ |
| 1525 | $20.0\times10^{-6}$ | 1320 | $23.5\times10^{-6}$ | 1400 | $24.0\times10^{-6}$ |
| 1560 | $20.5\times10^{-6}$ | 1360 | $23.0\times10^{-6}$ | 1470 | $23.2\times10^{-6}$ |
| 1590 | $19.8\times10^{-6}$ | 1390 | $21.6\times10^{-6}$ | 1520 | $24.0\times10^{-6}$ |
| 1610 | $20.3\times10^{-6}$ | 1420 | $21.5\times10^{-6}$ | 1560 | $22.8\times10^{-6}$ |
| 1660 | $21.1\times10^{-6}$ | 1460 | $21.2\times10^{-6}$ | 1580 | $22.2\times10^{-6}$ |
| 1700 | $19.8\times10^{-6}$ | 1520 | $19.6\times10^{-6}$ | 1620 | $22.1\times10^{-6}$ |
| C0.72% | | 1600 | $18.8\times10^{-6}$ | 1700 | $21.5\times10^{-6}$ |
| 1120 | $22.3\times10^{-6}$ | 1620 | $18.4\times10^{-6}$ | C4.72% | |
| 1175 | $22.6\times10^{-6}$ | 1650 | $18.0\times10^{-6}$ | 1140 | $22.4\times10^{-6}$ |
| 1220 | $22.2\times10^{-6}$ | 1700 | $17.4\times10^{-6}$ | 1175 | $17.0\times10^{-6}$ |
| 1275 | $22.0\times10^{-6}$ | C2.32% | | 1200 | $15.0\times10^{-6}$ |
| 1325 | $21.5\times10^{-6}$ | 1040 | $28.4\times10^{-6}$ | 1250 | $13.0\times10^{-6}$ |
| 1360 | $22.0\times10^{-6}$ | 1080 | $28.8\times10^{-6}$ | 1375 | $13.5\times10^{-6}$ |
| 1400 | $22.2\times10^{-6}$ | 1125 | $27.4\times10^{-6}$ | 1450 | $11.8\times10^{-6}$ |
| 1440 | $21.8\times10^{-6}$ | 1180 | $27.2\times10^{-6}$ | 1490 | $13.9\times10^{-6}$ |
| 1460 | $19.6\times10^{-6}$ | 1200 | $26.0\times10^{-6}$ | 1540 | $12.6\times10^{-6}$ |
| 1500 | $19.5\times10^{-6}$ | 1240 | $25.8\times10^{-6}$ | 1570 | $12.4\times10^{-6}$ |
| 1540 | $20.0\times10^{-6}$ | 1300 | $25.0\times10^{-6}$ | 1650 | $11.4\times10^{-6}$ |
| 1560 | $18.0\times10^{-6}$ | 1300 | $23.5\times10^{-6}$ | 1700 | $11.0\times10^{-6}$ |
| 1580 | $18.0\times10^{-6}$ | 1320 | $23.2\times10^{-6}$ | C4.58% | |
| 1600 | $18.0\times10^{-6}$ | 1350 | $23.5\times10^{-6}$ | 1040 | $33.0\times10^{-6}$ |
| 1640 | $18.0\times10^{-6}$ | 1400 | $21.7\times10^{-6}$ | 1080 | $30.2\times10^{-6}$ |
| 1700 | $17.6\times10^{-6}$ | 1450 | $21.0\times10^{-6}$ | 1120 | $29.1\times10^{-6}$ |
| C1.19% | | 1500 | $20.2\times10^{-6}$ | 1180 | $26.4\times10^{-6}$ |
| 1075 | $24.5\times10^{-6}$ | 1560 | $19.4\times10^{-6}$ | 1220 | $25.8\times10^{-6}$ |
| 1175 | $24.0\times10^{-6}$ | 1570 | $19.0\times10^{-6}$ | 1260 | $25.6\times10^{-6}$ |
| 1225 | $23.8\times10^{-6}$ | 1600 | $18.5\times10^{-6}$ | 1300 | $23.3\times10^{-6}$ |
| 1260 | $23.6\times10^{-6}$ | 1700 | $17.0\times10^{-6}$ | 1325 | $23.6\times10^{-6}$ |
| 1310 | $23.4\times10^{-6}$ | C2.90% | | 1360 | $23.2\times10^{-6}$ |
| 1340 | $23.3\times10^{-6}$ | 1070 | $24.4\times10^{-6}$ | 1400 | $23.5\times10^{-6}$ |
| 1375 | $23.8\times10^{-6}$ | 1100 | $24.1\times10^{-6}$ | 1425 | $21.3\times10^{-6}$ |
| 1400 | $23.8\times10^{-6}$ | 1150 | $23.5\times10^{-6}$ | 1460 | $21.4\times10^{-6}$ |
| 1425 | $23.5\times10^{-6}$ | 1200 | $23.2\times10^{-6}$ | 1525 | $21.2\times10^{-6}$ |
| 1450 | $23.5\times10^{-6}$ | 1230 | $21.2\times10^{-6}$ | 1550 | $20.5\times10^{-6}$ |
| 1500 | $23.1\times10^{-6}$ | 1280 | $20.4\times10^{-6}$ | 1580 | $21.0\times10^{-6}$ |
| 1525 | $21.8\times10^{-6}$ | 1320 | $20.2\times10^{-6}$ | 1600 | $19.5\times10^{-6}$ |
| | | 1350 | $20.0\times10^{-6}$ | 1625 | $19.5\times10^{-6}$ |
| | | 1380 | $19.6\times10^{-6}$ | 1700 | $18.5\times10^{-6}$ |
| | | 1420 | $19.5\times10^{-6}$ | | |
| | | 1440 | $18.0\times10^{-6}$ | | |

铁液中元素含量对磁导率的变化的影响(图 8 - 1 - 35)[23]

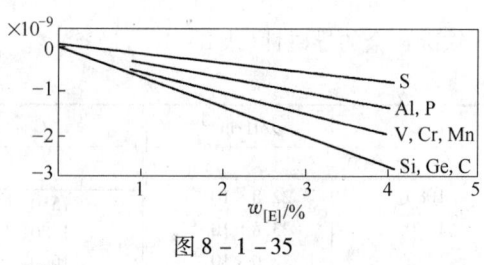

图 8 - 1 - 35

铁、钴、镍的磁导率倒数和温度的关系(图 8 - 1 - 36)[74]

## 五、钢、铁及合金的黏度

### (一)一元系、二元系的黏度

液态纯铁的运动黏度和温度的关系(图 8 - 1 - 37)[23]

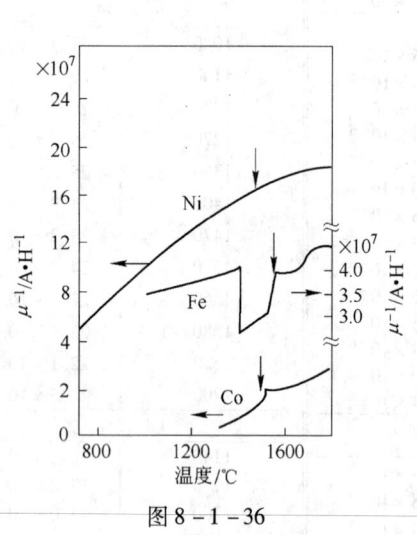

图 8 - 1 - 36

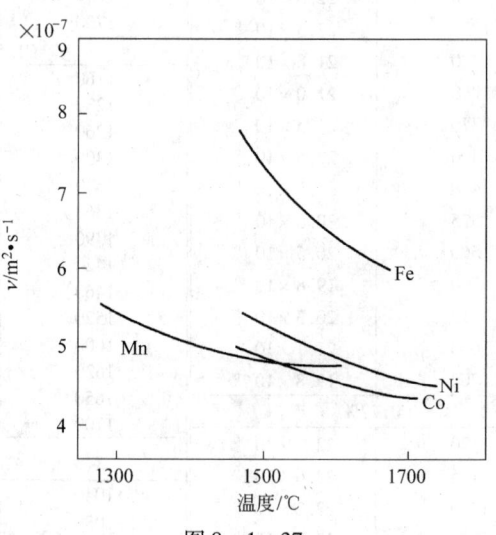

图 8 - 1 - 37

Fe-C 系的黏度和温度的关系(图 8 - 1 - 38)[26]

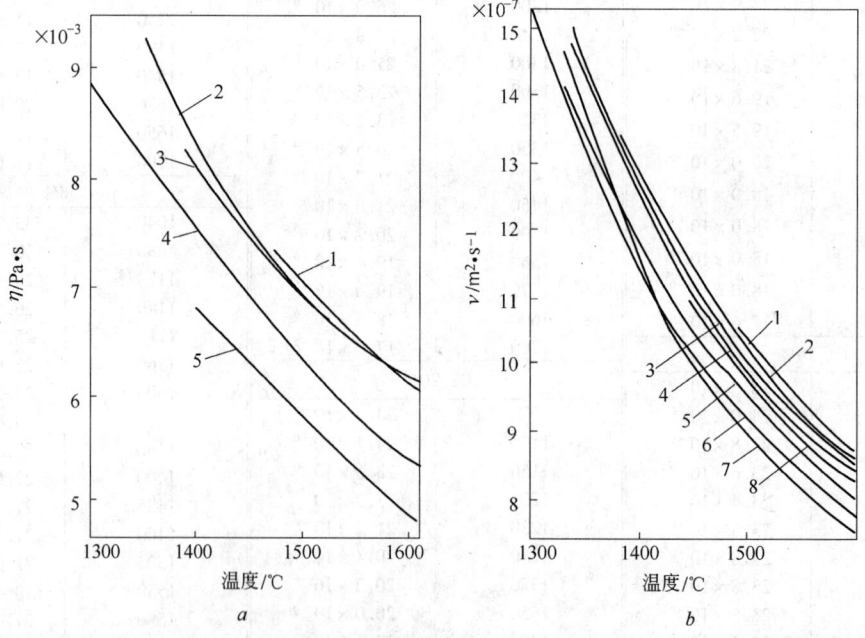

图 8 - 1 - 38

$a—w_{[C]}/\%$ :1—0.75;2—2.1;3—2.52~2.55;4—3.43;5—4.4;

$b—w_{[C]}/\%$ :1—0.00;2—0.47;3—2.64;4—2.81;5—3.62;6—4.21;7—4.56;8—5.25

Fe-C 系的运动黏度、流动性和温度的关系（图 8－1－39）

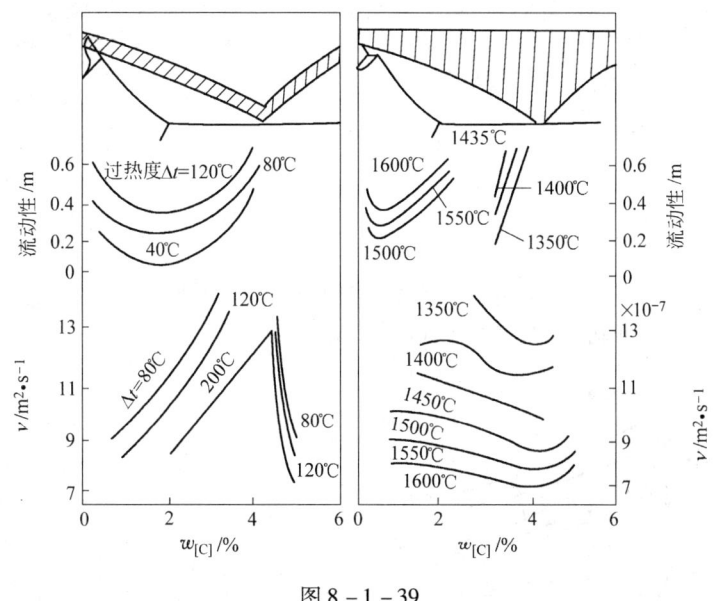

图 8－1－39

Fe-N 系的黏度和温度的关系（图 8－1－40）[31]

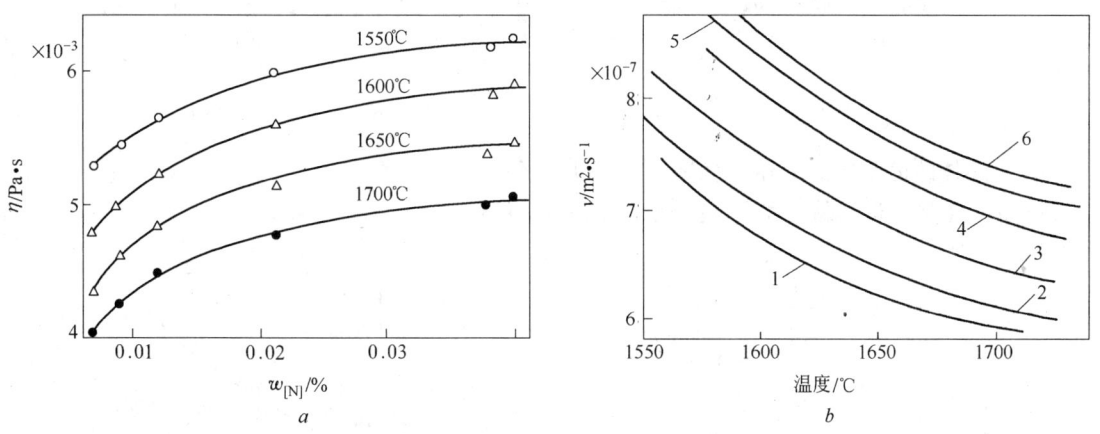

图 8－1－40

$w_{[N]}/\%$ :1—0.007;2—0.009;3—0.012;4—0.021;5—0.0375;6—0.0395

原始成分：O 0.005%；N 0.003%；C 0.0048%；S 0.0042%；P 0.008%；Si 0.028%；Al 0.068%

Fe-P 系的运动黏度和温度的关系（图 8－1－41）[32]

Fe-Mn 系的运动黏度和温度的关系（图 8－1－42）[32]

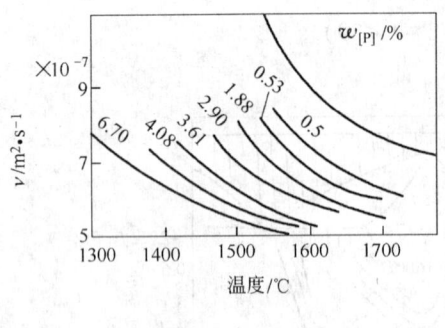

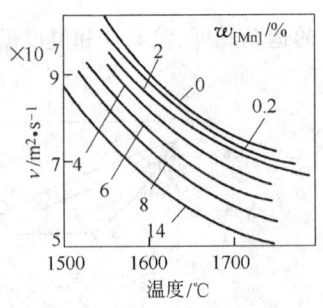

图 8 – 1 – 41

图 8 – 1 – 42

Fe-Mn 系、Fe-Mn-C 系 [C] = 1% 的运动黏度和温度的关系（图 8 – 1 – 43）[33]

Fe-Mn 熔体的运动黏度和 $x_{Mn}$ 的关系（图 8 – 1 – 44）

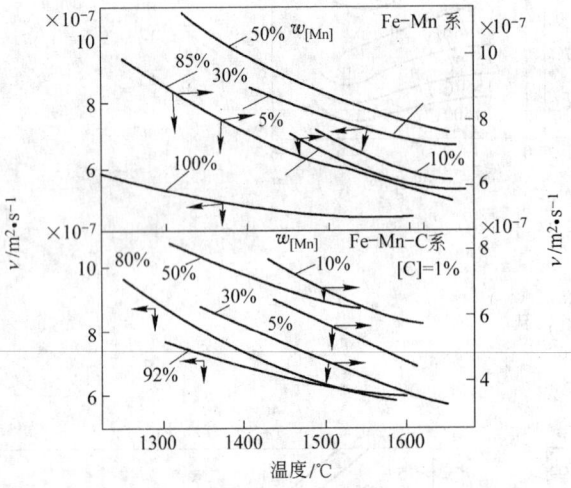

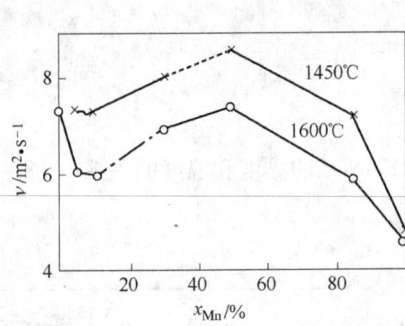

图 8 – 1 – 43

图 8 – 1 – 44

Mn-C 熔体的运动黏度和 $x_C$ 的关系（图 8 – 1 – 45）

Fe-Cr-C 熔体的运动黏度和 $x_C$ 的关系（图 8 – 1 – 46）

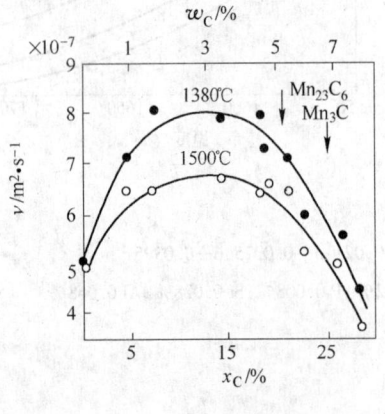

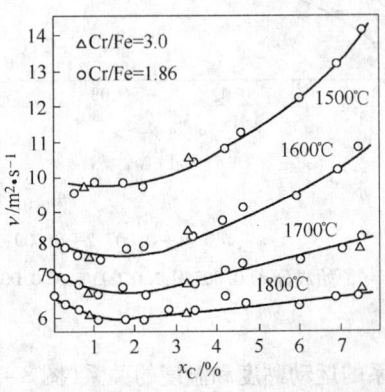

图 8 – 1 – 45

图 8 – 1 – 46

Fe-Cr 熔体的运动黏度和 $x_{Cr}$、温度的关系(图 8 - 1 - 47)

Fe-Cr 系的运动黏度和温度的关系(图 8 - 1 - 48)[22]

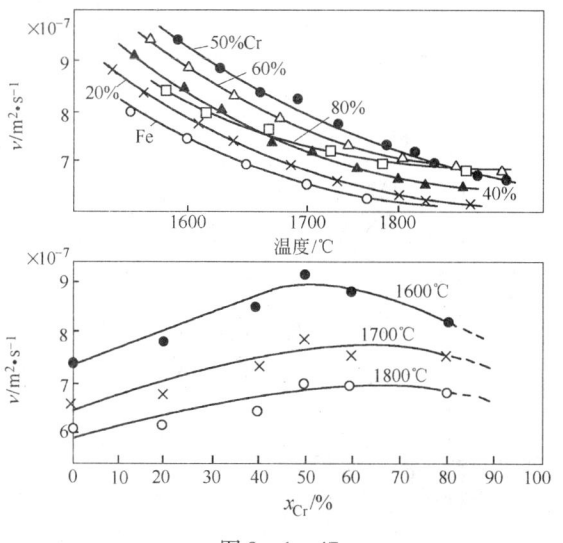

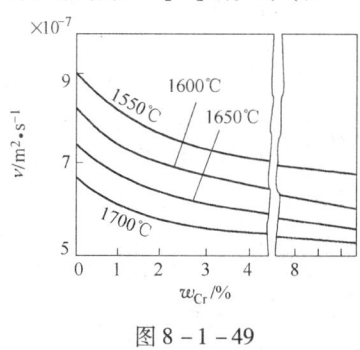

图 8 - 1 - 47

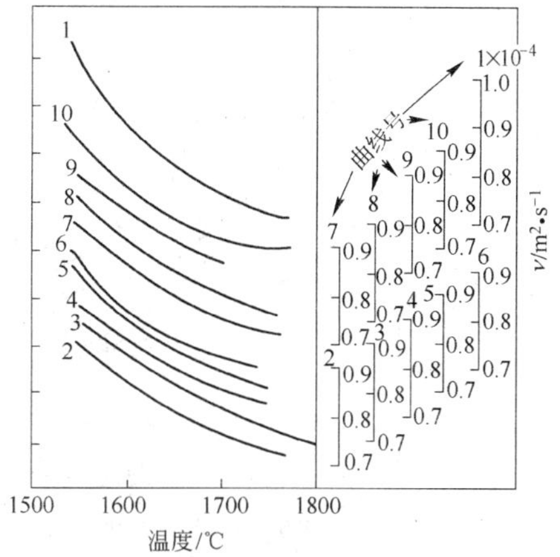

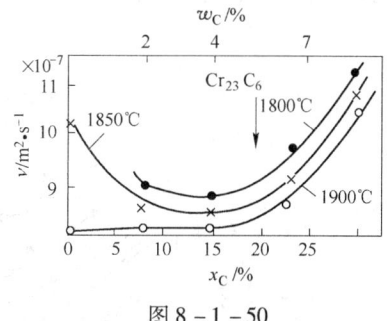

图 8 - 1 - 48

$w_{Cr}/\%$ :1—0;2—0.43;3—0.75;4—1.61;5—2.12;

6—3.21;7—5.36;8—8.65;9—12.80;10—21.20

Fe-Cr 系的运动黏度和温度、[Cr]的关系(图 8 - 1 - 49)[22]

Cr-C 熔体运动黏度和[C]的关系(图 8 - 1 - 50)

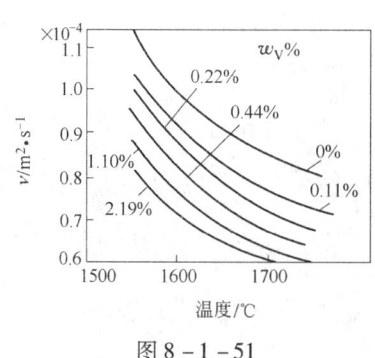

图 8 - 1 - 49

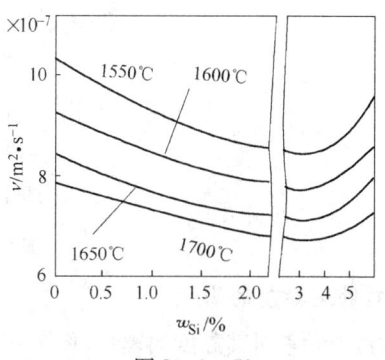

图 8 - 1 - 50

Fe-V 系的运动黏度和温度的关系(图 8 - 1 - 51)[32]

Fe-Si 系的运动黏度和温度的关系(图 8 - 1 - 52)[26]

图 8 - 1 - 51

图 8 - 1 - 52

Fe-Si 系的运动黏度和[Si]、温度的关系(图 8 – 1 – 53)[26]

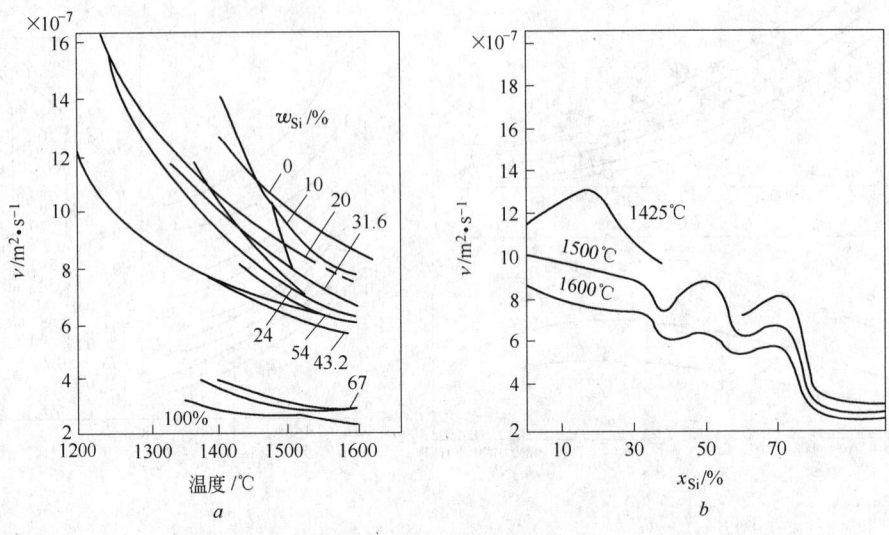

图 8 – 1 – 53

Fe-Ni 系的运动黏度和温度(升温、降温)的关系(图 8 – 1 – 54)[26]

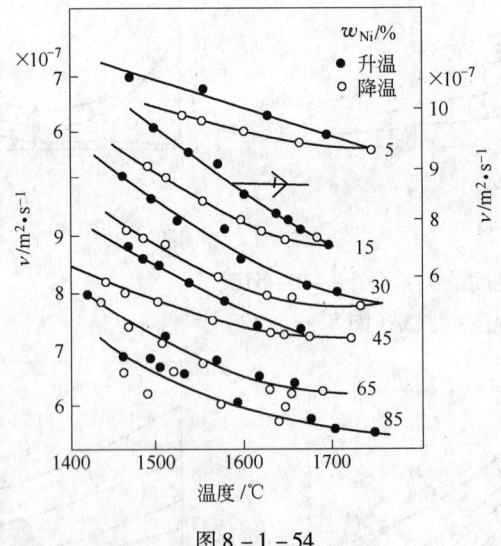

图 8 – 1 – 54

(二) [E]对铁液黏度的影响

1550℃时铁中元素对其黏度的影响(图 8 – 1 – 55)[34]

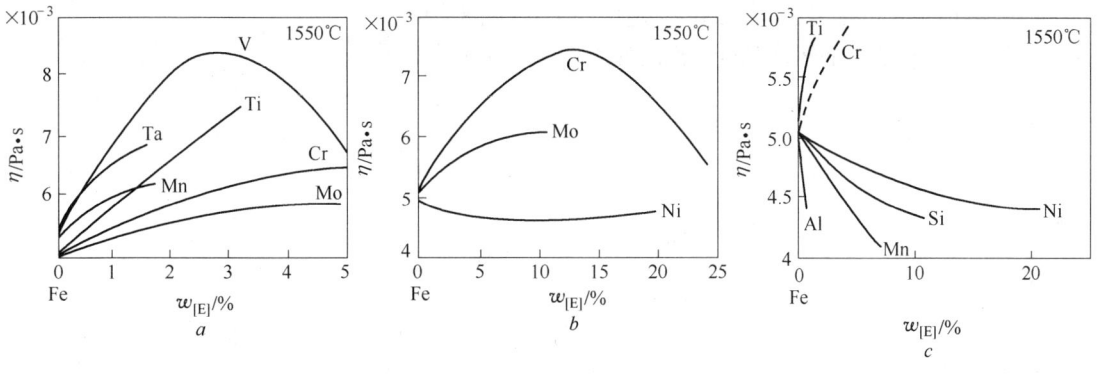

图 8 - 1 - 55

[E]对铁液运动黏度的影响(1600℃)(图 8 - 1 - 56)[35]

[N]、[H]、[O]、[Al]对铁液运动黏度的影响(1600℃)(图 8 - 1 - 57)[36]

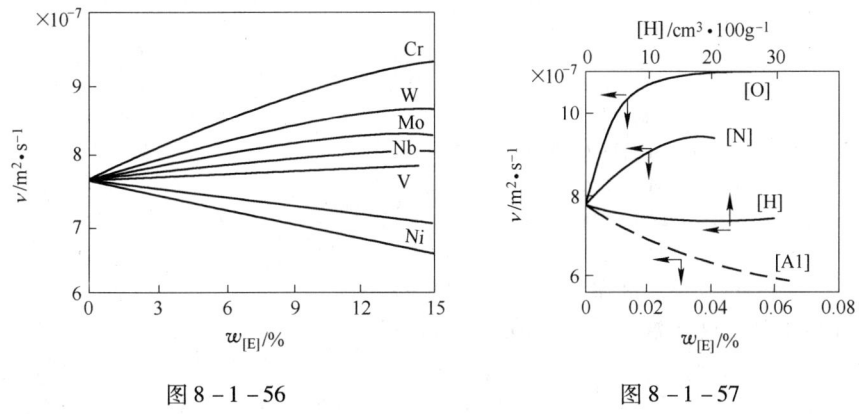

图 8 - 1 - 56　　　　　　　　　　图 8 - 1 - 57

[Si]、[Mn]、[Cr]对铁液运动黏度的影响(1600℃)(图 8 - 1 - 58)[31]

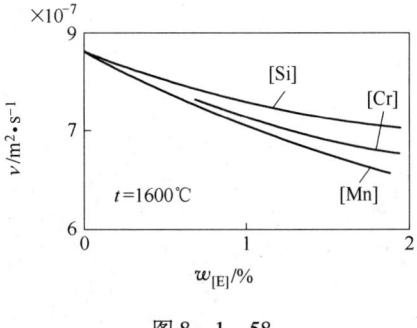

图 8 - 1 - 58

## （三）钢号的黏度

一些含 Cr、Ni、W 钢号的运动黏度和温度的关系（图 8 - 1 - 59）[37]

一些含 Cr、Si 钢号的运动黏度和温度的关系（图 8 - 1 - 60）[37]

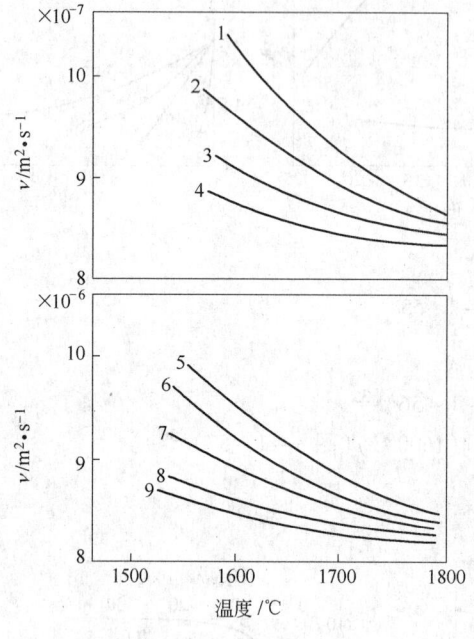

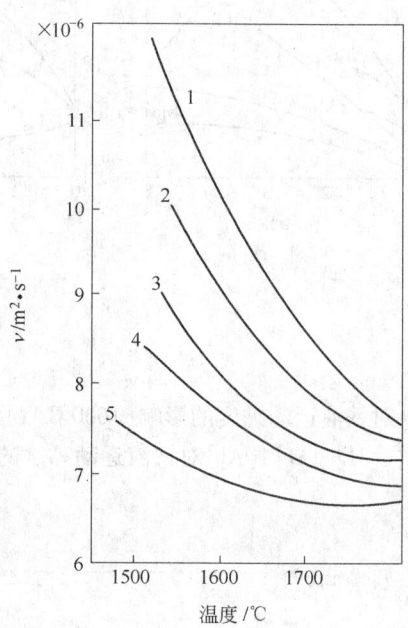

图 8 - 1 - 59
1—W18Cr4V；2—W9Cr4V；3—Cr3W6；4—1Cr3
5—Cr17Ni3；6—2Cr18Ni9；7—Cr18Ni2；
8—Cr18Ni12；9—Cr18Ni25

图 8 - 1 - 60
1—Cr25Si3Ni；2—Cr9Si2；3—2Cr13；
4—Cr6Si；5—50Si2

1Cr21Ni5Ti 钢的运动黏度和温度的关系（图 8 - 1 - 61）

GCr15 钢的运动黏度和温度、[Al]的关系（图 8 - 1 - 62）[36]

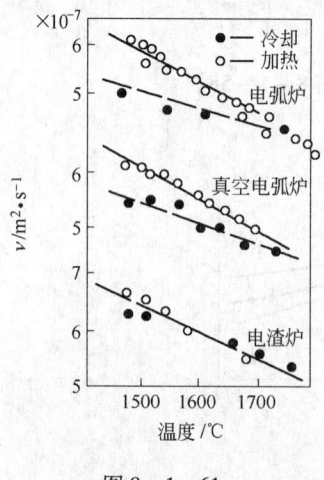

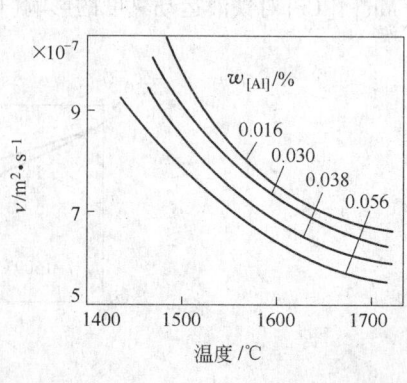

图 8 - 1 - 61

图 8 - 1 - 62

一些钢号的运动黏度和温度的关系(图 8 - 1 - 63)[38]

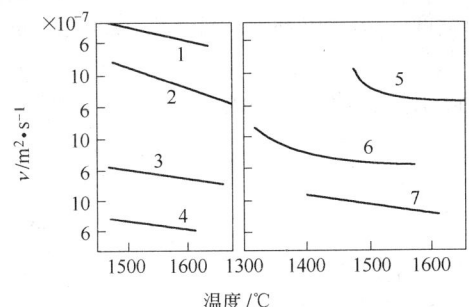

图 8 - 1 - 63

| 图 例 | 钢 种 | C | Si | Mn | S | P | Ni | Cr | Mo |
|---|---|---|---|---|---|---|---|---|---|
| 1 | GCr15 | 1.05 | 0.23 | 0.32 | 0.014 | 0.022 | 1.03 | 1.63 | |
| 2 | 10 | 0.09 | 0.01 | 0.47 | 0.025 | 0.039 | 0.05 | 0.04 | |
| 3 | 1Cr18Ni25Si2 | 0.4 | 2.52 | 0.67 | 0.012 | 0.031 | 23.47 | 17.30 | |
| 4 | 30CrMo | 0.3 | 0.19 | 0.65 | 0.004 | 0.015 | 0.12 | 0.18 | 0.18 |
| 5 | 45 | 0.49 | 0.31 | 0.66 | 0.026 | 0.042 | 0.07 | 0.18 | |
| 6 | T10 | 1.10 | 0.35 | 0.30 | 0.030 | 0.040 | | | |
| 7 | Cr12 | 2.10 | 0.24 | 0.19 | 0.015 | 0.024 | 0.03 | 1.75 | |

结构钢的运动黏度和温度的关系(图 8 - 1 - 64)[37]

结构钢与合金的运动黏度和温度的关系(图 8 - 1 - 65)

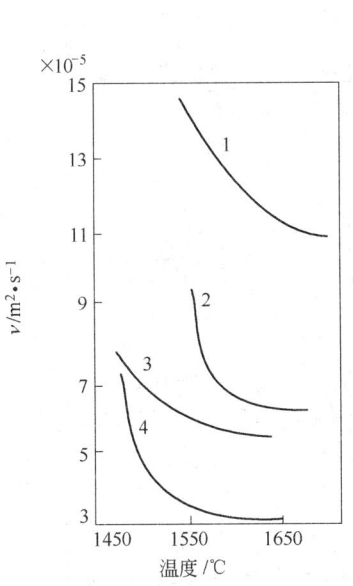

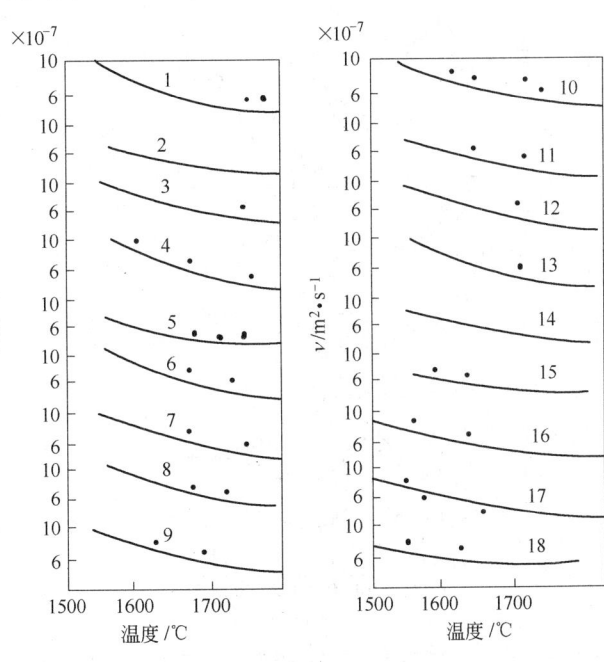

图 8 - 1 - 64

1—18CrMnTi;2—18CrNiW;

3—4Cr12Ni8Mn8MoV;

4—12CrNi3A

图 8 - 1 - 65

1—40Cr1NiWA;2—30CrMnSiNiA;3—12Cr2Ni4A;

4—18Cr2Ni4WA;5—1Cr12Ni2WVMo;6—20Cr;

7—1Cr18Ni9Ti;8—Вп30;9—12Cr1MoV;

10—12Cr2MoVSi;11—15CrMnSiA;12—18Cr2NiWA;

13—Сп33;14—12Cr2NiWVA;15—1Cr13;16—0Cr17Ti;

17—0Cr18Ni16Ti;18—45Mn17Al3

（四）铁基合金(C、Ni、低合金钢)综合物理性质(黏度、密度、表面张力等)与含量的关系

Fe-C 熔体的密度 $\rho$、运动黏度 $\nu$、黏性流动活化能 $E_\nu$、表面张力 $\sigma$ 和磁导率 $\mu$ 与含碳量的关系（图 8 – 1 – 66）[39]

Fe-Ni 熔体的密度 $\rho$、运动黏度 $\nu$、黏性流动活化能 $E_\nu$、动力黏度 $\eta$、表面张力 $\sigma$ 和磁导率与 [Ni] 的关系（图 8 – 1 – 67）[39]

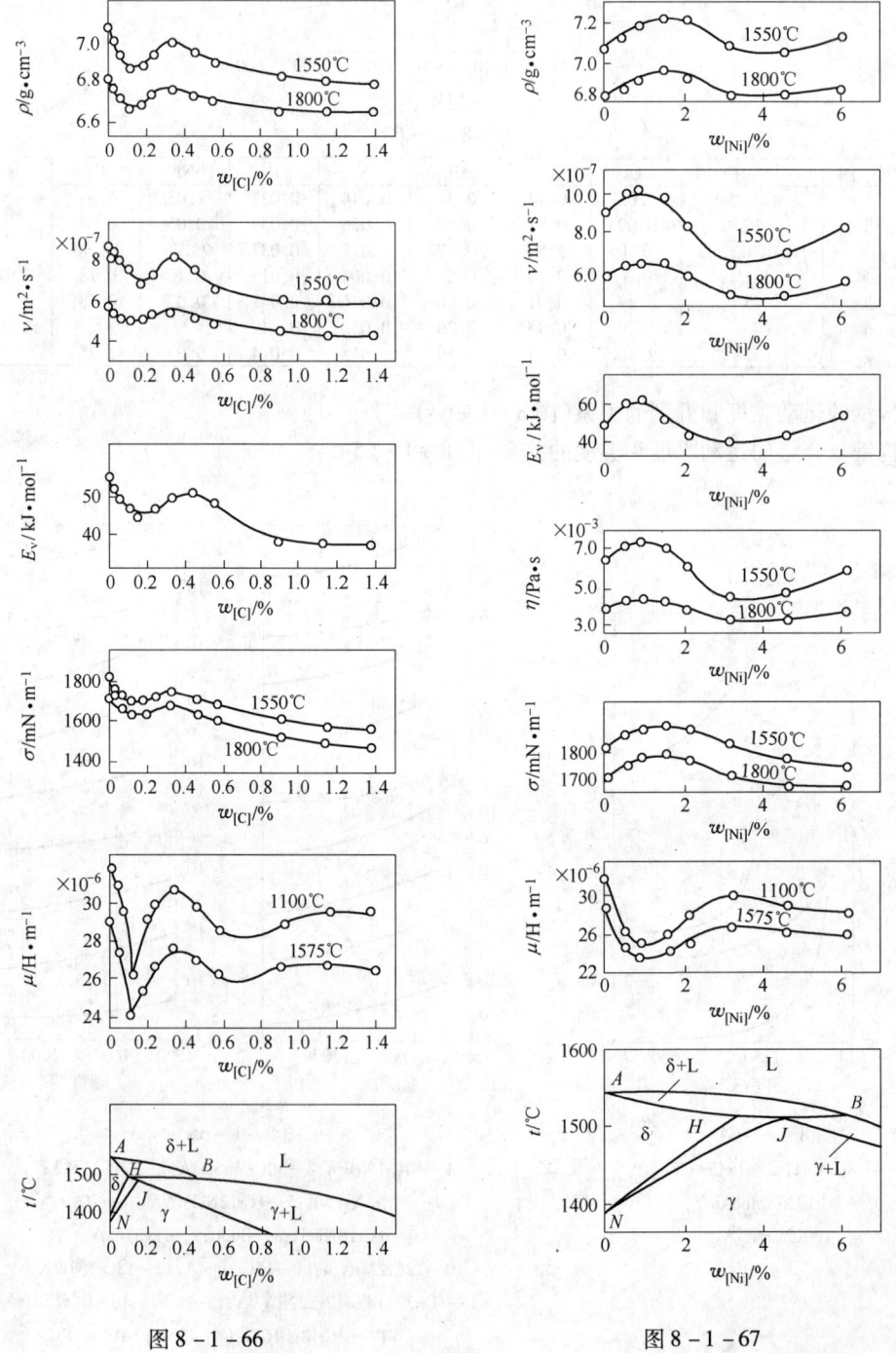

图 8 – 1 – 66　　　　　　　　　　　　　　　图 8 – 1 – 67

18Cr2Ni4MA 钢水的磁化率 $\chi$、密度 $\rho$、表面张力 $\sigma$ 及运动黏度 $\nu$ 与温度的关系（图 8 – 1 – 68）[39]

（五）钢中夹杂物和脱氧对其运动黏度的影响

中碳钢中 [Al]、$Al_2O_3$ 含量和温度对其运动黏度的影响（图 8 – 1 – 69）[40]

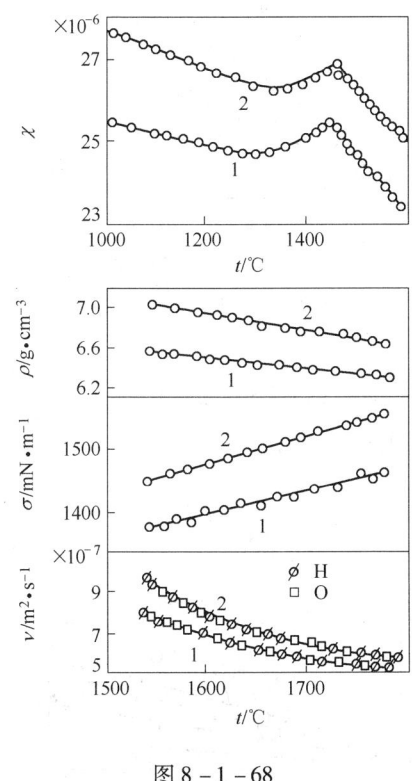

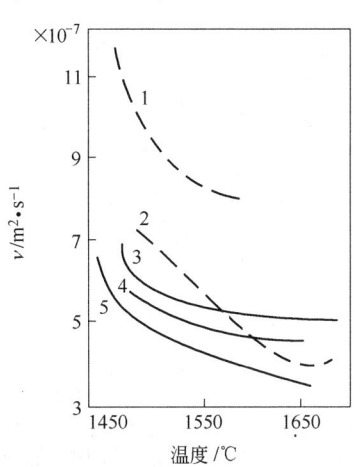

图 8 – 1 – 69

（钢液的成分范围，$w$：Si 0.4% ~ 0.53%；Mn 0.56% ~ 0.72%；S 0.019% ~ 0.024%；P 0.023% ~ 0.024%；Cr 1.64% ~ 1.69%；Mo 0.22% ~ 0.25%）

| 图例 | $w_{[C]}$/% | $w_{[Al]}$/% | $w_{Al_2O_3}$/% |
|---|---|---|---|
| 1 | 0.45 | 2.15 | 0.114 |
| 2 | 0.38 | 0.79 | 0.024 |
| 3 | 0.39 | 0.006 | 0.016 |
| 4 | 0.38 | 0.37 | 0.016 |
| 5 | 0.47 | 0.90 | 0.064 |

图 8 – 1 – 68

1,2—钢包吹 Ar 前后；H—加热；O—冷却

不锈钢液（18-8）的运动黏度和温度、夹杂物含量的关系（图 8 – 1 – 70）[36]

Cr28Ni12 钢液的黏度和温度、脱氧的关系（图 8 – 1 – 71）[8]

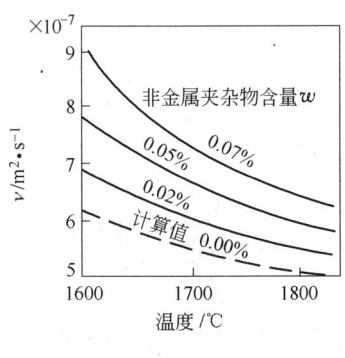

图 8 – 1 – 70

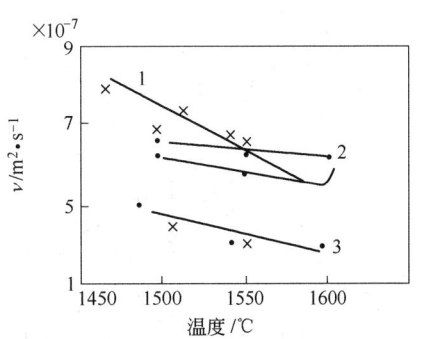

图 8 – 1 – 71

1—不脱氧；2—Si0.6%；3—Al0.1%

GCr15 中夹杂物的平均直径对其运动黏度的影响（图 8 – 1 – 72）[36]

GCr15 中［N］、［H］、［O］对运动黏度的影响（1600℃）（图 8 – 1 – 73）[37]

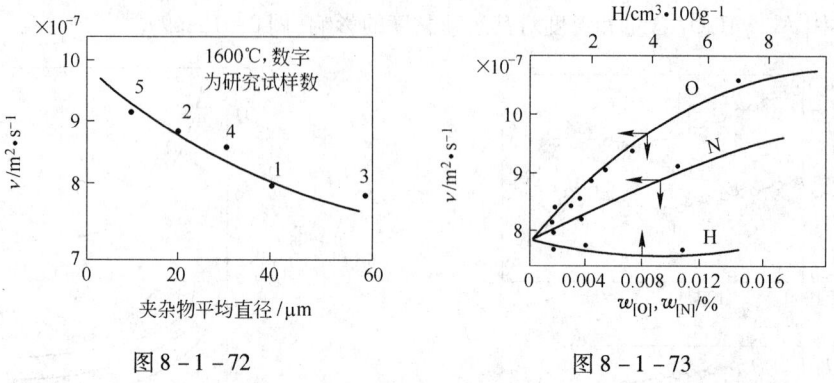

图 8 – 1 – 72　　　　　　　　　图 8 – 1 – 73

GCr15 中含有 0.01% 非金属夹杂物时的运动黏度（1600℃）（图 8 – 1 – 74）[37]

GCr15 中非金属夹杂物含量和运动黏度的关系（图 8 – 1 – 75）[37]

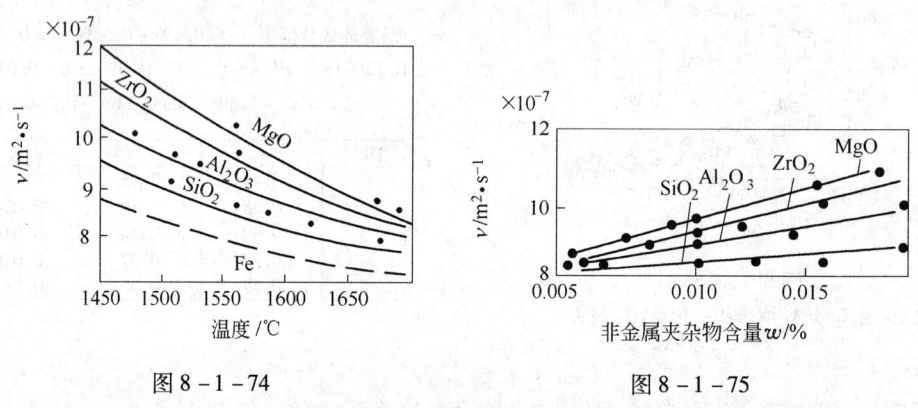

图 8 – 1 – 74　　　　　　　　　图 8 – 1 – 75

GCr15 中 $Al_2O_3$、$SiO_2$ 夹杂物含量和温度对其运动黏度的影响（图 8 – 1 – 76）[36]

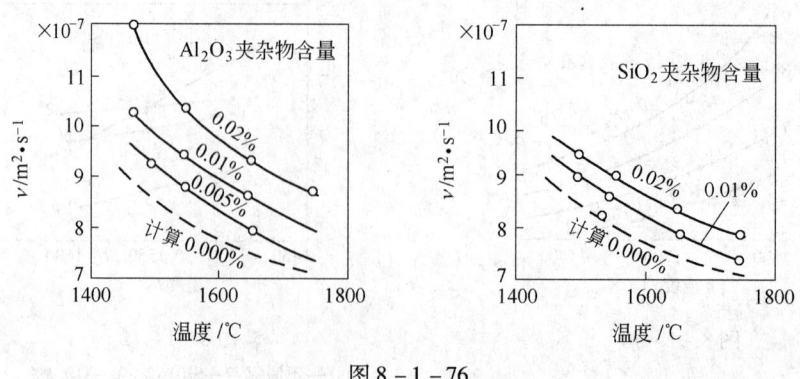

图 8 – 1 – 76

钢液用 Al 脱氧时运动黏度的变化和时间的关系(1600℃)(图 8 - 1 - 77)[26]

钢液用 Si 脱氧时运动黏度的变化和时间的关系(1600℃)(图 8 - 1 - 78)[26]

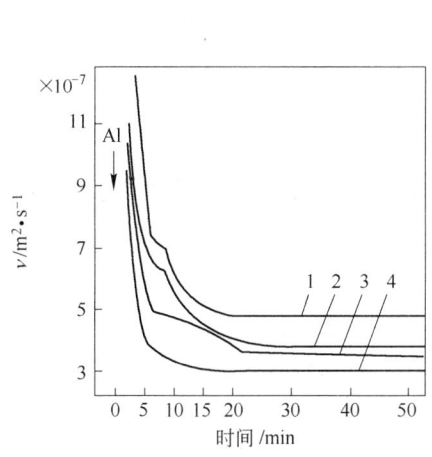

图 8 - 1 - 77

(原始成分:C0.003%;Mn0.003%;P0.002%

S0.005%;Ti0.003%;N0.006%;Si 微迹;O0.16% ~ 0.18%)

$w_{[Al]}$/%:1—0.25;2—0.30;3—0.60;4—1.00

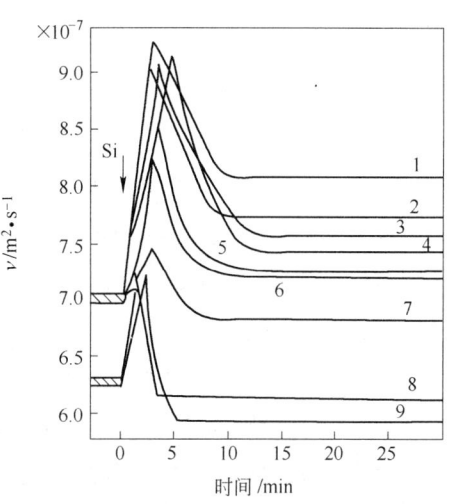

图 8 - 1 - 78

(原始成分:O0.15%,余同图 8 - 1 - 77)

$w_{[Si]}$/%:1—0.92;2—1.20;3—0.68;4—1.55;

5—0.40;6—0.37;7—0.10;8—0.23;9—0.46

钢液用 Mn 脱氧时运动黏度的变化和时间的关系(1600℃)(图 8 - 1 - 79)[26]

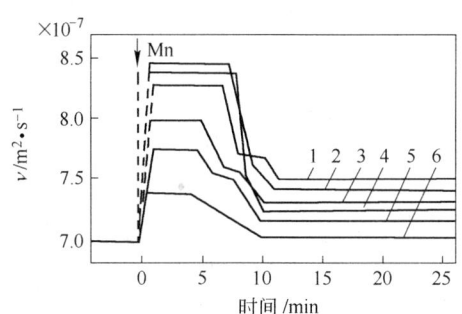

图 8 - 1 - 79

(原始成分:O0.1% ~ 0.12%,余同图 8 - 1 - 77)

$w_{[Mn]}$/%:1—0.73;2—1.20;3—0.48;4—1.62;5—0.26;6—0.10

熔铁的黏度计算公式[23]

Fe-C-O 系 1600℃时的运动黏度(m²/s):

$$\nu \times 10^7 = 10.34 - 18.39[C] - 2.755 \times 10^3[O] + 1.449 \times 10^4[C][O] + 12.65[C]^2$$
$$+ 4.032 \times 10^4[O]^2 - 1.691 \times 10^4[C]^2[O] - 1.511 \times 10^6[C][O]^2$$
$$+ 4.462[C]^3 - 1.42 \times 10^7[O]^3 + 1.987 \times 10^3[C]^3[O] + 1.649 \times 10^6[C]^2[O]^2$$

适用范围:[C] = 0.05% ~ 1.0%;[O] = 0.0005% ~ 0.006%。

式中以 1% 为 1 单位,以下同。

Fe-S-P-O 系的运动黏度(m²/s):

$$\nu_{1550℃} \times 10^7 = 4.763 + 92.94[S] - 34.86[P] + 142.8[O] + 746.1[S][P]$$
$$- 3039[S][O] + 584.2[P][O] - 485.4[S]^2 - 0.48[P]^2 - 1541[O]^2$$

$$\nu_{1600℃} \times 10^7 = 2.922 + 112.9[S] - 16.23[P] + 163.3[O] + 492.8[S][P]$$
$$- 3446[S][O] + 168.4[P][O] - 135.2[S]^2 + 19.58[P]^2 - 1413[O]^2$$

适用范围:[S] = 0.003% ~ 0.03%;[P] = 0.007% ~ 0.093%;[O] = 0.02% ~ 0.06%。

Fe-C-O-S-P 系的运动黏度(m²/s):

$$\nu_{1550℃} \times 10^7 = 7.32 + 2.98[C] - 23.29[P] - 9.18[S] - 111.3[O] - 4.3[C][P]$$
$$+ 15.4[C][S] + 404.2[C][O] + 348.4[S][P] + 626.4[P][O]$$
$$+ 992.8[S][O] - 5.26[C]^2 + 11346[P][S]^2 - 604.5[S]^2 - 21.7[C]^2[O]$$

$$\nu_{1600℃} \times 10^7 = 7.15 + 1.41[C] - 2.26[P] - 46.88[S] - 166[O] - 4.9[C][P]$$
$$+ 18.8[C][S] + 763[C][O] + 437.5[S][P] + 510[P][O]$$
$$- 889.4[S][O] - 4.35[C]^2 + 10156[P][S]^2 + 85.9[S]^2 - 263[C]^2[O]$$

适用范围:[C] = 0.08% ~ 1.0%;[P] = 0.004% ~ 0.1%;[S] = 0.002% ~ 0.06%;
　　　　　[O] = 0.003% ~ 0.01%。

生铁液加热、冷却时运动黏度和温度的关系(图 8 - 1 - 80)[41]

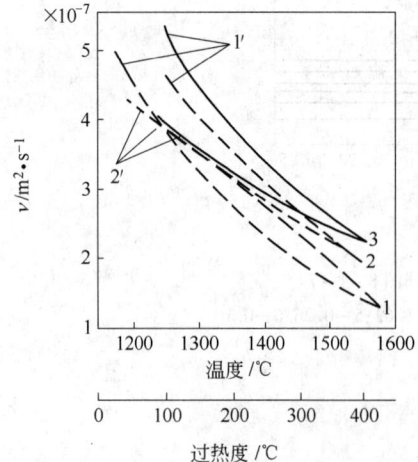

| 曲线 | 成分,w/% | | | | | | |
|---|---|---|---|---|---|---|---|
| | C | Si | Mn | S | P | Cr | Ni |
| 1 | 3.41 | 3.86 | 0.65 | 0.041 | 0.11 | 0.05 | 0.08 |
| 2 | 3.41 | 3.86 | 0.65 | 0.041 | 0.11 | 0.05 | 0.08 |
| 3 | 3.46 | 3.84 | 0.58 | 0.041 | 0.12 | 0.05 | 0.10 |

图 8 - 1 - 80
1'—加热;2'—冷却

## 六、硅系合金的物理性能和碱土金属 – Si 的反应热

Ca-Si 系的组成和运动黏度 $\nu$、电阻率 $\rho$、摩尔体积 $V$ 和表面张力 $\sigma$ 的关系（图 8 - 1 - 81）[42]

Si-Mg 系的组成和运动黏度 $\nu$、电阻率 $\rho$、摩尔体积 $V$ 和表面张力 $\sigma$ 的关系（图 8 - 1 - 82）[42]

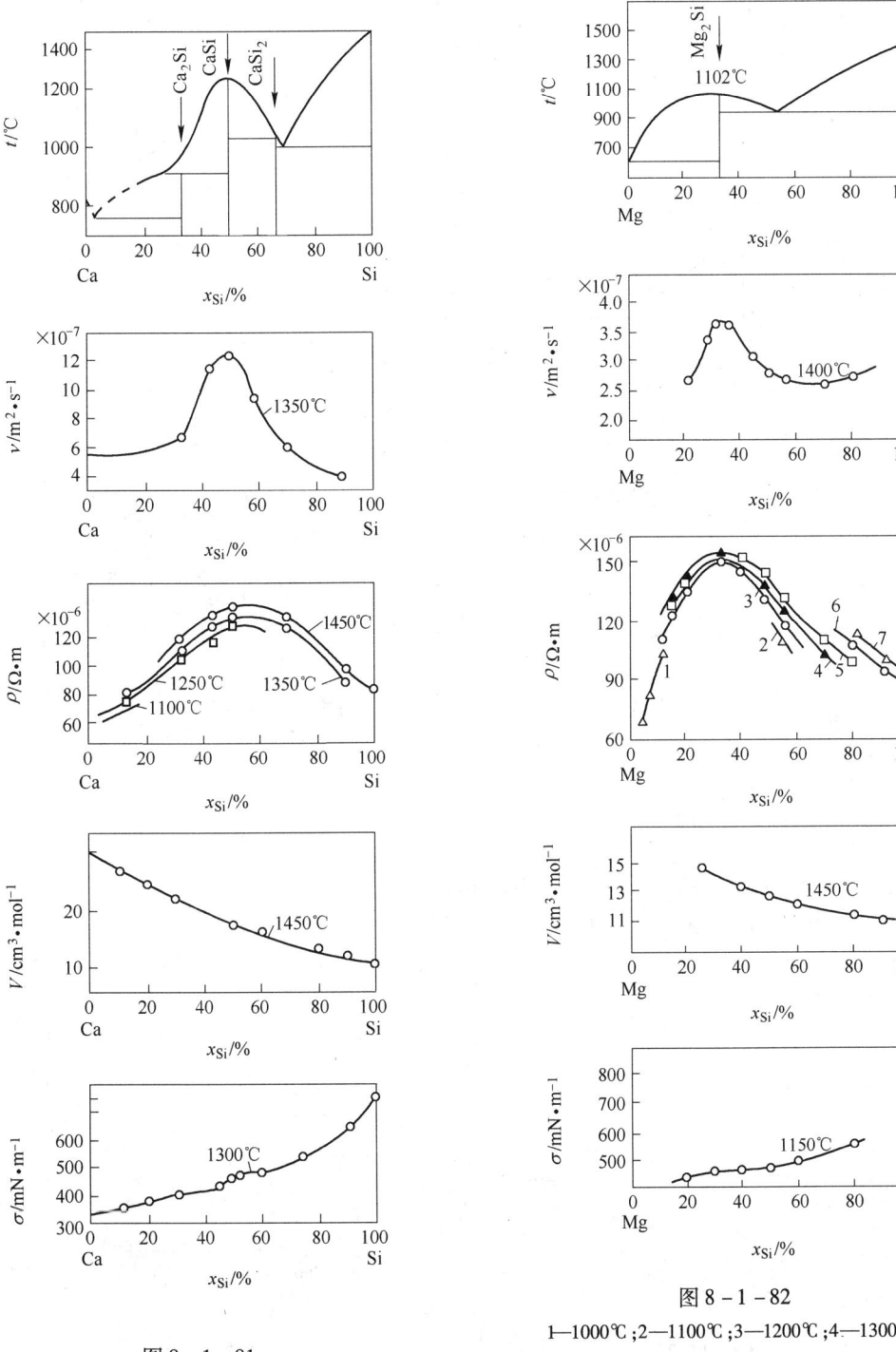

图 8 - 1 - 81

图 8 - 1 - 82

1—1000℃；2—1100℃；3—1200℃；4—1300℃；

5—1500℃；6—1600℃；7—1650℃

Ca-Mg 系的组成和运动黏度 $\nu$、电阻率 $\rho$、摩尔体积 $V$ 和表面张力 $\sigma$ 的关系(图 8 - 1 - 83)[42]

碱土金属和 Si 结合时的生成热过渡变化图解(图 8 - 1 - 84)[42]

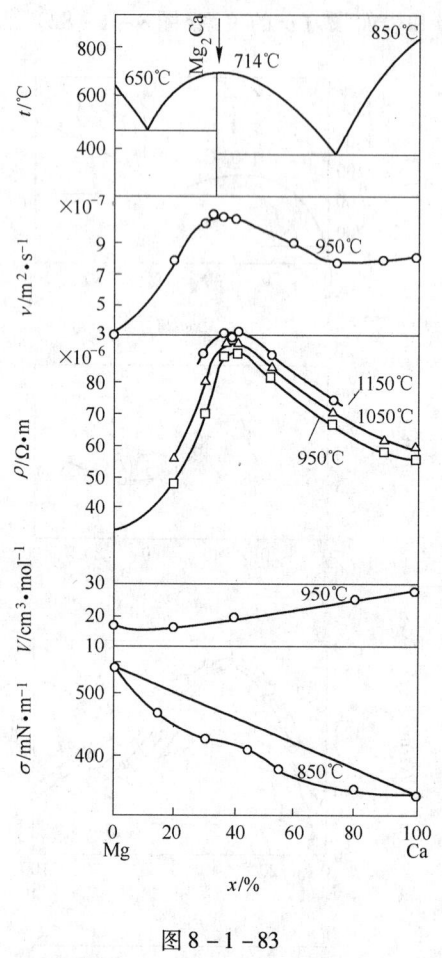

图 8 - 1 - 83

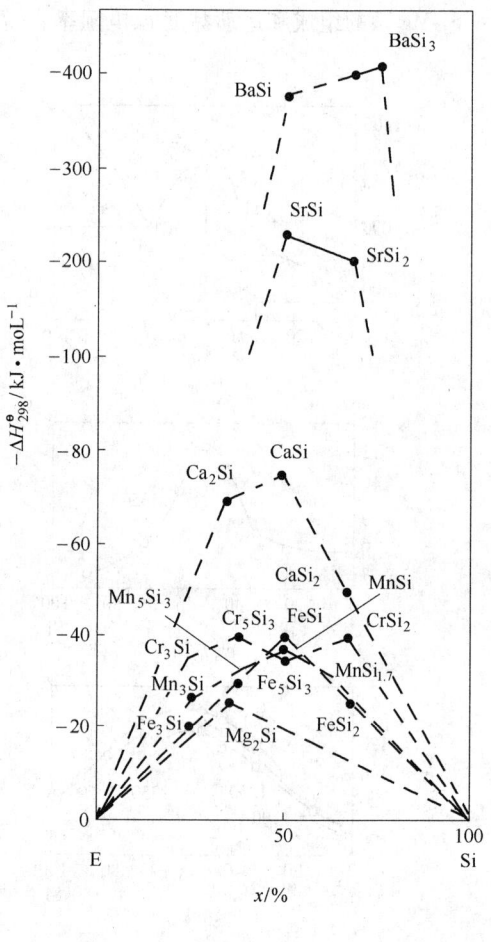

图 8 - 1 - 84

$Mg_2Si$ 的导磁性和温度的关系(图 8 - 1 - 85)[42]

$Mg_2Si$ 的电阻率和温度的关系(图 8 - 1 - 86)[42]

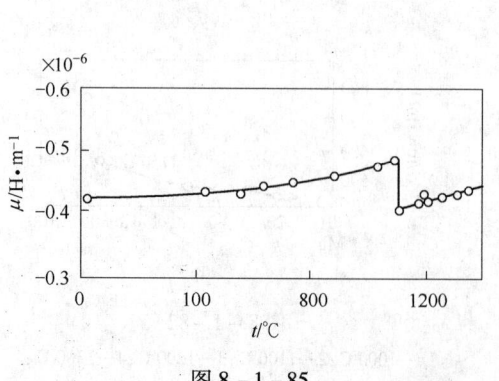

图 8 - 1 - 85

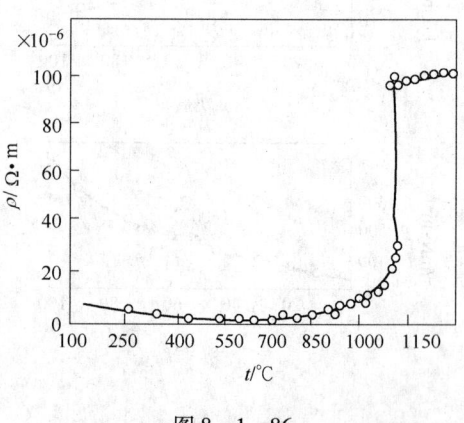

图 8 - 1 - 86

Mn-Si 合金的黏度和温度的关系(图 8 - 1 - 87)

Cr、Si、$Cr_xSi_y$ 硅化物的运动黏度和温度的关系(图 8 - 1 - 88)

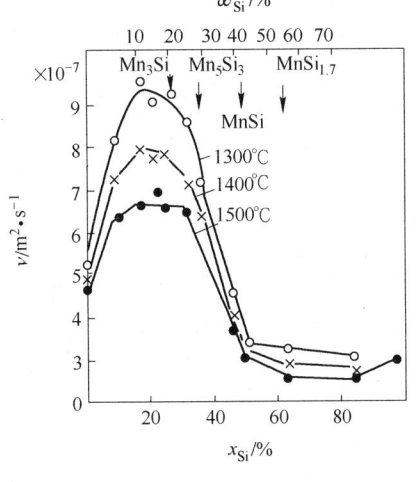

图 8 - 1 - 87

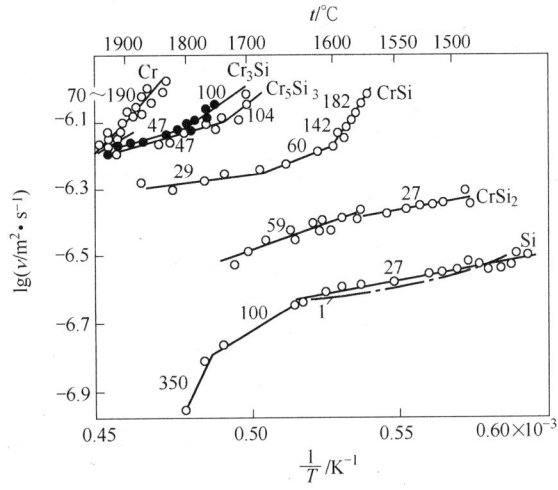

图 8 - 1 - 88

图中曲线旁数字为黏性流动活化能值(kJ/mol)

## 七、熔体的界面性质

### (一) 一元系及多元系的表面张力

钢液的表面张力(表 8 - 1 - 12)[23,26]

表 8 - 1 - 12

| 成分,w/% | t/℃ | $\sigma/mN \cdot m^{-1}$ |
|---|---|---|
| Fe 99.988 | 1550 ~ 1770 | $1810 - 0.34(t - 1550)$ |
| Fe,0.00136C,0.005Si,0.003S,0.003P,0.001Cu,0.00001H,0.001N,0.0006O | 1550 | 1754 |
| Fe,0.03C,0.15Mn,0.18Si,0.14Ni,0.2P,0.02S,0.011O | 1600 | 1450 |
| Fe,0.014C,0.11Mn,0.13Si,0.07Ni,0.14Cr,0.08Cu,0.022S,0.08P,0.004O,0.0061N | 1550<br>1570<br>1590<br>1620<br>1650 | 1300<br>1295<br>1288<br>1283<br>1280 |

铁、钴、镍、锰的表面张力和温度的关系(图 8 - 1 - 89)[23]

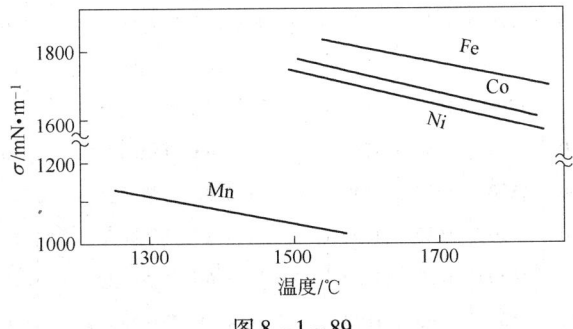

图 8 - 1 - 89

溶质对1550℃的液态铁、1150℃的液态铜和约700℃的液态铝表面张力的影响（图8-1-90）[7]

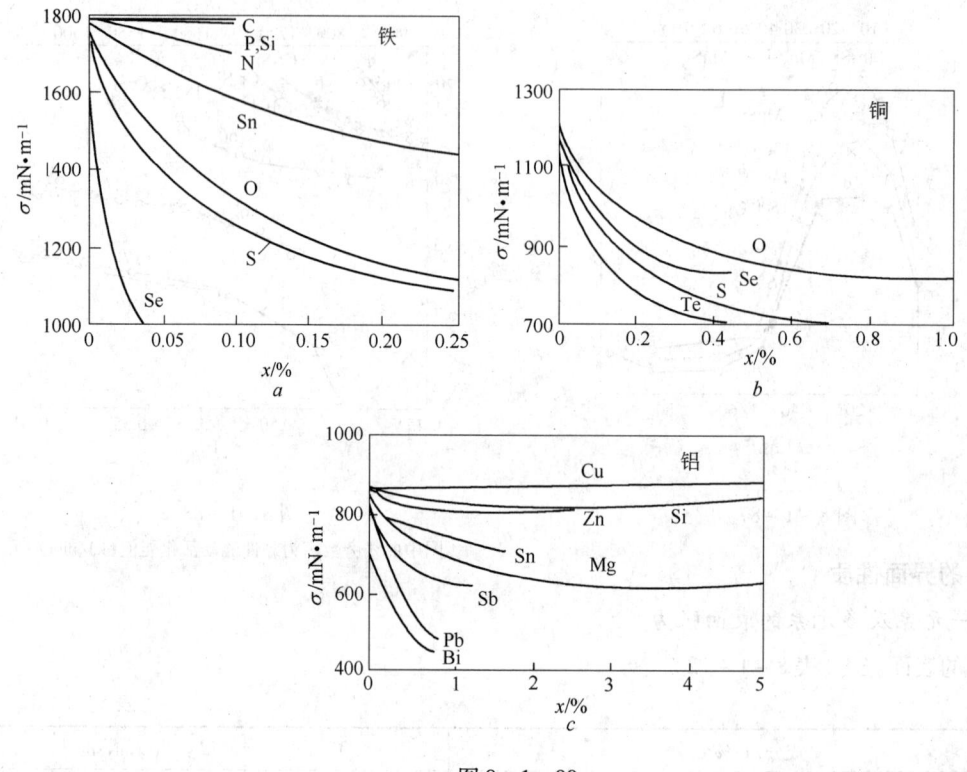

图8-1-90

铁碳系的表面张力（表8-1-13）[26]

表8-1-13

| 成分，w/% | 在t℃下的表面张力 σ/mN·m⁻¹ | | | | 成分，w/% | 在t℃下的表面张力 σ/mN·m⁻¹ | | | |
|---|---|---|---|---|---|---|---|---|---|
| | 1550 | 1600 | 1650 | 1700 | | 1550 | 1600 | 1650 | 1700 |
| Fe,0.02C,0.002O,0.002S,Ni,Cu,Mo<0.001 | 1850 | 1830 | 1790 | 1760 | Fe,1.0C,其他同上 | 1650 | 1600 | 1550 | 1600 |
| | | | | | Fe,1.4C,其他同上 | 1640 | 1590 | 1540 | 1590 |
| | | | | | Fe,1.8C,其他同上 | 1640 | 1570 | 1540 | 1570 |
| Fe,0.1C,0.002O,0.002S Ni,Cu,Mo<0.001 | 1630 | 1620 | 1610 | 1630 | Fe,2.2C,其他同上 | 1630 | 1560 | 1530 | 1560 |
| | | | | | Fe,2.6C,其他同上 | 1630 | 1560 | 1520 | 1540 |
| Fe,0.2C,其他同上 | 1720 | 1700 | 1680 | 1670 | Fe,3.0C,其他同上 | 1640 | 1540 | 1520 | 1530 |
| Fe,0.3C,其他同上 | 1850 | 1770 | 1750 | 1730 | Fe,3.4C,其他同上 | 1640 | 1540 | 1520 | 1530 |
| Fe,0.4C,其他同上 | 1900 | 1800 | 1750 | 1740 | Fe,3.8C,其他同上 | 1660 | 1560 | 1530 | 1550 |
| Fe,0.5C,其他同上 | 1770 | 1710 | 1680 | 1690 | Fe,4.2C,其他同上 | 1660 | 1570 | 1540 | 1560 |
| Fe,0.6C,其他同上 | 1700 | 1650 | 1630 | 1650 | Fe,4.6C,其他同上 | 1630 | 1550 | 1530 | 1520 |
| Fe,0.7C,其他同上 | 1670 | 1630 | 1590 | 1630 | Fe,4.8C,其他同上 | 1600 | 1520 | 1500 | 1500 |
| Fe,0.8C,其他同上 | 1660 | 1620 | 1560 | 1620 | Fe,3.9C,1200~1600℃ | 1840-0.15(t-1200) | | | |

## 铁基二元系及三元系的表面张力(表 8 - 1 - 14)[26]

表 8 - 1 - 14

| 组成,w/% | $\sigma/mN\cdot m^{-1}$ | 组成,w/% | $\sigma/mN\cdot m^{-1}$ |
|---|---|---|---|
| Fe-Ti 系,1550℃ | | 4.30V,O,N 未测 | 1756 |
| | | 5.33V,0.0025O,0.001N | 1745 |
| 0.26Ti,0.003O | 1735 | 5.88V,0.003O | 1773 |
| 0.26Ti,0.003O,0.001N | 1740 | Fe-Cr-Mn 系 | |
| 0.54Ti,0.004O,0.009N | 1750 | 13Cr,13Mn | 1390 |
| 1.02Ti,0.003N | 1755 | 11Cr,26.7Mn | 1330 |
| 1.80Ti,0.007O,0.001N | 1740 | 8Cr,46Mn | 1160 |
| 2.12Ti,0.007O,0.001N | 1740 | 5Cr,66.4Mn | 1100 |
| Fe-Mn 系,1550℃ | | 2.6Cr,82.9Mn | 1070 |
| 15Mn | 1420 | 26.7Cr,11Mn | 1420 |
| 30Mn | 1240 | 23.1Cr,23.1Mn | 1310 |
| 50Mn | 1100 | 17.6Cr,41.2Mn | 1230 |
| 70Mn | 1060 | 11.4Cr,62.0Mn | 1100 |
| 85Mn | 1040 | 6.0Cr,80Mn | 1050 |
| Fe-Cr 系,1550℃ | | 46Cr,8Mn | 1430 |
| 15Cr,85Fe | 1650 | 41.2Cr,17.6Mn | 1380 |
| 30Cr,70Fe | 1600 | 33.3Cr,33.3Mn | 1330 |
| Fe-Si 系,1550℃ | | 23.1Cr,53.8Mn | 1210 |
| 0.002S,0.007C,0.002Ni,0.00005Mg,0.0005Cu | | Fe-C-V 系,1550℃,C3.3% ~3.6%,在氩气中 | |
| 0Si | 1730 | 微迹 V | 1615 |
| 9.5Si | 1610 | 1.43V | 1580 |
| 18Si | 1540 | 4.18V | 1610 |
| 33.5Si | 1340 | 5.65V | 1600 |
| 46Si | 1220 | Fe-C-V 系,1550℃,C3.3% ~3.6%在氢气中 | |
| 50Si | 1210 | 微迹 V | 1600 |
| 52Si | 1120 | 0.70V | 1610 |
| 54Si | 1100 | 2.26V | 1630 |
| 57Si | 990 | 6.30V | 1630 |
| 67Si | 890 | Fe-Si 系,在 1550℃,原始成分:C0.4%,Cr0.8%,Si0.5% | |
| 75Si | 770 | 0.5Si | 1470 |
| 82.5Si | 760 | 2.0Si | 1440 |
| 92Si | 780 | 5.0Si | 1390 |
| 100Si | 750 | 10.0Si | 1320 |
| Fe-V 系,1550℃,在氩气中 | | 15.0Si | 1260 |
| 微迹 V,0.005O | 1727 | 20.0Si | 1200 |
| 0.23V,O,N 未测 | 1690 | 30.0Si | 1140 |
| 0.50V,0.007O,0.003N | 1648 | Fe-C-Ti 系,1550℃ | |
| 1.08V,0.007O,0.002N | 1634 | 微迹 Ti,3.2C | 1615 |
| 1.13V,O,N 未测 | 1624 | 0.27Ti,3.02C,0.003O | 1635 |
| 1.77V,0.008O,0.004N | 1466 | 0.75Ti,3.13C | 1635 |
| 3.34V,O,N 未测 | 1409 | 1.04Ti,3.35C | 1620 |
| 5.15V,0.009O,0.003N | 1344 | 1.90Ti,3.13C,0.012O | 1655 |
| 5.22V,O,N 未测 | 1418 | 2.4Ti,3.22C,0.002O,0.006N | 1655 |
| 5.20V,0.011O,0.003N | 1342 | | |
| Fe-V 系,1550℃在氢气中 | | | |
| 微迹 V,0.003O | 1734 | | |
| 1.13V,0.0027O,0.001N | 1727 | | |
| 2.91V,0.0025O | 1721 | | |

铁液中元素对表面张力的影响(表 8 - 1 - 15)[43]

表 8 - 1 - 15

| 溶质 E | $\sigma_{Fe}^{E}( = - d\sigma/d[E])$ /mN·m$^{-1}$ | 适用范围 $w/\%$ | 溶质 E | $\sigma_{Fe}^{E}( = - d\sigma/d[E])$ /mN·m$^{-1}$ | 适用范围 $w/\%$ |
|---|---|---|---|---|---|
| Al | -78 | 0 ~ 0.2 | Ni | 0 | 0 ~ 25 |
| Al | -21 | 0 ~ 0.5 | Ni | +9.6 | 0 ~ 8 |
| As | -280 | 0 ~ 0.6 | Ni | -2.1 | 0 ~ 20 |
| B | -250 | 0 ~ 0.2 | P | -30 | 0 ~ 2.5 |
| Ce | -850 | 0 ~ 0.05 | P | -53 | 0 ~ 0.3 |
| Co | -0.5 | 0 ~ 7.0 | Sb | -1690 | 0 ~ 0.1 |
| Cr | -7.6 | 0 ~ 10 | Se | -38600 | 0 ~ 0.01 |
| Cr | -3.6 | 0 ~ 20 | Sn | -779 | 0 ~ 0.3 |
| Cr | +2 | 0 ~ 1 | Sn | -787 | 0 ~ 0.3 |
| Cu | -42 | 0 ~ 1 | Ti | +14 | 0 ~ 2 |
| Cu | -16.6 | 0 ~ 2 | V | -6.7 | 0 ~ 2.3 |
| La | -180 | 0 ~ 0.1 | V | +3.4 | 0 ~ 5.8 |
| La | -720 | 0 ~ 0.1 | W | +0 | 0 ~ 15 |
| Mo | -0.6 | 0 ~ 35 | W | +10 | 0 ~ 1 |

注:$\sigma_{Fe-E} = \sigma_{Fe} + \sigma_{Fe}^{E}[E]$,[E] 以 1%(质量分数)作 1 单位。

铁液的表面张力和[E]的关系(1550℃)(图 8 - 1 - 91)[44]

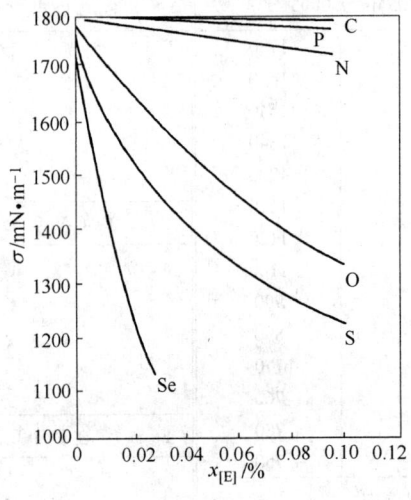

图 8 - 1 - 91

Fe-E 熔体的密度、表面张力、润湿角和孔隙中上升高度(1560℃)(表 8 - 1 - 16)[31]

表 8 - 1 - 16

| 加入元素含量,$w/\%$ | | 密度/g·cm$^{-3}$ | 表面张力/mN·m$^{-1}$ | 润湿角 $\theta/(°)$ | 金属高度/cm |
|---|---|---|---|---|---|
| C | 0.04 | 7.13 | 1710 | 141 | 0.382 |
| | 0.2 | 7.10 | 1675 | 140 | 0.367 |
| | 1.0 | 7.05 | 1665 | 138 | 0.354 |
| | 4.1 | 6.85 | 1620 | 132 | 0.324 |
| Si | 0.57 | 7.03 | 1660 | 136 | 0.347 |
| | 5.1 | 6.63 | 1615 | 124 | 0.278 |

续表 8 - 1 - 16

| 加入元素含量,$w$/% | | 密度/g·cm$^{-3}$ | 表面张力/mN·m$^{-1}$ | 润湿角 $\theta$/(°) | 金属高度/cm |
|---|---|---|---|---|---|
| Mn | 1.25 | 7.13 | 1670 | 130 | 0.330 |
| | 7.1 | 7.12 | 1440 | 108 | 0.128 |
| | 11.8 | 7.11 | 1305 | 100 | 0.063 |
| Ni | 1.0 | 7.13 | 1775 | 140 | 0.375 |
| | 7.7 | 7.18 | 1780 | 140 | 0.387 |
| | 20.0 | 7.23 | 1790 | 140 | 0.389 |
| Cr | 1.1 | 7.12 | 1640 | 143 | 0.372 |
| | 4.0 | 7.11 | 1600 | 143 | 0.366 |
| | 26.7 | 6.94 | 1350 | 146 | 0.330 |
| P | 0.17 | 7.13 | 1710 | 142 | 0.387 |
| | 1.13 | 7.08 | 1665 | 136 | 0.344 |
| S | 0.015 | 7.13 | 1580 | 136 | 0.323 |
| | 0.34 | 7.13 | 1120 | 117 | 0.147 |
| | 0.91 | 7.13 | 810 | 102 | 0.048 |
| O | 0.004 | 7.13 | 1710 | 141 | 0.382 |
| | 0.012 | 7.13 | 1505 | 124 | 0.241 |
| | 0.076 | 7.13 | 1235 | 90 | 0 |

注:润湿角、黏附功是对 $Al_2O_3$ 而言。金属在毛细孔中上升高度 $h = \dfrac{2\sigma\cos\theta}{r\rho g}$,$r$——半径;$\rho$——密度;$g$——重力加速度;$h$ 是设 $r = 10^{-4}$ m 时算出的。

熔铁的表面张力和合金元素的关系(图 8 - 1 - 92)[45]

Fe-Cr-Ni 系的等表面张力线(1550℃)(图 8 - 1 - 93)[15]

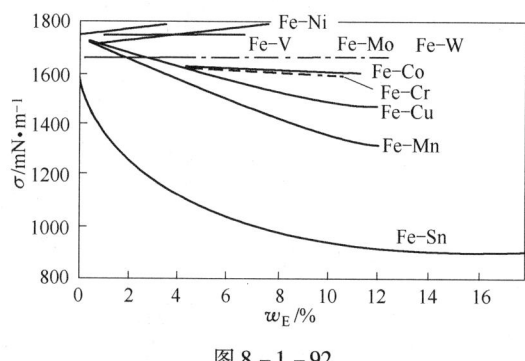

图 8 - 1 - 92　　　　　　　　　　　　　　　　图 8 - 1 - 93

Fe-S-O 熔体的表面张力(1550℃)(表 8 - 1 - 17)[46]

表 8 - 1 - 17

| 样　号 | $w_{[S]}$/% | $w_{[O]}$/% | $\sigma$/mN·m$^{-1}$ |
|---|---|---|---|
| 1 | 0.002 | 0.0017 | 1810 |
| 2 | 0.002 | 0.030 | 1470 |
| 3 | 0.013 | 0.0059 | 1360 |
| 4 | 0.020 | 0.0050 | 1350 |
| 5 | 0.028 | 0.0065 | 1310 |
| 6 | 0.011 | 0.0082 | 1260 |
| 7 | 0.030 | 0.0090 | 1240 |
| 8 | 0.043 | 0.0075 | 1210 |
| 9 | 0.002 | 0.10 | 1150 |
| 10 | 0.058 | 0.0087 | 1140 |
| 11 | 0.090 | 0.0056 | 1140 |
| 12 | 0.064 | 0.0090 | 1120 |

续表 8 - 1 - 17

| 样　号 | $w_{[S]}/\%$ | $w_{[O]}/\%$ | $\sigma/mN \cdot m^{-1}$ |
|---|---|---|---|
| 13 | 0.040 | 0.011 | 1110 |
| 14 | 0.040 | 0.015 | 1100 |
| 15 | 0.051 | 0.011 | 1090 |
| 16 | 0.080 | 0.009 | 1090 |
| 17 | 0.042 | 0.021 | 1070 |
| 18 | 0.080 | 0.010 | 1060 |
| 19 | 0.020 | 0.035 | 1040 |
| 20 | 0.030 | 0.034 | 1020 |
| 21 | 0.10 | 0.014 | 1020 |
| 22 | 0.133 | 0.013 | 930 |

Fe-Cr-O、Fe-Mn-O、Fe-Si-O、Fe-Al-O、Fe-Ce-O、Fe-La-O 系的表面张力和[E]、[O]含量的关系(图 8 - 1 - 94)[47,48]

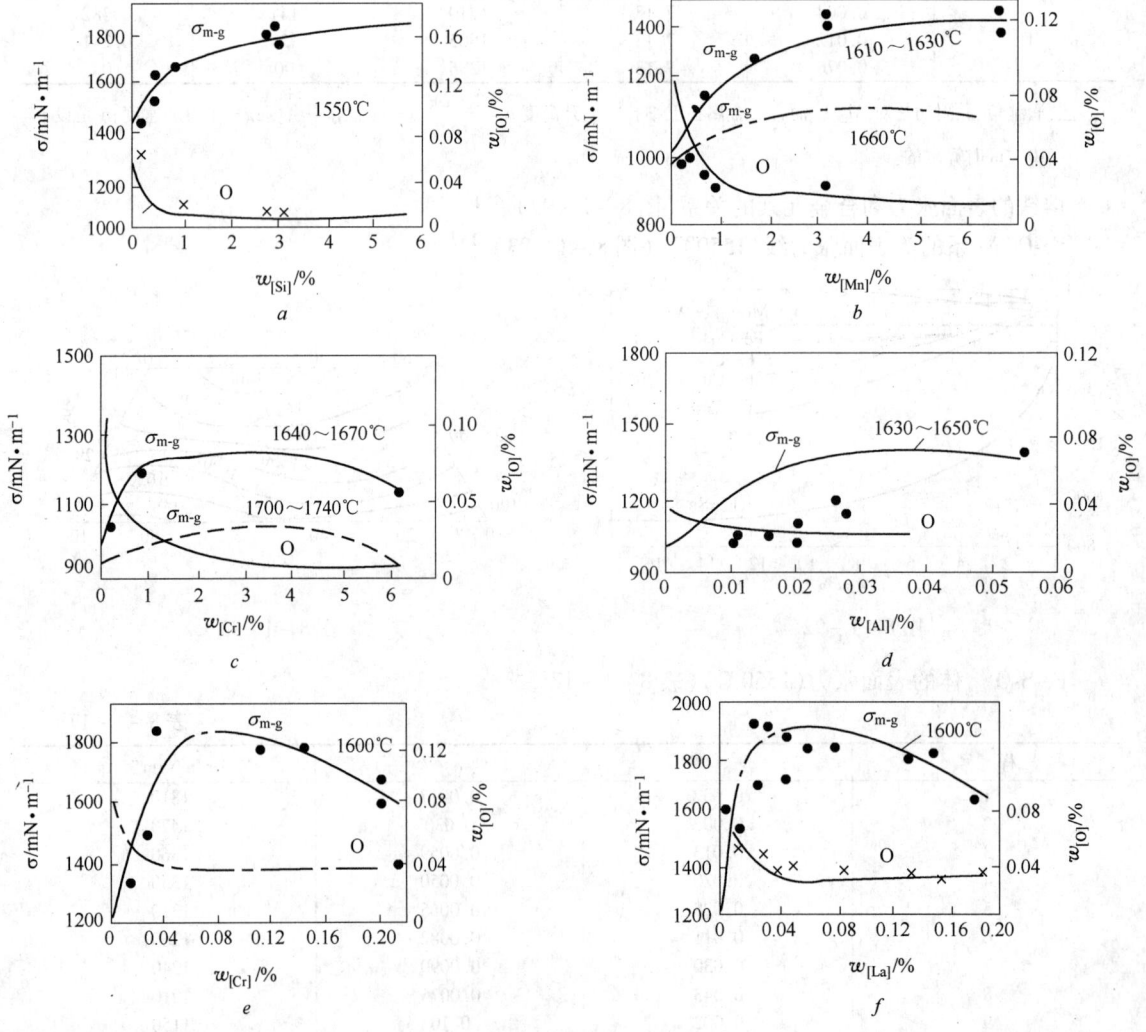

图 8 - 1 - 94

Fe 中[O]、[H]、[N]的活度和吸附量的关系(图 8 - 1 - 95)[22]

Fe-Mn-C 系的表面张力和温度的关系(图 8 - 1 - 96)[49]

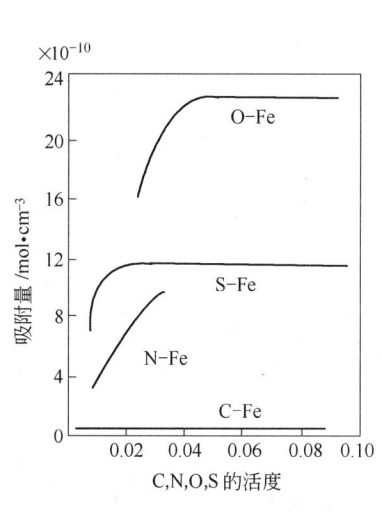

图 8 - 1 - 95

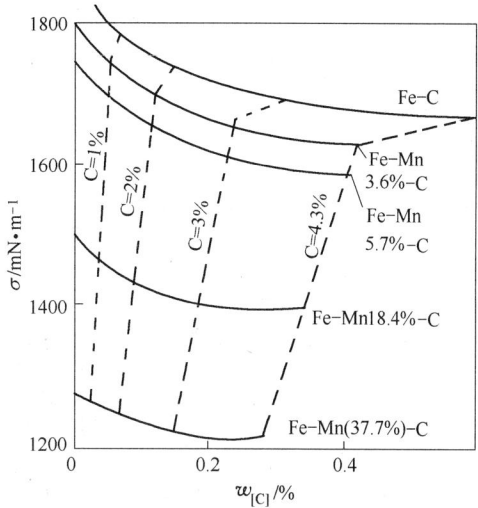

图 8 - 1 - 96

一些钢号的表面张力(1550℃)(表 8 - 1 - 18、表 8 - 1 - 19[46])

表 8 - 1 - 18

| 钢　号 | 组成,w/% | $\sigma/mN\cdot m^{-1}$ |
|---|---|---|
| GCr15 | 1.1C,0.35Mn,0.26Si,1.35Cr,0.023P,0.013S(1550℃) | 1520① |
| | 0.98C,0.30Mn,0.35Si,1.3Cr,0.30Ni,0.027P,0.015S,0.068O | 1490① |
| | 1.02C,1.51Cr,0.34Mn,0.31Si,0.10Ni,0.09Cu,0.017P,0.003S | 1753② |
| 12CrNi3A | 0.15C,0.40Mn,0.28Si,0.90Cr,3.0Ni,0.026P,0.018S,0.073O | 1415① |
| 40Cr | 0.4C,0.60Mn,0.28Si,1.0Cr,0.30Ni,0.03P,0.013S,0.007O | 1490④ |
| 60 钢 | 0.61C,0.67Mn,0.27Si,0.16P,0.25S,0.12Cu,0.03Cr(1530℃,用 Si-Ca 脱氧) | 1430⑤<br>1340⑥<br>1270⑦ |
| | 0.61C,0.67Mn,0.27Si,0.16P,0.25S,0.12Cu,0.03Cr(1530℃,用 Al 脱氧) | 1395⑥<br>1315⑧<br>1350③ |
| 30CrMnSiA | 0.32C,0.99Mn,1.11Si,0.12Cr,0.10Ni,0.14Cu,0.017P,0.005S | 1735② |
| T10A | 0.99C,0.24Mn,0.23Si,0.12Cr,0.10Ni,0.14Cu,0.008P,0.005S | 1737② |
| 45 钢 | 0.47C,0.57Mn,0.27Si,0.10Cr,0.09Ni,0.10Cu,0.008P,0.016S | 1608 |
| 12Cr2Ni4WA | 0.16C,0.40Mn,0.29Si,1.54Cr,4.21Ni,0.17Cu,0.11Mo,0.62W,0.012P,0.007S | 1750② |
| 30CrMnTi | 0.27C,1.04Mn,0.08Ni,0.29Si,1.17Cr,0.09Ti,0.09Cu,0.014P,0.017S | 1754① |
| 30CrNi3A | 0.34C,0.40Mn,0.30Si,1.21Cr,3.23Ni,0.14Cu,0.016P,0.017S | 1537② |
| 20 钢 | 0.20C,0.48Mn,0.26Si,0.12Cr,0.16Ni,0.08Cu,0.010P,0.02S | 1531② |
| 钢 3 | 0.17C,0.50Mn,0.14Si,0.13Cr,0.10Ni,0.14Cu,0.08P,0.033S | 1448② |
| 18CrMnTi | 0.21C,0.96Mn,0.27Si,1.13Cr,0.09Ni,0.05Ti,0.11Cu,0.017P | 1444② |
| 35 钢 | 0.35C,0.34Si,0.66Mn,0.04Si,0.04P | 1285② |

①悬滴法;②最大气泡压力法;③ 在 $H_2$ 气氛中;④卧滴衬板 $Cr_2O_3$;⑤卧滴衬板 $Al_2O_3$;⑥卧滴衬板 MgO;⑦卧滴衬板黏土砖;⑧卧滴衬板 $SiO_2$。

表 8 – 1 – 19

| 钢　号 | 组成,w/% | | | | | | | | | | | | $\sigma/\text{mN}\cdot\text{m}^{-1}$ | 冶炼方法 |
|---|---|---|---|---|---|---|---|---|---|---|---|---|---|---|
| | C | Mn | Si | P | S | Ni | Cr | Cu | Mo | O | N | H | | |
| 工业纯铁 | 0.03 | 0.11 | 微迹 | 0.008 | 0.020 | 0.12 | 0.01 | 0.2 | | 0.043 | | 0.00077 | 1500 | 转　炉 |
| 20 | 0.14 | 0.45 | 0.16 | 0.018 | 0.030 | 0.10 | 0.04 | 0.10 | | 0.018 | | 0.0005 | 1340 | 转　炉 |
| 40Cr | 0.42 | 0.66 | 0.30 | 0.016 | 0.023 | 0.2 | 1.00 | 0.18 | 0.03 | 0.003 | 0.0033 | 0.00023 | 1370 | 转　炉 |
| | 0.42 | 0.73 | 0.32 | 0.017 | 0.006 | 0.17 | 1.02 | 0.18 | 0.03 | 0.0027 | 0.0037 | 0.0003 | 1510 | 转炉+渣洗 |
| T9A | 0.89 | 0.20 | 0.24 | 0.010 | 0.007 | 0.04 | 0.06 | 0.05 | | 0.0089 | 0.004 | 0.00027 | 1460 | 转　炉 |
| | 0.92 | 0.32 | 0.26 | 0.013 | 0.005 | 0.04 | 0.05 | 0.07 | | 0.0081 | 0.0082 | 0.0003 | 1580 | 电　炉 |
| 18CrNi3MoA | 0.17 | 0.57 | 0.31 | 0.016 | 0.006 | 2.81 | 0.7 | 0.2 | 0.31 | 0.005 | 0.012 | 0.0003 | 1440 | 电　炉 |
| | 0.15 | 0.66 | 0.26 | 0.020 | 0.006 | 2.88 | 0.7 | 0.16 | 0.26 | 0.004 | 0.009 | 0.0003 | 1470 | 转炉+渣洗 |
| 30CrMnSiNiA | 0.27 | 1.00 | 0.89 | 0.011 | 0.006 | 1.59 | 0.99 | | | 0.012 | 0.012 | 0.00033 | 1530 | 感应炉 |
| | 0.31 | 0.93 | 1.04 | 0.018 | 0.012 | 0.12 | 0.99 | | | 0.0042 | 0.006 | 0.00045 | 1310 | 转　炉 |
| | 0.34 | 0.98 | 1.05 | 0.018 | 0.006 | 0.11 | 0.97 | | | 0.0040 | 0.009 | 0.00035 | 1420 | 转炉+渣洗 |
| | 0.34 | 1.14 | 1.17 | 0.018 | 0.018 | 0.02 | 0.94 | 0.19 | | 0.0053 | 0.003 | 0.00025 | 1300 | 电炉用普通炉料 |
| 30CrMnSiA | 0.30 | 1.06 | 1.06 | 0.013 | 0.008 | 0.07 | 0.96 | 0.02 | | 0.0052 | 0.0088 | 0.0034 | 1550 | 电　炉 |
| | 0.32 | 0.9 | 1.20 | 0.022 | 0.014 | 0.07 | 0.90 | 0.02 | | 0.0041 | 0.0072 | 0.00029 | 1450 | 电炉用海绵铁 |
| | 0.30 | 1.04 | 1.12 | 0.013 | 0.008 | 0.08 | 1.14 | 0.05 | | 0.0045 | 0.0108 | 0.00018 | 1540 | 电炉用普通炉料+真空 |
| | 0.34 | 0.94 | 1.19 | 0.020 | 0.014 | 0.14 | 0.92 | 0.19 | | 0.0037 | 0.004 | 0.00028 | 1450 | 电炉+真空 |
| | 0.32 | 1.04 | 1.05 | 0.014 | 0.010 | 0.06 | 1.00 | 0.05 | | 0.0042 | 0.0051 | 0.00028 | 1550 | 电炉用海绵铁+真空 |
| | 0.34 | 0.88 | 0.86 | 0.010 | 0.009 | 0.06 | 1.03 | 0.03 | | 0.0048 | 0.0028 | 0.00045 | 1520 | 电炉用海绵软铁+真空 |
| | 0.29 | 0.89 | 1.10 | 0.010 | 0.007 | 0.04 | 1.04 | 0.04 | | 0.0040 | 0.0089 | 0.00023 | 1540 | 电炉用软铁+真空 |
| 000Cr18Ni12 | 0.02 | 0.31 | 0.38 | 0.013 | 0.018 | 12.3 | 18.2 | 0.18 | 0.05 | 0.005 | 0.033 | 0.0047 | 1440 | 吹　氩 |
| | 0.02 | 0.23 | 0.25 | 0.006 | 0.006 | 12.4 | 17.8 | 0.15 | | 0.0024 | 0.02 | 0.002 | 1250 | 电炉+真空+感应 |
| Mn13 | 1.16 | 12.3 | 0.48 | 0.89 | 0.014 | | 0.43 | | | 0.0013 | 0.02 | 0.0018 | 1130 | 氧化法 |
| | 1.38 | 11.6 | 0.50 | 0.74 | 0.009 | | 0.32 | | | 0.0027 | 0.006 | 0.0018 | 1200 | 返回法 |
| Mn13V | 1.12 | 12.45 | 0.71 | 0.70 | 0.007 | | | | | 0.0036 | 0.016 | | 1250 | 转　炉 |

30CrMnSiA 的表面张力和温度、使用的原材料的关系(1550℃)(图 8 - 1 - 97)[46]

40CrNiMoA 的表面张力和[S]、温度的关系(图 8 - 1 - 98)[22]

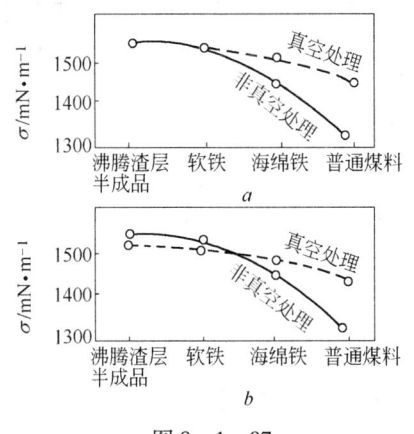

图 8 - 1 - 97

a—实验数据;b—用化学成分校正后的实验数据

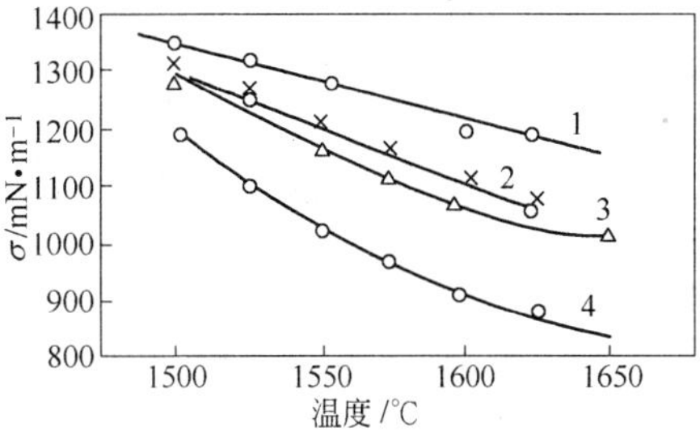

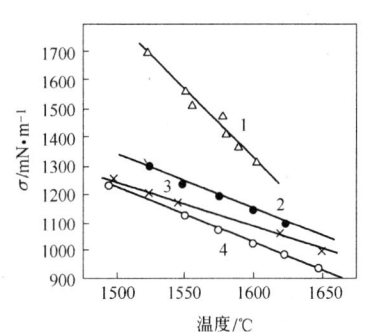

图 8 - 1 - 98

1—[S] = 0.011% ;2—[S] = 0.053% ;3—[S] = 0.060% ;

4—[S] = 0.11%

低合金钢、轴承钢的表面张力和温度的关系(图 8 - 1 - 99)[50]

GCr15 的表面张力和[S]、温度的关系(图 8 - 1 - 100)[51]

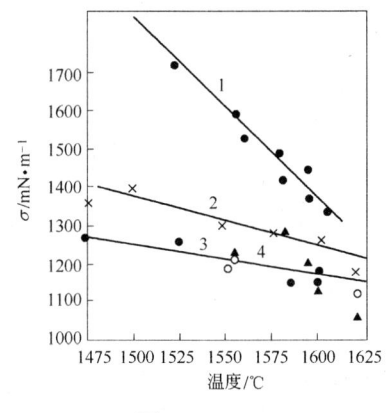

图 8 - 1 - 99

1—GCr15 ;2—30CrMnSiA ;3—40CrNiMoA ;

4—12CrNi3A

图 8 - 1 - 100

1—[S] = 0.008% ;2—[S] = 0.025% ;3—[S] = 0.038% ;

4—[S] = 0.05%

轴承钢中的[N]、[H]、[O]对其表面张力的影响(图 8 - 1 - 101)[22]

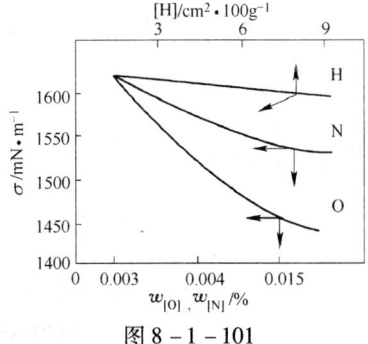

图 8 - 1 - 101

液态高速工具钢、轴承钢的密度、表面张力和温度的关系(表 8 – 1 – 20)[52]

表 8 – 1 – 20

| 序号 | 成分,$w$/% | | | | | | | 密度/g·cm$^{-3}$ | 表面张力/mN·m$^{-1}$ |
| | C | Cr | W | Mo | Co | S | O | | |
|---|---|---|---|---|---|---|---|---|---|
| 1① | 1.08 | 1.41 | | | | 0.004 | 0.0031 | $10.604 - 0.00236t(℃)$ | $2751.0 - 0.689t(℃)$ |
| 2② | 0.87 | | 6.53 | 5.20 | 4.91 | 0.012 | 0.0119 | $12.212 - 0.00264t(℃)$ | $2447.7 - 0.583t(℃)$ |

① 适用温度范围为 1500 ~ 1700℃;② 适用温度范围为 1450 ~ 1700℃。

一些元素对 Cr15Ni25 钢液表面张力的影响(图 8 – 1 – 102)[53]

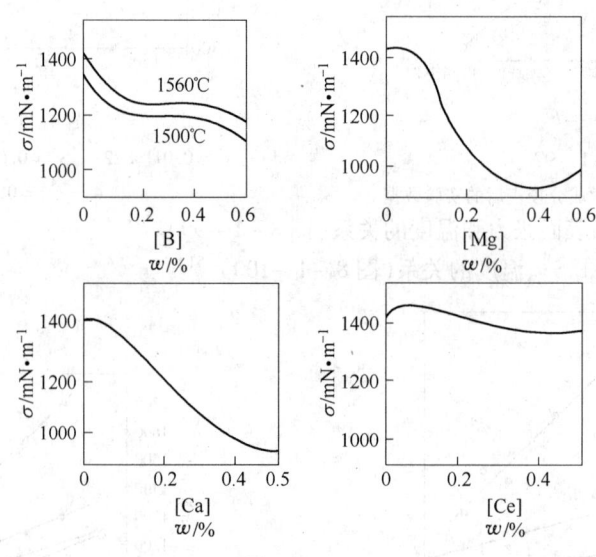

图 8 – 1 – 102

Cr15Ni25 钢中的[P]对表面张力和抗热裂性的影响(图 8 – 1 – 103)[54]
Cr16Ni15 钢液的密度、表面张力与温度的关系(图 8 – 1 – 104)[48]

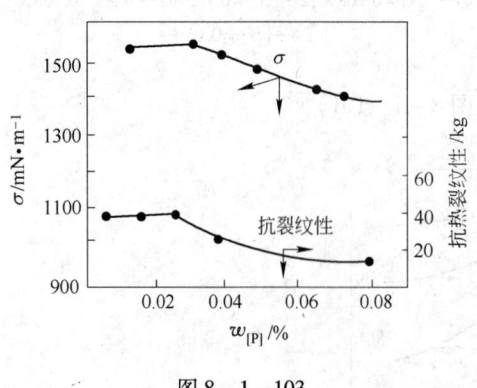

图 8 – 1 – 103

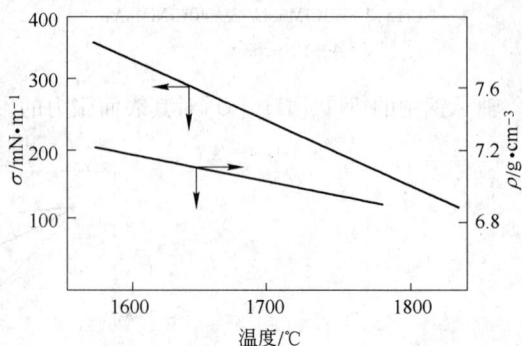

图 8 – 1 – 104

成分:C0.12%,Si0.8%,Cr14.21%,Ni16.14%,Mo3.26%,
Nb0.72%,S0.012%,P0.015%,O0.002%

## （二）钢的界面张力

铁液和耐火材料在高温时的润湿角（表 8 – 1 – 21）

表 8 – 1 – 21

| 合　金 | 底　衬 | 温度/℃ | 平均润湿角 θ/（°） | cosθ |
|---|---|---|---|---|
| 纯 Fe | Al₂O₃ | 1530 ~ 1600 | 139 | – 0.755 |
| 纯 Fe | 石　灰 | 1530 ~ 1560 | 132 | – 0.669 |
| 纯 Fe | 透明石英 | 1530 ~ 1580 | 115 | – 0.423 |
| 纯 Fe | 不透明石英 | 1530 ~ 1600 | 108 | – 0.309 |
| 纯 Fe | 镁 砖 | 1530 ~ 1600 | 126 | – 0.588 |
| 纯 Fe | 被氧化渣化的镁砖 | 1530 ~ 1600 | 107 ~ 100 | – 0.292<br>– 0.174 |
| 纯 Fe | 被还原渣化的镁砖 | 1530 ~ 1560 | 105 ~ 98 | – 0.259<br>– 0.139 |
| 纯 Fe | 石　墨 | Fe 熔化温度 | 64 | + 0.438 |
| Fe + 0.83% Mn | 透明的石英 | 1510 ~ 1560 | 114 | – 0.407 |
| Fe + 1.73% Mn | 透明的石英 | 1500 ~ 1600 | 114 | – 0.407 |
| Fe + 1.73% Mn | 镁　砖 | 1530 ~ 1580 | 129 | – 0.629 |
| Fe + 0.83% C | 镁　砖 | 1530 ~ 1570 | 128 | – 0.616 |
| Fe + 0.32% Si | 镁　砖 | 1530 ~ 1580 | 125 | – 0.575 |

铁中元素含量对 Al₂O₃ 润湿角的影响（图 8 – 1 – 105）[55]

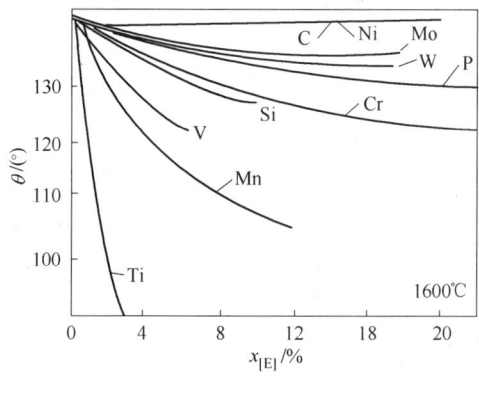

图 8 – 1 – 105

合金钢对 AlN 的润湿角和黏附功（$W_a$）的影响（1600℃）（表 8 – 1 – 22）[36]

表 8 – 1 – 22

| 钢　号 | θ/（°） | σ /mN·m⁻¹ | $W_a$② /mJ·m⁻² | 钢　号 | θ/（°） | σ /mN·m⁻¹ | $W_a$ /mJ·m⁻² |
|---|---|---|---|---|---|---|---|
| 纯铁① | 130 | 1748 | 624 | 15Cr5MoA | 126 | 1515 | 624 |
| 40 | 121 | 1399 | 678 | 38CrWVAl | 111 | 664 | 426 |
| 30CrMnSiA | 123 | 1683 | 780 | 2Cr13 | 118 | 1623 | 861 |
| 30CrMoA | 122 | 1504 | 707 | Cr17Ni2 | 120 | 1526 | 763 |
| 20Cr3MoV | 115 | 1391 | 814 | 1Cr18Ni9 | 123 | 1436 | 643 |
| 12Cr2MoV | 124 | 1627 | 714 | 20Cr16Ni3MoA | 118 | 1573 | 659 |
| 12Cr1MoV | 118 | 1351 | 727 | 4Cr15Mn14SiTi | 147 | 1020 | 170 |
| 12Cr2Ni4A | 111 | 1529 | 993 | 45Mn17Al3 | 132 | 1304 | 440 |
| 18Cr2Ni4WA | 128 | 1712 | 657 | Cr25Ti | 131 | 900 | 309 |

① C0.004%，Mn0.0001%，Cr0.0003%，Ni0.005%，N₂ 0.00016%，Cu2 × 10⁻⁷%，O₂ 0.002%，Ca0.0001%；

② $W_a = \sigma_{液}(1 + \cos\theta)$；$W_a$ 越大，越不易脱离（去除）。

Fe-E 中［E］对 $Al_2O_3$ 黏附功的影响（图 8－1－106）

GCr15、20Cr2Ni4A 和白渣中 $CaCl_2$ 含量与界面张力的关系（图 8－1－107）

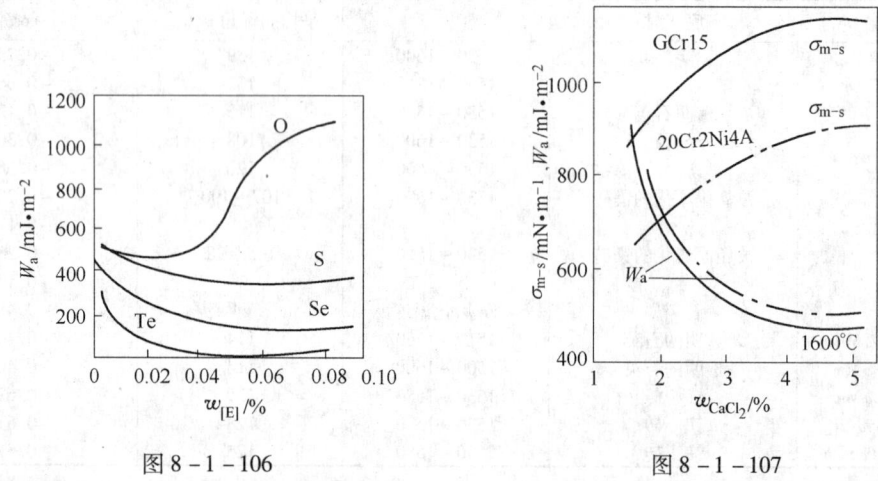

图 8－1－106　　　　　　　　　　　图 8－1－107

GCr15 的表面张力和其对 TiN 的黏附功与温度的关系（图 8－1－108）[22]

GCr15 对 AlN 的黏附功和［O］的关系（图 8－1－109）[22]

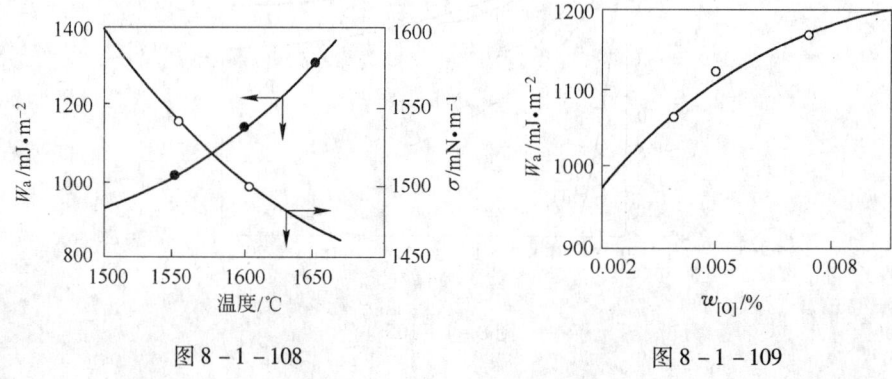

图 8－1－108　　　　　　　　　　　图 8－1－109

轴承钢对 AlN 的黏附功和界面张力与温度的关系（1600℃）（图 8－1－110）[46]

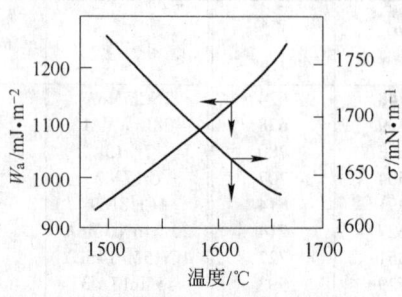

图 8－1－110

GCr15、Cr25Ti、12Cr2NiMoV、45Mn17Al3 对 AlN 润湿角、黏附功的影响（1600℃）（表 8 - 1 - 23）[36]

表 8 - 1 - 23

| 钢　号 | 氮化物 | $\theta/(°)$ | $\sigma$ /mN·m$^{-1}$ | $W_a$ /mJ·m$^{-2}$ | 钢　号 | 氮化物 | $\theta/(°)$ | $\sigma$ /mN·m$^{-1}$ | $W_a$ /mJ·m$^{-2}$ |
|---|---|---|---|---|---|---|---|---|---|
| GCr15 | BN | 114 | 1475 | 875 | 45Mn17Al3 | BN | 132 | 1248 | 413 |
| | AlN | 110 | 1460 | 960 | | AlN | 132 | 1304 | 440 |
| | TiN | 110 | 1503 | 1007 | | TiN | 123 | 1686 | 780 |
| Cr26Ti | BN | 146 | 1020 | 170 | 12Cr2MoV | BN | 126 | 1515 | 624 |
| | AlN | 131 | 900 | 309 | | AlN | 124 | 1627 | 741 |
| | TiN | 124 | 1600 | 705 | | TiN | 117 | 1543 | 842 |

# 第二节　钢的凝固

## 一、钢液的凝固性质

距凝固表面的固、液相体积与相对距离的关系（图 8 - 2 - 1）

凝固前沿钢液的温度、浓度与过冷度的关系（图 8 - 2 - 2）[56]

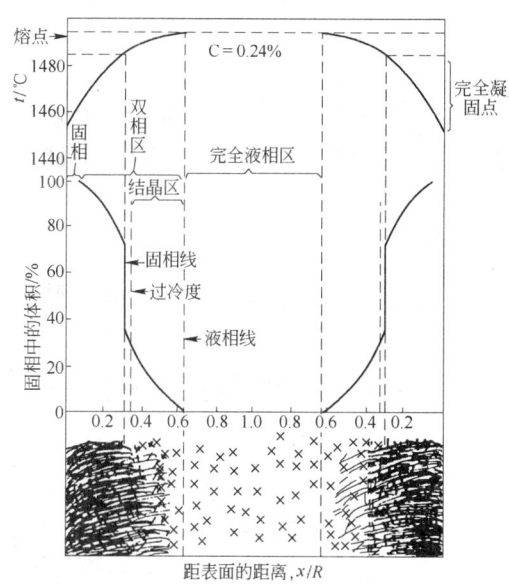

图 8 - 2 - 1

[C] = 0.24% , 凝固的某一时刻

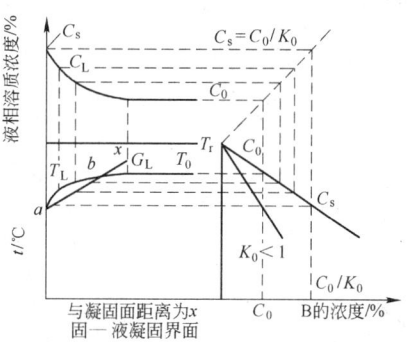

图 8 - 2 - 2

$T_0$—未偏析时的凝固温度,℃；$G_L$—实际液相的温度分布,℃；$T_L$—液相线（考虑到偏析）的凝固温度,℃；$T_L - G_L$—实际过冷度,℃；$T_0 - T_L = \Delta t$—成分过冷度,℃；$C_L$—液相中 B 成分的浓度；$C_s$—固相中 B 成分的浓度；$C_0$—原始液相中 B 成分的浓度；$K_0$—偏析系数

固液相界面的形状与冷却条件、凝固区的关系示意图(图8-2-3)

凝固区的形成与温度、浓度的关系示意图(图8-2-4)[57]

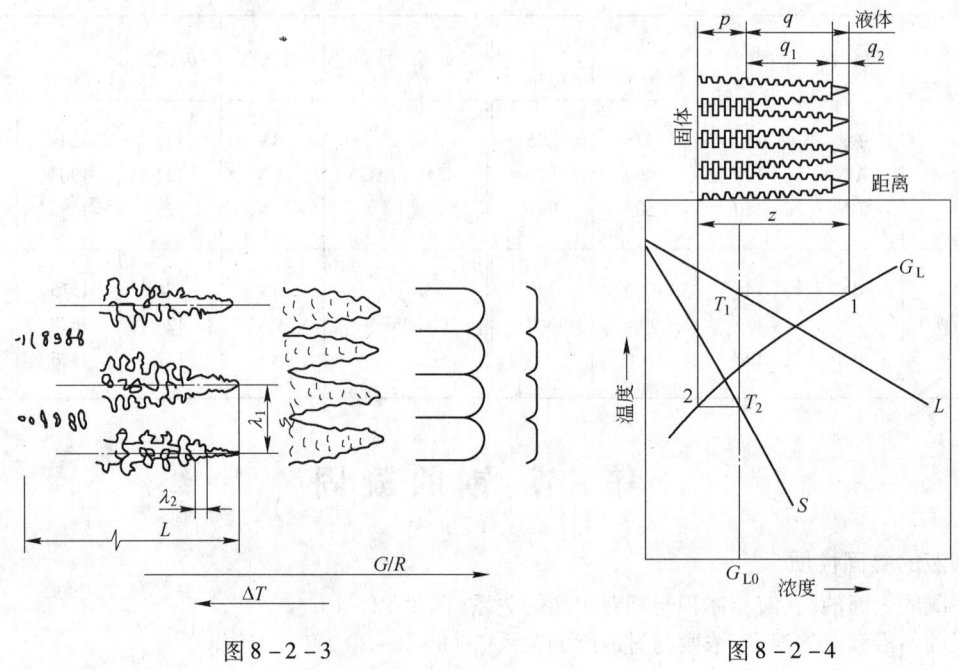

图8-2-3

图8-2-4

$\Delta T$—成分过冷度;$R$—凝固速度;$G$—液体中的实际温度梯度;

$L$—凝固区长;$\lambda_1$—一次晶间距;$\lambda_2$—二次晶间距

钢液已冷凝成树枝晶的部位称为 $p$ 区。结晶前沿固液共存的部位称为 $q$ 区。$q$ 区又划分为 $q_1$ 和 $q_2$ 区。$q_1$ 和 $q_2$ 区之间尚未冷凝的钢液能够穿过树枝晶间的空隙而流动。在凝固区内钢液的流动速度、凝固速度和树枝晶偏析有关。

结晶前沿成分过冷示意图(图8-2-5)

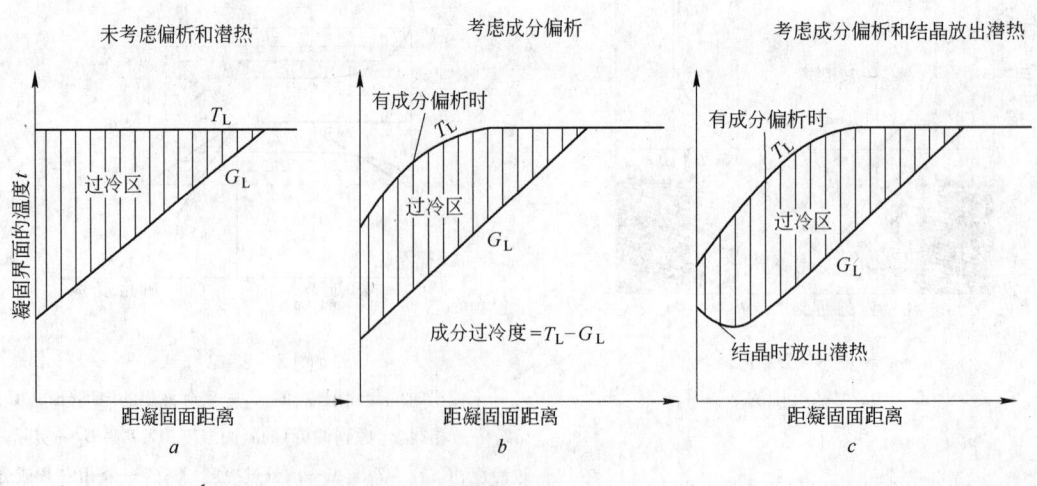

图8-2-5

$T_L$—钢液熔点;$G_L$—实际钢液温度分布线;$\Delta T$—成分过冷度;$\Delta T = T_L - G_L$

铸坯凝固厚度与时间、距液面距离、固相率的关系(图8-2-6)
铸坯厚度对铸坯中心等轴晶带宽度的影响(图8-2-7)[20]

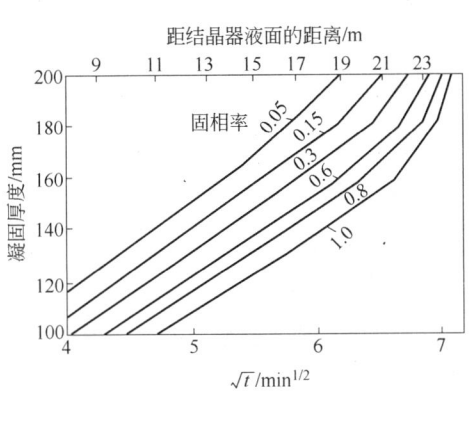

图8-2-6

铸坯厚400 mm;C0.40%;铸速0.5 m/min

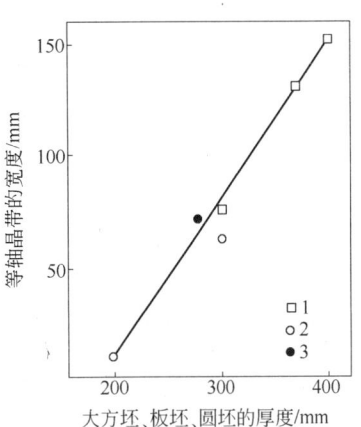

图8-2-7

1—大方坯(370 mm,400 mm);2—板坯(200 mm,300 mm);3—圆坯(φ282);碳含量0.10%～0.25%,铸速0.5 m/min;过热30℃

板坯的拉速、比水量对液相深度的影响(图8-2-8)[57]
等轴晶粒与拉坯条件的关系(图8-2-9)

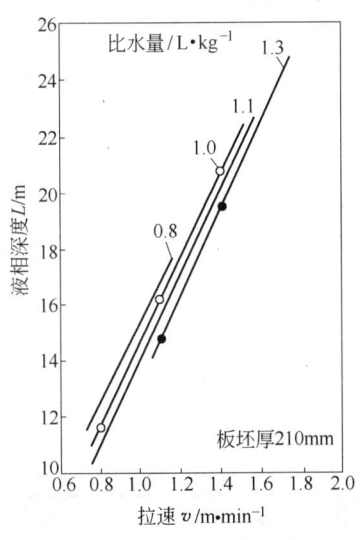

图8-2-8

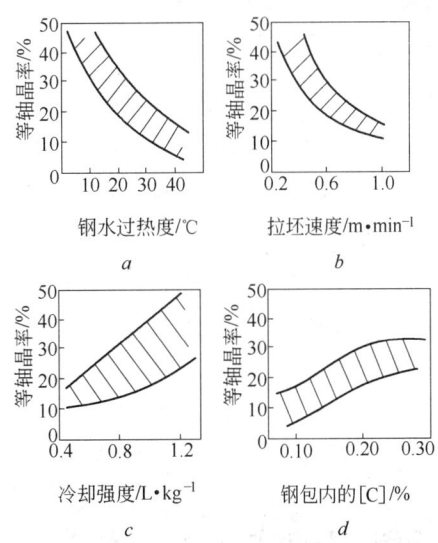

图8-2-9

a—钢水过热度对等轴晶粒的影响;b—拉坯速度
对等轴晶粒的影响;c—冷却强度对等轴晶粒的影响;
d—钢液成分对等轴晶粒的影响

各元素对 Fe-E 两相凝固区间大小的影响(图 8 – 2 – 10)[58]

在平衡温度下凝固的固相含量和[C]的关系(图 8 – 2 – 11)[59]

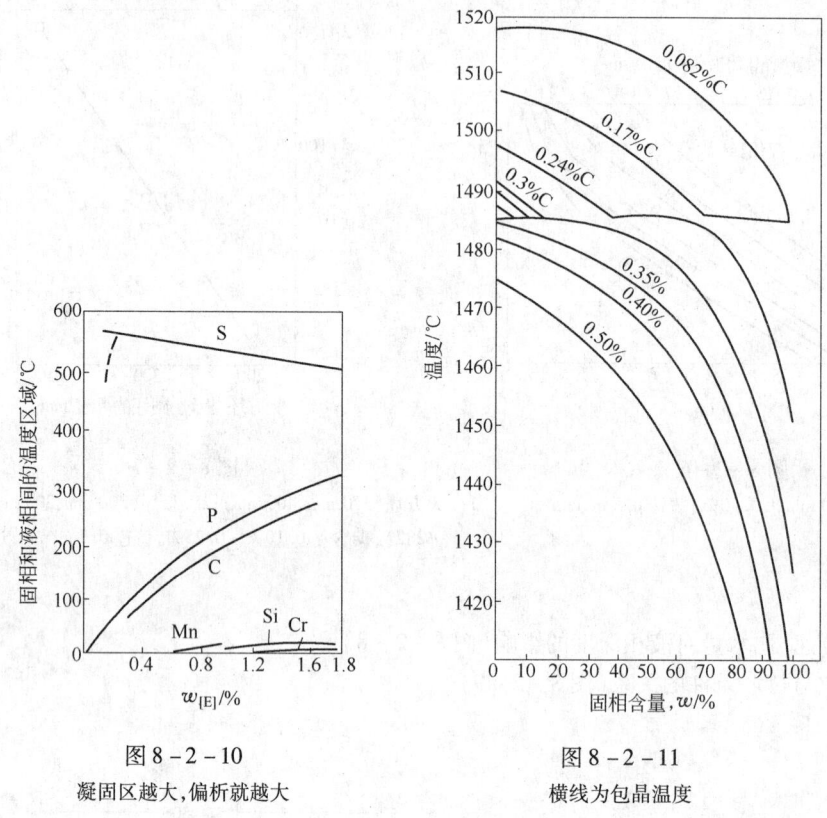

图 8 – 2 – 10

凝固区越大,偏析就越大

图 8 – 2 – 11

横线为包晶温度

钢的凝固前沿温度梯度对结晶的影响(图 8 – 2 – 12)[8]

结晶时的过冷度和晶粒尺寸的关系(图 8 – 2 – 13)[60]

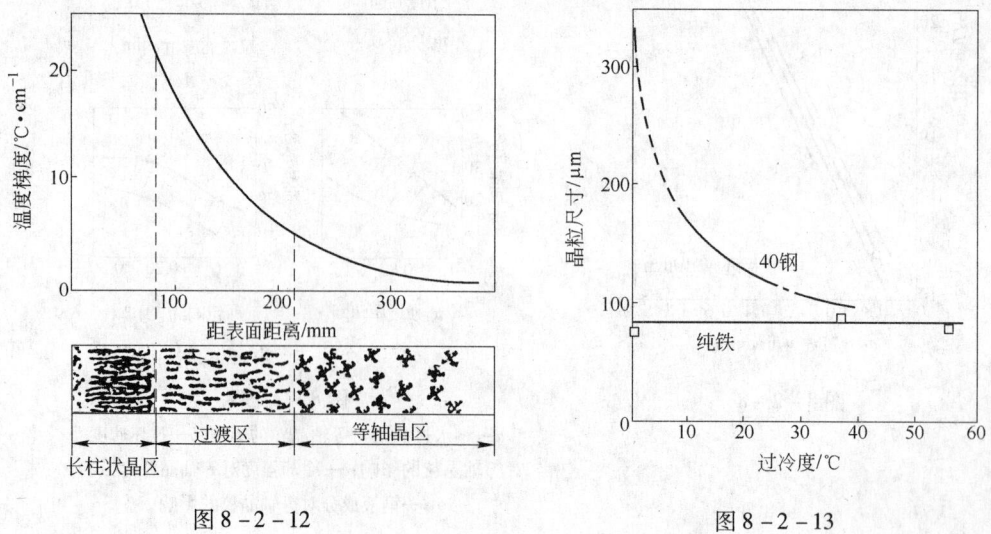

图 8 – 2 – 12

图 8 – 2 – 13

钢锭的半径大小、过热度和柱状晶长度的关系(图 8 – 2 – 14)[29]

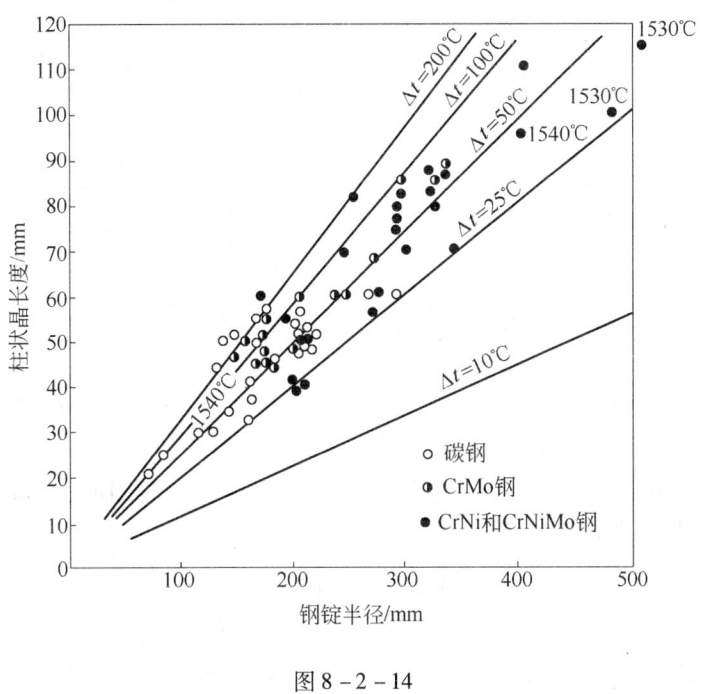

图 8 – 2 – 14

Fe-C 合金中柱状晶宽度和[ C ]的关系(图 8 – 2 – 15)[60]

18-8 钢中[ E ]对柱状晶长度的影响(图 8 – 2 – 16)[61]

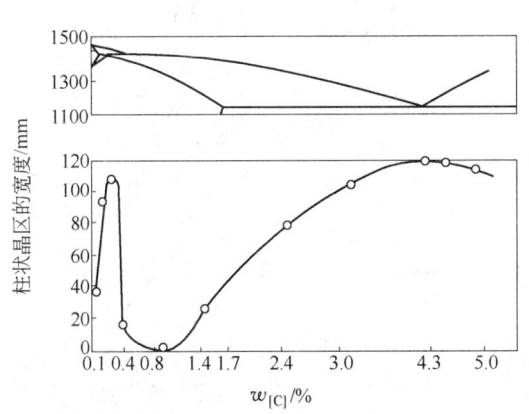

图 8 – 2 – 15

条件:用内径为 250 mm 的金属模凝固钢液,过热度
　　相同;柱状晶区宽度小时,晶粒尺寸变小

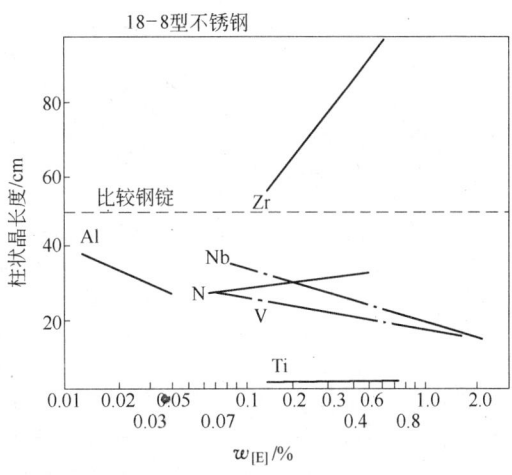

图 8 – 2 – 16

碳含量和过热度对柱状晶长度的影响(图 8 - 2 - 17)[57]

铸坯尺寸对柱状晶长度和等轴晶率的影响(图 8 - 2 - 18)[57]

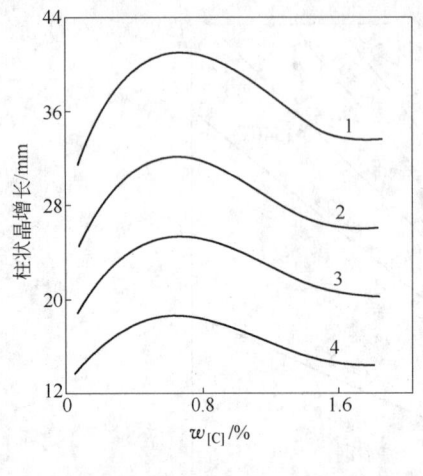

图 8 - 2 - 17

过热度:1—48.9℃;2—26.7℃;3—10℃;4—6.7℃

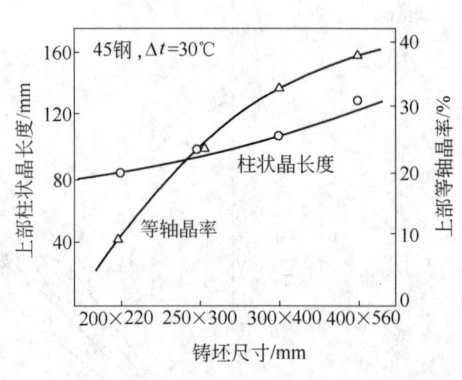

图 8 - 2 - 18

铁碳合金中柱状晶长度和[C]的关系(图 8 - 2 - 19)[11]

含碳 0.5% 的钢锭(350 kg)凝固时温度的变化(图 8 - 2 - 20)[62]

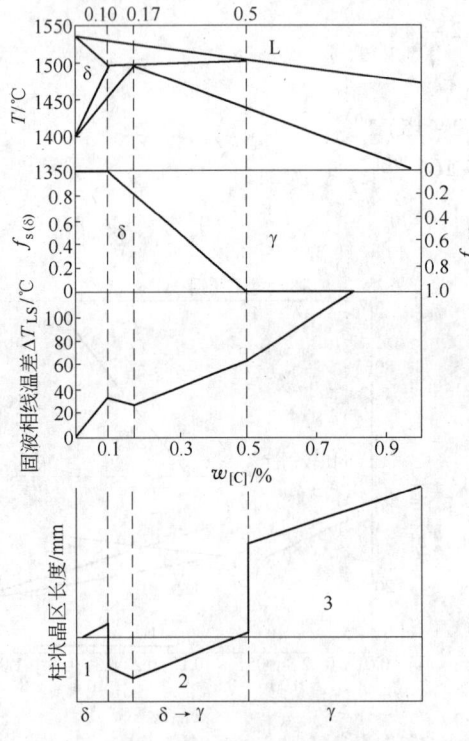

图 8 - 2 - 19

$f_{s(\delta)}$ —δ 相固相率;$f_{s(\gamma)}$ —γ 相固相率;$\Delta T_{LS}$ —液固线

温度差;$\Delta T_{LS}$ 越大,柱状晶越长

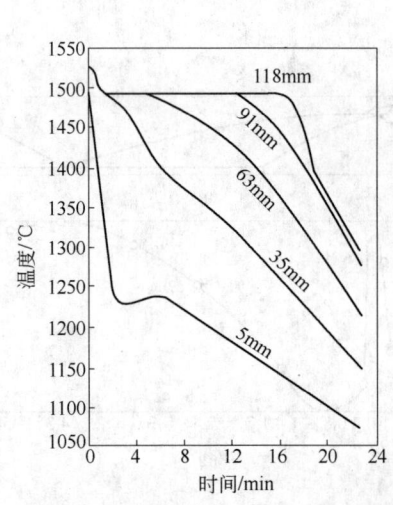

图 8 - 2 - 20

图中数字表示距锭模表面的距离

钢锭的帽口线下水平方向的凝固厚度和时间的关系(图 8 - 2 - 21)[17]

距钢锭表面的距离和二次晶轴的关系(图 8 - 2 - 22)[6]

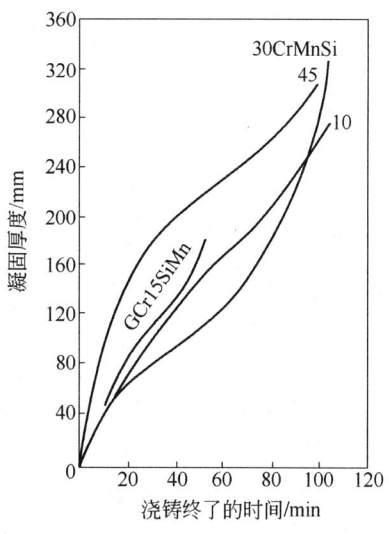

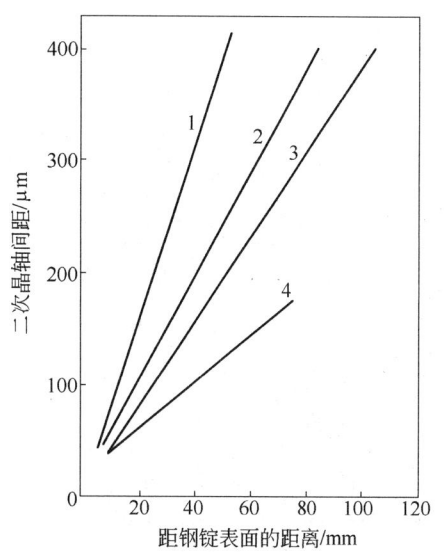

图 8 - 2 - 21

(10、45、30CrMnSi 为 6.2 t 锭；

GCr15SiMn 为 2.65 t 钢锭)

图 8 - 2 - 22

1—C0.36%,Cr1.5%,Ni1.4%,Mo0.2%,1 t;2—C1%,

Cr1.5%,2.5 t;3—C0.36%,Cr1.5%,Ni1.4%,Mo0.2%,

9 t;4—Cr17.5%,Ni13%,Mo2.7%,1.7 t

结晶前沿移动速度和二次晶轴间距、铬的有效分配系数的关系(电渣重熔 GCr15)（图 8 - 2 - 23)[63]

低碳钢板坯内外弧侧的柱状晶长度和板坯长度的变化关系(图 8 - 2 - 24)

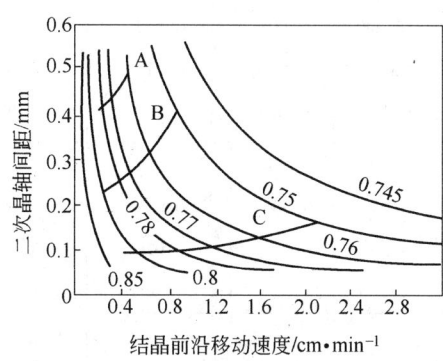

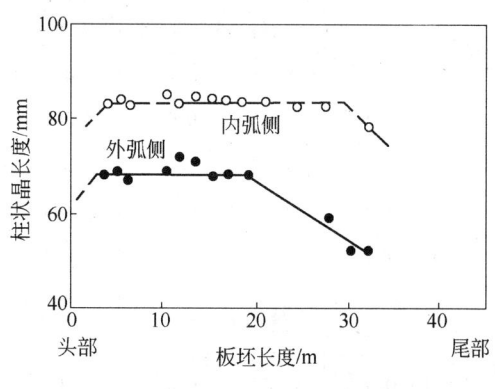

图 8 - 2 - 23

A、B、C—钢锭直径分别为 110 mm、280 mm、508 mm,

图中数字为 Cr 的有效分配系数

图 8 - 2 - 24

C0.11%,Si0.22%,Mn0.42%,P0.022%,

S0.022%,Al$_s$0.038%

含[Si]、[Mn]、[C]钢液在凝固时含量随凝固含量的变化(图8-2-25)

含[Al]、[Mn]、[O]钢液在凝固时浓度的变化与凝固率的关系(图8-2-26)

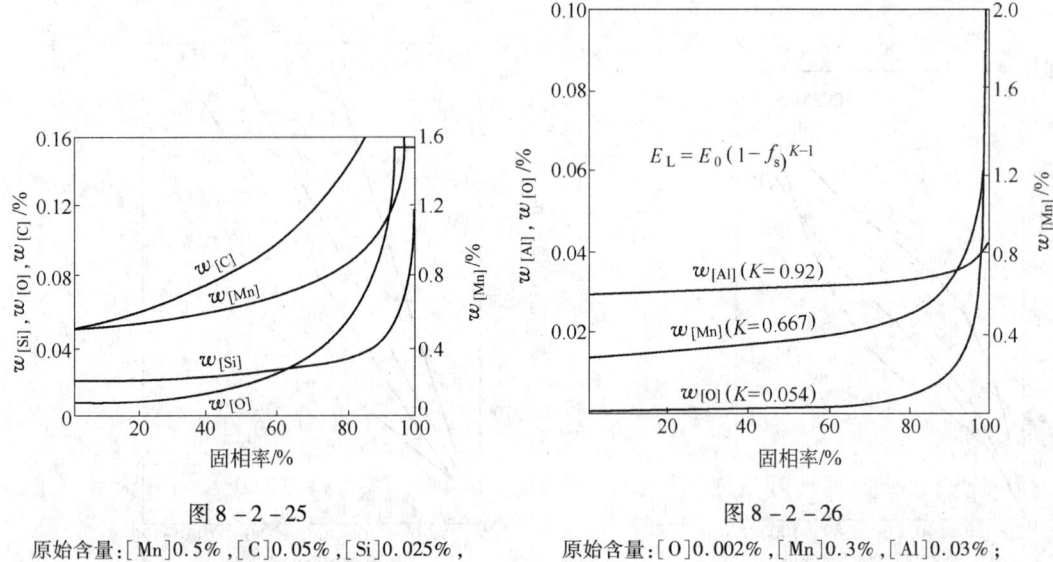

$$E_L = E_0 (1 - f_s)^{K-1}$$

图 8 - 2 - 25

原始含量:[Mn]0.5%,[C]0.05%,[Si]0.025%,
[O]0.01%;未考虑凝固时的脱氧反应

图 8 - 2 - 26

原始含量:[O]0.002%,[Mn]0.3%,[Al]0.03%;
未考虑凝固时的反应

含不同的[Mn]、[Si]、[Al]含量在钢凝固时氧化物可能生成量(表8-2-1)[47]

表 8 - 2 - 1

| 元　素 | 含量,w/% | 液　态　时 | | | 结　晶　时 | | 成品金属中的含量 | | |
|---|---|---|---|---|---|---|---|---|---|
| | | 在下列温度下平衡的氧含量/% | | 脱氧产物量/% | 在液—固区间析出的氧/% | 脱氧产物量/% | 残存的[O]/% | 因反应的移动产生的氧化物/% | 残存的脱氧剂含量/% |
| | | 1650℃ | 1535℃ | | | | | | |
| Mn | 0.2 | 0.240 | 0.106 | 0.593 | 0.095 | 0.420 | 0.011 | 1.013 | |
| | 0.4 | 0.181 | 0.072 | 0.475 | 0.065 | 0.288 | 0.007 | 0.763 | |
| | 0.6 | 0.145 | 0.055 | 0.400 | 0.049 | 0.217 | 0.006 | 0.617 | 0.12 |
| | 0.8 | 0.112 | 0.045 | 0.341 | 0.039 | 0.171 | 0.005 | 0.513 | 0.40 |
| Si | 0.2 | 0.021 | 0.007 | 0.026 | 0.0064 | 0.012 | 0.0007 | 0.038 | 0.18 |
| | 0.4 | 0.015 | 0.005 | 0.018 | 0.0045 | 0.008 | 0.0005 | 0.026 | 0.39 |
| Al | 0.02 | 0.003 | 0.001 | 0.004 | 0.0009 | 0.002 | 0.0001 | 0.006 | 0.017 |
| | 0.04 | 0.0018 | 0.0006 | 0.003 | 0.0006 | 0.0012 | 0.0000 | 0.0042 | 0.038 |
| | 0.08 | 0.0011 | 0.0004 | 0.002 | 0.0004 | 0.0007 | 0.0000 | 0.0027 | 0.079 |

## 二、钢的凝固系数

在砂型、生铁模中碳钢的凝固系数和过热度的关系(图 8 - 2 - 27)[21]

钢锭模断面的形状、厚度及直径对凝固系数的影响(图 8 - 2 - 28)[64]

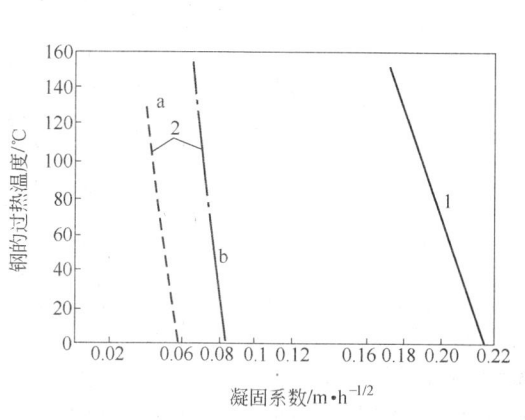

图 8 - 2 - 27

1—铸铁型中冷却;2—砂型中冷却;a、b 为不同作者的数据

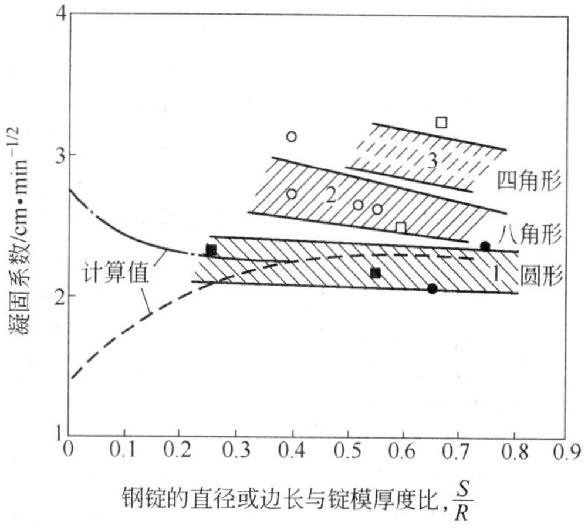

图 8 - 2 - 28

1 m 直径的电渣锭、真空电弧炉重熔锭及普通钢锭的凝固系数沿断面的分布(图 8 - 2 - 29)[65]

凝固系数与散热面比值的关系(图 8 - 2 - 30)[8]

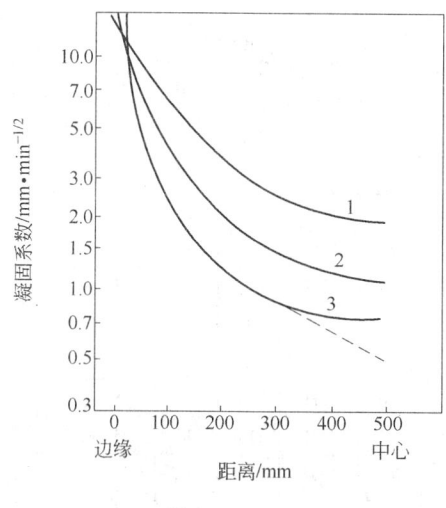

图 8 - 2 - 29

1—电渣锭,凝固系数约为 38 mm/min$^{1/2}$;2—真空
电弧炉重熔锭;凝固系数约为 28 mm/min$^{1/2}$;
3—转炉钢锭;凝固系数约为 22 mm/min$^{1/2}$

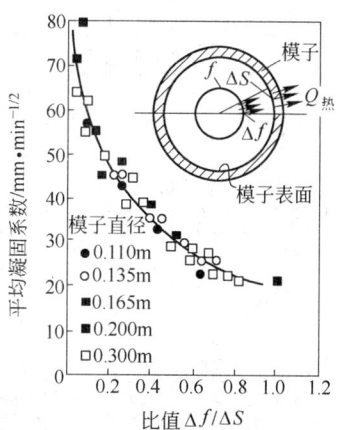

图 8 - 2 - 30

$\Delta f$—液相到固相散热面的面积;$\Delta S$—通过固体钢锭表面
(导热)积;$f$—液—固相界面;$\Delta f/\Delta S = 1$ 刚开始凝固;
$\Delta f/\Delta S = 0$ 凝固终了

连续铸锭时钢坯的凝固系数(表 8 - 2 - 2)[61]

表 8 - 2 - 2

| 序号 | 实 验 式 | 实 验 条 件 | 测 定 方 法 |
|---|---|---|---|
| 1 | $D = (37.3 \sim 39.2)\sqrt{T}$ | | 热电偶测凝固点 |
| 2 | $D = 29\sqrt{T}$ | 150 mm 厚的碳素钢完全凝固,二次冷却水 0.5 L/kg | 用 Pb、S、P 同位素 |
| 3 | $D = 30.6\sqrt{T}$ | 150 mm 厚的碳素钢完全凝固,二次冷却水 5 ~ 8 L/kg | 用 Pb、S、P 同位素 |
| 4 | $D = 24.6\sqrt{T}$ | 150 mm 厚的碳素钢(0.2% C)、Si 钢,完全凝固区 | 用 S 同位素 |
| 5 | $D = 30.2\sqrt{T}$ | 175 mm × 300 mm18 - 8 不锈钢完全凝固区 | 用 P 同位素 |
| 6 | $D = (23.7 \sim 26.3)\sqrt{T}$ | 100 mm × 200 mm 完全凝固区 | 用 Pb、P、S 同位素 |
| 7 | $D = 26.5\sqrt{T}$ | 150 mm 不锈钢加 Ti | 用 Pb、P、S 同位素 |
| 8 | $D = (29 \sim 30.6)\sqrt{T}$ | 150 mm 中碳钢 | 用 Pb、P、S 同位素 |
| 9 | $D = 32.4\sqrt{T}$ | 200 mm × 200 mm | 用 Pb 同位素 |
| 10 | $D = (27.4 \sim 33.4)\sqrt{T}$ | 135 ~ 200 mm 沸腾钢 | 用 Fe、S、Pb |
| 11 | $D = (28.2 \sim 34.6)\sqrt{T}$ | 135 ~ 200 mm 镇静钢 | |
| 12 | $D = (32.9 \sim 34.1)\sqrt{T}$ | 200 mm 低碳钢 | 用 Pb |
| 13 | $D = (19 \sim 21)\sqrt{T}$ | 200 mm × 1600 mm | 用 Au 的同位素 |
| 14 | $D = 20\sqrt{T}$ | 铸型内铸坯 | 熔钢排出法 |
| 15 | $D \geqslant 33\sqrt{T}$ | 喷雾带 | 熔钢排出法 |
| 16 | $D = 29\sqrt{T}$ | Si-Mn 钢的完全凝固区 130 mm | 熔钢排出法 |
| 17 | $D = (24.5 \sim 27.5)\sqrt{T}$ | $\phi90 \sim 140$ mm;C0.25% 碳钢,18 - 8 不锈钢,四方 | 熔钢排出法 |
| 18 | $D = (26.5 \sim 29.5)\sqrt{T}$ | $\phi100 \sim 150$ mm 圆形 C0.25% 碳钢,18 - 8 不锈钢,四方 铸速的影响 $D = -1 \sim +0.5$ | 熔钢排出法 |
| 19 | $D = (22 \sim 30)\sqrt{T}$ | 130 mm 厚的铸坯完全凝固区 | 数学法推导 |
| 20 | $D = (24 \sim 27)\sqrt{T}$ | 150 mm 厚的小型坯 | 数学法推导 |

注:D—凝固厚,mm;T—凝固时间,min。

一些钢号在 3.6 t 的钢锭模中凝固时的基本参数(表 8 - 2 - 3)[47]

表 8 - 2 - 3

| 钢 号 | 断面 | 开始结晶温度/℃ | 距锭表面 20 mm 处 | | | | 半径的 1/2 处 | | | | 钢锭中心 | | | |
|---|---|---|---|---|---|---|---|---|---|---|---|---|---|---|
| | | | 结晶终了温度/℃ | 结晶温区/℃ | 结晶末端移动速度/cm·min⁻¹ | 金属在双相区存在的时间/min | 结晶终了温度/℃ | 结晶温区/℃ | 结晶末端移动速度/cm·min⁻¹ | 金属在双相区存在的时间/min | 结晶终了温度/℃ | 结晶温区/℃ | 结晶末端移动速度/cm·min⁻¹ | 金属在双相区存在的时间/min |
| 35 | 上部 | 1505 | 1415 | 90 | 0.32 | 4.3 | 1357 | 148 | 0.11 | 33.0 | 1420 | 85 | ∞ | 5.0 |
| | 下部 | 1505 | 1410 | 95 | 0.54 | 2.0 | 1395 | 110 | 0.24 | 15.0 | 1410 | 95 | ∞ | 4.5 |
| T7A | 上部 | 1500 | 1345 | 155 | 0.22 | 8.0 | 1160 | 340 | 0.10 | 93.0 | 1310 | 190 | ∞ | 39.0 |
| | 下部 | 1500 | 1340 | 160 | 0.44 | 7.4 | 1240 | 260 | 0.17 | 43.0 | 1325 | 175 | ∞ | 22.0 |
| T13A | 上部 | 1460 | 1135 | 325 | 0.10 | 66.0 | 1125 | 325 | 0.20 | 104.5 | 1135 | 325 | ∞ | 85.0 |
| | 下部 | 1460 | 1135 | 325 | 0.15 | 30.0 | 1135 | 325 | 0.30 | 50.0 | 1135 | 325 | ∞ | 42.0 |
| 12CrMoV | 上部 | 1535 | 1437 | 98 | 0.47 | 2.5 | 1405 | 130 | 0.13 | 37.0 | 1430 | 105 | ∞ | 11.0 |
| | 下部 | 1535 | 1430 | 105 | 0.66 | 2.0 | 1405 | 130 | 0.23 | 23.0 | 1420 | 115 | ∞ | 7.5 |
| 30CrMnSiA | 上部 | 1515 | 1356 | 159 | 0.07 | 11.0 | 1307 | 208 | 0.07 | 53.0 | 1385 | 130 | ∞ | 9.5 |
| | 下部 | 1515 | 1370 | 145 | 0.13 | 7.0 | 1345 | 170 | 0.15 | 29.5 | 1360 | 155 | ∞ | 12.0 |
| 40Cr | 上部 | 1520 | 1380 | 140 | 0.45 | 3.5 | 1270 | 250 | 0.10 | 71.0 | 1380 | 140 | ∞ | 21.0 |
| | 下部 | 1520 | 1385 | 135 | 0.34 | 3.5 | 1357 | 163 | 0.24 | 27.0 | 1380 | 140 | ∞ | 12.0 |

连铸时钢的凝固系数和各工艺因素的关系(图 8 - 2 - 31)[66]

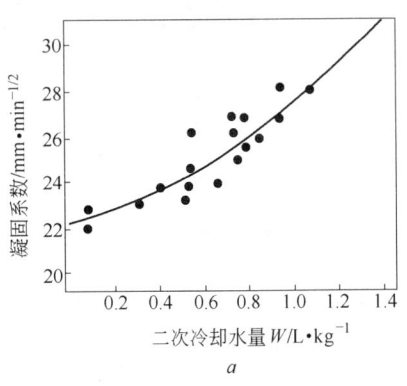
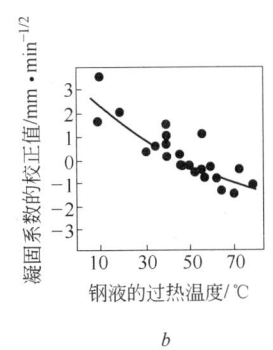
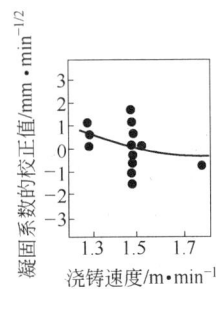

图 8 - 2 - 31

连铸时铸温对凝固系数、凝固速度的影响(图 8 - 2 - 32)[61]

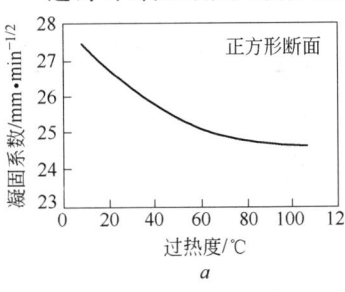
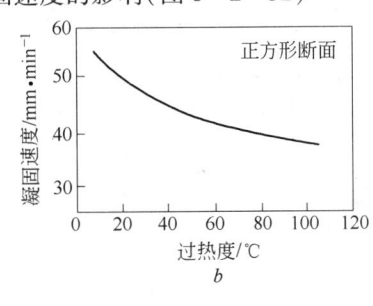
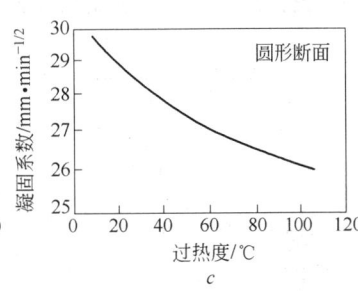

图 8 - 2 - 32

连铸时铸速对凝固系数、凝固速度的影响(图 8 - 2 - 33)[61]

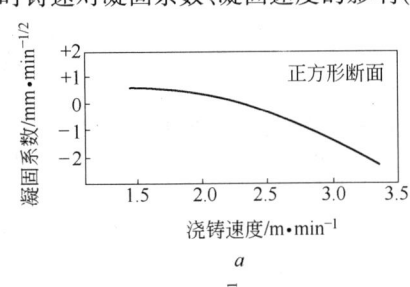
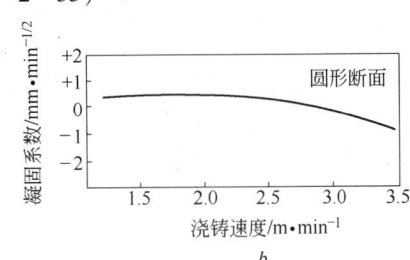

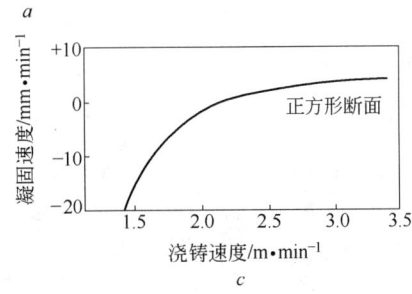

图 8 - 2 - 33

合金元素对铁液凝固系数的影响(图 8 - 2 - 34)

连铸时二冷喷水强度对凝固系数的影响(图 8 - 2 - 35)

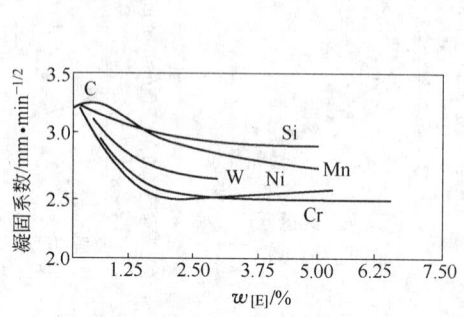 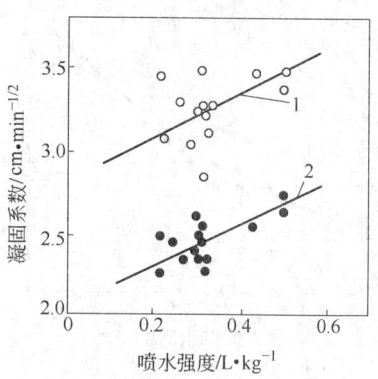

图 8 - 2 - 34

铸温 1515℃;锭模温度 20℃

图 8 - 2 - 35

1—液相线;2—固相线

三种铸造模型的热流和凝固系数(表 8 - 2 - 4)[61]

表 8 - 2 - 4

| 铸 造 法 | 热流/kJ·(m²·h)⁻¹ | 凝固系数/mm·min⁻¹ᐟ² |
|---|---|---|
| 砂型铸件 | $1.046 \times 10^5$ | 12.5 |
| 普通钢锭 | $5.86 \times 10^5$ | 25.5 |
| 连续铸坯 | $11.72 \times 10^5$ | 30.0 |

## 三、钢的凝固速度和钢的质量关系

凝固速度与二次晶轴间的关系(图 8 - 2 - 36)[64]

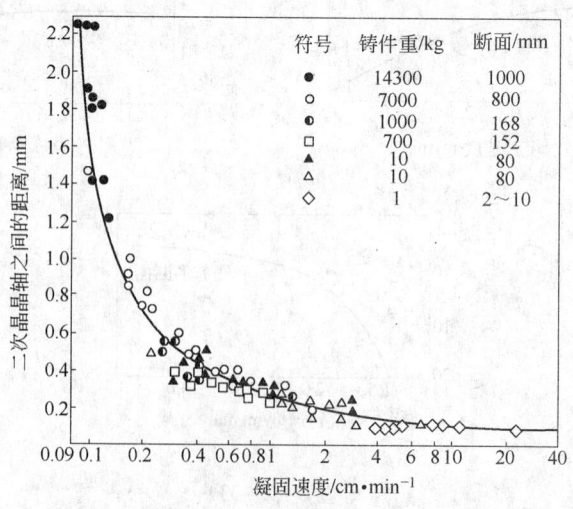

图 8 - 2 - 36

结晶速度和晶粒平均尺寸的关系(图 8 - 2 - 37)[64]
碳钢钢锭的凝固速度和晶粒数之间的关系(图 8 - 2 - 38)[67]

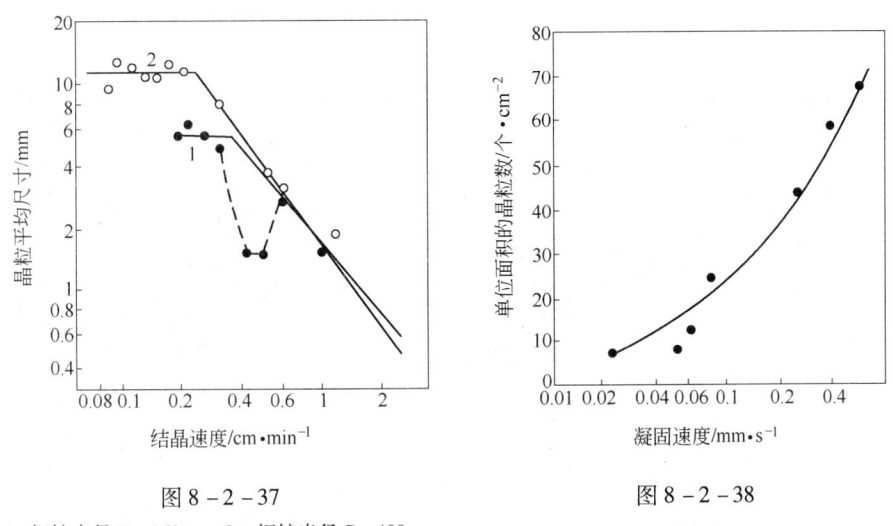

图 8 - 2 - 37

1—钢锭半径 $R = 168$ mm;2—钢锭半径 $R = 400$ mm

图 8 - 2 - 38

主轴方向 1 cm 长度中晶轴的数目和凝固速度的关系(图 8 - 2 - 39)[59]
各种钢的过热度和结晶速度对柱状晶和等轴晶的临界值的影响(图 8 - 2 - 40)[8]

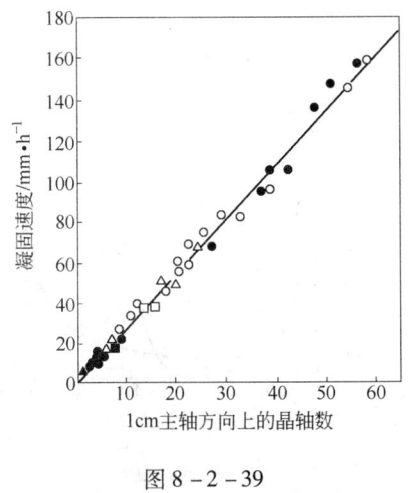

图 8 - 2 - 39

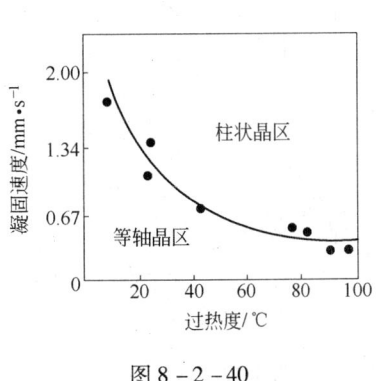

图 8 - 2 - 40

钢锭直径和结晶速度的关系(图8-2-41)[68]

沿圆柱形钢锭半径平均结晶速度的分布(图8-2-42)[60]

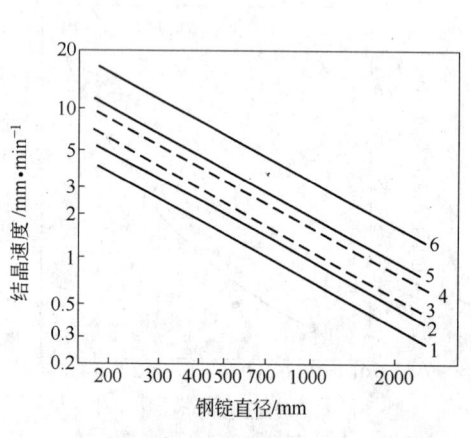

图8-2-41

1—普通浇铸钢锭中心部;2—普通浇铸钢锭半径中心处;

3—真空电弧重熔钢锭心部;4—真空电弧重熔钢锭半径中心处;

5—电渣重熔钢锭心部;6—电渣重熔钢锭半径中心处

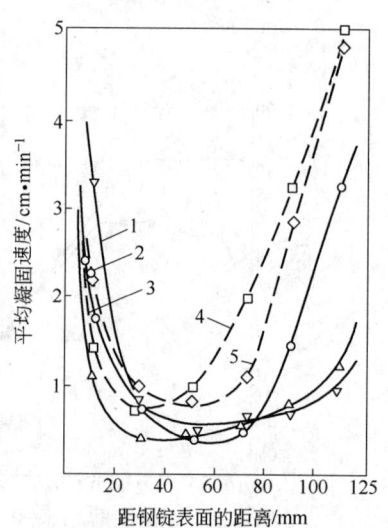

图8-2-42

1—纯铁;2—0.4%碳钢;3—4.93%碳的生铁;

4—4.83%碳的生铁;5—生铁(C3.55%,Si4%)

钢锭结晶速度随时间的变化(图8-2-43)[69]

连铸坯的结晶速度沿断面的变化(图8-2-44)[70]

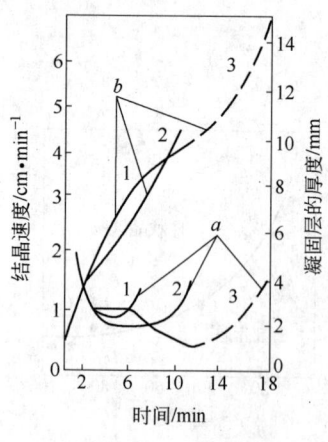

图8-2-43

a—结晶速度;b—凝固层厚度

1—$\phi$200 mm;2—$\phi$250 mm;3—$\phi$340 mm

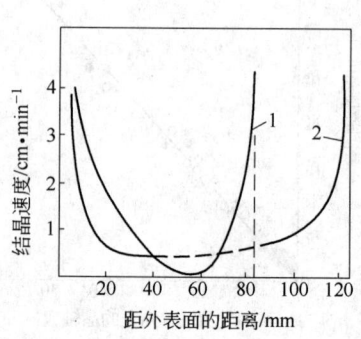

图8-2-44

1—断面265/90 mm,结晶器长1200 mm(波浪状);

2—断面36/100 mm,圆形短结晶器

结晶时晶核的生长速度和结晶速度的关系(图 8 - 2 - 45)[60]

凝固速度对铸钢疏松度的影响(图 8 - 2 - 46)[71]

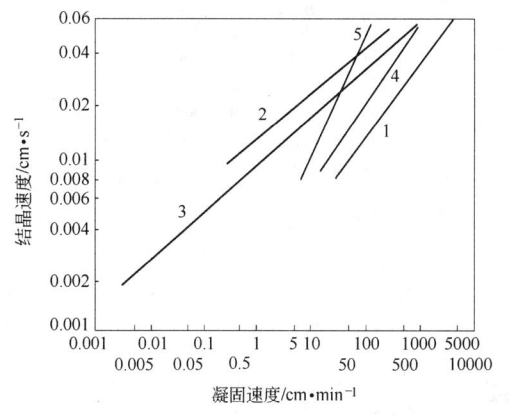

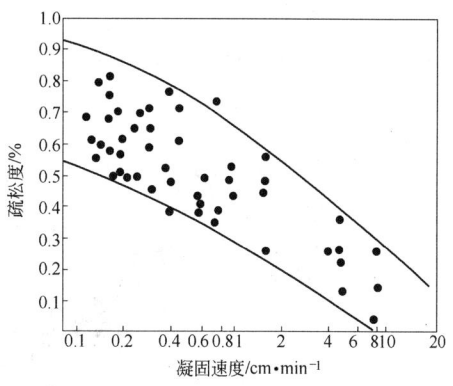

图 8 - 2 - 45

1—工业纯铁([C] = 0.04%);2—Fe-C 合金([C] = 0.4%);

3—30CrNi3Mo;4—Al;5—Si - Al 合金

图 8 - 2 - 46

$$疏松度 = \frac{无疏松钢的密度 - 实际钢的密度}{无疏松钢的密度} \times 100\%$$

凝固速度和硫化物生成量的关系(图 8 - 2 - 47)[64]

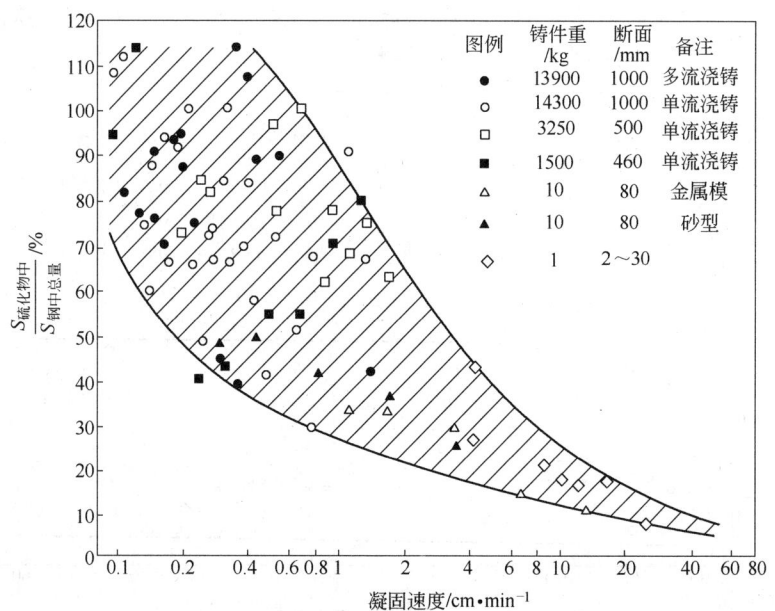

| 图例 | 铸件重/kg | 断面/mm | 备注 |
|---|---|---|---|
| ● | 13900 | 1000 | 多流浇铸 |
| ○ | 14300 | 1000 | 单流浇铸 |
| □ | 3250 | 500 | 单流浇铸 |
| ■ | 1500 | 460 | 单流浇铸 |
| △ | 10 | 80 | 金属模 |
| ▲ | 10 | 80 | 砂型 |
| ◇ | 1 | 2~30 | |

图 8 - 2 - 47

凝固速度和硫化物夹杂半径的关系(图 8 - 2 - 48)[64]

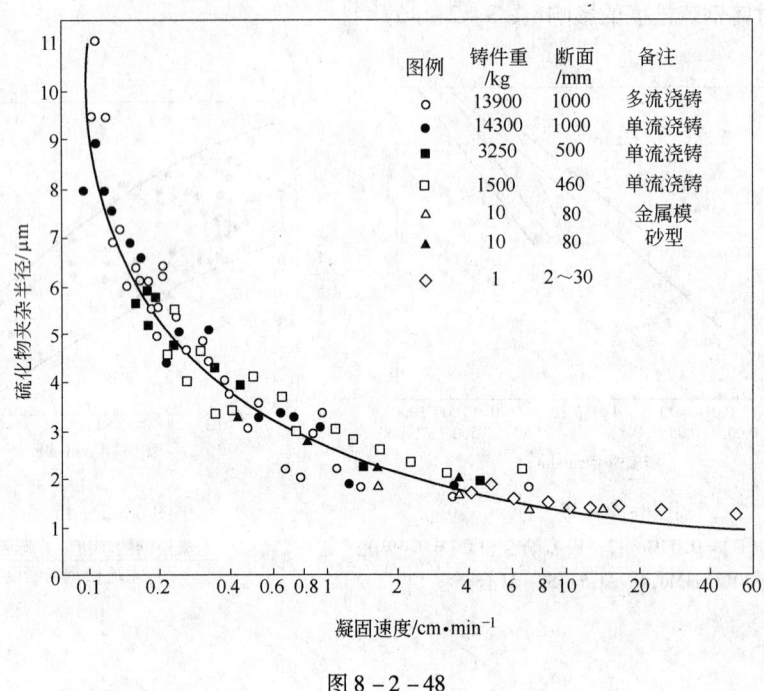

图 8 - 2 - 48

钢的凝固速度和硅酸盐体积的关系(图 8 - 2 - 49)[64]

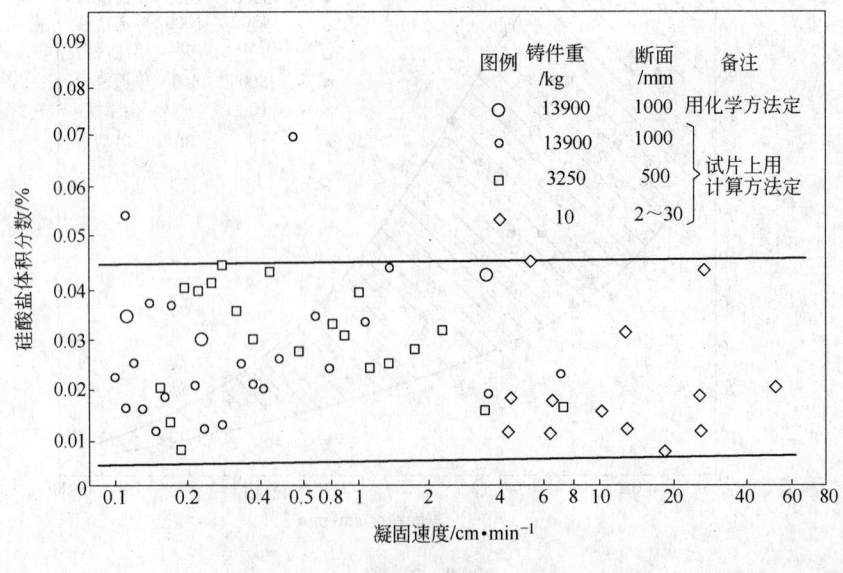

图 8 - 2 - 49

凝固速度和夹杂物含量对断面收缩率的影响(图 8 - 2 - 50)[64]

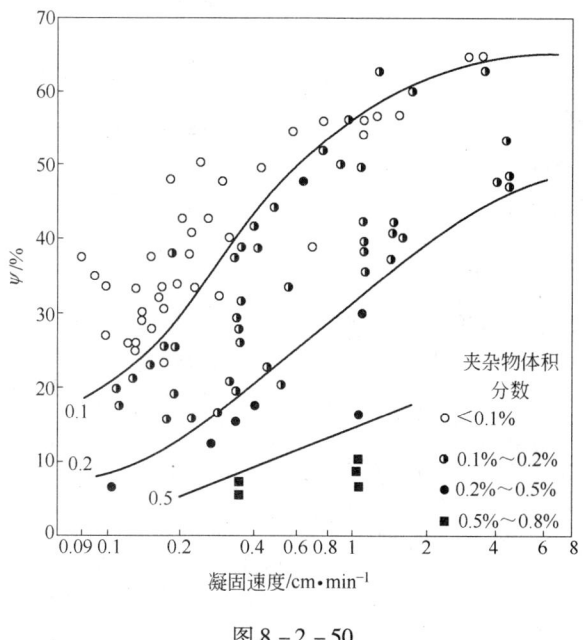

图 8 - 2 - 50

试样经处理后 $\sigma_b = 1000$ MPa

凝固速度和夹杂物含量对冲击韧性的影响(图 8 - 2 - 51)[64]

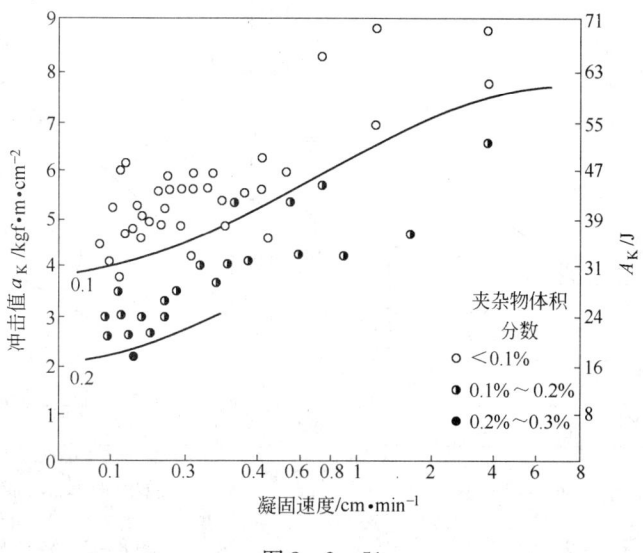

图 8 - 2 - 51

试样经处理后 $\sigma_b = 800$ MPa

凝固速度和硅酸盐夹杂物半径的关系（图 8 - 2 - 52）[64]

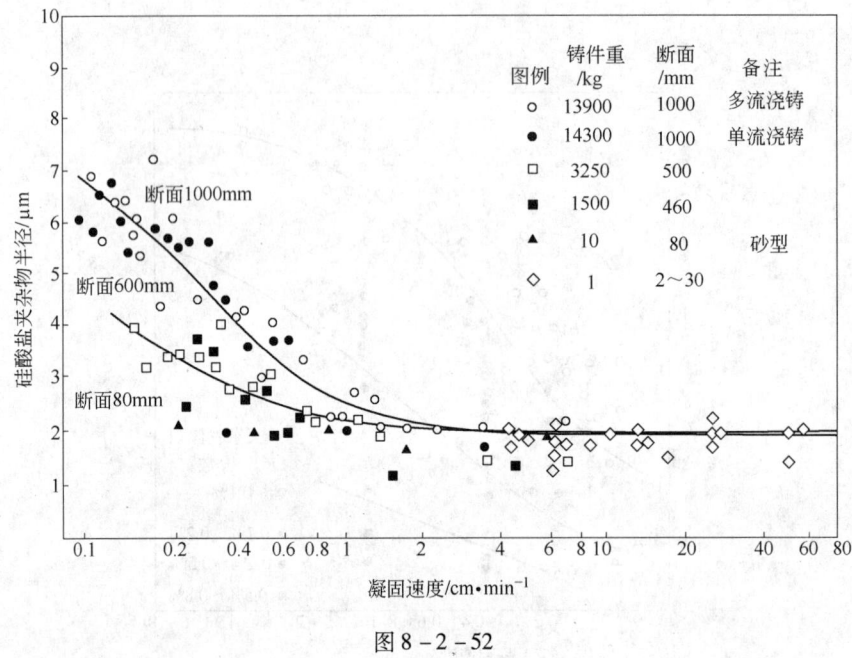

图 8 - 2 - 52

凝固速度和力学性能的关系（图 8 - 2 - 53）[8]

凝固速度和夹杂物含量对抗拉强度的影响（图 8 - 2 - 54）[64]

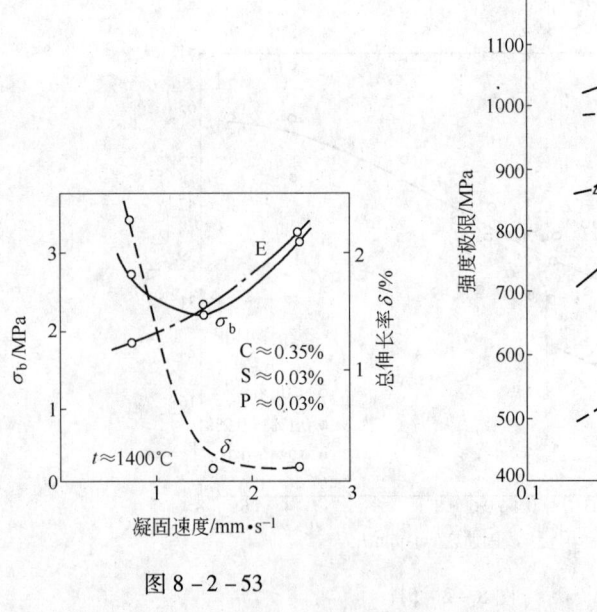

图 8 - 2 - 53

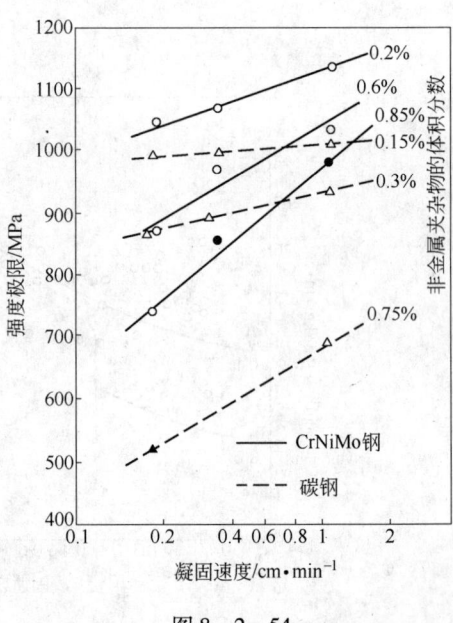

图 8 - 2 - 54

钢的凝固和一次、二次晶间距(表 8-2-5)[2]

表 8-2-5

| 钢号 | 凝固方法 | 化学成分,w/% | | | | | | | | | | 一次枝晶间距 $S_1$/μm | | | | 二次枝晶间距 $S_2$/μm | | | |
|---|---|---|---|---|---|---|---|---|---|---|---|---|---|---|---|---|---|---|---|
| | | C | Si | Mn | P | S | Cr | Ni | Mo | Al | 其他 | $A_1$ | $A_1'$ | $n_1$ | 适用范围 | $A_1$ | $A_2'$ | $n_2$ | 适用范围 |
| 碳素钢 | 单向凝固 | 0.14 | 0.46 | 0.65 | 0.015 | 0.015 | | | | 0.011 | | | | | | 688 | | 0.36 | 3<v<400 |
| | 单向凝固 | 0.27 | 0.46 | 0.60 | 0.016 | 0.015 | | | | 0.015 | | | | | | 641 | | 0.36 | 2.5<v<300 |
| | 单向凝固 | 0.43 | 0.45 | 0.65 | 0.016 | 0.016 | | | | 0.018 | | | | | | 683 | | 0.37 | 2.5<v<700 |
| | 单向凝固 | 0.62 | 0.35 | 0.64 | 0.015 | 0.016 | | | | 0.016 | | | | | | 738 | | 0.40 | 2.5<v<700 |
| | 单向凝固 | 0.76 | 0.46 | 0.70 | 0.015 | 0.016 | | | | 0.021 | | | | | | 659 | | 0.39 | 2.5<v<700 |
| | 单向凝固 | 0.88 | 0.46 | 0.73 | 0.016 | 0.016 | | | | 0.030 | | | | | | 849 | | 0.44 | 3<v<700 |
| | 单向凝固 | 0.14 | 0.36 | 0.60 | 0.015 | 0.015 | | | | 0.011 | | | | | | 770 | | 0.41 | 2.5<v<700 |
| | | 0.88 | 0.46 | 0.73 | 0.016 | 0.016 | | | | 0.030 | | | | | | | | | |
| | | 3.03 | 0.02 | 0.01 | 0.005 | 0.006 | | | | | | } 2640 | | 0.48 | 15<v<500 | 150 | | 0.29 | 60<v<500 |
| | | 3.71 | 0.02 | 0.01 | 0.005 | 0.006 | | | | | | | | | | 119 | | 0.30 | 40<v<500 |
| | | 4.03 | 0.02 | 0.01 | 0.005 | 0.006 | | | | | | | | | | 77 | | 0.28 | 7<v<150 |
| Cr-Mo 钢 | 单向凝固 | 0.33 | 0.30 | 0.66 | 0.006 | 0.006 | 1.17 | | 0.25 | | | 1620 | $G^{-0.4}$ | $R^{-0.2}$ | 5<G<28<br>0.04<R<0.8 | 770 | | 0.41 | 1<v<9 |
| | | 0.41 | 0.30 | 0.71 | 0.022 | 0.028 | 1.00 | | 0.23 | | | | | | | 520 | | 0.31 | 1<v<250 |
| | | 0.33 | 0.30 | 0.66 | 0.006 | 0.006 | 1.06 | | 0.23 | | | | | | | 610 | | 0.36 | 1<v<250 |
| | | 0.41 | 0.46 | 0.71 | 0.022 | 0.028 | 1.17 | | 0.25 | | | | | | | | | | |
| | | 0.91 | | 0.37 | 0.001 | 0.004 | 2.99 | | 0.32 | 0.015 | | | | | | 843 | | 0.55 | 20<v<100 |
| | | 0.96 | 0.64 | 0.33 | 0.009 | 0.006 | 2.74 | | 0.30 | 0.17 | Ti 0.42 | | | | | 407 | | 0.49 | 15<v<55 |
| | | 0.89 | 0.53 | 0.24 | 0.003 | 0.005 | 3.11 | | 0.32 | 0.014 | Zr 0.07 | | | | | 623 | | 0.55 | 20<v<60 |
| | | 0.88 | 0.49 | 0.35 | 0.003 | 0.005 | 2.75 | | 0.38 | 0.052 | Zr 0.33 | | | | | 448 | | 0.52 | 17<v<50 |
| Mn 钢 | 1 t,50 kg 钢锭 | 0.55 | 0.01 | 2.04 | 0.009 | 0.007 | | | | 0.030 | | | | | | | 145.6 | 0.39 | 0.02<θ<10 |
| | 70 kg 钢锭 | 0.60 | 0.07 | 2.79 | 0.028 | 0.039 | | | | 0.097 | | | | | | | | | |
| | 单向凝固 | 0.59 | 0.03 | 1.10 | 0.008 | 0.005 | | | | 0.04 | | 2104 | 265 | 0.49 | 1<θ<23<br>3<v<70 | 615 | 95.7 | 0.44 | 1<v<23<br>3<v<70 |
| | 单向凝固 | 1.48 | 0.03 | 1.14 | 0.010 | 0.002 | | | | 0.20 | | 2398 | 206 | 0.48 | 1.4<θ<46<br>4<v<120 | 716 | 5.5 | 0.5 | 1.4<θ<46<br>1<v<120 |
| | 单向凝固 | 0.003 | 0.4 | 1.48 | 0.019 | 0.017 | | | | | | 1200<br>365 | | 0.311<br>0.200 | ①<br>② | 140 | | 0.173 | ① |
| | 单向凝固 | 0.10 | 0.40 | 1.55 | 0.020 | 0.017 | | | | | | 980<br>310 | | 0.311<br>0.200 | ①<br>② | 110 | | 0.173 | ① |

续表 8-2-5

| 钢号 | 凝固方法 | 化学成分 $w$/% | | | | | | | | | | 一次枝晶间距 $S_1$/μm | | | | 二次枝晶间距 $S_2$/μm | | | |
|---|---|---|---|---|---|---|---|---|---|---|---|---|---|---|---|---|---|---|---|
| | | C | Si | Mn | P | S | Cr | Ni | Mo | Al | 其他 | $A_1$ | $A_1'$ | $n_1$ | 适用范围 $S_1$/μm | $A_2$ | $A_2'$ | $n_2$ | 适用范围 $S_2$/μm |
| Mn 钢 | 单向凝固 | 0.19 | 0.42 | 1.47 | 0.021 | 0.016 | | | | | | 800 / 250 | | 0.311 / 0.200 | ① ② | 72 | | 0.173 | ① |
| | 单向凝固 | 0.40 | 0.42 | 1.50 | 0.021 | 0.018 | | | | | | 720 / 215 | | 0.311 / 0.200 | ① ② | 58 | | 0.173 | ① |
| Ni-Mo 钢 | 控制单向凝固 | 0.25 | 0.061 | 0.58 | 0.012 | 0.004 | 0.14 | 3.64 | 0.47 | 0.006 | Cu0.060 | | | | | 398 | | 0.32 | $0.2 < v < 10$ |
| | | 0.25 | 0.061 | 1.50 | 0.012 | 0.05 | 0.14 | 3.64 | 0.47 | 0.006 | V0.08 | | | | | 306 | | 0.32 | $0.2 < v < 10$ |
| | | 0.25 | 0.061 | 2.30 | 0.012 | 0.10 | 0.14 | 3.64 | 0.47 | 0.006 | 0.08 | | | | | 288 | | 0.32 | $0.2 < v < 10$ |
| Ni-Cr-Mn 钢 不锈钢 | 单向凝固 | 0.24 | 0.07 | 0.29 | 0.008 | 0.010 | 1.75 | 3.38 | 0.38 | | V 0.11 | 925 | | $R-0.2$ | $4 < G < 56$ | 368 | | 0.35 | $1 < v < 20$ |
| | 控制单向凝固 | 0.063 | 0.38 | 1.72 | 0.021 | 0.02 | 26.13 | 21.24 | | | | | $G-0.4$ | | | 220 | | 0.39 | $1 < v < 10$ |
| Ni-Cr-Mn 钢 不锈钢 | 控制单向凝固 | 0.29 | 1.12 | 1.3 | 0.01 | | 21.14 | 20.58 | 4.6 | | Co 20.36 | ⎫ 2040 | | 0.24 | $10 < v < 1000$ | 265 | | 0.46 | $10 < v < 1000$ |
| | | 0.27 | 1.05 | 1.2 | 0.21 | | 21.71 | 19.73 | 4.6 | | 19.76 | ⎬ | | | | 274 | | 0.49 | $10 < v < 1000$ |
| | | 0.28 | 0.53 | 1.27 | 0.41 | | 20.47 | 19.86 | 4.81 | | 20.09 | ⎬ | | | | 220 | | 0.42 | $10 < v < 1000$ |
| | | 0.20 | 0.98 | 1.69 | 0.94 | | 19.05 | 19.16 | 4.31 | | 19.86 | ⎬ | | | | 217 | | 0.47 | $10 < v < 1000$ |
| | | 0.29 | 0.97 | 1.66 | 4.66? | | 19.23 | 19.54 | 4.06 | | 19.50 | ⎭ | | | | 90 | | 0.31 | $10 < v < 1000$ |
| Ni-Cr-Mn 钢 不锈钢 | 单向凝固 | 0.30 | 0.64 | 1.07 | 0.009 | | 19.89 | 10.17 | 2.48 | | Co 0.40 | | | | | 292 | | 0.48 | $10 < v < 1000$ |
| Ni-Cr-Mn 钢 不锈钢 | 单向凝固 | 0.59 | 0.03 | 0.05 | 0.011 | 0.012 | 19.58 | 8.56 | | | | 2620 | | 0.62 | $12 < v < 120$ | 421 | | 0.47 | $12 < v < 120$ |
| | | 0.08 | 0.07 | 0.05 | 0.011 | 0.012 | 25.30 | 19.11 | | | | 782 | | 0.37 | $12 < v < 120$ | 257 | | 0.42 | $12 < v < 120$ |
| | | 0.36 | 0.10 | 0.06 | 0.014 | 0.014 | 25.56 | 19.20 | | | | | | | | | | | |
| 工具钢 | 单向凝固 | 0.88 | 0.29 | 0.30 | | | 4.21 | 0.12 | 5.38 | | W 6.37 / V 1.96 / Co 0.21 | | | | | 100 | | 0.28 | $3 < v < 6300$ |

① $5 < v < 2 \times 10^4$, $G \approx 50℃/cm$; ② $5 < v < 2 \times 10^4$, $G = 200 \sim 360℃/cm$。

注：$v$—冷却速度，℃/min；$\theta$—凝固时间，min；$G$—结晶生长方向的温降，℃/cm；$R$—结晶生长速度，cm/min；$S_2 = A_2 v^{-n_2}$，$S_2 = A_2' \theta^{n_2}$；$S_1 = A_1 v^{-n_1}$，$S_1 = A_1' \theta^{n_1}$。

温度梯度和凝固速度与树枝状结构的关系(δFe形态不同)(图8-2-55)[72]

温度梯度和凝固速度对树枝状结构的影响([S]含量不同)(图8-2-56)[72]

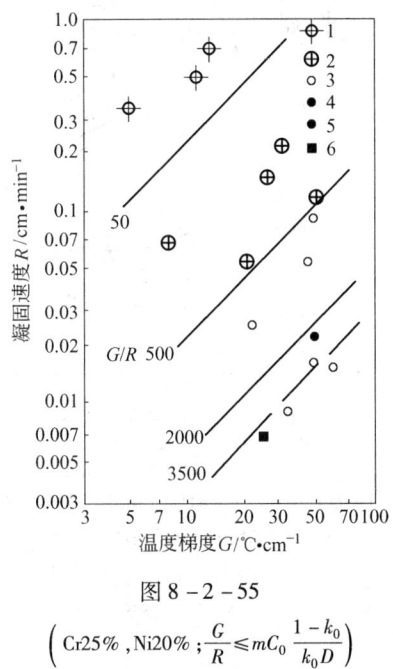

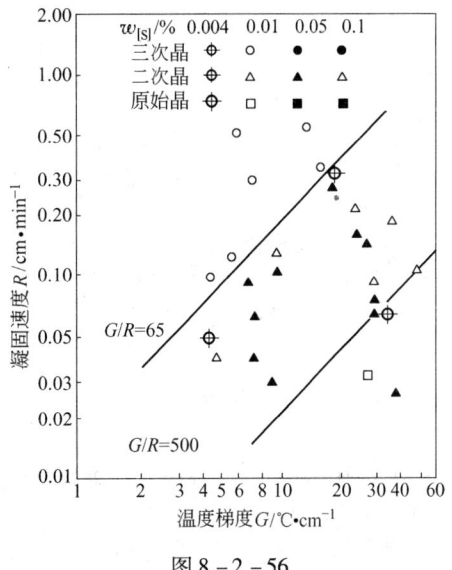

图 8 - 2 - 55                 图 8 - 2 - 56

$$\left( Cr25\% , Ni20\% ; \frac{G}{R} \leqslant mC_0 \frac{1 - k_0}{k_0 D} \right)$$

δFe 形态:1—复杂的 δFe;2—十字形 δFe;3—菱形的 δFe;

4—六角形晶粒;5—拉长的晶格;6—平滑界面

## 四、钢的冷却速度和结晶及钢质

圆钢锭心部的平均冷却速度(图8-2-57)[68]

钢的冷却速度和距表面距离的关系(图8-2-58)[6]

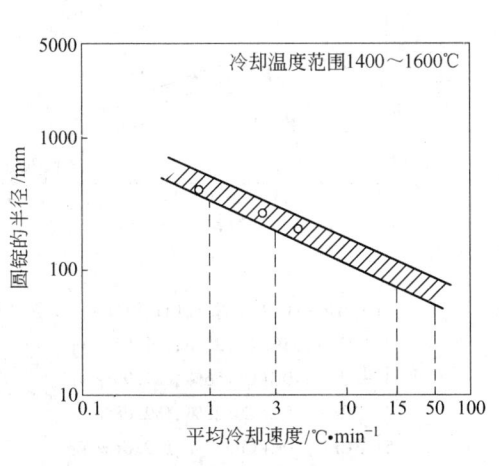

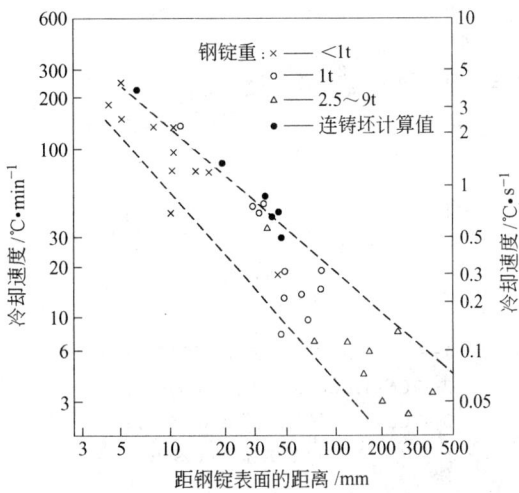

图 8 - 2 - 57                 图 8 - 2 - 58

钢的冷却速度和一次、二次晶间距离的关系(图 8 - 2 - 59)[73]

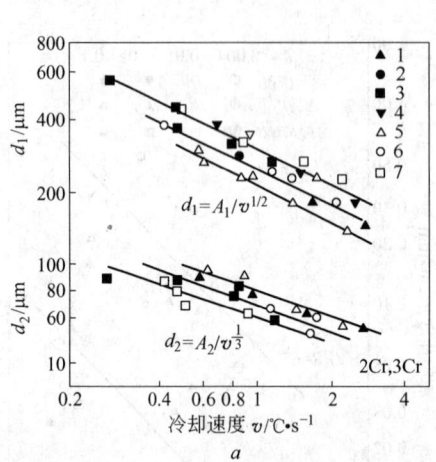

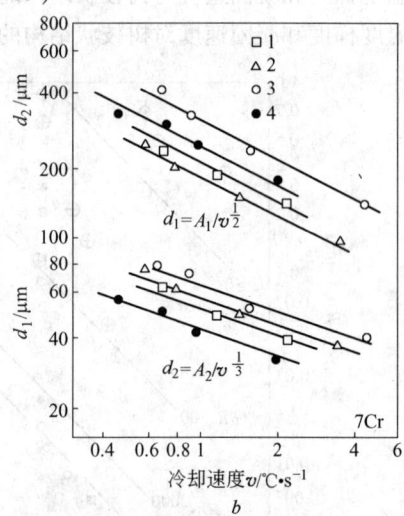

1—2Cr – 1C(C0.82%,Cr1.81%);2—2Cr – 1.5C
(C1.28%,Cr1.95%);3—2Cr – 2.0C(C1.56%,
Cr1.99%);4—3Cr – 0.5C(C0.28%,Cr2.68%);
5—3Cr – 1.0C(C0.77%,Cr2.61%);6—3Cr –
1.5C(C1.29%,Cr2.74%);7—3Cr – 2.0C
(C1.75%,Cr2.91%)

1—7Cr – 0.5C(C0.41%,Cr6.71%);2—7Cr – 1.0C
(C0.87%,Cr6.94%);3—7Cr – 1.5C(C1.24%,
Cr6.85%);4—7Cr – 2.0C
(C1.97%,Cr6.94%)

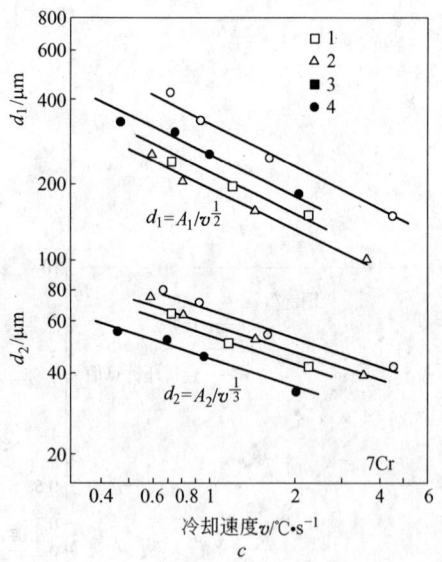

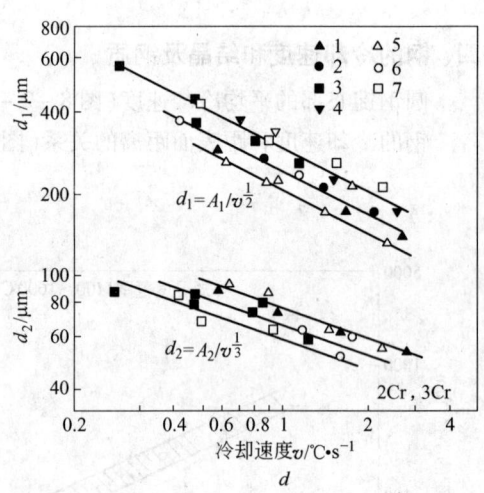

1—7Cr – 0.5C(C0.41%,Cr 6.71%);
2—7Cr – 1.0C(C0.87%,Cr 6.94%);
3—7Cr – 1.5C(C1.24%,Cr 6.86%);
4—7Cr – 2.0C(C1.97%,Cr 6.94%)

1—2Cr – 1C(C0.82%,Cr1.81%);
2—2Cr – 1.5C(C1.28%,Cr1.95%);
3—2Cr – 2.0C(C1.56%,Cr1.99%);
4—3Cr – 0.5C(C0.28%,Cr2.68%);
5—3Cr – 1.0C(C0.77%;Cr2.61%);
6—3Cr – 1.5C(C1.29%,Cr2.74%);
7—3Cr – 2.0C(C1.75%,Cr2.91%)

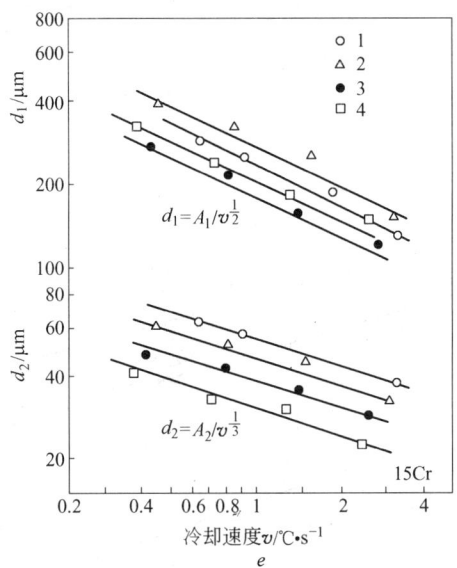

$$d_1 = A_1 / v^{\frac{1}{2}}$$

$$d_2 = A_2 / v^{\frac{1}{3}}$$

冷却速度 $v$/℃·s$^{-1}$

e

1—15Cr－0.5C(C0.24%，Cr14.2%)；2—15Cr－1.0C(C0.67%，Cr14.0%)；
3—15Cr－1.5C(C1.24%，Cr14.2%)；4—15Cr－2.0C(C1.87%，Cr14.5%)

图 8－2－59

钢的平均冷却速度和二次枝晶间距的关系(碳素钢)(图 8－2－60)[6]

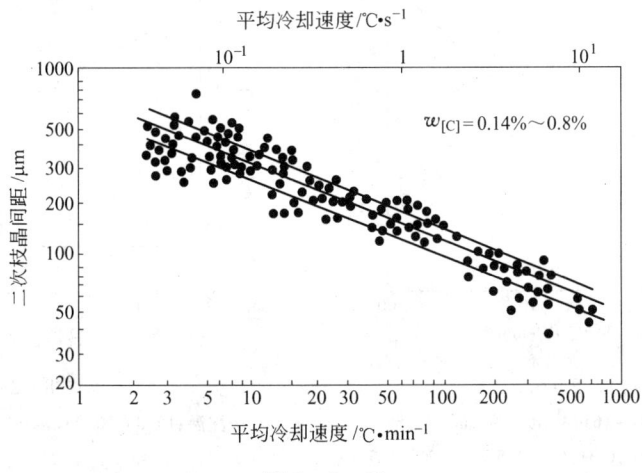

平均冷却速度/℃·s$^{-1}$

$w_{[C]} = 0.14\% \sim 0.8\%$

二次枝晶间距/μm

平均冷却速度/℃·min$^{-1}$

图 8－2－60

钢的冷却速度和二次枝晶间距的关系（碳素钢、低合金钢、5% Cr 钢、不锈钢及耐热钢、高速钢）（图 8 - 2 - 61）[6]

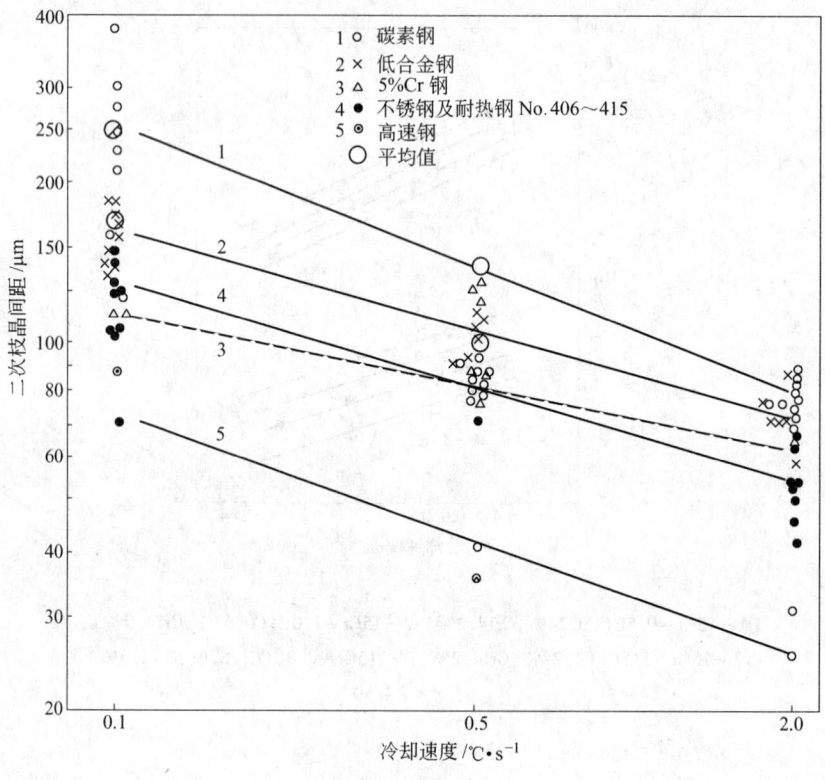

图 8 - 2 - 61

高速钢的冷却速度对其铸态网状评级的影响（图 8 - 2 - 62）[68]

钢（S6-5-2）的冷却速度对碳化物尺寸的影响（图 8 - 2 - 63）[68]

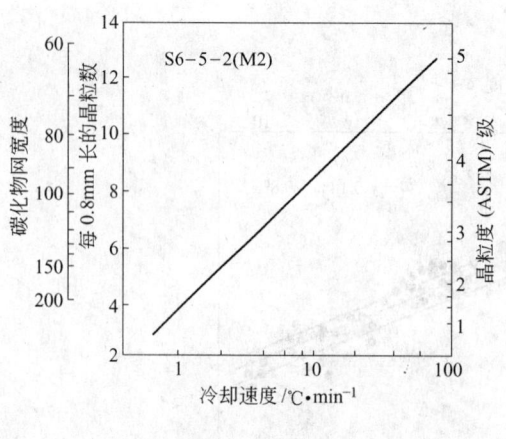

图 8 - 2 - 62

注温：1500 ~ 1650℃；$\phi = 29$ mm；

成分：C0.84% ~ 0.92%，Cr3.8% ~ 4.5%，W6% ~ 6.7%，

Mo4.7% ~ 5.2%，V1.7% ~ 2.0%；碳化物网 = 莱氏体共晶

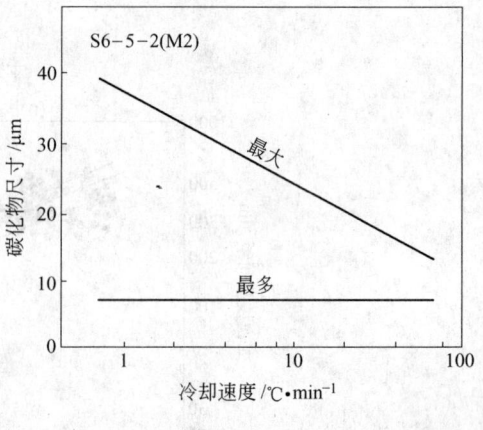

图 8 - 2 - 63

注温：1500 ~ 1650℃；$\phi$29 mm，经 65% 拉长变形

冷却速度和二次晶轴间距的关系（Mn、S 含量不同）（图 8 - 2 - 64）[73]

钢的冷却速度和初生树枝状晶轴间距的关系（[S]含量不同）（图 8 - 2 - 65）[73]

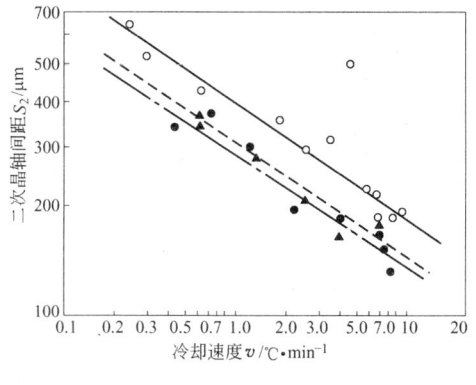

图 8 - 2 - 64

$S_2$—二次晶柱间距；$v$—冷却速度

$\bigcirc S_2 = 398v^{-0.32}$，S0.004% ～ 0.01%，Mn0.58%；▲ $S_2 = 308v^{-0.32}$，

S0.05%，Mn0.5%；● $S_2 = 228v^{-0.32}$，S0.10%，Mn2.3%

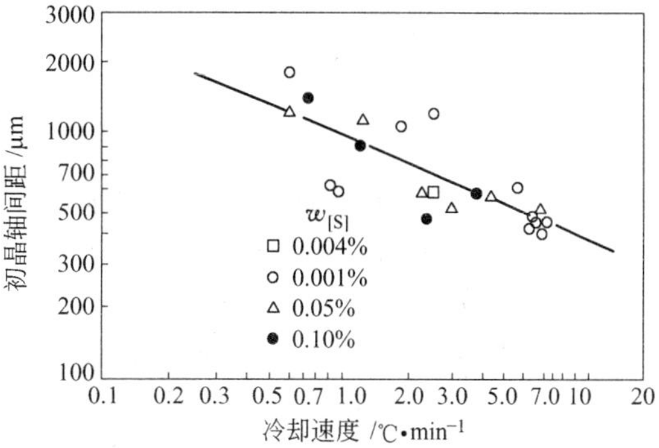

图 8 - 2 - 65

钢的冷却速度对硫化锰尺寸的影响（图 8 - 2 - 66）[73]

钢的冷却速度对硫化锰数量的影响（图 8 - 2 - 67）[73]

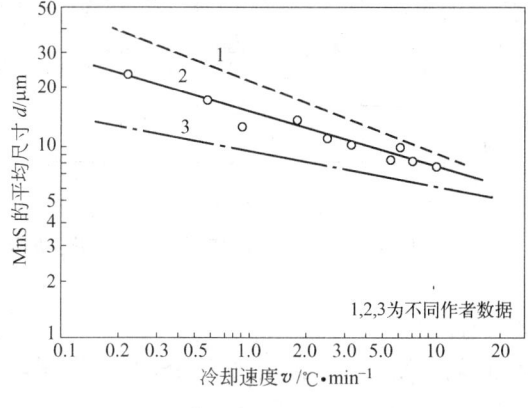

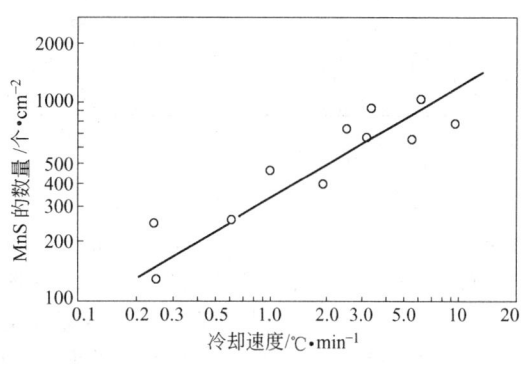

图 8 - 2 - 66

（Ⅰ型硫化锰）

图 8 - 2 - 67

（Ⅰ型硫化锰）

1—$d = 19.7v^{-0.28}$（碳钢）；2—$d = 13.9v^{-0.30}$（3.5Ni-Mo 钢）；

3—$d = 8.5v^{-0.21}$（碳钢）

## 五、钢的偏析

偏析的表示方法：

（1）溶质的平衡分配系数 $E_0$。由选分结晶产生的偏析，偏析倾向的大小决定于该元素在固、液两相中平衡浓度的比值（分配系数 $K_0 = C_S/C_L$）及元素在液、固相中的扩散速度，固、液线温差越大，则开始结晶和终了结晶的固相成分差别愈大，偏析愈严重。

（2）偏析度 $K_E$。

对于显微偏析：

$$K_E = \frac{\text{枝晶间最大溶质浓度}}{\text{枝晶干最小溶质浓度}} = \frac{E_{max}}{E_{min}}$$

对于宏观偏析：

$$K_E = \frac{\text{测定点元素含量}}{\text{钢中元素的平均含量}} = \frac{E}{E_0}$$

$K_E > 1$ 为正偏析；$K_E < 1$ 为负偏析。$K_E$ 偏离 1 的程度愈大，则偏析愈严重。

（3）偏析率：

$$\text{偏析率} = \frac{\Delta E}{E_{\text{平均}}} = \frac{E_{max} - E_{min}}{E_{\text{平均}}}$$

$E$ 表示碳、硫等元素的最大、最小或平均含量偏析率越大，则该元素的偏析越严重。

（4）其他表示方法：

1）偏析量：$\Delta E = E - E_0$，$\Delta E > 0$ 为正偏析，$\Delta E < 0$ 为负偏析。

2）偏析系数：$1 - K_0$，$K_0$ 为分配系数，$1 - K_0$ 愈大即偏析系数愈大，则偏析愈严重。

$$\text{相对偏析}(\%) = \frac{E_{max} - E_{min}}{E_0} \times 100\%$$

式中　$E$——测定点的浓度；

　　　$E_0$——溶质的平均浓度。

偏析的分类（表 8 - 2 - 6）

表 8 - 2 - 6

| 偏析类型 | | 偏析的形成特征 |
|---|---|---|
| 宏观偏析 | 1. 密度偏析<br>2. 正偏析<br>3. 负偏析<br><br>4. 通道偏析<br>5. 带状偏析 | 凝固初期发生，由于密度不同而引起<br>开始凝固部分浓度低，最后部分浓度高<br>与正偏析的溶质分布情况相反，形成原因是由于收缩使铸坯心部高溶质浓度的液相穿过枝晶间的通道，挤压铸坯表面<br>具有低熔点溶质的液相是由于收缩及密度的差别在枝晶间产生流动引起的<br>在平行固—液界面的某一带状区域内成分发生变化，引起的原因是长大速度发生变化造成的 |
| 显微偏析 | 1. 晶界偏析<br>2. 枝晶偏析 | 在平行长大的平面晶之间或在两相对长大的平面晶相遇处溶质浓度高于心部<br>在通常的等轴晶或柱状晶内部，枝晶间与枝晶干处成分有差异 |

偏析的影响因素：

（1）冷却速度。冷却速度大，凝固速度也就越大，二次枝晶间距变小，减轻了显微偏析，减少了夹杂物的集聚，晶界较纯，机能高，抗裂纹的性能提高。

（2）过热度。浇铸时过热度小、偏析小，组织较均匀。

（3）成分。偏析系数大的元素易产生偏析，溶解元素的偏析系数由大变小的次序为：S、O、B、C、P 等。

（4）扩散系数。扩散系数越大、越易偏析，由大到小的次序是：H、C、O、N、Ni、Mn。

（5）其他工艺因素。断面形状、大小、结晶器中冷却速度和二冷区冷却速度、电磁搅拌等均与偏析有关。

偏析的控制：

（1）显微偏析的控制与减轻措施。加大浇铸过程中铸坯的冷却速度和减小钢液中偏析元素的含量是减轻显微偏析的主要措施，对已形成的显微偏析可以通过扩散退火等工序减轻。

（2）宏观偏析的控制：

1）控制凝固结构。缩小柱状晶区，扩大等轴晶区，利于减轻连铸坯的中心偏析。

2）控制冷却速度。加快冷却速度可抑制溶质元素凝固时的析出；同时也可细化晶粒。二冷水量增加，坯壳强度增大；增加导辊等能减轻鼓肚，并使中心偏析降低。

大钢坯凝固时间长，中心偏析增大。钢坯液相高度增大会使偏析发展。

3）调整合金元素含量。在成分允许的范围内减小合金元素浓度可减小凝固时的偏析。

4）外加添加剂。在中间包或结晶器内加入形核剂，可增加晶核利于扩大等轴晶，减少偏析。

铁中合金元素的平衡分配系数 $K_0$（表8-2-7）[2]　　　　　表8-2-7

| 元　素 | | 成分,$w$/% | $K_0$ | 元　素 | | 成分,$w$/% | $K_0$ |
|---|---|---|---|---|---|---|---|
| Al | （δ） | | (0.6)<br>(0.60)<br>0.92 | Ni | （δ） | 0.030~0.055 | 0.549<br>0.75<br>0.76<br>0.80<br>0.85 |
| B | （δ） | | (0.03)<br>0.05<br>0.11 | | （γ） | | 0.85<br>0.95 |
| | | | 0.04<br>0.05 | O | （δ） | 0.012~0.096 | (0.02)<br>0.02<br>0.022<br>(0.1)<br>0.10 |
| | （γ） | 0.009~0.023 | 0.11~0.025<br>0.13<br>0.141 | | （γ） | | 0.02<br>0.03 |
| C | （δ） | 0.44<br><br>0.08<br>0.23~0.25 | 0.17<br>0.18<br>(0.20)<br>0.20<br>(0.25)<br>0.25<br>0.29<br>0.30<br>0.34<br>(0.35) | Mn | （δ） | 0.025~0.24<br>0.3~1.0 | 0.123<br>(0.15)<br>0.6~0.7<br>0.68<br>0.73±0.04<br>0.73<br>0.76<br>(0.80~0.90)<br>0.84<br>0.90 |
| | （γ） | 0.64~3.79<br>0.51~4.32 | 0.35~0.40<br>0.35~0.50<br>0.36 | | （γ） | | 0.75<br>0.78<br>0.95 |
| Cr | （δ） | 0.022~0.15 | 0.89<br>0.94<br>0.95<br>(0.97)<br>1.0 | Mo | （δ） | | (0.7)<br>(0.70)<br>0.74<br>0.80<br>0.80 |
| | （γ） | | 0.85<br>0.87 | | （γ） | | 0.57<br>0.6 |
| Co | （δ） | | 0.90<br>0.94 | Si | （δ） | 0.4~4.0 | 0.6<br>0.62<br>0.66<br>(0.7)<br>0.77±0.04<br>0.83<br>0.84<br>(0.84)<br>0.912 |
| | （γ） | | 0.95 | | | | |
| Cu | （δ） | 0.028~0.05 | 0.56<br>0.592<br>0.70<br>0.90 | | （γ） | | 0.5<br>0.54 |
| | （γ） | | 0.70<br>0.88 | P | （δ） | 0.015~0.092<br>0.204~0.211<br><br>0.07~0.28 | 0.13<br>0.14<br>(0.15~0.18)<br>0.16±0.04<br>0.17<br>(0.2)<br>0.2~0.3<br>0.23<br>0.27<br>0.28 |
| H | （δ） | | (0.27)<br>0.27<br>0.32 | | | | |
| | （γ） | | 0.45 | | | | |
| N | （δ） | | 0.25<br>0.28<br>0.32<br>(0.38) | | | | |
| | （γ） | | 0.48<br>0.50<br>0.34 | | （γ） | | 0.06<br>0.08 |

续表 8 - 2 - 7

| 元　素 | | 成分，$w/\%$ | $K_0$ | 元　素 | | 成分，$w/\%$ | $K_0$ |
|---|---|---|---|---|---|---|---|
| S | (δ) | 0.20 ~ 0.45<br>0.045 ~ 0.25<br>0.002 ~ 0.009 | (0.002)<br>0.02<br>0.025<br>(0.04 ~ 0.05)<br>0.04 ~ 0.06<br>0.05<br>0.052 ± 0.01<br>0.114 | Ti | (γ) | | 0.07<br>0.3 |
| | | | | W | (δ) | | 0.95 |
| | (γ) | | 0.02<br>0.05 | | (γ) | | 0.5 |
| Ti | (δ) | | 0.14<br>0.40<br>(0.6)<br>(0.60) | V | (δ) | | 0.90<br>0.96 |
| | | | | Zr | (δ) | | (0.5)<br>(0.50) |

注：$K_0$ 为不同作者发表的数据，$K_0 = [\mathrm{E}]_{\delta,\gamma}/[\mathrm{E}]_{液}$；δ 为铁素体；γ 为奥氏体。

一些残留元素的凝固偏析度 $K_E$（表 8 - 2 - 8）[74]

表 8 - 2 - 8

| 元　素 | As | Sb | Sn | Cu | Cr | Ni | Mo | W | Co |
|---|---|---|---|---|---|---|---|---|---|
| 偏析度 | 0.7 | 0.8 | 0.5 | 0.44 | 0.55 | 0.20 | 0.20 | 0.10 | 0.10 |

Fe-E 系中元素的晶间偏析程度（$K_E$）（表 8 - 2 - 9）[8]

表 8 - 2 - 9

| 元　素 | 元素含量/% | | | 浓度比值<br>$K_E^E = \dfrac{E_{最大}}{E_{最小}}$ |
|---|---|---|---|---|
| | 化学分析 | 显微分析 | | |
| | | 晶　轴 | 轴　间 | |
| Cr | 12.5 | 12.1 | 13.3 | 1.1 |
| Mn | 8.9<br>16.8 | 8.2<br>15.9 | 10.1<br>18.4 | 1.2<br>1.2 |
| Ni | 10.5<br>20.9 | 9.8<br>19.5 | 11.1<br>22.8 | 1.1<br>1.2 |
| Si | 5.0<br>7.1 | 4.8<br>6.9 | 5.3<br>7.3 | 1.1<br>1.05 |
| Co | 10.3<br>21.0 | 9.7<br>20.6 | 10.4<br>21.5 | 1.05<br>1.05 |
| Mo | 8.8 | 8.7 | 9.1 | 1.05 |
| W | 12.5 | 12.2 | 12.9 | 1.05 |

一些钢号中主要元素的晶间偏析程度（$K_E$）和 [C] 的关系（表 8 - 2 - 10）[8]

表 8 - 2 - 10

| 钢　号 | $w_{[C]}/\%$ | $K_E^{Cr}$ | $K_E^{Mn}$ | $K_E^{Mo}$ | $K_E^{Ni}$ | $K_E^{Si}$ |
|---|---|---|---|---|---|---|
| 1Cr13 | 0.13 | 1.2 | 1.2 | | | |
| 18CrMnTi | 0.21 | 1.5 | 1.5 | | | |
| 20Cr3 | 0.23 | 1.5 | | | | 1.3 |
| 20CrNi | 0.23 | 1.3 | 1.2 | | 1.2 | |
| 30CrMnSiA | 0.34 | 1.8 | 1.7 | | | 1.7 |
| 35CrMo | 0.37 | 1.6 | 1.4 | 2.0 | | |
| 40Cr | 0.39 | 2.0 | 1.9 | | | |
| 4Cr13 | 0.39 | 1.4 | 1.8 | | | |
| 40CrNi | 0.42 | 1.7 | 1.25 | | 1.2 | |
| 38CrMoAlA | 0.42 | 2.1 | | 8.7 | | |
| 45Mn2 | 0.45 | | 1.7 | | | |
| 65CrSi | 0.70 | 1.6 | | | | 1.4 |
| GCr15 | 1.30 | 3.9 | 1.6 | | | |

一些钢种在不同冷却条件下的显微偏析度（表8-2-11）[2]

表8-2-11

| 钢种 | 化学组成,w/% | | | | | | | | | | 冷却条件 | 显微偏析度 | | | |
|---|---|---|---|---|---|---|---|---|---|---|---|---|---|---|---|
| | C | Si | Mn | Cr | Ni | Mo | P | S | As | 其他 | | Ni | Cr | Mo | Mn |
| 碳素钢 | 0.41 | 0.28 | 0.65 | | | | 0.026 | 0.025 | 0.091 | | 100 t 钢锭 | | (As) | | |
| 碳素钢 | 0.042 | 0.26 | 0.58 | | | | 0.02~0.05 | 0.01~0.02 | 0.01 | (Cu)0.07<br>0.11<br>0.17 | 20 t 钢锭 | | | | |
| 碳素钢 | 0.44 | 0.35 | 0.65 | | | | 0.027 | 0.026 | 0.044 | (Cu)0.57 | 100 kg 钢锭 | | | | |
| | 0.31 | 0.50 | 0.8 | | | | | | | | | | | | |
| Cr-Mo 钢 | 0.33 | 0.30 | 0.66 | 1.17 | | 0.25 | 0.006 | 0.006 | | | 4 t 钢锭柱状晶区域 冷却速度0.5℃/min | | 1.51 | 3.8 | |
| | | | | | | | | | | | 冷却速度5℃/min | | 1.44 | 3.2 | |
| | | | | | | | | | | | 冷却速度50℃/min | | 1.37 | 2.7 | |
| Ni-Cr-Mo 钢 | 0.31 | 0.22 | 0.50 | 0.97 | 1.49 | 0.31 | | | | | 50 kg 钢锭周边（柱状晶） | 1.06 | 1.31 | 2.0 | 1.27 |
| | | | | | | | | | | | 50 kg 钢锭半径中心（等轴晶） | 1.13 | 1.59 | 2.33 | 1.27 |
| | | | | | | | | | | | 50 kg 钢锭中心（等轴晶） | 1.30 | 1.59 | | 1.44 |
| Ni-Cr-Mo 钢 | 0.36 | 0.035 | 0.065 | 0.95 | 1.56 | 0.35 | | | | | 50 kg 钢锭周边（柱状晶） | 1.09 | 1.35 | 1.7 | |
| | | | | | | | | | | | 50 kg 钢锭半径中心（等轴晶） | 1.03 | 1.26 | 1.6 | |
| | | | | | | | | | | | 50 kg 钢锭中心（等轴晶） | 1.42 | 1.69 | 1.9 | |
| Ni-Cr-Mo 钢 | 0.24 | 0.30 | 0.53 | 0.65 | 2.5 | 0.27 | 0.015 | 0.024 | | | 100 t 钢锭 | 1.3 | 2 | 7 | |
| Ni-Cr-Mo 钢 | 0.31 | 0.46 | 0.42 | 1.3 | 3.2 | 0.23 | | | | (Al)0.07 | φ14 cm 钢锭 | 1.3 | 1.4~1.5 | 2.2~3 | 1.5 |
| | 0.3 | 0.3 | 0.7 | 0.8 | 2.8 | 0.5 | | | | | | | | | |
| Ni-Cr-Mo 钢 | 0.41 | 0.35 | 0.66 | 0.95 | 1.88 | 0.28 | 0.010 | 0.012 | | | 单方向凝固,距激冷区 3.56 cm | 1.93 | 1.52 | | |
| | | | | | | | | | | | 单方向凝固,距激冷区 8.50 cm | 1.21 | 1.44 | | |
| | | | | | | | | | | | 单方向凝固,距激冷区 12.95 cm | 1.25 | 1.61 | | |
| Ni-Cr-Mo 钢 | 0.4 | 0.3 | 0.7 | 0.8 | 1.8 | 0.25 | | | | | 单方向凝固,距激冷区 4.32 cm | 1.21 | | | 1.52 |
| | | | | | | | | | | | 单方向凝固,距激冷区 6.35 cm | 1.14 | | | 1.39 |
| | | | | | | | | | | | 单方向凝固,距激冷区 14.60 cm | 1.34 | | | 1.79 |

续表 8-2-11

| 钢种 | 化学组成, w/% | | | | | | | | | | 冷却条件 | 显微偏析度 | | | |
| --- | --- | --- | --- | --- | --- | --- | --- | --- | --- | --- | --- | --- | --- | --- | --- |
| | C | Si | Mn | Cr | Ni | Mo | P | S | As | 其他 | | Ni | Cr | Mo | Mn |
| Ni-Cr-Mo 钢 | 0.31 | 0.35 | 0.84 | 0.79 | 2.79 | 0.53 | 0.009 | 0.023 | | (Al) 0.08 | 单方向凝固,距激冷区 0.3 cm | 1.39 | 1.51 | 2.63 | 1.54 |
| | | | | | | | | | | | 单方向凝固,距激冷区 5.08 cm | 1.23 | 1.50 | 3.67 | 1.50 |
| | | | | | | | | | | | 单方向凝固,距激冷区 12.19 cm | 1.24 | 1.43 | 3.8 | 1.38 |
| | | | | | | | | | | | 单方向凝固,距激冷区 14.99 cm | 1.22 | 1.34 | 3.83 | 1.41 |
| | | | | | | | | | | | 单方向凝固,距激冷区 21.84 cm | 1.29 | 1.50 | 3.67 | 1.60 |
| | | | | | | | | | | | 过冷度 0℃ | 1.40 | | | |
| Ni-Cr-Mo 钢 | 0.4 (AISI4330) | 0.42 | | | | | | | | | | | | | |
| Mn 钢 | | | 1.50 | | | | 0.021 | 0.018 | | | 控制单方向凝固<br>生长速度 0.1 cm/min | | | | 1.01 |
| | | | | | | | | | | | { 温度梯度 63℃/cm<br>生长速度 1 cm/min | | | | 1.32 |
| | | | | | | | | | | | { 温度梯度 49℃/cm<br>生长速度 10 cm/min | | | | 1.80 |
| | | | | | | | | | | | { 温度梯度 43℃/cm<br>生长速度 100 cm/min | | | | 1.27 |
| | | | | | | | | | | | { 温度梯度 202℃/cm<br>生长速度 10 cm/min | | | | 1.62 |
| | | 0.40 | 1.51 | | | | 0.020 | 0.017 | | | { 温度梯度 43℃/cm<br>生长速度 100 cm/min | | | | 1.30 |
| 不锈钢 | 0.03 | 0.36 | 0.75 | 18.70 | 10.45 | | 0.016 | 0.007 | | | 70 mm×40 mm 钢锭周边部 | 1.07 | 1.05 | | |
| | | | | | | | | | | | | 1.13① | 1.06① | | |
| | 0.09 | 0.32 | 0.62 | 18.81 | 10.60 | | 0.016 | 0.009 | | | | 1.07 | 1.07 | | |
| | 0.14 | 0.33 | 0.59 | 19.05 | 10.60 | | 0.010 | 0.010 | | | | 1.12① | 1.08① | | |
| | 0.59 | 0.03 | 0.05 | 17.63 | 8.56 | | 0.013 | 0.014 | | | | 1.07 | 1.10 | | |
| | | | | | | | | | | | 单方向凝固,距激冷区 20 mm | 1.06 | 1.27 | | |
| | | | | | | | | | | | 单方向凝固,距激冷区 40 mm | 1.07 | 1.28 | | |
| | | | | | | | | | | | 单方向凝固,距激冷区 60 mm | 1.07 | 1.29 | | |
| | | | | | | | | | | | 单方向凝固,距激冷区 80 mm | 1.07 | 1.31 | | |

续表 8-2-11

| 钢种 | 化学组成，w/% | | | | | | | | | | 冷却条件 | 显微偏析度 | | | |
|---|---|---|---|---|---|---|---|---|---|---|---|---|---|---|---|
| | C | Si | Mn | Cr | Ni | Mo | P | S | As | 其他 | | Ni | Cr | Mo | Mn |
| 不锈钢 | 0.029 | 0.56 | 1.01 | 19.53 | 14.57 | | | 0.007 | | (N) 0.011 | 二次晶间距 30 μm | 1.10 | 1.10 | (Si)1.80 | 1.25 |
| | | | | | | | | | | | 二次晶间距 46 μm | 1.30 | 1.07 | (Si)2.33 | 1.55 |
| | 0.030 | 0.57 | 0.96 | 19.64 | 50.13 | | 0.001 | 0.007 | | (N) 0.010 | 二次晶间距 64 μm | 1.23 | 1.32 | (Si)3.10 | 1.75 |
| | | | | | | | | | | | 二次晶间距 45 μm | 1.0 | 1.10 | (Si)3.23 | 1.78 |
| | | | | | | | | | | | 二次晶间距 70 μm | 1.0 | 1.07 | | 1.92 |
| | | | | | | | | | | | 二次晶间距 110 μm | 1.0 | 1.08 | | 1.80 |
| | 0.27 | 1.05 | 1.6 / 1.20 | 13.4 / 21.71 | 18.9 / 19.73 | 2.7 / 4.60 | 0.21 | | | (Co) 19.76 | 单方向凝固 冷却速度 5℃/min | 1.18 | 1.16 / 2.7 | (Si)3.43 / 2.06 | 1.33 / (P)36 |
| | | | | | | | | | | | 冷却速度 10℃/min | | 2.4 | | (P)30 |
| | | | | | | | | | | | 冷却速度 50℃/min | | 1.8 | | (P)15 |
| | | | | | | | | | | | 冷却速度 100℃/min | | 1.3 | | (P)10 |
| | 0.08 | 0.07 | 0.06 | 25.56 | 19.11 | | 0.014 | 0.012 | | | 单方向凝固，距冷区 20 mm | 1.06 | 1.29 | | |
| | | | | | | | | | | | 单方向凝固，距冷区 40 mm | 1.08 | 1.27 | | |
| | | | | | | | | | | | 单方向凝固，距冷区 60 mm | 1.08 | 1.27 | | |
| | | | | | | | | | | | 单方向凝固，距激冷区 80 mm | 1.10 | 1.29 | | |
| | 0.36 | 0.10 | 0.05 | 25.30 | 19.23 | | 0.014 | 0.013 | | | 单方向凝固，距激冷区 20 mm | 1.10 | 1.10 | | |
| | | | | | | | | | | | 单方向凝固，距激冷区 40 mm | 1.11 | 1.13 | | |
| | | | | | | | | | | | 单方向凝固，距激冷区 60 mm | 1.09 | 1.13 | | |
| | 0.067 | 0.70 | 1.70 | 24.88 | 19.59 | 0.03 | 0.030 | 0.008 | | (Cu) 0.03 | 连铸钢坯 1050 mm × 142 mm | 1.09 | 1.15 | | |
| | | | | | | | | | | | 距表面 10 mm | | | (Si)2.26 | 2.07 |
| | | | | | | | | | | | 距表面 20 mm | | | (Si)2.21 | 1.92 |
| | | | | | | | | | | | 距表面 40 mm | | | (Si)1.80 | 1.66 |
| | | | | | | | | | | | 距表面 60 mm | | | (Si)2.19 | 1.80 |
| | 0.029 | 0.51 | 0.98 | 19.47 | 10.95 | | 0.001 | 0.008 | | (N) 0.010 | 10 kg 钢锭 | | | | |
| | | | | | | | | | | | 二次晶间距 29 μm | 2.05① | 1.54① | (Si)1.45 | 1.15 |
| | | | | | | | | | | | 二次晶间距 44 μm | 2.60① | 1.60① | (Si)1.56 | 1.25 |
| | | | | | | | | | | | 二次晶间距 62 μm | 2.55① | 1.67① | | 1.27 |

① [Ni]浓缩时[Cr]稀薄，[Ni]稀薄时[Cr]浓缩。

4Cr12Ni8Mn8MoVNb 钢中合金元素的偏析(图 8 – 2 – 68)[75]

Cr13 钢中[C]对[Cr]偏析的影响(图 8 – 2 – 69)[76]

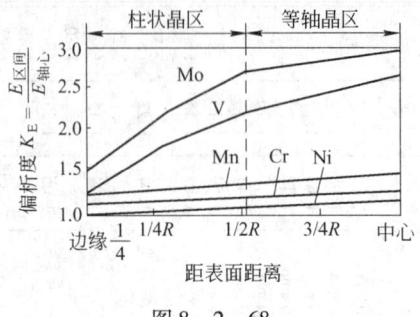 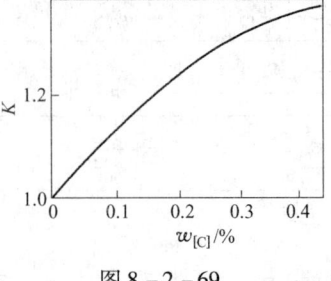

图 8 – 2 – 68　　　　　　　　　　图 8 – 2 – 69

铁中[C]对 Cr、Mn、Si、Ni、Mo 晶间偏析的影响(图 8 – 2 – 70)[72]

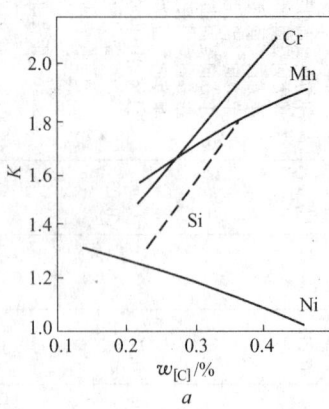 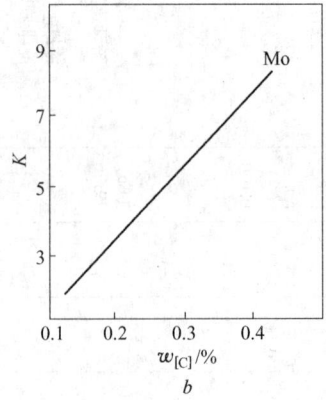

图 8 – 2 – 70

Cr25Ni16Mn7NB 钢在钢锭断面上晶间偏析的变化(图 8 – 2 – 71)[75]

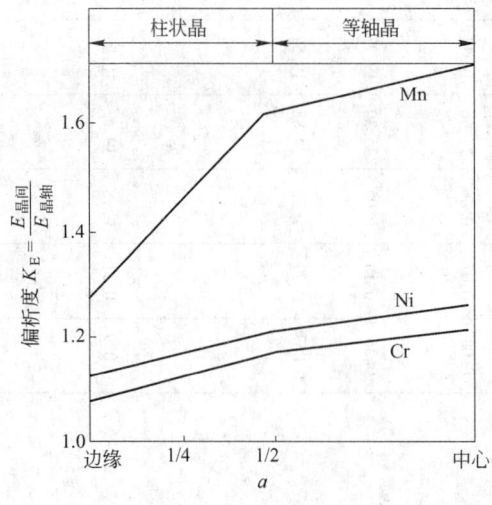 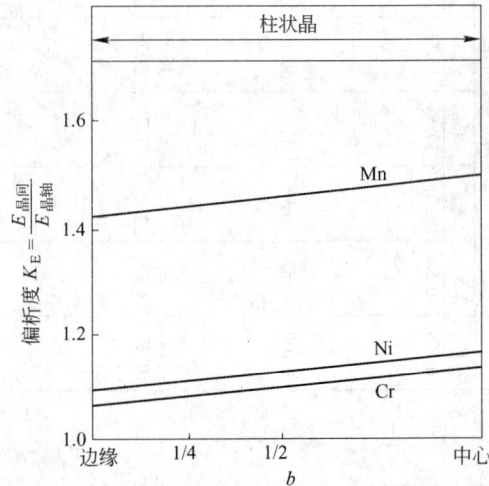

图 8 – 2 – 71

*a*—在钢锭模中结晶;*b*—在电渣炉内结晶(水冷结晶器)

成分:C < 0.12% , Si < 1% , Mn = 5% ~ 7% , P < 0.035% , S < 0.02% , Cr = 23% ~ 26% ,

Ni = 15% ~ 18% , N = 0.3% ~ 0.5% , B < 0.02%

钢锭断面的结晶速度和八字形偏析的关系(图 8 - 2 - 72)[8]

结晶速度和硫的有效分配系数的关系(图 8 - 2 - 73)[8]

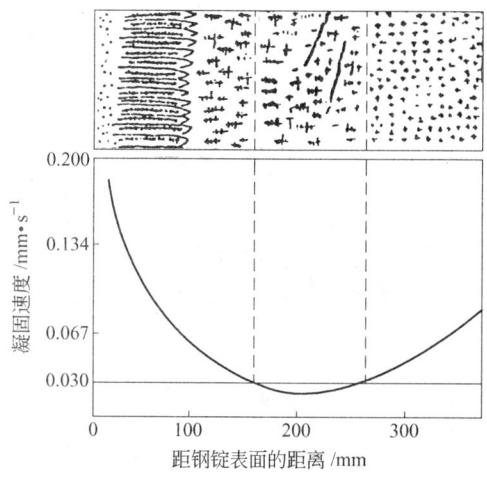

图 8 - 2 - 72

(锭重 13.1 t)

小于临界结晶速度产生成分过冷生成区域

偏析,每种钢都有不同的临界速度

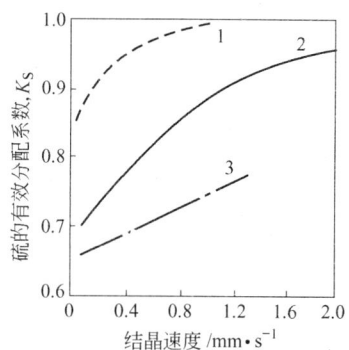

图 8 - 2 - 73

钢种:1—20K;2—12Cr1MoV;3—50

$$K_S = \frac{K_0^S}{K_0^S + (1 - K_0^S)\exp(-\nu\delta/D)}$$

| 曲线 | $K_0^S$ | $(\delta/D)/s \cdot m^{-1}$ |
|------|---------|------------------------------|
| 1 | 0.82 | $3.5 \times 10^3$ |
| 2 | 0.68 | $1.2 \times 10^3$ |
| 3 | 0.65 | $0.4 \times 10^3$ |

元素的平衡分配系数和等轴晶面积率的关系(图 8 - 2 - 74)[77]

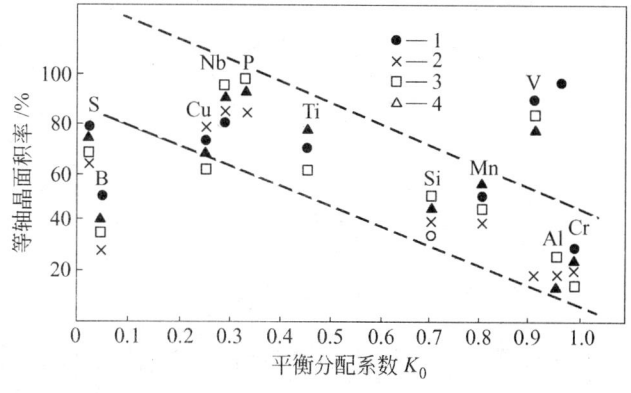

图 8 - 2 - 74

([E]加入量为 0.1%时)

1—[C]0.009% ;2—[C]0.004% ;3—[C]0.0017% ;4—[C]0.001% ;

$K_0$ 提高使等轴晶面积率降低,用 1.6 kg 高周波感应炉

元素的偏析率$\left(\dfrac{\Delta[E]}{[E]}\right)$和碳的偏析率$\left(\dfrac{\Delta[C]}{[C]}\right)$的关系(图 8 − 2 − 75)[78]

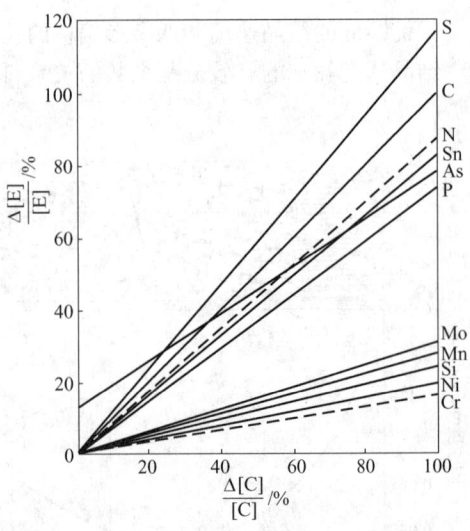

图 8 − 2 − 75

## 六、钢凝固后的力学性能

高温下钢的力学性能(图 8 − 2 − 76)[8]

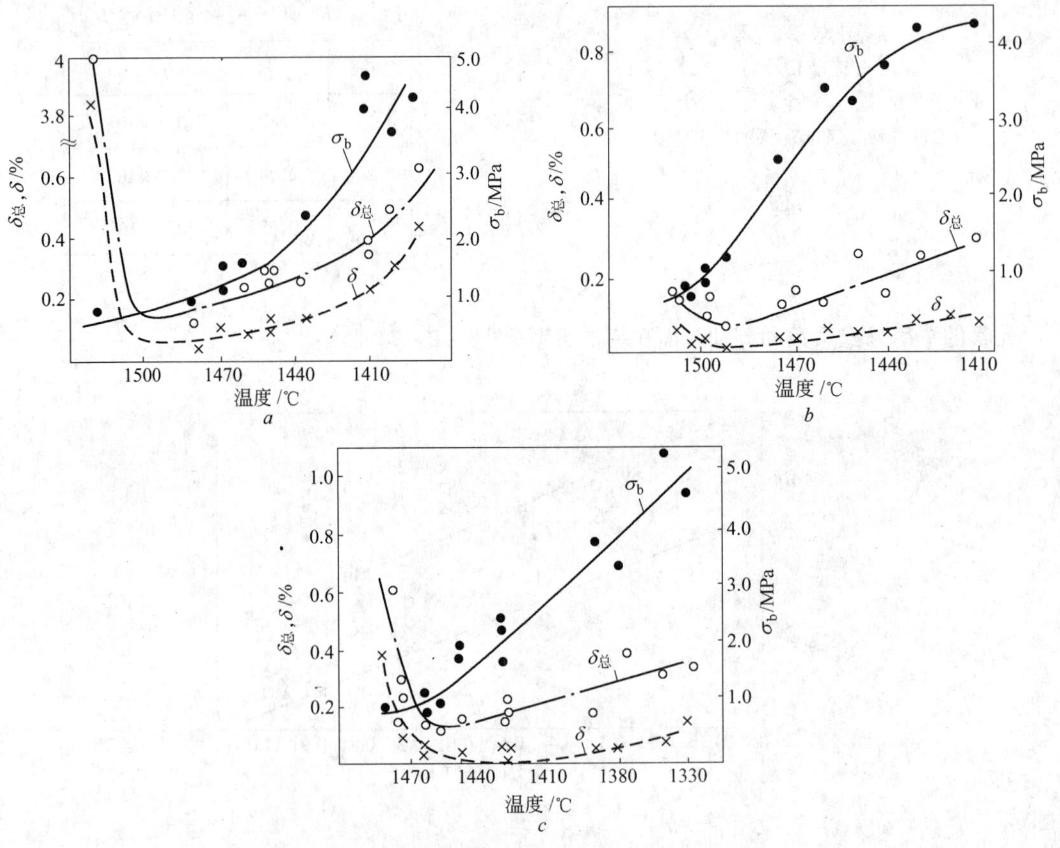

图 8 − 2 − 76

| 成分,$w$/% | C | S | P |
|---|---|---|---|
| $a$ | 0.06 ~ 0.08 | 0.025 ~ 0.03 | 0.025 ~ 0.03 |
| $b$ | 0.19 ~ 0.21 | 0.025 ~ 0.03 | 0.025 ~ 0.03 |
| $c$ | 0.31 ~ 0.37 | 0.025 ~ 0.03 | 0.025 ~ 0.03 |

高温范围内钢和合金的相对伸长率和强度极限的关系(图 8 - 2 - 77)[8]

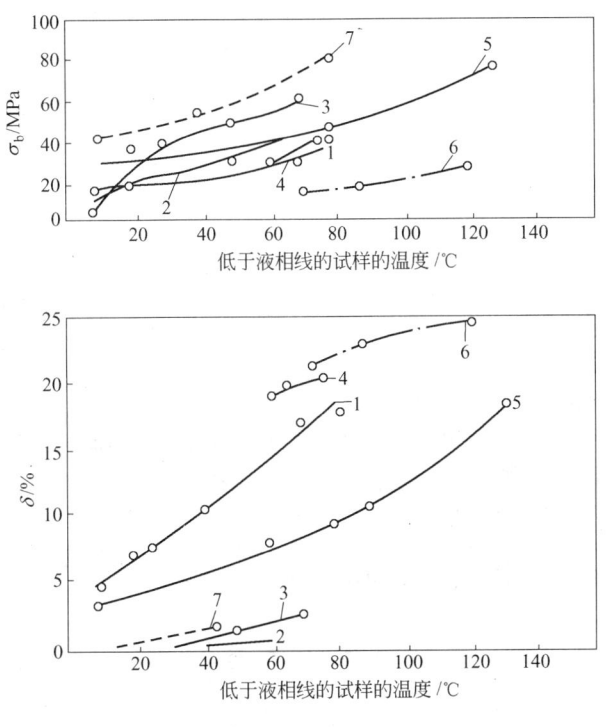

图 8 - 2 - 77

1—1Cr18Ni9Ti；2—1Cr25Ni25TiB；3—CrNi38WTi；4—Cr24Ni12Si；

5—ЭП56(工业试验钢号)；6—25；7—Cr28A

不同温度下(1360～1520℃)[C]对钢的弹性模量的影响(图 8 - 2 - 78)[8]

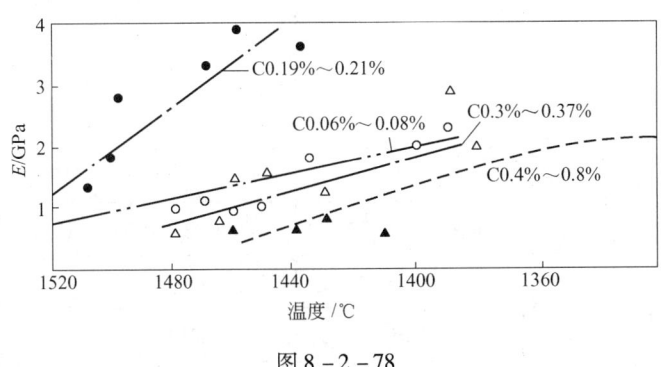

图 8 - 2 - 78

钢中［C］、［P］、［S］对凝固温度下抗拉强度的影响（图 8 - 2 - 79）[57]

钢中［C］、［S］对凝固温度下抗拉强度的影响（图 8 - 2 - 80）[57]

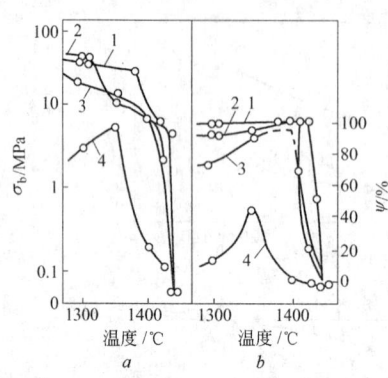

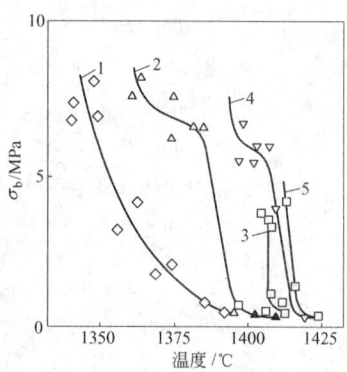

图 8 - 2 - 79

（Fe-P、Fe-S 二元系为凝固试料的固相线温度；

冷却速度20℃/s，变形速度3 mm/s）

1—电解铁；2—P0.091% ;3—P0.17% ;4—S0.041%

图 8 - 2 - 80

（加热速度100℃/s，保持时间7 s，变形速度0.1 mm/s）

1—C0.48% ;2—C0.24% ;3—S0.016% ;

4—C0.10% ;5—S0.005%

碳钢的抗拉强度和断面收缩率与凝固温度的关系（图 8 - 2 - 81）[57]

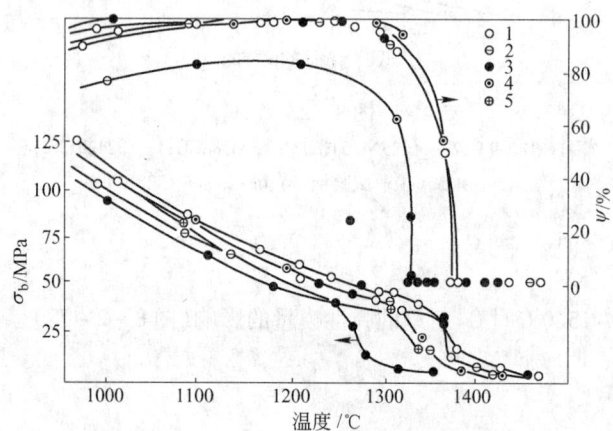

图 8 - 2 - 81

| 图例 | C | Mn |
|---|---|---|
| 1 | 0.10% ~0.15% | 0.30% ~0.60% |
| 2 | 0.22% ~0.28% | 0.30% ~0.60% |
| 3 | 0.40% ~0.47% | 0.70% ~1.0% |
| 4 | 0.90% ~1.0% | 0.30% ~0.50% |
| 5 | <0.08% | ≤2.0% |

30 钢的抗拉强度、断面收缩率与凝固温度的关系(图 8 - 2 - 82)[57]
40 钢的抗拉强度、断面收缩率与凝固温度的关系(图 8 - 2 - 83)[57]

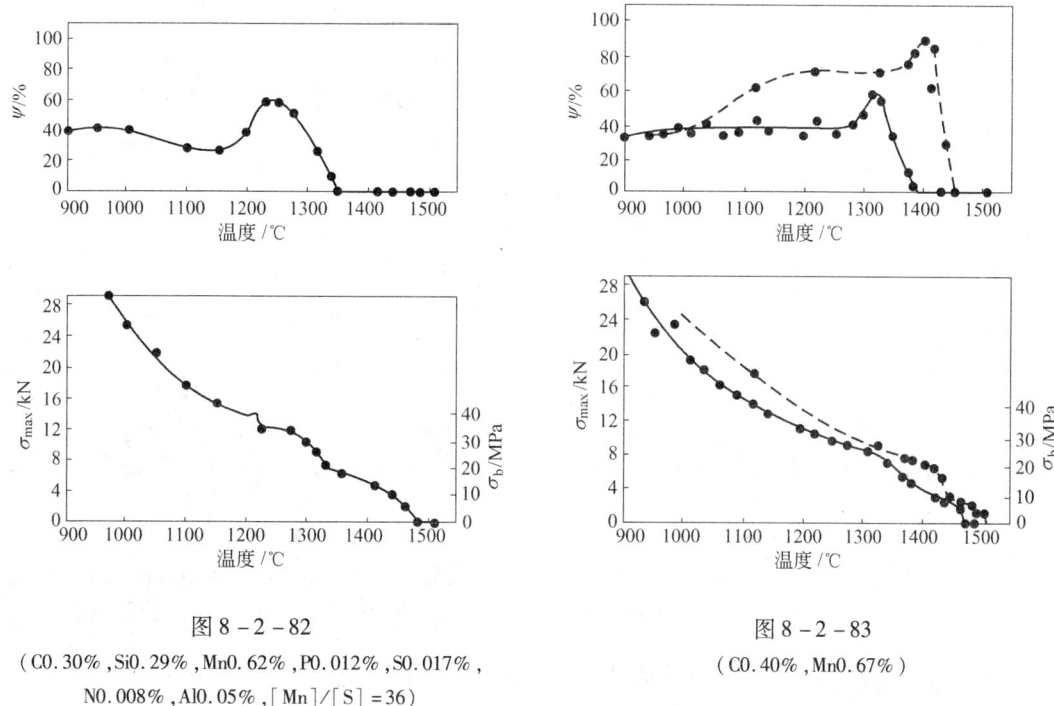

图 8 - 2 - 82

( C0.30% ,Si0.29% ,Mn0.62% ,P0.012% ,S0.017% ,

N0.008% ,Al0.05% ,[Mn]/[S] = 36 )

图 8 - 2 - 83

( C0.40% ,Mn0.67% )

20Mn 钢的抗拉强度、断面收缩率与凝固温度的关系(图 8 - 2 - 84)[57]
35Mn2 钢的抗拉强度、断面收缩率与凝固温度的关系(图 8 - 2 - 85)[57]

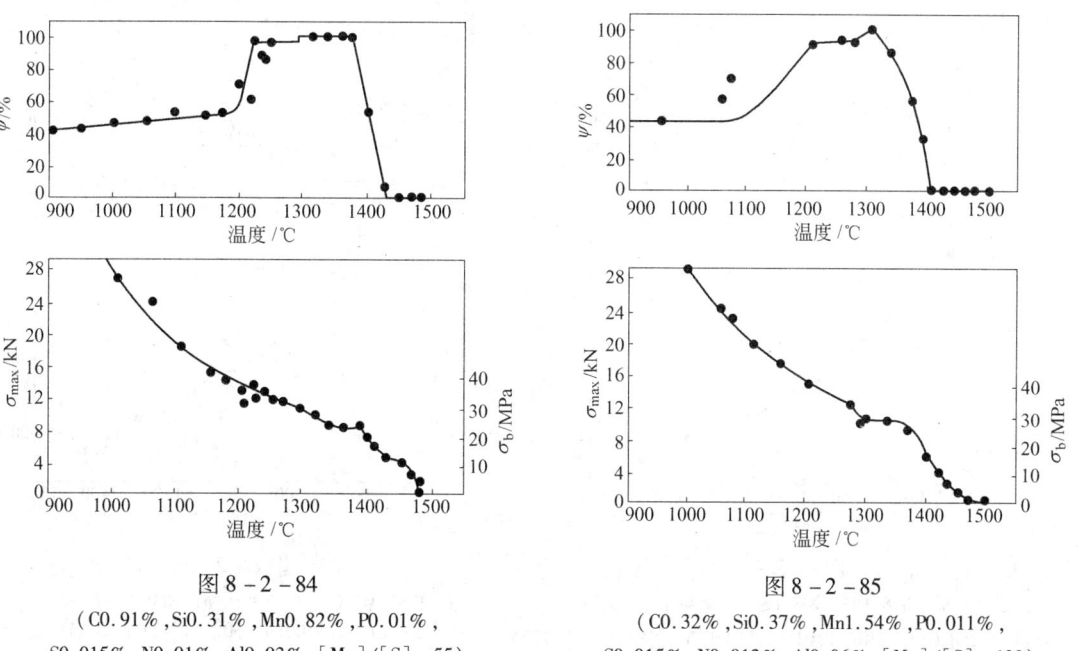

图 8 - 2 - 84

( C0.91% ,Si0.31% ,Mn0.82% ,P0.01% ,

S0.015% ,N0.01% ,Al0.03% ,[Mn]/[S] = 55 )

图 8 - 2 - 85

( C0.32% ,Si0.37% ,Mn1.54% ,P0.011% ,

S0.015% ,N0.012% ,Al0.06% ,[Mn]/[S] = 120 )

20Mn2 钢的抗拉强度、断面收缩率与凝固温度的关系(图 8 - 2 - 86)[57]

60Mn2 钢的抗拉强度、断面收缩率与凝固温度的关系(图 8 - 2 - 87)[57]

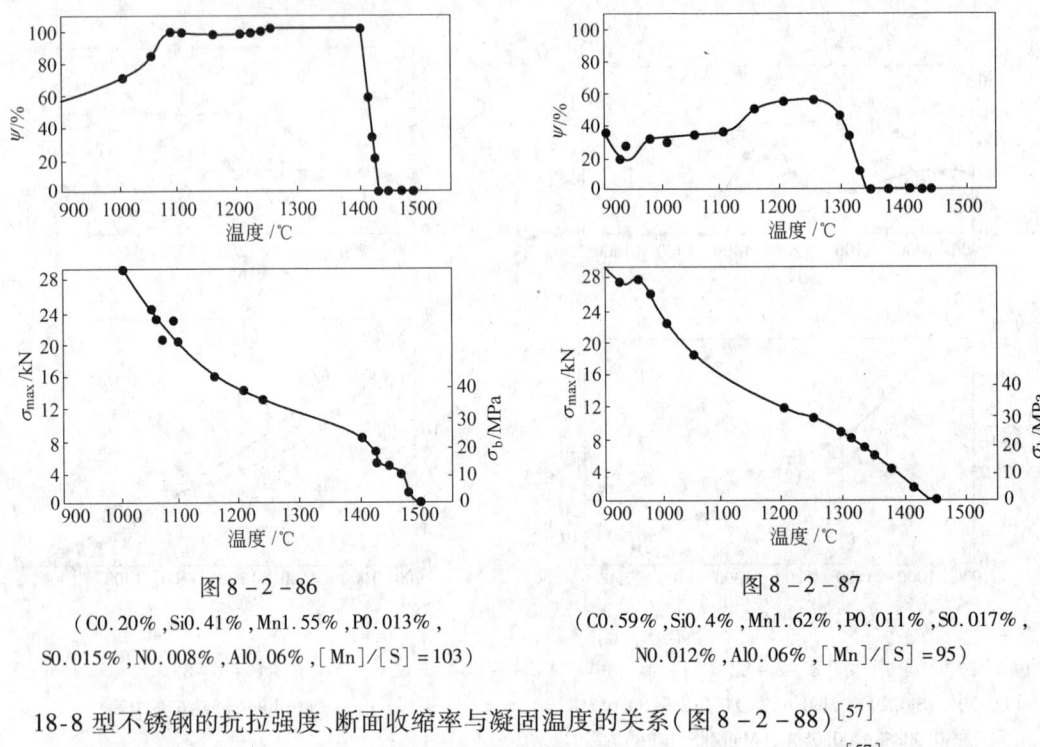

图 8 - 2 - 86

( C0.20% ,Si0.41% ,Mn1.55% ,P0.013% ,

S0.015% ,N0.008% ,Al0.06% ,[Mn]/[S] = 103 )

图 8 - 2 - 87

( C0.59% ,Si0.4% ,Mn1.62% ,P0.011% ,S0.017% ,

N0.012% ,Al0.06% ,[Mn]/[S] = 95 )

18-8 型不锈钢的抗拉强度、断面收缩率与凝固温度的关系(图 8 - 2 - 88)[57]

18-12 型不锈钢的抗拉强度、断面收缩率与凝固温度的关系(图 8 - 2 - 89)[57]

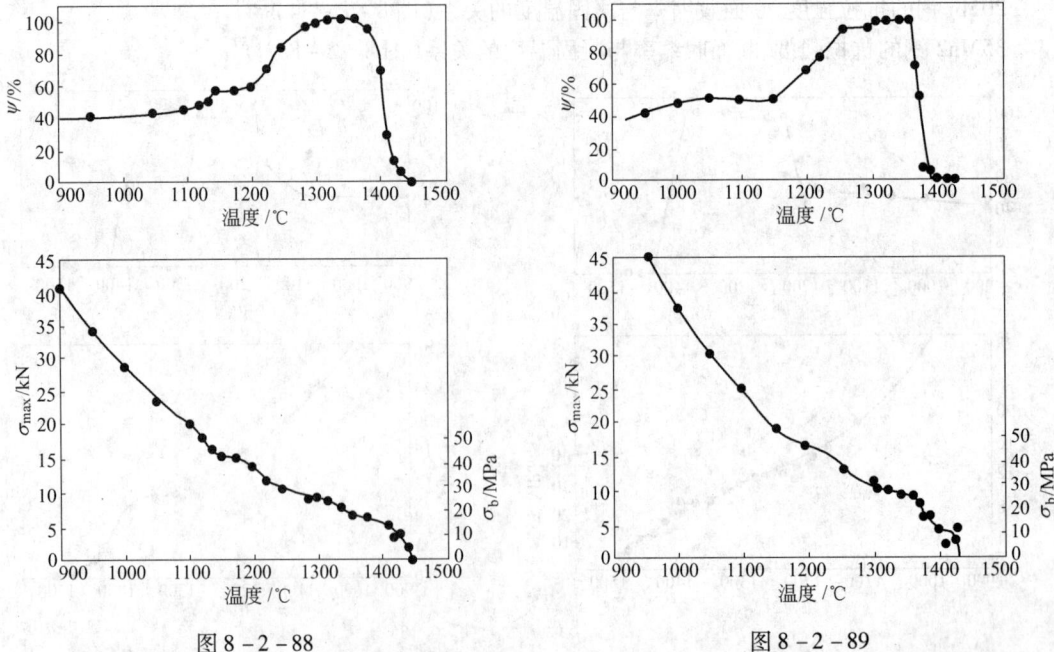

图 8 - 2 - 88

( C0.047% ,Cr18.15% ,Ni8.16% ,Si0.49% ,Mn1.60% ,

P0.005% ,S0.012% ,Mo < 0.01% ,N0.032% ,[Mn]/[S] = 133 )

图 8 - 2 - 89

( C0.045% ,Si17.89% ,Ni12.88% ,Si0.48% ,

Mn1.7% ,P0.005% ,S0.014% ,Mo < 0.01% ,

N0.063% ,[Mn]/[S] = 121.4 )

碳钢的固相温度和测量温度的差值与抗拉强度的关系(图 8 – 2 – 90)[79]

碳钢(0.1% ~0.9%[C])的固相温度和测量温度的差值与抗拉强度的关系(图 8 – 2 – 91)[79]

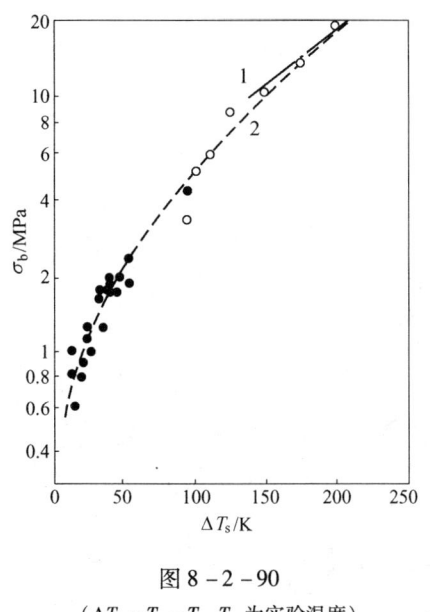

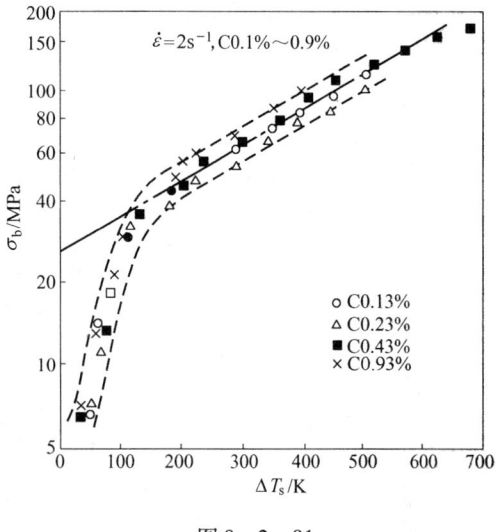

图 8 – 2 – 90

($\Delta T_s = T_s - T_0$, $T_0$ 为实验温度)

1—C0.20%, $T_s$(固相温度)1480℃;2—C0.35%, $T_s$ = 1460℃

图 8 – 2 – 91

低碳钢(0.19% ~0.21%[C])在接近固相温度时的力学性能和[Mn]/[S]比的关系(图 8 – 2 – 92)[80]

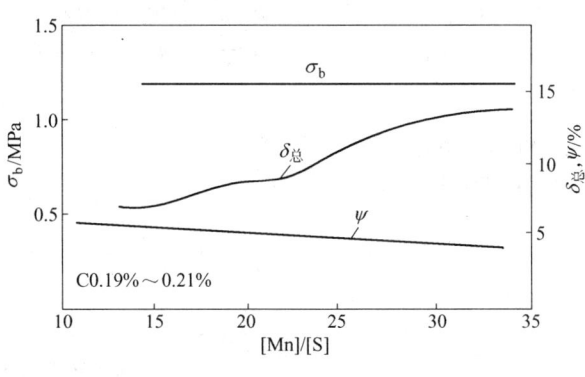

图 8 – 2 – 92

钢的抗拉强度 $\sigma_b$(MPa)和弹性模量 $E$(GPa)在接近固相线温度时与成分的关系式[8]：

$$\sigma_b = 40.14 + 0.64[C] - 7.59[C]^2 - 0.88[Si] + 0.173[Mn] - 7.67[P]$$
$$- 1.259[S] - 0.0259t + 1.667 \times 10^{-7}t^2$$

$$E = 30.22 + 4.209[C] - 14.122[C]^2 + 2.013[Si] - 0.519[Mn]$$
$$- 1.177[P] + 17.064[S] - 0.0221t + 1.35 \times 10^{-3}t^2$$

式中,元素含量以 1%(质量分数)为 1 单位;$t$ 为接近固相线时的温度,℃。

## 第三节　钢熔体组成和流动性温度等工艺因素的关系

### 一、钢液流动性和工艺因素、成分的关系

流动性只反映熔体的流动能力,与熔体的组成温度、密度、黏度、表面张力等物理因素有关。

[C]和钢液的过热度对其流动性的影响(图8-3-1)[81]

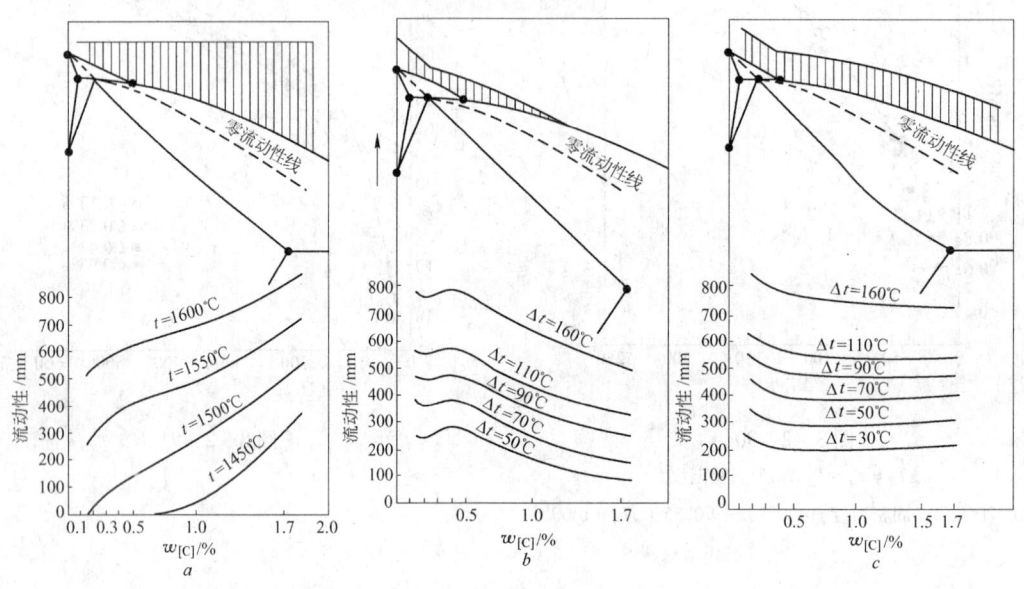

图8-3-1

a—浇铸温度为一定值时($t$—浇铸温度);b—高于零流动线的温度($\Delta t$—高于零流动线温度);c—高于液相图上的温度($\Delta t$—高于液相线上的温度)

[Si]和温度对钢液流动性的影响(图8-3-2)[81]

[Mn]和温度对钢液流动性的影响(图8-3-3)[81]

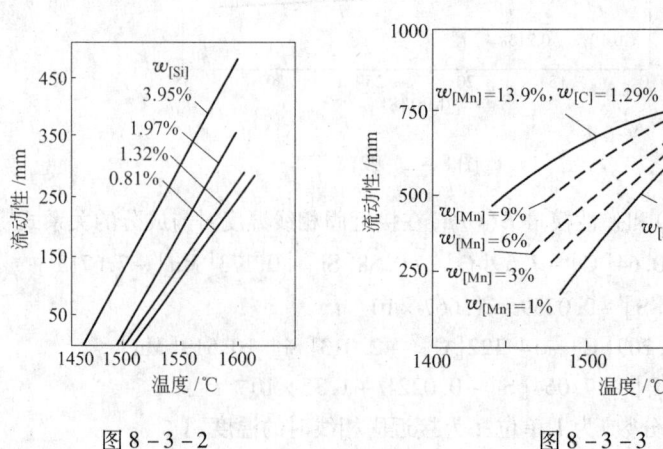

图8-3-2　　　　　　　　　　图8-3-3

[Cr]和温度对0.4%[C]钢的流动性的影响(图8-3-4)[81]
高锰钢中[Si]和温度对其流动性的影响(图8-3-5)[82]

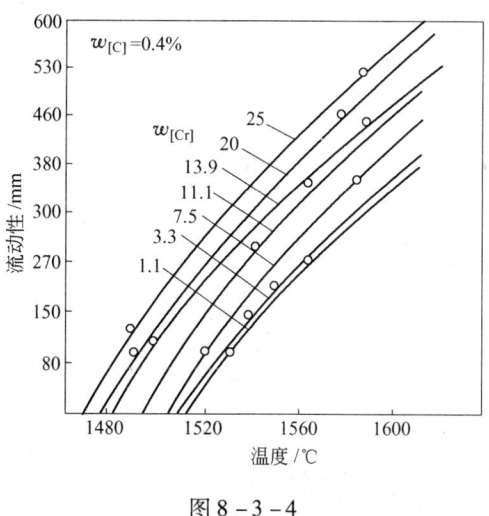

图8-3-4

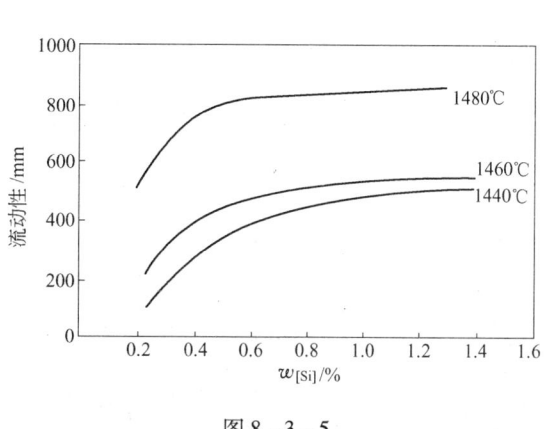

图8-3-5

不锈钢的流动性和温度的关系(图8-3-6)[60]
几种合金铸钢的流动性比较(图8-3-7)[83]

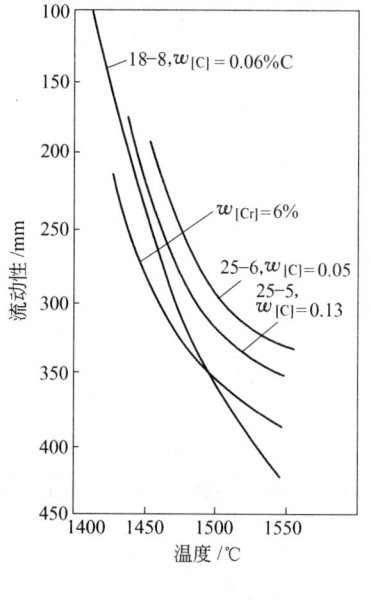

图8-3-6

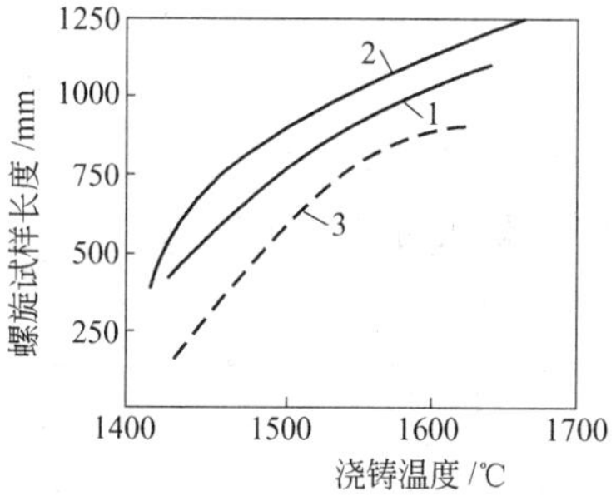

图8-3-7

| 符号 | C | Mn | Si | Ni | Cu |
|------|------|------|------|------|------|
| 1 | 0.21 | 1.08 | 1.19 | | 1.74 |
| 2 | 0.18 | 0.92 | 1.29 | 3.19 | |
| 3 | 0.30 | 0.75 | 0.44 | | |

合金元素对铸钢流动性的影响(图 8 – 3 – 8)[83]

不同[Mn]对钢([C]0.5%)的流动性的影响(图 8 – 3 – 9)

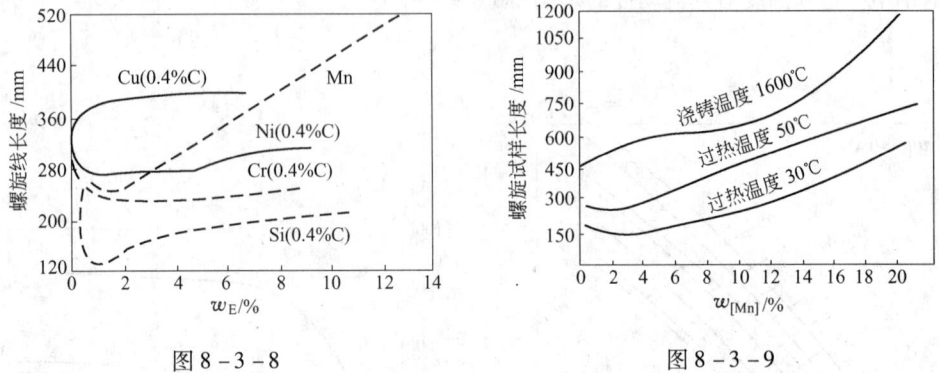

图 8 – 3 – 8　　　　　　　　图 8 – 3 – 9

合金铸钢的流动性和温度的关系(图 8 – 3 – 10)[83]

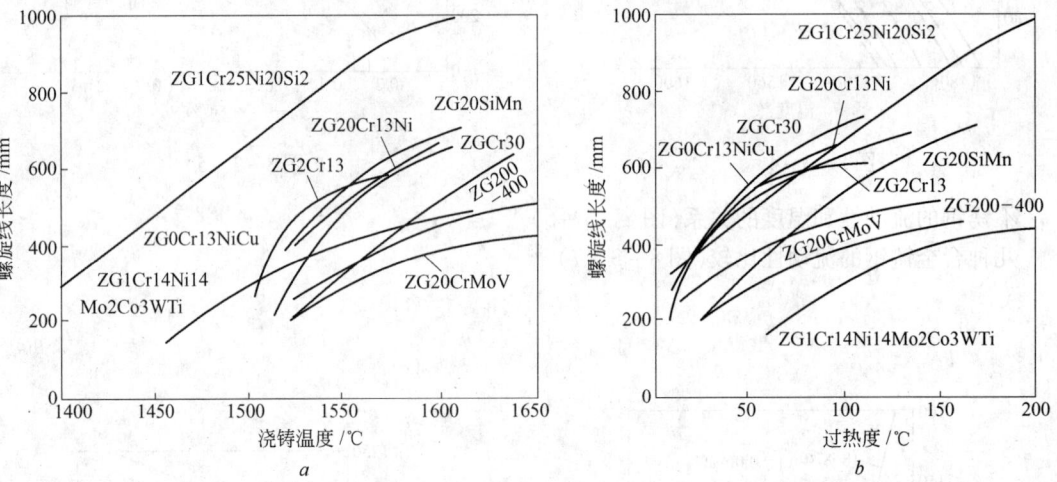

图 8 – 3 – 10

不锈钢、耐热钢的流动性和温度的关系(图 8 – 3 – 11)[81]

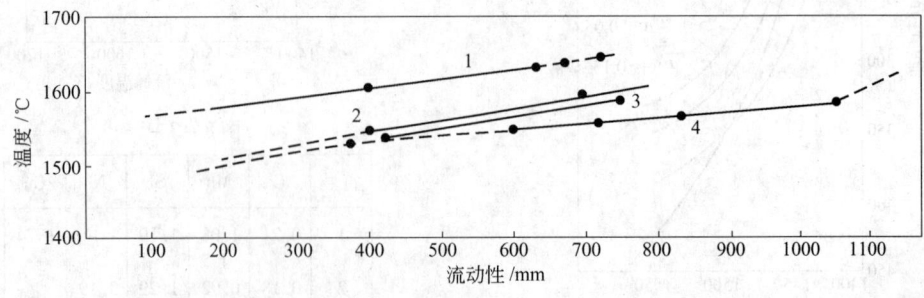

图 8 – 3 – 11

1—18 – 8 – 0.24% C;2—18 – 8 – 0.35% C + 2.5% Si;3—18% Cr + 8% Mn + 2% Cu;

4—20 – 24 + 2.5% Si + 0.38% C

23%[Cr]钢的流动性和[Ti]、[N]含量、温度的关系(图8-3-12)[81]

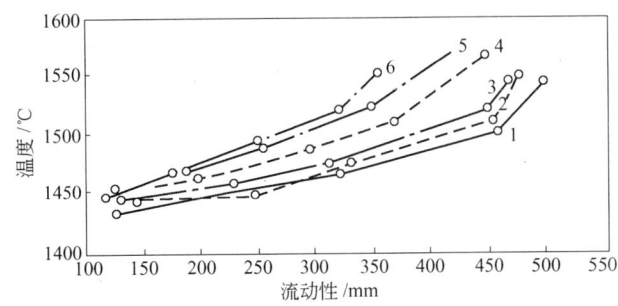

图 8 - 3 - 12

1—$w_{[N]}$=0%,$w_{[Ti]}$=0%;2—$w_{[N]}$=0.06%;3—$w_{[N]}$=0.12%;4—$w_{[Ti]}$=0.42%;

5—$w_{[Ti]}$=0.65%;6—$w_{[Ti]}$=0.9%

真空处理前后碳素钢液流动性和温度的关系(图8-3-13)

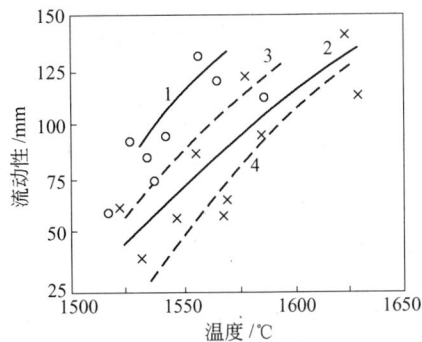

图 8 - 3 - 13

1—$w_{[C]}$=0.48%,残压3333 Pa 保持10 min;

2—$w_{[C]}$=0.48%,未处理;3—$w_{[C]}$=0.22%,残压3333 Pa,

保持10 min;4—$w_{[C]}$=0.22%,未处理

碳素钢液中非金属夹杂物的数量对其流动性的影响(图8-3-14)[84]

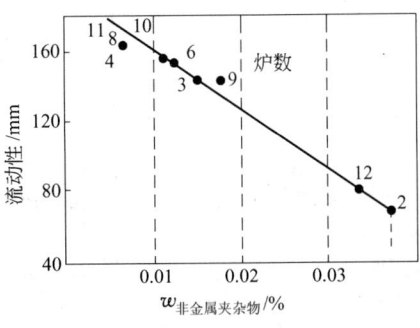

图 8 - 3 - 14

铸造碳钢的抗热裂能力和[C]含量及其他因素的关系(图 8 – 3 – 15)[83]

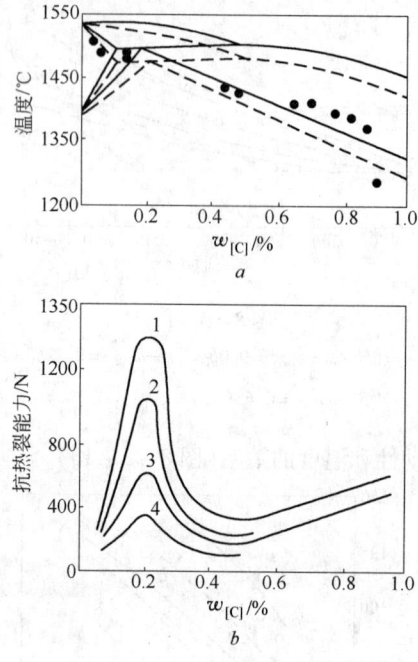

图 8 – 3 – 15

a—实线是平衡条件下的相界线;虚线是铸造条件下的相界线;

黑点是发生热裂时的温度;

b—1—浇铸温度1550℃,含 Mn0.8% ;2—浇铸温度1550℃,含 Mn0.4% ;3—浇铸温度1600℃,

含 Mn0.8% ;4—浇铸温度1600℃,含 Mn0.4%

炉内钢的合金化温度对成品力学性能的影响(图 8 – 3 – 16)[39]

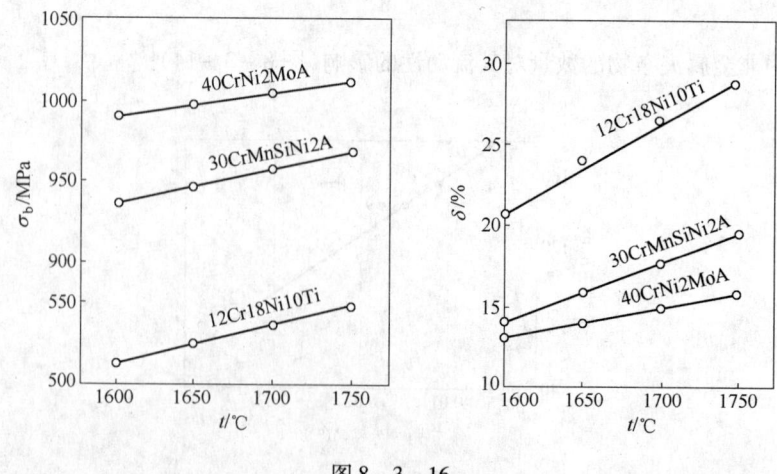

图 8 – 3 – 16

铸钢件的浇铸温度对力学性能的影响(图8-3-17)[39]

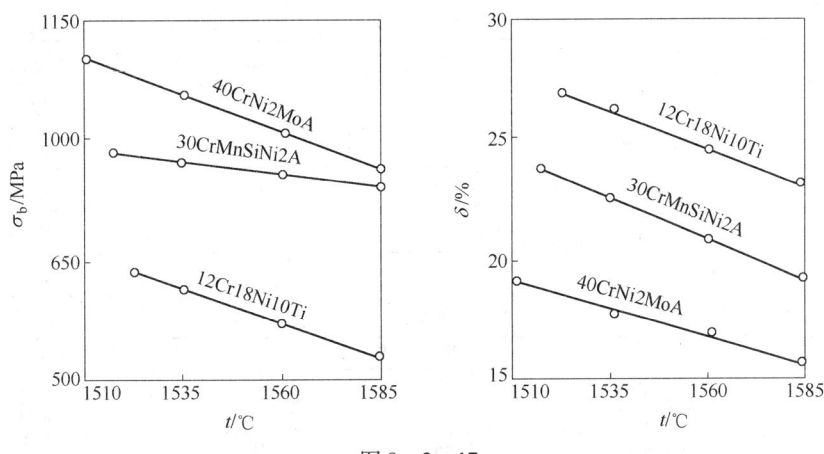

图8-3-17

合金结构钢和碳素钢的流动性(长度)和温度、碳当量的关系(图8-3-18)[82]

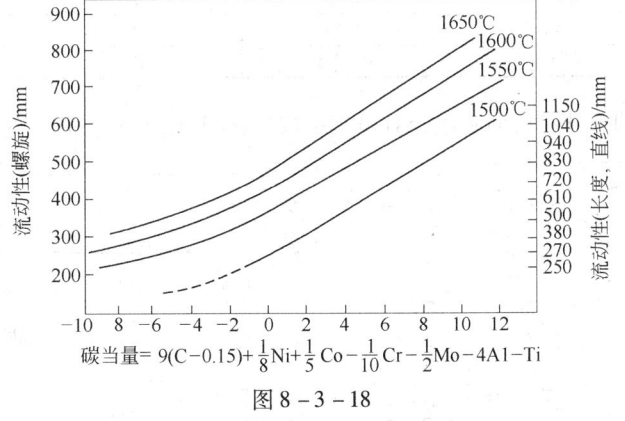

$$碳当量=9(C-0.15)+\frac{1}{8}Ni+\frac{1}{5}Co-\frac{1}{10}Cr-\frac{1}{2}Mo-4Al-Ti$$

图8-3-18

## 二、钢液的黑度系数

电炉炼钢过程中钢液的黑度系数($\varepsilon$)(表8-3-1)[85]

表8-3-1

| 样 勺 内 | | | | |
|---|---|---|---|---|
| 炉　别 | 钢　种 | $\varepsilon$ | 真实温度/℃ | 测定方法 |
| 高频感应炉 | 各钢种 | 0.46(平均) | 1640 | 光学高温计 |
| 电弧炉 | 碳素钢 | 0.52(14个平均) | | Fe-W |
| | 低合金钢 | 0.40(平均) | 1600 | 光学高温计 |
| | 高合金钢 | 0.45(平均) | 1610 | 光学高温计 |
| 电弧炉 | Ni-Cr 钢 | 0.47 | 1605 | 光学高温计 |
| | Ni-Cr 钢 | 0.55(22个平均) | | Fe-W |
| | Ni-Cr-Mo 钢 | 0.56(27个平均) | | Fe-W |
| | Cr-Mo 钢 | 0.56(6个平均) | | Fe-W |

| 样 勺 内 | | | | |
|---|---|---|---|---|
| **出 钢** | | | | |
| 电弧炉 | 各钢种 | 0.39(平均) | 1670 | 光学高温计 |
| | 低合金钢 | 0.46 | 1640 | 光学高温计 |
| | 高合金钢 | 0.39 | 1650 | 光学高温计 |
| | Cr-Mo 钢 | 0.50 | 1640 | 光学高温计 |
| 高频感应炉 | 各种钢 | 0.47(平均) | 1620 | 光学高温计 |
| | Ni-Cr 钢 | 0.56(平均) | 1660 | |
| | Si 钢 | 0.46(平均) | 1660 | |
| **浇 铸** | | | | |
| 电弧炉 | 碳素钢 | 0.48 | | W-Mo |
| | 低合金钢 | 0.42 | 1614 | 光学高温计 |
| | 高合金钢 | 0.45 | 1610 | 光学高温计 |
| | Cr-Mo 钢 | 0.40 | 1595 | 光学高温计 |
| | Ni 钢 | 0.45 | 1605 | 光学高温计 |
| | Ni-Cr 钢 | 0.35 | 1620 | 光学高温计 |
| | Ni-Cr 钢 | 0.39 | | W-Mo |
| 高频感应炉 | 各种钢 | 0.35(平均) | 1565 | 光学高温计 |

**感应炉的容量和炉衬种类、钢液成分对黑度系数的影响**(图 8 - 3 - 19)[82]

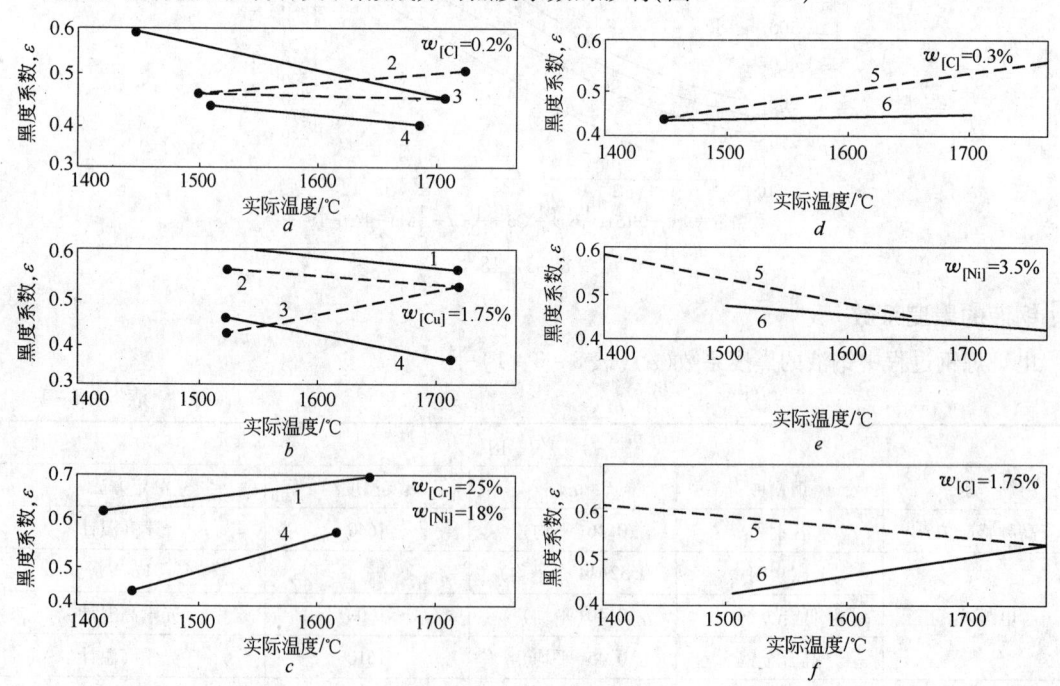

图 8 - 3 - 19

a—碱性和酸性炉衬,容量 0.25 ~ 1 t;b—碱性,100 kg;c—酸性,300 kg;d—酸性,10 kg;
e—碱性,180 kg;f—酸性,180 kg

光测高温计读数的校正值和物体黑度的关系(图 8 - 3 - 20)[85]

物质的光谱发射率($\varepsilon_\lambda$)和观测到的光学温度、校正值的关系(图 8 - 3 - 21)[11]

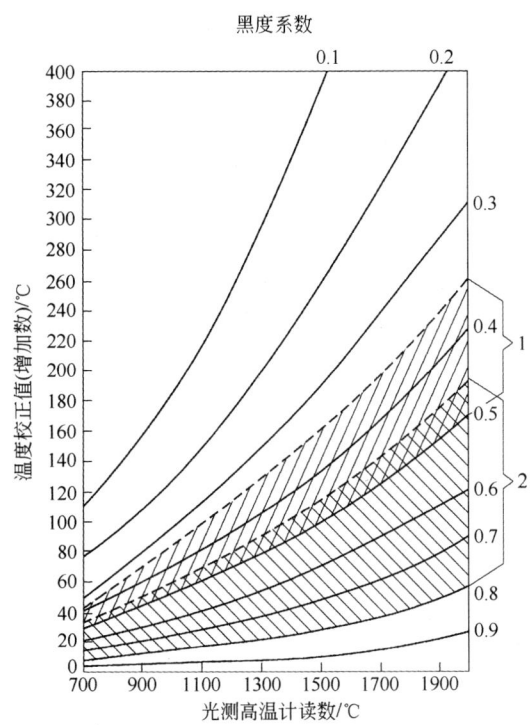

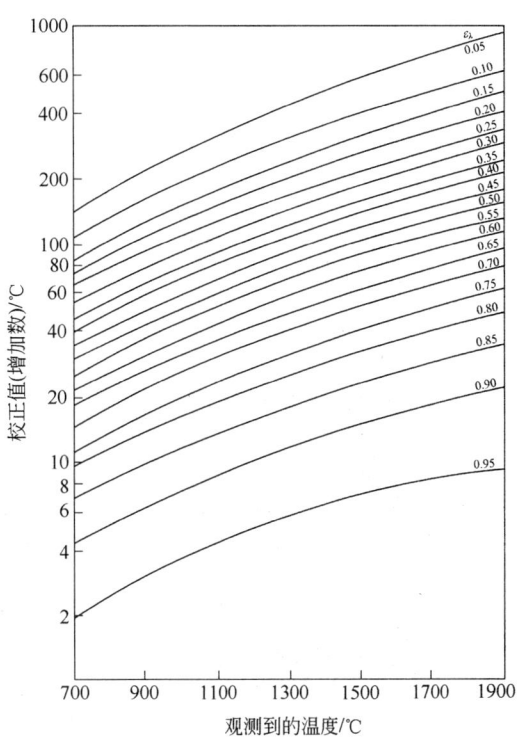

图 8 - 3 - 20

1—未氧化的钢表面;2—氧化的钢表面

图 8 - 3 - 21

一些金属的光谱发射率($\varepsilon_\lambda$)和温度的关系(表 8 - 3 - 2)[11]

表 8 - 3 - 2

| 金　属 | 波长/μm | 温度/℃ | $\varepsilon_\lambda$ | |
|---|---|---|---|---|
| | | | 固　体 | 液　体 |
| 铸　铁 | 0.65 | | 0.37 | |
| 铬 | 0.65 | 1460 | 0.39 | 0.39 |
| | 0.55 | 1460 | 0.53 | |
| 钴 | 0.65 | 1280 ~ 1420 | 0.36 | |
| | 0.65 | 1500 | | 0.37 |
| | 0.65 | 1600 | | 0.452 |
| | 0.65 | 1600 | | 0.443 |

续表 8 - 3 - 2

| 金　属 | 波长/μm | 温度/℃ | $\varepsilon_\lambda$ | |
|---|---|---|---|---|
| | | | 固　体 | 液　体 |
| 铌 | 0.65<br>0.65<br>0.667 | <熔点<br>>熔点<br>1300~2200 | 0.49<br><br>0.374 * | <br>0.40<br> |
| 康　铜 | 0.55 | <熔点 | 0.61 | |
| 铜 | 0.65<br>0.66<br>0.66<br>0.65 | <br>1000<br>1080<br>1535 | 0.35<br>0.105<br>0.12<br>0.17 | |
| 75% Cu - 25% Fe | 0.65 | 1535 | | 0.34 |
| 60% Cu - 40% Fe | 0.65 | 1535 | | 0.38 |
| 54% Cu - 46% Fe | 0.65 | 1535 | | 0.42 |
| 52% Cu - 48% Fe | 0.65 | 1535 | | 0.41 |
| 45% Cu - 55% Fe | 0.65 | 1535 | | 0.42 |
| 25% Cu - 75% Fe | 0.65 | 1535 | | 0.45 |
| 22% Cu - 78% Fe | 0.65 | 1535 | | 0.47 |
| 铒 | 0.65 | <熔点 | 0.55 | |
| 金 | 0.65<br>0.66<br>0.66<br>0.55<br>0.49<br>0.46 | >熔点<br>熔点<br>1000<br>1000<br>熔点<br>1000 | <br>0.145<br>0.140<br>0.45<br>0.53<br>0.63 | 0.38<br>0.22<br><br><br>0.47<br> |
| 铟 | 0.65 | 1750 | 0.30 | |
| 钨 | 0.665<br>0.665<br>0.650<br>0.650 | 20<br>900<br>20<br>900 | 0.470<br>0.452<br>0.453<br>0.444 | |
| 铀 | 0.65<br>0.65<br>0.55 | <熔点<br>>熔点<br><熔点 | 0.55<br><br>0.77 | <br>0.34<br> |
| 钒 | 0.65<br>0.65<br>0.55 | 1570<br>1800<br>1570 | 0.35<br><br>0.29 | <br>0.32<br> |
| 钇 | 0.65<br>0.65 | <熔点<br>>熔点 | 0.35<br> | <br>0.35 |
| 锆 | 0.65<br>0.65 | 825<br>1308 | 0.436<br>0.426 | |

钢液成分和温度对其黑度系数的影响(图 8 - 3 - 22)[82]

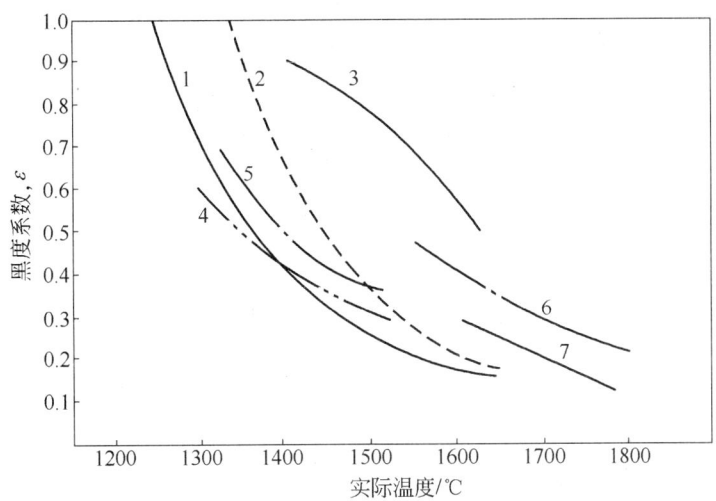

图 8 - 3 - 22

1—含 Si0.6% 的生铁;2—含 Si2.5% 的生铁;3—金属的氧化表面;4—碱性生铁含
Mn0.6% ;5—碱性生铁含 Mn0.86% ;6—电炉钢;7—工业纯铁

铁基合金在不同温度下的辐射系数(图 8 - 3 - 23)[86]

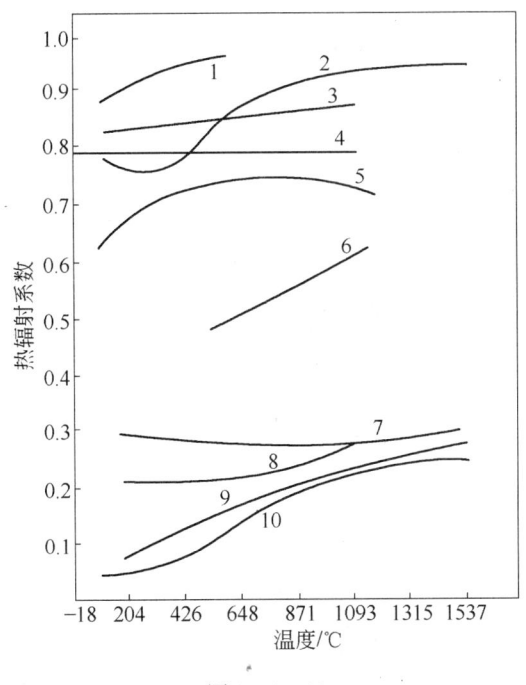

图 8 - 3 - 23

1—钢在高温下长时间氧化;2—电解铁氧化后;3—$Fe_2O_3$;4—钢快速加热到 593℃ ,氧化;
5—铸铁(氧化);6—轧制铁,表面光洁;7—锻造铁表面光滑;8—抛光的铸铁;
9—抛光的钢;10—抛光的电解铁或抛光的纯铁

### 三、钢液的结膜

从炉中取样后,从扒开表面渣液的时间算起到钢液表面结满膜的时间为止,叫做结膜时间。

[C]和结膜时间与钢液温度的关系(图 8 - 3 - 24)[85]

[C]和钢液温度对样勺中结膜时间的影响(图 8 - 3 - 25)[85]

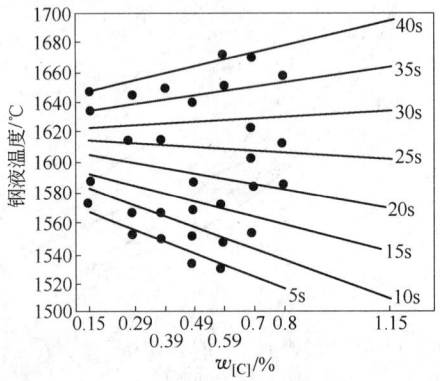

图 8 - 3 - 24

(样勺内径 135 mm,勺深 60 mm,勺厚 7.5 mm,在三电极中渣下 150 mm 处取样,钢液重约 1.3 kg)

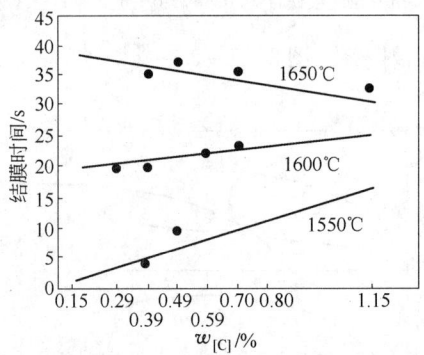

图 8 - 3 - 25

(样勺内径 135 mm,勺深 60 mm,勺厚 7.5 mm,在三电极中渣下 150 mm 处取样,钢液重约 1.3 kg)

高锰钢液在炉中、钢包中的结膜时间与温度的关系(图 8 - 3 - 26)[82]

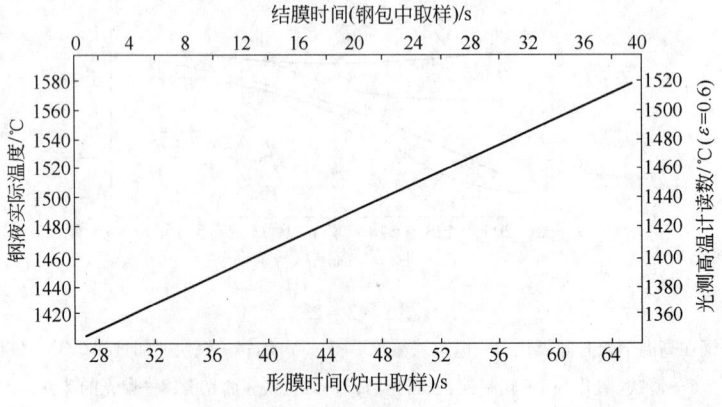

图 8 - 3 - 26

钢液温度与结膜时间的关系(图 8 - 3 - 27)[82]

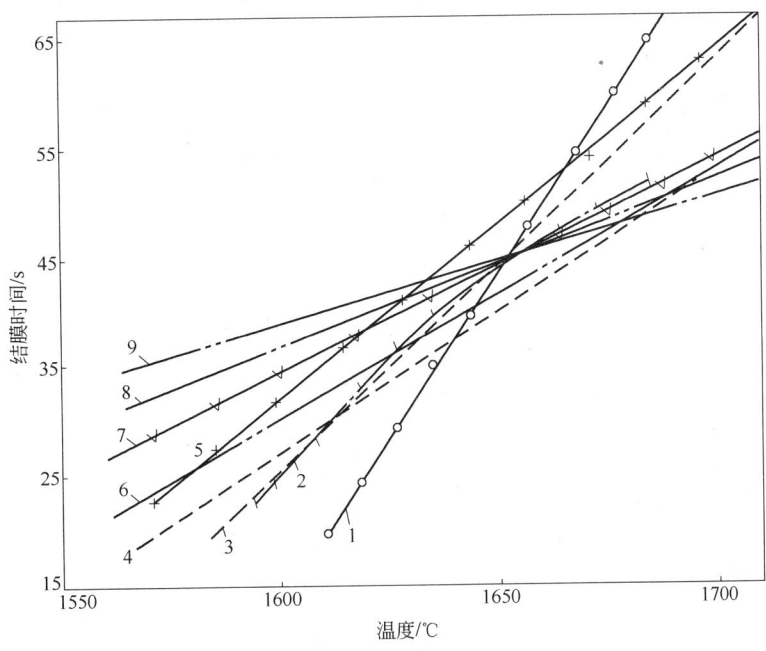

图 8 - 3 - 27

1—90Cr;2—0CrNi1Mo;3—30CrNiW;4—38CrTiNi;5—0CrNi3Mo;

6—50CrNiW;7—50Ni;8—50;9—40

## 四、成分和工艺因素与钢液温度的关系

向铁液中加入金属材料或铁合金对降低钢液温度的影响(图 8 - 3 - 28)[87]

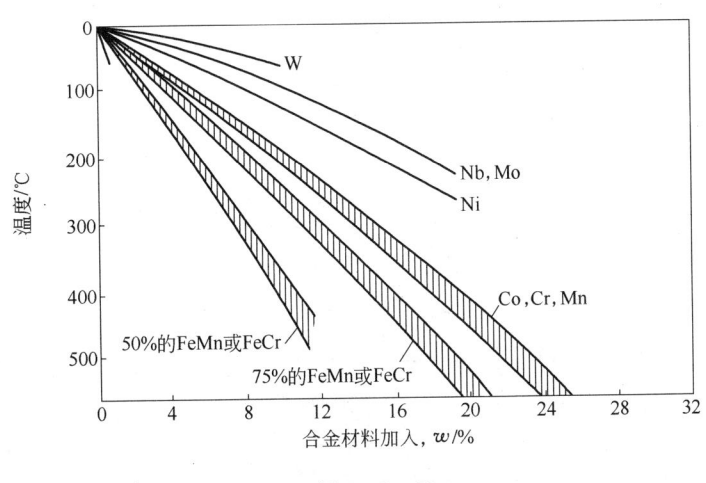

图 8 - 3 - 28

向铁液中加入硅铁时钢液温度的变化(图 8 – 3 – 29)[88]

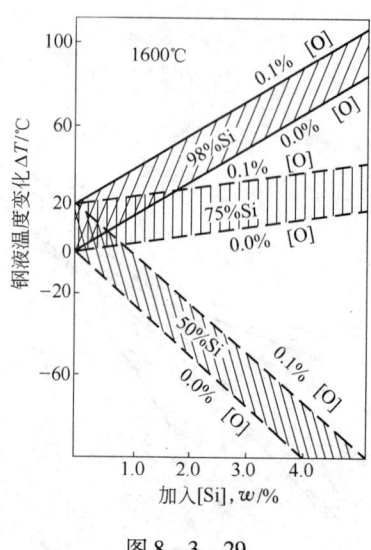

图 8 – 3 – 29

电炉(20 t)通电和停电时间对钢液温度的影响(图 8 – 3 – 30)[85]

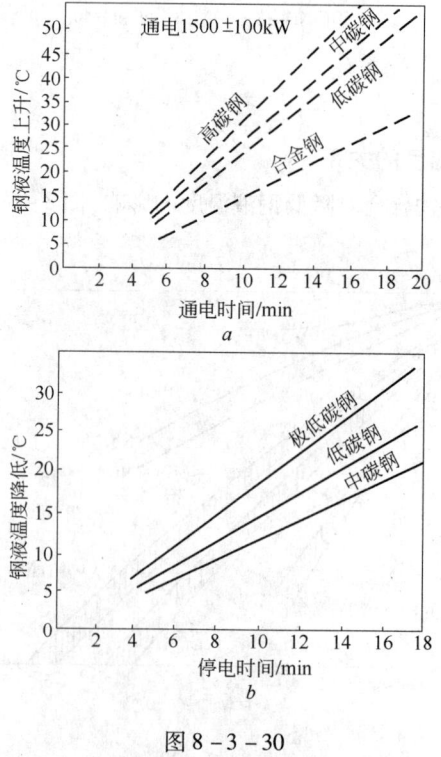

图 8 – 3 – 30

向钢液加入铁粉、生铁粉对钢液降温的影响（图 8 - 3 - 31）[8]

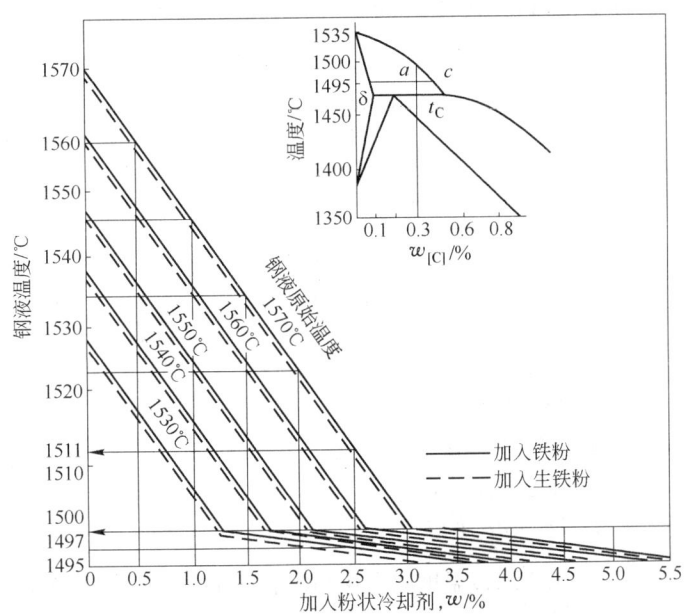

图 8 - 3 - 31

例：向钢液加入 2.5% 的铁粉冷却，原始温度为 1570℃，钢液温度冷却到约 1511℃；

当 [C] = 0.31% 时，液相温度为 1495℃，钢液的过热度为 Δt = 1511 - 1495 = 16℃；如钢液

原始温度为 1530℃，钢液温度降到 1497℃，过热度为 2℃；任一温度下固相的比例为 $x\% = \dfrac{ac}{\delta c} \times 100\%$

[C] 和温度及过热度的关系（图 8 - 3 - 32）[89]

出钢和浇铸温度与 [C] 的关系（图 8 - 3 - 33）[90]

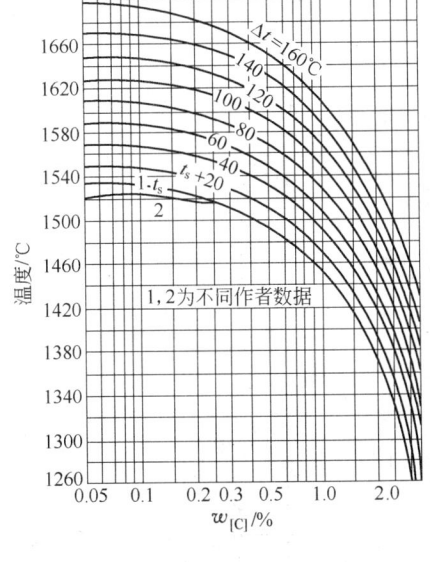

图 8 - 3 - 32

$t_s$—熔点

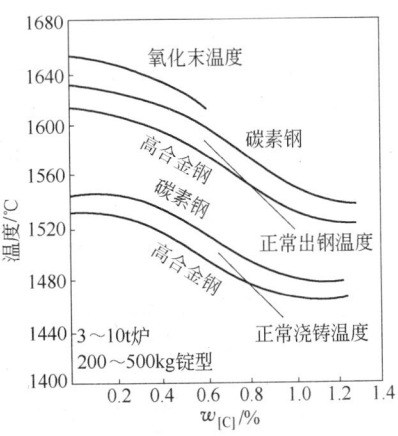

图 8 - 3 - 33

锭模表面温度的变化和热流量的关系(图 8-3-34)[8]

浇铸过程中覆盖渣的上、下温度及钢液温度的变化(图 8-3-35)[8]

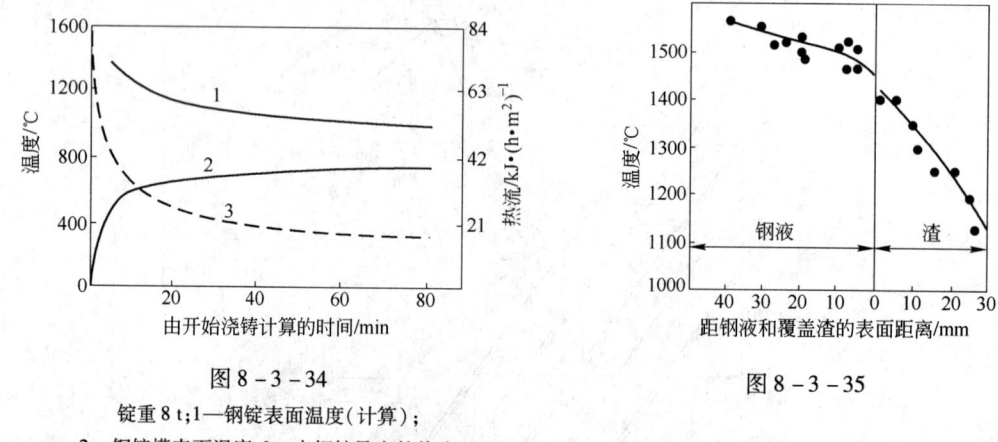

图 8-3-34

锭重 8 t;1—钢锭表面温度(计算);
2—钢锭模表面温度;3—由钢锭导出的热流

图 8-3-35

浇铸过程中钢液(20Cr、18CrMnTi)温度的变化和覆盖渣高度的关系(图 8-3-36)[8]

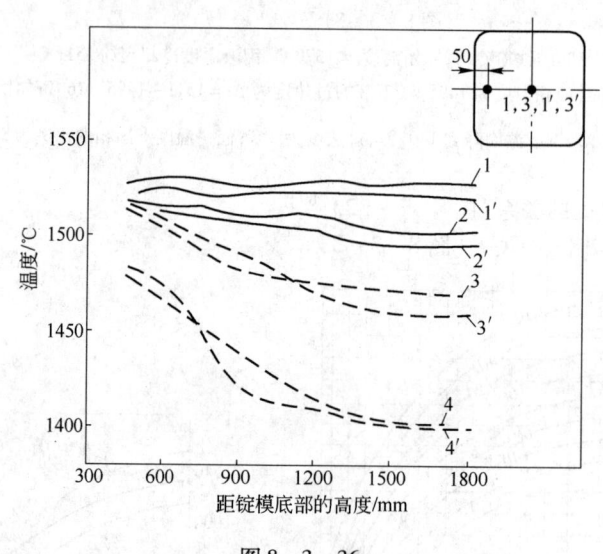

图 8-3-36

| 条　件 | 20Cr | | 18CrMnTi | |
|---|---|---|---|---|
| | 中　心 | 边　缘 | 中　心 | 边　缘 |
| 无渣覆盖 | 3 | 4 | 3′ | 4′ |
| 有渣覆盖 | 1 | 2 | 1′ | 2′ |

注:边缘处钢液温度在钢液面下 10 mm 处测得。

在 550～600 mm 的钢锭模中钢液凝固时的温度分布（图 8 - 3 - 37）[59]

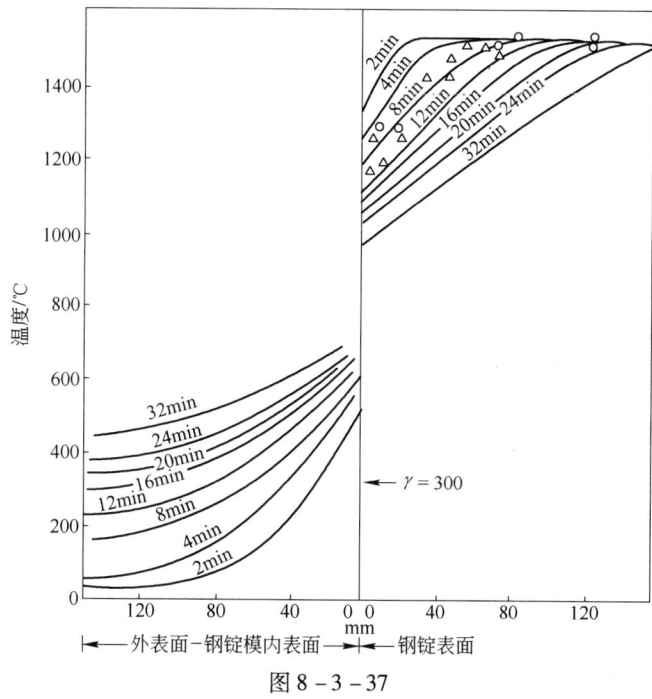

图 8 - 3 - 37

钢坯表面温度和直径与自然冷却时间的关系（图 8 - 3 - 38）

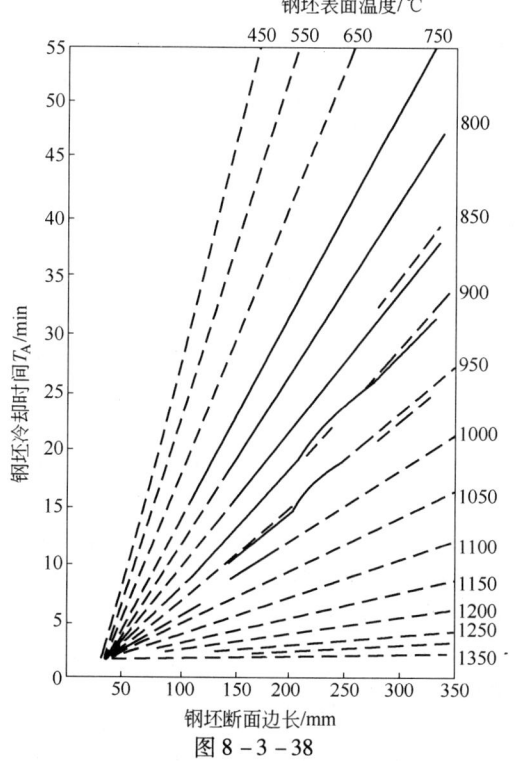

图 8 - 3 - 38

开始温度为 1350℃；$T_A(\text{min}) = (13.5 - 0.01t)^2(5D - 0.2) + 2; D$——以 m 为单位

# 参 考 文 献

[1] 北京钢铁学院电冶金教研室. 电炉炼钢学. 北京：冶金工业出版社, 1973

[2] 鉄鋼の凝固. 鉄鋼基礎共同研究会部, 1977

[3] 陈恩溥. 铁基镍基钴基合金熔点的计算方法和计算公式. 重庆特钢, 1992, (3)

[4] 日本铸物協会编. 铸鉄の金型铸造. 1976

[5] Gieten H W. On Const Iron Castings Trans., 1926, 34: 1038

[6] A Guide to the Solidification of Steel. Sweden, 1977

[7] 特克道根 E T, 著. 高温工艺物理化学. 魏季和, 傅杰, 译. 北京：冶金工业出版社, 1988

[8] Ефимов В А. Разливка и кристаллизациястали. Металлургия М, 1976

[9] Грузии В Г. Злектромагиитныйтраспорт. жедкотомегалла. Металлургия М, 1962

[10] Чиркин В С. Теплофизические свойсва материалов. Госризмагиздат М, 1959

[11] Elliolt F. Thermochemistry for Steelmaking, volume Ⅱ. 1963

[12] Казаико Е А. ИВУЗ, Черная металлургия, 1978(1): 67

[13] Эксперименгельная техника и методы исследованнй при высоких температурах А Н С, 1959

[14] Черная Э И. Металлургия М, 1962

[15] 森克己. 日本金属学会誌, 1975, (12): 1301

[16] Рабинович Ч В. Введение и лигейную гидравливу. Машгиз, 1966

[17] Самарин А М. Сталеплавильиое производство том, Ⅰ、Ⅱ, 1964

[18] Wlodawar A. Directional Solidification of Steel Casting, 1966

[19] Charles W. Steel Casting Handbook. 1970

[20] Ефимов В А. Слитной слиток. Металлургия М, 1961

[21] 何荫椿, 等译. 铸钢学, 上册. 北京：中国工业出版社, 1964

[22] Ершов Г С, идр. Строение и свойсва жидких и твердых металлов. Металлургия М, 1978

[23] Баум Б А. Металлические жидкости. Наука М, 1979

[24] ИВУЗ. Черная металлургия, 1971, (6)

[25] Turobskil B M. Chem. Mec., 1960, (2): 15 ~ 20

[26] Андронов В Н, и др. Жидкие металлы и шлаки. Металлургия М, 1977

[27] изв вуз Черная Металлургия, 1971, (10): 5 ~ 8

[28] 矢野澄清. 鉄と鋼, 1975, (12): 496

[29] J. Iron and Steel Inst., 1962: 95 ~ 101

[30] Вергман А А, и др. Свойства расплавой железа, 1969

[31] Фимотов С И. Изв черная металлургия, 1968, (9): 27 ~ 30

[32] Романов А А. Физика металлов и металловедения, 1964, 18(6)

[33] Изв вуз Черная металлургия, 1968, (9): 23 ~ 30

[34] 日本金属学会编. 金属データブック, 1974

[35] Ершов Г С. Изв вуз черная металлургня, 1976, (4): 141

[36] Ершов Г С. Взаимодействие фаз ири плавке легированных сталей. Металлургия М, 1973

[37] Ершов Г С, и др. Строение и свойства жидких и твердых металлов. Металлургия М, 1978

[38] Швидковский Е Г. Некоторые вопросы вязкости расплавленных металлов. Металлургия М, 1955

[39] 库德林 В А, 等著. 优质钢冶炼. 董学经, 李伟立, 译. 北京：冶金工业出版社, 1987

[40] Романов А А. Литье стали в выбрирующие формы. Машгиз, 1959

[41] Леви И И. Изв вуз черная металлургия, 1973, (9): 166 ~ 168

[42] Кожевников Г Н,Заико В П. Рысс М. А элегротермия лигатур щелочноземельных металлов С Кремнием. Наука,1978

[43] 溶鉄、溶滓の物性値便覧. 溶鉄溶滓部会報告,日本鉄鋼協会,1972

[44] Porter W F. BOF Steelmaking Volume two Theory,1976

[45] ［日］製鉄製鋼の理论基础. 1976

[46] Еременко В Н. Физическая химия границ раздела контактирующий фаз. Наука киев,1976

[47] Колосов М И,и др. Качество слиткн спокойной стали. Металлургия М,1973

[48] Поволоцкий Д Я. Раскислеиние стали. Металлургия М,1972

[49] Кайбикев. ИЗВ. А Н С Металлы,1976,(4):78

[50] Поверхностные явления в расплавах и процессак порошоковый металлургии Киев Изд,АН СССР,1963

[51] Теория Металлургических процессов сборник трутов цниичм выпуск 40,1965

[52] Neue Hütte,1976,21(6):335～339

[53] Прохоренко К К. Рафинирование сгали. Техника киев,1975

[54] 鉄と鋼,1960,(7):148

[55] Григорян В А. Теоретические основы электросгаллеплавильных прочессов. Металлургия М,1979

[56] 大野笃美. 金属凝固学. 北京:机械工业出版社,1983

[57] 陈家祥,主编. 连续铸钢手册. 北京:冶金工业出版社,1991

[58] 岡本正三. 新製金属講座,材料篇. 鉄鋼,東京丸善社,1957

[59] Хворанов Н И. Кристаллизация и неоднородность стали. Машгиз М,1958

[60] Гуляев Б Б. Затвердение металлов. Машгиз М,1958

[61] 電気製鋼,1970,(4)

[62] 日本鋼鉄協会编. 鉄鋼製造法,第一分册,製鉄、製鋼. 丸善株式会社,1972

[63] Волков С Е,идр. Неметаллические включения и дефекты в электрошлаковом слитке. Металлургия М,1979

[64] Гуляев Б Б. Затвердевание и пеоднородность стали. Металлургия М,1950

[65] 日本鉄鋼協会编. 第27、28 回西山会議講座. 1974

[66] 堀川一男,等. 鉄の鋼,1975,(5):505

[67] Баладин Г Ф. Формирование кристаллического строения отливок. Металлургия М,1973

[68] Геллер Ю А. Инструментальные стали. Металлургия М,1975

[69] Ойкс Г Н. Производство Кипяющий стали. Металлургия М,1955

[70] Астров Е И. Непрерывная разливка стали Ⅱ. Металлургия М,1975

[71] 金属学与热处理手册,第四分册,半制品的结构、性能和热处理. 北京:冶金工业出版社,1961

[72] 浅野鋼. 鉄と鋼,1970,56(14):

[73] ISIJ,1978,18:283

[74] 余宗森,李士琦,等编著. 钢的成分残留元素及其性能的定量关系. 北京:冶金工业出版社,2001

[75] Гуляев А П. Чистая сталь. металлургия М,1975

[76] Голиков И Н. ДенДлигная ликвация в сгалах ч сплавах. металлургия М,1977

[77] 大野笃美. 鉄と鋼,1976,61(4):67

[78] Металлургия железа том Ⅲ. Москва,1975

[79] Wolf M,等. 现代连铸理论与实践. 中国金属学会连铸学会,1986

[80] 鲁捷斯 B C,等. 连续铸钢工艺原理. 上海:上海人民出版社,1977

[81] Нехендзи Ю А. Стальные литье,1948

[82] Грузии В Т. Температурный Режим литья Стали. Металлургия М,1962

[83] 丛勉,主编. 铸造手册. 铸钢. 第二卷,北京:机械工业出版社

[84] 拉德任斯基 Б Н. 异型钢的铸造. 北京:机械工业出版社,1958

[85] 日本学術振興會,製鋼第 19 委員會. 高温測定と熔鋼温度. 日刊新聞社,1960

[86] Geiger G H. Transport Phenomena in Metallurgy,1974

[87] Sims. Electric Furnace Steelmaking,vol Ⅱ. 1963

[88] Гельд П В,Есин О А. процессы высокотермических воссгановления,1957

[89] Бигеев А М. Расчеты маргеновских плавок. Металлургия М,1966

[90] 岡本正三. 製鉄製鋼法. 日本鉄鋼協会,東京養賢堂,1961

# 第九章 炼钢反应的物化性质

## 第一节 物 质 的 焓

### 一、物质的焓和温度关系的对应[1]

| 单 质 | 图 号 | 氧化物 | 图 号 |
|---|---|---|---|
| Ag | 图 9 - 1 - 2 | $V_2O_5$ | 图 9 - 1 - 5 |
| Al | 图 9 - 1 - 2 | $ZrO_2$ | 图 9 - 1 - 11 |
| Ar | 图 9 - 1 - 1 | $Fe_3O_4$ | 图 9 - 1 - 5 |
| B | 图 9 - 1 - 1 | AlO | 图 9 - 1 - 11 |
| Ca | 图 9 - 1 - 2 | $Al_2O_3$ | 图 9 - 1 - 5 |
| Ce | 图 9 - 1 - 1 | BO | 图 9 - 1 - 10 |
| Co | 图 9 - 1 - 1 | $B_2O_3$ | 图 9 - 1 - 11 |
| Cr | 图 9 - 1 - 2 | BaO | 图 9 - 1 - 6 |
| Cu | 图 9 - 1 - 2 | $Bi_2O_3$ | 图 9 - 1 - 6 |
| Fe | 图 9 - 1 - 3,图 9 - 1 - 5,图 9 - 1 - 10 | BeO | 图 9 - 1 - 6 |
| Hg | 图 9 - 1 - 3 | CO | 图 9 - 1 - 10 |
| $H_2$ | 图 9 - 1 - 1 | $CO_2$ | 图 9 - 1 - 10 |
| Mg | 图 9 - 1 - 3 | CaO | 图 9 - 1 - 6 |
| Mn | 图 9 - 1 - 2 | CeO | 图 9 - 1 - 11 |
| Mo | 图 9 - 1 - 3 | CoO | 图 9 - 1 - 11 |
| $N_2$ | 图 9 - 1 - 1 | $Co_3O_4$ | 图 9 - 1 - 6,图 9 - 1 - 11 |
| Nb(Cb) | 图 9 - 1 - 1 | $Cu_2O$ | 图 9 - 1 - 6 |
| Ni | 图 9 - 1 - 1 | CuO | 图 9 - 1 - 6 |
| $O_2$ | 图 9 - 1 - 1 | $H_2O$ | 图 9 - 1 - 10 |
| Pt | 图 9 - 1 - 1 | $Li_2O$ | 图 9 - 1 - 6 |
| Pb | 图 9 - 1 - 2 | $Fe_2O_3$ | 图 9 - 1 - 5 |
| He | 图 9 - 1 - 1 | MgO | 图 9 - 1 - 6 |
| S | 图 9 - 1 - 3 | MnO | 图 9 - 1 - 4,图 9 - 1 - 11 |
| Si | 图 9 - 1 - 3 | $Mn_2O_3$ | 图 9 - 1 - 6 |
| Ta | 图 9 - 1 - 1 | $MnO_2$ | 图 9 - 1 - 4 |
| Ti | 图 9 - 1 - 1 | $Mn_3O_4$ | 图 9 - 1 - 11 |
| V | 图 9 - 1 - 1 | $MoO_3$ | 图 9 - 1 - 11 |
| W | 图 9 - 1 - 1 | $Cr_2O_3$ | 图 9 - 1 - 11 |
| 氧化物 | 图 号 | $Ni(CO)_4$ | 图 9 - 1 - 10 |
| TiO | 图 9 - 1 - 10,图 9 - 1 - 11 | $Na_2O$ | 图 9 - 1 - 11 |
| $Ti_2O_3$ | 图 9 - 1 - 11 | NiO | 图 9 - 1 - 4 |
| $TiO_2$ | 图 9 - 1 - 11 | $Nb_2O_5$ | 图 9 - 1 - 4 |
| $Ti_3O_5$ | 图 9 - 1 - 11 | PO | 图 9 - 1 - 4 |
| VO | 图 9 - 1 - 11 | $P_4O_{10}$ | 图 9 - 1 - 4 |

| 氧 化 物 | 图 号 | 复杂氧化物 | 图 号 |
|---|---|---|---|
| $SO$ | 图 9 - 1 - 10 | $FeO \cdot Cr_2O_3$ | 图 9 - 1 - 4 |
| $SO_2$ | 图 9 - 1 - 10 | $Fe_{0.94}O$ | 图 9 - 1 - 6 |
| $SO_3$ | 图 9 - 1 - 10 | 碳 化 物 | 图 号 |
| $SiO$ | 图 9 - 1 - 6 | $Cr_3C_2$ | 图 9 - 1 - 14 |
| $SiO_2$ | 图 9 - 1 - 6 | $Mn_3C$ | 图 9 - 1 - 14 |
| $SnO$ | 图 9 - 1 - 11 | $Fe_3C$ | 图 9 - 1 - 14 |
| $SnO_2$ | 图 9 - 1 - 11 | $TiC$ | 图 9 - 1 - 14 |
| $Ta_2O_5$ | 图 9 - 1 - 11 | $SiC$ | 图 9 - 1 - 14 |
| 复杂氧化物 | 图 号 | $CaC_2$ | 图 9 - 1 - 15 |
| $Al_2SiO_5$ | 图 9 - 1 - 7 | 碳 酸 盐 | 图 号 |
| $Al_6Si_2O_{13}$ | 图 9 - 1 - 7 | $BaCO_3$ | 图 9 - 1 - 11 |
| $Al_2TiO_5$ | 图 9 - 1 - 4 | $CaCO_3$ | 图 9 - 1 - 6 |
| $CaO \cdot P_2O_5$ | 图 9 - 1 - 4 | $MgCO_3$ | 图 9 - 1 - 11 |
| $2CaO \cdot P_2O_5$ | 图 9 - 1 - 4 | $MnCO_3$ | 图 9 - 1 - 6 |
| $CaO \cdot Fe_2O_3$ | 图 9 - 1 - 8 | 氮 化 物 | 图 号 |
| $2CaO \cdot Fe_2O_3$ | 图 9 - 1 - 4 | $Mn_3N_2$ | 图 9 - 1 - 13 |
| $CaO \cdot Al_2O_3$ | 图 9 - 1 - 4 | $Mn_4N$ | 图 9 - 1 - 13 |
| $CaO \cdot 2Al_2O_3$ | 图 9 - 1 - 4 | $ZrN$ | 图 9 - 1 - 13 |
| $3CaO \cdot Al_2O_3$ | 图 9 - 1 - 4 | $Zr_3N_2$ | 图 9 - 1 - 13 |
| $2CaO \cdot Al_2O_3 \cdot SiO_2$ | 图 9 - 1 - 8 | $SiN$ | 图 9 - 1 - 13 |
| $CaO \cdot Al_2O_3 \cdot 2SiO_2$ | 图 9 - 1 - 9 | $Si_3N_4$ | 图 9 - 1 - 13 |
| $CaO \cdot TiO_2 \cdot SiO_2$ | 图 9 - 1 - 9 | $TiN$ | 图 9 - 1 - 13 |
| $2CaO \cdot SiO_2$ | 图 9 - 1 - 9 | $TaN$ | 图 9 - 1 - 13 |
| $CaO \cdot SiO_2$ | 图 9 - 1 - 8 | $AlN$ | 图 9 - 1 - 13 |
| $3CaO \cdot SiO_2$ | 图 9 - 1 - 8 | $NbN$ | 图 9 - 1 - 13 |
| $3CaO \cdot B_2O_3$ | 图 9 - 1 - 8 | 硫化物及硫酸盐 | 图 号 |
| $CaO \cdot MgO \cdot 2SiO_2$ | 图 9 - 1 - 7 | $Al_2(SO_4)_2$ | 图 9 - 1 - 12 |
| $FeO \cdot TiO_2$ | 图 9 - 1 - 5 | $FeS$ | 图 9 - 1 - 12 |
| $Fe_2O_3 \cdot TiO_2$ | 图 9 - 1 - 5 | $FeS_2$ | 图 9 - 1 - 12 |
| $2FeO \cdot TiO_2$ | 图 9 - 1 - 5 | $Cu_2S$ | 图 9 - 1 - 12 |
| $2FeO \cdot SiO_2$ | 图 9 - 1 - 8 | $MnSO_4$ | 图 9 - 1 - 12 |
| $MgO \cdot SiO_2$ | 图 9 - 1 - 7 | $Na_2SO_4$ | 图 9 - 1 - 12 |
| $MnO \cdot SiO_2$ | 图 9 - 1 - 7 | $KAl(SO_4)_2$ | 图 9 - 1 - 12 |
| $MgO \cdot Fe_2O_3$ | 图 9 - 1 - 7 | $SiS$ | 图 9 - 1 - 12 |
| $Na_2O \cdot SiO_2$ | 图 9 - 1 - 8 | $VS$ | 图 9 - 1 - 12 |
| $NaAlSi_2O_6$ | 图 9 - 1 - 5 | 其 他 | 图 号 |
| $NaAlSi_3O_8$ | 图 9 - 1 - 19 | | |
| $NaAlSiO_4$ | 图 9 - 1 - 9 | $FeSi$ | 图 9 - 1 - 5 |
| $NaAlSi_2O_8$ | 图 9 - 1 - 8 | $CaF_2$ | 图 9 - 1 - 15 |
| $Na_2Si_2O_5$ | 图 9 - 1 - 9 | $NaCl$ | 图 9 - 1 - 15 |
| $KAlSi_3O_8$ | 图 9 - 1 - 9 | $CaCl_2$ | 图 9 - 1 - 15 |
| $ZrO_2 \cdot SiO_2$ | 图 9 - 1 - 5 | | |

## 二、单质的焓和温度的关系(图9-1-1~图9-1-3)[1]

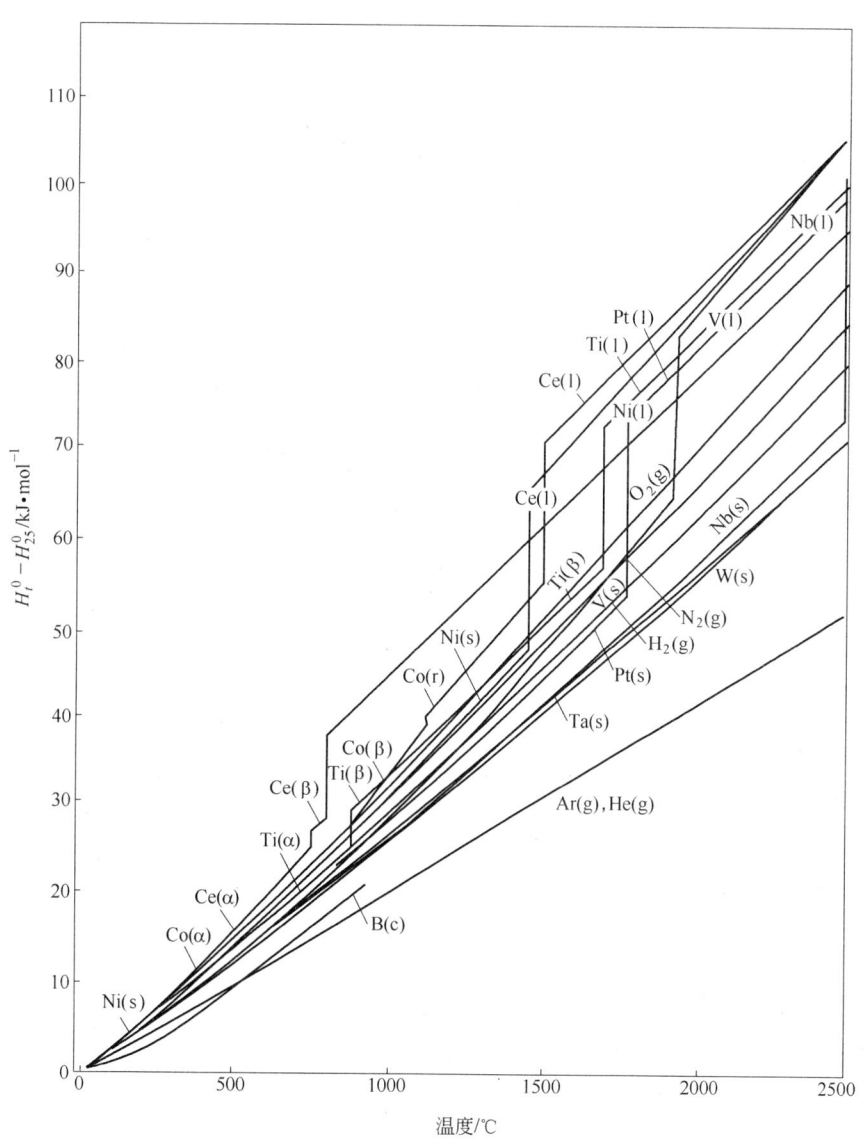

图9-1-1

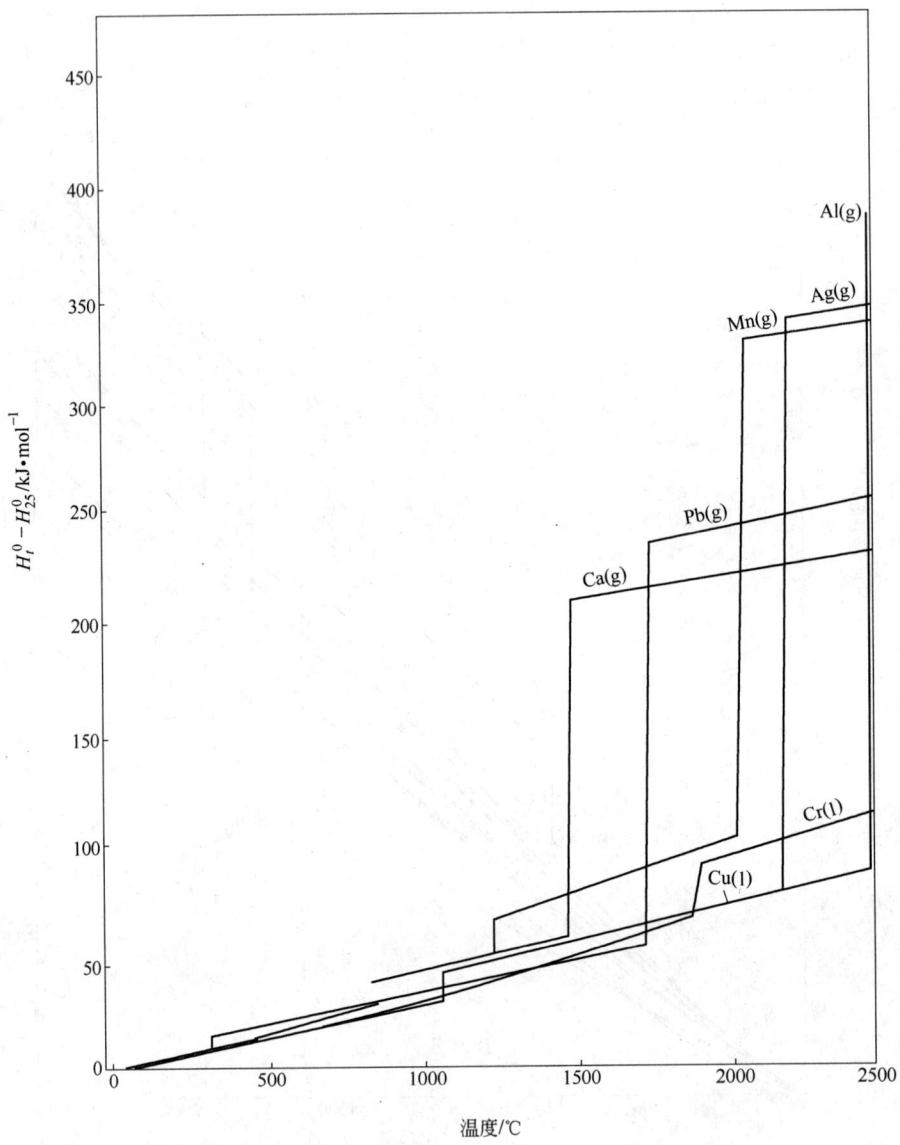

图 9 - 1 - 2

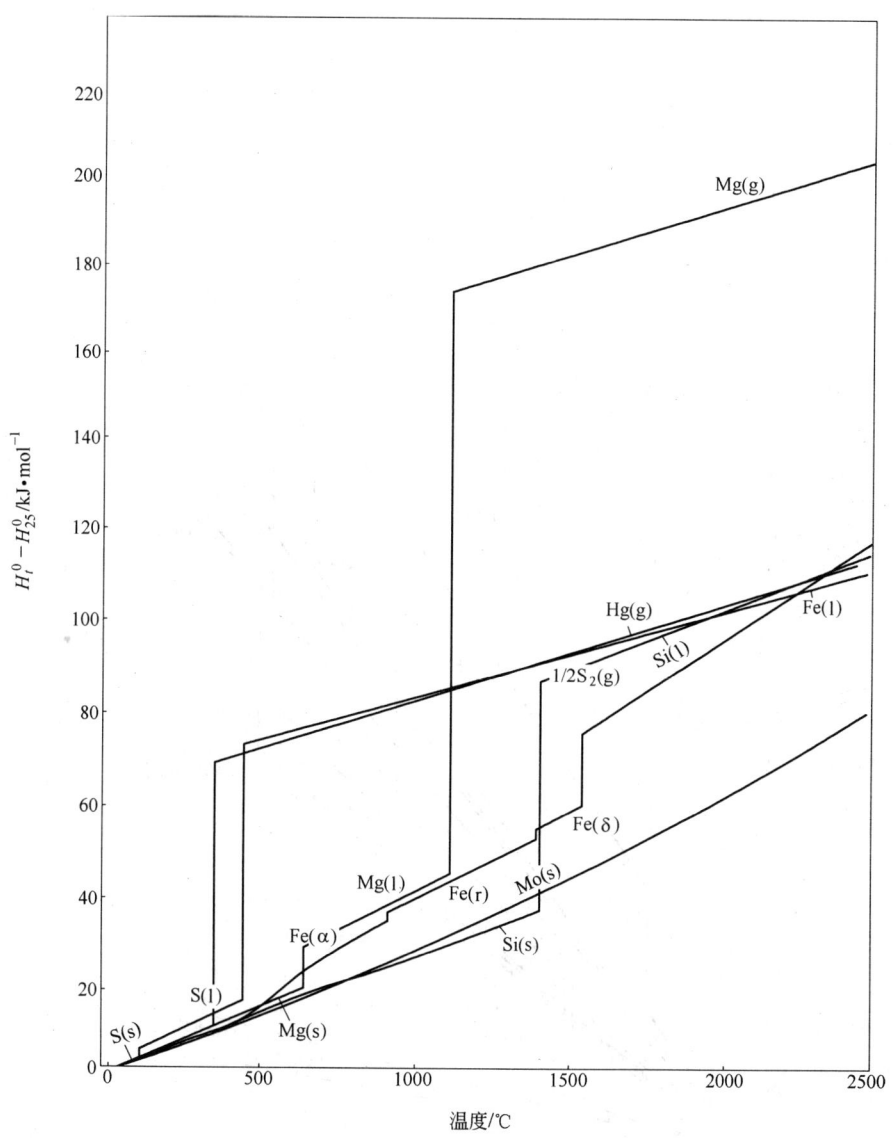

图 9 - 1 - 3

### 三、氧化物及复杂氧化物的焓和温度的关系（图 9 - 1 - 4 ~ 图 9 - 1 - 9）[1]

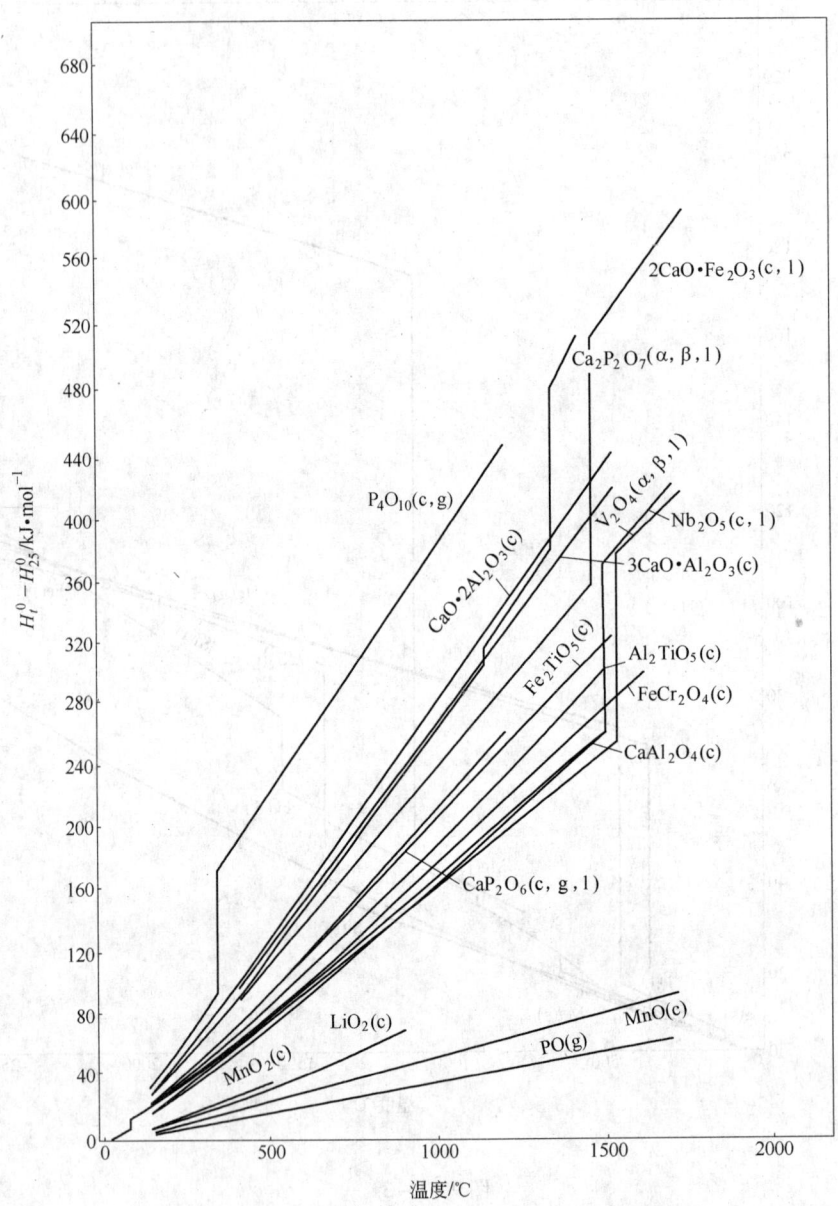

图 9 - 1 - 4

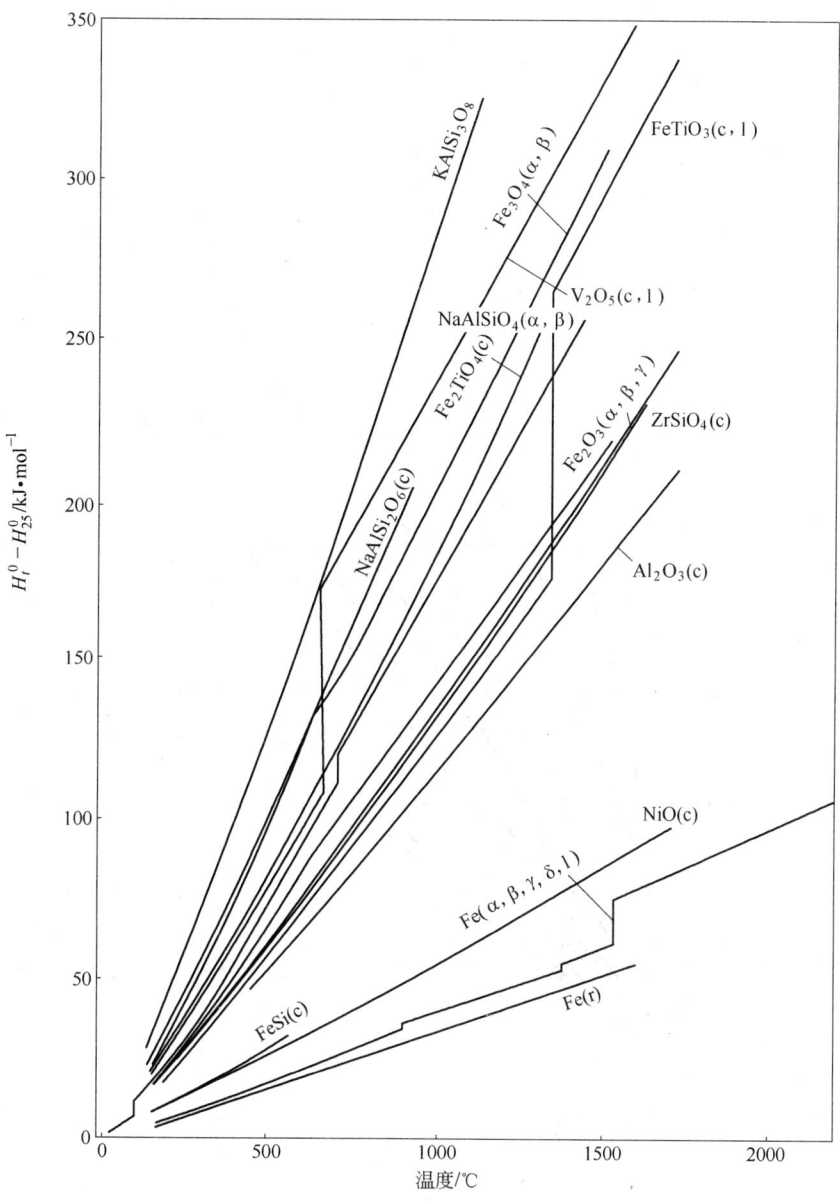

图 9 - 1 - 5

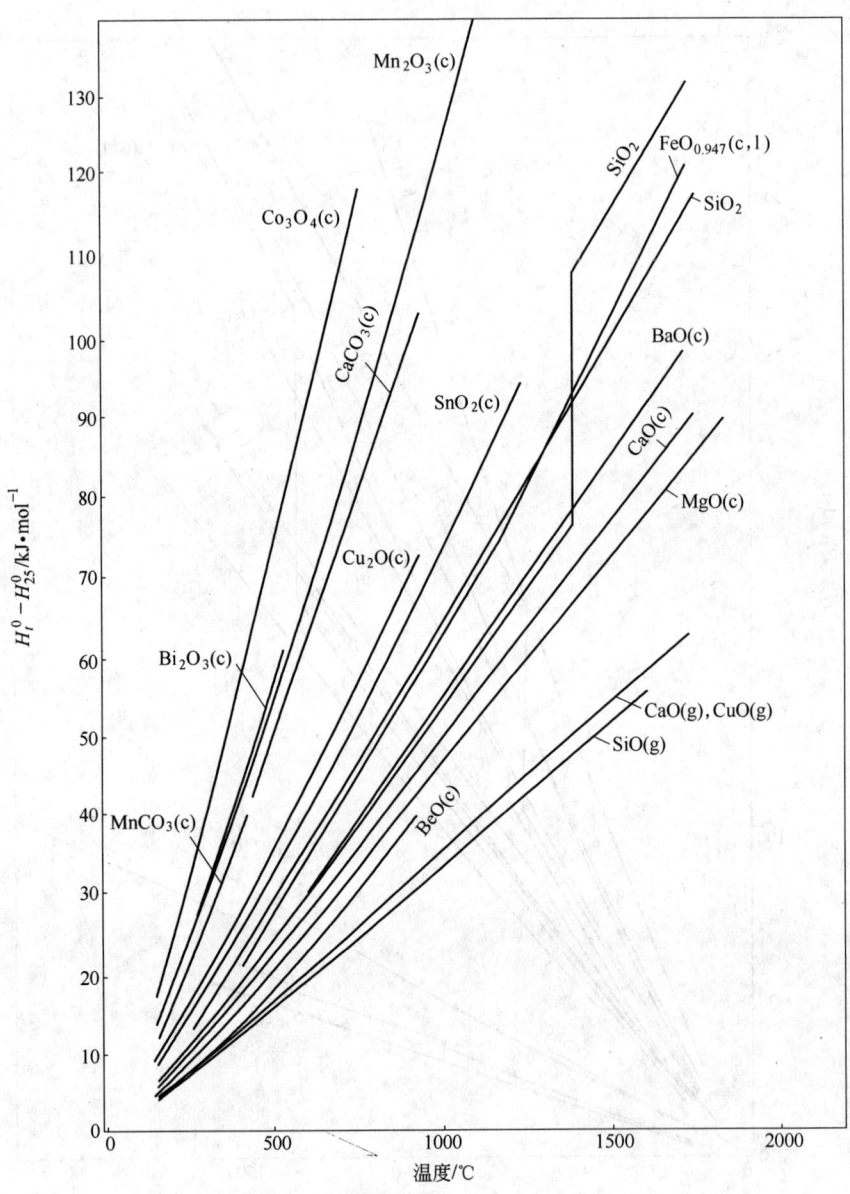

图 9 - 1 - 6

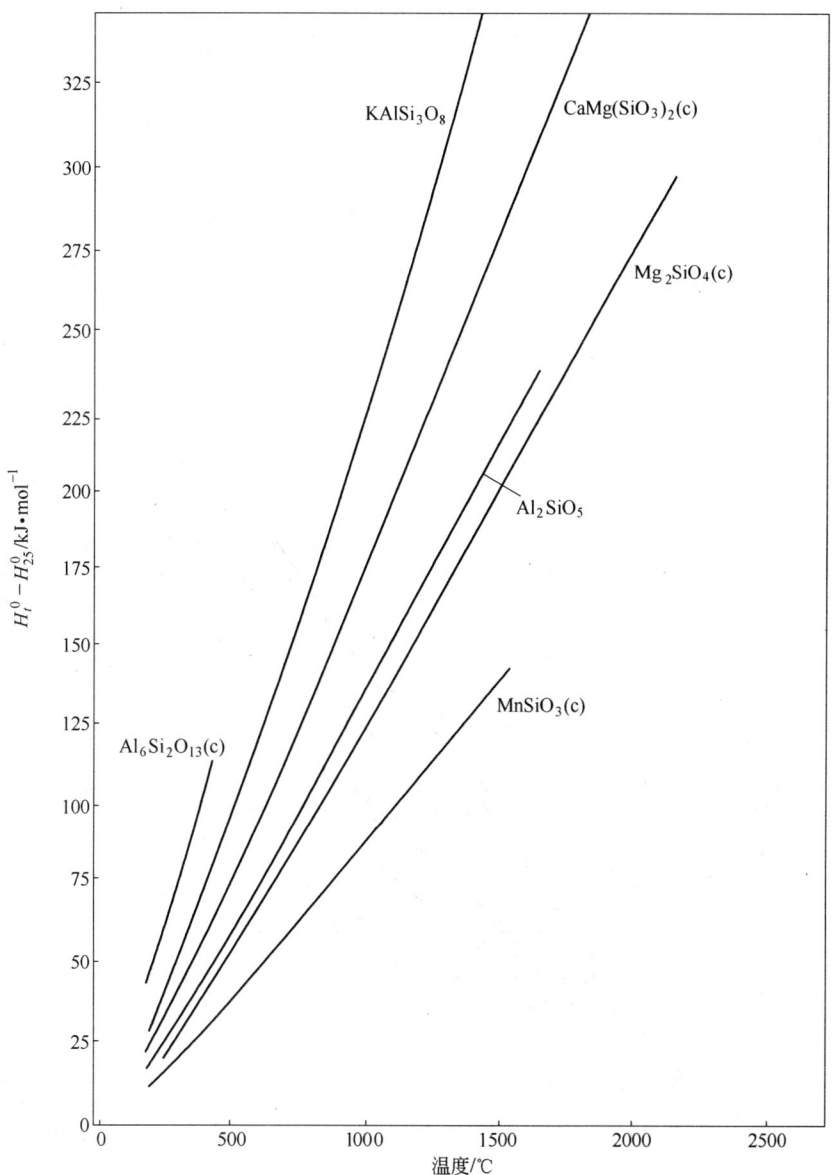

图 9 - 1 - 7

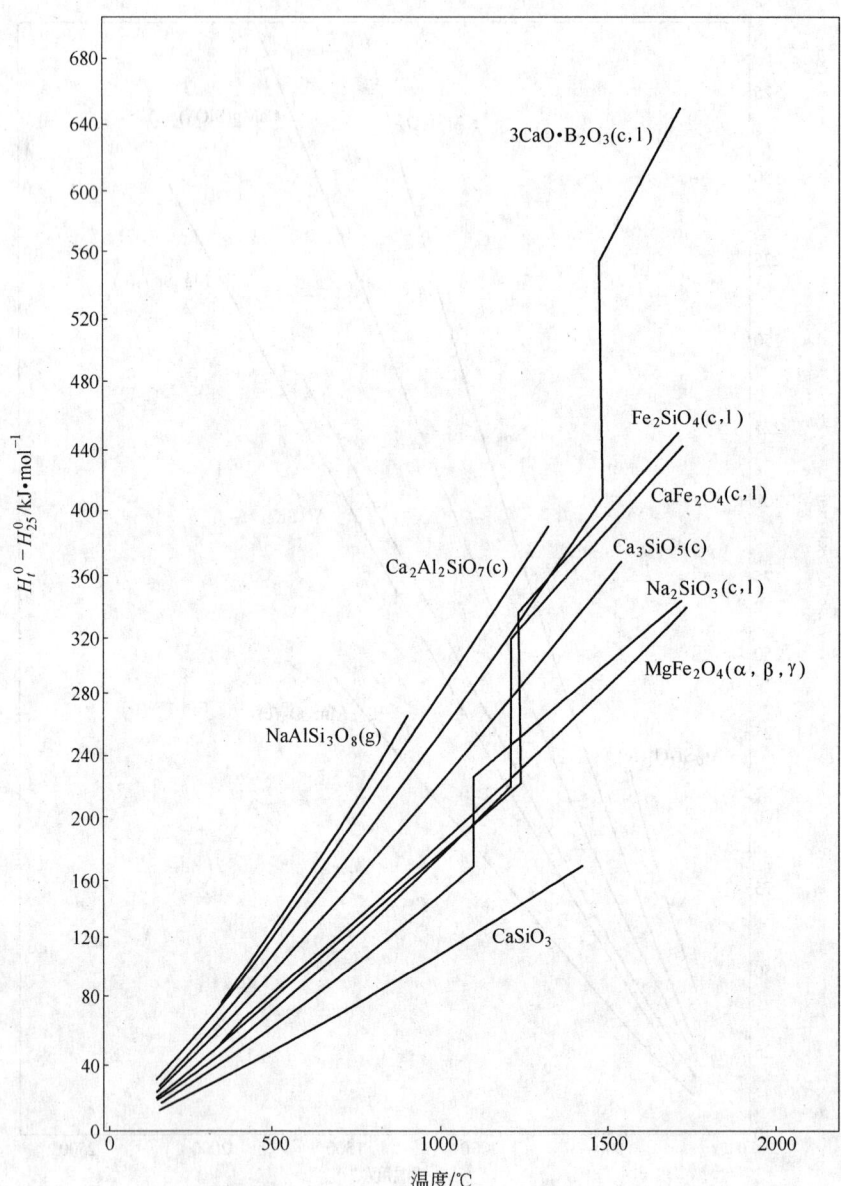

图 9 - 1 - 8

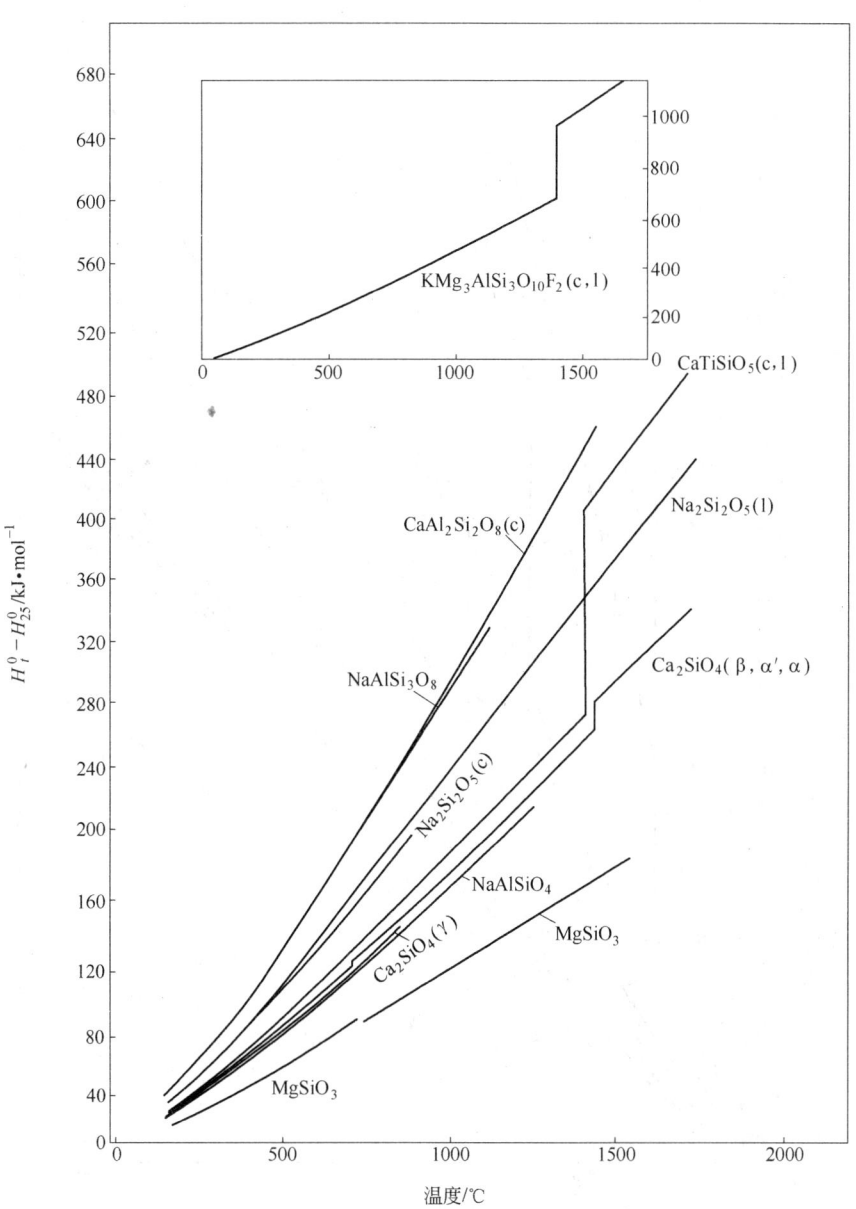

图 9 – 1 – 9

四、氧化物和氯化物等的焓和温度的关系(图 9 - 1 - 10)[1]

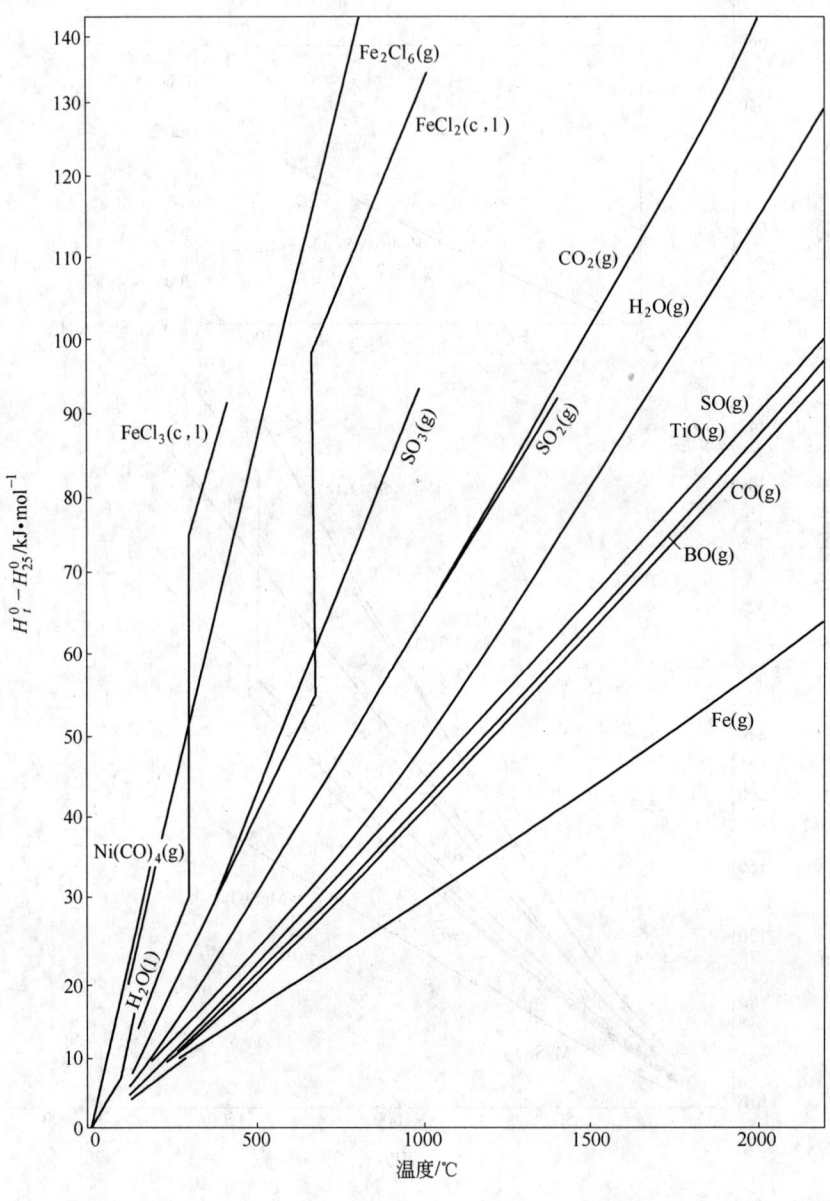

图 9 - 1 - 10

**五、氧化物和碳酸盐的焓和温度的关系**(图9-1-11)[1]

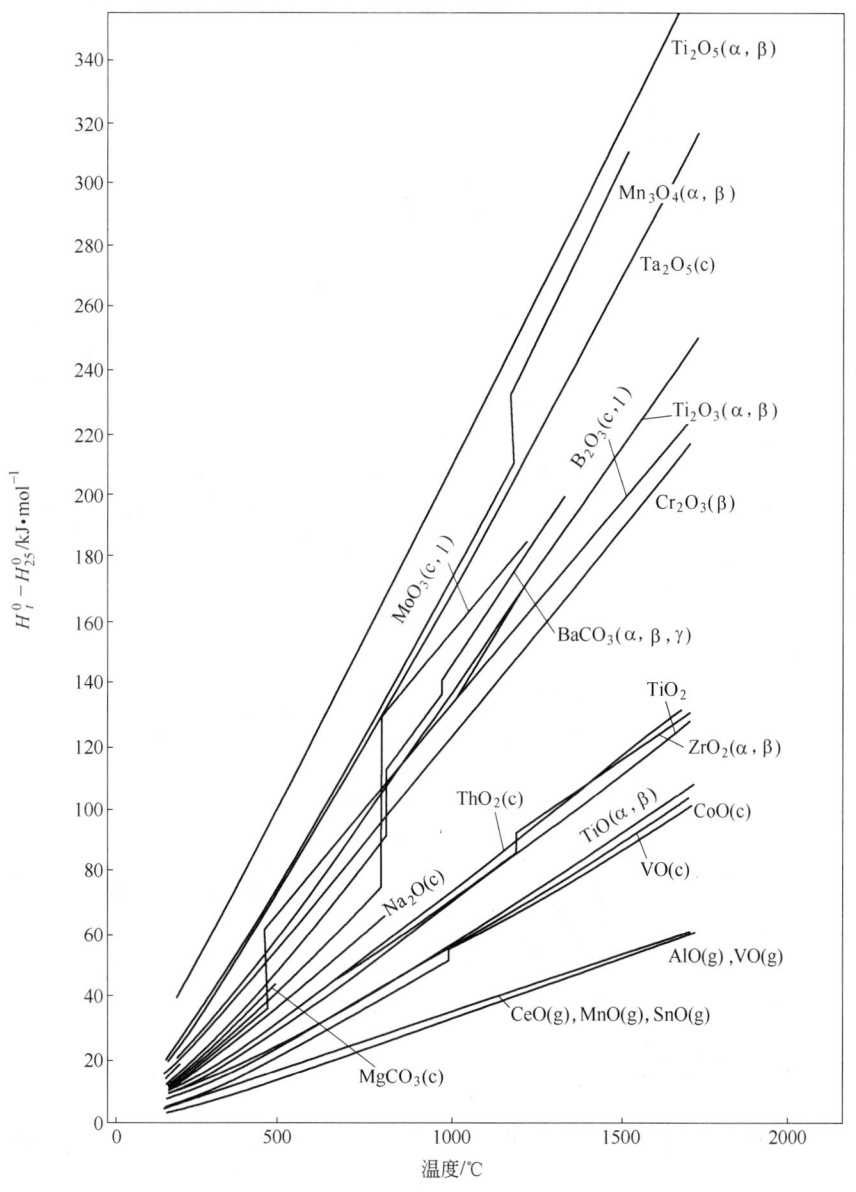

图9-1-11

## 六、硫化物和硫酸盐的焓和温度的关系（图9－1－12）[1]

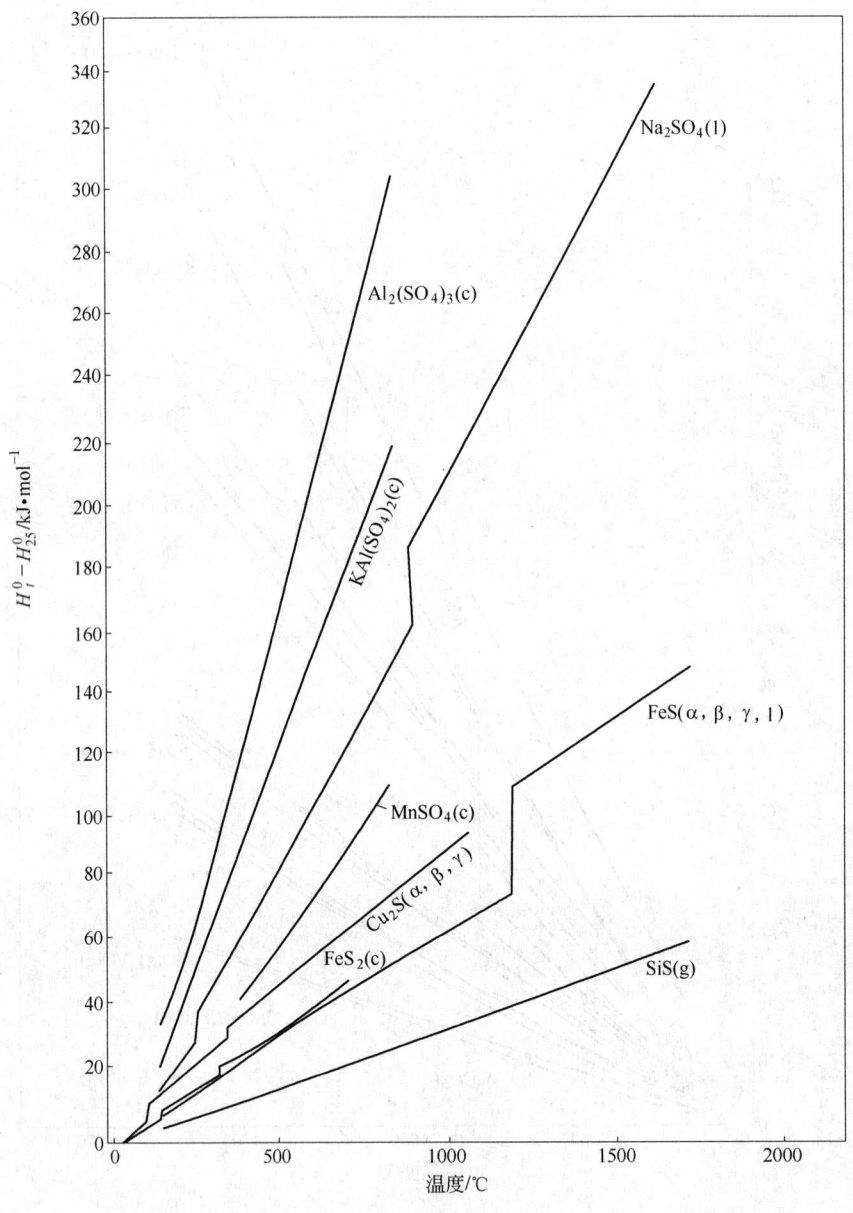

图9－1－12

# 七、氮化物的焓和温度的关系(图 9 – 1 – 13)[1]

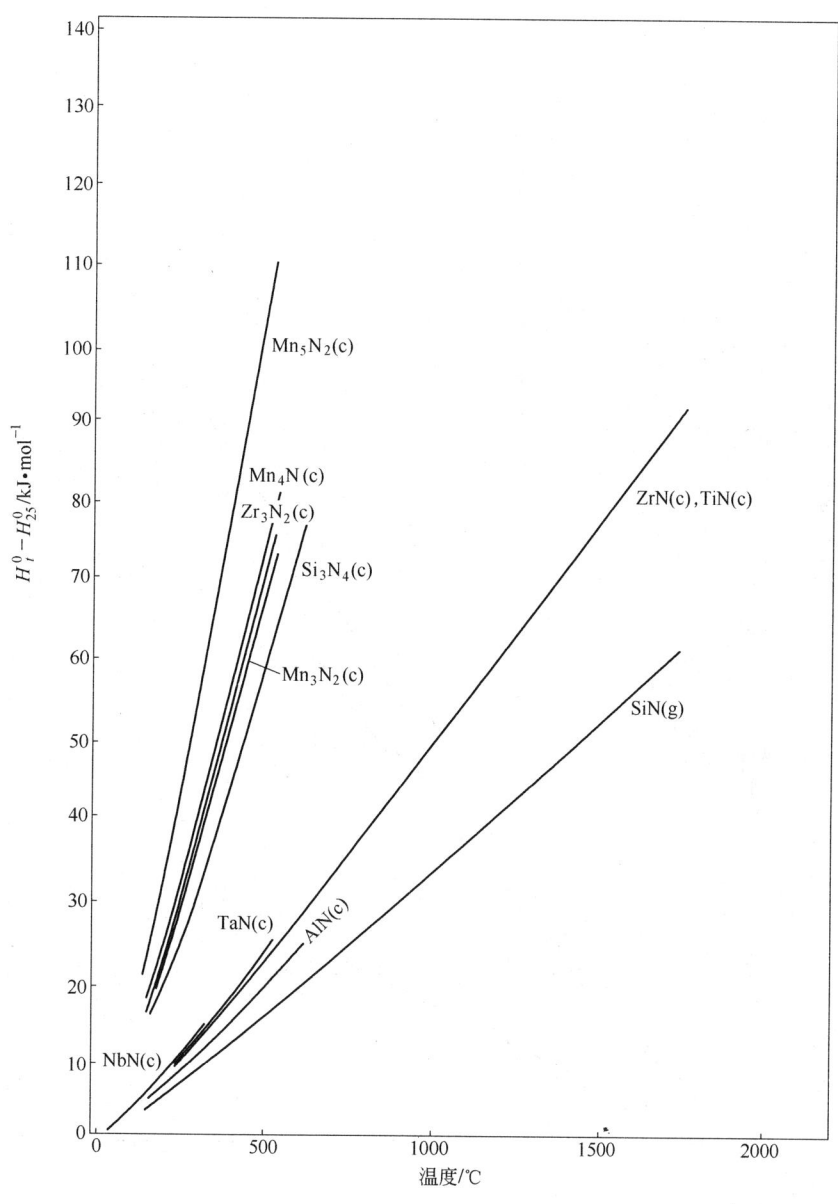

图 9 – 1 – 13

## 八、碳化物的焓和温度的关系(图9-1-14)[1]

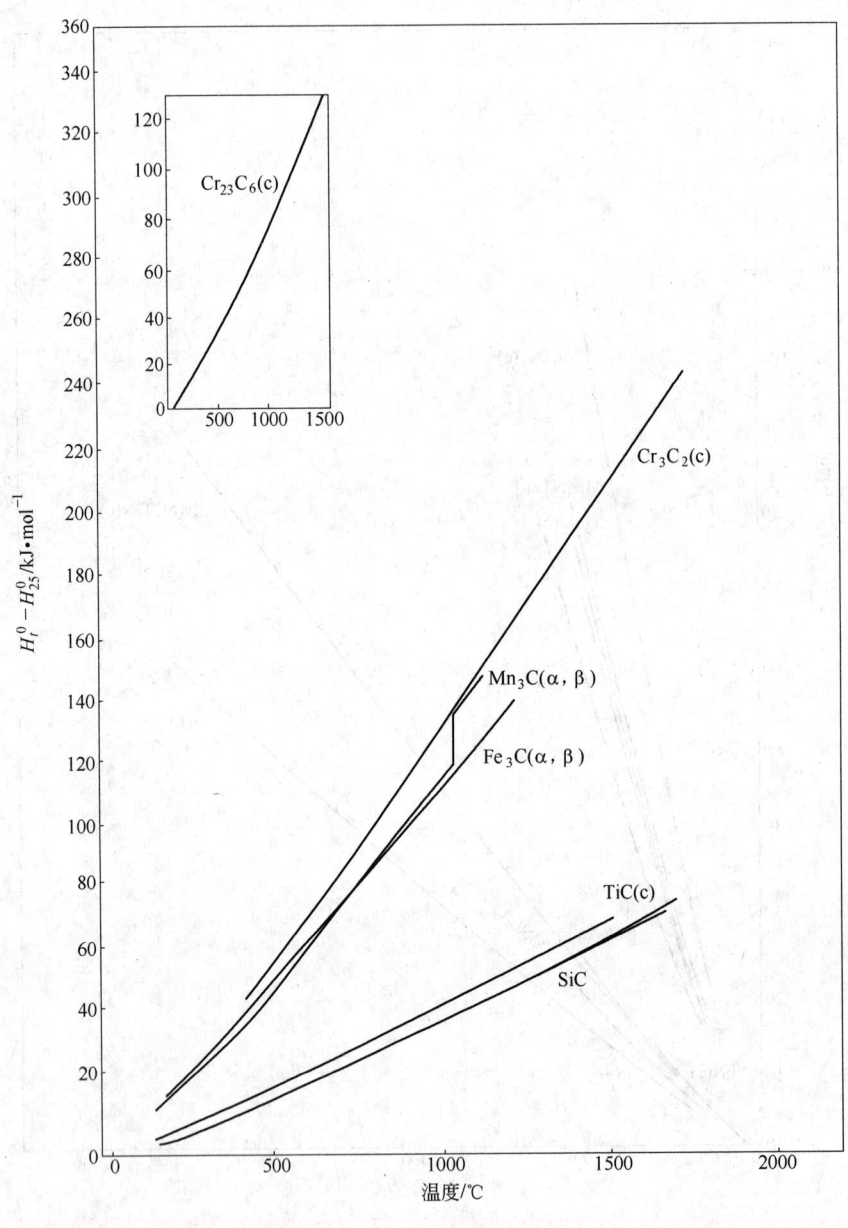

图9-1-14

## 九、其他化合物的焓和温度的关系(图 9 - 1 - 15)

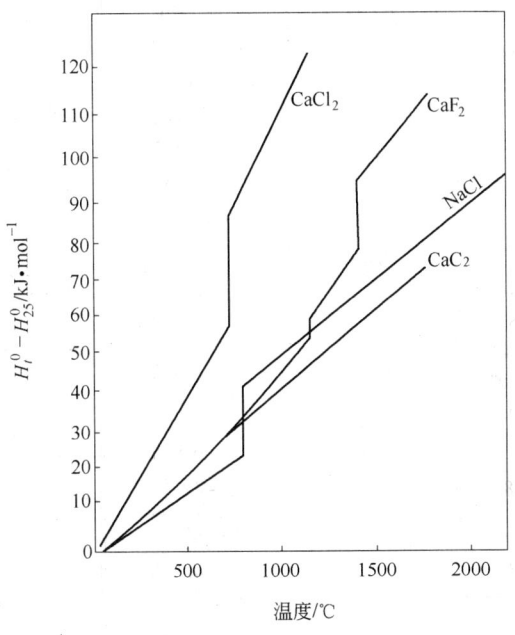

图 9 - 1 - 15

# 第二节　常见物质的反应热

## 一、常见物质标准反应热效应 $\Delta H^{\ominus}_{f298}$ 及相关的 $\Delta H_{tr}$、$\Delta H_M$、$\Delta H_B$ 的数据[2]

元素的 $\Delta H^{\ominus}_{f298} = 0$，化合物后的数值为 $\Delta H^{\ominus}_{f298}$ 的值(见表 9 - 2 - 1)。如 $AlF_3$ 的标准摩尔生成热为 - 1207. 84 kJ/mol。

表中符号：

$\Delta H^{\ominus}_{f298}$　　标准摩尔生成热,kJ/mol；

$T_{tr}$　　　晶型的转变温度,K；

$T_M$　　　物质的熔点,K；

$T_B$　　　物质的沸点,K；

$T_{Sb}$　　　升华温度,K；

$T_{DP}$　　　物质的分解温度,K；

$\Delta H_M$　　　物质的熔化热,kJ/mol；

$\Delta H_B$　　　物质的蒸发热,kJ/mol；

$\Delta H_{tr}$　　　物质的晶型转变热,kJ/mol。

表 9 - 2 - 1

| 物　质 | $\Delta H^{\ominus}_{f298}/kJ \cdot mol^{-1}$ | 物　质 | $\Delta H^{\ominus}_{f298}/kJ \cdot mol^{-1}$ | 物　质 | $\Delta H^{\ominus}_{f298}/kJ \cdot mol^{-1}$ |
|---|---|---|---|---|---|
| Al | $\Delta H^{\ominus}_M = 10.711$ $T_M = 933\ K$ | $BaCl_2$ | $-859.394$ $T_{tr} = 1195\ K$ $\Delta H_{tr} = 17.154$ $T_M = 1235\ K$ $\Delta H_M = 16.736$ $T_B = 2103\ K$ $\Delta H_B = 209.2$ | $Be_2C(s)$ | $-116.968$ $T_M = 2400\ K$ $\Delta H_M = 75.312$ |
| $AlF_3$ | $-1207.804$ | | | $2BeO \cdot SiO_2(s)$ | $-2144.3$ $T_M = 1833\ K$ |
| $AlCl_3(s)$ | $-705.632$ $T_M = 465.7\ K$ $T_{Sb} = 454.3\ K$ | | | $BeO \cdot Al_2O_3(s)$ | $-2291.158$ $T_M = 2143\ K$ $\Delta H_M = 175.728$ |
| $AlCl_3(g)$ | $-584.505$ | $BaO$ | $-553.543$ $T_M = 2198\ K$ $\Delta H_M = 57.739$ | $BeO \cdot 3Al_2O_3(s)$ | $-5619.112$ $T_M = 2183\ K$ |
| $Al_2O_3(g)$ （α） （1） | $-505.848$ $-1675.274$ $\Delta H_M = 118.407$ $T_M = 2327\ K$ | $Ba(OH)_2$ | $-943.492$ $T_M = 681\ K$ | C（石墨） （金刚石） | 0 $T_M = 4073\ K$ 1.883 |
| $Al(OH)_3(s)$ | $-1284.488$ | $BaS$ | $-460.240$ $T_M = 2500\ K$ | $C_2H_2$ | 226.731 |
| $Al_2Se_3(s)$ | $-566.932$ $T_M = 1220\ K$ | $BaSO_4$ | $-1465.237$ $T_{tr} = 1423\ K$ $T_M = 1623\ K$ $\Delta H_M = 40.585$ | $C_2H_4$ | 52.467 |
| | | | | $CH_4$ | $-74.81$ |
| $Al_4C_3(s)$ | $-207.275$ $T_M = 2500\ K$ | | | $CCl_4(1)$ （g） | $-135.562$ $-95.981$ |
| $Al_2O_3 \cdot SiO_2$ 红柱石 蓝晶石 硅线石 | $-2592.072$ $-2594.331$ $-2589.101$ | $BaCO_3$ | $-1216.289$ $T_{tr} = 1079\ K$ $\Delta H_{tr} = 18.828$ $T_{tr2} = 1241\ K$ $\Delta H_{tr2} = 2.929$ | $CO(g)$ | $-110.541$ |
| | | | | $CO_2(g)$ | $-393.505$ |
| | | | | Ca | 0 $T_{tr} = 720\ K$ $\Delta H_{tr} = 0.920$ $T_M = 111.2\ K$ $\Delta H_M = 8.535$ $T_B = 1757\ K$ $\Delta H_B = 153.636$ |
| $3Al_2O_3 \cdot 2SiO_2$ 莫来石 | $-6819.209$ $T_M = 2023\ K$ | $Ba_3N_2$ | $-340.996$ | | |
| | | $BaC_2$ | $-74.057$ | | |
| $B_2O_3(s)$ | $-1270.43$ $T_M = 723\ K$ $\Delta H_M = -220.08$ $T_B = 2316\ K$ $\Delta H_B = 366.309$ | $BaO \cdot SiO_2(s)$ | $-1620.463$ | | |
| | | $2BaO \cdot SiO_2(s)$ | $-2284.882$ $T_M = 2033\ K$ | | |
| | | $BaO \cdot Al_2O_3$ | $-2327.559$ $T_M = 2103\ K$ | $CaF_2(\alpha)$ （β） | $-1221.31$ $T_{tr} = 1424\ K$ $\Delta H_{tr} = 4.77$ $T_M = 1691\ K$ $\Delta H_M = 29.706$ $T_B = 2783\ K$ $\Delta H_B = 312.126$ |
| （非晶体） | $-1252.188$ | $3BaO \cdot Al_2O_3$ | $-3522.51$ $T_M = 2023\ K$ | | |
| | | $BaO \cdot TiO_2(\alpha)$ | $-1651.843$ | | |
| $BN_{立方}$ | $-252.295$ | $2BaO \cdot TiO_2(s)$ | $-2243.042$ | | |
| $B_4C(s)$ | $-715.46$ $T_M = 2743\ K$ $\Delta H_M = 104.6$ | $BeO(\alpha_1)$ | $-598.73$ $T_M = 2820\ K$ $\Delta H_M = 63.178$ | $CaCl_2(s)$ （1） | $-795.797$ $T_M = 1045\ K$ $\Delta H_M = 28.451$ $T_B = 2273\ K$ |
| Ba | $T_M = 1002\ K$ $\Delta H_M = 7.749$ $T_B = 2171\ K$ $\Delta H_B = 141.511$ | $Be_3N_2(\alpha)$ | $-588.27$ $T_M = 2473\ K$ $\Delta H_M = 129.286$ | $CaO(s)$ （1） | $-634.294$ $T_M = 2888\ K$ $\Delta H_M = 79.996$ $T_B = 3774\ K$ |

| 物 质 | $\Delta H^{\ominus}_{f298}/kJ \cdot mol^{-1}$ | 物 质 | $\Delta H^{\ominus}_{f298}/kJ \cdot mol^{-1}$ | 物 质 | $\Delta H^{\ominus}_{f298}/kJ \cdot mol^{-1}$ |
|---|---|---|---|---|---|
| $Ca(OH)_2$ | $-986.211$ <br> $T_{tr} = 823\ K$ | $2CaO \cdot SiO_2(\gamma)$ <br> ($\beta$) | $-2316.262$ <br> $-2305.802$ <br> $T_{tr1} = 907\ K$ <br> $\Delta H_{tr} = 1.841$ <br> $T_{tr2} = 1710\ K$ <br> $\Delta H_{tr2} = 14.184$ <br> $T_M = 2403\ K$ | $3CaO \cdot Al_2O_3 \cdot 3SiO_2(s)$ | $-6643.355$ |
| $CaS(s)$ | $-476.169$ | | | $CaO \cdot TiO_2 \cdot SiO_2(s)$ | $-2602.239$ <br> $T_M = 1673\ K$ <br> $\Delta H_M = 123.846$ |
| $CaSO_4(s)$ | $-1434.108$ <br> $T_{tr} = 1466\ K$ <br> $T_M = 1673\ K$ <br> $\Delta H_M = 28.033$ | | | $Ca_2Pb$ | $-215.476$ <br> $T_M = 1383\ K$ |
| | | $3CaO \cdot 2SiO_2$ | $-3940.073$ | $CaPb$ | $-119.662$ <br> $T_M = 1223\ K$ |
| $Ca_3N_2$ | $-439.32$ <br> $T_M = 1468\ K$ | $3CaO \cdot SiO_2(s)$ | $-2926.708$ | $CaAl_2(s)$ | $-216.731$ <br> $T_M = 1353\ K$ <br> $\Delta H_M = 63.178$ |
| $Ca_3P_2$ | $-506.264$ | $CaO \cdot TiO_2(\alpha)$ | $-1658.538$ <br> $T_{tr} = 1530\ K$ <br> $\Delta H_{tr} = 2.301$ <br> $T_M = 2243\ K$ | | |
| $Ca_3(PO_4)_2$ | $-4117.056$ <br> $T_{tr} = 1376\ K$ <br> $\Delta H_{tr} = 15.481$ <br> $T_M = 2003\ K$ | | | $CaAl_4(s)$ | $-218.405$ <br> $T_M = 1050\ K$ <br> $\Delta H_M = 78.659$ |
| | | $3CaO \cdot 2TiO_2(s)$ | $-3999.067$ <br> $T_M = 1998\ K$ | $CaZn(s)$ | $-73.222$ <br> $T_M = 750\ K$ <br> $\Delta H_M = 22.175$ |
| $Ca_2P_2O_7$ | $-3336.74$ <br> $T_{tr} = 1413\ K$ <br> $\Delta H_{tr} = 6.694$ <br> $T_M = 1626\ K$ <br> $\Delta H_M = 100.834$ | $4CaO \cdot 3TiO_2(s)$ | $-5664.718$ <br> $T_M = 2028\ K$ | | |
| | | $CaO \cdot B_2O_3(s)$ | $-2022.127$ | $CaO \cdot MoO_3(s)$ | $-1546.406$ |
| | | $CaO \cdot Al_2O_3(s)$ | $-2322.957$ <br> $T_M = 1878\ K$ | $CaO \cdot WO_3(s)$ | $-1622.974$ |
| $CaC_2(\alpha)$ <br> ($\beta$) | $-59.413$ <br> $T_{tr} = 720\ K$ <br> $\Delta H_{tr} = 5.565$ <br> $T_M = 2573\ K$ | $CaO \cdot 2Al_2O_3(s)$ | $-3994.046$ <br> $T_M = 2023\ K$ | $3CaO \cdot WO_3(s)$ | $-2930.474$ |
| | | $12CaO \cdot 7Al_2O_3(s)$ | $-19374.012$ | $CaO \cdot Fe_2O_3(s)$ | $-1476.534$ <br> $T_M = 1489\ K$ <br> $\Delta H_M = 108.366$ |
| | | $3CaO \cdot Al_2O_3(s)$ | $-3584.851$ <br> $T_M = 1808\ K$ | | |
| $CaCO_3$ | $-1206.666$ <br> $T_{tr} = 323\ K$ <br> $\Delta H_{tr} = 0.188$ | $2CaO \cdot Al_2O_3 \cdot SiO_2(s)$ | $-3904.509$ | $2CaO \cdot Fe_2O_3$ | $-2130.074$ <br> $T_M = 1723\ K$ <br> $\Delta H_M = 151.042$ |
| | | $CaMg_2$ | $-38.911$ <br> $T_M = 1003\ K$ | | |
| $CaCO_3 \cdot MgCO_3$ | $-2326.304$ | $CaO \cdot MgO$ | $-1243.066$ | $CaO \cdot V_2O_5(s)$ | $-2335.509$ |
| $Ca_2Si$ | $-209.2$ | $CaO \cdot MgO \cdot 2SiO_2(s)$ | $-3202.434$ <br> $T_M = 1665\ K$ <br> $\Delta H_M = 128.449$ | $2CaO \cdot V_2O_5(s)$ | $-3088.629$ <br> $T_M = 1288\ K$ |
| $CaSi$ | $-150.624$ <br> $T_M = 1513\ K$ | | | | |
| | | $CaO \cdot MgO \cdot SiO_2(s)$ | $-2261.87$ | $3CaO \cdot V_2O_5(s)$ | $-3782.545$ <br> $T_M = 1653\ K$ |
| $CaSi_2$ | $-150.624$ | $2CaO \cdot MgO \cdot 2SiO_2(s)$ | $-3875.221$ <br> $T_M = 1727\ K$ | | |
| $CaO \cdot SiO_2$ <br> (硅灰石) | $-1634.27$ <br> $T_{tr} = 1463\ K$ <br> $\Delta H_{tr} = 5.439$ <br> $T_M = 1817\ K$ <br> $\Delta H_M = 56.066$ | $3CaO \cdot MgO \cdot 2SiO_2(s)$ | $-4564.326$ | $CaO \cdot ZrO_2$ | $-1765.230$ <br> $T_M = 2613\ K$ |
| | | $CaO \cdot Al_2O_3 \cdot 2SiO_2(s)$ | $-4222.493$ <br> $T_M = 1826\ K$ <br> $\Delta H_M = 166.942$ | $Ce(\gamma)$ <br> ($\delta$) | $0$ <br> $T_{tr} = 999\ K$ <br> $\Delta H_{tr} = 2.992$ <br> $T_M = 1071\ K$ <br> $\Delta H_M = 5.46$ <br> $T_B = 3669\ K$ <br> $\Delta H_B = 414.174$ |
| $CaO \cdot SiO_2$ <br> (伪硅灰石) | $-1627.158$ <br> $T_M = 1817\ K$ <br> $\Delta H_M = 82.843$ | $CaO \cdot Al_2O_3 \cdot SiO_2(s)$ | $-3291.971$ | | |
| | | $2CaO \cdot Al_2O_3 \cdot SiO_2(s)$ | $-3987.352$ <br> $T_M = 1863\ K$ | | |

| 物　　质 | $\Delta H_{f298}^{\ominus}/kJ \cdot mol^{-1}$ | 物　　质 | $\Delta H_{f298}^{\ominus}/kJ \cdot mol^{-1}$ | 物　　质 | $\Delta H_{f298}^{\ominus}/kJ \cdot mol^{-1}$ |
|---|---|---|---|---|---|
| $CeF_2(s)$ (1) | $-1778.200$ $T_M = 1710\ K$ $\Delta H_M = 56.484$ | $CrO_2(s)$ | $-581.576$ | $Fe(\alpha)$ | $0$ |
| | | $CrS(\alpha)$ | $-155.645$ $T_{tr} = 450\ K$ $\Delta H_{tr} = 0.238$ $T_M = 1840\ K$ | $(\gamma)$ $(\delta)$ $(1)$ | 居里点 $= 1042\ K$ $T_{tr} = 1184\ K$ $\Delta H_{tr} = 0.900$ $T_{tr} = 1665\ K$ $\Delta H_{tr2} = 0.837$ $T_M = 1809\ K$ $\Delta H_M = 13.807$ $T_B = 3135\ K$ $\Delta H_B - 349.573$ |
| $CeF_4(s)$ (1) | $-1849.328$ $T_M = 1250\ K$ $\Delta H_M = 46.024$ $T_B = 2000\ K$ $\Delta H_B = 200.832$ | | | | |
| | | $Cr_2N(s)$ | $-114.223$ | | |
| | | $CrN$ | $-123.010$ | | |
| | | $Cr_4C$ | $-98.324$ $T_M = 1793\ K$ | | |
| $Ce_2O_3(s)$ | $-1821.714$ $T_M = 1960\ K$ | | | $FeCl_2(s)$ | $-342.251$ $T_M = 950\ K$ $\Delta H_M = 43.095$ |
| | | $Cr_{23}C_6$ | $-396.225$ $T_M = 1823\ K$ | | |
| $CeO_{1.83}$ | $-1033.448$ | | | | |
| $CeO_2$ | $-1089.932$ $T_M > 2873\ K$ | $Cr_7C_3$ | $-181.167$ $T_M = 1938\ K$ | $FeCl_3(s)$ | $-399.405$ $T_M = 577\ K$ $\Delta H_M = 43.059$ $T_B = 605\ K$ |
| $CeS(s)$ | $-456.474$ $T_M = 2723\ K$ | $Cr_3Si(s)$ | $-105.437$ $T_M = 2043\ K$ | | |
| | | $Cr_5Si_3(s)$ | $-223.007$ $T_M = 1920\ K$ | $FeO(s)$ (1) | $-272.044$ $T_M = 1650\ K$ $\Delta H_M = 24.058$ $T_{Dp} = 3687\ K$ |
| $Ce_3S_4(s)$ | $-1562.680$ $T_M = 2323\ K$ | | | | |
| $Ce_2S_3$ | $-1188.256$ $T_M = 2160\ K$ | $CrSi(s)$ | $-54.810$ $T_M = 1730\ K(包晶)$ | | |
| $CeN(s)$ | $-326.352$ | | | $Fe_3O_4$ | $-1118.383$ $T_M = 1870\ K$ $\Delta H_M = 138.072$ |
| $Ce_2C_3(s)$ | $-176.565$ | $CrSi_2(s)$ | $-80.082$ $T_M = 1730\ K$ | | |
| $CeC_2(s)$ | $-97.069$ $T_M > 2573\ K$ | $Cu(s)$ | $0$ $T_M = 1357\ K$ $\Delta H_M = 13.263$ $T_B = 2848\ K$ $\Delta H_B = 304.357$ | $Fe_2O_3(\alpha)$ $(\beta)$ | $-825.503$ $T_{tr1} = 953\ K$ $\Delta H_{tr} = 669$ $T_{tr2} = 1053\ K$ $\Delta H_{tr} = 0$ $T_{Dp} = 1735\ K$ |
| $CeSi_2(s)$ | $-188.280$ $T_M = 1700\ K$ | | | | |
| $CeAl_2(s)$ | $-175.728$ $T_M = 1738\ K$ $\Delta H_M = 81.588$ | | | | |
| | | $Cu_2O(s)$ | $-170.289$ $T_M = 1509\ K$ $\Delta H_M = 56.819$ | $Fe(OH)_2$ | $-574.045$ |
| | | | | $Fe(OH)_3$ | $-832.616$ |
| $CeAl_4$ | $-175.728$ $T_M = 1518\ K$ $T_{tr} = 1278\ K$ | $CuO(s)$ | $-155.854$ $T_{Dp} = 1359\ K$ | $FeS(\alpha)$ $(\beta)$ $(1)$ | $-100.416$ $T_{tr} = 411\ K$ $\Delta H_{tr1} = 2.385$ $T_{tr} = 598\ K$ $\Delta H_{tr} = 0.502$ $T_M = 1468\ K$ $\Delta H_M = 32.342$ |
| | | $Cu_2SO_4$ | $-749.773$ | | |
| $CeAlO_3$ | $-1766$ | $CuS$ | $-48.534$ | | |
| $Cr$ | $0$ $T_M = 2130\ K$ $\Delta H_M = 16.933$ $T_B = 29.45\ K$ $\Delta H_B = 344.260$ | $CuSO_4$ | $-769.982$ $T_{Dp} = 1078\ K$ | | |
| | | $Cu_2O \cdot Fe_2O_3(\alpha)$ | $-1025.917$ | $FeSO_4$ | $-928.848$ $T_{Dp} = 944\ K$ |
| $Cr_2O_3(s)$ | $-1129.680$ $T_M = 2673\ K$ $T_{tr} = 305.8\ K$ | $CuO \cdot Fe_2O_3(\alpha)$ | $-967.968$ $T_M = 1338\ K$ $\Delta H_M = 13.054$ | $Fe_4N$ | $-11.088$ $T_{tr} = 753\ K$ $\Delta H_{tr} = 8.368$ |

| 物　质 | $\Delta H_{f298}^{\ominus}/kJ \cdot mol^{-1}$ | 物　质 | $\Delta H_{f298}^{\ominus}/kJ \cdot mol^{-1}$ | 物　质 | $\Delta H_{f298}^{\ominus}/kJ \cdot mol^{-1}$ |
|---|---|---|---|---|---|
| $Fe_2N(s)$ | $-3.766$ | $H_3PO_4$ | $-1278.923$ | $Li_2S$ | $-446.433$ |
| $Fe_3C(\alpha)$ | $22.594$ | | $T_M = 315.51\ K$ | | $T_M = 1223\ K$ |
| $(\beta)$ | $T_{tr} = 463\ K$ | | $\Delta H_M = 12.970$ | $2Li_2O \cdot SiO_2(s)$ | $-2330.070$ |
| | $\Delta H_{tr} = 0.753$ | $HNO_3$ | $-134.306$ | | $T_M = 1528\ K$ |
| $(1)$ | $T_M = 1500\ K$ | $K(s)$ | $0$ | | $\Delta H_M = 31.129$ |
| | $\Delta H_M = 51.463$ | | $T_M = 336\ K$ | $Li_2O \cdot SiO_2(s)$ | $-1649.5$ |
| $FeCO_3$ | $-740.568$ | | $\Delta H_M = 2.343$ | $Li_2O \cdot 2SiO_2(s)$ | $-2560.901$ |
| $FeSi$ | $-78.659$ | | $T_B = 1037\ K$ | | $T_M = 1307\ K$ |
| | $T_M = 1693\ K$ | $KCl(s)$ | $-436.684$ | | $\Delta H_M = 53.806$ |
| $FeO \cdot SiO_2$ | $-1154.784$ | $(1)$ | $T_M = 1044\ K$ | $Lu_2O_3$ | $-1881.963$ |
| | $T_M = 1413\ K$ | | $\Delta H_M = 26.76$ | $Mg$ | $0$ |
| $2FeO \cdot SiO_2$ | $-1466.341$ | $K_2O$ | $-363.171$ | | $T_M = 922\ K$ |
| | $T_M = 1493\ K$ | | $T_{Dp} = 1154\ K$ | | $\Delta H_M = 8.954$ |
| | $\Delta H_M = 92.048$ | $K_2O \cdot SiO_2$ | $-1548.08$ | | $T_B = 1363\ K$ |
| $Fe_2Ti$ | $-87.446$ | $K_3AlF_6(s)$ | $-3326.280$ | | $\Delta H_B = 127.399$ |
| | $T_M = 1803\ K$ | $KAlSi_3O_8(s)$ | $-3799.072$ | $MgCl_2$ | $-641.407$ |
| $FeTi$ | $-40.585$ | $K_2O \cdot Al_2O_3 \cdot 2SiO_2(s)$ | $-4216.635$ | | $T_M = 987\ K$ |
| | $T_M = 1590\ K(包晶)$ | $K_2O \cdot Al_2O_3 \cdot 4SiO_2(s)$ | $-6068.474$ | | $\Delta H_M = 43.095$ |
| $FeO \cdot TiO_2(s)$ | $-1235.460$ | $La$ | $0$ | | $T_B = 1691\ K$ |
| | $T_M = 1743\ K$ | | $T_{tr} = 550\ K$ | | $\Delta H_B = 156.231$ |
| | $\Delta H_M = 90.793$ | | $\Delta H_{tr} = 0.364$ | $MgO$ | $-601.241$ |
| $FeB(s)$ | $-71.128$ | | $T_{tr2} = 1134\ K$ | | $T_M = 3098\ K$ |
| | $T_M = 1923\ K$ | | $\Delta H_{tr2} = 3.121$ | | $\Delta H_M = 77.404$ |
| $FeO \cdot Al_2O_3$ | $-1975.609$ | | $T_M = 1193\ K$ | | $T_B = 3533\ K$ |
| | $T_M = 2053\ K$ | | $\Delta H_M = 6.197$ | $Mg(OH)_2$ | $-924.664$ |
| $Fe_3Mo_2$ | $-4.184$ | | $T_B = 3730\ K$ | | $T_{Dp} = 541\ K$ |
| $FeO \cdot MoO_3$ | $-1072.024$ | | $\Delta H_B = 413.722$ | $MgS(s)$ | $-346.017$ |
| $Fe_3W_2$ | $-31.380$ | $LaH_2$ | $-189.117$ | $MgSO_4(s)$ | $-1284.906$ |
| $FeO \cdot WO_3$ | $-1190.013$ | $La_2O_3$ | $-1793.262$ | | $T_M = 1400\ K$ |
| $FeO \cdot Cr_2O_3$ | $-1414.560$ | | $T_{tr1} = 2313\ K$ | | $\Delta H_M = 14.644$ |
| | $T_M = 2423\ K$ | | $T_{tr2} = 2483\ K$ | $Mg_3N_2$ | $-461.495$ |
| $H$ | $217.986$ | | $T_M = 2593\ K$ | | $T_{tr1} = 823\ K$ |
| $HCl$ | $-92.048$ | $LaS$ | $-456.056$ | | $\Delta H_{tr1} = 0.460$ |
| | $T_M = 159\ K$ | | $T_M = 2600\ K$ | | $T_{tr2} = 1061\ K$ |
| | $T_B = 188\ K$ | $La_2S_3$ | $-1221.728$ | | $\Delta H_{tr2} = 0.92$ |
| $H_2O$ | $-241.814$ | | $T_M = 2400\ K$ | $Mg_3P_2$ | $-464.424$ |
| $H_2S$ | $-20.502$ | $LaN$ | $-299.156$ | $MgC_2$ | $87.864$ |
| | $T_M = 187.65\ K$ | $LaAl_2$ | $-150.624$ | $MgCO_3$ | $-1111.689$ |
| | $\Delta H_M = 2.427$ | | $T_M = 1697\ K$ | | $T_{Dp} = 729\ K$ |
| | $T_B = 212.75\ K$ | $LaMg$ | $-17.991$ | | |
| $H_2SO_4$ | $-813.997$ | $Li_3N$ | $-197.485$ | | |
| | $T_B = 553\ K$ | $Li_2O$ | $-598.730$ | | |
| | | | $T_M = 1843\ K$ | | |
| | | | $T_B = 2836\ K$ | | |

| 物　质 | $\Delta H^{\ominus}_{f298}/kJ \cdot mol^{-1}$ | 物　质 | $\Delta H^{\ominus}_{f298}/kJ \cdot mol^{-1}$ | 物　质 | $\Delta H^{\ominus}_{f298}/kJ \cdot mol^{-1}$ |
|---|---|---|---|---|---|
| $Mg_2Si$ | $-79.496$ $T_M = 1373\ K$ $\Delta H_M = 85.772$ | $Mn(\gamma)$ (1) | $T_{tr3} = 1410\ K$ $\Delta H_{tr} = 1.879$ $T_M = 1517\ K$ $\Delta H_M = 12.058$ $T_B = 2335\ K$ $\Delta H_B = 226.070$ | $MnO \cdot SiO_2$ | $-1320.470$ $T_M = 1564\ K$ $\Delta H_M = 66.944$ |
| $MgO \cdot SiO_2$ | $-1548.917$ $T_{tr1} = 903\ K$ $\Delta H_{tr1} = 0.669$ $T_{tr2} = 1258\ K$ $\Delta H_{tr2} = 1.632$ $T_M = 1850\ K$ $\Delta H_M = 75.312$ | | | $2MnO \cdot SiO_2$ | $-1730.084$ $T_M = 1618\ K$ $\Delta H_M = 89.621$ |
| | | $MnO$ | $-384.928$ $T_M = 2058\ K$ $\Delta H_M = 54.392$ | $MnO \cdot TiO_2$ | $-1355.616$ $T_M = 1633\ K$ |
| | | | | $2MnO \cdot TiO_2$ | $-1753.096$ $T_M = 1723\ K$ |
| $2MgO \cdot SiO_2$ | $-2176.935$ $T_M = 2171\ K$ $\Delta H_M = 71.128$ | $Mn_3O_4$ | $-1368.578$ $T_{tr} = 1445\ K$ $\Delta H_{tr} = 20.920$ $T_M = 1833\ K$ | $MnO \cdot Al_2O_3$ | $-2104.552$ $T_M = 2123\ K$ |
| $MgO \cdot TiO_2$ | $-1571.092$ | | | $MnO \cdot MoO_3$ | $-1191.185$ |
| $2MgO \cdot TiO_2$ | $-2164.383$ $T_M = 2005\ K$ $\Delta H_M = 129.704$ | $Mn_2O_3$ | $-956.881$ | $MnO \cdot WO_3$ | $-1305.408$ |
| | | $MnS$ | $-213.384$ $T_M = 26.108$ | $MnO \cdot Fe_2O_3$ | $-1226.330$ |
| | | | | $MoO_2$ | $-587.852$ |
| $MgO \cdot 2TiO_2$ | $-2509.354$ $T_M = 1963\ K$ $\Delta H_M = 146.440$ | $MnSO_4$ | $-1065.246$ $T_M = 973\ K$ | $Mo$ | $0$ $T_M = 2892\ K$ $\Delta H_M = 27.823$ $T_B = 4919\ K$ $\Delta H_B = 589.157$ |
| | | $Mn_4N$ | $-127.612$ | | |
| $MgO \cdot Al_2O_3$ | $-2310.405$ $T_M = 2408\ K$ | $Mn_5N_2$ | $-204.179$ | | |
| $2MgO \cdot 2Al_2O_3 \cdot 5SiO_2(s)$ | $-9111.915$ | $Mn_3N_2$ | $-191.627$ | $MoS_2$ | $-275.307$ $T_M = 1458\ K$ $\Delta H_M = 45.606$ |
| $MgCe$ | $-16.108$ $T_M = 1013\ K$ | $Mn_3C$ | $-15.062$ $T_{tr} = 1310\ K$ $\Delta H_{tr} = 14.937$ $T_M = 1793\ K$ | | |
| | | | | $MoS_3$ | $-257.232$ |
| $MgO \cdot Cr_2O_3$ | $-1771.087$ $T_M = 2623\ K$ | | | $Mo_2N$ | $-69.454$ |
| | | $Mn_7C_3$ | $-110.876$ | $Mo_2C$ | $-46.024$ $T_M = 2704\ K$ |
| $MgO \cdot MoO_3$ | $-1400.803$ | $MnC_2$ | $-482.415$ | | |
| $MgO \cdot WO_3$ | $-1515.863$ | | | $MoC$ | $-10.042$ |
| $MgO \cdot V_2O_3$ | $-2208.315$ | $MnCo_3$ | $-894.958$ | $Mo_3Si$ | $-116.399$ $T_M = 2298\ K$ |
| $2MgO \cdot V_2O_5$ | $-2842.191$ | $Mn_3Si$ | $-79.580$ $T_M = 1348\ K$ | | |
| | | | | $Mo_5Si_3$ | $-309.616$ $T_M = 2463\ K$ |
| $MgO \cdot Fe_2O_3$ | $-1438.041$ $T_M = 2473\ K$ | $Mn_5Si_3$ | $-200.832$ $T_M = 1573\ K$ $\Delta H_M = 172.799$ | | |
| | | | | $MoSi_2$ | $-131.712$ $T_M = 2303\ K$ |
| $Mn$ | $0$ $T_{tr1} = 980\ K$ $\Delta H_{tr1} = 2.226$ $T_{tr2} = 1360\ K$ $\Delta H_{tr2} = 2.121$ | $MnSi$ | $-60.584$ $T_M = 1548\ K$ $\Delta H_M = 59.400$ | $Na$ | $0$ $T_M = 371\ K$ $\Delta H_M = 2.594$ $T_B = 1156\ K$ |

| 物　质 | $\Delta H_{f298}^{\ominus}/kJ \cdot mol^{-1}$ | 物　质 | $\Delta H_{f298}^{\ominus}/kJ \cdot mol^{-1}$ | 物　质 | $\Delta H_{f298}^{\ominus}/kJ \cdot mol^{-1}$ |
|---|---|---|---|---|---|
| NaCl | $-411.120$<br>$T_M = 1074$ K<br>$\Delta H_M = 28.158$<br>$T_B = 1738$ K | $Na_3AlF_6(\alpha)$<br>$(\beta)$ | $-3309.544$<br>$T_{tr1} = 838$ K<br>$\Delta H_{tr} = 8.242$<br>$T_{tr2} = 1153$ K<br>$\Delta H_{tr2} = 0.377$ | $Nd_2O_3$ | $-1807.906$<br>$T_M = 2545$ K |
| $Na_2O$ | $-417.982$<br>$T_{tr1} = 1023$ K<br>$\Delta H_{tr1} = 1.757$<br>$T_{tr2} = 1243$ K<br>$\Delta H_{tr2} = 11.924$<br>$T_M = 1405$ K<br>$\Delta H_M = 47.698$<br>$T_{Dp} = 2223$ K | | | NdS | $-451.872$<br>$T_M = 2400$ K |
| | | Nb | $0$<br>$T_M = 2740$ K<br>$\Delta H_M = 26.359$<br>$T_B = 5007$ K<br>$\Delta H_B = 683.247$ | $Nd_2S_3$ | $-1154.784$<br>$T_M = 2480$ K |
| | | | | $Nd_2O_3 \cdot ZrO_2$ | $-4046.932$ |
| | | | | Ni | $0$<br>居里点为 631 K<br>$T_M = 1720$ K<br>$\Delta H_M = 17.472$<br>$T_B = 3187$ K<br>$\Delta H_B = 369.251$ |
| NaO | $83680$ | NbO | $-408.777$<br>$T_M = 2218$ K<br>$\Delta H_M = 54.392$ | | |
| $Na_2S$ | $-374.468$<br>$T_M = 1251$ K<br>$\Delta H_M = 26.359$ | $Nb_2O_5$ | $-1902.046$<br>$T_{tr1} = 1073$ K<br>$T_{tr2} = 1423$ K<br>$T_M = 1785$ K<br>$\Delta H_M = 102.926$ | $NiO(\alpha)$<br>$(\beta)$<br>$(\gamma)$ | $-240.580$<br>$T_{tr} = 525$ K<br>$\Delta H_{tr1} = 0$<br>$T_{tr2} = 565$ K<br>$\Delta H_{tr2} = 0$<br>$T_M = 2257$ K |
| $Na_2CO_3$ | $-1130.768$<br>$T_{tr} = 723$ K<br>$\Delta H_{tr} = 0.669$<br>$T_M = 1123$ K<br>$\Delta H_M = 29.665$ | $Nb_2N$ | $-253.132$<br>$T_M = 2673$ K | | |
| | | NbN | $-236.396$<br>$T_{tr} = 1643$ K<br>$\Delta H_{tr} = 4.184$<br>$T_M = 2323$ K<br>$\Delta H_M = 46.024$ | $NiS(\alpha)$<br>$(\beta)$ | $-94.140$<br>$T_{tr} = 670$ K<br>$\Delta H_{tr} = 2.636$<br>$T_M = 1253$ K<br>$\Delta H_M = 30.962$ |
| $Na_2O \cdot SiO_2$ | $-1561.427$<br>$T_M = 1362$ K<br>$\Delta H_M = 51.798$ | | | | |
| $Na_2O \cdot 2SiO_2$ | $-2470.066$<br>$T_{tr1} = 951$ K<br>$\Delta H_{tr} = 0.418$<br>$T_{tr2} = 980$ K<br>$\Delta H_{tr2} = 0.628$<br>$T_M = 1147$ K<br>$\Delta H_M = 35.564$ | $Nb_2C$ | $-194.974$<br>$T_M(包晶) = 3363$ K | $Ni_3C$ | $37.656$ |
| | | NbC | $-140.582$<br>$T_M = 3753 \sim 3500$ K | NiSi | $-89.579$<br>$T_M = 1265$<br>$\Delta H_M = 42.999$ |
| | | $Nb_5Si_3$ | $-451.872$ | $Ni_7Si_{13}$ | $-439.738$<br>$T_M = 1245$ K |
| | | $NbSi_2$ | $-138.072$ | | |
| $Na_2O \cdot TiO_2$ | $-1576.113$<br>$T_{tr} = 560$ K<br>$\Delta H_{tr} = 1.674$<br>$T_M = 1303$ K<br>$\Delta H_M = 70.691$ | $NbFe_2$ | $-61.505$<br>$T_M = 1928$ K | $2NiO \cdot SiO_2$ | $-1405.196$<br>$T_M = 1818$ K |
| | | | | $NiO \cdot TiO_2$ | $-1202.272$ |
| | | Nd | $0$<br>$T_{tr} = 1128$ K<br>$\Delta H_{tr} = 3.029$<br>$T_M = 1289$ K<br>$\Delta H_M = 7.142$<br>$T_B = 3341$ K<br>$\Delta H_B = 273.002$ | $Ni_2Al_3$ | $-282.420$<br>$T_M = 1406$ K(包晶) |
| $Na_2O \cdot 2TiO_2$ | $-2539.688$<br>$T_M = 1258$ K<br>$\Delta H_M = 109.621$ | | | $NiAl_3$ | $-150.624$<br>$T_M = 1127$ K(包晶) |
| | | | | $NiO \cdot Al_2O_3$ | $-1921.502$<br>$T_M = 2383$ K |

| 物　质 | $\Delta H^{\ominus}_{D298}/kJ \cdot mol^{-1}$ | 物　质 | $\Delta H^{\ominus}_{D298}/kJ \cdot mol^{-1}$ | 物　质 | $\Delta H^{\ominus}_{D298}/kJ \cdot mol^{-1}$ |
|---|---|---|---|---|---|
| $NiO \cdot Cr_2O_3$ | -1374.093 | $SO_2(g)$ | -296.813 | $SrC_2$ | -84.517 |
| $NiO \cdot WO_3$ | -1128.425 | $Si(s)$ | 0 | $SrCO_3$ | -1219.845 |
| $NiO \cdot Fe_2O_3$ | -1084.493 | | $T_M = 1685\ K$ | | $T_{tr} = 1197\ K$ |
| | $T_{tr} = 853\ K$ | | $\Delta H_M = 50.208$ | | $\Delta H_{tr} = 19.665$ |
| | $\Delta H_{tr} = 3.556$ | | $T_B = 3492\ K$ | | $T_{Dp} = 1445\ K$ |
| $O(原子)$ | 249.157 | $SiF_4(g)$ | -1614.940 | $SrO \cdot SiO_2(s)$ | -1633.434 |
| $P_4O_{10}$ | -2984.029 | | $T_{Sb} = 178\ K$ | | $T_M = 1853\ K$ |
| | $T_M = 843\ K$ | | $\Delta H_{Sb} = 25.732$ | $2SrO \cdot SiO_2(s)$ | -2304.129 |
| | $\Delta H_M = 48.116$ | $SiO_2(石英)(\alpha)$ | -910.857 | $SrO \cdot TiO_2(s)$ | -1680.713 |
| $PbO(红)$ | -219.283 | $(\beta)$ | $T_{tr} = 847\ K$ | | $T_M = 2183\ K$ |
| $(黄)$ | $T_{tr} = 762\ K$ | | $\Delta H_{tr} = 711$ | $2SrO \cdot TiO_2(s)$ | -2309.150 |
| | $\Delta H_{tr} = 1.632$ | | $T_M = 1646 \sim 1746\ K$ | | $T_M = 2128\ K$ |
| $(1)$ | $T_M = 1158\ K$ | $(鳞石英)$ | -876.130 | $SrO \cdot Al_2O_3$ | -2340.530 |
| | $\Delta H_M = 27.489$ | | $T_{tr} = 390\ K$ | | $T_M = 932\ K$ |
| | $T_B = 1808\ K$ | | $\Delta H_{tr} = 0.167$ | | $\Delta H_M = 1.925$ |
| $PbO \cdot SiO_2(\alpha)$ | -1147.127 | | $T_M = 1953\ K$ | $SrO \cdot ZrO_2$ | -1778.200 |
| $(\beta)$ | $T_{tr} = 858\ K$ | | $\Delta H_M = 8.996$ | | $T_M = 2873\ K$ |
| | $\Delta H_{tr} = 0$ | $(玻璃)$ | -847.260 | $SrO \cdot MoO_3$ | -1549.335 |
| $(1)$ | $T_M = 1037\ K$ | $Si_3N_4(\alpha)$ | -744.752 | $SrO \cdot WO_3$ | -1635.024 |
| | $\Delta H_M = 26.024$ | | $T_{Dp} = 2151\ K$ | | $T_M = 1808\ K$ |
| $Pr(\alpha)$ | 0 | $SiC$ | -73.220 | $Ti(\alpha)$ | 0 |
| $(\beta)$ | $T_{tr} = 1068\ K$ | | $T_{Dp} = 3259\ K$ | $(\beta)$ | $T_{tr} = 1155\ K$ |
| | $\Delta H_{tr} = 3.167$ | $Sr$ | 0 | | $\Delta H_{tr} = 4.142$ |
| $(1)$ | $T_M = 1024\ K$ | | $T_{tr} = 830\ K$ | $(1)$ | $T_M = 1933\ K$ |
| | $\Delta H_M = 6.887$ | | $\Delta H_{tr} = 799$ | | $\Delta H_M = 18.619$ |
| | $T_B = 3785\ K$ | | $T_B = 1650\ K$ | | $T_B = 3575\ K$ |
| | $\Delta H_B = 296.775$ | | $\Delta H_B = 144.348$ | | $\Delta H_B = 426.350$ |
| $Pr_2O_3$ | -1825.479 | $Sr(OH)_2$ | -959.391 | $TiCl_2$ | -515.469 |
| $PrO_2$ | -974.454 | | $T_M = 808\ K$ | $TiO$ | -519.611 |
| $PrS$ | -451.872 | | $\Delta H_M = 22.970$ | | $T_{tr} = 1264\ K$ |
| | $T_M = 2500\ K$ | $SrO$ | -592.036 | | $\Delta H_{tr} = 3.473$ |
| $PrAl_2$ | -167.360 | | $T_M = 2693\ K$ | | $T_M = 2023\ K$ |
| $S(菱形)$ | 0 | $SrO_2$ | -633.458 | | $\Delta H_M = 54.392$ |
| $(单斜)$ | $T_{tr} = 368.5\ K$ | | $T_{Dp} = 427\ K$ | | $T_B = 3934\ K$ |
| | $\Delta H_{tr} = 0.402$ | $SrS$ | -452.709 | | $\Delta H_B = 383.254$ |
| | $T_M = 388.3\ K$ | | $T_M = 2275\ K$ | $Ti_2O_3$ | -1520.842 |
| $(1)$ | $\Delta H_M = 1.715$ | $Sr_3N_2$ | -391.204 | | $T_{tr} = 473\ K$ |
| | $T_B = 717.75$ | | $T_M = 1303\ K$ | | $\Delta H_{tr} = 0.879$ |
| | $\Delta H_B = 9.623$ | | | | $T_M = 2112\ K$ |
| | | | | | $\Delta H_M = 110.458$ |

| 物　质 | $\Delta H_{f298}^{\ominus}/kJ \cdot mol^{-1}$ | 物　质 | $\Delta H_{f298}^{\ominus}/kJ \cdot mol^{-1}$ | 物　　质 | $\Delta H_{f298}^{\ominus}/kJ \cdot mol^{-1}$ |
|---|---|---|---|---|---|
| $TiO_2(s)$ | $-944.747$<br>$T_M=2143\ K$<br>$\Delta H_M=66.944$ | $V_2C$ | $-147.277$<br>$T_M=2438\ K$ | $Zr(\alpha)$<br>$(\beta)$<br><br>$(1)$ | $0$<br>$T_{tr}=1153\ K$<br>$\Delta H_{tr}=4.017$<br>$T_M=2125\ K$<br>$\Delta H_M=20.920$<br>$T_B=4777\ K$<br>$\Delta H_B=590.488$ |
| | | $VC$ | $-100.834$ | | |
| $TiS(s)$ | $-271.960$<br>$T_M=2200\ K$ | $V_3Si$ | $-150.624$ | | |
| | | $VSi_2$ | $-125.520$<br>$T_M=1950\ K$<br>$\Delta H_M=158.281$ | | |
| $TiN$ | $-337.858$<br>$T_M=3223\ K$<br>$\Delta H_M=62.760$ | | | | |
| | | $W(s)$<br>$(1)$<br><br>$(g)$ | $0$<br>$T_M=3680\ K$<br>$\Delta H_M=35.397$<br>$T_B=5936\ K$<br>$\Delta H_B=806.776$ | $ZrO_2(\alpha)$<br>$(\beta)$<br><br>$(1)$ | $-1097.463$<br>$T_{tr}=1478\ K$<br>$\Delta H_{tr}=5.941$<br>$T_M=2950\ K$<br>$\Delta H_M=87.027$<br>$T_B=4548\ K$ |
| $TiC(s)$ | $-184.096$<br>$T_M=3290\ K$<br>$\Delta H_M=71.128$ | | | | |
| $Ti_5Si_3$ | $-579.066$ | $WO_3(s)$ | $-842.909$<br>$T_M=1745\ K$<br>$\Delta H_M=73.429$<br>$T_B=2110\ K$ | $ZrS_2(\alpha)$ | $-577.392$<br>$T_M=1823\ K$ |
| $TiSi$ | $-129.704$ | | | | |
| $TiSi_2$ | $-134.306$ | | | $ZrN(s)$ | $-365.263$<br>$T_M=3225\ K$<br>$\Delta H_M=67.362$ |
| $V(s)$ | $0$<br>$T_M=2175\ K$<br>$\Delta H_M=20.928$<br>$T_B=3682\ K$<br>$\Delta H_B=451.592$ | $W_2C(s)$ | $-26.359$<br>$T_M=3068\ K$ | | |
| | | $WC$ | $-40.041$<br>$T_M=3058\ K$ | $ZrC(s)$ | $-196.648$<br>$T_M=3805\ K$<br>$\Delta H_M=79.496$ |
| | | $WSi_2$ | $-92.751$<br>$T_M=2433\ K$ | $Zr_2Si$ | $-208.363$<br>$T_M=2380\ K(包晶)$ |
| $VO(s)$ | $-430.952$ | $Y$ | $0$ | | |
| $V_2O_3(s)$ | $-1225.912$<br>$T_M>2273\ K$ | $Y_2O_3(\alpha)$<br>$(\beta)$<br><br>$(1)$ | $-1905.394$<br>$T_{tr}=1330\ K$<br>$\Delta H_{tr}=1297$<br>$T_M=2693\ K$<br>$T_B=4573\ K$ | $ZrSi$ | $-154.808$<br>$T_M=2380\ K(包晶)$ |
| $V_2O_5(s)$<br>$(1)$ | $-1557.703$<br>$T_M=943\ K$<br>$\Delta H_M=65.270$ | | | $ZrSi_2$ | $-159.410$<br>$T_M=1790\ K(包晶)$ |
| $VN$ | $-217.150$<br>$T_M=2323\ K$ | $YN(s)$ | $-299.156$ | $ZrO_2 \cdot SiO_2(\alpha)$ | $-2031.206$<br>$T_{Dp}=1980\ K(近似)$ |
| | | $Y_2O_3 \cdot 2ZrO_2$ | $-4121.993$ | | |

## 二、硅、铝的氧化放热反应

硅、铝的氧化反应属于置换型反应,并放出热量 $\Delta H_{f298}^{\ominus}$,化学反应通式为:

$$\frac{2}{y}Me_xO_y + Si \Longrightarrow \frac{2x}{y}Me + SiO_2$$

$$\Delta H_{f298}^{\ominus} \Longrightarrow \Delta H_{f298(SiO_2)}^{\ominus} - \frac{2}{y}\Delta H_{f298(Me_xO_y)}^{\ominus}$$

$$\frac{3}{y}Me_xO_y + Al \Longrightarrow \frac{3x}{y}Me + \frac{1}{2}Al_2O_3$$

$$\Delta H_{f298}^{\ominus} \Longrightarrow \frac{2}{3}\Delta H_{f298(Al_2O_3)}^{\ominus} - \frac{2}{y}\Delta H_{f298(Me_xO_y)}^{\ominus}$$

1914 年俄国化学家 C. Φ. 热姆丘日内提出,若要正常反应,则反应后的反应物和产物中的金属与渣能自动分离,反应炉料产生的热量不少于 2300 J/g。在生产上此法则可作参考,在开发研制新产品时估量使用,为能顺利地进行生产,也可调整炉料中的高低价氧化物或增加 $Fe_2O_3$、造渣剂、输送电能等方法生产合金或铁合金。

硅的氧化放热反应(表 9 - 2 - 2)

表 9 - 2 - 2

| 反 应 式 | $-\Delta H_{298}^{\ominus}/kJ \cdot mol^{-1}$ | 单位反应物(炉料)的热效应/$J \cdot g^{-1}$ |
|---|---|---|
| $2MnO + Si = 2Mn + SiO_2$ | 92.47 | -460 |
| $\frac{2}{3}B_2O_3 + Si = \frac{4}{3}B + SiO_2$ | 50.21 | -678 |
| $\frac{2}{3}V_2O_3 + Si = \frac{4}{3}V + SiO_2$ | 87.03 | -682 |
| $\frac{2}{5}Ta_2O_5 + Si = \frac{4}{5}Ta + SiO_2$ | 86.61 | -841 |
| $\frac{2}{5}Nb_2O_5 + Si = \frac{4}{5}Nb + SiO_2$ | 142.7 | -1063 |
| $\frac{2}{3}Cr_2O_3 + Si = \frac{4}{3}Cr + SiO_2$ | 151.04 | -1138 |
| $\frac{1}{3}Mn_3O_4 + Si = \frac{3}{2}Mn + SiO_2$ | 210.9 | -1473 |
| $\frac{2}{3}WO_3 + Si = \frac{2}{3}W + SiO_2$ | 341 | -1883 |
| $MoO_2 + Si = Mo + SiO_2$ | 318.4 | -2042 |
| $2FeO + Si = 2Fe + SiO_2$ | 375.3 | -2310 |
| $\frac{1}{3}K_2Cr_2O_7 + Si = \frac{2}{3}Cr + SiO_2 + \frac{1}{3}K_2O$ | 345.2 | -2736 |
| $\frac{1}{2}Fe_3O_4 + Si = \frac{2}{3}Fe + SiO_2$ | 346.0 | -2406 |
| $\frac{2}{3}Fe_2O_3 + Si = \frac{4}{3}Fe + SiO_2$ | 357.7 | -2845 |
| $\frac{2}{3}MoO_3 + Si = \frac{2}{3}Mo + SiO_2$ | 407.1 | -3289 |
| $\frac{4}{7}KMnO_4 + Si = \frac{4}{7}Mn + SiO_2 + \frac{2}{7}K_2O$ | 541.83 | -4703 |
| $\frac{2}{3}CrO_3 + Si = \frac{2}{3}Cr + SiO_2$ | 521.0 | -5502 |

铝的氧化放热反应(表 9 - 2 - 3)

表 9 - 2 - 3

| 反 应 式 | $-\Delta H_{298}^{\ominus}/kJ \cdot mol^{-1}$ | 单位反应物(炉料)的热效应/$J \cdot g^{-1}$ |
|---|---|---|
| $\frac{3}{4}ZrO_2 + Al = \frac{3}{4}Zr + \frac{1}{2}Al_2O_3$ | 33.05 | -447 |
| $\frac{3}{4}TiO_2 + Al = \frac{3}{4}Ti + \frac{1}{2}Al_2O_3$ | 59.41 | -481 |

| 反　应　式 | $-\Delta H^{\circ}_{298}/kJ \cdot mol^{-1}$ | 单位反应物（炉料）的热效应/$J \cdot g^{-1}$ |
|---|---|---|
| $\frac{3}{10}Ta_2O_5 + Al = \frac{3}{5}Ta + \frac{1}{2}Al_2O_3$ | 223 | -1397 |
| $\frac{3}{2}MnO + Al = \frac{3}{2}Mn + \frac{1}{2}Al_2O_3$ | 259.4 | -1946　2300 J/kg（炉料） |
| $\frac{1}{2}V_2O_3 + Al = V + \frac{1}{2}Al_2O_3$ | 243 | -2381 |
| $\frac{3}{4}SiO_2 + Al = \frac{3}{4}Si + \frac{1}{2}Al_2O_3$ | 158.6 | -2456 |
| $\frac{3}{10}Nb_2O_5 + Al = \frac{3}{5}Nb + \frac{1}{2}Al_2O_3$ | 266.94 | -2464 |
| $\frac{1}{2}Cr_2O_3 + Al = Cr + \frac{1}{2}Al_2O_3$ | 292 | -2644 |
| $\frac{3}{8}Mn_3O_4 + Al = \frac{9}{8}Mn + \frac{1}{2}Al_2O_3$ | 316.3 | -2820 |
| $\frac{1}{2}WO_3 + Al = \frac{1}{2}W + \frac{1}{2}Al_2O_3$ | 418.4 | -2937 |
| $\frac{3}{4}MoO_2 + Al = \frac{3}{4}Mo + \frac{1}{2}Al_2O_3$ | 400 | -3255 |
| $\frac{3}{2}FeO + Al = \frac{3}{2}Fe + \frac{1}{2}Al_2O_3$ | 440.2 | -3264 |
| $\frac{1}{2}B_2O_3 + Al = B + \frac{1}{2}Al_2O_3$ | 196.23 | -3284 |
| $\frac{1}{2}Fe_2O_3 + Al = Fe + \frac{1}{2}Al_2O_3$ | 426 | -4016 |
| $\frac{3}{8}Fe_3O_4 + Al = \frac{9}{8}Fe + \frac{1}{2}Al_2O_3$ | 418 | -3669 |
| $\frac{1}{4}K_2Cr_2O_7 + Al = \frac{1}{2}Cr + \frac{1}{2}Al_2O_3 + \frac{1}{4}K_2O$ | 419 | -4171 |
| $\frac{3}{10}V_2O_5 + Al = \frac{3}{5}V + \frac{1}{2}Al_2O_3$ | 370.3 | -4540 |
| $\frac{1}{2}MoO_3 + Al = \frac{1}{2}Mo + \frac{1}{2}Al_2O_3$ | 464 | -4686 |
| $\frac{3}{4}MnO_2 + Al = \frac{3}{4}Mn + \frac{1}{2}Al_2O_3$ | 447 | -4845 |
| $\frac{1}{2}CrO_3 + Al = \frac{1}{2}Cr + \frac{1}{2}Al_2O_3$ | 547 | -7104 |
| $\frac{3}{7}KMnO_4 + Al = \frac{3}{7}Mn + \frac{1}{2}Al_2O_3 + \frac{3}{14}K_2O$ | 564.4 | -7531 |

铝和引燃剂反应的热效应（表 9 - 2 - 4）[3]

表 9 - 2 - 4

| 反　应　式 | $-\Delta H^{\circ}_{298}/kJ \cdot mol^{-1}$ | $-\Delta H^{\circ}_{298}/kJ \cdot mol^{-1}$（还原剂） |
|---|---|---|
| $3BaO_2 + 2Al = Al_2O_3 + 3BaO$ | 1504 | 752.3 |
| $3BaO_2 + 2Al = Ba_3Al_2O_6$ | 1674.9 | 837.6 |
| $KClO_3 + 2Al = Al_2O_3 + KCl\uparrow$ | 1718.4 | 859.4 |
| $3KClO_4 + 8Al = 4Al_2O_3 + 3KCl\uparrow$ | 6740 | 837.6 |

续表 9 - 2 - 4

| 反　应　式 | $-\Delta H^{\ominus}_{298}/kJ \cdot mol^{-1}$ | $-\Delta H^{\ominus}_{298}/kJ \cdot mol^{-1}$（还原剂） |
|---|---|---|
| $NaClO_3 + 2Al = Al_2O_3 + NaCl\uparrow$ | 1736.4 | 868.2 |
| $3NaClO_4 + 8Al = 4Al_2O_3 + 3NaCl\uparrow$ | 6774 | 846.8 |
| $4NaNO_3 + 10Al = 5Al_2O_3 + 3Na_2O\uparrow + 3N_2\uparrow$ | 6833 | 683.3 |
| $6KNO_3 + 10Al = 5Al_2O_3 + 3K_2O\uparrow + 3N_2\uparrow$ | 6495 | 649.4 |

## 三、炼钢过程中元素氧化反应的热效应

未加热的氧气在不同温度下主要氧化物生成的热效应（表 9 - 2 - 5）[4]

表 9 - 2 - 5

| 反　应　式 | 所列温度（℃）条件下的热效应/kJ · kg$^{-1}$（元素） | | | | | |
|---|---|---|---|---|---|---|
| | 1200 | 1300 | 1400 | 1500 | 1600 | 1700 |
| $Fe + \frac{1}{2}O_2 = FeO$ | 3750 | 3700 | 3650 | 3610 | 3560 | 3510 |
| $2Fe + \frac{3}{2}O_2 = Fe_2O_3$ | 6470 | 6420 | 6360 | 6310 | 6250 | 6200 |
| $[C] + \frac{1}{2}O_2 = CO$ | 10730 | 10640 | 10550 | 10460 | 10360 | 10270 |
| $[C] + O_2 = CO_2$ | 32120 | 31830 | 31540 | 31250 | 30950 | 30650 |
| $[Si] + O_2 = SiO_2$ | 24970 | 24810 | 24650 | 24480 | 24310 | 24140 |
| $[Mn] + \frac{1}{2}O_2 = MnO$ | 6930 | 6900 | 6880 | 6820 | 6790 | 6770 |
| $2[P] + \frac{5}{2}O_2 = P_2O_5$ | 19150 | 18970 | 18780 | 18620 | 18420 | 18250 |

已加热的氧气在不同温度下主要氧化物生成的热效应（表 9 - 2 - 6）[4]

表 9 - 2 - 6

| 反　应　式 | 所列温度（℃）条件下的热效应/kJ · kg$^{-1}$（元素） | | | | | |
|---|---|---|---|---|---|---|
| | 1200 | 1300 | 1400 | 1500 | 1600 | 1700 |
| $Fe + \frac{1}{2}O_2 = FeO$ | 4220 | 4200 | 4190 | 4180 | 4170 | 4160 |
| $2Fe + \frac{3}{2}O_2 = Fe_2O_3$ | 7160 | 7150 | 7150 | 7150 | 7140 | 7140 |
| $[C] + \frac{1}{2}O_2 = CO$ | 12770 | 12840 | 12910 | 12960 | 13050 | 13120 |
| $[C] + O_2 = CO_2$ | 36180 | 36200 | 36220 | 36230 | 36250 | 36260 |
| $[Si] + O_2 = SiO_2$ | 26710 | 26680 | 26650 | 26610 | 26570 | 26540 |
| $[Mn] + \frac{1}{2}O_2 = MnO$ | 7370 | 7380 | 7390 | 7400 | 7410 | 7420 |
| $2[P] + \frac{5}{2}O_2 = P_2O_5$ | 21200 | 21180 | 21150 | 21130 | 21100 | 21090 |

炼钢熔池中主要氧化物生成的标准热效应(表9－2－7)[4]

| 反　应　式 | $J \cdot mol^{-1}$ | $kJ \cdot kg^{-1}(O_2)$ | $kJ \cdot kg^{-1}$(元素) | $kJ \cdot kg^{-1}$(氧化物) |
|---|---|---|---|---|
| $Fe + \frac{1}{2}O_2 = FeO$ | 266939 | 16683 | 4767 | 3707 |
| $2Fe + \frac{3}{2}O_2 = Fe_2O_3$ | 823410 | 17154 | 7350 | 5278 |
| $[C] + \frac{1}{2}O_2 = CO$ | 149017 | 9310 | 12417 | 5322 |
| $[C] + O_2 = CO_2$ | 432006 | 13500 | 36000 | 9818 |
| $[Si] + O_2 = SiO_2$ | 755210 | 23600 | 26970 | 12587 |
| $[Mn] + \frac{1}{2}O_2 = MnO$ | 385137 | 24070 | 7000 | 5424 |
| $2[P] + \frac{5}{2}O_2 = P_2O_5$ | 1506240 | 18828 | 24294 | 10607 |

一些炼钢反应的热效应(表9－2－8)[5]

| 反　应　物 | | 生成物 | 每1kg反应物 | 发热量 /$kJ \cdot kg^{-1}$ | 备　注 |
|---|---|---|---|---|---|
| 室　温 | 1593.3℃ | 1593.3℃ | | | |
| | $\frac{1}{2}O_2(g)$ | $[O]$ | $O_2$ | -7319 | $\frac{1}{2}O_2(g) = [O]$ |
| $\frac{1}{2}O_2(g)$ | | $[O]$ | $O_2$ | -5627 | $\Delta G = -117152 - 2.89T$, J/mol |
| | $Fe(1) + \frac{1}{2}O_2(g)$ | $(FeO)$ | $O_2$ 铁 | -7536 -2162 | $\frac{1}{2}O_2(g) + Fe(1) = (FeO)$ |
| $\frac{1}{2}O_2(g)$ | $Fe(1)$ | $(FeO)$ | 氧气 铁 | -5987 -1674 | $\Delta G = -120918 + 523T$, J/mol |
| $Fe_2O_3$ | | $2Fe(1) + 3[O]$ | 氧气 铁 | 14611 6280 | $Fe_2O_3(s) = 2Fe(1) + 3[O]$ $\Delta G = 475093 - 264.30T$, J/mol |
| $Fe_3O_4$ | | $3Fe(1) + 4[O]$ | 氧气 铁 | 13314 5079 | $Fe_3O_4(s) = 3Fe(1) + 4[O]$ $\Delta G = 658771 - 331.08T$, J/mol |
| $\frac{1}{2}N_2(g)$ | | $[N]$ | 氮气 | 1143 | $\frac{1}{2}N_2(g) = [N](\%)$ $\Delta G = 3598 + 21.63T$, J/mol |
| | $\frac{1}{2}H_2(g)$ | $[H]$ | 氢气 | 36258 | $\frac{1}{2}H_2(g) = [H]$(ppm) $\lg K = -1906/T + 2.41$ $K = ppm[H]/0.101\ MPa^{1/2}$ |
| | $H_2O(g)$ | $2[H] + [O]$ | 氢气 水 | 10300 12937 | $H_2O(g) = 2[H]$(ppm)$ + [O](\%)$ $\lg K = -10850/T + 8.01$ $K = (ppm[H])([O]\%)/0.101\ MPa$ |
| $H_2O(1)$ | | $2[H] + [O]$ | 氧气 氢气 水 | 19762 15617 17459 | |
| | $C(石墨) + \frac{1}{2}O_2$ | $CO(g)$ | 石墨 氧气 | -9839 -7185 | $C(石墨) + \frac{1}{2}O_2(g) = CO(g)$ $\Delta G = -117989 - 84.35T$, J/mol |

| 反 应 物 | | 生成物 | 每 1 kg<br>反应物 | 发热量<br>/kJ·kg$^{-1}$ | 备　注 |
|---|---|---|---|---|---|
| 室　温 | 1593.3℃ | 1593.3℃ | | | |
| | $[C] + \frac{1}{2}O_2(g)$ | $CO(g)$ | 碳<br>氧气 | $-11723$<br>$-8792$ | $[C] + \frac{1}{2}O_2(g) = CO(g)$ |
| $\frac{1}{2}O_2(g)$ | $[C]$ | $CO(g)$ | 碳<br>氧气 | $-9337$<br>$-7013$ | $\Delta G = -139327 - 42.51T$,J/mol<br>$K = P_{CO}/([C](P_{O_2})^{1/2})$ |
| | $[C]+[O]$ | $CO(g)$ | 碳<br>氧气 | $-67$<br>$-51$ | $[C]+[O] = CO(g)$<br>$\Delta G = -5600 - 9.37T$<br>$K = P_{CO}/([C][O])$ |
| $Fe_2O_3$ | $3[C]$ | $2Fe(l)+3CO(g)$ | 碳<br>氧气<br>铁<br>$Fe_2O_3$ | $17668$<br>$13146$<br>$5694$<br>$3977$ | $Fe_2O_3(s)+3[C]=2Fe(l)+3CO(g)$ |
| $Fe_3O_4$ | $4[C]$ | $3Fe(l)+4CO(g)$ | 碳<br>氧气<br>铁<br>$Fe_3O_4$ | $15784$<br>$11849$<br>$4522$<br>$3287$ | $Fe_3O_4(s)+4[C]=3Fe(l)+4CO(g)$ |
| $H_2O(l)$ | $[C]$ | $H_2(g)+CO(g)$ | 碳<br>氧气<br>水 | $18213$<br>$13816$<br>$12184$ | $H_2O(g)+[C]=H_2(g)+CO(g)$ |

还原剂的还原反应和氧化反应的热效应(表 9 - 2 - 9)[6]

表 9 - 2 - 9

| 还原反应 | | $\Delta H_{298}$/kJ·kg$^{-1}$(Fe) |
|---|---|---|
| 氧化铁被碳还原 | 1.430 kg $Fe_2O_3$ + 0.323 kg C = 1.000 kg Fe + 0.602 m$^3$ CO | 4044 |
| | 1.430 kg $Fe_2O_3$ + 0.035 kg C = 1.382 kg $Fe_3O_4$ + 0.067 m$^3$ CO | 318.2 |
| | 1.382 kg $Fe_3O_4$ + 0.287 kg C = 1.000 kg Fe + 0.535 m$^3$ CO | 4103 |
| | 1.382 kg $Fe_3O_4$ + 0.072 kg C = 1.287 kg FeO + 0.135 m$^3$ CO | 1172 |
| | 1.287 kg FeO + 0.215 kg C = 1.000 kg  Fe + 0.402 m$^3$ CO | 2554 |
| 氧化铁被 CO 还原 | 1.430 kg $Fe_2O_3$ + 0.602 m$^3$ CO = 1000 kg  Fe + 0.602 m$^3$ $CO_2$ | $-247$ |
| | 1.430 kg $Fe_2O_3$ + 0.067 m$^3$ CO = 1.382 kg $Fe_3O_4$ + 0.067 m$^3$ $CO_2$ | $-155$ |
| | 1.382 kg $Fe_3O_4$ + 0.535 m$^3$ CO = 1.000 kg Fe + 0.535 m$^3$ $CO_2$ | $-92$ |
| | 1.382 kg $Fe_3O_4$ + 0.135 m$^3$ CO = 1.287 kg FeO + 0.135 m$^3$ $CO_2$ | 214 |
| | 1.287 kg FeO + 0.400 m$^3$ CO = 1.000 kg  Fe + 0.400 m$^3$ $CO_2$ | $-306$ |
| 氧化铁被 $H_2$ 还原 | 1.430 kg $Fe_2O_3$ + 0.602 m$^3$ $H_2$ = 1.000 kg Fe + 0.602 m$^3$ $H_2O$ | 858 |
| | 1.430 kg $Fe_2O_3$ + 0.067 m$^3$ $H_2$ = 1.382 kg $Fe_2O_3$ + 0.067 m$^3$ $H_2O$ | $-33.5$ |
| | 1.382 kg $Fe_3O_4$ + 0.535 m$^3$ $H_2$ = 1.000 kg Fe + 0.535 m$^3$ $H_2O$ | 892 |
| | 1.382 kg $Fe_3O_4$ + 0.135 m$^3$ $H_2$ = 1.287 kg FeO + 0.135 m$^3$ $H_2O$ | 461 |
| | 1.287 kg FeO + 0.400 m$^3$ $H_2$ = 1.000 kg  Fe + 0.400 m$^3$ $H_2O$ | 431 |

| 氧　化　反　应 | | $\Delta H_{298}$ |
|---|---|---|
| $O_2$ 的氧化反应 | $1.000\ kg\ C+0.932\ m^3\ O_2=1.865\ m^3\ CO$ | $-10258\ kJ/kg(C)$ |
| | $1.000\ kg\ CH_2+0.800\ m^3\ O_2=1.600\ m^3\ CO+1.600\ m^3\ H_2$ | $-6138\ kJ/kg(CH_2)$ |
| | $1.000\ m^3\ CH_4+0.500\ m^3\ O_2=1.000\ m^3\ CO+3.000\ m^3\ H_2$ | $-1591\ kJ/m^3(CH_4)$ |
| 水蒸气的氧化反应 | $1.000\ kg\ C+1.865\ m^3\ H_2O=1.865\ m^3\ CO+1.865\ m^3\ H_2$ | $10513\ kJ/kg(C)$ |
| | $1.000\ kg\ CH_2+2.400\ m^3\ H_2O=1.600\ m^3\ CO+3.200\ m^3\ H_2$ | $10505\ kJ/kg(CH_2)$ |
| | $1.000\ m^3\ CH_4+1.000\ m^3\ H_2O=1.000\ m^3\ CO+3.000\ m^3\ H_2$ | $9203\ kJ/m^3(CH_4)$ |
| $CO_2$ 的氧化反应 | $1.000\ kg\ C+1.865\ m^3\ CO_2=3.730\ m^3\ CO$ | $14009\ kJ/kg(C)$ |
| | $1.000\ kg\ CH_2+1.600\ m^3\ CO_2=3.200\ m^3\ CO+1.600\ m^3\ H_2$ | $13507\ kJ/kg(CH_2)$ |
| | $1.000\ m^3\ CH_4+1.000\ m^3\ CO_2=2.000\ m^3\ CO+2.000\ m^3\ H_2$ | $11041\ kJ/m^3(CH_4)$ |
| 其他气体的反应 | $1.000\ m^3\ CO+1.000\ m^3\ H_2O=1.000\ m^3\ H_2+1.000\ m^3\ CO_2$ | $-1838\ kJ/m^3(CO)$ |
| | $1.000\ m^3\ CH_4=0.537\ kg\ C+2.000\ m^3\ CH_2$ | $3341\ kJ/m^3(CH_4)$ |

[E]氧化的数量和放热量的关系(图9-2-1)

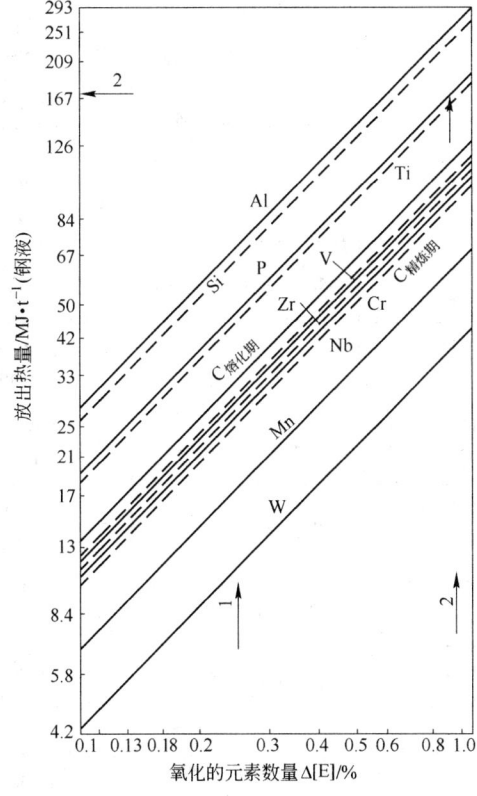

图9-2-1

放热量 $Q=\Delta H_C^{\ominus}\Delta[C]+\Delta H_{Si}^{\ominus}\Delta[Si]+\Delta H_{Mn}^{\ominus}\Delta[Mn]+\cdots$

$\Delta H_C^{\ominus}$、$\Delta H_{Si}^{\ominus}$、$\Delta H_{Mn}^{\ominus}$ ——每氧化1 kg元素的放热量;

$\Delta[Si]$、$\Delta[C]$、$\Delta[Mn]$ ——每氧化0.1%为1单位的放热量;1—氧化掉0.28%C;查图 $Q=2.8\times10^4$ kJ/t;

2—$\Delta[P]=0.09\%$ ,查图 $Q=1.76\times10^4$ kJ/t

燃烧反应的反应热（标准状态）（表 9 - 2 - 10）

表 9 - 2 - 10

| 序号 | 反 应 式 | 分 子 量 | 反应前后状态 | 反应热/kJ 反应前的物质 | | | 燃烧产物 |
|---|---|---|---|---|---|---|---|
| | | | | 1 kmol | 1 kg | 1 m³ | 1 m³ |
| 1 | $C + O_2 = CO_2$ | $12 + 32 = 44$ | s | 408841 | 34072 | | 18250 |
| 2 | $C + 0.5O_2 = CO$ | $12 + 16 = 28$ | s | 125478 | 10459 | | 5602 |
| 3 | $CO + 0.5O_2 = CO_2$ | $28 + 16 = 44$ | g | 283363 | 10119 | 12648 | 12648 |
| 4 | $S + O_2 = SO_2$ | $32 + 32 = 64$ | s | 296886 | 9278 | | 13255 |
| 5 | $H_2 + 0.5O_2 = H_2O(l)$<br>$H_2 + 0.5O_2 = H_2O(g)$ | $2 + 16 = 18$ | g | 286210<br>242039 | 143105<br>121019 | 12778<br>10806 | 10806 |
| 6 | $H_2O(g) \rightarrow H_2O(l)$ | 18 | g | 44171 | 2453 | 1972 | |
| 7 | $H_2S + 1.5O_2 = SO_2 + H_2O(l)$<br>$H_2S + 1.5O_2 = SO_2 + H_2O(g)$ | $34 + 48 = 64 + 18$ | g | 563166<br>578996 | 16563<br>15265 | 25142<br>23170 | 11585 |
| 8 | $CH_4 + 2O_2 = CO_2 + 2H_2O(l)$<br>$CH_4 + 2O_2 = CO_2 + 2H_2O(g)$ | $16 + 64 = 44 + 36$ | g | 893882<br>805540 | 55869<br>50346 | 39904<br>35960 | 11987 |
| 9 | $C_2H_4 + 3O_2 = 2CO_2 + 2H_2O(l)$<br>$C_2H_4 + 3O_2 = 2CO_2 + 2H_2O(g)$ | $28 + 95 = 88 + 36$ | g | 1428117<br>1339776 | 51004<br>47851 | 64008<br>59813 | 14955 |
| 10 | $C_2H_6 + 3.5O_2 = 2CO_2 + 3H_2O(l)$<br>$C_2H_6 + 3.5O_2 = 2CO_2 + 3H_2O(g)$ | $30 + 112 = 88 + 54$ | g | 1558745<br>1426233 | 51958<br>47541 | 69585<br>63673 | 12736 |
| 11 | $C_3H_6 + 4.5O_2 = 3CO_2 + 3H_2O(l)$<br>$C_3H_6 + 4.5O_2 = 3CO_2 + 3H_2O(g)$ | $42 + 144 = 132 + 54$ | l | 2052369<br>1919857 | 48864<br>45711 | | 14285 |
| 12 | $C_3H_6 + 4.5O_2 = 3CO_2 + 3H_2O(l)$<br>$C_3H_6 + 4.5O_2 = 3CO_2 + 3H_2O(g)$ | $42 + 144 = 132 + 54$ | g | 2080002<br>1947490 | 49526<br>46369 | 92855<br>86939 | 14491 |
| 13 | $C_3H_8 + 5O_2 = 3CO_2 + 4H_2O(l)$<br>$C_3H_8 + 5O_2 = 3CO_2 + 4H_2O(g)$ | $44 + 160 = 132 + 72$ | g | 2203513<br>201385 | 50078<br>46151 | 98369<br>90485 | 12933 |
| 14 | $C_4H_8 + 6.5O_2 = 4CO_2 + 4H_2O(l)$<br>$C_4H_8 + 6.5O_2 = 4CO_2 + 4H_2O(g)$ | $56 + 192 = 176 + 72$ | g | 2709697<br>2533014 | 48387<br>45230 | 120969<br>113383 | 14172 |
| 15 | $C_4H_{10} + 6.5O_2 = 4CO_2 + 5H_2O(l)$<br>$C_4H_{10} + 6.5O_2 = 4CO_2 + 5H_2O(g)$ | $58 + 208 = 176 + 90$ | g | 2861259<br>260405 | 49333<br>45523 | 128070<br>117875 | 13084 |
| 16 | $C_5H_{10} + 7.5O_2 = 5CO_2 + 5H_2O(l)$<br>$C_5H_{10} + 7.5O_2 = 5CO_2 + 5H_2O(g)$ | $70 + 240 = 220 + 90$ | l | 3332693<br>3111839 | 47608<br>44555 | | 13892 |
| 17 | $C_5H_{10} + 7.5O_2 = 5CO_2 + 5H_2O(l)$<br>$C_5H_{10} + 7.5O_2 = 5CO_2 + 5H_2O(g)$ | $70 + 240 = 220 + 90$ | g | 3364512<br>3143659 | 48064<br>44903 | 150034<br>140375 | 14038 |
| 18 | $C_6H_6 + 7.5O_2 = 6CO_2 + 3H_2O(l)$<br>$C_6H_6 + 7.5O_2 = 6CO_2 + 3H_2O(g)$ | $78 + 240 = 264 + 54$ | l | 3405543<br>3147427 | 43689<br>40352 | | 15613 |
| 19 | $C_6H_6 + 7.5O_2 = 6CO_2 + 3H_2O(l)$<br>$C_6H_6 + 7.5O_2 = 6CO_2 + 3H_2O(g)$ | $78 + 240 = 264 + 54$ | g | 3295844<br>3163127 | 41964<br>40553 | 147296<br>141221 | 15692 |

还原剂还原各种氧化物的当量数值关系(表9-2-11)

表9-2-11

| 氧化物 种类 | 氧化物 摩尔质量 | 金属摩尔质量 | 用1 kgC 还原氧化物的当量数/kg | 用1 kgC 还原出的金属数/kg | 用1 kgSi 还原氧化物的当量数/kg | 用1 kgSi 还原出的金属数/kg | 用1 kgAl 还原氧化物的当量数/kg | 用1 kgAl 还原出的金属数/kg |
|---|---|---|---|---|---|---|---|---|
| CuO | 79.54 | 63.54 | 6.63 | 5.30 | 5.68 | 4.54 | 4.42 | 3.53 |
| $Fe_2O_3$ | 159.68 | 55.85 | 4.44 | 3.10 | 3.80 | 2.66 | 2.96 | 2.07 |
| FeO | 72 | 55.85 | 6.0 | 4.65 | 5.14 | 3.99 | 4.00 | 3.10 |
| $Cr_2O_3$ | 152 | 52 | 4.22 | 2.89 | 3.62 | 2.48 | 2.81 | 1.93 |
| MnO | 71 | 55 | 5.92 | 4.58 | 5.07 | 3.93 | 3.94 | 3.05 |
| NiO | 74.7 | 58.7 | 6.22 | 4.89 | 5.33 | 4.19 | 4.15 | 3.26 |
| $V_2O_3$ | 150 | 50.9 | 4.16 | 2.83 | 3.57 | 2.43 | 2.78 | 1.89 |
| $MoO_2$ | 127.94 | 95.94 | 5.33 | 4.00 | 4.57 | 3.43 | 3.54 | 1.78 |
| $WO_3$ | 231.85 | 183.85 | 6.44 | 5.10 | 5.52 | 4.38 | 4.30 | 3.40 |
| $P_2O_5$ | 141.95 | 30.974 | 2.37 | 1.03 | 2.03 | 0.89 | 1.58 | 0.69 |
| $Nb_2O_3$ | 233.82 | 92.91 | 4.43 | 3.10 | 3.80 | 2.65 | 2.85 | 2.06 |
| $SiO_2$ | 60 | 28.06 | 2.5 | 1.16 | — | — | 1.67 | 0.77 |
| MgO | 40.31 | 24.31 | 3.36 | 2.02 | 2.88 | 1.74 | 2.24 | 1.35 |
| CaO | 56 | 40.0 | 4.66 | 3.33 | 4.0 | 2.86 | 3.11 | 2.22 |
| $TiO_2$ | 79.9 | 47.9 | 3.33 | 2.00 | 2.86 | 1.71 | 2.22 | 1.33 |
| $Al_2O_3$ | 102 | 26.98 | 2.83 | 1.5 | 2.43 | 1.29 | — | — |

| 氧化物 种类 | 氧化物 摩尔质量 | 金属摩尔质量 | 用1 kgCa 还原氧化物的当量数/kg | 用1 kgCa 还原出的金属数/kg | 用1 kgCe 还原出的氧化物当量数/kg | 用1 kgCe 还原出的金属数/kg | 用1 kgTi 还原出的氧化物当量数/kg | 用1 kgTi 还原出的金属数/kg |
|---|---|---|---|---|---|---|---|---|
| CuO | 79.54 | 63.54 | 1.99 | 1.59 | 1.14 | 0.91 | 3.31 | 2.65 |
| $Fe_2O_3$ | 159.68 | 55.85 | 1.33 | 0.93 | 0.76 | 0.53 | 2.21 | 1.55 |
| FeO | 72 | 55.85 | 1.80 | 1.40 | 1.03 | 0.80 | 3 | 2.33 |
| $Cr_2O_3$ | 152 | 52 | 1.27 | 0.87 | 0.72 | 0.50 | 2.11 | 1.44 |
| MnO | 71 | 55 | 1.78 | 1.38 | 1.01 | 0.79 | 2.96 | 2.29 |
| NiO | 74.7 | 58.7 | 1.87 | 1.47 | 1.07 | 0.84 | 3.11 | 2.45 |
| $V_2O_3$ | 150 | 50.9 | 1.25 | 0.85 | 0.71 | 0.49 | 2.07 | 1.42 |
| $MoO_2$ | 127.94 | 95.94 | 1.60 | 1.20 | 0.91 | 0.69 | 2.67 | 2.00 |
| $WO_3$ | 231.85 | 183.85 | 1.93 | 1.53 | 1.10 | 0.876 | 3.22 | 2.55 |
| $P_2O_5$ | 141.95 | 30.97 | 0.71 | 0.31 | 0.405 | 0.177 | 1.18 | 0.52 |
| $Nb_2O_3$ | 233.82 | 92.91 | 1.33 | 0.93 | 0.76 | 0.53 | 2.22 | 1.55 |
| $SiO_2$ | 60 | 28.06 | 0.75 | 0.35 | 0.214 | 0.1 | 1.25 | 0.58 |
| MgO | 40.31 | 24.31 | 1.01 | 0.61 | 0.576 | 0.35 | 1.68 | 1.01 |
| CaO | 56 | 40.0 |  |  | 0.8 | 0.57 | 2.33 | 1.66 |
| $TiO_2$ | 79.9 | 47.9 | 1 | 0.6 | 0.57 | 0.34 |  |  |
| $Al_2O_3$ | 102 | 26.98 | 0.85 | 0.45 | 0.49 | 0.26 | 1.42 | 0.75 |

铁液中氧和脱氧元素化合当量数值的关系(表9-2-12)

表9-2-12

| 化合物组成 | BaO | Ce$_2$O$_3$ | SrO | FeO | MnO | CaO | V$_2$O$_3$ | MgO | TiO$_2$ | Al$_2$O$_3$ | SiO$_2$ | CO | B$_2$O$_3$ |
|---|---|---|---|---|---|---|---|---|---|---|---|---|---|
| 每1 kg 元素结合的氧/kg | 0.11647 | 0.173 | 0.1826 | 0.286 | 0.291 | 0.40 | 0.471 | 0.653 | 0.653 | 0.888 | 1.143 | 1.333 | 2.22 |
| 每1 kg 氧结合的元素/kg | 8.587 | 5.78 | 5.476 | 3.5 | 3.437 | 2.5 | 2.126 | 1.519 | 1.531 | 1.125 | 0.875 | 0.75 | 0.45 |

摩尔质量大的结合的氧低,不宜做脱氧用,但对其他特殊的性能的影响可作合金使用。如 Al 结合氧比 Ba 大,约大 7.63 倍(0.888/0.11647 = 7.632)。从表中的顺序还可计算出脱氧成本。

## 四、二元系的偏摩尔生成热、混合热和浓度的关系

Fe-Al 系(图9-2-2)[7]

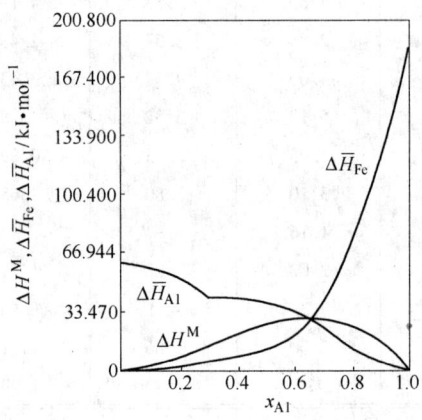

图9-2-2

(1600℃,准确度 ±1674 J/mol)

$$\Delta H^M = x_{Fe}\Delta \overline{H}_{Fe} + x_{Al}\Delta \overline{H}_{Al}$$

$\Delta H^M$—混合热;$\Delta \overline{H}_{Al}$—铁液内铝的偏摩尔生成热,J/mol

Fe-Co 系(图9-2-3)[7]

Fe-Cu 系(图9-2-4)[7]

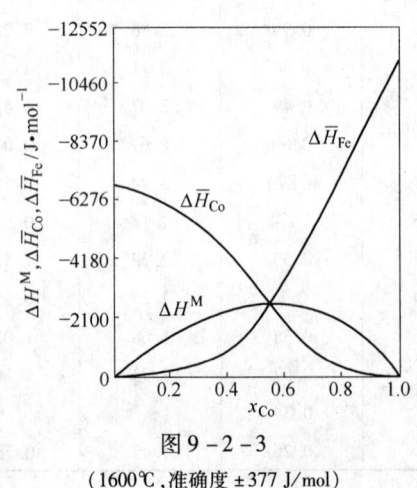

图9-2-3

(1600℃,准确度 ±377 J/mol)

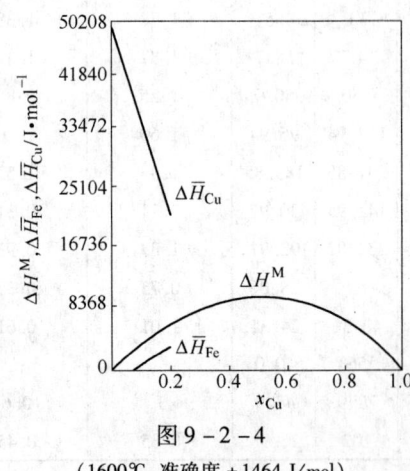

图9-2-4

(1600℃,准确度 ±1464 J/mol)

Fe-Mn 系(图 9 - 2 - 5)[7]

Fe-Ni 系(图 9 - 2 - 6)[7]

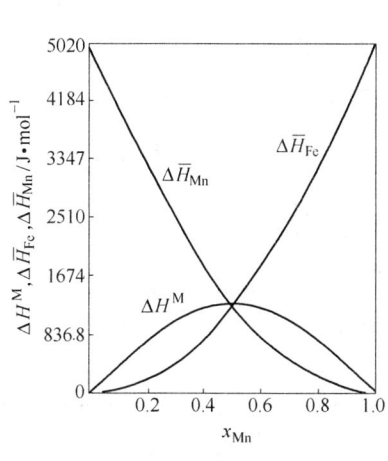

图 9 - 2 - 5

(1600℃,准确度 ±1255 J/mol)

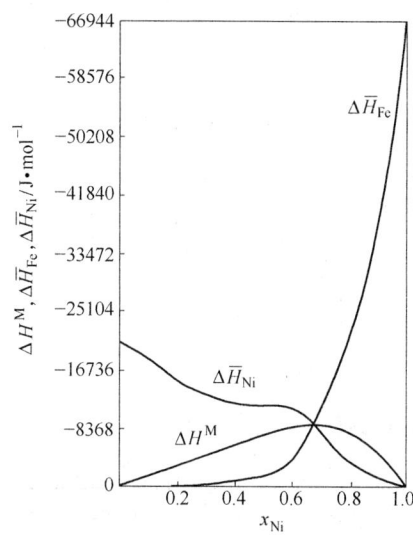

图 9 - 2 - 6

(1600℃,准确度 ±1590 J/mol)

Fe-Si 系(图 9 - 2 - 7)[7]

Fe-V 系(图 9 - 2 - 8)[7]

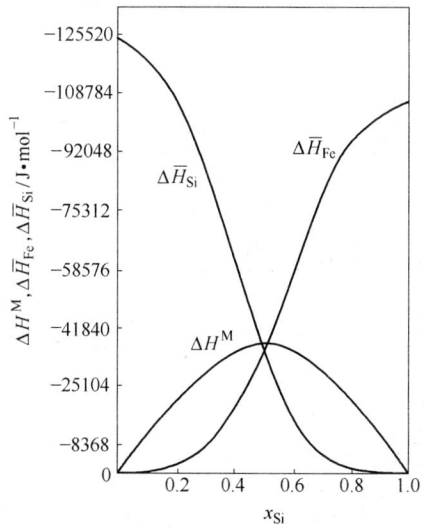

图 9 - 2 - 7

(1600℃,准确度 ±1255 J/mol)

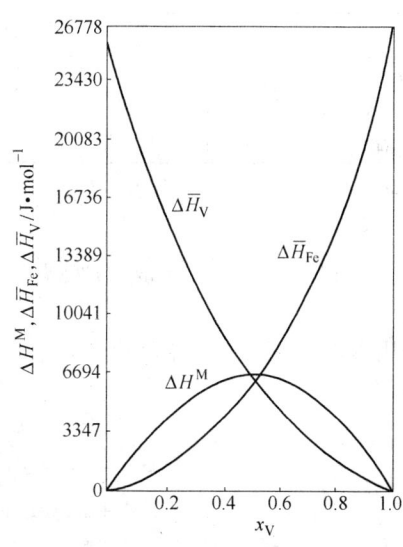

图 9 - 2 - 8

(1600℃,准确度 ±5439 J/mol)

Mn-Si 系(1470℃)(图 9 - 2 - 9)[8]

Mn-Al 系(1253℃)(图 9 - 2 - 10)[8]

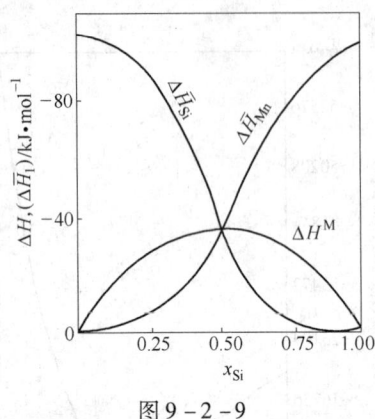

图 9 - 2 - 9

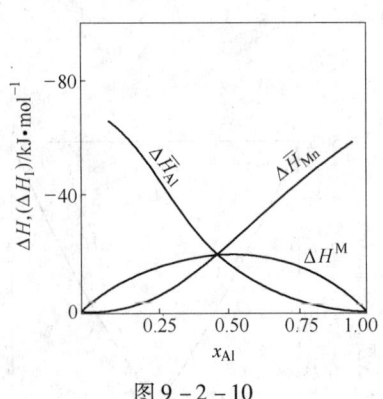

图 9 - 2 - 10

Si-Al 系(表 9 - 2 - 13)[9]

表 9 - 2 - 13

| $x_{Si}$ | $\Delta H_B$ | $\Delta \overline{H}_{Si}$ | $a_{Si}$ | $\Delta \overline{H}_{Al}$ | $a_{Al}$ | $x_{Si}$ | $\Delta H_B$ | $\Delta \overline{H}_{Si}$ | $a_{Si}$ | $\Delta \overline{H}_{Al}$ | $a_{Al}$ |
|---|---|---|---|---|---|---|---|---|---|---|---|
| 0.1 | 1.20 | 10.90 | 0.048 | 0.13 | 0.891 | 0.6 | 3.21 | 2.09 | 0.518 | 4.86 | 0.287 |
| 0.2 | 2.15 | 8.58 | 0.110 | 0.54 | 0.771 | 0.7 | 2.80 | 1.17 | 0.645 | 6.61 | 0.189 |
| 0.3 | 2.80 | 6.78 | 0.187 | 1.09 | 0.649 | 0.8 | 2.15 | 0.54 | 0.771 | 8.58 | 0.110 |
| 0.4 | 3.25 | 4.98 | 0.283 | 2.09 | 0.519 | 0.9 | 1.20 | 0.13 | 0.891 | 10.90 | 0.048 |
| 0.5 | 3.35 | 3.27 | 0.398 | 3.43 | 0.394 | | | | | | |

注:$\Delta H$ 的单位为 kJ/mol;$T = 1873$ K;$\Delta H_B$ 表示溶液溶解热。

Si-Ca 系(表 9 - 2 - 14)[9]

表 9 - 2 - 14

| $x_{Si}$ | $-\Delta H_B$ | $-\Delta \overline{H}_{Si}$ | $-\Delta \overline{H}_{Ca}$ | $a_{Si}$ | $a_{Ca}$ |
|---|---|---|---|---|---|
| 0.333 | 69.02 | 137.8 | 11.78 | 0.000048 | 0.313 |
| 0.500 | 76.02 | 75.02 | 75.02 | 0.0041 | 0.0041 |
| 0.667 | 50.01 | 6.99 | 137.79 | 0.428 | 0.00054 |

注:$\Delta H$ 的单位为 kJ/mol;$T = 1873$ K;$\Delta H_B$ 表示溶液溶解热。

## 第三节　冶金常见物质标准生成自由能与温度的关系

应用热力学数据研究高温反应使用自由能公式,标准化合物生成吉布斯自由能 $\Delta G^{\ominus}$ 可用下式计算:

$$\Delta G^{\ominus} = \Delta H^{\ominus}_{f298} + \int_{298}^{T} \Delta C^{\ominus}_P dT - T\Delta S^{\ominus}_{f298} - T\int_{298}^{T} \frac{\Delta C^{\ominus}_P}{T} dT$$

$$\Delta C^{\ominus}_P = a + bT - T^{-2}$$

$$\Delta G^{\ominus} = A + BT\lg T + CT$$

因为许多反应的 $\Delta H^{\ominus}$ 和 $\Delta S^{\ominus}$ 随温度的变化是类似的,能互相抵消,以致 $\Delta G^{\ominus}$ 随温度变化的非线性很小。由线性回归分析得到的一个线性公式的最佳拟合,适用于大多数热力学计算:

$$\Delta G^{\ominus} = \Delta \widetilde{H}^{\ominus} - T\Delta \widetilde{S}^{\ominus}$$

式中,"~"符号表示一定温度范围内的平均值,用此式计算的误差值小于 837 J,表 9 - 3 - 1 中仅给出最具实际和实验意义的温度范围内的 $\Delta G^{\ominus}$ 公式,例如 $FeO(s) = Fe + \frac{1}{2}O_2(g)$ 给出的 $\Delta \tilde{H}^{\ominus}$ 和 $\Delta \tilde{S}^{\ominus}$ 值未对 $\alpha$-$\gamma$、$\gamma$-$\delta$ 相变校正的情况下,适用于 25 ~ 1371℃ 温度范围,由此得到的 $\Delta G^{\ominus}$ 最终误差还是很小的。

自由能计算在冶金和材料热力学分析中占有十分重要的地位,它是判断和控制反应发生的趋势、方向及达到平衡的重要参数。在一般情况下,计算恒温、恒压条件下反应的 $\Delta G$:

$$\Delta G = \Delta G^{\ominus} + RT\lg Q$$

式中　$Q$——实际条件下的压力、活度比;

$\Delta G^{\ominus}$——标准条件下自由能的变化,$J/mol$,$\Delta G^{\ominus} = -19.147T\lg K$。

$Q$ 是生成物与反应物的活度比或压力比,参加反应的物质均在标准状态时,即凝聚物质为纯物质时,气体物质为 0.1 MPa 溶液中组元的浓度为 1% 时则 $Q = 1$,即 $\Delta G = \Delta G^{\ominus}$,此时 $\Delta G^{\ominus}$ 可判断 $Q = 1$ 时反应进行的方向,$\Delta G^{\ominus} < 0$ 时反应能向右方向进行。当 $Q \neq 1$ 时 $\Delta G$ 可判断该状态反应的进行方向,$\Delta G < 0$ 时反应向右进行,$\Delta G > 0$ 时反应向左进行。

$K$ 在同一温度下为一平衡常数,可由 $\Delta G^{\ominus}$ 计算得到,但和使用的单位有关,参见表 14 - 3 - 9。

铁液中的化学反应自由能变化和温度的关系式可由实验做出,也可由热力学计算得出。如铁液中脱氧反应的计算:

$$2Al_{液} + \frac{3}{2}O_2 = Al_2O_{3(纯)} \qquad \Delta G_1^{\ominus} = -1684350 + 325.86T \qquad J/mol$$

$$-)3乘 \qquad \frac{1}{2}O_2 = [O]_{1\%} \qquad -3 \times \Delta G_2^{\ominus} = -3 \times (-117230 - 2.89T)$$
$$= 351690 + 8.67T \qquad J/mol$$

$$-)2乘 \qquad Al_{液} = [Al]_{1\%} \qquad -2 \times \Delta G_3^{\ominus} = -2 \times (63220 - 27.93T)$$
$$= 126440 + 55.86T \qquad J/mol$$

$$2[Al]_{1\%} + 3[O]_{1\%} = Al_2O_{3纯} \qquad \Delta G_4^{\ominus} = -1206220 + 390.39T \qquad J/mol$$

上述的计算方法是忽略了,由铝、氧原子摩尔的差别引起的自由能的变化,因为铝溶于铁液达到 1% 标准时铁的质量已经固定了,氧溶于铁液中达到 1% 时铁液的质量比前者高,同时溶于铁液时摩尔质量高的自由能变小了。

如 $[Al]_{1\%} = [Al]_{0.6\%}$ 时,$\Delta G^{\ominus} = 19.147T\lg\frac{0.6}{1} = 19.147T \times (-0.222) = -4.2480T$,$J/mol$,校正后再由 $\Delta G^{\ominus}$ 计算平衡常数就接近真正的平衡值。如用实测的 $2[Al] + 3[O] = Al_2O_3$ 平衡常数来求出符合实际的浓度,免除了直接由反应的吉布斯自由能计算时造成的误差。

## 一、反应的标准自由能 $\Delta G^{\ominus} = \Delta \tilde{H}^{\ominus} - T\Delta \tilde{S}^{\ominus}$ (表 9 - 3 - 1)[10]

表 9 - 3 - 1

| 反　应　式 | $\Delta \tilde{H}^{\ominus}/J \cdot mol^{-1}$ | $\Delta \tilde{S}^{\ominus}/J \cdot (mol \cdot K)^{-1}$ | 误差 ±/kJ | 温度范围/℃ |
| --- | --- | --- | --- | --- |
| $Al(s) = Al(l)$ | 10795 | 11.548 | 0.21 | 660 |
| $Al(l) = Al(g)$ | 304637 | 109.50 | 2.1 | 660 ~ 2520(b) |
| $Al_4C_3(s) = 4Al(l) + 3C(s)$ | 264973 | 95.1 | 8.37 | 660 ~ 2200 |
| $AlN(s) = Al(l) + \frac{1}{2}N_2$ | 327063 | 115.52 | 4.18 | 660 ~ 2000 |
| $Al_2O_3(s) = 2Al(l) + \frac{3}{2}O_2$ | 1687240 | 326.8 | 2.1 | 660 ~ 2000 |
| $3Al_2O_3 \cdot 2SiO_2(s) = 3Al_2O_3(s) + 2SiO_2(s)$ | -8598 | -17.41 | 4.184 | 25 ~ 1750 |
| $Al_2O_3 \cdot SiO_2(s) = Al_2O_3(s) + SiO_2(s)$ | 2105 | 3.89 | 2.092 | 25 ~ 1700 |
| $Al_2O_3 \cdot TiO_2(s) = Al_2O_3(s) + TiO_2(s)$ | 25271 | 3.933 | | 25 ~ 1860(m) |

| 反　应　式 | $\Delta \tilde{H}^{\ominus}/J \cdot mol^{-1}$ | $\Delta \tilde{S}^{\ominus}/J \cdot (mol \cdot K)^{-1}$ | 误差 ±/kJ | 温度范围/℃ |
|---|---|---|---|---|
| $As(s) = \frac{1}{4}As_4(g)$ | 36568 | 42 | 0.418 | 25 ~ 603 |
| $B(s) = B(l)$ | 570154 | 147.82 | 3.35 | 25 ~ 2030 |
| $B(l) = B(g)$ | 499653 | 117.3 | 3.35 | 2030 ~ 4002(b) |
| $B_4C(s) = 4B(s) + C(s)$ | 41505 | 5.56 | 10.46 | 25 ~ 2030 |
| $BN(s) = B(s) + \frac{1}{2}N_2(g)$ | 250621 | 87.61 | 2.1 | 25 ~ 2030 |
| $B_2O_3(s) = B_2O_3(l)$ | 24085 | 33.26 | 0.42 | 450(m) |
| $B_2O_3(l) = 2B(s) + \frac{3}{2}O_2$ | 1228841 | 210.04 | 4.18 | 450 ~ 2043(m) |
| $Ba(s) = Ba(l)$ | 7740 | 7.74 | 2.1 | 729(m) |
| $Ba(l) = Ba(g)$ | 150038 | 79.16 | 12.55 | 729 ~ 1622(b) |
| $Ba_2C(s) = 2Ba(l) + C(s)$ | 89538 | 2.09 | 4.18 | 729 ~ 1200 |
| $Ba_3N_2(s) = 3Ba(l) + N_2(g)$ | 375807 | 274.51 | 12.55 | 729 ~ 1000 |
| $BaO(s) = Ba(l) + \frac{1}{2}O_2(g)$ | 577183 | 120.68 | 4.18 | 729 ~ 1622 |
| $BaS(s) = Ba(l) + \frac{1}{2}S_2(g)$ | 543920 | 123.43 | 21 | 729 ~ 1622 |
| $3BaO \cdot Al_2O_3(s) = 3BaO(s) + Al_2O_3(s)$ | 212128 | -18.83 | | 25 ~ 1750(m) |
| $BaO \cdot Al_2O_3(s) = BaO(s) + Al_2O_3(s)$ | 124264 | -6.694 | | 25 ~ 1830(m) |
| $BaCO_3(s) = BaO(s) + CO_2(g)$ | 250747 | 147.07 | 1.255 | 800 ~ 1060(m) |
| $BaSO_4(s) = BaO(s) + SO_2(g) + \frac{1}{2}O_2(g)$ | 552288 | 242.25 | 20.92 | 25 ~ 1350(m) |
| $2BaO \cdot SiO_2(s) = 2BaO(s) + SiO_2(s)$ | 259826 | -5.86 | 12.55 | 25 ~ 1760(m) |
| $BaO \cdot SiO_2(s) = BaO(s) + SiO_2(s)$ | 148950 | -6.28 | 12.55 | 25 ~ 1605(m) |
| $2BaO \cdot TiO_2(s) = 2BaO(s) + TiO_2(s)$ | 149556 | -5.02 | 16.74 | 25 ~ 1860(m) |
| $BaO \cdot TiO_2(s) = BaO(s) + TiO_2(s)$ | 156481 | 15.69 | 12.55 | 25 ~ 1705(m) |
| $BaO \cdot ZrO_2(s) = BaO(s) + ZrO_2(s)$ | 125520 | 15.9 | 20.92 | 25 ~ 1700 |
| $Be(s) = Be(l)$ | 11715 | 7.53 | | 1287(m) |
| $Be(l) = Be(g)$ | 299867 | 108.575 | 8.37 | 1287 ~ 2472(m) |
| $Be_2C(s) = 2Be(s) + C(s)$ | 93303 | 13.81 | 16.74 | 25 ~ 1287 |
| $Be_3N_2(s) = 3Be(s) + N_2(g)$ | 587432 | 185.39 | 2.09 | 25 ~ 1287 |
| $Be_3N_2(s) = 3Be(l) + N_2(g)$ | 616303 | 203.22 | 2.09 | 1287 ~ 2200(m) |
| $BeO(s) = Be(s) + \frac{1}{2}O_2(g)$ | 613625 | 100.92 | 4.18 | 1287 ~ 2000 |
| $BeS(s) = Be(s) + \frac{1}{2}S_2(g)$ | 297064 | 86.61 | 20.92 | 25 ~ 1287 |
| $BeO \cdot Al_2O_3(s) = BeO(s) + Al_2O_3(s)$ | 4184 | -2.93 | 20.92 | 25 ~ 1870(m) |
| $3BeO \cdot B_2O_3(s) = 3BeO(s) + B_2O_3(l)$ | 58408 | 25.52 | 20.92 | 450 ~ 1495(m) |
| $3BeO \cdot SiO_2(s) = 3BeO(s) + SiO_2(s)$ | 10878 | 7.112 | 29.3 | 25 ~ 1560(m) |
| $BeSO_4(\beta) = BeO(s) + SO_2(g) + \frac{1}{2}O_2(g)$ | 254387 | 232.0 | 8.37 | 25 ~ 1287 |

| 反 应 式 | $\Delta\widetilde{H}^{\ominus}/\text{J}\cdot\text{mol}^{-1}$ | $\Delta\widetilde{S}^{\ominus}/\text{J}\cdot(\text{mol}\cdot\text{K})^{-1}$ | 误差 $\pm$/kJ | 温度范围/℃ |
|---|---|---|---|---|
| 石墨 = 金刚石 | 1443.5 | 4.477 | 0.0418 | 25 ~ 900 |
| $C(s) = C(g)$ | 713455 | 155.48 | 4.18 | 1750 ~ 3800(s) |
| $CH_4(g) = C(s) + 2H_2(g)$ | 91044 | 110.66 | 0.418 | 500 ~ 2000 |
| $CCl_4(g) = C(s) + 2Cl_2(g)$ | 89119 | 129.24 | 2.092 | 25 ~ 2000 |
| $CF_4(g) = C(s) + 2F_2(g)$ | 933199 | 151.5 | 1.255 | 25 ~ 2000 |
| $CO(g) = C(s) + \frac{1}{2}O_2(g)$ | 114390 | 85.77 | 0.418 | 500 ~ 2000 |
| $CO_2(g) = C(s) + O_2(g)$ | 395346 | -0.544 | 0.0837 | 500 ~ 2000 |
| $CS_2(g) = C(s) + S_2(g)$ | 11422 | -6.485 | 0.831 | 25 ~ 2000 |
| $Ca(s) = Ca(l)$ | 8535 | 7.7 | 0.418 | 839(m) |
| $Ca(l) = Ca(g)$ | 157820 | 87.11 | 0.418 | 839 ~ 1491(b) |
| $CaCl_2(s) = CaCl_2(l)$ | 28534 | 27.32 | 0.836 | 772(m) |
| $CaCl_2(l) = CaCl_2(g)$ | 235140 | 106.44 | 4.184 | 1936(b) |
| $CaCl_2(l) = Ca(l) + Cl_2(g)$ | 798558 | 145.98 | 8.37 | 839 ~ 1484 |
| $CaF_2(s) = CaF_2(l)$ | 29706 | 17.57 | 0.418 | 1418(m) |
| $CaF_2(l) = CaF_2(g)$ | 308696 | 110.0 | 4.18 | 2533(b) |
| $CaF_2(s) = Ca(l) + F_2(g)$ | 1219594 | 162.3 | 8.37 | 839 ~ 1484 |
| $CaC_2(s) = Ca(l) + 2C(g)$ | 60250 | -26.28 | 12.55 | 839 ~ 1484 |
| $Ca_3N_2(s) = 3Ca(s) + N_2(g)$ | 435136 | 198.74 | 20.92 | 25 ~ 839 |
| $CaAl_2(s) = CaAl_2(l)$ | 63178 | 46.86 | | 1080(m) |
| $CaAl_2(l) = Ca(l) + 2Al(l)$ | 189117 | 3.35 | | 1080 ~ 1484(m) |
| $CaAl_4(s) = CaAl_4(l)$ | 78659 | 74.9 | | 777(m) |
| $CaAl_4(l) = Ca(l) + 4Al(l)$ | 196648 | 2.93 | | 839 ~ 1484 |
| $Ca_2Si = 2Ca(s) + Si(s)$ | 209200 | 22.18 | 41.8 | 25 ~ 839 |
| $CaSi(s) = Ca(s) + Si(s)$ | 150624 | 15.48 | 20.92 | 25 ~ 839 |
| $CaSi_2(s) = Ca(s) + 2Si(s)$ | 150624 | 28.45 | 20.92 | 25 ~ 839 |
| $Ca_3P_2(s) = 3Ca(s) + P_2(g)$ | 684520 | 216.31 | 41.8 | 25 ~ 839 |
| $CaO(s) = CaO(l)$ | 79496 | 24.69 | | 2927(m) |
| $CaO(s) = Ca(l) + \frac{1}{2}O_2(g)$ | 640152 | 108.57 | 1.255 | 839 ~ 1484 |
| $CaS(s) = Ca(l) + \frac{1}{2}S_2(g)$ | 548104 | 103.85 | 4.18 | 839 ~ 1484 |
| $3CaO \cdot Al_2O_3(s) = 3CaO(s) + Al_2O_3(s)$ | 12552 | -24.69 | 4.38 | 500 ~ 1535(m) |
| $CaO \cdot Al_2O_3(s) = CaO(s) + Al_2O_3(s)$ | 17991 | -18.83 | 2.09 | 500 ~ 1605(m) |
| $CaO \cdot 2Al_2O_3(s) = CaO(s) + 2Al_2O_3(s)$ | 16736 | -25.52 | 3.347 | 500 ~ 1750(m) |
| $CaO \cdot 6Al_2O_3(s) = CaO(s) + 6Al_2O_3(s)$ | 16380 | -37.58 | | 1100 ~ 1600(m) |
| $12CaO \cdot 7Al_2O_3(s) = 12CaO(s) + 7Al_2O_3(s)$ | 73053 | -207.53 | 25 | 25 ~ 1500 |
| $3CaO \cdot B_2O_3(s) = 3CaO \cdot B_2O_3(l)$ | 148532 | 84.27 | | 1490(m) |
| $3CaO \cdot B_2O_3(s) = 3CaO(s) + B_2O_3(l)$ | 278236 | 29.71 | | 450 ~ 1490(m) |
| $CaCO_3(s) = CaO(s) + CO_2(g)$ | 161335 | 137.24 | 1.255 | 700 ~ 1200 |

| 反 应 式 | $\Delta \widetilde{H}^{\ominus}/J \cdot mol^{-1}$ | $\Delta \widetilde{S}^{\ominus}/J \cdot (mol \cdot K)^{-1}$ | 误差 ±/kJ | 温度范围/℃ |
|---|---|---|---|---|
| $2CaO \cdot Fe_2O_3(s) = 2CaO(s) + Fe_2O_3(s)$ | 53136 | – 2. 51 | 4. 18 | 700 ~ 1450 ( m) |
| $CaO \cdot Fe_2O_3(s) = CaO(s) + Fe_2O_3(s)$ | 29706 | – 4. 81 | 4. 18 | 700 ~ 1216 ( m) |
| $3CaO \cdot P_2O_5(s) = 3CaO(s) + P_2(g) + \frac{5}{2}O_2(g)$ | 2313752 | 556. 47 | | 25 ~ 1730 ( m) |
| $2CaO \cdot P_2O_5(s) = 2CaO \cdot P_2O_5(l)$ | 100834 | 62 | | 1626 ( m) |
| $2CaO \cdot P_2O_5(s) = 2CaO(s) + P_2(g) + \frac{5}{2}O_2(g)$ | 2189068 | 585. 76 | | 298 ~ 1353 ( m) |
| $CaSO_4(\beta) = CaO(s) + SO_2(g) + \frac{1}{2}O_2(g)$ | 461788 | 237. 73 | 0. 5 | 950 ~ 1195 |
| $CaSO_4(\alpha) = CaO(s) + SO_2(g) + \frac{1}{2}O_2(g)$ | 453378 | 231. 9 | 2. 092 | 1195 ~ 1365 ( m) |
| $3CaO \cdot SiO_2(s) = 3CaO(s) + SiO_2(s)$ | 118825 | – 6. 69 | 12. 55 | 25 ~ 1500 |
| $2CaO \cdot SiO_2(s) = 2CaO(s) + SiO_2(s)$ | 118825 | – 11. 3 | 12. 55 | 25 ~ 2130 ( m) |
| $3CaO \cdot 2SiO_2(s) = 3CaO(s) + 2SiO_2(s)$ | 236814 | 9. 626 | 12. 55 | 25 ~ 1500 |
| $CaO \cdot SiO_2(s) = CaO \cdot SiO_2(l)$ | 56065 | 33. 05 | | 1540 ( m) |
| $CaO \cdot SiO_2(s) = CaO(s) + SiO_2(s)$ | 92466 | 2. 51 | 12. 55 | 25 ~ 1540 ( m) |
| $3CaO \cdot 2TiO_2(s) = 3CaO(s) + 2TiO_2(s)$ | 207108 | – 11. 506 | 10. 46 | 25 ~ 1400 |
| $4CaO \cdot 3TiO_2(s) = 4CaO(s) + 3TiO_2(s)$ | 292880 | – 17. 573 | 12. 55 | 25 ~ 1400 |
| $CaO \cdot TiO_2(s) = CaO(s) + TiO_2(s)$ | 79914 | – 3. 35 | 3. 347 | 25 ~ 1400 |
| $3CaO \cdot V_2O_5(s) = 3CaO(s) + V_2O_5(s)$ | 332210 | 0. 0 | 5. 02 | 25 ~ 670 |
| $2CaO \cdot V_2O_5(s) = 2CaO(s) + V_2O_5(s)$ | 264847 | 0. 0 | 5. 02 | 25 ~ 670 |
| $CaO \cdot V_2O_5(s) = CaO(s) + V_2O_5(s)$ | 146021 | 0. 0 | 5. 02 | 25 ~ 670 |
| $CaO \cdot ZrO_2(s) = CaO(s) + ZrO_2(s)$ | 39329 | 0. 418 | | 25 ~ 2000 |
| $CaO \cdot MgO \cdot SiO_2(s) = CaO(s) + MgO(s) + SiO_2(s)$ | 124683 | 3. 77 | | 25 ~ 1200 |
| $2CaO \cdot MgO \cdot 2SiO_2(s) = 2CaO(s) + MgO(s) + 2SiO_2(s)$ | 163176 | 0 | | |
| $CaO \cdot MgO \cdot 2SiO_2(s) = CaO \cdot MgO \cdot 2SiO_2(l)$ | 128448 | 77. 153 | | 1392 ( m) |
| $CaO \cdot MgO \cdot 2SiO_2(s) = CaO(s) + MgO(s) + 2SiO_2(s)$ | 162757 | 18. 83 | | 25 ~ 1392 ( m) |
| $3CaO \cdot Al_2O_3 \cdot 3SiO_2(s) = 3CaO(s) + Al_2O_3 + 3SiO_2(s)$ | 388693 | 100. 416 | | 25 ~ 1400 |
| $2CaO \cdot Al_2O_3 \cdot SiO_2(s) = 2CaO(s) + Al_2O_3(s) + SiO_2(s)$ | 171125 | 8. 79 | | 25 ~ 1500 |
| $CaO \cdot Al_2O_3 \cdot SiO_2(s) = CaO(s) + Al_2O_3(s) + SiO_2(s)$ | 105855 | 14. 226 | | 25 ~ 1400 |
| $CaO \cdot Al_2O_3 \cdot 2SiO_2(s) = CaO \cdot Al_2O_3 \cdot 2SiO_2(l)$ | 166942 | 91. 42 | | 1553 ( m) |
| $CaO \cdot Al_2O_3 \cdot 2SiO_2(s) = CaO(s) + Al_2O_3(s) + 2SiO_2(s)$ | 138908 | 17. 154 | | 25 ~ 1553 ( m) |
| $CaO \cdot TiO_2 \cdot SiO_2(s) = CaO(s) + TiO_2(s) + SiO_2(s)$ | 122591 | 10. 88 | | 25 ~ 1400 |
| $Ce(s) = Ce(l)$ | 5481 | 5. 10 | 0. 21 | 798 ( m) |
| $Ce(l) = Ce(g)$ | 413672 | 111. 8 | 4. 18 | 798 ~ 3462 ( b) |
| $CeH_2(s) = Ce(s) + H_2(g)$ | 208303 | 153. 68 | | 25 ~ 798 |
| $CeCl_2(s) = CeCl_2(l)$ | 53555 | 49. 12 | | 817 ( m) |
| $CeCl_2(s) = Ce(s) + Cl_2(g)$ | 1050184 | 239. 70 | 16. 74 | 25 ~ 798 |

| 反　应　式 | $\Delta \tilde{H}^{\ominus}/\mathrm{J \cdot mol^{-1}}$ | $\Delta \tilde{S}^{\ominus}/\mathrm{J \cdot (mol \cdot K)^{-1}}$ | 误差 ±/kJ | 温度范围/℃ |
|---|---|---|---|---|
| $\mathrm{Ce_2C_3(s)=2Ce(l)+3C(s)}$ | 188280 | －14.64 | 20.92 | 798~1200 |
| $\mathrm{CeC_2(s)=Ce(l)+2C(s)}$ | 8528 | －27.0 | 6.28 | 798~2250(m) |
| $\mathrm{CeN(s)=Ce(l)+\frac{1}{2}N_2(g)}$ | 488272 | 177.11 | 4.18 | 2000~2575 |
| $\mathrm{CeAl_2(s)=CeAl_2(l)}$ | 81588 | 46.86 | | 1465(m) |
| $\mathrm{CeAl_2(s)=Ce(l)+2Al(l)}$ | 213384 | 50.63 | 41.8 | 798~1465(m) |
| $\mathrm{CeAl_4(s)=Ce(s)+4Al(s)}$ | 175728 | 21.34 | 41.8 | 25~660(m) |
| $\mathrm{CeSi_2(s)=Ce(l)+2Si(s)}$ | 200832 | 16.32 | 20.98 | 798~1427(m) |
| $\mathrm{Ce_2O_3(s)=2Ce(s)+\frac{3}{2}O_2(g)}$ | 1788032 | 287.23 | 4.18 | 25~798 |
| $\mathrm{CeO_2(s)=Ce(s)+O_2(g)}$ | 1083656 | 211.84 | 4.18 | 25~798 |
| $\mathrm{CeS(s)=Ce(l)+\frac{1}{2}S_2(g)}$ | 534882 | 90.96 | 6.28 | 798~2450(m) |
| $\mathrm{Ce_2O_2S(s)=2Ce(l)+O_2(g)+\frac{1}{2}S_2(g)}$ | 176983 | 332.83 | 16.736 | 798~1500 |
| $\mathrm{Ce_2O_3 \cdot Al_2O_3(s)=Ce_2O_3(s)+Al_2O_3(s)}$ | 79496 | －20.92 | 10.46 | 1100~1500 |
| $\mathrm{Cr(s)=Cr(l)}$ | 16945 | 7.95 | | 1857(m) |
| $\mathrm{Cr(l)=Cr(g)}$ | 348485 | 118.37 | 4.18 | 1857~2672(b) |
| $\mathrm{Cr_4C(s)=4Cr(s)+C(s)}$ | 96232 | －11.72 | | 25~1520(m) |
| $\mathrm{Cr_{23}C_6(s)=23Cr(s)+6C(s)}$ | 309616 | －77.4 | 41.8 | 25~1500(m) |
| $\mathrm{Cr_7C_3(s)=7Cr(s)+3C(s)}$ | 153552 | －37.24 | 20.92 | 25~1857 |
| $\mathrm{Cr_3C_2(s)=3Cr(s)+2C(s)}$ | 79078 | －17.66 | 12.55 | 25~1857 |
| $\mathrm{Cr_2N(s)=2Cr(s)+\frac{1}{2}N_2(g)}$ | 99203 | 47.0 | 0.837 | 1000~1400 |
| $\mathrm{CrN(s)=Cr(s)+\frac{1}{2}N_2(g)}$ | 113386 | 73.22 | 12.55 | 25~500 |
| $\mathrm{Cr_3Si(s)=3Cr(s)+Si(s)}$ | 10627 | 3.39 | 12.55 | 25~1412 |
| $\mathrm{Cr_5Si_3(s)=5Cr(s)+3Si(s)}$ | 219242 | －15.56 | 12.55 | 25~1412 |
| $\mathrm{CrSi(s)=Cr(s)+Si(s)}$ | 53555 | －3.9 | 12.55 | 25~1412 |
| $\mathrm{CrSi_2(s)=Cr(s)+2Si(s)}$ | 79496 | 1.966 | 12.55 | 25~1412 |
| $\mathrm{Cr_2O_3(s)=2Cr(s)+\frac{3}{2}O_2(g)}$ | 1110140 | 247.32 | 0.837 | 900~1650 |
| $\mathrm{Cr_3O_4(s)=3Cr(s)+2O_2(g)}$ | 1355198 | 264.64 | 0.837 | 1650~1665(m) |
| $\mathrm{CrS(s)=Cr(s)+\frac{1}{2}S_2(g)}$ | 202505 | 56.07 | 8.37 | 1100~1300 |
| $\mathrm{Cr_2(SO_4)_3(s)=Cr_2O_3+3SO_2(g)+\frac{3}{2}O_2(g)}$ | 891694 | 820.1 | 1.255 | 600~800 |
| $\mathrm{Cu(s)=Cu(l)}$ | 13054 | 9.623 | 1.677 | 1083(m) |
| $\mathrm{Cu(l)=Cu(g)}$ | 308152 | 109.62 | 1.677 | 1083~2563(b) |
| $\mathrm{Fe(\delta)=Fe(l)}$ | 13807 | 7.61 | 0.837 | 1536(m) |
| $\mathrm{Fe(l)=Fe(g)}$ | 363589 | 116.23 | 1.255 | 1536~2862(b) |
| $\mathrm{Fe_{0.947}O(s)=0.947Fe(s)+\frac{1}{2}O_2(g)}$ | 263718 | 64.35 | 0.837 | 25~1371 |

| 反　应　式 | $\Delta \tilde{H}^{\ominus}/J \cdot mol^{-1}$ | $\Delta \tilde{S}^{\ominus}/J \cdot (mol \cdot K)^{-1}$ | 误差 ±/kJ | 温度范围/℃ |
|---|---|---|---|---|
| $Fe_{0.947}O(s) = Fe_{0.947}O(l)$ | 31338 | 19.0 | 0.837 | 1371(m) |
| $FeO(l) = Fe(l) + \frac{1}{2}O_2$ | 256061 | 53.68 | 4.184 | 1371~2000 |
| $Fe_3O_4(s) = 3Fe(s) + 2O_2(g)$ | 1102191 | 307.36 | 2.092 | 25~1597(m) |
| $Fe_2O_3(s) = 2Fe(s) + \frac{3}{2}O_2(g)$ | 814123 | 250.66 | 2.092 | 25~1500 |
| $FeS(s) = Fe(\gamma) + \frac{1}{2}S_2(g)$ | 154934 | 56.86 | 2.092 | 906~988 |
| $FeS(s) = Fe(l) + \frac{1}{2}S_2(g)$ | 164013 | 61.10 | 2.092 | 988~1195(m) |
| $Fe_3C(s) = 3Fe(\alpha) + C(s)$ | -29037 | -20.03 | 0.418 | 25~727 |
| $Fe_3C(s) = 3Fe(\gamma) + C(s)$ | -11234 | -11.0 | 0.418 | 727~1137 |
| $Fe_4N(s) = 4Fe(\gamma) + \frac{1}{2}N_2(g)$ | 33472 | 69.79 | 1.255 | 400~680 |
| $FeO \cdot Al_2O_3(s) = Fe_xO(l) + (1-x)Fe(l) + Al_2O_3(s)$ | 33137 | 6.11 | 5.02 | 1550~1750 |
| $FeO \cdot Cr_2O_3 = Fe(s) + \frac{1}{2}O_2(g) + Cr_2O_3(s)$ | 316729 | 72.59 | 1.255 | 750~1536 |
| $2FeO \cdot SiO_2(s) = 2FeO \cdot SiO_2(l)$ | 42048 | 61.672 | 4.18 | 1220(m) |
| $2FeO \cdot SiO_2(s) = 2FeO(s) + SiO_2(s)$ | 36000 | 21.1 | 4.18 | 25~1220(m) |
| $2FeO \cdot TiO_2(s) = 2FeO(s) + TiO_2(s)$ | 33890 | 5.86 | 8.37 | 25~1100 |
| $FeO \cdot TiO_2(s) = FeO(s) + TiO_2(s)$ | 33472 | 12.134 | 4.18 | 25~1300 |
| $FeO \cdot V_2O_3(s) = Fe(s) + \frac{1}{2}O_2(g) + V_2O_3(s)$ | 288696 | 62.34 | 1.26 | 750~1536 |
| $FeO \cdot WO_3(s) = FeO(s) + WO_3(s)$ | 54810 | -10.04 | 5.02 | 700~1150 |
| $H_2O(l) = H_2O(g)$ | 41087 | 110.12 | 0.1255 | 100(b) |
| $H_2O(g) = H_2(g) + \frac{1}{2}O_2(g)$ | 247484 | 64.22 | 1.255 | 25~2000 |
| $H_2S(g) = H_2(g) + \frac{1}{2}S_2(g)$ | 91630 | 53.97 | 1.255 | 25~2000 |
| $K(s) = K(l)$ | 2335 | 7.03 | 0.335 | 63(m) |
| $K(l) = K(g)$ | 84475 | 82.01 | 0.418 | 63~759(b) |
| $KCl(s) = KCl(l)$ | 26276 | 25.19 | 0.418 | 771(m) |
| $KCl(l) = K(g) + \frac{1}{2}Cl_2(g)$ | 474047 | 113.84 | 0.418 | 771~1437(b) |
| $K_2O(s) = 2K(l) + \frac{1}{2}O_2(g)$ | 361874 | 138.1 | 2.092 | 63~881 |
| $K_2CO_3(s) = K_2CO_3(l)$ | 27614 | 23.51 | | 901(m) |
| $K_2S(s) = K_2S(l)$ | 16150 | 13.22 | | 948(m) |
| $K_2S(s) = 2K(l) + \frac{1}{2}S_2(g)$ | 481160 | 143.51 | 33.472 | 25~759 |
| $K_2SO_4(s) = K_2SO_4(l)$ | 35480 | 26.443 | 0.418 | 1069(m) |
| $K_2O \cdot SiO_2(s) = K_2O \cdot SiO_2(l)$ | 50228 | 40.208 | | 976(m) |

| 反　应　式 | $\Delta \tilde{H}^{\ominus}/J \cdot mol^{-1}$ | $\Delta \tilde{S}^{\ominus}/J \cdot (mol \cdot K)^{-1}$ | 误差 ±/kJ | 温度范围/℃ |
|---|---|---|---|---|
| $K_2O \cdot SiO_2(s) = K_2O(s) + SiO_2(s)$ | 279910 | -0.46 | 12.552 | 25~976(m) |
| $La(s) = La(l)$ | 6192 | 5.188 | 0.418 | 920(m) |
| $La(l) = La(g)$ | 416308 | 112.8 | 4.184 | 920~3457(b) |
| $LaN(s) = La(s) + \frac{1}{2}N_2(g)$ | 297064 | 105.84 | 41.84 | 25~920 |
| $La_2O_3(s) = 2La(s) + \frac{3}{2}O_2(g)$ | 1786568 | 278.28 | 12.55 | 25~920 |
| $LaS(s) = La(l) + \frac{1}{2}S_2(g)$ | 527184 | 104.18 | 41.84 | 920~1500 |
| $La_2S_3(s) = 2La(l) + \frac{3}{2}S_2(g)$ | 138449 | 285.767 | 41.84 | 920~1500 |
| $Mg(s) = Mg(l)$ | 8954 | 9.71 | 0.418 | 649(m) |
| $Mg(l) = Mg(g)$ | 129528 | 95.14 | 1.67 | 649~1090(b) |
| $MgCl_2(s) = MgCl_2(l)$ | 43095 | 43.68 | 0.418 | 714(m) |
| $MgCl_2(l) = Mg(g) + Cl_2(g)$ | 649189 | 157.74 | 2.09 | 714~1437(b) |
| $Mg_3N_2(s) = 3Mg(s) + N_2(g)$ | 460240 | 202.92 | 20.4 | 25~649 |
| $Mg_2Si(s) = Mg_2Si(l)$ | 85772 | 62.47 | 10.46 | 1100(m) |
| $Mg_2Si(s) = 2Mg(l) + Si(s)$ | 100416 | 39.33 | 20.92 | 649~1090 |
| $MgO(s) = Mg(s) + \frac{1}{2}O_2(g)$ | 600948 | 107.57 | 1.255 | 25~649 |
| $MgS(s) = Mg(s) + \frac{1}{2}S_2(g)$ | 409614 | 94.39 | 12.55 | 25~649 |
| $MgO \cdot Al_2O_3(s) = MgO(s) + Al_2O_3(s)$ | 35564 | -2.092 | 3.35 | 25~1400 |
| $MgCO_3(s) = MgO(s) + CO_2(g)$ | 116315 | 173.43 | 8.36 | 25~402(d) |
| $MgO \cdot Cr_2O_3(s) = MgO(s) + Cr_2O_3(s)$ | 42886 | 7.113 | 5.02 | 25~1500 |
| $MgO \cdot Fe_2O_3(s) = MgO(s) + Fe_2O_3(s)$ | 19246 | -2.092 | 3.347 | 700~1400 |
| $MgO \cdot MoO_2(s) = MgO(s) + MoO_2(s)$ | -13807 | -22.594 | 6.276 | 900~1200 |
| $MgO \cdot MoO_3(s) = MgO(s) + MoO_3(s)$ | 53973 | -13.6 | 4.18 | 25~795 |
| $MgSO_4(s) = MgO(s) + SO_2(g) + \frac{1}{2}O_2(g)$ | 370995 | 260.71 | 2.092 | 670~1050 |
| $2MgO \cdot SiO_2(s) = 2MgO \cdot SiO_2(l)$ | 71128 | 32.64 | 20.92 | 1898(m) |
| $2MgO \cdot SiO_2(s) = 2MgO(s) + SiO_2(s)$ | 67195 | 4.31 | 6.276 | 25~1898(m) |
| $MgO \cdot SiO_2(s) = MgO \cdot SiO_2(l)$ | 75312 | 40.58 | 20.92 | 1577(m) |
| $MgO \cdot SiO_2(s) = MgO(s) + SiO_2(s)$ | 41129 | 6.11 | 6.276 | 25~1577(m) |
| $3MgO \cdot P_2O_5(s) = 3MgO \cdot P_2O_5(l)$ | 121336 | 74.89 | 41.84 | 1348(m) |
| $2MgO \cdot TiO_2(s) = 2MgO(s) + TiO_2(s)$ | 25522 | 1.255 | 2.09 | 25~1500 |
| $MgO \cdot TiO_2(s) = MgO(s) + TiO_2(s)$ | 26355 | 3.14 | 2.93 | 25~1500 |
| $MgO \cdot 2TiO_2(s) = MgO(s) + 2TiO_2(s)$ | 27614 | 0.6276 | 3.347 | 25~1500 |
| $2MgO \cdot V_2O_5 = 2MgO(s) + V_2O_5$ | 87446 | 0.0 | 6.276 | 25~670 |

| 反　应　式 | $\Delta\tilde{H}^{\ominus}/J\cdot mol^{-1}$ | $\Delta\tilde{S}^{\ominus}/J\cdot(mol\cdot K)^{-1}$ | 误差 ±/kJ | 温度范围/℃ |
|---|---|---|---|---|
| $MgO\cdot V_2O_5 = MgO(s)+V_2O_5(s)$ | 53346 | 8.368 | 6.276 | 25~670 |
| $MgO\cdot WO_3(s) = MgO(s)+WO_3(s)$ | 74057 | 10.88 | 3.347 | 25~1200 |
| $Mn(s) = Mn(l)$ | 12134 | 7.45 | | 1244(m) |
| $Mn(l) = Mn(g)$ | 235764 | 101.17 | 4.184 | 1244~2062(b) |
| $Mn_3C(s) = 3Mn(l)+C(s)$ | 13933 | -1.088 | 12.552 | 25~1037(m) |
| $Mn_7C_3(s) = 7Mn(s)+3C(s)$ | 127612 | 21.09 | 12.552 | 25~1200 |
| $Mn_5Si_3(s) = Mn_5Si_3(l)$ | 172799 | 109.87 | | 1300(m) |
| $Mn_5Si_3(s) = 5Mn(s)+3Si(s)$ | 205016 | -15.06 | 16.74 | 25~1244 |
| $MnSi(s) = MnSi(l)$ | 59413 | 39.37 | | 1275(m) |
| $MnSi(s) = Mn(s)+Si(s)$ | 61504 | 6.28 | 16.736 | 25~1244 |
| $MnP(s) = Mn(s)+\frac{1}{2}P_2(s)$ | 167360 | 87.03 | 8.37 | 25~1147(m) |
| $MnO(s) = Mn(s)+\frac{1}{2}O_2(g)$ | 388860 | 76.42 | 0.837 | 25~1244 |
| $Mn_3O_4(s) = 3MnO+\frac{1}{2}O_2(g)$ | 232212 | 117.0 | 1.255 | 925~1540(m) |
| $Mn_2O_3(s) = \frac{2}{3}Mn_3O_4(s)+\frac{1}{6}O_2(g)$ | 35062 | 28.07 | 2.092 | 800~1000 |
| $MnO_2(s) = Mn(s)+O_2(g)$ | 518816 | 181.0 | 12.55 | 25~510(d) |
| $MnS(s) = MnS(l)$ | 26108 | 14.35 | | 1530(m) |
| $MnS(s) = Mn(s)+\frac{1}{2}S_2(g)$ | 296520 | 76.82 | 0.837 | 700~1200 |
| $2MnO\cdot SiO_2(s) = 2MnO\cdot SiO_2(l)$ | 89621 | 55.4 | | 1345(m) |
| $MnO\cdot Al_2O_3(s) = MnO(s)+Al_2O_3(s)$ | 48116 | 7.322 | 6.276 | 500~1200 |
| $2MnO\cdot SiO_2(s) = 2MnO(s)+SiO_2(s)$ | 53555 | 24.73 | 12.55 | 25~1345(m) |
| $MnO\cdot SiO_2(s) = MnO\cdot SiO_2(l)$ | 66944 | 42.8 | | 1291(m) |
| $MnO\cdot SiO_2(s) = MnO(s)+SiO_2(s)$ | 28033 | 2.761 | 12.55 | 25~1291(m) |
| $MnO\cdot MoO_3(s) = MnO(s)+MoO_3(s)$ | 60668 | 0.837 | 10.46 | 25~795 |
| $2MnO\cdot TiO_2(s) = 2MnO(s)+TiO_2(s)$ | 37656 | -1.674 | 20.92 | 25~1450(m) |
| $MnO\cdot TiO_2(s) = MnO(s)+TiO_2(s)$ | 24686 | 1.255 | 20.92 | 25~1360(m) |
| $MnO\cdot V_2O_5(s) = MnO(s)+V_2O_5(s)$ | 65898 | 0.0 | 6.276 | 25~670 |
| $MnO\cdot WO_3(s) = MnO(s)+WO_3(s)$ | 76986 | 0.837 | 6.276 | 25~1100 |
| $Mo(s) = Mo(l)$ | 27824 | 9.623 | 6.28 | 2620(m) |
| $Mo(l) = Mo(g)$ | 590781 | 120.21 | 4.184 | 2620~4640(b) |
| $Mo_2C(s) = 2Mo(s)+C(s)$ | 45606 | -4.184 | | 25~1100 |
| $MoC(s) = Mo(s)+C(s)$ | 7531 | -5.44 | | 25~750 |
| $Mo_2N(s) = 2Mo(s)+\frac{1}{2}N_2(g)$ | 60668 | 14.644 | 20.92 | 25~500 |
| $Mo_3Si(s) = 3Mo(s)+Si(s)$ | 118826 | 2.51 | 20.92 | 25~1412 |
| $Mo_5Si_3(s) = 5Mo(s)+3Si(s)$ | 311290 | 4.1 | 12.55 | 25~1412 |

| 反　应　式 | $\Delta \widetilde{H}^{\ominus}/J \cdot mol^{-1}$ | $\Delta \widetilde{S}^{\ominus}/J \cdot (mol \cdot K)^{-1}$ | 误差 ±/kJ | 温度范围/℃ |
|---|---|---|---|---|
| $MoSi_2(s) = Mo(s) + 2Si(s)$ | 132632 | 2.803 | 12.55 | 25 ~ 1412 |
| $MoO_2(s) = Mo(s) + O_2(g)$ | 178229 | 166.52 | 12.55 | 25 ~ 2000 |
| $MoO_3(s) = MoO_3(l)$ | 47698 | 43.1 | | 795(m) |
| $MoO_3(s) = Mo(s) + \frac{3}{2}O_2(g)$ | 740150 | 246.73 | 12.55 | 25 ~ 795(m) |
| $MoO_3(g) = Mo(s) + \frac{3}{2}O_2(g)$ | 359824 | 59.413 | 20.92 | 25 ~ 2000 |
| $Mo_2S_3(s) = 2Mo(s) + \frac{3}{2}S_2(g)$ | 594128 | 265.27 | 16.736 | 25 ~ 1200 |
| $MoS_2(s) = MoS_2(l)$ | 45606 | 31.3 | | 1185(m) |
| $MoS_2(s) = Mo(s) + S_2(g)$ | 397480 | 182.0 | 16.736 | 25 ~ 1185(m) |
| $NH_3(g) = \frac{1}{2}N_2(g) + \frac{3}{2}H_2(g)$ | 53723 | 116.52 | 0.418 | 25 ~ 2000 |
| $NO(g) = \frac{1}{2}N_2(g) + \frac{1}{2}O_2(g)$ | -90416 | -12.68 | 0.418 | 25 ~ 2000 |
| $NO_2(g) = \frac{1}{2}N_2(g) + O_2(g)$ | -32300 | 63.35 | 1.655 | 25 ~ 2000 |
| $Na(s) = Na(l)$ | 2594 | 6.99 | 0.1673 | 98(m) |
| $Na(l) = Na(g)$ | 103336 | 87.91 | 0.8368 | 98 ~ 883(b) |
| $Na_2O(s) = Na_2O(l)$ | 47698 | 33.93 | 4.184 | 1132(m) |
| $Na_2O(s) = 2Na(l) + \frac{1}{2}O_2(g)$ | 412580 | 141.34 | 8.368 | 98 ~ 1132(m) |
| $Na_2O(l) = 2Na(g) + \frac{1}{2}O_2(g)$ | 518816 | 234.72 | 12.552 | 1132 ~ 1950(d) |
| $Na_2S(s) = Na_2S(l)$ | 26359 | 21.09 | | 978(m) |
| $Na_2S(s) = 2Na(l) + \frac{1}{2}S_2(g)$ | 439320 | 143.93 | 16.736 | 98 ~ 978(m) |
| $Na_2O \cdot B_2O_3(s) = Na_2O \cdot B_2O_3(l)$ | 36233 | 29.25 | 4.18 | 966(m) |
| $Na_2O \cdot B_2O_3(s) = Na_2O(s) + B_2O_3(l)$ | 296227 | 23.72 | 12.55 | 450 ~ 966(m) |
| $Na_2CO_3(s) = Na_2O(s) + CO_2(g)$ | 297064 | 118.2 | 2.092 | 25 ~ 850(m) |
| $Na_2CO_3(l) = Na_2O(l) + CO_2(g)$ | 316352 | 130.83 | 2.092 | 1130 ~ 2000 |
| $Na_2O \cdot Cr_2O_3(s) = Na_2O(s) + Cr_2O_3(s)$ | 203342 | 5.77 | | 25 ~ 1132 |
| $Na_2O \cdot Fe_2O_3(s) = Na_2O(s) + Fe_2O_3(s)$ | 87864 | 14.64 | | 25 ~ 1132 |
| $Na_2SO_4(s) = Na_2SO_4(l)$ | 23723 | 20.5 | 0.418 | 884(m) |
| $Na_2SO_4(s) = Na_2O(s) + SO_2(g) + \frac{1}{2}O_2(g)$ | 651449 | 237.32 | 12.55 | |
| $Na_2O \cdot SiO_2(s) = Na_2O \cdot SiO_2(l)$ | 51798 | 38.03 | 1.255 | 1089(m) |
| $Na_2O \cdot SiO_2(s) = Na_2O(s) + SiO_2(s)$ | 237651 | 8.83 | 12.55 | 25 ~ 1089(m) |
| $Na_2O \cdot 2SiO_2(s) = Na_2O \cdot 2SiO_2(l)$ | 35564 | 31.0 | 1.674 | 874(m) |
| $Na_2O \cdot 2SiO_2(s) = Na_2O(s) + 2SiO_2(s)$ | 233476 | -3.85 | 12.55 | 25 ~ 874(m) |
| $Na_2O \cdot TiO_2(s) = Na_2O \cdot TiO_2(l)$ | 70291 | 53.93 | | 1030(m) |
| $Na_2O \cdot TiO_2(s) = Na_2O(s) + TiO_2(s)$ | 209200 | -1.255 | 20.92 | |

| 反　应　式 | $\Delta \tilde{H}^{\ominus}/J \cdot mol^{-1}$ | $\Delta \tilde{S}^{\ominus}/J \cdot (mol \cdot K)^{-1}$ | 误差 ±/kJ | 温度范围/℃ |
|---|---|---|---|---|
| $Nb(s) = Nb(l)$ | 26903 | 9.79 | 1.255 | 2477(m) |
| $Nb(l) = Nb(g)$ | 689900 | 134.35 | 4.18 | 2477 ~ 4863(b) |
| $Nb_2C(s) = 2Nb(s) + C(s)$ | 193719 | 11.71 | 12.55 | 25 ~ 1500 |
| $NbC(s) = Nb(s) + C(s)$ | 136900 | 2.43 | 4.18 | 25 ~ 1500 |
| $Nb_2N(s) = 2Nb(s) + \frac{1}{2}N_2(g)$ | 251040 | 83.26 | | 25 ~ 2400(m) |
| $NbN(s) = Nb(s) + \frac{1}{2}N_2(g)$ | 230120 | 77.82 | | 25 ~ 2050(m) |
| $NbO(s) = NbO(l)$ | 83680 | 38.49 | 20.92 | 1937(m) |
| $NbO(s) = Nb(s) + \frac{1}{2}O_2(g)$ | 414216 | 86.61 | 20.92 | 25 ~ 1937(m) |
| $Nb_2O_5(s) = Nb_2O_5(l)$ | 104265 | 58.41 | 2.092 | 1512(m) |
| $Nb_2O_5(s) = 2Nb(s) + \frac{5}{2}O_2(g)$ | 1888239 | 419.7 | 12.55 | 25 ~ 1512(m) |
| $NbO_2(s) = NbO_2(l)$ | 92048 | 42.26 | 20.92 | 2150(m) |
| $NbO_2(s) = Nb(s) + O_2(g)$ | 783663 | 166.9 | 10.46 | 25 ~ 2150(m) |
| $Ni(s) = Ni(l)$ | 17489 | 10.125 | 1.255 | 1453(m) |
| $Ni(l) = Ni(g)$ | 385998 | 121.42 | 2.09 | 1453 ~ 2914(b) |
| $NiO(s) = Ni(s) + \frac{1}{2}O_2(g)$ | 236501 | 86.06 | 1.255 | 25 ~ 1984(b) |
| $NiO \cdot Al_2O_3(s) = NiO(s) + Al_2O_3(s)$ | 4814 | -12.55 | 6.276 | 700 ~ 1300 |
| $2NiO \cdot SiO_2(s) = 2NiO(s) + SiO_2(s)$ | 15481 | 9.2 | 16.786 | 25 ~ 1545(m) |
| $NiO \cdot TiO_2(s) = NiO(s) + TiO_2(s)$ | 17991 | 8.368 | 3.347 | 500 ~ 1400 |
| $Si(s) = Si(l)$ | 50542 | 30 | 1.67 | 1412(m) |
| $Si(l) = Si(g)$ | 395388 | 111.38 | 4.18 | 1412 ~ 3280(b) |
| $SiF_4(g) = Si(s) + 2F_2(g)$ | 1615442 | 144.43 | 2.09 | 25 ~ 1412 |
| $Si_3N_4(\alpha) = 3Si(s) + 2N_2(g)$ | 723832 | 315.06 | 4.18 | 25 ~ 1412 |
| $Si_3N_4(\alpha) = 3Si(l) + 2N_2(g)$ | 874456 | 405 | 4.18 | 1412 ~ 1700 |
| $SiC(\beta) = Si(s) + C(s)$ | 730523 | 7.66 | 8.36 | 25 ~ 1412 |
| $SiC(\beta) = Si(l) + C(s)$ | 122591 | 37.03 | 8.36 | 1412 ~ 2000 |
| $SiO = Si(s) + \frac{1}{2}O_2(g)$ | 104181 | -82.51 | 12.55 | 25 ~ 1412 |
| $SiO_2(石英)(s) = SiO_2(l)$ | 7699 | 4.52 | 0.837 | 1423(m) |
| $SiO_2(石英) = Si(s) + O_2(g)$ | 907091 | 175.73 | 12.55 | 25 ~ 1412 |
| $SiO_2 = SiO_2(l)$ | 95814 | 4.811 | 2.092 | 1723(m) |
| $SiO_2 = Si(s) + O_2(g)$ | 90584 | 175.52 | 12.55 | 25 ~ 1412 |
| $Sr(s) = Sr(l)$ | 8368 | 7.95 | | |
| $Sr(l) = Sr(g)$ | 141503 | 85.73 | 4.18 | 768 ~ 1381(b) |
| $SrO(s) = Sr(l) + \frac{1}{2}O_2$ | 597056 | 102.38 | 4.184 | 768 ~ 1377 |
| $SrS(s) = Sr(l) + \frac{1}{2}S_2(g)$ | 518816 | 96.23 | 20.92 | 768 ~ 1377 |

| 反 应 式 | $\Delta \widetilde{H}^{\ominus}/J \cdot mol^{-1}$ | $\Delta \widetilde{S}^{\ominus}/J \cdot (mol \cdot K)^{-1}$ | 误差 ±/kJ | 温度范围/℃ |
|---|---|---|---|---|
| $SrCO_3(s) = SrO(s) + CO_2(g)$ | 214639 | 141.59 | 4.18 | 700～1243(d) |
| $SrO \cdot Al_2O_3 = SrO(s) + Al_2O_3(s)$ | 71128 | −4.184 | 20.92 | 25～1300 |
| $SrSO_4 = SrO(s) + SO_2(g) + \frac{1}{2}O_2(g)$ | 548109 | 272.8 | 20.92 | 25～1600(m) |
| $2SrO \cdot SiO_2(s) = 2SrO(s) + SiO_2(s)$ | 213384 | 5.86 | | 25～900 |
| $SrO \cdot SiO_2(s) = SrO(s) + SiO_2(s)$ | 133888 | 4.184 | | 25～900 |
| $SrO \cdot TiO_2(s) = SrO(s) + TiO_2(s)$ | 137235 | 2.092 | 10.46 | 25～900 |
| $Ta(s) = Ta(l)$ | 31631 | 9.62 | 4.184 | 3014(m) |
| $Ta(l) = Ta(g)$ | 739773 | 127.9 | 2.5 | 3000～5513(b) |
| $Ta_2N(s) = 2Ta(s) + \frac{1}{2}N_2(g)$ | 263592 | 90.79 | 20.92 | 25～1700 |
| $TaC(s) = Ta(s) + C(s)$ | 142256 | 1.213 | 4.184 | 25～1700 |
| $TaN(s) = Ta(s) + \frac{1}{2}N_2(g)$ | 246856 | 81.17 | 20.92 | 25～1700 |
| $Ta_2Si(s) = 2Ta(s) + Si(s)$ | 125520 | −3.347 | 25.104 | 25～1412 |
| $Ta_5Si_3(s) = 5Ta(s) + 3Si(s)$ | 334720 | −12.552 | 12.736 | 25～1412 |
| $TaSi_2 = Ta(s) + 2Si(s)$ | 117152 | 22.59 | | 25～1412 |
| $TaO_2(g) = Ta(s) + \frac{1}{2}O_2(g)$ | −188280 | −86.61 | 62.76 | 25～2000 |
| $TaO_2(g) = Ta(s) + O_2(g)$ | 209200 | −20.5 | 62.76 | 25～2000 |
| $Ta_2O_5(s) = 2Ta(s) + \frac{5}{2}O_2(g)$ | 2025056 | 412.54 | 20.92 | 25～1877(m) |
| $Ta_2O_5(s) = Ta_2O_5(l)$ | 151042 | 70.29 | | 1877(m) |
| $Ti(s) = Ti(l)$ | 15481 | 7.95 | | 1670(m) |
| $Ti(l) = Ti(g)$ | 426768 | 120.0 | | 1670～3290(b) |
| $TiC(s) = Ti(s) + C(s)$ | 184765 | 12.552 | 6.276 | 25～1670 |
| $TiN(s) = Ti(s) + \frac{1}{2}N_2(g)$ | 336309 | 93.26 | 6.276 | 25～1670 |
| $TiO(\beta) = Ti(s) + \frac{1}{2}O_2(g)$ | 514632 | 74.06 | 20.92 | 25～1670 |
| $TiO_2(金红石) = Ti(s) + O_2(g)$ | 941358 | 177.57 | 2.09 | 25～1670 |
| $Ti_2O_3(s) = 2Ti(s) + \frac{3}{2}O_2(g)$ | 1502056 | 258.07 | 10.46 | 25～1670 |
| $Ti_3O_5(s) = 3Ti(s) + \frac{5}{2}O_2(g)$ | 2435088 | 420.50 | 20.92 | 25～1670 |
| $V(s) = V(l)$ | 22845 | 10.12 | | 1920(m) |
| $V(l) = V(g)$ | 463336 | 125.77 | 12.55 | 1920～3420(b) |
| $V_2C(s) = 2V(s) + C(s)$ | 146440 | 3.35 | | 25～1700 |
| $VC(s) = V(s) + C(s)$ | 102089 | 9.581 | 12.552 | 25～2000 |

| 反　应　式 | $\Delta \tilde{H}^{\ominus}/J \cdot mol^{-1}$ | $\Delta \tilde{S}^{\ominus}/J \cdot (mol \cdot K)^{-1}$ | 误差 ±/kJ | 温度范围/℃ |
|---|---|---|---|---|
| $VN(s) = V(s) + \frac{1}{2}N_2(g)$ | 214639 | 82. 42 | | 25 ~ 2346(d) |
| $VO(s) = V(s) + \frac{1}{2}O_2(g)$ | 424676 | 80. 04 | 8. 368 | 25 ~ 1800 |
| $V_2O_3(s) = 2V(s) + \frac{3}{2}O_2(g)$ | 1202900 | 233. 34 | 8. 368 | 25 ~ 2070(m) |
| $VO_2(s) = V(s) + O_2(g)$ | 706259 | 155. 31 | 12. 55 | 25 ~ 1360(m) |
| $V_2O_5(s) = V_2O_5(l)$ | 64434 | 68. 328 | 3. 3472 | 670(m) |
| $V_2O_5(l) = 2V(s) + \frac{5}{2}O_2(g)$ | 1652387 | 321. 58 | 8. 368 | 670 ~ 2000 |
| $W(s) = W(l)$ | 35564 | 9. 62 | | 3400(m) |
| $W(l) = W(g)$ | 821110 | 140. 833 | 4. 184 | 3400 ~ 5550(b) |
| $W_2C(s) = 2W(s) + C(s)$ | 30543 | - 2. 343 | 0. 418 | 1302 ~ 1400 |
| $WC(s) = W(s) + C(s)$ | 42258 | 4. 979 | 0. 418 | 900 ~ 1302 |
| $WO_2(s) = W(s) + O_2(g)$ | 581157 | 171. 837 | 12. 55 | 25 ~ 2000(d) |
| $WO_3(s) = WO_3(l)$ | 73429 | 42. 09 | | 1472(m) |
| $WO_3(s) = W(s) + \frac{3}{2}O_2(g)$ | 833453 | 245. 43 | 12. 55 | 25 ~ 1472(m) |
| $Y(s) = Y(l)$ | 11380 | 6. 318 | 0. 209 | 1526(m) |
| $Y(l) = Y(g)$ | 379029 | 105. 35 | 4. 184 | 1526 ~ 3340(b) |
| $YN(s) = Y(s) + \frac{1}{2}N_2(g)$ | 297064 | 99. 78 | 20. 92 | 25 ~ 1526 |
| $Y_2O_3(s) = 2Y(s) + \frac{3}{2}O_2(g)$ | 1897862 | 281. 96 | 12. 55 | 25 ~ 1526 |
| $Y_2O_3 \cdot ZrO_2(s) = Y_2O_3(s) + ZrO_2(s)$ | 20920 | 0 | 41. 84 | 25 ~ 1200 |
| $Zn(s) = Zn(l)$ | 7322 | 10. 59 | 0. 209 | 420(m) |
| $Zn(l) = Zn(g)$ | 118114 | 100. 25 | 0. 8368 | 420 ~ 907(b) |
| $ZnO(s) = Zn(g) + \frac{1}{2}O_2(g)$ | 460240 | 198. 32 | | 907 ~ 1700 |
| $Zr(s) = Zr(l)$ | 20920 | 9. 83 | | 1852(m) |
| $Zr(l) = Zr(g)$ | 579693 | 123. 8 | 4. 18 | 1852 ~ 4410(b) |
| $ZrC(s) = Zr(s) + C(s)$ | 196648 | 9. 20 | | 25 ~ 1850 |
| $ZrN(s) = Zr(s) + \frac{1}{2}N_2(g)$ | 363598 | 92. 05 | 16. 74 | 25 ~ 1850 |
| $ZrSi(s) = Zr(s) + Si(s)$ | 158992 | 4. 184 | 41. 84 | 25 ~ 1412 |
| $ZrO_2(s) = ZrO_2(l)$ | 87027 | 29. 5 | | 2680(m) |
| $ZrO_2(s) = Zr(s) + O_2(g)$ | 1092024 | 183. 68 | 16. 736 | 25 ~ 1850 |
| $ZrS(g) = Zr(s) + \frac{1}{2}S_2(g)$ | - 237233 | - 78. 24 | 20. 92 | 25 ~ 1850 |

续表9-3-1

| 反 应 式 | $\Delta\widetilde{H}^{\ominus}/J\cdot mol^{-1}$ | $\Delta\widetilde{S}^{\ominus}/J\cdot(mol\cdot K)^{-1}$ | 误差±/kJ | 温度范围/℃ |
|---|---|---|---|---|
| $ZrS_2(s) = Zr(s) + S_2(g)$ | 698728 | 178.24 | 20.92 | 25~1550(m) |
| $ZrO_2\cdot SiO_2 = ZrO_2(s) + SiO_2(s)$ | 26778 | 12.552 | 20.92 | 25~1707(m) |

注:1. s表示固态;l表示液态;g表示气态;α、β表示固相为α、β结构。
    m表示熔点;b表示沸点;d表示分解温度。
2. 误差分类可分为四类:
    A级——反应的误差大约在±0.8 kJ/mol以内,数据已足够精确;
    B级——误差大约在±2~4 kJ/mol之间,这类数据属较好;
    C级——误差大约在±10~20 kJ/mol之间,这类数据尚可使用;
    D级——误差大约在±40 kJ/mol以内,这类数据仅供参考。

## 二、氧化物、氮化物、硫化物、碳化物、生成自由能变化和温度的关系(表9-3-2)[6]

$$\Delta G^{\ominus} = A + BT, kJ/mol(O_2, S_2, N_2, C)$$。反应为1 mol $O_2$ 值,如反应 $\frac{4}{3}Al + O_2 = \frac{2}{3}Al_2O_3$, $2Fe + O_2 = 2FeO$。可参考图9-4-1,图9-4-11,图9-4-13,图9-4-17。

表9-3-2

| 生成物 | A | B | 温度范围/K | 生成物 | A | B | 温度范围/K |
|---|---|---|---|---|---|---|---|
| $2Al_2O(g)$ | -385.76 | -0.06658 | 1500~2000 | | -512.48 | 0.10762 | 1809~2200 |
| $2AlO(g)$ | 126.58 | -0.11478 | 1500~2000 | $1/2Fe_3O_4$ | -545.47 | 0.15068 | 1500~1665 |
| $Al_2O_2(g)$ | -455.83 | 0.05362 | 1500~2000 | | -545.91 | 0.15095 | 1665~1809 |
| $2/3Al_2O_3$ | -1121.94 | 0.21630 | 1500~2200 | | -566.90 | 0.16254 | 1809~1870 |
| $AlO_2$ | -202.67 | 0.00758 | 1500~2000 | $2/3Fe_2O_3$ | -497.72 | 0.12556 | 1870~2000 |
| $2/3Br_2O_3$ | -814.08 | 0.13871 | 1500~2200 | | -536.68 | 0.16274 | 1500~1665 |
| $2/3Br_2O_3$ | -813.77 | 0.13811 | 1500~2200 | | -536.91 | 0.16288 | 1665~1735 |
| $2BaO$ | -1126.36 | 0.20972 | 1500~2171 | $2/3Ga_2O_3$ | -713.69 | 0.20815 | 1500~2068 |
| | -1397.90 | 0.33480 | 2171~2198 | $2/3Gd_2O_7$ | -1200.08 | 0.18245 | 1500~1533 |
| $2BeO$ | -1191.02 | 0.18958 | 1500~1556 | | -1206.05 | 0.18638 | 1533~1585 |
| | -1210.59 | 0.20227 | 1555~2200 | | -1218.78 | 0.19449 | 1585~2200 |
| $2/3Bi_2O_3$ | -288.92 | 0.10143 | 1500~1800 | $2GeO(g)$ | -157.21 | 0.09436 | 1500~2000 |
| $2CO(g)$ | -235.60 | 0.16837 | 1500~2200 | $2H_2O(g)$ | -503.50 | 0.11611 | 1500~2200 |
| $CO_2(g)$ | -397.14 | 0.00045 | 1500~2200 | $HfO_2$ | -1094.28 | 0.16650 | 1500~1973 |
| $2CaO$ | -1275.48 | 0.21131 | 1500~1757 | | -1082.85 | 0.16064 | 1973~2013 |
| | -1575.00 | 0.38194 | 1757~2200 | | -1082.87 | 0.16065 | 2013~2200 |
| $2Cl_2O(g)$ | 182.63 | 0.10788 | 1500~2000 | $2HgO(g)$ | -41.64 | 0.08139 | 1500~2000 |
| $2ClO(g)$ | 205.61 | -0.02863 | 1500~2000 | $2/3In_2O_3$ | -605.82 | 0.20243 | 1500~1523 |
| $2CoO$ | -468.70 | 0.14009 | 1500~1768 | | -602.73 | 0.20053 | 1523~2183 |
| | -497.93 | 0.15661 | 1768~2078 | $2/3IrO_3(g)$ | 11.57 | 0.02983 | 1500~1800 |
| $2/3Cr_2O_3$ | -745.48 | 0.16894 | 1500~1800 | $2KO(g)$ | -91.43 | 0.05440 | 1500~2000 |
| $2Cu_2O$ | -368.92 | 0.16594 | 1500~1509 | $2Li_2O$ | -1190.85 | 0.26050 | 1500~1620 |
| | -246.70 | 0.08518 | 1509~2000 | | -1767.34 | 0.61249 | 1620~1843 |
| $2/3Dy_2O_3$ | -1220.76 | 0.17594 | 1500~1657 | | -1633.54 | 0.53993 | 1843~2000 |
| | -1214.51 | 0.17222 | 1657~1682 | $2Li_2O(g)$ | -384.82 | -0.05803 | 1500~1620 |
| | -1239.31 | 0.18702 | 1622~2000 | | -974.62 | 0.30210 | 1620~2000 |
| $2/3Er_2O_3$ | -1245.69 | 0.17758 | 1500~1795 | $2LiO(g)$ | 140.07 | -0.11623 | 1500~1620 |
| | -1267.51 | 0.18972 | 1795~2000 | | -156.38 | 0.06474 | 1620~2000 |
| $2FeO(g)$ | -32.09 | 0.11228 | 1500~2000 | $Li_2O_2(g)$ | -261.39 | 0.01909 | 1500~1620 |
| $2FeO$ | -536.38 | 0.12344 | 1500~1650 | | -555.92 | 0.19892 | 1620~2000 |
| | -489.38 | 0.09494 | 1650~1665 | $2MgO$ | -1451.10 | 0.41027 | 1500~2000 |
| | -486.95 | 0.09348 | 1665~1809 | $2MnO$ | -773.96 | 0.14979 | 1500~1517 |

| 生成物 | $A$ | $B$ | 温度范围/K | 生成物 | $A$ | $B$ | 温度范围/K |
|---|---|---|---|---|---|---|---|
| | -307.89 | 0.17212 | 1517~2058 | | -1271.96 | 0.19568 | 1608~1812 |
| | -701.72 | 0.12055 | 2058~2200 | | -1291.66 | 0.20656 | 1812~2200 |
| $1/2Mn_3O_4$ | -685.74 | 0.16783 | 1500~1517 | $2SeO(g)$ | -18.95 | 0.00702 | 1500~2000 |
| | -704.79 | 0.18040 | 1517~1833 | $SeO_2$ | -177.89 | 0.06604 | 1500~2000 |
| $2MoO(g)$ | 746.51 | -0.18261 | 1500~2000 | $2SiO(g)$ | -220.74 | -0.15652 | 1500~1685 |
| | 734.40 | -0.17645 | 2000~2200 | | -325.78 | -0.09420 | 1685~2000 |
| $MoO_2$ | -560.23 | 0.15642 | 1500~2000 | $SiO_2$(方石英) | -900.06 | 0.17048 | 1500~1685 |
| $MoO_2(g)$ | -24.97 | -0.03003 | 1500~2000 | | -923.52 | 0.18446 | 1685~1696 |
| | -30.55 | -0.02719 | 2000~2200 | $SiO_2$ | -898.45 | 0.16896 | 1500~1685 |
| $2/3MoO_3(g)$ | -242.76 | 0.04018 | 1500~2000 | | -946.77 | 0.19765 | 1685~1996 |
| | -245.17 | 0.04139 | 2000~2200 | | -933.68 | 0.19108 | 1996~2200 |
| $2N_2O(g)$ | 176.57 | 0.13935 | 1500~2200 | $2/3Sm_2O_3$ | -1232.77 | 0.20091 | 1500~2000 |
| $2NO(g)$ | 181.92 | -0.02624 | 1500~2200 | $2SnO(g)$ | 0.04 | -0.09416 | 1500~2000 |
| $2/3N_2O_3(g)$ | 62.85 | 0.12053 | 1500~2200 | $SnO_2$ | -560.60 | 0.18946 | 1500~1903 |
| $NO_2(g)$ | 33.73 | 0.06244 | 1500~2200 | $2SrO$ | -1188.12 | 0.20070 | 1500~1650 |
| $1/2N_2O_4(g)$ | 15.72 | 0.13919 | 1500~2200 | | -1471.98 | 0.37275 | 1650~1800 |
| $2/5N_2O_5(g)$ | 15.68 | 0.13162 | 1500~2000 | $2TaO(g)$ | 414.38 | -0.17688 | 1500~1700 |
| $2/3NO_3(g)$ | 53.72 | 0.09601 | 1500~2000 | | 406.47 | -0.17234 | 1700~2200 |
| $2Na_2O$ | -1044.78 | 0.47174 | 1500~2000 | $TaO_2(g)$ | -199.48 | -0.00898 | 1500~1700 |
| $2NaO(g)$ | -48.10 | 0.05415 | 1500~2000 | | -200.77 | -0.00824 | 1700~2200 |
| $2NbO$ | -797.11 | 0.15659 | 1500~2200 | $2/5Ta_2O_3$ | -799.71 | 0.15922 | 1500~1700 |
| $2/5Nb_2O_5$ | -744.89 | 0.16053 | 1500~1785 | | -793.44 | 0.15561 | 1700~2150 |
| | -695.18 | 0.13274 | 1785~2200 | | -727.73 | 0.12498 | 2150~2200 |
| $NbO_2$ | -766.45 | 0.15587 | 1500~2200 | $2TeO(g)$ | -14.88 | -0.01164 | 1500~2000 |
| $2/3Nd_2O_3$ | -1209.47 | 0.19283 | 1500~2200 | $Te_2O_2(g)$ | -253.32 | 0.12066 | 1500~2000 |
| $2NiO$ | -465.74 | 0.16646 | 1500~1726 | $2ThO(g)$ | -94.05 | -0.12252 | 1500~1636 |
| | -499.03 | 0.18575 | 1726~2200 | | -109.04 | -0.11347 | 1636~2028 |
| $2PO(g)$ | -155.06 | -0.02346 | 1500~2000 | | -151.08 | -0.09225 | 2028~2200 |
| $1/3P_4O_6(g)$ | -816.53 | 0.21706 | 1500~2000 | $Ti_2O_2$ | -1218.28 | 0.18086 | 1500~1636 |
| $PO_2(g)$ | -384.54 | 0.05934 | 1500~2000 | | -1220.35 | 0.18213 | 1636~2028 |
| $1/5P_4O_{10}(g)$ | -623.82 | 0.19723 | 1500~2000 | | -1235.05 | 0.18938 | 2028~2200 |
| $2PbO$ | -358.54 | 0.13589 | 1500~1700 | $2TiO$ | -1008.72 | 0.13497 | 1500~1933 |
| | -353.34 | 0.13281 | 1700~1808 | | -1036.74 | 0.14936 | 1933~2023 |
| $2PbO(g)$ | 62.13 | -0.09808 | 1500~1700 | | -925.43 | 0.09433 | 2023~2200 |
| | 57.38 | -0.09530 | 1700~2000 | $2TiO(g)$ | -6.39 | -0.16195 | 1500~1933 |
| $2PtO_2(g)$ | 156.77 | 0.00485 | 1500~2000 | | -54.29 | -0.13711 | 1933~2200 |
| $PuO_2$ | -1040.90 | 0.17465 | 1500~2200 | $2/3Ti_2O_3$ | -990.33 | 0.16372 | 1500~1933 |
| $2/3RuO_3(g)$ | -52.80 | 0.04083 | 1500~1600 | | -1008.79 | 0.17322 | 1933~2112 |
| | -53.69 | 0.04139 | 1600~1900 | | -932.52 | 0.13712 | 2112~2200 |
| $1/2RuO_4(g)$ | -89.12 | 0.07040 | 1500~1600 | $2/5Ti_2O_5$ | -966.48 | 0.16337 | 1500~1933 |
| | -89.31 | 0.07051 | 1600~2000 | | -963.04 | 0.17191 | 1933~2047 |
| $2S_2O(g)$ | -335.94 | 0.12548 | 1500~2000 | | -926.45 | 0.14429 | 2047~2200 |
| $2SO(g)$ | -115.51 | -0.01042 | 1500~2000 | $TiO_2$(金红石) | -937.86 | 0.17692 | 1500~1933 |
| $SO_2(g)$ | -360.45 | 0.07218 | 1500~1800 | | -952.76 | 0.18460 | 1933~2143 |
| $2/3SO_3(g)$ | -303.03 | 0.10786 | 1500~2000 | | -883.27 | 0.15217 | 2143~2200 |
| $2/3Sb_2O_3$ | -432.02 | 0.12644 | 1500~1729 | $TiO_2$ | -927.27 | 0.17637 | 1500~1933 |
| $2/3Se_2O_3$ | -1265.91 | 0.19191 | 1500~1608 | | -942.76 | 0.18440 | 1933~2000 |

| 生成物 | $A$ | $B$ | 温度范围/K | 生成物 | $A$ | $B$ | 温度范围/K |
|---|---|---|---|---|---|---|---|
| $2/3Tm_2O_2$ | -1231.66 | 0.17610 | 1500~1800 | $2SN(g)$ | 403.20 | 0.02832 | 1500~2000 |
| $UO_2$ | -1086.30 | 0.17190 | 1500~2200 | $2ScN$ | -623.31 | 0.19503 | 1500~1608 |
| $2VO$ | -829.15 | 0.14732 | 1500~1973 | | -633.00 | 0.20108 | 1608~1812 |
| $2/3V_2O_2$ | -792.88 | 0.14972 | 1500~2175 | | -663.97 | 0.21817 | 1812~2000 |
| | -816.56 | 0.16052 | 2175~2200 | $1/2Si_3N_4(\alpha)$ | -366.86 | 0.16142 | 1500~1685 |
| $VO_2$ | -695.70 | 0.14780 | 1500~1633 | | -437.53 | 0.20341 | 1685~2151 |
| | -631.13 | 0.10844 | 1633~2175 | $2Ta_2N$ | -507.18 | 0.16709 | 1500~1700 |
| | -646.46 | 0.11537 | 2175~2200 | | -742.19 | 0.15778 | 1700~2200 |
| $2/5V_2O_5$ | -578.87 | 0.12663 | 1500~2175 | $2TaN$ | -474.31 | 0.15318 | 1500~1700 |
| | -596.27 | 0.13460 | 2175~2200 | | -466.16 | 0.14849 | 1700~2200 |
| $2WO(g)$ | 824.30 | -0.19077 | 1500~2000 | $2ThN$ | -747.72 | 0.16940 | 1500~1636 |
| $WO_2$ | -567.14 | 0.16287 | 1500~1997 | | -752.89 | 0.17257 | 1636~2000 |
| $WO_3(g)$ | 66.15 | -0.03522 | 1500~2000 | $1/2Th_2N_4$ | -644.12 | 0.16771 | 1500~1636 |
| $1/4W_2O_8(g)$ | -417.00 | 0.09342 | 1500~2000 | | -647.98 | 0.17008 | 1636~2000 |
| $2/3WO_3$ | -544.30 | 0.15543 | 1500~1745 | $2TiN$ | -670.30 | 0.18453 | 1500~1933 |
| | -488.04 | 0.12325 | 1745~2110 | | -704.51 | 0.20221 | 1933~2200 |
| $2/3WO_3(g)$ | -196.44 | 0.03751 | 1500~2000 | $2VN$ | -420.60 | 0.15878 | 1500~1600 |
| $1/3W_2O_3(g)$ | -378.49 | 0.07536 | 1500~2200 | $2YN$ | -590.61 | 0.19579 | 1500~1752 |
| $2/9W_3O_9(g)$ | -439.13 | 0.10106 | 1500~2000 | | -599.83 | 0.20105 | 1752~1799 |
| $1/6W_4O_{12}(g)$ | -455.18 | 0.11012 | 1500~2000 | | -622.44 | 0.21363 | 1799~2200 |
| $2/3Y_2O_3$ | -1259.70 | 0.18339 | 1500~1752 | $2ZrN$ | -720.59 | 0.18069 | 1500~2125 |
| | -1264.07 | 0.18589 | 1752~1799 | | -754.92 | 0.19674 | 2125~2200 |
| | -1281.71 | 0.19572 | 1799~2200 | $2AlS$ | 294.44 | -0.11569 | 1500~2000 |
| $2/3Yb_2O_3$ | -1366.59 | 0.29241 | 1500~1800 | $2/3Al_2S_3$ | -568.00 | 0.15001 | 1500~1800 |
| $2ZnO$ | -915.23 | 0.39351 | 1500~2000 | $2AuS$ | 278.81 | -0.16201 | 1500~2000 |
| $2ZrO(g)$ | 93.32 | -0.13666 | 1500~2000 | $2BS$ | 337.92 | -0.17363 | 1500~2000 |
| | 94.31 | -0.13967 | 2000~9125 | $2BaS$ | -1079.39 | 0.22866 | 1500~2000 |
| | 52.21 | -0.11974 | 2125~2200 | $2BeS$ | -589.06 | 0.17256 | 1500~1556 |
| $ZrO_2$ | -1032.53 | 0.17793 | 1500~2125 | | -611.01 | 0.18610 | 1556~1800 |
| | -1099.72 | 0.18578 | 2125~2200 | $2CeS(g)$ | -412.97 | -0.01893 | 1500~1800 |
| $2AlN$ | -657.81 | 0.23447 | 1500~2000 | $2CS(g)$ | 322.08 | -0.17466 | 1500~2000 |
| $Be_3N_2$ | -591.64 | 0.18741 | 1500~1556 | $CS_2$ | -10.29 | -0.00748 | 1500~2000 |
| | -616.68 | 0.20342 | 1556~2200 | $2CaS$ | -1090.20 | 0.20581 | 1500~1757 |
| $2CN(g)$ | 920.41 | -0.19670 | 1500~2000 | | -1392.34 | 0.37665 | 1757~2000 |
| $C_2N_2(g)$ | 312.29 | -0.04507 | 1500~2000 | $2CeS$ | -1024.46 | 0.18871 | 1500~2000 |
| $2CeN$ | -667.14 | 0.25439 | 1500~2000 | $2/3Ce_2S_3$ | -919.93 | 0.19334 | 1500~2000 |
| $2GaN$ | -219.73 | 0.24167 | 1500~1773 | $2CrS$ | -426.18 | 0.12422 | 1500~1840 |
| $2/3NH_3(g)$ | -113.59 | 0.23823 | 1500~1800 | $2CuS$ | -274.06 | 0.06475 | 1500~2000 |
| $2HfN$ | -725.59 | 0.16192 | 1500~1700 | $2FeS$ | -240.68 | 0.07108 | 1500~1665 |
| $2LaN$ | -607.59 | 0.22160 | 1500~1800 | | -238.13 | 0.06953 | 1665~1809 |
| $2Li_2N$ | -362.12 | 0.29109 | 1500~1620 | | -262.98 | 0.08328 | 1809~2000 |
| | -1213.25 | 0.81119 | 1620~2000 | $2Ga_2S$ | -155.91 | -0.05290 | 1500~2000 |
| $2Nb_2N$ | -486.71 | 0.15700 | 1500~2200 | $2GeS$ | -32.00 | -0.09247 | 1500~2000 |
| $2NbN$ | -450.86 | 0.15029 | 1500~1643 | $2H_2S(g)$ | -181.57 | 0.09971 | 1500~1800 |
| | -433.62 | 0.13996 | 1643~2200 | $2InS$ | -303.39 | 0.11649 | 1500~1800 |
| $2PN(g)$ | 31.92 | -0.01292 | 1500~2000 | $2LaS$ | -1055.46 | 0.20803 | 1500~2000 |
| $2PuN$ | -600.47 | 0.16608 | 1500~2200 | $2/3La_2S_3$ | -944.27 | 0.18931 | 1500~2000 |

| 生成物 | $A$ | $B$ | 温度范围/K | 生成物 | $A$ | $B$ | 温度范围/K |
|---|---|---|---|---|---|---|---|
| $2MgS$ | -1078.26 | 0.38527 | 1500~2000 | $CH_4(g)$ | -92.75 | 0.11164 | 1500~2000 |
| $2MnS$ | -566.62 | 0.13535 | 1500~1517 | $1/2CaC_2$ | -30.17 | -0.01318 | 1500~1757 |
| | -592.24 | 0.15222 | 1517~1803 | | -105.87 | 0.02992 | 1757~2200 |
| | -540.80 | 0.12371 | 1803~2000 | $Cr_4C$ | -101.50 | -0.00835 | 1500~1793 |
| $MoS_2$ | -335.99 | 0.13865 | 1500~2000 | $1/2Cr_3C_2$ | -43.79 | -0.00866 | 1500~1600 |
| $2Na_2S$ | -1171.24 | 0.53992 | 1500~2000 | $1/6Cr_{23}C_6$ | -79.22 | -0.00125 | 1500~1823 |
| $2NdS$ | -1064.75 | 0.23701 | 1500~2000 | $Fe_2C$ | 54.90 | -0.03745 | 1500~1605 |
| $2/3Nd_2S_3$ | -915.92 | 0.20790 | 1500~2000 | | 49.07 | -0.03395 | 1665~1809 |
| $2PS(g)$ | 173.61 | -0.02871 | 1500~2000 | | 1.85 | -0.00786 | 1809~2000 |
| $2PbS$ | -238.28 | 0.11329 | 1500~1609 | $HfC$ | -231.55 | 0.00764 | 1500~2013 |
| | -87.00 | -0.08889 | 1609~1700 | | -239.91 | 0.01180 | 2013~2200 |
| | -83.14 | -0.08961 | 1700~2000 | $1/3Mg_2C_3$ | -61.52 | 0.05686 | 1500~2000 |
| $2PrS$ | -1051.18 | 0.22780 | 1500~2000 | $1/2MgC_2$ | -19.27 | 0.03933 | 1500~2000 |
| $1/2Pr_3S_4$ | -917.89 | 0.21419 | 1500~2000 | $Mn_3C$ | -18.17 | 0.00417 | 1500~1517 |
| $2PuS$ | -1016.59 | 0.20174 | 1500~1800 | | -55.36 | 0.02869 | 1517~1793 |
| $2SiS(g)$ | 95.83 | -0.15849 | 1500~1685 | $Nb_2C$ | -192.63 | 0.01085 | 1500~1800 |
| | -8.91 | -0.09635 | 1685~2000 | $NbC$ | -136.77 | -0.00009 | 1500~1800 |
| $2SnS(g)$ | 38.84 | -0.09065 | 1500~2000 | $2/3PuC_{1.5}$ | -42.96 | 0.00600 | 1500~2200 |
| $2SrS$ | -1032.32 | 0.18935 | 1500~1650 | $1/2PuC_2$ | -22.42 | -0.01123 | 1500~2200 |
| | -1311.36 | 0.35858 | 1650~2000 | $SiC$ | -72.88 | 0.00755 | 1500~1685 |
| $2ThS$ | -925.69 | 0.18853 | 1500~1636 | | -122.78 | -0.03717 | 1685~2200 |
| | -934.00 | 0.19359 | 1636~2000 | $Ta_2C$ | -193.73 | 0.00007 | 1500~1700 |
| $2/3Th_2S_3$ | -842.60 | 0.16861 | 1500~1636 | | -196.50 | -0.00121 | 1700~2200 |
| | -846.57 | 0.17104 | 1636~2000 | $TaC$ | -136.54 | -0.00293 | 1500~1700 |
| $ThS_2$ | -745.35 | 0.16857 | 1500~1636 | | -133.49 | -0.00468 | 1700~2200 |
| | -746.72 | 0.16942 | 1636~2000 | $1/2ThC_2$ | -63.47 | -0.00322 | 1500~1636 |
| $2TiS$ | -667.66 | 0.16709 | 1500~1933 | | -65.31 | -0.00209 | 1636~1688 |
| | -701.57 | 0.18460 | 1933~2000 | | -62.47 | -0.00377 | 1688~1773 |
| $TiS(g)$ | 490.92 | -0.15819 | 1500~1933 | | -60.25 | -0.00503 | 1733~2028 |
| | 445.74 | -0.13473 | 1933~2000 | | -69.63 | -0.00040 | 2028~2200 |
| $2US$ | -799.57 | 0.19320 | 1500~2000 | $TiC$ | -188.39 | 0.01466 | 1500~1933 |
| $2/3U_2S_3$ | -691.51 | 0.17770 | 1933~2000 | | -207.28 | 0.02444 | 1933~2200 |
| $US_2$ | -597.75 | 0.16983 | 1500~2000 | $UC$ | -109.87 | 0.00196 | 1500~2200 |
| $2ZnS(g)$ | 8.91 | 0.06137 | 1500~2000 | $1/3U_2C_3$ | -73.64 | 0.00059 | 1500~2000 |
| $2ZrS(g)$ | 448.52 | -0.14079 | 1500~2000 | $V_2C$ | -148.82 | 0.00421 | 1500~2000 |
| $ZrS_2$ | -693.41 | 0.17331 | 1500~1823 | $VC$ | -105.06 | 0.01115 | 1500~2000 |
| $1/3Al_4C_3$ | -86.25 | 0.02702 | 1500~1800 | $W_2C$ | 8.10 | -0.05035 | 1500~2200 |
| $B_4C$ | -79.76 | 0.00867 | 1500~2200 | $WC$ | -38.13 | 0.00238 | 1500~2200 |
| $Be_2C$ | -136.11 | 0.02983 | 1500~1556 | $ZrC$ | -198.13 | 0.01028 | 1500~2125 |
| | -162.45 | 0.04670 | 1556~2200 | | -218.72 | 0.01997 | 2125~2200 |
| $1/2C_2H_2(g)$ | 110.52 | -0.02593 | 1500~2000 | | | | |

### 三、复杂氧化物生成自由能变化与温度的关系(表9-3-3)[6]

$$\Delta G^{\ominus} = A + BT$$

表9-3-3

| 反 应 式 | $A$ | $B$ | 误差±/kJ | 温度范围/K |
|---|---|---|---|---|
| $2CaO(c) + Fe_2O_3(\gamma) = Ca_2Fe_2O_5(1)$ | 101588 | -89.54 | 8 | 1750~1800 |
| $3CaO(c) + P_2O_5(g) = Ca_3P_2O_8(c)$ | -684335 | 63.60 | 25 | 1200~1800 |
| $4CaO(c) + P_2O_5(g) = Ca_4P_2O_9(c)$ | -685841 | 60.08 | 25 | 1200~1800 |
| $CaO(c) + SiO_2(c) = CaO \cdot SiO_2(c)$ | -92885 | 6.07 | 4 | 1200~1800 |
| $2CaO(c) + SiO_2(c) = 2CaO \cdot SiO_2(\alpha')$ | -120625 | -10.79 | 2.1 | 970~1710 |
| $2CaO(c) + SiO_2(c) = 2CaO \cdot SiO_2(\alpha)$ | -104474 | -20.59 | 2.1 | 1710~2000 |
| $3CaO(c) + SiO_2(c) = 3CaO \cdot SiO_2(c)$ | -100249 | -19.58 | 2.1 | 1200~2000 |
| $CaO(c) + TiO_2(c) = CaTiO_3(\alpha)$ | -77278 | -8.28 | 4.2 | 1200~1530 |
| $CaO(c) + TiO_2(c) = CaTiO_3(\beta)$ | -74392 | -10.13 | 4.2 | 1530~1800 |
| $3CaO(c) + 2TiO_2(c) = Ca_3Ti_2O_7(c)$ | -148365 | -24.14 | 4.2 | 1200~1800 |
| $CaO(c) + TiO_2(c) + SiO_2(c) = CaTiSiO_5(c)$ | -114683 | 7.32 | 2.1 | 1200~1670 |
| $CaO(c) + TiO_2(c) + SiO_2(c) = CaTiSiO_5(1)$ | 16318 | -71.13 | 2.1 | 1670~1800 |
| $CaO(c) + MgO(c) + 2SiO_2(c) = CaMg(SiO_3)_2(c)$ | -145729 | -5.82 | 2.1 | 1200~1600 |
| $2CaO(c) + MgO(c) + 2SiO_2(c) = 2CaO \cdot MgO \cdot 2SiO_2(c)$ | -186188 | 1.7 | 4 | 1700~1900 |
| $CoO(c) + Al_2O_3(c) = CoAl_2O_4(c)$ | -44769 | 11.17 | 4.2 | 1000~1500 |
| $CoO(c) + Cr_2O_3(c) = CoCr_2O_4(c)$ | -81002 | 24.14 | 8 | 1000~1500 |
| $CoO(c) + Fe_2O_3(c) = CoFe_2O_4(c)$ | -22594 | -13.4 | 4 | 1173~1700 |
| $CoO(c) + TiO_2(c) = CoTiO_3(c)$ | -27614 | 9.2 | 4 | 800~1100 |
| $CoO(c) + CoTiO_3(c) = Co_2TiO_4(c)$ | -16318 | 8.4 | 4 | 800~1100 |
| $2Fe(c) + O_2(g) + 2Al_2O_3(c) = 2FeAl_2O_4(c)$ | -627600 | 174.9 | 33 | 1100~1400 |
| $2Fe(c) + O_2(g) + 2Cr_2O_3(c) = 2FeCr_2O_4(c)$ | -550614 | 101.3 | 13 | 1173~1700 |
| $2Fe_{0.05}(c) + 2Fe_{0.95}O(c) + SiO_2(c) = Fe_2SiO_4(c)$ | -36213 | 21.00 | 8 | 1200~1490 |
| $2Fe_{0.05}(c) + 2Fe_{0.95}O(c) + SiO_2(c) = Fe_2SiO_4(1)$ | 56149 | -41.00 | 8 | 1490~1650 |
| $2Fe_{0.05}(c) + 2Fe_{0.95}O(1) + SiO_2(c) = Fe_2SiO_4(1)$ | 4635 | -9.83 | 8 | 1650~1800 |
| $0.05Fe(c) + Fe_{0.95}O(c) + TiO_2(c) = FeTiO_2(c)$ | -24815 | 5.82 | 4 | 1200~1640 |
| $0.05Fe(c) + Fe_{0.95}O(c) + TiO_2(c) = FeTiO_3(1)$ | 66567 | -50.21 | 4 | 1640~1650 |
| $0.05Fe(c) + Fe_{0.95}O(1) + TiO_2(c) = FeTiO_2(1)$ | 27275 | -26.23 | 4 | 1650~1800 |
| $Li_2O(c) + TiO_2(c) = Li_2TiO_3(c)$ | -133553 | 20.92 | 21 | 1200~1600 |
| $MgO(c) + Al_2O_3(c) = MgAl_2O_4(c)$ | -18828 | -6.3 | 4 | 1700~1900 |
| $MgO(c) + Fe_2O_3(\gamma) = MgFe_2O_4(\beta)$ | -8494 | -3.47 | 4 | 1200~1230 |
| $MgO(c) + Fe_2O_3(\gamma) = MgFe_2O_4(\gamma)$ | -16058 | 2.68 | 4 | 1230~1800 |

| 反 应 式 | $A$ | $B$ | 误差 ±/kJ | 温度范围/K |
|---|---|---|---|---|
| $MgO(c) + SiO_2(c) = MgSiO_3(c)$ | $-38100$ | $4.48$ | $4$ | $1200 \sim 1793$ |
| $2MgO(c) + SiO_2(c) = Mg_2SiO_4(c)$ | $-58576$ | $-2.18$ | $4$ | $1200 \sim 2000$ |
| $MgO(c) + 2TiO_2(c) = MgTi_2O_5(c)$ | $-11811$ | $-19.20$ | $4$ | $1200 \sim 1800$ |
| $MgO(c) + TiO_2(c) = MgTiO_3(c)$ | $-21368$ | $-2.68$ | $4$ | $1200 \sim 1800$ |
| $2MgO(c) + TiO_2(c) = Mg_2TiO_4(c)$ | $-7473$ | $-18.83$ | $4$ | $1200 \sim 1800$ |
| $MnO(c) + SiO_2(c) = MnSiO_3(c)$ | $-24983$ | $14.31$ | $2.1$ | $1200 \sim 1545$ |
| $NiO(c) + Cr_2O_3(c) = NiCr_2O_4(c)$ | $-54099$ | $21.63$ | $8$ | $1000 \sim 1500$ |
| $NiO(c) + Fe_2O_3(c) = NiFe_2O_4(c)$ | $-19748$ | $-4.2$ | $4$ | $1173 \sim 1473$ |
| $2NiO(c) + SiO_2(c) = Ni_2SiO_4(c)$ | $-13389$ | $8.4$ | $4$ | $800 \sim 1100$ |
| $NiO(c) + TiO_2(c) = NiTiO_3(c)$ | $-14644$ | $4.2$ | $4$ | $800 \sim 1100$ |
| $PbO(c) + SiO_2(c) = PbSiO_3(c)$ | $-21757$ | | $4$ | $913$ |
| $2PbO(c) + SiO_2(c) = Pb_2SiO_4(c)$ | $-31380$ | | $4$ | $913$ |
| $2SiO_2(c) + 3Al_2O_3(c) = 2SiO_2 \cdot 3Al_2O_3(c)$ | $-4351$ | $-10.5$ | $4$ | $1700 \sim 1900$ |
| $SrO(c) + TiO_2(c) = SrTiO_3(c)$ | $-142130$ | $4.39$ | $4$ | $1200 \sim 1800$ |
| $2SrO(c) + TiO_2(c) = Sr_2TiO_4(c)$ | $-167611$ | $13.01$ | $4$ | $1200 \sim 1800$ |
| $2ZnO(c) + SiO_2(c) = Zn_2SiO_4(c)$ | $-29832$ | $0.96$ | $8$ | $300 \sim 1300$ |
| $2ZnO(c) + TiO_2(c) = Zn_2TiO_4(c)$ | $506$ | $-16.74$ | $2.1$ | $1200 \sim 1800$ |
| $Al_2O_3(c) + SiO_2(c) = Al_2O_3 \cdot SiO_2(c)$ | $-197610$ | $5.40$ | $42$ | $1200 \sim 1800$ |
| $Al_2O_3(c) + SiO_2(c) = Al_2O_3 \cdot SiO_2(c)$ | $-167527$ | $0.50$ | $42$ | $1200 \sim 1800$ |
| $Al_2O_3(c) + SiO_2(c) = Al_2O_3 \cdot SiO_2(c)$ | $-167820$ | $12.18$ | $42$ | $1200 \sim 1800$ |
| $BaO(c) + SiO_2(c) = BaSiO_3(c)$ | $-112131$ | $0.4$ | $42$ | $298 \sim 1600$ |
| $BaO(c) + TiO_2(c) = BaTiO_3(c)$ | $-165477$ | $16.99$ | $4$ | $1200 \sim 1800$ |
| $2BaO(c) + TiO_2(c) = Ba_2TiO_4(c)$ | $-195518$ | $-1.05$ | $4$ | $1200 \sim 1800$ |
| $CaO(c) + Al_2O_3(c) = CaO \cdot Al_2O_3(c)$ | $-19463$ | $-16.78$ | $4$ | $1200 \sim 1800$ |
| $CaO(c) + 2Al_2O_3(c) = CaO \cdot 2Al_2O_3(c)$ | $-16736$ | $-25.5$ | $13$ | $1700 \sim 1900$ |
| $CaO(c) + Al_2O_3(c) + 2SiO_2(c) = CaO \cdot Al_2O_3 \cdot 2SiO_2(c)$ | $-75312$ | $-33.1$ | $13$ | $1700 \sim 1900$ |
| $2CaO(c) + Al_2O_3(c) + SiO_2(c) = 2CaO \cdot Al_2O_3 \cdot SiO_2(c)$ | $-116315$ | $-38.9$ | $13$ | $1700 \sim 1900$ |
| $3CaO(c) + Al_2O_3(c) = 3CaO \cdot Al_2O_3(c)$ | $-13255$ | $-27.45$ | $4$ | $1200 \sim 1800$ |
| $12CaO(c) + 7Al_2O_3(c) = 12CaO \cdot 7Al_2O_3(c)$ | $-86400$ | $-200.58$ | $25$ | $1310 \sim 1700$ |
| $CaO(c) + B_2O_3(c) = CaO \cdot B_2O_3(c)$ | $-153051$ | $28.87$ | $8$ | $1200 \sim 1435$ |
| $CaO(c) + B_2O_3(c) = CaO \cdot B_2O_3(l)$ | $-68157$ | $-30.04$ | $8$ | $1435 \sim 1800$ |
| $CaO(c) + 2B_2O_3(c) = CaO \cdot 2B_2O_3(c)$ | $-237609$ | $91.34$ | $8$ | $1200 \sim 1260$ |

| 反 应 式 | $A$ | $B$ | 误差 ± /kJ | 温度范围/K |
|---|---|---|---|---|
| $CaO(c) + 2B_2O_3(c) = CaO \cdot 2B_2O_3(l)$ | – 80165 | – 31.00 | 8 | 1260 ~ 2000 |
| $2CaO(c) + B_2O_3(c) = 2CaO \cdot B_2O_3(c)$ | – 212045 | 15.82 | 8 | 1200 ~ 1585 |
| $2CaO(c) + B_2O_3(c) = 2CaO \cdot B_2O_3(l)$ | – 98533 | – 55.48 | 8 | 1585 ~ 2000 |
| $3CaO(c) + B_2O_3(c) = 3CaO \cdot B_2O_3(c)$ | – 281248 | 27.91 | 8 | 1200 ~ 1760 |
| $3CaO(c) + B_2O_3(c) = 3CaO \cdot B_2O_3(l)$ | – 82006 | – 85.10 | 8 | 1760 ~ 2000 |
| $2CaO(c) + Fe_2O_3(\gamma) = Ca_2Fe_2O_5(c)$ | – 41045 | – 8.08 | 8 | 1200 ~ 1750 |

## 四、一些反应生成物的 $\Delta G_T^\ominus$ 和 $\Delta H_T^\ominus$ 的热力学数据的关系(表 9 – 3 – 4)[11]

（氧、硫、氯、氮、氟、溴、碘化物、硫酸盐、碳酸盐、硅酸盐、氮酸盐、氢氧化盐等）某一温度下的
$\Delta G_T^\ominus = A\Delta H_T^\ominus + B$

表 9 – 3 – 4

| 反 应 式 | $A$ | $B$ |
|---|---|---|
| $\frac{n}{m}Me(固) + S(斜方晶体) + 2O_2(气) = \frac{1}{m}Me_n(SO_4)_m(固)$ | 0.990 | 23.53 |
| $\frac{1}{m}Me(固) + \frac{1}{2}N_2(气) + \frac{3}{2}O_2(气) = \frac{1}{m}Me(NO_3)_m(固)$ | 0.981 | 21.42 |
| $\frac{n}{m}Me(固) + C(石墨) + \frac{3}{2}O_2(气) = \frac{1}{m}Me_n(CO_3)_m(固)$ | 0.985 | 15.54 |
| $\frac{n}{m}Me(固) + Si(固) + \frac{3}{2}O_2(气) = \frac{1}{m}Me_n(SiO_3)_m(固)$ | 0.993 | 17.92 |
| $\frac{n}{m}Me(固) + \frac{1}{2}O_2(气) + \frac{1}{2}H_2(气) = \frac{1}{m}Me_n(OH)_m(固)$ | 0.994 | 9.98 |
| $\frac{n}{m}Me(固) + \frac{1}{2}O_2(气) = \frac{1}{m}Me_nO_m(固)$ | 0.990 | 6.08 |
| $\frac{n}{m}Me(固) + \frac{1}{2}N_2(气) = \frac{1}{m}Me_nN_m(固)$ | 0.96 | 3.88 |
| $\frac{1}{m}Me(固) + \frac{1}{2}F_2(气) = \frac{1}{m}MeF_m(固)$ | 0.980 | 3.54 |
| $\frac{1}{m}Me(固) + \frac{1}{2}Cl_2(气) = \frac{1}{m}MeCl_m(固)$ | 0.985 | 4.37 |
| $\frac{1}{m}Me(固) + \frac{1}{2}Br_2(液) = \frac{1}{m}MeBr_m(固)$ | 0.983 | 1.10 |
| $\frac{1}{m}Me(固) + \frac{1}{2}I_2(固) = \frac{1}{m}MeI_m(固)$ | 0.982 | – 0.56 |
| $\frac{n}{m}Me(固) + S(斜方晶体) = \frac{1}{m}Me_nS_m(固)$ | 0.990 | 0.17 |

标准自由能变化和生成热的关系(图9－3－1)[11]

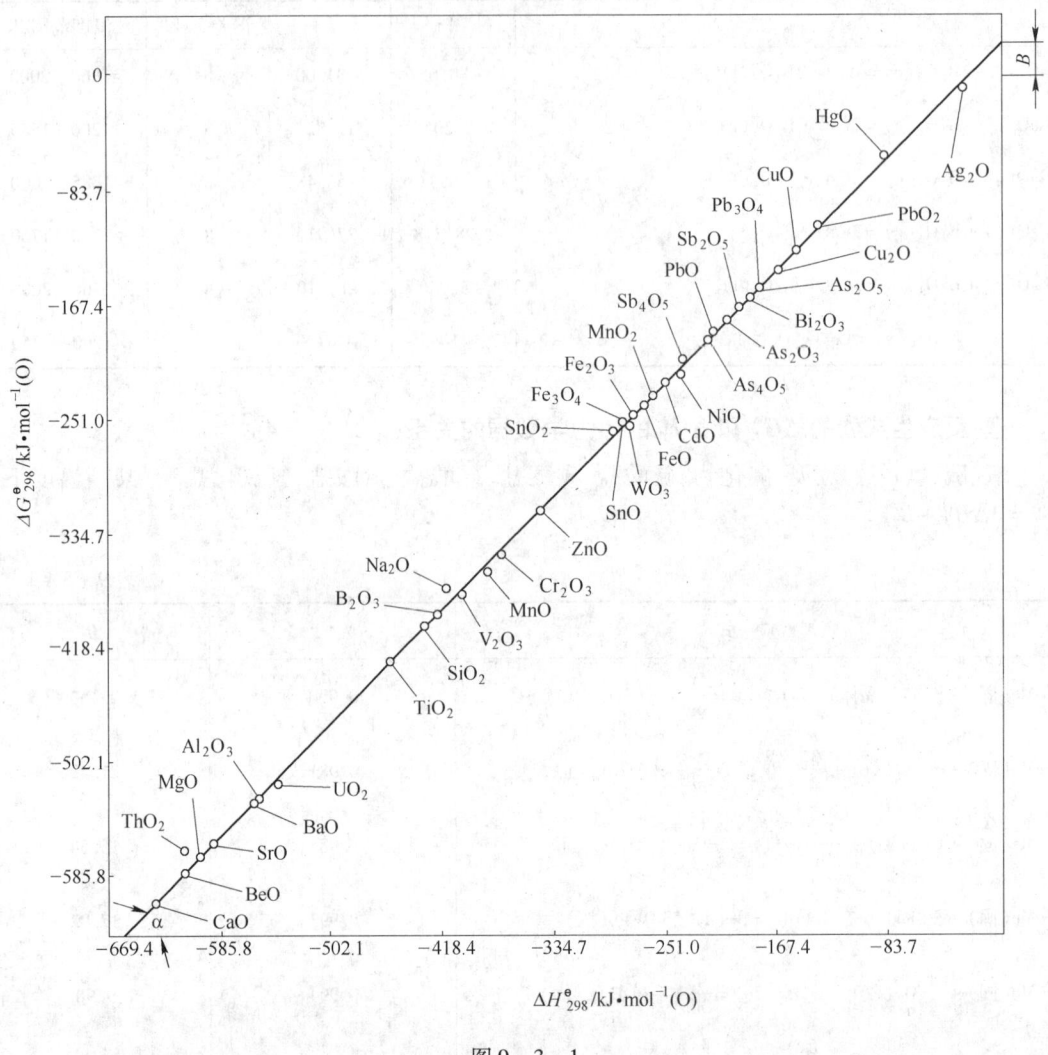

图9－3－1

例,25℃时反应$\frac{n}{m}$Me(固)$+\frac{1}{2}O_2$(气)$=\frac{1}{m}$Me$_n$O$_m$(固)的$\Delta G^{\ominus}$值。1 mol O(1 mol 氧)生成氧化物的$\Delta G_{298}^{\ominus}$和$\Delta H_{298}^{\ominus}$呈直线形状,图中$A=\tan\alpha=0.990$,$B=6.08$,因此$\Delta G_{298}^{\ominus}=0.990\Delta H_{298}^{\ominus}+6.08$。

其他化学反应不同温度下的$\Delta H_T^{\ominus}$已知时就可求出$\Delta G_T^{\ominus}$值,见表9－3－4。反应的$\Delta H_T^{\ominus}$可用反应产物和反应物$\Delta H_T^{\ominus}$求得,各物质的$\Delta H_T^{\ominus}$值可在参考文献[1]中查得。

## 第四节　化合物反应的自由能与温度的关系

氧化物的标准生成自由能和温度的关系(图9－4－1)[6]

由图中周边标出的专用标尺可直接读出有关平衡反应在图中所标的任何温度下的平衡氧分压以及相应的$p_{H_2}/p_{H_2O}$和$p_{CO}/p_{CO_2}$的平衡比值。从绝对零度坐标上的0点和$\Delta G^{\ominus}-T$图中某一反应的温度下连线,在$p_{O_2}$坐标内得到$p_{O_2}$值,为该反应的氧分压－平衡值。同理在0 K坐标内的$H$点连接图中某反应的温度处延线到 $p_{H_2}/p_{H_2O}$ 标尺，其值为平衡的分压的比值（平衡值）；在 $C$ 点处连接反应的某温度延长至 $p_{CO}/p_{CO_2}$ 标尺得到平衡值，反应为 $E + CO_2 = EO + CO$ 的平衡值。图中反应气体均以 1 mol $O_2$ 化合氧为基础的数值。

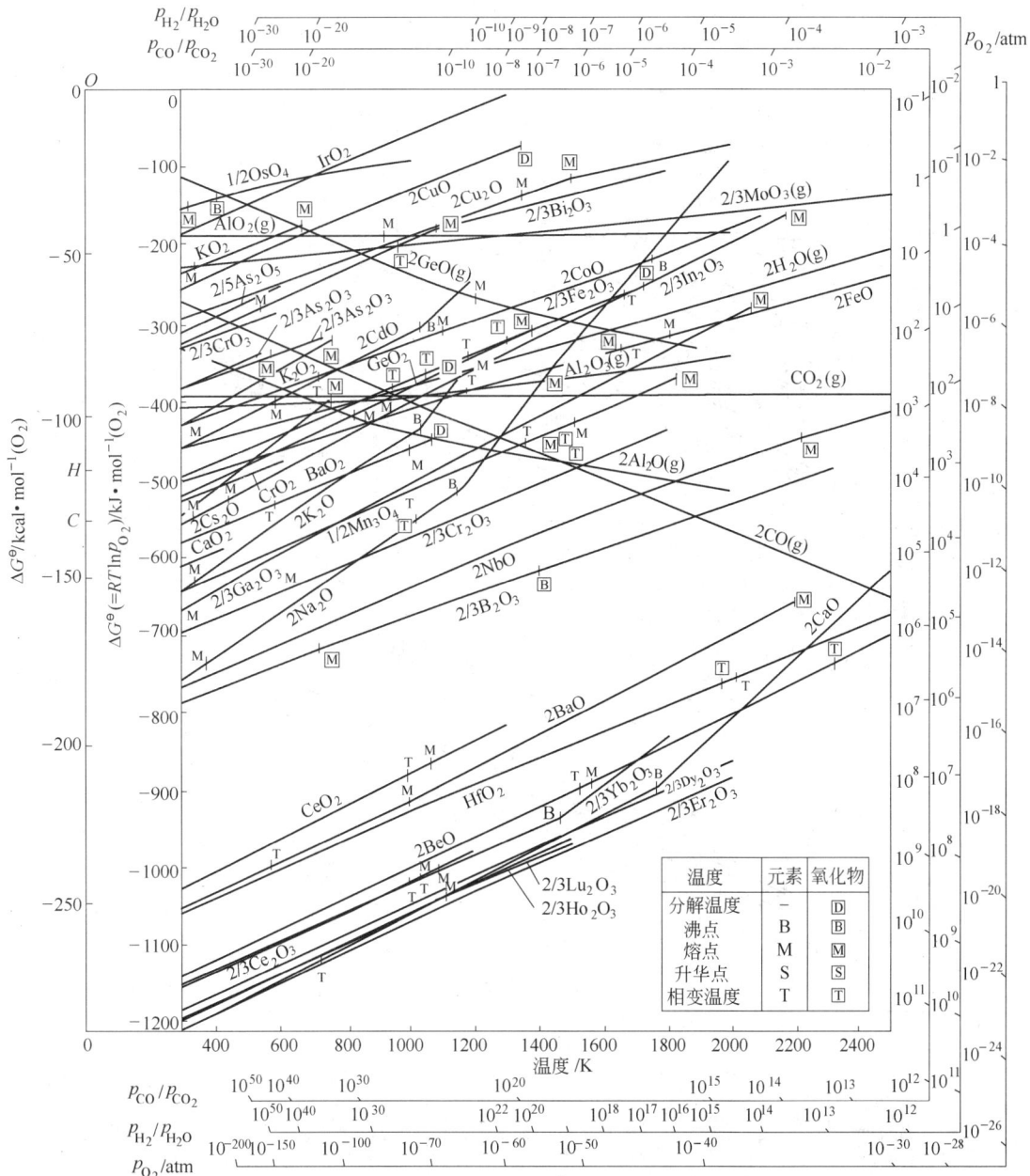

$a$

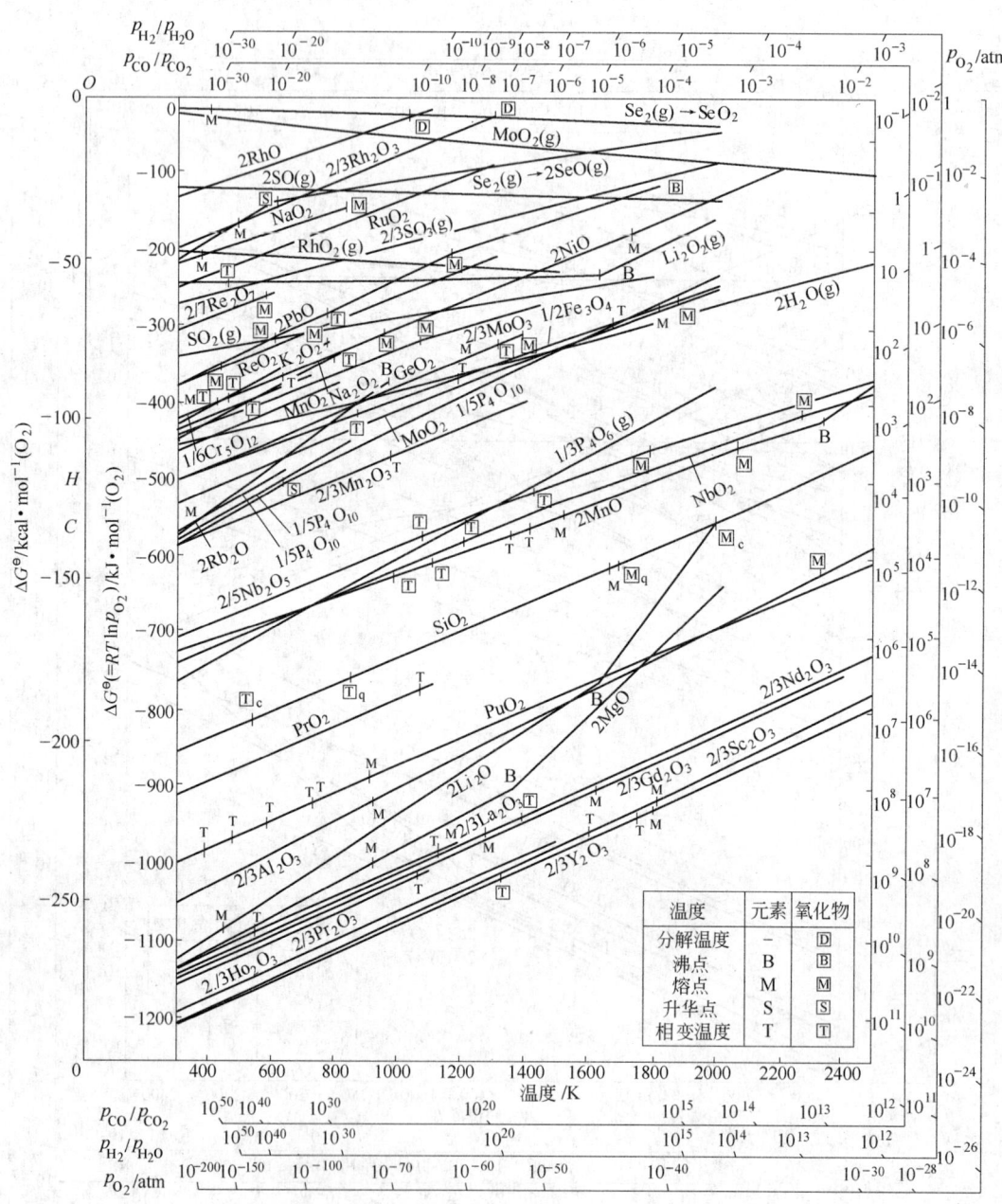

*b*

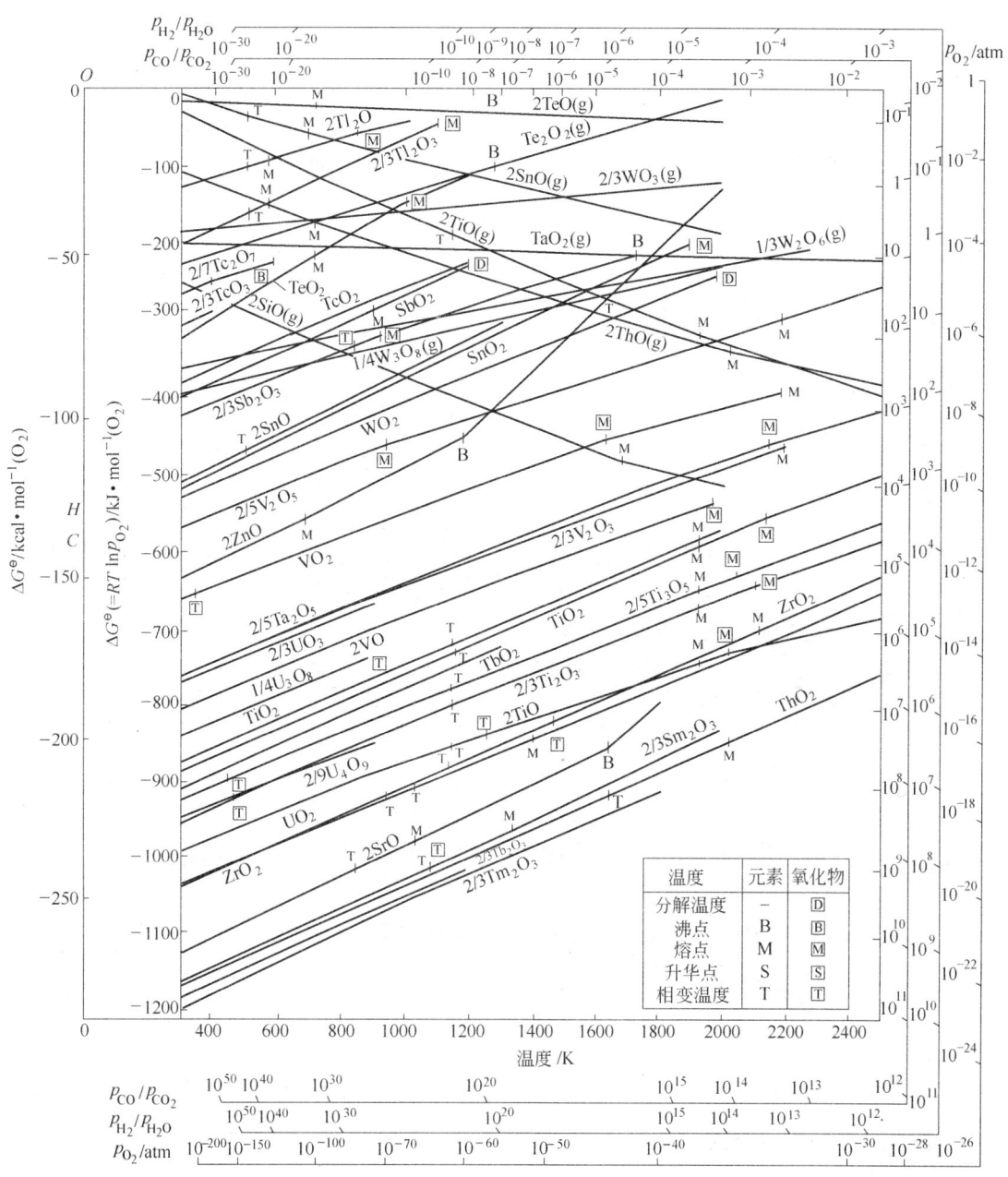

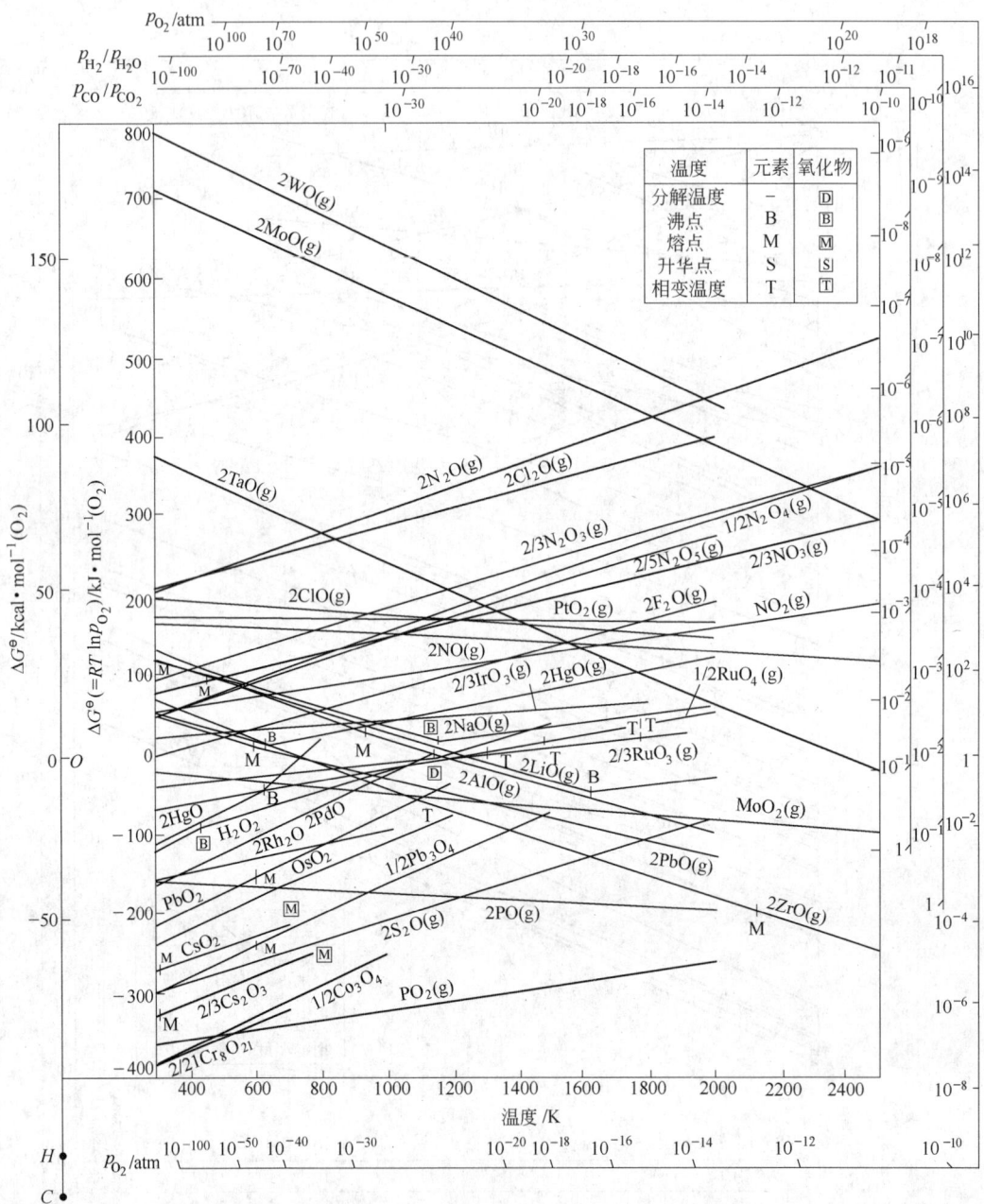

$d$

图 9 - 4 - 1

碳还原氧化物时反应的自由能和温度、$p_{CO}$ 分压力的关系(图 9 - 4 - 2)[12]

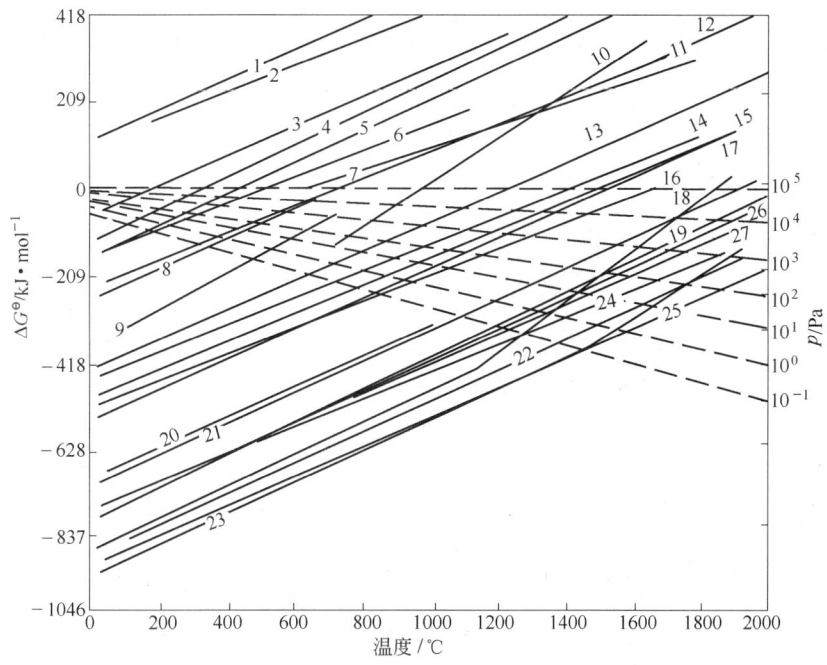

图 9 - 4 - 2

1—$2P_2O$;2—$Na_2O$;3—$2Cu_2O$;4—$2PbO$;5—$2NiO$;6—$2CoO$;7—$2FeO$;8—$MoO_2$;9—$2K_2O$;10—$2ZnO$;

11—$WO_2$;12—$MoO_3$;13—$2/3Cr_2O_3$;14—$2MnO$;15—$2/5Ta_2O_5$;16—$2VO$;17—$SiO_2$;18—$2MgO$;19—$2BaO$;

20—$CeO_2$;21—$2TiO$;22—$2BeO$;23—$2CaO$;24—$Zr_2O_3$;25—$ThO_2$;26—$2/3Al_2O_3$;27—$UO_2$

$$E + O_2 = EO_2, \Delta G_1^{\ominus} \qquad 2C + O_2 = 2CO, \Delta G_2^{\ominus}$$

$$EO_2 + 2C = E + 2CO \qquad \Delta G^{\ominus} = \Delta G_2^{\ominus} - \Delta G_1^{\ominus}$$

从上图右边的 $p_{CO}$ 和 0 的点线相交,可查出氧化物开始被还原的温度。

在 1600℃时,$Al_2O_3$ 在 $p_{CO} < 333.3$ Pa,$ZrO_2$ 在 $p_{CO} < 40.6$ Pa,BeO 在 $p < 10.7$ Pa 时就可还原。

用此图可估量真空下还原各氧化物的最低温度和确定工艺制度。

炼硅铁时 $SiO_2$ 的还原反应自由能和温度的关系(图 9 - 4 - 3)[3]

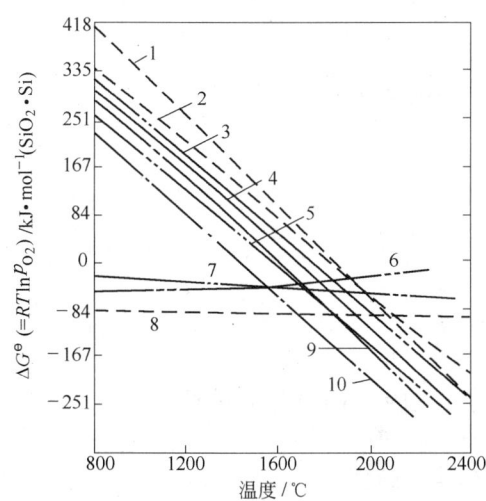

图 9 - 4 - 3

1—$SiO_2 + 2SiC = 3Si + 2CO$;2—$SiO_2 + Si = 2SiO$;3—$SiO_2 + C = SiO + CO$;4—$SiO_2 + 2C = Si + 2CO$;5—$SiO_2 + 3C = SiC + 2CO$;6—$Si + C = SiC$;7—$2SiO + 2C = 2Si + 2CO$;8—$Fe + Si = FeSi$;9—$SiO_2 + 2C + 0.2Fe = Fe_{0.2}Si + 2CO$;

10—$SiO_2 + 2C + Fe = FeSi + 2CO$

炼碳素铬铁时反应的自由能和温度的关系(图9-4-4)[3]

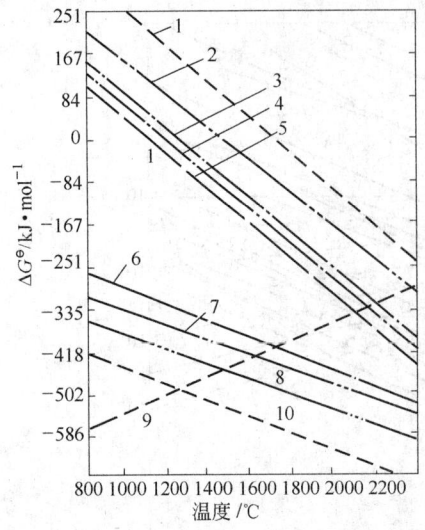

图 9 - 4 - 4

$1—\dfrac{2}{6}Cr_{23}C_6 + \dfrac{2}{3}Cr_2O_3 = 9Cr + 2CO;2—2Cr_3C_2 +$

$2/3Cr_2O_3 = \underbrace{8/3Cr + 2/3Cr_7C_3}_{=7.9\%C} + 2CO;3—2/3Cr_2O_3 + 2C =$

$4/3Cr + 2CO;4—2/3Cr_2O_3 + xC = xCr_{23}C_6 + 2CO;$

$5—2/3Cr_2O_3 + yC = yCr_3C_2 + 2CO;6—2/6Cr_{23}C_6 +$

$O_2 \rightarrow 46/6Cr + 2CO;7—46/27Cr_7C_3 + O_2 \rightarrow 14/27Cr_{23}C_6 +$

$2CO;8—14/5Cr_3C_2 + O_2 = 6/5Cr_7C_3 + 2CO;9—4/3Cr +$

$O_2 = 2/3Cr_2O_3;10—2C + O_2 = 2CO$

生成高价、低价氧化物的自由能和温度的关系(图9-4-5)[13]

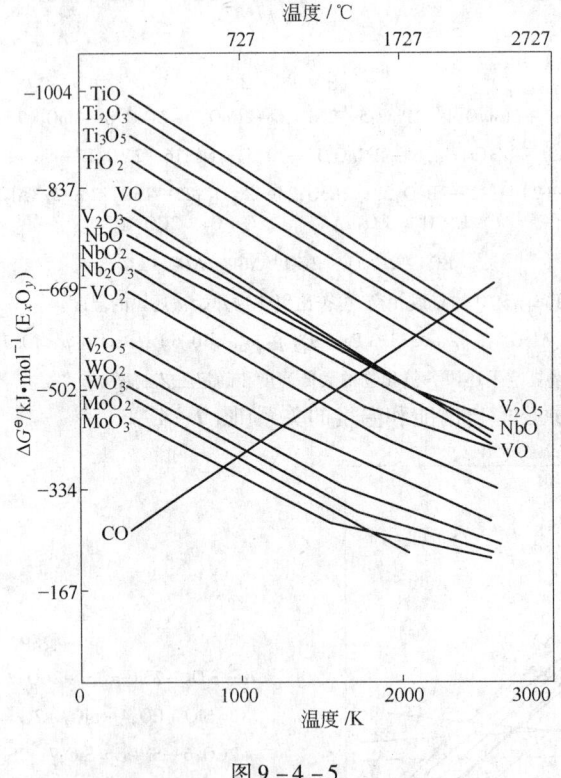

图 9 - 4 - 5

碳还原氧化物生成金属或碳化物时的反应自由能和温度的关系(图9-4-6)[13]

炼钒铁和金属钒时的反应自由能和温度的关系(图9-4-7)[3]

炼铌、钽铁合金时反应的自由能和温度的关系(图9-4-8)[3]

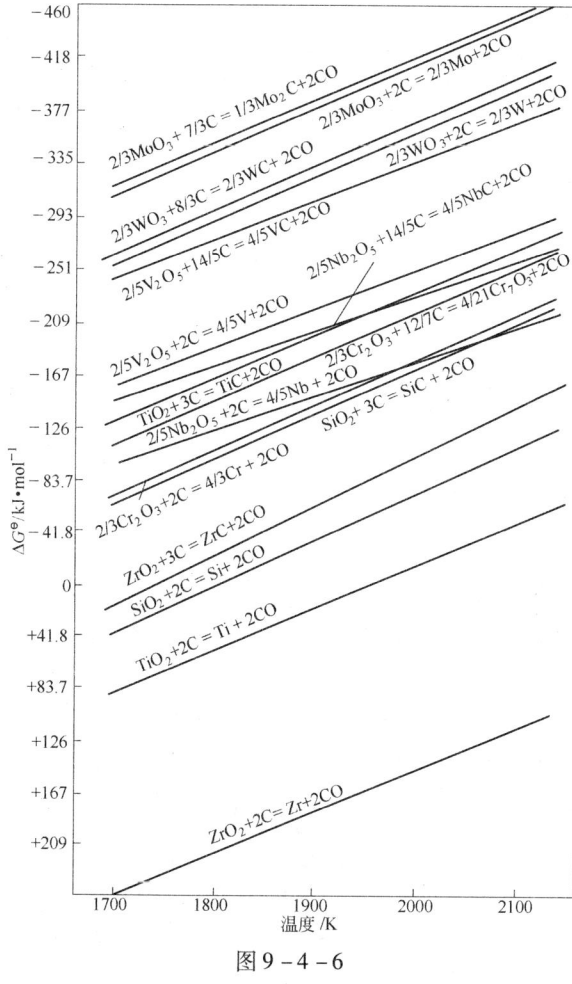

图 9 - 4 - 6

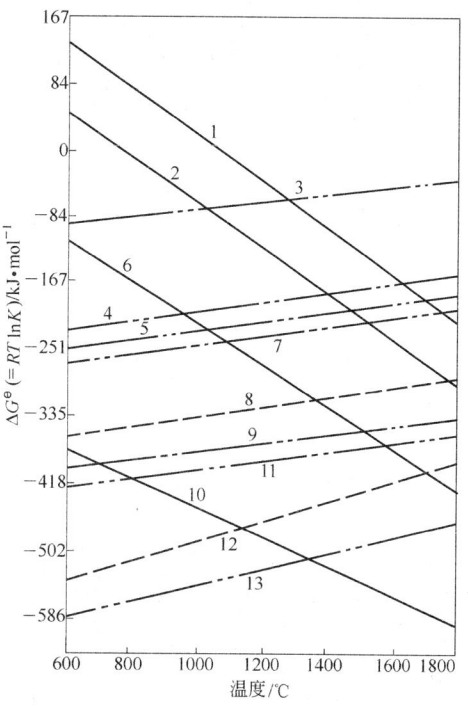

图 9 - 4 - 7

1—$2/5V_2O_5 + 2C = 4/5V + 2CO$；2—$2/5V_2O_5 +$
$14/5C = 4/5VC + 2CO$；3—$2/3V_2O_3 + Si = 4/3V + SiO_2$；
$4—2/3V_2O_3 + Si + 2CaO = 4/3V + 2CaO \cdot SiO_2$；
$5—2/3V_2O_3 + 4/3Al = 4/3V + 2/3Al_2O_3$；
6—$V_2O_5 + 2C = V_2O_3 + 2CO$；7—$2/5V_2O_5 + Si = 4/5V$
$+ SiO_2$；8—$2FeO + Si = 2Fe + SiO_2$；
9—$2/5V_2O_5 + Si + 2CaO = 4/5V + 2CaO \cdot SiO_2$；10—$2C +$
$O_2 = 2CO$；11—$2/5V_2O_5 + 4/3Al = 4/5V + 2/3Al_2O_3$；
12—$2FeO + 4/3Al = 2Fe + 2/3Al_2O_3$；
13—$2/5V_2O_5 + 2Ca = 4/5V + 2CaO$

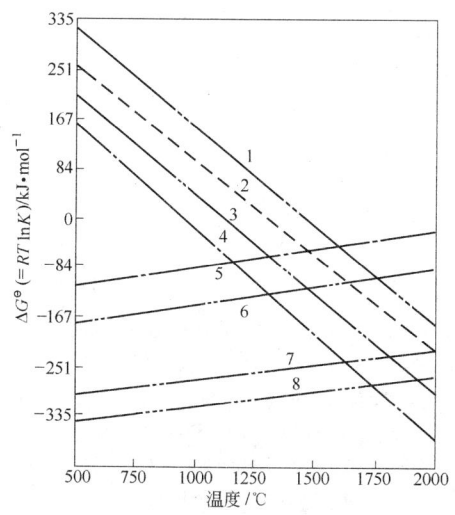

图 9 - 4 - 8

1—$4/10Ta_2O_5 + 2C = 8/10Ta + 2CO$；2—$4/10Nb_2O_5 +$
$2C = 8/10Nb + 2CO$；3—$4/10Ta_2O_5 + 28/10C = 8/10TaC +$
$2CO$；4—$4/10Nb_2O_5 + 28/10C = 8/10NbC + 2CO$；5—$4/10Ta_2O_5$
$+ Si = 8/10Ta + SiO_2$；6—$4/10Nb_2O_5 + Si = 8/10Nb +$
$SiO_2$；7—$4/10Ta_2O_5 + 4/3Al = 8/10Ta + 2/3Al_2O_3$；
8—$4/10Nb_2O_5 + 4/3Al = 8/10Nb + 2/3Al_2O_3$

生成复杂氧化物的自由能和温度的关系（图 9 - 4 - 9）[3]

形成复杂氧化物的自由能和温度的关系（图 9 - 4 - 10）[3,14]

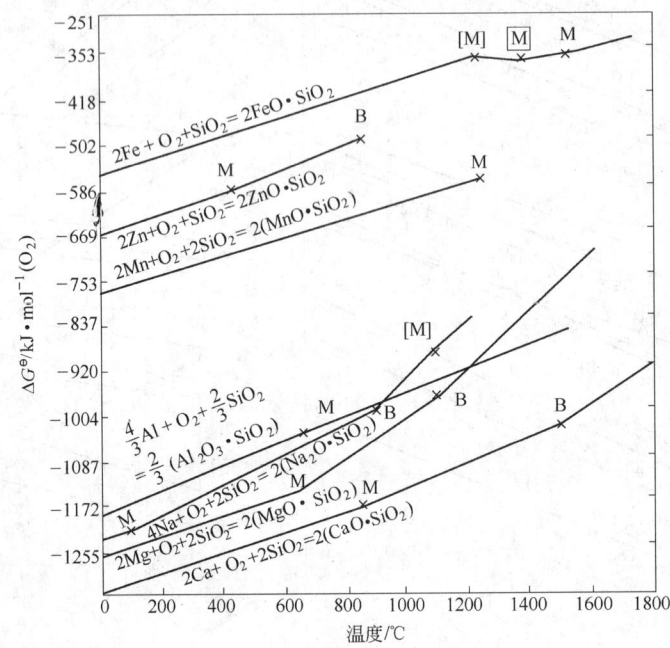

图 9 - 4 - 9　（由元素和化合物组成）

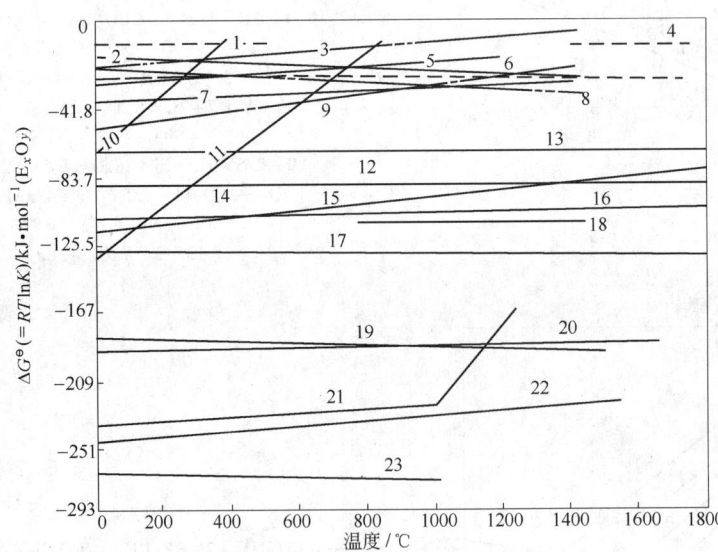

图 9 - 4 - 10　（由化合物组成）

$1—Al_2O_3 + SiO_2 = Al_2SiO_5$；$2—FeO + TiO_2 = FeTiO_3$；$3—FeO + SiO_2 = FeSiO_3$；$4—Al_2SiO_5$；$5—MnO + SiO_2 = MnSiO_3$；

$6—MgO + Al_2O_3 = MgAl_2O_4$；$7—MgO + SiO_2 = MgSiO_3$；$8—FeO + Cr_2O_3 = FeCr_2O_4$；$9—FeO + Al_2O_3 = FeAl_2O_4$；

$10—MgO + CO_2 = MgCO_3$；$11—CaO + CO_2 = CaCO_3$；$12—CaO + SiO_2 = CaSiO_3$；$13—2MgO + SiO_2 = Mg_2SiO_4$；

$14—Li_2O + SiO_2 = Li_2SiO_3$；$15—CaO + SiO_2 = CaSiO_3$；$16—BaO + SiO_2 = BaSiO_3$；$17—2CaO + SiO_2 = Ca_2SiO_4$；

$18—CaO + MgO + SiO_2 = CaMgSiO_4$；$19—CaO + 2B_2O_3 = CaB_4O_7$；$20—3BaO + Al_2O_3 = Ba_3Al_2O_6$；

$21—Na_2O + SiO_2 = Na_2SiO_3$；$22—3CaO + B_2O_3 = Ca_3B_2O_6$；$23—K_2O + SiO_2 = K_2SiO_3$

硫化物、硫酸盐的标准生成自由能和温度的关系（图 9 – 4 – 11）[6,15]

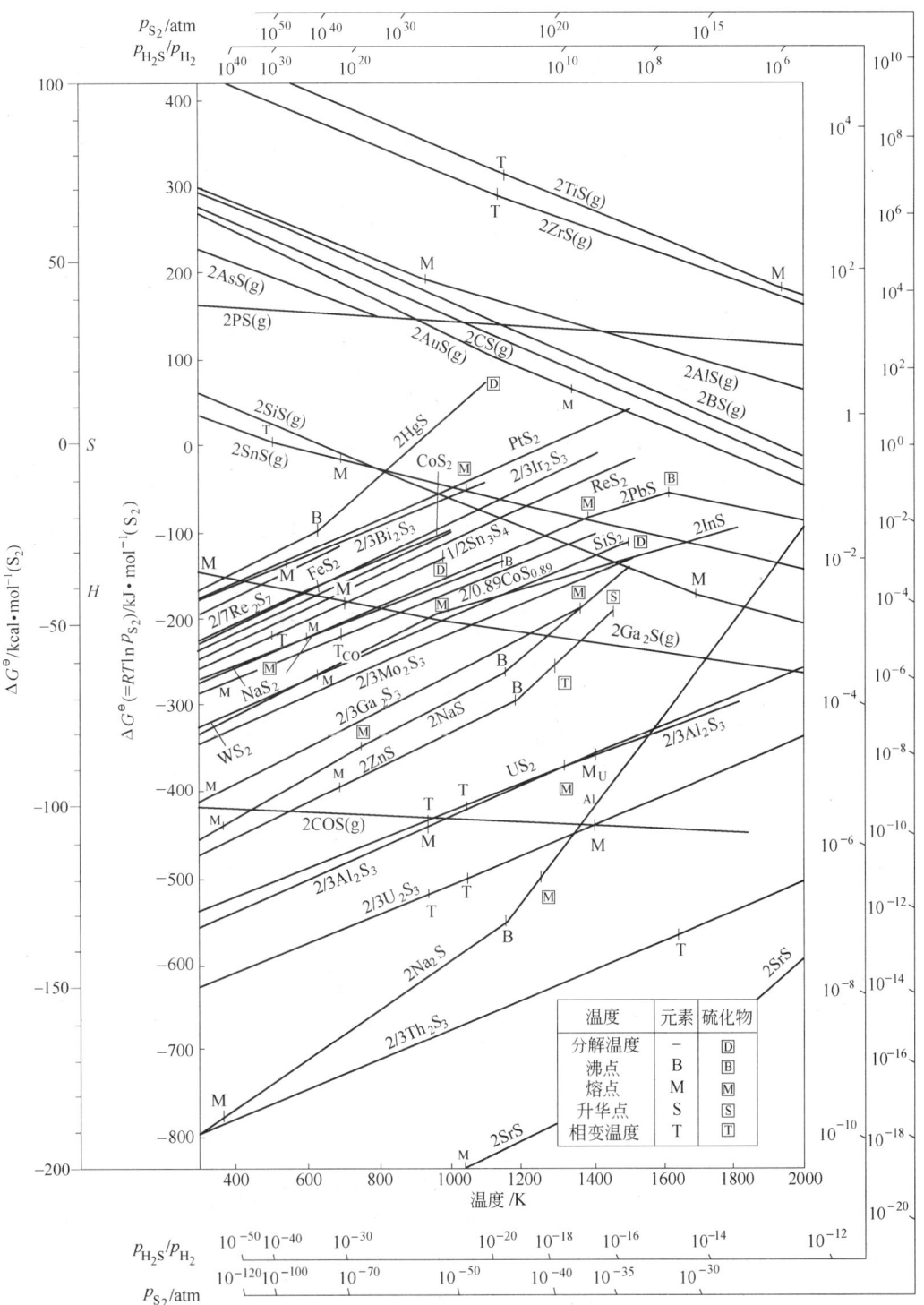

*a*

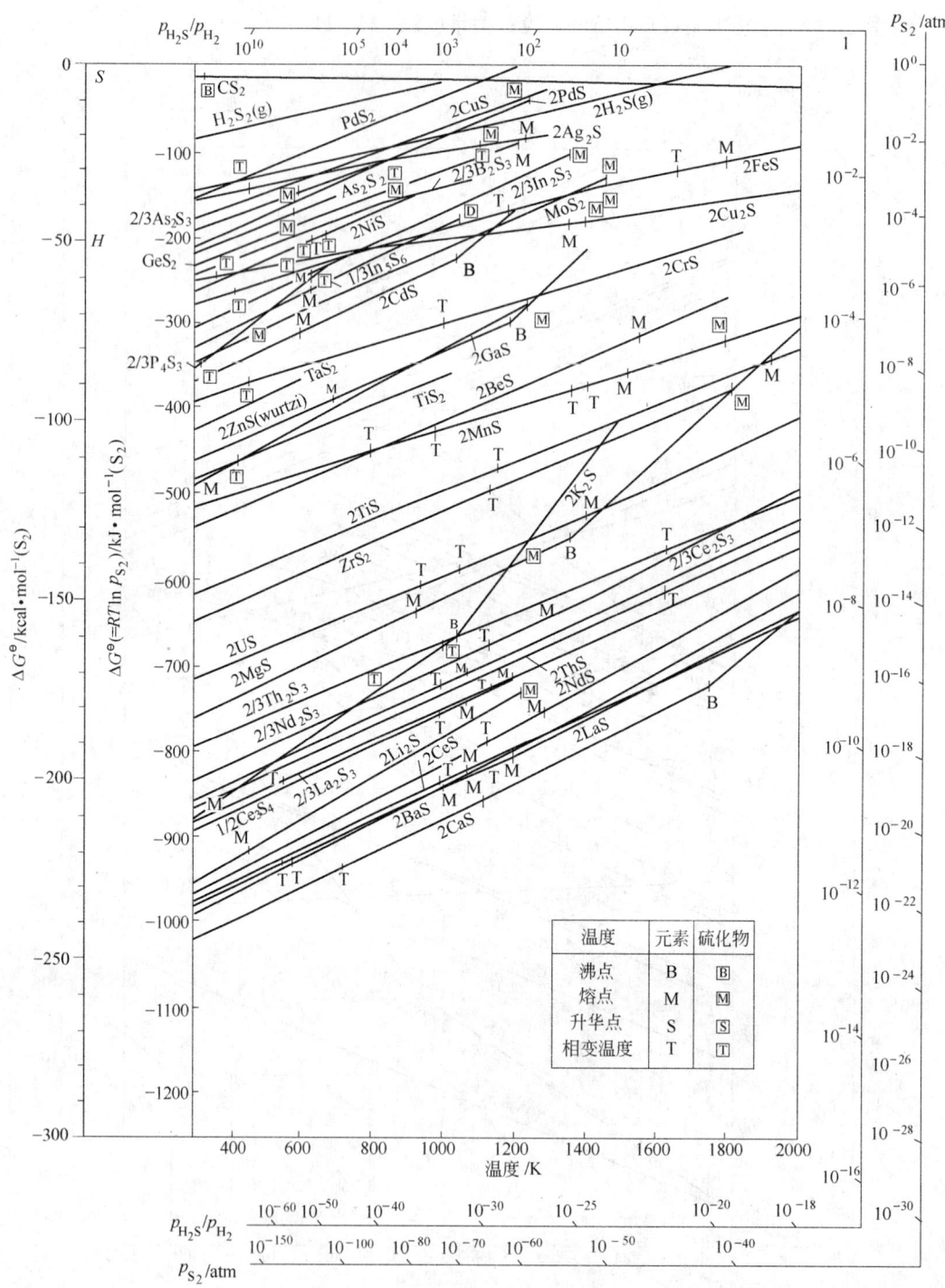

$b$

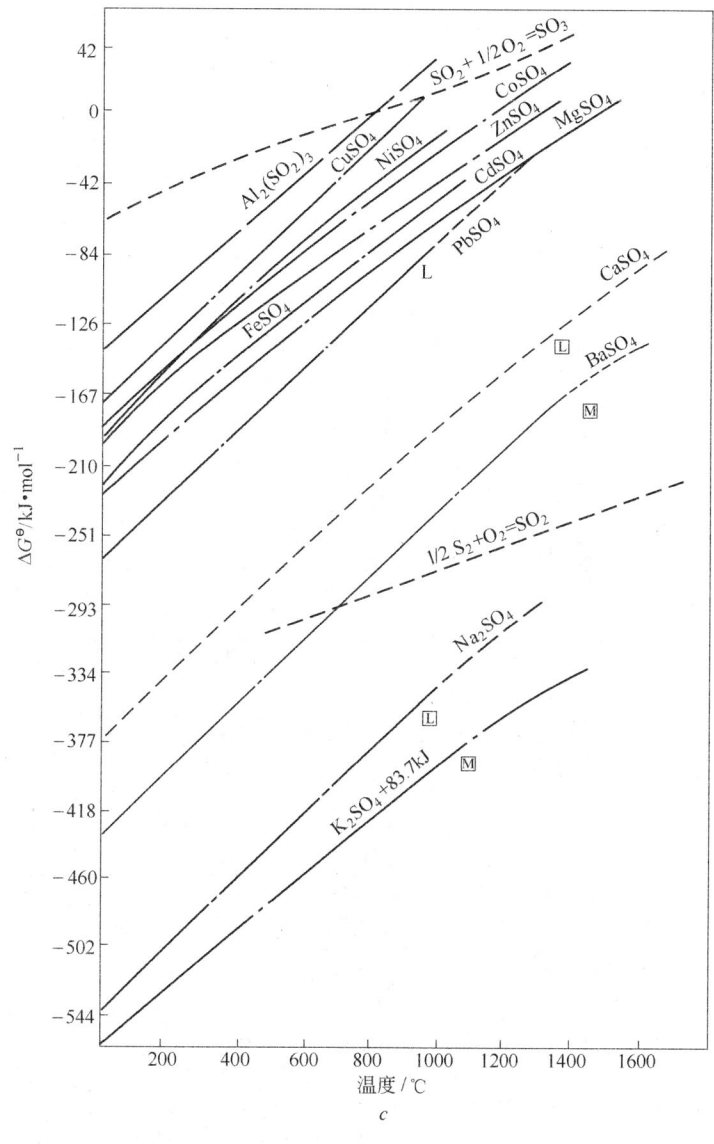

图 9-4-11

图中是 1 mol 硫生成的硫化物的自由能,用 0 K 线上的 $S$ 点和图中的任一反应相交得到在该温度下的平衡常数 $p_{S_2}$,单位是大气压,读数在图中的右和右下方;

用 0 K 线上的 $H$ 点和图中要求的反应线画直线(某温度下),和 $\dfrac{p_{H_2S}}{p_{H_2}}$ 比相交,此比值即为用 $H_2$ 还原硫化物反应的平衡常数;

用此图可求出元素和 S 反应时的自由能变化,并可迅速地查出它的平衡常数;还可求出 $MeS + H_2 = Me + H_2S$ 形式的反应平衡常数,以及各硫化物和元素的还原反应。

钢中硫的自由能和脱硫反应与温度的关系(图 9 - 4 - 12)[16]

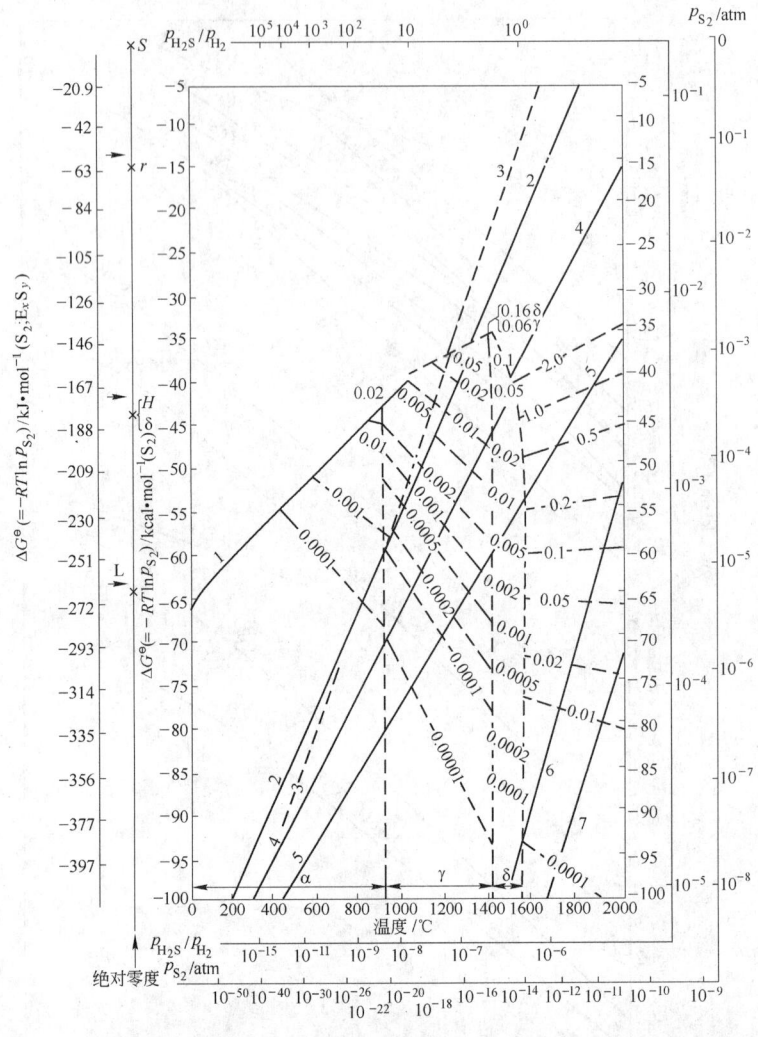

图 9 - 4 - 12

图中[Mn]、[Al]、[Ce]以活度表示;

1—2Fe + $S_2$ = 2FeS;2—[Mn]0.1% - MnS;3—[Al]0.01% - $Al_2S_3$;4—[Mn]1.0% - MnS;

5—[Mn]10% - MnS;6—[Ce]0.0001% - CeS;7—[Ce]0.001% - CeS

碳化物的标准生成自由能和温度的关系(图 9 - 4 - 13)[6]

从生成的碳化物反应的自由能可以看出,生成碳化物的稳定程度依次而强的次序是 Fe、Mn、Ca、Al、Si。

在生产含 Al 较高的铁合金凝固时易产生 $Al_4C_3$ 化合物,它的比容为 0.427 $cm^3$/g $Al_4C_3$ 中 Al 占质量的 75%(27 ×4/144 ×100%),C 占 25% Al/C 质量比为 3。

$Al_4C_3$ 遇水($H_2O$)生成甲烷,反应式如下:

$$Al_4C_3 + 12H_2O = 4Al(OH)_3 + 3CH_4 \uparrow \quad \Delta H^o_{298} = -2253339 \text{ J/mol}$$

$Al_4C_3$ 是很好的吸湿剂和 $CH_4$ 发生剂。Al(OH)$_3$ 的密度为 2.42 g/$cm^3$,比容为 0.413 $cm^3$/g。每 1 mol 的 $Al_4C_3$ 生成 4 mol 的 Al(OH)$_3$,体积极大地膨胀。

例如,Al-Mn-Fe 合金(常用的 Al 为 25% 左右,Mn 为 32% 左右)密度约为 5.4 ~ 5.7 g/$cm^3$,比容为 0.1818 $cm^3$/g,在凝固过程中生成的 $Al_4C_3$ 对基体产生压应力,吸水后又会产生更大的压应力,使强度不高的基体受压力(膨胀)而粉化,导致转炉生产中不能使用。

防止粉化的主要措施为:

(1) 降低合金中的碳含量,碳含量宜小于0.5%;

(2) 快速冷却,用凝结的方法防止 $Al_4C_3$ 的析出,使之成为半稳定状态,可延长粉化时间;

(3) 加入比 Al 和 C 更强的元素(如 Ti 等),可减轻粉化的数量。

再有就是 Al 是降低铁中[H]溶解度的元素,同样的生产条件,易产生凝固时[H]的析出形成气泡、疏松,加重碳化物的形成。

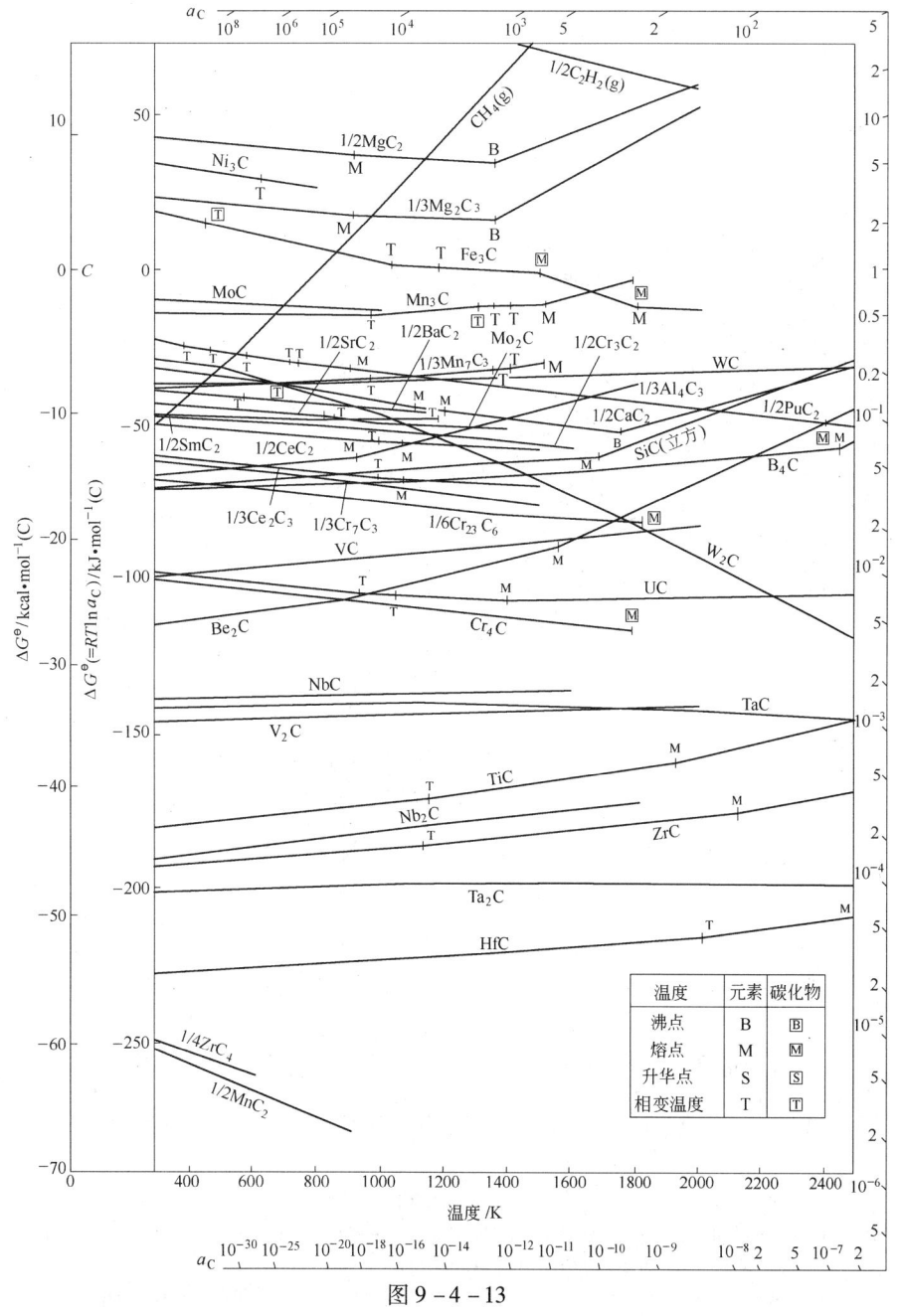

图 9 - 4 - 13

钢中元素和碳反应的自由能和温度的关系（图9－4－14）[17]

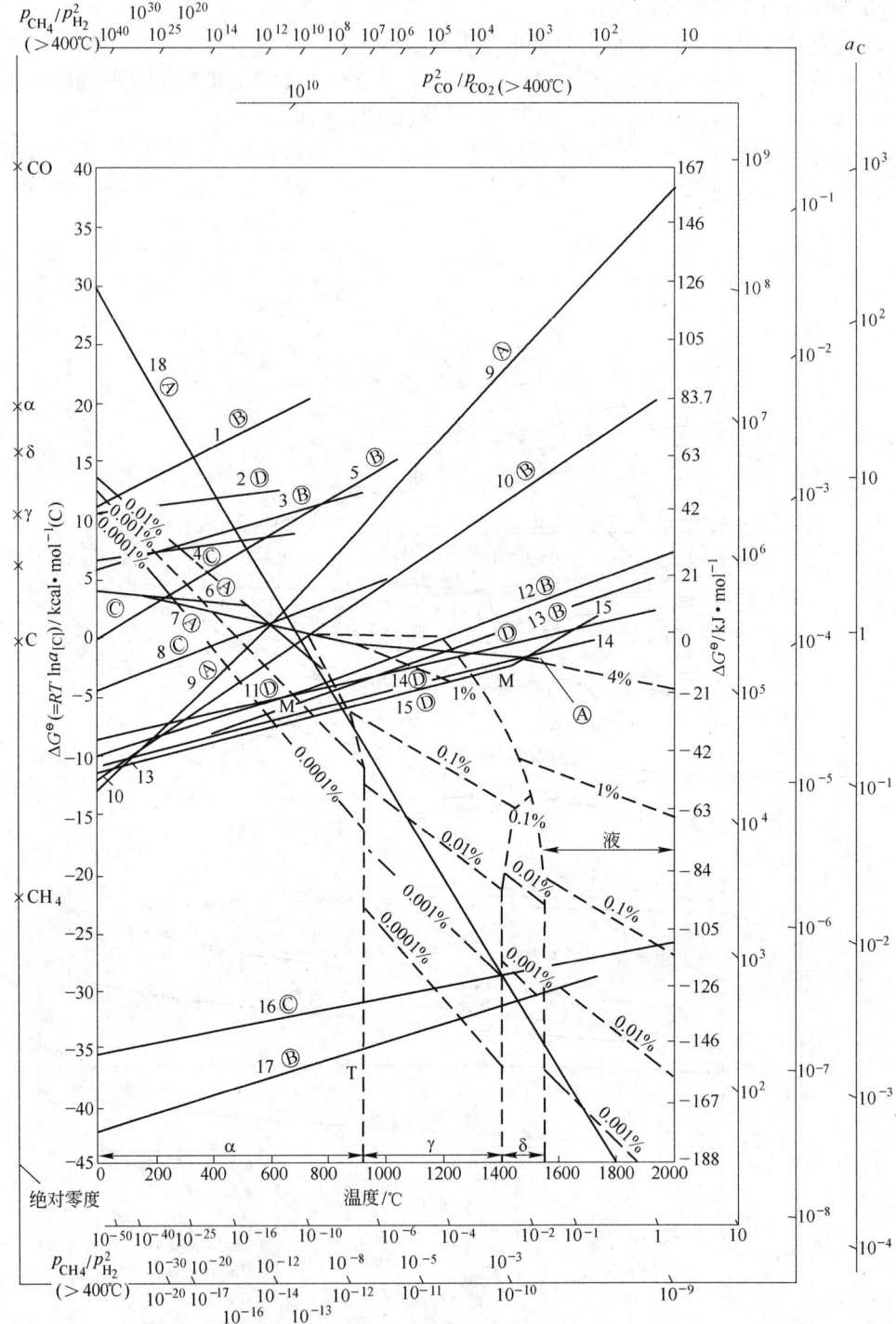

图 9－4－14

1—［Ni］-NiC；2—［Mg］-MgC；3—［Co］-Co₂C；4—［Mg］-Mg₂C₃；5—［Mn］-Mn₃C；6—［Fe］-Fe₂C；7—［Fe］-Fe₃C；
8—［Mo］-Mo₂C；9—C＋2H₂＝CH₄；10—［Cr］-Cr₂₃C₄；11—［Cr］-Cr₂C₂；12—［Al］-Al₄C₂；
13—［Cr］-Cr₂C₃；14—［V］-VC；15—［Si］-SiC；16—［Zr］-ZrC；17—［Ti］-TiC；18—C＋CO₂＝2CO

铁的各相中碳含量的自由能和温度的关系(图9-4-15)[17]

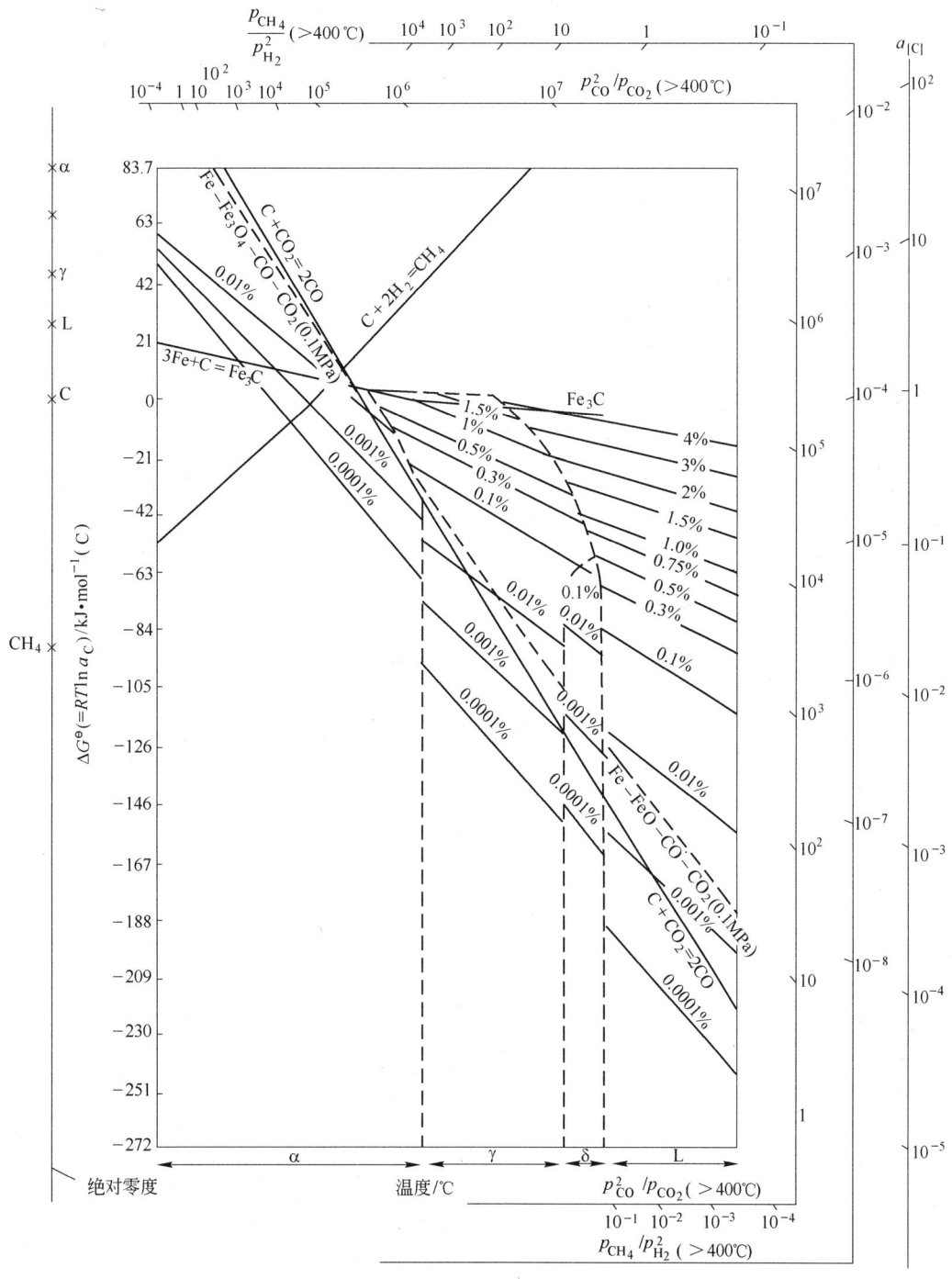

图9-4-15

碳酸盐的分解自由能和温度的关系（图 9 - 4 - 16）[15]

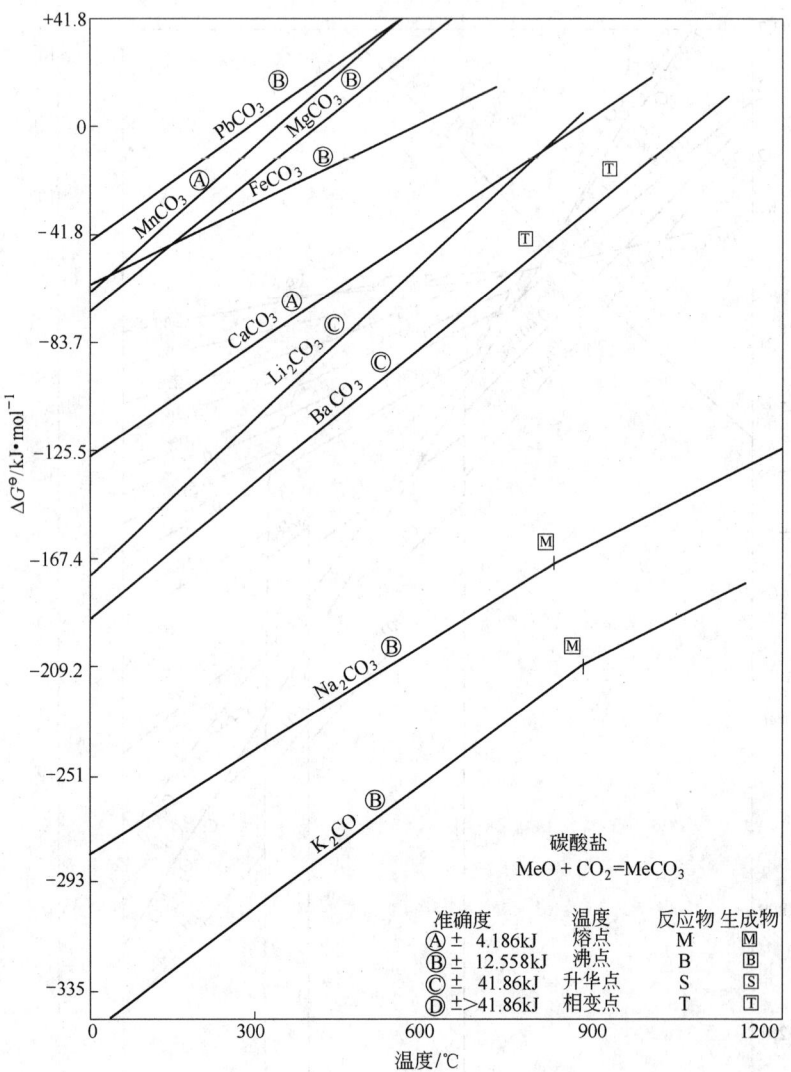

图 9 - 4 - 16

$$E_xO + CO_2 = E_xCO_3$$

$$\Delta G^\ominus = -RT\ln\frac{1}{p_{CO_2}} = RT\ln p_{CO_2}$$

氮化物的标准生成自由能和温度的关系(图9-4-17)[6]

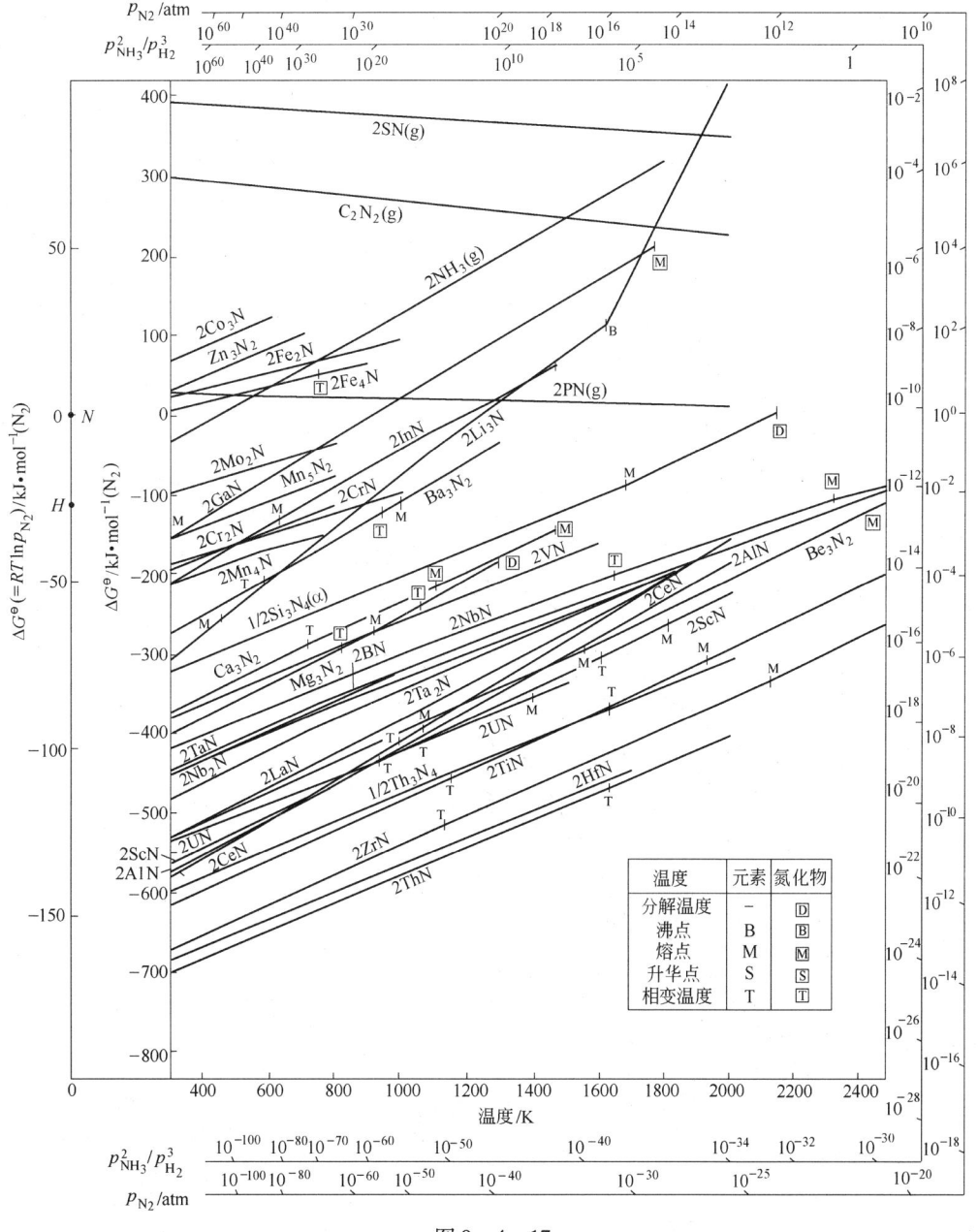

图 9 - 4 - 17

可求出和 $N_2$ 化合生成氮化物时各温度下的自由能;

可求出和 $N_2$ 化合生成氮化物时各温度下的平衡常数 $p_{N_2}$:从 0 K 线上的 $N$ 和该反应温度下的连线在 $p_{N_2}$(右下方)坐标上读出 $N_2$ 的分压力——平衡常数,也可称为该氮化物在此温度下的分解压力;

可求出 $H_2$ 还原氮化物的平衡常数:如 $2VN + 3H_2 = 2V + 2NH_{3(气)}$,平衡常数为 $\dfrac{p_{NH_3}^2}{p_{H_2}^3}$,从 0 K 线上的 $H$ 点直接该反应给定温度的点,连直线交于 $\dfrac{p_{NH_3}^2}{p_{H_2}^3}$ 坐标,其读数为平衡常数。

氟化物生成自由能和温度的关系(图 9 - 4 - 18)[18]

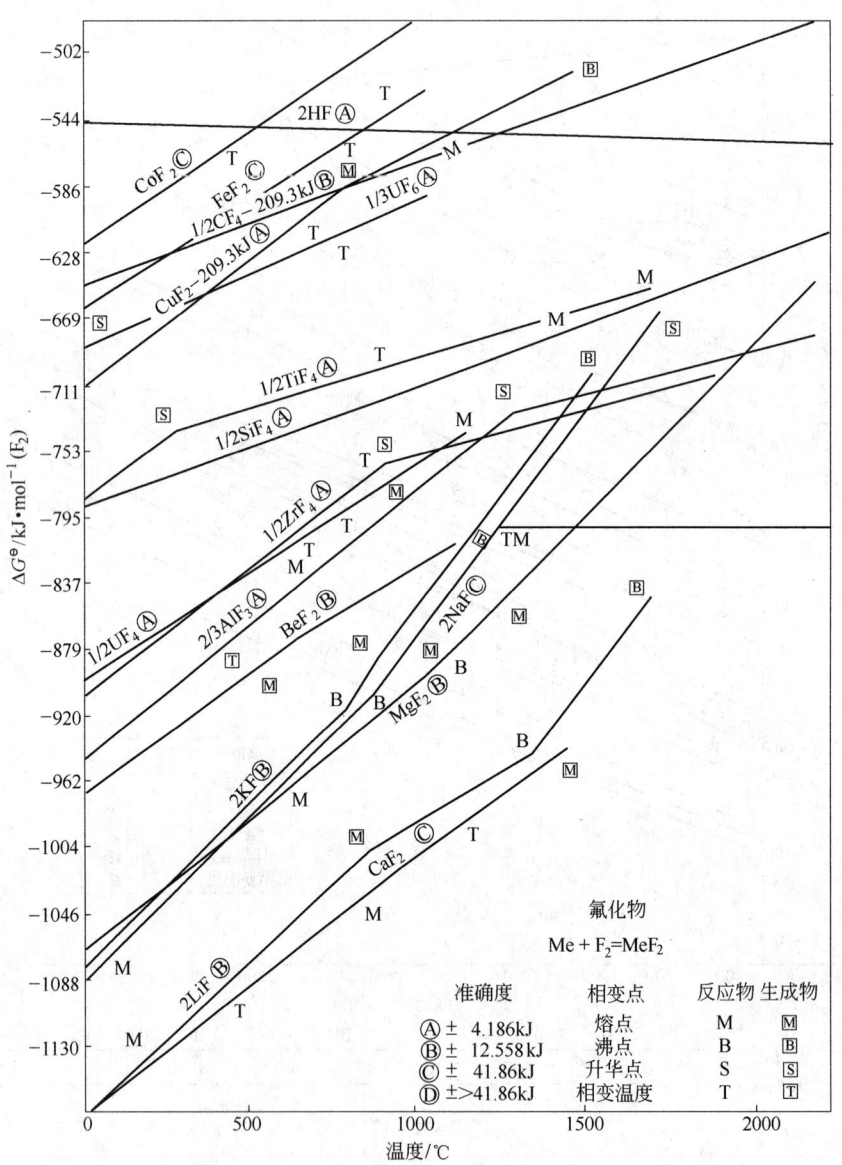

图 9 - 4 - 18

氯化物生成自由能和温度的关系(图 9 - 4 - 19)[21]

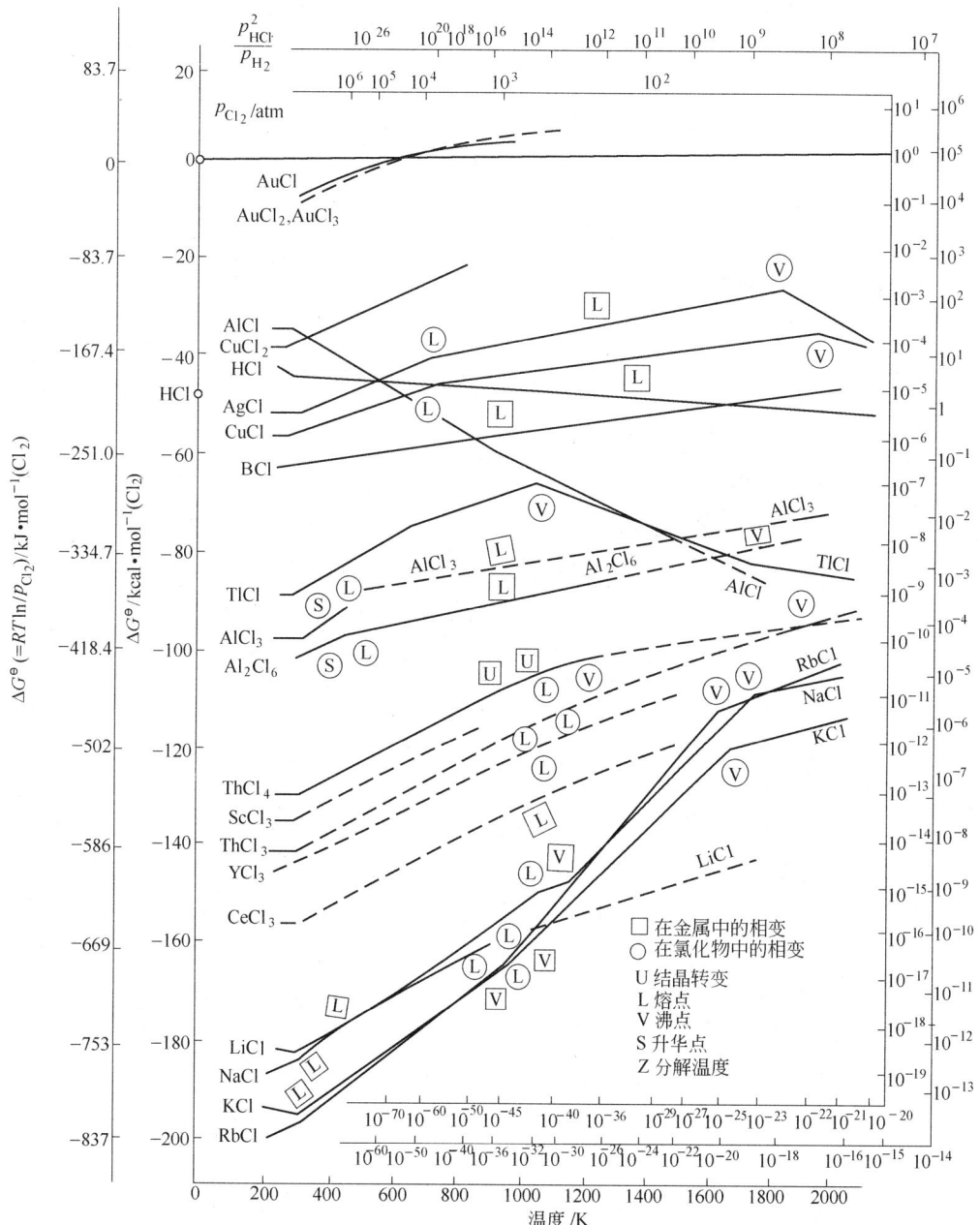

图 9 - 4 - 19

氧气氧化钢液中[E]时的自由能和温度的关系(图9-4-20)[20]

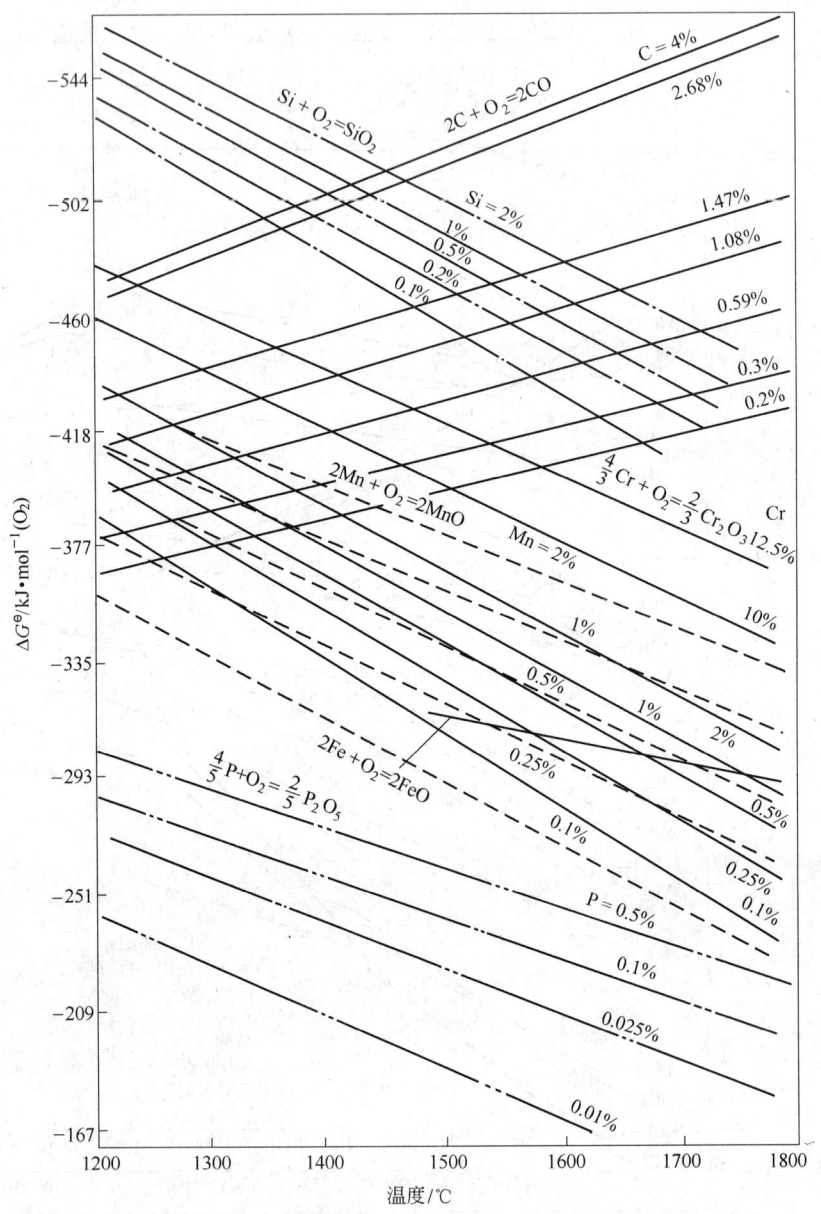

图9-4-20

钢液中元素脱氧反应的自由能和温度的关系(图9-4-21)

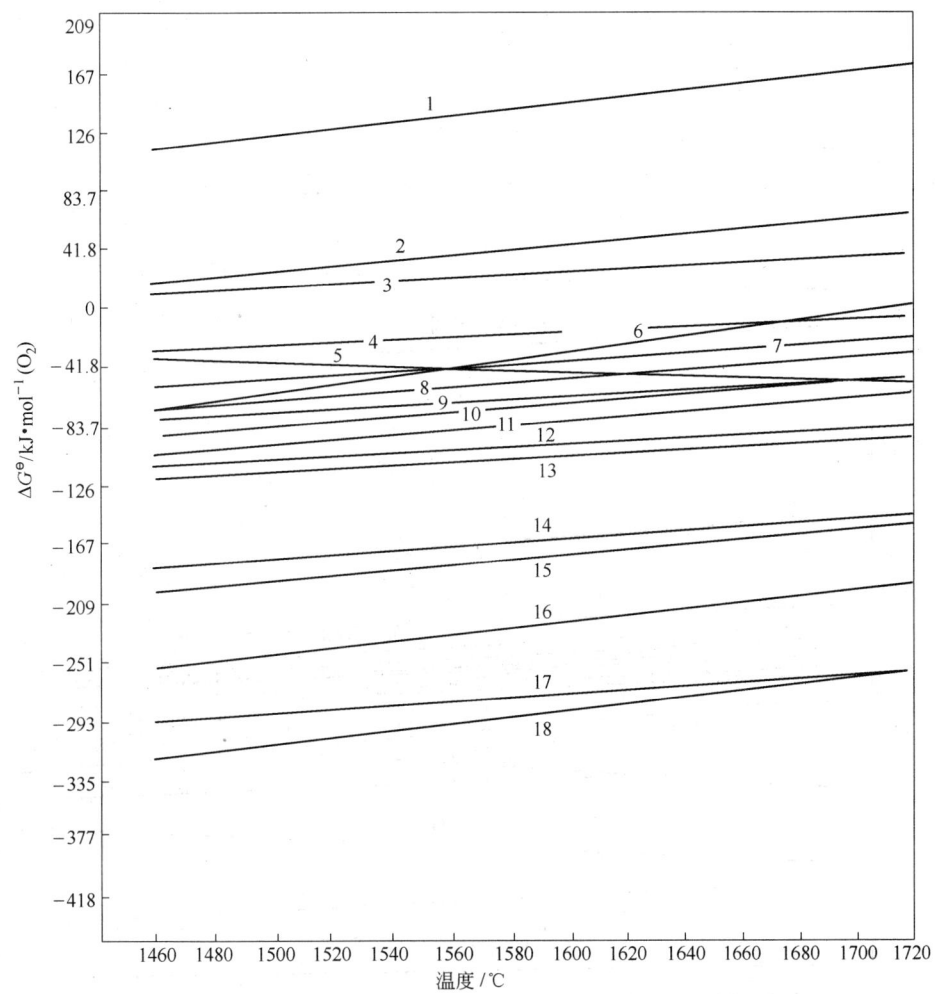

图9-4-21

1—[Ni]+[O]=NiO;2—1/3[W]+[O]=1/3WO$_3$;3—1/2[Mo]+[O]=1/2MoO$_2$;4—[Fe]+[O]=FeO;

5—[C]+[O]=CO;6—2/3[Cr]+[O]=1/3Cr$_2$O$_3$;7—[Mn]+[O]=MnO;8—2/3[V]+[O]=1/3V$_2$O$_3$;

9—1/2[Nb]+[O]=1/2NbO$_2$;10—2/5[P]+(FeO)+4/5(CaO)=1/5(4CaO·P$_2$O$_5$)+Fe;

11—2/3[B]+[O]=1/3B$_2$O$_3$;12—1/2[Si]+[O]=1/2SiO$_2$;13—1/2[Ti]+[O]=1/2TiO$_2$;

14—2/3[Al]+[O]=1/3Al$_2$O$_3$;15—1/2[Zr]+[O]=1/2ZrO$_2$;16—{Mg}+[O]=MgO;

17—2/3[Ce]+[O]=1/3Ce$_2$O$_3$;18—{Ca}+[O]=CaO

元素在钢液中溶解的自由能和温度的关系(图 9 - 4 - 22)

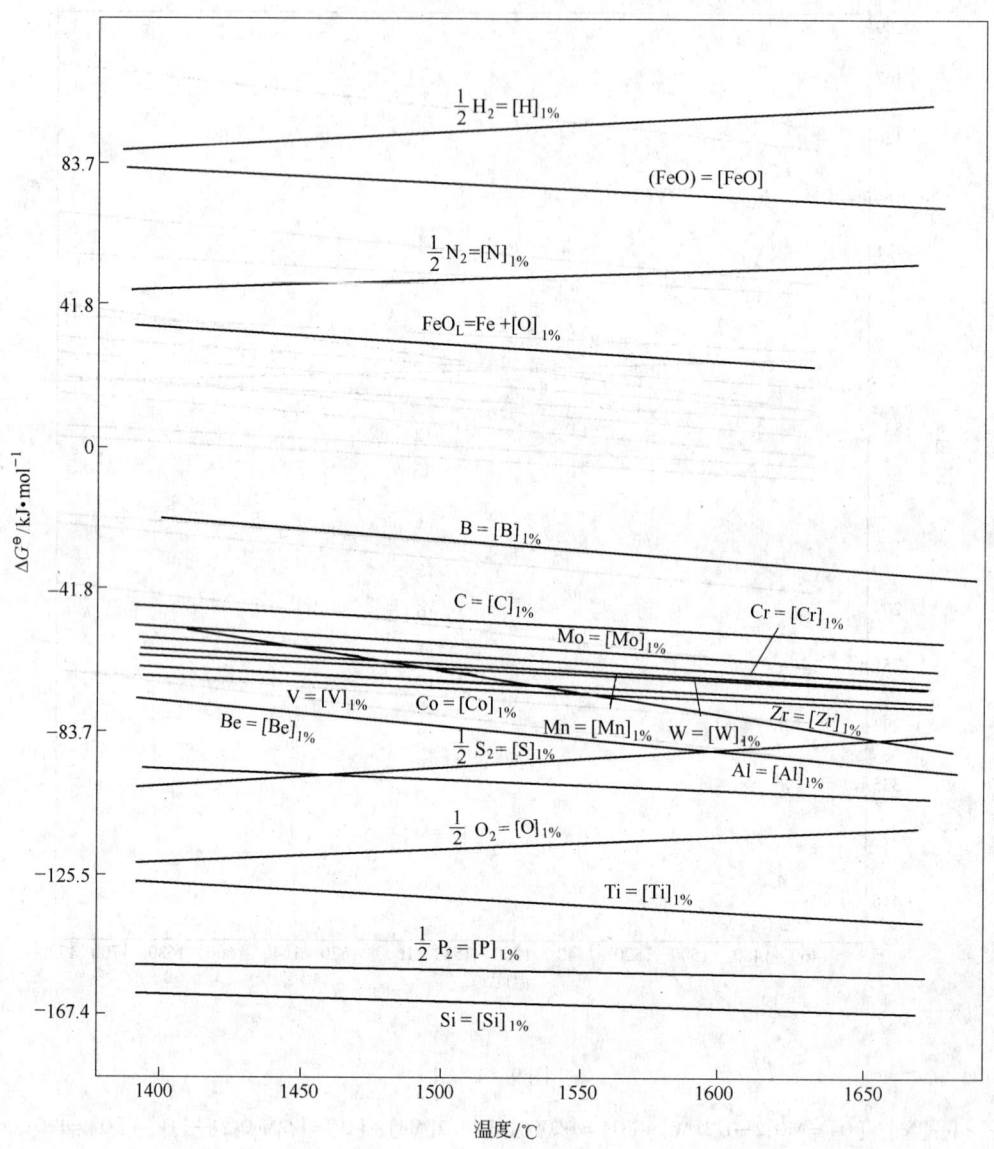

图 9 - 4 - 22

　　由不同数据整理标准溶解自由能,表示元素溶解于铁液内 1 mol 呈无限稀释溶液时自由能的变化。负值大的表明溶于铁液中的能力大,溶解速度越大(状态相同时比较固态、液态、气态),也可估量铁合金、合金在铁液中溶解的特点。

元素蒸发的自由能和温度的关系(图 9 - 4 - 23)[3]

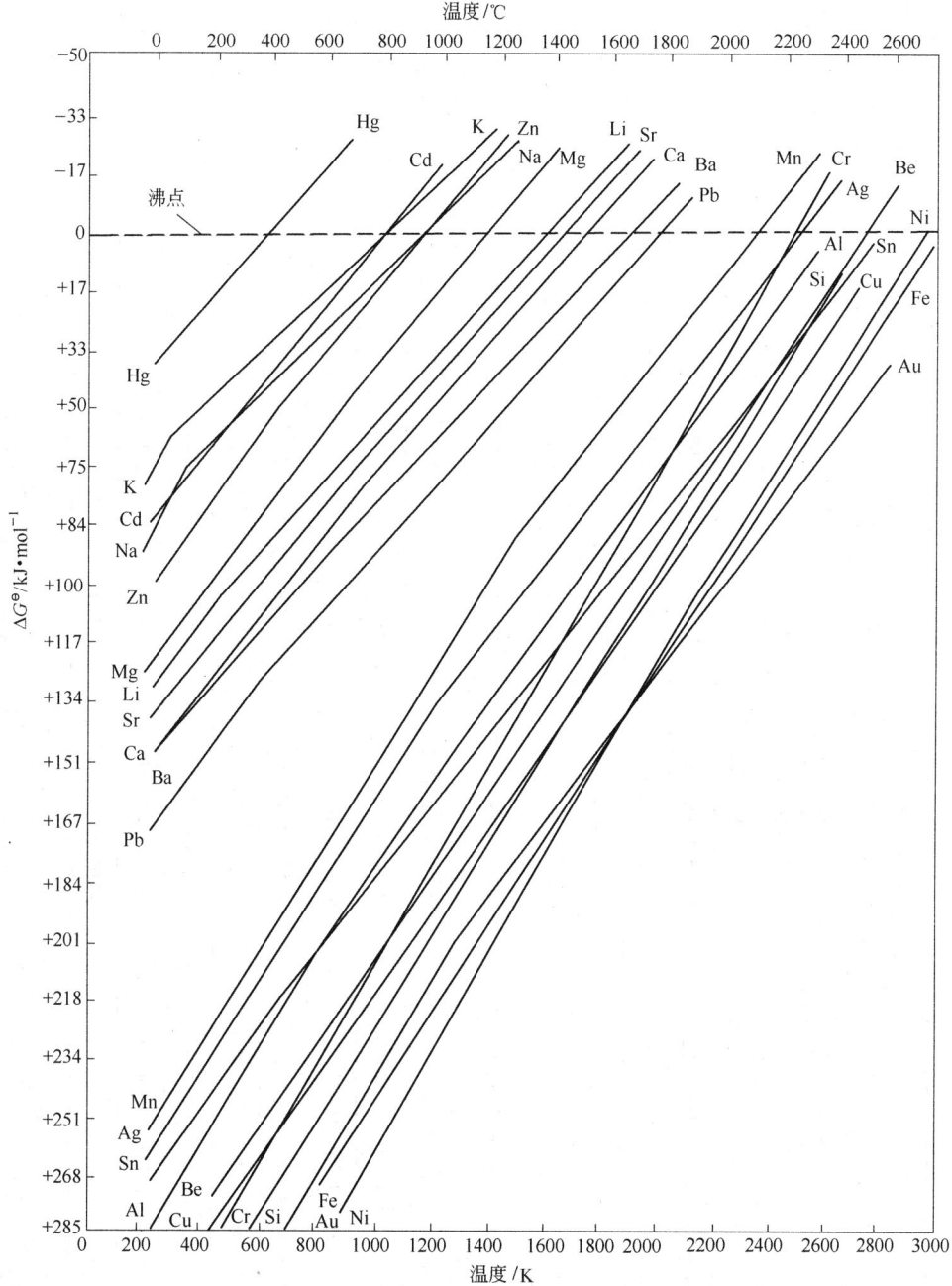

图 9 - 4 - 23

反应:$E_{S,L} = E_g$

含 $SiO_2$ 的复杂脱氧生成物和相关反应的标准自由能和温度的关系(表 9-4-1)[21]

表 9-4-1

| 序号 | 反 应 式 | $\Delta G^\ominus$-$T$ 关系式 /J·mol⁻¹([O]) | $\Delta G^\ominus$/kJ·mol⁻¹([O]) | | 生成物的熔点/℃ | 密度/g·cm⁻³ (20℃) |
|---|---|---|---|---|---|---|
| | | | 1800 K | 2000 K | | |
| 1 | $1/2Mn_L + 1/4Si_L + [O] = 1/4(2MnO \cdot SiO_2)$ | $-336464 + 100.67T$ | -155.26 | -135.12 | 1468 | 3.91~4.12 |
| 2 | $1/2Si_L + [O] = 1/2SiO_{2s}$ | $-355975 + 101.71T$ | -172.9 | -152.55 | 1713 | 2.32 |
| 3 | $6/13Al_L + 2/13Si_L + [O] = 1/13(3Al_2O_3 \cdot 2SiO_2)$ | $-418804 + 108.22T$ | -224 | -202.3 | >1850 | 3.16 |
| 4 | $1/3Mg_L + 1/3Si_L + [O] = 1/3(MgO \cdot SiO_2)$ | $-415545.3 + 104.09T$ | -228.1 | -207 | 1640 | 3.21 |
| 5 | $1/2Mg_L + 1/4Si_L + [O] = 1/4(2MgO \cdot SiO_2)$ | $-441458 + 111.97T$ | -240 | -217 | 1898 | 3.22 |
| 6 | $2/3Al_L + [O] = 1/3Al_2O_3$ | $-446245 + 112.29T$ | -244.1 | -221.9 | 2050 | 3.50 |
| 7 | $Ba_L + [O] = BaO$ | $-445980 + 107.77T$ | -252 | -230.4 | 1923 | 5.72 |
| 8 | $2/5Al_L + 1/5Si_L + [O] = 1/5(Al_2O_3 \cdot SiO_2)$ | $-449743 + 109.143T$ | -253.3 | -231.5 | 1800 | 3.1~3.2(β)；3.23~3.25(α) |
| 9 | $1/3Sr_L + 1/3Si_L + [O] = 1/3(SrO \cdot SiO_2)$ | $-439826 + 102.839T$ | -254.1 | -234.15 | 1580 | |
| 10 | $1/3Ca_L + 1/3Si_L + [O] = 1/3(CaO \cdot SiO_2)$ | $-505368 + 135.15T$ | -262.1 | -235.1 | 1548 | 2.91 |
| 11 | $3/7Ca_L + 2/7Si_L + [O] = 1/7(3CaO \cdot 2SiO_2)$ | $-524887 + 143.47T$ | -266.6 | -238 | 1700 | 3.15~3.224 |
| 12 | $1/3Ba_L + 1/3Si_L + [O] = 1/3(BaO \cdot SiO_2)$ | $-435783 + 92.63T$ | -269 | -250.4 | 1600 | |
| 13 | $1/2Ca_L + 1/4Si_L + [O] = 1/4(2CaO \cdot SiO_2)$ | $-539656 + 143.685T$ | -281 | -252.3 | 2130 | 3.28 |
| 14 | $1/2Ba_L + 1/4Si_L + [O] = 1/4(2BaO \cdot SiO_2)$ | $-466028 + 103.27T$ | -280.1 | -260 | 1830 | |
| 15 | $1/2Sr_L + 1/4Si_L + [O] = 1/4(2SrO \cdot SiO_2)$ | $-469971 + 103.358T$ | -284 | -262.3 | 1880 | |
| 16 | $Mg_L + [O] = MgO_s$ | $-493109 + 114.466T$ | -287.1 | -264.2 | 2730 | 3.58 |
| 17 | $Sr_L + [O] = SrO$ | $-476860 + 103.24T$ | -291.0 | -270.4 | 2490 | 4.7 |
| 18 | $Ca_g + [O] = CaO$ | $-676405 + 198.95T$ | -318.3 | -278 | 2570 | 3.32 |
| 19 | $Ca_L + [O] = CaO$ | $-525680 + 113.99T$ | -320.5 | -297.7 | 2570 | 3.32 |

含 $Al_2O_3$ 的复杂脱氧生成物和相关反应的标准自由能和温度的关系（表 9 – 4 – 2）[21]

表 9 – 4 – 2

| 序号 | 反应式 | $\Delta G^\ominus$-$T$关系式 /J·mol⁻¹([O]) | kJ/mol([O]) 1800 K | kJ/mol([O]) 2000 K | 生成物的熔点/℃ | 密度/g·cm⁻³ (20℃) |
|---|---|---|---|---|---|---|
| 1 | $1/8Ca_L + 1/4Al_L + 1/4Si_L + [O] = 1/8(CaO \cdot Al_2O_3 \cdot 2SiO_2)$ | -429295 + 117.463$T$ | -217.9 | -194.3 | 1558 | |
| 2 | $6/13Al_L + 2/13Si_L + [O] = 1/13(3Al_2O_3 \cdot 2SiO_2)$ | -418804 + 108.22$T$ | -224 | -202.3 | >1850 | 3.16 |
| | $2/3Al_L + [O] = 1/3Al_2O_3$ | -446245 + 112.79$T$ | -244.1 | -221.9 | 2050 | 2.97 |
| 3 | $1/4Ba_L + 1/2[Al]_L + [O] = 1/4(BaO \cdot Al_2O_3)$ | -447265 + 109.51$T$ | -250.1 | -228.2 | 1815 | 3.50(s) |
| 4 | $1/19Ca_L + 12/19Al_L + [O] = 1/19(CaO \cdot 6Al_2O_3)$ | -458931 + 114.72$T$ | -252.4 | -229.5 | 1600 | 3.38 |
| 5 | $2/9Ca + 1/9Ba_L + 1/3Si_L + [O] = 1/9(2CaO \cdot Ba_2O \cdot 2SiO_2)$ | -428173 + 123.98$T$ | -259 | -234.2 | 1340 | |
| | $2/5Al_L + 1/5Si_L + [O] = 1/5(Al_2O_3 \cdot SiO_2)$ | -449743 + 109.143$T$ | -253.3 | -231.5 | 约 1840 | 3.1~3.2(β)；3.23~3.25(α) |
| 6 | $1/4Mg_L + 1/2Al_L + [O] = 1/4(MgO \cdot Al_2O_3)$ | -466858 + 113.71$T$ | -262.2 | -239.0 | <2135 | 3.58 |
| 7 | $1/7Ca_L + 4/7Al_L + [O] = 1/7(CaO \cdot 2Al_2O_3)$ | -480728 + 120.61$T$ | -265.6 | -239.5 | 2055 | 2.91 |
| 8 | $1/4Ca_L + 1/2Al_L + [O] = 1/4(CaO \cdot Al_2O_3)$ | -507272 + 129.02$T$ | -275 | -249.2 | 1600 | 2.98 |
| 9 | $1/4Sr_L + 1/2Al_L + [O] = 1/4(SrO \cdot Al_2O_3)$ | -471692 + 109$T$ | -275 | -253.7 | 1790 | |
| 10 | $1/2Ca_L + 1/3Al_L + [O] = 1/6(3CaO \cdot Al_2O_3)$ | -560667 + 150.01$T$ | -290.649 | -260.647 | 1539 ~ 1660 | 3.04 |
| 11 | $1/2Ba_L + 1/3Al_L + [O] = 1/6(3BaO \cdot Al_2O_3)$ | -481491 + 106.89$T$ | -289.1 | -267.7 | 1625 | |
| 12 | $12/33Ca_L + 14/33Al_L + [O] = 1/33(12CaO \cdot 7Al_2O_3)$ | -425658 + 75.59$T$ | -289.6 | -274.5 | 1390 ~ 1420 | 2.83 |

注：1. $Ca_L$ 可以在大于1774 K（沸点）应用，如在压力大于0.1 MPa 的钢液中以液态存在时；
2. $Mg_L$ 为在炼钢温度下 Mg 在大于0.1 MPa 的钢液中存在时的状态。

含 $SiO_2$ 的复杂脱氧生成物及相关反应的标准自由能和温度的关系(反应式见表 9 − 4 − 1)(图 9 − 4 − 24)

含 $Al_2O_3$ 的复杂脱氧生成物及相关反应的标准自由能和温度的关系(反应式见表 9 − 4 − 2)(图 9 − 4 − 25)

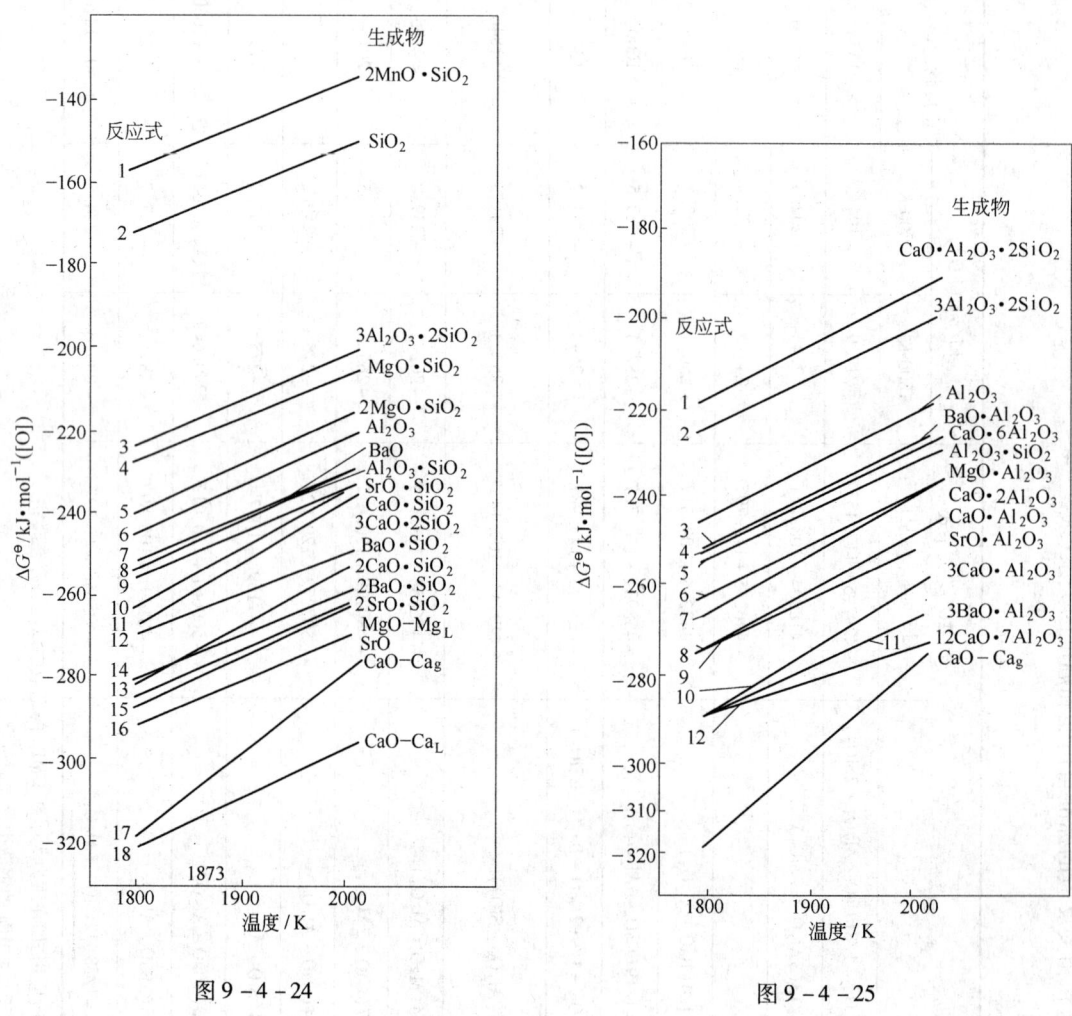

图 9 − 4 − 24                          图 9 − 4 − 25

从表 9 − 4 − 2、图 9 − 4 − 25 看出,复合脱氧时强脱氧元素提高了低脱氧能力元素的脱氧能力,以生成 $12CaO \cdot 7Al_2O_3$ 反应最显著,且它的熔点低(约为 1400℃),易碰撞、长大、去除,为减少、预防堵塞水口创造了条件,它的复合脱氧剂中 Ca/Al 比为 1.27。各种复合脱氧剂的组成可参考文献[34]。采用复合脱氧剂的好处在于强脱氧元素 Ca 提高了 Al 的脱氧能力,也就是说残存、平衡在钢液中的 Al 减少了(达到同样的脱氧效果时),Al 的消耗明显降低,这已被生产所证实。

钙和一些元素化合时反应的自由能和温度的关系(图9-4-26)

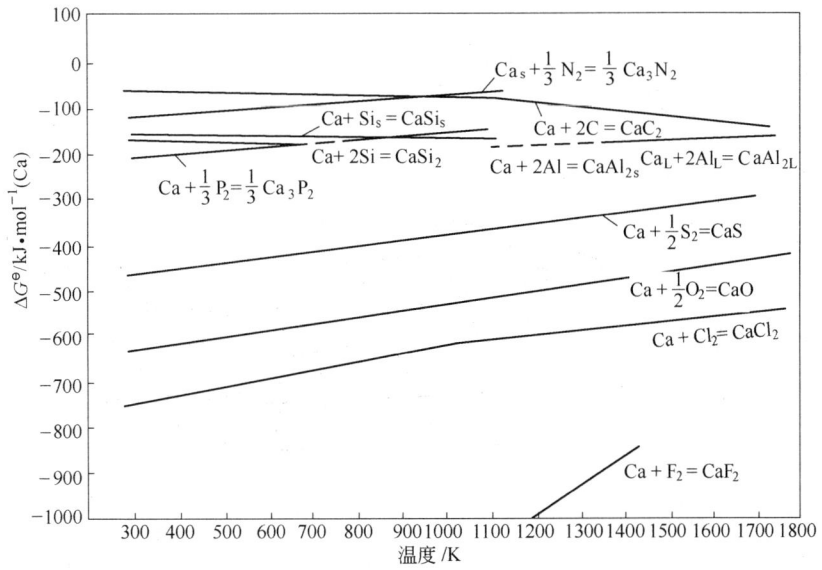

图 9-4-26

| 反 应 式 | $\Delta G^{\ominus}/J \cdot mol^{-1}$ | 适应温度/K |
|---|---|---|
| $Ca_s + \frac{1}{3}N_2 = \frac{1}{3}Ca_3N_2$ | $-145045 + 66.25T$ | $298 \sim 1112$ |
| $Ca_s + 2C_s = CaC_{2s}$ | $-54320 - 30.80T$ | $298 \sim 1115$ |
|  | $-61340 - 24.70T$ | $1115 \sim 1774$ |
| $Ca_s + Si_s = CaSi_s$ | $-150624 - 15.48T$ | $298 \sim 1112$ |
| $Ca_s + 2Si_s = CaSi_2$ | $-150624 - 28.45T$ | $298 \sim 1112$ |
| $Ca_s + \frac{1}{3}P_{2g} = \frac{1}{3}Ca_3 \cdot P_{2s}$ | $-228173 + 72.1T$ | $298 \sim 1200$ |
| $Ca_L + 2Al_L = CaAl_{2L}$ | $-189117 + 3.35T$ | $1353 \sim 1757$ |
| $Ca_L + 2Al_L = CaAl_{2s}$ | $-252285 + 52.03T$ | $1000 \sim 1353$ |
| $Ca_s + \frac{1}{2}S_2 = CaS_s$ | $-536575 + 96.285T$ | $673 \sim 1115$ |
| $Ca_L + \frac{1}{2}S_2 = CaS_s$ | $-545765 + 104.54T$ | $1115 \sim 1774$ |
| $Ca_s + \frac{1}{2}O_2 = CaO_s$ | $-633920 + 103.2T$ | $298 \sim 1115$ |
| $Ca_L + \frac{1}{2}O_2 = CaO_s$ | $-642680 + 111.10T$ | $1115 \sim 1774$ |
| $Ca_L + Cl_2 = CaCl_{2L}$ | $-758550 + 115.42T$ | $1115 \sim 1774$ |
| $Ca_L + F_2 = CaF_{2\alpha}$ | $-1236520 - 28.91TlgT + 264.44T$ | $1115 \sim 1424$ |

CaO 和一些氧化物反应的自由能和温度的关系(图 9 – 4 – 27)

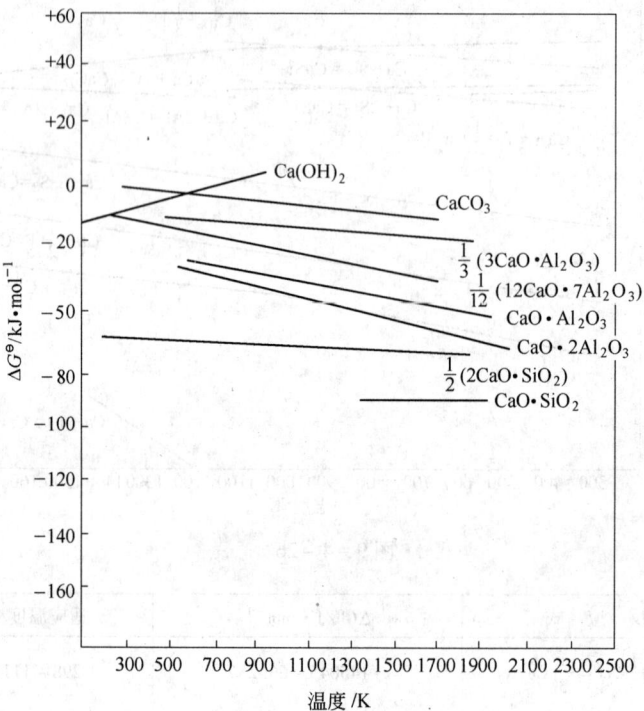

图 9 – 4 – 27

| 反 应 式 | $\Delta G^{\ominus}/J \cdot mol^{-1}$ |
|---|---|
| $CaO + H_2O = Ca(OH)_2$ | $-106740 + 135.64T$ |
| $CaO + CO_2 = CaCO_3$ | $-175930 + 150.69T$ |
| $CaO + \frac{1}{3}Al_2O_3 = \frac{1}{3}(3CaO \cdot Al_2O_3)$ | $-4184 - 8.23T$ |
| $CaO + \frac{7}{12}Al_2O_3 = \frac{1}{12}(12CaO \cdot 7Al_2O_3)$ | $-6088 - 17.294T$ |
| $CaO + Al_2O_3 = CaO \cdot Al_2O_3$ | $-17991 - 18.83T$ |
| $CaO + 2Al_2O_3 = CaO \cdot 2Al_2O_3$ | $-16736 - 25.52T$ |
| $CaO + \frac{1}{2}SiO_2 = \frac{1}{2}(2CaO \cdot SiO_2)$ | $-63180 - 2.51T$ |
| $CaO + SiO_2 = CaO \cdot SiO_2$ | $-89120 + 0.5T$ |

# 第五节　冶金反应的热力学数据

一、气体间、气体和钢液及钢间反应的自由能和平衡常数(表9-5-1)[22]

表9-5-1

| 反应方程式 | $\Delta G^{\ominus}$ ($=A+BT$) /kJ·mol$^{-1}$ | | 温度适用范围/K | $\lg K = \dfrac{A'}{T} + B'$ | | 备注 |
|---|---|---|---|---|---|---|
| | $A$ | $B$ | | $A'$ | $B'$ | |
| $\frac{1}{2}N_2 + \frac{3}{2}H_2 = NH_{3气}$ | $-50451$ | $111.788$ | $298\sim1000$ | $2630$ | $-8.72$ | |
| $CO_2 + C = 2CO$ | $169565$ | $-172.91$ | $298\sim2000$ | $-8850$ | $11.90$ | |
| $CO_2 = \frac{1}{2}O_2 + CO$ | $282609$ | $-86.876$ | $298\sim2000$ | $-14770$ | $5.97$ | |
| $C + \frac{1}{2}O_2 = CO$ | $-111788$ | $-87.71$ | $298\sim2500$ | $5840$ | $6.02$ | |
| $C + O_2 = CO_2$ | $-394397$ | $-0.8374$ | $298\sim2000$ | $20600$ | $0.04$ | |
| $H_2 + \frac{1}{2}O_2 = H_2O_{气}$ | $-246603$ | $54.877$ | $298\sim2500$ | $12880$ | $-4.30$ | |
| $2H_2 + C = CH_{4气}$ | $-90016$ | $109.53$ | $298\sim1200$ | $4710$ | $-8.6$ | $\Delta G^{\ominus}$ 中以 atm 计算 |
| $\frac{1}{2}H_2 = [H]$ | $222319$ | $-58.197$ | $298\sim3000$ | $-11610$ | $+4.48$ | |
| $\frac{1}{2}N_2 = [N]$ | $361740$ | $-65.314$ | $298\sim3000$ | $-18900$ | $+4.85$ | |
| $\frac{1}{2}O_2 = [O]$ | $250789$ | $-65.733$ | $298\sim3000$ | $-13100$ | $+4.87$ | 以上 $K$ 值中气相压力以 mmHg 为单位 |
| $H_2O = 2H + O$ | $924278$ | $-201.636$ | $298\sim3000$ | $-48283$ | $+10.53$ | |
| $\frac{1}{2}H_2 = [H]_\alpha$ | $24283$ | $53.59$ | $473\sim1183$ | $-1268$ | $-2.56$ | $K$ 值中 $p_{H_2}=1$ atm, $[H]$ 以%代入 |
| $\frac{1}{2}H_2 = [H]_\gamma$ | $29910$ | $45.636$ | $1184\sim1664$ | $-1562$ | $-2.13$ | $\lg[H] = \dfrac{A'}{T} + B'$ |
| $\frac{1}{2}H_2 = [H]_\delta$ | $28798$ | $46.473$ | $1665\sim1809$ | $-1504$ | $-2.16$ | |

续表 9-5-1

| 反应方程式 | $\Delta G^{\ominus}(=A+BT)$ /kJ·mol⁻¹ | | 温度适用范围/K | $\lg K = \dfrac{A'}{T} + B'$ | | 备　注 |
|---|---|---|---|---|---|---|
| | $A$ | $B$ | | $A'$ | $B'$ | |
| $\frac{1}{2}H_2 = [H]_{液}$ | 31820 | 38.1 | 1809~1973 | -1660 | -1.73 | |
| $\frac{1}{2}N_2 = [N]_{\alpha}$ | 34947 | 41.45 | 773~983 | -1825 | -0.76 | $K$值中 $p_{N_2}=1$ atm,[N]以%作单位 |
| $\frac{1}{2}N_2 = [N]_{\gamma}$ | -8039 | 63.64 | 983~1673 | 420 | -3.324 | |
| $\frac{1}{2}N_2 = [N]_{\delta}$ | 25468 | 49.40 | 1673~1809 | -1330 | -1.18 | |
| $\frac{1}{2}N_2 = [N]_{L}$ | 4815 | 50.24 | 1809~2023 | -251 | -1.22 | |
| $Fe_4N \rightarrow [N]_{\alpha}$ | 34658 | 5.495 | 453~863 | -1810 | -1.09 | $\lg[N]_{max} = 1.09 - \dfrac{1810}{T}(180\sim590℃)$ |
| $4Fe + \frac{1}{2}N_2 = Fe_4N$ | -4605 | 40.193 | 273~1173 | 240.5 | -2.1 | $\lg p_{N_2} = 7.1 - \dfrac{481}{T}(mmHg,20\sim590℃)$ |
| $\frac{1}{2}O_2 = [O]_{\gamma}$ | -593186 | 88.341 | 1073~1664 | 9150 | -3.16 | $\lg[O]/p_{O_2}^{\frac{1}{2}} = -3.16 + \dfrac{9150}{T}$,$p$ 以 atm 作单位 |
| $\frac{1}{2}O_2 = [O]_{\delta};[O]_{\alpha}$ | -155745 | 70.757 | 1664~1800 | 8130 | -2.23 | [O]以%作单位 |
| $\frac{1}{2}O_2 = [O]_{液}$ | -117230 | 25.12 | 1823~1973 | 6120 | -0.75 | [O]以%作单位 |
| $FeO = [O]_{\alpha} + Fe_{\alpha}$ | 128285 | -31.4 | 约1123 | -6700 | 1.64 | $\lg[O]_{\alpha max} = 1.64 - \dfrac{6700}{T}$,[O]以%表示 |
| $FeO = [O]_{\gamma} + Fe_{\gamma}$ | 86161 | -2.68 | 1183~1673 | -4500 | 0.14 | $\lg[O]_{\gamma max} = 0.14 - \dfrac{4500}{T}$,[O]以%表示 |

续表 9-5-1

| 反应方程式 | $\Delta G^{\ominus}(=A+BT)$ /kJ·mol⁻¹ | | 温度适用范围/K | $\lg K = \dfrac{A'}{T} + B'$ | | 备注 |
|---|---|---|---|---|---|---|
| | $A$ | $B$ | | $A'$ | $B'$ | |
| $FeO = [O]_\delta + Fe_\delta$ | | | 1663~1793 | -2500 | -0.80 | $\lg[O]_{\delta max} = -0.86 - \dfrac{2500}{T}$，[O]以%表示 |
| $FeO = [O](l) + Fe(l)$ | | | 1823~1973 | -6254 | 3.23 | $\lg[O]_{Lmax} = 3.23 - \dfrac{6254}{T}$，[O]以%表示 |
| $Fe_{\alpha,\gamma} + \dfrac{1}{2}O_2 = FeO(s)$ | -259751 | 62.593 | 833~1653 | 13565 | -3.27 | |
| $Fe(l) + \dfrac{1}{2}O_2 = FeO(l)$ | -232870 | 45.343 | 1799~2003 | 12160 | -2.36 | |
| $H_2O = [O]_\gamma + H_2$ | | | 1173~1664 | -3720 | 0.26 | $\lg[O] = \lg\left(\dfrac{p_{H_2O}}{p_{H_2}}\right) + 0.26 - \dfrac{3720}{T}$，[O]以%（摩尔分数）表示，$p$以mmHg表示 |
| $H_2O = [O]_\delta + H_2$ | | | 1664~1809 | -4740 | 1.17 | [O]以%（摩尔分数）表示，$p$以mmHg表示 |
| $H_2O = [O](l) + H_2$ | | | 1823~1973 | -6750 | -3.55 | [O]以%（摩尔分数）表示，$p$以mmHg表示 |
| $2CO = [C]_\gamma + CO_2$ | | | 1073~1768 | | | $\lg\left(\dfrac{p_{CO}^2}{p_{CO_2}}\right) = \lg\left(\dfrac{C}{100-2C}\right) + 11.0 + \left(6550 + \dfrac{3860C}{100-C}\right)\dfrac{1}{T}$，$p$以mmHg表示； |
| $2CO = [C](l) + CO_2$ | | | 1473~1973 | | | $\lg\left(\dfrac{p_{CO}^2}{p_{CO_2}}\right) = \lg\left(\dfrac{C}{100-2C}\right) + 11.1 + \dfrac{0.72C}{100-C} + \dfrac{1}{T}\left(7670 + \dfrac{3400C}{100-C}\right)$，$p$以mmHg表示 |
| $CO_2 = [O]_\gamma + CO$ | | | 1173~1673 | -5660 | 1.9 | $\lg[O] = \lg\left(\dfrac{p_{CO_2}}{p_{CO}}\right) + 1.9 - \dfrac{5660}{T}$，[O]以%（摩尔分数）表示 |
| $CO_2 = [O](l) + CO$ | | | 1823~1973 | -8690 | 5.22 | $\lg[O] = \lg\left(\dfrac{p_{CO_2}}{p_{CO}}\right) + 5.22 - \dfrac{8690}{T}$，[O]以%（摩尔分数）表示，$p$以mmHg表示 |

二、炼钢反应的热力学数据(表 9 − 5 − 2)[23]

表 9 − 5 − 2

| 反应及平衡常数 | $\lg K$ | $\Delta G^\circ/\mathrm{kJ\cdot mol^{-1}}$ | 精度 | 备注(作者) |
|---|---|---|---|---|
| $\frac{1}{2}\mathrm{H_2(g)}=[\mathrm{H}]_L;\ K=a_H/\sqrt{p_{\mathrm{H_2}}}\approx[\%\mathrm{H}]/\sqrt{p_{\mathrm{H_2}}}$ | $-1905/T-1.591$ | $36460+30.46T$ | (A) | Weinstein and Elliot |
| $\frac{1}{2}\mathrm{H_2(g)}=[\mathrm{H}]_\alpha;\ K=[\%\mathrm{H}]/\sqrt{p_{\mathrm{H_2}}}$ | $1418/T-2.369$ | $28650+45.35T$ | (A) | Geller and Tak-Ho Sun |
| $\frac{1}{2}\mathrm{H_2(g)}=[\mathrm{H}]_\gamma;\ K=[\%\mathrm{H}]/\sqrt{p_{\mathrm{H_2}}}$ | $-1182/T-2.369$ | $22630+45.35T$ | (A) | Geller and Tak-Ho Sun |
| $\frac{1}{2}\mathrm{H_2(g)}=[\mathrm{H}]_\delta;\ K=[\%\mathrm{H}]/\sqrt{p_{\mathrm{H_2}}}$ | $-1418/T-2.369$ | $28650+45.35T$ | (A) | Geller and Tak-Ho Sun |
| $\frac{1}{2}\mathrm{N_2(g)}=[\mathrm{N}]_L;\ K=a_N/\sqrt{p_{\mathrm{N_2}}}\approx[\%\mathrm{N}]/\sqrt{p_{\mathrm{N_2}}}$ | $-518/T-1.063$ | $9916+20.17T$ | (A) | 石井,万古,不破 |
| $\frac{1}{2}\mathrm{N_2(g)}=[\mathrm{N}]_\alpha$ | $-1520/T-1.04$ | $29090+19.91T$ | (A) | Zitter and Habel |
| $=[\mathrm{N}]_\gamma$ | $450/T-1.955$ | $-8613+37.42T$ | (A) | Corney and Turkdogen |
| $=[\mathrm{N}]_\delta$ | $-1520/T-1.04$ | $29090+19.91T$ | (A) | Zitter and Habel |
| $\frac{1}{2}\mathrm{P_2(g)}=[\mathrm{P}];\ a_{P'}/\sqrt{p_{\mathrm{P_2}}}=K$ | $8240/T-0.28$ | $-157700+5.4T$ | (A) | $\lg f_P^P=e_P^P[\%\mathrm{P}],\ e_P^P=0.054,$ 山田,山本 |
| $\frac{1}{2}\mathrm{S_2(g)}=[\mathrm{S}];\ a_{S'}/\sqrt{p_{\mathrm{S_2}}}=K$ | $6535/T-0.964$ | $-125100+18.5T$ | (A) | $\lg f_S^S=e_S^S[\%\mathrm{S}],\ e_S^S=-120/T+0.018$ Kato and Minarmi |
| $\mathrm{Al_2O_3(s)}=2[\mathrm{Al}]+3[\mathrm{O}],\ K=a_{Al}^2 a_O^3$ | $-64000/T+20.57$ | $1225000-393.8T$ | (A) | $\lg f_{Al}=e_{Al}^{Al}[\%\mathrm{Al}]+e_{Al}^{O}[\%\mathrm{O}]$　Boheleet<br>$\lg f_O=e_O^O[\%\mathrm{O}]+e_O^{Al}[\%\mathrm{Al}]$<br>$e_O^O=-1750/T+0.76$<br>$e_{Al}^{Al}=80.5/T$<br>$e_O^{Al}=-1.17(1873\mathrm{K}),=-0.83(1923\mathrm{K}),=-0.72(2023\mathrm{K})$<br>$e_{Al}^O=-1.98(1873\mathrm{K}),=-1.40(1923\mathrm{K}),=-1.22(2023\mathrm{K})$ |
| $\mathrm{B_2O_3(l)}=2[\mathrm{B}]+3[\mathrm{O}]$<br>$K=a_B^2 a_O^3/a_{\mathrm{B_2O_3}}$ | $-8.0(1873\mathrm{K})$ | $286900\mathrm{J}(1873\mathrm{K})$ | (C) | $\lg f_B\approx e_B^B[\%\mathrm{B}]=0.038[\%\mathrm{B}]$ Bużek<br>$\lg f_O\approx e_O^B[\%\mathrm{B}]=-0.315[\%\mathrm{B}]$ |

续表 9 - 5 - 2

| 反应及平衡常数 | $\lg K$ | $\Delta G^\circ/\text{kJ}\cdot\text{mol}^{-1}$ | 精度 | 备注（作者） |
|---|---|---|---|---|
| $[O] + CO(g) = CO_2(g)$<br>$K = p_{CO_2}/(p_{CO}a_O)$, $T = 1823\sim1973K$ | $8718/T - 4.762$ | $-166900 + 91.13T$ | (A) | $\lg f_C = \lg f'_C + \lg f''_C \approx \lg f'_C = 0.243[\%C]$ 万古,的场 |
| $[C] + CO_2(g) = 2CO_g$<br>$K = p^2_{CO}/(p_{CO_2}a_C)$, $T = 1823\sim1973K$ | $-7558/T + 6.765$ | $144700 - 129.5T$ | (A) | $\lg f_O = \lg f'_O + \lg f''_O = \lg f'_O = -0.421[\%O]$ 万古,的场 |
| $[C] + [O] = CO$<br>$K = p_{CO}/(a_C a_O)$, $T = 1823\sim1973K$ | $1160/T + 2.003$ | $-22200 - 38.34T$ | (A) | |
| $[C]_r + CO_2(g) = 2CO(g)$　$T = 1173\sim1673K$<br>$K = p^2_{CO}/(p_{CO_2}a_C)$　$[C] = 0\%\sim2.3\%$ | $-5690/T + 1.461\lg T + 1.662$ | $108900 - 27.9T\lg T - 31.8T$ | (A) | 适于 $1173\sim1673K$, $C = 0\sim2.3\%$<br>Siller and McLellan |
| $CaO(s) = [Ca] + [O]$<br>$K = a_{Ca}a_O$ | $-9.08(1873K)$<br>$-9.96(1873K)$ | $326000(1873K)$<br>$357000(1873K)$ | (C) | $e_O^{Ca} = -515(1873K)$, $r_{Ca}^O = 2240(1873K)$<br>热力学计算 |
| $Ce_2O_3 = 2[Ce] + 3[O]$<br>$K = a^2_{Ce}a^3_O$ | $-17.1(1873K)$ | $613000(1873K)$ | | $e_O^{Ce} = -64(1873K)$, $e_{Ce}^{Ce} = 0.004(1873K)$ |
| | | | (C) | $\lg K = 2\lg a_{Ce} + 3\lg a_O = \lg K'(\,=[\%Ce]^2[\%O]^3)$<br>$+ (2e_{Ce}^{Ce} + 3e_{Ce}^O)[\%Ce] + (2e_{Ce}^O + 3e_O^O)[\%O]$<br>$e_{Ce}^{Ce}[\%Ce] \approx 0, e_O^O[\%O] \approx 0$<br>$e_{Ce}^O = (M_{Ce}/M_O)e_O^{Ce} + (M_O - M_{Ce})/230M_O$ 铃木 |
| $Ce_2O_2S = 2[Ce] + 2[O] + [S]$ | $4.1\times10^{-7}(1873K)$ | | (C) | |
| $FeO(l) = Fe + [O]$<br>$K = a_O/a_{FeO}$ | $-6150/T + 2.604$ | $117700 - 49.83T$ | (A) | $\lg f_O = \lg f'_O = \left(\dfrac{-1750}{T} + 0.76\right)\cdot[\%O]$<br>Taylor and Chipman |
| $[O] + H_2(g) = H_2O(g)$　$K = p_{H_2O}/(p_{H_2}a_O)$ | $7040/T - 3.224$ | $-134800 + 61.71T$ | (A) | $\lg f_O = (-1750/T + 0.76)[\%O]$ 坂尾,佐野 |
| $Fe_tO(L,S) + [Mn] = MnO(L,S) + tFe(L)$<br>$K_{Mn(L)} = a_{MnO(L)}/(a_{FeO(L)}a_{Mn})$<br>$K_{Mn(s)} = a_{MnO(s)}/(a_{Fe_tO(s)}a_{Mn})$ | $\lg K_{Mn(L)} = 6440/T - 2.93$<br>$\lg K_{Mn(s)} = 6990/T - 3.01$ | $-123300 + 56.1T$<br>$-133700 + 57.6T$ | (A) | $\lg f_{Mn} = \lg f'_{Mn} + \lg f''_{Mn}$<br>$= e_{Mn}^{Mn}[\%Mn] + e_{Mn}^O[\%O]$<br>$\lg f_O = \lg f'_O + \lg f''_O$<br>$= e_O^O[\%O] + e_O^{Mn}[\%Mn]$ |
| $[Mn] + [O] = MnO(L,S)$<br>$K_L = a_{MnO(L)}/(a_{Mn}a_O)$<br>$K_S = a_{MnO(s)}/(a_{Mn}a_O)$ | $\lg K_L = 12760/T - 5.62$<br>$\lg K_S = 15050/T - 6.75$ | $-244300 + 107.6T$<br>$-288200 + 129.3T$ | (A) | $e_{Mn}^{Mn} = 0.00, e_{Mn}^O = -0.083$<br>$e_O^{Mn} = -1750/T + 0.76, e_O^O = -0.021$,坂尾 |
| $NbO_2(s) = [Nb] + 2[O]$　$T = 1823\sim1923K$<br>$Nb = 0.5\%\sim5\%$ | $\lg K = \lg(a_{Nb}a^2_O)$<br>$= -32780/T + 13.92$ | $627500 - 266.4T$ | (A) | $e_{Nb}^{Nb} = 0, e_O^{Nb} = -1750/T + 0.76, e_O^O = -19970/T + 9.95$<br>$e_O^{Nb} = -1750/T + 0.76, e_O^O = -3440/T + 1.717$ 成田,小山 |

| 反应及平衡常数 | lgK | $\Delta G^{\ominus}/\text{kJ} \cdot \text{mol}^{-1}$ | 精度 | 备注(作者) |
|---|---|---|---|---|
| $SiO_2(s) = [Si] + 2[O]$   $T=1823\sim1973K$   Si <3% | $lgK = lg(a_{Si}a_O^2)$ $= -30110/T + 11.40$ | $576440 - 218.2T$ | (A) | $e_{Si}^{Si} = 0.103, e_{Si}^{O} = -0.119, e_{O}^{Si} = -0.066$   坂尾,藤泽 |
| $Ta_2O_5(s) = 2[Ta] + 5[O]$   $T=1823\sim1923K$   Ta = 0.3% ~2% | $lgK = lg(a_{Ta}^2 a_O^5)$ $= -63100/T + 21.90$ | $1208000 - 419.3T$ | (A) | $e_{Ta}^{Ta} = 4737/T - 2.42, e_{Ta}^{O} = -20700/T + 9.84$ $e_{O}^{Ta} = -1813/T + 0.874$   成田,小山 |
| $Ti_3O_5(s) = 3[Ti] + 5[O]$   Ti: 0.013% ~0.25% $K' = [\%Ti]^3[\%O]^5$ | $lgK' = -16.1(1873K)$ $lg[\%O] = -0.6lg[\%Ti] - 3.22(T=1873K)$ | | (C) | $e_{Ti}^{Ti} = 0.041 \ (1873K)$ Suzuki and Sanbongi |
| $FeV_2O_4(s) = Fe(L) + 2[V] + 4[O]$ $T=1823\sim1973K$ 1873K,V=0.3%,1923,0.47% | $lgK_1 = lg(a_V^2 a_O^4)$ $= 48.270/T + 18.70$ | $924200 - 358.0T$ | (A) | $e_V^V = 0.022, e_V^O = -3350/T + 1.33$ |
| $V_2O_3(s) = 2[V] + 3[O]$   $T=1823\sim1973K$   [V] <4% | $lgK_2 = lg(a_V^2 a_O^3)$ $= -43390/T + 17.60$ | $830700 - 337.0T$ | (A) | $e_O^V = -1050/T + 0.42$ Kay and Kontopoulos |
| $ZrO_2(s) = [Zr] + 2[O]$   $T=1883\sim1983K$ $K = a_{Zr}a_O^2$   [Zr] <0.2% | $-57000/T + 21.8$ | $1090000/T - 417T$ | (B) | $lgf_{Zr} = lgf_{Zr}^{Zr} + lgf_{Zr}^{O}$ $= e_{Zr}^{Zr}[\%Zr] + e_{Zr}^{O}[\%O]$ $lgf_O = lgf_O^{Zr} + lgf_O^{O}$ $= e_O^O[\%O] + e_O^{Zr}[\%Zr]$ $e_{Zr}^{Zr} = 0, e_{Zr}^{O} = -12, e_O^O = -2.1$ Kitamura, Ban-ya and Fuwa |
| $AlN(s) = [Al] + [N]$   $K = a_{Al}a_N$ $T=1823\sim1973K$   [Al] <3.07% | $-12900/T + 5.62$ | $247000 - 107.5T$ | (B) | $lgf_{Al} = lgf_{Al}^{Al} + lgf_{Al}^{N} = e_{Al}^{Al}[\%Al] + e_{Al}^{N}[\%N]$ $lgf_N = lgf_N^N + lgf_N^{Al} = e_N^N[\%N] + e_N^{Al}[\%Al]$ $e_{Al}^{Al} = 80.5/T, e_{Al}^{N} = 0.015, e_N^{Al} = 0, e_N^N = 0.010$ Wada and Pehlke |
| $BN(s) = [B] + [N]$   $K = a_N a_B$ $T=1823\sim2023K$   [B] <7.06% | $-10000/T + 4.64$ | $192000 - 88.7T$ | (C) | $e_B^B = 0.038, e_B^N = 770/T - 0.338$ $e_N^B = 1000/T - 0.43T, e_N^B \approx 0$ Evans and pehlke |
| $NbN(s) = [Nb] + [N]$   $K = a_N a_{Nb}$ $T=1873\sim1973K$   Nb <30% | $-11100/T + 5.38$ | $213000 - 103T$ | (C) | $e_{Nb}^{Nb} = 0, e_N^N = 0, e_{Nb}^N = -1860/T + 0.517$ $e_N^{Nb} = -280/T + 0.0816, \gamma_N^{Nb} = 0$ $e_N^N = -5500/T + 2.36$   森田,足立 |
| $TaN(s) = [Ta] + [N]$   $K = a_{Ta}a_N$ $T=1873\sim1973K$   [Ta] <20% | $-15400/T + 7.81$ | $295000 - 149T$ | (C) | $e_{Ta}^{Ta} = 0.022, e_N^N = 0, e_{Ta}^{N} = -6770/T + 2.93$ $\gamma_N^{Ta} = -524/T + 0.231$   森田,足立 |

| 反应及平衡常数 | lgK | $\Delta G^{\ominus}/\text{kJ}\cdot\text{mol}^{-1}$ | 精度 | 备注（作者） |
|---|---|---|---|---|
| $\text{TiN(s)}=[\text{Ti}]+[\text{N}]\quad K=a_{\text{Ti}}a_{\text{N}}$<br>$T=1873\sim1973\text{K}$<br>$\text{Ti}<0.5\%$ | $-19800/T+7.78$ | $379000-149T$ | (B) | $e_{\text{Ti}}^{\text{Ti}}=0.048, e_{\text{Ti}}^{\text{N}}=-19500/T+8.37$<br>$e_{\text{N}}^{\text{N}}=0\quad e_{\text{N}}^{\text{Ti}}=-5700/T+2.45$　森田，国定 |
| $\text{FeCr}_2\text{O}_4(\text{s})=\text{Fe(l)}+2[\text{Cr}]+4[\text{O}]$<br>$K=C_{\text{Fe}}a_{\text{Cr}}^2a_{\text{O}}^4, T=1823\sim1923\text{K}, \text{CrC}<3\%$<br>$K=(100-[\%\text{Cr}]-[\%\text{O}])/100$ | $-53420/T+22.92$ | $1022700-438.8T$ | (A) | $e_{\text{Cr}}^{\text{Cr}}=0, e_{\text{Cr}}^{\text{O}}=-0.189, e_{\text{O}}^{\text{Cr}}=-0.055,$ 坂尾，佐野<br>$C_{\text{Fe}}=(100-[\%\text{Cr}]-[\%\text{O}])/100$ |
| $\text{Cr}_2\text{O}_3(\text{s})=2[\text{Cr}]+3[\text{O}]$<br>$K=a_{\text{Cr}}^2a_{\text{O}}^3, T=1873\sim2073\text{K}$<br>$[\text{Cr}]=3\%\sim30\%$ | $-44040/T+19.42$ | $843100-371.8T$ | (B) | $e_{\text{Cr}}^{\text{O}}=0\quad e_{\text{Cr}}^{\text{Cr}}=-1235/T+0.481$<br>$e_{\text{Cr}}^{\text{O}}=-380/T+0.151, \gamma_{\text{O}}^{\text{Cr}}=10.2/T-4.87\times10^{-3}$<br>$\lg f_{\text{O}}=e_{\text{O}}^{\text{O}}[\%\text{O}]+e_{\text{O}}^{\text{Cr}}[\%\text{Cr}]+\gamma_{\text{O}}^{\text{Cr}}[\%\text{Cr}]^2$　坂尾，佐野 |
| $\text{VN(s)}=[\text{V}]+[\text{N}]\quad K=a_{\text{V}}a_{\text{N}}$<br>$T=1873\sim1973\text{K}$<br>$[\text{V}]<24\%$ | $-8750/T+4.38$ | $167000-83.7T$ | (C) | $e_{\text{V}}^{\text{V}}=470/T-0.22\quad e_{\text{N}}^{\text{N}}=0$<br>$e_{\text{N}}^{\text{V}}=-1420/T+0.635, e_{\text{N}}^{\text{V}}=-5160/T+2.30$　森田，田中，矢内 |
| $\text{ZrN(s)}=[\text{Zr}]+[\text{N}]\quad K=a_{\text{Zr}}a_{\text{N}}$<br>$T=1873\sim2023\text{K}$<br>$[\text{Zr}]<0.6\%$ | $-13300/T+4.8$ | $255000-91.8T$ | (C) | $e_{\text{Zr}}^{\text{Zr}}=0.032\quad e_{\text{Zr}}^{\text{N}}=-4.13(1873\text{K})$<br>$=-3.41(1973\sim2023\text{K})$<br>$e_{\text{N}}^{\text{Zr}}=-0.63(1873\text{K})$<br>$=-0.52(1973\sim2023\text{K})$　D. B. Evans |
| $\text{CaS(s)}=[\text{Ca}]+[\text{S}]\quad K=a_{\text{Ca}}a_{\text{S}}$ | $-8.91(1873\text{K})$<br>$(-8.76\sim-9.14)$ | $319000\ \text{J/mol}$ | (C) | $e_{\text{S}}^{\text{Ca}}=-110(1873\text{K})$　铃木 |
| $\text{CeS(s)}=[\text{Ce}]+[\text{S}]\quad K=a_{\text{Ce}}a_{\text{S}}$ | $-20.600/T+6.39\pm0.41$ | $394000-(12.2\pm7.8)T$ | (B) | $e_{\text{S}}^{\text{Ce}}=-9.1(1873\text{K})e_{\text{Ce}}^{\text{Ce}}=0.004$ |
| $\text{TiS(s)}=[\text{Ti}]+[\text{S}]\quad K=a_{\text{Ti}}a_{\text{S}}$ | $-8000/T+4.02$ | $153000-77T$ | (B) | $e_{\text{S}}^{\text{Ti}}=-0.13(1873\text{K}), e_{\text{Ti}}^{\text{Ti}}=0.041(1873\text{K})$　角户，三木木 |
| $\text{Zr}_3\text{N}_4(\text{s})=3[\text{Zr}]+4[\text{S}]\quad K=a_{\text{Zr}}^3a_{\text{N}}^4$ | $-44000/T+19.5$ | $844000-374T$ | (C) | $e_{\text{S}}^{\text{Zr}}=-0.22$ |
| $\text{NbC(s)}=[\text{Nb}]+[\text{C}]_{\text{饱和}}\quad K=\{[\%\text{Nb}][\%\text{C}]\}_{\text{C,NbC饱和}}$<br>$T=1673\sim1923\text{K}$ | $-4840/T+3.73$<br>$\lg\{[\%\text{Nb}][\%\text{C}]\}_{\text{C,NbC饱和}}$<br>$=-3980/T+2.53$ |  | (A) |  |
| $\text{TiC(s)}=[\text{Ti}]+[\text{C}]\quad K=a_{\text{Ti}}$ | $-6670/T+2.907$<br>$\lg[\%\text{Ti}]=-6760/T$<br>$+3.965$ | $127600-55.65T$ | (A) | $e_{\text{Ti}}^{\text{C}}=-221/T-0.072$<br>$e_{\text{Ti}}^{\text{Ti}}=0.042$ |

注：(A)、(B)、(C)表示准确度。（A）—测定方法和结果可靠性大，今后的研究数据不会有很大改变；（B）—测定方法和结果可靠性高；（C）—其结果数值提供参考。

### 三、钢液内脱氧的热力学数据(表 9 - 5 - 3)[6]

表 9 - 5 - 3

| lg$K$ | $K$(1600℃) | $e_O^M$(1600℃) | $e_M^M$(1600℃) | 浓度范围 | 测定方法 | 研究者 |
|---|---|---|---|---|---|---|
| Al | | | | $Al_2O_3(s) = 2[Al] + 3[O]$ | | |
| $-\dfrac{64900}{T} + 20.63$ | $9.55 \times 10^{-15}$ | $-1.10$ | $0.043$ $\gamma_{Al}^0 = 0.063$ | <1% Al | 热力学计算 | Chipman |
| $-\dfrac{62780}{T} + 20.17$ | $4.5 \times 10^{-14}$ | $-3.90$ | $\gamma_{Al}^0 = 0.021$ | <0.4% Al | 固体电解质、电动势法,热力学的计算和 $Al_2O_3$-CaO 渣的平衡 | Fruehan Turkdogan BOF |
| $-\dfrac{64000}{T} + 20.57$ | $2.51 \times 10^{-14}$ | $-1.17$ | | <3% Al | | Rohde |
| $-\dfrac{64000}{T} + 20.71$ | $3.5 \times 10^{-11}$ | | | <0.1% Al | | Rohde |
| C | | | | $CO(g) = [C] + [O]$ | | |
| $-\dfrac{1160}{T} - 2.003$ | $2.39 \times 10^{-3}$ | $-0.421$ | $0.298$ | 0.1% ~ 1% C | 和 CO-$CO_2$ 平衡 | 万谷 学振 |
| $-\dfrac{1168}{T} - 2.07$ | $2.02 \times 10^{-3}$ | $-0.13$ | $0.19$ | <3% C | 和 CO-$CO_2$ 平衡 | Fuwa BOF Elliott |
| Cr | | | | $FeCr_2O_4(s) = Fe(l) + 2[Cr] + 4[O]$ | | |
| $-\dfrac{53420}{T} + 22.92$ | $2.51 \times 10^{-4}$ | $-0.055$ | $0$ | <3% Cr | 和 $H_2$-$H_2O$ 平衡热力学计算 | 学振 |
| $-\dfrac{50700}{T} + 21.70$ | $4.3 \times 10^{-6}$ | $0.037$ | | <3% Cr | 固体电解质电动势法,热力学计算 | Fruehan Turkdogan |
| $-\dfrac{50760}{T} + 21.64$ | $3.5 \times 10^{-6}$ | $0.040$ | $0$ | <3% Cr | 和 $H_2$-$H_2O$ 平衡热力学计算 | Chipman Elliott |
| Cr | | | | $Cr_2O_3(s) = 2[Cr] + 3[O]$ | | |
| $-\dfrac{40740}{T} + 17.78$ | $1.07 \times 10^{-4}$ | $-0.037$ | | 3% ~ 20% Cr | 固体电解质电动势法热力学的计算 | Fruehan Turkdogan |
| $-\dfrac{44040}{T} + 19.42$ | $8.07 \times 10^{-5}$ | $-0.047$ | | 10% ~ 25% Cr | 溶解度测定 | Nakamura |
| Cr | | | | $Cr_3O_4(s) = 3[Cr] + 4[O]$ | | |
| $-\dfrac{53520}{T} + 23.96$ | $2.43 \times 10^{-5}$ | $0.037$ | $0$ | 9% ~ 20% Cr | 和 $H_2$-$H_2O$ 平衡热力学计算 | Chipman Elliott |
| Mn | | | | $MnO(l) = [Mn] + [O]$ | | |
| $-\dfrac{12760}{T} + 5.68$ | $7.37 \times 10^{-2}$ | $0$ | $0$ | 液体 | 和 FeO-MnO 渣平衡 | Chipman 学振 Elliott |

| $\lg K$ | $K(1600℃)$ | $e_O^M(1600℃)$ | $e_M^M(1600℃)$ | 浓度范围 | 测定方法 | 研究者 |
|---|---|---|---|---|---|---|
| Mn | | | $MnO(s)=[Mn]+[O]$ | | | |
| $-\dfrac{15050}{T}+6.81$ | $5.95\times10^{-2}$ | 0 | 0 | 固体 | 据 Chipman 液体渣平衡 – 热力学计算 | 学振 |
| $-\dfrac{14450}{T}+6.43$ | $5.2\times10^{-2}$ | 0 | 0 | 固体 | 据 Chipman 液体渣平衡 – 热力学计算 | Turkdogan BOF |
| Si | | | $SiO_2(s)=[Si]+2[O]$ | | | |
| $-\dfrac{30720}{T}+11.76$ | $2.29\times10^{-5}$ | $-0.137$ | $0.32$ | $0.03\%\sim3\%$ Si | $H_2$-$H_2O$ 平衡 | 的场 学振 |
| $-\dfrac{30410}{T}+11.59$ | $2.26\times10^{-5}$ | 0 | 0 | $<0.5\%$ Si | $H_2$-$H_2O$ 平衡 | 的场 学振 |
| Ti | | | $TiO_x=[Ti]+x[O]$ | | | |
| $\begin{aligned}a_{Ti}a_O^2&=2.8\times10^{-6}\\ a_{Ti}a_O&=1.9\times10^{-3}(1600℃)\end{aligned}$ | | $\left.\begin{aligned}&-1.12\\ &<1\%\ Ti\end{aligned}\right\}$ | $\left.\begin{aligned}&-0.014\\ &\gamma_{Ti}^O=0.038\end{aligned}\right.$ | $<0.3\%$ Ti $>5\%$ Ti | 固体电解质电动势法热力学的计算 | Fruehan Turkdogan |
| $[\%Ti]^3[\%O]^5=7.94\times10^{-17}$ $(1600℃)$ | | $(-0.31)$ | $(0.042,\gamma_{Ti}^O=0.016)$ | $0.013\%\sim0.25\%$ Ti | 固体电解质电动力 $H_2$-$H_2O$ 平衡 – 溶解度测定 | 铃木 |
| V | | | $FeV_2O_4(s)=Fe(1)+2[V]+4[O]$ | | | |
| $-\dfrac{44856}{T}+16.602$ | $4.54\times10^{-8}$ | $-0.32$ | 0 | 1600℃ $0.19\%$ V | $H_2$-$H_2O$ 平衡 – 热力学计算 | Dastur 成田 学振 |
| $-\dfrac{48060}{T}+18.61$ | $3.93\times10^{-8}$ | $-0.14$ | $\gamma_V^O=0.10$ | $<0.1\%$ V | 固体电解质电动力热力学计算 | Fruehan Turkdogan |
| $-\dfrac{44704}{T}+16.508$ | $4.37\times10^{-8}$ | $-0.15$ | 0 | 1600℃ $<0.13\%$ V | $H_2$-$H_2O$ 平衡 | Narita |
| $-\dfrac{48280}{T}+16.70$ | $8.38\times10^{-8}$ | $e_O^V=-0.14$ $\gamma_O^V=0.004$ | 0 $\gamma_V^O=0.21$ | 1600℃ $<0.30\%$ V | 固体电解质 EMF 法 | Kay |
| V | | | $V_2O_3=2[V]+3[O]$ | | | |
| $-\dfrac{42610}{T}+16.862$ | $1.30\times10^{-4}$ | $-0.32$ | 0 | 1600℃ $0.19\%\sim1.0\%$ V | $H_2$-$H_2O$ 平衡 – 热力学计算 | Dastur 成田 学振 |
| $-\dfrac{43200}{T}+17.52$ | $2.85\times10^{-6}$ | $-0.14$ | 0 $\gamma_V^O=0.10$ | $>0.3\%$ V | 固体电解质电动力热力学计算 | Fruehan Turkdogan |
| $-\dfrac{42300}{T}+16.615$ | $1.07\times10^{-6}$ | $-0.15$ | 0 | 1600℃ $0.13\%\sim4\%$ V | $H_2$-$H_2O$ 平衡 | Narita |
| $-\dfrac{43400}{T}+17.61$ | $2.75\times10^{-6}$ | $e_O^V=-0.14$ $\gamma_O^V=0.004$ | 0 $\gamma_V^O=0.21$ | 1600℃ $0.30\%\sim10\%$ V | 固体电解质电动势力 | Kay |

## 四、元素溶于钢液时反应的自由能、$\gamma_E^o$ 与温度的关系(表 9 – 5 – 4)[6]

表 9 – 5 – 4

| 元素 $i$ | $\gamma_i^o$(1873K) | M(纯)=M(稀,N)<br>$\Delta G^o(N)/\text{kJ}\cdot\text{mol}^{-1}$ | M(纯)=M(稀,%)<br>$\Delta G^o(\%)/\text{kJ}\cdot\text{mol}^{-1}$ |
|---|---|---|---|
| Ag(l) | 200 | 82.42 | $82.42 - 43.76 \times 10^{-3}T$ |
| Al(l) | 0.029 | $-63.18 + 4.31 \times 10^{-3}T$ | $-63.17 - 27.91 \times 10^{-2}T$ |
|  | 0.049 | $-71.08 + 12.89 \times 10^{-3}T$ | $-71.08 - 19.65 \times 10^{-3}T$ |
| B(s) | 0.022 | $-65.27 + 2.97 \times 10^{-3}T$ | $-65.27 - 21.55 \times 10^{-3}T$ |
| C(gra) | 0.60,0.57 | $22.59 - 16.74 \times 10^{-3}T$<br>$13.28 - 11.24 \times 10^{-3}T$ | $22.59 - 42.26 \times 10^{-3}T$<br>$13.28 - 36.74 \times 10^{-3}T$ |
| Ca(g) | 2240 | $-39.46 + 84.94 \times 10^{-3}T$ | $-39.46 + 49.37 \times 10^{-3}T$ |
| Ce(l) | 0.32 | $-16.74 - 0.50 \times 10^{-3}T$ | $-16.74 - 46.44 \times 10^{-3}T$ |
| Co(l) | 1.07 | 1.00 | $1.00 - 38.74 \times 10^{-3}T$ |
| Cr(l) | 1.0 | 0 | $-37.70 \times 10^{-3}T$ |
| Cr(s) | 1.14 | $19.25 - 9.16 \times 10^{-3}T$ | $19.25 - 46.86 \times 10^{-3}T$ |
| Cu(l) | 8.6 | 33.47 | $33.47 - 39.37 \times 10^{-3}T$ |
| 1/2H$_2$(g) |  |  | $36.48 + 30.46 \times 10^{-3}T$ |
| La(l) | 9.2 | $125.94 - 48.55 \times 10^{-3}T$ | $125.94 - 94.56 \times 10^{-3}T$ |
| Mn(l) | 1.3 | 4.08 | $4.08 - 38.16 \times 10^{-3}T$ |
| Mo(l) | 1<br>0.70 | 0<br>$-5.5$ | $-42.78 \times 10^{-3}T$<br>$-5.5 - 42.78 \times 10^{-3}T$ |
| Mo(s) | 1.86<br>1.47 | $27.61 - 9.58 \times 10^{-3}T$<br>$27.1 - 11.26 \times 10^{-3}T$ | $27.61 - 52.38 \times 10^{-3}T$<br>$27.1 - 54.05 \times 10^{-3}T$ |
| 1/2N$_2$(g) |  |  | $3.60 + 23.89 \times 10^{-3}T$ |
| Nb(l) | 1.0 | 0 | $-42.68 \times 10^{-3}T$ |
| Nb(s) | 1.4 | $23.01 - 9.62 \times 10^{-3}T$ | $23.01 - 53.30 \times 10^{-3}T$ |
| Ni(l) | 0.66 | $-20.92 + 7.53 \times 10^{-3}T$ | $-20.92 - 31.06 \times 10^{-3}T$ |
| 1/2O$_2$(g) |  |  | $-117.11 - 3.39 \times 10^{-3}T$ |
| 1/2F$_2$(g) |  |  | $-122.17 - 19.25 \times 10^{-3}T$ |
| Pb(l) | 1400 | $212.54 - 53.14 \times 10^{-3}T$ | $212.54 - 106.27 \times 10^{-3}T$ |
| 1/2S$_2$(g) |  |  | $-135.06 + 23.43 \times 10^{-3}T$ |
| Si(l) | 0.0008,0.0013 | $131.50 + 15.23 \times 10^{-3}T$ | $-131.50 - 17.24 \times 10^{-3}T$ |
| Sn(l) | 2.8 | 16.11 | $16.11 - 44.43 \times 10^{-3}T$ |
| Ta(l) | $-1.4$ | $2.05 - 28.87 \times 10^{-3}T\lg T$<br>$+ 0.0203T$ | $2.05 - 28.87 \times 10^{-3}T\lg T$<br>$+ 8.786 \times 10^{-3}T$ |
| Ti(l) | 0.017,0.033,0.037 | $-46.44$ | $-46.44 - 37.03 \times 10^{-3}T$ |
| Ti(s) | 0.016,0.038 | $-31.13 - 7.95 \times 10^{-3}T$ | $-31.13 - 44.98 \times 10^{-3}T$ |
| U(l) | 0.027 | $-56.07$ | $-56.07 - 50.21 \times 10^{-3}T$ |
| V(l) | 0.08 | $-42.26 + 1.55 \times 10^{-3}T$ | $-42.26 - 35.98 \times 10^{-3}T$ |
| V(s) | 0.1,0.16 | $-20.71 - 8.08 \times 10^{-3}T$ | $-20.71 - 45.61 \times 10^{-3}T$ |
| W(l) | 1 | 0 | $-48.12 \times 10^{-3}T$ |

续表 9-5-4

| 元素 $i$ | $\gamma_i^{\ominus}$(1873K) | M(纯) = M(稀,N)<br>$\Delta G^{\ominus}$(N)/kJ·mol$^{-1}$ | M(纯) = M(稀,%)<br>$\Delta G^{\ominus}$(%)/kJ·mol$^{-1}$ |
|---|---|---|---|
| W(s) | 1.2 | $31.38 - 15.27 \times 10^{-3} T$ | $31.38 - 63.60 \times 10^{-3} T$ |
| Zr(l) | 0.037 | $-51.04$ | $-51.04 - 42.38 \times 10^{-3} T$ |
| Zr(s) | 0.043 | $-33.90 - 7.61 \times 10^{-3} T$ | $-33.90 - 50.00 \times 10^{-3} T$ |

注：1. A(l) = [A](1% 在 Fe 液中) $\Delta G_1^{\ominus} = RT\ln\dfrac{\gamma_A^{\ominus}}{100}\dfrac{M_{Fe}}{M_A}$,

1873K 时 $\gamma_A^{\ominus}$ 见表 9-5-4 式中, $M_{Fe}$、$M_A$ 为 Fe 及溶质的摩尔质量；

2. A(s) = A(l) $\Delta G_2^{\ominus} = \dfrac{\Delta H(T_{熔} - T)}{T_{熔}}$

A(s) = [A](1% 在 Fe 液中) $\Delta G_3^{\ominus} = \dfrac{\Delta H(T_{熔} - T)}{T} + RT\ln\dfrac{\gamma_A^{\ominus}}{100}\dfrac{M_{Fe}}{M_A}$；

式中, $\Delta H$ 为 A 的熔化潜热；$T_{熔}$ 为 A 的熔点；$T$ 为溶解温度。

表中 $\gamma_i^{\ominus}$ 按照数值的特征, 可分为下列几类：

（1）$\gamma_i^{\ominus} = 1$ 元素在铁液中形成理想溶液或近似理想溶液, 如 Mn、Co、Cr、Nb、Mo、W；

（2）$\gamma_i^{\ominus} \gg 1$ 元素在铁液中溶解度很小, 在高温下挥发能力很大的元素, 如 Ca、Mg；

（3）$\gamma_i^{\ominus} \ll 1$ 元素与铁原子形成稳定的化合物, 如 Al、B、Si、Ti、V、Zr 等；

（4）气体溶解前不是液态的, 是 0.1 MPa 的气相, 故无 $\gamma_i^{\ominus}$ 值；

（5）以固态溶解的元素的 $\gamma_i^{\ominus}$ 比以液态溶解的 $\gamma_i^{\ominus}$ 值要高些, 因为前者的 $\Delta G_i^{\ominus}$ 中包含有元素熔化吉布斯自由能；

（6）计算出的 $\Delta G_i^{\ominus}$ 值为负值时, 溶解能自动进行。且负值大的溶解速度快, 它表示溶解到铁液中达 1% 时的状态；

（7）氢、氮溶解到铁液中的 $\Delta G^{\ominus}$ 为正值, 表明在 0.1 MPa 时氢、氮在铁液中的溶解反应不能进行；

（8）比较两个反应时的 $\Delta G^{\ominus}$ 的负值大小可表示反应速度的大小（反应物的数量相同时）, 负值越大反应速度越大, 如 $Ca + \frac{1}{2}O_2$ 和 $\frac{2}{3}Al + \frac{1}{2}O_2$ 反应的负值大小。

（9）在一个反应式中反应的生成物的起始活度为零时（或活度很小时）反应的 $\Delta G$ 值就越大, 具体情况要进一步分析。

碱土和稀土元素的溶解自由能（表 9-5-5）[31]

表 9-5-5

| 反 应 | 溶解的标准吉布斯自由能变化 $\Delta G^{\ominus}$/J·mol$^{-1}$ |
|---|---|
| $Ca_g = [Ca]_{1\%}$ | $122100 - 35.50T$ |
| $Ca_L = [Ca]_{1\%}$ | $245700 - 122.50T$ |
| $Mg_g = [Mg]_{1\%}$ | $117000 - 31.40T$ |
| $Mg_L = [Mg]_{1\%}$ | $246700 - 125.70T$ |
| $Ce_s = [Ce]_{1\%}$ | $-287100 + 76.11T$ |
| $La_s = [La]_{1\%}$ | $-572000 + 250.30T$ |
| $Nd_s = [Nd]_{1\%}$ | $24910 - 94.74T$ |
| $Y_L = [Y]_{1\%}$ | $-33970 - 31.09T$ |

1873K 时 $\gamma_{Ce}^{\ominus} = 0.023$, $\gamma_{La}^{\ominus} = 0.33$, $\gamma_{Nd}^{\ominus} = 0.0143$, $\gamma_Y^{\ominus} = 0.34$。

碳溶于铁中的自由能（碳的浓度不同）（表9-5-6）[23]

表9-5-6

| 反　　应 | $\Delta G^{\ominus}/\mathrm{J}\cdot\mathrm{mol}^{-1}$ | 适用温度/K |
|---|---|---|
| $C=[C]_L$ | | |
| $[C]_{4\%}$ | $26778-20.25T$ | $1438\sim2273$ |
| $[C]_{3\%}$ | $26778-24.89T$ | $1548\sim2273$ |
| $[C]_{2\%}$ | $26778-30.42T$ | $1633\sim2273$ |
| $[C]_{1.5\%}$ | $26778-34.52T$ | $1682\sim2273$ |
| $[C]_{1\%}$ | $26778-40.58T$ | $1718\sim2273$ |
| $[C]_{0.5\%}$ | $26778-48.12T$ | $1808\sim2273$ |
| $[C]_{0.1\%}$ | $26778-62.38T$ | $1812\sim2273$ |
| $[C]_{0.01\%}$ | $26778-19.48T$ | $1812\sim2273$ |
| $C=[C]_\delta$ | | |
| $[C]_{0.1\%}$ | $66526-70.42T$ | $1768$ |
| $[C]_{0.01\%}$ | $66526-89.54T$ | $1183$ |
| $C=[C]_\gamma$ | | |
| $[C]_{1.5\%}$ | $45187-35.48T$ | $1067\sim1521$ |
| $[C]_{1.0\%}$ | $45187-40.79T$ | $1073\sim1613$ |
| $[C]_{0.5\%}$ | $45187-48.03T$ | $1035\sim1700$ |
| $[C]_{0.1\%}$ | $45187-61.71T$ | $1135\sim1728$ |

氧、硅、碳、铬溶解的自由能变化（表9-5-7）

表9-5-7

| $\frac{1}{2}O_2=[O]_L$ | | $\Delta G^{\ominus}/\mathrm{J}\cdot\mathrm{mol}^{-1}(O)$ |
|---|---|---|
| $N_O$ | $[O]\%$ | |
| 0.001 | 0.0029 | $-116859-31.8T$ |
| 0.003 | 0.086 | $-116859-22.59T$ |
| 0.008 | 0.230 | $-116859-10.25T$ |
| | 1.0 | $-116859-2.38T$ |
| $Si_L=[Si]_{Fe}$ | | $\Delta G^{\ominus}/\mathrm{J}\cdot\mathrm{mol}^{-1}(S)$ |
| $N_{Si}$ | $[Si]$ | |
| | 0.01 | $-119244-47.61T$ |
| | 0.1 | $-119244-28.45T$ |
| | 1.0 | $-119244-9.33T$ |
| 0.1 | 5.25 | $-116315+4.94T$ |
| 0.2 | 11.15 | $-100834+6.234T$ |
| 0.4 | 25.0 | $-56066+11.72T$ |
| 0.5 | 33.3 | $-35146+9.96T$ |
| 0.6 | 42.9 | $-18410+4.31T$ |
| 0.7 | 53.8 | $-7113+0T$ |
| 0.8 | 66.7 | $-1674-1.59T$ |
| 0.9 | 81.8 | $-418.4-0.837T$ |

| Fe - Cr - C 系 | | | | $\Delta G^{\ominus}/\text{J} \cdot \text{mol}^{-1}$ |
| C = [ C ]$_L$ | | | | |
| $N_{Cr}$ | [ Cr ] | $N_C$ | [ C ] | |
| 0.1 | 10.1 | 0.85 | 1.97 | $-33342 + 9.414T$ |
| 0.1 | 10.75 | 0.16 | 3.98 | $-31756.0 + 10.46T$ |
| 0.1 | 11.4 | 0.225 | 5.70 | $-8033 (2033K)$ |
| 0.2 | 21.3 | 0.16 | 4.01 | $-31547 + 5.23T$ |
| 0.2 | 22.7 | 0.225 | 5.8 | $-36484 + 8.37$ |
| 0.2 | 24 | 0.28 | 7.9 | $-17154 (2033K)$ |
| 0.2 | 19.9 | 0.085 | 1.99 | $-33890 + 6.28T$ |
| 0.4 | 40.6 | 0.085 | 2.03 | $52928 - 4498T$ |
| 0.4 | 43.5 | 0.160 | 4.1 | $44476 - 41.84T$ |
| 0.4 | 46.5 | 0.285 | 5.92 | $48744 - 44.98T$ |
| 0.4 | 49 | 0.085 | 8.05 | $-10500 (2033K)$ |

钢中元素相变时的自由能变化(表 9 - 5 - 8)[32]

表 9 - 5 - 8

| 反　应 | $\Delta G^{\ominus}/\text{J} \cdot \text{mol}^{-1}$ | 反　应 | $\Delta G^{\ominus}/\text{J} \cdot \text{mol}^{-1}$ |
|---|---|---|---|
| $[ Zr ]_L = [ Zr ]_\delta$ | $\approx 15062$ | $[ Zr ]_\gamma = [ Zr ]_\delta$ | 3138 |
| $[ Ti ]_L = [ Ti ]_\delta$ | $\approx 14226$ | $[ Ti ]_\gamma = [ Ti ]_\delta$ | 11506 |
| $[ Nb ]_L = [ Nb ]_\delta$ | $\approx 17782$ | $[ Nb ]_\gamma = [ Nb ]_\delta$ | 9414 |
| $[ Ta ]_L = [ Ta ]_\delta$ | $\approx 17991$ | $[ Ta ]_\gamma = [ Ta ]_\delta$ | 8368 |
| $[ Mo ]_L = [ Mo ]_\delta$ | $\approx 4602$ | $[ V ]_\gamma = [ V ]_\delta$ | 5648 |
| $[ Mn ]_L = [ Mn ]_\delta$ | $\approx 4602$ | $[ Mo ]_\gamma = [ Mo ]_\delta$ | 3661 |
| $[ V ]_L = [ V ]_\delta$ | $\approx 2343$ | $[ W ]_\gamma = [ W ]_\delta$ | 1674 |
| $[ W ]_L = [ W ]_\delta$ | $\approx 1046$ | $[ Cr ]_\gamma = [ Cr ]_\delta$ | 418 |
| $[ Cr ]_L = [ Cr ]_\delta$ | $\approx 1046$ | $[ Co ]_L = [ Co ]_\delta$ | $-523$ |
| $[ Co ]_L = [ Co ]_\delta$ | $\approx 1674$ | $[ Mn ]_\gamma = [ Mn ]_\delta$ | $-837$ |
| $[ Ni ]_L = [ Ni ]_\delta$ | $\approx 4184$ | $[ Cu ]_\gamma = [ Cu ]_\delta$ | $-1046$ |
| $[ Cu ]_L = [ Cu ]_\delta$ | $\approx 6276$ | $[ Ni ]_\gamma = [ Ni ]_\delta$ | $-2092$ |

反应自由能和平衡常数等参数的关系:

反应　$Al_2O_3(s) = 2[Al] + 3[O]$　$\lg K (= a_{[Al]}^2 a_{[O]}^3) = -64000/T + 20.57$

$$\Delta G^{\ominus} = 1225000 - 393.8T \qquad \text{J/mol} \qquad (参见表 9 - 5 - 2)$$

此式可计算出平衡常数 $K$,物理意义是当铁液中原始浓度的比值 $Q = 1$ 时达到平衡值的数值,它也可判断任何 $Q$ 值时$(Q \neq 1)$反应能否进行和反应能进行的程度。它的关系式为:

$$\Delta G = \Delta G^{\ominus} + 19.147T\lg Q \qquad (当 \Delta G = 0 时 \Delta G^{\ominus} = -19.147T\lg K)$$

$$\Delta G = -19.147T\lg K + 19.147T\lg Q = 19.147T\lg \frac{Q}{K}$$

$Q=1$ 时,$\lg Q=0$,$\Delta G=\Delta G^{\ominus}$,可用 $\Delta G^{\ominus}$ 的值计算出平衡常数,也可由 $\Delta G^{\ominus}$ 的正负值判断起始状态的 $Q=1$ 时反应能否进行(负值能向右进行)。计算 $Q\neq1$ 时 [Al] 脱氧反应的自由能变化和反应后达到的平衡值:

$$T=1873\text{K}(1600℃)\text{原始铝的活度 } a'_{[Al]}=0.08,a_{[O]}=0.02,a_{Al_2O_3}=1$$

$$2[Al]+3[O]=Al_2O_{3s} \qquad K=\frac{1}{a^2_{[Al]}a^3_{[O]}}=10^{13.5996}\approx10^{13.6}$$

$$\Delta G=19.147T\lg\frac{Q}{K}=19.147\times1873\times\lg\frac{\dfrac{1}{(0.08)^2\times(0.02)^3}}{10^{13.6}}$$

$$=35862\times\lg\left(\frac{10^{6.71}}{10^{13.6}}\right)=-247089\text{ J/mol}$$

负值表明反应能向右进行。

达到的平衡活度值因浓度很小,可以用浓度代替活度计算:

$$a^2_{[Al]}a^3_{[O]}=(a'_{[Al]}-\Delta[Al])^2(a'_{[O]}-\Delta[O])^3=10^{-13.6}$$

$$\Delta[O]=\left(\frac{48}{54}\right)\Delta[Al]=0.8889\Delta[Al],\text{并将 } a'_{[Al]}=0.08,a'_{[O]}=0.02 \text{ 代入解方程:}$$

$$(0.08-\Delta[Al])^2(0.02-0.8889\Delta[Al])^3=10^{-13.6}$$

$$\Delta[Al]=0.02229 \qquad a_{[Al]}=0.08-0.02229=0.05771$$

$$\Delta[O]=0.8889\times0.02229=0.01981 \qquad a_{[O]}=0.02-0.01981=0.000186$$

生成的 $Al_2O_3$ 量为 $\Delta[Al]+\Delta[O]=0.0421\%$ 即每 100 g 钢液中生成 0.0421 g 的 $Al_2O_3$。相当于生成的摩尔数为 $0.0421/M_{Al_2O_3}=0.0421/102=0.0004127$ mol 的 $Al_2O_3$。

100 g 钢液中在上述情况下的自由能变化为:

1600℃时生成 $Al_2O_3$ 的 $\Delta G^{\ominus}=-487413$ J/mol($Al_2O_3$),100 g 钢液中生成 $Al_2O_3$ 时的自由能 $\Delta G^{\ominus}$ 为 $-487413\times0.0004127=-201.2$ J。

用图表示用 Al 脱氧时的 $\Delta G$、$\Delta G^{\ominus}$、$K$、$Q$ 的关系见图 9-5-1。

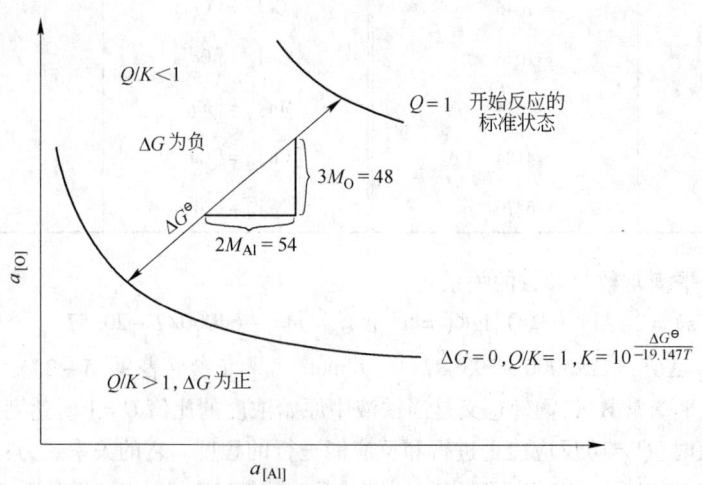

图 9-5-1

氢气溶解在铁液中的自由能 $\Delta G^{\ominus}$、$\Delta G$、$K$、$Q$ 关系见图 9-5-2。

$$\frac{1}{2}H_2 = [H] \qquad K = \frac{[H]}{\sqrt{p_{H_2}}}$$

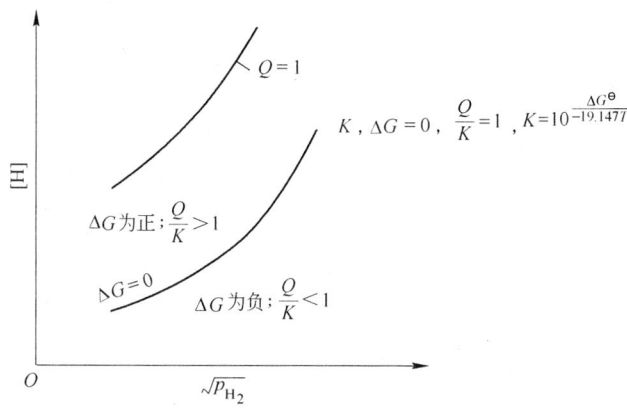

图 9-5-2

## 五、铁的相变和氧化反应的平衡常数和温度的关系(表 9-5-9)

表 9-5-9

| 反应方程式 | $\lg K = \dfrac{A'}{T} + B'$ | | 温度适用范围 /K | 备　注 |
|---|---|---|---|---|
| | $A'$ | $B'$ | | |
| $6FeO + O_2 = 2Fe_3O_4$ | 32623 | -13.07 | 298~1642 | |
| $2Fe + O_2 = 2FeO$ | 27139 | -6.536 | 298~1640 | |
| | 22721 | -3.871 | 1642~1808 | |
| | 24317 | -4.721 | 1808~2000 | |
| $CaO + FeS = CaS + FeO$ | -936 | 0.175 | | $\Delta G^{\ominus}_{1600℃} = -5880$ |
| $CaC_2 + 3FeO = CaO + 2CO + 3Fe$ | -306 | 14.89 | | $\Delta G^{\ominus}_{1600℃} = -132030$ |
| $Fe + \frac{1}{2}O_2 + Al_2O_3 = FeAl_2O_4$ | 28640 | -6.24 | | |
| $FeO + Fe_3C = 4Fe + CO$ | 6989 | -7.30 | | |
| $Fe_3O_4 = FeO(1) + Fe_2O_3(1)$ | -7510 | 2.841 | | |
| $\frac{1}{2}O_2 + Fe = [FeO]$ | -6320 | 3.380 | | $[FeO] = 4.49[O]$ $\lg[FeO] = \lg[O] + \lg4.49$ $= \lg[O] + 0.6523$ 碱性渣: $\dfrac{[O]}{(\sum FeO)} = 0.131 \times 10^{-4}t℃$ $-0.0177$ 酸性渣: $\dfrac{[O]}{(\sum FeO)} = 0.0864 \times 10^{-4}t℃$ $-0.0112$ |
| $2FeO + FeS + CaC_2 = CaS + 3Fe + 2CO$ | 651.4 | 15.06 | | |
| $Fe(\gamma) = Fe(1)$ | -850 | 0.254 | | |
| $Fe(\delta) = Fe(1)$ | -798 | 0.440 | | |

续表 9 - 5 - 9

| 反应方程式 | $\lg K = \dfrac{A'}{T} + B'$ | | 温度适用范围 /K | 备　注 |
|---|---|---|---|---|
| | $A'$ | $B'$ | | |
| $Fe(\gamma) = Fe(\alpha)$ | -55.74 | 0.0415 | | |
| $Fe(\gamma) = Fe(\alpha)$或$(\delta)$ | -80.87 | 0.048 | | |
| $Fe(\gamma) = Fe(\delta)$ | -56.83 | 0.035 | | |
| $Fe(\gamma) = Fe(M)$ | | | | $\Delta G^{\ominus} = 1.25 x_{Fe} \Delta G_{Fe} + x_C$ $(10500 - 3.425T) + \Delta G_x$ $+ 2700 x_{Mn} + 1200 x_{Cr} +$ $2500 x_{Ni}$ ( AIME,1954,177:172 ) |
| $3Fe(\delta) + 4CO_2 = Fe_3O_4 + 4CO$ | -1670 | 2.168 | | |
| $Fe(\delta) + CO_2 = FeO(l) + CO$ | -262 | 2.037 | | |
| $Fe(l) + CO_2 = FeO(l) + CO$ | -1823 | 1.598 | | |
| $Fe(\gamma) + CO_2 = FeO(l) + CO$ | -2697 | 2.085 | | |
| $\dfrac{1}{2}O_2 = [O]$ | 6210 | 0.151 | | |
| $FeO(l) = [O] + Fe(l)$ | 6317 | 2.734 | | |

注:综合数据。

## 六、元素脱氧的平衡常数和温度的关系(表 9 - 5 - 10)[24,25]

表 9 - 5 - 10

| 反应方程式 | $\lg K = \dfrac{A'}{T} + B'$ | | 温度适用范围 /K | 备　注 |
|---|---|---|---|---|
| | $A'$ | $B'$ | | |
| 铝的脱氧反应 | | | | |
| $2Al(l) + \dfrac{1}{2}O_2 = Al_2O(g)$ | 10273 | 2.855 | 1500 ~ 2000 | |
| $Al(l) + \dfrac{1}{2}O_2 = AlO$ | -765 | 2.91 | 1500 ~ 2000 | |
| $2Al(l) + \dfrac{3}{2}O_2 = Al_2O_3$ | 87759 | -16.81 | 1500 ~ 2000 | |
| $Al_2O_3(s) + 3[C] = 2[Al] + 3CO$ | -61388 | 26.85 | | |
| $3[O] + 2[Al] = Al_2O_3(s)$ | -68371 | 26.65 | | |
| | -64900 | 20.63 | | Chipman,1963 |
| | -64000 | 20.48 | | Chipman,1951 |
| | -64000 | 22.75 | | Goucek,1955 |
| | -58600 | 22.75 | | Hilly,1950 |
| | -712000 | 27.98 | | Hieper,1939 |
| | -63020 | 20.41 | | |
| | -57460 | 18.48 | | |
| $Al_2O_3 = Al_2O(g) + O_2$ | -77486 | -19.541 | | |
| $Al_2O_3 = 2AlO(g) + \dfrac{1}{2}O_2$ | -89290 | 22.63 | | |

| 反应方程式 | $\lg K = \dfrac{A'}{T} + B'$ | | 温度适用范围 /K | 备　注 |
|---|---|---|---|---|
| | $A'$ | $B'$ | | |
| **铝的脱氧反应** | | | | |
| $Al_2O_3 = 2Al(g) + \dfrac{3}{2}O_2$ | $-120667$ | 35.775 | | |
| $Al_2O_3 = Al_2O + 2[O]$ | $-65246$ | 19.97 | | |
| $Al_2O_3 = 2AlO + [O]$ | $-8415$ | 22.78 | | |
| $2[Ce] + Al_2O_3 = Ce_2O_3 + 2[Al]$ | 10710 | $-0.776$ | | $\Delta G^{\ominus}_{1600℃} = -28800$ |
| **一些元素的脱氧反应** | | | | |
| $[Ni] + [O] = NiO(1)$ | 7524 | $-7.821$ | | $K_{1600℃} = 1.6 \times 10^{-4}$ |
| | | | | $K_{1800℃} = 6.5 \times 10^{-5}$ |
| $[W] + 3[O] = WO_3(1)$ | 25720 | $-15.30$ | | $K_{1600℃} = 2.8 \times 10^{-2}$ |
| | | | | $K_{1800℃} = 1.3 \times 10^{-3}$ |
| $[Mo] + 2[O] = MoO_2(s)$ | 17750 | $-10.47$ | | $K_{1600℃} = 0.1$ |
| | | | | $K_{1800℃} = 1.2 \times 10^{-2}$ |
| $[Nb] + 2[O] = NbO_2(s)$ | 298000 | $-12.3$ | | $K_{1600℃} = [Nb]f_O^2[O]^2 = 2.0 \times 10^{-4}$ |
| | 28780 | $-11.83$ | | |
| | 33100 | $-14.07$ | | |
| $2Li(g) + [O] = Li_2O(s)$ | 35570 | 13.24 | | $\lg K = -5.75, 1600℃$ |
| | 39550 | $-16.31$ | | |
| $Mg(g) + [O] = MgO(s)$ | 32580 | $-10.88$ | | |
| $2[B] + 3[O] = B_2O_3(s)$ | 44695 | $-15.43$ | | $K_{1600℃} = 3.7 \times 10^{-9}$ |
| | | | | $K_{1550℃} = 8 \times 10^{-16}$ |
| | | | | $K_{1600℃} = [\%B]^2[\%O]^3 = 4 \times 10^{-9}$ |
| $CaO(s) = Ca(g) + [O]$ | $-34950$ | 10.14 | | |
| $BeO = [Be] + [O]$ | $-25300$ | 6.45 | | |
| $2[Ta] + 5[O] = Ta_2O_5(s)$ | $-63090$ | 21.9 | | 浓度常数 |
| $Fe(1) + 2[Ta] + 6[O] = FeTa_2O_6$ | $-79200$ | 28.43 | | 浓度常数 |
| $La_2O_3 = 2[La] + 3[O]$ | $-77300$ | 20.29 | | |
| | $-62050$ | 14.1 | | $\lg K_{1600℃} = -19.40$ |
| $CeO_2(s) = [Ce] + 2[O]$ | $-45500$ | 12.6 | | |
| | $-53750$ | 16.7 | | |
| $Ce_2O_3 = 2[Ce] + 3[O]$ | $-81100$ | 20.20 | | |
| | $-76000$ | 21.00 | | |
| | | | | $\lg K_{1600℃} = -14$ |
| $Pr_2O_3 = 2[Pr] + 3[O]$ | $-79000$ | 21.50 | | |
| | $-64500$ | 14.96 | | |
| $Nd_2O_3 = 2[Nd] + 3[O]$ | $-76000$ | 19.5 | | |
| | $-61000$ | 13.43 | | |
| $ThO_2 = [Th] + 2[O]$ | $-53700$ | 13.50 | | |
| $UO_2 = [U] + 2[O]$ | $-46200$ | 12.54 | | |
| $Y_2O_3 = 2[Y] + 3[O]$ | $-73910$ | 17.96 | | |

续表 9 - 5 - 10

| 反应方程式 | $\lg K = \dfrac{A'}{T} + B'$ | | 温度适用范围 /K | 备　注 |
|---|---|---|---|---|
| | $A'$ | $B'$ | | |
| 一些元素的脱氧反应 | | | | |
| $ZrO_2(s) = [Zr] + 2[O]$ | -41370 | 12.07 | | $\lg f_O^{Zr} = -4.5[Zr]$ $[Zr] < 0.2\%$ |
| | -44173 | 15.21 | | $\lg f_{Zr}^{Zr} = 0.02[Zr]$ |
| $CaO = [Ca] + [O]$ | | | | $K_{1550℃} = 1.5 \times 10^{-5}$ |
| $FeNb_2O_6 = Fe_2 + 2[Nb] + 6[O]$ | -88250 | 36.76 | | $K = 2.8 \times 10^{12}$ |
| $2[Nb] + 5(FeO) = Nb_2O_5 + 5Fe(l)$ | | | 1808 ~ 1913 | $\lg \dfrac{(Nb)_{(FeO)}}{[Nb]_{Fe}} = \dfrac{15200}{T} - 3.18$ |
| $HfO_2 = [Hf] + 2[O]$ | -41930 | 12.18 | | |
| $(FeO)(l) = [O] + Fe(l)$ | -6317 | 2.734 | | |
| $H_2 + [O] = H_2O(g)$ | 7050 | -3.20 | | |
| | 7049 | -3.17 | | |
| $2[H] + [O] = H_2O(g)$ | 10300 | -7.84 | | |
| | 10850 | -8.01 | | |
| $2[H]\% + [O] = H_2O(g)$ | 10850 | -0.015 | | |
| | 10389 | -0.188 | | |
| | 10370 | -7.34 | | |
| $S(g) + 2[O] = SO_2(g)$ | -293 | -2.8 | | |
| | -389 | -2.93 | | |
| $[As] = (As)_{FeO}$ | | | | $\lg L_{As} = \dfrac{-5780}{T} + 1.05$ |
| $[Sb] = (Sb)_{FeO.}$ | | | | $\lg L_{Sb} = \dfrac{-3550}{T} + 0.615$ |
| $[W] = (W)_{FeO}$ | | | | $\lg L_W = \dfrac{3230}{T} - 0.84$ |

注:综合数据。

## 七、钢液中脱硫反应的平衡常数(表 9 - 5 - 11)

表 9 - 5 - 11

| 反　应 | 平衡常数 $K$ | 温度/℃ | 备　注 |
|---|---|---|---|
| $[Mn] + [S] = MnS$ | $3.30 \pm 0.20$ | 1570 | $[Mn]1.55\% \sim 5.0\%$；$[S]0.7\% \sim 2.0\%$ |
| $[Ti] + [S] = TiS$ | $\lg K = 0.5 + 0.05[Ti]$ | 1570 | $[Ti]0.75\% \sim 5.30\%$；$[S]1\% \sim 4\%$ |
| $[Ce] + [S] = CeS$ | $1.5 \times 10^{-3}$ | 1600 | |
| | $1.0 \times 10^{-3}$ | 1600 | MgO 坩埚真空下熔炼 |
| | $2.5 \times 10^{-3}$ | 1600 | MgO 坩埚真空下熔炼 |
| | $4 \times 10^{-4}$ | 1600 | |
| | $1.9 \times 10^{-4}$ | 1600 | CaO 真空下熔炼 |
| | $\lg K\left(\dfrac{1}{a_{Ce}a_S}\right) = \dfrac{20600}{T} - 6.39$ | 1550 ~ 1650 | $[Ce] + 4.37[S] \leqslant 0.16$，$\varepsilon_S^{Ce} = -9.1$ (1600℃) |

| 反　应 | 平衡常数 $K$ | | 温度/℃ | 备　注 |
|---|---|---|---|---|
| $CeS(s) = [Ce] + [S]$ | $\lg K' = \lg K - e_S^{Ce}([Ce] + [S])$，$(\Delta G^{\ominus} = -4900 + 16.0T$，对 $Ce_1 = [Ce]$，$e_S^{Ce} = -\dfrac{213000}{T} + 9.4, e_S^{S} = 4.37 e_S^{Ce})$ | | | |
| $[La] + [S] = LaS(s)$ | $1.5 \times 10^{-4}$ | | 1600 | CaO 真空下熔炼 |
| | $\lg K = -\dfrac{26000}{T} + 8.9$ | | | $e_S^{La} = -18.3$　（1610℃） |
| $[Ti] + [S] = TiS(s)$ | $\lg K = -\dfrac{8000}{T} + 4.0$ | | | $e_S^{Ti} = -0.18$　（1600℃） |
| $[Zr] + [S] = ZrS(s)$ | $\lg K = -\dfrac{44100}{T} + 19$ | | | $e_S^{Zr} = -0.22$　（1600℃） |
| $2[RE] + 3[O] = RE_2O_3$ | $K_O = [RE]^2[O]^3 = 10^{-15}$ | | 1600 | |
| $2[RE] + 3[S] = RE_2S_3$ | $K_S = [RE]^2[S]^3 = 10^{-10}$ | | 1600 | |
| $2[RE] + 2[S] + [O] = RE_2S_2O$ | $K_{OS} = [RE]^2[S]^2[O] = 10^{-14}$ | | 1600 | 生成 $RE_2O_3 : [O] \geqslant \dfrac{[S]}{10}$ |
| $RE_2O_2S + [O] = RE_2O_3 + [S]$ | $K_O^{OS} = \dfrac{K_{OS}}{K_O} = \dfrac{[S]}{[O]} = \dfrac{10^6}{10^5} = 10$ | | 1600 | 生成 $RE_2S_3 : [O] \leqslant \dfrac{[S]}{100}$ |
| $RE_2S_3 + 2[O] = RE_2O_2S + 2[S]$ | $K_{OS}^{S} = \dfrac{K_S}{K_{OS}} = \dfrac{[S]^2}{[O]^2} = 10^4$ | | 1600 | 生成 $RE_2O_2S : \dfrac{[S]}{100} \leqslant [O] \leqslant \dfrac{[S]}{10}$ |
| $2RE_2O_3 + RE_2S_3 = 3RE_2O_2S$ | $K = K_O^2 K_S / K_{OS}^3 = 10^2$ | | 1600 | |
| $2[Ce] + 3[S] = Ce_2S_3(s)$ | $a_{Ce}^2 a_S^3 = 3.3 \times 10^{-13}$ | | 1600 | $\Delta H^{\ominus} = -256660; \Delta S^{\ominus} = -78.0$ |
| $3[Ce] + 4[S] = Ce_3S_4(s)$ | $a_{Ce}^3 a_S^4 = 7.6 \times 10^{-19}$ | | 1600 | $\Delta H^{\ominus} = -357180; \Delta S^{\ominus} = -105.1$ |
| $2[Ce] + 2[O] + [S] = Ce_2O_2S(s)$ | $a_{Ce}^2 a_O^2 a_S = 1.3 \times 10^{-20}$ | | 1600 | $\Delta H^{\ominus} = -323300; \Delta S^{\ominus} = -79.2$ |
| $2[La] + 2[O] + [S] = La_2O_2S(s)$ | $a_{La}^2 a_O^2 a_S = 7.3 \times 10^{-23}$ | | 1600 | $\Delta H^{\ominus} = -320340; \Delta S^{\ominus} = -71.9$ |

| 反应方程式 | $\lg K = \dfrac{A'}{T} + B'$ | | 温度适用范围 /K | 备　注 |
|---|---|---|---|---|
| | $A'$ | $B'$ | | |
| $H_2 + \dfrac{1}{2}S_2(g) = H_2S(g)$ | +4708 | -2.564 | 1500～2000 | |
| $C + S_2(g) = CS_2(g)$ | +713 | +0.352 | 1500～2000 | |
| $C + \dfrac{1}{2}S_2 = CS(g)$ | -12896 | +4.99 | 1500～2000 | |
| $O_2 + \dfrac{1}{2}S_2 = SO_2(g)$ | +18826 | -3.77 | 1500～2000 | |
| $\dfrac{1}{2}S_2 + \dfrac{1}{2}O_2 = SO(g)$ | +3357 | +0.27 | 1500～2000 | |
| $C + \dfrac{1}{2}O_2(g) + \dfrac{1}{2}S_2(g) = COS$ | +10863 | +0.485 | 1500～2000 | |
| $Ca(l) + \dfrac{1}{2}S_2(g) = CaS(s)$ | +28866 | -5.66 | 1500～1765 | |
| $Ca(g) + \dfrac{1}{2}S_2(g) = CaS(s)$ | +36699 | -9.88 | 1765～2000 | |
| $Mg(g) + \dfrac{1}{2}S_2(g) = MgS(s)$ | +28970 | -10.33 | 1500～2000 | |
| $Mn(l) + \dfrac{1}{2}S_2 = MnS(s)$ | +15137 | -4.192 | 1516～1803 | |

续表 9－5－11

| 反应方程式 | $\lg K=\frac{A'}{T}+B'$ | | 温度适用范围 /K | 备　注 |
|---|---|---|---|---|
| | $A'$ | $B'$ | | |
| $Mn(l)+\frac{1}{2}S_2=MnS(l)$ | +13792 | －3.45 | 1803～2000 | |
| $Mo(s)+S_2(g)=MoS_2(s)$ | +18940 | －9.482 | 1500～2000 | |
| $[S]=S(g)$ | －16230 | 4.30 | | |
| $[S]+2[H]=H_2S(g)$ | 1160 | －6.05 | | |
| $[S]+[H]=HS(g)$ | －22700 | －3.45 | | |
| $[S]+H_2(g)=H_2S(g)$ | －2180 | －1.41 | | |
| $[S]+[C]=CS(g)$ | －18600 | 3.96 | | |
| $2[S]+[C]=CS_2(g)$ | －11950 | 0.47 | | |
| $[S]+[O]=SO(g)$ | －9760 | 1.27 | | |
| $[S]+2[O]=SO_2(g)$ | －700 | －2.93 | | |
| $[S]+3[O]=SO_3(g)$ | －1710 | －7.47 | | |
| $\frac{1}{2}S_2=S(g)$ | －9300 | +3.15 | | |
| $\frac{1}{2}S_2(g)+\frac{3}{2}O_2(g)=SO_3(g)$ | +23486 | －8.20 | | |
| $[S]+O_2=SO_2$ | +12066 | －2.632 | | |
| $[S]+2[O]=SO_2(g)$ | －144.3 | －2.40 | | |
| $[S]+CaO=CaS+[O]$ | | | | $K=0.0267$，1600℃ |
| $CaO(s)+[S]+Fe(l)=CaS(s)+FeO(l)$ | +688 | －1.08 | | |
| $CaO+[S]+C=CaS+CO$ | －5913 | +6.02 | | |
| $MnO+[S]+C=MnS(l)+CO$ | －7689 | 6.524 | | |
| $MnO(l)+[S]+Fe(l)=MnS(l)$ | +1642 | +1.764 | | |
| $+FeO(l)$ | +1540 | +2.00 | | |
| $CaC_2+FeS=CaS+Fe+2C$ | +16957 | －2.225 | | |
| $CaC_2+FeS+2FeO=CaS+3Fe+2CO$ | +651 | +15106 | | $\Delta G^\circ_{1600℃}=-58510$ |
| $[FeS]+[Mn]=(MnS)+Fe$ | +6511 | －4.33 | | |
| $[S]+[Mn]=MnS(l)$ | +7108 | －2.343 | | $\Delta G^\circ_{1600℃}=-126150$ |
| $[FeS]+Mg(g)=[Fe]+MgS(s)$ | +18227 | －7.84 | | |
| $[FeS]+Ca(g)=[Fe]+CaS(s)$ | 27220 | －8.19 | | |
| $[S]+[Ce]=CeS(s)$ | 16715 | －2.91 | | 1873K，$m=\frac{1}{K}=9.68\times10^{-7}$ |
| $CaC_2+[S]=CaS(s)+2[C]$ | 16454 | －1.390 | | 1873K，$m=\frac{1}{K}=4.03\times10^{-8}$ |
| $[S]+[Ti]=TiS(s)$ | 26846 | －11.25 | | 1873K，$m=\frac{1}{K}=8.25\times10^{-4}$ |
| $[S][C]=0.011$ | | | | $\Delta G^\circ_{1600℃}=85360$ |
| $[S]+(O^{2-})=[O]+(S^{2-})$ | 6506 | －2.625 | | |
| $Ti+FeS=Fe+TiS(s)$ | 27104 | －6.863 | | |
| $[Ti]+FeS(l)=[Fe]+TiS(s)$ | 25574 | －9.19 | | |

| 反　　应 | 平衡常数 $K$ | | 温度/℃ | 备　　注 |
|---|---|---|---|---|
| $FeS(s) = [FeS]_\gamma$ | | | 913 ~ 1365℃ | $\lg N_{SFe\gamma} = -4500/T$ (913 ~ 1365℃) |
| $FeS(s) = [FeS]_\alpha$ | | | | $\lg N_{SFe\alpha} = -4100/T$ ( <913℃ ) |
| $Mg(g) + [S] = MgS(s)$ | 22754 | -9.63 | | |
| $CaO + SO_2 = CaS + \frac{3}{2}O_2$ | -24350 | 4.06 | | |
| $(FeS) + [Mn] = [MnS] + [Fe]$ | 6800 | -3.455 | <1373 | |
| | 6914 | -3.540 | 1373 ~ 1803 | |
| | 5723 | -3.030 | >1803 | |
| $[Ti]_\gamma + [S]_\gamma = TiS(s)$ | -14000 | 5.6 | 900 ~ 1300℃ | |
| $[Nb]_\gamma + [S]_\gamma = NbS(s)$ | -10100 | 4.28 | 900 ~ 1300℃ | |
| $[S](1) = [S]_{\alpha\gamma\delta}$ | | | | $\lg \dfrac{[S]_{\alpha\gamma\delta}}{[S](1)} = 0.56[Mn]$ $-1.042(Mn < 0.15)$ $\lg K = 36.4[O] - 1.042$ $([O] < 0.007\%)$ $\lg K = 0.22[Si] - 1.042$ $\lg K = -6.46[C] - 1.042$ $([C] < 0.03\%)$ |
| $MnS = [Mn]_\gamma + [S]_\gamma$ | | | | $\lg[Mn]_\gamma[S]_\gamma f_S^{Mn} = \dfrac{-9020}{T} + 2.829$ $\lg f_S^{Mn} = \left(\dfrac{-215}{T} + 0.09\right)[Mn]_\gamma$ |
| $CeS_S = [Ce] + [S]$ | 1600℃, $K = 2.8 \times 10^{-6} \sim 7.4 \times 10^{-7}$ | | | 测试结果 |
| $NdS_S = [Nd] + [S]$ | 1600℃, $K = 2.6 \times 10^{-6}$ | | | |
| $YS_S = [Y] + [S]$ | 1600℃, $K = 8.5 \times 10^{-8}$ | | | |

注:综合数据。

## 八、碳化学反应的平衡常数(表 9 - 5 - 12)[24,26]

表 9 - 5 - 12

| 反应方程式 | $\lg K = \dfrac{A'}{T} + B'$ | | 温度适用范围 /K | 备　　注 |
|---|---|---|---|---|
| | $A'$ | $B'$ | | |
| $CO_2(g) + C_{石墨} = 2CO(g)$ | -8393 | -8.831 | 1700 ~ 2000 | |
| $CO_2 + [C] = 2CO$ | -7558 | 6.77 | 1700 ~ 2000 | |
| | -7279 | 6.645 | | |
| $CO + [O] = CO_2$ | 8717 | -4.76 | | |
| | 8459 | -19.87 | 1700 ~ 2000 | |
| $[C] + [O] = CO$ | 1169.4 | 2.072 | | |
| | 1158.5 | 2.00 | 1700 ~ 2000 | |
| $C_{石墨} + \frac{1}{2}O_2 = CO$ | 6164 | 4.407 | 1500 ~ 2000 | |

| 反应方程式 | $\lg K = \dfrac{A'}{T} + B'$ | | 温度适用范围 /K | 备 注 |
|---|---|---|---|---|
| | $A'$ | $B'$ | | |
| $C_{石墨} + O_2 = CO_2$ | 20710 | $-0.004$ | 1500 ~ 2000 | |
| $3Fe(\gamma) + C = Fe_3C$ | $-634$ | 0.597 | 1500 ~ 1665 | |
| $C + 2H_2 = CH_4(g)$ | 4831 | $-5.781$ | 1500 ~ 2000 | |
| $CO + \dfrac{1}{2}O_2 = CO_2$ | 14564 | $-4.42$ | | |
| $2C_{石墨} + H_2 = C_2H_2$ | $-11628$ | 2.77 | | |
| | $-12249$ | 3.078 | | |
| $CO_2 + H_2 = CO + H_2O$ | $-553$ | 1.38 | | |
| $(FeO) + C = [Fe] + CO$ | $-6586$ | 7.19 | | |
| $[C] \cdot [S] = 0.011$ | | | | |
| $[C] + [S] = CS(g)$ | $-18600$ | 3.96 | | |
| $[C] + 2[S] = CS_2(g)$ | $-11950$ | 0.47 | | |
| $[C] + [S] + [O] = COS(g)$ | $-1180$ | $-0.70$ | | |
| $C + [S] + CaO(s) = CaS + CO$ | $-5913$ | 6.022 | | |
| $CaO(s) + [C] = Ca(g) + CO$ | $-33792$ | 12.144 | | |
| $[C] + MgO(s) = Mg(g) + CO$ | $-3091$ | 12.95 | | |
| $MgO(s) + [C] = Mg(g) + CO$ | $-30918$ | 12.89 | | |
| $ZrO_2 + [C] = [Zr] + 2CO$ | $-38907$ | $-16.22$ | | |
| $CaC_2(s) = Ca(g) + 2C(s)$ | $-11126$ | 3.187 | | |
| $CaO(s) + 3[C] = CaC_2(s) + CO$ | $-16916$ | 2.49 | | |
| $CaC_2 + [S] = 2[C] + CaS(s)$ | 16455 | $-1.390$ | | 1400℃时 $\lg a_S = -8.446 - 2\lg a_C$ |
| $CaC_2 + [S] + [C] = CaS + CO$ | $-3983$ | 3.255 | | |
| $CaC_2 + CO = CaO + 3[C]$ | 20437 | $-4.651$ | | $\lg N_{CaC_2} p_{CO} = \dfrac{-20487}{T} + 4.645$ |
| | 16900 | $-2.49$ | | $+ 3\lg a_{[C]}$ |
| $2C + 2H_2 = C_2H_4$ | $-2723$ | $-2.78$ | | |
| $3C + 4H_2 = C_3H_2$ | 5432 | $-14.05$ | | |
| $2C + 3H_2 = C_2H_6$ | 4391 | $-9.013$ | | |
| $[C] + [O] = CO$ | 1166 | 2.003 | | 1873K, $m = \dfrac{1}{K} = 0.00237$ |
| $[C] + CO_2 = 2CO$ | $-7558$ | 6.765 | | 1873K, $m = \dfrac{1}{K} = 0.00186$ |
| $Fe_3C = 3[Fe] + [C]$ | $-1188$ | 1.839 | | $\lg[Fe_3C]'$ $[Fe_3C]'$饱和时 $Fe_3C$ 的摩尔数 1%(摩尔分数)$Fe_3C$ 的溶解热为 $\Delta Q = 1188 \times 19.14 = 22761J$ |
| $C_{石墨} + 3Fe(s) = Fe_3C(s)$ | $-1355.2$ | 1.21 | 298 ~ 463 | $K'_{Fe_3C} = \dfrac{a_{Fe_3C}}{a_C a_{Fe}^3}, K = \dfrac{1}{a_C}$ |
| | $-1395$ | 1.294 | 463 ~ 1115 | $\Delta G^\ominus = RT\ln a_C$ |

| 反应方程式 | $\lg K = \dfrac{A'}{T} + B'$ | | 温度适用范围 /K | 备　注 |
|---|---|---|---|---|
| | $A'$ | $B'$ | | |
| | −541 | 0.531 | 1115 ~ 1808 | $Fe_3C$ 在 γ 中的熔解热 $Q = 22.76kJ, 721 ~ 1145℃$ |
| $TiC(s) = [Ti] + [C]_{1\%}$ | −9618 | 5.22 | | 1873K, $K = 1.216$ |
| $ZrC(s) = [Zr] + [C]_{1\%}$ | −7847 | 4.79 | | 1873K, $K = 3.985$ |
| $VC(s) = [V] + [C]_{1\%}$ | −3279 | 4.89 | | 1873K, $K = 1378.3$ |

注:综合数据。

## 九、奥氏体钢中碳化物的溶解度积和温度的关系(表 9 - 5 - 13)[24]

表 9 - 5 - 13

| | | |
|---|---|---|
| $TiC = [Ti]_\gamma + [C]_\gamma$ | ( C = 0.1% ) | $\lg([Ti]_\gamma [C]_\gamma) = -\dfrac{10475}{T} + 5.33$ |
| $TiC = [Ti]_\gamma + [C]_\gamma$ | ( C = 0.3% ) | $\lg([Ti]_\gamma [C]_\gamma) = -\dfrac{10475}{T} + 4.92$ |
| | ( C = 0.5% ) | $\lg([Ti]_\gamma [C]_\gamma) = -\dfrac{10475}{T} + 4.68$ |
| $ZrC = [Zr]_\gamma + [C]_\gamma$ | ( C = 0.1% ) | $\lg([Zr]_\gamma [C]_\gamma) = -\dfrac{48640}{T} + 4.26$ |
| | ( C = 0.3% ) | $\lg([Zr]_\gamma [C]_\gamma) = -\dfrac{48640}{T} + 3.84$ |
| | ( C = 0.5% ) | $\lg([Zr]_\gamma [C]_\gamma) = -\dfrac{48640}{T} + 3.61$ |
| $V_4C_3 = 4[V]_\gamma + 3[C]_\gamma$ | ( C = 0.1% ) | $\lg([V]_\gamma^4 [C]_\gamma^3) = -\dfrac{30400}{T} + 23.02$ |
| | ( C = 0.3% ) | $\lg([V]_\gamma^4 [C]_\gamma^3) = -\dfrac{30400}{T} + 21.58$ |
| | ( C = 0.5% ) | $\lg([V]_\gamma^4 [C]_\gamma^3) = -\dfrac{30400}{T} + 20.88$ |
| $VC = [V]_\gamma + [C]_\gamma$ | | $\lg([V]_\gamma [C]_\gamma) = -\dfrac{9500}{T} + 6.72$ |
| $NbC = [Nb]_\gamma + [C]_\gamma$ | | $\lg([Nb]_\gamma [C]_\gamma) = -\dfrac{7900}{T} + 3.42$ |
| $TaC = [Ta]_\gamma + [C]_\gamma$ | | $\lg([Ta]_\gamma [C]_\gamma) = -\dfrac{7000}{T} + 2.90$ |

## 十、碳酸盐、氟化物等化学反应的平衡常数(表 9 - 5 - 14)[1,25]

表 9 - 5 - 14

| 反应方程式 | $\lg K = \dfrac{A'}{T} + B'$ | | 温度适用范围 /K | 备　注 |
|---|---|---|---|---|
| | $A'$ | $B'$ | | |
| $CaCO_3 = CaO + CO_2$ | −29878 | 8.19 | | 907℃分解 |
| $MgCO_3 = MgO + CO_2$ | −6142 | 8.874 | | |
| $MnCO_3 = MnO + CO_2$ | −5902 | 9.11 | | |
| $Ca(s) + S(s) + 2O_2 = CaSO_4(s)$ | 52502 | −19.67 | >298 | |

| 反应方程式 | $\lg K = \dfrac{A'}{T} + B'$ | | 温度适用范围 /K | 备　注 |
|---|---|---|---|---|
| | $A'$ | $B'$ | | |
| $Cu + S(s) + 2O_2 = CuSO_4(s)$ | 25930 | -19.72 | >298 | |
| $MgO + SO_2 + \frac{1}{2}O_2 = MgSO_4(s)$ | 20372 | -14.27 | >298 | |
| $2Na(s) + S(s) + 2O_2 = Na_2SO_4(s)$ | 65727 | -20.84 | >298 | |
| $Pb(s) + S(s) + 2O_2 = PbSO_4(s)$ | 47869 | -18.71 | >298 | |
| $Zn(s) + S(s) + 2O_2 = ZnSO_4(s)$ | 51082 | -19.65 | >298 | |
| $Ba(s) + S(s) + 2O_2 = BaSO_4(s)$ | 75432 | -19.74 | >298 | |
| $Ca(OH)_2 = CaO + H_2O$ | -5350 | 6.86 | | $T = 780K$ $p_{H_2O} = 0.1MPa$ |
| $2CaF_2 + SiO_2 = 2CaO + SiF_4 \uparrow$ | -25530 | 9.64 | | $1873K, K = 1.02 \times 10^{-4}$ |
| $3CaF_2 + Al_2O_3 = 3CaO + 2AlF_3 \uparrow$ | -21858 | -1.792 | | $1873K, K = 3.45 \times 10^{-14}$ |
| $2CaF_2 + 3SiO_2 = SiF_4 + 2CaSiO_3$ | -15366 | +8.0 | | $1873K, K = 0.625$ |
| $4[H] + SiF_4 = 4HF + [Si]$ | -28415 | 16.41 | | 1800K 为负值 |
| $SiF_4 + H_2O = SiO_2 + 4HF$ | -6383 | 5.547 | | |
| $3AlF_3 + 3H_2O = Al_2O_3 + 6HF$ | -10817 | 21.85 | | |
| $CaF_2 + H_2O = CaO + 2HF$ | -14318 | 6.3 | | |

## 十一、氮和元素的化学反应的平衡常数和温度的关系(表 9 - 5 - 15)[26~29]

表 9 - 5 - 15

| 反应方程式 | $\lg K = \dfrac{A'}{T} + B'$ | | 温度适用范围 /K | 备　注 | |
|---|---|---|---|---|---|
| | $A'$ | $B'$ | | | |
| $Al(1) + \frac{1}{2}N_2 = AlN(s)$ | 16984 | -5.86 | 1500~2000 | $1873K, m = \frac{1}{K} = 6.19 \times 10^{-4}$ | |
| $B(s) + \frac{1}{2}N_2 = BN(s)$ | 13246 | -4.765 | 1500~2000 | $1873K, m = \frac{1}{K} = 4.93 \times 10^{-3}$ | |
| $3Ca(1) + N_2(g) = Ca_3N_2(1)$ | 24481 | -12.38 | 1500~1765 | | |
| $3Ca(1) + N_2(g) = Ca_3N_2(1)$ | 47978 | -25.69 | 1765~2000 | $1873K, m = \frac{1}{K} = 1.187$ | |
| $Ce(s) + \frac{1}{2}N_2 = CeN$ | 17049 | -5.464 | 298~1077 | $1000K, m = \frac{1}{K} = 2.6 \times 10^{-12}$ | |
| $Ce(1) + \frac{1}{2}N_2 = CeN$ | 17596 | -5.98 | 1077~2000 | $1873K, m = \frac{1}{K} = 3.85 \times 10^{-4}$ | |
| $2Cr(s) + \frac{1}{2}N_2(g) = Cr_2N$ | 5137 | -2.46 | 1500~2000 | $1873K, m = \frac{1}{K} = 0.5216$ | |
| $Cr(s) + \frac{1}{2}N_2(g) = CrN$ | 5355 | -3.51 | 1500~2000 | $1873K, m = \frac{1}{K} = 0.2234$ | |
| $[Zr] + [N]_{0.01} = ZrN(s)$ | 17001 | -6.38 | | | |
| $TiN(s) = [Ti] + [N]$ | -16580 | 5.9 | | $K_{1600℃}$ 0.0011 | $K_{1550℃}$ 0.00064 |
| $ZrN(s) = [Zr] + [N]$ | -17000 | 6.38 | | 0.002 | 0.001 |
| $AlN(s) = [Al] + [N]$ | -14138 | 6.05 | | 0.032 | 0.02 |

续表 9－5－15

| 反应方程式 | $\lg K=\frac{A'}{T}+B'$ | | 温度适用范围/K | 备 注 |
|---|---|---|---|---|
| | $A'$ | $B'$ | | |
| $BN(s)=[B]+[N]$ | -4880 | 2.136 | | 0.339 0.276 |
| $VN(s)=[V]+[N]$ | -9092 | 6.011 | | 14.34 10.588 |
| $CeN(s)=[Ce]+[N]$ | -16861 | 4.063 | | $1.15\times10^{-5}$ $0.6\times10^{-6}$ |
| $LaN(s)=[La]+[N]$ | -15550 | 4.08 | | $6\times10^{-5}$ $3.54\times10^{-6}$ |
| $NbN(s)=[Nb]+[N]$ | -11104 | 53770 | | 0.281 0.193 |
| $TaN(s)=[Ta]+[N]$ | -15410 | 7.804 | | 0.377 |
| $\frac{1}{4}Si_3N_4=\frac{3}{4}[Si]+[N]$ | -7471 | 4.43 | | 2.76 |
| $TiN(s)=[Ti]_{0.25}+[N]_{0.003}$ | -16586 | 8.57 | | 0.518 |
| $TiN(s)=[Ti]_\gamma+[N]_\gamma$ | | | | 1300℃, $K=1.9\times10^{-6}$ |
| | | | | 1200℃, $K=4.2\times10^{-7}$ |
| | | | | 1100℃, $K<1\times10^{-7}$ |
| $ZrN(s)=[Zr]_\gamma+[N]_\gamma$ | -8376 | 2.37 | | 1300℃, $K=1.6\times10^{-6}$ |
| | | | | 1200℃, $K<4\times10^{-7}$ |
| $AlN(s)=[Al]_\gamma+[N]_\gamma$ | -7400 | 1.95 | | 1260℃, $K=0.00132$ |
| | -6770 | 1.03 | | 980℃, $K=0.00012$ |
| | -7184 | 1.79 | | 1000℃, $K=1.96\times10^{-5}$ |
| $BN(s)=[B]_\gamma+[N]_\gamma$ | -13970 | 5.24 | | 1000℃, $K=1.84\times10^{-6}$ |
| $TaN(s)=[Ta]_\gamma+[N]_\gamma$ | -12809 | 6.08 | | 1000℃, $K=1.04\times10^{-4}$ |
| $VN(s)=[V]_\gamma+[N]_\gamma$ | -7710 | 2.98 | | 1000℃, $K=8.38\times10^{-4}$ |
| | -7070 | 2.27 | | 1000℃, $K=5.2\times10^{-4}$ |
| | -6909 | 2.3 | | |
| $VN(s)=[V]_\gamma+[N]_\gamma$ | -8330 | 3.41 | | 1000℃, $K=7.35\times10^{-4}$ |
| $NbN(s)=[Nb]_\gamma+[N]_\gamma$ | -10230 | 4.04 | | 1000℃, $K=1\times10^{-4}$ |
| $\frac{1}{4}Si_3N_4=\frac{3}{4}[Si]_{(\delta,1\%)}+[N]_{(\delta,1\%)}$ | -5788 | 3.639 | | 1450℃, $K=1.904$ |
| $\frac{1}{4}Si_3N_4=\frac{3}{4}[Si]_{(\alpha,1\%)}+[N]_{(\alpha,1\%)}$ | -7974 | 3.60 | | 1450℃, $K=0.094$ |
| $AlN(s)=[Al]_{(\delta,1\%)}+[N]_{(\delta,1\%)}$ | -14640 | 5.366 | | 1450℃, $K=7.4\times10^{-4}$ |
| $AlN(s)=[Al]_{(\alpha,1\%)}+[N]_{(\alpha,1\%)}$ | -8295 | 1.69 | | 1450℃, $K=7.51\times10^{-4}$ |
| $VN(s)=[V]_{(\delta,1\%)}+[N]_{(\delta,1\%)}$ | -8605 | 1.572 | | 800℃, $K=9.10\times10^{-7}$ |
| $BN(s)=[B]_\alpha+[N]_\alpha$ | -13680 | 4.63 | | 800℃, $K=7.6\times10^{-9}$ |
| $\frac{1}{2}N_2=[N]_{(\alpha)}$ | -1575 | -1.01 | | 800℃, $K=1.0\times10^{-3}$ |
| $\frac{1}{2}N_2=[N]_{(\gamma)}$ | +450 | -1.955 | | 1000℃, $K=0.025$ |
| $\frac{1}{2}N_2=[N]_{(\delta)}$ | -1575 | -1.01 | | |
| $\frac{1}{2}N_2=[N]_{(l)}$ | -564 | -1.095 | | 1600℃, $K=0.040$ |

| 反应方程式 | $\lg K = \dfrac{A'}{T} + B'$ | | 温度适用范围 /K | 备 注 |
|---|---|---|---|---|
| | $A'$ | $B'$ | | |
| $\dfrac{1}{2}N_2 = [N]_{(1)}^{C,Si,Mn}$ | | | | $\lg[N] = \dfrac{-1000}{T} - 0.86 - 0.06[Si] -$ $0.24[C] + 0.15[Mn]$ |
| $4Fe(\gamma) + \dfrac{1}{2}N_2(g) = Fe_4N(s)$ | 637.2 | -2.27 | 1184 ~ 1665 | |
| $4Fe(\alpha) + \dfrac{1}{2}N_2 = Fe_4N$ | 240.4 | -2.10 | 298 ~ 1184 | |
| $4Fe(\delta) + \dfrac{1}{2}N_2 = Fe_4N$ | 656 | -2.38 | 1165 ~ 1809 | |
| $4Fe(1) + \dfrac{1}{2}N_2 = Fe_4N$ | 3891 | -4.185 | 1809 ~ 2000 | |
| $2[N] + 3H_2 = 2NH_3$ | 5268 | -11.67 | 298 ~ 1200 | |
| $Hf(s) + \dfrac{1}{2}N_2 = HfN$ | 19281 | -5.75 | | |
| $La(s) + \dfrac{1}{2}N_2 = LaN$ | 15760 | -5.42 | | |
| $Li(s) + \dfrac{1}{2}N_2 = LiN$ | 10383 | -7.26 | 298 ~ 454 | |
| $Li(1) + \dfrac{1}{2}N_2 = LiN$ | 10929 | -8.74 | 454 ~ 800 | |
| $2Mo(s) + \dfrac{1}{2}N_2 = Mo_2N$ | 3497 | -3.02 | 298 ~ 1300 | |
| $Nb(s) + \dfrac{1}{2}N_2 = NbN$ | 12415 | -4.42 | 298 ~ 1200 | |
| $3Si(s) + 2N_2 = Si_3N_4$ | 38142 | -16.70 | 298 ~ 1686 | |
| $3Si(1) + 2N_2 = Si_3N_4$ | 45683 | -21.54 | 1686 ~ 2000 | |
| $3Sr(s) + N_2 = Sr_3N_2$ | 20153 | -11.15 | | |
| $Ta(s) + \dfrac{1}{2}N_2 = TaN$ | 12568 | -2.317 | 600 ~ 2000 | |
| $Ti(s) + \dfrac{1}{2}N_2 = TiN$ | 17486 | -4.90 | 298 ~ 1940 | |
| $U(s) + \dfrac{1}{2}N_2 = UN$ | 17486 | -3.74 | | |
| $V(s) + \dfrac{1}{2}N_2 = VN$ | 9115 | -4.35 | 298 ~ 2000 | |
| $2W + \dfrac{1}{2}N = W_2N$ | 3716 | -4.415 | | |
| $Y(s) + \dfrac{1}{2}N_2 = YN$ | 15628 | -5.51 | | |
| $Zr(s) + \dfrac{1}{2}N_2 = ZrN$ | 19016 | -4.81 | 298 ~ 2000 | |
| $[V] + [N]_{0.01} = VN(s)$ | 10393 | -7.67 | | $K_{1600℃} = 1.37$ |
| $[B] + [N]_{0.01} = BN(s)$ | 8361 | -5.19 | | $K_{1600℃} = 5.3 \times 10^{-2}$ |
| $[Al] + [N]_{0.01} = AlN(s)$ | 13661 | -6.754 | | $K_{1600℃} = 2.3 \times 10^{-3}$ |
| $[Ti] + [N]_{0.01} = TiN(s)$ | 20793 | -9.722 | | $K_{1600℃} = 4.18 \times 10^{-4}$ |

## 十二、铁合金生产时碱土金属(Ca、Ba、Sr、Mg)等元素反应的热力学数据

Ca、Mg 和 Si 反应的自由能和温度的关系(表 9 – 5 – 16)[30]

表 9 – 5 – 16

| 反　应 | $\Delta G^{\ominus}/J \cdot mol^{-1}$ | 温度范围/K |
|---|---|---|
| $2Mg_s + Si_s = Mg_2Si_s$ | $-77\ 874 + 2.26T$ | $208 \sim 923$ |
| $2Mg_L + Si_s = Mg_2Si_s$ | $-86\ 248 + 22.69TlgT - 56.35T$ | $923 \sim 1370$ |
| $2Mg_g + Si_s = Mg_2Si_L$ | $-329\ 346 - 37.01TlgT + 307.89T$ | $1376 \sim 1685$ |
| $2Mg_g + Si_L = Mg_2Si_L$ | $-368\ 157 - 37.01TlgT + 332.14T$ | $1685$ |
| $2Ca_L + Si_s = Ca_2Si_L$ | $-178\ 357 - 19.47T$ | $1200 \sim 1685$ |
| $2Ca_L + Si_L = Ca_2Si_L$ | $-217\ 169 + 4.77T$ | $1685 \sim 1760$ |
| $2Ca_g + Si_L = Ca_2Si_L$ | $-523\ 433 + 178.77T$ | $1760$ |
| $Ca_s + Si_s = CaSi_s$ | $-150\ 724 - 2.09T$ | $298 \sim 1123$ |
| $Ca_L + Si_s = CaSi_s$ | $-160\ 061 + 6.19T$ | $1123 \sim 1513$ |
| $Ca_L + Si_s = CaSi_L$ | $-107\ 810 - 27.55T$ | $1513 \sim 1685$ |
| $Ca_L + Si_L = CaSi_L$ | $-146\ 622 - 3.31T$ | $1685 \sim 1760$ |
| $Ca_g + Si_L = CaSi_L$ | $-299\ 854 + 83.69T$ | $1760$ |
| $Ca_s + 2Si_s = CaSi_{2s}$ | $-150\ 724 - 14.86T$ | $298 \sim 923$ |
| $Ca_L + 2Si_s = CaSi_{2s}$ | $-160\ 061 - 6.57T$ | $923 \sim 1293$ |
| $Ca_L + 2Si_s = CaSi_{2L}$ | $-103\ 221 - 50.53T$ | $1293 \sim 1685$ |
| $Ca_L + 2Si_L = CaSi_{2L}$ | $-180\ 844 - 2.05T$ | $1685 \sim 1760$ |
| $Ca_g + 2Si_L = CaSi_{2L}$ | $-333\ 976 + 84.95T$ | $1760$ |

Ca、Sr、Ba、Mg 形成硫化物时自由能的变化(表 9 – 5 – 17)[6]

表 9 – 5 – 17

| 反　应 | $\Delta G^{\ominus}/J \cdot mol^{-1}$ | 温度范围/K |
|---|---|---|
| $Ca_{s,\alpha} + \frac{1}{2}S_{2g} = CaS_s$ | $-541\ 918 + 35.50T$ | $298 \sim 673$ |
| $Ca_{s,\beta} + \frac{1}{2}S_{2g} = CaS_s$ | $-542\ 400 + 96.13T$ | $673 \sim 1124$ |
| $Ca_L + \frac{1}{2}S_{2g} = CaS_s$ | $-551\ 737 + 104.42T$ | $1124 \sim 1760$ |
| $Ca_g + \frac{1}{2}S_{2g} = CaS_s$ | $-704\ 869 + 191.42T$ | $1760 \sim 2000$ |
| $Sr_s + S_s = SrS_s$ | $-464\ 874 + 24.23T$ | $298 \sim 718$ |
| $Sr_s + \frac{1}{2}S_{2g} = SrS_s$ | $-522\ 056 + 103.48T$ | $718 \sim 1043$ |
| $Sr_L + \frac{1}{2}S_{2g} = SrS_s$ | $-523\ 611 + 104.97T$ | $1043 \sim 1657$ |
| $Sr_g + \frac{1}{2}S_{2g} = SrS_s$ | $-649\ 384 + 181.63T$ | $1657 \sim 2273$ |
| $Ba_s + S_s = BaS_s$ | $-429\ 018 + 18.85T$ | $298 \sim 718$ |

| 反　　应 | $\Delta G^\ominus / J \cdot mol^{-1}$ | 温度范围/K |
|---|---|---|
| $Ba_s + \frac{1}{2}S_{2g} = BaS_s$ | $-486\ 200 + 98.10T$ | $718 \sim 977$ |
| $Ba_L + \frac{1}{2}S_{2g} = BaS_s$ | $-486\ 242 + 98.18T$ | $977 \sim 1911$ |
| $Ba_g + \frac{1}{2}S_{2g} = BaS_s$ | $-638\ 101 + 177.68T$ | $1911 \sim 2473$ |
| $Mg_s + \frac{1}{2}S_{2g} = MgS_s$ | $-417\ 215 + 95.46T$ | $298 \sim 923$ |
| $Mg_L + \frac{1}{2}S_{2g} = MgS_s$ | $-426\ 216 + 107.39T$ | $923 \sim 1380$ |
| $Mg_g + \frac{1}{2}S_{2g} = MgS_s$ | $-562\ 497 + 204.11T$ | $1380 \sim 2000$ |

$BaSO_4$ 反应的自由能、总压力和温度的关系(表 9 - 5 - 18)[30]

表 9 - 5 - 18

| 反　　应 | $\Delta G_T^\ominus / J \cdot mol^{-1}$ | 总压力(在 $T$K 时)/Pa | | |
|---|---|---|---|---|
| | | 1473K | 1673K | 1873K |
| $BaSO_4 = BaO + SO_2 + 1/2O_2$ | $603\ 702 - 315.57T$ | $9.91 \times 10^1$ | $5.03 \times 10^8$ | $8.41 \times 10^3$ |
| $BaSO_4 = BaS + 2O_2$ | $995\ 857 - 15.41T lgT - 293.55T$ | $1.95 \times 10^{-4}$ | $2.64 \times 10^{12}$ | $1.26$ |
| $BaSO_4 + 4C = BaO + CO + SO_2$ | $491\ 909 - 403.29T$ | $1.29 \times 10^7$ | $1.42 \times 10^8$ | $9.38 \times 10^8$ |
| $BaSO_4 + 4C = BaS + 4CO$ | $548\ 685 - 15.41T lgT - 644.42T$ | $1.54 \times 10^9$ | $6.00 \times 10^9$ | $1.76 \times 10^{10}$ |
| $BaSO_4 + 4C + SiO_2 = BaSi + SO_2 + 4CO$ | $925\ 025 - 1011.93T$ | $1.68 \times 10^9$ | $1.02 \times 10^{10}$ | $4.23 \times 10^{10}$ |
| $BaSO_4 + SiO_2 = BaO \cdot SiO_2 + SO_2 + 1/2O_2$ | $447\ 066 - 300.50T$ | $2.48 \times 10^5$ | $2.72 \times 10^6$ | $2.68 \times 10^7$ |
| $BaSO_4 + 1/2SiO_2 + C = 1/2(2BaO \cdot SiO_2) + CO + SO_2$ | $354\ 802 - 383.36T$ | $1.05 \times 10^9$ | $5.91 \times 10^9$ | $2.31 \times 10^{10}$ |
| $BaSO_4 + SiO_2 + C = BaO \cdot SiO_2 + SO_2 + CO$ | $335\ 274 - 388.22T$ | $3.11 \times 10^9$ | $1.59 \times 10^{10}$ | $5.78 \times 10^{10}$ |
| $BaSO_4 + 1/2SiO_2 + 3C = 1/2(2BaO \cdot SiO_2) + 1/2S_2 + 3CO$ | $493\ 894 - 631.27T$ | $3.90 \times 10^9$ | $1.55 \times 10^{10}$ | $4.56 \times 10^{10}$ |
| $BaSO_4 + CO = BaO + SO_2 + CO_2$ | $321\ 080 - 228.69T$ | $3.81 \times 10^5$ | $1.82 \times 10^6$ | $6.25 \times 10^6$ |
| $BaSO_4 + 4CO = BaS + 4CO_2$ | $-136\ 330 + 53.87T - 15.41T lgT$ | $1.35 \times 10^6$ | $9.94 \times 10^5$ | $7.86 \times 10^5$ |
| $BaSO_4 + CO + SiO_2 = BaO \cdot SiO_2 + SO_2 + CO_2$ | $164\ 444 - 213.62T$ | $9.18 \times 10^7$ | $2.04 \times 10^8$ | $3.86 \times 10^8$ |

$SrSO_4$ 的还原分解反应与自由能、总压力和温度的关系(表 9 - 5 - 19)[30]

表 9 - 5 - 19

| 反　　应 | $\Delta G_T^\ominus / J \cdot mol^{-1}$ | 总压力(在 $T$K 时)/Pa | | |
|---|---|---|---|---|
| | | 1473K | 1673K | 1873K |
| $SrSO_{4s} = SrO_s + SO_{2g} + 1/2O_{2g}$ | $345\ 654 - 123.88T$ | $2.64 \times 10^1$ | $2.50 \times 10^2$ | $1.46 \times 10^3$ |
| $SrSO_{4s} = SrS_s + 2O_{2g}$ | $964\ 521 - 350.10T$ | $1.11 \times 10^{-3}$ | $1.23 \times 10^{-1}$ | $4.97$ |
| $SrSO_{4s} + C_s = SrO_s + SO_{2g} + CO_g$ | $233\ 866 - 211.60T$ | $4.79 \times 10^6$ | $1.49 \times 10^7$ | $3.67 \times 10^7$ |
| $SrSO_{4s} + 4C_s = SrS_s + 4CO_g$ | $517\ 371 - 700.95T$ | $3.67 \times 10^9$ | $1.29 \times 10^{10}$ | $3.49 \times 10^{10}$ |
| $SrSO_{4s} + 4C_s + SiO_{2s} = SrSi_s + SO_{2g} + 4CO_g$ | $993\ 109 - 820.19T$ | $5.51 \times 10^6$ | $3.82 \times 10^7$ | $1.75 \times 10^8$ |
| $SrSO_{4s} + SiO_{2s} = SrO \cdot SiO_2 + SO_{2g} + 1/2O_{2g}$ | $217\ 575 - 115.30T$ | $1.41 \times 10^4$ | $5.70 \times 10^4$ | $1.76 \times 10^5$ |
| $SrSO_{4s} + 1/2SiO_{2s} + C_s = 1/2(2SrO \cdot SiO_2)_s + CO_g + SO_{2g}$ | $127\ 458 - 197.57T$ | $1.58 \times 10^7$ | $2.95 \times 10^8$ | $4.81 \times 10^8$ |
| $SrSO_{4s} + SiO_{2s} + C_s = SrO \cdot SiO_{2s} + SO_{2g} + CO_g$ | $105\ 787 - 220.18T$ | $1.49 \times 10^9$ | $2.49 \times 10^9$ | $3.75 \times 10^9$ |

续表 9 - 5 - 19

| 反　应 | $\Delta G_T^\ominus/\text{J}\cdot\text{mol}^{-1}$ | 总压力(在 $T$K 时)/Pa | | |
|---|---|---|---|---|
| | | 1473K | 1673K | 1873K |
| $SrSO_{4s} + 1/2SiO_{2s} + 3C_s = 1/2(2SrO\cdot SiO_2)_s$ $+ 1/2S_{2g} + 3CO_g$ | $266\,544 - 449.66T$ | $1.53\times10^9$ | $3.22\times10^9$ | $5.77\times10^9$ |
| $SrSO_{4s} + CO_g = SrO_s + SO_{2g} + CO_{2g}$ | $63\,045 - 37.01T$ | $1.41\times10^5$ | $1.92\times10^5$ | $2.44\times10^5$ |
| $SrSO_{4s} + 4CO_g = SrS_s + 4CO_{2g}$ | $-165\,914 - 2.59T$ | $3.19\times10^6$ | $2.13\times10^6$ | $1.55\times10^6$ |
| $SrSO_{4s} + SiO_{2s} + CO_g = SrO\cdot SiO_2 + SO_{2g} + CO_{2g}$ | $-65\,033 - 44.85T$ | $4.21\times10^7$ | $3.06\times10^7$ | $2.38\times10^7$ |

注:在 $p_{CO} = 0.1$MPa 时测定的总压力。

### Si-Ca-E 反应的自由能和温度及稳定相的数据、计算值(表 9 - 5 - 20)[30]

表 9 - 5 - 20

| Si-Ca-Fe 系 | 反　应 | $\Delta G^\ominus/\text{J}\cdot\text{mol}^{-1}$ | $\Delta G_{1700K}$ $/\text{J}\cdot\text{mol}^{-1}$ | 稳定相 |
|---|---|---|---|---|
| $FeSi_2\text{-}CaSi_2\text{-}CaSi\text{-}FeSi$ | $FeSi_2 + CaSi = FeSi + CaSi_2$ | $-15\,840 - 2.93T$ | $-20\,824$ | $FeSi\text{-}CaSi_2$ |
| $FeSi_2\text{-}CaSi_2\text{-}Ca_2Si\text{-}FeSi$ | $3FeSi_2 + Ca_2Si = 3FeSi + 2CaSi_2$ | $-89\,253 - 21.44T$ | $-125\,701$ | $FeSi\text{-}CaSi_2$ |
| $FeSi_2\text{-}CaSi\text{-}Ca_2Si\text{-}FeSi$ | $FeSi_2 + Ca_2Si = FeSi + 2CaSi$ | $-57\,653 - 15.58T$ | $-84\,139$ | $FeSi\text{-}CaSi$ |
| $Fe_5Si_3\text{-}FeSi_2\text{-}CaSi_2\text{-}Ca_2Si$ | $Fe_5Si_3 + 6CaSi_2 = 5FeSi_2 + 3Ca_2Si$ | $257\,295 - 77.11T$ | $388\,382$ | $Fe_5Si_3\text{-}CaSi_2$ |
| $Fe_5Si_3\text{-}FeSi\text{-}CaSi\text{-}Ca_2Si$ | $Fe_5Si_3 + 4CaSi = 5FeSi + 2Ca_2Si$ | $67\,999 - 75.32T$ | $7\,955$ | $Fe_5Si_3\text{-}CaSi$ |
| $Fe_5Si_3\text{-}FeSi\text{-}CaSi_2\text{-}CaSi$ | $Fe_5Si_3 + 2CaSi_2 = 5FeSi + 2CaSi$ | $-15\,707 - 10.02T$ | $-32\,741$ | $FeSi\text{-}CaSi$ |
| $Fe_5Si_3\text{-}FeSi_2\text{-}CaSi_2\text{-}CaSi$ | $Fe_5Si_3 + 7CaSi_2 = 5FeSi_2 + 7CaSi$ | $63\,293 + 24.67T$ | $105\,232$ | $Fe_5Si_3\text{-}CaSi_2$ |
| $Fe_3Si\text{-}FeSi\text{-}CaSi\text{-}Ca_2Si$ | $5Fe_3Si + 8CaSi = 3Fe_5Si_3 + 4Ca_2Si$ | $60\,628 + 70.69T$ | $180\,801$ | $Fe_3Si\text{-}CaSi$ |
| $Fe_3Si\text{-}FeSi\text{-}CaSi\text{-}Ca_2Si$ | $Fe_3Si + 4CaSi = 3FeSi + 2Ca_2Si$ | $52\,925 + 35.33T$ | $112\,984$ | $Fe_3Si\text{-}CaSi$ |
| $Fe_3Si\text{-}FeSi\text{-}CaSi_2\text{-}CaSi$ | $Fe_3Si + 2CaSi_2 = 3FeSi + 2CaSi$ | $-30\,781 + 10.03T$ | $-13\,730$ | $FeSi\text{-}CaSi$ |
| $Fe_3Si\text{-}CaSi\text{-}Ca_2Si\text{-}Fe$ | $Fe_3Si + Ca_2Si = 3Fe + 2CaSi$ | $53\,297 - 23.95T$ | $12\,582$ | $Fe_3Si\text{-}Ca_2Si$ |
| $Fe_3Si\text{-}Ca_2Si\text{-}Ca\text{-}Fe$ | $Fe_3Si + 2Ca = Ca_2Si + 3Fe$ | $-87\,797 - 7.79T$ | $-101\,040$ | $Ca_2Si\text{-}Fe$ |
| $Fe\text{-}FeSi\text{-}CaSi_2\text{-}CaSi$ | $Fe + CaSi_2 = FeSi + CaSi$ | $-41\,977 + 7.11T$ | $-29\,890$ | $FeSi\text{-}CaSi_2$ |
| $FeSi\text{-}FeSi_2\text{-}CaSi_2\text{-}Ca$ | $2FeSi_2 + Ca = CaSi_2 + 2FeSi$ | $-144\,000 - 10.74T$ | $-162\,258$ | $FeSi\text{-}CaSi_2$ |
| $Fe_5Si_3\text{-}FeSi\text{-}CaSi\text{-}Ca$ | $5FeSi + 2Ca = 2CaSi + Fe_5Si_3$ | $-209\,093 - 19.16T$ | $-241\,665$ | $Fe_5Si_3\text{-}CaSi$ |
| $Fe_3Si\text{-}Fe_5Si_3\text{-}Ca_2Si\text{-}Ca$ | $3Fe_5Si_3 + 8Ca = 5Fe_3Si + 4Ca_2Si$ | $-625\,004 - 6.05T$ | $-635\,289$ | $Fe_3Si\text{-}Ca_2Si$ |
| Si-Ca-Mn 系 | 反　应 | $\Delta G^\ominus/\text{J}\cdot\text{mol}^{-1}$ | $\Delta G_{1700K}$ $/\text{J}\cdot\text{mol}^{-1}$ | 稳定相 |
| $MnSi_2\text{-}CaSi_2\text{-}CaSi\text{-}MnSi$ | $MnSi_2 + CaSi = MnSi + CaSi_2$ | $86\,947 - 62.66T$ | $-36\,681$ | $MnSi\text{-}CaSi_2$ |
| $MnSi_2\text{-}CaSi_2\text{-}Ca_2Si\text{-}MnSi$ | $3MnSi_2 + Ca_2Si = 3MnSi + 2CaSi_2$ | $218\,998 - 200.63T$ | $-176\,844$ | $MnSi\text{-}CaSi_2$ |
| $MnSi_2\text{-}CaSi\text{-}Ca_2Si\text{-}MnSi$ | $MnSi_2 + Ca_2Si = MnSi + 2CaSi$ | $45\,094 - 75.31T$ | $-103\,492$ | $MnSi\text{-}CaSi$ |
| $Mn_5Si_3\text{-}MnSi_2\text{-}CaSi_2\text{-}Ca_2Si$ | $Mn_5Si_3 + 6CaSi_2 = 5MnSi_2 + 3Ca_2Si$ | $322\,564 + 1.92T$ | $326\,352$ | $Mn_5Si_3\text{-}CaSi_2$ |
| $Mn_5Si_3\text{-}MnSi\text{-}CaSi\text{-}Ca_2Si$ | $Mn_5Si_3 + 4CaSi = 5MnSi + 2Ca_2Si$ | $647\,002 - 330.51T$ | $-5\,094$ | $MnSi\text{-}Ca_2Si$ |
| $Mn_5Si_3\text{-}MnSi\text{-}CaSi_2\text{-}CaSi$ | $Mn_5Si_3 + 2CaSi_2 = 5MnSi + 2CaSi$ | $385\,446 - 346.81T$ | $-238\,810$ | $MnSi\text{-}CaSi$ |
| $Mn_5Si_3\text{-}MnSi_2\text{-}CaSi_2\text{-}CaSi$ | $Mn_5Si_3 + 7CaSi_2 = 5MnSi_2 + 7CaSi$ | $128\,841 - 33.51T$ | $67\,689$ | $Mn_5Si_3\text{-}CaSi_2$ |
| $Mn_3Si\text{-}Mn_5Si_3\text{-}CaSi\text{-}Ca_2Si$ | $5Mn_3Si + 8CaSi = 3Mn_5Si_3 + 4Ca_2Si$ | $-235\,286 + 215.28T$ | $189\,461$ | $Mn_3Si\text{-}CaSi$ |
| $Mn_3Si\text{-}MnSi\text{-}CaSi\text{-}Ca_2Si$ | $Mn_3Si + 4CaSi = 3MnSi + 2Ca_2Si$ | $341\,144 - 149.85T$ | $45\,490$ | $Mn_3Si\text{-}CaSi$ |
| $Mn_3Si\text{-}MnSi\text{-}CaSi_2\text{-}CaSi$ | $Mn_3Si + 2CaSi_2 = 3MnSi + 2CaSi$ | $257\,438 - 175.15T$ | $-88\,133$ | $MnSi\text{-}CaSi$ |
| $Mn_3Si\text{-}Mn_5Si_3\text{-}Ca_2Si\text{-}Ca$ | $5Mn_3Si + 4Ca_2Si = 3Mn_5Si_3 + 8Ca$ | $329\,090 + 188.80T$ | $701\,592$ | $Mn_3Si\text{-}Ca_2Si$ |
| $Mn\text{-}Mn_3Si\text{-}Ca_2Si\text{-}Ca$ | $Mn_3Si + 2Ca = Ca_2Si + 3Mn$ | $-99\,530 - 9.88T$ | | $Ca_2Si\text{-}Mn$ |

续表 9 – 5 – 20

| Si-Ca-Cr 系 | 反　　应 | $\Delta G^\ominus/J \cdot mol^{-1}$ | $\Delta G_{1700K}$ $/J \cdot mol^{-1}$ | 稳定相 |
|---|---|---|---|---|
| $CrSi\text{-}CrSi_2\text{-}CaSi_2\text{-}CaSi$ | $CrSi + CaSi_2 = CaSi + CrSi_2$ | $-3\,732 + 9.81T$ | 13 661 | $CrSi\text{-}CaSi_2$ |
| $CrSi_2\text{-}CaSi_2\text{-}Ca_2Si\text{-}CrSi$ | $3CrSi_2 + Ca_2Si = 3CrSi + 2CaSi_2$ | $-36\,657 - 42.08T$ | $-107\,718$ | $CrSi\text{-}CaSi_2$ |
| $CrSi_2\text{-}CaSi\text{-}Ca_2Si\text{-}CrSi$ | $CrSi_2 + Ca_2Si = CrSi + 2CaSi$ | $-38\,111 - 22.46T$ | $-77\,932$ | $CrSi\text{-}CaSi$ |
| $Cr_5Si_3\text{-}CrSi_2\text{-}CaSi_2\text{-}Ca_2Si$ | $Cr_5Si_3 + 6CaSi_2 = 5CrSi_2 + 3Ca_2Si$ | $627\,641 - 186.07T$ | 297 732 | $Cr_5Si_3\text{-}CaSi_2$ |
| $Cr_5Si_3\text{-}CrSi\text{-}CaSi\text{-}Ca_2Si$ | $Cr_5Si_3 + 4CaSi = 5CrSi + 2Ca_2Si$ | $283\,914 - 96.10T$ | 113 529 | $Cr_5Si_3\text{-}CaSi$ |
| $Cr_5Si_3\text{-}CrSi\text{-}CaSi_2\text{-}CaSi$ | $Cr_5Si_3 + 2CaSi_2 = 5CrSi + 2CaSi$ | $-200\,208 + 121.40T$ | $-15\,034$ | $CrSi\text{-}CaSi$ |
| $Cr_5Si_3\text{-}CrSi_2\text{-}CaSi_2\text{-}CaSi$ | $Cr_5Si_3 + 7CaSi_2 = 5CrSi_2 + 7CaSi$ | $433\,638 - 221.50T$ | 40 919 | $Cr_5Si_3\text{-}CaSi_2$ |
| $Cr_3Si\text{-}Cr_5Si_3\text{-}CaSi\text{-}Ca_2Si$ | $5Cr_3Si + 8CaSi = 3Cr_5Si_3 + 4Ca_2Si$ | $966\,877 - 631.70T$ | $-107\,013$ | $Cr_5Si_3\text{-}Ca_2Si$ |
| $Cr_3Si\text{-}CrSi\text{-}CaSi\text{-}Ca_2Si$ | $Cr_3Si + 4CaSi = 3CrSi + 2Ca_2Si$ | $-23\,027 + 66.68T$ | 90 329 | $Cr_3Si\text{-}CaSi$ |
| $Cr_3Si\text{-}CrSi\text{-}CaSi_2\text{-}CaSi$ | $Cr_3Si + 2CaSi_2 = 3CrSi + 2CaSi$ | $-106\,733 + 41.38T$ | $-36\,387$ | $CrSi\text{-}CaSi$ |
| $Cr_3Si\text{-}Cr_5Si_3\text{-}Ca_2Si\text{-}Ca$ | $5Cr_3Si + 4Ca_2Si = 3Cr_5Si_3 + 8Ca$ | $-402\,501 + 567.06T$ | $+561\,501$ | $Cr_3Si\text{-}Ca_2Si$ |
| $Cr\text{-}Cr_3Si\text{-}Ca_2Si\text{-}Ca$ | $Cr_3Si + 2Ca = Ca_2Si + 3Cr$ | $-29\,049 - 29.45T$ | $-79\,114$ | $Ca_2Si\text{-}Cr$ |

# 参 考 文 献

［1］ Elliott F. Thermochemistry for Steelmaking, Volume Ⅰ, Ⅱ, 1963

［2］ 叶大伦, 胡建华, 编著. 实用无机物热力学数据手册, 第 2 版. 北京:冶金工业出版社, 2002

［3］ Дуреер Р. Металлургия ферросплавов. металлуртия М, 1976

［4］ 彼格耶夫 А М, 著. 炼钢过程的数学描述与计算. 宗联枝, 译. 北京:冶金工业出版社, 1988

［5］ Electric Furnace Proccedings, 1973, 31

［6］ 日本鉄鋼協会. 鉄鋼便覧, 基礎篇, 第 3 版. 日本株式会社, 1981

［7］ 日本鉄鋼協会. 溶鉄、溶滓の物性値便覧. 溶鉄、溶滓部会報告, 1972

［8］ Изв Н С. Металль, 1977, (6):47

［9］ Емлин Б и ид. Справочник по электротермическим процессам. 1978

［10］ 特克道根 Е Т, 著. 高温工艺物理化学. 魏季和, 傅杰, 译. 北京:冶金工业出版社, 1988

［11］ 尼・柏・茹克, 著. 金属的腐蚀及保护・计算方法. 曹楚南, 译

［12］ Э. И. Черная. Металлургия, 1961, (42):221

［13］ Елютин В П. Взаймодействие Окислов металлов суглеродом. 1976

［14］ Condurier I. Fundamental of the Metallurgical Process, 1978

［15］ Агеенков В Г, ид. Металлургические расчеты. Москва, 1962

［16］ Richarson F D. Physical Chemistry of Melts in Metallurgy, Volume Ⅰ, Ⅱ, 1974

［17］ J. Iron & Steel Inst., 1953, 175:33

［18］ Kellog H H. Trans. AIME, 1951, 191:137

［19］ Kellog H H. Trans. AIME, 1950, 188:862

［20］ Вопросы контроля и комплексного използования сырья в металлургии. А Н С. Выпуск 5

［21］ 陈家祥. 复合脱氧剂最佳成分的设计. 铁合金, 2007, (1)

［22］ Фромм Е, Гебхариг Е. Газы и углерод В Металлах. Металлургия, 1980

［23］ J. Iron & Steel Inst., 1953, 175:3

［24］ Richarson F D, et al. Journal of Iron & Steel Inst., 1953, 175:52

［25］ 沢村宏. 鉄鋼化学热力学. 1972

[26] Sims E. Electric Furnace Steelmaking, Volume Ⅱ. 1963

[27] 成田贵一. 神户製鋼技報, 1969, 19(2), (4)

[28] Аверин В В. Азот В Металлах. Металлургия М, 1976

[29] 日本学術振興会, 制鋼第 19 委员会编. 鉄鋼と合金元素. 诚文堂新光社, 1966

[30] Кожевников Г Н, ид. Электротермия лигатур щелочноземельных металлов С Кремнием издательство. Наука, 1978

[31] 韩其勇, 董元篪, 项长祥, 等. 北京科技大学学报, 1992, (专辑)1:74, 85

# 第十章　元素在铁液中的溶解、活度和元素在钢、渣间的反应

## 第一节　元素在铁液中的溶解

### 一、元素在铁液中的溶解度

元素在铁液中的极限溶解度（表 10 - 1 - 1）

表 10 - 1 - 1

| 元　素 | Al | Ce | Co | Cu | Mn | Ni | Si | Sb | Cr | Mo | Ti | Nb | V | W | Zr | C | S | O | N | H | As | Pb | Ce、La | Ba | Sr | Mg | Ca④ |
|---|---|---|---|---|---|---|---|---|---|---|---|---|---|---|---|---|---|---|---|---|---|---|---|---|---|---|---|
| 1600℃时① 在铁中的溶解度，$w/\%$ | 100 | 100 | 100 | 100 | 100 | 100 | 100 | 100 | 56 | 52 | 96 | 32 | 62 | 33 | 40 | 5.2 | 100 | 0.23 | 0.044 | 30③ | 100 | 15 | 100 | 43 | 280 | ~560 | 180~310 |
| 1500℃时② 在铁中的溶解度，$w/\%$ | 11 | 3 | 17 | 5 | 10 | 6 | 3 | | | | 7~8 | | 15 | | | 29 | 0.46 | | | | 1.5~2 | | | | | | |

① 为 1600℃时最大的溶解度，100% 指互溶；
② 为 1500℃时最小的溶解度；
③ 为 30 cm³/100 g；
④ Ca、Ba、Sr、Mg 在 1600℃的铁液中溶解度的单位为 ppm(0.0001%)元素的蒸气压为 0.1 MPa 时。

铁液中[H]、[N]、[O]、[S]的溶解度和气相压力的关系(1600℃)（图 10 - 1 - 1）

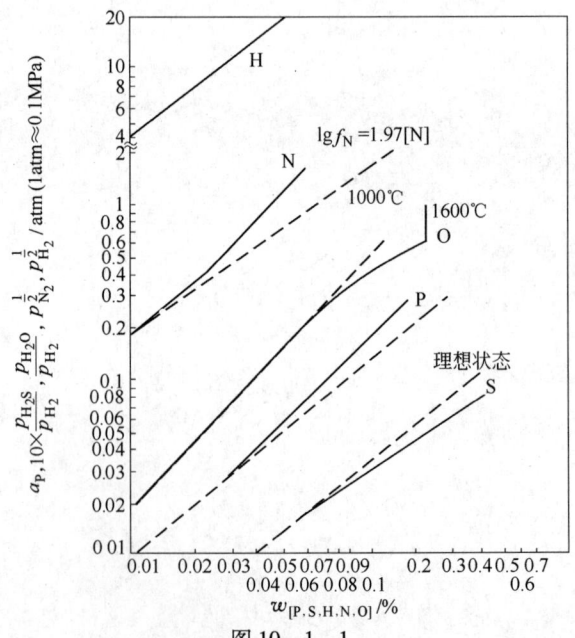

图 10 - 1 - 1
[S]、[P]含量比坐标数值大 10 倍(综合数据)

[E]对钙在铁中溶解度的影响(1607℃,$p_{Ca}=0.1$ MPa)(图10-1-2)[1]

镁在铁碳合金中的溶解度(图10-1-3)[2]

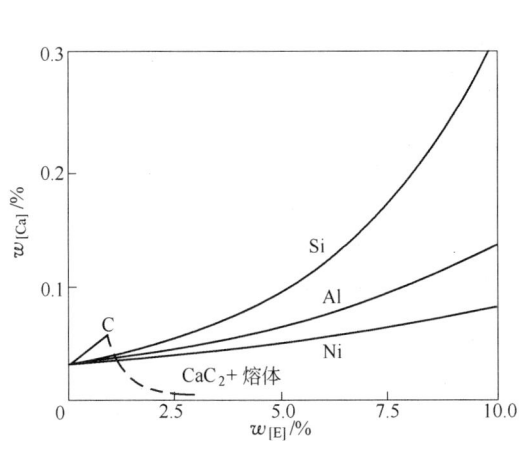

图10-1-2

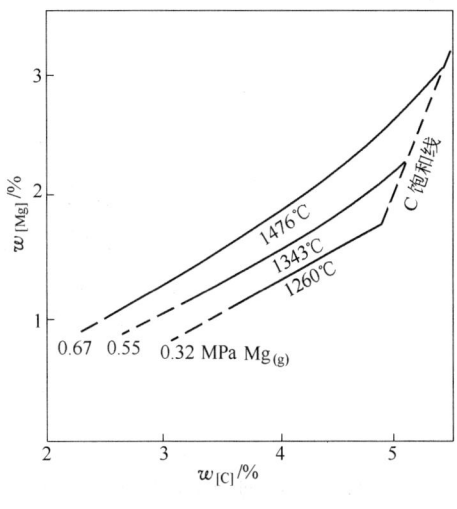

图10-1-3

## 二、氧的溶解度和[E]的关系

[O]和$p_{O_2}$、温度的关系(图10-1-4)[3]

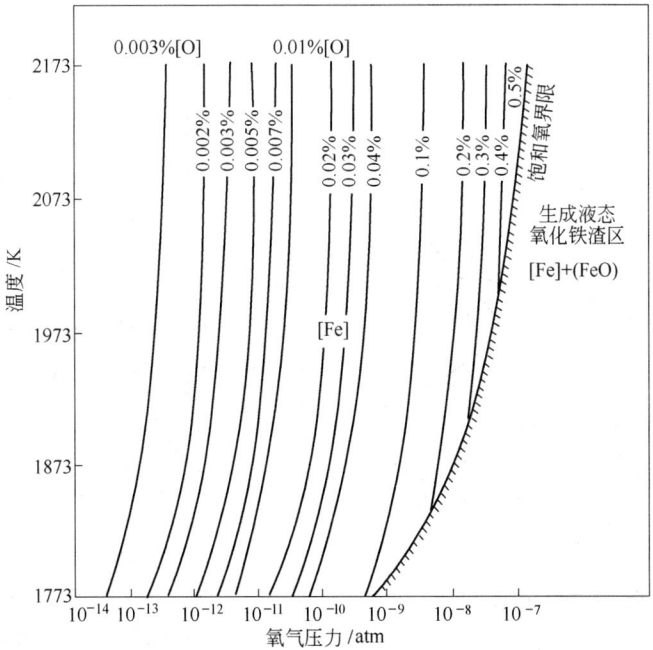

图10-1-4

使用热力学数据:$\frac{1}{2}O_2=[O]$,$\lg([O]/\sqrt{p_{O_2}})=6120/T+0.151$

$FeO=Fe_L+[O]$,$\lg[\%O]_{饱和}=-6372/T+2.738$

$[O]$和$p_{O_2}$、$[Ni]$的关系$(1600℃)$(图$10-1-5$)[4]

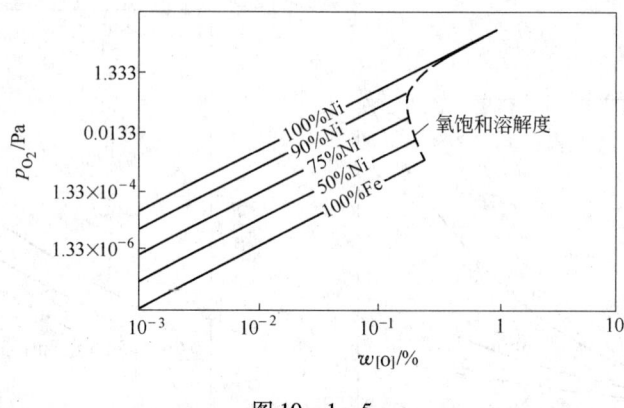

图 $10-1-5$

$[O]$和$p_{O_2}$、$[Cr]$的关系$(1600℃)$(图$10-1-6$)[4]

$[O]$和$p_{H_2O}/p_{H_2}$、$[V]$的关系$(1600℃)$(图$10-1-7$)[5]

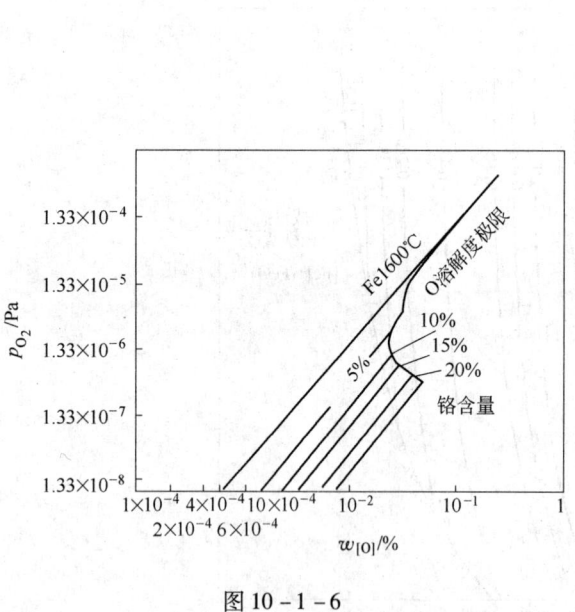

图 $10-1-6$

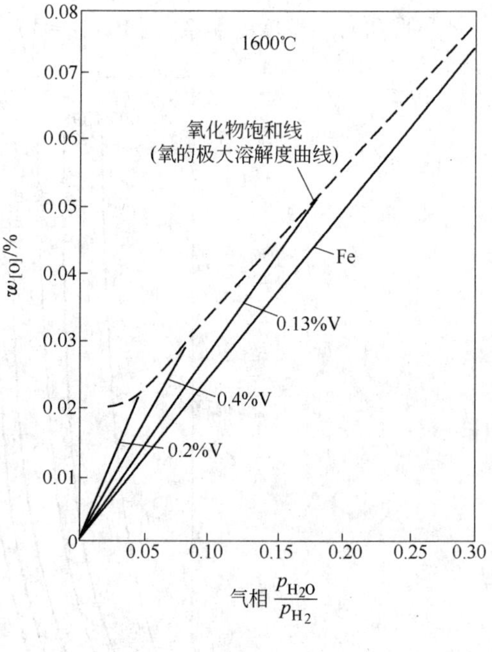

图 $10-1-7$

$[O]$高于$M—N$线析出钒的脱氧产物；

$[V]$增加时提高氧的溶解度；

但降低氧的饱和溶解度$\left(\left\{\dfrac{H_2O}{H_2}\right\}$一定时$\right)$

$[O]$和$p_{H_2O}/p_{H_2}$、$[Si]$的关系($1600℃$)
(图$10-1-8$)[6]

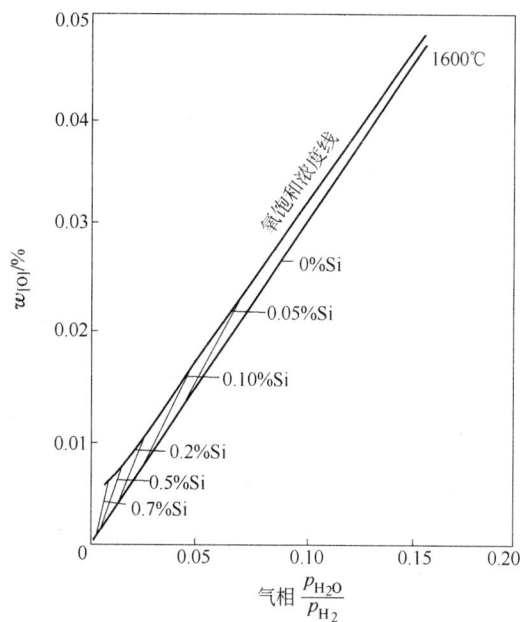

图$10-1-8$

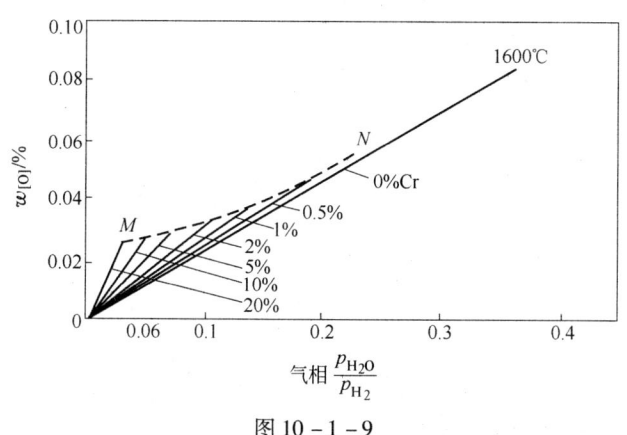

图$10-1-9$

$[O]$和$p_{H_2O}/p_{H_2}$、$[Cr]$的关系($1600℃$)
(图$10-1-9$)

$[O]$和$p_{H_2O}/p_{H_2}$、$[Ni]$的关系
($1600℃$)(图$10-1-10$)

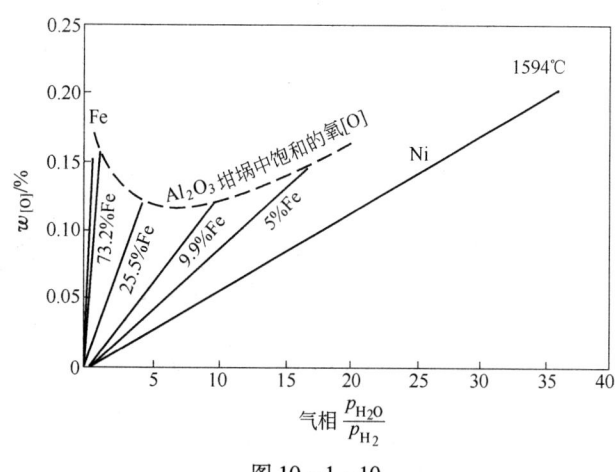

图$10-1-10$

[O]和$p_{H_2O}$、[H]的关系（1600℃）
（图 10 - 1 - 11）[7]

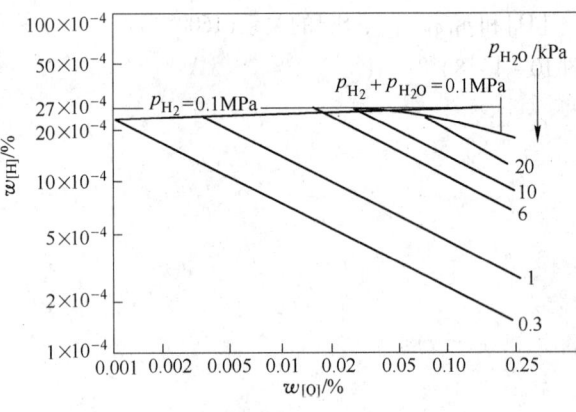

图 10 - 1 - 11

## 三、硫的溶解度和[E]的关系

[O]和[E]、[S]的关系（1600℃）（图 10 - 1 - 12）[8]

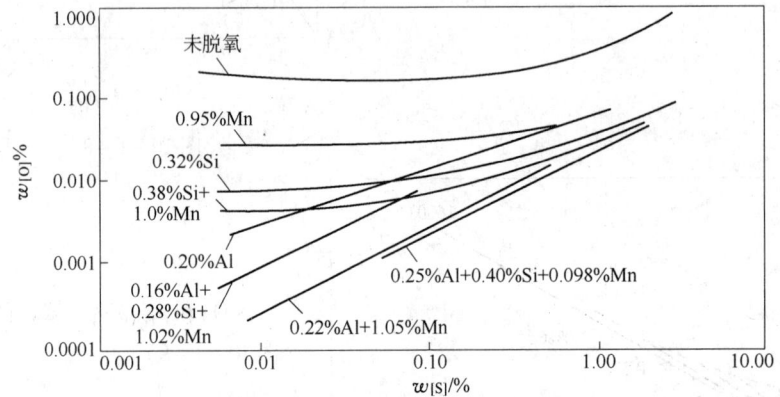

图 10 - 1 - 12

铁中[E]的脱硫能力（1600℃）（图 10 - 1 - 13）[9]

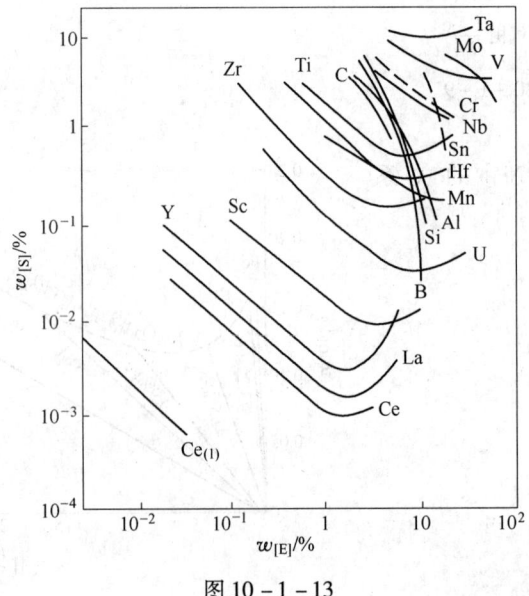

图 10 - 1 - 13

硫化物气相压力对不同成分铁液中硫活度的影响(图 10 - 1 - 14)[10]

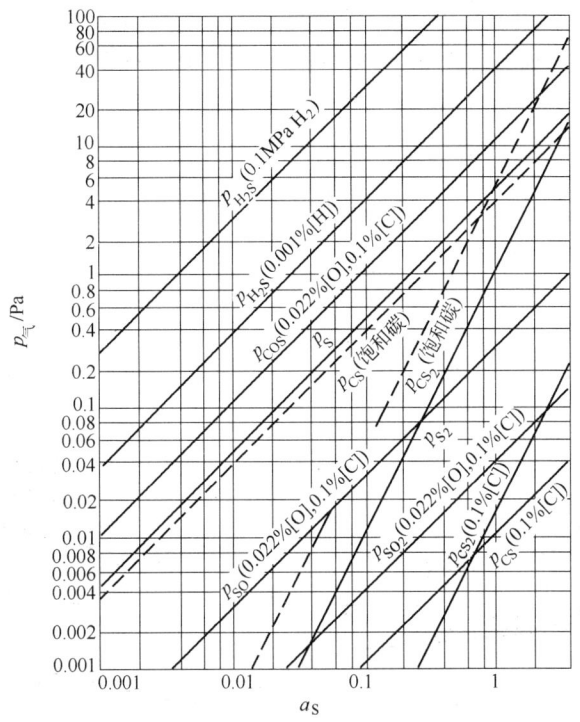

图 10 - 1 - 14

不同温度下各种物质和生铁水中[S]的关系(图 10 - 1 - 15)[11]

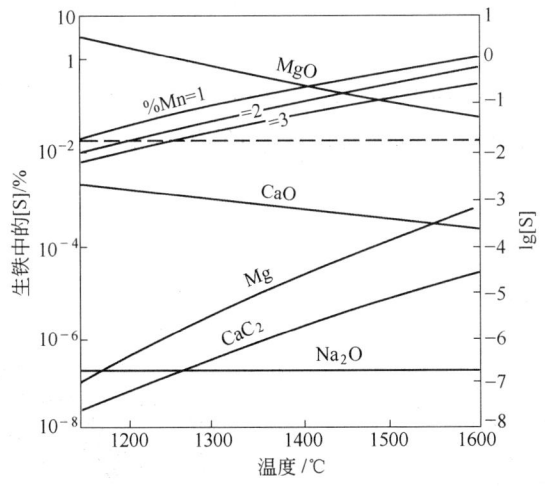

图 10 - 1 - 15

$$MgO(s) + [S] + C(石墨) = MgS(s) + CO(g)　　\Delta G^{\ominus} = 186732 - 107.61T \text{ J/mol}$$

$$Na_2O(l) + [S] + C(石墨) = Na_2S(l) + CO(g)　　\Delta G^{\ominus} = -8368 - 112.21T \text{ J/mol}$$

$$CaC_2(s) + [S] = CaS + 2C(石墨)　　\Delta G^{\ominus} = -363590 + 120.164T \text{ J/mol}$$

$$Mg(g) + [S] = MgS(s)　　\Delta G^{\ominus} = -435554 + 184.39T \text{ J/mol}$$

$$Mn(l) + [S] = MnS(l)　　\Delta G^{\ominus} = -136064 + 44.85T \text{ J/mol}$$

## 四、[E]对[N]的溶解度的影响

氮的溶解度和温度的关系(图10-1-16)[12]

Fe-Co-Ni 液态中氮的溶解度(1600℃,$p_{N_2}$=0.1 MPa)(图10-1-17)[13]

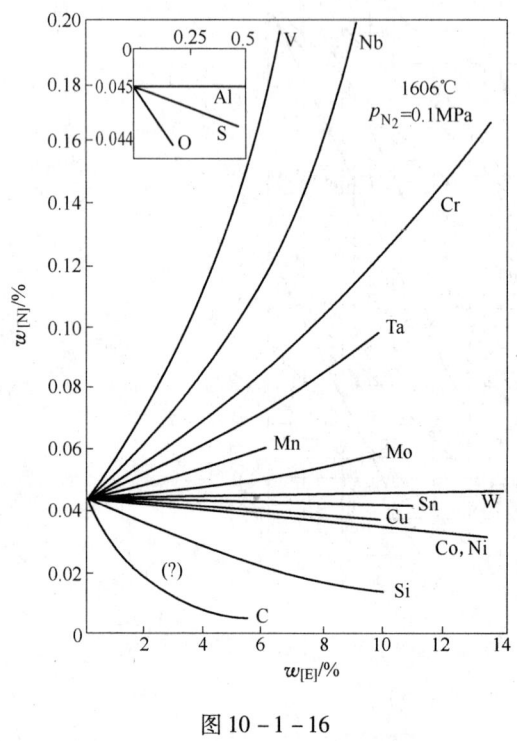

图 10-1-16

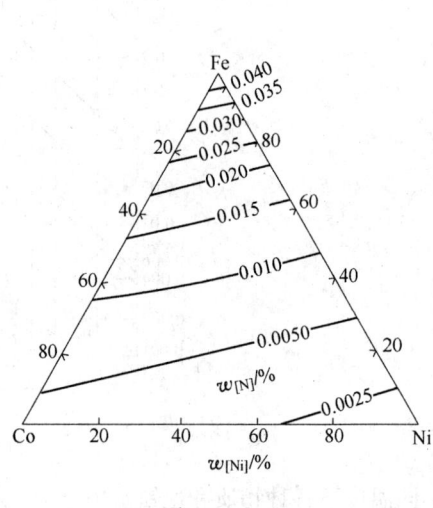

图 10-1-17

Fe-Cr-Ni 液态中氮的溶解度(1600℃,$p_{N_2}$=0.1 MPa)(图10-1-18)[14]

1Cr18Ni10Ti 钢中[Ti]、[N]含量和温度的关系(图10-1-19)[14]

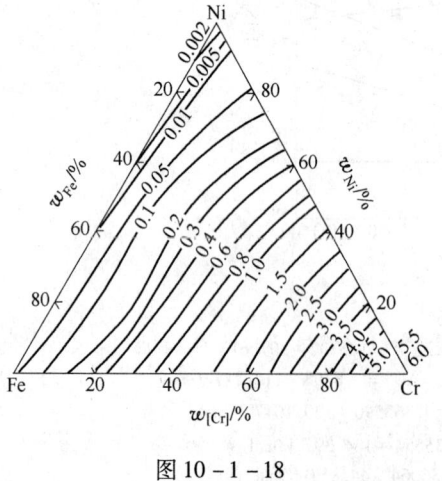

图 10-1-18

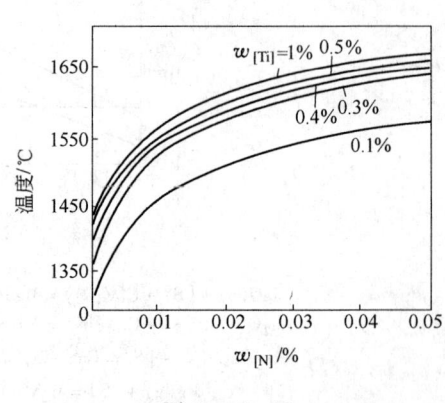

图 10-1-19

三种奥氏体不锈钢的[N]溶解度和温度的关系(图 10 - 1 - 20)[14]

N 在 AISI304、310 不锈钢中的溶解度(N 以 $Cr_2N$ 状态存在)(图 10 - 1 - 21)[14]

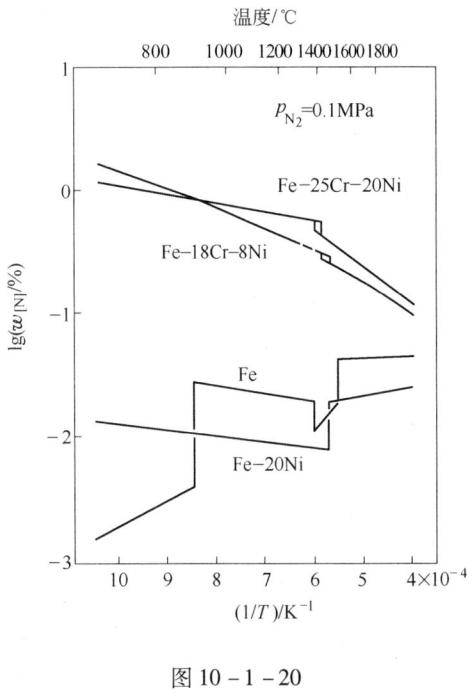

图 10 - 1 - 20

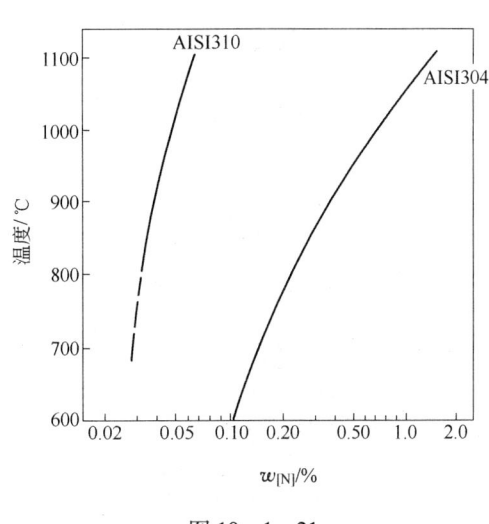

图 10 - 1 - 21

W、Mo 对 Cr、Ni 不锈钢中[N]的溶解度的影响(1100℃)(图 10 - 1 - 22)[14]

Fe-Cr 系中氮的溶解度和氮分压的关系(1600℃)(图 10 - 1 - 23)[14]

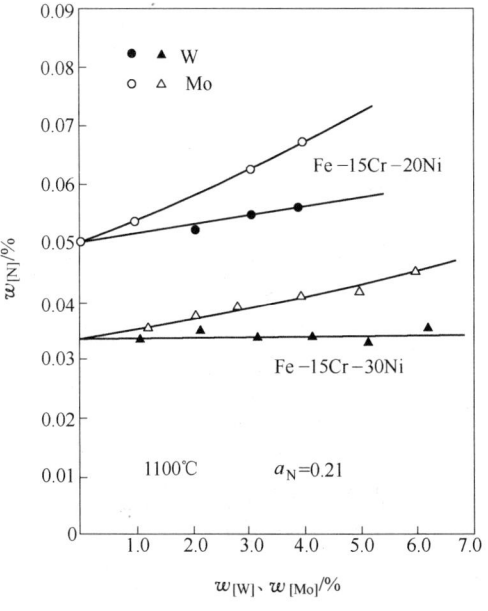

图 10 - 1 - 22

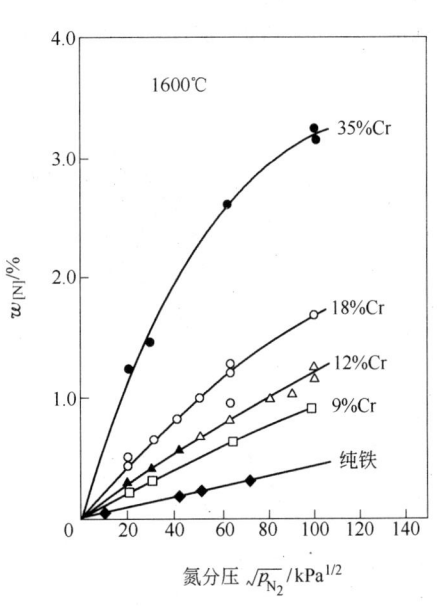

图 10 - 1 - 23

[E]对 Fe-Cr18-Ni8 不锈钢中氮溶解度的影响(1600℃,$p_{N_2}$ = 0.1 MPa)(图 10 - 1 - 24)[16]

[E][N]积和温度的关系(图 10 - 1 - 25)[17]

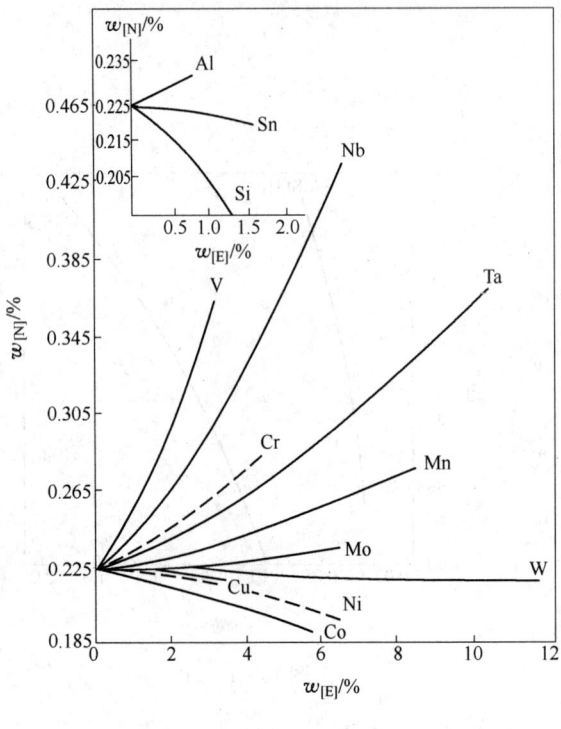

图 10 - 1 - 24

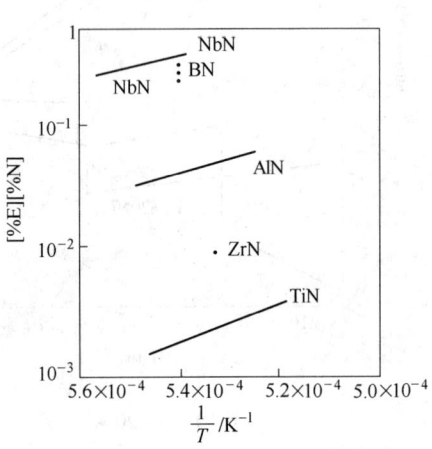

图 10 - 1 - 25

铁液中[E]和[N]含量的关系(图 10 - 1 - 26)[17]

铁液中的[N]和 $e_N^i$、温度的关系(图 10 - 1 - 27)[18]

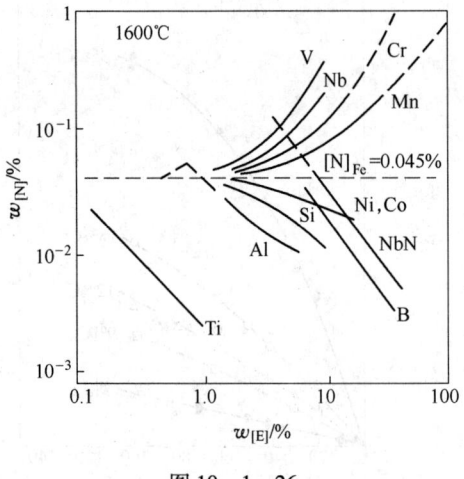

图 10 - 1 - 26

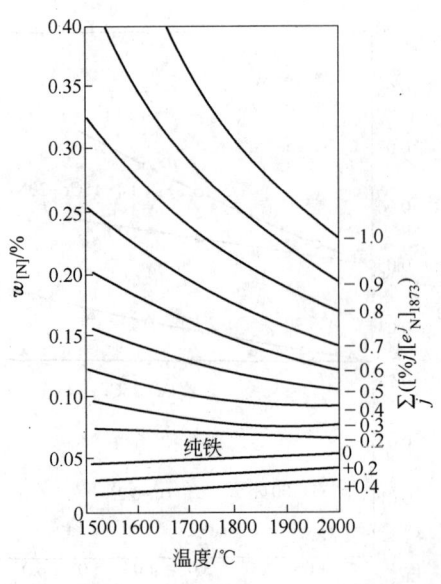

图 10 - 1 - 27

$$\lg[\%N] = \frac{-188}{T} - 1.25 - \left[\frac{328}{T} - 0.75\right]\sum_j([\%j][e_N^j]_{1873})$$

Fe-Cr-Ni-Mn、Fe-Cr-Ni-Mo 熔体中氮的溶解度(表 10 - 1 - 2)[19]

表 10 - 1 - 2

| 合金/% | $\lg K_N = \dfrac{A}{T} - B$ | 在 $t$ 时氮的溶解度/% | | | |
| --- | --- | --- | --- | --- | --- |
| | | 1500℃ | 1600℃ | 1700℃ | 1800℃ |
| Fe + 7Ni + 30Cr + 2Mn | $\dfrac{2955}{T} - 1.86$ | 0.646 | 0.513 | 0.436 | 0.372 |
| Fe + 7Ni + 30Cr + 5Mo | $\dfrac{2972}{T} - 1.90$ | 0.603 | 0.490 | 0.407 | 0.343 |
| Fe + 7Ni + 30Cr + 2Mo | $\dfrac{2975}{T} - 1.90$ | 0.603 | 0.490 | 0.407 | 0.343 |
| Fe + 8Ni + 20Cr + 5Mn | $\dfrac{2467}{T} - 1.83$ | 0.367 | 0.309 | 0.266 | 0.229 |
| Fe + 8Ni + 20Cr + 2Mn | $\dfrac{2275}{T} - 1.80$ | 0.306 | 0.260 | 0.226 | 0.200 |
| Fe + 8Ni + 20Cr + 5Mo | $\dfrac{2457}{T} - 1.89$ | 0.316 | 0.263 | 0.229 | 0.197 |
| Fe + 8Ni + 20Cr + Mo | $\dfrac{2448}{T} - 1.90$ | 0.302 | 0.357 | 0.222 | 0.193 |
| Fe + 9Ni + 10Cr + 5Mn | $\dfrac{1184}{T} - 1.86$ | 0.150 | 0.138 | 0.129 | 0.120 |
| Fe + 9Ni + 10Cr + 2Mn | $\dfrac{1478}{T} - 1.72$ | 0.131 | 0.117 | 0.107 | 0.099 |
| Fe + 9Ni + 10Cr + 5Mo | $\dfrac{1500}{T} - 1.74$ | 0.129 | 0.116 | 0.105 | 0.097 |
| Fe + 9Ni + 10Cr + 2Mo | $\dfrac{1406}{T} - 1.72$ | 0.119 | 0.107 | 0.098 | 0.091 |
| Fe + 14Ni + 30Cr + 2Mn | $\dfrac{2782}{T} - 1.81$ | 0.576 | 0.474 | 0.398 | 0.339 |
| Fe + 14Ni + 30Cr + 2Mo | $\dfrac{2879}{T} - 1.86$ | 0.590 | 0.480 | 0.398 | 0.339 |
| Fe + 16Ni + 20Cr + 2Mn | $\dfrac{2496}{T} - 1.90$ | 0.324 | 0.276 | 0.234 | 0.204 |
| Fe + 16Ni + 20Cr + 2Mn | $\dfrac{2225}{T} - 1.81$ | 0.282 | 0.240 | 0.209 | 0.184 |
| Fe + 16Ni + 20Cr + 5Mo | $\dfrac{2322}{T} - 1.88$ | 0.269 | 0.229 | 0.200 | 0.174 |
| Fe + 16Ni + 20Cr + Mo | $\dfrac{2407}{T} - 1.92$ | 0.276 | 0.234 | 0.200 | 0.176 |
| Fe + 10Ni + 10Cr + 5Mn | $\dfrac{1534}{T} - 1.78$ | 0.123 | 0.110 | 0.100 | 0.091 |
| Fe + 18Ni + 10Cr + 2Mn | $\dfrac{1545}{T} - 1.82$ | 0.113 | 0.101 | 0.092 | 0.084 |
| Fe + 18Ni + 10Cr + 5Mo | $\dfrac{1375}{T} - 1.75$ | 0.107 | 0.097 | 0.069 | 0.082 |
| Fe + 7Ni + 17Cr + 9.1Mn | $\dfrac{1507}{T} - 1.33$ | 0.334 | 0.300 | 0.273 | 0.251 |
| Fe + 5Ni + 20Cr | $\dfrac{2328}{T} - 1.84$ | 0.302 | 0.254 | 0.219 | 0.195 |
| Fe + 5Ni + 18Cr | $\dfrac{2052}{T} - 1.75$ | 0.257 | 0.224 | 0.195 | 0.174 |
| Fe + 8Ni + 33Cr + 2Mn | $\dfrac{2732}{T} - 1.66$ | 0.760 | 0.631 | 0.537 | 0.454 |
| Fe + 16Ni + 25Cr + 7Mn | $\dfrac{2530}{T} - 1.74$ | 0.490 | 0.407 | 0.351 | 0.302 |
| Fe + 18Ni + 10Cr + 2Mo | $\dfrac{1356}{T} - 1.78$ | 0.097 | 0.088 | 0.081 | 0.075 |

注:$K_N$ 为实验值,$K_N = a_N / \sqrt{p_{N_2}}$,冶炼的钢种可用氮化物合金化,但不能超过氮的溶解度,否则在凝固时产生沸腾或气孔、疏松。

氮在钢液中的溶解度计算公式:

用加和法计算 1600℃时钢液中氮的溶解度(根据整理数据)($p_{N_2} = 0.1$ MPa)。

$$[N] = 0.044 + 0.1[Ti] + 0.013[V] + 0.0102[Nb] + 0.0069[Cr] + 0.0025[Mn] - 0.019[Al]$$
$$- 0.01[C] - 0.003[Si] - 0.0043[P] - 0.001[Ni + S] - 0.0004[Cu]$$

单位:质量分数,%。

| 适用含量 | Ti | V | Nb | Cr | Mn | Al | C | Si | P | Ni | S | Cu | Mo |
|---|---|---|---|---|---|---|---|---|---|---|---|---|---|
| (质量分数)/%,< | 0.3 | 2 | 4 | 12 | 15 | 1 | 1 | 10 | 3 | 10 | 3 | 10 | 5 |

氮在金属液中的溶解度($p_{N_2} = 0.1$ MPa):

$$\lg[N] = \frac{-1000}{T} - 0.86 - 0.06[\%Si] - 0.24[\%C] + 0.15[\%Mn]$$

[N]单位:质量分数,%。

$$\lg([\%N]/\sqrt{p_{N_2}}) = -\left(0.798 + \frac{1}{T}(817.8 - 46[Mn] - 72[Si]\right.$$
$$\left. - 82[Cr] + 18[Ni] + 368[C] + 2172[Ni]\right)$$

## 五、氢的溶解度和[E]的关系

[E]对氢的溶解度的影响(1590℃,$p_{H_2} = 0.1$ MPa)(图 10-1-28)[20]

[H]的溶解度和元素的摩尔分数之间的关系(1610℃,$p_{H_2} = 0.1$ MPa)(图 10-1-29)[21]

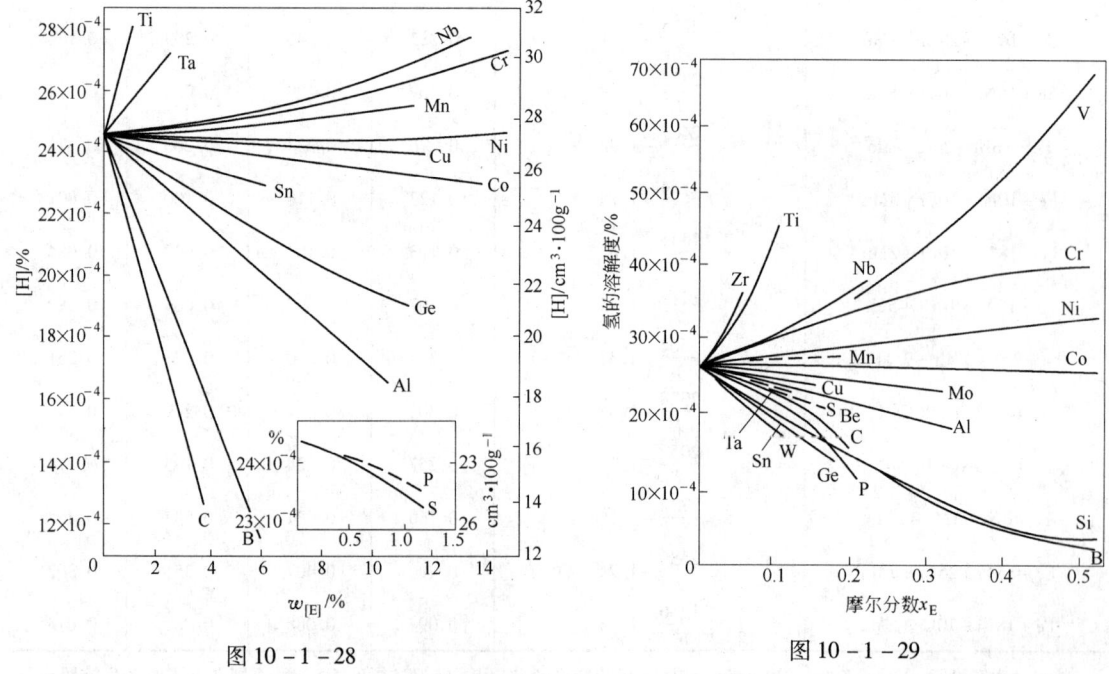

图 10-1-28　　　　　　　　　　　　图 10-1-29

钢、合金在凝固时氢的溶解度的变化(图 10 - 1 - 30)[22]

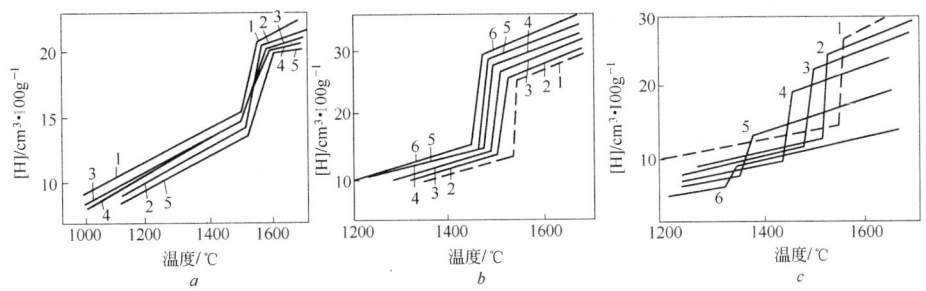

图 10 - 1 - 30

a—钢:1—12CrNi3A;2—18CrMnTiB;3—20CrNi3A;4—20Cr2Ni4A;5—40Cr;
b—Fe-Ni 合金:1—纯铁;2—6% Ni;3—11% Ni;4—17.5% Ni;5,6—>17.5% Ni;
c—Fe-Si 合金:1—纯铁;2—1.28% Si;3—3.24% Si;4—5.48% Si;5—9.7% Si;6—13% Si

[H]和 $e_H^i$、温度的关系(图 10 - 1 - 31)[18]

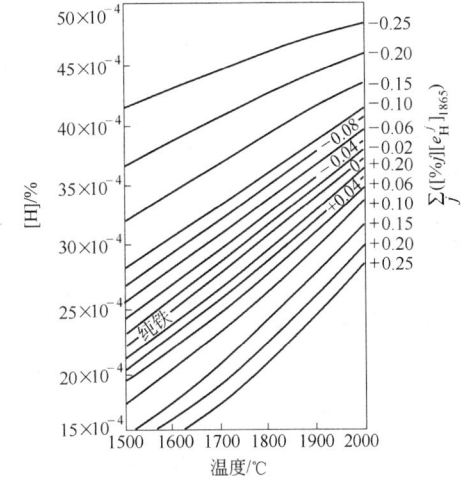

图 10 - 1 - 31

$$\lg[H] = \frac{-1904}{T} + 2.41 - \left[\frac{5450}{T} - 1.92\right]\sum_j \left([\%j][e_H^i]_{1865}\right)$$

[H] 单位:×10⁻⁴%

氢在钢液中溶解度的计算公式:

(1) 用活度系数计算[H](cm³/100 g):

$$[H] = K_H\sqrt{p_{H_2}}$$

其中

$$K_H = K_H^0/f_{H_2}$$

式中　$K_H$——钢液中实际氢的溶解度(平衡常数);

　　　　$K_H^0$——纯铁液中氢的溶解度(平衡常数)。

$$\lg K_H = \frac{-1740}{T} + 2.37 - \lg f_H$$

$$\lg f_H = e_H^C[C] + e_H^{Si}[Si] + e_H^{Mn}[Mn] + \cdots = \sum e_H^i[j]$$

$e_H^i$(表 10 - 1 - 3)

表 10 - 1 - 3

| 元素 | C | Si | Mn | S | P | Al | O | Cr | Ni | Mo | W | V | Ti | B | Cu |
|---|---|---|---|---|---|---|---|---|---|---|---|---|---|---|---|
| $e_H^i$ | 0.06 | 0.03 | -0.001 | 0.017 | 0.011 | 0.01 | 2.5 | -0.0023 | -0.002 | 0.003 | 0.003 | -0.008 | -0.07 | 0.05 | 0.0025 |
| [E]/%,≤ | 2 | 5 | 5 | 1 | 2 | 5 | 0.06 | 20 | 20 | 10 | 10 | 10 | 20 | 2 | 1 |

将具体的钢液成分代入即可求出 $K_H$ 及不同氢气分压下的溶解氢含量。

（2）用加和法计算（根据溶解度数据整理）（单位：$\times 10^{-4}\%$）：

$$[H] = 24.7 - 2.35[C] - 0.85[Si] - 0.75[Al] - 0.17[Co] - 0.14[Nb]$$
$$- 0.0[Ni] + 0.12[Cr] + 0.65[Ti] + 0.05[Mn]$$

式中，[E] 为质量分数，以 1% 为 1 单位。

| 元　素 | C | Si | Ti | Mn | Al | Cr | Nb | Ni | Co |
|---|---|---|---|---|---|---|---|---|---|
| 适用成分（质量分数）/%，< | 4 | 10 | 1 | 12 | 10 | 10 | 8 | 2 | 13 |

## 六、碳的溶解度和[E]的关系

[E] 对铁中溶解碳含量的影响（图 10 - 1 - 32）[12]

[E] 对碳在铁中溶解度的影响（图 10 - 1 - 33）[23]

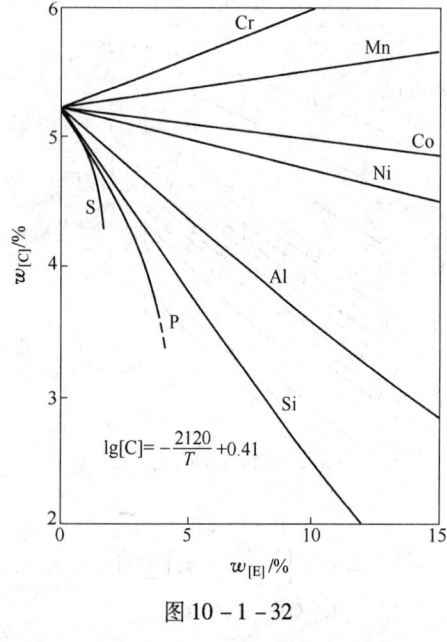

图 10 - 1 - 32

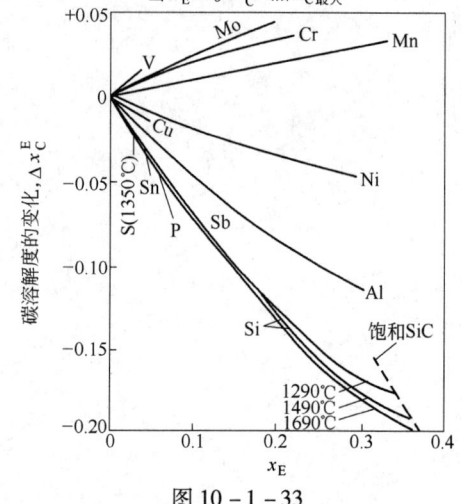

图 10 - 1 - 33

$$t—1550\text{℃}; \lg x_{C(最大)} = \frac{-127276}{T} + 0.7266 \lg T - 3.0486;$$

$$\varepsilon_C^E = \frac{m}{x_{C(最大)} + m x_E}, m \text{ 即当 } x_E = 0.01 \text{ 时之 } \Delta x_C^E$$

Fe-C-E 熔体中[E]对碳的最大溶解度的影响（图 10 - 1 - 34）[23]

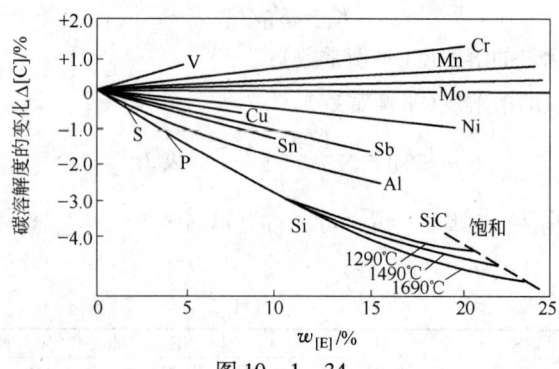

图 10 - 1 - 34

$$[C]_{最大} = 1.3 + 2.57 \times 10^{-3} t(\text{℃}) + \Delta w_{Mn} + \Delta w_{Si} + \Delta w_P + \Delta w_{Ni} + \Delta w_V + \cdots, \%$$

[Si]对铁合金中[C]的溶解度的影响(图 10 - 1 - 35)

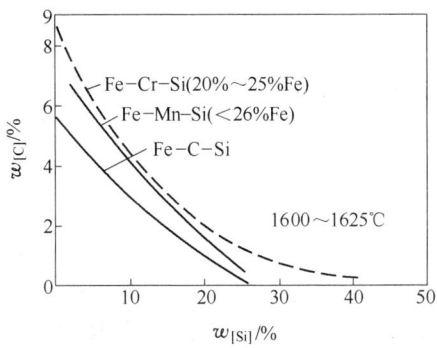

图 10 - 1 - 35

Fe-C-Si-Mn 熔体中碳的溶解度(1460℃)(图 10 - 1 - 36)[24]

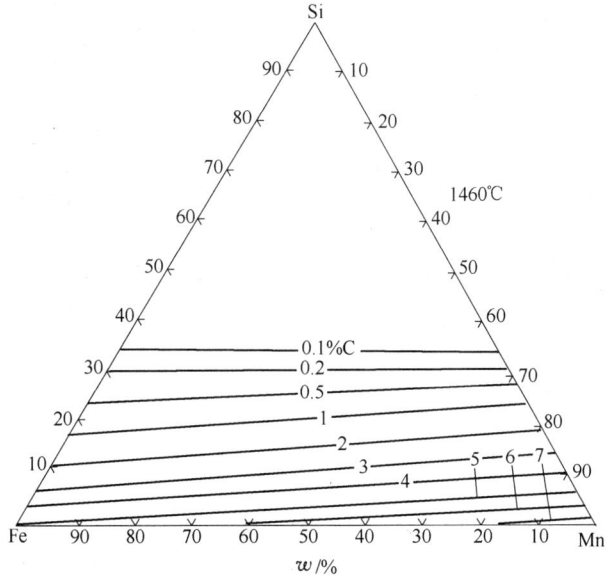

图 10 - 1 - 36

碳在铁液中的溶解度(质量分数,%)计算公式:

$$[C]_{饱和} = 1.3 + 0.00257t(℃) + 0.17[Ti] + 0.135[V] + 0.12[Nb]$$
$$+ 0.063[Cr] + 0.027[Mn] + 0.015[Mo] - 0.4[S]$$
$$- 0.32[P] - 0.31[Si] - 0.22[Al] - 0.074[Cu]$$
$$- 0.053[Ni] - 0.02[Co]$$

| 元　素 | Ti | V | Nb | Cr | Mn | Mo | S | P | Si | Al | Cu | Ni | Co | 适合温度 |
|---|---|---|---|---|---|---|---|---|---|---|---|---|---|---|
| 质量分数/%,< | 1 | 3.4 | 1 | 9 | 25 | 2 | 0.4 | 3 | 5.5 | 2 | 3.8 | 8 | 40 | 1150~2000℃ |

［E］对锰液中碳的溶解度的影响（图10 - 1 - 37）[25]

［E］对镍液中碳的溶解度的影响（图10-1-38）[25]

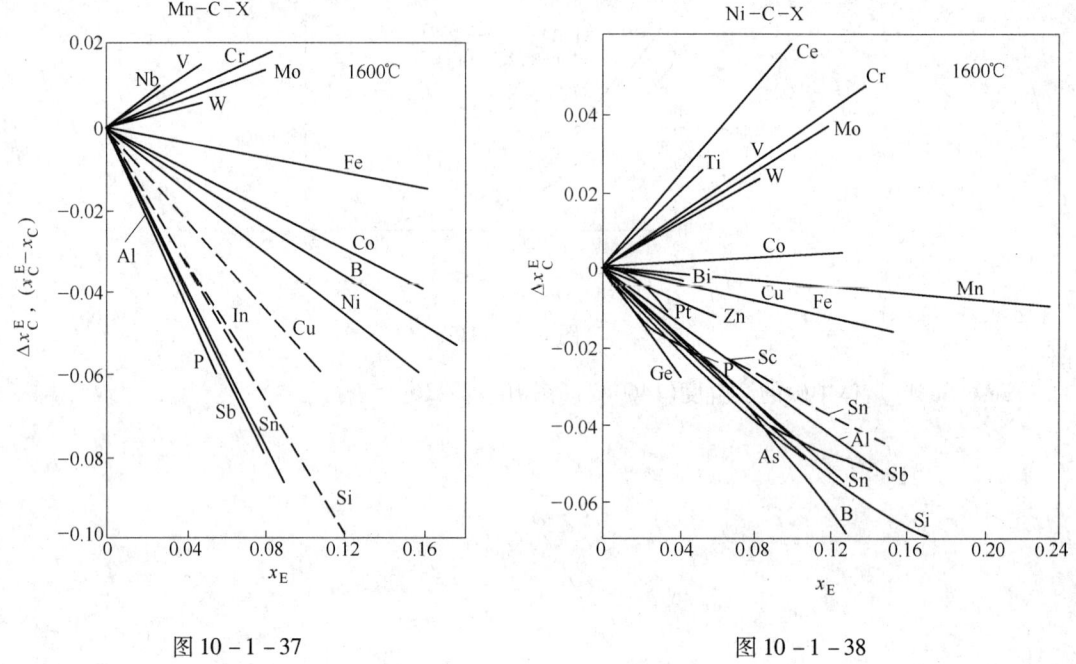

图 10 - 1 - 37　　　　　　　　图 10 - 1 - 38

［E］对钴液中碳的溶解度的影响（图 10 - 1 - 39）[25]

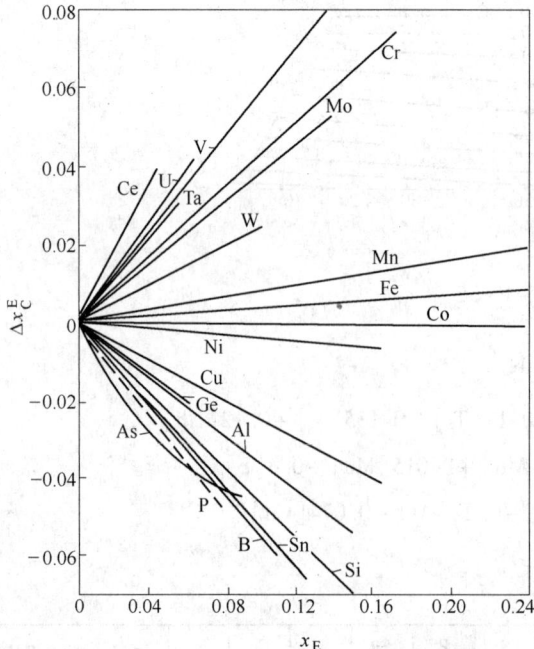

图 10 - 1 - 39

Mn-C 系：$\lg x_C = -375.8/T - 0.347$

Ni-C 系：$\lg x_C = -895.7/T - 0.462$

Co-C 系：$\lg x_C = -1093.8/T - 0.245$

$x_C$—饱和碳的摩尔分数

$$\Delta x_C^E = x_C^E - x_C$$

$x_E$—三元系中合金元素的摩尔分数

# 第二节　元素在铁液中的活度和活度系数

## 一、Fe-E 系中组元的活度和活度系数

Fe-Al(1600℃)(图 10-2-1)[26]

Fe-C(1560~1700℃)(图 10-2-2)[27]

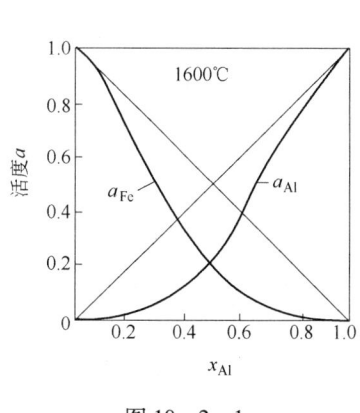

图 10-2-1

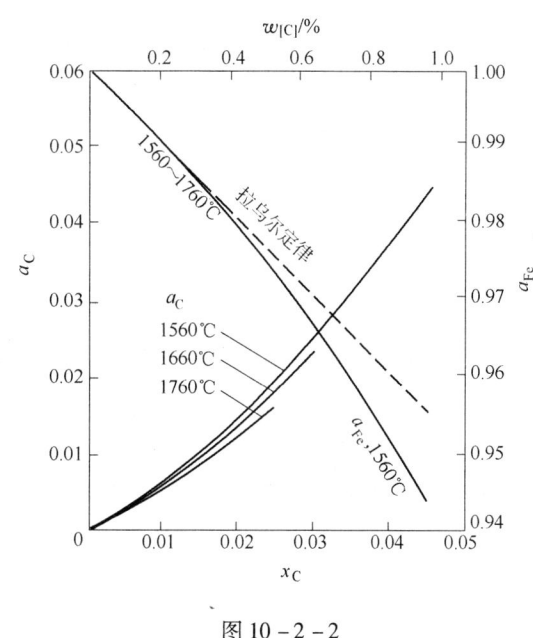

图 10-2-2

Fe-Cr(1600℃)(图 10-2-3)

Fe-Cu(1550℃)(图 10-2-4)[10]

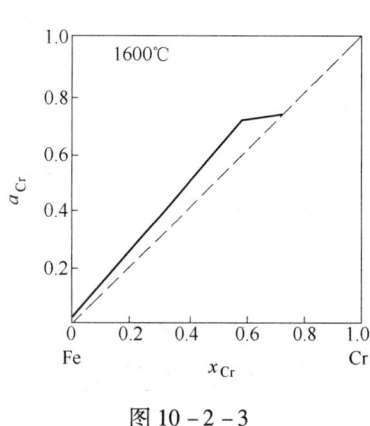

图 10-2-3

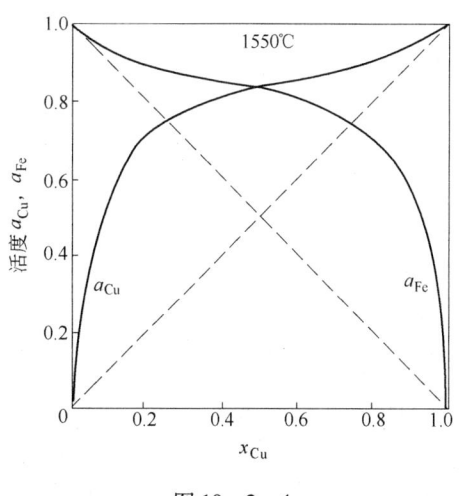

图 10-2-4

Fe-Mn(1590℃)(图 10 - 2 - 5)[12];Fe-Ni(1600℃)(图 10 - 2 - 6)[10]

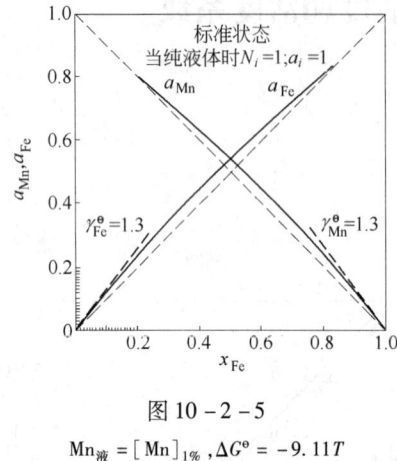

图 10 - 2 - 5

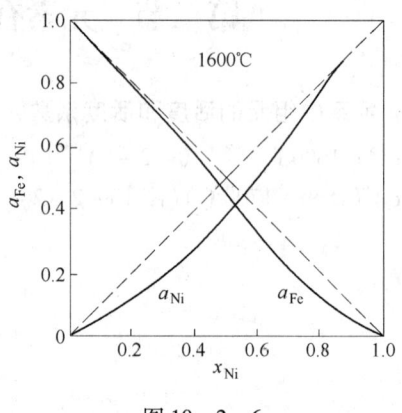

图 10 - 2 - 6

$$\text{Mn}_{液} = [\text{Mn}]_{1\%}, \Delta G^{\ominus} = -9.11T$$

Fe-FeS(1200℃,1600℃)(图 10 - 2 - 7)[11];Fe-P(1550～1600℃)(图 10 - 2 - 8)[28]

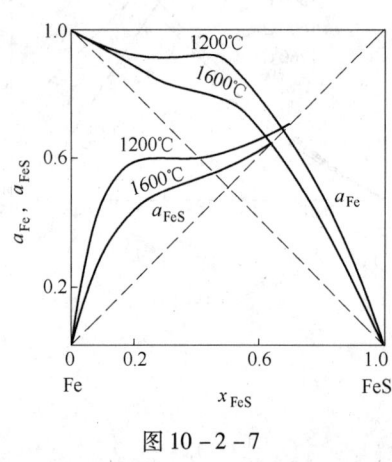

图 10 - 2 - 7

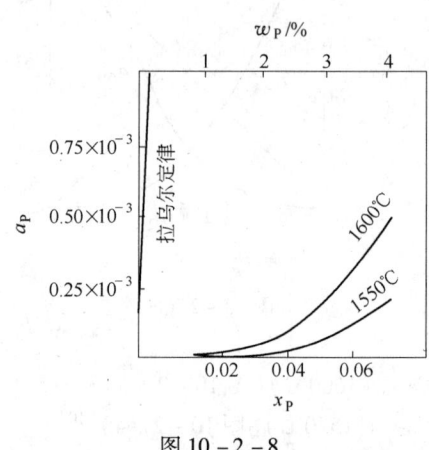

图 10 - 2 - 8

Fe-Si(1600℃)(图 10 - 2 - 9)[10];Fe-Ti(1600℃)(图 10 - 2 - 10)[29]

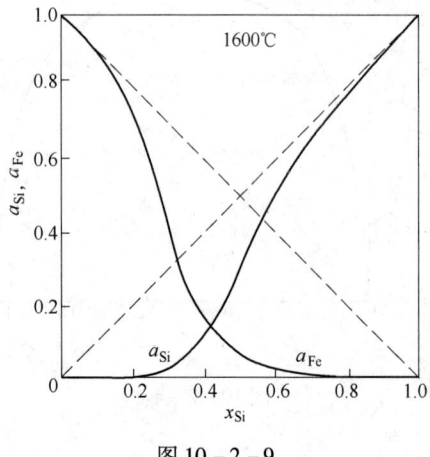

图 10 - 2 - 9

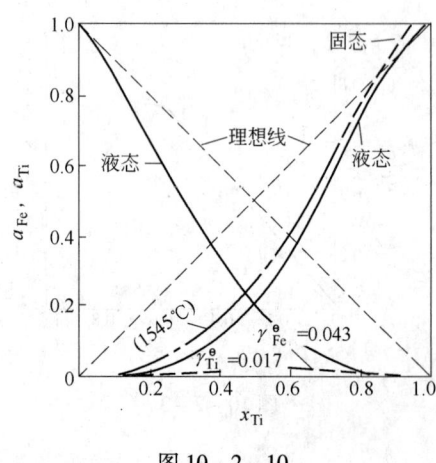

图 10 - 2 - 10

Fe-V(1600℃)(图 10 – 2 – 11)[12];Fe-E 系中[E]的活度系数(1600℃)(图 10 – 2 – 12)[30]

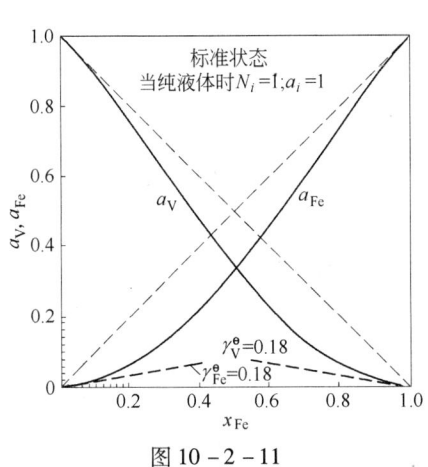

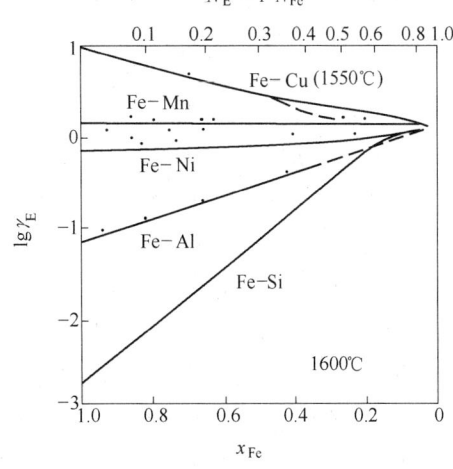

图 10 – 2 – 11

图 10 – 2 – 12

Si-Ca(1873K)(图 10 – 2 – 13)[60];Si-Cr(1700K)(图 10 – 2 – 14)[32]

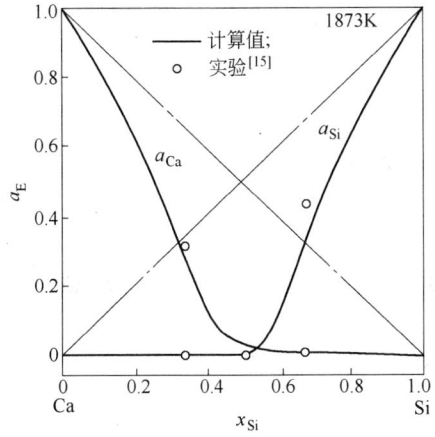

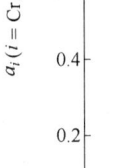

图 10 – 2 – 13

图 10 – 2 – 14

Si-Mn(1700K)(图 10 – 2 – 15)[32]

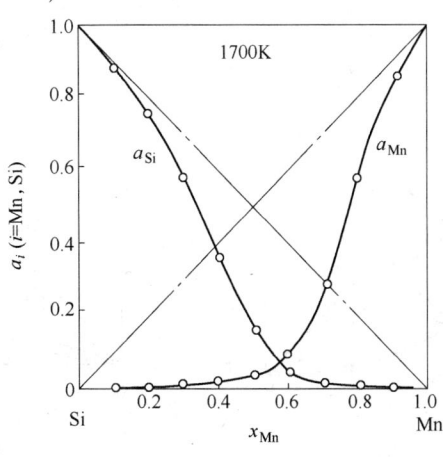

图 10 – 2 – 15

金属熔体的作用浓度[31]，相当于活度的计算模型由张鉴教授等提出并计算出许多冶金熔体的作用浓度，如 Fe-Al、Fe-Si、Fe-Mn、Fe-Ti、Si-Ca、Si-Mn、Si-Cr 和三元的 Ca-Al-Si、Fe-Si-C、Fe-C-O 等。

金属熔体结构的共存理论依据是：

（1）含化合物的金属熔体由原子和分子组成；

（2）原子和分子之间进行着动平衡反应，如 $xA + yB = A_xB_y$；

（3）金属熔体内部的化学反应服从质量作用定律。

计算的结果并和活度进行对比是很符合的，用此模型（根据热力学数据）进行了许多计算可以表述反应的活度—作用浓度。图中符号：

$N_i$——冶金熔体中某物质的作用浓度（摩尔），$N_i = x_i / \sum x = n_i / \sum n$；

$n_i$——反应平衡后某物质的质量；

$\sum n$——冶金熔体平衡时的总物质量；

$x_i$——冶金熔体中反应平衡后某物质的摩尔分数；

$\sum x$——冶金熔体中平衡的总摩尔分数。

根据共存理论对炉渣的看法概括为：

（1）熔渣由简单的离子 $Ca^{2+}$、$Mg^{2+}$、$Na^+$、$Mn^{2+}$、$Fe^{2+}$、$O^{2-}$、$S^{2-}$、$F^-$ 等和 $SiO_2$、硅酸盐、铝酸盐、磷酸盐等分子组成。

（2）简单离子和分子间进行着动平衡反应：

$$2(M^{2+} + O^{2-}) + (SiO_2) = (Me_2SiO_4)$$

$$(M^{2+} + O^{2-}) + (SiO_2) = (MeSiO_3)$$

活度采用如下形式表示：

$$a_{MeO} = N_{MeO} = N_{Me^{2+}} + N_{O^{2-}}$$

（3）熔渣浓度的化学反应服从质量作用定律，并根据以上设定计算出 $MeO$-$SiO_2$、$CaO$-$Al_2O_3$、$MnO$-$TiO_2$ 等二元系和三元及多元系的作用浓度。

作用浓度 $N_{Fe}$、$N_{Al}$ 各与实测的 $a_{Fe}$、$a_{Al}$ 值（1573 K）（图 10 - 2 - 16）[31]

Fe-Al 熔体的 $N_{Al}$ 与实测的 $a_{Al}$ 值（1873 K）（图 10 - 2 - 17）

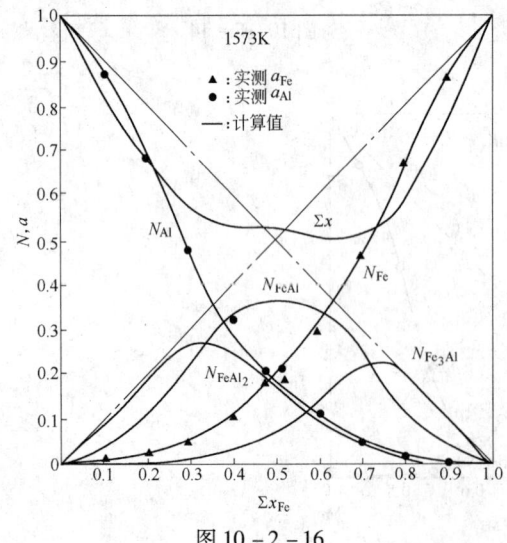
图 10 - 2 - 16

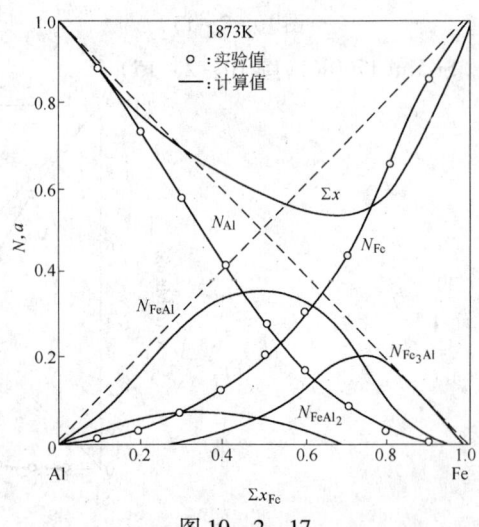
图 10 - 2 - 17

Fe-C 熔体各组元的作用浓度(图 10 - 2 - 18)

Fe-Cr、Fe-Cu 熔体的作用浓度与实测活度(图 10 - 2 - 19)

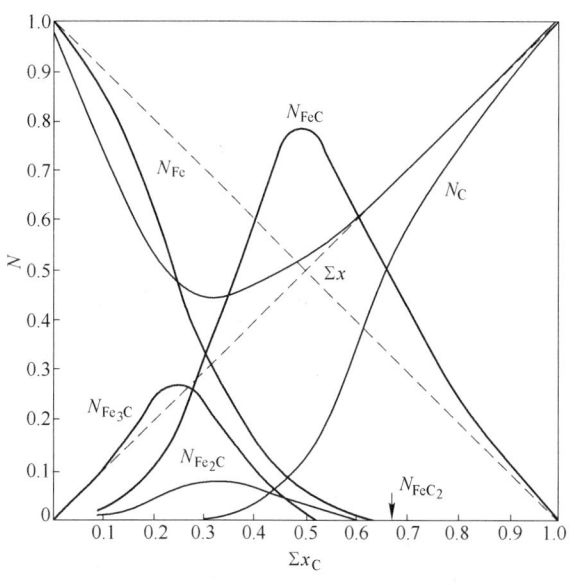

图 10 - 2 - 18

图 10 - 2 - 19

Fe-N 固溶体各组元的作用浓度(图 10 - 2 - 20)

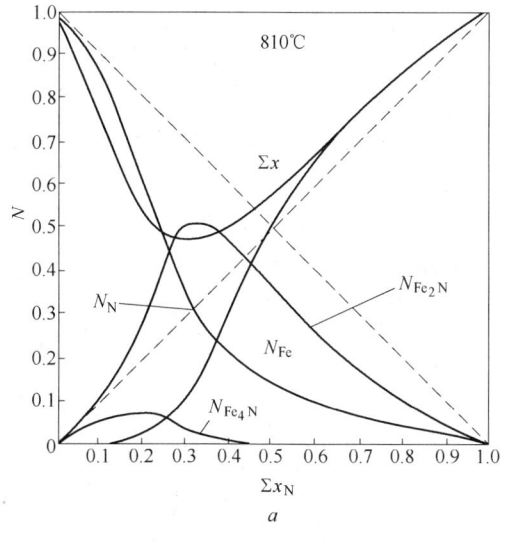

*a*

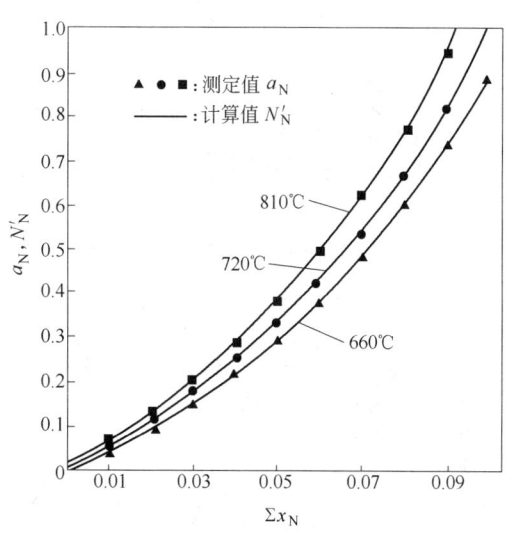

*b*

图 10 - 2 - 20

Fe-P 熔体各组元的作用浓度(1773 K)(图 10 - 2 - 21)

Fe-Si 熔体各组元的作用浓度(1600℃)(图 10 - 2 - 22)

Ca-Si 熔体各组元的作用浓度(1623 K)(图 10 - 2 - 23)

Cr-Si 熔体各组元的作用浓度(1873 K)(图 10 - 2 - 24)

Mn-Si 熔体各组元的作用浓度(1700 K,1800 K)(图 10 - 2 - 25)

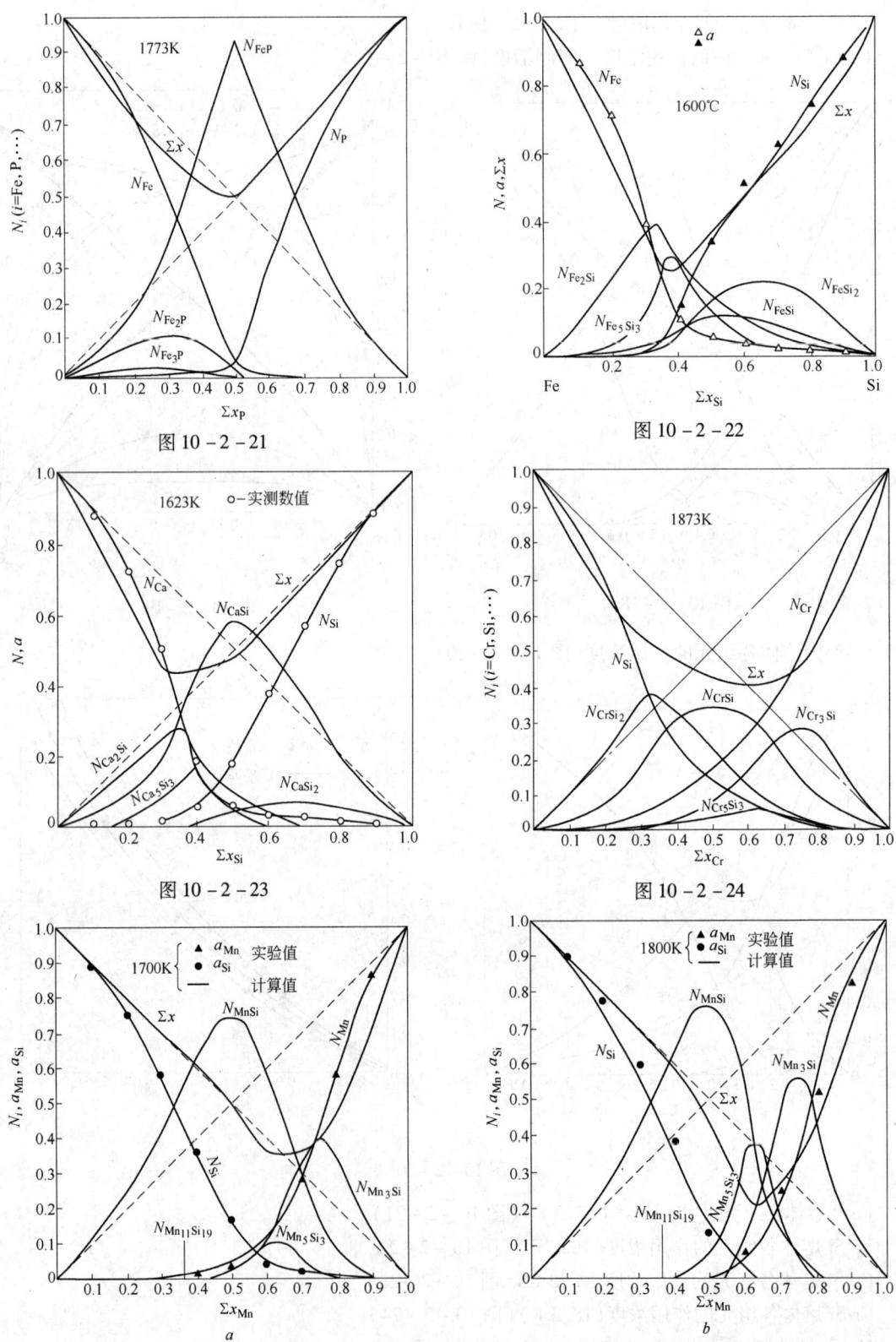

图 10-2-21

图 10-2-22

图 10-2-23

图 10-2-24

图 10-2-25

Ca-Al 熔体各组元的作用浓度(1373 K,1673 K)(图 10 - 2 - 26)[31]

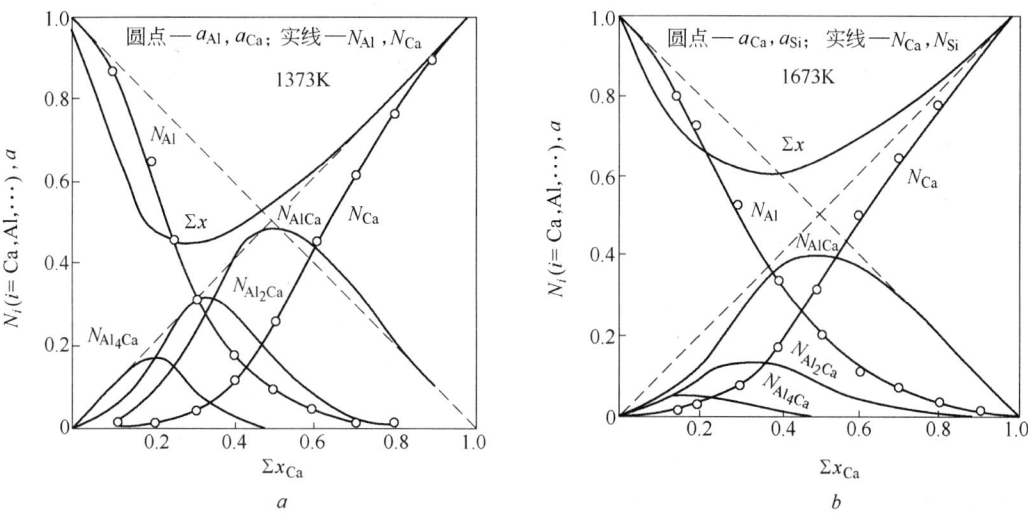

图 10 - 2 - 26

Ca-Al-Si 熔体计算的等作用浓度 $N_{Ca}$ 线(1623 K)(图 10 - 2 - 27)[31]

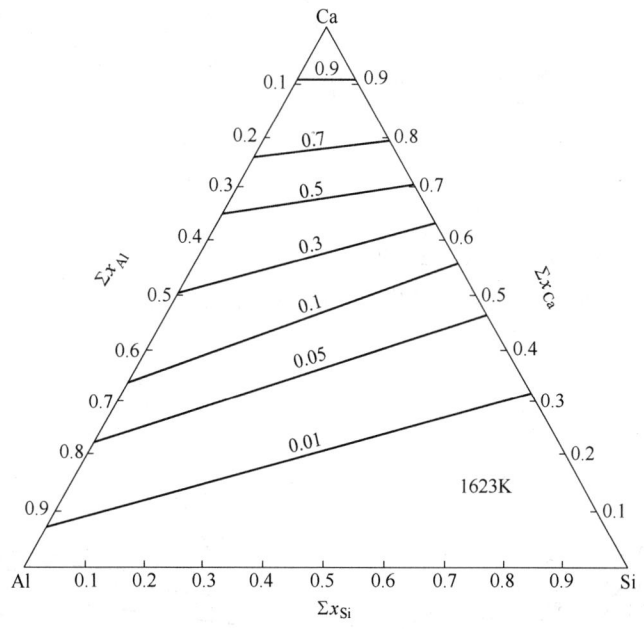

图 10 - 2 - 27

## 二、碳的活度和活度系数

铁液中[E]和碳的活度系数的关系(1600℃,1300~1600℃)(图10-2-28)[16,34]

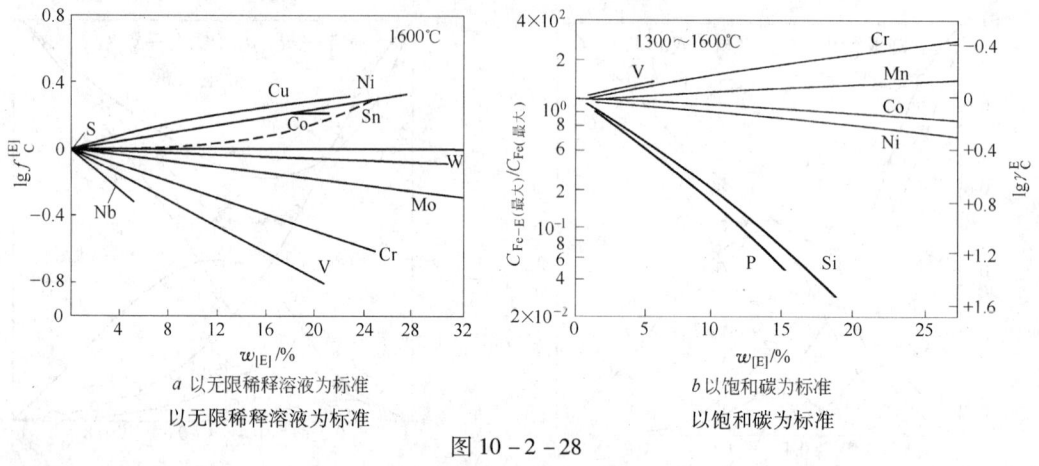

a 以无限稀释溶液为标准　　　　　b 以饱和碳为标准

以无限稀释溶液为标准　　　　　以饱和碳为标准

图10-2-28

Fe-Mn-C 系熔体中的 $a_C$、$a_{Mn}$(图10-2-29)[33]

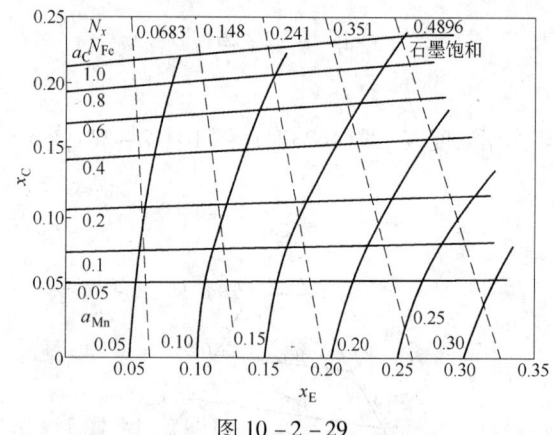

图10-2-29

Fe-Si-C 系熔体中的 $a_C$、$a_{Si}$(图10-2-30)[34]

Fe-C-Si-Mn 熔体中碳的活度系数和成分的关系(图10-2-31)[34]

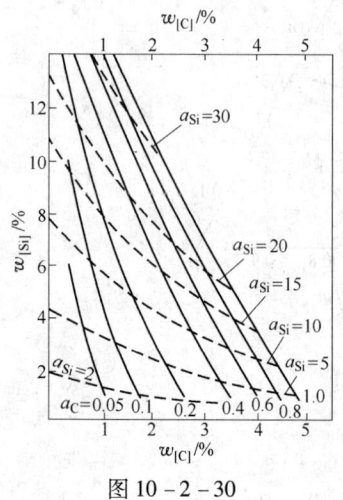

图10-2-30

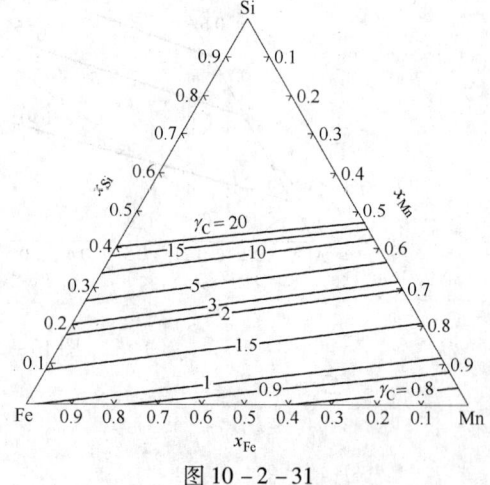

图10-2-31

## 三、氮的活度系数

铁液中[E]对氮的活度系数的影响(1606℃)(图10-2-32)[27,35]

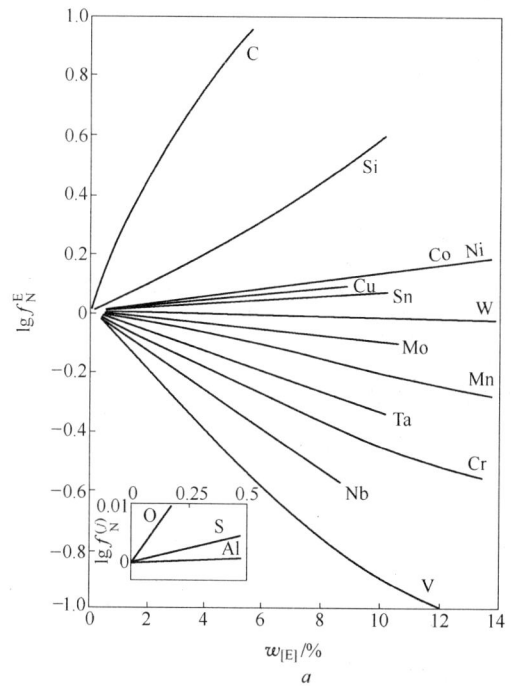

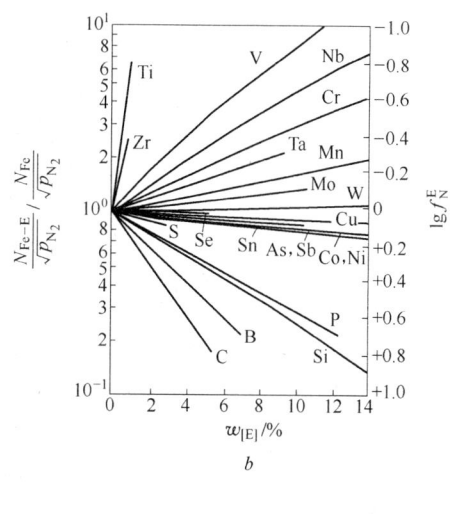

图10-2-32

[E]对氮的活度系数的影响(图10-2-33)[17]

[E]对氮的溶解热的影响(图10-2-34)[27]

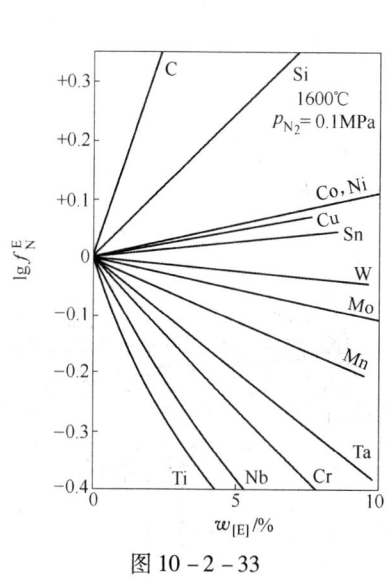

图10-2-33

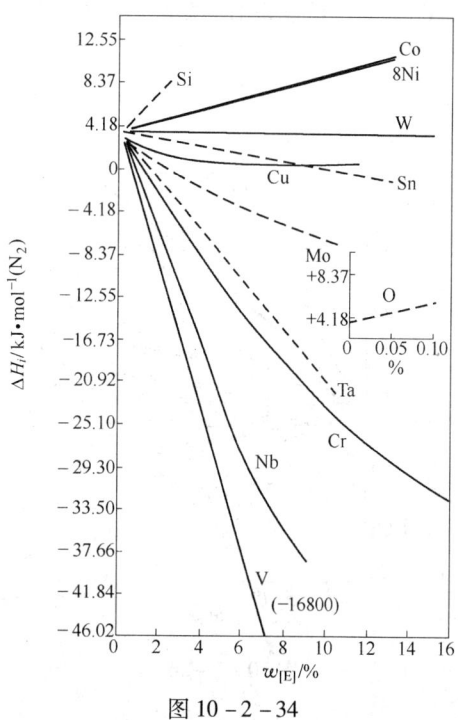

图10-2-34

Fe-Cr-Ni 中氮的活度系数(图 10 – 2 – 35)[36]

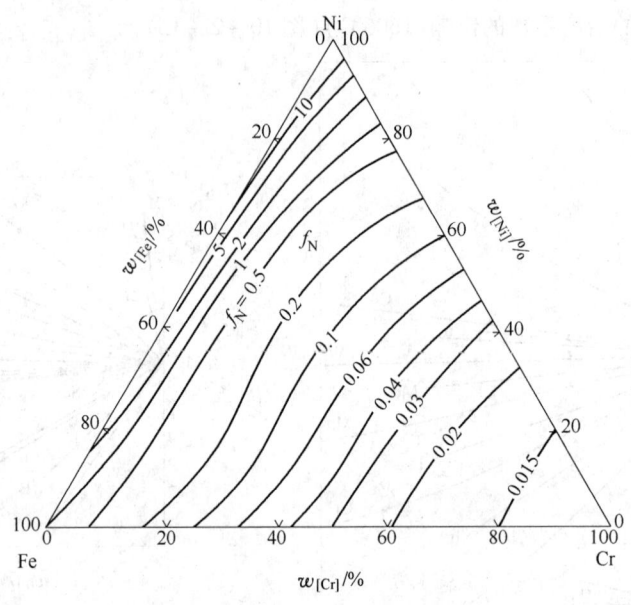

图 10 – 2 – 35

条件: $t = 1600℃$, $p_{N_2} = 0.1\ MPa$

$$\lg f_N = e_N^N [\%N] + e_N^{Cr} [\%Cr] + e_N^{Ni} [\%Ni]$$

## 四、氢的活度系数

[E]对铁液中氢的活度系数的影响(1600℃)(图 10 – 2 – 36)[21]

[E]对氢的活度系数的影响(图 10 – 2 – 37)[20]

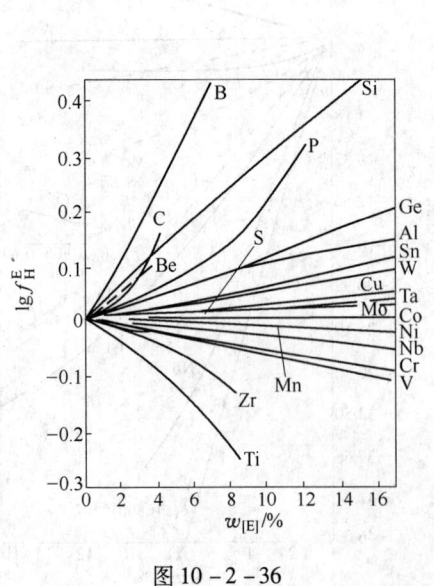

图 10 – 2 – 36

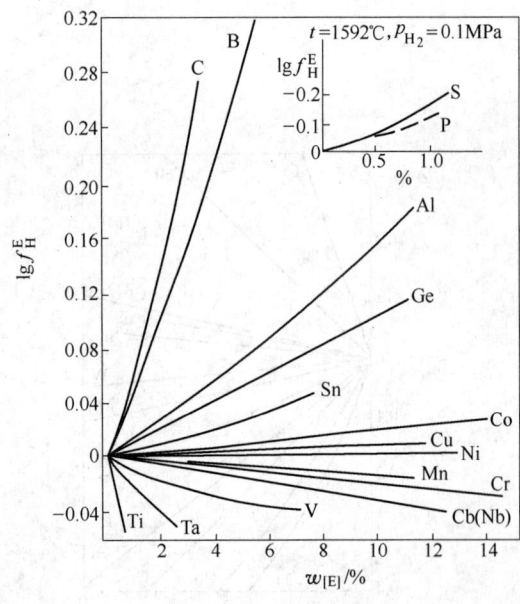

图 10 – 2 – 37

## 五、硅的活度和活度系数

[C]、[Ni]、[P]对硅的活度系数的影响(图 10 - 2 - 38)[34]

Fe-Si-Mn 中的 $a_{Si}$、$a_{Mn}$(图 10 - 2 - 39)

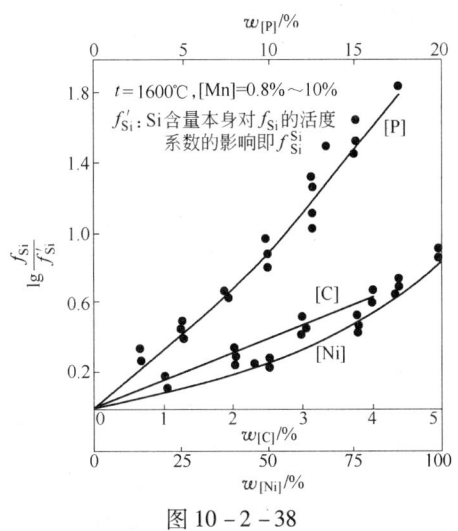

图 10 - 2 - 38

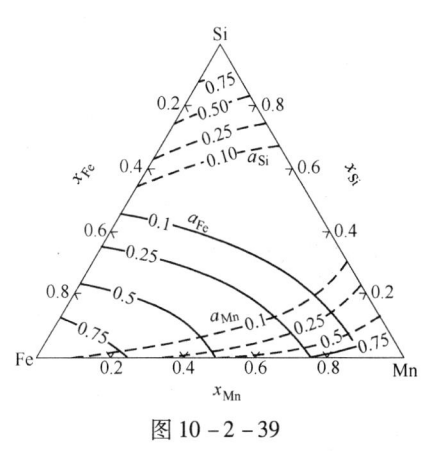

图 10 - 2 - 39

## 六、氧的活度系数和硫、铅的活度系数

[E]对氧的活度系数的影响(图 10 - 2 - 40)[35,36]

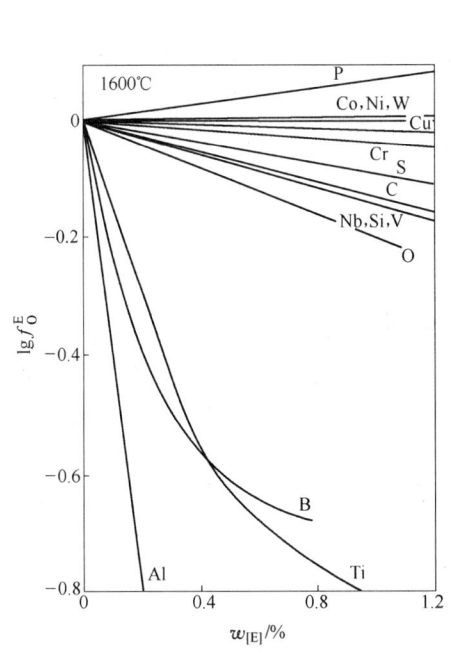

a

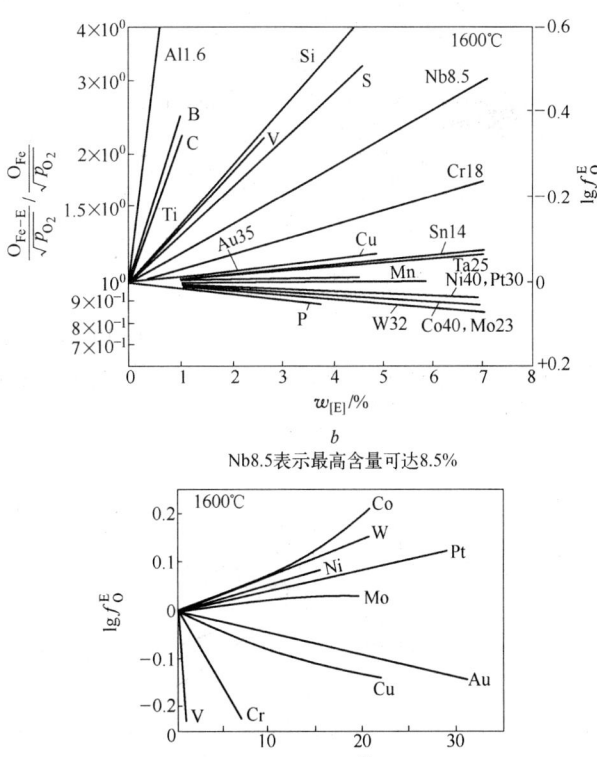

b

Nb8.5表示最高含量可达8.5%

c

图 10 - 2 - 40

[E]对[Si]=0.37%铁液中$a_O$的影响(图10-2-41)[22]

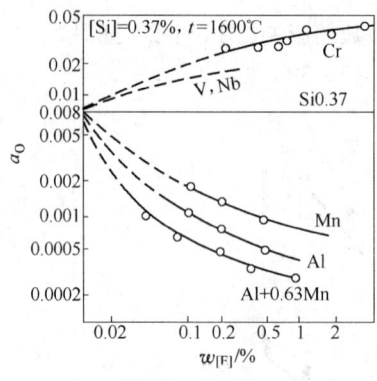

图10-2-41

硫的活度系数和[E]的关系(图10-2-42)[30]

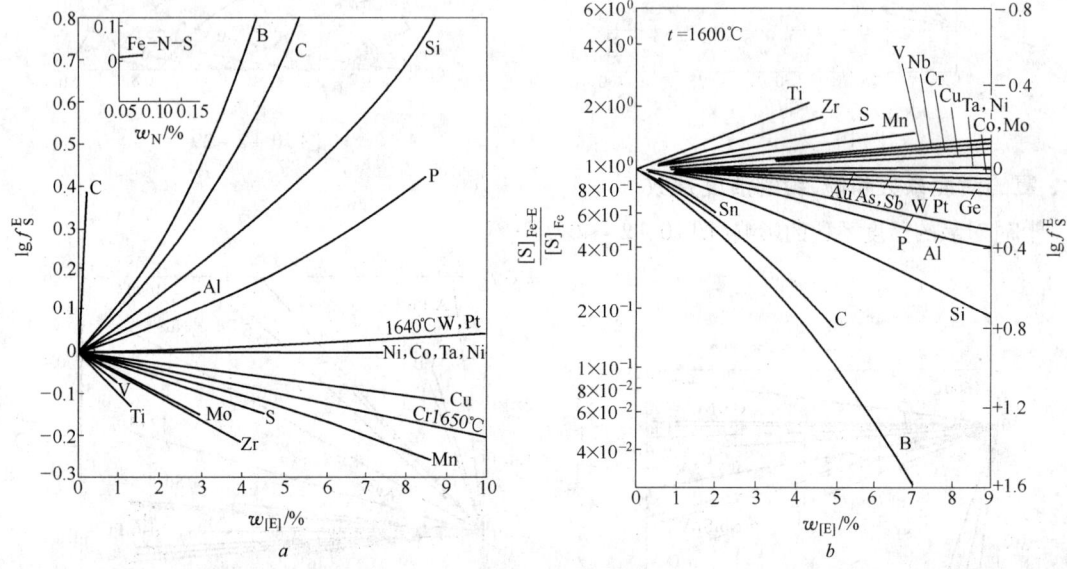

图10-2-42

铅在铁液中的溶解度和活度系数与[E]的关系(图10-2-43)[37]

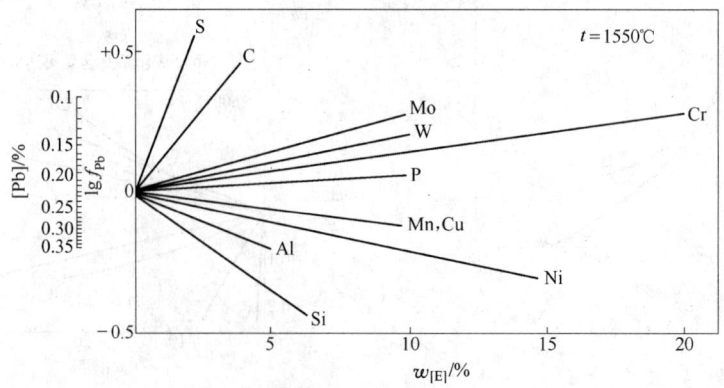

图10-2-43

溶解度 $\lg[\%Pb] = -0.658 - 0.12[C] + 0.068[Si] + 0.012[Mn] - 0.02[Ni] + 0.012[Cu] + 0.037[Al] - 0.014[Cr] - 0.028[Mo] - 0.065[P] - 0.025[S]$

## 七、元素的活度系数及其计算

元素和氧的相互作用系数和温度的关系(图 10 - 2 - 44)[38]

$$e_H^{Ti} = \frac{-126}{T} + 0.0485$$

$$e_{Ti}^H = \frac{-5988}{T} + 2.10$$

$$e_O^{Ti} = \frac{-1040}{T} + 0.245$$

$$e_{Ti}^O = \frac{-3114}{T} + 0.725$$

$$e_O^{Ta} = \frac{-1830}{T} + 0.874$$

$$e_{Ta}^O = \frac{-20696}{T} + 9.8$$

$$e_{Ta}^{Ta} = \frac{4737}{T} - 2.42$$

$$e_{Si}^{Mn} = \frac{-940}{T} + 0.495$$

$$e_C^P = \frac{1190}{T} - 0.608$$

$$e_P^C = \frac{3070}{T} - 1.57$$

$$e_{Cr}^O = \frac{-1235}{T} + 0.481$$

$$e_O^{Cr} = \frac{-380}{T} + 0.151$$

$$e_{Nb}^O = \frac{-22066}{T} + 11.01$$

$$e_O^{Nb} = \frac{-3440}{T} + 1.717$$

$$e_H^{Ni} = \frac{-10.4}{T} + 0.004$$

$$e_{Ni}^H = \frac{-606}{T} - 0.016$$

$$e_H^{Nb} = \frac{-37.3}{T} + 0.0166$$

$$e_{Nb}^H = \frac{-3438}{T} + 1.08$$

$$e_{Mn}^{Nb} = \frac{413}{T} - 0.217$$

$$e_{Nb}^{Mn} = \frac{698}{T} - 0.37$$

$$e_B^{Mn} = \frac{-35.4}{T} + 0.018$$

$$e_C^{Mn} = \frac{-300}{T} + 0.154$$

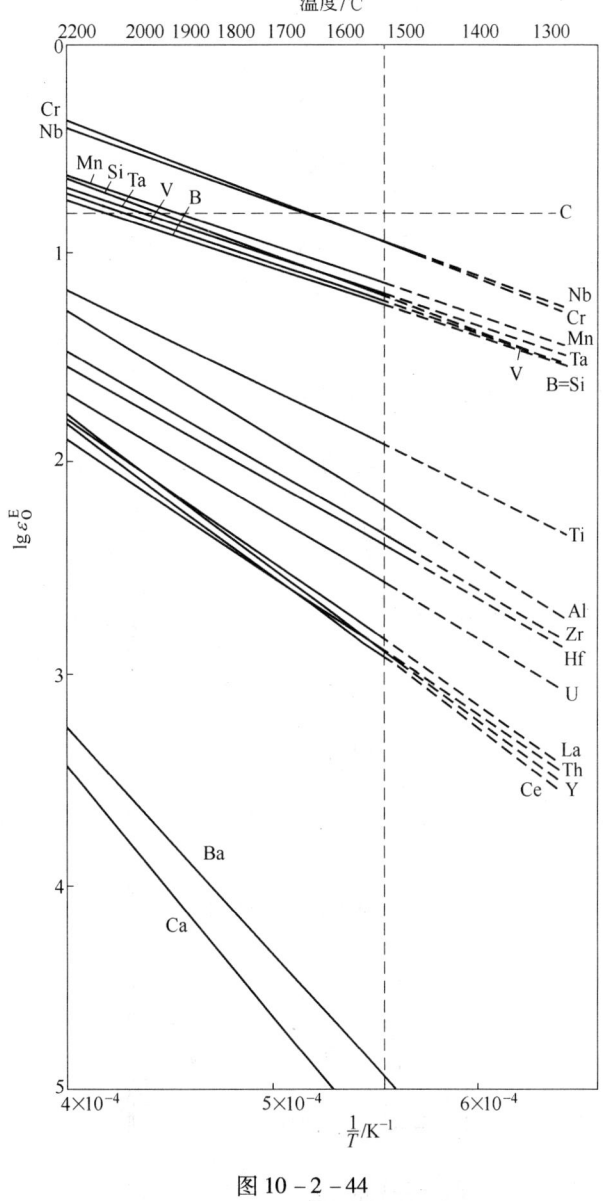

图 10 - 2 - 44

元素的活度相互作用系数和温度的关系（综合数据）（表 10 - 2 - 1）

表 10 - 2 - 1

$$e_{Al}^{Al} = \frac{63}{T} + 0.011$$

$$e_C^C = \frac{158}{T} + 0.0581$$

$$= \frac{358}{T}$$

$$e_S^S = \frac{233}{T} - 0.153$$

$$= \frac{-212}{T} + 0.095$$

$$= \frac{-444}{T} - 0.296$$

$$= \frac{-120}{T} + 0.018$$

$$e_{Si}^{Si} = \frac{3910}{T} - 1.77$$

$$= \frac{34.5}{T} + 0.089$$

$$e_O^O = \frac{-1750}{T} + 0.76$$

$$e_{Zr}^{Zr} = \frac{1341.7}{T}$$

$$e_{Cr}^S = \frac{-153}{T} + 0.062$$

$$e_S^{Cr} = \frac{-94.2}{T} + 0.0396$$

$$e_S^{Ce} = \frac{-21300}{T} + 94$$

$$e_{Al}^N = \frac{1650}{T} - 0.94$$

$$e_N^{Al} = \frac{359}{T} - 0.487$$

$$e_B^N = \frac{714}{T} - 0.307$$

$$e_N^B = \frac{975}{T} - 0.40$$

$$e_{Nb}^N = \frac{-1720}{T} + 0.503$$

$$e_N^{Nb} = \frac{-260}{T} + 0.0796$$

$$e_V^N = \frac{-1270}{T} + 0.33$$

$$e_N^V = \frac{-350}{T} + 0.094$$

$$e_{Ti}^N = \frac{-13900}{T} + 5.61$$

$$e_N^{Ti} = \frac{-4070}{T} + 1.643$$

$$e_{Ta}^N = \frac{-1960}{T} + 0.581$$

$$e_N^{Ta} = \frac{-152}{T} + 0.049$$

$$e_{Si}^C = \frac{380}{T} - 0.023$$

$$e_C^{Si} = \frac{162}{T} + 0.008$$

$$e_O^{Al} = \frac{-20600}{T} + 7.15$$

$$e_{Al}^O = \frac{-34740}{T} + 11.95$$

$$e_O^V = \frac{-2500}{T} + 1.01 \quad [V] = 0.03\% \sim 0.1\%$$

$$e_V^O = \frac{-7950}{T} + 3.20$$

$$e_O^{Cr} = \frac{-557.8}{T} + 0.24 ; = \frac{14620}{T} - 9.16$$

$$e_H^{Al} = \frac{38.3}{T} - 0.0097$$

$$e_H^{Zr} = \frac{-76.5}{T} + 0.031$$

$$e_{Mn}^C = \frac{-1371}{T} + 0.69 \quad (1550 \sim 1600\,^{\circ}\!\text{C})$$

$$e_{Mn}^{Si} = \frac{-1838}{T} + 0.964 \quad (1545 \sim 1620\,^{\circ}\!\text{C})$$

$$e_{Mn}^B = \frac{180}{T} + 0.074 \quad (1550 \sim 1600\,^{\circ}\!\text{C})$$

$$e_{Mn}^{Nb} = \frac{413}{T} - 0.217 \quad (1550 \sim 1600\,^{\circ}\!\text{C})$$

$$e_{Mn}^W = \frac{236}{T} - 0.120 \quad (1550 \sim 1600\,^{\circ}\!\text{C})$$

$$e_{N(T)}^j = \left( \frac{3280}{T} - 0.75 \right) e_{N(1873\,K)}^j$$

$$e_{H(T)}^j = \left( \frac{5450}{T} - 1.92 \right) e_{H(1865\,K)}^j$$

不同温度的[E]和氧的活度相互作用系数($e_O^E$、$\varepsilon_O^E$)(表10-2-2)[33]

表10-2-2

| 元素 | 氧化物 | $\lg(-\varepsilon_O^E) = \dfrac{A}{T} + B$ | | $\lg(-\varepsilon_O^E)$ | | $-e_O^E$ | | |
|---|---|---|---|---|---|---|---|---|
| | | $A$ | $B$ | 1809 K | 2500 K | 1809 K | 1873 K | 2500 K |
| Ca | CaO | 11767 | -1.304 | 5.201 | 3.403 | 965 | 580 | 15.4 |
| Ba | BaO | 10775 | -1.085 | 4.877 | 3.225 | 133 | 82 | 3.0 |
| Th | ThO$_2$ | 7013 | -0.929 | 2.948 | 1.876 | 0.93 | 0.685 | 1.08 |
| Ce | Ce$_2$O$_3$ | 8017 | -1.453 | 2.979 | 1.754 | 1.65 | 1.16 | 0.10 |
| Y | Y$_2$O$_3$ | 7618 | -1.261 | 2.950 | 1.786 | 2.44 | 1.75 | 0.17 |
| La | La$_2$O$_3$ | 7333 | -1.167 | 2.886 | 1.766 | 1.35 | 0.97 | 0.10 |
| U | UO$_2$ | 6209 | -0.819 | 2.613 | 1.665 | 0.42 | 0.325 | 0.047 |
| Hf | HfO$_2$ | 6014 | -0.888 | 2.436 | 1.518 | 0.37 | 0.285 | 0.045 |
| Zr | ZrO$_2$ | 6079 | -0.971 | 2.389 | 1.461 | 0.65 | 0.50 | 0.077 |
| Al | Al$_2$O$_3$ | 6425 | -1.293 | 2.259 | 1.277 | 1.63 | 1.24 | 0.17 |
| Ti | Ti$_2$O$_3$ | 5062 | -0.844 | 1.954 | 1.181 | 0.46 | 0.37 | 0.077 |
| C | CO | | | 0.81 | | | 0.35 | |
| B | B$_2$O$_3$ | 3570 | -6.694 | 1.279 | 0.734 | 0.43 | 0.40 | 0.12 |
| Ta | Ta$_2$O$_5$ | 3595 | -0.755 | 1.232 | 0.683 | 0.023 | 0.017 | 0.0065 |
| Si | SiO$_2$ | 3925 | -0.925 | 1.245 | 0.645 | 0.163 | 0.133 | 0.041 |
| V | V$_2$O$_3$ | 3703 | -0.779 | 1.268 | 0.702 | 0.088 | 0.075 | 0.024 |
| Nb | NbO$_2$ | 3195 | -0.790 | 0.976 | 0.488 | 0.025 | 0.020 | 0.008 |
| Cr | Cr$_2$O$_3$ | 3466 | -0.931 | 0.985 | 0.455 | 0.045 | 0.039 | 0.013 |
| Mn | MnO | 3474 | -0.732 | 1.188 | 0.658 | 0.068 | 0.058 | 0.020 |

熔体中元素的活度系数和活度、实际浓度的关系(图10-2-45)

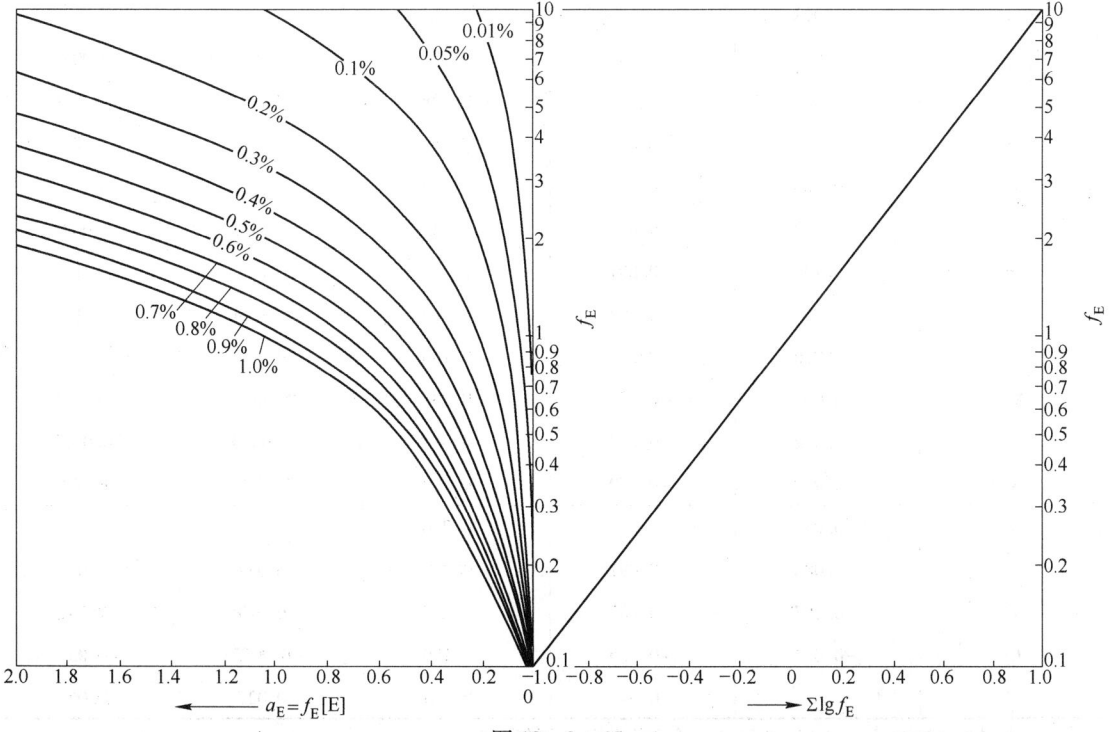

图10-2-45

已知$\lg f_E$和[E]可求出$a_E$；已知$f$和$a_E$可求出[E]；$f_E = f_E^E f_E^i f_E^j \cdots$($i$, $j$—钢液中的元素)

元素的活度相互作用系数(综合数据)表 10 - 2 - 3

表 10 - 2 - 3

| | | |
|---|---|---|
| $e_{Mn}^{C} = -0.0538$ [C] < 1.2% | $e_{Mn}^{Nb} = 0.0073$ [Nb] < 4.5 | $e_{La}^{C} = 0.03$ |
| $e_{Mn}^{Si} = -0.0327$ [Si] < 2.8 | $e_{Mn}^{W} = 0.0071$ [W] < 3.3 | $e_{La}^{Mn} = 0.28$ |
| $e_{Mn}^{Co} = -0.0036$ [Co] < 4.3 | $e_{O}^{Zr} = -3$ | $e_{Ti}^{Mn} = -0.043$ |
| $e_{Mn}^{Ti} = 0.0192$ [Ti] < 2.4 | $e_{O}^{Ce} = -3$ | $e_{S}^{La} = -22.5$ (1545℃) |
| $e_{Mn}^{Ni} = -0.0072$ [Ni] < 3.5 | $e_{O}^{La} = -5$ 以上 $t = 1570$℃ | = -20.3 (1575℃) |
| | | = -18.3 (1650℃) |
| $e_{Mn}^{V} = 0.0057$ [V] < 3.5 | $e_{S}^{Ce} = -13.6$ (1550℃) | $e_{S}^{Ti} = -0.19$ (1550℃) |
| $e_{Mn}^{B} = -0.0236$ [B] < 2.8 | $e_{S}^{Ce} = -9.1$ (1600℃) | = -0.18 (1600℃) |
| | | = -0.17 (1650℃) |
| $e_{Mn}^{Mo} = 0.0046$ [Mo] < 3.2 | $e_{S}^{Ce} = -7.5$ (1650℃) | $e_{S}^{Zr} = -0.23$ (1550℃) |
| $e_{Mn}^{Ta} = 0.0035$ [Ta] < 4.6 | $e_{Ce}^{C} = -0.077, 0.002$ | = -0.22 (1600℃) |
| $e_{Mn}^{Cr} = 0.0039$ [Cr] < 3.2 | $e_{Ce}^{Mn} = 0.13, -0.063$ | = -0.20 (1650℃) |

元素和碳的相互作用系数 $e_{C}^{E}$、$e_{E}^{C}$(1600℃)(表 10 - 2 - 4)[33]

表 10 - 2 - 4

| 元素(E) | 稀释溶液 | | | 饱和溶液 | |
|---|---|---|---|---|---|
| | $e_{C}^{E}$ | | $e_{E}^{C}$ | $e_{C}^{E}$① | $e_{E}^{C}$① |
| | 计 算 值 | 申克数据 | | | |
| N | 0.098 | | 0.113 | | |
| Al | 0.043 | 0.054 | 0.092 | 0.017 | 0.0034 |
| V | -0.039 | -0.038 | -0.178 | -0.008 | -0.048 |
| W | 0.000 | -0.001 | -0.063 | 0.0017 | -0.037 |
| O | -0.108 | | -0.146 | | |
| Co | 0.012 | 0.013 | 0.044 | 0.0028 | -0.0034 |
| Si | 0.100 | 0.091 | 0.227 | 0.023 | 0.049 |
| Mn | | -0.007 | -0.046 | -0.0024 | -0.027 |
| Cu | -0.016 | 0.016 | -0.100 | 0.007 | |
| Mo | -0.007 | -0.008 | -0.087 | -0.00075 | -0.037 |
| Ni | 0.012 | 0.013 | 0.044 | 0.0048 | 0.0063 |
| Nb | -0.059 | -0.059 | -0.483 | -0.0024 | -0.048 |
| Sn | 0.032 | | 0.276 | | |
| S | 0.088 | 0.091 | 0.227 | 0.034 | 0.083 |
| C | 0.207 | 0.207 | 0.207 | 0.049 | 0.049 |
| Cr | -0.024 | -0.025 | -0.120 | -0.0055 | -0.037 |
| P | | 0.041 | 0.069 | 0.027 | 0.063 |

① 在计算碳饱和溶液 $e_{C}^{E}$ 和 $e_{E}^{C}$ 时,取 Fe-C饱和合金的平均原子量为 53.6。

铁液内不同溶质的活度相互作用系数 $e_i^j$（1600℃）（表 10 - 2 - 5）[36,39]

$$e_i^j = （\partial \lg f_i^j / \partial [\%j]）_{[\%i]}$$

$e_i^j$ 的物理意义是：当元素 $i$ 在 Fe 液内百分浓度不变时，每加入 1% 元素 $j$ 引起元素 $i$ 活度系数改变的对数值。

脱氧反应关系式示例：

$$2[Al] + 3[O] = Al_2O_3(s)$$

$$\Delta G^{\ominus} = A + BT; \lg K = -\Delta G^{\ominus}/4.575T$$

$$K = \frac{a_{Al_2O_3}}{[Al]^2 f_{Al}^2 [O]^3 f_O^3}$$

$a_{Al_2O_3} = 1$，则：

$$\lg K = \lg \frac{1}{[Al]^2 [O]^3} - \lg f_{Al}^2 - \lg f_O^3$$

$$\lg K + \lg f_{Al}^2 + \lg f_O^3 = \lg \frac{1}{[Al]^2 [O]^3}$$

已知　$\lg f_{Al} = \lg f_{Al}^{Al} + \lg f_{Al}^{O}; \lg f_O = \lg f_O^{O} + \lg f_O^{Al}$

$\lg f_{Al}^2 = 2\lg f_{Al} = 2\lg f_{Al}^{Al} + 2\lg f_{Al}^{O}; \lg f_O^3 = 3\lg f_O = 3\lg f_O^{O} + 3\lg f_O^{Al}$

则：　$\lg K + 2\lg f_{Al}^{Al} + 2\lg f_{Al}^{O} + 3\lg f_O^{O} + 3\lg f_O^{Al} = \lg \frac{1}{[Al]^2 [O]^3}$

$$\lg K + 2e_{Al}^{Al}[Al] + 2e_{Al}^{O}[O] + 3e_O^{O}[O] + 3e_O^{Al}[Al] = -\lg([Al]^2 [O]^3)$$

$$\lg K + (2e_{Al}^{Al} + 3e_O^{Al})[Al] + (2e_{Al}^{O} + 3e_O^{O})[O] + 2\lg[Al] + 3\lg[O] = 0$$

$e_i^j$ 可以从活度相互作用系数表中查得，将 $\lg K$ 及 $e_i^j$ 值代入上式，并设 $[Al]$ 求 $[O]$，于是可得实际的 $[Al]$、$[O]$ 浓度平衡曲线。

铁液内不同溶质的活度相互作用系数 $\varepsilon_i^j$（1600℃）（表 10 - 2 - 6）[36]

$$\varepsilon_i^j = （\partial \ln \gamma_i^j / \partial x_j）x_i$$

$\varepsilon_i^j$ 的物理意义是：当元素 $i$ 在 Fe 液内摩尔分数浓度不变时，每加入 1 mol 元素 $j$ 引起元素 $i$ 活度系数改变的自然对数值。

相互作用系数 $\varepsilon_i^j$、$e_i^j$ 的换算关系：

$$e_i^j = \frac{0.2425}{M_j} \varepsilon_i^j （M_j 为元素 j 的摩尔质量）$$

$$e_i^j = \frac{M_i}{M_j} e_j^i （M_i, M_j 为元素 i, j 的摩尔质量）$$

$$\varepsilon_i^j = \varepsilon_j^i$$

$$e_i^j = \frac{1}{230} \left[ (230 e_j^i - 1) \frac{M_i}{M_j} + 1 \right]$$

$$e_i^j = \frac{1}{230} \left[ (\varepsilon_j^i - 1) \frac{M_{Fe}}{M_j} + 1 \right]$$

以上两式为更准确的转换关系式。

$$\lg f_1 = e_1^2 \times [\%2] + e_1^3 \times [\%3] + \cdots + e_1^i \times [\%i] + \cdots + e_i^j \times [\%j] + \cdots + e_i^m \times [\%m]$$

$$\ln \gamma_1 = \varepsilon_1^2 x_2 + \varepsilon_1^3 x_3 + \cdots + \varepsilon_1^i x_i + \cdots + \varepsilon_i^j x_j + \cdots + \varepsilon_i^m x_m$$

表 10 - 2 - 5

| i \ j | Ag | Al | As | Au | B | C | Ca | Ce | Co | Cr | Cu | Ge | H | La | Mg | Mn | Mo | N | Nb |
|---|---|---|---|---|---|---|---|---|---|---|---|---|---|---|---|---|---|---|---|
| Ag | (-0.04) | -0.08 | | | | 0.22 | | | | (-0.01) | | | | | | | | | |
| Al | -0.017 | 0.045 | | | | 0.091 | -0.047 | | (0.017) | (0.025) | (0.008) | | 0.24 | | | (0.012) | | -0.058 | |
| As | | | | | | 0.25 | | | | | | | | | | | | 0.077 | |
| Au | | | | | | | | | | | | | | | | | | | -0.06 |
| B | | | | | 0.038 | 0.22 | | | | | | | | | | | | 0.74 | |
| C | 0.028 | 0.043 | 0.043 | | 0.24 | 0.14 | -0.097 | -0.0026 | 0.0076 | -0.024 | 0.016 | | 0.49 | 0.0066 | | -0.0009 | -0.0083 | 0.11 | |
| Ca | | -0.072 | | | | -0.34 | | | | | | (0.008) | 0.67 | | (0.07) | -0.012 | | | |
| Ce | | | | | | -0.077 | (-0.002) | (-0.003) | | | | | -0.60 | | | | | | |
| Co | | | | | | 0.021 | | | 0.0022 | -0.022 | 0.016 | | -0.14 | | | | | 0.032 | |
| Cr | | | | | | -0.12 | | | -0.019 | -0.0022 | -0.023 | | -0.33 | | | | | -0.19 | |
| Cu | | | | | | 0.066 | | | | 0.018 | 0.0005 | | -0.24 | | | | | 0.026 | |
| Ge | | | | | | (0.03) | | | | | | (0.007) | 0.41 | | | | | | |
| H | | 0.013 | | | 0.05 | 0.06 | | 0.0 | 0.0018 | | | | 0.0 | -0.027 | | -0.0014 | 0.0022 | | -0.0023 |
| La | | | | | | 0.03 | | | | | | 0.01 | -4.3 | 0.0078 | | 0.28 | | | |
| Mg | | | | | | (0.15) | | | | | | | | | | | | | |
| Mn | | (0.07) | | | (-0.236) | -0.07 | | 0.054 | -0.0036 | 0.0036 | | | -0.31 | 0.014 | | 0.0 | 0.0045 | -0.091 | |
| Mo | | -0.028 | 0.018 | | 0.094 | -0.097 | | | +0.011 | -0.0003 | 0.009 | | -0.20 | | | | | -0.10 | |
| N | | | | | | 0.13 | | | | -0.047 | | | | | | -0.02 | -0.011 | 0.0 | |
| Nd | | | | | | -0.49 | | | | | | | | | | | | -0.42 | |
| Ni | | (0.013) | | -0.005 | | 0.042 | -0.067 | | 0.008 | -0.0003 | -0.013 | | -0.61 | | | -0.021 | 0.0035 | 0.028 | |
| O | | -3.9 | | | -2.6 | -0.45 | -271 | -0.57 | | -0.04 | 0.024 | | -6.0 | -0.57 | | 0.0 | | 0.057 | -0.06 |
| P | | (0.056) | | | | 0.13 | | | 0.0 | -0.03 | -0.028 | | -0.25 | | | -0.023 | 0.0 | 0.094 | (0) |
| Pb | | 0.021 | | | | 0.066 | | | | 0.02 | | | -3.1 | | | | | | |
| Pd | | | | | | | | | | | | | 0.21 | | | | | | |
| Pt | | | | | | | | | | | | | | | | | | | |
| Rh | | | | | | | | | | | | | 0.20 | | | | | | |
| S | | 0.035 | 0.0041 | 0.0042 | 0.13 | 0.11 | -100 | (-0.231) | 0.0026 | -0.011 | -0.0084 | 0.014 | 0.37 | -19 | | -0.0260 | 0.0027 | 0.01 | -0.14 |
| Sb | | | | | | | | (-9.1) | | | | | 0.12 | | | | | 0.043 | -0.012 |
| Se | | | | | | | | | | | | | | | | | | 0.014 | (0.036) |
| Si | | 0.058 | | | 0.20 | | -0.067 | | (0.013) | -0.0003 | 0.014 | | 0.64 | | | 0.002 | 2.36 | 0.09 | -0.013 |
| Sn | | | | | | 0.37 | | | | 0.015 | | | 0.12 | | | | | 0.027 | 0.04 |
| Ta | | | | | | -0.37 | | | | | | | -4.4 | | | | | -0.47 | |
| Te | | | | | | | | | | | | | | | | | | 0.60 | |
| Ti | | (0.12) | | | | -0.165 | | | | 0.055 | | | -1.1 | | | | | -1.8 | |
| U | | 0.059 | | | | | | | | | | | | | | | | | |
| V | | (0.10) | | | | -0.34 | | | | | | | -0.59 | | | | | -0.35 | |
| W | | | | | | -0.15 | | | | | | | 0.088 | | | | | -0.072 | |
| Zr | | | | | | | | | | | | | | | | | | -4.1 | |

续表 10-2-5

| i | Nd | Ni | O | P | Pb | Pd | Pt | Rh | S | Sb | Se | Si | Sn | Ta | Te | Ti | U | V | W | Zr |
|---|----|----|----|----|----|----|----|----|----|----|----|----|----|----|----|----|----|----|----|----|
| Ag | | (0.008) | | | 0.0065 | | | | 0.030 | | | 0.0056 | | | | (0.07) | 0.011 | (0.06) | | |
| Al | | | -6.6 | (0.05) | | | | | 0.0037 | | | | | | | | | | | |
| As | | 0.012 | -0.11 | | | | | | 0.0037 | | | | | | | | | | | |
| Au | | | -1.8 | | | | | | | | | | | | | | | | | |
| B | | -0.044 | -0.34 | 0.051 | 0.0079 | | | | 0.048 | | | 0.078 | 0.041 | -0.021 | | -0.038 | | -0.077 | -0.0056 | (-0.07) |
| C | | | -678 | | | | | | 0.046 | | | 0.08 | | | | | | | | |
| Ca | | | -5.03 | | | | | | -125 | | | -0.097 | | | | | | | | |
| Ce | | | 0.018 | | | | | | -39.8 | 0.015 | | | | | | | | | | |
| Co | | 0.0002 | -0.14 | (-0.001) | 0.003 | | | | 0.0011 | | | -0.043 | | | | | | | | |
| Cr | | | -0.065 | -0.053 | 0.0083 | | | | -0.020 | | | 0.027 | 0.009 | | | 0.059 | | | | |
| Cu | | | | 0.044 | -0.0056 | | | | -0.021 | | | | | | | | | | | |
| Ge | | | | | | | | | 0.027 | | | 0.027 | | | | | | | | |
| H | -0.038 | | -0.19 | 0.011 | | 0.0062 | | 0.0063 | 0.008 | | | | 0.0053 | -0.02 | | -0.019 | | -0.0074 | 0.0048 | -0.0088 |
| La | | | -4.98 | | | | | | -82 | | | | | | | | | | | |
| Mg | | | | | | | | | | | | | | | | | | | | |
| Mn | | -0.0071 | -0.083 | -0.0035 | -0.0029 | | | | -0.048 | | | 0.39 | | (0.0035) | | 0.019 | | 0.0056 | (0.0071) | |
| Mo | | | -0.0007 | -0.0066 | 0.0023 | | | | -0.0006 | | | 8.05 | | | | | | | | |
| N | | 0.01 | 0.05 | 0.045 | | | 0.0045 | | 0.007 | 0.0083 | 0.006 | 0.047 | 0.007 | -0.032 | 0.07 | -0.53 | | -0.093 | -0.0015 | -0.63 |
| Nb | | | -0.83 | -0.045 | | | | | -0.047 | | | -0.01 | | | | | | | | |
| Nd | | | | | | | | | | | | | | | | | | | | |
| Ni | | 0.0009 | 0.01 | -0.0035 | -0.0023 | | | | -0.0037 | | | 0.0057 | -0.0111 | | | | | | | |
| O | | 0.006 | -0.20 | 0.07 | | -0.009 | | 0.014 | -0.133 | -0.023 | | -0.131 | 0.013 | -0.11 | | -0.6 | -0.44 | -0.3 | -0.0085 | -0.44 |
| P | | 0.0002 | 0.13 | 0.062 | 0.011 | | | | 0.028 | | | 0.12 | 0.057 | | | -0.04 | | -0.023 | | |
| Pb | | -0.019 | -0.084 | 0.048 | | (0.002) | | | -0.32 | | | 0.048 | | | | (0.0054) | | (0.0038) | | |
| Pd | | | 0.0063 | | | | | | | | | | | | | | | | | |
| Pt | | | | | | | | | | | | | | | | | | | | |
| Rh | | | 0.11 | | | | | | 0.032 | | | | | | | | | | | |
| S | | 0.0 | -0.27 | 0.029 | -0.046 | | | | -0.028 | 0.0037 | | 0.063 | -0.0044 | -0.0002 | | -0.072 | (-0.067) | -0.016 | 0.0097 | -0.052 |
| Sb | | | -0.20 | | | | | | 0.0019 | | | | | | | | | | | |
| Se | | 0.005 | -0.23 | 0.11 | 0.01 | | | | 0.056 | | | 0.11 | 0.017 | 0.04 | | 1.23 | | 0.025 | | |
| Si | | | -0.11 | 0.036 | 0.035 | | | | -0.028 | | | 0.057 | 0.0016 | 0.002 | | | | | | |
| Sn | | | | | | | | | -0.021 | | | | | | | | | | | |
| Ta | | -1.29 | | | | | | | | | | | | | | | | | | |
| Te | | | | | | | | | | | | | | | | | | | | |
| Ti | | | -1.8 | (-0.064) | | | | | -0.11 | | | (2.10) | | | | 0.013 | 0.013 | | | |
| U | | | -6.61 | | | | | | | | | | | | | | | | | |
| V | | | -0.97 | (-0.041) | | | | | -0.028 | | | 0.042 | | | | | | | | |
| W | | | -0.052 | | 0.0005 | | | | 0.035 | | | | | | | | | 0.015 | | |
| Zr | | | -32.5 | | | | | | -0.16 | | | | | | | | | | | 0.032 |

表 10-2-6

| $i$ \ $j$ | Ag | Al | As | Au | B | C | Ca | Ce | Co | Cr | Cu | Ge | H | La | Mg | Mn | Mo | N | Nb | Nd |
|---|---|---|---|---|---|---|---|---|---|---|---|---|---|---|---|---|---|---|---|---|
| Ag | (-19) | -8.4 |  |  |  | 11.5 |  |  |  | (-2) |  |  |  |  |  |  |  |  |  |  |
| Al | -8.4 | 5.6 |  |  |  | 5.3 | -7.5 |  |  |  |  |  | 2.0 |  |  |  |  | -2.6 |  |  |
| As |  |  |  |  |  | 12.9 |  |  |  |  |  |  |  |  |  |  |  | 5.2 |  |  |
| Au |  |  |  |  |  |  |  |  |  |  |  |  |  |  |  |  |  |  |  |  |
| B |  | 5.3 |  |  | 2.5 | 11.7 |  |  |  |  |  |  | 3.0 |  |  |  |  | 5.0 |  |  |
| C | 11.5 | -7.5 | 12.9 |  | 11.7 | 7.8 | -15.8 |  | 1.8 | -5.1 | 4.1 | (2.1) | 3.8 |  | (8) | -2.7 | -4.0 | 7.2 | -23.7 |  |
| Ca |  |  |  |  |  | -15.8 | (0) |  |  |  |  |  |  |  |  |  | 0.0 | 2.6 |  |  |
| Ce |  |  |  |  |  |  |  |  |  |  |  |  |  |  |  |  |  | -10 |  |  |
| Co |  |  |  |  |  | 1.8 |  |  | 0.47 | -4.6 | 4.0 | (1.9) | 0.38 |  |  |  |  |  |  |  |
| Cr | (-2) |  |  |  |  | -5.1 |  |  | -4.6 | 0.0 | -6.0 | 2.7 | -0.4 |  |  |  |  |  |  | -24 |
| Cu |  |  |  |  |  | 4.1 |  |  | 4.0 | 4.0 | 0.0 | (1.9) | 0.0 |  |  |  |  |  |  |  |
| Ge |  |  |  |  |  | (2.1) |  |  |  |  |  |  | 2.7 |  |  |  |  |  |  |  |
| H |  | 2.0 |  |  | 3.0 | 3.8 |  | -1.5 | 0.38 | -0.4 | 0.0 | 2.7 | 1.0 | -17 |  | -0.3 | 0.15 | 2.2 | -1.5 |  |
| La |  |  |  |  |  |  |  |  |  |  |  |  | -17 |  |  |  |  |  |  |  |
| Mg |  |  |  |  |  | (8) |  |  |  |  |  |  |  |  |  |  |  |  |  |  |
| Mn |  | -2.6 | 5.2 |  | 5.0 | -2.7 |  |  |  | 0.0 |  |  | -0.3 |  |  | 0.0 |  | -4.5 |  |  |
| Mo |  |  |  |  |  | -4.0 |  |  |  |  |  |  | 0.15 |  |  |  |  | -5.1 |  |  |
| N |  |  |  |  |  | 7.2 |  |  | 2.6 | -10 | 2.2 |  | -1.5 |  |  | -4.5 | -5.1 | 0.75 | -24 |  |
| Nb |  |  |  |  |  | -23.7 |  |  |  |  |  |  |  |  |  |  |  | -24 | (-0.7) |  |
| Nd |  |  |  |  |  |  |  |  |  |  |  |  |  |  |  |  |  |  |  |  |
| Ni |  |  |  |  |  | 2.9 |  |  |  | 0.0 |  |  | -0.05 |  |  |  |  | 2.4 |  |  |
| O |  | -433 |  | -6.6 | -115 | -22 | -10.7 | -330 | 1.9 | -8.5 | -3.5 |  | -12 | -328 |  | -4.7 | 0.67 | 4.0 | -54 |  |
| P |  | 2.9 |  |  |  | 7.0 |  |  | -0.06 | -6.3 | 6.03 |  | 1.9 |  |  | 0.0 | -0.7 | 6.2 |  |  |
| Pb |  |  |  |  |  | 4.1 |  |  |  | 4.4 | -7.5 |  |  |  |  | -5.2 |  |  |  |  |
| Pd |  |  |  |  |  |  |  |  |  |  |  |  | 1.8 |  |  |  |  |  |  |  |
| Pt |  |  |  |  |  |  |  |  |  |  |  |  |  |  |  |  |  |  |  |  |
| Rh |  |  |  |  |  |  |  |  |  |  |  | 4.0 | 2.5 |  |  |  |  |  |  |  |
| S |  | 4.44 | 0.92 | 0.92 | 6.77 | 6.45 |  |  | 0.58 | -2.23 | -2.35 |  | 1.5 |  |  | -5.87 | 0.359 | 1.4 | -5.8 |  |
| Sb |  |  |  |  |  |  |  |  |  |  |  |  |  |  |  |  |  | 3.2 |  |  |
| Se |  |  |  |  |  |  |  |  |  |  |  |  |  |  |  |  |  | 1.5 |  |  |
| Si |  | 7.0 |  |  | 9.5 | 9.72 | -10.7 |  |  | 0.0 | 3.62 |  | 3.6 |  |  | 0.5 |  | 5.9 |  |  |
| Sn |  |  |  |  |  | 19 |  |  |  | 3.29 |  |  | 1.5 |  |  |  |  | 2.3 |  |  |
| Ta |  |  |  |  |  | -17.7 |  |  |  |  |  |  | -17 |  |  |  |  | -26 |  |  |
| Te |  |  |  |  |  |  |  |  |  |  |  |  |  |  |  |  |  | 36 |  |  |
| Ti |  |  |  |  |  | -16.1 |  |  |  | 11.9 |  |  | -3.6 |  |  |  |  | -105 |  |  |
| U |  |  |  |  |  |  |  |  |  |  |  |  |  |  |  |  |  |  |  |  |
| V |  | 7.1 |  |  |  | -6.54 |  |  |  |  |  |  | -1.5 |  |  |  |  | -19 |  |  |
| W |  |  |  |  |  |  |  |  |  |  |  |  | 1.4 |  |  |  |  | -3.4 |  |  |
| Zr |  |  |  |  |  |  |  |  |  |  |  |  |  |  |  |  |  | -238 |  |  |

续表 10 – 2 – 6

| i＼j | Ni | O | P | Pb | Pd | Pt | Rh | S | Sb | Se | Si | Sn | Ta | Te | Ti | U | V | W | Zr |
|---|---|---|---|---|---|---|---|---|---|---|---|---|---|---|---|---|---|---|---|
| Ag |  |  |  |  |  |  |  |  |  |  |  |  |  |  |  |  |  |  |  |
| Al |  | -433 |  | 2.9 |  |  |  | 4.44 |  |  | 7.0 |  |  |  |  | 7.1 |  |  |  |
| As |  | -6.6 |  |  |  |  |  | 0.92 |  |  |  |  |  |  |  |  |  |  |  |
| Au |  | -115 |  |  |  |  |  | 0.92 |  |  |  |  |  |  |  |  |  |  |  |
| B |  | -22 | 7.0 | 4.1 |  |  |  | 6.77 |  |  | 9.5 | 19 | -17.7 |  |  |  | -16.1 | -6.54 |  |
| C | 2.9; -10.7 |  |  |  |  |  |  | 6.45 |  |  | 9.72; -10.7 |  |  |  |  |  |  |  |  |
| Ca |  | -330 |  |  |  |  |  |  |  |  |  |  |  |  |  |  |  |  |  |
| Ce |  | 1.9 |  |  |  |  |  |  |  |  |  |  |  |  |  |  |  |  |  |
| Co | 0.0 | -8.5 |  | -0.06 |  |  |  | 0.58 |  |  |  |  |  |  |  |  |  |  |  |
| Cr |  | -3.5 | -6.3 | 4.4 |  |  |  | -2.23 |  |  | 0.0 | 3.29 |  |  | 11.9 |  |  |  |  |
| Cu |  |  | 6.03 | -7.5 |  |  |  | -2.35 |  |  | 3.62 |  |  |  |  |  |  |  |  |
| Ge |  |  |  |  |  |  |  | 4.0 |  |  |  |  |  |  |  |  |  |  |  |
| H | -0.05 | -12 | 1.9 |  | 1.8 |  | 2.5 | 1.5 |  |  | 3.6 | 1.5 | -17 |  | -3.6 |  | -1.5 | 1.4 |  |
| La |  | -328 |  |  |  |  |  |  |  |  |  |  |  |  |  |  |  |  |  |
| Mg |  |  |  |  |  |  |  |  |  |  |  |  |  |  |  |  |  |  |  |
| Mn | 2.4 | -4.7 | 0.0 | -5.2 |  |  |  | -5.87 |  |  | 0.5 |  |  |  |  |  |  |  |  |
| Mo |  | 0.67 | 6.2 | -0.7 |  |  |  | 0.359 | 3.2 |  |  |  |  |  |  |  |  |  |  |
| N |  | 4.0 |  |  |  |  |  | 1.4 |  | 1.5 | 5.9 | 2.3 | -26 | 36 | -105 |  | -19 | -3.4 | -238 |
| Nb |  | -54 |  |  |  |  |  | -5.8 |  |  |  |  |  |  |  |  |  |  |  |
| Nd |  |  |  |  |  |  |  |  |  |  |  |  |  |  |  |  |  |  |  |
| Ni | 0.16 | 1.4 | 0.0 | -4.7 | -4.9 | 1.1 | 8.1 | -0.064 |  |  | 1.2 | -6.6 |  |  |  |  |  |  |  |
| O | 1.4 | -12.5 | 9.4 | 6.6 | (0) | 8.1 |  | -17 | -13 |  | -15 | 5.07 | -84 |  | -118 | -435 | -63 | 4.2 | -160 |
| P | 0.0 | 9.4 | 8.4 | 6.6 |  |  |  | 4.1 |  |  | 14.2 | 27 |  |  |  |  |  |  |  |
| Pb | -4.7 | -4.9 |  |  |  |  |  | -42 |  |  | 6.1 |  |  |  |  |  |  |  |  |
| Pd |  | 1.1 |  |  |  |  |  | 4.7 |  |  |  |  |  |  |  |  |  | -2.3 |  |
| Pt |  | 8.1 |  |  |  |  |  |  |  |  |  |  |  |  |  |  |  |  |  |
| Rh |  |  |  |  |  | 4.7 |  |  |  |  |  |  |  |  |  |  |  |  |  |
| S | -0.064 | -17 | 4.1 | -42 |  |  |  | -3.3 | 0.67 | 1.5 | 7.76 | -3.3 | -2.37 |  | -14 |  | -3.32 | 5.07 | -20 |
| Sb |  | -13 |  |  |  |  |  | 0.67 |  |  |  |  |  |  |  |  |  |  |  |
| Se |  |  |  |  |  |  |  |  |  |  |  |  |  |  |  |  |  |  |  |
| Si | 1.2 | -15 | 14.2 | 6.1 |  |  |  | 7.76 |  |  | 12.6; 7.14 | 7.14 |  |  |  |  | 5.3 |  |  |
| Sn |  | -6.6 | 5.07 | 27 |  |  |  | -3.3 |  |  |  | -0.33 | -0.75 |  |  |  |  |  |  |
| Ta |  | -84 |  |  |  |  |  | -2.37 |  |  |  |  |  |  |  |  |  |  |  |
| Te |  |  |  |  |  |  |  |  |  |  |  |  |  |  |  |  |  |  |  |
| Ti |  | -118 |  |  |  |  |  | -14 |  |  |  |  |  |  |  | 2.7 |  |  |  |
| U |  | -435 |  |  |  |  |  |  |  |  |  |  |  |  |  |  | 9.4 |  |  |
| V |  | -63 |  |  | -2.3 |  |  | -3.32 |  |  | 5.3 |  |  |  |  |  |  | 5.07 |  |
| W |  | 4.2 |  |  |  |  |  | 5.07 |  |  |  |  |  |  |  |  | 3.22 |  |  |
| Zr |  | -166 |  |  |  |  |  | -20 |  |  |  |  |  |  |  |  |  |  | 7.63 |

# 第三节    钢液的脱氧、脱碳、脱硫、脱磷等物理化学反应

**钢液的氧化还原[3]**

炼钢温度下纯铁中氧的饱和溶解度和氧的分压力的关系(参见图 10 - 1 - 4),在 1600℃时饱和溶解度的氧含量约为 0.23%,超过此含量 Fe-O 再反应时就生成 FeO,即生成饱和的 FeO 熔渣,此时的氧平衡分压力为 $5 \times 10^{-4}$ Pa。

氧对铁有较强的亲和力,氧与铁可生成三种氧化物,氧在铁中的溶解度不高。在高氧浓度区内高价铁的氧化物($Fe_3O_4$、$Fe_2O_3$)是稳定的。它在相当大的氧浓度变化范围内形成固溶体。氧化亚铁(浮士体 FeO)在高温区内是稳定的,当低于 570℃时则分解成为 $Fe_3O_4$,同时析出铁(参见 Fe-O 相图)。

氧在固体铁中的溶解度很小,因此凝固结晶过程氧将析出。固体铁中存在的氧则引起晶格歪曲,使铁的力学、磁学和其他性能发生变化,氧在 $\alpha$ 铁及 $\gamma$ 铁中的溶解度有个突变。当 $\alpha$ 铁转变为 $\gamma$ 铁时,氧的溶解度由 0.03% 下降到 0.003% 以下,氧的析出使钢老化。在脱氧的钢中,应小于此值(0.003%)。在脱氧的钢中残存的[Si]、[Al]可降低氧到 <0.003% 的水平。

氧化精炼终了时,钢液中氧含量取决于含碳量,碳含量越低则氧含量越高。它是影响钢的脱氧制度(脱氧加入的数量、种类、时间、方式)的基本参数。

在不同容量的炼钢炉中,采用的冶炼方法不同,得到的[C]、[O]实际经验式如表 10 - 3 - 1 所示。

表 10 - 3 - 1

| 序　号 | [%O]与[%C]的关系式 |
|:---:|:---:|
| 1 | $[\%O] = \dfrac{0.0035}{[\%C]} + 0.004$ |
| 2 | $[\%O] = \dfrac{0.0036}{[\%C]} + 0.0033$ |
| 3 | $[\%O] = \dfrac{0.0036}{[\%C]} + 0.011$ |
| 4 | $[\%O] = \dfrac{0.0042}{[\%C]} + 0.0025$ |
| 5 | $[\%O] = \dfrac{0.00317}{[\%C]} + 0.0063$ |

注:1~5 为不同作者发表的数据。

[O]含量决定了炼钢后期的脱氧任务,所以应稳定地控制钢液中的碳含量,以稳定工艺操作。为提高炉渣氧化钢液的能力,应控制炉渣有较合适的碱度,碱度 $\left(\dfrac{2N_{CaO}}{N_{SiO_2}} = \dfrac{112}{60}\right)$ 为 1.87 时炉渣有很高的氧化能力,随着渣中 FeO 的提高,氧化能力增大。[C]越低,矿石消耗量越大。炉渣碱度和钢中[C]对渣中(FeO)的影响见图 10 - 3 - 1。

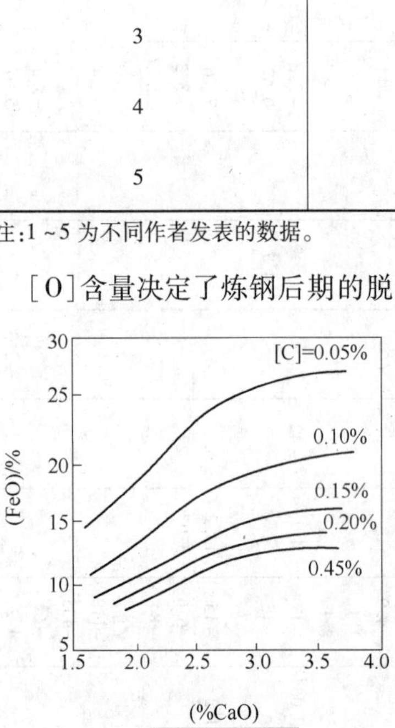

含氧化铁的物质如铁矿石、铁皮等也可用来作为炼钢的氧化剂。这类固体氧化剂在熔化和分解时,吸收大量的热。而氧气作为氧化剂时,氧化铁和杂质则是放热反应。这是它们的重要区别。

大气中氧的分压力约为 $2.13 \times 10^4$ Pa,顶吹转炉炉内 $p_{O_2} \approx 1.013 \times 10^5$ Pa,FeO 和 $Fe_3O_4$ 都是稳定的,FeO 的稳定性更

图 10 - 3 - 1

强。$Fe_3O_4$ 可以看做是 $FeO \cdot Fe_2O_3$,在炼钢炉渣中铁的氧化物以 $FeO$ 为主,随着气相 $p_{O_2}$ 的变化,也有一定数量的 $Fe_2O_3$ 存在。氧气顶吹转炉内,渣中$(Fe_2O_3)/(FeO)$之比变动在 $0.3 \sim 1.5$ 之间,平均约为 $0.8$。

目前大多认为吹氧时氧和[Si]、[Mn]、[C]等元素的反应是以间接氧化为主。首先是氧同铁原子结合生成 $FeO$,然后再溶于铁液中$(FeO) = [O] + Fe$,再同[C]、[Mn]、[Si]等元素发生作用,钢液中氧气泡表面温度很高,可达 $2200℃$ 以上,此时的[Si]、[Mn]等和[O]的结合能力较弱。

钢液的脱氧方法基本上可分为三大类:

(1)沉淀脱氧。溶于钢液中的脱氧元素和氧反应,在钢液内部生成氧化物夹杂(脱氧生成物),由于密度小上浮去除。它的脱氧效果决定于:1)元素脱氧能力强弱;2)脱氧反应过饱和度的高低;3)夹杂物在钢液内上浮的性质,即钢液和夹杂物间的界面张力,比重差和夹杂物颗粒的大小;4)钢液的搅拌程度。

概括沉淀脱氧方法的特点是,脱氧反应速度快,一般为放热反应,其脱氧生成物需要一定的条件去除,脱氧反应过饱和度高,搅拌强时脱氧效果就好。

(2)钢、渣界面脱氧。脱氧反应在钢渣界面上进行,由于钢渣界面脱氧反应不需要溶解脱氧剂的高过饱和度使之产生核心,并且渣中的反应产物的浓度很小,在碱性电炉还原期渣中,$a_{SiO_2}$、$a_{Al_2O_3}$ 分别约为 $0.01$、$0.1$ 左右。

脱氧效果决定于:1)渣中反应物的活度;2)钢液中有效合金元素的浓度;3)单位钢液单位时间内钢渣接触的界面积大小,视吹 $Ar$、$N_2$ 量,喷粉量,混冲搅拌的能力等动力学条件而定。

界面脱氧的特点是:能充分发挥脱氧元素的脱氧能力,不需要什么形核的过饱和度,脱氧产物基本上是在渣钢的界面(或在界面反应后溶解在渣中),钢液中元素的脱氧能力受渣中总成分的影响。

扩散脱氧是一种只在冶炼纯铁或在实验室条件下的一种借助炉渣中氧化铁减少而使钢中[O]减少的脱氧方法,是一种最简单的界面脱氧。

通常在电炉还原期采用的炉渣脱氧方法中,未发现钢液扩散脱氧所起的主导作用,而是弱沉淀脱氧,钢液中产生氧化物夹杂,以往许多文献资料中所说的[O]扩散到渣中而使钢液脱氧的特点是片面的,钢渣界面上脱氧反应的自由能比[O]扩散到渣中反应的自由能负值大得多。

(3)真空下脱氧。真空下钢液面上压力降低时能促进钢液中的[C]-[O]反应,反应有下列几种:

$$[C] + [O] = CO, 2[H] + [O] = H_2O, [Si] + [O] = SiO_g, 2[Al] + [O] = Al_2O_g$$

为充分地在真空下脱氧必须扩大真空和钢液的界面积、时间,但它的热损失较大。

钢液中元素的脱氧能力:脱氧能力指脱氧反应达到平衡时,脱氧元素含量一定时[O]的高低,[O]越高表明元素的脱氧能力越低,反之则越高,脱氧能力依次降低的次序是:Ca,Ba,Sr,Mg,RE(Ce,La),Al,Ti,Si,V,Mn,Cr,…。从另一角度分析,达到同一氧含量时强脱氧元素溶解在铁液内的数量少,消耗量较少。这和脱氧的成本有直接关系,应充分地认识到这一点。

复合脱氧剂各元素相配合能生成熔点低的、易长大的复合氧化物,而且表明复合脱氧剂的脱氧能力提高了(通常是强脱氧元素提高较弱脱氧元素的脱氧能力),实际是减少了弱脱氧元素的消耗量,因而也降低了成本[40]。设计推荐的 Ca-Al 为基的复合脱氧剂(Ca/Al = 1.26),Ca 提高了 Al 的脱氧能力,能在低[O]含量的条件下有效地减少 Al 的消耗,不仅降低了成本,而且生成的氧化物($12CaO \cdot 7Al_2O_3$)不会堵塞水口,为连铸的顺行创造了条件。用硅钙合金亦有同样的作用。

脱氧剂消耗为两部分,一是消耗于脱氧时产生的氧化物,二是溶于铁液中的脱氧元素的消耗量。生成氧化物时 $kg(O)/kg(元素)$ 的比值表明每 1 kg 脱氧元素结合的氧量,数值大表明结合的氧多,下列顺序依结合量大小排列:

| 结合的氧化物 | $SiO_2$ | $Al_2O_3$ | $CaO \cdot Al_2O_3$[①] | MgO | $12CaO \cdot 7Al_2O_3$[①] | CaO | $3BaO \cdot Al_2O_3$[①] | SrO | BaO |
|---|---|---|---|---|---|---|---|---|---|
| kg(O)/kg(E) | 1.1428 | 0.888 | 0.681 | 0.658 | 0.6154 | 0.40 | 0.206 | 0.183 | 0.1165 |

① 生成复合化合物的结合氧量是以复合化合物中元素总和和结合氧量之比表示,如 $12CaO \cdot 7Al_2O_3$ 为 $(12M_O + 21M_O)/(12M_{Ca} + 14M_{Al}) = 528/858 = 0.6154$。

在一般钢种中 $[Si] = 0.15\% \sim 0.35\%$,$[O]$ 可达 $0.01\%$ 左右。Si 和 O 的结合量大且便宜,是经济的脱氧剂,用 Ba 脱氧时和氧结合的数量少,Si 比 Ba 的结合量大 9.5 倍,Al 比 Ba 的大 7.6 倍,所以 Ba 只适用于脱氧良好的钢液中,虽然脱氧能力大,但脱氧量很小,Sr 和 Ba 相似。它们的原子半径大,溶于铁的数量很小,受 $[O]$ 变化使 $[Ba]$、$[Sr]$ 波动大。

溶于铁液中的脱氧元素的数量(元素的消耗)和铁液中的 $[O]$ 和元素的脱氧能力有关,$[O]$ 越低溶解、消耗于铁液中的元素越多。元素的脱氧能力和元素的性质与复合脱氧元素有关,例如 1600℃时 $[Ca]$、$[Al]$ 及 $[Ca]+[Al]$ 脱氧时的平衡图见图 10-3-2。

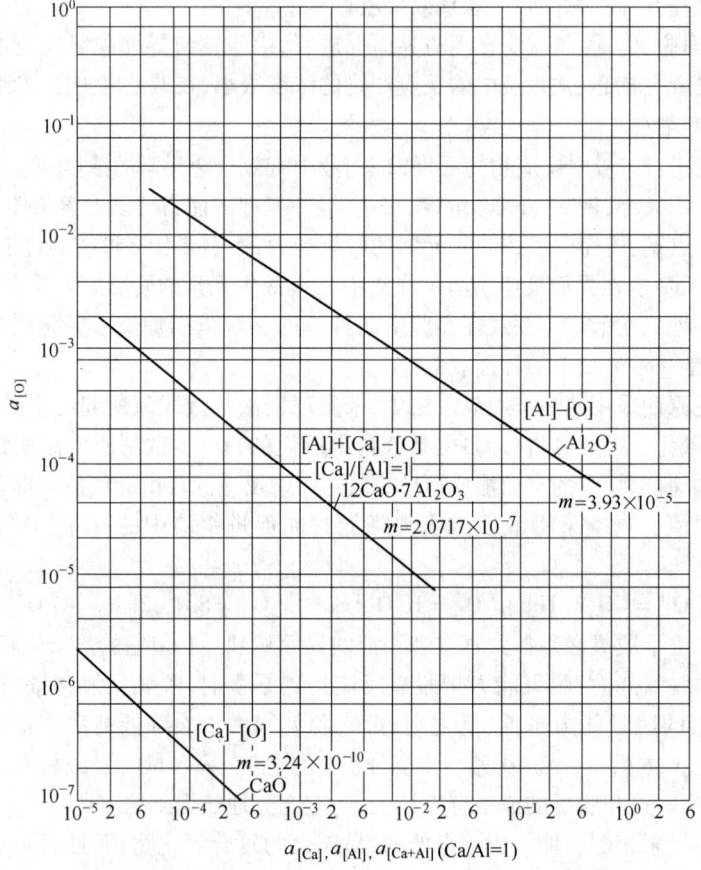

图 10-3-2

$$\frac{2}{3}[Al] + [O] = \frac{1}{3}Al_2O_3 \qquad a_{[O]} \, a_{[Al]}^{\frac{2}{3}} = 3.93 \times 10^{-5}$$

$$[Ca] + [O] = CaO \qquad a_{[Ca]} a_{[O]} = 3.24 \times 10^{-10}$$

$$\frac{12}{33}[Ca] + \frac{14}{33}[Al] + [O] = \frac{1}{33}(12CaO \cdot 7Al_2O_3) \qquad a_{[O]} a_{[Ca]}^{0.3636} a_{[Al]}^{0.4242} = 2.0717 \times 10^{-7}$$

从平衡常数比较[Ca]、[Al]复合脱氧的活度积比[Al]脱氧的活度积小,即[Ca]、[Al]复合脱氧能力大190倍,要达到同样的氧含量Al的消耗减小了,例如脱氧到0.0005%,[Al]≈0.0220%而[Ca]、[Al]复合脱氧时(当[Ca]/[Al]=1时)溶解Ca、Al分别为0.000051%,是Al脱氧时的1/200,若将[O]降到0.0001%[Al]溶解为0.24%,即每吨钢液消耗2.4 kg,用[Ca]、[Al]时分别溶解0.000392%是溶解的[Al]的1/600。生产实践表明[40,41],用Ca-Al组成的包芯线和脱氧剂都可明显地降低Al的消耗。从复合脱氧剂组成的设计[128]得出Ca-Al为基的复合脱氧剂中Ca/Al=1.26左右为宜。

冶炼过程中,强脱氧剂Al在加入初期就可以形成夹杂物,在降温过程中产生的夹杂物少,脱氧能力低的元素[Si]在降温过程生成的夹杂就多些,通过不同组成的平衡状态的计算(未考虑Al、Si、C的偏析)的成分是[C]=0.1%,0.3%,0.5%的钢液中分别加入[Si]=0.2%、0.3%、0.4%;[Al]=0.03%、0.05%、0.10%生成一次、二次、三次夹杂物(SiO₂、Al₂O₃)的数据见表10-3-2。

表10-3-2

| 加硅量/% | 碳含量/% | 生成SiO₂/% | | | 二次、三次占总量/% | 加铝量/% | 碳含量/% | 生成Al₂O₃/% | | | 二次、三次占总量/% |
|---|---|---|---|---|---|---|---|---|---|---|---|
| | | 一次 | 二次 | 三次 | | | | 一次 | 二次 | 三次 | |
| 0.2 | 0.1 | 0.0235 | 0.0177 | 0.0033 | 46.5 | 0.03 | 0.1 | 0.0428 | 0.0133 | 0.0013 | 25.5 |
| | 0.3 | 0 | 0.0141 | 0.0031 | 100.0 | | 0.3 | 0.0123 | 0.0094 | 0.0009 | 48.0 |
| | 0.5 | 0 | 0.0118 | 0.0038 | 100.0 | | 0.5 | 0.0073 | 0.0065 | 0.0009 | 50.4 |
| 0.3 | 0.1 | 0.0237 | 0.0115 | 0.0027 | 36.7 | 0.05 | 0.1 | 0.0473 | 0.0095 | 0.0009 | 18.0 |
| | 0.3 | 0.0008 | 0.0096 | 0.0025 | 94.3 | | 0.3 | 0.0145 | 0.0067 | 0.0007 | 34.0 |
| | 0.5 | 0 | 0.0126 | 0.0031 | 100.0 | | 0.5 | 0.0094 | 0.0046 | 0.0006 | 36.0 |
| 0.4 | 0.1 | 0.0310 | 0.0104 | 0.0024 | 32.6 | 0.10 | 0.1 | 0.0515 | 0.0060 | 0.0006 | 11.3 |
| | 0.3 | 0.0275 | | 0.0022 | 82.0 | | 0.3 | 0.0174 | 0.0042 | 0.0004 | 21.1 |
| | 0.5 | 0 | 0.0087 | 0.0027 | 100.0 | | 0.5 | 0.0114 | 0.0029 | 0.0003 | 22.5 |

一次夹杂指加入脱氧剂时产生的脱氧产物,二次夹杂指随温度降温到钢液凝固前产生的夹杂物,去除量很少,三次夹杂物是在凝固过程中产生,基本上残存在钢中。加入强脱氧剂数量越多,二次、三次脱氧产物越少。计算的数值列于表10-3-2中。

Al是炼钢过程中主要的脱氧剂,在以往炼钢过程中因加入块状的Al,因密度小(约2.7 g/cm³)很易浮起进入炉渣,以后改变了加入方法提高了Al脱氧的利用率,如加入Al-Fe,插入Al线和含Ca-Al的复合脱氧剂包芯线等。

Al浮入炉渣时Al的损失增大,Al可还原炉渣中各种氧化物,包括CaO、MgO、SiO₂、FeO等。分析了电炉还原期插Al出钢时炉中和包中的炉渣全分析,炉中和钢包中的炉渣成分是均匀,电炉炼钢工艺是相同的,电炉出钢量为36.5 t,渣量1.278 t,占钢液的3.5%,钢种为低合金结构钢,九炉平均的数据[131]见表10-3-3。

表10-3-3

| 炉渣成分(平均值) | CaO | MgO | SiO₂ | Al₂O₃ | Fe₂O₃ | FeO | MnO | P₂O₅ | Cr₂O₃ | CaF₂ | CaS |
|---|---|---|---|---|---|---|---|---|---|---|---|
| 1. 出钢前渣/% | 47.43 | 11.08 | 19.63 | 13.60 | 0.41 | 1.99 | 1.07 | 0.061 | 0.28 | 3.68 | 0.763 |
| 2. 出钢后包中渣/% | 46.46 | 10.528 | 17.92 | 17.37 | 0.2043 | 1.42 | 0.601 | 0.0351 | 0.0911 | 3.576 | 2.013 |
| 3. 氧、硫化物含量差/%(1-2) | -0.97 | -0.552 | -1.71 | +3.77 | -0.2057 | -0.568 | -0.4688 | -0.02594 | -0.1888 | 0.1 | 1.250 |

| 炉渣成分(平均值) | CaO | MgO | SiO₂ | Al₂O₃ | Fe₂O₃ | FeO | MnO | P₂O₅ | Cr₂O₃ | CaF₂ | CaS |
|---|---|---|---|---|---|---|---|---|---|---|---|
| 4. 氧含量差/% | -0.2771 | -0.219 | -0.912 | +1.774 | -0.0617 | -0.1262 | -0.1056 | -0.01461 | -0.0596 | 负值和为:-1.7758 | 硫差为:0.555 |
| 5. 每1% ExOy 时的氧含量的变化(4÷1) | -0.00584 | -0.0197 | -0.04646 | | -0.1505 | -0.0635 | -0.0987 | -0.2395 | -0.2129 | | |
| 6. Al 还原出元素的总量 | 0.6928 | 0.333 | 0.798 | -1.996① | 0.1439 | 0.4412 | 0.3632 | +0.01132 | +0.1291 | | 0.6944② |
| 7. 实测范围/% | 40 ~ 53.1 | 3.5 ~ 18 | 14 ~ 22 | 7 ~ 20 | 0.16 ~ 4.4 | 0.9 ~ 8.5 | 0.28 ~ 4.7 | 0.016 ~ 0.24 | 0.06 ~ 0.22 | | |

① Al 氧化的数量为 -1.996(每 100 g 渣氧化了 1.996 g Al);
② Ca 和 S 的化合量,Ca 为 0.6944%(即 100 g 渣化合的 Ca 量为 0.6944 g)。

从表 10-3-3 的第四项中得到 CaO、MgO、SiO₂、Fe₂O₃、FeO、MnO、P₂O₅、Cr₂O₃ 氧化物含量都降低了,减少的氧的数量之和与渣中 Al₂O₃ 增加的数量得到的氧量是相等的。前者为 -1.7758% 和后者为 1.774%,也就是说 Al 的氧化当量和各元素的氧当量的总和相等,它们的数值可作出图 10-3-3。从图 10-3-3 列出各氧化物氧化时占的比例,Al 可以还原 CaO、MgO、SiO₂ 等氧化物,不能单纯从 Ca、Mg 等和氧反应的自由能 $\Delta G^\ominus$ 负值的高低分析,因为此时渣中的 $a_{Al_2O_3}$ 很低,而且硫含量促进了反应的进行(进行了脱硫反应),渣中 CaS 增加了,并相当 CaO 被还原释放出的 Ca 量。

从表 10-3-3 第 5 项中计算出了每 1% ExOy 渣中氧化物被还原的数量,整理后得到 Al 氧化数量(氧的总量)和出钢前各氧化物含量的关系(g/100 g),如下式:

$$\sum(O)_{Al} = \frac{1}{171.233}[(CaO) + 3.373(MgO) + 7.955(SiO_2) + 10.873(FeO) + 16.9(MnO)$$

$$25.77(Fe_2O_3) + 36.455(Cr_2O_3) + 41.012(P_2O_5)]$$

如每 1%(CaO)氧化 Al 时的系数为 0.00584 = 1/171.233(见表 10-3-3)。

由上式可以看出调整渣成分可改变 Al 的氧化数量,并可看出氧化数量由低到高的次序完全符合氧化物稳定性的规律(CaO、MgO、SiO₂、FeO…)。

随着炼钢过程的加快,各种不同的冶炼工艺(如 LF 炉等)需要快速的成渣及造渣,并且快速地还原渣中的氧化物采用 CaO + Al 的压球以进行快速造渣,压入的 Al 粉或其他强还原剂能和氧化物反应,还原 CaO 和其他氧化物,还原出的 Ca、Mg 等有脱氧、脱硫作用,而且不用外加热源,靠出钢时钢液的热量进行反应,而且 Al 不会因密度差受空气中 O₂ 的氧化。

## 一、元素的脱氧

元素的脱氧常指脱氧元素脱氧时产生的纯的脱氧产物(即活度等于 1 时),它表示的脱氧能力为最小的脱氧量,在实际的生产中炉衬、炉渣等和钢液接触的界面处活度远小于 1。有时甚至很低,为了正确估量反应进行的程度和数量,下述实验测量的图表以浓度、温度、压力(含气相反应)、活度(炉渣、炉衬)为变数,测量各参数间的关系,以便控制脱氧反应达到预期的目的。

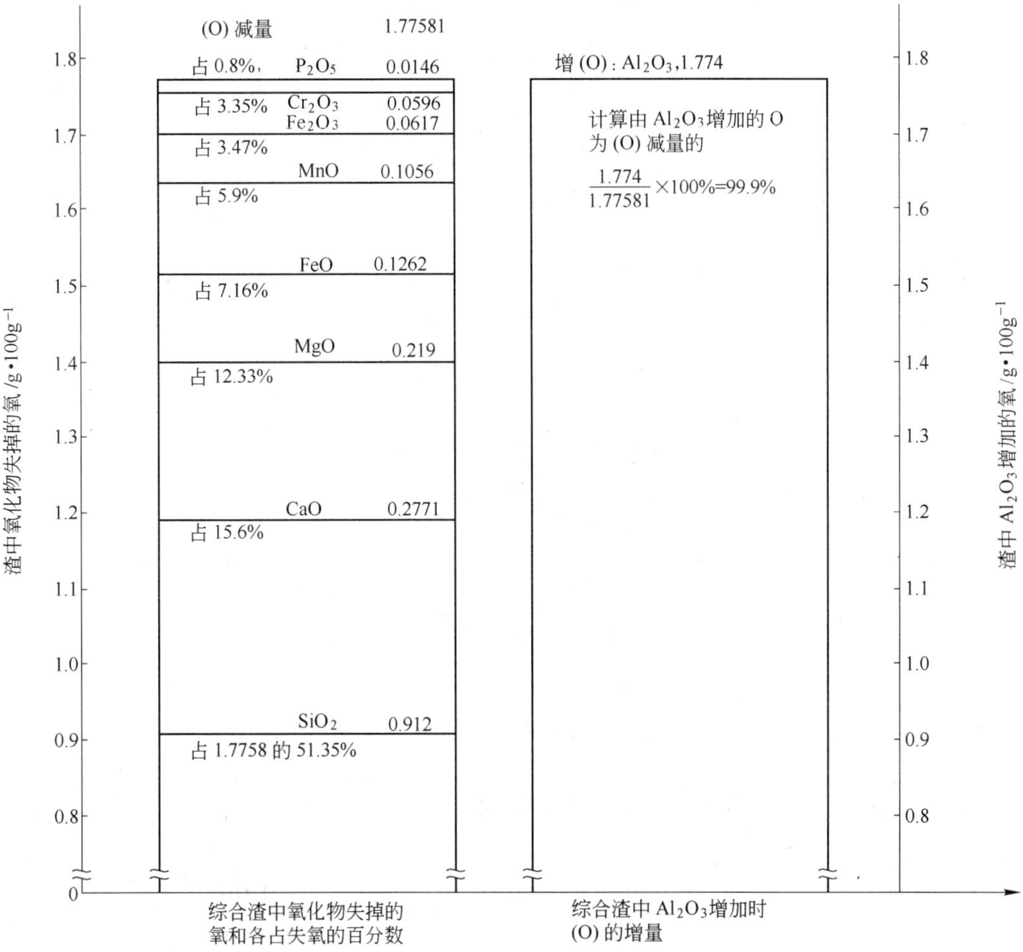

(O) 减量 1.77581
占 0.8%， P2O5 0.0146
占 3.35% Cr2O3 0.0596
Fe2O3 0.0617
占 3.47%
MnO 0.1056
占 5.9%
FeO 0.1262
占 7.16%
MgO 0.219
占 12.33%
CaO 0.2771
占 15.6%
SiO2 0.912
占 1.7758 的 51.35%
增 (O)：Al2O3，1.774
计算由 Al2O3增加的 O
为 (O) 减量的
1.774/1.77581 ×100%=99.9%
渣中氧化物失掉的氧 /g·100g-1
渣中 Al2O3增加的氧 /g·100g-1
综合渣中氧化物失掉的
氧和各占失氧的百分数
综合渣中 Al2O3增加时
(O) 的增量

图 10－3－3

## (一) 元素的脱氧能力比较

铁液中[Cr]、[Ni]、[Co]的脱氧能力(图 10－3－4)[6]

Co
Ni
Cr
w[O]/%
w[E]/%

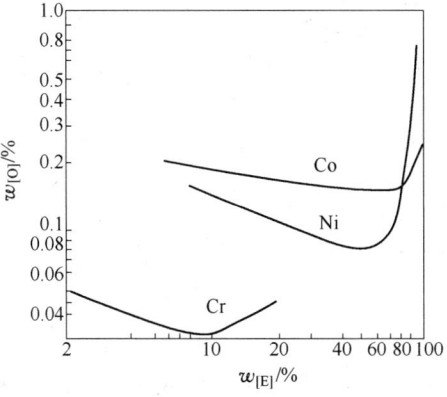

图 10－3－4

铁液中［E］的脱氧能力（1600℃）（图 10 - 3 - 5）[9]

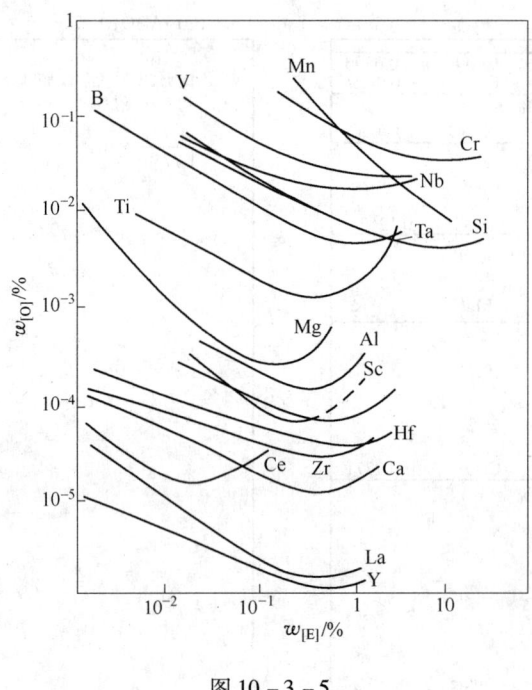

图 10 - 3 - 5

铁液中［E］和［O］的平衡关系（1600℃）（图 10 - 3 - 6）[39]

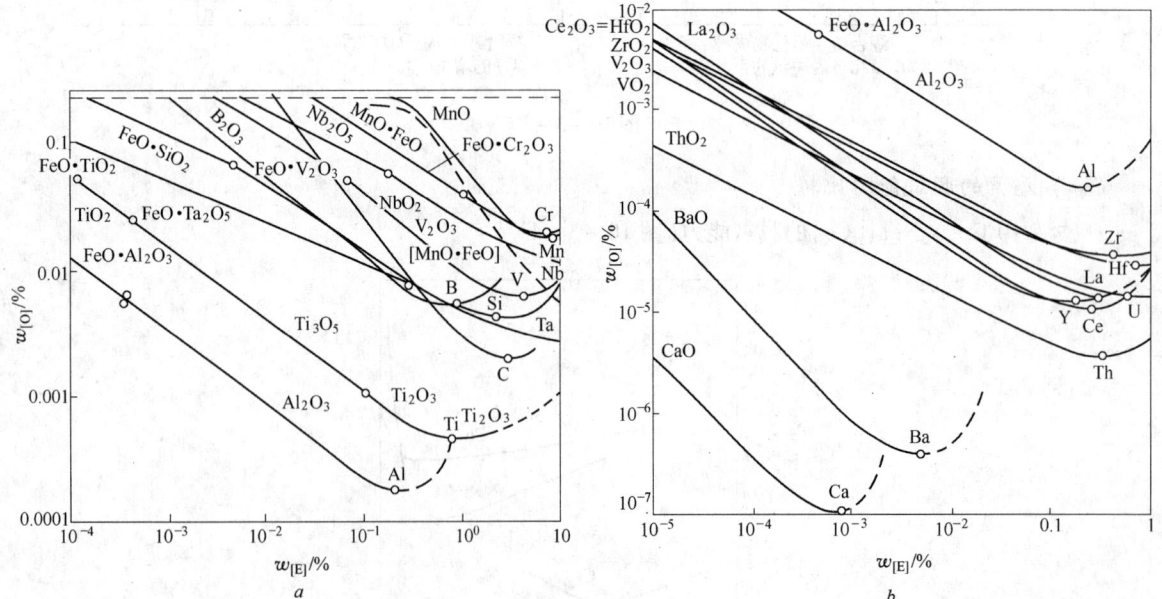

图 10 - 3 - 6

Fe-[Cr]系中[Si]的脱氧能力(图10-3-7)[6]

18-8钢中[Si]、[Ti]、[Al]的脱氧能力(图10-3-8)[42]

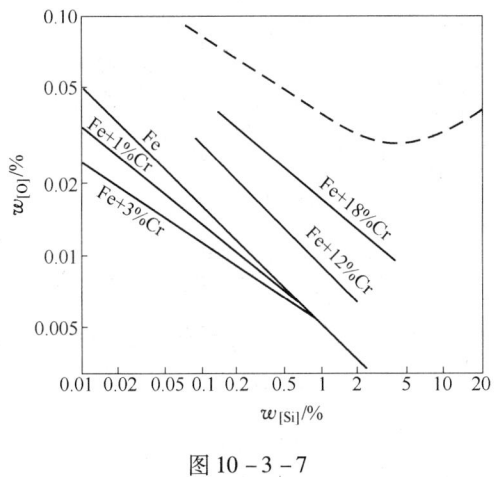

图10-3-7

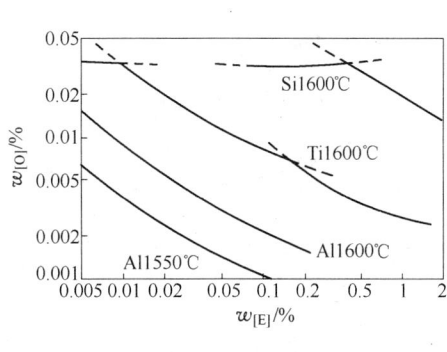

图10-3-8

元素的复合脱氧对铁液中[O]的影响(图10-3-9)[43]

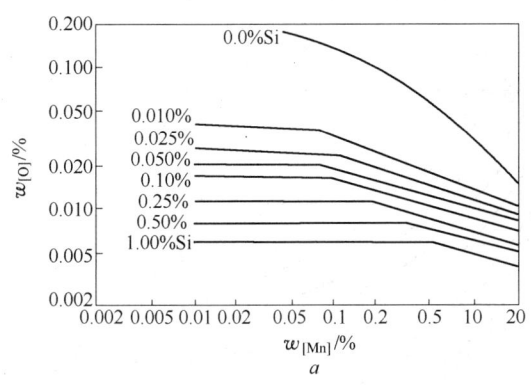

a

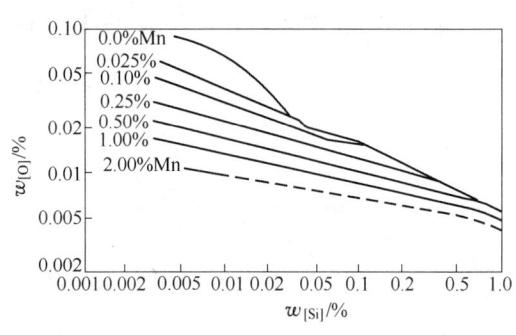

b

c

图10-3-9

[Al]和温度对铁液中氧含量的影响(图 10 - 3 - 10)

[Al]、[RE]、[C]、[Si + 0.5% Mn]的脱氧能力的比较(图 10 - 3 - 11)[44]

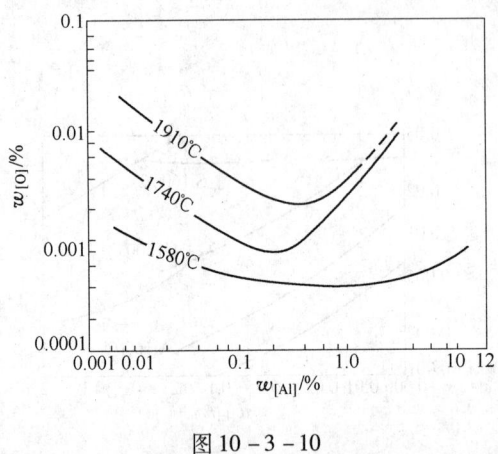

图 10 - 3 - 10

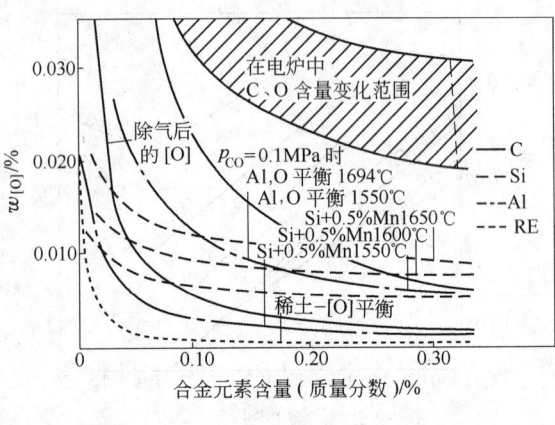

图 10 - 3 - 11

## (二) 一种元素脱氧时脱氧产物和温度的关系

纯铁液中[O]和氧化物夹杂的数量及平均直径的关系(图 10 - 3 - 12)[45]

锰的脱氧产物和温度的关系(图 10 - 3 - 13)[46]

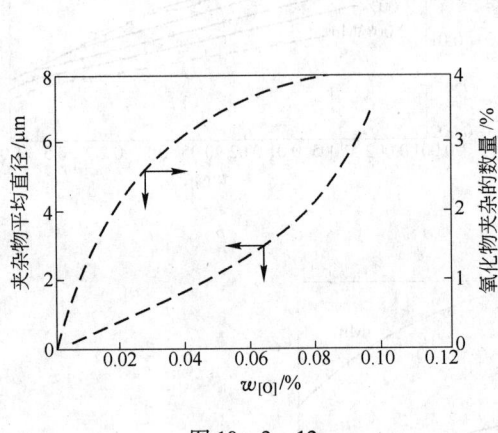

图 10 - 3 - 12

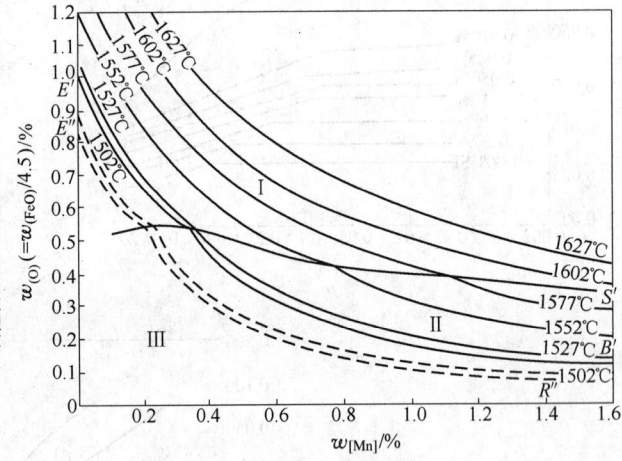

图 10 - 3 - 13

Ⅰ区:脱氧生成物为液体(FeO + MnO)并随[Mn]增加,FeO + MnO
　　熔体中 MnO 含量增加。

Ⅱ区:液体钢液和结晶的 FeO + MnO 脱氧产物。

Ⅲ区:固体钢和结晶的 FeO + MnO 产物。

Ⅰ-Ⅱ区的分界线由 FeO-MnO 相图上的凝固点和该图中的产物成
　　分和脱氧温度相适应。Ⅱ区内 Mn 的脱氧能力增高(脱氧曲
　　线变陡),是由于 MnO + FeO 熔体相变(变为固体)使锰的脱
　　氧能力增加。

在 1502℃温度以下钢液凝固成固态(对某一低碳钢种)

渣（FeO + MnO = 100%）中 $\dfrac{(MnO)}{(FeO)}$ 比值和［Mn］、温度的关系（图 10 - 3 - 14）[47]

硅的脱氧产物和温度的关系（图 10 - 3 - 15）[48]

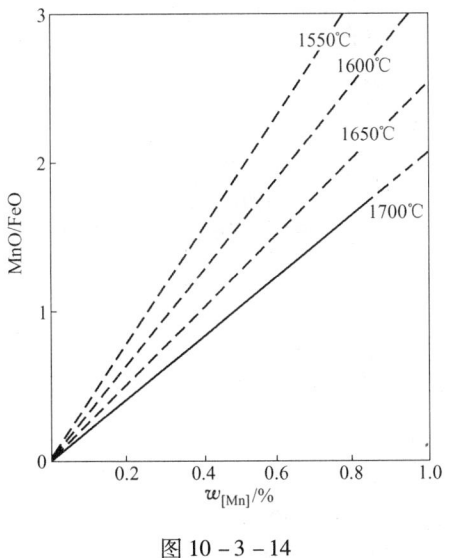

图 10 - 3 - 14

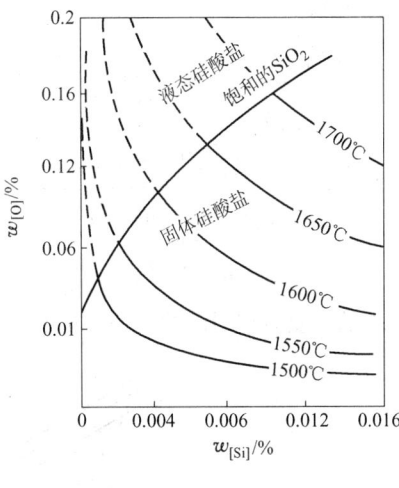

图 10 - 3 - 15

铝的脱氧产物和温度的关系（1530 ~ 1900℃）（图 10 - 3 - 16）[49]

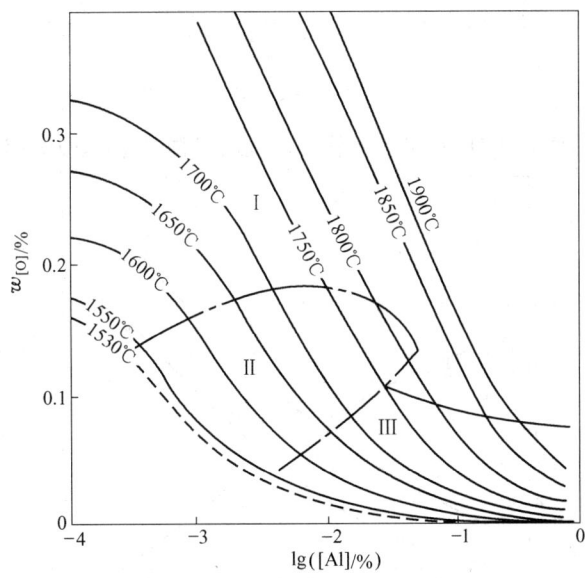

图 10 - 3 - 16

I —（FeO + Al₂O₃）液；II —FeAl₂O₄固；

III —aAl₂O₃固；FeAl₂O₄ 熔点 - 1820℃ ± 15℃；FeO + FeAl₂O₄ 共晶温度 1310℃ ± 10℃；

$$FeAl_2O_{4固} \rightleftharpoons Fe + 2[Al] + 4[O]，\lg([Al]^2[O]^4) = \frac{-59570}{T} + 22.49；$$

$$FeAl_2O_{4固} \rightleftharpoons Fe + [O] + Al_2O_3，\lg[O] = \frac{-8030}{T} + 3.05；$$

$$Al_2O_{3\alpha} \rightleftharpoons 2[Al] + 3[O]，\lg([Al]^2[O]^3) = \frac{-51700}{T} + 19.53$$

钒的脱氧能力和温度的关系(图 10 - 3 - 17)[50];硼的脱氧能力和温度的关系(图 10 - 3 - 18)[50]

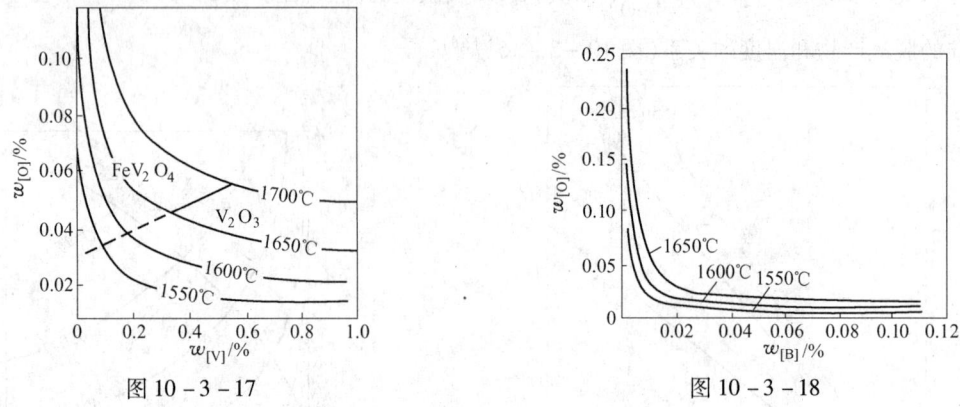

图 10 - 3 - 17　　　　　　　　　　　　图 10 - 3 - 18

钛的脱氧能力和温度的关系(图 10 - 3 - 19)[50]

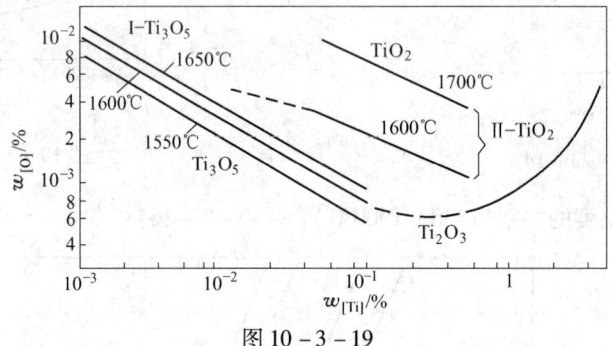

图 10 - 3 - 19

Fe-Al-O 系中[Al]、[O]、Al$_2$O$_3$ 数量的变化与温度的平衡关系(图 10 - 3 - 20)[18]

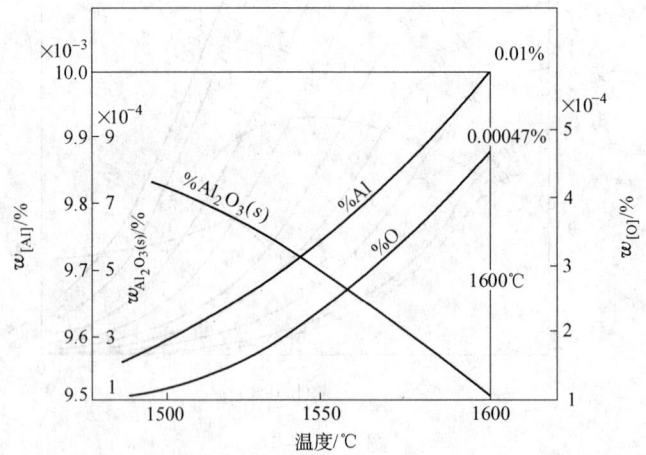

图 10 - 3 - 20

原始条件:1600℃,[Al] = 0.01%,[O] = 0.00047%,图中为计算值温度变化时浓度的改变

$$Al 减少 x\% 重[O]减少 \frac{3 \times 16}{2 \times 26.98}x\%$$

$$2[Al]_{(0.01-x)\%} + 3[O]_{\left(0.00047 - \frac{3 \times 16}{2 \times 26.98}x\right)\%} = Al_2O_{3固}$$

$$\Delta G^\ominus = -296900 + 34.4T - 4.575T \lg\left[(0.01 - x)^2 \times 0.95\left(0.00047 - \frac{3 \times 16}{2 \times 26.98}\right)^3\right]$$

0.95 为氧的活度系数

Fe-C-Ti、Fe-N-Ti 系反应浓度和夹杂物变化与温度的关系(图 10 – 3 – 21)[18]

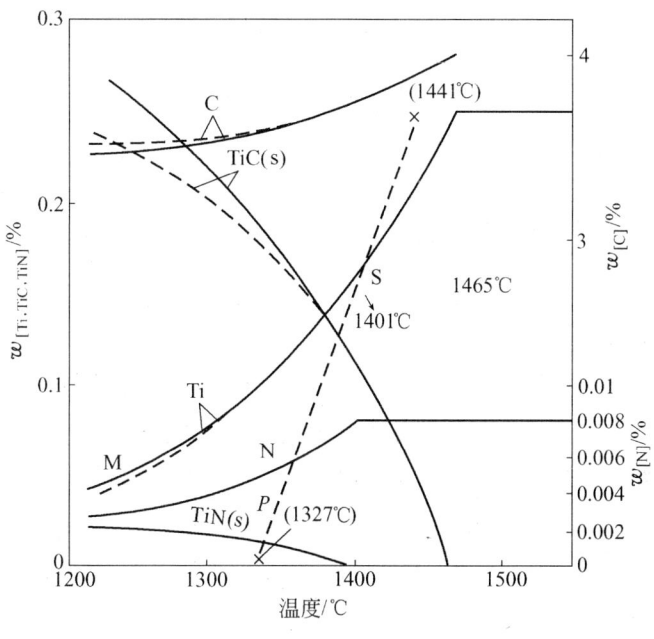

图 10 – 3 – 21

条件:[Ti] = 0.25% ;[C] =4% ;[N] =0.008% ;

图中曲线为计算值

（三）氧含量一定时加入脱氧剂数量和最终元素、氧含量及脱氧产物的关系

　　加入 Mn 量和残留[O]的关系(1600℃)(图 10 – 3 – 22)[51]

　　加入 Mn 量和残留[O]的关系(1530℃)(图 10 – 3 – 23)[51]

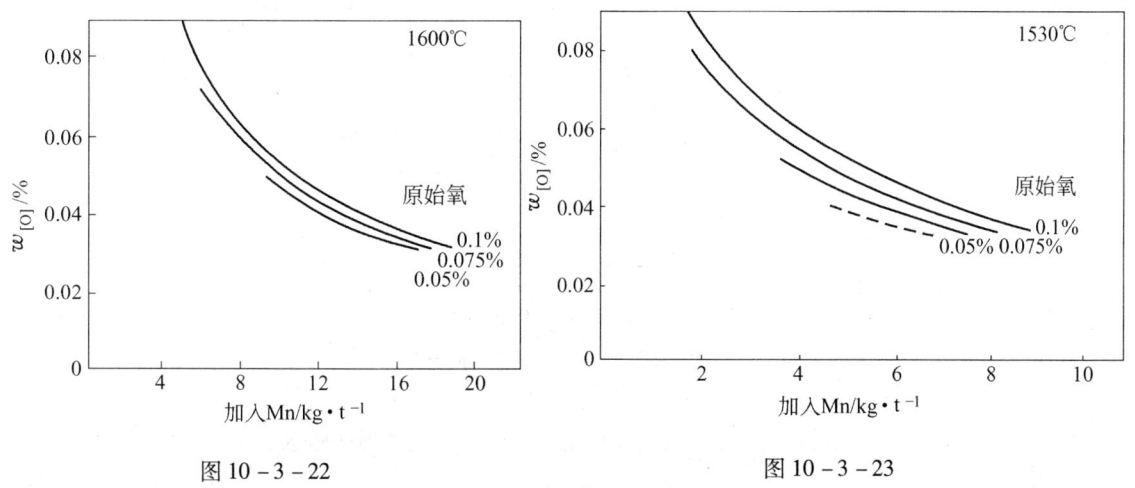

图 10 – 3 – 22　　　　　　　　　　　　图 10 – 3 – 23

加入 Si 量和残留[O]的关系(1600℃)(图 10-3-24)[51]

加入 Si 量和残留[O]的关系(1530℃)(图 10-3-25)[51]

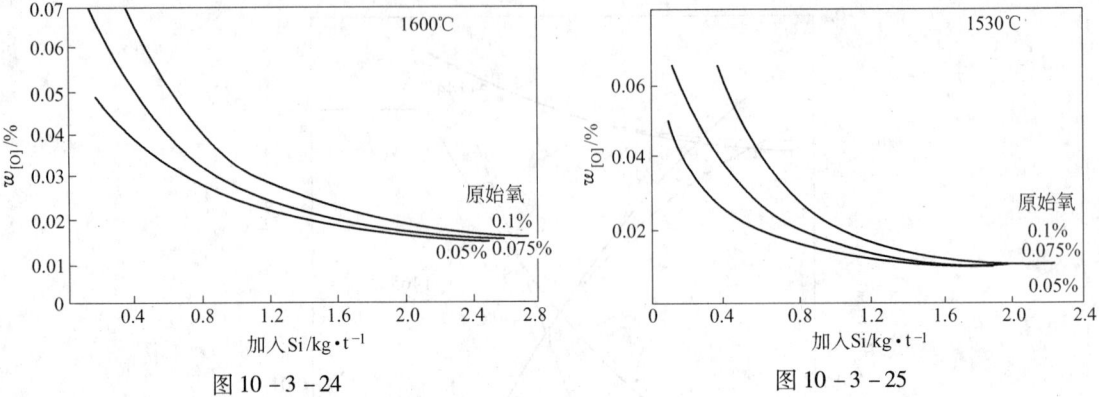

图 10-3-24　　　　　　　　　　图 10-3-25

加入 Al 量和残留[O]的关系(1600℃,1530℃)(图 10-3-26)[51]

加入 Al 量和残留[Al]的关系(1530℃)(图 10-3-27)[51]

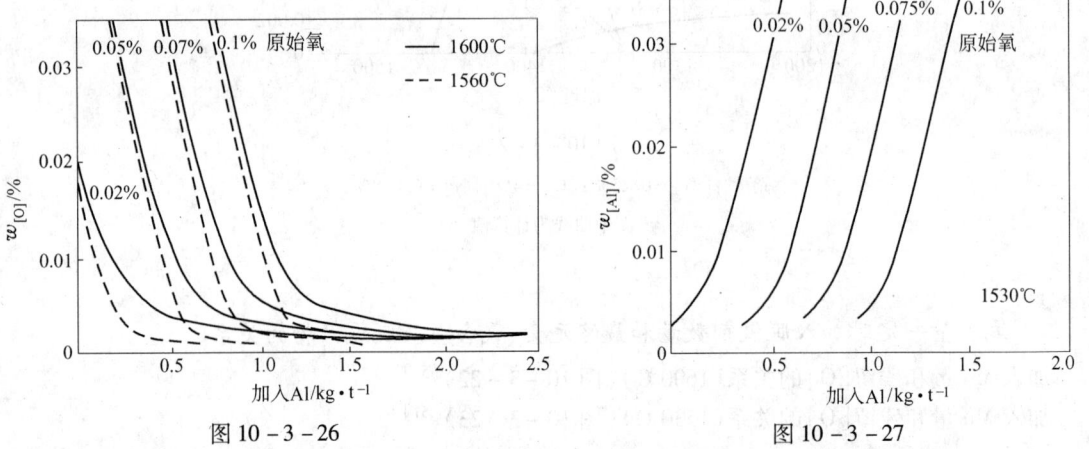

图 10-3-26　　　　　　　　　　图 10-3-27

加入 Si、Mn 量和残留[Si]、[Mn]的关系(1530℃,[O]=0.075%)(图 10-3-28)[51]

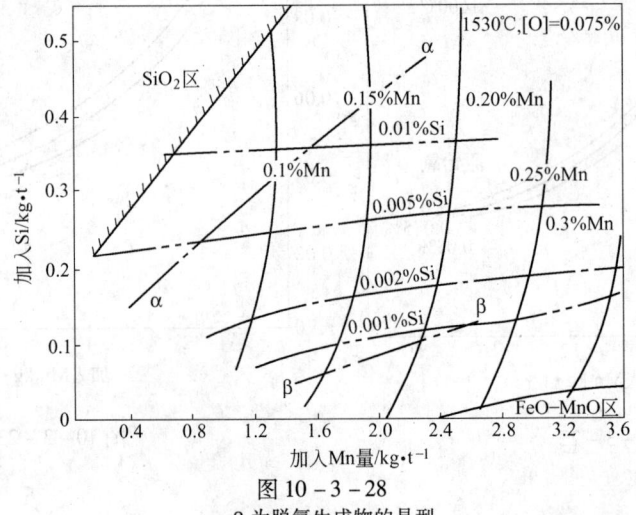

图 10-3-28

α、β 为脱氧生成物的晶型

加 Si 量（[Si]′）和原始[O]（[O]′）和平衡[O]和脱氧效率（$\Delta[O]/[O]′\times100\%$）的关系（1550℃，1600℃）（图 10 - 3 - 29）[52]

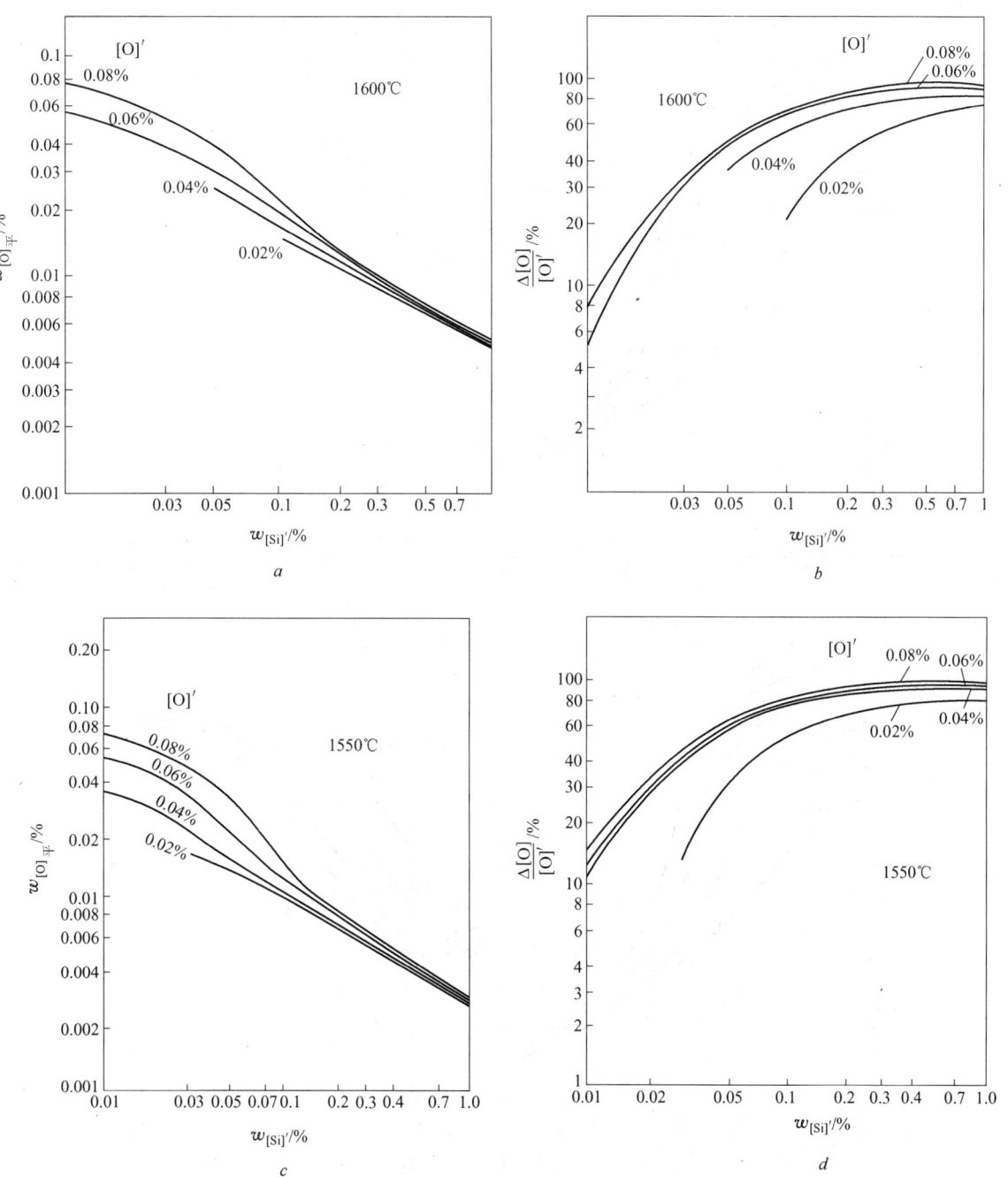

图 10 - 3 - 29

加钛量（$[Ti]'$）和原始$[O]'$对平衡氧和脱氧效率（$\Delta[O]/[O]' \times 100\%$）的关系（1550℃，1600℃）（图10-3-30）[52]

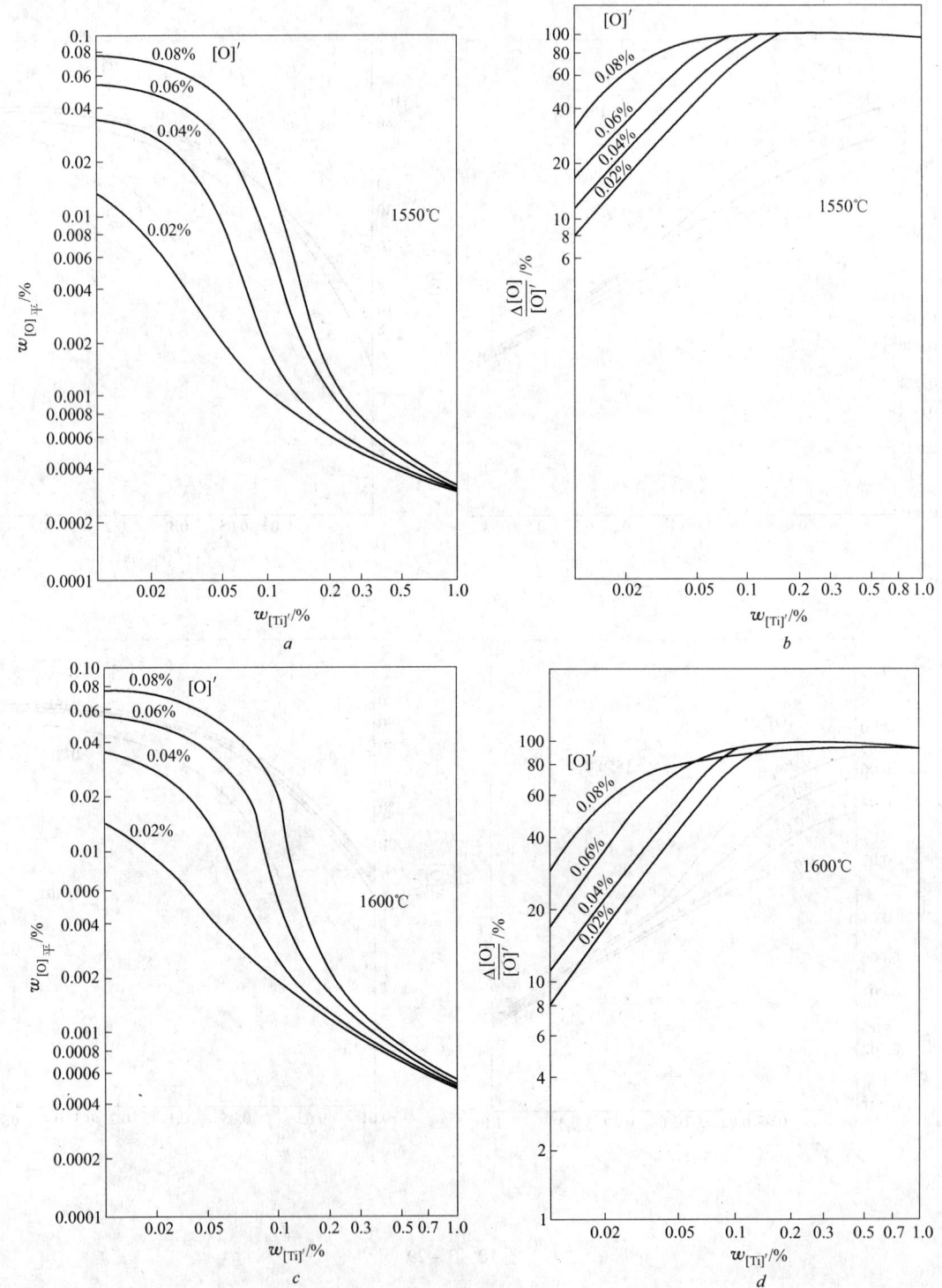

图10-3-30

加铝量$[Al]'$和原始氧$[O]'$与平衡氧$[O]_平$、脱氧效率($\Delta[O]/[O]' \times 100\%$)的关系(1550℃,1600℃)(图10-3-31)[52]

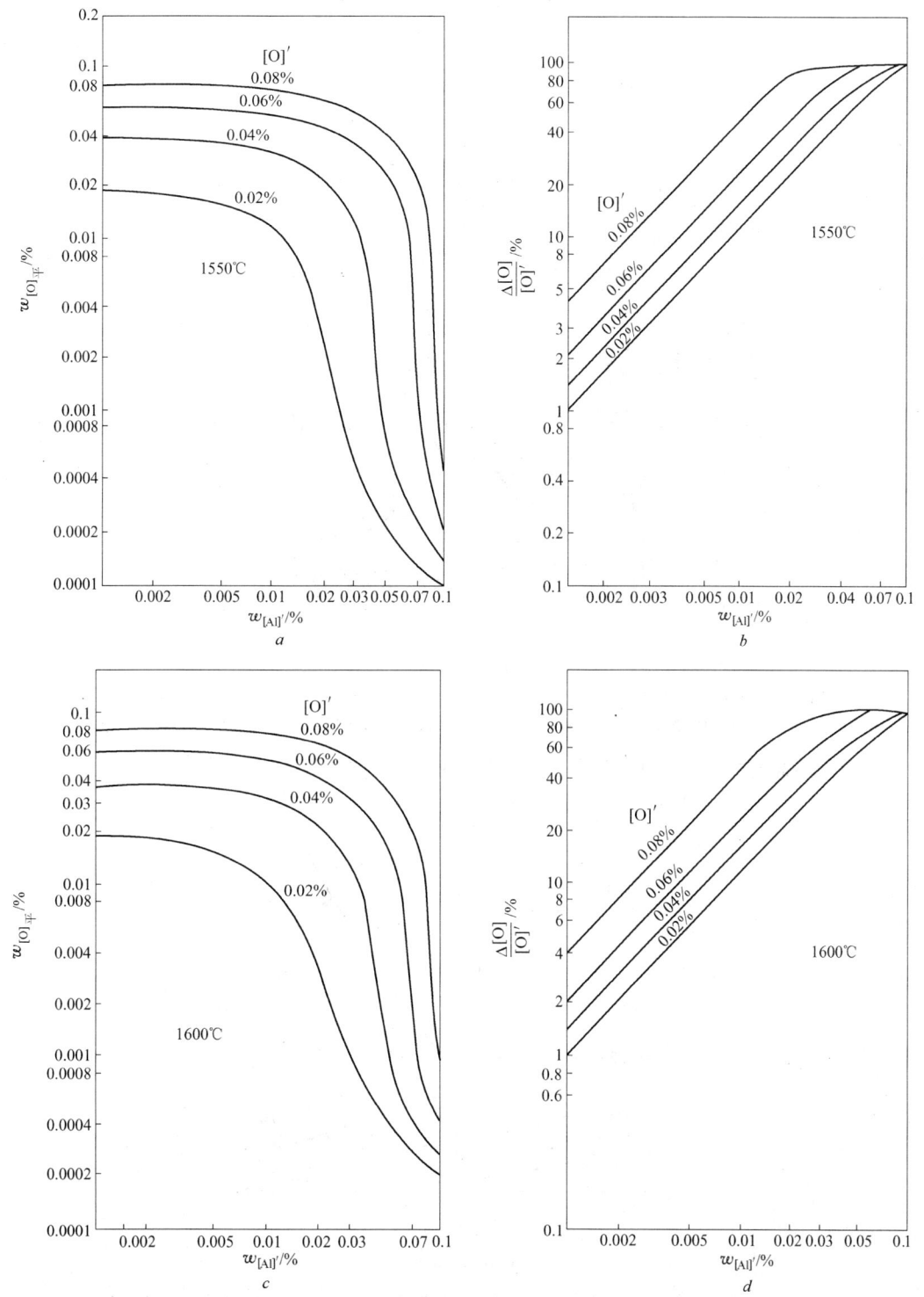

图10-3-31

（四）两种元素脱氧时脱氧产物和温度的关系

[Si]、[Mn]脱氧时温度对脱氧产物的影响（图10-3-32）[53]

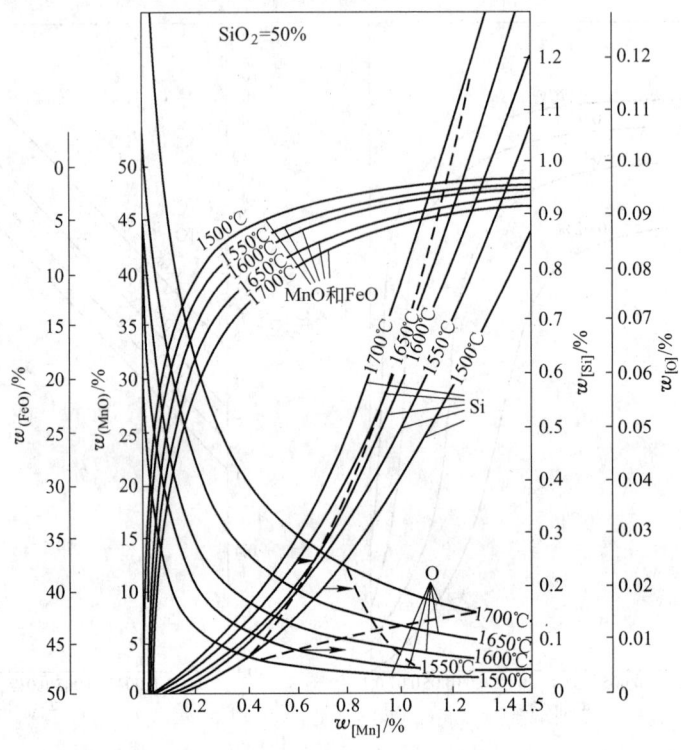

图 10-3-32

例:1550℃时[Mn]=0.6%夹杂物为SiO₂饱和,问夹杂物中(MnO)、(FeO)、[Si]、[O]的含量?
从图中查得[O]=0.008%;[Si]=0.2%;(MnO)=45%;(FeO)=5%。

[Si]、[Mn]脱氧时[O]和硅酸盐产物的关系（1500℃）（图10-3-33）[27]

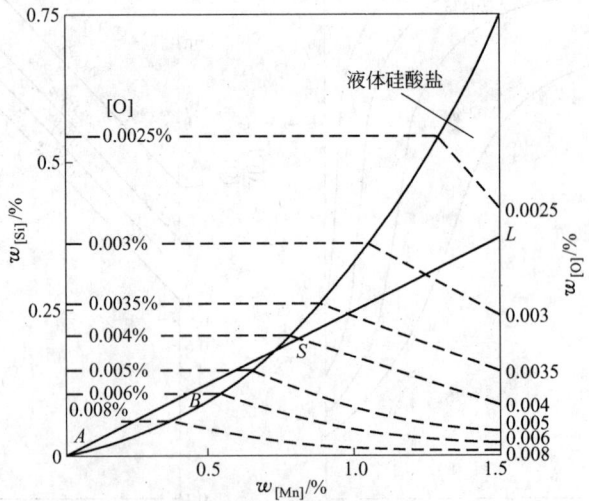

图 10-3-33

说明: $\frac{[Mn]}{[Si]}$ =4时;A—B—S为固相硅酸盐产物;S—L为液相硅酸盐产物。

Fe-Si-Mn-O 系中元素含量和脱氧生成物的关系(1580℃)(图 10 – 3 – 34)[54]

FeO-MnO-SiO₂ 系组成和[Si]、[Mn]含量的关系(1527℃)(图 10 – 3 – 35)

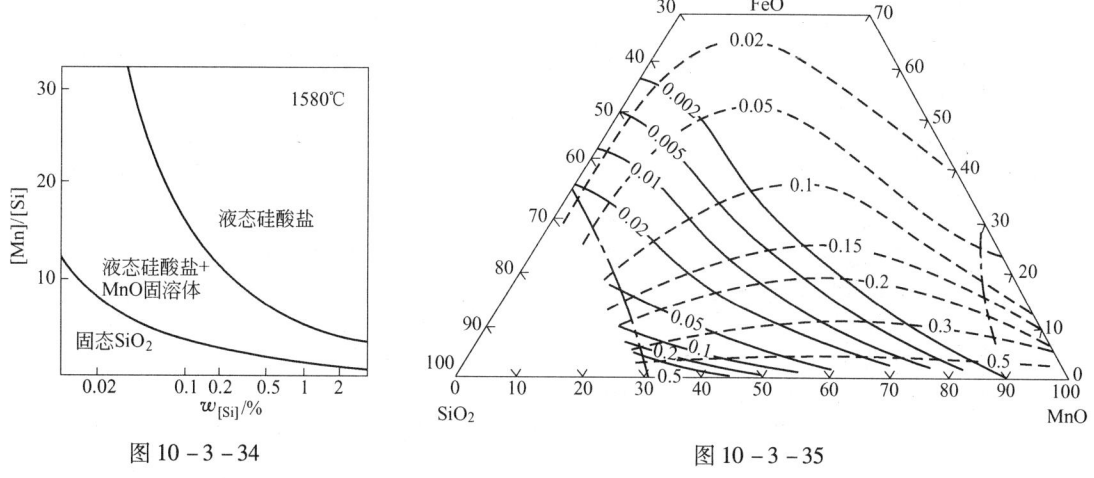

图 10 – 3 – 34　　　　　　　　　　　　　　　图 10 – 3 – 35

FeO-MnO-SiO₂ 系组成和元素含量的关系(1600℃)(图 10 – 3 – 36)[54]

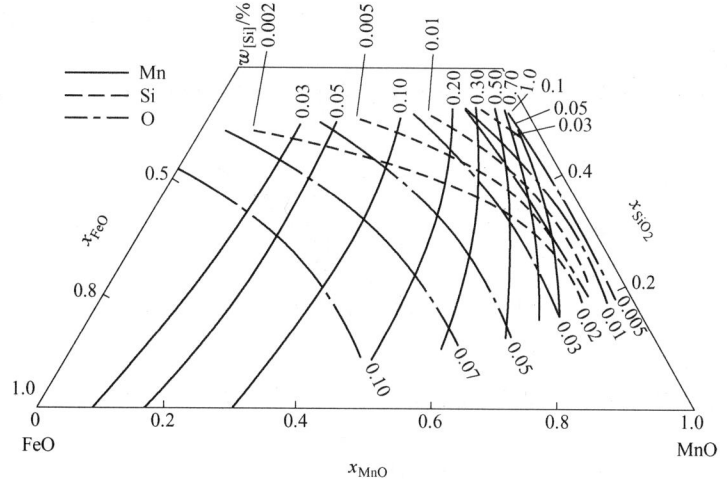

图 10 – 3 – 36

加入 Si、Mn 时最终[Si]、[Mn]、[O]
和脱氧产物的关系(1600℃,[O] = 0.05%)
(图 10 – 3 – 37)[27]

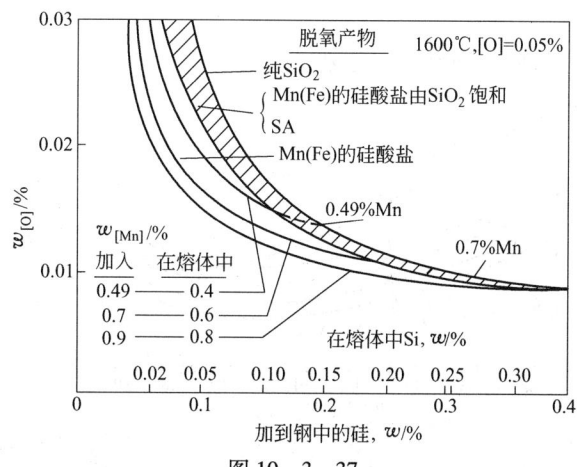

图 10 – 3 – 37

加入 Si、Mn 时最终[Si]、[Mn]、[O]和脱氧产物的关系(图 10-3-38)[27]

[Mn]对[Al]脱氧能力的影响(1600℃)(图 10-3-39)[55]

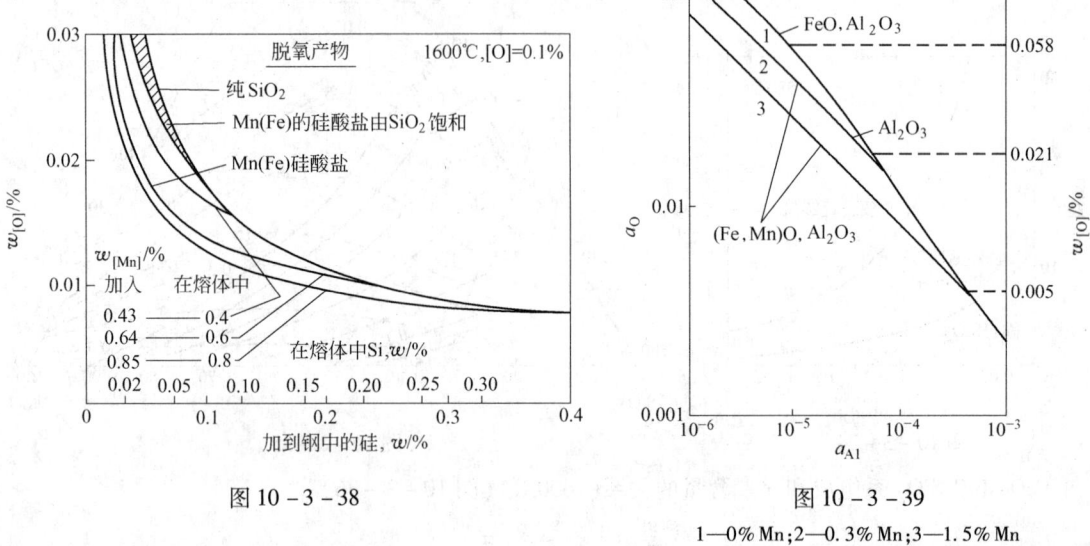

图 10-3-38

图 10-3-39

1—0% Mn;2—0.3% Mn;3—1.5% Mn

[Si]、[Al]含量和生成 $Al_2O_3$、$Al_2O_3 \cdot SiO_2$ 夹杂物的关系(1536℃,1600℃)(图 10-3-40)[38]

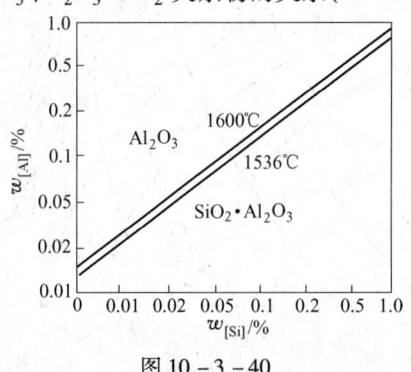

图 10-3-40

[Si]、[Al]含量和平衡氧及夹杂物的关系(1536℃,1600℃)(图 10-3-41)[38]

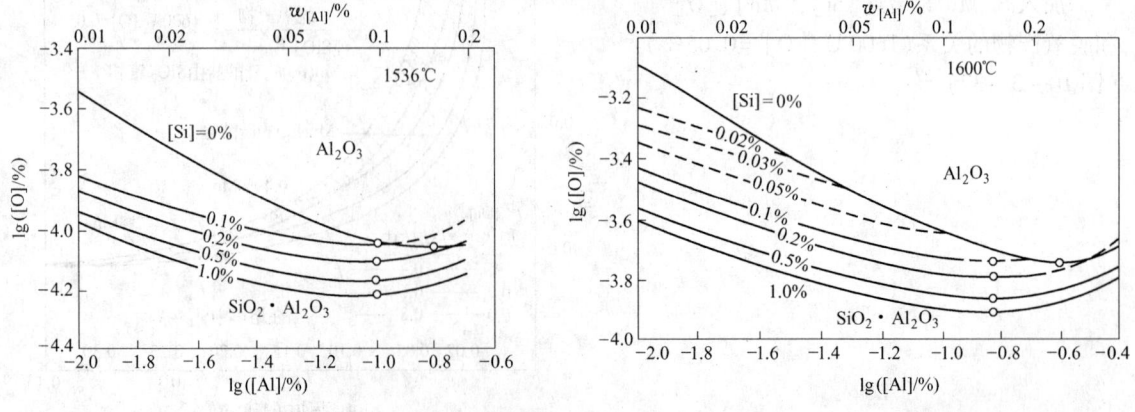

图 10-3-41

[Si]、[Al]、[O]含量和反应产物的关系(1600℃)(图10-3-42)[56]

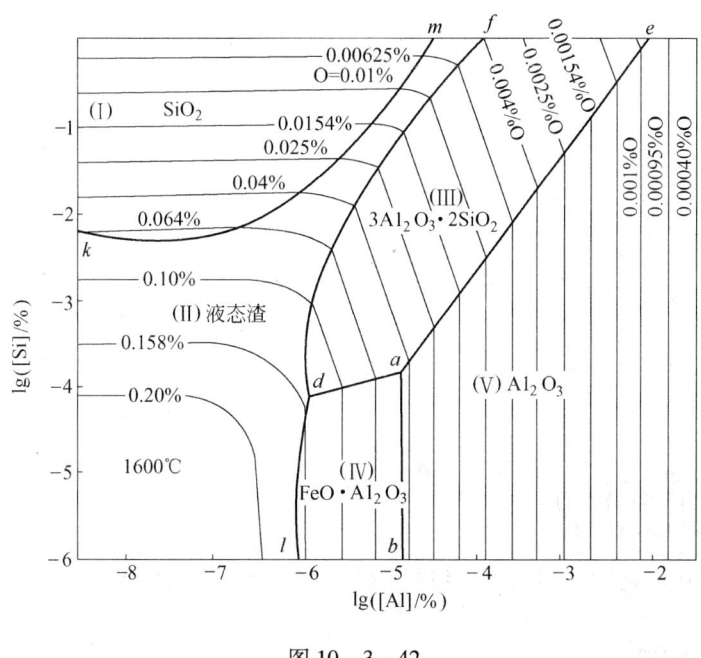

图10-3-42

稀土元素对[O]和[S]的影响(1600℃)(图10-3-43)[57]

稀土元素对[S]和[O]的影响(图10-3-44)[57]

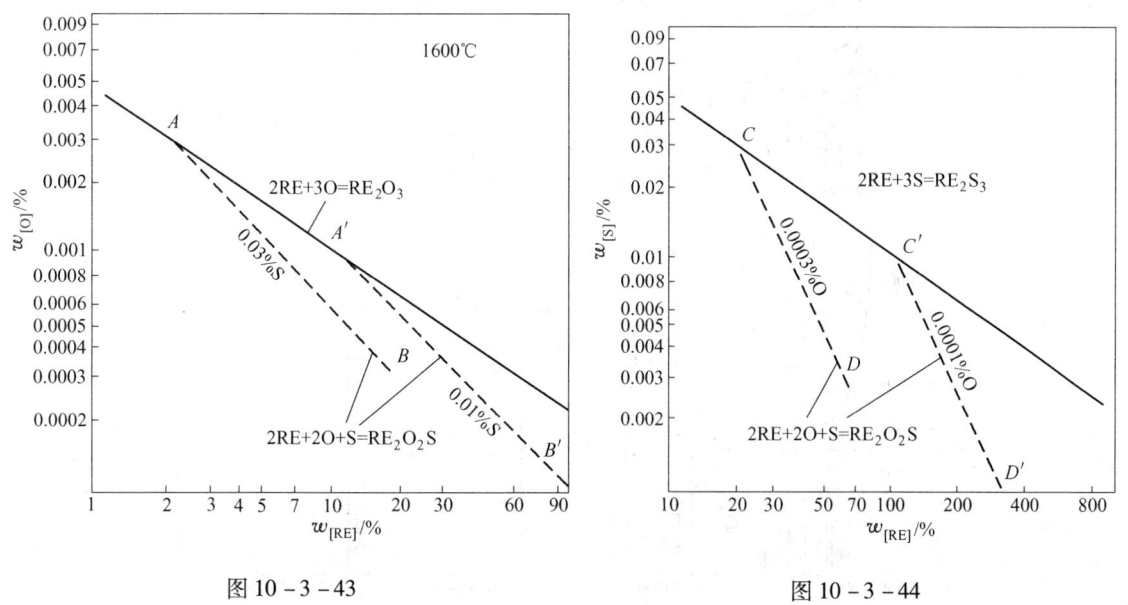

图10-3-43　　　　　　　　　　　　　图10-3-44

Fe-Ce-O-S 系的相平衡(1627℃)(图10-3-45)[112]

已知钢液中[S]、[O]含量,为得到最终的[S]需加入稀土元素量的图解(图10-3-46)[58]

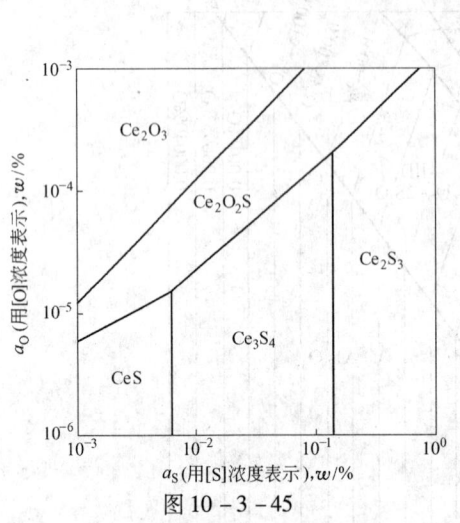

图 10-3-45

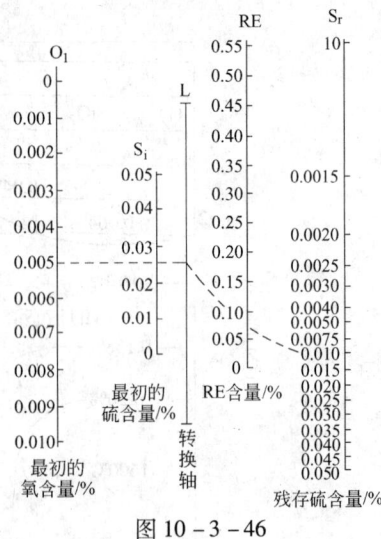

图 10-3-46

Si-Al-Ba-O 系中氧化物相的稳定存在区和氧溶解度的关系(1600℃,[Si]=0.1%,0.3%)(图10-3-47)[59]

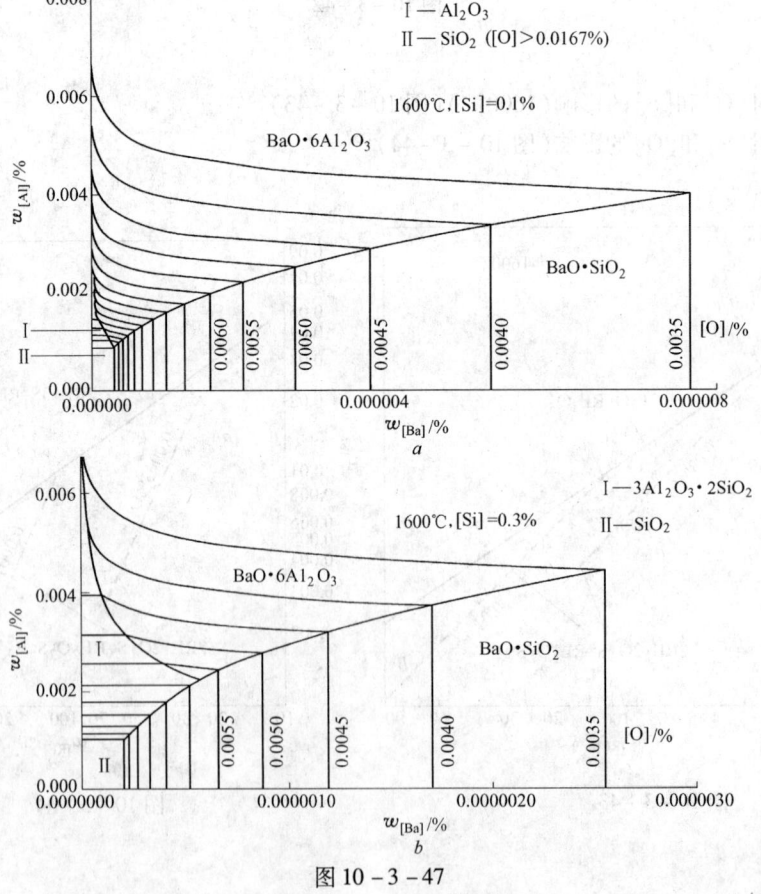

图 10-3-47

Fe-Al-Mg-O 在 1873K 时氧化物的稳定区(图 10 - 3 - 48)[61]

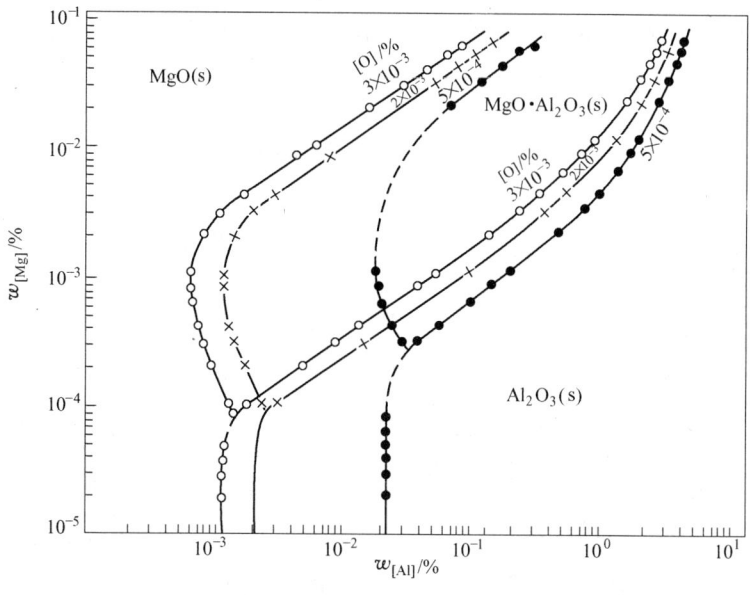

图 10 - 3 - 48

用 Ca 处理钢液改变固态夹杂时元素的含量关系(图 10 - 3 - 49)[62]

Al、Mn 脱氧时脱氧产物和成分的关系(图 10 - 3 - 50)[64]

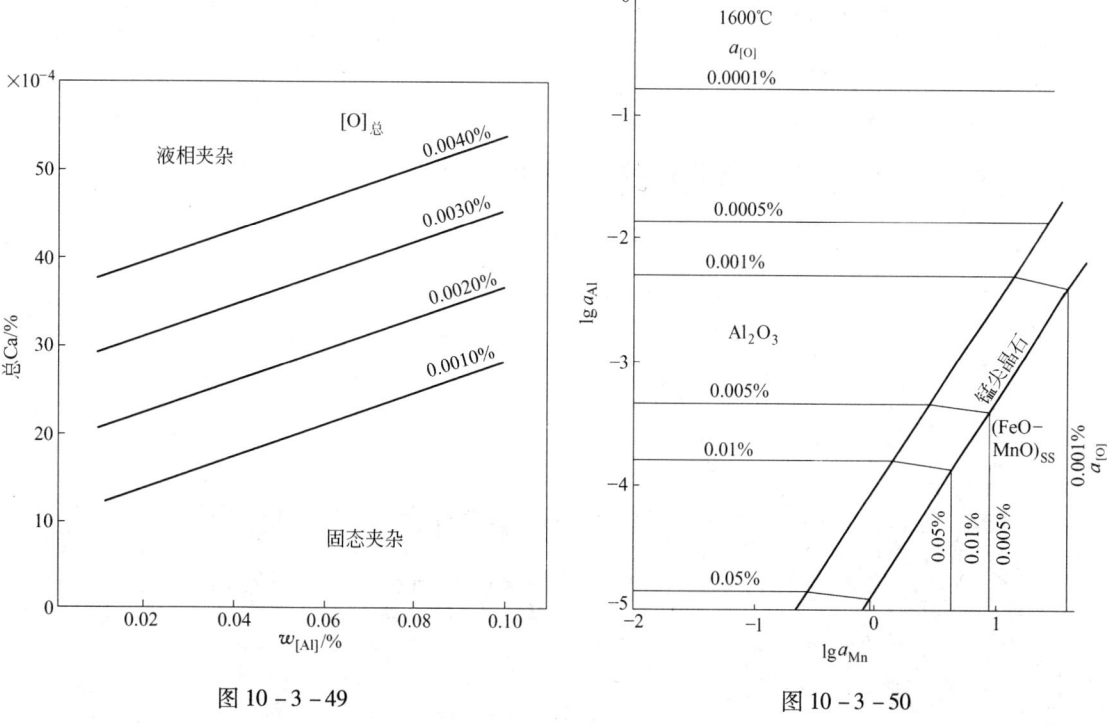

图 10 - 3 - 49　　　　　　　　　　　　　图 10 - 3 - 50

脱氧产物为 $CaO \cdot Al_2O_3$ 和为 $CaO$ 饱和的 $Al_2O_3$ 夹杂时的 [Al]-[O] 平衡时含量的关系（1600℃）（图 10-3-51）[63]

[Si]、[Al]、[O]含量和氧化物稳定区的关系（图 10-3-52）[64]

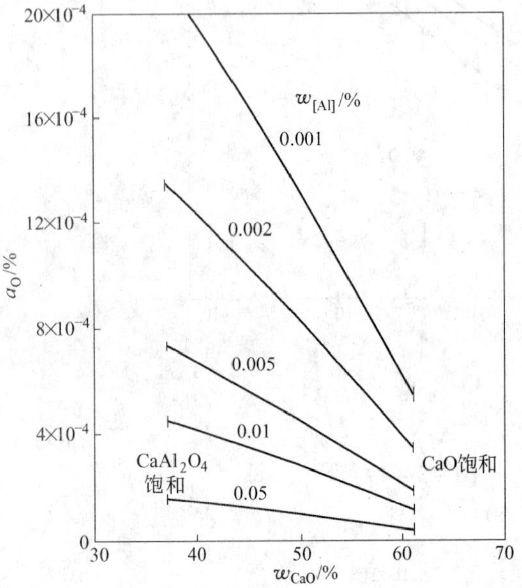

图 10-3-51

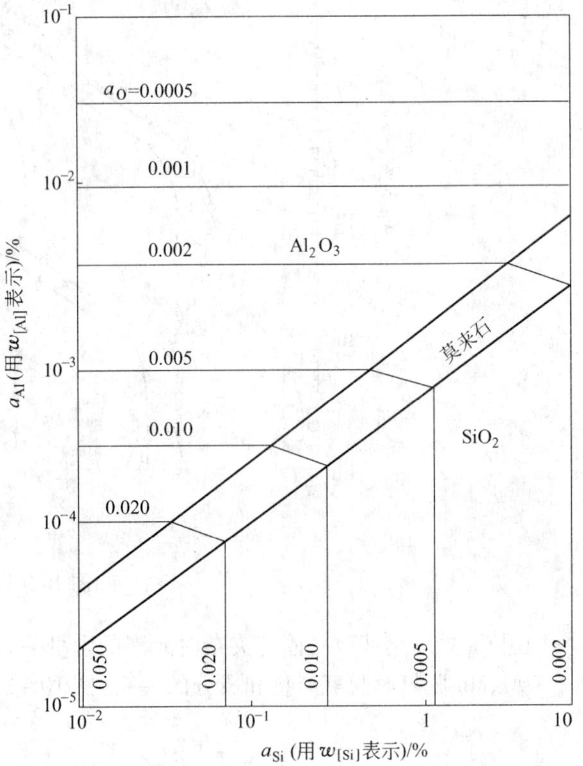

图 10-3-52

（五）三种脱氧元素脱氧时脱氧产物和温度的关系

[Si]、[Mn]、[Al]含量与夹杂物组成的关系（图 10-3-53）[65]

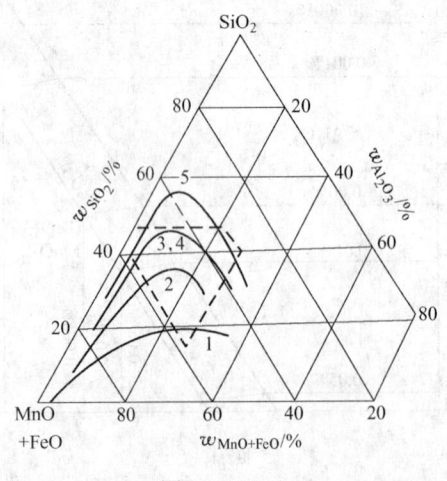

图 10-3-53

虚线内为最易生成的组成范围

| 区 | 1 | 2 | 3 | 4 | 5 |
|---|---|---|---|---|---|
| $\dfrac{[Mn]}{[Si]}$ | 14.1 | 8.6 | 5.1 | 3.6 | 1.2 |
| [Al] | 0.033 | 0.021 | 0.021 | 0.022 | 0.037 |

$[Al]$ 和 $\dfrac{[Mn]}{[Si]}$ 比对脱氧产物组成的影响（图 10 - 3 - 54）[65]

用 Al、Mn、Si 脱氧时脱氧产物和其浓度的关系（1550℃，$[Mn]=0.1\%$）（图 10 - 3 - 55）[66]

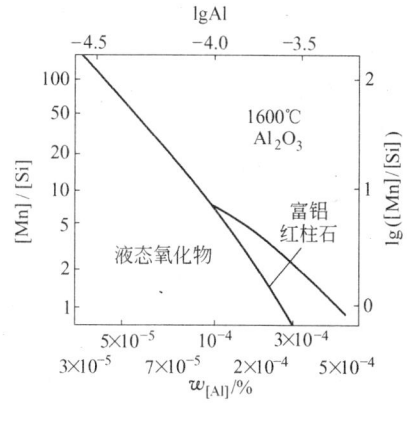

图 10 - 3 - 54

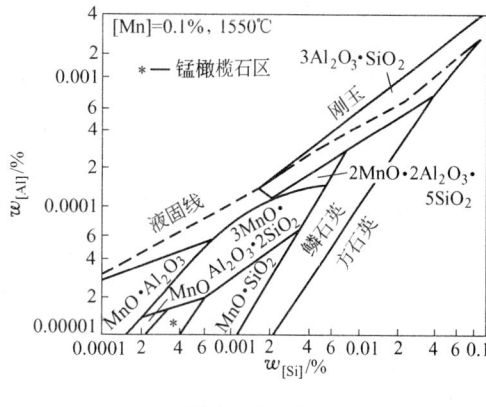

图 10 - 3 - 55

用 Al、Mn、Si 脱氧时脱氧产物和其浓度的关系（1600℃，$[Mn]=0.45\%$）（图 10 - 3 - 56）[67]

用 Al、Mn、Si 脱氧时 $[O]$ 的计算值（1550℃，1600℃，$[Mn]=0.1\%$）（图 10 - 3 - 57）[66]

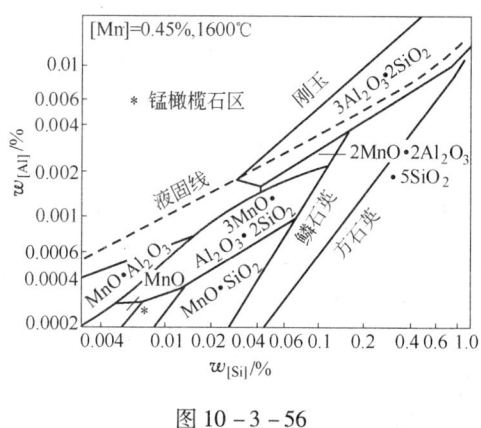

图 10 - 3 - 56

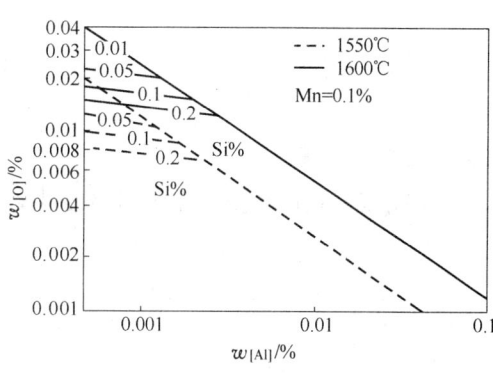

图 10 - 3 - 57

用 Al、Mn、Si 复合脱氧时平衡氧的计算值（1500℃，1600℃，$[Mn]=0.45\%$）（图 10 - 3 - 58）[66]

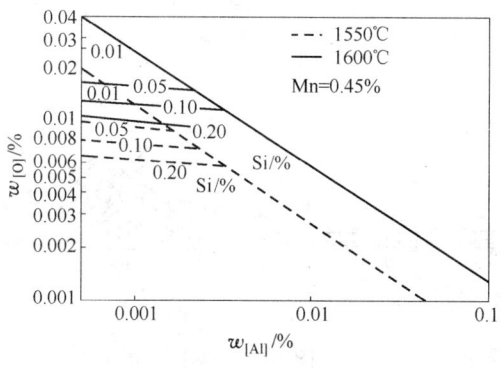

图 10 - 3 - 58

[RE]、[O]、[S]含量和生成稀土氧硫化物的关系（图10－3－59）[68]

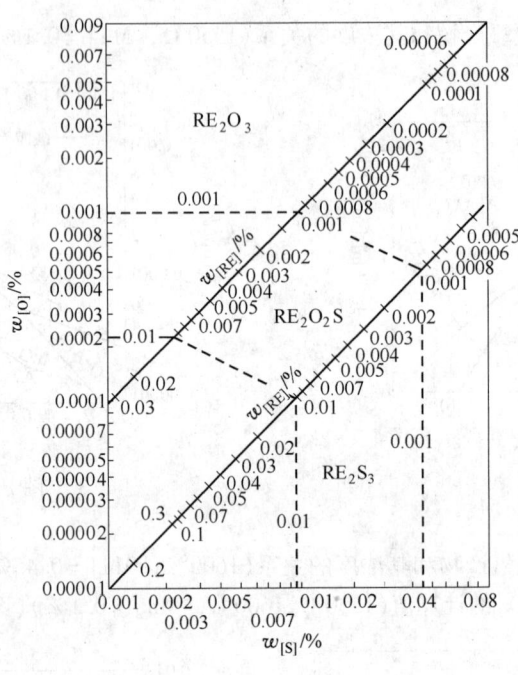

图 10－3－59

## （六）夹杂物及其上浮

从出钢到浇铸过程脱氧产物尺寸的变化和时间的关系（图10－3－60）[69]

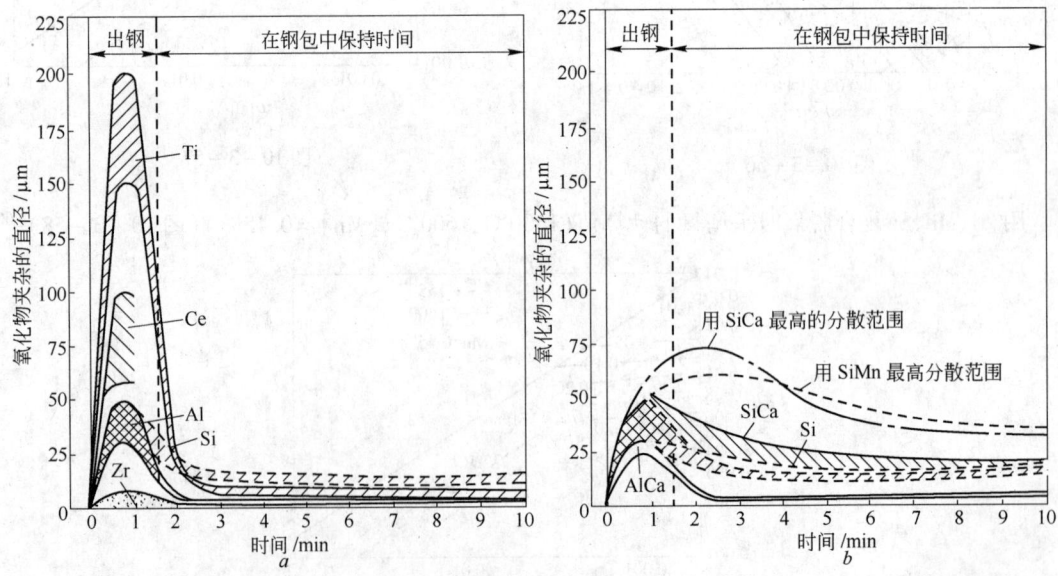

图 10－3－60

钢液用不同脱氧剂脱氧后总[O]的变化和时间的关系(图 10-3-61)[69]

钢液内合金元素氧化时需氧量的计算图解(图 10-3-62)

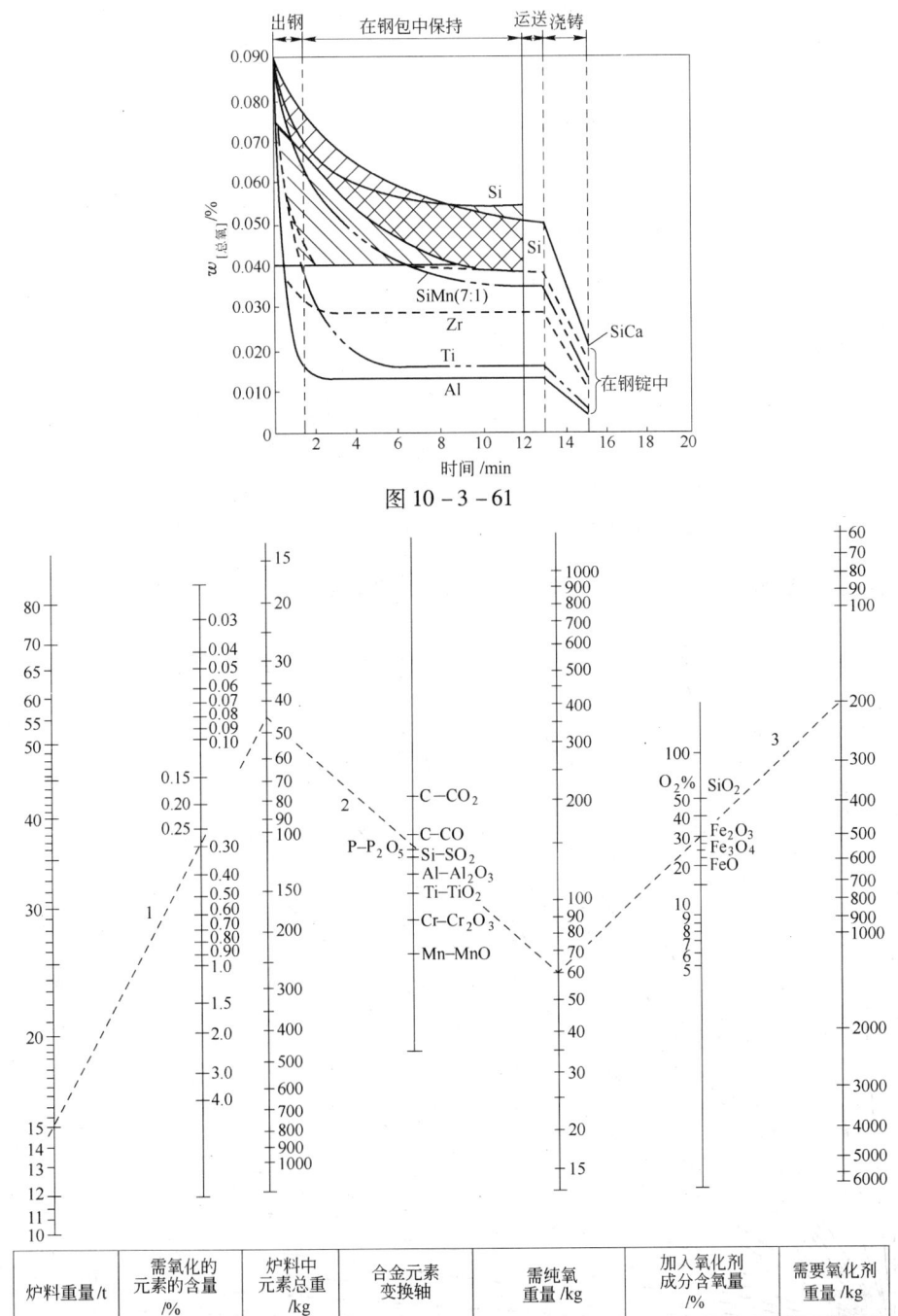

图 10-3-61

图 10-3-62

例:计算氧化掉 15 t 钢液中的 0.3% 碳时需要多少 Fe₂O₃?

1. 连接料重和需氧化碳量坐标,交于炉料中元素的氧化重量的坐标,为 45 kg,如 1 线;

2. 45 kg 的碳氧化成 CO,连元素变换轴 C-CO,交于需纯氧重量的坐标,为 60 kg,如 2 线;

3. 用 Fe₂O₃ 氧化折合需 Fe₂O₃ 200 kg,如 3 线。

求出氧化去除 15 t 钢液的 0.3% 的碳需 Fe₂O₃(纯) 200 kg。

不同密度的夹杂物上升 1 m 时其尺寸和上浮时间的关系（图 10 - 3 - 63）

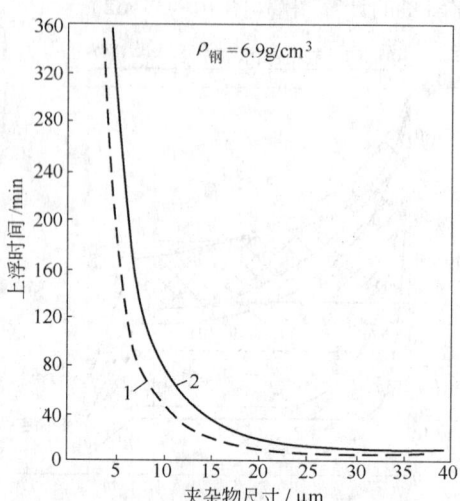

图 10 - 3 - 63
1—石英玻璃,$\rho = 2.2$ g/cm$^3$;2—Al$_2$O$_3$,$\rho = 3.9$ g/cm$^3$;$\eta = 0.007$ g/(cm·s)

不同尺寸夹杂物的上浮高度和镇静时间的关系（用斯托克公式计算）（图 10 - 3 - 64）

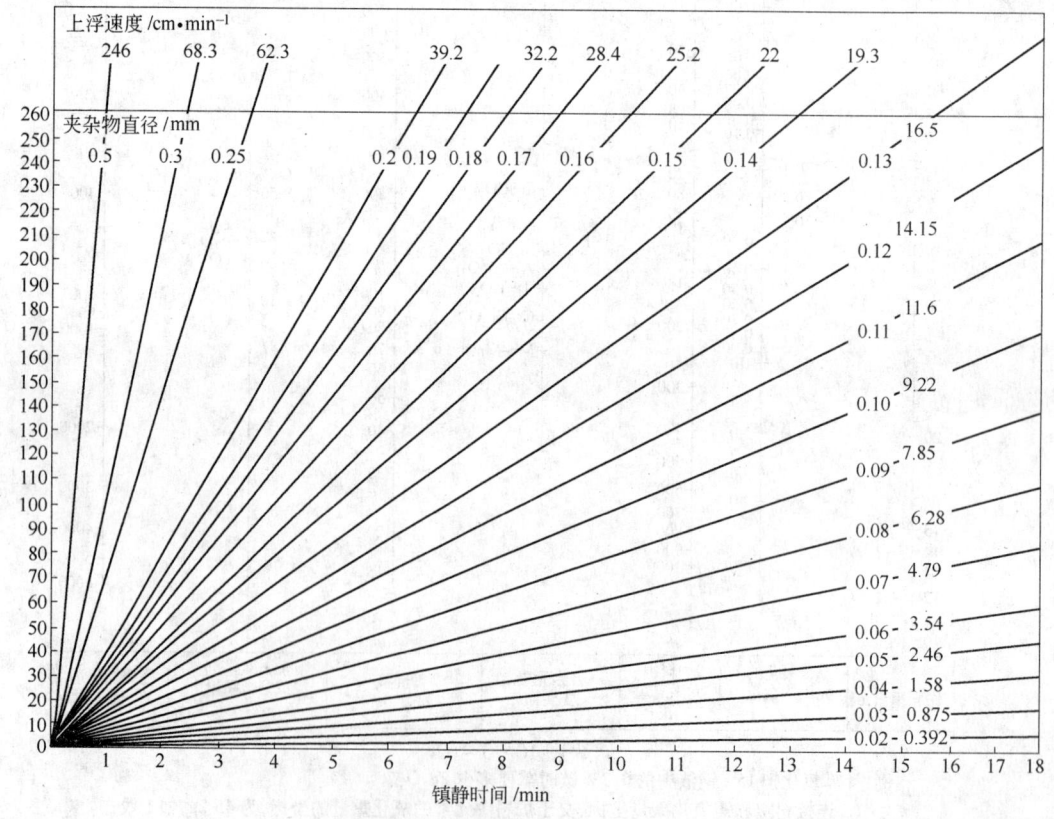

$v = 65400\, r^2$；$\rho_{钢} = 6.9$g/cm$^3$；$\rho_{夹杂(渣)} = 3.9$g/cm$^3$；$\eta = 0.01$g/(cm·s)

图 10 - 3 - 64

钢液中夹杂物上浮速度图解(图 10 - 3 - 65)[70]

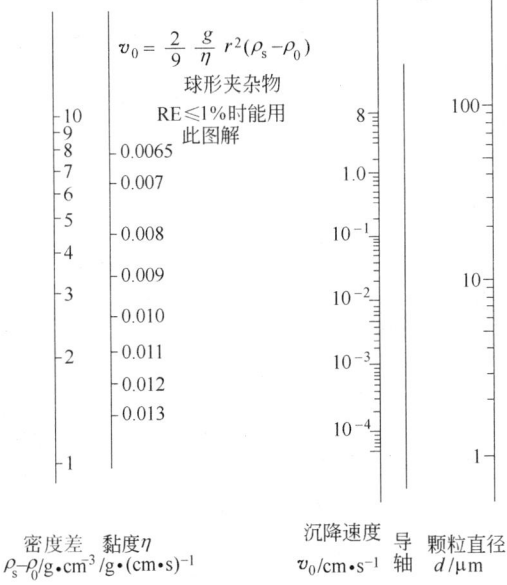

图 10 - 3 - 65

$\rho_s - \rho_0$—夹杂物和钢液的密度差

例:连夹杂物直径 $d$ 和导轴相交于一点,此点和钢液黏度 $\eta$ 轴的某一数连线,交于 $v_0$ 轴,此即夹杂物上浮速度。

如 $\rho_s - \rho_0 = 7$ g/cm$^3$,$d = 30$ μm,$\eta = 0.009$ g/(cm·s),

求得 $v_0 = 0.35$ cm/s。

## 二、钢液内碳的氧化反应

钢液的脱碳在炼钢过程中非常重要,绝大部分钢都必须调整碳含量(脱碳)才能达到良好的钢的性质,但是我们应该注意碳是影响钢液熔点、黏度的重要元素,脱碳速度过快引起熔体熔点、黏度的提高,所以钢液的温度必须提高。例如在真空感应炉熔炼前期,在真空下快速脱碳沸腾后,钢液产生凝固的现象,钢液也常因温度不高产生喷溅现象,所以脱碳和升温必须协调。钢液中碳含量和熔池温度的同步关系如图 10 - 3 - 66 中的曲线Ⅰ区所示。

[C]和冶炼温度的同步关系见图 10 - 3 - 66。

高于正常温度要求时(Ⅱ区)需要加入冷却剂,低于正常温度要求时(Ⅲ区)需补充加热调节供热量(O$_2$、电能……),较好的情况是过热不多,保证钢液和炉渣间的反应,并保证出钢和浇注过程中的热损失量,达到合适的浇注温度。

冶炼不锈钢时因使用返回钢、铬铁使熔炼过程中钢液含铬、镍等元素,它们的含量影响碳的活度和反应进程。真空冶炼和处理钢液时压力对 C-O 反应有明显的影响。

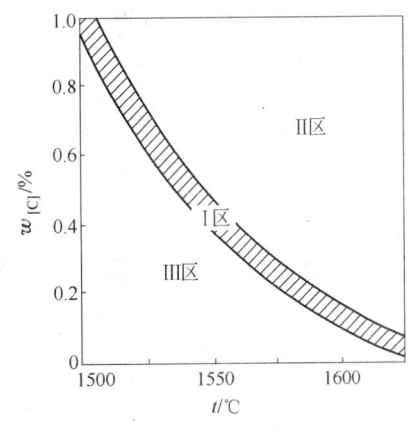

图 10 - 3 - 66

碳氧反应平衡曲线(图 10 - 3 - 67)[71]

碳氧反应产物 $CO_2$ 和[C]的关系(图 10 - 3 - 68)[72]

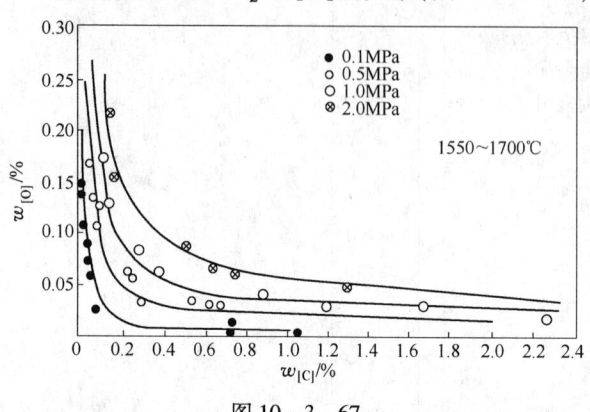

图 10 - 3 - 67

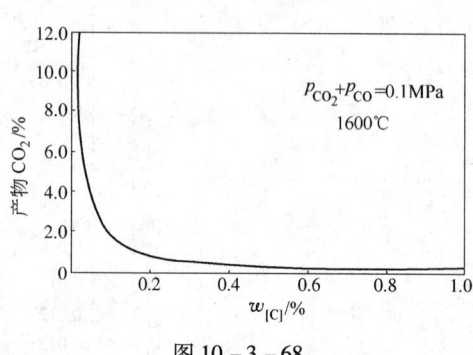

图 10 - 3 - 68

Fe-C-O 系统中平衡氧的分压力(图 10 - 3 - 69)[53]

[C][O]积与[C]、$p_{CO}$ 分压力的关系(图 10 - 3 - 70)[73]

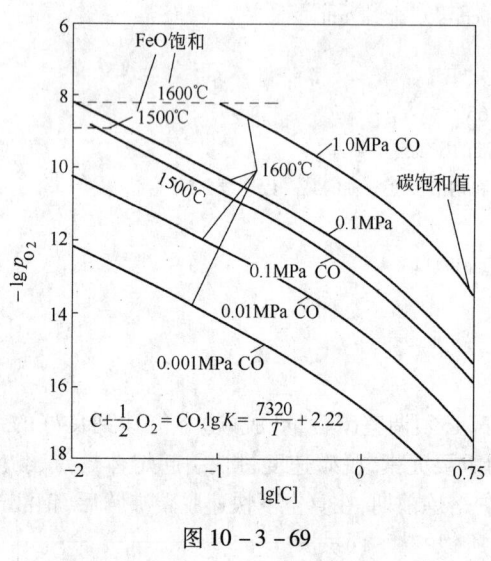

图 10 - 3 - 69

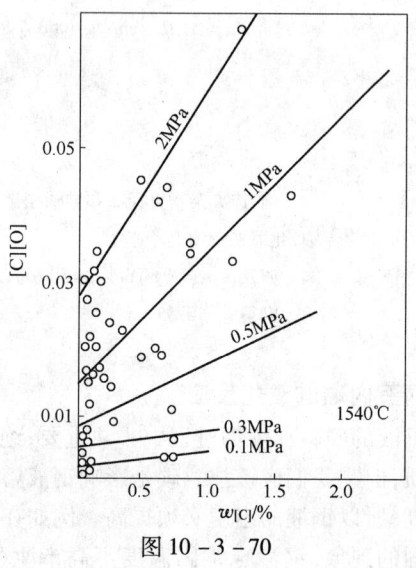

图 10 - 3 - 70

[C]和[O]及[C][O]积与温度的关系(图 10 - 3 - 71)

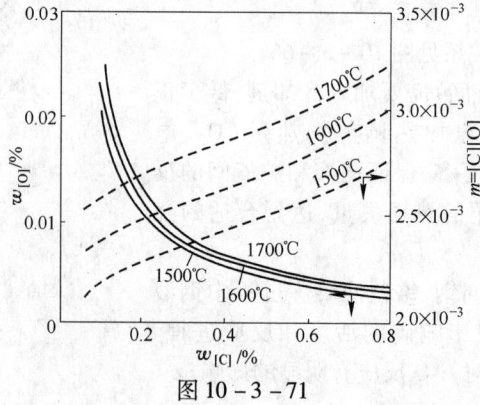

图 10 - 3 - 71

碳氧反应平衡常数和[Si]的关系(图10-3-72)[72]

[Cr]=20%,[Ni]=10%的熔体中[C]、压力、温度的关系(图10-3-73)[74]

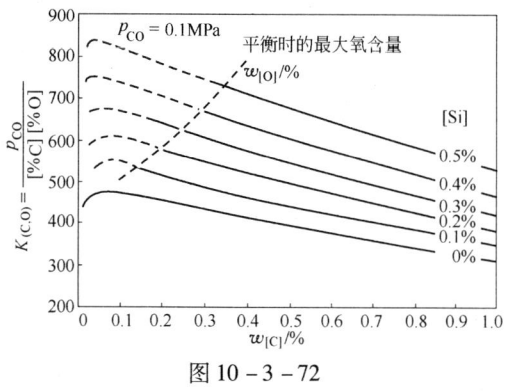

图10-3-72

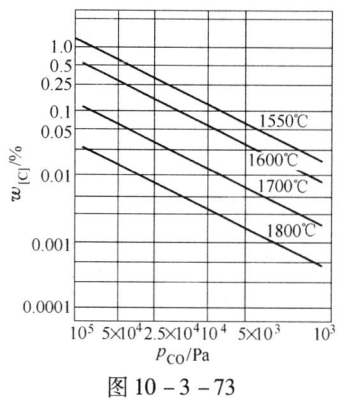

图10-3-73

Al$_2$O$_3$坩埚中铁液上主要物质的蒸气压(1600℃)(图10-3-74)[75]

[C]和Al$_2$O$_3$、ZrO$_2$、SiO$_2$反应时$p_{CO}$和[Al]、[Zr]、[Si]含量的关系(图10-3-75)[76]

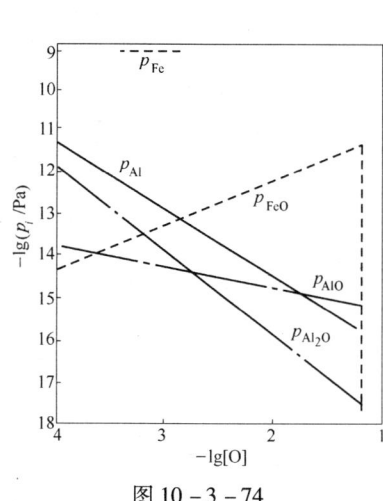

图10-3-74

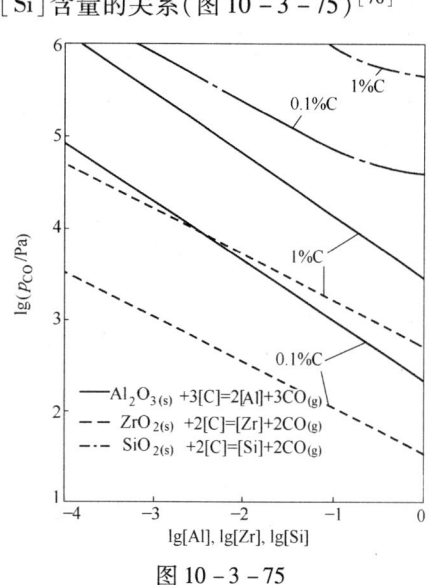

图10-3-75

[E]和坩埚材料反应时分压力和[O]的关系(1600℃)(图10-3-76)[75]

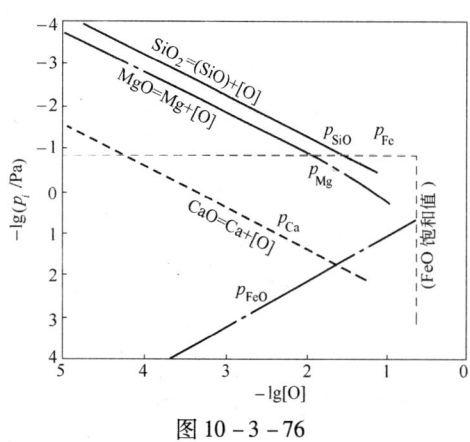

图10-3-76

Fe-Si-C-O 系平衡时元素含量和产物的关系(1600℃)(图 10 - 3 - 77)[77]

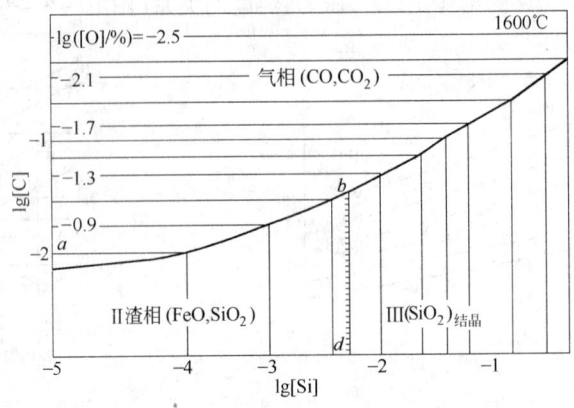

图 10 - 3 - 77

[Si]、[Mn]和[C]的平衡关系(图 10 - 3 - 78)[78]

[Si]、[C]的平衡关系(冶炼温度下)(图 10 - 3 - 79)[79]

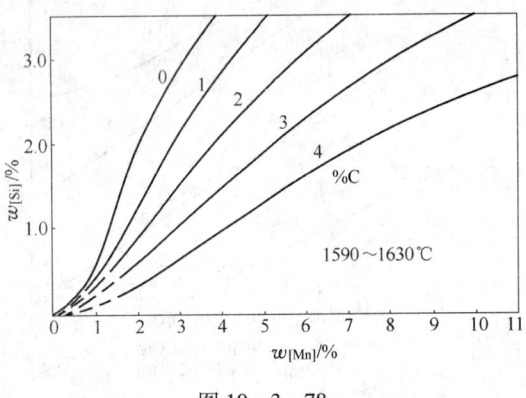

图 10 - 3 - 78

$$SiO_{2固} + 2[Mn] = [Si] + 2(MnO)$$

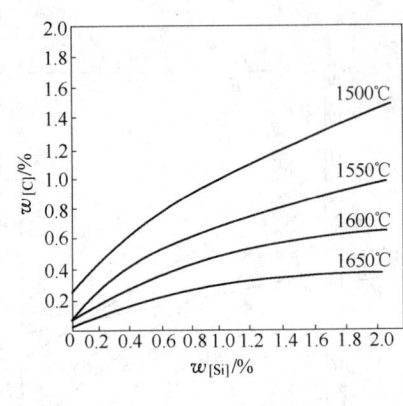

图 10 - 3 - 79

[Cr]、[C]的平衡和温度的关系(图 10 - 3 - 80)[80]

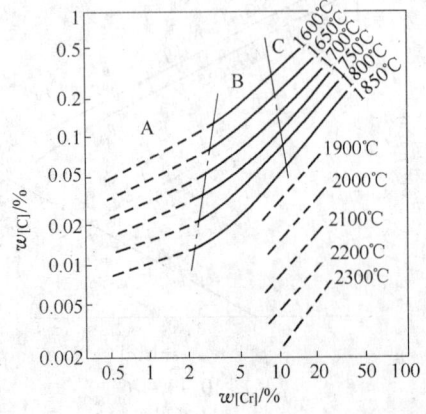

图 10 - 3 - 80

A—FeCr$_2$O$_4$ 区；B—尖晶石区；C—Cr$_3$O$_4$ 区

$$FeCr_2O_{4(s)} + 4[C] = [Fe] + 2[Cr] + 4CO_{(g)}$$

$$lg\left(\frac{a_{Cr}^2 p_{CO}^4}{a_C^4}\right) = \frac{-46620}{T} + 29.90$$

$$Fe_{0.67}Cr_{2.33}O_{4(s)} + 4[C] = 0.67[Fe] + 2.33[Cr] + 4CO_{(g)}$$

$$lg\left(\frac{a_{Cr}^{2.33} p_{CO}^4}{a_C^4}\right) = \frac{-46860}{T} + 29.70$$

$$Cr_3O_{4(s)} + 4[C] = 3[Cr] + 4CO_{(g)}$$

$$lg\left(\frac{a_{Cr}^3 p_{CO}^4}{a_C^4}\right) = \frac{-49560}{T} + 32.27$$

[Cr]和[C]、[O]反应的平衡关系(图 10 - 3 - 81)[81]

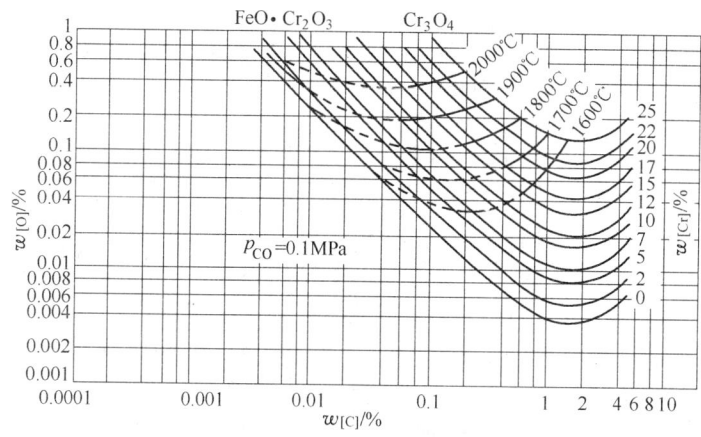

图 10 - 3 - 81

Fe-Cr-Ni-C-O 系 $\dfrac{[Cr]}{[C]}$ 比和[Ni]、温度的关系(图 10 - 3 - 82)[82]

Fe-Cr-Ni-Mo-C-O 系 $\dfrac{[Cr]}{[C]}$ 和[Mn]、[Ni]及温度的关系(图 10 - 3 - 83)[82]

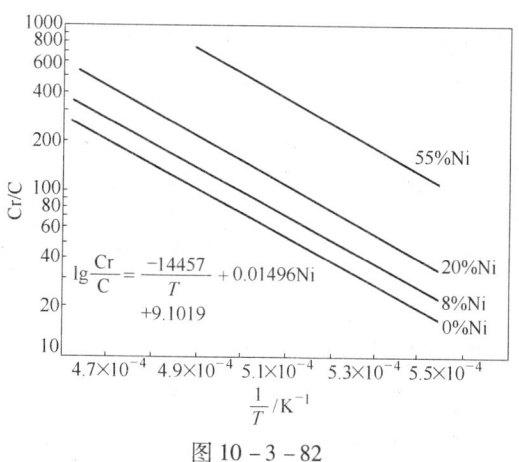

图 10 - 3 - 82

图 10 - 3 - 83

低压下[C]、[O]平衡和 Fe-Cr-C 系平衡曲线(图 10 - 3 - 84)[47]

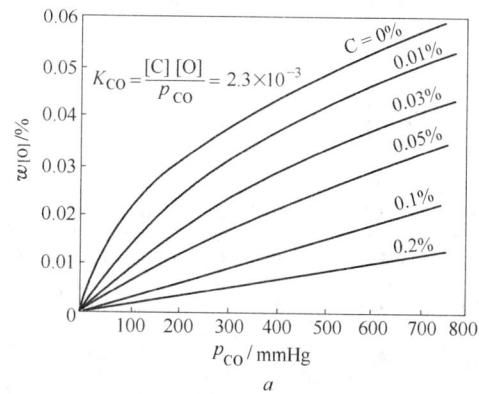

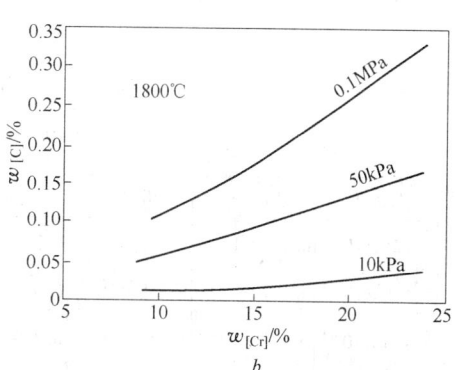

a

b

图 10 - 3 - 84

不同温度下[Cr]和[C][O]反应的平衡关系(图10-3-85)[81]

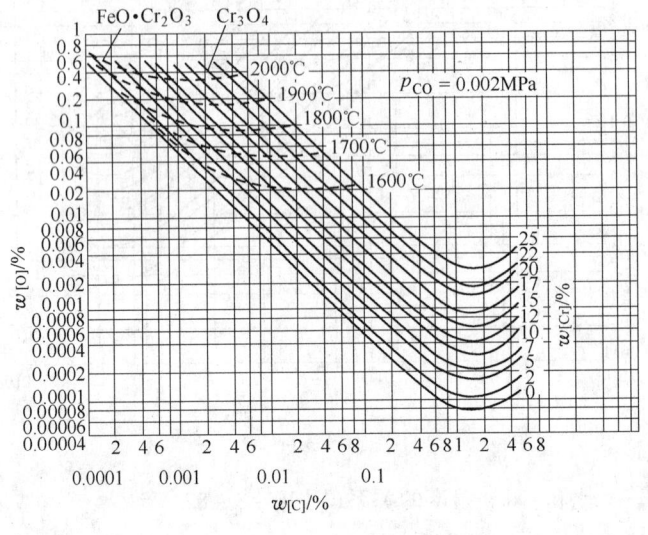

图10-3-85

Fe-O-C和Fe-O-C-Cr系熔体在含1%C和1.5%Cr时熔体中平衡的氧含量(表10-3-4)

表10-3-4

| 真空处理时残余压力/MPa | 熔体系统中平衡氧含量/% | | | | | |
|---|---|---|---|---|---|---|
| | Fe-O-C | | | Fe-O-C-Cr | | |
| | 1773K | 1813K | 1853K | 1773K | 1813K | 1853K |
| 0.1 | $3.754 \times 10^{-3}$ | $3.762 \times 10^{-3}$ | $3.778 \times 10^{-3}$ | $2.009 \times 10^{-2}$ | $3.217 \times 10^{-2}$ | $1.861 \times 10^{-2}$ |
| 0.01 | $3.754 \times 10^{-4}$ | $3.762 \times 10^{-4}$ | $3.778 \times 10^{-4}$ | $0.9331 \times 10^{-2}$ | $1.494 \times 10^{-2}$ | $2.256 \times 10^{-2}$ |
| 0.001 | $3.754 \times 10^{-5}$ | $3.762 \times 10^{-5}$ | $3.778 \times 10^{-5}$ | $0.4331 \times 10^{-2}$ | $0.6931 \times 10^{-2}$ | $1.047 \times 10^{-2}$ |
| 0.0001 | $3.754 \times 10^{-6}$ | $3.762 \times 10^{-6}$ | $3.778 \times 10^{-6}$ | $2.009 \times 10^{-3}$ | $3.217 \times 10^{-3}$ | $1.861 \times 10^{-3}$ |

Fe-O-C系和Fe-O-C-Cr系熔体在含0.3%Cr和1%C时熔体中平衡氧含量(表10-3-5)

表10-3-5

| 真空处理时残余压力/MPa | 熔体中平衡氧含量/% | | | | | | | |
|---|---|---|---|---|---|---|---|---|
| | Fe-O-C | | | | Fe-O-C-Cr | | | |
| | 1793 K | 1833 K | 1873 K | 1913 K | 1793 K | 1833 K | 1873 K | 1913 K |
| 0.1 | $6.124 \times 10^{-3}$ | $6.177 \times 10^{-3}$ | $6.258 \times 10^{-3}$ | $6.359 \times 10^{-3}$ | $1.398 \times 10^{-2}$ | $2.274 \times 10^{-2}$ | $3.607 \times 10^{-2}$ | $5.692 \times 10^{-2}$ |
| 0.01 | $6.124 \times 10^{-4}$ | $6.177 \times 10^{-4}$ | $6.258 \times 10^{-4}$ | $6.359 \times 10^{-4}$ | $6.492 \times 10^{-3}$ | $1.055 \times 10^{-2}$ | $1.670 \times 10^{-2}$ | $2.649 \times 10^{-2}$ |
| 0.001 | $6.124 \times 10^{-5}$ | $6.177 \times 10^{-5}$ | $6.258 \times 10^{-5}$ | $6.359 \times 10^{-5}$ | $8.014 \times 10^{-3}$ | $4.899 \times 10^{-3}$ | $7.771 \times 10^{-3}$ | $1.227 \times 10^{-2}$ |
| 0.0001 | $6.124 \times 10^{-6}$ | $6.177 \times 10^{-6}$ | $6.258 \times 10^{-6}$ | $6.359 \times 10^{-6}$ | $1.398 \times 10^{-3}$ | $2.274 \times 10^{-3}$ | $3.607 \times 10^{-3}$ | $5.692 \times 10^{-3}$ |

# 第四节　渣中氧化物的活度

熔渣的碱度决定着许多组元的活度,和脱硫、脱磷、防止钢液吸收气体等有关,因此碱度是影响渣、钢反应的重要因素。

熔渣碱度常用碱性最强和酸性最强的 $SiO_2$ 含量之比表示,常以质量分数($w$)或摩尔分数($x$),有时也用 100 g 熔渣中组元的摩尔数($n$)之比表示,如:

$$\frac{w_{CaO}}{w_{SiO_2}};\frac{x_{CaO}}{x_{SiO_2}};\frac{n_{CaO}}{n_{SiO_2}}$$

考虑到渣中酸性氧化物 $P_2O_5$ 对碱度的影响,可采用以下比值表示:

$$\frac{w_{CaO}}{w_{SiO_2}+w_{P_2O_5}};\frac{w_{CaO}-1.18w_{P_2O_5}}{w_{SiO_2}}$$

式中,1.18 是考虑生成 $3CaO \cdot P_2O_5$ ,从碱性物中扣除 CaO 的数值($3CaO/P_2O_5 = 3 \times 56/142 = 1.18$)。

生产铁合金时炉渣碱度可用以下比值:

$$(w_{CaO}+w_{MgO})/(w_{SiO_2}+0.84w_{P_2O_5})$$

还有用剩余碱 $B$ 表示碱度:

$$B = w_{CaO}-1.86w_{SiO_2}-1.18w_{P_2O_5}$$

若渣中 $w_{CaO}=40\%$ ,$w_{SiO_2}=18\%$ ,$w_{P_2O_5}=2\%$ 用质量分数表示的碱度如下:

$$\frac{w_{CaO}}{w_{SiO_2}}=\frac{40}{18}=2.22,\frac{w_{CaO}-1.18w_{P_2O_5}}{w_{SiO_2}}=2.08,B=4.14\%$$

$$\frac{w_{CaO}}{w_{SiO_2}+w_{P_2O_5}}=2.0$$

光学碱度 $\Lambda$[128]作为化学性质的指标可求出渣钢反应程度的简便方法,不用炉渣的活度计算可得出反应进行的数量关系。光学碱度反映了 $O^{2-}$ 受束缚的程度,元素的电负性($x$)的值表示化合物中原子吸引电子的能力,电负性和光学碱度有密切的关系,关系式如下:

$$\Lambda = \frac{1}{1.36(x-0.26)}$$

式中,$\Lambda$ 称为理论光学碱度。

中村崇[129]提出用阴、阳离子间平均电子密度($D$)取代元素的负电性,得出修正的光学碱度 $\Lambda'$ 公式:

$$\Lambda' = \frac{1}{1.34(D+0.6)}$$

常见的化合物的结构特征和光学碱度的数值(表 10-4-1)

表 10-4-1

| 氧化物 | 阳离子元素的电负性 | 离子键结合百分数 | 阳离子半径/nm | 氧对离子吸引力 $I$ 值/nm | 1600℃ $SiO_2$ 中溶解度(摩尔分数)/% | 理论光学碱度 $\Lambda$ | 修正光学碱度 $\Lambda'$ |
|---|---|---|---|---|---|---|---|
| $K_2O$ | 0.8 | 68 | 0.150 | 0.024 | 97 | 1.40 | 1.16 |
| $Na_2O$ | 0.9 | 69 | 0.095 | 0.036 | 95 | 1.15 | 1.11 |
| $Li_2O$ | 1.0 | 63 | 0.050 | 0.050 | 92 | 1.00 | 1.06 |
| $BaO$ | 0.9 | 65 | 0.135 | 0.053 | 80 | 1.15 | 1.08 |

| 氧化物 | 阳离子元素的电负性 | 离子键结合百分数 | 阳离子半径/nm | 氧对离子吸引力 $I$ 值/nm | 1600℃ $SiO_2$ 中溶解度（摩尔分数）/% | 理论光学碱度 $\Lambda$ | 修正光学碱度 $\Lambda'$ |
|---|---|---|---|---|---|---|---|
| SrO | 1.0 | 61 | 0.113 | 0.063 | 74 | 1.07 | 1.01 |
| CaO | 1.0 | 62 | 0.104 | 0.070 | 66 | 1.00 | 1.00 |
| MnO | 1.5 | 46 | 0.080 | 0.083 | 59 | 0.59 | 0.95 |
| FeO | 1.8 | 40 | 0.075 | 0.087 | 52 | 0.51 | 0.94 |
| MgO | 1.2 | 55 | 0.065 | 0.095 | 56 | 0.78 | 0.92 |
| $Cr_2O_3$ | 1.6 | 41 | 0.064 | 0.144 | | 0.55 | 0.77 |
| $Fe_2O_3$ | 1.8 | 37 | 0.060 | 0.150 | | 0.48 | 0.72 |
| $Al_2O_3$ | 1.5 | 46 | 0.050 | 0.166 | | 0.605 | 0.66 |
| $TiO_2$ | 1.5 | 43 | 0.068 | 0.185 | | 0.61 | 0.65 |
| $B_2O_3$ | 2.0 | 31 | 0.020 | 0.234 | | 0.42 | 0.42 |
| $SiO_2$ | 1.8 | 37 | 0.041 | 0.281 | | 0.48 | 0.47 |
| $P_2O_5$ | 2.1 | 29 | 0.034 | 0.331 | | 0.40 | 0.38 |
| $CaF_2$ | | | | | | | 0.67 |

对于复杂渣系的光学碱度可用下式表示：

$$\Lambda = \Lambda_A x_A + \Lambda_B x_B + \Lambda_C x_C + \cdots$$

式中，$x$ 为等效的阳离子分数：

$$x = \frac{组元的摩尔分数 \times 氧化物分子中的氧原子数}{\Sigma 各组元摩尔分数 \times 氧化物中氧的原子数}$$

$\Lambda_A$、$\Lambda_B$ 等的光学碱度见表 10 - 4 - 1。

例如铁液中溶解的氧和熔渣的光学碱度[130]的关系式：

$$\lg[O] = -1.907\Lambda - \frac{6005}{T} + 3.570$$

炉渣硫容量 $C_S$ 和光学碱度[131]的关系：

渣气反应　　$(O^{2-}) + \frac{1}{2}S_{2(g)} = (S^{2-}) + \frac{1}{2}O_{2(g)}$

平衡常数　　$K_S = \left[\frac{p_{O_2}}{p_{S_2}}\right]^{\frac{1}{2}} \frac{f(S)(\%S)}{a_{(O^{2-})}} = (\%S)\left[\frac{p_{O_2}}{p_{S_2}}\right]^{\frac{1}{2}} \frac{f(S)}{a_{(O^{2-})}}$

$$C_S = (\%S)\left[\frac{p_{O_2}}{p_{S_2}}\right]^{\frac{1}{2}}$$

$C_S$ 表示渣的硫容量：

$$\lg C_S = \frac{22690 - 54640\Lambda}{T} + 4.36\Lambda - 2.52$$

## 一、氧化铁的活度

CaO-$SiO_2$-($FeO + Fe_2O_3$) 相对 $Fe_2O_3$ 比值和成分的关系（图 10 - 4 - 1）[84]

($MgO + CaO$)-$SiO_2$-FeO 综合渣中分配系数 $\frac{[O]}{(FeO)}$ 与成分的关系（图 10 - 4 - 2）[85]

$Fe_3O_4$-CaO 组成与 CaO 和 $Fe_3O_4$ 活度的关系（1550℃）（图 10 - 4 - 3）[86]

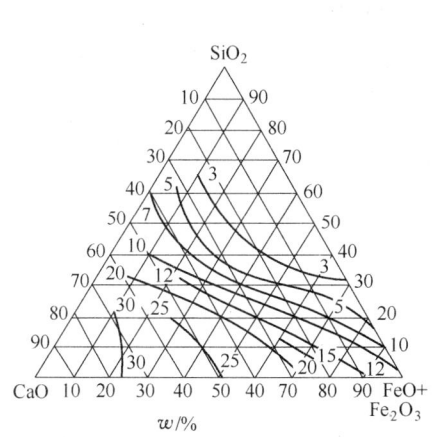

比值：$\dfrac{100Fe_2O_3}{FeO+Fe_2O_3}$；条件：与铁液平衡；1400~1450℃

*a*

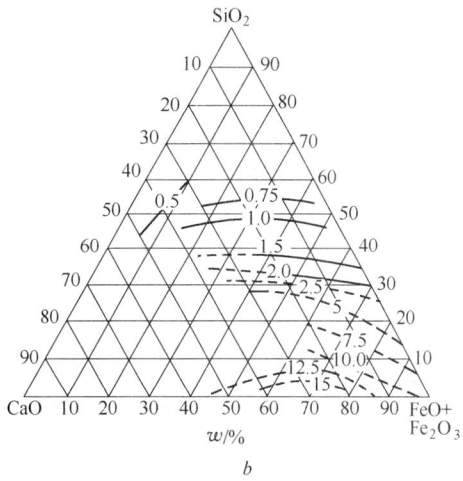

比值：$\dfrac{100Fe_2O_3}{FeO+Fe_2O_3}$；条件：与铁液平衡；1500℃

*b*

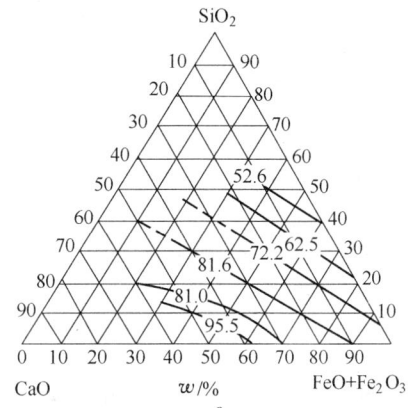

比值：$\dfrac{100Fe_2O_3}{FeO+Fe_2O_3}$；条件：与空气平衡；1592℃

*c*

图 10-4-1

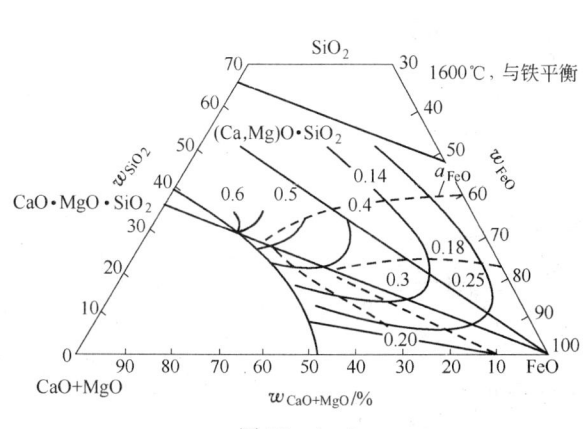

图 10-4-2

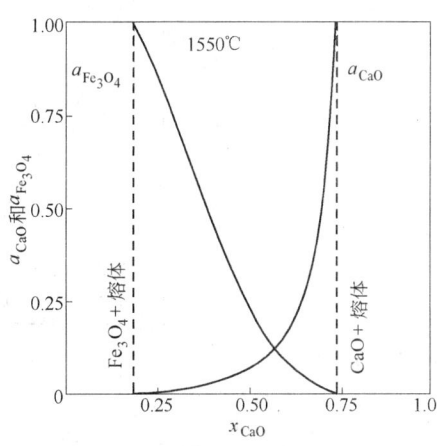

标准状态 $Fe_3O_4$：纯固态 $Fe_3O_4$；
CaO：纯固态 CaO

图 10-4-3

$Fe_{0.973}O$ 活度系数与 $Fe_{0.973}O$ 摩尔分数的关系（1450℃）（图 10-4-4）[86]

$FeO_n$-$Fe_2O_3$-$SiO_2$ 系中 $FeO_n$ 和 $SiO_2$ 的活度（图 10-4-5）[86]

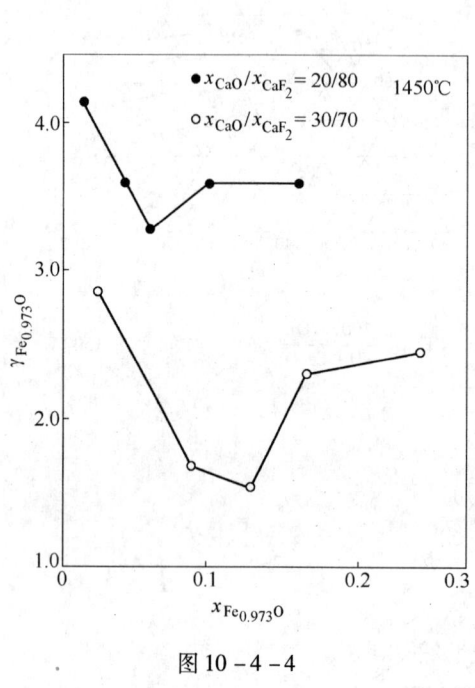

图 10-4-4

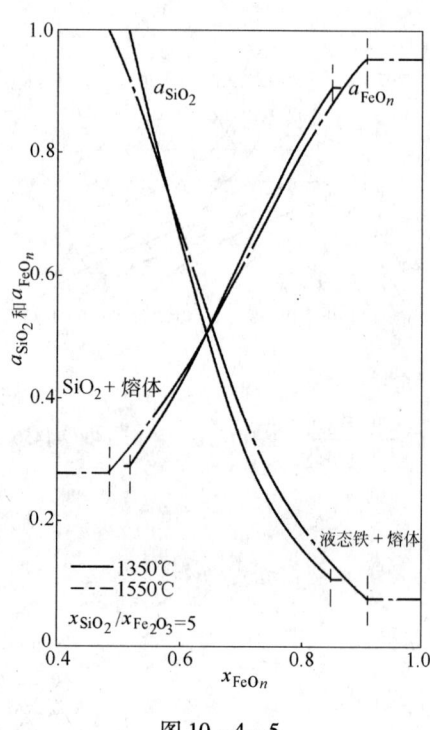

图 10-4-5

$FeO$-$SiO_2$、$MnO$-$SiO_2$、$CaO$-$SiO_2$ 渣系中 $a_{FeO}$、$a_{MnO}$、$a_{CaO}$、$a_{SiO_2}$ 和 $x_{SiO_2}$ 的关系（图 10-4-6）[87]

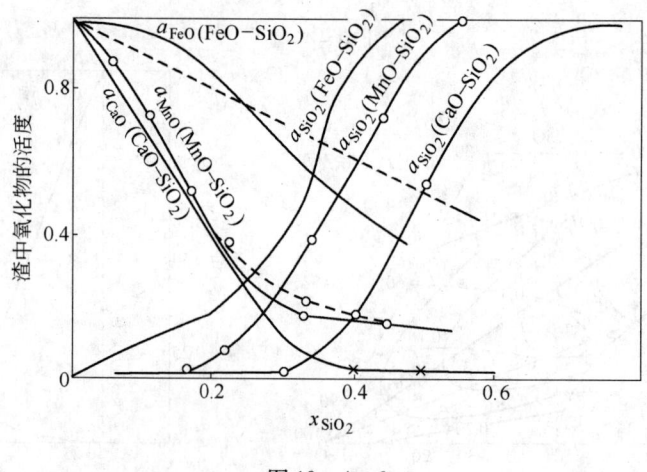

图 10-4-6

CaO-FeO-CaF$_2$ 渣系的等活度($a_{FeO}$)线(图 10 - 4 - 7、图 10 - 4 - 8)[88,89]

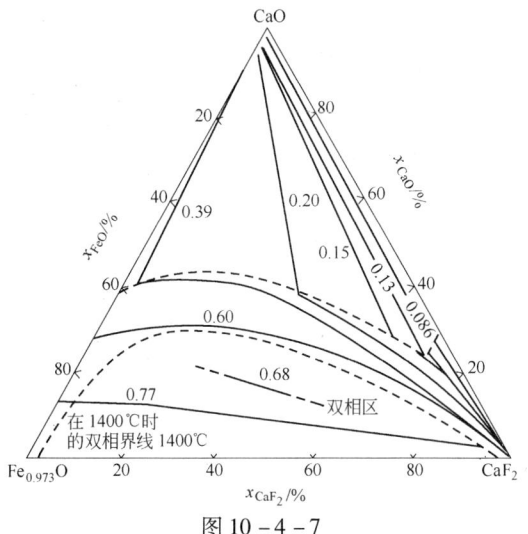

图 10 - 4 - 7
图中数字表示 $a_{FeO}$；1450℃

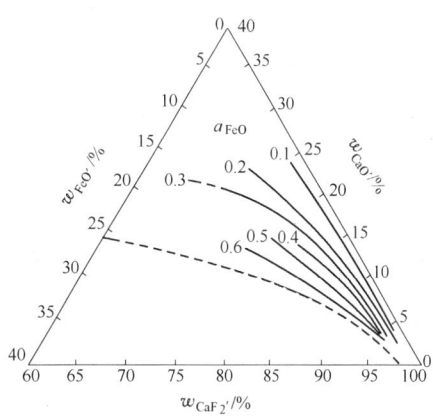

图 10 - 4 - 8
SiO$_2$ 1.5% ~ 2.1%，Al$_2$O$_3$ 0.5%，
CaO′ + FeO′ + CaF$_2$′ = 100(假设)；1700 ~ 1800℃

CaO-FeO-CaF$_2$ 渣系中含 17%、19% Al$_2$O$_3$ 时的等活度($a_{FeO}$)线(图 10 - 4 - 9)[90]

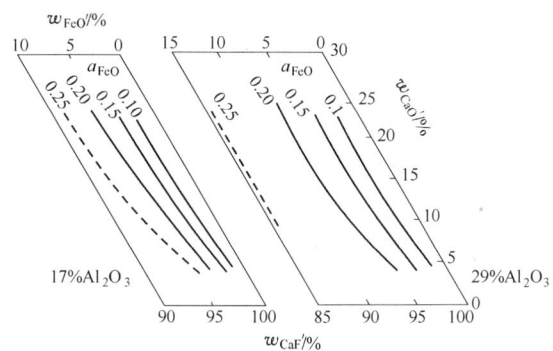

图 10 - 4 - 9
CaO′ + CaF′ + FeO′ = 100%(假设)；1700 ~ 1800℃

不同 CaF$_2$/CaO 比值下 FeO$_n$ 的活度
(1460℃)(图 10 - 4 - 10)[86]

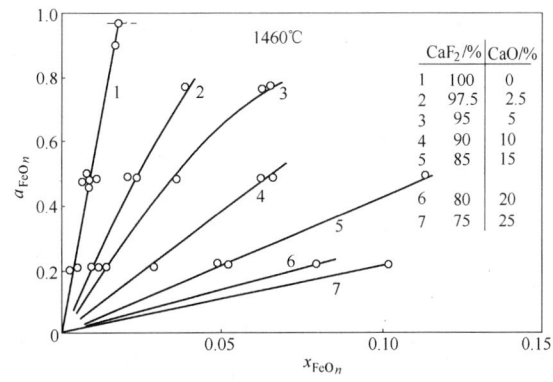

图 10 - 4 - 10
标准状态 FeO$_n$：和固态铁平衡的非化学计量 FeO$_n$

CaO-FeO$_n$-MnO 系中 FeO$_n$ 的活度（1100℃）（图 10 - 4 - 11）[86]

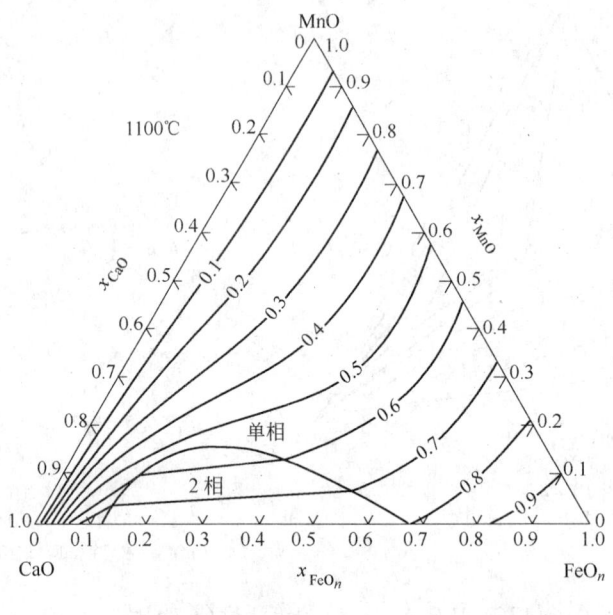

图 10 - 4 - 11

CaO-SiO$_2$-FeO$_n$ 等 $p_{O_2}$ 和 $a_{FeO}$ 线（1600℃）（图 10 - 4 - 12）[91]

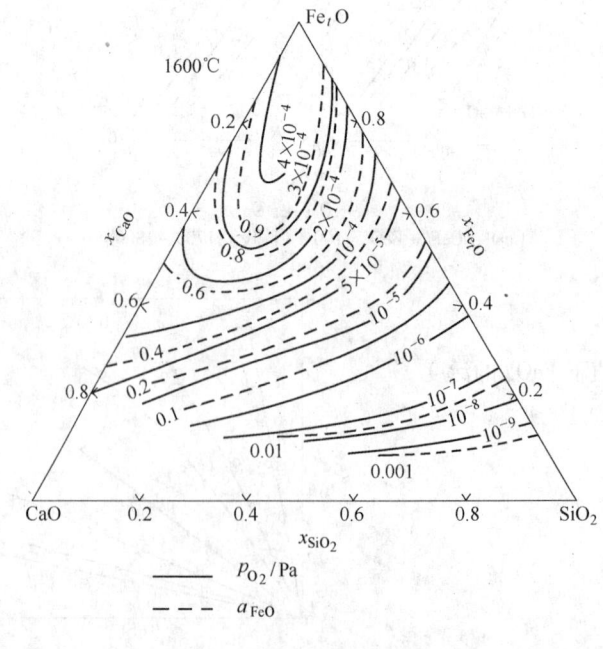

图 10 - 4 - 12

标准状态 FeO$_n$：与金属铁平衡的纯氧化铁

MgO-FeO-SiO$_2$ 熔体中的等 $a_{FeO}$ 线（1900℃，和液态铁平衡）（图 10 - 4 - 13）

（FeO）和碱度对渣中 $a_{FeO}$ 的影响（图 10 - 4 - 14）[92]

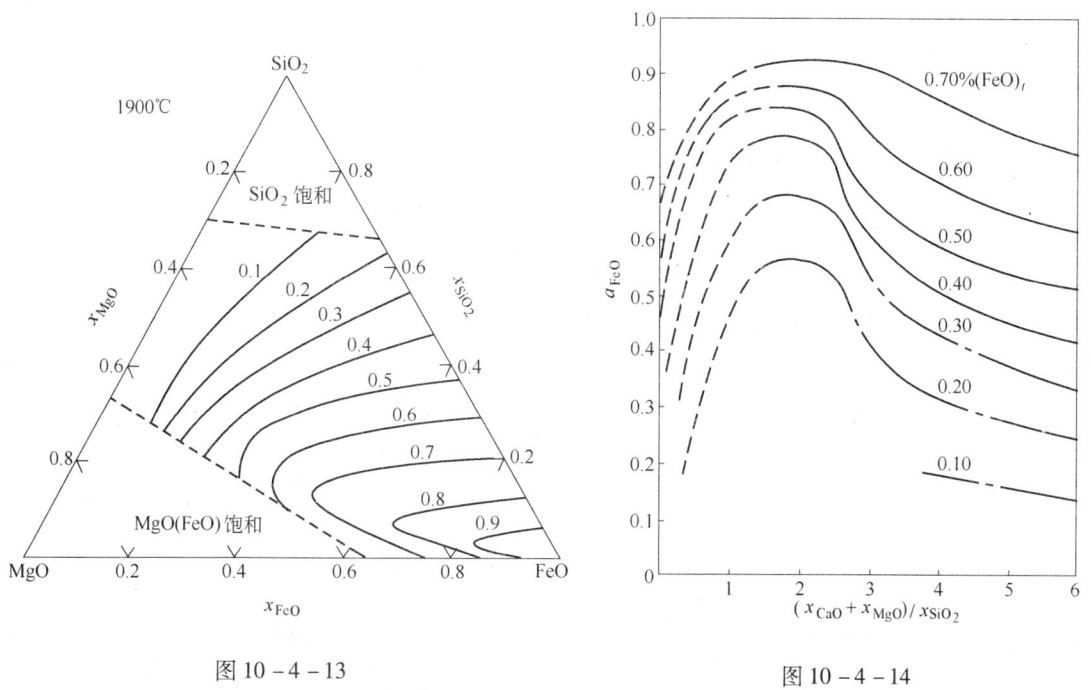

图 10 - 4 - 13

图 10 - 4 - 14

CaO-FeO-Fe$_2$O$_3$ 渣中等 $a_{CaO}$、$a_{FeO}$、$a_{Fe_2O_3}$ 线（1550℃）（图 10 - 4 - 15）[93]

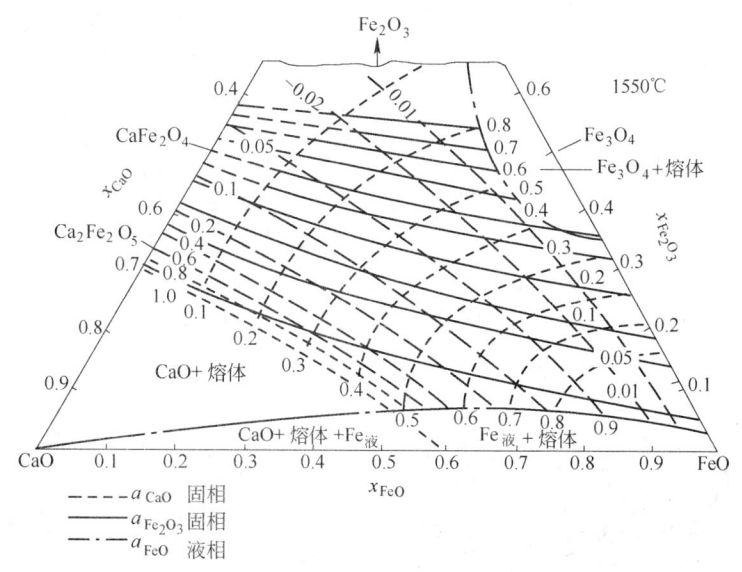

图 10 - 4 - 15

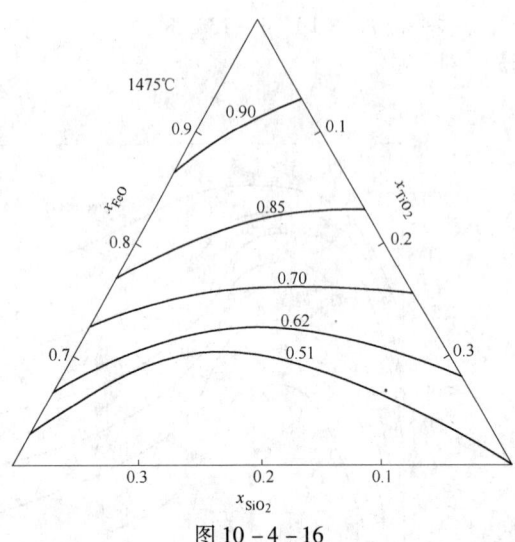

图 10 - 4 - 16

FeO-TiO$_2$-SiO$_2$ 系中等 $a_{FeO}$ 线（1475℃）

（图 10 - 4 - 16）[94]

FeO-MnO-SiO$_2$ 系中等 $a_{FeO}$ 线（1475℃）

（图 10 - 4 - 17）[94]

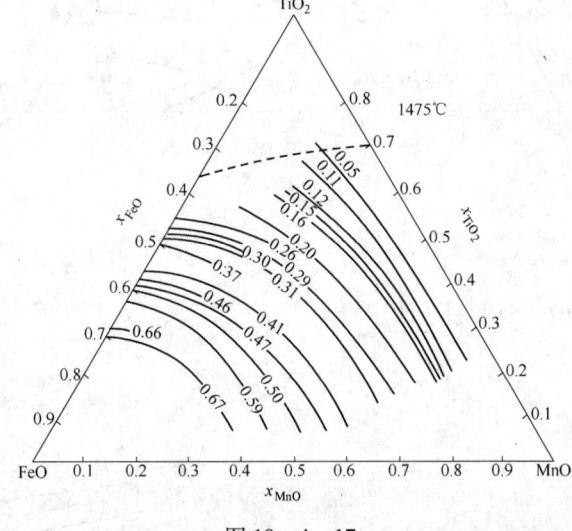

图 10 - 4 - 17

碱性炉渣的等 $a_{FeO}$ 曲线（1600℃）

（图 10 - 4 - 18）

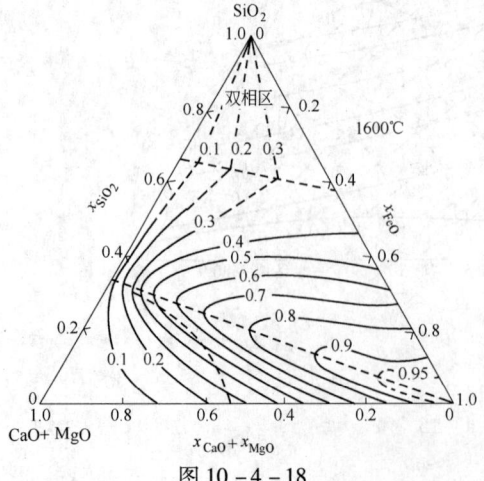

图 10 - 4 - 18

$(CaO + MgO + MnO)$-$(SiO_2 + P_2O_5)$-FeO 渣的等 $a_{FeO}$ 线（1600℃）（图 10-4-19）[95]

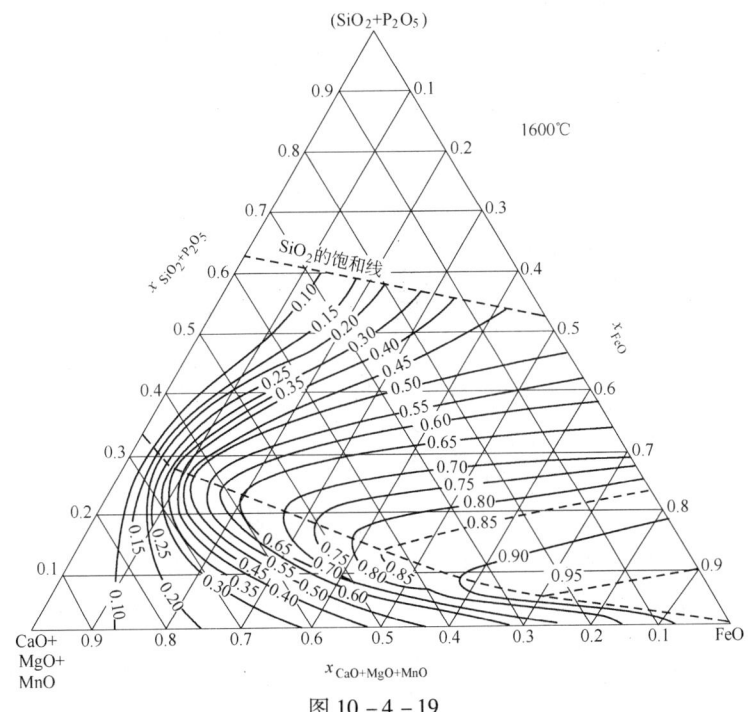

图 10-4-19

FeO-CaO-SiO$_2$ 渣的等 $a_{FeO}$、$a_{SiO_2}$、$a_{CaO}$ 线（1600℃）（图 10-4-20）[96]

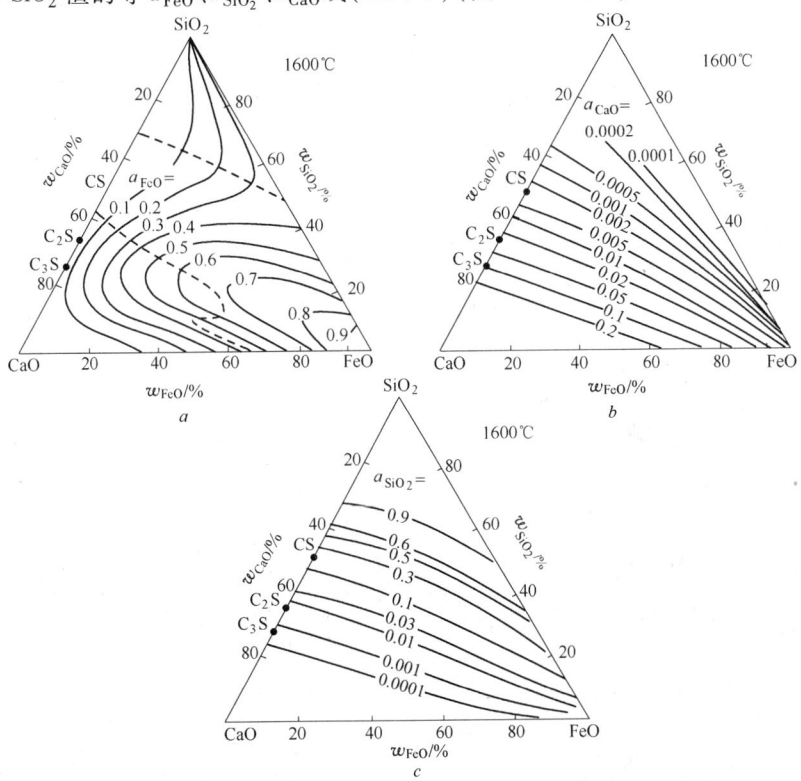

图 10-4-20

$CaO\text{-}FeO\text{-}Fe_2O_3$ 渣中等 $a_{CaO}$、$a_{Fe}$、$p_{O_2}$ 线（1550℃）（图 10 − 4 − 21）[97]

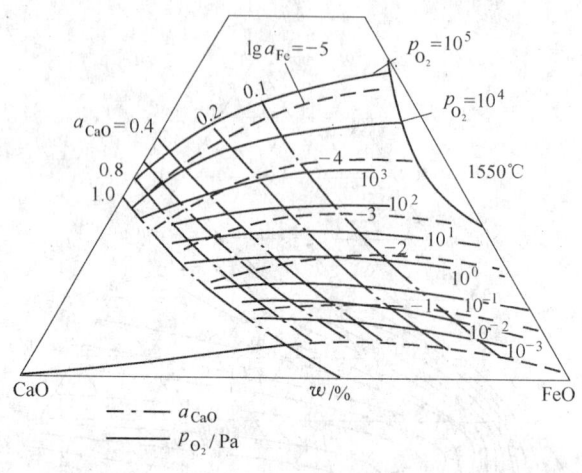

图 10 − 4 − 21

$FeO\text{-}Fe_2O_3\text{-}SiO_2$ 和气相中氧的平衡分压力（图 10 − 4 − 22）[98]

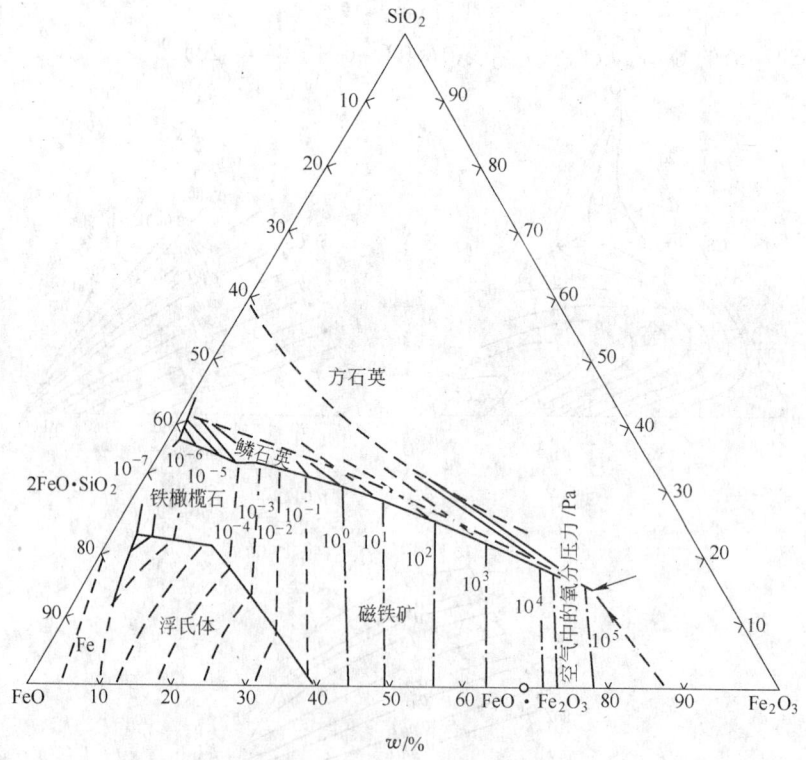

图 10 − 4 − 22

## 二、渣中氧化锰的活度

MnO-CaF$_2$ 系中等 $a_{MnO}$ 线(1500℃)(图 10 - 4 - 23)[88]

MnO-SiO$_2$ 系中 MnO 活度与 MnO 摩尔分数的关系(图 10 - 4 - 24)[86]

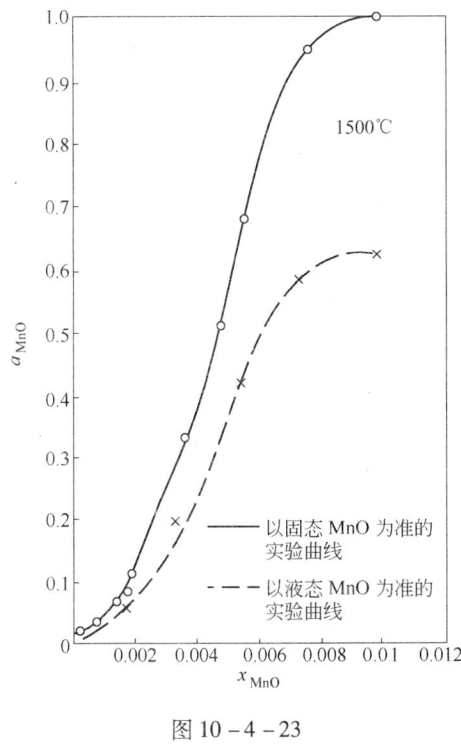

图 10 - 4 - 23

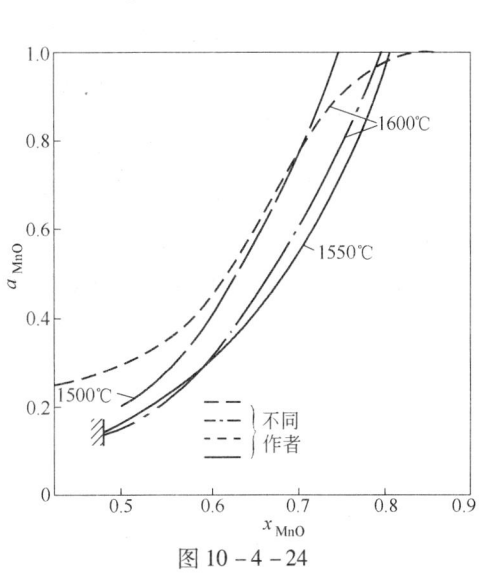

图 10 - 4 - 24

标准状态 MnO：与熔体平衡的纯固态 MnO

MnO-TiO$_2$ 系中等 $a_{MnO}$、$a_{TiO_2}$ 线(1500℃)(图 10 - 4 - 25)[94]

MnO-SiO$_2$ 渣系中 MnO 和 SiO$_2$ 的活度与 MnO 摩尔分数的关系(1550℃)(图 10 - 4 - 26)[86]

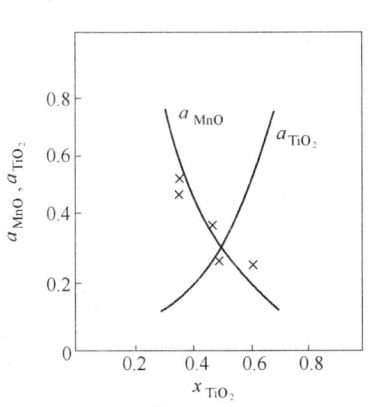

图 10 - 4 - 25

以固相的 MnO、TiO$_2$ 为标准态；1500℃

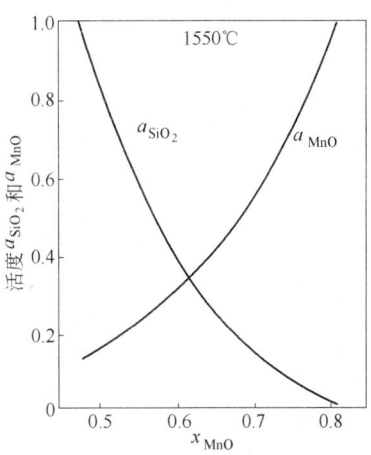

图 10 - 4 - 26

标准状态MnO：与熔体平衡的纯固态 MnO；

SiO$_2$：与熔体平衡的白硅石

FeO-MnO-SiO$_2$ 系渣中等 $a_{MnO}$、$a_{FeO}$、$a_{SiO_2}$ 线（图 10-4-27）[99]

MnO-Al$_2$O$_3$-SiO$_2$ 的等 $a_{MnO}$、$a_{SiO_2}$ 线（图 10-4-28）[110]

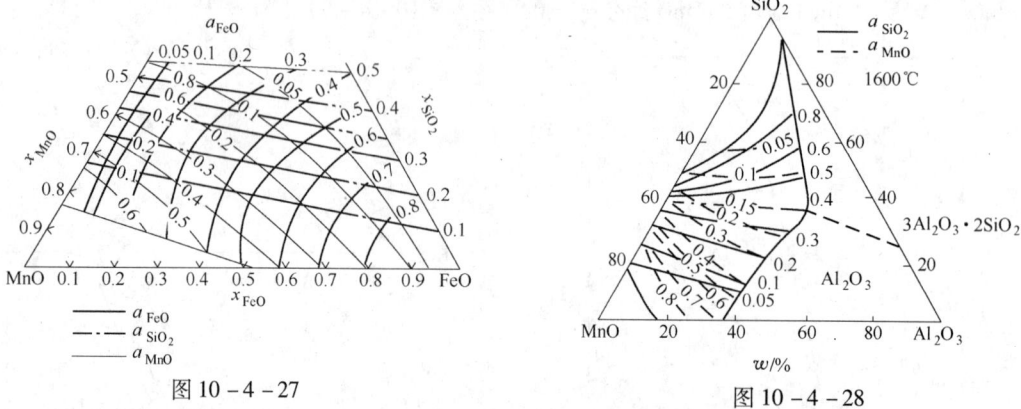

图 10-4-27

图 10-4-28

CaO-MnO-SiO$_2$ 系中等 $a_{MnO}$ 线（1500℃）（图 10-4-29）[101]

MgO-Al$_2$O$_3$-SiO$_2$ 系中 SiO$_2$ 和 MgO（计算值）的活度（1550℃）（图 10-4-30）[86]

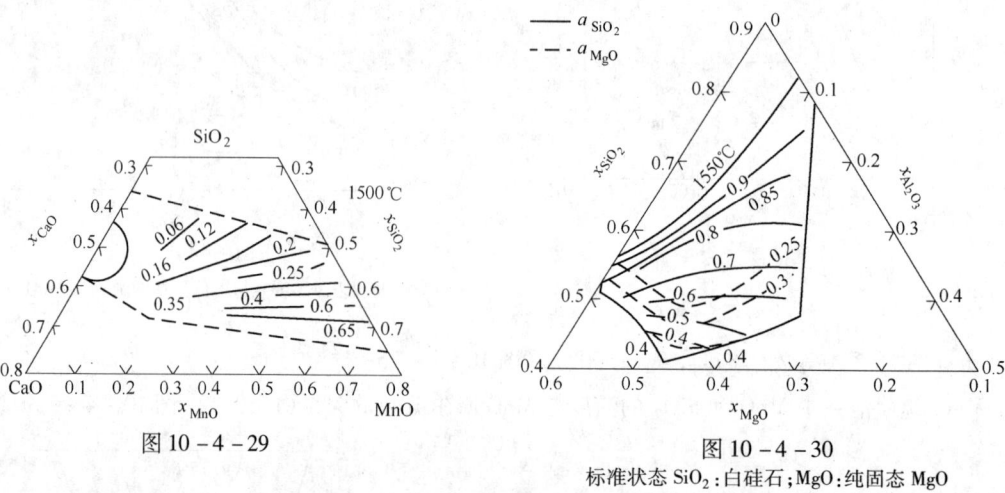

图 10-4-29

图 10-4-30

标准状态 SiO$_2$：白硅石；MgO：纯固态 MgO

MnO-TiO$_2$-SiO$_2$ 系中等 $a_{MnO}$ 线（1500℃）（图 10-4-31）[94]

MnO-TiO$_2$-CaO 系中等 $a_{MnO}$ 线（图 10-4-32）[94]

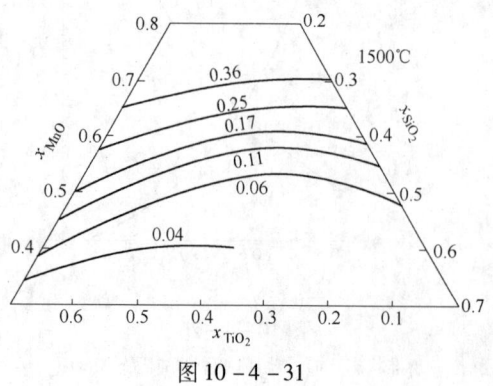

图 10-4-31

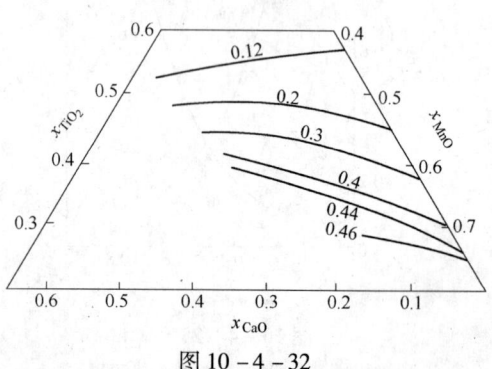

图 10-4-32

CaO-Al$_2$O$_3$-MnO 系中等 $a_{MnO}$ 线（1560℃）（图 10 - 4 - 33）[93]

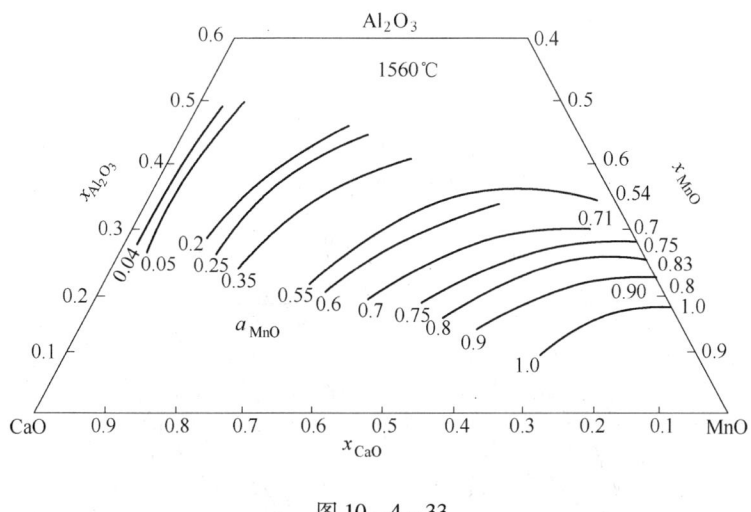

图 10 - 4 - 33

MnO-TiO$_2$-FeO 系中等 $a_{MnO}$、$a_{TiO_2}$ 线（1475℃）（图 10 - 4 - 34）[94]

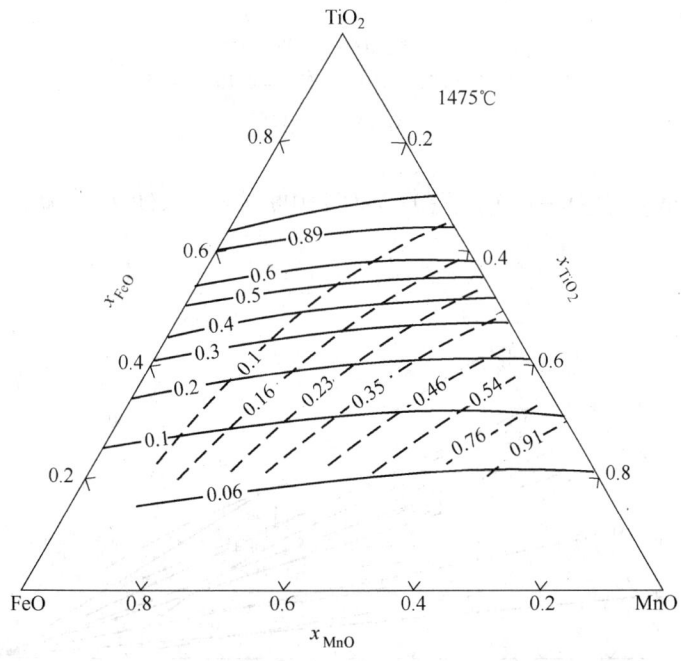

图 10 - 4 - 34

（CaO + MgO）-（SiO₂ + P₂O₅）-MnO 渣系中不同 $x_{FeO}$ 时的等 $a_{MnO}$ 线（1550～1750℃）（图 10 - 4 - 35）[102]

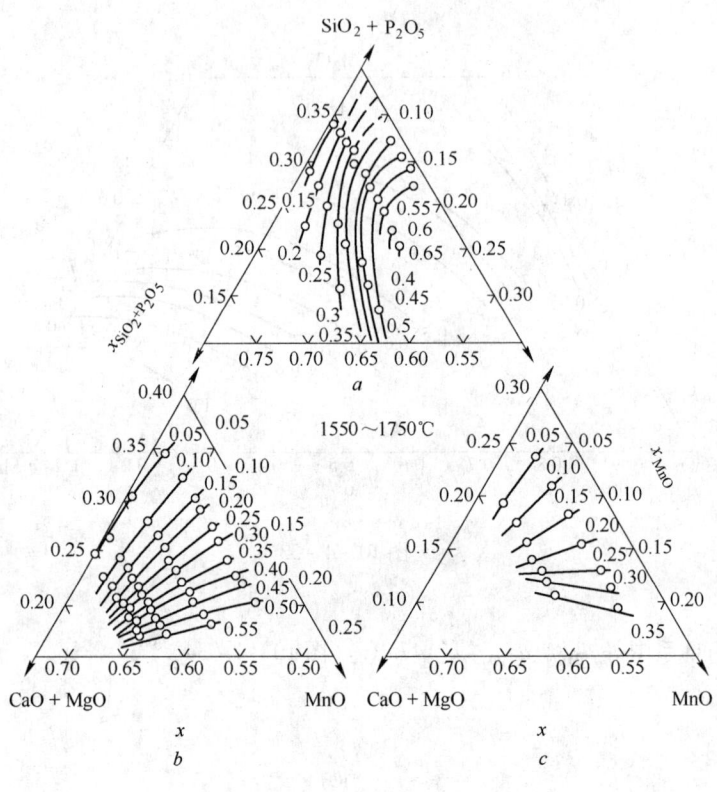

图 10 - 4 - 35

$a—N_{FeO} = 0.05 \pm 0.01$；$b—N_{FeO} = 0.10～0.015$；

$c—N_{FeO} = 0.20 \pm 0.02$

（CaO + MgO）-（SiO₂ + Al₂O₃ + P₂O₅）-（FeO + MnO）渣中的等 $a_{MnO}$ 线（1530～1700℃）（图 10 - 4 - 36）[103]

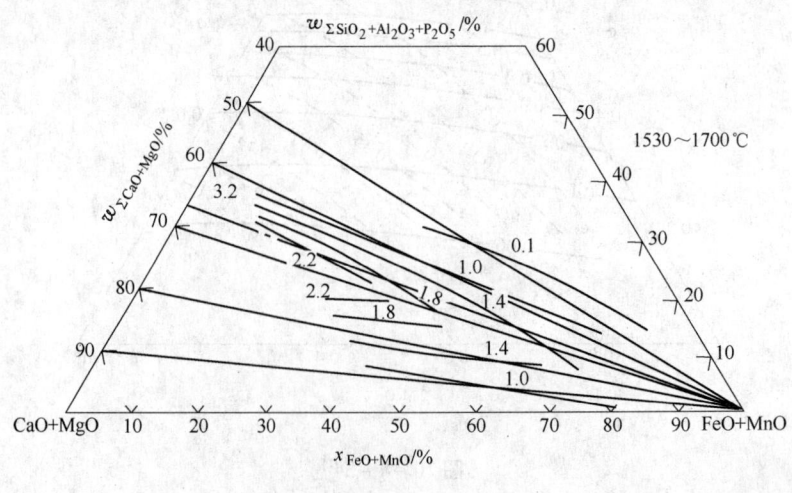

图 10 - 4 - 36

## 三、渣中 $SiO_2$ 的活度和活度系数

（CaO + MgO）-$SiO_2$-FeO 系的等 $lg\gamma_{SiO_2}$ 线（1600℃）（图 10 – 4 – 37）[104]

$CaF_2$-CaO-$SiO_2$ 渣的等 $a_{SiO_2}$ 线（1450℃）（图 10 – 4 – 38）[105]

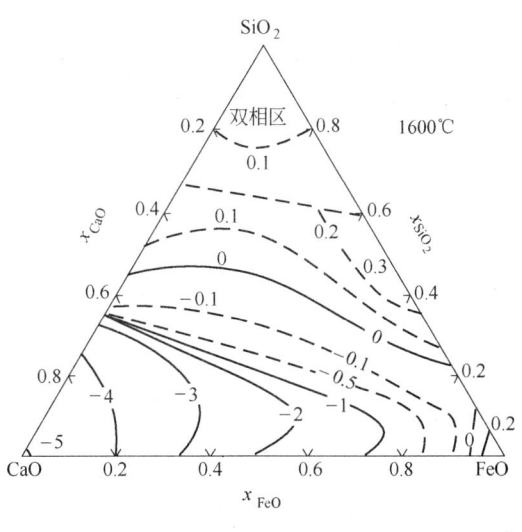

图 10 – 4 – 37

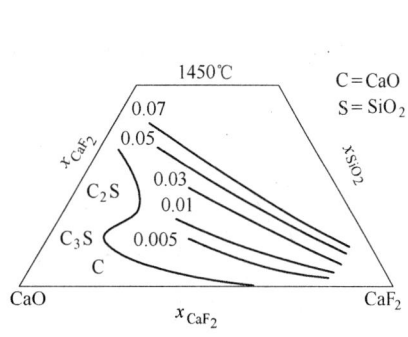

图 10 – 4 – 38

CaO-$SiO_2$ 渣系各组元的活度和 $x_{SiO_2}$ 的关系（图 10 – 4 – 39）[11]

MgO-$SiO_2$ 渣系中 $x_{SiO_2}$ 和 $a_{MgO}$、$a_{SiO_2}$ 的关系（图 10 – 4 – 40）[11]

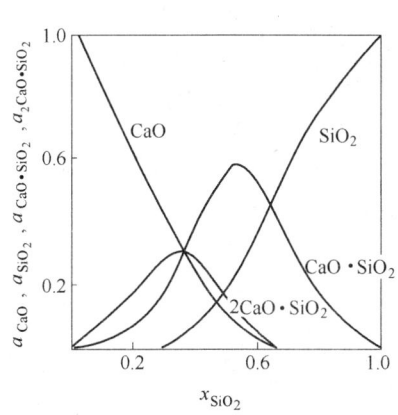

图 10 – 4 – 39

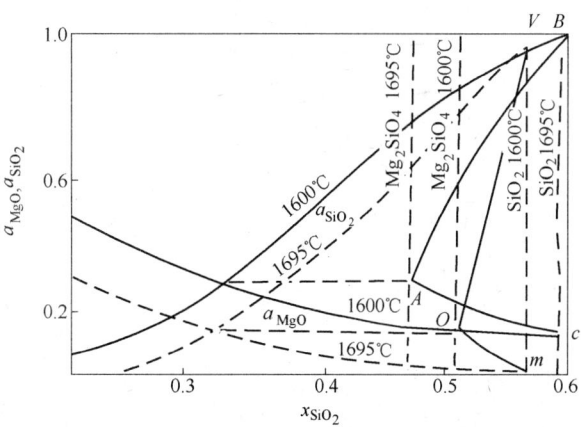

图 10 – 4 – 40

CaO-MgO-Al$_2$O$_3$-SiO$_2$ 渣系中的等 $a_{SiO_2}$ 线（MgO = 10%、20%、30%，1600℃）（图 10 – 4 – 41）

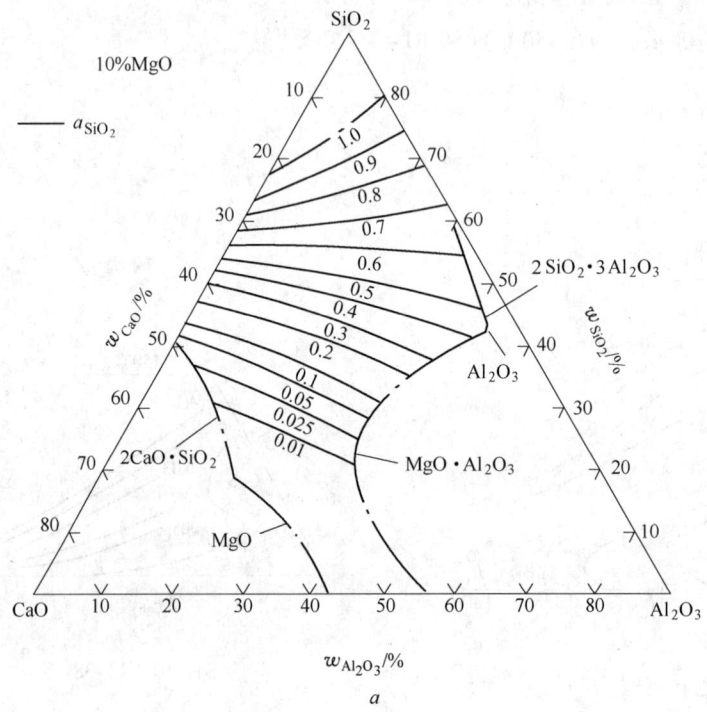

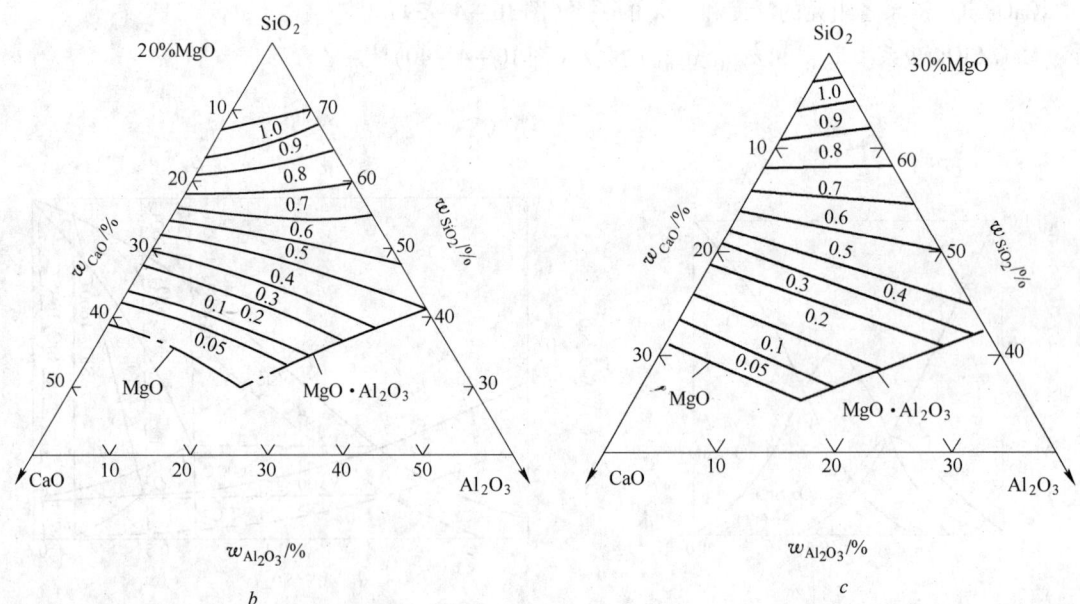

图 10 – 4 – 41

## 四、渣中 $Al_2O_3$ 的活度

$CaO\text{-}Al_2O_3\text{-}SiO_2$ 系的等 $a_{Al_2O_3}$ 线（1600℃）（图 10－4－42）[106]

$MnO\text{-}Al_2O_3\text{-}SiO_2$ 系的等 $a_{Al_2O_3}$ 线（1600℃）（图 10－4－43）[100]

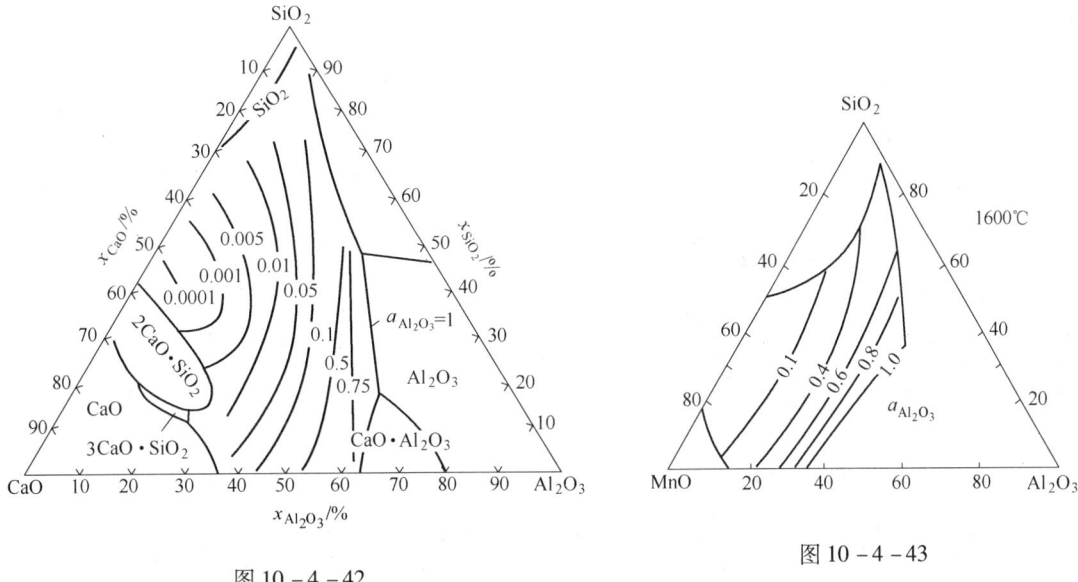

图 10－4－42

图 10－4－43

不同温度下 $CaO\text{-}Al_2O_3$ 系的活度（图 10－4－44）[11]

## 五、渣中 CaO 的活度和活度系数

$CaO\text{-}Al_2O_3\text{-}SiO_2$ 渣系中的等 $a_{CaO}$、$a_{SiO_2}$ 线（1600℃）（图 10－4－45）[107]

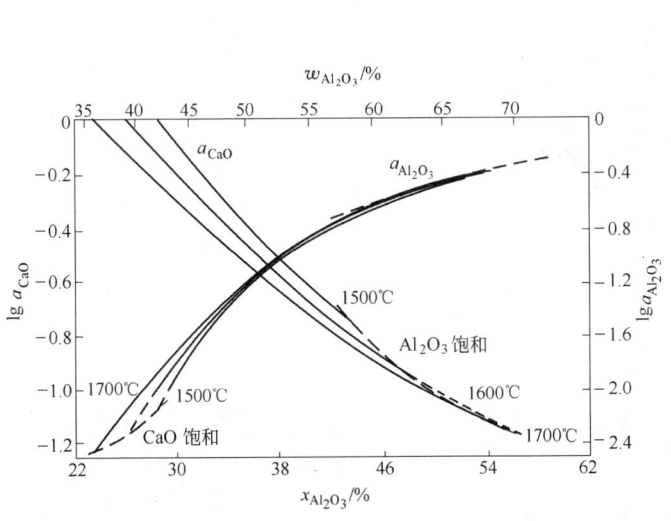

图 10－4－44

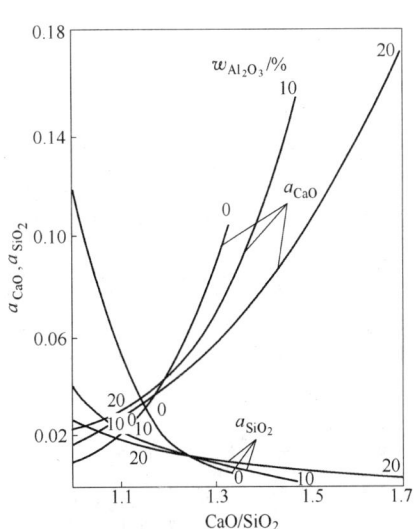

图 10－4－45

条件：$Al_2O_3$ ＝0%；10%；20%；1600℃

CaO-SiO$_2$-CaF$_2$ 系中的等 $a_{CaO}$ 线(1450℃)(图 10-4-46)[108]

(CaO+MgO)-SiO$_2$-FeO 系的等 lg$\gamma_{CaO}$ 线(1600℃)(图 10-4-47)

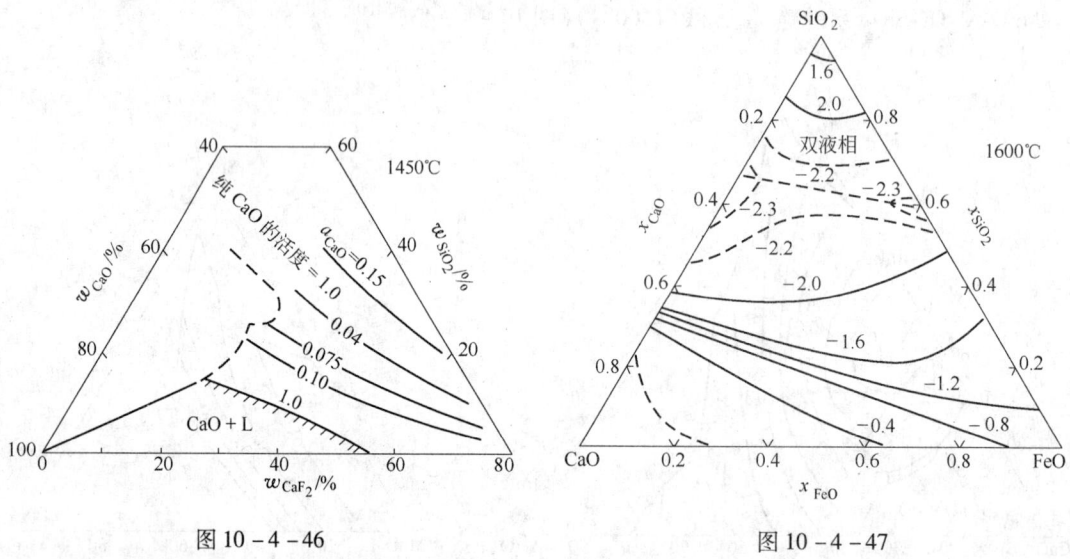

图 10-4-46　　　　　　　　　　　　　　　　　图 10-4-47

CaO-Al$_2$O$_3$-CaF$_2$ 渣系中的等 $a_{CaO}$、$a_{CaF_2}$、$a_{Al_2O_3}$ 线(1500℃)(图 10-4-48)[109]

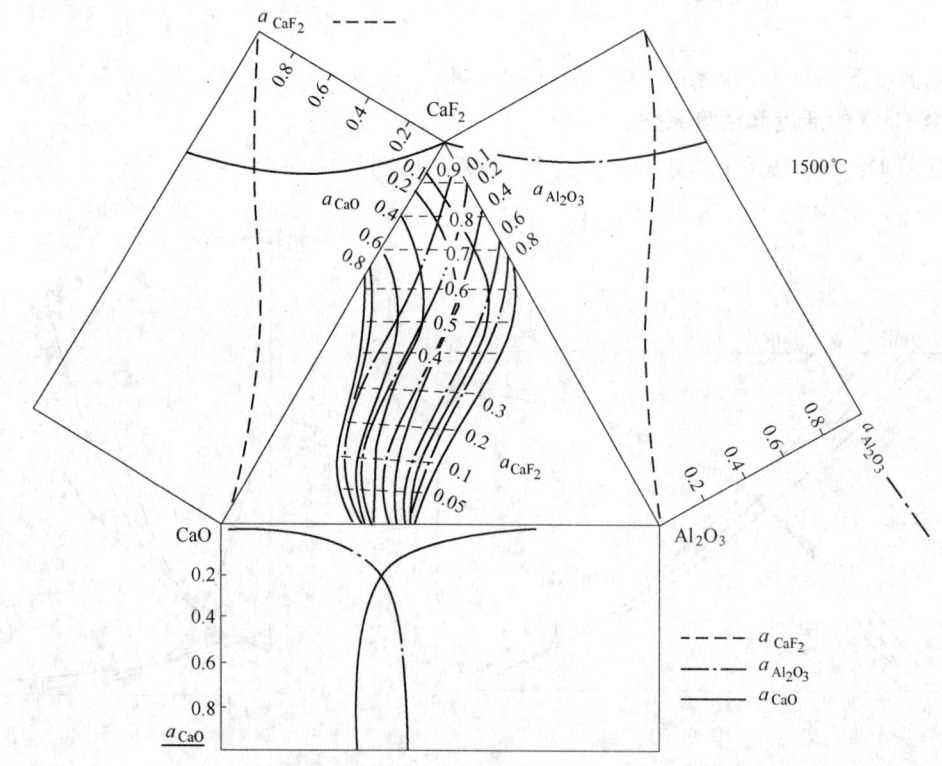

图 10-4-48

CaO-Al$_2$O$_3$-SiO$_2$ 渣系中的等 $a_{CaO}$、$a_{Al_2O_3}$、$a_{SiO_2}$ 线（1600℃，1700℃）（图 10－4－49）[12]

CaO-Al$_2$O$_3$-SiO$_2$ 渣系中的等 $a_{CaO}$、$a_{Al_2O_3}$、$a_{SiO_2}$ 线（1600℃）（图 10－4－50）[96]

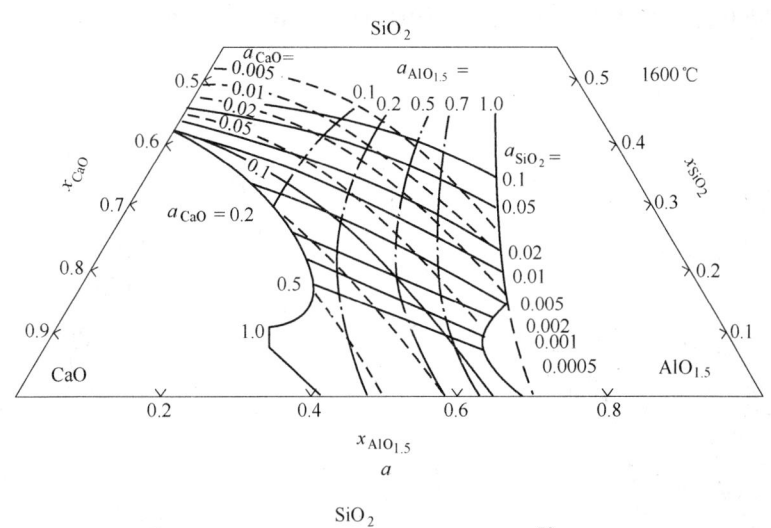

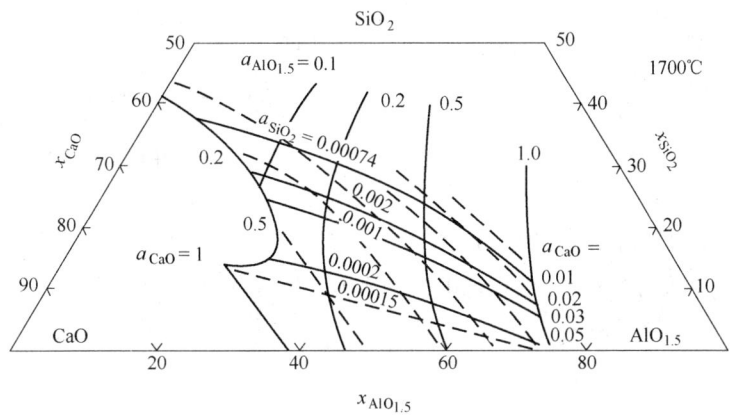

图 10－4－49

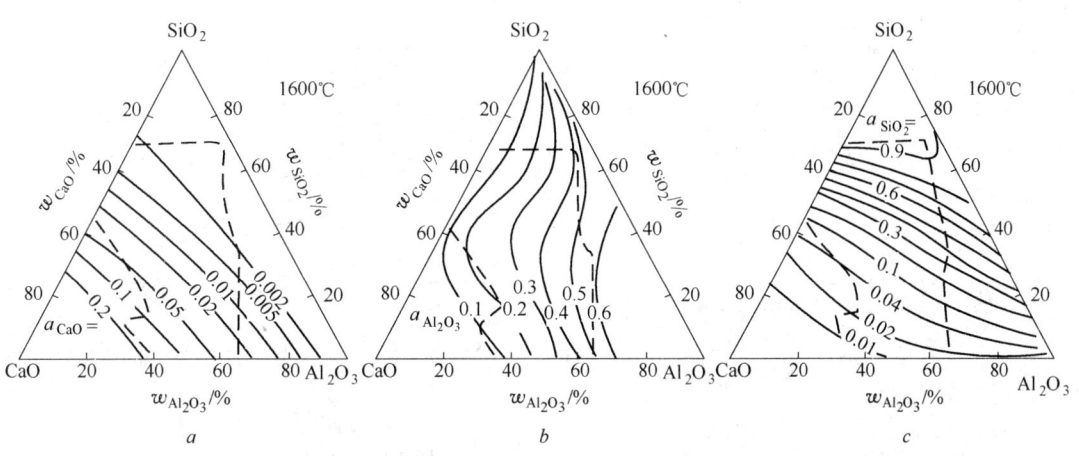

图 10－4－50

$a—a_{CaO}$；$b—a_{Al_2O_3}$；$c—a_{SiO_2}$

## 六、渣中其他组元的活度

CaO-CaS-CaF$_2$ 系的等 $a_{CaO}$、$a_{CaS}$、$a_{CaF_2}$ 线（1500℃）（图 10-4-51）[88]

炉渣的组成和温度对 P$_2$O$_5$ 活度系数的影响（1550~1600℃）（图 10-4-52）[27]

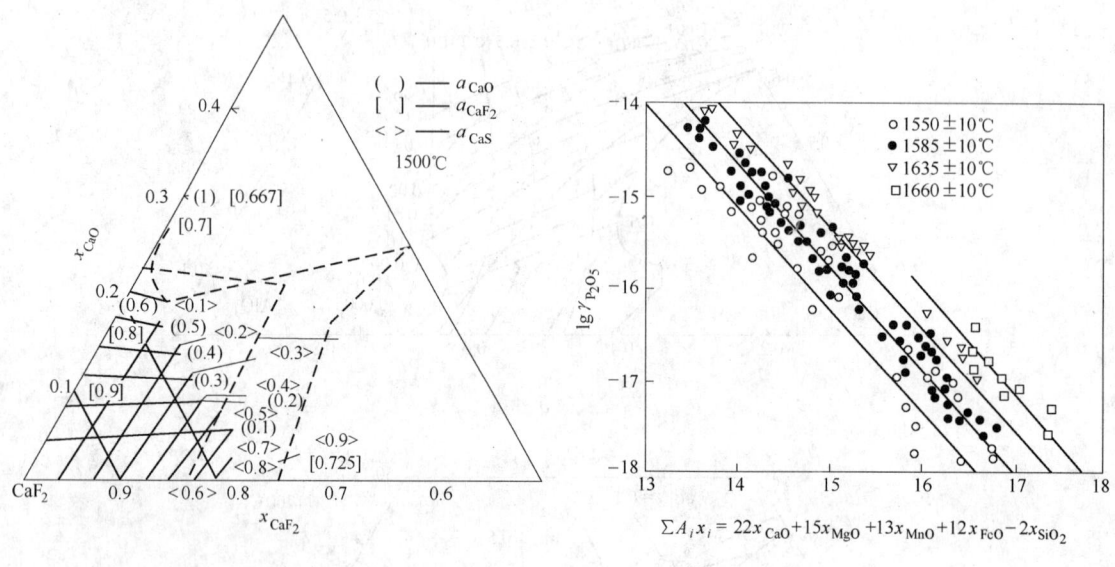

图 10-4-51　　　　　　　　　　　图 10-4-52

CaF$_2$-CaC$_2$ 系的相图和 $a_{CaC_2}$（1500℃）（图 10-4-53）[110]

Al$_2$O$_3$-CaF$_2$-La$_2$O$_3$ 系的等 $a_{La_2O_3}$ 线（1600℃）（图 10-4-54）[111]

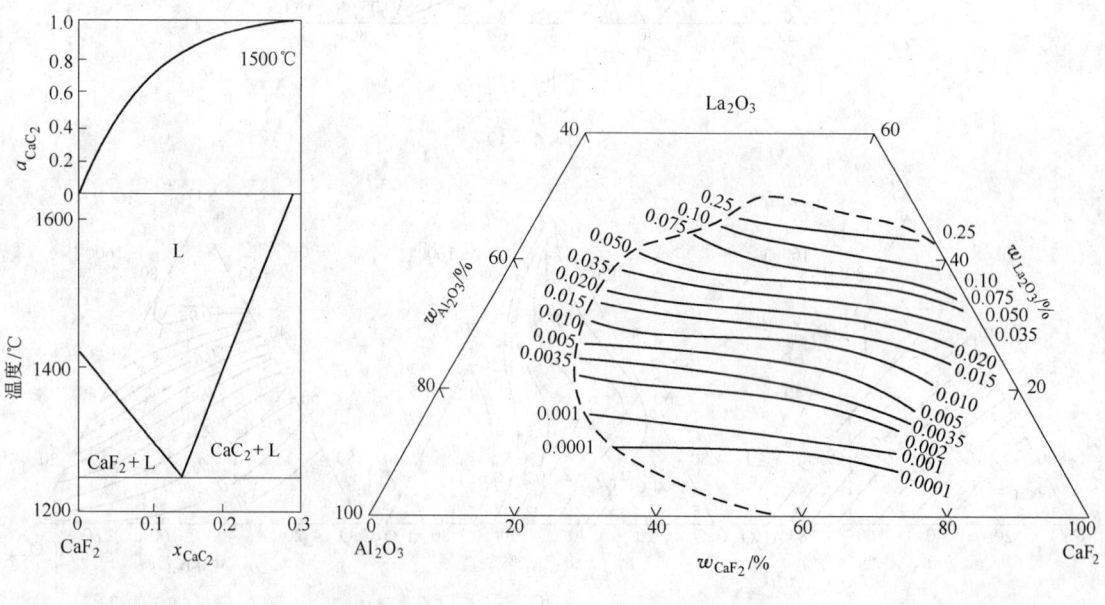

图 10-4-53　　　　　　　　　　　图 10-4-54

$Al_2O_3$-$CaF_2$-$La_2O_3$ 系中 $CaF_2 = 50\%$、$Al_2O_3 = 20\%$ 时 $a_{La_2O_3}$ 与 $La_2O_3$ 含量的关系(图 10-4-55)[111]
CaO-$Cr_2O_3$-$CaF_2$ 熔体中 $CaF_2$/CaO = 4、3 时 $a_{Cr_2O_3}$ 和 $x_{Cr_2O_3}$ 的关系(图 10-4-56)

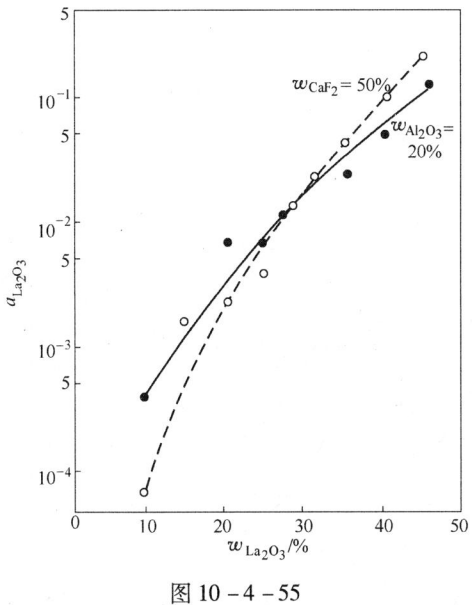

图 10-4-55

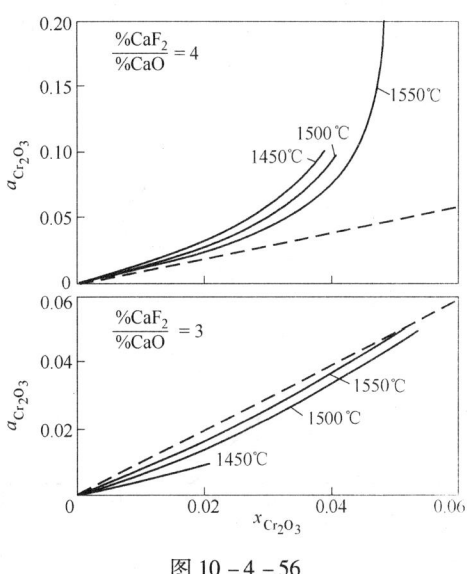

图 10-4-56

# 第五节　钢液的脱硫和渣中的硫

## 一、钢液的脱硫

钢液中[E]-[S]的平衡含量的关系(图 10-5-1)
[E]的脱氧、脱硫平衡值的比较(图 10-5-2)

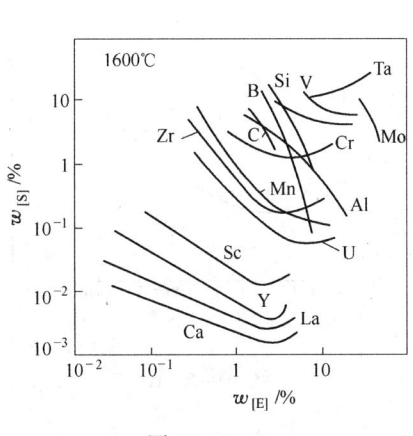

图 10-5-1

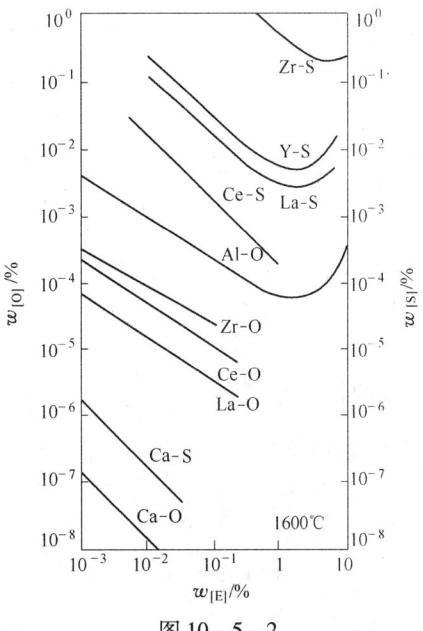

图 10-5-2

铁液中金属元素与硫之间的平衡(图 10 - 5 - 3)[63]

Ca 处理钢液时产物对[Al]、[S]平衡的影响(图 10 - 5 - 4)

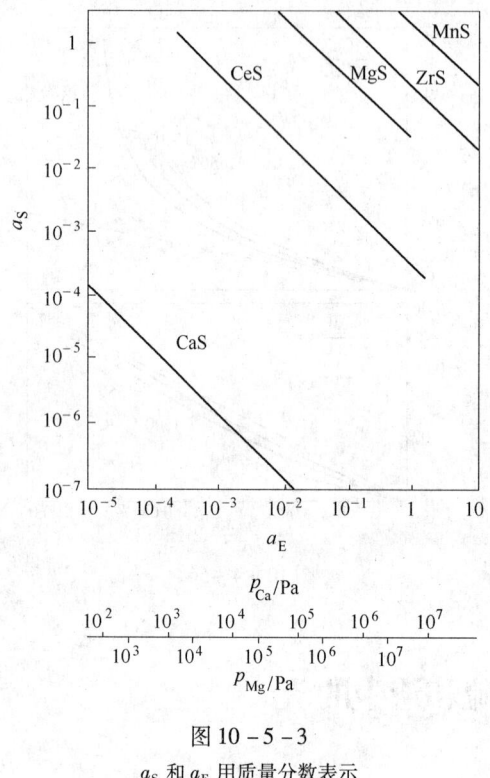

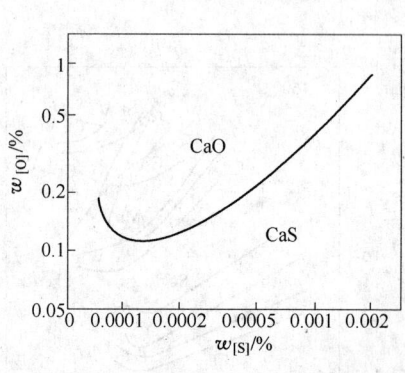

图 10 - 5 - 3

$a_S$ 和 $a_E$ 用质量分数表示

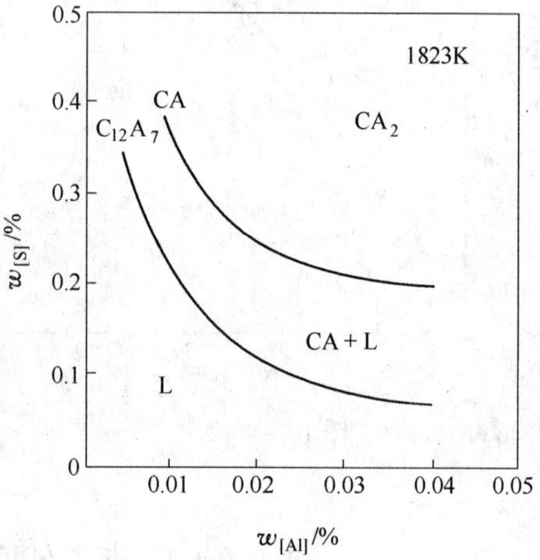

图 10 - 5 - 4

硫的分配系数和[Al]及 CaO-Al$_2$O$_3$ 渣中 CaO 的关系(图 10 - 5 - 5)

[S]、[O]和硫化钙稳定区的关系(图 10 - 5 - 6)[113]

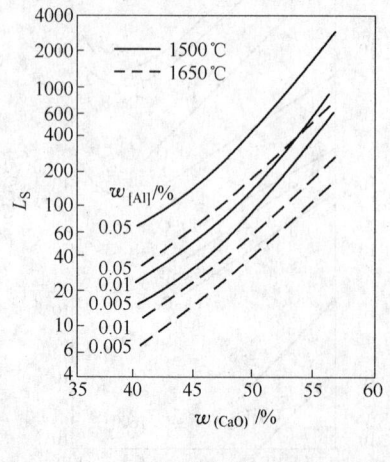

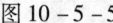

图 10 - 5 - 5

图 10 - 5 - 6

氧化物对 CaO56%、Al$_2$O$_3$44% 的渣与钢间硫的分配系数的影响(图 10 - 5 - 7)[24]

硫、氧化物和铁液中硫、氧活度的关系(图 10 - 5 - 8)[112]

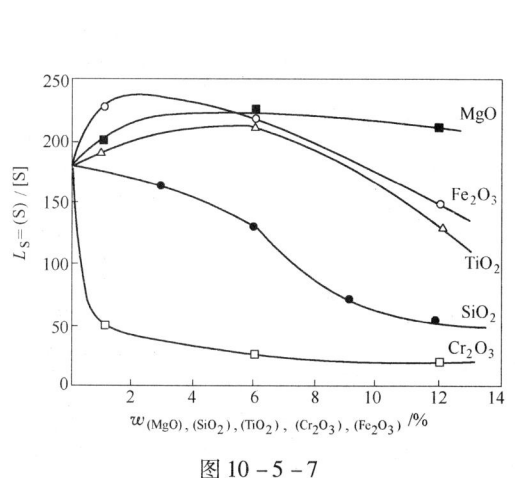

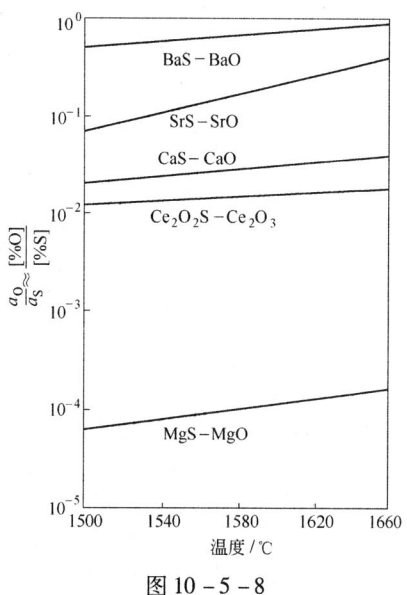

图 10 - 5 - 7

图 10 - 5 - 8

硅酸盐、铝酸盐和含氟渣的脱硫能力与其组成的关系(1500℃)(图 10 - 5 - 9)[93]

1650℃时各渣系的脱硫能力和组成的关系(图 10 - 5 - 10)[93]

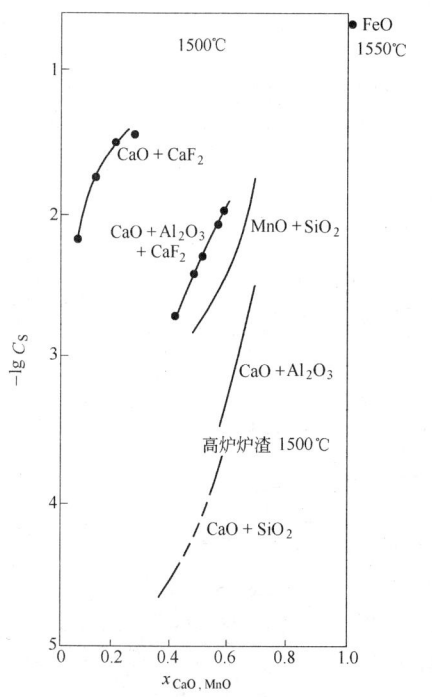

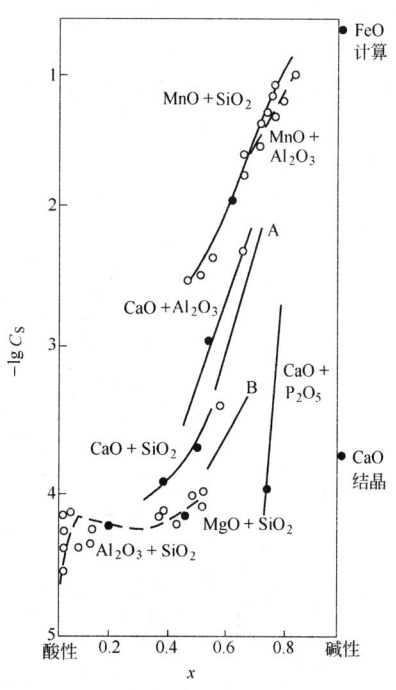

图 10 - 5 - 9

CaO-Al$_2$O$_3$-CaF$_2$ 系中摩尔分数比 Al$_2$O$_3$:CaF$_2$ = 1.3:1;

脱硫能力 $C_S = (\%S)(p_{O_2}/p_{S_2})^{1/2}$

图 10 - 5 - 10

A—$x(CaO + Al_2O_3 + P_2O_5) = 0.07$

B—$x(CaO + SiO_2 + P_2O_5) = 0.07$

## 二、渣中的硫

CaS 在 CaO-Al$_2$O$_3$ 和 CaO-SiO$_2$ 中的溶解度（1650℃）（图 10 - 5 - 11）[93]

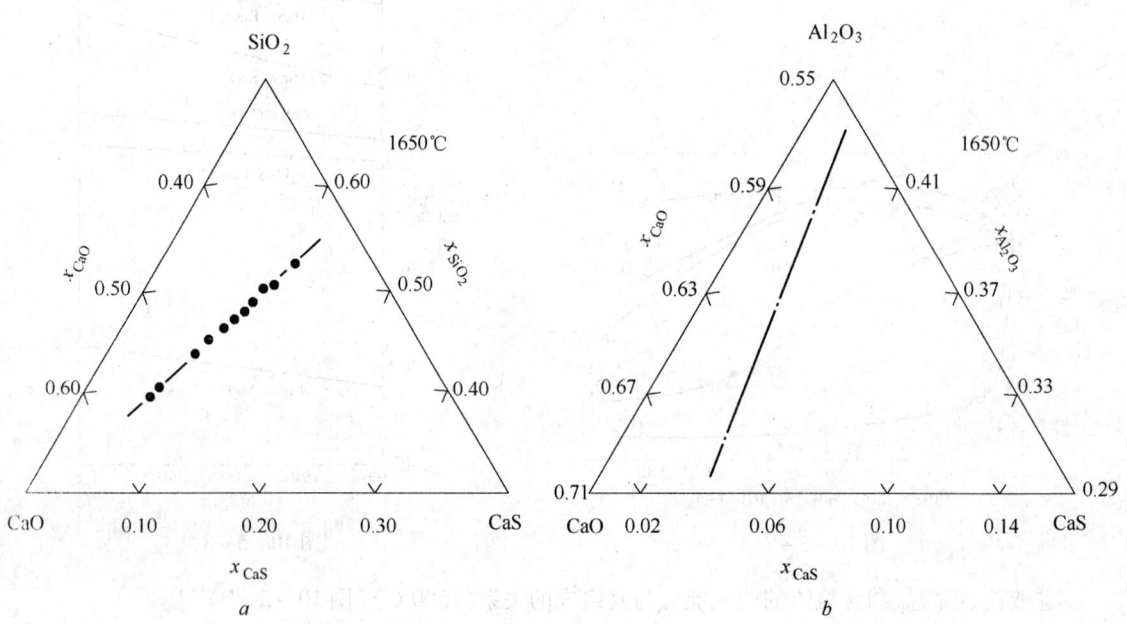

图 10 - 5 - 11

CaO-FeO-SiO$_2$ 渣和铁液间的硫的分配系数（1600℃）（图 10 - 5 - 12）[114]

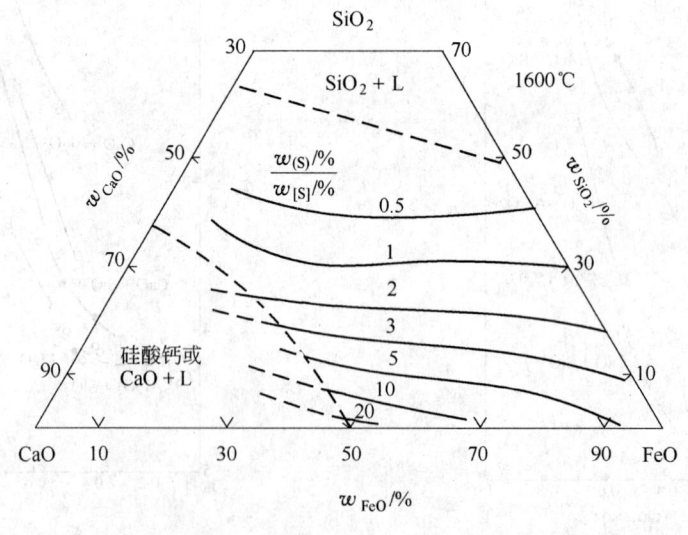

图 10 - 5 - 12

综合炉渣成分和铁液间硫的分配系数(图 10 – 5 – 13)[115]

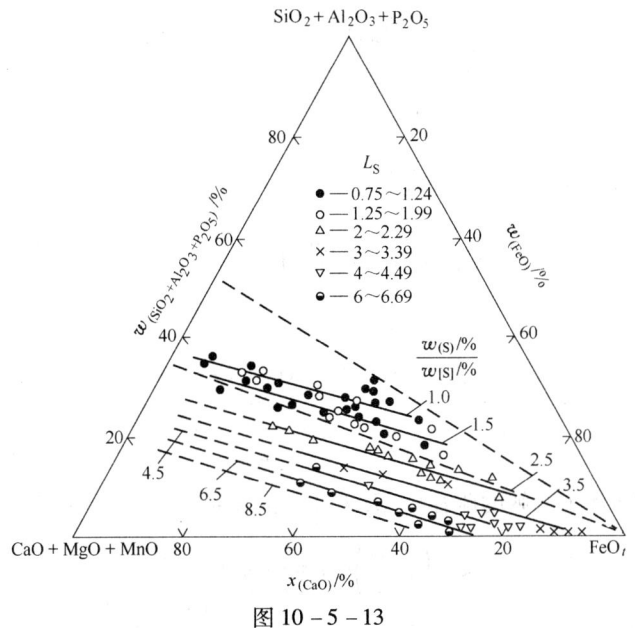

图 10 – 5 – 13

渣中氧化铁和剩余碱对硫的分配系数的影响(图 10 – 5 – 14)[116]

$E_xO_y$ 渣系的硫容量($C_S$)(图 10 – 5 – 15)[117]

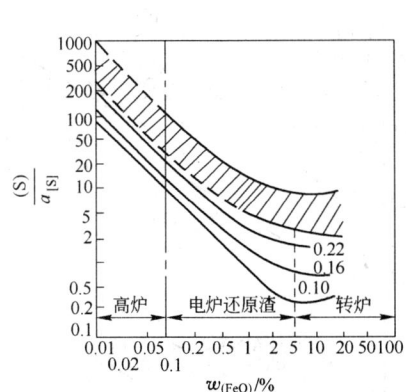

图 10 – 5 – 14

图中数字 0.22、0.16、0.10 表示剩余碱

剩余碱 $= n_{MgO} + n_{CaO} + n_{MnO} - 2n_{SiO_2}$

$\qquad - 4n_{P_2O_5} - n_{Fe_2O_3} - n_{Al_2O_3}$

$n$——摩尔数/100 g 渣

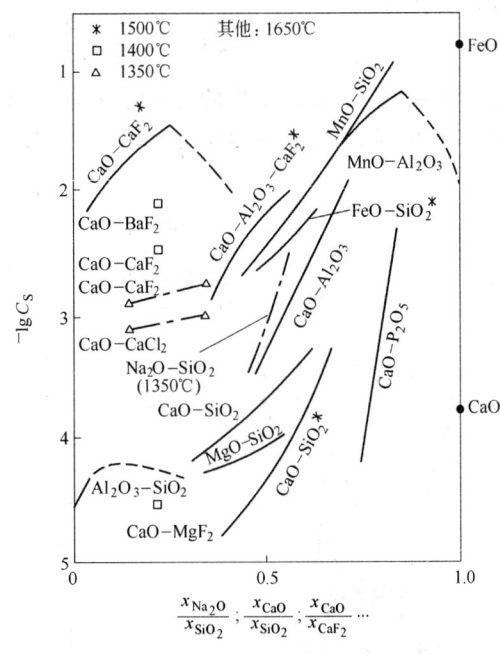

图 10 – 5 – 15

脱硫时硫在熔渣内溶解的反应为：

$$\frac{1}{2}S_2 + (CaO) = (CaS) + \frac{1}{2}O_2$$

或

$$\frac{1}{2}S_2 + (O^{2-}) = \frac{1}{2}O_2 + (S^{2-})$$

对一定温度及熔渣组成硫容量可写成下式：

$$C_S = w(S) \times \left[\frac{p_{O_2}}{p_{S_2}}\right]^{\frac{1}{2}}$$

铁液脱硫反应为：

$$[S] + (O^{2-}) = [O] + (S^{2-})$$

$$C'_S = w(S) \times \frac{a_{[O]}}{a_{[S]}}$$

$C'_S$ 是铁液中硫在熔渣中溶解的硫容量，$C_S$ 和 $C'_S$ 的关系式为：

$$C_S = \left(\frac{K_{[S]}}{K_{[O]}}\right)C'_S = (K_{OS})^{-1}C'_S$$

$$\frac{1}{2}O_2 = [O] \qquad\qquad \lg K_{[O]} = \frac{-6118}{T} + 0.151$$

$$\frac{1}{2}S_2 = [S] \qquad\qquad \lg K_{[S]} = \frac{7054}{T} - 1.224$$

$$[S] + \frac{1}{2}O_2 = [O] + \frac{1}{2}S_2 \qquad \lg K_{OS} = \frac{-936}{T} + 1.375$$

CaS 在 CaO-Al₂O₃ 渣中的溶解度（1500～1600℃）（图 10-5-16）[118]
各种熔剂的硫容量和磷容量的关系（图 10-5-17）

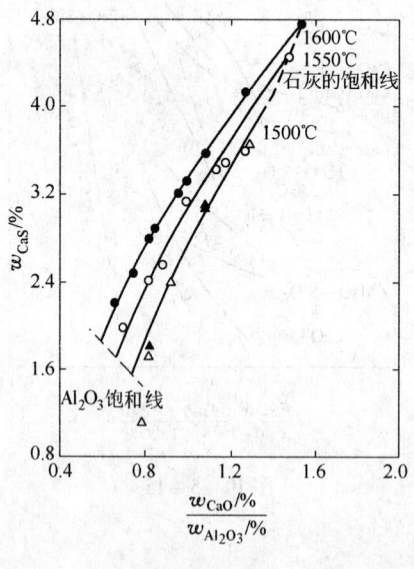

图 10-5-16

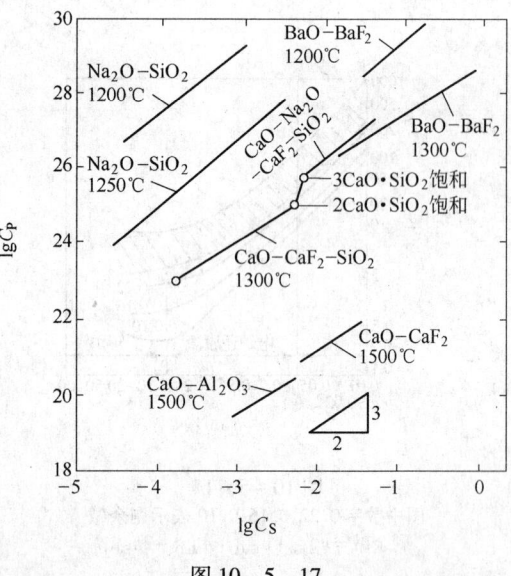

图 10-5-17

含 CaO 的渣系中的硫容量和其成分的关系(1600℃)(图 10－5－18)[119]

CaO-CaS-Al$_2$O$_3$ 熔体中 CaS 的活度系数(1500℃)(图 10－5－19)[86]

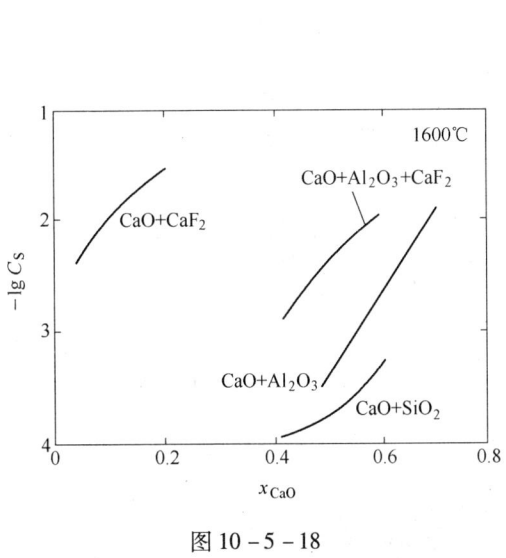

图 10－5－18

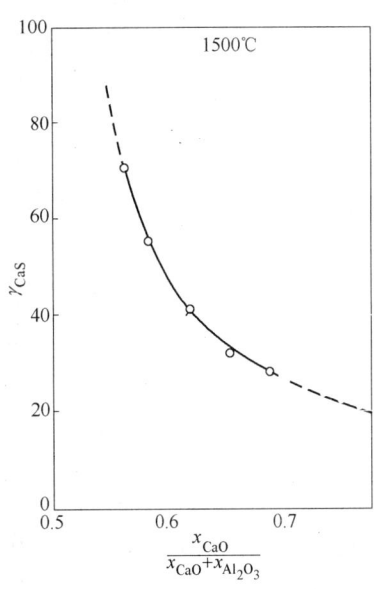

图 10－5－19

标准状态 CaS:纯固态 CaS

CaO-CaS-SiO$_2$ 熔体中 CaS 的活度系数(图 10－5－20)[86]

CaO-SiO$_2$ 渣中硫的活度系数与硫含量的关系(图 10－5－21)[86]

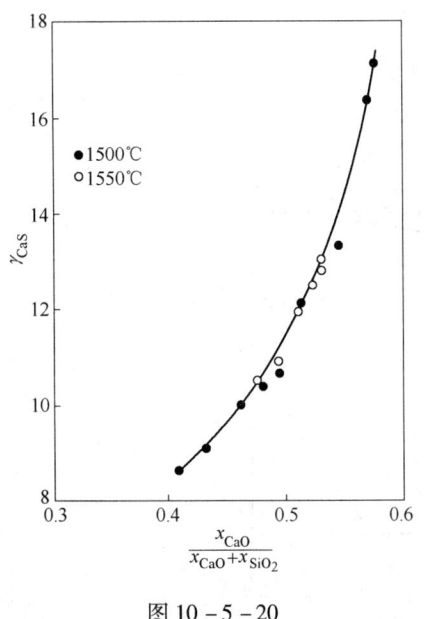

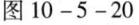

图 10－5－20

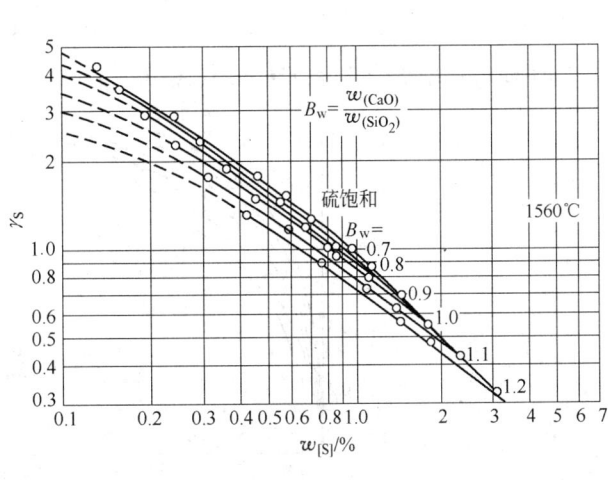

$$\gamma_S = 1.225 \times 10^{-0.1563} B_w^2 w_{(S)}^{-0.706}$$

图 10－5－21

CaO-CaS-SiO$_2$ 渣中 CaS 活度系数与 $x_{CaS}$ 的关系（图 10 – 5 – 22）[86]

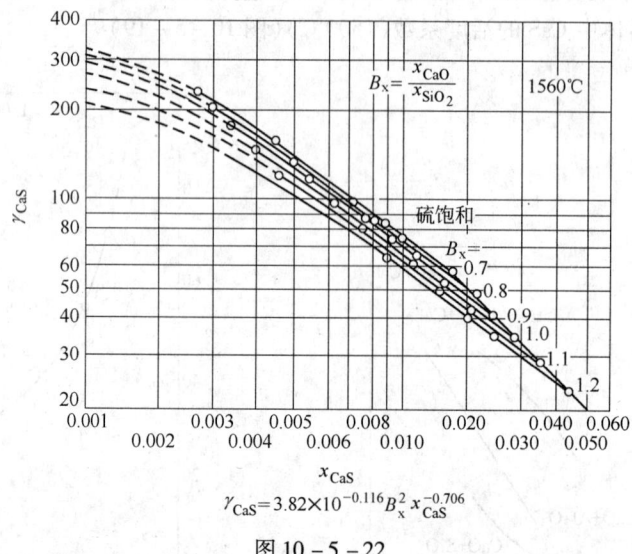

$$\gamma_{CaS}=3.82\times10^{-0.116}B_x^2 x_{CaS}^{-0.706}$$

图 10 – 5 – 22

CaO-CaS-SiO$_2$ 渣中 CaS 的活度（图 10 – 5 – 23）[86]

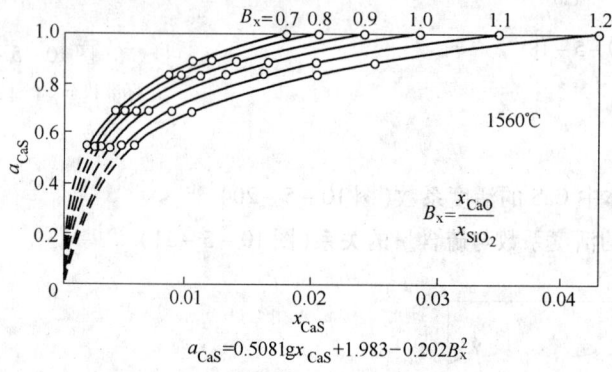

$$a_{CaS}=0.508\lg x_{CaS}+1.983-0.202B_x^2$$

图 10 – 5 – 23

CaO-SiO$_2$ 渣中硫的活度（1560℃）（图 10 – 5 – 24）[86]

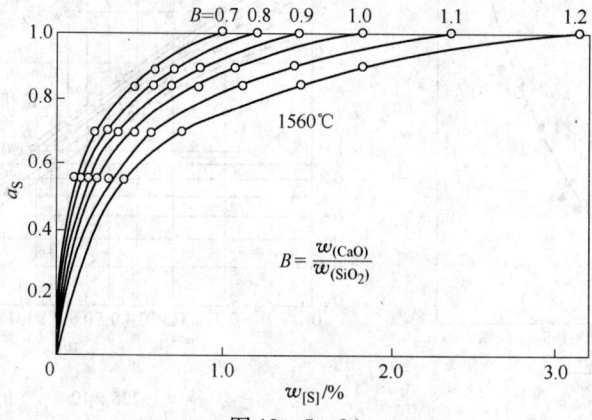

图 10 – 5 – 24

标准状态 CaS : CaO-SiO$_2$ 熔体中的饱和 CaS

$$a_{(S)}=0.508\lg(\%S)+1.132-0.2665B_w^2$$

# 第六节　脱磷反应

不同温度下钢液中[P][O]、[C][O]平衡关系的比较(图10-6-1)[120]

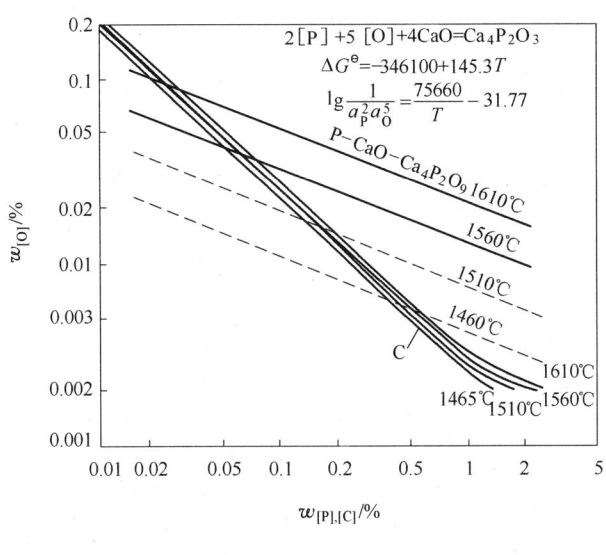

$$2[P]+5[O]+4CaO=Ca_4P_2O_3$$
$$\Delta G^{\ominus}=-346100+145.3T$$
$$\lg\frac{1}{a_P^2 a_O^5}=\frac{75660}{T}-31.77$$

图10-6-1

CaO-FeO-SiO$_2$系渣和钢液间磷的分配系数(1600℃)(图10-6-2)[114]

磷的分配系数和渣中(FeO)、碱度的关系(图10-6-3)[121]

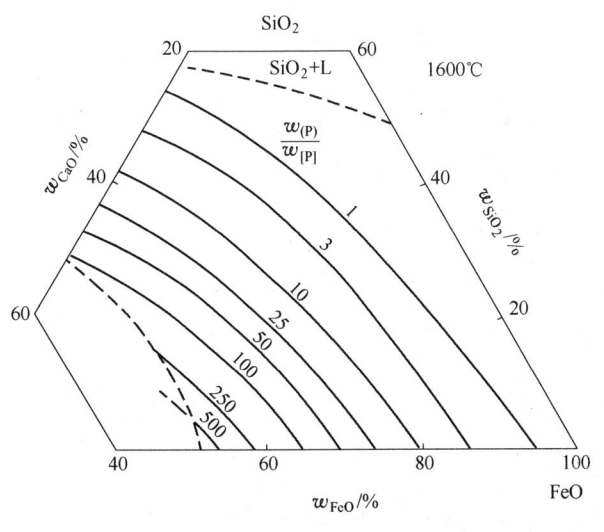

图10-6-2

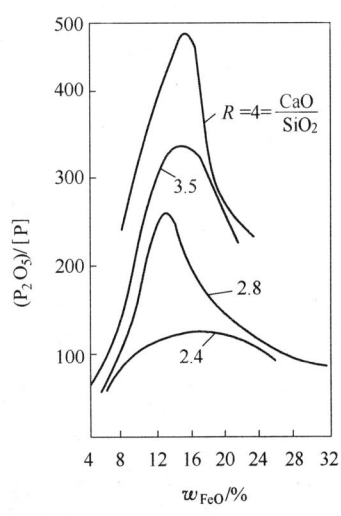

图10-6-3

脱磷指标 $\dfrac{4CaO \cdot P_2O_5}{[P]^2} = 100$ 时渣中（FeO）、碱度和温度的关系（图 10-6-4）[71]

炉渣组成和脱磷指标的关系（1600℃）（图 10-6-5）[122]

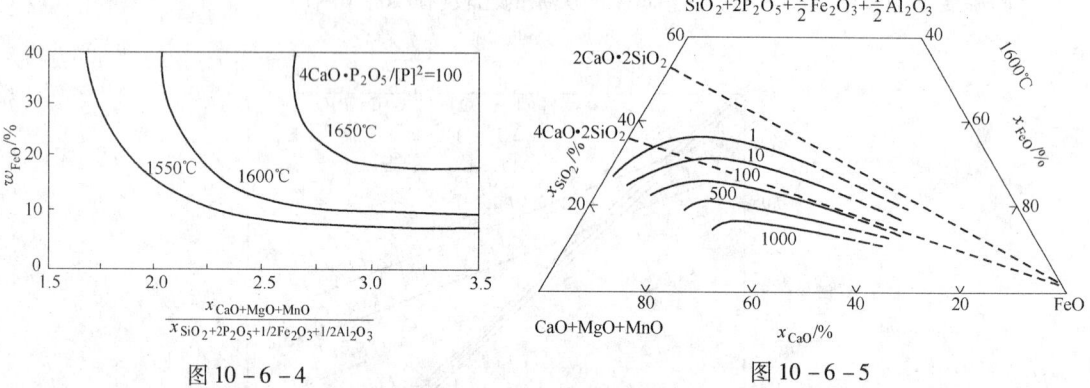

图 10-6-4　　　　　　　　　　图 10-6-5

不同渣量时渣的碱度、（FeO）对[P]含量的影响（1600℃）（图 10-6-6）[123]

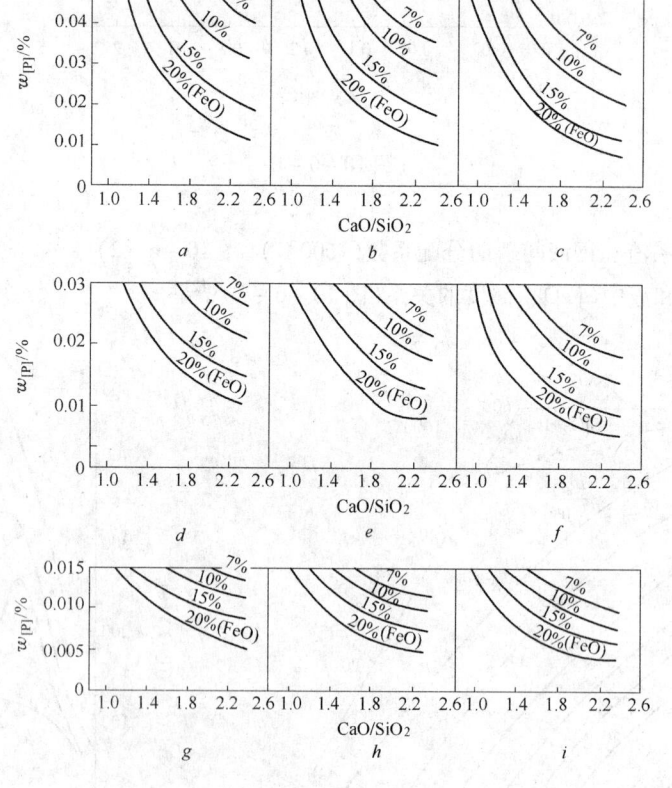

图 10-6-6

| 渣量/% | | 4 | 10 | 20 |
|---|---|---|---|---|
| 原始含磷量 $w$/% | 0.1 | $a$ | $b$ | $c$ |
| | 0.05 | $d$ | $e$ | $f$ |
| | 0.02 | $g$ | $h$ | $i$ |

钢中[Ca]、[P]含量的关系(图 10 - 6 - 7)[124]

磷容量($C_{PO_4^{3-}}$)和碱性氧化物摩尔分数的关系(图 10 - 6 - 8)

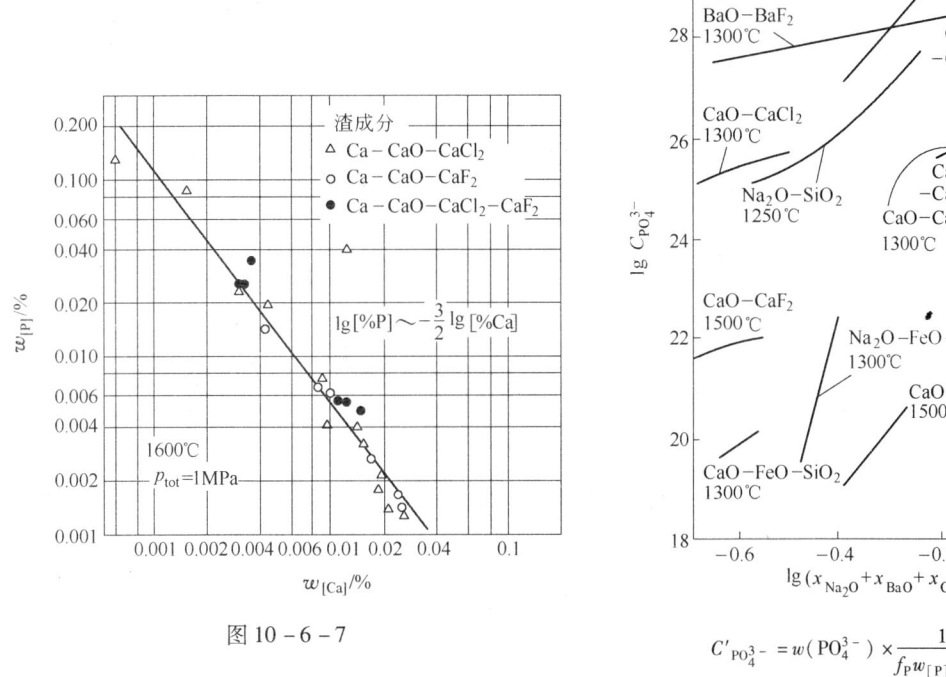

图 10 - 6 - 7

$$C'_{PO_4^{3-}} = w(PO_4^{3-}) \times \frac{1}{f_P w_{[P]} a_{[O]}^{5/2}}$$

$$C_{PO_4^{3-}} = K_{[O]}^{5/2} K_P C'_{PO_4^{3-}}, \quad \lg K_P = \frac{6381}{T} + 1.01$$

图 10 - 6 - 8

# 第七节　其他元素在渣钢间的分配

炉渣碱度和铬、锰、氧化铁平衡常数的关系(1600℃)(图 10 - 7 - 1)

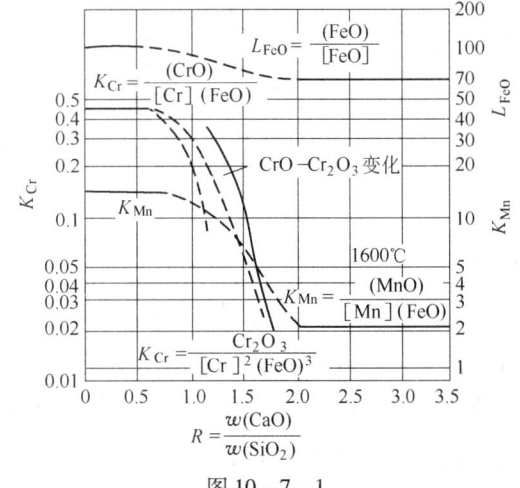

$$R = \frac{w(CaO)}{w(SiO_2)}$$

图 10 - 7 - 1

氧化渣的碱度和[C]对$\dfrac{(W)}{[W]}$分配系数的影响（图 10 − 7 − 2）[24]

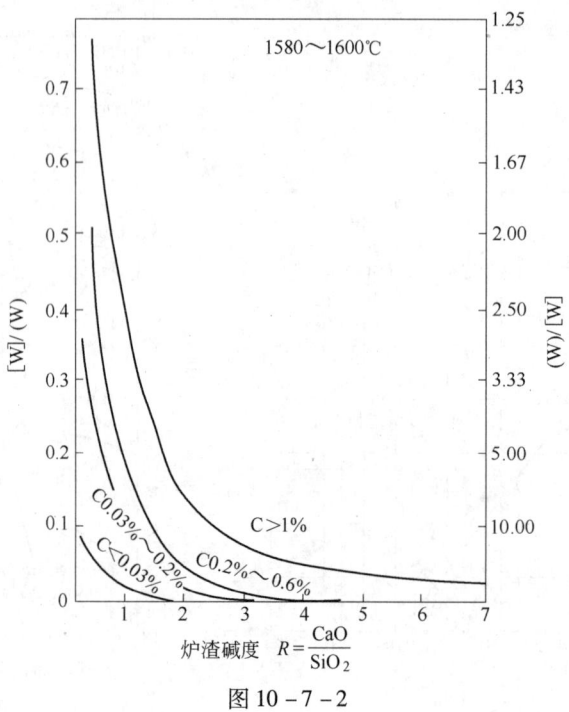

图 10 − 7 − 2

渣量、分配系数和渣中元素总量和钢中残留元素含量的图解（图 10 − 7 − 3）[125]

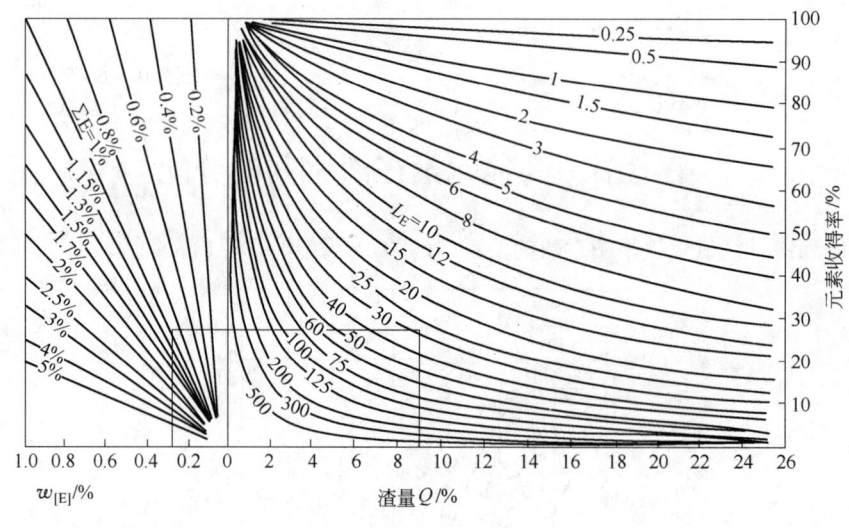

图 10 − 7 − 3

$$L_E = \frac{(E)}{[E]}, [E] = \frac{100\Sigma E}{100 + L_E Q_{渣}}, \% ; L_E \text{ 与渣钢成分有关，可从平衡常数导出。}$$

例：渣量 9%，$L_E = 30$，$\Sigma E = 1\%$，则钢中残存元素为 0.27%。

同理，可计算 S、P、H、N 等元素在渣、钢中的分配关系，需要注意的是 $L_E$ 随钢渣成分的变化。

可计算$\dfrac{(S)}{[S]}$、$\dfrac{(P)}{[P]}$、$\dfrac{(H)}{[H]}$、$\dfrac{(N)}{[N]}$等元素的分配关系，注意的是 $L_E$ 随钢渣成分的变化。

# 第八节　气体在渣中的溶解

## 一、氢在渣中的溶解

$H_2O$ 在 $CaO$-$SiO_2$ 系中的溶解和渣中氧化物比值的关系(图 10 - 8 - 1)[93]

水在渣中的溶解度和组成的关系(图 10 - 8 - 2)[93]

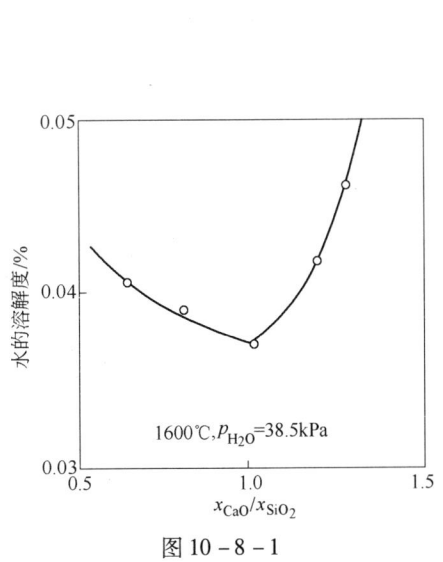

图 10 - 8 - 1

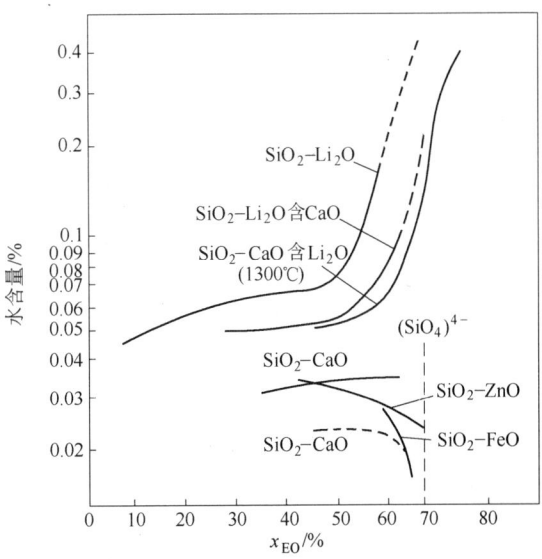

图 10 - 8 - 2

$1300 \sim 1500℃, p_{H_2O} = 19.5\ kPa; Li_2O + SiO_2 + CaO$

其中 $x_{CaO} = 0.25 \pm 0.01; CaO + SiO_2 + Li_2O$

其中 $x_{Li_2O} = 0.25 \pm 0.03$

钢、渣间氢的分配系数和温度的关系(图 10 - 8 - 3)[126]

炉渣的碱度和流动性对氢的分配系数的影响(图 10 - 8 - 4)[126]

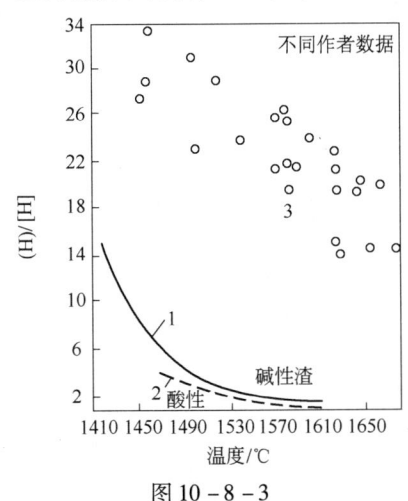

图 10 - 8 - 3

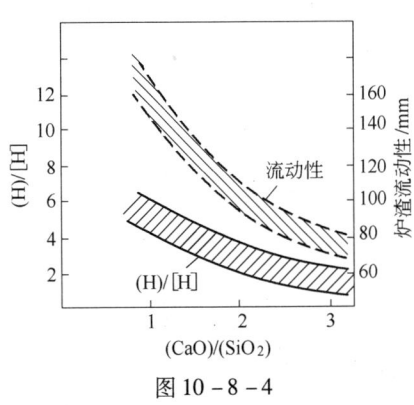

图 10 - 8 - 4

氢在钢、渣间的溶解和分配系数($p_{H_2} = 0.1$ MPa,1600℃)(表10 – 8 – 1)[127]

表10 – 8 – 1

| 钢　号 | 氢溶解度/cm³·100 g⁻¹ | | $K_H = \dfrac{(H)}{[H]}$ |
| --- | --- | --- | --- |
| | 渣　中 | 钢　中 | |
| 40 | 45 | 26.0 | 1.7 |
| GCr15 | 96 | 21.5 | 4.4 |
| 30CrMnSiA | 108 | 27.1 | 4.0 |
| 45Mn17Al3 | 160 | 32.4 | 4.9 |

注:炉渣成分:53% CaO,42% Al₂O₃,3% SiO₂,2% MgO;试验时钢渣重为100 g,10 g;坩埚:熔融 MgO。

CaO56%-Al₂O₃44% 渣中 H₂O、H₂ 的溶解度和温度的关系(图10 – 8 – 5)[127]

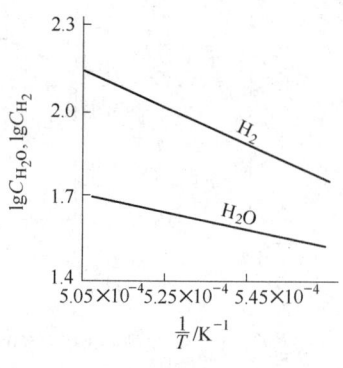

图10 – 8 – 5

$C_{H_2}$、$C_{H_2O}$单位:cm³/100 g

综合性渣氢气的溶解度($p_{H_2O} = 0.1$ MPa)(表10 – 8 – 2)[45]

表10 – 8 – 2

| 渣 性 质 | 渣成分 w/% | | | | 温度/℃ | (H)/% |
| --- | --- | --- | --- | --- | --- | --- |
| | CaO | SiO₂ | FeO | MnO | | |
| 碱性渣 | 44.35 | 29.24 | 19.14 | 19.76 | 1370 | 0.011 |
| | 24.65 | 26.68 | 21.51 | 20.87 | 1370 | 0.0093 |
| | 49.80 | 29.60 | 21.4 | | 1370 | 0.0046 |
| | 35.2 | 28.80 | 39.73 | | 1370 | 0.0041 |
| 酸性渣 | | 42.84 | 19.65 | 34.93 | 1360 | 0.0009 |
| | | 64.24 | 3.4 | 45.92 | 1360 | 0.0018 |

MnO-SiO$_2$ 熔体中 H$_2$ 的溶解度和水分压的关系(图 10 - 8 - 6)[86]

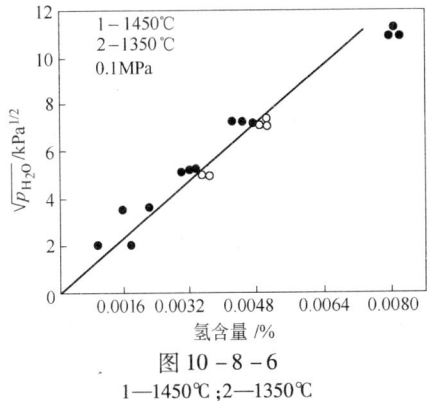

图 10 - 8 - 6
1—1450℃;2—1350℃

Al$_2$O$_3$-CaO 熔体中 H$_2$O 含量和水分压的关系(图 10 - 8 - 7)[86]

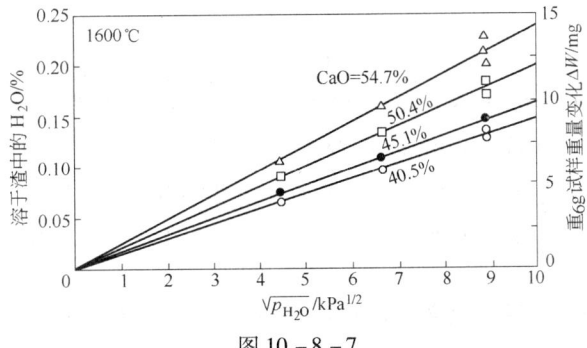

图 10 - 8 - 7

CaO-MgO-SiO$_2$ 熔体中 H$_2$O 的溶解度和组成的关系(图 10 - 8 - 8)[86]

CaO-Al$_2$O$_3$-SiO$_2$ 熔体中水的分压和氢含量的关系(图 10 - 8 - 9)[86]

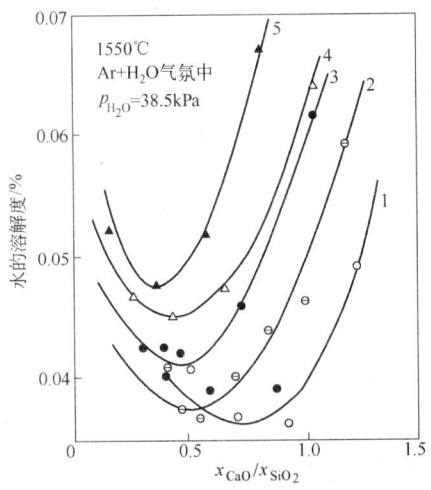

图 10 - 8 - 8
MgO 含量:1—5%;2—0%;3—15%;4—20%;5—25%

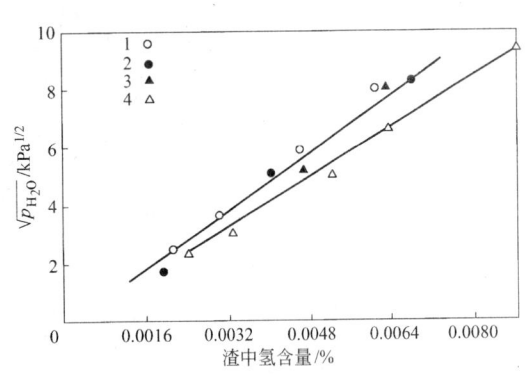

图 10 - 8 - 9
炉渣成分和温度:1—40% CaO,40% SiO$_2$,20% Al$_2$O$_3$,1350℃;
2—40% CaO,40% SiO$_2$,20% Al$_2$O$_3$,1450℃;
3—40% CaO,40% SiO$_2$,20% Al$_2$O$_3$,1550℃;
4—57% CaO,27% SiO$_2$;16% Al$_2$O$_3$,1550℃

CaO-FeO-SiO$_2$ 熔体中(H)和温度的关系(图 10 – 8 – 10)$^{[86]}$

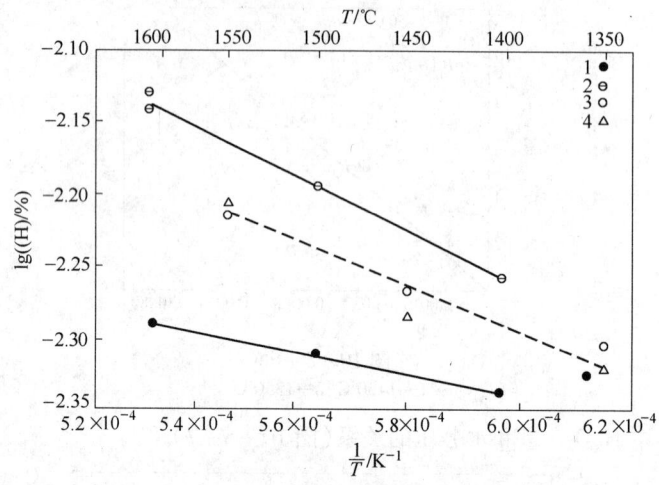

图 10 – 8 – 10

1—$x_{CaO} = 0.35$, $x_{FeO} = 0.35$, $x_{SiO_2} = 0.30$; $p_{H_2O} = 0.312 \times 10^5$ Pa 变化到 $1.013 \times 10^5$ Pa;

2—$x_{CaO} = 0.20$; $x_{FeO} = 0.60$, $x_{SiO_2} = 0.20$; $p_{H_2O} = 0.312 \times 10^5$ Pa 变化到 $1.013 \times 10^5$ Pa;

3—$x_{CaO} = 0.387$; $x_{FeO} = 0.243$, $x_{SiO_2} = 0.37$; $p_{H_2O} = 0.101 \times 10^5$ Pa 变化到 $1.013 \times 10^5$ Pa;

4—$x_{CaO} = 0.334$, $x_{FeO} = 0.336$, $x_{SiO_2} = 0.33$; $p_{H_2O} = 0.101 \times 10^5$ Pa 变化到 $1.013 \times 10^5$ Pa

CaO-SiO$_2$ 熔体中 SiO$_2$ 含量和氢含量的关系(图 10 – 8 – 11)$^{[86]}$

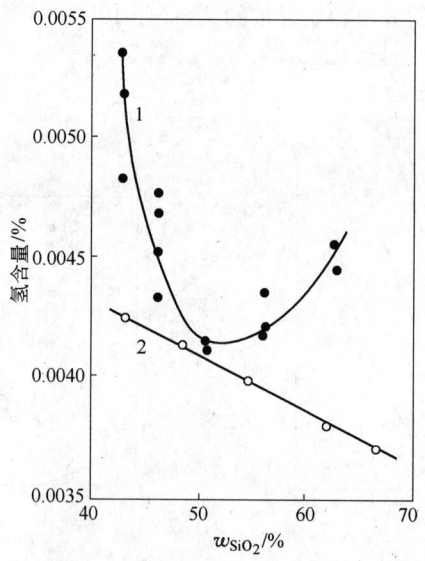

图 10 – 8 – 11

1—1600℃,(H$_2$O + Ar)气氛中 $p_{H_2O} = 0.0386$ MPa;

2—1550℃,(H$_2$O + Ar)气氛中 $p_{H_2O} = 0.0254$ MPa

$p_{H_2} = 0.1$ MPa 的还原条件下,$Al_2O_3$-CaO-MgO-$SiO_2$ 合成渣中氢的溶解度(表 10 - 8 - 3)[86]

表 10 - 8 - 3

| 饱 和 条 件 | 温度/℃ | 氢浓度/$cm^3 \cdot 100\ g^{-1}$ |
|---|---|---|
| 石墨坩埚 | 1000 | 82 |
| | 1700 | 146 |
| MgO 坩埚 | 1600 | 1 |
| | 1700 | 56 |
| MgO 坩埚;渣覆盖着一层 45% 硅铁 | 1600 | 51 |
| MgO 坩埚;渣覆盖着一层 75% 硅铁 | 1600 | 67 |
| MgO 坩埚;渣中加入 1% Al | 1600 | 135 |
| MgO 坩埚;渣中加入 2% Al | 1600 | 162 |

注:炉渣成分:42% $Al_2O_3$,53% CaO,2% MgO,3% $SiO_2$。

$Al_2O_3$-CaO-MgO-$SiO_2$ 熔体中 $H_2O$ 的溶解度(测量氢换算成 $H_2O$)(表 10 - 8 - 4)[86]

表 10 - 8 - 4

| 序　号 | 炉渣成分/% | | | | 温度/℃ | $H_2O$ 浓度/$cm^3 \cdot 100\ g^{-1}$ |
|---|---|---|---|---|---|---|
| | $Al_2O_3$ | CaO | MgO | $SiO_2$ | | |
| 1 | 42 | 53 | 2 | 3 | 1500 | 30.4 |
| | | | | | 1600 | 42.0 |
| | | | | | 1700 | 48.9 |
| 2 | 28 | 53 | 2 | 15 | 1600 | 30.9 |
| 3 | 42 | 41 | 2 | 15 | 1600 | 30.9 |

钢包中合成渣处理时,渣和钢中氢含量的变化(表 10 - 8 - 5)[86]

表 10 - 8 - 5

| 钢　号 | C | Si | Mn | Cr | Ni | 其　他 |
|---|---|---|---|---|---|---|
| A | 0.32 | 1.05 | 0.95 | 0.95 | 最大 0.2 | 0.2Cu,低 S,P 含量 |
| B | 0.26 | 1.05 | 0.95 | 0.95 | 最大 0.2 | 0.2Cu,低 S,P 含量 |
| C | 1.02 | 0.25 | 0.3 | 1.5 | 最大 0.3 | 最大 0.25Cu |
| D | 0.18 | 0.28 | 0.4 | 1.0 | 0.75 | 0.75W,低 S,P 含量 |
| E | 0.45 | 0.28 | 0.4 | 1.0 | 0.8 | 0.2Mo,低 S,P 含量 |

| 钢号 | 处理前炉渣成分/%　处理后炉渣成分/% | | | | | | | | 浓度/$cm^3 \cdot 100\ g^{-1}$ | | | 处理后 | |
|---|---|---|---|---|---|---|---|---|---|---|---|---|---|
| | CaO | $Al_2O_3$ | $SiO_2$ | $Fe_2O_3$ | $TiO_2$ | MgO | $Cr_2O_3$ | MnO | FeO | 处理前 [H] | 处理后 [H] | 处理前 (H) | (H_2O) | (H_2O)+(H) |
| A | 52.80 | 40.77 | 2.20 | 0.11 | 0.03 | 0.81 | 0.07 | 0.07 | 0.21 | 5.15 | 3.24 | 2.71 | | 16.82 |
| | 50.07 | 37.76 | 6.78 | 0.09 | 0.61 | 3.57 | 0.07 | 0.07 | 0.35 | | | | | |
| | 51.66 | 39.73 | 2.20 | 痕量 | 0.41 | 1.57 | 0.08 | 0.04 | 0.16 | 4.73 | 3.57 | 6.71 | 9.55 | 31.20 |
| | 46.40 | 32.95 | 9.01 | 痕量 | 0.29 | 6.55 | 0.12 | 0.34 | 0.65 | | | | | |

| 钢号 | 处理前炉渣成分/%<br>处理后炉渣成分/% | | | | | | | | | 浓度/cm³·100 g⁻¹ | | | 处理后 | |
|---|---|---|---|---|---|---|---|---|---|---|---|---|---|---|
| | CaO | Al₂O₃ | SiO₂ | Fe₂O₃ | TiO₂ | MgO | Cr₂O₃ | MnO | FeO | 处理前<br>[H] | 处理后<br>[H] | 处理前<br>(H) | (H₂O) | H₂O<br>+(H) |
| A | 53.14 | 40.02 | 1.70 | | 0.60 | 1.80 | 0.06 | 0.05 | 0.21 | 4.52 | 3.90 | 7.28 | 4.69 | 43.80 |
| | 48.16 | 36.14 | 6.30 | | 0.30 | 6.11 | 0.06 | 0.28 | 0.57 | | | | | |
| B | 49.38 | 40.61 | 2.94 | | 0.41 | 3.27 | 0.07 | 0.02 | 0.29 | 5.03 | 3.83 | 6.45 | 7.29 | 17.28 |
| | 46.75 | 37.42 | 6.58 | | 0.33 | 4.97 | 0.06 | 0.18 | 0.68 | | | | | |
| | 49.56 | 41.80 | 1.66 | | 0.80 | 1.33 | 0.06 | 0.43 | 0.04 | 6.55 | 2.30 | 3.37 | 4.49 | 17.57 |
| | 46.75 | 39.10 | 6.21 | | 0.52 | 4.60 | 0.09 | 0.40 | 0.13 | | | | | |
| | 49.40 | 41.40 | 3.02 | 痕量 | 0.40 | 3.40 | 0.04 | 0.02 | 0.30 | 4.80 | 3.20 | 5.07 | | |
| | 53.61 | 37.07 | 2.26 | 痕量 | 0.68 | 2.14 | 0.13 | 0.04 | 0.25 | 4.90 | 4.75 | 6.74 | 3.10 | 12.90 |
| | 51.46 | 34.93 | 5.30 | 痕量 | 0.50 | 5.15 | 0.51 | 0.14 | 1.08 | | | | | |
| C | 53.00 | 37.34 | 2.15 | | 0.78 | 1.94 | 0.16 | 0.05 | 0.33 | 5.34 | 5.19 | 5.97 | 3.43 | 8.41 |
| | 51.00 | 34.63 | 5.14 | | 0.44 | 3.20 | 0.49 | 0.17 | 1.20 | | | | | |
| | 52.70 | 38.40 | 2.08 | | | 2.11 | | 0.30 | | 6.58 | 5.25 | 9.55 | 3.93 | 16.30 |
| | 51.50 | 35.70 | 6.10 | | 0.54 | 3.21 | 0.45 | 0.12 | 1.05 | | | | | |
| D | 52.97 | 39.00 | 2.20 | | 0.63 | 2.54 | 0.04 | 0.03 | 0.48 | 3.52 | 2.47 | 2.71 | | 12.90 |
| | 47.90 | 37.17 | 6.23 | | 0.54 | 5.58 | 0.27 | 0.37 | 1.03 | | | | | |
| E | 51.70 | 41.80 | 2.15 | 0.11 | 0.86 | 1.70 | 0.05 | 0.08 | 0.30 | 3.12 | 1.70 | 3.56 | | 7.84 |
| | 50.95 | 37.50 | 6.90 | 0.08 | 0.40 | 3.60 | 0.06 | 0.15 | 0.32 | | | | | |
| | 52.00 | 32.00 | 2.16 | 0.06 | 1.06 | 1.45 | 0.28 | 0.07 | 0.35 | 4.40 | 4.00 | 8.41 | | 19.13 |
| | 49.15 | 35.94 | 5.44 | 痕量 | 0.94 | 3.02 | 0.20 | 0.31 | 0.64 | | | | | |
| C | 17.11 | 20.13 | 2.14 | 55.90 | 痕量 | 痕量 | 痕量 | | 0.12 | 5.85 | 2.67 | 14.07 | | 11.80 |
| | 17.02 | 25.70 | 7.02 | 48.00 | 痕量 | 痕量 | 痕量 | | 0.21 | | | | | |
| E | 25.00 | 34.00 | 8.24 | 20.00 | 痕量 | 13.0 | 痕量 | 痕量 | 痕量 | 6.30 | 1.50 | 19.65 | | 6.17 |

注:钢和渣分别熔融,渣量为金属量的 6% ~7%,由 4 m 高处倾入钢包,出钢前温度约 1700℃。

电弧炉氧化渣还原渣中(H)和碱度的关系(图 10 - 8 - 12)[86]

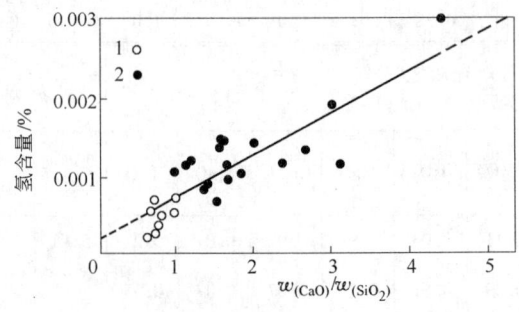

图 10 - 8 - 12
低碳钢精炼期
1—氧化渣;2—还原渣

碱性电弧炉炼钢过程中实际的氢、氮含量(表10 - 8 - 6)[45]

表10 - 8 - 6

| 炉 渣 类 型 | (H)/% | (N)/% |
| --- | --- | --- |
| 氧化期渣 | 0.0012 ~ 0.025 | 0.003 ~ 0.009 |
| 白　渣 | 0.020 ~ 0.045 | 0.018 ~ 0.065 |
| 电石渣末期 | 0.0052 | 0.095 ~ 0.20 |

## 二、氮在渣中的溶解

氮在 CaO-MgO-SiO$_2$-Al$_2$O$_3$ 渣中的含量(图10 - 8 - 13)[93]

CaO50% -SiO$_2$ 38% -Al$_2$O$_3$ 12% 渣中氮含量和气体组成的关系(图10 - 8 - 14)[93]

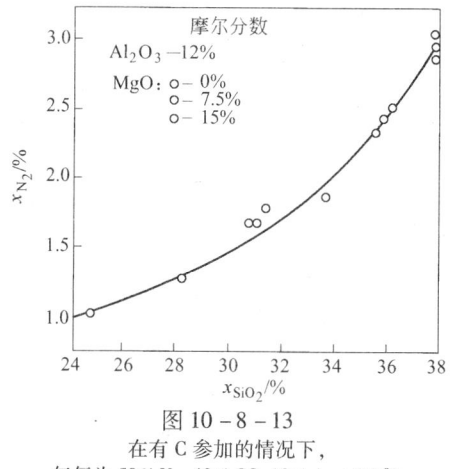

图 10 - 8 - 13

在有 C 参加的情况下,

气氛为 50% N$_2$ ,40% CO,10% Ar;1550℃

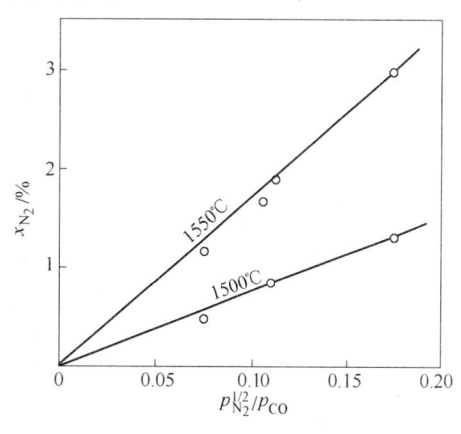

图 10 - 8 - 14

CaO 50% -Al$_2$O$_3$ 50% 渣中氮含量和反应时间的关系( 图10 - 8 - 15)[86]

Al$_2$O$_3$40% -CaO40% -SiO$_2$ 20% 渣中溶解的氮、碳含量和温度的关系(图10 - 8 - 16)[86]

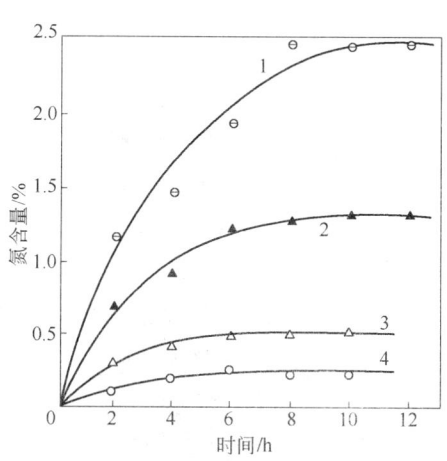

图 10 - 8 - 15

条件:( N$_2$ + CO)气氛中 $p_{N_2}$ =0.093 MPa 和 $p_{CO}$ =0.008 MPa 时

1—1600℃;2—1550℃;3—1500℃;4—1460℃

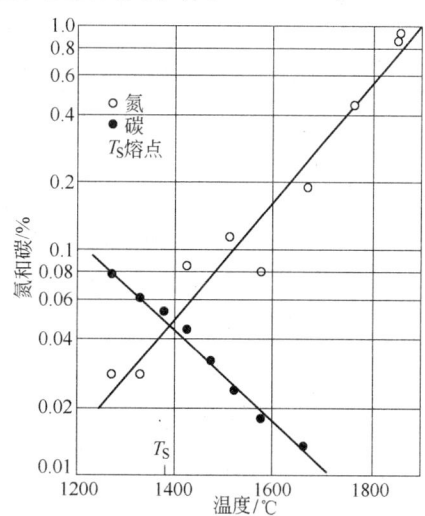

图 10 - 8 - 16

条件:$p_{N_2}$ =0.1 MPa,石墨坩埚内反应30 min后

CaO 50%-$Al_2O_3$ 50%渣中(N)和$p_{N_2}$的关系(图 10-8-17)[86]

CaO 50%-$Al_2O_3$ 50%渣中(N)和$t$、$p_{N_2}$的关系(图 10-8-18)[86]

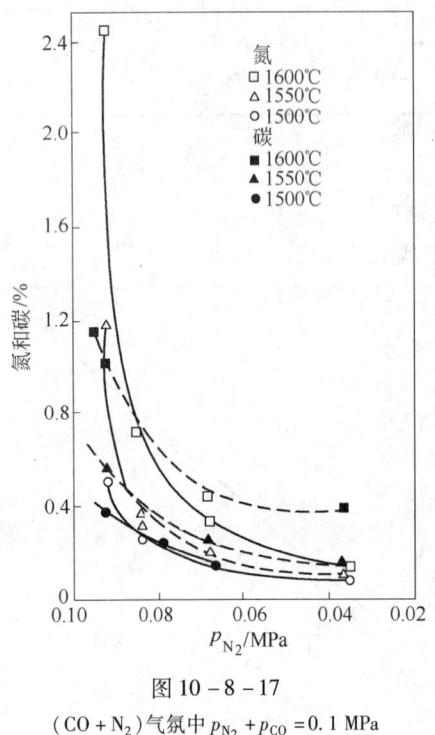

图 10-8-17

(CO+$N_2$)气氛中 $p_{N_2}+p_{CO}=0.1$ MPa

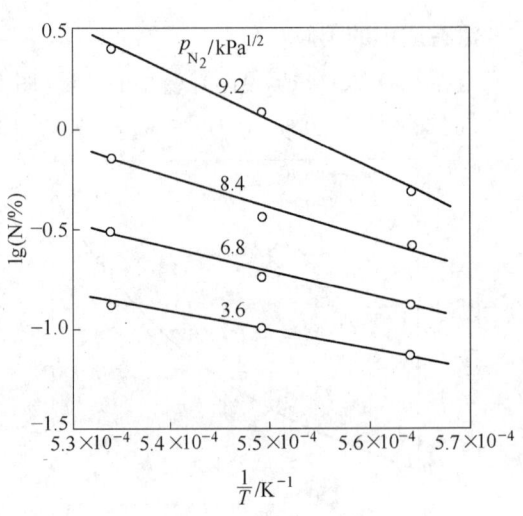

图 10-8-18

$p_{CO}+p_{Al}=0.1$ MPa

生铁温度对高炉渣氮含量的影响(图 10-8-19)[86]

高炉渣中氮含量与生铁中硅含量的关系(1420℃)(图 10-8-20)[86]

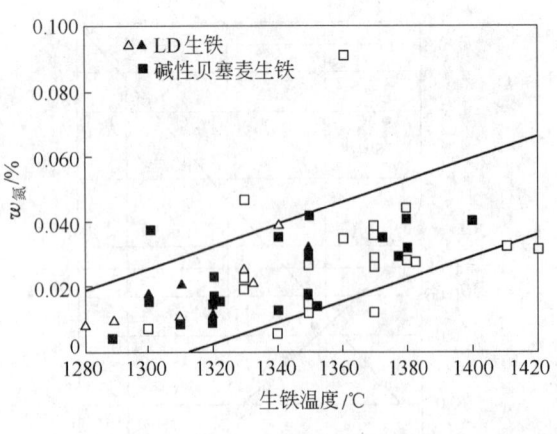

图 10-8-19

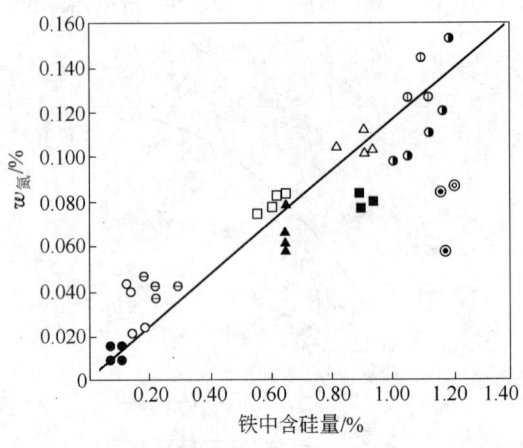

图 10-8-20

75 g 合成渣与 600 g 生铁在 $p_{N_2}=0.1$ MPa,

渣搅拌,反应时间 90 min

$N_2$ 和 CO 分压与 CaO-$Al_2O_3$ 熔体（起始成分为 55% CaO,45% $Al_2O_3$）中总氮含量的关系（图10 - 8 - 21）[86]

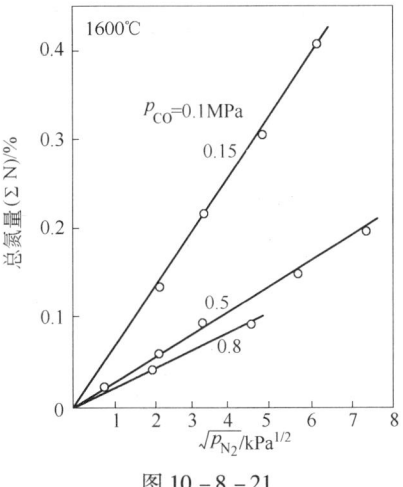

图 10 - 8 - 21

$N_2$ + CO + Ar 气氛气相成分对 CaO-$SiO_2$-$Al_2O_3$ 熔体氮含量的影响（表 10 - 8 - 7）[86]

表 10 - 8 - 7

| 温度/℃ | 炉渣成分/% | | | 气体成分/% | | | 氮含量/% | | 炉　次 |
|---|---|---|---|---|---|---|---|---|---|
| | CaO | $SiO_2$ | $Al_2O_3$ | $N_2$ | CO | Ar | 含氮物数量 | 全氮量 | |
| 1500 | 47. 05 | 37. 9 | 12. 1 | 20 | 60 | 20 | 0. 511 ± 0. 03 | 0. 116 ± 0. 007 | 5 |
| | | | | 20 | 40 | 40 | 1. 819 ± 0. 03 | 0. 195 ± 0. 01 | 8 |
| | | | | 50 | 40 | 10 | 1. 329 ± 0. 10 | 0. 303 ± 0. 02 | 7 |
| 1550 | 55. 1 | 30. 95 | 12. 0 | 70 | 20 | 10 | 4. 21 ± 0. 31 | 0. 974 ± 0. 076 | 9 |
| | | | | 55 | 25 | 20 | 3. 101 ± 0. 19 | 0. 703 ± 0. 03 | 8 |
| | | | | 50 | 40 | 10 | 1. 68 ± 0. 04 | 0. 378 ± 0. 009 | 6 |
| | | | | 20 | 40 | 40 | 1. 10 ± 0. 09 | 0. 247 ± 0. 021 | 8 |
| | | | | 40 | 60 | 0 | 0. 93 ± 0. 08 | 0. 211 ± 0. 019 | 10 |
| | | | | 20 | 60 | 20 | 0. 784 ± 0. 10 | 0. 177 ± 0. 02 | 9 |
| 1550 | 47. 05 | 37. 9 | 12. 1 | 70 | 20 | 10 | | | |
| | | | | 50 | 40 | 10 | 2. 96 ± 0. 09 | 0. 673 ± 0. 020 | 8 |
| | | | | 20 | 40 | 40 | 1. 90 ± 0. 13 | 0. 428 ± 0. 030 | 13 |
| | | | | 40 | 60 | 0 | 1. 67 ± 0. 07 | 0. 379 ± 0. 016 | 12 |
| | | | | 20 | 60 | 20 | 1. 19 ± 0. 06 | 0. 264 ± 0. 012 | 5 |
| 1600 | 55. 1 | 30. 95 | 12. 0 | 20 | 60 | 20 | 1. 19 ± 0. 07 | 0. 264 ± 0. 02 | 7 |
| | | | | 50 | 40 | 10 | 2. 98 ± 0. 16 | 0. 674 ± 0. 02 | 9 |
| | | | | 55 | 25 | 20 | 6. 021 ± 0. 3 | 1. 424 ± 0. 07 | 6 |

注:$p_总$ = 0. 1 MPa,石墨坩埚内。

高炉渣(41% CaO,35% $SiO_2$,11% $Al_2O_3$,9% MgO,0. 3% Fe,0. 5% Mn 和 1. 5% S)中氮、氰化物和碳的含量数据(表 10 - 8 - 8)[86]

表 10 - 8 - 8

| 渣 的 来 源 | $(N)_总$/% | (CN)/% | $(C)_总$/% |
|---|---|---|---|
| 炼碱性贝塞麦生铁 | 0. 024 | 0. 001 | 0. 16 |
| 炼 LD 生铁 | 0. 036 | 0. 001 | 0. 13 |

电炉渣($58.4\%\,CaO$,$27.3\%\,SiO_2$,$6.3\%\,CaF_2$,$0.1\%\,FeO$)的氮含量($p_{N_2}=0.1\,MPa$ 时)(表 $10-8-9$)[86]

表 $10-8-9$

| 温度/℃ | 反应时间/min | 氮含量/% |
|---|---|---|
| 1476 | 0 | 0.008 |
|  | 47 | 0.008 |
|  | 119 | 0.009 |
| 1565 | 50 | 0.007 |
|  | 50 | 0.007 |
|  | 95 | 0.007 |
| 1565 | 95 | 0.007 |

## 参 考 文 献

[1] Urban R F. BOF Steelmaking, volume Ⅱ, Theory. 1976

[2] Trojan D K. Trans. ASM,1961,54:549~566

[3] 陈家祥,主编. 钢铁冶金学(炼钢部分). 北京:冶金工业出版社,2006

[4] Winkter O. Vaccum Metallurgy. London-New York,1971

[5] Chipman J,et al. Trans. AIME. 1951,191:111

[6] Физико-химические основы производство стали. Москва,1961

[7] Chipman J,et al. Trans. AIME,1957,185:91

[8] Hilty D C Electric Furnace Proccedings,1965,23:88

[9] Chemical metallurgy of Iron and Steel Symposium,BSC,1971

[10] Sims E. Electric Furnace Steelmaking. volume Ⅱ,1963

[11] Куликов И С. Десульфурация чугуна. Металлургия М,1962

[12] Elliott F. Themochemistry for Steelmaking,Volume Ⅰ,Ⅱ,1963

[13] Blossey R G, Pelke R O. Trans. Met. Soc. AIME,1966,236:566

[14] Производство стали и сплавов в ваккумных индукционных печах. М,1972

[15] High Nitrogen Steels. HNS 888,Edited By Hendry

[16] Small W M. Trans. Met. Soc. AIME,1968:2501

[17] Аверин В В. Азот в мегаллах. Металлургия М,1976

[18] 沢村宏. 鉄鋼化学热力学. 1972

[19] Григоренко Г М. проблемы специальной элекгрометаллургии, Киев,1979

[20] Elliott J F,et al. Trans. AIME,1963,227:381

[21] 万古志郎. 鉄と鋼,1974,(9):1299

[22] Явойский В И. Включения и газы в стали. Металлургия, 1979

[23] Черная Э И. металлургия,1960,(21)

[24] Физико-химические основы производство сгали. Наука,1960,1964

[25] Э И черная металлургия,1963,(20)

[26] Pehlke P D. Trans. Met. Soc. AIME,1958,212:486

[27] McGannan E. The Making Shaping and Treating,1970

[28] Физико-химические основы металлургигеских процессов. М, 1973

[29] 古训武等. 鉄と鋼,1976,(15)

[30] Darken L S . 鉄と鋼,1967, 53:1381

[31] 张鉴,著. 冶金熔体和溶液的计算热力学. 北京:冶金工业出版社,2007

[32] 樊中云,陈家祥. 生成化合物的二元合金体系中计算组元活度的平衡模型. 见:魏寿昆教授八十寿辰论文集. 北京:冶金工业出版社,1990

[33] Черная металлургия, 1963,(19)

[34] 魏寿昆. 活度在冶金中的应用. 北京:冶金工业出版社,1966

[35] Фромм Е, Гебхарит Е. Газы и углерод в металлах. Металлургия,1980

[36] Elliott J F, et al. Trans. AIME,1960,218:1076; Elliott F. Electric Furnace Proccedings, Vol. 32,1974

[37] 電気製鋼,1963,34(36)

[38] Куликов И С. Раскисление металлов. Металлургия,1974

[39] 日本鉄鋼協会. 鉄鋼便覧,東京丸善,1982

[40] 陈家祥. 硅铝钡钙包芯线的应用和成分的分析. 铁合金,2004,(4)

[41] 孙梦维,姚玉国,白连臣. 硅铝钡钙复合脱氧剂在转炉炼钢中的应用. 炼钢,2000,(3)

[42] 千野,等. 鉄と鋼,1967,53:331;福山当志,等. 鉄と鋼,1969,55(2):139

[43] Hilty D C,et al. J. Metals,1950,2

[44] Electric Furnacc Proceedings, Vol. 31,1973

[45] Самарин А М,ид. Сталеплавильное производство,Металлургия том I,1964

[46] Schenck H. Physikalisha Chemie der Eisenhüttenprosesse,1932

[47] Chipman J, et al. Trans. AIME,1950,88:341

[48] 黑色冶金,国际新闻技术通讯,1959,(2)

[49] Новохатский И А,ид. Ме각аллы,1966,(1):46

[50] Юппель С К. Раскисление и ваккумная обработка стали М,1973

[51] Черная Э И. металлургия,1964,(4):12

[52] 陈家祥,主编. 连续铸钢手册. 北京:冶金工业出版社,1991

[53] Chipman J, et al. The Physical Chemistry of Steelmaking. London,1961

[54] Процессы раскисления и образования неметаллических включения в стали,1977

[55] Electric Furnace Proccedings,1967:58

[56] Физко-химические иследования металлургических процессов выпуск михайлов Г Г ид,1975

[57] Ironmaking and Steelmaking,1974,4:228 ~ 233

[58] Lu W K, Mclean A. Ironmaking and Steelmaking,1974,4:208

[59] 郭恒明. 复合脱氧剂 Si-Al-Fe、Si-Al-Ba-Fe 最佳成分的研究[学位论文]. 北京:北京科技大学,1993

[60] 唐凯,等. 由相图计算 Si-Ca 二元系组元活度值. 铁合金,1994,(4)

[61] Song B, Hun Q,Zhong W(to be published)

[62] Faulring G M, et al. Inclusion precipitation diagram for the Fe-O-Ca-Al System. Metall. Trans. B. 1980,11: 125 ~ 130

[63] Olette M,et al. Progress in ladle steel refining. Int. Symp. Physical Chemistry of Iron and Steelmaking,Toronto,1982

[64] 奥特斯 F,著. 钢冶金学. 倪瑞明,等译. 北京:冶金工业出版社,1996

[65] 坂尾. 鉄と鋼,1970,56:830

[66] 熊井浩. 鉄と鋼,1974,60(9):1320

[67] 熊井浩. 鉄と鋼,1976,62(4):123

[68] Ironmaking and Steelmaking,1974,(4):228 ~ 233

[69] Prökinger E. Stahl und Eisen,1960,80(12):659 ~ 669

[70] 苏元复,等. 化工算图集,第二集. 上海:上海科技出版社,1961

[71] 邵象华,译.平炉炼钢学.北京:重工业出版社,1956

[72] Schenck H. Rev. Metallurgie,1960,57（1）:3～11

[73] 易新 O A.火法冶金物理化学,第二卷,下册.北京:高等教育出版社,1957

[74] Казаков А А. Кислорода в жидкой сгали. Металлургия,1972

[75] Elliott J F. Thermochemistry for Steelmaking,volume Ⅰ,Ⅱ,1963

[76] Proceedings Electric Furnace Conference,1971:16

[77] ИЗВ ВУЗ черная металлургия,1977,（1）

[78] Metallurgie du fer pund Lo Lowbier,1957

[79] Chipman J J. Iron and Steel Inst. ,1955,180:91

[80] Hitly D C. J. Iron and Steel Inst. ,1955,199:116

[81] Proceedings of the Fourth International Conference on Vaccum Metallurgy,1973

[82] Proceedings Electric Furnace Conference,1968:114

[83] Рефчерная Металлургия,1972,（10）

[84] Uait G J. J. Iron and Steel Inst. ,1943,148

[85] Darken L S,et al. J. of Americ Cermic Soc. , 1945,37;1946,38（5）

[86] 德国钢铁工程师协会,编.渣图集.王俭,等译.北京:冶金工业出版社,1989

[87] Schuhmann R,et al. Trans. Amer. Inst. Mining and Metallurgy Eng. ,1951,191:401

[88] Chemical Metallurgy of Iron and Steel Symposium BSC,1971

[89] 渡辺哲弥. 鉄と鋼,1962,43:1739

[90] Arch Eisenhütte Miska M,1973,44:19

[91] [日]吉田秋登.金属学報,1960,24(1):58

[92] Chipman J, et al. Trans. AIME,1956,206:862～868

[93] Richarson F D. Physical Chemistry of Melts in Metallurgy,volume Ⅰ,Ⅱ,1974

[94] Metall-Slag-Gas Reactions and Process,1975

[95] Turkdogen E T,et al. J. Iron and Steel Inst. ,1953,173:217～223

[96] Physical Chemistry and Steelmaking,Vol. 2. session 3,4,1978

[97] 邹元燨.冶金反应的物理化学(讲义),1957

[98] Mann A. Trans. AIME,1955,203:965

[99] Черная Э П. Металлургия,1963,（18）:75

[100] 坂尾弘言. 鉄と鋼,1971,57(13):1863

[101] Richarson F D,et al. J. Iron and Steel Inst. ,1960,196(11)

[102] Turkdogan E T, et al. J. Iron and Steel Inst. ,1953,175

[103] Stahl und Eisens Jahry,1979

[104] Elliott J F. Trans. AIME,1955,458:203

[105] Sommerville L D. Mel. Trans. ,1971,2:1727

[106] Stahl und Eisen,1960,6:21

[107] 邹元燨.金属学报,1956,（2）:127～141

[108] Electric Furnace Proceeding, Vol. 34,1976

[109] Проблемы специальных электрометаллургии вып,1978,（9）:115

[110] 金子恭郎. 鉄と鋼,1977,63(14):2296

[111] $La_2O_3$-$Al_2O_3$-$CaF_2$ 三元渣系中 $La_2O_3$ 的活度.金属学报,1984,（5）

[112] Turkdogan E T. Ladle deoxidation, desulphuritation and inclusions in steel part 1:Fundamentals Arch. , Eisenhütteawes,1983,54:1～10

[113] 日本学術振興会,编.製鋼反応の推奨平衡値.

[114] Electric Furnace Proceedings, Vol. 34,1976

[115] Chipman J, et al. Trans. AIME,1956,206:862

[116] Chipman J. et al. Trans. AIME,1951,194:319

[117] Editors Mehrotra S A. ,Progress in Metallurgical Research Fundamental and Applied,1985

[118] Turkdogan E T. Slags and Fluxes for Ferrous Ladle Metallurgy. Ironmaking and Steelmaking,1985,12:64 ~78

[119] Inoue R,et al. Sulfur partitions between carbon saturated iron melt and $Na_2O$-$SiO_2$ slags. Trans, Iron Steel Inst. 1982,22:514 ~ 523

[120] 万古志郎. 鉄と鋼,1963,49(4):660

[121] Balajiva, et al. J. Iron and steel Inst. ,1946,153:115;1947,155:563;1948,158:494

[122] Winker T B, Chipman J. Trans. AIME,1946,167:111

[123] 克拉马洛夫,А Д. 电炉炼钢学. 上海:上海科技出版社,1961

[124] Engell H J,et al. Stahl und Eisen,1984,104:443 ~449

[125] Бигеев А М. Расчёты мартеновских плавок. Москва,1966

[126] Явойский В И,ид. Теория процессов производства сгали,1963

[127] Ершов Г С. Взаймодействие фаз при плавке легированных сталей,1973

[128] Duff J A. An interpretation of glass chemistry in terms of the optical basicity concept. Non-crysl sloids,1976, 21:313 ~340

[129] 中村崇. 光学の盐基度の新的展开,日本金属学会志,1986,50(5):456 ~461

[130] Suito H, Inoue R. Trans. ISIJ,1984,24:47 ~53

[131] Sosinsky D J. The composition and tempereture dependence of sulfide capacity of metall,1986,47B:331 ~ 337

[132] 冶金部长城钢厂,北京钢铁学院. 冶金部技术鉴定书编号(86)冶科钢字第351号,改革电炉冶炼部分合金钢工艺研究,1986

# 第十一章　冶金反应的动力学

冶金反应过程大多数都发生在金属—渣—气相间,是由多个环节组成的复杂多相过程。炼钢反应的特征在绝大多数条件下受扩散限制,往往扩散环节的速度决定了炼钢反应的速度,所以研究传质原理对炼钢反应的应用是很重要的。应该指出的是,反应热力学是动力学的基础,反应受相界面附近边界层的扩散限制时扩散速度是由元素在相界面上的浓度和相内浓度差决定的,相界面上物质的浓度通常很接近于由热力学 $\Delta G^\ominus$ 决定的平衡常数所决定的,热力学数据不受体系(容器的尺寸)的特性限制,但动力学的数据和容器的大小尺寸和形状有很大关系。炉内的反应问题要和相似原理的应用相联系。

化学反应速度可以用反应物质的浓度和时间的微商表示:

$$v = -\frac{\mathrm{d}c}{\mathrm{d}t}$$

对化学反应

$$aA + bB = A^a \cdot B^b$$

利用质量作用定律可导出其速度式:

$$v = -\frac{\mathrm{d}c}{\mathrm{d}t} = kc_A^a c_B^b$$

式中　$c$——时间 $t$ 时反应物的浓度,$\mathrm{mol/m^3}$;

$k$——反应速度常数或比速常数,它是每种反应物的浓度为 1 单位时的化学反应的速度。

反应速度常数可用下式表示

$$k = k_0 \exp\left(-\frac{E}{RT}\right)$$

$k_0$ 为 $T = \infty$ 或 $E = 0$ 时的反应速度常数;$E$ 为活化能,$\mathrm{kJ/mol}$。

炼钢熔炼条件下计算的活化能通常称为表观活化能,它比化学反应的活化能低一个数量级。一般认为 $E \geqslant 400\ \mathrm{kJ/mol}$,反应过程在动力学范围,为化学反应或吸附速度限制。$E < 150\ \mathrm{kJ/mol}$ 为物质的扩散速度所限制,$E = 150 \sim 400\ \mathrm{kJ/mol}$ 范围内同受化学反应速度和扩散速度所限制,活化能代表分子反应时需要为外界供给的用以克服反应物转变为产物的过程中的能量,在炼钢熔池反应中绝大多数的反应受扩散限制,且扩散系数随温度增加,有较小的增长。

扩散系数是表征原子扩散能力的参数,记作 $D$,在稳态的扩散中(菲克第一定律)定义为单位时间内通过于单位垂直界面的扩散物质流量 $J$ 与截面处的浓度梯度 $\frac{\mathrm{d}c}{\mathrm{d}x}$ 成正比,其数学表达式为:

$$J = -D\frac{\mathrm{d}c}{\mathrm{d}x}$$

负号表示扩散由浓度高的向浓度低的方向进行,$D$ 和温度的关系式可写成下式:

$$D = D_0 \mathrm{e}^{-Q/\kappa T}$$

式中,$D_0$ 为与扩散物质有关的常数;$\kappa$ 为玻耳兹曼常数。

扩散速度主要取决于扩散系数,温度会提高扩散系数,凡能影响 $D_0$、$Q$ 的因素,如固溶体的类型、浓度、合金元素、晶体结构等都会影响扩散速度。

气相间的扩散系数大于液相内元素的扩散系数,$\alpha$、$\delta$ 铁中的元素大于奥氏体中的元素的扩散系数,原子的表面扩散系数大于晶粒间原子的扩散系数,可以近似地认为扩散系数的开方 $(\mathrm{cm^2/s})^{\frac{1}{2}}$,表示元素在平均时间内原子的扩散距离,即 $\mathrm{cm}/\sqrt{t}$($t$ 为时间,s)。

# 第一节　扩散和扩散系数

## 一、气体的自扩散系数和互扩散系数(表 11 – 1 – 1)[1]

表 11 – 1 – 1

| 气　体 | 温度/℃ | 扩散系数 $D$ /cm² · s⁻¹ | 气　体 | 温度/℃ | 扩散系数 $D$ /cm² · s⁻¹ |
|---|---|---|---|---|---|
| $H_2$ | 0 | 1.29 | $H_2$-HCl | 21 | 0.795 |
| HCl | 22 | 0.1246 | $H_2$-$CCl_4$ | 23 | 0.345 |
| $N_2$ | 20 | 0.20 ± 0.008 | $H_2$-$CH_4$ | 0 | 0.625 |
| CO | 0 | 0.175 | $H_2$-Hg | 0 | 0.53 |
| $O_2$ | 0 | 0.189 | $H_2O$-$N_2$ | 79 | 0.359 |
| $CO_2$ | 0 | 0.104 | $H_2O$-$O_2$ | 34.9 | 0.282 |
| $CO_2$ | 1200 | 2.5 | | 127 | 0.48 |
| $CH_4$ | 219(8.0 kPa) | 26.32 ± 0.73 | $H_2O$-空气 | 42 | 0.288 |
| Ne | 20 | 0.473 ± 0.002 | | 99.3 | 0.377 |
| Ar | 0 | 0.158 ± 0.002 | $H_2O$-$CO_2$ | 25 | 0.164 |
| | 53.5 | 0.212 ± 0.002 | | 99.4 | 0.259 |
| Kr | 20.8 | 0.09 ± 0.004 | $H_2O$-$CH_4$ | 34.5 | 0.292 |
| Xe | 18.9 | 0.0413 ± 0.002 | | 79.1 | 0.356 |
| $H_2$-He | 25 | 1.64 | $N_2$-CO | 15 | 0.192 |
| $H_2$-$H_2O$ | 0 | 0.747 | $N_2$-$O_2$ | 12.7 | 0.204 |
| | 20 | 0.850 | $N_2$-$CO_3$ | 0 | 0.144 |
| | 99.3 | 1.282 | $N_2$-$CO_2$ | 25 | 0.158 |
| $H_2$-$N_2$ | 0 | 0.740 | | 1200 | 2.5 |
| | 25 | 0.784 | $N_2$-$SO_2$ | – 10 | 0.104 |
| | 85 | 1.052 | $N_2$-$NH_3$ | 25 | 0.230 |
| $H_2$-$O_2$ | 0 | 0.697 | | 85 | 0.328 |
| | 300 | 1.8 | $N_2$-Hg | 0 | 0.119 |
| | 600 | 5.5 | $O_2$-空气 | 0 | 0.175 |
| $H_2$-空气 | 0 | 0.611 | $O_2$-CO | 0 | 0.185 |
| $H_2$-CO | 0 | 0.651 | | 527 | 1.0 |
| $H_2$-$CO_2$ | 0 | 0.550 | $O_2$-$CO_2$ | 0 | 0.137 |
| | 26.5(85.6 kPa) | 0.793 | | 527 | 1.0 |
| $H_2$-$SO_2$ | 0 | 0.48 | CO-$CO_2$ | 0 | 0.137 |
| | 200 | 1.230 | CO – $SO_2$ | – 10 | 0.064 |
| $H_2$-Ar | 25 | 0.770 | $CO_2$-$CH_4$ | 0 | 0.153 |
| $H_2$-$NH_3$ | 25 | 0.849 | $O_2$-$CCl_4$ | 0 | 0.064 |
| | 85 | 1.093 | | 23 | 0.075 |
| | 200 | 1.86 | | | |

| 气　体 | 温度/℃ | 扩散系数 $D$ /cm$^2$ · s$^{-1}$ | 气　体 | 温度/℃ | 扩散系数 $D$ /cm$^2$ · s$^{-1}$ |
|---|---|---|---|---|---|
| $O_2$-$CH_4$ | 0 | 0.150 | 空气-$Cl_2$ | 0 | 0.124 |
| | 700 | 1.8 | 空气-$CH_4$ | 0 | 0.196 |
| 空气-$CO_2$ | 0 | 0.138 | 空气-$NH_3$ | 25 | 0.084 |

注:一种气体为自扩散系数,压力为0.1MPa。两种气体为互扩散系数,压力为0.1MPa,组成比例为1∶1。

## 二、扩散和导热常用数表[2]

计算距表面为 $x$ 处某一时刻物质的浓度或温度变化用表(表 11 - 1 - 2)

表 11 - 1 - 2

| $\dfrac{x}{\sqrt{D\tau}}$ | $\dfrac{c_x - c_0}{c_s - c_0}$ | $\dfrac{x}{\sqrt{D\tau}}$ | $\dfrac{c_x - c_0}{c_s - c_0}$ | $\dfrac{x}{\sqrt{D\tau}}$ | $\dfrac{c_x - c_0}{c_s - c_0}$ | $\dfrac{x}{\sqrt{D\tau}}$ | $\dfrac{c_x - c_0}{c_s - c_0}$ |
|---|---|---|---|---|---|---|---|
| 0 | 1.0000 | 0.8 | 0.5716 | 2.0 | 0.1573 | 3.6 | 0.0109 |
| 0.1 | 0.9436 | 0.9 | 0.5245 | 2.2 | 0.1198 | 3.8 | 0.0072 |
| 0.2 | 0.8875 | 0.9538 | 0.500 | 2.4 | 0.0897 | 4.0 | 0.0047 |
| 0.3 | 0.8320 | 1.0 | 0.4795 | 2.6 | 0.0660 | 4.4 | 0.0019 |
| 0.4 | 0.7773 | 1.2 | 0.3961 | 2.8 | 0.0477 | 4.8 | 0.0007 |
| 0.5 | 0.7237 | 1.4 | 0.3222 | 3.0 | 0.0399 | 5.2 | 0.0002 |
| 0.6 | 0.6714 | 1.6 | 0.2579 | 3.2 | 0.0236 | 5.6 | 0.0001 |
| 0.7 | 0.6206 | 1.8 | 0.2031 | 3.4 | 0.0162 | 6.0 | 0.0000 |

注: 公式关系: $\dfrac{c_x - c_0}{c_s - c_0} = \left[ 1 - \mathrm{erf}\left( \dfrac{x}{2\sqrt{D\tau}} \right) \right]$;$\dfrac{T_x - T_0}{T_s - T_0} = \left[ 1 - \mathrm{erf}\left( \dfrac{x}{2\sqrt{a\tau}} \right) \right]$。

查表:当 $\dfrac{c_x - c_0}{c_s - c_0} = \theta$ 为已知值 则从 $\theta$ 中查得 $\dfrac{x}{\sqrt{D\tau}}$ 的值,再由此计算 $\tau$、$D$。若已知 $\dfrac{x}{\sqrt{D\tau}}$ 值也可求 $\dfrac{c_x - c_0}{c_s - c_0}$ 值。

式中　$T$—$c$、$a$、$D$ 互换可查温度的变化;

　　　$c_x$,$c_0$,$c_s$——$x$ 处(经时间 $\tau$ 秒)开始的和表面处的浓度;

　　　$D$——扩散系数,cm$^2$/s;$a$——温度传导系数,$a = \lambda/(c_p\rho)$,cm$^2$/s。

计算物质的平均浓度或温度随时间的变化用表(表 11 - 1 - 3)

表 11 - 1 - 3

| $\dfrac{D\tau}{L^2}$ | $\dfrac{c_m - c_0}{c_s - c_0} = 1 - \dfrac{c_s - c_m}{c_s - c_0}$ | | | $\dfrac{D\tau}{L^2}$ | $\dfrac{c_m - c_0}{c_s - c_0} = 1 - \dfrac{c_s - c_m}{c_s - c_0}$ | | |
|---|---|---|---|---|---|---|---|
| | 板 | 圆柱 | 球 | | 板 | 圆柱 | 球 |
| 0.005 | 0.078 | 0.157 | 0.226 | 0.3 | 0.612 | 0.878 | 0.969 |
| 0.01 | 0.110 | 0.216 | 0.310 | 0.4 | 0.702 | 0.9316 | 0.988 |
| 0.02 | 0.161 | 0.302 | 0.421 | 0.5 | 0.764 | 0.9616 | 0.9957 |
| 0.03 | 0.195 | 0.360 | 0.500 | 0.6 | 0.816 | 0.9785 | 0.9984 |
| 0.04 | 0.227 | 0.412 | 0.560 | 0.7 | 0.856 | 0.9879 | 0.9994 |
| 0.05 | 0.251 | 0.452 | 0.604 | 0.8 | 0.887 | 0.9932 | 0.9998 |
| 0.06 | 0.275 | 0.488 | 0.648 | 0.9 | 0.912 | 0.9960 | 0.9999 |
| 0.08 | 0.320 | 0.550 | 0.720 | 1.0 | 0.931 | 0.9979 | |
| 0.10 | 0.357 | 0.606 | 0.774 | 1.5 | 0.980 | 0.9999 | |
| 0.15 | 0.438 | 0.708 | 0.861 | 2.0 | 0.9942 | | |
| 0.20 | 0.503 | 0.781 | 0.916 | 3.0 | 0.9995 | | |
| 0.25 | 0.560 | 0.832 | 0.948 | | | | |

注:$c_m$(或 $T_m$)——在 $\tau$ 秒内物质的平均浓度或温度;

　　$L$——球状、圆棒形物体的半径,板厚的一半;

　　其他符号的意义同前表。

计算物质中心的浓度或温度随时间的变化用表(表 11 - 1 - 4)

表 11 - 1 - 4

| $\dfrac{D\tau}{L^2}$ | $\dfrac{c_L - c_0}{c_s - c_0} = 1 - \dfrac{c_s - c_L}{c_s - c_0}$ | | $\dfrac{D\tau}{L^2}$ | $\dfrac{c_L - c_0}{c_s - c_0} = 1 - \dfrac{c_s - c_L}{c_s - c_0}$ | |
|---|---|---|---|---|---|
| | 板(厚度 $L$) | 圆柱(半径 $L$) | | 板(厚度 $L$) | 圆柱(半径 $L$) |
| 0 | 0.00000 | 0.00000 | 0.12 | 0.61047 | 0.22707 |
| 0.01 | 0.00081 | 0.00000 | 0.14 | 0.68042 | 0.30202 |
| 0.02 | 0.02484 | 0.00001 | 0.16 | 0.73752 | 0.37308 |
| 0.03 | 0.08245 | 0.00047 | 0.18 | 0.78454 | 0.43847 |
| 0.04 | 0.15420 | 0.00373 | 0.20 | 0.82313 | 0.49855 |
| 0.05 | 0.22769 | 0.01290 | 0.22 | | 0.55245 |
| 0.06 | 0.29780 | 0.02946 | 0.25 | | 0.62316 |
| 0.07 | 0.36278 | 0.05303 | 0.30 | | 0.71751 |
| 0.08 | 0.42224 | 0.08228 | 0.35 | | 0.78839 |
| 0.09 | 0.47637 | 0.11564 | 0.40 | | 0.84151 |
| 0.10 | 0.52551 | 0.15164 | | | |

注:$L$——板的厚度的一半或圆柱体的半径;

　　$c_L$——中心浓度(若为 $T_L$ 时表示中心温度);

　　其他符号意义同前表。

## 三、铁基合金中元素的扩散系数

钢中常见元素的扩散系数(图 11 - 1 - 1)[3]

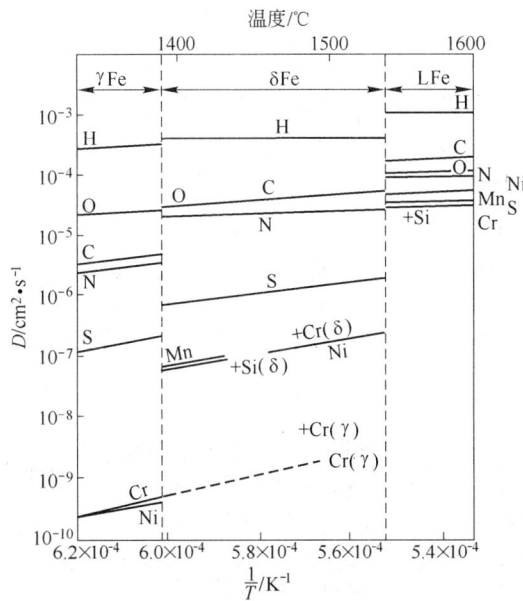

图 11 - 1 - 1

液态 Fe-E 合金的扩散系数(表 11 - 1 - 5)[4]

表 11 - 1 - 5

| Fe-E | 组成 E,w /% | 温度 /℃ | $D/cm^2 \cdot s^{-1}$ | | $D/cm^2 \cdot s^{-1}$ (1550℃) | 测定方法 |
| --- | --- | --- | --- | --- | --- | --- |
| | | | $D_0/cm^2 \cdot s^{-1}$ | $Q/kJ \cdot mol^{-1}$ | | |
| Fe-Al | 0 ~ 1.5 | 1600 | $D = 3.5 \times 10^{-5}$ | | | D-C |
| Fe-C | 1.63 ~ 饱和 | 1410 ~ 1600 | $1.6 \times 10^{-2}$ | 58.58 | $33 \times 10^{-5}$ | C-R |
| | 2.53 ~ 饱和 | 1340 ~ 1505 | $3.9 \times 10^{-2}$ | 66.94 | $47 \times 10^{-5}$ | C-R |
| | 2.55 ~ 饱和 | 1350 ~ 1500 | $8.27 \times 10^{-3}$ | 50.21 | $30 \times 10^{-5}$ | C-R |
| | 0 ~ 2.5 | 1350 ~ 1600 | $1.74 \times (1 + 0.52[C])$ $\times 10^{-3}$ | 47.28 | $1\%C, 12 \times 10^{-5}$ $2.5\%C, 18 \times 10^{-5}$ | 文献综述 |
| | 0.5 ~ 饱和 | 1400 ~ 1500 | $(1.2 + 1.7[C]) \times 10^{-3}$ | 57.74( ±3.35) | $3.5\%C, 16 \times 10^{-5}$ | C-R |
| | 4.15 | 1190 ~ 1510 | $1.76 \times 10^{-2}$ | 62.8 | $28 \times 10^{-5}$ | C-R(固体铁) |
| | 2.96 | 1430 ~ 1600 | $1.1 \times 10^{-2}$ | 62.8 | $18 \times 10^{-5}$ | C-R |
| | 稀薄 | 熔点 ~ 1700 | $5.2 \times 10^{-3}$ | 48.95 | $20 \times 10^{-5}$ | 文献综述 |
| | 0 ~ 饱和 | 1560 | $D = 1.1 \times \left(1 + \dfrac{[C]}{5.3}\right) \times 10^{-4} (\pm 0.2 \times 10^{-4})$ | | $3.5\%C,$ $18 \times 10^{-5}$ | C-R, D-R |
| | 1.73 ~ 饱和 | 1350 ~ 1550 | $(2.5 \pm 1.7) \times 10^{-3}$ | 36.82( ±9.62) | $22( \pm 3) \times 10^{-5}$ | C-R |
| Fe-Co | | 1568 | $D = 4.7 \times 10^{-5}$ | 50.2 | $4.6 \times 10^{-5}$ | |
| | | 1638 | $D = 5.3 \times 10^{-5}$ | 50.2 | $4.6 \times 10^{-5}$ | |
| | 0 ~ 3.9 | 1550 | $D = (3.93 \pm 0.53) \times 10^{-5}$ | | $3.9 \times 10^{-5}$ | D-C |
| | | 1600 | $D = (4.15 \pm 0.62) \times 10^{-5}$ $Q = 7$ | | | |
| Fe-Cr | 0 ~ 2.1 | 1566 | $D = 3.51 \times 10^{-5}$ | | $3.5 \times 10^{-5}$ | D-C |
| | | 1612 | $D = 4.20 \times 10^{-5}$ | | | |
| | | 1650 | $D = 4.10 \times 10^{-5}$ | | | |
| | 0 ~ 4.2 | 1550 | $D = (3.04 \pm 0.37) \times 10^{-5}$ | | $3.0 \times 10^{-5}$ | D-C |
| | | 1600 | $D = (3.42 \pm 0.4) \times 10^{-5}$ $Q = 16$ | | | |
| | 0 ~ 4.5 | 1550 | $D = 5.9 \times 10^{-5}$ | | $4.3 \times 10^{-5}$ | D-C |
| | 0 ~ 8.3 | 1550 | $D = 3.0 \times 10^{-5}$ | | | |
| | 4.5 ~ 8.3 | 1550 | $D = 4.1 \times 10^{-5}$ | | | |
| Fe-Cu | 1 ~ 1.7 | 1550 | $D = 5.3 \times 10^{-5}$ | | $5.3 \times 10^{-5}$ | D-C |
| Fe-H | | 1547 ~ 1726 | $3.2 \times 10^{-3}$ | 13.81( ±7.53) | $129 \times 10^{-5}$ | C-R |
| | | 1550 ~ 1720 | $2.57 \times 10^{-3}$ | 17.15( ±9.20) | $83 \times 10^{-5}$ | C-R |
| | | 1550 ~ 1680 | $4.37 \times 10^{-3}$ | 17.15( ±4.18) | $140 \times 10^{-5}$ | C-R |
| | | 熔点 ~ 1700 | $3.39 \times 10^{-3}$ | 15.52 | $122 \times 10^{-5}$ | 文献综述 |
| Fe-Mn | 0 ~ 15 | 1550 ~ 1700 | $1.8 \times 10^{-3}$ | 54.39 | $5.0 \times 10^{-5}$ | D-C |
| | 0 ~ 10 | | $4.6 \times 10^{-3}$ | 70.29 | $4.5 \times 10^{-5}$ | D-C |
| | 0 ~ 5.4 | 1550 | $D = (4.37 \pm 0.30) \times 10^{-5}$ | | $4.4 \times 10^{-5}$ | D-C |
| | | 1600 | $D = (4.96 \pm 0.61) \times 10^{-5}$ $Q = 10$ | | | |
| Fe-Mo | 0 ~ 1.04 | 1560 | $D = (3.75 \pm 0.24) \times 10^{-5}$ | | $3.8 \times 10^{-5}$ | D-C |
| | | 1600 | $D = (3.97 \pm 0.13) \times 10^{-5}$ $Q = 10$ | | | |

| Fe-E | 组成 E,$w$ /% | 温 度 /℃ | $D$/cm² · s⁻¹ 的 $D_0$/ cm² · s⁻¹ | $D$/cm² · s⁻¹ 的 $Q$/kJ · mol⁻¹ | $D$/ cm² · s⁻¹ (1550℃) | 测定方法 |
|---|---|---|---|---|---|---|
| Fe-N | | 熔点~1700 | $2.586 \times 10^{-3}$ | 50.21 | $9.4 \times 10^{-5}$ | 文献综述 |
| | | 1550 | $D = 13.68 \times 10^{-5}$ | | $14 \times 10^{-5}$ | C-R |
| | | 1600 | $D = 14.89 \times 10^{-5}$ | | $14 \times 10^{-5}$ | |
| | | 1650 | $D = 16.14 \times 10^{-5}$ | | $14 \times 10^{-5}$ | |
| | | 1700 | $D = 17.41 \times 10^{-5}$ | | $14 \times 10^{-5}$ | |
| | | 1550~1680 | $\lg D = \dfrac{-3801}{T} - 2.01$ | 73.22 | $8 \times 10^{-5}$ | C-R |
| | <0.007 | 1600 | $D = (7.5 \pm 0.3) \times 10^{-5}$ | | | C-R |
| | ≈0.075 | 1600 | $D = (6.5 \pm 1.9) \times 10^{-5}$ | | | |
| Fe-Ni | 0~2.2 | 1576 | $D = 4.08 \times 10^{-5}$ | | | D-C |
| | | 1600 | $D = 4.83 \times 10^{-5}$ | | | |
| | | 1650 | $D = 5.10 \times 10^{-5}$ | | | |
| | 0~4.2 | 1550 | $D = (4.67 \pm 0.45) \times 10^{-5}$ | | $4.7 \times 10^{-5}$ | D-C |
| | | 1600 | $D = (5.59 \pm 0.34) \times 10^{-5}$ | | | |
| | | | $Q = 24$ | | | |
| Fe-O | | 1550~1680 | $3.34 \times 10^{-3}$ | $50.21 \pm 8.37$ | | D-R |
| | | 1610 | $D = (12 \pm 3) \times 10^{-5}$ | | | C-R |
| | | 1560 | $D = (2.3 \pm 0.3) \times 10^{-5}$ | | $2.3 \times 10^{-5}$ | C-R |
| | | 1600 | $D = (2.7 \pm 0.5) \times 10^{-5}$ | | | |
| | | 1560~1660 | $(5.59 \pm 0.8) \times 10^{-3}$ | $81.59(\pm 3.14)$ | $2.6 \times 10^{-5}$ | C-R |
| | | 熔点~1700 | $3.18 \times 10^{-3}$ | 50.21 | $11.6 \times 10^{-5}$ | 文献综述 |
| | | 1625±5 | $D = (15 \pm 1) \times 10^{-5}$ | | | 电化学 |
| | | 1550 | $D = (19 \pm 7) \times 10^{-5}$ | | $19 \times 10^{-5}$ | 电化学 |
| Fe-P | 1.1 | 1400~1600 | $1.34 \times 10^{-2}$ | 99.16 | $1.9 \times 10^{-5}$ | D-C |
| Fe-S | | 熔点~1700 | $4.33 \times 10^{-4}$ | 35.65 | $4.1 \times 10^{-5}$ | 文献综述 |
| Fe-Si | 0~4.4 | 1550~1725 | $5.1 \times 10^{-4}$ | 38.28 | $4.1 \times 10^{-5}$ | D-C |
| Fe-V | 0~1.42 | 1550 | $D = (3.69 \pm 0.33) \times 10^{-5}$ | | | |
| | | 1600 | $D = (4.41 \pm 0.50) \times 10^{-5}$ | | | |
| | | | $Q = 24$ | | $3.7 \times 10^{-5}$ | D-C |

注:D-C 为扩散偶法;C-R 为毛细管浸没法;D-R 为溶解速度法。

纯铁自扩散系数和温度的关系(图 11 - 1 - 2)[4]

铁液中氮的扩散系数和温度的关系(图 11 - 1 - 3)[5]

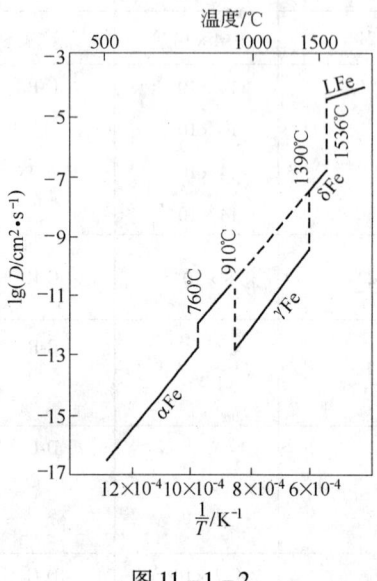

图 11 - 1 - 2

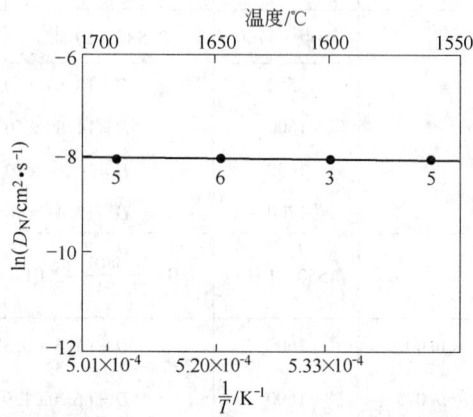

图 11 - 1 - 3

$$D_N = 1.07 \times 10^{-3} \exp\left\{-\frac{11000 \pm 1500}{RT}\right\}; 1600\text{℃}$$

$$D_N = 5.5 \times 10^{-5}\,\text{cm}^2/\text{s}; 1700\text{℃}, D_N = 6.3 \times 10^{-5}\,\text{cm}^2/\text{s}$$

铁液中氢的扩散系数和温度的关系(图 11 - 1 - 4)[5]

铁液中氧的扩散系数和温度的关系(图 11 - 1 - 5)[5]

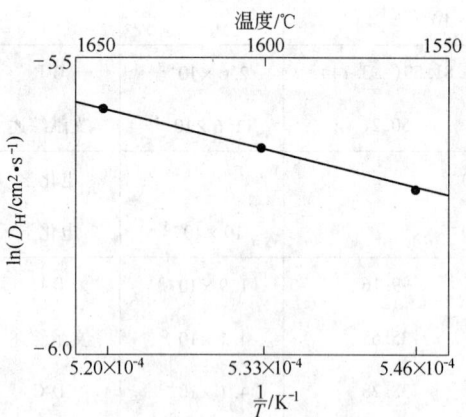

图 11 - 1 - 4

$$D_H = 5.21 \times 10^{-2} \exp\left(\frac{-10000 \pm 2000}{T}\right); 1560\text{℃}, D_H = 3.3$$

$$\times 10^{-3}\,\text{cm}^2/\text{s}; 1600\text{℃}, D_H = 3.51 \times 10^{-3}\,\text{cm}^2/\text{s},$$

$$1650\text{℃}, D_H = 3.73 \times 10^{-3}\,\text{cm}^2/\text{s}$$

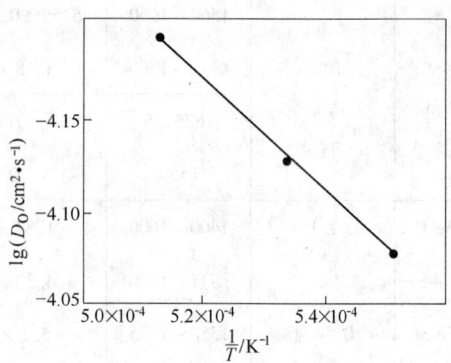

图 11 - 1 - 5

$$D_O = 3.3 \times 10^{-3} \exp\left(\frac{-12000 \pm 2000}{T}\right); 1550\text{℃},$$

$$D_O = 1.22 \times 10^{-4}\,\text{cm}^2/\text{s}; 1600\text{℃}, D_O = 1.33 \times 10^{-4}\,\text{cm}^2/\text{s};$$

$$1680\text{℃}, D_O = 1.52 \times 10^{-4}\,\text{cm}^2/\text{s}$$

[E]对铁液中氮的扩散系数的影响(图 11 - 1 - 6)[5]

合金元素对氮在铁液中扩散系数的影响(图 11 - 1 - 7)[6]

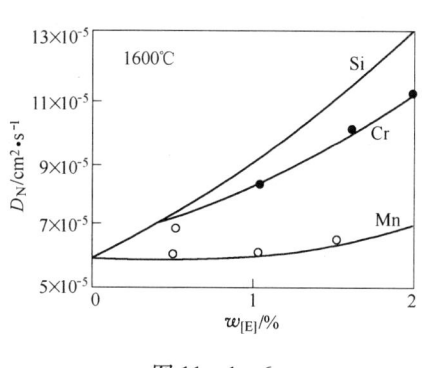

图 11 - 1 - 6

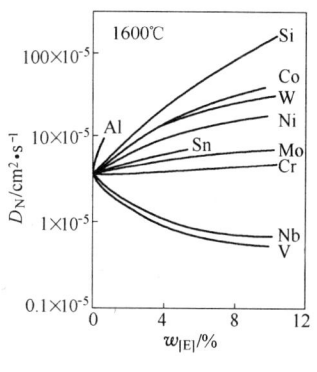

图 11 - 1 - 7

Fe-E-O 系中[E]对氧的扩散系数的影响(图 11 - 1 - 8)[7]

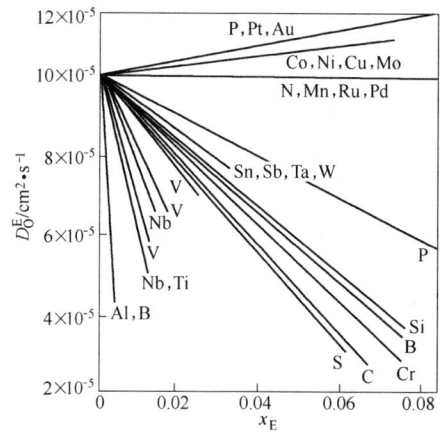

图 11 - 1 - 8

Fe-E-N 系中[E]对氮的扩散系数的影响(图 11 - 1 - 9)[2,7]

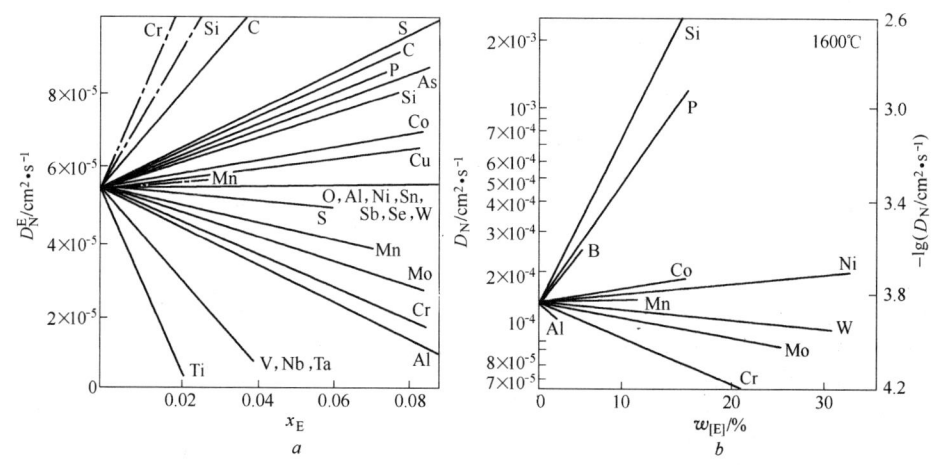

图 11 - 1 - 9

Fe-E-H 系中［E］对氢的扩散系数的影响（图 11 - 1 - 10）[2,7]

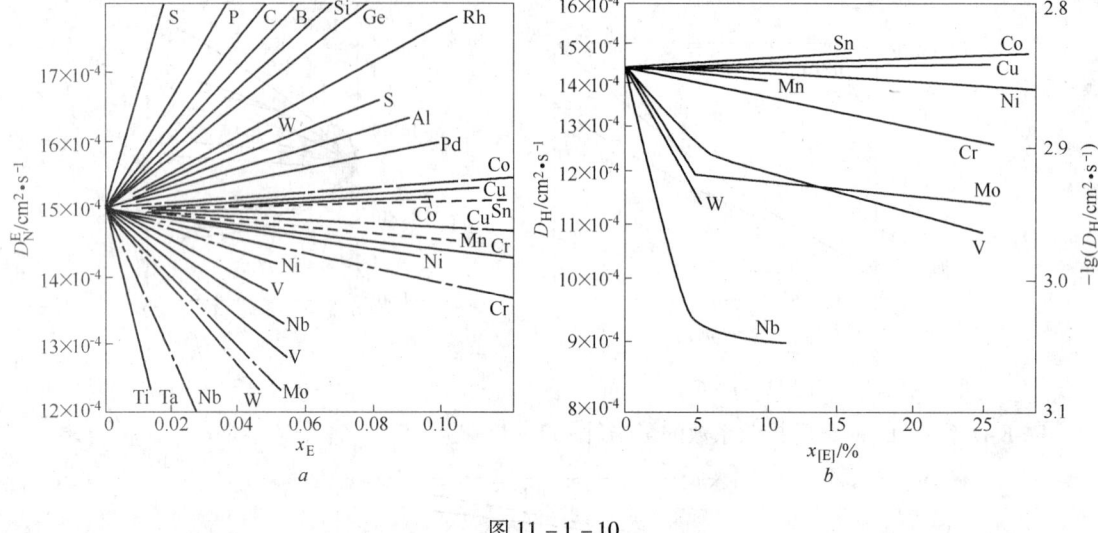

图 11 - 1 - 10

三元系扩散系数计算公式：$D_i^{(E)} = D_i^{O(E)} \left[ 1 + \dfrac{\partial \ln\gamma_{i(E)}}{\partial \ln x_{i(E)}} \right]$ ；

$$D_i^{O(E)} = D_i^O \cdot \gamma_i^{(E)} ; \gamma_i^{(E)} = \gamma_i ; \gamma_i^E = \dfrac{a_i}{x_i} ;$$

$i$—第二组元；$E$—第三组元；$D$—扩散系数；$\gamma$—活度系数；$x$—摩尔分数

Fe-E-C 系中［E］对碳的扩散系数的影响（图 11 - 1 - 11）[7]

Fe-E-S 系中［E］对硫的扩散系数的影响（图 11 - 1 - 12）[7]

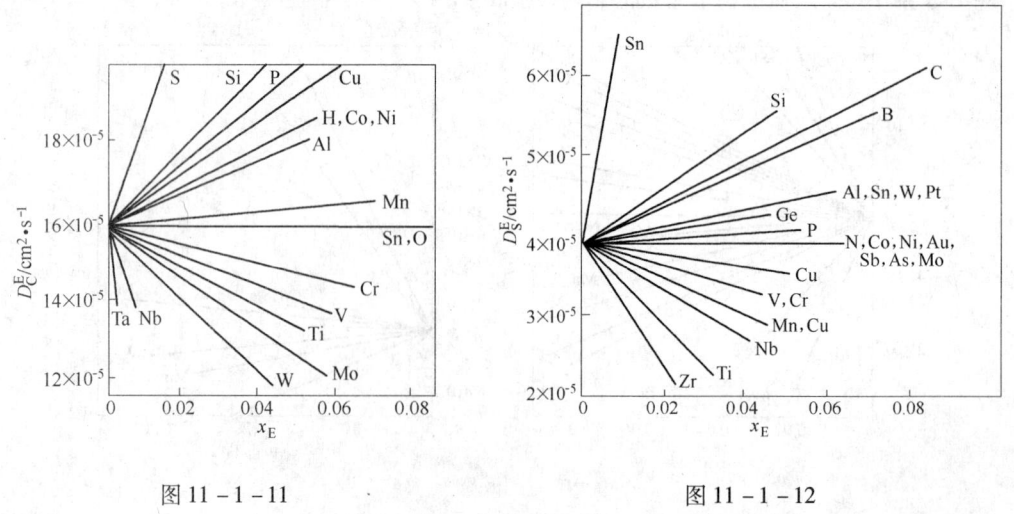

图 11 - 1 - 11　　　　　　　　　　　　　　　图 11 - 1 - 12

Fe-E-P 系中[E]对磷的扩散系数的影响(图 11 - 1 - 13)[7]

Fe-E-Si 系中[E]对硅的扩散系数的影响(图 11 - 1 - 14)[7]

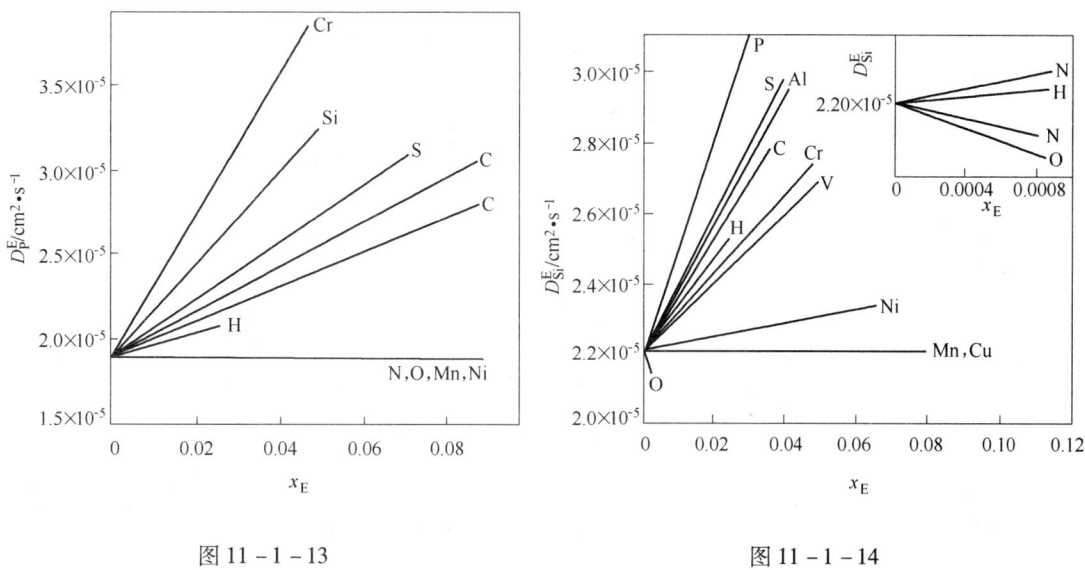

图 11 - 1 - 13　　　　　　　　　　　　图 11 - 1 - 14

Fe-E-Cr-Mn 系中[E]对铬、锰扩散系数的影响(图 11 - 1 - 15)[7]

Fe-E-Al、Fe-E-Ti 系中[E]对铝、钛扩散系数的影响(图 11 - 1 - 16)[7]

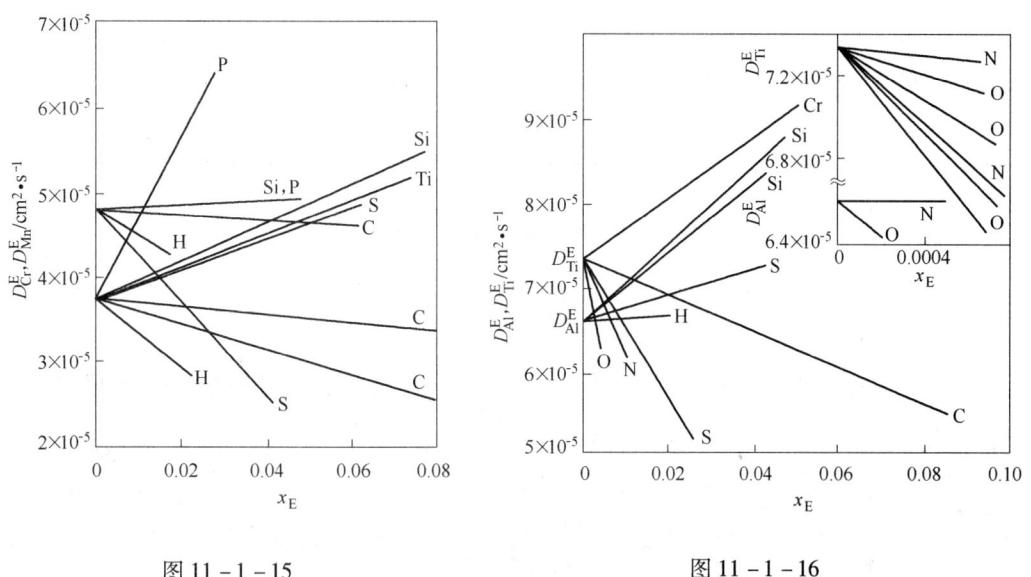

图 11 - 1 - 15　　　　　　　　　　　　图 11 - 1 - 16

铁液中元素含量对氧的扩散系数的影响(图 11 – 1 – 17)[8]

Fe-E 系中氮的溶解度和扩散系数的关系(图 11 – 1 – 18)[9]

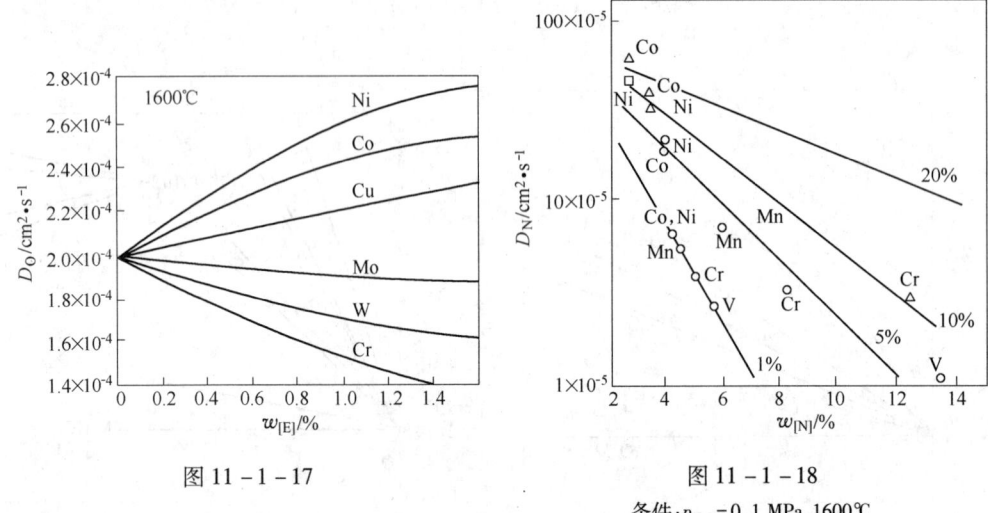

图 11 – 1 – 17

图 11 – 1 – 18

条件:$p_{N_2} = 0.1\,MPa,1600℃$

注:钢液中某元素的扩散系数计算式

编者认为,钢液中各元素对氧、氮、氢等元素的扩散系数的影响具有加和性,它们的基本数据可取自图 13 – 1 – 6 ~ 图 13 – 1 – 17。

以氧扩散系数($cm^2/s$)为例:

$$D_O^{\Sigma E} = \{10[1 + x_{Ni} + x_{Mo}] - 400[1.5x_{Al} + x_{Ti} + 0.5x_V + 0.25(x_C + x_S)$$
$$+ 0.2x_{Cr} + 0.175x_{Si} + 0.15x_W + 0.125x_P]\} \times 10^{-5}$$

| 含元素的种类 | Al | Nb | Ti | V | S | C | Cr | Si | B | P | W |
|---|---|---|---|---|---|---|---|---|---|---|---|
| 摩尔分数/%,< | 0.005 | 0.012 | 0.012 | 0.017 | 0.06 | 0.067 | 0.075 | 0.075 | 0.075 | 0.01 | 0.09 |
| 条件 | 1600℃ | | | | | | | | | | |

如果计算 $D_O^{\Sigma E} = -2 \times 10^{-5}\,cm^2/s$ 为负值时应为 $(10-2) \times 10^{-6} = 8 \times 10^{-6}\,cm^2/s$

脱氧剂在各种含氧的铁液中的扩散系数(表 11 – 1 – 6)

表 11 – 1 – 6

| 脱氧剂 | $w_{[O]}$/% | $D/cm^2 \cdot s^{-1}$ | | | $D = D_0 \exp\left(\dfrac{E}{RT}\right)$ |
|---|---|---|---|---|---|
| | | 1550℃ | 1600℃ | 1650℃ | |
| Mn 元素的扩散 | | | | | |
| FeMn | 0.003 ~ 0.01 | $8.60 \times 10^{-5}$ | $10.72 \times 10^{-5}$ | $13.70 \times 10^{-5}$ | $6.5 \times 10^{-2} \exp(-241000/RT)$ |
| AlMnSi | 0.003 ~ 0.01 | $7.56 \times 10^{-5}$ | $10.50 \times 10^{-5}$ | $11.88 \times 10^{-5}$ | $1.8 \times 10^{-3} \exp(-36400/RT)$ |
| | 0.01 ~ 0.02 | $7.85 \times 10^{-5}$ | $10.40 \times 10^{-5}$ | | $4 \times 10^{-3} \exp(-13900/RT)$ |
| Si 元素的扩散 | | | | | |
| FeSi | 0.003 ~ 0.01 | $9.58 \times 10^{-5}$ | $12.35 \times 10^{-5}$ | $13.70 \times 10^{-5}$ | $3.4 \times 10^{-1} \exp(-29000/RT)$ |
| AlMnSi | 0.003 ~ 0.01 | $9.52 \times 10^{-5}$ | $12.61 \times 10^{-5}$ | $14.75 \times 10^{-5}$ | $5.6 \exp(-40000/RT)$ |
| | 0.01 ~ 0.02 | $11.22 \times 10^{-5}$ | $8.62 \times 10^{-5}$ | | $5.8 \times 10^{-3} \exp(-14860/RT)$ |
| Al 元素的扩散 | | | | | |
| Fe-Al | 0.001 ~ 0.01 | $8.1 \times 10^{-5}$ | $9.3 \times 10^{-5}$ | $12.10 \times 10^{-5}$ | $11 \exp(-34700/RT)$ |

| 脱氧剂 | $w_{[O]}/\%$ | $D/\mathrm{cm}^2 \cdot \mathrm{s}^{-1}$ | | | $D = D_0 \exp\left(\dfrac{E}{RT}\right)$ |
| --- | --- | --- | --- | --- | --- |
| | | 1550℃ | 1600℃ | 1650℃ | |
| | | | Al 元素的扩散 | | |
| AlMnSi | 0.003 ~ 0.01 | $8.24 \times 10^{-5}$ | $10.40 \times 10^{-5}$ | $11.00 \times 10^{-5}$ | $1.6 \times 10^{-2} \exp(-19000/RT)$ |
| | 0.010 ~ 0.02 | $4.2 \times 10^{-5}$ | $6.52 \times 10^{-5}$ | | $3.8 \times 10^{-5} \exp(655/RT)$ |

元素在铁碳金属液中的扩散系数和扩散能(表 11 - 1 - 7)

表 11 - 1 - 7

| 元素含量 | 系 统 | $D /\mathrm{cm}^2 \cdot \mathrm{s}^{-1}$ | $D_0/\mathrm{cm}^2 \cdot \mathrm{s}^{-1}$ | 扩散能 $E$(在 $T$K 时)/kJ · mol$^{-1}$ |
| --- | --- | --- | --- | --- |
| 0.9S | Fe-C$_{饱和}$ | $74 \times 10^{-5}$ | $21 \times 10^{-5}$ | 8.4(1703) |
| 0.64S | Fe-C$_{饱和}$ | $2.8 \times 10^{-5}$ | $7.5 \times 10^{-5}$ | 14.6(1823) |
| 1.5P | Fe-C$_{饱和}$ | $31 \times 10^{-5}$ | $11 \times 10^{-5}$ | 41.8(1673) |
| 0.73Si | Fe-C$_{饱和}$ | $13 \times 10^{-5}$ | $7.2 \times 10^{-5}$ | 62.8(1673) |
| 1.5Mn | Fe-C$_{饱和}$ | $10 \times 10^{-5}$ | $8.8 \times 10^{-5}$ | 29.3(1673) |
| 0.63Ti | Fe-C$_{饱和}$ | $3.2 \times 10^{-5}$ | $6.4 \times 10^{-5}$ | 20.9(1673) |
| 1.5Ni | Fe-C$_{饱和}$ | $0.9 \times 10^{-5}$ | $3.9 \times 10^{-5}$ | 13.4(1703) |
| 3.5C | Fe-C$_{饱和}$ | | $10 \times 10^{-5}$ | 25.1(1823) |

注:$D = D_0 \mathrm{e}^{\frac{-E}{RT}}$。

温度对铁液中[E]扩散系数的影响(图 11 - 1 - 19)[10]

饱和碳的铁液中[E]的扩散系数和温度的关系(图 11 - 1 - 20)[11]

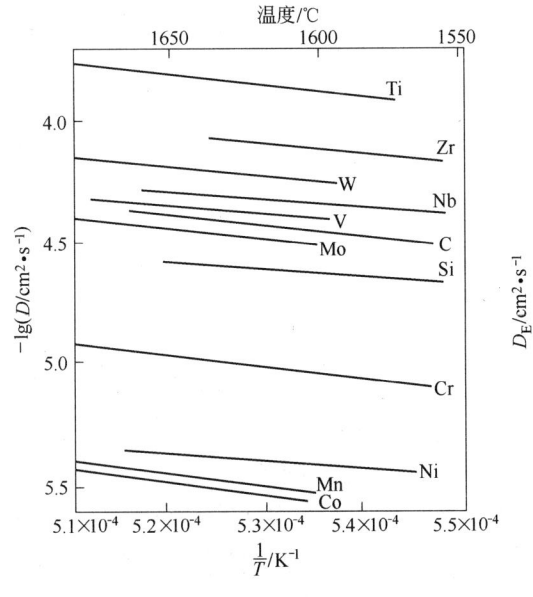

图 11 - 1 - 19

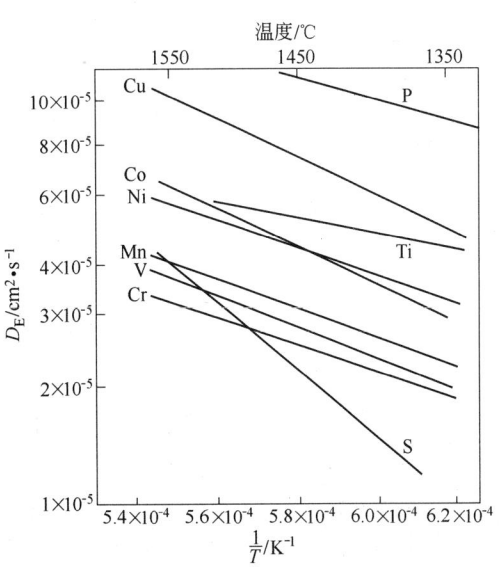

图 11 - 1 - 20

铁基合金中元素的扩散系数和温度的关系(图 11 – 1 – 21)[12]

铁基合金中 C、N、B 的扩散系数和温度的关系(图 11 – 1 – 22)[13]

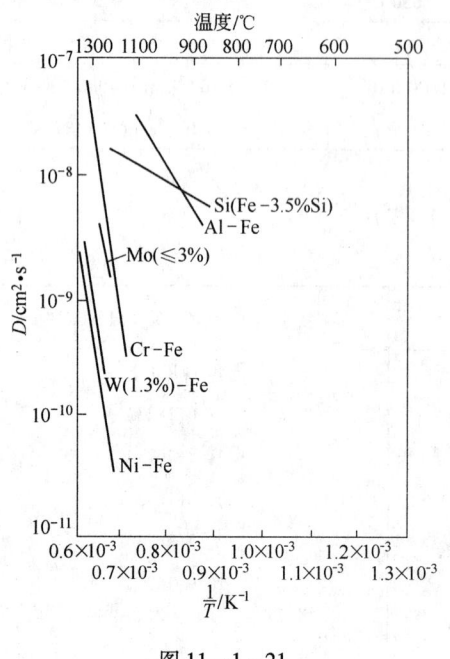

图 11 – 1 – 21

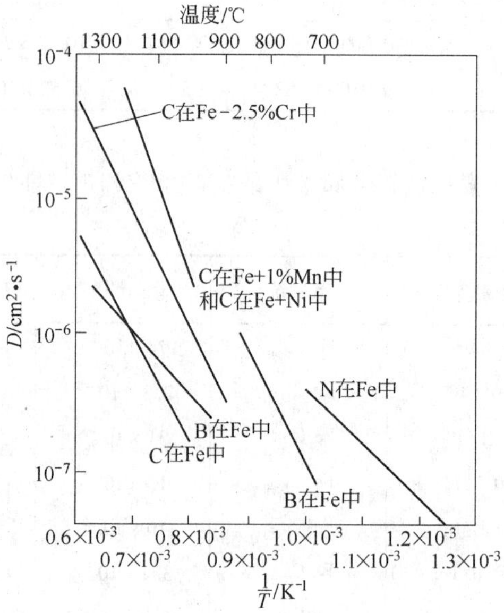

图 11 – 1 – 22

铁基合金的固相线下区域内测量的元素扩散系数(表 11 – 1 – 8)[14]

表 11 – 1 – 8

| 元　素 | Cr | Mn | Si | W | C | B | N |
|---|---|---|---|---|---|---|---|
| 温度/℃ | 1350 | 1400 | 1350 | 1330 | 1400 | 1300 | 1348 |
| 扩散系数 $D$/cm² · s⁻¹ | $2 \times 10^{-8}$ | $9.6 \times 10^{-8}$ | $1.3 \times 10^{-7}$ | $1 \times 10^{-8}$ | $0.5 \times 10^{-6}$ | $2 \times 10^{-6}$ | $3.1 \times 10^{-6}$ |

钢流的速度对紊流扩散系数 $D$ 的影响(图 11 – 1 – 23)[14]

钢液搅动时有效扩散系数和钢包容量的关系(图 11 – 1 – 24)[14]

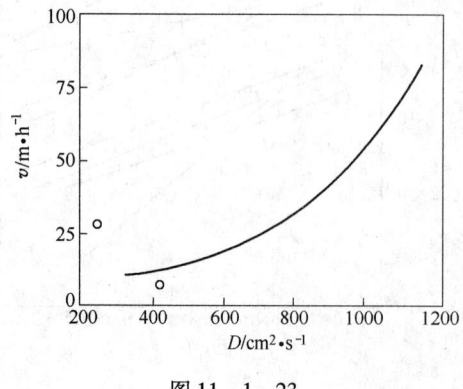

图 11 – 1 – 23

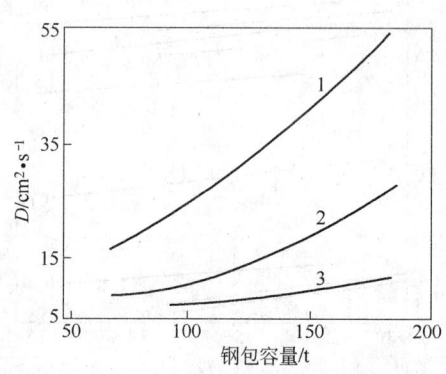

图 11 – 1 – 24

1—出钢时;2—在钢包中保持时;3—浇注时

表 11-1-9

元素在铁中的扩散系数(cm²/s)(表 11-1-9)[2]

| 元素 | αFe 中 | γFe 中 | δFe 中 | Fe 液中 |
|---|---|---|---|---|
| [C]在 Fe 中 | $D=4\times10^{-3}\exp\left(\dfrac{-19160}{RT}\right)$<br>($-50\sim200$℃)<br>$D=4\times10^{-2}\exp\left(\dfrac{-21100}{RT}\right)$<br>($200\sim800$℃) | | | $D=6\times10^{-5}\sim7\times10^{-5}$ cm²/s<br>($0\sim15\%$(摩尔分数),$1550$℃) |
| [N]在 Fe 中 | $D=7.8\times10^{-2}\exp\left(\dfrac{-18900}{RT}\right)$<br>($500\sim910$℃) | $D=0.91\exp\left(\dfrac{-40260}{RT}\right)$<br>($910\sim1391$℃) | $D=7.8\times10^{-3}\exp\left(\dfrac{-18900}{RT}\right)$<br>($1391\sim1536$℃) | $D=3.25\times10^{-3}\exp\left(\dfrac{-11500}{RT}\right)$<br>($1532\sim1750$℃) |
| [O]在 Fe 中 | $D_0$ 在 αFe 中 ≈ $D_0$ 在 δFe 中 | $D=5.75\exp\left(\dfrac{-40300}{RT}\right)$<br>($900\sim1300$℃) | $D=3.7\times10^{-2}\exp\left(\dfrac{-23300}{RT}\right)$<br>($1350\sim1500$℃) | $D=3.34\times10^{-3}\exp\left(\dfrac{-12000}{RT}\right)$<br>($1560\sim1700$℃)<br>$=5.6\times10^{-3}\exp\left(\dfrac{-19500}{RT}\right)$<br>($1560\sim1660$℃)<br>$=1.5\times10^{-4}$ cm²/s<br>($1600$℃电动势法) |
| [H]在 Fe 中 | $D=1.2\times10^{-1}\exp\left(\dfrac{-7800}{RT}\right)$<br>($25\sim200$℃)<br>$=9.3\times10^{-4}\exp\left(\dfrac{-2700}{RT}\right)$<br>($200\sim770$℃) | $D=6.7\times10^{-3}\exp\left(\dfrac{-10770}{RT}\right)$<br>($950\sim1391$℃) | $D=0.288\exp\left(\dfrac{-22350}{RT}\right)$<br>($1450\sim1515$℃) | $D=4\times10^{-3}\exp\left(\dfrac{-4000\pm2000}{RT}\right)$ |

## 四、渣中组元的扩散系数

元素在一些微晶中的扩散系数和温度的关系(图 11 – 1 – 25)[12]

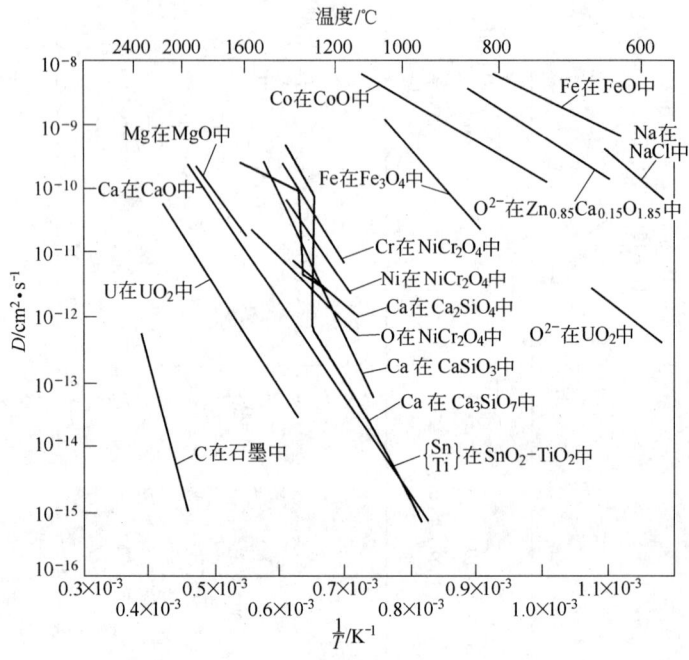

图 11 – 1 – 25

氧化物中组成的扩散系数(表 11 – 1 – 10)[15]

表 11 – 1 – 10

| 化 合 物 | 扩散元素 | 温度范围/℃ | $D_0/cm^2 \cdot s^{-1}$ | $\Delta E/kJ \cdot mol^{-1}$ |
|---|---|---|---|---|
| BeO | Be | 1550 ~ 1725 | 1. 37 | 380 |
| | Be | 1725 ~ 2000 | $1.1 \times 10^{-6}$ | 151 |
| MgO | O | 1300 ~ 1750 | $2.5 \times 10^{-6}$ | 260. 8 |
| | Mg | 1425 ~ 1625 | 0. 25 | 331. 0 |
| CaO | Ca | 900 ~ 1640 | 0. 4 | 338. 6 |
| $Al_2O_3$ | O | 1200 ~ 1600 | $6.3 \times 10^{-8}$ | 240. 8 |
| | | 1500 ~ 1780 | $1.9 \times 10^{-3}$ | 635. 5 |
| $SiO_2$ | O | 950 ~ 1080 | | 92 |
| $TiO_2$ | O | 450 ~ 1400 | $1.7 \times 10^{-3} \sim 2 \times 10^{-3}$ | 250 ~ 276 |
| $ZrO_{1.994}$ | O | <1200 | 0. 055 | 139. 6 |
| $ZrO_2$ | | 500 ~ 900 | $9.73 \times 10^{-3}$ | 234. 0 |
| $ZrO_2$ 立方 | O | <1200 | 0. 01 | 117. 5 |
| $Zr_{0.85} Ca_{0.15} O_{1.85}$ | | 1200 ~ 1600 | $5.9 \times 10^{-6} \sim 2.8 \times 10^{-4}$ | 208. 5 |
| $Cr_2O_3$ | Cr | 1050 ~ 1550 | 0. 137 | 256. 0 |
| $UO_{2.0 \sim 2.1}$ | O | 450 ~ 600 | $2.6 \times 10^{-4}$ | 129. 1 |
| $UO_{2+x}$ | O | 1370 ~ 1480 | | 288 |
| | O | 1240 ~ 1370 | | 97 |
| $UO_2$ | O | | $1.2 \times 10^{-3}$ | 273. 0 |

液态炉渣中元素的扩散系数(表 11 – 1 – 11)[16]

表 11 – 1 – 11

| 扩散元素 | 熔剂,w/% | | | 温度/℃ | 扩散系数 /cm$^2$·s$^{-1}$ | 适用温度范围 /℃ | $D_0$/cm$^2$·s$^{-1}$ | 活化能 $E$ /kJ·mol$^{-1}$ | 备注 |
|---|---|---|---|---|---|---|---|---|---|
| | CaO | SiO$_2$ | Al$_2$O$_3$ | | | | | | |
| Al | 43.5 | 46.5 | 10 | 1440 | $0.56 \times 10^{-6}$ | 1440~1520 | $4 \times 10^4$ | 355.6 | |
| | 38.6 | 41.3 | 20.1 | 1440 | $0.40 \times 10^{-6}$ | 1400~1485 | 5.4 | 251.0 | |
| Ca | 38.5 | 40.5 | 20.9 | 1500 | $2.1 \times 10^{-6}$ | 1350~1540 | $1 \times 10^3$ | 292.9 | |
| | 43 | 39 | 18 | 1450 | $0.95 \times 10^{-6}$ | 135~1450 | $1.6 \times 10^{-3}$ | 125.5 | |
| | 45.6 | 34.1 | 20.3 | 1440 | $0.38 \times 10^{-6}$ | 1440~1575 | 7.9 | 238.5 | |
| | 32.5 | 57.5 | 10 | 1450 | $7.5 \times 10^{-6}$ | 1450~1550 | $3.5 \times 10^{-3}$ | 87.9 | |
| | 55.2 | 44.8 | | 1485 | $0.71 \times 10^{-6}$ | 1455~1530 | $2 \times 10$ | 251.0 | |
| | 43.7 | | 51.3 | 1440 | $0.50 \times 10^{-6}$ | 1420~1485 | $4 \times 10^2$ | 292.9 | |
| O | 40.4 | 30.9 | 20.5 | 1475 | $10.2 \times 10^{-6}$ | 1372~1538 | $4.7 \times 10^5$ | 355.6 | $D_T = D_0 e^{\frac{E}{RT}}$, cm$^2$/s $T$—绝对温度,K |
| Fe | FeO61 | 39 | | 1304 | $120 \times 10^{-6}$ | 1250~1304 | | 167.4 | |
| | 40 | 40 | 20 | 1400 | $2.7 \times 10^{-6}$ | 1360~1500 | | 154.8~159.0 | |
| H | 27.3 | 38.7 | 26.9 | 1600 | $11 \times 10^{-6}$ | | | | |
| | 49.3 | 22.3 | 28.4 | 1600 | $25 \times 10^{-6}$ | | | | |
| N | 30.3 | 50.1 | 19.6 | 1500 | $0.5 \times 10^{-6}$ | | | | |
| | 53.2 | 25.7 | 21.1 | 1500 | $1.7 \times 10^{-6}$ | | | | |
| Nb | 40 | 40 | 20 | 1500 | $0.25 \times 10^{-6}$ | 1370~1500 | | 154.8~159.0 | |
| Ni | 40 | 40 | 20 | 1500 | $6.5 \times 10^{-6}$ | 1380~1500 | | 154.8~159.0 | |
| P | 40~43 | 30~35 | 21 | 1450 | $4.5 \times 10^{-6}$ | 1300~1500 | 2.4 | 188.3 | |
| S | 50.3 | 39.3 | 10.4 | 1445 | $0.89 \times 10^{-6}$ | 1445~1580 | 1.4 | 205.0 | |
| Si | 8.5 | 40.5 | 20.9 | 1430 | $0.105 \times 10^{-6}$ | 1365~1430 | $1 \times 10^2$ | 292.9 | |
| V | 40 | 40 | 20 | 1500 | $0.25 \times 10^{-6}$ | 1370~1500 | | 154.8~159.0 | |

温度对 CaO-Al$_2$O$_3$-SiO$_2$ 渣系中组成元素扩散系数的影响(图 11 – 1 – 26)[17]

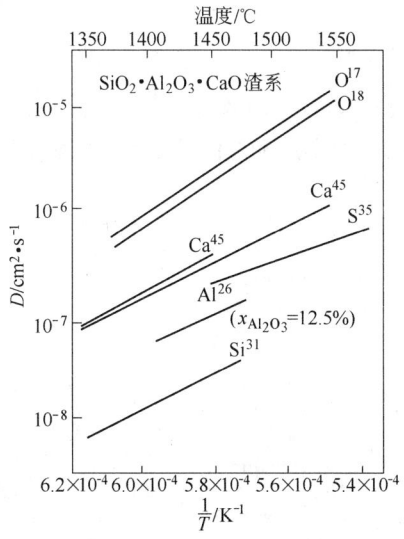

图 11 – 1 – 26

图中数字表示使用的同位素

CaO-Al$_2$O$_3$-SiO$_2$ 渣系中 SiO$_2$ 含量对扩散系数 $D_{SiO_2}$、$D_{Al_2O_3}$ 的影响(图 11 - 1 - 27)[5]

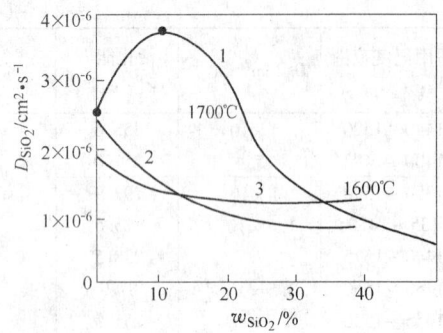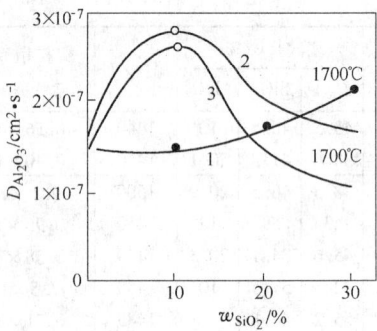

图 11 - 1 - 27

1—CaO50%，Al$_2$O$_3$ + SiO$_2$50%；2—Al$_2$O$_3$50%，SiO$_2$ + CaO50%；3—CaO% = Al$_2$O$_3$%

熔渣中 Na$_2$O 含量对 SiO$_2$、MgO、Al$_2$O$_3$ 的扩散系数的影响(图 11 - 1 - 28)[5]

渣中氢的扩散系数与碱度的关系(图 11 - 1 - 29)[17]

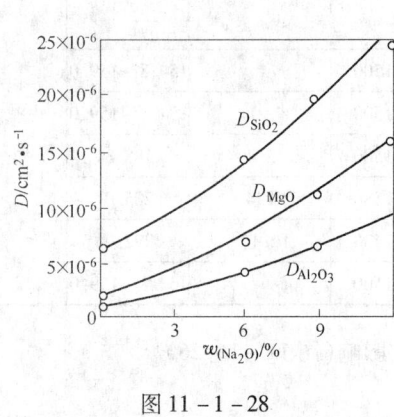

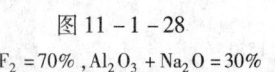

图 11 - 1 - 28

CaF$_2$ = 70%，Al$_2$O$_3$ + Na$_2$O = 30%

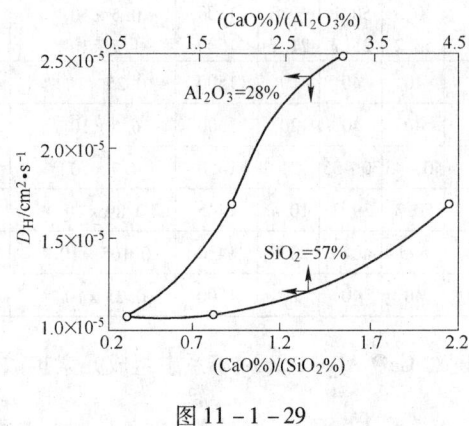

图 11 - 1 - 29

炉渣温度与黏度对氢的扩散系数的影响(图 11 - 1 - 30)[17]

碱性电炉渣中(MgO)、(Cr$_2$O$_3$)对黏度和氮的扩散系数的影响(图 11 - 1 - 31)[5]

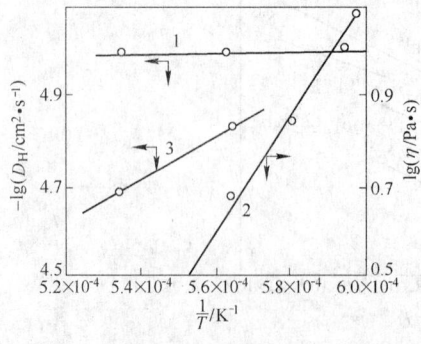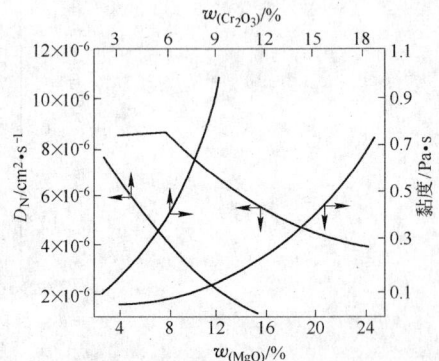

图 11 - 1 - 30

1,2—CaO27. 3%，SiO$_2$56. 4%，Al$_2$O$_3$16. 3%；3—CaO53%，SiO$_2$6%，Al$_2$O$_3$41%

图 11 - 1 - 31

酸性渣中($SiO_2$)对氮的扩散系数的影响(图 11 - 1 - 32)[5]

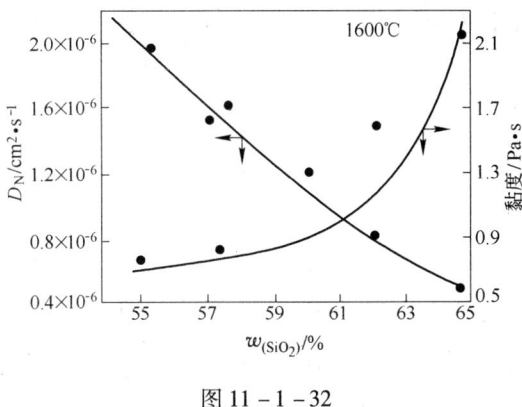

图 11 - 1 - 32

# 第二节 溶解速度和反应速度

## 一、氧化物在渣、金属熔体中的溶解速度

试样旋转速度 $\omega$ 对 $SiO_2$、$Al_2O_3$、$MgO$ 在渣中溶解速度的影响(图 11 - 2 - 1)[5]

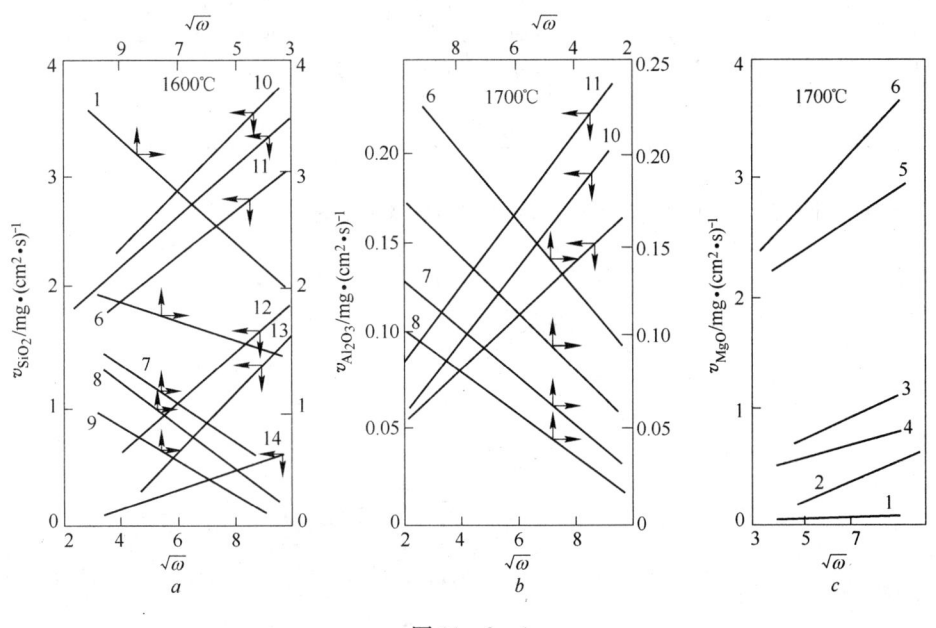

图 11 - 2 - 1

图中数字为渣号,具体成分见表(11 - 2 - 1);$\omega = \dfrac{\pi n}{30}$;

$v = 1.95 D^{2/3} \nu^{-1/6} \sqrt{\omega}(C_1 - C_2)$;$\nu$—黏度;$v$—速度,$mg/(cm^2 \cdot s)$

表 11 - 2 - 1

| 渣号 | 炉渣成分/% | | | | | | t/℃ | η/Pa·s | σ/mN·m⁻¹ | D/cm²·s⁻¹ | | |
|---|---|---|---|---|---|---|---|---|---|---|---|---|
| | CaO | Al₂O₃ | SiO₂ | MgO | TiO₂ | Na₂O | | | | SiO₂ | MgO | Al₂O₃ |
| 1 | 50 | 50 | | | | | 1600 | 0.32 | 650 | $1.95 \times 10^{-6}$ | $0.04 \times 10^{-6}$ | $0.13 \times 10^{-6}$ |
| | | | | | | | 1700 | 0.16 | 625 | $2.51 \times 10^{-6}$ | $0.06 \times 10^{-6}$ | $0.14 \times 10^{-6}$ |
| 2 | 45 | 45 | 10 | | | | 1600 | 0.32 | 532 | $1.48 \times 10^{-6}$ | $0.25 \times 10^{-6}$ | |
| | | | | | | | 1700 | 0.16 | | | $0.63 \times 10^{-6}$ | $0.27 \times 10^{-6}$ |
| 3 | 40 | 40 | 20 | | | | 1600 | 0.40 | 500 | $1.41 \times 10^{-6}$ | $1.05 \times 10^{-6}$ | |
| | | | | | | | 1700 | 0.20 | 472 | $1.51 \times 10^{-6}$ | $2.88 \times 10^{-6}$ | $0.13 \times 10^{-6}$ |
| 4 | 35 | 35 | 30 | | | | 1600 | 0.60 | 490 | $1.30 \times 10^{-6}$ | $0.14 \times 10^{-6}$ | |
| | | | | | | | 1700 | 0.30 | | | $2.34 \times 10^{-6}$ | $0.11 \times 10^{-6}$ |
| 5 | 30 | 30 | 40 | | | | 1600 | 1.10 | 490 | $1.31 \times 10^{-6}$ | $0.55 \times 10^{-6}$ | |
| | | | | | | | 1700 | 0.53 | 475 | | $0.63 \times 10^{-6}$ | |
| 6 | 40 | 50 | 10 | | | | 1700 | 0.17 | 495 | $1.48 \times 10^{-6}$ | | $0.29 \times 10^{-6}$ |
| 7 | 30 | 50 | 20 | | | | 1700 | 0.25 | 471 | $1.05 \times 10^{-6}$ | | $0.19 \times 10^{-6}$ |
| 8 | 20 | 50 | 30 | | | | 1700 | 0.50 | 452 | $1.07 \times 10^{-6}$ | | $0.18 \times 10^{-6}$ |
| 9 | 10 | 50 | 40 | | | | 1700 | 1.00 | 410 | $0.97 \times 10^{-6}$ | | |
| 10 | 50 | 40 | 10 | | | | 1700 | 0.15 | 470 | $3.89 \times 10^{-6}$ | | $0.15 \times 10^{-6}$ |
| 11 | 50 | 30 | 20 | | | | 1700 | 0.14 | 458 | $3.16 \times 10^{-6}$ | | $0.16 \times 10^{-6}$ |
| 12 | 50 | 20 | 30 | | | | 1700 | 0.13 | 440 | $1.51 \times 10^{-6}$ | | $0.20 \times 10^{-6}$ |
| 13 | 50 | 10 | 40 | | | | 1700 | 0.12 | 430 | $1.12 \times 10^{-6}$ | | |
| 14 | 50 | | 50 | | | | 1700 | 0.11 | 390 | $0.50 \times 10^{-6}$ | $19.50 \times 10^{-6}$ | |
| 15 | 39 | 19 | 36 | 6 | | | 1600 | 0.32 | 465 | $0.70 \times 10^{-6}$ | $1.62 \times 10^{-6}$ | $0.30 \times 10^{-6}$ |
| 16 | 39 | 19 | 36 | 6 | | | 1700 | 0.20 | 440 | $4.04 \times 10^{-6}$ | $3.47 \times 10^{-6}$ | $0.65 \times 10^{-6}$ |
| 17 | 37 | 18 | 35 | 6 | 4 | | 1600 | 0.25 | 453 | $3.24 \times 10^{-6}$ | $1.82 \times 10^{-6}$ | $0.44 \times 10^{-6}$ |
| 18 | 37 | 18 | 35 | 6 | 4 | | 1700 | 0.19 | 422 | $7.76 \times 10^{-6}$ | $5.76 \times 10^{-6}$ | $0.81 \times 10^{-6}$ |
| 19 | 36 | 17 | 34 | 5 | 8 | | 1600 | 0.15 | 447 | $16.20 \times 10^{-6}$ | $1.86 \times 10^{-6}$ | $0.50 \times 10^{-6}$ |
| 20 | 36 | 17 | 34 | 5 | 8 | | 1700 | 0.10 | 416 | $28.80 \times 10^{-6}$ | $14.40 \times 10^{-6}$ | $0.90 \times 10^{-6}$ |
| 21 | 38 | 19 | 35 | 6 | | 2 | 1600 | 0.26 | 425 | $5.75 \times 10^{-6}$ | | |
| 22 | 37 | 18 | 35 | 6 | | 4 | 1600 | 0.24 | 400 | $8.14 \times 10^{-6}$ | | |
| 23 | 36 | 18 | 34 | 6 | | 6 | 1600 | 0.21 | 370 | $17.40 \times 10^{-6}$ | | |

$CaO\text{-}Al_2O_3\text{-}SiO_2$ 渣中 $SiO_2$ 的溶解速度和 $(SiO_2)$ 的关系( 图 11 - 2 - 2 )[5]

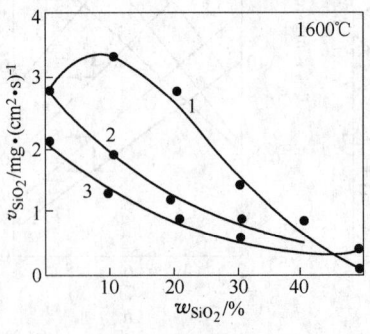

图 11 - 2 - 2

1——$CaO\,50\%$ ,$(Al_2O_3 + SiO_2)\,50\%$ ;

2——$Al_2O_3\,50\%$ ,$(CaO + SiO_2)\,50\%$ ;

3——$CaO\% = Al_2O_3\%$

用固体碳还原渣中 $SiO_2$ 时 $SiO_2$ 的还原速度(图 11 - 2 - 3)

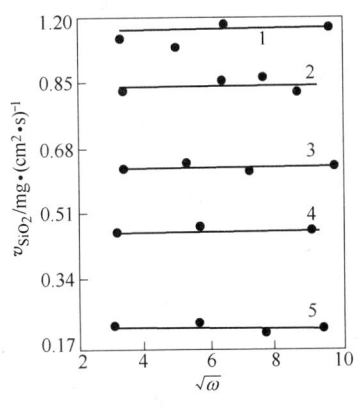

| 图　例 | $w_{SiO_2}/\%$ | $w_{CaO}/\%$ | $w_{Al_2O_3}/\%$ | $w_{Na_2O}/\%$ | $t/℃$ |
|---|---|---|---|---|---|
| 1 | 60 | 20 | 20 | | 1800 |
| 2 | 60 | 20 | 20 | | 1700 |
| 3 | 50 | 25 | 25 | | 1700 |
| 4 | 50 | 25 | 25 | | 1600 |
| 5 | 50 | 20 | 20 | 10 | 1700 |

图 11 - 2 - 3

三种炉渣对氮化物溶解速度的影响(表 11 - 2 - 2)[5]

表 11 - 2 - 2

| 氮 化 物 | 溶解速度/mg·(cm²·s)⁻¹ | | | | | | | | | | | | | |
|---|---|---|---|---|---|---|---|---|---|---|---|---|---|---|
| | $CaF_2$ | $Al_2O_3$ | CaO | $SiO_2$ | $CaF_2$ | $Al_2O_3$ | CaO | $SiO_2$ | MgO | $Al_2O_3$ | CaO | $SiO_2$ | MgO | $TiO_2$ |
| | 60 | 25 | 13 | 2 | 3 | 25 | 40 | 22 | 10 | 40 | 54 | 3 | 2 | 1 |
| BN | 0.03 | | | | 0.07 | | | | | 0.06 | | | | |
| AlN | 0.10 | | | | 0.18 | | | | | 0.14 | | | | |
| TiN | 0.12 | | | | 0.23 | | | | | 0.17 | | | | |

试样旋转速度 $\omega$ 对 Fe、Ni 在 Fe-C、Fe-Mn 系中溶解速度的影响(图 11 - 2 - 4)[18]
铁液中[C]、[Al]、[Mn]含量对熔融 MgO 还原速度的影响(图 11 - 2 - 5)[5]
铁液中[Mn]对熔融 MgO 还原速度的影响(图 11 - 2 - 6)[5]

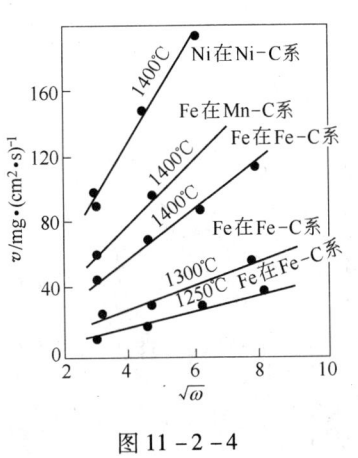

图 11 - 2 - 4

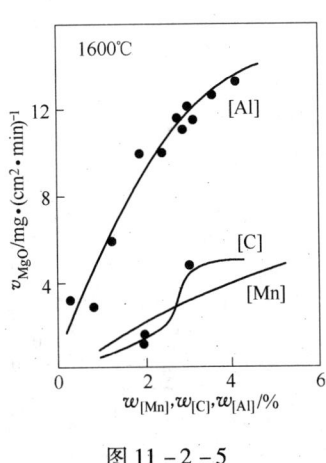

图 11 - 2 - 5

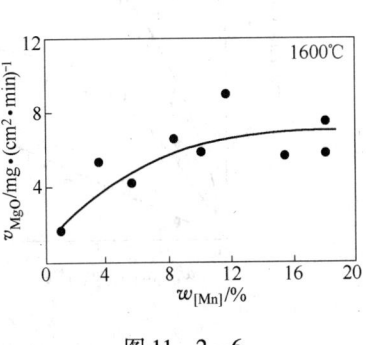

图 11 - 2 - 6

温度对[C]、[Al]还原 MgO 速度的影响(图 11 - 2 - 7)[5]

温度对[Al]、[Ti]、[Si]还原 CaO 速度的影响(图 11 - 2 - 8)[5]

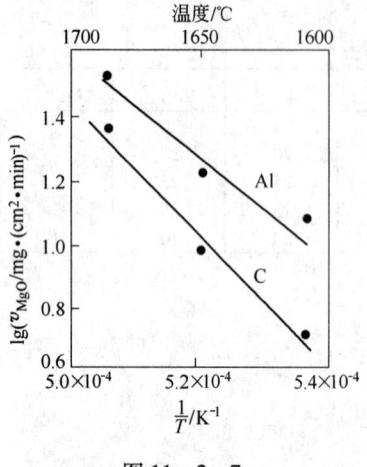

图 11 - 2 - 7

条件：[Al]和[C]均为 3% 时

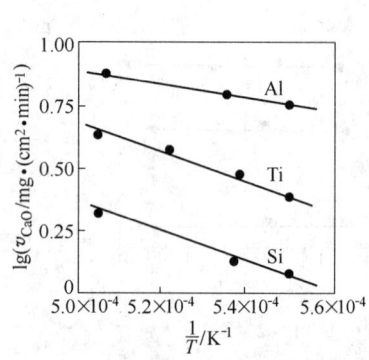

图 11 - 2 - 8

铁液中[Al]、[Ti]、[Si]对 CaO 还原速度的影响(图 11 - 2 - 9)[5]

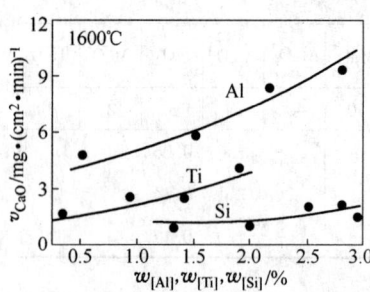

图 11 - 2 - 9

$$CaO + \frac{2}{3}[Al] = \frac{1}{3}Al_2O_3 + [Ca], \Delta G^\ominus = 35564 + 11.76T(\pm 5439 \text{ kJ/mol});$$

$$CaO + \frac{1}{2}[Ti] = \frac{1}{2}TiO_2 + [Ca], \Delta G^\ominus = 84935 + 10.46T(\pm 5439 \text{ kJ/mol});$$

$$CaO + \frac{1}{2}[Si] = \frac{1}{2}SiO_2 + [Ca], \Delta G^\ominus = 101253 + 15.23T(\pm 4602 \text{ kJ/mol})$$

熔铁中[Al]、[Mn]、[C]对还原 SiO₂ 速度的影响(图 11 - 2 - 10)[5]

温度对[Al]、[Mn]、[C]还原 SiO₂ 速度的影响(图 11 - 2 - 11)[5]

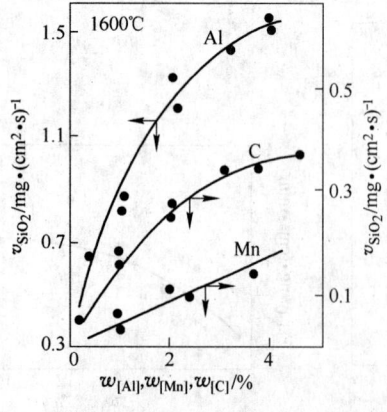

图 11 - 2 - 10

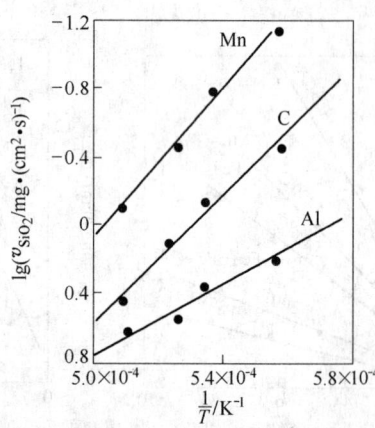

图 11 - 2 - 11

$SiO_2$ 的还原速度和铁液中 $a_C$、$x_C$ 的关系(图 11 - 2 - 12)[5]

$x_{Al}^{2/3}$ 对 $SiO_2$ 还原速度的影响(图 11 - 2 - 13)[5]

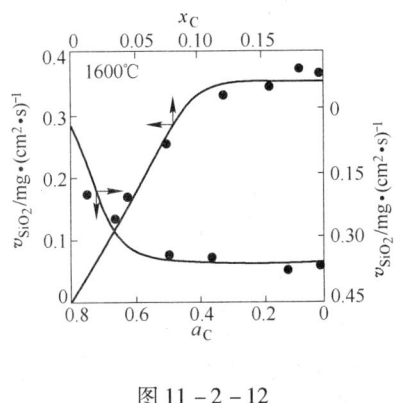
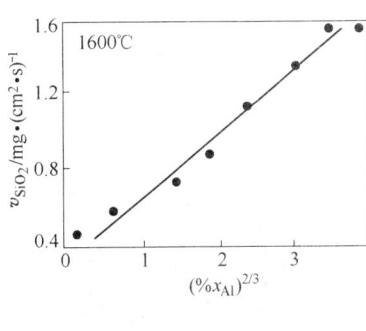

图 11 - 2 - 12         图 11 - 2 - 13

## 二、冶金熔体中的反应速度

炉渣的脱硫速度和铁液中加入元素的关系(图 11 - 2 - 14)[20]

合金元素对铁液中相对脱硫速度常数的影响(图 11 - 2 - 15)[21]

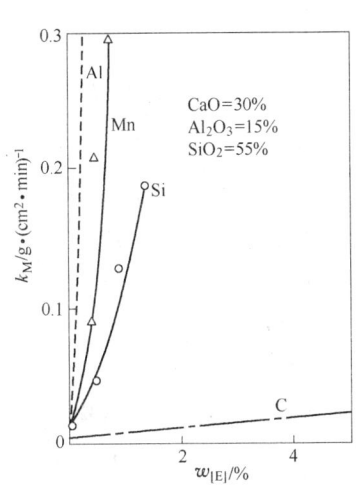
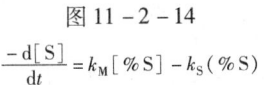
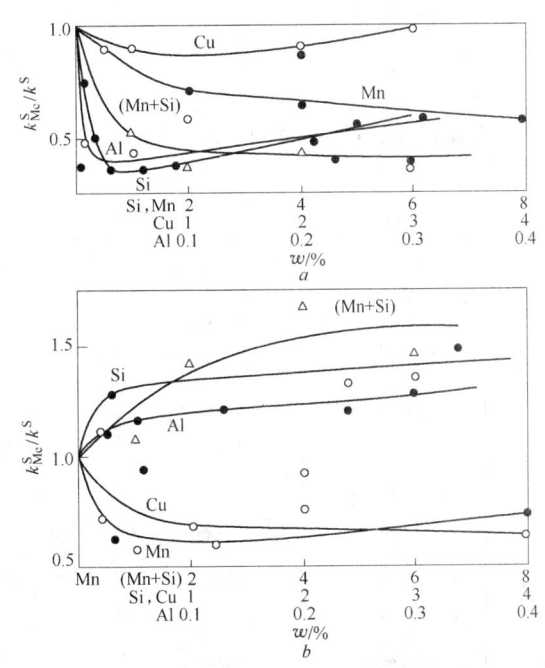

图 11 - 2 - 14         图 11 - 2 - 15

$$-\frac{d[S]}{dt} = k_M [\%S] - k_S (\%S)$$

$1600℃；a—CaO47\%，Al_2O_346\%，MgO7\%；b—CaO50\%，Al_2O_320\%，SiO_230\%；$

$k^S$—纯铁脱硫的速度常数；$k_{Me}^S$—某元素含量的脱硫速度常数；$t$—时间；

$[\%S]_0$—硫的起始含量；$[S]_t$—经过时间 $t$ 的硫含量；$k_{Me}^S = \dfrac{1}{t} \lg \dfrac{[\%S]_{0-M}}{[\%S]_{t-M}}$

真空下[C]=0.2%钢液使用 $Al_2O_3$-$SiO_2$ 系耐火材料(含 $Al_2O_3$ 不同的坩埚)时钢液中[Si]、[C]的变化关系(图11-2-16)[19]

各种耐火材料和[C]=0.28%的钢液接触反应时其温度和CO产生速度的关系(图11-2-17)[22]

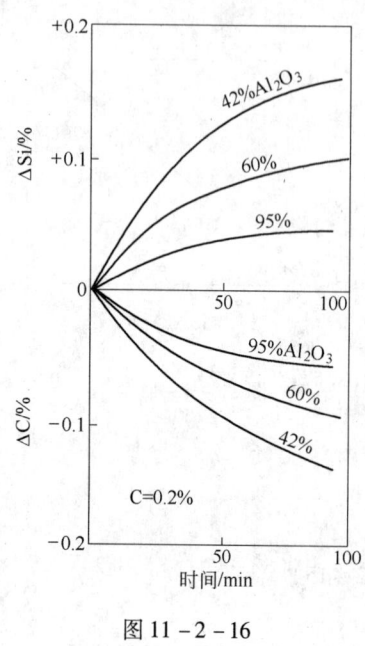

图 11-2-16

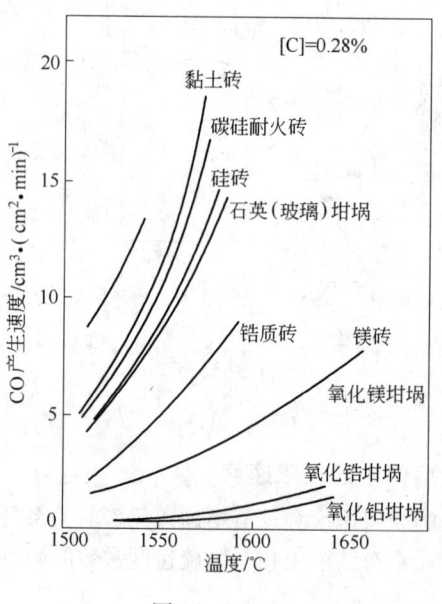

图 11-2-17

钢液的二次氧化速度常数(表11-2-3)[23]

表 11-2-3

| 钢 号 | $a_C(1600℃)$ | $r_{O_2}^{Me}/g \cdot (cm^2 \cdot s)^{-1}$ | 钢 号 | $a_C(1600℃)$ | $r_{O_2}^{Me}/g \cdot (cm^2 \cdot s)^{-1}$ |
|---|---|---|---|---|---|
| 10 | 0.112 | 0.000305 | 0Cr17 | 0.047 | 0.000387 |
| 20 | 0.223 | 0.000295 | 0Cr13 | 0.10 | 0.000416 |
| 45 | 0.60 | 0.000259 | 2Cr13 | 0.116 | 0.000354 |
| T8A | 1.233 | 0.000207 | 60Si$_2$Mn | 1.216 | 0.00048 |
| T10A | 1.68 | 0.000151 | 9CrSi | 1.78 | 0.00018 |
| T12A | 2.326 | 0.000098 | 3Cr2W8V | 0.393 | 0.000326 |
| 15Cr | 0.182 | 0.000409 | 30CrMnSiNiA | 0.455 | 0.00045 |
| 40Cr | 0.499 | 0.000378 | Cr12 | 3.256 | 0.00005 |
| GCr15 | 1.60 | 0.000295 | | | |

注:条件:$p_{O_2}=21$ kPa,$t=1550\sim1600℃$。

碳素钢的吸氧速度常数 $r_{O_2}^{Me}$ 和 $a_C$(1600℃时的碳活度)的数学关系式(g/(cm²·s)):

$$r_{O_2}^{Me}=0.00031-0.000108a_C$$

含1%Cr的钢液吸氧速度常数和 $a_C$(1600℃时碳的活度)的数学关系式(g/(cm²·s))

$$r_{O_2}^{Me}=0.000417-0.0000781a_C$$

钢液吸氮的速度常数 $r_{N_2}^{Me}(p_{N_2} = 79\ kPa, 1600 \pm 20℃)$（表 11-2-4）[23]

表 11-2-4

| 钢　号 | $r_{N_2}^{Me}/g \cdot (cm^2 \cdot s)^{-1}$ | 钢　号 | $r_{N_2}^{Me}/g \cdot (cm^2 \cdot s)^{-1}$ |
|---|---|---|---|
| 2Cr13 | $0.91 \times 10^{-4}$ | 45 | $0.41 \times 10^{-4}$ |
| 1Cr18Ni9Ti | $0.795 \times 10^{-4}$ | W18Cr4V | $0.50 \times 10^{-4}$ |
| 20CrMnTi | $0.664 \times 10^{-4}$ | GCr15 | $0.37 \times 10^{-4}$ |
| 45Mn2 | $0.456 \times 10^{-4}$ | 9CrSi | $0.26 \times 10^{-4}$ |
| 40Cr | $0.46 \times 10^{-4}$ | ~20Cr | $0.23 \times 10^{-4}$ |

**二次氧化时钢液的增氧量和增氮量计算式**[24]

出钢时钢液经受空气的二次氧化,钢液增氧的同时增加氮含量,增氧量和增氮量与钢液的成分、钢—气的界面积和时间有关。在发展真空处理浇铸、炉外精炼的同时,在工艺操作中都很重视保护渣浇铸,这对生产高质量钢和顺利进行连铸具有十分重要的意义。

二次氧化时钢液的进氧量和进氮量决定于如下关系式:

$$\Delta[O] = r_{O_2}^{Me} \bar{A}\ t\ Q^{-1} \times 100\%$$

$$\Delta[N] = r_{N_2}^{Me} \bar{A}\ t\ Q^{-1} \times 100\%$$

式中　$r_{O_2}^{Me}, r_{N_2}^{Me}$——二次氧化时吸氧、吸氮的传质通量,$kg/(m^2 \cdot s)$

$Q$——浇铸钢液重量,kg;

$t$——浇铸时气液接触的时间,s;

$\bar{A}$——浇铸时气液平均接触面积,$m^2$。

$r_{O_2}^{Me}, r_{N_2}^{Me}$ 是钢液和氧、氮接触时的传质通量,它和钢液中合金元素含量有关。因为在测试过程中产生 CO 对气体压力有影响,很难测出准确的数据来,所以就不能估量浇铸过程中钢液进氧进氮量,在实验条件下成功地测定了钢液吸氧、吸氮的传质通量。

气液平均接触面积 $\bar{A}$ 随着浇铸过程参数的变化而改变,尽管有人研究过这类问题,因为它不好测定,故很少应用于实际。为了正确地估计钢液的增氧量和增氮量,改进工艺,我们采用水模拟的方法得出 $\bar{A}$ 和浇铸工艺参数的关系。

# 第三节　化工常用特征数

当用表达式计算特征数时,应注意各项物理量单位的一致性。需保证在计算结束时单位符号全部消失,计算结果不带任何单位。表 11-3-1 中列出化工常用特征数,建议用表注的单位。

表 11-3-1

| 符号 | 名　称 | 表 达 式 | 物 理 意 义 | 使用领域 |
|---|---|---|---|---|
| $Ar$ | 阿基米德数<br>Archimedes number | $\dfrac{Re^2}{Fr} \dfrac{\Delta\rho}{\rho} = \dfrac{l^3\rho g}{\mu^2}(\rho_s - \rho)$ | 浮升力对流固系统的影响 | 流态化 |
| $Bi$ | 毕渥数<br>Biot number | $\dfrac{\kappa l_m}{\lambda}$ | 物体内部热阻和外表膜热阻的关系 | 不稳定传热 |
| $Da_I$ | 达姆克勒数Ⅰ<br>Damkohler number Ⅰ | $\dfrac{ul}{v\rho_A}$ | 化学反应速率与总体质量流速之比 | 反应工程 |
| $Da_{II}$ | 达姆克勒数Ⅱ<br>Damkohler number Ⅱ | $\dfrac{ul^2}{D\rho_A}$ | 化学反应速率与分子扩散速度之比 | 反应工程 |

| 符号 | 名　称 | 表 达 式 | 物 理 意 义 | 使用领域 |
|---|---|---|---|---|
| $Da_{\mathrm{III}}$ | 达姆克勒数 Ⅲ<br>Damkohler number Ⅲ | $\dfrac{Qul}{c_p\rho v\Delta T}$ | 反应热量与本体热容量之比 | 反应工程 |
| $Da_{\mathrm{IV}}$ | 达姆克勒数 Ⅳ<br>Damkohler number Ⅳ | $\dfrac{Qul^2}{\lambda\Delta T}$ | 反应热量与传导热量之比 | 反应工程 |
| $Eu$ | 欧拉数<br>Euler number | $\dfrac{\Delta p}{\rho v^2}$ | 表示压差的特征数 | 流体流动 |
| $Fo$ | 傅里叶数<br>Fourie number | $\dfrac{\lambda t}{\rho c_p l^2}$ | 传导热量与本体热容量之比 | 不稳态传热 |
| $Fr$ | 弗劳德数<br>Froude number | $\dfrac{v^2}{gl}$ | 重力对流动过程的影响 | 自然流动 |
| $Fa$ | 范宁数<br>Fanning number | $\dfrac{\Delta p\rho l}{2G^2L}$ | 流动情况与压降的关系 | 流体流动 |
| $Ga$ | 伽利略数<br>Galileo number | $\dfrac{Re^2}{Fr}=\dfrac{l^3\rho^2 g}{\mu^2}$ | 重力与黏滞的关系 | 自然对流 |
| $Gr$ | 格拉晓夫数<br>Grashof number | $Ga\beta\Delta T=\dfrac{l^3\rho^2 g\beta\Delta T}{\mu^2}$ | 自然对流对给热的影响 | 表面传热 |
| $Gz$ | 格雷茨数<br>Graetz number | $\dfrac{q_{\mathrm m}c_p}{\lambda l}$ | 流体热容与传递热量的关系 | 层流传热 |
| $Jm$ | 传质因数<br>Number for<br>mass transfer | $\dfrac{k}{v}\left(\dfrac{\mu}{\rho D}\right)^{2/3}$ | 流动情况及物性与传质的关系 | 传质过程 |
| $Jh$ | 传热因数<br>Number for<br>heat transfer | $\dfrac{\kappa}{c_p G}\left(\dfrac{\mu c_p}{\lambda}\right)^{2/3}$<br>$=StPr^{2/3}$ | 流动情况及物性与传热的关系 | 传热过程 |
| $Ki$ | 基尔皮乔夫数<br>Kirpichef number | $\left[\dfrac{4l_{\mathrm s}^3 g\rho_{\mathrm g}}{3\mu^2}(\rho_{\mathrm s}-\rho_{\mathrm g})\right]^{1/3}$ | 气固系统物性 | 流态化 |
| $Le$ | 路易斯数<br>Lewis number | $\dfrac{Sc}{Pr}=\dfrac{a}{D}=\dfrac{\lambda}{c_p\rho D}$ | 物性对传热和传质的影响 | 同时传热传质 |
| $Ly$ | 廖辛科数<br>Liashchenko number | $\dfrac{Re^3}{Ar}=\dfrac{v^3\rho^2}{\mu(\rho_{\mathrm s}-\rho)g}$ | 流固物系物性与固相速度的关系 | 流态化 |
| $Ma$ | 马赫数<br>Mach number | $\dfrac{v}{c}$ | 线速与声速比 | 压缩流体流动过程 |
| $Nu$ | 努塞尔数<br>Nusselt number | $\dfrac{\kappa l}{\lambda}$ | 热导率对表面传热的影响 | 传热过程 |
| $Pe$ | 贝克来数<br>Péclet number | $RePr=\dfrac{lv\rho c_p}{\lambda}$ | 总体传热量与传导传热量比 | 强制对流传热 |
| $Pe^*$ | 传质贝克来数<br>Péclet number for mass transfer | $ReSc=\dfrac{vl}{D}$ | 总体传质量与扩散传质量比 | 传质过程 |
| $Pr$ | 普朗特数<br>Prandtl number | $\dfrac{c_p\mu}{\lambda}$ | 流体物性对表面传热的影响 | 传热过程 |
| $Re$ | 雷诺数<br>Reynolds number | $\dfrac{lv\rho}{\mu}=\dfrac{lG}{\mu}=\dfrac{vl}{\nu}$ | 惯性力与黏滞力之比 | 流体力学 |
| $Sc(Pr')$ | 施密特数<br>Schmidt number | $\dfrac{\mu}{\rho D}$ | 流体物性对传质的影响 | 传质过程 |
| $Sh$<br>$(Nu')$ | 舍伍德数<br>Sherwood number | $\dfrac{kl}{D}=JmReSc^{1/3}$ | 传质系数的特征数 | 传质过程 |

| 符号 | 名　称 | 表 达 式 | 物 理 意 义 | 使 用 领 域 |
|---|---|---|---|---|
| $St$ | 斯坦顿数<br>Stanton number | $\dfrac{\kappa}{c_p\rho v}=\dfrac{\kappa}{c_p G}$ | 传递热量和流体热容量之比 | 强制对流传热 |
| $We$ | 韦伯数<br>Weber number | $\dfrac{v^2\rho l}{\sigma}=\dfrac{lG^2}{\sigma\rho}$ | 惯性力与表面张力之比 | 起泡过程 |

注：$a$—— 热扩散率，$a=\lambda/(c_p\rho)$，$m^2/s$；
　　$c$—— 声速，$m/s$；
　　$c_p$—— 比定压热容，$kJ/(kg\cdot K)$；
　　$D$—— 扩散系数，$m^2/s$；
　　$g$—— 自由落体加速度，$m/s^2$；
　　$G$—— 质量流率，$kg/(m^2\cdot s)$；
　　$k$—— 传质系数，$m/s$；
　　$l$—— 定性长度，$m$；
　　$l_m$—— 从中心到表面的距离，$m$；
　　$l_s$—— 固定颗粒直径，$m$；
　　$L$—— 长度，$m$；
　　$\Delta p$—— 压力降，$Pa$；
　　$q_m$—— 质量流量，$kg/s$；

　　$Q$—— 单位质量放热量，$kJ/kg$；
　　$t$—— 特征时间间隔，$s$；
　　$\Delta T$—— 特征温度差，$K$；
　　$u$—— 反应速度，$kg/(m^3\cdot s)$；
　　$v$—— 线速度，$m/s$；
　　$\beta$—— 体胀系数，$K^{-1}$；
　　$\kappa$—— 表面传热系数，$kJ/(m^2\cdot s\cdot K)$；
　　$\rho$—— 体积质量、密度，下标s指固体，g指气体，$kg/m^3$；
　　$\rho_A$—— A 的质量浓度，$kg/m^3$；
　　$\mu$—— 动力黏度，$kg/(m\cdot s)$；
　　$\nu$—— 运动黏度 $\nu=\mu/\rho$，$m^2/s$；
　　$\sigma$—— 表面张力，$N/m$；
　　$\lambda$—— 热导率，$kJ/(m\cdot s\cdot K)$。

# 参 考 文 献

[1] 真空设计手册，上册，北京：国防工业出版社，1979
[2] Форм Е，ит. Газы и углерод в металлах. металлургия，1980
[3] Lesoult G. Fundamental Aspects of the solidification of Steels，Ecoles des Mines Nanay，1982(in French)
[4] 鉄と鋼，1977，63(4)
[5] Ершов Г С. Взаймодействие фаз при плавке легированных сталей，1973
[6] Аверин В В. Азот в металлих. мегаллургиям，1976
[7] Лепцнский Б И. Диффизия элементов в жидких металлах группы железа，1974
[8] Ершов Г С. Изв. Ч М，1978，(6)
[9] Проблемы Специалбной электро металлургии. Киев，1978
[10] Ерщов Г С，ит. Строение и свойства жидких и твердых металлов，1978
[11] 石飛精助. 鉄と鋼，1971，(11)：118
[12] Kingery W O. Introduction to Ceramics，1961
[13] Geiger G H. Transport Phenomema in Metallurgy，1974
[14] Ефимов В А. Разливка и кристаллизация сгали. москва，1976
[15] Бялобжеский А В，ит. Высокотемпературная коррозия и защита，1977
[16] 日本金属学会编. 金属データプック. 丸善株式会社，1974
[17] Явойский В И，ид. Теория процессов производства стали. 1963
[18] Изв вуз Ч М，1963，(10)：514
[19] Окороков г н. Производство стали и сплавов в ваккумных индукциониых печах Металлургия，M. 1972
[20] Goldman K M. Trans. AIME，1954，200：534
[21] Физико-химические основы производство стали，Наука 1964，1960
[22] 成田贵一，鉄と鋼，1971，57(14)：2264
[23] 关玉龙，陈家祥，等. 钢液二次氧化的研究. 北京钢铁学院学报，1981，(8)
[24] 陈家祥，主编. 钢铁冶金学(炼钢部分). 北京：冶金工业出版社，2006

# 第十二章　元素对钢性质的影响和质量的评定

## 第一节　钢号的表示方法（GB）

牌号采用的汉字及汉语拼音符号（表12-1-1）

表12-1-1

| 名　称 | 采用的汉字及汉语拼音 | | 采用符号 | 字　体 | 位　置 |
|---|---|---|---|---|---|
| | 汉字 | 汉语拼音 | | | |
| 碳素结构钢 | 屈 | QU | Q | 大写 | 牌号头 |
| 低合金高强度钢 | 屈 | QU | Q | 大写 | 牌号头 |
| 铆螺钢 | 铆螺 | MAO LUO | ML | 大写 | 牌号头 |
| 保证淬透性钢① | | | H | 大写 | 牌号尾 |
| 易切削钢 | 易 | YI | Y | 大写 | 牌号头 |
| 耐候钢 | 耐候 | NAI HOU | NH | 大写 | 牌号尾 |
| 焊接用钢 | 焊 | HAN | H | 大写 | 牌号头 |
| 碳素工具钢 | 碳 | TAN | T | 大写 | 牌号头 |
| （滚珠）轴承钢 | 滚 | GUN | G | 大写 | 牌号头 |
| 质量等级 | | | A | 大写 | 牌号尾 |
| | | | B | 大写 | 牌号尾 |
| | | | C | 大写 | 牌号尾 |
| | | | D | 大写 | 牌号尾 |
| | | | E | 大写 | 牌号尾 |
| 铸　钢 | 铸钢 | ZHU GANG | ZG | 大写 | 牌号头 |
| 灰铸铁 | 灰铁 | HUI TIN | HT | 大写 | 牌号头 |
| 球墨铸铁 | 球铁 | QTU TIN | QT | 大写 | 牌号头 |
| 可锻铸铁 | 可铁 | KE TIN | KT | 大写 | 牌号头 |
| 耐热铸铁 | 热铁 | RE TIN | RT | 大写 | 牌号头 |
| 耐磨铸铁 | 磨铁 | MO TIN | MT | 大写 | 牌号头 |

钢中合金元素规定含量界限值（表12-1-2）

表12-1-2

| 序　号 | 合金元素 | 合金元素规定含量界限值（质量分数）/% | | |
|---|---|---|---|---|
| | | 非合金钢，< | 低合金钢 | 合金钢，≥ |
| 1 | Al | 0.10 | | 0.10 |
| 2 | B | 0.0005 | | 0.0005 |
| 3 | Bi | 0.10 | | 0.10 |

续表 12 - 1 - 2

| 序 号 | 合金元素 | 合金元素规定含量界限值(质量分数)/% | | |
|---|---|---|---|---|
| | | 非合金钢,< | 低合金钢 | 合金钢,≥ |
| 4 | Cr | 0.30 | 0.30 ~ <0.50 | 0.50 |
| 5 | Co | 0.10 | | 0.10 |
| 6 | Cu | 0.10 | 0.10 ~ <0.50 | 0.50 |
| 7 | Mn | 1.00 | 1.00 ~ <1.40 | 1.40 |
| 8 | Mo | 0.05 | 0.05 ~ 0.10 | 0.10 |
| 9 | Ni | 0.30 | 0.30 ~ <0.50 | 0.50 |
| 10 | Nb | 0.02 | 0.02 ~ <0.60 | 0.60 |
| 11 | Pb | 0.04 | | 0.40 |
| 12 | Se | 0.10 | | 0.10 |
| 13 | Si | 0.50 | 0.50 ~ <0.90 | 0.90 |
| 14 | Te | 0.10 | | 0.10 |
| 15 | Ti | 0.05 | 0.05 ~ <0.13 | 0.13 |
| 16 | W | 0.10 | | 0.10 |
| 17 | V | 0.04 | 0.04 ~ <0.12 | 0.12 |
| 18 | Zr | 0.05 | 0.05 ~ <0.12 | 0.12 |
| 19 | La 系(每种元素) | 0.02 | 0.02 ~ <0.05 | 0.05 |
| 20 | 其他规定元素<br>(P、S、C、N 除外) | 0.05 | | 0.05 |

注:1. La 系元素含量,也可为混合稀土含量总量。

2. 当 Cr、Cu、Mo、Ni(或 Nb、Ti、V、Zr)四种元素,其中有两种、三种或四种元素同时被定在钢中时,对于低合金钢,应同时考虑这些元素中每种元素的规定含量,所有这些元素的规定含量总和,应不大于规定两种、三种或四种元素中每种元素最高界限值总和的 70%。如果这些元素的规定含量总和大于规定元素中每种元素最高界限值总和的70%,即使这些元素每种元素规定量低于规定的最高界限值,也应划入合金钢。(摘自 GB/T 13304—1991)

# 第二节 探伤及表面微区成分分析技术比较

无损检测缺陷的方法(表 12 - 2 - 1)[1]

表 12 - 2 - 1

| 检测方法 | 检测原理 | 应用范围或典型用例 | 优 点 | 缺 点 |
|---|---|---|---|---|
| 中子射线照相 | 物质对中子的吸收与对 X 射线或 γ 射线的吸收不同。轻元素,如氢、锂、硼、镉、铀、钚等具有高中子吸收能力,而大多数金属对中子吸收能力低 | 厚钢件中原子量小的夹杂或成分、装料及填充度方面的缺陷及黏结结构质量等的检测。用例:航空和宇航中燃料的装填情况;核技术中检查燃料元件,蜂窝结构的黏结质量等 | 可作为 X 射线或 γ 射线的补充;可透视更厚的工件;可永久记录 | 设备昂贵,人员技术要求高;辐射危害大 |
| 高能射线探伤 | 加速器产生的高能射线与普通 X 射线相比,能量更高、穿透力更强 | 与普通 X 射线探伤相类似 | 能对厚钢件探伤,直线加速器输出射线穿透力可达 500 ~ 600 mm | 使用电子感应加速器或直线加速器,设备复杂,一次投资大 |

| 检测方法 | 检 测 原 理 | 应用范围或典型用例 | 优 点 | 缺 点 |
|---|---|---|---|---|
| 射线层析照相 | X(或 γ)射线以不同的透射角度探查试样,原则上要在各个断面以不同角度做大量的吸收检测;测得的结果存储在计算机里,然后根据图像重组原理由计算机运算处理进行三维显示或恢复截面的二维图像 | 与射线照相法相比,能重现任一截面的图像,能进行缺陷尺寸、位置及取向等的精确测定。用例:零件显微疏松分布和局部疏松的严重程度;不规则空心零件内腔几何形状尺寸及内含物的测定等 | 缺陷的高精度测定:可保持透视方向的深度信息;计算机控制图像显示;提高了密度分辨率和消除重叠影像 | 在材料领域尚属试验阶段,未普遍应用;设备昂贵;对人员技术要求很高 |
| 光学全息法 | 通过一束参考光束和一束被摄物体上的反射光束在感光胶片上迭加产生干涉图样(全息图),参考光束与反射光束都是从相干性极好的激光束分离出来的;当一束与原参考光束相同的激光透过这一全息图时,再现物体图像全息法用于无损检测时一般要通过机械的、热的或其他的方式使试件变形从而影响表面形状;通过全息图研究表面形状的改变,从而判断材料内部状况 | 裂纹、层裂、未粘合、孔洞与夹杂物及塑性变形等的检测。特别适用于蜂窝结构或复合材料大件的黏结缺陷与焊接缺陷的检测(在缺陷定量分析等方面的应用研究在发展中) | 能用于几乎任何固体材料;一般不受试件尺寸与几何形状的限制;不需与被测件直接接触;一般不需特殊制备表面与涂覆;可永久记录;检测灵敏 | 一般限于做差动试验,即比较试件对两种不同程度应力或激励的响应;要求试件在受外力改变表面形状以表现缺陷时,不产生刚性移动或损坏,因而对试件厚度有所限制;必须对试件及加载源设计并提供夹具;难以辨别缺陷类型;费用高:要求人员技术水平高 |
| 红外测试法 | 任何物体在绝对零度以上时都有红外线辐射。有缺陷处表面温度、热导率等异常,从而导致红外辐射功率异常。通过对被检件在空间上和时间上辐射功率变化的测定,检测材料缺陷 | 复合材料夹层缺陷、蜂窝结构等的检测;热作装置中的热点和冷点检测;受力过程、疲劳损伤过程等的无损监测 | 非接触、实时检测;红外热成像技术产生可见的热图 | 费用高;热发射率控制较困难;过程的红外无损监控应用研究在发展中 |
| 微波测试法 | 波长为 100 ~ 0.1 cm 的电磁波;对于塑料、陶瓷、木材、纤维、橡胶等,容易穿透和传播;对于金属材料,穿透深度仅几微米;能与肉眼可见的物体发生相互作用,即发生反射、散射等;利用这种现象检测材料内部缺陷,有反射法与穿透法两种方法 | 非金属材料中裂纹、多孔性和夹杂物的检测;金属表面裂纹的检测;水分含量的测定及厚度测定等(检测方法与应用研究在发展中) | 微波探头不必紧贴在试件上;易于自动操作、快速检查 | 分辨率差;试件几何形状对检测影响大;不能穿透金属 |
| 超声全息法 | 不用光波而用超声波形成相应的缺陷全息图,并用激光来加以再现分为液面声全息术与扫描声全息术(采用电子相位探测以产生全息图,无需参考束换能器)两种形式 | 可检缺陷类型与超声波探伤相同。适用于复合材料层压制品、蜂窝结构、金属、塑料及陶瓷等 | 产生(再现)可观察的缺陷图像,不需研究全息底片;扫描声全息,灵敏度高;能准确测定缺陷位置与大小 | 费用高;目前尚限于小型部件;比射线照相法清晰度差 |

续表12-2-1

| 检测方法 | 检测原理 | 应用范围或典型用例 | 优 点 | 缺 点 |
|---|---|---|---|---|
| 声发射测试法 | 材料受外力作用时,由于其内部缺陷的存在或微观结构的不均匀等导致局部应力集中、造成不稳定的应力分布,在这种不稳定的高能状态过渡到稳定的低能状态的过程中,一部分以应力波形式快速释放的弹性能即声发射。使用探头收听,检测材料 | 裂纹、层裂与脱接等缺陷检测。<br>焊接过程及形变断裂过程的监控;压力容器、受力构件等结构完整性的无损评价等 | 过程的遥控与连续监视;<br>裂纹的动态探查;<br>易于自动化;<br>设备轻便;<br>永久性记录;<br>检测灵敏 | 检测时必须对被检件施加应力或使工件处于工作状态;<br>不能反映静态缺陷情况;<br>需滤除噪声;<br>塑性材料声发射幅值低;<br>工件几何形状对检测结果影响大 |

表面微区成分分析技术比较(表12-2-2)[1]

表12-2-2

| 分析性能 | 电子探针 | 俄歇谱仪 | 离子探针 |
|---|---|---|---|
| 空间分辨率/$\mu$m | 0.5~1 | 0.1 | 1~2 |
| 分析深度/$\mu$m | 0.5~2 | <0.003 | <0.005 |
| 采样体积重量/g | $10^{-12}$ | $10^{-16}$ | $10^{-13}$ |
| 可检测质量极限/g | $10^{-16}$ | $10^{-18}$ | $10^{-16}$ |
| 可检测浓度极限/% | 0.0050~1.0000 | 0.0010~0.1000 | $10^{-6}$~0.0100 |
| 可分析元素 | $z \geq 4$($z \leq 11$时灵敏度差) | $z \geq 3$ | 全部 |
| 定量精度 | ±1%~5% | 30% | 尚未建立 |
| 真空度要求/Pa | $\leq 10^{-3}$ | $\leq 10^{-8}$ | $\leq 10^{-6}$ |
| 对试样损伤情况 | 对非导体损伤大,一般情况下无损伤 | 损伤少 | 损伤严重 |
| 定点分析时间/s | 100 | 1000 | 0.05 |

# 第三节 元素、杂质对钢性能的影响

## 一、钢中碳对钢性能的影响

炼钢过程中要氧化脱除多余的碳,达到规定的要求。用生铁炼钢时脱碳量大(>3%),电炉氧化法脱碳量较小(>0.20%),这些碳被氧化成CO,通过钢液的CO有较好的脱气作用。所以在大气下炼钢时,脱碳也是作为一种脱气的手段。从钢的性质看它也是重要的合金元素之一,可增加钢的强度、硬度[2]。

在不同的热处理条件下碳改变了钢中各组织的比例,使强度增加的同时略微降低韧性指标。

碳对强度和硬度的影响(表 12 – 3 – 1)[2]

表 12 – 3 – 1

| 碳含量/% | 0.05 | 0.17 | 0.39 | 0.58 | 0.72 | 0.91 |
|---|---|---|---|---|---|---|
| 抗拉强度/MPa | 365 | 380 | 500 | 620 | 755 | 920 |
| 伸长率/% | 52.4 | 50.8 | 38.4 | 27.1 | 19.6 | 14.0 |
| 断面收缩率/% | 81.3 | 72.8 | 57.4 | 42.6 | 30.6 | 19.3 |
| 珠光体硬度(维氏) | 251 | 287 | 274 | 284 | 259 | 271 |

各组织对钢的力学性能和物理性能的影响(表 12 – 3 – 2)[2]

表 12 – 3 – 2

| 组 织 | 铁素体 | 渗碳体 | 奥氏体 | 珠 光 体 | | | 屈氏体 | 索氏体 | 马氏体 |
|---|---|---|---|---|---|---|---|---|---|
| | | | | 层状 | 片状 | 球状 | | | |
| HB | 80 ~ 100 | 800 ~ 820 | 170 ~ 220 | 160 ~ 190 | 190 ~ 230 | 230 ~ 260 | 300 ~ 400 | 250 ~ 300 | 647 ~ 760 |
| $\sigma_b$/MPa | 245 ~ 294 | 30 ~ 50 | 392 ~ 834 | 834 | 834 | 834 | 1383 ~ 1726 | 686 ~ 1383 | |
| $\delta$/% | 30 ~ 50 | 0 | 20 ~ 25 | 20 ~ 25 | 20 ~ 25 | 20 ~ 25 | 5 ~ 10 | 10 ~ 20 | 2 ~ 8 |
| $\psi$/% | 70 ~ 85 | 0 | | | | | | | |
| $A_K$/J | 157 ~ 235 | 0 | | | | | | | |
| 密度/kg·m$^{-3}$ | 7870 | 7660 | 8050 | 7800 | 7800 | 7800 | | | |
| 线膨胀系数/℃$^{-1}$ | $(12 ~ 12.4)\times 10^{-6}$ | $(6 ~ 6.5)\times 10^{-6}$ | $(17 ~ 24)\times 10^{-6}$ | $(10 ~ 11)\times 10^{-6}$ | $(10 ~ 11)\times 10^{-6}$ | $(10 ~ 11)\times 10^{-6}$ | $1346 \times 10^{-6}$ (500℃) | | $11.5 \times 10^{-6}$ |
| 热导率/W·(m·K)$^{-1}$ | 75.4 | 7.11 ~ 8.4 | 4.2 | 60.24 | 50.24 | 50.24 | | | |
| 电阻系数/Ω·mm$^2$·m$^{-1}$ | 0.09 ~ 0.104 | 1.4 | 0.104 | 0.2 | 0.2 | 0.2 | | | |
| 比热 $c_p$/J·(kg·K)$^{-1}$(400℃) | 461 | 619.6 | 502 | | | | | | |

碳钢([C] = 0.8%)的相界面对粒状、层片状珠光体性能的影响(图 12 – 3 – 1)
珠光体层片间距与力学性能的关系(图 12 – 3 – 2)

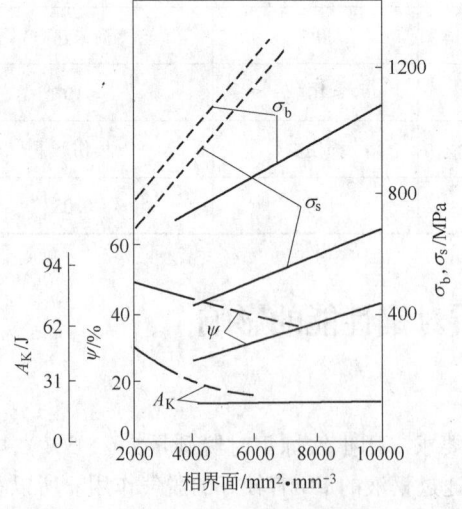

图 12 – 3 – 1

虚线—粒状组织；实线—片状组织

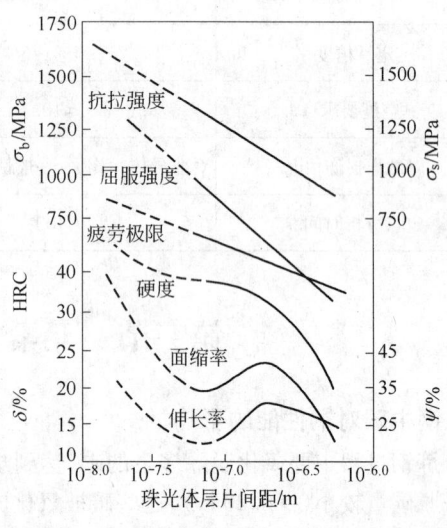

图 12 – 3 – 2

　　钢中碳含量决定了冶炼、轧制和热处理的温度制度,钢中碳含量和各温度制度的关系可用 Fe-C 状态图表明[2]。

　　Fe-C 状态图和温度制度的关系(图 12 – 3 – 3)

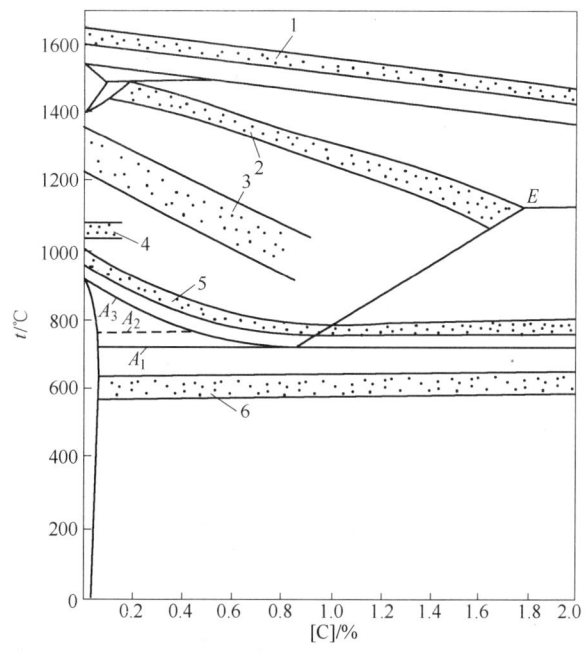

图 12 – 3 – 3

1—出钢温度;2—易生成热裂纹区;3—轧锻温度;4—表面热处理、扩散退火温度;
5—常化、退火、淬火、软化退火温度;6—去除应力回火温度上限

　　碳能显著地改变钢的液态和凝固性质,因此冶炼时很注意它的影响值,例如在 1600℃、[C] ≤ 0.8% 的情况下,每增加 0.1% 的 [C] 使熔点降低 6.5℃,钢液的密度减少 4 kg/m³,黏度降低 0.7%, [N] 的溶解度降低 0.001%,[H] 的溶解度降低 0.4 cm³/100 g,增大凝固区间 17.79℃。[C] 的氧化产物是 CO,因此不易玷污钢液,高碳钢液被二次氧化带入钢中的杂质(氧化物)少,等等。这些突出的影响已在冶金过程中加以利用。

## 二、钢中锰对钢性能的影响

　　锰的冶金作用主要是消除硫的热脆倾向,改变硫化物的形态和分布以提高钢质。钢中锰是一种非常弱的脱氧剂,只有在碳含量非常低、[O] 很高时才有脱氧作用,主要是协助 [Si]、[Al] 脱氧,提高它们的脱氧能力和脱氧量。锰可略微提高钢的强度,每 1% 可提高钢强度 $\sigma_b = 78.5$ MPa,并可提高钢的淬透性能,价格便宜,它可稳定并扩大奥氏体区,常作为合金元素制造奥氏体不锈钢(代 Ni)、耐热钢(和 [N] 共同代 Ni),无磁护环钢(大电机用)。当 [Mn] = 13%、[C] = 1% 时可制造耐磨钢,使用过程中可产生加工硬化,减少钢的磨损。

## 三、钢中硅对钢性能的影响

　　硅是钢中最基本的脱氧剂。普通钢中含硅 0.17% ~ 0.37%,是冶炼镇静钢的合适成分,该脱氧剂便宜,上述含量在 1450℃左右钢凝固时,能保证和 [Si] 相平衡的氧小于和 [C] 平衡的氧,制止凝固过程中产生 CO 气泡。生产沸腾钢时 [Si] = 0.03% ~ 0.07%,[Mn] ≈ 0.25% ~ 0.7%,它只能微弱地控制 C – O 反应。硅还能提高钢的力学性能,在 [Si] ≤ 1% 时,每增加 0.1% 的 [Si],约使 $\sigma_b$ 提高 9 MPa。

硅对钢液性质的影响较大。如在 1600℃ 纯 Fe 中每增加 1% 的硅,降低[C]的饱和溶解度 0.294%,降低铁的熔点 8℃,降低密度 60 kg/m³,降低氢的饱和溶解度 1.4 cm³/100 g,[N]降低 0.003%,增加钢的凝固区间 10℃,提高钢液的收缩率 2.05%,(每降 100℃)使固体铁之电阻系数提高 0.135 Ω·mm²/m。因此在冶炼硅钢时注意脱气以防钢液上涨。硅钢的密度较小,铸成的钢锭的密度也小,浇注的根数应多些(同样质量)。它增加了钢的电阻和导磁性,因此最宜做电机和变压器的铁芯。在生产低碳铁合金时,常用增加溶解的硅来减少溶解的碳,以生产中、低碳铁合金,如 75% 的硅铁含[C] < 0.07%,CaSi 合金(Ca 为 31%)[C] < 1% 等。

## 四、钢中铝对钢性能的影响

铝在镇静钢中多在 0.005% ~ 0.05% 的范围,通常为 0.01% ~ 0.03%。它是终脱氧剂。钢中加 Al 量因[O]量而异,低碳钢加得多些,高碳钢少些。一般加 Al 量为 0.3 ~ 1 kg/t 钢,为 Si 脱氧的继续和补充。Al 常在出钢前或包中加入,通常称为终脱氧。钢中残存的夹杂物多为 $Al_2O_3$,在出钢、镇静、浇注时生成的 $Al_2O_3$ 大部分上浮去除。但在冷凝过程中生成的大量细小分散的 $Al_2O_3$ 夹杂,促进形成细晶粒钢。钢中总残余[Al]超过 0.025% 时,晶粒度约在 10 ~ 9 级之间(晶粒平均直径约为 0.011 ~ 0.0156 mm),实际结合成 AlN 的 Al 超过 0.007% 时,就可保证细晶粒钢,这是结构钢所需要的细晶组织。

奥氏体晶粒度和铝含量的关系(图 12 - 3 - 4)

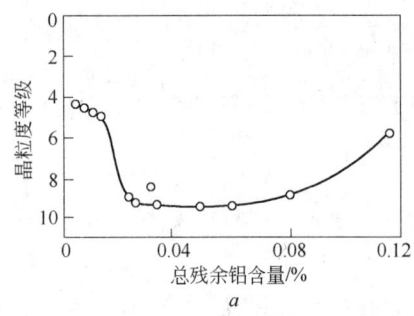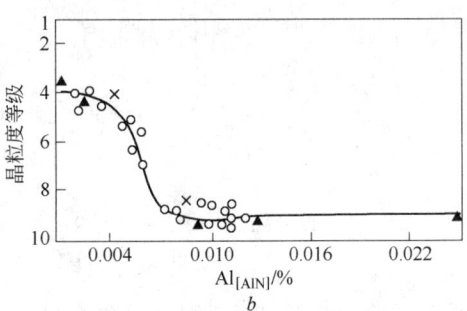

图 12 - 3 - 4

a—总残铝量;b—[AlN]中的铝含量

钢中[Al]、[Ti]、[Zr]对结晶开始长大温度的影响(图 12 - 3 - 5)

钢中[Al]、[N]饱和溶解度和温度的关系(图 12 - 3 - 6)[3]

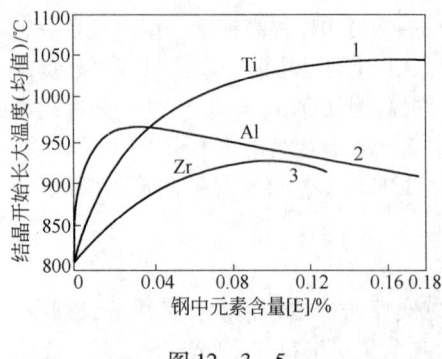

图 12 - 3 - 5

1—C 0.3% ~ 0.35%,Mn 0.7% ~ 0.8%,Si 0.23%;

2—C 0.29% ~ 0.31%,Mn 0.8%,Si 0.23%;

3—C 0.28% ~ 0.3%,Mn 0.8%,Si 0.24%

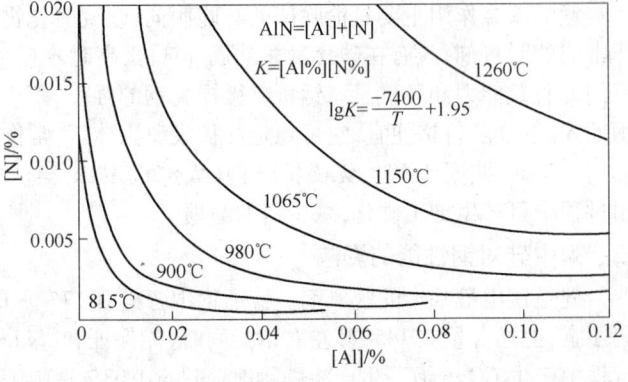

图 12 - 3 - 6

### 五、钢中氮对钢性能的影响

钢中氮能使强度略微增加。和碳一样它能稳定奥氏体,扩大奥氏体区,可用[N]代替 Ni 生产耐热钢。高质量的高铬钢(Cr = 27%)中[N + C]含量在 0.02% 以下时,才能在常温下具有高的韧性,利于冷加工。因此降低钢中[N]是提高钢性能的主要途径之一。

[C + N]对高铬钢的脆性的影响(图 12 - 3 - 7)

[N]和时效后钢的冲击韧性降低值的影响(常温加工度为 10% )(图 12 - 3 - 8)

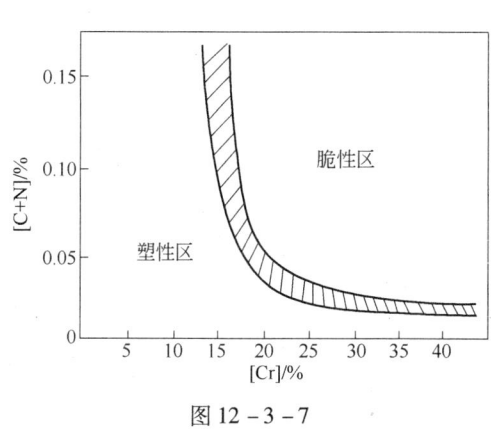

图 12 - 3 - 7

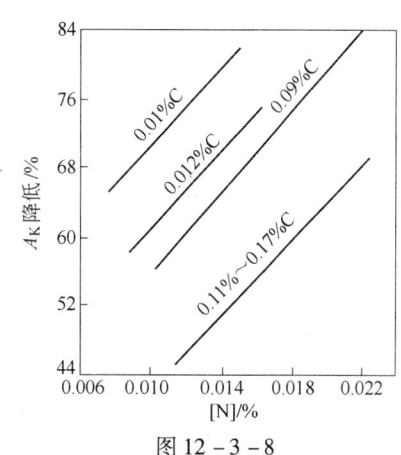

图 12 - 3 - 8

[N]对钢的表面张力和抗热裂纹性的影响(图 12 - 3 - 9)

[N]和加铝量、冷却速度对产生石状断口的影响(图 12 - 3 - 10)

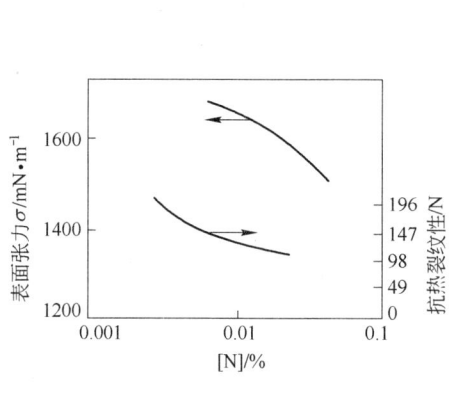

图 12 - 3 - 9

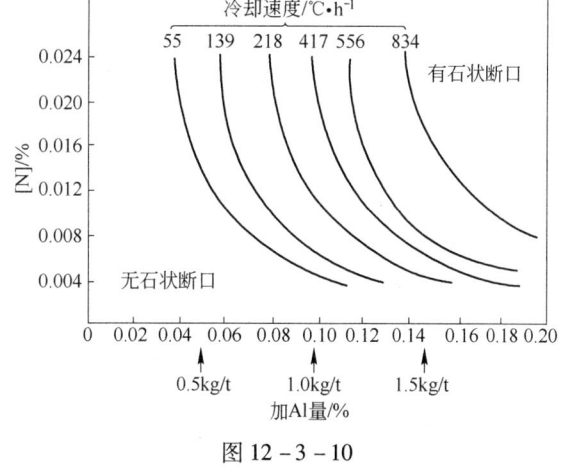

图 12 - 3 - 10

C 0.3% ,Mn 1.6% ,Si 0.5% ,Cr 0.5% ,Mo 0.35%

在低碳钢中增大[N]含量会降低冲击值 $a_K$ ,产生老化现象。碳越低影响的值就越大,见图 12 - 3 - 8。[N]是表面活性物质,因此降低了钢液的表面张力,使[N]容易析集在晶界,降低了钢的抗热裂纹的性能(图 12 - 3 - 9)。

降低钢中[N]的方法靠脱碳沸腾,吹 Ar 搅拌去气,真空下去气。由于氮的原子半径比较大,在铁液中扩散较慢,所以不如[H]的去除效果好,钢中残余的[N]可用 Ti、Nb、V、Al 结合生成氮化物,以消除影响,细小的氮化物有调整晶粒、提高强度和改善钢质的作用。

常见钢中氮含量范围(表 12 - 3 - 3)

表 12 - 3 - 3

| 钢　种 | 耐热钢、护环钢 | 不锈钢 | GCr15 | 普通钢 | 炼钢生铁 | 酸性转炉钢 | 高纯度 Cr 不锈钢 |
|---|---|---|---|---|---|---|---|
| [N]/% | 0.2～0.3 | 0.015± | <0.01 | <0.008 | 0.003～0.006 | 0.015～0.02 | 0.0005 |

在生产不锈钢时,用氮化铬、锰、硅、硅锰时增加钢中的氮以减少镍含量和稳定奥氏体组织。用氮化硅、氮化铝、氮化钒可生产单取向硅钢片,降低铁损、磁感高、使电机产品重量减轻,体积缩小,节省电能消耗。用氮化硅可充填到耐火材料中,以提高耐火材料的使用寿命。

## 六、钢中氢对钢性能的影响

氢是钢中隐存的杂质,含量很低,在大气下冶炼的钢种含量一般为 2～7 $cm^3$/100 g(0.000179%～0.000626%),在真空下处理和冶炼的钢种含氢量一般小于 2 $cm^3$/100 g。在钢的各类标准中一般不做数量上规定。钢中氢可使钢产生白点(发裂)、疏松和气泡,使钢变脆。因此,冶炼易产生白点等缺陷的钢种时要特别注意原材料(尤其是石灰)的干燥清洁,冶炼时间要短,要求严格的钢种应充分发挥炉内脱碳的去气作用,炉外吹氩或真空处理,甚至采用真空熔炼的方法使钢中[H]降到很低的水平( <0.5 $cm^3$/100 g )。

白点是钢的致命缺陷,标准中规定有白点的钢材不准交货。在 100 mm 的坯上取样打断口样,在纵断口上呈白色的亮点($\phi$=1～10 mm 不等)称为白点,实为交错的细小裂纹。它产生的主要原因是钢中[H]在小孔隙中析出的压力和钢相变时产生的组织应力的综合力超过了钢的强度,产生了白点。一般白点产生的温度小于200℃。低温下钢中氢的溶解度很低,相变应力也最大,它们的示意关系见图 12 - 3 - 11,生产铁素体钢、奥氏体钢等无相变钢时不易产生白点。在生产实践中发现高速钢(有相变)也不易产生白点,因为它需进行多火锻造,加热过程中[H]扩散到炉气中,致使氢含量降低。产生白点的另一个重要原因是钢在凝固过程中产生了集聚偏析,使局部氢含量很高,降低了钢的塑性和韧性。

产生白点的示意图(图 12 - 3 - 11)

[H]对 20 号钢力学性能的影响(950℃时在水中淬火)(图 12 - 3 - 12)[4]

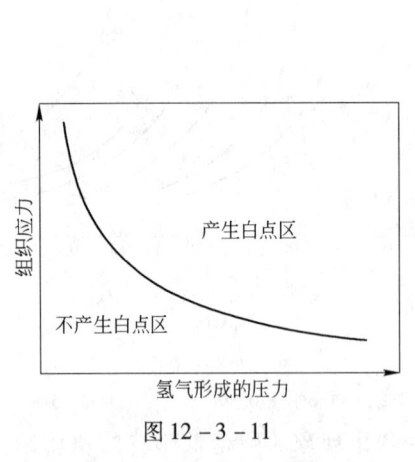

图 12 - 3 - 11

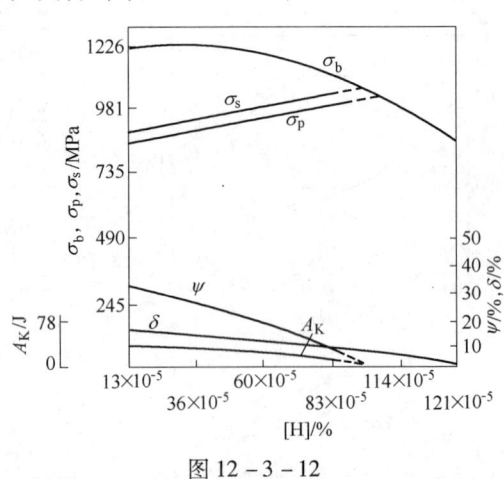

图 12 - 3 - 12

用扩散退火的方法处理可降低钢中氢含量(图 12 - 3 - 13),但这种脱氢方法是不经济的。

钢坯中氢气向外扩散的数量和钢中成分有关,与[H]亲和力大的 Ti、Zr 等元素含量增高时,析出的氢就少。图 12 - 3 - 14 表明常温下[H]析出数量和元素含量的关系。

钢中氢提高钢坯的空隙评级数见图 12 - 3 - 15 由上述情况看出应尽量在冶炼浇注过程中脱氢,以提高钢的质量、合格率和钢的经济效益。

加热时间、温度对脱氢率的影响(图 12 - 3 - 13)

常温下钢中元素含量对氢自由放出量最大值的影响(图 12 - 3 - 14)[6]

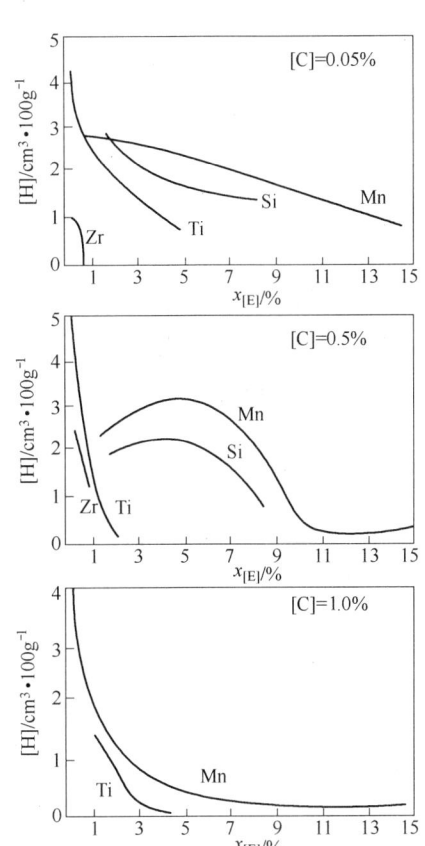

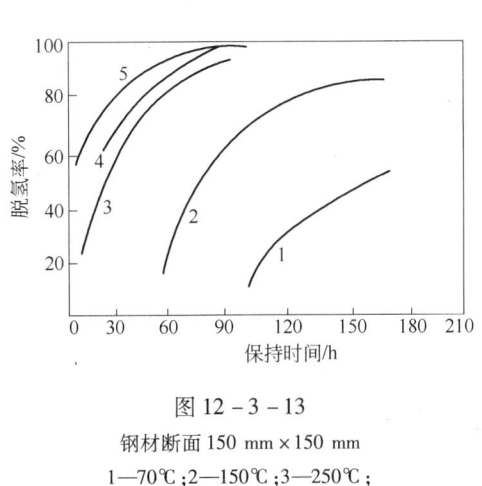

图 12 - 3 - 13

钢材断面 150 mm × 150 mm

1—70℃；2—150℃；3—250℃；

4—455℃；5—635℃

图 12 - 3 - 14

GCr15 钢中[H]和显微孔隙评级的关系(图 12 - 3 - 15)

氢化物标准生成自由能变化与温度的关系(图 12 - 3 - 16)[5]

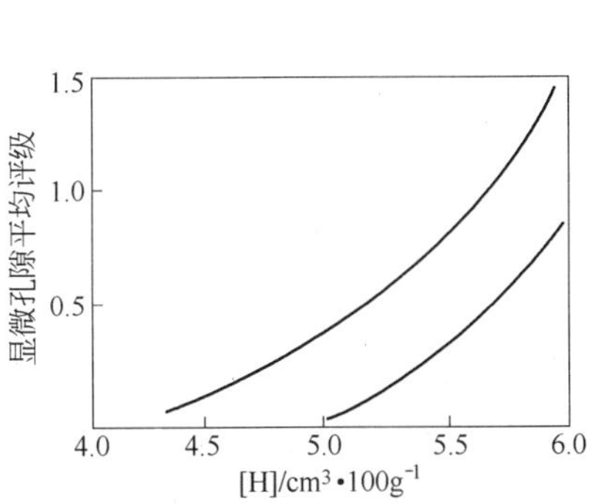

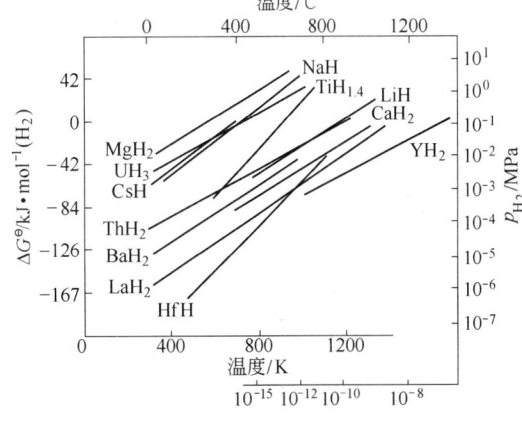

图 12 - 3 - 15

图 12 - 3 - 16

## 七、钢中硫对钢性能的影响

碳钢中硫含量对断面收缩率和伸长率的影响(表 12 - 3 - 4)[2]

表 12 - 3 - 4

| 硫含量/% | 试样方向 | 抗拉强度/MPa | 断面收缩率/% | 伸长率/% |
|---|---|---|---|---|
| 常化,150 mm 方材 | | | | |
| <0.001 | 纵向 | 670 | 52 | 24 |
| | 横向 | 670 | 47 | 23 |
| 0.016 | 纵向 | 680 | 52 | 23 |
| | 横向 | 680 | 36 | 20 |
| 0.032 | 纵向 | 680 | 44 | 22 |
| | 横向 | 640 | 11 | 10 |
| 常化,100 mm 方材 | | | | |
| <0.001 | 纵向 | 660 | 55 | 25 |
| | 横向 | 650 | 49 | 23 |
| 0.016 | 纵向 | 680 | 53 | 25 |
| | 横向 | 680 | 24 | 18 |
| 0.032 | 纵向 | 680 | 49 | 23 |
| | 横向 | 650 | 15 | 11 |
| 淬火、回火 100 mm 圆材 | | | | |
| <0.001 | 纵向 | 720 | 63 | 25 |
| | 横向 | 700 | 55 | 20 |
| 0.016 | 纵向 | 730 | 59 | 24 |
| | 横向 | 730 | 25 | 16 |
| 0.032 | 纵向 | 760 | 56 | 21 |
| | 横向 | 720 | 16 | 10 |

注:表中结果是钢锭头、中、尾部的平均值。

轴承钢中[S]与评级的关系(图 12 - 3 - 17)

电炉结构钢中[S]和硫化物评级的关系(图 12 - 3 - 18)[2]

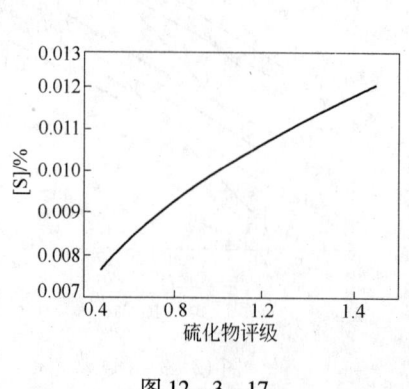

图 12 - 3 - 17

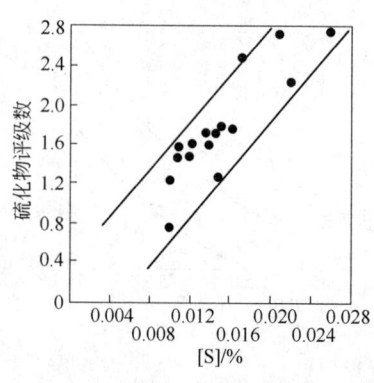

图 12 - 3 - 18

[S]、[Mn]/[S]比和冷却速度对钢中 FeS 的影响(化学法测定)(表12-3-5)

表12-3-5

| [S]/% | Mn/S | 冷 却 速 度 | FeS 中的 S/% | FeS 中 S 占全 S 百分比/% |
|---|---|---|---|---|
| 0.024 | 20 | 慢冷 | 0.002 | 7 |
| 0.024 | 20 | 快冷 | 0.007 | 29 |
| 0.016 | 65 | 慢冷 | <0.001 | <6 |
| 0.016 | 65 | 快冷 | 0.0025 | 16 |
| 0.009 | 68 | 慢冷 | <0.001 | <10 |
| 0.009 | 68 | 快冷 | 0.0043 | 48 |

中碳钢中硫含量对塑性和韧性的影响(图12-3-19)

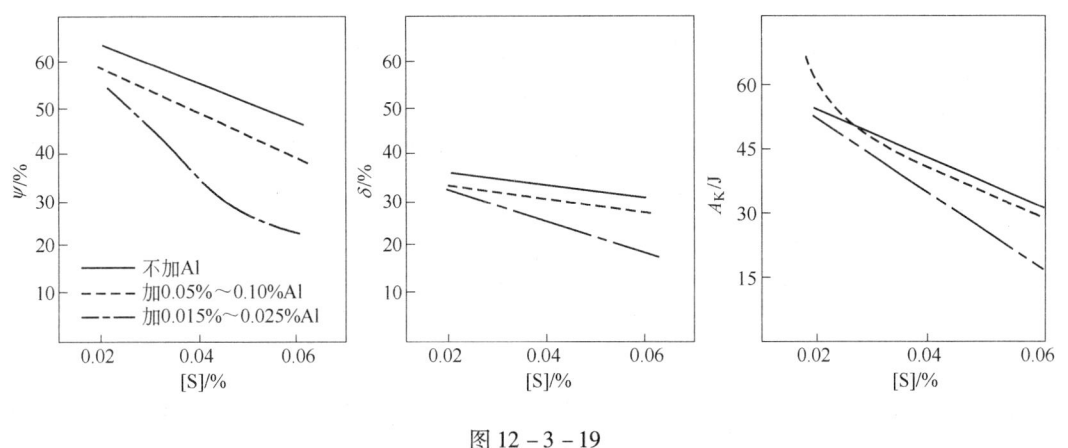

图12-3-19

普通碳素钢中 MnS 夹杂凝固时的形态和加工后的形态(图12-3-20)

[C]和冷却速度对 MnS 形态的影响(图12-3-21)

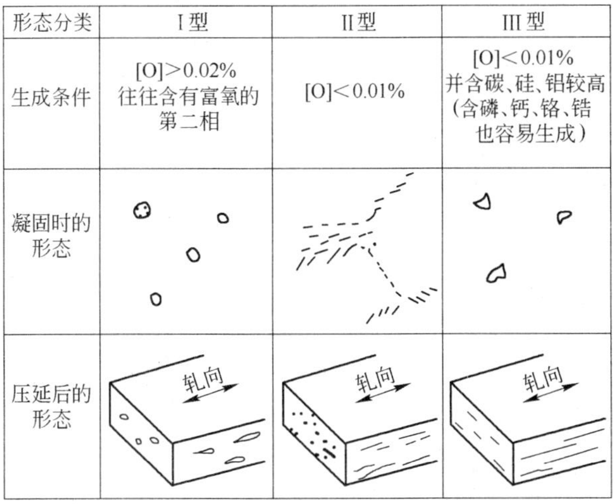

| 形态分类 | I 型 | II 型 | III 型 |
|---|---|---|---|
| 生成条件 | [O]>0.02%<br>往往含有富氧的<br>第二相 | [O]<0.01% | [O]<0.01%<br>并含碳、硅、铝较高<br>(含磷、钙、铬、锆<br>也容易生成) |
| 凝固时的<br>形态 | | | |
| 压延后的<br>形态 | | | |

图12-3-20

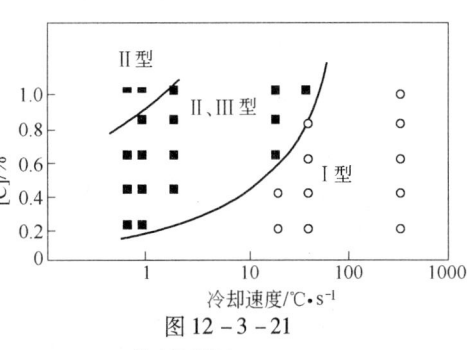

图12-3-21

铸态参见图12-3-20

[Si]和冷却速度对铸态金属中 MnS 形态的影响(图 12 – 3 – 22)

[Al]和冷却速度对铸态金属中 MnS 形态的影响(图 12 – 3 – 23)

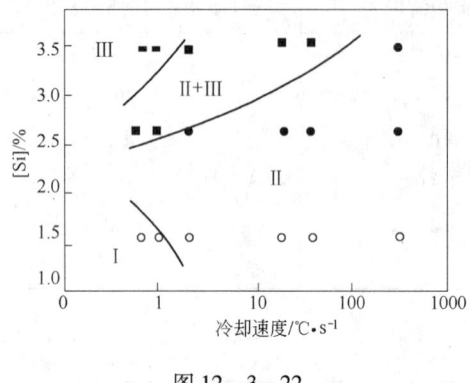

图 12 – 3 – 22

MnS 形态参见图 12 – 3 – 20

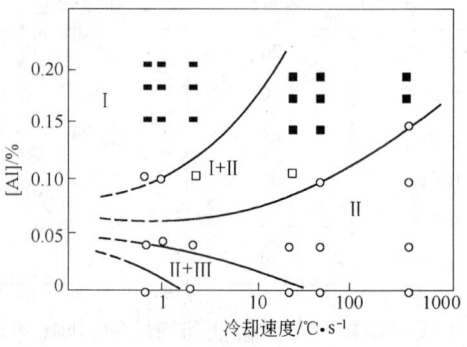

图 12 – 3 – 23

MnS 形态参见图 12 – 3 – 20

合金元素在硫化物相和铁中的分配(图 12 – 3 – 24)

硫系易切钢中[Mn]、[S]对热脆性区的影响(图 12 – 3 – 25)

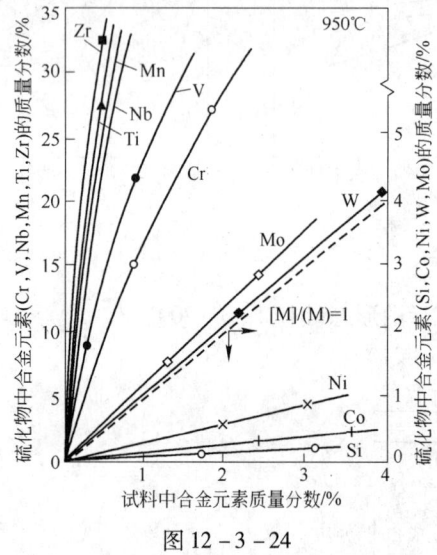

图 12 – 3 – 24

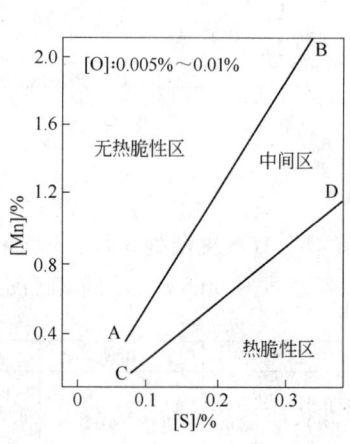

图 12 – 3 – 25

硫化物夹杂含量对横向疲劳极限的影响(图 12 – 3 – 26)

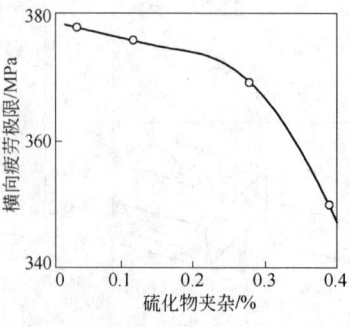

图 12 – 3 – 26

硫含量和断面收缩率的关系(图12-3-27)

[Mn]/[S]比对低碳钢热伸长率的影响(图12-3-28)

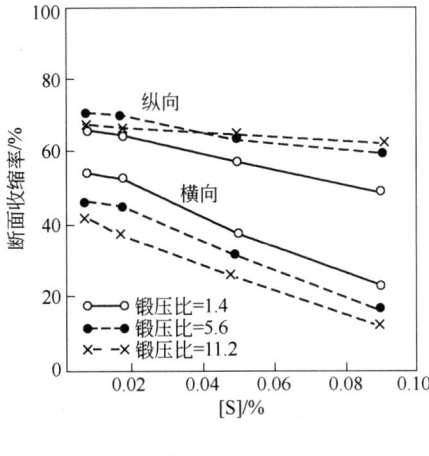

图12-3-27

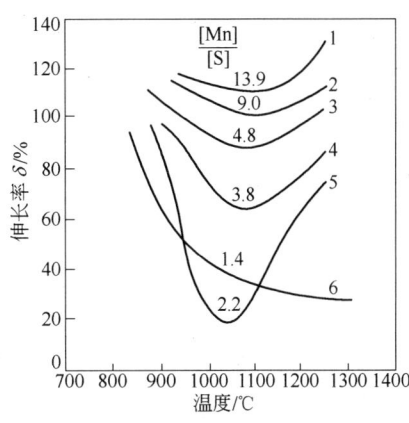

图12-3-28

(在拉力实验拉伸速度为100 s⁻¹时)

1—0.06%C,0.39%Mn,0.028%S;2—0.04%C,0.18%Mn,0.02%S;

3—0.03%C,0.10%Mn,0.021%S;4—0.03%C,0.08%Mn,0.021%S;

5—0.03%C,0.04%Mn,0.018%S;6—0.05%C,0.11%Mn,0.08%S

## 八、钢中磷对钢性能的影响

[P]和温度对冲击功的影响([C]=0.24%)(图12-3-29)

合金元素含量为1%时磷在 αFe 中溶解度和温度的关系(图12-3-30)

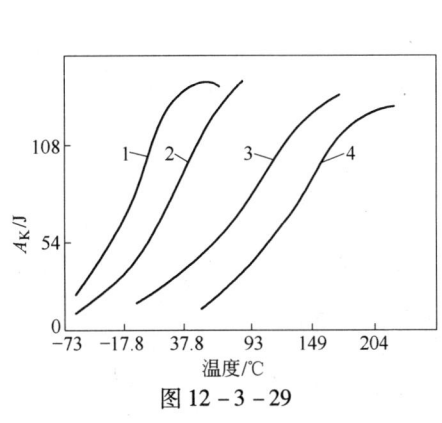

图12-3-29

[P]:1—0.005%;2—0.05%;3—0.12%;4—0.21%

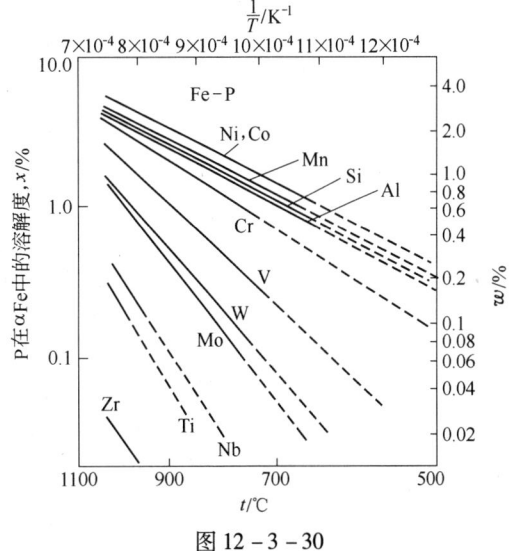

图12-3-30

[P]对含 1.2% C 工具钢的冲击功的影响(图 12 − 3 − 31)

1000℃时 αFe 中磷的溶解度和合金元素含量的关系(图 12 − 3 − 32)

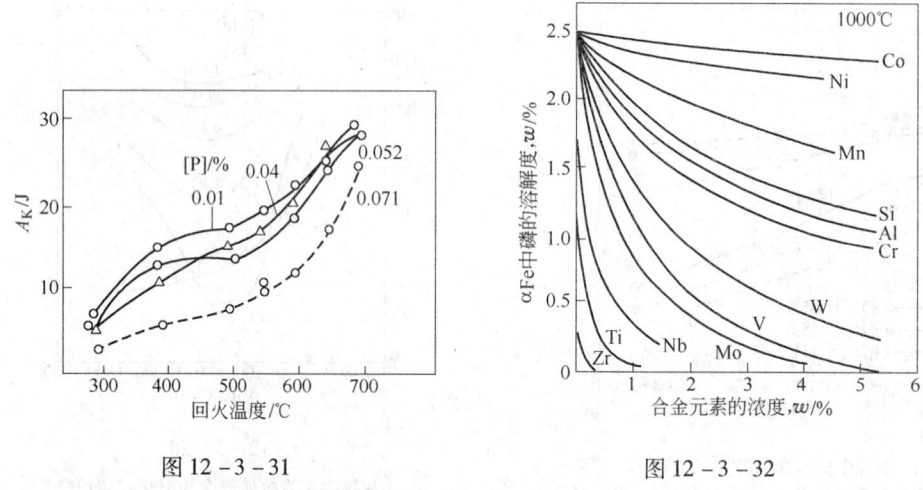

图 12 − 3 − 31

图 12 − 3 − 32

[P]和温度对冲击韧性的影响(图 12 − 3 − 33)

Cr15Ni25 中[P]对表面张力和抗热裂纹性能的影响(图 12 − 3 − 34)

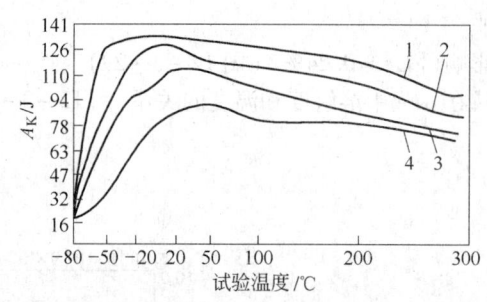

图 12 − 3 − 33

[P]:1—纯铁,0.008% ;2—0.018% ;3—0.061% ;4—0.124%

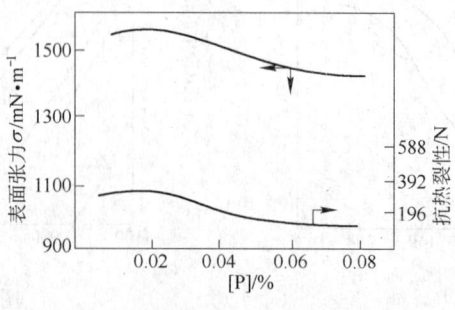

图 12 − 3 − 34

## 九、其他杂质对钢性能的影响

钢中还有 Pb、Zn、Sn、As、Bi 等有色金属,这些都对钢质有不利的影响。但在标准中有的还未能详细地规定,只是在力学性能、化学性能等方面经常产生废品和缺陷时才全面地加以分析。在冶炼过程中用氧化法(加矿、吹氧等)、用渣还原钢液法、真空法时,各元素的损失情况见表 12 - 3 - 6。

表 12 - 3 - 6

| 冶 炼 方 法 | 不损失(残留于钢中) | 部分损失于渣中 | 部分损失于气相中 | 绝大部分损失于渣中(或真空中) |
|---|---|---|---|---|
| 氧化法 | Cu, Ni, Co, Mo, Sn, Sb, As | Cr, Mn, S, P, W, Zn, Pb, Cd | C, H, N | Al, Ti, Zn, Si, Be, B, V, Ca, Mg, Ce |
| 还原法 | Cr, Mn, Si | Ti, B, Ce, Si, V | | Al, Ca, Ti |
| 真空法 (感应炉电弧炉) | W, Mo, Si, Cr, V, Ti | | As, Bi, Sn, Cu, Ca, Pb, Mn, Cr, O, N | H, N, Pb, Zn |

# 第四节　钢中氧和非金属夹杂物对钢质的影响

通常测定的钢中氧含量是全氧,包括氧化物中的氧和溶解度的氧,用浓差法定氧时才测定钢液中的氧(溶解的氧),即活度氧。

钢中非金属夹杂物通常被认为是有害的,所以要通过各种措施使其含量尽可能降低,但不能无限制地降低非金属夹杂。首先应在尽可能的范围内了解夹杂物变化规律和钢性能的关系,从而控制钢中夹杂物的类型、含量、分布、形态,达到允许的程度,最终达到提高、改善钢质的目的。

(1) 改变夹杂物类别。

1) 连铸用铝脱氧的镇静钢,尤其在[Al]高时就易生成高熔点的 $Al_2O_3$ 夹杂,易黏结在中间包的水口上,产生堵塞。使用 Ca-Al、Ca-Si 脱氧时,产生液态脱氧产物,可避免水口结瘤。

2) 钢中的 $Al_2O_3$ 或铝酸盐、共晶夹杂对齿轮疲劳寿命有不良影响,加入适量的稀土元素时转变成 RE-Al 氧化物,可改善疲劳寿命。

3) 硫在奥氏体晶界析出 FeS 时使钢在热加工时产生热脆,当钢中有足够的锰可使硫形成 MnS 时可避免热脆。

4) 低碳钢中生成的 AlN 可使奥氏体高温延性显著降低,加 Ti 时可生成 TiN 消除 AlN 的影响。

5) 热加工后的带状硫化物使横向冷弯和横向冲击性能显著降低,用钙处理后硫化物呈球形,提高了横向、纵向性能。

(2) 改变夹杂物颗粒尺寸和分布。

1) 大而集中的夹杂物降低钢的强度,当轧锻后夹杂物小到一定尺寸、分布均匀时就能改善性能。

2) 改变钢锭和钢坯的冷却速度,在同样的[O]、[S]含量下快冷时夹杂物的颗粒小,且分布均匀,对性能影响不大;反之偏析加大,夹杂物粗大,对性能有更大的危害。

研究改变钢中夹杂物的数量、组成、尺寸大小、分布状态是提高钢质改善钢的性能的主要方法之一。

铸坯中氧化物夹杂的来源与去除(图 12 - 4 - 1)

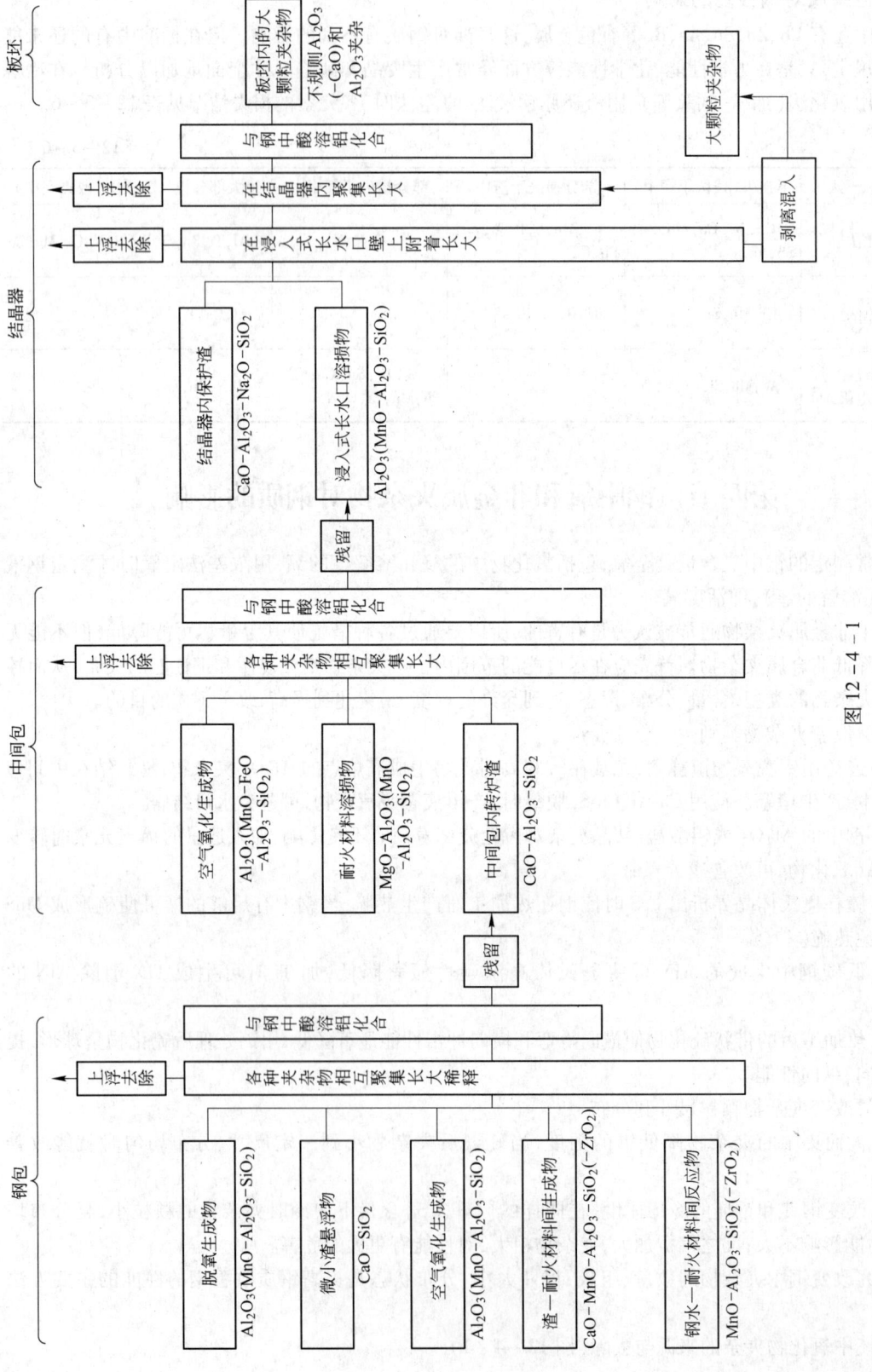

图 12－4－1

铸坯中氧化物夹杂的分类与来源(图12-4-2)

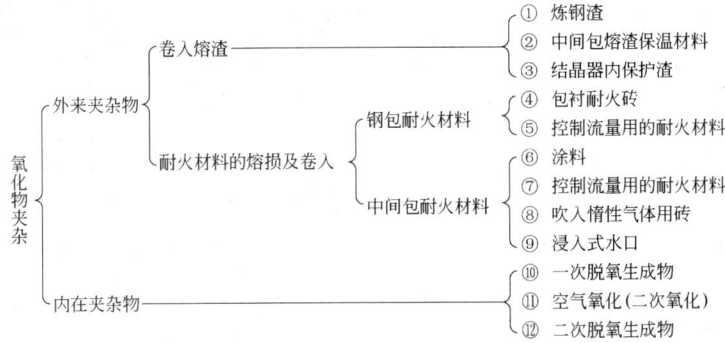

图 12-4-2

钢包精炼后连铸过程中夹杂物的变化(图12-4-3)[7]

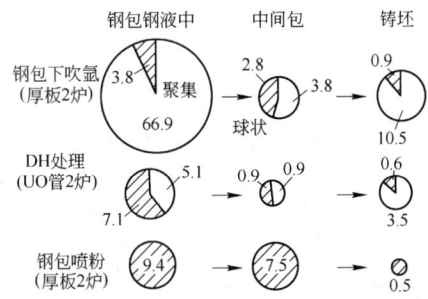

图 12-4-3

图中数字的单位为个/10 cm²;空白部分为球状夹杂物;

阴影部分为聚集夹杂物

连铸过程中(大方坯)总氧的变化(图12-4-4)[8]

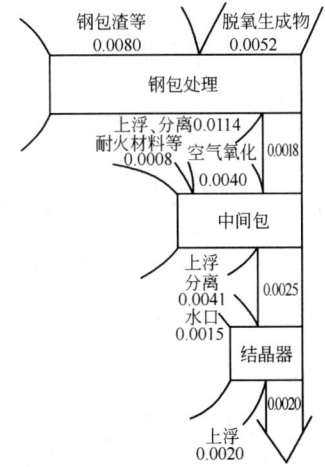

图 12-4-4

图中数字代表钢中总氧∑[O]的数值,%,钢包处理;中间包:MgO 涂层,水口材料熔融石英,没有挡渣
墙,4孔浸入式水口;结晶器尺寸:247 mm×300 mm,拉速 0.9 m/min,中间包容量 10 t

各标准钢中夹杂物评级表示的内容(表 12 - 4 - 1)[1]　　表 12 - 4 - 1

| 类别 | ISO4967—1998 | | ASTM | JISG0555—2003 | | |
|---|---|---|---|---|---|---|
| A 类 | 硫化物型 | 细系列厚 ~4 μm<br>粗系列厚 ~6 μm | 类型粗细<br>表示同左 | 硫化物<br>硅酸盐 | A₁ 类<br>A₂ 类 | |
| B 类 | 氧化铝型 | 细系列厚 ~9 μm<br>粗系列厚 ~15 μm | | 氧化物 | B₁ 类<br>B₂ 类 | Nb,Ti,Zr 氧化物<br>Nb,Ti,Zr 碳氮化物 |
| C 类 | 硅酸盐型 | 细系列厚 ~5 μm<br>粗系列厚 ~9 μm | | 点状不变形 | C₁ 类<br>C₂ 类 | Nb、Ti、Zr 氧化物<br>Nb、Ti、Zr 碳氮化物 |
| D 类 | 球状氧化物型 | 细系列 R ~8 μm<br>粗系列 R ~12 μm | | | | |
| | 评级图为 5 级,由 1~5(Jerkon-Joret 图)视场直径 0.8 mm 放大 100 倍,试样 20 mm × 10 mm,纵向坯 | | 评级为 5 级图<br>0.5~2.5 | 放大倍数为 400 倍 | | |

不锈钢中钛夹杂物的评定原则(表 12 - 4 - 2)[1]　　表 12 - 4 - 2

| 评　级 | 内　容 | 总面积/mm² |
|---|---|---|
| 1 级 | 两条链串状,其中叠集的一条贯穿长度约占视场的 1/3,条间较分散 | $1.42 \times 10^{-3}$ |
| 2 级 | 两条链状(其中一条叠集,一条单集)贯穿约占视场的 1/2,条间较密集 | $2.89 \times 10^{-3}$ |
| 3 级 | 两条链串(其中一条叠集,一条单集)贯穿整个视场,条间较分散 | $5.69 \times 10^{-3}$ |
| 4 级 | 多条密集链串状,其中最少有两条叠集,贯穿整个视场,条间亦密集 | $11.28 \times 10^{-3}$ |
| 5 级 | 钛夹杂物数量很多,并密集,几乎布满和贯穿整个视场 | |

叠集是指密集的钛夹杂颗粒较多,或钛夹杂相叠,密集是指图片上夹杂颗粒间(或条间)距离小于 5 mm(实际小于 0.05 mm),大于 5 mm 为分散。

在未侵蚀的试样磨面上进行显微放大 100~115 倍,以钛夹杂污染最严重的视场和评级图对比。

JK 图中夹杂物的标准尺寸(表 12 - 4 - 3)[1]　　表 12 - 4 - 3

| 夹杂物类别<br>评级图谱 | A(硫化物) | | B(氧化物) | | C(硅酸盐) | | D(球状氧化物) | |
|---|---|---|---|---|---|---|---|---|
| | 厚度/μm | | | | | | 直径/μm | |
| | 细系 | 粗系 | 细系 | 粗系 | 细系 | 粗系 | 细系 | 粗系 |
| JK 图谱 | ~4 | ~6 | ~9 | ~15 | ~5 | ~9 | ~8 | ~12 |
| 修改的 JK 图谱 | 2~4 | >4~6 | 2~9 | >9~15 | 2~5 | >5~9 | 2~8 | >8~12 |

JK 评级图中夹杂物的长度和个数(表 12 - 4 - 4)[1]　　表 12 - 4 - 4

| 评　级　图 | 级　别 | 夹杂物类型 | | | |
|---|---|---|---|---|---|
| | | A(硫化物) | B(氧化物) | C(硅酸盐) | D(球状氧化物) |
| | | 夹杂物长度/μm | | | 夹杂物个数 |
| JK 图<br>(Ⅰ) | 1 | 127 | 76 | 76 | 3 |
| | 2 | 432 | 305 | 305 | 14 |
| | 3 | 889 | 813 | 762 | 26 |
| | 4 | 1524 | 1524 | 1270 | 44 |
| | 5 | 2286 | 2540 | 2159 | 64 |
| 修改的<br>JK 图<br>(Ⅱ) | 1 | 38 | 38 | 38 | 1 |
| | 2 | 125 | 75 | 75 | 3 |
| | 3 | 250 | 175 | 175 | 9 |
| | 4 | 425 | 300 | 300 | 14 |
| | 5 | 625 | 500 | 500 | 20 |

钢中杂质对钢力学性能的影响（表 12－4－5）

表 12－4－5

| 钢　种 | 熔炼方法 | [O] | [H] | [N] | 非金属夹杂物/% | $\sigma_b$/MPa | $\sigma_s$/MPa | $\delta$/% | $\psi$/% | $A_K$/J | 备　注 |
|---|---|---|---|---|---|---|---|---|---|---|---|
| 抛光用<br>18-8γ 不锈钢 | 重熔前 | 0.00346 | 0.07560 | 0.00113 | 0.01759 | 81.2/76.1 | 55.3/47.9 | 67.5/42.2 | 45.8/44.4 | 24.8/12.6 | 纵向<br>横向 |
| | 重熔后 | 0.00222 | 0.02720 | 0.00087 | 0.00892 | 67.1/66.7 | 36.1/36.5 | 81.4/74 | 69.2/59.2 | 30.4/20.9 | |
| 18CrNiWA<br>C 0.17% Si 0.27% Mn 0.4% Cr 1.5% Ni 4.25% W 1% | 普通冶炼 | 0.00140~0.0510 | 0.00030 | 0.00800~0.01090 | 0.03800~0.05500 | 142.9 | 108.2 | 10.2 | 62.6 | 0.8 | $A_K$ 在 900℃淬火 |
| | 真空冶炼 | 0.00100~0.00180 | 0.00010~0.00020 | 0.00200~0.00500 | 0.00170~0.00200 | 134.2 | 109.2 | 14.3 | 67.3 | 15.8 | |
| Cr27<br>C 0.01% Si 0.8% Mn 0.4% Cr 27% | 空气中冶炼 | 0.02500 | 0.00010 | 0.01400 | | 41.2 | 29.6 | 1.6 | 1.6 | $-60℃$ 0.2 / $-20℃$ 0.53 | |
| | 真空下冶炼 | | | | | 33.5 | 31.9 | 12.0 | 37.0 | 13.2 / 28.3 | |
| 变压器钢<br>C 0.02%, Si 3.5% | 空气中冶炼 | 0.01450~0.01590 | 0.00020~0.00040 | | 0.03400~0.05000 | 瓦特损失<br>0.9~1.38 | 瓦特损失 | 磁导率<br>500~600 | 磁导率 | 矫顶力<br>0.353~0.535 | 瓦特损失<br>磁导率<br>矫顶力 |
| | 真空下冶炼 | 0.00190~0.00260 | 0.00005 | | 0.00400~0.00700 | 0.74~0.85 | | 1100~4000 | | 0.22~0.283 | |
| 0Cr18Ni9<br>C <0.02% Si 0.8% Mn 2% Cr 17%~19% Ni 8%~10% | 空气中冶炼 | 0.01200 | | | | | | | | 23 | |
| | 真空下冶炼 | 0.00500 | | | | | | | | 37.5 | |
| R-235 C 0.15% Cr 15%<br>Ti 2.5% Al 2% Fe 余为 Ni 8%<br>Mo 5.5% | 空气中冶炼 | 0.01700 | 0.00160 | 0.00400 | | 9.8 | | 3.5 | | | |
| | 真空下冶炼 | 0.00250 | 0.00050 | 0.00200 | | 12.6 | | 16.0 | | | |
| GCr15 | 空气中冶炼 | | | | 球状 2.5 级 | | | | | 寿命<br>$5\times10^3$ | 寿命是指在荷重 105 kg/mm² 下的平均转数 |
| | 真空下冶炼 | | | | 1~1.5 级 | | | | | $10^7$ | |

GCr15 夹杂物类型和数量对钢材平均寿命的影响（表 12 – 4 – 6）

表 12 – 4 – 6

| 球 状 夹 杂 | | | 氧 化 物 | |
|---|---|---|---|---|
| 尺寸/μm | 估计级别 | 平均转数/百万转 | 评 级 | 平均转数/百万转 |
| 10 ~ 20 | ~1. 0 | 269. 2 | 0. 5 ~ 1. 0 | 153. 1 |
| 21 ~ 30 | ~2. 0 | 60. 2 | 1. 5 ~ 2. 0 | 37. 9 |
| 31 ~ 40 | ~3. 0 | 29. 2 | 2. 5 ~ 3. 0 | |
| 41 ~ 60 | ~3. 5 ~ 4. 0 | 19. 2 | 3. 5 ~ 4. 0 | 7. 5 |

轴承钢中[S]对钢材疲劳寿命的影响（图 12 – 4 – 5）
轴承钢中夹杂物的尺寸对钢材疲劳寿命的影响（图 12 – 4 – 6）

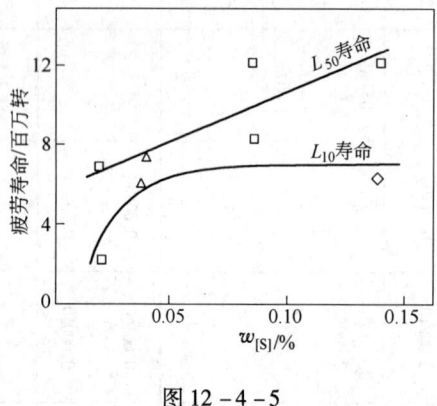

图 12 – 4 – 5

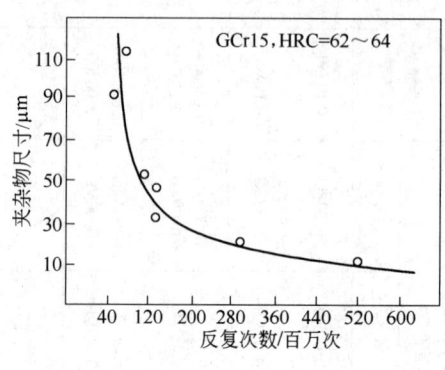

图 12 – 4 – 6

轴承钢中链状氧化物夹杂对钢材寿命的影响（图 12 – 4 – 7）

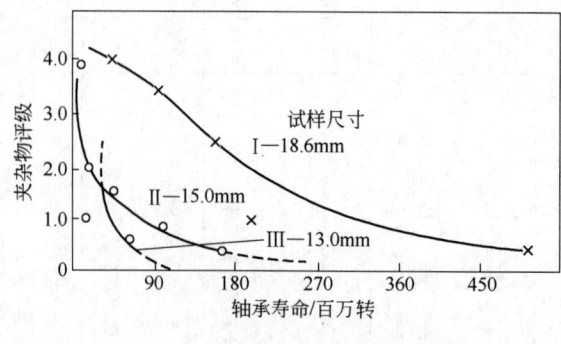

图 12 – 4 – 7

轴承钢中夹杂物评级对钢材力学性能等的影响(图 12-4-8)

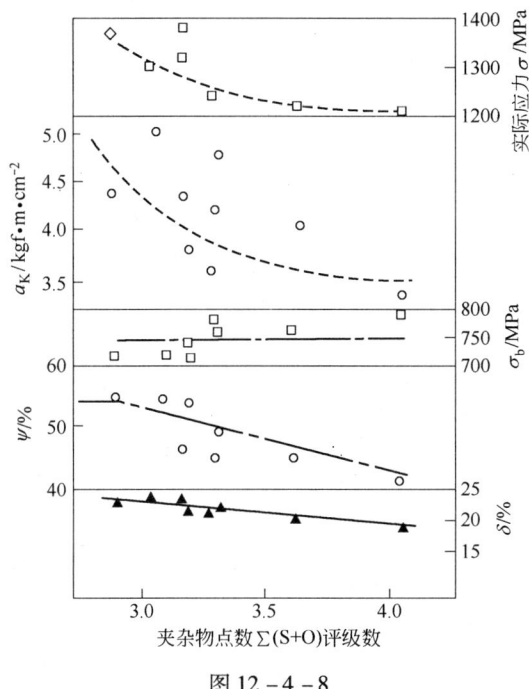

图 12-4-8

不同类型的夹杂物在不同温度下的变形率(图 12-4-9)

结构钢中夹杂物数量对钢材横向、纵向伸长率的影响(图 12-4-10)

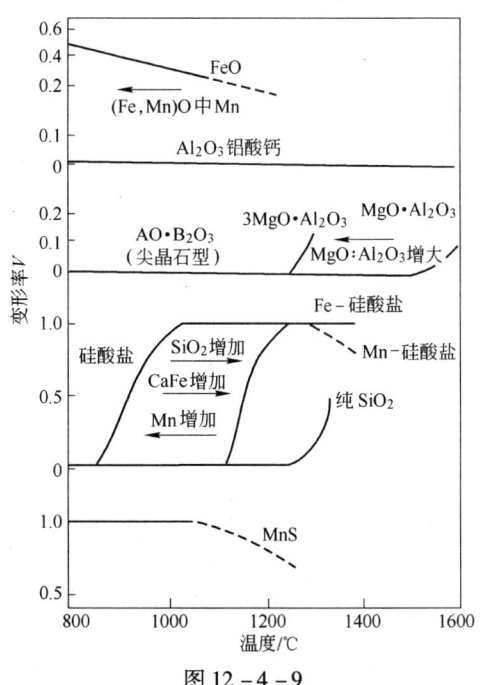

图 12-4-9

$V=0$,表示热加工时夹杂物基本不变形,但影响疲劳性能大

$V=1$,表示热加工时夹杂物与钢基体变形相等

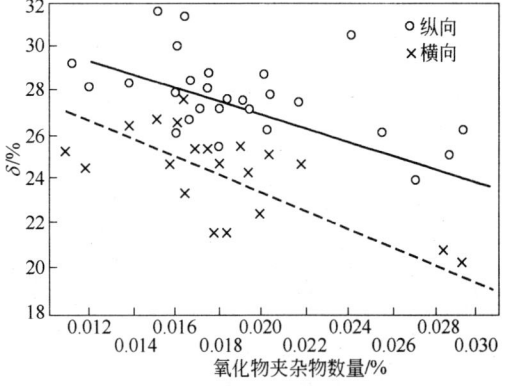

图 12-4-10

结构钢中夹杂物数量对钢材横向、纵向冲击值的影响(图 12 - 4 - 11)

[O]对碳素钢的冲击值的影响(图 12 - 4 - 12)

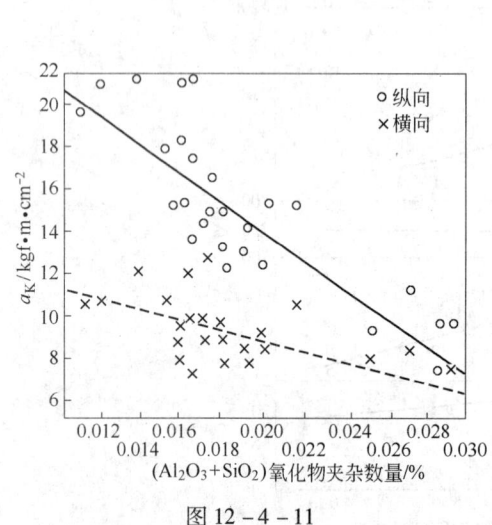

图 12 - 4 - 11　　　　　　　　图 12 - 4 - 12

轴承钢中球状夹杂物对钢材寿命的影响(图 12 - 4 - 13)

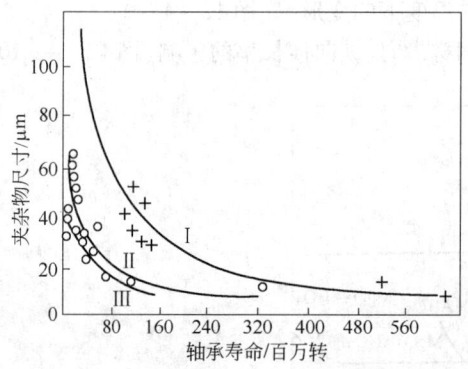

图 12 - 4 - 13

试样尺寸：Ⅰ—18.6 mm；Ⅱ—15 mm；Ⅲ—13 mm

[O]对铁的冲击值的影响(图 12 - 4 - 14)

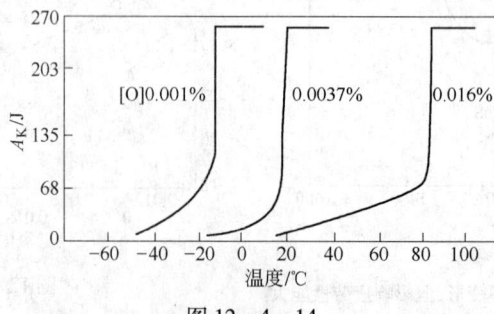

图 12 - 4 - 14

表12-4-7

## 钢中常见夹杂物的性能和特点（表12-4-7）[9]

| 名称及化学式 | 晶系及在钢中存在的形态 | 在钢中分布情况 | 抛光性 | 塑性 | 硬度(HV) | 反光能力 | 在明视场中 | 在暗视场中 | 在偏振光中 | 分离后在透视光中 | 化学性能 | 其他 |
|---|---|---|---|---|---|---|---|---|---|---|---|---|
| **简单氧化物** | | | | | | | | | | | | |
| 氧化亚铁(浮氏体)FeO | 立方晶系,在大多数情况下呈球形,变形后常呈椭圆 | 无规律,偶尔沿晶界分布,常呈晶共晶结构 | 良好 | 稍可变形 | 约430 | 中等 | 灰色,在边缘呈淡褐色 | 完全不透明(一般比基底呈黑)有亮边 | 各向同性 | 不透明,呈暗黑色球状 | 受下列溶液的腐蚀:3% $H_2SO_4$;$SnCl_2$饱和溶液;10% HCl;$KMnO_4$在10% $H_2SO_4$中的沸腾溶液;5%$CuSO_4$ | 与MnO形成一系列连续的固溶体:FeO-MnO |
| 氧化亚锰(方锰矿)MnO | 立方晶系,呈不规则形状的颗粒,变形后为树枝状结构,变形后沿变形方向略有伸长 | 成群分布 | 良好 | 稍可变形 | 约280 | 低 | 暗灰色,在薄层中可见带紫宽内部反光 | 在薄层中透明呈绿色,本身呈绿宝石色黑边 | 各向同性,在薄层中呈绿色 | 不规则形状的颗粒,在斜射光下呈绿色,$N=2.19$ | 受下列各溶液的浸蚀:$SnCl_2$;饱和酒精溶液;20% HCl;20% HF酒精溶液;20% NaOH长时间在$KMnO_4$、$H_2SO_4$溶液中也受浸蚀 | 熔点1700℃与FeO形成一系列连续的固溶体 |
| 氧化亚铁和氧化亚锰的固溶体FeO-MnO | 立方晶系,含量高时为八面体或不规则形状的颗粒,有时呈近似树枝状组织,在FeO含量高时可能为球状颗粒 | 大多数情况下为成群分布 | 良好,不易磨掉 | 稍可变形 | 约440 | 中等 | 色彩随MnO的增加而变化,从灰色到灰紫色并在中心部为红色反光 | 透明,透明度随MnO含量增加而加大,本身呈血红色,并带有各种色彩 | 各向同性,红色并带有各种色彩 | 黑色,不透明 | 受下列各溶液的浸蚀:3% $H_2SO_4$;$SnCl_2$;饱和酒精溶液;10% HCl;20% HF酒精溶液;$KMnO_4$在10% $H_2SO_4$溶液;碱性苦味酸钠;并受20% NaOH溶液染色 | |
| 一氧化钛TiO | 立方晶系,细小方形颗粒 | | | | | 高 | 金黄色,类似氮化钛 | | 各向同性 | 黑色,不透明 | | 形状和色彩与TiN相似,只能用X射线结构分析加以区别 |
| 三氧化二钛 $\alpha Ti_2O_3$ | 三方晶系,圆形颗粒 | 通常集聚分布 | | | | 弱 | 浅褐色到褐色 | | 各向异性 | 黑色,不透明,强烈的各向异性 | | |
| $TiO·Ti_2O_3$固溶体(黑钛石)$Ti_3O_5$ | 正交晶系 | | | | | | 灰色 | | 各向异性 | 黑色,不透明,各向异性 | | |

| 名称及化学式 | 晶系及在钢中存在的形态 | 在钢中分布情况 | 抛光性 | 塑性 | 硬度(HV) | 光学特征 | | | | | 化学性能 | 其他 |
|---|---|---|---|---|---|---|---|---|---|---|---|---|
| | | | | | | 反光能力 | 在明视场中 | 在暗视场中 | 在偏振光中 | 分离后在透光光中 | | |
| **简单氧化物** | | | | | | | | | | | | |
| 二氧化钛(金红石)$TiO_2$ | 三方晶系 | | | | | | 亮灰色 | | 各向异性 | 呈细小暗黑色三角锥形,在薄层中透明,折射率高 $N_o=2.567$ $N_e=2.824$ 较高的双折射 | | 很难熔 |
| 钛铁矿(尖晶铁矿)$FeO \cdot TiO_2$ | 三方晶系,观察时呈细小的不规则颗粒,有时具有圆形轮廓 | 成群或独立分布 | 良好 | 不变形,沿变形方向呈条状分布 | 约630 | 中等 | 暗灰色带紫色 | 薄层时透明,有各种色彩,如玫瑰色,褐色等 | 各向异性,闪耀明亮的玫瑰红色彩 | | 受5%的$CuSO_4$水溶液浸蚀 | |
| 氧化铝(刚玉)$\alpha Al_2O_3$ | 三方晶系,在大多数情况下呈细小颗粒(正则的六角形)少数情况下呈粗大颗粒 | 大多数情况下不成群,集聚分布,热轧变形后呈链串状 | 不好,易磨掉,并留下彗尾状空洞 | 不变形 | 特高 | 低 | 暗灰到黑色(带有紫色) | 透明,浅黄色 | 透明,各向异性(但各向异性效应弱,特别是颗粒细小时) | 细小,透明,各向规则颗粒状,显微现象弱 $N_o=1.768$ $N_e=1.759$ | 不与常用试剂起作用 | |
| 氧化铬 $Cr_2O_3$ | 三方晶系,呈六面体或不规则则形状颗粒(通常为圆形)具有不平整和粗糙的表面 | 无规律 | 不好,易磨掉,并留下彗星坑状坑洞 | 不变形 | 特高,约为1500 | 低 | 暗灰色,并带有紫色 | 透明,在很薄层中呈绿色 | 各向异性,在很薄层中呈绿色 | 透明 $N_o=2.5$ | 不与常用试剂起作用 | 与FeO形成固溶体 |
| **硅酸盐及硅酸盐玻璃质夹杂** | | | | | | | | | | | | |
| 铁硅酸盐(铁橄榄石)$2FeO \cdot SiO_2$ | 正交晶系,常带有二氧化硅化亚铁析出出 | 无规律 | 良好 | | | 中等 | 暗灰色 | 透明,色彩由绿色到暗红色和亮红色,并带有圆环形反光 | 各向异性,透明 | 透明,由绿黄色到褐色 $N_g=1.886$ $N_m=1.877$ $N_p=1.835$ | 受氢氟酸浸蚀 | 熔点1205℃和锰硅酸盐形成连续固溶体 |
| 锰硅酸盐(锰橄榄石)$2MnO \cdot SiO_2$ | 正交晶系,主要呈球状 | 无规律 | 良好 | 易变形 | | 低 | 暗灰色 | 透明,色彩由玫瑰红到褐色 | 各向异性 | 透明,由玫瑰红色到褐色 $N_g=1.820$ $N_m=1.807$ $N_p=1.785$ | | 熔点1300℃和铁硅酸盐形成连续固溶体 |
| 锰偏硅酸盐(蔷薇辉石)$MnO \cdot SiO_2$ | 三斜晶系,主要呈球状 | 无规律 | 良好 | 易变形 | | 低 | 暗灰色 | 透明,由无色到玫瑰红 | 各向异性 | 透明 $N_g=1.739$ $N_p=1.733$ | | |

硅酸盐及硅酸盐玻璃质夹杂

| 名称及化学式 | 晶系及在钢中存在的形态 | 在钢中分布情况 | 抛光性 | 塑性 | 硬度(HV) | 反光能力 | 在明视场中 | 在暗视场中 | 透明 | 在偏振光中 | 分离后在透视光中 | 化学性能 | 其他 |
|---|---|---|---|---|---|---|---|---|---|---|---|---|---|
| 铝硅酸盐（多铝红柱石）$3Al_2O_3·2SiO_2$ | 正交晶系,常呈三棱形和针状 | 无规律 | 良好 | 不变形 | | | 暗灰色 | | | 各向异性 | 透明,无色 $N_g=1.654$ $N_m=1.644$ $N_p=1.642$ | | |
| 钙硅酸盐 $CaO·SiO_2$($CaSiO_3$) $2CaO·SiO_2$($Ca_2SiO_4$) $3CaO·SiO_2$ | 各种尺寸的圆球 | 无规律 | 不好,易磨掉 | 不变形 | 约400~600 | 低 | 暗灰色,具有粗糙表面 | 透明,闪光 | | 各向同性 | | 受下列溶液浸蚀:20% NaOH 溶液;5% $CuSO_4$ 溶液;$KMnO_4$ 在10% $H_2SO_4$ 中的沸腾溶液 | |
| 二氧化硅（硅石）(a)石英 $SiO_2$ | 存在α,β二同素异形体,β石英为三方晶系,α为六方晶系,呈不规则多角形粗大颗粒(碎屑) | 无规律,呈孤立夹杂分布 | 不好,易磨掉 | 不变形 | 高 | 低 | 暗灰色到黑色 | 透明,明亮地闪耀浅黄色 | | 弱的各向异性 | 无色,折射率:β石英 $N_g=1.55$ $N_p=1.54$ α石英 $N_g=1.54$ $N_p=1.53$ | 不与常用试剂起作用 | 熔点1600~1670℃,在1470℃石英转变为γ鳞石英 |
| (b)鳞石英 $SiO_2$ | 存在α,β,γ三同素异形体,α为正交晶系;β为三方晶系,γ为六方晶系 | | | | 很低 | | 暗灰色 | | | | 无色,折射率:$N_g=1.473$ $N_p=1.469$ | | 熔点 1670℃,在870℃时,α石英转变成β方石英 |
| (c)方石英 $SiO_2$ | 存在α,β二同素异形体,α为立方晶系,β为四方晶系 | | | | 很低 | | 暗灰色 | | | | 无色,折射率:α方石英 $N=1.436$ β方石英 $N=1.487$ $N_o=1.487$ $N_e=1.484$ | | 熔点1710℃ |

续表 12-4-7

| 名称及化学式 | 晶系及在钢中存在的形态 | 在钢中分布情况 | 抛光性 | 塑性 | 硬度(HV) | 光学特征 | | | | | 化学性能 | 其他 |
|---|---|---|---|---|---|---|---|---|---|---|---|---|
| | | | | | | 反光能力 | 在明视场中颜色 | 在暗视场中 | 在偏振光中 | 分离后存在透射光中 | | |
| 二氧化锆(斜锆矿) $ZrO_2$ | 已知有二同素异形体。$\alpha ZrO_2$为立方晶系;$\beta ZrO_2$为单斜晶系,不规则形状的细小颗粒 | 通常成群分布,变形后沿变形方向呈链串状 | 良 | 不变形 | 中等 | | 灰 | 透明,淡黄色 | 各向异性 | 无色,各向异性,不规则形或呈圆形颗粒 $N_\varepsilon>2.19$ $N_p=2.14\pm0.02$ | 不与常用试剂起作用 | |
| 硅酸盐及硅酸盐玻璃质夹杂 | | | | | | | | | | | | |
| 复杂氧化物(尖晶石组) | | | | | | | | | | | | |
| 氧化镁尖晶石 $MgAl_2O_4$ ($MgO\cdot Al_2O_3$) | 立方晶系,有规则的几何形状(菱形、三角形、梯形及其他) | | | | | | | | 各向同性 | 细小的八面体夹杂,无色,透明,各向同性 $N=1.718\sim1.720$ | | 特性与刚玉近似 |
| 锰尖晶石 $MnAl_2O_4$ ($MnO\cdot Al_2O_3$) | 立方晶系 | | | | | | | | | 细小八面体结晶,无色,透明,各向同性 $N=1.8$ | | |
| 铁尖晶石 $FeAl_2O_4$ ($FeO\cdot Al_2O_3$) | 立方晶系,有规则立方形颗粒 | | | | | | 低 | 暗灰色 | | | 薄层时透明,微绿色 $N=1.8$ | | |
| 铬尖晶石(铬铁矿) $FeCr_2O_4$ ($FeO\cdot Cr_2O_3$) | 立方晶系,呈规则的小颗粒(三角形、菱形、方形等) | 主要成群分布,在变形的金属中呈链串状 | 良好 | 不变形 | 约570 | 中等 | 灰色,稍带紫色 | 薄层时透明,厚时由红色、红褐色到暗黑色 | 各向同性 | 薄层时透明,由红色、褐色,$N=2.12$ | 受1g $KMnO_4$+100mL 10% $H_2SO_4$溶液的浸蚀,其他溶液不起作用 | |
| 锰铁铬尖晶石 $(Mn\cdot Fe)O\cdot Cr_2O_3$ | 立方晶系,复杂结构的不规则形状(在变形钢中规则形状夹杂的基底上) | 成群分布,在变形的金属中呈链串状 | 良 | 不变形 | | 中等 | 在灰色底的复杂基体上的氧化物,有规则的结晶体,调整光圈时能观察微红色 | 基底不透明,有时带微红色,光亮的结晶时橙红色 | 各向同性 | | 基本的夹杂受下列溶液浸蚀: 3% $H_2SO_4$ 溶液;$SnCl_2$,饱和酒精溶液;$KMnO_4$ 在10% $H_2SO_4$ 中的沸腾溶液,不与常用试剂起作用 | |

续表 12-4-7

| 名称及化学式 | 晶系及在钢中存在的形态 | 在钢中分布情况 | 抛光性 | 塑性 | 硬度(HV) | 反光能力 | 在明视场中 | 在暗视场中 | 在偏振光中 | 分离后在透视光中 | 化学性能 | 其他 |
|---|---|---|---|---|---|---|---|---|---|---|---|---|
| | | | | | | | **复杂氧化物(尖晶石组)** | | | | | |
| 铁钒尖晶石(钒铁矿) $FeV_2O_4$ ($FeO \cdot V_2O_3$) | 立方晶系, 大多数呈有规则形状(长方形, 三角形等)颗粒 | 主要成群分布, 变形后呈链串状 | 不好, 易磨掉 | 不变形 | 约930 | 中等 | 亮灰色, 并带有玫瑰红色, 调整后更易察觉 | 不透明, 边缘有细亮线 | 各向同性 | | 受下列溶液浸蚀: 2% $NH_4CO_3$溶液;5% $CuSO_4$溶液; 10% $C_2O_3$溶液 | |
| 磁铁矿 $Fe_3O_4$ ($FeO \cdot Fe_2O_3$) | 立方晶系, 不规则形状 | | | | | | 暗褐色块, 带有多小孔的表面 | | 各向同性 | $N=2.42$ | 受HCl沸腾溶液浸蚀 | |
| 石英玻璃 $SiO_2$ | 无定形, 各种尺寸的圆球 | 无规律 | 不好, 易磨掉 | 不变形 | 约700 | 低 | 黑色, 在中心部分有闪光点以及环形反光 | 闪光, 很透明 | 各向同性, 有黑十字特征 | 透明, 圆球形和带有黑核心的圆球形 $N=1.458$ | 受下列溶液浸蚀: 20% HF酒精溶液;5% $CuSO_4$溶液 | |
| 铁锰硅酸盐玻璃, 各种不同配比的FeO·MnO和$SiO_2$ | 无定形, 圆球状, 带有FeO-MnO和$SiO_2$的颗粒 | 无规律 | 良好 | 各不相同, 随$SiO_2$量的增加塑性减少 | 400~700 | 中等 | 灰色, 随着的$SiO_2$含量增加, 色变由暗红化到暗黑 | 大多数透明, 色彩由亮红到暗红 | 各向同性 | 大多数透明, 各向同性, N根据化学成分而变化 | 氢氟酸浸蚀 | |
| 铝硅酸盐玻璃, 各种不同配比的$Al_2O_3$, $SiO_2$和FeO | 无定形, 圆球形, 通常素结刚玉颗粒 | 无规律 | 不好, 易磨掉 | 在变形时脆性破碎 | 1000~1300 | 低 | 暗灰色 | 透明, 亮黄色 | 各向同性 | 透明, 无色 | 氢氟酸浸蚀 | |
| 锆硅酸盐玻璃, 各种不同配比的$ZrO_2$, $SiO_2$和FeO | 无定形, 圆球状, 有游离$SiO_2$和$ZrO_2$ | 无规律 | 中等 | 在变形时脆性破碎 | 400~600 | 中 | 灰色 | 透明, 白色, 发光 | 各向同性, 透明 | 透明, 无色 | 氢氟酸浸蚀 | |
| 铬硅酸盐玻璃, 各种不同配比的$Cr_2O_3$, $SiO_2$和FeO | 无定形, 圆球状, 带有铬铁矿析出物 | 无规律 | 中等 | 在变形时脆性破碎 | | 中 | 灰色 | 透明, 灰黄色, 并被亮红色$FeO \cdot Cr_2O_3$所充满 | 各向同性, 透明 | 透明, 褐黄色 | 氢氟酸浸蚀 | |
| 含镍的硅酸盐夹杂 | 圆球状, 带有$SiO_2$和大概是NiO的骨架状析出物 | 无规律, 是尖晶石状析出物 | 不好 | 脆性破碎 | 500~700 | 中 | 暗灰色, 透明, 基本的色彩或淡黄色到褐色骨架状析出物红亮闪光, 明色 | | 各向异性, 透明 | 黄绿色各向异性, 带有暗黄黑色或褐色骨架状析出物 | 硅酸盐的基本部分, 用氢氟酸溶液浸蚀 | |
| | | | | | | | **硫 化 物** | | | | | |
| 硫化铁 FeS | 六方晶系, 通常呈球状(水滴状)或沿尖晶晶界呈网状 | 无规律, 在晶内部和沿晶界呈网状 | 良好 | 易变形, 沿变形方向伸长 | 约240 | 高 | 亮黄色 | 不透明 | 鲜明的各向异性, 不透明浓黄色 | 不透明, 各向异性 | 受下列溶液浸蚀: 3% $H_2SO_4$溶液;10% HCl溶液; $KMnO_4$在10% $H_2SO_4$中的溶液 | 熔点1170~1185℃, 仅在钢中含锰少时形成, 和MnS形成一系列固溶体, 在固溶体中能含13%Ni |

续表 12－4－7

| 名称及化学式 | 晶系及在钢中存在的形态 | 在钢中分布情况 | 抛光性 | 塑性 | 硬度(HV) | 光学特征 | | | | | 化学性能 | 其他 |
|---|---|---|---|---|---|---|---|---|---|---|---|---|
| | | | | | | 反光能力 | 在明视场中 | 在暗视场中 | 在偏振光中 | 分离后在透视光中 | | |
| **硫化物** | | | | | | | | | | | | |
| 硫化锰 MnS | 立方晶系，锻轧后，沿压延方向呈椭圆形或条状 | 无规律 | 良好 | 稍可变形 | | 中等 | 灰蓝色 | 弱透明，可观察到绿色的内部反光，特别是用油镜头时 | 各向同性 | 透明，暗绿色，各向同性 | 5%～10%弱酸溶液浸蚀 | 熔点1620℃，常和FeS形成一系列固溶体 |
| 铁锰硫化物（固溶体）FeS-MnS | 主要呈球状或条状 | 无规律，在晶粒内或沿晶界分布 | 良好 | 易变形，沿变形方向伸长 | | 中等 | 随MnS的含量的减少，色彩变化由灰蓝色到亮黄色 | 不透明 | 各向同性 | 不透明，各向同性 | 受下列溶液浸蚀：3% $H_2SO_4$溶液；10% HCl溶液；20% HF溶液；10%铬酸溶液 | 几乎存在于所有牌号的碳素钢和低合金钢中 |
| **氮化物** | | | | | | | | | | | | |
| 氮化钛 TiN | 立方晶系，呈有规则的几何形，如方形、长方形等 | 成群分布，变形后成链串状 | 不好，易磨掉 | 不变形 | 高 | 高 | 由亮黄色到玫瑰红色 | 不透明，沿周界镶有亮线 | 各向同性，不透明 | 各向同性，不透明 | 不与常用试剂起作用 | 熔点约3000℃，能溶解碳形成碳化物 |
| 碳氮化钛（氮-碳化钛）Ti(C,N) | 立方晶系，呈有规则的几何形，如方形、长方形等 | 成群分布，变形后呈链串状 | 不好，易磨掉 | 不变形 | 高 | 高 | 随碳含量的不同，色彩由浅紫到浓紫色 | 不透明，沿周界镶有亮线 | 各向同性，不透明 | 各向同性，不透明 | 不与常用试剂起作用 | |
| 氮化锆 ZrN | 立方晶系，呈有规则的几何形，如方形、长方形等 | 成群分布，变形后呈链串状 | 良好 | 不变形 | 约300 | 高 | 柠檬黄色 | 不透明，沿周界镶有亮线 | 各向同性 | 各向同性，不透明 | 受下列溶液浸蚀：20% NaOH溶液；碱性苦味酸钠溶液；20% HF溶液 | 熔点 2985±50℃，和碳化锆组成一系列固溶体，形成碳氮化锆 |
| 碳氮化锆 Zr(C,N) | 立方晶系，常呈不规则的形状 | 成群分布，变形后呈链串状 | 不好 | 不变形 | 高 | 高 | 浓紫色 | 不透明，沿周界镶有亮线 | 各向同性 | 各向同性，不透明 | 不与常用试剂起作用 | |
| 氮化钒 VN | 立方晶系，呈有规则的几何形状 | 孤立或成群分布 | 良好 | 不变形 | 高 | 很高 | 白色带有浓玫瑰红色 | 不透明，沿周界镶有亮线 | 各向同性 | 各向同性，不透明 | 受10% $Cr_2O_3$沸腾溶液浸蚀 | 熔点约2050℃ |
| 氮化铝 AlN | 六方晶系，呈六角形、三角形、长方形 | 成群分布 | 不好 | 不变形 | 约356 | 低 | 暗灰色 | 透明，沿周界镶有亮线 | 强各向异性 | 透明，无色，强各向异性 $N_g=2.17\pm0.2$ $N_p=2.13$ | 不与常用试剂起作用 | 熔点 2150～2200℃ |

注：$N$—光线的折射率；$N_0$—寻常折射率；$N_e$—非常折射率；$N_g$—最大折射率；$N_m$—平均折射率；$N_p$—最小折射率。

钢中稀土夹杂物的特征（表12-4-8）

表12-4-8

| 序号 | 夹杂物类型 | 光学特征 | | | | | 显微硬度(HV) | 化学性质 | 晶体结构(X射线分析) |
|---|---|---|---|---|---|---|---|---|---|
| | | 金相 | | 偏光 | 岩相 | | | | |
| | | 明场 | 暗场 | | 透射光 | 偏光 | | | |
| 1 | RES | 金红色细小颗粒，往往成群分布，其颜色随Ce/La比值降低由偏黄向偏红变化 | 黑色不透明有亮边 | 各向同性 | 黑色细小颗粒 | 各向同性 | | 溶于2.5%碘甲醇(37~40℃) | 面心立方 a=0.5834 nm |
| 2 | βRE₂S₃ | 浅灰色，圆球或椭球状，分散分布，有时呈短串状 | 黑红 | 弱异性 | 黑红色颗粒 | 弱异性 | 450左右 | 溶于2.5%碘甲醇(37~40℃) | 正交晶系 a=0.735 nm b=1.073 nm c=1.324 nm |
| 3 | γRE₂S₃ | 浅灰色，大多呈圆球状，分散分布 | 黑色透明 | 各向同性 | 黑色不透明颗粒 | 各向同性 | | 溶于2.5%碘甲醇(37~40℃) | 体心立方 a=0.8632 nm |
| 4 | RE₂O₂S | 中灰色，颗粒状易于成群分布 | 大多黄，橙黄 | 各向异性 | 大多深黄，橙黄 | 各向异性 | 500左右 | 基本不溶于2.5%碘甲醇(37~40℃) | 六方晶系 a=0.4028 nm c=0.6868 nm |
| 5 | RE₂O₃ | 中灰色，稍变形的条状和块状，往往聚集成群 | 浅黄，黄红 | 各向异性 | 浅黄，黄红 | 各向异性 | | 基本不溶于2.5%碘甲醇(37~40℃) | 六方晶系 a=0.3891 nm c=0.6064 nm |
| 3 | REAlO₃ | 深灰色，不规则颗粒，往往生成串链状 | 灰黄，灰黄带绿 | 弱异性或同性 | 灰黄，灰黄带绿 | 弱异性或同性 | 通常在1100左右 | 基本不溶于2.5%碘甲醇(37~40℃) | 立方晶系 a=0.3774 nm (有多型性转变，但衍射线特征据与立方晶系相近) |
| 7 | α(Mn,RE)S | 浅灰色，沿加工方向延伸的长条状 | 黄、黄绿(含微量稀土)，不同程度红色(稀土含量稍高) | 大多数同性 | 黄、黄绿(含微量稀土)，不同程度红色(稀土含量高) | 大多同性 | 300~500 (随稀土含量增加而提高) | 溶于2.5%碘甲醇(37~40℃) | 与αMnS相同点阵常数增加不明显 |

铬钼钢中稀土夹杂物的特征（表 12－4－9）[9]

表 12－4－9

| 名称 | 该类夹杂较易出现的冶炼条件 | 金相特征 明场 | 金相特征 暗场 | 金相特征 偏光 | 岩相特征 透射光 | 岩相特征 偏光 | 岩相特征 反射光 | 平均显微硬度 | 化学性质 | 电子探针分析结果，w/% | X 射线结构分析 | 备注 |
|---|---|---|---|---|---|---|---|---|---|---|---|---|
| 铝酸稀土 REAlO₃ | 常出现在碱性电炉和酸中频炉冶炼的 Cr-Mn-Mo 钢的，稀土加入量 0.05%～0.15% | 深灰色，呈球状、近球状或不规则块状，任意分布也有群状分布 | 灰黄色浅黄、微褐绿等色，半透明 | 大多数各向同性，但也有少数呈弱异性 | 呈球状、近球状或块状，任意分布也有群状分布 | 黄褐色，有的微弱异性 | 淡黄、灰白、黄色 | 935 | 在稀盐酸和浓盐酸中均不受腐蚀，用1:1的硝酸混合液煮可迅速溶解 | La 4.9 Ce 15.9 Pr 5.8 Nd 9.6 Fe 24.4 Al 11.0 ；Mn 0.5 Ca 2 Ti 微 Cr 微 Si 无 S 无 | 钙钛矿型铝酸混合稀土 | 电子探针中的 Fe 可能系电子束打在基体上所致，纯净夹杂应主要含化学成分 RE 和 Al，但含 Fe 很少 |
| 稀土硫氧化物 RE₂O₂S | 多出现于冶炼 Cr-Mn-Mo 钢中，稀土加入量为 0.08%～0.1% | 浅灰色，呈球状、近球状及块状，不变形 | 大多黑色，也有深红、橘红色，半透明 | 有的同性，也有的弱异性 | 球状、近球状则块状，或块状的透明，亮黄色的半透明棕褐色的不太透明 | 深红色、红黄褐色，深红色，边有的同性的弱异性 | | 462 | 溶于1:1的 HCl 水溶液中并放出 H₂S | La 5.5 Ce 26.7 Pr 5.4 Nd 9.4 Fe 12.0 ；Al 无 Ca 0.8 Mn 0.6 Ti 无 Cr 无 Si 无 | 符射线谱与 Ce₂O₂S 接近，电子探针定量分析证实主要系 Ce、Nd、La、Pr、S 等元素，故初步定为 RE₂O₂S | |
| 含有稀土的变形硫化物 αMnS (RE) | 多出现于冶炼 Cr-Mn-Mo 钢中，稀土加入量 0.05%～0.1% | 浅灰色，梭子形，任意分布或成群集成 | 不同程度的红色或黄绿色，半透明 | 有同程度的，的弱异性 | 条状、满块状，黄绿色或褐黄色 | 同性，褐红色的弱异性 | 灰白色 | 黄绿色 529 红色 | 在1:1的 HCl 水溶液中被迅速腐蚀，摸并放出 H₂S | 黄绿色 La 无 Al2.2 Ce0.8 Mn40.5 S27.3C0.5 Nd0.2Ti 无 Fe24.1Si 无 Pr 无 Ca 无 ；红色 La3.6 Al0.4 Ce15.9 Ca0.1 P2.4 Mn20.7 Nd6.3Ti 无 S33.7C0.4 Fe16.0Si 无 | 与 αMnS 的点阵相同，参考电子探针结果，初步定为含稀土的硫化物 | |
| 含硫的铝酸稀土 | 常出现在碱性的电炉中冶炼的 Cr-Mn-Mo 钢中，稀土加入量为 0.05%～0.15% | 浅灰色或中近球状或不规则块状，任意分布也有成群分布 | 杏黄、橘黄、橙黄等色，半透明 | 大多数弱异性，也有个别为同性 | 球状、近球状、块状和方形，满黄黄 | 褐黄色和褐黄异性，有的弱异性 | 淡黄 | 678 | 在1:1的 HCl 溶液中经一定时间后变黄白色，但后不会被腐蚀掉 | La 5.5 Ce 21.7 Pr 4.6 Nd 12.4 Fe 11.4 ；Al 9.1 Ca 1.8 Mn 0.7 Ti 0.2 Cr 0.25 Si 无 S 无 | 点系与 REAlO₃ 相同 | 此类夹杂常与 REAlO₃ 共生在一起，化学性质、成分但有一些差别，点阵与前者类型因而晶性质相似，尚待进一步 |
| 主要稀土的夹杂 | 在碱性电炉冶炼中出现过稀土加入量为 0.15% | 浅灰色，不规则状或近球状块状等 | 棕黑色或棕黑带黄等，透明 | 有的同性，有的微弱异性 | | | | 362 | | La 8.8 Ce 34.7 Pr 5.3 Nd 26.6 S 微 Fe 2.2 ；Al 微 Ca 1.2 Mn 无 Ti 无 Cr 无 Si 无 | | 电子探针定量分析仅含稀土元素而其他元素微量，总量近100%，不到属稀土氧化物尚待进一步分析 |

非金属夹杂物的评级(平均点法,放大 100 倍、视场直径为 0.8 mm)(表 12 - 4 - 10)

表 12 - 4 - 10

| 级别 | 轴承钢夹杂物评级　YB 9—68 | | | 结构钢夹杂物评级　GB10561—2005 | |
| --- | --- | --- | --- | --- | --- |
| | 脆性夹杂 $\dfrac{粒数}{长度/面积}$ | 塑性夹杂 $\dfrac{条数}{面积}$ | 球(点)状不变形夹杂 $\dfrac{直径}{面积}$ | 氧化物细小夹杂 $\dfrac{个数}{面积}$ | 硫化物细小夹杂 $\dfrac{条数}{面积}$ |
| 1 | $\dfrac{\dfrac{6\sim8\ 粒}{占视场\frac{1}{4}}(0.7)}{总面积\ 0.27\times10^{-3}\ mm^2}$ | $\dfrac{2\ 条}{0.45\times10^{-3}\ mm^2}$ | $\dfrac{直径\ 0.01584\ mm}{面积\ 0.27\times10^{-3}\ mm^2}$ | $\dfrac{3\sim4\ 个}{0.36\times10^{-3}\ mm^2}$ | $\dfrac{3\ 条}{0.6\times10^{-3}\ mm^2}$ |
| 2 | $\dfrac{\dfrac{12\sim14}{1/2}(0.76)}{0.538\times10^{-3}\ mm^2}$ | $\dfrac{3}{0.9\times10^{-3}\ mm^2}$ | $\dfrac{0.02622\ mm}{0.54\times10^{-3}\ mm^2}$ | $\dfrac{13\sim15\ 个较分散}{1.31\times10^{-3}\ mm^2}$ | $\dfrac{9\ 条}{1.51\times10^{-3}\ mm^2}$ |
| 3 | $\dfrac{\dfrac{19\sim21}{3/4}(0.90)}{1.079\times10^{-3}\ mm^2}$ | $\dfrac{5\ 条较集中}{1.8\times10^{-3}\ mm^2}$ | $\dfrac{0.03708\ mm}{1.08\times10^{-3}\ mm^2}$ | $\dfrac{密集夹杂贯穿整个视场}{3.61\times10^{-3}\ mm^2}$ | $\dfrac{16\ 条}{3.7\times10^{-3}\ mm^2}$ |
| 4 | $\dfrac{\dfrac{24\sim26}{占全视场长}(0.93)}{2.16\times10^{-3}\ mm^2}$ | $\dfrac{1\ 条粗大较集中}{3.6\times10^{-3}\ mm^2}$ | $\dfrac{0.05244\ mm}{2.16\times10^{-3}\ mm^2}$ | $\dfrac{三列密集夹杂,其一贯穿整个视场}{5.90\times10^{-3}\ mm^2}$ | $\dfrac{25\sim27\ 条}{8.47\times10^{-3}\ mm^2}$ |
| 5 | | | | 贯穿密布整个视场 夹杂数量很多 | 粗大塑性夹杂 密布整个视场 |

注:1. 脆性夹杂栏中的括弧里的数值,是建议确定脆性夹杂级别的在 100 倍显微观察的夹杂的平均直径;

　2. 夹杂物面积 $= S_{1级面积}\times2^{h级-1}$,如 3 级面积 $S_3 = 0.27\times10^{-3}\times2^{3-1} = 1.08\times10^{-3}\ mm^2$。

放大倍数对夹杂物面积的影响(表 12 - 4 - 11)

表 12 - 4 - 11

| 放大倍数 ＼ 显微镜下夹杂物面积/mm² | 夹杂物面积/mm² | | | | | | |
| --- | --- | --- | --- | --- | --- | --- | --- |
| | $0.27\times10^{-3}$ | $0.38\times10^{-3}$ | $0.55\times10^{-3}$ | $0.76\times10^{-3}$ | $1.03\times10^{-3}$ | $1.53\times10^{-3}$ | $2.16\times10^{-3}$ |
| 90 倍 | 2.19 | 3.08 | 4.5 | 6.15 | 8.75 | 12.4 | 17.5 |
| 100 倍 | 2.7 | 3.8 | 5.5 | 7.6 | 10.8 | 15.3 | 21.6 |
| 125 倍 | 4.22 | 5.93 | 8.75 | 12.0 | 16.84 | 23.9 | 33.6 |
| 145 倍 | 5.68 | 8.0 | 11.58 | 15.9 | 22.7 | 32.2 | 45.50 |
| 160 倍 | 6.9 | 9.75 | 14.1 | 19.4 | 27.7 | 39.2 | 55.50 |

1 mm³ 金属中夹杂物数量与夹杂物体积分数、尺寸的关系(表 12 - 4 - 12)

表 12 - 4 - 12

| 金属中夹杂物体积/% | 夹杂物直径 $\phi$ | | | | |
| --- | --- | --- | --- | --- | --- |
| | 0.1 mm | 0.01 mm | 1 μm | 0.1 μm | 0.01 μm |
| | 夹杂物平均数量 | | | | |
| 0.001 | | 10 | $10^4$ | $10^7$ | $10^{10}$ |
| 0.01 | | $10^2$ | $10^5$ | $10^8$ | $10^{11}$ |
| 0.1 | 1 | $10^3$ | $10^6$ | $10^9$ | $10^{12}$ |
| 1.0 | 10 | $10^4$ | $10^7$ | $10^{10}$ | $10^{13}$ |

注:如 1 mm³ 钢中夹杂物体积为 0.1% 时夹杂物直径为 1 μm 为 $10^6$ 个,$<0.1$ μm 放大 520 倍看不出,所以也不能计算进去。

# 第五节  钢的宏观缺陷和评级

## 一、钢的宏观缺陷

钢中常见宏观组织和缺陷(表 12 - 5 - 1)[9]

表 12 - 5 - 1

| 名　称 | 形 成 原 因 | 检 查 方 法 | 宏 观 特 征 |
|---|---|---|---|
| 方框形偏析(锭型偏析) | 当铸坯由外部向心部以柱状晶形式进行凝固时,各种杂质也向中心移动。在冷凝至一定厚度时,由于温度的降低,使余下的液态金属的各部分同时形成核心,并以等轴方式结晶凝固以致使杂质难以移动,而逐步停下来形成方框形偏析 | 按 GB1979—2001 进行检验及评级。一般根据方框带宽度和明显程度决定,方框大小作补充根据,某些合金钢锻坯试样由于变形使"方框形偏析"常呈"十字状",评定时参照方框形偏析进行评定 | 在钢的横向试样上,经酸蚀后表现为腐蚀较深的一圈方框区域 |
| 异性金属夹杂 | 因冶炼操作不当,合金料未熔好;或浇铸系统中落入异性金属物所造成 | 按 GB1979—2001 标准评定 | 异性金属夹杂物多是边缘清晰,颜色与周围显著不同的几何图形,有的在其边缘有密集的针孔。一些比较抗酸蚀的外来金属常形成颜色浅淡略显突起的斑块,极易与由偏析造成的白斑混淆 |
| 外来非金属夹杂(肉眼可见的) | 是没有来得及上浮而被凝固在铸坯中的熔渣,或剥落到钢液中的炉衬和浇注系统内壁的耐火材料 | 酸蚀后检验 | 呈不同色彩的,各种形状的颗粒 |
| 翻皮 | 在浇注过程中,钢流冲破钢液表面的半凝固薄膜并将其卷入钢中而形成,在铸坯或钢材中翻皮可呈任何形状和大小存在 | | 在横向酸蚀试样上,一般是颜色和周围不同,形状不规则的弯曲狭长条带。其中,特别是周边部分,常有氧化物夹杂和气孔等存在 |
| 裂缝(轴心晶间裂纹) | 可能与凝固时的热应力有关,一般多出现于高合金钢中,以晶间裂缝形式出现在轴心部位而得名 | 按 GB1979—2001 根据该缺陷存在的严重程度来评定 | 在酸蚀试样上呈现于轴心部位区域的蜘蛛网状裂纹 |
| 发纹 | 是钢中夹杂物和气孔在加工变形时沿变形方向延伸所形成的细小裂纹 | 用酸蚀法或磁力探伤法,按 GB/T 15711—1995 有关条文进行检验与评定<br>在酸蚀过程中,其腐蚀程度要比一般宏观检验试样浅些,时间也要短些 | 在塔形试样的各个阶梯上呈现与轴向平行的细小裂纹可以是单一或集中,局部出现,有时甚至布满整个阶梯 |
| 中心偏析 | 由于铸坯结晶的不均匀性导致铸坯一定区域的成分不均匀,心部区域偏析较多的非金属夹杂和气体 | 按 GB1979—2001 进行检查和评级 | 出现在横向试样上的中心部位,呈形状不规则的黑色斑点 |

续表 12 - 5 - 1

| 名　称 | 形　成　原　因 | 检　查　方　法 | 宏　观　特　征 |
|---|---|---|---|
| 点状偏析 | 由于钢中气体含量偏高,当使用未经良好烘烤的新砌钢包或在新炉中熔炼时,极易产生此种缺陷,在阴雨季节时也易产生 | 按 GB1979—2001 进行检验评级。根据存在部位不同,分为一般点状和边缘点状。分布在整个截面上的称为一般点状,而仅出现在边缘处的称为边缘点状。根据出现点的多少及严重程度对照标准评定级别 | 在横向断面试样上呈不同形状及大小分散的暗黑色斑点(有时呈规律状排列),在纵向断面上相当于暗色斑点处呈暗色条带,点状偏析严重时,往往伴随大量气泡出现 |
| 中心疏松 | 钢锭轴心区域的钢液最后凝固时,体积收缩,产生许多细小孔隙,同时钢液中的气体、夹杂物等向轴心区域聚集而形成 | | 在横向热酸蚀试样上的中心部分,呈现聚集的黑色小点及孔隙 |
| 一般疏松 | 钢液凝固时,气体析出后留下的孔隙,夹杂物的聚集及树枝状晶间偏析所形成 | 按 GB1979—2001 进行检验和评级 | 在整个横向热酸蚀试样上呈现被腐蚀较深的黑色小点或不规则的小孔隙 |
| 缩孔残余 | 浇注时,心部的液体由于最后冷凝时体积收缩未能得到补充,所以在铸坯头部形成宏观的孔穴 | 钢坯和钢材中缩孔检查按 GB1979—2001 进行缩孔残余评级,级别主要按孔洞深度和大小而定 | 在横向酸蚀试样上缩孔位于中心部位,其附近一般也是偏析,夹杂和疏松密集存在的地方,有时在酸蚀前就能看到洞穴或缝隙,酸蚀后洞穴部位变暗呈不规则折皱的孔洞 |
| 气泡 | 钢液中溶解大量的气体,在凝固过程中,溶解度随温度下降而降低,一部分气体将因金属凝固而不能自钢中逸出,留在钢中而成为气泡 | 按 GB1979—2001 检验和评级。根据气泡在试样上的分布情况,将距边缘较近的气泡称为皮下气泡,其他统评为内部气泡 | 皮下气泡一般存在于皮下,但经热加工后,由于钢材表面氧化,则使气泡暴露于表面,而形成沿加工方向的小裂缝 |
| 白点 | 一般认为主要是氢与组织应力的作用。钢中的偏析和夹杂物对产生白点也有一定影响 | 用试样进行酸蚀检验,发现可疑现象,不易确认时,应补做断口试予以验证,取样部位:横向试样离钢材端部不应小于1/2直径;纵向试样应通过钢材的中心线。试样加工粗糙度 $R_a$ = 3.2 μm,酸蚀不要太深,以裂缝长短、条数来评定 | 一般集中在钢坯和锻件内部,在正常情况下,在离表面 20~30 mm 的表层中极少发现。在横向试样上呈细短裂缝,在纵向试样断口上则显示为粗晶状的银色亮斑 |

铸坯的表面缺陷和影响因素(表 12 - 5 - 2)[10]

表 12 - 5 - 2

| 缺陷名称 | 表　现　形　态 | 原　因 | 影响因素(措施) |
|---|---|---|---|
| 纵向表面裂纹(深) | 裂纹深达 25 mm,长度在 0.5 m 至 1.0 m 之间,除离各角 100 mm 部位的裂纹外,其余都在宽面上 | 1. 不均匀的结晶器冷却:<br>1) 检查结晶器几何形状;<br>2) 检查结晶器软的部位硬度;<br>3) 保护渣融化不均匀,因而结晶器和板坯之间的渣膜不均匀;<br>4) 检查结晶器水缝里的水流情况。<br>2. 二次冷却不均匀:<br>1) 检查喷嘴有无堵塞;<br>2) 接喷嘴的软管脱落 | 1. 微量元素如 S、Cu、H 的含量高;<br>2. 浇注温度高;<br>3. 进行成分微调(在规格范围内)以减小组织应力 |

| 缺陷名称 | 表 现 形 态 | 原　　因 | 影响因素(措施) |
|---|---|---|---|
| 纵向表面裂纹(浅) | 浅短裂纹 2 ~ 3 mm,深可达 0.5 m,数量较多 | 1. 条状结块保护渣;<br>2. 微量(易产生裂纹)元素含量高 | 1. 控制微量元素,在规定范围之内;<br>2. 去除结晶器内的条状结块 |
| 角部附近的纵向裂纹 | 宽面上离角部 20 ~ 120 mm 处的纵向裂纹,深达 5 mm,振动痕迹处(横向)隔一个短的距离后又继续纵向延伸 | 1. 结晶器冷却不均;<br>2. 铸坯在导向装置里各对辊距不相同;<br>3. 导辊不对中 | 1. 检查结晶器锥度;<br>2. 检查辊距;<br>3. 检查对准;<br>4. Cu、S 等元素增加,裂纹的趋势将会增加 |
| 角上的纵向裂纹 | 角裂较浅 2 ~ 3 mm,长 0.5 ~ 1.0 m,大多为低碳钢种 | 结晶器铜板接缝不好 | |
| 振动痕迹上的横向表面裂纹 | 板坯面上的横向裂纹达 15 mm 深 | 1. 导辊不对中;<br>2. 振动不合格;<br>3. 冷却不均匀 | 1. 调整对中;<br>2. 检查振动时结晶器与半径的偏移情况;<br>3. 检查喷嘴与软管;<br>4. Cu、S 含量增加时裂纹易增加 |
| 横向表面裂纹(由纵向应力引起的) | 深度达 15 mm,长约达板宽的 2/3 | 保护渣有部分熔化,特别对高抗拉钢来说在结晶器保护渣膜有一层层的间断,无渣部分坯壳冷却快,收缩多,因此引起横向裂纹 | 检查保护渣是否有恒定的厚度 |
| 横向角裂 | 有非常小的横向裂纹,主要在角部宽面上 | 1. 二冷制度不合理,如铸坯表面温度冷却到 850℃ 以下而后又变温到 900℃ 以上;<br>2. 在 850 ~ 900℃ 之间矫直;<br>3. 辊距不相同,辊子不对中 | 1. 改变二冷制度;<br>2. 检查并调整辊距辊子的对中;<br>3. 残 Al 高在临界温度范围内晶间处有 AlN 沉集 |
| 龟状裂纹 | 非常细浅,像星一样的裂纹,裂纹区域约 30 ~ 50 mm | 结晶器的铜质不良 | 改用结晶器镀铬 |
| 角部折叠(重叠) | 角上折叠约 2 mm 宽,0.5 ~ 1.0 mm 厚 | 结晶器铜板间接触不好,有缝,保护渣未融化,钢水进入(可能导致漏钢) | 检查接缝,保证在边上总被保护渣覆盖 |
| 气　孔 | 表面细孔,在开始铸坯上遍布宽面呈 V 形延伸 | 1. 第一包钢水再氧化严重;<br>2. 中间包析出氧 | 1. 多加 Al 脱氧,渣钢要分开;<br>2. 干燥 |
| 微裂浇痕 | 铸坯周围的冷焊 | 更换中间包,中断浇注 | 尽可能缩短中断时间 |
| 结　疤 | 表面上搭接 | 1. 钢水凝结,铸温低,拉速慢;<br>2. 结晶器内保护渣不足,钢液过早凝固 | 增加保护渣,使之在结晶器里保持在黑色左右的厚度 |
| 表面夹渣 | 在铸坯皮下或在表面上小的随机分布的渣粒 | 保护渣粒度不当,钢液在结晶器里不规则地流动 | 检查保护渣,浸入水口有穿孔缺陷 |
| 窄面鼓肚 | 据内、外弧角部线的窄面向外凸出超过坯厚的 3% | 结晶器内锥度不够,窄面冷却不够,弧线斜向一窄面 | 检查并更换,检查上部侧边外的喷嘴,检查引锭杆、导向装置、上部侧导和结晶器锥度及对准 |
| 窄面凹坑 | 据内、外弧之间的线窄面向内鼓肚,约超过坯厚的 3%,轻凹坑表面结晶器冷却效果好 | 结晶器锥度太大,窄边冷却太强 | 检查锥度,检查上部窄边上的冷却 |
| 刀形铸坯 | 铸坯不直,从矫直机口出来时有移向一边的趋势 | 矫直段铸坯两边矫直不均 | 检查矫直辊垫片 |
| 中心线裂纹 | 沿铸坯中心线的裂纹 | 铸坯最终凝固时辊距不同 | 检查、调整辊距 |
| 垂直于窄面的裂纹 | 约 10 ~ 30 mm 长,不止一个裂纹常靠在一起 | 结晶器或上部窄边冷却太强 | 检查结晶器锥度和上部窄边的冷却 |
| 垂直于宽面的裂纹 | 垂直于宽面凹痕间,裂纹大半在内弧侧 10 ~ 40 mm 长,不止一个裂纹,用硫印检查 | 凝固区的变形时产生,矫直时铸坯裂口,辊不对中,辊距不同 | 保持适当的浇注速度,检查辊子对正,检查辊距 |

续表 12 - 5 - 2

| 缺 陷 名 称 | 表 现 形 态 | 原　因 | 影响因素(措施) |
|---|---|---|---|
| 皮下气孔 | 硫印上可见,非常接近于表面(1～4 mm),但和外表面不通 | 脱氧不足 | 检查脱氧 |
| 偏　析 | 在高碳、高锰等级的钢产生(硫印法),0～2 级允许,3 级仅用于压延比大于 15 | 注温太高,最后凝固太慢 | 将中间包温度保持在液相上 5～10℃,或增加二次冷却强度 |

钢生产过程中缺陷产生的原因(表 12 - 5 - 3)[9]

表 12 - 5 - 3

**(1) 连铸过程中产生**

| 缺　陷 | 主 要 原 因 | 次 要 原 因 |
|---|---|---|
| 表面横向裂纹 | 浇铸条件 | 加热和轧制因素 |
| 角部纵向裂纹 | 浇铸条件 | (减轻或加重缺陷) |
| 重　皮 | 结晶器凝固壳拉漏 | |
| 冷　痣 | 金属的焊合 | |
| 针　孔 | 气体含量太多($N_2$、$H_2$、CO 的排出) | |
| 重　接 | 浇铸的中断 | |
| 皱　纹 | 振动痕迹 | |
| 气　孔 | 气体含量太多 | |

**(2) 加热炉中产生**

| | | |
|---|---|---|
| 过　烧 | 炉中温度过高 | |
| 脱碳层 | 表层氧化、附着氧化铁皮层(抛丸清理或酸洗清除) | 去鳞轧制 |
| 皮下氧化铁 | 附着的氧化铁皮 | 去鳞轧制 |
| 过　热 | 炉中温度过高 | |

**(3) 轧制中产生**

| | | |
|---|---|---|
| 切痕 - 划痕 - 爪痕 - 斑点 | 金属和设备相接触 | |
| 鳞皮 - 辊痕 | 使用旧轧辊 | 金属过硬 |
| 鳄鱼皮 | 旧轧制孔型 | |
| 擦　痕 | 与其他器件的摩擦 | |
| 折　皱 | 金属钳在轧辊中变皱 | |

**(4) 因金属塑性差而在轧制中产生(钢质问题)**

| | | |
|---|---|---|
| 角　裂 | S、P、Cu、Sn 太高 | 轧制温度不适宜 |
| 夹　层 | S 太高 | |
| 表层裂纹 | Cu、Sn 太高 | 轧制温度 |
| 龟　裂 | Cu、Sn、As 太高 | 轧制温度 |

**(5) 热轧后出现的**

| | | |
|---|---|---|
| 泡　疤 | 酸洗缺陷(酸洗槽含氢) | 产品含氢太高 |
| 冷　裂 | 产品的冷却不善 | 热轧时温度梯度大 |

**(6) 炼钢厂和轧钢厂中出现的**

| | | |
|---|---|---|
| 线状裂纹 | 轧制过程中气孔、龟裂、冷裂、擦痕、折皱的发展 | |
| 层状裂纹 | 皮下气孔和皮下裂纹的发展 | |
| 结　疤 | 钢坯的表面缺陷在轧制时的发展 | |
| 片状分层 | 铸坯表面缺陷在轧制时的延伸 | |

钢铁显微组织观察用腐蚀液(表12-5-4)

表12-5-4

| 序号 | 腐蚀液 | 腐蚀条件 | 序号 | 腐蚀液 | 腐蚀条件 |
|---|---|---|---|---|---|
| 1 | 1~5 mL 硝酸 + 100 mL 乙醇(95%)或甲醇(95%) | 数秒~1 min | 24 | 浓硝酸 | 在 0.2 A/cm² 电解数秒 |
| 2 | 10 g 苦味酸 +5 滴盐酸 +100 mL 乙醇(95%)或甲醇(95%) | 数秒~1 min | 25 | 2 g 氯化铜(Ⅱ)+40 mL 盐酸 +40~80 mL 乙醇(95%)或甲醇(95%) | 数秒~数分 |
| 3 | 5 g 苦味酸 +8 g 氯化铜(Ⅱ)+20 mL 盐酸 +6 mL 硝酸 +20 mL 乙醇(95%)或甲醇(95%) | 1~2 s,与甲醇同时抽出 | 26 | 2 g 氯化铜(Ⅱ)+40 mL 盐酸 +40~80 mL 乙醇(95%)或甲醇(95%)+40 mL 水 | 数秒~数分 |
| 4 | 10 g 苦味酸 +100 mL 乙醇(95%)或甲醇(95%) | 数秒~1 min | 27 | 85 g 氢氧化钠 +50 mL 水 | 6 V 下电解 5~10 s |
| 5 | 10 g 异亚硫酸氢钾 +100 mL 水 | 1~15 s | 28 | 45 g 氢氧化钾 +60 mL 水 | 2.5 V 下电解数秒 |
| 6 | 40 mL 盐酸 +5 g 氯化铜(Ⅱ)+30 mL 水 +25 mL 乙醇(95%)或甲醇(95%) | 数秒~1 min | 29 | 10 g 六氰基铁(Ⅲ)酸钾 +10 g 氢氧化钾或氢氧化钠 +100 mL 水 | 5~60 s |
| 7 | 10 g 过硫酸铵 +100 mL 水 | 5 s 左右 | 30 | 10 g 过硫酸铵 +100 mL 水 | 6 V 下电解数秒~1 min |
| 8 | 5 mL 盐酸 +1 g 苦味酸 +100 mL 乙醇(95%)或甲醇(95%) | | 31 | 25 mL 盐酸 +3 g 二氟化铵 +125 mL 水 +异亚硫酸氢钾少量 | 数秒~数分 |
| 9 | 2 g 苦味酸 +1 g 三癸基苯磺钠 +100 mL 水 | 数秒~1 min | 32 | 10 g 氯化铁(Ⅲ)+90 mL 水 | 数秒 |
| 10 | 5 g 氯化铁(Ⅲ)+5 滴盐酸 | 5~10 s | 33 | 10 g 草酸 +100 mL 水 | 6 V 下电解 1 min |
| 11 | 10 g 过硫酸铵 +100 mL 水 | 2 min 左右 | 34 | 2 g 氧化铬(Ⅵ)+20 mL 盐酸 +80 mL 水 | 5 s~1 min |
| 12 | 10 g 氯化铬 +100 mL 水 | 1. 用 6 V 电解 5~60 s  2. 用 6 V 电解 3~5 s | 35 | 10 g 草酸 +100 mL 水 | 6 V 下电解 1~15 s |
| | | | 36 | 浓氢氧化铵 | 6 V 下电解 30~60 s |
| 13 | 10 mL 硫酸 + 10 mL 硝酸 + 80 mL 水 | 30 s 左右 | 37 | 10 g 氰化钠 +100 mL 水 | 6 V 下电解 5 s |
| 14 | 2 g 苦味酸 + 25 g 氢氧化钠 +100 mL 水 | 在沸腾的溶液中 5 min 或在 6 V 下电解 40 s | 38 | 5 mL 硝酸 + 45 mL 盐酸 + 50 mL 水 | 5 min 左右 |
| 15 | 3 g 草酸 +4 mL 过氧化氢(30%)+100 mL 水 | 15~25 min | 39 | 20 mL 硝酸 + 4 mL 盐酸 + 20 mL 甲醇(99%) | 10~60 s |
| 16 | 10 mL 硝酸 + 20~50 mL 盐酸 +30 mL 丙三醇 | 数秒~数分 | 40 | 10 g 硫酸铜(Ⅱ)+ 50 mL 盐酸 | 5~60 s |
| 17 | 10 mL 硝酸 + 20 mL 盐酸 + 30 mL 水 | 数秒~1 min | 41 | 5 mL 硫酸 + 3 mL 硝酸 + 90 mL 盐酸 | 10~30 s |
| 18 | 10 mL 硝酸 +10 mL 醋酸 | 数秒~数分 | 42 | 7 mL 硝酸 + 25 mL 盐酸 + 10 mL 甲醇(99%) | 10~60 s |
| 19 | 10 mL 硝酸 +20 mL 氟化氢 +20~40 mL 丙三醇 | 2~10 s | 43 | 10 mL(正)磷酸 +50 mL 硫酸 +40 mL 硝酸 | 6 V 下电解数秒 |
| 20 | 5 mL 硝酸 +5 mL 盐酸 +1 g(mL) 苦味酸 +200 mL 乙醇(95%)或甲醇(95%) | | 44 | 3~10 mL 硫酸 +100 mL 水 | 6 V 下电解 5~10 s |
| | | | 45 | 50 mL 盐酸 + 25 mL 硝酸 + 1 g 氯化铜(Ⅱ)+150 mL 水 | 数秒~数分 |
| 21 | 5 g 氯化铁(Ⅲ)+ 50 mL 盐酸 + 100 mL 水 | 1. 数秒~数分  2. 短时间反复几次 | 46 | 10 mL 盐酸 + 90 mL 甲醇(95%) | 数秒~1 min |
| 22 | 5 g 氯化铁(Ⅲ)+ 15 mL 盐酸 + 60 mL乙醇(95%)或甲醇(95%) | 数秒~数分 | 47 | 10 mL 盐酸 +5 mL 硝酸 +85 mL 乙醇(95%)或甲醇(95%) | 数分 |
| 23 | 10 mL 盐酸 +100 mL 乙醇(95%)或甲醇(95%) | 3~5 min 或 6 V 下电解 3~5 s | 48 | 5 mL 硫酸 + 8 g 氢氧化铬(Ⅵ)+85 mL(正)磷酸 | 10 V 下(0.2 A/cm²)电解 5~30 s |

在抛光状态的表面上,除特殊情况外,都不能观察到组织。因此为显现出组织,需进行化学腐蚀或电化学腐蚀,也有利用加热来染色。

钢种检验的组织和使用的腐蚀液(表12-5-5,序号见表12-5-4)[1]

表12-5-5

| 钢　种 | 使　用　目　的 | 腐蚀液序号(见表12-5-4) |
|---|---|---|
| Fe | 晶界<br>下部组织 | ①<br>② |
| Fe + C | 普通组织<br>铁素体晶界 | ①③④⑤⑥<br>①④⑦ |
| Fe + <1C + <4%<br>其他成分 | 马氏体钢和贝氏体钢的前奥氏体晶界<br>非回火马氏体<br>碳化物、磷化物(即使马氏体变暗,碳化物和磷化物仍保持发亮状态)<br>快冷渗碳体、慢冷奥氏体、更慢冷铁素体<br>过热、过烧<br>碳化物的染色<br>化学抛光、腐蚀 | ⑧⑨⑩<br>⑤<br>⑪⑤<br>⑫<br>⑬<br>⑭<br>⑮ |
| Fe + 4 ~ 12Cr | 普通组织<br>化学抛光、腐蚀 | ⑨⑯⑰⑱⑲⑳<br>⑥⑮ |
| Fe + 12 ~ 20Cr + 4 ~ 10<br>Ni + <7%<br>其他成分 | 普通组织<br>σ 相<br>碳化物<br>化学抛光、腐蚀 | ⑨⑯⑰⑱⑳㉑㉒㉓㉔㉕㉖<br>㉗㉘㉙<br>㉚<br>⑮ |
| Fe + 15 ~ 30Cr + 6 ~ 40Ni<br>+ <5%<br>其他成分 | 普通组织<br>碳化物<br>σ 相的染色 | ⑨⑫⑯⑰⑱⑳㉕㉖㉝㉞<br>㉟㊱<br>㉗㊲ |
| F + 16 ~ 25Cr + 3 ~ 6Ni +<br>5 ~ 10Mn | 区别σ 相和铁素体<br>不同金属的焊接<br>化学抛光、腐蚀 | ㉙㊳㊴<br>㊳㊴<br>⑮ |
| 非不锈马氏体时效钢 | 普通组织<br>晶界<br>化学抛光、腐蚀 | ⑱㉛㉜㊵<br>⑫<br>⑮ |
| 工具钢 | 普通组织<br>回火钢的晶界<br>化学抛光、腐蚀 | ①⑨㊻<br>㊼<br>⑮ |
| 高温用钢 | 普通组织<br>γ′析出<br>化学抛光、腐蚀 | ⑱㉓㊵㊶㊷<br>㊸㊹<br>⑮ |
| 超合金钢 | 普通组织及γ′消除 | ㊽ |

酸浸显示钢的宏观组织的试剂(表12-5-6)

表12-5-6

| 钢　　种 | 酸浸时间/min | 酸浸液 | 冲洗液 |
|---|---|---|---|
| 碳素结构钢 | 15~25 | HCl: $H_2O$ = 1:1 (体积比) | $HNO_3$　10%~15%<br>$H_2O$　85%~90%<br>(体积比) |
| 合金结构钢、碳素工具钢 | 15~40 | | |
| 硅锰弹簧钢 | 20~30 | | |
| 滚珠钢、合金工具钢、高速钢 | 25~40 | | |
| 铁素体、珠光体、马氏体型耐热不锈钢及高电阻合金 | 10~20 | | |
| 奥氏体型不锈耐热钢及电阻合金 | 25~40 | | |
| 铁素体型耐热不锈钢及高电阻合金 | 10~15 | ① HCl　　　　5 L<br>HNO₃　　0.5 L<br>$K_2Cr_2O_7$ 250 g<br>$H_2O$　　　5L | $H_2SO_4$　　　1 L<br>$K_2Cr_2O_7$　500 g<br>$H_2O$　　　10 L |
| 奥氏体型不锈耐热钢及电阻合金 | | | |

注:一般酸浸温度为65~80℃;
① 溶液配制好后,最好放置24 h以后再使用,让各种成分起充分的化学作用,完全均匀化,配好的溶液应放在阴凉处妥善保存。

浸蚀试剂种类和检验项目(表12-5-7)

表12-5-7

| 腐蚀液(成分) | 腐蚀时间 | 温度/℃ | 检验项目 |
|---|---|---|---|
| 1. 盐酸+水(50:50) | 15~60 min | 70~80 | 偏析、气泡、淬硬层、裂纹、夹杂物、树枝状结晶、流线、软点、组织、焊接检查 |
| 2. 浓盐酸 | 15~60 min | 70~80 | |
| 3. 硫酸+盐酸+水(2:1:3) | 30~60 min | 70~80 | |
| 4. 盐酸+硫酸+水(50:7:18) | 30~60 min | 70~80 | |
| 5. 硝酸+氢氟酸(48%)+水(10~40:4~10:50~87) | 适当时间 | 70~80 | 硫化物、氧化物的夹杂物 |
| 6. 盐酸+硫酸+水(32:12:50) | 30~60 min | 70~80 | |
| 7. 硫酸+水(10:90) | 15~60 min | 70~80 | 渗碳层、脱碳层、淬硬层、裂纹、偏析、焊接检查 |
| 8. 硝酸+水及乙醇(2%~25%)溶液 | 5~30 min | 常温 | |
| 9. 氯化铜(Ⅱ)二水化物2.5 g+氯化镁六水化物20 g+盐酸10 mL+乙醇500 mL | 直到看出铜的光泽为止 | 常温 | 偏析(磷)、带状组织 |
| 10. 过硫酸铵50 g+水500 mL | 轻轻擦过 | 常温 | 晶粒、焊接检查 |
| 11. 氯化铁(Ⅲ)40 g+氯化铜(Ⅱ)3 g+盐酸40 mL+水500 mL | 15~30 s | 常温 | 树枝状结晶[先用盐酸+水(10:90)腐蚀] |
| 12. 氯化铁(Ⅲ)30 g+氯化铜1 g+氯化锡(Ⅱ)0.5 g+盐酸50 mL+乙醇500 mL+水500 mL | 30 s~2 min | 常温 | 树枝状结晶 |
| 13. 苦味酸4 g+乙醇100 mL | 3~5 h | 常温 | 偏析(碳) |

注:Ⅱ、Ⅲ为价数。

## 二、钢的评级标准

按铸坯的高度方向选取的2~4个试片的评级来判定一个炉号的质量。为了显示内部缺陷,可采用冷蚀或热蚀硫印方法。

冷蚀法主要用于碳素钢。磨光的试样用于硫印,按硫印来判定中心偏析及内裂纹,其中也包括所谓"治愈"的裂纹或"偏析带"。然后,将试样用10%硝酸溶液浸蚀并进行质量评级。

热酸浸在50%盐酸溶液或盐酸和硫酸混合液中进行。因为不均匀性的地方被蚀刻并显露出裂纹、偏析带、中心疏松,因而可同时判定中心疏松和各种形式的裂纹。

### 低倍缺陷的评级标准参考表(表 12 - 5 - 8)

表 12 - 5 - 8

| 级　别 | 缺陷名称 一般疏松 点　数 | 中　心　疏　松 点数 | 中　心　疏　松 面积 | 方　形　偏　析 面积 | 方　形　偏　析 程度 | 白点数 | 皮　下　气　泡 气泡数 | 皮　下　气　泡 分布面 |
|---|---|---|---|---|---|---|---|---|
| 1 | 1 ~ 12 | 1 ~ 12 | $\leq \frac{1}{6}$ | 中心微有 | 微黑 | 1 ~ 15 | 1 ~ 15 | 1 面 |
| 2 | 13 ~ 20 | 12 ~ 20 | $\leq \frac{1}{5}$ | 中心略有 | 略黑 | 16 ~ 40 | 16 ~ 30 | 1 ~ 2 面 |
| 3 | 21 ~ 30 | 21 ~ 30 | $\leq \frac{1}{4}$ | 较大 | 浅黑 | 41 ~ 60 | 31 ~ 45 | 2 ~ 3 面 |
| 4 | 31 ~ 35 | 31 ~ 35 | $\leq \frac{1}{3}$ | 很大 | 黑 | 70 ~ 80 | 46 ~ 60 | 3 ~ 4 面 |
| 5 | >36 | >36 | 有缩管 | 极大 | 深黑 | >80 | >60 | 4 面 |

### 发纹评级(表 12 - 5 - 9)

表 12 - 5 - 9

| 发　纹 | 1 组 | 2 组 |
|---|---|---|
| 试样上总条数 | 5 | 8 |
| 发纹最大长度/mm | 6 | 8 |
| 每个试样上发纹的总长/mm | 25 | 40 |
| 每阶上发纹最多的条数 | 3 | 4 |
| 每阶上发纹最长的长度/mm | 10 | 15 |
| 发纹算起长度 | >0.6 | >0.6 |

### 1Cr18Ni9Ti 针孔评级(表 12 - 5 - 10)

表 12 - 5 - 10

| 级　别 | 数　目 | 孔　径 | 孔　分　布 |
|---|---|---|---|
| 0 | 无 | 无 | 无 |
| 1 | <10 | 一般 <0.2,允许 >0.2 ~ <0.4 的 ≤2 个 | 分　散 |
| 2 | <20 | 一般 <0.4 允许 >0.4 的 ≤2 个 | 较为分散 |
| 3 | <40 | >0.4 不超过一半 | 较为集中 |
| 4 | >40 | 大部分 ≥0.4 | 分布在整个断面并比较集中 |

注:横材坯上酸浸为尖、短的小圆孔判为小孔。

### 轧管用连铸方坯低倍组织、裂纹参考表(表 12 - 5 - 11)

表 12 - 5 - 11

| 品　种 | 低　倍　组　织 中心疏松 | 低　倍　组　织 一般疏松 | 低　倍　组　织 方框偏析 | 低　倍　组　织 点状偏析 | 裂　纹 中心裂纹 | 裂　纹 非中心裂纹 |
|---|---|---|---|---|---|---|
| 普通连铸方坯 | 3 | 3 | 3 | 3 | 3 | 3 |
| 优质连铸方坯 | 2 | 2 | 2 | 2 | 1 | 0 ~ 1 |

注:外形尺寸:160 mm×160 mm,允许偏差 ±2 mm,对角线长 216 mm,不小于 2 mm。

板坯中心裂纹分级标准(表12-5-12)

表12-5-12

| 等　级 | 裂纹开口度/mm | 裂纹长度/mm |
|---|---|---|
| I | ≤0.1 | 小于断面宽度的1/3 |
| II | ≤0.1<br>>0.1~0.5 | 大于断面宽度的1/3<br>小于断面宽度的1/3 |
| III | >0.1~0.5<br>>0.5~1.0 | 大于断面宽度的1/3<br>小于断面宽度的1/3 |
| IV | >0.5~1.0 | 大于断面宽度的1/3 |

连铸方坯内部裂纹评级(表12-5-13)

表12-5-13

| 评级 | 中心裂纹/mm | 中间裂纹/mm | 皮下角部和对角线裂纹/mm | |
|---|---|---|---|---|
| 1级 | 长~1(mm) | 裂纹簇长~1(mm) | 条数4条　长≥3 | |
| 2级 | 2(mm) | 2(mm) | 5~8 | 3 |
| 3级 | 3(mm) | 3(mm) | 9~12 | 3 |
| 4级 | 4(mm) | 4(mm) | 13~16 | 3 |
| 5级 | 5(mm) | 5(mm) | >17 | 3 |

注:裂纹长度小于3mm时列入疏松评级,评定160mm×160mm方坯,酸浸试样经磨光至$R_a$=2.5,厚度不大于40mm。

发蓝断口检验方法标准(评定宏观非金属夹杂物的方法——ISO 3763—1976)

试样片的厚度为5~20mm。热锯、冷锯或火焰切割,试样经正火处理后在蓝脆温度下(300~350℃)拉断,并加热使断口发蓝。夹杂物呈白色条状,用放大倍数不超过10倍的放大镜观察。所考虑的只是大于等于1mm的夹杂物,共分10级。

0级:没有长度大于1mm的夹杂物;

1级:很少量的非常短的条状夹杂物;

2级:一些非常短的条状夹杂物;

3级:很少量的非常短的条状夹杂物和短的条状夹杂物;

4级:一些短的条状夹杂物;

5级:一些短的条状夹杂物和非常短的条状夹杂物;

6级:一些短的条状夹杂物和一个长的条状夹杂物;

7级:少量长的条状夹杂物和非常短的条状夹杂物;

8级:一些长的条状夹杂物;

9级:一些长而厚的条状夹杂物。

术语说明:

非常短的条状夹杂物:1~2.5mm,少量:≤3mm;

短的条状夹杂物:>2.5mm,≤5mm,一些:>3mm;

长的条状夹杂物:>5mm,厚:>0.5mm。

网状碳化物的评级内容(表12-5-14)

表12-5-14

| 级别 | 碳素工具钢轴承钢网状碳化物 | 合金工具钢网状碳化物 |
|---|---|---|
| 1 | 粒状碳化物均匀分布,有个别碳化物连成短线段状 | 碳化物不均匀分布,部分碳化物连成线段状 |
| 2 | 粒状碳化物均匀分布,有少量碳化物形成拐角及较长的线段状 | 碳化物聚集分布,部分碳化物呈半网趋势 |
| 3 | 断续碳化物形成半网 | 碳化物聚集分布,并出现断续而未分布的网状 |
| 4 | 断续碳化物呈不完全封闭的网状 | 线段状碳化物,组成封闭网状 |
| 5 | 断续碳化物呈封闭的网状 | |

球化组织的评级(表12-5-15)

表12-5-15

| 级别 | 碳素工具钢球化退火(GB/T1298—2008) | 轴承钢球化退火(YB9—68) | 合金工具钢球化退火(GB/T 1299—2000) |
|---|---|---|---|
| 1 | 组织上基本未球化,为细片状珠光体,呈有少量的粒状碳化物(细片状约占60%) | 点状和细粒状碳化物,加少量细体状珠光片 | 均匀分布的细柱状及点状碳化物无片状珠光体(细片状占10%~30%) |
| 2 | 组织未完全球化约有80%细粒状碳化物,其余为细片状珠光体(细片状占30%~40%) | 细粒状碳化物,加部分点状碳化物密团 | 均匀分布的细粒状碳化物,颗粒较一级粗,无片状珠光体(细片状占5%) |
| 3 | 组织上基本球化,大部分均为细粒状化物,约有10%的细片状珠光体 | 均匀分布的粒状及点状碳化物 | 均匀的粒状碳化物,颗粒较二级粗,无片状珠光体 |
| 4 | 组织完全球化,无片状珠光体,大部分为细粒状碳化物(50%),有少量粗粒状碳化物 | 较均匀分布的粗粒状碳化物 | 颗粒较粗的粒状碳化物,少数碳化物已拉长呈椭圆形及长条形状形式 |
| 5 | 组织球化较好,均为粒状碳化物(70%)仅有少量粗粒状碳化物 | 较四级粗的粒状碳化物,部分碳化物拉长呈椭圆形 | 颗粒大小不均匀的粒状碳化物,部分粗大的碳化物颗粒长椭圆形,有少量粗片状珠光体(5%~10%) |
| 6 | 组织球化较好,均为球状碳化物,碳化物颗粒普遍比5级粗(占90%) | 大小不均的粒状碳化物和少量粗片状珠光体 | |
| 7 | 粗片状珠光体占10%,余均为球状碳化物 | | |

| 级别 | 碳素工具钢球化退火(GB/T1298—2008) |
|---|---|
| 8 | 粗片珠光体约占30%,余为粗细不均的球状碳化物 |
| 9 | 粗片状珠光体约占60%,余为球状碳化物 |
| 10 | 粗片状珠光体占90%以上,仅有少量球状碳化物 |

评定原则:(1) 球状碳化物颗粒粗细的均匀度与弥散度;

　　　　　(2) 球化组织中含珠光体的多少;

　　　　　(3) 珠光体的粗细程度。

## 碳化物不均匀性评级(表 12-5-16)

表 12-5-16

| 级别 | 高速钢碳化物不均匀性(GB/T9943—2008) | 高铬工具钢按 GB/T1299—2000 第三级图 |
|---|---|---|
| 1 | 碳化物细小,分布均匀,局部地区略有方向性,组成短而窄的条带 | |
| 2 | 碳化物细小,分布均匀,方向性较一级明显,组成了若干细短条带 | |
| 3 | 细的碳化物条带,局部地区较为密集,且有少量细微分叉 | |
| 4 | 碳化物颗粒粗,条带宽而长,局部地区碳化物组成密长条带,各条带相互平行 | |
| 5 | 碳化物条带明显且多,有破碎残余的网状,以碳化物分叉形式存在 | 评定其共晶碳化物的级别 |
| 6 | 拉长的呈破碎菱形的碳化物,在菱形锐角处,有碳化物堆积 | |
| 7 | 拉长的呈菱形的碳化物网(有完整和不完整的网)网上有最重的碳化物堆积 | |
| 8 | 碳化物变形很小,碳化物堆积较轻 | |
| 9 | 碳化物没有变形,碳化物堆积最重 | |

评定原理:(1) 当碳化物呈网状分布时,考虑网的破碎变形程度以及碳化物在网的节点处堆积的程度来评定;
(2) 如碳化物被拉伸后呈条节分布,主要考虑条节的宽度和其中碳化物聚集程度来评定。

## 带状碳化物、碳化物液析的评级(表 12-5-17)

表 12-5-17

| 级别 | 带状碳化物 | | 碳化物液析 |
|---|---|---|---|
| | 铬轴承钢中的带状碳化物 YB9—68 图 | 低碳钢带状组织 | 根据 YB9—68 九级图评定特点 |
| 1 | 碳化物颗粒小,有若干条分散的不甚明显的碳化物条带,条带分布均匀 | 根据铁素体和珠光体的定向排列的不均匀程度,进行评级的,具体说考虑条带的宽度连续性以及贯穿整个视场的条带数等(对冲压变形后的铁素体的变形程度未考虑) | 按碳化物液析数量,大小,分布长度评定结果 |
| 2 | 碳化物颗粒细小,有若干条较集中的不甚集聚的碳化物条带 | | 碳化物液析:呈角状破碎,小块分布(白亮) |
| 3 | 碳化物颗粒较粗,有一条明显的贯穿整个视场的碳化物集聚带 | | 带状硫化物呈暗色 |
| 4 | 碳化物颗粒粗大,有一条宽达 8~9 mm 并贯穿整个视场的碳化物聚集带 | | 带状碳化物:呈颗粒状碳化物富集带 |

## 渗碳层深度标准(表 12-5-18)

表 12-5-18

| 公称深度/mm | 深度范围/mm | 应 用 举 例 |
|---|---|---|
| 0.3 | 0.2~0.4 | 厚度小于 1.2 mm 的摩擦片及样板 |
| 0.5 | 0.4~0.7 | 厚度小于 1.2 mm 的摩擦片小轴,小型离合器样板 |
| 0.9 | 0.7~1.1 | 轴,套筒,大型离合器 |
| 1.3 | 1.1~1.5 | 主轴,套筒,大离合器等 |
| 1.7 | 1.5~2.0 | 导轨、大轴、模数较大的齿轮,大轴承环等 |

渗碳层计算:过共析 + 共析 + $\frac{1}{2}$ 过渡层,共析 + 过共析 ≥ 总深度的 $\frac{1}{2}$;公称深度指零件最终加工后的实际深度。

钢的各标准脱碳层对照表(表12-5-19)

表12-5-19

| 标准 | 尺寸 | 深度(≤) | 尺寸 | 深度(≤) | 尺寸 | 深度(≤) | 尺寸 | 深度(≤) | 尺寸 | 深度(≤) | 尺寸 | 深度(≤) |
|---|---|---|---|---|---|---|---|---|---|---|---|---|
| GB/T1298—2008 | 6~10 | 0.35 | >10~16 | 0.45 | >16~25 | 0.55 | >25~40 | 0.70 | >40~60 | 0.92 | >60 | 直径或厚度的1.5% |
| GB/T1299—2000 | 8~10 | 0.35 | >10~15 | 0.40 | >15~30 | 0.50 | >30~50 | 0.65 | >50~70 | 1.0 | >70 | 直径或厚度的1.5% |
| GB/T1222—2007 YB8—59 | 碳素 ≤8 | 一级 2% | 二级 2.5% | | 硅弹簧 | ≤8 | 一级 2.5% | 二级 3.0% | | | | |
| | >8 | 1.5% | 2% | | | >8 | 2.0% | 2.5% | | | | |
| YB 9—68 | 5~15 | 0.20 | >15~30 | 0.45 | >30~45 | 0.70 | >45~60 | 0.85 | >60~80 | 1.0 | >80~100 | 1.20 |
| | >100~120 | 1.50 | >100~150 | 2.0 | >150 | 不检 | | | | | | |
| GB/T 9943—2008 | 5~15 | 0.40 | >15~30 | 0.50 | >30~50 | 0.70 | >50~70 | 0.80 | >70~80 | 1.0 | >80~100 | 1.30 |
| | >100 | 1.5% | | | | | | | | | | |

注:深度及钢材尺寸单位均为mm;%表示为原钢材尺寸的百分数。

晶间腐蚀评级(GB/T4334—2000)(表12-5-20)

不锈耐酸钢用C法评定时,在金相显微镜下观察试样的浸蚀部位,放大150~500倍。

表12-5-20

| 级别 | 组织特征(压力加工试样) | 组织特征(铸件、焊接试样) |
|---|---|---|
| 1 | 晶界没有腐蚀沟,晶粒间呈台阶状 | 晶界没有腐蚀沟,铁素体被显现 |
| 2 | 晶界有腐蚀沟,但没有一个晶粒被腐蚀沟包围 | 晶界有不连续腐蚀沟,铁素体有腐蚀 |
| 3 | 晶界有腐蚀沟,个别晶粒被腐蚀沟包围 | 晶界有连续腐蚀沟,铁素体严重腐蚀 |
| 4 | 晶界有腐蚀沟,大部分晶粒被腐蚀沟包围 | |

α相显微检验评级(表12-5-21)

表12-5-21

| α相评级标准(GB/T1220—2007) | | | | | 建议 |
|---|---|---|---|---|---|
| 级数 | α相面积/% | α相重量/g | 基本重/g | 标准规定面积/% | α相面积/% |
| 0.5 | | | | | ≤2.5 |
| 1.0 | 3.8 | 0.299 | 7.59 | ≤5 | >2.5~5 |
| 1.5 | | | | | >5~8.5 |
| 2.0 | 8.8 | 0.679 | 7.028 | >5~12 | >8.5~12 |
| 2.5 | | | | | >12~16 |
| 3.0 | 15.7 | 1.242 | 6.678 | >12~20 | >16~20 |
| 3.5 | | | | | >20~28 |
| 4.0 | 18.9 | 1.514 | 6.506 | >20~25 | >28~35 |
| 4.5 | | | | | |
| 5.0 | 37.4 | 2.816 | 4.713 | >35 | >35 |

### 抗腐蚀级别(表12-5-22)

表12-5-22

| 级 别 | 1 | 2 | 3 | 4 | 5 |
|---|---|---|---|---|---|
| 抗腐蚀分类 | 完全抗氧化性 | 抗氧化性 | 次抗氧化性 | 弱抗氧化性 | 不抗氧化性 |
| 腐蚀速度 $R/mm \cdot a^{-1}$ | ≤0.1 | >0.1~1 | >1~3 | >3~10 | >10 |

注:腐蚀速度(mm/a)$R = 8.76 \times KW/\rho$;$\rho$—金属的密度;$KW$—氧化速度,g/(m²·h);常数8.76 = 24×365/1000;试样尺寸
2.5 mm×5 mm×65 mm,$\phi$10 mm×20 mm,$\phi$25 mm×50 mm。

### 弹簧钢中石墨碳级别的测定(YB43—1964)(表12-5-23)

表12-5-23

| 级 别 | 0 | 1 | 2 | 3 |
|---|---|---|---|---|
| 石墨碳 | ≤0.03% | >0.03~0.08 | >0.08~0.15 | >0.15 |

注:1. 于放大倍数为250的显微镜下观察,选磨面内析出石墨碳最多的视场进行评定,必要时可经腐蚀;
2. 对显微测定有疑问时可用化学分析比较。

### 碳素工具钢淬透性试验级别(表12-5-24)

表12-5-24

| 0 级 | 1 级 | 2 级 | 3 级 | 4 级 | 5 级 |
|---|---|---|---|---|---|
| 0.3~0.5 mm | >0.5~2 mm | >2~3.5 mm | >3.5~6 mm | >6~9 mm | >9 mm |

注:1. 淬透层深指50%M+50%F的组织处的深度,用mm表示,GB/T227—1991将淬透深度分为6级;
2. 试样尺寸20 mm×20 mm×100 mm,淬火温度分别为760℃、800℃以及840℃以观察不同温度对晶粒长大倾向,淬裂,过热影响,用10~30℃水淬。

### 晶粒号与晶粒数的关系(表12-5-25)

表12-5-25

| 晶粒号 | 1 in² 内晶粒数(×100) | | | 平均晶粒数/个·mm⁻² | 每一晶粒的平均面积/mm² | 平均每1mm²总边长/mm·mm⁻² | 单位体积(1 mm³)中平均粒数 | 100倍下每10 cm²可见平均晶粒数 | 晶界面积/mm²·mm⁻³ | 纯Fe力学性能(近似) | | |
|---|---|---|---|---|---|---|---|---|---|---|---|---|
| | 最小 | 中等 | 最大 | | | | | | | $\sigma_b$/MPa | $\sigma_p$ | $\delta$/% |
| -3 | 0.05 | 0.06 | 0.09 | 1 | 1 | | 0.7 | | 2.4 | | | |
| -2 | 0.09 | 0.12 | 0.19 | 2 | 0.5 | | 2 | | 3.3 | | | |
| -1 | 0.19 | 0.25 | 0.37 | 4 | 0.25 | | 15.6 | 0.38 | 4.7 | | | |
| 0 | 0.37 | 0.50 | 0.75 | 8 | 0.125 | | 16 | 0.75 | 6.7 | 23.7 | 4.6 | 35.3 |
| 1 | 0.75 | 1 | 1.50 | 16 | 0.062 | 3.5 | 45 | 1.5 | 9.5 | 25.8 | 4.4 | 47 |
| 2 | 1.5 | 2 | 3 | 32 | 0.031 | 4.78 | 128 | 3 | 13.4 | 26.8 | 5.8 | 48.8 |
| 3 | 3 | 4 | 8 | 64 | 0.156 | 16.5 | 360 | 6 | 19 | 28.0 | 10 | 46 |
| 4 | 6 | 8 | 12 | 128 | 0.0078 | 23.55 | 1020 | 12 | 27 | 29.3 | 11 | 41.3 |
| 5 | 12 | 16 | 24 | 256 | 0.0039 | 32.90 | 2900 | 24 | 38 | | | |
| 6 | 24 | 32 | 48 | 512 | 0.00195 | 47.1 | 8200 | 48 | 54 | | | |
| 7 | 48 | 64 | 96 | 1024 | 0.00098 | 66.6 | 23000 | 96 | 76 | | | |
| 8 | 96 | 128 | 192 | 2048 | 0.00049 | 94.3 | 65000 | 192 | 104 | | | |
| 9 | 192 | 256 | 384 | 4096 | 0.000244 | | 185000 | 384 | 150 | | | |
| 10 | 384 | 512 | 768 | 8200 | 0.000122 | | 520000 | 758 | 215 | | | |
| 11 | 768 | 1024 | 1536 | 16400 | 0.000061 | | 1500000 | | 300 | | | |
| 12 | 1536 | 2048 | 3072 | 32800 | 0.000030 | | 4200000 | | 430 | | | |

不同放大倍数相当于放大 100 倍的晶粒号对照表(表 12 - 5 - 26)

表 12 - 5 - 26

| 100 倍的晶粒号 | -1 | 0 | 1 | 2 | 3 | 4 | 5 | 6 | 7 | 8 | 9 | 10 |
|---|---|---|---|---|---|---|---|---|---|---|---|---|
| 50 倍 | 1 | 2 | 3 | 4 | 5 | 6 | 7 | 8 | | | | |
| 200 倍 | | | | 1 | 2 | 3 | 4 | 5 | 6 | 7 | 8 | |
| 300 倍 | | | | | 1 | 2 | 3 | 4 | 5 | 6 | 7 | |
| 400 倍 | | | | | | 1 | 2 | 3 | 4 | 5 | 6 | |

钢的高倍组织显示用化学试剂(表 12 - 5 - 27)[9]

表 12 - 5 - 27

| 序号 | 浸蚀剂名称 | 成　分 | | 使 用 方 法 | 适 用 范 围 | 备　注 |
|---|---|---|---|---|---|---|
| 1 | 硝酸酒精溶液 | HNO₃<br>酒精 | 2 mL<br>98 mL | 浸蚀法或擦拭法,浸蚀至使热轧材表面呈暗灰色,使退火材呈淡黄色 | 碳素工具钢、合金工具钢、碳素结构钢、合金结构钢、滚珠轴承钢(常用铬轴承钢)及弹簧钢组织,脱碳 | 适用于显示珠光体、铁素体、马氏体及碳化物等 |
| 2 | 硝酸酒精溶液 | HNO₃<br>酒精 | 4 mL<br>96 mL | 浸蚀法,浸蚀至试料基底呈深灰色 | 碳素工具钢、合金工具钢、滚珠钢的网状碳化物,铬轴承钢的带状碳化物,高速钢碳化物不均匀性及高铬钢共晶碳化物 | 主要是使淬火后回火的马氏体及屈氏体变黑 |
| 3 | 苦味酸酒精溶液 | 苦味酸<br>酒精 | 4 g<br>100 mL | 浸蚀法,使退火试样表面呈黑紫色为止;渗碳试样表面呈灰色为止 | 能使碳素工具钢、合金工具钢、铬轴承钢的组织显示特别清楚,使渗碳法晶界呈棕黑色(即使渗碳体染成棕黑),测 40、15Cr 钢淬火晶粒度 | 若用擦拭法则碳化物往往显示不完整 |
| 4 | 碱性苦味酸钠溶液 | 苦味酸<br>NaOH<br>水 | 2 g<br>25 g<br>100 mL | 用煮沸法,溶液煮沸后,将试样放入,浸蚀 3~15 min | 显示渗碳法晶粒度 | 主要是使碳化物(除含铬碳化物外)染成棕黑色 |
| 5 | 盐酸酒精溶液 | HCl<br>酒精 | 15 mL<br>100 mL | 浸蚀法,试样放入溶液内浸蚀 1~5 min | 显示氧化法晶粒度,使晶界呈黑色 | 浸蚀时间随温度而变 |
| 6 | 氯化高铁(氯化铁—盐酸水溶液) | FeCl₂<br>HCl<br>水 | 5 g<br>50 mL<br>100 mL | 浸蚀法,浸蚀晶粒度时数秒钟即可,浸蚀 9Cr18 钢显现碳化物不均匀时,浸至磨面为深灰色为止,显现 9Cr18 钢退火组织腐蚀至深黄色为止 | 显示奥氏体不锈钢的显微组织,氧化法奥氏体晶粒度,9Cr18 碳化物不均匀性和它的退火组织 | |
| 7 | 硫酸铜盐酸酒精溶液 | CuSO₄<br>HCl<br>酒精 | 4 g<br>20 mL<br>20 mL | 浸蚀或擦拭数秒钟即可 | 显示奥氏体不锈钢晶粒度 | |
| 8 | 硫酸铜盐酸水溶液 | CuSO₄<br>HCl<br>水 | 4 g<br>20 mL<br>20 mL | 浸蚀或擦拭使试样表面改变颜色即可 | 显示不锈钢的 χ 相 | |

续表 12 – 5 – 27

| 序号 | 浸蚀剂名称 | 成 分 | 使 用 方 法 | 适 用 范 围 | 备 注 |
|---|---|---|---|---|---|
| 9 | 硫酸高锰酸钾溶液 | $H_2SO_4$  10 mL<br>水  90 mL<br>高锰酸钾  1 g | 待溶液煮沸后投入试样，煮蚀 7~10 min，然后用 10% 草酸水溶液洗至试样呈黄色为最佳，完全洗白则组织不清晰 | 显示 Cr – Ni 不锈钢晶粒度，及马氏体型晶粒度 | |
| 10 | 苦味酸—新洁尔灭—洗衣粉试剂 | 苦味酸过饱和水溶液新洁尔灭 4~5 滴 | 苦味酸过饱和水溶液加热至沸腾仍保持过饱和状态，再冷至 40~50℃，加入 4~5 滴新洁尔灭（铬钢还加少量洗衣粉）。将试样置入 40~50℃溶液腐蚀 2~10 min，取出试样，用酒精擦去表面一层油膜（有时需反复多次，组织才清晰） | 一般结构钢实际晶粒度测定 | 对铬钢才在试剂中加入适量洗衣粉 |
| 11 | 苦味酸盐酸酒精溶液 | 苦味酸  1g<br>HCl  5 mL<br>酒精  95 mL | 浸蚀法、擦拭法均可 | 显示高速钢萘状晶界及马氏体针，显示淬火及淬火回火后的奥氏体晶粒，显示 4Cr13 钢退火组织 | |
| 12 | 铬酸水溶液 | $CrO_3$  10g<br>水  100 mL | 电解浸蚀，以试样为正极，不锈钢为负极相距 18~25 min 电压 6 V，浸蚀 30~90 s | 除铁素体晶界外，其他组织也能显见，渗碳体最易浸蚀，奥氏体次之，铁素体最慢 | |
| 13 | 加热染色 | 仅需加热 | 将抛光试样放在砂浴或易熔金属锅内加热至 205~370℃ | 珠光体首先变色，铁素体次之，渗碳体不易变色，磷化铁更不变，对铸铁特别有效 | |
| 14 | 10% 草酸电解液 | 草酸  10 g<br>水  100 mL | 电解时间 0.7~1 min<br>电流密度 20~30 $A/cm^2$ | 显示奥氏体不锈钢晶粒和碳化物 | |
| 15 | 10% 草酸电解液 | 草酸  10 g<br>水  100 mL | 电解时间 20~40 s<br>电流密度 10~20 $A/cm^2$ | 显示 4Cr14Ni14W 2Mo 钢退火材 | |
| 16 | 10% 草酸电解液 | 草酸  10g<br>水  100 mL | 电解时间 1.6~1.8 min（或 0.15~0.3 min）<br>电流密度 10~20 $A/cm^2$ | 显示高速钢 W18Cr4V 钢退火（或淬火）钢的组织及 GCr15 钢的碳化物 | |
| 17 | 碱性苦味酸钠溶液 | 苦味酸  0.5g<br>NaOH  12.5 g<br>蒸馏水  25 mL | 浸蚀法或擦拭法 | 使硼钢（40B，50B）中 FeB 染上淡蓝色，$Fe_2B$ 染上淡黄色 | |
| 18 | 氯化铁盐酸溶液 | $FeCl_3$ 在 HCl 中的饱和溶液，加少许 $HNO_3$ | 浸蚀法 | 显示不锈钢组织 | |

| 序号 | 浸蚀剂名称 | 成　分 | 使用方法 | 适用范围 | 备　注 |
|---|---|---|---|---|---|
| 19 | 过硫酸铵水溶液 | $(NH_4)_2S_2O_3$ 10 g<br>水　　90 mL | 电解浸蚀,试样为阳极,不锈钢为阴极,间距约为25 mm,电压6 V | 极快地显示不锈钢组织 | |
| 20 | 氯化铜盐酸水溶液 | $CuCl_2$—5 g<br>HCl—100 mL<br>酒精—100 mL<br>水—100 mL | 浸蚀法浸蚀 | 适用于铁素体及奥氏体钢,铁素体容易浸蚀,碳化物和奥氏体不被浸蚀 | |
| 21 | 赤血盐溶液 | $K_3Fe(CN)_6$1～4 g<br>KOH　10 g<br>水　　100 mL | 须用新配制的,煮沸15 min也可用7g NaOH代替10g KOH | 区分碳化物及氮化物、渗碳体受浸蚀呈黑色,珠光体呈褐色,大块的氮化物不受浸蚀 | |
| 22 | 王　水 | HCl　　3 份<br>$HNO_3$　1 份 | 浸蚀法,溶液配好后需放置24 h后再使用 | 显示高锰钢组织 | |
| 23 | 氯化铜混合酸溶液 | HCl　　30 mL<br>$HNO_3$　10 mL<br>加入 $CuCl_2$ 使其饱和 | 擦拭法,溶液配好后放置20～30 min再用 | 适用于不锈钢及其他高镍、高钴合金 | |
| 24 | 硫酸铜盐酸水溶液 | $CuSO_4$　4 g<br>HCl　　20 mL<br>水　　20 mL | 浸蚀性 | 显示不锈钢组织,氮化钢渗氮层深度测定 | |
| 25 | 硝酸与苦味酸溶液组合浸蚀剂 | A 4% 硝酸甲醇溶液 1 份<br>B 4% 苦味酸乙醇溶液 10 份 | 先用溶液 A 浸蚀 10～30 s,再用溶液 B 浸蚀 10 s 至 2 min 以上,最后以酒精洗涤,用干空气吹干 | 使屈氏体、索氏体着上棕色,马氏体着上浅蓝色,奥氏体着上橙黄色 | |
| 26 | 硝酸、盐酸、重铬酸钾混合液 | $HNO_3$　25 mL<br>HCl　　50 mL<br>重铬酸钾 12 g<br>水　　25 mL | 浸蚀性<br>浸蚀法或擦拭法,为了使晶界清晰显出,腐蚀后可轻微抛光磨面 | Cr12 钢淬火组织<br>显示具有马氏体组织的亚共析,过共析钢晶界 | 溶液配成后放置24～48 h后使用 |
| | | $HNO_3$　25 mL<br>HCl　　50 mL<br>重铬酸钾 12 g<br>水　　25 mL | 浸蚀试样并加热试样到出现蓝色氧化色为止,使不同碳化物产生不同厚度的氧化膜,从而显示不同颜色 | 使碳素钢的渗碳体着红色,铬的碳化物不着色,钨的复合碳化物呈浅黄色,碳化钒呈褐色 | 溶液配成后放置24～48 h后使用 |
| 27 | 铬酸水溶液 | 1% 铬酸水溶液 | 电解浸蚀,电流密度为 0.025 A/cm²,浸蚀时间 4～5 s,长时间停留,会使钨的碳化物析出 | 碳化钒呈黑色 | |

| 序号 | 浸蚀剂名称 | 成　分 | 使 用 方 法 | 适 用 范 围 | 备　注 |
|---|---|---|---|---|---|
| 28 | 苦味酸乙醇溶液 | 苦味酸 50 g;乙醇 200 mL;水 200 mL 或苦味酸 50 g;水 400 mL | 浸蚀 15～60 min,然后轻微抛光使晶界显现清晰 | 显示具有马氏体组织的亚共析、过共析钢晶界 | |
| 29 | 赤血盐溶液 | $K_3Fe(CN)_6$ 10 g  KOH　　10 g  水　　　100 mL | 浸蚀法,浸蚀 15～20 min  热蚀法,溶液加热至 50～60℃,浸蚀 5～8 min | 复合碳化钨染成黑色 | |
| 30 | 十三烷基苯磺酸钠的饱和苦味酸水溶液 | 十三烷基苯磺酸钠 1 g,饱和苦味酸水溶液 100 mL | 直接腐蚀法,室温下腐蚀 6～10 min(可以反复进行),用水冲洗及用棉花擦洗表面、吹干 | 马氏体状态的奥氏体晶粒度,如 40CrNiMoA 和 30CrMoAlA 钢淬火或回火态晶粒度 | 十三烷基苯硫酸钠即洗衣粉 |
| 31 | 磷酸酒精溶液 | 磷酸　　20 mL  乙醇　　100 mL | 热蚀法,试样浸入加热至 40～60℃溶液内 3～5 min | 使铁素体晶粒着色 | 浸蚀后先用 5% 硝酸酒精溶液再用酒精将磷酸洗去 |
| 32 | 磷酸溶液和氧化作用 | 磷酸　　2 mL  水　　　90 mL | 在 280℃加热试样 15～20 min(或更短一些时间)再用磷酸溶液在冷态下浸蚀 8～10 s | 使渗碳体着上粉红色,使 $Fe_3P$ 着上淡黄色,此法可加强 $Fe_3C$ 和 $Fe_3P$ 在颜色上的差别 | |
| 33 | 苦味酸 - 洗衣粉混合液 | 苦味酸饱和水溶液中加入 1%～2% 洗衣粉 | 擦拭法 | 12CrMoV、38CrA、45、20、35Cr、40Cr、15CrMo、12CrMo 钢淬火组织 | |
| 34 | 草酸电解液 | 草酸　　10 g  水　　　100 mL | 电解时间 30 min 左右,或擦拭使试样变成灰色 | CrMn,CrWMn 钢淬火晶粒度 | |
| 35 | 钼酸铵溶液 | 15 g 的 $(HN_4)_2MoO_4$ 溶入 100 mL 的 $HNO_3$ 中,再加水 100 mL | 将配好之溶液取 2 mL 溶入 100 mL 酒精中即可使用 | 显示硼钢中的硼化物 | |

## 参 考 文 献

[1]《热处理手册》编委会. 热处理手册,第四卷. 北京:机械工业出版社,1992
[2] 陈家祥,主编. 钢铁冶金学(炼钢部分). 北京:冶金工业出版社,2006
[3] Case S L,等. 钢铁中的铝. 北京:中国工业出版社,1965
[4] 杜博沃依 В Я. 钢中白点. 北京:中国工业出版社,1954
[5] 瓦谢尔曼 A M,等. 金属中气体的测定. 上海:上海科学技术出版社,1980:41
[6] 钢铁译业,1957,(10)期:34
[7] 和田要取,ほが. 鉄と鋼,1980,66:S861
[8] 冶金部情报研究所. 国外连铸新技术. 1982,(5):118～290
[9] 大冶钢厂,武汉大学,合编. 合金钢物理检验. 1972
[10] 陈家祥,主编. 连续铸钢手册. 北京:冶金工业出版社,1991

# 第十三章　常用炼钢辅助材料的性质和中外钢号对照

## 第一节　炼钢部分辅助材料的性质

### 一、水

水的主要理化常数(表13 – 1 – 1)[1]　　　　　　　　　　　　　　表13 – 1 – 1

| | | | |
|---|---|---|---|
| 分子量： | 18.016 | 临界常数： | |
| 冰　点： | 0℃ | 温　度 | 374.15℃ |
| 沸　点： | 100℃ | 压　力 | 22.13MPa |
| 最大密度时的温度： | 3.98℃ | 密　度 | 315.46 kg/m³ |
| 比热容(0.1 MPa,15℃)： | 4.184 kJ/(kg·℃) | 冰： | |
| 蒸汽的比热容(100℃)： | 2.050 kJ/(kg·℃) | 密度(0℃) | 916.8 kg/m³ |
| | | 比热容( – 20~0℃) | 2.134 kJ/(kg·℃) |
| | | 熔化热(0℃) | 333.46 kJ/kg |

不同温度下纯水的密度(g/cm³)(表13 – 1 – 2)[1]　　　　　　　　表13 – 1 – 2

| 温度/℃ | 0 | 0.1 | 0.2 | 0.3 | 0.4 | 0.5 | 0.6 | 0.7 | 0.8 | 0.9 |
|---|---|---|---|---|---|---|---|---|---|---|
| 0 | 0.999868 | 0.999875 | 0.999881 | 0.999888 | 0.999894 | 0.999900 | 0.999905 | 0.999911 | 0.999916 | 0.999922 |
| 1 | 0.999927 | 0.999932 | 0.999936 | 0.999941 | 0.999945 | 0.999949 | 0.999953 | 0.999957 | 0.999961 | 0.999964 |
| 2 | 0.999968 | 0.999971 | 0.999974 | 0.999977 | 0.999980 | 0.999982 | 0.999984 | 0.999987 | 0.999989 | 0.999990 |
| 3 | 0.999992 | 0.999994 | 0.999995 | 0.999996 | 0.999997 | 0.999998 | 0.999999 | 0.999999 | 1.000000 | 1.000000 |
| 4 | 1.000000 | 1.000000 | 1.000000 | 0.999999 | 0.999999 | 0.999998 | 0.999997 | 0.999996 | 1.000995 | 1.000993 |
| 5 | 0.999992 | 0.999990 | 0.999988 | 0.999986 | 0.999984 | 0.999982 | 0.999980 | 0.999977 | 1.000974 | 1.000971 |
| 6 | 0.999968 | 0.999965 | 0.999962 | 0.999958 | 0.999954 | 0.999951 | 0.999947 | 0.999943 | 1.000938 | 1.000934 |
| 7 | 0.999930 | 0.999925 | 0.999920 | 0.999915 | 0.999910 | 0.999905 | 0.999899 | 0.999894 | 1.000888 | 1.000882 |
| 8 | 0.999876 | 0.999870 | 0.999864 | 0.999858 | 0.999851 | 0.999844 | 0.999838 | 0.999831 | 1.000824 | 1.000816 |
| 9 | 0.999809 | 0.999802 | 0.999794 | 0.999786 | 0.999778 | 0.999770 | 0.999762 | 0.999754 | 1.000746 | 1.000737 |
| 10 | 0.999728 | 0.999719 | 0.999710 | 0.999701 | 0.999692 | 0.999683 | 0.999673 | 0.999663 | 1.000653 | 1.000643 |
| 11 | 0.999663 | 0.999623 | 0.999612 | 0.999602 | 0.999591 | 0.999580 | 0.999570 | 0.999559 | 1.000547 | 1.000536 |
| 12 | 0.999525 | 0.999513 | 0.999502 | 0.999490 | 0.999478 | 0.999466 | 0.999454 | 0.999442 | 1.000429 | 1.000417 |
| 13 | 0.999404 | 0.999391 | 0.999378 | 0.999365 | 0.999352 | 0.999339 | 0.999326 | 0.999312 | 1.000269 | 1.000235 |
| 14 | 0.999271 | 0.999257 | 0.999243 | 0.999229 | 0.999215 | 0.999200 | 0.999186 | 0.999171 | 1.000156 | 1.000142 |
| 15 | 0.999127 | 0.999111 | 0.999096 | 0.999081 | 0.999066 | 0.999050 | 0.999034 | 0.999018 | 1.000003 | 0.998986 |
| 16 | 0.998970 | 0.998954 | 0.998938 | 0.998921 | 0.998905 | 0.998888 | 0.998871 | 0.998854 | 0.998837 | 0.998820 |
| 17 | 0.998803 | 0.998786 | 0.998768 | 0.998750 | 0.998733 | 0.998715 | 0.998697 | 0.998679 | 0.998661 | 0.998643 |
| 18 | 0.998624 | 0.998606 | 0.998587 | 0.998569 | 0.998550 | 0.998531 | 0.998512 | 0.998493 | 0.998474 | 0.998454 |
| 19 | 0.998435 | 0.998415 | 0.998396 | 0.998376 | 0.998356 | 0.998330 | 0.998316 | 0.998296 | 0.998275 | 0.998255 |

续表 13 - 1 - 2

| 温度/℃ | 0 | 0.1 | 0.2 | 0.3 | 0.4 | 0.5 | 0.6 | 0.7 | 0.8 | 0.9 |
|---|---|---|---|---|---|---|---|---|---|---|
| 20 | 0.998234 | 0.998214 | 0.998193 | 0.998172 | 0.998151 | 0.998130 | 0.998109 | 0.998088 | 0.998066 | 0.998045 |
| 21 | 0.998023 | 0.998002 | 0.997980 | 0.997958 | 0.997936 | 0.997914 | 0.997892 | 0.997869 | 0.997847 | 0.997824 |
| 22 | 0.997802 | 0.997779 | 0.997756 | 0.997743 | 0.997710 | 0.997687 | 0.997664 | 0.997641 | 0.997617 | 0.997594 |
| 23 | 0.997570 | 0.997547 | 0.997523 | 0.997499 | 0.997475 | 0.997451 | 0.997426 | 0.997402 | 0.997378 | 0.997353 |
| 24 | 0.997329 | 0.997304 | 0.997279 | 0.997254 | 0.997229 | 0.997204 | 0.997179 | 0.997154 | 0.997128 | 0.997103 |
| 25 | 0.997077 | 0.997051 | 0.997026 | 0.997000 | 0.996974 | 0.996948 | 0.996921 | 0.996895 | 0.996869 | 0.996942 |
| 26 | 0.996816 | 0.996789 | 0.996762 | 0.996736 | 0.996709 | 0.996682 | 0.996655 | 0.996627 | 0.996600 | 0.996573 |
| 27 | 0.996545 | 0.996518 | 0.996490 | 0.996462 | 0.996434 | 0.996406 | 0.996378 | 0.996350 | 0.996322 | 0.996294 |
| 28 | 0.996265 | 0.996237 | 0.996208 | 0.996179 | 0.996151 | 0.996122 | 0.996093 | 0.996064 | 0.996035 | 0.996005 |
| 29 | 0.995976 | 0.995947 | 0.995917 | 0.995888 | 0.995858 | 0.995828 | 0.995798 | 0.995768 | 0.995738 | 0.995708 |
| 30 | 0.995678 | 0.995648 | 0.995617 | 0.995587 | 0.995556 | 0.995526 | 0.995495 | 0.995464 | 0.995433 | 0.995402 |

水的硬度是溶解于水中的钙盐和镁盐含量的标志,通常以 mg/L 表示,1 mg/L 相当于 1 L 水中有 1 mg/L 的 Ca + Mg。暂时硬度(碳酸盐硬度)取决于重碳酸盐的含量,水沸腾时重碳酸盐即分解成不溶于水的碳酸盐,例如

$$Ca(HCO_3)_2 \rightarrow CaCO_3 + CO_2 + H_2O,$$

水即软化。永久硬度系由硫酸盐、氯化物和其他盐类的含量决定,水沸腾时它们仍保持于溶液中。

根据硬度不同,水可分为:

极　软　水——<1.5 mg/L;

软　　　水——1.5 ~ 3 mg/L;

中等硬水——3 ~ 6 mg/L;

硬　　　水——6 ~ 9 mg/L;

极　硬　水——>9 mg/L。

水的各种硬度:

(1)德国度:1 度相当于 1 L 水中含有 10 mg CaO;

(2)英国度:1 度相当于 0.7 L 水中含有 10 mg CaCO_3;

(3)法国度:1 度相当于 1 L 水中含有 10 mg CaCO_3;

(4)美国度:1 度相当于 1 L 水中含有 1 mg CaCO_3。

水的硬度单位换算(表 13 - 1 - 3)

表 13 - 1 - 3

| 硬 度 单 位 | mg/L | 德国度 | 法国度 | 英国度 | 美国度 |
|---|---|---|---|---|---|
| mg/L | 1 | 2.804 | 5.005 | 3.5110 | 50.045 |
| 德国度 | 0.35663 | 1 | 1.7848 | 1.2521 | 17.847 |
| 法国度 | 1.9982 | 0.5603 | 1 | 0.7015 | 10 |
| 英国度 | 0.28483 | 0.7987 | 1.4285 | 1 | 14.285 |
| 美国度 | 0.01898 | 0.0560 | 0.1 | 0.0702 | 1 |

1 L水中硬度为1德国度的化合物含量(表13 – 1 – 4)[2]

表13 – 1 – 4

| 序　号 | 化合物名称 | 化合物含量 /mg·L$^{-1}$ | 序　号 | 化合物名称 | 化合物含量 /mg·L$^{-1}$ |
|---|---|---|---|---|---|
| 1 | $CaO$ | 10. 00 | 8 | $MgO$ | 7. 19 |
| 2 | $Ca$ | 7. 14 | 9 | $MgCO_3$ | 15. 00 |
| 3 | $CaCl_2$ | 19. 17 | 10 | $MgCl_2$ | 16. 98 |
| 4 | $CaCO_3$ | 17. 85 | 11 | $MgSO_4$ | 21. 47 |
| 5 | $CaSO_4$ | 24. 28 | 12 | $Mg(HCO_3)_2$ | 26. 10 |
| 6 | $Ca(HCO_3)_2$ | 28. 90 | 13 | $BaCl_2$ | 37. 14 |
| 7 | $Mg$ | 4. 34 | 14 | $BaCO_3$ | 35. 20 |

根据游离碳酸含量和加热温度计算的允许碳酸盐硬度(表13 – 1 – 5)

表13 – 1 – 5

| 游离碳酸含量 /mg·L$^{-1}$ | 加热至不同温度(℃)时,冷却水的允许碳酸盐硬度/mg·L$^{-1}$ | | | | | |
|---|---|---|---|---|---|---|
| | 20 | 30 | 40 | 50 | 60 | 70 |
| 10 | 9. 1 | 8. 3 | 7. 6 | 6. 9 | 6. 4 | 5. 8 |
| 20 | 11. 5 | 10. 4 | 9. 5 | 8. 7 | 8. 0 | 7. 3 |
| 30 | 13. 2 | 12. 0 | 10. 9 | 10. 0 | 9. 2 | 8. 3 |
| 40 | 14. 5 | 13. 2 | 12. 0 | 11. 0 | 10. 1 | 9. 1 |
| 50 | 15. 6 | 14. 2 | 12. 9 | 11. 8 | 10. 9 | 9. 8 |
| 60 | 16. 6 | 15. 1 | 13. 7 | 12. 6 | 11. 6 | 10. 5 |
| 80 | 18. 3 | 16. 6 | 15. 1 | 13. 8 | 12. 8 | 11. 5 |
| 100 | 19. 7 | 17. 9 | 16. 3 | 14. 9 | 13. 8 | 12. 4 |

## 二、燃料

我国部分煤矿的煤的特性(表13 – 1 – 6)[1]

表13 – 1 – 6

| 产地 | 煤的品种 | 工业分析组成/% | | | 元素组成/% | | | | | 发热值 $Q^{用}$ /kJ·kg$^{-1}$ | 灰分熔点 /℃ |
|---|---|---|---|---|---|---|---|---|---|---|---|
| | | $W^{用}$ | $A^{干}$ | $V^{燃}$ | $C^{燃}$ | $H^{燃}$ | $O^{燃}$ | $N^{燃}$ | $S^{燃}$ | | |
| 双鸭山 | 烟　煤 | 4. 0 | 23 | 32. 6 | 86. 2 | 5. 3 | 7. 1 | 1. 2 | 0. 2 | 25116 | |
| 本　溪 | 烟　煤 | 3. 0 | 27. 5 | 20 | 89. 7 | 4. 8 | | 1. 4 | | 24572 | |
| 井　陉 | 烟　煤 | 4. 0 | 15 | 24. 2 | 88. 5 | 5. 0 | | 1. 6 | | 28130 | |
| 汾　西 | 烟　煤 | 2. 5 | 18 | 32. 7 | 86. 7 | 5. 2 | 4. 6 | 1. 5 | 2. 0 | 27272 | |
| 潞　安 | 烟　煤 | | 18 | 16 | 88. 0 | 4. 9 | 5. 0 | 1. 6 | 0. 5 | 27209 | |
| 淮　南 | 烟　煤 | 7. 5 | 20 | 38 | 80. 5 | 4. 8 | 4. 8 | 1. 5 | 1. 4 | 23232 | |
| 萍　乡 | 烟　煤 | 7. 0 | 27 | 34. 3 | 85. 3 | 5. 8 | 6. 2 | 2. 2 | | 23483 | |
| 资　兴 | 烟　煤 | 5. 5 | 20 | 26. 1 | 87. 4 | 5. 2 | 5. 6 | 1. 2 | 0. 6 | 26581 | |
| 天　府 | 烟　煤 | 4. 0 | 30 | 19. 3 | 89. 1 | 4. 7 | 4. 7 | 1. 5 | | 23400 | |
| 冰　川 | 烟　煤 | 4. 0 | 27 | 32. 5 | 84. 5 | 5. 3 | 8. 1 | 1. 4 | 0. 7 | 23818 | |
| 阿干镇 | 烟　煤 | 7. 5 | 15 | 33. 3 | 82. 7 | 4. 4 | 10. 0 | 0. 9 | 2. 0 | 25367 | |
| 扎赉诺尔 | 褐　煤 | 36. 0 | 10 | 44. 7 | 72. 5 | 5. 0 | 20. 0 | 2. 1 | 0. 4 | 14818 | |

续表 13－1－6

| 产地 | 煤的品种 | 工业分析组成/% | | | 元素组成/% | | | | | 发热值 $Q^用$ /kJ·kg⁻¹ | 灰分熔点 /℃ |
|---|---|---|---|---|---|---|---|---|---|---|---|
| | | $W^用$ | $A^干$ | $V^燃$ | $C^燃$ | $H^燃$ | $O^燃$ | $N^燃$ | $S^燃$ | | |
| 扎赉诺尔 | 褐煤 | 19.7 | 7.67 | 49.69 | 66.48 | 7.11 | 24.62 | 1.56 | 0.26 | 19846 | |
| 焦坪 | 气煤 | 8.91 | 12.56 | 37.51 | 80.71 | 5.11 | 11.45 | 0.84 | 1.63 | 24907 | 1160 |
| 鹤岗 | 气煤 | 2.79 | 19.43 | 35.22 | 82.8 | 5.67 | 9.87 | 1.5 | 0.12 | 25363 | 1393 |
| 淮南 | 气煤 | 4.6 | 18.6 | 36.1 | 84.1 | 6.24 | 1.42 | 6.5 | 1.37 | 24965 | >1500 |
| 阿干镇 | 不黏结煤 | 4.28 | 11.6 | 25.66 | 80.2 | 4.5 | 12.0 | 0.74 | 2.31 | 27347 | 1309 |
| 抚顺 | 气煤 | 3.5 | 7.89 | 44.46 | 80.2 | 6.1 | 11.6 | 1.4 | 0.63 | 27803 | 1450 |
| 大同 | 弱黏结煤 | 2.28 | 4.69 | 29.59 | 83.38 | 5.24 | 10.21 | 0.64 | 0.53 | 29679 | 1350 |
| 焦作 | 无烟煤 | 4.32 | 20 | 5.62 | 92.29 | 2.87 | 3.32 | 1.05 | 0.38 | 25112 | >1500 |
| 阳泉 | 无烟煤 | 2.44 | 16.61 | 9.57 | 89.78 | 4.37 | 4.37 | 1.02 | 0.38 | 27778 | |
| 京西城子 | 无烟煤(中块) | 2.8 | 18 | 6.5 | | | | | 0.32 | 24978 | |
| 京西门头沟 | 无烟煤(中块) | 2.5 | 22 | 6.4 | | | | | 0.24 | 24166 | |
| 贾汪 | 烟煤 | 6.0 | 18 | 35.5 | 83.6 | 5.4 | 8.9 | 1.5 | 0.6 | 25032 | |
| 宜洛 | 烟煤 | 4.0 | 21 | 22 | 88.0 | 6.0 | 3.5 | 1.3 | 2.2 | 26623 | |
| 开滦 | 肥煤(三号原煤) | 5.0 | 28.0 | 32.0 | | | | | 1.73 | 23345 | |
| 开滦 | 肥煤(三号原煤) | 5.0 | 31.0 | 34.0 | | | | | 1.07 | 22203 | |
| 铜川 | 瘦煤 | 1.62 | 17.18 | 15.58 | 82.93 | 3.30 | 5.51 | 1.13 | 5.83 | 28440 | 1450 |

## 各种能源折算标准煤的系数(表 13－1－7)

表 13－1－7

| 能源名称 | 单位 | 平均发热量 /kJ·kg⁻¹(m⁻³) | 折算标准煤 /t | 能源名称 | 单位 | 平均发热量 /kJ·kg⁻¹(m⁻³) | 折算标准煤 /t |
|---|---|---|---|---|---|---|---|
| 木炭 | t | 29302 | 1.000 | 煤油 | t | 43116 | 1.471 |
| 焦炭(干) | t | 28465 | 0.971 | 石油 | t | 41860(10000) | 1.429 |
| 石油焦 | t | 35393 | 1.208 | 电 | 万kW·h | 3600 kJ/(kW·h) | 4.07 |
| 洗精煤 | t | 26372 | 0.900 | 氧气 | 万m³ | 耗能工质 | 4.00 |
| 动力煤(混合煤) | t | 20930 | 0.714 | 水 | 万m³ | 耗能工质 | 0.86 |
| | | | | 蒸气 | t | 3767 | 0.129 |
| 烟煤 | t | 25116 | 0.857 | 城市煤气 | 万m³ | 15907 | 0.5429 |
| 木块 | t | 8372 | 0.285 | 液化石油气 | t | 46046 | 1.571 |
| 原油 | t | 41860 | 1.429 | 天然气 | 万m³ | 38972 | 1.330 |
| 汽油 | t | 43116 | 1.471 | 纯铝 | t | 31140氧化放热 | 1.063 |
| 柴油 | t | 46046 | 1.571 | 纯硅 | t | 30298氧化放热 | 1.04 |
| 重油 | t | 41860 | 1.429 | 压缩空气 | m³ | 1465 | 0.05 kg |

我国部分炼油厂出产的重油及原油物性(表13-1-8)[1]

表13-1-8

| 序号 | 项目 | 恩氏粘度/°E 50℃ | 80℃ | 100℃ | 密度/t·m⁻¹ | 闪点开口/℃ | 凝点/℃ | 灰分/% | 水分/% | 残炭/% | 硫分/% | 机械杂质/% | $Q_{低}$/kJ·kg⁻¹ |
|---|---|---|---|---|---|---|---|---|---|---|---|---|---|
| 1 | 大庆原油 | 4.74 | | | 0.8771 | 50.5 | 28.1 | 0.046 | 28.4 | 2.71 | | | |
| 2 | 大庆石油化工总厂重油 | | | 17.45~18.75 | 0.925~0.9338 | 218~349 | | 0.0092~0.0206 | 无 | | 0.214~0.303 | 0.0108 | 41902~41986 |
| 3 | 南京石油化工厂923重油 | | | 16~24.5 | 0.95~0.965 | 90 | 25 | 0.03~0.034 | 痕迹 | | 0.67~0.82 | 0.04~0.062 | 41986 |
| 4 | 南京炼油厂大庆重油 | | | 5.7~8.7 | 0.91~0.93 | 90 | <30 | 0.02 | 痕迹 | | 0.34 | 0.021 | |
| 5 | 南京炼油厂200号重油 | | | <5.5~9.5 | | <130 | 30~35 | 0.3 | 0.5~1.0 | | | 2.5 | 31316 |
| 6 | 上海炼油厂200号重油 | | | 11~13 | | 260~300 | | 0.02 | | | 0.2 | 0.10 | |
| 7 | 松辽原油 | 2.2~3.07 | 1.61~1.81 | | 0.834~0.8576 | 84 | 23~29 | 0.0134~0.0545 | 1.4 | | 0.3 | 1.14~2.8 | |
| 8 | 上海炼油厂20号重油 | | 5 | | | 80 | 15 | 0.3 | | | 1 | 1.5 | |
| 9 | 上海炼油厂250号重油 | | 14.37~18.78 | | 0.917~0.932 | 326 | 28~35 | <0.3 | 痕迹 | | 0.22~0.24 | 0.02 | 44623 |
| 10 | 大连石油七厂重油 | | | 16.75 | 0.9284 | 333 | 27 | 0.04 | 无 | 6.5~7.0 | 0.16 | | 38603 |
| 11 | 大连石油七厂100号重油 | | 6.45 | 14.57 | 0.8991 | 206 | 28 | 0.0064 | 无 | 7.16 | 0.32 | 0.0224 | 42186 |
| 12 | 大连石油七厂200号重油 | | | 13.4~13.5 | 0.9226 | 332 | 36 | 0.028 | | 7.8 | 0.22 | 0.04 | 46046 |
| 13 | 北京石油化工总厂东方红炼油厂重油 | | 229.32 | | 0.9259 | 66 | | 0.015 | 0.95 | 7.44 | 0.091 | 0.045 | 41986 |
| 14 | 胜利原油 | 17.1 | 4.66 | 3.04 | 0.9104 | | 23 | 0.02 | | | 0.805 | | |
| 15 | 胜利石油化工总厂重油 | | | 5~20 | 0.93~0.96 | 180~210 | 25~40 | 0.01~0.1 | 痕迹 | 10~14 | 0.9~1.2 | 0.1~0.2 | 40604~41441 |
| 16 | 兰州炼油厂60号重油 | | 8.71~10.5 | | | 140~141.9 | 15 | 0.041~0.08 | | | 0.07~0.152 | 0.184~0.275 | |
| 17 | 兰州炼油厂100号重油 | | 7.09~15.34 | | | 129.3~152.5 | 15~20 | 0.054~0.063 | 痕迹 | | 0.0962 | 0.076~0.467 | |
| 18 | 抚顺石油一厂100号重油 | | 15.5 | | | 120 | 25 | 0.3 | 1.5 | | 2.0 | 2.5 | 39767~41860 |
| 19 | 独山子炼油厂80号重油 | | 16.5 | | 0.85 | 110 | 25 | 0.3 | 4.0 | | 0.7 | | 38679 |
| 20 | 锦西石油五厂重油 | 12.68 | 4.15 | 2.67 | 0.9492 | 110~120 | >30 | 0.016 | 1.2 | 7.81 | 1.868 | | 40834 |
| 21 | 孤岛原油 | 32.9 | | | | 74 | -4 | | | | | | 40261 |
| 22 | 玉门原油 | 15.9 | | | 0.87 | | 8 | | 6.5 | | 0.11~0.18 | | |
| 23 | 克拉玛依原油 | 19.32 | | | 0.87 | 36 | -50 | 0.005 | | | 0.04 | | |

## 三、金属和石墨、卤水等的性质

### （一）常见金属在不同温度下的热性质（表13-1-9）[1]

表13-1-9

| 金属 | 温度<br>/℃ | 密度<br>/g·cm⁻³ | 定压比热容 $c_p$<br>/kJ·(kg·℃)⁻¹ | 热导率 λ<br>/W·(m·℃)⁻¹ | 其 他 物 理 参 数 |
|---|---|---|---|---|---|
| 铜<br>（Cu） | 20 | 8.93 | 0.381 | 395 | 熔点 $t_熔 = 1083 \pm 3℃$；沸点 $t_沸 = 2360 \pm 30℃$ |
|  | 100 | 8.90 | 0.399 | 392 | 熔化潜热 $q_熔 = 213.5 \pm 4.2$ kJ/kg； |
|  | 300 | 8.84 | 0.422 | 373 | 平均定压比热 $\overline{c_p} = 0.3851 + 0.4353 \times 10^{-4} t$ kJ/(kg·℃) |
|  | 600 | 8.70 | 0.456 | 344 | （适用于 0～1080℃） |
|  | 900 | 8.62 | 0.481 | 321 | $\overline{c_p} = 0.4931$ kJ/(kg·℃) |
|  | 1083 | 8.51 | 0.533 |  | （适用于 1084～1300℃） |
|  | 1200 | 8.32 |  |  |  |
| 镍<br>（Ni） | 20 | 8.902 | 0.457 | 92 | 熔点 $t_熔 = 1455 \pm 5℃$；沸点 $t_沸 = 3000 \pm 80℃$ |
|  | 100 |  | 0.470 | 83 | 熔化潜热 $q_熔 = 305.6 \pm 8.4$ kJ/kg |
|  | 300 |  | 0.502 | 64 | 平均定压比热 $\overline{c_p} = 0.4282 + 2.7209 \times 10^{-4} t$ kJ/(kg·℃) |
|  | 500 |  | 0.530 | 62 | （适用于 0～353℃） |
|  | 700 |  | 0.551 | 58 |  |
|  | 1000 |  | 0.571 | 57 | $\overline{c_p} = 0.5023 + 0.2512 \times 10^{-4} t$ kJ/(kg·℃) |
|  | 1300 |  | 0.586 | 52 | （适用于 353～1400℃） |
|  | 1452 |  | 0.544 |  |  |
| 钴<br>（Co） | 20 | 8.9 | 0.431 | 71 | 熔点 $t_熔 = 1490 \pm 5℃$ |
|  | 100 |  | 0.447 | 94 | 沸点 $t_沸 = 3100 \pm 130℃$ |
|  | 300 |  | 0.507 |  | 熔化潜热 $q_熔 = 280.5 \pm 4.2$ kJ/kg |
|  | 430 |  | 0.536 | 126 | 平均定压比热 $\overline{c_p} = 0.3965 + 11.8464 \times 10^{-5} T$ kJ/(kg·℃) |
|  | 700 |  | 0.582 |  | （适用于 0～1490℃） |
|  | 800 |  | 0.674 | 107 |  |
|  | 1000 |  | 0.770 | 74 |  |
| 钼<br>（Mo） | 20 | 10.2 | 0.264 | 137 | 熔点 $t_熔 = 2622 \pm 25℃$ |
|  | 100 |  | 0.281 | 137 | 沸点 $t_沸 = 4727 \pm 200℃$ |
|  | 500 |  | 0.322 | 126 | 熔化潜热 $q_熔 = 293.02 \pm 8.4$ kJ/kg |
|  | 900 |  | 0.343 |  | 平均定压比热 $\overline{c_p} = 0.2524 + 0.1674 \times 10^{-4} t$ kJ/(kg·℃) |
|  | 1300 |  | 0.360 | 112 |  |
|  | 1700 |  | 0.372 |  | （适用于 0～1400℃） |
|  | 2100 |  |  | 71 |  |
| 钛<br>（Ti） | 20 | 4.5 | 0.528 | 15 | 熔点 $t_熔 = 1725 \pm 10℃$ |
|  | 100 |  | 0.544 | 16 | 沸点 $t_沸 = 3500 \pm 100℃$ |
|  | 300 |  | 0.586 | 17 | 熔化潜热 $q_熔 = 418.6$ kJ/kg |
|  | 500 |  | 0.615 | 18 | 平均定压比热 $\overline{c_p} = 0.5442 + 1.0884 \times 10^{-4} t$ kJ/(kg·℃) |
|  | 700 |  | 0.615 |  | （适用于 0～900℃） |
|  | 900 |  | 0.624 |  |  |

| 金属 | 温度 /℃ | 密度 /g·cm⁻³ | 定压比热容 $c_p$ /kJ·(kg·℃)⁻¹ | 热导率 λ /W·(m·℃)⁻¹ | 其 他 物 理 参 数 |
|---|---|---|---|---|---|
| 钨 (W) | 20 | 19.35 | 0.134 | 169 | 熔点 $t_{熔} = 3390 \pm 60℃$ |
| | 100 | | 0.138 | 151 | 沸点 $t_{沸} = 5900 \pm 200℃$ |
| | 400 | | 0.142 | 130 | 熔化潜热 $q_{熔} = 192.56 \pm 8.4 \ kJ/kg$ |
| | 700 | | 0.147 | 109 | |
| | 1000 | | 0.151 | 86 | 平均定压比热 $\overline{c_p} = 0.1340 + 0.1005 \times 10^{-4} t \ kJ/(kg·℃)$ |
| | 1300 | | 0.155 | 91 | |
| | 1700 | | | 105 | (适用于 0～2100℃) |
| | 2000 | | 0.159 | 124 | |
| 锆 (Zr) | 20 | 6.51 | 0.290 | 21.4 | |
| | 100 | 6.49 | 0.309 | 21 | 熔点 $t_{熔} = 1850 \pm 30℃$ |
| | 400 | 6.43 | 0.341 | 20.4 | |
| | 700 | 6.37 | 0.361 | | 沸点 $t_{沸} = 2900℃$ 以上 |
| | 862 | 6.35 | 0.368 | | |
| | 863 | 6.40 | 0.322 | | 熔化潜热 $q_{熔} = 251.16 \ kJ/kg$ |
| | 1100 | 6.39 | 0.323 | | |
| 铌 (Nb) | 0 | | 0.268 | 52 | 熔点 $t_{熔} = 2500℃$,沸点 $t_{沸} = 3700℃$ |
| | 20 | 8.55 | | | |
| | 200 | | 0.276 | 57 | 蒸发潜热 $q_{蒸} = 7702.24 \ kJ/kg$ |
| | 400 | | 0.285 | 61 | |
| | 600 | | 0.293 | 54 | 平均定压比热 $\overline{c_p} = 0.2679 + 3.2358 \times 10^{-5} t \ kJ/(kg·℃)$ |
| | 800 | | 0.301 | | |
| | 1200 | | 0.322 | 75 | (适用于 0～1400℃) |
| | 1600 | | 0.348 | 84 | |
| 钽 (Ta) | 20 | 16.65 | | 55 | |
| | 100 | | 0.138 | 55.2 | 熔点 $t_{熔} = 2990 \pm 50℃$ |
| | 500 | | 0.147 | | 沸点 $t_{沸} = 5300℃$ |
| | 900 | | 0.155 | | 熔化潜热 $q_{熔} = 154.88 \ kJ/kg$ |
| | 1000 | | 0.159 | 72 | 平均定压比热 $\overline{c_p} = 0.1105 + 3.5581 \times 10^{-5}(273 + t)$ $kJ/(kg·℃)$ |
| | 1300 | | 0.163 | 73 | (适用于 1377～2527℃) |
| | 1600 | | 0.167 | 78 | $\overline{c_p} = 0.1365 + 0.9544 \times 10^{-5} t \ kJ/(kg·℃)$ (适用于 0～1400℃) |
| 铝 (Al) | 20 | 2.696 | 0.896 | 206 | 熔点 $t_{熔} = 660 \pm 1℃$;沸点 $t_{沸} = 2320 \pm 50℃$ |
| | 100 | 2.690 | 0.942 | 205 | 熔化潜热 $q_{熔} = 393.48 \pm 4.2 \ kJ/kg$ |
| | 300 | 2.65 | 1.038 | 230 | 平均定压比热 $\overline{c_p} = 0.8958 + 2.093 \times 10^{-4} t \ kJ/(kg·℃)$ |
| | 400 | 2.62 | 1.059 | 249 | (适用于 0～600℃) |
| | 500 | 2.58 | 1.101 | 268 | $\overline{c_p} = 1.0884 \ kJ/(kg·℃)$ |
| | 600 | 2.55 | 1.143 | 280 | (适用于 658.6～1000℃) |
| | 800 | 2.35 | 1.076 | 63 | |

| 金属 | 温度<br>/℃ | 密度<br>/g·cm⁻³ | 定压比热容 $c_p$<br>/kJ·(kg·℃)⁻¹ | 热导率 λ<br>/W·(m·℃)⁻¹ | 其 他 物 理 参 数 |
|---|---|---|---|---|---|
| 镁<br>(Mg) | 20 | 1.737 | 0.996 | 165 | 熔点 $t_熔 = 650 \pm 0.5℃$；沸点 $t_沸 = 1120 \pm 5℃$ |
| | 100 | 1.720 | 1.072 | 149 | |
| | 300 | 1.700 | 1.105 | 136 | 熔化潜热 $q_熔 = 372.55 \pm 4.2$ kJ/kg |
| | 500 | 1.670 | 1.537 | 134 | |
| | 600 | 1.660 | 1.302 | 131 | 平均定压比热 $\overline{c_p} = 1.0716 + 1.1470 \times 10^{-4} t$ kJ/(kg·℃) |
| | 700 | 1.582 | 1.189 | 98 | |
| | 800 | 1.560 | 1.189 | 98 | (适用于 0~650℃) |
| 锡<br>(Sn) | 20 | 7.31 | 0.230 | 60 | 熔点 $t_熔 = 231.8 \pm 0.2℃$；沸点 $t_沸 = 2270 \pm 10℃$ |
| | 100 | 7.30 | 0.243 | 63 | |
| | 280 | 6.98 | 0.255 | 34 | 熔化潜热 $q_熔 = 58.18 \pm 2.5$ kJ/kg |
| | 300 | 6.94 | 0.255 | 33.7 | |
| | 400 | 6.865 | 0.255 | 33 | 平均定压比热 $\overline{c_p} = 0.2218 + 0.9209 \times 10^{-4} t$ kJ/(kg·℃) |
| | 500 | 6.814 | 0.255 | 33 | (适用于 0~230℃) |
| | 1000 | 6.518 | 0.293 | | $\overline{c_p} = 0.2344$ kJ/(kg·℃)(适用于 231.8~1000℃) |
| | 1600 | 6.162 | | | |

## （二）铸铜、变形铜、结晶器用铜的力学性能

铸铜的力学性能(表 13 - 1 - 10)

表 13 - 1 - 10

| 试验温度/℃ | $\sigma_b$/MPa | δ/% | ψ/% | $A_K$/J |
|---|---|---|---|---|
| 1 | 2 | 3 | 4 | 5 |
| 无氧高导电性铜 | | | | |
| 20 | 150.04 | 54.7 | 80.8 | 38.83 |
| 93.3 | 116.7 | 47.3 | 76.9 | 35 |
| 143.9 | 112.8 | 50.3 | 69.8 | 32.56 |
| 204.4 | 104.9 | 51.3 | 38.3 | 29.6 |
| 260 | | | | 34.12 |
| 282.8 | 78.5 | 16.5 | 18.6 | |
| 315.6 | | | | 34.12 |
| 371.1 | 70.6 | 19.0 | 17.8 | 32.32 |
| 454.4 | 60.8 | 14.8 | 20.9 | 31.61 |
| 537.8 | 44.1 | 17.5 | 23.3 | 27.69 |
| 639.4 | 35.3 | 24.5 | 44.0 | 23.22 |
| 722.8 | 21.6 | 38.5 | 36.2 | 21.41 |
| 用磷脱氧的高导电性铜 | | | | |
| 20 | 154 | 49.3 | 85.5 | 38.68 |
| 93.3 | 130.4 | 53.0 | 86.2 | 37.34 |
| 148.9 | 112.8 | 52.0 | 77.0 | 32.71 |
| 204.4 | 107.9 | 48.8 | 88.3 | 31.30 |
| 260.0 | | | | 36.48 |
| 282.8 | 103 | 43.5 | 78.9 | |
| 315.6 | | | | 38.44 |
| 371.1 | 84.3 | 44.0 | 85.0 | 33.42 |
| 454.4 | 75.5 | 46.5 | 75.0 | 33.66 |
| 537.8 | 53.0 | 47.3 | 74.4 | 29.65 |
| 639.4 | 39.2 | 50.0 | 63.4 | 24.40 |
| 722.8 | 28.4 | 70.2 | 98.9 | 21.34 |

| 试验温度/℃ | $\sigma_b$/MPa | $\delta$/% | $\psi$/% | $A_K$/J |
|---|---|---|---|---|
| 1 | 2 | 3 | 4 | 5 |
| 精炼电解铜 | | | | |
| 20 | 157.9 | 27.5 | 30.0 | 9.41 |
| 93.3 | 128.5 | 28.3 | 31.0 | 8.47 |
| 148.9 | 125.5 | 36.8 | 37.6 | 8.55 |
| 204.4 | 114.7 | 42.5 | 42.2 | 9.18 |
| 260.0 | | | | 10.04 |
| 282.8 | 86.3 | 20.5 | 19.7 | |
| 315.6 | | | | 9.26 |
| 371.1 | 60.8 | 8.3 | 10.3 | 10.04 |
| 454.4 | 46.1 | 5.0 | 9.3 | 9.49 |
| 537.8 | 34.3 | 6.0 | 5.8 | 9.18 |
| 639.4 | 24.5 | 4.8 | 6.2 | 8.71 |
| 722.8 | 16.7 | 8.0 | 12.0 | 9.41 |

变形铜的力学性能(表 13 - 1 - 11)

表 13 - 1 - 11

| 试验温度/℃ | $\sigma_b$/MPa | $\delta$/% | $\psi$/% | $A_K$/J |
|---|---|---|---|---|
| 1 | 2 | 3 | 4 | 5 |
| 无氧高导电性铜 | | | | |
| 20 | 237.3 | 58.8 | 87.1 | 49.35 |
| 65.6 | 220.4 | 63.5 | 87.9 | 43.62 |
| 121.1 | 205 | 57.5 | 88.2 | 41.89 |
| 148.9 | | | | 40.17 |
| 176.7 | 181.4 | 66.0 | 87.9 | 40.48 |
| 232.2 | 170.6 | 62.0 | 89.0 | 39.38 |
| 287.3 | 149.1 | 69.3 | 90.7 | 43.54 |
| 343.3 | 137.3 | 69.0 | 91.9 | 49.42 |
| 426.7 | 105.9 | 80.8 | 95.3 | 44.17 |
| 537.8 | 59.8 | 88.8 | 99.6 | 35.38 |
| 639.4 | 38.2 | 100.8 | 99.0 | 28.56 |
| 722.8 | 23.5 | 100.5 | 99.0 | 25.26 |
| 用磷脱氧的高导电性铜 | | | | |
| 20 | 223.6 | 59.0 | 87.2 | 49.35 |
| 65.6 | 211.8 | 63.0 | 86.0 | 47.38 |
| 121.1 | 192.2 | 62.3 | 86.7 | 43.07 |
| 148.9 | | | | 42.21 |
| 176.7 | 172.6 | 64.0 | 83.8 | 39.38 |
| 232.2 | 159.8 | 57.5 | 73.3 | 40.56 |
| 287.8 | 139.2 | 53.0 | 56.2 | 42.76 |
| 343.3 | 119.6 | 51.8 | 47.6 | 47.85 |
| 426.7 | 94.1 | 36.8 | 35.4 | 45.10 |
| 537.8 | 62.8 | 85.3 | 94.2 | 37.26 |
| 639.4 | 40.2 | 85.3 | 99.2 | 29.97 |
| 722.8 | 36.3 | 66.5 | 95.7 | 27.61 |

| 试验温度/℃ | $\sigma_b$/MPa | $\delta$/% | $\psi$/% | $A_K$/J |
|---|---|---|---|---|
| 1 | 2 | 3 | 4 | 5 |
| 精炼电解铜 | | | | |
| 20 | 222.6 | 60.0 | 72.7 | 36.95 |
| 65.6 | 209.9 | 58.5 | 72.3 | 34.75 |
| 121.1 | 187.3 | 61.5 | 74.4 | 34.13 |
| 148.2 | | | | 32.64 |
| 176.7 | 176.5 | 65.0 | 76.1 | 32.64 |
| 232.2 | 157.9 | 68.5 | 74.6 | 33.73 |
| 287.8 | 140.2 | 59.5 | 62.4 | 35.22 |
| 343.3 | 122.6 | 56.0 | 53.8 | 43.14 |
| 426.7 | 90.2 | 59.3 | 46.8 | 42.28 |
| 537.8 | 56.9 | 74.3 | 81.3 | 36.4 |
| 639.4 | 44.1 | 48.8 | 85.3 | 27.85 |
| 722.8 | 30.4 | 54.5 | 92.0 | 26.91 |

结晶器用铜的力学性能(表 13 – 1 – 12)

表 13 – 1 – 12

| 项　目 | 性　能 | 温度/℃ | SF-Cu (变形度20%) | DPS-Cu Cu-Ag | Cu-Cr-Zr | Cu-Co-Ni-Be |
|---|---|---|---|---|---|---|
| 化学成分/% | | | 99.9Cu<br><br>0.03P | 99.95Cu<br>0.09Ag<br>0.006P | 0.65Cr<br>0.10Zr<br>余为 Cu | 1~2Co/Ni<br>0.2~0.5Be<br>余为 Cu |
| 力学性能 | 电导/m·$(\Omega \cdot mm^2)^{-1}$ | 20~300℃ | 48 | 55 | 47 | 35 |
| | 热导率/W·$(m \cdot K)^{-1}$ | | 322 | 370 | 315 | 233 |
| | 膨胀系数/$K^{-1}$ | | $17.7 \times 10^{-6}$ | $17.7 \times 10^{-6}$ | $18 \times 10^{-6}$ | $17 \times 10^{-6}$ |
| | 再结晶温度/℃ | | 350 | 370 | (700) | (720) |
| | 软化温度/℃ | | | | 500 | 520 |
| | 弹性模量/MPa | | 1200 | 1250 | 1280 | 1380 |
| | $\sigma_{0.2}$/MPa | 20 | 265 | 245 | 300 | 570 |
| | | 200 | 235 | 205 | 280 | 560 |
| | | 350 | (190) | (190) | 240 | 540 |
| | | 500 | (30) | (30) | 165 | 430 |
| | $\sigma_b$/MPa | 20 | 275 | 255 | 410 | 750 |
| | | 200 | 240 | 210 | 380 | 710 |
| | | 350 | (195) | (195) | 320 | 650 |
| | | 500 | (90) | (90) | 200 | 460 |
| | $\delta$/% | 20 | 25 | 12 | 18 | 17 |
| | | 200 | 9 | 10 | 17 | 12 |
| | | 350 | (10) | (10) | 14 | 8 |
| | | 500 | (40) | (35) | 15 | 5 |
| | HB | 20 | 85 | 85 | 125 | 200 |

（三）石墨电极的规格和质量

我国生产石墨电极采用石油焦及沥青焦为原料,以煤沥青为黏结剂,产品经过成型、焙烧、石墨化、加工等工序,生产周期长达45天左右。小规格电极及电极接头坯料在焙烧后进行浸渍处理,以提高其强度。

我国石墨电极的产品规格(表13－1－13)

表13－1－13

| 标准直径/mm | 直径允许范围/mm | 标准长度/mm | 长度允许误差/mm | 允许电流负荷/A |
|---|---|---|---|---|
| 75 | 73～78 | 1200 | ±120 | 1000～1400 |
| 100 | 98～103 | 1200 | ±120 | 1500～2400 |
| 125 | 124～128 | 1200 | ±120 | 2200～3400 |
| 150 | 149～154 | 1500 | ±150 | 3500～4900 |
| 200 | 200～205 | 1500 | ±150 | 5000～6900 |
| 250 | 251～256 | 1500 | ±150 | 7000～10000 |
| 300 | 302～307 | 1500/1800 | ±150 | 10000～13000 |
| 350 | 352～357 | 1500/1800 | ±150 | 13500～18000 |
| 400 | 403～408 | 1500/1800 | ±150 | 18000～23500 |
| 450 | 454～460 | 1800/2000 | ±200 | 22000～30000 |
| 500 | 511～505 | 1800/2000 | ±200 | 25000～34000 |

注:优质石墨电极(SDT)的电流负荷允许比普通石墨电极提高15%～25%。

电极的理化性能(摘自YB/T 099—2005)(表13－1－14)

表13－1－14

| 品种 | 公称直径/mm | 体积密度/g·cm$^{-3}$ 不小于 | | 耐压强度/MPa 不小于 | | 硫含量/% 不大于 | 灰分含量/% 不大于 | 电阻率/μΩ·m 不大于 | |
|---|---|---|---|---|---|---|---|---|---|
| | | 本体 | 接头 | 本体 | 接头 | | | 本体 | 接头 |
| B-IE | 75～500 | 1.58 | 1.68 | 38 | 45 | 0.5 | 0.7 | 55 | 48 |
| B-RP | 75～130 | 1.58 | 1.63 | 35 | 44 | 0.5 | 0.7 | 58 | 50 |
| | 150～225 | 1.54 | 1.63 | 35 | 44 | 0.5 | 0.7 | 58 | 50 |
| | 250～500 | 1.54 | 1.68 | 35 | 44 | 0.5 | 0.7 | 58 | 50 |
| B-HP | 200～500 | 1.60 | 1.72 | 38 | 45 | 0.5 | 0.5 | 48 | 43 |
| B-UHP | 300～500 | 1.65 | 1.72 | 38 | 45 | 0.5 | 0.5 | 43 | 38 |

注:1. 灰分为参考指标。

2. 直径550～700 mm石墨电极　焙烧品的理化指标由供需双方协议。

3. B—焙烧品的拼音字头;IE—浸渍电极的英文字头;RP—普通功率的英文字头;HP—高功率的英文字头;UHP—超高功率的英文字头。

石墨电极的力学性能和耐腐蚀性能(表 13 - 1 - 15)

表 13 - 1 - 15

| 性　能 | 石墨力学性能 | | | 石墨耐腐蚀性能 | |
|---|---|---|---|---|---|
| | 人造石墨 | 浸渍不透性石墨[①] | 压制不透性石墨 | 人造石墨 | 不透性石墨 |
| 密度/t·m$^{-3}$ | 2.2 ~ 2.27 | 2.03 ~ 2.07 | | 除强氧化性酸外耐任何浓度与温度的一切酸溶液 | 耐沸点以下各种浓度的盐酸、醋酸、草酸,沸点以下的 48% 以下的氢氟酸,耐 85℃ 以下的 85% 磷酸,75% 以下的硫酸。96% 以上的硫酸不宜采用 |
| 容重/kg·m$^{-3}$ | (1.4 ~ 1.6)×10$^3$ | (1.8 ~ 1.9)×10$^3$ | | | |
| 增重率/% | | 14 ~ 15 | | | |
| 抗拉强度/MPa | 2.5 ~ 3.5 | 8 ~ 10 | 10 ~ 23 | | |
| 抗压强度/MPa | 20 ~ 24 | 60 ~ 70 | 90 ~ 100 | 于沸腾情况下各种浓度的碱中均稳定 | |
| 抗弯强度/MPa | 8.5 ~ 10 | 24 ~ 28 | 37.4 | | |
| 冲击值/J | 11 ~ 12.6 | 22 ~ 25 | 20.7 | 在 100% 氯中稳定,在氯水中有腐蚀 | 不耐苛性碱 |
| 硬度(布氏) | 100 ~ 120 | 250 ~ 350 | | | 耐室温下干燥氯气及在室温下的饱和氯水 |
| 强性模数/MPa | | (0.7 ~ 1.0)×10$^4$ | | 耐一切有机化合物 | |
| 膨胀系数/℃$^{-1}$ | 2.5×10$^{-6}$ | 5.5×10$^{-6}$ | 1.989×10$^{-5}$ | | |
| 比热容(40 ~ 50℃)/J·(kg·℃)$^{-1}$ | | 1.67 | | | 耐沸点以下的丙酮、戊醇、苯胺、丁醇、四氯乙烷、三氯乙烯、氯苯、沸点以下 95% 乙醇和甘油等 |
| 热导率/W·(m·℃)$^{-1}$ | 116.3 ~ 128 | 116.3 ~ 128 | 116.3 ~ 128 | | |
| 浸渍深度/mm | | 12 ~ 15 | | | |
| 许用温度/℃ | | -15 ~ +170 | | | |
| 渗透性 | 渗漏 | 不渗透[②] | | | |
| 全孔率/% | 28 ~ 32 | | | | |
| 氧化温度/℃ | 400 | | | | |
| 吸水率/% | 12 ~ 14 | | | | |

注:HSB 化设标准。

① 以酚醛树脂浸渍;

② 厚度 10 mm 在 2 倍工作压力(不小于 1 kgf/cm$^2$)下不渗透;

**(四)卤水的性能(表 13 - 1 - 16)**

卤水的主要成分是氯化镁($MgCl_2$),并含有其他杂质。卤水通常以固体状态供应。因此,在用其调制泥浆之前,必须加入净水加热溶化,待其水溶液达到要求的密度后才能使用。

表 13 - 1 - 16

| 卤水密度/g·cm$^{-3}$ | 1.2 | 1.22 | 1.24 | 1.26 | 1.28 | 1.30 |
|---|---|---|---|---|---|---|
| $MgCl_2$ 含量/g·mL$^{-1}$[①] | 0.90 | 1.05 | 1.40 | 1.65 | 1.90 | 2.15 |

① $MgCl_2$ 系指固体卤水,并包括其中所含的杂质。

**(五)水玻璃的性能**

水玻璃($Na_2O·nSiO_2$)又称硅酸钠或泡花碱。

水玻璃中 $SiO_2$ 与 $Na_2O$ 的摩尔比称为水玻璃的模数 $M$:

$$M = \frac{\dfrac{SiO_2(\%)}{60}}{\dfrac{Na_2O(\%)}{62}} = 1.032 \times \frac{SiO_2(\%)}{Na_2O(\%)}$$

水玻璃密度提高时,其黏度也随着增大(表 13 - 1 - 17);同样,黏度也随着模数提高而增加。温度升高,能使水玻璃溶液黏度下降。模数越高时,影响越显著。当温度低于零度时,水玻璃黏度急剧增大,水玻璃黏度与温度的关系见表 13 - 1 - 19。因模数和密度的不同,水玻璃溶液的冻结温度在

$-2 \sim -11$℃之间。冻结后的水玻璃,再经加热并搅拌均匀,其性质基本不变。

水玻璃的技术条件(表 13 - 1 - 17)

表 13 - 1 - 17

| 规　格 | 品　　种 | | |
|---|---|---|---|
| | $1:3.3(1Na_2O:3.3SiO_2)$ | $1:2.4(1Na_2O:2.4SiO_2)$ | |
| | $40°Be'$ | $40°Be'$ | $51°Be'$ |
| 密度(20℃)/g·cm$^{-3}$ | 1.376 ~ 1.386 | 1.376 ~ 1.386 | 1.530 ~ 1.550 |
| $Na_2O$/% | 8.52 ~ 9.09 | 10.14 ~ 10.94 | 13.10 ~ 14.20 |
| $SiO_2$/% | 27.20 ~ 29.10 | 23.60 ~ 25.50 | 30.30 ~ 33.10 |
| 分子比 | $1:3.3 \pm 0.1$ | $1:2.4 \pm 0.1$ | $1:2.4 \pm 0.1$ |
| FeO/% ( < ) | 0.06 | 0.06 | 0.08 |
| 水不溶物/% | 0.7 | 0.7 | 0.9 |

水玻璃是一种矿物胶,具有黏结能力,能抵抗大多数无机酸和有机酸的作用,但不能抵抗氢氟酸的作用,也不能经受水的长期作用。

水玻璃密度与黏度的关系(模数为 2.63)(表 13 - 1 - 18)

表 13 - 1 - 18

| 密度/g·cm$^{-3}$ | 黏度/Pa·s | 密度/g·cm$^{-3}$ | 黏度/Pa·s |
|---|---|---|---|
| 1.038 | $2.7 \times 10^{-3}$ | 1.265 | $7.7 \times 10^{-3}$ |
| 1.070 | $3.0 \times 10^{-3}$ | 1.325 | $16.0 \times 10^{-3}$ |
| 1.100 | $3.1 \times 10^{-3}$ | 1.385 | $46.0 \times 10^{-3}$ |
| 1.160 | $3.7 \times 10^{-3}$ | 1.452 | $194 \times 10^{-3}$ |
| 1.210 | $5.0 \times 10^{-3}$ | 1.511 | $1074 \times 10^{-3}$ |

水玻璃黏度和温度的关系(表 13 - 1 - 19)

表 13 - 1 - 19

| 模数 | 密度/g·cm$^{-3}$ | 下列温度下的黏度/Pa·s | | | | | | |
|---|---|---|---|---|---|---|---|---|
| | | 18℃ | 30℃ | 40℃ | 50℃ | 60℃ | 70℃ | 80℃ |
| 2.74 | 1.502 | $828 \times 10^{-3}$ | $495 \times 10^{-3}$ | $244 \times 10^{-3}$ | $150 \times 10^{-3}$ | $97.6 \times 10^{-3}$ | $70.9 \times 10^{-3}$ | $53 \times 10^{-3}$ |
| 2.64 | 1.458 | $183 \times 10^{-3}$ | $99 \times 10^{-3}$ | $61 \times 10^{-3}$ | $42 \times 10^{-3}$ | $28 \times 10^{-3}$ | $21 \times 10^{-3}$ | $16 \times 10^{-3}$ |

水玻璃模数与密度的关系(表 13 - 1 - 20)

表 13 - 1 - 20

| 密度/g·cm$^{-3}$ | $Na_2O$ 含量/% | | | | | | | | | | | | |
|---|---|---|---|---|---|---|---|---|---|---|---|---|---|
| | 2 | 3 | 4 | 5 | 6 | 7 | 8 | 9 | 10 | 11 | 12 | 13 | 14 |
| | 水玻璃溶液的模数 | | | | | | | | | | | | |
| 1.050 | 1.58 | 1.24 | | | | | | | | | | | |
| 1.078 | 3.64 | 2.10 | | | | | | | | | | | |

| 密度 /g·cm⁻³ | Na₂O 含量/% | | | | | | | | | | | | |
| --- | --- | --- | --- | --- | --- | --- | --- | --- | --- | --- | --- | --- | --- |
| | 2 | 3 | 4 | 5 | 6 | 7 | 8 | 9 | 10 | 11 | 12 | 13 | 14 |
| | 水玻璃溶液的模数 | | | | | | | | | | | | |
| 1.100 | | 3.21 | 1.50 | | | | | | | | | | |
| 1.125 | | 4.15 | 2.34 | 1.38 | | | | | | | | | |
| 1.150 | | | 3.40 | 2.10 | 1.15 | | | | | | | | |
| 1.175 | | | 4.00 | 2.92 | 1.90 | 1.13 | | | | | | | |
| 1.200 | | | | 3.50 | 2.52 | 1.78 | 1.19 | | | | | | |
| 1.225 | | | | 3.98 | 3.02 | 2.25 | 1.62 | | | | | | |
| 1.250 | | | | | 3.47 | 2.68 | 2.05 | 1.54 | | | | | |
| 1.275 | | | | | 3.92 | 3.11 | 2.39 | 1.88 | 1.50 | | | | |
| 1.300 | | | | | | 3.51 | 2.47 | 2.20 | 1.78 | 1.33 | | | |
| 1.350 | | | | | | 4.25 | 3.43 | 2.86 | 1.93 | 1.48 | | | |
| 1.400 | | | | | | | 4.24 | 3.48 | 2.73 | 2.40 | 2.03 | 1.66 | 1.38 |
| 1.450 | | | | | | | | | | 2.83 | 2.41 | 2.09 | 1.73 |
| 1.500 | | | | | | | | | | | 2.78 | 2.51 | 2.08 |

## （六）磷酸的性能

磷酸是无色透明的晶体,极易溶解于水。通常市场销售的磷酸含 $H_3PO_4$ 85% 左右,呈浓浆状。当需使用稀磷酸时,可加水稀释。100 g 浓磷酸掺水稀释的计算公式如下:

$$x = \frac{A - B}{B} \times 100$$

式中　$x$——100 g 浓磷酸掺水的克数,g;

　　　$A$——浓磷酸的浓度,%;

　　　$B$——需配制的稀磷酸浓度,%。

磷酸浓度与密度的关系(表 13 - 1 - 21)

表 13 - 1 - 21

| 浓度/% | 密度(20℃) /g·cm⁻³ | 浓度/% | 密度(20℃) /g·cm⁻³ | 浓度/% | 密度(20℃) /g·cm⁻³ |
| --- | --- | --- | --- | --- | --- |
| 1 | 1.004 | 22 | 1.126 | 65 | 1.475 |
| 2 | 1.009 | 24 | 1.140 | 70 | 1.526 |
| 4 | 1.020 | 26 | 1.153 | 75 | 1.579 |
| 6 | 1.031 | 28 | 1.167 | 80 | 1.633 |
| 8 | 1.042 | 30 | 1.181 | 85 | 1.689 |
| 10 | 1.053 | 35 | 1.216 | 90 | 1.746 |
| 12 | 1.065 | 40 | 1.254 | 92 | 1.770 |
| 14 | 1.076 | 45 | 1.293 | 94 | 1.794 |
| 16 | 1.088 | 50 | 1.335 | 96 | 1.819 |
| 18 | 1.101 | 55 | 1.379 | 98 | 1.844 |
| 20 | 1.113 | 60 | 1.426 | 100 | 1.870 |

## 四、造渣材料[3]

### (一) 石灰

石灰是碱性炼钢的造渣材料,主要成分是 CaO。由石灰石煅烧而成。价格便宜,是脱磷、脱硫、脱氧提高钢液纯净度和减少热损失不可缺少的材料,块度大小和工艺要求、冶炼时间长短有关。

要求石灰中 CaO > 85% , $SiO_2$ < 3.5%(电炉 < 2%), MgO < 5% , $Fe_2O_3$ + $Al_2O_3$ < 3% , S < 0.2% ~ 0.15% , $H_2O$ < 0.3%。对转炉石灰块度为 20 ~ 50 mm,电炉为 20 ~ 60 mm。

焙烧石灰的温度、时间对石灰最大结晶尺寸的影响(图 13 - 1 - 1)

$CaCO_3(a)$ 和 CaO(b) 的结晶结构(图 13 - 1 - 2)

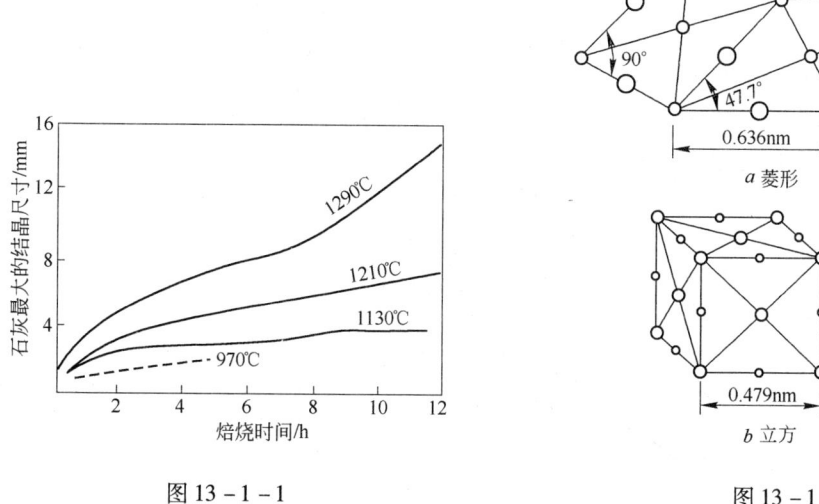

图 13 - 1 - 1　　　　　　　　　　图 13 - 1 - 2

石灰石的焙烧温度和吸湿性的关系(图 13 - 1 - 3)

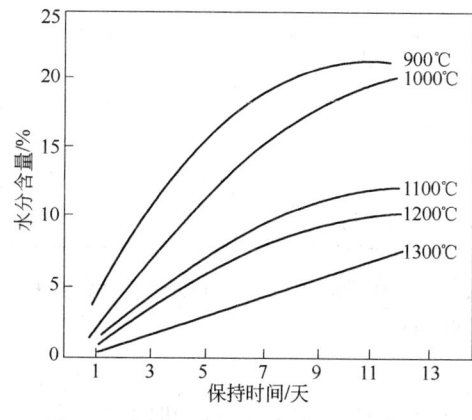

图 13 - 1 - 3

每 1 kg 石灰和石灰石由 20℃加热到 1600℃时消耗的热能、电能数值（表 13 – 1 – 22）

表 13 – 1 – 22

| 消耗热量 | 石　灰 | 石　灰　石 | 相　差 |
|---|---|---|---|
| kJ/kg | 2767 | 3538 | 775 |
| kW·h/kg | 0.77 | 0.983 | 0.213 |

　　气孔体积是决定石灰反应能力的关键因素。用石灰在水中的溶解能力表示石灰在渣中的溶解速度。

　　石灰在水中溶解能力（时间）与体积密度、气孔体积和气孔表面积的关系（表 13 – 1 – 23）

表 13 – 1 – 23

| 内　容 | 溶解能力（时间）/min | 体积密度/kg·m$^{-3}$ | 气孔的总体积/m$^3$·kg$^{-1}$ | 气孔的总表面积/m$^2$·kg$^{-1}$ |
|---|---|---|---|---|
| 活性石灰（沸腾床焙烧） | 0.53 | 1250 | 0.000313 | 8538.1 |
| 普通石灰 | 1.75 | 1660 ~ 1800 | 0.000280 | 5115.0 |
| 过烧石灰（硬烧石灰） | 32.0 | 2060 | 0.000160 | 605.7 |

　　转炉悬浮石灰直径和废气速度的关系（图 13 – 1 – 4）

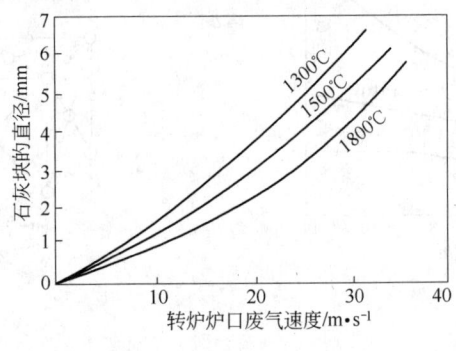

图 13 – 1 – 4

　　各国测定活性石灰的标准（表 13 – 1 – 24）

表 13 – 1 – 24

| 内　容 | 石灰量/g | 块度/mm | 水溶剂/cm$^3$ | 水温/℃ | 时间（反应能力指标）/min |
|---|---|---|---|---|---|
| 美　国 | 76 | <3 | 380 | 24 | 达到最高温度的时间 |
| 加拿大 | 75 | 0.15 | 225 | 24 | 最高温度/时间 <20 为活性 |
| 德　国 | 150 | 1.5 | 600 | 20 | 达到最高温度的时间 |
| 前苏联顿河黑色冶金研究所 | 10 | 0.08 ~ 1.0 | 20 | 20 | 最高温度开始降低的时间 |

　　石灰块度大于表中数据值（计算值）如 130 t 氧气转炉废气流速在 1300℃时为 32.6 m/s，1800℃为 43 m/s。石灰块度约为 8 ~ 10 mm。

　　（二）碳化硅

　　SiC 密度（约 3.2 g/cm$^3$）比炭粉高，且不易吸水，使用时不用干燥、用于炉渣脱氧（FeO、Fe$_2$O$_3$ 和 MnO 等），可纵深脱氧在转炉出钢时可用于钢液的增硅、增碳。

常用 SiC 的性能(表 13 - 1 - 25)

表 13 - 1 - 25

| 名　称 | 颜　色 | 密度/g·cm$^{-3}$ | 显微硬度/MPa | SiC/% | 游离碳 | Fe$_2$O$_3$/% |
|---|---|---|---|---|---|---|
| 黑碳化硅 | 黑 | 3.2 | $(3.1 \sim 3.3) \times 1.14 \times 10^4$ | ≥98.5 | ≤0.2 | ≤0.6 |
| 绿碳化硅 | 绿 | 3.2 | $(3.2 \sim 3.4) \times 1.14 \times 10^4$ | ≥99 | ≤0.2 | ≤0.2 |

SiC 熔点高达 2827℃,莫氏硬度在 9.2 ~ 9.6 之间。

黑色碳化硅按 GB/T 2480—2008 标准主要成分(表 13 - 1 - 26)

表 13 - 1 - 26

| 品　种 | 1 | 2 | 3 | 4 | 5 |
|---|---|---|---|---|---|
| SiC/% ,≥ | 98.5 | 98.0 | 97 | 95 | 90 |
| 游离 C/% ,≤ | 0.2 | 0.3 | 0.3 | 0.6 | 1.0 |
| Fe$_2$O$_3$/% ,< | 0.6 | 0.8 | 1.2 | 1.2 | 1.2 |

碳化硅在 25 ~ 1000℃ 的平均线膨胀系数为 $5 \times 10^{-6}$℃$^{-1}$,20℃ 的导热系数为 59 W/(m·K)。

用于炼钢中的 SiC 组成(质量分数/%)(表 13 - 1 - 27)

表 13 - 1 - 27

| 成分品种 | SiC75 | SiC65 | SiC55 | SiC45 |
|---|---|---|---|---|
| SiC | 75 ±4 | 65 ±4 | 55 ±4 | 45 ±4 |
| 游离 C | 2.5 ±1 | 4.5 ±1 | 4.8 ±1.5 | 5 ±2 |
| Si + SiO$_2$ | 17 ±2 | 23 ±2 | 28 ±3 | 31 ±3 |
| Fe$_2$O$_3$ | 3 | 4 | 5 ±2 | 7 ±2 |
| MgO | 0.16 | 0.12 | 0.10 | 0.10 |
| H$_2$O | <0.5 | <0.5 | <0.5 | <0.5 |

SiC 的含量对化合氧、增碳的比较(计算值)(表 13 - 1 - 28)

表 13 - 1 - 28

| 品　种 | SiC 的含量 | | 每 1 kg SiC | | | 增 Si 1 kg 时需的 SiC 重/kg | 化合氧 1 kg 时需 SiC 量/kg |
|---|---|---|---|---|---|---|---|
| | Si% | C% | 增 Si/kg | 结合氧量/kg | 增 C/%·t$^{-1}$ | | |
| SiC100% | 70 | 30 | 0.7 | 0.8 | 0.03 | 1.429 | 1.25 |
| SiC97% | 67.9 | 29.1 | 0.679 | 0.776 | 0.029 | 1.473 | 1.28 |
| SiC75% | 52.5 | 22.5 | 0.525 | 0.600 | 0.0225 | 1.905 | 1.6667 |
| SiC65% | 45.5 | 19.5 | 0.425 | 0.486 | 0.0195 | 2.353 | 2.0516 |
| SiC55% | 38.5 | 16.5 | 0.385 | 0.44 | 0.0165 | 2.597 | 2.273 |

每 1 kg Si 和氧的化合量(计算值)为 32/28 = 1.143。

SiC 脱渣中(FeO)、(Fe_2O_3)、(MnO)的氧的反应能自动进行,如

$$SiC + 3(FeO) = 3Fe + Co + SiO_2 \quad \Delta G^{\ominus} = -545350 + 67.16T \ J/mol$$

$$1600℃ 时, \Delta H^{\ominus} \approx -545350 \ J/mol, \Delta G^{\ominus} = -418887 \ J/mol$$

表明反应能自动进行,CO 是渣中的发泡气体,在氧化渣中喷入 SiC,可使电炉有充分的利于电弧高功率供电的效果,且发热值较高即每 1 kg Si(SiC 中的 Si)可放出热为 -545.35 kJ/28 g Si × 1000 = 19477 kJ。折合 19477/3600 = 5.41 kW·h;并可回收渣中的 Fe,约为 $2M_{Fe}/M_{Si} = 2 \times 56/28 = 4$。即 1 kg 重的 Si 还原出 4 kg 重的铁进入钢中,提高了钢的成材率。在超高功率的电弧炉冶炼中喷入 SiC 可提高钢的收得率、成材率,降低成本。

**(三)萤石**

萤石主要组成为 CaF_2。加入萤石能够帮助化渣,是良好的助熔剂。萤石的特点是短时间就可以改善炉渣的流动性,还可在炼钢或电弧温度下发生下述反应:

$$SiO_2 + 2CaF_2 = 2CaO + SiF_4 \uparrow$$

产生的 SiF_4 为气体并随炉气散失。再生成的 CaO 会增大炉渣的黏度,炉渣的温度越高时,炉渣由稀变黏的速度越快。萤石用量过多时,会损坏炉衬,还会引起严重的泡沫渣。萤石较贵,因此在调整炉渣流动性时应控制得当。

对萤石的要求:CaF_2 > 85%,SiO_2 < 5% ~ 4%,CaO ≤ 5%,S < 0.2%,H_2O < 0.5%,块度在 5 ~ 50 mm 为宜。

**(四)白云石**

生白云石的主要成分是 CaCO_3·MgCO_3,纯白云石含 CaO 30.41%,MgO 21.86%,CO_2 47.73%。用白云石造渣的目的是使炉渣保持一定的 MgO 含量,以减少炉渣对炉衬的侵蚀,利于提高转炉的炉衬寿命。对生白云石的要求是 MgO > 20%,块度 5 ~ 40 mm。也可采用轻烧白云石。

**(五)合成渣料**

用高碱度的球团或烧结矿,它可显著改善造渣过程,但吸收热量大,影响废钢的使用量。CaO-Al_2O_3 的合成渣料(CaO 45% ~ 50%,Al_2O_3 45% ~ 50%)熔点低,约 1400 ~ 1450℃,是有效的精炼炉炉渣,脱氧、脱硫的效率高,具有较高的钢渣界面张力,即不易混渣,其界面处的 $a_{CaO}$、$a_{Al_2O_3}$、$a_{CaS}$ 很低,它是钢液中[Ca]、[Al]、[S]、[O]反应的促进剂。配制适当比例的 CaO-Al_2O_3 渣是发挥炉渣的脱氧、脱硫作用的先决条件、用皮江法生产 Ca 时,炉中的残留物(CaO-Al_2O_3 综合渣)是经济的原料。

**(六)废黏土砖块**

炼钢时用过的中注管砖、汤道砖和废耐火砖。它可降低炉渣的熔点,是石灰渣的稀释剂,主要成分为 SiO_2 约 60%,Al_2O_3 约 30%。它熔化快,黏度适中,常在电炉还原期造渣时使用。用碳粉还原炉渣时钢液不易增碳,价格便宜,但影响碱度和脱硫效果。常用于冶炼含硫量不很低的钢种。

**(七)氧气**

氧气是炼钢最主要的氧化剂,常用管道输送,O_2 > 98%。冶炼含氮低的钢时 O_2 > 99.5%。使用前应除水,电炉转炉用氧气时 H_2O 应小于 3 g/m^3。

氧的压力视炉子种类和容量大小而定,5 t 电弧炉要求 ≥ 0.5 MPa,40 ~ 50 t 电弧炉用氧压力要求 > 0.7 MPa;小容量顶吹氧气转炉用氧压力要求 0.8 ~ 1.0 MPa,30 t 的要求 0.8 ~ 1.2 MPa,50 t 以上的要求 1 ~ 1.2 MPa(转炉均指单孔喷枪的压力)。为保证上述使用的压力稳定,在贮存罐内的压力应为 2.5 ~ 3.0 MPa。

使用瓶装氧时最常用的氧气瓶容积为 40 L(外径 219 mm,长 1590 mm,壁厚 8 mm,重 67 kg)。这种瓶装氧气在 15 MPa 时装气量为 40×150 = 6000 L = 6 m³,3 MPa 时为 1.2 m³,余类推。

**(八) 铁矿石和氧化铁皮**

在用氧气冶炼操作中,矿石用来氧化钢液中的磷和硅、锰等元素,稳定渣中的磷化物。用矿石氧化钢液的操作中,除氧化上述元素外,还氧化钢液中的碳,但一般用矿的脱碳速度远小于用氧气的脱碳速度,使用氧化铁皮主要稳定渣中脱磷产物,提高脱磷量,并有降低渣温的作用。虽然氧化铁皮比较便宜,含铁量高,但使用前应去除水和油污。

天然富铁矿的成分要求(表 13 - 1 - 29)

表 13 - 1 - 29

| 项　目 | 铁矿石化学成分,w/% | | | | | 块度/mm |
| --- | --- | --- | --- | --- | --- | --- |
| | Fe | SiO₂ | S | P | H₂O | |
| 顶吹氧气转炉 | ≥50 | ≤10 | ≤0.2 | | | 10 ~ 50 |
| 电弧炉 | ≥55 | ≤8 | ≤0.1 | <0.1 | <0.5 | 30 ~ 100 |

氧化铁皮的成分要求(表 13 - 1 - 30)

表 13 - 1 - 30

| 项　目 | 化学成分,w/% | | | | |
| --- | --- | --- | --- | --- | --- |
| | Fe | SiO₂ | S | P | H₂O |
| 氧化铁皮 | >70 | <3 | <0.04 | <0.05 | ≤0.5 |

**(九) 冷却材料**

冷却材料主要用于降低钢液温度,使用时注意带入脉石(SiO₂ 等杂质)使渣量增大。

常用冷却材料由 20℃ 升高到 1600℃ 时每 1 kg 吸收的热量和钢液降低数值的计算值(表 13 - 1 - 31)

表 13 - 1 - 31

| 项　目 | 废　钢 | 萤　石 | 石　灰 | 矿　石 | 石灰石 |
| --- | --- | --- | --- | --- | --- |
| 吸收热量/kJ·kg⁻¹ | 1377 ~ 1549 | 2300 | 2763 | 3014 | 3540 |
| 吸收热量/kW·h·kg⁻¹ | 0.38 ~ 0.43 | 0.64 | 0.77 | 0.84 | 0.99 |
| 降温/℃·t⁻¹ | 1.645 ~ 1.85 | 2.75 | 3.3 | 3.6 | 4.23 |

**(十) 电石[4]**

电石常用于金属的切割和焊接,钢或铁的提炼渣中常用于脱硫和脱氧以小颗粒为主,电石生产时电能消耗在 3000 kW·h/t 左右,(按 300 L/kg 电石计),焦炭消耗在 500 ~ 550 kg 左右。电石中主要含量为 CaC₂,约 80% 左右。常用和 H₂O 反应后的产生乙炔(C₂H₂)的数量表示 CaC₂ 的百分含量。电石中除 CaC₂ 外还有 CaO、Al₂O₃ 等杂质,电石中 CaC₂ 越高相对密度就越小纯 CaC₂ 的熔点为 2300℃,80% 左右的电石其熔点在 2000℃ 左右,电石的导电能力和纯度有关。CaC₂ 含量越高导电能力越好,电石的导电性与温度也有关,温度越高、导电性越好。

$CaC_2$ 含量及其与 $H_2O$ 反应放出乙炔数量的关系（按含水蒸气压力计算，$0.10\ MPa$，$20℃$）（表13-1-32）

表 13-1-32

| 放出乙炔 /L·kg$^{-1}$ | CaC$_2$ /% | 放出乙炔 /L·kg$^{-1}$ | CaC$_2$ /% | 放出乙炔 /L·kg$^{-1}$ | CaC$_2$ /% | 放出乙炔 /L·kg$^{-1}$ | CaC$_2$ /% |
|---|---|---|---|---|---|---|---|
| 220 | 57.73 | 261 | 68.40 | 302 | 79.25 | 343 | 90.01 |
| 221 | 57.99 | 262 | 68.75 | 303 | 79.51 | 344 | 90.28 |
| 222 | 58.25 | 263 | 69.02 | 304 | 79.78 | 345 | 90.54 |
| 223 | 58.52 | 264 | 69.28 | 305 | 80.04 | 346 | 90.80 |
| 224 | 58.78 | 265 | 69.54 | 306 | 80.30 | 347 | 91.09 |
| 225 | 59.04 | 266 | 69.80 | 307 | 80.56 | 348 | 91.33 |
| 226 | 59.30 | 267 | 70.07 | 308 | 80.83 | 349 | 91.59 |
| 227 | 59.59 | 268 | 70.33 | 309 | 81.09 | 350 | 91.74 |
| 228 | 59.83 | 269 | 70.59 | 310 | 81.35 | 351 | 92.11 |
| 229 | 60.09 | 270 | 70.85 | 311 | 81.61 | 352 | 92.38 |
| 230 | 60.35 | 271 | 71.12 | 312 | 81.88 | 353 | 92.64 |
| 231 | 60.62 | 272 | 71.38 | 313 | 82.14 | 354 | 92.90 |
| 232 | 60.88 | 273 | 71.64 | 314 | 82.40 | 355 | 93.16 |
| 233 | 61.14 | 274 | 71.90 | 315 | 82.66 | 356 | 93.43 |
| 234 | 61.40 | 275 | 72.17 | 316 | 82.93 | 357 | 93.68 |
| 235 | 61.62 | 276 | 72.43 | 317 | 83.19 | 358 | 93.95 |
| 236 | 61.93 | 277 | 72.69 | 318 | 83.45 | 359 | 94.21 |
| 237 | 62.19 | 278 | 72.95 | 319 | 83.71 | 360 | 94.48 |
| 238 | 62.45 | 279 | 73.22 | 320 | 83.98 | 361 | 94.74 |
| 239 | 62.72 | 280 | 73.48 | 321 | 84.24 | 362 | 95.00 |
| 240 | 62.98 | 281 | 73.74 | 322 | 84.50 | 363 | 95.26 |
| 241 | 63.24 | 282 | 74.00 | 323 | 84.76 | 364 | 95.53 |
| 242 | 63.50 | 283 | 74.27 | 324 | 85.03 | 365 | 95.79 |
| 243 | 63.77 | 284 | 74.53 | 325 | 85.29 | 366 | 96.05 |
| 244 | 64.03 | 285 | 74.79 | 326 | 85.55 | 367 | 96.31 |
| 245 | 64.29 | 286 | 75.05 | 327 | 85.81 | 368 | 96.58 |
| 246 | 64.55 | 287 | 75.32 | 328 | 86.08 | 369 | 96.84 |
| 247 | 64.82 | 288 | 75.58 | 329 | 86.34 | 370 | 97.11 |
| 248 | 65.09 | 289 | 75.84 | 330 | 86.60 | 371 | 97.37 |
| 249 | 65.34 | 290 | 76.10 | 331 | 86.86 | 372 | 97.63 |
| 250 | 65.50 | 291 | 76.37 | 332 | 87.13 | 373 | 97.90 |
| 251 | 65.87 | 292 | 76.63 | 333 | 87.39 | 374 | 98.16 |
| 252 | 66.13 | 293 | 76.89 | 334 | 87.69 | 375 | 98.42 |
| 253 | 66.39 | 294 | 77.15 | 335 | 87.91 | 376 | 98.68 |
| 254 | 66.65 | 295 | 77.42 | 336 | 88.18 | 377 | 98.95 |
| 255 | 66.92 | 296 | 77.68 | 337 | 88.44 | 378 | 99.21 |
| 256 | 67.18 | 297 | 77.94 | 338 | 88.70 | 379 | 99.47 |
| 257 | 67.44 | 298 | 78.20 | 339 | 88.96 | 380 | 99.83 |
| 258 | 67.70 | 299 | 78.46 | 340 | 89.23 | 381 | 100.00 |
| 259 | 67.97 | 300 | 78.73 | 341 | 89.49 |  |  |
| 260 | 68.22 | 301 | 78.99 | 342 | 89.75 |  |  |

$CaC_2$ 含量及其与 $H_2O$ 反应放出乙炔数量的关系(按减去水蒸气压力计算)(表 13 - 1 - 33)

表 13 - 1 - 33

| 放出乙炔 /L·kg$^{-1}$ | $CaC_2$ /% | 放出乙炔 /L·kg$^{-1}$ | $CaC_2$ /% | 放出乙炔 /L·kg$^{-1}$ | $CaC_2$ /% |
|---|---|---|---|---|---|
| 220 | 59.11 | 273 | 73.35 | 326 | 87.58 |
| 221 | 59.38 | 274 | 73.62 | 327 | 87.85 |
| 222 | 59.65 | 275 | 73.89 | 328 | 88.12 |
| 223 | 59.92 | 276 | 74.15 | 329 | 88.39 |
| 224 | 60.18 | 277 | 74.42 | 330 | 88.66 |
| 225 | 60.45 | 278 | 74.69 | 331 | 88.93 |
| 226 | 60.72 | 279 | 74.96 | 332 | 89.20 |
| 227 | 60.99 | 280 | 75.23 | 333 | 89.47 |
| 228 | 61.25 | 281 | 75.50 | 334 | 89.74 |
| 229 | 61.52 | 282 | 75.77 | 335 | 90.00 |
| 230 | 61.79 | 283 | 76.03 | 336 | 90.27 |
| 231 | 62.06 | 284 | 76.30 | 337 | 90.54 |
| 232 | 62.33 | 285 | 76.57 | 338 | 90.81 |
| 233 | 62.60 | 286 | 76.84 | 339 | 91.18 |
| 234 | 62.87 | 287 | 77.11 | 340 | 91.35 |
| 235 | 63.14 | 288 | 77.37 | 341 | 91.62 |
| 236 | 63.40 | 289 | 77.64 | 342 | 91.89 |
| 237 | 63.67 | 290 | 77.91 | 343 | 92.15 |
| 238 | 63.94 | 291 | 78.18 | 344 | 92.42 |
| 239 | 64.21 | 292 | 78.45 | 345 | 92.69 |
| 240 | 64.48 | 293 | 78.72 | 346 | 92.96 |
| 241 | 64.75 | 294 | 78.98 | 347 | 93.23 |
| 242 | 65.02 | 295 | 79.25 | 348 | 93.49 |
| 243 | 65.29 | 296 | 79.52 | 349 | 93.76 |
| 244 | 65.56 | 297 | 79.79 | 350 | 94.03 |
| 245 | 65.83 | 298 | 80.06 | 351 | 94.30 |
| 246 | 66.10 | 299 | 80.33 | 352 | 94.57 |
| 247 | 66.37 | 300 | 80.60 | 353 | 94.84 |
| 248 | 66.64 | 301 | 80.87 | 354 | 95.11 |
| 249 | 66.91 | 302 | 81.14 | 355 | 95.38 |
| 250 | 67.17 | 303 | 81.41 | 356 | 95.64 |
| 251 | 67.44 | 304 | 81.68 | 357 | 95.91 |
| 252 | 67.71 | 305 | 81.95 | 358 | 96.18 |
| 253 | 67.98 | 306 | 82.21 | 359 | 96.45 |
| 254 | 68.25 | 307 | 82.48 | 360 | 96.72 |
| 255 | 68.52 | 308 | 82.75 | 361 | 96.99 |
| 256 | 68.79 | 309 | 83.02 | 362 | 97.26 |
| 257 | 69.06 | 310 | 83.29 | 363 | 97.52 |
| 258 | 69.33 | 311 | 83.56 | 364 | 97.79 |
| 259 | 69.60 | 312 | 83.83 | 365 | 98.06 |
| 260 | 69.86 | 313 | 84.01 | 366 | 98.33 |
| 261 | 70.12 | 314 | 84.37 | 367 | 98.60 |
| 262 | 70.39 | 315 | 84.63 | 368 | 98.87 |
| 263 | 70.66 | 316 | 84.90 | 369 | 99.14 |
| 264 | 70.93 | 317 | 85.17 | 370 | 99.41 |
| 265 | 71.20 | 318 | 85.44 | 371 | 99.68 |
| 266 | 71.46 | 319 | 85.71 | 372 | 99.94 |
| 267 | 71.73 | 320 | 85.97 | 372.1 | 100.00 |
| 268 | 72.00 | 321 | 86.24 | | |
| 269 | 72.27 | 322 | 86.51 | | |
| 270 | 72.54 | 323 | 86.78 | | |
| 271 | 72.81 | 324 | 87.05 | | |
| 272 | 73.08 | 325 | 87.32 | | |

电石的相对密度和 $CaC_2$ 含量的关系(图 13 - 1 - 5)

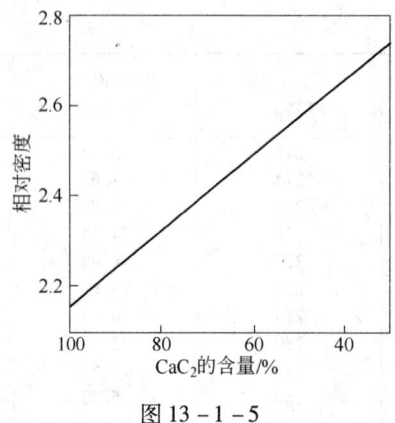

图 13 - 1 - 5

### (十一) 冰晶石

化学分子式为 $Na_3AlF_6$,摩尔质量为 210。炉渣的稀释剂,电解铝时的溶剂。熔点为 1010℃,能和 $Al_2O_3$、$CaF_2$、$NaCl$、$AlF_3$、$KF$ 等形成共晶溶液。

冰晶石和 $Al_2O_3$ 溶液的蒸气压(表 13 - 1 - 34)[5,6]

表 13 - 1 - 34

| 溶液组成(摩尔分数)/% | | 溶液组成/% | | 1000℃ | |
|---|---|---|---|---|---|
| $Na_3AlF_6$ | $Al_2O_3$ | $Na_3AlF_6$ | $Al_2O_3$ | $p_{总}$/Pa | $\Delta H^{\ominus}_{蒸发}$/kJ·mol$^{-1}$ |
| 100 | 0 | 100 | 0 | 493.3 ± 13.3 | 192.0 ± 3.3 |
| 95 | 5 | 97.5 | 2.5 | 400.0 ± 13.3 | 203.3 ± 7.1 |
| 90.2 | 9.8 | 95.0 | 5.0 | 373.3 ± 13.3 | 201.2 ± 10.9 |
| 85.7 | 14.3 | 92.5 | 7.5 | 346.6 ± 13.3 | 203.8 ± 10.0 |
| 81.4 | 18.6 | 90.0 | 10.0 | 333.3 ± 13.3 | 202.5 ± 7.9 |
| 66.0 | 34.0 | 80.0 | 20.0 | | 207.5 ± 1.2 |

在冰晶石—氧化铝溶液中添加 $CaF_2$、$MgF_2$、$NaCl$ 和 $LiF$ 均能减小溶液的蒸气压。

$NaF$-$AlF_3$-$Al_2O_3$ 系的黏度见图 13 - 1 - 6[5,6],各种添加剂对冰晶石溶液黏度的影响(1010℃)见图 13 - 1 - 7[5,6]。

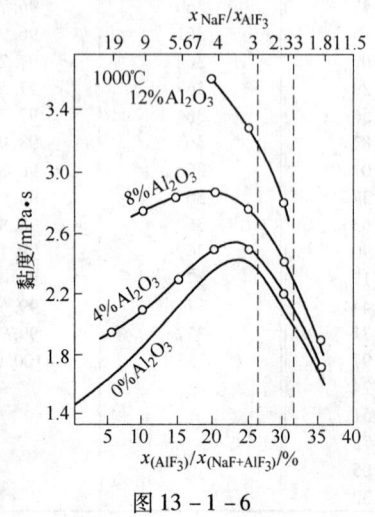

图 13 - 1 - 6

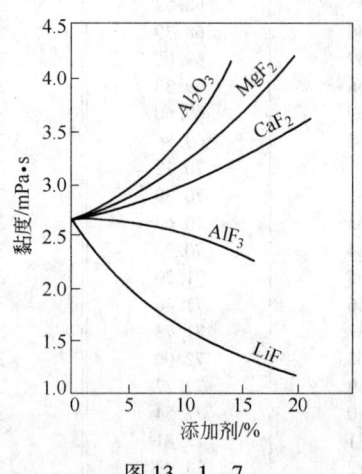

图 13 - 1 - 7

在电解温度 950~970℃时,铝的密度约为 2.3 g/cm³,电解液约为 2.08 g/cm³,二者相差 10% 左右。冰晶石溶液的密度受添加剂的影响,见图 13-1-8。

NaF-AlF₃ 系的电导率和温度的关系见图 13-1-9,各种添加剂对冰晶石溶液电导率的影响见图 13-1-10[5,6]。

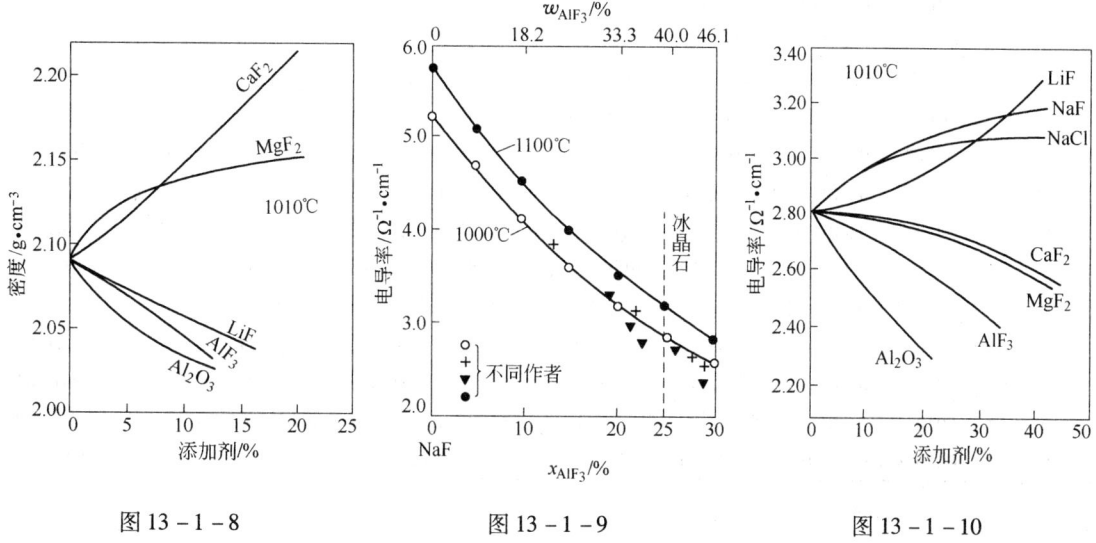

图 13-1-8　　　　　　　　图 13-1-9　　　　　　　　图 13-1-10

## 五、气体

干燥空气的密度(g/cm³)(表 13-1-35)

表 13-1-35

| $t/℃$ \ $p/kPa$ | 93.3 | 94.6 | 96.0 | 97.3 | 98.6 | 100.0 | 101.3 | 102.6 | 104.0 |
|---|---|---|---|---|---|---|---|---|---|
| 0 | 0.001191 | 0.001208 | 0.001225 | 0.001242 | 0.001259 | 0.001276 | 0.001293 | 0.001310 | 0.001327 |
| 1 | 0.001187 | 0.001204 | 0.001221 | 0.001238 | 0.001255 | 0.001272 | 0.001288 | 0.001305 | 0.001322 |
| 2 | 0.001182 | 0.001199 | 0.001216 | 0.001233 | 0.001250 | 0.001267 | 0.001284 | 0.001301 | 0.001318 |
| 3 | 0.001178 | 0.001195 | 0.001212 | 0.001229 | 0.001246 | 0.001262 | 0.001279 | 0.001296 | 0.001313 |
| 4 | 0.001174 | 0.001191 | 0.001207 | 0.001224 | 0.001241 | 0.001258 | 0.001274 | 0.001291 | 0.001308 |
| 5 | 0.001170 | 0.001186 | 0.001203 | 0.001220 | 0.001236 | 0.001253 | 0.001270 | 0.001287 | 0.001303 |
| 6 | 0.001165 | 0.001182 | 0.001199 | 0.001215 | 0.001232 | 0.001249 | 0.001265 | 0.001282 | 0.001299 |
| 7 | 0.001161 | 0.001178 | 0.001194 | 0.001211 | 0.001228 | 0.001244 | 0.001261 | 0.001277 | 0.001294 |
| 8 | 0.001157 | 0.001174 | 0.001190 | 0.001207 | 0.001223 | 0.001240 | 0.001256 | 0.001273 | 0.001289 |
| 9 | 0.001153 | 0.001169 | 0.001186 | 0.001202 | 0.001219 | 0.001235 | 0.001252 | 0.001268 | 0.001285 |
| 10 | 0.001149 | 0.001165 | 0.001182 | 0.001198 | 0.001215 | 0.001231 | 0.001247 | 0.001264 | 0.001280 |
| 11 | 0.001145 | 0.001161 | 0.001178 | 0.001194 | 0.001210 | 0.001227 | 0.001243 | 0.001259 | 0.001276 |
| 12 | 0.001141 | 0.001157 | 0.001173 | 0.001190 | 0.001206 | 0.001222 | 0.001239 | 0.001255 | 0.001271 |
| 13 | 0.001137 | 0.001153 | 0.001169 | 0.001186 | 0.001202 | 0.001218 | 0.001234 | 0.001251 | 0.001267 |
| 14 | 0.001133 | 0.001149 | 0.001165 | 0.001181 | 0.001198 | 0.001214 | 0.001230 | 0.001246 | 0.001262 |
| 15 | 0.001129 | 0.001145 | 0.001161 | 0.001177 | 0.001193 | 0.001210 | 0.001226 | 0.001242 | 0.001258 |
| 16 | 0.001125 | 0.001141 | 0.001157 | 0.001173 | 0.001189 | 0.001205 | 0.001221 | 0.001238 | 0.001254 |

续表 13 - 1 - 35

| $p$/kPa<br>$t$/℃ | 93. 3 | 94. 6 | 96. 0 | 97. 3 | 98. 6 | 100. 0 | 101. 3 | 102. 6 | 104. 0 |
|---|---|---|---|---|---|---|---|---|---|
| 17 | 0. 001121 | 0. 001137 | 0. 001153 | 0. 001169 | 0. 001185 | 0. 001201 | 0. 001217 | 0. 001233 | 0. 001249 |
| 18 | 0. 001117 | 0. 001133 | 0. 001149 | 0. 001165 | 0. 001181 | 0. 001197 | 0. 001213 | 0. 001229 | 0. 001245 |
| 19 | 0. 001113 | 0. 001129 | 0. 001145 | 0. 001161 | 0. 001177 | 0. 001193 | 0. 001209 | 0. 001225 | 0. 001241 |
| 20 | 0. 001110 | 0. 001126 | 0. 001141 | 0. 001157 | 0. 001173 | 0. 001189 | 0. 001205 | 0. 001221 | 0. 001236 |
| 21 | 0. 001106 | 0. 001122 | 0. 001137 | 0. 001153 | 0. 001169 | 0. 001185 | 0. 001201 | 0. 001216 | 0. 001232 |
| 22 | 0. 001102 | 0. 001118 | 0. 001134 | 0. 001149 | 0. 001165 | 0. 001181 | 0. 001197 | 0. 001212 | 0. 001228 |
| 23 | 0. 001198 | 0. 001114 | 0. 001130 | 0. 001145 | 0. 001161 | 0. 001177 | 0. 001193 | 0. 001208 | 0. 001224 |
| 24 | 0. 001195 | 0. 001110 | 0. 001126 | 0. 001142 | 0. 001157 | 0. 001173 | 0. 001189 | 0. 001204 | 0. 001220 |
| 25 | 0. 001091 | 0. 001107 | 0. 001122 | 0. 001138 | 0. 001153 | 0. 001169 | 0. 001185 | 0. 001200 | 0. 001216 |
| 26 | 0. 001087 | 0. 001103 | 0. 001118 | 0. 001134 | 0. 001149 | 0. 001165 | 0. 001181 | 0. 001196 | 0. 001212 |
| 27 | 0. 001084 | 0. 001099 | 0. 001115 | 0. 001130 | 0. 001146 | 0. 001161 | 0. 001177 | 0. 001192 | 0. 001208 |
| 28 | 0. 001080 | 0. 001096 | 0. 001111 | 0. 001126 | 0. 001142 | 0. 001157 | 0. 001173 | 0. 001188 | 0. 001204 |
| 29 | 0. 001077 | 0. 001092 | 0. 001107 | 0. 001123 | 0. 001138 | 0. 001153 | 0. 001169 | 0. 001184 | 0. 001200 |
| 30 | 0. 001073 | 0. 001088 | 0. 001104 | 0. 001119 | 0. 001134 | 0. 001150 | 0. 001165 | 0. 001180 | 0. 001196 |

注: $t$ 为空气温度, $p$ 为空气压力。

在温度为 $t$℃, 压力为 $p$ kPa 下干燥空气的密度可按下式计算: $\rho_{空} = 0.0012923 \times \dfrac{1}{1 + 0.00366t} \times \dfrac{p}{101.3} (g/cm^3)$。

## 干空气的物理参数(98 kPa)(表 13 - 1 - 36)

表 13 - 1 - 36

| 温度 $t$<br>/℃ | 密度 $\rho$<br>/kg·m$^{-3}$ | 比热容 $c_p$<br>/kJ·(kg·℃)$^{-1}$ | 热导率 $\lambda$<br>/W·(m·℃)$^{-1}$ | 导温系数 $a$<br>/m$^2$·h$^{-1}$ | 动力黏度 $\mu$<br>/kg·s·m$^{-2}$ | 运动黏度 $\nu$<br>/m$^2$·s$^{-1}$ | 普朗特数<br>$Pr$ |
|---|---|---|---|---|---|---|---|
| 0 | 1. 252 | 1. 0083 | $2.37 \times 10^{-2}$ | $6.75 \times 10^{-2}$ | $1.78 \times 10^{-6}$ | $13.96 \times 10^{-6}$ | 0. 741 |
| 10 | 1. 206 | 1. 0096 | $2.44 \times 10^{-2}$ | $7.24 \times 10^{-2}$ | $1.82 \times 10^{-6}$ | $14.82 \times 10^{-6}$ | 0. 738 |
| 20 | 1. 164 | 1. 0108 | $2.51 \times 10^{-2}$ | $7.66 \times 10^{-2}$ | $1.86 \times 10^{-6}$ | $15.68 \times 10^{-6}$ | 0. 735 |
| 30 | 1. 127 | 1. 0121 | $2.58 \times 10^{-2}$ | $8.14 \times 10^{-2}$ | $1.905 \times 10^{-6}$ | $16.60 \times 10^{-6}$ | 0. 734 |
| 40 | 1. 092 | 1. 0134 | $2.65 \times 10^{-2}$ | $8.61 \times 10^{-2}$ | $1.95 \times 10^{-6}$ | $17.52 \times 10^{-6}$ | 0. 732 |
| 50 | 1. 057 | 1. 0150 | $2.72 \times 10^{-2}$ | $9.12 \times 10^{-2}$ | $1.99 \times 10^{-6}$ | $18.47 \times 10^{-6}$ | 0. 730 |
| 60 | 1. 025 | 1. 0163 | $2.79 \times 10^{-2}$ | $9.64 \times 10^{-2}$ | $2.03 \times 10^{-6}$ | $19.43 \times 10^{-6}$ | 0. 727 |
| 70 | 0. 996 | 1. 0175 | $2.86 \times 10^{-2}$ | $10.2 \times 10^{-2}$ | $2.08 \times 10^{-6}$ | $20.45 \times 10^{-6}$ | 0. 726 |
| 80 | 0. 968 | 1. 0188 | $2.93 \times 10^{-2}$ | $10.63 \times 10^{-2}$ | $2.12 \times 10^{-6}$ | $21.5 \times 10^{-6}$ | 0. 726 |
| 90 | 0. 942 | 1. 0201 | $3.00 \times 10^{-2}$ | $11.24 \times 10^{-2}$ | $2.165 \times 10^{-6}$ | $22.58 \times 10^{-6}$ | 0. 722 |
| 100 | 0. 916 | 1. 0213 | $3.07 \times 10^{-2}$ | $11.80 \times 10^{-2}$ | $2.21 \times 10^{-6}$ | $23.7 \times 10^{-6}$ | 0. 722 |
| 120 | 0. 870 | 1. 0238 | $3.20 \times 10^{-2}$ | $12.9 \times 10^{-2}$ | $2.30 \times 10^{-6}$ | $25.9 \times 10^{-6}$ | 0. 722 |
| 140 | 0. 827 | 1. 0263 | $3.32 \times 10^{-2}$ | $14.10 \times 10^{-2}$ | $2.38 \times 10^{-6}$ | $28.2 \times 10^{-6}$ | 0. 722 |
| 160 | 0. 789 | 1. 0293 | $3.44 \times 10^{-2}$ | $15.25 \times 10^{-2}$ | $2.46 \times 10^{-6}$ | $30.6 \times 10^{-6}$ | 0. 722 |
| 180 | 0. 755 | 1. 0318 | $3.57 \times 10^{-2}$ | $16.50 \times 10^{-2}$ | $2.54 \times 10^{-6}$ | $33.0 \times 10^{-6}$ | 0. 721 |
| 200 | 0. 723 | 1. 0343 | $3.70 \times 10^{-2}$ | $17.80 \times 10^{-2}$ | $2.62 \times 10^{-6}$ | $35.6 \times 10^{-6}$ | 0. 721 |

| 温度 t /℃ | 密度 ρ /kg·m⁻³ | 比热容 $c_p$ /kJ·(kg·℃)⁻¹ | 热导率 λ /W·(m·℃)⁻¹ | 导温系数 a /m²·h⁻¹ | 动力黏度 μ /kg·s·m⁻² | 运动黏度 ν /m²·s⁻¹ | 普朗特数 Pr |
|---|---|---|---|---|---|---|---|
| 250 | 0.653 | 1.0418 | $4.00 \times 10^{-2}$ | $21.20 \times 10^{-2}$ | $2.81 \times 10^{-6}$ | $42.2 \times 10^{-6}$ | 0.717 |
| 300 | 0.596 | 1.0460 | $4.29 \times 10^{-2}$ | $24.75 \times 10^{-2}$ | $2.99 \times 10^{-6}$ | $49.2 \times 10^{-6}$ | 0.716 |
| 350 | 0.549 | 1.0544 | $4.57 \times 10^{-2}$ | $28.40 \times 10^{-2}$ | $3.16 \times 10^{-6}$ | $56.5 \times 10^{-6}$ | 0.716 |
| 400 | 0.508 | 1.0586 | $4.85 \times 10^{-2}$ | $32.40 \times 10^{-2}$ | $3.34 \times 10^{-6}$ | $64.5 \times 10^{-6}$ | 0.716 |
| 500 | 0.442 | 1.0753 | $5.39 \times 10^{-2}$ | $40.80 \times 10^{-2}$ | $3.65 \times 10^{-6}$ | $81.0 \times 10^{-6}$ | 0.713 |
| 600 | 0.391 | 1.0878 | $5.81 \times 10^{-2}$ | $49.10 \times 10^{-2}$ | $3.94 \times 10^{-6}$ | $98.9 \times 10^{-6}$ | 0.723 |
| 800 | 0.318 | 1.1129 | $6.68 \times 10^{-2}$ | $68.00 \times 10^{-2}$ | $4.45 \times 10^{-6}$ | $137 \times 10^{-6}$ | 0.725 |
| 1000 | 0.268 | 1.1380 | $7.61 \times 10^{-2}$ | $89.90 \times 10^{-2}$ | $4.94 \times 10^{-6}$ | $181 \times 10^{-6}$ | 0.725 |
| 1200 | 0.232 | 1.1632 | $8.45 \times 10^{-2}$ | $112.5 \times 10^{-2}$ | $5.37 \times 10^{-6}$ | $227 \times 10^{-6}$ | 0.725 |
| 1400 | 0.204 | 1.1882 | $9.3 \times 10^{-2}$ | $138.0 \times 10^{-2}$ | $5.79 \times 10^{-6}$ | $278 \times 10^{-6}$ | 0.725 |
| 1600 | 0.182 | 1.2175 | $10.11 \times 10^{-2}$ | $165.0 \times 10^{-2}$ | $6.16 \times 10^{-6}$ | $332 \times 10^{-6}$ | 0.725 |
| 1800 | 0.165 | 1.2426 | $10.92 \times 10^{-2}$ | $192.0 \times 10^{-2}$ | $6.51 \times 10^{-6}$ | $387 \times 10^{-6}$ | 0.725 |

气体在不同温度下的平均比热容(表 13 - 1 - 37)

表 13 - 1 - 37

| 温度 /℃ | 气体的平均比热容(标态)/kJ·(m³·℃)⁻¹ | | | | | | | | | | | | | |
|---|---|---|---|---|---|---|---|---|---|---|---|---|---|---|
| | 干空气 | 湿空气 | 水蒸气 | $O_2$ | $N_2$ | CO | $H_2$ | $CO_2$ | $SO_2$ | $CH_4$ | $C_2H_4$ | $H_2S$ | $C_2H_6$ | 燃烧产物(近似) |
| | 1.298 | 1.323 | 1.495 | 1.306 | 1.294 | 1.298 | 1.277 | 1.599 | 1.733 | 1.549 | 1.825 | 1.507 | 2.211 | 1.424 |
| 100 | 1.302 | 1.327 | 1.507 | 1.319 | 1.298 | 1.302 | 1.290 | 1.700 | 1.813 | 1.641 | 2.064 | 1.532 | 2.495 | |
| 200 | 1.306 | 1.336 | 1.524 | 1.336 | 1.298 | 1.306 | 1.298 | 1.788 | 1.888 | 1.758 | 2.282 | 1.562 | 2.776 | 1.424 |
| 300 | 1.315 | 1.344 | 1.541 | 1.357 | 1.306 | 1.315 | 1.298 | 1.863 | 1.955 | 1.888 | 2.495 | 1.595 | 3.044 | |
| 400 | 1.327 | 1.357 | 1.566 | 1.377 | 1.315 | 1.327 | 1.302 | 1.930 | 2.018 | 2.014 | 2.688 | 1.633 | 3.308 | 1.457 |
| 500 | 1.344 | 1.369 | 1.591 | 1.398 | 1.327 | 1.344 | 1.306 | 1.989 | 2.068 | 2.139 | 2.864 | 1.671 | 3.555 | |
| 600 | 1.357 | 1.386 | 1.616 | 1.415 | 1.340 | 1.357 | 1.310 | 2.043 | 2.114 | 2.261 | 3.027 | 1.708 | 3.776 | 1.491 |
| 700 | 1.369 | 1.398 | 1.641 | 1.436 | 1.352 | 1.373 | 1.315 | 2.089 | 2.152 | 2.378 | 3.169 | 1.746 | 3.986 | |
| 800 | 1.382 | 1.411 | 1.666 | 1.449 | 1.365 | 1.386 | 1.319 | 2.098 | 2.181 | 2.495 | 3.308 | 1.784 | 4.174 | 1.520 |
| 900 | 1.398 | 1.428 | 1.696 | 1.465 | 1.377 | 1.398 | 1.323 | 2.169 | 2.215 | 2.600 | 3.433 | 1.817 | 4.363 | |
| 1000 | 1.411 | 1.440 | 1.725 | 1.478 | 1.390 | 1.411 | 1.331 | 2.202 | 2.236 | 2.700 | 3.546 | 1.851 | 4.530 | 1.545 |
| 1100 | 1.424 | 1.453 | 1.750 | 1.491 | 1.403 | 1.424 | 1.336 | 2.236 | 2.261 | 2.788 | 3.655 | 1.884 | 4.685 | |
| 1200 | 1.432 | 1.461 | 1.775 | 1.503 | 1.415 | 1.436 | 1.344 | 2.265 | 2.278 | 2.864 | 3.751 | 1.909 | 4.827 | 1.566 |
| 1300 | 1.444 | 1.474 | 1.805 | 1.511 | 1.424 | 1.449 | 1.352 | 2.290 | 2.299 | 2.889 | | | | |
| 1400 | 1.453 | 1.482 | 1.830 | 1.520 | 1.436 | 1.457 | 1.361 | 2.315 | 2.319 | 2.960 | | | | 1.591 |
| 1500 | 1.470 | 1.495 | 1.855 | 1.528 | 1.444 | 1.465 | 1.369 | 2.336 | 2.340 | 3.031 | | | | |
| 1600 | 1.478 | 1.503 | 1.876 | 1.537 | 1.453 | 1.474 | 1.373 | 2.357 | 2.361 | | | | | 1.616 |
| 1700 | 1.486 | 1.511 | 1.901 | 1.545 | 1.461 | 1.482 | 1.382 | 2.374 | 2.382 | | | | | |
| 1800 | 1.495 | 1.520 | 1.922 | 1.553 | 1.470 | 1.491 | 1.390 | 2.391 | | | | | | 1.641 |
| 1900 | 1.499 | 1.528 | 1.943 | 1.562 | 1.474 | 1.499 | 1.398 | 2.407 | | | | | | |
| 2000 | 1.507 | 1.532 | 1.964 | 1.570 | 1.482 | 1.503 | 1.407 | 2.424 | | | | | | 1.666 |
| 2100 | 1.516 | 1.541 | 1.985 | 1.574 | 1.491 | 1.511 | 1.415 | 2.437 | | | | | | |
| 2200 | 1.520 | 1.549 | 2.001 | 1.583 | 1.495 | 1.516 | 1.424 | 2.449 | | | | | | |
| 2300 | 1.524 | 1.553 | 2.018 | 1.591 | 1.503 | 1.520 | 1.432 | 2.462 | | | | | | |
| 2400 | 1.532 | 1.562 | 2.035 | 1.595 | 1.507 | 1.528 | 1.436 | 2.470 | | | | | | |
| 2500 | 1.537 | 1.566 | 2.052 | 1.604 | 1.511 | 1.532 | 1.444 | 2.483 | | | | | | |

混合气体物理参数的计算公式（表 13-1-38）[1]

表 13-1-38

| 混合气体表示法 / 质量分数与体积分数互换公式 | 混合气体的密度 | 混合气体的比容 | 气体分压力 | 混合气体平均分子量 | 混合气体的气体常数 | 混合气体的比热容 | 动力黏度 | 运动黏度 |
|---|---|---|---|---|---|---|---|---|
| 按照质量分数 $w_1, w_2 \cdots w_i \cdots w_n$ <br> $\varphi_i = \dfrac{\dfrac{w_i}{M_i}}{\sum\limits_1^n \dfrac{w_i}{M_i}}$ | $\rho_c = \dfrac{1}{\sum\limits_1^n \dfrac{w_i}{\rho_i}}$ | $v_c = \dfrac{1}{\sum\limits_1^n \dfrac{w_i}{\rho_i}}$ | $p_i = w_i \dfrac{A_i}{A_c} p_c$ | $M_c = \dfrac{1}{\sum\limits_1^n \dfrac{w_i}{M_i}}$ | $A_c = \sum\limits_1^n w_i A_i$ $= \dfrac{848}{M_c}$ | $c_c = \sum\limits_1^n w_i c_i$ | | |
| 按照体积分数 $\varphi_1, \varphi_2 \cdots \varphi_i \cdots \varphi_n$ <br> $w_i = \dfrac{\varphi_i M_i}{\sum\limits_1^n \varphi_i M_i}$ | $\rho_c = \sum \rho_i \varphi_i$ | $v_c = \dfrac{1}{\sum \rho_i \varphi_i}$ | $p_i = \varphi_i p_c$ | $M_c = \sum\limits_1^n \varphi_i M_i$ | $A_c = \dfrac{1}{\sum\limits_1^n \dfrac{\varphi_i}{A_i}}$ $= \dfrac{848}{M_c}$ | $c_c = \dfrac{\sum\limits_1^n \varphi_i M_i c_i}{\sum\limits_1^n \varphi_i M_i}$ | $\mu_c = \dfrac{1}{\sum\limits_1^n \dfrac{\varphi_i}{\mu_i}}$ | $\nu_c = \dfrac{1}{\sum\limits_1^n \dfrac{\varphi_i}{\nu_i}}$ |

注：$\varphi_1, \varphi_2 \cdots \varphi_i \cdots \varphi_n$——组成气体占混合气体总体积的百分分数，%；

$w_1, w_2 \cdots w_i \cdots w_n$——组成气体占混合气体总重量的百分分数，%；

$A_1, A_2 \cdots A_i \cdots A_n$——组成气体的气体特殊常数，m/K；

$p_1, p_2 \cdots p_i \cdots p_n$——组成气体的分压力，Pa；

$\rho_1, \rho_2 \cdots \rho_i \cdots \rho_n$——组成气体的密度，$kg/m^3$；

$c_1, c_2 \cdots c_i \cdots c_n$——组成气体的比热容，$kJ/(kg \cdot ℃)$；

$M_1, M_2 \cdots M_i \cdots M_n$——混合气体的平均分子量；

$\nu_1, \nu_2 \cdots \nu_i \cdots \nu_n$——混合气体的运动黏度，$m^2/s$。

# 第二节　耐火材料的性质[3,7]

## 一、耐火材料的分类和组成

按照加工方式和外观,耐火材料可分为烧成砖、不烧成砖、电熔砖、不定形耐火材料(包括浇注料、捣打料、可塑料、喷射料等)、绝热材料、耐火纤维、高温陶瓷材料等。

按照使用温度,耐火材料可分为普通耐火制品(1580~1770℃)、高级耐火制品(1770~2000℃)、特级耐火制品(>2000℃)。

耐火材料的分类(表13-2-1)

表13-2-1

| 分　类 | 耐火材料名称 | 主　要　原　料 | 主　要　成　分 |
|---|---|---|---|
| 酸性耐火材料 | 黏土质耐火材料 | 耐火黏土 | $SiO_2 + Al_2O_3$ |
| | 叶蜡质耐火材料 | 叶蜡石 | $SiO_2 + Al_2O_3$ |
| | 硅质耐火材料 | 石英岩、硅石 | $SiO_2$ |
| | 半硅质耐火材料 | | $SiO_2(Al_2O_3)$ |
| | 石英玻璃 | | $SiO_2$ |
| | 锆质耐火材料 | 锆石英 | $ZrO_2 + SiO_2$ |
| 中性耐火材料 | 高铝质耐火材料 | 铝矾土、蓝晶石、硅线石、红柱石 | $Al_2O_3 + SiO_2$ |
| | 刚玉质耐火材料 | 工业铝氧、电熔刚玉 | $Al_2O_3$ |
| | 铬质耐火材料 | 铬铁矿 | $Cr_2O_3$, $MgO$, $Al_2O_3$, $FeO$ |
| | 碳质耐火材料 | 炭素材料、石墨 | $C$ |
| | 碳化硅质耐火材料 | 碳化硅 | $SiC$ |
| 碱性耐火材料 | 镁质耐火材料 | 菱镁矿,海水镁矿 | $MgO$ |
| | 镁铝质耐火材料 | | $MgO + Al_2O_3$ |
| | 铬镁质耐火材料 | | $MgO + Cr_2O_3$ |
| | 镁橄榄石质耐火材料 | 蛇纹岩,橄榄岩,滑石等 | $MgO + SiO_2$ |
| | 白云石质耐火材料 | 白云石 | $CaO + MgO$ |
| | 石灰质耐火材料 | 石灰、化学纯碳酸钙 | $CaO$ |

耐火材料的组成(图13-2-1)

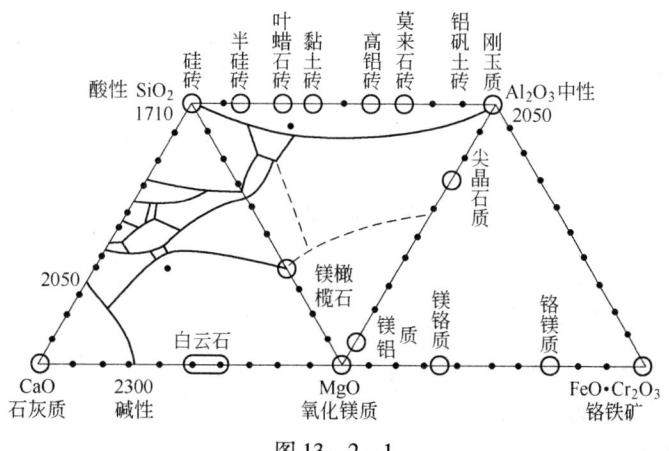

图13-2-1

## 二、耐火材料的主要性质[2]

### （一）显气孔率

显气孔率指开口气孔与贯通气孔的体积之和占总体积的百分率。显气孔率 $Pa$ 计算公式：

气孔的分类（图 13-2-2）

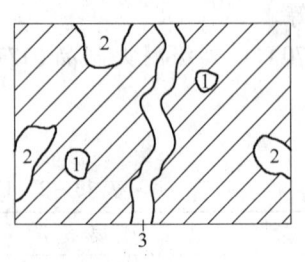

$$Pa = \frac{m_3 - m_1}{m_3 - m_2} \times 100\%$$

式中　$m_1$——干燥试样的质量，g；

　　　$m_2$——浸入水中称得的质量，g；

　　　$m_3$——饱和水的试样在空气中的质量，g。

耐火制品中的气孔的导热能力低，气孔率越大，热导率越小。当气孔率的总值相同时，气孔体积大的热导率小。

黏土砖的体积密度和热导率的关系：

图 13-2-2

1—封闭气孔，在制品中不与外界连通；
2—开口气孔，气孔的一端与外界连通；
3—贯通气孔，贯通制品的两面

| 体积密度/g·cm$^{-3}$ | 0.8 | 1.95 | 2.2 |
| --- | --- | --- | --- |
| 热导率/W·(m·K)$^{-1}$ | 0.58 | 1.05 | 1.28 |
| 热导率/kJ·(m·h·℃)$^{-1}$ | 2.09 | 3.76 | 4.6 |

气孔率大的耐火制品常用于隔热、绝热材料。耐火制品的密度高时砖的力学性能好，有利于抗渣侵蚀和抗热震。它决定于高压成形设备的压力和颗粒（粗细）的配比。

常用耐火材料和隔热材料的密度（表 13-2-2）

表 13-2-2

| 名　称 | 密度/g·cm$^{-3}$ | 名　称 | 密度/g·cm$^{-3}$ |
| --- | --- | --- | --- |
| 黏土耐火砖 | 2.0~2.1 | 石墨砖 | 1.42 |
| 硅质耐火砖 | 1.9 | 刚玉砖 | 2.96~3.1 |
| 镁质耐火砖 | 2.6 | 耐火混凝土 | 1.7~2.0 |
| 高铝耐火砖 | 3.0~3.2 | 石棉板 | 1.0~1.3 |
| 镁铬耐火砖 | 2.8~3.0 | 石棉绳 | 0.8 |
| 镁硅耐火砖 | 2.6 | 炭素填料 | 1.6 |
| 高铝砖 | 2.3~2.75 | 石棉泥料 | 0.9 |
| 轻质硅砖 | 1.2 | 粘土泥料 | 1.7 |
| 轻质黏土砖 | 0.3~1.3 | 水渣石棉填料 | 1.2 |
| 轻质高铝砖 | 0.77~1.5 | 硅藻土粉 | 0.6~0.68 |
| 半硅砖 | 2.0 | 镁砂粒 | 1.65~1.80 |
| 硅藻土砖 | 0.45~0.65 | 耐火黏土粉 | 1.1 |
| 炭　砖 | 1.4~1.6 | 水玻璃 | 1.3~1.5 |
| 碳化硅砖 | 2.4 | 耐高温玻璃 | 2.23 |

### （二）透气度

透气度是耐火制品允许气体在压差下通过的性能，用透气系数表示。透气系数 $K$ 计算公式如下：

$$K = Qd/(\Delta\rho At)$$

式中　$K$——透气系数（透气率）；

　　　$Q$——气体透过的数量，cm$^3$；

　　　$d$——试样的厚度，cm；

　　　$\Delta\rho$——试样两端的压差，Pa；

　　　$A$——试样的横截面积，cm$^2$；

　　　$t$——气体透过时间，s。

吹氩精炼使用的透气砖,其透气度是重要的指标,普通用的耐火砖透气度高时,会增大炉渣的浸蚀速度。

### (三) 热导率

热导率指耐火材料在单位温度梯度条件下通过单位面积的热流速率。热导率表达式(热线法测定用):

$$\lambda = \frac{IV}{4\pi L} \times \frac{\ln(t_2 - t_1)}{Q_2 - Q_1}$$

式中　$\lambda$——热导率,W/(m·K);

　　　　$I$——加热电流,A;

　　　　$L$——热线长度,m;

　　　　$V$——热线两端电压,V;

　　　　$t_1$,$t_2$——加热电流接通后测量的时间,min;

　　　　$Q_1$,$Q_2$——热线在 $t_1$、$t_2$ 时的对应温度,℃。

常用耐火砖的透气率(图 13 - 2 - 3)[5]

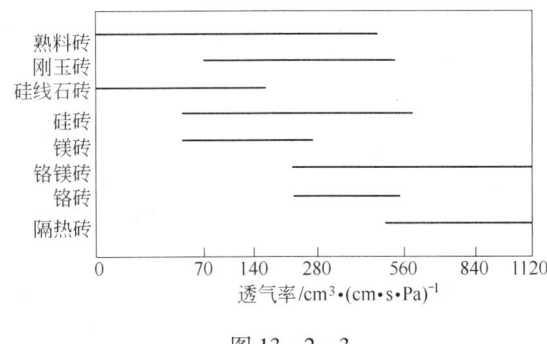

图 13 - 2 - 3

由热导率可计算耐火材料的保温效果,耐火制品的材质的化学组成和晶体结构、致密度等对热导率都有明显的影响。

耐火材料的热导率和温度的关系(图 13 - 2 - 4)[8]

隔热材料的热导率和平均隔热温度的关系(图 13 - 2 - 5)[8]

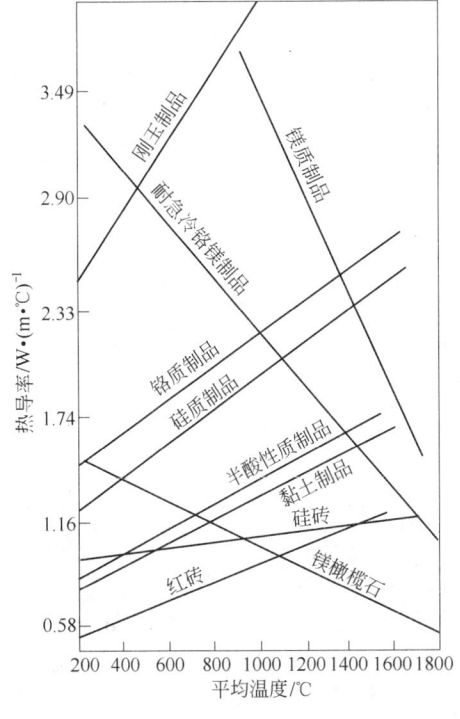

图 13 - 2 - 4

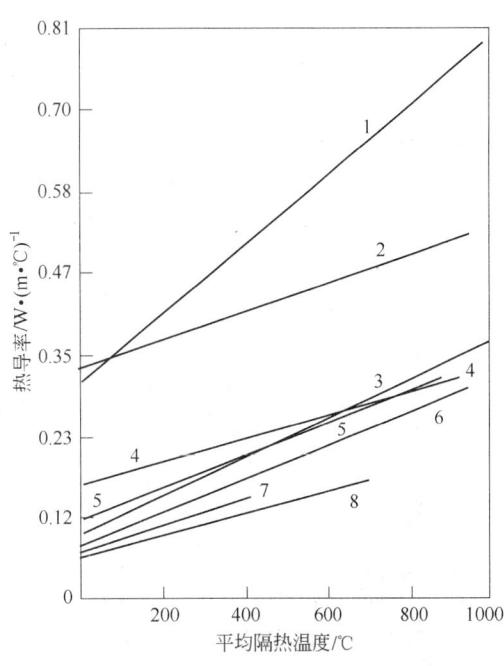

图 13 - 2 - 5

1—加入能烧尽物质的轻耐火砖;2—轻泡沫砖;
3—似硅藻土粉;4—新型石棉硅藻土粉;5—锯木屑硅藻土粉;
6—泡沫硅藻土粉;7—石棉白云石板;8—渣棉(200 kg/m³)

隔热砖的热导率和温度的关系(图 13 - 2 - 6)[5]

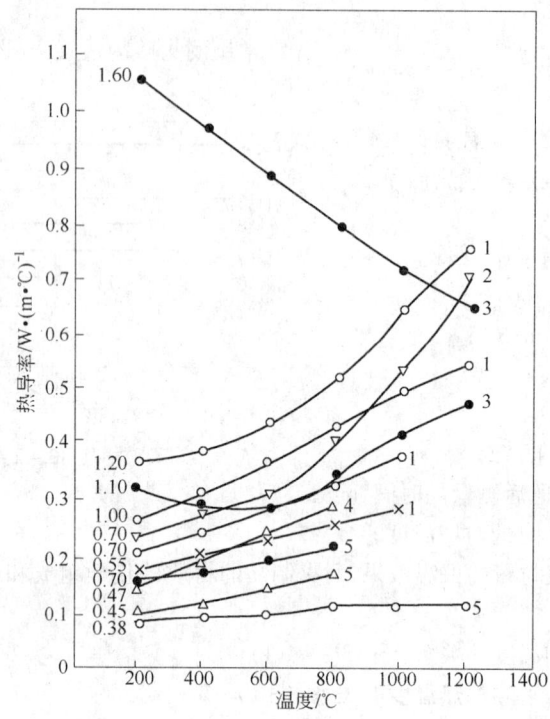

图 13 - 2 - 6

1—黏土砖；2—硅砖；3—硅线石砖；4—蛭石砖；5—硅藻土隔热砖

## （四）比热容

比热容指常压下加热 1 kg 耐火制品升高 1℃所需的热量。用下式表示：

$$c = \frac{Q}{G(t_1 - t_2)}$$

式中　　$c$——比热容，kJ/(kg·℃)；

　　　　$Q$——加热试样所消耗的热量，kJ；

　　　　$G$——试样的质量，kg；

　　$t_2, t_1$——试样加热后、前的温度，℃。

常用耐火材料和隔热材料的比热容(表 13 - 2 - 3)

表 13 - 2 - 3

| 材 料 名 称 | 比热容/kJ·(kg·℃)⁻¹ | 材 料 名 称 | 比热容/kJ·(kg·℃)⁻¹ |
|---|---|---|---|
| 矿渣砖 | 0.75 | 石棉水泥隔热板(轻质) | 0.84 |
| 矿渣砖(轻质) | 0.75 | 石棉水泥隔热板(特轻质) | 0.84 |
| 砖砌体 | 0.79 | 矿渣棉 | 0.75 |
| 重砂浆黏土砖砌体 | 0.79 | 矿渣棉 | 0.75 |
| 重砂浆硅酸盐砖砌体 | 0.84 | 耐火黏土 | 1.09 |
| 石棉水泥隔热板 | 0.84 | 干黏土 | 0.94 |

黏土砖的比热容、热导率和温度的关系(图 13 - 2 - 7)[8]

硅砖的比热容、热导率和温度的关系(图 13 - 2 - 8)[8]

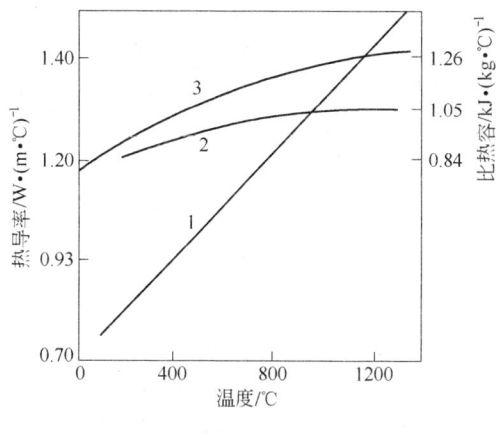

图 13 – 2 – 7

1—热导率；2—平均比热容；3—真实比热容

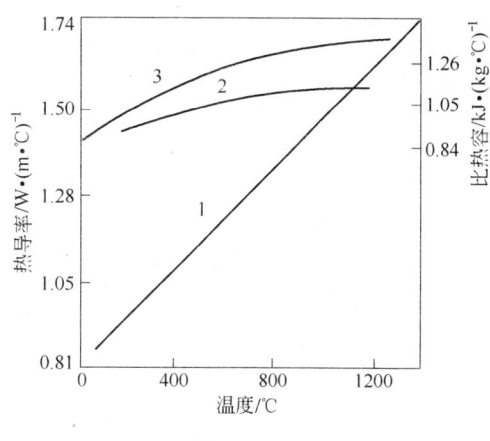

图 13 – 2 – 8

1—热导率；2—平均比热容；3—真实比热容

镁砖的比热容、热导率和温度的关系（图 13 – 2 – 9）[8]

耐火砖的平均比热和温度的关系（图 13 – 2 – 10）

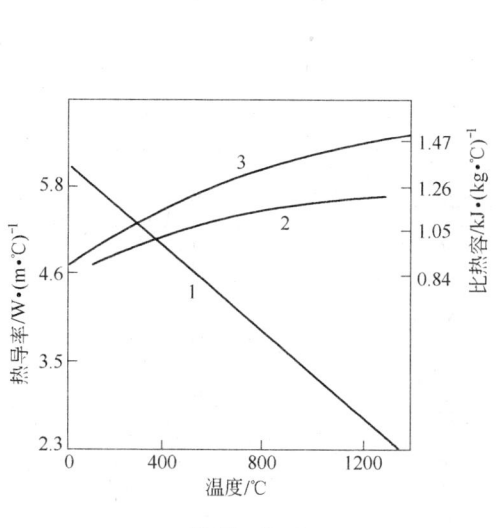

图 13 – 2 – 9

1—热导率；2—平均比热容；3—真实比热容

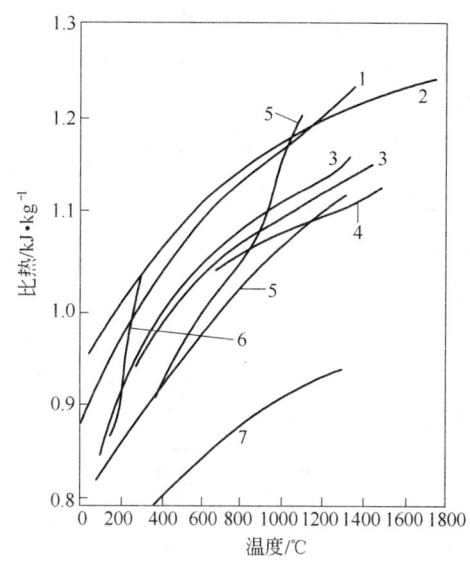

图 13 – 2 – 10

1—镁砖；2—MgO；3—硅砖；4—硅线石砖；

5—熟料砖；6—白硅石砖；7—铬砖

（五）线膨胀率

线膨胀率指室温至试验温度之间试样长度的相对变化率（%），表达式如下：

$$\rho = \frac{L_t - L_0}{L_0} \times 100$$

式中　$L_0$——试样在室温下的长度，mm；

　　　　$L_t$——加热至试验温度 $t$ 时的长度，mm。

由于晶型转变、相变等多种原因，各温度的线膨胀率是不同的。

线膨胀率会影响砌体尺寸的严密程度和结构，可反映耐火材料受热后的热应力的大小及分布，晶型转变及抗热震稳定性等。

线膨胀系数是指由室温至实验温度之间，每升高1℃，试样长度的相对变化率。计算式为：

$$\alpha = \frac{\rho}{(t - t_0) \times 100}, 10^{-6}/℃$$

试锥在不同熔融阶段的弯倒情况（图13-2-11）

式中　$\rho$——试样的线膨胀率，%；

　　　$t_0$——室温，℃；

　　　$t$——试验温度，℃。

（六）耐火度

耐火度指耐火材料在一定温度下开始产生液相，到升至一定温度时才能全部熔化。

耐火度的测定方法是将材料做成截头三角锥。在规定的加热条件下，与标准高温锥弯倒情况作比较，直至试锥顶部弯倒接触底盘，此时与试锥同时弯倒的标准高温锥可代表的温度即为该试锥的耐火度。

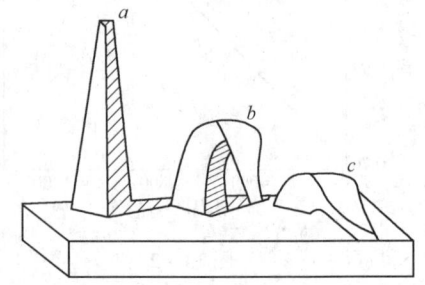

图13-2-11
a—熔融开始以前；b—在相当于耐火度的温度下；
c—在高于耐火度的温度下

耐火度的另外一种表示方法即是用测温锥的标号法，我国用"WZ"和锥体弯倒温度的十分之一来标号，英国、日本用"SK"标号。

测温锥的 WZ 和 SK 标号对照表（表13-2-4）

表13-2-4

| 中温部分 | | | | 高温部分 | | | |
|---|---|---|---|---|---|---|---|
| WZ 标号 | SK 标号 | Seger 标准/℃ | 美国标准/℃ | WZ 标号 | SK 标号 | Seger 标准/℃ | 美国标准/℃ |
| 110 | 1 | 1100 | 1160 | 158 | 26 | 1580 | 1595 |
| 112 | 2 | 1120 | 1165 | 161 | 27 | 1610 | 1605 |
| 114 | 3 | 1140 | 1170 | 163 | 28 | 1630 | 1615 |
| 116 | 4 | 1160 | 1190 | 165 | 29 | 1650 | 1640 |
| 118 | 5 | 1180 | 1205 | 167 | 30 | 1670 | 1650 |
| 120 | 6 | 1200 | 1230 | 169 | 31 | 1690 | 1680 |
| 123 | 7 | 1230 | 1250 | 171 | 32 | 1710 | 1700 |
| 125 | 8 | 1250 | 1260 | 173 | 33 | 1730 | 1745 |
| 128 | 9 | 1280 | 1285 | 175 | 34 | 1750 | 1760 |
| 130 | 10 | 1300 | 1305 | 177 | 35 | 1770 | 1785 |
| 132 | 11 | 1320 | 1325 | 179 | 36 | 1790 | 1810 |
| 135 | 12 | 1350 | 1335 | 182 | 37 | 1825 | 1820 |
| 138 | 13 | 1380 | 1350 | 185 | 38 | 1805 | 1835 |
| 141 | 14 | 1410 | 1400 | 188 | 39 | 1880 | |
| 143 | 15 | 1435 | 1435 | 192 | 40 | 1920 | |
| 146 | 16 | 1460 | 1465 | 196 | 41 | 1960 | |
| 148 | 17 | 1480 | 1475 | 200 | 42 | 2000 | |
| 150 | 18 | 1500 | 1490 | | | | |
| 152 | 19 | 1520 | 1520 | | | | |
| 153 | 20 | 1540 | 1530 | | | | |

注：升温速度规定：Seger 锥每小时600℃，美国标准锥中温部分每小时15℃，高温部分每小时1000℃。

一些耐火原料及制品的耐火度（表13-2-5）

表13-2-5

| 名　　称 | 耐火度范围/℃ |
|---|---|
| 结晶硅石 | 1730～1770 |
| 硅　砖 | 1690～1730 |
| 硬质黏土 | 1750～1770 |

续表 13 - 2 - 5

| 名　　称 | 耐火度范围/℃ |
|---|---|
| 黏土砖 | 1610 ~ 1750 |
| 高铝砖 | 1770 ~ 2000 |
| 镁　砖 | 72000 |
| 白云石砖 | > 2000 |

**（七）荷重软化温度**

荷重软化温度可称为高温荷重变形温度,测定时是加压 0.2 MPa 时,从试样膨胀的最高点压缩至它原始高度的 0.6% 称软化开始温度,4% 为软化变形温度及 40% 变形温度。

常见几种耐火制品的变形温度（表 13 - 2 - 6）

表 13 - 2 - 6

| 砖　种 | 0.6%（开始）变形温度 $T_H$/℃ | 4% 变形温度/℃ | 40% 变形温度 $T_K$/℃ | $T_K - T_H$ /℃ |
|---|---|---|---|---|
| 硅砖（耐火度1730℃） | 1650 | | 1670 | 20 |
| 一级黏土砖（40% $Al_2O_3$,耐火度1730℃） | 1400 | 1470 | 1600 | 200 |
| 三级黏土砖 | 1250 | 1320 | 1500 | 250 |
| 莫来石砖（$Al_2O_3$72%） | 1600 | 1660 | 1800 | 200 |
| 刚玉砖（$Al_2O_3$90%） | 1870 | 1900 | | |
| 镁砖（耐火度高于2000℃） | 1550 | | 1580 | 30 |

耐火混凝土的荷重软化温度（表 13 - 2 - 7）

表 13 - 2 - 7

| 胶结剂种类 | 骨料品种 | 4% 变形温度/℃ |
|---|---|---|
| 矾土水泥 | 高铝质 | 1360 ~ 1430 |
| | 黏土质 | 1350 ~ 1400 |
| 磷　酸 | 高铝质 | 1440 ~ 1520 |
| | 黏土质 | 1400 ~ 1480 |
| 水玻璃 | 黏土质 | 1240 ~ 1300 |
| 硅酸盐水泥 | 黏土质 | 1250 ~ 1330 |

各种耐火砖的荷重变形曲线（图 13 - 2 - 12）

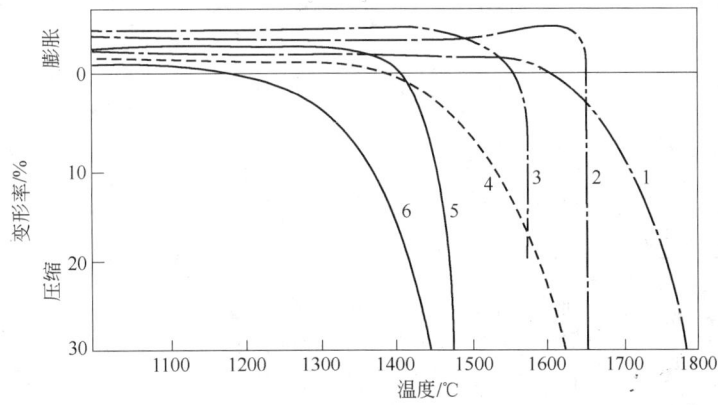

图 13 - 2 - 12

1—高铝砖（$Al_2O_3$70%）;2—硅砖;3—镁砖;4、6—黏土砖;5—半硅砖

（八）常用耐火材料的比电阻（表13-2-8）

表13-2-8

| 材料名称 | 孔隙度/% | 比电阻/$\Omega\cdot cm$ | | |
|---|---|---|---|---|
| | | 800℃ | 1200℃ | 1400℃ |
| 镁砖（88% MgO） | 18 | $5.8\times10^6$ | 17000 | 560 |
| 镁砖（90%~95% MgO） | 17 | $15\times10^6$ | 21000 | 11000 |
| 铬镁砖 | 19 | $0.37\times10^6$ | 3900 | 400 |
| 铬镁砖 | 14 | $2.1\times10^6$ | 130000 | 2400 |
| 黏土砖（53% $SiO_2$,42% $Al_2O_3$） | 18 | 19000 | 1550 | 720 |
| 莫来石（32% $SiO_2$,64% $Al_2O_3$） | 26 | $0.21\times10^6$ | 16000 | 7200 |
| 莫来石熔体 | 1.5 | 25000 | 1700 | 760 |
| 硅砖（97% $SiO_2$） | 26 | $0.36\times10^6$ | 10500 | 3300 |
| 硅锆砖（35% $SiO_2$,65% $ZrO_2$） | 30 | $1.25\times10^6$ | 21000 | 3600 |
| 镁橄榄石 | 21 | $1.45\times10^6$ | 11500 | 680 |
| 碳化硅砖 | 12 | 3700 | 4600 | 1700 |
| 铸造刚玉（99% $Al_2O_3$） | 3.1 | 3800 | 740 | 290 |

## 三、耐火材料的损坏机理与损坏类型

耐火砖与金属、炉渣、气氛的作用（表13-2-9）[5]

表13-2-9

| 耐火制品名称 | 碱性熔剂 | 酸性熔剂 | 无氧化物的熔融金属 | 氧化气氛 | 还原气氛 |
|---|---|---|---|---|---|
| 黏土砖 | 有作用。其毁损速度根据化学成分、颗粒度、气孔率而定 | 作用微弱 | 使用于1750℃以下 | 不毁坏 | 1400℃以下抵抗较好，因砖中铁化合物的影响，CO在400~500℃时损坏耐火材料 |
| 半硅砖 | 有作用。其毁损速度根据化学成分、颗粒度、气孔率而定 | 作用微弱 | 使用于1700℃以下 | 不毁坏 | 1400℃以下抵抗较好 |
| 高铝砖 | 抵抗较好 | 抵抗尚好 | 抵抗较好 | 不毁坏 | 1800℃以下抵抗较好 |
| 硅砖 | 作用激烈 | 抵抗较好，与氟化合物作用较烈 | 对 Zn、Cd、Sn 抵抗较好 | 不毁坏 | 1050℃以下抵抗良好。温度至900℃时，$H_2$ 和 $SiO_2$ 作用，形成 $SiH_4$ 和 $H_2O$ |
| 碳化硅砖 | 与 FeO 作用激烈，于1300℃开始反应。与 MgO 在1360℃、与 CaO 在1000℃开始反应 | 在1200℃开始反应，抵抗液态和气态酸类良好 | 渐渐毁坏 | 1400℃以下可用 | 抵抗较好 |
| 炭块（包括石墨砖） | 抵抗较好 | 抵抗尚好，因形成 SiC 逐渐损坏 | 抵抗较好，尤其对 Cu、Sb、Al 等。在1400~1500℃熔铁逐渐使之损坏 | 遭受激烈损坏 | 抵抗较好 |
| 镁砖 | 抵抗很好 | 有作用 | 抵抗较好，对 Fe、Ni、Cr 的碳化物有作用 | 不作用 | 1450℃以下抵抗很好 |

耐火材料损坏类型和预防措施(表 13 – 2 – 10)[9]

表 13 – 2 – 10

| 类　型 | 原　因 | 预防措施 | 备　　注 |
|---|---|---|---|
| 熔失(熔融液体侵蚀) | 熔态金属、熔渣、熔灰等与耐火材料反应生成低熔物,当这些低熔物熔融流失时,易使耐火材料熔失 | 1. 采用气孔率低,透气性小、烧成良好的耐火材料;<br>2. 采用对熔融物的溶解度低、溶解生成物黏度高的耐火材料;<br>3. 尽可能采用不易被熔融物浸润的耐火材料;<br>4. 冷却耐火材料表面,使其温度保持在熔液的熔点以上50℃范围之内 | 1. 耐火材料表面应均匀地减薄;<br>2. 成为耐火材料损坏的主因较多;<br>3. 部分熔渣向耐火材料渗透扩散,可在表面生成一些共熔变质层,这些变质层多数情况下在熔渣中溶解,因而它们的黏性溶解度很重要;<br>4. 认为耐火材料的熔损速度是以化学因素为主,物理因素居次的看法是不妥的,当接触耐火材料的熔渣黏度较小时,物理因素的比重增加;<br>5. 耐火材料的耐蚀性不一定取决于它们的酸碱度;<br>6. 熔态金属对耐火材料的侵蚀,除了磨损之外,尚有化学反应(氧化、还原)、熔融金属蒸气的浸透等。另外,有时碳质耐火材料同金属熔融而生成合金;<br>7. 可参考有关熔失的理论公式和实验式 |
| 气　损 | 与耐火材料接触的气体引起化学变化,造成耐火材料的侵蚀和破坏 | 1. 采用与接触的气体或气体的凝结物反应速度慢的耐火材料;<br>2. 采用透气性小、强度高的耐火材料;<br>3. 砌缝应密封 | 1. 多数情况下,是在特殊的温度区域产生气损,气体深入耐火材料内部而引起膨胀、崩坏等;<br>2. 最常见的是因为CO的接触分解使炭素崩坏,这种损坏多发生在高炉炉壁;<br>3. $Cl_2$、$SO_2$ 等气体也会造成耐火材料的损坏;<br>4. 碱蒸气、锌蒸气等也会损坏耐火材料;<br>5. 镁质、铬镁质耐火材料和白云石质耐火材料在低温下吸收水蒸气而崩坏;<br>6. 还原气流和水蒸气降低耐火材料熔点,有时会使耐火材料变质;<br>7. 碳质、碳化硅质耐火材料因受碱蒸气作用而损伤,受氧气作用而燃烧(对碳化硅耐火材料会造成崩坏),这一种损坏也是气损 |
| 热剥裂 | 耐火材料受到急冷急热时,由于表面和内部的膨胀差产生的应变,造成耐火材料表面剥裂 | 1. 注意不要急冷急热;<br>2. 使用抗热冲击性强的耐火材料 | 1. 已有很多理论公式,但总的来讲,导热系数越小,受剪切作用而弯曲程度越小的耐火材料则越容易剥裂;<br>2. 铬砖、镁砖等是容易产生热剥裂的耐火材料,但是,即使是同一化学组成的耐火材料,因所用原料及制造方法的不同,抗剥裂性往往也有显著差异;<br>3. 耐火材料在使用中变质而易于剥裂;<br>4. 硅砖在低温时容易剥裂,而在高温时不易剥裂。因耐火材料种类不同,在特定温度范围容易引起热剥裂 |
| 磨　损 | 因与装入的物料、气流、装料设备发生机械摩擦而使耐火材料磨损 | 1. 选用在使用温度下耐磨性强的耐火材料;<br>2. 应注意装料方法、装料设备设计等问题 | 1. 多数情况下,是因固态或熔融液态装入物摩擦耐火材料,造成耐火材料的磨损,成为耐火材料的损坏原因之一;<br>2. 多数情况下,磨损和侵蚀是在一起发生的;<br>3. 耐磨性与耐火材料的物理性质有关 |

| 类　型 | 原　因 | 预防措施 | 备　注 |
|---|---|---|---|
| 机械剥裂 | 随着温度的升高，由于热膨胀等原因，耐火材料结构体局部受到大的压力，这种压应力会造成耐火材料剥裂 | 1. 充分留出耐火材料的膨胀缝；<br>2. 对圆形拱顶等，随着加热温度的升高，放松拉杆，调节压力；<br>3. 缓慢进行加热；<br>4. 使用热膨胀小的耐火材料；<br>5. 对冷面应进行隔热、减小温度变化 | 1. 圆形拱顶一面受热时，砖的内部温度发生变化而使受热面附近的热膨胀比外面大，受热面附近受到大的压力，有时终至压坏耐火砖，这种破坏称为"挤裂"；<br>2. 混铁炉的镁砖内衬是受挤裂的明显例子；<br>3. 有时机械剥裂被误认为热剥裂，这一点应予注意 |
| 结构剥裂 | 与加热面接触的熔渣、粉尘、气体等浸入耐火材料，由于这些熔媒以及热的作用，在加热面附近产生变质层，这种变质部分因液相多、收缩而剥落，或者由于变质部分与未变质部分的膨胀不同而剥落 | 1. 采用不易产生结构散裂的耐火材料（与原料和制法有关），同一系统的耐火材料，荷重软化点高的制品，其抗散裂性要好些；<br>2. 对高温炉墙，拱顶等的外侧进行冷却，对减小变质层的厚度是有效的；<br>3. 对碱性耐火砖，应加上金属套或镶铁板；<br>4. 减轻耐火材料上承受的应力（吊顶结构等） | 1. 是耐火材料最普通的损坏原因之一；<br>2. 在高温炉中使用中性、碱性耐火材料时，常产生这种剥裂；<br>3. 变质部分厚度在 20 ~ 50 mm，一般是一层一层地剥落下来；<br>4. 硅质、半硅质耐火材料很少产生结构剥裂；<br>5. 黏土质、高铝质耐火材料产生结构剥裂的速度，因所用原料和制法的不同而有显著差异；<br>6. 铬质、铬镁质等含铬矿的耐火材料，在高温下吸收氧化铁显著膨胀而剥裂，这种现象称为"爆裂性膨胀"；<br>7. 碱性耐火材料一般容易产生结构剥裂；<br>8. 镁砖吸收硅酸而变质，造成脱皮，这种现象称为"鳞剥"。黏土砖、高铝砖如果吸收碱性成分，也能产生"鳞剥" |
| 可逆膨胀率 | 由于耐火材料发生可逆热膨胀、使结构体龟裂，凸出或破坏 | 1. 采用适当的结构，留出较宽的膨胀缝（空砌缝）；<br>2. 防止夹杂物进入膨胀缝；<br>3. 加热、冷却窑炉时，根据砖的膨胀收缩情况调节紧固件；<br>4. 采用膨胀系数小的耐火材料 | 1. 冷却时产生的砖缝如被夹杂物堵塞、反复加热冷却时，往往会导致窑炉破损；<br>2. 因为耐火材料在 1000℃ 之前弹性模数高，如果强力阻止热膨胀，就会产生大的压应力，由于耐火材料经受不了这样大的压力，如膨胀缝留的不够，耐火材料的损坏是不可避免的；<br>3. 为了使膨胀缝有良好效果，在砖的摩擦滑动面上，不得使用常温凝固的灰浆 |
| 永久收缩 | 耐火材料因长时间受热而收缩，砖缝裂开，引起砖的脱落 | 1. 采用永久收缩小的耐火材料；<br>2. 对外部进行冷却 | 1. 除硅质和电熔铸耐火材料外，其他耐火材料一般都多少具有永久收缩性；<br>2. 即使是同一品种的耐火材料，由于所用原料和制造方法的不同，永久收缩也有很大差异，因此，不可把选择的重点只放在耐火度和化学成分上；<br>3. 通常，短时间残余收缩的试验结果，不一定和长时间的加热残余收缩成比例 |
| 软化损伤 | 因受热使耐火材料的压缩强度降低，耐火砖被压坏；造成炉壁倒塌 | 1. 采用荷重软化点高的耐火材料；<br>2. 改进炉体结构（采用悬吊式结构，炉墙增厚、改变拱顶形式等） | 1. 耐火材料的压缩强度在 800 ~ 1000℃ 急剧减小而显出软化倾向；<br>2. 采用非悬吊结构时，炉墙的中心如果达到其软化温度，因长时间加热、炉墙的受热面一侧被压垮，炉墙向内倒塌；<br>3. 砖的砌法、灰浆的好坏也关系到软化损坏 |

## 四、耐火材料原料的性质

耐火材料和炉渣中矿物的组成（表13－2－11）[10]

表13－2－11

| 名称 | 别名 | 化学分子式 | 真密度/g·cm⁻³ | 莫氏硬度 | 结晶系统和颜色（天然或人造） | 折射率 | 熔化或分解温度/℃ |
|---|---|---|---|---|---|---|---|
| 辉石 | | CaMg(SiO₃)₂ + (Mg₂Fe)·(Al,Fe)₂·SiO₆ | 3.2~3.6 | 5~6 | 单斜晶系，暗绿至黑色 | 1.712;1.717;1.733 | |
| 钠长石 | | Na₂O·Al₂O₃·6SiO₂ | 2.61~2.64 | 6.0~6.5 | 三斜晶系，灰色或少有颜色 | 1.525;1.529;1.536 | 1100 |
| 锐钛矿 | 八面石 | TiO₂ | 3.82~3.95 | 5.5~6.0 | 四方晶系，蓝色、黑色 | 2.554;2.493 | 1810 |
| 红柱石 | | Al₂O₃·SiO₂ | 3.1~3.2 | 7.0~7.5 | 斜方晶系，浅红、浓绿色、灰色 | 1.632;1.638;1.643 | 1555 |
| 钙长石 | | CaO·Al₂O₃·2SiO₂ | 2.703~2.763 | 6.0~6.5 | 三斜晶系，无色、白色、浅灰色 | 1.575;1.583;1.586 | 1557 |
| 歪长石 | 含钠钾微斜长石 | (Na,K)₂O·Al₂O₃·6SiO₂ | 2.56~2.65 | 6.0~6.5 | 三斜晶系 | 1.523;1.529;1.531 | |
| 叶状蛇纹石 | | 3MgO·2SiO₂·2H₂O | 2.55~2.62 | 3~4 | 斜方晶系，浅绿色、绿色 | 1.490;1.502;1.511 | |
| 霰石 | | CaCO₃ | 2.85~2.94 | 3.5~4.0 | 斜方晶系，无色、白色、黄色、浓红、浓蓝色、黑色 | 1.530;1.681;1.685 | 900 分解 |
| 斜锆矿 | | ZrO₂ | 5.50~6.03 | 6.5 | 单斜晶系，无色、黄色、褐色、黑色 | 2.13;2.19;2.20 | 大约 2700 |
| 黑云母 | | (K,H)₂(Mg,Fe)₂(Al,Fe)₂(SiO₄)₃ | 2.69~3.16 | 2.5~3.0 | 单斜晶系，黑色、深褐色或浓绿色 | 1.541;1.574;1.574 | |
| 高矾土 | | Al₂O₃·2H₂O | 2.55 | 1~3 | 无定形，白色、褐色、黄色或浓红色 | 1.570 | |
| 褐钎镍矿 | | 4CaO·Al₂O₃·Fe₂O₃ | 3.77 | | 红褐色 | (Li)1.96;2.01;2.04 | 1415 |
| 板钛矿 | | TiO₂ | 3.87~4.08 | 5.5~6.0 | 单斜晶系，褐色、浓黄色、淡红色至黑色 | 2.583;2.586;2.741 | 1900 |
| 水镁石 | | MgO·H₂O | 2.38~2.4 | 2.5 | 三菱晶系，白色、灰色、蓝色、绿色 | 1.559;1.580 | 400 脱水 |
| 硼砂石 | 硼砂 | Na₂B₄O₇·10H₂O | 1.69~1.72 | 2.0~2.5 | 单斜晶系，白色、浅灰色、浓蓝、淡绿色 | 1.447;1.469;1.471 | |
| 硅灰石 | | CaO·SiO₂ | 2.80~2.92 | 4.5~5.0 | 单斜晶系，白色、灰色、黄色、红色或浅褐色 | 1.61~1.65 | 1540 |
| 钙铝黄长石 | | 2CaO·Al₂O₃·SiO₂ | 2.9~3.07 | 5.5~6.0 | 四方晶系，浅灰色、绿色至褐色 | 1.669;1.658 | 1590 |
| 赤铁矿 | | Fe₂O₃ | 4.9~5.3 | 5.5~6.5 | 六方晶系，(三菱晶系)钢色、灰、黑色 | (Li)3.01;2.94 | |

续表 13-2-11

| 名　称 | 别　名 | 化学分子式 | 真密度 /g·cm⁻³ | 莫氏硬度 | 结晶系系统和颜色（天然或人造） | 折射率 | 熔化或成分解温度/℃ |
|---|---|---|---|---|---|---|---|
| 铝铁尖晶石 | 铁尖晶石 | $FeO \cdot Al_2O_3$ | 3.91~3.95 | 7.5~8.0 | 等轴晶系，黑色 | 1.800 | |
| 水铝氧 | 三水铝矿 | $Al_2O_3 \cdot 3H_2O$ | 2.3~2.42 | 2.5~3.5 | 单斜晶系，白色、淡绿色至淡红色 | 1.566;1.566;1.587 | |
| 石膏 | | $CaSO_4 \cdot 2H_2O$ | 2.314~2.328 | 1.5~2.0 | 单斜晶系，白色、黄色、红色、褐色和黑色 | 1.520;1.523;1.530 | |
| 石墨 | | C(含微量 Fe·SiO₂ 等) | 2.09~2.25 | 1~2 | 六方晶系，黑色、深灰色 | 不透明 | |
| 二钙硅酸盐 | | $2CaO \cdot SiO_2$ ⎰α β γ 三种变态⎱ | 3.27 3.28 3.97 | 5.6 | 单斜或三斜晶系，无色单斜晶系(?) | 1.715;1.720;1.737; 1.717;1.735; 1.642;1.645;1.654 | 2130 |
| 钠钙长石 | | $NaAlSi_3O_8 + CaAl_2Si_2O_8$ | 2.62~2.672 | 6~7 | 三斜晶系，白色、灰色、淡绿色、浓红色 | 1.539;1.543;1.547 | 1120~1380 |
| 蛋白石 | | $SiO_2 \cdot xH_2O$ | 2.1~2.3 | 5.5~6.5 | 无定形，无色、白色、黄色、褐红色、绿色，反射强烈 | 1.41~1.46 | |
| 正长石 | 钾长石 | $K_2O \cdot Al_2O_3 \cdot 6SiO_2$ | 2.56 | 6 | 单斜晶系，无色、白色、浅黄色、肉红至灰色 | 1.518;1.524;1.526 | |
| 方镁石 | | $MgO$ | 3.64~3.874 | 5.5~6 | 等轴晶系，无色 | 1.736 | 2800 |
| 铬尖晶石 | | $(Mg,Fe)O(Al,Cr)_2O_3$ | 4.08 | | 等轴晶系，淡黄褐色、淡绿褐色至黑色 | 2.05 | |
| 黄铁矿 | 愚人金 | $FeS_2$ | 4.95~5.17 | 6.0~6.5 | 等轴晶系，浅黄铜色至金黄色 | 不透明 | |
| 蔷薇辉石 | 锌锰辉石 | $MnO \cdot SiO_2$ | 3.40~3.68 | 5.5~6.5 | 三斜晶系，红、玫瑰色、淡黄色、淡绿色、浅褐色、黑色 | 1.733;1.740;1.744 | 1273 |
| 金红石 | 铁金红石 | $TiO_2$ | 4.18~5.18 | 6.0~6.5 | 四方晶系，红褐色、红色、淡黄色、淡蓝色、紫、黑色 | 2.616;2.903 | |
| 蛇纹石 | 夹杂有纤维蛇纹石和石棉的蛇纹岩 | $3MgO \cdot 2SiO_2 \cdot 2H_2O$ | 2.50~2.65 | 2.5~4.0 | 单斜晶系，纤维状、石棉状、灰至绿色或黑褐色 | 1.490;1.571 | 1557 |
| 菱铁矿 | | $FeCO_3$ | 3.00~3.88 | 3.5~4.5 | 三斜晶系，浅褐色或黑色、灰色、绿色、白色 | 1.875;1.633 | |

续表 13 – 2 – 11

| 名　称 | 别　名 | 化学分子式 | 真密度/g·cm⁻³ | 莫氏硬度 | 结晶系统和颜色（天然或人造） | 折射率 | 熔化或分解温度/℃ |
|---|---|---|---|---|---|---|---|
| 硅线石 | 细硅线石 | $Al_2O_3·SiO_2$ | 3.23~3.25 | 6.0~7.5 | 斜方晶系，灰色、褐色、淡黄色、淡绿色 | 1.638;1.642;1.653 | 1810 |
| 锰铝榴石 | 石榴子石 | $3MnO·Al_2O_3·3SiO_2$ | 4.0~4.3 | | 等轴晶系，暗红色至褐红色 | 1.811 | 1543 |
| 滑　石 | 皂石，石碱石 | $3MgO·4SiO_2·H_2O$ | 2.7~2.8 | 1.0~1.5 | 单斜晶系（?），白色、浅绿色、浅绿-白色 | 1.539;1.589;1.589 | 1290~1320 |
| 锰橄榄石 | | $Mn_2SiO_4$ | 4.04 | 6 | 斜方晶系，灰色至玫瑰红色 | 1.76;1.80 | 1900 |
| 三钙硅酸盐 | | $3CaO·SiO_2$ | 3.15 | | 无色 | 1.718;1.723 | |
| 鳞石英 | | $SiO_2$ | 2.28~2.33 | 7 | 斜方晶系，无色或白色 | 1.469;1.470;1.473 | 1710 |
| 镁橄榄石 | | $MgO_2SiO_4$ | 3.191~3.33 | 6~7 | 斜方晶系，白色、淡绿色、淡黄色 | 1.635;1.651;1.670 | 1910 |
| 铁橄榄石 | | $Fe_2SiO_4$ | 3.91~4.34 | 6.5 | 斜方晶系，黄黑色 | 1.835;1.877;1.886 | 1210 |
| 石　髓 | 燧石，玛瑙 | $SiO_2$ | 2.55~2.63 | 6 | 白色淡灰蓝色、浅褐黑色 | 1.537;(1.533~1.539); 1.530 | 1710 |
| 铬铁矿 | | $FeO·Cr_2O_3$ | 4.33~4.57 | 5.5 | 等轴晶系，黑色、黑褐色 | 2.07~2.16 | 2180 |
| 锆英石 | 红锆英石，黄锆英石 | $ZrSiO_4$ | 4.02~4.86 | 7.5 | 四方晶系，无色、淡黄色、灰色、浓黄绿色、褐色、红褐色 | 1.924;1.968 | 2430 |
| 尖晶石 | | $MgO·Al_2O_3$ | 3.5~4.1 | 8 | 等轴晶系，无色、红色、蓝色、绿色、黄色、褐色、黑色 | 1.723 | 2135 |
| 顽火辉石 | 古铜辉石，紫苏辉石 | $MgO·SiO_2$ | 3.10~3.43 | 5~6 | 斜方晶系，浅灰色或浅黄色、白色、浅绿色或浅褐色 | 1.650;1.653;1.658 | 1557 |
| 方解石 | 冰洲石 | $CaCO_3$ | 2.711 | 3 | 六方晶系，无色、白色或淡黄色 | 1.658;1.486 | |
| 铁酸钙 | | $CaO·Fe_2O_3$ | | | 四方晶系或六方晶系，黑红色、黑色 | (Li)2.43;2.58 | 1216 |
| 蓝晶石 | | $Al_2O_3·SiO_2$ | 3.559~3.675 | 4~7 | 三斜晶系，蓝、无色、灰色、白色、绿色或黑色 | 1.712;1.720;1.737 | 1810 |
| 二钙铁酸盐 | | $2CaO·Fe_2O_3$ | | | 黑色、黄褐色 | 2.26~2.27 | 1436 |
| 水铝石 | | $Al_2O_3·H_2O$ | 3.3~3.5 | 6.5~7.0 | 斜方晶系，灰色、白色、玫瑰色、黄色、褐色 | 1.702;1.722;1.750 | 450脱水 |
| 透辉石 | 白透辉石 | $CaMg(SiO_3)_2$ | 3.20~3.38 | 5~6 | 单斜晶系，亮绿色至深绿色、无色、灰色、黄色，偶尔为蓝色 | 1.664;1.671;1.694 | 1391 |

续表 13 - 2 - 11

| 名　称 | 别　名 | 化学分子式 | 真密度/g·cm⁻³ | 莫氏硬度 | 结晶系统和颜色(天然或人造) | 折射率 | 熔化或成分解温度/℃ |
|---|---|---|---|---|---|---|---|
| 白云石 | | $CaCO_3 \cdot MgCO_3$ | 2.80~2.99 | 3.5~4.5 | 六方晶系(三菱晶系,斜方晶系),白色,黄色,淡红色,褐色,黑色 | 1.682;1.503 | 800空气中分解 |
| 钛铁矿 | | $FeO \cdot TiO_2$ | 4.44~4.90 | 5~6 | 六方晶系(三菱晶系),铁褐色,黑色 | 不透明 | |
| 高岭石 | 瓷土,高岭土 | $Al_2O_3 \cdot 2SiO_2 \cdot 2H_2O$ | 2.60~2.63 | 2.0~2.5 | 单斜晶系,白色,淡黄色,淡红色,浓蓝色,浅绿色 | 1.561;1.565;1.567 | |
| 石英 | | $SiO_2$ | 2.65 | 7 | 六方晶系(三菱晶系),无色或黄色,玫瑰色,褐,绿,蓝,灰色 | 1.544;1.553 | 1710 |
| 堇青石 | | $2MgO \cdot 2Al_2O_3 \cdot 5SiO_2$ | 2.57~2.66 | 7.0~7.5 | 斜方晶系,无色 | 1.538;1.543;1.535 | 1370 |
| 刚玉 | 红宝石,蓝宝石 | $Al_2O_3$ | 3.95~4.10 | 9 | 六方晶系(三菱晶系,斜方晶系),无色,红色,黄色,蓝色,褐黑色 | 1.768;1.760 | 2050 |
| 白硅石 | 方石英 | $SiO_2$ | 2.27~2.34 | 6~7 | 假等轴状 | 1.486 | 1710 |
| 灰铬长石 | | $NaAlSi_3O_8,\ CaAl_2Si_2O_8$ | 2.70~2.72 | 5.0~6.0 | 三斜晶系,灰色,褐色或浓绿色 | 1.559;1.563;1.568 | 1280~1500 |
| 菱镁矿 | 镁石,菱镁石 | $MgCO_3$ | 2.95~3.2 | 3.5~4.5 | 六方晶系(三菱晶系),无色,淡黄色,褐黑色 | 1.700;1.509 | |
| 磁铁矿 | 极磁铁矿 | $Fe_3O_4$ | 4.967~5.180 | 5.5~6.5 | 等轴晶系,铁黑色 | 2.42 | |
| 黄长石 | | $Na_2(Ca,Mg)_{11}(Al,Fe)_4(SiO_4)_9$ | 2.9~3.4 | 5~6 | 四方晶系,白色,黄色,淡绿色,浓红色,褐色 | 1.634;1.629 | |
| 镁蔷薇辉石 | | $3CaO \cdot MgO \cdot 2SiO_2$ | 2.54~2.57 | 6.0~6.5 | 三斜晶系,白色,淡黄,灰色,绿色或灰色 | 1.708;1.718 | 1530 |
| 钾微斜长石 | | $K_2O \cdot Al_2O_3 \cdot 6SiO_2$ | 3.03~3.25 | 5.0~5.5 | 斜方晶系,无色至灰色 | 1.522;1.526;1.530 | |
| 钙镁橄榄石 | | $CaMgSiO_4$ | 3.03 | | 斜方晶系,无色,玫瑰色,蓝色 | 1.651;1.662;1.668 | 1810 |
| 莫来石 | | $3Al_2O_3 \cdot 2SiO_2$ | 3.03 | | 斜方晶系,无色或浓黄色或玫瑰色 | 1.642;1.644;1.654 | |
| 白云母 | | $K_2O \cdot 3Al_2O_3 \cdot 6SiO_2 \cdot 2H_2O$ | 2.76~3.00 | 2.5~3.0 | 单斜晶系,无色,偶尔为玫瑰色或褐色 | 1.561;1.590;1.594 | |
| 霞石 | 脂光石 | $(Na,K)_8Al_8Si_9O_{34}$ 或 $NaAlSiO_4$ | 2.55~2.65 | 5.5~6.0 | 六方晶系,无色,白色,浓黄色,灰色或红色 | 1.542;1.538 | 1526 |
| 橄榄石 | 贵橄榄石 | $(Mg,Fe)_2SiO_4$ | 3.26~3.40 | 6.5~7.0 | 斜方晶系,橄榄绿或淡灰绿色至淡黄褐色 | 1.662;1.680;1.699 | |

耐火矿物原料的性质(表13-2-12)[7]

表13-2-12

| 序号 | 矿物名称 | 化学式 | 成分 | 分子量 | 质量分数/% | 成分比例 | | | 晶系 | 形态 | 密度/g·cm⁻³ | 硬度 | 熔点/℃ | 膨胀系数/℃⁻¹ | 热导率/W·(m·K)⁻¹ | 弹性模量/MPa | 其他性质 | 主要用途 |
|---|---|---|---|---|---|---|---|---|---|---|---|---|---|---|---|---|---|---|
| 1 | 菱镁矿 | $MgCO_3$ | $MgO$<br>$CO_2$ | 40.3<br>44.0<br>84.3 | 47.8<br>52.2<br>100.0 | 1.000<br>1.000<br>2.090 | 0.916<br>1.000<br>1.916 | | 三方 | 菱面体 | 2.96<br>~<br>3.12 | 3.4<br>~<br>5 | | | | | 约在700℃有一个大的吸热反应 | 镁质耐火材料主要原料 |
| 2 | 白云石 | $CaMgCO_3$ | $MgO$<br>$CaO$<br>$CO_2$ | 40.3<br>56.1<br>88.0<br>184.4 | 21.9<br>30.4<br>47.7<br>100.0 | 1.000<br>1.388<br>2.178<br>4.466 | 0.724<br>1.000<br>1.569<br>3.293 | 0.459<br>0.637<br>1.000<br>2.096 | 三方 | 菱面体 | 2.87 | 3.5<br>~<br>4 | | | | | 约在790℃和940℃有吸热反应 | 白云石质耐火材料主要原料 |
| 3 | 方镁石 | $MgO$ | | | | | | | 等轴 | 立方体八面体 | 3.58 | 5.5 | 2800 | 20~1000℃ 13.5×10⁻⁶ | | | | 镁质耐火材料主要矿物组成 |
| 4 | 镁橄榄石 | $Mg_2[SiO_4]$ 或 $2MgO·SiO_2$ | $MgO$<br>$SiO_2$ | 80.6<br>60.1<br>140.7 | 57.2<br>42.8<br>100.0 | 1.000<br>0.747<br>1.747 | 1.34<br>1.00<br>2.34 | | 斜方 | 短柱状板状 | 3.22 | 6.5<br>~<br>7 | 1890 | 100~1100℃ 12.0×10⁻⁶ | 1000℃ 6.7 | 2.1 | | 镁橄榄石耐火材料、镁质瓷 |
| 5 | 橄榄石 | $(Mg,Fe)_2[SiO_4]$<br>$MgO·FeO·SiO_2$ | MgO 45~50<br>FeO 8~20<br>SiO₂ 24~43 | | | | | | 斜方 | 短柱状板状 | 3.3~3.5 | | 1600 | | | | | |

续表 13－2－12

| 序号 | 矿物名称 | 化学式 | 成分 | 分子量 | 质量分数/% | 成分比例① | 成分比例② | 成分比例③ | 晶系 | 形态 | 密度/g·cm⁻³ | 硬度 | 熔点/℃ | 膨胀系数/℃⁻¹ | 热导率/W·(m·K)⁻¹ | 弹性模量/MPa | 其他性质 | 主要用途 |
|---|---|---|---|---|---|---|---|---|---|---|---|---|---|---|---|---|---|---|
| 6 | 钙镁橄榄石 | $CaMg[SiO_4]$ 或 $CaO·MgO·SiO_2$ | $CaO$<br>$MgO$<br>$SiO_2$ | 56.1<br>40.3<br>60.1<br>156.5 | 35.9<br>25.7<br>38.4<br>100.0 | 1.000<br>0.716<br>1.070<br>2.786 | 1.40<br>1.00<br>1.49<br>3.39 | 0.934<br>0.672<br>1.000<br>2.606 | 斜方 | 短柱状 板状 | 3.2 | 5~5.5 | 1490 分解 | | | | | |
| 7 | 铁橄榄石 | $Fe[SiO_4]$ 或 $2FeO·SiO_2$ | $FeO$<br>$SiO_2$ | 143.6<br>60.1<br>203.7 | 70.5<br>29.5<br>100.0 | 1.000<br>0.418<br>1.418 | 2.39<br>1.00<br>3.39 | | 斜方 | 短柱状 板状 | 4~4.35 | 6.5~7 | 1205 | 100~1100℃ 10.2×10⁻⁶ | | | | |
| 8 | 蛇纹石 | $Mg_6[Si_4O_{10}][OH]_3$ 或 $3MgO·2SiO_2·2H_2O$ | $MgO$<br>$SiO_2$<br>$H_2O$ | 120.9<br>120.2<br>36.0<br>277.9 | 43.6<br>43.4<br>13.0<br>100.0 | 1.000<br>0.995<br>0.300<br>2.295 | 1.004<br>1.000<br>0.300<br>2.304 | 3.354<br>3.338<br>1.000<br>7.692 | 单斜 | 层状 叶片状 纤维状 | 2.5~2.7 | 2.5~3 | 1557 | | | | 脱水温度 670℃ | 耐火材料、镁磷肥主要原料 |
| 9 | 滑石 | $Mg_3[Si_4O_{10}][OH]_2$ 或 $3MgO·4SiO_2·H_2O$ | $MgO$<br>$SiO_2$<br>$H_2O$ | 120.9<br>240.4<br>18.0<br>379.3 | 31.9<br>63.4<br>4.7<br>100 | 1.000<br>1.985<br>0.147<br>3.132 | 0.503<br>1.000<br>0.074<br>1.577 | 6.72<br>13.35<br>1.00<br>21.07 | 单斜 | 片状或致密块状集合体 | 2.7~2.8 | 1 | 1543 | | | | 脱水温度 800~1000℃ | 陶瓷、耐火材料等工业 |
| 10 | 叶蜡石 | $Al_2[Si_4O_{10}][OH]_2$ 或 $Al_2O_3·4SiO_2·H_2O$ | $Al_2O_3$<br>$SiO_2$<br>$H_2O$ | 101.9<br>240.4<br>18.0<br>360.3 | 28.3<br>66.7<br>5.0<br>100.0 | 1.000<br>2.360<br>0.177<br>3.537 | 0.424<br>1.000<br>0.075<br>1.499 | 5.66<br>13.35<br>1.00<br>20.01 | 单斜 | 片状或致密块状 | 2.66~2.9 | 1~1.5 | 700 | | | | 脱水温度 500~700℃ | 陶瓷、耐火材料原料 |

续表 13 - 2 - 12

| 序号 | 矿物名称 | 化学式 | 成分 | 分子量 | 质量分数/% | 成分比例 | | 晶系 | 形态 | 密度/g·cm⁻³ | 硬度 | 熔点/℃ | 膨胀系数/℃⁻¹ | 热导率/W·(m·K)⁻¹ | 弹性模量/MPa | 其他性质 | 主要用途 |
|---|---|---|---|---|---|---|---|---|---|---|---|---|---|---|---|---|---|
| 11 | 顽火辉石（顽辉石） | $Mg[SiO_3]$ 或 $\beta MgO \cdot SiO_2$ | $MgO$<br>$SiO_2$ | 40.3<br>60.1<br>100.4 | 40.1<br>59.9<br>100.0 | | | 斜方 | 短柱状<br>粒状 | 3.21 | 5.5 | | 300~700℃<br>12.0×10⁻⁶ | | | 于1260℃转变为原顽辉石。原顽辉石冷却到小于700℃转为斜顽辉石 | |
| 12 | 斜顽辉石 | $Mg[SiO_3]$ 或 $\alpha MgO \cdot SiO_2$ | $MgO$<br>$SiO_2$ | 40.3<br>60.1<br>100.4 | 40.1<br>59.9<br>100.0 | | | 单斜 | 短柱状<br>粒状 | 3.19 | 6 | 1577<br>分解 | 300~700℃<br>13.5×10⁻⁶ | | | | |
| 13 | 镁硅钙石（镁蔷薇辉石） | $3CaO \cdot MgO \cdot 2SiO_2$ | $MgO$<br>$CaO$<br>$SiO_2$ | 40.3<br>168.3<br>120.2<br>328.8 | 12.3<br>51.1<br>36.6<br>100.0 | | | 单斜 | 柱状<br>或粒状 | 3.15 | 6 | 1598 | | | | | |
| 14 | 透辉石 | $CaMg[Si_2O_6]$ 或 $CaO \cdot MgO \cdot 2SiO_2$ | $CaO$<br>$MgO$<br>$SiO_2$ | 56.1<br>40.3<br>120.2<br>216.6 | 25.9<br>18.6<br>55.5<br>100.0 | | | 单斜 | 短柱状 | 3.27<br>~<br>3.38 | 5.5<br>~<br>6 | 1391 | | | | | |
| 15 | 镁铝尖晶石 | $MgAl_2O_4$ 或 $MgO \cdot Al_2O_3$ | $MgO$<br>$Al_2O_3$ | 40.3<br>101.9<br>142.2 | 28.3<br>71.7<br>100.0 | 1.00<br>2.53<br>3.53 | 0.395<br>1.000<br>1.395 | 等轴 | 八面体 | 3.5<br>~<br>3.7 | 7.5<br>~<br>8 | 2135 | 100~900℃<br>8.9×10⁻⁶ | | | | 镁尖晶石质耐制品、尖晶石瓷 |
| 16 | 亚铁铬铁矿 | $FeCr_2O_4$ 或 $FeO \cdot Cr_2O_3$ | $FeO$<br>$Cr_2O_3$ | 71.8<br>152.0<br>223.8 | 32.1<br>67.9<br>100.0 | 1.00<br>2.11<br>3.11 | 0.473<br>1.000<br>1.473 | 等轴 | 八面体 | 5.09 | 5.5~6 | 2160 | 100~1100℃<br>8.2×10⁻⁶ | | | | 铬质耐火材料 |

续表 13-2-12

| 序号 | 矿物名称 | 化学式 | 成分 | 分子量 | 质量分数/% | 成分比例 | | | 晶系 | 形态 | 密度/g·cm⁻³ | 硬度 | 熔点/℃ | 膨胀系数/℃⁻¹ | 热导率/W·(m·K)⁻¹ | 弹性模量/MPa | 其他性质 | 主要用途 |
|---|---|---|---|---|---|---|---|---|---|---|---|---|---|---|---|---|---|---|
| 17 | 磁铁矿 | $Fe_3O_4$ 或 $FeO \cdot Fe_2O_3$ | $FeO$ / $Fe_2O_3$ | 71.8 / 159.7 / 231.5 | 31.1 / 68.9 / 100.0 | 1.000 / 2.224 / 3.224 | 0.452 / 1.000 / 1.452 | | 等轴 | 八面体 | 4.9～5.2 | 5.5～6 | 1538 (1590) | | | | 具强磁性,加热至580℃磁性消失,冷却后磁性复显 | 主要的铁矿石之一 |
| 18 | 赤铁矿 | $Fe_2O_3$ | | | | | | | 三方 | 鲕状 肾状 | 5.0～5.3 | 5.5～6 | 1400～1565 | | | | | 主要的铁矿石之一 |
| 19 | 镁铁矿 | $MgO \cdot Fe_2O_3$ | $MgO$ / $Fe_2O_3$ | 40.3 / 159.7 / 200.0 | 20.1 / 79.9 / 100.0 | 1.00 / 3.97 / 4.97 | 0.252 / 1.000 / 1.252 | | 等轴 | | 4.51 | 5.5～6.5 | 1770 | 100～1100℃ 13.2×10⁻⁶ | | | | |
| 20 | 高岭石 | $Al_4[Si_4O_{10}][OH]_3$ 或 $Al_2O_3 \cdot 2SiO_2 \cdot 2H_2O$ | $Al_2O_3$ / $SiO_2$ / $H_2O$ | 101.9 / 120.2 / 36.0 / 258.1 | 39.5 / 46.5 / 14.0 / 100.0 | 1.000 / 1.180 / 0.355 / 2.535 | 0.850 / 1.000 / 0.301 / 2.151 | 2.830 / 3.340 / 1.000 / 7.170 | 单斜 | | 2.58～2.60 | 2.5 | 1750～1787 | | | | 脱水温度560℃于1150～1250℃转变为莫来石 $\Delta V = -20.0\%$ | 黏土主要矿物,黏土质耐火材料 |
| 21 | 水铝石 (一水硬铝石) | $\alpha Al_2O_3 \cdot H_2O$ | $Al_2O_3$ / $H_2O$ | 101.9 / 18.0 / 119.9 | 85.0 / 15.0 / 100.0 | 1.000 / 0.176 / 1.176 | 5.67 / 1.00 / 6.67 | | 斜方 | 长板状 柱状 针状 | 3.3～3.5 | 6～7 | | | | | 450～550℃失水转变为αAl₂O₃ | 铝土矿的主要组成,高铝耐火材料 |
| 22 | 波美石 (一水软铝石,水铝矿) | $\gamma Al_2O_3 \cdot H_2O$ | $Al_2O_3$ / $H_2O$ | 101.9 / 18.0 / 119.9 | 85.0 / 15.0 / 100.0 | 1.000 / 0.176 / 1.176 | 5.67 / 1.00 / 6.67 | | 斜方 | 细小 菱形 片状 | 3.01～3.06 | 3.5～4 | | | | | 约在300℃变为γAl₂O₃ | 铝土矿的主要组成,高铝耐火材料 |

续表 13-2-12

| 序号 | 矿物名称 | 化学式 | 成分 | 分子量 | 质量分数/% | 成分比例 | | 晶系 | 形态 | 密度/g·cm⁻³ | 硬度 | 熔点/℃ | 膨胀系数/℃⁻¹ | 热导率/W·(m·K)⁻¹ | 弹性模量/MPa | 其他性质 | 主要用途 |
|---|---|---|---|---|---|---|---|---|---|---|---|---|---|---|---|---|---|
| 23 | 三水铝石(水铝氧石) | $\gamma Al_2O_3 \cdot 3H_2O$ | $Al_2O_3$<br>$H_2O$ | 101.9<br>54.0<br>155.9 | 65.4<br>34.6<br>100.0 | 1.000<br>0.530<br>1.530 | 1.885<br>1.000<br>2.885 | 单斜 | 似六角板状 | 2.3~2.4 | 2.5~3.5 | | | | | 170~250℃开始脱水成 $\gamma Al_2O_3 \cdot H_2O$ 400~500℃ | 铝土矿的主要组成,高铝耐火材料 |
| 24 | 蓝晶石 | $\gamma Al_2O_3 \cdot SiO_2$ | $Al_2O_3$<br>$SiO_2$ | 101.9<br>60.1<br>162.0 | 62.9<br>37.1<br>100.0 | 1.000<br>0.590<br>1.590 | 1.690<br>1.000<br>2.690 | 三斜 | 扁平柱状 | 3.56~3.68 | 异向性 //c4.5 ⊥c6 ~7 | 1000~1250 | | | | 1300~1350℃转变为莫来石,膨胀率16%~18% | 陶瓷和高铝耐火原料,不定形耐火材料膨胀剂 |
| 25 | 红柱石 | $\beta Al_2O_3 \cdot SiO_2$ | | | 62.9<br>37.1<br>100.0 | 1.000<br>0.590<br>1.590 | 1.690<br>1.000<br>2.690 | 斜方 | 柱状 | 3.1~3.2 | 6~7.5 | 1325~1410℃分解 | | | | 1350~1400℃转变为莫来石,膨胀率3%~5% | 陶瓷和高铝耐火原料 |
| 26 | 硅线石 | $\alpha Al_2O_3 \cdot SiO_2$ | | | 62.9<br>37.1<br>100.0 | 1.000<br>0.590<br>1.590 | 1.690<br>1.000<br>2.690 | 斜方 | 纤维状柱状针状 | 3.23~3.25 | 6~7 | 1816(1850) | | | | 1500~1550℃转变为莫来石,膨胀率7%~8% | 陶瓷和高铝耐火原料 |
| 27 | 刚玉 | $\alpha Al_2O_3$ | | | | | | 三方 | 短柱状 | 4.2 | 9 | 2050 | 20~1000℃ 8×10⁻⁶ | 1000℃ 5.8 | 3.7 | 化学性质稳定,对酸和碱具有良好抵抗性 | 刚玉制品,刚玉瓷 |
| 28 | γ铝氧 | $\gamma Al_2O_3$ | | | | | | 等轴 | 粒状 | 3.47 | | | | | | 1000℃转化为 $\alpha Al_2O_3$ | 高铝瓷原料 |

续表 13－2－12

| 序号 | 矿物名称 | 化学式 | 成分 | 分子量 | 质量分数/% | 成分比例① | 成分比例② | 成分比例③ | 晶系 | 形态 | 密度/g·cm⁻³ | 硬度 | 熔点/℃ | 膨胀系数/℃⁻¹ | 热导率/W·(m·K)⁻¹ | 弹性模量/MPa | 其他性质 | 主要用途 |
|---|---|---|---|---|---|---|---|---|---|---|---|---|---|---|---|---|---|---|
| 29 | 莫来石 | $3Al_2O_3·2SiO_2$ | $Al_2O_3$<br>$SiO_2$ | 305.7<br>120.2<br>425.9 | 71.8<br>28.2<br>100.0 | 1.000<br>0.393<br>1.393 | 2.55<br>1.00<br>3.55 | | 斜方 | 针状或长柱状 | 3.03 | 6~7 | 1870 或 1810 分解 | 20~1000℃ 5.3×10⁻⁶ | 1000℃ 3.8 | 1.5 | 化学性质稳定甚至不溶于 HF | 莫来石制品,莫来石瓷 |
| 30 | 堇青石 | $2MgO·2Al_2O_3·5SiO_2$ | $MgO$<br>$Al_2O_3$<br>$SiO_2$ | 80.6<br>203.8<br>300.5<br>584.9 | 13.8<br>34.9<br>51.3<br>100.0 | 1.000<br>2.529<br>3.716<br>7.245 | 0.39<br>1.00<br>1.47<br>2.86 | 0.269<br>0.680<br>1.000<br>1.949 | 斜方 | 短柱状 | 2.57~2.66 | 7~7.5 | 1450 分解 | 0~1000℃ 2.0×10⁻⁶ (或 2.48×10⁻⁶) | | | 高级陶瓷,耐火材料有益组成 |
| 31 | β石英(低温) | $SiO_2$ | | | | | | | 三方 | | 2.651 | 7 | 1713 | | | | 573℃转变为α石英(高温型) | 硅质耐火材料 |
| 32 | 鳞石英 | $SiO_2$ | | | | | | | 斜方 | 矛头状 | 2.27 | 6.5 | 1670 | | | | 1470℃转变为方石英,低温鳞石英具矛头状双晶 | 硅质制品主要矿物 |
| 33 | 方石英(高温) | $SiO_2$ | | | | | | | 等轴 | | 2.27~2.35 | 6~7 | 1713 | | | | | |
| 34 | 锆英石(锆石) | $Zr[SiO_4]$ 或 $ZrO_2·SiO_2$ | $ZrO_2$<br>$SiO_2$ | 123.0<br>60.1<br>183.1 | 67.2<br>32.8<br>100.0 | 1.000<br>0.488<br>1.488 | 2.05<br>1.00<br>3.05 | | 四方 | 短柱状 | 4.66~4.70 | 7~8 | 2550 | 20~1000℃ 4.2×10⁻⁶ | 1000℃ 3.7 | 2.1 | | 锆质耐火材料 |

续表 13-2-12

| 序号 | 矿物名称 | 化学式 | 成分 | 分子量 | 质量分数/% | 成分比例 | | | 晶系 | 形态 | 密度/g·cm⁻³ | 硬度 | 熔点/℃ | 膨胀系数/℃⁻¹ | 热导率/W·(m·K)⁻¹ | 弹性模量/MPa | 其他性质 | 主要用途 |
|---|---|---|---|---|---|---|---|---|---|---|---|---|---|---|---|---|---|---|
| 35 | 正长石（钾长石） | $K[AlSi_3O_8]$ 或 $K_2O \cdot Al_2O_3 \cdot 6SiO_2$ | $K_2O$<br>$Al_2O_3$<br>$SiO_2$ | 94.2<br>101.9<br>360.6<br>556.7 | 16.9<br>18.3<br>64.8<br>100.0 | 1.00<br>1.08<br>3.83<br>5.91 | 0.923<br>1.000<br>3.540<br>5.463 | 0.261<br>0.283<br>1.000<br>1.544 | 单斜 | | 2.56<br>~<br>2.58 | 6<br>~<br>6.5 | 1200<br>~<br>1280 | | | | | 陶瓷和玻璃工业原料，黏土中杂质 |
| 36 | 钙长石 | $Ca[Al_2Si_2O_8]$ 或 $CaO \cdot Al_2O_3 \cdot 2SiO_2$ | $CaO$<br>$Al_2O_3$<br>$SiO_2$ | 56.1<br>101.9<br>120.2<br>278.2 | 20.2<br>36.6<br>43.2<br>100.0 | | | | 三斜 | | 2.736<br>~<br>2.758 | 6<br>~<br>6.5 | 1550 | | | | | |
| 37 | 蛭石 | $(Mg,Fe)_3[(Si,Al)_4O_{10}](OH)_2 \cdot 4H_2O$ | | | | | | | 单斜 | 鳞片块状、土状集合体 | 2.4<br>~<br>2.7 | 2.2<br>~<br>2.8 | 1300<br>~<br>1370 | | | | 加热到800℃膨胀达最大值，体积增大15~25倍，密度减小0.6~0.9 g/cm³ | 隔热材料 |
| 38 | 石墨 | $C$ | | | | | | | 六方 | 立方体 | 2.09<br>~<br>2.23 | 1~2 | ±100℃<br>3700 | 20~1000℃<br>1.4×10⁻⁶ | 1000℃<br>64 | 0.09 | 易氧化，一般在700℃被空气中的氧氧化 | 含碳耐火材料 |
| 39 | 石灰（氧化钙） | $CaO$ | | | | | | | 等轴 | | 3.32 | 3.5 | 2570 | 0~1700℃<br>13.8×10⁻⁶ | | | 在水泥、炉渣及白云石质制品中都有 | |
| 40 | 硅酸三钙（阿里特） | $3CaO \cdot SiO_2$ | | | | | | | 单斜 | 柱状板状 | 3.15<br>~<br>3.224 | 5~6 | 2070 | | | | 在1250~2060℃的温度范围是稳定的 | 硅酸盐水泥主要矿物 |
| 41 | β硅酸二钙（贝利特） | $2CaO \cdot SiO_2$ | $CaO$<br>$SiO_2$ | 112.2<br>60.1<br>172.3 | 65.1<br>34.9<br>100.0 | 1.000<br>0.536<br>1.536 | 1.865<br>1.000<br>2.865 | | 单斜 | | 3.28 | | | | | | β硅酸二钙稳定于1420~675℃，975℃以下半稳定 | 硅酸盐水泥主要矿物 |

续表 13-2-12

| 序号 | 矿物名称 | 化学式 | 成分 | 分子量 | 质量分数/% | 成分比例 | | | 晶系 | 形态 | 密度/g·cm⁻³ | 硬度 | 熔点/℃ | 膨胀系数/℃⁻¹ | 热导率/W·(m·K)⁻¹ | 弹性模量/MPa | 其他性质 | 主要用途 |
|---|---|---|---|---|---|---|---|---|---|---|---|---|---|---|---|---|---|---|
| 42 | 硅灰石 | $Ca[SiO_3]$或 $\beta CaO·SiO_2$ | $CaO$<br>$SiO_2$ | 56.1<br>60.1<br>116.2 | 48.3<br>51.7<br>100.0 | | | | 三斜 | 板状 针状 纤维状集合体 | 2.8~2.9 | 4.5~5 | 1540 | | | | 1180℃以下稳定,于1180℃转变为假硅灰石(α硅灰石) | 陶瓷原料 |
| 43 | 白榴石 | $K_2O·Al_2O_3·4SiO_2$ | $K_2O$<br>$Al_2O_3$<br>$SiO_2$ | 94.2<br>101.9<br>240.4<br>426.5 | 21.6<br>23.3<br>55.1<br>100.0 | 1.00<br>1.08<br>2.55<br>4.63 | 0.924<br>1.000<br>2.360<br>4.284 | 0.392<br>0.422<br>1.000<br>1.814 | 假等轴 605℃以上为等轴,以下为四方 | 粒状 | 2.45~2.5 | 5~6 | 1680 (1686) | | | | 高炉炉衬,冶金炉渣,陶瓷和玻璃结石中常见的矿物 | |
| 44 | 钾霞石 | $K_2O·Al_2O_3·2SiO_2$ | $K_2O$<br>$Al_2O_3$<br>$SiO_2$ | 94.2<br>101.9<br>120.2<br>316.3 | 29.8<br>32.2<br>38.0<br>100.0 | 1.000<br>1.080<br>1.275<br>3.355 | 0.925<br>1.000<br>1.180<br>3.105 | 0.784<br>0.848<br>1.000<br>2.632 | 六方 | 柱状 针状 | 2.61 | 6 | | | | | | |
| 45 | 钠霞石 | $Na_2O·Al_2O_3·2SiO_2$ | $Na_2O$<br>$Al_2O_3$<br>$SiO_2$ | 62.0<br>101.9<br>120.2<br>284.1 | 21.8<br>35.9<br>42.3<br>100.0 | | | | 六方 | 短柱状和厚板状 | 2.61 | 5~6 | 1526 | | | | 900℃以上转为高温霞石,1248℃转变为三斜霞石 | |
| 46 | 碳硅石（碳化硅） | $SiC$ | | | | | | | 六方 | 板状 | 3.2 | 9.5 | 3400 分解 | 25~1000℃ 4.7×10⁻⁶ (5.0×10⁻⁶) | 1000℃ 10.7 | 1500℃ 2745 8620 (280); 25℃ 46679 65.4 (47.6) | 完全不溶于HF | 耐火材料,研磨材料和电阻发热体等原料 |

## 五、耐火制品的主要性质

一些耐火砖的主要性能(表13-2-13)[11]

表13-2-13

| 品种 名称 | 牌号 | 主要化学成分/% ≥ | 气孔率/% ≤ | 密度$\rho$ /kg·m$^{-3}$ | 热导率/W·(m·℃)$^{-1}$① $\lambda_0$ | $b$ | 比热容/kJ·(kg·℃)$^{-1}$② $c_{p0}$ | $b'$ | 耐火度 /℃ | 允许使用温度 /℃ |
|---|---|---|---|---|---|---|---|---|---|---|
| 半酸性砖 | HB-65 | $Al_2O_3$20 $SiO_2$65 | 22 | 2000 | 0.872 | $1.88 \times 10^{-3}$ | 0.23 | $0.73 \times 10^{-4}$ | 1670 | 1250/1300 |
| 黏土砖 | HZ-30 | $Al_2O_3$30 | 28 | 2070 | 0.837 | $2.09 \times 10^{-3}$ | 0.23 | $0.73 \times 10^{-4}$ | 1610 | 1200/1250 |
|  | HZ-35 | $Al_2O_3$35 | 26 |  |  |  |  |  | 1670 | 1250/1300 |
|  | HZ-40 | $Al_2O_3$40 | 26 |  |  |  |  |  | 1730 | 1300/1400 |
| 高铝砖 | LZ-48 | $Al_2O_3$48~55 | 23 | 2190 |  |  |  |  | 1750 |  |
|  | LZ-55 | $Al_2O_3$55~65 | 23 | 2300 | 1.522 | $-0.67 \times 10^{-3}$ | 0.23 | $0.65 \times 10^{-4}$ | 1770 | 1650/1670 |
|  | LZ-65 | $Al_2O_3$65~75 | 23 | 2500 |  |  |  |  | 1790 |  |
| 莫来石砖 | (烧成) | $Al_2O_3$>72 |  | 2200/2400 | 1.685 | $-0.84 \times 10^{-3}$ | 0.23 | $0.70 \times 10^{-4}$ | 1780/1850 | 1600/1700 |
| 刚玉砖 | (熔铸) |  |  | 2600/2900 | 2.092 | $6.69 \times 10^{-3}$ | 0.22 | $1.16 \times 10^{-4}$ | 2000 | 1600/1700 |
| 硅砖 | GZ-94 | $SiO_2$94.5 | 23 | 1900 | 0.930 | $2.51 \times 10^{-3}$ | 0.22 | $0.81 \times 10^{-4}$ | 1710 | 1600/1650 |
|  | GZ-93 | $SiO_2$93 | 25 |  |  |  |  |  | 1690 |  |
| 镁砖 | M-87 | MgO87 | 20 | 2800 | 4.300 | $-1.84 \times 10^{-3}$ | 0.26 | $0.70 \times 10^{-4}$ | 2000 | 1650/1670 |
| 镁铝砖 | ML-80 | MgO80 $Al_2O_3$5~10 | 19 | 3000 |  |  |  |  | 2100 | 1650/1670 |
| 白云石砖 | 不烧 | CaO46 | 20 | 2800/2900 |  |  |  |  | 1700/1800 | 1700 |
| 铬镁砖 | $ML_0$-12 | $Cr_2O_3$12 MgO48 | 23 | 2800 | 1.976 | 0 | 0.20 | $1.08 \times 10^{-4}$ | 1950 | 1750 |
| 石墨制品 |  |  | 20~35 | 1600 | 162.71 | $-146.44 \times 10^{-3}$ | 0.23 | 0 | 3000 | 2000 |
| 炭砖 |  |  | 20~35 | 1350/1500 | 23.24 | $125.52 \times 10^{-3}$ | 0.23 | 0 | 3000 | 2000 |
| 碳化硅制品 | 甲 等 | SiC85 | 15 | 72650 | 9.30~10.46 | 0 | 0.27 | $0.41 \times 10^{-4}$ | 2100 | 1600 |
| 氧化锆制品 |  |  | 26 | 3200/3300 | 1.074 (1000℃) |  | 0.17 | $0.35 \times 10^{-4}$ | 2500 | 2000 |
| 锆石英制品 |  |  | 26 | 3300 | 1.302 | $2.30 \times 10^{-3}$ | 0.15 | $0.35 \times 10^{-4}$ | 2000 | 1900 |

续表 13-2-13

| 品种 | | 结构强度 | | 体积稳定性 | | | 抗渣性 | | | | | 相对价格 |
| 名称 | 牌号 | 荷重软化点/℃ ≥ | 常温耐压强度/MPa | 线膨胀系数/℃⁻¹ | 残存膨缩/% | 耐急冷急热性/次 | 碱性渣 | 酸性渣 | 氧化性气氛 | 还原性气氛 | 熔融金属 | |
|---|---|---|---|---|---|---|---|---|---|---|---|---|
| 半酸性砖 | HB-65 | 1250 | 20 | $5.2 \times 10^{-6}$ | 残缩0.5 | 4~15 | 差 | 较好 | 好 | 1400℃以下较好 | 1700℃以下较好 | 1.0~1.2 |
| 黏土砖 | HZ-30 HZ-35 HZ-40 | 1250 1250 1300 | 12.5 15 15 | $5.2 \times 10^{-6}$ | 残缩0.7 | 5~25 | 可以 | 较好 | 好 | 1400℃以下较好 | 1750℃以下较好 | 1.0 |
| 高铝砖 | LZ-48 LZ-55 LZ-65 | 1420 1470 1500 | 40 | $5.8 \times 10^{-6}$ | 残缩0.7 | 较好(缺数据) | 较好 | 尚好 | 好 | 好 | 较好 | 1.7 |
| 莫来石砖 刚玉砖 | (烧成) (熔铸) | 1500/1600 1600/1700 | 80 | $8.1 \times 10^{-6}$ | | | 尚好 | 尚好 | 较好 | 较好 | 较好 | 贵 |
| 硅砖 | GZ-94 GZ-93 | 1640 1620 | 20 17.4 | $32.6 \times 10^{-6}(20\sim300℃)$ $7.4 \times 10^{-6}(20\sim1670℃)$ | 残胀 | 1~4 | 极差 | 好 | 较好 | 较好 | 较好 | 1.25 |
| 镁砖 | M-87 | 1500 | 40 | $14.3 \times 10^{-6}$ | 残缩 | 1~2 | 好 | 差 | 较好 | 较好 | 较好 | 2.3 |
| 镁铝砖 | ML-80 | 1550/1580 | 35 | | | 20~35 | 好 | 较差 | 较好 | 较好 | 较好 | 2.8 |
| 白云石砖 | 不烧 | 1550/1610 | 50 | | 残缩 | 3~7 | 好 | 差 | 较好 | 较好 | 较好 | |
| 铬镁砖 | $ML_0$-12 | 1520 | 20 | | | 25 | 较好 | 尚可 | 较好 | 较好 | 较好 | |
| 石墨制品 | | 1800/1900 | 20/30 | $5.39 \times 10^{-6}(100\sim200℃)$ | 较小 | 好 | 较好 | 尚可 | 很差 | 较好 | 较好 | 贵,缺 |
| 炭砖 | | 2000 | 15/25 | $5.39 \times 10^{-6}(100\sim200℃)$ | 较小 | 好 | 较好 | 尚可 | 很差 | 较好 | 较好 | |
| 碳化硅制品 | 甲等 | 1700 | >70 | $11.7 \times 10^{-6}$ | | 50~60 | 不好 | 有作用 | 极差 | 较差 | 不好 | 23 |
| 氧化锆制品 | | 1550/1600 | 100/200 | $8.0 \times 10^{-6}$ | | 30~70 | 尚好 | 较好 | 好 | 极好 | 很好 | 贵 |
| 锆石英制品 | | 1520/1570 | 100/200 | $8.0 \times 10^{-6}$ | | 30~70 | 尚好 | 较好 | 好 | 极差 | 很好 | |

① $\lambda_t = \lambda_0 + bt$；② $c_{pt} = c_{p0} + b't$。

耐热混凝土的性能(表13-2-14)[11]

表13-2-14

| 种类 | 原料 骨料 | 原料 掺和料 | 原料 胶结料 | 混凝土标号 | 密度/kg·m⁻³ | 热导率/W·(m·℃)⁻¹ | 线胀系数/℃⁻¹ | 残存线变形/% | 加热后耐压强度/MPa 500℃ | 900℃ | 1300℃ |
|---|---|---|---|---|---|---|---|---|---|---|---|
| 硅酸盐水泥耐热混凝土 | 高炉矿渣 块40~45 砂35~40 | 少量 水渣粉 粉煤灰 | 硅酸盐水泥 16~20 | 150~250 | 2300~2500 | 0.52~1.16 (20~400℃) | $(6\sim10)\times10^{-8}$ (900℃) | 0.1~0.5 (1000℃) | 12~18 | | |
| 硅酸盐水泥耐热混凝土 | 废黏土砖 块35~40 砂30~35 | 废黏土砖粉10~15 | 硅酸盐水泥 13~17 | 200~300 | 2200~2300 | 0.41~0.81 (20~400℃) | $(4\sim7)\times10^{-8}$ (1200℃) | 0.7~1.0 (1200℃) | 18~24 | | 15~20 |
| 铝酸盐水泥耐热混凝土 | 高铝矾土熟料 块35~40 砂30~35 | 高铝矾土熟料粉0~15 | 矾土水泥 12~20 | 400~500 | 2500~2800 | 0.46~0.93 (常温) | $(4.5\sim6)\times10^{-8}$ (1200℃) | 0.2~0.5 (1350℃) | 30~35 | 20~25 | 15~20 |
| 水玻璃耐热混凝土 | 废高铝砖 块40~45 砂30~35 | 废黏土砖粉20~25 | 水玻璃 15~20 | 300~350 | | 0.46~1.05 (300℃) | $(4.85\sim5.5)\times10^{-8}$ (900℃) | 0.23 | | 40 | |
| 磷酸盐耐热混凝土 | 废高铝砖 块30~40 砂35~40 | 废高铝砖粉30~20 | 磷酸 6.5~18 | 300~400 | 2700 | | $(5.5\sim6.8)\times10^{-8}$ | ±0.1 | | 30~40 | 30~40 |
| 磷酸盐耐热混凝土 | 锆石英 粉50 | 锆石英粉50 | 磷酸 6.5~12 | 400~450 | 3420 | | $(3.9\sim4.1)\times10^{-8}$ | 0.2~0.4 | | 35~45 | 35~45 |
| 镁质耐热混凝土 | 废镁砖 废镁铝砖 | 镁砂 | 硫酸盐或氯化镁 | | 3000 | | | -0.06 | 80 | | |
| 镁质耐热混凝土 | 电熔镁砂 | 镁砂 | 硫酸盐或氯化镁 | | 2970 | | | | | | |
| 轻质耐热混凝土 | 废轻质黏土砖 | 耐火黏土熟料粉 | 矾土水泥 | | 1200~1400 | | | 0.1 | 7~9 | | |

续表 13－2－14

| 种 类 | 耐急冷急热性 /次 | 耐火度 /℃ | 荷重软化点 /℃ | 允许使用温度 /℃ | 使 用 特 点 | 使 用 部 位 |
|---|---|---|---|---|---|---|
| 硅酸盐水泥 耐热混凝土 | 8～12（700℃） | 1200～1300 | 800～1050 | 700 | 怕温度剧变,怕酸碱侵蚀 | 低温炉﹒基础,烟道基础 |
| 铝酸盐水泥 耐热混凝土 | 15～25（800℃） | 1380～1450 | 1100～1200 | 1200～1300 | | 低温炉﹒炉底 |
| | >25 | 1710～1750 | 1300～1320 | 1300～1400 | 强度高,热稳定性好 | 炉墙,高炉基础,小高炉炉底炉缸,炉身 |
| 水玻璃 耐热混凝土 | >25 | >1600 | 950～1120 | 900 | 热稳定性好,耐磨,耐冲刷 | |
| 磷酸盐 耐热混凝土 | 50～80 | >1800 | 1300～1350 | 1400～1500 | 热稳定性好,耐磨,耐冲刷 | 炉墙,烧嘴,旋风口分离器小高炉炉底,炉缸,炉身 |
| | >20 | >1800 | 1440～1460 | 1600～1700 | 温度高,强度大,抗渣性好 | 排渣设备,浇注系统小高炉炉底,炉缸,炉身 |
| 镁质 耐热混凝土 | | | 1455 | 1400～1600 | 碱性,怕温度剧变 | |
| | | | 1480 | 1500～1800 | 碱性,怕温度剧变 | |
| 轻质 耐热混凝土 | | | 1150～1170 | 900 | 温度低,导热性差 | 隔热材料 |

常用保温材料的性能及规格(表 13 - 2 - 15)

表 13 - 2 - 15

| 种类 | 材料名称 | | 容重 /kg·m⁻³ | 热导率 /W·(m·℃)⁻¹ | 强度 /MPa | 使用温度 /℃ | 制品规格/mm |
|---|---|---|---|---|---|---|---|
| 蛭石制品 | 膨胀蛭石(蛭石粉) | | 80 ~ 280 | 0.052 ~ 0.07 | | - 20 ~ 1000 | 粒度 1 ~ 25 |
| | 水泥蛭石板、管壳 | | 400 ~ 500 | 0.093 ~ 0.14<br>0.092 + 0.00027t | 抗压<br>0.245 ~<br>0.588 | < 800 | 板:500 × 250 × (50、80、100);<br>管壳:根据要求制作 |
| | 沥青蛭石板、管壳 | | 350 ~ 400 | 0.08 ~ 0.10 | 抗折 ><br>0.147 | - 20 ~ 80 | 板:500 × 250 × (50、100、120);<br>管壳:根据要求制作 |
| 矿渣棉制品 | 普通矿渣棉 | | 110 ~ 130 | 0.04 ~ 0.05 | | < 750 | 纤维直径 3 ~ 4 μm,长度 5 ~<br>15 mm |
| | 长纤维矿渣棉 | | 70 ~ 120 | 0.04 ~ 0.05 | | < 750 | 纤维直径 4 ~ 10 μm,长度 20 ~<br>50 mm |
| | 沥青矿渣棉毡 | | 100 ~ 120 | 0.04 ~ 0.05 | 抗拉 ><br>0.012 | < 250 | 1000 × 750 × (30 ~ 50) |
| | 矿渣棉半硬质板、管壳 | | 200 ~ 300 | 0.05 ~ 0.08 | | < 300 | 根据要求制作 |
| 玻璃纤维制品 | 沥青玻璃棉毡 | | 50 ~ 80 | 0.03 ~ 0.05<br>0.04 + 0.00016t | | < 250 | 5000 × 900 × (25、30、35) |
| | 玻璃棉贴面缝毡 | | < 90 | 0.03 ~ 0.05<br>0.04 + 0.00016t | | < 250 | 5000 × (300、900) × (25、30、35) |
| | 玻璃棉板 | | 120 ~ 150 | 0.03 ~ 0.05<br>0.04 + 0.00016t | | < 300 | 长 × 宽:1000 × 1000,1000 × 500<br>厚:30、40、50、60、70、80、100 |
| | 玻璃棉管壳 | | 120 ~ 150 | 0.03 ~ 0.05<br>0.04 + 0.00016t | | < 300 | 内径:101.6、127、152.4、203.2,<br>长度:1000,厚度:45、50、60、80 |
| | 超细玻璃棉毡 | | 15 ~ 18 | 0.03 ~ 0.035<br>0.029 + 0.00018t | | - 150 ~ 450 | 纤维直径 < 3 μm,<br>850 × 600 × (10 ~ 50) |
| 石棉制品 | 硅藻土石<br>棉灰<br>(鸡毛灰) | 特级<br>甲级<br>乙级 | 280 ~ 300<br>320 ~ 380<br>380 ~ 450 | ≤0.08<br>0.07 + 0.00015t | | < 900 | |
| | 普通石棉泥 | | < 500 | 0.186 ~ 0.26(50℃) | | < 600 | |
| | 碳酸镁石棉泥 | | < 180 | 0.09 ~ 0.11(50℃) | | < 300 | |
| | 石棉松绳 | | | ≤0.09 | | < 450 | 直径:13、16、19、22、25、28、32、<br>38、45、50 |
| | 碳酸镁石棉砖、管壳 | | 280 ~ 360 | 0.07 ~ 0.11(50℃)<br>0.064 + 0.00033t | 抗拉<br>0.137 ~<br>0.196 | < 300 | 砖:305 × 152 × (25、38、50),457<br>× 152 × 50<br>管:内径 × 长 × 厚(φ21 ~ 268)<br>× 914 × (25、38、50) |

续表 13 - 2 - 15

| 种类 | 材料名称 | | 容重 /kg·m⁻³ | 热导率 /W·(m·℃)⁻¹ | 强度 /MPa | 使用温度 /℃ | 制品规格/mm |
|---|---|---|---|---|---|---|---|
| 硅藻土制品 | 硅藻土绝热泥 | 生料 | 680 | $0.105 + 0.00028t$ | | | 保温层砌筑砂浆 保温充填料 |
| | | 熟料 | 600 | $0.083 + 0.00021t$ | | | |
| | 硅藻土绝热砖板、管壳 | A级 | 500 | $0.063 + 0.00014t$ | 抗压 0.49 | 900 | 砖:250 × 123 × 65, 230 × 123 ×65 板:300 ×170 ×(40、50、60、70) 管:内径×壁厚×长度(ϕ16 ~ 902)×(60 ~75)×(200 ~300) |
| | | B级 | 550 | $0.072 + 0.00021t$ | 抗压 0.686 | | |
| | | C级 | 650 | $0.10 + 0.00023t$ | 抗压 1.08 | | |
| 软木制品 | 软木砖 | 甲级 | 161 | 0.06 | 抗弯 0.294 | <60 | 914 ×305 ×(25、50、75、100) |
| | | 乙级 | 178 | 0.064 | 抗弯 0.27 | | |
| | 软木管壳 | 1型 | 300 | 0.08 | | <60 | 内径×外径×长度(ϕ35 ~ 168) ×(ϕ117 ~ 450)×1000 |
| | | 2型 | 250 | 0.06 | | | |
| 膨胀珍珠岩制品 | 膨胀珍珠岩粉料 | | 50 ~ 80 | 0.03 ~ 0.05 $0.041 + 0.00022t$ 0.033( -196℃) | | -200 ~ 800 | 粒度 0.1 ~3 |
| | 水玻璃珍珠岩制品 | | 250 ~ 350 261 303 339 | 0.07 ~ 0.084 $0.066 + 0.00012t$ $0.072 + 0.00012t$ $0.081 + 0.00012t$ | 抗压 0.39 ~ 0.686 | -40 ~ 600 | 可制板、管套、弧形板等 |
| | 硅酸盐水泥珍珠岩制品 | | 300 ~ 400 300 403 | 0.07 ~ 0.09 $0.049 + 0.00019t$ $0.073 + 0.000047t$ | 抗压 0.39 ~ 0.784 | -40 ~ 600 | 可制板、管套、弧形板等 |

注:1. 泡沫塑料见塑料制品部分;

　　2. 同一品种,各项数据有的相差较大,与原料来源和制造方法有关;

　　3. 热导率计算公式中 $t$ 为平均温度;表中未注明温度的为常温热导率。

隔热材料的主要性能(表13-2-16)[11]

表13-2-16

| 品种 名称 | 牌号 | 气孔率 不大于 /% | 密度 /kg·m⁻³ | 热导率 /W·(m·℃)⁻¹① λ₀ | b | 比热容 /kJ·(kg·℃)⁻¹② c_p0 | b' | 耐火度 /℃ | 允许使用 温度/℃ | 荷重 软化点 /℃ | 常温耐压 强度 /MPa | 耐急冷 急热性 /次 | 抗渣性 | 相对黏土砖 的价格 |
|---|---|---|---|---|---|---|---|---|---|---|---|---|---|---|
| 轻质黏土砖 | QN-1.3a | | 1300 | 0.407 | $0.349 \times 10^{-1}$ | | | 1710 | 1400 | | 4.5 | | | |
| | QN-1.0 | | 1000 | 0.290 | $0.256 \times 10^{-3}$ | 0.837 | $2.636 \times 10^{-4}$ | 1670 | 1300 | | 3 | 14~17 (1300℃ 下空冷) | 差 | 1.5~1.8 |
| | QN-0.8 | | 800 | 0.209 | $0.430 \times 10^{-3}$ | | | 1670 | 1250 | | 2 | | | |
| | QN-0.4 | | 400 | 0.093 | $0.163 \times 10^{-3}$ | | | 1670 | 1150 | | 0.6 | | | |
| 轻质高铝砖 | QL-0.7 | | 770 | | | | | 1860 | 1250 | 1250 | 8 | | | |
| | QL-1.0 | | 1020 | 0.063 | | 0.837 | $2.343 \times 10^{-4}$ | 1920 | 1400 | 1400 | 13 | | 差 | |
| | QL-1.3 | | 1330 | 0.100 | | | | 1650 | 1450 | 1500 | 8 | | | |
| | QL-1.5 | | 1500 | | | | | 1920 | 1500 | | 16.5 | | | |
| 轻质硅砖 | QG-1.2 | 55 | 1200 | 0.872~1.046 | $0.139 \times 10^{-3}$ | | | 1670 | 1500 | 1560 | 3.5 | | 差 | |
| 硅藻土砖 | | | 450 | 0.063 | $0.228 \times 10^{-3}$ | | | 1280 | 900 | | 0.45~0.6 | 10 | 极差 | |
| | | | 650 | 0.100 | | | | | | | 1.1~1.5 | | | |
| 硅石制品 | 膨胀硅石 | | 60~280 | 0.052/0.070 | | 0.657 | | | 800 | | 0.5 | | 极差 | |
| | 水玻璃蛭石砖 | | 400~450 | 0.081/0.105 | | | | | | | | | | |
| 石棉制品 | 石棉绳 | | 800 | 0.073 | | 0.816 | | | <300 | | | | | |
| | 石棉板 | | 1150 | 0.157 | | | | | <600 | | | | | |
| 矿渣制品 | 矿渣棉 | | 150~180 | 0.052/0.058 | | 0.753 | | | 400~500 | | | | | |
| | 矿渣砖 | | 350~450 | 0.070 | | | | | <750~800 | | | | | |

① $\lambda_t = \lambda_0 + bt$；② $c_{pt} = c_{p0} + b't_0$。

**绝热材料的主要性能（表13-2-17）[11]**

表13-2-17

| 品　种 | | 密度 | 常温热导率 | 比热容 | 耐火度/℃ | 允许使用温度 | 常温抗压强度 | 备　注 |
|---|---|---|---|---|---|---|---|---|
| 名　称 | 牌号(等级) | /kg·m⁻³ | /W·(m·℃)⁻¹ | /kJ·(kg·℃)⁻¹ | | /℃ | /MPa | |
| 膨胀蛭石 | I级 | 100 | 0.052~0.058 | 0.657 | | 不大于 1000 | | 粒径2.5~20 mm,金黄 |
| | II级 | 200 | 0.052~0.058 | 0.657 | | 不大于 1000 | | 粒径2.5~20 mm,淡灰 |
| | III级 | 300 | 0.052~0.058 | 0.657 | | 不大于 1000 | | 粒径2.5~20 mm,暗黑 |
| 水泥蛭石制品 | | 430~450 | 0.093~0.139 | | | 不大于 600 | 大于0.25 | |
| 水玻璃蛭石制品 | | 400~450 | 0.081~0.105 | | | 不大于 800 | 大于0.5 | |
| 沥青蛭石制品 | | 300~400 | 0.081~0.105 | | | 不大于 700~900 | 大于0.2 | |
| 膨胀珍珠岩 | I级 | <65 | 0.019~0.029 | 0.669 | 小于 1300 | | | $SiO_2$ 69%~75%, CaO<3% |
| | II级 | 66~160 | 0.029~0.038 | 0.669 | 小于 1300 | | | $Al_2O_3$ 12%~16% MgO<2% |
| | III级 | 161~300 | 0.046~0.062 | 0.669 | 小于 1300 | | | $Fe_2O_3$ 2%~5%, $K_2O$+$Na_2O$ 05%~9% |
| 水玻璃珍珠岩制品 | | 不大于250 | 不高于0.070 | | 不低于 900 | 不大于 650 | 不小于0.6 | |
| 水泥珍珠岩制品 | | 不大于400 | 不高于0.076 | | 不低于 1250 | 不大于 600 | 不小于1 | |
| 磷酸盐珍珠岩制品 | | 不大于220 | 不高于$0.052+0.290\times10^{-4}t$ | | 不低于 1360 | 不大于 1000 | 不小于0.7 | |
| 超细玻璃棉 | | 20 | 0.032 | | | 450 | | 棉径4±1 μm |
| 超细树脂毡 | | 20 | 0.032 | | | 250 | | 4±1 μm |
| 无碱超细玻璃棉 | | 20 | 0.032 | | | 600 | | 4±1 μm |
| 高硅氧玻璃纤维布 | | 70±10 | 0.037~0.040 | | | 小于 1000 | | 散状 |
| 高硅氧纤维毡 | | | | | | 小于 1000 | | 厚0.3~0.5 } 成分 $SiO_2$≥96% |
| 高硅氧纤维带 | | | | | | 小于 1000 | | 厚20~50 } $B_2O_3$<0.4% 宽20 |
| 硅酸盐耐火纤维 | | 约128 | | | 大于 1790 | 长期使用 1250 | | 成分/%:<br>$Al_2O_3$　$SiO_2$　$Fe_2O_3$　$TiO_2$<br>47~53　43~54　0.6~1.8　1.2~3.5<br>CaO　$Na_2O$+$K_2O$　$B_2O_3$<br>0.1~1.0　0.2~2.0　0.06~0.1<br>纤维平均直径2.8 μm,纤维长度<br>10~250 mm,真密度2.56 kg/cm³ |

# 第三节　铁合金的性质和成分

铁合金的性能（表 13 – 3 – 1）[2,12]

表 13 – 3 – 1

| 铁合金名称 | 含量 | 密度 /g·cm$^{-3}$ | 熔点/℃ | 堆积密度 /t·m$^{-3}$ | 每加入1%时降低钢液温度/℃·(合金含量)$^{-1}$ | 气体含量 | | 平均单位比热容 $c_p$ /J·(g·K)$^{-1}$ |
|---|---|---|---|---|---|---|---|---|
| | | | | | | [O]/% | [H]/cm$^3$·100g$^{-1}$ | |
| 45%硅铁 | Si45% | 5.15 | 1290 | 2.2~2.9 | −25℃/45% | 3.08 cm$^3$/100g | 28 | 0.6477 + 0.8682×10$^{-3}T$ − 25.6818$T^{-1}$ |
| 75%硅铁 | Si75% | 3.5 | 1300~1330 | 1.4~1.6 | +3.3℃/75% | | 42.4 | 0.7469 + 0.07514×10$^{-3}T$ − 33.6159$T^{-1}$ （潜热 100 kJ/kg） |
| 铝铁 | Al50% | 4.9 | 1150 | 2.0 | | | | |
| 铝 | Al99% | | 约660 | 1.5 | +80℃/>99% | | | |
| 高碳锰铁 | C6.0% Mn80% | 7.1 | 1250~1300 | 3.5~3.7 | −37℃/50% | 高炉 0.02~0.1 | 30 | 0.8786 熔化潜热 2679 kJ/kg |
| 中碳锰铁 | C0.5% Mn80% | 7.0 | 1310 | | −25℃/75% | 硅热法 0.01~0.06 | 2~20 | |
| 高碳铬铁 | C6.8% Cr60% | 6.94 (6.5)$_L$ | 1520~1550 | 3.8~4.0 | −37℃/50% | 碳还原热法 0.02~0.06 | 5~10 | 0.5958 + 0.1046×10$^{-3}T$ − 13.9440$T^{-1}$ （潜热 78.01 kJ/kg） |
| 低碳铬铁 | Cr60% | 7.28 | 1600~1640 | 2.7~3.0 | −25℃/70% | 碳还原法 0.05~0.2 | 2~10 | 0.5029 + 0.01452×10$^{-3}T$ − 15.1068$T^{-1}$ |
| 微碳铬铁 | Cr>65% | 7.27 | | | | 硅还原法 0.05~0.2 | 2~10 | |
| 硅锰合金 | Si20% Mn65% | 6.3 (5.5)$_L$ | 1240~1300 | 3~3.5 | | | | |
| 硅钙合金 | Ca31% Si59% | 2.55 | 1000~1245 | | | | | |
| 金属铬 | Cr95% | 7.19 | 1850~1880 | | −22℃/约100% Cr | 铝热法 0.03~0.08 电解法 0.3~0.6 | 5~20 50~600 | |
| 金属锰 | Mn>99% Mn>93% | 7.2 (电解 Mn) 7.3 (金属 Mn) | 1250 1240~1260 | 3.5~3.7 | −22℃/约100% Mn | 铝热法 0.01~0.05 电解法 0.03~0.08 | 30 100~150 (400) | |
| 金属镍 | Ni99% | 8.7 | 1425~1455 | 3.3~3.9 (粒) 2.2 (板状) | −14℃/99% Ni | | | |
| 金属钴 | 约100% | 8.8 | 1480 | | −20℃/100% Co | 0.01~0.03 | 5~7 | |
| 金属铜 | 约100% | 8.89 | 1100 | | | | | |

| 铁合金名称 | 含量 | 密度/g·cm$^{-3}$ | 熔点/℃ | 堆积密度/t·m$^{-3}$ | 每加入1%时降低钢液温度/℃·(合金含量)$^{-1}$ | 气体含量 | | 平均单位比热容 $c_p$/J·(g·K)$^{-1}$ |
|---|---|---|---|---|---|---|---|---|
| | | | | | | [O]/% | [H]/cm$^3$·100g$^{-1}$ | |
| 金属铌 | Nb50% | 7.4 | 1400～1610 | | -12℃/100% Nb | 铝热法 0.04～0.07 | 10～20 | |
| 钼 铁 | Mo60% | 9.0 | 1750(58% Mo) 1440(36% Mo) | 4.7 | -12℃/100% Mo | 金属热法 0.02～0.03 | 5～20 | 0.3173＋0.0975 ×10$^{-3}T$ |
| 钨 铁 | W80% | 16.4 | ＞2400 | 约7.2 | -8.6℃/70% W | 电热法 0.004～0.01 | 1～4 | 0.2025＋0.0711 ×10$^{-3}T$ |
| 钒 铁 | V40% V80% | ＞2000(＞70% W) 1600(50% W) | 1480 1680 | 3.4～3.9 3.4～3.9 | -50℃/＞98% | 铝热法 0.07 0.02～0.03 | 20 30～35 | |
| 钛 铁 | Ti20% Ti40% | 6 | 1450 1580 | 2.7～3.5 | | 铝热法 Ti＝30% Al＝4% 0.2～0.5 | 30～50 | 0.4541＋0.1548 ×10$^{-3}T$ |
| 硼 铁 | B15% | 7.2 | 1380(10% B) | 3.1 | | | | 块度＜200 mm |
| 磷 铁 | P25% | 6.34 | 1165(50% P) 1360(20% P) | 3.1 | | | | |
| 铈镧稀土 | | | 800～1000 | | | | | |
| 硅铁稀土 | | 4.57～4.8 | 1087 | | | | | |
| 纯 碳 | | | | | -50℃ | | | |
| 工业硅 | Si＞98.5% | 2.2 | | 3.21 | | | | 块度＜120 mm |
| 稀土金属 | Ce48% | 6.7 | | 4.2 | | | | 块度 25 mm×50 mm×50 mm |
| 硅钙钡 | | 2.8 | | 1.3 | | | | 块度 25～50 mm |
| 硅铝钙钡 | | 3.1 | | 1.28 | | | | 块度 25～50 mm |
| 氮化锰 | Mn95N4 | 7.1 | | 4.7 | | | | 块度＜100 mm |
| 氮化锰铁 | Mn74N4 | 7.2 | | 3.7 | | | | 块度＜100 mm |
| 铌 铁 | Nb20～30 | 7.4 | 1410～1590 | 3.2 | | | | 块状 |
| 氮化钒 | V84N13 | 4.0 | | 1.92 | | | | 块状 38 mm×18 mm×19 mm |

硼铁(摘自 GB/T 5682—1995)(表 13 - 3 - 2)

表 13 - 3 - 2

| 类别 | 牌　号 | | 化学成分(质量分数)/% | | | | | | |
|---|---|---|---|---|---|---|---|---|---|
| | | | B | C | Si | Al | S | P | Cu |
| | | | | ≤ | | | | | |
| 低碳 | FeB23C0. 05 | | 20. 0 ~ 25. 0 | 0. 05 | 2. 0 | 3. 0 | 0. 01 | 0. 015 | 0. 05 |
| | FeB22C0. 1 | | 19. 0 ~ 25. 0 | 0. 1 | 4. 0 | 3. 0 | 0. 01 | 0. 03 | |
| | FeB17C0. 1 | | 14. 0 ~ 19. 0 | 0. 1 | 4. 0 | 6. 0 | 0. 01 | 0. 1 | |
| | FeB12C0. 1 | | 9. 0 ~ <14. 0 | 0. 1 | 4. 0 | 6. 0 | 0. 01 | 0. 1 | |
| 中碳 | FeB20C0. 5 | A | 19. 0 ~21. 0 | 0. 5 | 4. 0 | 0. 05 | 0. 01 | 0. 1 | |
| | | B | | 0. 5 | 4. 0 | 0. 5 | 0. 01 | 0. 2 | |
| | FeB18C0. 5 | A | 17. 0 ~ <19. 0 | 0. 5 | 4. 0 | 0. 05 | 0. 01 | 0. 1 | |
| | | B | | 0. 5 | 4. 0 | 0. 5 | 0. 01 | 0. 2 | |
| | FeB16C1. 0 | | 15. 0 ~17. 0 | 1. 0 | 4. 0 | 0. 5 | 0. 01 | 0. 2 | |
| | FeB14C1. 0 | | 13. 0 ~ <15. 0 | 1. 0 | 4. 0 | 0. 5 | 0. 01 | 0. 2 | |
| | FeB12C1. 0 | | 9. 0 ~ <13. 0 | 1. 0 | 4. 0 | 0. 5 | 0. 01 | 0. 2 | |

注:表列元素 B、Al、C 为必测元素,其他为保证元素;作为非晶、超微晶合金材料用时全为必测元素。

金属钙(摘自 GB/T 4864—2008)(表 13 - 3 - 3)

表 13 - 3 - 3

| 牌号 | 化学成分(质量分数)/% | | | | | | | | | |
|---|---|---|---|---|---|---|---|---|---|---|
| | Ca | Cl | N | Mg | Cu | Ni | Mn | Si | Fe | Al |
| | ≥ | ≤ | | | | | | | | |
| Ca-04 | 99. 99 | 0. 005 | 0. 0015 | 0. 0005 | 0. 0005 | 0. 0005 | 0. 0005 | 0. 0005 | 0. 0005 | 0. 0005 |
| Ca-03 | 99. 9 | 0. 065 | 0. 01 | 0. 012 | 0. 005 | 0. 001 | 0. 001 | 0. 002 | 0. 001 | 0. 001 |
| Ca-1 | 99. 5 | 0. 15 | 0. 02 | 0. 03 | 0. 01 | 0. 002 | 0. 004 | 0. 004 | 0. 005 | 0. 01 |
| Ca-2 | 99. 0 | 0. 20 | 0. 05 | 0. 10 | 0. 03 | 0. 004 | 0. 008 | 0. 008 | 0. 02 | 0. 02 |
| Ca-3 | 98. 5 | 0. 35 | 0. 10 | 0. 30 | 0. 08 | 0. 005 | 0. 02 | 0. 01 | 0. 03 | 0. 03 |

注:1. 钙含量为100%减去表列杂质元素含量总和之差。

2. 产品形状及尺寸:

(1)钙锭为圆柱体。一端面凹陷,另一端面为平面,分为两种规格:

1)($\phi$390 ±5) mm × (710 ±30) mm,75 ~ 100 kg;

2)($\phi$340 ±5) mm × (680 ±30) mm,60 ~ 75 kg。

(2)钙屑呈弯曲状,(20 ~ 120) mm × (8 ~ 14) mm × (2 ~ 4) mm。

铬铁(摘自 GB/T 5683—1987)(表 13-3-4)

表 13-3-4

| 类别 | 牌　号 | 化学成分(质量分数)/% | | | | | | | | | | 用　途 |
|---|---|---|---|---|---|---|---|---|---|---|---|---|
| | | Cr | | | C | Si | | P | | S | | |
| | | 范围 | I | II | | I | II | I | II | I | II | |
| | | | ≥ | | | ≤ | | | | | | |
| 微碳 | FeCr69C0.03 | 63~75 | | | 0.03 | 1.0 | | 0.03 | | 0.025 | | 适用于炼钢中作为合金加入剂 |
| | FeCr55C3 | | 60 | 52 | 0.03 | 1.5 | 2.0 | 0.03 | 0.04 | 0.03 | | |
| | FeCr69C0.06 | 63~75 | | | 0.06 | 1.0 | | 0.03 | | 0.025 | | |
| | FeCr55C6 | | 60 | 52 | 0.06 | 1.5 | 2.0 | 0.04 | 0.06 | 0.03 | | |
| | FeCr69C0.10 | 63~75 | | | 0.10 | 1.0 | | 0.03 | | 0.025 | | |
| | FeCr55C10 | | 60 | 52 | 0.10 | 1.5 | 2.0 | 0.04 | 0.06 | 0.03 | | |
| | FeCr69C0.15 | 63~75 | | | 0.15 | 1.0 | | 0.03 | | 0.025 | | |
| | FeCr55C15 | | 60 | 52 | 0.15 | 1.5 | 2.0 | 0.04 | 0.06 | 0.03 | | |
| 低碳 | FeCr69C0.25 | 63~75 | | | 0.25 | 1.5 | | 0.03 | | 0.025 | | |
| | FeCr55C25 | | 60 | 52 | 0.25 | 2.0 | 3.0 | 0.04 | 0.06 | 0.03 | 0.05 | |
| | FeCr69C0.50 | 63~75 | | | 0.50 | 1.5 | | 0.03 | | 0.025 | | |
| | FeCr55C50 | | 60 | 52 | 0.50 | 2.0 | 3.0 | 0.04 | 0.06 | 0.03 | 0.05 | |
| 中碳 | FeCr69C1.0 | 63~75 | | | 1.0 | 1.5 | | 0.03 | | 0.025 | | |
| | FeCr55C100 | | 60 | 52 | 1.0 | 2.5 | 3.0 | 0.04 | 0.06 | 0.03 | 0.05 | |
| | FeCr69C2.0 | 63~75 | | | 2.0 | 1.5 | | 0.03 | | 0.025 | | |
| | FeCr55C200 | | 60 | 52 | 2.0 | 2.5 | 3.0 | 0.04 | 0.06 | 0.03 | 0.05 | |
| | FeCr69C4.0 | 63~75 | | | 4.0 | 1.5 | | 0.03 | | 0.025 | | |
| | FeCr55C400 | | 60 | 52 | 4.0 | 2.5 | 3.0 | 0.04 | 0.06 | 0.03 | 0.05 | |
| 高碳 | FeCr67C6.0 | 62~72 | | | 6.0 | 3.0 | | 0.03 | | 0.04 | 0.06 | |
| | FeCr55C600 | | 60 | 52 | 6.0 | 3.0 | 5.0 | 0.04 | 0.06 | 0.04 | 0.06 | |
| | FeCr69C9.5 | 62~72 | | | 9.5 | 3.0 | | 0.03 | | 0.04 | 0.06 | |

真空法微碳铬铁(摘自 GB/T 5684—1987)(表 13-3-5)

表 13-3-5

| 牌　号 | 化学成分(质量分数)/% | | | | | | | 用　途 |
|---|---|---|---|---|---|---|---|---|
| | Cr | C | Si | | P | | S | |
| | | | I | II | I | II | | |
| | ≥ | | ≤ | | | | | |
| ZKFeCr67C0.010 | 67.0 | 0.010 | 1.0 | 2.0 | 0.025 | 0.03 | 0.03 | 炼钢中作为合金元素加入剂 |
| ZKFeCr67C0.020 | 67.0 | 0.020 | 1.0 | 2.0 | 0.025 | 0.03 | 0.03 | |
| ZKFeCr65C0.010 | 65.0 | 0.010 | 1.0 | 2.0 | 0.025 | 0.035 | 0.04 | |
| ZKFeCr65C0.030 | 65.0 | 0.030 | 1.0 | 2.0 | 0.025 | 0.035 | 0.04 | |
| ZKFeCr65C0.050 | 65.0 | 0.050 | 1.0 | 2.0 | 0.025 | 0.035 | 0.04 | |
| ZKFeCr65C0.100 | 65.0 | 0.100 | 1.0 | 2.0 | 0.025 | 0.035 | 0.04 | |

注:1. 非金属夹杂物含量(质量分数)分为两级:I 级不超过 2% ;II 级不超过 4% 。

　　2. 真空微碳铬铁应呈块状交货,每块质量不得超过 15 kg。

渗氮铬铁(摘自 YB/T 5140—2005)(表 13 - 3 - 6)

表 13 - 3 - 6

| 牌　号 | 化学成分(质量分数)/% | | | | | | 用　途 |
|---|---|---|---|---|---|---|---|
| | Cr | N | C | Si | P | S | |
| | ≥ | | | ≤ | | | |
| FeNCr3-A | 60.0 | 3.0 | 0.03 | 1.5 | 0.03 | 0.04 | 适用于不锈钢作为氮的加入剂 |
| FeNCr3-B | | 5.0 | 0.03 | 2.5 | | | |
| FeNCr6-A | | 3.0 | 0.06 | 1.5 | | | |
| FeNCr6-B | | 5.0 | 0.06 | 2.5 | | | |
| FeNCr10-A | | 3.0 | 0.10 | 1.5 | | | |
| FeNCr10-B | | 5.0 | 0.10 | 2.5 | | | |

注:1. A 类适用于渗氮后的重熔产品,不包括吸附氮量;

　　B 类适用于固态渗氮合金。

　2. 氮化铬铁应呈块状交货,每块质量不得大于 15 kg,尺寸小于 10 mm×10 mm 的氮化铬铁块数少过总质量的 10%。

高氮铬铁(摘自 YB/T 4135—2005)(表 13 - 3 - 7)

表 13 - 3 - 7

| 牌　号 | 化学成分(质量分数)/% | | | | | | | | | | | |
|---|---|---|---|---|---|---|---|---|---|---|---|---|
| | Cr | N | Si | | | | C | | | | P | S |
| | | | I | II | III | IV | I | II | III | IV | | |
| | ≥ | | | | | | ≤ | | | | | |
| FeCrN8 | 60.0 | 8.0 | 0.5 | 0.8 | 1.5 | 2.0 | 0.01 | 0.03 | 0.06 | 0.10 | 0.03 | 0.04 |
| FeCrN9 | 60.0 | 9.0 | 0.5 | 0.8 | 1.5 | 2.0 | 0.01 | 0.03 | 0.06 | 0.10 | 0.03 | 0.04 |
| FeCrN10 | 60.0 | 10.0 | 0.5 | 0.8 | 1.5 | 2.0 | 0.01 | 0.03 | 0.06 | 0.10 | 0.03 | 0.04 |

硅铬合金(摘自 GB/T 4009—1989)(表 13 - 3 - 8)

表 13 - 3 - 8

| 牌　号 | 化学成分(质量分数)/% | | | | | | 用　途 |
|---|---|---|---|---|---|---|---|
| | Si | Cr | C | P | | S | |
| | | | | I | II | | |
| | ≥ | | ≤ | | | | |
| FeCr30Si40-A | 40.0 | 30.0 | 0.02 | 0.02 | 0.04 | 0.01 | 适用于炼钢及铸造时作还原剂和合金剂 |
| FeCr30Si40-B | 40.0 | 30.0 | 0.04 | 0.02 | 0.04 | 0.01 | |
| FeCr30Si40-C | 40.0 | 30.0 | 0.06 | 0.02 | 0.04 | 0.01 | |
| FeCr30Si40-D | 40.0 | 30.0 | 0.10 | 0.02 | 0.04 | 0.01 | |
| FeCr32Si35 | 35.0 | 32.0 | 1.0 | 0.02 | 0.04 | 0.01 | |

| 硅铬合金交货粒度 | | | | |
|---|---|---|---|---|
| 种　类 | 粒度/mm | 粒度偏差/% | | |
| | | 筛上物 | 筛下物 | |
| 一般粒度 | 10~200 | 不大于 5 | 不大于 10 | |
| 中　粒 | 10~100 | | | |

金属铬(摘自 GB/T 3211—2008)(表 13 - 3 - 9)

表 13 - 3 - 9

| 牌　号 | 化学成分(质量分数)/% | | | | | | | | | | | | | | | | 用　途 |
|---|---|---|---|---|---|---|---|---|---|---|---|---|---|---|---|---|---|
| | Cr | Fe | Si | Al | Cu | C | S | P | Pb | Sn | Sb | Bi | As | N | H | O | |
| | ≥ | ≤ | | | | | | | | | | | | | | | |
| JCr99-A | 99.0 | 0.35 | 0.25 | 0.30 | 0.02 | 0.02 | 0.02 | 0.01 | 0.0005 | 0.001 | 0.001 | 0.001 | 0.001 | 0.05 | 0.01 | 0.50 | 适于炼制高温合金、电阻合金、精密合金等作铬元素添加剂之用 |
| JCr99-B | 99.0 | 0.40 | 0.30 | 0.30 | 0.04 | 0.02 | 0.02 | 0.01 | 0.0005 | 0.001 | 0.001 | 0.001 | 0.001 | 0.05 | 0.01 | 0.50 | |
| JCr98.5-A | 98.5 | 0.45 | 0.35 | 0.50 | 0.04 | 0.03 | 0.02 | 0.01 | 0.0005 | 0.001 | 0.001 | 0.001 | 0.001 | 0.05 | 0.01 | 0.50 | |
| JCr98.5-B | 98.5 | 0.50 | 0.40 | 0.50 | 0.06 | 0.03 | 0.02 | 0.01 | 0.0005 | 0.001 | 0.001 | 0.001 | 0.001 | | 0.01 | 0.50 | |
| JCr98 | 98.0 | 0.80 | 0.40 | 0.80 | 0.06 | 0.05 | 0.03 | 0.01 | 0.001 | 0.001 | 0.001 | 0.001 | 0.001 | | | | |

注:1. 金属铬应呈块状交货,最大块度应通过 150 mm×150 mm 筛孔,通过 10 mm×10 mm 筛孔的数量不得超过该批总质量的 10%。3 mm×3 mm 筛孔的筛下物不得交货。

　　2. 需方对化学成分的个别元素及块度如有特殊要求,可与供方协商解决。

硅钙合金(YB/T 5051—2007)(表 13 - 3 - 10)

表 13 - 3 - 10

| 牌　号 | 化学成分(质量分数)/% | | | | | |
|---|---|---|---|---|---|---|
| | Ca | Si | C | Al | P | S |
| | ≥ | | ≤ | | | |
| Ca31Si60 | 31 | 50~65 | 1.2 | 2.4 | 0.04 | 0.06 |
| Ca28Si60 | 28 | 50~65 | 1.2 | 2.4 | 0.04 | 0.06 |
| Ca24Si60 | 24 | 50~65 | 1.0 | 2.5 | 0.04 | 0.04 |
| Ca20Si55 | 20 | 50~60 | 1.0 | 2.5 | 0.04 | 0.04 |
| Ca16Si55 | 16 | 50~60 | 1.0 | 2.5 | 0.04 | 0.04 |

硅铝铁合金(摘自 YB/T 065—2008)(表 13 - 3 - 11)

表 13 - 3 - 11

| 牌　号 | 化学成分(质量分数)/% | | | | | |
|---|---|---|---|---|---|---|
| | Si | Al | Mn | C | P | S |
| | ≥ | | ≤ | | | |
| FeAl52Si5 | 5 | 52 | 0.20 | 0.20 | 0.02 | 0.02 |
| FeAl47Si10 | 10 | 47 | 0.20 | 0.20 | 0.02 | 0.02 |
| FeAl42Si15 | 15 | 42 | 0.20 | 0.20 | 0.20 | 0.02 |
| FeAl37Si20 | 20 | 37 | 0.20 | 0.20 | 0.02 | 0.02 |
| FeAl32Si25 | 25 | 32 | 0.20 | 0.20 | 0.02 | 0.02 |
| FeAl27Si30 | 30 | 27 | 0.40 | 0.40 | 0.03 | 0.03 |
| FeAl22Si35 | 35 | 22 | 0.40 | 0.40 | 0.03 | 0.03 |
| FeAl17Si40 | 40 | 17 | 0.40 | 0.40 | 0.03 | 0.03 |

注:1. Si、Al 为必测元素。需方对化学成分有特殊要求,由供需双方商定。

　　2. 硅铝合金交货粒度为 10~150 mm,其中小于 10 mm 的不超过总质量的 5%,大于 150 质量的 8%。

硅铁(摘自 GB/T 2272—1987)(表13-3-12)

表13-3-12

| 牌　号 | 化学成分(质量分数)/% | | | | | | | |
|---|---|---|---|---|---|---|---|---|
| | Si | Al | Ca | Mn | Cr | P | S | C |
| | | | | | ≤ | | | |
| FeSi90Al1.5 | 87~95 | 1.5 | 1.5 | 0.4 | 0.2 | 0.04 | 0.02 | 0.2 |
| FeSi90Al3 | 87~95 | 3.0 | 1.5 | 0.4 | 0.2 | 0.04 | 0.02 | 0.2 |
| FeSi75Al0.5-A | 74~80 | 0.5 | 1.0 | 0.4 | 0.3 | 0.035 | 0.02 | 0.1 |
| FeSi75Al0.5-B | 72~80 | 0.5 | 1.0 | 0.5 | 0.5 | 0.04 | 0.02 | 0.2 |
| FeSi75Al1.0-A | 74~80 | 1.0 | 1.0 | 0.4 | 0.3 | 0.035 | 0.02 | 0.1 |
| FeSi75Al1.0-B | 72~80 | 1.0 | 1.0 | 0.5 | 0.5 | 0.04 | 0.02 | 0.2 |
| FeSi75Al1.5-A | 74~80 | 1.5 | 1.0 | 0.4 | 0.3 | 0.035 | 0.02 | 0.1 |
| FeSi75Al1.5-B | 72~80 | 1.5 | 1.0 | 0.5 | 0.5 | 0.04 | 0.02 | 0.2 |
| FeSi75Al2.0-A | 74~80 | 2.0 | 1.0 | 0.4 | 0.3 | 0.035 | 0.02 | 0.1 |
| FeSi75Al2.0-B | 74~80 | 2.0 | 1.0 | 0.4 | 0.3 | 0.04 | 0.02 | 0.1 |
| FeSi75Al2.0-C | 72~80 | 2.0 | | 0.5 | 0.5 | 0.04 | 0.02 | 0.2 |
| FeSi75-A | 74~80 | | | 0.4 | 0.3 | 0.035 | 0.02 | 0.1 |
| FeSi75-B | 74~80 | | | 0.4 | 0.3 | 0.04 | 0.02 | 0.1 |
| FeSi75-C | 72~80 | | | 0.5 | 0.5 | 0.04 | 0.02 | 0.2 |
| FeSi65 | 65~<72 | | | 0.6 | 0.5 | 0.04 | 0.02 | |
| FeSi45 | 40~<47 | | | 0.7 | 0.5 | 0.04 | 0.02 | |

硅铁供应粒度规格

| 级　别 | 一般块状 | 大粒度 | 中粒度 | 小粒度 | 最小粒度 |
|---|---|---|---|---|---|
| 规格/mm | 未经人工破碎的自然块状 | 50~350 | 20~200 | 10~100 | 10~50 |

锰硅合金(摘自 GB/T 4008—1996)(表13-3-13)

表13-3-13

| 牌　号 | 化学成分(质量分数)/% | | | | | | |
|---|---|---|---|---|---|---|---|
| | Mn | Si | C | P | | | S |
| | | | | I | II | III | |
| | | | | ≤ | | | |
| FeMn64Si27 | 60.0~67.0 | 25.0~28.0 | 0.5 | 0.10 | 0.15 | 0.25 | 0.04 |
| FeMn67Si23 | 63.0~70.0 | 22.0~25.0 | 0.7 | 0.10 | 0.15 | 0.25 | 0.04 |
| FeMn68Si22 | 65.0~72.0 | 20.0~23.0 | 1.2 | 0.10 | 0.15 | 0.25 | 0.04 |
| FeMn64Si23 | 60.0~67.0 | 20.0~25.0 | 1.2 | 0.10 | 0.15 | 0.25 | 0.04 |
| FeMn68Si18 | 65.0~72.0 | 17.0~20.0 | 1.8 | 0.10 | 0.15 | 0.25 | 0.04 |
| FeMn64Si18 | 60.0~67.0 | 17.0~20.0 | 1.8 | 0.10 | 0.15 | 0.25 | 0.04 |
| FeMn68Si16 | 65.0~72.0 | 14.0~17.0 | 2.5 | 0.10 | 0.15 | 0.25 | 0.04 |
| FeMn64Si16 | 60.0~67.0 | 14.0~17.0 | 2.5 | 0.20 | 0.25 | 0.30 | 0.05 |

续表 13 - 3 - 13

**锰硅合金的供货粒度**

| 等 级 | 粒度范围/mm | 偏差/% | |
|:---:|:---:|:---:|:---:|
| | | 筛上物 | 筛下物 |
| | | ≤ | |
| 1 | 20 ~ 300 | 5 | 5 |
| 2 | 10 ~ 150 | 5 | 5 |
| 3 | 10 ~ 100 | 5 | 5 |
| 4 | 10 ~ 50 | ·5 | 5 |

注:1. 硫为保证元素,其余均为必测元素。

   2. 需方对物理状态如有特殊要求,可由供需双方另行商定。锰硅合金以块状或粒状供货。

### 硅钡合金(摘自 YB/T 5358—2008)(表 13 - 3 - 14)

表 13 - 3 - 14

| 牌 号 | 化学成分(质量分数)/% | | | | | | | 用 途 |
|:---:|:---:|:---:|:---:|:---:|:---:|:---:|:---:|:---:|
| | Ba | Si | Al | Mn | C | P | S | |
| | ≥ | | ≤ | | | | | |
| FeBa30Si35 | 30. 0 | 35. 0 | 3. 0 | 0. 40 | 0. 30 | 0. 04 | 0. 04 | |
| FeBa25Si40 | 25. 0 | 40. 0 | 3. 0 | 0. 40 | 0. 30 | 0. 04 | 0. 04 | |
| FeBa20Si45 | 20. 0 | 45. 0 | 3. 0 | 0. 40 | 0. 30 | 0. 04 | 0. 04 | |
| FeBa15Si50 | 15. 0 | 50. 0 | 3. 0 | 0. 40 | 0. 30 | 0. 04 | 0. 04 | 适用于炼钢作脱氧剂、脱硫剂和铸造孕育剂 |
| FeBa10Si55 | 10. 0 | 55. 0 | 3. 0 | 0. 40 | 0. 20 | 0. 04 | 0. 04 | |
| FeBa5Si60 | 5. 0 | 60. 0 | 3. 0 | 0. 40 | 0. 20 | 0. 04 | 0. 04 | |
| FeBa2Si65 | 2. 0 | 65. 0 | 3. 0 | 0. 40 | 0. 20 | 0. 04 | 0. 04 | |

注:1. Ba、Si 为必测元素。需方对化学成分有特殊要求,由供需双方商定。

   2. 硅钡合金的交货粒度为 10 ~ 100 mm,其中小于 10 mm 的不超过总质量的 5% ,大于 100 mm 的不超过总质量的 8% 。

### 硅钡铝合金(摘自 YB/T 066—2008)(表 13 - 3 - 15)

表 13 - 3 - 15

| 牌 号 | 化学成分(质量分数)/% | | | | | | |
|:---:|:---:|:---:|:---:|:---:|:---:|:---:|:---:|
| | Si | Ba | Al | C | Mn | P | S |
| | ≥ | | ≤ | | | | |
| FeAl34Ba6Si20 | 20. 0 | 6. 0 | 34. 0 | 0. 20 | 0. 30 | 0. 03 | 0. 02 |
| FeAl30Ba6Si25 | 25. 0 | 6. 0 | 30. 0 | 0. 20 | 0. 30 | 0. 03 | 0. 02 |
| FeAl26Ba9Si30 | 30. 0 | 9. 0 | 26. 0 | 0. 20 | 0. 30 | 0. 03 | 0. 02 |
| FeAl16Ba12Si35 | 35. 0 | 12. 0 | 16. 0 | 0. 20 | 0. 30 | 0. 04 | 0. 03 |

硅钙钡铝合金(摘自 YB/T 067—2008)(表 13 - 3 - 16,参考表 13 - 3 - 1)

表 13 - 3 - 16

| 牌 号 | 化学成分(质量分数)/% | | | | | | | | 用 途 |
|---|---|---|---|---|---|---|---|---|---|
| | Si | Ca | Ba | Al | Mn | C | P | S | |
| | ≥ | | | | ≤ | | | | |
| Al16Ba9Ca12Si30 | 30.0 | 12.0 | 9.0 | 16.0 | 0.40 | 0.40 | 0.04 | 0.02 | 适用于炼钢作脱氧剂、脱硫剂 |
| Al12Ba9Ca9Si35 | 35.0 | 9.0 | 9.0 | 12.0 | 0.40 | 0.40 | 0.04 | 0.02 | |
| Al8Ba12Ca6Si40 | 40.0 | 6.0 | 12.0 | 8.0 | 0.40 | 0.40 | 0.04 | 0.02 | |

注:1. Si、Ca、Ba、Al 为必测。需方对化学成分有特殊要求,由供需双方商定。

2. 硅钙钡铝合金的交货粒度为 10 ~ 100 mm,其中小于 10 mm 的不超过总质量的 5%,大于 100 mm 的不超过总质量的 8%。

表 13 - 3 - 17[13]

| 序号 | 复合脱氧剂种类 | 多元脱氧剂的组成(质量分数)/% | | | | | | | 密 度 /g·cm$^{-3}$ |
|---|---|---|---|---|---|---|---|---|---|
| | | Ca | Al | Mg | Sr | Ba | Fe | Si | |
| 1 | Ca-Al-Si | 14.79 | 11.64 | | | | 26.43 | 47.136 | 3.72 |
| 2 | Ca-Al-Mg-Si | 14.64 | 10.6 | 1.06 | | | 26.3 | 47.4 | 3.70 |
| 3 | Ca-Al-Sr-Si | 13.217 | 10.5 | | 2.83 | | 26.56 | 46.88 | 3.741 |
| 4 | Ca-Al-Ba-Si | 13.26 | 10.45 | | | 3.4 | 26.68 | 47.7 | 3.81 |
| 5 | Ca-Al-Mg-Sr-Si | 12.73 | 10.03 | 1.01 | 2.83 | | 26.60 | 46.8 | 3.74 |
| 6 | Ca-Al-Mg-Ba-Si | 12.72 | 10.02 | 1.01 | | 3.41 | 26.74 | 46.52 | 3.79 |
| 7 | Ca-Al-Sr-Ba-Si | 12.26 | 9.65 | | 2.89 | 3.44 | 26.53 | 46.94 | 3.824 |
| 8 | Ca-Al-Mg-Si-Ba-Si | 11.133 | 8.76 | 0.985 | 2.75 | 3.28 | 26.91 | 46.17 | 3.80 |

注:作者推荐成分。

稀土硅铁合金(摘自 GB/T 4137—2004)(表 13 - 3 - 18)

表 13 - 3 - 18

| 牌 号 | 化学成分(质量分数)/% | | | | | | 用 途 |
|---|---|---|---|---|---|---|---|
| | RE | Si | Mn | Ca | Ti | Fe | |
| | | ≤ | | | | | |
| FeSiRE23 | 21.0 ~ <24.0 | 44.0 | 3.0 | 5.0 | 3.0 | 余量 | 适用于炼钢、铸铁中作添加剂 |
| FeSiRE26 | 24.0 ~ <27.0 | 43.0 | 3.0 | 5.0 | 3.0 | 余量 | |
| FeSiRE29 | 27.0 ~ <30.0 | 42.0 | 3.0 | 5.0 | 3.0 | 余量 | |
| FeSiRE32-A | 30.0 ~ <33.0 | 40.0 | 3.0 | 4.0 | 3.0 | 余量 | |
| FeSiRE32-B | 30.0 ~ <33.0 | 40.0 | 3.0 | 4.0 | 1.0 | 余量 | |
| FeSiRE35-A | 33.0 ~ <36.0 | 39.0 | 3.0 | 4.0 | 3.0 | 余量 | |
| FeSiRE35-B | 33.0 ~ <36.0 | 39.0 | 3.0 | 4.0 | 1.0 | 余量 | |
| FeSiRE38 | 36.0 ~ <39.0 | 38.0 | 3.0 | 3.0 | 2.0 | 余量 | |
| FeSiRE41 | 39.0 ~ <42.0 | 37.0 | 3.0 | 3.0 | 2.0 | 余量 | |

注:稀土硅铁合金断面应呈银灰色,粒度范围为 5 ~ 50 mm,小于 5 mm 和大于 50 mm 的分别不应超过 5%。

稀土镁硅铁合金(摘自 GB/T 4138—2004)(表 13 - 3 - 19)

表 13 - 3 - 19

| 牌　号 | 化学成分(质量分数)/% | | | | | | Fe |
| | RE | Mg | Ca | Si | Mn | Ti | |
| | | | | ≤ | | | |
| FeSiMg6RE1 | 0.5 ~ <2.0 | 5.0 ~7.0 | 1.5 ~3.0 | 44.0 | 1.0 | 1.0 | 余量 |
| FeSiMg7RE1 | 0.5 ~ <2.0 | 6.0 ~8.0 | ≤1.5 | 44.0 | 1.0 | 1.0 | 余量 |
| FeSiMg7RE3 | 2.0 ~ <4.0 | 6.0 ~8.0 | 2.0 ~3.5 | 44.0 | 1.0 | 1.0 | 余量 |
| FeSiMg8RE3-A | 2.0 ~ <4.0 | 7.0 ~9.0 | ≤2.0 | 44.0 | 1.0 | 1.0 | 余量 |
| FeSiMg8RE3-B | 2.0 ~ <4.0 | 7.0 ~9.0 | 2.0 ~3.5 | 44.0 | 1.0 | 1.0 | 余量 |
| FeSiMg8RE5 | 4.0 ~ <6.0 | 7.0 ~9.0 | ≤3 | 44.0 | 2.0 | 1.0 | 余量 |
| FeSiMg8RE7 | 6.0 ~ <8.0 | 7.0 ~9.0 | ≤3 | 44.0 | 2.0 | 1.0 | 余量 |
| FeSiMg10RE7 | 6.0 ~ <8.0 | 9.0 ~11.0 | ≤3 | 44.0 | 2.0 | 1.0 | 余量 |
| FeSiMg9RE9 | 8.0 ~ <10.0 | 8.0 ~10.0 | ≤3 | 44.0 | 2.0 | 1.0 | 余量 |

高炉锰铁(摘自 GB/T 3795—2006)(表 13 - 3 - 20)

表 13 - 3 - 20

| 类别 | 牌　号 | 化学成分(质量分数)/% | | | | | | |
| | | Mn | C | Si | | P | | S |
| | | | | I | II | I | II | |
| | | | | ≤ | | | | |
| 高碳锰铁 | FeMn78 | 75.0 ~82.0 | 7.5 | 1.0 | 2.0 | 0.30 | 0.50 | 0.03 |
| | FeMn74 | 70.0 ~77.0 | 7.5 | 1.0 | 2.0 | 0.40 | 0.50 | 0.03 |
| | FeMn68 | 65.0 ~72.0 | 7.0 | 1.0 | 2.5 | 0.40 | 0.60 | 0.03 |
| | FeMn64 | 60.0 ~67.0 | 7.0 | 1.0 | 2.5 | 0.50 | 0.60 | 0.03 |
| | FeMn58 | 55.0 ~62.0 | 7.0 | 1.0 | 2.5 | 0.50 | 0.60 | 0.03 |

锰铁交货粒度

| 等　级 | 粒度/mm | 偏差/% | | |
| | | 筛上物 | 筛下物 | |
| | | ≤ | | |
| 1 | 20 ~250 | | 中低碳类 | 10 |
| | | | 高碳类 | 8 |
| 2 | 50 ~150 | 5 | 5 | |
| 3 | 10 ~50 | 5 | 5 | |

电炉锰铁(摘自 GB/T 3795—2006)(表 13 - 3 - 21)

表 13 - 3 - 21

| 类别 | 牌　号 | 化学成分(质量分数)/% | | | | | | |
|---|---|---|---|---|---|---|---|---|
| | | Mn | C | Si | | P | | S |
| | | | | I | II | I | II | |
| | | | | ≤ | | | | |
| 低碳锰铁 | FeMn88C0.2 | 85.0 ~ 92.0 | 0.2 | 1.0 | 2.0 | 0.10 | 0.30 | 0.02 |
| | FeMn84C0.4 | 80.0 ~ 87.0 | 0.4 | 1.0 | 2.0 | 0.15 | 0.30 | 0.02 |
| | FeMn84C0.7 | 80.0 ~ 87.0 | 0.7 | 1.0 | 2.0 | 0.20 | 0.30 | 0.02 |
| 中碳锰铁 | FeMn82C1.0 | 78.0 ~ 85.0 | 1.0 | 1.5 | 2.5 | 0.20 | 0.35 | 0.03 |
| | FeMn82C1.5 | 78.0 ~ 85.0 | 1.5 | 1.5 | 2.5 | 0.20 | 0.35 | 0.03 |
| | FeMn78C2.0 | 75.0 ~ 82.0 | 2.0 | 1.5 | 2.5 | 0.20 | 0.40 | 0.03 |
| 高碳锰铁 | FeMn78C8.0 | 75.0 ~ 82.0 | 8.0 | 1.5 | 2.5 | 0.20 | 0.33 | 0.03 |
| | FeMn74C7.5 | 70.0 ~ 77.0 | 7.5 | 2.0 | 3.0 | 0.25 | 0.38 | 0.03 |
| | FeMn68C7.0 | 65.0 ~ 72.0 | 7.0 | 2.5 | 4.5 | 0.25 | 0.40 | 0.03 |

金属锰(摘自 GB/T 2774—2006)(表 13 - 3 - 22)

表 13 - 3 - 22

| 牌　号 | 化学成分(质量分数)/% | | | | | | | | |
|---|---|---|---|---|---|---|---|---|---|
| | Mn | C | Si | Fe | P | S | Ni | Cu | Al + Ca + Mg |
| | ≥ | ≤ | | | | | | | |
| JMn97 | 97.0 | 0.08 | 0.4 | 2.0 | 0.04 | 0.04 | 0.02 | 0.03 | 0.7 |
| JMn96 | 96.5 | 0.10 | 0.5 | 2.3 | 0.05 | 0.05 | 0.02 | 0.03 | 0.7 |
| JMn95-A | 95.0 | 0.15 | 0.8 | 2.8 | 0.06 | 0.05 | 0.02 | 0.03 | 0.7 |
| JMn95-B | 95.0 | 0.15 | 0.8 | 3.0 | 0.06 | 0.05 | 0.02 | 0.03 | 0.7 |
| JMn93-A | 93.5 | 0.20 | 1.8 | 2.8 | 0.06 | 0.05 | 0.02 | 0.03 | 0.7 |
| JMn93-B | 93.5 | 0.20 | 1.8 | 4.0 | 0.06 | 0.05 | 0.02 | 0.03 | 0.7 |

注:金属锰应呈块状交货,最大块质量应不超过 10 kg,小于 10 mm × 10 mm 的数量不得超过总质量的 10%。

电解金属锰(摘自 YB/T 051—2003)(表 13 - 3 - 23)

表 13 - 3 - 23

| 牌　号 | 化学成分/% | | | | | | | |
|---|---|---|---|---|---|---|---|---|
| | Mn | C | S | P | Si | Fe | | Se |
| | | | | | | I | II | |
| | ≥ | ≤ | | | | | | |
| DJMn99.8 | 99.8 | 0.02 | 0.03 | 0.005 | 0.005 | 0.01 | 0.03 | 0.06 |
| DJMn99.7 | 99.7 | 0.04 | 0.05 | 0.005 | 0.010 | 0.01 | 0.03 | 0.10 |
| DJMn99.5 | 99.5 | 0.08 | 0.10 | 0.010 | 0.015 | 0.05 | | 0.15 |

氮化金属锰化学成分(摘自 YB/T 4136—2005)(表 13-3-24)

表 13-3-24

| 牌　号 | Mn | N | | C | | P | | Si | S |
|---|---|---|---|---|---|---|---|---|---|
| | | Ⅰ | Ⅱ | Ⅰ | Ⅱ | Ⅰ | Ⅱ | | |
| | ≥ | | | ≤ | | | | | |
| JMnN-A | 90 | 7 | 6 | 0.05 | 0.1 | 0.01 | 0.05 | 0.3 | 0.05 |
| JMnN-B | 87 | 7 | 6 | 0.05 | 0.1 | 0.03 | 0.05 | 0.5 | 0.025 |
| JMnN-C | 85 | 7 | 6 | 0.1 | 0.2 | 0.03 | 0.05 | 1.0 | 0.025 |

氮化锰铁化学成分(摘自 YB/T 4136—2005)(表 13-3-25)

表 13-3-25

| 牌　号 | Mn | N | | C | | P | | Si | | S |
|---|---|---|---|---|---|---|---|---|---|---|
| | | Ⅰ | Ⅱ | Ⅰ | Ⅱ | Ⅰ | Ⅱ | Ⅰ | Ⅱ | |
| | ≥ | | | ≤ | | | | | | |
| FeMnN-A | 80 | 7 | 5 | 0.1 | 0.5 | 0.03 | 0.10 | 1.0 | 2.0 | 0.02 |
| FeMnN-B | 75 | 5 | 4 | 1.0 | 1.5 | 0.10 | 0.30 | 1.0 | 2.0 | 0.02 |
| FeMnN-C | 73 | 5 | 4 | 1.0 | 1.5 | 0.10 | 0.30 | 1.0 | 2.0 | 0.02 |

钼铁(摘自 GB/T 3649—1987)(表 13-3-26)

表 13-3-26

| 牌　号 | Mo | Si | S | P | C | Cu | Sb | Sn | 用　途 |
|---|---|---|---|---|---|---|---|---|---|
| | | | | ≤ | | | | | |
| FeMo70 | 65~75 | 1.5 | 0.10 | 0.05 | 0.10 | 0.5 | | | |
| FeMo70Cu1 | 65~75 | 2.0 | 0.10 | 0.05 | 0.10 | 1.0 | | | |
| FeMo70Cu1.5 | 65~75 | 2.5 | 0.20 | 0.10 | 0.10 | 1.5 | | | |
| FeMo60-A | 55~65 | 1.0 | 0.10 | 0.04 | 0.10 | 0.5 | 0.04 | 0.04 | 适于炼钢中作为钼元素的加入剂,也可用作磁钢 |
| FeMo60-B | 55~65 | 1.5 | 0.10 | 0.05 | 0.10 | 0.5 | 0.05 | 0.06 | |
| FeMo60-C | 55~65 | 2.0 | 0.15 | 0.05 | 0.20 | 1.0 | 0.08 | 0.08 | |
| FeMo60 | ≥60 | 2.0 | 0.10 | 0.05 | 0.15 | 0.5 | 0.04 | 0.04 | |
| FeMo55-A | ≥55 | 1.0 | 0.10 | 0.08 | 0.20 | 0.5 | 0.05 | 0.06 | |
| FeMo55-B | ≥55 | 1.5 | 0.15 | 0.10 | 0.25 | 1.0 | 0.08 | 0.08 | |

注:钼铁以块状交货,块度范围为 10~150 mm,10 mm×10 mm 以下粒度不得超过该批总质量的 5%。

氧化钼铁(摘自 YB/T 5129—2005)(表 13-3-27)

表 13-3-27

| 牌　号 | Mo | S | | Cu | P | C | Sn | Sb | 用　途 |
|---|---|---|---|---|---|---|---|---|---|
| | | Ⅰ | Ⅱ | | | | | | |
| | ≥ | | | ≤ | | | | | |
| YMo55.0-A | 55.0 | 0.10 | 0.15 | 0.25 | 0.04 | 0.10 | 0.05 | 0.04 | |
| YMo52.0-A | 52.0 | 0.10 | 0.15 | 0.25 | 0.05 | 0.15 | 0.07 | 0.06 | 适用于炼钢和铸铁作为钼元素的添加剂 |
| YMo55.0-B | 55.0 | 0.10 | 0.15 | 0.40 | 0.04 | 0.10 | 0.05 | 0.04 | |
| YMo52.0-B | 52.0 | 0.15 | 0.25 | 0.50 | 0.05 | 0.15 | 0.07 | 0.06 | |
| YMo50.0 | 50.0 | 0.15 | 0.25 | 0.50 | 0.05 | 0.15 | 0.07 | 0.06 | |

铌铁(摘自 GB/T 7737—2007)(表 13-3-28)

表 13-3-28

| 牌　号 | 化学成分(质量分数)/% | | | | | | | | | | | | | | | 用　途 |
|---|---|---|---|---|---|---|---|---|---|---|---|---|---|---|---|---|
| | Nb + Ta | Ta | Al | Si | C | S | P | W | Mn | Sn | Pb | As | Sb | Bi | Ti | |
| | | ≤ | | | | | | | | | | | | | | |
| FeNb70 | 70 ~ 80 | 0.5 | 3.8 | 1.5 | 0.04 | 0.03 | 0.04 | 0.3 | 0.8 | 0.02 | 0.02 | 0.01 | 0.01 | 0.01 | 0.3 | 供炼钢、铸造作添加剂和电焊条合金剂用 |
| FeNb60-A | 60 ~ 70 | 0.5 | 2.5 | 2.0 | 0.05 | 0.03 | 0.05 | 0.2 | 1.0 | 0.02 | 0.02 | | | | | |
| FeNb60-B | 60 ~ 70 | 3.0 | 3 | 3 | 0.3 | 0.1 | 0.3 | 1.5 | | | | | | | | |
| FeNb50 | 50 ~ 60 | 0.5 | 2.0 | 2.5 | 0.05 | 0.03 | 0.05 | 0.1 | | | | | | | | |
| FeNb20 | 15 ~ 25 | 2.0 | 3 | 11 | 0.3 | 0.1 | 0.3 | 1.0 | | | | | | | | |

注:1. FeNb60-B、FeNb20 两个牌号是以铌铁精矿为原料生产的。

　2. 铌铁以块状或粉状供货。块状铌铁最大块重不超过 8 kg,小于 20 mm×20 mm 碎块的数量不得超过总质量的 5%。

　3. 粉状铌铁以粒度 0.45 mm 供货,其中粒度 0.098 mm 的不得超过总质量的 30%。

铌锰铁合金(摘自 YB/T 5216—1993)(表 13-3-29)

表 13-3-29

| 牌　号 | 化学成分(质量分数)/% | | | | | 铌磷比 Nb/P | | | 用　途 |
|---|---|---|---|---|---|---|---|---|---|
| | Nb | Mn | Si | C | Fe | I | II | III | |
| | | | ≤ | | | | | | |
| FMn50Nb17 | 16 ~ 18 | 40 ~ 60 | 3 | 8 | 余量 | ≥10 | ≥7 | ≥5 | 可供炼钢和铸铁作添加剂使用 |
| FMn30Nb17 | 16 ~ 18 | 20 ~ <40 | 3 | 8 | 余量 | ≥10 | ≥7 | ≥5 | |
| FMn50Nb15 | 14 ~ <16 | 40 ~ 60 | 3 | 8 | 余量 | ≥10 | ≥7 | ≥5 | |
| FMn30Nb15 | 14 ~ <16 | 20 ~ <40 | 3 | 8 | 余量 | ≥10 | ≥7 | ≥5 | |
| FMn50Nb13 | 12 ~ <14 | 40 ~ 60 | 3 | 8 | 余量 | ≥10 | ≥7 | ≥5 | |
| FMn30Nb13 | 12 ~ <14 | 20 ~ <40 | 3 | 8 | 余量 | ≥10 | ≥7 | ≥5 | |
| FMn50Nb11 | 10 ~ <12 | 40 ~ 60 | 3 | 8 | 余量 | ≥10 | ≥7 | ≥5 | |

磷铁(摘自 YB/T 5036—2005)(表 13-3-30)

表 13-3-30

| 牌　号 | 化学成分(质量分数)/% | | | | | 用　途 |
|---|---|---|---|---|---|---|
| | P | Si | C | S | Mn | |
| | | | ≤ | | | |
| FeP24 | 23 ~ 25 | 3.0 | 1.0 | 0.5 | 2.0 | 供炼钢及铸造中作磷元素添加剂用 |
| FeP21 | 20 ~ <23 | 3.0 | 1.0 | 0.5 | 2.0 | |
| FeP18 | 17 ~ <20 | 3.0 | 1.0 | 0.5 | 2.5 | |
| FeP16 | 15 ~ <17 | 3.0 | 1.0 | 0.5 | 2.5 | |

注:1. 需方对表列元素如有特殊要求,可由供需双方另行协商。

　2. 产品以块状交货,最大块质量不超过 30 kg,小于 20 mm×20 mm 的数量不得超过该批总质量的 10%。

钨铁(GB/T 3648—1996)(表 13-3-31)

表 13-3-31

| 牌　号 | 化学成分(质量分数)/% | | | | | | | | | | | |
|---|---|---|---|---|---|---|---|---|---|---|---|---|
| | W | C | P | S | Si | Mn | Cu | As | Bi | Pb | Sb | Sn |
| | | ≤ | | | | | | | | | | |
| FeW80-A | 75.0 ~ 85.0 | 0.10 | 0.03 | 0.06 | 0.5 | 0.25 | 0.10 | 0.06 | 0.05 | 0.05 | 0.05 | 0.06 |
| FeW80-B | 75.0 ~ 85.0 | 0.30 | 0.04 | 0.07 | 0.7 | 0.35 | 0.12 | 0.08 | | | 0.05 | 0.08 |
| FeW80-C | 75.0 ~ 85.0 | 0.40 | 0.05 | 0.08 | 0.7 | 0.50 | 0.15 | 0.10 | | | 0.05 | 0.08 |
| FeW70 | ≥70.0 | 0.80 | 0.06 | 0.10 | 1.0 | 0.60 | 0.18 | 0.10 | | | 0.05 | 0.10 |

钒铁(摘自 GB/T 4139—2004)(表 13 - 3 - 32)

表 13 - 3 - 32

| 牌　号 | 化学成分(质量分数)/% | | | | | | | 用　途 |
| | V | C | Si | P | S | Al | Mn | |
| | | ≤ | | | | | | |
| FeV40-A | 38.0 ~ 45.0 | 0.60 | 2.0 | 0.08 | 0.06 | 1.5 | | |
| FeV40-B | 38.0 ~ 45.0 | 0.80 | 3.0 | 0.15 | 0.10 | 2.0 | | |
| FeV50-A | 48.0 ~ 55.0 | 0.40 | 2.0 | 0.06 | 0.04 | 1.5 | | 适用于炼钢或合金材料用作钒元素的添加剂 |
| FeV50-B | 48.0 ~ 55.0 | 0.60 | 2.5 | 0.10 | 0.05 | 2.0 | | |
| FeV60-A | 58.0 ~ 65.0 | 0.40 | 2.0 | 0.06 | 0.04 | 1.5 | | |
| FeV60-B | 58.0 ~ 65.0 | 0.60 | 2.5 | 0.10 | 0.05 | 2.0 | | |
| FeV80-A | 78.0 ~ 82.0 | 0.15 | 1.5 | 0.05 | 0.04 | 1.5 | 0.50 | |
| FeV80-B | 78.0 ~ 82.0 | 0.20 | 1.5 | 0.06 | 0.05 | 2.0 | 0.50 | |

注:1. 经供需双方协商并在合同中注明,可供其他化学成分要求的钒铁。

　　2. 钒铁以块状交货,其粒度符合如下规定:1 组,10 ~ 50 mm;2 组,10 ~ 100 mm;3 组,10 ~ 150 mm。

钒渣(摘自 YB/T 008—2006)(表 13 - 3 - 33)

表 13 - 3 - 33

| 牌号 | 化学成分(质量分数)/% | | | | | | | CaO/V₂O₅ | |
| | V₂O₅ | SiO₂ | | | P | | | | |
| | | 一级 | 二级 | 三级 | 一级 | 二级 | 三级 | 一级 | 二级 |
| | | ≤ | | | | | | | |
| FZ9 | 8.0 ~ 10.0 | | | | | | | | |
| FZ11 | >10.0 ~ 12.0 | | | | | | | | |
| FZ13 | >12.0 ~ 14.0 | 16.0 | 20.0 | 24.0 | 0.13 | 0.30 | 0.50 | 0.11 | 0.16 |
| FZ15 | >14.0 ~ 16.0 | | | | | | | | |
| FZ17 | >16.0 ~ 18.0 | | | | | | | | |
| FZ19 | >18.0 ~ 20.0 | | | | | | | | |

五氧化二钒(摘自 YB/T 5304—2006)(表 13 - 3 - 34)

表 13 - 3 - 34

| 适用范围 | 牌　号 | 化学成分(质量分数)/% | | | | | | | | 用　途 |
| | | V₂O₅ | Si | Fe | P | S | As | Na₂O +K₂O | V₂O₄ | |
| | | ≥ | ≤ | | | | | | | |
| 冶　金 | V₂O₅99 | 99.0 | 0.15 | 0.20 | 0.03 | 0.01 | 0.01 | 1.0 | | 适用于冶金和化工 |
| | V₂O₅98 | 98.0 | 0.25 | 0.30 | 0.05 | 0.03 | 0.02 | 1.5 | | |
| 化　工 | V₂O₅97 | 97.0 | 0.25 | 0.30 | 0.05 | 0.10 | 0.02 | 1.0 | 2.5 | |

注:1. 五氧化二钒含量系由全钒含量换算而成。

　　2. 冶金用五氧化二钒以片状交货,片径不大于 55 mm × 55 mm,厚度不大于 5 mm;化工用五氧化二钒以分解后自然粉状交货。

钛铁(摘自 GB/T 3282—2006)(表 13 - 3 - 35)

表 13 - 3 - 35

| 牌 号 | 化学成分(质量分数)/% | | | | | | | |
|---|---|---|---|---|---|---|---|---|
| | Ti | Al | Si | P | S | C | Cu | Mn |
| | | ≤ | | | | | | |
| FeTi30-A | 25～35 | 8.0 | 4.5 | 0.05 | 0.03 | 0.10 | 0.4 | 2.5 |
| FeTi30-B | 25～35 | 8.5 | 5.0 | 0.06 | 0.04 | 0.15 | 0.4 | 2.5 |
| FeTi40-A | 35～45 | 9.0 | 3.0 | 0.03 | 0.03 | 0.10 | 0.4 | 2.5 |
| FeTi40-B | 35～45 | 9.5 | 4.0 | 0.04 | 0.04 | 0.15 | 0.4 | 2.5 |

锆铁(某企业标准)(表 13 - 3 - 36)

表 13 - 3 - 36

| 牌 号 | 化学成分/% | | | | | |
|---|---|---|---|---|---|---|
| | Zr | Si | Al | P | S | C |
| | ≥ | ≤ | | | | |
| FeZr40 | 40 | 9.0 | 18.0 | 0.05 | 0.05 | 0.1 |

硅锆铁(前苏联)(表 13 - 3 - 37)

表 13 - 3 - 37

| 牌 号 | 化学成分(质量分数)/% | | | | | | | | | |
|---|---|---|---|---|---|---|---|---|---|---|
| | Zr | Si/Zr | Al | C | P | S | Cu | Ni | Fe | Si |
| | ≥ | ≤ | | | | | | | | |
| 硅锆铁 ZMTY5—26—70 技术条件 | | | | | | | | | | |
| Сицр50 - 1 | 45 | 0.55 | 9.0 | 0.15 | 0.14 | 0.02 | 3.0 | | | |
| Сицр50 - 2 | 45 | 0.65 | 4.0 | 0.12 | 0.14 | 0.02 | 3.0 | | | |
| Сицр35 - 1 | 35 | 1.30 | 2.0 | 0.10 | 0.15 | 0.02 | 0.5 | | | |
| Сицр35 - 2 | 32 | 1.60 | 2.0 | 0.12 | 0.16 | 0.02 | 0.5 | | | |
| Сицр40 | 38 | 1.10 | 7.5 | 0.20 | 0.15 | 0.02 | 3.0 | | | |

镁锭(摘自 GB 3499—2003)(表 13 - 3 - 38)

表 13 - 3 - 38

| 级 别 | 牌 号 | 化学成分(质量分数)/% | | | | | | | | |
|---|---|---|---|---|---|---|---|---|---|---|
| | | Mg | Fe | Si | Ni | Cu | Al | Cl | Mn | 杂质总和 |
| | | ≥ | < | | | | | | | |
| 一级 | Mg99.95 | 99.5 | 0.02 | 0.01 | 0.001 | 0.005 | 0.01 | 0.003 | 0.015 | 0.05 |
| 二级 | Mg99.9 | 99.90 | 0.04 | 0.01 | 0.001 | 0.01 | 0.02 | 0.005 | 0.03 | 0.10 |
| 三级 | Mg99.8 | 99.80 | 0.05 | 0.03 | 0.002 | 0.02 | 0.05 | 0.005 | 0.06 | 0.20 |

注：一级、二级镁中含钠≤0.01%，K≤0.005%，三级 Mg 中，Na≤0.02%，K≤0.005%。

含钒生铁(摘自 YB/T 5125—2006)(表 13 – 3 – 39)

表 13 – 3 – 39

| 牌　号 | | | | F02 | F03 | F04 | F05 |
|---|---|---|---|---|---|---|---|
| 化学成分<br>（质量分数）/% | V | | ≥ | 0.20 | 0.30 | 0.40 | 0.50 |
| | C | | ≥ | 3.50 | | | |
| | Ti | | | 0.60 | | | |
| | Si | | | 0.80 | | | |
| | P | 一级 | ≤ | 0.100 | | | |
| | | 二级 | | 0.150 | | | |
| | | 三级 | | 0.250 | | | |
| | S | 一类 | | 0.050 | | | |
| | | 二类 | | 0.070 | | | |
| | | 三类 | | 0.100 | | | |

注:各牌号产品的含碳量均不作质量判定依据。

脱碳低磷粒铁(摘自 YB/T 068—2005)(表 13 – 3 – 40)

表 13 – 3 – 40

| 铁　种 | | 脱碳低磷粒铁 | | | 用　途 |
|---|---|---|---|---|---|
| 牌　号 | | TL10 | TL14 | TL18 | |
| 化学成分<br>（质量分数）<br>/% | C | ≤1.20 | >1.20～1.60 | >1.60～2.00 | 适用于电弧炉<br>炼钢用 |
| | Si | ≤1.25 | | | |
| | Mn | ≤0.80 | | | |
| | P | ≤0.06 | | | |
| | S | ≤0.05 | | | |

　　喂线与喷粉法相比钢水降温少,设备简单、操作容易、投资少,易使用密度小、容易氧化的添加剂做成线材,一般穿入钢液较深,对易于蒸发的含钙合金可提高元素收得率。它的命中率高,适于精炼钢种成分的微调,并可扩大钢种和提高质量。包芯线的包芯粉包括硅钙粉、钙铝粉、钛铁、硅钙钡等、硫粉、炭粉等。

　　包芯线的物理特性(摘自 YB/T 0530—2007)(表 13 – 3 – 41)

表 13 – 3 – 41

| 序号 | 名称及相应芯粉标准号 | 直径/mm | | 钢带厚度<br>/mm[②] | 芯粉质量（≥）<br>/g·m⁻¹ | 每千米接头<br>个数（≤） |
|---|---|---|---|---|---|---|
| | | 公称尺寸 | 偏差[①] | | | |
| 1 | 硅铁包芯线<br>GB/T 2272 | 13 | +0.8<br>0 | 0.3～0.45 | 235（FeSi75） | 2 |
| 2 | 沥青焦包芯线<br>YB/T 5299 | | | | 135 | |
| 3 | 硫黄包芯线<br>GB/T 2449 | 10 | | | 110 | |
| | | 13 | | | 190 | |
| 4 | 钛铁包芯线<br>GB/T 3282 | 13 | | | 370（FeTi70） | |
| 5 | 锰铁包芯线<br>GB/T 3795 | | | | 550 | |

续表 13 - 3 - 41

| 序 号 | 名称及相应芯粉标准号 | 直径/mm | | 钢带厚度 /mm② | 芯粉质量(≥) /g·m⁻¹ | 每千米接头 个数(≤) |
|---|---|---|---|---|---|---|
| | | 公称尺寸 | 偏差① | | | |
| 6 | 稀土镁硅铁合金包芯线 GB/T 4138 | 13 | + 0.8 0 | 0.3 ~ 0.45 | 240 | 2 |
| 7 | 混合稀土金属包芯线 GB/T 4153 | | | | RE125SiCa160 | |
| 8 | 硼铁包芯线 GB/T 5682 | | | | 520(FeB18C0.5) | |
| 9 | 硅钡合金包芯线 YB/T 5358 | | | | 280 | |
| 10 | 硅钙合金包芯线 YB/T 5051(Ca31Si60 和 Ca28Si60) | 10 | + 0.8 0 | | 125 | |
| | | 12 | + 0.8 0 | | 200 | |
| | | 13 | + 0.8 0 | | 220 | |
| | | 16 | + 0.8 0 | | 320 | |
| 11 | 钙铁 30 包芯线 GB/T 4864,YB/T 5308 | 13 | + 0.8 0 | | 250(Ca 30%) | |
| 12 | 钙铁 40 包芯线 GB/T 4864,YB/T 5308 | 13 | | | 220(Ca 40%) | |
| | | 16 | | | 330(Ca 40%) | |
| 13 | 钙铝铁包芯线 GB/T 4864,GB/T 2082.1, YB/T 5308 | 13 | | | 158(Ca 30%,Al 55%) | |
| 14 | 硅钙钡铝合金包芯线 YB/T 067 | | | | 220 | |

① 作为参考数值;

② 铁皮厚一般为 0.2 mm。

法国阿菲瓦尔(Affival)公司硅钙芯线标准(部分产品)(表 13 - 3 - 42)

表 13 - 3 - 42

| 规 格 | 芯粉质量 /g·m⁻¹ | B | | | C | | | Q | | |
|---|---|---|---|---|---|---|---|---|---|---|
| | | $L$ | $W_p$ | $W_t$ | $L$ | $W_p$ | $W_t$ | $L$ | $W_p$ | $W_t$ |
| 11 mm × 6 mm × 0.4 mm | 90 | 2800 | 252 | 585 | 3725 | 335 | 778 | | | |
| 16 mm × 7 mm × 0.4 mm | 180 | | | | 2000 | 360 | 696 | | | |
| φ9 mm × 0.4 mm | 90 | 2800 | 252 | 585 | 3500 | 323 | 750 | 6400 | 576 | 1337 |
| φ13 mm × 0.4 mm | 215 | | | | 1600 | 344 | 646 | 3100 | 666 | 1252 |

注:1. B、C、Q 代表不同线卷;

2. $L$—每卷线长度,m;$W_p$—线卷中芯粉质量,kg;$W_t$—每个线卷质量,kg。

日本包芯线规格(举例)(表 13 - 3 - 43)

表 13 - 3 - 43

| 牌 号 | 外径/mm | 钢皮厚/mm | Al:Ca (质量比) | 成分/% | | | 线质量 /g·m⁻¹ |
|---|---|---|---|---|---|---|---|
| | | | | Al | Ca | Fe | |
| 0.2FE/40A60Ca | 7.0 | 0.2 | 4:6 | 21.6 | 32.4 | 46.0 | 105 |
| | 4.8 | 0.2 | 4:6 | 16.5 | 24.7 | 58.8 | 63 |
| 0.2FE/20A80Ca | 7.0 | 0.2 | 2:8 | 10.3 | 41.1 | 48.6 | 100 |
| | 4.8 | 0.2 | 2:8 | 7.8 | 31.0 | 61.2 | 60 |
| 0.2FE/Ca | 7.0 | 0.2 | 0:10 | | 49.2 | 50.8 | 95 |
| | 4.8 | 0.2 | 0:10 | | 36.8 | 63.2 | 58 |

# 第四节　钢铁标准目录和环保标准要求

## 一、一些国家和地区、国际组织的钢铁标准目录

国标(GB)钢铁标准目录(表 13 – 4 – 1)

表 13 – 4 – 1

| 序号 | 标　准　号 | 标　准　名　称 |
|---|---|---|
| 1 | GB/T 221—2008 | 钢铁产品牌号表示方法 |
| 2 | GB/T 5613—1995 | 铸钢牌号表示方法 |
| 3 | GB/T 5612—2008 | 铸铁牌号表示方法 |
| 4 | GB/T 17616—1998 | 钢铁及合金牌号统一数字代号体系 |
| 5 | GB/T 15574—1995 | 钢产品分类 |
| 6 | GB/T 17505—1998 | 钢及钢产品　交货一般技术要求 |
| 7 | GB/T 18253—2000 | 钢及钢产品　检验文件的类型 |
| 8 | GB/T 700—2006 | 碳素结构钢 |
| 9 | GB/T 699—1999 | 优质碳素结构钢 |
| 10 | GB/T 1591—1994 | 低合金高强度结构钢 |
| 11 | GB/T 3077—1999 | 合金结构钢 |
| 12 | GB/T 5216—2004 | 保证淬透性结构钢　技术条件 |
| 13 | GB/T 8731—1988 | 易切削钢　技术条件 |
| 14 | GB/T 6478—2001 | 冷镦和冷挤压用钢 |
| 15 | GB/T 4171—2000 | 高耐候结构钢 |
| 16 | GB/T 4172—2000 | 焊接结构用耐候钢 |
| 17 | GB/T 1222—2007 | 弹簧钢 |
| 18 | GB/T 18254—2002 | 高碳铬轴承钢 |
| 19 | GB/T 1220—2007 | 不锈钢棒 |
| 20 | GB/T 1221—2007 | 耐热钢棒 |
| 21 | GB/T 1298—2008 | 碳素工具钢 |
| 22 | GB/T 1299—2000 | 合金工具钢 |
| 23 | GB/T 9943—2008 | 高速工具钢 |
| 24 | GB/T 11352—1989 | 一般工程用铸造碳钢件 |
| 25 | GB/T 7659—1987 | 焊接结构用碳素钢铸件 |
| 26 | GB/T 14408—1993 | 一般工程用与结构用低合金铸钢件 |
| 27 | GB/T 6967—1986 | 工程结构用中、高强度不锈铸钢件 |
| 28 | GB/T 2100—2002 | 一般用途耐蚀钢铸件 |
| 29 | GB/T 8492—2002 | 一般用途耐热钢和合金铸件 |
| 30 | GB/T 5680—1998 | 高锰钢铸件 |
| 31 | GB/T 9439—1988 | 灰铸铁件 |
| 32 | GB/T 1348—1988 | 球墨铸铁件 |
| 33 | GB/T 9440—1988 | 可锻铸铁件 |
| 34 | GB/T 9437—1988 | 耐热铸铁件 |
| 35 | GB/T 8491—1987 | 高硅耐蚀铸铁件 |
| 36 | GB/T 8263—1999 | 抗磨白口铸铁件 |
| 37 | GB/T 3180—1982 | 中锰抗磨球墨铸铁件技术要求 |

中国台湾(CNS)钢铁标准目录(表13－4－2)

表13－4－2

| 序号 | 标　准　号 | 标　准　名　称 |
|---|---|---|
| 1 | CNS 2473—1993 | 普通结构用碳素钢 |
| 2 | CNS 3828—1997 | 机械结构用碳素钢 |
| 3 | CNS 2947—1992 | 焊接结构用碳素钢和碳锰钢 |
| 4 | CNS 4269—1992 | 焊接结构用耐候钢 |
| 5 | CNS 4620—1992 | 高耐候性轧制钢材 |
| 6 | CNS 4445—1997 | 锰和铬锰合金结构钢 |
| 7 | CNS 3229—1997 | 铬钼合金结构钢 |
| 8 | CNS 3230—1997 | 镍铬合金结构钢 |
| 9 | CNS 3231—1997 | 铬合金结构钢 |
| 10 | CNS 3271—1997 | 镍铬钼合金结构钢 |
| 11 | CNS 4444—1997 | 铬钼铝合金结构钢 |
| 12 | CNS 11999—1997 | 保证淬透性结构钢(H钢) |
| 13 | CNS 4004—1997 | 易切削结构钢 |
| 14 | CNS 8694—1988 | 冷镦钢盘条 |
| 15 | CNS 4443—1997 | 高温螺栓用合金钢 |
| 16 | CNS 10439—1997 | 特殊用途螺栓用合金钢 |
| 17 | CNS 2905—1994 | 弹簧钢 |
| 18 | CNS 3014—1997 | 高碳铬轴承钢 |
| 19 | CNS 3270—1986 | 不锈钢棒材 |
| 20 | CNS 9608—1998 | 耐热钢棒材 |
| 21 | CNS 2964—1987 | 碳素工具钢 |
| 22 | CNS 2964—1992 | 合金工具钢 |
| 23 | CNS 11207—1984 | 中空钢 |
| 24 | CNS 2904—1987 | 高速工具钢 |
| 25 | CNS 2906—1994 | 普通用途碳素铸钢 |
| 26 | CNS 7145—1994 | 结构用高强度碳素和低合金铸钢 |
| 27 | CNS 4000—1994 | 不锈、耐蚀铸钢 |
| 28 | CNS 4002—1994 | 耐热铸钢 |
| 29 | CNS 3830—1994 | 高锰铸钢 |
| 30 | CNS 7147—1994 | 高温高压用铸钢 |
| 31 | CNS 7149—1994 | 低温高压用铸钢 |
| 32 | CNS 2472—1992 | 灰铸铁 |
| 33 | CNS 13098—1992 | 球墨铸铁 |
| 34 | CNS 2936—1994 | 白心可锻铸铁 |
| 35 | CNS 2938—1994 | 珠光体可锻铸铁 |
| 36 | CNS 13099—1992 | 奥氏体铸铁 |

国际标准化组织(ISO)钢铁标准目录(表13－4－3)

表13－4－3

| 序号 | 标　准　号 | 标　准　名　称 |
|---|---|---|
| 1 | ISO 4948.1:1982 | 钢分类、第1部分:根据化学成分对非合金钢和合金钢的分类 |
| 2 | ISO 4948.2:1982 | 钢分类、第2部分:根据主要质量等级和主要性能或用途对非合金钢和合金钢的分类 |
| 3 | ISO 4949:1989 | 以字母符号组成的钢牌号 |
| 4 | ISO/TR 7003:1990 | 金属牌号的统一形式 |

| 序号 | 标 准 号 | 标 准 名 称 |
|---|---|---|
| 5 | ISO 6929:1987 | 钢产品分类和定义 |
| 6 | ISO 404:1992 | 钢及钢产品交货一般技术要求 |
| 7 | ISO 10474:1994 | 钢及钢产品检验文件 |
| 8 | ISO 630:1995 | 普通结构用钢 |
| 9 | ISO 1052:1995 | 一般工程用钢 |
| 10 | ISO 683/1:1987 | 直接硬化的非合金钢和低合金钢 |
| 11 | ISO 683/9:1988 | 易切削结构钢 |
| 12 | ISO 683/10:1987 | 渗氮结构钢 |
| 13 | ISO 683/11:1987 | 表面硬化钢 |
| 14 | ISO 683/13:1986 | 锻制不锈钢 |
| 15 | ISO 683/14:1992 | 淬火回火弹簧用热轧钢 |
| 16 | ISO 683/15:1992 | 内燃机阀门用钢及合金 |
| 17 | ISO 683/17:1999 | 轴承钢 |
| 18 | ISO 683/18:1996 | 表面硬化,调质结构钢(非合金和低合金钢光亮制品) |
| 19 | ISO 4950/2:1995 | 低合金高强度结构钢(正火或控轧状态) |
| 20 | ISO 4550/3:1995 | 低合金高强度结构钢(热处理状态) |
| 21 | ISO 4952:2003 | 改进抗大气腐蚀性的结构钢 |
| 22 | ISO 4954:1993 | 冷镦和冷挤压钢 |
| 23 | ISO/TR 15510:2003 | 不锈钢　化学成分 |
| 24 | ISO 4955:1994 | 耐热钢和耐热合金 |
| 25 | ISO 4957:1999 | 工具钢 |
| 26 | ISO 4990:1986 | 铸钢件交货一般技术要求 |
| 27 | ISO 3755:1999 | 一般工程用铸造碳钢 |
| 28 | ISO 9477:1992 | 一般工程与结构用高强度铸钢 |
| 29 | ISO 4991:1994 | 承压铸钢(含不锈、耐热和低温铸钢) |
| 30 | ISO 11972:1998 | 通用耐蚀铸钢 |
| 31 | ISO 11973:1999 | 一般用途耐热钢和合金 |
| 32 | ISO 185:1988 | 灰铸铁 |
| 33 | ISO 1083:1987 | 球墨铸铁 |
| 34 | ISO 5922:1981 | 可锻铸铁 |
| 35 | ISO 2892:1973 | 奥氏体铸铁 |

韩国(KS)钢铁标准目录(表 13 − 4 − 4)

表 13 − 4 − 4

| 序号 | 标 准 号 | 标 准 名 称 |
|---|---|---|
| 1 | KS D3503—1993 | 普通结构用碳素钢 |
| 2 | KS D3611—1991 | 焊接结构用高屈服强度钢板 |
| 3 | KS D3529—1991 | 焊接结构用耐候钢 |
| 4 | KS D3752—1986 | 机械结构用碳素钢 |
| 5 | KS D3754—1980 | 保证淬透性钢(H 钢) |
| 6 | KS D3707—1982 | 铬合金结构钢 |
| 7 | KS D3708—1982 | 铬镍合金结构钢 |
| 8 | KS D3709—1982 | 镍铬钼合金结构钢 |
| 9 | KS D3711—1982 | 铬钼合金结构钢 |
| 10 | KS D3724—1982 | 锰钢和铬锰合金结构钢 |
| 11 | KS D3756—1982 | 铬钼铝合金结构钢 |
| 12 | KS D3767—1984 | 易切削结构钢 |

| 序号 | 标 准 号 | 标 准 名 称 |
|---|---|---|
| 13 | KS D7033—1992 | 冷镦钢盘条 |
| 14 | KS D3701—1985 | 弹簧钢 |
| 15 | KS D3525—1995 | 高碳铬轴承钢 |
| 16 | KS D3706—1992 | 不锈钢棒 |
| 17 | KS D3731—1993 | 耐热钢棒 |
| 18 | KS D3751—1984 | 碳素工具钢 |
| 19 | KS D3753—1984 | 合金工具钢 |
| 20 | KS D3522—1984 | 高速工具钢 |
| 21 | KS D4101—1995 | 普通用途碳素铸钢 |
| 22 | KS D4102—1995 | 高强度碳素铸钢和低合金铸钢 |
| 23 | KS D4106—1995 | 焊接结构用铸钢 |
| 24 | KS D4103—1995 | 不锈、耐蚀铸钢 |
| 25 | KS D4105—1995 | 耐热铸钢 |
| 26 | KS D4104—1995 | 高锰铸钢 |
| 27 | KS D4107—1991 | 承压铸钢 |
| 28 | KS D4301—1985 | 灰铸铁 |
| 29 | KS D4302—1994 | 球墨铸铁 |
| 30 | KS D4303—1991 | 可锻铸铁 |

## 前苏联(或俄罗斯)(ГОСТ)钢铁标准目录(表13－4－5)

表13－4－5

| 序号 | 标 准 号 | 标 准 名 称 |
|---|---|---|
| 1 | ГОСТ 380—1994 | 普通碳素钢牌号及一般技术要求 |
| 2 | ГОСТ 1050—1988 | 优质碳素结构钢 |
| 3 | ГОСТ 19281—1989 | 低合金钢 |
| 4 | ГОСТ 4543—1971 | 合金结构钢牌号及技术要求 |
| 5 | ГОСТ 1414—1975 | 易切削结构钢 |
| 6 | ГОСТ 10172—1978 | 冷冲压顶锻用优质碳素结构钢和合金钢 |
| 7 | ГОСТ 27772—1988 | 结构部件用钢 |
| 8 | ГОСТ 5632—1972 | 高合金钢及耐蚀、耐热和热强度合金钢及合金牌号及技术条件 |
| 9 | ГОСТ 20072—1994 | 高温用合金结构钢 |
| 10 | ГОСТ 14959—1979 | 弹簧钢 |
| 11 | ГОСТ 801—1978 | 高碳铬轴承钢技术要求 |
| 12 | ГОСТ 1435—1990 | 碳素工具钢 |
| 13 | ГОСТ 5950—1973 | 合金工具钢 |
| 14 | ГОСТ 19265—1973 | 高速工具钢 |
| 15 | ГОСТ 977—1988 | 碳素铸钢、合金铸钢、不锈、耐热铸钢、高锰铸钢 |
| 16 | ГОСТ 21357—1987 | 低温耐磨铸钢 |
| 17 | ГОСТ 1412—1985 | 灰铸铁 |
| 18 | ГОСТ 7293—1985 | 球墨铸铁 |
| 19 | ГОСТ 1215—1979 | 可锻铸铁 |
| 20 | ГОСТ 1585—1985 | 抗磨白口铸铁 |
| 21 | ГОСТ 7769—1982 | 特殊性能合金铸铁 |

日本(JIS)钢铁标准目录(表13-4-6)

表13-4-6

| 序号 | 标 准 号 | 标 准 名 称 |
|---|---|---|
| 1 | JIS G3101—1995 | 一般结构用碳素钢 |
| 2 | JIS G3106—1999 | 焊接结构用碳钢和碳锰钢 |
| 3 | JIS G3114—1998 | 焊接结构用耐候钢 |
| 4 | JIS G3125—1987 | 高耐候性轧制钢材 |
| 5 | JIS G4051—1979 | 碳素结构钢 |
| 6 | JIS G4052—1979 | 保证淬透性钢(H钢) |
| 7 | JIS G3539—1991 | 冷镦用碳素钢丝 |
| 8 | JIS G4102—1979 | 镍铬合金结构钢 |
| 9 | JIS G4103—1979 | 镍铬钼合金结构钢 |
| 10 | JIS G4104—1979 | 铬合金结构钢 |
| 11 | JIS G4105—1979 | 铬钼合金结构钢 |
| 12 | JIS G4106—1979 | 锰钢和铬锰合金结构钢 |
| 13 | JIS G4107—1994 | 螺栓用钢 |
| 14 | JIS G4202—1979 | 铬钼铝合金结构钢 |
| 15 | JIS G4303—1998 | 不锈钢棒 |
| 16 | JIS G4311—1991 | 耐热钢棒 |
| 17 | JIS G4801—1984 | 弹簧钢 |
| 18 | JIS G4804—1999 | 易切削结构钢 |
| 19 | JIS G4805—1999 | 高碳铬轴承钢 |
| 20 | JIS G4401—2000 | 碳素工具钢 |
| 21 | JIS G4404—2000 | 合金工具钢 |
| 22 | JIS G4403—2000 | 高速工具钢 |
| 23 | JIS G4401—1984 | 中空钢 |
| 24 | JIS G5101—1991 | 一般碳素铸钢 |
| 25 | JIS G7821—2000 | 一般工程用铸钢 |
| 26 | JIS G5102—1991 | 焊接结构用铸钢 |
| 27 | JIS G5111—1991 | 结构用高强度铸钢 |
| 28 | JIS G5121—1991 | 不锈、耐蚀铸钢 |
| 29 | JIS G5122—1991 | 耐热铸钢 |
| 30 | JIS G5131—1991 | 高锰铸钢 |
| 31 | JIS G5151—1991 | 高温高压用铸钢 |
| 32 | JIS G5152—1991 | 低温高压用铸钢 |
| 33 | JIS G5501—1995 | 灰铸铁 |
| 34 | JIS G5502—1995 | 球墨铸铁 |
| 35 | JIS G5705—2000 | 可锻铸铁 |
| 36 | JIS G5510—1999 | 奥氏体铸铁 |

美国(ASTM)钢铁标准目录(表13-4-7)

表13-4-7

| 序号 | 标 准 号 | 标 准 名 称 |
|---|---|---|
| 1 | ASTM/A29M—1999 | 热锻及冷加工非合金钢和合金钢棒材 |
| 2 | ASTM/A36M—1996 | 结构钢 |
| 3 | ASTM/A242M—1993 | 高强度低合金结构钢 |
| 4 | ASTM/A441M—1985 | 高强度低合金锰钒结构钢 |
| 5 | ASTM/A588M—1987 | 结构用高强度低合金结构钢 |

| 序号 | 标　准　号 | 标　准　名　称 |
|---|---|---|
| 6 | ASTM/A633M—1987 | 经正火的高强度低合金结构钢 |
| 7 | ASTM/A572M—2001 | 结构用高强度低合金铌钒钢规格 |
| 8 | ASTM/A29M—1999 | 合金结构钢(质量等级) |
| 9 | ASTM/A304—1999 | 保淬透性钢(H 钢) |
| 10 | ASTM/A29M—1999 | 易切削结构钢 |
| 11 | ASTM/A276—1996 | 不锈钢和耐热钢棒材和型材 |
| 12 | ASTM/A314—1981 | 锻造用不锈钢和耐热钢钢坯和棒材 |
| 13 | ASTM/A473—1980 | 不锈钢和耐热钢锻件标准 |
| 14 | ASTM/A484—1987 | 不锈钢和耐热钢锻件(钢丝除外)的一般技术要求 |
| 15 | ASTM/A959—2000 | 压延不锈钢标准牌号化学成分协调导则 |
| 16 | ASTM/A689—1981a | 弹簧用非合金钢和合金钢棒 |
| 17 | ASTM/A295—1998 | 高碳抗摩擦轴承钢 |
| 18 | ASTM/A485—2000 | 高淬透性抗摩擦轴承钢 |
| 19 | ASTM/A686—1999 | 碳素工具钢 |
| 20 | ASTM/A681—1999 | 合金工具钢 |
| 21 | ASTM/A600—1999 | 高速工具钢 |
| 22 | ASTM/A597—1999 | 铸造工具钢 |
| 23 | ASTM/A27M—2000 | 一般用途的低、中强度非合金铸钢件 |
| 24 | ASTM/A148M—1998 | 结构用高强度铸钢件 |
| 25 | ASTM/A216M—1998 | 适用于高温下熔焊的非合金铸钢件 |
| 26 | ASTM/A217M—1995 | 适用于高温下承压零件的马氏体不锈钢和合金钢铸件 |
| 27 | ASTM/A487M—1998 | 用于受压条件下的铸钢件 |
| 28 | ASTM/A703—1981 | 适用于承压条件铸钢件的一般技术要求 |
| 29 | ASTM/A447M—1998 | 高温用镍铬铁(25 - 12)合金铸件 |
| 30 | ASTM/A743M—1998 | 一般用途耐蚀的铁铬、铁铬镍和镍基合金铸件 |
| 31 | ASTM/A744M—2000 | 恶劣环境用耐腐蚀铁铬镍及镍基合金铸件 |
| 32 | ASTM/A747M—1999 | 沉淀硬化型不锈铸钢件 |
| 33 | ASTM/A297M—1998 | 耐热铸钢件 |
| 34 | ASTM/A128M—1998 | 高锰铸钢件 |
| 35 | ASTM/351—1981 | 高温用奥氏体钢铸件 |
| 36 | ASTM/A494M—2000 | 镍及镍合金铸件 |
| 37 | ASTM/A48—2000 | 灰铸铁件 |
| 38 | ASTM/A536—1999 | 球墨铸铁件 |
| 39 | ASTM/A47M—1999 | 铁素体可锻铸铁件 |
| 40 | ASTM/A220M—1999 | 珠光体可锻铸铁件 |
| 41 | ASTM/A518—1980 | 高硅耐蚀铸铁件 |
| 42 | ASTM/A532M—1999 | 抗磨白口铸铁件 |
| 43 | ASTM/A436—1997 | 奥氏体铸铁件 |

### 德国(DIN)钢铁标准目录(表 13 - 4 - 8)

表 13 - 4 - 8

| 序号 | 标　准　号 | 标　准　名　称 |
|---|---|---|
| 1 | DIN EN 10027 T1—1992 | 钢的命名体系　第 1 部分:钢的名称、导则和符号 |
| 2 | DIN EN 10027 T2—1992 | 钢的命名体系　第 2 部分:数码系统 |
| 3 | DIN 17006 T1—1959 | 材料编号:框架图 |
| 4 | DIN 17006 T4—1949 | 钢和铁系统名称:铸钢、灰铸铁、冷硬铸铁、可锻铸铁 |
| 5 | DIN 17006 T100—1991 | 钢的名称体系:钢名称用附加符号 |

| 序号 | 标 准 号 | 标 准 名 称 |
|------|---------|-----------|
| 6 | DIN EN 10020—1980 | 钢的等级定义和分类 |
| 7 | DIN EN 10021—1991 | 钢铁产品的一般交货技术要求 |
| 8 | DIN EN 10079—1990 | 钢制品的定义 |
| 9 | DIN EN 10083 T1—1991 | 淬火和回火钢　第1部分:特殊钢的交货技术条件 |
| 10 | DIN EN 10025—1998 | 非合金结构钢制热轧产品交货技术条件 |
| 11 | DIN EN 10155—1993 | 改进的抗大气腐蚀的结构钢交货技术条件 |
| 12 | DIN EN 10028 - 2—2000 | 高温结构用钢 |
| 13 | DIN EN 10028 - 1—2000 | 低温钢 |
| 14 | DIN EN 10028 - 5—1997 | 细晶粒低合金结构钢 |
| 15 | DIN EN 10083 T2—1991 | 淬火和回火钢　第2部分:非合金优质钢交货技术条件 |
| 16 | DIN EN 10083 T3—1992 | 淬火和回火钢　第3部分:硼钢的交货技术条件 |
| 17 | DIN EN 10084—1998 | 渗碳钢交货技术条件 |
| 18 | DIN EN 10087—1999 | 易切削结构钢 |
| 19 | DIN EN 10113 T1—1993 | 可焊细晶粒结构钢的热轧制品　第1部分:一般技术条件 |
| 20 | DIN EN 10113 T3—1993 | 可焊细晶粒结构钢的热轧制品　第3部分:交货技术条件 |
| 21 | DIN 1652 T1—1990 | 光拔钢交货技术条件 |
| 22 | DIN 1652 T2—1990 | 一般用途光拔钢 |
| 23 | DIN 1652 T3—1990 | 经正火的光拔钢 |
| 24 | DIN 1652 T4—1990 | 经淬火 + 回火的光拔钢 |
| 25 | DIN 1654 T1—1989 | 冷镦和冷挤压用钢　交货技术条件 |
| 26 | DIN 1654 T2—1989 | 规定不作热处理的非合金冷镦和冷挤压钢　交货技术条件 |
| 27 | DIN 1654 T3—1989 | 表面硬化的冷镦和冷挤压钢　交货技术条件 |
| 28 | DIN 1654 T4—1989 | 优质的冷镦和冷挤压钢　交货技术条件 |
| 29 | DIN 1654 T5—1989 | 不锈钢类冷镦和冷挤压钢交货技术条件 |
| 30 | DIN 17100—1980 | 普通结构钢　质量标准 |
| 31 | DIN 17102—1983 | 适用焊接的正火细晶粒钢 |
| 32 | DIN 17200—1987 | 优质钢　交货技术条件 |
| 33 | DIN 17211—1987 | 渗氮钢　质量规程 |
| 34 | DIN 17212—1972 | 火焰和感应淬火钢　质量规程 |
| 35 | DIN 17221—1988 | 热轧弹簧钢　质量规程 |
| 36 | DIN EN ISO 683/17—2000 | 轴承钢 |
| 37 | DIN 17440—1996 | 不锈钢:钢板、带、棒材 |
| 38 | DIN 17441—1985 | 不锈钢:冷轧钢带、薄板 |
| 39 | DIN 5512 T3—1991 | 有轨车辆用材料、钢:不锈钢扁平制品 |
| 41 | DIN 17224—1982 | 不锈弹簧钢丝 |
| 42 | DIN 17280—1985 | 冷态韧性钢 |
| 43 | DIN 17155—1983 | 耐热薄钢板和带材交货技术条件 |
| 44 | DIN 17240—1976 | 螺母和螺栓用耐热及耐高温材料　质量规范 |
| 45 | DIN 17243—1987 | 锻件、轧制或锻造耐热可焊接棒钢 |
| 46 | DIN 17480—1984 | 阀门用耐热钢 |
| 47 | DIN EN 10028 T2—1993 | 压力容器用钢板 |
| 48 | DIN 17350—1980 | 工具钢交货技术条件 |
| 49 | DIN 1681—1985 | 一般工程用途的铸钢件交货技术条件 |
| 50 | DIN 17182—1992 | 一般用途的提高焊接性能和韧性的铸钢件 |
| 51 | DIN 17205—1992 | 一般用途的调质铸钢件交货技术条件 |
| 52 | DIN 17245—1986 | 耐热铁素体铸钢件交货技术条件 |
| 53 | DIN 17445—1984 | 不锈、耐蚀铸钢件 |
| 54 | DIN 17465—1993 | 耐热铸钢件 |
| 55 | DIN SEW 395—1998 | 高锰铸钢 |
| 56 | SEW 670—1969 | 耐热钢　质量规程 |
| 57 | DIN 1691—1985 | 灰铸铁件 |
| 58 | DIN 1692—1982 | 可锻铸铁件 |
| 59 | DIN 1693 T1—1977 | 球墨铸铁　非合金和低合金材料品种 |
| 60 | DIN 1693 T2—1977 | 球墨铸铁　浇注试件的力学性能 |
| 61 | DIN 1694—1981 | 奥氏体铸铁件 |
| 62 | DIN 1695—1981 | 抗磨白口铸铁件 |

## 二、环保常用参数及标准

中国环境空气质量标准(GB 3095—1996)

环境空气质量功能区分类:一类区为自然保护区、风景名胜区和其他需要特殊保护的地区。二类区为城镇规划中确定的居住区、商业交通居民混合区、文化区、一般工业区和农村地区。三类区为特定工业区。

环境空气质量标准分级:环境空气质量标准分为三级。一类区执行一级标准,二类区执行二级标准,三类区执行三级标准。

各项污染物各级标准浓度限值(表 13 - 4 - 9)

表 13 - 4 - 9

| 污染物名称 | 取值时间 | 浓度限值 | | | 浓度单位 |
| --- | --- | --- | --- | --- | --- |
| | | 一级标准 | 二级标准 | 三级标准 | |
| 二氧化硫 SO$_2$ | 年平均 | 0.02 | 0.06 | 0.10 | mg/m$^3$(标态) |
| | 日平均 | 0.05 | 0.15 | 0.25 | |
| | 1 小时平均 | 0.15 | 0.50 | 0.70 | |
| 总悬浮颗粒物 TSP | 年平均 | 0.08 | 0.20 | 0.30 | |
| | 日平均 | 0.12 | 0.30 | 0.50 | |
| 可吸入颗粒物 PM$_{10}$ | 年平均 | 0.04 | 0.10 | 0.15 | |
| | 日平均 | 0.05 | 0.15 | 0.25 | |
| 氮氧化物 NO$_x$ | 年平均 | 0.05 | 0.05 | 0.10 | |
| | 日平均 | 0.10 | 0.10 | 0.15 | |
| | 1 小时平均 | 0.15 | 0.15 | 0.30 | |
| 二氧化氮 NO$_2$ | 年平均 | 0.04 | 0.04 | 0.08 | |
| | 日平均 | 0.08 | 0.08 | 0.12 | |
| | 1 小时平均 | 0.12 | 0.12 | 0.24 | |
| 一氧化碳 CO | 日平均 | 4.00 | 4.00 | 6.00 | |
| | 1 小时平均 | 10.00 | 10.00 | 20.00 | |
| 臭氧 O$_3$ | 1 小时平均 | 0.12 | 0.16 | 0.20 | |
| 铅 Pb | 季平均 | 1.50 | | | μg/m$^3$(标态) |
| | 年平均 | 1.00 | | | |
| 苯并[a]芘 B[a]P | 日平均 | 0.01 | | | |
| 氟化物 F | 日平均 | 7[1] | | | μg/(dm$^2$·d) |
| | 1 小时平均 | 20[1] | | | |
| | 月平均 | 1.8[2] | | 3.0[3] | |
| | 植物生长季平均 | 1.2[2] | | 2.0[3] | |

[1] 适用于城市地区;

[2] 适用于牧业区和以牧业为主的半农半牧区、蚕桑区;

[3] 适用于农业和林业区。

居住区大气中有害物质的最高容许浓度(表 13 - 4 - 10)

表 13 - 4 - 10

| 编号 | 物 质 名 称 | 最高容许浓度 /mg·m$^{-3}$ | | 编号 | 物 质 名 称 | 最高容许浓度 /mg·m$^{-3}$ | |
|---|---|---|---|---|---|---|---|
| | | 一次 | 日平均 | | | 一次 | 日平均 |
| 1 | 一氧化碳 | 3.00 | 1.00 | 6 | 氟化物(换算成 F) | 0.02 | 0.007 |
| 2 | 二氧化硫 | 0.50 | 0.15 | 7 | 硫化氢 | 0.01 | |
| 3 | 氯(Cl$_2$) | 0.10 | 0.03 | 8 | 氧化氮(换算成 NO$_2$) | 0.15 | |
| 4 | 铬(六价) | 0.0015 | | 9 | 飘尘 | 0.50 | 0.15 |
| 5 | 锰及其氧化物 | | 0.01 | | | | |

注:本表摘自《工业企业设计卫生标准》(TJ36—79)。

作业地带空气中粉尘的最高容许浓度(表 13 - 4 - 11)

表 13 - 4 - 11

| 物 质 名 称 | 最高容许浓度 /mg·m$^{-3}$ | 物 质 名 称 | 最高容许浓度 /mg·m$^{-3}$ |
|---|---|---|---|
| 1. 矿物粉尘 | | 氧化镉 | 0.1 |
| 含有 10% 以上的游离二氧化硅的粉尘 | 2 | 钍 | 0.05 |
| 石棉粉尘及含有 10% 以上石棉粉尘 | 2 | 五氧化二钒烟 | 0.1 |
| 含有 10% 以下游离二氧化硅的滑石粉尘 | 4 | 五氧化二钒粉尘 | 0.5 |
| 含有 10% 以下游离二氧化硅的水泥粉尘 | 6 | 钒铁合金 | 1 |
| 含有 10% 以下游离二氧化硅的煤尘 | 10 | 硫化铅 | 0.5 |
| 其他各种粉尘 | 10 | 碱性气溶胶(换算成 NaOH) | 0.5 |
| 2. 金属、非金属及其化合物 | | 铅及其无机化合物 | 0.01 |
| 二氧化锡 | 0.1 | 铍及其化合物 | 0.001 |
| 三氧化二砷及五氧化二砷 | 0.3 | 铀(可溶性化合物) | 0.015 |
| 三氧化铬、铬酸盐、重铬酸盐(换算成 Cr$_2$O$_3$) | 0.1 | 铀(不溶性化合物) | 0.075 |
| 升汞 | 0.1 | 钼(可溶性化合物) | 4 |
| 氧化锌 | 7 | 钼(不溶性化合物) | 6 |
| 铝、氧化铝、铝合金 | 2 | 锰及其化合物(换算成 MnO$_2$) | 0.3 |
| 钨及碳化钨 | 0.1 | | |

各种工业炉窑烟尘(粉)排放浓度限值和烟气黑度限值(表13-4-12)[12]

表13-4-12

| 序号 | 炉窑类别 | | 标准级别 | 1997年1月1日前安装排放限值 | | 1997年1月1日后安装排放限值 | |
|---|---|---|---|---|---|---|---|
| | | | | 烟(粉)尘浓度 /mg·m⁻³ | 烟气黑度 (林格曼级)① | 烟(粉)尘浓度 /mg·m⁻³ | 烟气黑度 (林格曼级)① |
| 1 | 熔炼炉 | 高炉及高炉出铁场 | 一 | 100 | — | 禁排 | — |
| | | | 二 | 150 | — | 100 | — |
| | | | 三 | 200 | — | 150 | — |
| | | 炼钢炉及混铁炉(车) | 一 | 100 | — | 禁排 | — |
| | | | 二 | 150 | — | 100 | — |
| | | | 三 | 200 | — | 150 | — |
| | | 铁合金熔炼炉 | 一 | 100 | — | 禁排 | — |
| | | | 二 | 150 | — | 100 | — |
| | | | 三 | 250 | — | 200 | — |
| | | 有色金属熔炼炉 | 一 | 100 | — | 禁排 | — |
| | | | 二 | 200 | — | 100 | — |
| | | | 三 | 300 | — | 200 | — |
| 2 | 熔化炉 | 冲天炉、化铁炉 | 一 | 100 | 1 | 禁排 | 0 |
| | | | 二 | 200 | 1 | 150 | 1 |
| | | | 三 | 300 | 1 | 200 | 1 |
| | | 金属熔化炉 | 一 | 100 | 1 | 禁排 | 0 |
| | | | 二 | 200 | 1 | 150 | 1 |
| | | | 三 | 300 | 1 | 200 | 1 |
| | | 非金属熔化、冶炼炉 | 一 | 100 | 1 | 禁排 | 0 |
| | | | 二 | 250 | 1 | 200 | 1 |
| | | | 三 | 400 | 1 | 300 | 1 |
| 3 | 铁矿烧结炉 | 烧结机(机头、机尾) | 一 | 100 | — | 禁排 | — |
| | | | 二 | 150 | — | 100 | — |
| | | | 三 | 200 | — | 150 | — |
| | | 球团竖炉带式球团 | 一 | 100 | — | 禁排 | — |
| | | | 二 | 150 | — | 100 | — |
| | | | 三 | 250 | — | 150 | — |
| 4 | 加热炉 | 金属压延、锻造加热炉 | 一 | 100 | 1 | 禁排 | 0 |
| | | | 二 | 300 | 1 | 200 | 1 |
| | | | 三 | 350 | 1 | 300 | 1 |
| | | 非金属加热炉 | 一 | 100 | 1 | 50② | 1 |
| | | | 二 | 300 | 1 | 200 | 1 |
| | | | 三 | 350 | 1 | 300 | 1 |
| 5 | 热处理炉 | 金属热处理炉 | 一 | 100 | 1 | 禁排 | 0 |
| | | | 二 | 300 | 1 | 200 | 1 |
| | | | 三 | 350 | 1 | 300 | 1 |
| | | 非金属热处理炉 | 一 | 100 | 1 | 禁排 | 0 |
| | | | 二 | 300 | 1 | 200 | 1 |
| | | | 三 | 350 | 1 | 300 | 1 |
| 6 | 干燥炉、窑 | | 一 | 100 | 1 | 禁排 | 0 |
| | | | 二 | 250 | 1 | 200 | 1 |
| | | | 三 | 350 | 1 | 300 | 1 |

续表 13 - 4 - 12

| 序号 | 炉 窑 类 别 | | 标准级别 | 1997 年 1 月 1 日前安装排放限值 | | 1997 年 1 月 1 日后安装排放限值 | |
|---|---|---|---|---|---|---|---|
| | | | | 烟(粉)尘浓度 /mg·m$^{-3}$ | 烟气黑度 (林格曼级)[①] | 烟(粉)尘浓度 /mg·m$^{-3}$ | 烟气黑度 (林格曼级)[①] |
| 7 | 非金属焙(煅)烧炉窑、耐火材料窑 | | 一 | 100 | 1 | 禁排 | 0 |
| | | | 二 | 300 | 1 | 200 | 1 |
| | | | 三 | 400 | 2 | 300 | 2 |
| 8 | 石灰窑 | | 一 | 100 | 1 | 禁排 | 0 |
| | | | 二 | 250 | 1 | 200 | 1 |
| | | | 三 | 400 | 1 | 350 | 1 |
| 9 | 陶瓷搪瓷砖瓦窑 | 隧道窑 | 一 | 100 | 1 | 禁排 | 0 |
| | | | 二 | 250 | 1 | 200 | 1 |
| | | | 三 | 400 | 1 | 300 | 1 |
| | | 其他窑 | 一 | 100 | 1 | 禁排 | 0 |
| | | | 二 | 300 | 1 | 200 | 1 |
| | | | 三 | 500 | 2 | 400 | 2 |
| 10 | 其他炉窑 | | 一 | 150 | 1 | 禁排 | 0 |
| | | | 二 | 300 | 1 | 200 | 1 |
| | | | 三 | 400 | 1 | 300 | 1 |

① 栏中横线系指不监测项目。
② 仅限于市政、建筑施工临时用沥青加热炉。

中国污水排放及工业废水排放标准

地面水中有害物质的最高容许浓度如表 13 - 4 - 13 所示。工业废水最高容许排放浓度:工业废水中有害物质最高容许排放浓度分为两类,一类指能在环境或动植物体内蓄积,对人体健康产生长远影响的有害物质。含此类有害物质的废水,在车间或车间处理设备排出口,应符合表 13 - 4 - 14 规定的标准,但不得用稀释方法代替必要的处理。另一类指其长远影响小于第一类的有害物质,在工厂排出口的水质应符合表 13 - 4 - 15 的规定。

地面水中有害物质的最高容许浓度(表 13 - 4 - 13)

表 13 - 4 - 13

| 编号 | 物质名称 | 最高容许浓度/mg·L$^{-1}$ | 编号 | 物质名称 | 最高容许浓度/mg·L$^{-1}$ |
|---|---|---|---|---|---|
| 1 | 氟化物 | 1.0 | 8 | 铬 三价铬 | 0.5 |
| 2 | 活性氯 | 不得检出 | 9 | 六价铬 | 0.05 |
| 3 | 挥发酚类 | 0.01 | 10 | 硫化物 | 不得检出 |
| 4 | 钒 | 0.1 | 11 | 氰化物 | 0.05 |
| 5 | 钼 | 0.5 | 12 | 镍 | 0.5 |
| 6 | 铅 | 0.1 | 13 | 镉 | 0.01 |
| 7 | 铜 | 0.1 | 14 | 锌 | 1.0 |

注:摘自《工业企业设计卫生标准》(GBZ1—2002)。

工业废水最高容许排放浓度(表 13 - 4 - 14、表 13 - 4 - 15)

表 13 - 4 - 14

| 序号 | 有害物质或项目名称 | 最高容许排放浓度 |
|---|---|---|
| 1 | 汞及其无机化合物 | 0.05(按 Hg 计) |
| 2 | 镉及其无机化合物 | 0.1(按 Cd 计) |
| 3 | 六价铬化合物 | 0.5(按 $Cr^{6+}$ 计) |
| 4 | 砷及其无机化合物 | 0.5(按 As 计) |
| 5 | 铅及其无机化合物 | 1.0(按 Pb 计) |

表 13 - 4 - 15

| 序号 | 有害物质或项目名称 | 最高容许排放浓度 | 序号 | 有害物质或项目名称 | 最高容许排放浓度 |
|---|---|---|---|---|---|
| 1 | pH 值 | 6~9 | 6 | 挥发性酚 | 0.5 mg/L |
| 2 | 悬浮物(水力排灰,洗煤水、水力冲渣、尾矿水) | 500 mg/L | 7 | 氰化物(以游离氰根计) | 0.5 mg/L |
| 3 | 生化需氧量(5~20℃) | 60 mg/L | 8 | 有机磷 | 0.5 mg/L |
| 4 | 化学耗氧量(重铬酸钾法) | 100 mg/L | 9 | 石油类 | 10 mg/L |
| 5 | 硫化物 | 1 mg/L | 10 | 铜及其化合物 | 1 mg/L(按 Cu 计) |

中国工业企业噪声控制设计标准(GBJ87—85)

工业企业厂区内各类地点的噪声 A 声级,按照地点类别的不同,不得超过表 13 - 4 - 16 列的噪声限制值。

工业企业厂区内各类地点噪声标准(表 13 - 4 - 16)

表 13 - 4 - 16

| 序号 | 地 点 类 别 | | 噪声限制值/dB |
|---|---|---|---|
| 1 | 生产车间及作业场所(工人每天连续接触噪声8h) | | 90 |
| 2 | 高噪声车间设置的值班室、观察室、休息室(室内背景噪声级) | 无电话通讯要求时 | 75 |
| | | 有电话通讯要求时 | 70 |
| 3 | 精密装配线、精密加工车间的工作地点、计算机房(正常工作状态) | | 70 |
| 4 | 车间所属办公室、实验室、设计室(室内背景噪声级) | | 70 |
| 5 | 主控制室、集中控制室、通讯室、电话总机室、消防值班室(室内背景噪声级) | | 60 |
| 6 | 厂部所属办公室、会议室、设计室、中心实验室(包括试验、化验、计量室)(室内背景噪声级) | | 60 |
| 7 | 医务室、教室、哺乳室、托儿所、工人值班宿舍(室内背景噪声级) | | 55 |

注:1. 本表所列的噪声级,均应按现行的国家标准测量确定;

2. 对于工人每天接触噪声不足 8 h 的场合,可根据实际接触噪声的时间,按接触时间减半噪声限制值增加 3 dB 的原则,确定其噪声限制值;

3. 本表所列的室内背景噪声级,系在室内无声源发声的条件下,从室外经由墙、门、窗(门窗启闭状况为常规状况)传入室内的室内平均噪声级。

工业企业由厂内声源辐射至厂界的噪声 A 声级,按照毗邻区域类别的不同以及昼夜时间的不同,不得超过表 13 - 4 - 17 所示的噪声限制值。

厂界噪声限制值(dB)(表 13 - 4 - 17)

表 13 - 4 - 17

| 厂界毗邻区域的环境类别 | 昼间 | 夜间 |
|---|---|---|
| 特殊住宅区 | 45 | 35 |
| 居民、文教区 | 50 | 40 |
| 一类混合区 | 55 | 45 |
| 商业中心区、二类混合区 | 60 | 50 |
| 工业集中区 | 65 | 55 |
| 交通干线道路两侧 | 70 | 55 |

注:1. 本表所列的厂界噪声级,应按现行的国家标准测量确定;

2. 当工业企业厂外受该厂辐射噪声危害的区域同厂界间存在缓冲地域时(如街道、农田、水面、林带等),表中所列厂界噪声限制值可作为缓冲地域外缘的噪声限制值处理,凡拟作缓冲地域处理时,应充分考虑该地域未来的变化。

# 第五节    中外钢铁牌号近似对照

碳素结构钢牌号近似对照(表 13 - 5 - 1)[14]

表 13 - 5 - 1

| No. | 中 国 GB/T 700 | 中国台湾 CNS 2473 | 国际标准 ISO 630 | 俄罗斯① ГОСТ 380 | 日 本 JIS G3101 | 韩 国 KS D3503 | 德 国 DIN EN 10025 | 美 国 ASTM/A29M |
|---|---|---|---|---|---|---|---|---|
| 1 | Q195 | SS330 | E185 | Cт1cp× | SS330 | SS330 | S185 | 1010 |
| 2 | Q215A | SS330 | E235A | Cт2cp× | SS330 | SS330 | S235JR | 1017 |
| 3 | Q215B | SS330 | E235B | Cт2cp× | SS330 | SS330 | S235JR | 1017 |
| 4 | Q235A | SS400 | E235A | Cт3cp× | SS400 | SS400 | S235JR | 1020 |
| 5 | Q235B | SS400 | E235B | Cт3cp× | SS400 | SS400 | S235JRG1 | 1020 |
| 6 | Q235C | SS400 | E235C | Cт3cp× | SS400 | SS400 | S235J0 | 1021 |
| 7 | Q235D | SS400 | E235D | Cт3cp× | SS400 | SS400 | S235J2G3 | 1021 |
| 8 | Q255A | SS490 | E275A | Cт4cp× | SS490 | SS490 | S235J0 | 1025 |
| 9 | Q255B | SS490 | E275B | Cт4cp× | SS490 | SS490 | S235J0 | 1025 |
| 10 | Q275 | SS540 | E275B | Cт5cp× | SS540 | SS540 | S275JR | 1030 |

① Cт1,2 3 ~ 6:1—保证机械强度;2—除 1 外还保证化学成分;3 ~ 6 保证 1,2 要求外分别保证不同程度下的冲击吸收功。

×—表示屈服强度。

优质碳素结构钢牌号近似对照(表 13 - 5 - 2)

表 13 - 5 - 2

| No. | 中 国 GB/T 699 | 中国台湾 CNS 3828 | 国际标准 ISO 683/18 | 俄罗斯 ГОСТ 1050 | 日 本 JIS G4051 | 韩 国 KS D3752 | 德 国 DIN 17200 | 美 国 ASTM/A29 |
|---|---|---|---|---|---|---|---|---|
| 1 | 08F | S9CK | C10 | 08кп | S09CK | SM9CK | C10 | 1008 |
| 2 | 10F | S9CK | C10 | 10кп | S09CK | SM9CK | C10 | 1010 |
| 3 | 15F | S15CK | C15E4 | 15кп | S15CK | SM15CK | C15E | 1015 |

续表 13 - 5 - 2

| No. | 中 国 GB/T 699 | 中国台湾 CNS 3828 | 国际标准 ISO 683/18 | 俄罗斯 ГОСТ 1050 | 日 本 JIS G4051 | 韩 国 KS D3752 | 德 国 DIN 17200 | 美 国 ASTM/A29 |
|---|---|---|---|---|---|---|---|---|
| 4 | 08 | S10C | C10 | 08 | S10C | SM10C | C10 | 1008 |
| 5 | 10 | S10C | C10 | 10 | S10C | SM10C | C10 | 1010 |
| 6 | 15 | S15C | C15E4 | 15 | S15C | SM15C | C15 | 1015 |
| 7 | 20 | S20C | C20E4 | 20 | S20C | SM20C | C22E | 1020 |
| 8 | 25 | S25C | C25E4 | 25 | S25C | SM25C | C25E | 1025 |
| 9 | 30 | S30C | C30E4 | 30 | S30C | SM30C | C30E | 1030 |
| 10 | 35 | S35C | C35E4 | 35 | S35C | SM35C | C35 | 1035 |
| 11 | 40 | S40C | C40E4 | 40 | S40C | SM40C | C40E | 1040 |
| 12 | 45 | S45C | C45E4 | 45 | S45C | SM45C | C45E | 1045 |
| 13 | 50 | S50C | C50E4 | 50 | S50C | SM50C | C50E | 1050 |
| 14 | 55 | S55C | C55E4 | 55 | S55C | SM55C | C55E | 1055 |
| 15 | 60 | S58C | C60E4 | 60 | S58C | SM58C | C60E | 1060 |
| 16 | 65 | | C60E4 | 65 | G4801 S65 - CSP | | 17221 67E | 1065 |
| 17 | 70 | | 8458 - 3 DAB | 70 | C70 - CSP | | 67E4 | 1071 |
| 18 | 75 | 2905 SUP3 | DAB | 75 | | | C75E | 1075 |
| 19 | 80 | SUP3 | SC | 80 | SK5 - CSP | D3701 SPS1 | C75E | 1080 |
| 20 | 85 | SUP3 | DH | 85 | SK5 - CSP | D3701 SPS1 | C85E | 1084 |
| 21 | 15Mn | 8694 SWRCH16K | 4954 CC15K | 380 Ст3Гер × | G3507 SWRCH16K | D7033 SWRCH16K | 17210 C16E | 1016 |
| 22 | 20Mn | SWRCH22K | C20E4 | Ст3Ср × | SWRCH22K | SWRCH22K | CK22 | 1022 |
| 23 | 25Mn | SWRCH30K | C25E4 | Ст5Гпс × | SWRCH30K | SWRCH30K | Ck25 | 1026 |
| 24 | 30Mn | SWRCH30K | C30E4 | Ст5ср × | SWRCH30K | SWRCH30K | Ck30 | 1525 |
| 25 | 35Mn | SWRCH33K | C35E4 | Ст5ср × | SWRCH33K | SWRCH33K | Ck35 | 1037 |
| 26 | 40Mn | SWRCH40K | C40E4 | Ст6ср × | SWRCH40K | SWRCH40K | 40Mn4 | 1039 |
| 27 | 45Mn | SWRCH43K | C45E4 | Ст6ср × | SWRCH43K | SWRCH43K | Ck45 | 1046 |
| 28 | 50Mn | SWRCH50K | C50E4 | Ст6ср × | SWRCH50K | SWRCH50K | Ck50 | 1053 |
| 29 | 60Mn | 3828 S58C | C60E4 | 1050 60Г | G4801 S60C - CSP | D3752 SM58C | Ck60 | 1561 |
| 30 | 65Mn | | C60E4 | 65Г | S60C - CSP | | Ck67 | 1566 |
| 31 | 70Mn | | 8548-3 DC | 70Г | S70C - CSP | | Ck67 | 1572 |

易切削结构钢牌号近似对照(表 13 – 5 – 3)

表 13 – 5 – 3

| No. | 中 国 GB/T 8731 | 中国台湾 CNS 4004 | 国际标准 ISO 683/9 | 俄罗斯 ГOCT 1414 | 日 本 JIS G4804 | 韩 国 KS D3567 | 德 国 DIN EN 10087 | 美 国 ASTM/A29M |
|---|---|---|---|---|---|---|---|---|
| 1 | Y12 | SUM12 | 9S20 | A12 | SUM12 | SUM12 | 10S20 | 1109 |
| 2 | Y12Pb | SUM22L | 11SMnPb28 | AC14 | SUM22L | SUM22L | 10SPb20 | 12L13 |
| 3 | Y15 | SUM22 | 12SM35 | A12 | SUM22 | SUM22 | 15S20 | 1119 |
| 4 | Y15Pb | SUM24L | 12SMnPb35 | AC14 | SUM24L | SUM24L | 9SMnPb28 | 12L14 |
| 5 | Y20 | SUM32 | 17SMn20 | A20 | SUM32 | SUM32 | 15S10 | 1117 |
| 6 | Y30 | SUM41 | 35S20 | A30 | SUM41 | SUM41 | 35S20 | 1132 |
| 7 | Y35 | SUM41 | 35SMn20 | A35 | SUM41 | SUM41 | 35S20 | 1140 |
| 8 | Y40Mn | SUM42 | 44SMn28 | A40Г | SUM42 | SUM42 | 45S20 | 1141 |
| 9 | Y45Ca | | | | | | | |

低合金高强度结构钢牌号近似对照(表 13 – 5 – 4)

表 13 – 5 – 4

| No. | 中 国 GB/T 1591 | 中国台湾 CNS 11107 | 国际标准 ISO 4590/2 | 俄罗斯 ГOCT 19281 | 日 本 非标准 | 韩 国 KS D3610 | 德 国 DIN EN 10028 | 美 国 ASTM/A588 等 |
|---|---|---|---|---|---|---|---|---|
| 1 | Q295A | SEV245 | | 16ГС | HTP-52W | SEV245 | WStE315 | Gr. D |
| 2 | Q295B | SEV245 | | 16ГС | HTP-52W | SEV245 | WStE315 | Gr. F |
| 3 | Q345A | SEV245 | E355DD | 17Г1С | YAW-TEN50 | SEV245 | S355N | Gr. E |
| 4 | Q345B | SEV245 | E355DD | 17Г1С | YAW-TEN50 | SEV245 | S355N | Gr. E |
| 5 | Q345C | SEV245 | E355DD | 14Г2АФ | YAW-TEN50 | SEV245 | WStE355 | 无 |
| 6 | Q345D | SEV245 | E355DD | 14Г2АФ | YAW-TEN50 | SEV245 | TStE355 | Type7 |
| 7 | Q345E | SEV245 | E355E | 14Г2АФ | YAW-TEN50 | SEV245 | EStE355 | Type7 |
| 8 | Q390A | SEV295 | HS390C | 15Г2СФ | HI-YAW-TEN | SEV295 | StE380 | Gr. E |
| 9 | Q390B | SEV295 | HS390C | 15Г2СФ | HI-YAW-TEN | SEV295 | StE380 | Gr. E |
| 10 | Q390C | SEV295 | HS390C | 15Г2СФ | HI-YAW-TEN | SEV295 | WtE380 | Gr. E |
| 11 | Q390D | SEV295 | HS390D | 15Г2СФ | HI-YAW-TEN | SEV295 | TStE380 | Gr. E |
| 12 | Q390E | SEV295 | HS390D | 15Г2СФ | HI-YAW-TEN | SEV295 | EStE390 | Gr. E |
| 13 | Q420A | SEV345 | E460CC | 16Г2АФ | CUP-TEN60 | SEV345 | StE420 | 60 |
| 14 | Q420B | SEV345 | E460CC | 16Г2АФ | CUP-TEN60 | SEV345 | StE420 | 60 |
| 15 | Q420C | SEV345 | E460DD | 16Г2АФ | CUP-TEN60 | SEV345 | WStE420 | 60 |
| 16 | Q420D | SEV345 | E460DD | 16Г2АФ | CUP-TEN60 | SEV345 | WStE420 | 60 |
| 17 | Q420E | SEV345 | E460E | 16Г2АФ | CUP-TEN60 | SEV345 | EStE420 | 60 |
| 18 | Q460C | | E460CC | 16Г2АФ | YAW-TEN60 | | S460N | 65 |
| 19 | Q460D | | E460DD | 16Г2АФ | YAW-TEN60 | | S460NL | 65 |
| 20 | Q460E | | E460E | 16Г2АФ | YAW-TEN60 | | P460NL | 65 |

合金结构钢牌号近似对照(表 13 - 5 - 5)

表 13 - 5 - 5

| No. | 中　国<br>GB/T 3077 | 中国台湾<br>CNS 4445<br>/3231/3230 | 国际标准<br>ISO 683/18 | 俄罗斯<br>ГОСТ 4543 | 日　本<br>JIS G4106<br>/4104 | 韩　国<br>KS D3274<br>/3707/3724 | 德　国<br>DIN EN 10028<br>/17210/17211 | 美　国<br>ASTM/A29M |
|---|---|---|---|---|---|---|---|---|
| 1 | 20Mn2 | SMn420 | (22Mn6) | (20Г2) | SMn420 | SMn420 | 20Mn6 | 1524 |
| 2 | 30Mn2 | SMn433 | 28Mn6 | 30Г2 | SMn433 | SMn433 | 30Mn5 | 1330 |
| 3 | 35Mn2 | SMn433 | 36Mn6 | 35Г2 | SMn433 | SMn433 | 17200<br>36Mn5 | 1335 |
| 4 | 40Mn2 | SMn438 | 42Mn6 | 40Г2 | SMn438 | SMn438 | 36Mn5 | 1340 |
| 5 | 45Mn2 | SMn443 | 42Mn6 | 45Г2 | SMn443 | SMn443 | 46Mn7 | 1345 |
| 6 | 50Mn2 | | | 50Г2 | | | (50Mn7) | |
| 7 | 20MnV | | | 19281<br>18Г2АФПС | | | 170MnMoV6-4 | Gr. A |
| 8 | 27SiMn | | | 27ГС | | | | |
| 9 | 35SiMn | | | 37ГС | | | 37MnSi | |
| 10 | 42SiMn | | | | | | 46MnSi4 | |
| 11 | 20SiMn2MoV | | | | | | | |
| 12 | 25SiMn2MoV | | | | | | | |
| 13 | 37SiMn2MoV | | | | | | | |
| 14 | 40B | | | | | | | 50B44 |
| 15 | 45B | | | | | | | 81B45 |
| 16 | 50B | | | | | | | 50B50 |
| 17 | 40MnB | | | | | | | 50B44 |
| 18 | 45MnB | | | | | | | 81B45 |
| 19 | 20MnMoB | | | | | | | 94B17 |
| 20 | 15MnVB | | | | | | | |
| 21 | 20MnVB | | | | | | | |
| 22 | 40MnVB | | | | | | | |
| 23 | 20MnTiB | | | 20ХГНТР | | | | |
| 24 | 25MnTiBRE | | | | | | | |
| 25 | 15Cr | SCr415 | 20Cr4 | 15Х | SCr415 | SCr415 | 15Cr3 | 5115 |
| 26 | 15CrA | SCr415 | 20Cr4 | 15ХА | SCr415 | SCr415 | 15Cr3 | 5115 |
| 27 | 20Cr | SCr420 | 20Cr4 | 20Х | SCr420 | SCr420 | 20Cr4 | 5120 |
| 28 | 30Cr | SCr430 | 34Cr4 | 30Х | SCr430 | SCr430 | 28Cr4 | 5130 |
| 29 | 35Cr | SCr435 | 37Cr4 | 35Х | SCr435 | SCr435 | 38Cr4 | 5135 |
| 30 | 40Cr | SCr440 | 41Cr4 | 40Х | SCr440 | SCr440 | 42Cr4 | 5140 |
| 31 | 45Cr | SCr445 | 41Cr4 | 45Х | SCr445 | SCr445 | 45Cr2 | 5145 |
| 32 | 50Cr | SCr445 | | 50Х | SCr445 | SCr445 | 45Cr2 | 5150 |
| 33 | 38CrSi | | | 38ХС | | | | |
| 34 | 12CrMo | | 8CrMo4-5 | 15ХМ | | | 13CrMo4-5 | |
| 35 | 15CrMo | 3229<br>SCM415 | | 15ХМ | G4105<br>SCM415 | D3711<br>SCM415 | 17200<br>15CrMo5 | |
| 36 | 20CrMo | SCM418 | 18CrMo4 | 20ХМ | SCM418 | SCM418 | 20CrMo5 | 4118 |
| 37 | 30CrMo | SCM430 | 25CrMo4 | 30ХМ | SCM430 | SCM430 | 25CrMo4 | 4130 |
| 38 | 30CrMoA | SCM430 | 25CrMo4 | 30ХМА | SCM430 | SCM430 | 25CrMo4 | 4130 |

续表 13－5－5

| No. | 中 国 GB/T 3077 | 中国台湾 CNS 4445 /3231/3230 | 国际标准 ISO 683/18 | 俄罗斯 ГОСТ 4543 | 日 本 JIS G4106 /4104 | 韩 国 KS D3274 /3707/3724 | 德 国 DIN EN 10028 /17210/17211 | 美 国 ASTM/A29M |
|---|---|---|---|---|---|---|---|---|
| 39 | 35CrMo | SCM435 | 34CrMo4 | 35ХМ | SCM435 | SCM435 | 34CrMo4 | 4135 |
| 40 | 42CrMo | SCM440 | 34CrMo4 | 38ХМ | SCM440 | SCM440 | 42CrMo4 | 4140 |
| 41 | 12CrMoV | | | 12ХМФ | | | 13CrMo4-5 | |
| 42 | 35CrMoV | | | 40ХМФА | | | 31CrMoV9 | |
| 43 | 12Cr1MoV | | | 12Х1МФ | | | 12CrMoV5-9 | |
| 44 | 25Cr2MoVA | | | 25Х2М1Ф | | | 24CrMoV5-5 | |
| 45 | 25Cr2Mo1VA | | | 25Х2М1Ф | | | 21CrMoV5-11 | |
| 46 | 38CrMoAl | 4444 SACM645 | 683/10 41CrAlMo74 | 38Х2МЮА | G4202 SACM645 | D3756 SACM645 | 41CrAlMo7 | 标准渗氮钢 |
| 47 | 40CrV | | | 40ХФА | | | | 6140 |
| 48 | 50CrVA | 2905 SUP10 | 683/14 51CrV4 | 14959 50ХФА | G4801 SUP10 | D3701 SPS6 | 50CrV4 | 6150 |
| 49 | 15CrMn | SMnC420 | 16MnCr5 | 18ХГ | SMnC420 | SMnC420 | 16MnCr5 | 5115 |
| 50 | 20CrMn | SMnC420 | 20MnCr5 | 18ХГ | SMnC420 | SMnC420 | 20MnCr5 | 5115 |
| 51 | 40CrMn | 4445 SMnC443 | 41Cr4 | | G4106 SMnC443 | D3724 SMnC443 | 41Cr4 | 5140 |
| 52 | 20CrMnSi | | | 20ХГС | | | | |
| 53 | 25CrMnSi | | | 25ХГСА | | | | |
| 54 | 30CrMnSi | | | 30ХГС | | | | |
| 55 | 30CrMnSiA | | | 30ХГСА | | | | |
| 56 | 35CrMnSiA | | | 35ХГСА | | | | |
| 57 | 20CrMnMo | SCM421 | SCM421 | 25ХГМ | SCM421 | SCM421 | | 4121 |
| 58 | 40CrMnMo | SCM440 | 42CrMo4 | | SCM440 | SCM440 | 42CrMo4 | 4140 |
| 59 | 20CrMnTi | | | 18ХГТ | | | | |
| 60 | 30CrMnTi | | | 30ХГТ | | | | |
| 61 | 20CrNi | SNC415 | 20NiCrMo2 | 20ХН | SNC415 | SNC415 | 18NiCr5-4 | 4720 |
| 62 | 40CrNi | SNC236 | 36CrNiMo4 | 40ХН | SNC236 | SNC236 | 17200 36CrNiMo4 | 8640 |
| 63 | 45CrNi | SNC236 | | 45ХН | SNC236 | SNC236 | | 8645 |
| 64 | 50CrNi | | | 50ХН | | | | 8650 |
| 65 | 12CrNi2 | SNC415 | | 12ХН2 | SNC415 | SNC415 | 10NiCr5-4 | 3215 |
| 66 | 12CrNi3 | SNC815 | | 12ХН3А | SNC815 | SNC815 | 15NiCr3 | 3415 |
| 67 | 20CrNi3 | SNC815 | | 20ХН3А | SNC815 | SNC815 | 15NiCr3 | |
| 68 | 30CrNi3 | SNC631 | | 30ХН3А | SNC631 | SNC631 | 31NiCr14 | 3435 |
| 69 | 37CrNi3 | SNC836 | | 38ХН3МА | SNC836 | SNC836 | | |
| 70 | 12Cr2Ni4 | SNC815 | | 12Х2Н4А | SNC815 | SNC815 | 15NiCr3 | 3312 |
| 71 | 20Cr2Ni4 | | | 20Х2Н4А | | | | 3316 |
| 72 | 20CrNiMo | SNCM220 | 20NiCrMo2 | 20ХН2М | SNCM220 | SNCM220 | 21NiCrMo2 | 8620 |
| 73 | 40CrNiMoA | SNCM439 | 36CrNiMo4 | 40ХН2МА | SNCM439 | SNCM439 | 17200 36CrNiMo4 | 4340 |
| 74 | 18CrNiMnMoA | SNCM420 | 18CrNiMo7 | 20ХН2М | SNCM420 | SNCM420 | 17NiCrMo6-4 | 4720 |
| 75 | 45CrNiMoVA | | | 45ХН2МФА | | | 36CrNiMo4 | |
| 76 | 18Cr2Ni4WA | | | 18Х2Н4ВА | | | | |
| 77 | 25Cr2Ni4WA | | | 25Х2Н4ВА | | | | |

冷镦和挤压用钢牌号近似对照(表 13 - 5 - 6)

表 13 - 5 - 6

| No. | 中 国 GB/T 6478 | 中国台湾 CNS 8694 /3229 | 国际标准 ISO 4954 | 俄罗斯 ГОСТ 9045 /4543 | 日 本 JIS G3507 /4105 | 韩 国 KS D7033 /3711 | 德 国 DIN 1654 /17200 | 美 国 ASTM/A29 |
|---|---|---|---|---|---|---|---|---|
| 1 | ML04Al | SWRCH6A | CC4A | 08Ю | SWRCH6A | SWRCH6A | | |
| 2 | ML08Al | SWRCH8K | CC8A | 08Ю | SWRCH8K | SWRCH8K | | |
| 3 | ML10Al | SWRCH10K | CC11K | 10ЮA | SWRCH10K | SWRCH10K | | |
| 4 | ML15Al | SWRCH15K | CC15K | 15ЮA | SWRCH15K | SWRCH15K | | |
| 5 | ML15 | SWRCH15K | CC15K | 15 | SWRCH15K | SWRCH15K | Cq15 | 1015 |
| 6 | ML20Al | SWRCH22A | CC21A | 20ЮA | SWRCH22A | SWRCH22A | | |
| 7 | ML20 | SWRCH20K | CC21K | 20Г2 | SWRCH20K | SWRCH20K | Cq22 | 1020 |
| 8 | ML18Mn | SWRCH18K | CE16E4 | 20ЮA | SWRCH18K | SWRCH18K | C16E | 1518 |
| 9 | ML20Mn | SWRCH22A | CE20E4 | 25ПС | SWRCH22A | SWRCH22A | 20Mn5 | 1522H |
| 10 | ML20Cr | SCr420 | 20CrE4 | 20X | SCr420 | SCr420 | 20Cr4 | 5120 |
| 11 | ML25 | SWRCH25K | CE20E4 | 25 | SWRCH25K | SWRCH25K | C25 | 1025 |
| 12 | ML30 | SWRCH30K | CE28E4 | 30 | SWRCH30K | SWRCH30K | C30 | 1030 |
| 13 | ML35 | SWRCH35K | CE35E4 | 35 | SWRCH35K | SWRCH35K | C35 | 1035 |
| 14 | ML40 | SWRCH40K | CE40E4 | 40 | SWRCH40K | SWRCH40K | C40 | 1040 |
| 15 | ML45 | SWRCH45K | CE45E4 | 45 | SWRCH45K | SWRCH45K | C45 | 1045 |
| 16 | ML15Mn | SWRCH24K | CE16E4 | 15Г | SWRCH24K | SWRCH24K | | 1513 |
| 17 | ML25Mn | SWRCH27K | CE20E4 | 25Г | SWRCH27K | SWRCH27K | 28Mn6 | 1525 |
| 18 | ML30Mn | SWRCH33K | CE28E4 | 30Г | SWRCH33K | SWRCH33K | 30Mn5 | 1526 |
| 19 | ML35Mn | SWRCH38K | CE35E4 | 35Г | SWRCH38K | SWRCH38K | C35E | 1536 |
| 20 | ML37Cr | SCr435 | 37Cr4E | 38XA | SCr435 | SCr435 | 37Cr4 | 5135 |
| 21 | ML40Cr | SCr440 | 40Cr4E | 40X | SCr440 | SCr440 | 41Cr4 | 5140 |
| 22 | ML30CrMo | SCM430 | 25CrMo4E | 30XMA | SCM430 | SCM430 | 25CrMo4 | 4130 |
| 23 | ML35CrMo | SCM435 | 34CrMo4E | 35XM | SCM435 | SCM435 | 34CrMo4 | 4135 |
| 24 | ML42CrMo | SCM440 | 42CrMo4E | 38XM | SCM440 | SCM440 | 42CrMo4 | 4142 |
| 25 | ML20B | | CE20BG1 | | | | | 94B17 |
| 26 | ML28B | | CE28B | 30XPA | | | | 94B30 |
| 27 | ML35B | | CE35B | | | | | |
| 28 | ML15MnB | | CE20BG2 | | | | | |
| 29 | ML20MnB | | CE20BG2 | | | | | 94B17 |
| 30 | ML35MnB | | 35MnB5E | | | | | |
| 31 | ML37CrB | | 37CrB1E | | | | | |
| 32 | ML20MnTiB | | | | | | | |
| 33 | ML15MnVB | | | | | | | |
| 34 | ML20MnVB | | | | | | | |

保淬透性结构钢(H 钢)牌号近似对照(表 13 - 5 - 7)

表 13 - 5 - 7

| No. | 中 国 GB/T 5216 | 中国台湾 CNS 11999 | 国际标准 ISO 683/18 | 日 本 JIS G4052 | 韩 国 KS D3754 | 美 国 ASTM/A304 |
|---|---|---|---|---|---|---|
| 1 | 45H | | C45E4H | | | 1045H |
| 2 | 20CrH | SCr420H | 20Cr4H | SCr420H | SCr420H | 5120H |
| 3 | 40CrH | SCr440H | 41Cr4H | SCr440H | SCr440H | 5140H |
| 4 | 45CrH | | 41Cr4H | | | 5145H |
| 5 | 40MnBH | | | | | 15B41H |
| 6 | 45MnBH | | | | | 15B48H |
| 7 | 20MnMoBH | | | | | 86B30H |
| 8 | 20MnVBH | | | | | 94B17H |
| 9 | 22MnVBH | | | | | |
| 10 | 20MnTiBH | | | | | |
| 11 | 20CrMnMoH | SCM420H | | SCM420H | SCM420H | 4118H |
| 12 | 20CrMnTiH | | | | | |
| 13 | 20CrNi3H | SNC631H | | SNC631H | SNC631H | 9310H |
| 14 | 12CrNi4H | SNC815H | | SNC815H | SNC815H | |
| 15 | 20CrNiMoH | SNCM220H | 20NiCrMo2H | SNCM220H | SNCM220H | 8620H |

高耐候结构钢牌号近似对照(表 13 - 5 - 8)

表 13 - 5 - 8

| No. | 中 国 GB/T 4171 | 中国台湾 CNS 4620 | 国际标准 ISO 4952 | 俄罗斯 ГОСТ 27772 | 日 本 JIS G3125 | 韩 国 KS D3529 | 德 国 DIN EN 10155 | 美 国 ASTM/ – |
|---|---|---|---|---|---|---|---|---|
| 1 | Q295GNH | SPA-C | | | SPA-C | | | |
| 2 | Q295GNHL | SPA-C | | | SPA-C | | | |
| 3 | Q345GNH | SPA-H | Fe355W-1A | C345K | SPA-H | | S355 J2WP | |
| 4 | Q345GNHL | SPA-H | Fe355W-1A | C345K | SPA-H | | S355 J2WP | |
| 5 | Q390GNH | | | | | SMA570W | | |

焊接结构用耐候钢牌号近似对照(表 13 - 5 - 9)

表 13 - 5 - 9

| No. | 中 国 GB/T 4172 | 中国台湾 CNS 4269 | 国际标准 ISO 4952 | 俄罗斯 ГОСТ 6712 | 日 本 JIS G3114 | 韩 国 KS D3529 | 德 国 DIN EN 10155 | 美 国 ASTM/A588 |
|---|---|---|---|---|---|---|---|---|
| 1 | Q235NH | SMA 400BP | Fe235WB | 16Д | SMA400BP | SMA400BP | S235J0W | Gr. A |
| 2 | Q295NH | SMA 400BW | | С345Д | SMA400BW | SM400ABW | | Gr. G |
| 3 | Q355NH | SMA 490BP | Fe355W2B | С375Д | SMA490BP | SMA490BP | S355J2G1W | Gr. K |
| 4 | Q460NH | SMA 570P | | 15ХСНД | SMA570P | SMA570P | | Gr. E |

弹簧钢牌号近似对照( 表 13 - 5 - 10 )

表 13 - 5 - 10

| No. | 中 国<br>GB/T 1222 | 中国台湾<br>CNS 2905 | 国际标准<br>ISO 683/14 | 俄罗斯<br>ГОСТ 1050<br>/14959 | 日 本<br>JIS G4801 | 韩 国<br>KS D3701 | 德 国<br>DIN 17221 | 美 国<br>ASTM/A29 |
|---|---|---|---|---|---|---|---|---|
| 1 | 65 | | C60E4 | 65 | S65C-CSP | | 67E | 1065 |
| 2 | 70 | | 8458-3<br>DAB | 70 | S70C-CSP | | 67E | 1070 |
| 3 | 85 | | 8458-2<br>DH | 85 | SK5-CSP | | C85E | 1084 |
| 4 | 65Mn | | 683/18<br>C60E4 | 65Г | S60C-CSP | | CK67 | 1566 |
| 5 | 55Si2Mn | | 55SiCr7 | 14959<br>55С2 | | | 55Si7 | 9255 |
| 6 | 55Si2MnB | | | | | | | |
| 7 | 55SiMnVB | | | 55С2ГФ | | | | |
| 8 | 60Si2Mn | SUP6 | 61SiCr7 | 60С2 | SUP6 | SPS3 | 65Si2 | 9260 |
| 9 | 60Si2MnA | SUP6 | 61SiCr7 | 60С2А | SUP6 | SPS3 | 60SiMn5 | 9260 |
| 10 | 60Si2CrA | | | 60С2ХА | | | 60SiCr7 | |
| 11 | 60Si2CrVA | | | 60С2ХФА | | | | |
| 12 | 55CrMnA | SUP9 | 55Cr3 | 50Х | SUP9 | SPS5 | 55Cr3 | 5155 |
| 13 | 60CrMnA | SUP9A | | | SUP9A | SPS5A | | 5160 |
| 14 | 60CrMnMoA | SUP13 | 60CrMo3-3 | | SUP13 | SPS9 | 51CrMoV4 | 4161 |
| 15 | 50CrVA | SUP10 | 51CrV4 | 50ХФА | SUP10 | SPS6 | 51CrV4 | 6150 |
| 16 | 60CrMnBA | SUP11A | 60CrB3 | 55ХГР | SUP11A | SPS7 | 52MnCr83 | 51B60 |
| 17 | 30W4Cr2VA | | | | | | | |

高碳铬轴承钢牌号近似对照( 表 13 - 5 - 11 )

表 13 - 5 - 11

| No. | 中 国<br>GB/T 18254 | 中国台湾<br>CNS 3014 | 国际标准<br>ISO 683/17 | 俄罗斯<br>ГОСТ 801 | 日 本<br>JIS G4805 | 韩 国<br>KS D3525 | 德 国<br>DIN 17230 | 美 国<br>ASTM/A295 |
|---|---|---|---|---|---|---|---|---|
| 1 | GCr4 | SUJ1 | | ШХ4 | SUJ1 | STB1 | 100Cr2 | K19526 |
| 2 | GCr15 | SUJ2 | 100Cr6 | ШХ15 | SUJ2 | STB2 | 100Cr6 | 52100 |
| 3 | GCr15SiMn | SUJ3 | 100CrMnSi6-4 | ШХ15СГ | SUJ3 | STB3 | 100CrMnSi6-4 | Gr1 |
| 4 | GCr15SiMo | SUJ4 | 100CrMnMoSi8-6-4 | | SUJ4 | STB4 | | Gr2 |
| 5 | GCr18Mo | SUJ5 | 100CrMo7 | | SUJ5 | STB5 | 100CrMo7-3 | A535<br>52100Mod. 3 |

不锈钢牌号近似对照(表 13 – 5 – 12)

表 13 – 5 – 12

| No. | 中 国<br>GB/T 1220 | 中国台湾<br>CNS 3270 | 国际标准<br>ISO/TR 15510 | 俄罗斯<br>ГОСТ 5632 | 日 本<br>JIS G4303 | 韩 国<br>KS D3706 | 德 国<br>DIN 17440 | 美 国<br>ASTM/A276 |
|---|---|---|---|---|---|---|---|---|
| 1 | 1Cr17Mn6Ni5N | 201 | X12CrMnNiN17-7-5 | | SUS201 | STS201 | | 201 |
| 2 | 1Cr18Mn8Ni5N | 202 | | 12Х17Г9АН4 | SUS202 | STS202 | | 202 |
| 3 | 1Cr18Mn10Ni5Mo3N | | | | | | | |
| 4 | 1Cr17Ni7 | 301 | X10CrNi18-8 | | SUS301 | STS301 | X12CrNi17-7 | 301 |
| 5 | 1Cr18Ni9 | 302 | | 12Х18Н9 | SUS302 | STS302 | X12CrNi18-8 | 302 |
| 6 | Y1Cr18Ni9 | 303 | X10CrNiS18-9 | | SUS303 | STS303 | X10CrNiS18-9 | 303 |
| 7 | Y1Cr18Ni9Se | 303Se | | 12Х18Н10Е | SUS303Se | STS303Se | | 303Se |
| 8 | 0Cr18Ni9 | 304 | X5CrNi18-9 | 0Х18Н10 | SUS304 | STS304 | X5CrNi18-10 | 304 |
| 9 | 00Cr19Ni10 | 304L | X2CrNi19-11 | 03Х18Н11 | SUS304L | STS304L | X2CrNi19-11 | 304L |
| 10 | 0Cr19Ni9N | 304N1 | | | SUS304N1 | STS304N1 | | 304N |
| 11 | 0Cr19Ni10N6N | 304N2 | | | SUS304N2 | STS304N2 | | XM21 |
| 12 | 00Cr18Ni10N | 304LN | X2CrNi18-9 | | SUS304LN | STS304LN | X2CrNiN18-10 | 304LN |
| 13 | 1Cr18Ni12 | 305 | X6CrNi18-12 | 12Х18Н12Т | SUS305 | STS305 | X5CrNi18-12 | 305 |
| 14 | 0Cr23Ni13 | 309S | | | SUS309S | STS309S | X7CrNi23-14 | 309S |
| 15 | 0Cr25Ni20 | 310S | | | SUS310S | STS310S | X1CrNi25-21 | 310S |
| 16 | 0Cr17Ni12Mo2 | 316 | X5CrNiMo17-12-2 | | SUS316 | STS316 | X5CrNiMo17-12-2 | 316 |
| 17 | 1Cr18Ni12Mo2Ti | | X6CrNiMoTi17-12-2 | | | | X6CrNiMoTi17-12-2 | 316Ti |
| 18 | 0Cr18Ni12Mo2Ti | | X6CrNiMoTi17-12-2 | 08Х17Н13М2Т | | | X6CrNiMoTi17-12-2 | 316Ti |
| 19 | 00Cr17Ni14Mo2 | 316L | | 03Х17Н14М | SUS316L | STS316L | X2CrNiMo18-14-3 | 316L |
| 20 | 0Cr17Ni12Mo2N | 316N | | | SUS316N | STS316N | | 316N |
| 21 | 00Cr17Ni13Mo2N | 316LN | X2CrNiMoN17-11-2 | | SUS316LN | STS316LN | X2CrNiMoN17-13-3 | 316LN |
| 22 | 0Cr18Ni12Mo2Cu2 | 316J1 | | | SUS316J1 | STS316J1 | | |
| 23 | 00Cr18Ni14Mo2Cu2 | 316J1L | | | SUS316J1L | STSJ1L | | |
| 24 | 0Cr19Ni13Mo3 | 317 | | | SUS317 | STS317 | X5CrNiMo17-13-3 | 317 |
| 25 | 00Cr19Ni13Mo3 | 317L | X2CrNiMo18-15-10 | | SUS317L | SUS317L | X2CrNiMo18-15-14 | |
| 26 | 1Cr18Ni12Mo3Ti | | | 10Х17Н13М3Т | | | | |
| 27 | 0Cr18Ni12Mo3Ti | | X6CrNiMoTi17-12-2 | 08Х17Н15М3Т | | | X10CrNiMoTi18-12 | |
| 28 | 0Cr18Ni16Mo5 | 317J1 | | | SUS317J1 | STS317J1 | | |
| 29 | 1Cr18Ni9Ti | 321 | X7CrNiTi18-10 | 12Х18Н10Т | SUS321 | STS321 | X6CrNiTi18-10 | 321 |
| 30 | 0Cr18Ni10Ti | 321 | X6CrNiTi18-10 | 08Х18Н10Т | SUS321 | STS321 | X6CrNiTi18-10 | 321 |
| 31 | 0Cr18Ni11Nb | 347 | X6CrNiNb18-10 | 08Х18Н12Б | SUS347 | STS347 | X6CrNiNb18-10 | 347 |
| 32 | 0Cr18Ni9Cu3 | XM7 | X3CrNiCu18-9-4 | | SUS XM7 | STS XM7 | X6CrNiCu18-9-4 | XM7 |
| 33 | 0Cr18Ni13Si4 | XM15J1 | | | SUS XM15J1 | STS XM15J1 | | XM15 |
| 34 | 0Cr26Ni5Mo2 | 329J1 | | | SUS329J1 | STS329J1 | X8CrNiMo27-5-2 | 329 |

| No. | 中　国<br>GB/T 1220 | 中国台湾<br>CNS 3270 | 国际标准<br>ISO/TR 15510 | 俄罗斯<br>ГОСТ 5632 | 日　本<br>JIS G4303 | 韩　国<br>KS D3706 | 德　国<br>DIN 17440 | 美　国<br>ASTM/A276 |
|---|---|---|---|---|---|---|---|---|
| 35 | 1Cr18Ni11Si4AlTi | | | 15Х18Н12С4ТЮ | | | | |
| 36 | 00Cr18Ni5Mo3Si2 | | | | | | | |
| 37 | 0Cr13Al | 405 | X6CrAl13 | | SUS405 | STS405 | X6CrAl13 | 405 |
| 38 | 00Cr12 | 410L | | | SUS410L | STS410L | | 410 |
| 39 | 1Cr17 | 430 | X6Cr17 | 12Х17 | SUS430 | STS430 | X6Cr17 | 430 |
| 40 | Y1Cr17 | 430F | X14CrMoS17 | | SUS430F | STS430F | X14CrMoS17 | 430F |
| 41 | 1Cr17Mo | 434 | X6CrMo17-1 | | SUS434 | STS434 | X6CrMo17-1 | 434 |
| 42 | 00Cr30Mo2 | 447J1 | | | SUS447J1 | STS447J1 | | |
| 43 | 00Cr27Mo | XM27 | | | SUS XM27 | STS XM27 | | XM27 |
| 44 | 1Cr12 | 403 | | | SUS403 | STS403 | | 403 |
| 45 | 1Cr13 | 410 | X12Cr13 | 12Х13 | SUS410 | STS410 | X12Cr13 | 410 |
| 46 | 0Cr13 | 405 | X6Cr13 | 08Х13 | SUS405 | STS405 | X6Cr13 | 405 |
| 47 | Y1Cr13 | 416 | X12CrS13 | | SUS416 | STS416 | X12CrS13 | 416 |
| 48 | 1Cr13Mo | 410J1 | | | SUS410J1 | STS410J1 | | |
| 49 | 2Cr13 | 420J1 | X20Cr13 | 20Х13 | SUS420J1 | STS420J1 | X20Cr13 | 420 |
| 50 | 3Cr13 | 420J2 | X30Cr13 | 30Х13 | SUS420J2 | STS420J2 | X30Cr13 | |
| 51 | Y3Cr13 | 420F | | | SUS420F | STS420F | | 420F |
| 52 | 3Cr13Mo | | | | | | | |
| 53 | 4Cr13 | | X39Cr13 | 40Х13 | | | X39Cr13 | |
| 54 | 1Cr17Ni2 | 431 | X17CrNi16-2 | 14Х17Н2 | SUS431 | STS431 | X17CrNi16-2 | 431 |
| 55 | 7Cr17 | 440A | | | SUS440A | STS440A | | 440A |
| 56 | 8Cr17 | 440B | | | SUS440B | STS440B | | 440B |
| 57 | 9Cr18 | 400C | | 95Х18 | SUS440C | STS440C | | 440C |
| 58 | 11Cr17 | 440C | | | SUS440C | STS440C | | 440C |
| 59 | Y11Cr17 | 440F | | | SUS440F | STS440F | | 440F |
| 60 | 9Cr18Mo | 440C | | | SUS440C | STS440C | | 440C |
| 61 | 9Cr18MoV | | | | | | | |
| 62 | 0Cr17Ni4Cu4Nb | 630 | X5CrNiCuNb16-4 | | SUS630 | STS630 | X5CrNiCuNb16-4 | 630 |
| 63 | 0Cr17Ni7Al | 631 | X7CrNiAl17-7 | 09Х17Н7Ю | SUS631 | STS631 | X7CrNiAl17-7 | 631 |
| 64 | 0Cr15Ni7Mo2Al | | | 09Х15Н8Ю | | | X1CrNiMoAl15-7-2 | 632 |

耐热钢牌号近似对照(表13－5－13)

表13－5－13

| No. | 中国 GB/T 1221 | 中国台湾 CNS 9608 /3270 | 国际标准 ISO 4955 /15510 | 俄罗斯 ГOCT 5632 | 日本 JIS G4311 /4303 | 韩国 KS D3731 /3706 | 德国 DIN 17440 等 | 美国 ASTM /A276 等 |
|---|---|---|---|---|---|---|---|---|
| 1 | 5Cr21Mn9Ni4N | 36 | | 55Х20Г9АН4 | SUH36 | STR36 | X53CrMnNiN21-9 | |
| 2 | 2Cr21Ni12N | 37 | X15CrNiSi20-12 | | SUH37 | STR37 | X15CrNiSi20-12 | EV4 |
| 3 | 2Cr23Ni13 | 309 | X6CrNi23-14 | 20Х23Н13 | SUH309 | STR309 | X12CrNi23-13 | 309 |
| 4 | 2Cr25Ni20 | 310 | X15CrNiSi25-21 | 20Х25Н18 | SUH310 | STR310 | X15CrNiSi25-20 | 310 |
| 5 | 1Cr16Ni35 | 330 | X12NiCrSi35-16 | | SUH330 | STR330 | X12NiCrSi36-16 | 330 |
| 6 | 0Cr15Ni25Ti2MoAlVB | 660 | | | SUH660 | STR660 | X5NiCrTi26-15 | 660 |
| 7 | 0Cr18Ni9 | 304 | X5CrNi18-9 | 08Х18Н10 | SUS304S | STS304 | X5CrNi18-10 | 304S |
| 8 | 0Cr23Ni13 | 309S | X6CrNi23-14 | 0Х23Н13 | SUS309S | STS309S | X7CrNi23-14 | 309S |
| 9 | 0Cr25Ni20 | 310S | X6CrNi25-21 | 10Х23Н18 | SUS310S | STS310S | X8CrNi25-21 | 310S |
| 10 | 0Cr17Ni12Mo2 | 316 | X5CrNiMo17-12-2 | 08Х17Н13М2Т | SUS316 | STS316 | X5CrNiMo17-12-2 | 316 |
| 11 | 4Cr14Ni14W2Mo | | | 45Х14Н14В2М | | | | |
| 12 | 3Cr18Mn12Si2N | | | | | | | |
| 13 | 2Cr20Mn19Ni2SiN | | | | | | X12CrMnNiN18-9-5 | |
| 14 | 0Cr19Ni13Mo3 | 317 | X5CrNiMo17-12-3 | | SUS317 | STS317 | X5CrNiMo17-13 | 317 |
| 15 | 1Cr18Ni9Ti | 321 | X6CrNiTi18-10 | 12Х18Н10Т | SUS321 | STS321 | X8CrNiTi18-9 | 321 |
| 16 | 0Cr18Ni10Ti | 321 | X6CrNiTi18-10 | 08Х18Н10Т | SUS321 | STS321 | X6CrNiTi18-10 | 321 |
| 17 | 0Cr18Ni11Nb | 347 | X6CrNiNb18-10 | 08Х18Н12Б | SUS347 | STS347 | X6CrNiNb18-10 | 347 |
| 18 | 0Cr18Ni3Si4 | XM15J1 | | | SUS XM15J1 | STS XM15J1 | X1CrNiSi18-15-4 | XM15 |
| 19 | 1Cr20Ni14Si2 | | | | | | X15CrNiSi20-12 | |
| 20 | 1Cr25Ni20Si2 | | | | | | X15CrNiSi25-21 | |
| 21 | 2Cr25N | 446 | X15CrN26 | 15Х25J | SUH446 | STR446 | X18CrN28 | 446 |
| 22 | 0Cr13Al | 405 | X6CrAl13 | 10Х13Ю | SUS405 | STS405 | X6CrAl13 | 405 |
| 23 | 00Cr12 | 410L | X6Cr13 | 08Х13 | SUS410L | STS410L | X2Cr11 | A176 |
| 24 | 1Cr17 | 430 | X6Cr17 | 12Х17 | SUS430 | STS430 | X6Cr17 | 430 |
| 25 | 1Cr5Mo | | | 15Х5М | | | 12CrMo19-5 | 502 |
| 26 | 4Cr9Si2 | 1 | X45CrSi9-3 | 40Х9С2 | SUH1 | STR1 | X45CrSi9-3 | |
| 27 | 4Cr10Si2Mo | 3 | | 40Х10С2М | SUH3 | STR3 | X40CrSiMo10-2 | |
| 28 | 8Cr20Si2Ni | 4 | | | SUH 4 | STR 4 | X80CrSiMoW15-2 | |
| 29 | 1Cr11MoV | | | 15Х11МФ | | | X20CrMoV12-1 | |
| 30 | 1Cr12Mo | 410J1 | | | SUS410J1 | STS410J1 | | |
| 31 | 2Cr12MoVNbN | 9608 600 | | | G4311 SUH600 | D3731 STR600 | | |
| 32 | 1Cr12WMoV | | | | | | X20CrMoWV12-1 | |
| 33 | 2Cr12NiMoWV | 616 | | | SUH616 | STR616 | X20CrMoWV12-1 | 616 |

| No. | 中　国<br>GB/T 1221 | 中国台湾<br>CNS 9608<br>/3270 | 国际标准<br>ISO 4955<br>/15510 | 俄罗斯<br>ГOCT 5632 | 日　本<br>JIS G4311<br>/4303 | 韩　国<br>KS D3731<br>/3706 | 德　国<br>DIN 17440 等 | 美　国<br>ASTM<br>/A276 等 |
|---|---|---|---|---|---|---|---|---|
| 34 | 1Cr13 | 410 | X12Cr13 | 12X13 | SUS410 | STS410 | X12Cr13 | 410 |
| 35 | 1Cr13Mo | 410J1 | X12CrS13 |  | SUS410J1 | STS410J1 | X20CrMo13 |  |
| 36 | 2Cr13 | 420J1 | X20Cr13 | 20X13 | SUS420J1 | STS420J1 | X20Cr13 | 420 |
| 37 | 1Cr17Ni2 | 431 | X17CrNi16-2 | 14X17H2 | SUS431 | STS431 | X17CrNi16-2 | 431 |
| 38 | 1Cr11NiW2MoV |  |  | 11X11H2B2MФ |  |  |  |  |
| 39 | 0Cr17Ni4Cu4Nb | 630 | X5CrNiCuNb16-4 |  | SUS430 | STS630 | X5CrNiCuNb16-4 | 630 |
| 40 | 0Cr17Ni7Al | 631 | X7CrNiAl17-7 | 09X17H7Ю | SUS631 | STS631 | X7CrNiAl17-7 | 631 |

**碳素工具钢牌号近似对照（表 13 – 5 – 14）**

表 13 – 5 – 14

| No. | 中　国<br>GB/T 1298 | 中国台湾<br>CNS 2964 | 国际标准<br>ISO 4957 | 俄罗斯<br>ГOCT 1435 | 日　本<br>JIS G4401 | 韩　国<br>KS D3751 | 德　国<br>DIN 17350 | 美　国<br>ASTM/A686 |
|---|---|---|---|---|---|---|---|---|
| 1 | T7 | SK7 | C70U | У7-1 | SK65 | STC7 | C70W1 |  |
| 2 | T8 | SK6 | C80U | У8-1 | SK75 | STC6 | C80W1 | W1A-8 |
| 3 | T8Mn | SK5 | C90U | У8Г-1 | SK85 | STC5 | C85W | W1C-8 |
| 4 | T9 | SK5 | C90U | У9-1 | SK85 | STC5 | C85W | W1A-8 1/2 |
| 5 | T10 | SK4 | TC105 | У10-1 | SK95 | STC4 | C105W2 | W1A-9 1/2 |
| 6 | T11 | SK3 | C105U | У11-1 | SK105 | STC3 | C110W2 | W1A-10 1/2 |
| 7 | T12 | SK1 | C120U | У12-1 | SK120 | STC2 | C125W | W1A-11 1/2 |
| 8 | T13 | SK1 | C120U | У13-1 | SK140 | STC1 | C135W | W2-C13 |

**合金工具钢牌号近似对照（表 13 – 5 – 15）**

表 13 – 5 – 15

| No. | 中　国<br>GB/T 1299 | 中国台湾<br>CNS 2964 | 国际标准<br>ISO 4957 | 俄罗斯<br>ГOCT 5950 | 日　本<br>JIS G4404 | 韩　国<br>KS D3753 | 德　国<br>DIN 17350 | 美　国<br>ASTM/A681 |
|---|---|---|---|---|---|---|---|---|
| 1 | 9SiCr |  |  | 9XC |  |  | 90CrSi5 |  |
| 2 | 8MnSi | SKS95 |  |  | SKS95 | STS95 | C75W |  |
| 3 | Cr06 | SKS8 |  | 13X | SKS8 | STS8 | 140Cr2 |  |
| 4 | Cr2 | 3104<br>SUJ2 | 102Cr6 | X | G4805<br>SUJ2 | D3525<br>STB2 | 102Cr6 | A295<br>52100 |
| 5 | 9Cr2 |  |  | 9X1 |  |  | 90Cr3 | L3 |
| 6 | W | SKS21 |  |  | SKS21 | STS21 | 120W4 | F1 |
| 7 | 4CrW2Si | SKS41 | 50WCrV8 | 4XB2C | SKS41 | STS41 | 45WCrV7 | S1 |
| 8 | 5CrW2Si | SKS4 | 50WCrV8 | 5XB2CФ | SKS4 | STS4 | 45WCrV7 | S1 |
| 9 | 6CrW2Si | SKS4 | 60WCrV8 | 6XB2C | SKS4 | STS4 | 60WCrV7 | S1 |
| 10 | 6CrMnSi2Mo1V |  |  |  |  |  |  | S5 |

续表 13 – 5 – 15

| No. | 中 国<br>GB/T 1299 | 中国台湾<br>CNS 2964 | 国际标准<br>ISO 4957 | 俄罗斯<br>ГOCT 5950 | 日 本<br>JIS G4404 | 韩 国<br>KS D3753 | 德 国<br>DIN 17350 | 美 国<br>ASTM/A681 |
|---|---|---|---|---|---|---|---|---|
| 11 | 5Cr3Mn1SiMo1V | | | | | | | S7 |
| 12 | Cr12 | SKD1 | X210Cr12 | X12 | SKD1 | STD1 | X210Cr12 | D3 |
| 13 | Cr12Mo1V1 | SKD11 | X153CrMoV12 | X12MΦ | SKD10 | STD11 | X155CrMoV12-1 | D2 |
| 14 | Cr12MoV | SKD11 | X153CrMoV12 | X12MΦ | SKD11 | STD11 | X165CrMoV12 | D2 |
| 15 | Cr5Mo1V | SKD12 | X100CrMoV5 | | SKD12 | STD12 | X100CrMoV5-1 | A2 |
| 16 | 9Mn2V | | 90MnCrV8 | | | | 90MnCrV8 | O2 |
| 17 | CrWMn | SKS31 | 95MnWCr5 | XBГ | SKS31 | STS31 | 105WCr6 | O7 |
| 18 | 9CrWMn | SKS3 | 95MnWCr5 | 9XBГ | SKS3 | STS3 | 100MnCrW14 | O1 |
| 19 | Cr4W2MoV | | | | | | | |
| 20 | 6Cr4W3Mo2VNb | | | | | | | |
| 21 | 6W6Mo5Cr4V | | | | | | | |
| 22 | 7CrSiMnMoV | | | | | | | |
| 23 | 5CrMnMo | | | 5XГM | | | 40CrMnMo17 | |
| 24 | 5CrNiMo | SKT4 | 55NiCrMoV7 | 5XHM | SKT4 | STF4 | 55NiCrMoV6 | L6 |
| 25 | 3Cr2W8V | SKD5 | X30WCrV9-3 | 3X2B8Φ | SKD5 | STD5 | X30WCrV9-3 | H21 |
| 26 | 5Cr4Mo3SiMnVAl | | | | | | | |
| 27 | 3Cr3Mo3W2V | | | | | | | |
| 28 | 5Cr4W5Mo2V | | | | | | | |
| 29 | 8Cr3 | | 8X3 | | | | | |
| 30 | 4CrMnSiMoV | | | | | | | |
| 31 | 4Cr3Mo3SiV | | | 3X3M3Φ | | | X32CrMoV3-3 | H10 |
| 32 | 4Cr5MoSiV | SKD6 | X37CrMoV5-1 | 4X5MΦC | SKD6 | STD6 | X38CrMoV5-1 | H11 |
| 33 | 4Cr5MoSiV1 | SKD61 | X40CrMoV5-1 | 4X5MΦ1C | SKD61 | STD61 | X40CrMoV5-1 | H13 |
| 34 | 4Cr5W2VSi | | | | | | | |
| 35 | 7Mn15Cr2Al3<br>V2WMn | | | | | | | |
| 36 | 3Cr2M | | 35CrMo7 | | | | | P20 |
| 37 | 3Cr2NiMo | | 40CrMnNiMo8-6-4 | | | | 40CrMnNiMo8-6-4 | |

## 高速工具钢牌号近似对照(表 13 – 5 – 16)

表 13 – 5 – 16

| No. | 中 国<br>GB/T 9943 | 中国台湾<br>CNS 2904 | 国际标准<br>ISO 4957 | 俄罗斯<br>ГOCT 19265 | 日 本<br>JIS G4403 | 韩 国<br>KS D3522 | 德 国<br>DIN 17350 | 美 国<br>ASTM/A600 |
|---|---|---|---|---|---|---|---|---|
| 1 | W18Cr4V | SKH2 | HS18-0-1 | P18 | SKH2 | SKH2 | S18-0-1 | T1 |
| 2 | W18Cr4VCo5 | SKH3 | HS18-0-1 | P18K5Φ2 | SKH3 | SKH3 | S18-1-2-5 | T4 |
| 3 | W18Cr4V2Co8 | SKH4 | HS18-0-1 | P18K5Φ5 | SKH4 | SKH4 | S18-1-2-10 | T5 |
| 4 | W12Cr4V5Co5 | SKH10 | | | SKH10 | SKH10 | S12-1-4-5 | T15 |

| No. | 中 国 GB/T 9943 | 中国台湾 CNS 2904 | 国际标准 ISO 4957 | 俄罗斯 ГОСТ 19265 | 日 本 JIS G4403 | 韩 国 KS D3522 | 德 国 DIN 17350 | 美 国 ASTM/A600 |
|---|---|---|---|---|---|---|---|---|
| 5 | W6Mo5Cr4V2 | SKH51 | HS6-5-2 | Р6М5 | SKH51 | SKH51 | S6-5-2 | M2 |
| 6 | CW6Mo5Cr4V2 | SKH51 | HS6-5-2C | Р6М5Ф3 | SKH51 | SKH51 | SC6-5-2 | M2（高碳） |
| 7 | W6Mo5Cr4V3 | SKH52 | HS6-5-3 | Р6М5Ф3 | SKH52 | SKH52 | SC6-5-25 | M3（Class1） |
| 8 | CW6Mo5Cr4V3 | SKH53 | HS6-5-3 | Р6М5Ф3 | SKH53 | SKH53 | S6-5-3 | M3（Class2） |
| 9 | W2Mo9Cr4V2 | SKH58 | HS2-9-2 | | SKH58 | SKH58 | S2-9-2 | M7 |
| 10 | W6Mo5Cr4V2Co5 | SKH55 | HS6-5-2-5 | Р6М5К5 | SKH55 | SKH55 | S6-5-2-5 | M35 |
| 11 | W7Mo4Cr4V2Co5 | SKH55 | HS6-5-2-5 | Р6М5К5 | SKH55 | SKH55 | S7-4-2-5 | M41 |
| 12 | W2Mo9Cr4VCo8 | SKH59 | HS2-9-1-8 | Р2АМ9К5 | SKH59 | SKH59 | S2-10-1-8 | M42 |
| 13 | W9Mo3Cr4V | | | | | | | |
| 14 | W6Mo5Cr4V2Al | | | | | | SC6-5-2 | |

高锰铸钢牌号近似对照（表 13 – 5 – 17）

表 13 – 5 – 17

| No. | 中 国 GB/T 5680 | 中国台湾 CNS 3830 | 俄罗斯 ГОСТ 977 | 日 本 JIS G5131 | 韩 国 KS D4101 | 德 国 DIN SEW 395 | 美 国 ASTM/A128M |
|---|---|---|---|---|---|---|---|
| 1 | ZGMn13-1 | SCMH11 | 110Г13Л | SCMnH11 | SCMH11 | G-X110M14 | B4 |
| 2 | ZGMn13-2 | SCMH2 | 110Г13Л | SCMnH2 | SCMH2 | G-X120Mn13 | A |
| 3 | ZGMn13-3 | SCMH3 | 110Г13Л | SCMH3 | SCMH3 | G-X110Mn14 | B3 |
| 4 | ZGMn13-4 | SCMH11 | 110Г13Х2БРЛ | SCMnH11 | SCMH11 | G-X120Mn12 | C |
| 5 | ZGMn13-5 | | | | | | E1 |

一般用途耐蚀铸钢牌号近似对照（表 13 – 5 – 18）

表 13 – 5 – 18

| No. | 中 国 GB/T 2100 | 中国台湾 CNS 4000 | 国际标准 ISO 11972 | 俄罗斯 ГОСТ 977 | 日 本 JIS G5121 | 韩 国 KS D4103 | 德 国 DIN 17445 | 美 国 ASTM/ A743M |
|---|---|---|---|---|---|---|---|---|
| 1 | ZG15Cr12 | SCS1 | GX12Cr12 | 15Х13Л | SCS1 | SCS1 | G-X8CrNi13 | CA-15 |
| 2 | ZG20Cr13 | SCS2 | ISO 4991C39CH | 20Х13Л | SCS2 | SCS2 | G-X20Cr14 | CA-40 |
| 3 | ZG10Cr12NiMo | SCS3 | GX8CrNiMo12-1 | 10Х12НДА | SCS3 | SCS3 | G-X8CrNi13 | CA-15M |
| 4 | ZG06Cr12Ni4 （QT1） | SCS6 | GX4CrNi12-4 （QT1） | 08Х14Н7МДЛ | SCS6 | SCS6 | G-X5CrNi13-4 | CA-6NM |
| 5 | ZG06Cr12Ni4 （QT2） | SCS6 | GX4CrNi12-4 （QT2） | 08Х14Н7МДЛ | SCS6 | SCS6 | G-X5CrNi13-4 | CA-6NM |
| 6 | ZG06Cr16Ni5Mo | SCS6 | GXCrNiMo16-5-1 | 09Х17Н3СЛ | SCS6 | SCS6 | G-X5CrNiMo15-5 | CA-6NM |
| 7 | ZG03Cr18Ni10 | SCS19A | GX2CrNi18-10 | 07Х18Н9Л | SCS19A | SCS19A | G-XCrNi18-9 | CF-3 |
| 8 | ZG03Cr18Ni10N | SCS19A | GX2CrNiN18-10 | 07Х18Н9Л | SCS19A | SCS19A | G-X2CrNi18-9 | CF-3 |
| 9 | ZG07Cr19Ni9 | SCS13A | GX5CrNi19-9 | 07Х18Н9Л | SCS13A | SCS13A | G-X6CrNi18-9 | CF-8 |
| 10 | ZG08Cr19Ni10Nb | SCS21 | GX6CrNiNb19-10 | 10Х18Н11БЛ | SCS21 | SCS21 | G-XCrNiNb18-9 | CF-8C |

## 参 考 文 献

[1] 重有色冶金炉设计参考资料.北京:冶金工业出版社,1979
[2] 陈家祥,主编.连续铸钢手册.北京:冶金工业出版社,1991
[3] 陈家祥,主编.钢铁冶金学.北京:冶金工业出版社,1992
[4] 熊谟远,编著.电石生产及其深加工产品.北京:化学工业出版社,2001
[5] 邱竹贤.铝电解原理与应用.北京:中国矿业大学,1998
[6] 邱竹贤,编著.铝冶金物理化学.上海:上海科学出版社,1995
[7] 钱之荣,范广举,主编.耐火材料实用手册.北京:冶金工业出版社,1992
[8] 有色金属研究院编,电阻炉设计手册.北京:冶金工业出版社,1959
[9] 素木洋一,编著.硅酸盐手册.北京:轻工业出版社,1984
[10] 契斯捷尔 Д X.炼钢用耐火材料.北京:冶金工业出版社,1959
[11] 北京钢铁学院冶金炉电冶金教研室编.电冶金热工基础.1975
[12] 赵乃成,张启轩,主编.铁合金生产实用技术手册.北京:冶金工业出版社,2003
[13] 陈家祥.复合脱氧剂最佳成分的设计.铁合金,2007,(1)
[14] 李维钺,编.中外钢铁牌号速查手册.北京:机械工业出版社,2004

# 附　　录

## 附录一　数学公式用图表

直线、对数比例尺（图 F－1－1）

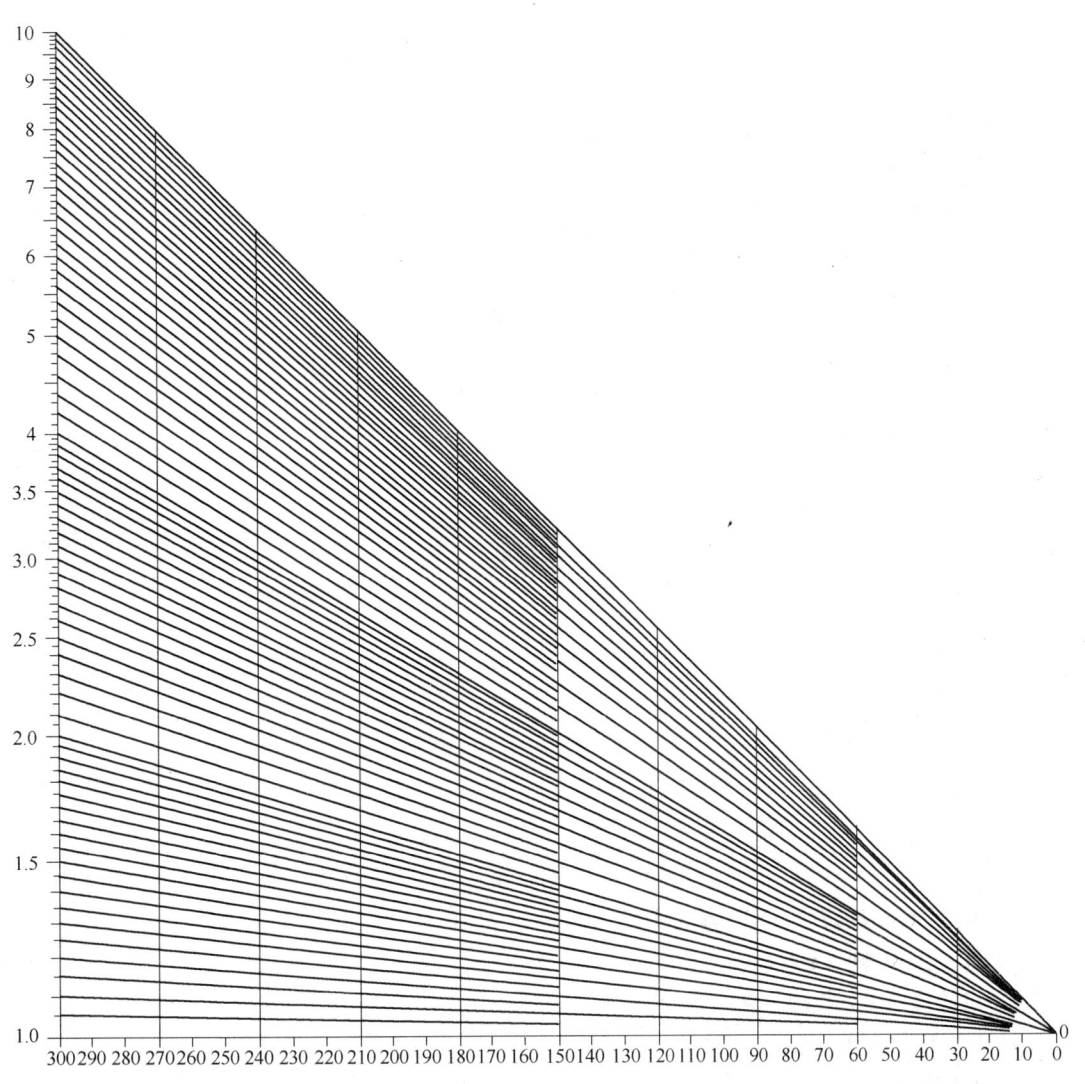

图 F－1－1

　　右上方三角形用于直线的放大或缩小，左下方三角形用于 lg 线段的放大或缩小。可将直线和 lg 线段放大或缩小，上面的尺度标明放大或缩小的倍数，如线段 1 在 0.5 处所量的线段即缩小一倍，在 2 的位置所量的线段比原来的长度放大了一倍。

# 常用数学公式和数据

**比例：**

(1) 若 $\dfrac{a}{b} = \dfrac{c}{d}$ (或写为 $a:b = c:d$)，且 $a$、$b$、$c$、$d$ 都不等于零，则：

$$ad = bc \qquad （交叉积） \qquad\qquad \frac{b}{a} = \frac{d}{c} \qquad （反比）$$

$$\frac{a}{c} = \frac{b}{d} \qquad （更比） \qquad\qquad \frac{a+b}{b} = \frac{c+d}{d} \qquad （合比）$$

$$\frac{a-b}{b} = \frac{c-d}{d} \qquad （分比） \qquad\qquad \frac{a+b}{a-b} = \frac{c+d}{c-d} \qquad （合分比）$$

(2) 若 $\dfrac{a_1}{b_1} = \dfrac{a_2}{b_2} = \cdots = \dfrac{a_n}{b_n}$，则：

$$\frac{a_1}{b_1} = \frac{a_1 + a_2 + \cdots + a_n}{b_1 + b_2 + \cdots + b_n}$$

$$= \frac{\lambda_1 a_1 + \lambda_2 a_2 + \cdots + \lambda_n a_n}{\lambda_1 b_1 + \lambda_2 b_2 + \cdots + \lambda_n b_n}$$

$$= \frac{\sqrt{a_1^2 + a_2^2 + \cdots + a_n^2}}{\sqrt{b_1^2 + b_2^2 + \cdots + b_n^2}}$$

**指数的基本运算法则：**

(1) $a^m \times a^n = a^{m+n}$

(2) $a^m \div a^n = a^{m-n}$

(3) $(a^m)^n = a^{mn}$

(4) $(ab)^m = a^m b^m$

(5) $\left(\dfrac{a}{b}\right)^m = \dfrac{a^m}{b^m}$

(6) $a^{\frac{m}{n}} = \sqrt[n]{a^m} = (\sqrt[n]{a})^m$

(7) $a^0 = 1$

(8) $a^{-m} = \dfrac{1}{a^m}$

**对数的基本运算公式**(下列各式中的 $a$ 均满足 $a > 0$ 且 $a \neq 1$)：

(1) 若 $a^x = M$，则 $\log_a M = x$

(2) 对数恒等式：$a^{\log_a M} = M$

(3) 1 的对数为 $0$：$\log_a 1 = 0$

(4) 底的对数为 $1$：$\log_a a = 1$

(5) $\log_a(MN) = \log_a M + \log_a N$

(6) $\log_a\left(\dfrac{M}{N}\right) = \log_a M - \log_a N$

(7) $\log_a(M^n) = n \log_a M$

（8）$\log_a(\sqrt[n]{M}) = \dfrac{1}{n}\log_a M$

（9）换底公式：$\log_a M = \dfrac{\log_b M}{\log_b a}$

（10）$\log_a b \times \log_b a = 1$

（11）$\lg M = 0.4343\ln M$ 或 $\ln M = 2.3026\lg M$

平面图形的面积和重心（表 F - 1 - 1）[1]

表 F - 1 - 1

| 名 称 | 图 形 | 面积 $F$ | 重心 $S$ |
|---|---|---|---|
| 三角形 | | $F = -\dfrac{1}{2}bh = \dfrac{1}{2}ab\sin\alpha$ <br> $F = \sqrt{l(l-a)(l-b)(l-c)}$ <br> 式中　$l = \dfrac{1}{2}(a+b+c)$ | $SD = \dfrac{1}{3}BD$ <br><br> $CD = AD$ |
| 直角三角形 | | $F = \dfrac{1}{2}ab = \dfrac{1}{4}c^2\sin 2\alpha$ | $DS = \dfrac{1}{3}DC$ <br><br> $AD = BD$ |
| 平行四边形 | | $F = ah$ <br> $= ab\sin\beta$ <br> $= \dfrac{AC \times BD}{2}\sin\alpha$ | 在对角线的交点上 |
| 四边形 | | $F = \dfrac{d_2}{2}(h_1 + h_2)$ <br> $= \dfrac{d_1 d_2}{2}\sin\alpha$ | |
| 梯形 | | $F = \dfrac{1}{2}(a+b)h$ | $Hs = \dfrac{h}{3}\cdot\dfrac{a+2b}{a+b}$ <br> $Gs = \dfrac{h}{3}\cdot\dfrac{2a+b}{a+b}$ <br> $DH = CH$ <br> $AG = BG$ |
| 菱形 | | $F = \dfrac{1}{2}d_1 d_2$ <br> $= a^2\sin\alpha$ | 在对角线的交点上 |
| 矩形 | | $F = ab$ <br> $= \dfrac{1}{2}d^2\sin\alpha$ | 在对角线的交点上 |
| 正多边形 | | $F = \dfrac{n}{2}R^2\sin 2\alpha = \dfrac{1}{2}Pr$ <br> 式中　$n$—边数 <br> $P$—周长 $= na$ <br> $\alpha = \pi/n$ | 在 $O$ 点上 |

| 名称 | 图　形 | 面积 $F$ | 重心 $S$ |
|---|---|---|---|
| 圆形 | | $F = \pi r^2 = \dfrac{1}{4}\pi d^2$ <br> $= 0.785d^2 = \dfrac{1}{4}Pd$ <br> 式中　$P$—圆周 $= \pi d$ | 在圆心上 |
| 半圆形 | | $F = \dfrac{1}{2}\pi r^2$ | $OS = \dfrac{4r}{3\pi} = 0.4244r$ |
| 圆环 | | $F = \dfrac{1}{4}\pi(D^2 - d^2)$ <br> $= \pi(R^2 - r^2)$ <br> 式中　$R,r$—分别为外、内半径 | 在圆心上 |
| 半圆环 | | $F = \pi r a$ | $OS = \dfrac{2}{\pi}r = 0.6367r$ |
| 扇形环 | | $F = \dfrac{\pi\alpha}{4\times 360}(D^2 - d^2)$ <br> $= \dfrac{\pi\alpha}{360}(R^2 - r^2)$ <br> $= \pi D_{均} \times 环宽 \times \dfrac{\alpha}{360}$ <br> 式中　$D,d$—外、内圆直径，$D_{均} = \dfrac{D+d}{2}$ | $OS = \dfrac{4}{3\alpha}\sin\dfrac{\alpha}{2}\cdot\dfrac{R^3 - r^3}{R^2 - r^2}$ <br> 注：式中　$\dfrac{4}{3\alpha}$ 的 $\alpha$ 用弧度； <br> $\sin\dfrac{\alpha}{2}$ 的 $\alpha$ 用角度。 |

### 多面体的体积、表面积和重心(表 F－1－2) [1]

| 名　称 | 图　形 | $V$—体积　$M$—侧面积　$O$—全面积 | 重心 $S$ |
|---|---|---|---|
| 立方体 | | $V = a^3$ <br> $M = 4a^2$ <br> $O = 6a^2$ | 在对角线的交点上 |
| 正六角柱 | | $V = Fh$ <br> $M = 6ah$ <br> $O = 2F + 6ah$ | $OS = \dfrac{1}{2}h$ |
| 平截方锥体 | | $V = \dfrac{h}{6}(2ab + ab_1 + a_1 b + 2a_1 b_1)$ <br> $M = （四个梯形面积）$ <br> $O = M + （两个底面积）$ | $OS = \dfrac{h(ab + ab_1 + a_1 b + 3a_1 b_1)}{2(2ab + ab_1 + a_1 b + 2a_1 b_1)}$ |

| 名 称 | 图 形 | $V$—体积<br>$M$—侧面积<br>$O$—全面积 | 重心 $S$ |
|---|---|---|---|
| 楔形体 | | $V = \dfrac{bh}{6}(2a + a_1)$<br>$M =$（两个梯形面积）+<br>（两个三角形面积）<br>$O = M +$（底面积） | $OS = \dfrac{h(a + a_1)}{2(2a + a_1)}$ |
| 棱锥 | | $V = \dfrac{1}{3}Fh$<br>$M = nf$<br>$O = nf + F$<br>式中 $n$—组合三角形数;<br>$f$—每个组合三角形的面积 | $OS = \dfrac{1}{4}h$ |
| 棱台 | | $V = \dfrac{h}{3}(F_1 + F_2 + \sqrt{F_1 F_2})$<br>$M = nf$<br>$O = nf + F_1 + F_2$<br>式中 $n$—组合梯形数;<br>$f$—每个组合梯形的面积 | $OS = \dfrac{h}{4} \cdot \dfrac{F_1 + 2\sqrt{F_1 F_2} + 3F_2}{F_1 + \sqrt{F_1 F_2} + F_2}$ |
| 圆环体 | | $V = 2\pi^2 Rr^2$<br>$= \dfrac{\pi^2 Dd^2}{4}$<br>$O = 4\pi^2 Rr$<br>$= \pi^2 Dd$ | 在环的中心 |
| 圆柱体 | | $V = \pi r^2 h = \dfrac{1}{4}\pi d^2 h$<br>$M = 2\pi rh = \pi dh$<br>$O = 2\pi r(h + r)$ | $OS = \dfrac{1}{2}h$ |
| 空心圆柱 | | $V = \pi(R^2 - r^2)h$<br>$M = 2\pi(R + r)h$<br>$O = 2\pi(R + r)h + 2\pi(R^2 - r^2)$ | $OS = \dfrac{1}{2}h$ |
| 斜截直圆柱 | | $V = \pi r^2 \dfrac{h_1 + h_2}{2}$<br>$M = \pi r(h_1 + h_2)$<br>$O = \pi r(h_1 + h_2) + \pi r^2 \left(1 + \dfrac{1}{\cos\alpha}\right)$<br>式中 $h_1, h_2$—最大、最小高度;<br>$\alpha$—斜面与底面的夹角 | $PS = \dfrac{1}{4}(h_1 + h_2) + \dfrac{1}{4} \cdot$<br>$\dfrac{r^2}{h_1 + h_2}\tan^2\alpha$<br>$SK = \dfrac{1}{2} \times \dfrac{r^2}{h_1 + h_2}\mathrm{tg}\,\alpha$ |

| 名 称 | 图 形 | $V$—体积<br>$M$—侧面积<br>$O$—全面积 | 重心 $S$ |
|---|---|---|---|
| 圆锥体 | | $V = \dfrac{1}{3}\pi r^2 h$<br><br>$M = \pi r \sqrt{r^2 + h^2} = \pi r l$<br><br>$O = \pi r l + \pi r^2$ | $OS = \dfrac{1}{4}h$ |
| 平截正圆锥体（圆台） | | $V = \dfrac{1}{3}\pi(R^2 + r^2 + Rr)h$<br>$M = \pi(R+r)\sqrt{(R-r)^2 + h^2}$<br>$O = \pi(R+r)\sqrt{(R-r)^2 + h^2} +$<br>$\pi(R^2 + r^2)$ | $OS = \dfrac{h}{4} \times \dfrac{R^2 + 2Rr + 3r^2}{R^2 + Rr + r^2}$ |
| 平截空心圆锥体 | | $V = \dfrac{\pi h}{12}\big[(D_2^2 + D_2 d_2 + d_2^2) - (D_1^2 +$<br>$D_1 d_1 + d_1^2)\big]$<br>$M = \dfrac{\pi}{2}\big[l_2(D_2 + d_2) + l_1(D_1 + d_1)\big]$<br>$O = \dfrac{\pi}{2}\big[l_2(D_2 + d_2) + l_1(D_1 + d_1)\big] +$<br>$\dfrac{\pi}{4}\big[(D_2^2 - D_1^2) + (d_2^2 - d_1^2)\big]$ | $OS = \dfrac{h}{4}\Bigg[\dfrac{D_2^2 - D_1^2 +}{D_2^2 - D_1^2 +}$<br>$\dfrac{2(D_2 d_2 - D_1 d_1)^2 + 3(d_2^2 - d_1^2)}{D_2 d_2 - D_1 d_1 + d_2^2 - d_1^2}\Bigg]$ |
| 正圆体的斜劈（马蹄形体） | | $V = \dfrac{h}{r-d}\Big(\dfrac{2}{3}r_1^3 - d \cdot b \; ab'\, 底面积\Big)$<br>$\Big(当\ d=0,即\ r=r_1\ 时,V = \dfrac{2}{3}r^2 h\Big)$<br>$M = \dfrac{h}{r-d}(2rr_1 - d \cdot \overset{\frown}{bab'})$<br>式中　$d = r - r_1$ | 当　$d=0$,即 $r = r_1$ 时。<br>$SP = \dfrac{3}{32}\pi h$<br><br>$SK = \dfrac{3}{16}\pi r$ |
| 球 | | $V = \dfrac{4}{3}\pi r^3 = \dfrac{1}{6}\pi d^3$<br><br>$O = 4\pi r^2 = \pi d^2$ | 在球心上 |
| 空心球 | | $V = \dfrac{4}{3}\pi(R^3 - r^3)$<br><br>$O = 4\pi(R^2 + r^2)$ | 在球心上 |
| 球扇形（球楔） | | $V = \dfrac{2}{3}\pi r^2 h$<br><br>$O = \pi r(a + 2h)$<br>式中　$r$—球半径 | $OS = \dfrac{3}{4}\Big(r - \dfrac{h}{2}\Big)$ |

续表 F－1－2

| 名　称 | 图　形 | $V$—体积<br>$M$—侧面积<br>$O$—全面积 | 重心 $S$ |
|---|---|---|---|
| 球<br>带 | | $V = \dfrac{1}{6}\pi h(3a^2 + 3b^2 + h^2)$<br>$M = 2\pi rh$<br>$O = 2\pi rh + \pi(a^2 + b^2)$<br>式中　$r$—球半径 | $O'S = \dfrac{3(a^4 - b^4)}{2h(3a^2 + 3b^2 + h^2)}$<br>$\pm \dfrac{a^2 - b^2 - h^2}{2h}$<br>式中　正号用于球心在球带之内；<br>　　　负号用于球心在球带之外 |
| 球<br>面<br>弓<br>形<br>体<br>（球<br>缺） | | $V = \pi h^2\left(r - \dfrac{h}{3}\right)$<br>$= \dfrac{1}{6}\pi h(3a^2 - h^2)$<br>$M = 2\pi rh$<br>$O = 2\pi rh + \pi a^2$<br>$= \pi h(4r - h)$<br>式中　$r$—球半径 | $OS = \dfrac{3}{4} \times \dfrac{(2r - h)^2}{3r - h}$<br>式中　$OS$ 的 $O$ 点为球心 |
| 椭<br>圆<br>球 | | $V = \dfrac{4}{3}\pi abc$<br>$V_1 = \dfrac{4}{3}\pi ab^2$（绕 $a$—$a$ 轴旋转时）<br>$V_2 = \dfrac{4}{3}\pi a^2 b$（绕 $b$—$b$ 轴旋转时）<br>式中　$a,b,c$—分别为椭圆体三个方向的半径 | 在轴的交点上 |
| 回<br>转<br>抛<br>物<br>体 | | $V = \dfrac{\pi r^2 h}{2}$ | |
| 桶<br>状<br>体 | | 对于母线是圆弧形、圆心是桶的中心：<br>$V = \dfrac{1}{12}\pi h(2D^2 + d^2)$<br>对于母线是抛物线形：<br>$V = \dfrac{1}{15}\pi h\left(2D^2 + Dd + \dfrac{3}{4}d^2\right)$ | 在轴线的中点 |

## 正多边形面积（表 F－1－3）

表 F－1－3

| 多边形 | $n$ | $S$ | $r$ | $R$ | 图　形 |
|---|---|---|---|---|---|
| 正三角形 | 3 | $0.43301a^2$ | $0.28867a$ | $0.57735a$ | |
| 正方形 | 4 | $1.00000a^2$ | $0.50000a$ | $0.70710a$ | |
| 正五边形 | 5 | $1.72048a^2$ | $0.68819a$ | $0.85065a$ | |
| 正六边形 | 6 | $2.59808a^2$ | $0.86602a$ | $1.00000a$ | |
| 正七边形 | 7 | $3.63391a^2$ | $1.0383a$ | $1.1523a$ | |
| 正八边形 | 8 | $4.82843a^2$ | $1.2071a$ | $1.3065a$ | |
| 正九边形 | 9 | $6.18182a^2$ | $1.3737a$ | $1.4619a$ | |
| 正十边形 | 10 | $7.69421a^2$ | $1.5388a$ | $1.6180a$ | |
| 正十一边形 | 11 | $9.36564a^2$ | $1.7028a$ | $1.7747a$ | |
| 正十二边形 | 12 | $11.19615a^2$ | $1.8660a$ | $1.9318a$ | |

注：设边长为 $a$，边数为 $n$，顶角为 $\theta$，内切圆半径为 $r$，外接圆半径为 $R$，面积为 $S$，则：

$$\theta = \left(\dfrac{n-2}{n}\right)180°$$

$$a = 2r \tan \frac{180°}{n} = 2R \sin \frac{180°}{n}$$

$$r = \frac{a}{2} \cot \frac{180°}{n}$$

$$R = \frac{a}{2} \csc \frac{180°}{n}$$

$$S = \frac{1}{4} na^2 \cot \frac{180°}{n} = nr^2 \tan \frac{180°}{n}$$

$$= \frac{1}{2} nR^2 \sin \frac{360°}{n}$$

## 正多面体体积和表面积(表 F-1-4)

表 F-1-4

| 多面体 | 正四面体 | 正八面体 | 正十二面体 | 正二十面体 |
|---|---|---|---|---|
| 图 形 | 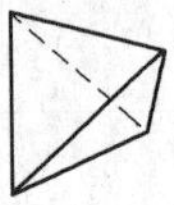 |  | 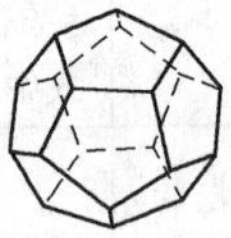 | 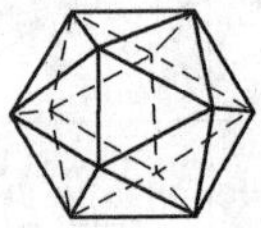 |
| 面数 $f$ | 4 | 8 | 12 | 20 |
| 棱数 $k$ | 6 | 12 | 30 | 30 |
| 顶点数 $e$ | 4 | 6 | 20 | 12 |
| 体积 $V$ | $0.1179a^3$ | $0.4714a^3$ | $7.6631a^3$ | $2.1817a^3$ |
| 表面积 $S$ | $1.7321a^2$ | $3.4641a^2$ | $20.6457a^2$ | $8.6603a^2$ |

注：表中 $a$ 为棱长。

## 型材断面积计算公式表(表 F-1-5)

表 F-1-5

| 项目 | 钢材类别 | 断面积计算公式 | 符 号 说 明 |
|---|---|---|---|
| 1 | 方 钢 | $F = a^2$ | $a$—边宽 |
| 2 | 圆角方钢 | $F = a^2 - 0.8584r^2$ | $a$—边宽；$r$—圆角半径 |
| 3 | 钢板、扁钢、带钢 | $F = a\delta$ | $a$—边宽；$\delta$—厚度 |
| 4 | 圆角扁钢 | $F = a\delta - 0.8584r^2$ | $a$—边宽；$\delta$—厚度；$r$—圆角半径 |
| 5 | 圆钢、圆盘条、钢丝 | $F = 0.7854d^2$ | $d$—外径 |
| 6 | 六角钢 | $F = 0.866a^2 = 2.598s^2$ | $a$—对边距离；$s$—边宽 |
| 7 | 八角钢 | $F = 0.8284a^2 = 4.8284s^2$ | |
| 8 | 钢 管 | $F = 3.1416\delta(D - \delta)$ | $D$—外径；$\delta$—壁厚 |
| 9 | 等边角钢 | $F = d(2b - d) + 0.2146(r^2 - 2r_1^2)$ | $d$—边厚；$b$—边宽；<br>$r$—内面圆角半径；<br>$r_1$—端边圆角半径 |
| 10 | 不等边角钢 | $F = d(B + b - d) + 0.2146(r^2 - 2r_1^2)$ | $d$—边厚；$B$—长边宽；<br>$b$—短边宽；<br>$r$—内面圆角半径；<br>$r_1$—端边圆角半径 |

续表 F-1-5

| 项目 | 钢材类别 | 断面积计算公式 | 符 号 说 明 |
|---|---|---|---|
| 11 | 工字钢 | $F = hd + 2t(b-d) + 0.646(r^2 - r_1^2)$ | $h$—高度；$b$—腿宽；<br>$d$—腰厚；$t$—平均腿厚； |
| 12 | 槽　钢 | $F = hd + 2t(b-d) + 0.339(r^2 - r_1^2)$ | $r$—内面圆角半径；<br>$r_1$—边端圆角半径 |

注：利用表 F-1-5 可计算各种型材的理论重量：

$$W = FL\rho/1000$$

式中，$W$ 为重量，kg；$F$ 为断面积，$mm^2$；$L$ 为长度，m；$\rho$ 为密度，$g/cm^3$，钢材密度一般按 7.85 $g/cm^3$ 计算。

由于型材在制造过程中的允许偏差值，因此用公式计算的理论重量与实际重量有一定出入，只能作为估算时的参考。

# 附录二　常用常数表（表 F-2-1）

表 F-2-1

| 常　　数 | SI 单位 |
|---|---|
| 阿伏加德罗常数 $L$ | $6.022 \times 10^{23} mol^{-1}$ |
| 玻耳兹曼常数 $k$ | $1.38 \times 10^{-23} J/K$ |
| 法拉第常数 $F$ | $9.6485 \times 10^4 C/mol$ |
| 摩尔气体常数 $R$ | $8.314 J/(mol \cdot mol)$ |
| 普朗克常数 $h$ | $6.626 \times 10^{-34} J \cdot s$ |
| 理想气体 1 mol 的体积 | $2.24 \times 10^{-2} m^3$<br>（0℃，101325 Pa） |

# 附录三　常用单位换算表

cgs-SI 换算（表 F-3-1）

表 F-3-1

| 量 | 厘米-克-秒单位制 c.g.s. | | | 国际单位制 SI | | | 转　换 |
|---|---|---|---|---|---|---|---|
| | 中文名称 | 英文名称 | 符　号 | 中文名称 | 英文名称 | 符　号 | |
| 能、功<br>热量 | 卡 | calorie | cal | 焦［耳］ | joule | J | 1 cal = 4.184 J |
| | 尔格 | erg | erg | | | | $1 erg = 10^{-7} J$ |
| 力 | 达因 | dyne | dyn | 牛［顿］ | newton | N | $1 dyn = 10^{-5} N$ |
| 压力<br>（压强） | 大气压 | atmosphere | atm | 帕［斯卡］ | pascal | Pa | $1 atm = 1.013 \times 10^5 Pa$ |
| | 巴 | bar | bar | | | | $1 bar = 10^5 Pa$ |
| | 托 | torr | Torr | | | | $1 Torr = 133.32 Pa$ |
| 表面<br>张力 | 达因<br>厘米 | dyne per<br>centimeter | dyn/cm | 牛［顿］<br>米 | Newton<br>per meter | N/m | $1 dyn/cm = 10^{-3} N/m$ |

| 量 | 厘米－克－秒单位制 c·g·s | | | 国际单位制 SI | | | 转　换 |
|---|---|---|---|---|---|---|---|
| | 中文名称 | 英文名称 | 符　号 | 中文名称 | 英文名称 | 符　号 | |
| 黏度 | 泊 | Poise | P | 帕[斯卡]·秒 | newton second per squared meter | Pa·s | 1 P = 1 dyn·s/cm$^2$<br>1 P = 0.1Pa·s |
| | 斯托克斯 | stokes | St | 平方米/秒 | squared meter per second | m$^2$/s | 1 St = 1 cm$^2$/s<br>1 St = 10$^{-4}$ m$^2$/s |

## 常见单位换算关系

1 N/m$^2$ = 1 Pa

1 N/mm$^2$ = 10$^6$ Pa = 1 MPa

1 atm = 101325 Pa ≈ 1.013 × 10$^5$ Pa

1 kgf/cm$^2$ = 9.8066 × 10$^4$ Pa ≈ 0.098 MPa

1 kgf/mm$^2$ = 9.806 MPa

1 mmHg = 133.322 Pa

1 mmH$_2$O = 9.80665 Pa(N/m$^2$)

1 kgf·m/cm$^2$ = 9.80665 J/cm$^2$

　　　　　　 = 7.845J($A_K$)

1 bar = 750.062(mmHg,Torr)

　　　 = 1 × 10$^5$ Pa = 0.1 MPa

1 kgf·m = 9.8N·m,1 kgf/m$^2$ = 9.8N·m$^2$

1000 psi(lb/in$^2$) = 6.9 MPa

1 kcal = 4.1868 kJ(4.1855 kJ)热工单位(热力学单位换算)

1 kcal/h = 1.1630 W

1 kcal/(m$^2$·h) = 1.1630 W/m$^2$

1 kcal/(m·h·℃) = 1.1630 W/(m·℃)

1 kcal/(m$^2$·min) = 69.78 W/m$^2$

1 kcal/(m$^2$·h) = 1.163 W/m$^2$

1 cal/(cm$^2$·s) = 4.1868 × 10$^4$ W/m$^2$

1 cal/(cm·s·℃) = 4.1868 W/(cm·K)

1 kcal/(m$^2$·min) = 69.78 W/m$^2$

1 P(lbf·s/cm$^2$) = 0.1 Pa·s = 0.1 N·s/m$^2$

1 cm$^2$/s = 10$^{-4}$ m$^2$/s

1 dyn/cm = 0.001 N/m = 1 mN/m

1 erg/cm$^2$ = 0.001 J/m$^2$ = 1 mJ/m$^2$

1 kW = 3.6 MJ

1 Ω·cm = 10000 Ω·mm$^2$/m

压力单位换算（表 F-3-2）[2]

表 F-3-2

| 单位 | 帕(Pa) | 托(Torr) | 微米汞柱(μmHg) | 微巴(μbar) | 毫巴(mbar) | 大气压(atm) | 工程大气压(at) | 英寸汞柱(inchHg) | 磅/英寸²(lb/in²) |
|---|---|---|---|---|---|---|---|---|---|
| 1 Pa(1 N/m²) | 1 | $7.50062\times10^{-3}$ | 7.50062 | 10 | $10^{-2}$ | $9.86923\times10^{-6}$ | $1.0197\times10^{-5}$ | $2.953\times10^{-4}$ | $1.450\times10^{-4}$ |
| 1 Torr(1 mmHg) | 133.322 | 1 | $10^{3}$ | 1333.22 | 1.33322 | $1.31579\times10^{-3}$ | $1.3595\times10^{-3}$ | $3.937\times10^{-2}$ | $1.934\times10^{-2}$ |
| 1 μmHg | 0.133322 | $10^{-3}$ | 1 | 1.33322 | $1.33322\times10^{-3}$ | $1.31579\times10^{-6}$ | $1.3595\times10^{-6}$ | $3.937\times10^{-5}$ | $1.934\times10^{-5}$ |
| 1 μbar(1 dyn/cm²) | $10^{-1}$ | $7.50062\times10^{-4}$ | $7.50062\times10^{-1}$ | 1 | $10^{-3}$ | $9.86923\times10^{-7}$ | $1.0197\times10^{-6}$ | $2.953\times10^{-5}$ | $1.450\times10^{-5}$ |
| 1 mbar | $10^{2}$ | $7.50062\times10^{-1}$ | $7.50062\times10^{2}$ | $10^{3}$ | 1 | $9.86923\times10^{-4}$ | $1.0197\times10^{-3}$ | $2.953\times10^{-2}$ | $1.450\times10^{-2}$ |
| 1 atm | 101325 | 760 | $760\times10^{3}$ | $1013.25\times10^{3}$ | 1013.25 | 1 | 1.0333 | 29.921 | 14.696 |
| 1 at(工程大气压)(1 kg/cm²) | 98066.3 | 735.56 | $735.56\times10^{3}$ | 980663 | $980663\times10^{-3}$ | 0.967839 | 1 | 28.959 | 14.223 |
| 1 inchHg | 3386 | 25.40 | $25.40\times10^{3}$ | $3.386\times10^{4}$ | 33.86 | $3.342\times10^{-2}$ | $3.453\times10^{-2}$ | 1 | $4.912\times10^{-1}$ |
| 1 lb/in²(1 psi) | 6895 | 25.715 | $51.715\times10^{3}$ | $6.895\times10^{4}$ | 68.95 | $6.805\times10^{-2}$ | $7.031\times10^{-2}$ | 2.086 | 1 |

真空下压力单位换算（表 F-3-3）

表 F-3-3

| 单位 | 毫米汞柱(mmHg) | 英寸汞柱(inchHg) | 大气压(atm) | 达因/厘米²(dyn/cm²) | 公斤/厘米²(kg/cm²) | 磅/英寸²(lb/in²) |
|---|---|---|---|---|---|---|
| 1 mmHg | 1 | $3.9370\times10^{-2}$ | $1.3158\times10^{-3}$ | $1.3332\times10^{3}$ | $1.3595\times10^{-3}$ | $1.934\times10^{-2}$ |
| 1 inchHg | 25.40 | 1 | $3.3421\times10^{-2}$ | $3.3864\times10^{4}$ | $3.4532\times10^{-2}$ | $4.9115\times10^{-1}$ |
| 1 atm | 760 | $2.9921\times10$ | 1 | $1.0133\times10^{6}$ | 1.0332 | 14.695 |
| 1 dyn/cm² | $7.5006\times10^{-4}$ | $2.9530\times10^{-5}$ | $9.8692\times10^{-7}$ | 1 | $1.097\times10^{-6}$ | $1.4503\times10^{-5}$ |
| 1 kg/cm² | 735.56 | $2.8959\times10$ | $9.8784\times10^{-1}$ | $9.8067\times10^{5}$ | 1 | $1.4223\times10$ |
| 1 lb/in² | $5.1715\times10$ | 2.0366 | $6.8046\times10^{-2}$ | $6.8948\times10^{4}$ | $7.0307\times10^{-2}$ | 1 |

抽气量单位换算（表 F-3-4）[3]

表 F-3-4

| 抽气量单位 | Pa·m³/s | Torr·L/s | kg/h(20℃空气) | kg/h(0℃空气) | atm·cm³/h |
|---|---|---|---|---|---|
| Pa·m³/s | 1 | 7.50062 | 0.04290 | 0.04598 | $3.5529\times10^{4}$ |
| Torr·L/s | $133.3224\times10^{-3}$ | 1 | $5.72\times10^{-3}$ | $6.13\times10^{-3}$ | 4738 |
| kg/h(20℃空气) | 23.3081 | 175 | 1 | 1.073 | $8.29\times10^{5}$ |
| kg/h(0℃空气) | 21.7492 | 163 | 0.933 | 1 | $7.75\times10^{5}$ |
| atm·cm³/h | $2.8146\times10^{-5}$ | $2.11\times10^{-4}$ | $1.206\times10^{-6}$ | $1.29\times10^{-6}$ | 1 |

## 对流给热系数单位换算(表 F－3－5)[4]

表 F－3－5

| 单 位 | 瓦/米$^2$·开 W/(m$^2$·K) | 千瓦/米$^2$·开 kW/(m$^2$·K) | 瓦/厘米$^2$·开 W/(cm$^2$·K) | 千卡/米$^2$·小时·开 kcal/(m$^2$·h·K) | 卡/厘米$^2$·秒·开 cal/(cm$^2$·s·K) | 英热单位/英尺$^2$·小时·℉ Btu/(ft$^2$·h·℉) |
|---|---|---|---|---|---|---|
| 1 W/(m$^2$·K) | 1 | $10^{-3}$ | $10^{-4}$ | $8.59845\times10^{-1}$ | $2.38846\times10^{-5}$ | $1.76110\times10^{-1}$ |
| 1 kW/(m$^2$·K) | $10^3$ | 1 | $10^{-1}$ | $8.59845\times10^{2}$ | $2.38846\times10^{-2}$ | $1.76110\times10^{2}$ |
| 1 W/(cm$^2$·K) | $10^4$ | $10^1$ | 1 | $8.59845\times10^{3}$ | $2.38846\times10^{-1}$ | $1.76110\times10^{3}$ |
| 1 kcal/(m$^2$·h·K) | 1.163 | $1.163\times10^{-3}$ | $1.163\times10^{-4}$ | 1 | $2.77778\times10^{-5}$ | 0.204816 |
| 1 cal/(cm$^2$·s·K) | $4.1868\times10^{4}$ | $4.1868\times10^{1}$ | 4.1863 | 36000 | 1 | 7373.38 |
| 1 Btu/(ft$^2$·h·℉) | 5.67826 | $5.67826\times10^{-5}$ | $5.67826\times10^{-4}$ | 4.88243 | $1.35623\times10^{-4}$ | 1 |

## 辐射常数单位换算(表 F－3－6)[4]

表 F－3－6

| 单 位 | 瓦/米$^2$·开$^4$ W/(m$^2$·K$^4$) | 千瓦/米$^2$·开$^4$ kW/(m$^2$·K$^4$) | 瓦/厘米$^2$·开$^4$ W/(cm$^2$·K$^4$) | 千卡/米$^2$·小时·开$^4$ kcal/(m$^2$·h·K$^4$) | 卡/厘米$^2$·秒·开$^4$ cal/(cm$^2$·s·K$^4$) | 英热单位/英尺$^2$·小时·℉$^4$ Btu/(ft$^2$·h·℉$^4$) |
|---|---|---|---|---|---|---|
| 1 W/(m$^2$·K$^4$) | 1 | $10^{-3}$ | $10^{-4}$ | $8.59845\times10^{-1}$ | $2.38846\times10^{-5}$ | $3.020\times10^{-2}$ |
| 1 kW/(m$^2$·K$^4$) | $10^3$ | 1 | $10^{-1}$ | $8.59845\times10^{2}$ | $2.38846\times10^{-2}$ | $3.020\times10^{1}$ |
| 1 W/(cm$^2$·K$^4$) | $10^4$ | $10^1$ | 1 | $8.59845\times10^{3}$ | $2.38846\times10^{-1}$ | $3.020\times10^{2}$ |
| 1 kcal/(m$^2$·h·K$^4$) | 1.163 | $1.163\times10^{-3}$ | $1.163\times10^{-4}$ | 1 | $2.77778\times10^{-5}$ | $3.512\times10^{-2}$ |
| 1 cal/(cm$^2$·s·K$^4$) | $4.1868\times10^{4}$ | $4.1868\times10^{1}$ | 4.1868 | 3600 | 1 | $1.264\times10^{3}$ |
| 1 Btu/(ft$^2$·h·F$^4$) | $3.3111\times10^{1}$ | $3.311\times10^{-2}$ | $3.311\times10^{-3}$ | 28.49 | $7.908\times10^{-4}$ | 1 |

## 动力黏度单位换算(表 F－3－7)[4]

表 F－3－7

| 单 位 | 帕·秒(牛·秒/米$^2$) Pa·s(N·s/m$^2$) | 毫帕·秒 mPa·s | 微帕·秒 μPa·s | 泊 P | 厘 泊 cP | 毫 泊 mP |
|---|---|---|---|---|---|---|
| 1 Pa·s | 1 | $10^3$ | $10^6$ | $10^1$ | $10^3$ | $10^4$ |
| 1 mPa·s | $10^{-3}$ | 1 | $10^3$ | $10^{-2}$ | 1 | $10^1$ |
| 1 μPa·s | $10^{-6}$ | $10^{-3}$ | 1 | $10^{-5}$ | $10^{-3}$ | $10^{-2}$ |
| 1 P | $10^{-1}$ | $10^2$ | $10^5$ | 1 | $10^2$ | $10^3$ |
| 1 cP | $10^{-3}$ | 1 | $10^3$ | $10^{-2}$ | 1 | $10^1$ |
| 1 mP | $10^{-4}$ | $10^{-1}$ | $10^2$ | $10^{-3}$ | $10^{-1}$ | 1 |
| 1 kg·s/m$^2$ | 9.80665 | $9.80665\times10^{3}$ | $9.80665\times10^{6}$ | $9.80665\times10^{1}$ | $9.80665\times10^{3}$ | $9.80665\times10^{4}$ |
| 1 kg·h/m$^2$ | 35303.94 | $35303.94\times10^{3}$ | $35303.94\times10^{6}$ | $35303.94\times10^{1}$ | $35303.94\times10^{3}$ | $35303.94\times10^{4}$ |
| 1 lb·s/ft$^2$ | 47.8803 | $47.8803\times10^{3}$ | $47.8803\times10^{6}$ | $47.8803\times10^{1}$ | $47.8803\times10^{3}$ | $47.8803\times10^{4}$ |
| 1 lb·h/ft$^2$ | $1.72369\times10^{5}$ | $1.72369\times10^{8}$ | $1.72369\times10^{11}$ | $1.72369\times10^{8}$ | $1.72369\times10^{8}$ | $1.72369\times10^{9}$ |

续表 F-3-7

| 单位 | 公斤·秒/米² $kg·s/m^2$ | 公斤·小时/米² $kg·h/m^2$ | 磅·秒/英尺² $lb·s/ft^2$ | 磅·小时/英尺² $lb·h/ft^2$ |
|---|---|---|---|---|
| 1 Pa·s | $1.01972 \times 10^{-1}$ | $2.83254 \times 10^{-5}$ | $2.08854 \times 10^{-2}$ | $5.80151 \times 10^{-6}$ |
| 1 mPa·s | $1.01972 \times 10^{-4}$ | $2.83254 \times 10^{-8}$ | $2.08854 \times 10^{-5}$ | $5.80151 \times 10^{-9}$ |
| 1 μPa·s | $1.01972 \times 10^{-7}$ | $2.83254 \times 10^{-11}$ | $2.08854 \times 10^{-8}$ | $5.80151 \times 10^{-12}$ |
| 1 P | $1.01972 \times 10^{-2}$ | $2.83254 \times 10^{-6}$ | $2.08854 \times 10^{-3}$ | $5.80151 \times 10^{-7}$ |
| 1 cP | $1.01972 \times 10^{-4}$ | $2.83254 \times 10^{-8}$ | $2.08854 \times 10^{-5}$ | $5.80151 \times 10^{-9}$ |
| 1 mP | $1.01972 \times 10^{-5}$ | $2.83254 \times 10^{-9}$ | $2.08854 \times 10^{-6}$ | $5.80151 \times 10^{-10}$ |
| 1 kg·s/m² | 1 | $2.77778 \times 10^{-4}$ | 0.204816 | $5.68934 \times 10^{-5}$ |
| 1 kg·h/m² | 3600 | 1 | 737.338 | 0.204816 |
| 1 lb·s/ft² | 4.88243 | $1.35623 \times 10^{-3}$ | 1 | $2.77778 \times 10^{-4}$ |
| 1 lb·h/ft² | 17576.7 | 4.88243 | 3600 | 1 |

运动黏度系数（扩散系数）单位换算（表 F-3-8）[4]

表 F-3-8

| 单位 | 米²/秒 $m^2/s$ | 沱(厘米²/秒) $St(cm^2/s)$ | 厘沱(毫米²/秒) $cSt(mm^2/s)$ | 毫沱 $mSt$ | 米²/小时 $m^2/h$ | 英寸²/秒 $in^2/s$ | 英尺²/秒 $ft^2/s$ | 英寸²/小时 $in^2/h$ | 英尺²/小时 $ft^2/h$ |
|---|---|---|---|---|---|---|---|---|---|
| 1 m²/s | 1 | $10^4$ | $10^6$ | $10^7$ | 3600 | $1.55000 \times 10^3$ | 10.7639 | $5.58001 \times 10^6$ | $3.87501 \times 10^4$ |
| 1 St(cm²/s) | $10^{-4}$ | 1 | $10^2$ | $10^3$ | $3600 \times 10^{-4}$ | $1.55000 \times 10^{-1}$ | $10.7639 \times 10^{-4}$ | $5.58001 \times 10^2$ | 3.87501 |
| 1 cSt(mm²/s) | $10^{-6}$ | $10^{-2}$ | 1 | $10^1$ | $3600 \times 10^{-6}$ | $1.55000 \times 10^{-3}$ | $10.7639 \times 10^{-6}$ | 5.58001 | $3.87501 \times 10^{-2}$ |
| 1 mSt | $10^{-7}$ | $10^{-3}$ | $10^{-1}$ | 1 | $3600 \times 10^{-7}$ | $1.55000 \times 10^{-4}$ | $10.7639 \times 10^{-7}$ | $5.58001 \times 10^{-1}$ | $3.87501 \times 10^{-3}$ |
| 1 m²/h | $2.77778 \times 10^{-4}$ | 2.77778 | $2.77778 \times 10^2$ | $2.77778 \times 10^3$ | 1 | 0.430556 | $2.98998 \times 10^{-3}$ | 1550.00 | 10.7639 |
| 1 in²/s | $6.4516 \times 10^{-4}$ | 6.4516 | $6.4516 \times 10^2$ | $6.4516 \times 10^3$ | 2.32258 | 1 | $6.94444 \times 10^{-3}$ | 3600 | 25 |
| 1 ft²/s | $9.29030 \times 10^{-2}$ | $9.29030 \times 10^2$ | $9.29030 \times 10^4$ | $9.29030 \times 10^5$ | 334.451 | 144 | 1 | 518400 | 3600 |
| 1 in²/h | $1.79211 \times 10^{-7}$ | $1.79211 \times 10^{-3}$ | $1.79211 \times 10^{-1}$ | 1.79211 | $6.4516 \times 10^{-4}$ | $2.77778 \times 10^{-4}$ | $1.92901 \times 10^{-6}$ | 1 | $6.94444 \times 10^{-3}$ |
| 1 ft²/h | $2.58064 \times 10^{-5}$ | $2.58064 \times 10^{-1}$ | $2.58064 \times 10^1$ | $2.58064 \times 10^2$ | 0.0929030 | 0.04 | $2.77778 \times 10^{-4}$ | 144 | 1 |

## 黏滞系数(内摩擦系数)换算(表 F - 3 - 9)

表 F - 3 - 9

| 单 位 | 克/厘米·秒<br>g/(cm·s) | 公斤/米·秒<br>kg/(m·s) | 公斤/米·时<br>kg/(m·h) | 磅/英尺·秒<br>lb/(ft·s) |
|---|---|---|---|---|
| 1 g/(cm·s) | 1 | 0.1 | 360 | $6.719688 \times 10^{-2}$ |
| 1 kg/(m·s) | 10 | 1 | 3600 | 0.671969 |
| 1 kg/(m·h) | $2.777778 \times 10^{-3}$ | $2.777778 \times 10^{-4}$ | 1 | $1.866580 \times 10^{-4}$ |
| 1 lb/(ft·s) | 14.881627 | 1.488163 | $5.357386 \times 10^{3}$ | 1 |

注: 1. 动力黏度又称绝对黏度(用 $\mu$ 表示),运动黏度为相对黏度(用 $\nu$ 表示),$\nu = \dfrac{\mu}{\rho}$;$\rho$ 为密度。

2. 绝对黏度还可以用内摩擦系数($\eta$)表示,$\eta = \mu g$,$g = 9.80665 \mathrm{m/s^2}$。

3. $1P = 1 \mathrm{dyn \cdot s/cm^2} = 0.1 \ \mathrm{N \cdot s/m^2}$。

## 各种黏度单位及换算(表 F - 3 - 10)

表 F - 3 - 10

| 黏度单位 | 又 名 | 符号 | 单位 | 采用国家和地区 | 与运动黏度(厘泡)的换算公式 |
|---|---|---|---|---|---|
| 动力黏度 | 绝对黏度 | $\mu$ | 厘泊 | 前苏联 | $\nu = \dfrac{\mu}{\rho}$ |
| 运动黏度 | 绝对黏度 | $\nu$ | 厘泡<br>cct(苏)<br>cSt(英) | 中、美、英、前苏联、日 | |
| 条件黏度(恩氏度) | 相对黏度 | °E<br>°By(苏) | 度 | 中、欧洲 | $\nu = 7.31 °E - \dfrac{6.31}{°E}$ (乌别洛德近似公式) |
| 恩氏秒 | | ″E | 秒 | 前苏联、德、斯堪的那维亚 | $\nu = 1.455 \ ″E - \dfrac{322}{″E}$ |
| 国际赛氏秒 | 通用赛波尔特秒 | SSU<br>(SUS) | 秒 | 美 | $\nu = 0.22 \ SSU - \dfrac{180}{SSU}$ |
| 赛氏 - 弗氏秒 | 赛波尔特 - 弗劳尔秒<br>(赛氏燃油路油秒) | SSF<br>(SF) | 秒 | 美 | $\nu = 2.2 \ SSF - \dfrac{203}{SSF}$ |
| 商用雷氏秒 | 雷氏 1 号秒 | ″R(RSS)<br>Re. 1# | 秒 | 英 | $\nu = 0.26 \ ″R - \dfrac{172}{″R}$ |
| 海军用雷氏秒 | 雷氏 - 阿氏秒 | ″RA | 秒 | 美 | $\nu = 2.39 \ ″RA - \dfrac{4013}{″RA}$ |
| 巴氏度 | 巴洛别度 | °B | 度 | 法 | $\nu = \dfrac{4850}{°B}$ |

波美度 – 密度换算（表 F – 3 – 11）

| 波美度 Be′ | 密度 $\rho_{20℃}$ /g·cm$^{-3}$ | 波美度 Be′ | 密度 $\rho_{20℃}$ /g·cm$^{-3}$ | 波美度 Be′ | 密度 $\rho_{20℃}$ /g·cm$^{-3}$ | 波美度 Be′ | 密度 $\rho_{20℃}$ /g·cm$^{-3}$ |
|---|---|---|---|---|---|---|---|
| 0 | 0.99896 | 19 | 1.15044 | 38 | 1.35607 | 57 | 1.65120 |
| 1 | 1.00593 | 20 | 1.15969 | 39 | 1.36895 | 58 | 1.67034 |
| 2 | 1.01300 | 21 | 1.16910 | 40 | 1.38207 | 59 | 1.68998 |
| 3 | 1.02017 | 22 | 1.17866 | 41 | 1.39545 | 60 | 1.70996 |
| 4 | 1.02744 | 23 | 1.18838 | 42 | 1.40909 | 61 | 1.73049 |
| 5 | 1.03482 | 24 | 1.19825 | 43 | 1.42300 | 62 | 1.75152 |
| 6 | 1.04230 | 25 | 1.20830 | 44 | 1.43719 | 63 | 1.77306 |
| 7 | 1.04989 | 26 | 1.21851 | 45 | 1.45166 | 64 | 1.79514 |
| 8 | 1.05759 | 27 | 1.22890 | 46 | 1.46643 | 65 | 1.81778 |
| 9 | 1.06541 | 28 | 1.23947 | 47 | 1.48150 | 66 | 1.84100 |
| 10 | 1.07334 | 29 | 1.25022 | 48 | 1.49688 | 67 | 1.86481 |
| 11 | 1.08140 | 30 | 1.26115 | 49 | 1.51259 | 68 | 1.88925 |
| 12 | 1.08957 | 31 | 1.27229 | 50 | 1.52863 | 69 | 1.91434 |
| 13 | 1.09787 | 32 | 1.28362 | 51 | 1.54502 | 70 | 1.94011 |
| 14 | 1.10629 | 33 | 1.29515 | 52 | 1.56176 | 71 | 1.96658 |
| 15 | 1.11485 | 34 | 1.30689 | 53 | 1.57886 | 72 | 1.99378 |
| 16 | 1.12354 | 35 | 1.31885 | 54 | 1.59635 | 73 | 2.02174 |
| 17 | 1.13236 | 36 | 1.33102 | 55 | 1.61422 | 74 | 2.05050 |
| 18 | 1.14133 | 37 | 1.34343 | 56 | 1.63250 | | |

注：本表参照 JJG42《工作玻璃浮计检定规程》编制（原文中波美度用 X 表示），在 20℃ 时，密度与波美度用下式换算：

$$\rho_{20℃}(\text{g/cm}^3) = \frac{144.15}{1.44 - \text{Be}′}。$$

凝固系数单位换算（表 F – 3 – 12）

| cm/min$^{1/2}$ | mm/min$^{1/2}$ | cm/s$^{1/2}$ | mm/s$^{1/2}$ | m/h$^{1/2}$ |
|---|---|---|---|---|
| 1 | 10 | 0.1291 | 1.291 | 0.07746 |
| 7.746 | 77.46 | 1 | 10.0 | |

表面张力单位换算

$$1\ \text{erg/cm}^2 = 0.001\ \text{J/m}^2$$

$$1\ \text{dyn/cm} = 0.001\ \text{N/m} = 1\ \text{mN/m}$$

腐蚀速度单位换算（表 F – 3 – 13）[5]

| 被换算的单位 | 换算成下列单位时的换算系数 | | |
|---|---|---|---|
| | 克/米$^2$·小时 g/(m$^2$·h) | 克/米$^2$·天 g/(m$^2$·d) | 毫米/年 mm/a |
| g/(m$^2$·h) | 1 | 24 | 8.76 $\rho_s^{-1}$ |
| mg/(dm$^2$·d) | 0.004 | 0.1 | 0.0365 $\rho_s^{-1}$ |
| mg/(cm$^2$·d) | 0.417 | 10 | 3.65 $\rho_s^{-1}$ |
| mm/a | 0.114 $\rho_s$ | 2.74 $\rho_s$ | 1 |

| 被换算的单位 | 换算成下列单位时的换算系数 | | |
|---|---|---|---|
| | 克/米$^2$·小时<br>g/(m$^2$·h) | 克/米$^2$·天<br>g/(m$^2$·d) | 毫米/年<br>mm/a |
| mm/mon | 1.37 $\rho_s$ | 32.9 $\rho_s$ | 12 |
| in/a | 2.94 $\rho_s$ | 70.5 $\rho_s$ | 25.4 |
| mil/a | 0.003 $\rho_s$ | 0.0705 $\rho_s$ | 0.0254 |
| mil/mon | 0.035 $\rho_s$ | 0.84 $\rho_s$ | 0.305 |
| oz/(ft$^2$·a) | 0.035 | 0.84 | 0.31 $\rho_s^{-1}$ |

注:$\rho_s$ 为金属的密度。

与淬透性有关的单位换算(表 F - 3 - 14)

| 项　号 | 符　号 | in→mm | mm→in |
|---|---|---|---|
| 直　径 | $D, D_C, D_1, D_{IC}$ | in × 25 = mm | mm ÷ 25 = in |
| 至水冷端距离 | $J$ | 1/16in 单位 ÷ 0.63 = mm 单位 | mm 单位 × 0.63 = 1/16in 单位 |
| 冷却强度 | $H$ | in$^{-1}$ ÷ 2.5 = cm$^{-1}$ | cm$^{-1}$ × 2.5 = in$^{-1}$ |

# 附录四　有关化学反应的换算

气体数量换算(表 F - 4 - 1)[6]

| 单　位 | 厘米$^3$(0℃,760 毫米汞柱)<br>cm$^3$(0℃,760mmHg) | 托·升(℃)<br>Torr·L(℃) | 克<br>g | 毫克<br>mg | 分子数 |
|---|---|---|---|---|---|
| cm$^3$(0℃,760mmHg) | 1 | 0.760 | $4.46 \times 10^{-5}M$ | $4.46 \times 10^{-2}M$ | $2.69 \times 10^{19}$ |
| Torr·L(0℃) | 1.316 | 1 | $5.87 \times 10^{-5}M$ | $5.87 \times 10^{-2}M$ | $3.54 \times 10^{19}$ |
| g | $\dfrac{2.24 \times 10^4}{M}$ | $\dfrac{1.70 \times 10^4}{M}$ | 1 | 1000 | $\dfrac{6.023 \times 10^{23}}{M}$ |
| mg | $\dfrac{22.4}{M}$ | $\dfrac{17}{M}$ | $10^{-3}$ | 1 | $\dfrac{6.023 \times 10^{20}}{M}$ |
| mol | $2.24 \times 10^4$ | $1.70 \times 10^4$ | $M$ | $1000M$ | $6.023 \times 10^{23}$ |

注:$M$ 为气体的分子量。

气体常数(普适常数)换算[5]

$$R(气体常数) = 1.9872 \ \text{cal/(mol·K)} = 62.362 \ \text{mmHg·L/(mol·K)}$$

$$= 8.31467 \ \text{J/(mol·K)} = 0.08474 \ \text{kg/(cm}^2\text{·L·mol·K)}$$

$$= 82.0594 \ \text{cm}^3\text{·atm/(mol·K)} = 0.082054 \ \text{L·atm/(mol·K)}$$

气体碰撞表面的次数（表 F-4-2）[6]

表 F-4-2

| 气体 | $H_2$ | $N_2$ | $O_2$ | He | Ne | Ar | Kr | Xe | $H_2O$ | $CH_4$ | CO | $CO_2$ |
|---|---|---|---|---|---|---|---|---|---|---|---|---|
| 密度/mg·cm⁻³<br>(0℃,0.1MPa) | 0.08989 | 1.25046 | 1.4289 | 0.17847 | 0.9006 | 1.7837 | 3.744 | 5.896 | 0.6059<br>(100℃) | 0.7168 | 1.2502 | 1.9767 |
| 沸点/℃ | -252.76 | -195.81 | -183 | -268.94 | -246.08 | -185.87 | -153.2 | -108.1 | +100 | -161.5 | -190 | -78.48 |
| 分子半径(0℃)/nm | 0.275 | 0.378 | 0.362<br>(7℃) | 0.219 | 0.259<br>(20℃) | 0.366 | 0.418 | 0.493 | 0.459<br>(20℃) | 0.418 | 0.377 | 0.467<br>(7℃) |
| 分子碰撞表面的数量(20℃,0.1MPa)：<br>分子个数/(cm²·s) | $1.44 \times 10^{21}$ | $3.86 \times 10^{20}$ | $3.61 \times 10^{20}$ | $1.02 \times 10^{21}$ | $4.55 \times 10^{20}$ | $3.24 \times 10^{20}$ | $2.23 \times 10^{20}$ | $1.78 \times 10^{20}$ | $4.82 \times 10^{20}$ | $5.1 \times 10^{20}$ | $3.86 \times 10^{20}$ | $3.08 \times 10^{20}$ |
| mg/(cm²·s) | 4.84 | 18.03 | 19.27 | 6.82 | 15.30 | 21.53 | 31.19 | 39.04 | 14.46 | 13.65 | 18.03 | 22.6 |

反应速度常数换算(表 F－4－3)[6]

| 速度常数 $k$ | $mg/(cm^2 \cdot s)$ | $mg/(cm^2 \cdot min)$ | $mg/(cm^2 \cdot h)$ | $mol/(cm^2 \cdot s)$ | $mol/(cm^2 \cdot h)$ |
|---|---|---|---|---|---|
| $mg/(cm^2 \cdot s)$ | 1 | 60 | 3600 | $\dfrac{6.023 \times 10^{23}}{M}$ | $\dfrac{2.168 \times 10^{27}}{M}$ |
| $mg/(cm^2 \cdot min)$ | $1.67 \times 10^{-2}$ | 1 | 60 | $\dfrac{1.004 \times 10^{22}}{M}$ | $\dfrac{3.614 \times 10^{25}}{M}$ |
| $mg/(cm^2 \cdot h)$ | $2.78 \times 10^{-4}$ | $1.67 \times 10^{-2}$ | 1 | $\dfrac{1.673 \times 10^{20}}{M}$ | $\dfrac{6.023 \times 10^{23}}{M}$ |
| $g/(cm^2 \cdot h)$ | 0.278 | 16.7 | 1000 | $\dfrac{1.673 \times 10^{23}}{M}$ | $\dfrac{6.023 \times 10^{26}}{M}$ |

注:$M$ 表示原子量和分子量。

吸收速度常数和吸收数量的关系(表 F－4－4)[6]

| 速度常数 $k$ | 吸收气体量 $\Delta g/mg \cdot cm^{-2}$ | | |
|---|---|---|---|
| | 1 s | 1 min | 1h |
| $x/mg^2 \cdot (cm^4 \cdot s)^{-1}$ | $\sqrt{x}$ | $7.75\sqrt{x}$ | $60\sqrt{x}$ |
| $y/mg^2 \cdot (cm^4 \cdot min)^{-1}$ | $0.129\sqrt{y}$ | $\sqrt{y}$ | $7.75\sqrt{y}$ |
| $z/mg^2 \cdot (cm^4 \cdot h)^{-1}$ | $1.67 \times 10^{-2}\sqrt{z}$ | $0.129\sqrt{z}$ | $\sqrt{z}$ |

钢中气体溶解度的换算(表 F－4－5)

| 气体种类 | 标准状态下的溶解度 $/cm^3 \cdot 100g^{-1}(Fe)$ | 气体质量分数/% | 体 积 比 | | $\dfrac{气体(mg)}{钢(100\ g)}$ |
|---|---|---|---|---|---|
| | | | $V_{气}/V_{Fe}$ | $V_{Fe}/V_{气}$ | |
| $H_2$ | 1 | 0.0000894 | 0.078 | 12.83 | 0.0894 |
| $N_2$ | 1 | 0.00125 | 0.078 | 12.83 | 1.25 |
| $O_2$ | 1 | 0.00143 | 0.078 | 12.83 | 1.43 |
| $S_2$ | 1 | 0.00286 | 0.078 | 12.83 | 2.86 |

注:1 ppm = 百万分之一,1 mL[H]/100 g = 0.894 ppm,1 mL[N]/100 g = 12.5 ppm;

　　1 mL[O]/100 g = 14.3 ppm。

## 溶液浓度单位换算(表 F－4－6)[6]

表 F－4－6

| 浓度表示式 | 浓度表示符号 | 换成的浓度单位 | | | |
|---|---|---|---|---|---|
| | | $x$ | $x_\%$ | $w_\%$ | ppm(质量) |
| 摩尔分数 $$x_i = \frac{n_i}{\sum\limits_j n_j} = \frac{m_i/M_i}{\sum\limits_j m_j/M_j} = \frac{w_{i\%}/M_i}{\sum\limits_j w_{j\%}/M_j}$$ | $x$ | $x_i$ | $100x_i$ | $\dfrac{100x_i}{\sum\limits_j x_j\left(\dfrac{M_j}{M_i}\right)}$ | $\dfrac{10^6 x_i}{\sum\limits_j x_j\left(\dfrac{M_j}{M_i}\right)}$ |
| 摩尔百分数% $$x_{i\%} = \frac{100n_i}{\sum\limits_j n_i} = \frac{100w_{i\%}/M_i}{\sum\limits_j w_{j\%}/M_j}$$ | $x_\%$ | $10^{-2}w_{i\%}$ | $x_{i\%}$ | $\dfrac{100x_{i\%}}{\sum\limits_j x_{j\%}\left(\dfrac{M_j}{M_i}\right)}$ | $\dfrac{10^6 x_{i\%}}{\sum\limits_j x_{j\%}\left(\dfrac{M_j}{M_i}\right)}$ |
| ppm(摩尔) $$x_{i\,ppm} = \frac{10^6 n_i}{\sum\limits_j n_j} = \frac{10^6 w_{i\%}/M_i}{\sum\limits_j w_{j\%}/M_j}$$ | $x_{ppm}$ | $10^{-6}x_{i\,ppm}$ | $10^{-4}x_{i\,ppm}$ | $\dfrac{100x_{i\,ppm}}{\sum\limits_j x_{j\,ppm}\left(\dfrac{M_j}{M_i}\right)}$ | $\dfrac{10^6 x_{i\,ppm}}{\sum\limits_j x_{i\,ppm}\left(\dfrac{M_j}{M_i}\right)}$ |
| 质量百分数% $$w_{i\%} = \frac{100m_i}{\sum\limits_j m_j} = \frac{100n_i M_i}{\sum\limits_j n_j M_j} = \frac{100x_{i\%} M_i}{\sum\limits_j n_{j\%} M_j}$$ | $w_\%$ | $\dfrac{w_{i\%}}{\sum\limits_j w_{j\%}\left(\dfrac{M_i}{M_j}\right)}$ | $\dfrac{100w_{i\%}}{\sum\limits_j w_{j\%}\left(\dfrac{M_i}{M_j}\right)}$ | $w_{i\%}$ | $10^4 w_{i\%}$ |
| ppm(质量) $$w_{i\,ppm} = \frac{10^6 m_i}{\sum\limits_j m_j} = \frac{10^6 x_{i\%} M_i}{\sum\limits_j x_{j\%} M_j}$$ | $w_{ppm}$ | $\dfrac{w_{i\,ppm}}{\sum\limits_j w_{j\,ppm}\left(\dfrac{M_i}{M_j}\right)}$ | $\dfrac{100w_{i\,ppm}}{\sum\limits_j w_{j\,ppm}\left(\dfrac{M_i}{M_j}\right)}$ | $10^{-4}w_{i\,ppm}$ | $w_{i\,ppm}$ |

注: $n$ 为摩尔数; $m_i$ 为物质质量; $M$ 为摩尔质量; $x_{i\%}$ 为 $i$ 的摩尔百分浓度, $w_{i\%}$ 为 $i$ 的质量百分浓度; $w_{ppm}$ 为以质量为标准的单位, $\times 10^6$; $x_{ppm}$ 为以原子(摩尔)为标准的单位 $\times 10^6$; $\sum\limits_j w_j$, $\sum\limits_j x_j$ 为组元百分数的总和。

气体和金属反应的自由能和平衡浓度的单位换算（表 F-4-7）

表 F-4-7

| 反　应 | $\dfrac{1}{2}\Gamma_2 = [\Gamma]$ | $\dfrac{1}{x}Me\Gamma_x = [\Gamma] + \dfrac{1}{x}Me$ | $\dfrac{1}{x}Me\Gamma_x = \dfrac{1}{2}\Gamma_2 + \dfrac{1}{x}[Me]$ |
|---|---|---|---|
| $\Delta G^{\ominus}$ $\left(\begin{array}{l}x—摩尔\\ p_{\Gamma_2}—大气压\end{array}\right)$ | $A+BT$ | $A+BT$ | $A+BT$ |
| $\lg x_\Gamma$ $\left(\begin{array}{l}x_\Gamma—摩尔分数\\ p_{\Gamma_2}—大气压\end{array}\right)$ | $-\dfrac{B}{4.575} - \dfrac{A}{4.575T} + \dfrac{1}{2}\lg p_{\Gamma_2}$ | $\lg x_{\Gamma max} = -\dfrac{B}{4.575} - \dfrac{A}{4.575T}$ | $\lg p_{\Gamma_2} = -0.437B - \dfrac{0.437A}{T}$ |
| $\lg C_\Gamma$ $\left(\begin{array}{l}C_\Gamma—摩尔百分数\\ p_{\Gamma_2}—毫米汞柱\end{array}\right)$ | $0.56 - \dfrac{B}{4.575} - \dfrac{A}{4.575T} + \dfrac{1}{2}\lg p_{\Gamma_2}$<br>或 $C + D/T + \dfrac{1}{2}\lg p_{\Gamma_2}$ | $\lg C_{\Gamma max} = -2 - \dfrac{B}{4.575} - \dfrac{A}{4.575T}$<br>或 $C + \dfrac{D}{T}\left\{\begin{array}{l}C = -2 - B/4.575\\ D = -A/4.575\end{array}\right.$ | $\lg p_{\Gamma_2} = 2.88 - 0.437B - 0.437A\dfrac{1}{T}$<br>或 $C + \dfrac{D}{T}\left\{\begin{array}{l}C = 2.88 - 0.437B\\ D = -0.437A\end{array}\right.$ |
| $\Delta G^{\ominus}$ $\left(\begin{array}{l}C_\Gamma—摩尔百分数\\ p_{\Gamma_2}—毫米汞柱\end{array}\right)$ | $-4.575D - 4.575(C - 0.56)T$ | $-4.575D - 4.575(C - 2)T$ | $-2.287D - 2.287(C - 2.88)T$ |

气体含量的单位换算关系（表 F-3-8）

表 F-3-8

| 含量 | $C/cm^3 \cdot 100g^{-1}$ | $x/\%$ | $w/\%$ |
|---|---|---|---|
| $C/cm^3 \cdot 100g^{-1}$ | 1 | $\dfrac{1.12\times10^6}{M_M}\dfrac{x}{100 - x}$ | $\dfrac{2.24\times10^6}{M_\Gamma}\dfrac{w}{100 - w}$ |
| $x/\%$ | $\dfrac{100}{1 + \dfrac{1.12\times10^6}{C M_M}}$ | 1 | |
| $w/\%$ | $\dfrac{100}{1 + \dfrac{2.24\times10^6}{C M_\Gamma}}$ | | 1 |

注：$M_M$ 为金属的原子量；$M_\Gamma$ 为气体的分子量（指 $N_2$、$H_2$、$O_2$ 双原子气体）。

## 平衡常数 $K_p$ 和反应自由能 $\Delta G^\ominus$ 的单位换算关系（表 F-4-8）

表 F-4-8

| 原始值 | 求得值 | | | |
|---|---|---|---|---|
| | $\Delta G^\ominus$, lg$K_p$（atm，摩尔分数） | $\Delta G^{\ominus\prime}$, lg$K_p'$（mmHg，摩尔分数） | $\Delta G^{\ominus\prime\prime}$, lg$K_p''$（atm，摩尔百分数） | $\Delta G^{\ominus\prime\prime\prime}$, lg$K_p'''$（mmHg，摩尔百分数） |
| $\Delta G^\ominus$（atm，摩尔分数）<br>lg$K_p$（atm，摩尔分数） | $\Delta G^\ominus$<br>lg$K_p$ | $\Delta G^\ominus + 13.2T\Delta n^r$<br>lg$K_p' - 2.88\Delta n^r$ | $\Delta G^\ominus + 9.15T\Delta n^k$<br>lg$K_p - 2\Delta n^k$ | $\Delta G^{\ominus\prime\prime\prime} + T(13.2\Delta n^r + 9.15\Delta n^k)$<br>lg$K_p''' - 2.88\Delta n^r - 2n^k$ |
| $\Delta G^{\ominus\prime}$（mmHg，摩尔分数）<br>lg$K_p'$（mmHg，摩尔分数） | $\Delta G^\ominus - 13.2T\Delta n^r$<br>lg$K_p + 2.88\Delta n^r$ | $\Delta G^{\ominus\prime}$<br>lg$K_p'$ | $\Delta G^{\ominus\prime} + T(13.2\Delta n^r - 9.15\Delta n^k)$<br>lg$K_p'' + 2.88\Delta n^r - 2\Delta n^k$ | $\Delta G^{\ominus\prime\prime\prime} + 9.15T\Delta n^k$<br>lg$K_p''' - 2\Delta n^k$ |
| $\Delta G^{\ominus\prime\prime}$（atm，摩尔百分数）<br>lg$K_p''$（atm，摩尔百分数） | $\Delta G^\ominus - 9.15T\Delta n^k$<br>lg$K + 2\Delta n^k$ | $\Delta G^{\ominus\prime} - T(13.2\Delta n^r - 9.15\Delta n^k)$<br>lg$K_p' - 2.88\Delta n^r - 2\Delta n^k$ | $\Delta G^{\ominus\prime\prime}$<br>lg$K_p''$ | $\Delta G^{\ominus\prime\prime\prime} + 13.2T\Delta n^r$<br>lg$K_p''' - 2.88\Delta n^r$ |
| $\Delta G^{\ominus\prime\prime\prime}$（mmHg，摩尔百分数）<br>lg$K_p'''$（mmHg，摩尔百分数） | $\Delta G^\ominus - T(13.2\Delta n^r + 9.15\Delta n^k)$<br>lg$K_p + 2.88\Delta n^r + 2\Delta n^k$ | $\Delta G^{\ominus\prime} - 9.15T\Delta n^k$<br>lg$K_p' + 2\Delta n^k$ | $\Delta G^{\ominus\prime\prime} - 13.2T\Delta n^r$<br>lg$K_p'' + 2.88\Delta n^r$ | $\Delta G^{\ominus\prime\prime\prime}$<br>lg$K_p'''$ |

注：1. $\Delta n^r$ 为反应前后气体的摩尔数（生成气体的摩尔数—反应气体的摩尔数）；$\Delta n^k$ 为反应前后物质质量摩尔数的差（生成物摩尔数—反应物摩尔数）。
2. 2.88 = lg 760；13.2 = 4.575 × lg 760≈13.2；1 摩尔分数 = 100 摩尔百分数；9.15 = 2 = lg 100；2 = lg 100；2 = 2×4.575。

# 附录五  热电偶温度与毫伏值的关系

## 铂-铂87%铑13%热电偶的温差电势表（表 F-5-1）

表 F-5-1

| 温度/℃ | 0 | 100 | 200 | 300 | 400 | 500 | 600 | 700 | 800 | 900 | 1000 | 1100 | 1200 | 1300 | 1400 | 1500 | 1600 |
|---|---|---|---|---|---|---|---|---|---|---|---|---|---|---|---|---|---|
| 0 | 0.000 | 0.645 | 1.464 | 2.395 | 3.400 | 4.459 | 5.536 | 6.719 | 7.921 | 9.173 | 10.473 | 11.816 | 13.190 | 14.582 | 15.977 | 17.360 | 18.724 |
|  | 54 | 75 | 89 | 97 | 103 | 109 | 113 | 118 | 123 | 128 | 133 | 136 | 138 | 139 | 139 | 138 | 135 |
| 10 | 0.054 | 0.720 | 1.553 | 2.492 | 3.503 | 4.568 | 5.679 | 6.837 | 8.044 | 9.301 | 10.606 | 11.952 | 13.328 | 14.721 | 16.116 | 17.498 | 18.859 |
|  | 57 | 77 | 90 | 99 | 105 | 109 | 114 | 119 | 124 | 129 | 133 | 136 | 139 | 140 | 139 | 137 | 135 |
| 20 | 0.111 | 0.797 | 1.643 | 2.591 | 3.608 | 4.677 | 5.793 | 6.956 | 8.168 | 9.430 | 10.739 | 12.088 | 13.467 | 14.861 | 16.255 | 17.635 | 18.994 |
|  | 59 | 78 | 91 | 99 | 104 | 109 | 114 | 119 | 124 | 128 | 133 | 137 | 139 | 140 | 138 | 137 | 135 |
| 30 | 0.170 | 0.875 | 1.734 | 2.69 | 3.712 | 4.786 | 5.907 | 7.075 | 8.292 | 9.558 | 10.872 | 12.225 | 13.606 | 15.001 | 16.393 | 17.772 | 19.129 |
|  | 61 | 81 | 91 | 99 | 105 | 110 | 114 | 119 | 124 | 130 | 134 | 137 | 139 | 139 | 139 | 136 | 135 |
| 40 | 0.231 | 0.956 | 1.825 | 2.789 | 3.817 | 4.896 | 6.021 | 7.194 | 8.416 | 9.688 | 11.006 | 12.362 | 13.745 | 15.140 | 16.532 | 17.908 | 19.264 |
|  | 64 | 81 | 93 | 101 | 106 | 111 | 116 | 120 | 125 | 130 | 134 | 137 | 139 | 140 | 138 | 137 | 134 |

续表 F-5-1

| 温度/℃ | 0 | 100 | 200 | 300 | 400 | 500 | 600 | 700 | 800 | 900 | 1000 | 1100 | 1200 | 1300 | 1400 | 1500 | 1600 |
|---|---|---|---|---|---|---|---|---|---|---|---|---|---|---|---|---|---|
| 50 | 0.295 | 1.037 | 1.918 | 2.890 | 3.923 | 5.007 | 6.137 | 7.314 | 8.541 | 9.818 | 11.140 | 12.499 | 13.884 | 15.280 | 16.670 | 18.045 | 19.398 |
|  | 66 | 83 | 94 | 100 | 106 | 111 | 115 | 120 | 126 | 130 | 134 | 138 | 140 | 139 | 139 | 136 | 134 |
| 60 | 0.361 | 1.120 | 2.012 | 2.990 | 4.029 | 5.118 | 6.252 | 7.434 | 8.667 | 9.948 | 11.274 | 12.637 | 14.024 | 15.419 | 16.809 | 18.181 | 19.532 |
|  | 68 | 84 | 94 | 102 | 107 | 111 | 116 | 121 | 126 | 131 | 135 | 138 | 139 | 140 | 138 | 136 | 135 |
| 70 | 0.429 | 1.204 | 2.106 | 3.092 | 4.136 | 5.229 | 6.368 | 7.555 | 8.793 | 10.079 | 11.409 | 12.775 | 14.163 | 15.559 | 16.947 | 18.317 | 19.667 |
|  | 70 | 86 | 96 | 102 | 107 | 112 | 117 | 122 | 126 | 131 | 135 | 138 | 140 | 139 | 138 | 136 | 134 |
| 80 | 0.499 | 1.290 | 2.202 | 3.194 | 4.243 | 5.341 | 6.485 | 7.677 | 8.919 | 10.210 | 11.544 | 12.913 | 14.303 | 15.698 | 17.085 | 18.453 | 19.801 |
|  | 72 | 86 | 96 | 102 | 108 | 112 | 117 | 122 | 127 | 131 | 136 | 138 | 139 | 139 | 138 | 135 | 134 |
| 90 | 0.571 | 1.376 | 2.298 | 3.296 | 4.351 | 5.453 | 6.602 | 7.799 | 9.046 | 10.341 | 11.680 | 13.051 | 14.442 | 15.837 | 17.223 | 18.588 | 19.935 |
|  | 74 | 88 | 97 | 104 | 108 | 113 | 117 | 122 | 127 | 132 | 136 | 139 | 140 | 140 | 137 | 136 | 134 |
| 100 | 0.645 | 1.464 | 2.395 | 3.400 | 4.459 | 5.566 | 6.719 | 7.921 | 9.173 | 10.473 | 11.816 | 13.190 | 14.582 | 15.977 | 17.360 | 18.724 | 20.069 |

注:1. 该温差电动势以绝对毫伏为单位,取0℃为基准接点温度。

2. 取20℃为基准接点温度时,温差电动势应从表内数值中减去0.111 mV。绝对毫伏是采用1946年国际计量委员会决议的绝对电学单位中的毫伏。

## 铂铑30-铂铑6热偶的温差电势表(表 F-5-2)

表 F-5-2

| 温度/℃ | 绝对毫伏/mV | 温度/℃ | 绝对毫伏/mV | 温度/℃ | 绝对毫伏/mV |
|---|---|---|---|---|---|
| 0 | 0.000 | 650 | 2.099 | 1300 | 7.858 |
| 50 | 0.003 | 700 | 2.429 | 1350 | 8.408 |
| 100 | 0.034 | 750 | 2.781 | 1400 | 8.967 |
| 150 | 0.092 | 800 | 3.152 | 1450 | 9.534 |
| 200 | 0.178 | 850 | 3.544 | 1500 | 10.108 |
| 250 | 0.291 | 900 | 3.955 | 1550 | 10.687 |
| 300 | 0.431 | 950 | 4.385 | 1600 | 11.268 |
| 350 | 0.596 | 1000 | 4.832 | 1650 | 11.850 |
| 400 | 0.787 | 1050 | 5.297 | 1700 | 12.431 |
| 450 | 1.002 | 1100 | 5.780 | 1750 | 13.009 |
| 500 | 1.242 | 1150 | 6.279 | 1800 | 13.582 |
| 550 | 1.505 | 1200 | 6.792 |  |  |
| 600 | 1.791 | 1250 | 7.319 |  |  |

注:自由端在0℃;参考数据:-20℃,0.006绝对毫伏;-40℃,0.022绝对毫伏。

镍铝－镍铬电偶的温差电势表（表 F－5－3）

表 F－5－3

| 温度/℃ | -100 | -0 | 0 | 100 | 200 | 300 | 400 | 500 | 600 | 700 | 800 | 900 | 1000 | 1100 | 1200 | 1300 |
|---|---|---|---|---|---|---|---|---|---|---|---|---|---|---|---|---|
| -0 | -3.49 (29) | 0.00 (40) | 0.00 (40) | 4.10 (41) | 8.13 (40) | 12.21 (41) | 16.40 (43) | 20.65 (43) | 24.91 (43) | 29.14 (42) | 33.31 (40) | 37.36 (40) | 41.31 (39) | 45.16 (38) | 48.89 (37) | 52.47 (35) |
| -10 | -3.78 (28) | -0.39 (38) | 0.40 (40) | 4.51 (41) | 8.53 (40) | 12.62 (42) | 16.83 (42) | 21.08 (42) | 25.34 (42) | 29.56 (42) | 33.71 (41) | 37.76 (40) | 41.70 (39) | 45.54 (38) | 49.26 (36) | 52.82 (35) |
| -20 | -4.06 (26) | -0.77 (37) | 0.80 (40) | 4.92 (41) | 8.93 (40) | 13.04 (41) | 17.25 (42) | 21.50 (43) | 25.76 (43) | 29.98 (42) | 34.12 (41) | 38.16 (40) | 42.09 (39) | 45.92 (38) | 49.62 (36) | 53.17 (35) |
| -30 | -4.32 (26) | -1.14 (36) | 1.20 (41) | 5.33 (40) | 9.33 (41) | 13.45 (42) | 17.67 (42) | 21.93 (42) | 26.19 (42) | 30.40 (42) | 34.53 (41) | 38.56 (40) | 42.48 (39) | 46.30 (37) | 49.98 (36) | 53.52 (34) |
| -40 | -4.58 (23) | -1.50 (36) | 1.61 (41) | 5.73 (40) | 9.74 (41) | 13.87 (42) | 18.09 (42) | 22.35 (43) | 26.61 (43) | 30.82 (41) | 34.94 (41) | 38.96 (40) | 42.87 (38) | 46.67 (37) | 50.34 (36) | 53.86 (34) |
| -50 | -4.81 (22) | -1.86 (34) | 2.02 (41) | 6.13 (40) | 10.15 (41) | 14.29 (42) | 18.51 (43) | 22.78 (43) | 27.04 (42) | 31.23 (42) | 35.35 (41) | 39.36 (39) | 43.25 (38) | 47.04 (37) | 50.70 (35) | 54.20 (34) |
| -60 | -5.03 (21) | -2.20 (34) | 2.43 (41) | 6.53 (40) | 10.56 (41) | 14.71 (42) | 18.94 (43) | 23.21 (42) | 27.46 (41) | 31.65 (42) | 35.76 (40) | 39.75 (39) | 43.63 (39) | 47.41 (37) | 51.05 (36) | 54.54 (34) |
| -70 | -5.24 (19) | -2.54 (33) | 2.84 (42) | 6.93 (40) | 10.97 (41) | 15.13 (43) | 19.37 (42) | 23.63 (43) | 27.87 (42) | 32.07 (42) | 36.16 (40) | 40.14 (39) | 44.02 (38) | 47.78 (37) | 51.41 (35) | 54.88 (34) |
| -80 | -5.43 (17) | -2.87 (32) | 3.26 (42) | 7.33 (40) | 11.38 (42) | 15.56 (42) | 19.79 (43) | 24.06 (43) | 28.29 (43) | 32.49 (41) | 36.56 (40) | 40.53 (39) | 44.40 (38) | 48.15 (37) | 51.76 (36) | 55.22 (33) |
| -90 | -5.60 (15) | -3.19 (30) | 3.68 (42) | 7.73 (40) | 11.80 (41) | 15.98 (42) | 20.22 (43) | 24.49 (42) | 28.72 (42) | 32.90 (41) | 36.96 (40) | 40.92 (39) | 44.78 (38) | 48.52 (37) | 52.12 (35) | 55.55 (34) |
| -100 | -5.75 | -3.49 | 4.10 | 8.13 | 12.21 | 16.40 | 20.65 | 24.91 | 29.14 | 33.31 | 37.36 | 41.31 | 45.16 | 48.89 | 52.47 | 55.89 |

注：1. 该温差电动势以绝对毫伏为单位，取 0℃ 为基准接点温度。绝对毫伏是采用 1946 年国际计量委员会决议的绝对电学单位中的毫伏。

2. 取 20℃ 为基准接点温度时，温差电动势应从表内数值中减去 0.80 mV。

铜－康铜热电偶的温差电势表（表 F－5－4）

表 F－5－4

| 温度/℃ | -100 | -0 | 0 | 100 | 200 | 300 |
|---|---|---|---|---|---|---|
| -0 | -3.349 275 | 0.000 380 | 0.000 389 | 4.277 472 | 9.288 535 | 14.864 584 |
| -10 | -3.624 263 | -0.380 371 | 0.389 398 | 4.749 478 | 9.823 540 | 15.448 587 |
| -20 | -3.887 251 | -0.751 361 | 0.787 407 | 5.227 485 | 10.363 546 | 16.035 592 |
| -30 | -4.138 239 | -1.112 351 | 1.194 416 | 5.712 492 | 10.909 550 | 16.627 595 |
| -40 | -4.377 226 | -1.463 341 | 1.610 425 | 6.204 498 | 11.459 555 | 17.222 599 |
| -50 | -4.603 214 | -1.804 331 | 2.035 433 | 6.702 505 | 12.014 561 | 17.821 603 |
| -60 | -4.817 201 | -2.135 320 | 2.468 441 | 7.207 512 | 12.575 565 | 18.424 607 |
| -70 | -5.018 187 | -2.455 309 | 2.909 448 | 7.719 517 | 13.140 570 | 19.031 611 |
| -80 | -5.205 174 | -2.764 298 | 3.357 456 | 8.236 523 | 13.710 575 | 19.642 614 |
| -90 | -5.379 161 | -3.062 287 | 3.813 464 | 8.759 529 | 14.285 579 | 20.256 617 |
| -100 | -5.540 | -3.349 | 4.277 | 9.288 | 14.864 | 20.873 |

注:1. 该温差电动势以绝对毫伏为单位,取0℃为基准接点温度。绝对毫伏是采用1946年国际计量委员会决议的绝对电学单位中的毫伏。

　　2. 取20℃为基准接点温度时,温差电动势应从表内数值减去0.787 mV。

基准温度(冷接点)改变时热电偶毫伏值的变化表(表 F-5-5)

表 F-5-5

| 测定位置的温度/℃ | 铂铑-铂 基准温度/℃ | | | 允许误差/mV | 镍铬-镍 基准温度/℃ | | | 允许误差/mV | 铁-康铜 基准温度/℃ | | | 允许误差/mV | 铜-康铜 基准温度/℃ | | | 允许误差/mV |
|---|---|---|---|---|---|---|---|---|---|---|---|---|---|---|---|---|
| | 0 | 20 | 50 | | 0 | 20 | 50 | | 0 | 20 | 50 | | 0 | 20 | 50 | |
| -200 | | | | | | | | | -8.15 | -9.20 | -10.80 | ±0.5 | -5.70 | -6.50 | -7.73 | ±0.5 |
| -100 | | | | | | | | | -4.60 | -5.65 | -7.25 | ±0.4 | -3.40 | -4.20 | -5.43 | ±0.4 |
| 0 | 0.00 | -0.11 | -0.31 | ±0.05 | 0.00 | -0.82 | -2.02 | ±0.3 | 0.00 | -1.05 | -2.65 | ±0.4 | 0.00 | -0.80 | -2.03 | ±0.4 |
| 100 | 0.65 | 0.54 | 0.34 | ±0.05 | 4.04 | 3.22 | 2.02 | ±0.3 | 5.37 | 4.32 | 2.72 | ±0.4 | 4.25 | 3.45 | 2.22 | ±0.3 |
| 200 | 1.44 | 1.33 | 1.13 | ±0.05 | 8.14 | 7.32 | 6.12 | ±0.3 | 10.95 | 9.90 | 8.30 | ±0.4 | 9.20 | 8.40 | 7.17 | ±0.3 |
| 300 | 2.33 | 2.22 | 2.02 | ±0.05 | 12.24 | 11.42 | 10.22 | ±0.4 | 16.55 | 15.50 | 13.90 | ±0.4 | 14.89 | 14.09 | 12.86 | ±0.4 |
| 400 | 3.26 | 3.15 | 2.95 | ±0.05 | 16.38 | 15.56 | 14.36 | ±0.4 | 22.15 | 21.10 | 19.50 | ±0.5 | 20.99 | 20.19 | 18.96 | ±0.4 |
| 500 | 4.23 | 4.12 | 3.92 | ±0.05 | 20.64 | 19.82 | 18.62 | ±0.4 | 27.84 | 26.79 | 25.19 | ±0.5 | 27.40 | 26.60 | 25.37 | ±0.4 |
| 600 | 5.24 | 5.13 | 4.93 | ±0.05 | 24.94 | 24.12 | 22.92 | ±0.5 | 33.66 | 32.61 | 31.01 | ±0.5 | 34.30 | 33.50 | 32.27 | ±0.6 |
| 700 | 6.27 | 6.16 | 5.96 | ±0.05 | 29.15 | 28.33 | 27.13 | ±0.5 | 39.72 | 38.67 | 37.05 | ±0.8 | | | | |
| 800 | 7.34 | 7.23 | 7.03 | ±0.05 | 33.27 | 32.45 | 31.25 | ±0.5 | 53.15 | 52.10 | 50.50 | ±0.8 | | | | |
| 900 | 8.47 | 8.36 | 8.16 | ±0.05 | 37.32 | 36.50 | 35.30 | ±0.5 | | | | | | | | |
| 1000 | 9.61 | 9.50 | 9.30 | ±0.05 | 41.32 | 40.50 | 39.30 | ±0.5 | | | | | | | | |
| 1100 | 10.77 | 10.66 | 10.46 | ±0.05 | 45.22 | 44.40 | 43.20 | ±0.6 | | | | | | | | |
| 1200 | 11.96 | 11.85 | 11.65 | ±0.05 | 49.02 | 48.20 | 47.00 | ±0.6 | | | | | | | | |
| 1300 | 13.15 | 13.04 | 12.84 | ±0.05 | | | | | | | | | | | | |
| 1400 | 14.36 | 14.25 | 14.05 | ±0.05 | | | | | | | | | | | | |
| 1500 | 15.56 | 15.45 | 15.25 | ±0.05 | | | | | | | | | | | | |
| 1600 | 16.73 | 16.62 | 16.42 | ±0.05 | | | | | | | | | | | | |

## 附录六 钢液中氧活度 $a_0$-温度-电动势换算

$E^\ominus$（用 Cr-Cr$_2$O$_3$ 做参比电极）测定值的对照表（表 F－6－1）[7]

表 F－6－1

| $E^\ominus$ | 温度/℃ ($a_0$) | | | | | | | | | | | | | | | | | | | | |
|---|---|---|---|---|---|---|---|---|---|---|---|---|---|---|---|---|---|---|---|---|---|
| | 1520 | 1530 | 1540 | 1550 | 1560 | 1570 | 1580 | 1590 | 1600 | 1610 | 1620 | 1630 | 1640 | 1650 | 1660 | 1670 | 1680 | 1690 | 1700 | 1710 | 1720 |
| -200 | 1 | 1 | 1 | 1 | 1 | 1 | 1 | 1 | 1 | 1 | 1 | 1 | 1 | 1 | 1 | 1 | 1 | 2 | 2 | 2 | 2 |
| -190 | 1 | 1 | 1 | 1 | 1 | 1 | 1 | 1 | 1 | 1 | 1 | 2 | 2 | 2 | 2 | 2 | 2 | 2 | 2 | 2 | 2 |
| -180 | 1 | 1 | 1 | 1 | 1 | 1 | 1 | 1 | 1 | 2 | 2 | 2 | 2 | 2 | 2 | 2 | 2 | 3 | 3 | 3 | 3 |
| -170 | 1 | 1 | 1 | 1 | 1 | 1 | 2 | 2 | 2 | 2 | 2 | 3 | 3 | 3 | 3 | 3 | 3 | 3 | 3 | 3 | 4 |
| -160 | 1 | 1 | 2 | 2 | 2 | 2 | 2 | 2 | 2 | 2 | 3 | 3 | 3 | 3 | 3 | 3 | 4 | 4 | 4 | 4 | 4 |
| -150 | 1 | 1 | 2 | 2 | 2 | 2 | 2 | 3 | 3 | 3 | 3 | 3 | 3 | 4 | 4 | 4 | 4 | 5 | 5 | 5 | 6 |
| -140 | 2 | 2 | 2 | 2 | 2 | 3 | 3 | 3 | 3 | 4 | 4 | 4 | 4 | 5 | 5 | 5 | 5 | 6 | 6 | 6 | 7 |
| -130 | 2 | 2 | 2 | 3 | 3 | 3 | 3 | 3 | 4 | 4 | 4 | 5 | 5 | 5 | 6 | 6 | 7 | 7 | 7 | 8 | 8 |
| -120 | 2 | 2 | 3 | 3 | 3 | 3 | 4 | 4 | 4 | 5 | 5 | 5 | 6 | 6 | 7 | 7 | 8 | 8 | 9 | 10 | 10 |
| -110 | 3 | 3 | 3 | 3 | 4 | 4 | 4 | 5 | 5 | 6 | 6 | 6 | 7 | 7 | 8 | 9 | 9 | 10 | 11 | 11 | 12 |
| -100 | 3 | 3 | 4 | 4 | 4 | 5 | 5 | 6 | 6 | 6 | 7 | 8 | 8 | 9 | 10 | 10 | 11 | 12 | 13 | 14 | 15 |
| -90 | 3 | 4 | 4 | 4 | 5 | 5 | 6 | 6 | 7 | 8 | 8 | 9 | 10 | 10 | 11 | 12 | 13 | 14 | 15 | 16 | 17 |
| -80 | 4 | 4 | 5 | 5 | 6 | 6 | 7 | 7 | 8 | 9 | 10 | 10 | 11 | 12 | 13 | 14 | 15 | 16 | 18 | 19 | 20 |
| -70 | 5 | 5 | 6 | 6 | 7 | 7 | 8 | 9 | 9 | 10 | 11 | 12 | 13 | 14 | 15 | 17 | 18 | 19 | 21 | 22 | 24 |
| -60 | 5 | 6 | 6 | 7 | 8 | 8 | 9 | 10 | 11 | 12 | 13 | 14 | 15 | 17 | 18 | 19 | 21 | 23 | 24 | 26 | 28 |
| -50 | 6 | 7 | 7 | 8 | 9 | 10 | 11 | 12 | 13 | 14 | 15 | 16 | 18 | 19 | 21 | 23 | 24 | 26 | 29 | 31 | 33 |
| -40 | 7 | 8 | 8 | 9 | 10 | 11 | 12 | 13 | 15 | 16 | 17 | 19 | 21 | 22 | 24 | 26 | 28 | 31 | 33 | 36 | 39 |
| -30 | 8 | 9 | 10 | 11 | 12 | 13 | 14 | 16 | 17 | 19 | 20 | 22 | 24 | 26 | 28 | 30 | 33 | 36 | 39 | 42 | 45 |
| -20 | 9 | 10 | 11 | 12 | 14 | 15 | 16 | 18 | 20 | 21 | 23 | 25 | 28 | 30 | 33 | 35 | 38 | 41 | 45 | 48 | 52 |
| -10 | 11 | 12 | 13 | 14 | 16 | 17 | 19 | 21 | 23 | 25 | 27 | 29 | 32 | 35 | 38 | 41 | 44 | 48 | 52 | 56 | 60 |
| 0 | 13 | 14 | 15 | 17 | 18 | 20 | 22 | 24 | 26 | 28 | 31 | 34 | 37 | 40 | 43 | 47 | 51 | 55 | 60 | 65 | 70 |
| 10 | 14 | 16 | 17 | 19 | 21 | 23 | 25 | 27 | 30 | 33 | 36 | 39 | 42 | 46 | 50 | 54 | 59 | 63 | 69 | 74 | 80 |
| 20 | 17 | 18 | 20 | 22 | 24 | 26 | 29 | 31 | 34 | 38 | 41 | 45 | 48 | 53 | 57 | 62 | 67 | 73 | 79 | 86 | 93 |
| 30 | 19 | 21 | 23 | 25 | 28 | 30 | 33 | 36 | 39 | 43 | 47 | 51 | 56 | 60 | 66 | 71 | 77 | 84 | 91 | 98 | 106 |
| 40 | 22 | 24 | 26 | 29 | 32 | 35 | 38 | 41 | 45 | 49 | 54 | 59 | 64 | 69 | 75 | 82 | 89 | 96 | 104 | 113 | 122 |
| 50 | 25 | 28 | 30 | 33 | 36 | 40 | 43 | 47 | 52 | 57 | 62 | 67 | 73 | 79 | 86 | 94 | 102 | 110 | 119 | 129 | 140 |
| 60 | 29 | 32 | 35 | 38 | 42 | 46 | 50 | 54 | 59 | 65 | 70 | 77 | 83 | 91 | 99 | 107 | 116 | 126 | 137 | 148 | 160 |
| 70 | 33 | 36 | 40 | 44 | 48 | 52 | 57 | 62 | 68 | 74 | 81 | 88 | 95 | 104 | 113 | 122 | 133 | 144 | 156 | 169 | 183 |
| 80 | 38 | 42 | 46 | 50 | 55 | 60 | 65 | 71 | 78 | 85 | 92 | 100 | 109 | 118 | 129 | 140 | 152 | 164 | 178 | 193 | 209 |
| 90 | 43 | 48 | 52 | 57 | 62 | 68 | 74 | 81 | 89 | 97 | 105 | 114 | 124 | 135 | 147 | 159 | 173 | 187 | 203 | 220 | 238 |

续表 F-6-1

温度/℃

$a_0$

| $E^\ominus$ | 1520 | 1530 | 1540 | 1550 | 1560 | 1570 | 1580 | 1590 | 1600 | 1610 | 1620 | 1630 | 1640 | 1650 | 1660 | 1670 | 1680 | 1690 | 1700 | 1710 | 1720 |
|---|---|---|---|---|---|---|---|---|---|---|---|---|---|---|---|---|---|---|---|---|---|
| 100 | 50 | 54 | 60 | 65 | 71 | 78 | 85 | 93 | 101 | 110 | 120 | 131 | 142 | 154 | 167 | 182 | 197 | 214 | 232 | 251 | 271 |
| 110 | 57 | 62 | 68 | 75 | 81 | 89 | 97 | 106 | 115 | 126 | 137 | 149 | 162 | 176 | 191 | 207 | 225 | 243 | 264 | 285 | 309 |
| 120 | 65 | 71 | 78 | 85 | 93 | 102 | 111 | 121 | 132 | 143 | 156 | 170 | 184 | 200 | 217 | 236 | 256 | 277 | 300 | 325 | 351 |
| 130 | 74 | 81 | 89 | 97 | 106 | 116 | 126 | 138 | 150 | 163 | 178 | 193 | 210 | 228 | 247 | 268 | 291 | 315 | 341 | 369 | 399 |
| 140 | 85 | 93 | 102 | 111 | 121 | 132 | 144 | 157 | 171 | 186 | 202 | 220 | 239 | 259 | 281 | 305 | 330 | 358 | 387 | 419 | 454 |
| 150 | 97 | 106 | 116 | 127 | 138 | 151 | 164 | 179 | 195 | 212 | 230 | 250 | 271 | 295 | 320 | 346 | 375 | 406 | 440 | 476 | 515 |
| 160 | 111 | 121 | 132 | 145 | 158 | 172 | 187 | 204 | 222 | 241 | 262 | 284 | 309 | 335 | 363 | 393 | 426 | 461 | 499 | 540 | 584 |
| 170 | 127 | 138 | 151 | 165 | 180 | 196 | 213 | 232 | 252 | 274 | 298 | 323 | 351 | 380 | 412 | 447 | 484 | 523 | 566 | 613 | 662 |
| 180 | 145 | 158 | 172 | 188 | 205 | 223 | 243 | 264 | 287 | 312 | 338 | 367 | 398 | 432 | 468 | 507 | 549 | 594 | 642 | 694 | 750 |
| 190 | 165 | 180 | 197 | 214 | 233 | 254 | 270 | 300 | 326 | 354 | 385 | 417 | 452 | 490 | 531 | 575 | 622 | 673 | 728 | 786 | 850 |
| 200 | 189 | 206 | 224 | 244 | 266 | 289 | 314 | 342 | 371 | 403 | 437 | 474 | 513 | 556 | 602 | 652 | 705 | 762 | 824 | 890 | 962 |
| 210 | 215 | 235 | 256 | 278 | 303 | 329 | 358 | 389 | 422 | 458 | 496 | 538 | 583 | 631 | 683 | 739 | 799 | 863 | 933 | 1008 | 1081 |
| 220 | 246 | 268 | 291 | 317 | 345 | 375 | 407 | 442 | 479 | 520 | 563 | 610 | 661 | 715 | 774 | 837 | 905 | 977 | 1056 | 1140 | 1234 |
| 230 | 280 | 305 | 332 | 361 | 392 | 426 | 463 | 502 | 544 | 590 | 639 | 692 | 749 | 811 | 877 | 948 | 1024 | 1106 | 1195 | 1289 | 1393 |
| 240 | 320 | 348 | 378 | 411 | 447 | 485 | 526 | 571 | 618 | 670 | 725 | 785 | 849 | 919 | 993 | 1073 | 1159 | 1252 | 1351 | 1458 | 1572 |
| 250 | 365 | 397 | 431 | 468 | 508 | 552 | 598 | 648 | 702 | 760 | 823 | 890 | 963 | 1041 | 1125 | 1215 | 1311 | 1415 | 1527 | 1647 | 1775 |
| 260 | 416 | 452 | 491 | 533 | 578 | 627 | 680 | 736 | 797 | 863 | 933 | 1009 | 1091 | 1179 | 1273 | 1375 | 1483 | 1600 | 1726 | 1861 | 2006 |
| 270 | 475 | 515 | 559 | 607 | 658 | 713 | 772 | 836 | 905 | 979 | 1059 | 1144 | 1236 | 1335 | 1441 | 1555 | 1678 | 1809 | 1950 | 2102 | 2265 |
| 280 | 541 | 587 | 637 | 691 | 749 | 811 | 878 | 950 | 1027 | 1111 | 1200 | 1297 | 1400 | 1511 | 1631 | 1759 | 1897 | 2044 | 2203 | 2373 | 2576 |
| 290 | 617 | 669 | 725 | 786 | 851 | 922 | 997 | 1078 | 1166 | 1260 | 1361 | 1469 | 1585 | 1710 | 1845 | 1989 | 2144 | 2310 | 2488 | 2679 | 2884 |
| 300 | 703 | 762 | 826 | 894 | 968 | 1047 | 1133 | 1224 | 1323 | 1428 | 1542 | 1664 | 1795 | 1936 | 2087 | 2249 | 2423 | 2609 | 2809 | 3024 | 3284 |
| 310 | 802 | 868 | 940 | 1018 | 1101 | 1190 | 1286 | 1390 | 1500 | 1620 | 1747 | 1885 | 2032 | 2190 | 2360 | 2542 | 2737 | 2946 | 3171 | 3412 | 3669 |
| 320 | 914 | 989 | 1070 | 1158 | 1251 | 1352 | 1461 | 1577 | 1702 | 1836 | 1980 | 2134 | 2300 | 2478 | 2668 | 2873 | 3092 | 3327 | 3579 | 3848 | 4130 |
| 330 | 1041 | 1127 | 1218 | 1317 | 1423 | 1536 | 1658 | 1790 | 1930 | 2081 | 2243 | 2417 | 2603 | 2803 | 3017 | 3246 | 3492 | 3755 | 4038 | 4340 | 4664 |
| 340 | 1187 | 1283 | 1386 | 1498 | 1617 | 1745 | 1883 | 2031 | 2189 | 2359 | 2541 | 2736 | 2945 | 3169 | 3410 | 3667 | 3943 | 4239 | 4555 | 4894 | 5254 |
| 350 | 1352 | 1461 | 1578 | 1703 | 1838 | 1983 | 2137 | 2304 | 2482 | 2673 | 2878 | 3097 | 3332 | 3534 | 3854 | 4143 | 4452 | 4783 | 5138 | 5518 | 5924 |

$E^\ominus$（用 Mo + MoO₂ 做参比电极）对照表（表 F－6－2）[7]

表 F－6－2

$E^\ominus$/mV, $a_0$/ppm (1 ppm = $10^{-6}$)

| t/°C | 190 | 200 | 210 | 220 | 230 | 240 | 250 | 260 | 270 | 280 | 290 | 300 | 310 | 320 | 330 | 340 | 350 | 360 | 370 | 380 | 390 | 400 | 410 | 420 | 430 | 440 | 450 | 460 | 470 | 480 | 490 | 500 |
|---|---|---|---|---|---|---|---|---|---|---|---|---|---|---|---|---|---|---|---|---|---|---|---|---|---|---|---|---|---|---|---|---|
| 1500 | 275 | 240 | 211 | 184 | 161 | 141 | 123 | 108 | 94 | 83 | 72 | 63 | 55 | 48 | 42 | 37 | 32 | 28 | 24 | 21 | 18 | 16 | 14 | 12 | 11 | 9 | 8 | 7 | 6 | 5 | 4 | 4 |
| 1510 | 294 | 258 | 226 | 198 | 173 | 151 | 133 | 116 | 102 | 89 | 78 | 68 | 59 | 52 | 45 | 40 | 35 | 30 | 26 | 23 | 20 | 17 | 15 | 13 | 11 | 10 | 9 | 7 | 6 | 6 | 5 | 4 |
| 1520 | 315 | 276 | 242 | 212 | 186 | 163 | 143 | 125 | 110 | 96 | 84 | 74 | 64 | 56 | 49 | 42 | 37 | 32 | 28 | 25 | 21 | 18 | 16 | 14 | 12 | 11 | 9 | 8 | 7 | 6 | 5 | 4 |
| 1530 | 337 | 295 | 259 | 227 | 199 | 175 | 153 | 134 | 117 | 103 | 90 | 79 | 69 | 60 | 53 | 46 | 40 | 35 | 31 | 27 | 23 | 20 | 18 | 15 | 13 | 12 | 10 | 9 | 8 | 6 | 6 | 5 |
| 1540 | 360 | 316 | 277 | 243 | 213 | 187 | 164 | 144 | 126 | 110 | 97 | 85 | 74 | 65 | 57 | 49 | 43 | 38 | 33 | 29 | 25 | 22 | 19 | 17 | 14 | 12 | 11 | 9 | 8 | 7 | 6 | 5 |
| 1550 | 384 | 337 | 296 | 260 | 228 | 200 | 175 | 154 | 135 | 118 | 103 | 91 | 79 | 69 | 61 | 53 | 46 | 41 | 35 | 31 | 27 | 23 | 20 | 18 | 15 | 13 | 12 | 10 | 9 | 8 | 6 | 6 |
| 1560 | 409 | 360 | 316 | 277 | 244 | 214 | 188 | 165 | 144 | 126 | 111 | 97 | 85 | 74 | 65 | 57 | 50 | 43 | 38 | 33 | 29 | 25 | 22 | 19 | 17 | 14 | 12 | 11 | 9 | 8 | 7 | 6 |
| 1570 | 437 | 384 | 338 | 297 | 261 | 229 | 200 | 176 | 154 | 135 | 119 | 104 | 91 | 81 | 70 | 61 | 54 | 46 | 41 | 36 | 31 | 27 | 23 | 20 | 18 | 15 | 13 | 11 | 10 | 9 | 7 | 6 |
| 1580 | 465 | 409 | 360 | 316 | 278 | 244 | 214 | 188 | 165 | 145 | 127 | 111 | 98 | 85 | 75 | 65 | 57 | 50 | 44 | 38 | 33 | 29 | 25 | 22 | 19 | 17 | 14 | 12 | 11 | 9 | 8 | 7 |
| 1590 | 495 | 435 | 383 | 337 | 296 | 260 | 229 | 201 | 176 | 155 | 136 | 119 | 104 | 91 | 80 | 70 | 61 | 54 | 47 | 41 | 35 | 31 | 27 | 23 | 20 | 18 | 15 | 13 | 11 | 10 | 9 | 7 |
| 1600 | 527 | 463 | 407 | 358 | 315 | 277 | 244 | 214 | 188 | 165 | 145 | 127 | 111 | 98 | 85 | 75 | 65 | 57 | 50 | 44 | 38 | 33 | 29 | 25 | 22 | 19 | 16 | 14 | 12 | 11 | 9 | 8 |
| 1610 | 560 | 492 | 433 | 381 | 335 | 295 | 259 | 228 | 200 | 176 | 154 | 136 | 119 | 104 | 91 | 80 | 70 | 61 | 53 | 47 | 41 | 35 | 31 | 27 | 23 | 20 | 17 | 15 | 13 | 11 | 10 | 8 |
| 1620 | 594 | 523 | 460 | 405 | 357 | 314 | 276 | 243 | 213 | 187 | 165 | 144 | 127 | 111 | 97 | 85 | 74 | 65 | 57 | 50 | 44 | 38 | 33 | 28 | 25 | 21 | 19 | 16 | 14 | 12 | 10 | 9 |
| 1630 | 629 | 555 | 489 | 430 | 379 | 333 | 293 | 258 | 227 | 199 | 175 | 154 | 135 | 118 | 103 | 91 | 79 | 69 | 61 | 53 | 46 | 40 | 35 | 30 | 26 | 23 | 20 | 17 | 15 | 13 | 11 | 9 |
| 1640 | 667 | 588 | 518 | 457 | 402 | 354 | 312 | 274 | 241 | 212 | 186 | 163 | 143 | 126 | 110 | 96 | 84 | 74 | 64 | 56 | 49 | 43 | 37 | 32 | 28 | 24 | 21 | 18 | 15 | 13 | 11 | 10 |
| 1650 | 706 | 623 | 549 | 484 | 426 | 375 | 330 | 291 | 256 | 225 | 197 | 173 | 152 | 133 | 117 | 102 | 90 | 78 | 68 | 59 | 52 | 45 | 39 | 34 | 30 | 26 | 22 | 19 | 16 | 14 | 12 | 10 |
| 1660 | 747 | 659 | 581 | 513 | 452 | 398 | 350 | 308 | 271 | 238 | 210 | 184 | 161 | 142 | 124 | 109 | 95 | 83 | 72 | 63 | 55 | 48 | 42 | 36 | 31 | 27 | 23 | 20 | 17 | 15 | 13 | 11 |
| 1670 | 790 | 697 | 615 | 542 | 478 | 421 | 371 | 327 | 287 | 253 | 222 | 195 | 171 | 150 | 131 | 115 | 101 | 88 | 77 | 67 | 58 | 51 | 44 | 38 | 33 | 28 | 25 | 21 | 18 | 15 | 13 | 11 |
| 1680 | 835 | 737 | 652 | 575 | 506 | 446 | 393 | 346 | 304 | 268 | 235 | 206 | 181 | 159 | 139 | 122 | 107 | 93 | 81 | 71 | 62 | 53 | 46 | 40 | 35 | 30 | 26 | 22 | 19 | 16 | 14 | 12 |
| 1690 | 882 | 778 | 687 | 606 | 535 | 471 | 415 | 366 | 322 | 283 | 249 | 218 | 192 | 168 | 147 | 129 | 113 | 98 | 86 | 75 | 65 | 56 | 49 | 42 | 37 | 32 | 27 | 23 | 20 | 17 | 14 | 12 |
| 1700 | 930 | 822 | 725 | 640 | 565 | 498 | 439 | 386 | 340 | 299 | 263 | 231 | 202 | 177 | 155 | 136 | 119 | 104 | 90 | 79 | 68 | 59 | 51 | 44 | 38 | 33 | 28 | 24 | 21 | 18 | 15 | 13 |
| 1710 | 979 | 865 | 763 | 674 | 596 | 528 | 464 | 408 | 358 | 314 | 277 | 244 | 214 | 188 | 165 | 143 | 125 | 109 | 95 | 83 | 72 | 62 | 54 | 46 | 40 | 34 | 29 | 25 | 21 | 18 | 15 | 13 |
| 1720 | 1033 | 913 | 806 | 712 | 628 | 554 | 488 | 430 | 378 | 333 | 292 | 257 | 225 | 197 | 177 | 151 | 133 | 115 | 100 | 87 | 75 | 66 | 57 | 49 | 43 | 36 | 31 | 26 | 22 | 19 | 16 | 13 |
| 1730 | 1084 | 958 | 847 | 748 | 660 | 582 | 513 | 452 | 398 | 350 | 307 | 270 | 237 | 207 | 181 | 159 | 138 | 121 | 105 | 91 | 79 | 69 | 59 | 51 | 44 | 38 | 32 | 27 | 23 | 20 | 16 | 14 |
| 1740 | 1144 | 1011 | 893 | 789 | 696 | 614 | 541 | 477 | 420 | 369 | 324 | 285 | 250 | 219 | 191 | 167 | 146 | 127 | 111 | 96 | 83 | 72 | 62 | 53 | 46 | 39 | 33 | 28 | 24 | 20 | 17 | 14 |

注：使用数据：① lg $p_e$ = 21.49 − $\dfrac{69936}{T}$；② Mo + O₂ = MoO₂, $\Delta G^\ominus$ = −126700 + 34.18$T$；

$\dfrac{1}{2}$O₂ = [O], $\Delta G^\ominus$ = −28000 − 0.69$T$；计算公式：$E^\ominus = \dfrac{RT}{F} \ln \dfrac{p_{MoO_2}^{1/4} + p_e^{1/4}}{p_{[O]}^{1/4} + p_e^{1/4}}$。

# 附录七　温度、标准筛和莫氏硬度

温标的换算（表 F-7-1）

表 F-7-1

| $t/℉$ | $t/℃$ | $t/K$ | $t/°R$ |
|---|---|---|---|
| 1 | $1.8t℃+32$ | $1.8(tK-273.16)+32$ | $2.25t°R+32$ |
| $5/9(t℉-32)+273.16$ | $t℃+273.16$ | 1 | $5/4t°R+273.16$ |
| $5/9(t℉-32)$ | 1 | $tK-273.16$ | $5/4t°R$ |
| $4/9(t℉-32)$ | $4/5t℃$ | $4/5(tK-273.16)$ | 1 |

注：℉为华氏度；K为开尔文度；℃为摄氏度；°R为兰氏度。

℃-1/K 表及图解（表 F-7-2）[1]

表 F-7-2

| $1/K$ | 1000℃ | 1100℃ | 1200℃ | 1300℃ | 1400℃ | 1500℃ | 1600℃ | 1700℃ | 1800℃ | 1900℃ |
|---|---|---|---|---|---|---|---|---|---|---|
| 0℃ | $7.854\times10^{-4}$ | $7.282\times10^{-4}$ | $6.788\times10^{-4}$ | $6.356\times10^{-4}$ | $5.977\times10^{-4}$ | $5.640\times10^{-4}$ | $5.338\times10^{-4}$ | $5.068\times10^{-4}$ | $4.823\times10^{-4}$ | $4.602\times10^{-4}$ |
| 5℃ | $7.824\times10^{-4}$ | $7.256\times10^{-4}$ | $6.765\times10^{-4}$ | $6.336\times10^{-4}$ | $5.959\times10^{-4}$ | $5.624\times10^{-4}$ | $5.324\times10^{-4}$ | $5.055\times10^{-4}$ | $4.812\times10^{-4}$ | $4.591\times10^{-4}$ |
| 10℃ | $7.793\times10^{-4}$ | $7.230\times10^{-4}$ | $6.742\times10^{-4}$ | $6.316\times10^{-4}$ | $5.941\times10^{-4}$ | $5.608\times10^{-4}$ | $5.310\times10^{-4}$ | $5.042\times10^{-4}$ | $4.800\times10^{-4}$ | $4.580\times10^{-4}$ |
| 15℃ | $7.763\times10^{-4}$ | $7.204\times10^{-4}$ | $6.720\times10^{-4}$ | $6.296\times10^{-4}$ | $5.923\times10^{-4}$ | $5.592\times10^{-4}$ | $5.296\times10^{-4}$ | $5.030\times10^{-4}$ | $4.789\times10^{-4}$ | $4.570\times10^{-4}$ |
| 20℃ | $7.733\times10^{-4}$ | $7.178\times10^{-4}$ | $6.697\times10^{-4}$ | $6.277\times10^{-4}$ | $5.906\times10^{-4}$ | $5.577\times10^{-4}$ | $5.282\times10^{-4}$ | $5.017\times10^{-4}$ | $4.777\times10^{-4}$ | $4.560\times10^{-4}$ |
| 25℃ | $7.703\times10^{-4}$ | $7.152\times10^{-4}$ | $6.675\times10^{-4}$ | $6.257\times10^{-4}$ | $5.889\times10^{-4}$ | $5.561\times10^{-4}$ | $5.268\times10^{-4}$ | $5.005\times10^{-4}$ | $4.766\times10^{-4}$ | $4.549\times10^{-4}$ |
| 30℃ | $7.673\times10^{-4}$ | $7.127\times10^{-4}$ | $6.652\times10^{-4}$ | $6.238\times10^{-4}$ | $5.871\times10^{-4}$ | $5.546\times10^{-4}$ | $5.254\times10^{-4}$ | $4.992\times10^{-4}$ | $4.755\times10^{-4}$ | $4.539\times10^{-4}$ |
| 35℃ | $7.644\times10^{-4}$ | $7.101\times10^{-4}$ | $6.630\times10^{-4}$ | $6.218\times10^{-4}$ | $5.854\times10^{-4}$ | $5.530\times10^{-4}$ | $5.241\times10^{-4}$ | $4.980\times10^{-4}$ | $4.743\times10^{-4}$ | $4.529\times10^{-4}$ |
| 40℃ | $7.615\times10^{-4}$ | $7.076\times10^{-4}$ | $6.609\times10^{-4}$ | $6.199\times10^{-4}$ | $5.837\times10^{-4}$ | $5.515\times10^{-4}$ | $5.227\times10^{-4}$ | $4.967\times10^{-4}$ | $4.732\times10^{-4}$ | $4.518\times10^{-4}$ |
| 45℃ | $7.586\times10^{-4}$ | $7.051\times10^{-4}$ | $6.587\times10^{-4}$ | $6.180\times10^{-4}$ | $5.820\times10^{-4}$ | $5.500\times10^{-4}$ | $5.213\times10^{-4}$ | $4.955\times10^{-4}$ | $4.721\times10^{-4}$ | $4.508\times10^{-4}$ |
| 50℃ | $7.557\times10^{-4}$ | $7.026\times10^{-4}$ | $6.565\times10^{-4}$ | $6.161\times10^{-4}$ | $5.803\times10^{-4}$ | $5.485\times10^{-4}$ | $5.200\times10^{-4}$ | $4.943\times10^{-4}$ | $4.710\times10^{-4}$ | $4.498\times10^{-4}$ |
| 55℃ | $7.529\times10^{-4}$ | $7.002\times10^{-4}$ | $6.544\times10^{-4}$ | $6.142\times10^{-4}$ | $5.786\times10^{-4}$ | $5.470\times10^{-4}$ | $5.186\times10^{-4}$ | $4.930\times10^{-4}$ | $4.699\times10^{-4}$ | $4.488\times10^{-4}$ |
| 60℃ | $7.501\times10^{-4}$ | $6.977\times10^{-4}$ | $6.522\times10^{-4}$ | $6.123\times10^{-4}$ | $5.770\times10^{-4}$ | $5.455\times10^{-4}$ | $5.173\times10^{-4}$ | $4.918\times10^{-4}$ | $4.688\times10^{-4}$ | $4.478\times10^{-4}$ |
| 65℃ | $7.473\times10^{-4}$ | $6.953\times10^{-4}$ | $6.501\times10^{-4}$ | $6.104\times10^{-4}$ | $5.753\times10^{-4}$ | $5.440\times10^{-4}$ | $5.159\times10^{-4}$ | $4.906\times10^{-4}$ | $4.677\times10^{-4}$ | $4.468\times10^{-4}$ |
| 70℃ | $7.445\times10^{-4}$ | $6.929\times10^{-4}$ | $6.480\times10^{-4}$ | $6.086\times10^{-4}$ | $5.737\times10^{-4}$ | $5.425\times10^{-4}$ | $5.146\times10^{-4}$ | $4.894\times10^{-4}$ | $4.666\times10^{-4}$ | $4.458\times10^{-4}$ |
| 75℃ | $7.417\times10^{-4}$ | $6.905\times10^{-4}$ | $6.459\times10^{-4}$ | $6.067\times10^{-4}$ | $5.720\times10^{-4}$ | $5.411\times10^{-4}$ | $5.133\times10^{-4}$ | $4.882\times10^{-4}$ | $4.655\times10^{-4}$ | $4.448\times10^{-4}$ |
| 80℃ | $7.390\times10^{-4}$ | $6.881\times10^{-4}$ | $6.438\times10^{-4}$ | $6.049\times10^{-4}$ | $5.704\times10^{-4}$ | $5.396\times10^{-4}$ | $5.120\times10^{-4}$ | $4.870\times10^{-4}$ | $4.644\times10^{-4}$ | $4.438\times10^{-4}$ |
| 85℃ | $7.363\times10^{-4}$ | $6.858\times10^{-4}$ | $6.418\times10^{-4}$ | $6.031\times10^{-4}$ | $5.688\times10^{-4}$ | $5.382\times10^{-4}$ | $5.107\times10^{-4}$ | $4.859\times10^{-4}$ | $4.633\times10^{-4}$ | $4.428\times10^{-4}$ |
| 90℃ | $7.336\times10^{-4}$ | $6.834\times10^{-4}$ | $6.397\times10^{-4}$ | $6.013\times10^{-4}$ | $5.672\times10^{-4}$ | $5.367\times10^{-4}$ | $5.094\times10^{-4}$ | $4.847\times10^{-4}$ | $4.623\times10^{-4}$ | $4.419\times10^{-4}$ |
| 95℃ | $7.309\times10^{-4}$ | $6.811\times10^{-4}$ | $6.377\times10^{-4}$ | $5.994\times10^{-4}$ | $5.655\times10^{-4}$ | $5.353\times10^{-4}$ | $5.081\times10^{-4}$ | $4.835\times10^{-4}$ | $4.612\times10^{-4}$ | $4.409\times10^{-4}$ |
| 100℃ | $7.282\times10^{-4}$ | $6.788\times10^{-4}$ | $6.356\times10^{-4}$ | $5.977\times10^{-4}$ | $5.640\times10^{-4}$ | $5.338\times10^{-4}$ | $5.068\times10^{-4}$ | $4.823\times10^{-4}$ | $4.602\times10^{-4}$ | $4.399\times10^{-4}$ |

## 常用标准筛制和对照表(表F-7-3)

表F-7-3

| 泰勒标准筛 网目孔/in | 泰勒标准筛 孔/mm | 泰勒标准筛 丝径/mm | 日本T15 孔/mm | 日本T15 丝径/mm | 美国标准筛 筛号 | 美国标准筛 孔/mm | 美国标准筛 丝径/mm | 国际标准筛 孔/mm | 前苏联筛 筛号 | 前苏联筛 筛孔每边长/mm | 英NMM筛系标准筛 网目孔/in | 英NMM筛系标准筛 孔/mm | 德国标准筛DIN1171 筛号孔/cm | 德国标准筛DIN1171 孔/mm | 德国标准筛DIN1171 丝径/mm |
|---|---|---|---|---|---|---|---|---|---|---|---|---|---|---|---|
| | | | 9.52 | 2.3 | | | | | | | | | | | |
| 2.5 | 7.925 | 2.235 | 7.93 | 2 | 2.5 | 8 | 1.83 | 8 | | | | | | | |
| 3 | 6.68 | 1.778 | 6.73 | 1.8 | 3 | 6.73 | 1.65 | 6.3 | | | | | | | |
| 3.5 | 5.691 | 1.651 | 5.66 | 1.6 | 3.5 | 5.66 | 1.45 | | | | | | | | |
| 4 | 4.699 | 1.651 | 4.76 | 1.29 | 4 | 4.76 | 1.27 | 5 | | | | | | | |
| 5 | 3.962 | 1.118 | 4 | 1.08 | 5 | 4 | 1.12 | 4 | | | | | | | |
| 6 | 3.327 | 0.914 | 3.36 | 0.87 | 6 | 3.36 | 1.02 | 3.35 | | | | | | | |
| 7 | 2.794 | 0.833 | 2.83 | 0.8 | 7 | 2.83 | 0.92 | 2.8 | | | 5 | 2.54 | | | |
| 8 | 2.361 | 0.813 | 2.38 | 0.8 | 8 | 2.38 | 0.84 | 2.3 | | | | | | | |
| 9 | 1.981 | 0.838 | 2 | 0.76 | 10 | 2 | 0.76 | 2 | 2000 | 2 | | | | | |
| | | | | | | | | | 1700 | 1.7 | | | | | |
| 10 | 1.651 | 0.889 | 1.68 | 0.74 | 12 | 1.68 | 0.69 | 1.6 | 1600 | 1.6 | 8 | 1.57 | 4 | 1.51 | 1 |
| 12 | 1.397 | 0.711 | 1.41 | 0.71 | 14 | 1.41 | 0.61 | 1.4 | 1400 | 1.4 | | | 5 | 1.2 | 0.8 |
| 14 | 1.168 | 0.635 | 1.19 | 0.62 | 16 | 1.19 | 0.52 | 1.18 | 1180 | 1.18 | | | 6 | 1.02 | 0.65 |
| 16 | 0.991 | 0.597 | 1 | 0.59 | 18 | 1 | 0.48 | 1 | 1000 | 1 | 12 | 1.06 | | | |
| | | | | | | | | | 850 | 0.85 | | | | | |
| 20 | 0.833 | 0.437 | 0.84 | 0.43 | 20 | 0.84 | 0.42 | 0.8 | 800 | 0.8 | 16 | 0.79 | | | |
| 24 | 0.701 | 0.358 | 0.71 | 0.35 | 25 | 0.71 | 0.37 | 0.71 | 710 | 0.71 | | | 8 | 0.75 | 0.5 |
| | | | | | | | | | 630 | 0.63 | 20 | 0.64 | 10 | 0.6 | 0.4 |
| 28 | 0.589 | 0.318 | 0.59 | 0.32 | 30 | 0.59 | 0.33 | 0.6 | 600 | 0.6 | | | 11 | 0.54 | 0.37 |
| 32 | 0.495 | 0.398 | 0.5 | 0.29 | 35 | 0.5 | 0.29 | 0.5 | 500 | 0.5 | | | 12 | 0.49 | 0.34 |
| | | | | | | | | | 425 | 0.425 | | | | | |
| 35 | 0.417 | 0.31 | 0.42 | 0.29 | 40 | 0.42 | 0.25 | 0.4 | 400 | 0.4 | 30 | 0.42 | 14 | 0.43 | 0.28 |
| 42 | 0.351 | 0.254 | 0.35 | 0.26 | 45 | 0.35 | 0.22 | 0.355 | 355 | 0.355 | 40 | 0.32 | 16 | 0.385 | 0.24 |
| | | | | | | | | | 315 | 0.315 | | | | | |
| 48 | 0.295 | 0.234 | 0.297 | 0.232 | 50 | 0.297 | 0.138 | 0.3 | 300 | 0.3 | | | 20 | 0.3 | 0.2 |
| 60 | 0.246 | 0.178 | 0.25 | 0.212 | 60 | 0.25 | 0.162 | 0.25 | 250 | 0.25 | 50 | 0.25 | 24 | 0.25 | 0.17 |
| | | | | | | | | | 212 | 0.212 | | | | | |
| 65 | 0.208 | 0.183 | 0.21 | 0.181 | 70 | 0.21 | 0.14 | 0.2 | 200 | 0.2 | 60 | 0.21 | 30 | 0.2 | 0.13 |
| 80 | 0.175 | 0.162 | 0.177 | 0.141 | 80 | 0.177 | 0.119 | 0.18 | 180 | 0.18 | 70 | 0.18 | | | |
| | | | | | | | | | 160 | 0.16 | 80 | 0.16 | | | |
| 100 | 0.147 | 0.107 | 0.149 | 0.105 | 100 | 0.149 | 0.102 | 0.15 | 150 | 0.15 | 90 | 0.14 | 40 | 0.15 | 0.1 |
| 115 | 0.124 | 0.097 | 0.125 | 0.037 | 120 | 0.125 | 0.086 | 0.125 | 125 | 0.125 | 100 | 0.13 | 50 | 0.12 | 0.08 |
| | | | | | | | | | 106 | 0.106 | | | | | |
| 150 | 0.104 | 0.066 | 0.105 | 0.07 | 140 | 0.105 | 0.074 | 0.1 | 100 | 0.1 | 120 | 0.11 | 60 | 0.1 | 0.065 |
| 170 | 0.088 | 0.061 | 0.088 | 0.061 | 170 | 0.088 | 0.063 | 0.09 | 90 | 0.09 | | | 70 | 0.088 | 0.055 |
| | | | | | | | | | 80 | 0.08 | 150 | 0.08 | | | |
| 200 | 0.074 | 0.053 | 0.074 | 0.053 | 200 | 0.074 | 0.053 | 0.075 | 75 | 0.075 | | | 80 | 0.075 | 0.00 |
| 230 | 0.062 | 0.041 | 0.062 | 0.048 | 230 | 0.062 | 0.046 | 0.063 | 63 | 0.063 | 200 | 0.06 | 100 | 0.06 | 0.04 |
| 270 | 0.053 | 0.041 | 0.053 | 0.038 | 270 | 0.052 | 0.041 | 0.05 | 50 | 0.05 | | | | | |
| 325 | 0.043 | 0.036 | 0.044 | 0.034 | 325 | 0.044 | 0.036 | 0.04 | 40 | 0.04 | | | | | |
| 400 | 0.038 | 0.025 | | | | | | | | | | | | | |

## 耐火锥号—温度对照表(表F-7-4)

表F-7-4

| 中国锥号 | 塞格锥号<br>(SK) | 前苏联锥号<br>(ΠK) | 温度/℃ | 中国锥号 | 塞格锥号<br>(SK) | 前苏联锥号<br>(ΠK) | 温度/℃ |
|---|---|---|---|---|---|---|---|
| 123 | 7 | 123 | 1230 | 163 | 28 | 163 | 1630 |
| 125 | 8 | 125 | 1250 | 165 | 29 | 165 | 1650 |
| 128 | 9 | 128 | 1280 | 167 | 30 | 167 | 1670 |
| 130 | 10 | 130 | 1300 | 169 | 31 | 169 | 1690 |
| 132 | 11 | 132 | 1320 | 171 | 32 | 171 | 1710 |
| 135 | 12 | 135 | 1350 | 173 | 33 | 173 | 1730 |
| 138 | 13 | 138 | 1380 | 175 | 34 | 175 | 1750 |
| 141 | 14 | 141 | 1410 | 177 | 35 | 177 | 1770 |
| 143 | 15 | 143 | 1430 | 179 | 36 | 179 | 1790 |
| 146 | 16 | 146 | 1460 | 183 | | | 1830 |
| 148 | 17 | 148 | 1480 | | 37 | 182 | 1820 |
| 150 | 18 | 150 | 1500 | | 38 | 185 | 1850 |
| 152 | 19 | 152 | 1520 | | 39 | 188 | 1880 |
| 154 | 20 | 154 | 1530 | | 40 | 192 | 1920 |
| 158 | 26 | 158 | 1580 | | 41 | 196 | 1960 |
| 161 | 27 | 161 | 1610 | | 42 | 200 | 2000 |

## 莫氏硬度表(表F-7-5)

表F-7-5

| 硬度 | 主要金属硬度 | 非主要金属硬度 | 其余矿物 | 实用检查方法 |
|---|---|---|---|---|
| 1<br>滑石 | 铯0.2 钠0.4<br>钾0.5 锂0.6 | 石墨0.5 白磷0.5<br>碘0.8 | 蜡0.2 黏土0.3<br>地沥青1.2 | 易被指甲刻划 |
| 2<br>岩盐 | 铅1.5 铋1.8<br>锡1.8 镉2<br>硒2 | 硫2 | 冰1.5<br>石膏2 | 能被铜片刻划 |
| 3<br>方解石 | 钙2.2~2.5<br>金2.5 锌、铈2.5<br>镁2.6 银2.7<br>铝2.8~2.9<br>铜、钡、锑3 | | 无烟煤2.2<br>烟煤2.5<br>云母2.8 | 能被铁刻划 |
| 4<br>萤石 | 砷3.5<br>黄铜3.5<br>钛2 | | 白云石3.5<br>大理石3.5 | 能被玻璃刻划 |
| 5<br>磷灰石 | 铁4~4.5<br>锆4.5<br>镍、钴5 | | 石棉5 | 能用钢刀刻划 |
| 6<br>正长石 | 锰钼6 | | 磁铁矿6 | |
| 7<br>石英 | 铱6.5<br>钽7 | 硅7 | 黄铁矿6.3<br>玛瑙7<br>耐火砖7 | 用钢刻划时<br>产生火星 |
| 8<br>黄玉 | | | | |
| 9<br>刚玉 | 铬9 | | | |
| 10<br>金刚石 | | 硼9.5<br>碳化硼9.8 | | |

# 附录八　炼钢常用英文缩写

## 转炉炼钢部分

AOB：　Argon Oxygen Blowing 氩氧吹炼。

BAP：　取自 Bath Agitation Process 的第一个字母,顶吹氧、底吹氮和空气的复吹炼钢法。

BOF：　Basic Oxygen Furnace 碱性氧气转炉。

BOP：　Basic Oxygen Process 碱性氧气顶吹转炉。

BOS：　Basic Oxygen Steelmaking Coverter 碱性氧气顶吹转炉。

EOF：　Energy Optimizing Furnace。德国 Korf 公司开发的一种利用炉子本身废气预热废钢、吹氧气和热空气的节能炼钢法。

BSC：　取自英国钢铁公司 British Steel Corporation 的第一个字母。顶吹氧、底吹氮和空气的复吹炼钢法。

J&L：　取自美国琼斯—劳林公司 Jones and Lauhlin 英文名称的第一个字母。顶吹氧,底吹氮、氩、$CO_2$ 的复吹转炉炼钢法。

KMS：　取自 Klockner Maxhu. Stahl。底吹天然气、底喷油、无烟煤、石灰粉的顶底复吹。

K-BOP：　K 为 Kawasaki（川崎）,BOP 取自 Basic Oxygen Process 的第一个字母。

KS：　取自德国克勒克纳公司 Klockner Stahl 的第一个字母。底部喷吹煤粉进行全废钢冶炼的炼钢法。

LBE：　Lance Bubbling Equilibrium。顶吹氧、底吹氮、Ar 的复吹转炉炼钢法。

LD：　Linz（林茨）和 Donawitz（多纳维茨）两个地点名称缩写。

LD-BC：　BC 取自两单位名称 Boel 和 CRM 的第一个字母。

LD-CL：　CL 是 Circulating Lance 的缩写,旋转氧枪。

LD-KG：　KG 取自 Kawasaki（川崎）Gas（气体）的第一个字母,LD 加上底吹 $N_2$、Ar 的顶底复吹工艺。

LD-HC：　HC 取自 Hainant-Samber-CRM,顶吹 $O_2$、底吹 Ar、$N_2$ 或天然气的复合炼钢法。

LD-OTB：　OTB 取自 Oxygen Top and Bottom Blowing 的第一个字母。氧气顶吹和底吹。

LD-OB：　OB 取自 Oxygen Bottom Blowing 的第一个字母,氧气底吹。

LD-PJ：　PJ 取自 Pulsating Jet 脉动喷射。顶吹 $O_2$,底吹 Ar、$N_2$ 的复合吹炼法。

OLP：　Oxygen Lance Powder,顶部氧枪喷粉。

ORP：　Optimizing Refining Process。日本新日铁公司开发的一种高效生产优质纯净钢的生产工艺。

Q-BOP：　Q 有多种含义:Quick（快）,Quiet（平静的）,Quality（质量）。BOP 为 Basic Oxygen Process 的。

STB：　Sumitomo Top and Bottom Blowing（住友顶底吹）。顶吹氧,底吹多种气体（Ar、N、$CO_2$、$O_2$）的复吹转炉炼钢法。

TBM：　Thessen Blassen Metallurgy,蒂森吹气冶金。底吹 $N_2$ 或 Ar 的复合转炉炼钢法。

## 电弧炉及特种冶炼部分

EF：　Eleotric Furnace 电炉。

EAF：　Electric Arc Furnace 电弧炉。

UHP：　Ultra High Power 超高功率电炉。

ESR：　Electric-Slag Casting 电渣熔铸。

ESW：　Electric-Slag Welding 电渣焊接。

ESH：　Electric-Slag Heating Process 电渣加热炼钢法。

VAR：　Vacuum Arc Remelting 真空电弧重熔法。

EBR：　Electric-Beam Remelting 电子束重熔法。

VIM：　Vacuum Induction Furnace Melting 取自前两个和后一个字的第一个字母。

PIM：　Plasma Induction Furnace Melting 等离子感应炉熔炼法。

PAR：　Plasma Arc Remelting 等离子弧重熔法。

CBT：　Concentric Bottom Tapping 电炉同心炉底出钢。

EBT：　Eccentric Bottom Tapping 电炉偏心炉底出钢。

MHKW：取自 Midvale Heppenstall 和 Kloeckner-Wrehe 的第一个字母。

BEST：　Bohler-Electro-Slag Topping 电渣浇注。

## 炉外精炼部分

AOD：　Argon Oxygen Decarburization 氩氧精炼法。

ABS：　Al Bullet Shooting 向钢包中"射击"铝弹脱氧。

AIS：　Argon Induction Stirring 吹氩加感应搅拌。

AOD-CB：CB 为 Counter Blowing，从转炉底部吹氩氧混合气，同时从上部向转炉空间送氧，以使部分 CO 再燃烧。

AP：　Arc Process，包括电弧加热金属的炉外精炼。

ASEA-SKF:瑞典公司 ASEA 和 SKF，钢包精炼法。

APV：　Arc Process Vacuum，一种钢包精炼装置。

BV：　Bochumer Verein，钢锭模浇注或真空浇注法。

CAB：　Capped Argon Bubbling，以 Ar 气泡搅拌金属，钢包由上盖严密封锁，上面覆盖复合渣层。

CAB：　Calcium Argon Blowing 向钢包内吹入含钙粉状物料的氩气流。一种炉外精炼的脱硫方法。

CAS：　Composition Adjustment by sealed Argon，在封闭条件下吹氩，调整成分。

CLU：　取自 Creusot-Loire S. A-Uddehom S. A 中三个字的第一个字母。蒸汽—氧气混吹法。

DH：　Dortumund-Horder 公司名称的缩写。钢水提升脱气法。

Finkle：　取自美国 Finkle 公司的名称，真空钢包吹氩法。

GAZID：　真空条件下吹氩搅拌钢包脱气法，法国 Usinor 厂 1963 年实现工业化。

IP：　Injection Powder，喷粉工艺。

K-BOP：　Kawasaki-BOP 法，日本川崎公司发明的从底部套筒喷嘴喷吹氧气和 CaO 的转炉复合吹炼方法。

KR：　日本新日铁公司广畑制铁所发明的铁水脱硫工艺，将外衬耐火材料的搅拌器浸入铁水罐内，旋转搅拌脱硫。

LF：　Ladle Furnace，钢包炉精炼法，1972 年开发成功。

NK-AP：　NKK Arc-refining Process，插入式喷枪进行氩气搅拌的 LF 法，日本 NKK 公司福山厂 1981 年投入使用。

NRP：　NKK Refining Process，日本 NKK 公司的双转炉串联脱磷工艺。

Q-BOP：　Quieter Blowing Process，纯氧底吹转炉；或称 BOM（Oxygen Bottom Method）法。

Republic：取自美国 Republic 公司的名称，真空电磁搅拌脱气法。

RH：　Rheinstahl-Heraeus 公司名称的缩写，钢水循环脱气法，1959 年开发成功。

RH-Injection：RH-喷吹法，日本新日铁公司大分厂 1992 年开发，从 RH 的真空槽上升管下面以氩气为载气喷吹脱硫剂的方法。

RH-KTB：　RH-Kawasaki Top Qxygen Blowing Process，1989 年日本川崎公司发明

的顶吹氧 RH 法。

SL： 取自瑞典开发公司的 Scandinavian Lancer 的第一个字母,一种钢水脱硫的炉外精炼设备。

SRP： Sumitomo Refining Process,日本住友公司的双转炉串联脱磷工艺。

SS-VOD： Strongly Stirring-VOD,强搅拌的 VOD 法。

SAB： Sealed Argon Bubbling,密封氩气泡法。

VHD： Vacuum Heating Degassing。一种多功能的炉外精炼装置。

VAD： Vacuum Arc Degassing,真空电弧加热脱气法。

VC： Vacuum Casting,真空浇铸法。

TDS Torpedo De-Sulfurizing Process,在鱼雷罐中进行铁水脱硫的工艺。

## 连 铸 部 分

CS： 取自 Continuous Steel making 连续炼钢。

CC： 取自 Continuous Casting 连续铸造。

HCC： Horizontal Continuous Casting 水平连铸。

CCM： Continuous Casting Machine 连铸机。

CCC： Curved Continuous Casting 弧形连铸。

VCC： Vertical Continuous Casting 立式连铸。

CC-DR： Continuous Casting-Direct Rolling,连铸—直接轧制工艺。

CC-HCR： HCR 取自 Hot Continuous Rolling,连铸—热连轧工艺。

EMS： Electric Magnetic Stirring,连铸电磁搅拌。

M-EMS： M 取自 Mold(连铸结晶器),连铸结晶器区域电磁搅拌。

CSP： 生产工艺的短流程,主要为超高功率电炉—LF—薄板坯连铸—连轧。

## 参 考 文 献

[1]　重有色冶金炉设计手册.北京:冶金工业出版社,1979

[2]　真空设计手册,上册.北京:国防工业出版社,1975

[3]　赵沛,成国光,等.炉外精炼及铁水预处理实用技术手册.北京:冶金工业出版社,2004

[4]　Ražnjevie Kuzman. Handbook of Thermodynamic Tables and Charts Wash Hemisphere Pub. ,1976

[5]　Elliot F. Thermochemistry for Steelmaking,Volume Ⅱ , 1963

[6]　Фром Е,ид. Газы и углерод в металлах. Металлургия М. ,1980

## 冶金工业出版社部分图书推荐

| 书　名 | 定　价 |
|---|---|
| 钢铁冶金学教程 | 49.00 元 |
| 钢铁冶金概论 | 30.00 元 |
| 钢铁冶金学(炼钢部分) | 35.00 元 |
| 钢铁冶金原理(第 3 版) | 40.00 元 |
| 现代冶金学(钢铁冶金卷) | 36.00 元 |
| 冶金技术概论 | 28.00 元 |
| 炼钢学(上) | 45.00 元 |
| 炼钢学(下) | 41.00 元 |
| 炼钢基础知识 | 39.00 元 |
| 炼钢工艺学 | 39.00 元 |
| 炼钢厂设计原理 | 29.00 元 |
| 炼钢设备及车间设计(第 2 版) | 25.00 元 |
| 冶金流程工程学 | 65.00 元 |
| 炼钢氧枪技术 | 58.00 元 |
| 转炉炼钢功能性辅助材料 | 40.00 元 |
| 转炉溅渣护炉技术 | 25.00 元 |
| 氧气顶吹转炉炼钢工艺与设备(第 2 版) | 29.80 元 |
| 转炉炼钢生产 | 58.00 元 |
| 转炉炼钢实训 | 35.00 元 |
| 现代电炉炼钢生产技术手册 | 98.00 元 |
| 现代电炉炼钢理论与应用 | 46.00 元 |
| 现代电炉炼钢操作 | 56.00 元 |
| 中国电炉流程与工程技术文集 | 60.00 元 |
| 电炉炼钢 500 问(第 2 版) | 25.00 元 |
| 电弧炉炼钢工艺与设备(第 2 版) | 35.00 元 |
| 现代电炉—薄板坯连铸连轧 | 98.00 元 |
| 感应炉熔炼与特种铸造技术 | 29.00 元 |
| 炉外精炼及铁水预处理实用技术手册 | 146.00 元 |
| 炉外精炼的理论与实践 | 48.00 元 |
| LF 精炼技术 | 35.00 元 |
| 铁水预处理与钢水炉外精炼 | 39.00 元 |
| 炉外精炼 | 30.00 元 |
| 洁净钢生产的中间包技术 | 39.00 元 |
| 连铸结晶器 | 69.00 元 |
| 连铸结晶器保护渣应用技术 | 50.00 元 |
| 新编连续铸钢工艺及设备(第 2 版) | 40.00 元 |
| 连续铸钢原理与工艺 | 30.00 元 |
| 连续铸钢生产 | 45.00 元 |
| 连续铸钢实训 | 28.00 元 |

# 冶金工业出版社部分图书推荐

| 书　名 | 定　价 |
| --- | --- |
| 实用连铸冶金技术 | 35.00 元 |
| 连续铸钢 | 25.00 元 |
| 连铸坯质量(第 2 版) | 24.50 元 |
| 低倍检验在连铸生产中的应用和图谱 | 65.00 元 |
| 薄板坯连铸连轧(第 2 版) | 45.00 元 |
| 薄板坯连铸连轧微合金化技术 | 58.00 元 |
| 薄板坯连铸连轧钢的组织性能控制 | 79.00 元 |
| 薄板坯连铸连轧工艺技术实践 | 56.00 元 |
| 薄板坯连铸装备及生产技术 | 50.00 元 |
| 洁净钢——洁净钢生产工艺技术 | 65.00 元 |
| 超细晶钢——钢的组织细化理论与控制技术 | 188.00 元 |
| 高性能低碳贝氏体钢——成分、工艺、组织、性能与应用 | 56.00 元 |
| 螺纹钢生产工艺与技术 | 40.00 元 |
| 高强度紧固件用钢 | 65.00 元 |
| 高效节约型建筑用钢——热轧 H 型钢 | 95.00 元 |
| 先进钢铁材料技术丛书——建筑用钢 | 115.00 元 |
| 先进钢铁材料技术丛书——双相钢——物理和力学冶金(第 2 版) | 79.00 元 |
| 先进钢铁材料技术丛书——钢的微观组织图像精选 | 60.00 元 |
| 先进钢铁材料技术丛书——钢铁材料中的第二相 | 75.00 元 |
| 矿物直接合金化冶炼合金钢——理论与实践 | 26.00 元 |
| 钢铁冶金及材料制备新技术 | 28.00 元 |
| 钢铁工业自动化·炼钢卷 | 98.00 元 |
| 冶金工程设计·第 1 册·设计基础 | 145.00 元 |
| 冶金工程设计·第 2 册·工艺设计 | 198.00 元 |
| 冶金工程设计·第 3 册·机电设备与工业炉窑设计 | 195.00 元 |
| 耐火材料(第 2 版) | 35.00 元 |
| 耐火材料工艺学(第 2 版) | 28.00 元 |
| 钢包用耐火材料 | 19.00 元 |
| 不定形耐火材料(第 2 版) | 36.00 元 |
| 刚玉耐火材料(第 2 版) | 59.00 元 |
| 耐火材料的损毁及其抑制技术 | 25.00 元 |
| 耐火材料手册 | 188.00 元 |
| 特种耐火材料实用技术手册 | 80.00 元 |
| 2006 年—2020 年中国钢铁工业科学与技术发展指南 | 50.00 元 |